# チャート式® 基礎からの 数学III

チャート研究所　編著

## はじめに

**CHART（チャート）とは 何？**

C.O.D.(*The Concise Oxford Dictionary*) には，CHART――Navigator's sea map, with coast outlines, rocks, shoals, *etc.* と説明してある。

海図――浪風荒き問題の海に船出する若き船人に捧げられた海図――問題海の全面をことごとく一眸の中に収め，もっとも安らかな航路を示し，あわせて乗り上げやすい暗礁や浅瀬を一目瞭然たらしめるCHART！　――昭和初年チャート式代数学巻頭言

本書では，この CHART の意義に則り，下に示したチャート式編集方針で

問題の急所がどこにあるか，その解法をいかにして思いつくか

をわかりやすく示すことを主眼としています。

### チャート式編集方針

**1**
基本となる事項を，定義や公式・定理という形で覚えるだけではなく，問題を解くうえで直接に役に立つ形でとらえるようにする。

▶

**2**
問題と基本となる事項の間につながりをつけることを考える――問題の条件を分析して既知の基本事項と結びつけて結論を導き出す。

▶

**3**
問題と基本となる事項を端的にわかりやすく示したものが CHART である。
CHART によって基本となる事項を問題に活かす。

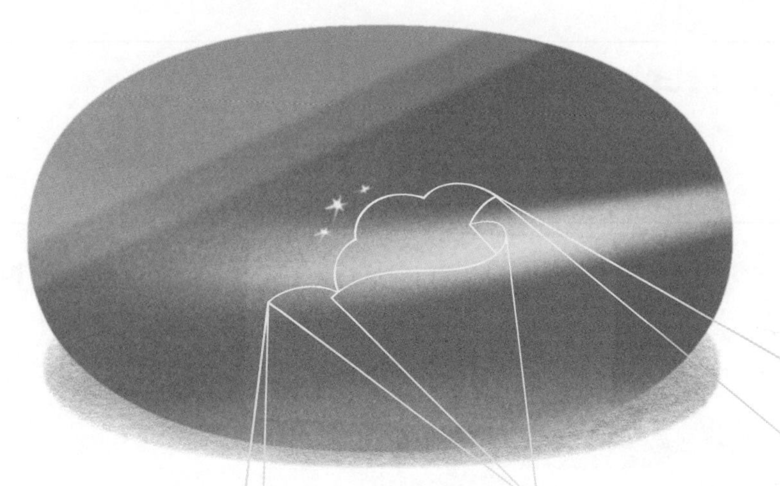

問.

# 「なりたい自分」から、逆算しよう。

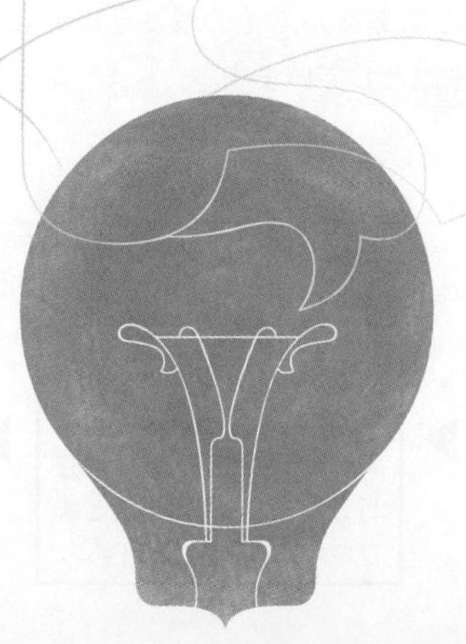

## 数字で表せない成長がある。

チャート式との学びの旅も、いよいよ最終章です。
これまでの旅路を振り返ってみよう。
大きな難題につまづいたり、思い通りの結果が出なかったり、
出口がなかなか見えず焦ることも、たくさんあったはず。
そんな長い学びの旅路の中で、君が得たものは何だろう。
それはきっと、たくさんの公式や正しい解法だけじゃない。
納得いくまで、自分の頭で考え抜く力。
自分の考えを、言葉と数字で表現する力。
難題を恐れず、挑み続ける力。
いまの君には、数学を通して大きな力が身についているはず。

## 磨いているのは「未来の問題」を解く力。

数年後、君はどんな大人になっていたいのだろう？
そのためには、どんな力が必要だろう？
チャート式との学びの先に待っているのは、君が主役の人生。
この先、知識や公式だけでは解けない問題にも直面するだろう。
だからいま、数学を一生懸命学んでほしい。
チャート式と身につけた君の力。
その力こそ、これから訪れる身の回りの小さな問題も、
社会に訪れる大きな難題も乗り越えて、
君が目指すゴールに向かって進み続ける助けになるから。

# その答えが、
# 君の未来を前進させる解になる。

# 目次

# コラムの一覧

# デジタルコンテンツの活用方法

本書では，QR コード*からアクセスできるデジタルコンテンツを豊富に用意しています。これらを活用することで，わかりにくいところの理解を補ったり，学習したことを更に深めたりすることができます。

## ■ 解説動画

本書に掲載している例題の解説動画を配信しています。

数学講師が丁寧に解説しているので，本書と解説動画をあわせて学習することで，例題のポイントを確実に理解することができます。

例えば，

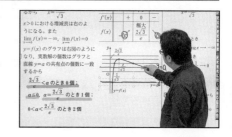

・例題を解いたあとに，その例題の理解を確認したいとき

・例題が解けなかったときや，解説を読んでも理解できなかったとき

といった場面で活用できます。

数学講師による解説を **いつでも，どこでも，何度でも** 視聴することができます。

解説動画も活用しながら，チャート式とともに数学力を高めていってください。

## ■ サポートコンテンツ

本書に掲載した問題や解説の理解を深めるための補助的なコンテンツも用意しています。例えば，関数のグラフや図形の動きを考察する例題において，画面上で実際にグラフや図形を動かしてみることで，視覚的なイメージと数式を結びつけて学習できるなど，より深い理解につなげることができます。

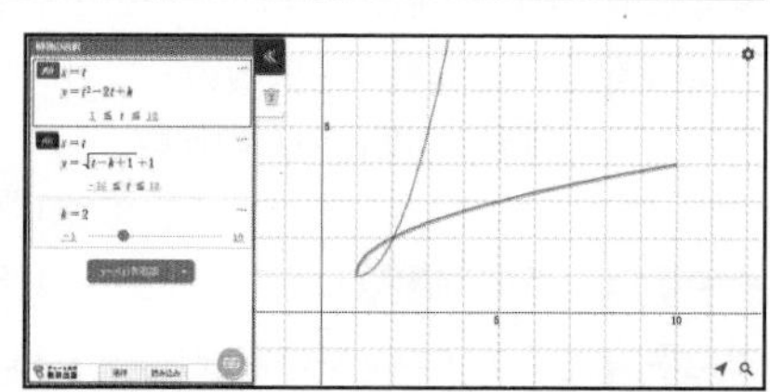

<デジタルコンテンツのご利用について>

デジタルコンテンツはインターネットに接続できるコンピュータやスマートフォン等でご利用いただけます。下記の URL，右の QR コード，もしくは「基本事項」のページにある QR コードからアクセスできます。

https://cds.chart.co.jp/books/z7ibx0uxmk

※追加費用なしにご利用いただけますが，通信料はお客様のご負担となります。Wi-Fi 環境でのご利用をおすすめいたします。学校や公共の場では，マナーを守ってスマートフォンなどをご利用ください。

---

＊　QR コードは，(株)デンソーウェーブの登録商標です。

※　上記コンテンツは，順次配信予定です。また，画像は制作中のものです。

# 本書の活用方法

## ■ 方法 1「自学自習のため」の活用例

週末・長期休暇などの時間のあるときや受験勉強などで，本書の各ページに順々に取り組む場合は，次のようにして学習を進めるとよいでしょう。

第１ステップ …… **基本事項のページを読み，重要事項を確認。**
問題を解くうえでは，知識を整理しておくことが大切。

⇩

第２ステップ …… **例題に取り組み解法を習得，練習を解いて理解の確認。**

① まず，**例題を自分で解いてみよう。**

➡何もわからなかったら，指針を読んで糸口をつかもう。

⇩

② 指針を読んで，**解法やポイントを確認** し，自分の解答と見比べよう。
〈$+\alpha$〉**検討** を読んで応用力を身につけよう。

➡ポイントを見抜く力をつけるために，指針は必ず読もう。また，解答の右の◀も理解の助けになる。

⇩

③ **練習** に取り組んで，そのページで学習したことを **再確認** しよう。

➡わからなかったら，指針をもう一度読み返そう。

⇩

第３ステップ …… **EXERCISES のページで腕試し。**
例題のページの勉強がひと通り終わったら取り組もう。

## ■ 方法 2「解法を調べるため」の活用例 （解法の辞書としての使い方）

どうやって解いたらいいかわからない問題が出てきたときは，同じ(似た)タイプの例題があるページを本書で探し，**解法をまねる** ことを考えてみましょう。

同じ(似た)タイプの例題があるページを見つけるには

**目次** (*p*.6) や **例題一覧** (各章の始め) を利用するとよいでしょう。

**大切なこと** 解法を調べる際，解答を読むだけでは実力は定着しません。
**指針もしっかり読んで，その問題の急所やポイントをつかんでおく** ことを意識すると，実力の定着につながります。

## ■ 方法 3「目的に応じた学習のため」の活用例

短期間で取り組みたいときや，順々に取り組む時間がとれないときは，**目的に応じた例題を選んで学習する** ことも１つの方法です。例題の種類（基本，重要，演習）や章トビラの SELECT STUDY を参考に，目的に応じた問題に取り組むとよいでしょう。

**問題数**
**1. 例題 215**
(基本 140，重要 60，演習 15)
**2. 練習 215　3. EXERCISES 176**
**4. 総合演習 第１部 3，第２部 40**
[1.～4. の合計 649]

## まとめ　三角関数のいろいろな公式（数学Ⅱ）

数学Ⅱの「三角関数」で学んださまざまな公式は，数学Ⅲを学ぶうえでよく利用されるため，ここに掲載しておく。公式の再確認のためのページとして活用して欲しい。
(符号が紛らわしいものも多いので注意！)

1　半径が $r$，中心角が $\theta$ (ラジアン)である扇形の

弧の長さは　$l=r\theta$，面積は　$S=\frac{1}{2}r^2\theta=\frac{1}{2}rl$

2　**相互関係**　$\tan\theta=\frac{\sin\theta}{\cos\theta}$　　$\sin^2\theta+\cos^2\theta=1$　　$1+\tan^2\theta=\frac{1}{\cos^2\theta}$

$-1\leqq\sin\theta\leqq1$　　$-1\leqq\cos\theta\leqq1$

3　**三角関数の性質**　複号同順とする。

$\sin(-\theta)=-\sin\theta$　　$\cos(-\theta)=\cos\theta$　　$\tan(-\theta)=-\tan\theta$

$\sin(\pi\pm\theta)=\mp\sin\theta$　　$\cos(\pi\pm\theta)=-\cos\theta$　　$\tan(\pi\pm\theta)=\pm\tan\theta$

$\sin\left(\frac{\pi}{2}\pm\theta\right)=\cos\theta$　　$\cos\left(\frac{\pi}{2}\pm\theta\right)=\mp\sin\theta$　　$\tan\left(\frac{\pi}{2}\pm\theta\right)=\mp\frac{1}{\tan\theta}$

4　**加法定理**　複号同順とする。

$\sin(\alpha\pm\beta)=\sin\alpha\cos\beta\pm\cos\alpha\sin\beta$

$\cos(\alpha\pm\beta)=\cos\alpha\cos\beta\mp\sin\alpha\sin\beta$

$\tan(\alpha\pm\beta)=\frac{\tan\alpha\pm\tan\beta}{1\mp\tan\alpha\tan\beta}$

5　**2倍角の公式**　導き方　加法定理の式で，$\beta=\alpha$ とおく。

$\sin2\alpha=2\sin\alpha\cos\alpha$

$\cos2\alpha=\cos^2\alpha-\sin^2\alpha=1-2\sin^2\alpha=2\cos^2\alpha-1$

$\tan2\alpha=\frac{2\tan\alpha}{1-\tan^2\alpha}$

6　**半角の公式**　導き方　cos の2倍角の公式を変形して，$\alpha$ を $\frac{\alpha}{2}$ とおく。

$\sin^2\frac{\alpha}{2}=\frac{1-\cos\alpha}{2}$　　$\cos^2\frac{\alpha}{2}=\frac{1+\cos\alpha}{2}$　　$\tan^2\frac{\alpha}{2}=\frac{1-\cos\alpha}{1+\cos\alpha}$

7　**3倍角の公式**　導き方　$3\alpha=2\alpha+\alpha$ として，加法定理と2倍角の公式を利用。

$\sin3\alpha=3\sin\alpha-4\sin^3\alpha$　　$\cos3\alpha=-3\cos\alpha+4\cos^3\alpha$

8　**積 ⟶ 和の公式**

$\sin\alpha\cos\beta=\frac{1}{2}\{\sin(\alpha+\beta)+\sin(\alpha-\beta)\}$

$\cos\alpha\sin\beta=\frac{1}{2}\{\sin(\alpha+\beta)-\sin(\alpha-\beta)\}$

$\cos\alpha\cos\beta=\frac{1}{2}\{\cos(\alpha+\beta)+\cos(\alpha-\beta)\}$

$\sin\alpha\sin\beta=-\frac{1}{2}\{\cos(\alpha+\beta)-\cos(\alpha-\beta)\}$

9　**和 ⟶ 積の公式**

$\sin A+\sin B=2\sin\frac{A+B}{2}\cos\frac{A-B}{2}$

$\sin A-\sin B=2\cos\frac{A+B}{2}\sin\frac{A-B}{2}$

$\cos A+\cos B=2\cos\frac{A+B}{2}\cos\frac{A-B}{2}$

$\cos A-\cos B=-2\sin\frac{A+B}{2}\sin\frac{A-B}{2}$

10　**三角関数の合成**

$a\sin\theta+b\cos\theta=\sqrt{a^2+b^2}\sin(\theta+\alpha)$　ただし　$\sin\alpha=\frac{b}{\sqrt{a^2+b^2}}$，$\cos\alpha=\frac{a}{\sqrt{a^2+b^2}}$

数学Ⅲ 第1章

# 関　数

1 分数関数・無理関数

2 逆関数と合成関数

1

**SELECT STUDY**

—●— **基本定着コース**……教科書の基本事項を確認したいきみに

—●— 精選速習コース……入試の基礎を短期間で身につけたいきみに

—●— **実力練成コース**……入試に向け実力を高めたいきみに

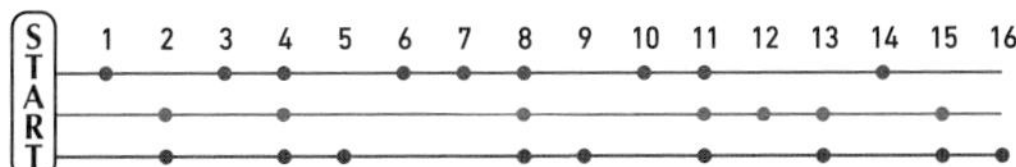


## 例題一覧

| | | | 難易度 |
|---|---|---|---|
| ❶ | 基本 1 | 分数関数のグラフと漸近線，値域 | ① |
| | 基本 2 | 分数関数の平行移動・決定 | ③ |
| | 基本 3 | 分数関数のグラフと直線の共有点，分数不等式 | ② |
| | 基本 4 | 分数方程式・分数不等式の代数的な解法 | ② |
| | 基本 5 | 分数方程式の実数解の個数 | ③ |
| | 基本 6 | 無理関数のグラフと値域 | ② |
| | 基本 7 | 無理関数のグラフと直線の共有点，無理不等式 | ② |
| | 基本 8 | 無理方程式・無理不等式の代数的な解法 | ③ |
| | 基本 9 | 無理方程式の実数解の個数 | ③ |
| ❷ | 基本 10 | 逆関数の求め方とそのグラフ | ② |
| | 基本 11 | 逆関数がもとの関数と一致する条件 | ③ |
| | 基本 12 | 関数とその逆関数のグラフの共有点 (1) | ③ |
| | 重要 13 | 関数とその逆関数のグラフの共有点 (2) | ④ |
| | 基本 14 | 合成関数の求め方など | ② |
| | 重要 15 | 合成関数が一致する条件 | ③ |
| | 重要 16 | 分数関数を $n$ 回合成した関数 | ④ |

# 1　分数関数・無理関数

## 基本事項

### 1　分数関数 $y=\dfrac{k}{x}$ のグラフ

[1]　$x$ 軸，$y$ 軸を漸近線とする直角双曲線

[2]　$k>0$ ならば　第1，3象限
　　$k<0$ ならば　第2，4象限
に，それぞれ存在する。

[3]　原点に関して対称

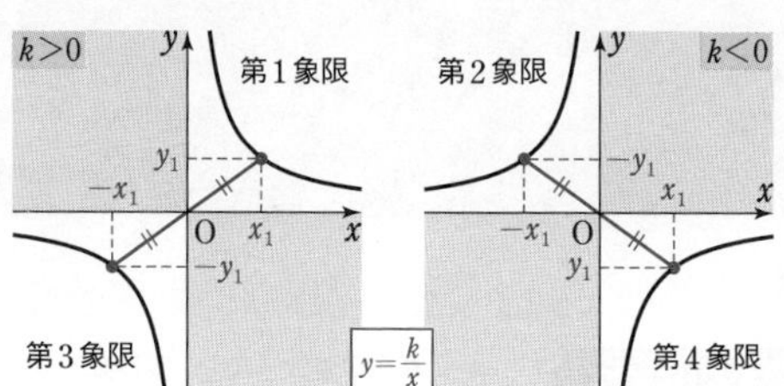


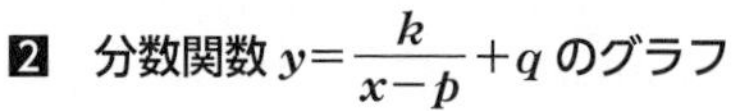

### 2　分数関数 $y=\dfrac{k}{x-p}+q$ のグラフ

[1]　$y=\dfrac{k}{x}$ のグラフを
$x$ 軸方向に $p$，$y$ 軸方向に $q$ だけ平行移動した直角双曲線

[2]　漸近線は 2 直線 $x=p$，$y=q$

[3]　定義域は $x \neq p$，値域は $y \neq q$

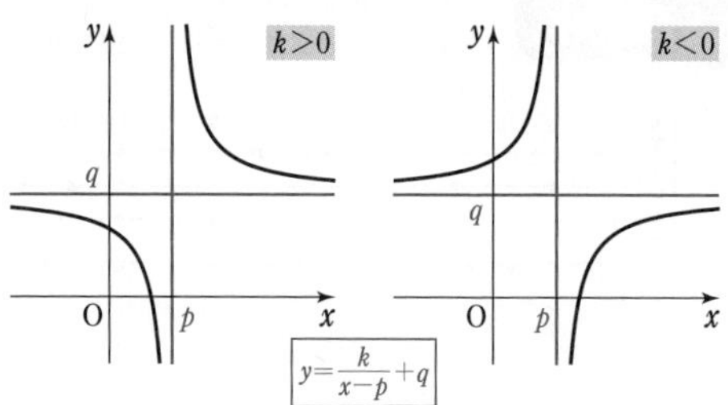


## 解　説

### ■ 分数関数

$y=\dfrac{3}{x}$，$y=\dfrac{5x+2}{x-1}$ のように，$x$ についての分数式で表された関数を **分数関数** という。特に断りがない限り，分数関数の定義域は，分母を 0 とする $x$ の値を除く実数全体である。

◀分数式 $\dfrac{A}{B}$ ……$A$，$B$ は整式で $B$ は文字を含む。

### ■ $y=\dfrac{k}{x}$ のグラフ

漸近線は $x$ 軸，$y$ 軸である。なお，このように 2 つの漸近線が直交している双曲線を **直角双曲線** という。

◀漸近線……曲線が一定の直線に近づくときのその直線のこと。

### ■ $y=\dfrac{k}{x-p}+q$ のグラフ

**$y=\dfrac{k}{x}$ のグラフを $x$ 軸方向に $p$，$y$ 軸方向に $q$ だけ平行移動したもの** で，その漸近線は 2 直線 **$x=p$，$y=q$** である。よって，**$y=\dfrac{k}{x-p}+q$ のグラフは，点 $(p,\ q)$ を原点とみて，$y=\dfrac{k}{x}$ のグラフをかけばよい。**

一般に，分数関数 $y=\dfrac{ax+b}{cx+d}$ は $y=\dfrac{k}{x-p}+q$ の形に変形して，そのグラフをかく。

問　関数 (1) $y=\dfrac{1}{2x}$　(2) $y=\dfrac{3}{x}-1$　(3) $y=\dfrac{-2}{x-1}$ のグラフをかけ。

(＊) 問 の解答は $p.391$ にある。

## 基本例題 1 分数関数のグラフと漸近線，値域

(1) 関数 $y=\dfrac{3x}{x-2}$ のグラフをかけ。また，漸近線を求めよ。

(2) (1)において，定義域が $4\leqq x\leqq 8$ のとき，値域を求めよ。 p.12 基本事項 2



**指針** **分数関数のグラフのかき方**

1 $y=\dfrac{k}{x-ⓟ}+\boxed{q}$ の形（**基本形** とよぶことにする）に変形する。

2 漸近線 $x=ⓟ$，$y=\boxed{q}$ を引く。

3 点 $(ⓟ,\ \boxed{q})$ を原点とみて，$y=\dfrac{k}{x}$ のグラフをかく。

(2) 定義域の端 ($x=4$, 8) に対応した $y$ の値を求め，グラフから読みとる。

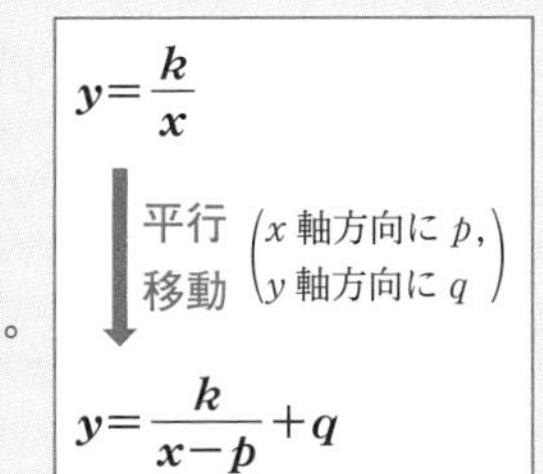

$y=\dfrac{k}{x}$
平行移動 ($x$ 軸方向に $p$, $y$ 軸方向に $q$)
$y=\dfrac{k}{x-p}+q$


**解答**

(1) $y=\dfrac{3x}{x-2}=\dfrac{3(x-2)+6}{x-2}$

$=\dfrac{6}{x-2}+3$

よって，グラフは $y=\dfrac{6}{x}$ のグラフを $x$ 軸方向に 2，$y$ 軸方向に 3 だけ平行移動したもので，**右の図** のようになる。

漸近線は　**2 直線 $x=2$，$y=3$**

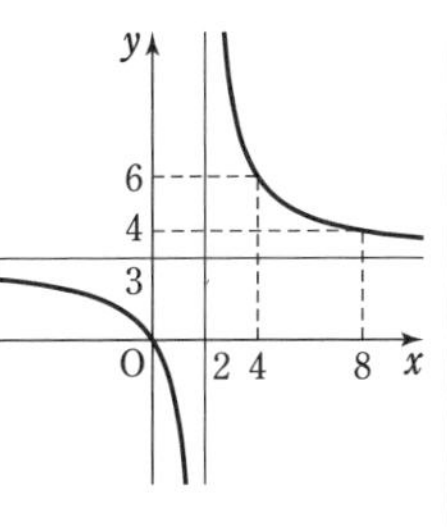


(2) $x=4$ のとき　$y=6$，　$x=8$ のとき　$y=4$

(1)のグラフから，値域は　$\mathbf{4\leqq y\leqq 6}$

◀分子を分母で割った商と余りを利用。

$$\begin{array}{r} 3 \\ x-2\,\overline{)\,3x\quad} \\ 3x-6 \\ \hline 6 \end{array}$$

よって　$3x=(x-2)\cdot 3+6$

◀定義域は　$x\neq 2$，値域は　$y\neq 3$

◀$4\leqq x\leqq 8$ のとき，グラフは右下がり。

**検討** **分数関数の式を基本形に直す方法**

$\dfrac{ax+b}{cx+d}$ $(ad-bc\neq 0,\ c\neq 0)$ を $\dfrac{k}{x-p}+q$ の形に変形するには，

**分子 $ax+b$ を変形して，分母 $cx+d$ と同じものを作る**　ことがポイントである。

それには，上の解答の 1，2 行目のように，**$ax+b$ を $cx+d$ で割った商と余りを利用する** とよい。

…… 数学Ⅱで学んだ，多項式の割り算の等式 $A=BQ+R$ を利用して変形。

(割られる式)＝(割る式)×(商)＋(余り)

**練習**

① 1

(1) 次の関数のグラフをかけ。また，漸近線を求めよ。

(ア) $y=\dfrac{3x+5}{x+1}$　(イ) $y=\dfrac{-2x+5}{x-3}$　(ウ) $y=\dfrac{x-2}{2x+1}$

(2) (1)の(ア)，(イ)の各関数において，$2\leqq x\leqq 4$ のとき $y$ のとりうる値の範囲を求めよ。

## 基本例題 2 分数関数の平行移動・決定

(1) 関数 $y=\dfrac{3x+17}{x+4}$ のグラフは，関数 $y=\dfrac{x+8}{x+3}$ のグラフをどのように平行移動したものか。

(2) 関数 $y=\dfrac{ax+b}{x+c}$ のグラフが，2 直線 $x=3$ と $y=1$ を漸近線とし，更に点 $(2,\ 2)$ を通るとき，定数 $a$，$b$，$c$ の値を求めよ。 〔(2) 類 防衛大〕

p.12 基本事項 2，基本 1

**指針** (1) 双曲線の平行移動は，漸近線の平行移動に着目 するとよい。
まず，2 つの関数の式を $\boldsymbol{y=\dfrac{k}{x-p}+q}$ の形に変形する。
(2) 漸近線の条件から，この関数は $y=\dfrac{k}{x-3}+1$ と表すことができる。
まず，通る点の条件から $k$ の値を求める。

**CHART 分数関数の問題 基本形 $y=\dfrac{k}{x-p}+q$ の利用**

**解答**

(1) $y=\dfrac{3x+17}{x+4}=\dfrac{3(x+4)+5}{x+4}=\dfrac{5}{x+4}+3$ …… ①

$y=\dfrac{x+8}{x+3}=\dfrac{(x+3)+5}{x+3}=\dfrac{5}{x+3}+1$ …… ②

② のグラフを $x$ 軸方向に $p$，$y$ 軸方向に $q$ だけ平行移動したときに ① のグラフに重なるとすると，漸近線に着目して　$-3+p=-4$，$1+q=3$
ゆえに　$p=-1$，$q=2$
したがって
**$x$ 軸方向に $-1$，$y$ 軸方向に 2 だけ平行移動したもの**

(2) 2 直線 $x=3$，$y=1$ が漸近線であるから，この関数は $y=\dfrac{k}{x-3}+1$ と表される。このグラフが点 $(2,\ 2)$ を通るから　$2=\dfrac{k}{2-3}+1$　ゆえに　$k=-1$

よって　$y=\dfrac{-1}{x-3}+1$　すなわち　$y=\dfrac{x-4}{x-3}$

したがって　$\boldsymbol{a=1,\ b=-4,\ c=-3}$

◀ ① の漸近線は，2 直線 $x=-4$，$y=3$
② の漸近線は，2 直線 $x=-3$，$y=1$

◀ 直線 $x=$● を $x$ 軸方向に $p$ だけ平行移動した直線の方程式は $x=$●$+p$，直線 $y=$■ を $y$ 軸方向に $q$ だけ平行移動した直線の方程式は $y=$■$+q$

◀ $y=\dfrac{k}{x-p}+q$ の漸近線は，2 直線 $x=p$，$y=q$

◀ $y=\dfrac{ax+b}{x+c}$ と比較するために，**右辺を通分**。

**練習 2** ③

(1) 関数 $y=\dfrac{-6x+21}{2x-5}$ のグラフは，関数 $y=\dfrac{8x+2}{2x-1}$ のグラフをどのように平行移動したものか。

(2) 関数 $y=\dfrac{2x+c}{ax+b}$ のグラフが点 $\left(-2,\ \dfrac{9}{5}\right)$ を通り，2 直線 $x=-\dfrac{1}{3}$，$y=\dfrac{2}{3}$ を漸近線にもつとき，定数 $a$，$b$，$c$ の値を求めよ。

p.23 EX 1

## 基本例題 3 分数関数のグラフと直線の共有点，分数不等式

(1) 関数 $y=\dfrac{2}{x+3}$ のグラフと直線 $y=x+4$ の共有点の座標を求めよ。

(2) 不等式 $\dfrac{2}{x+3}<x+4$ を解け。

基本 1

**指針** (1) **共有点 ⟺ 実数解** すなわち，分数関数の式と直線の式から $y$ を消去した方程式 $\dfrac{2}{x+3}=x+4$ の実数解が共有点の $x$ 座標である。

(2) **不等式 $f(x)<g(x)$ の解**

⟺ **$y=f(x)$ のグラフが $y=g(x)$ のグラフより下側にあるような $x$ の値の範囲**

**グラフを利用** して解を求める。

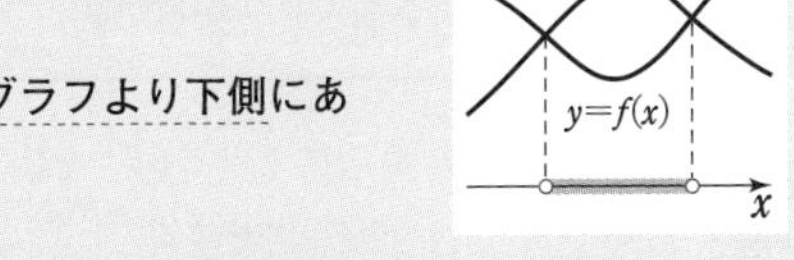


なお，分数式を含む方程式・不等式を **分数方程式・分数不等式** という。分数方程式・分数不等式では，(分母)≠0 というかくれた条件にも注意が必要である。

**CHART 分数不等式の解 グラフの上下関係から判断**

**解答**

$y=\dfrac{2}{x+3}$ …… ①，$y=x+4$ …… ② とする。

(1) ①，② から $\dfrac{2}{x+3}=x+4$ ◀$y$ を消去。

両辺に $x+3$ を掛けて

$2=(x+4)(x+3)$ ◀2 次方程式に帰着される［ただし，(分母)≠0 すなわち $x\neq-3$ という条件がかくれている］。

整理して $x^2+7x+10=0$

ゆえに $(x+2)(x+5)=0$

よって $x=-2,\ -5$ ◀$x=-2,\ -5$ は $\dfrac{2}{x+3}$ の分母を 0 としないから，方程式 $\dfrac{2}{x+3}=x+4$ の解である。

② から $x=-2$ のとき $y=2$,

$x=-5$ のとき $y=-1$

したがって，共有点の座標は **$(-2,\ 2)$，$(-5,\ -1)$**

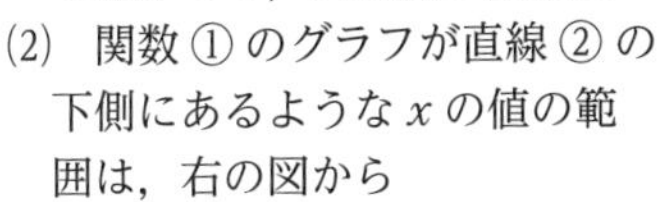

(2) 関数 ① のグラフが直線 ② の下側にあるような $x$ の値の範囲は，右の図から ◀(1) のグラフを利用。

**$-5<x<-3$，$-2<x$** ◀**$x\neq-3$ に要注意！** $x=-3$ は，関数 ① の定義域に含まれない（つまり，グラフが存在しない）。

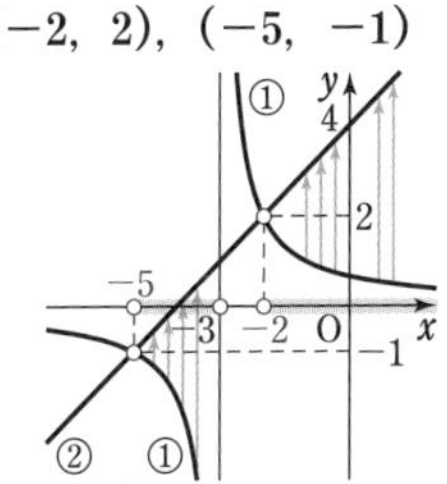


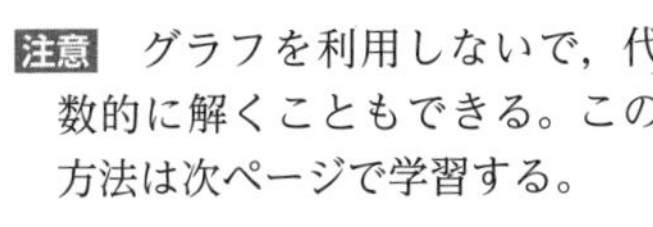

**注意** グラフを利用しないで，代数的に解くこともできる。この方法は次ページで学習する。

**練習 3** ②

(1) 関数 $y=\dfrac{4x-3}{x-2}$ のグラフと直線 $y=5x-6$ の共有点の座標を求めよ。

(2) 不等式 $\dfrac{4x-3}{x-2}\geqq 5x-6$ を解け。

## 基本例題 4 分数方程式・分数不等式の代数的な解法

次の方程式，不等式を解け。

(1) $\dfrac{2}{x(x+2)}-\dfrac{x}{2(x+2)}=0$　　(2) $\dfrac{3-2x}{x-4}\leqq x$

基本 3

**指針** ここでは，分数方程式・分数不等式をグラフを利用せずに，代数的に解いてみよう。

(1) 分母を払って，多項式の方程式に直して解く。(分母)$\neq 0$ に注意。

(2) (1)と同様に，両辺に $x-4$ を掛けて分母を払うという解法で進める場合，$x-4$ の正負により **場合分け** が必要になり少し煩わしい(別解 1.)。そこでまずは，一方の辺に集めて通分し，符号を調べる方法で考えてみる。

**解答**

(1) 方程式の両辺に $2x(x+2)$ を掛けて　$4-x^2=0$

よって　$x=\pm 2$

$x=-2$ は，もとの方程式の分母を 0 にするから解ではない。したがって　$\boldsymbol{x=2}$

◀この確認を忘れないように！

(2) 不等式から $x-\dfrac{3-2x}{x-4}\geqq 0$　ゆえに $\dfrac{x^2-2x-3}{x-4}\geqq 0$

◀$\dfrac{x(x-4)-(3-2x)}{x-4}\geqq 0$

よって　$\dfrac{(x+1)(x-3)}{x-4}\geqq 0$

左辺を $P$ とし，$P$ の符号を調べると，右の表のようになる。ゆえに，解は
$\boldsymbol{-1\leqq x\leqq 3,\ 4<x}$

| $x$ | $\cdots$ | $-1$ | $\cdots$ | $3$ | $\cdots$ | $4$ | $\cdots$ |
|---|---|---|---|---|---|---|---|
| $x+1$ | $-$ | $0$ | $+$ | $+$ | $+$ | $+$ | $+$ |
| $x-3$ | $-$ | $-$ | $-$ | $0$ | $+$ | $+$ | $+$ |
| $x-4$ | $-$ | $-$ | $-$ | $-$ | $-$ | $0$ | $+$ |
| $P$ | $-$ | $0$ | $+$ | $0$ | $-$ | ／ | $+$ |

◀〰〰の分母・分子の因数 $x+1$，$x-3$，$x-4$ の符号をもとに，$P$ の符号を判断する。

◀$x=4$ のとき，(分母)$=0$ となるから $x\neq 4$

別解 1. [1] $x-4>0$ すなわち $x>4$ のとき
$3-2x\leqq x(x-4)$

◀不等号の向きは不変。

整理して，$x^2-2x-3\geqq 0$ から　$(x+1)(x-3)\geqq 0$

◀2 次不等式を解く。

ゆえに　$x\leqq -1,\ 3\leqq x$　$x>4$ であるから　$x>4$

◀$x>4$ との共通範囲。

[2] $x-4<0$ すなわち $x<4$ のとき　$3-2x\geqq x(x-4)$

◀**負の数を掛ける ⟶ 不等号の向きが変わる。**

これを解いて　$-1\leqq x\leqq 3$

$x<4$ であるから　$-1\leqq x\leqq 3$

[1]，[2] から，解は　$\boldsymbol{-1\leqq x\leqq 3,\ 4<x}$

◀[1]，[2] の解を合わせた範囲。

2. 不等式の両辺に $(x-4)^2$ を掛けて

$(3-2x)(x-4)\leqq x(x-4)^2$

◀$(x-4)^2\geqq 0$ であるから，不等号の向きは不変。

よって　$(x-4)\{x(x-4)-(3-2x)\}\geqq 0$

ゆえに　$(x+1)(x-3)(x-4)\geqq 0$

よって　$-1\leqq x\leqq 3,\ 4\leqq x$

$x\neq 4$ であるから，求める解は

$\boldsymbol{-1\leqq x\leqq 3,\ 4<x}$

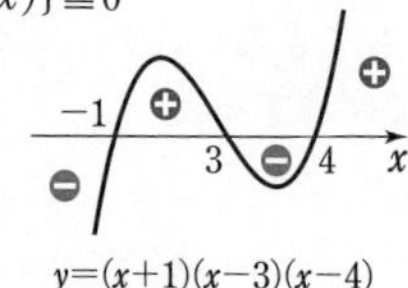

$y=(x+1)(x-3)(x-4)$

◀$x^3$ の係数が正で，$x$ 軸と異なる 3 点で交わる **3 次関数のグラフをイメージ** して解を判断。なお，左上のような **表をかいて** 解を判断してもよい。

**練習 ② 4** 次の方程式，不等式を解け。

(1) $2-\dfrac{6}{x^2-9}=\dfrac{1}{x+3}$　　(2) $\dfrac{4x-7}{x-1}\leqq -2x+1$

p.23 EX 2, 3

# 基本例題 5 分数方程式の実数解の個数

k は定数とする。方程式 $\dfrac{x-5}{x-2}=3x+k$ の実数解の個数を調べよ。

基本 3

**指針** 方程式 $f(x)=g(x)$ の実数解の個数 ⟺ $y=f(x)$ と $y=g(x)$ の共有点の個数

ここでは，双曲線 $y=\dfrac{x-5}{x-2}$ と直線 $y=3x+k$ の共有点の個数を調べる。

それには，直線 $y=3x+k$ を y 切片 k の値に応じて 平行移動 し，双曲線との共有点の個数を調べる。……★ 特に，両者が接するときの k の値がポイント。

**解答**

$y=\dfrac{x-5}{x-2}=-\dfrac{3}{x-2}+1$ …… ①

$y=3x+k$ …… ②

とすると，双曲線 ① と直線 ② の共有点の個数が，与えられた方程式の実数解の個数に一致する。

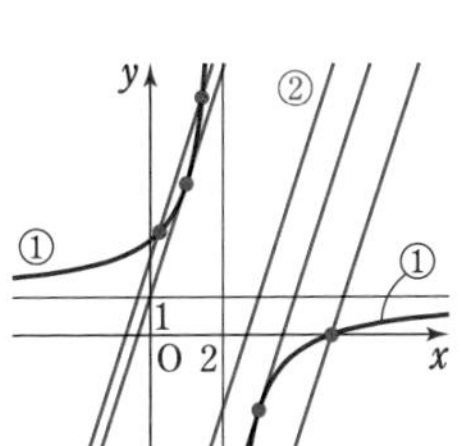


$\dfrac{x-5}{x-2}=3x+k$ から

$$x-5=(3x+k)(x-2)$$

整理して　$3x^2+(k-7)x-2k+5=0$

判別式を $D$ とすると

$$D=(k-7)^2-4\cdot3\cdot(-2k+5)$$
$$=k^2+10k-11=(k+11)(k-1)$$

$D=0$ とすると　$k=-11,\ 1$

このとき，双曲線 ① と直線 ② は接する。

よって，求める実数解の個数は，図から

**$k<-11$，$1<k$ のとき　2 個；**
**$k=-11$，1 のとき　1 個；**
**$-11<k<1$ のとき　0 個**

◀ $\dfrac{x-5}{x-2}=\dfrac{(x-2)-3}{x-2}=1-\dfrac{3}{x-2}$

◀ $y=-\dfrac{3}{x-2}+1$ のグラフは $y=-\dfrac{3}{x}$ のグラフを x 軸方向に 2，y 軸方向に 1 だけ平行移動したもの。

◀両辺に $x-2$ を掛ける。

◀双曲線 ① と直線 ② が接するときの k の値を調べる。

◀ $(k+11)(k-1)=0$

接する ⟺ 重解

◀指針＿＿……★ の方針。y 切片 k の値に応じて，直線 ② を平行移動。

**検討** **上の例題の別解**

上の基本例題 **5** については，定数 k を分離する，つまり $\dfrac{x-5}{x-2}-3x=k$ と変形して，$y=\dfrac{x-5}{x-2}-3x$ …… Ⓐ のグラフと直線 $y=k$ の共有点の個数を調べる方法もある。現段階では，Ⓐ のグラフをかくための知識が十分でないが，p.202 で学習するので，試してみるとよい。

**練習 5** ③ k は定数とする。方程式 $\dfrac{2x+9}{x+2}=-\dfrac{x}{5}+k$ の実数解の個数を調べよ。

## 基本事項

**1 無理関数 $y=\sqrt{ax}$ のグラフ** $(a \neq 0)$

[1] 頂点が原点，軸が $x$ 軸の放物線

$x=\dfrac{y^2}{a}$ の上半分（$y \geqq 0$ の部分）

[2] $a>0$ ならば　原点と第 1 象限

$a<0$ ならば　原点と第 2 象限

に，それぞれ存在する。

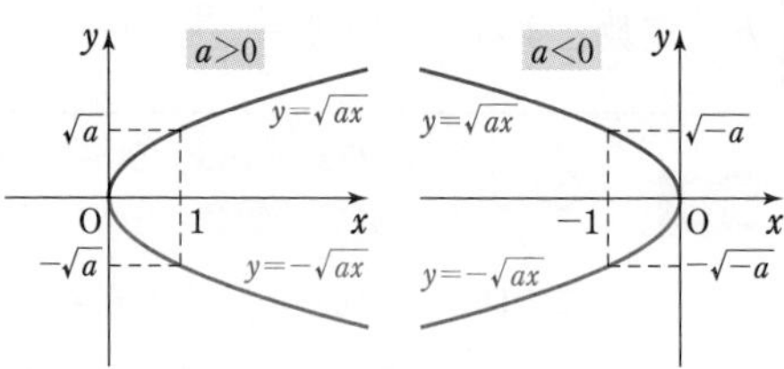


**$y=-\sqrt{ax}$ のグラフ** は，$y=\sqrt{ax}$ のグラフと $x$ 軸に関して対称

**2 無理関数 $y=\sqrt{ax+b}$ のグラフ** $(a \neq 0)$

**$y=\sqrt{a(x-p)}$ のグラフ** は，$y=\sqrt{ax}$ のグラフを $x$ 軸方向に $p$ だけ平行移動したもの

**$y=\sqrt{ax+b}$ のグラフ** は，**$y=\sqrt{ax}$ のグラフを $x$ 軸方向に $-\dfrac{b}{a}$ だけ平行移動** したもの

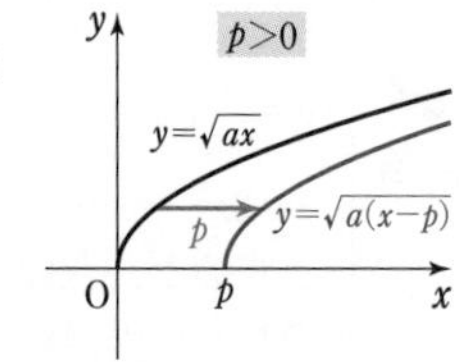


## 解　説

■ **無理関数**

$\sqrt{x}$，$\sqrt{2x+1}$ のように，根号の中に文字を含む式を **無理式** といい，変数 $x$ に関する無理式で表される関数を，$x$ の **無理関数** という。特に断りがない限り，無理関数の定義域は，根号の中を正または 0 にする実数全体である。

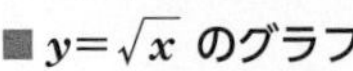

■ **$y=\sqrt{x}$ のグラフ**

$y=\sqrt{x}$ を満たす点 $(0,\ 0)$，$(1,\ 1)$，$(2,\ \sqrt{2})$，$(3,\ \sqrt{3})$，$(4,\ 2)$，$(9,\ 3)$ をとってグラフをかくと，右の図のようになる。

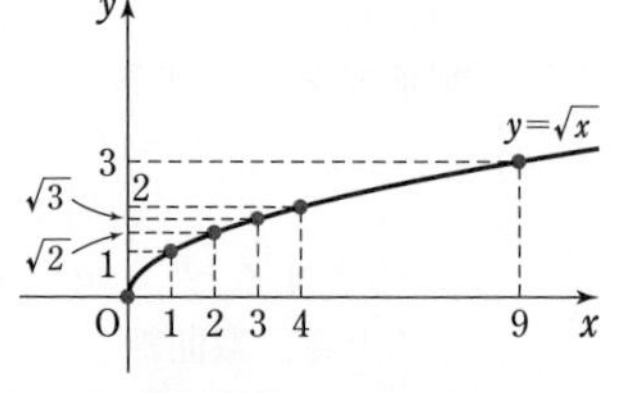


定義域は，**($\sqrt{\quad}$ の中)$\geqq 0$** により　　$x \geqq 0$

また，値域は　　$y \geqq 0$

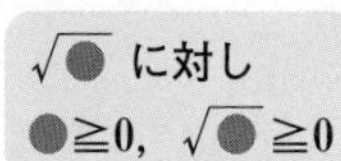


■ **$y=\sqrt{ax}$ のグラフ** $(a \neq 0)$

$y=\sqrt{ax}$ の両辺を平方して得られる放物線 $y^2=ax$，すなわち，放物線 $x=\dfrac{y^2}{a}$（頂点が原点，軸が $x$ 軸）の上半分（原点を含む）を表す。**$y=-\sqrt{ax}$ のグラフと $y=\sqrt{ax}$ のグラフは $x$ 軸に関して対称** である。

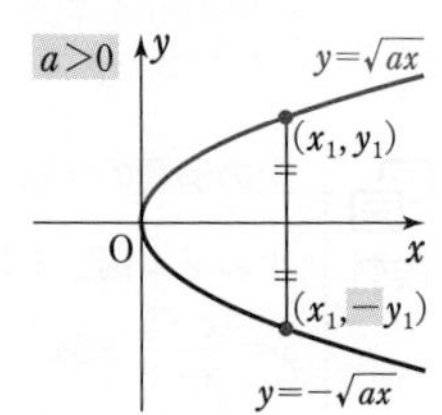


■ **$y=\sqrt{a(x-p)}$ のグラフ** $(a \neq 0)$

**$y=\sqrt{ax}$ のグラフを $x$ 軸方向に $p$ だけ平行移動** したものである。

■ **$y=\sqrt{ax+b}$ のグラフ** $(a \neq 0)$

$\sqrt{ax+b}=\sqrt{a\left(x+\dfrac{b}{a}\right)}$ から **$y=\sqrt{ax}$ のグラフを $x$ 軸方向に $-\dfrac{b}{a}$ だけ平行移動** したものである。定義域は　$a>0$ のとき $x \geqq -\dfrac{b}{a}$，$a<0$ のとき $x \leqq -\dfrac{b}{a}$，　値域は $y \geqq 0$ である。

## 基本 例題 6 無理関数のグラフと値域 ②②②②②

(1) 関数 $y=\sqrt{2x+3}$ のグラフをかけ。また，この関数の定義域が $0\leqq x\leqq 3$ であるとき，値域を求めよ。

(2) 関数 $y=\sqrt{4-x}$ の定義域が $a\leqq x\leqq b$ であるとき，値域が $1\leqq y\leqq 2$ となるように定数 $a$，$b$ の値を定めよ。

p.18 基本事項 2

(1) 無理関数 $y=\sqrt{ax+b}$ のグラフをかくには，まず $\sqrt{ax+b}$ を $\sqrt{a(x-p)}$ の形に変形。

なお，無理関数の **定義域は ($\sqrt{\ \ }$ の中)$\geqq 0$ となる $x$ の値全体** である。

また，値域は **グラフから判断** する。その際，**定義域の端における $y$ の値に注意** する。

$a>0$：$y=\sqrt{ax}$，$y=-\sqrt{ax}$，$\sqrt{a}$，$-\sqrt{a}$，O，1，$x$

$a<0$：$y=\sqrt{ax}$，$y=-\sqrt{ax}$，$\sqrt{-a}$，$-\sqrt{-a}$，$-1$，O，$x$

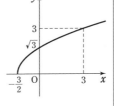

(2) 関数 $y=\sqrt{4-x}=\sqrt{-(x-4)}$ は単調に減少するから，左端 $x=a$ で最大，右端 $x=b$ で最小となる。関数の定義域に注意する。

**CHART** 関数の値域　グラフ利用　定義域の端に注意

**解答**

(1) $\sqrt{2x+3}=\sqrt{2\left(x+\dfrac{3}{2}\right)}$ であるから，$y=\sqrt{2x+3}$ のグラフは，$y=\sqrt{2x}$ のグラフを $x$ 軸方向に $-\dfrac{3}{2}$ だけ平行移動したもので，**右の図** のようになる。

また　$x=0$ のとき　$y=\sqrt{3}$

　　　$x=3$ のとき　$y=3$

よって，求める値域は，図から　$\boldsymbol{\sqrt{3}\leqq y\leqq 3}$

(2) 関数 $y=\sqrt{4-x}=\sqrt{-(x-4)}$ は $a\leqq x\leqq b$ の範囲において単調に減少するから，その値域は　$\sqrt{4-b}\leqq y\leqq\sqrt{4-a}$

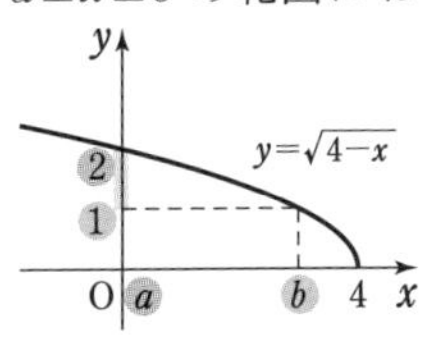


よって，$1\leqq y\leqq 2$ であるための条件は　$\sqrt{4-a}=2$，$\sqrt{4-b}=1$

両辺を平方して

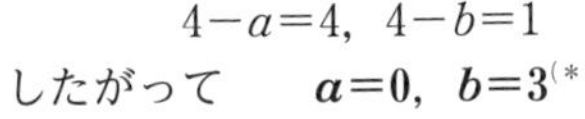

$4-a=4$，$4-b=1$

したがって　$\boldsymbol{a=0}$，$\boldsymbol{b=3}$ (*)

◀ $\sqrt{a(x-p)}$ の形に変形。**$y=\sqrt{a(x-p)}$ のグラフは，$y=\sqrt{ax}$ のグラフを $x$ 軸方向に $p$ だけ平行移動したもの。**

◀ 関数 $y=\sqrt{2x+3}$ は単調に増加するから，$0\leqq x\leqq 3$ の範囲において $x=3$ で最大，$x=0$ で最小となる。

◀ $y=\sqrt{a(x-p)}$ の形に変形。

(＊) $y=\sqrt{4-x}$ の定義域は $4-x\geqq 0$ から　$x\leqq 4$
範囲 $0\leqq x\leqq 3$ は範囲 $x\leqq 4$ 内にある。

**練習 6** ②

(1) 次の関数のグラフをかけ。また，値域を求めよ。

(ア) $y=\sqrt{3x-4}$　(イ) $y=\sqrt{-2x+4}$ $(-2\leqq x\leqq 1)$　(ウ) $y=\sqrt{2-x}-1$

(2) 関数 $y=\sqrt{2x+4}$ $(a\leqq x\leqq b)$ の値域が $1\leqq y\leqq 3$ であるとき，定数 $a$，$b$ の値を求めよ。

p.23 EX 4

## 基本例題 7 無理関数のグラフと直線の共有点，無理不等式

$y=\sqrt{2x-3}$ …… ① と $y=x-3$ …… ② について
(1) 2 つの関数のグラフの共有点の座標を求めよ。
(2) 不等式 $\sqrt{2x-3}>x-3$ を満たす $x$ の値の範囲を求めよ。 基本 3，6

**指針** (1) **共有点 ⟺ 実数解**　$y$ を消去した方程式 $\sqrt{2x-3}=x-3$ を解く。
両辺を平方して，多項式の方程式に直すとよい。ただし，平方して得られる多項式の方程式の解が，**もとの方程式を満たすかどうか** を必ず確認する。
(2) **不等式 ⟺ 上下関係**
関数 $y=\sqrt{2x-3}$ のグラフと直線 $y=x-3$ の上下関係に着目する。
なお，無理式を含む方程式・不等式を，**無理方程式・無理不等式** という。

**CHART** 無理不等式の解　グラフの上下関係から判断

**解答**
(1) $\sqrt{2x-3}=x-3$ …… ③
とし，両辺を平方すると
$2x-3=(x-3)^2$ …… (＊)
整理して　$x^2-8x+12=0$
ゆえに　$(x-2)(x-6)=0$
よって　$x=2,\ 6$
$x=2$ は ③ を満たさないから，③ の解ではない。
$x=6$ は ③ を満たし，このとき　$y=3$
したがって，共有点の座標は
**(6, 3)**

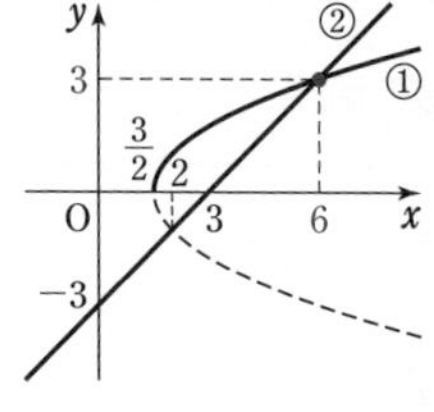


(2) ① のグラフが直線 ② の上側にあるような $x$ の値の範囲は，
右の図から　$\boldsymbol{\frac{3}{2} \leqq x<6}$

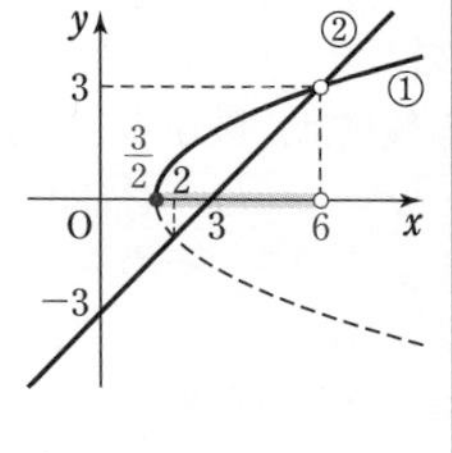


**注意** 関数 $y=\sqrt{2x-3}$ の定義域は，$2x-3 \geqq 0$ を解いて
$x \geqq \frac{3}{2}$
このことを忘れないように。

**検討**
$A=B \Longrightarrow A^2=B^2$ は成り立つが，$A^2=B^2 \Longrightarrow A=B$ は成り立たない。
なぜなら，$A^2=B^2$ からは
$(A+B)(A-B)=0$
で，$A=B$ 以外に $A=-B$ の解も含まれるからである。
左の解答では，(＊) ⟹ ③ が成り立つとは限らないから，(＊)から得られる解が，③ の解であるとは限らない。

**参考** (1)について，次ページの 検討 [1]
$\sqrt{A}=B \Leftrightarrow A=B^2,\ B \geqq 0$
を用いてもよい。つまり，方程式(＊)の解のうち，$x-3 \geqq 0$ を満たすものを，解として採用してもよい。

**練習 7** ② (1) 直線 $y=8x-2$ と関数 $y=\sqrt{16x-1}$ のグラフの共有点の座標を求めよ。
(2) 次の不等式を満たす $x$ の値の範囲を求めよ。
(ア) $\sqrt{3-x}>x-1$　(イ) $x+2 \leqq \sqrt{4x+9}$　(ウ) $\sqrt{x}+x<6$
〔(1) 類 関東学院大〕

# 基本例題 8 無理方程式・無理不等式の代数的な解法

次の方程式，不等式を解け。

(1) $\sqrt{x^2-1}=x+3$　　(2) $\sqrt{25-x^2}>3x-5$

基本 7

**指針** ここでは，グラフを用いずに代数的な方法で解く。平方して $\sqrt{\quad}$ をはずす 方針となるが，$\sqrt{A}$ に対し $\sqrt{A}\geqq 0$，$A\geqq 0$ であることに注意する。

(1) 前ページの基本例題 **7** (1) と同様。両辺を平方した方程式の解が最初の方程式を満たすかどうかを確認するようにする。

(2) まず，($\sqrt{\quad}$ 内の式)$\geqq 0$ から，$x$ の値の範囲を絞る。次に，$3x-5<0$，$3x-5\geqq 0$ で場合分け。$A\geqq 0$，$B\geqq 0$ のとき $A>B \Longleftrightarrow A^2>B^2$ が成り立つ。

**解答**

(1) 方程式の両辺を平方して　$x^2-1=(x+3)^2$

これを解くと　$\boldsymbol{x=-\frac{5}{3}}$

これは与えられた方程式を満たすから，解である。

(2) $25-x^2\geqq 0$ であるから　$(x+5)(x-5)\leqq 0$

よって　$-5\leqq x\leqq 5$ ……①

[1] $3x-5<0$ すなわち ① から $-5\leqq x<\frac{5}{3}$ ……② のとき

$\sqrt{25-x^2}\geqq 0$ であるから，与えられた不等式は成り立つ。

[2] $3x-5\geqq 0$ すなわち ① から $\frac{5}{3}\leqq x\leqq 5$ ……③ のとき

不等式の両辺は負ではないから，平方して

$$25-x^2>(3x-5)^2$$

整理して　$x^2-3x<0$　　ゆえに　$0<x<3$

よって，③ から　$\frac{5}{3}\leqq x<3$ ……④

求める解は，②，④ を合わせた範囲で　$\boldsymbol{-5\leqq x<3}$

**参考** グラフの利用。

(1) $y=\sqrt{x^2-1}$ … Ⓐ とすると，$y\geqq 0$ で，$y^2=x^2-1$ から　$x^2-y^2=1$　よって，Ⓐ は双曲線 $x^2-y^2=1$ の $y\geqq 0$ の部分を表す。

(2) 同様に考えると，$y=\sqrt{25-x^2}$ … Ⓑ は円 $x^2+y^2=25$ の $y\geqq 0$ の部分を表す。

これらのことを利用すると，グラフを用いて解を求めることもできる。例えば，(2) では，次の図でグラフの上下関係に注目する。

(2)

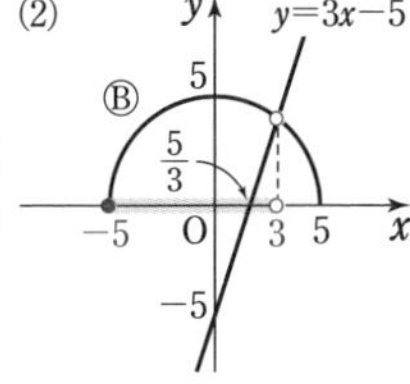


**検討** **無理方程式・無理不等式に関する同値関係**

一般に，次の同値関係が成り立つ。

[1] $\sqrt{A}=B \Longleftrightarrow A=B^2,\ B\geqq 0$　　◀ $A=B^2$ が成り立てば $A\geqq 0$

[2] $\sqrt{A}<B \Longleftrightarrow A<B^2,\ A\geqq 0,\ B>0$

[3] $\sqrt{A}>B \Longleftrightarrow (B\geqq 0,\ A>B^2)$ または $(B<0,\ A\geqq 0)$

(1) は [1]，(2) は [3] を利用して解くこともできる。例えば，(1) は，$x^2-1=(x+3)^2$ から求めた $x$ の値が $x+3\geqq 0$ を満たすかどうかを調べるだけでもよい。

**練習 ③ 8** 次の方程式，不等式を解け。　〔(1) 千葉工大，(3) 学習院大〕

(1) $\sqrt{x+3}=|2x|$　　(2) $\sqrt{4-x^2}\leqq 2(x-1)$　　(3) $\sqrt{4x-x^2}>3-x$

p.23 EX 5

## 基本 例題 9 無理方程式の実数解の個数 ①①①①①

方程式 $2\sqrt{x-1}=\frac{1}{2}x+k$ の実数解の個数を，定数 $k$ の値によって調べよ。

〔類　広島修道大〕

基本 5，7

指針 $p.17$ 基本例題 **5** と方針は同じ。 **実数解の個数 ⟺ 共有点の個数** に注目し，
$y=2\sqrt{x-1}$ …… ① のグラフと直線 $y=\frac{1}{2}x+k$ …… ② の共有点の個数を調べる。
それには，**直線 ② を $y$ 切片 $k$ の値に応じて 平行移動** し，① のグラフとの共有点の個数を調べるとよい。特に，直線 ② が ① のグラフに接するときや，① のグラフの端点を通るときの $k$ の値に注目。

**解答**

$y=2\sqrt{x-1}$ …… ①，

$y=\frac{1}{2}x+k$ …… ②

とすると，① のグラフと直線 ② の共有点の個数が，与えられた方程式の実数解の個数に一致する。

◀ $y=2\sqrt{x-1}$ の定義域は $x-1\geqq 0$ から　$x\geqq 1$
また，値域は　$y\geqq 0$

◀ ① のグラフは $y=2\sqrt{x}$ のグラフを $x$ 軸方向に 1 だけ平行移動したもの。

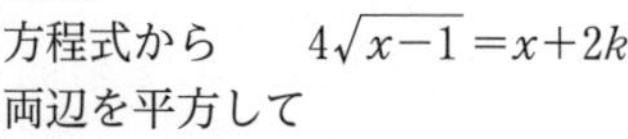

方程式から　　$4\sqrt{x-1}=x+2k$

◀ 方程式の両辺に 2 を掛けた。

両辺を平方して

$$16(x-1)=(x+2k)^2$$

整理すると　　$x^2+2(2k-8)x+4k^2+16=0$

判別式を $D$ とすると

$$\frac{D}{4}=(2k-8)^2-(4k^2+16)=-32k+48=-16(2k-3)$$

◀ ① のグラフと直線 ② が接するときの $k$ の値を調べる。

$D=0$ とすると　　$2k-3=0$　　　ゆえに　　$k=\frac{3}{2}$

このとき，① のグラフと直線 ② は接する。

◀ 接する ⟺ 重解

また，直線 ② が ① のグラフの端の点 $(1,\ 0)$ を通るとき

$$0=\frac{1}{2}+k \quad \text{すなわち} \quad k=-\frac{1}{2}$$

したがって，求める実数解の個数は

$-\frac{1}{2}\leqq k<\frac{3}{2}$　　のとき　**2 個**；

$k<-\frac{1}{2}$，$k=\frac{3}{2}$ のとき　**1 個**；

$\frac{3}{2}<k$　　　のとき　**0 個**

注意　判別式 $D$ の符号だけから，直ちに実数解の個数を判断してはいけない。グラフをかいて，$k$ の値の変化に伴う直線の移動のようすを正確につかむこと。

練習 ③ **9**　方程式 $\sqrt{2x+1}=x+k$ の実数解の個数を，定数 $k$ の値によって調べよ。

〔類　九州共立大〕　p.23 EX6

## EXERCISES





②1 座標平面上において，直線 $y=x$ に関して，曲線 $y=\dfrac{2}{x+1}$ と対称な曲線を $C_1$ とし，直線 $y=-1$ に関して，曲線 $y=\dfrac{2}{x+1}$ と対称な曲線を $C_2$ とする。曲線 $C_2$ の漸近線と曲線 $C_1$ との交点の座標をすべて求めよ。〔関西大〕

→2

③2 関数 $y=\dfrac{ax+b}{2x+1}$ …… ① のグラフは点 $(1,\ 0)$ を通り，直線 $y=1$ を漸近線にもつ。

(1) 定数 $a$，$b$ の値を求めよ。

(2) $a$，$b$ が (1) で求めた値をとるとき，不等式 $\dfrac{ax+b}{2x+1}>x-2$ を解け。〔成蹊大〕

→2～4

③3 (1) 方程式 $\dfrac{1}{x}+\dfrac{1}{x-1}+\dfrac{1}{x-2}+\dfrac{1}{x-3}=0$ を解け。〔昭和女子大〕

(2) 不等式 $\log_2 256x>3\log_{2x}x$ を，$\log_2 x=a$ とおくことにより解け。〔類 法政大〕

→3, 4

②4 $-4\leqq x\leqq a$ のとき，$y=\sqrt{9-4x}+b$ の最大値が 6，最小値が 4 であるとする。このとき，$a=$ ア□，$b=$ イ□ である。

→6

③5 次の方程式，不等式を解け。〔(1) 福島大，(2) 芝浦工大〕

(1) $x=\sqrt{2+\sqrt{x^2-2}}$　　(2) $\sqrt{9x-18}\leqq\sqrt{-x^2+6x}$

→8

③6 (1) 直線 $y=ax+1$ が曲線 $y=\sqrt{2x-5}-1$ に接するように，定数 $a$ の値を定めよ。

(2) 方程式 $\sqrt{2x-5}-1=ax+1$ の実数解の個数を求めよ。ただし，重解は 1 個とみなす。〔広島文教女子大〕

→9

1 曲線 $f(x,\ y)=0$ を直線 $y=x$ に関して対称移動した曲線の方程式は $f(y,\ x)=0$
また，曲線 $C_2$ については，曲線 $y=\dfrac{2}{x+1}+1$ の $x$ 軸に関する対称移動を考える。

2 (1) 通る点の条件から，$a$，$b$ 一方の文字を消去する。

3 (1) 与式を通分。 (2) まず，右辺の底を 2 に統一する。**真数は正** という条件にも注意。

4 $y=\sqrt{9-4x}+b$ は減少関数であることに着目する。

5 (根号内の式)$\geqq 0$ に注意。

6 (2) グラフで考える。直線 $y=ax+1$ は，常に点 $(0,\ 1)$ を通ることに着目。

# 2 逆関数と合成関数

## 基本事項

**1 逆関数**　$x$ の関数 $y=f(x)$ において，$y$ の値を定めると，$x$ の値がただ 1 つ定まるとき，すなわち，$x$ が $y$ の関数として $\boldsymbol{x=g(y)}$ と表されるとき，その変数 $x$ と $y$ を入れ替えて $y=g(x)$ としたものを $y=f(x)$ の **逆関数** といい，$\boldsymbol{f^{-1}(x)}$ で表す。

**2 逆関数の性質**　関数 $f(x)$ の逆関数 $f^{-1}(x)$ について

0　$\boldsymbol{b=f(a) \Longleftrightarrow a=f^{-1}(b)}$

1　**$f(x)$ と $f^{-1}(x)$ とでは，定義域と値域が入れ替わる。**

2　**$y=f(x)$ と $y=f^{-1}(x)$ のグラフは，直線 $y=x$ に関して対称である。**

**3 合成関数**　2 つの関数 $y=f(x)$，$z=g(y)$ があり，$f(x)$ の値域が $g(y)$ の定義域に含まれているとき，$g(y)$ に $y=f(x)$ を代入して得られる関数 $z=g(f(x))$ を，$f(x)$ と $g(y)$ の **合成関数** といい，記号で $\boldsymbol{(g\circ f)(x)}$ と書くこともある。

すなわち　　$\boldsymbol{(g\circ f)(x)=g(f(x))}$

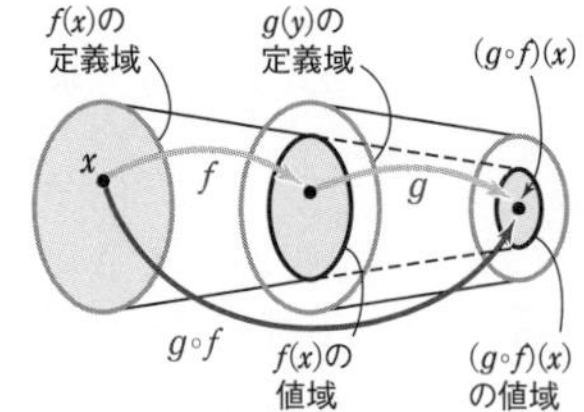


## 解　説

### ■ 逆関数

例　関数 $y=x+2$ …… Ⓐ は，$x$ に $x+2\,(=y)$ を対応させるものである。逆に $y$ の 1 つの値に対して $x$ の値が 1 つだけ定まるから，逆の対応 $y \longrightarrow x$ も関数である（Ⓐ より $x=y-2$ であるから，この対応は $y$ に $y-2$ を対応させる関数である）。

一般には，変数を $x$，関数を $y$ で表すから，$y=x-2$ と書き直して，これを関数 Ⓐ の逆関数という。

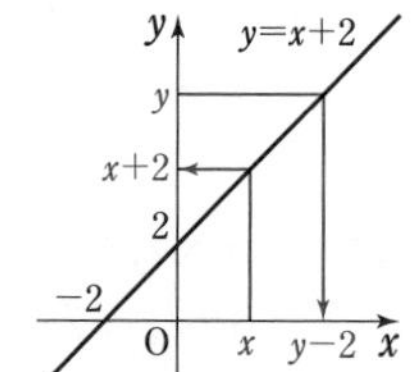


### ■ 逆関数の定義域・値域

$f^{-1}(x)$ は $f(x)$ の逆の対応であるから

$b=f(a) \Longleftrightarrow a=f^{-1}(b)$ …… Ⓑ　である。

また，$f^{-1}(x)$ の定義域は $f(x)$ の値域，

$f^{-1}(x)$ の値域は $f(x)$ の定義域　である。

◀$f^{-1}(x)$ は「$f$ インバース $x$」と読む。

### ■ 逆関数のグラフ

点 $\mathrm{P}(a,\ b)$ が関数 $y=f(x)$ のグラフ上にあれば $b=f(a)$ が成り立ち，Ⓑ より $a=f^{-1}(b)$ が成り立つから，点 $\mathrm{Q}(b,\ a)$ は関数 $y=f^{-1}(x)$ のグラフ上にある。ここで，右図からもわかるように，2 点 $\mathrm{P}(a,\ b)$ と $\mathrm{Q}(b,\ a)$ は，直線 $y=x$ に関して対称であるから，関数 $y=f(x)$，$y=f^{-1}(x)$ のグラフは **直線 $y=x$ に関して互いに対称** である。

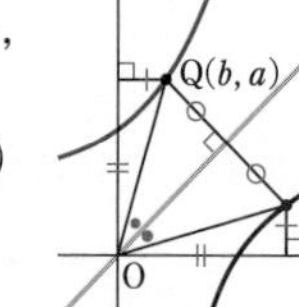

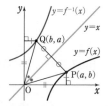

### ■ 合成関数

例　関数 $f(x)=x^2+1$，$g(x)=2x-1$ に対し，$y=f(x)$，$z=g(y)$ とすると，$f(x)$ の値域 $y \geqq 1$ は $g(y)$ の定義域（実数全体）に含まれ

$z=g(f(x))=2(x^2+1)-1=2x^2+1$　つまり　$(g\circ f)(x)=2x^2+1$

**注意**　一般に $\boldsymbol{(g\circ f)(x)}$ と $\boldsymbol{(f\circ g)(x)}$ は一致しない。

## 基本例題 10 逆関数の求め方とそのグラフ

次の関数の逆関数を求めよ。また，そのグラフをかけ。

(1) $y=\dfrac{3}{x}+2\ (x>0)$　　(2) $y=\sqrt{-2x+4}$　　(3) $y=2^x+1$

p.24 基本事項 1，2　重要 13

**指針** **逆関数の求め方**　関数 $y=f(x)$ の逆関数を求める。

$y=f(x)$ →［$x$ について解く］→ $x=g(y)$ →［$x$ と $y$ を交換］→ $y=g(x)$

$x=g(y)$：↑この形を導く。　$y=g(x)$：↑これが求めるもの。

また　**($f^{-1}$ の定義域)=($f$ の値域)，($f^{-1}$ の値域)=($f$ の定義域)**　に注意。

**解答**

(1) $y=\dfrac{3}{x}+2\ (x>0)$ …… ① の値域は　$y>2$

① を $x$ について解くと，$y>2$ であるから　$x=\dfrac{3}{y-2}$

求める逆関数は，$x$ と $y$ を入れ替えて　$\boldsymbol{y=\dfrac{3}{x-2}\ (x>2)}$

グラフは，**図 (1) の実線部分。**

(2) $y=\sqrt{-2x+4}$ …… ① の値域は　$y\geqq 0$

① を $x$ について解くと，$y^2=-2x+4$ から

$$x=-\frac{1}{2}y^2+2$$

求める逆関数は，$x$ と $y$ を入れ替えて

$$\boldsymbol{y=-\frac{1}{2}x^2+2\ (x\geqq 0)}$$

グラフは，**図 (2) の実線部分。**

(3) $y=2^x+1$ …… ① の値域は　$y>1$

① を $x$ について解くと，$2^x=y-1$ から　$x=\log_2(y-1)$

求める逆関数は，$x$ と $y$ を入れ替えて　$\boldsymbol{y=\log_2(x-1)}$

グラフは，**図 (3) の実線部分。**

◀まず，与えられた関数 ① の値域を調べる。

◀$xy=3+2x$ から $(y-2)x=3$
$y>2$ であるから，両辺を $y-2$ で割ってよい。
また，**逆関数の定義域はもとの関数 ① の値域である。**

| $f(x)$ | | $f^{-1}(x)$ |
|---|---|---|
| 定義域 | ＝ | 値域 |
| 値域 | ＝ | 定義域 |

◀$x\geqq 0$ を忘れないように！

◀$\log_2 2^x=x$

◀定義域は　$x>1$

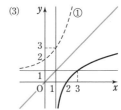

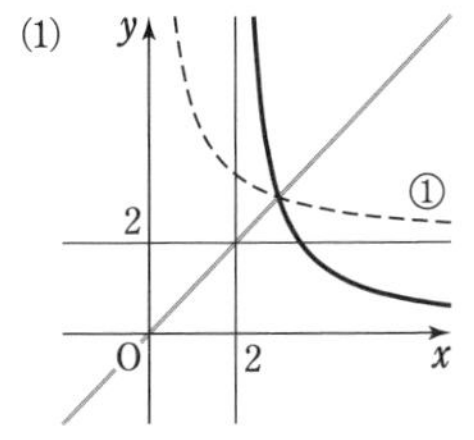


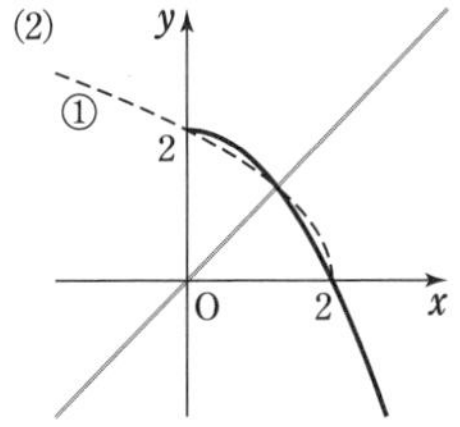


(3)

**練習 10**　次の関数の逆関数を求めよ。また，そのグラフをかけ。　〔(2) 類 中部大〕

(1) $y=-2x+1$　　(2) $y=\dfrac{x-2}{x-3}$　　(3) $y=-\dfrac{1}{2}(x^2-1)\ (x\geqq 0)$

(4) $y=-\sqrt{2x-5}$　　(5) $y=\log_3(x+2)\ (1\leqq x\leqq 7)$

p.32 EX 7

## 基本例題 11 逆関数がもとの関数と一致する条件

$a$, $b$ は定数で, $ab \neq 1$ とする。関数 $y=\dfrac{bx+1}{x+a}$ …… ① の逆関数が, もとの関数と一致するための条件を求めよ。 〔奈良大〕

↗基本 10

**指針** 2つの $x$ の関数 $f(x)$, $g(x)$ が一致する(等しい)とは

[1] **定義域が一致する**

[2] **定義域のすべての $x$ の値に対して　$f(x)=g(x)$**

が成り立つことである。この問題では, $f^{-1}(x)=f(x)$ が **定義域で恒等式** となるための必要十分条件を求める。

**解答**

$$\frac{bx+1}{x+a}=\frac{b(x+a)+1-ab}{x+a}=\frac{1-ab}{x+a}+b$$

したがって, ① の値域は　$y \neq b$

① から　$y(x+a)=bx+1$　ゆえに　$x(y-b)=-ay+1$

$y \neq b$ であるから　$x=\dfrac{-ay+1}{y-b}$

よって, ① の逆関数は　$y=\dfrac{-ax+1}{x-b}$ $(x \neq b)$ …… ②

① と ② が一致するための条件は,

$\dfrac{bx+1}{x+a}=\dfrac{-ax+1}{x-b}$ … ③ が $x$ の恒等式となることである。

③ の分母を払って　$(bx+1)(x-b)=(-ax+1)(x+a)$

$x$ について整理すると　$(a+b)\{x^2+(a-b)x-1\}=0$

これが $x$ の恒等式であるから

$\boldsymbol{a+b=0}$ (すなわち $b=-a$)

このとき, ① と ② の定義域はともに $x \neq -a$ となり一致する。

別解 **定義域が一致することに着目した解法。**

$f(x)=\dfrac{bx+1}{x+a}$ とする。

$f(x)$ の値域は $y \neq b$ であるから, 逆関数 $f^{-1}(x)$ の定義域は

$x \neq b$

$f^{-1}(x)=f(x)$ であるとき, $f(x)$ の定義域 $x \neq -a$ が $x \neq b$ に一致するから

$\boldsymbol{-a=b}$ (必要条件)

このとき,

$f(x)=\dfrac{-ax+1}{x+a}$ の逆関数は $f(x)$ に一致する (十分条件)。

◀この確認を忘れずに!

**検討** **「1対1の関数」という表現について**

関数 $y=f(x)$ において, 異なる $x$ の値に対し, 異なる $y$ の値が対応しているとき [すなわち $\boldsymbol{x_1 \neq x_2}$ **ならば** $\boldsymbol{f(x_1) \neq f(x_2)}$ のとき], 関数 $f(x)$ は **1対1** であるという。

**$f(x)$ が1対1の関数であるとき, $f(x)$ の逆関数が存在する。**

なお, 上の例題の $ab \neq 1$ という条件は, 関数 ① が1対1であるためのものである。もし, $ab=1$ とすると $y=b$ (定数関数) となり, ① は1対1の関数ではなくなるから, 逆関数は存在しないことになる。

**練習** ③ **11**

(1) $a \neq 0$ とする。関数 $f(x)=2ax-5a^2$ について, $f^{-1}(x)$ と $f(x)$ が一致するような定数 $a$ の値を求めよ。

(2) 関数 $y=\dfrac{ax+b}{x+2}$ $(b \neq 2a)$ のグラフは点 $(1,\ 1)$ を通り, また, この関数の逆関数はもとの関数と一致する。定数 $a$, $b$ の値を求めよ。 〔(2) 文化女子大〕

p.32 EX 8, 9↘

# 基本例題 12 関数とその逆関数のグラフの共有点 (1)

$f(x)=\sqrt{x+1}-1$ の逆関数を $f^{-1}(x)$ とするとき，$y=f(x)$ のグラフと $y=f^{-1}(x)$ のグラフの共有点の座標を求めよ。

基本 10

**指針** **共有点 ⟺ 実数解** 逆関数 $f^{-1}(x)$ を求め，方程式 $f(x)=f^{-1}(x)$ を解いて共有点の $x$ 座標を求める方法が思いつくが，これは計算が大変になることも多い。
そこで，**$y=f(x)$ のグラフと $y=f^{-1}(x)$ のグラフは直線 $y=x$ に関して対称である** ことを利用するとよい。つまり，**$y=f(x)$，$y=f^{-1}(x)$ のグラフの図をかいて**，共有点が直線 $y=x$ 上のみにあることを確認し，方程式 $f(x)=x$ を解く。



**解答**

$y=\sqrt{x+1}-1$ …… ① とすると　$x \geqq -1$，$y \geqq -1$

◀ $f(x)$ の定義域，値域を調べておく。

① から　$\sqrt{x+1}=y+1$

よって，$x+1=(y+1)^2$ から　$x=(y+1)^2-1$

$x$ と $y$ を入れ替えて　$y=(x+1)^2-1$，$x \geqq -1$

すなわち　$f^{-1}(x)=(x+1)^2-1$，$x \geqq -1$

$y=f(x)$ のグラフと $y=f^{-1}(x)$ のグラフは直線 $y=x$ に関して対称であり，図から，これらのグラフの共有点は直線 $y=x$ 上のみにある。

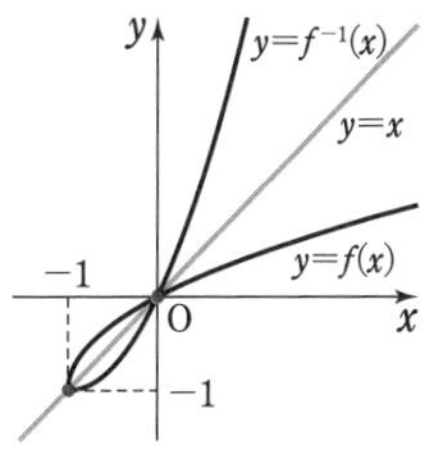


よって，$f(x)=x$ とすると　$\sqrt{x+1}-1=x$

◀ $f^{-1}(x)=x$ を解いてもよい。

ゆえに　$\sqrt{x+1}=x+1$

両辺を平方して　$x+1=(x+1)^2$

◀ $(x+1)\{(x+1)-1\}=0$ から　$x(x+1)=0$

これを解くと　$x=0,\ -1$

これらの $x$ の値は $x \geqq -1$ を満たす。

したがって，求める共有点の座標は　**$(0,\ 0)$，$(-1,\ -1)$**

別解　$f(x)=f^{-1}(x)$ とすると　$\sqrt{x+1}-1=(x+1)^2-1$

◀ 方程式 $f(x)=f^{-1}(x)$ を解く方針。

ゆえに　$\sqrt{x+1}=(x+1)^2$

両辺を平方すると　$x+1=(x+1)^4$

よって　$(x+1)\{(x+1)^3-1\}=0$　　ゆえに　$x(x+1)(x^2+3x+3)=0$

$x \geqq -1$ であることと，$x^2+3x+3=\left(x+\dfrac{3}{2}\right)^2+\dfrac{3}{4}>0$ から　$x=0,\ -1$

$x=0$ のとき　$y=0$，　$x=-1$ のとき　$y=-1$

したがって，求める共有点の座標は　**$(0,\ 0)$，$(-1,\ -1)$**

**注意** **$y=f(x)$ のグラフと $y=f^{-1}(x)$ のグラフの共有点は，直線 $y=x$ 上だけにあるとは限らない。**

例えば，$p.25$ 基本例題 10 (2) の結果から，$y=\sqrt{-2x+4}$ と $y=-\dfrac{1}{2}x^2+2\ (x \geqq 0)$ は互いに逆関数であるが，この 2 つの関数のグラフの共有点には，直線 $y=x$ 上の点以外に，点 $(2,\ 0)$，点 $(0,\ 2)$ がある。

**練習 ③ 12** $f(x)=-\dfrac{1}{2}x^2+2\ (x \leqq 0)$ の逆関数を $f^{-1}(x)$ とするとき，$y=f(x)$ のグラフと $y=f^{-1}(x)$ のグラフの共有点の座標を求めよ。

# 重要例題 13 関数とその逆関数のグラフの共有点 (2)

$f(x)=x^2-2x+k\ (x\geqq 1)$ の逆関数を $f^{-1}(x)$ とする。$y=f(x)$ のグラフと $y=f^{-1}(x)$ のグラフが異なる 2 点を共有するとき，定数 $k$ の値の範囲を求めよ。

基本 10

**指針** 逆関数 $f^{-1}(x)$ を求め，方程式 $f(x)=f^{-1}(x)$ が異なる 2 つの実数解をもつ条件を考えてもよいが，無理式が出てくるので処理が煩雑になる。ここでは，逆関数の性質を利用して，次のように考えてみよう。

**共有点の座標を $(x,\ y)$ とすると，**$y=f(x)$ かつ $y=f^{-1}(x)$ である。
ここで，性質 $y=f^{-1}(x) \Longleftrightarrow x=f(y)$ に着目し，連立方程式 $y=f(x)$，$x=f(y)$ が異なる 2 つの実数解(の組)をもつ条件を考える。$x$，$y$ の範囲にも注意。

**解答**

共有点の座標を $(x,\ y)$ とすると

$$y=f(x) \text{ かつ } y=f^{-1}(x)$$

$y=f^{-1}(x)$ より $x=f(y)$ であるから，次の連立方程式を考える。

$$y=x^2-2x+k\ (x\geqq 1) \quad \cdots\cdots ①,$$
$$x=y^2-2y+k\ (y\geqq 1)\text{Ⓐ} \quad \cdots\cdots ②$$

① − ② から　$y-x=(x+y)(x-y)-2(x-y)$

したがって　$(x-y)(x+y-1)=0$

$x\geqq 1$，$y\geqq 1$ であるから　$x+y-1\geqq 1$　ゆえに　$x=y$

よって，求める条件は，$x=x^2-2x+k$ すなわち $x^2-3x+k=0$ が $x\geqq 1$ の異なる 2 つの実数解をもつことである。Ⓑ

すなわち，$g(x)=x^2-3x+k$ とし，$g(x)=0$ の判別式を $D$ とすると，次のことが同時に成り立つ。

[1]　$D>0$
[2]　$y=g(x)$ の軸が $x>1$ の範囲にある
[3]　$g(1)\geqq 0$

[1]　$D=(-3)^2-4\cdot 1\cdot k=9-4k$
よって　$9-4k>0$　ゆえに　$k<\dfrac{9}{4}$ …… ③

[2]　軸は直線 $x=\dfrac{3}{2}$ で，$\dfrac{3}{2}>1$ である。

[3]　$g(1)\geqq 0$ から　$1^2-3\cdot 1+k\geqq 0$
よって　$k\geqq 2$ …… ④

③，④ の共通範囲をとって　$\boldsymbol{2\leqq k<\dfrac{9}{4}}$

**参考** $y=x^2-2x+k$ とすると

$$x^2-2x+k-y=0$$

よって

$$x=1\pm\sqrt{1^2-(k-y)}$$

$x\geqq 1$ から

$$x=\sqrt{y-k+1}+1$$

$x$ と $y$ を入れ替えて，逆関数は

$$f^{-1}(x)=\sqrt{x-k+1}+1$$

Ⓐ　逆関数 $f^{-1}(x)$ の値域は，関数 $f(x)$ の定義域と一致するから　$y\geqq 1$

Ⓑ　放物線と $x$ 軸が $x\geqq 1$ の範囲の異なる 2 点で交わる条件と同じ。

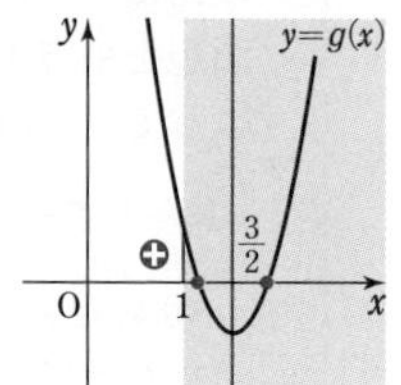


**練習 ④ 13**　$a>0$ とし，$f(x)=\sqrt{ax-2}-1\left(x\geqq \dfrac{2}{a}\right)$ とする。関数 $y=f(x)$ のグラフとその逆関数 $y=f^{-1}(x)$ のグラフが異なる 2 点を共有するとき，$a$ の値の範囲を求めよ。

p.32 EX 10

## 基本 例題 14 合成関数の求め方など

(1) $f(x)=x+2$, $g(x)=2x-1$, $h(x)=-x^2$ とするとき

(ア) $(g\circ f)(x)$, $(f\circ g)(x)$ を求めよ。

(イ) $(h\circ(g\circ f))(x)=((h\circ g)\circ f)(x)$ を示せ。

(2) 2つの関数 $f(x)=x^2-2x+3$, $g(x)=\dfrac{1}{x}$ について，合成関数 $(g\circ f)(x)$ の値域を求めよ。

p.24 基本事項 3 重要 15, 16

**指針** (1) (ア) $(g\circ f)(x)=g(f(x))$, $(f\circ g)(x)=f(g(x))$ として計算。

(イ) $h\circ(g\circ f)$ は，$g\circ f$ を $k$ とすると $h\circ k$ である。(ア)の結果を利用する。

(2) $(g\circ f)(x)=g(f(x))=\dfrac{1}{f(x)}$　まず，$f(x)$ の値域を調べる。

**解答**

(1) (ア) $(g\circ f)(x)=g(f(x))=2f(x)-1=2(x+2)-1$
$=\mathbf{2x+3}$

$(f\circ g)(x)=f(g(x))=g(x)+2=(2x-1)+2=\mathbf{2x+1}$

(イ) $(g\circ f)(x)=2x+3$ から　$(h\circ(g\circ f))(x)=-(2x+3)^2$

また　$(h\circ g)(x)=-(2x-1)^2$

よって　$((h\circ g)\circ f)(x)=-\{2(x+2)-1\}^2=-(2x+3)^2$

したがって　$(h\circ(g\circ f))(x)=((h\circ g)\circ f)(x)$

(2) $(g\circ f)(x)=g(f(x))=\dfrac{1}{x^2-2x+3}=\dfrac{1}{(x-1)^2+2}$

$y=(g\circ f)(x)$ の定義域は実数全体であるから

$(x-1)^2+2\geqq 2$　ゆえに　$0<\dfrac{1}{(x-1)^2+2}\leqq\dfrac{1}{2}$

よって，$y=(g\circ f)(x)$ の値域は　$\mathbf{0<y\leqq\dfrac{1}{2}}$

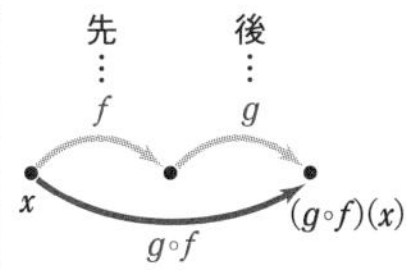


$(g\circ f)(x)=g(f(x))$
└ この順序に注意！

◀(分母)$=0$ となる $x$ はない。

◀$A\geqq B>0$ のとき
$0<\dfrac{1}{A}\leqq\dfrac{1}{B}$

**検討**

**合成関数に関する交換法則と結合法則，恒等関数**

一般に，関数の合成に関しては，上の解答(1)のように

$(g\circ f)(x)\neq(f\circ g)(x)$,　$(h\circ(g\circ f))(x)=((h\circ g)\circ f)(x)$　である。

つまり，**交換法則は成り立たないが，結合法則は成り立つ**。なお，結合法則が成り立つから，$h\circ(g\circ f)$ を単に $h\circ g\circ f$ と書くこともある。

また，関数 $f(x)$ が逆関数をもつとき，$y=f(x)\iff x=f^{-1}(y)$ であるから

$(f^{-1}\circ f)(x)=f^{-1}(f(x))=f^{-1}(y)=x$

同様にして，$(f\circ f^{-1})(y)=y$ が成り立つ。

つまり　$\mathbf{(f^{-1}\circ f)(x)=(f\circ f^{-1})(x)=x}$　である。

◀変数 $x$ に $x$ 自身を対応させる関数を**恒等関数** という。

**練習 ② 14**

(1) $f(x)=x-1$, $g(x)=-2x+3$, $h(x)=2x^2+1$ について，次のものを求めよ。

(ア) $(f\circ g)(x)$　(イ) $(g\circ f)(x)$　(ウ) $(g\circ g)(x)$

(エ) $((h\circ g)\circ f)(x)$　(オ) $(f\circ(g\circ h))(x)$

(2) 関数 $f(x)=x^2-2x$, $g(x)=-x^2+4x$ について，合成関数 $(g\circ f)(x)$ の定義域と値域を求めよ。

p.32 EX 11, 12

## 重要例題 15 合成関数が一致する条件

$a$, $b$, $c$, $k$ は実数の定数で，$a \neq 0$, $k \neq 0$ とする。2 つの関数 $f(x)=ax^3+bx+c$, $g(x)=2x^2+k$ に対して，合成関数に関する等式 $g(f(x))=f(g(x))$ がすべての $x$ について成り立つとする。このとき，$a$, $b$, $c$, $k$ の値を求めよ。

〔類 東京理科大〕

基本 14

**指針** 等式 ● はすべての $x$ について成り立つ ⟶ ● は $x$ の **恒等式**。
$g(f(x))$, $f(g(x))$ をそれぞれ求め，等式 $g(f(x))=f(g(x))$ の左辺と右辺の **係数を比較** する。

**CHART** 恒等式　展開して係数を比較

**解答**

$g(f(x))=f(g(x))$ が成り立つから

$$2(ax^3+bx+c)^2+k=a(2x^2+k)^3+b(2x^2+k)+c$$

ゆえに　$2(a^2x^6+b^2x^2+c^2+2abx^4+2bcx+2cax^3)+k$
$=a(8x^6+12kx^4+6k^2x^2+k^3)+2bx^2+bk+c$

よって　$2a^2x^6+4abx^4+4cax^3+2b^2x^2+4bcx+2c^2+k$
$=8ax^6+12akx^4+(6ak^2+2b)x^2+ak^3+bk+c$　…… Ⓐ

◀両辺を $x$ について整理。

これが $x$ の恒等式であるから，両辺の係数を比較して

◀係数比較法。

$2a^2=8a$ …… ①, $4ab=12ak$ …… ②,
$4ca=0$ …… ③, $2b^2=6ak^2+2b$ …… ④,
$4bc=0$ …… ⑤, $2c^2+k=ak^3+bk+c$ …… ⑥

① において，$a \neq 0$ であるから　$a=4$
ゆえに，③ から　$c=0$
このとき，⑤ は成り立つ。
$a=4$ と ② から　$b=3k$
よって，④ から　$18k^2=24k^2+6k$
$k \neq 0$ であるから　$k=-1$　ゆえに　$b=-3$
このとき，⑥ は成り立つ。
以上から　$\boldsymbol{a=4,\ b=-3,\ c=0,\ k=-1}$

◀文字 4 つに方程式 6 つで，方程式の数の方が多い。
①～④ を解いて，$a$, $b$, $c$, $k$ の値を求めることができるが，求めた値が ⑤, ⑥ を満たすことを忘れずに確認すること。

**参考** 求めた $a$, $b$, $c$, $k$ の値を Ⓐ の左辺または右辺に代入すると　$g(f(x))=f(g(x))=32x^6-48x^4+18x^2-1$

**練習 ③ 15** 3 次関数 $f(x)=x^3+bx+c$ に対し，$g(f(x))=f(g(x))$ を満たすような 1 次関数 $g(x)$ をすべて求めよ。

〔城西大〕

## 重要例題 16 分数関数を $n$ 回合成した関数 ④

$x \neq 1$，$x \neq 2$ のとき，関数 $f(x)=\dfrac{2x-3}{x-1}$ について，

$f_2(x)=f(f(x))$，$f_3(x)=f(f_2(x))$，……，$f_n(x)=f(f_{n-1}(x))$ $[n \geqq 3]$ とする。

このとき，$f_2(x)$，$f_3(x)$ を計算し，$f_n(x)$ $[n \geqq 2]$ を求めよ。

基本 14

**指針** $f_n(x)$ を求めるには，$f_2(x)$，$f_3(x)$，…… と順に求めて，その **規則性をつかむ**。
この問題では，$(f\circ f_k)(x)=x$，つまり $f_{k+1}(x)=x$ [恒等関数] となるものが出てくるから，$f_n(x)$ は $x$，$f(x)$，$f_2(x)$，……，$f_k(x)$ の繰り返しとなる。
なお，$f_2(x)$，$f_3(x)$，…… と順に求めた結果，$f_n(x)$ の式が具体的に **予想** できる場合は，予想したものを **数学的帰納法**（数学B）**で証明** する，という方針で進めるとよい（⟶ 下の **練習 16**）。

**解答**

$$f_2(x)=f(f(x))=\frac{2f(x)-3}{f(x)-1}=\frac{2\cdot\dfrac{2x-3}{x-1}-3}{\dfrac{2x-3}{x-1}-1}$$

◀分母・分子に $x-1$ を掛ける。

$$=\frac{2(2x-3)-3(x-1)}{2x-3-(x-1)}=\boldsymbol{\frac{x-3}{x-2}}$$

$$f_3(x)=f(f_2(x))=\frac{2\cdot\dfrac{x-3}{x-2}-3}{\dfrac{x-3}{x-2}-1}$$

◀分母・分子に $x-2$ を掛ける。

$$=\frac{2(x-3)-3(x-2)}{x-3-(x-2)}=\boldsymbol{x}$$

◀恒等関数。

よって　$f_4(x)=f(f_3(x))=f(x)$，
$f_5(x)=f(f_4(x))=f(f(x))=f_2(x)$，
$f_6(x)=f(f_5(x))=f(f_2(x))=f_3(x)$，
……

◀ $f_7(x)=f(x)$，$f_8(x)=f_2(x)$，$f_9(x)=f_3(x)$，……

ゆえに，$f_n(x)=f_{n-3}(x)$ $[n \geqq 5]$ が成り立つ。

**すなわち，$m$ を自然数とすると**

**$n=3m$ のとき　$f_n(x)=x$；**

**$n=3m+1$ のとき　$f_n(x)=\dfrac{2x-3}{x-1}$；**

**$n=2$，$3m+2$ のとき　$f_n(x)=\dfrac{x-3}{x-2}$**

**練習 16** ④ $x$ の関数 $f(x)=ax+1$ $(0<a<1)$ に対し，$f_1(x)=f(x)$，$f_2(x)=f(f_1(x))$，$f_3(x)=f(f_2(x))$，……，$f_n(x)=f(f_{n-1}(x))$ $[n \geqq 2]$ とするとき，$f_n(x)$ を求めよ。

# EXERCISES



②7 $x$ の関数 $f(x)=a-\dfrac{3}{2^x+1}$ を考える。ただし，$a$ は実数の定数である。

(1) $a=$□ のとき，$f(-x)=-f(x)$ が常に成り立つ。

(2) $a$ が (1) の値のとき，$f(x)$ の逆関数は $f^{-1}(x)=\log_2$□ である。

〔東京理科大〕 →10

②8 (1) 関数 $f(x)=\dfrac{3x+a}{x+b}$ について，$f^{-1}(1)=3$，$f^{-1}(-7)=-1$ のとき，定数 $a$，$b$ の値を求めよ。

(2) 関数 $y=\sqrt{ax+b}$ の逆関数が $y=\dfrac{1}{6}x^2-\dfrac{1}{2}$ $(x\geqq 0)$ となるとき，定数 $a$，$b$ の値を求めよ。 〔(2) 国士舘大〕 →11

③9 関数 $f(x)=\dfrac{ax+b}{cx+d}$ ($a$，$b$，$c$，$d$ は実数，$c\neq 0$) がある。

(1) $f(x)$ の逆関数 $f^{-1}(x)$ が存在するための条件を求めよ。

(2) (1) の条件が満たされるとき，常に $f^{-1}(x)=f(x)$ が成り立つための条件を求めよ。 →11

③10 関数 $f(x)=\dfrac{1}{6}x^3+\dfrac{1}{2}x+\dfrac{1}{3}$ の逆関数を $f^{-1}(x)$ とする。$y=f(x)$ のグラフと $y=f^{-1}(x)$ のグラフの共有点の座標を求めよ。 〔類 関東学院大〕 →12, 13

③11 (1) $f(x)=x^2+x+2$ および $g(x)=x-1$ のとき，合成関数 $f(g(x))$ を求めよ。

(2) $a$ を実数とするとき，$x$ の方程式 $f(g(x))+f(x)-|f(g(x))-f(x)|=a$ の実数解の個数を求めよ。 〔中央大〕 →14

④12 $f(x)=\dfrac{1}{1-x}$ $(x\neq 0)$ とする。

(1) $f(f(x))$ を求めよ。また，$y=f(f(x))$ のグラフの概形をかけ。

(2) 直線 $y=bx+a$ と曲線 $y=f(f(x))$ が共有点をもたないとき，点 $(a,\ b)$ の存在範囲を図示せよ。 〔類 中央大〕 →14

**HINT**

8 (1) $f^{-1}(x)$ を求めるのではなく，逆関数の性質 $b=f(a) \iff a=f^{-1}(b)$ であることを利用。

(2) $y=\sqrt{ax+b}$ の逆関数を求め，係数を比較。

9 (1) $f(x)$ が 1 対 1 の関数 ($p.26$ の 検討 参照) になること，ここでは，$f(x)$ が定数関数にならずに分数関数になることが条件である。

10 $f^{-1}(x)$ は求めにくいから，求める共有点の座標を $(x,\ y)$ として，重要例題 **13** の方法で進めるとよい。

11 (2) 絶対値の扱い方に注意。$x^2=|x|^2$ であることに着目。

12 (2) (1) のグラフから，直線と曲線が共有点をもたないとき，直線が点 $(1,\ 0)$ を通る場合も含まれることに注意。

数学Ⅲ 第2章

# 極　　限

# 2

3 数列の極限
4 無限級数
5 関数の極限
6 関数の連続性

基本定着コース……教科書の基本事項を確認したいきみに
精選速習コース……入試の基礎を短期間で身につけたいきみに
実力練成コース……入試に向け実力を高めたいきみに

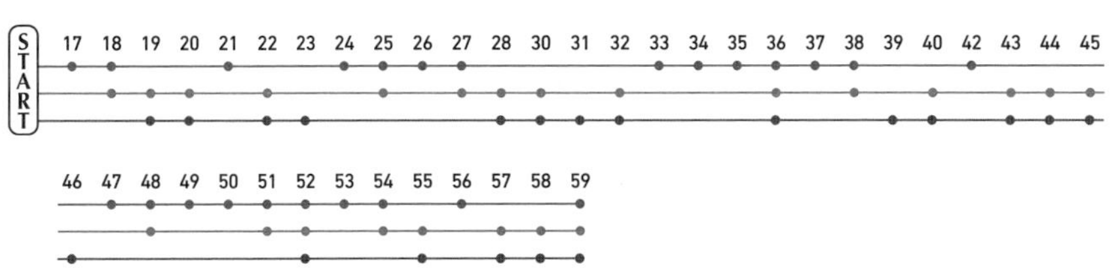

## 例題一覧

| | 番号 | 例題 | 難易度 |
|---|---|---|---|
| 3 | 基本 17 | 数列の極限 (1) | ② |
| | 基本 18 | 数列の極限 (2) | ② |
| | 基本 19 | 数列の極限 (3) | ③ |
| | 基本 20 | 極限の条件から数列の係数決定など | ③ |
| | 基本 21 | 数列の極限 (4) | ③ |
| | 基本 22 | 数列の極限 (5) | ③ |
| | 基本 23 | 数列の極限 (6) | ③ |
| | 基本 24 | 数列の極限 (7) | ② |
| | 基本 25 | 無限等比数列の収束条件 | ② |
| | 基本 26 | 漸化式と極限 (1) | ② |
| | 基本 27 | 漸化式と極限 (2) | ② |
| | 基本 28 | 漸化式と極限 (3) | ③ |
| | 基本 29 | 漸化式と極限 (4) | ③ |
| | 重要 30 | 漸化式と極限 (5) | ③ |
| | 重要 31 | 図形に関する漸化式と極限 | ③ |
| | 重要 32 | 確率に関する漸化式と極限 | ③ |
| 4 | 基本 33 | 無限級数の収束，発散 | ② |
| | 基本 34 | 無限級数が発散することの証明 | ② |
| | 基本 35 | 無限等比級数の収束，発散 | ② |
| | 基本 36 | 無限等比級数が収束する条件 | ② |
| | 基本 37 | 無限等比級数の応用 (1) | ① |
| | 基本 38 | 無限等比級数の応用 (2) | ② |
| | 基本 39 | 無限等比級数の応用 (3) | ③ |
| | 基本 40 | 無限等比級数の応用 (4) | ③ |
| | 基本 41 | 無限等比級数の和の条件から公比の決定 | ③ |
| | 基本 42 | 2 つの無限等比級数の和 | ② |
| | 基本 43 | 2 通りの部分和 $S_{2n-1}$, $S_{2n}$ の利用 | ③ |
| | 重要 44 | 無限級数 $\Sigma nx^{n-1}$ | ③ |
| | 重要 45 | 無限級数 $\Sigma 1/n$ が発散することの証明 | ④ |
| | 重要 46 | 複素数の累乗に関する無限級数 | ④ |
| 5 | 基本 47 | 関数の極限 (1) | ② |
| | 基本 48 | 極限値の条件から関数の係数決定 | ② |
| | 基本 49 | 関数の片側からの極限 | ② |
| | 基本 50 | 関数の極限 (2) | ② |
| | 基本 51 | 関数の極限 (3) | ② |
| | 基本 52 | 関数の極限 (4) | ③ |
| | 基本 53 | 三角関数の極限 (1) | ② |
| | 基本 54 | 三角関数の極限 (2) | ② |
| | 基本 55 | 三角関数の極限の図形への応用 | ③ |
| 6 | 基本 56 | 関数の連続・不連続について調べる | ② |
| | 重要 57 | 級数で表された関数のグラフの連続性 | ③ |
| | 重要 58 | 連続関数になるように関数の係数決定 | ④ |
| | 基本 59 | 中間値の定理の利用 | ③ |

# 3 数列の極限

## 基本事項

**1 数列の極限**　数列 $\{a_n\}$ $(n=1,\ 2,\ \cdots\cdots)$ は無限数列とする。

① **収束**　$\displaystyle\lim_{n\to\infty} a_n=\alpha$ (極限値) …極限がある

② **発散**
- $\displaystyle\lim_{n\to\infty} a_n=\infty$ …極限がある
- $\displaystyle\lim_{n\to\infty} a_n=-\infty$ …極限がある
- 数列は振動する　…　極限がない

**注意**　$\displaystyle\lim_{n\to\infty} a_n=\infty,\ -\infty$ のときは，これらを極限値とはいわない。

**2 数列の極限の性質**　数列 $\{a_n\}$，$\{b_n\}$ が収束して，$\displaystyle\lim_{n\to\infty} a_n=\alpha$，$\displaystyle\lim_{n\to\infty} b_n=\beta$ とする。

1 **定数倍**　$\displaystyle\lim_{n\to\infty} ka_n=k\alpha$　　ただし $k$ は定数

2 **和**　$\displaystyle\lim_{n\to\infty}(a_n+b_n)=\alpha+\beta$　　**差**　$\displaystyle\lim_{n\to\infty}(a_n-b_n)=\alpha-\beta$

3 $\displaystyle\lim_{n\to\infty}(ka_n+lb_n)=k\alpha+l\beta$　　ただし $k$，$l$ は定数

4 **積**　$\displaystyle\lim_{n\to\infty} a_nb_n=\alpha\beta$　　5 **商**　$\displaystyle\lim_{n\to\infty}\frac{a_n}{b_n}=\frac{\alpha}{\beta}$　　ただし $\beta\neq0$

**3 数列の大小関係と極限**

① すべての $n$ について $a_n\leqq b_n$ のとき　$\displaystyle\lim_{n\to\infty} a_n=\alpha$，$\displaystyle\lim_{n\to\infty} b_n=\beta$ ならば $\alpha\leqq\beta$

② すべての $n$ について $a_n\leqq b_n$ のとき　$\displaystyle\lim_{n\to\infty} a_n=\infty$ ならば $\displaystyle\lim_{n\to\infty} b_n=\infty$

③ すべての $n$ について $a_n\leqq c_n\leqq b_n$ のとき　$\displaystyle\lim_{n\to\infty} a_n=\lim_{n\to\infty} b_n=\alpha$ ならば $\displaystyle\lim_{n\to\infty} c_n=\alpha$

**注意**　条件の不等式がすべての $n$ でなくても，$n$ がある自然数 $n_0$ 以上で成り立てば，上のことは成り立つ。

**4 数列 $\{n^k\}$ の極限**　$k>0$ のとき　$\displaystyle\lim_{n\to\infty} n^k=\infty$　　$\displaystyle\lim_{n\to\infty}\frac{1}{n^k}=0$

## 解説

項が限りなく続く数列 $a_1$，$a_2$，$a_3$，……，$a_n$，…… を **無限数列** といい，記号 $\{a_n\}$ で表す。ここでは，無限数列において，$n$ が増すに従って第 $n$ 項 $a_n$ がどうなっていくかを考える。以後，特に断らない限り，扱う数列は無限数列とする。

### ■収束

数列 $\left\{\frac{1}{n}\right\}$ で $n$ を限りなく大きくすると第 $n$ 項 $\frac{1}{n}$ は 0 に限りなく近づく。一般に，数列 $\{a_n\}$ において，$n$ を限りなく大きくするとき，$a_n$ が一定の値 $\alpha$ に限りなく近づく場合 $\displaystyle\lim_{n\to\infty} a_n=\alpha$ または **$n\longrightarrow\infty$ のとき $a_n\longrightarrow\alpha$** と書き，$\alpha$ を数列 $\{a_n\}$ の **極限値**(または **極限**) といい，数列 $\{a_n\}$ は **$\alpha$ に収束する** という。なお，記号 ∞ は「無限大」と読む。∞ はある値を表すものではない。

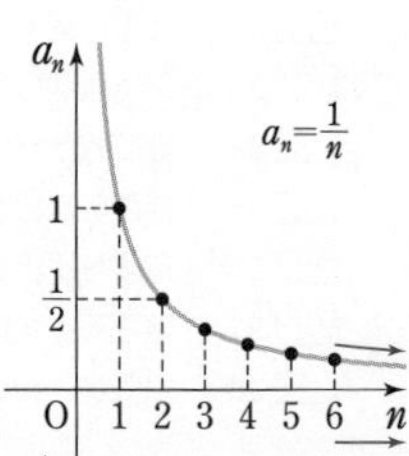

## ■ 発散

数列 $\{a_n\}$ が収束しないとき，$\{a_n\}$ は **発散** するという。

数列 $\{a_n\}$ において，$n$ を限りなく大きくするとき，$a_n$ が限りなく大きくなる場合，$\{a_n\}$ は **正の無限大に発散** する，または $\{a_n\}$ の **極限は正の無限大** であるといい $\boldsymbol{\lim_{n\to\infty} a_n=\infty}$ または $\boldsymbol{n \longrightarrow \infty}$ **のとき** $\boldsymbol{a_n \longrightarrow \infty}$ と書く。また，$a_n$ が負でその絶対値が限りなく大きくなる場合，$\{a_n\}$ は **負の無限大に発散** する，または $\{a_n\}$ の **極限は負の無限大** であるといい $\boldsymbol{\lim_{n\to\infty} a_n=-\infty}$ または $\boldsymbol{n \longrightarrow \infty}$ **のとき** $\boldsymbol{a_n \longrightarrow -\infty}$ と書く。なお，数列 $\{(-1)^n\}$ のように，正の無限大にも負の無限大にも発散しない場合，その数列は **振動** するという。

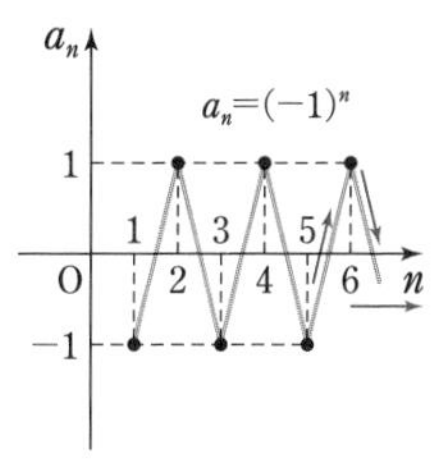


2章 ❸ 数列の極限

## ■ 数列の極限の性質

数列の極限については，性質 **2** 1 ～ 5 が成り立つが，ここで注意しなければならないのは，数列 $\{a_n\}$，$\{b_n\}$ が収束するという条件がないと性質 1 ～ 5 が成り立たない場合があることである。形式的に $\infty-\infty$，$0\times\infty$，$\dfrac{\infty}{\infty}$，$\dfrac{0}{0}$ の形になる極限を **不定形の極限** といい，このままでは極限はわからない。なお，

> $\boldsymbol{a_n \longrightarrow A}$ **(一定)，** $\boldsymbol{b_n \longrightarrow \infty}$ **のときは** $\boldsymbol{a_n+b_n \longrightarrow \infty}$，$\boldsymbol{a_n-b_n \longrightarrow -\infty}$ である。
> 更に，$\boldsymbol{A>0}$ **なら** $\boldsymbol{a_nb_n \longrightarrow \infty}$，$\boldsymbol{A<0}$ **なら** $\boldsymbol{a_nb_n \longrightarrow -\infty}$ などが成り立つ。

## ■ 数列の大小関係と極限

**3** ① すべての $n$ について $a_n<b_n$ であっても，$\alpha<\beta$ であるとは限らない。$\alpha=\beta$ の場合もある。例えば，$a_n=\dfrac{1}{n}$，$b_n=\dfrac{2}{n}$ とすると，$a_n<b_n$ であるが $\lim_{n\to\infty} a_n=\lim_{n\to\infty} b_n=0$(すなわち $\alpha=\beta=0$) である。

一般に，すべての $n$ について $\boldsymbol{a_n<b_n}$ **ならば** $\boldsymbol{\alpha\leqq\beta}$ である。

**3** ② ①で，$\alpha$ を $\infty$ と考えたときである。このとき，明らかに $\lim_{n\to\infty} b_n=\infty$ となる。

**3** ③ $a_n\leqq c_n\leqq b_n$ が成り立ち，$n \longrightarrow \infty$ のとき $a_n \longrightarrow \alpha$，$b_n \longrightarrow \alpha$ ならば，間に挟まれた $c_n$ も $c_n \longrightarrow \alpha$ となる。これを **はさみうちの原理** といい，直接求めにくい極限を求める場合に有効である。また，$\boldsymbol{a_n<c_n\leqq b_n}$，$\boldsymbol{a_n\leqq c_n<b_n}$，$\boldsymbol{a_n<c_n<b_n}$ であっても，$n \longrightarrow \infty$ のとき $a_n \longrightarrow \alpha$，$b_n \longrightarrow \alpha$ ならば $c_n \longrightarrow \alpha$ である。

例 極限 $\displaystyle\lim_{n\to\infty}\frac{1}{n}\sin\frac{n\pi}{4}$ を求めると $\displaystyle -\frac{1}{n}\leqq\frac{1}{n}\sin\frac{n\pi}{4}\leqq\frac{1}{n}$ ← $-1\leqq\sin\theta\leqq1$

$\displaystyle\lim_{n\to\infty}\left(-\frac{1}{n}\right)=0$，$\displaystyle\lim_{n\to\infty}\frac{1}{n}=0$ であるから $\displaystyle\lim_{n\to\infty}\frac{1}{n}\sin\frac{n\pi}{4}=0$

## ■ 数列 $\{n^k\}$ の極限

$k$ が正の整数のとき，明らかに $\lim_{n\to\infty} n^k=\infty$

$k$ が正の有理数のとき，$k=\dfrac{q}{p}$ ($p$，$q$ は正の整数) とすると $n^k=n^{\frac{q}{p}}=\sqrt[p]{n^q}$

$\lim_{n\to\infty} n^q=\infty$ であるから $\lim_{n\to\infty}\sqrt[p]{n^q}=\infty$ すなわち $\lim_{n\to\infty} n^k=\infty$

$k$ が正の無理数のとき，適当な有理数 $k_1$ を選んで，$k>k_1$ とすると $n^k>n^{k_1}$

$\lim_{n\to\infty} n^{k_1}=\infty$ であるから $\lim_{n\to\infty} n^k=\infty$ ← **3** ② を利用。

以上から，$k>0$ のとき $\lim_{n\to\infty} n^k=\infty$ したがって $\displaystyle\lim_{n\to\infty}\frac{1}{n^k}=0$

# まとめ 漸化式から一般項を求める方法

この項目では，漸化式に関する問題も扱う（$p$.49 以降）。数学Bで学んだ，漸化式から一般項を求める方法について，代表的なものをここで整理しておこう。

| 漸化式のタイプ | 一般項の求め方 |
|---|---|
| 基本 … このタイプに帰着させる。 | 数学B例題 33 |
| ① 等差数列 $a_{n+1}=a_n+d$ ⟶ | $a_n=a_1+(n-1)d$（$d$ は公差） |
| ② 等比数列 $a_{n+1}=ra_n$ ⟶ | $a_n=a_1r^{n-1}$（$r$ は公比） |
| ③ 階差数列 $a_{n+1}=a_n+f(n)$ ⟶ | $a_n=a_1+\sum_{k=1}^{n-1}f(k)$（$n\geqq2$ のとき） |
| ④ **隣接 2 項間の漸化式**<br>$a_{n+1}=pa_n+q$（$p\neq1$，$q\neq0$）<br>➡基本例題 **26** で扱う。 | 数学B例題 34<br>特性方程式 $\alpha=p\alpha+q$ の解 $\alpha$ を利用。<br>$a_{n+1}-\alpha=p(a_n-\alpha)$ と変形し，② のタイプに。 |
| ⑤ **隣接 3 項間の漸化式**<br>$pa_{n+2}+qa_{n+1}+ra_n=0$<br>（$pqr\neq0$）<br>➡基本例題 **27** で扱う。 | 数学B例題 41, 42<br>特性方程式 $px^2+qx+r=0$ の解 $\alpha$，$\beta$ を利用。<br>$a_{n+2}-\alpha a_{n+1}=\beta(a_{n+1}-\alpha a_n)$，<br>$a_{n+2}-\beta a_{n+1}=\alpha(a_{n+1}-\beta a_n)$ と変形する。<br>└② のタイプ。 |
| ⑥ **分数形の漸化式**<br>$a_{n+1}=\dfrac{ra_n+s}{pa_n+q}$<br>（$p\neq0$，$ps\neq qr$）<br>➡基本例題 **28** で扱う。 | 数学B例題 37, 46, 47<br>特性方程式 $x=\dfrac{rx+s}{px+q}$ の解 $\alpha$，$\beta$ を利用。<br>$\alpha=\beta$ のとき $b_n=a_n-\alpha$ または $b_n=\dfrac{1}{a_n-\alpha}$<br>$\alpha\neq\beta$ のとき $b_n=\dfrac{a_n-\beta}{a_n-\alpha}$<br>のおき換えが有効。<br>注意 $s=0$ のときは，逆数をとり，④ に。 |
| ⑦ **連立漸化式**<br>$\begin{cases}a_{n+1}=pa_n+qb_n\\b_{n+1}=ra_n+sb_n\end{cases}$（$pqrs\neq0$）<br>➡基本例題 **29** で扱う。 | 数学B例題 44, 45<br>方法 1. $a_{n+1}+\alpha b_{n+1}=\beta(a_n+\alpha b_n)$ として $\alpha$，$\beta$ の値を定め，等比数列 $\{a_n+\alpha b_n\}$ を利用。<br>方法 2. $a_n$，$b_n$ **の一方を消去** して，1 つの数列の隣接 3 項間の漸化式（⑤）に。<br>注意 2 つの漸化式の和や差をとるとうまくいく場合もある。 |

## 基本例題 17 数列の極限(1) … 基本，分数式など

(1) 次の数列の極限を調べよ。

(ア) $\sqrt{2}$，$\sqrt{5}$，$\sqrt{8}$，$\sqrt{11}$，……　(イ) $-1$，$\frac{1}{4}$，$-\frac{1}{9}$，$\frac{1}{16}$，……

(2) 第 $n$ 項が次の式で表される数列の極限を求めよ。

(ア) $1-\frac{1}{2n^3}$　(イ) $3n-n^3$　(ウ) $\frac{2n^2-3n}{n^2+1}$

p.34 基本事項 1，2，4　p.42 補足事項

指針 (1) まず，数列の一般項を $n$ で表す。

$k>0$ のとき　$n\longrightarrow\infty$ ならば $n^k\longrightarrow\infty$，$\frac{1}{n^k}\longrightarrow 0$　であることに注目。

(2) (ア) 数列の極限の性質（p.34 基本事項 2）を利用する。

(イ)，(ウ) 極限をそのまま求めると，$\infty-\infty$，$\frac{\infty}{\infty}$ の形（不定形）になってしまう。

そこで，次のように **極限が求められる形に式を変形する** ことが必要。

(イ) $n$ の多項式 …… $n$ の **最高次の項 $n^3$ でくくり出す。**

(ウ) $n$ の分数式 …… **分母の最高次の項 $n^2$ で分母・分子を割る。**

**解答**

(1) (ア) 一般項は $\sqrt{3n-1}$ で

$\lim_{n\to\infty}\sqrt{3n-1}=\infty$ つまり，$\infty$ に**発散**。

(イ) 一般項は $\frac{(-1)^n}{n^2}$ で

$\lim_{n\to\infty}\frac{(-1)^n}{n^2}=0$ つまり，**0 に収束**。

(1)(イ) $a_n=\frac{(-1)^n}{n^2}$　0に収束（振動ではない）

(2) (ア) $\lim_{n\to\infty}\left(1-\frac{1}{2n^3}\right)=1-\frac{1}{2}\cdot 0=\mathbf{1}$

(イ) $\lim_{n\to\infty}(3n-n^3)=\lim_{n\to\infty}n^3\left(\frac{3}{n^2}-1\right)=-\infty$

(ウ) $\lim_{n\to\infty}\frac{2n^2-3n}{n^2+1}=\lim_{n\to\infty}\frac{2-\frac{3}{n}}{1+\frac{1}{n^2}}=\mathbf{2}$

(1)(ア) 数列 2，5，8，…… は初項 2，公差 3 の等差数列で，一般項は $2+(n-1)\cdot 3=3n-1$

◀ $\lim_{n\to\infty}1-\frac{1}{2}\lim_{n\to\infty}\frac{1}{n^3}$

◀ $n^3$ でくくり出す。$\longrightarrow\infty\times(0-1)$ の形。

◀ $n^2$ で分母・分子を割る。$\longrightarrow\frac{2-0}{1+0}$ の形。

**検討　不定形の極限の扱い方**

極限が形式的に $\infty+\infty$，$\infty\times\infty$ となる場合は $\infty$ になるが，(2)(イ) からわかるように，$\infty-\infty$ であるからといって 0 とは限らない。**不定形の極限** は，不定形でない形に式変形してから極限を判断する必要がある。なお，$\infty$ どうしの，あるいは $\infty$ と他の数の和・差・積・商（$\infty+\infty$，$\infty-\infty$，$\infty\times 0$ など）は定義されていないので，答案にはこのような式を書いてはいけない。

**練習 ② 17**　(1) 数列 $\frac{1}{2}$，$\frac{2}{3}$，$\frac{3}{4}$，$\frac{4}{5}$，…… の極限を調べよ。

(2) 第 $n$ 項が次の式で表される数列の極限を求めよ。

(ア) $\sqrt{4n-2}$　(イ) $\frac{n}{1-n^2}$　(ウ) $n^4+(-n)^3$　(エ) $\frac{3n^2+n+1}{n+1}-3n$

## 基本例題 18 数列の極限(2) … 無理式など

第 $n$ 項が次の式で表される数列の極限を求めよ。

(1) $\dfrac{4n}{\sqrt{n^2+2n}+n}$　(2) $\dfrac{1}{\sqrt{2n+1}-\sqrt{2n}}$　(3) $\sqrt{n^2+2n}-n$

(4) $\log_2\sqrt[n]{3}$　(5) $\cos n\pi$

基本 17

(1)〜(3) そのまま求めると $\dfrac{\infty}{\infty}$ [(1)] や $\dfrac{1}{\infty-\infty}$ [(2)] などの形になってしまう，**不定形の極限** である。よって，**極限を求められる形に変形** する工夫が必要である。

(1) 前ページの基本例題 17 (2)(ウ) と同様に，分母・分子を $n$ で割る。

(2)，(3) **有理化** を利用する。(2) では分母を有理化，(3) では分子の $\sqrt{n^2+2n}-n$ を有理化する。

(4) $\log_a M^k=k\log_a M$ を利用 ($a>0$，$a\neq1$，$M>0$)。

(5) $n=1,\ 2,\ 3,\ \cdots$ と順に代入し，数列の規則性に注目。

**有理化**
$(\sqrt{a}-\sqrt{b})(\sqrt{a}+\sqrt{b})=a-b$ を利用

**CHART** 無理式の極限 $\infty-\infty$ は有理化

### 解答

(1) $\displaystyle\lim_{n\to\infty}\frac{4n}{\sqrt{n^2+2n}+n}=\lim_{n\to\infty}\frac{4}{\sqrt{1+\frac{2}{n}}+1}=\frac{4}{2}=\mathbf{2}$

◀分母・分子を $n$ で割る。$n>0$ であるから，$\sqrt{n^2}=n$ となる。

(2) $\displaystyle\lim_{n\to\infty}\frac{1}{\sqrt{2n+1}-\sqrt{2n}}=\lim_{n\to\infty}\frac{\sqrt{2n+1}+\sqrt{2n}}{(2n+1)-2n}$
$\displaystyle=\lim_{n\to\infty}(\sqrt{2n+1}+\sqrt{2n})=\infty$

◀分母・分子に $\sqrt{2n+1}+\sqrt{2n}$ を掛ける。

(3) $\displaystyle\lim_{n\to\infty}(\sqrt{n^2+2n}-n)=\lim_{n\to\infty}\frac{n^2+2n-n^2}{\sqrt{n^2+2n}+n}$
$\displaystyle=\lim_{n\to\infty}\frac{2n}{\sqrt{n^2+2n}+n}=\lim_{n\to\infty}\frac{2}{\sqrt{1+\frac{2}{n}}+1}$
$=\mathbf{1}$

◀$\dfrac{\sqrt{n^2+2n}-n}{1}$ と考えて，分母・分子に $\sqrt{n^2+2n}+n$ を掛ける。
◀分母・分子を $n$ で割る。

(4) $\displaystyle\lim_{n\to\infty}\log_2\sqrt[n]{3}=\lim_{n\to\infty}\frac{1}{n}\log_2 3=\mathbf{0}$

◀$\log_2 3$ は定数。

(5) 数列 $\{\cos n\pi\}$ は　$-1,\ 1,\ -1,\ 1,\ \cdots\cdots$
一定の値に収束せず，正の無限大にも負の無限大にも発散しない。よって，**振動する(極限はない)**。

◀$\cos n\pi=(-1)^n$

---

**練習 ② 18** 第 $n$ 項が次の式で表される数列の極限を求めよ。 [(2) 京都産大]

(1) $\dfrac{2n+3}{\sqrt{3n^2+n}+n}$　(2) $\dfrac{1}{\sqrt{n^2+n}-n}$　(3) $n(\sqrt{n^2+2}-\sqrt{n^2+1})$

(4) $\dfrac{\sqrt{n+1}-\sqrt{n-1}}{\sqrt{n+3}-\sqrt{n}}$　(5) $\log_3\dfrac{\sqrt[n]{7}}{5^n}$　(6) $\sin\dfrac{n\pi}{2}$　(7) $\tan n\pi$

p.59 EX13

# 不定形の極限の扱い方

例題 **17**, **18** で学んだ，不定形でない形を導く方法は，技巧的に感じられるかもしれないが，極限を求めるうえで基本となるものである。まず，これらの方法について確認しておこう。

## ● 不定形でない形を導く方法のまとめ

**多項式や分数式で表される数列**（例題 **17**）の場合は

① $\dfrac{\infty}{\infty}$ なら …… **分母の最高次の項で分母・分子を割る**

② $\infty-\infty$ なら …… **最高次の項でくくり出す**

これらの方法で不定形でない場合にもち込んでいく。

| | | |
|---|---|---|
| $\infty+\infty$ | は | $\infty$ |
| $\infty-\infty$ | は | 不定形 |
| $\infty\times\infty$ | は | $\infty$ |
| $\dfrac{\infty}{\infty}$ | は | 不定形 |

また，**無理式を含む数列**（例題 **18**）の場合は，次の方針が基本となる。

③ $\dfrac{\infty}{\infty}$ なら …… **分母の最高次の項で分母・分子を割る**（① と同じ）

④ $\infty-\infty$ **を含むなら** …… ●−■ の形に注目し，**分母や分子の有理化**をして $\dfrac{\infty}{\infty}$ の形を導き出す。⟶ 以後は ③ のパターンとなる。

例題 **18** (1) $\left(\dfrac{\infty}{\infty}\text{ の形}\right)$ 分子は $4n$ で 1 次。分母に関し，$n$ は 1 次，$\sqrt{n^2+2n}$ も 1 次と考えると，分母全体は 1 次。よって，分子・分母を $n$（1 次）で割ることでうまくいく。

◀ $\sqrt{an^2+bn+c}$ の次数は 1，$\sqrt{an+b}$ の次数は 0.5 などとみる。

例題 **18** (2)，(3)（$\infty-\infty$ を含む） (2) は分母に $\sqrt{●}-\sqrt{■}$ の形の式があるから分母の有理化が，(3) は分子に $\sqrt{●}-■$ の形の式があるから分子の有理化が有効となる。

**有理化の基本**
$(\sqrt{a}-\sqrt{b})(\sqrt{a}+\sqrt{b})=a-b$

## ● ∞ に発散する速さの違いについて

$n\longrightarrow\infty$ のとき，$\sqrt{n}$，$n$，$n^2$，$n^3$ はどれも正の無限大に発散する。しかし，無限大に発散していく速さには違いがあり，右の図からわかるように，$\sqrt{n}$ より $n$ の方が速く，$n$ より $n^2$ の方が速く，$n^2$ より $n^3$ の方が速く，正の無限大に発散していく。

$\left(\text{このことは，}\lim_{n\to\infty}\dfrac{n}{\sqrt{n}}=\lim_{n\to\infty}\dfrac{n^2}{n}=\lim_{n\to\infty}\dfrac{n^3}{n^2}=\infty\text{ からもわかる。}\right)$

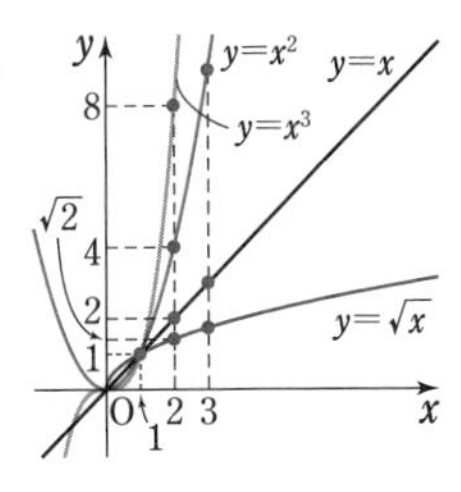


一般に，正の無限大に発散する $n^{●}$ は，次数 ● が大きいほど速く正の無限大に発散していく。

このことを背景に，式の形から極限を事前に予想してみるのもよい。

例題 **17** (2) (イ) $3n-n^3$（遅 速） $n^3$ の方が $3n$ より速く正の無限大に発散するから，全体としては，負の無限大に発散する，と予想できる。

例題 **17** (2) (ウ) $\dfrac{2n^2-3n}{n^2+1}$ 分母・分子とも 2 次の項が最も速く正の無限大に発散する。
そこで，1 次，定数の項は無視すると $\dfrac{2n^2}{n^2}=2$ …… 極限の予想は 2

## 基本 例題 19 数列の極限 (3) … 数列の和などを含む

①①①①①

次の極限を求めよ。

(1) $\displaystyle\lim_{n\to\infty}\frac{3+7+11+\cdots\cdots+(4n-1)}{3+5+7+\cdots\cdots+(2n+1)}$

(2) $\displaystyle\lim_{n\to\infty}\{\log_3(1^2+2^2+\cdots\cdots+n^2)-\log_3 n^3\}$　［(2) 東京電機大］

基本 17, 18

(1) このままでは極限を求めにくいから，分母・分子をそれぞれ $n$ の式でまとめる。その際，$\displaystyle\sum_{k=1}^{n}k^{\bullet}$ の公式（数学 B）を利用。

$$\sum_{k=1}^{n}1=n \qquad \sum_{k=1}^{n}k=\frac{1}{2}n(n+1)$$

$$\sum_{k=1}^{n}k^2=\frac{1}{6}n(n+1)(2n+1) \qquad \sum_{k=1}^{n}k^3=\left\{\frac{1}{2}n(n+1)\right\}^2$$

(2) まず，$\log_a M-\log_a N=\log_a\dfrac{M}{N}$ を利用し（$a>0$, $a\neq1$, $M>0$, $N>0$），与式を $\displaystyle\lim_{n\to\infty}\log_a f(n)$ の形に直す。そして，$f(n)$ の極限を調べてみる。

**解答**

(1) $\displaystyle 3+7+11+\cdots\cdots+(4n-1)=\sum_{k=1}^{n}(4k-1)$

$\displaystyle =4\cdot\frac{1}{2}n(n+1)-n=n(2n+1)$

◀ $\displaystyle\sum_{k=1}^{n}k=\frac{1}{2}n(n+1)$　$\displaystyle\sum_{k=1}^{n}1=n$

$\displaystyle 3+5+7+\cdots\cdots+(2n+1)=\sum_{k=1}^{n}(2k+1)$

$\displaystyle =2\cdot\frac{1}{2}n(n+1)+n=n(n+2)$

◀ $\displaystyle\sum_{k=1}^{n}k=\frac{1}{2}n(n+1)$

よって　$\displaystyle(\text{与式})=\lim_{n\to\infty}\frac{n(2n+1)}{n(n+2)}=\lim_{n\to\infty}\frac{2n+1}{n+2}=\lim_{n\to\infty}\frac{2+\frac{1}{n}}{1+\frac{2}{n}}$

$=\mathbf{2}$

◀分母・分子を $n$ で割る。

(2) $\displaystyle(\text{与式})=\lim_{n\to\infty}\left\{\log_3\frac{1}{6}n(n+1)(2n+1)-\log_3 n^3\right\}$

◀ $\displaystyle\sum_{k=1}^{n}k^2=\frac{1}{6}n(n+1)(2n+1)$

$\displaystyle =\lim_{n\to\infty}\log_3\frac{n(n+1)(2n+1)}{6n^3}$

◀ $\log_a M-\log_a N=\log_a\dfrac{M}{N}$

$\displaystyle =\lim_{n\to\infty}\log_3\frac{1}{6}\left(1+\frac{1}{n}\right)\left(2+\frac{1}{n}\right)=\log_3\frac{1}{3}$

$=\mathbf{-1}$

◀ 〰〰 $\displaystyle=\frac{1}{6}\cdot\frac{n+1}{n}\cdot\frac{2n+1}{n}$

**練習 ③ 19**　次の極限を求めよ。

(1) $\displaystyle\lim_{n\to\infty}\frac{(n+1)^2+(n+2)^2+\cdots\cdots+(2n)^2}{1^2+2^2+\cdots\cdots+n^2}$

(2) $\displaystyle\lim_{n\to\infty}\{\log_2(1^3+2^3+\cdots\cdots+n^3)-\log_2(n^4+1)\}$

p.59 EX 13～15

## 基本例題 20 極限の条件から数列の係数決定など ③③③

(1) 数列 $\{a_n\}$ $(n=1,\ 2,\ 3,\ \cdots\cdots)$ が $\lim_{n\to\infty}(3n-1)a_n=-6$ を満たすとき，$\lim_{n\to\infty}na_n=$ $\boxed{\phantom{00}}$ である。〔類 千葉工大〕

(2) $\lim_{n\to\infty}(\sqrt{n^2+an+2}-\sqrt{n^2-n})=5$ であるとき，定数 $a$ の値を求めよ。

p.34 基本事項 2，基本 18

**指針** (1) 条件 $\lim_{n\to\infty}(3n-1)a_n=-6$ を活かすために，$na_n=\boxed{(3n-1)}a_n\times\dfrac{n}{\boxed{3n-1}}$ と変形。

数列 $\left\{\dfrac{n}{3n-1}\right\}$ は収束するから，次の極限値の性質が利用できる。

$$\lim_{n\to\infty}a_n=\alpha,\ \lim_{n\to\infty}b_n=\beta \Longrightarrow \lim_{n\to\infty}a_nb_n=\alpha\beta \quad (\alpha,\ \beta \text{ は定数})$$

(2) まず，左辺の極限を $a$ で表す。その際の方針は $p.38$ 基本例題 **18** (3) と同様。

**解答**

(1) $na_n=(3n-1)a_n\times\dfrac{n}{3n-1}$ であり

◀ $na_n$ を，収束することがわかっている数列の積で表す。

$$\lim_{n\to\infty}(3n-1)a_n=-6,\qquad \lim_{n\to\infty}\frac{n}{3n-1}=\lim_{n\to\infty}\frac{1}{3-\frac{1}{n}}=\frac{1}{3}$$

よって $\displaystyle\lim_{n\to\infty}na_n=\lim_{n\to\infty}(3n-1)a_n\times\lim_{n\to\infty}\frac{n}{3n-1}$

◀極限値の性質を利用。

$$=(-6)\cdot\frac{1}{3}=\mathbf{-2}$$

(2) $\displaystyle\lim_{n\to\infty}(\sqrt{n^2+an+2}-\sqrt{n^2-n})$

$$=\lim_{n\to\infty}\frac{(n^2+an+2)-(n^2-n)}{\sqrt{n^2+an+2}+\sqrt{n^2-n}}$$

◀分母・分子に $\sqrt{n^2+an+2}+\sqrt{n^2-n}$ を掛け，分子を有理化。

$$=\lim_{n\to\infty}\frac{(a+1)n+2}{\sqrt{n^2+an+2}+\sqrt{n^2-n}}$$

◀分母・分子を $n$ で割る。$\left(n>0 \text{ であるから } n=\sqrt{n^2}\right)$

$$=\lim_{n\to\infty}\frac{(a+1)+\frac{2}{n}}{\sqrt{1+\frac{a}{n}+\frac{2}{n^2}}+\sqrt{1-\frac{1}{n}}}=\frac{a+1}{2}$$

よって，条件から $\dfrac{a+1}{2}=5$

したがって $\boldsymbol{a=9}$

◀ $a$ の方程式を解く。

**練習 ③ 20** (1) 次の関係を満たす数列 $\{a_n\}$ について，$\lim_{n\to\infty}a_n$ と $\lim_{n\to\infty}na_n$ を求めよ。

(ア) $\displaystyle\lim_{n\to\infty}(2n-1)a_n=1$　　(イ) $\displaystyle\lim_{n\to\infty}\frac{a_n-3}{2a_n+1}=2$

(2) $\lim_{n\to\infty}(\sqrt{n^2+an+2}-\sqrt{n^2+2n+3})=3$ が成り立つとき，定数 $a$ の値を求めよ。〔(2) 摂南大〕

2章 ③ 数列の極限

# 補足事項 極限の性質

## ● 数列の極限の性質に関するいろいろな考察

収束する数列の極限に関しては，$p.34$ 基本事項 **2** の性質が成り立つ。また，発散する数列については，例えば，$n \longrightarrow \infty$ のとき

$a_n \longrightarrow \infty$，$b_n \longrightarrow \infty$ ならば　$a_n+b_n \longrightarrow \infty$，$a_nb_n \longrightarrow \infty$

$a_n \longrightarrow -\infty$，$b_n \longrightarrow -\infty$ ならば　$a_n+b_n \longrightarrow -\infty$，$a_nb_n \longrightarrow \infty$　が成り立つ。

しかし，$a_n \longrightarrow \infty$，$b_n \longrightarrow -\infty$ ならば　$a_nb_n \longrightarrow -\infty$　であるが，$a_n+b_n$ の極限は不定形 $\infty-\infty$ であり，結果はさまざまである。

極限に関する次の命題は，成り立つかどうか紛らわしいが，実はすべて偽である。どのようなときに成り立たないか，反例を確認してみよう。

① $\lim_{n\to\infty} a_n=\infty$，$\lim_{n\to\infty} b_n=\infty$ ならば　$\lim_{n\to\infty}(a_n-b_n)=0$　…… 偽

**(反例)**　$a_n=n^2$，$b_n=n$ のとき　$a_n-b_n=n(n-1) \longrightarrow \infty$

② $\lim_{n\to\infty} a_n=\infty$，$\lim_{n\to\infty} b_n=0$ ならば　$\lim_{n\to\infty} a_nb_n=0$　…… 偽

**(反例)**　$a_n=n+1$，$b_n=\dfrac{1}{n}$ のとき　$a_nb_n=1+\dfrac{1}{n} \longrightarrow 1$

③ $b_n \neq 0$ のとき，$\lim_{n\to\infty} a_n=\alpha$，$\lim_{n\to\infty} b_n=\beta$ ($\alpha$，$\beta$ は定数) ならば　$\lim_{n\to\infty}\dfrac{a_n}{b_n}=\dfrac{\alpha}{\beta}$　…… 偽

**(反例)**　$a_n=\dfrac{1}{n}$，$b_n=\dfrac{1}{n^2}$ のとき，$a_n \longrightarrow 0$，$b_n \longrightarrow 0$ であるが　$\dfrac{a_n}{b_n}=n \longrightarrow \infty$

**注意**　③ は，$\beta \neq 0$ という条件が加われば真となる。

④ $\lim_{n\to\infty}(a_n-b_n)=0$ ならば　$\lim_{n\to\infty} a_n=\lim_{n\to\infty} b_n=\alpha$ ($\alpha$ は定数)　…… 偽

**(反例)**　$a_n=n+\dfrac{1}{n}$，$b_n=n$ のとき　$\lim_{n\to\infty} a_n=\lim_{n\to\infty} b_n=\infty$ (定数ではない)

### 参考　数列の極限の厳密な定義

$p.34$ では，数列の極限を「限りなく大きくする」，「限りなく近づく」という言葉を使って表現してきた。この表現は直観的でわかりやすいが，厳密なものではない。大学で学ぶ内容であるが，数列の極限は，厳密には次のように定義される。

> $a_n \longrightarrow \alpha$ とは，どんな正の数 $\varepsilon$ (イプシロン) が与えられても，適当な番号 $n_0$ を定めると，$n>n_0$ であるすべての $n$ について，$|a_n-\alpha|<\varepsilon$ が成り立つこと。

$a_n(n=n_0+1,\ n_0+2, \cdots)$ がすべてこの範囲に入る。

$\alpha-\varepsilon$　$\alpha$　$\alpha+\varepsilon$　$a_n$

**例**　$\dfrac{n+1}{n} \longrightarrow 1$ について，上の定義を満たしていることを確認してみる。

$\left|\dfrac{n+1}{n}-1\right|=\dfrac{1}{n}$ であるから，任意の正の数 $\varepsilon$ に対して，$\dfrac{1}{n_0}<\varepsilon$ すなわち $n_0>\dfrac{1}{\varepsilon}$ となるように $n_0$ をとると，$n>n_0$ のすべての $n$ について $\left|\dfrac{n+1}{n}-1\right|<\varepsilon$ となる。

## 基本例題 21 数列の極限 (4) … はさみうちの原理 1

(1) 極限 $\lim_{n\to\infty}\dfrac{\cos n\pi}{n}$ を求めよ。

(2) $a_n=\dfrac{1}{n^2+1}+\dfrac{1}{n^2+2}+\cdots\cdots+\dfrac{1}{n^2+n}$ とするとき，$\lim_{n\to\infty}a_n$ を求めよ。

p.34 基本事項 3

指針 極限が直接求めにくい場合は，**はさみうちの原理** の利用を考える。

**はさみうちの原理** すべての $n$ について $a_n \leqq c_n \leqq b_n$ のとき

$\lim_{n\to\infty}a_n=\lim_{n\to\infty}b_n=\alpha$ ならば $\lim_{n\to\infty}c_n=\alpha$ （不等式の等号がなくても成立）

(1) $a_n \leqq \dfrac{\cos n\pi}{n} \leqq b_n$ の形を作る。それには，**かくれた条件 $-1\leqq\cos\theta\leqq1$** を利用。

(2) $\dfrac{1}{n^2+k}<\dfrac{1}{n^2}$ $(k=1,\ 2,\ \cdots\cdots,\ n)$ に着目して，$a_n$ の各項を $\dfrac{1}{n^2}$ におき換えてみる。

**CHART** 求めにくい極限 不等式利用で はさみうち

解答

(1) $-1\leqq\cos n\pi\leqq1$ であるから $-\dfrac{1}{n}\leqq\dfrac{\cos n\pi}{n}\leqq\dfrac{1}{n}$ ◀各辺を $n$ で割る。

$\lim_{n\to\infty}\left(-\dfrac{1}{n}\right)=0$, $\lim_{n\to\infty}\dfrac{1}{n}=0$ であるから $\lim_{n\to\infty}\dfrac{\cos n\pi}{n}=\mathbf{0}$ ◀**はさみうちの原理。**

(2) $\dfrac{1}{n^2+k}<\dfrac{1}{n^2}$ $(k=1,\ 2,\ \cdots\cdots,\ n)$ であるから ◀$n^2+k>n^2>0$

$$a_n=\frac{1}{n^2+1}+\frac{1}{n^2+2}+\cdots\cdots+\frac{1}{n^2+n}$$
$$<\frac{1}{n^2}+\frac{1}{n^2}+\cdots\cdots+\frac{1}{n^2}=\frac{1}{n^2}\cdot n=\frac{1}{n}$$
◀各項を $\dfrac{1}{n^2}$ でおき換える。

よって $0<a_n<\dfrac{1}{n}$ $\lim_{n\to\infty}\dfrac{1}{n}=0$ であるから $\lim_{n\to\infty}a_n=\mathbf{0}$ ◀$0\leqq\lim_{n\to\infty}a_n\leqq0$

検討

**はさみうちの原理を利用するときのポイント**

はさみうちの原理を用いて数列 $\{c_n\}$ の極限を求める場合，次の ①，② の 2 点がポイントとなる。

① **$a_n\leqq c_n\leqq b_n$ を満たす 2 つの数列 $\{a_n\}$，$\{b_n\}$ を見つける。**
② **2 つの数列 $\{a_n\}$，$\{b_n\}$ の極限は同じ**（これを $\alpha$ とする）。

$\Longrightarrow$ ①，② が満たされたとき $\lim_{n\to\infty}c_n=\alpha$

なお，① に関して，数列 $\{a_n\}$，$\{b_n\}$ は定数の数列でもよい。

**練習 ③ 21** 次の極限を求めよ。

(1) $\lim_{n\to\infty}\dfrac{1}{n+1}\sin\dfrac{n\pi}{2}$

(2) $\lim_{n\to\infty}\left\{\dfrac{1}{(n+1)^2}+\dfrac{1}{(n+2)^2}+\cdots\cdots+\dfrac{1}{(2n)^2}\right\}$

(3) $\lim_{n\to\infty}\left(\dfrac{1}{\sqrt{n^2+1}}+\dfrac{1}{\sqrt{n^2+2}}+\cdots\cdots+\dfrac{1}{\sqrt{n^2+n}}\right)$

p.59 EX16

## 基本例題 22 数列の極限 (5) … はさみうちの原理 2 ②②②②②

$n$ は $n \geqq 3$ の整数とする。

(1) 不等式 $2^n > \frac{1}{6}n^3$ が成り立つことを，二項定理を用いて示せ。

(2) $\lim_{n\to\infty}\frac{n^2}{2^n}$ の値を求めよ。

基本 21

(1) $2^n=(1+1)^n$ とみて，**二項定理** を用いる。

$$(a+b)^n=a^n+{}_n\mathrm{C}_1a^{n-1}b+{}_n\mathrm{C}_2a^{n-2}b^2+\cdots\cdots+{}_n\mathrm{C}_{n-1}ab^{n-1}+b^n$$

(2) 直接は求めにくいから，前ページの基本例題 **21** 同様，**はさみうちの原理** を用いる。(1) で示した不等式も利用。なお，はさみうちの原理を利用する解答の書き方について，次ページの 注意 も参照。

**CHART** 求めにくい極限 不等式利用で はさみうち

### 解答

(1) $n \geqq 3$ のとき

$$2^n=(1+1)^n=1+{}_n\mathrm{C}_1+{}_n\mathrm{C}_2+\cdots\cdots+{}_n\mathrm{C}_{n-1}+1$$

$$\geqq 1+n+\frac{1}{2}n(n-1)+\frac{1}{6}n(n-1)(n-2)$$

$$=\frac{1}{6}n^3+\frac{5}{6}n+1>\frac{1}{6}n^3$$

よって　$2^n>\frac{1}{6}n^3$

(2) (1) の結果から　$0<\frac{1}{2^n}<\frac{6}{n^3}$

よって　$0<\frac{n^2}{2^n}<\frac{6}{n}$ …… Ⓐ

$\lim_{n\to\infty}\frac{6}{n}=0$ であるから　$\lim_{n\to\infty}\frac{n^2}{2^n}=\mathbf{0}$ …… Ⓑ

◀ $n=1$，2 の場合も不等式は成り立つ。

◀ $2^n \geqq 1+{}_n\mathrm{C}_1+{}_n\mathrm{C}_2+{}_n\mathrm{C}_3$（等号成立は $n=3$ のとき。）

◀ 各辺の逆数をとる。

◀ 各辺に $n^2\,(>0)$ を掛ける。

◀ **はさみうちの原理。**

### 検討

**はさみうちの原理と二項定理**

はさみうちの原理を適用するための不等式を作る手段として，上の例題のように，**二項定理** が用いられることも多い。なお，二項定理から次の不等式が導かれることを覚えておくとよい。

$x \geqq 0$ のとき　$(1+x)^n \geqq 1+nx$，　$(1+x)^n \geqq 1+nx+\frac{1}{2}n(n-1)x^2$ …… (＊)

**練習 ③ 22** $n$ を正の整数とする。

(1) 上の 検討 の不等式(＊)を用いて，$\left(1+\sqrt{\frac{2}{n}}\right)^n>n$ が成り立つことを示せ。

(2) (1) で示した不等式を用いて，$\lim_{n\to\infty}n^{\frac{1}{n}}$ の値を求めよ。〔類 京都産大〕

## 基本例題 23 数列の極限(6) … はさみうちの原理 3

(1) 実数 $x$ に対して $[x]$ を $m \leqq x < m+1$ を満たす整数 $m$ とする。このとき，

$\lim_{n\to\infty}\frac{[10^{2n}\pi]}{10^{2n}}$ を求めよ。〔山梨大〕

(2) 数列 $\{a_n\}$ の第 $n$ 項 $a_n$ は $n$ 桁の正の整数とする。このとき，極限

$\lim_{n\to\infty}\frac{\log_{10}a_n}{n}$ を求めよ。〔広島市大〕 基本 21

指針 この問題も，極限が直接求めにくいので，**はさみうちの原理** を利用する。

(1) $[x]$ をはさむ形を作る。$[x]$ は **ガウス記号** であり（「チャート式基礎からの数学Ⅰ＋A」$p.121$ 参照），$[x] \leqq x < [x]+1$ が成り立つ。これから $x-1 < [x] \leqq x$

(2) $a_n$ は $n$ 桁の正の整数 $\Longleftrightarrow$ $10^{n-1} \leqq a_n < 10^n$（数学Ⅱ）

解答

(1) 任意の自然数 $n$ に対して，$[10^{2n}\pi] \leqq 10^{2n}\pi < [10^{2n}\pi]+1$

から $10^{2n}\pi - 1 < [10^{2n}\pi] \leqq 10^{2n}\pi$

よって $\pi - \frac{1}{10^{2n}} < \frac{[10^{2n}\pi]}{10^{2n}} \leqq \pi$

$\lim_{n\to\infty}\left(\pi - \frac{1}{10^{2n}}\right) = \pi$ であるから $\lim_{n\to\infty}\frac{[10^{2n}\pi]}{10^{2n}} = \boldsymbol{\pi}$

(2) $a_n$ は $n$ 桁の正の整数であるから $10^{n-1} \leqq a_n < 10^n$

各辺の常用対数をとると $n-1 \leqq \log_{10}a_n < n$

よって $1 - \frac{1}{n} \leqq \frac{\log_{10}a_n}{n} < 1$

$\lim_{n\to\infty}\left(1-\frac{1}{n}\right) = 1$ であるから $\lim_{n\to\infty}\frac{\log_{10}a_n}{n} = \mathbf{1}$

◀ $[x] \leqq x < [x]+1$
◀ $[10^{2n}\pi]$ をはさむ形。
◀ はさみうちの原理。
◀ $\log_{10}10^n = n$
◀ はさみうちの原理。

**注意** はさみうちの原理を誤って使用した記述例

例えば，前ページの例題 **22** の解答で，Ⓐ 以降を次のように書くと正しくない答案となる。

$0 < \frac{n^2}{2^n} < \frac{6}{n}$ …… Ⓐ から $0 < \lim_{n\to\infty}\frac{n^2}{2^n} < \lim_{n\to\infty}\frac{6}{n} = 0$ よって $\lim_{n\to\infty}\frac{n^2}{2^n} = 0$

説明 はさみうちの原理は $a_n \leqq c_n \leqq b_n$ のとき $\lim_{n\to\infty}a_n = \lim_{n\to\infty}b_n = \alpha$ ならば $\lim_{n\to\infty}c_n = \alpha$

これは，「$a_n \leqq c_n \leqq b_n$ が成り立つとき，極限 $\lim_{n\to\infty}a_n$，$\lim_{n\to\infty}b_n$ が存在し，それらが $\alpha$ で一致するならば，$\{c_n\}$ についても極限 $\lim_{n\to\infty}c_n$ が存在し，それは $\alpha$ に一致する」という意味である。

上の答案では，〰〰 において，存在がまだ確認できていない極限 $\lim_{n\to\infty}\frac{n^2}{2^n}$ を有限な値として存在するように書いてしまっているところが正しくない。正しくは，前ページの解答の Ⓐ，Ⓑ のような流れで書く必要がある。

**練習** ③ **23** 実数 $\alpha$ に対して $\alpha$ を超えない最大の整数を $[\alpha]$ と書く。$[\quad]$ をガウス記号という。

(1) 自然数 $m$ の桁数 $k$ をガウス記号を用いて表すと，$k=[\square]$ である。

(2) 自然数 $n$ に対して $3^n$ の桁数を $k_n$ で表すと，$\lim_{n\to\infty}\frac{k_n}{n} = \square$ である。〔慶応大〕

## 基本事項

**無限等比数列 $\{r^n\}$ の極限**

$$\{r^n\}\text{ の極限}\begin{cases} r>1\text{ のとき} & \lim_{n\to\infty} r^n=\infty \\ r=1\text{ のとき} & \lim_{n\to\infty} r^n=1 \\ |r|<1\text{ のとき} & \lim_{n\to\infty} r^n=0 \\ r\leqq -1\text{ のとき} & \text{振動する(極限はない)} \end{cases}$$

（$r=1$ のとき，$|r|<1$ のとき）$-1<r\leqq 1$ のとき収束

## 解　説

数列 $a$, $ar$, $ar^2$, ……, $ar^{n-1}$, …… を，初項 $a$，公比 $r$ の **無限等比数列** という。
初項 $r$，公比 $r$ の無限等比数列 $\{r^n\}$ の極限について調べてみよう。

### ■数列 $\{r^n\}$ の極限

[1]　**$r>1$ の場合**　$r=1+h$ とおくと　　$h>0$
二項定理により

$$(1+h)^n=1+nh+\frac{n(n-1)}{2}h^2+\cdots\cdots+h^n\geqq 1+nh$$

$h>0$ より，$\lim_{n\to\infty} nh=\infty$ であるから

$$\lim_{n\to\infty} r^n=\lim_{n\to\infty}(1+h)^n=\infty$$

◀$(1+h)^n$
$={}_n\mathrm{C}_0+{}_n\mathrm{C}_1h$
$+{}_n\mathrm{C}_2h^2+\cdots\cdots$
$+{}_n\mathrm{C}_nh^n$

[2]　**$r=1$ の場合**　常に $r^n=1$ であるから　　$\lim_{n\to\infty} r^n=\mathbf{1}$

[3]　**$-1<r<1$ の場合**　$r=0$ のとき　常に $r^n=0$ であるから
$\lim_{n\to\infty} r^n=\mathbf{0}$

$r\neq 0$ のとき　$|r|=\dfrac{1}{b}$ とおくと，$b>1$ であるから　$\lim_{n\to\infty} b^n=\infty$

よって，$\lim_{n\to\infty}|r^n|=\lim_{n\to\infty}|r|^n=\lim_{n\to\infty}\dfrac{1}{b^n}=0$ となるから　$\lim_{n\to\infty} r^n=\mathbf{0}$

◀[3] の $r\neq 0$ の場合については，まず $0<r<1$ のとき，$\dfrac{1}{r}=s$ とおいて [1] の結果利用により $\lim_{n\to\infty} r^n=0$ を示す。次に，$-1<r<0$ のとき，$-r=s$ とおいて $0<r<1$ のときの結果利用により $\lim_{n\to\infty} r^n=0$ を示す，という方法も考えられる。

[4]　**$r=-1$ の場合**　数列 $\{r^n\}$ は $-1$, $1$, $-1$, $1$, …… となり，**振動する**。

[5]　**$r<-1$ の場合**　$|r|>1$ であるから

$$\lim_{n\to\infty}|r^n|=\lim_{n\to\infty}|r|^n=\infty$$

であるが，$r^n$ の符号は交互に正負となる。
したがって，数列 $\{r^n\}$ は **振動する**。

**注意**　一般に，数列 $\{a_n\}$ について，$-|a_n|\leqq a_n\leqq |a_n|$ であるから
$\lim_{n\to\infty}|a_n|=0$　**ならば**　$\lim_{n\to\infty} a_n=0$　が成り立つ。

◀はさみうちの原理。このことを [3] で利用している。

### ■数列 $\{r^n\}$ の収束条件

$\{r^n\}$ の極限の性質から，次のことがわかる。

**数列 $\{r^n\}$ が収束するための必要十分条件は　　$-1<r\leqq 1$**

右側の不等号に等号が含まれる（$<$ ではなく $\leqq$）ことに注意する。

◀$p.64$ で学ぶ無限等比級数の収束条件との違いに注意。

$\{r^n\}$の極限

振動　｜　収束　｜　発散($\infty$)

$-1$　　$1$　　$r$

## 基本例題 24 数列の極限(7) … $\{r^n\}$ を含むもの

第 $n$ 項が次の式で表される数列の極限を求めよ。

(1) $2\left(-\dfrac{3}{4}\right)^{n-1}$ (2) $5^n-(-4)^n$

(3) $\dfrac{3^{n+1}-2^n}{3^n+2^n}$ (4) $\dfrac{r^n}{2+r^{n+1}}$ $(r>-1)$

p.46 基本事項 重要 58

**指針**

**$\{r^n\}$ の極限**

$r>1$ のとき $r^n \longrightarrow \infty$, $r=1$ のとき $r^n \longrightarrow 1$,

$|r|<1$ のとき $r^n \longrightarrow 0$, $r\leqq -1$ のとき 振動（極限はない）

(2) 多項式の形 …… 底が最も大きい項で **くくり出す。** ●$^n$ ⟵ 底は●

(3) 分数の形 …… 分母の底が最も大きい項で **分母・分子を割る。**

(4) $r^n$ を含む式の極限では，**$r=\pm1$ で区切って考える** とよい。

この問題では，$r>-1$ の条件があるから，$-1<r<1$, $r=1$, $1<r$ で **場合分け** して極限を調べる。

**CHART** $r^n$ を含む式の極限 $r=\pm1$ で場合に分ける

**解答**

(1) $\left|-\dfrac{3}{4}\right|<1$ であるから $\displaystyle\lim_{n\to\infty}2\left(-\frac{3}{4}\right)^{n-1}=\mathbf{0}$

◀$|r|<1$ の場合。

(2) $\displaystyle\lim_{n\to\infty}\{5^n-(-4)^n\}=\lim_{n\to\infty}5^n\left\{1-\left(-\frac{4}{5}\right)^n\right\}=\infty$

◀$5^n$ でくくり出す。
⟶ $\infty\times(1-0)$ の形。

(3) $\displaystyle\lim_{n\to\infty}\frac{3^{n+1}-2^n}{3^n+2^n}=\lim_{n\to\infty}\frac{3-\left(\frac{2}{3}\right)^n}{1+\left(\frac{2}{3}\right)^n}=\mathbf{3}$

◀分母・分子を $3^n$ で割る。
⟶ $\dfrac{3-0}{1+0}$ の形。

(4) **$-1<r<1$ のとき** $\displaystyle\lim_{n\to\infty}\frac{r^n}{2+r^{n+1}}=\frac{0}{2+0}=\mathbf{0}$

◀$|r|<1$ のとき $r^n\longrightarrow 0$

**$r=1$ のとき** $\displaystyle\lim_{n\to\infty}\frac{r^n}{2+r^{n+1}}=\frac{1}{2+1}=\mathbf{\frac{1}{3}}$

◀$r=1$ のとき $r^n\longrightarrow 1$

**$r>1$ のとき**

$$\lim_{n\to\infty}\frac{r^n}{2+r^{n+1}}=\lim_{n\to\infty}\frac{\frac{1}{r}}{\frac{2}{r^{n+1}}+1}=\frac{\frac{1}{r}}{0+1}=\mathbf{\frac{1}{r}}$$

◀分母の最高次の項 $r^{n+1}$ で分母・分子を割る。

**練習** ② **24** 第 $n$ 項が次の式で表される数列の極限を求めよ。

(1) $\left(\dfrac{3}{2}\right)^n$ (2) $3^n-2^n$ (3) $\dfrac{3^n-1}{2^n+1}$

(4) $\dfrac{2^n+1}{(-3)^n-2^n}$ (5) $\dfrac{r^{2n+1}-1}{r^{2n}+1}$ ($r$ は実数)

p.59 EX 14, 18

## 基本例題 25 無限等比数列の収束条件

①①①①①

数列 $\left\{\left(\frac{5x}{x^2+6}\right)^n\right\}$ が収束するように，実数 $x$ の値の範囲を定めよ。また，そのときの数列の極限値を求めよ。

p.46 基本事項

**指針** 数列 $\{r^n\}$ の収束条件は $\underline{-1<r\leqq 1}$ $\begin{cases} -1<r<1 \text{ のとき} & r^n \longrightarrow 0 \\ r=1 \text{ のとき} & r^n \longrightarrow 1 \end{cases}$

数列の公比は $\frac{5x}{x^2+6}$ であるから，求める条件は $-1<\frac{5x}{x^2+6}\leqq 1$

この分数不等式を解くには，常に $x^2+6>0$ であるから，各辺に $x^2+6$ を掛けて分母を払うとよい。

**CHART 数列 $\{r^n\}$ の収束条件は $-1<r\leqq 1$**

**解答**

与えられた数列が収束するための条件は

$$-1<\frac{5x}{x^2+6}\leqq 1 \quad \cdots\cdots \text{Ⓐ}$$

$x^2+6>0$ であるから，各辺に $x^2+6$ を掛けて

$$-(x^2+6)<5x\leqq x^2+6$$

$-(x^2+6)<5x$ から　$x^2+5x+6>0$

ゆえに　$(x+2)(x+3)>0$

よって　$x<-3,\ -2<x$ …… ①

$5x\leqq x^2+6$ から　$x^2-5x+6\geqq 0$

ゆえに　$(x-2)(x-3)\geqq 0$

よって　$x\leqq 2,\ 3\leqq x$ …… ②

ゆえに，収束するときの実数 $x$ の値の範囲は，① かつ ② から

**$x<-3,\ -2<x\leqq 2,\ 3\leqq x$**

また，Ⓐ で $\frac{5x}{x^2+6}=1$ となるのは $x=2,\ 3$ のときである。

したがって，数列の **極限値は**

$\frac{5x}{x^2+6}=1$ すなわち **$x=2,\ 3$ のとき $1$**

$-1<\frac{5x}{x^2+6}<1$ すなわち

**$x<-3,\ -2<x<2,\ 3<x$ のとき $0$**

◀公比は $\frac{5x}{x^2+6}$

◀$-1<$(公比)$\leqq 1$
右の不等号には，等号が含まれることに注意。

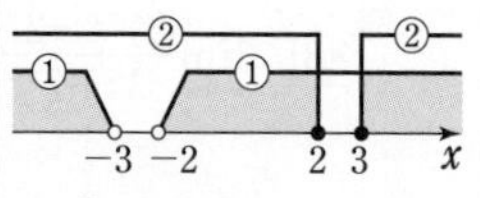


◀$\frac{5x}{x^2+6}=1$ から
$5x=x^2+6$

◀数列 $\{r^n\}$ の極限値は
$r=1$ のとき $1$
$-1<r<1$ のとき $0$

◀$x=2,\ 3$ の場合を除く。

**練習 ② 25** 次の数列が収束するように，実数 $x$ の値の範囲を定めよ。また，そのときの数列の極限値を求めよ。

(1) $\left\{\left(\frac{2}{3}x\right)^n\right\}$　(2) $\{(x^2-4x)^n\}$　(3) $\left\{\left(\frac{x^2+2x-5}{x^2-x+2}\right)^n\right\}$

p.59 EX17

## 基本例題 26 漸化式と極限 (1) … 隣接 2 項間

次の条件によって定められる数列 $\{a_n\}$ の極限を求めよ。

(1) $a_1=1,\ a_{n+1}=\dfrac{1}{2}a_n+1$　　(2) $a_1=5,\ a_{n+1}=2a_n-4$

p.36 まとめ，p.46 基本事項　重要 31，32

**指針** 漸化式からまず **一般項 $a_n$ を $n$ で表し**，次にその極限を求める。
隣接 2 項間の漸化式 $a_{n+1}=pa_n+q$ $(p\neq1,\ q\neq0)$ から一般項 $a_n$ を求めるには，数学B で学んだように，$a_{n+1}$，$a_n$ を $\alpha$ とおいた **特性方程式 $\alpha=p\alpha+q$** の解を利用して，漸化式を **$a_{n+1}-\alpha=p(a_n-\alpha)$** と変形するとよい。 ⟶ $\{a_n-\alpha\}$ は公比 $p$ の等比数列。

**CHART 漸化式 $a_{n+1}=pa_n+q$　$a_{n+1}-\alpha=p(a_n-\alpha)$ と変形**

**解答**

(1) 与えられた漸化式を変形すると

$$a_{n+1}-2=\frac{1}{2}(a_n-2)\qquad また\quad a_1-2=1-2=-1$$

◀ $\alpha=\dfrac{1}{2}\alpha+1$ の解は $\alpha=2$

よって，数列 $\{a_n-2\}$ は初項 $-1$，公比 $\dfrac{1}{2}$ の等比数列で

$$a_n-2=-\left(\frac{1}{2}\right)^{n-1}\qquad ゆえに\qquad a_n=2-\left(\frac{1}{2}\right)^{n-1}$$

したがって　$\displaystyle\lim_{n\to\infty}a_n=\lim_{n\to\infty}\left\{2-\left(\frac{1}{2}\right)^{n-1}\right\}=\mathbf{2}$

◀ $\left(\dfrac{1}{2}\right)^{n-1}\longrightarrow 0$

(2) 与えられた漸化式を変形すると

$$a_{n+1}-4=2(a_n-4)\qquad また\quad a_1-4=5-4=1$$

◀ $\alpha=2\alpha-4$ の解は　$\alpha=4$

よって，数列 $\{a_n-4\}$ は初項 1，公比 2 の等比数列で

$$a_n-4=2^{n-1}\qquad ゆえに\qquad a_n=2^{n-1}+4$$

したがって　$\displaystyle\lim_{n\to\infty}a_n=\lim_{n\to\infty}(2^{n-1}+4)=\infty$

◀ $2^{n-1}\longrightarrow\infty$

**検討**

**極限の図示**

上の例題 (1) で，点 $(a_n,\ a_{n+1})$ は直線 $y=\dfrac{1}{2}x+1$ …… ① 上にある。更に，直線 $y=x$ …… ② を考えると，点 $(a_1,\ a_1)$ から図の矢印に従って
$(a_1,\ a_2)\longrightarrow(a_2,\ a_2)\longrightarrow(a_2,\ a_3)\longrightarrow(a_3,\ a_3)$
$\longrightarrow(a_3,\ a_4)\longrightarrow$ …… のように進み，2 直線 ①，② の交点 **(2, 2)** に限りなく近づく。これは，数列 $\{a_n\}$ の極限値が **2** であることを示している。

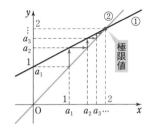

なお，(1) で数列 $\{a_n\}$ の極限値 $\alpha$ が存在するならば，

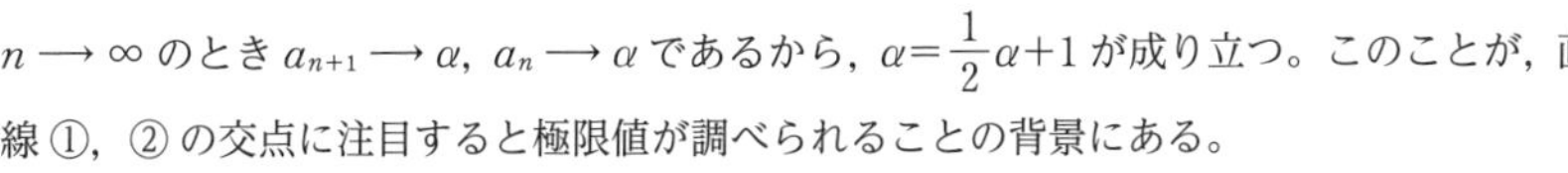

$n\longrightarrow\infty$ のとき $a_{n+1}\longrightarrow\alpha$，$a_n\longrightarrow\alpha$ であるから，$\alpha=\dfrac{1}{2}\alpha+1$ が成り立つ。このことが，直線 ①，② の交点に注目すると極限値が調べられることの背景にある。

**練習 ② 26** 次の条件によって定められる数列 $\{a_n\}$ の極限を求めよ。

(1) $a_1=2,\ a_{n+1}=3a_n+2$　　(2) $a_1=1,\ 2a_{n+1}=6-a_n$

p.60 EX19

## 基本例題 27 漸化式と極限 (2) … 隣接 3 項間 ①①①①①

次の条件によって定められる数列 $\{a_n\}$ の極限値を求めよ。

$$a_1=0,\ a_2=1,\ a_{n+2}=\frac{1}{4}(a_{n+1}+3a_n)$$

p.36 まとめ，基本 26

**指針** 方針は基本例題 **26** と同じく，一般項 $a_n$ を $n$ で表してから極限を求める。
隣接 3 項間の漸化式では，まず，$a_{n+2}$ を $x^2$，$a_{n+1}$ を $x$，$a_n$ を 1 とおいた $x$ の 2 次方程式(特性方程式)を解く。その 2 解を $\alpha$，$\beta$ とすると，$\alpha\neq\beta$ のとき

$$\boldsymbol{a_{n+2}-\alpha a_{n+1}=\beta(a_{n+1}-\alpha a_n),\ a_{n+2}-\beta a_{n+1}=\alpha(a_{n+1}-\beta a_n)}$$

の 2 通りに変形できる。この変形を利用して解決する。
なお，特性方程式の解に **1 を含むときは，階差数列** が利用できる。

**解答**

与えられた漸化式を変形すると

$$a_{n+2}-a_{n+1}=-\frac{3}{4}(a_{n+1}-a_n) \quad また \quad a_2-a_1=1-0=1$$

ゆえに，数列 $\{a_{n+1}-a_n\}$ は初項 1，公比 $-\frac{3}{4}$ の等比数列で

$$a_{n+1}-a_n=\left(-\frac{3}{4}\right)^{n-1}$$

よって，$n\geqq2$ のとき

$$a_n=a_1+\sum_{k=1}^{n-1}\left(-\frac{3}{4}\right)^{k-1}$$

$$=0+\frac{1-\left(-\frac{3}{4}\right)^{n-1}}{1-\left(-\frac{3}{4}\right)}=\frac{4}{7}\left\{1-\left(-\frac{3}{4}\right)^{n-1}\right\}$$

したがって $\displaystyle\lim_{n\to\infty}a_n=\lim_{n\to\infty}\frac{4}{7}\left\{1-\left(-\frac{3}{4}\right)^{n-1}\right\}=\boldsymbol{\frac{4}{7}}$

**注意** この問題のように，単に数列 $\{a_n\}$ の極限を求めるときは，$n\geqq2$ のときだけを考えてかまわない。つまり，$n=1$ のときの確認は必要ない。

**別解** **[$a_n$ の求め方]** 与えられた漸化式を変形すると

$$a_{n+2}-a_{n+1}=-\frac{3}{4}(a_{n+1}-a_n),\ a_{n+2}+\frac{3}{4}a_{n+1}=a_{n+1}+\frac{3}{4}a_n$$

ゆえに $\displaystyle a_{n+1}-a_n=\left(-\frac{3}{4}\right)^{n-1},\ a_{n+1}+\frac{3}{4}a_n=a_2+\frac{3}{4}a_1=1$

辺々引いて $\displaystyle -\frac{7}{4}a_n=\left(-\frac{3}{4}\right)^{n-1}-1$

よって $\displaystyle a_n=\frac{4}{7}\left\{1-\left(-\frac{3}{4}\right)^{n-1}\right\}$

◀ $x^2=\frac{1}{4}(x+3)$ を解くと
$4x^2=x+3$
$4x^2-x-3=0$
$(x-1)(4x+3)=0$
よって $x=1,\ -\frac{3}{4}$

◀ $\{a_n\}$ の階差数列 $\{b_n\}$ がわかれば，$n\geqq2$ のとき
$\boldsymbol{a_n=a_1+\sum_{k=1}^{n-1}b_k}$

◀ **極限を求めるとは，$n\longrightarrow\infty$ の場合を考える。**

◀ $\alpha=1$，$\beta=-\frac{3}{4}$ とした場合と $\alpha=-\frac{3}{4}$，$\beta=1$ とした場合の 2 通りで表す。

◀ $a_{n+1}$ を消去。

**練習 ② 27** 次の条件によって定められる数列 $\{a_n\}$ の極限値を求めよ。

$$a_1=1,\ a_2=3,\ 4a_{n+2}=5a_{n+1}-a_n$$

p.60 EX 20

# 基本例題 28 漸化式と極限 (3) … 分数形

数列 $\{a_n\}$ が $a_1=3$, $a_{n+1}=\dfrac{3a_n-4}{a_n-1}$ によって定められるとき　〔類 東京女子大〕

(1) $b_n=\dfrac{1}{a_n-2}$ とおくとき，$b_{n+1}$, $b_n$ の関係式を求めよ。

(2) 数列 $\{a_n\}$ の一般項を求めよ。　(3) $\lim_{n\to\infty} a_n$ を求めよ。

p.36 まとめ，基本 26

**指針** (1) おき換えの式 $b_n=\dfrac{1}{\boxed{a_n-2}}$ …… ① の $\boxed{a_n-2}$ に注目。漸化式から $b_{n+1}\left(=\dfrac{1}{\boxed{a_{n+1}-2}}\right)$ の形を作り出すために，漸化式の両辺から 2 を引いてみる。

なお，① のおき換えが与えられているから，$a_n\neq2$ としてよい。

(2) まず (1) の結果から一般項 $b_n$ を $n$ で表す。

**解答**

(1) 漸化式から　$a_{n+1}-2=\dfrac{3a_n-4}{a_n-1}-2$

ゆえに　$a_{n+1}-2=\dfrac{a_n-2}{a_n-1}$

両辺の逆数をとって　$\dfrac{1}{a_{n+1}-2}=\dfrac{a_n-1}{a_n-2}$

よって　$\dfrac{1}{a_{n+1}-2}=\dfrac{1}{a_n-2}+1$

したがって　$\boldsymbol{b_{n+1}=b_n+1}$

(2) (1) より，数列 $\{b_n\}$ は初項 $b_1=1$, 公差 1 の等差数列であるから　$b_n=1+(n-1)\cdot1=n$

よって　$a_n=\dfrac{1}{b_n}+2=\boldsymbol{\dfrac{1}{n}+2}$

(3) $\lim_{n\to\infty} a_n=\lim_{n\to\infty}\left(\dfrac{1}{n}+2\right)=\boldsymbol{2}$

**検討**

分数形の漸化式について一般項を求める方法は，$p.36$ の ⑥ 参照。

$a_{n+1}=\dfrac{ra_n+s}{pa_n+q}$ のとき，特性方程式 $x=\dfrac{rx+s}{px+q}$ の解が $x=\alpha$ (重解) ならば，$b_n=\dfrac{1}{a_n-\alpha}$ (または $b_n=a_n-\alpha$) とおくと，一般項 $a_n$ が求められる。

◀ $b_n=\dfrac{1}{a_n-2}$ から　$a_n-2=\dfrac{1}{b_n}$

**参考** 漸化式の特性方程式の解と極限値

上の例題に関して，特性方程式 $x=\dfrac{3x-4}{x-1}$ の解は　$x=2$

曲線 $y=\dfrac{3x-4}{x-1}$ …… ① と直線 $y=x$ …… ② をかくと右図のようになり，曲線 ① と直線 ② は 1 つの共有点 (2, 2) をもつ (接している)。点 $(a_1, a_1)$ をとり，$p.49$ の 検討 と同じようにして点の対応を考えると，点 (2, 2) に限りなく近づく。すなわち，**数列 $\{a_n\}$ の極限値は特性方程式の解に一致している。**

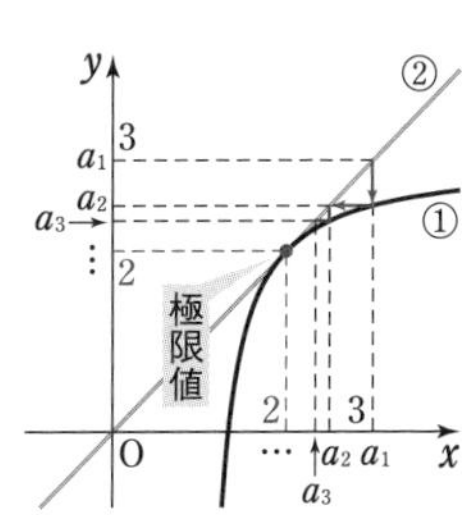

**練習 28** ③ $a_1=5$, $a_{n+1}=\dfrac{5a_n-16}{a_n-3}$ で定められる数列 $\{a_n\}$ について

(1) $b_n=a_n-4$ とおくとき，$b_{n+1}$ を $b_n$ で表せ。

(2) 数列 $\{a_n\}$ の一般項を求めよ。　(3) $\lim_{n\to\infty} a_n$ を求めよ。　〔類 岐阜大〕

## 基本例題 29 漸化式と極限 (4) … 連立形

$P_1(1,\ 1)$，$x_{n+1}=\dfrac{1}{4}x_n+\dfrac{4}{5}y_n$，$y_{n+1}=\dfrac{3}{4}x_n+\dfrac{1}{5}y_n$ $(n=1,\ 2,\ \cdots\cdots)$ を満たす平面上の点列 $P_n(x_n,\ y_n)$ がある。点列 $P_1$，$P_2$，…… はある定点に限りなく近づくことを証明せよ。

〔類 信州大〕 p.36 まとめ，基本 26

点列 $P_1$，$P_2$，…… がある定点に限りなく近づくことを示すには，$\lim\limits_{n\to\infty}x_n$，$\lim\limits_{n\to\infty}y_n$ がともに収束することをいえばよい。そのためには，2 つの数列 $\{x_n\}$，$\{y_n\}$ の漸化式から，$x_n$，$y_n$ を求める。ここでは，まず，2 つの漸化式の和をとってみるとよい。
（一般項を求める一般的な方法については，解答の後の **注意** のようになる。）

**解答**

$x_{n+1}=\dfrac{1}{4}x_n+\dfrac{4}{5}y_n$ …… ①，$y_{n+1}=\dfrac{3}{4}x_n+\dfrac{1}{5}y_n$ …… ②

①＋② から　$x_{n+1}+y_{n+1}=x_n+y_n$

$P_1(1,\ 1)$ から　$x_1+y_1=2$　　◀ $x_1=1$，$y_1=1$

よって　$x_n+y_n=x_{n-1}+y_{n-1}=\cdots\cdots=x_1+y_1=2$

ゆえに　$y_n=2-x_n$

これを ① に代入して整理すると　$x_{n+1}=-\dfrac{11}{20}x_n+\dfrac{8}{5}$　　◀ $x_{n+1}=\dfrac{1}{4}x_n+\dfrac{4}{5}(2-x_n)$

変形すると　$x_{n+1}-\dfrac{32}{31}=-\dfrac{11}{20}\left(x_n-\dfrac{32}{31}\right)$　　◀ 特性方程式 $\alpha=-\dfrac{11}{20}\alpha+\dfrac{8}{5}$ の解は $\alpha=\dfrac{32}{31}$

また　$x_1-\dfrac{32}{31}=-\dfrac{1}{31}$

ゆえに　$x_n-\dfrac{32}{31}=-\dfrac{1}{31}\left(-\dfrac{11}{20}\right)^{n-1}$　　◀ 数列 $\left\{x_n-\dfrac{32}{31}\right\}$ は初項 $-\dfrac{1}{31}$，公比 $-\dfrac{11}{20}$ の等比数列。

よって　$\lim\limits_{n\to\infty}x_n=\lim\limits_{n\to\infty}\left\{\dfrac{32}{31}-\dfrac{1}{31}\left(-\dfrac{11}{20}\right)^{n-1}\right\}=\dfrac{32}{31}$

また　$\lim\limits_{n\to\infty}y_n=\lim\limits_{n\to\infty}(2-x_n)=2-\dfrac{32}{31}=\dfrac{30}{31}$　　◀ $y_n=2-x_n$ から。

したがって，点列 $P_1$，$P_2$，…… は定点 $\left(\dfrac{32}{31},\ \dfrac{30}{31}\right)$ に限りなく近づく。

**注意**　一般に，$\boldsymbol{x_1=a}$，$\boldsymbol{y_1=b}$，$\boldsymbol{x_{n+1}=px_n+qy_n}$，$\boldsymbol{y_{n+1}=rx_n+sy_n}$ $(pqrs\neq 0)$ で定められる数列 $\{x_n\}$，$\{y_n\}$ の一般項を求めるには，次の方法がある。

方法 1　$x_{n+1}+\alpha y_{n+1}=\beta(x_n+\alpha y_n)$ として $\alpha$，$\beta$ の値を定め，**等比数列 $\{x_n+●y_n\}$ を利用** する。

方法 2　**$y_n$ を消去** して，数列 $\{x_n\}$ の隣接 3 項間の漸化式に帰着させる。すなわち，
$x_{n+1}=px_n+qy_n$ から　$y_n=\dfrac{1}{q}x_{n+1}-\dfrac{p}{q}x_n$　　よって　$y_{n+1}=\dfrac{1}{q}x_{n+2}-\dfrac{p}{q}x_{n+1}$
これらを $y_{n+1}=rx_n+sy_n$ に代入する。

**練習 ③ 29**　数列 $\{a_n\}$，$\{b_n\}$ を $a_1=b_1=1$，$a_{n+1}=a_n+8b_n$，$b_{n+1}=2a_n+b_n$ で定めるとき

(1) 数列 $\{a_n\}$，$\{b_n\}$ の一般項を求めよ。　　(2) $\lim\limits_{n\to\infty}\dfrac{a_n}{2b_n}$ を求めよ。

p.60 EX 21

## 重要例題 30 漸化式と極限 (5) … はさみうちの原理

数列 $\{a_n\}$ が $0<a_1<3$, $a_{n+1}=1+\sqrt{1+a_n}$ ($n=1, 2, 3, \cdots\cdots$) を満たすとき

(1) $0<a_n<3$ を証明せよ。　(2) $3-a_{n+1}<\dfrac{1}{3}(3-a_n)$ を証明せよ。

(3) 数列 $\{a_n\}$ の極限値を求めよ。　〔類 神戸大〕

p.34 基本事項 3, 基本 21

**指針** (1) すべての自然数 $n$ についての成立を示す ⟶ **数学的帰納法** の利用。

(2) (1) の結果，すなわち $a_n>0$, $3-a_n>0$ であることを利用。

(3) 漸化式を変形して，一般項 $a_n$ を $n$ の式で表すのは難しい。そこで，(2) で示した不等式を利用し，**はさみうちの原理** を使って数列 $\{3-a_n\}$ の極限を求める。

**はさみうちの原理**　すべての $n$ について $p_n \leqq a_n \leqq q_n$ のとき

$$\lim_{n\to\infty} p_n=\lim_{n\to\infty} q_n=\alpha \text{ ならば } \lim_{n\to\infty} a_n=\alpha$$

なお，$p.54$, 55 の補足事項も参照。

**CHART** 求めにくい極限　不等式利用で　はさみうち

**解答**

(1) $0<a_n<3$ …… ① とする。　◀数学的帰納法による。

[1] $n=1$ のとき，与えられた条件から ① は成り立つ。　◀$0<a_1<3$

[2] $n=k$ のとき，① が成り立つと仮定すると

$$0<a_k<3$$

$n=k+1$ のときを考えると，$0<a_k<3$ であるから

$$a_{k+1}=1+\sqrt{1+a_k}>2>0$$

◀$0<a_k$ から $\sqrt{1+a_k}>1$

$$a_{k+1}=1+\sqrt{1+a_k}<1+\sqrt{1+3}=3$$

◀$a_k<3$ から $\sqrt{1+a_k}<2$

したがって　$0<a_{k+1}<3$

よって，$n=k+1$ のときにも ① は成り立つ。

[1], [2] から，すべての自然数 $n$ について ① は成り立つ。

(2) $3-a_{n+1}=2-\sqrt{1+a_n}=\dfrac{3-a_n}{2+\sqrt{1+a_n}}<\dfrac{1}{3}(3-a_n)$

◀$3-a_n>0$ であり，$a_n>0$ から $2+\sqrt{1+a_n}>3$

(3) (1), (2) から，$n \geqq 2$ のとき

$$0<3-a_n \leqq \left(\frac{1}{3}\right)^{n-1}(3-a_1)$$

◀$n \geqq 2$ のとき，(2) から
$3-a_n<\dfrac{1}{3}(3-a_{n-1})$
$<\left(\dfrac{1}{3}\right)^2(3-a_{n-2})\cdots\cdots$
$\cdots\cdots<\left(\dfrac{1}{3}\right)^{n-1}(3-a_1)$

$\displaystyle\lim_{n\to\infty}\left(\frac{1}{3}\right)^{n-1}(3-a_1)=0$ であるから

$$\lim_{n\to\infty}(3-a_n)=0$$

したがって　$\displaystyle\lim_{n\to\infty} a_n=3$

**練習 30** ③ $a_1=2$, $n \geqq 2$ のとき $a_n=\dfrac{3}{2}\sqrt{a_{n-1}}-\dfrac{1}{2}$ を満たす数列 $\{a_n\}$ について

(1) すべての自然数 $n$ に対して $a_n>1$ であることを証明せよ。

(2) 数列 $\{a_n\}$ の極限値を求めよ。　〔類 関西大〕

## 補足事項　一般項を求めずに極限値を求める方法

重要例題 **30** のような，漸化式から一般項を求めることが容易ではない数列の極限値を求める場合は，(1), (2) のように，不等式を導き，はさみうちの原理を利用する 方針で進めるとよい。その一般的な手順は，次のようになる。

漸化式 $a_{n+1}=f(a_n)$ に対して

1 極限値を $\boldsymbol{\lim_{n\to\infty} a_n=\alpha}$ とし（このとき $\lim_{n\to\infty} a_{n+1}=\alpha$），
$\lim_{n\to\infty} a_{n+1}=\lim_{n\to\infty} f(a_n)$ から $\alpha$ を求める。この $\alpha$ が極限値の予想となる。

2 $\boldsymbol{|a_{n+1}-\alpha|<k|a_n-\alpha|}$ を満たす $k\ (0<k<1)$ を見つける。

3 2 から，$0<|a_n-\alpha|<k|a_{n-1}-\alpha|<k^2|a_{n-2}-\alpha|<\cdots\cdots<k^{n-1}|a_1-\alpha|$ となり，
$\lim_{n\to\infty} k^{n-1}=0$ であるから，**はさみうちの原理** により　$\lim_{n\to\infty}|a_n-\alpha|=0$
したがって，極限値は $\lim_{n\to\infty} a_n=\alpha$ となる。 ← 1 の $\alpha$ が実際の極限値となる。

例えば，重要例題 **30** で (1), (2) の誘導がない場合は，次のようにして極限値を求める方法が考えられる。

1 極限値を $\lim_{n\to\infty} a_n=\alpha$ とすると，$\lim_{n\to\infty} a_{n+1}=\lim_{n\to\infty}(1+\sqrt{1+a_n})$ から　$\alpha=1+\sqrt{1+\alpha}$
$\alpha-1=\sqrt{\alpha+1}$ とし，両辺を平方して整理すると　$\alpha(\alpha-3)=0$　　よって　$\alpha=0,\ 3$
漸化式の形より，$a_n>1$ であるから，$\alpha=3$ が極限値の予想となる。

2 $\dfrac{|a_{n+1}-3|}{|a_n-3|}<k$ を満たす $k\ (0<k<1)$ を見つける。

$$\frac{|a_{n+1}-3|}{|a_n-3|}=\left|\frac{a_{n+1}-3}{a_n-3}\right|=\left|\frac{\sqrt{a_n+1}-2}{a_n-3}\right|=\left|\frac{(a_n+1)-2^2}{(a_n-3)(\sqrt{a_n+1}+2)}\right|=\frac{1}{\sqrt{a_n+1}+2}<\frac{1}{3}$$

（～～ については，$a_n>0$ より $\sqrt{a_n+1}+2>3$ であることから導いている。）

ゆえに，$|a_{n+1}-3|<\dfrac{1}{3}|a_n-3|$ が成り立つ。

3 $0<|a_n-3|<\left(\dfrac{1}{3}\right)^{n-1}|a_1-3|$ が成り立ち，$\lim_{n\to\infty}\left(\dfrac{1}{3}\right)^{n-1}=0$ から　　$\lim_{n\to\infty}|a_n-3|=0$
したがって　　$\lim_{n\to\infty} a_n=3$

**注意**　1 で，極限値を予想するのには，曲線 $y=f(x)$ と直線 $y=x$ の交点に注目する方法も考えられる。
例えば，重要例題 **30** では，曲線 $y=1+\sqrt{1+x}$ と直線 $y=x$ の交点の座標は $(3,\ 3)$ であることから，$\lim_{n\to\infty} a_n=3$ と予想できる。なお，図のように点 $\mathrm{P_1}$，$\mathrm{P_2}$，$\mathrm{P_3}$，…… をとっていくと，点 $(3,\ 3)$ に限りなく近づいていくことからも，予想した極限値 3 は確かに実際の極限値となるであろう，ということがわかる。

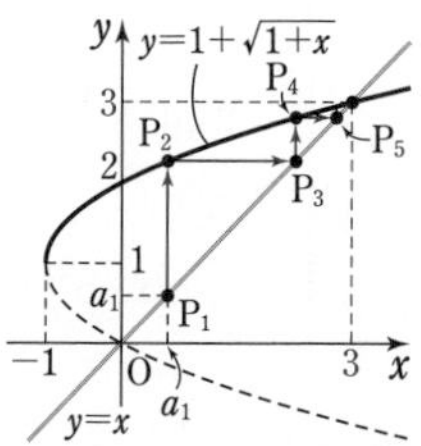

## 補足事項 単調有界な数列の極限

一般に，数列 $\{a_n\}$ について，$M$，$m$ は定数で

[1] $a_1<a_2<a_3<\cdots\cdots<a_n<a_{n+1}<\cdots\cdots<M$ ◀単調に増加

または [2] $a_1>a_2>a_3>\cdots\cdots>a_n>a_{n+1}>\cdots\cdots>m$ ◀単調に減少

であるとき，$\{a_n\}$ は単調に **有界である** という。そして，**単調に有界な数列は収束** し，上の [1] の場合は $\underline{\lim_{n\to\infty} a_n \leqq M}$，[2] の場合は $\underline{\lim_{n\to\infty} a_n \geqq m}$ が成り立つことが知られている。

([1]，[2] の $<$，$>$ の代わりに $\leqq$，$\geqq$ でも結論＿＿は成り立つ。)

$p.53$ 重要例題 **30** の数列 $\{a_n\}$ は，単調に有界である。

実際，$a_{n+1}-a_n=1+\sqrt{1+a_n}-a_n=\sqrt{1+a_n}-(a_n-1)$ であり，重要例題 **30** (1) の結果から

$a_n\leqq 1$ のとき，$a_n-1\leqq 0$ で　$\sqrt{1+a_n}-(a_n-1)>0$

$a_n>1$ のとき，$a_n-1>0$ で　$(\sqrt{1+a_n})^2-(a_n-1)^2=a_n(3-a_n)>0$

よって　$\sqrt{1+a_n}-(a_n-1)>0$

したがって，$0<a_1<a_2<\cdots\cdots<a_n<a_{n+1}<\cdots\cdots<3$ が成り立つから，数列 $\{a_n\}$ は単調に有界であり，極限値をもつ。これが前ページの 1 ～ 3 の進め方が有効な根拠となっている。

### ● 極限値 $\lim_{n\to\infty}\left(1+\frac{1}{n}\right)^n$ の存在について

数列 $a_n=\left(1+\frac{1}{n}\right)^n$ について，極限値 $\lim_{n\to\infty} a_n$ が存在する。このことを確かめてみよう。

① **単調性** 「チャート式基礎からの数学Ⅱ」$p.63$ で，次の関係式について説明した。

正の数 $a_1$，$a_2$，……，$a_N$ について　$\dfrac{a_1+a_2+\cdots\cdots+a_N}{N}\geqq\sqrt[N]{a_1a_2\cdots\cdots a_N}$ ……（$*$）

$n$ 個の $\dfrac{n+1}{n}$ と 1 個の 1 に対して，不等式（$*$）を適用すると

$$\frac{n\cdot\dfrac{n+1}{n}+1}{n+1}>\sqrt[n+1]{\left(\frac{n+1}{n}\right)^n\cdot 1}\quad すなわち\quad 1+\frac{1}{n+1}>\left(1+\frac{1}{n}\right)^{\frac{n}{n+1}}$$

両辺を $n+1$ 乗して　$\left(1+\dfrac{1}{n+1}\right)^{n+1}>\left(1+\dfrac{1}{n}\right)^n$　すなわち，$a_n<a_{n+1}$ が成り立つ。

② **有界性** ◀二項定理

$$a_n=\sum_{k=0}^{n}{}_n\mathrm{C}_k\cdot 1^{n-k}\cdot\left(\frac{1}{n}\right)^k=\sum_{k=0}^{n}\frac{n(n-1)\cdot\cdots\cdots\cdot\{n-(k-1)\}}{k!}\cdot\left(\frac{1}{n}\right)^k$$

$$=\sum_{k=0}^{n}\left\{\frac{1}{k!}\left(1-\frac{1}{n}\right)\left(1-\frac{2}{n}\right)\cdot\cdots\cdots\cdot\left(1-\frac{k-1}{n}\right)\right\}$$

$$\leqq\sum_{k=0}^{n}\frac{1}{k!}\leqq 1+1+\frac{1}{2}+\cdots\cdots+\frac{1}{2^{n-1}}=1+\frac{1-\left(\frac{1}{2}\right)^n}{1-\frac{1}{2}}=3-\left(\frac{1}{2}\right)^{n-1}<3$$

①，② より，数列 $\{a_n\}$ は単調に有界であるから，収束し　$\lim_{n\to\infty} a_n\leqq 3$

実際，極限値 $\lim_{n\to\infty} a_n$ は，2.71828…… となる。詳しくは，第 3 章の $p.116$，121 を参照。

この極限値は数学の世界において，重要な役割を果たしている。

## 重要例題 31 図形に関する漸化式と極限

①①①①①

図のような1辺の長さ $a$ の正三角形 ABC において，頂点 A から辺 BC に下ろした垂線の足を $P_1$ とする。$P_1$ から辺 AB に下ろした垂線の足を $Q_1$，$Q_1$ から辺 CA への垂線の足を $R_1$，$R_1$ から辺 BC への垂線の足を $P_2$ とする。このような操作を繰り返すと，辺 BC 上に点 $P_1$，$P_2$，……，$P_n$，……が定まる。このとき，点 $P_n$ の極限の位置を求めよ。基本 26

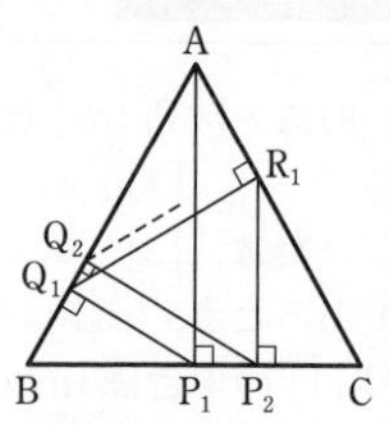

**指針** 図形と極限の問題では，まず $n$ 番目と $n+1$ 番目の関係を調べて漸化式を作る。
ここでは，線分 $BP_n$ の長さを $x_n$ とし，3辺の長さの比が $1:\sqrt{3}:2$ の直角三角形に注目することで，長さ $BP_{n+1}$（すなわち $x_{n+1}$）を $x_n$ で表す。

**解答**

$BP_n=x_n$ とすると，

$BP_n:BQ_n=AQ_n:AR_n=CR_n:CP_{n+1}=2:1$ から

$$BQ_n=\frac{1}{2}BP_n=\frac{1}{2}x_n,\quad AR_n=\frac{1}{2}AQ_n=\frac{1}{2}\left(a-\frac{1}{2}x_n\right),$$

$$CR_n=CA-AR_n=a-\frac{1}{2}\left(a-\frac{1}{2}x_n\right)=\frac{1}{2}a+\frac{1}{4}x_n,$$

$$CP_{n+1}=\frac{1}{2}CR_n=\frac{1}{2}\left(\frac{1}{2}a+\frac{1}{4}x_n\right)=\frac{1}{4}a+\frac{1}{8}x_n,$$

$$BP_{n+1}=BC-CP_{n+1}=a-\left(\frac{1}{4}a+\frac{1}{8}x_n\right)=\frac{3}{4}a-\frac{1}{8}x_n$$

ゆえに　$x_{n+1}=-\frac{1}{8}x_n+\frac{3}{4}a$

変形すると　$x_{n+1}-\frac{2}{3}a=-\frac{1}{8}\left(x_n-\frac{2}{3}a\right)$

◀ $\alpha=-\frac{1}{8}\alpha+\frac{3}{4}a$ の解は $\alpha=\frac{2}{3}a$

よって，数列 $\left\{x_n-\frac{2}{3}a\right\}$ は初項 $x_1-\frac{2}{3}a$，公比 $-\frac{1}{8}$ の等比数列であり　$x_n-\frac{2}{3}a=\left(-\frac{1}{8}\right)^{n-1}\left(x_1-\frac{2}{3}a\right)$

ゆえに　$x_n=\left(-\frac{1}{8}\right)^{n-1}\left(x_1-\frac{2}{3}a\right)+\frac{2}{3}a$　　よって　$\lim_{n\to\infty}x_n=\frac{2}{3}a$

したがって，点 $P_n$ の極限の位置は **辺 BC を 2：1 に内分する点** である。

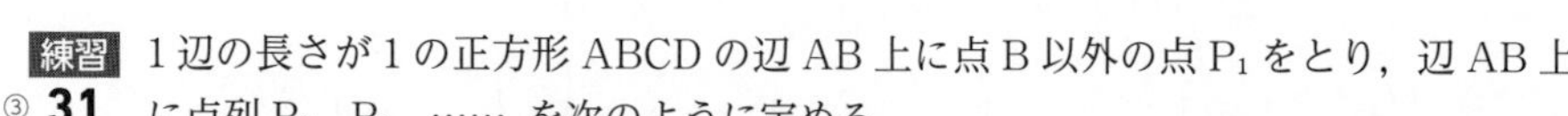

**練習 ③ 31** 1辺の長さが1の正方形 ABCD の辺 AB 上に点 B 以外の点 $P_1$ をとり，辺 AB 上に点列 $P_2$，$P_3$，…… を次のように定める。

$0^\circ<\theta<45^\circ$ とし，$n=1$，2，3，…… に対し，点 $P_n$ から出発して，辺 BC 上に点 $Q_n$ を $\angle BP_nQ_n=\theta$ となるようにとり，辺 CD 上に点 $R_n$ を $\angle CQ_nR_n=\theta$ となるようにとり，辺 DA 上に点 $S_n$ を $\angle DR_nS_n=\theta$ となるようにとり，辺 AB 上に点 $P_{n+1}$ を $\angle AS_nP_{n+1}=\theta$ となるようにとる。また，$x_n=AP_n$，$a=\tan\theta$ とする。

(1) $x_{n+1}$ を $x_n$，$a$ で表せ。　(2) $x_n$ を $n$，$x_1$，$a$ で表せ。

(3) $\lim_{n\to\infty}x_n$ を求めよ。　〔類 和歌山県医大〕 p.60 EX 22

## 重要例題 32 確率に関する漸化式と極限

赤玉と白玉が $p:q$ の割合で入れてある袋がある。ただし，$p+q=1$，$0<p<1$ とする。この袋から玉を1個取り出してもとに戻す試行を $n$ 回繰り返すとき，赤玉が奇数回取り出される確率を $P_n$ とする。

(1) $P_{n+1}$ を $P_n$，$p$ で表せ。　(2) $P_n$ を $p$，$n$ で表せ。　(3) $\lim_{n\to\infty}P_n$ を求めよ。

基本 26，重要 31



**指針** (1) 確率 $P_n$ の問題　$n$ 回後と $(n+1)$ 回後の状態に注目

$n$ 回後に赤玉が取り出された回数が奇数か偶数かで場合分けをし(右図参照)，確率の **加法定理**（数学 A）を利用して $P_{n+1}$ と $P_n$ の漸化式を作る。なお，$n$ 回後において，赤玉が奇数回の確率は $P_n$ であるから，赤玉が偶数回の確率は $1-P_n$

| (赤玉が) | $n$ 回後 | | $(n+1)$ 回後 |
|---|---|---|---|
| 奇数回 | $P_n$ | 白 $(q)$ → | $P_{n+1}$ |
| 偶数回 | $1-P_n$ | 赤 $(p)$ → | $P_{n+1}$ |

(2), (3) $p.49$ 基本例題 **26** と同様。(1) で求めた数列 $\{P_n\}$ に関する隣接2項間の漸化式から一般項 $P_n$ を求め，その極限を計算する。

**解答**

(1) $(n+1)$ 回取り出したとき，赤玉が奇数回取り出されるのは

[1] $n$ 回後に赤玉が奇数回取り出されていて，$(n+1)$ 回目に白玉が出る

[2] $n$ 回後に赤玉が偶数回取り出されていて，$(n+1)$ 回目に赤玉が出る

のいずれかであり，[1]，[2] は互いに排反であるから

$$\boldsymbol{P_{n+1}}=P_n\cdot q+(1-P_n)\cdot p=(q-p)P_n+p$$
$$=\boldsymbol{(1-2p)P_n+p}\ \cdots\cdots\ ①$$

◀ $p+q=1$ から　$q=1-p$

(2) ① から　$P_{n+1}-\dfrac{1}{2}=(1-2p)\left(P_n-\dfrac{1}{2}\right)$

◀ $\alpha=(1-2p)\alpha+p$ を解くと，$p\neq0$ から　$\alpha=\dfrac{1}{2}$

よって，数列 $\left\{P_n-\dfrac{1}{2}\right\}$ は初項 $P_1-\dfrac{1}{2}=p-\dfrac{1}{2}$，公比 $1-2p$ の等比数列であるから

◀ $P_1$ は1回の試行で赤玉が取り出される確率。

$$P_n-\frac{1}{2}=\left(p-\frac{1}{2}\right)\cdot(1-2p)^{n-1}$$

ゆえに　$\boldsymbol{P_n=\dfrac{1}{2}\{1-(1-2p)^n\}}$

◀ $p-\dfrac{1}{2}=-\dfrac{1}{2}(1-2p)$

(3) $0<p<1$ から　$-2<-2p<0$　∴　$-1<1-2p<1$

◀ $●^n$ の ● の部分，$1-2p$ の値の範囲を調べる。

ゆえに　$\lim_{n\to\infty}P_n=\lim_{n\to\infty}\dfrac{1}{2}\{1-(1-2p)^n\}=\dfrac{1}{2}(1-0)=\boldsymbol{\dfrac{1}{2}}$

◀ $-1<r<1$ のとき $\lim_{n\to\infty}r^n=0$

**練習 32** ③ ある1面だけに印のついた立方体が水平な平面に置かれている。立方体の底面の4辺のうち1辺を等しい確率で選んで，この辺を軸にしてこの立方体を横に倒す操作を $n$ 回続けて行ったとき，印のついた面が立方体の側面にくる確率を $a_n$，底面にくる確率を $b_n$ とする。ただし，印のついた面は最初に上面にあるとする。

(1) $a_2$ を求めよ。　(2) $a_{n+1}$ を $a_n$ で表せ。

(3) $\lim_{n\to\infty}a_n$ を求めよ。　〔類 東北大〕 p.60 EX23

## 参考事項　フィボナッチ数列に関する極限

「チャート式基礎からの数学B」の数列の章で，フィボナッチ数列を紹介した。

> **フィボナッチ数列**　漸化式 $a_1=1,\ a_2=1,\ a_{n+2}=a_{n+1}+a_n\ (n=1,\ 2,\ \cdots\cdots)$ によって定まる数列で　1, 1, 2, 3, 5, 8, 13, 21, 34, 55, 89, 144, 233, ……
>
> 一般項は　$a_n=\dfrac{1}{\sqrt{5}}\left\{\left(\dfrac{1+\sqrt{5}}{2}\right)^n-\left(\dfrac{1-\sqrt{5}}{2}\right)^n\right\}$　となる。

ここで，フィボナッチ数列の隣り合う 2 項の比を考えてみると

$$\frac{1}{1}=1,\ \frac{2}{1}=2,\ \frac{3}{2}=1.5,\ \frac{5}{3}=1.66\cdots,\ \frac{8}{5}=1.6,\ \frac{13}{8}=1.625,\ \frac{21}{13}=1.6153\cdots,$$

$$\frac{34}{21}=1.6190\cdots,\ \frac{55}{34}=1.6176\cdots,\ \frac{89}{55}=1.6181\cdots,\ \frac{144}{89}=1.6179\cdots,\ \frac{233}{144}=1.6180\cdots$$

となり，ある値に収束することが予想できる。実際

$$\frac{a_{n+1}}{a_n}=\frac{\dfrac{1}{\sqrt{5}}\left\{\left(\dfrac{1+\sqrt{5}}{2}\right)^{n+1}-\left(\dfrac{1-\sqrt{5}}{2}\right)^{n+1}\right\}}{\dfrac{1}{\sqrt{5}}\left\{\left(\dfrac{1+\sqrt{5}}{2}\right)^{n}-\left(\dfrac{1-\sqrt{5}}{2}\right)^{n}\right\}}=\frac{\dfrac{1+\sqrt{5}}{2}-\dfrac{1-\sqrt{5}}{2}\cdot\left(\dfrac{1-\sqrt{5}}{1+\sqrt{5}}\right)^n}{1-\left(\dfrac{1-\sqrt{5}}{1+\sqrt{5}}\right)^n}$$

分母・分子を $\left(\dfrac{1+\sqrt{5}}{2}\right)^n$ で割る。

$\left|\dfrac{1-\sqrt{5}}{1+\sqrt{5}}\right|<1$ であるから　$\displaystyle\lim_{n\to\infty}\left(\frac{1-\sqrt{5}}{1+\sqrt{5}}\right)^n=0$　　よって　$\displaystyle\lim_{n\to\infty}\frac{a_{n+1}}{a_n}=\frac{1+\sqrt{5}}{2}$ $(=1.6180\cdots)$

すなわち，隣り合う 2 項の比 $a_n:a_{n+1}$ は，$n$ の値が大きくなると

$1:\dfrac{1+\sqrt{5}}{2}$（この比を **黄金比** という）に近づくことがわかる。……（＊）

ここで，黄金比は次のような比のことである。

長方形から，短い方の辺の長さを 1 辺とする正方形を切り取ったとき，残った長方形がもとの長方形と相似となる場合の，長方形の辺の長さの比。

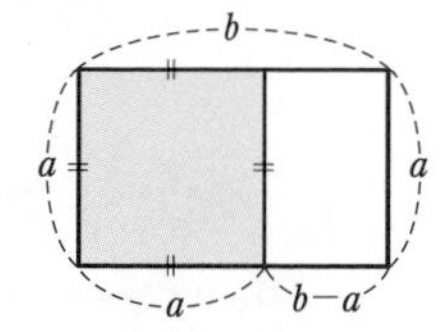


考察　右図のように，もとの長方形の辺の長さを $a,\ b\ (a<b)$ とすると，$a:b=(b-a):a$ から　$b(b-a)=a^2$

よって　$b^2-ab-a^2=0$　　$b>a>0$ から　$b=\dfrac{1+\sqrt{5}}{2}a$　すなわち　$a:b=1:\dfrac{1+\sqrt{5}}{2}$

黄金比は，古代ギリシャの時代から，最も美しい比であると考えられてきており，パルテノン神殿などの建造物に見い出されるとされている。また，バランスのよさから，黄金比を意識して創作した芸術家も数多い。更に，縦・横の長さの比が黄金比である長方形を **黄金長方形** という。名刺やパスポートなど，黄金長方形は身の回りによく見られる。フィボナッチ数列についても，黄金比とは一見関係はなさそうに思えるが，上の（＊）のような性質があることは興味深いものがある。

# EXERCISES



②13 次の極限を求めよ。 〔(1) 福島大, (2) 東京電機大, (3) 類 芝浦工大〕

(1) $\lim_{n\to\infty}\{\sqrt{(n+1)(n+3)}-\sqrt{n(n+2)}\}$ (2) $\lim_{n\to\infty}\dfrac{1}{\sqrt[3]{n^2}(\sqrt[3]{n+1}-\sqrt[3]{n})}$

(3) $\lim_{n\to\infty}\dfrac{1}{n}\left\{\dfrac{1^2}{n^2+1}+\dfrac{2^2}{n^2+1}+\dfrac{3^2}{n^2+1}+\cdots\cdots+\dfrac{(2n)^2}{n^2+1}\right\}$ →18, 19

③14 次の各数列 $\{a_n\}$ について，極限 $\lim_{n\to\infty}\dfrac{a_2+a_4+\cdots\cdots+a_{2n}}{a_1+a_2+\cdots\cdots+a_n}$ を調べよ。 〔類 信州大〕

(1) $a_n=\dfrac{1}{n^2+2n}$ (2) $a_n=cr^n$ $(c>0,\ r>0)$ →19, 24

2章 ❸ 数列の極限

③15 1個のさいころを $n$ 回投げるとき，出る目の最大値が3となる確率を $P_n$ とおく。このとき，$P_n$ は $n$ を用いた式で $P_n=$ ア[　　] と表される。更に，極限 $\lim_{n\to\infty}\dfrac{1}{n}\log_3 P_n$ の値は イ[　　] である。 〔類 関西大〕 →18, 19

④16 $0<a<b$ である定数 $a$, $b$ がある。$x_n=\left(\dfrac{a^n}{b}+\dfrac{b^n}{a}\right)^{\frac{1}{n}}$ とおくとき

(1) 不等式 $b^n<a(x_n)^n<2b^n$ を証明せよ。

(2) $\lim_{n\to\infty}x_n$ を求めよ。 〔立命館大〕 →21

②17 (1) 次の極限値を求めよ。 〔(ア) 類 公立はこだて未来大, (イ) 弘前大〕

(ア) $\lim_{n\to\infty}\dfrac{\sin^n\theta-\cos^n\theta}{\sin^n\theta+\cos^n\theta}$ $\left(0<\theta<\dfrac{\pi}{4}\right)$ (イ) $\lim_{n\to\infty}\dfrac{r^{n-1}-3^{n+1}}{r^n+3^{n-1}}$ ($r$ は正の定数)

(2) $0\leqq\theta\leqq\pi$ とする。$a_n=(4\sin^2\theta+2\cos\theta-3)^n$ とするとき，数列 $\{a_n\}$ が収束するような $\theta$ の値の範囲を求めよ。 〔関西大〕 →24, 25

③18 数列 $\{a_n(x)\}$ は $a_n(x)=\dfrac{\sin^{2n+1}x}{\sin^{2n}x+\cos^{2n}x}$ $(0\leqq x\leqq\pi)$ で定められたものとする。

(1) この数列の極限値 $\lim_{n\to\infty}a_n(x)$ を求めよ。

(2) $\lim_{n\to\infty}a_n(x)$ を $A(x)$ とするとき，関数 $y=A(x)$ のグラフをかけ。 〔名城大〕

→24

13 (2) $(a-b)(a^2+ab+b^2)=a^3-b^3$ を利用して，不定形でない形に変形。

14 (1) $a_n=\dfrac{1}{2}\left(\dfrac{1}{n}-\dfrac{1}{n+2}\right)$ と変形。 (2) $r=1$, $r\neq1$ で場合分け。

15 (ア) 最大値が3以下となる目の出方と最大値が2以下となる目の出方を利用。

16 (2) (1)の不等式の各辺の常用対数をとり，まず，$\lim_{n\to\infty}\log_{10}x_n$ を求める。

17 (1) (ア) 分母・分子を $\cos^n\theta$ で割り，$\tan\theta$ の式に直すとよい。

(イ) 分母・分子を $r$ や3の累乗で割るのが基本。$r$ と3の大小関係で場合を分ける。

18 (1) $\tan^2x=1$ $(0\leqq x\leqq\pi)$ となる $x$ の値 $x=\dfrac{\pi}{4}$, $\dfrac{3}{4}\pi$ で区切って考える。

②**19**　数列 $\{a_n\}$ を $a_1=\sqrt[3]{3}$，$a_2=\sqrt[3]{3\sqrt[3]{3}}$，$a_3=\sqrt[3]{3\sqrt[3]{3\sqrt[3]{3}}}$，$a_4=\sqrt[3]{3\sqrt[3]{3\sqrt[3]{3\sqrt[3]{3}}}}$，…… で定めると，$a_n=3^{\frac{1}{2}(ア\square)}$，$\lim_{n\to\infty} a_n=$ イ$\square$ である。　〔関西大〕

→26

③**20**　数列 $\{a_n\}$ とその初項から第 $n$ 項までの和 $S_n$ について

$$a_1=1,\ 4S_n=3a_n+9a_{n-1}+1\ (n=2,\ 3,\ 4,\ \cdots\cdots)$$

が成り立つとする。

(1)　一般項 $a_n$ を求めよ。　　(2)　$\lim_{n\to\infty}\dfrac{S_n}{a_n}$ を求めよ。　〔福井大〕

→27

③**21**　$z_1=1+i$，$z_{n+1}=\dfrac{i}{2}z_n+1$ $(n=1,\ 2,\ 3,\ \cdots\cdots)$ で定義される複素数の数列 $\{z_n\}$ を考える。$z_n$ は実数 $x_n$，$y_n$ を用いて $z_n=x_n+y_ni$ で表される。このとき，$x_{n+2}$ を $x_n$ で表すと $x_{n+2}=$ ア$\square$ であり，$\lim_{n\to\infty} y_n=$ イ$\square$ である。　〔南山大〕

→29

④**22**　$f(x)=x(x^2+1)$ とする。数列 $\{a_n\}$ を次のように定める。
$a_1=1$ とする。また，$n\geqq 2$ のとき，曲線 $y=f(x)$ 上の点 $(a_{n-1},\ f(a_{n-1}))$ における接線と $x$ 軸との交点の $x$ 座標を $a_n$ とする。

(1)　$a_n$ を $a_{n-1}$ を用いて表せ。　　(2)　$\lim_{n\to\infty} a_n=0$ を示せ。　〔類 千葉大〕

→30,31

④**23**　投げたときに表と裏の出る確率がそれぞれ $\dfrac{1}{2}$ の硬貨が 3 枚ある。その硬貨 3 枚を同時に投げる試行を繰り返す。持ち点 0 から始めて，1 回の試行で表が 3 枚出れば持ち点に 1 が加えられ，裏が 3 枚出れば持ち点から 1 が引かれ，それ以外は持ち点が変わらないとする。$n$ 回の試行後に持ち点が 3 の倍数である確率を $p_n$ とする。

(1)　$p_{n+1}$ を $p_n$ で表せ。　　(2)　$\lim_{n\to\infty} p_n$ を求めよ。　〔類 芝浦工大〕

→32

**HINT**

19　数列 $\{a_n\}$ の漸化式を作る。対数をとることがカギ。

20　(1)　$a_{n+1}=S_{n+1}-S_n$ を用いて，隣接 3 項間の漸化式を導く。

21　(イ)　(ア)の結果を用いて，$y_{n+2}$ を $y_n$ で表す。そして，$n=2k$，$n=2k-1$ ($k$ は自然数) の場合に分けて，一般項 $y_n$ を考える。

22　(1)　まず，点 $(a_{n-1},\ f(a_{n-1}))$ における接線の方程式を求める。そして，その接線が点 $(a_n,\ 0)$ を通るとして，$a_n$ を $a_{n-1}$ で表す。
(2)　(1)の結果の式から，$a_n<ka_{n-1}$ $(0<k<1)$ の不等式を作る。はさみうちの原理を利用。

23　(1)　$n$ 回の試行後の持ち点を 3 で割った余りが 0，1，2 の場合に分けて考え，$p_{n+1}$ を $p_n$ で表す。

# 4 無限級数

## 基本事項

**1 無限級数**

$$\sum_{n=1}^{\infty} a_n = a_1 + a_2 + \cdots\cdots + a_n + \cdots\cdots \qquad \cdots\cdots \text{Ⓐ}$$

について，**部分和** $\boldsymbol{S_n = a_1 + a_2 + \cdots\cdots + a_n}$ の数列 $\{S_n\}$：$S_1$，$S_2$，……，$S_n$，…… が収束して，$\lim\limits_{n\to\infty} S_n = S$ **のとき，無限級数 Ⓐ は収束して，和は** $S$ である。

また，**数列** $\{S_n\}$ **が発散するとき，無限級数 Ⓐ は発散する。**

**2 無限級数の収束・発散条件**

① **無限級数** $\sum\limits_{n=1}^{\infty} a_n$ **が収束する** $\Longrightarrow \lim\limits_{n\to\infty} a_n = 0$

② **数列** $\{a_n\}$ **が 0 に収束しない** $\Longrightarrow$ **無限級数** $\sum\limits_{n=1}^{\infty} a_n$ **は発散する。**

注意 ② は ① の対偶である。また，①，② とも逆は成立しない。

## 解 説

■ **無限級数**

無限数列 $\{a_n\}$ において，各項を前から順に記号 ＋ で結んで得られる式 [Ⓐ の右辺] を **無限級数** といい，$\sum\limits_{n=1}^{\infty} a_n$ とも書く。また，$a_1$ をその **初項**，$a_n$ を **第 $n$ 項** といい，数列 $\{a_n\}$ の初項から第 $n$ 項までの和 $S_n$ を，第 $n$ 項までの **部分和** という。

そして，無限級数の収束・発散を上の **1** のように定義する。

無限級数

$a_1 + a_2 + \cdots\cdots + a_n + \cdots\cdots$

第 $n$ 項までの部分和

**無限級数** $\sum\limits_{n=1}^{\infty} a_n$ **の和**
‖
**部分和** $S_n = \sum\limits_{k=1}^{n} a_k$ **の極限値**

例 $\displaystyle\sum_{n=1}^{\infty} \frac{1}{n(n+1)} = \frac{1}{1\cdot2} + \frac{1}{2\cdot3} + \frac{1}{3\cdot4} + \cdots\cdots + \frac{1}{n(n+1)} + \cdots\cdots$

第 $n$ 項までの部分和を $S_n$ とする。$\displaystyle\frac{1}{k(k+1)} = \frac{1}{k} - \frac{1}{k+1}$ から

$$S_n = \sum_{k=1}^{n} \frac{1}{k(k+1)} = \left(1 - \frac{1}{2}\right) + \left(\frac{1}{2} - \frac{1}{3}\right) + \cdots + \left(\frac{1}{n} - \frac{1}{n+1}\right) = 1 - \frac{1}{n+1}$$

よって $\displaystyle\lim_{n\to\infty} S_n = \lim_{n\to\infty}\left(1 - \frac{1}{n+1}\right) = 1$ ゆえに，この無限級数は **収束して，和は 1**

例 $\displaystyle\sum_{n=1}^{\infty} n = 1 + 2 + 3 + \cdots\cdots + n + \cdots\cdots$ 第 $n$ 項までの部分和を $S_n$ とすると，

$S_n = \dfrac{1}{2}n(n+1)$ であるから $\lim\limits_{n\to\infty} S_n = \infty$ よって，この無限級数は **発散する。**

■ **無限級数の収束・発散条件**

**2 ① の証明** $a_n = S_n - S_{n-1}\ (n \geqq 2)$ であり，$\sum\limits_{n=1}^{\infty} a_n = S$ とすると

$$\lim_{n\to\infty} a_n = \lim_{n\to\infty}(S_n - S_{n-1}) = \lim_{n\to\infty} S_n - \lim_{n\to\infty} S_{n-1} = S - S = 0$$

② は ① の対偶(*)であるから成り立つ。なお，①，② ともに逆は成立しない。例えば，数列 $\left\{\dfrac{1}{n}\right\}$ は $\lim\limits_{n\to\infty}\dfrac{1}{n} = 0$ であるが $\sum\limits_{n=1}^{\infty}\dfrac{1}{n} = \infty$ である。

(*) 命題「$p \Longrightarrow q$」の対偶は「$\overline{q} \Longrightarrow \overline{p}$」で，対偶ともとの命題の真偽は一致する(数学 I )。

◀ $p.77$ 例題 **45** 参照。

## 基本例題 33 無限級数の収束，発散 … 部分和の利用

次の無限級数の収束，発散について調べ，収束すればその和を求めよ。

(1) $\displaystyle\sum_{n=1}^{\infty}\frac{1}{(2n+1)(2n+3)}$ (2) $\dfrac{1}{\sqrt{1}+\sqrt{3}}+\dfrac{1}{\sqrt{2}+\sqrt{4}}+\dfrac{1}{\sqrt{3}+\sqrt{5}}+\cdots\cdots$

p.61 基本事項 1

**無限級数の収束，発散** は **部分和 $S_n$ の収束，発散を調べる** ことが基本。

$$\sum_{n=1}^{\infty}a_n \text{ が収束} \iff \{S_n\} \text{ が収束} \qquad \sum_{n=1}^{\infty}a_n \text{ が発散} \iff \{S_n\} \text{ が発散}$$

(1) 各項の分子は一定で，分母は積の形 ⟶ 各項を **差の形に変形（部分分数分解）** することで，部分和 $S_n$ を求められる。

(2) 各項は $\dfrac{1}{\sqrt{n}+\sqrt{n+2}}$ の形 ⟶ 分母の **有理化** によって各項を **差の形** に変形する。

**CHART** 無限級数の収束，発散 **まずは部分和 $S_n$ の収束・発散を調べる**

**解答**

第 $n$ 項 $a_n$ までの部分和を $S_n$ とする。

(1) $a_n=\dfrac{1}{(2n+1)(2n+3)}=\dfrac{1}{2}\left(\dfrac{1}{2n+1}-\dfrac{1}{2n+3}\right)$ から

$$S_n=\frac{1}{2}\left\{\left(\frac{1}{3}-\frac{1}{5}\right)+\left(\frac{1}{5}-\frac{1}{7}\right)+\cdots+\left(\frac{1}{2n+1}-\frac{1}{2n+3}\right)\right\}$$
$$=\frac{1}{2}\left(\frac{1}{3}-\frac{1}{2n+3}\right)$$

よって $\displaystyle\lim_{n\to\infty}S_n=\frac{1}{2}\cdot\left(\frac{1}{3}-0\right)=\frac{1}{6}$

ゆえに，この無限級数は **収束して，その和は $\dfrac{1}{6}$** である。

◀Σ(分数式)のときは，部分分数分解によって部分和を求めることが有効。なお，$a \neq b$ のとき
$\dfrac{1}{(n+a)(n+b)}=\dfrac{1}{b-a}\left(\dfrac{1}{n+a}-\dfrac{1}{n+b}\right)$

(2) $a_n=\dfrac{1}{\sqrt{n}+\sqrt{n+2}}=\dfrac{\sqrt{n+2}-\sqrt{n}}{(n+2)-n}=\dfrac{1}{2}(\sqrt{n+2}-\sqrt{n})$

◀分母・分子に $\sqrt{n+2}-\sqrt{n}$ を掛ける。

ゆえに $S_n=\dfrac{1}{2}\{(\sqrt{3}-\sqrt{1})+(\sqrt{4}-\sqrt{2})+\cdots\cdots$
$+(\sqrt{n+1}-\sqrt{n-1})+(\sqrt{n+2}-\sqrt{n})\}$
$=\dfrac{1}{2}(\sqrt{n+1}+\sqrt{n+2}-1-\sqrt{2})$

◀消し合う項・残る項に注意。

よって $\displaystyle\lim_{n\to\infty}S_n=\infty$

ゆえに，この無限級数は **発散する**。

◀$\displaystyle\lim_{n\to\infty}\sqrt{n+1}=\infty$，$\displaystyle\lim_{n\to\infty}\sqrt{n+2}=\infty$

**練習 ② 33** 次の無限級数の収束，発散について調べ，収束すればその和を求めよ。

(1) $\dfrac{1}{1\cdot4}+\dfrac{1}{4\cdot7}+\dfrac{1}{7\cdot10}+\dfrac{1}{10\cdot13}+\cdots\cdots$ (2) $\displaystyle\sum_{n=2}^{\infty}\frac{1}{n^2-1}$

(3) $\displaystyle\sum_{n=1}^{\infty}\frac{1}{\sqrt{2n-1}+\sqrt{2n+1}}$ (4) $\displaystyle\sum_{n=1}^{\infty}\frac{\sqrt{n+1}-\sqrt{n}}{\sqrt{n^2+n}}$

# 基本例題 34 無限級数が発散することの証明

次の無限級数は発散することを示せ。

(1) $\frac{1}{2}+\frac{5}{3}+\frac{9}{4}+\frac{13}{5}+\cdots\cdots$

(2) $\cos\pi+\cos 2\pi+\cos 3\pi+\cdots\cdots$

p.61 基本事項 2　重要 45

**指針** 前ページの基本例題 33 のように，部分和 $S_n$ を求めて $\{S_n\}$ が発散することを示す，という方法が考えられるが，この例題では部分和 $S_n$ が求めにくい。そこで，$p.61$ 基本事項 2 ②

**数列 $\{a_n\}$ が 0 に収束しない $\Longrightarrow$ 無限級数 $\sum_{n=1}^{\infty}a_n$ は発散する**

を利用する。すなわち，数列 $\{a_n\}$ が 0 以外の値に収束するか，発散（$\infty$，$-\infty$，振動）することを示す。

**CHART** 無限級数の発散の証明　$a_n \not\to 0 \Longrightarrow$ 発散 が有効

**解答**

(1) 第 $n$ 項 $a_n$ は　$a_n=\frac{4n-3}{n+1}$

◀分子：初項 1，公差 4
分母：初項 2，公差 1
の等差数列。

ゆえに　$\lim_{n\to\infty}a_n=\lim_{n\to\infty}\frac{4n-3}{n+1}=\lim_{n\to\infty}\frac{4-\frac{3}{n}}{1+\frac{1}{n}}=4\neq 0$

◀数列 $\{a_n\}$ が 0 に収束しない $\Longrightarrow \sum_{n=1}^{\infty}a_n$ は発散
（ただし，逆は不成立）

よって，この無限級数は発散する。

(2) 第 $n$ 項 $a_n$ は　$a_n=\cos n\pi$

$k$ を自然数とすると

$n=2k-1$ のとき　$\cos n\pi=\cos(2k-1)\pi$
$=\cos(-\pi)$
$=-1$

$n=2k$ のとき　$\cos n\pi=\cos 2k\pi=1$

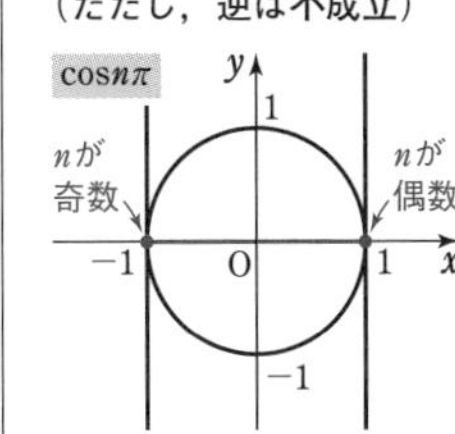


ゆえに，数列 $\{a_n\}$ は振動する。

よって，数列 $\{a_n\}$ は 0 に収束しないから，この無限級数は発散する。

◀$a_n=(-1)^n$

**練習 ② 34** 次の無限級数は発散することを示せ。

(1) $1-2+3-4+5-\cdots\cdots$

(2) $1+\frac{2}{3}+\frac{3}{5}+\frac{4}{7}+\cdots\cdots$

(3) $\sin^2\frac{\pi}{2}+\sin^2\pi+\sin^2\frac{3}{2}\pi+\sin^2 2\pi+\cdots\cdots$

2章 4 無限級数

## 基本事項

**1 無限等比級数の収束・発散**

無限等比級数 $a+ar+ar^2+\cdots\cdots+ar^{n-1}+\cdots\cdots$ …… ① は

[1] $\boldsymbol{a \neq 0}$ のとき $|\boldsymbol{r}|<\boldsymbol{1}$ ならば **収束** し，その和は $\dfrac{\boldsymbol{a}}{\boldsymbol{1-r}}$

$|\boldsymbol{r}| \geqq \boldsymbol{1}$ ならば **発散** する。

[2] $\boldsymbol{a=0}$ のとき **収束** し，その和は $\boldsymbol{0}$

**収束条件**
$\boldsymbol{a=0}$ または
$|\boldsymbol{r}|<1\ (-1<r<1)$

**2 循環小数と無限等比級数**

循環小数は無限等比級数の和として，分数に直すことができる。
逆に分数は整数，有限小数または循環小数で表される。

**3 無限級数の性質** $\sum_{n=1}^{\infty} a_n$，$\sum_{n=1}^{\infty} b_n$ が収束する無限級数で，$\sum_{n=1}^{\infty} a_n=S$，$\sum_{n=1}^{\infty} b_n=T$ とするとき，無限級数 $\sum_{n=1}^{\infty}(ka_n+lb_n)$ は収束して

$$\sum_{n=1}^{\infty}(\boldsymbol{ka_n+lb_n})=\boldsymbol{kS+lT} \qquad (k,\ l \text{ は定数})$$

## 解 説

**■ 無限等比級数の収束・発散**

まず，部分和 $S_n=a+ar+ar^2+\cdots\cdots+ar^{n-1}$ を考える。

◀ p.62 基本例題 **33** と同じ方針で考えていく。

$a=0$ の場合

$S_n=0$ であるから，無限等比級数 ① は収束して，その和は 0

$a \neq 0$ の場合

$r=1$ ならば　$S_n=na$　よって，数列 $\{S_n\}$ は発散する。

◀ $a>0$ なら $\infty$ に発散，$a<0$ なら $-\infty$ に発散。

$r \neq 1$ ならば　$S_n=\dfrac{a(1-r^n)}{1-r}=\dfrac{a}{1-r}-\dfrac{ar^n}{1-r}$

◀ 初項 $a$，公比 $r$ $(r \neq 1)$ の等比数列の初項から第 $n$ 項までの和は $\dfrac{\boldsymbol{a(1-r^n)}}{\boldsymbol{1-r}}$（数学 B）

$|r|<1$ のとき　$\displaystyle\lim_{n\to\infty} S_n=\frac{a}{1-r}-\frac{a\cdot 0}{1-r}=\frac{a}{1-r}$

$r \leqq -1$ または $1<r$ のとき，数列 $\{r^n\}$ は発散するから，数列 $\{S_n\}$ も発散する。

これらをまとめると，上の **1** のようになる。

**■ 循環小数を無限等比級数の考えにより分数に表す**

詳しくは p.67 基本例題 **37** で学ぶ。

◀ 数学 I でも学んだが，数学Ⅲでは無限等比級数を利用する。

**■ 無限級数の性質**

無限級数 $\sum_{n=1}^{\infty} a_n$ …… Ⓐ，$\sum_{n=1}^{\infty} b_n$ …… Ⓑ はともに収束し，その和がそれぞれ $S$，$T$ であるとき，Ⓐ，Ⓑ の初項から第 $n$ 項までの部分和をそれぞれ $A_n$，$B_n$ とすると　$\displaystyle\lim_{n\to\infty} A_n=S$，$\displaystyle\lim_{n\to\infty} B_n=T$

このとき，無限級数 $\sum_{n=1}^{\infty}(ka_n+lb_n)$ $(k,\ l$ は定数$)$ の部分和

$\sum_{i=1}^{n}(ka_i+lb_i)=kA_n+lB_n$ は，$n \longrightarrow \infty$ のとき $kS+lT$ に収束する。

◀ p.34 基本事項 **2** 3（数列の極限の性質）を利用。

したがって　$\displaystyle\sum_{n=1}^{\infty}(ka_n+lb_n)=kS+lT$

## 基本例題 35 無限等比級数の収束，発散 … 基本

(1) 次の無限等比級数の収束，発散を調べ，収束すればその和を求めよ。

(ア) $\sqrt{3}+3+3\sqrt{3}+\cdots\cdots$ (イ) $4-2\sqrt{3}+3-\cdots\cdots$

(2) 無限級数 $\displaystyle\sum_{n=1}^{\infty}\left(\frac{1}{3}\right)^n\sin\frac{n\pi}{2}$ の和を求めよ。 〔(2) 愛知工大〕

p.64 基本事項 1

**指針** 無限等比級数 $\displaystyle\sum_{n=1}^{\infty}ar^{n-1}=a+ar+ar^2+\cdots\cdots$ の **収束条件 は $a=0$ または $|r|<1$**

[1] $a\neq0$，$|r|<1$ のとき 収束して，和は $\dfrac{a}{1-r}$

[2] $a=0$ のとき 収束して，和は 0

(1) 公比 $r$ が $|r|<1$，$|r|\geqq1$ のどちらであるか を，まず確かめる。

**CHART** 無限等比級数の収束，発散 公比 ±1 が分かれ目

解答

(1) (ア) 初項は $\sqrt{3}$，公比は $r=\sqrt{3}$ で，$|r|>1$ であるから，**発散する。**

(イ) 初項は 4，公比は $r=-\dfrac{2\sqrt{3}}{4}=-\dfrac{\sqrt{3}}{2}$ で，$|r|<1$ であるから，**収束する。**

和は $$\frac{4}{1-\left(-\frac{\sqrt{3}}{2}\right)}=\frac{8}{2+\sqrt{3}}=\frac{8(2-\sqrt{3})}{(2+\sqrt{3})(2-\sqrt{3})}=8(2-\sqrt{3})$$

◀ $\dfrac{(初項)}{1-(公比)}$

(2) $k$ を自然数とすると

$n=2k-1$ のとき

$$\sin\frac{n\pi}{2}=\sin\left(k\pi-\frac{\pi}{2}\right)=-\cos k\pi=(-1)^{k+1}$$

$n=2k$ のとき $\sin\dfrac{n\pi}{2}=\sin k\pi=0$

よって，数列 $\left\{\left(\dfrac{1}{3}\right)^n\sin\dfrac{n\pi}{2}\right\}$ は

$$\frac{1}{3},\ 0,\ -\frac{1}{3^3},\ 0,\ \frac{1}{3^5},\ 0,\ -\frac{1}{3^7},\ \cdots\cdots$$

となる。ゆえに，$\displaystyle\sum_{n=1}^{\infty}\left(\frac{1}{3}\right)^n\sin\frac{n\pi}{2}$ は初項 $\dfrac{1}{3}$，公比 $-\dfrac{1}{3^2}$ の無限等比級数であり，公比 $r$ は $|r|<1$ であるから収束する。その和は $\dfrac{1}{3}\cdot\dfrac{1}{1-\left(-\frac{1}{3^2}\right)}=\boldsymbol{\dfrac{3}{10}}$

◀まず $\sin\dfrac{n\pi}{2}$ がどのような値をとるかを，$n$ が奇数・偶数の場合に分けて調べる。
$k$ が整数のとき
$\cos k\pi=\begin{cases}1\ (k\text{ が偶数})\\-1\ (k\text{ が奇数})\end{cases}=(-1)^k$

◀無限等比数列 $\dfrac{1}{3}$，$-\dfrac{1}{3^3}$，$\dfrac{1}{3^5}$，…… の和とみる。

◀ $\dfrac{(初項)}{1-(公比)}$

**練習 ② 35** (1) 次の無限等比級数の収束，発散を調べ，収束すればその和を求めよ。

(ア) $1-\dfrac{1}{3}+\dfrac{1}{9}-\cdots\cdots$ (イ) $2+2\sqrt{2}+4+\cdots\cdots$

(ウ) $(3+\sqrt{2})+(1-2\sqrt{2})+(5-3\sqrt{2})+\cdots\cdots$

(2) 無限級数 $\displaystyle\sum_{n=0}^{\infty}\frac{1}{7^n}\cos\frac{n\pi}{2}$ の和を求めよ。

p.80 EX24

## 基本例題 36 無限等比級数が収束する条件

無限級数 $(x-4)+\dfrac{x(x-4)}{2x-4}+\dfrac{x^2(x-4)}{(2x-4)^2}+\cdots\cdots$ $(x\neq 2)$ について

(1) 無限級数が収束するときの実数 $x$ の値の範囲を求めよ。

(2) 無限級数の和 $S$ を求めよ。

基本 35　重要 46，57

**指針** 無限等比級数 $\sum_{n=1}^{\infty} ar^{n-1}$ の **収束条件は　$a=0$ または $|r|<1$** …… Ⓐ

収束するとき　**$a=0$ なら和は 0**　**$|r|<1$ $(a\neq 0)$ なら和は $\dfrac{a}{1-r}$**

(1) 初項，公比を調べ，Ⓐ に当てはめて $x$ の方程式・不等式を解く。

(2) 初項が $=0$，$\neq 0$ の場合に分けて和を求める。

**CHART 無限等比級数の収束条件　(初項)$=0$ または $|$公比$|<1$**

**解答**

(1) 与えられた無限級数は，初項 $x-4$，公比 $\dfrac{x}{2x-4}$ の無限等比級数であるから，収束するための条件は

$$x-4=0 \quad \text{または} \quad \left|\frac{x}{2x-4}\right|<1$$

◀(初項)$=0$ または $|$公比$|<1$

$x-4=0$ から　$x=4$ …… ①

また，$\left|\dfrac{x}{2x-4}\right|<1$ から　$|x|<|2x-4|$ …… $(*)$

◀$\left|\dfrac{A}{B}\right|=\dfrac{|A|}{|B|}$

よって　$|x|^2<|2x-4|^2$

整理して　$3x^2-16x+16>0$

ゆえに　$(3x-4)(x-4)>0$

これを解いて　$x<\dfrac{4}{3}$，$4<x$ …… ②

◀両辺を平方しても不等号の向きは不変。なお，$(*)$ から　$(2x-4)^2-x^2>0$　$(2x-4+x)(2x-4-x)>0$ と変形してもよい。

したがって，①，② から　**$x<\dfrac{4}{3}$，$4\leqq x$**

◀① と ② を合わせた範囲。

(2) **$x=4$ のとき　$S=0$**

◀初項 0 のとき，和は 0

**$x<\dfrac{4}{3}$，$4<x$ のとき**　$S=\dfrac{x-4}{1-\dfrac{x}{2x-4}}=\mathbf{2x-4}$

◀$|$公比$|<1$ のとき，和は $\dfrac{(\text{初項})}{1-(\text{公比})}$

**注意** 次の収束条件の違いをはっきり理解しておこう。

無限等比数列$\{ar^{n-1}\}$ の収束条件は　**$a=0$ または $-1<r\leqq 1$**　（＝がつく！）

無限等比級数 $\sum_{n=1}^{\infty} ar^{n-1}$ の収束条件は　**$a=0$ または $-1<r<1$**

**練習 ② 36** 無限等比級数 $x+x(x^2-x+1)+x(x^2-x+1)^2+\cdots\cdots$ が収束するとき，実数 $x$ の値の範囲を求めよ。また，この無限級数の和 $S$ を求めよ。

p.80 EX25

## 基本例題 37 無限等比級数の応用 (1) … 循環小数 → 分数

次の循環小数を分数に直せ。

(1) $1.\dot{3}\dot{5}$ (2) $0.5\dot{2}4\dot{3}$

p.64 基本事項 1, 2

**指針** 例えば，循環小数 $1.\dot{3}\dot{5}$ とは $1.353535\cdots\cdots$ ← 35 が繰り返される。

のこと。循環小数を分数に直す方法について，数学 I では次のように学んだ。

$0.\dot{4}$ については，$x=0.\dot{4}$ とすると $10x=4.\dot{4}$

よって $10x-x=4$

したがって $x=\dfrac{4}{9}$

$$\begin{array}{rl} 10x=&4.444\cdots\cdots \\ -)\quad x=&0.444\cdots\cdots \\ \hline 9x=&4 \end{array}$$

ここでは，この単元で学んだ **無限等比級数** の考えを用いる。

例えば，上の循環小数 $0.\dot{4}$ は，以下のようにして分数に直す。

例 $0.\dot{4}=\underline{0.4+0.04+0.004+\cdots\cdots}$

とみると，___ は初項 0.4，公比 $0.1\left(=\dfrac{1}{10}\right)$ の無限 ← |公比|<1 であるから収束。

等比級数であるから $0.\dot{4}=\dfrac{0.4}{1-\dfrac{1}{10}}=\dfrac{4}{10-1}=\dfrac{4}{9}$ ← $\dfrac{(初項)}{1-(公比)}$

この例題でも同じように考えるが，(1) は $1.\dot{3}\dot{5}=1+0.\dot{3}\dot{5}$

(2) は $0.5\dot{2}4\dot{3}=0.5+0.0\dot{2}4\dot{3}$ として進める。

**解答**

(1) $1.\dot{3}\dot{5}=1+\underline{0.35+0.0035+0.000035+\cdots\cdots}$ ❶

$=1+0.35+\dfrac{0.35}{10^2}+\dfrac{0.35}{10^4}+\cdots\cdots$

$=1+\dfrac{0.35}{1-\dfrac{1}{10^2}}=1+\dfrac{35}{100-1}=1+\dfrac{35}{99}$

$=\boldsymbol{\dfrac{134}{99}}$

◀❶ の ___ は初項 0.35，公比 $\dfrac{1}{10^2}$ の無限等比級数。

なお，$0.1=\dfrac{1}{10}$，$0.01=\dfrac{1}{10^2}$，……，$0.\underbrace{00\cdots0}_{0\text{が}k\text{個}}1=\dfrac{1}{10^{k+1}}$

(2) $0.5\dot{2}4\dot{3}=0.5+\underline{0.0243+0.0000243+0.0000000243+\cdots\cdots}$ ❷

$=0.5+\dfrac{243}{10^4}+\dfrac{243}{10^7}+\dfrac{243}{10^{10}}+\cdots\cdots$

$=\dfrac{1}{2}+\dfrac{243}{10^4}\cdot\dfrac{1}{1-\dfrac{1}{10^3}}=\dfrac{1}{2}+\dfrac{243}{9990}$

$=\boldsymbol{\dfrac{97}{185}}$

◀❷ の ___ は初項 0.0243，公比 $\dfrac{1}{10^3}$ の無限等比級数。

◀$\dfrac{243}{9990}=\dfrac{9}{370}$ (既約分数で表す。)

**練習 ① 37** 次の循環小数を分数に直せ。

(1) $0.\dot{6}\dot{3}$ (2) $0.0\dot{5}1\dot{8}$ (3) $3.2\dot{1}\dot{8}$

## 基本例題 38 無限等比級数の応用 (2) … 点の極限の位置 ②②②②②

右の図のように，$OP_1=1$，$P_1P_2=\dfrac{1}{2}OP_1$，

$P_2P_3=\dfrac{1}{2}P_1P_2$，…… と限りなく進むとき，点 $P_1$，$P_2$，$P_3$，…… はどんな点に限りなく近づくか。

基本 35

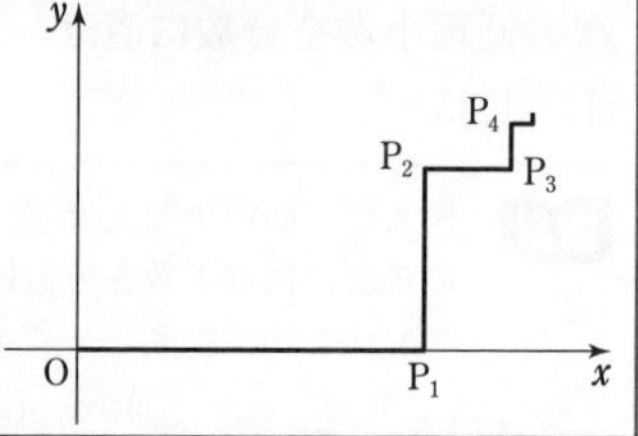


**指針** 点 $(a,\ b)$ に近づくとすると，$a$ は $x$ 軸方向（横方向）の移動距離の総和，$b$ は $y$ 軸方向（縦方向）の移動距離の総和である。
$a$，$b$ をそれぞれ和の形で表すと，$a$，$b$ は無限等比級数となるから，公式を使って和を求める。

**無限等比級数 $\displaystyle\sum_{n=1}^{\infty} ar^{n-1}$ $(a\neq 0,\ |r|<1)$ の和は $\dfrac{a}{1-r}$**

**解答** 求める座標を $(a,\ b)$ とすると

$a=OP_1+P_2P_3+P_4P_5+\cdots$
$=1+\dfrac{1}{2^2}+\dfrac{1}{2^4}+\cdots$

$b=P_1P_2+P_3P_4+P_5P_6+\cdots$
$=\dfrac{1}{2}+\dfrac{1}{2^3}+\dfrac{1}{2^5}+\cdots$

$a$，$b$ はともに公比 $r=\dfrac{1}{2^2}=\dfrac{1}{4}$ の無限等比級数で表される。
$|r|<1$ であるから，これらの無限等比級数は収束して

$$a=\frac{1}{1-\frac{1}{4}}=\frac{4}{3},\quad b=\frac{1}{2}\cdot\frac{1}{1-\frac{1}{4}}=\frac{2}{3}$$

◀ $\dfrac{(初項)}{1-(公比)}$

よって，点 $P_1$，$P_2$，$P_3$，…… は，**点 $\left(\dfrac{4}{3},\ \dfrac{2}{3}\right)$** に限りなく近づく。

**検討**
$OP_1+P_1P_2+P_2P_3+\cdots\cdots$ を考えると，これは長さ 2 のひもの半分，その残り半分，またその残り半分，…… を加えたものであるから　$a+b=2$
更に，$a:b=2:1$ から
$a=\dfrac{4}{3}$，$b=\dfrac{2}{3}$
とすることができる。
（これは直観的な考え方であり，答案としてはいけない。）

**参考** $P_n(x_n,\ y_n)$ とすると，$n$ が奇数のとき　$x_{n+2}=x_n+\dfrac{1}{2^{n+1}}$，$y_{n+2}=y_n+\dfrac{1}{2^n}$
よって　$\dfrac{y_{n+2}-y_n}{x_{n+2}-x_n}=2$　　ゆえに，点 $P_1$，$P_3$，$P_5$，…… は点 $P_1$ を通る傾き 2 の直線 $\ell:y=2x-2$ 上にある。同様にして，点 $P_2$，$P_4$，$P_6$，…… は直線 $m:y=\dfrac{1}{2}x$ 上にある。
そして，2 直線 $\ell$，$m$ の交点 $\left(\dfrac{4}{3},\ \dfrac{2}{3}\right)$ は，上の答と一致している。

**練習 ② 38** あるボールを床に落とすと，ボールは常に落ちる高さの $\dfrac{3}{5}$ まではね返るという。このボールを 3 m の高さから落としたとき，静止するまでにボールが上下する距離の総和を求めよ。

p.80 EX 26

# 基本 例題 39 無限等比級数の応用 (3) … 図形関連 1

◎◎◎◎◎

$\angle XOY\ [=60^\circ]$ の 2 辺 OX，OY に接する半径 1 の円の中心を $O_1$ とする。線分 $OO_1$ と円 $O_1$ との交点を中心とし，2 辺 OX，OY に接する円を $O_2$ とする。以下，同じようにして，順に円 $O_3$，……，$O_n$，…… を作る。このとき，円 $O_1$，$O_2$，…… の面積の総和を求めよ。

重要 31，基本 38

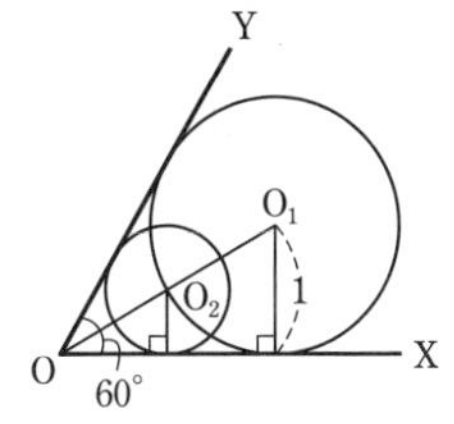


**指針** 円 $O_n$，$O_{n+1}$ の半径をそれぞれ $r_n$，$r_{n+1}$ として，**$r_n$ と $r_{n+1}$ の関係式(漸化式)を導く**。……★

(ここでは，$r_1$ と $r_2$ の関係に注目して $r_n$ と $r_{n+1}$ の関係を類推してもよい。)

そして，数列 $\{r_n\}$ の一般項を求め，面積の総和を無限等比級数の和として求める。

**CHART** 繰り返しの操作　$n$ 番目と $n+1$ 番目の関係を調べる

**解答**

円 $O_n$ の半径，面積を，それぞれ $r_n$，$S_n$ とする。

$\angle XOO_n=60^\circ\div 2=30^\circ$ Ⓐ である

から　　$OO_n=2r_n$

よって　　$OO_{n+1}=2r_{n+1}$

$OO_n=OO_{n+1}+O_nO_{n+1}$ から

$$2r_n=2r_{n+1}+r_n \text{ Ⓑ}$$

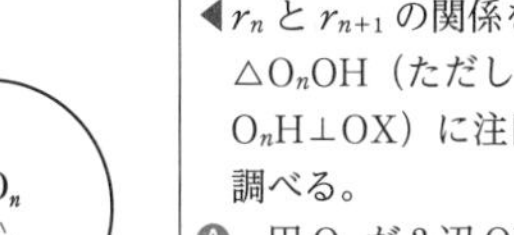


ゆえに　$r_{n+1}=\dfrac{1}{2}r_n$　　また　$r_1=1$

よって　$r_n=\left(\dfrac{1}{2}\right)^{n-1}$

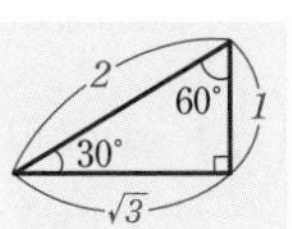


したがって　　$S_n=\pi r_n{}^2=\pi\left(\dfrac{1}{4}\right)^{n-1}$

ゆえに，円 $O_1$，$O_2$，…… の面積の総和 $\displaystyle\sum_{n=1}^{\infty}S_n$ は，初項 $\pi$，公比 $\dfrac{1}{4}$ の無限等比級数であり，$\left|\dfrac{1}{4}\right|<1$ であるから，収束する。

よって，その和は　　$\dfrac{\pi}{1-\dfrac{1}{4}}=\boldsymbol{\dfrac{4}{3}\pi}$

◀ $r_n$ と $r_{n+1}$ の関係を $\triangle O_nOH$ (ただし $O_nH\perp OX$) に注目して調べる。

Ⓐ 円 $O_n$ が 2 辺 OX，OY に接する。
→ 円 $O_n$ の中心 $O_n$ は，2 辺 OX，OY から等距離にある。
→ 点 $O_n$ は $\angle XOY$ の二等分線上にある。

Ⓑ 指針___……★ の方針。
$n$ 番目のものを $n$ の式で表すには，$n$ 番目と $n+1$ 番目に注目して，関係式を作る。

◀ $\dfrac{(初項)}{1-(公比)}$

**練習 ③ 39** 正方形 $S_n$，円 $C_n$ $(n=1,\ 2,\ \cdots\cdots)$ を次のように定める。$C_n$ は $S_n$ に内接し，$S_{n+1}$ は $C_n$ に内接する。$S_1$ の 1 辺の長さを $a$ とするとき，円周の総和を求めよ。

〔工学院大〕

p.80 EX 27

## 基本例題 40 無限等比級数の応用(4) … 図形関連 2

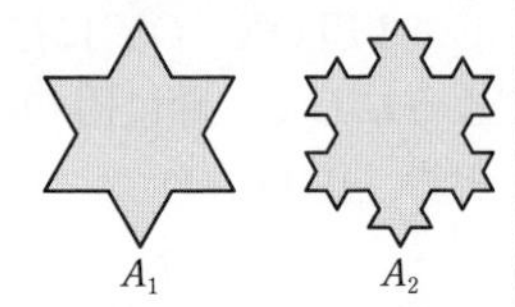


面積 1 の正三角形 $A_0$ から始めて，図のように図形 $A_1$，$A_2$，…… を作る。ここで，$A_{n+1}$ は $A_n$ の各辺の三等分点を頂点にもつ正三角形を $A_n$ の外側に付け加えてできる図形である。

(1) 図形 $A_n$ の辺の数 $a_n$ を求めよ。

(2) 図形 $A_n$ の周の長さを $l_n$ とするとき，$\lim_{n\to\infty} l_n$ を求めよ。

(3) 図形 $A_n$ の面積を $S_n$ とするとき，$\lim_{n\to\infty} S_n$ を求めよ。

〔類 香川大〕 基本 39

**指針** 基本例題 39 同様，方針は **$n$ 番目と $n+1$ 番目に注目して関係式を作る** である。

(1) 図形 $A_{n+1}$ は，図形 $A_n$ の辺の数がどれだけ増えたものかを考え，$a_{n+1}$ を $a_n$ で表す。

(2) 図形 $A_n$ の 1 辺の長さを $b_n$ とすると $l_n=a_nb_n$

(3) 図形 $A_n$ の外側に付け加える正三角形の個数は，図形 $A_n$ の辺の数 $a_n$ に等しい。付け加える正三角形 1 個あたりの面積を **(面積比)=(相似比)$^2$** を利用して求め，$S_n$ と $S_{n+1}$ についての関係式を作る。

**解答**

(1) 図形 $A_n$ のそれぞれの辺が 4 つの辺に分かれて図形 $A_{n+1}$ ができるから $a_{n+1}=4a_n\ (n\geqq 0)$

$a_0=3$ であるから $\boldsymbol{a_n=3\cdot 4^n}$ …… ①

(2) 図形 $A_n$ の 1 辺の長さを $b_n$ とすると $b_{n+1}=\dfrac{1}{3}b_n$

よって $b_n=b_0\left(\dfrac{1}{3}\right)^n\ (n\geqq 0)$

ゆえに $l_n=a_nb_n=3b_0\left(\dfrac{4}{3}\right)^n\ (n\geqq 0)$

$\dfrac{4}{3}>1$，$b_0>0$ であるから $\lim_{n\to\infty} l_n=\lim_{n\to\infty} 3b_0\left(\dfrac{4}{3}\right)^n=\infty$

(3) 図形 $A_n$ の外側に付け加える正三角形の 1 つを $B_n$ とし，$B_n$ の面積を $T_n$ とする。

図形 $A_{n+1}$ は図形 $A_n$ に正三角形 $B_n$ を $a_n$ 個付け加えてできるから，面積について

$$S_{n+1}=S_n+a_n\cdot T_n \quad \cdots\cdots ②$$

ここで，$B_{n+1}$ の 1 辺の長さは $B_n$ の 1 辺の長さの $\dfrac{1}{3}$ に等しい。

よって，面積比は $T_n : T_{n+1}=1:\left(\dfrac{1}{3}\right)^2$

ゆえに $T_{n+1}=\dfrac{1}{9}T_n\ (n\geqq 0)$

◀ 図形 $A_n$ の 1 辺 → 図形 $A_{n+1}$ 4 辺に増加

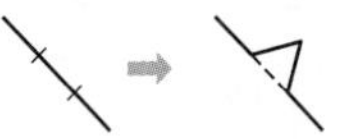

①：$a_n$ は，第 0 項 $a_0$ に 4 を $n$ 回掛けると得られることから。
なお，第 0 項から始まる数列の一般項について，次ページの 注意 参照。

◀

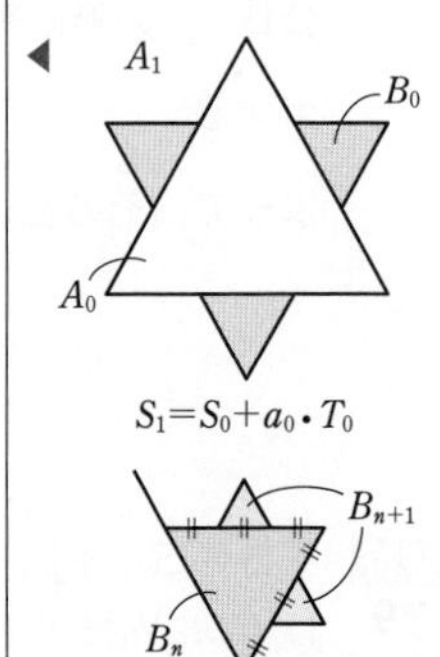


$S_1=S_0+a_0\cdot T_0$

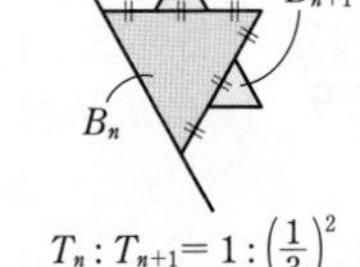


$T_n : T_{n+1}=1:\left(\dfrac{1}{3}\right)^2$

また，$T_0=\left(\frac{1}{3}\right)^2 S_0=\frac{1}{9}$ であるから

$$T_n=\frac{1}{9}\cdot\left(\frac{1}{9}\right)^n=\left(\frac{1}{9}\right)^{n+1} \cdots\cdots ③$$

◀$S_0=1$

② に ①，③ を代入して

$$S_{n+1}=S_n+3\cdot4^n\cdot\left(\frac{1}{9}\right)^{n+1}=S_n+\frac{1}{3}\left(\frac{4}{9}\right)^n$$

◀$S_{n+1}-S_n=\frac{1}{3}\left(\frac{4}{9}\right)^n$

よって，$n\geqq1$ のとき

$$S_n=S_0+\sum_{k=0}^{n-1}(S_{k+1}-S_k)=1+\sum_{k=0}^{n-1}\frac{1}{3}\left(\frac{4}{9}\right)^k$$

◀$S_n=S_0+(S_1-S_0)+\cdots\cdots+(S_n-S_{n-1})$

$$=1+\frac{1}{3}\cdot\frac{1-\left(\frac{4}{9}\right)^n}{1-\frac{4}{9}}$$

$$=1+\frac{1}{3}\cdot\frac{9}{5}\left\{1-\left(\frac{4}{9}\right)^n\right\}=\frac{8}{5}-\frac{3}{5}\left(\frac{4}{9}\right)^n$$

したがって

$$\lim_{n\to\infty}S_n=\lim_{n\to\infty}\left\{\frac{8}{5}-\frac{3}{5}\left(\frac{4}{9}\right)^n\right\}=\mathbf{\frac{8}{5}}$$

◀$\lim_{n\to\infty}\left(\frac{4}{9}\right)^n=0$

**参考** **フラクタル図形**

基本例題 **40** の図形のように，図形の一部として，図形全体と相似な形を含む図形を **フラクタル図形** という。特に，基本例題 **40** の図形 $A_n$ で，$n\longrightarrow\infty$ としたときの図形を，**コッホ雪片** という。コッホ雪片は，(2)，(3) の結果から，周の長さは正の無限大に発散するが，面積は収束するという，不思議な性質をもつことがわかる。

**注意** 基本例題 **40** では，**第 0 項から始まる数列** を扱っている。

一般に，数列 $\{a_n\}$：$a_0$，$a_1$，$a_2$，$a_3$，……，$a_n$，…… について

[1] 公差 $d$ の等差数列ならば　$a_n=a_0+nd\ (n\geqq0)$

$a_0$ に公差 $d$ を $n$ 回加えると $a_n$

[2] 公比 $r$ の等比数列ならば　$a_n=a_0\cdot r^n\ (n\geqq0)$

$a_0$ に公比 $r$ を $n$ 回掛けると $a_n$

[3] 階差数列　$a_{n+1}-a_n=b_n$ とおくと，$n\geqq1$ のとき

$a_n=a_0+(a_1-a_0)+(a_2-a_1)+\cdots\cdots+(a_n-a_{n-1})$

$=a_0+\sum_{k=0}^{n-1}(a_{k+1}-a_k)=a_0+\sum_{k=0}^{n-1}b_k$

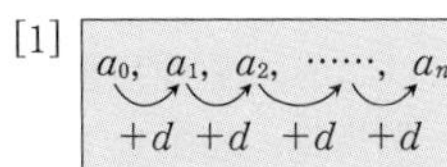


**練習** ③ **40**

右図のような正六角形 $A_1B_1C_1D_1E_1F_1$ において，$\triangle A_1C_1E_1$ と $\triangle D_1F_1B_1$ の共通部分としてできる正六角形 $A_2B_2C_2D_2E_2F_2$ を考える。$A_1B_1=1$ とし，正六角形 $A_1B_1C_1D_1E_1F_1$ の面積を $S_1$，正六角形 $A_2B_2C_2D_2E_2F_2$ の面積を $S_2$ とする。同様の操作で順に正六角形を作り，それらの面積を $S_3$，$S_4$，……，$S_n$，…… とする。面積の総和 $\sum_{n=1}^{\infty}S_n$ を求めよ。　〔類 大阪工大〕

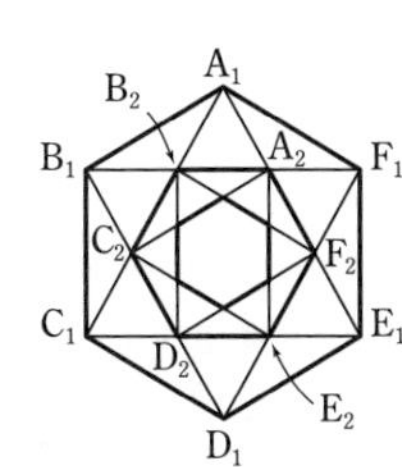

## 参考事項　無限等比級数が関連する話題

無限等比級数が用いられる事例をここで2つ紹介しておこう。

### 1　正方形の3等分

面積が1の正方形の折り紙を田の字に4等分して，そのうち3枚をA，B，Cに1枚ずつ配る。残りの1枚を同様に4等分して，3枚をA，B，Cに1枚ずつ配る。この作業を限りなく繰り返していくと，A，B，Cそれぞれが受け取る折り紙の面積の総和は

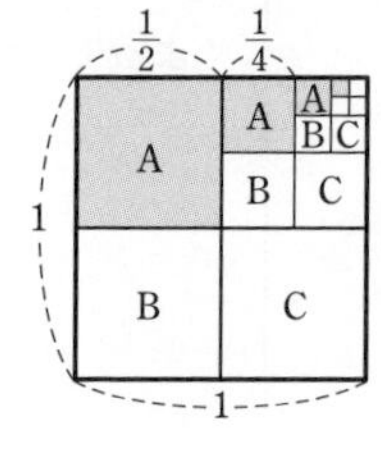


$$\left(\frac{1}{2}\right)^2+\left(\frac{1}{2^2}\right)^2+\left(\frac{1}{2^3}\right)^2+\cdots\cdots=\sum_{n=1}^{\infty}\left(\frac{1}{2^n}\right)^2=\sum_{n=1}^{\infty}\left(\frac{1}{4}\right)^n=\frac{\frac{1}{4}}{1-\frac{1}{4}}=\frac{1}{3}$$

この面積は，3人が1枚目，2枚目，…… と受け取る折り紙はすべて同じ大きさであることに注目して，最初の折り紙の面積1を3等分した面積と考えた $\frac{1}{3}$ と確かに一致している。

実際には，このような無限回の操作を行うことはできないが，数学的な理論としては，このような3等分の仕方も考えられる，というのは面白いところである。

### 2　信用創造の原理

銀行は預金という形でお金を預かり，その一部の金額を預金者への払い戻し等のための準備金として手元に置き，残りのお金を企業への貸し出しに用いる。お金を借りた企業はそのお金を取引先など別の企業への支払いに当て，支払われた企業はそのお金をすぐに使う予定がなければ銀行に預金する。このようなことが繰り返されることにより，新しいお金（預金通貨という）が生み出され，銀行の預金額はどんどん増えて行く。このプロセスを **信用創造** という。

例えば，元金を100万円，準備金の割合を10％とした場合の，信用創造により生まれる金額を計算してみよう。

$$(\text{預金総額})=100+100\times(1-0.1)+100\times(1-0.1)^2+\cdots\cdots$$

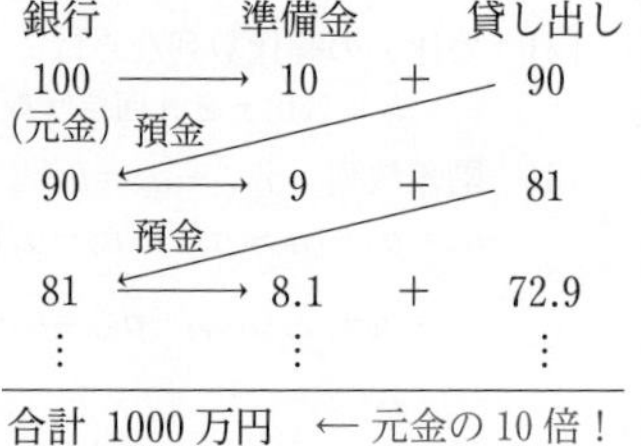


これは，初項100，公比0.9の無限等比級数である。

その和は $\frac{100}{1-0.9}=1000$（万円）となり，銀行は $1000-100=900$（万円）の預金通貨を生み出すことになる。

信用創造の原理は，景気刺激策の効果を考えるうえで重要な役割を果たす。例えば，景気刺激策として新たにお金を発行すれば，銀行はそれを企業などに貸し出し，連鎖的にお金を増やしていくことになる。上の計算例のように，当初のお金がその10倍のお金に増える可能性もあるのである。

## 基本例題 41 無限等比級数の和の条件から公比の決定

初項，公比ともに実数の無限等比級数があり，その和は3で，各項の3乗からなる無限等比級数の和は6である。初めの無限等比級数の公比を求めよ。

p.64 基本事項 1，基本 36

初めの無限等比級数の初項を $a$，公比を $r$ として，和の条件から $a$，$r$ の連立方程式を導き，これを解く。
ここで注意すべきことは，無限等比級数の和があることから，$|r|<1$ であり，しかもその和が0でないから，$a \neq 0$ である。
なお，$x$，$y$ が実数のとき　$x<y \Longleftrightarrow x^3<y^3$ であるから

$$|r|<1 \Longleftrightarrow |r|^3<1 \Longleftrightarrow |r^3|<1$$

**CHART** 無限等比級数の収束条件　(初項)=0 または |公比|<1

解答

初めの無限等比級数の初項を $a$，公比を $r$ とする。
無限等比級数の和が3であるから，$a \neq 0$ であり，このとき

$$\frac{a}{1-r}=3 \quad \cdots\cdots \text{①} \quad かつ \quad |r|<1 \quad \cdots\cdots \text{②}$$

各項の3乗からなる無限等比級数の初項は $a^3$，公比は $r^3$，和が6であるから(*)

$$\frac{a^3}{1-r^3}=6 \quad \cdots\cdots \text{③} \quad かつ \quad |r^3|<1 \quad \cdots\cdots \text{④}$$

① から　　$a=3(1-r)$　…… ①′
③ から　　$a^3=6(1-r^3)$　…… ③′
①′ を ③′ に代入して

$$9(1-r)^3=2(1-r^3)$$

すなわち　　$9(1-r)^3=2(1-r)(1+r+r^2)$
両辺を $1-r$ で割って

$$9(1-r)^2=2(1+r+r^2)$$

整理すると　　$7r^2-20r+7=0$

これを解いて　　$r=\dfrac{10\pm\sqrt{51}}{7}$

このうち，②，④ を満たすものは

$$r=\frac{10-\sqrt{51}}{7}$$

◀無限等比級数 $\sum_{n=1}^{\infty} ar^{n-1}$ $(a \neq 0)$ の **収束条件は** $|r|<1$，**和は** $\dfrac{a}{1-r}$

(*)初めの無限等比級数の第 $n$ 項は　$ar^{n-1}$
$(ar^{n-1})^3=a^3(r^3)^{n-1}$

◀$\{3(1-r)\}^3=6(1-r^3)$

◀$r \neq 1$ である。

◀$7<\sqrt{51}<8$ であるから $\dfrac{2}{7}<\dfrac{10-\sqrt{51}}{7}<\dfrac{3}{7}$

◀② と ④ は同値。

**練習 ③ 41** 無限等比数列 $\{a_n\}$ が $\sum_{n=1}^{\infty} a_n=\sum_{n=1}^{\infty} a_n{}^3=2$ を満たすとき
(1) 数列 $\{a_n\}$ の初項と公比を求めよ。
(2) $\sum_{n=1}^{\infty} a_n{}^2$ を求めよ。　　［(1) 学習院大］

p.80 EX 28

## 基本例題 42 2つの無限等比級数の和

①①①①①

次の無限級数の収束，発散を調べ，収束すればその和を求めよ。

$$\left(2-\frac{1}{2}\right)+\left(\frac{2}{3}+\frac{1}{2^2}\right)+\left(\frac{2}{3^2}-\frac{1}{2^3}\right)+\cdots\cdots+\left\{\frac{2}{3^{n-1}}+\frac{(-1)^n}{2^n}\right\}+\cdots\cdots$$

p.64 基本事項 3，基本 35

**指針** **無限級数　まず　部分和**　(　)内を1つの項として，部分和 $S_n$ を求める。
ここで，部分和 $S_n$ は **有限** であるから，**項の順序を変えて和を求めてよい。**
**注意** **無限** の場合は，**無条件で項の順序を変えてはいけない**（次ページ参照）。

別解　無限級数 $\sum_{n=1}^{\infty}a_n$，$\sum_{n=1}^{\infty}b_n$ がともに **収束するとき**，$k$，$l$ を定数として

$\displaystyle\sum_{n=1}^{\infty}(ka_n+lb_n)=k\sum_{n=1}^{\infty}a_n+l\sum_{n=1}^{\infty}b_n$ が成り立つことを利用（$p.64$ 基本事項 3）。

**解答**

初項から第 $n$ 項までの部分和を $S_n$ とすると

$$S_n=\left(2+\frac{2}{3}+\frac{2}{3^2}+\cdots+\frac{2}{3^{n-1}}\right)-\left\{\frac{1}{2}-\frac{1}{2^2}+\frac{1}{2^3}-\cdots+\frac{(-1)^{n-1}}{2^n}\right\}$$

$$=\frac{2\left\{1-\left(\frac{1}{3}\right)^n\right\}}{1-\frac{1}{3}}-\frac{\frac{1}{2}\left\{1-\left(-\frac{1}{2}\right)^n\right\}}{1-\left(-\frac{1}{2}\right)}$$

$$=3\left\{1-\left(\frac{1}{3}\right)^n\right\}-\frac{1}{3}\left\{1-\left(-\frac{1}{2}\right)^n\right\}$$

よって　$\displaystyle\lim_{n\to\infty}S_n=3\cdot1-\frac{1}{3}\cdot1=\frac{8}{3}$

ゆえに，この無限級数は **収束して，その和は $\frac{8}{3}$**

別解　$\displaystyle(\text{与式})=\sum_{n=1}^{\infty}\left\{\frac{2}{3^{n-1}}+\frac{(-1)^n}{2^n}\right\}=\sum_{n=1}^{\infty}\left\{2\left(\frac{1}{3}\right)^{n-1}+\left(-\frac{1}{2}\right)^n\right\}$

$\displaystyle\sum_{n=1}^{\infty}2\left(\frac{1}{3}\right)^{n-1}$ は初項2，公比 $\frac{1}{3}$ の無限等比級数

$\displaystyle\sum_{n=1}^{\infty}\left(-\frac{1}{2}\right)^n$ は初項 $-\frac{1}{2}$，公比 $-\frac{1}{2}$ の無限等比級数

で，公比の絶対値が1より小さいから，この無限等比級数はともに収束する。
ゆえに，与えられた無限級数は **収束して，その和は**

$$(\text{与式})=\sum_{n=1}^{\infty}2\left(\frac{1}{3}\right)^{n-1}+\sum_{n=1}^{\infty}\left(-\frac{1}{2}\right)^n$$

$$=\frac{2}{1-\frac{1}{3}}+\left(-\frac{1}{2}\right)\cdot\frac{1}{1-\left(-\frac{1}{2}\right)}=\frac{8}{3}$$

◀ $S_n$ は有限個の項の和なので，左のように順序を変えて計算してよい。

◀ 初項 $a$，公比 $r$ の等比数列の初項から第 $n$ 項までの和は，$r\neq1$ のとき $\dfrac{a(1-r^n)}{1-r}$

◀ 無限等比級数 $\sum_{n=1}^{\infty}ar^{n-1}$ の **収束条件** は $a=0$ または $|r|<1$

◀ 収束を確認してから $\sum_{n=1}^{\infty}$ を分ける。

**練習 ② 42**　次の無限級数の収束，発散を調べ，収束すればその和を求めよ。　p.81 EX 29

(1) $\displaystyle\sum_{n=1}^{\infty}\left\{2\left(-\frac{2}{3}\right)^{n-1}+3\left(\frac{1}{4}\right)^{n-1}\right\}$　　(2) $(1-2)+\left(\frac{1}{2}+\frac{2}{3}\right)+\left(\frac{1}{2^2}-\frac{2}{3^2}\right)+\cdots\cdots$

## 基本例題 43 2通りの部分和 $S_{2n-1}$, $S_{2n}$ の利用

無限級数 $1-\frac{1}{2}+\frac{1}{2}-\frac{1}{3}+\frac{1}{3}-\frac{1}{4}+\frac{1}{4}-\cdots\cdots$ ……① について

(1) 級数①の初項から第 $n$ 項までの部分和を $S_n$ とするとき，$S_{2n-1}$，$S_{2n}$ をそれぞれ求めよ。

(2) 級数①の収束，発散を調べ，収束すればその和を求めよ。

基本 42

指針 (1) $S_{2n-1}$ が求めやすい。$S_{2n}$ は $S_{2n}=S_{2n-1}+$(第 $2n$ 項) として求める。

(2) 前ページの基本例題 42 と異なり，ここでは(　)がついていないことに注意。
このようなタイプのものでは，$S_n$ を1通りに表すことが困難で，(1)のように，$S_{2n-1}$，$S_{2n}$ の場合に分けて調べる。
そして，次のことを利用する。

[1] $\lim_{n\to\infty}S_{2n-1}=\lim_{n\to\infty}S_{2n}=S$ ならば　$\lim_{n\to\infty}S_n=S$

[2] $\lim_{n\to\infty}S_{2n-1}\neq\lim_{n\to\infty}S_{2n}$ ならば　$\{S_n\}$ は発散

解答

(1) $S_{2n-1}=1-\frac{1}{2}+\frac{1}{2}-\frac{1}{3}+\frac{1}{3}-\frac{1}{4}+\frac{1}{4}-\cdots\cdots-\frac{1}{n}+\frac{1}{n}$

$=1-\left(\frac{1}{2}-\frac{1}{2}\right)-\left(\frac{1}{3}-\frac{1}{3}\right)-\cdots\cdots-\left(\frac{1}{n}-\frac{1}{n}\right)$

$=\mathbf{1}$

$S_{2n}=S_{2n-1}-\frac{1}{n+1}=\mathbf{1-\frac{1}{n+1}}$

(2) (1)から　$\lim_{n\to\infty}S_{2n-1}=1$，$\lim_{n\to\infty}S_{2n}=\lim_{n\to\infty}\left(1-\frac{1}{n+1}\right)=1$

よって　$\lim_{n\to\infty}S_n=1$

したがって，無限級数①は **収束して，その和は 1**

◀部分和(有限個の和)なら(　)でくくってよい。

参考 無限級数が収束すれば，その級数を，順序を変えずに任意に(　)でくくった無限級数は，もとの級数と同じ和に収束することが知られている。

検討

**無限級数の扱いに関する注意点**

上の例題の無限級数の第 $n$ 項を $\frac{1}{n}-\frac{1}{n+1}$ と考えてはいけない。(　)が付いている場合は，$n$ 番目の(　)を第 $n$ 項としてよいが，(　)が付いていない場合は，$n$ 番目の数が第 $n$ 項となる。

注意 無限級数では，勝手に(　)でくくったり，項の順序を変えてはならない！

[例えば，$S=1-1+1-1+1-1+\cdots\cdots=(1-1)+(1-1)+(1-1)+\cdots\cdots$ とみて，$S=0$ などとしたら **大間違い！**　($S$ は公比 $-1$ の無限等比級数のため，発散する。)]

ただし，有限個の和については，このような制限はない。

練習 ③ 43 次の無限級数の収束，発散を調べ，収束すればその和を求めよ。

(1) $\frac{1}{2}+\frac{1}{3}+\frac{1}{2^2}+\frac{1}{3^2}+\frac{1}{2^3}+\frac{1}{3^3}+\cdots\cdots$

(2) $2-\frac{3}{2}+\frac{3}{2}-\frac{4}{3}+\frac{4}{3}-\cdots\cdots-\frac{n+1}{n}+\frac{n+1}{n}-\frac{n+2}{n+1}+\cdots\cdots$

p.81 EX 30

## 重要例題 44 無限級数 $\Sigma nx^{n-1}$ ⊘⊘⊘⊘⊘

(1) すべての自然数 $n$ に対して，$2^n>n$ であることを示せ。

(2) 数列の和 $S_n=\sum_{k=1}^{n} k\left(\frac{1}{4}\right)^{k-1}$ を求めよ。　(3) $\lim_{n\to\infty} S_n$ を求めよ。

基本 22

**指針** (1) 二項定理を利用。

(2) $k\left(\frac{1}{4}\right)^{k-1}$ は **(等差数列)×(等比数列) の形** であるから，$S_n-\frac{1}{4}S_n$ を計算すると，等比数列の和が現れる。（$\frac{1}{4}$ は等比数列部分の公比）

(3) $S_n$ の最後の項の極限は，(1) の不等式 $2^n>n$ を利用して不等式を作り，**はさみうちの原理** を使って求める（$p.43$，44 参照）。

**CHART** (等差)×(等比) 型の和 **$S-rS$ の利用**（$r$ は等比数列部分の公比）

**解答**

(1) 二項定理により

$$(1+1)^n={}_nC_0+{}_nC_1+{}_nC_2+\cdots\cdots+{}_nC_n>{}_nC_1$$

よって　$2^n>n$

ゆえに，すべての自然数 $n$ に対して，$2^n>n$ が成り立つ。

(2) $S_n=1+2\cdot\frac{1}{4}+3\cdot\left(\frac{1}{4}\right)^2+\cdots\cdots+n\left(\frac{1}{4}\right)^{n-1}$

$\frac{1}{4}S_n=\qquad\frac{1}{4}+2\cdot\left(\frac{1}{4}\right)^2+\cdots\cdots+(n-1)\left(\frac{1}{4}\right)^{n-1}+n\left(\frac{1}{4}\right)^n$

よって

$$S_n-\frac{1}{4}S_n=1+\frac{1}{4}+\left(\frac{1}{4}\right)^2+\cdots\cdots+\left(\frac{1}{4}\right)^{n-1}-n\left(\frac{1}{4}\right)^n$$

ゆえに　$\frac{3}{4}S_n=\frac{1-\left(\frac{1}{4}\right)^n}{1-\frac{1}{4}}-n\left(\frac{1}{4}\right)^n$

したがって　$\boldsymbol{S_n=\frac{16}{9}\left\{1-\left(\frac{1}{4}\right)^n\right\}-\frac{n}{3\cdot4^{n-1}}}$

(3) (1) により　$0<\frac{n}{4^{n-1}}<\frac{2^n}{4^{n-1}}=\frac{1}{2^{n-2}}$

$\lim_{n\to\infty}\frac{1}{2^{n-2}}=0$ であるから　$\lim_{n\to\infty}\frac{n}{4^{n-1}}=0$

よって，(2) により　$\lim_{n\to\infty}S_n=\frac{16}{9}(1-0)-\frac{1}{3}\cdot0=\boldsymbol{\frac{16}{9}}$

◀二項定理（数学Ⅱ）
$(a+b)^n=\sum_{r=0}^{n}{}_nC_r a^{n-r}b^r$
で $a=b=1$ とする。
また，数学的帰納法を利用する証明も考えられる。

◀**和 $S=\sum_{k=1}^{n}kx^{k-1}$ の計算**
$x\neq1$ のとき
$S-xS=\frac{1-x^n}{1-x}-nx^n$
ゆえに　$(1-x)S=\frac{1-x^n-nx^n(1-x)}{1-x}$
よって
$S=\frac{1-(n+1)x^n+nx^{n+1}}{(1-x)^2}$
$x=1$ のとき
$S=\sum_{k=1}^{n}k=\frac{n(n+1)}{2}$

◀**はさみうちの原理**
$a_n\leqq c_n\leqq b_n$ のとき，
$\lim_{n\to\infty}a_n=\lim_{n\to\infty}b_n=\alpha$ ならば　$\lim_{n\to\infty}c_n=\alpha$

**練習 ③ 44** $n$ を 2 以上の自然数，$x$ を $0<x<1$ である実数とし，$\frac{1}{x}=1+h$ とおく。

(1) $\frac{1}{x^n}>\frac{n(n-1)}{2}h^2$ が成り立つことを示し，$\lim_{n\to\infty}nx^n$ を求めよ。

(2) $S_n=1+2x+\cdots\cdots+nx^{n-1}$ とするとき，$\lim_{n\to\infty}S_n$ を求めよ。　〔類 芝浦工大〕

p.81 EX31

## 重要例題 45 無限級数 $\Sigma 1/n$ が発散することの証明 ④④④④④

(1) すべての自然数 $n$ に対して，$\displaystyle\sum_{k=1}^{2^n}\frac{1}{k} \geqq \frac{n}{2}+1$ が成り立つことを証明せよ。

(2) 無限級数 $1+\dfrac{1}{2}+\dfrac{1}{3}+\cdots\cdots+\dfrac{1}{n}+\cdots\cdots$ は発散することを証明せよ。

基本 34，重要 44

**指針** (1) 数学的帰納法によって証明する。

(2) 数列 $\left\{\dfrac{1}{n}\right\}$ は 0 に収束するから，$p.63$ 基本例題 **34** のように，$p.61$ 基本事項 **2** ② を利用する方法は使えない。そこで，(1) で示した不等式の利用を考える。

$n \geqq 2^m$ とすると $\displaystyle\sum_{k=1}^{n}\frac{1}{k} \geqq \sum_{k=1}^{2^m}\frac{1}{k}$ ここで，$m \longrightarrow \infty$ のとき $n \longrightarrow \infty$ となる。

**解答**

(1) $\displaystyle\sum_{k=1}^{2^n}\frac{1}{k} \geqq \frac{n}{2}+1$ ……① とする。

[1] $n=1$ のとき $\displaystyle\sum_{k=1}^{2}\frac{1}{k}=1+\frac{1}{2}=\frac{1}{2}+1$ よって，① は成り立つ。

[2] $n=m$ ($m$ は自然数) のとき，① が成り立つと仮定すると $\displaystyle\sum_{k=1}^{2^m}\frac{1}{k} \geqq \frac{m}{2}+1$

このとき

$$\sum_{k=1}^{2^{m+1}}\frac{1}{k}=\sum_{k=1}^{2^m}\frac{1}{k}+\sum_{k=2^m+1}^{2^{m+1}}\frac{1}{k}$$

$$\geqq\left(\frac{m}{2}+1\right)+\frac{1}{2^m+1}+\frac{1}{2^m+2}+\cdots\cdots+\frac{1}{2^{m+1}}$$

$$=\frac{m}{2}+1+\frac{1}{2^m+1}+\frac{1}{2^m+2}+\cdots\cdots+\frac{1}{2^m+2^m}$$

◀ $2^{m+1}=2^m\cdot 2=2^m+2^m$

$$>\frac{m}{2}+1+\frac{1}{2^{m+1}}\cdot 2^m=\frac{m+1}{2}+1$$

◀ $\dfrac{1}{2^m+k}>\dfrac{1}{2^m+2^m}\left(=\dfrac{1}{2^{m+1}}\right)$ $(k=1,\ 2,\ \cdots\cdots,\ 2^m-1)$

よって，$n=m+1$ のときにも ① は成り立つ。

[1]，[2] から，すべての自然数 $n$ について ① は成り立つ。

(2) $S_n=\displaystyle\sum_{k=1}^{n}\frac{1}{k}$ とおく。$n \geqq 2^m$ とすると，(1) から $S_n \geqq \displaystyle\sum_{k=1}^{2^m}\frac{1}{k} \geqq \frac{m}{2}+1$

ここで，$m \longrightarrow \infty$ のとき $n \longrightarrow \infty$ で $\displaystyle\lim_{m\to\infty}\left(\frac{m}{2}+1\right)=\infty$ $\therefore$ $\displaystyle\lim_{n\to\infty}S_n=\infty$

したがって，$\displaystyle\sum_{n=1}^{\infty}\frac{1}{n}$ は発散する。

◀ $a_n \leqq b_n$ で $\displaystyle\lim_{n\to\infty}a_n=\infty \Longrightarrow \lim_{n\to\infty}b_n=\infty$ ($p.34$ **3** ②)

**検討**

**無限級数 $\Sigma 1/n^p$ の収束・発散について**

数列 $\{a_n\}$ が 0 に収束しなければ，無限級数 $\displaystyle\sum_{n=1}^{\infty}a_n$ は発散するが($p.61$ 基本事項 **2** ②)，**この逆は成立しない**。上の (2) において $\displaystyle\lim_{n\to\infty}\frac{1}{n}=0$ であることから，このことが確認できる。

なお，$\displaystyle\sum_{n=1}^{\infty}\frac{1}{n^p}$ **は $p>1$ のとき収束，$p \leqq 1$ のとき発散する** ことが知られている。

**練習 ④ 45** 上の例題の結果を用いて，無限級数 $\displaystyle\sum_{n=1}^{\infty}\frac{1}{\sqrt{n}}$ は発散することを示せ。

p.81 EX 32

## 重要例題 46 複素数の累乗に関する無限級数

$z$ を複素数とする。自然数 $n$ に対し，$z^n$ の実部と虚部をそれぞれ $x_n$ と $y_n$ として，2つの数列 $\{x_n\}$，$\{y_n\}$ を考える。つまり，$z^n=x_n+iy_n$ （$i$ は虚数単位）を満たしている。 〔類 慶応大〕

(1) 複素数 $z$ が正の実数 $r$ と実数 $\theta$ を用いて $z=r(\cos\theta+i\sin\theta)$ の形で与えられたとき，数列 $\{x_n\}$，$\{y_n\}$ がともに 0 に収束するための必要十分条件を求めよ。

(2) $z=\dfrac{1+\sqrt{3}\,i}{10}$ のとき，無限級数 $\displaystyle\sum_{n=1}^{\infty}x_n$ と $\displaystyle\sum_{n=1}^{\infty}y_n$ はともに収束し，それぞれの和は $\displaystyle\sum_{n=1}^{\infty}x_n=$ ア□，$\displaystyle\sum_{n=1}^{\infty}y_n=$ イ□ である。

基本 35，36

**指針** (1) まず，$z=r(\cos\theta+i\sin\theta)$ の両辺を $n$ 乗した式に注目して，$x_n$，$y_n$ をそれぞれ $n$，$r$，$\theta$ で表す。そして，$x_n{}^2+y_n{}^2$ を計算すると $r^{\bullet}$ の形になるから，数列 $\{x_n\}$，$\{y_n\}$ がともに 0 に収束するとき，数列 $\{x_n{}^2+y_n{}^2\}$ が 0 に収束するための条件を求める。
↑ 必要条件

(2) **無限級数　部分和の収束・発散を調べる**

まず，初項 $z$，公比 $z$ の等比数列 $\{z^n\}$ の部分和 $\displaystyle\sum_{k=1}^{n}z^k$ を求める。そして，

$\displaystyle\sum_{k=1}^{n}z^k=\sum_{k=1}^{n}x_k+i\sum_{k=1}^{n}y_k$ が成り立つことから，部分和 $\displaystyle\sum_{k=1}^{n}x_k$，$\displaystyle\sum_{k=1}^{n}y_k$ が求められる。

部分和の極限を調べる際は，(1) の結果も利用する。

**解答**

(1) $z=r(\cos\theta+i\sin\theta)$ $[r>0]$ のとき

$$z^n=r^n(\cos n\theta+i\sin n\theta)=r^n\cos n\theta+ir^n\sin n\theta$$
◀ド・モアブルの定理。

よって　$x_n=r^n\cos n\theta$，$y_n=r^n\sin n\theta$　◀$z^n=x_n+iy_n$

ゆえに　$x_n{}^2+y_n{}^2=(r^n)^2(\cos^2 n\theta+\sin^2 n\theta)=(r^2)^n$

$\displaystyle\lim_{n\to\infty}x_n=\lim_{n\to\infty}y_n=0$ のとき　$\displaystyle\lim_{n\to\infty}(x_n{}^2+y_n{}^2)=0$

よって　$0\leqq r^2<1$　$r>0$ であるから　$0<r<1$
◀無限等比数列が 0 に収束する条件は $-1<(\text{公比})<1$

(＊) 逆に，$0<r<1$ のとき，$-1\leqq\cos n\theta\leqq 1$ であるから
◀(＊) ここから，十分条件であることの確認。

$$-r^n\leqq r^n\cos n\theta\leqq r^n$$

$0<r<1$ であるから　$\displaystyle\lim_{n\to\infty}r^n=0$，$\displaystyle\lim_{n\to\infty}(-r^n)=0$

よって　$\displaystyle\lim_{n\to\infty}r^n\cos n\theta=0$　◀はさみうちの原理。

$-1\leqq\sin n\theta\leqq 1$ から，同様にして　$\displaystyle\lim_{n\to\infty}r^n\sin n\theta=0$　◀$-r^n\leqq r^n\sin n\theta\leqq r^n$

ゆえに，$0<r<1$ のとき，数列 $\{x_n\}$，$\{y_n\}$ はともに 0 に収束する。
◀$\displaystyle\lim_{n\to\infty}x_n=0$，$\displaystyle\lim_{n\to\infty}y_n=0$

以上から，求める必要十分条件は　**$0<r<1$**

(2) $z=\dfrac{1+\sqrt{3}\,i}{10}$ のとき

$$\sum_{k=1}^{n}z^k=\frac{z(1-z^n)}{1-z}=\frac{z}{1-z}\{1-(x_n+iy_n)\}$$
◀初項 $z$，公比 $z$ の等比数列の初項から第 $n$ 項までの和。

ここで

$$\frac{z}{1-z}=\frac{\frac{1+\sqrt{3}i}{10}}{1-\frac{1+\sqrt{3}i}{10}}=\frac{1+\sqrt{3}i}{9-\sqrt{3}i}=\frac{(1+\sqrt{3}i)(9+\sqrt{3}i)}{(9-\sqrt{3}i)(9+\sqrt{3}i)}$$

◀分母の実数化。

$$=\frac{6+10\sqrt{3}i}{84}=\frac{3+5\sqrt{3}i}{42}$$

よって　$\sum_{k=1}^{n} z^k=\frac{3+5\sqrt{3}i}{42}(1-x_n-iy_n)$

$$=\frac{1}{42}[3(1-x_n)+5\sqrt{3}y_n+\{5\sqrt{3}(1-x_n)-3y_n\}i]$$

また，$\sum_{k=1}^{n} z^k=\sum_{k=1}^{n}(x_k+iy_k)=\sum_{k=1}^{n}x_k+i\sum_{k=1}^{n}y_k$ であるから

◀$\sum_{k=1}^{n} z^k$ のもう1つの表現。

$$\sum_{k=1}^{n}x_k=\frac{3(1-x_n)+5\sqrt{3}y_n}{42},\ \sum_{k=1}^{n}y_k=\frac{5\sqrt{3}(1-x_n)-3y_n}{42}$$

◀実部，虚部をそれぞれ比較。

ここで　$z=\frac{1}{5}\left(\frac{1}{2}+\frac{\sqrt{3}}{2}i\right)=\frac{1}{5}\left(\cos\frac{\pi}{3}+i\sin\frac{\pi}{3}\right)$

⦿ (1)，(2) の問題
(1) の結果を利用

$0<\frac{1}{5}<1$ であるから，(1) の結果より　$\lim_{n\to\infty}x_n=\lim_{n\to\infty}y_n=0$

よって　$\sum_{n=1}^{\infty}x_n=\lim_{n\to\infty}\frac{3(1-x_n)+5\sqrt{3}y_n}{42}=\frac{3}{42}=$ ア $\mathbf{\frac{1}{14}}$

$\sum_{n=1}^{\infty}y_n=\lim_{n\to\infty}\frac{5\sqrt{3}(1-x_n)-3y_n}{42}=$ イ $\mathbf{\frac{5\sqrt{3}}{42}}$

◀$\sum_{n=1}^{\infty}x_n=\lim_{n\to\infty}\sum_{k=1}^{n}x_k$，
$\sum_{n=1}^{\infty}y_n=\lim_{n\to\infty}\sum_{k=1}^{n}y_k$

**検討**　(2)　$z^n=\left\{\frac{1}{5}\left(\cos\frac{\pi}{3}+i\sin\frac{\pi}{3}\right)\right\}^n=\frac{1}{5^n}\left(\cos\frac{n}{3}\pi+i\sin\frac{n}{3}\pi\right)$ であるから

$$x_n=\frac{1}{5^n}\cos\frac{n}{3}\pi,\quad y_n=\frac{1}{5^n}\sin\frac{n}{3}\pi$$

◀$\lim_{n\to\infty}x_n=\lim_{n\to\infty}y_n=0$ である。

$a_n=x_{6n-5}+x_{6n-4}+x_{6n-3}+x_{6n-2}+x_{6n-1}+x_{6n}$ とすると，$\cos(2n\pi+\theta)=\cos\theta$ から

$$a_n=\frac{1}{5^{6n-5}}\cdot\frac{1}{2}+\frac{1}{5^{6n-4}}\cdot\left(-\frac{1}{2}\right)+\frac{1}{5^{6n-3}}\cdot(-1)+\frac{1}{5^{6n-2}}\cdot\left(-\frac{1}{2}\right)+\frac{1}{5^{6n-1}}\cdot\frac{1}{2}+\frac{1}{5^{6n}}\cdot 1$$

$$=\frac{1}{2\cdot 5^{6n}}(5^5-5^4-2\cdot 5^3-5^2+5+2)=\frac{2232}{2\cdot 5^{6n}}=\frac{1116}{5^{6n}}=\frac{1116}{5^6}\cdot\left(\frac{1}{5^6}\right)^{n-1}$$

これを利用して，$S_n=\sum_{k=1}^{n}x_k$ としたときの $S_{6n}\left(=\sum_{k=1}^{n}a_k\right)$，$S_{6n-1}$，$S_{6n-2}$，$S_{6n-3}$，$S_{6n-4}$，$S_{6n-5}$ を求め，$n\longrightarrow\infty$ のときこれらがすべて $\frac{1}{14}$ に収束することを導く。

また，$b_n=y_{6n-5}+y_{6n-4}+y_{6n-3}+y_{6n-2}+y_{6n-1}+y_{6n}$ とすると，$b_n=\frac{372\sqrt{3}}{5^5}\cdot\left(\frac{1}{5^6}\right)^{n-1}$ となるから，$\sum_{n=1}^{\infty}y_n$ についても6つの部分和の極限を調べることで求められる。

**練習 ④ 46**　実数列 $\{a_n\}$，$\{b_n\}$ を，$\left(\frac{1+i}{2}\right)^n=a_n+ib_n$ $(n=1,\ 2,\ \cdots\cdots)$ により定める。

(1)　数列 $\{a_n{}^2+b_n{}^2\}$ の一般項を求めよ。また，$\lim_{n\to\infty}(a_n{}^2+b_n{}^2)$ を求めよ。

(2)　$\lim_{n\to\infty}a_n=\lim_{n\to\infty}b_n=0$ であることを示せ。また，$\sum_{n=1}^{\infty}a_n$，$\sum_{n=1}^{\infty}b_n$ を求めよ。

〔類　中央大〕　p.81 EX 33

## EXERCISES



②**24** 次の無限級数の和を求めよ。

(1) 数列 $\{a_n\}$ が初項 2, 公比 2 の等比数列であるとき $\displaystyle\sum_{n=1}^{\infty}\frac{1}{a_na_{n+1}}$ 〔類 愛知工大〕

(2) $\pi$ を円周率とするとき $1+\dfrac{2}{\pi}+\dfrac{3}{\pi^2}+\dfrac{4}{\pi^3}+\cdots\cdots+\dfrac{n+1}{\pi^n}+\cdots\cdots$

ただし，$\displaystyle\lim_{n\to\infty}nx^n=0\ (|x|<1)$ を用いてもよい。 〔類 慶応大〕 →33, 35

②**25** $0\leqq x\leqq 2\pi$ を満たす実数 $x$ と自然数 $n$ に対して，$S_n=\displaystyle\sum_{k=1}^{n}(\cos x-\sin x)^k$ と定める。数列 $\{S_n\}$ が収束する $x$ の値の範囲を求め，$x$ がその範囲にあるときの極限値 $\displaystyle\lim_{n\to\infty}S_n$ を求めよ。 〔名古屋工大〕 →36

③**26** 座標平面上の原点を $P_0(0,\ 0)$ と書く。点 $P_1,\ P_2,\ P_3,\ \cdots\cdots$ を

$$\overrightarrow{P_nP_{n+1}}=\left(\frac{1}{2^n}\cos\frac{(-1)^n\pi}{3},\ \frac{1}{2^n}\sin\frac{(-1)^n\pi}{3}\right)\quad(n=0,\ 1,\ 2,\ \cdots\cdots)$$

を満たすように定め，点 $P_n$ の座標を $(x_n,\ y_n)\ (n=0,\ 1,\ 2,\ \cdots\cdots)$ とする。

(1) $x_n,\ y_n$ をそれぞれ $n$ を用いて表せ。

(2) ベクトル $\overrightarrow{P_{2n-1}P_{2n+1}}$ の大きさを $l_n\ (n=1,\ 2,\ 3,\ \cdots\cdots)$ とするとき，$l_n$ を $n$ を用いて表せ。

(3) (2)の $l_n$ について，無限級数 $\displaystyle\sum_{n=1}^{\infty}l_n$ の和 $S$ を求めよ。 〔類 立教大〕 →38

④**27** $\triangle A_0B_0C_0$ の内心を $I_0$ とし，その内接円と線分 $A_0I_0,\ B_0I_0,\ C_0I_0$ との交点をそれぞれ $A_1,\ B_1,\ C_1$ とする。次に，$\triangle A_1B_1C_1$ の内心を $I_1$ とし，その内接円と線分 $A_1I_1,\ B_1I_1,\ C_1I_1$ との交点をそれぞれ $A_2,\ B_2,\ C_2$ とする。これを繰り返して $\triangle A_nB_nC_n$ を作り，その内心を $I_n$，$\angle B_nA_nC_n=\theta_n\ (n=0,\ 1,\ 2,\ \cdots\cdots)$ とする。

(1) $\theta_{n+1}$ を $\theta_n$ で表せ。 (2) $\theta_n$ を $n,\ \theta_0$ で表せ。

(3) $\theta_0=\dfrac{2}{3}\pi$ のとき，$\displaystyle\sum_{n=0}^{\infty}\left(\theta_n-\frac{\pi}{3}\right)$ を求めよ。 〔南山大〕 →39

③**28** 2 次方程式 $x^2+8x+c=0$ の 2 つの解を $\alpha,\ \beta$ とする。$\displaystyle\sum_{k=1}^{\infty}(\alpha-\beta)^{2k}=3$ のとき，定数 $c$ の値を求めよ。 〔九州歯大〕 →41

24 (2) 第 $n$ 項までの部分和を $S_n$ として，$S_n-\dfrac{1}{\pi}S_n$ を計算。

25 公比 $r$ について $-1<r<1$ が条件。三角関数の合成を利用。

26 (1) $\overrightarrow{OP_n}=\overrightarrow{P_0P_1}+\overrightarrow{P_1P_2}+\overrightarrow{P_2P_3}+\cdots\cdots+\overrightarrow{P_{n-1}P_n}$ (O は原点)

(2) $\overrightarrow{P_{2n-1}P_{2n+1}}=(x_{2n+1}-x_{2n-1},\ y_{2n+1}-y_{2n-1})$ (1)の結果を利用する。

27 (1) $\angle B_nI_nC_n=\angle B_{n+1}I_nC_{n+1}=2\angle B_{n+1}A_{n+1}C_{n+1}$，また
$\angle B_nI_nC_n=\pi-(\angle I_nB_nC_n+\angle I_nC_nB_n)$ など。

28 解と係数の関係を利用して，無限級数を $\displaystyle\sum_{k=1}^{\infty}$ ($c$ の式) に変形。

# EXERCISES



②29 無限級数 $\sum_{n=0}^{\infty}\left(\frac{1}{5^n}\cos n\pi+\frac{1}{3^{\frac{n}{2}}}\right)$ の和を求めよ。 →35, 42

④30 (1) 無限級数 $\frac{1}{2}-\frac{1}{3}+\frac{1}{2^2}-\frac{1}{3^2}+\frac{1}{2^3}-\frac{1}{3^3}+\cdots\cdots$ の和を求めよ。

(2) $b_n=(-1)^{n-1}\log_2\frac{n+2}{n}$ $(n=1,\ 2,\ 3,\ \cdots\cdots)$ で定められる数列 $\{b_n\}$ に対して，$S_n=b_1+b_2+\cdots\cdots+b_n$ とする。このとき，$\lim_{n\to\infty}S_n$ を求めよ。 〔(2) 類 岡山大〕

→43



④31 0 でない実数 $r$ が $|r|<1$ を満たすとき，次のものを求めよ。ただし，自然数 $n$ に対して $\lim_{n\to\infty}nr^n=0$，$\lim_{n\to\infty}n(n-1)r^n=0$ である。 〔大分大〕

(1) $R_n=\sum_{k=0}^{n}r^k$ と $S_n=\sum_{k=0}^{n}kr^{k-1}$ (2) $T_n=\sum_{k=0}^{n}k(k-1)r^{k-2}$ (3) $\sum_{k=0}^{\infty}k^2r^k$ →44

④32 $\cos\frac{\pi}{\sqrt{x}}=-1$ の解を $x_1$，$x_2$，……，$x_n$，…… とする。ただし，$x_1>x_2>\cdots\cdots>x_n>\cdots\cdots$ である。 〔名城大〕

(1) $x_n$ を $n$ を用いて表せ。

(2) $a_n=\sqrt{x_nx_{n+1}}$ $(n=1,\ 2,\ 3,\ \cdots\cdots)$ とおくとき，$\sum_{n=1}^{\infty}a_n$ を求めよ。

(3) 不等式 $\frac{7}{6}\leqq\sum_{n=1}^{\infty}x_n\leqq\frac{3}{2}$ を証明せよ。ただし，$\sum_{n=1}^{\infty}x_n$ は収束するとしてよい。

→45

④33 $n$ を自然数とし，$a$，$b$，$r$ は実数で $b>0$，$r>0$ とする。複素数 $w=a+bi$ は $w^2=-2\overline{w}$ を満たすとする。$\alpha_n=r^{n+1}w^{2-3n}$ $(n=1,\ 2,\ 3,\ \cdots\cdots)$ とするとき

(1) $a$ と $b$ の値を求めよ。

(2) $\alpha_n$ の実部を $c_n$ $(n=1,\ 2,\ 3,\ \cdots\cdots)$ とする。$c_n$ を $n$ と $r$ を用いて表せ。

(3) (2) で求めた $c_n$ を第 $n$ 項とする数列 $\{c_n\}$ について，無限級数 $\sum_{n=1}^{\infty}c_n$ が収束し，その和が $\frac{8}{3}$ となるような $r$ の値を求めよ。 〔類 東京農工大〕

→46

29 無限級数 $\sum a_n$，$\sum b_n$ がそれぞれ収束すれば，$\sum(a_n+b_n)$ も収束。

30 (1) $\lim_{n\to\infty}S_{2n}$，$\lim_{n\to\infty}S_{2n-1}$ をそれぞれ求めて比較。(2) も同様の方針。

31 (2) $T_n-rT_n$ を計算。その際，$(k+1)k-k(k-1)=2k$ に注意。 (3) (1), (2) の結果を利用。

32 (1) $\frac{\pi}{\sqrt{x}}>0$ に注意。 (2) $a_n$ を差の形に変形。

(3) (1), (2) の結果から，$k\geqq2$ のとき $a_k<x_k<a_{k-1}$ が成り立つことを示し，この不等式を利用する。

33 (2) (1) で求めた $w$ を極形式で表し，ド・モアブルの定理を利用して $\alpha_n$ を計算。

# 5 関数の極限

## 基本事項

### 1 関数の極限

① 1つの有限な値 $\alpha$ に収束 $\lim_{x\to a} f(x)=\alpha$ …… 極限値 $\alpha$ ｝極限がある

② 正の無限大に発散 $\lim_{x\to a} f(x)=\infty$ ｝極限値はない ｝極限がある

③ 負の無限大に発散 $\lim_{x\to a} f(x)=-\infty$ ｝極限値はない ｝極限がある

④ 極限はない（①～③以外）………………………… 極限がない

### 2 関数の極限の性質

$\lim_{x\to a} f(x)=\alpha$, $\lim_{x\to a} g(x)=\beta$（$\alpha$, $\beta$ は有限な値）のとき

1 $\lim_{x\to a}\{kf(x)+lg(x)\}=k\alpha+l\beta$　　ただし $k$, $l$ は定数

2 積 $\lim_{x\to a} f(x)g(x)=\alpha\beta$　　3 商 $\lim_{x\to a}\dfrac{f(x)}{g(x)}=\dfrac{\alpha}{\beta}$　　ただし $\beta\neq 0$

**注意** 以上の性質は，$x\longrightarrow a$ を，$x\longrightarrow\infty$，$x\longrightarrow-\infty$ としても成り立つ。

### 3 関数の片側からの極限

右側極限 $\lim_{x\to a+0} f(x)$　　$x>a$ で，$x\longrightarrow a$ のときの $f(x)$ の極限

左側極限 $\lim_{x\to a-0} f(x)$　　$x<a$ で，$x\longrightarrow a$ のときの $f(x)$ の極限

$x\longrightarrow a$ のとき，関数 $f(x)$ の極限が存在するのは，右側極限と左側極限が存在して一致する場合である。

すなわち　$\lim_{x\to a+0} f(x)=\lim_{x\to a-0} f(x)=\alpha \iff \lim_{x\to a} f(x)=\alpha$

### 4 指数関数，対数関数の極限

指数関数 $y=a^x$ について

$a>1$ のとき　$\lim_{x\to\infty} a^x=\infty$，$\lim_{x\to-\infty} a^x=0$

$0<a<1$ のとき　$\lim_{x\to\infty} a^x=0$，$\lim_{x\to-\infty} a^x=\infty$

対数関数 $y=\log_a x$ について

$a>1$ のとき　$\lim_{x\to\infty}\log_a x=\infty$，$\lim_{x\to+0}\log_a x=-\infty$

$0<a<1$ のとき　$\lim_{x\to\infty}\log_a x=-\infty$，$\lim_{x\to+0}\log_a x=\infty$

### 5 関数の極限値の大小関係

① $\lim_{x\to a} f(x)=\alpha$, $\lim_{x\to a} g(x)=\beta$ とする。

1 $x$ が $a$ に近いとき，常に $f(x)\leqq g(x)$ ならば $\alpha\leqq\beta$

2 $x$ が $a$ に近いとき，常に $f(x)\leqq h(x)\leqq g(x)$ かつ $\alpha=\beta$ ならば

$\lim_{x\to a} h(x)=\alpha$　（はさみうちの原理）

② 十分大きい $x$ で常に $f(x)\leqq g(x)$ かつ $\lim_{x\to\infty} f(x)=\infty$ ならば

$\lim_{x\to\infty} g(x)=\infty$

## 解　説

### ■ 関数の極限

関数 $f(x)$ において，変数 $x$ が $a$ と異なる値をとりながら $a$ に限りなく近づくとき，それに応じて $f(x)$ の値が一定の値 $\alpha$ に限りなく近づく場合

$$\lim_{x\to a} f(x)=\alpha \quad \text{または} \quad x \longrightarrow a \text{ のとき } f(x) \longrightarrow \alpha$$

と書き，この値 $\alpha$ を $x \longrightarrow a$ のときの関数 $f(x)$ の **極限値** または **極限** という。また，このとき $f(x)$ は $\alpha$ に **収束** するという。

なお，$f(x)$ が多項式の関数や分数・無理関数，三角・指数・対数関数であるとき，関数の定義域に属する $a$ に対して，$\lim_{x\to a} f(x)=f(a)$ が成り立つ。

◀数学Ⅱでも学習。

◀$x \neq a$ に注意！

**注意**　$f(a)$ は，$f(x)$ に $x=a$ を代入して定まる値である。$f(a)$ と $\lim_{x\to a} f(x)$ の違いをはっきりさせておこう。
$\left[\lim_{x\to a} f(x)\right.$ は，$\infty$，$-\infty$ となることもある。]

### ■ $x \longrightarrow \pm\infty$ のときの関数の極限

$x \longrightarrow \infty$（または $x \longrightarrow -\infty$）のとき，関数 $f(x)$ がある一定の値 $\alpha$ に限りなく近づく場合，この $\alpha$ を $x \longrightarrow \infty$（または $x \longrightarrow -\infty$）のときの関数 $f(x)$ の **極限値** または **極限** といい，記号で $\lim_{x\to\infty} f(x)=\alpha$ $\left(\lim_{x\to-\infty} f(x)=\alpha\right)$ と書き表す。

なお，関数の極限については，数列の場合と同様に前ページの **2** の性質が成り立つ。

◀変数 $x$ が限りなく大きくなることを $x \longrightarrow \infty$ で表す。
また，$x$ が負でその絶対値が限りなく大きくなることを $x \longrightarrow -\infty$ で表す。

### ■ 関数の片側からの極限

$x>a$ で $x$ が $a$ に限りなく近づくとき，$x \longrightarrow a+0$，$x<a$ で $x$ が $a$ に限りなく近づくとき，$x \longrightarrow a-0$ と書き，特に，$a=0$ のときは単に，$x \longrightarrow +0$，$x \longrightarrow -0$ と書く。次のことに注意。

$$\lim_{x\to a+0} f(x)=\lim_{x\to a-0} f(x)=\alpha \text{ のとき，} \lim_{x\to a} f(x)=\alpha \text{ である。}$$

$$\lim_{x\to a+0} f(x) \neq \lim_{x\to a-0} f(x) \text{ のとき，} x \longrightarrow a \text{ のときの関数 } f(x) \text{ の極限は存在しない。}$$

### ■ 指数関数，対数関数の極限

前ページの **4** は，指数関数 $y=a^x$，対数関数 $y=\log_a x$ のグラフ（数学Ⅱ）から明らかである。

① $y=a^x$ のグラフ

$a>1$　$y=a^x$　1　漸近線　O　$x$

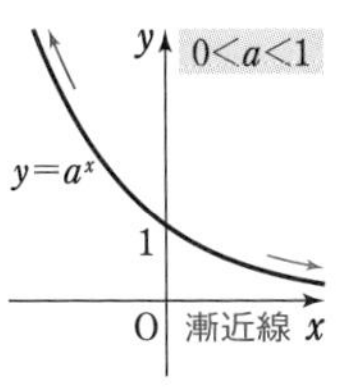


② $y=\log_a x$ のグラフ

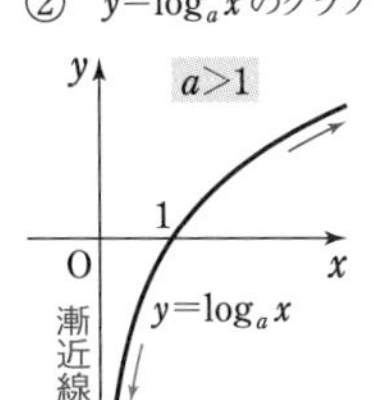


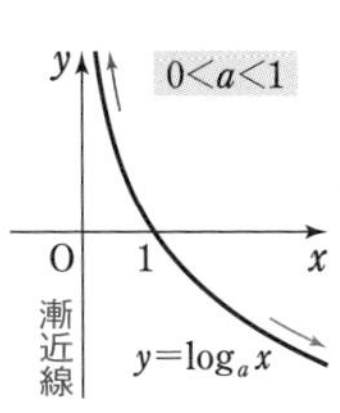


### ■ 関数の極限値の大小関係

前ページの **5** ① について，「$x$ が $a$ に近いとき」を「$x$ の絶対値が十分大きいとき」と書き変えると，$x \longrightarrow \infty$，$x \longrightarrow -\infty$ の場合にも成り立つ。

1 で $x$ が十分大きいとき，常に $f(x) \leqq g(x)$ であるならば

$$\lim_{x\to\infty} f(x)=\infty \text{ のとき} \quad \lim_{x\to\infty} g(x)=\infty$$

また，1 で $f(x)<g(x)$，2 で $f(x)<h(x)<g(x)$，$f(x) \leqq h(x)<g(x)$ などとおき換えても，結論の式は変わらない。

## 基本 例題 47 関数の極限 (1) … $x \longrightarrow a$ の極限

①①①①①

次の極限値を求めよ。 [(3) 京都産大]

(1) $\displaystyle\lim_{x\to2}\frac{x^3-3x-2}{x^2-3x+2}$ (2) $\displaystyle\lim_{x\to0}\frac{1}{x}\left(\frac{3}{x+3}-1\right)$ (3) $\displaystyle\lim_{x\to4}\frac{\sqrt{x+5}-3}{x-4}$

p.82 基本事項 1, 2 基本 50

**指針** (1)~(3) すべて $\dfrac{0}{0}$ の形の極限 (数列の場合と同じように **不定形の極限** という)。

不定形の極限を求めるには, ① **極限が求められる形に変形** する。

…… 不定形の数列の極限を求める場合と要領は同じ ($p.37$～39 参照)。

(1) 分母・分子の式は $x=2$ のとき 0 となるから, ともに因数 $x-2$ をもつ(因数定理)。よって, $x-2$ で **約分** すると, 極限が求められる形になる。

(2) ( )内を通分すると分子に $x$ が出てきて, $x$ で **約分** できる。

(3) 分子の無理式を **有理化** すると, 分子にも $x-4$ が現れる。よって, $x-4$ で **約分** できる。

**CHART** 関数の極限 **極限が求められる形に変形**
**くくり出し 約分 有理化**

**解答**

(1) $\displaystyle\lim_{x\to2}\frac{x^3-3x-2}{x^2-3x+2}=\lim_{x\to2}\frac{(x-2)(x^2+2x+1)}{(x-1)(x-2)}$

$\displaystyle=\lim_{x\to2}\frac{(x+1)^2}{x-1}=\frac{(2+1)^2}{2-1}=\mathbf{9}$

◀ $x \longrightarrow 2$ は, $x$ が 2 と異なる値をとりながら 2 に近づくことであるから, $x\neq2$ (すなわち $x-2\neq0$) として変形してよい。

(2) $\displaystyle\lim_{x\to0}\frac{1}{x}\left(\frac{3}{x+3}-1\right)=\lim_{x\to0}\left\{\frac{1}{x}\cdot\frac{3-(x+3)}{x+3}\right\}=\lim_{x\to0}\frac{-x}{x(x+3)}$

$\displaystyle=\lim_{x\to0}\left(-\frac{1}{x+3}\right)=-\frac{1}{0+3}=-\frac{\mathbf{1}}{\mathbf{3}}$

(3) $\displaystyle\lim_{x\to4}\frac{\sqrt{x+5}-3}{x-4}=\lim_{x\to4}\frac{(x+5)-9}{(x-4)(\sqrt{x+5}+3)}$

$\displaystyle=\lim_{x\to4}\frac{x-4}{(x-4)(\sqrt{x+5}+3)}$

$\displaystyle=\lim_{x\to4}\frac{1}{\sqrt{x+5}+3}=\frac{1}{3+3}=\frac{\mathbf{1}}{\mathbf{6}}$

◀ 分母・分子に $\sqrt{x+5}+3$ を掛ける。

**練習 ② 47** 次の極限値を求めよ。 [(1) 芝浦工大, (4) 北見工大, (6) 創価大]

(1) $\displaystyle\lim_{x\to1}\frac{x^2-3x+2}{x^2-5x+4}$ (2) $\displaystyle\lim_{x\to-2}\frac{x^3+3x^2-4}{x^3+8}$ (3) $\displaystyle\lim_{x\to1}\frac{1}{x-1}\left(x+1+\frac{2}{x-2}\right)$

(4) $\displaystyle\lim_{x\to0}\frac{\sqrt{1+x}-\sqrt{1-x}}{x}$ (5) $\displaystyle\lim_{x\to2}\frac{\sqrt{2x+5}-\sqrt{4x+1}}{\sqrt{2x}-\sqrt{x+2}}$

(6) $\displaystyle\lim_{x\to3}\frac{\sqrt{(2x-3)^2-1}-\sqrt{x^2-1}}{x-3}$

p.95 EX 34

## 基本例題 48 極限値の条件から関数の係数決定 ②②②②②

次の等式が成り立つように，定数 $a$，$b$ の値を定めよ。

$$\lim_{x\to1}\frac{a\sqrt{x+1}-b}{x-1}=\sqrt{2}$$

基本 47

$x\longrightarrow1$ のとき，**分母** $(x-1)\longrightarrow0$ であるから

$$\lim_{x\to1}(a\sqrt{x+1}-b)=\lim_{x\to1}\left\{\frac{a\sqrt{x+1}-b}{x-1}\times(x-1)\right\}=\sqrt{2}\times0=0$$

よって，極限値が $\sqrt{2}$ であるためには，**分子** $(a\sqrt{x+1}-b)\longrightarrow0$ **であることが必要条件** である。

一般に　$\lim_{x\to c}\frac{f(x)}{g(x)}=\alpha$ **かつ** $\lim_{x\to c}g(x)=0$ **ならば**　$\lim_{x\to c}f(x)=0$　←― 必要条件 …★

そして，求めた必要条件 $(b=\sqrt{2}a)$ を使って，実際に極限を計算して $=\sqrt{2}$ となるように，$a$，$b$ の値を定める。こうして求めた $a$，$b$ の値は **与えられた等式が成り立つための必要十分条件** である。

$\lim_{x\to1}\frac{a\sqrt{x+1}-b}{x-1}=\sqrt{2}$ …… ① が成り立つとする。

$\lim_{x\to1}(x-1)=0$ であるから　$\lim_{x\to1}(a\sqrt{x+1}-b)=0$

ゆえに　$\sqrt{2}a-b=0$　　よって　$b=\sqrt{2}a$ …… ②

このとき

$$\lim_{x\to1}\frac{a\sqrt{x+1}-b}{x-1}=\lim_{x\to1}\frac{a(\sqrt{x+1}-\sqrt{2})}{x-1}$$
$$=a\cdot\lim_{x\to1}\frac{(x+1)-2}{(x-1)(\sqrt{x+1}+\sqrt{2})}$$
$$=a\cdot\lim_{x\to1}\frac{x-1}{(x-1)(\sqrt{x+1}+\sqrt{2})}$$
$$=a\cdot\lim_{x\to1}\frac{1}{\sqrt{x+1}+\sqrt{2}}$$
$$=\frac{a}{2\sqrt{2}}$$

ゆえに，$\frac{a}{2\sqrt{2}}=\sqrt{2}$ のとき ① が成り立つ。

よって　$a=4$　　② から　$b=4\sqrt{2}$

したがって　$\boldsymbol{a=4}$，$\boldsymbol{b=4\sqrt{2}}$

◀指針＿＿……★ の方針。★ を使って得られる ② は **必要条件** であることに注意。

◀分母・分子に $\sqrt{x+1}+\sqrt{2}$ を掛ける。

◀$x-1\ (\neq0)$ で約分。

◀$a=4$，$b=4\sqrt{2}$ は **必要十分条件**。

**練習 ② 48** 次の等式が成り立つように，定数 $a$，$b$ の値を定めよ。

(1) $\lim_{x\to4}\frac{a\sqrt{x}+b}{x-4}=2$　(2) $\lim_{x\to2}\frac{x^3+ax+b}{x-2}=17$　(3) $\lim_{x\to8}\frac{ax^2+bx+8}{\sqrt[3]{x}-2}=84$

［(2) 近畿大，(3) 東北学院大］ p.95 EX35

# 基本例題 49 関数の片側からの極限

(1) $\lim_{x\to1+0}\dfrac{x-2}{x-1}$, $\lim_{x\to1-0}\dfrac{x-2}{x-1}$ を求めよ。

(2) $x\longrightarrow0$ のとき，関数 $\dfrac{x^4-x}{|x|}$ の極限は存在するかどうかを調べよ。

p.82 基本事項 3

**指針** (1) $x\longrightarrow1+0$, $x\longrightarrow1-0$ のどちらの場合も $x-1\longrightarrow0$ となるが，その符号は近づき方によって異なることに着目。

(2) **$a\geqq0$ のとき $|a|=a$, $a<0$ のとき $|a|=-a$** に注意。

**右側極限** $(x\longrightarrow+0)$, **左側極限** $(x\longrightarrow-0)$ を調べて

**一致すればそれが極限，一致しなければ極限はない** とする。

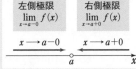

**解答**

(1) $x\longrightarrow1+0$ のとき

$$x-1\longrightarrow+0,\ x-2\longrightarrow-1+0$$

よって $\displaystyle\lim_{x\to1+0}\frac{x-2}{x-1}=-\infty$

また，$x\longrightarrow1-0$ のとき

$$x-1\longrightarrow-0,\ x-2\longrightarrow-1-0$$

よって $\displaystyle\lim_{x\to1-0}\frac{x-2}{x-1}=\infty$

(2) $x>0$ のとき

$$\lim_{x\to+0}\frac{x^4-x}{|x|}=\lim_{x\to+0}\frac{x(x^3-1)}{x}=\lim_{x\to+0}(x^3-1)=-1$$

$x<0$ のとき

$$\lim_{x\to-0}\frac{x^4-x}{|x|}=\lim_{x\to-0}\frac{x(x^3-1)}{-x}=\lim_{x\to-0}(-x^3+1)=1$$

$\displaystyle\lim_{x\to+0}\frac{x^4-x}{|x|}\neq\lim_{x\to-0}\frac{x^4-x}{|x|}$ であるから，**極限は存在しない。**

**注意** (1) により，$x\longrightarrow1$ のときの関数 $\dfrac{x-2}{x-1}$ の極限は存在しないことがわかる。

**検討**

**グラフ** をかいて考えてもよい。

(1) $y=\dfrac{x-2}{x-1}=-\dfrac{1}{x-1}+1$ のグラフは下図。

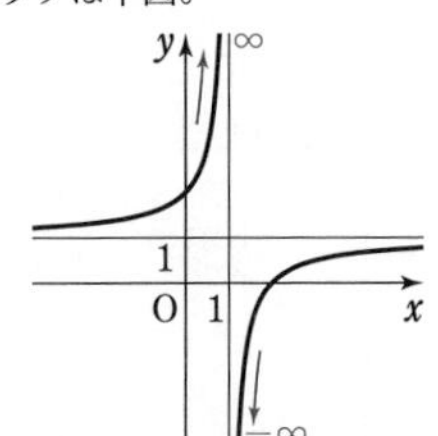


(2) $y=\dfrac{x^4-x}{|x|}$ のグラフは下図。

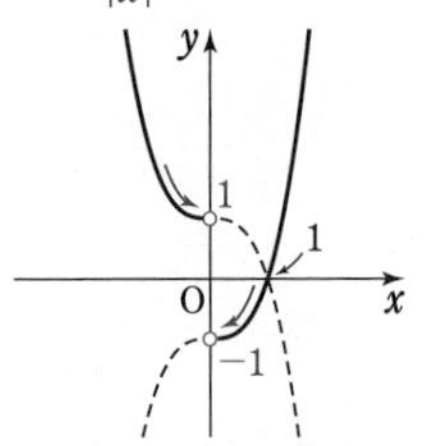


**練習 ② 49** 次の関数について，$x$ が 1 に近づくときの右側極限，左側極限を求めよ。そして，$x\longrightarrow1$ のときの極限が存在するかどうかを調べよ。ただし，(4) の $[x]$ は $x$ を超えない最大の整数を表す。

(1) $\dfrac{1}{(x-1)^2}$　(2) $\dfrac{1}{(x-1)^3}$　(3) $\dfrac{(x+1)^2}{|x^2-1|}$　(4) $x-[x]$

p.96 EX 36, 37

## 基本例題 50 関数の極限(2) … $x \longrightarrow \pm\infty$ の極限1

次の極限を求めよ。

(1) $\displaystyle\lim_{x\to\infty}(x^3-3x^2+5)$　(2) $\displaystyle\lim_{x\to-\infty}\frac{3x^2+4x-1}{2x^2-3}$

(3) $\displaystyle\lim_{x\to\infty}(\sqrt{x^2-x}-x)$　(4) $\displaystyle\lim_{x\to-\infty}\frac{4^x}{3^x+2^x}$

p.82 基本事項 1, 2, 4, 基本 47



**指針** $\infty-\infty$, $\dfrac{\infty}{\infty}$ や $\dfrac{0}{0}$ の形の極限 (**不定形の極限**) であるから, **くくり出し** や **有理化** によって, **極限が求められる形に変形** する。

(1) 最高次の項 $x^3$ で **くくり出す**。

(2) 分母・分子のそれぞれにおいて, 分母の最高次の項 $x^2$ で **くくり出す**。なお, くくり出した $x^2$ は約分できるから, 結局, $x^2$ で **分母・分子を割る** ことと同じである。

(3) $\dfrac{\sqrt{x^2-x}-x}{1}$ と考えて, 分子を **有理化** する。

(4) $x \longrightarrow -\infty$ のとき　$a>1$ なら $a^x \longrightarrow 0$, $0<a<1$ なら $a^x \longrightarrow \infty$ に注意。

**CHART 関数の極限** 極限が求められる形に変形 くくり出し 有理化

解答

(1) $\displaystyle\lim_{x\to\infty}(x^3-3x^2+5)=\lim_{x\to\infty}x^3\left(1-\frac{3}{x}+\frac{5}{x^3}\right)=\infty$

◀最高次の項 $x^3$ でくくり出す。

(2) $\displaystyle\lim_{x\to-\infty}\frac{3x^2+4x-1}{2x^2-3}=\lim_{x\to-\infty}\frac{3+\frac{4}{x}-\frac{1}{x^2}}{2-\frac{3}{x^2}}=\frac{3+0-0}{2-0}=\frac{3}{2}$

◀分母の最高次の項の $x^2$ で分母・分子を割る。

(3) $\displaystyle\lim_{x\to\infty}(\sqrt{x^2-x}-x)=\lim_{x\to\infty}\frac{(x^2-x)-x^2}{\sqrt{x^2-x}+x}=\lim_{x\to\infty}\frac{-x}{\sqrt{x^2-x}+x}$

$\displaystyle=\lim_{x\to\infty}\frac{-1}{\sqrt{1-\frac{1}{x}}+1}=\frac{-1}{\sqrt{1-0}+1}$

$\displaystyle=-\frac{1}{2}$

◀無理式には有理化が有効。なお, $x\longrightarrow\infty$ であるから, $x$ で分母・分子を割る際は $x>0$ と考え, $\sqrt{x^2}=x$ とする。

(4) $\displaystyle\lim_{x\to-\infty}\frac{4^x}{3^x+2^x}=\lim_{x\to-\infty}\frac{2^x}{\left(\frac{3}{2}\right)^x+1}=\frac{0}{0+1}=0$

◀分母・分子を $2^x$ で割る。

**練習 ② 50** 次の極限を求めよ。

(1) $\displaystyle\lim_{x\to-\infty}(x^3-2x^2)$　(2) $\displaystyle\lim_{x\to\infty}\frac{2x^2+3}{x^3-2x}$　(3) $\displaystyle\lim_{x\to\infty}\frac{3x^3+1}{x+1}$

(4) $\displaystyle\lim_{x\to\infty}(\sqrt{x^2+2x}-x)$　(5) $\displaystyle\lim_{x\to\infty}\sqrt{x}(\sqrt{x+1}-\sqrt{x-1})$

(6) $\displaystyle\lim_{x\to\infty}\frac{2^{x-1}}{1+2^x}$　(7) $\displaystyle\lim_{x\to-\infty}\frac{7^x-5^x}{7^x+5^x}$

## 基本例題 51 関数の極限(3) … $x \longrightarrow \pm\infty$ の極限 2

次の極限値を求めよ。　〔(2) 中部大，関西大〕

(1) $\displaystyle\lim_{x\to\infty}\left\{\frac{1}{2}\log_3 x+\log_3(\sqrt{3x+1}-\sqrt{3x-1})\right\}$　　(2) $\displaystyle\lim_{x\to-\infty}(\sqrt{x^2+3x}+x)$

p.82 基本事項 4，基本 50

**指針** (1) **対数の性質** $k\log_a M=\log_a M^k$，$\log_a M+\log_a N=\log_a MN$ を利用して，まず { } 内を $\log_3 f(x)$ の形にまとめる。そして，$f(x)$ の極限を考える。

(2) $\infty-\infty$ の形（**不定形**）で **無理式** であるから，まず **有理化** を行い，分母・分子を $x$ で **くくり出す**。このとき，$x\longrightarrow-\infty$ であるから，$x<0$ **として変形** することに注意。…… $x<0$ のとき，$\sqrt{x^2}=x$ ではなくて，$\sqrt{x^2}=-x$ である。

なお，別解 のように，$x=-t$ の **おき換え** で，$t\longrightarrow\infty$ の問題にもち込むのもよい。

**解答**

(1) $\displaystyle\frac{1}{2}\log_3 x+\log_3(\sqrt{3x+1}-\sqrt{3x-1})$

$\displaystyle=\log_3\sqrt{x}+\log_3\frac{(3x+1)-(3x-1)}{\sqrt{3x+1}+\sqrt{3x-1}}$

$\displaystyle=\log_3\frac{2\sqrt{x}}{\sqrt{3x+1}+\sqrt{3x-1}}$ であるから

(与式) $\displaystyle=\lim_{x\to\infty}\log_3\frac{2\sqrt{x}}{\sqrt{3x+1}+\sqrt{3x-1}}$

$\displaystyle=\lim_{x\to\infty}\log_3\frac{2}{\sqrt{3+\frac{1}{x}}+\sqrt{3-\frac{1}{x}}}$

$\displaystyle=\log_3\frac{2}{2\sqrt{3}}=-\frac{1}{2}$

◀ $\displaystyle\frac{1}{2}\log_3 x=\log_3 x^{\frac{1}{2}}=\log_3\sqrt{x}$

◀ ＿＿ は $\displaystyle\frac{\sqrt{3x+1}-\sqrt{3x-1}}{1}$ と考えて，分母・分子に $\sqrt{3x+1}+\sqrt{3x-1}$ を掛ける。

◀ 分母・分子を $\sqrt{x}$ で割る。

(2) $\displaystyle\lim_{x\to-\infty}(\sqrt{x^2+3x}+x)$

$\displaystyle=\lim_{x\to-\infty}\frac{(x^2+3x)-x^2}{\sqrt{x^2+3x}-x}=\lim_{x\to-\infty}\frac{3x}{\sqrt{x^2+3x}-x}$

$\displaystyle=\lim_{x\to-\infty}\frac{3x}{\sqrt{x^2\left(1+\frac{3}{x}\right)}-x}=\lim_{x\to-\infty}\frac{3}{-\sqrt{1+\frac{3}{x}}-1}=-\frac{3}{2}$

◀ 分子の有理化。

◀ $x<0$ のとき $\sqrt{x^2}=-x$ に注意。

別解 $x=-t$ とおくと，$x\longrightarrow-\infty$ のとき $t\longrightarrow\infty$ であるから　$\displaystyle\lim_{x\to-\infty}(\sqrt{x^2+3x}+x)=\lim_{t\to\infty}(\sqrt{t^2-3t}-t)$

$\displaystyle=\lim_{t\to\infty}\frac{(t^2-3t)-t^2}{\sqrt{t^2-3t}+t}=\lim_{t\to\infty}\frac{-3t}{\sqrt{t^2-3t}+t}$

$\displaystyle=\lim_{t\to\infty}\frac{-3}{\sqrt{1-\frac{3}{t}}+1}=-\frac{3}{2}$

◀ $t\longrightarrow\infty$ であるから，$t>0$ として変形する。よって $\sqrt{t^2}=t$

**練習 ② 51** 次の極限値を求めよ。

(1) $\displaystyle\lim_{x\to\infty}\{\log_2(8x^2+2)-2\log_2(5x+3)\}$　〔近畿大〕

(2) $\displaystyle\lim_{x\to-\infty}(\sqrt{x^2+x+1}+x)$　　(3) $\displaystyle\lim_{x\to-\infty}(3x+1+\sqrt{9x^2+1})$

p.95 EX 34

## 基本例題 52 関数の極限 (4) … はさみうちの原理 ①①①①①

次の極限値を求めよ。ただし，$[x]$ は $x$ を超えない最大の整数を表す。

(1) $\displaystyle\lim_{x\to\infty}\frac{[3x]}{x}$　　　(2) $\displaystyle\lim_{x\to\infty}(3^x+5^x)^{\frac{1}{x}}$

p.82 基本事項 5，基本 21

極限が直接求めにくい場合は，**はさみうちの原理**（$p.82$ 5 ① の 2）の利用を考える。

(1) **$n\leqq x<n+1$（$n$ は整数）のとき　$[x]=n$**　すなわち　**$[x]\leqq x<[x]+1$**

よって　$[3x]\leqq 3x<[3x]+1$　　この式を利用して $f(x)\leqq\dfrac{[3x]}{x}\leqq g(x)$ $\left(\text{ただし}\displaystyle\lim_{x\to\infty}f(x)=\lim_{x\to\infty}g(x)\right)$ となる $f(x)$，$g(x)$ を作り出す。なお，記号 $[\ \ ]$ は **ガウス記号** である。

(2) 底が最大の項 $5^x$ でくくり出すと　$(3^x+5^x)^{\frac{1}{x}}=\left[5^x\left\{\left(\dfrac{3}{5}\right)^x+1\right\}\right]^{\frac{1}{x}}=5\left\{\left(\dfrac{3}{5}\right)^x+1\right\}^{\frac{1}{x}}$

$\left(\dfrac{3}{5}\right)^x$ の極限と $\left\{\left(\dfrac{3}{5}\right)^x+1\right\}^{\frac{1}{x}}$ の極限を同時に考えていくのは複雑である。そこで，はさみうちの原理を利用する。$x\longrightarrow\infty$ であるから，$x>1$ すなわち $0<\dfrac{1}{x}<1$ と考えてよい。

**CHART** 求めにくい極限　不等式利用で　はさみうち

(1) 不等式 $[3x]\leqq 3x<[3x]+1$ が成り立つ。

$x>0$ のとき，各辺を $x$ で割ると　$\dfrac{[3x]}{x}\leqq 3<\dfrac{[3x]}{x}+\dfrac{1}{x}$

ここで，$3<\dfrac{[3x]}{x}+\dfrac{1}{x}$ から　　$3-\dfrac{1}{x}<\dfrac{[3x]}{x}$

よって　　$3-\dfrac{1}{x}<\dfrac{[3x]}{x}\leqq 3$

$\displaystyle\lim_{x\to\infty}\left(3-\frac{1}{x}\right)=3$ であるから　　$\displaystyle\lim_{x\to\infty}\frac{[3x]}{x}=\mathbf{3}$

> **はさみうちの原理**
> $f(x)\leqq h(x)\leqq g(x)$ で
> $\displaystyle\lim_{x\to\infty}f(x)=\lim_{x\to\infty}g(x)=\alpha$
> ならば　$\displaystyle\lim_{x\to\infty}h(x)=\alpha$

(2) $(3^x+5^x)^{\frac{1}{x}}=\left[5^x\left\{\left(\dfrac{3}{5}\right)^x+1\right\}\right]^{\frac{1}{x}}=5\left\{\left(\dfrac{3}{5}\right)^x+1\right\}^{\frac{1}{x}}$

◀底が最大の項 $5^x$ でくくり出す。

$x\longrightarrow\infty$ であるから，$x>1$，$0<\dfrac{1}{x}<1$ と考えてよい。

このとき　$\left\{\left(\dfrac{3}{5}\right)^x+1\right\}^0<\left\{\left(\dfrac{3}{5}\right)^x+1\right\}^{\frac{1}{x}}<\left\{\left(\dfrac{3}{5}\right)^x+1\right\}^1$ …（＊）

◀$A>1$ のとき，$a<b$ ならば　$A^a<A^b$
$\left(\dfrac{3}{5}\right)^x+1>1$ であるから，（＊）が成り立つ。

すなわち　$1<\left\{\left(\dfrac{3}{5}\right)^x+1\right\}^{\frac{1}{x}}<\left(\dfrac{3}{5}\right)^x+1$

$\displaystyle\lim_{x\to\infty}\left\{\left(\frac{3}{5}\right)^x+1\right\}=1$ であるから　　$\displaystyle\lim_{x\to\infty}\left\{\left(\frac{3}{5}\right)^x+1\right\}^{\frac{1}{x}}=1$

よって　$\displaystyle\lim_{x\to\infty}(3^x+5^x)^{\frac{1}{x}}=\lim_{x\to\infty}5\left\{\left(\frac{3}{5}\right)^x+1\right\}^{\frac{1}{x}}=5\cdot1=\mathbf{5}$

**練習 ③ 52** 次の極限値を求めよ。ただし，$[\ \ ]$ はガウス記号を表す。

(1) $\displaystyle\lim_{x\to\infty}\frac{x+[2x]}{x+1}$　　　(2) $\displaystyle\lim_{x\to\infty}\left\{\left(\frac{2}{3}\right)^x+\left(\frac{3}{2}\right)^x\right\}^{\frac{1}{x}}$

p.95 EX37

## 基本事項

### 三角関数の極限

角の単位が弧度法のとき　$\displaystyle\lim_{x\to 0}\frac{\sin x}{x}=1,\ \lim_{x\to 0}\frac{x}{\sin x}=1$

## 解　説

### ■ 三角関数の極限

$x\longrightarrow 0$ であるから，$0<|x|<\dfrac{\pi}{2}$ としてよい。

以下，$x$ は **弧度法** によるものとする。

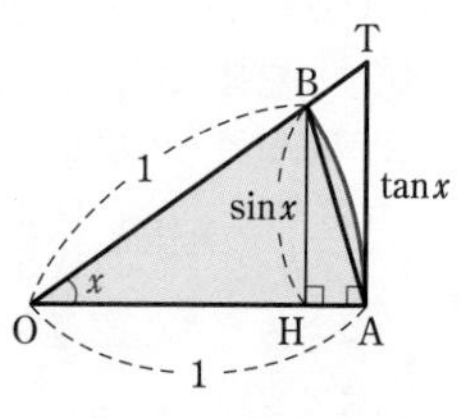


[1]　$0<x<\dfrac{\pi}{2}$ のとき，右の図で，面積について

$\triangle\mathrm{OAB}<$扇形$\mathrm{OAB}<\triangle\mathrm{OAT}$

ここで　$\mathrm{BH}=\sin x,\ \mathrm{AT}=\tan x$

また　扇形$\mathrm{OAB}=\dfrac{1}{2}\cdot 1^2\cdot x$　（数学Ⅱ）

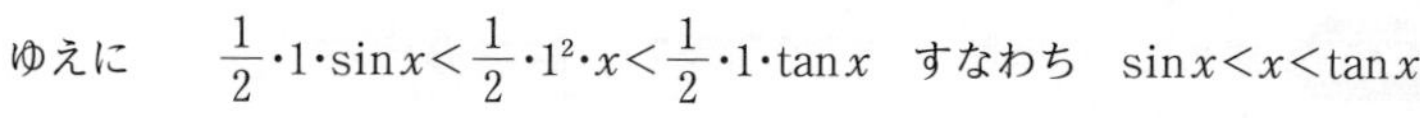

ゆえに　$\dfrac{1}{2}\cdot 1\cdot\sin x<\dfrac{1}{2}\cdot 1^2\cdot x<\dfrac{1}{2}\cdot 1\cdot\tan x$　すなわち　$\sin x<x<\tan x$

よって　$1<\dfrac{x}{\sin x}<\dfrac{1}{\cos x}$

したがって　$1>\dfrac{\sin x}{x}>\cos x$

◀各辺の逆数をとると，不等号の向きが変わる。

$\displaystyle\lim_{x\to +0}\cos x=1$ であるから　$\displaystyle\lim_{x\to +0}\frac{\sin x}{x}=1$

◀はさみうちの原理。

[2]　$-\dfrac{\pi}{2}<x<0$ のとき，$x=-t$ とおくと　$0<t<\dfrac{\pi}{2}$

ゆえに，[1] により　$\displaystyle\lim_{x\to -0}\frac{\sin x}{x}=\lim_{t\to +0}\frac{\sin(-t)}{-t}=\lim_{t\to +0}\frac{\sin t}{t}=1$

◀$\sin(-t)=-\sin t$

[1]，[2] から　$\displaystyle\lim_{x\to 0}\frac{\sin x}{x}=1$

◀$\dfrac{\sin x}{x}$ の右側極限，左側極限がともに 1

更に　$\displaystyle\lim_{x\to 0}\frac{x}{\sin x}=\lim_{x\to 0}\frac{1}{\frac{\sin x}{x}}=1$

また　$\displaystyle\lim_{x\to 0}\frac{\tan x}{x}=\lim_{x\to 0}\frac{\sin x}{x}\cdot\frac{1}{\cos x}=1\cdot 1=1$

◀$\displaystyle\lim_{x\to 0}\frac{x}{\tan x}=1$ でもある。

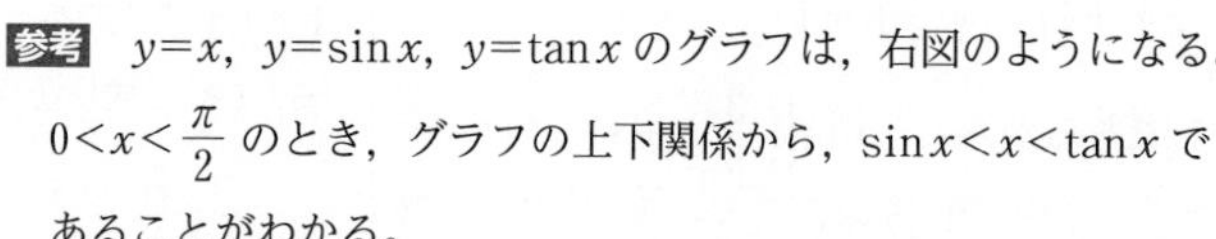

**参考**　$y=x,\ y=\sin x,\ y=\tan x$ のグラフは，右図のようになる。
$0<x<\dfrac{\pi}{2}$ のとき，グラフの上下関係から，$\sin x<x<\tan x$ であることがわかる。
また，$x$ が 0 に近いところでは，$\sin x\fallingdotseq x\fallingdotseq\tan x$ であることから，$\displaystyle\lim_{x\to 0}\frac{\sin x}{x}=\lim_{x\to 0}\frac{\tan x}{x}=1$ であることがイメージできる。
なお，$x\fallingdotseq 0$ のとき $\sin x\fallingdotseq x$ の近似は，物理学(例えば単振動)でよく用いられる。

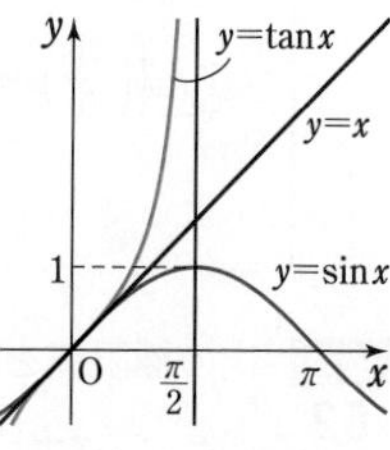

## 基本例題 53 三角関数の極限 (1) … $\lim(\sin x/x)=1$ の利用 ①①①①①

次の極限値を求めよ。

(1) $\displaystyle\lim_{x\to 0}\frac{\sin 3x}{x}$　　(2) $\displaystyle\lim_{x\to 0}\frac{\tan x^\circ}{x}$　　(3) $\displaystyle\lim_{x\to 0}\frac{x^2}{1-\cos x}$

p.90 基本事項

指針　いずれも $\dfrac{0}{0}$ の不定形。ここでは，公式 $\displaystyle\lim_{x\to 0}\frac{\sin x}{x}=1$，$\displaystyle\lim_{x\to 0}\frac{x}{\sin x}=1$ を使って極限を求めるが，それにはまずこの **公式を適用できる形に式を変形** する。

(2) 上の公式の $x$ は弧度法によるものであるから，$x^\circ$ をラジアンに直す。

(3) 分母・分子に $1+\cos x$ を掛ける。⟶ 分母に $1-\cos^2 x$ が現れるから，$\sin^2 x+\cos^2 x=1$ を利用することで $\sin x$ を含む式に変形できる。

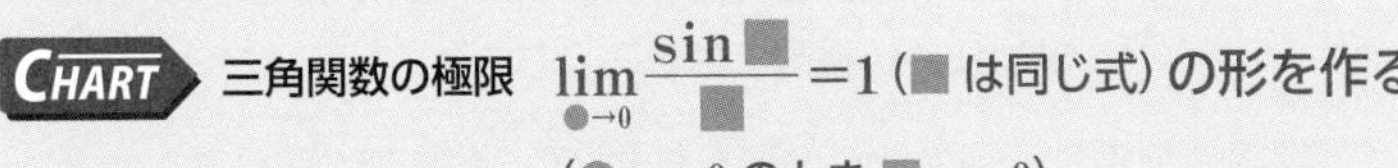

CHART 三角関数の極限 $\displaystyle\lim_{●\to 0}\frac{\sin ■}{■}=1$（■ は同じ式）の形を作る

（● ⟶ 0 のとき ■ ⟶ 0）

解答

(1) $\displaystyle\lim_{x\to 0}\frac{\sin 3x}{x}=\lim_{x\to 0}\frac{\sin 3x}{3x}\cdot 3$

$=1\cdot 3=3$

別解　$3x=\theta$ とおくと，$x\longrightarrow 0$ のとき　$\theta\longrightarrow 0$

$\displaystyle\lim_{x\to 0}\frac{\sin 3x}{x}=\lim_{\theta\to 0}\frac{\sin\theta}{\frac{\theta}{3}}$

$\displaystyle=\lim_{\theta\to 0}\frac{\sin\theta}{\theta}\cdot 3=1\cdot 3=3$

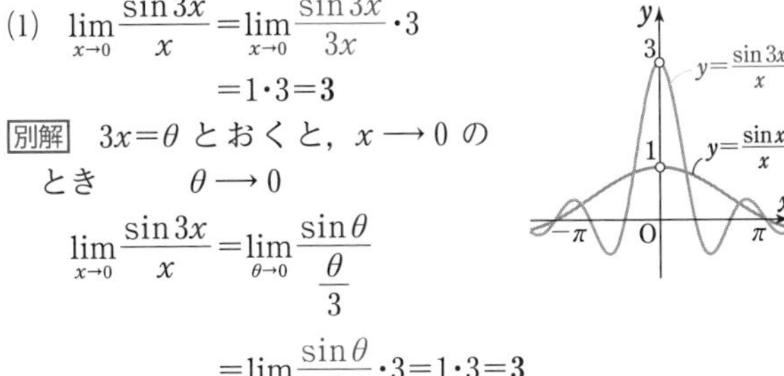

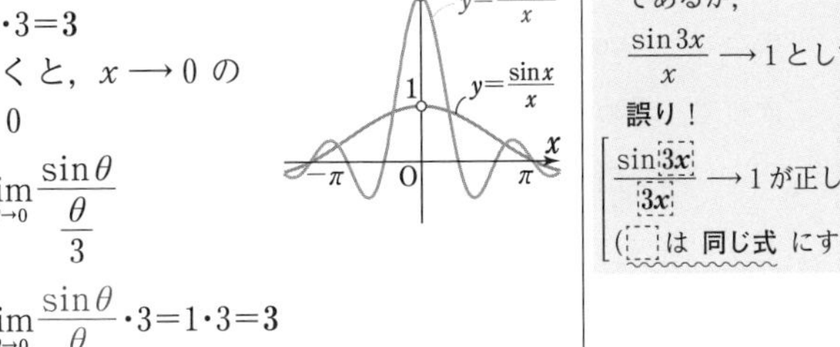


◀ $x\longrightarrow 0$ のとき $3x\longrightarrow 0$ であるが，$\dfrac{\sin 3x}{x}\longrightarrow 1$ としては誤り！

$\left[\dfrac{\sin 3x}{3x}\longrightarrow 1 \text{ が正しい。}\right]$
（▢ は **同じ式** にする。）

(2) $\displaystyle\lim_{x\to 0}\frac{\tan x^\circ}{x}=\lim_{x\to 0}\frac{\tan\frac{\pi}{180}x}{x}$

$\displaystyle=\lim_{x\to 0}\frac{\sin\frac{\pi}{180}x}{\frac{\pi}{180}x}\cdot\frac{\pi}{180}\cdot\frac{1}{\cos\frac{\pi}{180}x}=1\cdot\frac{\pi}{180}\cdot\frac{1}{1}=\boldsymbol{\frac{\pi}{180}}$

◀ $1^\circ=\dfrac{\pi}{180}$ であるから $x^\circ=\dfrac{\pi}{180}x$

◀ $\dfrac{\sin ■}{■}$ の形を作る。
（$x\longrightarrow 0$ のとき ■ ⟶ 0）

(3) $\displaystyle\lim_{x\to 0}\frac{x^2}{1-\cos x}=\lim_{x\to 0}\frac{x^2(1+\cos x)}{1-\cos^2 x}$

$\displaystyle=\lim_{x\to 0}\left(\frac{x}{\sin x}\right)^2(1+\cos x)=1^2\cdot(1+1)=\mathbf{2}$

◀ $1-\cos^2 x=\sin^2 x$

◀ $\displaystyle\lim_{x\to 0}\frac{x}{\sin x}=1$

**練習 ② 53** 次の極限値を求めよ。

(1) $\displaystyle\lim_{x\to\infty}\sin\frac{1}{x}$　(2) $\displaystyle\lim_{x\to 0}\frac{\sin 4x}{3x}$　(3) $\displaystyle\lim_{x\to 0}\frac{\sin 2x}{\sin 5x}$　(4) $\displaystyle\lim_{x\to 0}\frac{\tan 2x}{x}$

(5) $\displaystyle\lim_{x\to 0}\frac{x\sin x}{1-\cos x}$　(6) $\displaystyle\lim_{x\to 0}\frac{1-\cos 2x}{x^2}$　(7) $\displaystyle\lim_{x\to 0}\frac{x-\sin 2x}{\sin 3x}$　〔(6) 法政大〕

p.95 EX 38，p.96 EX 39

## 基本例題 54 三角関数の極限(2) … おき換えなど

次の極限値を求めよ。

(1) $\displaystyle\lim_{x\to\frac{\pi}{2}}\frac{\cos x}{2x-\pi}$　(2) $\displaystyle\lim_{x\to\infty}x\sin\frac{1}{x}$　(3) $\displaystyle\lim_{x\to 0}x^2\sin\frac{1}{x}$

基本 53

**指針** (1) $\displaystyle\lim_{x\to 0}\frac{\sin x}{x}=1$ が使える形に変形する。そのために，

$x\longrightarrow\frac{\pi}{2}$ は $x-\frac{\pi}{2}\longrightarrow 0$ と考え，$x-\frac{\pi}{2}=t$ と **おき換える**。

(2) $\frac{1}{x}=t$ と **おき換える**。$x\longrightarrow\infty$ のとき，$t\longrightarrow +0$ となる。

(3) (1)，(2)や前ページの例題のようなわけにはいかない。そこで，

**求めにくい極限　はさみうち**

による。つまり，$-1\leqq\sin\frac{1}{x}\leqq 1$ を利用して，不等式を作る。

**解答**

(1) $x-\frac{\pi}{2}=t$ とおくと　$x\longrightarrow\frac{\pi}{2}$ のとき　$t\longrightarrow 0$

また　$\cos x=\cos\left(\frac{\pi}{2}+t\right)=-\sin t$，$2x-\pi=2t$

よって，求める極限値は

$$\lim_{t\to 0}\frac{-\sin t}{2t}=\lim_{t\to 0}\left(-\frac{1}{2}\right)\cdot\frac{\sin t}{t}=-\frac{1}{2}$$

(2) $\frac{1}{x}=t$ とおくと　$x\longrightarrow\infty$ のとき　$t\longrightarrow +0$

よって　$\displaystyle\lim_{x\to\infty}x\sin\frac{1}{x}=\lim_{t\to +0}\frac{\sin t}{t}=1$

(3) $-1\leqq\sin\frac{1}{x}\leqq 1$，$x\neq 0$ であるから

$$-x^2\leqq x^2\sin\frac{1}{x}\leqq x^2$$

$\displaystyle\lim_{x\to 0}(-x^2)=0$，$\displaystyle\lim_{x\to 0}x^2=0$ であるから

$$\lim_{x\to 0}x^2\sin\frac{1}{x}=0$$

◀ $x\longrightarrow\frac{\pi}{2}$ のとき $t\longrightarrow 0$ となるように，おき換える式 ($t$) を決める。

◀ $x=\frac{\pi}{2}+t$

◀ $\displaystyle\lim_{●\to 0}\frac{\sin ●}{●}=1$

◀ $x=\frac{1}{t}$

◀関数 $y=\sin\theta$ の値域は $-1\leqq y\leqq 1$

◀各辺に $x^2(>0)$ を掛ける。

◀**はさみうちの原理。**

**練習 ② 54** 次の極限値を求めよ。

(1) $\displaystyle\lim_{x\to\pi}\frac{(x-\pi)^2}{1+\cos x}$　(2) $\displaystyle\lim_{x\to 1}\frac{\sin\pi x}{x-1}$　(3) $\displaystyle\lim_{x\to\infty}x^2\left(1-\cos\frac{1}{x}\right)$

(4) $\displaystyle\lim_{x\to 0}\frac{\sin(2\sin x)}{3x(1+2x)}$　(5) $\displaystyle\lim_{x\to\infty}\frac{\cos x}{x}$　(6) $\displaystyle\lim_{x\to 0}x\sin^2\frac{1}{x}$

p.95 EX38

# まとめ　関数の極限の求め方

これまで，さまざまな不定形の極限の求め方を学んできた。その求め方のポイントを，ここで整理しておこう。

## 1　式変形の工夫

① **約分**　分母・分子を因数分解して，共通因数を約分する。 …… $\frac{0}{0}$ の場合。

例　$\lim_{x\to 2}\frac{x^2-4}{x-2}=\lim_{x\to 2}\frac{(x+2)(x-2)}{x-2}=\lim_{x\to 2}(x+2)=4$　➡例題 47 (1)，(2)

② **くくり出し**　最高次の項をくくり出す。 …… $\infty-\infty$ や $\frac{\infty}{\infty}$ の場合。

例　$\lim_{x\to\infty}(x^3-2x)=\lim_{x\to\infty}x^3\left(1-\frac{2}{x^2}\right)=\infty$　➡例題 50 (1)

例　$\lim_{x\to\infty}\frac{4x^2-3x+2}{3x^2+1}=\lim_{x\to\infty}\frac{4-\frac{3}{x}+\frac{2}{x^2}}{3+\frac{1}{x^2}}=\frac{4}{3}$　➡例題 50 (2)

③ **有理化**　分母または分子を有理化する。 …… 無理関数で $\infty-\infty$ や $\frac{0}{0}$ の場合。

例　$\lim_{x\to 1}\frac{\sqrt{x+3}-2}{x-1}=\lim_{x\to 1}\frac{(x+3)-4}{(x-1)(\sqrt{x+3}+2)}=\lim_{x\to 1}\frac{1}{\sqrt{x+3}+2}=\frac{1}{4}$　➡例題 47 (3)

例　$\lim_{x\to\infty}(\sqrt{x^2+2x}-x)=\lim_{x\to\infty}\frac{x^2+2x-x^2}{\sqrt{x^2+2x}+x}=\lim_{x\to\infty}\frac{2}{\sqrt{1+\frac{2}{x}}+1}=1$　➡例題 50 (3)

④ **$\lim_{●\to 0}\frac{\sin ■}{■}=1$（● → 0 のとき ■ → 0）を適用**　…… 三角関数で $\frac{0}{0}$ の場合。

例　$\lim_{x\to 0}\frac{\sin 5x}{x}=\lim_{x\to 0}\frac{\sin 5x}{5x}\cdot 5=5$　➡例題 53

⑤ **おき換え**　● → 0 となるようにおき換えて，④ の公式を利用。

例　$\lim_{x\to -\frac{\pi}{2}}\frac{\cos x}{2x+\pi}$ において，$x+\frac{\pi}{2}=t$ とおくと　$\lim_{t\to 0}\frac{\sin t}{2t}=\frac{1}{2}$　➡例題 54 (1)，(2)

## 2　はさみうちの原理の利用

不等式を作り，極限値が等しい関数ではさむ。

例　$\lim_{x\to\infty}\frac{\sin x}{x^2}$ において，$-1\leqq\sin x\leqq 1$ から　$-\frac{1}{x^2}\leqq\frac{\sin x}{x^2}\leqq\frac{1}{x^2}$

$\lim_{x\to\infty}\left(-\frac{1}{x^2}\right)=\lim_{x\to\infty}\frac{1}{x^2}=0$ であるから　$\lim_{x\to\infty}\frac{\sin x}{x^2}=0$　➡例題 54 (3)

## 3　参考　微分係数の定義 $f'(a)=\lim_{x\to a}\frac{f(x)-f(a)}{x-a}$ の利用（第 3 章で学習）

例　$\lim_{x\to 1}\frac{\sin\pi x}{x-1}$ において，$f(x)=\sin\pi x$ とすると　$f'(x)=\pi\cos\pi x$　であるから

$\lim_{x\to 1}\frac{\sin\pi x}{x-1}=\lim_{x\to 1}\frac{\sin\pi x-\sin\pi}{x-1}=\lim_{x\to 1}\frac{f(x)-f(1)}{x-1}=f'(1)=\pi\cos\pi=-\pi$　➡例題 70

## 基本例題 55 三角関数の極限の図形への応用

①①①①①

O を原点とする座標平面上に 2 点 A(2, 0), B(0, 1) がある。点 P を辺 AB 上に，AP$=t$AB $(0<t<1)$ を満たすようにとる。$\angle$AOP$=\theta$，線分 AP の長さを $l$ とするとき

(1) $\dfrac{l}{\sin\theta}$ を $t$ で表せ。　　(2) 極限値 $\displaystyle\lim_{t\to 0}\frac{l}{\theta}$ を求めよ。

基本 53，54

**指針** (1) まず，**図をかく**。△OAP において，辺 AP の長さ $l$ と対角 $\theta$ について，**正弦定理** により，$l$，$\theta$ および $\sin\angle$PAO についての等式を導く。点 P は辺 AB を $t:(1-t)$ に内分することから，その座標は具体的に求められる。

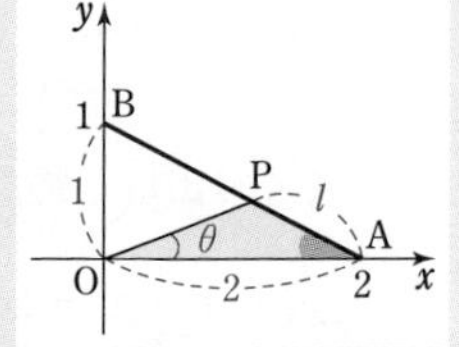

(2) $\displaystyle\lim_{\theta\to 0}\frac{\sin\theta}{\theta}=1$ が利用できるように，(1) で求めた式を変形する。

**解答**

(1) △OAP において，正弦定理により

$$\frac{l}{\sin\theta}=\frac{\mathrm{OP}}{\sin\angle\mathrm{PAO}}$$

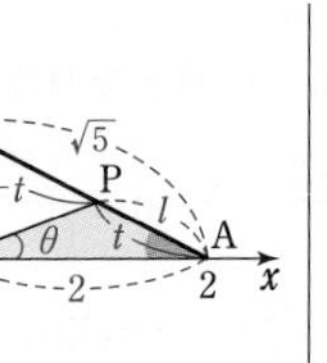

ここで，AP : PB$=t:(1-t)$ であるから

$$\mathrm{P}\left(\frac{2(1-t)}{t+(1-t)},\ \frac{1\cdot t}{t+(1-t)}\right)$$

すなわち　P$(2(1-t),\ t)$

よって　$\mathrm{OP}=\sqrt{\{2(1-t)\}^2+t^2}$
$=\sqrt{5t^2-8t+4}$

また，$\sin\angle\mathrm{PAO}=\sin\angle\mathrm{BAO}=\dfrac{\mathrm{OB}}{\mathrm{AB}}=\dfrac{1}{\sqrt{5}}$ であるから

◀ $\mathrm{AB}=\sqrt{2^2+1^2}=\sqrt{5}$

$$\frac{l}{\sin\theta}=\sqrt{5t^2-8t+4}\cdot\sqrt{5}=\boldsymbol{\sqrt{5(5t^2-8t+4)}}$$

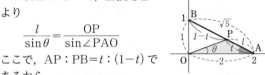

(2) (1) から　$\dfrac{l}{\theta}=\sqrt{5(5t^2-8t+4)}\cdot\dfrac{\sin\theta}{\theta}$

$t\longrightarrow 0$ のとき P$\longrightarrow$A すなわち $\theta\longrightarrow 0$ であるから

◀ $0<t<1$

$$\lim_{t\to 0}\frac{l}{\theta}=\lim_{t\to 0}\sqrt{5(5t^2-8t+4)}\times\lim_{\theta\to 0}\frac{\sin\theta}{\theta}$$
$$=\sqrt{5\cdot 4}\times 1=\boldsymbol{2\sqrt{5}}$$

**正弦定理**

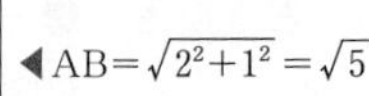

$\dfrac{a}{\sin A}=\dfrac{b}{\sin B}=\dfrac{c}{\sin C}=2R$

**練習 ③ 55** 座標平面上に点 A(0, 3), B($b$, 0), C($c$, 0), O(0, 0) がある。ただし，$b<0$，$c>0$，$\angle$BAO$=2\angle$CAO である。$\angle$BAC$=\theta$，△ABC の面積を $S$ とするとき，$\displaystyle\lim_{\theta\to 0}\frac{S}{\theta}$ を求めよ。〔防衛医大〕

p.96 EX 40, 41

②**34** (1) $\lim_{x\to 0}\frac{1}{x^3}\left\{\sqrt{1+2x}-\left(1+x-\frac{x^2}{2}\right)\right\}$ を求めよ。〔摂南大〕

(2) 等式 $\lim_{x\to\infty}\{\sqrt{4x^2+5x+6}-(ax+b)\}=0$ が成り立つとき，定数 $a$，$b$ の値を求めよ。〔関西大〕

(3) 等式 $\lim_{x\to\infty}\frac{2^x a-2^{-x}}{2^{x+1}-2^{-x-1}}=1$ が成り立つとき，定数 $a$ の値は $a=$ ア□ である。また，このとき，$\lim_{x\to\infty}\{\log_a x-\log_a(2x+3)\}$ の値は イ□ である。→47,50,51

②**35** 3 次関数 $f(x)$ が $\lim_{x\to\infty}\frac{f(x)-2x^3+3}{x^2}=4$，$\lim_{x\to 0}\frac{f(x)-5}{x}=3$ を満たすとき，$f(x)$ を求めよ。〔愛知工大〕→48

③**36** 関数 $f(x)=x^{2n}$ ($n$ は正の整数) を考える。$t>0$ に対して，曲線 $y=f(x)$ 上の 3 点 $\mathrm{A}(-t,\ f(-t))$，$\mathrm{O}(0,\ 0)$，$\mathrm{B}(t,\ f(t))$ を通る円の中心の座標を $(p(t),\ q(t))$，半径を $r(t)$ とする。極限 $\lim_{t\to+0}p(t)$，$\lim_{t\to+0}q(t)$，$\lim_{t\to+0}r(t)$ がすべて収束するとき，$n=1$ であることを示せ。また，このとき $a=\lim_{t\to+0}p(t)$，$b=\lim_{t\to+0}q(t)$，$c=\lim_{t\to+0}r(t)$ の値を求めよ。〔類 岡山大〕→49

②**37** 次の極限値を求めよ。ただし，$[x]$ は $x$ を超えない最大の整数を表すとする。

(1) $\lim_{x\to k-0}([2x]-2[x])$ ($k$ は整数)　　(2) $\lim_{x\to\infty}\frac{[\sqrt{2x^2+x}\,]-2\sqrt{x}}{x}$

〔(1) 類 摂南大〕→49,52

③**38** 次の極限値を求めよ。ただし，$a$，$b$ は正の実数とする。

(1) $\lim_{x\to 0}\frac{x\tan x}{\sqrt{\cos 2x}-\cos x}$　　(2) $\lim_{x\to\frac{\pi}{2}}\frac{\sin(2\cos x)}{x-\frac{x}{2}}$

(3) $\lim_{x\to\infty}x\sin(\sqrt{a^2x^2+b}-ax)$

〔(1) 類 岩手大，(2) 関西大，(3) 学習院大〕

→53,54

34 (2) まず，$a$ の符号に注意し，左辺の式を有理化。 (3) 分母・分子を $2^x$ で割る。

35 極限値 $\lim_{x\to\infty}\frac{f(x)-2x^3+3}{x^2}$ が存在するから，$f(x)-2x^3$ は 2 次以下の多項式。

36 円の中心の座標は，線分 AB の垂直二等分線と線分 OB の垂直二等分線の交点とみて求める。

37 (2) はさみうちの原理を利用。

38 (1) まず，分母を有理化。 (2) $x-\frac{\pi}{2}=t$ とおく。

(3) $\sqrt{a^2x^2+b}-ax=t$ とおき，$x$ を $t$ で表す。

## EXERCISES



③39 $\theta$ を $0<\theta<\dfrac{\pi}{4}$ を満たす定数とし，自然数 $n$ に対して $a_n=\tan\dfrac{\theta}{2^n}$ とおく。

(1) $n\geqq 2$ のとき，$\dfrac{1}{a_n}-\dfrac{2}{a_{n-1}}=a_n$ が成り立つことを示せ。

(2) $S_n=\displaystyle\sum_{k=1}^{n}\dfrac{a_k}{2^k}$ とおく。$n\geqq 2$ のとき，$S_n$ を $a_1$ と $a_n$ で表せ。

(3) 無限級数 $\displaystyle\sum_{n=1}^{\infty}\dfrac{a_n}{2^n}$ の和を求めよ。 〔類 名古屋工大〕

→53

③40 点 O を中心とし，長さ $2r$ の線分 AB を直径とする円の周上を動く点 P がある。△ABP の面積を $S_1$，扇形 OPB の面積を $S_2$ とする。点 P が点 B に限りなく近づくとき，$\dfrac{S_1}{S_2}$ の極限値を求めよ。 〔類 日本女子大〕

→55

③41 $xy$ 平面上の原点を中心として半径 1 の円 $C$ を考える。$0\leqq\theta<\dfrac{\pi}{2}$ とし，$C$ 上の点 $(\cos\theta,\ \sin\theta)$ を P とする。点 P で $C$ に接し，更に，$y$ 軸と接する円でその中心が円 $C$ の内部にあるものを $S$ とし，その中心 Q の座標を $(u,\ v)$ とする。

(1) $u$ と $v$ をそれぞれ $\cos\theta$ と $\sin\theta$ を用いて表せ。

(2) 円 $S$ の面積を $D(\theta)$ とするとき，$\displaystyle\lim_{\theta\to\frac{\pi}{2}-0}\dfrac{D(\theta)}{\left(\dfrac{\pi}{2}-\theta\right)^2}$ を求めよ。 〔類 高知大〕

→54, 55

③42 $xy$ 平面の第 1 象限内において，直線 $\ell$：$y=mx$ $(m>0)$ と $x$ 軸の両方に接している半径 $a$ の円を $C$ とし，円 $C$ の中心を通る直線 $y=tx$ $(t>0)$ を考える。また，直線 $\ell$ と $x$ 軸，および，円 $C$ のすべてにそれぞれ 1 点で接する円の半径を $b$ とする。ただし，$b>a$ とする。

(1) $t$ を $m$ を用いて表せ。　　(2) $\dfrac{b}{a}$ を $t$ を用いて表せ。

(3) 極限値 $\displaystyle\lim_{m\to+0}\dfrac{1}{m}\left(\dfrac{b}{a}-1\right)$ を求めよ。 〔東北大〕

→49

**HINT**

39 (1) $a_{n-1}=\tan\dfrac{\theta}{2^{n-1}}=\tan 2\cdot\dfrac{\theta}{2^n}$ として，2 倍角の公式を利用。 (2) (1)の結果を利用。

40 $\angle\mathrm{PAB}=\theta$ として，$S_1$，$S_2$ を $\theta$ で表す。

41 (1) 3 点 O，Q，P は一直線上にあることに注目。

(2) $\theta\longrightarrow\dfrac{\pi}{2}-0$ のとき　$\dfrac{\pi}{2}-\theta\longrightarrow +0$

42 (1) 直線 $y=tx$ は直線 $\ell$ と $x$ 軸のなす角の二等分線であることに注目。直線 $y=tx$ と $x$ 軸の正の向きがなす角を $\theta$ として，$\tan 2\theta$ を $t$ で表す。

(2) $\sin\theta$ を，$t$ を用いた式，$a$，$b$ を用いた式の 2 通りで表す。

# 6 関数の連続性

## 基本事項

### 1 関数の連続性

① **$x=a$ で連続**　関数 $f(x)$ において，その定義域の $x$ の値 $a$ に対して極限値 $\lim_{x\to a} f(x)$ が存在し，かつ，$\boldsymbol{\lim_{x\to a} f(x)=f(a)}$ であるとき，$f(x)$ は $x=a$ で **連続** であるという［$\boldsymbol{y=f(x)}$ **のグラフは** $\boldsymbol{x=a}$ **でつながっている**］。

② **不連続**　関数 $f(x)$ がその定義域の $x$ の値 $a$ で **連続でない** とき，$f(x)$ は $x=a$ で **不連続** であるという。

③ **$f(x)$，$g(x)$ が $x=a$ で連続ならば，次の関数も $x=a$ で連続である。**

$$kf(x)+lg(x)\ (k,\ l \text{ は定数}),\ f(x)g(x),\ g(a)\neq 0 \text{ のとき } \frac{f(x)}{g(x)}$$

### 2 連続関数の性質

←2 の ①～③ は，高校では証明なしで用いてよい。

① **最大値・最小値の定理**　**閉区間で連続な関数は，その閉区間で，最大値および最小値をもつ。**

② **中間値の定理**　**関数 $f(x)$ が閉区間 $[a,\ b]$ で連続で，$f(a)\neq f(b)$ ならば，$f(a)$ と $f(b)$ の間の任意の値 $k$ に対して $f(c)=k$ を満たす $c$ が，$a$ と $b$ の間に少なくとも 1 つある。**

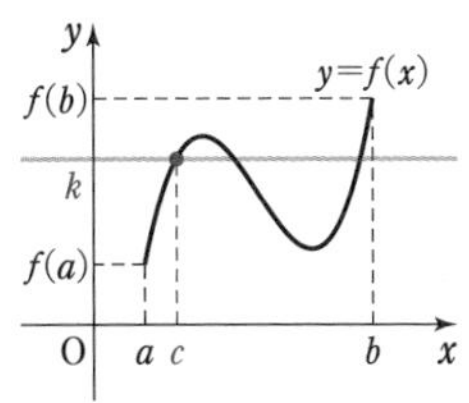


③ **関数 $f(x)$ が閉区間 $[a,\ b]$ で連続で，$f(a)$ と $f(b)$ が異符号ならば，方程式 $f(x)=0$ は $a<x<b$ の範囲に少なくとも 1 つの実数解をもつ。**

## 解　説

### ■関数の連続性

例　関数 $f(x)=\begin{cases} x^2 & (x\neq 0) \\ 1 & (x=0) \end{cases}$ の連続性について考えてみよう。

定義域は実数全体であり，$a\neq 0$ のとき，$f(x)$ は $x=a$ で連続である。

$x=0$ のときについては

$$\lim_{x\to 0} f(x)=\lim_{x\to 0} x^2=0,\ f(0)=1$$

よって　$\lim_{x\to 0} f(x)\neq f(0)$

ゆえに，関数 $f(x)$ は $x=0$ で連続でない（不連続である）。

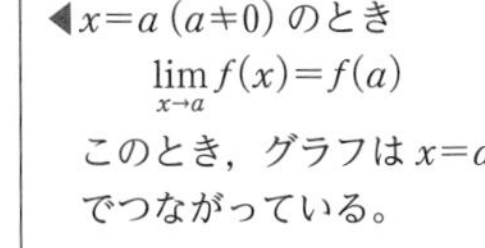

◀$x=a\ (a\neq 0)$ のとき $\lim_{x\to a} f(x)=f(a)$
このとき，グラフは $x=a$ でつながっている。

◀グラフは $x=0$ で切れている。

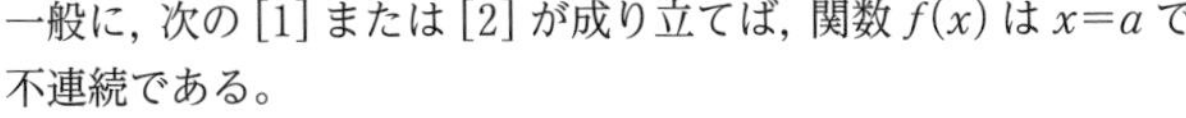

一般に，次の［1］または［2］が成り立てば，関数 $f(x)$ は $x=a$ で不連続である。

［1］ **$x \longrightarrow a$ のとき，関数 $f(x)$ が極限値をもたない**

［2］ **極限値 $\lim_{x\to a} f(x)$ が存在するが　$\lim_{x\to a} f(x)\neq f(a)$**

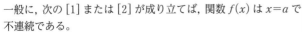

不連続 ⟷ グラフがつながっていない

■ **連続関数**

関数 $f(x)$ が定義域のすべての $x$ の値で連続であるとき，$f(x)$ を **連続関数** という。多項式で表される関数や分数・無理関数，三角・指数・対数関数などは連続関数である。

◀連続関数は，定義域内でグラフがつながっている。

■ **区間で連続**

$f(x)$ がある **区間で連続** であるとは，その区間を $f(x)$ の定義域と考えたとき，$f(x)$ がその定義域の各 $x$ の値で連続なことである。
なお，区間 $a \leqq x \leqq b$ を **閉区間**，区間 $a<x<b$ を **開区間** といい，それぞれ $[a,\ b]$，$(a,\ b)$ で表す。また，区間 $a \leqq x<b$，$a<x \leqq b$ や $a<x$，$x \leqq b$ を，それぞれ $[a,\ b)$，$(a,\ b]$，$(a,\ \infty)$，$(-\infty,\ b]$ で表す。
$a$ が $f(x)$ の定義域に属し，定義域の左端または右端である場合には，それぞれ $\displaystyle\lim_{x \to a+0} f(x)=f(a)$ または $\displaystyle\lim_{x \to a-0} f(x)=f(a)$ が成り立つとき，$f(x)$ は $x=a$ で連続であるという。
なお，$f(x)$ が閉区間 $[a,\ b]$ で連続とは，開区間 $(a,\ b)$ で連続，$\displaystyle\lim_{x \to a+0} f(x)=f(a)$，$\displaystyle\lim_{x \to b-0} f(x)=f(b)$ が成り立つことである。

◀区間の端が

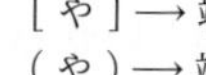

［ や ］⟶ 端点を含む。
（ や ）⟶ 端点を含まない。

◀実数全体を $(-\infty,\ \infty)$ と表すこともある。

例　関数 $f(x)=\sqrt{x}$ について
定義域は $x \geqq 0$ であり
$$\lim_{x \to +0} f(x)=f(0)\ (=0)$$
よって，$f(x)$ は $x=0$ で連続であり，
区間 $x \geqq 0$ で連続である。

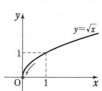

◀区間 $x>0$ で連続。
◀$\displaystyle\lim_{x \to +0} f(x)=\lim_{x \to +0} \sqrt{x}=0$

■ **最大値・最小値の定理**（前ページの **2** ①）

閉区間で連続な関数は，区間の両端を含むすべての $x$ の値に対し $y$ の値が存在するから，$y$ の値の最大のものが最大値，最小のものが最小値となる。　⟵ これは厳密な証明ではない（直観的な証明）。
なお，この定理については，前提条件「**閉区間で連続**」が重要である。閉区間，連続のどちらの条件が欠けても，定理は成り立たない。 ⟶ 次の [1] や [2] のような場合が起こりうる。

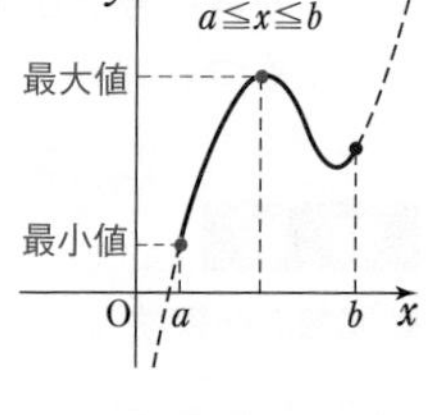


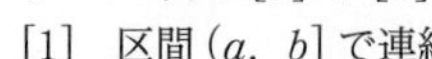

[1]　区間 $(a,\ b]$ で連続

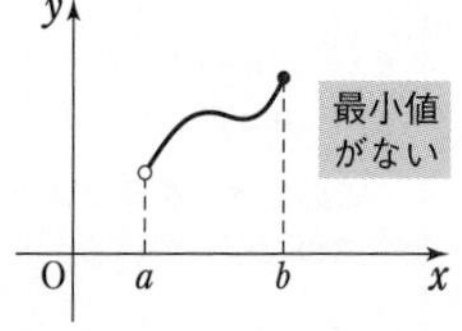


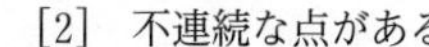

[2]　不連続な点がある

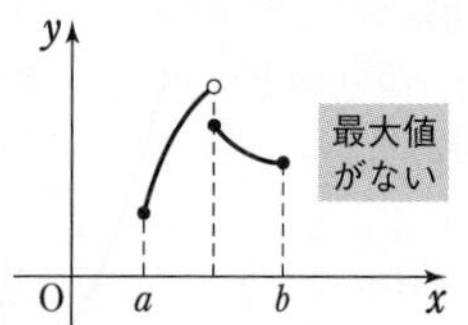


■ **中間値の定理**（前ページの **2** ②）

この定理についても，「**閉区間で連続**」という条件が大切である。この条件が満たされないと，右の [3]，[4] のような場合が起こりうるので，$f(c)=k$ となる $c\ (a<c<b)$ が存在しないことがある。

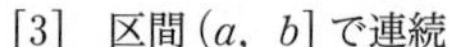

[3]　区間 $(a,\ b]$ で連続

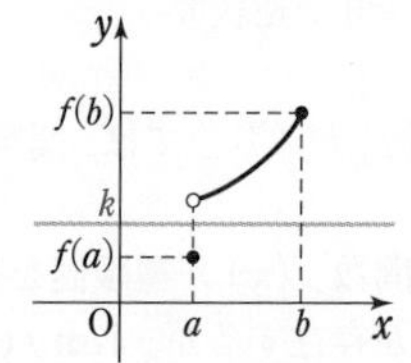


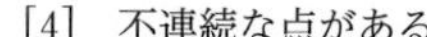

[4]　不連続な点がある

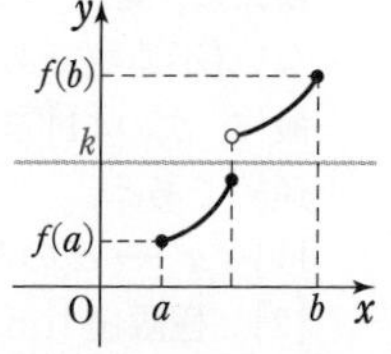

## 基本例題 56 関数の連続・不連続について調べる

$-1 \leqq x \leqq 2$ とする。次の関数の連続性について調べよ。

(1) $f(x)=x|x|$　　(2) $g(x)=\dfrac{1}{(x-1)^2}$ $(x \neq 1)$, $g(1)=0$

(3) $h(x)=[x]$　ただし, [ ] はガウス記号。

p.97 基本事項 1　重要 57, 58

**指針** 関数 $f(x)$ が $x=a$ で連続 $\Longleftrightarrow \displaystyle\lim_{x \to a} f(x)=f(a)$ が成り立つ。

また, $f(x)$ が **$x=a$ で不連続** とは

[1] **極限値 $\displaystyle\lim_{x \to a} f(x)$ が存在しない**

[2] **極限値 $\displaystyle\lim_{x \to a} f(x)$ が存在するが $\displaystyle\lim_{x \to a} f(x) \neq f(a)$**

のいずれかが成り立つこと。

関数のグラフをかくと考えやすい。

**解答**

(1) $x>0$ のとき $f(x)=x^2$　$x<0$ のとき $f(x)=-x^2$

よって $\displaystyle\lim_{x \to +0} f(x)=\lim_{x \to +0} x^2=0$,

$\displaystyle\lim_{x \to -0} f(x)=\lim_{x \to -0} (-x^2)=0$

また $f(0)=0$　ゆえに $\displaystyle\lim_{x \to 0} f(x)=f(0)$

よって, $x=0$ で連続であり　**$-1 \leqq x \leqq 2$ で連続。**

(2) $\displaystyle\lim_{x \to 1} g(x)=\lim_{x \to 1}\frac{1}{(x-1)^2}=\infty$

極限値 $\displaystyle\lim_{x \to 1} g(x)$ は存在しないから

**$-1 \leqq x<1$, $1<x \leqq 2$ で連続; $x=1$ で不連続。**

(3) $-1 \leqq x<0$ のとき $h(x)=-1$,

$0 \leqq x<1$ のとき $h(x)=0$,

$1 \leqq x<2$ のとき $h(x)=1$, $h(2)=2$

よって $\displaystyle\lim_{x \to -0} h(x)=-1$, $\displaystyle\lim_{x \to +0} h(x)=0$　ゆえに, 極限値 $\displaystyle\lim_{x \to 0} h(x)$ は存在しない。

$\displaystyle\lim_{x \to 1-0} h(x)=0$, $\displaystyle\lim_{x \to 1+0} h(x)=1$　ゆえに, 極限値 $\displaystyle\lim_{x \to 1} h(x)$ は存在しない。

$\displaystyle\lim_{x \to 2-0} h(x)=1$, $h(2)=2$　ゆえに $\displaystyle\lim_{x \to 2-0} h(x) \neq h(2)$

よって **$-1 \leqq x<0$, $0<x<1$, $1<x<2$ で連続; $x=0$, $1$, $2$ で不連続。**

> (1), (2) 多項式で表された関数は連続関数であることと p.97 基本事項 1 ③ に注意。関数の式が変わる点 [(1) では $x=0$, (2) では $x=1$] における連続性を調べる。なお, (3) では区間の端点での連続性も調べる。

> ◀ $[x]$ は $x$ を超えない最大の整数。

(1)
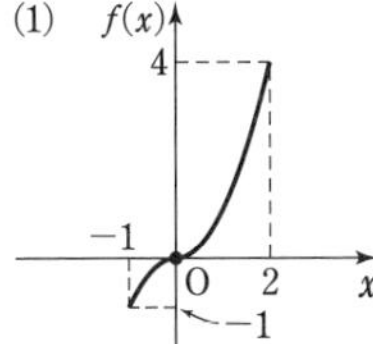


(2)
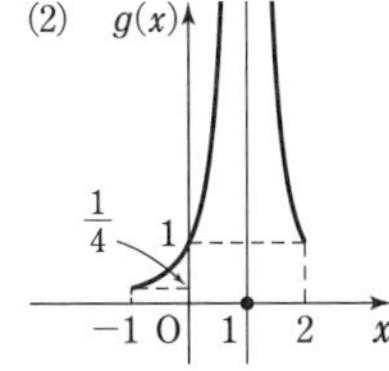


(3)
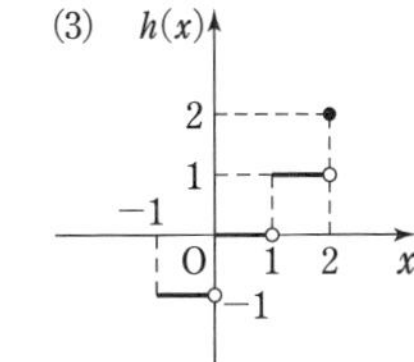


**練習 ② 56** 次の関数の連続性について調べよ。なお, (1) では関数の定義域もいえ。

(1) $f(x)=\dfrac{x+1}{x^2-1}$　　(2) $-1 \leqq x \leqq 2$ で $f(x)=\log_{10}\dfrac{1}{|x|}$ $(x \neq 0)$, $f(0)=0$

(3) $0 \leqq x \leqq 2\pi$ で $f(x)=[\cos x]$　ただし, [ ] はガウス記号。

## 重要例題 57 級数で表された関数のグラフの連続性

無限級数 $x+\dfrac{x}{1+x}+\dfrac{x}{(1+x)^2}+\cdots\cdots+\dfrac{x}{(1+x)^{n-1}}+\cdots\cdots$ について

(1) この無限級数が収束するような $x$ の値の範囲を求めよ。

(2) $x$ が (1) の範囲にあるとき，この無限級数の和を $f(x)$ とする。関数 $y=f(x)$ のグラフをかき，その連続性について調べよ。

基本 36，56

**指針** 無限等比級数 $a+ar+ar^2+\cdots\cdots$ の **収束条件** は　$a=0$ または $|r|<1$

収束するとき，**和** は　$a=0$ なら 0，$a\neq0$ なら $\dfrac{a}{1-r}$

(2) まず，和 $f(x)$ を求める。次に，グラフをかいて，連続性を調べる。
なお，関数 $y=f(x)$ の定義域は，この無限級数が収束するような $x$ の値の範囲［(1) で求めた範囲］である。

**解答**

(1) この無限級数は，初項 $x$，公比 $\dfrac{1}{1+x}$ の無限等比級数である。

収束するための条件は　$x=0$　　◀(初項)＝0

または　$-1<\dfrac{1}{1+x}<1$ … ①　　◀$-1<$(公比)$<1$

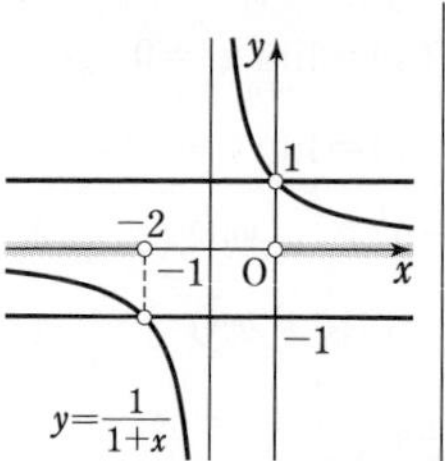


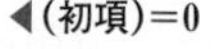


不等式 ① の解は，右の図から
$x<-2,\ 0<x$

◀$y=\dfrac{1}{1+x}$ のグラフと直線 $y=1$，$y=-1$ の上下関係に注目して解く。なお，① の各辺に $(1+x)^2\ (>0)$ を掛けた $-(1+x)^2<1+x<(1+x)^2$ を解いてもよい。

よって，求める $x$ の値の範囲は
$\boldsymbol{x<-2,\ 0\leqq x}$

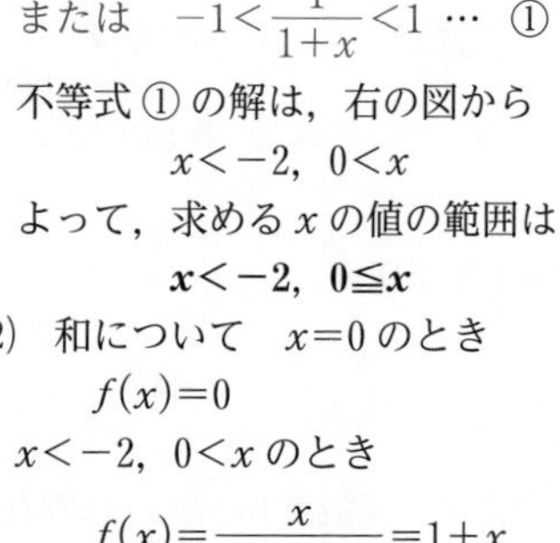

(2) 和について　$x=0$ のとき
$f(x)=0$

$x<-2,\ 0<x$ のとき

$$f(x)=\frac{x}{1-\dfrac{1}{1+x}}=1+x$$

◀$\dfrac{(初項)}{1-(公比)}$

関数 $y=f(x)$ の定義域は $x<-2,\ 0\leqq x$ で，グラフは **右の図** のようになる。

◀連続性は定義域で考えることに注意。$-2\leqq x<0$ で $f(x)$ は定義されないから，この範囲で連続性を調べても無意味である。

よって
$\boldsymbol{x<-2,\ 0<x}$ **で連続；$\boldsymbol{x=0}$ で不連続**

**練習 57** ③ 次の無限級数が収束するとき，その和を $f(x)$ とする。関数 $y=f(x)$ のグラフをかき，その連続性について調べよ。

(1) $x^2+\dfrac{x^2}{1+2x^2}+\dfrac{x^2}{(1+2x^2)^2}+\cdots\cdots+\dfrac{x^2}{(1+2x^2)^{n-1}}+\cdots\cdots$

(2) $x+x\cdot\dfrac{1-3x}{1-2x}+x\left(\dfrac{1-3x}{1-2x}\right)^2+\cdots\cdots+x\left(\dfrac{1-3x}{1-2x}\right)^{n-1}+\cdots\cdots$　［(2) 類 金沢工大］

p.104 EX 44

## 重要例題 58 連続関数になるように関数の係数決定 ◎◎◎◎○

(1) $f(x)=\lim_{n\to\infty}\dfrac{x^{2n}-x^{2n-1}+ax^2+bx}{x^{2n}+1}$ を求めよ。

(2) (1) で定めた関数 $f(x)$ がすべての $x$ について連続であるように，定数 $a$，$b$ の値を定めよ。 〔公立はこだて未来大〕

基本 24，56

**指針** (1) ◎ $\{x^n\}$ の極限 $x=\pm1$ で場合に分ける（$p.47$ 参照）に従う。数列 $\{x^{2n}\}$，$\{x^{2n-1}\}$ などの極限を考えるから，$(x^{2n})=(x^2)^n$ に注目し，
$x^2>1 \iff (x<-1,\ 1<x)$，$x^2=1\ (\iff x=\pm1)$，$x^2<1\ (\iff -1<x<1)$ で場合分けをして極限を調べる。

(2) 連続かどうかが不明な $x=-1$，$x=1$ で連続になるようにする。

$$x=c \text{ で連続} \iff \lim_{x\to c-0}f(x)=\lim_{x\to c+0}f(x)=f(c)$$

**解答**

(1) $x<-1$，$1<x$ のとき

$$f(x)=\lim_{n\to\infty}\frac{1-\dfrac{1}{x}+\dfrac{a}{x^{2n-2}}+\dfrac{b}{x^{2n-1}}}{1+\dfrac{1}{x^{2n}}}=1-\frac{1}{x}$$

$x=-1$ のとき $f(x)=f(-1)=\dfrac{a-b+2}{2}$

$x=1$ のとき $f(x)=f(1)=\dfrac{a+b}{2}$

$-1<x<1$ のとき $\lim_{n\to\infty}x^n=0$ であるから

$$f(x)=ax^2+bx$$

(2) $f(x)$ は $x<-1$，$-1<x<1$，$1<x$ において，それぞれ連続である。
したがって，$f(x)$ がすべての $x$ について連続であるための条件は，$x=-1$ および $x=1$ で連続であることである。

よって $\lim_{x\to-1-0}f(x)=\lim_{x\to-1+0}f(x)=f(-1)$

かつ $\lim_{x\to1-0}f(x)=\lim_{x\to1+0}f(x)=f(1)$

ゆえに $2=a-b=\dfrac{a-b+2}{2}$ かつ $a+b=0=\dfrac{a+b}{2}$

これを解いて $a=1$，$b=-1$

◀このとき $|x|>1$

◀分母の最高次の項 $x^{2n}$ で分母・分子を割る。
なお，$|x|>1$ のとき
$\lim_{n\to\infty}\dfrac{1}{x^{2n}}=0$，
$\lim_{n\to\infty}\dfrac{1}{x^{2n-2}}=0$，
$\lim_{n\to\infty}\dfrac{1}{x^{2n-1}}=0$

**検討**

$a=1$，$b=-1$ のとき $y=f(x)$ のグラフは下図のようになる。

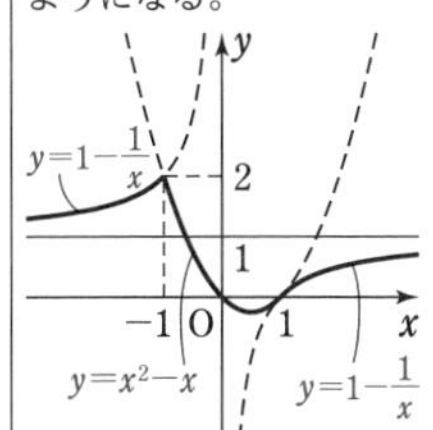


**練習 ④ 58** $a$ は 0 でない定数とする。関数 $f(x)=\lim_{n\to\infty}\dfrac{x^{2n+1}+(a-1)x^n-1}{x^{2n}-ax^n-1}$ が $x\geqq0$ において連続になるように $a$ の値を定め，$y=f(x)$ のグラフをかけ。 〔類 東北工大〕

p.104 EX43，45

## 基本例題 59 中間値の定理の利用

(1) 方程式 $3^x=2(x+1)$ は，$1<x<2$ の範囲に少なくとも1つの実数解をもつことを示せ。

(2) $f(x)$，$g(x)$ は区間 $[a,\ b]$ で連続な関数とする。
$f(a)>g(a)$ かつ $f(b)<g(b)$ であるとき，方程式 $f(x)=g(x)$ は $a<x<b$ の範囲に少なくとも1つの実数解をもつことを示せ。

p.97 基本事項 2

**指針** 中間値の定理　つまり，次のことを用いて証明する。

**関数 $f(x)$ が閉区間 $[a,\ b]$ で連続で，$f(a)$ と $f(b)$ が異符号ならば，方程式 $f(x)=0$ は $a<x<b$ の範囲に少なくとも1つの実数解をもつ。**

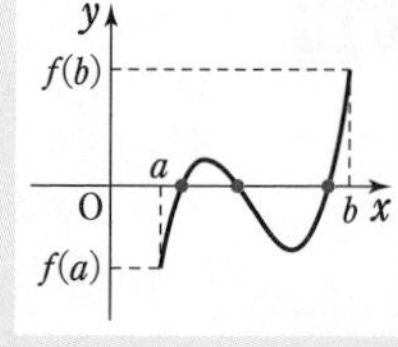


(1) $f(x)=3^x-2(x+1)$ は区間 $[1,\ 2]$ で連続であるから，$f(1)$，$f(2)$ が異符号であることを示す。

(2) $h(x)=f(x)-g(x)$ とすると，連続関数の差は連続関数であるから，$h(x)$ は区間 $[a,\ b]$ で連続となる。よって，$h(a)$，$h(b)$ が異符号であることを示す。

CHART 解をもつことの証明　中間値の定理が有効

解答

(1) $f(x)=3^x-2(x+1)$ とすると，関数 $f(x)$ は区間 $[1,\ 2]$ で連続であり，かつ

$$f(1)=-1<0,\quad f(2)=3>0$$

よって，中間値の定理により，方程式 $f(x)=0$ は $1<x<2$ の範囲に少なくとも1つの実数解をもつ。

◀2つの連続関数 $3^x$，$2(x+1)$ の差は連続関数。

◀$f(1)<0$，$f(2)>0$ をそれぞれ示す代わりに，$f(1)f(2)<0$（積が負）を示してもよい。

(2) $h(x)=f(x)-g(x)$ とする。
関数 $f(x)$，$g(x)$ はともに区間 $[a,\ b]$ で連続であるから，関数 $h(x)=f(x)-g(x)$ も区間 $[a,\ b]$ で連続である。

$f(a)>g(a)$ であるから　　$h(a)=f(a)-g(a)>0$

$f(b)<g(b)$ であるから　　$h(b)=f(b)-g(b)<0$

よって，方程式 $h(x)=0$ すなわち $f(x)=g(x)$ は，中間値の定理により，$a<x<b$ の範囲に少なくとも1つの実数解をもつ。

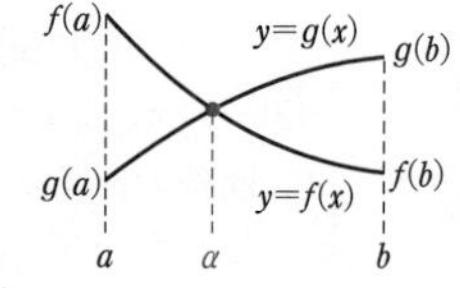


**練習 ③ 59** (1) 次の方程式は，与えられた範囲に少なくとも1つの実数解をもつことを示せ。

(ア) $x^3-2x^2-3x+1=0$ $(-2<x<-1,\ 0<x<1,\ 2<x<3)$

(イ) $\cos x=x$ $\left(0<x<\dfrac{\pi}{2}\right)$　　(ウ) $\dfrac{1}{2^x}=x$ $(0<x<1)$

(2) 関数 $f(x)$，$g(x)$ は区間 $[a,\ b]$ で連続で，$f(x)$ の最大値は $g(x)$ の最大値より大きく，$f(x)$ の最小値は $g(x)$ の最小値より小さい。このとき，方程式 $f(x)=g(x)$ は，$a\leqq x\leqq b$ の範囲に解をもつことを示せ。

p.104 EX 46, 47

# 参考事項　パンケーキの定理（中間値の定理の利用）

パンケーキが 2 枚ある。1 回のナイフカットでパンケーキを 2 枚とも同時に 2 等分することは可能だろうか？
── 実は常に可能である。このことを数学的に表したのが，次のパンケーキの定理である。

**パンケーキの定理**
**2 つの図形 $A$，$B$ に対して，各図形の面積を同時に 2 等分するような直線が存在する。**



この定理は，中間値の定理を利用して，次のように証明することができる。

証明　図形 $A$, $B$ の両方が内部にあるような円をとり，これを単位円と考える（図 1）。図形 $A$ について，直線 $x=a$ の左側の部分の面積を $f(a)$，右側の部分の面積を $g(a)$ とし，$h(a)=f(a)-g(a)$ とすると，関数 $h(a)$ は $-1\leqq a\leqq 1$ において連続と考えられ $h(-1)=-g(-1)<0$，$h(1)=f(1)>0$
よって，中間値の定理により，$h(a(0))=0$ を満たす $a=a(0)$，$-1<a(0)<1$ が存在する。このとき，直線 $x=a(0)$ によって，図形 $A$ の面積が 2 等分されている。
同様に，図形 $B$ の面積を 2 等分する直線 $x=b(0)$ が存在する。

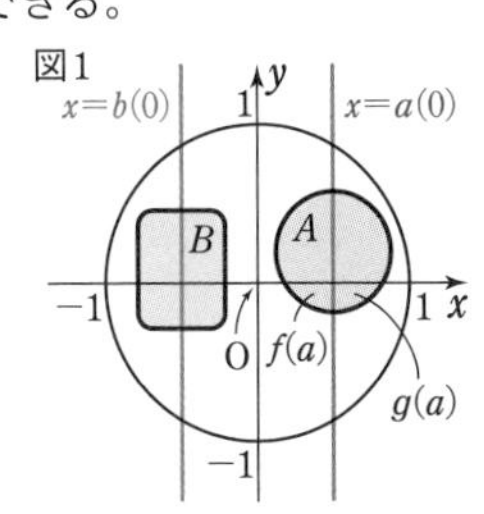


次に，図形 $A$，$B$ を原点を中心として $\theta$ だけ回転する（図 2）。このときも，図形 $A$ の面積を 2 等分する直線 $x=a(\theta)$，図形 $B$ を 2 等分する直線 $x=b(\theta)$ が存在し，$\theta$ を $0\leqq\theta\leqq\pi$ の範囲で動かすとき，関数 $a(\theta)$，$b(\theta)$ は $0\leqq\theta\leqq\pi$ においてそれぞれ連続と考えられる。
ゆえに，$c(\theta)=a(\theta)-b(\theta)$ とすると，関数 $c(\theta)$ は $0\leqq\theta\leqq\pi$ において連続で，$a(\pi)=-a(0)$，$b(\pi)=-b(0)$ であるから

$$c(0)c(\pi)=\{a(0)-b(0)\}\{a(\pi)-b(\pi)\}=-\{a(0)-b(0)\}^2$$

$a(0)=b(0)$ のときは，定理が成り立つことは明らかであり，
$a(0)\neq b(0)$ のときは　　$c(0)c(\pi)<0$
よって，中間値の定理により，$c(\theta_1)=0$ を満たす $\theta_1$ $(0<\theta_1<\pi)$ が存在する。このとき，図 3 のように直線 $x=a(\theta_1)$ と直線 $x=b(\theta_1)$ は一致し，この直線が図形 $A$，$B$ の面積を同時に 2 等分する。
以上により，定理は証明された。

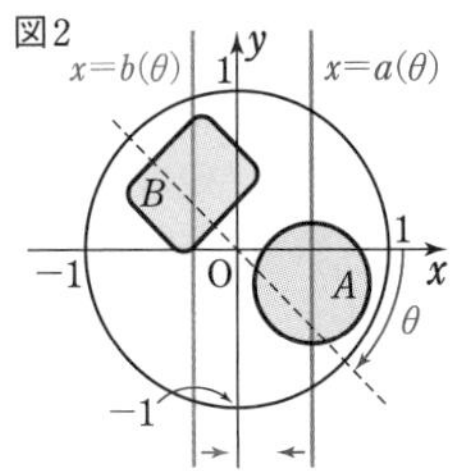


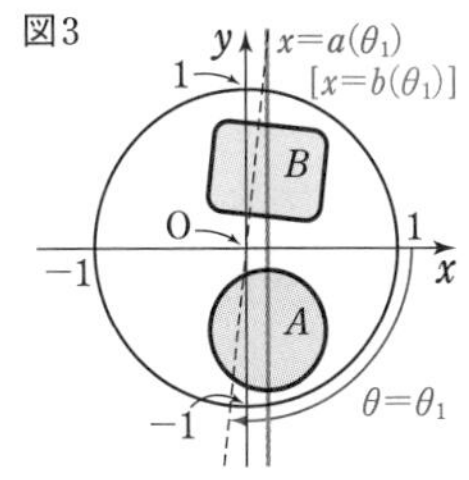


また，次のこと（**ハム・サンドイッチの定理**）が成り立つことも知られている。これは，パンケーキの定理の空間版にあたる。

ハム 1 枚とそれをはさむ 2 枚のパンでできたサンドイッチについて，ハム，パン 2 枚それぞれの体積を同時に 2 等分するように，必ずナイフカットすることができる。

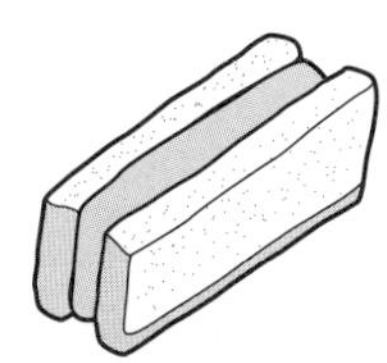

## EXERCISES



②**43** 実数 $x$ に対して $[x]$ は $n \leqq x < n+1$ を満たす整数 $n$ を表すとき，関数 $f(x)=([x]+a)(bx-[x])$ が $x=1$ と $x=2$ で連続となるように定数 $a$，$b$ の値を定めよ。 〔類 神戸商船大〕 →56, 58

④**44** $k$ を自然数とする。級数 $\sum_{n=1}^{\infty}\{(\cos x)^{n-1}-(\cos x)^{n+k-1}\}$ が $\cos x \neq 0$ を満たすすべての実数 $x$ に対して収束するとき，級数の和を $f(x)$ とする。

(1) $k$ の条件を求めよ。

(2) 関数 $f(x)$ は $x=0$ で連続でないことを示せ。 〔東京学芸大〕 →57

④**45** 関数 $f(x)=\lim_{n\to\infty}\dfrac{ax^{2n-1}-x^2+bx+c}{x^{2n}+1}$ について，次の問いに答えよ。ただし，$a$，$b$，$c$ は定数で，$a>0$ とする。

(1) 関数 $f(x)$ が $x$ の連続関数となるための定数 $a$，$b$，$c$ の条件を求めよ。

(2) 定数 $a$，$b$，$c$ が (1) で求めた条件を満たすとき，関数 $f(x)$ の最大値とそれを与える $x$ の値を $a$ を用いて表せ。

(3) 定数 $a$，$b$，$c$ が (1) で求めた条件を満たし，関数 $f(x)$ の最大値が $\dfrac{5}{4}$ であるとき，定数 $a$，$b$，$c$ の値を求めよ。 〔鳥取大〕 →58

②**46** 関数 $f(x)$ が連続で $f(0)=-1$，$f(1)=2$，$f(2)=3$ のとき，方程式 $f(x)=x^2$ は $0<x<2$ の範囲に少なくとも 2 つの実数解をもつことを示せ。 →59

④**47** 関数 $y=f(x)$ は連続とし，$a$ を実数の定数とする。すべての実数 $x$ に対して，不等式 $|f(x)-f(a)| \leqq \dfrac{2}{3}|x-a|$ が成り立つなら，曲線 $y=f(x)$ は直線 $y=x$ と必ず交わることを中間値の定理を用いて証明せよ。 →59

43 まず，区間 $0 \leqq x < 1$，$1 \leqq x < 2$，$2 \leqq x < 3$ における $f(x)$ をそれぞれ求める。

44 (1) 無限等比級数の収束条件は (初項)$=0$ または $|$公比$|<1$

45 (1) $x=\pm 1$ の前後で場合分けして，$f(x)$ を求める。そして，連続かどうかが不明な $x=-1$，$x=1$ で連続になるようにする。

(2) 関数 $y=f(x)$ のグラフをかき，グラフから最大値を読みとる。⟶ $f(x)$ は区間によって異なる式で表される。放物線となる部分の軸の位置に注意。

46 $0 \leqq x \leqq 1$，$1 \leqq x \leqq 2$ において中間値の定理をそれぞれ利用。

47 $g(x)=f(x)-x$ とおいて，$\lim_{x\to-\infty} g(x)=\infty$，$\lim_{x\to\infty} g(x)=-\infty$ を示す。

数学Ⅲ 第3章

# 微　分　法

**SELECT STUDY**

—●— **基本定着コース**……教科書の基本事項を確認したいきみに
—●— **精選速習コース**……入試の基礎を短期間で身につけたいきみに
—●— **実力練成コース**……入試に向け実力を高めたいきみに

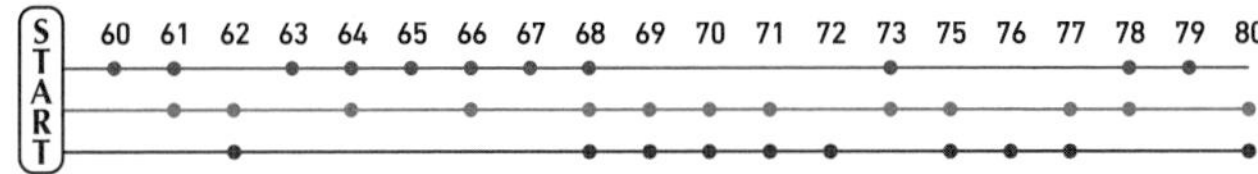


## 例題一覧

# 7 微分係数と導関数

## 基本事項

**1 微分係数**

① **定義**　関数 $f(x)$ の $x=a$ における微分係数

$$f'(a)=\lim_{h\to 0}\frac{f(a+h)-f(a)}{h}=\lim_{x\to a}\frac{f(x)-f(a)}{x-a}$$

② **微分可能と連続　関数 $f(x)$ が $x=a$ で微分可能ならば，$f(x)$ は $x=a$ で連続である。ただし，逆は成り立たない。**

**2 導関数**

**定義**　関数 $f(x)$ の導関数　$f'(x)=\lim_{h\to 0}\frac{f(x+h)-f(x)}{h}$

## 解　説

### ■微分係数

1 ① の定義は数学IIで学んだこととまったく同じである。
なお，関数 $f(x)$ について，$x=a$ における微分係数 $f'(a)$ が存在するとき，$f(x)$ は $x=a$ で **微分可能** であるという。
関数 $y=f(x)$ が $x=a$ で微分可能であるとき，曲線 $y=f(x)$ 上の点 A $(a,\ f(a))$ における接線が存在し，**微分係数 $f'(a)$ は曲線 $y=f(x)$ の点 A における接線 AT(右図参照)の傾きを表している。**

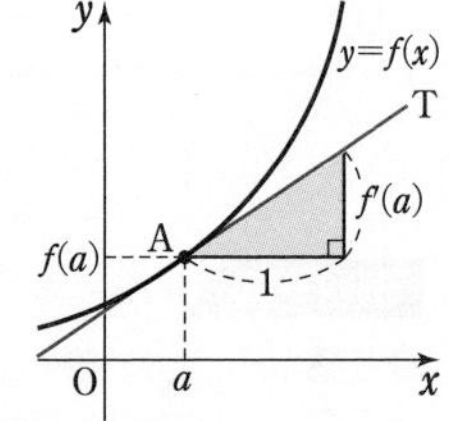


1 ②　関数 $f(x)$ が $x=a$ で **微分可能ならば**，$x=a$ で **連続** である　の証明

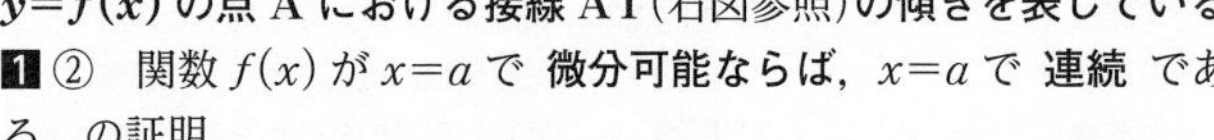

$$\lim_{x\to a}\{f(x)-f(a)\}=\lim_{x\to a}\left\{\frac{f(x)-f(a)}{x-a}\cdot(x-a)\right\}=f'(a)\cdot 0=0$$

↑ p.82 の 2 2

よって　$\lim_{x\to a}f(x)=f(a)$

ゆえに，$f(x)$ は $x=a$ で連続である。
なお，関数 $f(x)$ が $x=a$ で連続であっても，$f(x)$ は $x=a$ で微分可能とは限らない(次ページの基本例題 **60** 参照)ので，注意。

> 関数 $f(x)$ が $x=a$ で
> 正 微分可能 ⟹ 連続
> ~~連続 ⟹ 微分可能~~

### ■導関数

関数 $f(x)$ が，ある区間のすべての $x$ の値で微分可能であるとき，$f(x)$ はその **区間で微分可能** であるという。関数 $f(x)$ がある区間で微分可能であるとき，その区間における $x$ のおのおのの値 $a$ に対して微分係数 $f'(a)$ を対応させると，1つの新しい関数が得られる。

この新しい関数をもとの関数 $f(x)$ の **導関数** といい，記号 $f'(x)$，$y'$，$\frac{dy}{dx}$，$\frac{d}{dx}f(x)$ などで表す。
関数 $y=f(x)$ からその導関数 $f'(x)$ を求めることを，$f(x)$ を **微分する** という。
また，$x$ の増分 $\Delta x$ に対する $y=f(x)$ の増分 $f(x+\Delta x)-f(x)$ を $\Delta y$ で表すとき，関数 $f(x)$ の導関数 $f'(x)$ の定義の式は次のように表される。

$$f'(x)=\lim_{\Delta x\to 0}\frac{\Delta y}{\Delta x}=\lim_{\Delta x\to 0}\frac{f(x+\Delta x)-f(x)}{\Delta x}$$

## 基本例題 60 関数の連続性と微分可能性

関数 $f(x)=x^2|x-2|$ は $x=2$ において連続であるか，微分可能であるかを調べよ。

p.106 基本事項 1　重要 62

**指針** $f(x)$ が $x=a$ で連続 $\iff \lim_{x\to a} f(x)=f(a)$ が成り立つ　← p.97 基本事項 1

$f(x)$ が $x=a$ で微分可能 $\iff$ 微分係数 $\lim_{h\to 0}\dfrac{f(a+h)-f(a)}{h}$ が存在 する。

これらの極限について調べる。

$f(x)$ は $x=2$ の前後で式が異なるから，例えば連続性については，右側極限 $x \longrightarrow 2+0$，左側極限 $x \longrightarrow 2-0$ を考え，それらが一致するかどうかを調べる。

**解答**

$\lim_{x\to 2+0} f(x)$

$=\lim_{x\to 2+0} x^2(x-2)=0$

$\lim_{x\to 2-0} f(x)$

$=\lim_{x\to 2-0}\{-x^2(x-2)\}=0$

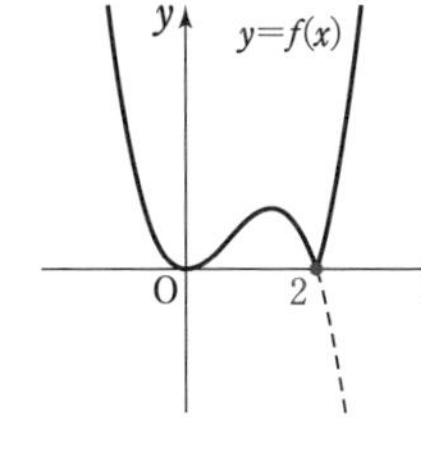


また，$f(2)=0$ であるから

$\lim_{x\to 2} f(x)=f(2)$

よって，$f(x)$ は **$x=2$ で連続である**。

◀ $|A|=\begin{cases} A & (A\geqq 0) \\ -A & (A<0)\end{cases}$ を用いて，絶対値をはずす。

次に

$$\lim_{h\to +0}\frac{f(2+h)-f(2)}{h}=\lim_{h\to +0}\frac{(2+h)^2h-0}{h}=\lim_{h\to +0}(2+h)^2=4$$

$$\lim_{h\to -0}\frac{f(2+h)-f(2)}{h}=\lim_{h\to -0}\frac{(2+h)^2(-h)-0}{h}=\lim_{h\to -0}\{-(2+h)^2\}=-4$$

$h \longrightarrow +0$ と $h \longrightarrow -0$ のときの極限値が異なるから，$f'(2)$ は存在しない。すなわち，$f(x)$ は **$x=2$ で微分可能ではない**。

◀ $f(2+h)=(2+h)^2|h|$
$h \longrightarrow +0$ のとき　$h>0$
$h \longrightarrow -0$ のとき　$h<0$
に注意して，絶対値をはずす。

**検討** **微分可能 ⟹ 連続 の利用**

$f(x)$ が　$x=a$ で **微分可能** ⟹ $x=a$ で **連続** …… Ⓐ

が成り立つ。よって，上の例題のような問題では，微分可能性から先に調べてもよい（「微分可能」がわかれば，極限を調べなくても「連続である」という結論を出すことができる）。

また，Ⓐ の対偶「$f(x)$ が $x=a$ で **連続でない** ⟹ $x=a$ で **微分可能でない**」も成り立つ。

**練習 ② 60** 次の関数は，$x=0$ において連続であるか，微分可能であるかを調べよ。

(1) $f(x)=|x|\sin x$　　(2) $f(x)=\begin{cases} 0 & (x=0) \\ \dfrac{x}{1+2^{\frac{1}{x}}} & (x\neq 0)\end{cases}$

〔(1) 類 島根大〕

p.115 EX 48

## 基本例題 61 定義による導関数の計算

次の関数を，導関数の定義に従って微分せよ。

(1) $y=\dfrac{x}{2x-1}$　　(2) $y=\sqrt[3]{x^2}$

p.106 基本事項 2　演習 70，71

**指針**

関数 $f(x)$ の導関数の定義　$f'(x)=\lim_{h\to 0}\dfrac{f(x+h)-f(x)}{h}$ ……（＊）

この定義に従って忠実に計算する。 ⟶ 不定形の極限が現れるから，

(1) **通分** する　(2) 分子を **有理化** する … $(a-b)(a^2+ab+b^2)=a^3-b^3$ を利用。

ことによって，不定形でない形を導く。

**解答**

(1) $y'=\lim_{h\to 0}\dfrac{1}{h}\left\{\dfrac{x+h}{2(x+h)-1}-\dfrac{x}{2x-1}\right\}$　◀定義の式で表す。

$=\lim_{h\to 0}\dfrac{(x+h)(2x-1)-x(2x+2h-1)}{h(2x+2h-1)(2x-1)}$　◀通分する。

$=\lim_{h\to 0}\dfrac{(2x^2-x+2hx-h)-(2x^2+2hx-x)}{h(2x+2h-1)(2x-1)}$

$=\lim_{h\to 0}\dfrac{-h}{h(2x+2h-1)(2x-1)}$　◀$h$ で約分する。

$=\lim_{h\to 0}\dfrac{-1}{(2x+2h-1)(2x-1)}=-\dfrac{\mathbf{1}}{\mathbf{(2x-1)^2}}$　◀$x$ は固定して，$h\longrightarrow 0$ とする。

(2) $y'=\lim_{h\to 0}\dfrac{\sqrt[3]{(x+h)^2}-\sqrt[3]{x^2}}{h}$　◀$\sqrt[3]{(x+h)^2}=a$，$\sqrt[3]{x^2}=b$ とみて，分母・分子に $a^2+ab+b^2$ を掛ける。$(\sqrt[3]{●})^3=●$

$=\lim_{h\to 0}\dfrac{(x+h)^2-x^2}{h\left[\left\{\sqrt[3]{(x+h)^2}\right\}^2+\sqrt[3]{(x+h)^2}\sqrt[3]{x^2}+\left(\sqrt[3]{x^2}\right)^2\right]}$

$=\lim_{h\to 0}\dfrac{h(2x+h)}{h\left\{\sqrt[3]{(x+h)^4}+\sqrt[3]{(x+h)^2x^2}+\sqrt[3]{x^4}\right\}}$　◀$h$ で約分する。$(\sqrt[3]{●})^2=\sqrt[3]{●^2}$，$\sqrt[3]{●}\sqrt[3]{▲}=\sqrt[3]{●\times▲}$

$=\lim_{h\to 0}\dfrac{2x+h}{\sqrt[3]{(x+h)^4}+\sqrt[3]{(x+h)^2x^2}+\sqrt[3]{x^4}}$

$=\dfrac{2x}{\sqrt[3]{x^4}+\sqrt[3]{x^2x^2}+\sqrt[3]{x^4}}=\dfrac{2x}{3\sqrt[3]{x^4}}=\dfrac{\mathbf{2}}{\mathbf{3\sqrt[3]{x}}}$　◀$\sqrt[3]{x^4}=\sqrt[3]{x^3\cdot x}=x\sqrt[3]{x}$

**検討**

**導関数の定義による計算も重要**

実際に関数を微分するときは，後で学ぶ公式を利用して計算するのが普通である。しかし，導関数の定義（＊）による計算も重要である。同様の計算は，例えば $p.123$，124 の演習例題 **70**，**71** のように，極限値を求める問題で利用されることがある。公式による導関数の計算に慣れることも大切であるが，定義による導関数の計算もしっかり習得しておくようにしよう。

**練習 ② 61** 次の関数を，導関数の定義に従って微分せよ。

(1) $y=\dfrac{1}{x^2}$　(2) $y=\sqrt{4x+3}$　(3) $y=\sqrt[4]{x}$

## 重要例題 62 微分可能であるための条件

関数 $f(x)$ を次のように定める。

$$f(x)=\begin{cases} ax^2+bx-2 & (x\geqq 1) \\ x^3+(1-a)x^2 & (x<1) \end{cases}$$

$f(x)$ が $x=1$ で微分可能となるように，定数 $a$，$b$ の値を定めよ。〔芝浦工大〕

基本 60

**指針** $x=1$ で 微分可能 $\iff$ 微分係数 $f'(1)=\lim_{h\to 0}\dfrac{f(1+h)-f(1)}{h}$ が存在

$$\iff \lim_{h\to +0}\frac{f(1+h)-f(1)}{h}=\lim_{h\to -0}\frac{f(1+h)-f(1)}{h}\ (=\text{有限値})$$

（右側微分係数）＝（左側微分係数）

この等式が成り立つことが条件である。

また，関数 $f(x)$ が $x=1$ で 微分可能 $\Longrightarrow$ 連続 であるから，連続である条件より，まず $a$ と $b$ の関係式が導かれる。

**解答** 関数 $f(x)$ が $x=1$ で微分可能であるとき，$f(x)$ は $x=1$ で連続であるから $\lim_{x\to 1}f(x)=f(1)$

すなわち $\lim_{x\to 1-0}f(x)=\lim_{x\to 1+0}f(x)=f(1)$

◀ $x\longrightarrow 1-0$ のときは，$x<1$ として考え，$x\longrightarrow 1+0$ のときは，$x>1$ として考える。

よって $1^3+(1-a)\cdot 1^2=a\cdot 1^2+b\cdot 1-2$

ゆえに $2a+b=4$ …… ①

したがって，① から

$$\lim_{h\to +0}\frac{f(1+h)-f(1)}{h}=\lim_{h\to +0}\frac{a(1+h)^2+b(1+h)-2-(a+b-2)}{h}$$
$$=\lim_{h\to +0}(ah+2a+b)$$
$$=2a+b=4$$

◀ $x\geqq 1$ のとき $f(x)=ax^2+bx-2$ であるから $f(1)=a+b-2$

$$\lim_{h\to -0}\frac{f(1+h)-f(1)}{h}=\lim_{h\to -0}\frac{(1+h)^3+(1-a)(1+h)^2-(a+b-2)}{h}$$
$$=\lim_{h\to -0}\left\{h^2+(4-a)h+5-2a-\frac{2a+b-4}{h}\right\}$$
$$=\lim_{h\to -0}\{h^2+(4-a)h+5-2a\}$$
$$=5-2a$$

◀ ① から $2a+b-4=4-4=0$

よって，$f'(1)$ が存在するための条件は $4=5-2a$

ゆえに $\boldsymbol{a=\dfrac{1}{2}}$ このとき，① から $\boldsymbol{b=3}$

◀ ① から $b=4-2a$

**練習 ④ 62** $f(x)=\begin{cases} \sqrt{x^2-2}+3 & (x\geqq 2) \\ ax^2+bx & (x<2) \end{cases}$ で定義される関数 $f(x)$ が $x=2$ で微分可能となるように，定数 $a$，$b$ の値を定めよ。〔類 関西大〕

3章 ❼ 微分係数と導関数

# 8 導関数の計算

## 基本事項

関数 $f(x)$, $g(x)$ は微分可能であるとする。

**1 導関数の性質** $k$, $l$ を定数とする。

1 **定数倍** $\{kf(x)\}'=kf'(x)$　　2 **和** $\{f(x)+g(x)\}'=f'(x)+g'(x)$

3 $\{kf(x)+lg(x)\}'=kf'(x)+lg'(x)$　　特に $\{f(x)-g(x)\}'=f'(x)-g'(x)$

**2 積の導関数** $\{f(x)g(x)\}'=f'(x)g(x)+f(x)g'(x)$

**3 商の導関数** $\left\{\dfrac{f(x)}{g(x)}\right\}'=\dfrac{f'(x)g(x)-f(x)g'(x)}{\{g(x)\}^2}$　特に $\left\{\dfrac{1}{g(x)}\right\}'=-\dfrac{g'(x)}{\{g(x)\}^2}$

**4 合成関数の微分法** $y=f(u)$ が $u$ の関数として微分可能, $u=g(x)$ が $x$ の関数として微分可能であるとき, 合成関数 $y=f(g(x))$ も $x$ の関数として微分可能で

$$\frac{dy}{dx}=\frac{dy}{du}\cdot\frac{du}{dx}\quad すなわち\quad \{f(g(x))\}'=f'(g(x))g'(x)$$

**5 逆関数の微分法** 微分可能な関数 $y=f(x)$ の逆関数 $y=f^{-1}(x)$ が存在するとき

$$\frac{dy}{dx}=\frac{1}{\dfrac{dx}{dy}}$$

**6 $x^p$ の導関数** $p$ が有理数のとき　$(x^p)'=px^{p-1}$

## 解説

### ■ 導関数の性質

**1 1 の証明**

$$\{kf(x)\}'=\lim_{h\to0}\frac{kf(x+h)-kf(x)}{h}=k\lim_{h\to0}\frac{f(x+h)-f(x)}{h}=kf'(x)$$

**1 2 の証明** $\{f(x)+g(x)\}'=\lim_{h\to0}\dfrac{\{f(x+h)+g(x+h)\}-\{f(x)+g(x)\}}{h}$

$$=\lim_{h\to0}\left\{\frac{f(x+h)-f(x)}{h}+\frac{g(x+h)-g(x)}{h}\right\}$$

$$=f'(x)+g'(x)$$

1 1, 2 から, 1 3 が成り立つ。また, 1 3 で $k=1$, $l=-1$ とすると, $\{f(x)-g(x)\}'=f'(x)-g'(x)$ が成り立つ。

◀左の証明では, 関数の極限値の性質 ($p.82$ 2 参照) を利用している。
$\lim_{x\to a}f(x)=\alpha$, $\lim_{x\to a}g(x)=\beta$ ($\alpha$, $\beta$ は有限な値) のとき
$\lim_{x\to a}\{kf(x)+lg(x)\}=k\alpha+l\beta$ ($k$, $l$ は定数)
$\lim_{x\to a}f(x)g(x)=\alpha\beta$

### ■ 積の導関数

**2 の証明** $\{f(x)g(x)\}'$

$$=\lim_{h\to0}\frac{f(x+h)g(x+h)-f(x)g(x)}{h}$$

$$=\lim_{h\to0}\frac{f(x+h)g(x+h)-f(x)g(x+h)+f(x)g(x+h)-f(x)g(x)}{h}$$

$$=\lim_{h\to0}\left\{\frac{f(x+h)-f(x)}{h}\cdot g(x+h)+f(x)\cdot\frac{g(x+h)-g(x)}{h}\right\}$$

ここで, $g(x)$ は微分可能であるから連続で　$\lim_{h\to0}g(x+h)=g(x)$

よって　$\{f(x)g(x)\}'=f'(x)g(x)+f(x)g'(x)$

◀ $\dfrac{f(x+h)-f(x)}{h}$, $\dfrac{g(x+h)-g(x)}{h}$ の形を作り出すために, 工夫して変形。

## ■ 商の導関数

**3** の証明　まず，$\left\{\dfrac{1}{g(x)}\right\}'=-\dfrac{g'(x)}{\{g(x)\}^2}$ …… ① を証明する。

$$\left\{\frac{1}{g(x)}\right\}'=\lim_{h\to0}\frac{1}{h}\left\{\frac{1}{g(x+h)}-\frac{1}{g(x)}\right\}=\lim_{h\to0}\frac{g(x)-g(x+h)}{hg(x+h)g(x)}$$
$$=\lim_{h\to0}\left\{-\frac{g(x+h)-g(x)}{h}\cdot\frac{1}{g(x+h)g(x)}\right\}$$
$$=-g'(x)\cdot\frac{1}{g(x)g(x)}=-\frac{g'(x)}{\{g(x)\}^2}$$

ゆえに　$\left\{\dfrac{f(x)}{g(x)}\right\}'=\left\{f(x)\cdot\dfrac{1}{g(x)}\right\}'=f'(x)\cdot\dfrac{1}{g(x)}+f(x)\cdot\left\{\dfrac{1}{g(x)}\right\}'$

$$=\frac{f'(x)}{g(x)}+f(x)\cdot\frac{-g'(x)}{\{g(x)\}^2}=\frac{f'(x)g(x)-f(x)g'(x)}{\{g(x)\}^2}$$

◀{ }の中の式を通分。

◀$\dfrac{g(x+h)-g(x)}{h}$ の形を作る。

◀$\displaystyle\lim_{h\to0}g(x+h)=g(x)$

◀**2** の公式を利用。

◀先に示した ① を利用。

## ■ 合成関数の微分法

**4** の証明　$x$ の増分 $\Delta x$ に対する $u=g(x)$ の増分を $\Delta u$，$u$ の増分 $\Delta u$ に対する $y=f(u)$ の増分を $\Delta y$ とすると，$u=g(x)$ は連続であるから，$\Delta x\longrightarrow0$ のとき $\Delta u\longrightarrow0$ となる。よって

$$\frac{dy}{dx}=\lim_{\Delta x\to0}\frac{\Delta y}{\Delta x}=\lim_{\Delta x\to0}\left(\frac{\Delta y}{\Delta u}\cdot\frac{\Delta u}{\Delta x}\right)=\left(\lim_{\Delta u\to0}\frac{\Delta y}{\Delta u}\right)\left(\lim_{\Delta x\to0}\frac{\Delta u}{\Delta x}\right)=\frac{dy}{du}\cdot\frac{du}{dx}$$

一般に　$\{f(g(x))\}'=f'(g(x))g'(x)$，　$\dfrac{d}{dx}f(y)=f'(y)\cdot\dfrac{dy}{dx}$

◀$\Delta u=g(x+\Delta x)-g(x)$，$\Delta y=f(u+\Delta u)-f(u)$

**公式の覚え方**

$\dfrac{dy}{dx}$ は1つの記号であるが，分数のようにみると

$\dfrac{dy}{dx}=\dfrac{dy}{du}\cdot\dfrac{du}{dx}$

(約分のイメージ)

$\dfrac{dy}{dx}=1\div\dfrac{dx}{dy}=\dfrac{1}{\frac{dx}{dy}}$

(逆数のイメージ)

## ■ 逆関数の微分法

**5** の証明　$y=f^{-1}(x)$ から　$x=f(y)$　　両辺を $x$ で微分すると

$$(\text{左辺})=\frac{d}{dx}x=1,\ (\text{右辺})=\frac{d}{dx}f(y)=\frac{d}{dy}f(y)\cdot\frac{dy}{dx}=\frac{dx}{dy}\cdot\frac{dy}{dx}$$

ゆえに　$1=\dfrac{dx}{dy}\cdot\dfrac{dy}{dx}$　　　よって　$\dfrac{dy}{dx}=\dfrac{1}{\frac{dx}{dy}}$

## ■ $x^p$ の導関数

$(x^n)'=nx^{n-1}$ …… ② とすると，$n$ が 0 のときは明らかに ② は成り立つ。$n$ が自然数のとき，② が成り立つことを示す。

二項定理により　$(x+h)^n=x^n+{}_n\mathrm{C}_1x^{n-1}h+{}_n\mathrm{C}_2x^{n-2}h^2+\cdots\cdots+{}_n\mathrm{C}_nh^n$

ゆえに　$(x+h)^n-x^n={}_n\mathrm{C}_1x^{n-1}h+({}_n\mathrm{C}_2x^{n-2}+\cdots\cdots+{}_n\mathrm{C}_nh^{n-2})h^2$

$$\therefore\ (x^n)'=\lim_{h\to0}\frac{(x+h)^n-x^n}{h}=\lim_{h\to0}\{{}_n\mathrm{C}_1x^{n-1}+(\cdots\cdots)h\}={}_n\mathrm{C}_1x^{n-1}=nx^{n-1}$$

次に，$n$ が負の整数のときは，$n=-m$ とおくと $m$ は自然数であるから

$$(x^n)'=(x^{-m})'=\left(\frac{1}{x^m}\right)'=-\frac{(x^m)'}{(x^m)^2}=-\frac{mx^{m-1}}{x^{2m}}=-mx^{-m-1}=nx^{n-1}$$

ゆえに，② はすべての整数 $n$ について成り立つ。

最後に，$p$ が有理数のとき $(x^p)'=px^{p-1}$ が成り立つことを示す。

$p=\dfrac{m}{n}$ ($n$ は自然数，$m$ は整数) と表され　$x^p=x^{\frac{m}{n}}=(x^{\frac{1}{n}})^m$

$y=x^{\frac{1}{n}}$ とおくと　$x=y^n$　　ゆえに　$\dfrac{dx}{dy}=ny^{n-1}$

$$\therefore\ (x^p)'=\frac{d}{dx}y^m=\frac{d}{dy}y^m\cdot\frac{dy}{dx}=my^{m-1}\cdot\frac{dy}{dx}=my^{m-1}\cdot\frac{1}{\frac{dx}{dy}}$$
$$=my^{m-1}\cdot\frac{1}{ny^{n-1}}=\frac{m}{n}y^{m-n}=\frac{m}{n}(x^{\frac{1}{n}})^{m-n}=\frac{m}{n}x^{\frac{m}{n}-1}=px^{p-1}$$

◀$(1)'=0$

◀数学的帰納法でも証明できる。
二項定理(数学Ⅱ)
$(a+b)^n=\displaystyle\sum_{k=0}^{n}{}_n\mathrm{C}_ka^{n-k}b^k$

◀① を利用。

**参考**　$(x^p)'=px^{p-1}$ は $p$ が無理数のときも成り立つ ($p$.116 基本事項 **3**)。

◀合成関数の微分法，逆関数の微分法の公式を利用。

3章

8 導関数の計算

## 基本例題 63 積・商の導関数

(1) 次の関数を微分せよ。

(ア) $y=x^4+2x^3-3x$　　(イ) $y=(2x-1)(x^2-x+3)$

(ウ) $y=\dfrac{2x-3}{x^2+1}$　　(エ) $y=\dfrac{2x^3+x-1}{x^2}$

(2) (ア) 関数 $f(x)$, $g(x)$, $h(x)$ が微分可能であるとき，次の公式を証明せよ。

$$\{f(x)g(x)h(x)\}'=f'(x)g(x)h(x)+f(x)g'(x)h(x)+f(x)g(x)h'(x)$$

(イ) 関数 $y=(x+1)(x-2)(x^2+3)$ を微分せよ。

p.110 基本事項 1～3

**指針** $n$ が整数のとき $(x^n)'=nx^{n-1}$，性質 $\{kf(x)+lg(x)\}'=kf'(x)+lg'(x)$ [$k$, $l$ は定数] および，**積，商の導関数の公式** を利用して計算。

積 $\{f(x)g(x)\}'=f'(x)g(x)+f(x)g'(x)$

商 $\left\{\dfrac{f(x)}{g(x)}\right\}'=\dfrac{f'(x)g(x)-f(x)g'(x)}{\{g(x)\}^2}$ （符号に注意） 特に $\left\{\dfrac{1}{g(x)}\right\}'=-\dfrac{g'(x)}{\{g(x)\}^2}$

**解答**

(1) (ア) $y'=4x^3+2\cdot3x^2-3\cdot1=\mathbf{4x^3+6x^2-3}$

◀ $(x^n)'=nx^{n-1}$

(イ) $y'=2(x^2-x+3)+(2x-1)(2x-1)$
$=2x^2-2x+6+4x^2-4x+1=\mathbf{6x^2-6x+7}$

◀ $(uv)'=u'v+uv'$　●の符号は $+$

(ウ) $y'=\dfrac{2(x^2+1)-(2x-3)\cdot2x}{(x^2+1)^2}=\dfrac{2x^2+2-4x^2+6x}{(x^2+1)^2}$
$=\dfrac{\mathbf{-2x^2+6x+2}}{\mathbf{(x^2+1)^2}}$

◀ $\left(\dfrac{u}{v}\right)'=\dfrac{u'v-uv'}{v^2}$　●の符号は $-$

(エ) $y'=\left(2x+\dfrac{1}{x}-\dfrac{1}{x^2}\right)'=2-\dfrac{1}{x^2}+\dfrac{2}{x^3}=\dfrac{\mathbf{2x^3-x+2}}{\mathbf{x^3}}$

◀ $\left(\dfrac{1}{v}\right)'=-\dfrac{v'}{v^2}$
あるいは，与式のまま $\left(\dfrac{u}{v}\right)'=\dfrac{u'v-uv'}{v^2}$ を利用して，(ウ) のように求めてもよい。

(2) (ア) $y=f(x)g(x)h(x)$ とすると
$y'=[f(x)\{g(x)h(x)\}]'$
$=f'(x)\{g(x)h(x)\}+f(x)\{g(x)h(x)\}'$
$=f'(x)g(x)h(x)+f(x)\{g'(x)h(x)+g(x)h'(x)\}$
$=f'(x)g(x)h(x)+f(x)g'(x)h(x)+f(x)g(x)h'(x)$

(イ) $y'=1\cdot(x-2)(x^2+3)+(x+1)\cdot1\cdot(x^2+3)$
$+(x+1)(x-2)\cdot2x$
$=(2x-1)(x^2+3)+2x(x^2-x-2)$
$=\mathbf{4x^3-3x^2+2x-3}$

◀ (ア) の結果を利用。

◀ $=2x^3+6x-x^2-3$
$+2x^3-2x^2-4x$

**練習 ② 63** 次の関数を微分せよ。 [(6) 宮崎大]

(1) $y=3x^5-2x^4+4x^2-2$　　(2) $y=(x^2+2x)(x^2-x+1)$

(3) $y=(x^3+3x)(x^2-2)$　　(4) $y=(x+3)(x^2-1)(-x+2)$

(5) $y=\dfrac{1}{x^2+x+1}$　　(6) $y=\dfrac{1-x^2}{1+x^2}$

(7) $y=\dfrac{x^3-3x^2+x}{x^2}$　　(8) $y=\dfrac{(x-1)(x^2+2)}{x^2+3}$

p.115 EX 49, 51

## 基本例題 64 合成関数の微分法 ①①①①①

次の関数を微分せよ。

(1) $y=(x^2+1)^3$　　(2) $y=\dfrac{1}{(2x-3)^2}$

(3) $y=(3x+1)^2(x-2)^3$　　(4) $y=\dfrac{x-1}{(x^2+1)^2}$

p.110 基本事項 4

**指針** **合成関数の微分法の公式** を利用して計算する。

(1) $u=x^2+1$ とおくと，$y=u^3$ で

$$\frac{dy}{dx}=\frac{dy}{du}\cdot\frac{du}{dx}=3u^2\cdot(x^2+1)'=3(x^2+1)^2\cdot 2x$$

←おき換えた式の導関数を掛ける。　←$u$ を $x$ の式に戻す。

(2) $u=2x-3$ とおき，$y=u^{-2}$ とみるとよい。

(3) $t=3x+1$，$u=x-2$ とおくと　$y=t^2\cdot u^3$ ⟶ 積の導関数の公式も利用。

(4) $u=x^2+1$ とおくと　$y=\dfrac{x-1}{u^2}$ ⟶ 商の導関数の公式も利用。

**CHART** 合成関数の微分　1 $f(u)$ なら $f'(u)u'$　2 $\dfrac{dy}{dx}=\dfrac{dy}{du}\cdot\dfrac{du}{dx}$

**解答**

(1) $y'=3(x^2+1)^2\cdot(x^2+1)'=3(x^2+1)^2\cdot 2x=\boldsymbol{6x(x^2+1)^2}$

◀$y=u^3$ とみたから，$y'=3u^2\cdot u'$ となる。

(2) $y=(2x-3)^{-2}$ であるから

$y'=-2(2x-3)^{-3}\cdot(2x-3)'$

$=-2(2x-3)^{-3}\cdot 2=\boldsymbol{-\dfrac{4}{(2x-3)^3}}$

◀$y=u^{-2}$ とみたから，$y'=-2u^{-3}\cdot u'$ となる。

(3) $y'=\{(3x+1)^2\}'(x-2)^3+(3x+1)^2\{(x-2)^3\}'$

$=2(3x+1)\cdot 3\cdot(x-2)^3+(3x+1)^2\cdot 3(x-2)^2\cdot 1$

$=3(3x+1)(x-2)^2\{2(x-2)+(3x+1)\}$

$=\boldsymbol{3(5x-3)(3x+1)(x-2)^2}$

◀$3(3x+1)(x-2)^2$ でくくり出す。

(4) $y'=\dfrac{(x-1)'(x^2+1)^2-(x-1)\{(x^2+1)^2\}'}{(x^2+1)^4}$

$=\dfrac{1\cdot(x^2+1)^2-(x-1)\cdot 2(x^2+1)\cdot 2x}{(x^2+1)^4}$

$=\dfrac{(x^2+1)\{(x^2+1)-4x(x-1)\}}{(x^2+1)^4}=\boldsymbol{-\dfrac{3x^2-4x-1}{(x^2+1)^3}}$

◀$\{(x^2+1)^2\}'=2(x^2+1)\cdot(x^2+1)'$

**参考** ① $\{f(ax+b)\}'=af'(ax+b)$　　$a$，$b$ は定数

② $[\{f(x)\}^n]'=n\{f(x)\}^{n-1}f'(x)$　　$n$ は整数

が成り立つ。①，② は合成関数の微分法の公式を利用して導くことができる。

**練習** ① **64** 次の関数を微分せよ。

(1) $y=(x-3)^3$　(2) $y=(x^2-2)^2$　(3) $y=(x^2+1)^2(x-3)^3$

(4) $y=\dfrac{1}{(x^2-2)^3}$　(5) $y=\left(\dfrac{x-2}{x+1}\right)^2$　(6) $y=\dfrac{(2x-1)^3}{(x^2+1)^2}$

## 基本例題 65 逆関数の微分法，$x^p$（$p$ は有理数）の導関数 ①①①①①

(1) $y=x^3$ の逆関数の導関数を求めよ。

(2) $y=x^3+3x$ の逆関数を $g(x)$ とするとき，微分係数 $g'(0)$ を求めよ。

(3) 次の関数を微分せよ。

(ア) $y=\sqrt[4]{x^3}$　　(イ) $y=\sqrt{x^2+3}$

p.110 基本事項 5，6

(1)，(2) **逆関数の微分法の公式** $\dfrac{dy}{dx}=\dfrac{1}{\dfrac{dx}{dy}}$ を利用して計算する。

(1) $y=x^3$ の逆関数は　$x=y^3$（すなわち $y=x^{\frac{1}{3}}$）
$x$ を $y$ の関数とみて $y$ で微分し，最後に $y$ を $x$ の関数で表す。

(2) $y=g(x)$ として，(1) と同様に $g'(x)$ を計算すると，$g'(x)$ は $y$ で表される。
⟶ $x=0$ のときの $y$ の値 $[=g(0)]$ を求め，それを利用して $g'(0)$ を求める。

(3) **$p$ が有理数のとき　$(x^p)'=px^{p-1}$**　を利用。

**解答**

(1) $y=x^3$ の逆関数は，$x=y^3$ を満たす。

よって　$\dfrac{dx}{dy}=3y^2$

ゆえに，$x\neq0$ のとき

$$\frac{dy}{dx}=\frac{1}{\frac{dx}{dy}}=\frac{1}{3y^2}=\frac{1}{3(y^3)^{\frac{2}{3}}}=\frac{1}{3x^{\frac{2}{3}}}=\boldsymbol{\frac{1}{3}x^{-\frac{2}{3}}}$$

(2) $y=g(x)$ とすると，条件から $x=y^3+3y$ …… ① が満たされる。

① から　$g'(x)=\dfrac{dy}{dx}=\dfrac{1}{\dfrac{dx}{dy}}=\dfrac{1}{3y^2+3}$

$x=0$ のとき　$y^3+3y=0$　すなわち　$y(y^2+3)=0$

$y^2+3>0$ であるから　$y=0$

したがって　$g'(0)=\dfrac{1}{3\cdot0^2+3}=\boldsymbol{\dfrac{1}{3}}$

(3) (ア) $y'=(x^{\frac{3}{4}})'=\dfrac{3}{4}x^{-\frac{1}{4}}=\boldsymbol{\dfrac{3}{4\sqrt[4]{x}}}$

(イ) $y'=\{(x^2+3)^{\frac{1}{2}}\}'=\dfrac{1}{2}(x^2+3)^{-\frac{1}{2}}\cdot(x^2+3)'=\boldsymbol{\dfrac{x}{\sqrt{x^2+3}}}$

別解 (1) $y=x^3$ の逆関数は $y=x^{\frac{1}{3}}$ で
$\dfrac{dy}{dx}=(x^{\frac{1}{3}})'=\boldsymbol{\dfrac{1}{3}x^{-\frac{2}{3}}}$

◀関数 $f(x)$ とその逆関数 $f^{-1}(x)$ について
$\boldsymbol{y=f(x)\Longleftrightarrow x=f^{-1}(y)}$
の関係があること（$p.24$ 基本事項 2 ①）に注意。

◀合成関数の微分。

**練習 ② 65**

(1) $y=\dfrac{1}{x^3}$ の逆関数の導関数を求めよ。

(2) $f(x)=\dfrac{1}{x^3+1}$ の逆関数 $f^{-1}(x)$ の $x=\dfrac{1}{65}$ における微分係数を求めよ。

(3) 次の関数を微分せよ。　〔(イ) 広島市大〕

(ア) $y=\dfrac{1}{\sqrt[3]{x^2}}$　　(イ) $y=\sqrt{2-x^3}$　　(ウ) $y=\sqrt[3]{\dfrac{x-1}{x+1}}$

p.115 EX 50, 52

②48 (1)　関数 $f(x)$ が $x=a$ で微分可能であることの定義を述べよ。

(2)　関数 $f(x)=|x^2-1|\cdot 3^{-x}$ は $x=1$ で微分可能でないことを示せ。　〔類　神戸大〕

→60

②49 $f(x)=x^{\frac{1}{3}}\ (x>0)$ とする。次の (1)，(2) それぞれの方法で，導関数 $f'(x)$ を求めよ。

(1)　導関数の定義に従って求める。

(2)　$f(x)\cdot f(x)\cdot f(x)=x$ となっている。これに積の導関数の公式を適用する。

〔類　関西大〕

→61，63



②50 (1)　関数 $y=\dfrac{x}{\sqrt{4+3x^2}}$ の導関数を求めよ。　〔宮崎大〕

(2)　関数 $f(x)=\sqrt{x+\sqrt{x^2-9}}$ の $x=5$ における微分係数を求めよ。　〔藤田医大〕

→63～65

③51 (1)　$f(x)=(x-1)^2Q(x)$ ($Q(x)$ は多項式) のとき，$f'(x)$ は $x-1$ で割り切れることを示せ。

(2)　$g(x)=ax^{n+1}+bx^n+1$ ($n$ は 2 以上の自然数) が $(x-1)^2$ で割り切れるとき，$a$，$b$ を $n$ で表せ。ただし，$a$，$b$ は $x$ に無関係とする。　〔岡山理科大〕

→63

②52 関数 $f(x)$ は微分可能で，その逆関数を $g(x)$ とする。$f(1)=2$，$f'(1)=2$ のとき，$g(2)$，$g'(2)$ の値をそれぞれ求めよ。

→65

④53 (1)　和 $1+x+x^2+\cdots\cdots+x^n$ を求めよ。

(2)　(1) で求めた結果を $x$ で微分することにより，和 $1+2x+3x^2+\cdots\cdots+nx^{n-1}$ を求めよ。

(3)　(2) の結果を用いて，無限級数の和 $\displaystyle\sum_{n=1}^{\infty}\frac{n}{2^n}$ を求めよ。ただし，$\displaystyle\lim_{n\to\infty}\frac{n}{2^n}=0$ であることを用いてよい。　〔類　東北学院大〕

**HINT**

48　(2)　$x=1$ における右側微分係数と左側微分係数が一致しないことを示す。

49　(2)　$f(x)\cdot f(x)\cdot f(x)=x$ の両辺を $x$ で微分する。

50　(2)　導関数 $f'(x)$ を求め，$x=5$ を代入。

51　(1)　$f(x)=(x-1)^2Q(x)$ の両辺を $x$ で微分する。　(2)　(1) の結果を利用。

52　$y=g(x)$ とすると，$f(x)$ は $g(x)$ の逆関数であるから　$x=f(y)$

53　(1)　$x\neq 1$ と $x=1$ で場合分け。等比数列の和の公式 (数学 B) を利用。

(3)　(2) の結果において，$x=\dfrac{1}{2}$ とする。

# 9 いろいろな関数の導関数

## 基本事項

**1 三角関数の導関数**　$(\sin x)'=\cos x$　$(\cos x)'=-\sin x$　$(\tan x)'=\dfrac{1}{\cos^2 x}$

**2 対数関数の導関数**

① **自然対数の底 $e$ の定義**　$e=\lim_{h\to0}(1+h)^{\frac{1}{h}}$

② **対数関数の導関数**　$a>0$，$a\neq1$ とする。

$$(\log x)'=\frac{1}{x}\quad(\log_a x)'=\frac{1}{x\log a}\quad(\log|x|)'=\frac{1}{x}\quad(\log_a|x|)'=\frac{1}{x\log a}$$

注意　自然対数 $\log_e x$ は底 $e$ を省略して，単に $\log x$ と書く。

**3 $x^\alpha$ の導関数**　$\alpha$ が実数のとき　$(x^\alpha)'=\alpha x^{\alpha-1}$

**4 指数関数の導関数**　$(e^x)'=e^x$　$(a^x)'=a^x\log a$　($a>0$，$a\neq1$ とする。)

## 解　説

### ■ 三角関数の導関数

三角関数の極限に関する公式 $\lim_{x\to0}\dfrac{\sin x}{x}=1$ ($p.90$ 参照) を用いて

$$(\sin x)'=\lim_{h\to0}\frac{\sin(x+h)-\sin x}{h}$$

$\sin A-\sin B=2\cos\dfrac{A+B}{2}\sin\dfrac{A-B}{2}$　($p.10$ 参照。)

$$=\lim_{h\to0}\frac{2\cos\left(x+\frac{h}{2}\right)\sin\frac{h}{2}}{h}=\lim_{h\to0}\cos\left(x+\frac{h}{2}\right)\cdot\frac{\sin\frac{h}{2}}{\frac{h}{2}}=\cos x\cdot1=\cos x$$

$$(\cos x)'=\left\{\sin\left(x+\frac{\pi}{2}\right)\right\}'=\cos\left(x+\frac{\pi}{2}\right)\cdot\left(x+\frac{\pi}{2}\right)'=-\sin x$$

$$(\tan x)'=\left(\frac{\sin x}{\cos x}\right)'=\frac{(\sin x)'\cos x-\sin x(\cos x)'}{\cos^2 x}=\frac{\cos^2 x+\sin^2 x}{\cos^2 x}=\frac{1}{\cos^2 x}$$

### ■ 自然対数の底 $e$

$h\longrightarrow0$ のとき **$(1+h)^{\frac{1}{h}}$ の極限値** $(2.71828\cdots\cdots)$ を **$e$** で表し，**$\log_e x$** を **自然対数** という(詳しくは $p.121$ も参照)。一般に，$\log_e x$ は底 $e$ を省略して **$\log x$** と書く。

### ■ 対数関数の導関数　($a>0$，$a\neq1$)

$$(\log_a x)'=\lim_{\Delta x\to0}\frac{\log_a(x+\Delta x)-\log_a x}{\Delta x}=\lim_{\Delta x\to0}\frac{1}{\Delta x}\log_a\left(1+\frac{\Delta x}{x}\right)$$

$h=\dfrac{\Delta x}{x}$ とおくと　$(\log_a x)'=\dfrac{1}{x}\lim_{h\to0}\log_a(1+h)^{\frac{1}{h}}=\dfrac{1}{x}\log_a e=\dfrac{1}{x\log a}$

特に $a=e$ のとき　$(\log x)'=\dfrac{1}{x}$

### ■ $x^\alpha$ の導関数　($\alpha$ は実数)

$y=x^\alpha$ の両辺の自然対数をとると　$\log y=\alpha\log x$

両辺を $x$ で微分して　$\dfrac{y'}{y}=\alpha\cdot\dfrac{1}{x}$　よって　$y'=\alpha\cdot\dfrac{1}{x}\cdot x^\alpha=\alpha x^{\alpha-1}$

なお，2 ② の後半 2 つの公式と 4 の公式の証明は，$p.118$ の 検討 で扱った。

## 基本 例題 66 三角関数の導関数 ②②③④⑤

次の関数を微分せよ。

(1) $y=\cos(2x+3)$　　(2) $y=\dfrac{1}{\tan x}$　　(3) $y=\dfrac{\cos x}{3+\sin x}$

p.116 基本事項 1

**三角関数の導関数** $(\sin x)'=\cos x$, $(\cos x)'=-\sin x$, $(\tan x)'=\dfrac{1}{\cos^2 x}$

の利用。(1) **合成関数の微分法** $\{f(ax+b)\}'=af'(ax+b)$ も用いる。

(2) $u=\tan x$ とおくと $y=\dfrac{1}{u}$ よって，$y'=-\dfrac{u'}{u^2}$ として計算。

(3) $y=\dfrac{u}{v}$ のとき $y'=\dfrac{u'v-uv'}{v^2}$ を利用して計算。

なお，結果の式は関係式 $\sin^2 x+\cos^2 x=1$ などを用いて整理する。

(1) $y'=-\sin(2x+3)\cdot(2x+3)'=\mathbf{-2\sin(2x+3)}$

(2) $y'=-\dfrac{(\tan x)'}{\tan^2 x}=-\dfrac{\cos^2 x}{\sin^2 x}\cdot\dfrac{1}{\cos^2 x}=\mathbf{-\dfrac{1}{\sin^2 x}}$

(3) $y'=\dfrac{(\cos x)'\cdot(3+\sin x)-\cos x\cdot(3+\sin x)'}{(3+\sin x)^2}$

$=\dfrac{-\sin x\cdot(3+\sin x)-\cos x\cdot\cos x}{(3+\sin x)^2}$

$=\dfrac{-3\sin x-(\sin^2 x+\cos^2 x)}{(3+\sin x)^2}=\mathbf{-\dfrac{3\sin x+1}{(3+\sin x)^2}}$

(2) $\left(\dfrac{\cos x}{\sin x}\right)'$ とみて，商の導関数の公式を用いてもよい。

◀ $\left(\dfrac{u}{v}\right)'=\dfrac{u'v-uv'}{v^2}$

**三角関数を微分した結果の式に関する注意**

例えば $y=\sin x\cos^2 x$ は，そのまま微分するのと，式を変形してから微分するのとでは，結果の形が異なって表される。

[1] 式を変形しないでそのまま微分すると

$y'=\cos x\cos^2 x+\sin x\cdot 2\cos x(-\sin x)=\mathbf{\cos^3 x-2\sin^2 x\cos x}$ …… ①

[2] $\cos^2 x=1-\sin^2 x$ を用いて，式を変形してから微分すると

$y=\sin x(1-\sin^2 x)=\sin x-\sin^3 x$ から　$\mathbf{y'=\cos x-3\sin^2 x\cos x}$ …… ②

…… ①，② は，$\sin^2 x=1-\cos^2 x$ を用いて変形すると，ともに $3\cos^3 x-2\cos x$ となる。このように，三角関数を微分すると，導関数がいろいろな形で表されることがある。上の例では，①，② のどちらを答えとしてもよい。ただし，$\sin^2 x+\cos^2 x=1$ が現れているなど，更に簡単にできる場合は変形しておくようにする。

**練習 ② 66** 次の関数を微分せよ。 〔(4) 宮崎大，(6) 会津大，(8) 東京理科大〕

(1) $y=\sin 2x$　　(2) $y=\cos x^2$　　(3) $y=\tan^2 x$

(4) $y=\sin^3(2x+1)$　　(5) $y=\cos x\sin^2 x$　　(6) $y=\tan(\sin x)$

(7) $y=\dfrac{\tan x}{x}$　　(8) $y=\dfrac{\cos x}{\sqrt{x}}$

p.126, 127 EX 56, 63

## 基本 例題 67 対数関数・指数関数の導関数 ①①①①①

次の関数を微分せよ。

(1) $y=\log(x^2+1)$　　(2) $y=\log_2|2x|$　　(3) $y=\log|\tan x|$

(4) $y=e^{2x}$　　(5) $y=2^{-3x}$　　(6) $y=e^x\sin x$

p.116 基本事項 **2**, **4**

**指針** **対数関数の導関数**　$(\log|x|)'=\dfrac{1}{x}$,　$(\log_a|x|)'=\dfrac{1}{x\log a}$

**指数関数の導関数**　$(e^x)'=e^x$,　$(a^x)'=a^x\log a$

更に，合成関数の微分 $\{f(u)\}'=f'(u)u'$　特に $\{f(ax+b)\}'=af'(ax+b)$ も利用。

**解答**

(1) $y'=\dfrac{(x^2+1)'}{x^2+1}=\boldsymbol{\dfrac{2x}{x^2+1}}$

(2) $y'=\dfrac{(2x)'}{2x\log 2}=\dfrac{2}{2x\log 2}=\boldsymbol{\dfrac{1}{x\log 2}}$

(3) $y'=\dfrac{(\tan x)'}{\tan x}=\dfrac{1}{\tan x\cos^2 x}=\boldsymbol{\dfrac{1}{\sin x\cos x}}$

(4) $y'=e^{2x}(2x)'=\boldsymbol{2e^{2x}}$

(5) $y'=(2^{-3x}\log 2)(-3x)'=\boldsymbol{(-3\log 2)\cdot 2^{-3x}}$

(6) $y'=(e^x)'\sin x+e^x(\sin x)'=e^x\sin x+e^x\cos x$
$=\boldsymbol{e^x(\sin x+\cos x)}$

◀ $\{\log f(x)\}'=\dfrac{f'(x)}{f(x)}$

◀ $u=2x$ とおくと $y=\log_2|u|$ であるから $y'=\dfrac{1}{u\log 2}\cdot u'$

◀ $\{f(2x)\}'=2f'(2x)$

◀ $u=-3x$ とおくと $y=2^u$ であるから $y'=(2^u\log 2)u'$

**検討** ***p*.116 基本事項 2 ② の後半の 2 つの公式と 4 の公式の証明**

[1] $(\log|x|)'=\dfrac{1}{x}$, $(\log_a|x|)'=\dfrac{1}{x\log a}$ $(a>0,\ a\neq 1)$ **の証明**

$x>0$ のとき　$(\log|x|)'=(\log x)'=\dfrac{1}{x}$,

$x<0$ のとき　$(\log|x|)'=\{\log(-x)\}'=\dfrac{1}{-x}\cdot(-1)=\dfrac{1}{x}$

ゆえに　$(\log|x|)'=\dfrac{1}{x}$　　また　$(\log_a|x|)'=\left(\dfrac{\log|x|}{\log a}\right)'=\dfrac{1}{\log a}\cdot\dfrac{1}{x}=\dfrac{1}{x\log a}$

[2] $(e^x)'=e^x$, $(a^x)'=a^x\log a$ $(a>0,\ a\neq 1)$ **の証明**　（次ページの対数微分法を利用）

$y=a^x$ の両辺の自然対数をとると　$\log y=x\log a$　　両辺を $x$ で微分して　$\dfrac{y'}{y}=\log a$

よって　$y'=y\log a$　ゆえに　$(a^x)'=a^x\log a$　特に，$a=e$ のとき　$(e^x)'=e^x\log e=e^x$

**練習 ② 67** 次の関数を微分せよ。ただし，$a>0$, $a\neq 1$ とする。　〔(7), (9) 宮崎大〕

(1) $y=\log 3x$　　(2) $y=\log_{10}(-4x)$　　(3) $y=\log|x^2-1|$

(4) $y=(\log x)^3$　　(5) $y=\log_2|\cos x|$　　(6) $y=\log(\log x)$

(7) $y=\log\dfrac{2+\sin x}{2-\sin x}$　　(8) $y=e^{6x}$　　(9) $y=\dfrac{e^x-e^{-x}}{e^x+e^{-x}}$

(10) $y=a^{-2x+1}$　　(11) $y=e^x\cos x$

p.126 EX 54, 55, 57

# 基本例題 68 対数微分法

次の関数を微分せよ。 ［(2) 岡山理科大］

(1) $y=\sqrt[3]{\dfrac{(x+2)^4}{x^2(x^2+1)}}$ (2) $y=x^x$ $(x>0)$

基本 67

**指針** (1) 右辺を指数の形で表し，$y=(x+2)^{\frac{4}{3}}x^{-\frac{2}{3}}(x^2+1)^{-\frac{1}{3}}$ として微分することもできるが計算が大変。このような複雑な積・商・累乗の形の関数の微分では，まず，**両辺（の絶対値）の自然対数をとってから微分** するとよい。

⟶ **積は和，商は差，$p$ 乗は $p$ 倍** となり，微分の計算がらくになる。

(2) $(x^n)'=nx^{n-1}$ や $(a^x)'=a^x\log a$ を思い出して，$y'=x\cdot x^{x-1}=x^x$ または $y'=x^x\log x$ とするのは **誤り！** (1) と同様に，まず両辺の自然対数をとる。

**CHART** 累乗の積と商で表された関数の微分　両辺の対数をとって微分する



**解答**

(1) 両辺の絶対値の自然対数をとって

$$\log|y|=\frac{1}{3}\{4\log|x+2|-2\log|x|-\log(x^2+1)\}$$

両辺を $x$ で微分して $\dfrac{y'}{y}=\dfrac{1}{3}\left(\dfrac{4}{x+2}-\dfrac{2}{x}-\dfrac{2x}{x^2+1}\right)$

よって

$$y'=\frac{1}{3}\cdot\frac{4x(x^2+1)-2(x+2)(x^2+1)-2x^2(x+2)}{(x+2)x(x^2+1)}\cdot y$$

$$=\frac{1}{3}\cdot\frac{-2(4x^2-x+2)}{(x+2)x(x^2+1)}\cdot\sqrt[3]{\frac{(x+2)^4}{x^2(x^2+1)}}$$

$$=-\frac{2(4x^2-x+2)}{3x(x^2+1)}\sqrt[3]{\frac{x+2}{x^2(x^2+1)}}$$

(2) $x>0$ であるから，$y>0$ である。

両辺の自然対数をとって　$\log y=x\log x$

両辺を $x$ で微分して　$\dfrac{y'}{y}=1\cdot\log x+x\cdot\dfrac{1}{x}$

よって　$y'=(\log x+1)y=\boldsymbol{(\log x+1)x^x}$

◀ $|y|=\sqrt[3]{\dfrac{|x+2|^4}{|x|^2(x^2+1)}}$ として両辺の自然対数をとる（対数の真数は正）。なお，常に　$x^2+1>0$

**対数の性質**

$\log_a MN=\log_a M+\log_a N$

$\log_a \dfrac{M}{N}=\log_a M-\log_a N$

$\log_a M^k=k\log_a M$

$(a>0,\ a\neq1,\ M>0,\ N>0)$

◀両辺 $>0$ を確認。

◀ $\log y$ を $x$ で微分すると $(\log y)'=\dfrac{1}{y}\cdot y'$

**検討　対数微分法**

上の例題のように，両辺の対数をとり，対数の性質を利用して微分する方法を **対数微分法** という。また，$\log|y|$ は次のように $x$ で微分している。

$\log|y|$ の $y$ は $x$ の関数であるから　$(\log|y|)'=\dfrac{d}{dx}\log|y|=\dfrac{d}{dy}\log|y|\cdot\dfrac{dy}{dx}=\dfrac{1}{y}\dfrac{dy}{dx}=\dfrac{y'}{y}$

**練習 ② 68** 次の関数を微分せよ。 ［(2) 関西大］

(1) $y=x^{2x}$ $(x>0)$ (2) $y=x^{\log x}$ (3) $y=(x+2)^2(x+3)^3(x+4)^4$

(4) $y=\dfrac{(x+1)^3}{(x^2+1)(x-1)}$ (5) $y=\sqrt[3]{x^2(x+1)}$ (6) $y=(x+2)\sqrt{\dfrac{(x+3)^3}{x^2+1}}$

p.126 EX58

# 基本例題 69 $e$ の定義を利用した極限

$\lim_{h\to 0}(1+h)^{\frac{1}{h}}=e$ を用いて，次の極限値を求めよ。

(1) $\lim_{x\to 0}(1+2x)^{\frac{1}{x}}$　(2) $\lim_{x\to\infty}\left(1+\frac{3}{x}\right)^x$　(3) $\lim_{x\to\infty}\left(1-\frac{4}{x}\right)^x$

p.116 基本事項 2

$\lim_{●\to 0}(1+●)^{\frac{1}{●}}=e$ **を適用できる形を作り出す** ことがポイントである。

(1) $x\longrightarrow 0$ のとき $2x\longrightarrow 0$ であるからといって，(与式)$=e$ としては **誤り！**

**$(1+●)^{\frac{1}{●}}$ $(●\longrightarrow 0)$ の ● は同じものでなければならない** から，指数部分に $\frac{1}{2x}$ が現れるように変形する必要がある。そこで，**$2x=h$ とおく** と

$x\longrightarrow 0$ のとき $h\longrightarrow 0$ で　$(1+2x)^{\frac{1}{x}}=(1+h)^{\frac{2}{h}}=\{(1+h)^{\frac{1}{h}}\}^2$

(2), (3) $x\longrightarrow\infty$ と $h\longrightarrow 0$ を関連づけるために，**0 に収束する部分を $h$ とおく。**

**CHART** $e$ に関する極限　**おき換えて　$\lim_{h\to 0}(1+h)^{\frac{1}{h}}$ の形を作る**

**解答**

(1) $2x=h$ とおくと，$x\longrightarrow 0$ のとき　$h\longrightarrow 0$

よって　$\lim_{x\to 0}(1+2x)^{\frac{1}{x}}=\lim_{h\to 0}(1+h)^{\frac{2}{h}}=\lim_{h\to 0}\{(1+h)^{\frac{1}{h}}\}^2=\boldsymbol{e^2}$

◀ $2x=h$ から　$\frac{1}{x}=\frac{2}{h}$

(2) $\frac{3}{x}=h$ とおくと，$x\longrightarrow\infty$ のとき　$h\longrightarrow +0$

よって

$$\lim_{x\to\infty}\left(1+\frac{3}{x}\right)^x=\lim_{h\to +0}(1+h)^{\frac{3}{h}}=\lim_{h\to +0}\{(1+h)^{\frac{1}{h}}\}^3=\boldsymbol{e^3}$$

◀ $x\longrightarrow\infty$ のとき $\frac{3}{x}\longrightarrow +0$

◀ $\frac{3}{x}=h$ から　$x=\frac{3}{h}$

(3) $-\frac{4}{x}=h$ とおくと，$x\longrightarrow\infty$ のとき　$h\longrightarrow -0$

よって

$$\lim_{x\to\infty}\left(1-\frac{4}{x}\right)^x=\lim_{h\to -0}(1+h)^{-\frac{4}{h}}=\lim_{h\to -0}\{(1+h)^{\frac{1}{h}}\}^{-4}$$

$$=\boldsymbol{e^{-4}}\left(=\frac{1}{e^4}\right)$$

◀ $x\longrightarrow\infty$ のとき $-\frac{4}{x}\longrightarrow -0$

◀ $-\frac{4}{x}=h$ から　$x=-\frac{4}{h}$

**検討**

**自然対数の底 $e$ の定義式の別の表現**

$h=\frac{1}{x}$ とおくと，$h\longrightarrow +0 \Longleftrightarrow x\longrightarrow\infty$，$h\longrightarrow -0 \Longleftrightarrow x\longrightarrow -\infty$ であるから

$$\lim_{x\to\infty}\left(1+\frac{1}{x}\right)^x=\lim_{h\to +0}(1+h)^{\frac{1}{h}}=e,\quad \lim_{x\to -\infty}\left(1+\frac{1}{x}\right)^x=\lim_{h\to -0}(1+h)^{\frac{1}{h}}=e$$

である。すなわち，$\boldsymbol{\lim_{x\to\pm\infty}\left(1+\frac{1}{x}\right)^x=e}$ が成り立つ。

$\lim_{■\to\pm\infty}\left(1+\frac{1}{■}\right)^{■}=e$

**練習 ③ 69** $\lim_{h\to 0}(1+h)^{\frac{1}{h}}=e$ を用いて，次の極限値を求めよ。　[(3) 防衛大]

(1) $\lim_{x\to 0}(1-x)^{\frac{1}{x}}$　(2) $\lim_{x\to\infty}\left(1-\frac{1}{x}\right)^{2x}$　(3) $\lim_{x\to\infty}\left(\frac{x}{x+1}\right)^x$

p.127 EX 59

# 参考事項 $e$ の定義について

$p.116$ において，次のように $e$（自然対数の底）を導入した。

「$h \longrightarrow 0$ のとき，$(1+h)^{\frac{1}{h}}$ はある無理数（2.71828……）に収束し，その極限値を $e$ で表す。 すなわち $\displaystyle\lim_{h\to0}(1+h)^{\frac{1}{h}}=e$ …… ①」

$e$ を含む関数の微分については $(e^x)'=e^x$，$(\log x)'=\dfrac{1}{x}$ という，簡単な（覚えやすい）結果になる。

$\log x$ は $\log_e x$（自然対数）のこと。

**注意** $\displaystyle\lim_{h\to0}(1+h)^{\frac{1}{h}}$ が収束することを高校の数学の範囲で示すことはできない。しかし，$y=(1+h)^{\frac{1}{h}}$ のグラフをコンピュータを用いてかくと右図のようになり，極限値 $\displaystyle\lim_{h\to0}(1+h)^{\frac{1}{h}}$ が存在することが予想できる。$e$ についてはその近似値 $e \fallingdotseq 2.72$ を覚えておくとよい。

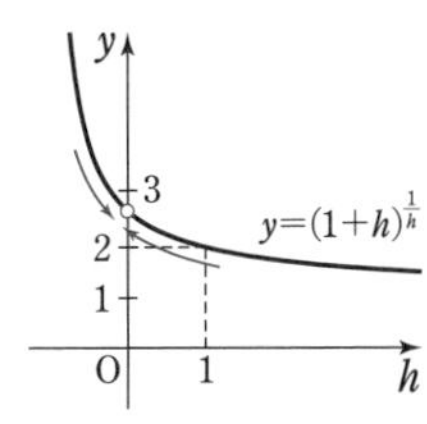


**参考** 自然対数の底 $e$ を，**ネイピアの数** ともいう。

一方，$e$ については，次のような接線の傾きを利用した導入の仕方もある。

「**曲線 $y=a^x$ $(a>1)$ 上の点 $(0,\ 1)$ における接線の傾きが 1 となるときの $a$ の値を $e$ と定める。** すなわち $\displaystyle\lim_{h\to0}\frac{e^h-1}{h}=1$ …… ②」

**解説** 曲線 $y=a^x$ $(a>1)$ 上の点 $(0,\ 1)$ における接線の傾きは，

$y=f(x)$ とおくと $\displaystyle f'(0)=\lim_{h\to0}\frac{f(h)-f(0)}{h-0}=\lim_{h\to0}\frac{a^h-1}{h}$

ここで，右図からわかるように，この傾きは $a$ の値が大きくなると大きくなり，$a$ の値が小さくなって 1 に近づくと 0 に近づく。よって，この傾きがちょうど 1 になる $a$ の値が 1 つあり，それを $e$ と定めるのである。つまり $\displaystyle\lim_{h\to0}\frac{e^h-1}{h}=1$

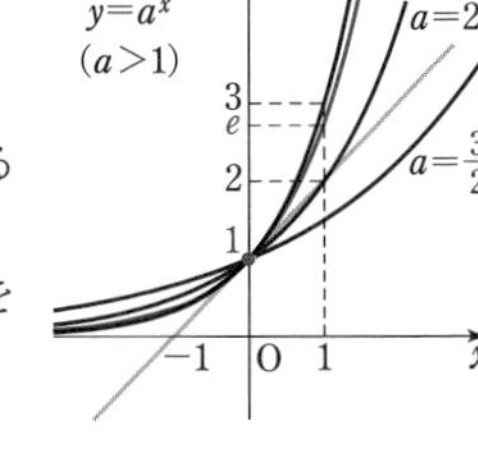


なお，$y=e^x$ と $y=\log x$ が互いに逆関数の関係にあることに注目すると，次のようにして **① と ② が同値である** ことが確かめられる。

② ［曲線 $y=e^x$ 上の点 $(0,\ 1)$ における接線 $\ell$ の傾きが 1］

$\iff$ 曲線 $y=\log x$ 上の点 $(1,\ 0)$ における接線 $\ell'$ の傾きが 1

$\displaystyle\iff \lim_{h\to0}\frac{\log(1+h)-\log1}{(1+h)-1}=1$ ← $y=\log x$ の $x=1$ における微分係数が 1

$\displaystyle\iff \lim_{h\to0}\log(1+h)^{\frac{1}{h}}=\log e$ ← $\dfrac{1}{h}\log(1+h)=\log(1+h)^{\frac{1}{h}}$

$\displaystyle\iff \lim_{h\to0}(1+h)^{\frac{1}{h}}=e$ ［①］

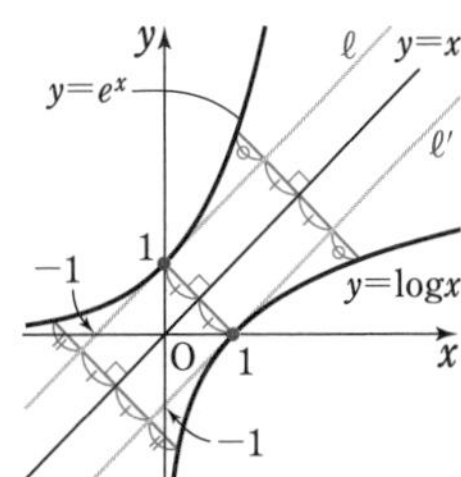


$y=e^x$，$y=\log x$ のグラフは，直線 $y=x$ に関して互いに対称であるから，接線 $\ell$，$\ell'$ も直線 $y=x$ に関して互いに対称。

## 参考事項 ∞ に発散する関数の「増加の度合い」の比較

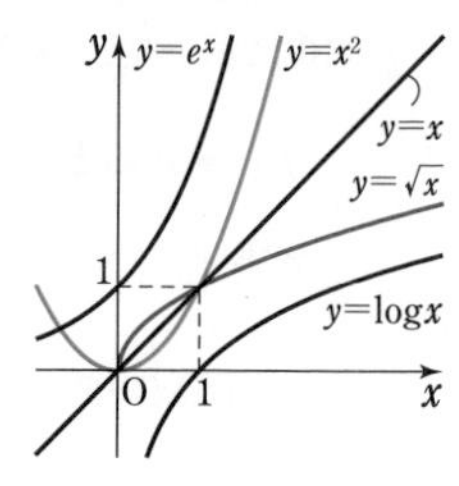


関数 $\log x$, $\sqrt{x}$, $x$, $x^2$, $e^x$ は，どれも $x$ の値が大きくなるとその値も大きくなり，$x \longrightarrow \infty$ のとき $\infty$ に発散する。しかし，図からわかるように，値の増加の仕方は関数によってずいぶん違う。例えば，$x$ の値を大きくしていったとき，$\log x$ より $\sqrt{x}$，$x$ より $x^2$，$x^2$ より $e^x$ の方が，それぞれ速く無限大に発散するように感じられる。

そこで，本書では，$\displaystyle\lim_{x\to\infty} f(x)=\infty$, $\displaystyle\lim_{x\to\infty} g(x)=\infty$ である2つの関数 $f(x)$, $g(x)$ に関し

$\displaystyle\lim_{x\to\infty}\frac{f(x)}{g(x)}=\infty$ であるとき　$\boldsymbol{g(x) \ll f(x)}$　[$f(x)$ は $g(x)$ より増加の仕方が急激である]

と表現することにする。この表現を用いると，$p$, $q$ を $0<p<q$ である定数とすれば

$$\log x \ll x^p \ll x^q \ll e^x \quad \cdots\cdots (*)$$

である。このことが成り立つ理由について考えてみよう。

[1]　$x^p$ と $x^q$ $(0<p<q)$ の増加の度合いについて比べてみる。

$p<q$ より $q-p>0$ であるから　　$\displaystyle\lim_{x\to\infty}\frac{x^q}{x^p}=\lim_{x\to\infty}x^{q-p}=\infty$　　◀p.34 基本事項 4 参照。

すなわち　$x^p \ll x^q$　[$x^q$ は $x^p$ より増加の仕方が急激である]

[2]　$x^q$ $(q>0)$ と $e^x$ の増加の度合いについて比べてみる。

まず，$x>0$ のとき $e^x>1+x+\dfrac{x^2}{2}$ が成り立つ(証明は p.196 例題 **113** と同様にしてできる)。

このことを用いると，$x>0$ のとき，$e^x>\dfrac{x^2}{2}$ すなわち $\dfrac{e^x}{x}>\dfrac{x}{2}$ が成り立つ。

ここで，$\displaystyle\lim_{x\to\infty}\frac{x}{2}=\infty$ であるから　　$\displaystyle\lim_{x\to\infty}\frac{e^x}{x}=\infty$ …… ①　　◀p.82 基本事項 5 ② 参照。

よって　$\displaystyle\lim_{x\to\infty}\frac{e^x}{x^q}=\lim_{x\to\infty}\left(\frac{e^{\frac{x}{q}}}{x}\right)^q=\lim_{x\to\infty}\left(\frac{e^{\frac{x}{q}}}{\frac{x}{q}\cdot q}\right)^q=\lim_{x\to\infty}\left(\frac{e^{\frac{x}{q}}}{\frac{x}{q}}\right)^q\cdot\frac{1}{q^q}$

$\dfrac{x}{q}=s$ とおくと $x \longrightarrow \infty$ のとき $s \longrightarrow \infty$ で，① により　$\displaystyle\lim_{x\to\infty}\frac{e^x}{x^q}=\frac{1}{q^q}\cdot\lim_{s\to\infty}\left(\frac{e^s}{s}\right)^q=\infty$

すなわち　$x^q \ll e^x$　[$e^x$ は $x^q$ より増加の仕方が急激である]

[3]　$\log x$ と $x^p$ $(p>0)$ の増加の度合いについて比べてみる。

$\log x=t$ とおくと $x=e^t$ で，$x \longrightarrow \infty$ のとき　$t \longrightarrow \infty$, $pt \longrightarrow \infty$

よって，① を利用すると　$\displaystyle\lim_{x\to\infty}\frac{x^p}{\log x}=\lim_{t\to\infty}\frac{(e^t)^p}{t}=\lim_{t\to\infty}\frac{e^{pt}}{pt}\cdot p=\infty$

すなわち　$\log x \ll x^p$　[$x^p$ は $\log x$ より増加の仕方が急激である]

[1]〜[3] により，(＊)が示された。

なお，一般に $x \longrightarrow \infty$ のとき $\infty$ に発散する関数については

**対数関数≪多項式関数（多項式で表される関数）≪指数関数**

であり，**多項式関数は次数が高いほど増加の仕方が急激** であることが知られている。

# 10 関連発展問題

## 演習 例題 70 微分係数の定義を利用した極限 (1)

関数 $f(x)$ は微分可能で，$f'(0)=\alpha$ とする。次の極限値を求めよ。

(1) $\displaystyle\lim_{h\to 0}\frac{f(a+h^2)-f(a)}{h}$　　(2) $\displaystyle\lim_{x\to 0}\frac{f(3x)-f(\sin x)}{x}$

基本 61

**指針** **微分係数の定義**

$$f'(a)=\lim_{h\to 0}\frac{f(a+h)-f(a)}{h}\ \cdots\cdots\ ①,\quad f'(a)=\lim_{x\to a}\frac{f(x)-f(a)}{x-a}\ \cdots\cdots\ ②$$

を利用できる形に式を変形して，極限値を求める。

(1) ① の定義式を利用する。なお，$h\longrightarrow 0$ のとき $h^2\longrightarrow 0$ だからといって

(与式)$=f'(a)$ としたら **誤り！** $\displaystyle\lim_{h\to 0}\frac{f(a+●)-f(a)}{●}$ の ● は同じ式にする。

(2) ② の定義式を利用する。式変形のポイントは，② が使える形，つまり

$\displaystyle\lim_{x\to 0}\frac{f(■)-f(0)}{■-0}$ の ■ が 同じ式 で，$x\longrightarrow 0$ のとき ■ $\longrightarrow 0$ となるようにすることである。

**解答**

(1) $\displaystyle\lim_{h\to 0}\frac{f(a+h^2)-f(a)}{h}=\lim_{h\to 0}\frac{f(a+h^2)-f(a)}{h^2}\cdot h$

$=f'(a)\cdot 0=\mathbf{0}$

◀ $\dfrac{f(a+●)-f(a)}{●}$ の形を作る（● は 同じ式）。

(2) $\displaystyle\lim_{x\to 0}\frac{f(3x)-f(\sin x)}{x}$

$\displaystyle=\lim_{x\to 0}\frac{f(3x)-f(0)-\{f(\sin x)-f(0)\}}{x}$

$\displaystyle=\lim_{x\to 0}\left\{\frac{f(3x)-f(0)}{3x-0}\cdot 3-\frac{f(\sin x)-f(0)}{\sin x-0}\cdot\frac{\sin x}{x}\right\}$

$\displaystyle=3\lim_{x\to 0}\frac{f(3x)-f(0)}{3x-0}-\lim_{x\to 0}\frac{f(\sin x)-f(0)}{\sin x-0}\cdot\lim_{x\to 0}\frac{\sin x}{x}$

$=3f'(0)-f'(0)\cdot 1=2f'(0)$

$=\mathbf{2\alpha}$

◀ $f'(0)$ の定義式を利用できる式を作り出すため，$f(0)$ を引いて加えるという工夫をしている。

◀ $x\longrightarrow 0$ のとき $3x\longrightarrow 0$，$\sin x\longrightarrow 0$

また $\displaystyle\lim_{x\to 0}\frac{\sin x}{x}=1$

**POINT** $\displaystyle\lim_{h\to 0}\frac{f(a+●)-f(a)}{●}=f'(a)$，　$\displaystyle\lim_{x\to a}\frac{f(■)-f(a)}{■-a}=f'(a)$

（2つの ● は同じ式，$h\longrightarrow 0$ のとき ● $\longrightarrow 0$）　（2つの ■ は同じ式，$x\longrightarrow a$ のとき ■ $\longrightarrow a$）

**練習** ③ **70** 関数 $f(x)$ は微分可能であるとする。

(1) 極限値 $\displaystyle\lim_{h\to 0}\frac{f(x+2h)-f(x)}{\sin h}$ を $f'(x)$ を用いて表せ。〔東京電機大〕

(2) $f'(0)=2$ であるとき，極限値 $\displaystyle\lim_{x\to 0}\frac{f(2x)-f(-x)}{x}$ を求めよ。

## 演習 例題 71 微分係数の定義を利用した極限 (2)

(1) 次の極限値を求めよ。ただし，$\alpha$ は定数とする。

(ア) $\displaystyle\lim_{x\to 0}\frac{2^x-1}{x}$　　(イ) $\displaystyle\lim_{x\to\alpha}\frac{x\sin x-\alpha\sin\alpha}{\sin(x-\alpha)}$

(2) $\displaystyle\lim_{x\to 0}\frac{e^x-1}{x}=1$ ($p$.121 参照) であることを用いて，極限値 $\displaystyle\lim_{h\to 0}\frac{e^{(h+1)^2}-e^{h^2+1}}{h}$ を求めよ。

[(2) 法政大] 演習 70

**指針** (1) **微分係数の定義** $\displaystyle f'(a)=\lim_{x\to a}\frac{f(x)-f(a)}{x-a}$ を利用して変形するため，(ア) では $f(x)=2^x$，(イ) では $f(x)=x\sin x$ として進める。
極限値は $f'(■)$ を含む式になるから，$f'(x)$ を具体的に計算してそれを利用。

(2) $\dfrac{e^{●}-1}{●}$ (ただし，$h\longrightarrow 0$ のとき $●\longrightarrow 0$) の形を作り出す。

**解答** (1) (ア) $f(x)=2^x$ とすると

$$\lim_{x\to 0}\frac{2^x-1}{x}=\lim_{x\to 0}\frac{2^x-2^0}{x-0}=f'(0)$$

◀ $\displaystyle =\lim_{x\to 0}\frac{f(x)-f(0)}{x-0}$

$f'(x)=2^x\log 2$ であるから　$f'(0)=2^0\log 2=\log 2$

したがって　$\displaystyle\lim_{x\to 0}\frac{2^x-1}{x}=\mathbf{\log 2}$

(イ) $f(x)=x\sin x$ とすると

$$\lim_{x\to\alpha}\frac{x\sin x-\alpha\sin\alpha}{\sin(x-\alpha)}=\lim_{x\to\alpha}\frac{x\sin x-\alpha\sin\alpha}{x-\alpha}\cdot\frac{x-\alpha}{\sin(x-\alpha)}$$
$$=f'(\alpha)\cdot 1=f'(\alpha)$$

◀ $\displaystyle =\lim_{x\to\alpha}\frac{f(x)-f(\alpha)}{x-\alpha}$

また $\displaystyle\lim_{●\to 0}\frac{\sin ●}{●}=1$

$f'(x)=\sin x+x\cos x$ から　(与式)$=\boldsymbol{\sin\alpha+\alpha\cos\alpha}$

◀ $(uv)'=u'v+uv'$

(2) $$\lim_{h\to 0}\frac{e^{(h+1)^2}-e^{h^2+1}}{h}=\lim_{h\to 0}\left(e^{h^2+1}\cdot\frac{e^{2h}-1}{h}\right)$$
$$=\lim_{h\to 0}\left(2e^{h^2+1}\cdot\frac{e^{2h}-1}{2h}\right)$$
$$=2\lim_{h\to 0}e^{h^2+1}\cdot\lim_{h\to 0}\frac{e^{2h}-1}{2h}=2e\cdot 1=\mathbf{2e}$$

◀ $e^{h^2+2h+1}-e^{h^2+1}$ $=e^{h^2+1}(e^{2h}-1)$

◀ $\displaystyle\lim_{●\to 0}\frac{e^{●}-1}{●}=1$

**注意** $\displaystyle\lim_{x\to 0}\frac{e^x-1}{x}=1$ は，特に断りがなくても公式として利用してよい。

[ $\displaystyle\lim_{x\to 0}\frac{\sin x}{x}=1$，$\displaystyle\lim_{x\to 0}(1+x)^{\frac{1}{x}}=e$，$\displaystyle\lim_{x\to\pm\infty}\left(1+\frac{1}{x}\right)^x=e$，$\displaystyle\lim_{x\to 0}\frac{e^x-1}{x}=1$
これらの極限の式はしっかり覚えておきたい。]

**練習 ③ 71** 次の極限値を求めよ。ただし，$a$ は定数とする。 [(2) 類 東京理科大]

(1) $\displaystyle\lim_{x\to 0}\frac{3^{2x}-1}{x}$　(2) $\displaystyle\lim_{x\to 1}\frac{\log x}{x-1}$　(3) $\displaystyle\lim_{x\to a}\frac{1}{x-a}\log\frac{x^x}{a^a}$ $(a>0)$

(4) $\displaystyle\lim_{x\to 0}\frac{e^x-e^{-x}}{x}$　(5) $\displaystyle\lim_{x\to 0}\frac{e^{a+x}-e^a}{x}$

p.127 EX 60, 61

## 演習 例題 72 関数方程式の条件から導関数を求める ④

関数 $f(x)$ は微分可能で，$f'(0)=a$ とする。

(1) 任意の実数 $x$，$y$ に対して，等式 $f(x+y)=f(x)+f(y)$ が成り立つとき，$f(0)$，$f'(x)$ を求めよ。

(2) 任意の実数 $x$，$y$ に対して，等式 $f(x+y)=f(x)f(y)$，$f(x)>0$ が成り立つとき，$f(0)$ を求めよ。また，$f'(x)$ を $a$，$f(x)$ で表せ。

演習 70

**指針** このようなタイプの問題では，等式に適当な数値や文字式を代入する ことがカギとなる。$f(0)$ を求めるには，$x=0$ や $y=0$ の代入を考えてみる。

また，$f'(x)$ は **定義** $\boldsymbol{f'(x)=\lim_{h\to 0}\frac{f(x+h)-f(x)}{h}}$ に従って求める。等式に $y=h$ を代入して得られる式を利用して，$f(x+h)-f(x)$ の部分を変形していく。



**解答**

(1) $f(x+y)=f(x)+f(y)$ …… ① とする。

① に $x=0$ を代入すると $f(y)=f(0)+f(y)$ …… ㋐

よって $\boldsymbol{f(0)=0}$

また，① に $y=h$ を代入すると $f(x+h)=f(x)+f(h)$

ゆえに $\boldsymbol{f'(x)}=\lim_{h\to 0}\frac{f(x+h)-f(x)}{h}=\lim_{h\to 0}\frac{f(h)}{h}$

$=\lim_{h\to 0}\frac{f(0+h)-f(0)}{h}{}^{(*)}=f'(0)=\boldsymbol{a}$

(2) $f(x+y)=f(x)f(y)$ …… ② とする。

② に $x=y=0$ を代入すると $f(0)=f(0)f(0)$

よって $f(0)\{f(0)-1\}=0$

$f(0)>0$ であるから $\boldsymbol{f(0)=1}$

また，② に $y=h$ を代入すると $f(x+h)=f(x)f(h)$

ゆえに

$\boldsymbol{f'(x)}=\lim_{h\to 0}\frac{f(x+h)-f(x)}{h}=\lim_{h\to 0}\frac{f(x)\{f(h)-1\}}{h}$

$=f(x)\cdot\lim_{h\to 0}\frac{f(0+h)-f(0)}{h}$

$=f(x)\cdot f'(0)=\boldsymbol{af(x)}$

◀$x=y=0$ を代入してもよい。

◀㋐ の両辺から $f(y)$ を引く。

◀$f(x+h)=f(x)+f(h)$ から $f(x+h)-f(x)=f(h)$

$\boldsymbol{\lim_{h\to 0}\frac{f(■+h)-f(■)}{h}=f'(■)}$

(＊) $f(0)=0$

◀$f(0)$ の 2 次方程式とみる。

◀条件 $f(x)>0$ に注意。

◀$\lim_{h\to 0}\frac{f(x)f(h)-f(x)}{h}$

◀$f(0)=1$，$f'(0)=a$

**検討**

**上の例題 (1) の結果から導かれること**

上の例題の (1) については，求めた $f'(x)=a$ を利用して，$f(x)$ を求めることができる。

$f'(x)=a$ から　$f(x)=\int adx=ax+C$　($C$ は積分定数)

$f(0)=0$ から　$0=a\cdot 0+C$　ゆえに　$C=0$　よって　$f(x)=ax$

← 数学Ⅱで学んだ積分法の考えを利用。

なお，上の例題で与えられた等式(解答の ①，②)のような，未知の関数を含む等式を **関数方程式** という。参考として，(2) については，$f(x)=e^{ax}$ である。

**練習 ④ 72** 関数 $f(x)$ は微分可能で，$f'(0)=a$ とする。任意の実数 $x$，$y$，$p$ ($p\neq 0$) に対して，等式 $f(x+py)=f(x)+pf(y)$ が成り立つとき $f'(x)$，$f(x)$ を順に求めよ。

p.127 EX 62

②**54** 次の関数を微分せよ。

(1) $y=\dfrac{\sin x}{\sin x+\cos x}$　(2) $y=e^{\sin 2x}\tan x$　(3) $y=\dfrac{\log(1+x^2)}{1+x^2}$

(4) $y=\log(\sin^2 x)$　(5) $y=\log\dfrac{\cos x}{1-\sin x}$

〔(1) 広島市大，(2) 岡山理科大，(3) 青山学院大，(4) 類 横浜市大，(5) 弘前大〕

→66, 67

③**55** 関数 $y=\log(x+\sqrt{x^2+1})$ について，次の問いに答えよ。

(1) この関数を微分せよ。

(2) $x$ を $y$ で表して $\dfrac{dx}{dy}$ を求め，それを利用して $\dfrac{dy}{dx}$ を求めよ。

→65, 67

③**56** 関数 $f(x)$ は微分可能な関数 $g(x)$ を用いて $f(x)=2-x\cos x+g(x)$ と表され，$\displaystyle\lim_{x\to 0}\frac{g(x)}{x^2}=1$ であるとする。このとき，$f(0)=$ ア□，$f'(0)=$ イ□ である。

〔愛知工大〕

→66

③**57** 実数全体で定義された 2 つの微分可能な関数 $f(x)$，$g(x)$ は次の条件を満たす。

(A) $f'(x)=g(x)$，$g'(x)=f(x)$

(B) $f(0)=1$，$g(0)=0$

(1) すべての実数 $x$ に対し，$\{f(x)\}^2-\{g(x)\}^2=1$ が成り立つことを示せ。

(2) $F(x)=e^{-x}\{f(x)+g(x)\}$，$G(x)=e^{x}\{f(x)-g(x)\}$ とするとき，$F(x)$，$G(x)$ を求めよ。

(3) $f(x)$，$g(x)$ を求めよ。

〔鳥取大〕

→67

②**58** 次の関数を微分せよ。ただし，$x>0$ とする。

(1) $y=\left(\dfrac{2}{x}\right)^x$　(2) $y=x^{\sin x}$　(3) $y=x^{1+\frac{1}{x}}$

〔(1) 産業医大，(2) 信州大，(3) 広島市大〕

→68

**HINT**

55　(2) $y=\log(x+\sqrt{x^2+1})$ から　$e^y=x+\sqrt{x^2+1}$　よって　$e^{-y}=-x+\sqrt{x^2+1}$
この 2 式から $x$ を $y$ で表すことができる。

56　$x\longrightarrow 0$ のとき　$g(x)\longrightarrow 0$　また，$g(x)$ は連続であるから　$\displaystyle\lim_{x\to 0}g(x)=g(0)$

57　(1) $H(x)=\{f(x)\}^2-\{g(x)\}^2$ として，$H'(x)=0$ を示す。
(2) $F'(x)$，$G'(x)$ を調べる。

58　対数微分法を利用する。

③59 次の極限値を求めよ。ただし，$a$ は0でない定数とする。

(1) $\displaystyle\lim_{x\to0}\frac{\log(1+ax)}{x}$　(2) $\displaystyle\lim_{x\to0}\frac{1-\cos2x}{x\log(1+x)}$　(3) $\displaystyle\lim_{x\to0}(\cos^2x)^{\frac{1}{x^2}}$　→69

④60 $a$ を実数とする。すべての実数 $x$ で定義された関数 $f(x)=|x|(e^{2x}+a)$ は $x=0$ で微分可能であるとする。

(1) $a$ および $f'(0)$ の値を求めよ。

(2) 右側極限 $\displaystyle\lim_{x\to+0}\frac{f'(x)}{x}$ を求めよ。更に，$f'(x)$ は $x=0$ で微分可能でないことを示せ。　〔類 京都工繊大〕　→62,71



③61 次の極限値を求めよ。ただし，$a$ は正の定数とする。

(1) $\displaystyle\lim_{x\to\frac{1}{4}}\frac{\tan(\pi x)-1}{4x-1}$　(2) $\displaystyle\lim_{h\to0}\frac{e^{a+h}-e^a}{\log(a-h)-\log a}$

(3) $\displaystyle\lim_{x\to a}\frac{a^2\sin^2x-x^2\sin^2a}{x-a}$　〔(1), (3) 立教大〕　→71

④62 $-1<x<1$ の範囲で定義された関数 $f(x)$ で，次の2つの条件を満たすものを考える。

$$f(x)+f(y)=f\left(\frac{x+y}{1+xy}\right)\quad(-1<x<1,\ -1<y<1)$$

$f(x)$ は $x=0$ で微分可能で，そこでの微分係数は1である

(1) $-1<x<1$ に対し $f(x)=-f(-x)$ が成り立つことを示せ。

(2) $f(x)$ は $-1<x<1$ の範囲で微分可能であることを示し，導関数 $f'(x)$ を求めよ。　〔類 東北大〕　→60,72

④63 $\triangle$ABC において，AB=2，AC=1，$\angle$A$=x$ とし，$f(x)=$BC とする。

(1) $f(x)$ を $x$ の式として表せ。

(2) $\triangle$ABC の外接円の半径を $R$ とするとき，$\dfrac{d}{dx}f(x)$ を $R$ で表せ。

(3) $\dfrac{d}{dx}f(x)$ の最大値を求めよ。　〔長岡技科大〕　→66

59 $\displaystyle\lim_{h\to0}(1+h)^{\frac{1}{h}}=e$ を利用する。(3) は，$\cos^2x=1-\sin^2x$ を利用。

60 (1) $\displaystyle\lim_{h\to+0}\frac{f(0+h)-f(0)}{h}=\lim_{h\to-0}\frac{f(0+h)-f(0)}{h}$ から，$a$ の値を求める。

(2) $\displaystyle\lim_{x\to0}\frac{e^x-1}{x}=1$ を利用。

61 **微分係数の定義式 $f'(a)=\displaystyle\lim_{h\to0}\frac{f(a+h)-f(a)}{h}=\lim_{x\to a}\frac{f(x)-f(a)}{x-a}$** が利用できるように変形する。

62 (1) $y=-x$ とすると，条件式の左辺は $f(x)+f(-x)$ となる。

(2) 条件から　$f'(0)=1$ すなわち $\displaystyle\lim_{h\to0}\frac{f(0+h)-f(0)}{h}=1$　(1) の結果も利用する。

63 (1) 余弦定理を利用。　(2) (1) の結果の式を $x$ で微分する。正弦定理も利用。

(3) $0<$(三角形の内角)$<\pi$ であることに注意。

# 参考事項　双曲線関数

p.118 の練習 **67** (9) では，関数 $y=\dfrac{e^x-e^{-x}}{e^x+e^{-x}}$ の導関数を求めた。この関数を含めて，次の 3 つを **双曲線関数** といい，グラフはそれぞれ右下のようになる。

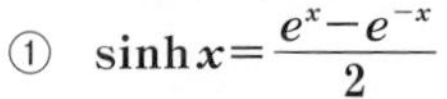

① $\sinh x=\dfrac{e^x-e^{-x}}{2}$

② $\cosh x=\dfrac{e^x+e^{-x}}{2}$

③ $\tanh x=\dfrac{e^x-e^{-x}}{e^x+e^{-x}}$

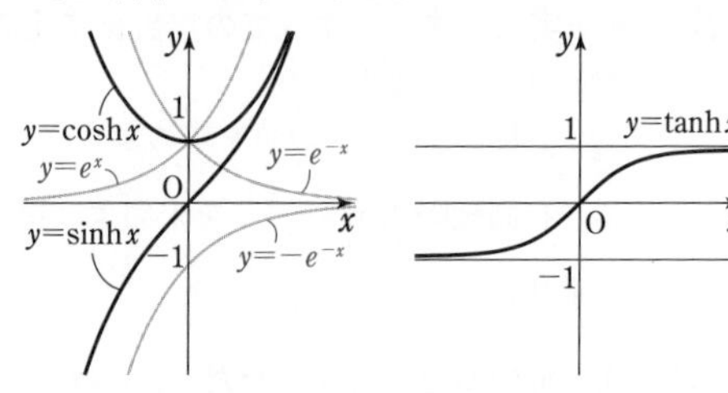


なお，$\sinh x$ をハイパボリック・サイン，$\cosh x$ をハイパボリック・コサイン，$\tanh x$ をハイパボリック・タンジェントとよぶ。

高校数学において，これらの記号を直接使う場面はないが，双曲線関数を背景とした入試問題はよく出題されるので，その性質を知っておくと便利である。一部を紹介しよう。

> **[1]** $\cosh^2 x-\sinh^2 x=1$　　**[2]** $\tanh x=\dfrac{\sinh x}{\cosh x}$
>
> **[3]** $(\sinh x)'=\cosh x$　　**[4]** $(\cosh x)'=\sinh x$　　**[5]** $(\tanh x)'=\dfrac{1}{\cosh^2 x}$

それぞれ三角関数に似た関係式であることに注目したい。例えば，**[1]** は次のようにして証明できる（**[2]**～**[5]** もそれぞれ確認してみよう）。

**[1] の証明**　(左辺)$=\dfrac{(e^x+e^{-x})^2}{4}-\dfrac{(e^x-e^{-x})^2}{4}=\dfrac{e^{2x}+2+e^{-2x}-(e^{2x}-2+e^{-2x})}{4}=1=$(右辺)

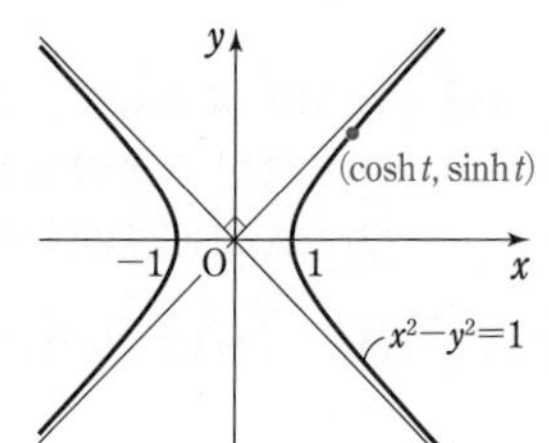


$x^2-y^2=1$ は双曲線を表す (p.136 参照)。このことと [1] が，①～③ が“双曲線関数”とよばれる理由に関係している。まず，三角関数は円関数ともよばれており，$\cos x$，$\sin x$ は単位円上の点の座標として定義されている。これに対し，$\cosh x$，$\sinh x$ は，直角双曲線 $x^2-y^2=1$ 上の点の座標として定義されているのである。

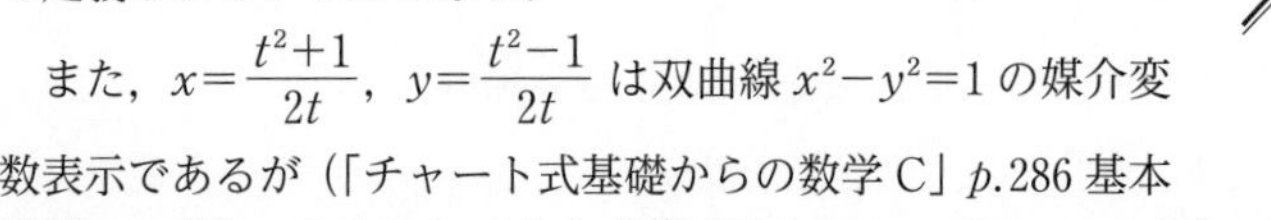

また，$x=\dfrac{t^2+1}{2t}$，$y=\dfrac{t^2-1}{2t}$ は双曲線 $x^2-y^2=1$ の媒介変数表示であるが（「チャート式基礎からの数学 C」p.286 基本例題 **168** (1)），この $t$ を $e^t$ とおき換えると $x=\cosh t$，$y=\sinh t$ となる。

## ● 双曲線関数の逆関数

p.126 の EXERCISES 55 (2) では，導関数を求める際に，関数 $y=\log(x+\sqrt{x^2+1})$ から $x=\dfrac{e^y-e^{-y}}{2}$ $(=\sinh y)$ を導いた。このことから，$y=\log(x+\sqrt{x^2+1})$ と $y=\sinh x$ は逆関数の関係になっていることがわかる。

# 11 高次導関数，関数のいろいろな表し方と導関数

## 基本事項

**1 高次導関数**

① $f'(x)$ の導関数が **第 2 次導関数** $\boldsymbol{f''(x)}$，$f''(x)$ の導関数が **第 3 次導関数** $\boldsymbol{f'''(x)}$

② $f(x)$ を $n$ 回微分して得られる関数が，$f(x)$ の **第 $n$ 次導関数** $\boldsymbol{f^{(n)}(x)}$

**2 方程式 $F(x,\ y)=0$ で表された関数の導関数**

[1] $y$ が $x$ の関数のとき　$\boldsymbol{\dfrac{d}{dx}f(y)=\dfrac{d}{dy}f(y)\cdot\dfrac{dy}{dx}}$

[2] $F(x,\ y)=0$ で表された $x$ の関数 $y$ の導関数を求めるには **$F(x,\ y)=0$ の両辺を $x$ で微分する**。このとき，[1] の公式を利用する。

**3 媒介変数で表された関数の導関数**

$$\begin{cases} x=f(t) \\ y=g(t) \end{cases} \text{のとき}\quad \frac{dy}{dx}=\frac{\dfrac{dy}{dt}}{\dfrac{dx}{dt}}=\frac{g'(t)}{f'(t)}$$

## 解　説

**■ 高次導関数**

$y=f(x)$ の導関数 $f'(x)$ は $x$ の関数であるから，$f'(x)$ が微分可能であるとき $f'(x)$ の導関数を，**第 2 次導関数** といい，$\boldsymbol{y''}$，$\boldsymbol{f''(x)}$，$\boldsymbol{\dfrac{d^2y}{dx^2}}$，$\boldsymbol{\dfrac{d^2}{dx^2}f(x)}$ で表す。更に，$y=f(x)$ の第 2 次導関数 $f''(x)$ の導関数を，**第 3 次導関数** といい，$\boldsymbol{y'''}$，$\boldsymbol{f'''(x)}$，$\boldsymbol{\dfrac{d^3y}{dx^3}}$，$\boldsymbol{\dfrac{d^3}{dx^3}f(x)}$ で表す。

一般に，関数 $y=f(x)$ を $n$ 回微分して得られる関数を，$f(x)$ の **第 $n$ 次導関数** といい，$\boldsymbol{y^{(n)}}$，$\boldsymbol{f^{(n)}(x)}$，$\boldsymbol{\dfrac{d^ny}{dx^n}}$，$\boldsymbol{\dfrac{d^n}{dx^n}f(x)}$ で表す。なお，$y^{(1)}$，$y^{(2)}$，$y^{(3)}$ は，それぞれ $y'$，$y''$，$y'''$ を表す。

◀ $y'$，$f'(x)$ を第 1 次導関数ということがある。

◀ 第 2 次以上の導関数をまとめて，**高次導関数** という。

**■ $F(x,\ y)=0$ の導関数**

$p.136$ の基本例題 **78** 参照。

**注意**　$x$ の関数 $y$ が $F(x,\ y)=0$ の形で与えられるとき，$y$ は $x$ の **陰関数** であるという。これに対し，$y=f(x)$ の形に表された関数を **陽関数** という。

**■ 媒介変数表示と導関数**

平面上の曲線が媒介変数 $t$ により $\boldsymbol{x=f(t)}$，$\boldsymbol{y=g(t)}$ の形に表されるとき，これをその曲線の **媒介変数表示** といい，$t$ を **媒介変数** という。$x=f(t)$ から $t=h(x)$ と表されるならば，これを $y=g(t)$ に代入すると $y=g(h(x))$，すなわち $y$ は $x$ の関数 $y=(g\circ h)(x)$ となる。

◀ $h(x)$ は $f(x)$ の逆関数。

合成関数の微分法により　$\dfrac{dy}{dx}=\dfrac{dy}{dt}\cdot\dfrac{dt}{dx}$

逆関数の微分法により　$\dfrac{dt}{dx}=\dfrac{1}{\dfrac{dx}{dt}}$

よって　$\boldsymbol{\dfrac{dy}{dx}=\dfrac{\dfrac{dy}{dt}}{\dfrac{dx}{dt}}=\dfrac{g'(t)}{f'(t)}}$

## 基本例題 73 第2次導関数，第3次導関数の計算 ①①①①①

(1) 次の関数の第2次導関数，第3次導関数を求めよ。

(ア) $y=x^4-2x^3+3x-1$ (イ) $y=\sin 2x$ (ウ) $y=a^x$ $(a>0,\ a\neq 1)$

(2) $y=\tan x\left(-\dfrac{\pi}{2}<x<\dfrac{\pi}{2}\right)$ の逆関数を $y=g(x)$ とする。$g''(1)$ の値を求めよ。

p.129 基本事項 1，基本 65

**指針** (1) $y \xrightarrow{\text{微分}} y' \xrightarrow{\text{微分}} y'' \xrightarrow{\text{微分}} y'''$

(第1次)導関数　第2次導関数　第3次導関数

$y=f(x)$ の高次導関数には，次のような表し方がある。

**第2次導関数** …… $y''$, $f''(x)$, $f^{(2)}(x)$, $\dfrac{d^2y}{dx^2}$ $\leftarrow \dfrac{d^2y}{dx^2}=\dfrac{d}{dx}\left(\dfrac{dy}{dx}\right)$

**第3次導関数** …… $y'''$, $f'''(x)$, $f^{(3)}(x)$, $\dfrac{d^3y}{dx^3}$ $\leftarrow \dfrac{d^3y}{dx^3}=\dfrac{d}{dx}\left(\dfrac{d^2y}{dx^2}\right)$

(2) 高校の数学では，$y=\tan x$ の逆関数を具体的に求めることはできない。ここでは

$y=f^{-1}(x) \Longleftrightarrow x=f(y)$ と $\dfrac{dy}{dx}=\dfrac{1}{\dfrac{dx}{dy}}$ を利用し，まず $g'(x)$ を $x$ で表す。

**解答**

(1) (ア) $y'=4x^3-6x^2+3$ であるから

$\boldsymbol{y''=12x^2-12x}$, $\boldsymbol{y'''=24x-12}$

◀ $y''=(4x^3-6x^2+3)'$, $y'''=(12x^2-12x)'$

(イ) $y'=\cos 2x\cdot 2=2\cos 2x$ であるから

$y''=2(-\sin 2x)\cdot 2=\boldsymbol{-4\sin 2x}$,

$y'''=-4\cos 2x\cdot 2=\boldsymbol{-8\cos 2x}$

◀ $y''=(2\cos 2x)'$, $y'''=(-4\sin 2x)'$

(ウ) $y'=a^x\log a$ であるから

$\boldsymbol{y''=a^x(\log a)^2}$, $\boldsymbol{y'''=a^x(\log a)^3}$

◀ $y''=(a^x\log a)'$, $y'''=\{a^x(\log a)^2\}'$

(2) 逆関数 $y=g(x)$ に対し　$x=g^{-1}(y)$

◀ $g^{-1}(x)=\tan x$

すなわち　$x=\tan y$

ゆえに

$$g'(x)=\frac{dy}{dx}=\frac{1}{\dfrac{dx}{dy}}=\frac{1}{\dfrac{1}{\cos^2 y}}=\cos^2 y=\frac{1}{1+\tan^2 y}=\frac{1}{1+x^2}$$

◀ $\dfrac{d}{dy}\tan y=\dfrac{1}{\cos^2 y}$

よって　$g''(x)=\dfrac{d^2y}{dx^2}=\dfrac{d}{dx}\left(\dfrac{1}{1+x^2}\right)=-\dfrac{2x}{(1+x^2)^2}$

◀ $g''(x)$ は $g'(x)$ を $x$ で微分したもの。$\left(\dfrac{1}{v}\right)'=-\dfrac{v'}{v^2}$

ゆえに　$g''(1)=-\dfrac{2\cdot 1}{(1+1^2)^2}=\boldsymbol{-\dfrac{1}{2}}$

**練習 ③ 73** (1) 次の関数の第2次導関数，第3次導関数を求めよ。

(ア) $y=x^3-3x^2+2x-1$ (イ) $y=\sqrt[3]{x}$ (ウ) $y=\log(x^2+1)$

(エ) $y=xe^{2x}$ (オ) $y=e^x\cos x$

(2) $y=\cos x$ $(\pi<x<2\pi)$ の逆関数を $y=g(x)$ とするとき，$g'(x)$, $g''(x)$ をそれぞれ $x$ の式で表せ。

p.139 EX 64～66

## 基本例題 74 第2次導関数と等式

(1) $y=\log(1+\cos x)^2$ のとき，等式 $y''+2e^{-\frac{y}{2}}=0$ を証明せよ。

(2) $y=e^{2x}\sin x$ に対して，$y''=ay+by'$ となるような実数の定数 $a$，$b$ の値を求めよ。

〔(1) 信州大，(2) 駒澤大〕 基本 73

**指針** 第2次導関数 $y''$ を求めるには，まず導関数 $y'$ を求める。また，(1)，(2) の等式はともに **$x$ の恒等式** である。

(1) $y''$ を求めて証明したい式の左辺に代入する。
また，$e^{-\frac{y}{2}}$ を $x$ で表すには，等式 $e^{\log p}=p$ を利用する。

(2) $y'$，$y''$ を求めて与式に代入し，数値代入法を用いる。なお，係数比較法を利用することもできる。⟶ 解答編 $p.94$ の **検討** 参照。

解答

(1) $y=2\log(1+\cos x)$ であるから

$$y'=2\cdot\frac{(1+\cos x)'}{1+\cos x}=-\frac{2\sin x}{1+\cos x}$$

よって $$y''=-\frac{2\{\cos x(1+\cos x)-\sin x(-\sin x)\}}{(1+\cos x)^2}$$

$$=-\frac{2(1+\cos x)}{(1+\cos x)^2}=-\frac{2}{1+\cos x}$$

また，$\dfrac{y}{2}=\log(1+\cos x)$ であるから $e^{\frac{y}{2}}=1+\cos x$

ゆえに $$2e^{-\frac{y}{2}}=\frac{2}{e^{\frac{y}{2}}}=\frac{2}{1+\cos x}$$

よって $$y''+2e^{-\frac{y}{2}}=-\frac{2}{1+\cos x}+\frac{2}{1+\cos x}=0$$

(2) $y'=2e^{2x}\sin x+e^{2x}\cos x=e^{2x}(2\sin x+\cos x)$

$y''=2e^{2x}(2\sin x+\cos x)+e^{2x}(2\cos x-\sin x)$

$=e^{2x}(3\sin x+4\cos x)$ …… ①

ゆえに $ay+by'=ae^{2x}\sin x+be^{2x}(2\sin x+\cos x)$

$=e^{2x}\{(a+2b)\sin x+b\cos x\}$ …… ②

$y''=ay+by'$ に ①，② を代入して

$e^{2x}(3\sin x+4\cos x)=e^{2x}\{(a+2b)\sin x+b\cos x\}$ … ③

③ は $x$ の恒等式であるから，$x=0$ を代入して $4=b$

また，$x=\dfrac{\pi}{2}$ を代入して $3e^{\pi}=e^{\pi}(a+2b)$

これを解いて $a=-5$，$b=4$

このとき (③ の右辺)

$=e^{2x}\{(-5+2\cdot4)\sin x+4\cos x\}=$(③ の左辺)

したがって **$a=-5$，$b=4$**

◀ $\log M^k=k\log M$
なお，$-1\leqq\cos x\leqq1$ と **(真数)>0** から $1+\cos x>0$

◀ $\sin^2x+\cos^2x=1$

◀ $e^{\log p}=p$ を利用すると $e^{\log(1+\cos x)}=1+\cos x$

◀ $(e^{2x})'(2\sin x+\cos x)+e^{2x}(2\sin x+\cos x)'$

**参考** (2) の $y''=ay+by'$ のように，未知の関数の導関数を含む等式を **微分方程式** という（詳しくは $p.353$ 参照）。

◀ ③ が恒等式 ⟹ ③ に $x=0$，$\dfrac{\pi}{2}$ を代入しても成り立つ。

◀ 逆の確認。

**練習** ③ **74**

(1) $y=\log(x+\sqrt{x^2+1})$ のとき，等式 $(x^2+1)y''+xy'=0$ を証明せよ。

(2) $y=e^{2x}+e^x$ が $y''+ay'+by=0$ を満たすとき，定数 $a$，$b$ の値を求めよ。

〔(1) 首都大東京，(2) 大阪工大〕 p.139 EX 67〜69

## 基本例題 75 第 $n$ 次導関数を求める (1)

$n$ を自然数とする。

(1) $y=\sin 2x$ のとき，$y^{(n)}=2^n\sin\left(2x+\dfrac{n\pi}{2}\right)$ であることを証明せよ。

(2) $y=x^n$ の第 $n$ 次導関数を求めよ。

p.129 基本事項 1　重要 76，p.135 参考事項

指針 $y^{(n)}$ は，$y$ の **第 $n$ 次導関数** のことである。そして，自然数 $n$ についての問題であるから，**自然数 $n$ の問題　数学的帰納法で証明** の方針で進める。

(2) では，**$n=1$，2，3 の場合を調べて** $y^{(n)}$ を **推測** し，数学的帰納法で証明する。

**注意** **数学的帰納法による証明の要領**（数学 B）

[1] $n=1$ のとき成り立つことを示す。

[2] $n=k$ のとき成り立つと仮定し，$n=k+1$ のときも成り立つことを示す。

**解答**

(1) $y^{(n)}=2^n\sin\left(2x+\dfrac{n\pi}{2}\right)$ …… ① とする。

[1] $n=1$ のとき　$y'=2\cos 2x=2\sin\left(2x+\dfrac{\pi}{2}\right)$ であるから，① は成り立つ。

[2] $n=k$ のとき，① が成り立つと仮定すると　$y^{(k)}=2^k\sin\left(2x+\dfrac{k\pi}{2}\right)$ …… ②

$n=k+1$ のときを考えると，② の両辺を $x$ で微分して

$$\frac{d}{dx}y^{(k)}=2^{k+1}\cos\left(2x+\frac{k\pi}{2}\right)$$

ゆえに　$y^{(k+1)}=2^{k+1}\sin\left(2x+\dfrac{k\pi}{2}+\dfrac{\pi}{2}\right)=2^{k+1}\sin\left\{2x+\dfrac{(k+1)\pi}{2}\right\}$

よって，$n=k+1$ のときも ① は成り立つ。

[1]，[2] から，すべての自然数 $n$ について ① は成り立つ。

(2) $n=1$，2，3 のとき，順に

$$y'=x'=1,\ y''=(x^2)''=(2x)'=2\cdot 1,\ y'''=(x^3)'''=3(x^2)''=3\cdot 2\cdot 1$$

したがって，$y^{(n)}=n!$ …… ① と推測できる。

[1] $n=1$ のとき　$y'=1!$ であるから，① は成り立つ。

[2] $n=k$ のとき，① が成り立つと仮定すると

$$y^{(k)}=k!\qquad すなわち\qquad \frac{d^k}{dx^k}x^k=k!$$

$n=k+1$ のときを考えると，$y=x^{k+1}$ で，$(x^{k+1})'=(k+1)x^k$ であるから

$$y^{(k+1)}=\frac{d^k}{dx^k}\left(\frac{d}{dx}x^{k+1}\right)=\frac{d^k}{dx^k}\{(k+1)x^k\}$$

$$=(k+1)\frac{d^k}{dx^k}x^k=(k+1)k!=(k+1)!$$

よって，$n=k+1$ のときも ① は成り立つ。

[1]，[2] から，すべての自然数 $n$ について ① は成り立ち　$\boldsymbol{y^{(n)}=n!}$

**練習** ③ **75** $n$ を自然数とする。次の関数の第 $n$ 次導関数を求めよ。

(1) $y=\log x$　　(2) $y=\cos x$

## 重要例題 76 第 $n$ 次導関数と等式の証明 ④

関数 $f(x)=\dfrac{1}{\sqrt{1-x^2}}$ $(-1<x<1)$ について，等式

$$(1-x^2)f^{(n+1)}(x)-(2n+1)xf^{(n)}(x)-n^2f^{(n-1)}(x)=0 \quad (n \text{ は自然数})$$

が成り立つことを証明せよ。ただし，$f^{(0)}(x)=f(x)$ とする。〔類 静岡大〕

基本 75

**指針** 自然数 $n$ についての問題であるから，**数学的帰納法** による証明が有効である。
$n=k+1$ のとき，等式は

$$(1-x^2)f^{(k+2)}(x)-(2k+3)xf^{(k+1)}(x)-(k+1)^2f^{(k)}(x)=0$$

これを $n=k$ のときの等式を仮定して証明する。具体的には，$f^{(k+2)}(x)$ を作るために，$n=k$ のときの等式の両辺を $x$ で微分し，それを変形する。

**CHART** 自然数 $n$ の問題　数学的帰納法で証明

**解答**

証明したい等式を ① とする。このとき

$$f(x)=(1-x^2)^{-\frac{1}{2}},\quad f'(x)=x(1-x^2)^{-\frac{3}{2}},$$

$$f''(x)=(1-x^2)^{-\frac{3}{2}}+x\left\{-\frac{3}{2}(1-x^2)^{-\frac{5}{2}}\right\}\cdot(-2x)$$

$$=\{(1-x^2)+3x^2\}(1-x^2)^{-\frac{5}{2}}$$

$$=(2x^2+1)(1-x^2)^{-\frac{5}{2}}$$

[1] $n=1$ のとき

$$(1-x^2)f''(x)-3xf'(x)-f(x)$$

$$=(2x^2+1)(1-x^2)^{-\frac{3}{2}}-3x^2(1-x^2)^{-\frac{3}{2}}-(1-x^2)^{-\frac{1}{2}}$$

$$=(1-x^2)(1-x^2)^{-\frac{3}{2}}-(1-x^2)^{-\frac{1}{2}}=0$$

よって，① は成り立つ。

[2] $n=k$ のとき，① が成り立つと仮定すると

$$(1-x^2)f^{(k+1)}(x)-(2k+1)xf^{(k)}(x)-k^2f^{(k-1)}(x)=0$$

$n=k+1$ のときを考えると，この両辺を $x$ で微分して

$$-2xf^{(k+1)}(x)+(1-x^2)f^{(k+2)}(x)-(2k+1)f^{(k)}(x)$$
$$-(2k+1)xf^{(k+1)}(x)-k^2f^{(k)}(x)=0$$

これを変形すると

$$(1-x^2)f^{(k+2)}(x)-(2k+3)xf^{(k+1)}(x)-(k+1)^2f^{(k)}(x)=0$$

よって，$n=k+1$ のときも ① は成り立つ。

[1]，[2] から，すべての自然数 $n$ について ① は成り立つ。

[1] $f'(x)=x(1-x^2)^{-\frac{3}{2}}$
$=x\{f(x)\}^3$
$f''(x)=\{f(x)\}^3$
$+3x\{f(x)\}^2f'(x)$
したがって
$\dfrac{f''(x)}{\{f(x)\}^2}=f(x)+3xf'(x)$
$\dfrac{1}{\{f(x)\}^2}=1-x^2$ から
$(1-x^2)f''(x)$
$=f(x)+3xf'(x)$
としてもよい。

◀ $\{f^{(k+1)}(x)\}'=f^{(k+2)}(x)$
$\{f^{(k)}(x)\}'=f^{(k+1)}(x)$
$\{f^{(k-1)}(x)\}'=f^{(k)}(x)$

**練習 ④ 76** 関数 $f(x)=\dfrac{1}{1+x^2}$ について，等式

$$(1+x^2)f^{(n)}(x)+2nxf^{(n-1)}(x)+n(n-1)f^{(n-2)}(x)=0 \quad (n \geqq 2)$$

が成り立つことを証明せよ。ただし，$f^{(0)}(x)=f(x)$ とする。〔類 横浜市大〕

p.140 EX 70

## 重要例題 77 第 $n$ 次導関数を求める (2)

$f(x)=x^2e^x$ とする。
(1) $f'(x)$ を求めよ。
(2) 定数 $a_n$, $b_n$ を用いて, $f^{(n)}(x)=(x^2+a_nx+b_n)e^x$ $(n=1, 2, 3, \cdots\cdots)$ と表すとき, $a_{n+1}$, $b_{n+1}$ をそれぞれ $a_n$, $b_n$ を用いて表せ。
(3) $f^{(n)}(x)$ を求めよ。 〔類 横浜市大〕

重要 76

**指針** (2) $f^{(n)}(x)=(x^2+a_nx+b_n)e^x$ の両辺を $x$ で微分する。得られた式と, $f^{(n+1)}(x)=(x^2+a_{n+1}x+b_{n+1})e^x$ の係数をそれぞれ比較する。
(3) (2) で得られた漸化式から $a_n$, $b_n$ の一般項を求め, $f^{(n)}(x)$ の式に代入する。まず, 一般項 $a_n$ から求める。

**解答**
(1) $\boldsymbol{f'(x)=2xe^x+x^2e^x=(x^2+2x)e^x}$

◀ $f'(x)=x(x+2)e^x$ を答えとしてもよいが, (2) を見据えてこの形とした。

(2) $f^{(n)}(x)=(x^2+a_nx+b_n)e^x$ …… ① とする。
① の両辺を $x$ で微分すると

$$f^{(n+1)}(x)=(2x+a_n)e^x+(x^2+a_nx+b_n)e^x$$
$$=\{x^2+(a_n+2)x+a_n+b_n\}e^x \quad \cdots\cdots ②$$

◀ $\{f^{(n)}(x)\}'=(x^2+a_nx+b_n)'e^x+(x^2+a_nx+b_n)(e^x)'$

また, ① から

$$f^{(n+1)}(x)=(x^2+a_{n+1}x+b_{n+1})e^x \quad \cdots\cdots ③$$

◀ ① の $n$ を $n+1$ におき換える。

②, ③ の右辺の係数をそれぞれ比較して

$$\boldsymbol{a_{n+1}=a_n+2,\quad b_{n+1}=a_n+b_n}$$

(3) (1) から $a_1=2$, $b_1=0$

◀ $f^{(1)}(x)=(x^2+2x+0)e^x$

$a_{n+1}-a_n=2$ より, 数列 $\{a_n\}$ は初項 $a_1=2$, 公差 2 の等差数列であるから

$$a_n=2+(n-1)\cdot 2=2n$$

◀ 初項を $a$, 公差を $d$ とすると $a_n=a+(n-1)d$

よって $b_{n+1}=b_n+2n$

◀ $b_{n+1}=b_n+a_n$

$b_{n+1}-b_n=2n$ より, 数列 $\{b_n\}$ は初項 $b_1=0$, 階差数列 $\{2n\}$ の数列であるから, $n\geqq 2$ のとき

◀ 数列 $\{a_n\}$ は, 数列 $\{b_n\}$ の階差数列。

$$b_n=0+\sum_{k=1}^{n-1}2k=2\cdot\frac{1}{2}n(n-1)=n^2-n$$

◀ $b_n=b_1+\sum_{k=1}^{n-1}a_k$ $(n\geqq 2)$

$b_1=0$ であるから, これは $n=1$ のときも成り立つ。

◀ $1^2-1=0$

ゆえに $b_n=n^2-n$

◀ すべての自然数 $n$ について成り立つ。

したがって $\boldsymbol{f^{(n)}(x)=(x^2+2nx+n^2-n)e^x}$

**練習** ③ **77** $f(x)=(3x+5)e^{2x}$ とする。
(1) $f'(x)$ を求めよ。
(2) 定数 $a_n$, $b_n$ を用いて, $f^{(n)}(x)=(a_nx+b_n)e^{2x}$ $(n=1, 2, 3, \cdots\cdots)$ と表すとき, $a_{n+1}$, $b_{n+1}$ をそれぞれ $a_n$, $b_n$ を用いて表せ。
(3) $f^{(n)}(x)$ を求めよ。 〔類 金沢工大〕

p.140 EX 71

# 参考事項 ライプニッツの定理

関数 $f(x)$, $g(x)$ がそれぞれ $f^{(n)}(x)$, $g^{(n)}(x)$ ($n$ は自然数) をもつとき，積 $f(x)g(x)$ の第 $n$ 次導関数は次のように表される。これを **ライプニッツの定理** という。

$$\{f(x)g(x)\}^{(n)}=\sum_{k=0}^{n}{}_n\mathrm{C}_k f^{(n-k)}(x)g^{(k)}(x)$$

← $f^{(0)}(x)=f(x)$, $g^{(0)}(x)=g(x)$ とする。

$$=f^{(n)}(x)g(x)+nf^{(n-1)}(x)g'(x)+\cdots+{}_n\mathrm{C}_k f^{(n-k)}(x)g^{(k)}(x)+\cdots+f(x)g^{(n)}(x)$$

証明　数学的帰納法による。示すべき上の定理 (等式) を ① とする。

[1]　$n=1$ のとき，① は積の導関数の公式 ($p.110$ **2**) そのものであり，成り立つ。

[2]　$n=l$ のとき，① が成り立つと仮定すると　$\{f(x)g(x)\}^{(l)}=\sum_{k=0}^{l}{}_l\mathrm{C}_k f^{(l-k)}(x)g^{(k)}(x)$

よって　$\{f(x)g(x)\}^{(l+1)}=\left\{\sum_{k=0}^{l}{}_l\mathrm{C}_k f^{(l-k)}(x)g^{(k)}(x)\right\}'$

$$=\sum_{k=0}^{l}\{{}_l\mathrm{C}_k f^{(l-k+1)}(x)g^{(k)}(x)+{}_l\mathrm{C}_k f^{(l-k)}(x)g^{(k+1)}(x)\}$$

← 積の導関数の公式。

$$=\sum_{k=0}^{l}{}_l\mathrm{C}_k f^{(l-k+1)}(x)g^{(k)}(x)+\sum_{k=0}^{l}{}_l\mathrm{C}_k f^{(l-k)}(x)g^{(k+1)}(x)$$

← Σ を 2 つに分ける。

ここで　$\sum_{k=0}^{l}{}_l\mathrm{C}_k f^{(l-k+1)}(x)g^{(k)}(x)={}_l\mathrm{C}_0 f^{(l+1)}(x)g^{(0)}(x)+\sum_{k=1}^{l}{}_l\mathrm{C}_k f^{(l-k+1)}(x)g^{(k)}(x)$

$$\sum_{k=0}^{l}{}_l\mathrm{C}_k f^{(l-k)}(x)g^{(k+1)}(x)=\sum_{k=0}^{l-1}\underline{{}_l\mathrm{C}_k f^{(l-k)}(x)g^{(k+1)}(x)}+{}_l\mathrm{C}_l f^{(0)}(x)g^{(l+1)}(x)$$

$$=\sum_{k=1}^{l}{}_l\mathrm{C}_{k-1} f^{(l-k+1)}(x)g^{(k)}(x)+{}_l\mathrm{C}_l f^{(0)}(x)g^{(l+1)}(x)$$

← ＿で，$k$ を $k-1$ とおいた。

ゆえに　$\{f(x)g(x)\}^{(l+1)}$

$$={}_l\mathrm{C}_0 f^{(l+1)}(x)g^{(0)}(x)+\sum_{k=1}^{l}({}_l\mathrm{C}_k+{}_l\mathrm{C}_{k-1})f^{(l-k+1)}(x)g^{(k)}(x)+{}_l\mathrm{C}_l f^{(0)}(x)g^{(l+1)}(x)$$

$$={}_{l+1}\mathrm{C}_0 f^{(l+1)}(x)g^{(0)}(x)+\sum_{k=1}^{l}{}_{l+1}\mathrm{C}_k f^{(l-k+1)}(x)g^{(k)}(x)+{}_{l+1}\mathrm{C}_{l+1} f^{(0)}(x)g^{(l+1)}(x)$$

← ${}_l\mathrm{C}_0={}_{l+1}\mathrm{C}_0$, ${}_l\mathrm{C}_k+{}_l\mathrm{C}_{k-1}={}_{l+1}\mathrm{C}_k$, ${}_l\mathrm{C}_l={}_{l+1}\mathrm{C}_{l+1}$

$$=\sum_{k=0}^{l+1}{}_{l+1}\mathrm{C}_k f^{(l+1-k)}(x)g^{(k)}(x)$$

よって，① は $n=l+1$ のときにも成り立つ。

[1]，[2] から，① はすべての自然数 $n$ について成り立つ。

参考　主な関数の **第 $n$ 次導関数** は，次のようになる (これらの証明は数学的帰納法による)。

- $y=x^{\alpha}$ ($\alpha$ は実数) のとき　$y^{(n)}=\alpha(\alpha-1)(\alpha-2)\cdots\cdots(\alpha-n+1)x^{\alpha-n}$
  特に，$\alpha=n$ (自然数) のとき　$y^{(n)}=n!$　　$\alpha=m$ ($m<n$, $m$ は自然数) のとき　$y^{(n)}=0$
- $y=e^x$ のとき　$y^{(n)}=e^x$　← 常に $e^x$
- $y=\log x$ のとき　$y^{(n)}=(-1)^{(n-1)}\cdot\dfrac{(n-1)!}{x^n}$
- $y=\sin x$ のとき　$y^{(n)}=\sin\left(x+\dfrac{n\pi}{2}\right)$
- $y=\cos x$ のとき　$y^{(n)}=\cos\left(x+\dfrac{n\pi}{2}\right)$

$\sin x$ —微分→ $\cos x$ —微分→ $-\sin x$ —微分→ $-\cos x$ —微分→ $\sin x$

問　ライプニッツの定理を用いて，関数 $x^2e^x$ の第 $n$ 次導関数を求めよ。

(＊) 問 の解答は，$p.391$ にある。

3章 ⑪ 高次導関数、関数のいろいろな表し方と導関数

## 基本 例題 78 陰関数の導関数を求める

方程式 $\dfrac{x^2}{4}-\dfrac{y^2}{9}=1$ …… ① で定められる $x$ の関数 $y$ について，$\dfrac{dy}{dx}$ と $\dfrac{d^2y}{dx^2}$ をそれぞれ $x$ と $y$ を用いて表せ。

p.129 基本事項 2，基本 64　重要 80

方程式 ① を $y$ について解くと　$y=\pm\dfrac{3}{2}\sqrt{x^2-4}$ … ②
これを $x$ で微分してもよい。しかし，一般に計算が面倒であり，$y$ について解くのが困難なこともあるから，有効な方法とはいえない。そこで，① の **両辺を $x$ で微分する** ことによって求める。このとき，$y$ は定数ではなく，$x$ の関数として扱うことに注意する。

方程式①の表す曲線（双曲線）

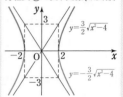

$y=\frac{3}{2}\sqrt{x^2-4}$　$y=-\frac{3}{2}\sqrt{x^2-4}$　3　−3　−2　O　2　$x$　$y$

### 解答

① の両辺を $x$ で微分すると　$\dfrac{2x}{4}-\dfrac{2y}{9}\cdot\dfrac{dy}{dx}=0$

よって，$y\neq0$ のとき　$\boldsymbol{\dfrac{dy}{dx}=\dfrac{9x}{4y}}$ …… (＊)

また，この両辺を $x$ で微分すると

$$\frac{d^2y}{dx^2}=\frac{9}{4}\cdot\frac{1\cdot y-xy'}{y^2}=\frac{9}{4}\cdot\frac{y-x\cdot\frac{9x}{4y}}{y^2}$$
$$=\frac{9(4y^2-9x^2)}{16y^3}=\frac{9\cdot(-36)}{16y^3}=-\frac{81}{4y^3}$$

**注意**　(＊) に ② を代入すると　$\dfrac{dy}{dx}=\pm\dfrac{3x}{2\sqrt{x^2-4}}$
これは ② を $x$ で微分した式に一致している。

◀ $\dfrac{d}{dx}\left(\dfrac{x^2}{4}\right)-\dfrac{d}{dx}\left(\dfrac{y^2}{9}\right)=\dfrac{d}{dx}(1)$
ここで $\dfrac{d}{dx}\left(\dfrac{y^2}{9}\right)=\dfrac{d}{dy}\left(\dfrac{y^2}{9}\right)\cdot\dfrac{dy}{dx}$
$=\dfrac{2y}{9}\cdot\dfrac{dy}{dx}$
合成関数の微分法

◀ $y'=\dfrac{dy}{dx}=\dfrac{9x}{4y}$ を代入。

◀ 与えられた方程式から
$9x^2-4y^2=36$

### 検討　2次曲線の紹介

2次曲線は数学Cで学習する内容であるが，簡単に紹介しておく。

**放物線**

$y^2=4px$ $(p>0)$

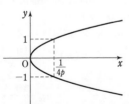

$y$　1　−1　O　$\frac{1}{4p}$　$x$

**楕　円**

$\dfrac{x^2}{a^2}+\dfrac{y^2}{b^2}=1$ $(a>b>0)$

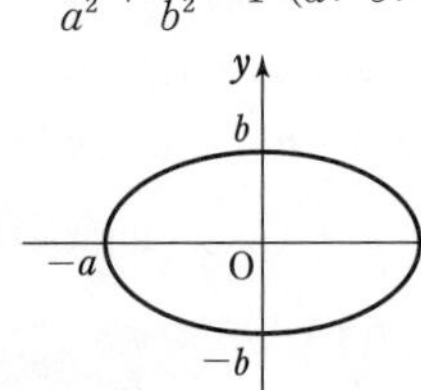


**双曲線**

$\dfrac{x^2}{a^2}-\dfrac{y^2}{b^2}=1$ $(a>0,\ b>0)$

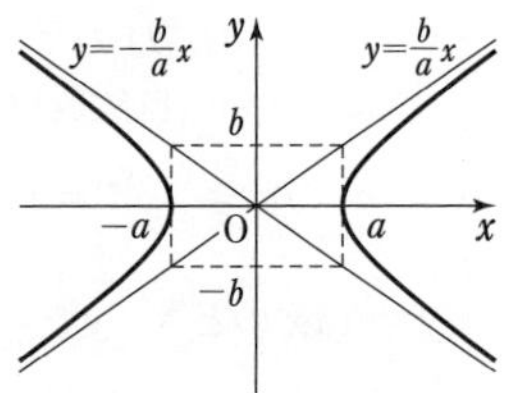


**練習 78** ②　次の方程式で定められる $x$ の関数 $y$ について，$\dfrac{dy}{dx}$ と $\dfrac{d^2y}{dx^2}$ をそれぞれ $x$ と $y$ を用いて表せ。

(1)　$y^2=x$　(2)　$x^2-y^2=4$　(3)　$(x+1)^2+y^2=9$　(4)　$3xy-2x+5y=0$

p.140 EX73

## 基本例題 79 媒介変数表示された関数の導関数 ①①①①①

$x$ の関数 $y$ が，$t$，$\theta$ を媒介変数として，次の式で表されるとき，導関数 $\dfrac{dy}{dx}$ を $t$，$\theta$ の関数として表せ。ただし，(2) の $a$ は正の定数とする。

(1) $\begin{cases} x=t^3+2 \\ y=t^2-1 \end{cases}$　　(2) $\begin{cases} x=a(\theta-\sin\theta) \\ y=a(1-\cos\theta) \end{cases}$

p.129 基本事項 3　重要 80

**指針** **媒介変数表示された関数の導関数** は，次の公式を利用して計算するとよい。

$$x=f(t),\ y=g(t) \text{ のとき}\quad \frac{dy}{dx}=\frac{dy}{dt}\cdot\frac{dt}{dx}=\frac{\dfrac{dy}{dt}}{\dfrac{dx}{dt}}=\frac{g'(t)}{f'(t)}$$

**解答**

(1) $\dfrac{dx}{dt}=3t^2$，$\dfrac{dy}{dt}=2t$

よって，$t\neq0$ のとき　$\dfrac{dy}{dx}=\dfrac{2t}{3t^2}=\boldsymbol{\dfrac{2}{3t}}$

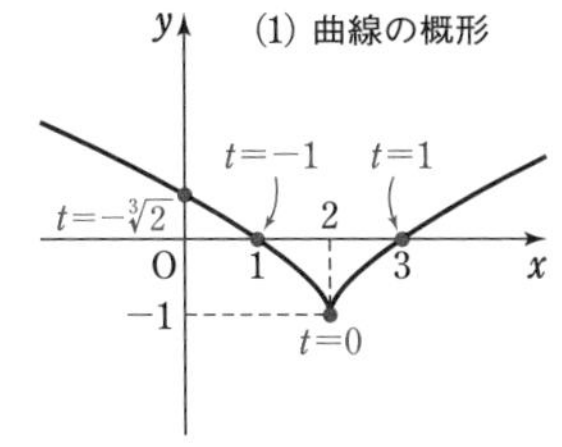


(2) $\dfrac{dx}{d\theta}=a(1-\cos\theta)$，$\dfrac{dy}{d\theta}=a\sin\theta$

よって，$\cos\theta\neq1$ のとき

$$\frac{dy}{dx}=\frac{a\sin\theta}{a(1-\cos\theta)}=\boldsymbol{\frac{\sin\theta}{1-\cos\theta}}$$

**検討** **上の (2) の式が表す曲線について（サイクロイド）**

(2) の式が表す曲線は，$0\leqq x\leqq2\pi a$，$2\pi a\leqq x\leqq4\pi a$，…… で同じ形が繰り返される（右図）。

この曲線を **サイクロイド** という。

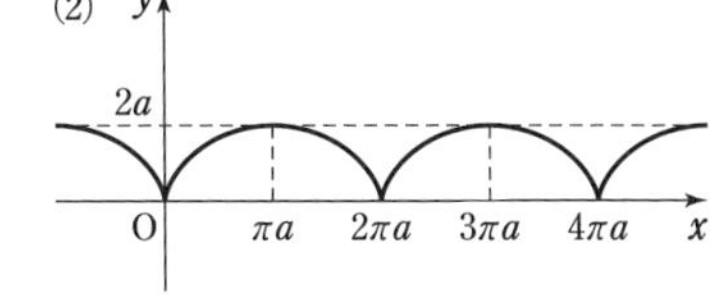


ここで，$\dfrac{dx}{d\theta}=a(1-\cos\theta)\geqq0$ であるから，$x$ は単調に増加する。また，$\dfrac{dy}{d\theta}=a\sin\theta$ であるから，

例えば，$0\leqq\theta\leqq\pi$ のとき　$\sin\theta\geqq0$，　$\pi\leqq\theta\leqq2\pi$ のとき　$\sin\theta\leqq0$

ゆえに，$0\leqq x\leqq\pi a$ で $y$ は単調に増加し，$\pi a\leqq x\leqq2\pi a$ で $y$ は単調に減少する。

**注意**　上の考察では，$p.162$ 基本事項 1 の内容を利用している。

サイクロイドは，$x$，$y$ だけの方程式で表すことはできないが，微分法を利用することによって，増減やグラフの概形をつかむことができる。

**練習 ① 79**　$x$ の関数 $y$ が，$t$，$\theta$ を媒介変数として，次の式で表されるとき，導関数 $\dfrac{dy}{dx}$ を $t$，$\theta$ の関数として表せ。

(1) $\begin{cases} x=2t^3+1 \\ y=t^2+t \end{cases}$　(2) $\begin{cases} x=\sqrt{1-t^2} \\ y=t^2+2 \end{cases}$　(3) $\begin{cases} x=2\cos\theta \\ y=3\sin\theta \end{cases}$　(4) $\begin{cases} x=3\cos^3\theta \\ y=2\sin^3\theta \end{cases}$

p.140 EX 72

## 重要例題 80 陰関数，媒介変数と導関数 ①①①①①

(1) $\cos x = k\cos y$ $(0<x<\pi,\ 0<y<\pi,\ k$ は $k>1$ の定数$)$ が成り立つとき，$\dfrac{dy}{dx}$ を $x$ の式で表せ。 〔類 信州大〕

(2) サイクロイド $x=t-\sin t,\ y=1-\cos t$ について，$\dfrac{d^2y}{dx^2}$ を $t$ の関数として表せ。 〔類 東京理科大〕

基本 78，79

**指針** (1) $p.136$ の基本例題 **78** 同様，**両辺を $x$ で微分する。**
また，このとき $\sin y$ が含まれるから，それを $x$ で表すことを考える。

(2) $\dfrac{dy}{dx}$ は $t$ の関数になるから，合成関数の微分法を利用して

$$\frac{d^2y}{dx^2}=\frac{d}{dx}\left(\frac{dy}{dx}\right)=\frac{d}{dt}\left(\frac{dy}{dx}\right)\cdot\frac{dt}{dx}\quad\cdots\cdots ★$$

として計算する。なお，$\dfrac{d^2y}{dx^2}$ を $\dfrac{d^2y}{dt^2}\Big/\dfrac{d^2x}{dt^2}$ と計算しては **ダメ！**

**解答**

(1) $\cos x = k\cos y$ の両辺を $x$ で微分すると

$$-\sin x=(-k\sin y)\frac{dy}{dx}$$

◀ $\dfrac{d}{dx}\cos y=\dfrac{d}{dy}\cos y\cdot\dfrac{dy}{dx}$

条件から　$\sin y>0,\ k>1$

ゆえに　$k\sin y=k\sqrt{1-\cos^2 y}=\sqrt{k^2-\cos^2 x}$

◀ $k^2\cos^2 y=\cos^2 x$

よって　$\dfrac{dy}{dx}=\dfrac{\sin x}{k\sin y}=\boldsymbol{\dfrac{\sin x}{\sqrt{k^2-\cos^2 x}}}$

(2) $\dfrac{dx}{dt}=1-\cos t,\ \dfrac{dy}{dt}=\sin t$

◀ $p.137$ 例題 **79** (2) と同様。

よって，$\cos t\neq 1$ のとき　$\dfrac{dy}{dx}=\dfrac{\sin t}{1-\cos t}$

◀ $\boldsymbol{\dfrac{dy}{dx}=\dfrac{dy}{dt}\Big/\dfrac{dx}{dt}}$

ゆえに　$\dfrac{d^2y}{dx^2}=\dfrac{d}{dx}\left(\dfrac{dy}{dx}\right)=\dfrac{d}{dt}\left(\dfrac{\sin t}{1-\cos t}\right)\cdot\dfrac{dt}{dx}$

$$=\frac{\cos t(1-\cos t)-\sin t\cdot\sin t}{(1-\cos t)^2}\cdot\frac{1}{1-\cos t}$$

$$=\frac{\cos t-1}{(1-\cos t)^2}\cdot\frac{1}{1-\cos t}=\boldsymbol{-\frac{1}{(1-\cos t)^2}}$$

◀**合成関数の微分法。**

◀指針____……★ の方針。どの文字の関数か，どの文字で微分するかを正確につかむ。

**練習 ③ 80**

(1) $x\tan y=1\ \left(x>0,\ 0<y<\dfrac{\pi}{2}\right)$ が成り立つとき，$\dfrac{dy}{dx}$ を $x$ の式で表せ。

(2) $x=a\cos\theta,\ y=b\sin\theta\ (a>0,\ b>0)$ のとき，$\dfrac{d^2y}{dx^2}$ を $\theta$ の式で表せ。

(3) $x=3-(3+t)e^{-t},\ y=\dfrac{2-t}{2+t}e^{2t}\ (t>-2)$ について，$\dfrac{d^2y}{dx^2}$ を $t$ の式で表せ。

[(1) 広島市大]　p.140 EX 74，75

②64　$f(x)=\cos x+1$，$g(x)=\dfrac{a}{bx^2+cx+1}$ とする。$f(0)=g(0)$，$f'(0)=g'(0)$，$f''(0)=g''(0)$ であるとき，定数 $a$，$b$，$c$ の値を求めよ。 →73

③65　2 回微分可能な関数 $f(x)$ の逆関数を $g(x)$ とする。$f(1)=2$，$f'(1)=2$，$f''(1)=3$ のとき，$g''(2)$ の値を求めよ。 〔防衛医大〕 →73

③66　$f(x)$ が 2 回微分可能な関数のとき，$\dfrac{d^2}{dx^2}f(\tan x)$ を $f'(\tan x)$，$f''(\tan x)$ を用いて表せ。 〔富山大〕 →73

③67　どのような実数 $c_1$，$c_2$ に対しても関数 $f(x)=c_1e^{2x}+c_2e^{5x}$ は関係式 $f''(x)-$ ア□ $f'(x)+$ イ□ $f(x)=0$ を満たす。 〔慶応大〕 →74

③68　$x$ の多項式 $f(x)$ が $xf''(x)+(1-x)f'(x)+3f(x)=0$，$f(0)=1$ を満たすとき，$f(x)$ を求めよ。 〔類 神戸大〕 →74

④69　実数全体で定義された関数 $y=f(x)$ が 2 回微分可能で，常に $f''(x)=-2f'(x)-2f(x)$ を満たすとき，次の問いに答えよ。

(1)　関数 $F(x)$ を $F(x)=e^xf(x)$ と定めるとき，$F(x)$ は $F''(x)=-F(x)$ を満たすことを示せ。

(2)　$F''(x)=-F(x)$ を満たす関数 $F(x)$ は，$\{F'(x)\}^2+\{F(x)\}^2$ が定数になることを示し，$\displaystyle\lim_{x\to\infty}f(x)$ を求めよ。 〔高知女子大〕 →74

64　前の 2 つの条件から，定数がいくつか求められる。そうしてから $g''(x)$ を求める方が，計算がらく。

65　$y=g(x) \iff x=f(y)$ である。$g''(x)$ を $f'(y)$，$f''(y)$ で表す。

66　$\tan x=u$ とおくと　$\dfrac{du}{dx}=\dfrac{1}{\cos^2 x}$

67　まず，$a$，$b$ を実数の定数として，$f''(x)+af'(x)+bf(x)$ を $a$，$b$，$c_1$，$c_2$ で表す。$c_1$，$c_2$ についての恒等式の問題と考える。

68　$f(x)$ の最高次の項に着目して，まず $f(x)$ の次数を求める。

69　(2)　極限は，はさみうちの原理を利用して求める。

④70　$n$ を自然数とする。関数 $f_n(x)$ $(n=1,\ 2,\ \cdots\cdots)$ を漸化式 $f_1(x)=x^2$, $f_{n+1}(x)=f_n(x)+x^3f_n''(x)$ により定めるとき，$f_n(x)$ は $(n+1)$ 次多項式であることを示し，$x^{n+1}$ の係数を求めよ。　〔類　東京工大〕 →74,76

③71　関数 $y=\tan x$ の第 $n$ 次導関数を $y^{(n)}$ とすると，$y^{(1)}=$ ア□ $+$ イ□ $y^2$, $y^{(2)}=$ ウ□ $y+$ エ□ $y^3$, $y^{(3)}=$ オ□ $+$ カ□ $y^2+$ キ□ $y^4$ である。同様に，各 $y^{(n)}$ を $y$ に着目して多項式とみなしたとき，最も次数の高い項の係数を $a_n$，定数項を $b_n$ とすると，$a_5=$ ク□，$a_7=$ ケ□，$b_6=$ コ□，$b_7=$ サ□ である。
〔類　東京理科大〕 →77

②72　曲線 $C: x=\dfrac{e^t+3e^{-t}}{2}$, $y=e^t-2e^{-t}$ について　〔類　慶応大〕

(1)　曲線 $C$ の方程式は ア□ $x^2+$ イ□ $xy-$ ウ□ $y^2=25$ である。

(2)　$\dfrac{dy}{dx}$ を $x$, $y$ を用いて表せ。

(3)　曲線 $C$ 上の $t=$ □ に対応する点において，$\dfrac{dy}{dx}=-2$ となる。　→78,79

③73　関数 $y(x)$ が第 2 次導関数 $y''(x)$ をもち，$x^3+(x+1)\{y(x)\}^3=1$ を満たすとき，$y''(0)$ を求めよ。　〔立教大〕 →78

③74　条件 $x=\tan^2y$ を満たす，実数 $x$ について微分可能な $x$ の関数 $y$ を考える。ただし，$\dfrac{\pi}{2}<y<\pi$ とする。

(1)　$x=3$ のとき，$y$ の値を求めよ。

(2)　$\dfrac{dy}{dx}$ および $\dfrac{d^2y}{dx^2}$ を $x$ の式で表せ。　〔東京理科大〕 →73,80

⑤75　原点を通る曲線 $C$ 上の任意の点 $(x,\ y)$ は，直線 $x\cos\theta+y\sin\theta+p=0$ ($p$, $\theta$ は定数，$\sin\theta\neq0$) および点 $\mathrm{A}(s,\ t)$ から等距離にあるものとする。また，$f(x)=e^{-x}\sin x+2x^2-x$ とする。曲線 $C$ の方程式で定められる $x$ の関数 $y$ について，導関数 $\dfrac{dy}{dx}$ と第 2 次導関数 $\dfrac{d^2y}{dx^2}$ の原点における値がそれぞれ，$f'(0)$, $f''(0)$ に等しいとき，$s$, $t$ を $\theta$ で表せ。　〔類　島根医大〕 →80

70　数学的帰納法で証明。

71　(後半)　$y^{(n)}$ の最高次の項は $a_ny^{n+1}$ と表されるから，これを微分して $a_{n+1}$ と $a_n$ の関係式を作る。

72　(1)　$e^t\cdot e^{-t}=1$ を利用して，$t$ を消去する。

73　まず，$y(0)$ を求める。次に，$x^3+(x+1)\{y(x)\}^3=1$ の両辺を $x$ で微分して $x=0$ を代入し，$y'(0)$ を求める。

74　$\dfrac{\pi}{2}<y<\pi$ から $\tan y<0$ に注意。

75　曲線 $C$ の方程式の両辺を $x$ で 2 回微分し，各等式で $x=y=0$ とおく。

数学Ⅲ 第4章

# 微分法の応用

# 4

12 接線と法線
13 平均値の定理
14 関数の値の変化，最大・最小
15 関数のグラフ
16 方程式・不等式への応用
17 関連発展問題
18 速度と加速度，近似式

—●— **基本定着コース**……教科書の基本事項を確認したいきみに
—●— **精選速習コース**……入試の基礎を短期間で身につけたいきみに
—●— **実力練成コース**……入試に向け実力を高めたいきみに

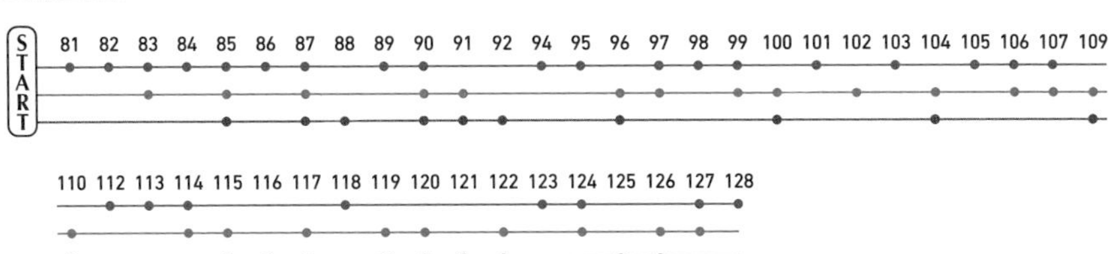


## 例題一覧

| | | 番号 | 例題 | 難易度 |
|---|---|---|---|---|
| 12 | 基本 | 81 | 接線と法線の方程式 | ② |
| | 基本 | 82 | 曲線外の点から引いた接線の方程式 | ② |
| | 基本 | 83 | $F(x, y)=0$ や媒介変数表示の曲線の接線 | ② |
| | 基本 | 84 | 共通接線 (1) | ③ |
| | 基本 | 85 | 共通接線 (2) | ③ |
| | 基本 | 86 | 共有点で直交する接線をもつ 2 曲線 | ② |
| | 基本 | 87 | 曲線に接線が引けるための条件 | ③ |
| | 基本 | 88 | 曲線の接線の長さに関する証明問題 | ③ |
| 13 | 基本 | 89 | 平均値の定理の利用 | ② |
| | 基本 | 90 | 平均値の定理を利用した不等式の証明 | ② |
| | 重要 | 91 | 平均値の定理を利用した極限 | ④ |
| | 演習 | 92 | ロピタルの定理を利用した極限 | ④ |
| 14 | 基本 | 93 | 関数の増減 | ② |
| | 基本 | 94 | 関数の極値 (1) | ② |
| | 基本 | 95 | 関数が極値をもつための条件 | ② |
| | 重要 | 96 | 関数が極値をもたない条件 | ③ |
| | 基本 | 97 | 極値の条件から関数の係数決定 | ② |
| | 基本 | 98 | 関数の最大・最小 (1) | ② |
| | 基本 | 99 | 関数の最大・最小 (2) | ② |
| | 重要 | 100 | 関数の最大・最小 (3) | ③ |
| | 基本 | 101 | 最大値・最小値から関数の係数決定 (1) | ③ |
| | 基本 | 102 | 最大値・最小値から関数の係数決定 (2) | ③ |
| | 基本 | 103 | 最大・最小の応用問題 (1) | ② |
| | 重要 | 104 | 最大・最小の応用問題 (2) | ③ |
| 15 | 基本 | 105 | 曲線の凹凸と変曲点 | ① |
| | 基本 | 106 | 曲線の漸近線 | ② |
| | 基本 | 107 | 関数のグラフの概形 (1) | ② |
| | 基本 | 108 | 関数のグラフの概形 (2) | ③ |
| | 重要 | 109 | 関数のグラフの概形 (3) | ④ |
| | 重要 | 110 | 関数のグラフの概形 (4) | ④ |
| | 基本 | 111 | 変曲点に関する対称性の証明 | ③ |
| | 基本 | 112 | 関数の極値 (2) | ① |
| 16 | 基本 | 113 | 不等式の証明 (1) | ② |
| | 基本 | 114 | 不等式の証明 (2) | ③ |
| | 重要 | 115 | 2 変数の不等式の証明 (1) | ③ |
| | 重要 | 116 | 2 変数の不等式の証明 (2) | ④ |
| | 重要 | 117 | 不等式が常に成り立つ条件 | ③ |
| | 基本 | 118 | 方程式の実数解の個数 | ② |
| | 重要 | 119 | $y$ 軸上の点から曲線に引ける接線の本数 | ③ |
| 17 | 演習 | 120 | 曲線の接線に関する極限 | ③ |
| | 演習 | 121 | 極値をとる値に関する無限級数の和 | ④ |
| | 演習 | 122 | 不等式の証明と極限 | ③ |
| 18 | 基本 | 123 | 運動する点の速度・加速度 (1) | ① |
| | 基本 | 124 | 等速円運動に関する証明問題 | ② |
| | 重要 | 125 | 運動する点の速度・加速度 (2) | ③ |
| | 基本 | 126 | 一般の量の時間的変化率 | ② |
| | 基本 | 127 | 近似値と近似式 | ② |
| | 基本 | 128 | 微小変化に応じる変化 | ② |

# 12 接線と法線

## 基本事項

**1 曲線 $y=f(x)$ 上の接線と法線**

曲線 $y=f(x)$ 上の点 $\mathrm{A}(a,\ f(a))$ における

1 **接線の方程式**　$y-f(a)=f'(a)(x-a)$

2 **法線の方程式**　$y-f(a)=-\dfrac{1}{f'(a)}(x-a)$

ただし　$f'(a)\neq 0$

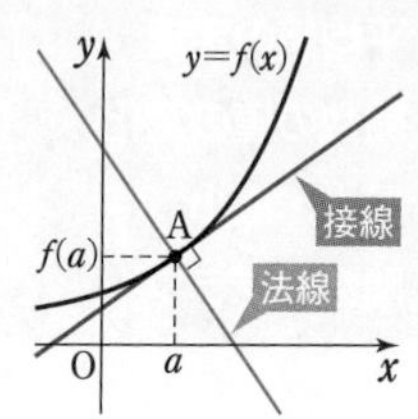


**2 $F(x,\ y)=0$ や媒介変数で表される曲線の接線**

曲線の方程式が，$F(x,\ y)=0$ や $t$ を媒介変数として $x=f(t)$，$y=g(t)$ で表されるとき，曲線上の点 $(x_1,\ y_1)$ における接線の方程式は　$y-y_1=m(x-x_1)$

ただし，$m$ は導関数 $\dfrac{dy}{dx}$ に $x=x_1$，$y=y_1$ を代入して得られる値である。

## 解説

■ **曲線 $y=f(x)$ 上の接線と法線**

曲線上の点 A を通り，A における接線に垂直な直線を，その曲線の点 A における **法線** という。曲線 $y=f(x)$ 上の点 $\mathrm{A}(a,\ f(a))$ における接線，法線の傾きはそれぞれ $f'(a)$，$-\dfrac{1}{f'(a)}$ $[f'(a)\neq 0]$ であるから，A における接線，法線の方程式は上の **1** の 1，2 のようになる。

◀法線の傾きは 2 直線が垂直 ⟺ 傾きの積が $-1$ からわかる。

■ **曲線 $F(x,\ y)=0$ 上の接線**

例　曲線 $Ax^2+By^2=1$ $(A\neq 0,\ B\neq 0)$ ……① 上の点 $(x_1,\ y_1)$ における接線の方程式を求める。

①の両辺を $x$ で微分すると　$2Ax+2By\cdot y'=0$

◀ p.136 基本例題 **78** と同様。

$y_1\neq 0$ のとき　$B\neq 0$ であるから，接線の傾き $m$ は

$y'=-\dfrac{Ax}{By}$ より　$m=-\dfrac{Ax_1}{By_1}$　ゆえに　$y-y_1=-\dfrac{Ax_1}{By_1}(x-x_1)$

よって　$Ax_1x+By_1y=Ax_1{}^2+By_1{}^2$　また　$Ax_1{}^2+By_1{}^2=1$

◀点 $(x_1,\ y_1)$ は曲線①上にある。

ゆえに，接線の方程式は　$Ax_1x+By_1y=1$

（これは $y_1=0$ のときも成り立つ）

■ **媒介変数表示 $x=f(t)$，$y=g(t)$ の曲線上の接線**

例　$x=a\cos\theta$，$y=b\sin\theta$ $(a>0,\ b>0)$ で表される曲線上の $\theta=\theta_1$ に対応する点における接線の方程式を求める。

$\dfrac{dx}{d\theta}=-a\sin\theta$，$\dfrac{dy}{d\theta}=b\cos\theta$ から　$\dfrac{dy}{dx}=\dfrac{\frac{dy}{d\theta}}{\frac{dx}{d\theta}}=-\dfrac{b\cos\theta}{a\sin\theta}$

◀ p.137 基本例題 **79** と同様。

ゆえに，接線の方程式は　$y-b\sin\theta_1=-\dfrac{b\cos\theta_1}{a\sin\theta_1}(x-a\cos\theta_1)$

整理すると　$(b\cos\theta_1)x+(a\sin\theta_1)y=ab$

◀$\sin^2\theta_1+\cos^2\theta_1=1$

## 基本例題 81 接線と法線の方程式 … 基本

(1) 曲線 $y=\frac{3}{x}$ 上の点 $(1,\ 3)$ における接線と法線の方程式を求めよ。

(2) 曲線 $y=\sqrt{25-x^2}$ に接し，傾きが $-\frac{3}{4}$ である直線の方程式を求めよ。

p.142 基本事項 1　演習 120

**指針** 接線の傾き ＝ 微分係数

(1) 曲線 $y=f(x)$ 上の点 $(a,\ f(a))$ における

接線 の方程式は　$y-f(a)=f'(a)(x-a)$　← 傾きは $f'(a)$

法線 の方程式は　$y-f(a)=-\frac{1}{f'(a)}(x-a)$　ただし $f'(a)\neq 0$

まず，$y=f(x)$ として導関数 $f'(x)$ を求めることから始める。

(2) 接点の座標が与えられていない。よって，まずこれを求めるために，接点の $x$ 座標を $a$ として，$f'(a)=$(接線の傾き) の方程式を解く。

なお，$y=\sqrt{25-x^2}$ …… Ⓐ の両辺を平方して整理すると　$x^2+y^2=5^2$

よって，Ⓐ は原点中心，半径 5 の半円（上半分）を表す。

**解答**

(1) $f(x)=\frac{3}{x}$ とすると　$f'(x)=3\cdot\left(-\frac{1}{x^2}\right)=-\frac{3}{x^2}$

よって　$f'(1)=-\frac{3}{1^2}=-3,\ -\frac{1}{f'(1)}=\frac{1}{3}$

**接線の方程式は，** $y-3=-3(x-1)$ から　$\boldsymbol{y=-3x+6}$

**法線の方程式は，** $y-3=\frac{1}{3}(x-1)$ から　$\boldsymbol{y=\frac{1}{3}x+\frac{8}{3}}$

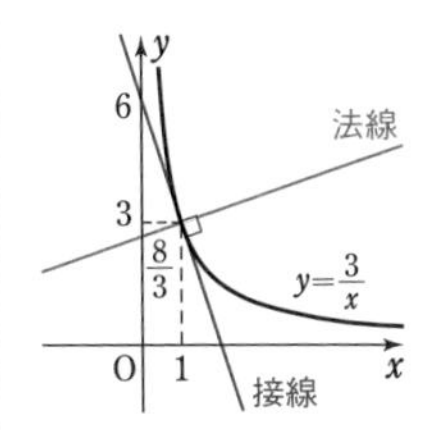


(2) $f(x)=\sqrt{25-x^2}$ とすると　$f'(x)=-\frac{x}{\sqrt{25-x^2}}$

点 $(a,\ f(a))$ における接線の方程式は

$$y-\sqrt{25-a^2}=-\frac{a}{\sqrt{25-a^2}}(x-a)\ \cdots\cdots\ ①$$

この直線の傾きが $-\frac{3}{4}$ であるとすると

$$-\frac{a}{\sqrt{25-a^2}}=-\frac{3}{4}$$

ゆえに　$4a=3\sqrt{25-a^2}$ …… ②

よって　$16a^2=9(25-a^2)$

ゆえに　$a^2=9$　② より，$a>0$ であるから　$a=3$

$a=3$ を ① に代入して整理すると　$\boldsymbol{y=-\frac{3}{4}x+\frac{25}{4}}$

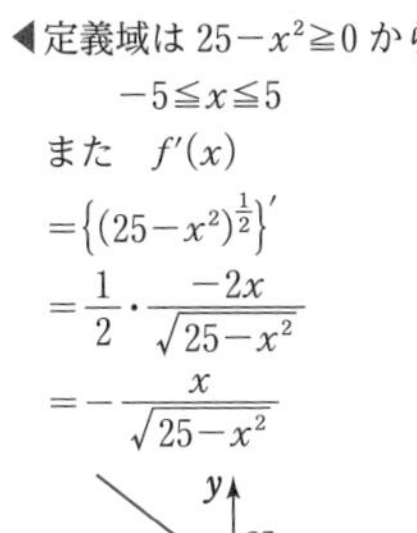

◀定義域は $25-x^2\geqq 0$ から $-5\leqq x\leqq 5$

また　$f'(x)$
$=\left\{(25-x^2)^{\frac{1}{2}}\right\}'$
$=\frac{1}{2}\cdot\frac{-2x}{\sqrt{25-x^2}}$
$=-\frac{x}{\sqrt{25-x^2}}$

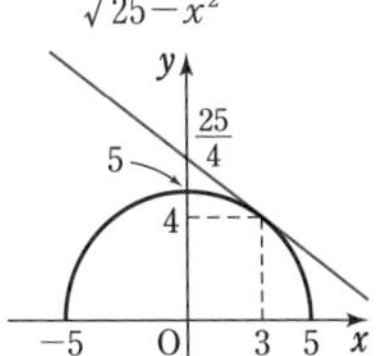


**練習 ② 81**

(1) 次の曲線上の点 A における接線と法線の方程式を求めよ。

(ア) $y=-\sqrt{2x}$，A$(2,\ -2)$　(イ) $y=e^{-x}-1$，A$(-1,\ e-1)$

(ウ) $y=\tan 2x$，A$\left(\frac{\pi}{8},\ 1\right)$

(2) 曲線 $y=x+\sqrt{x}$ に接し，傾きが $\frac{3}{2}$ である直線の方程式を求めよ。

p.152 EX 76

## 基本例題 82 曲線外の点から引いた接線の方程式

(1) 原点から曲線 $y=\log x-1$ に引いた接線の方程式を求めよ。

(2) $k>0$ とする。曲線 $y=k\sqrt{x}$ 上にない点 $(0,\ 2)$ からこの曲線に引いた接線の方程式が $y=8x+2$ であるとき，定数 $k$ の値と接点の座標を求めよ。

↗基本 81

**指針** (1), (2) とも接点の座標がわからないから，次の手順で進める。

1. 曲線の方程式 $y=f(x)$ について，導関数 $f'(x)$ を求める。
2. 接点の座標を $(a,\ f(a))$ として，接線の方程式を求める。
$$y-f(a)=f'(a)(x-a)$$
3. 接線が (1) 原点を通る，(2) $y=8x+2$ である という条件から，$a$ の値を求める。

**解答**

(1) $y=\log x-1$ から $y'=\dfrac{1}{x}$

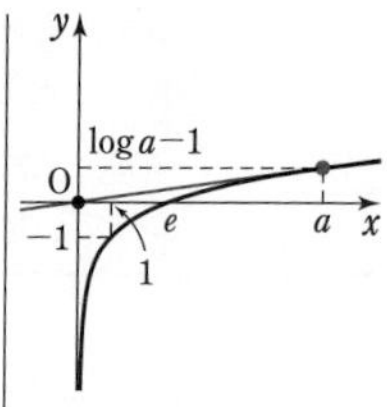


接点の座標を $(a,\ \log a-1)$ $(a>0)$ とすると，接線の方程式は $y-(\log a-1)=\dfrac{1}{a}(x-a)$

すなわち $y=\dfrac{x}{a}+\log a-2$ …… ①

この直線が原点を通るから $0=\log a-2$

ゆえに $\log a=2$ したがって $a=e^2$

よって，求める接線の方程式は，① から $\boldsymbol{y=\dfrac{x}{e^2}}$

◀$\log e^2=2$

(2) $y=k\sqrt{x}$ から $y'=\dfrac{k}{2\sqrt{x}}$

◀$(\sqrt{x})'=(x^{\frac{1}{2}})'=\dfrac{1}{2}x^{-\frac{1}{2}}$

接点の座標を $(a,\ k\sqrt{a})$ $(a>0)$ とすると，接線の方程式は $y-k\sqrt{a}=\dfrac{k}{2\sqrt{a}}(x-a)$

◀関数 $y=k\sqrt{x}$ の定義域は $x\geqq 0$ である。また，**曲線の端点** ($x=0$ のとき) **での接線は考えない** から $a>0$

すなわち $y=\dfrac{k}{2\sqrt{a}}x+\dfrac{k}{2}\sqrt{a}$

この直線が直線 $y=8x+2$ と一致するための条件は

$$\frac{k}{2\sqrt{a}}=8 \quad \text{かつ} \quad \frac{k}{2}\sqrt{a}=2$$

◀**傾きと $y$ 切片がそれぞれ一致。**

辺々掛けて整理すると $k^2=64$ $k>0$ から $\boldsymbol{k=8}$

また，$\sqrt{a}=\dfrac{4}{k}$ に $k=8$ を代入して $\sqrt{a}=\dfrac{1}{2}$

◀$\dfrac{k}{2\sqrt{a}}=8$ に代入してもよい。

ゆえに $a=\dfrac{1}{4}$ よって，求める **接点の座標は** $\boldsymbol{\left(\dfrac{1}{4},\ 4\right)}$

**練習 ② 82** (1) 次の曲線に，与えられた点 P から引いた接線の方程式と，そのときの接点の座標を求めよ。

(ア) $y=x\log x$，P$(0,\ -2)$　　(イ) $y=\dfrac{1}{x}+1$，P$(1,\ -2)$

(2) 直線 $y=x$ が曲線 $y=a^x$ の接線となるとき，$a$ の値と接点の座標を求めよ。ただし，$a>0$，$a\neq 1$ とする。 〔(2) 類 東京理科大〕 p.152 EX 78↘

## 基本例題 83 $F(x,\ y)=0$ や媒介変数表示の曲線の接線

次の曲線上の点 P，Q における接線の方程式をそれぞれ求めよ。

(1) 楕円 $\dfrac{x^2}{a^2}+\dfrac{y^2}{b^2}=1$ 上の点 $\mathrm{P}(x_1,\ y_1)$　　ただし，$a>0$，$b>0$

(2) 曲線 $x=e^t$，$y=e^{-t^2}$ の $t=1$ に対応する点 Q　　［(2) 類 東京理科大］

p.142 基本事項 2，基本 81

接線の傾き＝微分係数　まず，接線の傾きを求める。

(1) **両辺を $x$ で微分** し，$y'$ を求める。　(2) $\dfrac{dy}{dx}=\dfrac{\frac{dy}{dt}}{\frac{dx}{dt}}$ を利用。

(1) $\dfrac{x^2}{a^2}+\dfrac{y^2}{b^2}=1$ の両辺を $x$ について微分すると

$\dfrac{2x}{a^2}+\dfrac{2y}{b^2}\cdot y'=0$　ゆえに，$y\neq0$ のとき　$y'=-\dfrac{b^2x}{a^2y}$

◀陰関数の導関数については，$p.136$ を参照。

よって，点 P における接線の方程式は，$y_1\neq0$ のとき

$y-y_1=-\dfrac{b^2x_1}{a^2y_1}(x-x_1)$ すなわち $\dfrac{x_1x}{a^2}+\dfrac{y_1y}{b^2}=\dfrac{x_1^2}{a^2}+\dfrac{y_1^2}{b^2}$

◀両辺に $\dfrac{y_1}{b^2}$ を掛ける。

点 P は楕円上の点であるから　$\dfrac{x_1^2}{a^2}+\dfrac{y_1^2}{b^2}=1$

$y_1\neq0$ のとき，接線の方程式は　$\dfrac{x_1x}{a^2}+\dfrac{y_1y}{b^2}=1$ …… ①

$y_1=0$ のとき，$x_1=\pm a$ であり，接線の方程式は　$x=\pm a$

これは ① で $x_1=\pm a$，$y_1=0$ とすると得られる。

したがって，求める接線の方程式は　$\boldsymbol{\dfrac{x_1x}{a^2}+\dfrac{y_1y}{b^2}=1}$

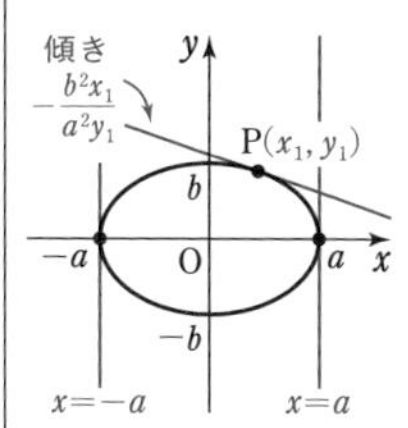


(2) $\dfrac{dx}{dt}=e^t$，$\dfrac{dy}{dt}=e^{-t^2}(-2t)=-2te^{-t^2}$

◀$p.137$ 参照。

よって　$\dfrac{dy}{dx}=\dfrac{\frac{dy}{dt}}{\frac{dx}{dt}}=\dfrac{-2te^{-t^2}}{e^t}=-2te^{-t^2-t}$

$t=1$ のとき　$\mathrm{Q}\left(e,\ \dfrac{1}{e}\right)$，$\dfrac{dy}{dx}=-\dfrac{2}{e^2}$

したがって，求める接線の方程式は

$y-\dfrac{1}{e}=-\dfrac{2}{e^2}(x-e)$　すなわち　$\boldsymbol{y=-\dfrac{2}{e^2}x+\dfrac{3}{e}}$

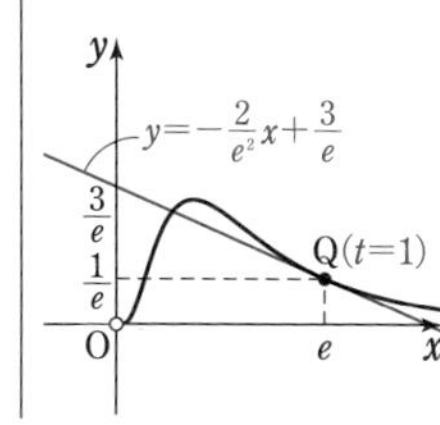


**練習 ② 83** 次の曲線上の点 P，Q における接線の方程式をそれぞれ求めよ。

(1) 双曲線 $x^2-y^2=a^2$ 上の点 $\mathrm{P}(x_1,\ y_1)$　　ただし，$a>0$

(2) 曲線 $x=1-\cos 2t$，$y=\sin t+2$ 上の $t=\dfrac{5}{6}\pi$ に対応する点 Q

p.152 EX 79

# 基本例題 84 共通接線 (1) … 2 接線が一致

2 つの曲線 $y=-x^2$，$y=\frac{1}{x}$ に同時に接する直線の方程式を求めよ。

基本 82

**指針** 2 つの曲線 $y=f(x)$，$y=g(x)$ に同時に接する直線の求め方。

1 曲線 $y=f(x)$ 上の点 $(s,\ f(s))$ における接線の方程式と，曲線 $y=g(x)$ 上の点 $(t,\ g(t))$ における接線の方程式を求める。

2 1 で求めた接線が一致する条件から $s$，$t$ の関係式を作り，それらを解いて $s$ または $t$ の値を求める。

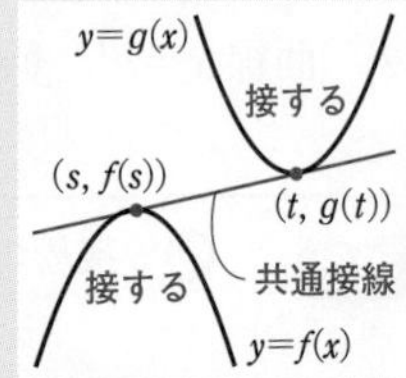


あるいは，下の 別解 のように **接する ⟺ 重解** の方針が有効なこともある。なお，1 つの直線が 2 つの曲線に同時に接するとき，この直線を 2 つの曲線の **共通接線** という。

**解答**

$y=-x^2$ …… ① から　$y'=-2x$

よって，曲線 ① 上の点 $(s,\ -s^2)$ における接線の方程式は

$$y-(-s^2)=-2s(x-s)$$

すなわち　$y=-2sx+s^2$ …… ③

$y=\frac{1}{x}$ …… ② から　$y'=-\frac{1}{x^2}$

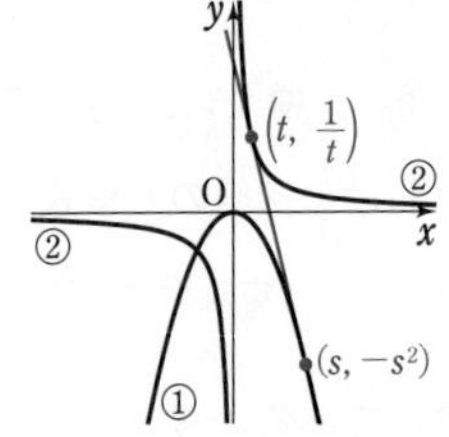


よって，曲線 ② 上の点 $\left(t,\ \frac{1}{t}\right)$ における接線の方程式は

$$y-\frac{1}{t}=-\frac{1}{t^2}(x-t)\quad すなわち\quad y=-\frac{1}{t^2}x+\frac{2}{t}\ \cdots\ ④$$

2 接線 ③，④ が一致するための条件は

$$-2s=-\frac{1}{t^2}\ \cdots\cdots\ ⑤\quad かつ\quad s^2=\frac{2}{t}\ \cdots\cdots\ ⑥$$

◀曲線 $y=f(x)$ 上の点 $(\alpha,\ f(\alpha))$ における接線の方程式は
$\boldsymbol{y-f(\alpha)=f'(\alpha)(x-\alpha)}$

③，④：接線の方程式を $y=$●$x+$■ の形にしておく（傾きと $y$ 切片に注目するため）。

◀③，④ の傾きと $y$ 切片がそれぞれ一致。

⑤ から　$s=\frac{1}{2t^2}$　　これを ⑥ に代入して　$\frac{1}{4t^4}=\frac{2}{t}$　　ゆえに　$8t^3-1=0$

よって　$(2t-1)(4t^2+2t+1)=0$　　$t$ は実数であるから　$t=\frac{1}{2}$

これを ④ に代入して，求める直線の方程式は　　$\boldsymbol{y=-4x+4}$

別解 **接する ⟺ 重解** を利用する。まず，曲線 ② の接線 ④ を先に求める。

① と ④ から $y$ を消去して　$x^2-\frac{1}{t^2}x+\frac{2}{t}=0$

この 2 次方程式の判別式を $D$ とすると　$D=\left(-\frac{1}{t^2}\right)^2-4\cdot\frac{2}{t}=\frac{1}{t^4}-\frac{8}{t}$

直線 ④ が曲線 ① に接するための条件は　　$D=0$

よって，$\frac{1}{t^4}-\frac{8}{t}=0$ から $t=\frac{1}{2}$ が導かれる。以後は同様。

**練習 ③ 84** 2 つの曲線 $y=e^x$，$y=\log(x+2)$ の共通接線の方程式を求めよ。

## 基本例題 85 共通接線(2)…2曲線が接する

$0<x<\pi$ のとき，曲線 $C_1$：$y=2\sin x$ と曲線 $C_2$：$y=k-\cos 2x$ が共有点Pで共通の接線をもつ。定数 $k$ の値と点Pの座標を求めよ。

基本 84

2曲線 $y=f(x)$ と $y=g(x)$ が共有点で共通の接線をもつ（**2曲線がその共有点で接する** ともいう）ための条件は，共有点の $x$ 座標を $t$ とすると，次の [1], [2] を満たすことである。

[1] $f(t)=g(t)$ …… $y$ 座標が一致する

[2] $f'(t)=g'(t)$ …… 微分係数が一致する

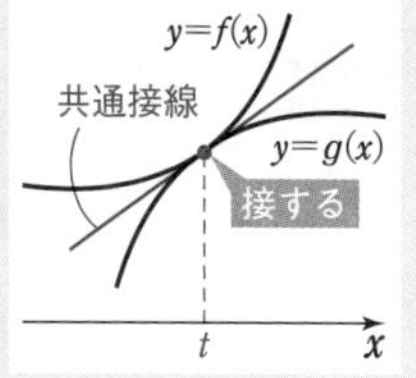


**解答**

$y=2\sin x$ から　$y'=2\cos x$　◀まず，導関数を求める。

$y=k-\cos 2x$ から　$y'=2\sin 2x$　◀$y'=-(-\sin 2x)\cdot 2$

共有点Pの $x$ 座標を $t$ $(0<t<\pi)$ とすると，点Pで共通の接線をもつための条件は

$2\sin t=k-\cos 2t$ …… ①　◀**$y$ 座標が一致。**

かつ　$2\cos t=2\sin 2t$ …… ②　◀**微分係数が一致。**

② から　$\cos t=2\sin t\cos t$

ゆえに　$\cos t(2\sin t-1)=0$　◀2倍角の公式を利用。

よって　$\cos t=0,\ \sin t=\dfrac{1}{2}$

$0<t<\pi$ であるから

$\cos t=0$ より　$t=\dfrac{\pi}{2}$，　$\sin t=\dfrac{1}{2}$ より　$t=\dfrac{\pi}{6},\ \dfrac{5}{6}\pi$

$t=\dfrac{\pi}{2}$ のとき，① から　$2=k+1$　よって　$k=1$　◀$k$ の値を求める。

$t=\dfrac{\pi}{6}$ のとき，① から　$1=k-\dfrac{1}{2}$　よって　$k=\dfrac{3}{2}$

$t=\dfrac{5}{6}\pi$ のとき，① から　$1=k-\dfrac{1}{2}$　よって　$k=\dfrac{3}{2}$

左下は $k=1$，右下は $k=\dfrac{3}{2}$ のときのグラフ。

ゆえに，点Pの座標は

$\boldsymbol{k=1}\left(t=\dfrac{\pi}{2}\right)$ のとき

$\mathbf{P}\left(\dfrac{\pi}{2},\ 2\right)$

$\boldsymbol{k=\dfrac{3}{2}}\left(t=\dfrac{\pi}{6},\ \dfrac{5}{6}\pi\right)$ のとき

$\mathbf{P}\left(\dfrac{\pi}{6},\ 1\right)$，$\mathbf{P}\left(\dfrac{5}{6}\pi,\ 1\right)$

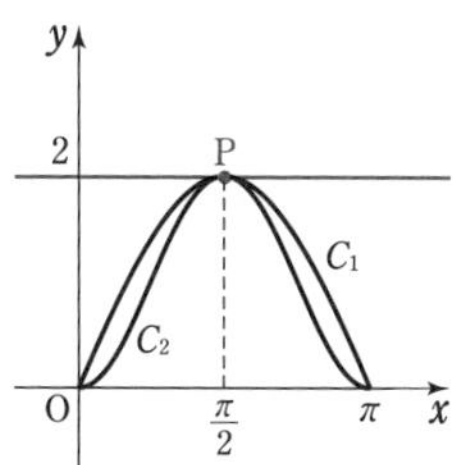


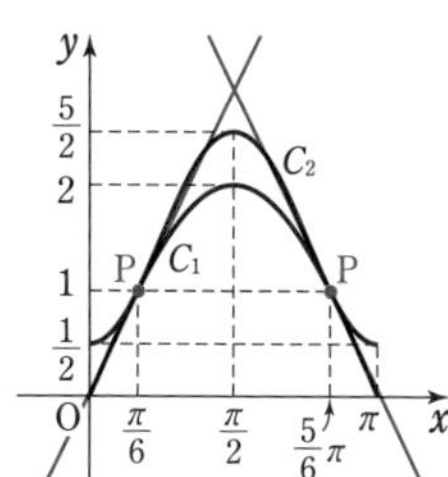


**練習 ③ 85**　2つの曲線 $y=ax^2$，$y=\log x$ が接するとき，定数 $a$ の値を求めよ。このとき，接点での接線の方程式を求めよ。　〔類 東京電機大〕

p.152, 153 EX80, 82

# 基本例題 86 共有点で直交する接線をもつ 2 曲線

2 つの曲線 $y=x^2+ax+b$, $y=\dfrac{c}{x}+2$ は，点 $(2,\ 3)$ で交わり，この点における接線は互いに直交するという。定数 $a$, $b$, $c$ の値を求めよ。

基本 85

2 曲線 $y=f(x)$ と $y=g(x)$ が，共有点 $(p,\ q)$ で互いに直交する接線をもつとき，次の [1]，[2] が成り立つ。

[1]　点 $(p,\ q)$ で交わる $\iff q=f(p)$, $q=g(p)$

[2]　$f'(p)g'(p)=-1$

　　…… 接線が直交 $\iff$ 傾きの積が $-1$

[1]，[2] から，$a$, $b$, $c$ についての連立方程式が導かれる。

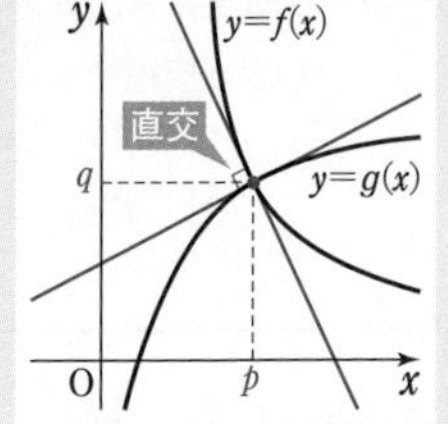


解答

$f(x)=x^2+ax+b$, $g(x)=\dfrac{c}{x}+2$ とする。

2 曲線 $y=f(x)$, $y=g(x)$ は点 $(2,\ 3)$ を通るから

$$f(2)=3,\ g(2)=3$$

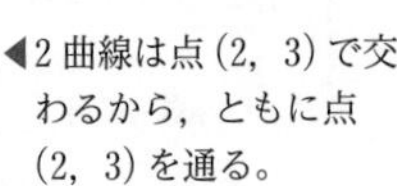

◀2 曲線は点 (2, 3) で交わるから，ともに点 (2, 3) を通る。

$f(2)=3$ から　　$2^2+a\cdot 2+b=3$

よって　　$2a+b=-1$ …… ①

$g(2)=3$ から　　$\dfrac{c}{2}+2=3$

これを解いて　　$\boldsymbol{c=2}$

また　　$f'(x)=2x+a$, $g'(x)=-\dfrac{c}{x^2}$

点 $(2,\ 3)$ において，2 曲線 $y=f(x)$, $y=g(x)$ の接線は座標軸に平行でなく(*)，互いに直交するから

$$f'(2)g'(2)=-1$$

ゆえに　　$(2\cdot 2+a)\left(-\dfrac{c}{2^2}\right)=-1$

$c=2$ を代入してこれを解くと

$$\boldsymbol{a=-2}$$

よって，① から　　$\boldsymbol{b=3}$

**注意**　2 曲線が，共有点 P で互いに直交する接線をもつとき，2 曲線は **点 P で直交する** という。

(*) 座標軸に平行な接線の場合，指針の [2] の条件は利用できない。そのため，このような断りを書いている。

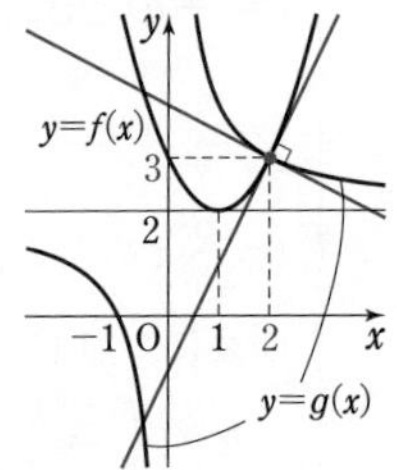


**練習 ② 86**　$k>0$ とする。$f(x)=-(x-a)^2$, $g(x)=\log kx$ のとき，曲線 $y=f(x)$ と曲線 $y=g(x)$ の共有点を P とする。この点 P において曲線 $y=f(x)$ の接線と曲線 $y=g(x)$ の接線が直交するとき，$a$ と $k$ の関係式を求めよ。　〔弘前大〕

p.152, 153 EX 77, 81

# 基本例題 87 曲線に接線が引けるための条件

曲線 $y=e^{-x^2}$ に，点 $(a,\ 0)$ から接線が引けるような定数 $a$ の値の範囲を求めよ。

基本 82　重要 119

**指針** $e^{-x^2}>0$ であるから，点 $(a,\ 0)$ は曲線 $y=e^{-x^2}$ 上にない。そこで，$p.144$ 基本例題 **82** と同様に，次の方針で進める。

1 接点の座標を $(t,\ f(t))$ として，接線の方程式を求める。

$$\boldsymbol{y-f(t)=f'(t)(x-t)}$$

2 接線が点 $(a,\ 0)$ を通る条件から，$t$ の2次方程式を導く。

3 2 の2次方程式が実数解をもつ条件（判別式 $D\geqq0$）を利用。

…… 接線が引ける ⟺ 接点が存在する

**CHART** 共有点 ⟺ 実数解

解答

$y=e^{-x^2}$ から　　$y'=-2xe^{-x^2}$

接点の座標を $(t,\ e^{-t^2})$ とすると，接線の方程式は

$$y-e^{-t^2}=-2te^{-t^2}(x-t)\ \cdots\cdots\ (*)$$

この直線が点 $(a,\ 0)$ を通るとすると

$$-e^{-t^2}=-2te^{-t^2}(a-t)$$

両辺を $e^{-t^2}\ (\neq0)$ で割って　　$-1=-2t(a-t)$

整理して　　$2t^2-2at+1=0\ \cdots\cdots$ ①

接線が引けるための条件は，$t$ についての2次方程式 ① が実数解をもつことである。

ゆえに，① の判別式を $D$ とすると　　$D\geqq0$

$$\frac{D}{4}=(-a)^2-2\cdot1=(a+\sqrt{2})(a-\sqrt{2})$$

よって　　$(a+\sqrt{2})(a-\sqrt{2})\geqq0$

したがって　　$\boldsymbol{a\leqq-\sqrt{2},\ \sqrt{2}\leqq a}$

◀ $(*)$ を $y=●x+■$ の形に直してから $x=a$，$y=0$ を代入するよりも，$(*)$ に直接代入する方が早い。

2次方程式 $px^2+qx+r=0$ が実数解をもつ ⟺ $q^2-4pr\geqq0$

◀接点の $x$ 座標 $t$ は，① の解で　$t=\dfrac{a\pm\sqrt{a^2-2}}{2}$

**参考** 上の例題の曲線 $y=e^{-x^2}$ の接線については，接点が異なれば接線も異なる（接点を2個以上もつ接線は存在しない）。つまり，2次方程式 ① の実数解の個数は，曲線 $y=e^{-x^2}$ の点 $(a,\ 0)$ を通る接線の本数（接点の個数）と一致する。

なお，＿＿の理由については，$y=e^{-x^2}$ のグラフの概形（右図）からも確認することができるが，グラフの概形を図示する方法は後で学ぶ内容（$p.182$ 基本例題 **107**）のため，ここでは省略する。

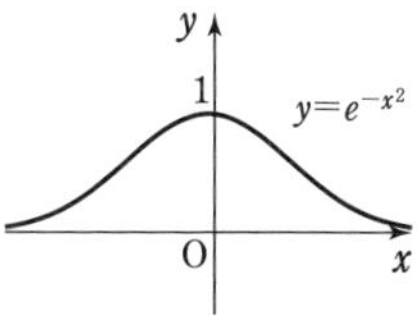


**練習 87** ③ 曲線 $y=xe^x$ に，点 $(a,\ 0)$ から接線が引けるような定数 $a$ の値の範囲を求めよ。

p.153 EX 83, 84

## 基本例題 88 曲線の接線の長さに関する証明問題 ③

曲線 $\sqrt[3]{x^2}+\sqrt[3]{y^2}=\sqrt[3]{a^2}$ $(a>0)$ 上の点Pにおける接線が $x$ 軸，$y$ 軸と交わる点をそれぞれA，Bとするとき，線分ABの長さはPの位置に関係なく一定であることを示せ。ただし，Pは座標軸上にないものとする。　〔類 岐阜大〕

基本 83

**指針** まず，曲線の **対称性に注目** すると（$p.178$ 参照），点Pは第1象限にある，つまり P$(s,\ t)$ $(s>0,\ t>0)$ としてよい。$p.145$ 基本例題 **83** (1) と同様にして点Pにおける接線の方程式を求め，点A，Bの座標を求める。線分ABの長さがPの位置に関係なく一定であることを示すには，$AB^2$ が定数（$s$, $t$ に無関係な式）で表されることを示す。

**解答**

$\sqrt[3]{x^2}+\sqrt[3]{y^2}=\sqrt[3]{a^2}$ $(a>0)$ …… ① とする。

①は $x$ を $-x$ に，$y$ を $-y$ におき換えても成り立つから，曲線①は $x$ 軸，$y$ 軸，原点に関して対称である。

よって，点Pは第1象限の点としてよいから，P$(s,\ t)$ $(s>0,\ t>0)$ とする。

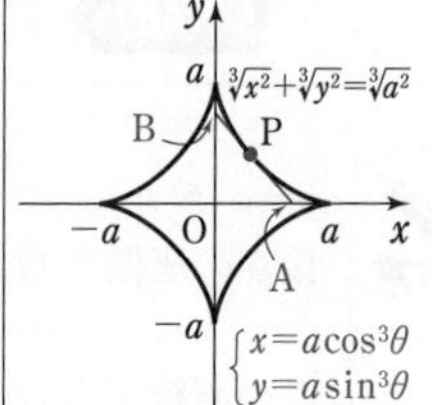


また，$\sqrt[3]{s}=p$，$\sqrt[3]{t}=q$ $(p>0,\ q>0)$ とおく。……（＊）

（＊）累乗根の形では表記が紛れやすくなるので，文字をおき換えるとよい。

$x>0$，$y>0$ のとき，①の両辺を $x$ について微分すると

$$\frac{2}{3\sqrt[3]{x}}+\frac{2y'}{3\sqrt[3]{y}}=0 \qquad \text{ゆえに} \qquad y'=-\sqrt[3]{\frac{y}{x}}$$

◀ $(\sqrt[3]{x^2})'=(x^{\frac{2}{3}})'=\frac{2}{3}x^{-\frac{1}{3}}$

よって，点Pにおける接線の方程式は

$$y-t=-\sqrt[3]{\frac{t}{s}}(x-s)$$

ゆえに　$y=-\dfrac{q}{p}(x-p^3)+q^3$ …… ②

◀ $s=p^3$，$t=q^3$

②で $y=0$ とすると　$x=p^3+pq^2$　∴ A$(p(p^2+q^2),\ 0)$

$x=0$ とすると　$y=p^2q+q^3$　∴ B$(0,\ q(p^2+q^2))$

◀ $0=-\dfrac{q}{p}(x-p^3)+q^3$
両辺に $p$ を掛けて
$0=-qx+qp^3+pq^3$
ゆえに　$x=p^3+pq^2$

よって

$$\begin{aligned} AB^2 &= \{p(p^2+q^2)\}^2+\{q(p^2+q^2)\}^2 \\ &= (p^2+q^2)(p^2+q^2)^2=(p^2+q^2)^3 \\ &= (\sqrt[3]{s^2}+\sqrt[3]{t^2})^3=(\sqrt[3]{a^2})^3=a^2 \end{aligned}$$

したがって，線分ABの長さは $a$ であり，一定である。

◀ $a>0$

**参考** 曲線 $\sqrt[3]{x^2}+\sqrt[3]{y^2}=\sqrt[3]{a^2}$ $(a>0)$ … ① は媒介変数 $\theta$ を用いて $\begin{cases} x=a\cos^3\theta \\ y=a\sin^3\theta \end{cases}$ … ② と表される。この曲線を **アステロイド** という。アステロイドは $x$ 軸，$y$ 軸，原点に関して対称である。なお，アステロイドは，サイクロイド（$p.137$ の 検討）に関連した曲線である。その他のサイクロイドに関する曲線について，「チャート式基礎からの数学C」$p.288$ で扱っている。

**練習 ③ 88** 曲線 $\sqrt{x}+\sqrt{y}=\sqrt{a}$ $(a>0)$ 上の点P（座標軸上にはない）における接線が，$x$ 軸，$y$ 軸と交わる点をそれぞれA，Bとするとき，原点Oからの距離の和 OA+OB は一定であることを示せ。

p.153 EX 85

# 参考事項 包　絡　線

単位円周上の 2 点 $\mathrm{P}(\cos\theta,\ \sin\theta)$，$\mathrm{Q}(\cos 2\theta,\ \sin 2\theta)$ に対し，線分 PQ を $0\leqq\theta\leqq 2\pi$ の範囲で動かすと，右図の青線のような，**カージオイド** と呼ばれる曲線が現れる。この現象を説明しよう。

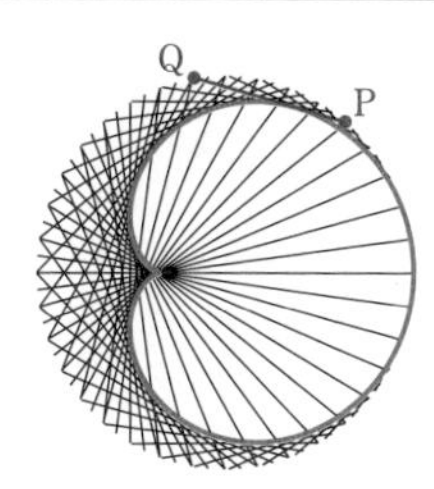


この曲線は，半径 $\dfrac{1}{3}$ の円 $C$ が原点中心の同じ半径の定円に外接しながら滑ることなく回転したときの，$C$ 上の定点 T が描く曲線で，右下の図のとき，点 T の座標は

$$x=\frac{2}{3}\cos\theta+\frac{1}{3}\cos 2\theta,\ y=\frac{2}{3}\sin\theta+\frac{1}{3}\sin 2\theta$$

と表される。　◀T は，線分 PQ を 1：2 に内分する点。
(「チャート式基礎からの数学C」 $p.287$，288 参照。)

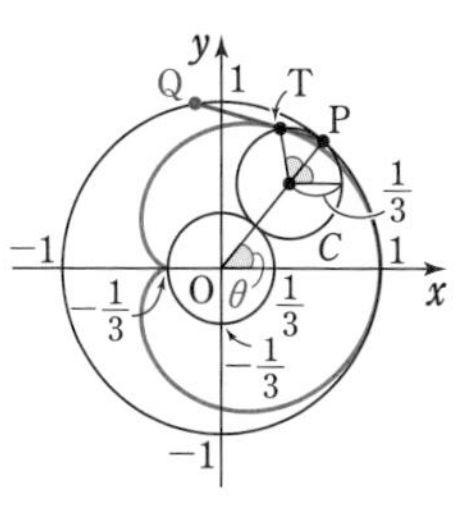


ここで，直線 PQ の傾きは $\dfrac{\sin 2\theta-\sin\theta}{\cos 2\theta-\cos\theta}$，点 T での接線の傾きは $\dfrac{dy}{dx}=\dfrac{dy}{d\theta}\Big/\dfrac{dx}{d\theta}=-\dfrac{\cos 2\theta+\cos\theta}{\sin 2\theta+\sin\theta}$ となり，どちらも和 ⟶ 積の公式を用いることで $-\left(\tan\dfrac{3}{2}\theta\right)^{-1}$ となる。つまり，

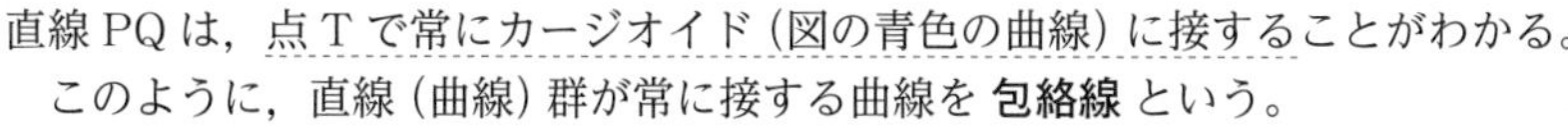

直線 PQ は，点 T で常にカージオイド (図の青色の曲線) に接することがわかる。
このように，直線 (曲線) 群が常に接する曲線を **包絡線** という。

ところで，「チャート式基礎からの数学Ⅱ」では，次の例題を学んだ。

> 直線 $y=2tx-t^2+1$ …… ① について，$t$ が $0\leqq t\leqq 1$ の範囲の値をとって変化するとき，直線 ① が通過する領域を図示せよ。　**(本冊 $p.204$ 重要例題 128)**

解答は右図の斜線部分のような領域（境界線を含む）となるが，この結果は，放物線 $G：y=x^2+1$ が，① が表す直線群の包絡線であると考えると理解しやすい。① を $t$ について平方完成すると

$$y=-(t-x)^2+x^2+1\quad すなわち\quad (x^2+1)-y=(x-t)^2$$

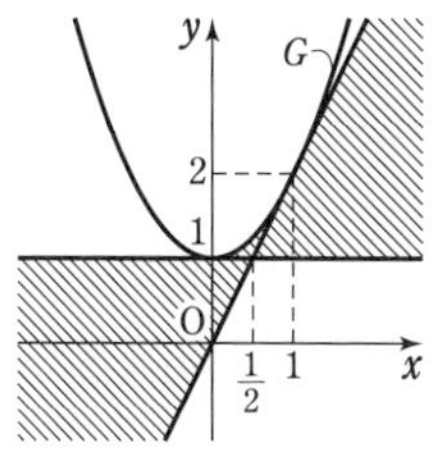


よって，直線 ① は $x=t$ の点で常に放物線 $G$ に接することがわかる。したがって，$0\leqq t\leqq 1$ の範囲で $t$ を動かすと，右下の図のようになり，直線 ① の通過領域が見てとれる。

このように **直線 (曲線) 群の通過領域の問題では，境界線として包絡線が現れることが多い。**

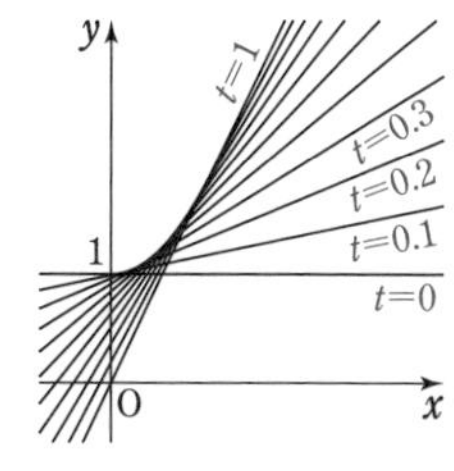


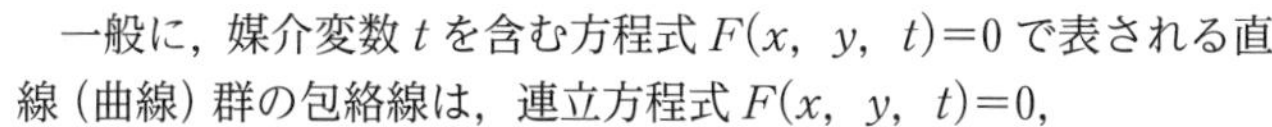

一般に，媒介変数 $t$ を含む方程式 $F(x,\ y,\ t)=0$ で表される直線 (曲線) 群の包絡線は，連立方程式 $F(x,\ y,\ t)=0$，$\dfrac{d}{dt}F(x,\ y,\ t)=0$ で表されることが知られている。
上の例題では，① の両辺を $t$ で微分すると $t=x$ となり，これを ① に代入すると，包絡線の式 $y=x^2+1$ が得られる。

# EXERCISES



②76 関数 $y=\log x\ (x>0)$ 上の点 $\mathrm{P}(t,\ \log t)$ における接線を $\ell$ とする。また，点Pを通り，$\ell$ に垂直な直線を $m$ とする。2本の直線 $\ell$，$m$ および $y$ 軸とで囲まれる図形の面積を $S$ とする。$S=5$ となるとき，点Pの座標を求めよ。〔長崎大〕

→81

②77 曲線 $y=\sin x$ 上の点 $\mathrm{P}\left(\dfrac{\pi}{4},\ \dfrac{1}{\sqrt{2}}\right)$ における接線と，曲線 $y=\sin 2x\ (0\leqq x\leqq\pi)$ 上の点Qにおける接線が垂直であるとき，点Qの $x$ 座標を求めよ。〔愛知工大〕

→81，86

③78 曲線 $C$：$y=\dfrac{1}{x}\ (x>0)$ と点 $\mathrm{P}(s,\ t)\ (s>0,\ t>0,\ st<1)$ を考える。点Pを通る曲線 $C$ の2本の接線を $\ell_1$，$\ell_2$ とし，これらの接線と曲線 $C$ との接点をそれぞれ $\mathrm{A}\left(a,\ \dfrac{1}{a}\right)$，$\mathrm{B}\left(b,\ \dfrac{1}{b}\right)$ とする。ただし，$a<b$ とする。

(1) $a$，$b$ をそれぞれ $s$，$t$ を用いて表せ。

(2) $u=st$ とする。$\triangle\mathrm{PAB}$ の面積を $u$ を用いて表せ。〔類 九州工大〕

→82

③79 $n$ を3以上の自然数とする。曲線 $C$ が媒介変数 $\theta$ を用いて

$$x=\cos^n\theta,\ y=\sin^n\theta\quad\left(0<\theta<\frac{\pi}{2}\right)$$

で表されている。原点をOとし，曲線 $C$ 上の点Pにおける接線が $x$ 軸，$y$ 軸と交わる点をそれぞれA，Bとする。点Pが曲線 $C$ 上を動くとき，$\triangle\mathrm{OAB}$ の面積の最大値を求めよ。〔類 信州大〕

→83

③80 2次曲線 $x^2+\dfrac{y^2}{4}=1$ と $xy=a\ (a>0)$ が第1象限に共有点をもち，その点における2つの曲線の接線が一致するとき，定数 $a$ の値を求めよ。

→83，85

77 点Qの $x$ 座標を $t\ (0\leqq t\leqq\pi)$ として，両接線の傾きの積が $-1$ となるような $t$ の値を求める。

78 (1) 点 $\left(k,\ \dfrac{1}{k}\right)$ における接線が点Pを通る，と考える。

(2) 大小の台形を見つけて，大きい台形から小さい台形を引く，と考える。

別解 点Pが原点にくるように平行移動したとき，$\mathrm{A}'(x_1,\ y_1)$，$\mathrm{B}'(x_2,\ y_2)$ とすると，求める面積は $\dfrac{1}{2}|x_1y_2-x_2y_1|$

79 $\mathrm{P}(\cos^n\theta,\ \sin^n\theta)$ として点Pにおける接線の方程式を求め，2点A，Bの座標を調べる。

80 $x^2+\dfrac{y^2}{4}=1$ を $x=\cos\theta$，$y=2\sin\theta$ と媒介変数表示して，共有点 $(\cos\theta_1,\ 2\sin\theta_1)$ における2曲線の接線の傾きが等しくなるような $\theta_1$ の値を求めるとよい。

## EXERCISES



④**81** $xy$ 平面上の第1象限内の2つの曲線 $C_1: y=\sqrt{x}$ $(x>0)$ と $C_2: y=\dfrac{1}{x}$ $(x>0)$ を考える。ただし，$a$ は正の実数とする。

(1) $x=a$ における $C_1$ の接線 $L_1$ の方程式を求めよ。

(2) $C_2$ の接線 $L_2$ が (1) で求めた $L_1$ と直交するとき，接線 $L_2$ の方程式を求めよ。

(3) (2) で求めた $L_2$ が $x$ 軸，$y$ 軸と交わる点をそれぞれ A，B とする。折れ線 AOB の長さ $l$ を $a$ の関数として求め，$l$ の最小値を求めよ。ここで，O は原点である。　〔鳥取大〕

→86

④**82** 座標平面上の円 $C$ は，点 $(0,\ 0)$ を通り，中心が直線 $x+y=0$ 上にあり，更に双曲線 $xy=1$ と接する。このとき，円 $C$ の方程式を求めよ。ただし，円と双曲線がある点で接するとは，その点における円の接線と双曲線の接線が一致することをいう。　〔類 千葉大〕

→85



④**83** $x$ 軸上の点 $(a,\ 0)$ から，関数 $y=\dfrac{x+3}{\sqrt{x+1}}$ のグラフに接線が引けるとき，定数 $a$ の値の範囲を求めよ。

→87

④**84** 放物線 $y^2=4x$ を $C$ とする。

(1) 放物線 $C$ の傾き $m$ の法線の方程式を求めよ。

(2) $x$ 軸上の点 $(a,\ 0)$ から放物線 $C$ に法線が何本引けるか。ただし，$a\neq 0$ とする。

→87

④**85** 曲線 $\sqrt[3]{x}+\sqrt[3]{y}=1$ 上の，第1象限にある点 P における接線が $x$ 軸，$y$ 軸と交わる点をそれぞれ A，B とする。原点を O とするとき，OA+OB の最小値を求めよ。　〔類 筑波大〕

→88

81　(3) (相加平均)≧(相乗平均) を利用。

82　双曲線上の点を A，円 $C$ の中心を B とすると　AB⊥(点 A における双曲線の接線)

83　関数の定義域に注意。

84　(2) 放物線 $C$ の形状から，$C$ 上の異なる点に対する法線は明らかに異なる。$a$ の値の範囲により場合分けして答える。

85　P$(s,\ t)$ として OA+OB を $s$ で表すことを考える。このとき，$s^{\frac{1}{3}}=p$ などとおくと計算がしやすくなる。そして2次関数の最小問題へ。

# 13 平均値の定理

## 基本事項

**1 ロル(Rolle)の定理**

関数 $f(x)$ が閉区間 $[a,\ b]$ で連続，開区間 $(a,\ b)$ で微分可能で $f(a)=f(b)$ ならば

$$\boldsymbol{f'(c)=0,\ a<c<b}$$

を満たす実数 $c$ が存在する。

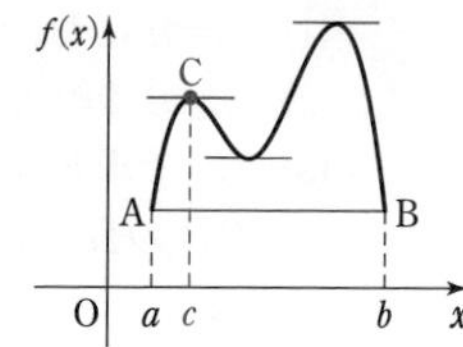


## 解　説

**■ ロルの定理**

この定理は，図形的に説明すると，「区間 $a \leqq x \leqq b$ で，関数 $y=f(x)$ のグラフがひとつながりの滑らかな曲線（関数 $f(x)$ が連続かつ微分可能）であって，$f(a)=f(b)$ であれば，点 $(c,\ f(c))$ $[a<c<b]$ における接線が $x$ 軸と平行になるような実数 $c$ が少なくとも 1 つ存在する」ということである。

右上の図のように，条件を満たす接点が何個あるかわからないが，少なくとも 1 個は存在することを保証する定理である。中間値の定理（$p.97$ 基本事項 **2** ②）もそうであり，数学では「方程式の解がある」とか「……を満たす $a$ がある」などのように，存在を証明しなければならないことが多い。

**■ ロルの定理の証明**

[1]　$f(x)$ が定数のとき

常に $f'(x)=0$ であるから，明らかに定理は成り立つ。

[2]　$f(x)$ が定数でないとき

$f(x)$ は閉区間 $[a,\ b]$ で連続であるから，最大値・最小値の定理（$p.97$ 基本事項 **2** ①）により，この区間で最大値と最小値をもつ。

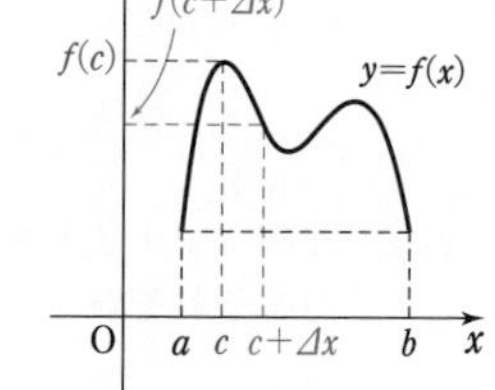


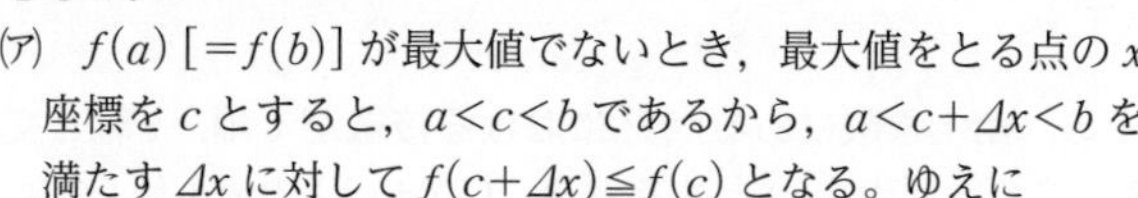

(ア)　$f(a)$ $[=f(b)]$ が最大値でないとき，最大値をとる点の $x$ 座標を $c$ とすると，$a<c<b$ であるから，$a<c+\Delta x<b$ を満たす $\Delta x$ に対して $f(c+\Delta x) \leqq f(c)$ となる。ゆえに

$\Delta x>0$ のとき　$\dfrac{f(c+\Delta x)-f(c)}{\Delta x} \leqq 0$ …… ①

$\Delta x<0$ のとき　$\dfrac{f(c+\Delta x)-f(c)}{\Delta x} \geqq 0$ …… ②

$f(x)$ は $x=c$ で微分可能であるから　$\displaystyle\lim_{\Delta x \to 0} \frac{f(c+\Delta x)-f(c)}{\Delta x}=f'(c)$

① より　$f'(c) \leqq 0$　　② より　$f'(c) \geqq 0$

したがって　$f'(c)=0$

(イ)　$f(a)$ $[=f(b)]$ が最大値であるとき，最小値をとる点の $x$ 座標を $c$ とすると，$a<c<b$ であるから，(ア) と同様に $f'(c)=0$ となる。

[1]，[2] から，ロルの定理が成り立つ。

## 基本事項

**2 平均値の定理**

[1] 関数 $f(x)$ が閉区間 $[a,\ b]$ で連続，開区間 $(a,\ b)$ で微分可能ならば

$$\boldsymbol{\frac{f(b)-f(a)}{b-a}=f'(c),\ a<c<b} \ \cdots\cdots \text{Ⓐ}$$

を満たす実数 $c$ が存在する。

[2] 関数 $f(x)$ が閉区間 $[a,\ a+h]$ で連続，開区間 $(a,\ a+h)$ で微分可能ならば

$$\boldsymbol{f(a+h)=f(a)+hf'(a+\theta h),\ 0<\theta<1}$$

を満たす実数 $\theta$ が存在する。

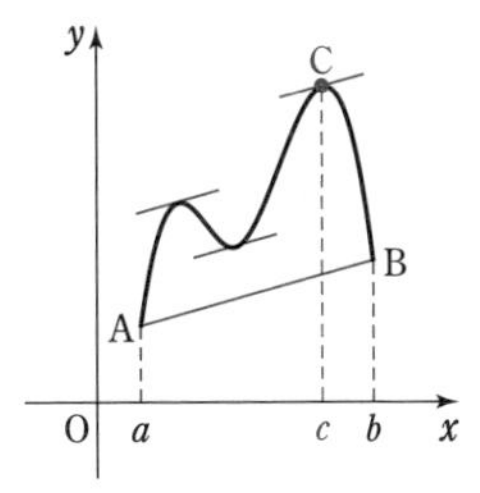


[曲線 $y=f(x)$ 上で，接線の傾きが直線 AB の傾きと等しい点 (C) が存在する。]

## 解 説

**■ 平均値の定理**

前ページのロルの定理で，条件 $f(a)=f(b)$ がない場合についての定理である。すなわち，ロルの定理は平均値の定理の特別な場合である。

**■ 平均値の定理 [1] の証明**

$k=\dfrac{f(b)-f(a)}{b-a}$ …… ①，$F(x)=f(x)-k(x-a)$ とする。

◀ロルの定理の前提条件 $[F(a)=F(b)]$ を満たす関数を作り出す。

閉区間 $[a,\ b]$ で，$f(x)$ が連続のとき，$F(x)$ も連続であり，開区間 $(a,\ b)$ で，$f(x)$ が微分可能であるとき，$F(x)$ も微分可能である。

$$F(a)=f(a),$$
$$F(b)=f(b)-\frac{f(b)-f(a)}{b-a}(b-a)=f(a)$$

であるから　$F(a)=F(b)$　　また　$F'(x)=f'(x)-k$

ここで，関数 $F(x)$ について，ロルの定理により

$$F'(c)=0,\ a<c<b$$

を満たす実数 $c$ が存在する。

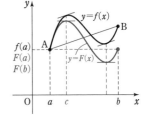

$F'(c)=0$ から　　$f'(c)-k=0$　すなわち　$f'(c)=k$

$F(x)$ と $f(x)$ の関係

よって，① から　$\boldsymbol{f'(c)=\dfrac{f(b)-f(a)}{b-a}}$，$\boldsymbol{a<c<b}$ を満たす実数 $\boldsymbol{c}$ が存在する。

**■ 平均値の定理 [2] の証明**

[1] の Ⓐ は，$f(b)=f(a)+(b-a)f'(c)$ …… Ⓑ　といい換えてもよい。

[1] で $b-a=h$，$\dfrac{c-a}{b-a}=\theta$ とおくと

$$b=a+h,\ c=a+(b-a)\theta=a+\theta h$$

また，$a<c<b$ であるから　　$0<c-a<b-a$

ゆえに　　$0<\dfrac{c-a}{b-a}<1$　すなわち　$0<\theta<1$

よって，[1] の $f(x)$ について，Ⓑ から

$$\boldsymbol{f(a+h)=f(a)+hf'(a+\theta h),\ 0<\theta<1}$$

を満たす実数 $\boldsymbol{\theta}$ が存在する。

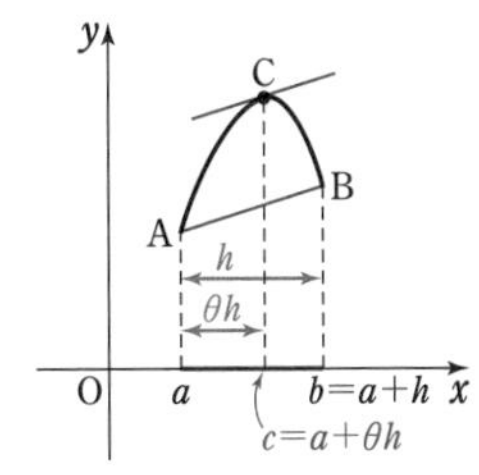

## 基本例題 89 平均値の定理の利用 … 基本

(1) $f(x)=2\sqrt{x}$ と区間 $[1,\ 4]$ について，平均値の定理の式 $\dfrac{f(b)-f(a)}{b-a}=f'(c)$，$a<c<b$ を満たす $c$ の値を求めよ。

(2) $f(x)=\dfrac{1}{x}\ (x>0)$ のとき，$f(a+h)-f(a)=hf'(a+\theta h)$，$0<\theta<1$ を満たす $\theta$ を正の数 $a$，$h$ で表し，$\lim_{h\to+0}\theta$ を求めよ。

p.155 基本事項 2　重要 91

**指針** いずれも平均値の定理を満たす $c$ や $\theta$ の値を求める問題である。

(1) **平均値の定理** 関数 $f(x)$ が，$[a,\ b]$ で連続，$(a,\ b)$ で微分可能ならば

$$\frac{f(b)-f(a)}{b-a}=f'(c),\ a<c<b$$

を満たす実数 $c$ が存在する。



**解答**

(1) $f(x)$ は $x>0$ で微分可能で　$f'(x)=\dfrac{1}{\sqrt{x}}$

平均値の定理の式 $\dfrac{f(4)-f(1)}{4-1}=f'(c)$ を満たす $c$ の値は，$\dfrac{4-2}{3}=\dfrac{1}{\sqrt{c}}$ から　$\sqrt{c}=\dfrac{3}{2}$　ゆえに　$\boldsymbol{c=\dfrac{9}{4}}$

これは $1<c<4$ を満たすから，求める $c$ の値である。

(2) $f'(x)=-\dfrac{1}{x^2}$ で，等式から

$$\frac{1}{a+h}-\frac{1}{a}=-\frac{h}{(a+\theta h)^2}$$

ゆえに　$(a+\theta h)^2=a(a+h)$

$a+\theta h>0$ であるから　$a+\theta h=\sqrt{a^2+ah}$

よって　$\boldsymbol{\theta=\dfrac{\sqrt{a^2+ah}-a}{h}}$　また，$a>0$ から

$$\lim_{h\to+0}\theta=\lim_{h\to+0}\frac{\sqrt{a^2+ah}-a}{h}=\lim_{h\to+0}\frac{(a^2+ah)-a^2}{h(\sqrt{a^2+ah}+a)}$$

$$=\lim_{h\to+0}\frac{a}{\sqrt{a^2+ah}+a}=\frac{a}{\sqrt{a^2}+a}=\frac{a}{2a}=\boldsymbol{\frac{1}{2}}$$

◀これで平均値の定理を適用できる条件「$[1,\ 4]$ で連続，$(1,\ 4)$ で微分可能」は満たされるから，$c$ の値は存在する。

(2) 問題文の等式は，平均値の定理（p.155 2 [2]）である。

**注意** 平均値の定理により，$\dfrac{f(b)-f(a)}{b-a}=f'(c)$ $(a<c<b)$ を満たす $c$ の値の存在は保証されている。よって，(1) で得られた $c=\dfrac{9}{4}$ は $1<c<4$ を満たしている。このように，$c$ の値がただ1つ得られる場合は，$a<c<b$ を改めて確認しなくてもよい。

**練習 ② 89**

(1) 次の関数 $f(x)$ と区間について，平均値の定理の式 $\dfrac{f(b)-f(a)}{b-a}=f'(c)$，$a<c<b$ を満たす $c$ の値を求めよ。

(ア) $f(x)=\log x$　$[1,\ e]$　　(イ) $f(x)=e^{-x}$　$[0,\ 1]$

(2) $f(x)=x^3$ のとき，$f(a+h)-f(a)=hf'(a+\theta h)$，$0<\theta<1$ を満たす $\theta$ を正の数 $a$，$h$ で表し，$\lim_{h\to+0}\theta$ を求めよ。

p.161 EX86

## 基本例題 90 平均値の定理を利用した不等式の証明 ①①①①①

平均値の定理を用いて，次のことを証明せよ。

$\dfrac{1}{e^2}<a<b<1$ のとき　$a-b<b\log b-a\log a<b-a$

基本 89　重要 91

**指針** 平均値の定理の式は　$\dfrac{f(b)-f(a)}{b-a}=f'(c)\quad(a<c<b)$ …… ①

一方，証明すべき不等式の各辺を $b-a\ (>0)$ で割ると

$$-1<\frac{b\log b-a\log a}{b-a}<1 \quad\cdots\cdots ②$$

①, ② を比較すると，$f(x)=x\log x\ (a\leqq x\leqq b)$ において，$-1<f'(c)<1$ を示せばよいことがわかる。このように，**差 $f(b)-f(a)$ を含む不等式の証明には，平均値の定理を活用する** とよい。……★

**CHART** 差 $f(b)-f(a)$ を含む不等式　**平均値の定理も有効**

**解答**

関数 $f(x)=x\log x$ は，$x>0$ で微分可能で

$$f'(x)=\log x+1$$

よって，区間 $[a,\ b]$ において，平均値の定理を用いると

$$\frac{b\log b-a\log a}{b-a}=\log c+1,\quad a<c<b$$

を満たす $c$ が存在する。

$\dfrac{1}{e^2}<a<b<1$ と $a<c<b$ から　　$\dfrac{1}{e^2}<c<1$

各辺の自然対数をとって　　$\log\dfrac{1}{e^2}<\log c<\log 1$

すなわち　　$-2<\log c<0$

この不等式の各辺に 1 を加えて

$$-1<\log c+1<1$$

よって　　$-1<\dfrac{b\log b-a\log a}{b-a}<1$

この不等式の各辺に $b-a\ (>0)$ を掛けて

$$a-b<b\log b-a\log a<b-a$$

◀ $x>0$ で微分可能であるから，$x>0$ で連続。

◀指針＿＿……★ の方針。差 $f(b)-f(a)$ を含む不等式については，平均値の定理を意識しよう。なお，2 変数の不等式の扱いについて，$p.200$ でまとめている。

◀ $\log\dfrac{1}{e^2}=\log e^{-2}=-2$, $\log 1=0$

◀ $a<b$ であるから $b-a>0$

**練習 ② 90** 平均値の定理を利用して，次のことを証明せよ。

(1) $a<b$ のとき　$e^a<\dfrac{e^b-e^a}{b-a}<e^b$

(2) $t>0$ のとき　$0<\log\dfrac{e^t-1}{t}<t$

(3) $0<a<b$ のとき　$1-\dfrac{a}{b}<\log b-\log a<\dfrac{b}{a}-1$

p.161 EX87

##  91 平均値の定理を利用した極限

平均値の定理を利用して，極限値 $\displaystyle\lim_{x\to 0}\frac{\cos x-\cos x^2}{x-x^2}$ を求めよ。

基本 89，90

**指針** $f(x)=\cos x$ と考えたとき，分子は **差** $f(x)-f(x^2)$ の形になっている。よって，前ページの基本例題 **90** 同様，

**差 $f(b)-f(a)$ には　平均値の定理の利用**

の方針で進める。それには，平均値の定理により，$\dfrac{\cos x-\cos x^2}{x-x^2}$ を微分係数の形 $[f'(c)]$ に表して極限値を求める。なお，平均値の定理を適用する区間は $x\longrightarrow -0$ と $x\longrightarrow +0$ のときで異なるから注意が必要である。

**解答**

$f(x)=\cos x$ とすると，$f(x)$ はすべての実数 $x$ について微分可能であり　$f'(x)=-\sin x$

◀平均値の定理が適用できる条件を述べている。

[1]　$x<0$ のとき

$x<x^2$ であるから，区間 $[x,\ x^2]$ において，平均値の定理を用いると

◀$x<0<x^2$

$$\frac{\cos x^2-\cos x}{x^2-x}=-\sin\theta_1,\ \ x<\theta_1<x^2$$

◀$\dfrac{f(b)-f(a)}{b-a}=f'(c)$，$a<c<b$

を満たす $\theta_1$ が存在する。

$\displaystyle\lim_{x\to -0}x=0$，$\displaystyle\lim_{x\to -0}x^2=0$ であるから　$\displaystyle\lim_{x\to -0}\theta_1=0$

◀**はさみうちの原理。**

よって　$\displaystyle\lim_{x\to -0}\frac{\cos x^2-\cos x}{x^2-x}=\lim_{x\to -0}(-\sin\theta_1)$
$=-\sin 0=0$

[2]　$x>0$ のとき，$x\longrightarrow +0$ であるから，$0<x<1$ としてよい。

◀$x\longrightarrow +0$ であるから，$x=0$ の近くで考える。

このとき，$x^2<x$ であるから，区間 $[x^2,\ x]$ において，平均値の定理を用いると

$$\frac{\cos x-\cos x^2}{x-x^2}=-\sin\theta_2,\ \ x^2<\theta_2<x$$

◀$\dfrac{f(b)-f(a)}{b-a}=f'(c)$，$a<c<b$

を満たす $\theta_2$ が存在する。

$\displaystyle\lim_{x\to +0}x^2=0$，$\displaystyle\lim_{x\to +0}x=0$ であるから　$\displaystyle\lim_{x\to +0}\theta_2=0$

◀**はさみうちの原理。**

よって　$\displaystyle\lim_{x\to +0}\frac{\cos x-\cos x^2}{x-x^2}=\lim_{x\to +0}(-\sin\theta_2)$
$=-\sin 0=0$

以上から　$\displaystyle\lim_{x\to 0}\frac{\cos x-\cos x^2}{x-x^2}=\mathbf{0}$ (＊)

(＊) 左側極限と右側極限が 0 で一致したから，極限値は 0 となる。

**練習 ④ 91** 平均値の定理を利用して，次の極限値を求めよ。

(1) $\displaystyle\lim_{x\to 0}\log\frac{e^x-1}{x}$　〔類 富山医薬大〕　(2) $\displaystyle\lim_{x\to 1}\frac{\sin\pi x}{x-1}$

p.161 EX88, 89

## 参考事項 ロピタルの定理

$\lim_{x\to a}\frac{f(x)}{g(x)}$ が $\frac{0}{0}$ の形になるとき，この極限を求める方法として，**約分・くくり出し・有理化** などを学んだ。大部分はこれらの方法で処理できるが，中には式変形が難しく，やっかいなものもある。そのようなときの有効な方法として，**ロピタルの定理** がある。

**ロピタルの定理** 関数 $f(x)$，$g(x)$ が $x=a$ を含む区間で連続，$x=a$ 以外の区間で微分可能で，$\lim_{x\to a}f(x)=0$，$\lim_{x\to a}g(x)=0$，$g'(x)\neq 0$ のとき

$$\lim_{x\to a}\frac{f'(x)}{g'(x)}=l\ （有限確定値）ならば\quad \lim_{x\to a}\frac{f(x)}{g(x)}=l$$

これは，平均値の定理の拡張であるコーシーの平均値の定理を利用して証明される。

**（コーシーの平均値の定理）**
関数 $f(x)$，$g(x)$ が閉区間 $[\alpha,\ \beta]$ で連続，開区間 $(\alpha,\ \beta)$ で微分可能ならば

$$\frac{f(\beta)-f(\alpha)}{g(\beta)-g(\alpha)}=\frac{f'(c)}{g'(c)},\quad \alpha<c<\beta$$

を満たす実数 $c$ が存在する。ただし，$g(\beta)\neq g(\alpha)$，$g'(x)\neq 0$ $(\alpha<x<\beta)$ である。

（証明） $\frac{f(\beta)-f(\alpha)}{g(\beta)-g(\alpha)}=k$ とし，$F(x)=f(x)-f(\alpha)-k\{g(x)-g(\alpha)\}$ とする。
このとき，$F(x)$ は閉区間 $[\alpha,\ \beta]$ で連続，開区間 $(\alpha,\ \beta)$ で微分可能で

$$F(\alpha)=0,\quad F(\beta)=f(\beta)-f(\alpha)-k\{g(\beta)-g(\alpha)\}=0$$

が成り立つから，ロルの定理により $F'(c)=0$，$\alpha<c<\beta$ となる実数 $c$ が存在する。
$F'(c)=f'(c)-kg'(c)$ であるから　$f'(c)-kg'(c)=0$　　$g'(c)\neq 0$ であるから

$$k=\frac{f'(c)}{g'(c)}\quad すなわち\quad \frac{f(\beta)-f(\alpha)}{g(\beta)-g(\alpha)}=\frac{f'(c)}{g'(c)},\quad \alpha<c<\beta$$

証明 コーシーの平均値の定理を用いると，$\lim_{x\to a}f(x)=\lim_{x\to a}g(x)=0$ のとき　$f(a)=g(a)=0$
$[f(x)$，$g(x)$ は $x=a$ で連続$]$ であるから

$$\frac{f(x)}{g(x)}=\frac{f(x)-f(a)}{g(x)-g(a)}=\frac{f'(c)}{g'(c)},\quad a<c<x\ または\ x<c<a$$

となる $c$ が存在する。$x\longrightarrow a$ のとき $c\longrightarrow a$ となるから　$\lim_{x\to a}\frac{f(x)}{g(x)}=\lim_{c\to a}\frac{f'(c)}{g'(c)}$

よって　$\lim_{x\to a}\frac{f(x)}{g(x)}=\lim_{x\to a}\frac{f'(x)}{g'(x)}$　すなわち　$\lim_{x\to a}\frac{f'(x)}{g'(x)}=l$ ならば　$\lim_{x\to a}\frac{f(x)}{g(x)}=l$

ロピタルの定理は，条件 $\lim_{x\to a}f(x)=0$，$\lim_{x\to a}g(x)=0$ の代わりに，次のような条件の場合にも成り立つ。

① $\lim_{x\to a}|f(x)|=\infty$，$\lim_{x\to a}|g(x)|=\infty$　　② $\lim_{x\to\pm\infty}f(x)=0$，$\lim_{x\to\pm\infty}g(x)=0$（複号同順）

また，$\lim_{x\to a}\frac{f'(x)}{g'(x)}$ が不定形である場合，同様な条件で　$\lim_{x\to a}\frac{f''(x)}{g''(x)}=l$ **（有限確定値）**

**ならば**　$\lim_{x\to a}\frac{f(x)}{g(x)}=\lim_{x\to a}\frac{f'(x)}{g'(x)}=\lim_{x\to a}\frac{f''(x)}{g''(x)}=l$　が成り立つ。

## 演習 例題 92 ロピタルの定理を利用した極限 ④

ロピタルの定理を用いて，次の極限値を求めよ。 p.159 参考事項

(1) $\displaystyle\lim_{x\to 0}\frac{x-\log(1+x)}{x^2}$　　(2) $\displaystyle\lim_{x\to\infty}\frac{x^2}{e^{2x}}$　　(3) $\displaystyle\lim_{x\to +0}x\log x$

**指針** **ロピタルの定理**（以下）は，まず前提条件を確かめてから適用する。

$\displaystyle\lim_{x\to a}\frac{f(x)}{g(x)}$ が不定形 $\left(\frac{0}{0}\text{ や }\frac{\infty}{\infty}\right)$ のとき

$\displaystyle\lim_{x\to a}\frac{f'(x)}{g'(x)}=l$（有限確定値）ならば　$\displaystyle\lim_{x\to a}\frac{f(x)}{g(x)}=l$

(1) は $\frac{0}{0}$，(2) は $\frac{\infty}{\infty}$ の不定形で，(3) の $0\times(-\infty)$ は変形すると $\frac{-\infty}{\infty}$ の不定形になる。

(2)　分母・分子を微分した式の極限 $\displaystyle\lim_{x\to\infty}\frac{(x^2)'}{(e^{2x})'}$ もまた $\frac{\infty}{\infty}$ の不定形になる。このような場合は，更に分母・分子を微分した式の極限を考える。

**解答**

(1)　$f(x)=x-\log(1+x)$，$g(x)=x^2$ とすると

$$f'(x)=1-\frac{1}{1+x}=\frac{x}{1+x},\quad g'(x)=2x$$

また　$\displaystyle\lim_{x\to 0}\frac{f'(x)}{g'(x)}=\lim_{x\to 0}\frac{\frac{x}{1+x}}{2x}=\lim_{x\to 0}\frac{1}{2(1+x)}=\frac{1}{2}$

したがって　$\displaystyle\lim_{x\to 0}\frac{x-\log(1+x)}{x^2}=\boldsymbol{\frac{1}{2}}$

(2)　$f(x)=x^2$，$g(x)=e^{2x}$ とすると

$$f'(x)=2x,\quad g'(x)=2e^{2x},\quad f''(x)=2,\quad g''(x)=4e^{2x}$$

また　$\displaystyle\lim_{x\to\infty}\frac{f''(x)}{g''(x)}=\lim_{x\to\infty}\frac{2}{4e^{2x}}=0$

したがって　$\displaystyle\lim_{x\to\infty}\frac{x^2}{e^{2x}}=\boldsymbol{0}$

(3)　$x\log x=\dfrac{\log x}{\frac{1}{x}}$ であるから，$f(x)=\log x$，$g(x)=\dfrac{1}{x}$

とすると　$f'(x)=\dfrac{1}{x}$，$g'(x)=-\dfrac{1}{x^2}$

また　$\displaystyle\lim_{x\to +0}\frac{f'(x)}{g'(x)}=\lim_{x\to +0}\frac{\frac{1}{x}}{-\frac{1}{x^2}}=\lim_{x\to +0}(-x)=0$

したがって　$\displaystyle\lim_{x\to +0}x\log x=\boldsymbol{0}$

◀ $\displaystyle\lim_{x\to 0}\{x-\log(1+x)\}=0$，$\displaystyle\lim_{x\to 0}x^2=0$

◀ $x\longrightarrow 0$ であるから，$x=0$ の近くで考える。

◀ $\displaystyle\lim_{x\to\infty}x^2=\infty$，$\displaystyle\lim_{x\to\infty}e^{2x}=\infty$，$\displaystyle\lim_{x\to\infty}2x=\infty$，$\displaystyle\lim_{x\to\infty}2e^{2x}=\infty$

◀ $\displaystyle\lim_{x\to a}\frac{f''(x)}{g''(x)}=l\Longrightarrow\lim_{x\to a}\frac{f'(x)}{g'(x)}=\lim_{x\to a}\frac{f(x)}{g(x)}=l$

◀ $\displaystyle\lim_{x\to +0}\log x=-\infty$，$\displaystyle\lim_{x\to +0}\frac{1}{x}=\infty$

**注意**　ロピタルの定理は，利用価値が高い定理であるが，高校数学の範囲外の内容なので，試験の答案としてではなく，**検算** として使う方がよい。

**練習** ④ **92**　ロピタルの定理を用いて，次の極限値を求めよ。

(1) $\displaystyle\lim_{x\to 0}\frac{e^x-e^{-x}}{x}$　　(2) $\displaystyle\lim_{x\to 0}\frac{x-\sin x}{x^2}$　　(3) $\displaystyle\lim_{x\to\infty}x\log\frac{x-1}{x+1}$

## EXERCISES



②**86** $f(x)=\sqrt{x^2-1}$ について，次の問いに答えよ。ただし，$x>1$ とする。

(1) $\dfrac{f(x)-f(1)}{x-1}=f'(c)$，$1<c<x$ を満たす $c$ を $x$ の式で表せ。

(2) (1)のとき，$\displaystyle\lim_{x\to1+0}\frac{c-1}{x-1}$ および $\displaystyle\lim_{x\to\infty}\frac{c-1}{x-1}$ を求めよ。 〔類 信州大〕

→89

③**87** 平均値の定理を用いて，次の不等式が成り立つことを示せ。 〔(2) 一橋大〕

(1) $|\sin\alpha-\sin\beta|\leqq|\alpha-\beta|$

(2) $a$，$b$ を異なる正の実数とするとき $\left(\dfrac{1+a}{1+b}\right)^{\frac{1}{a-b}}<e$

→90

④**88** 関数 $f(x)=\log\dfrac{e^x}{x}$ を用いて，$a_1=2$，$a_{n+1}=f(a_n)$ によって数列 $\{a_n\}$ が与えられている。ただし，対数は自然対数である。

(1) $1\leqq x\leqq 2$ のとき，$0\leqq f(x)-1\leqq\dfrac{1}{2}(x-1)$ が成立することを示せ。

(2) $\displaystyle\lim_{n\to\infty}a_n$ を求めよ。

(3) $b_1=a_1$，$b_{n+1}=a_{n+1}b_n$ によって与えられる数列 $\{b_n\}$ について，$\displaystyle\lim_{n\to\infty}b_n$ を求めよ。 〔大分大〕

→91

④**89** (1) すべての実数で微分可能な関数 $f(x)$ が常に $f'(x)=0$ を満たすとする。このとき，$f(x)$ は定数であることを示せ。

(2) 実数全体で定義された関数 $g(x)$ が次の条件(＊)を満たすならば，$g(x)$ は定数であることを示せ。

(＊) 正の定数 $C$ が存在して，すべての実数 $x$，$y$ に対して

$|g(x)-g(y)|\leqq C|x-y|^{\frac{3}{2}}$ が成り立つ。 〔富山大〕

→91

4章

⑬平均値の定理

86 (1) $f(x)$ の連続性，微分可能性から平均値の定理が成り立つ。

87 (1) $\alpha=\beta$，$\alpha\neq\beta$ で場合分け。$\alpha\neq\beta$ のとき，平均値の定理を利用。

(2) 証明したい不等式は，両辺の自然対数をとると，平均値の定理が使える形となる。

88 (1) 区間 $[1,\ x]$ において，$f(x)$ に平均値の定理を利用。

(2) はさみうちの原理を利用。(3) $\displaystyle\lim_{n\to\infty}\log b_n$ を考える。

89 (1) 任意の実数 $x_1$，$x_2$ $(x_1<x_2)$ をとり，区間 $[x_1,\ x_2]$ において平均値の定理を利用。

(2) 条件式から $\dfrac{g(x)-g(y)}{x-y}$ の形を導き出し，$\displaystyle\lim_{x\to y}\left|\frac{g(x)-g(y)}{x-y}\right|$ を考えてみる。

# 14 関数の値の変化，最大・最小

## 基本事項

**1 関数の増加と減少**

関数 $f(x)$ が閉区間 $[a,\ b]$ で連続で，開区間 $(a,\ b)$ で微分可能であるとする。

1 **開区間 $(a,\ b)$ で常に $f'(x)>0$ ならば，$f(x)$ は $[a,\ b]$ で単調に増加する**

2 **開区間 $(a,\ b)$ で常に $f'(x)<0$ ならば，$f(x)$ は $[a,\ b]$ で単調に減少する**

3 **開区間 $(a,\ b)$ で常に $f'(x)=0$ ならば，$f(x)$ は $[a,\ b]$ で定数である**

**2 関数の極大と極小**

① **定義**　$f(x)$ は連続な関数とする。

**$x=a$ を含む十分小さい開区間において**

**「$x \neq a$ ならば $f(x)<f(a)$」であるとき $f(x)$ は $x=a$ で極大，$f(a)$ を極大値**

**「$x \neq a$ ならば $f(x)>f(a)$」であるとき $f(x)$ は $x=a$ で極小，$f(a)$ を極小値**

という。また，極大値と極小値を，まとめて **極値** という。

② **関数 $f(x)$ が $x=a$ で微分可能であるとき，$f(x)$ が $x=a$ で極値をとるならば $f'(a)=0$ が成り立つ。ただし，この逆は成り立たない。**

## 解　説

**■関数の増加と減少**

**1の証明**　関数 $f(x)$ が $[a,\ b]$ で連続で，$(a,\ b)$ で常に $f'(x)>0$ とする。$a \leqq u < v \leqq b$ である任意の2つの値 $u,\ v$ をとると，平均値の定理により　$f(v)-f(u)=(v-u)f'(c),\ u<c<v$　を満たす $c$ が存在する。仮定により，$f'(c)>0,\ v-u>0$ であるから

$f(v)-f(u)>0$　すなわち　$f(u)<f(v)$

ゆえに，$f(x)$ は $[a,\ b]$ で単調に増加する。

2の $f'(x)<0$（単調に減少）についても同様に証明できる。

**3の証明**　1の証明と同様に考えると，$f'(c)=0$ であるから　$f(v)-f(u)=0$

よって　$f(u)=f(v)$　　ゆえに，$f(x)$ は $[a,\ b]$ で定数である。

［この3の証明は，前ページのEXERCISES 89(1)の解答と同様である。］

また，3から関数 $f(x),\ g(x)$ が $[a,\ b]$ で連続，$(a,\ b)$ で常に $g'(x)=f'(x)$ ならば $h(x)=g(x)-f(x)$ とすると，常に $h'(x)=g'(x)-f'(x)=0$ である。

よって，3により $h(x)$ すなわち $g(x)-f(x)$ は $[a,\ b]$ で定数である。

**■関数の極大と極小**

**②の証明**　$f(x)$ が $x=a$ で極大値をとるとする。このとき $|\Delta x|$ が十分小さければ

$f(a)>f(a+\Delta x)$　　ゆえに　$\Delta y=f(a+\Delta x)-f(a)<0$

$\Delta x>0$ なら $\dfrac{\Delta y}{\Delta x}<0$ から　$\displaystyle\lim_{\Delta x \to +0}\frac{\Delta y}{\Delta x} \leqq 0$，　$\Delta x<0$ なら $\dfrac{\Delta y}{\Delta x}>0$ から　$\displaystyle\lim_{\Delta x \to -0}\frac{\Delta y}{\Delta x} \geqq 0$

$f(x)$ は $x=a$ で微分可能であるから　$\displaystyle\lim_{\Delta x \to 0}\frac{\Delta y}{\Delta x}=0$　すなわち　$f'(a)=0$

$f(x)$ が $x=a$ で極小値をとる場合も，同様に　$f'(a)=0$

なお，②の逆が成り立たないことは，次ページの 注意 1. 参照。

## 基本事項

### 3 極値の求め方

$f(x)$ は微分可能な関数とする。$x=a$ を含む開区間において

**$x=a$ の前後で $f'(x)$ が正から負に変われば**
**$f(x)$ は $x=a$ で極大値 $f(a)$ をとる。**
**$x=a$ の前後で $f'(x)$ が負から正に変われば**
**$f(x)$ は $x=a$ で極小値 $f(a)$ をとる。**

$f(x)$ が微分可能であるときの $f'(a)=0$ を満たす $a$ の値，または $f'(a)$ が存在しないときの $a$ の値を境目として，**増減表**（数学Ⅱで学習）を作り，$f'(x)$ の正・負を調べて極値を求める。

注意　$f'(x)$ と第 2 次導関数 $f''(x)$ を利用した極値の求め方については，$p.177$ 基本事項 3 を参照。

### 4 関数の最大と最小

関数 $f(x)$ が閉区間 $[a,\ b]$ で連続であるとき，$f(x)$ の極大，極小を調べ，極値と区間の両端の値 $f(a)$，$f(b)$ を比較して $f(x)$ の最大値，最小値を求める。



## 解説

■ **極値の求め方**

極大値・極小値はその点を含む小さい区間での最大値・最小値で

極値 { **極大** …… 関数が増加から減少へ移る境目
　　 { **極小** …… 関数が減少から増加へ移る境目



であるから関数の増減，すなわち，導関数の符号を調べればよい。
それには **増減表** を利用するとよい。

注意 **1. 関数 $f(x)$ が $x=a$ で微分可能であるとき，$f(x)$ が $x=a$ で極値をとるならば，$f'(a)=0$ である** が，逆に，$f'(a)=0$ であっても，$f(a)$ が極値であるとは限らない。
すなわち，**$f'(a)=0$** であることは $f(x)$ が $x=a$ で極値をとるための **必要条件** であるが，十分条件ではない。
例えば，$f(x)=x^3$ については $f'(0)=0$ であるが，$x=0$ の前後で $f'(x)=3x^2>0$ であるから $x=0$ で極値をとらない。

注意 **2. $f(x)$ が $x=a$ で微分可能でなくても，$f(a)$ が極値となる場合もある。**
例えば，$f(x)=|x|$ は $x=0$ で微分可能でないが，$x=0$ で極小で，極小値は $f(0)=0$ である（右図参照）。



以上のことから，関数 $f(x)$ の極値を求めるためには，

[1]　$f(x)$ が存在しない $x$ の値（定義域の確認）
[2]　$f(x)$ が微分可能な区間では $f'(x)=0$ を満たす $x$ の値
[3]　$f'(x)$ が存在しない $x$ の値　　[4]　$f(x)$ が不連続である点の $x$ 座標

などを境目として増減表を作ることが必要である。

■ **関数の最大と最小**

閉区間で連続な関数は，その区間で常に最大値・最小値をもつ。関数の最大値，最小値は，増減表を利用して，極値と区間の端点における関数の値の大小を比較して判断する。

## 基本例題 93 関数の増減

関数 $y=\dfrac{x^2+3x+9}{x+3}$ の増減を調べよ。 〔類 中部大〕

p.162 基本事項 1

**指針** 関数の **増加・減少** は **導関数 $y'$ の符号** を利用して調べる。
それには，関数の定義域や $y'=0$ の実数解を求め，**増減表** をかくとよい。
また，区間 $(a,\ b)$ で $y'>0 \Longrightarrow y$ は区間 $[a,\ b]$ で **単調に増加**
　区間 $(a,\ b)$ で $y'<0 \Longrightarrow y$ は区間 $[a,\ b]$ で **単調に減少**
このように，増加・減少の区間には，端の点が含まれることに注意 ($p.162$ 参照)。

**CHART 関数の増減　$y'$ の符号を調べる　増減表の作成**

**解答**

定義域は $x \neq -3$ である。

$y=\dfrac{x^2+3x+9}{x+3}=x+\dfrac{9}{x+3}$ であるから

$$y'=1-\frac{9}{(x+3)^2}=\frac{(x+3)^2-9}{(x+3)^2}=\frac{x(x+6)}{(x+3)^2}$$

$y'=0$ とすると　$x=-6,\ 0$

よって，$y$ の増減表は次のようになる。

| $x$ | $\cdots$ | $-6$ | $\cdots$ | $-3$ | $\cdots$ | $0$ | $\cdots$ |
|---|---|---|---|---|---|---|---|
| $y'$ | $+$ | $0$ | $-$ | ／ | $-$ | $0$ | $+$ |
| $y$ | ↗ | $-9$ | ↘ | ／ | ↘ | $3$ | ↗ |

ゆえに，$\boldsymbol{x \leqq -6,\ 0 \leqq x}$ **で単調に増加し，**
　$\boldsymbol{-6 \leqq x < -3,\ -3 < x \leqq 0}$ **で単調に減少する。**

◀まず，**定義域を確認。**
定義域は (分母)$\neq 0$
◀分子の次数を下げて，$y'$ の計算をらくにする。
◀分母は $(x+3)^2>0$

◀$\displaystyle\lim_{x\to -3\pm 0} y=\pm\infty$，$\displaystyle\lim_{x\to\pm\infty} y=\pm\infty$
(それぞれ複号同順)

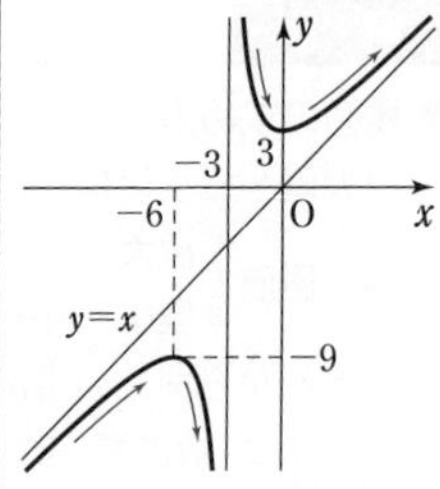


**検討** **$p.162$ 基本事項 1 1，2 に関する注意**

一般に，**「ある区間で $f'(x)\geqq 0$ であるなら $f(x)$ は単調に増加する」とはいえない。**
例えば，$f(x)=1$ は $f'(x)=0$ より $f'(x)\geqq 0$ を満たすが，$f(x)$ は増加関数ではない。
しかし，区間の有限個の点だけで $f'(x)=0$ で，その他の点では常に $f'(x)>0$ であれば，$f(x)$ はその区間で単調に増加する。
例えば，$f(x)=x^3$ は $f'(x)=3x^2$ より $x=0$ で $f'(x)=0$ であるが $x\neq 0$ で $f'(x)>0$ であるから，$f(x)$ は単調に増加する関数である。
実際，$f(x)=x^3$ は，任意の $u,\ v\ (u<v)$ について $f(u)<f(v)$ が成り立つ。

**練習 ② 93** 次の関数の増減を調べよ。
(1) $y=x-2\sqrt{x}$　　(2) $y=\dfrac{x^3}{x-2}$　　(3) $y=2x-\log x$

## 基本例題 94 関数の極値(1) … 基本

次の関数の極値を求めよ。

(1) $y=(x^2-3)e^{-x}$　　(2) $y=2\cos x-\cos 2x\ (0\leqq x\leqq 2\pi)$

(3) $y=|x|\sqrt{x+3}$

p.162，163 基本事項 2，3，基本 93

**指針** 関数の **極値** を求めるには，次の手順で **増減表** をかいて判断する。

1 定義域，微分可能性を確認する。…… 明らかな場合は省略してよい。

2 導関数 $y'$ を求め，方程式 $y'=0$ の実数解を求める。

3 **$y'=0$ となる $x$ の値や $y'$ が存在しない $x$ の値** の前後で $y'$ の符号の変化を調べ，増減表を作り，極値を求める。

**CHART** 関数の極値　$y'$ の符号を調べる　増減表の作成

**解答**

(1) $y'=2xe^{-x}+(x^2-3)(-e^{-x})=-(x+1)(x-3)e^{-x}$

$y'=0$ とすると

$x=-1,\ 3$

増減表は右のようになる。よって

**$x=3$ で極大値 $\dfrac{6}{e^3}$，**

**$x=-1$ で極小値 $-2e$**

| $x$ | … | $-1$ | … | 3 | … |
|---|---|---|---|---|---|
| $y'$ | $-$ | 0 | $+$ | 0 | $-$ |
| $y$ | ↘ | 極小 $-2e$ | ↗ | 極大 $\dfrac{6}{e^3}$ | ↘ |

(1) 定義域は実数全体であり，定義域全体で微分可能。

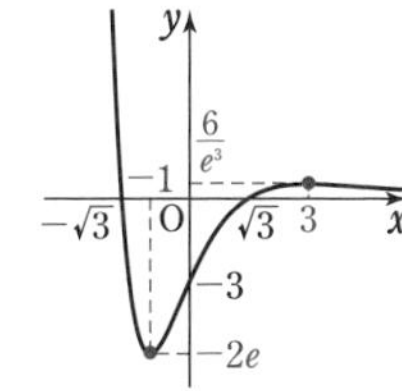


(2) $y'=-2\sin x+2\sin 2x=-2\sin x+4\sin x\cos x$
$=2\sin x(2\cos x-1)$

◀2 倍角の公式 $\sin 2x=2\sin x\cos x$

$0\leqq x\leqq 2\pi$ の範囲で $y'=0$ を解くと

$\sin x=0$ から　$x=0,\ \pi,\ 2\pi$,

$2\cos x-1=0$ から　$x=\dfrac{\pi}{3},\ \dfrac{5}{3}\pi$

よって，増減表は次のようになる。

| $x$ | 0 | … | $\dfrac{\pi}{3}$ | … | $\pi$ | … | $\dfrac{5}{3}\pi$ | … | $2\pi$ |
|---|---|---|---|---|---|---|---|---|---|
| $y'$ | | $+$ | 0 | $-$ | 0 | $+$ | 0 | $-$ | |
| $y$ | 1 | ↗ | 極大 $\dfrac{3}{2}$ | ↘ | 極小 $-3$ | ↗ | 極大 $\dfrac{3}{2}$ | ↘ | 1 |

◀$y'$ の符号の決め方については，次ページ 検討 を参照。

ゆえに　**$x=\dfrac{\pi}{3},\ \dfrac{5}{3}\pi$ で極大値 $\dfrac{3}{2}$；$x=\pi$ で極小値 $-3$**

(3) 定義域は $x\geqq -3$ である。

$x\geqq 0$ のとき，$y=x\sqrt{x+3}$ であるから，$x>0$ では

$$y'=\sqrt{x+3}+\frac{x}{2\sqrt{x+3}}=\frac{3(x+2)}{2\sqrt{x+3}}$$

ゆえに，$x>0$ では常に

$y'>0$

(3) $f(x)=|x|\sqrt{x+3}$ とすると

$\displaystyle\lim_{x\to\pm 0}\frac{f(x)-f(0)}{x-0}=\pm\sqrt{3}$

(複号同順)

$\displaystyle\lim_{x\to -3+0}\frac{f(x)-f(-3)}{x-(-3)}=\infty$

よって，$f(x)$ は $x=0$，$x=-3$ で微分可能でないが，$x=0$ では極小となる。

$-3 \leqq x < 0$ のとき，$y = -x\sqrt{x+3}$ であるから，
$-3 < x < 0$ では

$$y' = -\frac{3(x+2)}{2\sqrt{x+3}}$$

$y'=0$ とすると
$x=-2$
増減表は右のようになる。

| $x$ | $-3$ | … | $-2$ | … | $0$ | … |
|---|---|---|---|---|---|---|
| $y'$ | | + | 0 | − | | + |
| $y$ | 0 | ↗ | 極大 2 | ↘ | 極小 0 | ↗ |

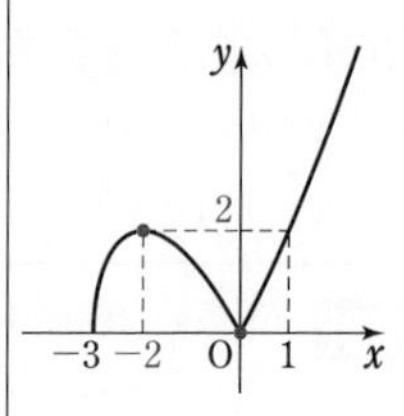


よって　**$x=-2$ で極大値 2，$x=0$ で極小値 0**

検討

**(2) の導関数 $y'$ の符号の決め方**

(2) の導関数の符号は，次のようにして考えるとよい。
$y' = 2\sin x(2\cos x - 1)$ であるから，$y'>0$ となるのは

$\begin{cases} \sin x > 0 & \cdots\cdots ① \\ \cos x > \frac{1}{2} & \cdots\cdots ② \end{cases}$ または $\begin{cases} \sin x < 0 & \cdots\cdots ③ \\ \cos x < \frac{1}{2} & \cdots\cdots ④ \end{cases}$ のとき。

①～④ を図に示すと，次のようになる。

①
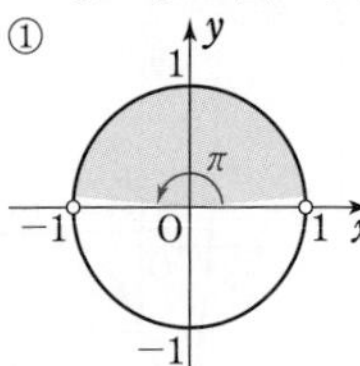


②
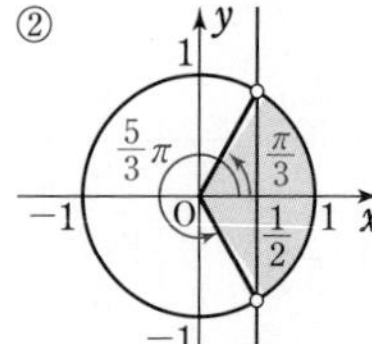


③
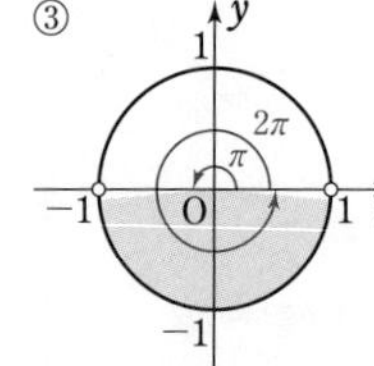


④
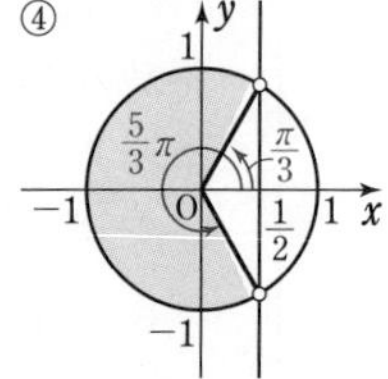


① かつ ② から　$0<x<\frac{\pi}{3}$，　③ かつ ④ から　$\pi<x<\frac{5}{3}\pi$　　が得られる。
また，$y'<0$ となるのは　① かつ ④　または　② かつ ③　であるから，同様にして
① かつ ④ から　$\frac{\pi}{3}<x<\pi$，　② かつ ③ から　$\frac{5}{3}\pi<x<2\pi$　が得られる。

└ $y' \geqq 0$ となる範囲の補集合と考えてもよい。

以上から　　$0<x<\frac{\pi}{3}$，$\pi<x<\frac{5}{3}\pi$ のとき　　$y'>0$

$\frac{\pi}{3}<x<\pi$，$\frac{5}{3}\pi<x<2\pi$ のとき　　$y'<0$

検討

**微分可能でない点での極値**

(3) において，$x=0$ のとき $y'$ の値が存在しない。しかし，極値の定義

**$x=a$ を含む十分小さい開区間において**
**$x \neq a$　ならば　$f(x)<f(a)$**　　**[または　$f(x)>f(a)$]**

に従うと，$y'$ の値が存在しない $x$ の値であっても，その前後で $y'$ の符号が変われば，そこで極値となる。このように，**微分可能でない点でも極値をとることがある** ので注意しよう。

**練習**
② **94**

次の関数の極値を求めよ。

(1)　$y=xe^{-x}$　　(2)　$y=\frac{3x-1}{x^3+1}$　　(3)　$y=\frac{x+1}{x^2+x+1}$

(4)　$y=(1-\sin x)\cos x$　$(0 \leqq x \leqq 2\pi)$　　(5)　$y=|x|\sqrt{4-x}$

(6)　$y=(x+2)\cdot\sqrt[3]{x^2}$

p.191 EX 90 (1), 91

## 基本例題 95 関数が極値をもつための条件 ①①①①①

$a$ は定数とする。関数 $f(x)=\dfrac{x+1}{x^2+2x+a}$ について，次の条件を満たす $a$ の値または範囲をそれぞれ求めよ。

(1) $f(x)$ が $x=1$ で極値をとる。　　(2) $f(x)$ が極値をもつ。

p.162 基本事項 2，基本 94　重要 96

$f(x)$ は微分可能であるから

**$f(x)$ が極値をもつ ⟺**

**[1] $f'(\alpha)=0$ となる実数 $\alpha$ が存在する。**
**[2] $x=\alpha$ の前後で $f'(x)$ の符号が変わる。**

まず，**必要条件** [1] を求め，それが **十分条件** ([2] も満たす)かどうかを調べる。

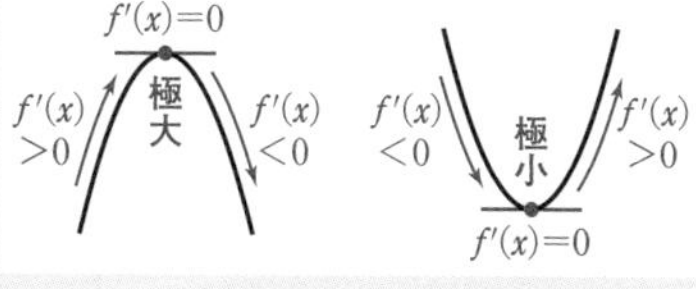


(1) $f'(1)=0$ を満たす $a$ の値 (**必要条件**) を求めて $f(x)$ に代入し，$x=1$ の前後で $f'(x)$ の符号が変わる (**十分条件**) ことを調べる。

(2) $f'(x)=0$ が実数解をもつための $a$ の条件 (**必要条件**) を求め，その条件のもとで，$f'(x)$ の符号が変わる (**十分条件**) ことを調べる。

なお，極値をとる $x$ の値が分母を 0 としないことを確認すること。

**解答**

定義域は，$x^2+2x+a\neq0$ を満たす $x$ の値である。　◀ $f(x)$ の (分母)$\neq0$

$$f'(x)=\frac{1\cdot(x^2+2x+a)-(x+1)(2x+2)}{(x^2+2x+a)^2}=-\frac{x^2+2x-a+2}{(x^2+2x+a)^2}$$

◀ $\left(\dfrac{u}{v}\right)'=\dfrac{u'v-uv'}{v^2}$

(1) $f(x)$ は $x=1$ で微分可能であり，$x=1$ で極値をとるとき　$f'(1)=0$　◀必要条件。

(分子)$=1+2-a+2=0$，(分母)$=(1+2+a)^2\neq0$

よって　$a=5$　　このとき　$f'(x)=-\dfrac{(x+3)(x-1)}{(x^2+2x+5)^2}$　◀ $a=5$ は＿＿の解。

ゆえに，$f'(x)$ の符号は $x=1$ の前後で正から負に変わり，$f(x)$ は極大値 $f(1)$ をとる。したがって　**$a=5$**

◀十分条件であることを示す。
**(この確認を忘れずに！)**

(2) $f(x)$ が極値をもつとき，$f'(x)=0$ となる $x$ の値 $c$ があり，$x=c$ の前後で $f'(x)$ の符号が変わる。

よって，2 次方程式 $x^2+2x-a+2=0$ の判別式 $D$ について

$D>0$　すなわち　$1^2-1\cdot(-a+2)>0$

これを解いて　$a>1$

このとき，$f'(x)$ の分母について $\{(x+1)^2+a-1\}^2\neq0$ であり，$f'(x)$ の符号は $x=c$ の前後で変わるから $f(x)$ は極値をもつ。したがって　**$a>1$**

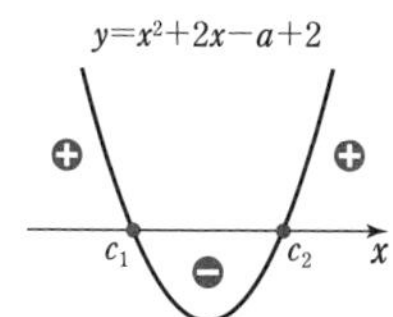


$x=c$ ($c_1$ と $c_2$ の 2 つ) の前後で $f'(x)$ の符号が変わる。

**練習 ② 95**　関数 $f(x)=\dfrac{e^{kx}}{x^2+1}$ ($k$ は定数) について　〔類　名城大〕

(1) $f(x)$ が $x=-2$ で極値をとるとき，$k$ の値を求めよ。

(2) $f(x)$ が極値をもつとき，$k$ のとりうる値の範囲を求めよ。

p.191 EX90 (2)

# 重要例題 96 関数が極値をもたない条件

$a$ を正の定数とする。関数 $f(x)=e^{-ax}+a\log x$ $(x>0)$ に対して，$f(x)$ が極値をもたないような $a$ の値の範囲を求めよ。 〔類 東京電機大〕

基本 94，95

**指針** 微分可能な関数 $f(x)$ が極値をもつための条件は，前ページで学んだように

**$f'(x)=0$ を満たす実数 $x$ が存在する　かつ　その前後で $f'(x)$ の符号が変わる**

であった。よって，$f(x)$ が極値をもたないための条件は，上の否定を考えて

**$f'(x)=0$ を満たす実数 $x$ が存在しない　　あるいは**

**常に $f'(x)\geqq 0$ または $f'(x)\leqq 0$ が成り立つ**　　である。

→ $f'(x)$ の値の変化を調べる必要がある。この問題では，$f'(x)$ の式の中の符号がすぐにはわからない部分を新たな関数 $g(x)$ として，$f'(x)$ の代わりに $g(x)$ の値の変化を調べるとよい。

**CHART** 極値をもたない条件　$f'(x)$ の値の変化に注目

**解答**

$f(x)=e^{-ax}+a\log x$ から

$$f'(x)=-ae^{-ax}+a\cdot\frac{1}{x}=\frac{a(-xe^{-ax}+1)}{x}$$

$g(x)=-xe^{-ax}+1$ とすると

$$g'(x)=-1\cdot e^{-ax}-x\cdot(-ae^{-ax})=(ax-1)e^{-ax}$$

$g'(x)=0$ $(x>0)$ とすると，

$a>0$ から　　$x=\dfrac{1}{a}$

$x\geqq 0$ における $g(x)$ の増減表は，右のようになる。

| $x$ | 0 | $\cdots$ | $\frac{1}{a}$ | $\cdots$ |
|---|---|---|---|---|
| $g'(x)$ | | $-$ | 0 | $+$ |
| $g(x)$ | 1 | ↘ | 極小 $1-\frac{1}{ae}$ | ↗ |

$f'(x)=\dfrac{a}{x}\cdot g(x)$ であり，

$x>0$，$a>0$ から，$x>0$ における各 $x$ に対し，$f'(x)$ の符号と $g(x)$ の符号は一致する。

よって，増減表から，$f(x)$ が極値をもたないための条件は，$x>0$ において常に $g(x)\geqq 0$ が成り立つことである。

すなわち　　$g\left(\dfrac{1}{a}\right)=1-\dfrac{1}{ae}\geqq 0$ …… (＊)

ゆえに　　$a-\dfrac{1}{e}\geqq 0$

したがって，求める $a$ の範囲は　　$\boldsymbol{a\geqq\dfrac{1}{e}}$

◀ $x>0$，$a>0$ であるから，分子の（　）内の式を $g(x)=-xe^{-ax}+1$ として，$g(x)$ の値の変化を調べる。

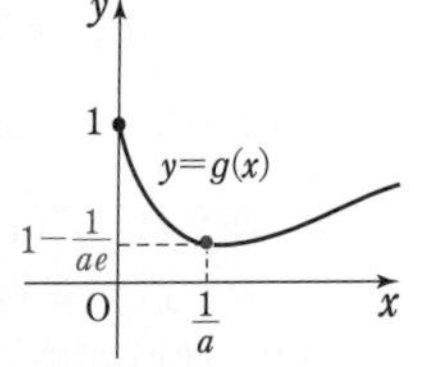


◀ 増減表から，常に $g(x)\leqq 0$ は起こり得ない。なお，(＊)では $g\left(\dfrac{1}{a}\right)>0$ としないように。

◀ $1-\dfrac{1}{ae}\geqq 0$ の両辺に $a$ $(>0)$ を掛ける。

**練習 ③ 96**　関数 $y=\log(x+\sqrt{x^2+1})-ax$ が極値をもたないように，定数 $a$ の値の範囲を定めよ。

## 基本例題 97 極値の条件から関数の係数決定

関数 $f(x)=\dfrac{ax^2+bx+c}{x-6}$ は $x=5$ で極大値 3，$x=7$ で極小値 7 をとる。このとき，定数 $a$，$b$，$c$ の値を求めよ。

基本 95

**指針** $f(x)$ が $x=\alpha$ で極値をとる $\Longrightarrow f'(\alpha)=0$ であるが，この逆は成り立たない。
よって，題意が成り立つための必要十分条件は

(A) $x=5$ で極大値 3 $\longrightarrow f(5)=3$，$f'(5)=0$
　　$x=7$ で極小値 7 $\longrightarrow f(7)=7$，$f'(7)=0$

(B) $x=5$ の前後で $f'(x)$ が正から負に，$x=7$ の前後で $f'(x)$ が負から正に変わる。

を同時に満たすことである。
ここでは，**必要条件**(A)から，まず $a$，$b$，$c$ の値を求め，逆に，これらの値をもとの関数に代入し，増減表から題意の条件を満たす（**十分条件**）ことを確かめる。……★

**解答**

$f(x)$ は定義域 $x \neq 6$ で微分可能である。

$$f'(x)=\frac{(2ax+b)(x-6)-(ax^2+bx+c)}{(x-6)^2}$$

$$=\frac{ax^2-12ax-(6b+c)}{(x-6)^2} \quad \cdots\cdots (*)$$

$x=5$ で極大値 3 をとるから　$f(5)=3$，$f'(5)=0$
$x=7$ で極小値 7 をとるから　$f(7)=7$，$f'(7)=0$
よって　$-25a-5b-c=3$，$-35a-6b-c=0$，
　　　　$49a+7b+c=7$，$-35a-6b-c=0$
これを解いて　$a=1$，$b=-7$，$c=7$
逆に，$a=1$，$b=-7$，$c=7$ のとき

$$f(x)=\frac{x^2-7x+7}{x-6} \quad \cdots\cdots ①$$

$$f'(x)=\frac{x^2-12x+35}{(x-6)^2}=\frac{(x-5)(x-7)}{(x-6)^2}$$

$f'(x)=0$ とすると
　$x=5$，$7$
関数 ① の増減表は右のようになり，条件を満たす。

| $x$ | … | 5 | … | 6 | … | 7 | … |
|---|---|---|---|---|---|---|---|
| $f'(x)$ | $+$ | 0 | $-$ | ／ | $-$ | 0 | $+$ |
| $f(x)$ | ↗ | 極大 3 | ↘ | ／ | ↘ | 極小 7 | ↗ |

よって　$\boldsymbol{a=1}$，$\boldsymbol{b=-7}$，$\boldsymbol{c=7}$

**参考** $\displaystyle\lim_{x\to 6+0} f(x)=\infty$，$\displaystyle\lim_{x\to 6-0} f(x)=-\infty$ であり，$y=f(x)$ のグラフの概形は右のようになる（詳しくは $p.177$ 以降で学習する）。

◀定義域の確認。
◀$\left(\dfrac{u}{v}\right)'=\dfrac{u'v-uv'}{v^2}$
◀第 2 式と第 4 式は同じ式。第 1 式～第 3 式を連立させて解く。
◀指針___……★ の方針。求めた $a$，$b$，$c$ の値は必要条件であるから，十分条件でもあることを確認する。
◀$f'(x)$ は，$(*)$ に $a=1$，$b=-7$，$c=7$ を代入して求めるとよい。

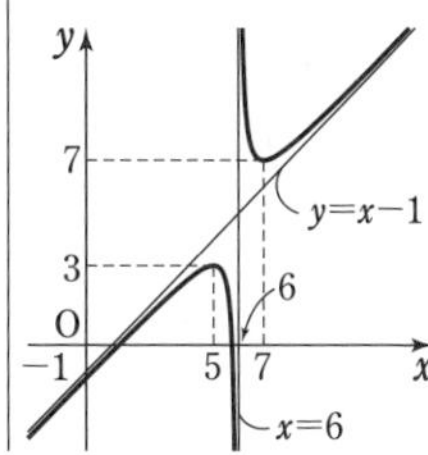


**練習 ② 97** 関数 $f(x)=\dfrac{ax^2+bx+c}{x^2+2}$ は $x=-2$ で極小値 $\dfrac{1}{2}$，$x=1$ で極大値 2 をとる。このとき，定数 $a$，$b$，$c$ の値を求めよ。〔横浜市大〕

## 基本例題 98 関数の最大・最小 (1)

関数 $y=\sqrt{4-x^2}-x$ の最大値と最小値を求めよ。

p.163 基本事項 4，基本 93，94　重要 100

**指針** 区間における **最大値・最小値** は，極大値・極小値・端の値の大小を比較して求める。それには，**増減表** を作ると考えやすい。

**CHART** 閉区間での最大・最小　極値と端の値をチェック

**解答**

定義域は，$4-x^2 \geqq 0$ から　$-2 \leqq x \leqq 2$　◀まず，定義域を調べる。

$-2<x<2$ のとき

$$y'=\frac{-2x}{2\sqrt{4-x^2}}-1=\frac{-x-\sqrt{4-x^2}}{\sqrt{4-x^2}}$$

◀通分する。

$y'=0$ とすると　$-x=\sqrt{4-x^2}$ …… ①

① の両辺を平方すると　$x^2=4-x^2$

よって　$x^2=2$

① より，$x \leqq 0$ であるから(＊)　$x=-\sqrt{2}$

(＊) (① の右辺)$\geqq 0$ から $-x \geqq 0$　ゆえに　$x \leqq 0$

よって，$-2 \leqq x \leqq 2$ における $y$ の増減表は次のようになる。

| $x$ | $-2$ | $\cdots$ | $-\sqrt{2}$ | $\cdots$ | $2$ |
|---|---|---|---|---|---|
| $y'$ | | $+$ | $0$ | $-$ | |
| $y$ | $2$ | ↗ | 極大 $2\sqrt{2}$ | ↘ | $-2$ |

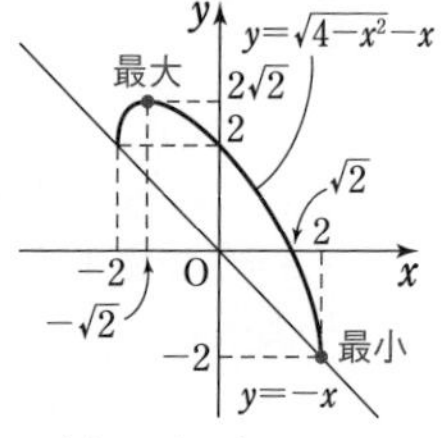


したがって　**$x=-\sqrt{2}$ で最大値 $2\sqrt{2}$，$x=2$ で最小値 $-2$**　◀$f(2)<f(-2)$

**検討**

**上の例題に関する参考事項**

1. 一般に **閉区間で連続な関数は，その区間で常に最大値と最小値をもつ** ことが知られている（$p.97$ 参照。証明は高校数学の範囲を超える）。
ただし，閉区間で連続な関数以外では，最大値または最小値が存在しないこともある。
また，端の値として極限に注目することもある（次ページ参照）。

2. 関数のグラフの概形のかき方については，$p.177$ 以降で詳しく学ぶが，上の例題の関数については，式を
$y=\sqrt{4-x^2}+(-x)$ ⟵ 関数 $y=\sqrt{4-x^2}$（半円）と $y=-x$（線分）の和
とみることにより，グラフの概形は右図の赤い実線のようになるであろうと予想できる。正確には増減表を作ってグラフをかく必要があるが，関数の式によっては増減表を作る前に，上のような考えでグラフの概形を予想してみるのも面白い。

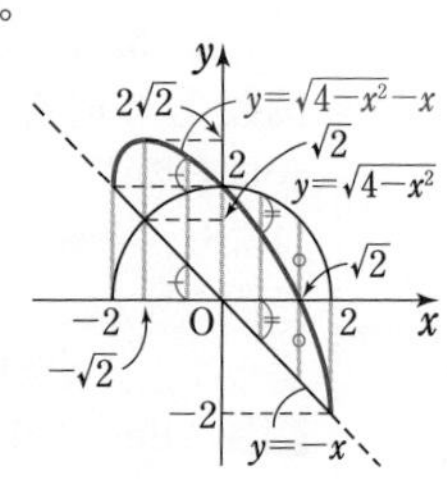


**練習** ② **98** 次の関数の最大値，最小値を求めよ。(1)，(2) では $0 \leqq x \leqq 2\pi$ とする。

(1) $y=\sin 2x+2\sin x$　(2) $y=\sin x+(1-x)\cos x$

(3) $y=x+\sqrt{1-4x^2}$　(4) $y=(x^2-1)e^x$ $(-1 \leqq x \leqq 2)$

p.191 EX92

# 基本例題 99 関数の最大・最小 (2)

①①①①①

次の関数に最大値，最小値があれば，それを求めよ。ただし，(2) では必要ならば $\lim_{x\to\infty} xe^{-x}=\lim_{x\to\infty} x^2e^{-x}=0$ を用いてもよい。

(1) $y=\dfrac{2x}{x^2+4}$　　(2) $y=(3x-2x^2)e^{-x}$　　〔(2) 類 日本女子大〕

基本 98

**最大値・最小値** を求めることの基本は **$y'$ の符号** を調べ，**増減表** を作って判断。
この問題では，(1)，(2) とも定義域は実数全体 $(-\infty<x<\infty)$ であるから，端の値としては，$\lim_{x\to\infty} y$，$\lim_{x\to-\infty} y$ を考え，これと極値を比較する。

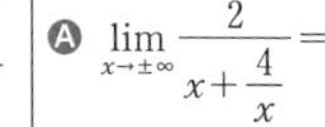

**最大・最小　極値，端の値，極限をチェック**

(1) $y'=2\cdot\dfrac{1\cdot(x^2+4)-x\cdot 2x}{(x^2+4)^2}$

$=-\dfrac{2(x+2)(x-2)}{(x^2+4)^2}$

◀(分母)>0 から，定義域は実数全体。

$y'=0$ とすると　$x=\pm 2$

よって，増減表は右のようになる。

| $x$ | $\cdots$ | $-2$ | $\cdots$ | $2$ | $\cdots$ |
|---|---|---|---|---|---|
| $y'$ | $-$ | $0$ | $+$ | $0$ | $-$ |
| $y$ | ↘ | 極小 $-\dfrac{1}{2}$ | ↗ | 極大 $\dfrac{1}{2}$ | ↘ |

また

$\lim_{x\to\infty} y=0$，$\lim_{x\to-\infty} y=0$ Ⓐ

ゆえに

**$x=2$ で最大値 $\dfrac{1}{2}$，$x=-2$ で最小値 $-\dfrac{1}{2}$**

Ⓐ $\lim_{x\to\pm\infty}\dfrac{2}{x+\dfrac{4}{x}}=0$

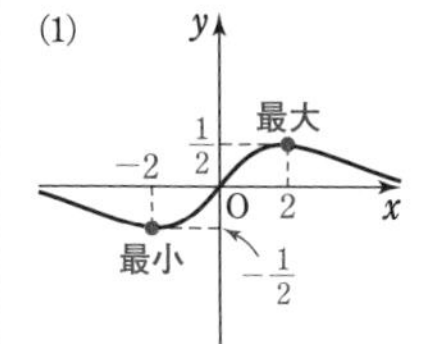


(2) $y'=(3-4x)e^{-x}+(3x-2x^2)(-e^{-x})$

$=(2x^2-7x+3)e^{-x}$

$=(2x-1)(x-3)e^{-x}$

$y'=0$ とすると

$x=\dfrac{1}{2}$，3

よって，増減表は右のようになる。

| $x$ | $\cdots$ | $\dfrac{1}{2}$ | $\cdots$ | $3$ | $\cdots$ |
|---|---|---|---|---|---|
| $y'$ | $+$ | $0$ | $-$ | $0$ | $+$ |
| $y$ | ↗ | 極大 $e^{-\frac{1}{2}}$ | ↘ | 極小 $-9e^{-3}$ | ↗ |

また

$\lim_{x\to\infty}(3x-2x^2)e^{-x}=0$，$\underline{\lim_{x\to-\infty}(3x-2x^2)e^{-x}}=-\infty$ Ⓑ

ゆえに　**$x=\dfrac{1}{2}$ で最大値 $e^{-\frac{1}{2}}$，最小値はない**

Ⓑ $x=-t$ とおくと

___ $=\lim_{t\to\infty}(-3t-2t^2)e^t$

$=-\infty$

**参考**　一般に，$k>0$ のとき

$\lim_{x\to\infty}\dfrac{x^k}{e^x}=0$

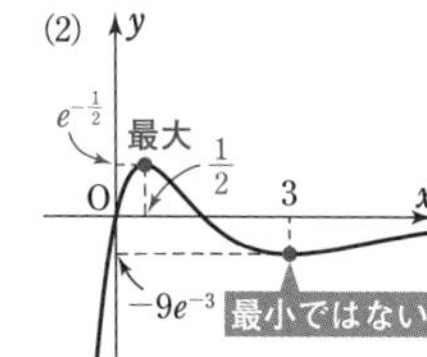

**練習 ② 99**　次の関数に最大値，最小値があれば，それを求めよ。

(1) $y=\dfrac{x^2-3x}{x^2+3}$　〔類 関西大〕　(2) $y=e^{-x}+x-1$　〔類 名古屋市大〕

## 重要例題 100 関数の最大・最小 (3) … おき換え利用 ③③③③③

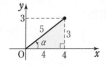

関数 $y=\dfrac{4\sin x+3\cos x+1}{7\sin^2 x+12\sin 2x+11}$ について，次の問いに答えよ。

(1) $t=4\sin x+3\cos x$ とおくとき，$t$ のとりうる値の範囲を求めよ。また，$y$ を $t$ で表せ。

(2) $y$ の最大値と最小値を求めよ。　〔類 日本女子大〕 基本 98

(1) 三角関数の合成を利用。また，$t^2=(4\sin x+3\cos x)^2$ を考えると，$y$ の式の分母の式が現れる。

(2) (1) の結果を利用して，$y$ を **$t$ の分数関数** で表す（簡単な式に直して扱う）。→ $y$ を $t$ で微分。また，$t$ のとりうる値の範囲に注意 して最大値と最小値を求める。

**CHART** 変数のおき換え　変域が変わることに注意

(1) $t=\sqrt{4^2+3^2}\sin(x+\alpha)=5\sin(x+\alpha)$

ただし　$\sin\alpha=\dfrac{3}{5}$，$\cos\alpha=\dfrac{4}{5}$

$-1\leqq\sin(x+\alpha)\leqq 1$ であるから　$\boldsymbol{-5\leqq t\leqq 5}$

また　$t^2=(4\sin x+3\cos x)^2$
$=16\sin^2 x+24\sin x\cos x+9\cos^2 x$
$=7\sin^2 x+12\sin 2x+9$

よって　$\boldsymbol{y}=\dfrac{(4\sin x+3\cos x)+1}{(7\sin^2 x+12\sin 2x+9)+2}=\boldsymbol{\dfrac{t+1}{t^2+2}}$

(2) $y'=\dfrac{1\cdot(t^2+2)-(t+1)\cdot 2t}{(t^2+2)^2}=-\dfrac{t^2+2t-2}{(t^2+2)^2}$

$y'=0$ とすると　$t^2+2t-2=0$

これを解くと　$t=-1\pm\sqrt{3}$

$-5\leqq t\leqq 5$ における $y$ の増減表は次のようになる。

| $t$ | $-5$ | … | $-1-\sqrt{3}$ | … | $-1+\sqrt{3}$ | … | $5$ |
|---|---|---|---|---|---|---|---|
| $y'$ | | $-$ | $0$ | $+$ | $0$ | $-$ | |
| $y$ | $-\dfrac{4}{27}$ | ↘ | 極小 $\dfrac{1-\sqrt{3}}{4}$ | ↗ | 極大 $\dfrac{1+\sqrt{3}}{4}$ | ↘ | $\dfrac{2}{9}$ |

$\dfrac{1+\sqrt{3}}{4}>-\dfrac{4}{27}$，$\dfrac{1-\sqrt{3}}{4}<\dfrac{2}{9}$ であるから，$y$ は

$t=-1+\sqrt{3}$ で **最大値** $\boldsymbol{\dfrac{1+\sqrt{3}}{4}}$，$t=-1-\sqrt{3}$ で **最小値** $\boldsymbol{\dfrac{1-\sqrt{3}}{4}}$ をとる。

◀ $t^2=9(\sin^2 x+\cos^2 x)+7\sin^2 x+12\cdot 2\sin x\cos x$

◀ $\left(\dfrac{u}{v}\right)'=\dfrac{u'v-uv'}{v^2}$

◀ $t=-1\pm\sqrt{3}$ のとき
$y=\dfrac{\pm\sqrt{3}}{6\mp 2\sqrt{3}}=\dfrac{\pm 1}{2(\sqrt{3}\mp 1)}=\dfrac{\pm(\sqrt{3}\pm 1)}{2(3-1)}=\dfrac{1\pm\sqrt{3}}{4}$（複号同順）

**練習 ③100** $0<x<\dfrac{\pi}{6}$ を満たす実数 $x$ に対して，$t=\tan x$ とおく。

(1) $\tan 3x$ を $t$ で表せ。

(2) $x$ が $0<x<\dfrac{\pi}{6}$ の範囲を動くとき，$\dfrac{\tan^3 x}{\tan 3x}$ の最大値を求めよ。　〔学習院大〕

## 基本例題 101 最大値・最小値から関数の係数決定 (1)

関数 $y=e^x\{2x^2-(p+4)x+p+4\}$ $(-1\leqq x\leqq 1)$ の最大値が 7 であるとき，正の定数 $p$ の値を求めよ。

基本 98

**指針** 最大値を $p$ で表して，(最大値)$=7$ とした $p$ の方程式を解く要領で進める。
ここでは，定義域が $-1\leqq x\leqq 1$ であるから，$p.170$ の基本例題 **98** 同様，**極値と区間の端点における関数の値の大小を比較** して最大値を求める。
なお，$y'=0$ の解には $p$ の式になるものがあるから，**場合分けして増減表をかく。**

**CHART** 閉区間での最大・最小　**極値と端の値をチェック**

**解答**

$$y'=e^x\{2x^2-(p+4)x+p+4\}+e^x\{4x-(p+4)\}$$
$$=(2x^2-px)e^x$$
$$=x(2x-p)e^x$$

◀ $(uv)'=u'v+uv'$

$y'=0$ とすると　$x=0,\ \dfrac{p}{2}$

◀ $x=0$ は定義域内にある。**$x=\dfrac{p}{2}\ (>0)$ が $0<x<1$ または $x\geqq 1$ のどちらの範囲に含まれるかで場合分け** して増減表を作る。

[1] $\dfrac{p}{2}\geqq 1$ すなわち $p\geqq 2$ のとき

$-1\leqq x\leqq 1$ における $y$ の増減表は右のようになり，$x=0$ で最大となる。

| $x$ | $-1$ | $\cdots$ | $0$ | $\cdots$ | $1$ |
|---|---|---|---|---|---|
| $y'$ | | $+$ | $0$ | $-$ | |
| $y$ | | ↗ | 極大 $p+4$ | ↘ | |

よって　$p+4=7$

◀ (最大値)$=7$

ゆえに　$p=3$

これは $p\geqq 2$ を満たす。

◀ 場合分けの条件を満たすかどうかの確認を忘れずに。

[2] $0<\dfrac{p}{2}<1$ すなわち $0<p<2$ のとき

$-1\leqq x\leqq 1$ における $y$ の増減表は右のようになる。

| $x$ | $-1$ | $\cdots$ | $0$ | $\cdots$ | $\dfrac{p}{2}$ | $\cdots$ | $1$ |
|---|---|---|---|---|---|---|---|
| $y'$ | | $+$ | $0$ | $-$ | $0$ | $+$ | |
| $y$ | | ↗ | 極大 $p+4$ | ↘ | 極小 | ↗ | $2e$ |

$x=0$ のとき
　$y=p+4$

◀ 最大になりうるのは $x=0$ (極大) または $x=1$ (端点) のとき。$e=2.718\cdots\cdots$

$0<p<2$ であるから　$p+4<6$

また，$x=1$ のとき
　$y=2e<6$

よって，最大値が 7 になることはない。

[1]，[2] から　$\boldsymbol{p=3}$

**練習 ③101** 関数 $f(x)=\dfrac{a\sin x}{\cos x+2}$ $(0\leqq x\leqq \pi)$ の最大値が $\sqrt{3}$ となるように定数 $a$ の値を定めよ。　〔信州大〕

## 基本例題 102 最大値・最小値から関数の係数決定 (2)

$a$，$b$ は定数で，$a>0$ とする。関数 $f(x)=\dfrac{x-b}{x^2+a}$ の最大値が $\dfrac{1}{6}$，最小値が $-\dfrac{1}{2}$ であるとき，$a$，$b$ の値を求めよ。 〔弘前大〕

基本 99，101

**指針** 増減表を作って，最大値と最小値を求めたいところであるが，$f'(x)=0$ となる $x$ の値が複雑なため，極値の計算が大変。

そこで，**複雑な計算はなるべく後で** に従って，$f'(x)=0$ の解を $\alpha$，$\beta$ とし，2 次方程式の 解と係数の関係 を利用して，$\alpha+\beta$，$\alpha\beta$ の形で極値を計算する。

また，関数 $f(x)$ の定義域は実数全体であるから，増減表から最大値・最小値を求めるときは，例題 **99** 同様，端の値として **$x\longrightarrow\pm\infty$ のときの極限** を調べ，極値と比較。

**解答**

$a>0$ であるから，定義域は実数全体。

$$f'(x)=\frac{x^2+a-(x-b)\cdot 2x}{(x^2+a)^2}=-\frac{x^2-2bx-a}{(x^2+a)^2}$$

◀ $\left(\dfrac{u}{v}\right)'=\dfrac{u'v-uv'}{v^2}$

$f'(x)=0$ とすると　$x^2-2bx-a=0$ …… ①

① の判別式を $D$ とすると　$\dfrac{D}{4}=(-b)^2-1\cdot(-a)=b^2+a$

$a>0$ であるから　$b^2+a>0$　ゆえに　$D>0$

よって，方程式 ① は異なる 2 つの実数解 $\alpha$，$\beta$ $(\alpha<\beta)$ をもち，解と係数の関係から

$$\alpha+\beta=2b,\ \alpha\beta=-a \ \cdots\cdots ②$$

**解と係数の関係**
2 次方程式 $ax^2+bx+c=0$ の 2 つの解を $\alpha$，$\beta$ とすると
$\alpha+\beta=-\dfrac{b}{a}$，$\alpha\beta=\dfrac{c}{a}$

増減表は右のようになり

$$\lim_{x\to\infty}f(x)=0,\quad \lim_{x\to-\infty}f(x)=0$$

| $x$ | $\cdots$ | $\alpha$ | $\cdots$ | $\beta$ | $\cdots$ |
|---|---|---|---|---|---|
| $f'(x)$ | $-$ | 0 | $+$ | 0 | $-$ |
| $f(x)$ | ↘ | 極小 | ↗ | 極大 | ↘ |

ゆえに，$f(x)$ は　$x=\alpha$ で最小値 $f(\alpha)$，
$x=\beta$ で最大値 $f(\beta)$　をとる。

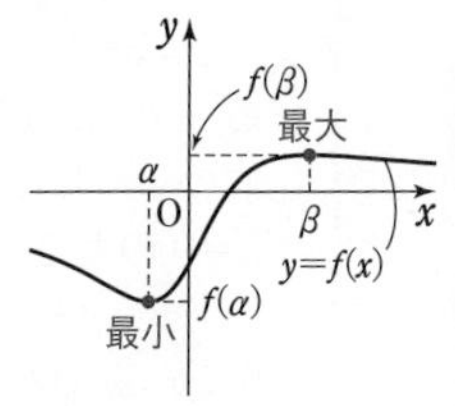


$\alpha\beta=-a<0$ から
$\alpha<0<\beta$

条件から　$f(\alpha)=\dfrac{\alpha-b}{\alpha^2+a}=-\dfrac{1}{2}$，$f(\beta)=\dfrac{\beta-b}{\beta^2+a}=\dfrac{1}{6}$

したがって　$2\alpha-2b=-\alpha^2-a$，$6\beta-6b=\beta^2+a$

② により，$a$，$b$ を消去すると

$$2\alpha-(\alpha+\beta)=-\alpha^2+\alpha\beta,\ 6\beta-3(\alpha+\beta)=\beta^2-\alpha\beta$$

整理すると　$\alpha^2+(1-\beta)\alpha-\beta=0$，$\beta^2-(3+\alpha)\beta+3\alpha=0$

よって　$(\alpha-\beta)(\alpha+1)=0$，　$(\beta-\alpha)(\beta-3)=0$

$\alpha\neq\beta$ であるから　$\alpha=-1$，$\beta=3$

ゆえに，② から　$2=2b$，$-3=-a$

すなわち　$\boldsymbol{a=3,\ b=1}$

**練習 ③102** 関数 $f(x)=\dfrac{x+a}{x^2+1}$ $(a>0)$ について，次のものを求めよ。

(1) $f'(x)=0$ となる $x$ の値

(2) (1) で求めた $x$ の値を $\alpha$，$\beta$ $(\alpha<\beta)$ とするとき，$\beta$ と 1 の大小関係

(3) $0\leqq x\leqq 1$ における $f(x)$ の最大値が 1 であるとき，$a$ の値 〔大阪電通大〕

## 基本 例題 103 最大・最小の応用問題 (1) … 題材は平面上の図形

$a$ を正の定数とする。台形 ABCD が AD∥BC, AB＝AD＝CD＝$a$, BC＞$a$ を満たしているとき，台形 ABCD の面積 $S$ の最大値を求めよ。 〔類 日本女子大〕

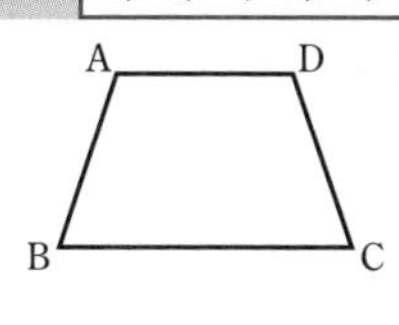


基本 98 重要 104

**指針** 文章題では，最大値・最小値を求めたい量を式で表す ことがカギ。次の手順で進める。
1. 変数を決め，その変域を定める。
2. 最大値を求める量（ここでは面積 $S$）を，1 で決めた変数の式で表す。
3. 2 の関数の最大値を求める。この問題では，最大値を求めるのに導関数を用いて増減を調べる。

この問題では，AB＝DC の等脚台形であるから，∠ABC＝∠DCB＝$\theta$ として，面積 $S$ を $\theta$（と定数 $a$）で表すとよい。

**解答**

∠ABC＝∠DCB＝$\theta$ とすると，

$0<\theta<\dfrac{\pi}{2}$ で，右の図から

◀BC＞AB＝AD＝CD から $0<\theta<\dfrac{\pi}{2}$

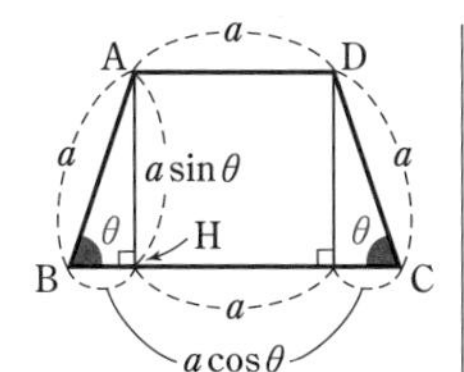


$S=\dfrac{1}{2}\{a+(2a\cos\theta+a)\}\cdot a\sin\theta$

$=a^2\sin\theta(\cos\theta+1)$

◀$\dfrac{1}{2}\times$(上底＋下底)×高さ

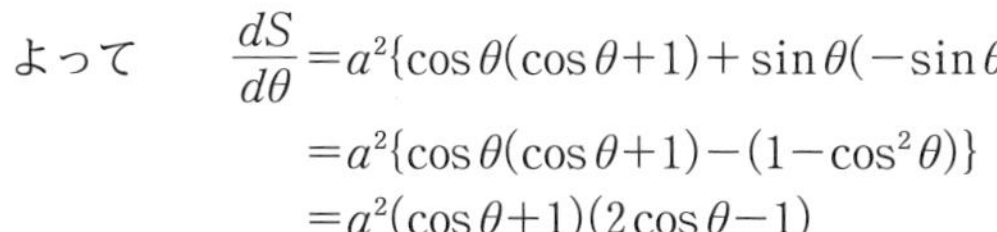

よって $\dfrac{dS}{d\theta}=a^2\{\cos\theta(\cos\theta+1)+\sin\theta(-\sin\theta)\}$

$=a^2\{\cos\theta(\cos\theta+1)-(1-\cos^2\theta)\}$

$=a^2(\cos\theta+1)(2\cos\theta-1)$

◀$S$ を $\theta$ で微分。

$\dfrac{dS}{d\theta}=0$ とすると

$\cos\theta=-1,\ \dfrac{1}{2}$

$0<\theta<\dfrac{\pi}{2}$ から

$\theta=\dfrac{\pi}{3}$

$0<\theta<\dfrac{\pi}{2}$ における $S$ の増減表は右上のようになるから，$S$ は $\theta=\dfrac{\pi}{3}$ で最大値

| $\theta$ | 0 | … | $\dfrac{\pi}{3}$ | … | $\dfrac{\pi}{2}$ |
|---|---|---|---|---|---|
| $\dfrac{dS}{d\theta}$ | | ＋ | 0 | － | |
| $S$ | | ↗ | 極大 $\dfrac{3\sqrt{3}}{4}a^2$ | ↘ | |

$\boldsymbol{\dfrac{3\sqrt{3}}{4}a^2}$ をとる。

別解 頂点 A から辺 BC に垂線 AH を下ろして，BH＝$x$ とすると

$S=\dfrac{1}{2}\{a+(2x+a)\}\times\sqrt{a^2-x^2}$

$=(x+a)\sqrt{a^2-x^2}$

これを $x$ の関数と考え，$0<x<a$ の範囲で増減を調べる。

**練習 ② 103** 3 点 O(0, 0)，A$\left(\dfrac{1}{2},\ 0\right)$，P$(\cos\theta,\ \sin\theta)$ と点 Q が，条件 OQ＝AQ＝PQ を満たす。ただし，$0<\theta<\pi$ とする。 〔類 北海道大〕

(1) 点 Q の座標を求めよ。

(2) 点 Q の $y$ 座標の最小値とそのときの $\theta$ の値を求めよ。

p.191 EX 93, 94

## 重要例題 104 最大・最小の応用問題 (2) … 題材は空間の図形 ⊘⊘⊘⊘⊘

半径 1 の球に，側面と底面で外接する直円錐を考える。この直円錐の体積が最小となるとき，底面の半径と高さの比を求めよ。

基本 103

**指針** 立体の問題は，断面で考える。⟶ ここでは，直円錐の頂点と底面の円の中心を通る平面で切った **断面図** をかく。問題解決の手順は前ページ同様

1. **変数と変域を決める。**
2. **量** (ここでは体積) を 1 で決めた **変数で表す**。
3. 体積が **最小となる場合を調べる** (導関数を利用)。

であるが，この問題では体積を直ちに 1 つの文字で表すことは難しい。そこで，わからないものはとにかく文字を使って表し，条件から文字を減らしていく方針で進める。

**解答**

直円錐の高さを $x$，底面の半径を $r$，体積を $V$ とすると，$x>2$ であり

◀(高さ)>(球の半径)×2 から。

$$V=\frac{1}{3}\pi r^2x \quad \cdots\cdots ①$$

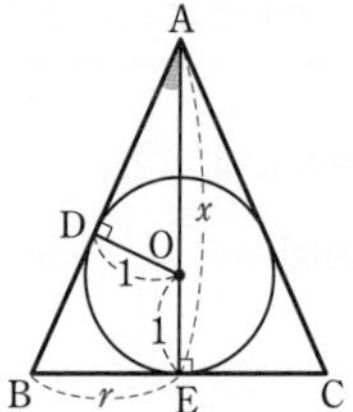


球の中心を O として，直円錐をその頂点と底面の円の中心を通る平面で切ったとき，切り口の三角形 ABC，および球と △ABC との接点 D，E を右の図のように定める。

◀(＊) △ABE と △AOD で ∠AEB＝∠ADO＝90°，∠BAE＝∠OAD (共通)

△ABE∽△AOD[＊] であるから　AE：AD＝BE：OD

◀対応する辺の比は等しい。

すなわち　$x:\sqrt{(x-1)^2-1^2}=r:1$

◀AD は，**三平方の定理**を利用して求める。

よって　$r=\dfrac{x}{\sqrt{x^2-2x}}$ …… ②

② を ① に代入して

$$V=\frac{\pi}{3}\cdot\left(\frac{x}{\sqrt{x^2-2x}}\right)^2\cdot x=\frac{\pi}{3}\cdot\frac{x^2}{x-2}$$

◀**$V$ を $x$ (1 変数) の式に直す。**

よって　$\dfrac{dV}{dx}=\dfrac{\pi}{3}\cdot\dfrac{2x(x-2)-x^2\cdot 1}{(x-2)^2}=\dfrac{\pi}{3}\cdot\dfrac{x(x-4)}{(x-2)^2}$

◀$\left(\dfrac{u}{v}\right)'=\dfrac{u'v-uv'}{v^2}$

$\dfrac{dV}{dx}=0$ とすると，$x>2$ であるから　$x=4$

$x>2$ のとき $V$ の増減表は右のようになり，体積 $V$ は $x=4$ のとき最小となる。

| $x$ | 2 | … | 4 | … |
|---|---|---|---|---|
| $\dfrac{dV}{dx}$ | | − | 0 | ＋ |
| $V$ | | ↘ | 極小 | ↗ |

このとき，② から　$r=\sqrt{2}$

ゆえに，求める底面の半径と高さの比は

$$r:x=\sqrt{2}:4$$

**練習 ③ 104** 体積が $\dfrac{\sqrt{2}}{3}\pi$ の直円錐において，直円錐の側面積の最小値を求めよ。また，最小となるときの直円錐の底面の円の半径と高さを求めよ。　〔類　札幌医大〕

# 15 関数のグラフ

## 基本事項

**1 曲線の凹凸・変曲点**

[1] **曲線の凹凸**　関数 $f(x)$ は第 2 次導関数 $f''(x)$ をもつとする。

**$f''(x)>0$** である区間では，曲線 $y=f(x)$ は **下に凸**，

**$f''(x)<0$** である区間では，曲線 $y=f(x)$ は **上に凸**

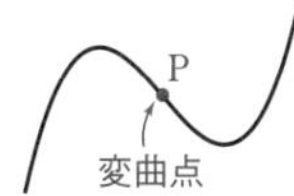


[2] **変曲点**

1　**凹凸が変わる曲線上の点のこと。$f''(a)=0$ であって，$x=a$ の前後で $f''(x)$ の符号が変わるならば，点 $P(a,\ f(a))$ は曲線 $y=f(x)$ の変曲点である。**

2　**点 $(a,\ f(a))$ が曲線 $y=f(x)$ の変曲点ならば　$f''(a)=0$**

**2 関数のグラフの概形**　次の ① ～ ⑥ に注意してかく。

① **定義域**　$x$，$y$ の変域に注意して，グラフの存在範囲を調べる。

② **対称性**　$x$ 軸対称，$y$ 軸対称，原点対称などの対称性を調べる。

③ **増減と極値**　$y'$ の符号の変化を調べる。

④ **凹凸と変曲点**　$y''$ の符号の変化を調べる。

⑤ **座標軸との共有点**　$x=0$ のときの $y$ の値，$y=0$ のときの $x$ の値を求める。

⑥ **漸近線**　$x \longrightarrow \pm\infty$ のときの $y$ の極限や，$y \longrightarrow \pm\infty$ となる $x$ の値を調べる。

**3 第 2 次導関数と極値**　$x=a$ を含むある区間で $f''(x)$ は連続であるとする。

1　**$f'(a)=0$ かつ $f''(a)<0$ ならば，$f(a)$ は極大値である。**

2　**$f'(a)=0$ かつ $f''(a)>0$ ならば，$f(a)$ は極小値である。**



## 解　説

### ■曲線の凹凸

関数 $y=f(x)$ は微分可能な関数とする。

ある区間で，$x$ の値が増加するにつれて接線の傾きが **増加**(または **減少**)するとき，曲線 $y=f(x)$ はその区間で **下に凸**(または **上に凸**)であるという Ⓐ。このとき，接線の方向は正の(または負の)向きに回転していき，接線は常に曲線 $y=f(x)$ の下側に(または上側に)ある。

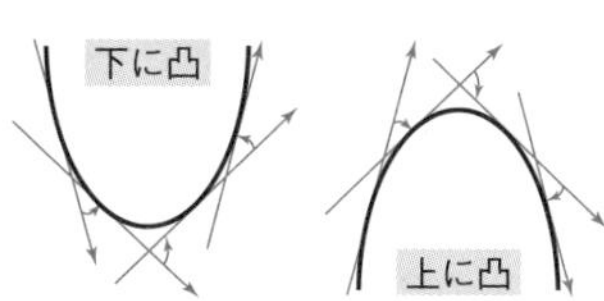


上の **1** [1] については，次のことからわかる。

ある区間で　$f''(x)>0 \Longrightarrow f'(x)$ が単調に増加

$\Longrightarrow$ 接線の傾きが増加

$\Longrightarrow$ 曲線 $y=f(x)$ は下に凸

($f''(x)<0$ の場合についても同様である。)

**参考　曲線の凹凸のいろいろな表現**

曲線 $y=f(x)$ がある区間で下に凸[上に凸]であるとき，

区間の任意の異なる 2 数 $x_1$，$x_2$ に対して 2 点 $P(x_1,\ f(x_1))$，$Q(x_2,\ f(x_2))$ をとると，線分 PQ は曲線 $y=f(x)$ よりも上側[下側]にある。 Ⓑ

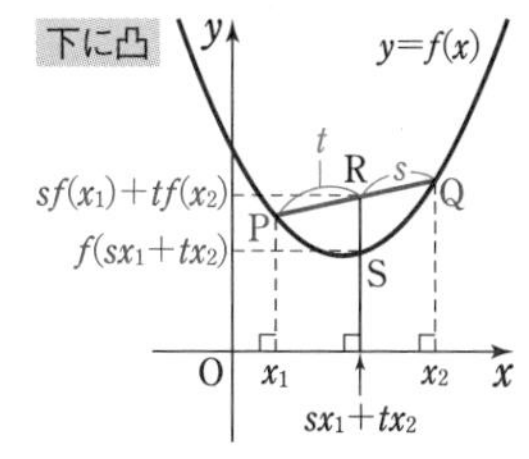

ここで，Ⓑ は次のようにも書き換えられる。

$s+t=1$，$s>0$，$t>0$ である任意の実数 $s$，$t$ に対して，不等式
$f(sx_1+tx_2)<sf(x_1)+tf(x_2)\,[f(sx_1+tx_2)>sf(x_1)+tf(x_2)]$ …… $(*)$ Ⓒ
が常に成り立つ。

◀前ページの図を参照。

（不等式 $(*)$ は，Ⓑ の線分 PQ を $t:s$ に内分する点 R から $x$ 軸に下ろした垂線と曲線 $y=f(x)$ との交点を S とするとき，点 S と点 R の上下関係を表したものである。）

曲線の凹凸の定義については，前ページの Ⓐ の代わりに，Ⓑ や Ⓒ で与えられることもある。特に，Ⓑ の定義については，$f(x)$ の微分可能性についての条件が満たされていなくてもよい，という特徴がある。

## ■ 変曲点

変曲点の定義は，❶ [2] 1 の通りであるが，2 について逆は成り立たない。すなわち，$f''(a)=0$ であっても，点 $\mathrm{P}(a,\ f(a))$ が曲線 $y=f(x)$ の変曲点であるとは限らない。

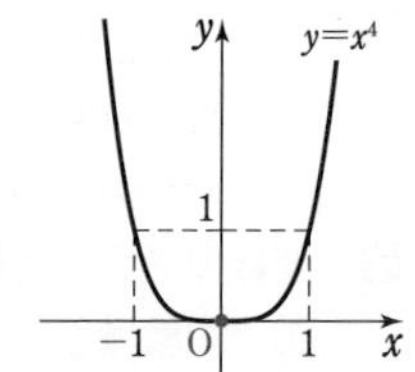


例　$f(x)=x^4$ のとき，$f''(x)=12x^2$ であるから　$f''(0)=0$
しかし，$x=0$ の前後で $f''(x)>0$ であるから，曲線 $y=f(x)$ の凹凸は変わらない。よって，原点 O は変曲点ではない。

問　曲線 $y=x^3+3x^2-24x+1$ の変曲点を求めよ。

（＊）問 の解答は，$p.391$ にある。

## ■ 関数のグラフの概形

詳しくは，$p.182$ からの例題を通して学習するが，グラフの対称性については，関数について，次の等式が成り立つかどうかを考えて判断するとよい。

**●曲線 $y=f(x)$，$F(x,\ y)=0$ の対称性**

**$x$ 軸に関して対称 ⟶ $F(x,\ -y)=F(x,\ y)$**
**$y$ 軸に関して対称 ⟶ $f(-x)=f(x)$，$F(-x,\ y)=F(x,\ y)$**
**原点に関して対称 ⟶ $f(-x)=-f(x)$，$F(-x,\ -y)=F(x,\ y)$**
**直線 $y=x$ に関して対称 ⟶ $F(y,\ x)=F(x,\ y)$**
**直線 $x=a$ に関して対称 ⟶ $f(a-x)=f(a+x)$**
**点 $(a,\ b)$ に関して対称 ⟶ $f(a-x)+f(a+x)=2b$**

## ■ 第 2 次導関数と極値

**❸ 1 の証明**　$f''(a)<0$ のとき，$x=a$ の十分近くで $f''(x)$ は連続であるから　　$f''(x)<0$
よって，$f'(x)$ は単調に減少する。
$f'(a)=0$ から，右のような増減表が得られる。
したがって，$f(a)$ は極大値である。

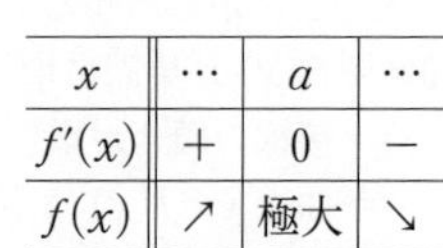

| $x$ | … | $a$ | … |
|---|---|---|---|
| $f'(x)$ | + | 0 | − |
| $f(x)$ | ↗ | 極大 | ↘ |

**❸ 2** についても同様に証明できる。

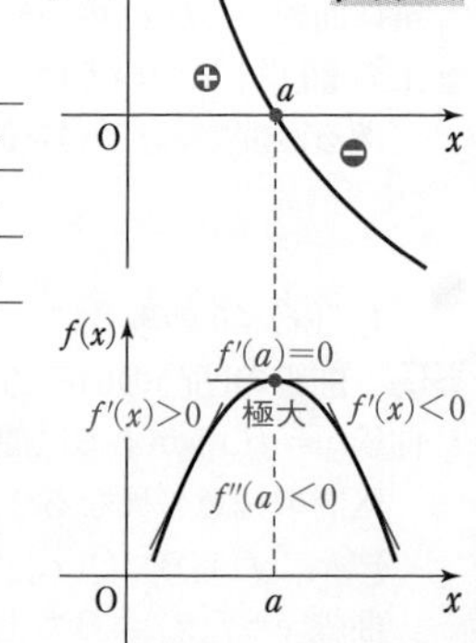


注意　$f'(a)=0$，$f''(a)=0$ のときは，これだけでは $f(a)$ が極値かどうかわからない。
詳しくは，$p.190$ の 検討 参照。

## 基本例題 105 曲線の凹凸と変曲点 ①①①①①

曲線 $y=\dfrac{x}{x^2+1}$ の凹凸を調べ，変曲点を求めよ。

p.177 基本事項 1

**指針** 曲線の 凹凸・変曲点 を調べるには，第 2 次導関数の符号 を調べればよい。
まず $y''=0$ を満たす $x$ の値を求め，これらの $x$ の値の前後の $y''$ の符号を調べる。

**$y''>0$ である区間で曲線は 下に凸，$y''<0$ である区間で曲線は 上に凸**

**$y''=0$ を満たす $x$ の値の前後で $y''$ の符号が変われば，その点は 変曲点**

なお，この問題では，$y''$ の分母 $(x^2+1)^3$ は常に正であるから，$y''$ の分子の符号を調べればよい。

**CHART 曲線の凹凸・変曲点 $y''$ の符号に注目**

**解答**

$$y'=\frac{x^2+1-x\cdot 2x}{(x^2+1)^2}=-\frac{x^2-1}{(x^2+1)^2}$$

$$y''=-\frac{2x(x^2+1)^2-(x^2-1)\cdot 2(x^2+1)\cdot 2x}{(x^2+1)^4}$$

$$=-\frac{2x(x^2+1)\{(x^2+1)-2(x^2-1)\}}{(x^2+1)^4}$$

$$=\frac{2x(x^2-3)}{(x^2+1)^3}=\frac{2x(x+\sqrt{3})(x-\sqrt{3})}{(x^2+1)^3}$$

$y''=0$ とすると　$x=0,\ \pm\sqrt{3}$

$y''$ の符号を調べると，常に $(x^2+1)^3>0$ であるから，この曲線の凹凸は次の表のようになる(表の ∪ は下に凸，∩ は上に凸を表す)。

| $x$ | $\cdots$ | $-\sqrt{3}$ | $\cdots$ | 0 | $\cdots$ | $\sqrt{3}$ | $\cdots$ |
|---|---|---|---|---|---|---|---|
| $y''$ | $-$ | 0 | $+$ | 0 | $-$ | 0 | $+$ |
| $y$ | ∩ | 変曲点 | ∪ | 変曲点 | ∩ | 変曲点 | ∪ |

よって　**$-\sqrt{3}<x<0$，$\sqrt{3}<x$ で下に凸**

**$x<-\sqrt{3}$，$0<x<\sqrt{3}$ で上に凸**

**変曲点は 点 $\left(-\sqrt{3},\ -\dfrac{\sqrt{3}}{4}\right)$，$(0,\ 0)$，$\left(\sqrt{3},\ \dfrac{\sqrt{3}}{4}\right)$**

**参考** $f(x)=\dfrac{x}{x^2+1}$ とすると，$f(-x)=-f(x)$ であるから，曲線 $y=f(x)$ は **原点に関して対称** である。
また，$x\geqq 0$ での増減表は

| $x$ | 0 | $\cdots$ | 1 | $\cdots$ |
|---|---|---|---|---|
| $y'$ | | $+$ | 0 | $-$ |
| $y$ | 0 | ↗ | 極大 | ↘ |

これらのことと左の解答の表から，曲線の概形は下図のようになる（凹凸がわかるよう，やや極端に表している）。

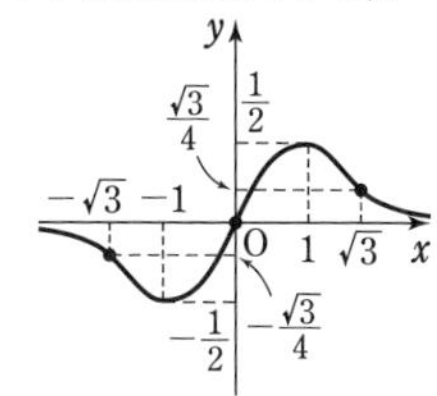


◀変曲点については，その前後で曲線の凹凸が変わるかどうかを確認するように。



**練習 ①105** 次の曲線の凹凸を調べ，変曲点を求めよ。

(1) $y=x^4+2x^3+2$　　(2) $y=x+\cos 2x\ (0\leqq x\leqq\pi)$

(3) $y=xe^x$　　(4) $y=x^2+\dfrac{1}{x}$

## 参考事項　漸近線の求め方

数学Ⅲで扱う関数のグラフは，漸近線をもつものも多い。ここで，漸近線をどのようにして求めればよいかについて説明しておく。

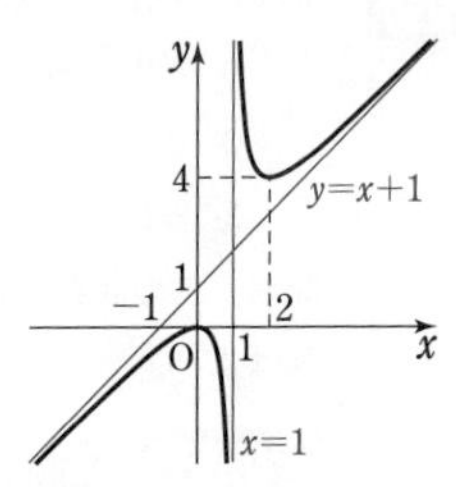


例　曲線 $y=x+1+\dfrac{1}{x-1}$ について

$x \longrightarrow \pm\infty$ のとき $\dfrac{1}{x-1} \longrightarrow 0$ であるから，曲線は

直線 $y=x+1$

に近づいていく。これが漸近線の１つである。

また，$x \longrightarrow 1\pm 0$ のとき　$y \longrightarrow \pm\infty$（複号同順）

したがって，直線 $x=1$ も漸近線である。

一般に，関数 $y=f(x)$ のグラフに関して，次のことが成り立つ。

① **$x$ 軸に平行な漸近線**

$\displaystyle\lim_{x\to\infty} f(x)=a$ または $\displaystyle\lim_{x\to-\infty} f(x)=a$　$\Longrightarrow$ 直線 $y=a$ は漸近線。

② **$x$ 軸に垂直な漸近線**

$\displaystyle\lim_{x\to b+0} f(x)=\infty$ または $\displaystyle\lim_{x\to b+0} f(x)=-\infty$ または $\displaystyle\lim_{x\to b-0} f(x)=\infty$ または

$\displaystyle\lim_{x\to b-0} f(x)=-\infty$　$\Longrightarrow$ 直線 $x=b$ は漸近線。

③ **$x$ 軸に平行でも垂直でもない漸近線**

$\displaystyle\lim_{x\to\infty}\{f(x)-(ax+b)\}=0$ または $\displaystyle\lim_{x\to-\infty}\{f(x)-(ax+b)\}=0$

$\Longrightarrow$ 直線 $y=ax+b$ は漸近線。

ここで，③ に関し，$a$，$b$ は　$\boldsymbol{a=\displaystyle\lim_{x\to\pm\infty}\frac{f(x)}{x}}$，$\boldsymbol{b=\displaystyle\lim_{x\to\pm\infty}\{f(x)-ax\}}$　を計算することにより求められる。

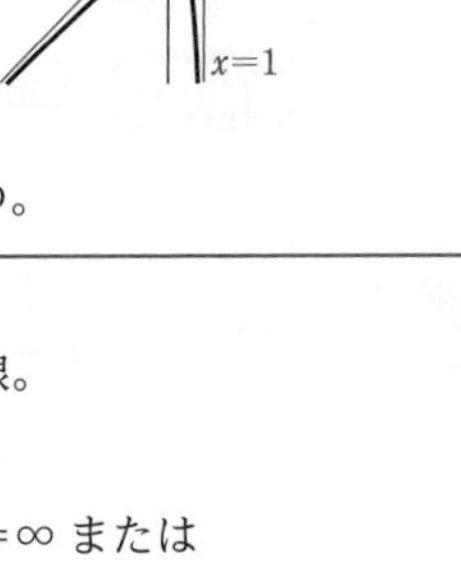


説明　漸近線は，曲線上の点 P$(x,\ f(x))$ が原点から無限に遠ざかるとき，P からその直線に至る距離 PH が限りなく小さくなる直線である。

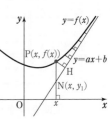

直線 $y=ax+b$ が曲線 $y=f(x)$ の漸近線で，点 P から $x$ 軸に下ろした垂線と，この直線との交点を N$(x,\ y_1)$ とする。

PH : PN は一定であるから，PH $\longrightarrow 0$ のとき

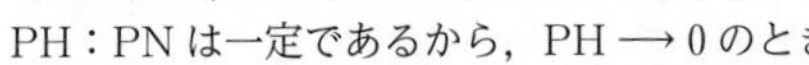

$$\text{PN}=|f(x)-y_1|=|f(x)-(ax+b)|$$
$$=|x|\left|\frac{f(x)}{x}-a-\frac{b}{x}\right| \longrightarrow 0\quad (x \longrightarrow \infty \text{ または } -\infty)$$

ここで，$\dfrac{b}{x} \longrightarrow 0$ であるから　$\dfrac{f(x)}{x}-a \longrightarrow 0$　すなわち　$\dfrac{f(x)}{x} \longrightarrow a$

また，$f(x)-(ax+b) \longrightarrow 0$ であるから　$f(x)-ax \longrightarrow b$

なお，上の 例 の曲線では，$x \longrightarrow \pm\infty$ のとき　$\dfrac{y}{x}=1+\dfrac{1}{x}+\dfrac{1}{x(x-1)} \longrightarrow 1$，

$y-x=1+\dfrac{1}{x-1} \longrightarrow 1$　であることからも，直線 $y=x+1$ が漸近線であることがわかる。

# 基本例題 106 曲線の漸近線

①①①①①

曲線 (1) $y=\dfrac{x^3}{x^2-4}$ (2) $y=2x+\sqrt{x^2-1}$ の漸近線の方程式を求めよ。

p.180 参考事項 ①〜③

**指針** 前ページの参考事項 ①〜③ を参照。次の 3 パターンに大別される。

① **$x$ 軸に平行な漸近線** …… $\lim\limits_{x\to\infty} y$ または $\lim\limits_{x\to-\infty} y$ が有限確定値かどうかに注目。

② **$x$ 軸に垂直な漸近線** …… $y\longrightarrow\infty$ または $y\longrightarrow-\infty$ となる $x$ の値に注目。

③ **$x$ 軸に平行でも垂直でもない漸近線** …… $\lim\limits_{x\to\infty}\dfrac{y}{x}=a$ (有限確定値) で

$\lim\limits_{x\to\infty}(y-ax)=b$ (有限確定値) なら，直線 $y=ax+b$ が漸近線。

($x\longrightarrow\infty$ を $x\longrightarrow-\infty$ とした場合についても同様に調べる。)

(1) ② のタイプの漸近線は，**分母$=0$となる$x$** に注目して判断。また，**分母の次数>分子の次数** となるように式を変形すると，③ のタイプの漸近線が見えてくる。

(2) 式の形に注目しても，①，② のタイプの漸近線はなさそう。しかし，③ のタイプの漸近線が潜んでいることもあるから，③ の，極限を調べる方法で漸近線を求める。



**解答**

(1) $y=\dfrac{x^3}{x^2-4}=x+\dfrac{4x}{x^2-4}$

定義域は，$x^2-4\neq0$ から　$x\neq\pm2$

$\lim\limits_{x\to2\pm0} y=\pm\infty$，$\lim\limits_{x\to-2\pm0} y=\pm\infty$ (複号同順)

また　$\lim\limits_{x\to\pm\infty}(y-x)=\lim\limits_{x\to\pm\infty}\dfrac{4x}{x^2-4}=\lim\limits_{x\to\pm\infty}\dfrac{\frac{4}{x}}{1-\frac{4}{x^2}}=0$

以上から，漸近線の方程式は　$x=\pm2$，$y=x$

(2) 定義域は，$x^2-1\geqq0$ から　$x\leqq-1$，$1\leqq x$

$\lim\limits_{x\to p} y=\pm\infty$ となる定数 $p$ の値はないから，$x$ 軸に垂直な漸近線はない。

$\lim\limits_{x\to\infty}\dfrac{y}{x}=\lim\limits_{x\to\infty}\left(2+\dfrac{\sqrt{x^2-1}}{x}\right)=\lim\limits_{x\to\infty}\left(2+\sqrt{1-\dfrac{1}{x^2}}\right)=3$ から

$\lim\limits_{x\to\infty}(y-3x)=\lim\limits_{x\to\infty}(\sqrt{x^2-1}-x)=\lim\limits_{x\to\infty}\dfrac{-1}{\sqrt{x^2-1}+x}=0$

よって，直線 $y=3x$ は漸近線である。

$\lim\limits_{x\to-\infty}\dfrac{y}{x}=\lim\limits_{x\to-\infty}\left(2+\dfrac{\sqrt{x^2-1}}{x}\right)=\lim\limits_{x\to-\infty}\left(2-\sqrt{1-\dfrac{1}{x^2}}\right)=1^{(*)}$

から

$\lim\limits_{x\to-\infty}(y-x)=\lim\limits_{x\to-\infty}(x+\sqrt{x^2-1})=\lim\limits_{x\to-\infty}\dfrac{1}{x-\sqrt{x^2-1}}=0$

よって，直線 $y=x$ は漸近線である。

以上から，漸近線の方程式は　$y=3x$，$y=x$

◀漸近線(つまり極限)を調べやすくするために，分母の次数>分子の次数の形に変形。

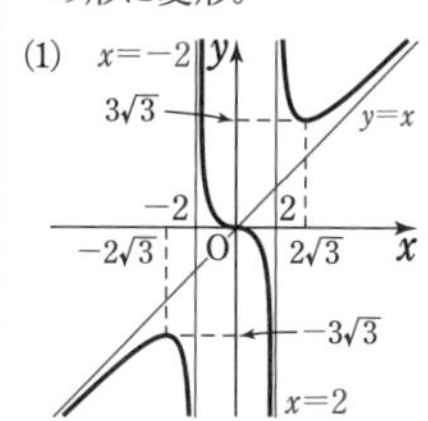


(＊) $x\longrightarrow-\infty$ であるから，$x<0$ として考えることに注意する。つまり

$\sqrt{x^2}=-x$

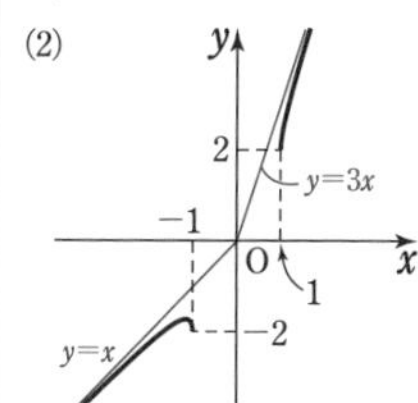


**練習** ②106 曲線 (1) $y=\dfrac{2x^2+3}{x-1}$ (2) $y=x-\sqrt{x^2-9}$ の漸近線の方程式を求めよ。

## 基本例題 107 関数のグラフの概形 (1) … 基本 ①①①①①

関数 $y=\dfrac{1-\log x}{x^2}$ のグラフの概形をかけ。ただし，$\displaystyle\lim_{x\to\infty}\frac{\log x}{x^2}=0$ である。

p.177 基本事項 ❷，基本 105，106　重要 109，110

**指針** 曲線(関数のグラフ)の概形をかくには

❶ 定義域，❷ 対称性 $f(-x)$，❸ 増減と極値 $y'$ の符号，❹ 凹凸と変曲点 $y''$ の符号，❺ 座標軸との共有点 $=0$ とおく，❻ 漸近線 lim

などを調べてかく。**増減 (極値)，凹凸 (変曲点)** については，$y'=0$ や $y''=0$ の解などをもとに，解答のような **表にまとめる** とよい。

**解答**

定義域は $x>0$ である。

$$y'=\frac{-\dfrac{1}{x}\cdot x^2-(1-\log x)\cdot 2x}{x^4}=\frac{2\log x-3}{x^3}$$

$$y''=\frac{\dfrac{2}{x}\cdot x^3-(2\log x-3)\cdot 3x^2}{x^6}=\frac{11-6\log x}{x^4}$$

$y'=0$ とすると　$x=e^{\frac{3}{2}}$　　$y''=0$ とすると　$x=e^{\frac{11}{6}}$

よって，$y$ の増減，凹凸は次の表のようになる。

| $x$ | 0 | $\cdots$ | $e^{\frac{3}{2}}$ | $\cdots$ | $e^{\frac{11}{6}}$ | $\cdots$ |
|---|---|---|---|---|---|---|
| $y'$ | | $-$ | 0 | $+$ | $+$ | $+$ |
| $y''$ | | $+$ | $+$ | $+$ | 0 | $-$ |
| $y$ | | ↘ | 極小 $-\dfrac{1}{2e^3}$ | ↗ | 変曲点 $-\dfrac{5}{6e^{\frac{11}{3}}}$ | ↗ |

また　$\displaystyle\lim_{x\to+0}\frac{1-\log x}{x^2}=\infty$，

$\displaystyle\lim_{x\to\infty}\frac{1-\log x}{x^2}=0$

ゆえに，$x$ 軸，$y$ 軸が漸近線である。

以上から，$y=\dfrac{1-\log x}{x^2}$ のグラフの概形は，**右の図** のようになる。

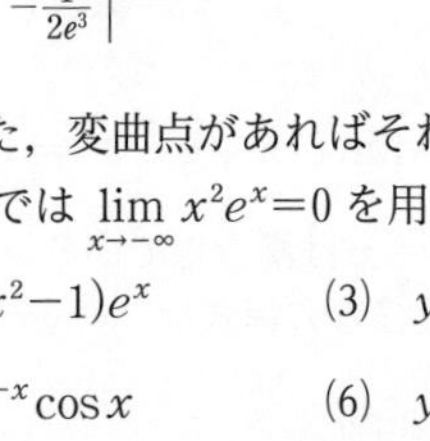

◀(分母)$\neq 0$ かつ (真数)$>0$

◀$\log x=A \Longleftrightarrow x=e^A$

極小値 $\dfrac{1-\frac{3}{2}}{(e^{\frac{3}{2}})^2}=-\dfrac{1}{2e^3}$，

変曲点 $\dfrac{1-\frac{11}{6}}{(e^{\frac{11}{6}})^2}=-\dfrac{5}{6e^{\frac{11}{3}}}$

◀$\displaystyle\lim_{x\to+0}y=\infty$，$\displaystyle\lim_{x\to\infty}y=0$

$y=\dfrac{1}{x^2}-\dfrac{\log x}{x^2}$ から，

$x\longrightarrow\infty$ のとき

$\dfrac{1}{x^2}\longrightarrow 0$，$\dfrac{\log x}{x^2}\longrightarrow 0$

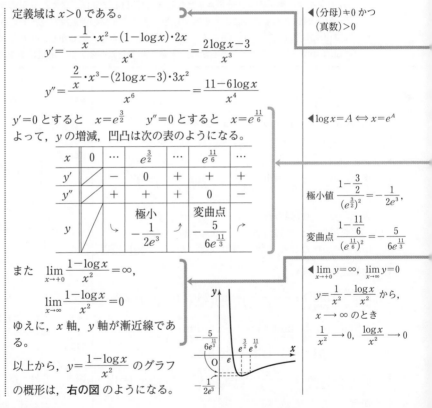

**練習 ② 107** 次の関数のグラフの概形をかけ。また，変曲点があればそれを求めよ。ただし，(3)，(5) では $0\leqq x\leqq 2\pi$ とする。また，(2) では $\displaystyle\lim_{x\to-\infty}x^2e^x=0$ を用いてよい。

(1)　$y=x-2\sqrt{x}$　　(2)　$y=(x^2-1)e^x$　　(3)　$y=x+2\cos x$

(4)　$y=\dfrac{x-1}{x^2}$　　(5)　$y=e^{-x}\cos x$　　(6)　$y=\dfrac{x^2-x+2}{x+1}$

p.192 EX95, 96

# 関数のグラフの調べ方

**● まず定義域を調べる（❶）**

関数の定義域は，次の [1]～[3] に注目するとよい。

[1]　(分母)$\neq 0$　　[2]　($\sqrt{\ }$ の中)$\geqq 0$　　[3]　(対数の真数)$>0$

左の例題では，[1] と [3] から定義域を求めている。

**● 増減，凹凸，極値などを調べ，表にまとめる（❸，❹）**

次の 1～3 の手順で進める（数学Ⅱで学習した手順とほぼ同じである）。

1　導関数 $y'$ や第 2 次導関数 $y''$ を求め，$y'=0$，$y''=0$ を解く。

2　1 で求めた値の前後で $y'$，$y''$ の符号を調べる。　◀$y'$ の符号から増減，$y''$ の符号から凹凸がわかる。

3　その結果をもとに，増減と凹凸をまとめた表を作る。

……$y$ の行には，増減と凹凸がわかりやすいように，「↘」，「↗」，「↗」，「↘」を用いている。

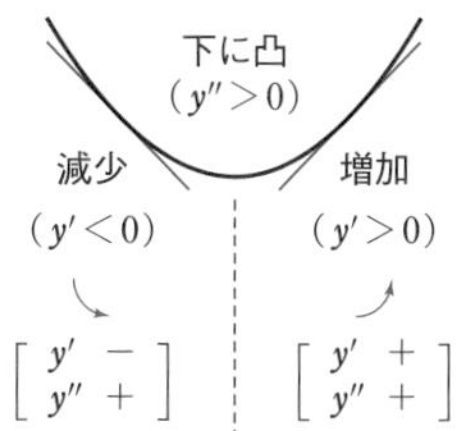


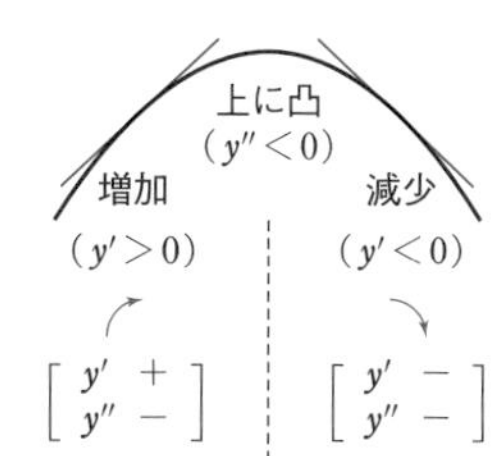


**● 漸近線を求める（❻）**

漸近線の求め方（$p.180$）に従って調べる。例えば，左の例題では次のようになる。

(i)　$\displaystyle\lim_{x\to\infty}\frac{\log x}{x^2}=0$ から　$\displaystyle\lim_{x\to\infty}y=0$　…… **直線 $y=0$ が漸近線。**

(ii)　$x=0$ のとき，(分母)$=0$ であるから　$\displaystyle\lim_{x\to+0}y=\infty$　…… **直線 $x=0$ が漸近線。**

(iii)　$\displaystyle\lim_{x\to\infty}\{y-(ax+b)\}=0$ の形をしていない。　…… **他に漸近線はない。**

また，問題文に極限の情報が与えられている場合$\left(\text{左の例題の場合，}\displaystyle\lim_{x\to\infty}\frac{\log x}{x^2}=0\right)$は，漸近線の判断に役立つことも多く，これらを利用して，漸近線を予想しておくと，グラフがかきやすくなる。

**[補 1]　対称性を調べる（❷）**

左の例題では現れないが，$f(x)=f(-x)$ など $p.178$ で示した対称性がある場合は，それを利用してグラフをかくとよい。　◀対称性の利用は，例題 **108**，**109** 参照。

**[補 2]　座標軸との共有点（❺）**

$y=0$ や $x=0$ とした方程式が比較的容易に解ける場合は，座標軸との共有点の座標を求めておく（左の例題の場合，$x$ 軸との共有点について，$\dfrac{1-\log x}{x^2}=0$ から　$x=e$）。

これによって，グラフがかきやすくなったり，表のミスに気づいたりすることがある。問題で問われていなくても，座標軸との共有点を調べる習慣をつけておこう。

# 基本例題 108 関数のグラフの概形 (2) … 対称性に注目

関数 $y=4\cos x+\cos 2x$ $(-2\pi \leqq x \leqq 2\pi)$ のグラフの概形をかけ。

基本 107　重要 109, 110

**指針** 関数のグラフをかく問題では，前ページの基本例題 **107** 同様　**定義域，増減と極値，凹凸と変曲点，座標軸との共有点，漸近線**　などを調べる必要があるが，特に，**対称性**　に注目すると，増減や凹凸を調べる範囲を絞ることもできる。

$f(-x)=\ \ f(x)$ が成り立つ（偶関数）$\Longleftrightarrow$ グラフは **$y$ 軸対称**
$f(-x)=-f(x)$ が成り立つ（奇関数）$\Longleftrightarrow$ グラフは **原点対称**　（数学Ⅱ）

この問題の関数は偶関数であり，$y'=0$，$y''=0$ の解の数がやや多くなるから，$0\leqq x\leqq 2\pi$ の範囲で増減・凹凸を調べて表にまとめ，$0\leqq x\leqq 2\pi$ におけるグラフを $y$ 軸に関して対称に折り返したものを利用する。

**解答**

$y=f(x)$ とすると，$f(-x)=f(x)$ であるから，グラフは $y$ 軸に関して対称である。

$$y'=-4\sin x-2\sin 2x=-4\sin x-2\cdot 2\sin x\cos x$$
$$=\underline{-4\sin x(\cos x+1)}$$
$$y''=-4\cos x-4\cos 2x=-4\{\cos x+(2\cos^2 x-1)\}$$
$$=\underline{-4(\cos x+1)(2\cos x-1)}$$

$0<x<2\pi$ において，$y'=0$ となる $x$ の値は，$\sin x=0$ または $\cos x+1=0$ から　　$x=\pi$

$y''=0$ となる $x$ の値は，$\cos x+1=0$ または $2\cos x-1=0$ から　　$x=\dfrac{\pi}{3}$，$\pi$，$\dfrac{5}{3}\pi$

よって，$0\leqq x\leqq 2\pi$ における $y$ の増減，凹凸は，次の表のようになる。(*)

| $x$ | $0$ | $\cdots$ | $\dfrac{\pi}{3}$ | $\cdots$ | $\pi$ | $\cdots$ | $\dfrac{5}{3}\pi$ | $\cdots$ | $2\pi$ |
|---|---|---|---|---|---|---|---|---|---|
| $y'$ | | $-$ | $-$ | $-$ | $0$ | $+$ | $+$ | $+$ | |
| $y''$ | | $-$ | $0$ | $+$ | $0$ | $+$ | $0$ | $-$ | |
| $y$ | $5$ | ⤵ | $\dfrac{3}{2}$ | ⤷ | $-3$ | ⤴ | $\dfrac{3}{2}$ | ⤻ | $5$ |

ゆえに，グラフの対称性により，求めるグラフは **右図**。

◀ $\cos(-●)=\cos ●$

◀ 2 倍角の公式。

◀ $y'=-4\sin x-2\sin 2x$ を微分。

(*) ＿＿の式で，$\cos x+1\geqq 0$ に注意。$\sin x$，$2\cos x-1$ の符号に注目。

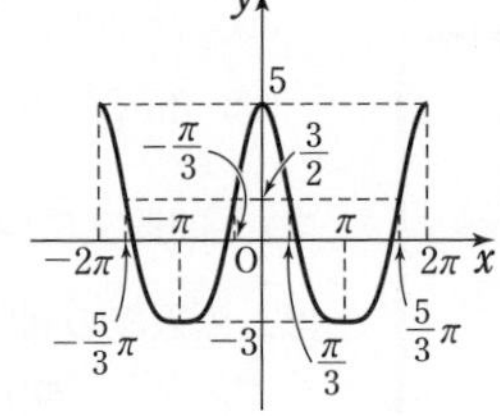


**参考** 上の例題の関数について，$y=f(x)$ とすると　　$f(x+2\pi)=f(x)$
よって，$f(x)$ は $2\pi$ を周期とする周期関数である。　⟵ 数学Ⅱ参照。
この **周期性に注目** し，増減や凹凸を調べる区間を $0\leqq x\leqq 2\pi$ に絞っていく考え方でもよい。

**練習** ③**108** 次の関数のグラフの概形をかけ。ただし，(2) ではグラフの凹凸は調べなくてよい。

(1) $y=e^{\frac{1}{x^2-1}}$ $(-1<x<1)$　　(2) $y=\dfrac{1}{3}\sin 3x-2\sin 2x+\sin x$ $(-\pi\leqq x\leqq\pi)$

［(1) 横浜国大］　p.192 EX 97

## 重要例題 109 関数のグラフの概形 (3) … 陰関数

方程式 $y^2=x^2(8-x^2)$ が定める $x$ の関数 $y$ のグラフの概形をかけ。

基本 107，108

**指針** 陰関数の形のままではグラフがかけないから，まず $y=f(x)$ の形にする。そして，これまで学習したように，次の点に注意してグラフをかく。

定義域，対称性，増減と極値，凹凸と変曲点，座標軸との共有点，漸近線

中でも，この問題では **対称性** がカギをにぎる。

$y^2=x^2(8-x^2)$ において

$x$ を $-x$ とおいても同じ ⟶ $y$ 軸に関して対称
$y$ を $-y$ とおいても同じ ⟶ $x$ 軸に関して対称
⟶ 原点に関して対称

**解答**

方程式で $x$ を $-x$ に，$y$ を $-y$ におき換えても $y^2=x^2(8-x^2)$ は成り立つから，グラフは $x$ 軸，$y$ 軸，原点に関して対称である。よって，$x\geqq 0$，$y\geqq 0$ の範囲で考えると

$$y=x\sqrt{8-x^2} \quad \cdots\cdots \text{①}$$

$8-x^2\geqq 0$ であるから　　$0\leqq x\leqq 2\sqrt{2}$

$0<x<2\sqrt{2}$ のとき

$$y'=\sqrt{8-x^2}+x\cdot\frac{-2x}{2\sqrt{8-x^2}}=\frac{2(4-x^2)}{\sqrt{8-x^2}}$$

$$y''=2\cdot\frac{-2x\sqrt{8-x^2}-(4-x^2)\cdot\dfrac{-2x}{2\sqrt{8-x^2}}}{8-x^2}=\frac{2x(x^2-12)}{(8-x^2)\sqrt{8-x^2}}$$

$y'=0$ とすると，$0<x<2\sqrt{2}$ では　　$x=2$

また，$0<x<2\sqrt{2}$ のとき　　$y''<0$

$0\leqq x\leqq 2\sqrt{2}$ における関数 ① の増減，凹凸は左下の表のようになる。

更に　$\displaystyle\lim_{x\to 2\sqrt{2}-0} y'=-\infty$，$\displaystyle\lim_{x\to +0} y'=2\sqrt{2}$

| $x$ | 0 | $\cdots$ | 2 | $\cdots$ | $2\sqrt{2}$ |
|---|---|---|---|---|---|
| $y'$ | | $+$ | 0 | $-$ | |
| $y''$ | | $-$ | $-$ | $-$ | |
| $y$ | 0 | ↗(上に凸) | 4 | ↘(上に凸) | 0 |

よって，$0\leqq x\leqq 2\sqrt{2}$ における関数 ① のグラフは〔図 1〕のようになる。

ゆえに，対称性により，求めるグラフは〔**図 2**〕のようになる。

〔図 1〕

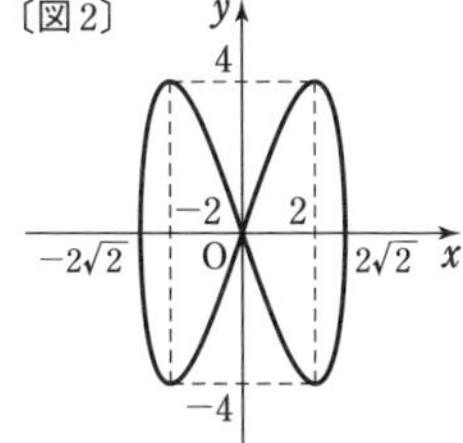


〔図 2〕

◀対称性の確認。これにより，グラフをかく労力を減らす。

◀$y=f(x)$ の形に変形。

◀$x\geqq 0$

**検討**

求めるグラフは，$y=x\sqrt{8-x^2}$ のグラフと $y=-x\sqrt{8-x^2}$ のグラフを合わせたものとも考えられる（この 2 つのグラフは，$x$ 軸に関して互いに対称）。

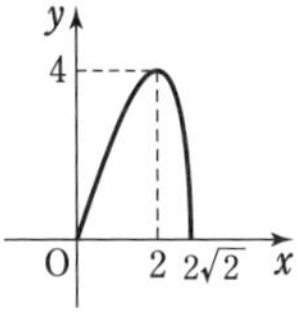

**参考** 〔図 2〕は，リサージュ曲線（数学 C）$\begin{cases} x=\sin\theta \\ y=\sin 2\theta \end{cases}$ を $x$ 軸方向に $2\sqrt{2}$ 倍，$y$ 軸方向に 4 倍した $\begin{cases} x=2\sqrt{2}\sin\theta \\ y=4\sin 2\theta \end{cases}$ である。$\theta$ を消去すると，$y^2=x^2(8-x^2)$ となる。

**練習 ④109** 次の方程式が定める $x$ の関数 $y$ のグラフの概形をかけ。

(1)　$y^2=x^2(x+1)$　　　(2)　$x^2y^2=x^2-y^2$

## 重要例題 110 関数のグラフの概形 (4) … 媒介変数表示 ④

曲線 $\begin{cases} x=\cos\theta \\ y=\sin 2\theta \end{cases}$ $(-\pi \leqq \theta \leqq \pi)$ の概形をかけ（凹凸は調べなくてよい）。

基本 107, 108

基本は **$\theta$ の消去**。$y^2=\sin^2 2\theta=4\sin^2\theta\cos^2\theta=4(1-\cos^2\theta)\cos^2\theta$ から，$y^2=4x^2(1-x^2)$ となり，前ページのようにして概形をかくことができる。しかし，媒介変数が簡単に消去できないときもあるので，ここでは，
**媒介変数 $\theta$ の変化に伴う $x$, $y$ それぞれの増減を調べ，点 $(x, y)$ の動きを追う** 方針で考えてみる。まず，曲線の **対称性** を調べる。

解答

$\cos\theta$, $\sin 2\theta$ の周期はそれぞれ $2\pi$, $\pi$ である。
$x=f(\theta)$, $y=g(\theta)$ とすると，$f(-\theta)=f(\theta)$, $g(-\theta)=-g(\theta)$ であるから，曲線は $x$ 軸に関して対称である。…… (＊)
したがって，$0 \leqq \theta \leqq \pi$ …… ① の範囲で考える。

$$f'(\theta)=-\sin\theta, \quad g'(\theta)=2\cos 2\theta$$

① の範囲で $f'(\theta)=0$ を満たす $\theta$ の値は　$\theta=0, \pi$

$g'(\theta)=0$ を満たす $\theta$ の値は　$\theta=\dfrac{\pi}{4}, \dfrac{3}{4}\pi$

① の範囲における $\theta$ の値の変化に対応した $x$, $y$ の値の変化は，次の表のようになる。

| $\theta$ | $0$ | … | $\frac{\pi}{4}$ | … | $\frac{\pi}{2}$ | … | $\frac{3}{4}\pi$ | … | $\pi$ |
|---|---|---|---|---|---|---|---|---|---|
| $f'(\theta)$ | 0 | − | − | − | − | − | − | − | 0 |
| $x$ | 1 | ← | $\frac{1}{\sqrt{2}}$ | ← | 0 | ← | $-\frac{1}{\sqrt{2}}$ | ← | −1 |
| $g'(\theta)$ | ＋ | ＋ | 0 | − | − | − | 0 | ＋ | ＋ |
| $y$ | 0 | ↑ | 1 | ↓ | 0 | ↓ | −1 | ↑ | 0 |
| (グラフ) | | (↖) | | (↙) | | (↙) | | (↖) | |

よって，対称性を考えると，曲線の概形は，**右の図**。

（＊）$\theta=\alpha$ に対応した点を $(x, y)$ とすると，$\theta=-\alpha$ に対応した点は $(x, -y)$
よって，曲線は $x$ 軸に関して対称である。
ゆえに，$0 \leqq \theta \leqq \pi$ に対応した部分と $-\pi \leqq \theta \leqq 0$ に対応した部分は，$x$ 軸に関して対称。

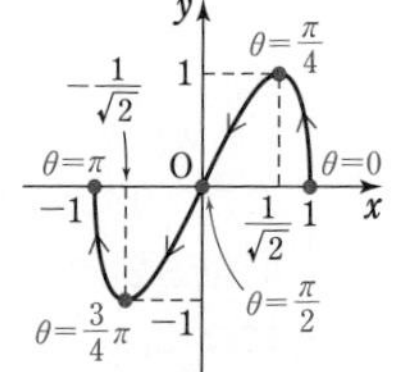


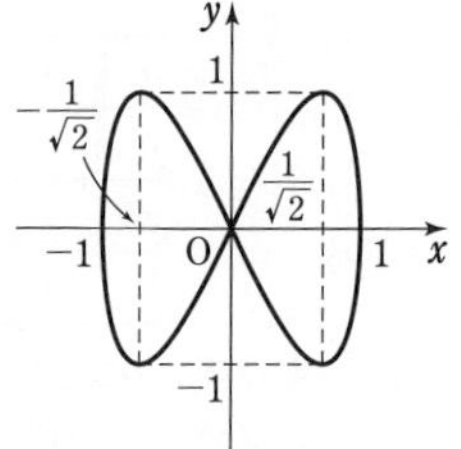


**注意 1.** 表の ← は $x$ の値が減少することを表し，↑，↓ はそれぞれ $y$ の値が増加，減少することを表す。

**注意 2.** グラフの形状を示す矢印 ↗，↘，↖，↙ は $x$, $y$ の増減に応じて，下の表のようになる。

| $x$ | → | → | ← | ← |
|---|---|---|---|---|
| $y$ | ↑ | ↓ | ↑ | ↓ |
| グラフ | ↗ | ↘ | ↖ | ↙ |

**練習 ④110** $-\pi \leqq \theta \leqq \pi$ とする。次の式で表された曲線の概形をかけ（凹凸は調べなくてよい）。
(1) $x=\sin\theta$, $y=\cos 3\theta$　　(2) $x=(1+\cos\theta)\cos\theta$, $y=(1+\cos\theta)\sin\theta$

p.192 EX98

# 振り返り　グラフのかき方

微分法を利用してグラフをかく問題における関数の式は，次の 3 パターンであった。

1　**$y=f(x)$ の形**［陽関数表示］　…… 基本例題 **107**，**108**

2　**$F(x,\ y)=0$ の形**［陰関数表示］　…… 重要例題 **109**

3　**$x=f(\theta),\ y=g(\theta)$ の形**［媒介変数表示］　…… 重要例題 **110**

パターンごとに，グラフをかく際の方法や注意点について，振り返っておこう。

### 1　$y=f(x)$ の形の関数のグラフ　→ $p.180$～184 の内容を再確認。

主に次のことを調べる。❸，❹ については表にまとめる。❷，❻ は関数の式の形に注目して存在を調べる。❺ についても，わかる範囲でグラフに記入しておく。

❶ 定義域　❷ 対称性や周期性　❸ 増減と極値　❹ 凹凸と変曲点

❺ 座標軸との共有点　❻ 漸近線

**注意**　対称性については，$p.178$ の ● の箇所でまとめた内容を確認しておこう。

### 2　$F(x,\ y)=0$ の形の関数のグラフ　→ $p.185$ の内容を再確認。

$y=f(x)$ の形に変形し，1 のタイプに帰着させてグラフをかく。その際，$f(x)$ が複数の式となる場合は 対称性 に注目し，効率よくグラフをかくことができないか考える。

例 1.　$y^2=x^2(8-x^2)$（重要例題 **109**）

→ $y=\pm x\sqrt{8-x^2}$ であるが，グラフは $x$ 軸，$y$ 軸，原点に関して対称であることに注目。$x\geqq 0$，$y\geqq 0$ における $y=x\sqrt{8-x^2}$ のグラフをかき，それを利用する。

例 2.　$2x^2+2xy+y^2=4$（基本例題 **98** が関連問題）

→ $y$ の 2 次方程式として解くと　$y=-x\pm\sqrt{4-x^2}$

また，$2(-x)^2+2(-x)(-y)+(-y)^2=2x^2+2xy+y^2$ から，グラフは原点に関して対称。→ $y=-x+\sqrt{4-x^2}$ のグラフをかき，原点に関する対称性を利用（右の図）。

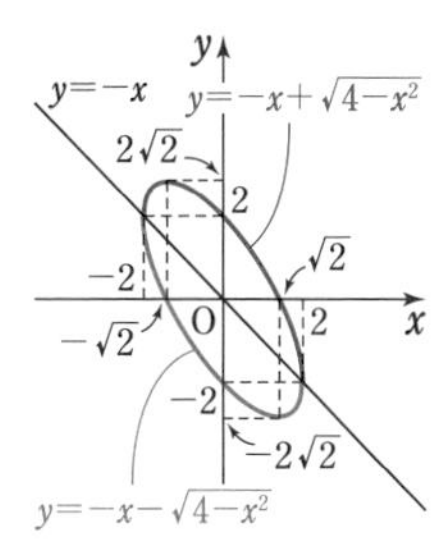


### 3　$x=f(\theta),\ y=g(\theta)$ の形の関数のグラフ　→ $p.186$ の内容を再確認。

$\theta$ を消去して，1 や 2 の形に帰着させることが有効な場合もあるが，$\theta$ を消去できないこともあるから，媒介変数表示のままグラフをかく方法(*) に慣れておきたい。

(＊)：$\theta$ の値の変化に伴う $x=f(\theta)$，$y=g(\theta)$ の増減を調べ，点 $(x,\ y)$ の動きを追う。

例　$x=e^{\theta}-e^{-\theta}$，$y=e^{3\theta}+e^{-3\theta}$

→ $\dfrac{dx}{d\theta}=e^{\theta}+e^{-\theta}>0$，

$\dfrac{dy}{d\theta}=3e^{3\theta}-3e^{-3\theta}=3e^{-3\theta}(e^{6\theta}-1)$

$\dfrac{dy}{d\theta}=0$ とすると　$\theta=0$

右のような表とグラフを得る。

| $\theta$ | … | 0 | … |
|---|---|---|---|
| $\dfrac{dx}{d\theta}$ | ＋ | ＋ | ＋ |
| $x$ | → | 0 | → |
| $\dfrac{dy}{d\theta}$ | － | 0 | ＋ |
| $y$ | ↓ | 2 | ↑ |
| グラフ | ↘ | | ↗ |

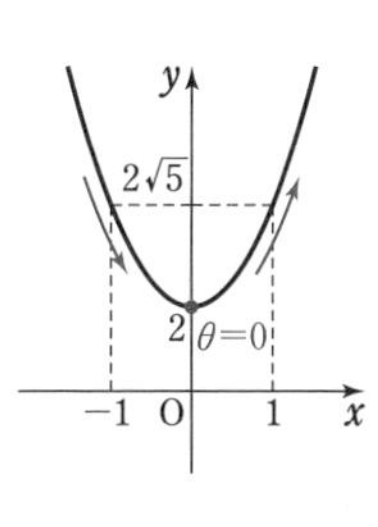

# まとめ　代表的な関数のグラフ

## 1　媒介変数で表示される有名な曲線

| 曲線名 | 媒介変数表示 | その他の表し方 | 関連例題 |
|---|---|---|---|
| ①アステロイド | $\begin{cases} x=a\cos^3\theta \\ y=a\sin^3\theta \end{cases}$ | $\sqrt[3]{x^2}+\sqrt[3]{y^2}=\sqrt[3]{a^2}$ または $(a^2-x^2-y^2)^3=27a^2x^2y^2$ | 例題 **88**, **208** |
| ②サイクロイド | $\begin{cases} x=a(\theta-\sin\theta) \\ y=a(1-\cos\theta) \end{cases}$ | | 例題 **79**, **80** |
| ③カージオイド | $\begin{cases} x=a(2\cos\theta-\cos 2\theta) \\ y=a(2\sin\theta-\sin 2\theta) \end{cases}$ | 極方程式 $r=a(1+\cos\theta)$ | 例題 **183**, **191** |

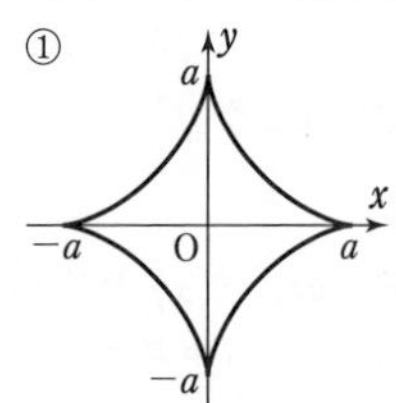

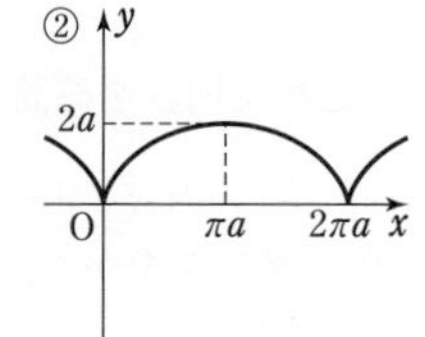

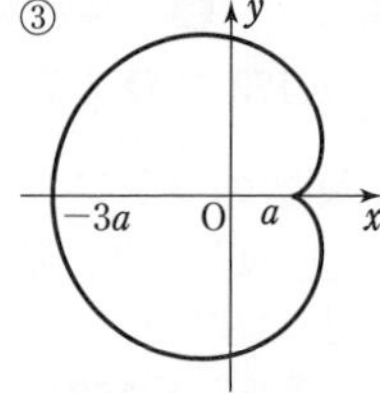

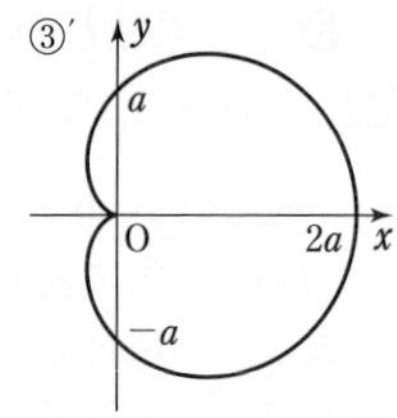


注意 ③ のカージオイドは，媒介変数表示（図 ③）と極方程式（図 ③′）で，曲線の向きや位置が異なる。

また，リサージュ曲線の $a=1$，$b=2$ の場合 $\begin{cases} x=\sin\theta \\ y=\sin 2\theta \end{cases}$ が背景にある関数もよく現れるので，覚えておくとよい。

↑ 重要例題 **109**，**110** など。

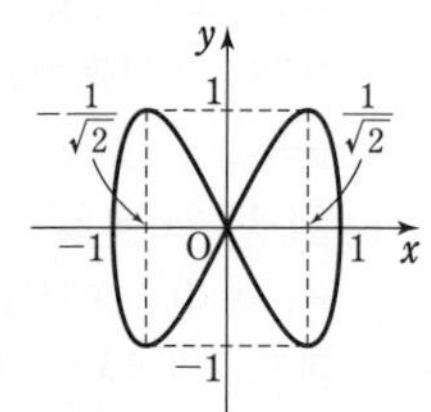


## 2　有名な極限と関連した曲線　　← $p.122$ も参照。

| 関数 | 有名な極限 | 関連する関数の増加の度合い | 関連例題 |
|---|---|---|---|
| ④ $y=\dfrac{\log x}{x}$ | $\displaystyle\lim_{x\to\infty}\frac{\log x}{x}=0$ | $x$ は $\log x$ よりも増加の仕方が急激 | 例題 **107**, **118** |
| ⑤ $y=xe^x$ | $\displaystyle\lim_{x\to-\infty}xe^x=0$ | $e^x$ は $x$ よりも増加の仕方が急激 | 例題 **119** |
| ⑥ $y=xe^{-x}$ | $\displaystyle\lim_{x\to\infty}xe^{-x}=0$ | $e^x$ は $x$ よりも増加の仕方が急激 | 例題 **99**, **172** |

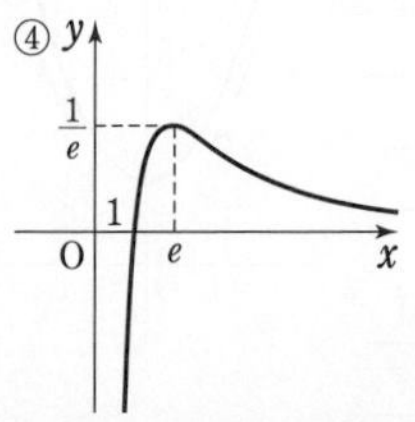

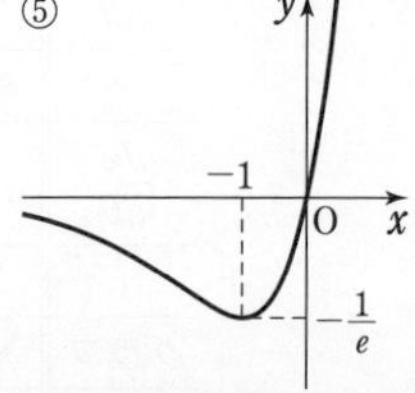

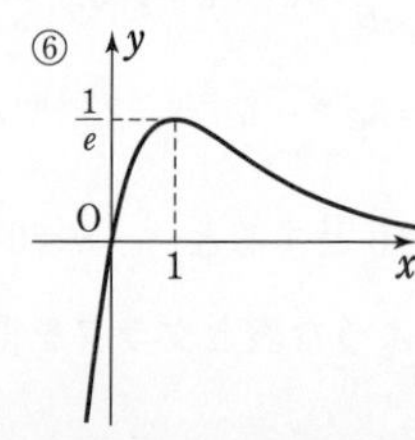

## 基本 例題 111 変曲点に関する対称性の証明 ③

$e$ は自然対数の底とし，$f(x)=e^{x+a}-e^{-x+b}+c$（$a$，$b$，$c$ は定数）とするとき，曲線 $y=f(x)$ はその変曲点に関して対称であることを示せ。

基本 105

**指針** まず，変曲点 $(p,\ q)$ を求める。次に証明であるが，点 $(p,\ q)$ のままでは計算が面倒なので，曲線 $y=f(x)$ が点 $(p,\ q)$ に関して対称であることを，曲線 $y=f(x)$ を $x$ 軸方向に $-p$，$y$ 軸方向に $-q$ だけ平行移動した曲線 $y=f(x+p)-q$ が原点に関して対称であることで示す。

**曲線 $y=g(x)$ が原点に関して対称 $\Longleftrightarrow$ $g(-x)=-g(x)$**

$g(x)$ は奇関数

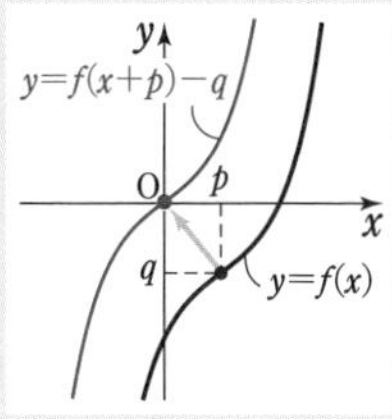


**解答**

$y'=e^{x+a}+e^{-x+b}$，　$y''=e^{x+a}-e^{-x+b}$

$y''=0$ とすると　$e^{x+a}=e^{-x+b}$

ゆえに　$x+a=-x+b$　よって　$x=\dfrac{b-a}{2}$

◀ $e^\alpha=e^\beta \Longleftrightarrow \alpha=\beta$

ここで，$p=\dfrac{b-a}{2}$ とする。

$x>p$ のとき，$2x>2p=b-a$ から　$x+a>-x+b$　◀このとき　$y''>0$

$x<p$ のとき，$2x<2p=b-a$ から　$x+a<-x+b$　◀このとき　$y''<0$

$y''$ の符号の変化は，右の表のようになり，

| $x$ | $\cdots$ | $p$ | $\cdots$ |
|---|---|---|---|
| $y''$ | $-$ | 0 | $+$ |
| $y$ | ∩ | 変曲点 | ∪ |

（∩ は上に凸，∪ は下に凸）

$f(p)=e^{p+a}-e^{-p+b}+c=c$ であるから，変曲点は　点 $(p,\ c)$

◀ $x=p$ は $e^{x+a}-e^{-x+b}=0$ の解であるから $e^{p+a}-e^{-p+b}=0$

曲線 $y=f(x)$ を $x$ 軸方向に $-p$，$y$ 軸方向に $-c$ だけ平行移動すると

$$y=f(x+p)-c=e^{x+p+a}-e^{-(x+p)+b}+c-c$$
$$=e^{x+\frac{a+b}{2}}-e^{-x+\frac{a+b}{2}}$$

◀曲線 $y=f(x)$ を $x$ 軸方向に $s$，$y$ 軸方向に $t$ だけ平行移動した曲線の方程式は
**$y-t=f(x-s)$**

この曲線の方程式を $y=g(x)$ とすると

$$g(-x)=e^{-x+\frac{a+b}{2}}-e^{x+\frac{a+b}{2}}=-\left(e^{x+\frac{a+b}{2}}-e^{-x+\frac{a+b}{2}}\right)$$

よって，$g(-x)=-g(x)$ が成り立つから，曲線 $y=g(x)$ は原点に関して対称である。

ゆえに，曲線 $y=f(x)$ はその変曲点 $(p,\ c)$ に関して対称である。

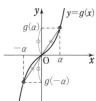

**参考** $f(p-x)+f(p+x)=2c$ が成り立つことからも，例題の曲線が変曲点に関して対称であることがわかる（$p.178$ 参照）。なお，**3 次関数のグラフは変曲点に関して対称**である。

**練習 ③ 111** $a>0$，$b>0$ とし，$f(x)=\log\dfrac{x+a}{b-x}$ とする。曲線 $y=f(x)$ はその変曲点に関して対称であることを示せ。

# 基本例題 112 関数の極値 (2) … 第 2 次導関数の利用

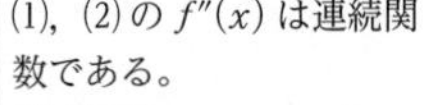

第 2 次導関数を利用して，次の関数の極値を求めよ。

(1) $f(x)=x^4-4x^3+4x^2+1$ (2) $f(x)=2\sin x-\sqrt{3}x$ $(0\leqq x\leqq 2\pi)$

p.177 基本事項 3 演習 121

**指針** **第 2 次導関数を利用した極値の判定法** (次の定理を使う。)

$x=a$ を含むある区間で $f''(x)$ が連続であるとき

1 $f'(a)=0$ かつ $f''(a)<0 \Longrightarrow f(a)$ は極大値

2 $f'(a)=0$ かつ $f''(a)>0 \Longrightarrow f(a)$ は極小値

($p.177$ 基本事項 3)

まず $f'(x)=0$ を満たす $x$ の値を求め，その $x$ の値に対する $f''(x)$ の符号を調べる。

**CHART** 関数の極値 $f'(x)=0$ の解を求め，$f''(x)$ の符号を調べる

**解答**

(1) $f'(x)=4x^3-12x^2+8x=4x(x-1)(x-2)$

$f''(x)=12x^2-24x+8=4(3x^2-6x+2)$

$f'(x)=0$ とすると $x=0,\ 1,\ 2$

$f''(0)=8>0,\ f''(1)=-4<0,\ f''(2)=8>0$ であるから，

$f(x)$ は **$x=0$ で極小値 1,**

**$x=1$ で極大値 2,**

**$x=2$ で極小値 1** をとる。

(2) $f'(x)=2\cos x-\sqrt{3},\ f''(x)=-2\sin x$

$f'(x)=0$ とすると $\cos x=\dfrac{\sqrt{3}}{2}$

$0\leqq x\leqq 2\pi$ であるから $x=\dfrac{\pi}{6},\ \dfrac{11}{6}\pi$

$f''\left(\dfrac{\pi}{6}\right)=-1<0,\ f''\left(\dfrac{11}{6}\pi\right)=1>0$ であるから，

$f(x)$ は **$x=\dfrac{\pi}{6}$ で極大値 $1-\dfrac{\sqrt{3}}{6}\pi$,**

**$x=\dfrac{11}{6}\pi$ で極小値 $-1-\dfrac{11\sqrt{3}}{6}\pi$** をとる。

(1), (2) の $f''(x)$ は連続関数である。

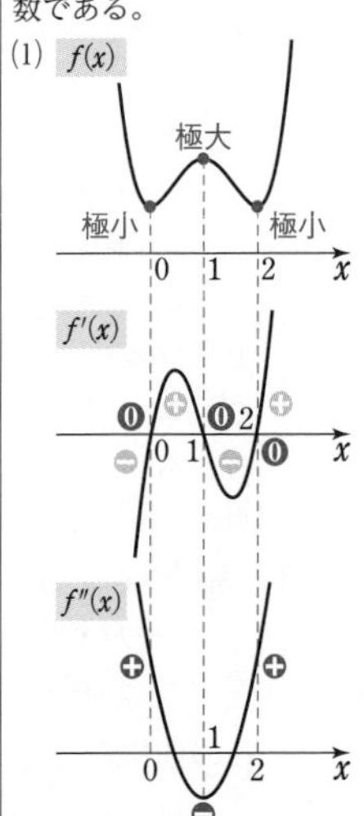


**検討** **第 2 次導関数を利用した極値の判定**

$p.177$ の基本事項 3 を利用すると，$f''(a)$ の符号を調べるという計算だけで極値がわかる。(増減表をかく必要はないので，早く処理できる。)

ただし，$f'(a)=0,\ f''(a)=0$ のときは，$f(a)$ が極値である場合もあれば [例：$f(x)=x^4$, $f(0)$ は極小値]，極値でない場合もある [例：$f(x)=x^3$]。そのため，注意が必要である。

**練習 ① 112** 第 2 次導関数を利用して，次の関数の極値を求めよ。

(1) $y=\dfrac{x^4}{4}-\dfrac{2}{3}x^3-\dfrac{x^2}{2}+2x-1$ (2) $y=e^x\cos x$ $(0\leqq x\leqq 2\pi)$

p.192 EX99

③90 (1) 関数 $y=\dfrac{4|x-2|}{x^2-4x+8}$ の増減を調べ，極値があればそれを求めよ。〔類 国士舘大〕

(2) $a$ を実数とする。関数 $f(x)=ax+\cos x+\dfrac{1}{2}\sin 2x\left(-\dfrac{\pi}{2}<x<\dfrac{\pi}{2}\right)$ が極値をもつように，$a$ の値の範囲を定めよ。 →94,95

③91 $t$ を $0<t<1$ を満たす実数とする。$0$，$\dfrac{1}{t}$ 以外のすべての実数 $x$ で定義された関数 $f(x)=\dfrac{x+t}{x(1-tx)}$ を考える。

(1) $f(x)$ は極大値と極小値を 1 つずつもつことを示せ。

(2) $f(x)$ の極大値を与える $x$ の値を $\alpha$，極小値を与える $x$ の値を $\beta$ とし，座標平面上に 2 点 $\mathrm{P}(\alpha,\ f(\alpha))$，$\mathrm{Q}(\beta,\ f(\beta))$ をとる。$t$ が $0<t<1$ を満たしながら変化するとき，線分 PQ の中点 M の軌跡を求めよ。〔北海道大〕 →94,102



②92 関数 $f(x)=(x+1)^{\frac{1}{x+1}}$ $(x\geqq 0)$ について

(1) $f'(x)$ を求めよ。　　(2) $f(x)$ の最大値を求めよ。 →98

③93 原点を O とする座標平面上において，円 $C:(x-2)^2+y^2=1$ 上に点 P（点 P の $y$ 座標は正の実数），直線 $\ell: x=0$ 上に点 $\mathrm{Q}(0,\ t)$（$t$ は正の実数）を，$\overrightarrow{\mathrm{OP}}\cdot\overrightarrow{\mathrm{QP}}=0$ を満たすようにとる。$|\overrightarrow{\mathrm{OQ}}|$ が最小となるときの $\dfrac{5}{3}|\overrightarrow{\mathrm{OP}}||\overrightarrow{\mathrm{QP}}|$ の値を求めよ。

〔自治医大〕 →103

④94 1 辺の長さが 1 の正方形の折り紙 ABCD が机の上に置かれている。P を辺 AB 上の点とし，AP$=x$ とする。頂点 D を持ち上げて P と一致するように折り紙を 1 回折ったとき，右の図のようになった。点 C′，E，F，G，Q を図のようにとり，もとの正方形 ABCD からはみ出る部分の面積を $S$ とする。

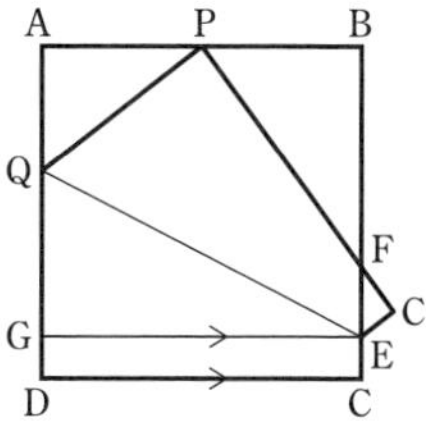


(1) $S$ を $x$ で表せ。

(2) 点 P が点 A から点 B まで動くとき，$S$ を最大にするような $x$ の値を求めよ。

〔類 東京工大〕 →103

90 (2) $f'(x)$ を $\sin x$ の 2 次式で表す。そして，$\sin x=t$ とおき，$t$ の 2 次方程式となる $f'(x)=0$ の $-1<t<1$ の範囲の解に注目。

91 (2) $\mathrm{M}(x,\ y)$ とし，$x$，$y$ の関係式を求める。解と係数の関係を利用。

92 (1) 対数微分法を利用。

93 点 P の座標は $(\cos\theta+2,\ \sin\theta)$ $(0<\theta<\pi)$ と表される。まず，$\overrightarrow{\mathrm{OP}}\cdot\overrightarrow{\mathrm{QP}}=0$ から $t$，$\sin\theta$，$\cos\theta$ の関係式を作る。

94 (1) $\triangle\mathrm{APQ}\backsim\triangle\mathrm{C'FE}$ に着目する。$S=\triangle\mathrm{APQ}\times\left(\dfrac{\mathrm{C'E}}{\mathrm{AQ}}\right)^2$

これを利用するために，まず，AQ，PQ を $x$ を用いて表す。

③**95**　$a>0$ を定数とし，$f(x)=x^a\log x$ とする。

(1)　$\displaystyle\lim_{x\to+0}f(x)$ を求めよ。必要ならば，$\displaystyle\lim_{s\to\infty}se^{-s}=0$ が成り立つことは証明なしに用いてよい。

(2)　曲線 $y=f(x)$ の変曲点が $x$ 軸上に存在するときの $a$ の値を求めよ。更に，そのときの $y=f(x)$ のグラフの概形をかけ。　〔類 早稲田大〕

→105,107

③**96**　$f(x)=x^3+x^2+7x+3$，$g(x)=\dfrac{x^3-3x+2}{x^2+1}$ とする。

(1)　方程式 $f(x)=0$ はただ1つの実数解をもち，その実数解 $\alpha$ は $-2<\alpha<0$ を満たすことを示せ。

(2)　曲線 $y=g(x)$ の漸近線を求めよ。

(3)　$\alpha$ を用いて関数 $y=g(x)$ の増減を調べ，そのグラフをかけ。ただし，グラフの凹凸を調べる必要はない。　〔富山大〕

→105,107

③**97**　$f(x)=\sin(\pi\cos x)$ とする。

(1)　$f(\pi+x)-f(\pi-x)$ の値を求めよ。

(2)　$f\left(\dfrac{\pi}{2}+x\right)+f\left(\dfrac{\pi}{2}-x\right)$ の値を求めよ。

(3)　$0\leqq x\leqq 2\pi$ の範囲で $y=f(x)$ のグラフをかけ（凹凸は調べなくてよい）。

〔類 東京理科大〕 →107,108

④**98**　曲線 $C$：$\begin{cases}x=\sin\theta\cos\theta\\ y=\sin^3\theta+\cos^3\theta\end{cases}$ $\left(-\dfrac{\pi}{4}\leqq\theta\leqq\dfrac{\pi}{4}\right)$ を考える。

(1)　$y$ を $x$ の式で表せ。

(2)　曲線 $C$ の概形をかけ（凹凸も調べよ）。　→110

②**99**　関数 $f(x)=ax+x\cos x-2\sin x$ は $\dfrac{\pi}{2}$ と $\pi$ との間で極値をただ1つもつことを示せ。ただし，$-1<a<1$ とする。　〔類 前橋工科大〕

→112

95　(1)　$\log x=-s$ とおいてみる。
(2)　変曲点が存在するための条件は，$y''=0$ を満たす $x$ の値が存在し，その前後で $y''$ の符号が変わることである。

96　(1)　$f(x)$ の増減と，$f(-2)$，$f(0)$ の値に注目。　(3)　$g'(x)=A(x)f(x)$ の形になる。

97　(3)　(1)，(2)の結果から，$y=f(x)$ のグラフの対称性に注目する。

98　(1)　$y$ は $\sin\theta$ と $\cos\theta$ の対称式 ⟶ 和 $\sin\theta+\cos\theta$，積 $\sin\theta\cos\theta$ で表す。

99　$f'(x)$，$f''(x)$ を求め，まず $f'(x)$ の増減に注目。

# 参考事項　凸関数とイェンセンの不等式

## ● 曲線の凹凸と凸関数

ある区間で微分可能な関数 $y=f(x)$ について，$x$ の値が増加するにつれて

接線の傾きが増加するとき，その区間で曲線 $y=f(x)$ は **下に凸**，

接線の傾きが減少するとき，その区間で曲線 $y=f(x)$ は **上に凸**

であると定義したが，本来の定義は次のようになる。

> 関数 $f(x)$ が，ある区間に含まれる任意の異なる実数 $x_1$，$x_2$ と，$s+t=1$，$s\geqq 0$，$t\geqq 0$ である任意の実数 $s$，$t$ に対して
>
> $$f(sx_1+tx_2)\leqq sf(x_1)+tf(x_2) \quad \cdots\cdots ①$$
>
> が成り立つとき，$f(x)$ は **下に凸**，
>
> $$f(sx_1+tx_2)\geqq sf(x_1)+tf(x_2)$$
>
> が成り立つとき，$f(x)$ は **上に凸** であるという。

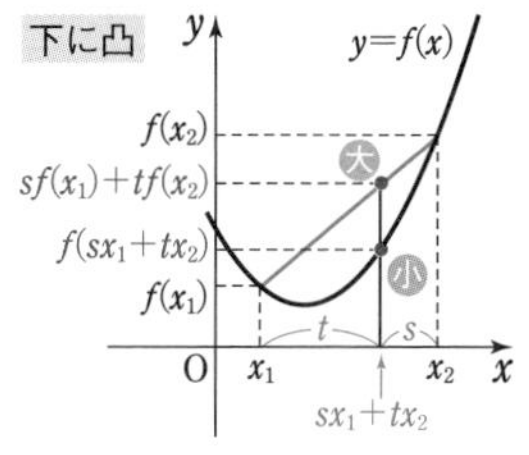


そして，定義域において下に凸である関数を **凸関数**，上に凸である関数を **凹関数** という。



## ● イェンセンの不等式

凸関数に関して，次の不等式が成り立つ。

> **イェンセンの不等式**
>
> 凸関数 $f(x)$，任意の実数 $x_i$ $(i=1,\ 2,\ \cdots\cdots,\ n)$，0 以上の実数 $s_i$ $(i=1,\ 2,\ \cdots\cdots,\ n)$，$\displaystyle\sum_{i=1}^{n}s_i=1$ について
>
> $$f\left(\sum_{i=1}^{n}s_ix_i\right)\leqq\sum_{i=1}^{n}s_if(x_i) \quad \cdots\cdots ②$$

◀$f(x)$ が下に凸。なお，$f(x)$ が凹関数（上に凸）の場合，② の不等号の向きが逆になる。

証明　数学的帰納法により示す。

[1]　$n=1$ のとき，明らかに成り立つ。$n=2$ のとき，① から成り立つ。

[2]　$n=k$ のとき，② が成り立つと仮定すると　$\displaystyle f\left(\sum_{i=1}^{k}s_ix_i\right)\leqq\sum_{i=1}^{k}s_if(x_i)$，$\displaystyle\sum_{i=1}^{k}s_i=1$　$\cdots\cdots$ ③

$n=k+1$ のときについて。$s_{k+1}=1$ とすると $s_1=s_2=\cdots\cdots=s_k=0$ であり，② は明らかに成り立つ。$s_{k+1}\neq 1$ のとき，$\displaystyle S=\sum_{i=1}^{k}s_i$ とすると　$S\neq 0$

このとき　$\displaystyle f\left(\sum_{i=1}^{k+1}s_ix_i\right)=f\left(S\left(\sum_{i=1}^{k}\frac{s_i}{S}x_i\right)+s_{k+1}x_{k+1}\right)$

$$\leqq Sf\left(\sum_{i=1}^{k}\frac{s_i}{S}x_i\right)+s_{k+1}f(x_{k+1})$$

◀$S+s_{k+1}=1$ から ① を利用。

$$\leqq S\left\{\sum_{i=1}^{k}\frac{s_i}{S}f(x_i)\right\}+s_{k+1}f(x_{k+1})$$

◀$\displaystyle\sum_{i=1}^{k}\frac{s_i}{S}=1$ から ③ を利用。

$$\leqq\sum_{i=1}^{k}s_if(x_i)+s_{k+1}f(x_{k+1})=\sum_{i=1}^{k+1}s_if(x_i)$$

よって，$n=k+1$ のときも ② は成り立つ。

[1]，[2] から，すべての自然数 $n$ について ② は成り立つ。

前ページで示した不等式を利用して，次の有名な不等式を証明してみよう。

**1.**　$n$ 個の正の数 $x_i$ $(i=1,\ 2,\ \cdots\cdots,\ n)$ に対して

$$\frac{x_1+x_2+\cdots\cdots+x_n}{n} \geqq \sqrt[n]{x_1x_2\cdots\cdots x_n}$$ **（相加平均と相乗平均の大小関係）**

**2.**　$p>1,\ q>1,\ \dfrac{1}{p}+\dfrac{1}{q}=1$ のとき，任意の正の数 $a$，$b$ について

$$\frac{a^p}{p}+\frac{b^q}{q} \geqq ab$$ **（ヤングの不等式）**

証明　**1.**　$f(x)=-\log x$ とすると，$f'(x)=-\dfrac{1}{x}$ から　　$f''(x)=\dfrac{1}{x^2}>0$

よって，$f(x)$ は凸関数である。

$s_i=\dfrac{1}{n}$ $(i=1,\ 2,\ \cdots\cdots,\ n)$ とすると，$\sum_{i=1}^{n} s_i=1$ であるから，② より

$$-\log\left(\frac{x_1}{n}+\frac{x_2}{n}+\cdots\cdots+\frac{x_n}{n}\right) \leqq -\frac{1}{n}(\log x_1+\log x_2+\cdots\cdots+\log x_n)$$

よって　　$\log\dfrac{x_1+x_2+\cdots\cdots+x_n}{n} \geqq \dfrac{1}{n}\log(x_1x_2\cdots\cdots x_n)=\log\sqrt[n]{x_1x_2\cdots\cdots x_n}$

したがって　　$\dfrac{x_1+x_2+\cdots\cdots+x_n}{n} \geqq \sqrt[n]{x_1x_2\cdots\cdots x_n}$　　◀底 $e>1$

参考　等号が成り立つのは $x_1=x_2=\cdots\cdots=x_n$ のときである。

**2.**　$f(x)=e^x$ とすると　　$f'(x)=f''(x)=e^x>0$

よって，$f(x)$ は凸関数である。$\dfrac{1}{p}+\dfrac{1}{q}=1$ であるから，① より

$$e^{\frac{1}{p}x_1+\frac{1}{q}x_2} \leqq \frac{1}{p}e^{x_1}+\frac{1}{q}e^{x_2}$$

◀ $f\left(\dfrac{1}{p}x_1+\dfrac{1}{q}x_2\right) \leqq \dfrac{1}{p}f(x_1)+\dfrac{1}{q}f(x_2)$

$x_1=p\log a$，$x_2=q\log b$ とすると

$$e^{\frac{1}{p}x_1+\frac{1}{q}x_2}=e^{\log a+\log b}=e^{\log ab}=ab$$

$$e^{x_1}=e^{p\log a}=(e^{\log a})^p=a^p,\quad e^{x_2}=e^{q\log b}=(e^{\log b})^q=b^q$$

したがって　　$\dfrac{a^p}{p}+\dfrac{b^q}{q} \geqq ab$

# 16 方程式・不等式への応用

## 基本事項

**1 不等式 $f(x)>g(x)$ の証明**

$F(x)=f(x)-g(x)$ として，関数 $F(x)$ の増減を調べて証明する。

① $F(x)$ の最小値を求め，
**[$F(x)$ の (最小値)$>0$] を示す。**

② **$F(x)$ が単調に増加** [$F'(x)>0$] **して**
**$F(a)\geqq 0$ ならば，$x>a$ のとき $f(x)>g(x)$**
であることを利用する。

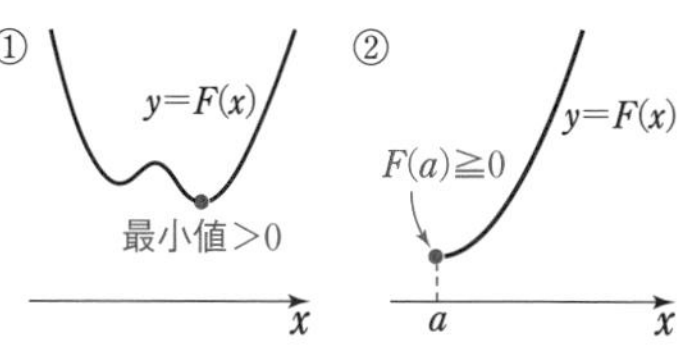


**2 方程式の実数解の個数**

方程式 $f(x)=g(x)$ の実数解の個数を調べるには，関数 $F(x)=f(x)-g(x)$ の増減を調べればよい。また，$f(x)=g(x)$ を同値な方程式 **$h(x)=a$ ($a$ は定数)** などに変形して考えてもよい。

**3 方程式 $f(x)=g(x)$ の実数解の存在**

関数 $F(x)=f(x)-g(x)$ の値の変化を調べて，中間値の定理を利用する。

① **$F(x)$ が閉区間 $[a,\ b]$ で連続であって，$F(a)F(b)<0$** [$F(a)$ と $F(b)$ が異符号] **ならば，開区間 $(a,\ b)$ に $F(x)=0$ の実数解が少なくとも 1 つある。**

② **① において，特に $F(x)$ が単調に増加する** [$F'(x)>0$] **か，または単調に減少する** [$F'(x)<0$] **ならば，実数解はただ 1 つである。**

## 解説

### ■ 不等式の証明

式の変形だけでは証明できない不等式については，関数の最大値・最小値や，関数の増加・減少を調べることにより証明できる場合がある。

例　$x>0$ のとき，不等式 $x>\sin x$ が成り立つことの証明

$F(x)=x-\sin x$ とすると　　$F'(x)=1-\cos x$

$x>0$ のとき　　$F'(x)\geqq 0$　　　ゆえに，$F(x)$ は $x\geqq 0$ で単調に増加する。

このことと $F(0)=0$ から，$x>0$ のとき　$F(x)>0$　すなわち　$x>\sin x$

なお，$F'(x)>0$ などを示すのに，$F''(x)$ [第 2 次導関数] を用いることもある。

### ■ 方程式の実数解の個数

**方程式 $f(x)=g(x)$ の実数解の個数 $\iff \begin{cases} y=f(x) \\ y=g(x) \end{cases}$ の 2 つのグラフの共有点の個数** が基本。

実際には，方程式 $f(x)=g(x)$ が $h(x)=a$ ($a$ は定数) の形に変形できるならば，$y=h(x)$ のグラフを固定し，$y=a$ のグラフ ($x$ 軸に平行な直線) を上下に平行移動させて，共有点の個数を調べるとよい。

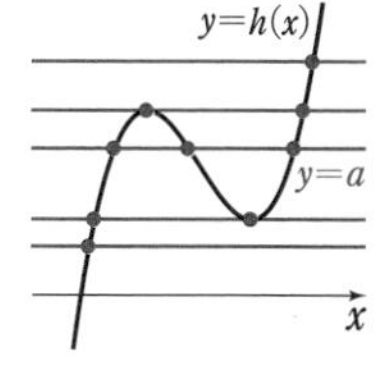


### ■ 方程式の実数解の存在

中間値の定理において，特に $f(x)$ が区間 $[a,\ b]$ で連続であって，$f(a)$ と $f(b)$ が異符号であり，$f(x)$ が単調に増加または減少するならば，$f(x)=0$ の解で区間 $(a,\ b)$ に含まれるものはただ 1 つである。

## 基本例題 113 不等式の証明 (1) … 微分利用(基本)

$x>0$ のとき，次の不等式が成り立つことを証明せよ。

(1) $\log(1+x)<\dfrac{1+x}{2}$　　(2) $x^2+2e^{-x}>e^{-2x}+1$

p.195 基本事項 1　重要 115，117，演習 122

不等式 $f(x)>g(x)$ の証明は **大小比較は差を作る** に従い，
$F(x)=f(x)-g(x)$ として，$F(x)$ の増減を調べ，次の ①，② どちらかの方法で $F(x)>0$ を示す。

① $F(x)$ の最小値を求め，**最小値>0** となることを示す。 …… これが基本。

② **$F(x)$ が単調増加 $[F'(x)>0]$ で $F(a)\geqq 0 \Longrightarrow x>a$ のとき $F(x)>0$** とする。

(1) では ①，(2) では ② の方法による。なお，$F'(x)$ の符号がわかりにくいときは，更に $F''(x)$ を利用する。

### 解答

(1) $F(x)=\dfrac{1+x}{2}-\log(1+x)$ とすると

$$F'(x)=\frac{1}{2}-\frac{1}{1+x}=\frac{x-1}{2(1+x)}$$

$F'(x)=0$ とすると　$x=1$

$x>0$ における $F(x)$ の増減表は右のようになる。$e>2$ であるから

$\log e-\log 2>0$

すなわち

$1-\log 2>0$

| $x$ | 0 | … | 1 | … |
|---|---|---|---|---|
| $F'(x)$ | | $-$ | 0 | $+$ |
| $F(x)$ | $\dfrac{1}{2}$ | ↘ | 極小 $1-\log 2$ | ↗ |

ゆえに，$x>0$ のとき　$F(x)\geqq F(1)>0$

よって，$x>0$ のとき　$\log(1+x)<\dfrac{1+x}{2}$

(2) $F(x)=x^2+2e^{-x}-(e^{-2x}+1)$ とすると

$F'(x)=2x-2e^{-x}+2e^{-2x}$ …… (＊)

$F''(x)=2+2e^{-x}-4e^{-2x}=2(1-e^{-x})(1+2e^{-x})$

$x>0$ のとき，$0<e^{-x}<1$ であるから　$F''(x)>0$

ゆえに，$F'(x)$ は $x\geqq 0$ で単調に増加する。

このことと，$F'(0)=0$ から，$x>0$ のとき　$F'(x)>0$

よって，$F(x)$ は $x\geqq 0$ で単調に増加する。

このことと，$F(0)=0$ から，$x>0$ のとき　$F(x)>0$

したがって，$x>0$ のとき　$x^2+2e^{-x}>e^{-2x}+1$

---

大小比較は差を作る

$y=\log(1+x)$ と $y=\dfrac{1+x}{2}$ のグラフの位置関係は，下の図のようになっている。

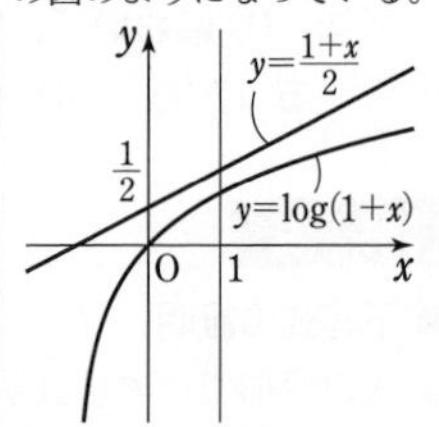


(＊) このままでは，$F'(x)>0$ が示しにくいから，$F''(x)$ を利用する。

別解 (2)
$F(x)=x^2-(1-e^{-x})^2$
$=(x+1-e^{-x})(x-1+e^{-x})$
$x>0$ のとき，
$x+(1-e^{-x})>0$ であるから，$x>0$ で
$x-1+e^{-x}>0$ を示す。
[方法は (1) の解答と同様。]

---

**練習 ② 113** 次の不等式が成り立つことを証明せよ。

(1) $\sqrt{1+x}<1+\dfrac{x}{2}$ $(x>0)$　　(2) $e^x<1+x+\dfrac{e}{2}x^2$ $(0<x<1)$

(3) $e^x>x^2$ $(x>0)$　　(4) $\sin x>x-\dfrac{x^3}{6}$ $(x>0)$

## 基本例題 114 不等式の証明 (2) … 証明した不等式を利用

(1) 不等式 $e^x>1+x$ が成り立つことを示せ。ただし，$x \neq 0$ とする。

(2) 0 でない実数 $x$ に対して，$|x|<n$ となる自然数 $n$ をとると，不等式

$\left(1+\frac{x}{n}\right)^n<e^x<\left(1-\frac{x}{n}\right)^{-n}$ …… Ⓐ が成り立つことを示せ。〔類 高知女子大〕

基本 113　重要 115，演習 122

**指針** (1) **大小比較は差を作る**　$f(x)=e^x-(1+x)$ として $f(x)$ の増減を調べる。

(2) 条件 $|x|<n$ から　$-1<\frac{x}{n}<1$　これより，$1+\frac{x}{n}>0$，$1-\frac{x}{n}>0$ であるから

Ⓐ $\Leftrightarrow$ $1+\frac{x}{n}<e^{\frac{x}{n}}<\left(1-\frac{x}{n}\right)^{-1}$　更に　$e^{\frac{x}{n}}<\left(1-\frac{x}{n}\right)^{-1}$ $\Leftrightarrow$ $e^{-\frac{x}{n}}>1-\frac{x}{n}$

よって，**(1) で示した不等式** で $x$ に $\frac{x}{n}$，$-\frac{x}{n}$ を **代入** することを考える。……★

**CHART** (1)，(2) の問題　**結果の利用，(1) は (2) のヒント**

**解答**

(1) $f(x)=e^x-(1+x)$ とすると　$f'(x)=e^x-1$

$f'(x)=0$ とすると　$x=0$　◀ $e^x=1$

$f(x)$ の増減表は右のようになる。

| $x$ | $\cdots$ | 0 | $\cdots$ |
|---|---|---|---|
| $f'(x)$ | $-$ | 0 | $+$ |
| $f(x)$ | ↘ | 0 | ↗ |

よって，$x \neq 0$ のとき　$f(x)>0$　◀ $x \neq 0$ のとき $f(x)>f(0)=0$

ゆえに，$x \neq 0$ のとき

$e^x>1+x$ …… ①

(2) $\frac{x}{n} \neq 0$，$-\frac{x}{n} \neq 0$ であるから，① で $x$ に $\frac{x}{n}$，$-\frac{x}{n}$ をそれぞれ代入して

◀ 指針____……★ の方針。不等式の証明問題では，先に示した不等式を利用することも多い。その際，先に示した不等式が成り立つ条件を確認するようにしよう（左の____）。

$e^{\frac{x}{n}}>1+\frac{x}{n}$ …… ②，$e^{-\frac{x}{n}}>1-\frac{x}{n}$ …… ③

ここで，$|x|<n$ から　$-1<\frac{x}{n}<1$　◀ $\left|\frac{x}{n}\right|<1$

ゆえに　$1+\frac{x}{n}>0$，$1-\frac{x}{n}>0$

よって，②，③ の各辺を $n$ 乗して

◀ $0<a<b$ のとき $a<b \Leftrightarrow a^n<b^n$（$n$ は自然数）

$e^x>\left(1+\frac{x}{n}\right)^n$ …… ④，$e^{-x}>\left(1-\frac{x}{n}\right)^n$ …… ⑤

⑤ から　$e^x<\left(1-\frac{x}{n}\right)^{-n}$ …… ⑥　◀ $0<a<b$ のとき $\frac{1}{b}<\frac{1}{a}$

④，⑥ から　$\left(1+\frac{x}{n}\right)^n<e^x<\left(1-\frac{x}{n}\right)^{-n}$

**練習 ③114** (1) $x \geqq 1$ において，$x>2\log x$ が成り立つことを示せ。ただし，自然対数の底 $e$ について，$2.7<e<2.8$ であることを用いてよい。

(2) 自然数 $n$ に対して，$(2n\log n)^n<e^{2n\log n}$ が成り立つことを示せ。〔神戸大〕

p.205 EX 100

## 重要例題 115 2変数の不等式の証明 (1)

$0<a<b<2\pi$ のとき，不等式 $b\sin\frac{a}{2}>a\sin\frac{b}{2}$ が成り立つことを証明せよ。

基本 113，114

2変数 $a$，$b$ の不等式の証明問題であるが，この問題では不等式の両辺を $ab\,(>0)$ で割ると

$$b\sin\frac{a}{2}>a\sin\frac{b}{2} \xrightarrow[\text{変形}]{} \frac{1}{a}\sin\frac{a}{2}>\frac{1}{b}\sin\frac{b}{2}$$

$F(a,\ b)>F(b,\ a)$ の形　　　　$f(a)>f(b)$ の形

よって，$f(x)=\frac{1}{x}\sin\frac{x}{2}$ とすると，示すべき不等式は　$f(a)>f(b)$ $(0<a<b<2\pi)$

つまり，$0<x<2\pi$ のとき $f(x)$ が単調減少となることを示せばよい。

なお，2変数の不等式の扱い方については，$p.200$ の参考事項でまとめているので，参考にしてほしい。

**解答**

$0<a<b<2\pi$ のとき，不等式の両辺を $ab\,(>0)$ で割って

$$\frac{1}{a}\sin\frac{a}{2}>\frac{1}{b}\sin\frac{b}{2}$$

ここで，$f(x)=\frac{1}{x}\sin\frac{x}{2}$ とすると

$$f'(x)=-\frac{1}{x^2}\sin\frac{x}{2}+\frac{1}{2x}\cos\frac{x}{2}$$

$$=\frac{1}{2x^2}\underline{\left(x\cos\frac{x}{2}-2\sin\frac{x}{2}\right)}$$

◀$(uv)'=u'v+uv'$

$g(x)=x\cos\frac{x}{2}-2\sin\frac{x}{2}$ とすると

$$g'(x)=\cos\frac{x}{2}-\frac{x}{2}\sin\frac{x}{2}-\cos\frac{x}{2}=-\frac{x}{2}\sin\frac{x}{2}$$

◀$f'(x)$ の式の＿＿は符号が調べにくいから，$g(x)=$＿＿として $g'(x)$ の符号を調べる。

$0<x<2\pi$ のとき，$0<\frac{x}{2}<\pi$ であるから　　$g'(x)<0$

よって，$g(x)$ は $0\leqq x\leqq 2\pi$ で単調に減少する。

また，$g(0)=0$ であるから，$0<x<2\pi$ において

　　$g(x)<0$　すなわち　$f'(x)<0$

よって，$f(x)$ は $0<x<2\pi$ で単調に減少する。

ゆえに，$0<a<b<2\pi$ のとき

$$\frac{1}{a}\sin\frac{a}{2}>\frac{1}{b}\sin\frac{b}{2}$$

すなわち　　$b\sin\frac{a}{2}>a\sin\frac{b}{2}$

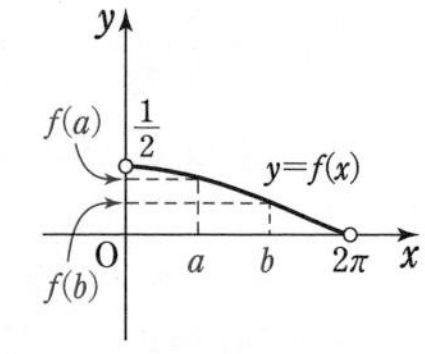


**練習 ③115** $e<a<b$ のとき，不等式 $a^b>b^a$ が成り立つことを証明せよ。　〔類 長崎大〕

p.205 EX101

## 重要例題 116 2変数の不等式の証明(2)

$0<a<b$ のとき，不等式 $\sqrt{ab}<\dfrac{b-a}{\log b-\log a}<\dfrac{a+b}{2}$ が成り立つことを示せ。

〔岐阜大〕 重要 115

**指針** 前ページの重要例題 115 に続いて，2変数の不等式の証明問題である。

この問題では，$\log b-\log a=\log\dfrac{b}{a}$ に注目し，$\dfrac{b}{a}=t$ のおき換え の方針で進める。

不等式の各辺を $a\,(>0)$ で割って $\sqrt{\dfrac{b}{a}}<\dfrac{\dfrac{b}{a}-1}{\log\dfrac{b}{a}}<\dfrac{1+\dfrac{b}{a}}{2}$

よって，$t>1$ のとき，$\sqrt{t}<\dfrac{t-1}{\log t}<\dfrac{1+t}{2}$ が成り立つことを示す。

**解答**

不等式の各辺を $a\,(>0)$ で割って $\sqrt{\dfrac{b}{a}}<\dfrac{\dfrac{b}{a}-1}{\log\dfrac{b}{a}}<\dfrac{1+\dfrac{b}{a}}{2}$ …… ①

$\dfrac{b}{a}=t$ とおくと，$0<a<b$ から $t>1$ で，不等式①は $\sqrt{t}<\dfrac{t-1}{\log t}<\dfrac{1+t}{2}$ と同値。

$t>1$ のとき $\log t>0$ であるから，各辺は正である。

ゆえに，各辺の逆数をとって $\dfrac{2}{t+1}<\dfrac{\log t}{t-1}<\dfrac{1}{\sqrt{t}}$

◀$p,\ q,\ r,\ s$ が正のとき $0<\dfrac{q}{p}<\dfrac{s}{r}\iff\dfrac{r}{s}<\dfrac{p}{q}$

各辺に $t-1\,(>0)$ を掛けて $\dfrac{2(t-1)}{t+1}<\log t<\dfrac{t-1}{\sqrt{t}}$ …… Ⓐ

$f(t)=\dfrac{t-1}{\sqrt{t}}-\log t$ とすると $f(t)=\sqrt{t}-\dfrac{1}{\sqrt{t}}-\log t$

$t>1$ のとき

$$f'(t)=\frac{1}{2\sqrt{t}}+\frac{1}{2t\sqrt{t}}-\frac{1}{t}=\frac{t+1-2\sqrt{t}}{2t\sqrt{t}}=\frac{(\sqrt{t}-1)^2}{2t\sqrt{t}}>0$$

◀$f(t)$ は単調増加。

$f(1)=0$ であるから，$t>1$ のとき $f(t)>0$ すなわち $\log t<\dfrac{t-1}{\sqrt{t}}$ …… ②

$g(t)=\log t-\dfrac{2(t-1)}{t+1}$ とすると $g(t)=\log t-2+\dfrac{4}{t+1}$

◀$\dfrac{2(t-1)}{t+1}=\dfrac{2(t+1)-4}{t+1}$

$t>1$ のとき

$$g'(t)=\frac{1}{t}-\frac{4}{(t+1)^2}=\frac{(t+1)^2-4t}{t(t+1)^2}=\frac{t^2-2t+1}{t(t+1)^2}=\frac{(t-1)^2}{t(t+1)^2}>0$$

◀$g(t)$ は単調増加。

$g(1)=0$ であるから，$t>1$ のとき $g(t)>0$ すなわち $\dfrac{2(t-1)}{t+1}<\log t$ …… ③

よって，②，③により，不等式Ⓐが成り立つから，与えられた不等式は成り立つ。

**練習** ④**116** $a>0,\ b>0$ のとき，不等式 $b\log\dfrac{a}{b}\leqq a-b\leqq a\log\dfrac{a}{b}$ が成り立つことを証明せよ。

〔類 北見工大〕

## 参考事項 2変数関数の式の扱い方

2変数 $a$，$b$ の不等式を扱うには，次のような方法が考えられる。

| | |
|---|---|
| [1] $f(a)>f(b)$ の形に変形 | [2] おき換え $\dfrac{b}{a}=t$ の利用 |
| [3] 一方の文字を定数とみる | [4] 差に注目して平均値の定理の利用 |
| [5] (相加平均)≧(相乗平均) の利用 | [6] 点 $(a,\ b)$ の領域利用 |

重要例題 **115** では方法 [1] を，重要例題 **116** では方法 [2] をそれぞれ利用した。
ここでは，方法 [3]，[4] を利用した解答例を示しておきたい。

**問題** $n$ は自然数とする。$0<b\leqq a$ のとき，不等式 $a^n-b^n\leqq n(a-b)a^{n-1}$ …… ① を示せ。

**<方法 [3] (一方の文字を定数とみる) による証明>**

$b$ を定数とみて，$a$ を $x$ におき換えると，$x\geqq b$ で，不等式 ① は

$$x^n-b^n\leqq n(x-b)x^{n-1}$$

$f(x)=n(x-b)x^{n-1}-(x^n-b^n)$ とすると

$$f'(x)=n\{1\cdot x^{n-1}+(x-b)\cdot(n-1)x^{n-2}\}-nx^{n-1}=n(n-1)(x-b)x^{n-2}$$

$x>0$，$x-b\geqq 0$ から　$f'(x)\geqq 0$　　また，$f(b)=0$ であるから，$x\geqq b$ のとき　$f(x)\geqq 0$

ゆえに　　$x^n-b^n\leqq n(x-b)x^{n-1}$

したがって，$x=a$ とすると　　$0<b\leqq a$ のとき　$a^n-b^n\leqq n(a-b)a^{n-1}$

**<方法 [4] (平均値の定理の利用) による証明>**

(不等式 ① は $\dfrac{a^n-b^n}{a-b}\leqq na^{n-1}$ と同値。左辺は **平均変化率 $\dfrac{f(a)-f(b)}{a-b}$ の形** である
ことに注目し，平均値の定理が利用できないかと考える。)

$f(x)=x^n$ とすると　　$f'(x)=nx^{n-1}$

[i] $a\neq b$ のとき，$f(x)$ は $x>0$ で微分可能であるから，
平均値の定理により

$$\frac{a^n-b^n}{a-b}=nc^{n-1},\quad b<c<a$$

を満たす実数 $c$ が存在する。

$n\geqq 1$，$0<c<a$ であるから　　$nc^{n-1}\leqq na^{n-1}$

よって　　$\dfrac{a^n-b^n}{a-b}\leqq na^{n-1}$

ゆえに　　$a^n-b^n\leqq n(a-b)a^{n-1}$

[ii] $a=b$ のとき，$a^n=b^n$ であるから　　$a^n-b^n=n(a-b)a^{n-1}(=0)$

[i]，[ii] から，$0<b\leqq a$ のとき　　$a^n-b^n\leqq n(a-b)a^{n-1}$

◀**平均値の定理**
関数 $f(x)$ が閉区間 $[a,\ b]$ で連続，開区間 $(a,\ b)$ で微分可能ならば
$\dfrac{f(b)-f(a)}{b-a}=f'(c)$，
$a<c<b$
を満たす実数 $c$ が存在する。

方法 [5] ((相加平均)≧(相乗平均) の利用) は，数学Ⅱの不等式の証明で学習した。
例えば，$\dfrac{a}{b}+\dfrac{b}{a}$ $(a>0,\ b>0)$ のような，正の数の ●+■ に対して積 ●×■ が一定となるものを考えるときに有効な場合がある。

## 重要例題 117 不等式が常に成り立つ条件 … 定数 $k$ を分離

すべての正の数 $x$ に対して不等式 $kx^2 \geqq \log x$ が成り立つような定数 $k$ のうちで最小のものを求めよ。〔岡山理科大〕

基本 113

**指針** **大小比較は差を作る** の方針で，$f(x)=kx^2-\log x$ の **(最小値)≧0** の条件を求めてもよいが，$x^2$ の係数が文字 $k$ のため扱いにくい。そこで，$x^2>0$ に注目し，不等式を $\dfrac{\log x}{x^2} \leqq k$ と変形（$k$ を分離）すると扱いやすくなる。

なお，グラフを利用し，放物線 $y=kx^2$（$k=0$ なら $x$ 軸）が曲線 $y=\log x$ の上側（＝を含む）にある条件としても求められる（別解）。

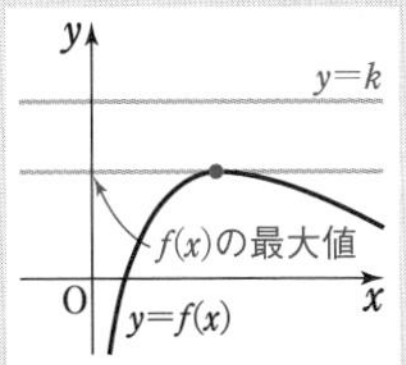


**CHART** 定数 $k$ を含む不等式の扱い
1. **大小比較　差を作る**
2. **定数 $k$ との大小関係にもち込む**

**解答**

真数条件より，$x>0$ であるから　$x^2>0$

ゆえに，与えられた不等式は　$\dfrac{\log x}{x^2} \leqq k$　と同値である。

$f(x)=\dfrac{\log x}{x^2}$ とすると　$f'(x)=\dfrac{1-2\log x}{x^3}$

$f'(x)=0$ とすると

$1-2\log x=0$

$\log x=\dfrac{1}{2}$ から　$x=\sqrt{e}$

よって，$x>0$ における増減表は右のようになる。

| $x$ | 0 | $\cdots$ | $\sqrt{e}$ | $\cdots$ |
|---|---|---|---|---|
| $f'(x)$ | | $+$ | 0 | $-$ |
| $f(x)$ | | ↗ | 極大 | ↘ |

ゆえに，$f(x)$ は $x=\sqrt{e}$ で極大かつ最大となり，最大値は

$$f(\sqrt{e})=\frac{\log\sqrt{e}}{e}=\frac{1}{2e}$$

よって，すべての正の数 $x$ に対して不等式が成り立つための条件は　$\dfrac{1}{2e} \leqq k$

したがって，$k$ の最小値は　$\boldsymbol{\dfrac{1}{2e}}$

**参考** 1 **大小比較 差を作る** による解法については，解答編 p.150 を参照。

別解　2曲線 $y=kx^2$，$y=\log x$ が接するための条件は，接点の $x$ 座標を $\alpha$（$\alpha>0$）とすると，$y$ 座標について

$k\alpha^2=\log\alpha$ …… ①

微分係数について

$2k\alpha=\dfrac{1}{\alpha}$ …… ②

①，② を連立して解くと

$\alpha=\sqrt{e}$，$k=\dfrac{1}{2e}$

ゆえに，曲線 $y=kx^2$ が曲線 $y=\log x$ の上側にある，または接するための条件は

$k \geqq \dfrac{1}{2e}$

求める最小値は　$\dfrac{1}{2e}$

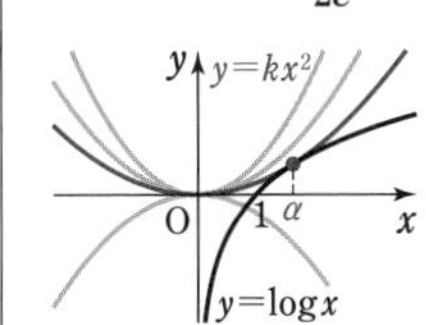


4章　⑯ 方程式・不等式への応用

**練習 ③117** $a$ を正の定数とする。不等式 $a^x \geqq x$ が任意の正の実数 $x$ に対して成り立つような $a$ の値の範囲を求めよ。〔神戸大〕 p.205 EX 102

# 基本例題 118 方程式の実数解の個数 … $f(x)=$(定数) に変形 ②②②②②

$a$ は定数とする。方程式 $ax=2\log x+\log 3$ の実数解の個数について調べよ。ただし，$\lim_{x\to\infty}\frac{\log x}{x}=0$ を用いてもよい。

p.195 基本事項 2，重要 117　重要 119

**指針** 直線 $y=ax$ と $y=2\log x+\log 3$ のグラフの共有点の個数を調べればよいわけであるが，特に，文字係数 $a$ を含むときは，**$a$ を分離して $f(x)=a$ の形に変形** して考えるとよい。
このように考えると，**$y=f(x)$** [固定した曲線] **と $y=a$** [$x$ 軸に平行に動く直線] **の共有点の個数** を調べることになる。

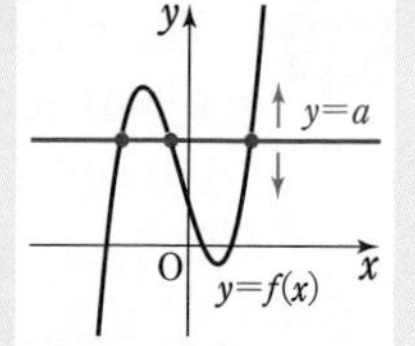


**CHART** 実数解の個数 ⟺ グラフの共有点の個数
定数 $a$ の入った方程式　定数 $a$ を分離する

**解答**

真数条件より，$x>0$ であるから，与えられた方程式は
$\frac{2\log x+\log 3}{x}=a$ と同値。$f(x)=\frac{2\log x+\log 3}{x}$ とすると

$$f'(x)=\frac{2-(2\log x+\log 3)}{x^2}=\frac{2-(\log x^2+\log 3)}{x^2}$$
$$=\frac{2-\log 3x^2}{x^2}$$

$f'(x)=0$ とすると，$x>0$ であるから　$x=\frac{e}{\sqrt{3}}$

$x>0$ における増減表は右のようになる。

| $x$ | 0 | $\cdots$ | $\frac{e}{\sqrt{3}}$ | $\cdots$ |
|---|---|---|---|---|
| $f'(x)$ | | $+$ | 0 | $-$ |
| $f(x)$ | | ↗ | 極大 $\frac{2\sqrt{3}}{e}$ | ↘ |

また　$\lim_{x\to+0}f(x)=-\infty$，
$\lim_{x\to\infty}f(x)=0$

$y=f(x)$ のグラフは右図のようになり，実数解の個数はグラフと直線 $y=a$ の共有点の個数に一致するから

y
$\frac{2\sqrt{3}}{e}$
$\frac{e}{\sqrt{3}}$
O
$\frac{1}{\sqrt{3}}$
x
y=a
y=f(x)

**$\frac{2\sqrt{3}}{e}<a$ のとき 0 個；**
**$a\leqq 0$，$a=\frac{2\sqrt{3}}{e}$ のとき 1 個；$0<a<\frac{2\sqrt{3}}{e}$ のとき 2 個**

◀この断りを忘れずに。

◀定数 $a$ を分離。

◀$\log 3x^2=2$ から
$3x^2=e^2$
$x>0$ であるから
$x=\frac{e}{\sqrt{3}}$

◀$x\longrightarrow +0$ のとき
$\frac{1}{x}\longrightarrow\infty$，
$\log x\longrightarrow -\infty$
$x\longrightarrow\infty$ のとき
$\frac{\log x}{x}\longrightarrow 0$，$\frac{1}{x}\longrightarrow 0$

参考　ロピタルの定理から
$\lim_{x\to\infty}\frac{\log x}{x}=\lim_{x\to\infty}\frac{\frac{1}{x}}{1}=0$

**練習 ②118**
(1) $k$ を定数とするとき，$0<x<2\pi$ における方程式 $\log(\sin x+2)-k=0$ の実数解の個数を調べよ。〔類 関西大〕
(2) 方程式 $e^x=ax$ ($a$ は定数) の実数解の個数を調べよ。ただし，$\lim_{x\to\infty}\frac{e^x}{x}=\infty$ を用いてもよい。

p.205 EX103, 104

# 重要例題 119 $y$ 軸上の点から曲線に引ける接線の本数

$f(x)=-e^x$ とする。実数 $b$ に対して，点 $(0,\ b)$ を通る，曲線 $y=f(x)$ の接線の本数を求めよ。ただし，$\lim_{x\to-\infty}xe^x=0$ を用いてもよい。〔類 東京電機大〕

基本 87，118

点 $(0,\ b)$ を通る，曲線 $y=f(x)$ の接線 $\Longrightarrow$ **曲線 $y=f(x)$ 上の点 $(t,\ f(t))$ における接線が点 $(0,\ b)$ を通る** と考えて，$t$ の方程式を導く。
この問題の場合，$f'(x)=-e^x$ であり，$p\neq q$ のとき $f'(p)\neq f'(q)$ であるから，曲線 $y=f(x)$ の接線については，接点が異なれば接線も異なる。よって，$t$ の方程式の実数解の個数が接線の本数に一致する。
実数解の個数は，$t$ の方程式を $g(t)=b$ の形にして（$b$ を分離），$y=g(t)$ のグラフを利用して求める。

$f(x)=-e^x$ から　　$f'(x)=-e^x$
よって，曲線 $y=f(x)$ 上の点 $(t,\ f(t))$ における接線 $\ell$ の方程式は

$$y-(-e^t)=-e^t(x-t)\quad \text{すなわち}\quad y=-e^t(x-t)-e^t$$

この接線 $\ell$ が点 $(0,\ b)$ を通るとき　　$b=-e^t(-t)-e^t$
したがって　　$b=(t-1)e^t$
ここで，$g(t)=(t-1)e^t$ とすると

$$g'(t)=e^t+(t-1)e^t=te^t$$

$g'(t)=0$ とすると　　$t=0$
$g(t)$ の増減表は右のようになる。

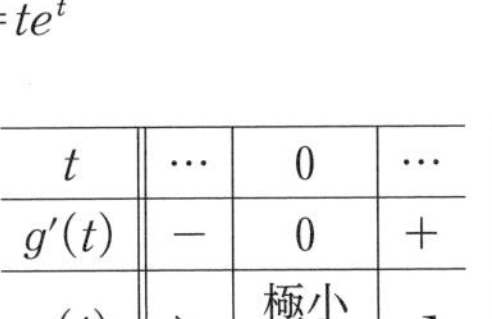

| $t$ | $\cdots$ | $0$ | $\cdots$ |
|---|---|---|---|
| $g'(t)$ | $-$ | $0$ | $+$ |
| $g(t)$ | ↘ | 極小 $-1$ | ↗ |

また　$\lim_{t\to\infty}g(t)=\infty$，

$$\lim_{t\to-\infty}g(t)=\lim_{t\to-\infty}(te^t-e^t)=0$$

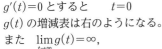

◀ $\lim_{t\to-\infty}te^t=0$，$\lim_{t\to-\infty}e^t=0$
◀ $t$ 軸が漸近線。

ゆえに，$y=g(t)$ のグラフの概形は，右図のようになる。

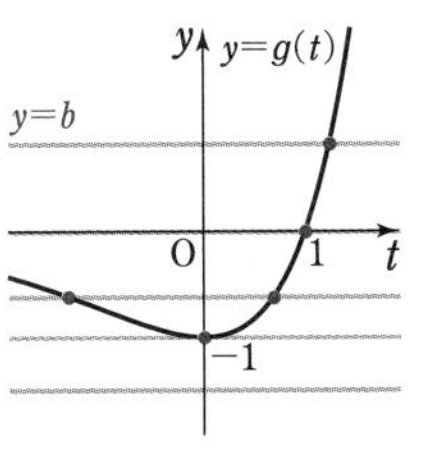


$t$ は接点の $x$ 座標であり，接点が異なれば接線も異なる。
よって，$b=g(t)$ を満たす実数 $t$ の個数が，接線の本数に一致する。
したがって，求める接線の本数は，グラフから

◀直線 $y=b$ を上下に平行移動させ，$y=g(t)$ のグラフとの共有点の個数を調べる。

**$b<-1$ のとき 0 本；**
**$b=-1$，$0\leqq b$ のとき 1 本；**
**$-1<b<0$ のとき 2 本**

**練習 ③119** $f(x)=\dfrac{1}{3}x^3+2\log|x|$ とする。実数 $a$ に対して，曲線 $y=f(x)$ の接線のうちで傾きが $a$ と等しくなるようなものの本数を求めよ。

p.205 EX105

# 参考事項　複接線

ある曲線に 2 点以上で接する直線を，この曲線の **複接線** という。例えば，数学Ⅱで出てくる曲線では，次のことがいえる。

3 次関数のグラフは複接線をもたない

4 次関数のグラフは複接線をもつことがある

(3次関数のグラフ)

ところで，曲線が複接線をもつかもたないかは，右の図から，変曲点の個数が関係しているように推測できるかもしれない。

一般に，変曲点の個数と複接線について，次のことが成り立つ。

(4次関数のグラフ)

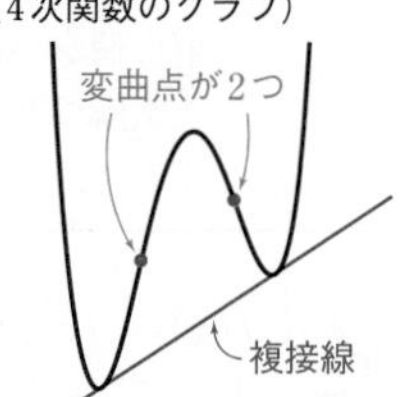


**関数 $f(x)$ が 2 回微分可能で $f''(x)$ が連続，かつ曲線 $y=f(x)$ が直線になる区間をもたないとき，曲線 $y=f(x)$ の変曲点が 1 個以下ならば，この曲線は複接線をもたない。**

証明　（概略）　対偶「複接線をもつならば，変曲点が 2 個以上存在する」を示す。曲線 $y=f(x)$ 上の異なる 2 点 $\mathrm{A}(a,\ f(a))$，$\mathrm{B}(b,\ f(b))$ $[a<b]$ において，この曲線と接する直線が存在するとき

$\dfrac{f(b)-f(a)}{b-a}=f'(a)=f'(b)$　が成り立つ。

◀直線 AB の傾きが $x=a$，$b$ における接線の傾きに等しい。

平均値の定理により　$\dfrac{f(b)-f(a)}{b-a}=f'(c)$，$a<c<b$

を満たす $c$ が存在するから　$f'(a)=f'(b)=f'(c)$

$f'(x)$ は微分可能であるから，ロルの定理により

◀$p.154$ の基本事項および解説参照。

$$f''(\alpha)=f''(\beta)=0,\ a<\alpha<c,\ c<\beta<b$$

を満たす $\alpha$，$\beta$ が存在し，$f'(x)$ は $x=\alpha$，$x=\beta$ それぞれの十分近くで最大または最小となる。ゆえに，$x=\alpha$，$\beta$ の十分近くの前後で $f'(x)$ の増加・減少が変わる。すなわち $f''(x)$ の符号が変わるから，変曲点は 2 個以上存在する。終

この性質によって，3 次関数のグラフは変曲点が 1 個であるから，複接線をもたないことがわかる。したがって，3 次関数のグラフの接点の個数と接線の本数は一致する。

しかし，変曲点が 2 個以上であっても複接線をもつとは限らない。例えば，例題 **87** の曲線 $y=e^{-x^2}$ は，変曲点を 2 個もつが，複接線をもたない。

なお，4 次関数のグラフについては，次のことが成り立つ。

**曲線 $y=x^4+ax^3+bx^2+cx+d$ が複接線をもつ　$\Longleftrightarrow$　$3a^2-8b>0$**

証明　（概略）　$x^4+ax^3+bx^2+cx+d-(mx+n)=(x-\alpha)^2(x-\beta)^2$

を満たす異なる実数 $\alpha$，$\beta$ が存在することが，曲線が複接線をもつ条件である。

両辺を 2 回微分して整理すると　$6x^2+3ax+b=6x^2-6(\alpha+\beta)x+\alpha^2+\beta^2+4\alpha\beta$

よって　$a=-2(\alpha+\beta)$，$b=(\alpha+\beta)^2+2\alpha\beta$　ゆえに　$\alpha+\beta=-\dfrac{a}{2}$，$\alpha\beta=-\dfrac{a^2}{8}+\dfrac{b}{2}$

よって，$\alpha$，$\beta$ は 2 次方程式 $t^2+\dfrac{a}{2}t-\dfrac{a^2}{8}+\dfrac{b}{2}=0$ の解で，判別式を $D$ とすると，条件は

$D>0$　すなわち　$\left(\dfrac{a}{2}\right)^2-4\left(-\dfrac{a^2}{8}+\dfrac{b}{2}\right)>0$　整理すると　$3a^2-8b>0$　終

一般的に，その曲線に複接線が存在するかどうかの判定は簡単ではない。したがって，例題 **119** のような問題では，グラフから「接点が異なれば接線も異なる」としてよい。

## EXERCISES



②100　(1)　$e^x-1-xe^{\frac{x}{2}}>0$ を満たす $x$ の値の範囲を求めよ。

(2)　$x \neq 0$ のとき，$\dfrac{e^x-1}{x}$ と $e^{\frac{x}{2}}$ の大小関係を求めよ。　〔類　山形大〕

→113, 114

③101　$(\sqrt{5})^{\sqrt{7}}$ と $(\sqrt{7})^{\sqrt{5}}$ の大小を比較せよ。必要ならば $2.7<e$ を用いてもよい。

〔類　京都府医大〕 →115

④102　$x$，$y$ は実数とする。すべての実数 $t$ に対して $y \leqq e^t-xt$ が成立するような点 $(x,\ y)$ 全体の集合を座標平面上に図示せよ。必要ならば，$\displaystyle\lim_{x\to+0} x\log x=0$ を使ってよい。　〔類　九州大〕

→117

③103　$a$，$\theta$ を $a>0$，$0<\theta<2\pi$ を満たす定数とする。このとき，方程式 $\dfrac{\sqrt{x^2-2x\cos\theta+1}}{x^2-1}=a$ の区間 $x>1$ における実数解の個数は 1 個であることを証明せよ。　〔山口大〕

→118

④104　(1)　関数 $f(x)=x^{-2}2^x$ $(x \neq 0)$ について，$f'(x)>0$ となるための $x$ に関する条件を求めよ。

(2)　方程式 $2^x=x^2$ は相異なる 3 個の実数解をもつことを示せ。

(3)　方程式 $2^x=x^2$ の解で有理数であるものをすべて求めよ。　〔名古屋大〕

→118

③105　(1)　$a>0$，$b$ を定数とする。実数 $t$ に関する方程式

$$(a-t+1)e^t+(a-t-1)e^{-t}=b$$

の実数解の個数を調べよ。ただし，$\displaystyle\lim_{t\to\infty} te^{-t}=\lim_{t\to-\infty} te^t=0$ は既知としてよい。

(2)　点 $(a,\ b)$ から曲線 $y=e^x-e^{-x}$ へ接線が何本引けるか調べよ。ただし，$a>0$ とする。　〔琉球大〕

→118, 119

100　(1)　$f(x)=e^x-1-xe^{\frac{x}{2}}$ とすると，$f'(x)=e^{\frac{x}{2}}g(x)$ の形 ⟶ $g(x)$ の増減を調べる。

101　このままでは比較できないから，2 つの数を $\dfrac{1}{\sqrt{5}\sqrt{7}}$ 乗し，更に自然対数をとって比較する。

102　$f(t)=e^t-xt-y$ とする。$x<0$，$x=0$，$x>0$ で場合分けをして，常に $f(t) \geqq 0$ となる条件を求める。

103　まず，$f(x)=\dfrac{\sqrt{x^2-2x\cos\theta+1}}{x^2-1}$ として両辺の自然対数をとり，両辺を $x$ で微分。$\dfrac{f'(x)}{f(x)}$ の式を利用し，$f'(x)$ の符号を調べる。

104　(2)　$x^2 \neq 0$ から，方程式は $x^{-2}2^x=1$ と同値で，(1) の結果が利用できる。

105　(2)　曲線 $y=e^x-e^{-x}$ 上の接線は，接点が異なれば接線も異なるから，(1) の方程式の実数解 $t$ の個数が接線の本数に一致する。

# 17 関連発展問題（極限が関連する問題）

## 演習 例題 120 曲線の接線に関する極限

関数 $f(x)=x^2\sin\dfrac{\pi}{x^2}\ (x>0)$ について，$n$ を自然数とし，点 $\left(\dfrac{1}{\sqrt{n}},\ 0\right)$ における曲線 $y=f(x)$ の接線を $\ell_n$ とする。放物線 $y=\dfrac{(-1)^n\pi}{2}x^2$ と直線 $\ell_n$ の交点の座標を $(a_n,\ b_n)$（ただし，$a_n>0$）とするとき

(1) $a_n$ を $n$ を用いて表せ。　　(2) 極限値 $\displaystyle\lim_{n\to\infty}n|b_n|$ を求めよ。

基本 81

**指針** (1) 曲線 $y=f(x)$ 上の点 $(a,\ f(a))$ における接線の方程式は

$$\boldsymbol{y-f(a)=f'(a)(x-a)}$$

この問題では，接線 $\ell_n$ の傾きを求めるときに，$n\pi$ の三角関数の値（特に，$\cos n\pi$）に注意する。放物線と直線 $\ell_n$ の交点の $x$ 座標は，2 つの方程式を連立して求める。

(2) まず $b_n$ を求め，$n|b_n|$ を 極限値が求められる形に変形。$b_n$ を求める際は，直線 $\ell_n$ の式でなく放物線の式を利用すると極限値の計算がしやすい。

**解答**

(1) $f(x)=x^2\sin\dfrac{\pi}{x^2}$ から　$f'(x)=2x\sin\dfrac{\pi}{x^2}-\dfrac{2\pi}{x}\cos\dfrac{\pi}{x^2}$

$f'\left(\dfrac{1}{\sqrt{n}}\right)=\dfrac{2}{\sqrt{n}}\sin n\pi-2\pi\sqrt{n}\cos n\pi=(-1)^{n+1}\cdot 2\pi\sqrt{n}$ (＊)

接線 $\ell_n$ の方程式は $y=f'\left(\dfrac{1}{\sqrt{n}}\right)\left(x-\dfrac{1}{\sqrt{n}}\right)$ から　$y=(-1)^{n+1}\cdot 2\pi(\sqrt{n}\,x-1)$

この直線と放物線 $y=\dfrac{(-1)^n\pi}{2}x^2$ の交点の $x$ 座標が $a_n$ であるから

$\dfrac{(-1)^n\pi}{2}(a_n)^2=(-1)^{n+1}\cdot 2\pi(\sqrt{n}\,a_n-1)$　　整理して　$(a_n)^2+4\sqrt{n}\,a_n-4=0$

これを解いて　　$a_n=-2\sqrt{n}\pm\sqrt{4n-1\cdot(-4)}=-2\sqrt{n}\pm 2\sqrt{n+1}$

$a_n>0$ であるから　　$\boldsymbol{a_n=-2\sqrt{n}+2\sqrt{n+1}=2(\sqrt{n+1}-\sqrt{n})}$

（＊）$\sin n\pi=0$，$\cos n\pi=(-1)^n$（$n$ は自然数）

(2) (1) から　$b_n=\dfrac{(-1)^n\pi}{2}(a_n)^2=(-1)^n\cdot 2\pi(\sqrt{n+1}-\sqrt{n})^2$

よって　$\displaystyle\lim_{n\to\infty}n|b_n|=\lim_{n\to\infty}2\pi n(\sqrt{n+1}-\sqrt{n})^2$

$$=\lim_{n\to\infty}\frac{2\pi n}{(\sqrt{n+1}+\sqrt{n})^2}=\lim_{n\to\infty}\frac{2\pi}{\left(\sqrt{1+\frac{1}{n}}+1\right)^2}=\boldsymbol{\frac{\pi}{2}}$$

◀ $\dfrac{(\sqrt{n+1}-\sqrt{n})^2}{1}$ とみて，分母・分子に $(\sqrt{n+1}+\sqrt{n})^2$ を掛ける。

**練習 ③120** 関数 $f(x)=e^{-x}\sin\pi x\ (x>0)$ について，曲線 $y=f(x)$ と $x$ 軸の交点の $x$ 座標を，小さい方から順に $x_1,\ x_2,\ x_3,\ \cdots\cdots$ とし，$x=x_n$ における曲線 $y=f(x)$ の接線の $y$ 切片を $y_n$ とする。

(1) $y_n$ を $n$ を用いて表せ。　　(2) $\displaystyle\lim_{n\to\infty}\sum_{k=1}^{n}\frac{y_k}{k}$ の値を求めよ。　　［類 芝浦工大］

# 121 極値をとる値に関する無限級数の和

関数 $f(x)=e^{-x}\sin x\ (x>0)$ について，$f(x)$ が極大値をとる $x$ の値を小さい方から順に $x_1$，$x_2$，…… とすると，数列 $\{f(x_n)\}$ は等比数列であることを示せ。また，$\sum_{n=1}^{\infty} f(x_n)$ を求めよ。

基本 112

**指針** 極大値をとる $x$ の値は，次のことを利用して求めるとよい。

$$f'(a)=0,\ f''(a)<0 \Longrightarrow f(a)\ \text{は極大値}$$

（$p.177$ 基本事項 **3**）

つまり，$f'(x)=0$ の解を求め，その解のうち $f''(x)<0$ を満たすものを $x_k$ とする。

また，無限等比級数 $\sum_{n=1}^{\infty} ar^{n-1}\ (a\neq 0)$ は $|r|<1$ のとき収束し，和は $\dfrac{a}{1-r}$

**解答**

$f'(x)=-e^{-x}\sin x+e^{-x}\cos x=-e^{-x}(\sin x-\cos x)$

$=-\sqrt{2}\,e^{-x}\sin\left(x-\dfrac{\pi}{4}\right)$

$f''(x)=e^{-x}(\sin x-\cos x)-e^{-x}(\cos x+\sin x)$

$=-2e^{-x}\cos x$

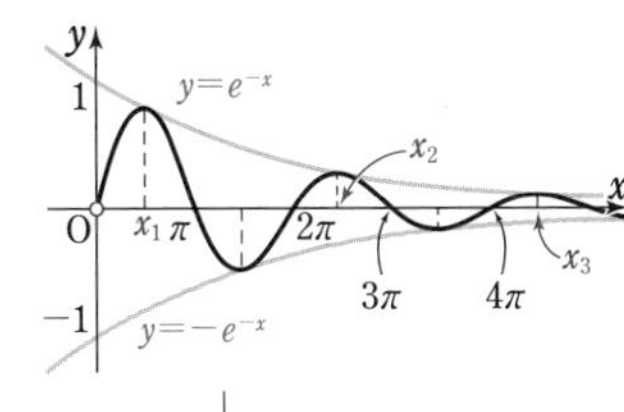


$f'(x)=0$ とすると　$\sin\left(x-\dfrac{\pi}{4}\right)=0$ ……（＊）

$x>0$ であるから　$x=\dfrac{\pi}{4}+k\pi\ (k=0,\ 1,\ \cdots\cdots)$

◀（＊）から $x-\dfrac{\pi}{4}=k\pi$（$k$ は整数）

以下では，$n$ は自然数とする。

$k=2n-1$ のとき　$\cos\left(\dfrac{\pi}{4}+k\pi\right)<0$　$\therefore$　$f''\left(\dfrac{\pi}{4}+k\pi\right)>0$

◀

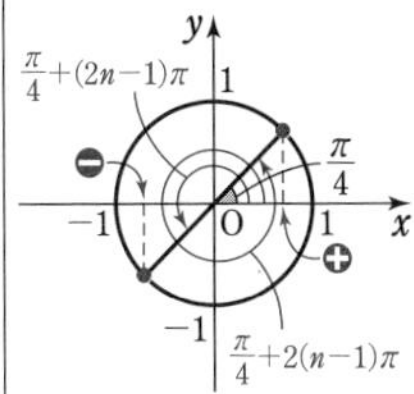


$k=2(n-1)$ のとき　$\cos\left(\dfrac{\pi}{4}+k\pi\right)>0$　$\therefore$　$f''\left(\dfrac{\pi}{4}+k\pi\right)<0$

ゆえに，$k=2(n-1)$ のとき極大値をとるから

$x_n=\dfrac{\pi}{4}+2(n-1)\pi$　　このとき

$f(x_n)=e^{-\left\{\frac{\pi}{4}+2(n-1)\pi\right\}}\sin\left\{\dfrac{\pi}{4}+2(n-1)\pi\right\}=\dfrac{1}{\sqrt{2}}e^{-\frac{\pi}{4}}(e^{-2\pi})^{n-1}$

よって，$\{f(x_n)\}$ は初項 $\dfrac{1}{\sqrt{2}}e^{-\frac{\pi}{4}}$，公比 $e^{-2\pi}$ の等比数列である。公比 $e^{-2\pi}$ は $0<e^{-2\pi}<1$ であるから，無限等比級数 $\sum_{n=1}^{\infty} f(x_n)$ は収束し，その和は

◀ $a_n=ar^{n-1}$ $\Longleftrightarrow$ $\{a_n\}$ は初項 $a$，公比 $r$ の等比数列。

$$\sum_{n=1}^{\infty} f(x_n)=\frac{1}{\sqrt{2}}e^{-\frac{\pi}{4}}\cdot\frac{1}{1-e^{-2\pi}}=\frac{e^{\frac{7}{4}\pi}}{\sqrt{2}\,(e^{2\pi}-1)}$$

**練習 ④121** 関数 $f(x)=e^{-x}\cos x\ (x>0)$ について，$f(x)$ が極小値をとる $x$ の値を小さい方から順に $x_1$，$x_2$，…… とすると，数列 $\{f(x_n)\}$ は等比数列であることを示せ。また，$\sum_{n=1}^{\infty} f(x_n)$ を求めよ。

4章 ⑰ 関連発展問題

## 演習 例題 122 不等式の証明と極限

$0<x<\pi$ のとき，不等式 $x\cos x<\sin x$ が成り立つことを示せ。そして，これを用いて，$\displaystyle\lim_{x\to+0}\frac{x-\sin x}{x^2}$ を求めよ。

〔類 岐阜薬大〕 基本 113，114，54

**指針** 例えば $\displaystyle\lim_{\theta\to+0}\frac{\sin\theta}{\theta}=1$ は，不等式 $\cos\theta<\dfrac{\sin\theta}{\theta}<1$ $\left(0<\theta<\dfrac{\pi}{2}\right)$ を導き，それを用いて証明した（$p.90$ 参照）。この例題では，利用する **不等式** が与えられており，まずそれを証明する。→ **大小関係は差を作る** 方針で $F(x)=\sin x-x\cos x$ とし，$F'(x)$ の符号を調べる。そして，極限値は不等式を利用して **はさみうちの原理** を用いる。

**CHART** 求めにくい極限 **不等式利用で　はさみうち**

**解答**

（前半） $F(x)=\sin x-x\cos x$ とすると

$F'(x)=\cos x-(\cos x-x\sin x)=x\sin x$

ゆえに，$0<x<\pi$ のとき　$F'(x)>0$

よって，$F(x)$ は $0\leqq x\leqq\pi$ で単調に増加する。

このことと，$F(0)=0$ から，$0<x<\pi$ のとき　$F(x)>0$

ゆえに，$0<x<\pi$ のとき　$x\cos x<\sin x$ …… ①

（後半） $x\longrightarrow+0$ であるから，$0<x<\dfrac{\pi}{2}$ とする。

$G(x)=x-\sin x$ とすると　$G'(x)=1-\cos x>0$

よって，$G(x)$ は $0\leqq x\leqq\dfrac{\pi}{2}$ で単調に増加する。

このことと，$G(0)=0$ から，$0<x<\dfrac{\pi}{2}$ のとき　$G(x)>0$

すなわち　$x-\sin x>0$ …… ②

①，② から　$0<\dfrac{x-\sin x}{x^2}<\dfrac{x-x\cos x}{x^2}$

$$\frac{x-x\cos x}{x^2}=\frac{1-\cos x}{x}=\frac{1-\cos^2 x}{x(1+\cos x)}=\frac{\sin x}{x}\cdot\frac{\sin x}{1+\cos x}$$

であり，$\displaystyle\lim_{x\to+0}\frac{\sin x}{x}=1$，$\displaystyle\lim_{x\to+0}\frac{\sin x}{1+\cos x}=0$ であるから

$\displaystyle\lim_{x\to+0}\frac{x-x\cos x}{x^2}=0$　ゆえに　$\displaystyle\lim_{x\to+0}\frac{x-\sin x}{x^2}=\mathbf{0}$

**参考** ロピタルの定理から

$\displaystyle\lim_{x\to+0}\frac{x-\sin x}{x^2}=\lim_{x\to+0}\frac{1-\cos x}{2x}=\lim_{x\to+0}\frac{\sin x}{2}=0$ となるが，これは検算としてのみ利用すること。

◀「$0<x<\dfrac{\pi}{2}$ のとき $\sin x<x$」は $p.90$ や $p.195$ の 例 も参照。

◀ $x\cos x<\sin x \Longrightarrow x-\sin x<x-x\cos x$ また $x^2>0$

◀ $\displaystyle\lim_{●\to0}\frac{\sin●}{●}=1$

◀はさみうちの原理。

**練習 ③122** (1) $x\geqq3$ のとき，不等式 $x^3e^{-x}\leqq27e^{-3}$ が成り立つことを示せ。更に，$\displaystyle\lim_{x\to\infty}x^2e^{-x}$ を求めよ。〔類 九州大〕

(2) (ア) $x>0$ に対し，$\sqrt{x}\log x>-1$ であることを示せ。

(イ) (ア)の結果を用いて，$\displaystyle\lim_{x\to+0}x\log x=0$ を示せ。〔慶応大〕 p.220 EX106

# 18 速度と加速度，近似式

## 基本事項

**1 直線上の点の運動**　数直線上を運動する点Pの時刻 $t$ における座標を $x$ とすると，$x$ は $t$ の関数である。この関数を $x=f(t)$ とすると

① **速度** $v=\dfrac{dx}{dt}=f'(t)$　　**加速度** $\alpha=\dfrac{dv}{dt}=\dfrac{d^2x}{dt^2}=f''(t)$

② **速さ** $|v|$　　**加速度の大きさ** $|\alpha|$

**2 平面上の点の運動**　座標平面上を運動する点Pの時刻 $t$ における座標 $(x,\ y)$ が $t$ の関数であるとき

① **速度** $\vec{v}=\left(\dfrac{dx}{dt},\ \dfrac{dy}{dt}\right)$，**加速度** $\vec{\alpha}=\left(\dfrac{d^2x}{dt^2},\ \dfrac{d^2y}{dt^2}\right)$

② **速さ** $|\vec{v}|=\sqrt{\left(\dfrac{dx}{dt}\right)^2+\left(\dfrac{dy}{dt}\right)^2}$，

**加速度の大きさ** $|\vec{\alpha}|=\sqrt{\left(\dfrac{d^2x}{dt^2}\right)^2+\left(\dfrac{d^2y}{dt^2}\right)^2}$

（図の点Q，Rについては，次ページの解説を参照。）

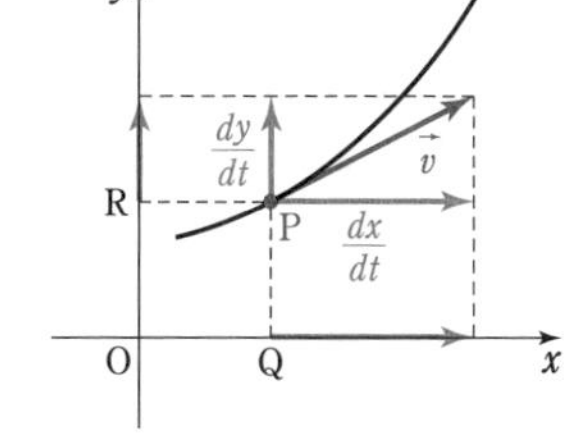


**3 等速円運動**　円周上を運動する点Pの速さが一定であるとき，点Pの運動を，**等速円運動** という。このとき，動径OPの回転角の速さは一定で，これを **角速度** という。
いま，点Pが，原点Oを中心とする半径 $r$ の円周上を，定点 $P_0$ を出発して，OPが角速度 $\omega$ で回転する等速円運動をするとき，$t$ 秒後の点 $P(x,\ y)$ に対して $\angle POx=\theta$，$\angle P_0Ox=\beta$ とすると，$\theta=\omega t+\beta$ であるから

$$x=r\cos(\omega t+\beta),\quad y=r\sin(\omega t+\beta)$$

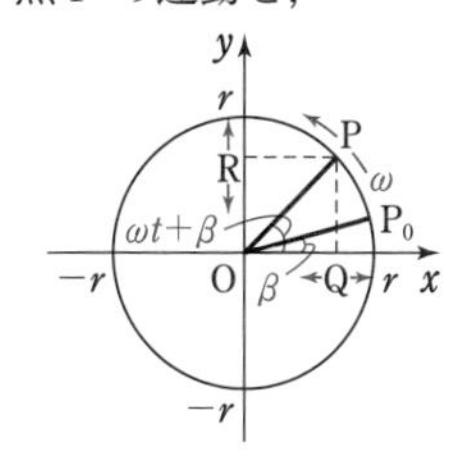


点Pから $x$ 軸，$y$ 軸へ下ろした垂線の足をそれぞれQ，Rとするとき，点Q，Rはそれぞれ $x$ 軸，$y$ 軸上を往復運動する。このような運動を **単振動** といい，$\dfrac{2\pi}{|\omega|}$ をこの単振動の **周期** という。

**4 変化量の変化率**
時間とともに変化する量 $f(t)$（膨張する立体の体積など）についても，その量の時刻 $t$ における変化率は，**1** の速度と同様 $f'(t)$ である。

## 解　説

### ■直線上の点の運動

① 数直線上を運動する点Pの，時刻 $t$ における座標 $x$ は $t$ の関数であり，これを $x=f(t)$ とすると，$t$ の増分 $\Delta t$ に対する

$x$ の平均変化率　$\dfrac{\Delta x}{\Delta t}=\dfrac{f(t+\Delta t)-f(t)}{\Delta t}$

は，時刻が $t$ から $t+\Delta t$ に変わる間の点Pの平均速度を表す。

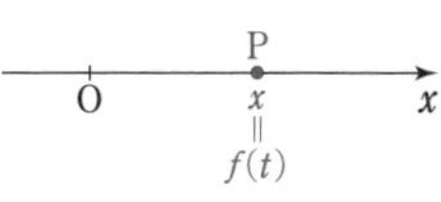

## 解　説

このとき　$v=\dfrac{dx}{dt}=\lim_{\Delta t\to 0}\dfrac{\Delta x}{\Delta t}=\lim_{\Delta t\to 0}\dfrac{f(t+\Delta t)-f(t)}{\Delta t}=f'(t)$　を，時刻 $t$ における点Pの **速度** という。

また，$\alpha=\dfrac{dv}{dt}=\dfrac{d^2x}{dt^2}=f''(t)$ を，時刻 $t$ における点Pの **加速度** という。

② 速度 $v$，加速度 $\alpha$ に対し，$|v|$，$|\alpha|$ を，それぞれ時刻 $t$ における点Pの **速さ**（速度の大きさ），**加速度の大きさ** という。

### ■ 平面上の点の運動

座標平面上を運動する点Pの時刻 $t$ における座標 $(x,\ y)$ で $x=f(t)$，$y=g(t)$ とすると，これは $t$ を媒介変数とする点Pの軌跡の方程式である。点Pから $x$ 軸，$y$ 軸に引いた垂線を，それぞれ PQ, PR とすると，点Pの運動とともに，点Qは $x$ 軸上，点Rは $y$ 軸上を運動する。

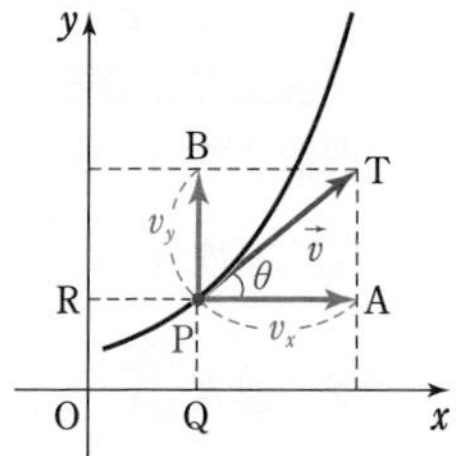


時刻 $t$ における

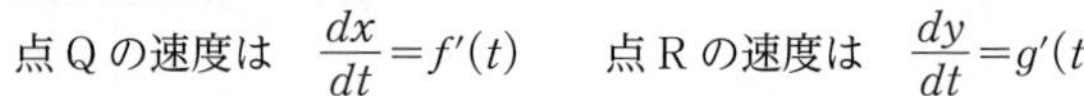

点Qの速度は　$\dfrac{dx}{dt}=f'(t)$　　点Rの速度は　$\dfrac{dy}{dt}=g'(t)$

このとき $\vec{v}=\left(\dfrac{dx}{dt},\ \dfrac{dy}{dt}\right)$ を時刻 $t$ における点Pの **速度** または **速度ベクトル** という。

$\vec{v}=\overrightarrow{\mathrm{PT}}$，$\vec{v}$ と $x$ 軸の正の向きとのなす角を $\theta$ とし，$\vec{v}$ の $x$ 成分，$y$ 成分をそれぞれ $v_x$，$v_y$ とすると，$\tan\theta=\dfrac{v_y}{v_x}=\dfrac{dy}{dx}$ であるから，直線 PT は，点Pの描く曲線の接線である。

また，$|\vec{v}|=\sqrt{\left(\dfrac{dx}{dt}\right)^2+\left(\dfrac{dy}{dt}\right)^2}=\sqrt{{v_x}^2+{v_y}^2}$ を **速さ** または **速度の大きさ** という。

次に，時刻 $t$ における点Q，Rの加速度は，それぞれ

$$\frac{dv_x}{dt}=\frac{d^2x}{dt^2}=f''(t)\qquad \frac{dv_y}{dt}=\frac{d^2y}{dt^2}=g''(t)$$

$\vec{\alpha}=\left(\dfrac{d^2x}{dt^2},\ \dfrac{d^2y}{dt^2}\right)$ を，点Pの **加速度** または **加速度ベクトル** という。

また，$|\vec{\alpha}|=\sqrt{\left(\dfrac{d^2x}{dt^2}\right)^2+\left(\dfrac{d^2y}{dt^2}\right)^2}$ を **加速度の大きさ** という。

### ■ 等速円運動

点Pの時刻 $t$ における座標 $(x,\ y)$ が

$$x=r\cos(\omega t+\beta),\quad y=r\sin(\omega t+\beta)$$

で表されるとき，点Pの時刻 $t$ における速度ベクトル $\vec{v}$，加速度ベクトル $\vec{\alpha}$ は

$$\vec{v}=\left(\frac{dx}{dt},\ \frac{dy}{dt}\right)=(-r\omega\sin(\omega t+\beta),\ r\omega\cos(\omega t+\beta))$$

$$\vec{\alpha}=\left(\frac{d^2x}{dt^2},\ \frac{d^2y}{dt^2}\right)=(-r\omega^2\cos(\omega t+\beta),\ -r\omega^2\sin(\omega t+\beta))$$

### ■ 変化量の変化率

例　1辺の長さが $a$ の立方体の各辺が1秒間に $b$ の割合で増加するとき，$t$ 秒後の立方体の体積を $V$ とすると $V=(a+bt)^3$ であり，増加し始めてから $t$ 秒後の立方体の体積の変化率は $\dfrac{dV}{dt}=3b(a+bt)^2$ である。

## 基本例題 123 運動する点の速度・加速度(1)

(1) 数直線上を運動する点Pの座標 $x$ が，時刻 $t$ の関数として，

$x=2\cos\left(\pi t+\dfrac{\pi}{6}\right)$ と表されるとき，$t=\dfrac{2}{3}$ における速度 $v$ と加速度 $\alpha$ を求めよ。

(2) 座標平面上を運動する点Pの，時刻 $t$ における座標が次の式で表されるとき，点Pの速さと加速度の大きさを求めよ。

$$x=3\sin t+4\cos t,\quad y=4\sin t-3\cos t$$

p.209 基本事項 1，2　重要 125

動点Pの位置(座標)が，時刻 $t$ の関数として表されているとき

**位置** ——→ **速度** ——→ **加速度**
$t$ で微分　　$t$ で微分

$p$.209 基本事項 1，2 の公式に当てはめて求める。

(2) 求めるのは **速さ，加速度の大きさ** であるから，絶対値をとる。

(1) $v=\dfrac{dx}{dt}=2\left\{-\sin\left(\pi t+\dfrac{\pi}{6}\right)\cdot\pi\right\}=-2\pi\sin\left(\pi t+\dfrac{\pi}{6}\right)$

$\alpha=\dfrac{dv}{dt}=-2\pi\cos\left(\pi t+\dfrac{\pi}{6}\right)\cdot\pi=-2\pi^2\cos\left(\pi t+\dfrac{\pi}{6}\right)$

$t=\dfrac{2}{3}$ を代入して　　$\boldsymbol{v=-\pi,\ \alpha=\sqrt{3}\pi^2}$

(2) 点Pの時刻 $t$ における速度ベクトルを $\vec{v}$，加速度ベクトルを $\vec{\alpha}$ とすると

$\vec{v}=\left(\dfrac{dx}{dt},\ \dfrac{dy}{dt}\right)=(3\cos t-4\sin t,\ 4\cos t+3\sin t)$

$\vec{\alpha}=\left(\dfrac{d^2x}{dt^2},\ \dfrac{d^2y}{dt^2}\right)=(-3\sin t-4\cos t,\ -4\sin t+3\cos t)$

よって　$|\vec{v}|=\sqrt{(3\cos t-4\sin t)^2+(4\cos t+3\sin t)^2}$

$=\sqrt{25(\cos^2 t+\sin^2 t)}$

$=\sqrt{25\cdot1}=5$

$|\vec{\alpha}|=\sqrt{(-3\sin t-4\cos t)^2+(-4\sin t+3\cos t)^2}$

$=\sqrt{25(\sin^2 t+\cos^2 t)}$

$=\sqrt{25\cdot1}=5$

したがって　　**速さ 5，加速度の大きさ 5**

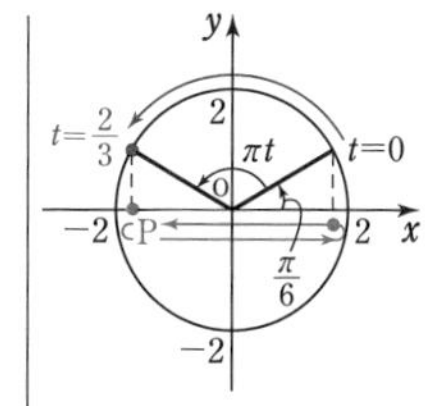


参考 [(1)の運動] 図のような円周上を，等速円運動する点から $x$ 軸に下ろした垂線の足をPとすると，点Pの座標は，$2\cos\left(\pi t+\dfrac{\pi}{6}\right)$ で表され，点Pは $x$ 軸上で往復運動をしている。つまり，点Pの運動は単振動である。

**練習 ①123** (1) 原点を出発して数直線上を動く点Pの座標が，時刻 $t$ の関数として，$x=t^3-10t^2+24t$ ($t>0$) で表されるという。点Pが原点に戻ったときの速度 $v$ と加速度 $\alpha$ を求めよ。

(2) 座標平面上を運動する点Pの，時刻 $t$ における座標が $x=4\cos t$，$y=\sin 2t$ で表されるとき，$t=\dfrac{\pi}{3}$ における点Pの速さと加速度の大きさを求めよ。

p.220 EX107

## 基本 例題 124 等速円運動に関する証明問題

動点Pが，原点Oを中心とする半径 $r$ の円周上を，定点 $P_0$ から出発して，OP が1秒間に角 $\omega$ の割合で回転するように等速円運動をしている。

(1) Pの速度の大きさ $v$ を求めよ。

(2) Pの速度ベクトルと加速度ベクトルは垂直であることを示せ。

p.209 基本事項 3

線分 $OP_0$ と $x$ 軸の正の向きとのなす角を $\beta$ とするとき（解答の図参照），角速度 $\omega$ で等速円運動する点 $P(x,\ y)$ の $t$ 秒後の座標は，次のように表される。

$$x=r\cos(\omega t+\beta),\quad y=r\sin(\omega t+\beta)$$

(1) 速度の大きさ $v$ は　$v=\sqrt{\left(\dfrac{dx}{dt}\right)^2+\left(\dfrac{dy}{dt}\right)^2}$

(2) 垂直　内積利用　$\vec{v}\perp\vec{\alpha} \iff \vec{v}\neq\vec{0},\ \vec{\alpha}\neq\vec{0}$ のとき $\vec{v}\cdot\vec{\alpha}=0$

**解答**

(1) 右の図で，線分 $OP_0$ と $x$ 軸の正の向きとのなす角を $\beta$ とする。出発してから $t$ 秒後の点Pの座標を $(x,\ y)$ とし，線分 OP と $x$ 軸の正の向きとのなす角を $\theta$ とすると　$\theta=\omega t+\beta$

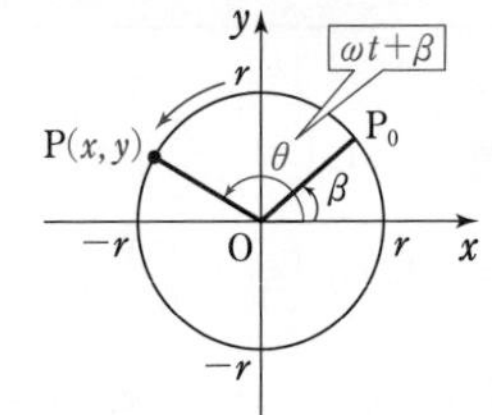


◀図の点Pは $\omega>0$ なら反時計回り，$\omega<0$ なら時計回り。

よって　$x=r\cos(\omega t+\beta)$，$y=r\sin(\omega t+\beta)$

ゆえに，Pの速度ベクトル $\vec{v}$ は

$$\vec{v}=(-r\omega\sin(\omega t+\beta),\ r\omega\cos(\omega t+\beta))$$

◀$\vec{v}=\left(\dfrac{dx}{dt},\ \dfrac{dy}{dt}\right)$

よって　$v=|\vec{v}|=\sqrt{r^2\omega^2\sin^2(\omega t+\beta)+r^2\omega^2\cos^2(\omega t+\beta)}$

$=\sqrt{r^2\omega^2}=\boldsymbol{r|\omega|}$　（$r>0$ であるから）

◀$\sin^2\theta+\cos^2\theta=1$

(2) Pの加速度ベクトルを $\vec{\alpha}$ とすると

$$\vec{\alpha}=(-r\omega^2\cos(\omega t+\beta),\ -r\omega^2\sin(\omega t+\beta))$$

◀$\vec{\alpha}=\left(\dfrac{d^2x}{dt^2},\ \dfrac{d^2y}{dt^2}\right)$

であるから

$\vec{v}\cdot\vec{\alpha}=r^2\omega^3\sin(\omega t+\beta)\cos(\omega t+\beta)-r^2\omega^3\cos(\omega t+\beta)\sin(\omega t+\beta)$

$=0$

◀$\vec{a}=(a_1,\ a_2)$，$\vec{b}=(b_1,\ b_2)$ のとき $\vec{a}\cdot\vec{b}=a_1b_1+a_2b_2$

$\cos(\omega t+\beta)$ と $\sin(\omega t+\beta)$ は同時に0にはならないから

$\vec{v}\cdot\vec{\alpha}=0$　かつ　$\vec{v}\neq\vec{0}$，$\vec{\alpha}\neq\vec{0}$

したがって　$\vec{v}\perp\vec{\alpha}$

**参考** $\vec{\alpha}=-\omega^2\overrightarrow{OP}$ であるから，$\vec{\alpha}$ の向きは円の中心に向かっている。上の(2)で示したように，$\vec{v}\perp\vec{\alpha}$ であるから，$\vec{v}$ の向きが円の接線方向であることが確認できる。

**練習 ②124**

(1) 上の例題において，Pの加速度の大きさを求めよ。

(2) $a>0$，$\omega>0$ とする。座標平面上を運動する点Pの，時刻 $t$ における座標が $x=a(\omega t-\sin\omega t)$，$y=a(1-\cos\omega t)$ で表されるとき，加速度の大きさは一定であることを示せ。

## 重要例題 125 運動する点の速度・加速度 (2)

曲線 $xy=4$ 上の動点 P から $y$ 軸に垂線 PQ を引くと，点 Q が $y$ 軸上を正の向きに毎秒 2 の速度で動くように点 P が動くという。点 P が点 $(2,\ 2)$ を通過するときの速度と加速度を求めよ。

基本 123

**指針** $x,\ y$ は時刻 $t$ の関数である。$(x,\ y)=(2,\ 2)$ のときの $\dfrac{dx}{dt}$，$\dfrac{dy}{dt}$，$\dfrac{d^2x}{dt^2}$，$\dfrac{d^2y}{dt^2}$ の値に対して，点 P の **速度** は $\vec{v}=\left(\dfrac{dx}{dt},\ \dfrac{dy}{dt}\right)$，**加速度** は $\vec{\alpha}=\left(\dfrac{d^2x}{dt^2},\ \dfrac{d^2y}{dt^2}\right)$

まず，陰関数の微分（$p.136$ 参照）の要領で $xy=4$ の **両辺を $t$ について微分** する。

**解答**

$x,\ y$ は時刻 $t$ の関数であるから，$xy=4$ の両辺を $t$ について微分すると $\quad \dfrac{dx}{dt}\cdot y+x\cdot\dfrac{dy}{dt}=0 \ \cdots\cdots\ (*)$

条件から $\quad \dfrac{dy}{dt}=2 \ \cdots\cdots$ ①

よって $\quad \dfrac{dx}{dt}\cdot y+2x=0 \ \cdots\cdots$ ②

$x=2,\ y=2$ とすると $\quad \dfrac{dx}{dt}=-2 \ \cdots\cdots$ ③

ゆえに，点 P の **速度** は $\quad \left(\dfrac{dx}{dt},\ \dfrac{dy}{dt}\right)=\mathbf{(-2,\ 2)}$

また，①，② の両辺を $t$ について微分すると，それぞれ

$$\frac{d^2y}{dt^2}=0,\quad \frac{d^2x}{dt^2}\cdot y+\frac{dx}{dt}\cdot\frac{dy}{dt}+2\frac{dx}{dt}=0$$

$y=2$ と ①，③ を代入すると $\quad \dfrac{d^2x}{dt^2}=4$

よって，点 P の **加速度** は $\quad \left(\dfrac{d^2x}{dt^2},\ \dfrac{d^2y}{dt^2}\right)=\mathbf{(4,\ 0)}$

①：毎秒 2 の速度とあるから，$t$ の値に関係なく $\dfrac{dy}{dt}=2$（一定）

◀ $(xy)'=x'y+xy'$

◀ $\dfrac{dx}{dt}\cdot2+2\cdot2=0$

◀ 平面上の動点の速度はベクトルで表される。

◀ $(x'y)'=(x')'y+x'y'$
$\qquad =x''y+x'y'$

◀ 平面上の動点の加速度もベクトルで表される。

**検討** **曲線 $xy=4$ 上の点の速度ベクトルと，接線についての考察**

曲線 $xy=4$ 上の点 $P_0(x_0,\ y_0)$ における接線 $\ell$ の方向ベクトル $\vec{a}$ は，$\dfrac{dy}{dx}=-\dfrac{y}{x}$ から $\quad \vec{a}=(-x_0,\ y_0)$

また，接線 $\ell$ の法線ベクトル $\vec{n}$ は $\quad \vec{n}=(y_0,\ x_0)$ である。

上の解答の $(*)$ の式で，$x=x_0,\ y=y_0$ とすると

$\dfrac{dx}{dt}\cdot y_0+x_0\cdot\dfrac{dy}{dt}=0 \quad$ ゆえに $\quad \vec{v}\cdot\vec{n}=0 \quad$ すなわち $\quad \vec{v}\perp\vec{n}$

よって，速度ベクトル $\vec{v}$ は，ベクトル $\vec{n}$ に垂直で，ベクトル $\vec{a}$ に平行である。

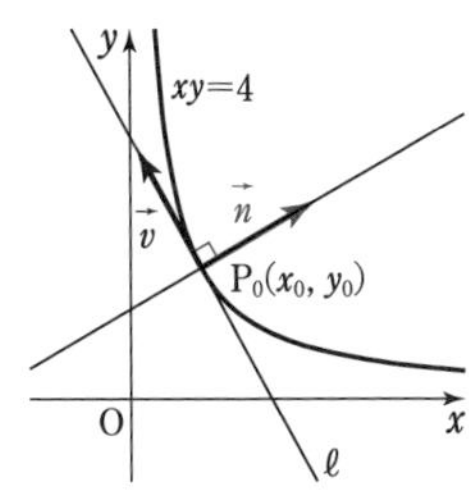


**練習 ③ 125** 楕円 $\dfrac{x^2}{9}+\dfrac{y^2}{4}=1\ (x>0,\ y>0)$ 上の動点 P が一定の速さ 2 で $x$ 座標が増加する向きに移動している。$x=\sqrt{3}$ における速度と加速度を求めよ。

p.220 EX108

## 基本 例題 126 一般の量の時間的変化率

①①①①①

底面の半径が 5 cm，高さが 10 cm の直円錐状の容器を逆さまに置く。この容器に 2 cm³/s の割合で静かに水を注ぐ。水の深さが 4 cm になる瞬間において，次のものを求めよ。

(1) 水面の上昇する速さ　　(2) 水面の面積の増加する割合

p.209 基本事項 4，重要 125

$t$ 秒後の水の体積 $V$，水面の半径 $r$，水の深さ $h$，水面の面積 $S$ はすべて時間によって変化する量である。この問題では，水の体積の増加する割合(速さ)が $\dfrac{dV}{dt}=2$ で与えられている。求めたいものは，$h=4$ のときの (1) $\dfrac{dh}{dt}$，(2) $\dfrac{dS}{dt}$ の値であるが，この問題では $h$，$S$ をそれぞれ $t$ で表すよりも各量の間の **関係式を作り，それを $t$ で微分する**（**合成関数の微分**）方法が有効である。

**解答**

$t$ 秒後の水の体積を $V$ cm³ とすると

$$\frac{dV}{dt}=2\ (\mathrm{cm^3/s})\ \cdots\cdots\ ①$$

(1) $t$ 秒後の水面の半径を $r$ cm，水の深さを $h$ cm とすると

条件から　$r:h=5:10$　よって　$r=\dfrac{h}{2}$

これを $V=\dfrac{1}{3}\pi r^2h$ に代入して　$V=\dfrac{1}{3}\pi\left(\dfrac{h}{2}\right)^2h=\dfrac{1}{12}\pi h^3$

両辺を $t$ で微分して　$\dfrac{dV}{dt}=\dfrac{1}{4}\pi h^2\dfrac{dh}{dt}$

① から　$2=\dfrac{1}{4}\pi h^2\dfrac{dh}{dt}$　ゆえに　$\dfrac{dh}{dt}=\dfrac{8}{\pi h^2}$

よって，$h=4$ のとき　$\dfrac{dh}{dt}=\dfrac{8}{\pi\cdot 4^2}=\boldsymbol{\dfrac{1}{2\pi}}$ **(cm/s)**

(2) $t$ 秒後の水面の面積を $S$ cm² とすると　$S=\pi r^2$

$r=\dfrac{h}{2}$ を代入して　$S=\dfrac{1}{4}\pi h^2$

両辺を $t$ で微分して　$\dfrac{dS}{dt}=\dfrac{1}{2}\pi h\dfrac{dh}{dt}$

$h=4$ のときの水面の面積の増加する割合は，(1) の結果から

$$\frac{dS}{dt}=\frac{1}{2}\pi\cdot 4\cdot\frac{1}{2\pi}=\mathbf{1\ (cm^2/s)}$$

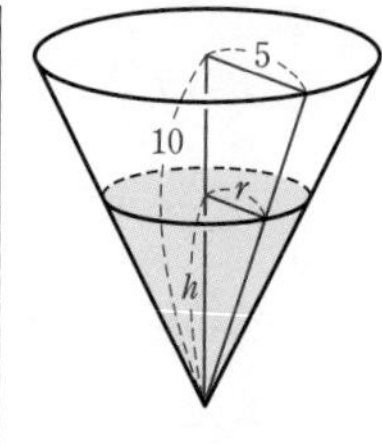


(1) は，次のように考えてもよい。

$V=2t$ と $V=\dfrac{1}{12}\pi h^3$

から　$t=\dfrac{1}{24}\pi h^3$

両辺を $t$ で微分して

$1=\dfrac{1}{8}\pi h^2\dfrac{dh}{dt}$

ゆえに　$\dfrac{dh}{dt}=\dfrac{8}{\pi h^2}$

よって，$h=4$ のとき

$\dfrac{dh}{dt}=\boldsymbol{\dfrac{1}{2\pi}}$ **(cm/s)**

**練習 ② 126** 表面積が $4\pi$ cm²/s の一定の割合で増加している球がある。半径が 10 cm になる瞬間において，以下のものを求めよ。〔工学院大〕

(1) 半径の増加する速度

(2) 体積の増加する速度

p.220 EX 109

## 基本事項

**1 1次の近似式**

1　$|h|$ が十分小さいとき　$\boldsymbol{f(a+h)\fallingdotseq f(a)+f'(a)h}$

2　$|x|$ が十分小さいとき　$\boldsymbol{f(x)\fallingdotseq f(0)+f'(0)x}$

3　$y=f(x)$ の $x$ の増分 $\varDelta x$ に対する $y$ の増分を $\varDelta y$ とすると
$|\varDelta x|$ が十分小さいとき　$\boldsymbol{\varDelta y\fallingdotseq y'\varDelta x}$

**2 2次の近似式**

4　$|h|$ が十分小さいとき　$\boldsymbol{f(a+h)\fallingdotseq f(a)+f'(a)h+\dfrac{f''(a)}{2}h^2}$

5　$|x|$ が十分小さいとき　$\boldsymbol{f(x)\fallingdotseq f(0)+f'(0)x+\dfrac{f''(0)}{2}x^2}$

## 解　説

### ■ 1次の近似式

関数 $y=f(x)$ が $x=a$ で微分可能であるとき，微分係数 $f'(a)$ は　$\displaystyle\lim_{h\to 0}\frac{f(a+h)-f(a)}{h}=f'(a)$

よって，$|h|$ が十分小さいとき　$\dfrac{f(a+h)-f(a)}{h}\fallingdotseq f'(a)$

すなわち　$\boldsymbol{f(a+h)\fallingdotseq f(a)+f'(a)h}$ …… ①

が成り立つ。特に，① で $a=0$，$h=x$ とおくと，

$|x|$ が十分小さいとき　$\boldsymbol{f(x)\fallingdotseq f(0)+f'(0)x}$ …… ②

また，① で $h=x-a$ とおくと

$\boldsymbol{x\fallingdotseq a}$ **のとき**　$\boldsymbol{f(x)\fallingdotseq f(a)+f'(a)(x-a)}$ …… ③

① や ② や ③ は，**1次の近似式** といわれる。

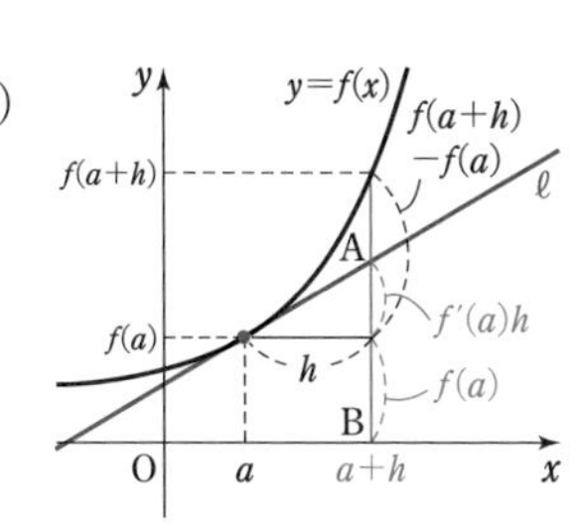


上の図で，$|h|$ が十分小さいとき
$f(a+h)\fallingdotseq \mathrm{AB}$
これが近似式 ① の図形的意味である。

注意　曲線 $y=f(x)$ 上の点 $(a,\ f(a))$ における接線 $\ell$ の方程式を $y=g(x)$ とすると　$g(x)=f(a)+f'(a)(x-a)$
① は $f(a+h)\fallingdotseq g(a+h)$ と書けるから，① は曲線 $y=f(x)$ の $x=a$ の近くを接線 $\ell$ で近似したものである。

◀ $f(a)=g(a)$ かつ $f'(a)=g'(a)$ が成り立つ（$p.147$ 参照）。

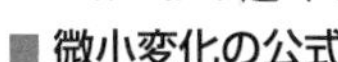

### ■ 微小変化の公式

関数 $y=f(x)$ において，$x$ の増分 $\varDelta x$ に対する $y$ の増分を $\varDelta y$ とすると，$\varDelta y=f(x+\varDelta x)-f(x)$ であるから，① より

$$f(x+\varDelta x)\fallingdotseq f(x)+f'(x)\varDelta x$$

よって　$f(x+\varDelta x)-f(x)\fallingdotseq f'(x)\varDelta x$

したがって，$|\varDelta x|$ が十分小さいとき　$\boldsymbol{\varDelta y\fallingdotseq y'\varDelta x}$

◀ $\varDelta x=h$ と考える。

◀ $|\varDelta x|$ が十分小さいとき　$\dfrac{dy}{dx}\fallingdotseq\dfrac{\varDelta y}{\varDelta x}$

### ■ 2次の近似式

関数 $f(x)$ が $x=a$ で2回微分可能であるとき，曲線 $y=f(x)$ の $x=a$ の近くを，2次関数で近似することを考えてみよう。
$f(a)=g(a)$，$f'(a)=g'(a)$，$f''(a)=g''(a)$ を満たす2次関数 $g(x)$ を求めると（解答編 $p.157$ 参照）

$$g(x)=f(a)+f'(a)(x-a)+\frac{f''(a)}{2}(x-a)^2$$

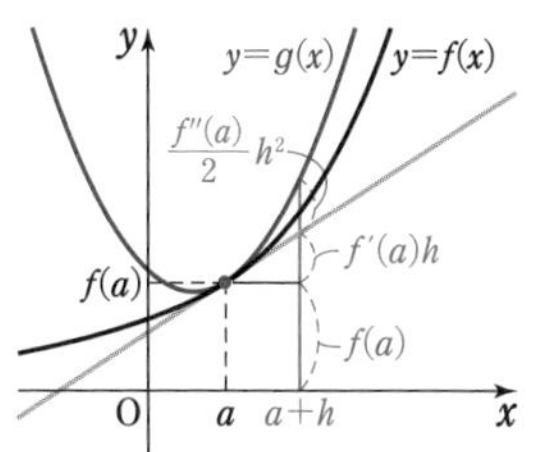


$|h|$ が十分小さいとき，$f(a+h)\fallingdotseq g(a+h)$ から，基本事項の 4 が得られる。また，4 で $a=0$，$h=x$ とおくと，基本事項の 5 が得られる。4 や 5 は，**2次の近似式** といわれる。

なお，近似式に関連する内容として，$p.218$ の **参考事項** も参照。

## 基本例題 127 近似値と近似式

(1) $|x|$ が十分小さいとき，$f(x)=\sqrt[4]{1+x}$ の 1 次の近似式，2 次の近似式を作れ。
(2) $\sin(a+h)$ の 1 次の近似式を用いて，$\sin 59^\circ$ の近似値を求めよ。ただし，$\pi=3.14$，$\sqrt{3}=1.73$ として小数第 2 位まで求めよ。

p.215 基本事項

**近似式**　$|h|$ が十分小さいとき　｜　$|x|$ が十分小さいとき

1 次　① $f(a+h)\fallingdotseq f(a)+f'(a)h$　｜　② $f(x)\fallingdotseq f(0)+f'(0)x$

2 次　③ $f(a+h)\fallingdotseq f(a)+f'(a)h+\dfrac{f''(a)}{2}h^2$　｜　④ $f(x)\fallingdotseq f(0)+f'(0)x+\dfrac{f''(0)}{2}x^2$

(1) $f(x)=\sqrt[4]{1+x}$ として ②，④ を利用。
(2) $59^\circ=60^\circ-1^\circ$ として，これを弧度法で表す。近似式は ① を利用。

**解答**

(1) $\sqrt[4]{1+x}=(1+x)^{\frac{1}{4}}$ であるから

$$f'(x)=\frac{1}{4}(1+x)^{-\frac{3}{4}},\quad f''(x)=\frac{1}{4}\cdot\left(-\frac{3}{4}\right)(1+x)^{-\frac{7}{4}}=-\frac{3}{16}(1+x)^{-\frac{7}{4}}$$

ゆえに，$|x|$ が十分小さいとき

**1 次の近似式は** $f(x)\fallingdotseq 1+\dfrac{1}{4}x$　◀ $f(x)\fallingdotseq f(0)+f'(0)x$

**2 次の近似式は** $f(x)\fallingdotseq 1+\dfrac{1}{4}x-\dfrac{3}{32}x^2$　◀ $f(x)\fallingdotseq f(0)+f'(0)x+\dfrac{f''(0)}{2}x^2$

(2) $\sin 59^\circ=\sin(60^\circ-1^\circ)$

$$=\sin\left(\frac{\pi}{3}-\frac{\pi}{180}\right)$$

$(\sin x)'=\cos x$ であるから，$|h|$ が十分小さいとき

$$\sin(a+h)\fallingdotseq\sin a+h\cos a$$

◀ $f(a+h)\fallingdotseq f(a)+f'(a)h$

よって

$$\sin\left(\frac{\pi}{3}-\frac{\pi}{180}\right)\fallingdotseq\sin\frac{\pi}{3}+\left(-\frac{\pi}{180}\right)\cos\frac{\pi}{3}$$

◀ 上の近似式で $a=\dfrac{\pi}{3}$，$h=-\dfrac{\pi}{180}$ とする。

$$=\frac{\sqrt{3}}{2}-\frac{\pi}{180}\cdot\frac{1}{2}=\frac{180\sqrt{3}-\pi}{360}$$

$$=\frac{180\times1.73-3.14}{360}=0.856\cdots\cdots\fallingdotseq\mathbf{0.86}$$

参考　$\sin 59^\circ=0.85716\cdots\cdots$

**参考**　$x\fallingdotseq 0$ **のとき**　$(1+x)^p\fallingdotseq 1+px$　◀ 1 次の近似式。

特に　$\dfrac{1}{1+x}\fallingdotseq 1-x$，$\sqrt{1+x}\fallingdotseq 1+\dfrac{1}{2}x$，$\sqrt[3]{1+x}\fallingdotseq 1+\dfrac{1}{3}x$

**練習 ② 127**

(1) $|x|$ が十分小さいとき，次の関数の 1 次の近似式，2 次の近似式を作れ。

(ア) $f(x)=\log(1+x)$　(イ) $f(x)=\sqrt{1+\sin x}$

(2) 1 次の近似式を用いて，次の数の近似値を求めよ。ただし，$\pi=3.14$，$\sqrt{3}=1.73$ として小数第 2 位まで求めよ。

(ア) $\cos 61^\circ$　(イ) $\sqrt[3]{340}$　(ウ) $\sqrt{1+\pi}$

p.220 EX110

## 基本例題 128 微小変化に応じる変化

△ABC で，AB=2 cm，BC=$\sqrt{3}$ cm，∠B=30° とする。∠B が 1° だけ増えたとき，次のものは，ほぼどれだけ増えるか。ただし，$\pi=3.14$，$\sqrt{3}=1.73$ とする。

(1) △ABC の面積 $S$ (2) 辺 CA の長さ $y$

p.215 基本事項 3

**指針** $y=f(x)$ の $x$ の増分 $\Delta x$ に対する $y$ の増分を $\Delta y$ とすると

$|\Delta x|$ が十分小さいとき $\quad \boldsymbol{\Delta y \fallingdotseq y'\Delta x}$

30° に対し 1° を微小変化 $\Delta x$ とみて，上の公式を利用する。また，微分法で角は **弧度法** で扱うことに注意する。

なお，問題では $\pi=3.14$ など小数第 2 位(有効数字 3 桁)の数が与えられているから，答えでは，小数第 3 位を四捨五入して小数第 2 位までの数とする。

**解答** ∠B=$x$ (ラジアン) とすると $\quad x=30°=\dfrac{\pi}{6}$，$\Delta x=1°=\dfrac{\pi}{180}$

◀30° に対して 1° すなわち $\dfrac{1}{30}\fallingdotseq 0.03$ は十分小さいと考えてよい。

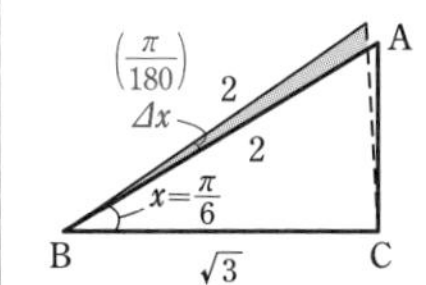


(1) $S=\dfrac{1}{2}\cdot 2\cdot\sqrt{3}\sin x=\sqrt{3}\sin x$

よって $\quad S'=\sqrt{3}\cos x$

$x$ の増分 $\Delta x$ に対する $S$ の増分を $\Delta S$ とすると，$|\Delta x|$ が十分小さいとき，$\Delta S\fallingdotseq S'\Delta x=(\sqrt{3}\cos x)\Delta x$ が成り立つ。

よって $\quad \Delta S\fallingdotseq\sqrt{3}\cos\dfrac{\pi}{6}\cdot\dfrac{\pi}{180}=\dfrac{\pi}{120}\fallingdotseq\dfrac{3.14}{120}=0.026\cdots\cdots$

したがって，**約 0.03 cm² 増える。**

(2) 余弦定理により

$$y=\sqrt{2^2+(\sqrt{3})^2-2\cdot 2\cdot\sqrt{3}\cos x}=\sqrt{7-4\sqrt{3}\cos x}$$

◀$y=(7-4\sqrt{3}\cos x)^{\frac{1}{2}}$

$$y'=\frac{1}{2}(7-4\sqrt{3}\cos x)^{-\frac{1}{2}}\cdot(7-4\sqrt{3}\cos x)'=\frac{2\sqrt{3}\sin x}{\sqrt{7-4\sqrt{3}\cos x}}$$

◀$(7-4\sqrt{3}\cos x)'=4\sqrt{3}\sin x$

$x$ の増分 $\Delta x$ に対する $y$ の増分を $\Delta y$ とすると，$|\Delta x|$ が十分小さいとき，$\Delta y\fallingdotseq y'\Delta x$ が成り立つ。

よって

$$\Delta y=\frac{2\sqrt{3}\sin\frac{\pi}{6}}{\sqrt{7-4\sqrt{3}\cos\frac{\pi}{6}}}\cdot\frac{\pi}{180}=\frac{2\sqrt{3}\cdot\frac{1}{2}}{\sqrt{7-4\sqrt{3}\cdot\frac{\sqrt{3}}{2}}}\cdot\frac{\pi}{180}$$

$$=\frac{\sqrt{3}\pi}{180}\fallingdotseq\frac{1.73\times 3.14}{180}=0.030\cdots\cdots\fallingdotseq 0.03$$

したがって，**約 0.03 cm 増える。**

**練習 ②128** (1) 球の体積 $V$ が 1 % 増加するとき，球の半径 $r$ と球の表面積 $S$ は，それぞれ約何 % 増加するか。

(2) AD∥BC の等脚台形 ABCD において，AB=2 cm，BC=4 cm，∠B=60° とする。∠B が 1° だけ増えたとき，台形 ABCD の面積 $S$ は，ほぼどれだけ増えるか。ただし，$\pi=3.14$ とする。

## 参考事項　関数の無限級数展開

関数 $f(x)$ を次のような無限級数の形に表すことを考えよう。

$$f(x)=c_0+c_1x+c_2x^2+\cdots\cdots+c_kx^k+\cdots\cdots \qquad \cdots\cdots ①$$

このように表すことができるとき　$f(0)=c_0$

また，① の両辺を $k$ 回 ($k=1,\ 2,\ \cdots\cdots$) 微分したものにおいて，$x=0$ とすると

$f^{(k)}(0)=k!c_k$　　よって　$c_k=\dfrac{f^{(k)}(0)}{k!}$ ($k=1,\ 2,\ \cdots\cdots$)

したがって　$f(x)=f(0)+\dfrac{f'(0)}{1!}x+\dfrac{f''(0)}{2!}x^2+\cdots\cdots+\dfrac{f^{(k)}(0)}{k!}x^k+\cdots\cdots$　　$\cdots\cdots$ (＊)

例　(1) $f(x)=e^x$　(2) $f(x)=\sin x$　について，上の ① の形で表す。

(1) $f^{(k)}(x)=e^x$ であるから　$f^{(k)}(0)=1$　また　$f(0)=1$　　◀ $e^x$ は何回微分しても同じ式。

よって　$e^x=1+\dfrac{1}{1!}x+\dfrac{1}{2!}x^2+\dfrac{1}{3!}x^3+\dfrac{1}{4!}x^4+\dfrac{1}{5!}x^5+\cdots\cdots$　　◀ (＊) に当てはめる。

ゆえに　$\boldsymbol{e^x=1+x+\dfrac{x^2}{2}+\dfrac{x^3}{6}+\dfrac{x^4}{24}+\dfrac{x^5}{120}+\cdots\cdots}$　　◀ $e^x=\displaystyle\sum_{n=0}^{\infty}\dfrac{x^n}{n!}$ $(0!=1)$

(2) $f'(x)=\cos x$，$f''(x)=-\sin x$，$f'''(x)=-\cos x$，
$f^{(4)}(x)=\sin x$，$f^{(5)}(x)=\cos x$ であるから
$f'(0)=1$，$f''(0)=0$，$f'''(0)=-1$，$f^{(4)}(0)=0$，$f^{(5)}(0)=1$

よって　$\sin x=0+\dfrac{1}{1!}x+\dfrac{0}{2!}x^2+\dfrac{-1}{3!}x^3+\dfrac{0}{4!}x^4+\dfrac{1}{5!}x^5+\cdots\cdots$

ゆえに　$\boldsymbol{\sin x=x-\dfrac{x^3}{6}+\dfrac{x^5}{120}-\cdots\cdots}$

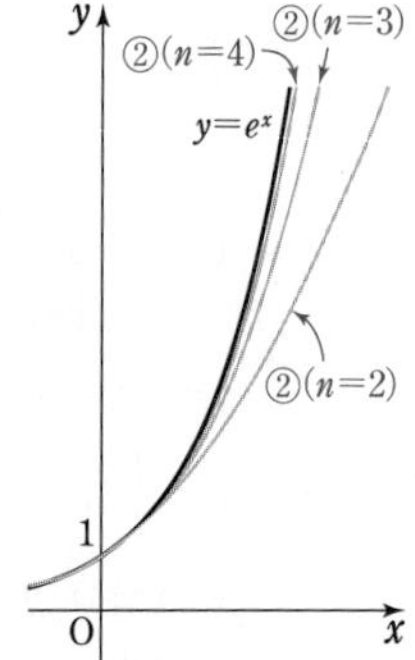


参考　(1) に関して，$y=\displaystyle\sum_{k=0}^{n}\dfrac{x^k}{k!}$ ($n=2,\ 3,\ 4\ ;\ 0!=1$) $\cdots\cdots$ ②
および $y=e^x$ のグラフは右の図のようになり，$n$ の値が大きくなると ② のグラフは $y=e^x$ のグラフに近づいていくことがわかる。

上で述べた事柄は，本当はもっと厳密な考察が必要である。詳しく知りたい人は，大学生向けの微分積分学の教科書を参照してほしい。
なお，一般には次のことが成り立つ(大学で学ぶ内容)。

$f(x)$ が 0 を含むある区間 $I$ で何回でも微分可能であれば，$I$ に属する任意の $x$ に対して次の式が成り立つ (**マクローリンの定理**)。

$$f(x)=f(0)+\frac{f'(0)}{1!}x+\frac{f''(0)}{2!}x^2+\cdots\cdots+\frac{f^{(n)}(0)}{n!}x^n+\frac{f^{(n+1)}(\theta x)}{(n+1)!}x^{n+1},\quad 0<\theta<1$$

注意　上のマクローリンの定理の式で，第 2 項までをとったものが 1 次の近似式に，第 3 項までをとったものが 2 次の近似式になっている。
(同じようにして，$n$ 次の近似式を考えることができる。)

問　次の関数を，上の 例 と同じようにして無限級数の形に表せ。
(1) $f(x)=\cos x$　　(2) $f(x)=\log(1+x)$　　(＊) 問 の解答は $p.391$ にある。

## 参考事項 オイラーの公式

前ページの内容から，関数 $e^x$，$\sin x$，$\cos x$ は次のように表されることがわかった。

$$e^x=1+\frac{x}{1!}+\frac{x^2}{2!}+\frac{x^3}{3!}+\frac{x^4}{4!}+\frac{x^5}{5!}+\cdots\cdots \quad \cdots\cdots ①$$

$$\sin x=x-\frac{x^3}{3!}+\frac{x^5}{5!}-\cdots\cdots \qquad \cos x=1-\frac{x^2}{2!}+\frac{x^4}{4!}-\cdots\cdots \quad \cdots\cdots ②$$

ここで，試しに ① の $x$ に $i\theta$ ($\theta$ は実数) を代入してみると

$$e^{i\theta}=1+\frac{i\theta}{1!}+\frac{(i\theta)^2}{2!}+\frac{(i\theta)^3}{3!}+\frac{(i\theta)^4}{4!}+\frac{(i\theta)^5}{5!}+\cdots\cdots$$

$$=1+\frac{i\theta}{1!}-\frac{\theta^2}{2!}-\frac{i\theta^3}{3!}+\frac{\theta^4}{4!}+\frac{i\theta^5}{5!}-\cdots\cdots$$

◀ $i^2=-1$

これが $e^{i\theta}=\left(1-\frac{\theta^2}{2!}+\frac{\theta^4}{4!}-\cdots\cdots\right)+i\left(\theta-\frac{\theta^3}{3!}+\frac{\theta^5}{5!}-\cdots\cdots\right)$ と変形できるとすると，

② により $\boldsymbol{e^{i\theta}=\cos\theta+i\sin\theta}$ ……（＊） となる。

上の議論は厳密ではないが，数学の世界で（＊）は実際に成り立つことが知られており，**オイラーの公式** といわれる。オイラーの公式は，数学のみならず電気工学や物理学など，多くの分野で利用されている（$p.359$ 参照）。

参考 複素数 $z$ に対する関数 $e^z$ については，大学で学ぶ「複素数関数」の中で扱われている。興味のある人は，「複素数関数」に関する書籍を参照してほしい（例えば，① の形で $e^z$ を定義する場合もある）。

次に，オイラーの公式の使用例をいくつか示しておこう。

### ● 三角関数を指数関数で表す

（＊）で $\theta$ に $-\theta$ を代入すると

$$e^{-i\theta}=\cos\theta-i\sin\theta \quad \cdots\cdots ③$$

◀ $e^{i(-\theta)}=\cos(-\theta)+i\sin(-\theta)$

（＊）と ③ から $\sin\theta=\frac{e^{i\theta}-e^{-i\theta}}{2i}$，$\cos\theta=\frac{e^{i\theta}+e^{-i\theta}}{2}$ …… ④

④ の 2 つの式は，複素数の世界では三角関数が指数関数で表されることを示している。

### ● 三角関数の加法定理を導く （$\alpha$，$\beta$ は実数とする。）

（＊）から $e^{i(\alpha+\beta)}=\cos(\alpha+\beta)+i\sin(\alpha+\beta)$ …… ⑤

また $e^{i(\alpha+\beta)}=(e^{i\alpha}e^{i\beta})^{Ⓐ}=(\cos\alpha+i\sin\alpha)(\cos\beta+i\sin\beta)$

$=(\cos\alpha\cos\beta-\sin\alpha\sin\beta)+i(\sin\alpha\cos\beta+\cos\alpha\sin\beta)$ …… ⑥

［Ⓐ $z$，$w$ が複素数のときも $e^{z+w}=e^ze^w$ が成り立つことが知られている。］

⑤ と ⑥ の実部，虚部をそれぞれ比較することにより，加法定理を導くことができる。
なお，三角関数に関係のある公式については，④ の各式の両辺を微分することにより，導関数の公式 $(\sin\theta)'=\cos\theta$，$(\cos\theta)'=-\sin\theta$ を導くこともできる。
［その証明には，複素数関数における導関数の公式 $(e^{az})'=ae^{az}$（$z$ は複素数，$a$ は実数）を利用する。］

### ● オイラーの等式

（＊）で $\theta=\pi$ とすると $\boldsymbol{e^{i\pi}+1=0}$ が得られる。 ◀ $e^{i\pi}=\cos\pi+i\sin\pi$

この等式は，円周率 $\pi$，自然対数の底 $e$，そして虚数単位 $i$ という，一見無関係に思われる 3 つの数が簡単な式で結ばれていることを表した，大変興味深い式である。

④**106** $n$ を自然数とし，実数 $x$ に対して $f_n(x)=(-1)^n\left\{e^{-x}-1-\sum_{k=1}^{n}\frac{(-1)^k}{k!}x^k\right\}$ とする。

(1) $f_{n+1}(x)$ の導関数 $f_{n+1}'(x)$ について，$f_{n+1}'(x)=f_n(x)$ が成り立つことを示せ。

(2) すべての自然数 $n$ について，$x>0$ のとき $f_n(x)<0$ であることを示せ。

(3) $a_n=1+\sum_{k=1}^{n}\frac{(-1)^k}{k!}$ とする。$\lim_{n\to\infty}a_{2n}$ を求めよ。　〔神戸大〕 →113,122

②**107** 座標平面上の動点Pの時刻 $t$ における座標 $(x,\ y)$ が $\begin{cases}x=\sin t\\ y=\frac{1}{2}\cos 2t\end{cases}$ で表されるとき，点Pの速度の大きさの最大値を求めよ。　〔類 立命館大〕 →123

③**108** 楕円 $Ax^2+By^2=1\ (A>0,\ B>0)$ の周上を速さ1で運動する点 $\mathrm{P}(x,\ y)$ について，次のことが成り立つことを示せ。

(1) 点Pの速度ベクトルと加速度ベクトルは垂直である。

(2) 点Pの速度ベクトルとベクトル $(Ax,\ By)$ は垂直である。 →125

④**109** 原点Oを中心とし，半径5の円周上を点Qが回転し，更に点Qを中心とする半径1の円周上を点Pが回転する。時刻 $t$ のとき，$x$ 軸の正方向に対しOQ，QPのなす角はそれぞれ $t$，$15t$ とする。OPが $x$ 軸の正方向となす角 $\omega$ について，$\frac{d\omega}{dt}$ を求めよ。　〔類 学習院大〕 →124,126

②**110** (1) $|x|$ が十分小さいとき，関数 $\tan\left(\frac{x}{2}-\frac{\pi}{4}\right)$ の近似式(1次)を作れ。〔信州大〕

(2) (ア) $\lim_{x\to 0}\frac{1+ax-\sqrt{1+x}}{x^2}=\frac{1}{8}$ が成り立つように定数 $a$ の値を定めよ。

(イ) (ア)の結果を用いて，$|x|$ が十分小さいとき，$\sqrt{1+x}$ の近似式を作れ。また，その近似式を利用して $\sqrt{102}$ の近似値を求めよ。 →127

106 (2) 数学的帰納法を利用。

(3) $f_{2n}(1)$ と $f_{2n+1}(1)$ を考えて $a_{2n}$ に関する不等式を作り，はさみうちの原理を利用。

107 $|\vec{v}|^2=\left(\frac{dx}{dt}\right)^2+\left(\frac{dy}{dt}\right)^2$ を $\sin^2 t=X$ の2次関数で表す。$X$ の変域に注意。

108 (1) 条件から $(x')^2+(y')^2=1$　この両辺を $t$ で微分する。

109 まず，$\mathrm{P}(x,\ y)$ として，$\overrightarrow{\mathrm{OP}}=\overrightarrow{\mathrm{OQ}}+\overrightarrow{\mathrm{QP}}$ から $x,\ y$ を $t$ で表す。$x=\mathrm{OP}\cos\omega$，$y=\mathrm{OP}\sin\omega$ であることにも注目。

110 (1) $|x|$ が十分小さいとき　$\boldsymbol{f(x)\fallingdotseq f(0)+f'(0)x}$

(2) (ア) $\frac{1+ax-\sqrt{1+x}}{x^2}$ の分子を有理化する。

(イ) (後半) $\sqrt{102}$ を近似式が使えるように $a\sqrt{1+b}$ の形にする。

数学Ⅲ 第5章

# 積 分 法

- **19** 不定積分とその基本性質
- **20** 不定積分の置換積分法・部分積分法
- **21** いろいろな関数の不定積分
- **22** 定積分とその基本性質
- **23** 定積分の置換積分法・部分積分法
- **24** 定積分で表された関数
- **25** 定積分と和の極限，不等式
- **26** 関連発展問題

- **基本定着コース**……教科書の基本事項を確認したいきみに
- **精選速習コース**……入試の基礎を短期間で身につけたいきみに
- **実力練成コース**……入試に向け実力を高めたいきみに

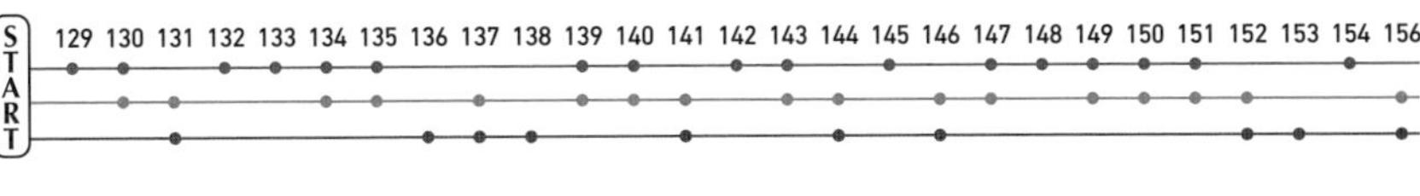


## 例題一覧

| | | 番号 | 例題 | 難易度 |
|---|---|---|---|---|
| 19 | 基本 | 129 | 不定積分の計算 | ① |
| | 基本 | 130 | 導関数から関数決定 (1) | ② |
| | 重要 | 131 | 導関数から関数決定 (2) | ④ |
| 20 | 基本 | 132 | $f(ax+b)$ の不定積分 | ① |
| | 基本 | 133 | 置換積分法 (1) | ② |
| | 基本 | 134 | 置換積分法 (2) | ② |
| | 基本 | 135 | 部分積分法 (1) | ② |
| | 基本 | 136 | 部分積分法 (2) | ③ |
| | 重要 | 137 | 部分積分法 (3) | ③ |
| | 重要 | 138 | 不定積分に関する漸化式の証明 | ④ |
| 21 | 基本 | 139 | 分数関数の不定積分 | ② |
| | 基本 | 140 | 無理関数の不定積分 (1) | ③ |
| | 重要 | 141 | 無理関数の不定積分 (2) | ④ |
| | 基本 | 142 | 三角関数の不定積分 (1) | ② |
| | 基本 | 143 | 三角関数の不定積分 (2) | ② |
| | 重要 | 144 | 三角関数の不定積分 (3) | ④ |
| 22 | 基本 | 145 | 定積分の計算 (1) | ② |
| | 重要 | 146 | 定積分の計算 (2) | ③ |
| | 基本 | 147 | 定積分の計算 (3) | ② |
| 23 | 基本 | 148 | 定積分の置換積分法 (1) | ② |
| | 基本 | 149 | 定積分の置換積分法 (2) | ② |
| | 基本 | 150 | 定積分の置換積分法 (3) | ② |
| | 基本 | 151 | 偶関数，奇関数の定積分 | ② |
| | 重要 | 152 | 置換積分法を利用した定積分の等式の証明 (1) | ③ |
| | 重要 | 153 | 置換積分法を利用した定積分の等式の証明 (2) | ④ |
| | 基本 | 154 | 定積分の部分積分法 (1) | ② |
| | 重要 | 155 | 定積分の部分積分法 (2) | ③ |
| | 重要 | 156 | 定積分と漸化式 (1) | ④ |
| | 重要 | 157 | 定積分と漸化式 (2) | ④ |
| | 重要 | 158 | 逆関数と積分の等式 | ④ |
| 24 | 基本 | 159 | 定積分で表された関数の微分 | ② |
| | 基本 | 160 | 定積分の等式から関数決定 | ② |
| | 基本 | 161 | 定積分で表された関数の最大・最小 (1) | ② |
| | 基本 | 162 | 定積分で表された関数の最大・最小 (2) | ③ |
| | 重要 | 163 | 定積分で表された関数の最大・最小 (3) | ③ |
| 25 | 基本 | 164 | 定積分と和の極限 (1) | ② |
| | 基本 | 165 | 定積分と和の極限 (2) | ③ |
| | 重要 | 166 | 定積分と和の極限 (3) | ④ |
| | 重要 | 167 | 図形と区分求積法 | ③ |
| | 重要 | 168 | 確率と区分求積法 | ④ |
| | 基本 | 169 | 定積分の不等式の証明 | ② |
| | 重要 | 170 | 数列の和の不等式の証明 (定積分の利用) | ③ |
| 26 | 演習 | 171 | 定積分の漸化式と極限 | ④ |
| | 演習 | 172 | 定積分で表された関数の極限 | ④ |
| | 演習 | 173 | シュワルツの不等式の証明 | ④ |
| | 演習 | 174 | 無限級数の和と定積分 | ④ |
| | 演習 | 175 | 数列の和の不等式の証明と極限 | ⑤ |

# 19 不定積分とその基本性質

## 基本事項

### 1 不定積分

関数 $f(x)$ に対して，微分すると $f(x)$ になる関数を，$f(x)$ の **不定積分** または **原始関数** といい，記号 $\int f(x)dx$ で表す。また，$f(x)$ の不定積分の 1 つを $F(x)$ とすると，$f(x)$ の不定積分は $\int f(x)dx=F(x)+C$（$C$ は積分定数） と表される。

### 2 不定積分の基本性質

$k$，$l$ を定数とする。

1 $\int kf(x)dx=k\int f(x)dx$

2 $\int\{f(x)+g(x)\}dx=\int f(x)dx+\int g(x)dx$

3 $\int\{kf(x)+lg(x)\}dx=k\int f(x)dx+l\int g(x)dx$

## 解　説

### ■不定積分

数学Ⅱで学んだように，定数項を微分すると 0 になることから，微分すると $f(x)$ になる関数は無数にある。

したがって，関数 $f(x)$ の不定積分の 1 つを $F(x)$ とするとき，$f(x)$ の任意の不定積分 $\int f(x)dx$ は定数 $C$ を用いて，$F(x)+C$ の形に表される。

このとき，$f(x)$ を **被積分関数**，$x$ を **積分変数**，定数 $C$ を **積分定数** という。また，関数 $f(x)$ からその不定積分を求めることを，$f(x)$ を **積分する** という。

**微分と積分は互いに逆の演算**

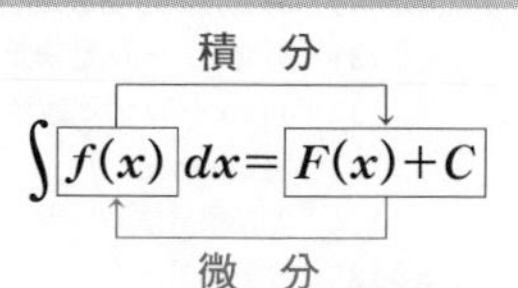


### ■不定積分の基本性質

$f(x)$，$g(x)$ の不定積分の 1 つをそれぞれ $F(x)$，$G(x)$ とすると

$$\{kF(x)+lG(x)\}'=kF'(x)+lG'(x)=kf(x)+lg(x)$$

であるから

$$\int\{kf(x)+lg(x)\}dx=kF(x)+lG(x)=k\int f(x)dx+l\int g(x)dx$$

したがって，上の **2** 3 が成り立ち，$l=0$ とおくと上の **2** 1，$k=l=1$ とおくと上の **2** 2 が導かれる。

◀数学Ⅱでも学習。

**注意** **2** 1～3 のような不定積分についての等式では，各辺の積分定数を適当に定めると，その等式が成り立つことを意味している。

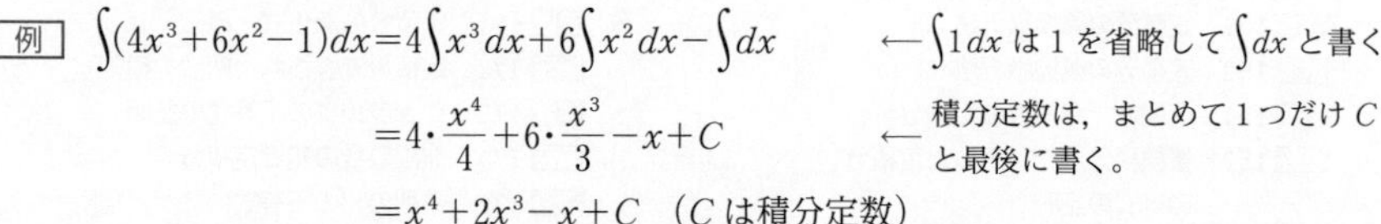

例　$\int(4x^3+6x^2-1)dx=4\int x^3dx+6\int x^2dx-\int dx$　←$\int 1\,dx$ は 1 を省略して $\int dx$ と書く。

$=4\cdot\dfrac{x^4}{4}+6\cdot\dfrac{x^3}{3}-x+C$　←積分定数は，まとめて 1 つだけ $C$ と最後に書く。

$=x^4+2x^3-x+C$　（$C$ は積分定数）

**基本事項**

## 3 基本的な関数の不定積分

$C$ はいずれも積分定数とする。

[1] **$x^\alpha$ の関数** $\alpha \neq -1$ のとき $\displaystyle\int x^\alpha dx = \frac{x^{\alpha+1}}{\alpha+1} + C$

$\alpha = -1$ のとき $\displaystyle\int \frac{dx}{x} = \log|x| + C$

[2] **三角関数** $\displaystyle\int \sin x\, dx = -\cos x + C$ $\displaystyle\int \cos x\, dx = \sin x + C$

$\displaystyle\int \frac{dx}{\cos^2 x} = \tan x + C$ $\displaystyle\int \frac{dx}{\sin^2 x} = -\frac{1}{\tan x} + C$

[3] **指数関数** $\displaystyle\int e^x dx = e^x + C$ $\displaystyle\int a^x dx = \frac{a^x}{\log a} + C$ $(a>0,\ a \neq 1)$

**解 説**

### ■ 基本的な関数の不定積分

不定積分は，導関数の公式の逆を利用 して求めることができる。第 3 章で学習した導関数の公式を用いて，基本的な関数の不定積分を求めてみよう。なお，$C$ はいずれも積分定数とする。

[1] $\alpha$ が実数のとき

$(x^{\alpha+1})' = (\alpha+1)x^\alpha$ であるから，$\alpha \neq -1$ のとき $\displaystyle\left(\frac{x^{\alpha+1}}{\alpha+1}\right)' = x^\alpha$

ゆえに $\displaystyle\int x^\alpha dx = \frac{x^{\alpha+1}}{\alpha+1} + C$ $(\alpha \neq -1)$

また，$(\log|x|)' = \dfrac{1}{x}$ から $\displaystyle\int \frac{dx}{x} = \log|x| + C$

[2] $(-\cos x)' = \sin x$ から $\displaystyle\int \sin x\, dx = -\cos x + C$

$(\sin x)' = \cos x$ から $\displaystyle\int \cos x\, dx = \sin x + C$

また，$(\tan x)' = \dfrac{1}{\cos^2 x}$ から $\displaystyle\int \frac{dx}{\cos^2 x} = \tan x + C$

$\displaystyle\left(\frac{1}{\tan x}\right)' = -\frac{1}{\sin^2 x}$ から $\displaystyle\int \frac{dx}{\sin^2 x} = -\frac{1}{\tan x} + C$

[3] $(e^x)' = e^x$ から $\displaystyle\int e^x dx = e^x + C$

$(a^x)' = a^x \log a$ $(a>0,\ a \neq 1)$ から $\displaystyle\left(\frac{a^x}{\log a}\right)' = a^x$

よって $\displaystyle\int a^x dx = \frac{a^x}{\log a} + C$ $(a>0,\ a \neq 1)$

**注意** **3** の不定積分の公式は，導関数の公式とペアで覚えておくようにしよう。

◀ $x^\alpha$ の積分では，$x^{-1}\left(=\dfrac{1}{x}\right)$ は別扱い。なお，$\displaystyle\int \frac{1}{f(x)} dx$ を $\displaystyle\int \frac{dx}{f(x)}$ と書くことがある。

◀ $p.116$ 参照。

◀ $p.117$ 参照。

◀ $p.118$ 参照。

**注意** 微分法では積・商の公式もあったが，積分法では積 $\displaystyle\int f(x)g(x)dx$，商 $\displaystyle\int \frac{f(x)}{g(x)} dx$ のすべての場合に使えるような一般的な方法がないから，**積分法に積・商の公式はない。**
また，すべての関数が積分できるとは限らない（不定積分が存在しないということではなく，$x^\alpha$，分数関数，$\sin x$，$\cos x$，$a^x$，$\log x$ を使って表せないという意味）。
したがって，それぞれの関数の特徴を利用して積分することになる。

## 基本例題 129 不定積分の計算 … 基本

①①①①①

次の不定積分を求めよ。

(1) $\displaystyle\int\frac{(\sqrt{x}-2)^2}{\sqrt{x}}dx$　　(2) $\displaystyle\int\frac{x-\cos^2 x}{x\cos^2 x}dx$

(3) $\displaystyle\int\frac{1}{\tan^2 x}dx$　　(4) $\displaystyle\int(2e^t-3\cdot 2^t)dt$

p.222，p.223 基本事項 2，3

**指針** まず，被積分関数を変形して，公式が使える形にする。

(1) $\sqrt[m]{x^n}=x^{\frac{n}{m}}$，$\dfrac{1}{x^p}=x^{-p}$　なお，$\dfrac{1}{x}$ $(p=1)$ の積分は別扱い。

(3) 三角関数の相互関係　$\tan\theta=\dfrac{\sin\theta}{\cos\theta}$，$\sin^2\theta+\cos^2\theta=1$　を利用して変形。

(4) 積分変数は $t$ であることに注意 ((1)～(3) の積分変数は $x$)。

**解答**

(1) $\displaystyle\int\frac{(\sqrt{x}-2)^2}{\sqrt{x}}dx=\int\frac{x-4\sqrt{x}+4}{\sqrt{x}}dx=\int\left(\sqrt{x}-4+\frac{4}{\sqrt{x}}\right)dx$

$\displaystyle=\int(x^{\frac{1}{2}}-4+4x^{-\frac{1}{2}})dx=\frac{2}{3}x^{\frac{3}{2}}-4x+4\cdot 2x^{\frac{1}{2}}+C$

$\displaystyle=\frac{2}{3}x\sqrt{x}-4x+8\sqrt{x}+C$ （$C$ は積分定数）

◀ $\displaystyle\int x^\alpha dx=\frac{x^{\alpha+1}}{\alpha+1}+C$ （ただし　$\alpha\neq-1$）（$C$ は積分定数。以下同じ。）

(2) $\displaystyle\int\frac{x-\cos^2 x}{x\cos^2 x}dx=\int\left(\frac{1}{\cos^2 x}-\frac{1}{x}\right)dx$

$=\tan x-\log|x|+C$ （$C$ は積分定数）

◀ $\displaystyle\int\frac{dx}{\cos^2 x}=\tan x+C$

$\displaystyle\int\frac{1}{x}dx=\log|x|+C$

(3) $\displaystyle\int\frac{1}{\tan^2 x}dx=\int\frac{\cos^2 x}{\sin^2 x}dx=\int\frac{1-\sin^2 x}{\sin^2 x}dx$

$\displaystyle=\int\left(\frac{1}{\sin^2 x}-1\right)dx=-\frac{1}{\tan x}-x+C$

（$C$ は積分定数）

◀ $\sin^2 x+\cos^2 x=1$

◀ $\displaystyle\int\frac{dx}{\sin^2 x}=-\frac{1}{\tan x}+C$

(4) $\displaystyle\int(2e^t-3\cdot 2^t)dt=2e^t-\frac{3\cdot 2^t}{\log 2}+C$ （$C$ は積分定数）

$\displaystyle\int e^t dt=e^t+C$

$\displaystyle\int a^t dt=\frac{a^t}{\log a}+C$

**検討** **求めた不定積分は微分して検算**

積分は微分の逆の計算であるから，求めた不定積分を微分して検算するとよい。
なお，次のページ以後，本書では「（$C$ は積分定数）」の断り書きを省略するが，実際の答案では必ず書くようにしよう。

**練習 ①129** 次の不定積分を求めよ。

(1) $\displaystyle\int\frac{x^3-2x+1}{x^2}dx$　　(2) $\displaystyle\int\frac{(\sqrt[3]{x}-1)^3}{x}dx$　　(3) $\displaystyle\int(\tan x+2)\cos x\,dx$

(4) $\displaystyle\int\frac{3-2\cos^2 x}{\cos^2 x}dx$　　(5) $\displaystyle\int\sin\frac{x}{2}\cos\frac{x}{2}dx$　　(6) $\displaystyle\int(3e^t-10^t)dt$

## 基本例題 130 導関数から関数決定 (1)

(1) 次の条件を満たす関数 $F(x)$ を求めよ。

$$F'(x)=\tan^2 x,\ F(\pi)=0$$

(2) 点 $(1,\ 0)$ を通る曲線 $y=f(x)$ 上の点 $(x,\ y)$ における接線の傾きが $x\sqrt{x}$ であるとき，微分可能な関数 $f(x)$ を求めよ。

p.222 基本事項 1，基本 129 重要 131

**指針** (1) 導関数がわかっているとき，もとの関数を求めるのが積分である。よって

$$F(x)=\int F'(x)dx$$

ここで，積分定数 $C$ は条件 $F(\pi)=0$（これを **初期条件** という）から決定する。

(2) **接線の傾き＝微分係数** により，$f'(x)=x\sqrt{x}$ である。曲線が点 $(1,\ 0)$ を通るから，$f(1)=0$ であり，これが初期条件となる。

**注意** 本書では，以後断りのない限り，$C$ は積分定数を表すものとする。

**解答**

(1) $F(x)=\int F'(x)dx=\int \tan^2 x\,dx=\int\left(\dfrac{1}{\cos^2 x}-1\right)dx$

$=\tan x-x+C$

$F(\pi)=0$ であるから　$\tan\pi-\pi+C=0$

これを解いて　$C=\pi$

したがって　$\boldsymbol{F(x)=\tan x-x+\pi}$

(2) 曲線 $y=f(x)$ 上の点 $(x,\ y)$ における接線の傾きは $f'(x)$ であるから　$f'(x)=x\sqrt{x}\ (x\geqq 0)$

ゆえに　$f(x)=\int x\sqrt{x}\,dx=\int x^{\frac{3}{2}}dx$

$=\dfrac{2}{5}x^2\sqrt{x}+C$

$f(1)=0$ から　$0=\dfrac{2}{5}+C$

よって　$C=-\dfrac{2}{5}$

したがって　$\boldsymbol{f(x)=\dfrac{2}{5}(x^2\sqrt{x}-1)}$

◀ $\tan^2\theta+1=\dfrac{1}{\cos^2\theta}$

◀ $\int\dfrac{dx}{\cos^2 x}=\tan x+C$

◀ $\tan\pi=0$

◀求めた $C$ の値を $F(x)$ の式に代入。

◀ $\int x^{\frac{3}{2}}dx=\dfrac{x^{\frac{5}{2}}}{\frac{5}{2}}+C$

$=\dfrac{2}{5}x^2\cdot x^{\frac{1}{2}}+C$

**検討**

一般に，$F'(x)$ の不定積分は無数にあるが，(1) の $F(\pi)=0$ のような初期条件が与えられると，積分定数 $C$ の値が定まる。

**練習 ② 130** (1) 次の条件を満たす関数 $F(x)$ を求めよ。

$$F'(x)=e^x-\frac{1}{\sin^2 x},\ F\left(\frac{\pi}{4}\right)=0$$

(2) 曲線 $y=f(x)$ 上の点 $(x,\ y)$ における法線の傾きが $3^x$ であり，かつ，この曲線が原点を通るとき，微分可能な関数 $f(x)$ を求めよ。

p.246 EX 111, 112

## 重要例題 131 導関数から関数決定 (2)

微分可能な関数 $f(x)$ が $f'(x)=|e^x-1|$ を満たし，$f(1)=e$ であるとき，$f(x)$ を求めよ。

基本 130

**指針** 条件 $f'(x)=|e^x-1|$ から，$f(x)=\int|e^x-1|dx$ とすることはできない。まず，**絶対値　場合に分ける**　から

$x>0$ のとき　$f'(x)=e^x-1$　…… Ⓐ

$x<0$ のとき　$f'(x)=-(e^x-1)=-e^x+1$

$x>0$ のときは，Ⓐ と条件 $f(1)=e$ から $f(x)$ が決まる。
しかし，$x<0$ のときは，条件 $f(1)=e$ が利用できない。
そこで，関数 $f(x)$ は **$x=0$ で微分可能 ⟹ $x=0$ で連続**
(p.106 基本事項 1 ②) に着目。

$\lim_{x\to+0}f(x)=\lim_{x\to-0}f(x)=f(0)$ を利用して，$f(x)$ を求める。

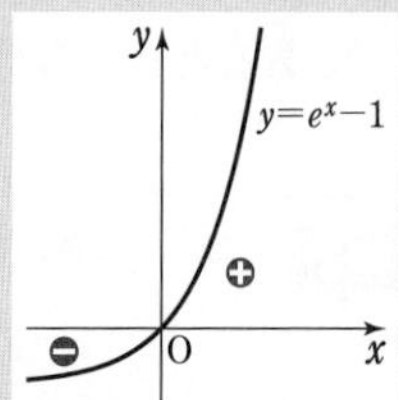


**解答**

$x>0$ のとき，$e^x-1>0$ であるから　　$f'(x)=e^x-1$

よって　　$f(x)=\int(e^x-1)dx=e^x-x+C$ （$C$ は積分定数）

$f(1)=e$ であるから　$e=e-1+C$　　ゆえに　$C=1$

したがって　　$f(x)=e^x-x+1$ …… ①

$x<0$ のとき，$e^x-1<0$ であるから　　$f'(x)=-e^x+1$

よって　　$f(x)=\int(-e^x+1)dx$

$\qquad\qquad=-e^x+x+D$ （$D$ は積分定数） …… ②

$f(x)$ は $x=0$ で微分可能であるから，$x=0$ で連続である。

ゆえに　　$\lim_{x\to+0}f(x)=\lim_{x\to-0}f(x)=f(0)$

① から　　$\lim_{x\to+0}f(x)=\lim_{x\to+0}(e^x-x+1)=2$

② から　　$\lim_{x\to-0}f(x)=\lim_{x\to-0}(-e^x+x+D)=-1+D$

よって　　$2=-1+D=f(0)$　　ゆえに　　$D=3$

したがって　　$f(x)=-e^x+x+3$

このとき，$\lim_{x\to0}\dfrac{e^x-1}{x}=1$ から

$$\lim_{h\to+0}\frac{f(h)-f(0)}{h}=\lim_{h\to+0}\frac{e^h-h-1}{h}=0,$$

$$\lim_{h\to-0}\frac{f(h)-f(0)}{h}=\lim_{h\to-0}\frac{-e^h+h+1}{h}=0$$

よって，$f'(0)$ が存在し，$f(x)$ は $x=0$ で微分可能である。

以上から　　$$f(x)=\begin{cases}e^x-x+1 & (x\geqq0)\\ -e^x+x+3 & (x<0)\end{cases}$$

◀導関数 $f'(x)$ はその定義から，$x$ を含む開区間で扱う。したがって，$x>0$，$x<0$ の区間で場合分けして考える。

◀$f(x)$ は微分可能な関数。

◀必要条件。

◀逆の確認。p.121 も参照。

◀$\lim_{h\to+0}\left(\dfrac{e^h-1}{h}-1\right)$

◀$\lim_{h\to-0}\left\{\dfrac{-(e^h-1)}{h}+1\right\}$

**練習 ④131** $x>0$ とする。微分可能な関数 $f(x)$ が $f'(x)=\left|\dfrac{1}{x}-1\right|$ を満たし，$f(2)=-\log2$ であるとき，$f(x)$ を求めよ。

# 20 不定積分の置換積分法・部分積分法

## 基本事項

**1 $f(ax+b)$ の不定積分**

$F'(x)=f(x)$, $a \neq 0$ とするとき　$\displaystyle\int f(ax+b)dx=\frac{1}{a}F(ax+b)+C$

**2 置換積分法**

1　$\displaystyle\int f(x)dx=\int f(g(t))g'(t)dt$　　ただし　$x=g(t)$

2　$\displaystyle\int f(g(x))g'(x)dx=\int f(u)du$　　ただし　$g(x)=u$

2′　$\displaystyle\int \{g(x)\}^{\alpha}g'(x)dx=\frac{\{g(x)\}^{\alpha+1}}{\alpha+1}+C$　　ただし　$\alpha \neq -1$

3　$\displaystyle\int \frac{g'(x)}{g(x)}dx=\log|g(x)|+C$

**3 部分積分法**

$\displaystyle\int f(x)g'(x)dx=f(x)g(x)-\int f'(x)g(x)dx$　特に　$\displaystyle\int f(x)dx=xf(x)-\int xf'(x)dx$

## 解　説

### ■ $f(ax+b)$ の不定積分

合成関数の微分法 $\{F(ax+b)\}'=aF'(ax+b)=af(ax+b)$ から **1** が得られる。

### ■ 置換積分法

$f(x)$ の不定積分 $y=\displaystyle\int f(x)dx$ において，$x$ が微分可能な $t$ の関数 $g(t)$ で $x=g(t)$ と表されるとき，$y$ は $t$ の関数で　$\dfrac{dy}{dt}=\dfrac{dy}{dx}\cdot\dfrac{dx}{dt}=f(x)g'(t)=f(g(t))g'(t)$　から 1 が得られる。

また，1 において，左辺と右辺を入れ替えて，積分変数 $t$ を $x$ に，$x$ を $u$ におき換えると 2 が得られる。

2 において，$f(u)=u^{\alpha}$ とすると　$\displaystyle\int \{g(x)\}^{\alpha}g'(x)dx=\int u^{\alpha}du=\frac{u^{\alpha+1}}{\alpha+1}+C$，$g(x)=u$ から 2′ が得られる。また，2 において，$f(u)=\dfrac{1}{u}$ とすると

$\displaystyle\int \frac{g'(x)}{g(x)}dx=\int \frac{1}{u}du=\log|u|+C$，$g(x)=u$　から 3 が得られる。

なお，**$\dfrac{dx}{dt}=g'(t)$ を形式的に $dx=g'(t)dt$ と書く** ことがある。この表現を用いると，1 は，$\displaystyle\int f(x)dx$ において形式的に $x$ を $g(t)$ に，$dx$ を $g'(t)dt$ におき換えたもの，2 は，被積分関数が $f(g(x))g'(x)$ の形をしているとき，$g(x)$ を $u$ でおき換え，形式的に $g'(x)dx$ を $du$ におき換えたもの，と考えることができる。

### ■ 部分積分法

積の導関数の公式 $\{f(x)g(x)\}'=f'(x)g(x)+f(x)g'(x)$ から

$$f(x)g'(x)=\{f(x)g(x)\}'-f'(x)g(x)$$

両辺の不定積分を考えると　$\displaystyle\int f(x)g'(x)dx=f(x)g(x)-\int f'(x)g(x)dx$　…… ①

① で，特に $g(x)=x$ とすると，$g'(x)=1$ であるから　$\displaystyle\int f(x)dx=xf(x)-\int xf'(x)dx$

## 基本例題 132 $f(ax+b)$ の不定積分 ①①①①①

次の不定積分を求めよ。

(1) $\int\sqrt{2x-3}\,dx$　(2) $\int\cos\left(\frac{2}{3}x-1\right)dx$　(3) $\int\frac{dx}{4x+5}$　(4) $\int 2^{-3x+1}dx$

p.227 基本事項 1

**指針** 次の公式を用いる。$F'(x)=f(x)$, $a\neq0$ とするとき

$$\int f(ax+b)dx=\frac{1}{a}F(ax+b)+C \quad \cdots (*)$$

↑ $\frac{1}{a}$ を忘れずに！

← $ax+b$ を1つのもの ● とみて，$f(●)$ の不定積分を求める要領。

(1) で $f(x)=\sqrt{x}$ とすると，$f(2x-3)=\sqrt{2x-3}$ となるから，$\sqrt{x}$ の不定積分を考えるとよい。(2)〜(4) についても同様に，$f(x)$ を次のようにとって考える。

(2) $f(x)=\cos x$　(3) $f(x)=\frac{1}{x}$　(4) $f(x)=2^x$

**解答**

(1) $\int\sqrt{2x-3}\,dx=\int(2x-3)^{\frac{1}{2}}dx=\frac{1}{2}\cdot\frac{2}{3}(2x-3)^{\frac{3}{2}}+C$

$=\boldsymbol{\frac{1}{3}(2x-3)\sqrt{2x-3}+C}$

◀ $\int\sqrt{x}\,dx=\frac{2}{3}x^{\frac{3}{2}}+C$
$2x-3$ の $x$ の係数 2 の逆数 $\frac{1}{2}$ を忘れずに掛ける。

(2) $\int\cos\left(\frac{2}{3}x-1\right)dx=\boldsymbol{\frac{3}{2}\sin\left(\frac{2}{3}x-1\right)+C}$

◀ $\int\cos x\,dx=\sin x+C$

(3) $\int\frac{dx}{4x+5}=\boldsymbol{\frac{1}{4}\log|4x+5|+C}$

◀ $\int\frac{1}{x}dx=\log|x|+C$

(4) $\int 2^{-3x+1}dx=-\frac{1}{3}\cdot\frac{2^{-3x+1}}{\log 2}+C=\boldsymbol{-\frac{2^{-3x+1}}{3\log 2}+C}$

◀ $\int 2^x dx=\frac{2^x}{\log 2}+C$

**検討** **指針の公式（＊）の証明など**

上の指針の（＊）の公式は，前ページの基本事項 2 1 の特別な場合である。

実際に，$F'(x)=f(x)$，$a\neq0$ のとき，$ax+b=t$ とおくと　$x=\frac{t-b}{a}$，$\frac{dx}{dt}=\frac{1}{a}$

よって　$\int f(ax+b)dx=\int f(t)\cdot\frac{1}{a}dt=\frac{1}{a}\int f(t)dt=\frac{1}{a}F(t)+C=\frac{1}{a}F(ax+b)+C$　となる。

なお，p.224 の 検討 でも述べたが，不定積分を求めた後は **微分して検算** するとよい。
例えば

(1) $\left\{\frac{1}{3}(2x-3)^{\frac{3}{2}}+C\right\}'=\frac{1}{3}\cdot\frac{3}{2}(2x-3)^{\frac{1}{2}}\cdot 2=\sqrt{2x-3}$　← 被積分関数に一致し，OK。

**練習 ① 132** 次の不定積分を求めよ。

(1) $\int\frac{1}{4x^2-12x+9}dx$　(2) $\int\sqrt[3]{3x+2}\,dx$　(3) $\int e^{-2x+1}dx$

(4) $\int\frac{1}{\sqrt[3]{(1-3x)^2}}dx$　(5) $\int\sin(3x-2)dx$　(6) $\int 7^{2x-3}dx$

## 基本例題 133 置換積分法 (1) … 丸ごと置換 ②②②②②

次の不定積分を求めよ。

(1) $\int (2x+1)\sqrt{x+2}\,dx$　　(2) $\int \frac{e^{2x}}{(e^x+1)^2}dx$

p.227 基本事項 2

**指針** 置換積分法 の公式 1 $\int f(x)dx=\int f(g(t))g'(t)dt$ $[x=g(t)]$ を利用。

このとき，$f(x)$ の式に注目して，$=t$ とおく ($x$ の) 式を，後の $t$ の不定積分の計算がなるべくらくになるようにとることがポイント。

(1) $x+2=t$ とおくと，$\sqrt{\ }$ が残る。一方，$\sqrt{x+2}=t$ (丸ごと置換) とおく と，$x=t^2-2$ となり，$\sqrt{\ }$ が消えて扱いやすくなる。

(2) $e^x=t$ とおいてもよいが(別解)，$e^x+1=t$ とおく 方が計算はらく。

**解答**

(1) $\sqrt{x+2}=t$ とおくと，$x=t^2-2$ から　$dx=2t\,dt$

よって　$\int (2x+1)\sqrt{x+2}\,dx=\int (2t^2-3)\cdot t\cdot 2t\,dt$

$=\int (4t^4-6t^2)dt=\frac{4}{5}t^5-2t^3+C$

$=\frac{2}{5}(2t^2-5)t^3+C$

$=\mathbf{\frac{2}{5}(2x-1)(x+2)\sqrt{x+2}+C}$

(2) $e^x+1=t$ とおくと　$e^x=t-1$，$e^x dx=dt$

よって　$\int \frac{e^{2x}}{(e^x+1)^2}dx=\int \frac{e^x}{(e^x+1)^2}e^x dx=\int \frac{t-1}{t^2}dt$

$=\int \left(\frac{1}{t}-\frac{1}{t^2}\right)dt=\log t+\frac{1}{t}+C$

$=\mathbf{\log(e^x+1)+\frac{1}{e^x+1}+C}$

別解　$e^x=t$ とおくと　$e^x dx=dt$

よって　$\int \frac{e^{2x}}{(e^x+1)^2}dx=\int \frac{e^x}{(e^x+1)^2}e^x dx=\int \frac{t}{(t+1)^2}dt$

$=\int \left\{\frac{1}{t+1}-\frac{1}{(t+1)^2}\right\}dt=\log(t+1)+\frac{1}{t+1}+C$

$=\mathbf{\log(e^x+1)+\frac{1}{e^x+1}+C}$

◀$x=t^2-2$ から　$\frac{dx}{dt}=2t$
これを形式的に $dx=2t\,dt$ と書く。

◀**$t$ について積分。**

◀$2t^2-5=2(x+2)-5$
$=2x-1$

◀**最後に $x$ の式に戻す。**

◀$e^x=\frac{dt}{dx}$ から
$e^x dx=dt$

◀$t=e^x+1>0$ であるから，$\log|t|$ ではなく $\log t$ と書いている。

**検討**

(1) 一般には，$(\square)^{\alpha}$ の形は $\square=t$ とおいて積分することが多いが，特に $\sqrt[n]{\triangle}$ の形は丸ごと $\sqrt[n]{\triangle}=t$ と おく 方が計算がらくになることが多い。

**練習 ② 133** 次の不定積分を求めよ。

(1) $\int (x+2)\sqrt{1-x}\,dx$　(2) $\int \frac{x}{(x+3)^2}dx$　(3) $\int (2x+1)\sqrt{x^2+x+1}\,dx$

(4) $\int \frac{e^{2x}}{e^x+2}dx$　(5) $\int \left(\tan x+\frac{1}{\tan x}\right)dx$　(6) $\int \frac{x}{1+x^2}\log(1+x^2)dx$

## 基本例題 134 置換積分法 (2) … f(■)■′ の積分

①①①①①（難易度）

次の不定積分を求めよ。

(1) $\displaystyle\int xe^{-\frac{x^2}{2}}dx$　　(2) $\displaystyle\int \sin^3 x\cos x\,dx$　　(3) $\displaystyle\int\frac{x+1}{x^2+2x-1}dx$

p.227 基本事項 2

**指針** 置換積分法 の公式 2　$\displaystyle\int f(g(x))g'(x)dx=\int f(u)du$　$[g(x)=u]$ …… (＊)
を用いる。

(1) $f(x)=e^{-x}$, $g(x)=\dfrac{x^2}{2}$ とすると　$xe^{-\frac{x^2}{2}}=f(g(x))g'(x)$ の形 ⟶ $\dfrac{x^2}{2}=u$ とおく。

(2), (3) も同じように，$f(g(x))g'(x)$ の形を発見して，$g(x)=u$ とおく解答でもよいが，
公式 (＊) の特殊な形

2′　$\displaystyle\int\{g(x)\}^\alpha g'(x)dx=\frac{\{g(x)\}^{\alpha+1}}{\alpha+1}+C$　$(\alpha\neq-1)$

3　$\displaystyle\int\frac{g'(x)}{g(x)}dx=\log|g(x)|+C$　　⟵ $\dfrac{(分母)'}{(分母)}$ の形の式の積分。

を使うと早い。(2) は 2′，(3) は 3 を使う。

**f(■)■′ なら ■=u とおく**

### 解答

(1) $\left(\dfrac{x^2}{2}\right)'=x$ であるから，$\dfrac{x^2}{2}=u$ とおくと

$$\int xe^{-\frac{x^2}{2}}dx=\int e^{-\frac{x^2}{2}}\cdot x\,dx=\int e^{-u}du$$

$$=-e^{-u}+C=\boldsymbol{-e^{-\frac{x^2}{2}}+C}$$

◀ $x\,dx=du$ と考える。
◀ $\displaystyle\int e^{-\frac{x^2}{2}}\left(\frac{x^2}{2}\right)'dx$
◀ $x$ の式に戻す。

別解　$\left(-\dfrac{x^2}{2}\right)'=-x$ であるから，$-\dfrac{x^2}{2}=u$ とおくと

$$\int xe^{-\frac{x^2}{2}}dx=-\int e^{-\frac{x^2}{2}}(-x)dx=-\int e^u du$$

$$=-e^u+C=\boldsymbol{-e^{-\frac{x^2}{2}}+C}$$

◀ $(-x)dx=du$
◀ $x=-(-x)$

(2) $(\sin x)'=\cos x$ であるから

$$\int\sin^3 x\cos x\,dx=\int\sin^3 x\cdot(\sin x)'dx$$

$$=\boldsymbol{\frac{1}{4}\sin^4 x+C}$$

◀ $\sin x=u$ とおいて，$\cos x\,dx=du$ から
(与式)$=\displaystyle\int u^3du$
$=\dfrac{1}{4}u^4+C$
としてもよい。

(3) $(x^2+2x-1)'=2x+2$ であるから

$$\int\frac{x+1}{x^2+2x-1}dx=\int\frac{1}{2}\cdot\frac{(x^2+2x-1)'}{x^2+2x-1}dx$$

$$=\boldsymbol{\frac{1}{2}\log|x^2+2x-1|+C}$$

◀ $\dfrac{g'(x)}{g(x)}$ の形にして，公式 3 を使った。
$x^2+2x-1=u$ とおいてもよい。

**練習 ②134** 次の不定積分を求めよ。　　〔(1) 芝浦工大〕

(1) $\displaystyle\int\frac{2x+1}{\sqrt{x^2+x}}dx$　　(2) $\displaystyle\int\sin x\cos^2 x\,dx$　　(3) $\displaystyle\int\frac{1}{x\log x}dx$

## 基本 例題 135 部分積分法 (1) … 基本

次の不定積分を求めよ。

(1) $\int xe^{2x}dx$　　(2) $\int \log(x+1)dx$　　(3) $\int x\cos 2x\,dx$

p.227 基本事項 3

**指針** 式の変形や置換積分法で計算できない積の形の積分では，**部分積分法**

$$\int f(x)g'(x)dx = f(x)g(x) - \int f'(x)g(x)dx$$

（$f(x)$：そのまま，$g'(x)$：積分 → $g(x)$；$f(x)$：微分 → $f'(x)$，$g(x)$：そのまま）

を利用してみる。このとき，

**微分して簡単になるものを $f(x)$，積分しやすいものを $g'(x)$** とするのがコツ。

(1) $x$，$e^{2x}$ のうち，微分して簡単になるのは $x$ ⟶ $f(x)=x$，$g'(x)=e^{2x}$ とする。

(2) 積の形ではないが，$\log(x+1)$ は，$1\cdot\log(x+1)$ とみて，$1=(x+1)'$ と考える。

**CHART** 部分積分法　**積を $fg'$ とみる，$f'g$ が積分できる形に**

**解答**

(1) $\int xe^{2x}dx = \int x\cdot\left(\frac{e^{2x}}{2}\right)'dx = x\cdot\frac{e^{2x}}{2} - \int 1\cdot\frac{e^{2x}}{2}dx$

$= \frac{xe^{2x}}{2} - \frac{e^{2x}}{4} + C = \boldsymbol{\frac{1}{4}(2x-1)e^{2x}+C}$

◀ $f=x$，$g'=e^{2x}$ とすると $f'=1$，$g=\frac{e^{2x}}{2}$

(2) $\int \log(x+1)dx = \int 1\cdot\log(x+1)dx = \int (x+1)'\cdot\log(x+1)\,dx$

$= (x+1)\cdot\log(x+1) - \int (x+1)\cdot\frac{1}{x+1}dx$

$= \boldsymbol{(x+1)\log(x+1)-x+C}$

◀ $f=\log(x+1)$，$g'=1$ とすると $f'=\frac{1}{x+1}$，$g=x+1$

**重要** $\int \log x\,dx = x\log x - x + C$

◀ 公式として覚えておく。

(3) $\int x\cos 2x\,dx = \int x\left(\frac{\sin 2x}{2}\right)'dx$

$= x\cdot\frac{\sin 2x}{2} - \int 1\cdot\frac{\sin 2x}{2}dx$

$= \boldsymbol{\frac{1}{2}x\sin 2x + \frac{1}{4}\cos 2x + C}$

◀ $f=x$，$g'=\cos 2x$ とすると $f'=1$，$g=\frac{\sin 2x}{2}$

**注意** 部分積分法では，**$f(x)$，$g'(x)$ の定め方** がポイントとなる。一般には，

(多項式)×(三角・指数関数) の場合 …… 微分して次数が下がる多項式を $f(x)$

(多項式)×(対数関数) の場合 …… 微分して分数関数になる対数関数を $f(x)$

とするとよい。

**練習 ②135** 次の不定積分を求めよ。　　[(5) 会津大]

(1) $\int xe^{-x}dx$　　(2) $\int x\sin x\,dx$　　(3) $\int x^2\log x\,dx$

(4) $\int x\cdot 3^x dx$　　(5) $\int \frac{\log(\log x)}{x}dx$

p.246 EX113～115

## 基本例題 136 部分積分法 (2) … 2回の部分積分 ③

次の不定積分を求めよ。

(1) $\int x^2 \sin x\,dx$　　(2) $\int (\log x)^2 dx$　　(3) $\int x^2 e^{2x} dx$

基本 135　重要 137

例えば，(1) で部分積分法を用いると

$$\int x^2 \sin x\,dx = \int x^2(-\cos x)'dx = -x^2\cos x + 2\int x\cos x\,dx$$

となるから，更に続いて $\int x\cos x\,dx$ を部分積分法で計算する。

ここでは，このように **部分積分法を 2 回利用する** 不定積分を扱う。この場合，1回の計算の結果，<u>残った不定積分が計算できる形になるようにする。</u> ……★

**解答**

(1) $\int x^2 \sin x\,dx = \int x^2(-\cos x)'dx$

$= -x^2\cos x + 2\int x\cos x\,dx$

$= -x^2\cos x + 2\int x(\sin x)'dx$

$= -x^2\cos x + 2\left(x\sin x - \int \sin x\,dx\right)$

$= \boldsymbol{-x^2\cos x + 2x\sin x + 2\cos x + C}$

◀ $f=x^2$，$g'=\sin x$

◀指針＿＿……★の方針。$f=x$，$g'=\cos x$ として部分積分法を再度利用し，多項式の **次数を下げる**。

(2) $\int (\log x)^2 dx = \int 1\cdot(\log x)^2 dx = \int (x)'(\log x)^2 dx$

$= x(\log x)^2 - \int x\cdot 2\log x\cdot\frac{1}{x}dx$

$= x(\log x)^2 - 2\int \log x\,dx$

$= x(\log x)^2 - 2\int (x)'(\log x)dx$

$= x(\log x)^2 - 2\left(x\log x - \int dx\right)$

$= \boldsymbol{x(\log x)^2 - 2x\log x + 2x + C}$

◀ $f=(\log x)^2$，$g'=1$
(2) では，$\log x$ を微分するように部分積分法を適用する。

◀ $f=\log x$，$g'=1$　なお，
$\boldsymbol{\int \log x\,dx = x\log x - x + C}$
を公式として使ってもよい。

◀ $\int x(\log x)'dx = \int x\cdot\frac{1}{x}dx = \int dx$

(3) $\int x^2e^{2x}dx = \int x^2\left(\frac{e^{2x}}{2}\right)'dx = \frac{x^2e^{2x}}{2} - \int xe^{2x}dx$

$= \frac{x^2e^{2x}}{2} - \int x\left(\frac{e^{2x}}{2}\right)'dx = \frac{x^2e^{2x}}{2} - \left(\frac{xe^{2x}}{2} - \frac{1}{2}\int e^{2x}dx\right)$

$= \frac{x^2e^{2x}}{2} - \frac{xe^{2x}}{2} + \frac{e^{2x}}{4} + C$

$= \boldsymbol{\frac{1}{4}(2x^2 - 2x + 1)e^{2x} + C}$

◀ $f=x^2$，$g'=e^{2x}$

◀ $f=x$，$g'=e^{2x}$
また　$\int e^{2x}dx = \frac{1}{2}e^{2x} + C$

◀途中に出てくる積分定数は省略して，最後にまとめて $C$ としてよい。

**練習 ③136** 次の不定積分を求めよ。

(1) $\int x^2\cos x\,dx$　　(2) $\int x^2e^{-x}dx$　　(3) $\int x\tan^2 x\,dx$

## 重要例題 137 部分積分法(3) … 同形出現

不定積分$\int e^x \sin x\,dx$を求めよ。

基本 136　重要 138，155

**指針** 部分積分法により　$\int e^x \sin x\,dx=\int (e^x)'\sin x\,dx=e^x\sin x-\int e^x\cos x\,dx$ …… Ⓐ

ここで，前ページの基本例題 **136** 同様，部分積分法を再度用いて Ⓐ の中の$\int e^x\cos x\,dx$を計算すると，もとの積分$\int e^x\sin x\,dx$（$=I$とする）が現れるから，$I$の方程式を導いて$I$を求める。または

$\int e^x\cos x\,dx=\int (e^x)'\cos x\,dx=e^x\cos x+\int e^x\sin x\,dx$ …… Ⓑ　であるから，

$J=\int e^x\cos x\,dx$とすると，Ⓐ，Ⓑ より$I$，$J$の連立方程式が得られ，これを解いて$I$，$J$を求めるという方針で進めてもよい（ここで，$I$は$J$で，$J$は$I$で表されているから，$I$，$J$を **同形出現のペア** ということができる）。

なお，別解では，$e^x\sin x$，$e^x\cos x$を微分した式に注目する方針で進めている。

**CHART** 積の積分　$e^x\sin x$，$e^x\cos x$ なら同形出現のペアで考える

**解答**

$I=\int e^x\sin x\,dx$とする。

$$I=\int (e^x)'\sin x\,dx=e^x\sin x-\int e^x\cos x\,dx$$

◀$\int e^x(-\cos x)'dx$と考えてもよい（結果は同じ）。

$$=e^x\sin x-\int (e^x)'\cos x\,dx$$

$$=e^x\sin x-\left(e^x\cos x+\int e^x\sin x\,dx\right)$$

◀同形出現。

$$=e^x\sin x-e^x\cos x-I$$

◀$2I=e^x\sin x-e^x\cos x$

よって，積分定数を考えて

$$I=\frac{1}{2}e^x(\sin x-\cos x)+C$$

◀「不定」の意味で積分定数$C$をつける。$C$はまとめて最後につけるとよい。

別解　$I=\int e^x\sin x\,dx$，$J=\int e^x\cos x\,dx$ とする。

$(e^x\sin x)'=e^x\sin x+e^x\cos x$，

$(e^x\cos x)'=e^x\cos x-e^x\sin x$

であるから，2 つの式の両辺を積分して

$e^x\sin x=I+J$ …… ①，$e^x\cos x=J-I$ …… ②

◀$I$，$J$の連立方程式。

(①−②)÷2 から　$I=\frac{1}{2}e^x(\sin x-\cos x)+C$

◀積分定数$C$を落とさないように。

**練習** ③ **137** 次の不定積分を求めよ。

(1) $\int e^{-x}\cos x\,dx$　　(2) $\int \sin(\log x)dx$

p.246 EX 116

## 重要例題 138 不定積分に関する漸化式の証明 ④④④④④

$n$ は 0 以上の整数とし，$I_n=\int\sin^n x\,dx$ とする。このとき，次の等式が成り立つことを証明せよ。ただし，$\sin^0 x=1$ である。

$n\geqq 2$ のとき　$I_n=\dfrac{1}{n}\{-\sin^{n-1}x\cos x+(n-1)I_{n-2}\}$

重要 137

**指針** 前ページの重要例題 **137** と同様に，**部分積分法** を利用して変形すると

$$I_n=\int\sin^n x\,dx=\int\sin x\sin^{n-1}x\,dx=\int(-\cos x)'\sin^{n-1}x\,dx$$

$$=(-\cos x)\sin^{n-1}x+(n-1)\underline{\int\sin^{n-2}x\cos^2 x\,dx}=\cdots\cdots$$

ここで，＿＿ に $\cos^2 x=1-\sin^2 x$ を代入して変形すると，$I_n$ と $I_{n-2}$ が現れる。

**解答**

$n\geqq 2$ のとき

$$I_n=\int\sin^n x\,dx=\int\sin x\sin^{n-1}x\,dx$$

$$=\int(-\cos x)'\sin^{n-1}x\,dx$$　◀部分積分法を利用。

$$=(-\cos x)\sin^{n-1}x-\int(-\cos x)(n-1)\sin^{n-2}x\cos x\,dx$$

$$=-\sin^{n-1}x\cos x+(n-1)\int\sin^{n-2}x\cos^2 x\,dx$$　◀$\cos^2 x=1-\sin^2 x$

$$=-\sin^{n-1}x\cos x+(n-1)\int\sin^{n-2}x(1-\sin^2 x)dx$$

$$=-\sin^{n-1}x\cos x+(n-1)\left(\int\sin^{n-2}x\,dx-\int\sin^n x\,dx\right)$$　◀$I_n$ と $I_{n-2}$ が現れる。

$$=-\sin^{n-1}x\cos x+(n-1)I_{n-2}-(n-1)I_n$$

よって　$I_n+(n-1)I_n=-\sin^{n-1}x\cos x+(n-1)I_{n-2}$　◀$n\geqq 2$ から　$n-2\geqq 0$

すなわち　$nI_n=-\sin^{n-1}x\cos x+(n-1)I_{n-2}$

したがって　$I_n=\dfrac{1}{n}\{-\sin^{n-1}x\cos x+(n-1)I_{n-2}\}$

**練習 ④138** $n$ は整数とする。次の等式が成り立つことを証明せよ。ただし，$\cos^0 x=1$，$(\log x)^0=1$ である。

(1) $\displaystyle\int\cos^n x\,dx=\frac{1}{n}\left\{\sin x\cos^{n-1}x+(n-1)\int\cos^{n-2}x\,dx\right\}$ $(n\geqq 2)$

(2) $\displaystyle\int(\log x)^n dx=x(\log x)^n-n\int(\log x)^{n-1}dx$ $(n\geqq 1)$

(3) $\displaystyle\int x^n\sin x\,dx=-x^n\cos x+n\int x^{n-1}\cos x\,dx$ $(n\geqq 1)$

p.247 EX 117, 120

# 21 いろいろな関数の不定積分

## 基本事項

**1 分数関数の不定積分**

[1] 分子の次数を下げる　　[2] 部分分数に分解する

**2 無理関数の不定積分**

[1] 分母を有理化する

[2] $\sqrt{ax+b}$ を含む関数は $ax+b=t$ または $\sqrt{ax+b}=t$ とおく

**3 三角関数の不定積分**

[1] 次数を下げて1次の三角関数へ（2倍角，3倍角，積 ⟶ 和の公式の利用）

[2] $f(\sin x)\cos x$，$g(\cos x)\sin x$ の形に　　← p.10 参照。

その他，三角関数のいろいろな公式を活用して，積分しやすい形に変形する。

## 解説

■ **分数関数の不定積分**　被積分関数を次のように変形して積分する。

例 ① $\dfrac{x^2+1}{x-1}=\dfrac{x^2-1+2}{x-1}=x+1+\dfrac{2}{x-1}$　（分子の次数を下げる）　➡例題 139 (1)

② $\dfrac{x-1}{x^2(x+1)}=-\dfrac{1}{x^2}+\dfrac{2}{x}-\dfrac{2}{x+1}$　（部分分数に分解する）　➡例題 139 (2)

■ **無理関数の不定積分**

例 ① $\dfrac{1}{\sqrt{x+1}+\sqrt{x}}=\dfrac{\sqrt{x+1}-\sqrt{x}}{(\sqrt{x+1})^2-(\sqrt{x})^2}=\sqrt{x+1}-\sqrt{x}$　（分母の有理化）

と変形して積分する。　➡例題 140 (1)

② $I=\displaystyle\int\frac{x}{\sqrt{x+1}}dx$　　$\sqrt{x+1}=t$ とおくと，$x=t^2-1$，$dx=2t\,dt$ であるから

$I=\displaystyle\int\frac{(t^2-1)2t}{t}dt=2\int(t^2-1)dt=\cdots\cdots$　➡例題 140 (2)，(3)

■ **三角関数の不定積分**

例 [1] 被積分関数を次のように変形して（次数を下げてから），積分する。

① $\displaystyle\int\cos^2 2x\,dx=\int\frac{1+\cos 4x}{2}dx$　（2倍角の公式）　➡例題 142 (1)

② $\displaystyle\int\sin^3 x\,dx=\int\frac{3\sin x-\sin 3x}{4}dx$　（3倍角の公式）　➡例題 142 (2)

③ $\displaystyle\int\sin 3x\sin 2x\,dx=-\frac{1}{2}\int(\cos 5x-\cos x)dx$　（積 ⟶ 和の公式）　➡例題 142 (3)

例 [2] 被積分関数を $f(\sin x)\cos x$，$g(\cos x)\sin x$ の形に変形してから積分する。

① $I=\displaystyle\int\cos^3 x\,dx=\int\cos^2 x\cos x\,dx=\int(1-\sin^2 x)\cos x\,dx$

$\sin x=t$ とおくと，$\cos x\,dx=dt$ であるから　$I=\displaystyle\int(1-t^2)dt=\cdots\cdots$　➡例題 142 (2)

② $I=\displaystyle\int\frac{\sin x}{1+\cos x}dx$　　$\cos x=t$ とおくと，$\sin x\,dx=-dt$ であるから

$I=\displaystyle\int\frac{-dt}{1+t}=-\log(1+t)+C=-\log(1+\cos x)+C$　← $1+\cos x>0$　➡例題 143

## 基本例題 139 分数関数の不定積分

次の不定積分を求めよ。

(1) $\displaystyle\int\frac{x^3+x}{x^2-1}dx$ (2) $\displaystyle\int\frac{x+5}{x^2+x-2}dx$ (3) $\displaystyle\int\frac{x}{(2x-1)^4}dx$

p.235 基本事項 1

**指針** 被積分関数が $\dfrac{(分母)'}{(分母)}$ の形［$p.230$ 基本例題 **134**(3)］ではないことに注意。(1)，(2) では，被積分関数を 不定積分が求められる関数の和(差)の形に変形する。……★

(1) 被積分関数は (分子の次数)≧(分母の次数) であるから 分子の次数を下げる。

つまり $\dfrac{x^3+x}{x^2-1}=\dfrac{x(x^2-1)+2x}{x^2-1}=x+\underline{\dfrac{2x}{x^2-1}}$ のように変形する。

そして，___ の式は $\dfrac{(分母)'}{(分母)}$ の形 であることに着目。

(2) 被積分関数は分母が $x^2+x-2=(x-1)(x+2)$ と因数分解できるから，**部分分数に分解** することを考える。

$\dfrac{\boldsymbol{x+5}}{\boldsymbol{x^2+x-2}}=\dfrac{\boldsymbol{a}}{\boldsymbol{x-1}}+\dfrac{\boldsymbol{b}}{\boldsymbol{x+2}}$ とおき，これを $x$ の恒等式とみて，$a$，$b$ の値を決める。

なお，部分分数分解については，「チャート式基礎からの数学Ⅱ」の $p.30$，38 を参照。

(3) 分母が $\boldsymbol{(ax+b)^n}$ の形 であるから，$\boldsymbol{2x-1=t}$ とおく。

**分数関数の不定積分**

**CHART** 1 分子の次数を下げる　2 部分分数に分解する
3 分母が $(ax+b)^n$ の形なら $ax+b=t$ とおく

**解答**

(1) $\displaystyle\int\frac{x^3+x}{x^2-1}dx=\int\left(x+\frac{2x}{x^2-1}\right)dx=\int\left\{x+\frac{(x^2-1)'}{x^2-1}\right\}dx$

$\displaystyle=\boldsymbol{\frac{x^2}{2}+\log|x^2-1|+C}$

◀指針___……★の方針。分子 $x^3+x$ を分母 $x^2-1$ で割ると　商 $x$，余り $2x$

(2) $\displaystyle\int\frac{x+5}{x^2+x-2}dx=\int\frac{x+5}{(x-1)(x+2)}dx$

$\displaystyle=\int\left(\frac{2}{x-1}-\frac{1}{x+2}\right)dx$

$=2\log|x-1|-\log|x+2|+C$

$\displaystyle=\boldsymbol{\log\frac{(x-1)^2}{|x+2|}+C}$

◀指針の (2) の分数式から $x+5=a(x+2)+b(x-1)$ これを $x$ の恒等式とみて　$a+b=1$，$2a-b=5$ よって　$a=2$，$b=-1$ もしくは，$x=1$，$-2$ を代入して $a$，$b$ の値を求めてもよい。

(3) $2x-1=t$ とおくと　$x=\dfrac{t+1}{2}$，$dx=\dfrac{1}{2}dt$

$\displaystyle\int\frac{x}{(2x-1)^4}dx=\int\frac{t+1}{2}\cdot\frac{1}{t^4}\cdot\frac{1}{2}dt=\frac{1}{4}\int\left(\frac{1}{t^3}+\frac{1}{t^4}\right)dt$

$\displaystyle=\frac{1}{4}\int(t^{-3}+t^{-4})dt=\frac{1}{4}\left(-\frac{t^{-2}}{2}-\frac{t^{-3}}{3}\right)+C$

$\displaystyle=-\frac{1}{24t^3}(3t+2)+C=\boldsymbol{-\frac{6x-1}{24(2x-1)^3}+C}$

◀$\displaystyle\int x^\alpha dx=\frac{x^{\alpha+1}}{\alpha+1}+C$ (ただし　$\alpha\neq-1$)

別解 $\displaystyle\int\frac{x}{(2x-1)^4}dx=\int\frac{1}{2}\cdot\frac{(2x-1)+1}{(2x-1)^4}dx$

$\displaystyle=\frac{1}{2}\int\left\{\frac{1}{(2x-1)^3}+\frac{1}{(2x-1)^4}\right\}dx$

$\displaystyle=\frac{1}{2}\int\{(2x-1)^{-3}+(2x-1)^{-4}\}dx$

$\displaystyle=\frac{1}{2}\left\{\frac{1}{2}\cdot\frac{1}{-2}(2x-1)^{-2}+\frac{1}{2}\cdot\frac{1}{-3}(2x-1)^{-3}\right\}+C$

$\displaystyle=-\frac{1}{24(2x-1)^3}\{3(2x-1)+2\}+C$

$\displaystyle=-\boldsymbol{\frac{6x-1}{24(2x-1)^3}+C}$

◀分子に $2x-1$ を作ることで，分母と約分できる。

◀$f(ax+b)$ の不定積分を利用。被積分関数の分母が $(ax+b)^n$ の形のときは，このような式変形をすることで，置換積分法を利用せずに求めることもできる。

検討

**分数関数の不定積分**

分数関数の不定積分についてまとめておこう。

● **(分子の次数)≧(分母の次数)** のときは，割り算 [(分子)÷(分母)] により商と余りを求め，分子の次数を下げる。

● **(分子の次数)<(分母の次数)** のときは，式の形によって次のように計算する。

① $\dfrac{(\text{定数})}{(1\text{次式})}$ **の不定積分** …… $f(ax+b)$ の不定積分 を利用。

例 例題 **132** (3) $\displaystyle\int\frac{dx}{4x+5}=\boldsymbol{\frac{1}{4}\log|4x+5|+C}$ ◀$\displaystyle\int\frac{dx}{x}=\log|x|+C$

② $\dfrac{(1\text{次式})}{(2\text{次式})}$ **の不定積分** …… $\dfrac{(\text{分母})'}{(\text{分母})}$ の不定積分 を利用，または 部分分数に分解する。

例 例題 **134** (3) $\displaystyle\int\frac{x+1}{x^2+2x-1}dx=\int\frac{1}{2}\cdot\frac{(x^2+2x-1)'}{x^2+2x-1}dx=\boldsymbol{\frac{1}{2}\log|x^2+2x-1|+C}$

例 例題 **139** (2) $\displaystyle\int\frac{x+5}{x^2+x-2}dx=\int\left(\frac{2}{x-1}-\frac{1}{x+2}\right)dx=\cdots\cdots=\boldsymbol{\log\frac{(x-1)^2}{|x+2|}+C}$

③ $\dfrac{(\text{定数})}{(2\text{次式})}$ **の不定積分** …… 分母を $ax^2+bx+c\ (a\neq0)$ とし，$D=b^2-4ac$ とすると

[1] $D>0$ のとき (分母)$=a(x-p)(x-q)$ の形 ⟶ 部分分数に分解する。

[2] $D=0$ のとき (分母)$=a(x-p)^2$ の形 ⟶ $f(ax+b)$ の不定積分を利用。

[3] $D<0$ のとき (分母)$=a\{(x-p)^2+q^2\}$ の形

⟶ 不定積分は高校数学の範囲外。
なお，この形の定積分は，$x-p=q\tan\theta$ とおいて置換積分法を利用する方法がある（$p.256$ 例題 **150** 参照）。

練習 ②**139** 次の不定積分を求めよ。 [(2) 茨城大，(3) 芝浦工大]

(1) $\displaystyle\int\frac{x^3+2x}{x^2+1}dx$ (2) $\displaystyle\int\frac{x^2}{x^2-1}dx$ (3) $\displaystyle\int\frac{4x^2+x+1}{x^3-1}dx$ (4) $\displaystyle\int\frac{3x+2}{x(x+1)^2}dx$

p.247 EX118

## 基本例題 140 無理関数の不定積分 (1)

次の不定積分を求めよ。

(1) $\displaystyle\int\frac{x}{\sqrt{x+9}+3}dx$　　(2) $\displaystyle\int x\sqrt[3]{x+3}\,dx$　　(3) $\displaystyle\int\frac{dx}{x\sqrt{x+1}}$

p.235 基本事項 2

**指針** **無理関数の積分**　分母に無理式を含むなら，まず 有理化 を考える。
有理化してもうまくいかないときは，無理式を丸ごとおき換える。例えば，(2), (3) では (2) $\sqrt[3]{x+3}=t$, (3) $\sqrt{x+1}=t$ とおく (**丸ごと置換**)。
一般に，根号内が 1 次式の無理式 $\sqrt[n]{ax+b}$ しか含まない関数の不定積分では $\sqrt[n]{ax+b}=t$ とおく。

**CHART** $\sqrt[n]{ax+b}$ **を含む積分**　$\sqrt[n]{ax+b}=t$ **とおく**

**解答**

(1) $\displaystyle\frac{x}{\sqrt{x+9}+3}=\frac{x(\sqrt{x+9}-3)}{(\sqrt{x+9})^2-9}=\sqrt{x+9}-3$　◀**分母の有理化。**

よって

$$\int\frac{x}{\sqrt{x+9}+3}dx=\int(\sqrt{x+9}-3)dx$$
$$=\frac{2}{3}(x+9)^{\frac{3}{2}}-3x+C=\boldsymbol{\frac{2}{3}(x+9)\sqrt{x+9}-3x+C}$$

◀$\displaystyle\int\sqrt{x+9}\,dx=\int(x+9)^{\frac{1}{2}}dx=\frac{2}{3}(x+9)^{\frac{3}{2}}+C$

(2) $\sqrt[3]{x+3}=t$ とおくと　$x=t^3-3$, $dx=3t^2dt$　◀**丸ごと置換。**

よって

$$\int x\sqrt[3]{x+3}\,dx=\int(t^3-3)t\cdot 3t^2dt=3\int(t^6-3t^3)dt$$
$$=3\left(\frac{t^7}{7}-\frac{3}{4}t^4\right)+C=\frac{3}{28}t^4(4t^3-21)+C$$
$$=\frac{3}{28}(x+3)\sqrt[3]{x+3}\{4(x+3)-21\}+C$$
$$=\boldsymbol{\frac{3}{28}(x+3)(4x-9)\sqrt[3]{x+3}+C}$$

◀$x$ の式に戻しやすいように変形している。$t^3=x+3$ をうまく使うとよい。

(3) $\sqrt{x+1}=t$ とおくと　$x=t^2-1$, $dx=2t\,dt$　◀**丸ごと置換。**

よって $$\int\frac{dx}{x\sqrt{x+1}}=\int\frac{2t}{(t^2-1)t}dt=\int\frac{2}{t^2-1}dt$$
$$=\int\left(\frac{1}{t-1}-\frac{1}{t+1}\right)dt=\log|t-1|-\log|t+1|+C$$
$$=\log\left|\frac{t-1}{t+1}\right|+C=\boldsymbol{\log\frac{|\sqrt{x+1}-1|}{\sqrt{x+1}+1}+C}$$

◀$\displaystyle\frac{2}{t^2-1}=\frac{2}{(t+1)(t-1)}=\frac{(t+1)-(t-1)}{(t+1)(t-1)}=\frac{1}{t-1}-\frac{1}{t+1}$

◀$\sqrt{x+1}+1>0$

**練習 ③ 140** 次の不定積分を求めよ。

(1) $\displaystyle\int\frac{x}{\sqrt{2x+1}-1}dx$　　(2) $\displaystyle\int(x+1)\sqrt[4]{2x-3}\,dx$　　(3) $\displaystyle\int\frac{x+1}{x\sqrt{2x+1}}dx$

# 重要例題 141 無理関数の不定積分 (2)

①①①①①

$x+\sqrt{x^2+1}=t$ のおき換えを利用して，次の不定積分を求めよ。

(1) $\displaystyle\int\frac{1}{\sqrt{x^2+1}}dx$　　(2) $\displaystyle\int\sqrt{x^2+1}\,dx$

基本 140

**指針** 根号内が 2 次式の無理関数について，$\sqrt{a^2-x^2}$ や $\sqrt{x^2+a^2}$ を含むものはそれぞれ $x=a\sin\theta$，$x=a\tan\theta$ とおき換える方法があるが，後者の場合，計算が面倒になることがある（次ページ参照）。そこで，$\sqrt{x^2+A}$（$A$ は定数）を含む積分には，$x+\sqrt{x^2+A}=t$ とおくと，比較的簡単に計算できることが多い。

(2) $\sqrt{x^2+1}=(x)'\sqrt{x^2+1}$ として部分積分法で進め，(1) の結果を利用する。

**CHART** $\sqrt{x^2+A}$ を含む積分　$x+\sqrt{x^2+A}=t$ とおく

**解答**

(1) $x+\sqrt{x^2+1}=t$ から　$\left(1+\dfrac{x}{\sqrt{x^2+1}}\right)dx=dt$

ゆえに　$\dfrac{\sqrt{x^2+1}+x}{\sqrt{x^2+1}}dx=dt$　∴　$\dfrac{t}{\sqrt{x^2+1}}dx=dt$

よって　$\dfrac{1}{\sqrt{x^2+1}}dx=\dfrac{1}{t}dt$

したがって　$\displaystyle\int\frac{1}{\sqrt{x^2+1}}dx=\int\frac{1}{t}dt=\log|t|+C$

$$=\boldsymbol{\log(x+\sqrt{x^2+1})+C}$$

◀ $(\sqrt{x^2+1})'$
$=\{(x^2+1)^{\frac{1}{2}}\}'$
$=\dfrac{1}{2}(x^2+1)^{-\frac{1}{2}}\cdot(x^2+1)'$
$=\dfrac{2x}{2\sqrt{x^2+1}}=\dfrac{x}{\sqrt{x^2+1}}$

◀ $\sqrt{x^2+1}>\sqrt{x^2}=|x|$ から　$x+\sqrt{x^2+1}>0$
よって，真数は正である。

(2) $\displaystyle\int\sqrt{x^2+1}\,dx=\int(x)'\sqrt{x^2+1}\,dx$

$\displaystyle=x\sqrt{x^2+1}-\int\frac{x^2}{\sqrt{x^2+1}}dx=x\sqrt{x^2+1}-\int\frac{x^2+1-1}{\sqrt{x^2+1}}dx$

$\displaystyle=x\sqrt{x^2+1}-\int\left(\sqrt{x^2+1}-\frac{1}{\sqrt{x^2+1}}\right)dx$

$\displaystyle=x\sqrt{x^2+1}-\int\sqrt{x^2+1}\,dx+\int\frac{1}{\sqrt{x^2+1}}dx$

ゆえに　$\displaystyle 2\int\sqrt{x^2+1}\,dx=x\sqrt{x^2+1}+\int\frac{1}{\sqrt{x^2+1}}dx$

よって　$\displaystyle\int\sqrt{x^2+1}\,dx=\frac{1}{2}\left(x\sqrt{x^2+1}+\int\frac{1}{\sqrt{x^2+1}}dx\right)$

(1) の結果から

$$\int\sqrt{x^2+1}\,dx=\boldsymbol{\frac{1}{2}\{x\sqrt{x^2+1}+\log(x+\sqrt{x^2+1})\}+C}$$

◀ $x^2+1=(\sqrt{x^2+1})^2$ に着目して，分子の次数を下げる。

◀ 同形出現。
⟶ $p.233$ の解答で $I$ を求めるのと同様の考え方。

◀ 〰 に (1) の結果を利用。

**練習 ④141** $x+\sqrt{x^2+A}=t$（$A$ は定数）のおき換えを利用して，次の不定積分を求めよ。ただし，(1)，(2) では $a\neq0$ とする。

(1) $\displaystyle\int\frac{1}{\sqrt{x^2+a^2}}dx$　　(2) $\displaystyle\int\sqrt{x^2+a^2}\,dx$　　(3) $\displaystyle\int\frac{dx}{x+\sqrt{x^2-1}}$

## 参考事項 $\displaystyle\int\frac{1}{\sqrt{x^2+1}}dx$ のいろいろな求め方

重要例題 **141** (1) では，$x+\sqrt{x^2+1}=t$ とおいて求めたが，他にもいろいろな方法がある。まず，前ページの **指針** で示した，$x=\tan\theta$ とおき換える方法を見てみよう。

$x=\tan\theta\left(-\dfrac{\pi}{2}<\theta<\dfrac{\pi}{2}\right)$ とおくと　$dx=\dfrac{1}{\cos^2\theta}d\theta$

よって　$\displaystyle\int\frac{1}{\sqrt{x^2+1}}dx=\int\frac{1}{\sqrt{\tan^2\theta+1}}\cdot\frac{1}{\cos^2\theta}d\theta$

$\displaystyle=\int\cos\theta\cdot\frac{1}{\cos^2\theta}d\theta=\int\frac{1}{\cos\theta}d\theta$

$\displaystyle=\frac{1}{2}\log\frac{1+\sin\theta}{1-\sin\theta}+C=\frac{1}{2}\log\frac{(1+\sin\theta)^2}{\cos^2\theta}+C$

$\displaystyle=\log\frac{1+\sin\theta}{\cos\theta}+C=\log\left(\frac{1}{\cos\theta}+\tan\theta\right)+C$

$=\boldsymbol{\log(x+\sqrt{x^2+1})+C}$

◀ $1+\tan^2\theta=\dfrac{1}{\cos^2\theta}$，$\cos\theta>0$ から $\dfrac{1}{\sqrt{\tan^2\theta+1}}=\cos\theta$

◀ 真数の分母・分子に $1+\sin\theta$ を掛ける。なお，$\displaystyle\int\frac{1}{\cos\theta}d\theta$ の計算について，詳しくは練習 **143** を参照。

ところで，$y=\sqrt{x^2+1}$ とおくと，これは双曲線 $x^2-y^2=-1$ の $y>0$ の部分を表す。双曲線 $x^2-y^2=-1$ の媒介変数表示には，次のような形がある。

[1]　$x=\tan\theta$，$y=\dfrac{1}{\cos\theta}$

[2]　$x=\dfrac{t^2-1}{2t}\left[=\dfrac{1}{2}\left(t-\dfrac{1}{t}\right)\right]$，$y=\dfrac{t^2+1}{2t}\left[=\dfrac{1}{2}\left(t+\dfrac{1}{t}\right)\right]$

双曲線とその媒介変数表示については，数学 C 第 4 章を参照。

ここで，[1] の $x=\tan\theta$ は，上のおき換えに一致していることがわかるだろう。

次に，[2] の $x=\dfrac{t^2-1}{2t}$ は，$t>0$ として $t$ について解くと

$t^2-2xt-1=0$ から　　$t=x+\sqrt{x^2+1}$　…… (＊)

これは，重要例題 **141** (1) のおき換えに一致する。

◀ $|x|=\sqrt{x^2}<\sqrt{x^2+1}$ から $t=x-\sqrt{x^2+1}<0$

更に，[2] の $t$ を $e^t$ におき換えると　[3]　$x=\dfrac{e^t-e^{-t}}{2}$，$y=\dfrac{e^t+e^{-t}}{2}$

これは **双曲線関数**（$p.128$ 参照）を用いた媒介変数表示である。

◀ $x=\sinh t$，$y=\cosh t$

$\displaystyle\int\frac{1}{\sqrt{x^2+1}}dx$ について，$x=\dfrac{e^t-e^{-t}}{2}$ とおくと

$\sqrt{x^2+1}=\dfrac{e^t+e^{-t}}{2}$，$dx=\dfrac{e^t+e^{-t}}{2}dt$

よって　$\displaystyle\int\frac{1}{\sqrt{x^2+1}}dx=\int\frac{2}{e^t+e^{-t}}\cdot\frac{e^t+e^{-t}}{2}dt$

$\displaystyle=\int dt=t+C$

$=\boldsymbol{\log(x+\sqrt{x^2+1})+C}$

◀ $\cosh^2x-\sinh^2x=1$，$\cosh t>0$ から $\sqrt{\sinh^2t+1}=\cosh t$
また　$(\sinh t)'=\cosh t$

◀ (＊)で，$t$ を $e^t$ におき換えると
$e^t=x+\sqrt{x^2+1}$　$(e^t>0)$
ゆえに　$t=\log(x+\sqrt{x^2+1})$ …… ①
これにより，① とおく方法も考えられる（解答編 $p.201$ 参照）。

以上から，**置換積分は媒介変数表示と関係** し，それによりいろいろな求め方が存在することがわかる。

## 基本例題 142 三角関数の不定積分 (1)

次の不定積分を求めよ。

(1) $\int \cos^2 x\,dx$　(2) $\int \cos^3 x\,dx$　(3) $\int \sin 2x \cos 3x\,dx$

p.10 まとめ，p.235 基本事項 3

**指針** **三角関数の不定積分** は，式の **次数を下げて 1 次の形にする** ことがポイント。

(1) **2 倍角の公式** を利用。… $\cos^2 x=\dfrac{1+\cos 2x}{2}$

(2) **3 倍角の公式** を利用。… $\cos 3x=-3\cos x+4\cos^3 x$ から $\cos^3 x=\dfrac{\cos 3x+3\cos x}{4}$

または，$\cos^3 x=\cos^2 x\cdot\cos x=(1-\sin^2 x)\cos x=(1-\sin^2 x)(\sin x)'$ と考えて，置換積分法を利用する解法もある（別解）。

(3) **積 ⟶ 和の公式** を利用。… $\sin\alpha\cos\beta=\dfrac{1}{2}\{\sin(\alpha+\beta)+\sin(\alpha-\beta)\}$

なお，2 倍角・3 倍角の公式，積 ⟶ 和の公式は，$p.10$ にまとめてある。

**CHART** 三角関数の不定積分　積分できる形に変形　1 次数を下げる　2 $f(■)■'$ 型に

**解答**

(1) $\displaystyle\int \cos^2 x\,dx=\int\frac{1+\cos 2x}{2}dx=\frac{1}{2}\int(1+\cos 2x)dx$

$\displaystyle=\frac{1}{2}\left(x+\frac{1}{2}\sin 2x\right)+C=\boldsymbol{\frac{x}{2}+\frac{1}{4}\sin 2x+C}$

◀ $\cos 2x=2\cos^2 x-1$ から $\cos^2 x=\dfrac{1+\cos 2x}{2}$

(2) $\cos 3x=-3\cos x+4\cos^3 x$ から

$\displaystyle\cos^3 x=\frac{\cos 3x+3\cos x}{4}$

よって　$\displaystyle\int\cos^3 x\,dx=\frac{1}{4}\int(\cos 3x+3\cos x)dx$

$\displaystyle=\boldsymbol{\frac{1}{12}\sin 3x+\frac{3}{4}\sin x+C}$

◀ 3 倍角の公式を忘れていたら，$\cos(2x+x)$ として，加法定理と 2 倍角の公式から導く。

**参考** (1)，(2) については，$p.234$ 練習 **138** (1) の等式に $n=2,\ 3$ を代入して求めることもできる。

別解　$\cos^3 x=\cos^2 x\cdot\cos x=(1-\sin^2 x)\cos x$ であるから

$\displaystyle\int\cos^3 x\,dx=\int(1-\sin^2 x)\cos x\,dx$

$\displaystyle=\int(1-\sin^2 x)(\sin x)'dx$

$\displaystyle=\boldsymbol{\sin x-\frac{1}{3}\sin^3 x+C}$

◀ $\sin x=t$ とおくと $\cos x\,dx=dt$　(与式)$=\displaystyle\int(1-t^2)dt$

◀ 左の答えは，上の答えと異なるように見えるが，3 倍角の公式を用いて変形すると一致する。

(3) $\displaystyle\int\sin 2x\cos 3x\,dx=\frac{1}{2}\int(\sin 5x-\sin x)dx$

$\displaystyle=\boldsymbol{-\frac{1}{10}\cos 5x+\frac{1}{2}\cos x+C}$

**練習** ② **142** 次の不定積分を求めよ。

(1) $\int\sin^2 x\,dx$　(2) $\int\sin^3 x\,dx$　(3) $\int\cos 3x\cos 5x\,dx$

## 基本例題 143 三角関数の不定積分 (2)

次の不定積分を求めよ。

(1) $\displaystyle\int\frac{\sin x-\sin^3 x}{1+\cos x}dx$　　　(2) $\displaystyle\int\frac{dx}{\sin x}$

p.235 基本事項 3

被積分関数が $f(\cos x)\sin x$, $f(\sin x)\cos x$ の形 に変形できるときは，それぞれ $\cos x=t$, $\sin x=t$ とおく ことにより，不定積分を計算することができる。……★

(1) $\displaystyle\frac{\sin x-\sin^3 x}{1+\cos x}=\frac{(1-\sin^2 x)\sin x}{1+\cos x}=\frac{\cos^2 x}{1+\cos x}\cdot\sin x$　← $f(\cos x)\sin x$ の形

(2) $\displaystyle\frac{1}{\sin x}=\frac{\sin x}{\sin^2 x}=\frac{1}{1-\cos^2 x}\cdot\sin x$　← $f(\cos x)\sin x$ の形

解答

(1) $\cos x=t$ とおくと，$-\sin x\,dx=dt$ であるから

$$\int\frac{\sin x-\sin^3 x}{1+\cos x}dx=\int\frac{\cos^2 x}{1+\cos x}\cdot\sin x\,dx=-\int\frac{t^2}{1+t}dt$$

$$=-\int\left(t-1+\frac{1}{1+t}\right)dt \text{ Ⓐ}=-\frac{t^2}{2}+t-\log|1+t|+C$$

$$=\boldsymbol{-\frac{1}{2}\cos^2 x+\cos x-\log(1+\cos x)+C} \text{ Ⓑ}$$

(2) $\cos x=t$ とおくと，$-\sin x\,dx=dt$ であるから

$$\int\frac{dx}{\sin x}=\int\frac{\sin x}{\sin^2 x}dx=\int\frac{\sin x}{1-\cos^2 x}dx$$

$$=-\int\frac{dt}{1-t^2}=-\frac{1}{2}\int\left(\frac{1}{1+t}+\frac{1}{1-t}\right)dt$$

$$=-\frac{1}{2}(\log|1+t|-\log|1-t|)+C$$

$$=\frac{1}{2}\log\left|\frac{1-t}{1+t}\right|+C=\boldsymbol{\frac{1}{2}\log\frac{1-\cos x}{1+\cos x}+C}\quad\cdots\cdots(*)$$

別解 $\displaystyle\frac{1}{\sin x}=\frac{1}{2\tan\frac{x}{2}\cos^2\frac{x}{2}}\text{ Ⓒ}=\frac{\left(\tan\frac{x}{2}\right)'}{\tan\frac{x}{2}}$ であるから

$$\int\frac{dx}{\sin x}=\int\frac{\left(\tan\frac{x}{2}\right)'}{\tan\frac{x}{2}}dx=\boldsymbol{\log\left|\tan\frac{x}{2}\right|+C}$$

なお，$\tan\dfrac{x}{2}=t$ とおく方法もある。詳しくは次ページ参照。

◀指針___……★ の方針。$\sin^2 x+\cos^2 x=1$ を利用して，被積分関数を $f(\cos x)\sin x$ や $f(\sin x)\cos x$ の形に変形する。

Ⓐ $\displaystyle\frac{t^2}{1+t}=\frac{(t^2-1)+1}{t+1}=t-1+\frac{1}{t+1}$

Ⓑ $|\cos x|\leqq 1$ であるが，(分母)$\neq 0$ から $\cos x\neq -1$ よって，真数 $1+\cos x$ は正である。

◀$|\cos x|\leqq 1$ で (分母)$\neq 0$ から　$\cos x\neq\pm 1$ よって，真数は正。

Ⓒ $\sin 2\theta=2\sin\theta\cos\theta$ $=2(\tan\theta\cos\theta)\cos\theta$ $=2\tan\theta\cos^2\theta$　を利用。

◀$\tan^2\dfrac{\theta}{2}=\dfrac{1-\cos\theta}{1+\cos\theta}$ から，これは $(*)$ と一致する。

**練習 ②143** 次の不定積分を求めよ。

(1) $\displaystyle\int\frac{dx}{\cos x}$　　(2) $\displaystyle\int\frac{\cos x+\sin 2x}{\sin^2 x}dx$　　(3) $\displaystyle\int\sin^2 x\tan x\,dx$

p.246 EX113

## 重要例題 144 三角関数の不定積分 (3)

$\tan\dfrac{x}{2}=t$ とおき，不定積分 $\displaystyle\int\frac{dx}{5\sin x+3}$ を求めよ。

基本 143

**指針** 基本例題 **143** のようなタイプの積分について，$\sin x=t$，$\cos x=t$ のおき換えでうまくいかないときは，$\tan\dfrac{x}{2}=t$ **のおき換え** が有効なことがある。

$\tan\dfrac{x}{2}=t$ とおくと　$\boldsymbol{\sin x=\dfrac{2t}{1+t^2}}$，$\boldsymbol{\cos x=\dfrac{1-t^2}{1+t^2}}$

(「チャート式基礎からの数学Ⅱ」$p.248$ 基本例題 **154** 参照)

また，$\dfrac{1}{\cos^2\frac{x}{2}}\cdot\dfrac{1}{2}dx=dt$ から　$dx=\dfrac{2}{1+t^2}dt$　◀ $\dfrac{1}{\cos^2\frac{x}{2}}=1+\tan^2\dfrac{x}{2}=1+t^2$ から。

よって，三角関数の不定積分は，$t$ の **分数関数の不定積分** におき換えられる。

**解答**

$\tan\dfrac{x}{2}=t$ とおくと

$$\sin x=2\sin\frac{x}{2}\cos\frac{x}{2}=2\tan\frac{x}{2}\cos^2\frac{x}{2}$$

$$=2\tan\frac{x}{2}\cdot\frac{1}{1+\tan^2\frac{x}{2}}=\frac{2t}{1+t^2}$$

◀2倍角の公式と，$\sin\theta=\tan\theta\cos\theta$ を利用。

また，$\dfrac{1}{\cos^2\frac{x}{2}}\cdot\dfrac{1}{2}dx=dt$ から

◀ $\left(\tan\dfrac{x}{2}\right)'=\dfrac{1}{\cos^2\frac{x}{2}}\cdot\left(\dfrac{x}{2}\right)'$

$$dx=2\cos^2\frac{x}{2}dt=\frac{2}{1+\tan^2\frac{x}{2}}dt=\frac{2}{1+t^2}dt$$

ゆえに

$$\int\frac{dx}{5\sin x+3}=\int\frac{1}{5\cdot\frac{2t}{1+t^2}+3}\cdot\frac{2}{1+t^2}dt$$

◀下線部の分母どうし，分子どうしを掛けると $\displaystyle\int\frac{2}{10t+3(1+t^2)}dt$

$$=\int\frac{2}{3t^2+10t+3}dt=2\int\frac{1}{(t+3)(3t+1)}dt$$

$$=\frac{1}{4}\int\left(\frac{3}{3t+1}-\frac{1}{t+3}\right)dt$$

$$=\frac{1}{4}(\log|3t+1|-\log|t+3|)+C$$

$$=\frac{1}{4}\log\left|\frac{3t+1}{t+3}\right|+C=\boldsymbol{\frac{1}{4}\log\left|\frac{3\tan\frac{x}{2}+1}{\tan\frac{x}{2}+3}\right|+C}$$

◀ $\dfrac{1}{(t+3)(3t+1)}=\dfrac{a}{3t+1}+\dfrac{b}{t+3}$ として，分母を払うと
　$1=(a+3b)t+3a+b$
よって
　$a+3b=0$，$3a+b=1$
ゆえに　$a=\dfrac{3}{8}$，$b=-\dfrac{1}{8}$

**練習** ④**144** 次の不定積分を（　）内のおき換えによって求めよ。　[(2) 類 東京電機大]

(1) $\displaystyle\int\frac{dx}{\sin x-1}$ $\left(\tan\dfrac{x}{2}=t\right)$　　(2) $\displaystyle\int\frac{dx}{\sin^4 x}$ $(\tan x=t)$

p.247 EX 119, 120

# 振り返り　不定積分の求め方

微分の計算では，積・商や合成関数の微分の公式があったが，不定積分の計算には，いつでも使用できる一般的な公式はない。そのため，これまで学習した不定積分の公式を基本として，関数の特徴をとらえて不定積分を計算する必要がある。ここでは，考え方に着目して振り返ってみよう。

## ❶ 不定積分の基本性質（和・差・定数倍）を利用する

まず，公式として $p.222$ 基本事項 **2** の

3　$\displaystyle\int\{kf(x)+lg(x)\}dx=k\int f(x)dx+l\int g(x)dx$　　（$k$，$l$ は定数）

がある。この公式から，関数の積・商の形を，（不定積分が求められる）和・差の形に変形する，ということが目標となる。

● **部分分数分解** を行うことで，分数式の和・差の形に変形する。　⇐ $p.236$ 例題 **139**
（分数関数の不定積分については，$p.237$ の 検討 も参照。）

● **三角関数の積 ⟶ 和の公式** を利用することで，三角関数の積の形を和の形にする。また，**半角の公式** を利用することで，三角関数の次数を下げる。
⟶ $\sin ax$，$\cos bx$ の形に変形する（三角関数の次数を 1 次にする）ことで，不定積分を求められる。　⇐ $p.241$ 例題 **142**

## ❷ 置換積分法，部分積分法を利用する

積・商の形であっても，次の形であれば不定積分を求められる。

[1]　**置換積分法** を利用　……　被積分関数が $f(■)■'$ の形の場合

$p.230$ 例題 **134** のように，$\dfrac{(分母)'}{(分母)}$ の形の式や，$(\sin x$ の式$)\times\cos x$，$(\cos x$ の式$)\times\sin x$ の形の式などはこのタイプである。もちろん，「$■=t$」と置換して計算してもよい。

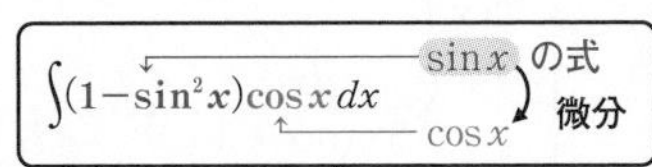


[2]　**部分積分法** を利用　……　微分すると簡単になる関数を含む場合

$p.231$ 例題 **135** などで扱った部分積分法では，

・微分することで簡単になる関数　　　　……　多項式，対数関数
・積分を繰り返しても形が変わらない関数　……　$e^x$，$\sin x$，$\cos x$

であることを認識した上で，どの関数を微分するか，どの関数を積分するかを定めることがポイントになる。
（$p.231$ 例題 **135** の 注意 も参照してほしい。）

$\int x\cos 2x\,dx$
$x$ ← 微分すると定数になる
$\cos 2x$ ← 繰り返し積分できる
$x$ を微分，$\cos 2x$ を積分 する関数として **部分積分法** を利用。

このほかにも，$p.239$ 例題 **141** のように，被積分関数の式に応じたおき換えをすることで，不定積分を計算できる場合もある。本書の例題で取り上げている定石を身につけた上で，どの解法を利用すると不定積分が求められるかを考えよう。

このページでは，これまでに学習した不定積分の求め方を整理しておく。どの例題，練習で扱ったかも示してあるから，復習に役立ててほしい。
なお，以下では，$a$，$b$，$A$ は定数，$n$ は自然数，$C$ は積分定数とする。

0 **不定積分の定義**　$\displaystyle\int f(x)dx=F(x)+C \iff f(x)=F'(x)$

1 **基本的な関数の不定積分**　…… これらはしっかり覚えておくように！

$\alpha \neq -1$ のとき $\displaystyle\int x^\alpha dx=\frac{x^{\alpha+1}}{\alpha+1}+C$，　$\displaystyle\int\frac{1}{x}dx=\log|x|+C$

$\displaystyle\int\sin x\,dx=-\cos x+C$，　$\displaystyle\int\cos x\,dx=\sin x+C$，　$\displaystyle\int\frac{dx}{\cos^2 x}=\tan x+C$

$\displaystyle\int e^x dx=e^x+C$，　$\displaystyle\int a^x dx=\frac{a^x}{\log a}+C$ $(a>0,\ a\neq 1)$

2 **分数関数**

① $\dfrac{g'(x)}{g(x)}$ の形 …… $\displaystyle\int\frac{g'(x)}{g(x)}dx=\log|g(x)|+C$　⬅ p.230 例題 134(3)

② 分子の次数を下げる　⬅ p.236 例題 139(1)

③ 部分分数に分解する　⬅ p.236 例題 139(2)

④ $(ax+b)^n$ を含む $\longrightarrow$ $ax+b=t$ とおく。　⬅ p.236 例題 139(3)

3 **無理関数**

① 分母の有理化　⬅ p.238 例題 140(1)

② $\sqrt[n]{ax+b}$ を含む $\longrightarrow$ $\sqrt[n]{ax+b}=t$ とおく。　⬅ p.238 例題 140(2)

③ $g'(x)\sqrt{g(x)}$ の形 $\longrightarrow$ $g(x)=t$ または $\sqrt{g(x)}=t$ とおく。　⬅ p.229 練習 133(3)

④ $\sqrt{x^2+A}$ の形 $\longrightarrow$ $x+\sqrt{x^2+A}=t$ とおく。　⬅ p.239 例題 141

4 **三角関数**

① $f(■)■'$ の形（■ は三角関数）に注目　⬅ p.230 例題 134(2)，p.242 例題 143

② 部分積分法の利用　⬅ p.231 例題 135(3)

③ 次数を下げる（2 倍角，3 倍角，積 ⟶ 和の公式）　⬅ p.241 例題 142

④ 漸化式の利用　⬅ p.234 例題 138

⑤ $\tan\dfrac{x}{2}=t$ のおき換えの利用　⬅ p.243 例題 144

5 **指数関数・対数関数**

① $f(■)■'$ の形に注目　⬅ p.230 例題 134(1)

② 部分積分法の利用　⬅ p.231 例題 135(1)，(2)，p.232 例題 136(2)，(3)

…… $\displaystyle\int\log x\,dx=x\log x-x+C$ は公式として覚えておく。

③ 漸化式の利用　⬅ p.234 練習 138(2)

6 **指数関数×三角関数**

① 部分積分法の利用 …… 同形出現（ペアを作る）　⬅ p.233 例題 137

## EXERCISES



②**111** 関数 $f(x)$ の原始関数を $F(x)$ とするとき，次の条件 [1]，[2] が成り立つ。このとき，$f'(x)$，$f(x)$ を求めよ。ただし，$x>0$ とする。

[1] $F(x)=xf(x)-\dfrac{1}{x}$　　[2] $F\left(\dfrac{1}{\sqrt{2}}\right)=\sqrt{2}$　→130

④**112** 次の条件 (A)，(B) を同時に満たす 5 次式 $f(x)$ を求めよ。

(A) $f(x)+8$ は $(x+1)^3$ で割り切れる。

(B) $f(x)-8$ は $(x-1)^3$ で割り切れる。　〔埼玉大〕

→130

②**113** 次の不定積分を求めよ。　〔(1)，(2) 広島市大，(3) 信州大〕

(1) $\displaystyle\int\sqrt{1+\sqrt{x}}\,dx$　(2) $\displaystyle\int\frac{\cos x}{\cos^2 x+2\sin x-2}dx$　(3) $\displaystyle\int x^3e^{x^2}dx$

→133〜135，143

②**114** 関数 $f(x)$ が $f(0)=0$，$f'(x)=x\cos x$ を満たすとき，次の問いに答えよ。

(1) $f(x)$ を求めよ。

(2) $f(x)$ の $0\leqq x\leqq\pi$ における最大値を求めよ。　〔工学院大〕

→130，135

③**115** 不定積分 $\displaystyle\int(\sin x+x\cos x)dx$ を求めよ。また，この結果を用いて，不定積分 $\displaystyle\int(\sin x+x\cos x)\log x\,dx$ を求めよ。　〔立教大〕

→135

③**116** 関数 $f(x)=Ae^x\cos x+Be^x\sin x$ ($A$，$B$ は定数) について，次の問いに答えよ。

(1) $f'(x)$ を求めよ。

(2) $f''(x)$ を $f(x)$ および $f'(x)$ を用いて表せ。

(3) $\displaystyle\int f(x)dx$ を求めよ。　〔東北学院大〕

→137

111 [1] の両辺を $x$ で微分する。$F'(x)=f(x)$ に注意。

112 条件から，$f'(x)$ は $(x+1)^2$，$(x-1)^2$ で割り切れる 4 次式。

113 (1) $\sqrt{1+\sqrt{x}}=t$，(2) $\sin x-1=t$，(3) $x^2=t$ とおく。

114 (2) $f'(x)=0$ の解に注目し，増減表をかく。

115 (前半) $\displaystyle\int\sin x\,dx+\int x\cos x\,dx$ として計算する。

116 (2) $f''(x)$ を求め，$f''(x)=●e^x\cos x+■e^x\sin x$ の形に変形してみる。

# EXERCISES



④117 $n$ を 0 以上の整数とする。次の不定積分を求めよ。

$$\int\left\{-\frac{(\log x)^n}{x^2}\right\}dx=\sum_{k=0}^{n}\boxed{\phantom{xx}}$$

ただし，積分定数は書かなくてよい。〔横浜市大〕

→138

③118 $f(x)=x^4-4x^3+5x^2-2x$ とする。

(1) 次の等式が $x$ についての恒等式となるような定数 $a,\ b,\ c,\ d$ の値を求めよ。

$$\frac{1}{f(x)}=\frac{a}{x}+\frac{b}{x-2}+\frac{c}{x-1}+\frac{d}{(x-1)^2}$$

(2) 不定積分 $\int\frac{1}{f(x)}dx$ を求めよ。〔類　高知大〕

→139

③119 $\tan\frac{x}{2}=t$ とおくことにより，不定積分 $\int\frac{5}{3\sin x+4\cos x}dx$ を求めよ。

〔類　埼玉大〕 →144

④120 $n$ を自然数とする。

(1) $t=\tan x$ と置換することで，不定積分 $\int\frac{dx}{\sin x\cos x}$ を求めよ。

(2) 関数 $\frac{1}{\sin x\cos^{n+1}x}$ の導関数を求めよ。

(3) 部分積分法を用いて

$$\int\frac{dx}{\sin x\cos^n x}=-\frac{1}{(n+1)\cos^{n+1}x}+\int\frac{dx}{\sin x\cos^{n+2}x}$$

が成り立つことを証明せよ。〔類　横浜市大〕

→138, 144

④121 $f(x)$ は $x>0$ で定義された関数で，$x=1$ で微分可能で $f'(1)=2$ かつ任意の $x>0,\ y>0$ に対して $f(xy)=f(x)+f(y)$ を満たすものとする。

(1) $f(1)$ の値を求めよ。これを利用して，$f\left(\frac{1}{x}\right)$ を $f(x)$ で表せ。

(2) $f\left(\frac{x}{y}\right)$ を $f(x)$ と $f(y)$ で表せ。

(3) $f(1),\ f'(1)$ の値に注意することにより，$\lim_{h\to 0}\frac{f(x+h)-f(x)}{h}$ を $x$ で表せ。

(4) $f(x)$ を求めよ。〔東京電機大〕

117　$I_n=\int\left\{-\frac{(\log x)^n}{x^2}\right\}dx$ とおき，$n\geqq 1$ のときの $I_n$ と $I_{n-1}$ の関係式を導く。

118　(1) 両辺の分母をそろえてから分母を払い，各項の係数を比較。

119　$\sin x,\ \cos x$ を $t$ の式で表す。

120　(3) (2)の結果を利用し，右辺の $\int\frac{dx}{\sin x\cos^{n+2}x}$ を部分積分法で計算する。

121　(1) $f(1)=f\left(x\cdot\frac{1}{x}\right)$ である。　(2) $f\left(\frac{x}{y}\right)=f(x)+f\left(\frac{1}{y}\right)$ として，(1)を利用。

# 22 定積分とその基本性質

## 基本事項

**1 定積分**　ある区間で連続な関数 $f(x)$ の不定積分の1つを $F(x)$ とするとき，区間に属する2つの実数 $a$，$b$ に対して

$$\int_a^b f(x)dx=\Big[F(x)\Big]_a^b=F(b)-F(a)$$

**2 定積分の性質**　$k$，$l$ を定数とする。

0　$\int_a^b f(x)dx=\int_a^b f(t)dt$　　⟵ 定積分の値は積分変数の文字に無関係

1　$\int_a^b kf(x)dx=k\int_a^b f(x)dx$　2　$\int_a^b \{f(x)+g(x)\}dx=\int_a^b f(x)dx+\int_a^b g(x)dx$

3　$\int_a^b \{kf(x)+lg(x)\}dx=k\int_a^b f(x)dx+l\int_a^b g(x)dx$

4　$\int_a^a f(x)dx=0$　　5　$\int_b^a f(x)dx=-\int_a^b f(x)dx$

6　$\int_a^b f(x)dx=\int_a^c f(x)dx+\int_c^b f(x)dx$

**3 絶対値のついた関数の定積分**

$a\leqq x\leqq c$ のとき　$f(x)\geqq 0$，$c\leqq x\leqq b$ のとき　$f(x)\leqq 0$

ならば　$\int_a^b |f(x)|dx=\int_a^c f(x)dx+\int_c^b \{-f(x)\}dx$

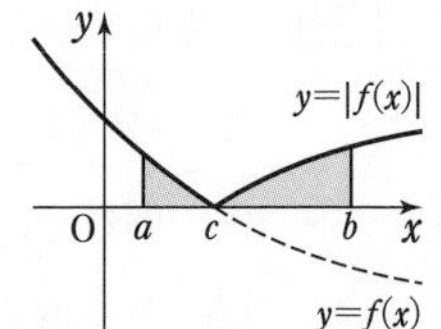


## 解　説

### ■定積分

連続な関数 $f(x)$ の不定積分の1つを $F(x)$ とすると，2つの実数 $a$，$b$ に対して，上の 1 のように定義したものを，$f(x)$ の $a$ から $b$ までの **定積分** といい，$a$ を定積分の **下端**，$b$ を **上端** という。下端 $a$ と上端 $b$ の大小関係は $a<b$，$a=b$，$a>b$ のいずれであってもよい。

また，区間 $[a,\ b]$ で $f(x)\geqq 0$ のとき，1 の定積分は，右の図のような図形（赤く塗った部分）の面積を表す。

なお，定積分の計算では，どの不定積分を用いても結果は同じであるから，普通，積分定数を省いて行う。

$f(x)\geqq 0$ のとき

$\int_a^b f(x)dx$

a　b　x

◀定積分の値は，不定積分の積分定数 $C$ とは無関係。

### ■定積分の性質

数学IIでは，**有理整関数**（多項式で表された関数）の定積分について学んだが，一般に連続な関数についても同じような公式が成り立つ。

### ■絶対値のついた関数の定積分

数学IIで学習したように，定積分を，$x$ 軸とグラフで囲まれる図形の面積として便宜的に定義すると，絶対値を含む関数の定積分が計算できる。方針としては，絶対値をはずすために，積分区間をいくつかの区間に分けて計算すればよい。

例　$\int_{-1}^2 |x|dx$

$=\int_{-1}^0 (-x)dx+\int_0^2 x\,dx$

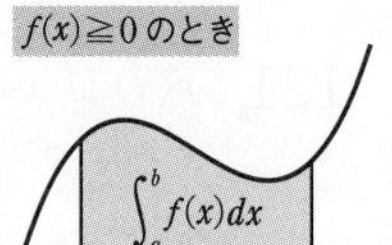

## 基本 例題 145 定積分の計算 (1) … 基本 ①①①①①

次の定積分を求めよ。 〔(2) 類 愛知工大，(4) 職能開発大〕

(1) $\int_1^2 \frac{x-1}{\sqrt[3]{x}}dx$　(2) $\int_1^3 \frac{1}{x^2+3x}dx$　(3) $\int_0^{\frac{\pi}{8}} \sin^2 2x\,dx$　(4) $\int_1^e \frac{\log x}{x}dx$

p.248 基本事項 1，2，基本 129，134，139，142　重要 146

**指針** 定積分 $\int_a^b f(x)dx$ の計算　$\int_a^b f(x)dx=\left[F(x)\right]_a^b=F(b)-F(a)$　に従う。

つまり　$f(x)$ の不定積分 $F(x)$ を求めて，$F(b)-F(a)$ を計算。

被積分関数について　(2) 部分分数に分解，(3) 2 倍角の公式利用。

(4) $g(x)g'(x)$ の形については，$[\{g(x)\}^2]'=2g(x)g'(x)$ に注目すると，不定積分は

$$\int g(x)g'(x)dx=\frac{1}{2}\{g(x)\}^2+C \quad (C\text{ は積分定数})$$ ←p.230 指針の 2′

**解答**

(1) $\int_1^2 \frac{x-1}{\sqrt[3]{x}}dx=\int_1^2 (x^{\frac{2}{3}}-x^{-\frac{1}{3}})dx=\left[\frac{3}{5}x^{\frac{5}{3}}-\frac{3}{2}x^{\frac{2}{3}}\right]_1^2$

$=\left(\frac{6}{5}\sqrt[3]{4}-\frac{3}{2}\sqrt[3]{4}\right)-\left(\frac{3}{5}-\frac{3}{2}\right)$

$=\boldsymbol{\frac{9-3\sqrt[3]{4}}{10}}$

◀ $\frac{x}{\sqrt[3]{x}}=x^{1-\frac{1}{3}}=x^{\frac{2}{3}}$

$\int x^\alpha dx=\frac{x^{\alpha+1}}{\alpha+1}+C$　$(\alpha\neq-1)$

(2) $\int_1^3 \frac{1}{x^2+3x}dx=\int_1^3 \frac{1}{x(x+3)}dx=\frac{1}{3}\int_1^3\left(\frac{1}{x}-\frac{1}{x+3}\right)dx$

$=\frac{1}{3}\left[\log x-\log(x+3)\right]_1^3$ ……（＊）

$=\frac{1}{3}\left[\log\frac{x}{x+3}\right]_1^3=\frac{1}{3}\left(\log\frac{1}{2}-\log\frac{1}{4}\right)$

$=\boldsymbol{\frac{1}{3}\log 2}$

◀ $\frac{1}{(x+a)(x+b)}=\frac{1}{b-a}\left(\frac{1}{x+a}-\frac{1}{x+b}\right)$

（＊）積分区間が $1\leqq x\leqq 3$ であるから，$\log|x|$，$\log|x+3|$ のように絶対値記号をつける必要はない。

(3) $\int_0^{\frac{\pi}{8}} \sin^2 2x\,dx=\int_0^{\frac{\pi}{8}} \frac{1-\cos 4x}{2}dx=\frac{1}{2}\left[x-\frac{\sin 4x}{4}\right]_0^{\frac{\pi}{8}}$

$=\frac{1}{2}\left(\frac{\pi}{8}-\frac{1}{4}\right)-0=\boldsymbol{\frac{\pi}{16}-\frac{1}{8}}$

◀ $\sin^2●=\frac{1-\cos 2●}{2}$

(4) $\frac{\log x}{x}=(\log x)(\log x)'$ であるから

$\int_1^e \frac{\log x}{x}dx=\left[\frac{1}{2}(\log x)^2\right]_1^e=\frac{1}{2}(1^2-0^2)=\boldsymbol{\frac{1}{2}}$

◀ $g(x)g'(x)$ の形。

**練習 ② 145** 次の定積分を求めよ。

(1) $\int_1^3 \frac{(x^2-1)^2}{x^4}dx$　(2) $\int_0^1 (x+1-\sqrt{x})^2 dx$　(3) $\int_0^1 \frac{4x-1}{2x^2+5x+2}dx$

(4) $\int_0^\pi (2\sin x+\cos x)^2 dx$　(5) $\int_{\frac{\pi}{4}}^{\frac{\pi}{2}} \frac{\sin 3x}{\sin x}dx$　(6) $\int_0^{\log 7} \frac{e^x}{1+e^x}dx$

p.271 EX 122

## 重要例題 146 定積分の計算 (2)

★★★☆☆

定積分 $\int_0^{\pi}\sin mx\cos nx\,dx$ の値を求めよ。ただし，$m$，$n$ は自然数とする。

p.10 まとめ，基本 142，145

**指針** 不定積分を求めるには，次数を下げる 方針で進める。 ← $p.241$ 基本例題 **142** 参照。
この問題では，**積 ⟶ 和の公式**（$p.10$ 参照）を利用すると

$$\sin mx\cos nx=\frac{1}{2}\{\sin(\underline{m+n})x+\sin(\underline{m-n})x\}$$

ここで，___の部分に文字が含まれていることに注意！
$m$，$n$ は自然数より，$m+n\neq 0$ となるから，$m-n$ について $m-n\neq 0$，$m-n=0$ の**場合に分けて計算** する必要がある。

← 単純に $\int\sin(m-n)x\,dx=-\dfrac{\cos(m-n)x}{m-n}+C$ としてはダメ！

**CHART** 三角関数の積分 次数を下げて，1 次の形に

**解答**

$I=\int_0^{\pi}\sin mx\cos nx\,dx$ とする。

$$\sin mx\cos nx=\frac{1}{2}\{\sin(m+n)x+\sin(m-n)x\}$$

◀積 ⟶ 和の公式。

であるから

[1] $m-n\neq 0$ すなわち $m\neq n$ のとき

$$I=-\frac{1}{2}\left[\frac{\cos(m+n)x}{m+n}+\frac{\cos(m-n)x}{m-n}\right]_0^{\pi}$$

$$=-\frac{1}{2}\left\{\frac{\cos(m+n)\pi}{m+n}+\frac{\cos(m-n)\pi}{m-n}-\frac{2m}{m^2-n^2}\right\}$$

◀$\cos k\pi=\begin{cases}1 & (k\text{ が偶数})\\ -1 & (k\text{ が奇数})\end{cases}$

$m+n$ が偶数のとき，$m-n$ も偶数で

$$I=-\frac{1}{2}\left(\frac{1}{m+n}+\frac{1}{m-n}-\frac{2m}{m^2-n^2}\right)=0$$

$m+n$ が奇数のとき，$m-n$ も奇数で

$$I=-\frac{1}{2}\left(-\frac{1}{m+n}-\frac{1}{m-n}-\frac{2m}{m^2-n^2}\right)=\frac{2m}{m^2-n^2}$$

◀$m+n$ が偶数
⟺ $m$，$n$ はともに偶数またはともに奇数
⟺ $m-n$ が偶数

◀$m+n$ が奇数
⟺ $m$ と $n$ の一方が偶数でもう一方が奇数
⟺ $m-n$ が奇数

[2] $m-n=0$ すなわち $m=n$ のとき

$$I=\frac{1}{2}\int_0^{\pi}\sin 2nx\,dx=\left[-\frac{\cos 2nx}{4n}\right]_0^{\pi}=0$$

◀$\cos 2n\pi=1$，$\cos 0=1$ から $-\dfrac{1}{4n}-\left(-\dfrac{1}{4n}\right)=0$

このとき，$m+n$ は偶数である。

以上により **$m+n$ が偶数のとき $I=0$，**

**$m+n$ が奇数のとき $I=\dfrac{2m}{m^2-n^2}$**

**練習** ③**146** 次の定積分を求めよ。 [(1) 大阪医大，(2) 類 愛媛大]

(1) $\int_0^{\pi}\sin mx\sin nx\,dx$（$m$，$n$ は自然数） (2) $\int_0^{\pi}\cos mx\cos 2x\,dx$（$m$ は整数）

p.271 EX 123

# 147 定積分の計算 (3) … 絶対値つき

定積分 $I=\int_0^\pi |\sin x+\sqrt{3}\cos x|dx$ を求めよ。

p.248 基本事項 3, 基本 145

**指針** 絶対値　場合に分ける

場合の分かれ目は，| |内の式 $=0$ から

$\sin x+\sqrt{3}\cos x=0$　すなわち　$2\sin\left(x+\dfrac{\pi}{3}\right)=0$ ← 左辺を合成。

を満たす $x$ の値である。

| |をはずしたら，| |内の式の正・負の境目で **積分区間を分割** して，定積分を計算する。

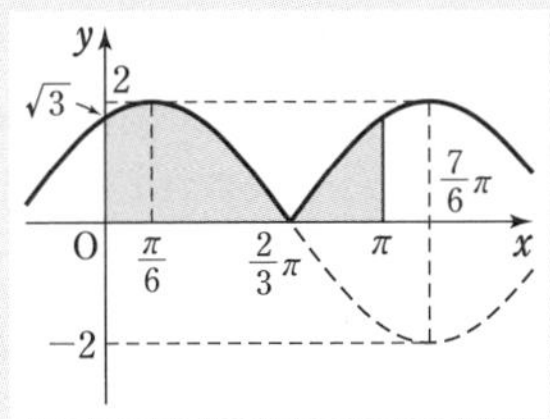

**解答**

$$|\sin x+\sqrt{3}\cos x|=\left|2\sin\left(x+\frac{\pi}{3}\right)\right|=\begin{cases}2\sin\left(x+\dfrac{\pi}{3}\right) & \left(0\leqq x\leqq \dfrac{2}{3}\pi\right)\\ -2\sin\left(x+\dfrac{\pi}{3}\right) & \left(\dfrac{2}{3}\pi\leqq x\leqq \pi\right)\end{cases}$$

よって

$$I=\int_0^{\frac{2}{3}\pi}2\sin\left(x+\frac{\pi}{3}\right)dx+\int_{\frac{2}{3}\pi}^{\pi}\left\{-2\sin\left(x+\frac{\pi}{3}\right)\right\}dx$$

$$=2\int_0^{\frac{2}{3}\pi}\sin\left(x+\frac{\pi}{3}\right)dx-2\int_{\frac{2}{3}\pi}^{\pi}\sin\left(x+\frac{\pi}{3}\right)dx$$

$$=2\left[-\cos\left(x+\frac{\pi}{3}\right)\right]_0^{\frac{2}{3}\pi}-2\left[-\cos\left(x+\frac{\pi}{3}\right)\right]_{\frac{2}{3}\pi}^{\pi}$$

◀ $\int_a^b|f(x)|dx=\int_a^c f(x)dx+\int_c^b\{-f(x)\}dx$（$\int_a^c f(x)dx$：$f(x)\geqq 0$ の区間，$\int_c^b\{-f(x)\}dx$：$f(x)\leqq 0$ の区間）

$F(x)=-\cos\left(x+\dfrac{\pi}{3}\right)$ とすると

◀ $\Big[F(x)\Big]_a^b-\Big[F(x)\Big]_b^c=2F(b)-F(a)-F(c)$ として計算。

$$I=2\left\{F\left(\frac{2}{3}\pi\right)-F(0)\right\}-2\left\{F(\pi)-F\left(\frac{2}{3}\pi\right)\right\}=4F\left(\frac{2}{3}\pi\right)-2F(0)-2F(\pi)$$

$$=4(-\cos\pi)-2\left(-\cos\frac{\pi}{3}\right)-2\left(-\cos\frac{4}{3}\pi\right)=4\cdot1-2\left(-\frac{1}{2}\right)-2\cdot\frac{1}{2}=\mathbf{4}$$

**検討**

**周期性を利用した計算の工夫**

$y=|\sin(x+\alpha)|$ のグラフは，$y=|\sin x|$ のグラフを平行移動したものであり，その周期が $\pi$ であるから，面積を考えると

$$\int_0^\pi|\sin(x+\alpha)|dx=\int_0^\pi|\sin x|dx=\int_0^\pi\sin x\,dx=2$$

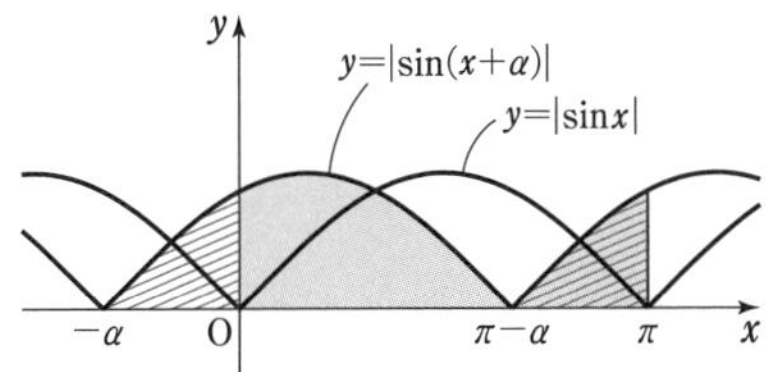


**練習** ② **147** 次の定積分を求めよ。［(2) 琉球大，(3) 埼玉大］

(1) $\int_0^5\sqrt{|x-4|}\,dx$　(2) $\int_0^{\frac{\pi}{2}}\left|\cos x-\dfrac{1}{2}\right|dx$　(3) $\int_0^\pi|\sqrt{3}\sin x-\cos x-1|dx$

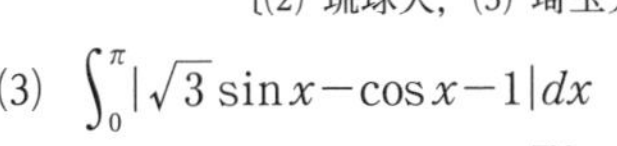

p.271 EX 124

# 23 定積分の置換積分法・部分積分法

## 基本事項

### 1 定積分の置換積分法

閉区間 $[a,\ b]$ で関数 $f(x)$ が連続であるとし，$x$ が微分可能な関数 $g(t)$ を用いて $x=g(t)$ と表されているとする。$t$ が $\alpha$ から $\beta$ まで変化するとき $x$ が $a$ から $b$ まで変化するならば，次の公式が成り立つ。

[1] $\displaystyle\int_a^b f(x)dx=\int_\alpha^\beta f(g(t))g'(t)dt$　　ただし　$x=g(t)$，$a=g(\alpha)$，$b=g(\beta)$

[2] $\displaystyle\int_a^b f(g(x))g'(x)dx=\int_\alpha^\beta f(t)dt$　　ただし　$g(x)=t$，$g(a)=\alpha$，$g(b)=\beta$

### 2 偶関数，奇関数の定積分

1　偶関数　$f(-x)=f(x)$　のとき　$\displaystyle\int_{-a}^a f(x)dx=2\int_0^a f(x)dx$

2　奇関数　$f(-x)=-f(x)$ のとき　$\displaystyle\int_{-a}^a f(x)dx=0$

## 解　説

### ■ 定積分の置換積分法

**1 [1] の証明**　$f(x)$ の不定積分の 1 つを $F(x)$ とすると，不定積分の置換積分法により，$F(g(t))=\displaystyle\int f(g(t))g'(t)dt$ であるから

| $x$ | $a \longrightarrow b$ |
|---|---|
| $t$ | $\alpha \longrightarrow \beta$ |

$$\int_\alpha^\beta f(g(t))g'(t)dt=\Big[F(g(t))\Big]_\alpha^\beta=F(g(\beta))-F(g(\alpha))=F(b)-F(a)=\int_a^b f(x)dx$$

また，1 [1] の公式で $x$ と $t$ を入れ替えると [2] の公式が成り立つ。

例　$\displaystyle\int_0^2 xe^{x^2}dx$　　$x^2=t$ とおくと　$2x\,dx=dt$　で，$x$ と $t$ の対応は右のようになる。ゆえに　$\displaystyle\int_0^2 xe^{x^2}dx=\int_0^4\frac{1}{2}e^t dt=\frac{1}{2}\Big[e^t\Big]_0^4=\frac{1}{2}(e^4-1)$

| $x$ | $0 \longrightarrow 2$ |
|---|---|
| $t$ | $0 \longrightarrow 4$ |

### ■ 偶関数，奇関数の積分

$$I=\int_{-a}^a f(x)dx=\int_{-a}^0 f(x)dx+\int_0^a f(x)dx\ \cdots\cdots\ Ⓐ$$

Ⓐ の右辺の第 1 項については，$x=-t$ とおくと，$dx=(-1)dt$ であるから

$$\int_{-a}^0 f(x)dx=\int_a^0 f(-t)(-1)dt=\int_0^a f(-x)dx$$

| $x$ | $-a \longrightarrow 0$ |
|---|---|
| $t$ | $a \longrightarrow 0$ |

よって　$\displaystyle I=\int_{-a}^a f(x)dx=\int_0^a\{f(x)+f(-x)\}dx$　$\cdots\cdots$ Ⓑ

[1]　偶関数
（$y$ 軸対称）
$f(-x)=f(x)$
のとき
Ⓑ から，2 1
が成り立つ。

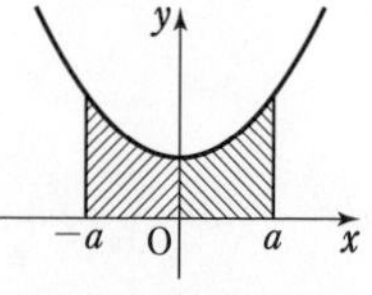


[2]　奇関数
（原点対称）
$f(-x)=-f(x)$
のとき
Ⓑ から，2 2
が成り立つ。

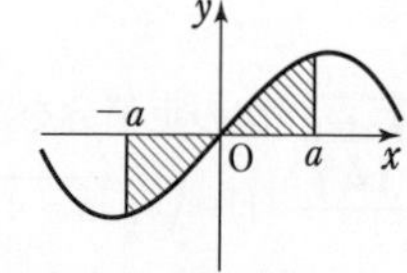

## 基本 例題 148 定積分の置換積分法 (1) … 丸ごと置換

次の定積分を求めよ。

(1) $\displaystyle\int_1^4 \frac{x}{\sqrt{5-x}}dx$ (2) $\displaystyle\int_0^{\frac{\pi}{2}} \frac{\sin x\cos x}{1+\sin^2 x}dx$

p.252 基本事項 1，基本 133 重要 152，153

**指針** **定積分の置換積分法 おき換えたまま計算 積分区間の対応に注意**

1 **$x$ の式の一部を $t$ とおき，** $\dfrac{dx}{dt}$ を求める（または $dx=$●$dt$ の形に書き表す）。

……(1) $\sqrt{5-x}=t$，(2) $1+\sin^2 x=t$ とおく（**丸ごと置換**）。

［これは置換積分法を用いて不定積分を求めるとき（p.229）とまったく同様。］

2 $x$ の積分区間に対応した **$t$ の積分区間** を求める。

……(1) なら，$x$ が 1 から 4 まで変化するとき，$t$ は 2 から 1 まで変化する。この対応は，右のように表すとよい。

| $x$ | $1\longrightarrow 4$ |
|---|---|
| $t$ | $2\longrightarrow 1$ |

3 **$t$ の定積分として計算** する。

解答

(1) $\sqrt{5-x}=t$ とおくと，$x=5-t^2$ から

$dx=-2t\,dt$

$x$ と $t$ の対応は右のようになる。

| $x$ | $1\longrightarrow 4$ |
|---|---|
| $t$ | $2\longrightarrow 1$ |

よって $\displaystyle\int_1^4 \frac{x}{\sqrt{5-x}}dx=\int_2^1 \frac{5-t^2}{t}\cdot(-2t)dt$ Ⓐ

$\displaystyle=2\int_1^2 (5-t^2)dt$ Ⓑ $\displaystyle=2\left[5t-\frac{t^3}{3}\right]_1^2$

$\displaystyle=2\left\{\left(10-\frac{8}{3}\right)-\left(5-\frac{1}{3}\right)\right\}=\boldsymbol{\frac{16}{3}}$

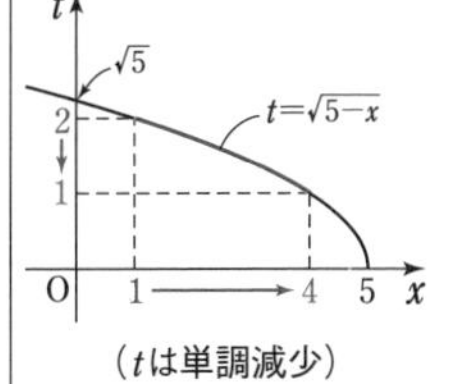

（$t$ は単調減少）

Ⓐ $x=g(t)$ で，$a=g(\alpha)$，$b=g(\beta)$ のとき

$\displaystyle\int_a^b f(x)dx=\int_\alpha^\beta f(g(t))g'(t)dt$

Ⓑ $\displaystyle-\int_2^1=\int_1^2$

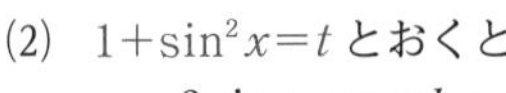

(2) $1+\sin^2 x=t$ とおくと

$2\sin x\cos x\,dx=dt$

$x$ と $t$ の対応は右のようになる。Ⓒ

| $x$ | $0\longrightarrow \frac{\pi}{2}$ |
|---|---|
| $t$ | $1\longrightarrow 2$ |

よって $\displaystyle\int_0^{\frac{\pi}{2}} \frac{\sin x\cos x}{1+\sin^2 x}dx=\int_1^2 \frac{1}{t}\cdot\frac{1}{2}dt$

$\displaystyle=\frac{1}{2}\Big[\log t\Big]_1^2=\frac{1}{2}(\log 2-0)=\boldsymbol{\frac{1}{2}\log 2}$

Ⓒ $0\leqq x\leqq\dfrac{\pi}{2}$ のとき，$\sin x\ (\geqq 0)$ は単調増加。
$\longrightarrow t=1+\sin^2 x$ も単調増加。

別解 $\displaystyle(与式)=\int_0^{\frac{\pi}{2}} \frac{1}{2}\cdot\frac{(1+\sin^2 x)'}{1+\sin^2 x}dx=\frac{1}{2}\Big[\log(1+\sin^2 x)\Big]_0^{\frac{\pi}{2}}=\boldsymbol{\frac{1}{2}\log 2}$

◀ $\dfrac{(分母)'}{(分母)}$ の形。

**練習** ②**148** 次の定積分を求めよ。 ［(5) 宮崎大］

(1) $\displaystyle\int_0^2 x\sqrt{2-x}\,dx$ (2) $\displaystyle\int_0^1 \frac{x-1}{(2-x)^2}dx$ (3) $\displaystyle\int_0^{\frac{2}{3}\pi} \sin^3\theta\,d\theta$

(4) $\displaystyle\int_0^{\frac{\pi}{2}} \frac{\cos\theta}{2-\sin^2\theta}d\theta$ (5) $\displaystyle\int_{\log\pi}^{\log 2\pi} e^x\sin e^x\,dx$ (6) $\displaystyle\int_{\frac{\pi}{6}}^{\frac{\pi}{4}} \tan x\,dx$

p.271 EX125

## 基本例題 149 定積分の置換積分法 (2) … $x=a\sin\theta$

次の定積分を求めよ。(1) では $a$ は正の定数とする。

(1) $\displaystyle\int_0^{\frac{a}{2}}\sqrt{a^2-x^2}\,dx$　　(2) $\displaystyle\int_0^{\sqrt{2}}\frac{dx}{\sqrt{4-x^2}}$

基本 148

**指針** これらの被積分関数の不定積分は，高校の数学で出てくる関数だけで表すことはできない。しかし，特定の積分区間をもつ定積分については，**置換積分法** でその値を求めることができる。
この問題では，(1) $x=a\sin\theta$，(2) $x=2\sin\theta$ とおき換えると解決できる。

**CHART** $\sqrt{a^2-x^2}$ **の定積分　$x=a\sin\theta$ とおく**

**解答**

(1) $x=a\sin\theta$ とおくと

$dx=a\cos\theta\,d\theta$

$x$ と $\theta$ の対応は右のようになる。

| $x$ | $0\longrightarrow\dfrac{a}{2}$ |
|---|---|
| $\theta$ | $0\longrightarrow\dfrac{\pi}{6}$ |

$a>0$ で，$0\leqq\theta\leqq\dfrac{\pi}{6}$ のとき　$\cos\theta>0$

よって　$\sqrt{a^2-x^2}=\sqrt{a^2(1-\sin^2\theta)}$

$=\sqrt{a^2\cos^2\theta}=a\cos\theta$

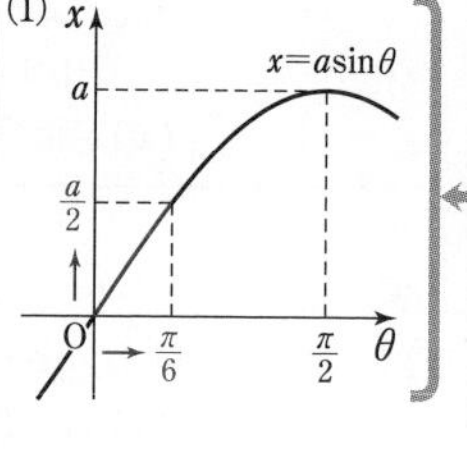


ゆえに　$\displaystyle\int_0^{\frac{a}{2}}\sqrt{a^2-x^2}\,dx=\int_0^{\frac{\pi}{6}}(a\cos\theta)a\cos\theta\,d\theta$

$\displaystyle=a^2\int_0^{\frac{\pi}{6}}\cos^2\theta\,d\theta=a^2\int_0^{\frac{\pi}{6}}\frac{1+\cos2\theta}{2}d\theta$

$\displaystyle=\frac{a^2}{2}\left[\theta+\frac{\sin2\theta}{2}\right]_0^{\frac{\pi}{6}}=\frac{a^2}{2}\left(\frac{\pi}{6}+\frac{1}{2}\cdot\frac{\sqrt{3}}{2}\right)$

$\displaystyle=\boldsymbol{\frac{a^2}{4}\left(\frac{\pi}{3}+\frac{\sqrt{3}}{2}\right)}$

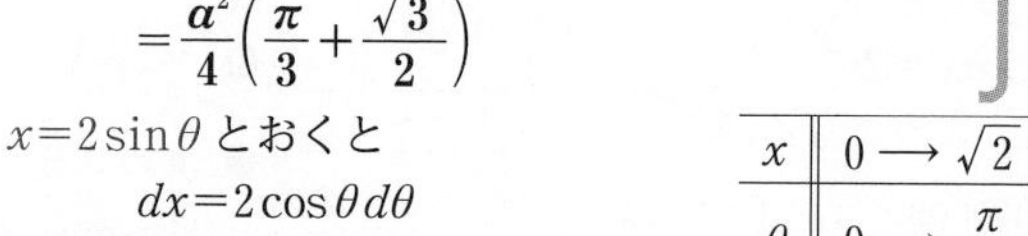

(2) $x=2\sin\theta$ とおくと

$dx=2\cos\theta\,d\theta$

$x$ と $\theta$ の対応は右のようになる。

| $x$ | $0\longrightarrow\sqrt{2}$ |
|---|---|
| $\theta$ | $0\longrightarrow\dfrac{\pi}{4}$ |

$0\leqq\theta\leqq\dfrac{\pi}{4}$ のとき，$\cos\theta>0$ であるから

$\sqrt{4-x^2}=\sqrt{4(1-\sin^2\theta)}=\sqrt{4\cos^2\theta}=2\cos\theta$

よって　$\displaystyle\int_0^{\sqrt{2}}\frac{dx}{\sqrt{4-x^2}}=\int_0^{\frac{\pi}{4}}\frac{2\cos\theta}{2\cos\theta}d\theta=\int_0^{\frac{\pi}{4}}d\theta$

$\displaystyle=\Big[\theta\Big]_0^{\frac{\pi}{4}}=\boldsymbol{\frac{\pi}{4}}$

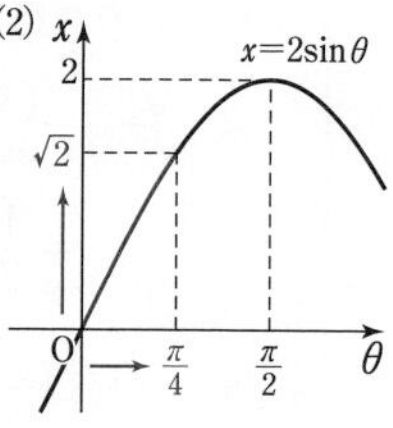


**練習** ② **149** 次の定積分を求めよ。

(1) $\displaystyle\int_0^3\sqrt{9-x^2}\,dx$　　(2) $\displaystyle\int_0^2\frac{dx}{\sqrt{16-x^2}}$　　(3) $\displaystyle\int_0^{\sqrt{3}}\frac{x^2}{\sqrt{4-x^2}}dx$

p.271 EX126

# 定積分の置換積分法におけるポイント

## ● 積分区間のとり方

(1) で $x$ と $\theta$ の対応を考えると，$x=\dfrac{a}{2}$ のとき，$\theta$ は $\theta=\dfrac{\pi}{6}$，$\dfrac{5}{6}\pi$，$\dfrac{13}{6}\pi$，…… と無数に考えられる（$x=0$ のときも同様）。左の解答では $\theta=\dfrac{\pi}{6}$ としたが，例えば $\theta=\dfrac{5}{6}\pi$ すなわち，右のように $x$ と $\theta$ を対応させたとすると，次のようになる。

| $x$ | $0 \longrightarrow \dfrac{a}{2}$ |
|---|---|
| $\theta$ | $0 \longrightarrow \dfrac{5}{6}\pi$ |

$0\leqq\theta\leqq\dfrac{\pi}{2}$ のとき　$\cos\theta\geqq 0$，$\dfrac{\pi}{2}\leqq\theta\leqq\dfrac{5}{6}\pi$ のとき　$\cos\theta\leqq 0$

ゆえに　$\sqrt{a^2-x^2}=a\cos\theta\left(0\leqq\theta\leqq\dfrac{\pi}{2}\right)$，$\sqrt{a^2-x^2}=-a\cos\theta\left(\dfrac{\pi}{2}\leqq\theta\leqq\dfrac{5}{6}\pi\right)$

よって　$(\text{与式})=\displaystyle\int_0^{\frac{5}{6}\pi}a|\cos\theta|a\cos\theta\,d\theta=a^2\left\{\int_0^{\frac{\pi}{2}}\cos^2\theta\,d\theta+\int_{\frac{\pi}{2}}^{\frac{5}{6}\pi}(-\cos^2\theta)d\theta\right\}$

$=\cdots\cdots=\boldsymbol{\dfrac{a^2}{4}\left(\dfrac{\pi}{3}+\dfrac{\sqrt{3}}{2}\right)}$　◀実際に計算して一致することを確認しよう。

得られる結果は左の解答と一致するが，積分区間が 2 つに分かれて計算が面倒になる。よって，積分区間は，その計算がらくになるようにとる とよい。

## ● 円の一部の面積と考える

$y=\sqrt{a^2-x^2}$ とすると，$x^2+y^2=a^2$ と $y\geqq 0$ から，このグラフは，$0\leqq x\leqq a$ で半径 $a$ の四分円 を表す。

したがって，$\displaystyle\int_0^{\frac{a}{2}}\sqrt{a^2-x^2}\,dx$ の値は，右図の赤い部分の面積で，この部分の面積を扇形と三角形に分けて求めると

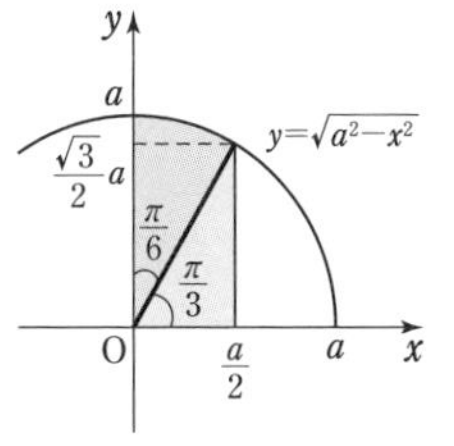


$\displaystyle\int_0^{\frac{a}{2}}\sqrt{a^2-x^2}\,dx=\underline{\frac{1}{2}a^2\cdot\frac{\pi}{6}}+\underline{\frac{1}{2}\cdot\frac{a}{2}\cdot\frac{\sqrt{3}}{2}a}=\boldsymbol{\frac{a^2}{4}\left(\frac{\pi}{3}+\frac{\sqrt{3}}{2}\right)}$

このように，積分区間によっては，定積分を 円の一部の面積 と考えることにより，積分計算をしないでその値を求めることができる。

## ● $x=a\cos\theta$ とおいた場合

$x=a\cos\theta$ とおくと，$dx=-a\sin\theta\,d\theta$ であり，(1) では $x$ と $\theta$ の対応は右のようになる。よって，(1) は

| $x$ | $0 \longrightarrow \dfrac{a}{2}$ |
|---|---|
| $\theta$ | $\dfrac{\pi}{2} \longrightarrow \dfrac{\pi}{3}$ |

$\displaystyle\int_0^{\frac{a}{2}}\sqrt{a^2-x^2}\,dx=\int_{\frac{\pi}{2}}^{\frac{\pi}{3}}\sqrt{a^2-(a\cos\theta)^2}\,(-a\sin\theta)d\theta$

$\displaystyle=a^2\int_{\frac{\pi}{3}}^{\frac{\pi}{2}}\sin^2\theta\,d\theta=a^2\int_{\frac{\pi}{3}}^{\frac{\pi}{2}}\frac{1-\cos 2\theta}{2}d\theta=\cdots\cdots$　◀$\dfrac{\pi}{3}\leqq\theta\leqq\dfrac{\pi}{2}$ のとき $\sin\theta>0$

このようにしても求めることはできるが，今回の場合，積分区間に 0 が現れないため，左の解答に比べて若干計算が面倒になる。

## 基本例題 150 定積分の置換積分法 (3) … $x=a\tan\theta$

次の定積分を求めよ。

(1) $\displaystyle\int_1^{\sqrt{3}}\frac{dx}{x^2+3}$　　　　(2) $\displaystyle\int_{-1}^{1}\frac{dx}{x^2+2x+5}$

基本 149, p.240 参考事項

**指針** 基本例題 149 と同様に，置換積分法により定積分の値のみが求められる問題である。

(1) $x=\sqrt{3}\tan\theta$ とおくと　$x^2+(\sqrt{3})^2=(\sqrt{3})^2(\tan^2\theta+1)=\dfrac{3}{\cos^2\theta}$

(2) 分母を平方完成すると　$x^2+2x+5=(x+1)^2+4$　　よって，$x+1=2\tan\theta$ とおく。

**CHART** $\dfrac{1}{x^2+a^2}$ の定積分　$x=a\tan\theta$ とおく

**解答**

(1) $x=\sqrt{3}\tan\theta$ とおくと

$$dx=\frac{\sqrt{3}}{\cos^2\theta}d\theta$$

| $x$ | $1 \longrightarrow \sqrt{3}$ |
|---|---|
| $\theta$ | $\frac{\pi}{6} \longrightarrow \frac{\pi}{4}$ |

$x$ と $\theta$ の対応は右のようになる。

よって　$\displaystyle\int_1^{\sqrt{3}}\frac{dx}{x^2+3}=\int_{\frac{\pi}{6}}^{\frac{\pi}{4}}\frac{1}{3(\tan^2\theta+1)}\cdot\frac{\sqrt{3}}{\cos^2\theta}d\theta$

$$=\frac{\sqrt{3}}{3}\int_{\frac{\pi}{6}}^{\frac{\pi}{4}}d\theta=\frac{\sqrt{3}}{3}\Big[\theta\Big]_{\frac{\pi}{6}}^{\frac{\pi}{4}}=\frac{\sqrt{3}}{3}\left(\frac{\pi}{4}-\frac{\pi}{6}\right)=\boldsymbol{\frac{\sqrt{3}}{36}\pi}$$

(2) $x^2+2x+5=(x+1)^2+4$

$x+1=2\tan\theta$ とおくと

$$dx=\frac{2}{\cos^2\theta}d\theta$$

| $x$ | $-1 \longrightarrow 1$ |
|---|---|
| $\theta$ | $0 \longrightarrow \frac{\pi}{4}$ |

$x$ と $\theta$ の対応は右のようになる。

よって　$\displaystyle\int_{-1}^{1}\frac{dx}{x^2+2x+5}=\int_{-1}^{1}\frac{dx}{(x+1)^2+4}$

$$=\int_0^{\frac{\pi}{4}}\frac{1}{4(\tan^2\theta+1)}\cdot\frac{2}{\cos^2\theta}d\theta=\frac{1}{2}\int_0^{\frac{\pi}{4}}d\theta=\frac{1}{2}\Big[\theta\Big]_0^{\frac{\pi}{4}}=\boldsymbol{\frac{\pi}{8}}$$

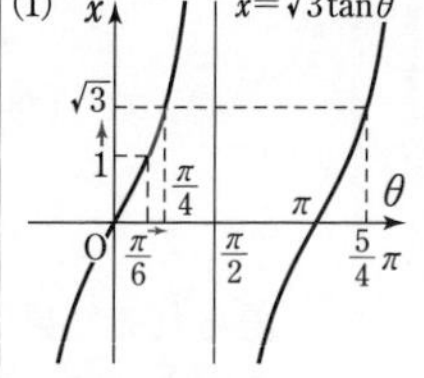


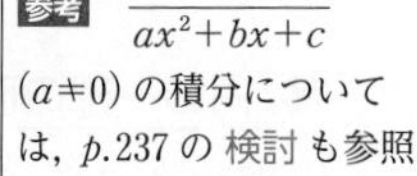

**参考** $\dfrac{1}{ax^2+bx+c}$ $(a\neq0)$ の積分については，$p.237$ の 検討 も参照。

**検討** **$\tan\theta$ の置換積分法は積分区間の取り方に注意！**

(1) において，$1\leqq x\leqq\sqrt{3}$ に $\dfrac{\pi}{6}\leqq\theta\leqq\dfrac{5}{4}\pi$ を対応させると，異なる結果になるが，$\tan\theta$ は $\theta=\dfrac{\pi}{2}$ で定義されないからで，このような対応は **誤り** である。

$x=a\tan\theta$ については普通 $-\dfrac{\pi}{2}<\theta<\dfrac{\pi}{2}$ で考える。

**練習 ②150** 次の定積分を求めよ。

(1) $\displaystyle\int_0^{\sqrt{3}}\frac{dx}{1+x^2}$　　(2) $\displaystyle\int_1^{4}\frac{dx}{x^2-2x+4}$　　(3) $\displaystyle\int_0^{\sqrt{2}}\frac{dx}{(x^2+2)\sqrt{x^2+2}}$

p.271 EX127

## 基本例題 151 偶関数，奇関数の定積分 ①①①①①

次の定積分を求めよ。(1) では $a$ は定数とする。

(1) $\displaystyle\int_{-a}^{a}\frac{x^3}{\sqrt{a^2+x^2}}dx$　　(2) $\displaystyle\int_{-\frac{\pi}{2}}^{\frac{\pi}{2}}(2\sin x+\cos x)^3dx$

p.252 基本事項 2

**指針** 定積分 $\displaystyle\int_{-a}^{a}$ ● の計算は，偶関数・奇関数に分けて考える。

**偶関数** $f(-x)=f(x)$　（$y$ 軸対称）　$\displaystyle\int_{-a}^{a}f(x)dx=2\int_{0}^{a}f(x)dx$ ← 積分区間が半分。

**奇関数** $f(-x)=-f(x)$（原点対称）　$\displaystyle\int_{-a}^{a}f(x)dx=0$ ← 計算不要。

**CHART** $\displaystyle\int_{-a}^{a}$ の扱い　偶関数は $2\displaystyle\int_{0}^{a}$，奇関数は 0

**解答**

(1) $f(x)=\dfrac{x^3}{\sqrt{a^2+x^2}}$ とすると

$$f(-x)=\frac{(-x)^3}{\sqrt{a^2+(-x)^2}}=-\frac{x^3}{\sqrt{a^2+x^2}}=-f(x)$$

よって，$f(x)$ は奇関数であるから

$$\int_{-a}^{a}\frac{x^3}{\sqrt{a^2+x^2}}dx=0$$

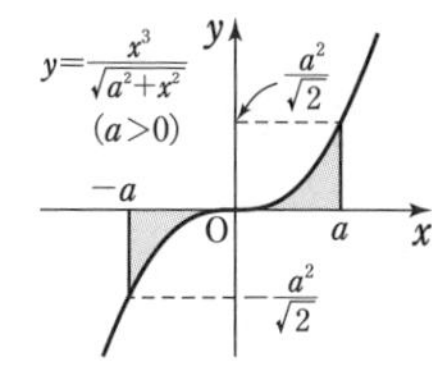


◀被積分関数が奇関数であることがわかれば，積分を計算する必要はない。

(2) $(2\sin x+\cos x)^3$

$=8\sin^3x+12\sin^2x\cos x+6\sin x\cos^2x+\cos^3x$

$\sin x$ は奇関数，$\cos x$ は偶関数であるから，$\sin^3x$ は奇関数，$\sin^2x\cos x$ は偶関数，$\sin x\cos^2x$ は奇関数，$\cos^3x$ は偶関数。

◀奇関数×奇関数＝偶関数
奇関数×偶関数＝奇関数
偶関数×偶関数＝偶関数

したがって　（与式）$\displaystyle=2\int_{0}^{\frac{\pi}{2}}(12\sin^2x\cos x+\cos^3x)dx$

ここで　$12\sin^2x\cos x+\cos^3x$

$=(12\sin^2x+\cos^2x)\cos x$

$=(12\sin^2x+1-\sin^2x)\cos x$

$=(11\sin^2x+1)\cos x$

◀公式を用いて次数を下げてもよいが，この問題では $f(■)■'$ の発見 の方針で進めた方が早い。

よって　（与式）$\displaystyle=2\int_{0}^{\frac{\pi}{2}}(11\sin^2x+1)(\sin x)'dx$

$$=2\left[\frac{11}{3}\sin^3x+\sin x\right]_0^{\frac{\pi}{2}}=\frac{28}{3}$$

◀$\sin x=u$ とおくと
$\cos x\,dx=du$
左の定積分は
$\displaystyle 2\int_{0}^{1}(11u^2+1)du$

**練習 ②151** 次の定積分を求めよ。(2) では $a$ は定数とする。

(1) $\displaystyle\int_{-\pi}^{\pi}(2\sin t+3\cos t)^2dt$　　(2) $\displaystyle\int_{-a}^{a}x\sqrt{a^2-x^2}\,dx$

(3) $\displaystyle\int_{-\frac{\pi}{3}}^{\frac{\pi}{3}}(\cos x+x^2\sin x)dx$

# 参考事項 逆三角関数

定積分$\displaystyle\int_0^{\sqrt{2}}\frac{dx}{x^2+2}$や$\displaystyle\int_0^{\frac{a}{2}}\sqrt{a^2-x^2}\,dx$の計算で，$x=\sqrt{2}\tan\theta$や$x=a\sin\theta$とおくことにより，うまく計算できるのはなぜだろうか。

まずは，不定積分$\displaystyle\int\frac{dx}{x^2+2}$を計算してみよう。

$x=\sqrt{2}\tan\theta$とおくと，$dx=\dfrac{\sqrt{2}}{\cos^2\theta}d\theta$であるから

$$\int\frac{dx}{x^2+2}=\int\frac{1}{2(1+\tan^2\theta)}\cdot\frac{\sqrt{2}}{\cos^2\theta}d\theta=\frac{1}{\sqrt{2}}\int d\theta=\frac{1}{\sqrt{2}}\theta+C\ (C\text{は積分定数})$$

ただ，これでは不定積分が$x$で表現できていない。$x=\sqrt{2}\tan\theta$から，逆に$\theta$を$x$で表現するには，逆三角関数という関数が必要になる。

## ● 逆三角関数

$y=2^x$の逆関数を$y=\log_2 x$で表したように，$y=\tan x$や$y=\sin x$の逆関数を考える。一般に，関数$y=f(x)$の値域に含まれる任意の$y$に対して対応する$x$の値がただ1つ定まるとき，逆関数$y=f^{-1}(x)$を考えることができる。したがって，$y=\sin x$のままでは，逆関数を考えることができない。

そこで，次のように三角関数の主値（$x$と$y$が1対1に対応する$x$の値の範囲）を定めてから逆関数を定義する。

$y=\sin x\left(-\dfrac{\pi}{2}\leqq x\leqq\dfrac{\pi}{2}\right)$の逆関数は　$\boldsymbol{y=\sin^{-1}x}\ (-1\leqq x\leqq 1)$

$y=\cos x\ (0\leqq x\leqq\pi)$　の逆関数は　$\boldsymbol{y=\cos^{-1}x}\ (-1\leqq x\leqq 1)$

$y=\tan x\left(-\dfrac{\pi}{2}<x<\dfrac{\pi}{2}\right)$の逆関数は　$\boldsymbol{y=\tan^{-1}x}$

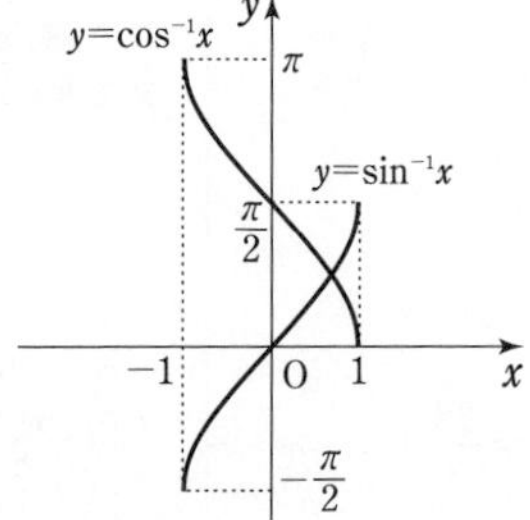


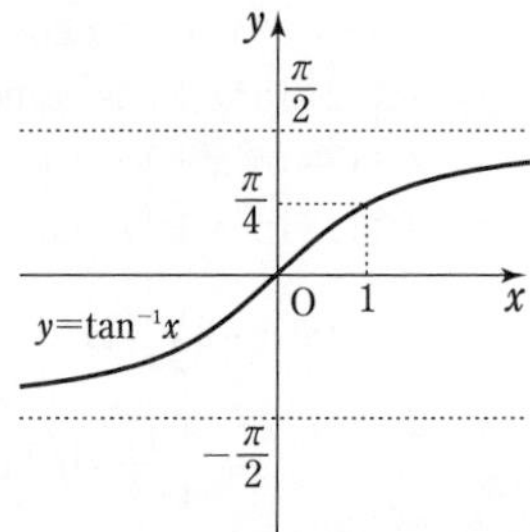


**参考**　$y=\sin^{-1}x$, $y=\cos^{-1}x$, $y=\tan^{-1}x$を$y=\mathrm{Arc}\sin x$, $y=\mathrm{Arc}\cos x$, $y=\mathrm{Arc}\tan x$と書くこともある。arcは弧のこと。$y=\mathrm{Arc}\sin x$は「$x$を正弦にもつ弧長は$y$」の意で，アークサインと読む（他も同様）。

**例**　$\sin^{-1}\dfrac{1}{2}=\dfrac{\pi}{6}$，$\cos^{-1}0=\dfrac{\pi}{2}$，$\cos^{-1}\left(-\dfrac{1}{2}\right)=\dfrac{2}{3}\pi$，$\tan^{-1}1=\dfrac{\pi}{4}$

## ● 逆三角関数の微分

[1]　$(\sin^{-1}x)'=\dfrac{1}{\sqrt{1-x^2}}\ (-1<x<1)$

[2]　$(\cos^{-1}x)'=-\dfrac{1}{\sqrt{1-x^2}}\ (-1<x<1)$

[3]　$(\tan^{-1}x)'=\dfrac{1}{1+x^2}$

証明　[3]　$y=\tan^{-1}x$ とおくと，$x=\tan y\left(-\dfrac{\pi}{2}<y<\dfrac{\pi}{2}\right)$ であるから

$$\frac{dx}{dy}=\frac{1}{\cos^2 y}=1+\tan^2 y=1+x^2 \qquad \text{よって} \qquad \frac{dy}{dx}=\frac{1}{1+x^2}$$

## ● 逆三角関数と不定積分

高校数学の範囲外の内容であるが，不定積分には次のような公式がある。

[4]　$\displaystyle\int\frac{dx}{\sqrt{a^2-x^2}}=\sin^{-1}\frac{x}{|a|}+C$　　ただし，$a\neq 0$，$|x|<|a|$

[5]　$\displaystyle\int\frac{dx}{a^2+x^2}=\frac{1}{a}\tan^{-1}\frac{x}{a}+C$　　ただし，$a\neq 0$

[6]　$\displaystyle\int\sqrt{a^2-x^2}\,dx=\frac{1}{2}\left(x\sqrt{a^2-x^2}+a^2\sin^{-1}\frac{x}{|a|}\right)+C$　　ただし，$a\neq 0$，$|x|<|a|$

証明　[4]　$x=|a|t$ とおくと，$dx=|a|dt$ であるから

$$\int\frac{dx}{\sqrt{a^2-x^2}}=\int\frac{|a|}{|a|\sqrt{1-t^2}}dt=\int\frac{dt}{\sqrt{1-t^2}}$$

$(\sin^{-1}t)'=\dfrac{1}{\sqrt{1-t^2}}$ より，$\displaystyle\int\frac{dt}{\sqrt{1-t^2}}=\sin^{-1}t+C$ であるから

$$\int\frac{dx}{\sqrt{a^2-x^2}}=\sin^{-1}\frac{x}{|a|}+C$$

[5]　$x=at$ とおくと，$dx=a\,dt$ であるから

$$\int\frac{dx}{a^2+x^2}=\int\frac{a}{a^2(1+t^2)}dt=\frac{1}{a}\int\frac{dt}{1+t^2}$$

$(\tan^{-1}t)'=\dfrac{1}{1+t^2}$ より，$\displaystyle\int\frac{dt}{1+t^2}=\tan^{-1}t+C$ であるから

$$\int\frac{dx}{a^2+x^2}=\frac{1}{a}\tan^{-1}\frac{x}{a}+C$$

## ● 逆三角関数と定積分

上の [4]～[6] の公式を用いて，次の定積分を求めてみよう。

例　$\displaystyle\int_0^{\sqrt{2}}\frac{dx}{\sqrt{4-x^2}}=\left[\sin^{-1}\frac{x}{2}\right]_0^{\sqrt{2}}=\boldsymbol{\frac{\pi}{4}}$　　[基本例題 **149** (2)]

$\left[\text{例えば}\ \sin^{-1}\dfrac{\sqrt{2}}{2}=\theta\ \text{の値は，}\ \sin\theta=\dfrac{\sqrt{2}}{2}\ \left(-\dfrac{\pi}{2}\leqq\theta\leqq\dfrac{\pi}{2}\right)\ \text{から求められる。}\right]$

例　$\displaystyle\int_1^{\sqrt{3}}\frac{dx}{x^2+3}=\left[\frac{1}{\sqrt{3}}\tan^{-1}\frac{x}{\sqrt{3}}\right]_1^{\sqrt{3}}=\frac{1}{\sqrt{3}}\left(\frac{\pi}{4}-\frac{\pi}{6}\right)=\boldsymbol{\frac{\sqrt{3}}{36}\pi}$　　[基本例題 **150** (1)]

$\left[\text{例えば}\ \tan^{-1}\dfrac{1}{\sqrt{3}}=\theta\ \text{の値は，}\ \tan\theta=\dfrac{1}{\sqrt{3}}\ \left(-\dfrac{\pi}{2}<\theta<\dfrac{\pi}{2}\right)\ \text{から求められる。}\right]$

## 重要例題 152 置換積分法を利用した定積分の等式の証明 (1)

$f(x)$ は連続な関数，$a$ は正の定数とする。

(1) 等式 $\int_0^a f(x)dx=\int_0^a f(a-x)dx$ を証明せよ。

(2) (1) の等式を利用して，定積分 $\int_0^a \frac{e^x}{e^x+e^{a-x}}dx$ を求めよ。

基本 148 重要 153

**指針** (1) $a-x=t$ とおくと，**置換積分法** により証明できる。なお，定積分の値は積分変数の文字に無関係 である。すなわち $\int_\alpha^\beta f(x)dx=\int_\alpha^\beta f(t)dt$ に注意。

(2) $f(x)=\frac{e^x}{e^x+e^{a-x}}$ とすると，$f(a-x)=\frac{e^{a-x}}{e^{a-x}+e^x}$ であり $f(x)+f(a-x)=1$

このことと (1) の等式を利用して方程式を作る。

**解答**

(1) $a-x=t$ とおくと $x=a-t$

ゆえに $dx=-dt$

$x$ と $t$ の対応は右のようになる。

| $x$ | $0 \longrightarrow a$ |
|---|---|
| $t$ | $a \longrightarrow 0$ |

よって $(右辺)=\int_0^a f(a-x)dx=\int_a^0 f(t)(-dt)\underset{Ⓐ}{=}\int_0^a f(t)dt$

$\underset{Ⓑ}{=}\int_0^a f(x)dx=(左辺)$

(2) $I=\int_0^a \frac{e^x}{e^x+e^{a-x}}dx$ とし，$f(x)=\frac{e^x}{e^x+e^{a-x}}$ とする。(1) の等式 $\int_0^a f(x)dx=\int_0^a f(a-x)dx$ から $I=\int_0^a f(a-x)dx$

また $f(x)+f(a-x)=\frac{e^x}{e^x+e^{a-x}}+\frac{e^{a-x}}{e^{a-x}+e^x}$

ゆえに $f(x)+f(a-x)=1$

よって $\int_0^a f(x)dx+\int_0^a f(a-x)dx=\int_0^a dx$

ゆえに $I+I=a$ したがって $I=\boldsymbol{\frac{a}{2}}$

Ⓐ $-\int_\alpha^\beta f(x)dx=\int_\beta^\alpha f(x)dx$

Ⓑ 定積分の値は積分変数の文字に無関係。

(1)，(2) の問題結果の利用

◀ $\frac{e^x+e^{a-x}}{e^x+e^{a-x}}=1$

◀ $\int 1dx$ は $\int dx$ と書く。

◀ $\int_0^a dx=\Big[x\Big]_0^a=a$

**検討** ペアを考えて利用する

(2) の解答では，(1) で示した等式 $\int_0^a \underline{f(x)}dx=\int_0^a \underline{f(a-x)}dx$ と関係式 $\underline{f(x)}+\underline{f(a-x)}=1$ の力を借りて，求めにくい $f(x)=\frac{e^x}{e^x+e^{a-x}}$ の定積分を求めた。このように，$f(x)$ だけでは扱いにくくても，**$f(x)$ と $f(a-x)$ のペアを作る** と扱いやすくなる場合があることを覚えておくとよい。

**練習 ③152** (1) 連続な関数 $f(x)$ について，等式 $\int_0^{\frac{\pi}{2}} f(\sin x)dx=\int_0^{\frac{\pi}{2}} f(\cos x)dx$ を証明せよ。

(2) 定積分 $I=\int_0^{\frac{\pi}{2}} \frac{\sin x}{\sin x+\cos x}dx$ を求めよ。 ［類 愛媛大］ p.272 EX 128

## 重要例題 153 置換積分法を利用した定積分の等式の証明 (2)

(1) 連続な関数 $f(x)$ について，等式 $\int_0^{\pi} xf(\sin x)dx=\frac{\pi}{2}\int_0^{\pi} f(\sin x)dx$ を示せ。

(2) (1)の等式を利用して，定積分 $\int_0^{\pi}\frac{x\sin x}{3+\sin^2 x}dx$ を求めよ。 〔(1) 類 横浜国大〕

基本 148，重要 152

**指針** (1) $\sin(\pi-x)=\sin x$ であることに着目。$\pi-x=t$ $(x=\pi-t)$ とおいて，左辺を変形。
→ 計算を進めると左辺と同じ式が現れるから（同形出現），p.233 重要例題 137 と同じように処理する。

(2) (1)から $\int_0^{\pi}\frac{x\sin x}{3+\sin^2 x}dx=\frac{\pi}{2}\int_0^{\pi}\frac{\sin x}{3+\sin^2 x}dx$ である。

$3+\sin^2 x=3+(1-\cos^2 x)=4-\cos^2 x$ であるから，$\cos x=u$ とおけばよい。

**解答**

(1) $x=\pi-t$ とおくと　$dx=-dt$

$x$ と $t$ の対応は右のようになる。

| $x$ | $0 \longrightarrow \pi$ |
|---|---|
| $t$ | $\pi \longrightarrow 0$ |

証明する等式の左辺を $I$ とすると

$$I=\int_0^{\pi} xf(\sin x)dx=\int_{\pi}^{0}(\pi-t)f(\sin(\pi-t))\cdot(-1)dt$$

$$=\int_0^{\pi}(\pi-t)f(\sin t)dt=\pi\int_0^{\pi}f(\sin t)dt-\int_0^{\pi}tf(\sin t)dt$$

◀ $\int_a^0\{-f(x)\}dx=\int_0^a f(x)dx$
$\sin(\pi-t)=\sin t$

$$=\pi\int_0^{\pi}f(\sin x)dx-\int_0^{\pi}xf(\sin x)dx$$

◀ **定積分の値は積分変数の文字に無関係。**

$$=\pi\int_0^{\pi}f(\sin x)dx-I$$

よって　$I=\frac{\pi}{2}\int_0^{\pi}f(\sin x)dx$

◀ $2I=\pi\int_0^{\pi}f(\sin x)dx$

(2) $J=\int_0^{\pi}\frac{x\sin x}{3+\sin^2 x}dx$ とすると，(1)から

◀ $f(t)=\frac{t}{3+t^2}$ は連続な関数。

$$J=\frac{\pi}{2}\int_0^{\pi}\frac{\sin x}{3+\sin^2 x}dx=\frac{\pi}{2}\int_0^{\pi}\frac{\sin x}{4-\cos^2 x}dx$$

◀ $f(\cos x)\sin x$ の形。

$\cos x=u$ とおくと　$-\sin x\,dx=du$

$x$ と $u$ の対応は右のようになる。

| $x$ | $0 \longrightarrow \pi$ |
|---|---|
| $u$ | $1 \longrightarrow -1$ |

よって　$J=\frac{\pi}{2}\int_1^{-1}\frac{-1}{4-u^2}du=\frac{\pi}{2}\int_{-1}^{1}\frac{1}{4-u^2}du$

$$=\pi\int_0^1\frac{1}{4-u^2}du=\frac{\pi}{4}\int_0^1\left(\frac{1}{2+u}+\frac{1}{2-u}\right)du$$

◀ 偶関数は 2 倍。
次に，部分分数に分解。

$$=\frac{\pi}{4}\Big[\log(2+u)-\log(2-u)\Big]_0^1=\boldsymbol{\frac{\pi}{4}\log 3}$$

**練習 ④153** (1) 連続関数 $f(x)$ が，すべての実数 $x$ について $f(\pi-x)=f(x)$ を満たすとき，$\int_0^{\pi}\left(x-\frac{\pi}{2}\right)f(x)dx=0$ が成り立つことを証明せよ。

(2) 定積分 $\int_0^{\pi}\frac{x\sin^3 x}{4-\cos^2 x}dx$ を求めよ。 〔名古屋大〕

5章 ㉓ 定積分の置換積分法・部分積分法

## 基本事項

**1 定積分の部分積分法**

$$\int_a^b f(x)g'(x)dx=\Big[f(x)g(x)\Big]_a^b-\int_a^b f'(x)g(x)dx$$

特に $\displaystyle\int_a^b f(x)dx=\Big[xf(x)\Big]_a^b-\int_a^b xf'(x)dx$

**2 定積分と漸化式**

整数 $n$ を含む関数の定積分を求めるには，部分積分法を用いて漸化式を導くことが有効な場合もある（下の 例 参照）。

## 解　説

### ■定積分の部分積分法

**1 の証明**　$\{f(x)g(x)\}'=f'(x)g(x)+f(x)g'(x)$ であるから

$$\int_a^b\{f'(x)g(x)+f(x)g'(x)\}dx=\int_a^b f'(x)g(x)dx+\int_a^b f(x)g'(x)dx$$
$$=\Big[f(x)g(x)\Big]_a^b$$

ゆえに　$\displaystyle\int_a^b f(x)g'(x)dx=\Big[f(x)g(x)\Big]_a^b-\int_a^b f'(x)g(x)dx$

特に，$g(x)=x$ とすると，$g'(x)=1$ であるから

$$\int_a^b f(x)dx=\Big[xf(x)\Big]_a^b-\int_a^b xf'(x)dx$$

補足　定積分の部分積分法の公式は，不定積分の部分積分法の公式に，積分区間の下端 $a$，上端 $b$ を付ければよい。ただし，不定積分の場合の $f(x)g(x)$ の項は $\Big[f(x)g(x)\Big]_a^b$ になることに注意。

### ■定積分と漸化式

例　$I_n=\displaystyle\int_0^1 x^ne^{-x}dx$（$n$ は 0 以上の整数）について，$n\geqq1$ のとき **部分積分法** により

$$I_n=\int_0^1 x^n(-e^{-x})'dx=\Big[x^n(-e^{-x})\Big]_0^1-\int_0^1 nx^{n-1}(-e^{-x})dx$$
$$=-e^{-1}+n\int_0^1 x^{n-1}e^{-x}dx$$

よって，漸化式 $I_n=nI_{n-1}-\dfrac{1}{e}$ が導かれる。

ここで，$I_0=\displaystyle\int_0^1 e^{-x}dx=\Big[-e^{-x}\Big]_0^1=1-\dfrac{1}{e}$ であるから，漸化式を用いると

$$I_1=1\cdot I_0-\frac{1}{e}=\left(1-\frac{1}{e}\right)-\frac{1}{e}=1-\frac{2}{e}$$
$$I_2=2I_1-\frac{1}{e}=2\left(1-\frac{2}{e}\right)-\frac{1}{e}=2-\frac{5}{e}$$
$$I_3=3I_2-\frac{1}{e}=3\left(2-\frac{5}{e}\right)-\frac{1}{e}=6-\frac{16}{e}$$

……

として，$I_n$（$n\geqq1$）を順に求めることができる。

## 基本例題 154 定積分の部分積分法 (1) … 基本

次の定積分を求めよ。 〔(1) 東京電機大, (2) 横浜国大〕

(1) $\displaystyle\int_1^2 \frac{\log x}{x^2}dx$ (2) $\displaystyle\int_0^{2\pi} x^2|\sin x|dx$

p.262 基本事項 1

**定積分の部分積分法** $\displaystyle\int_a^b f(x)g'(x)dx=\Big[f(x)g(x)\Big]_a^b-\int_a^b f'(x)g(x)dx$

を使う。また，不定積分を求めてから上端・下端の値を代入するのではなく，計算の途中でどんどん代入して式を簡単にしていくとよい。

(1) $\dfrac{1}{x^2}=\left(-\dfrac{1}{x}\right)'$ と考える。

(2) **絶対値 場合に分ける** $\sin x$ の符号が変わる $x=\pi$ で積分区間を分割して計算する。なお，$\displaystyle\int x^2\sin x\,dx$ は **部分積分法を 2 回用いる。**

解答

(1) $\displaystyle\int_1^2 \frac{\log x}{x^2}dx=\int_1^2\left(-\frac{1}{x}\right)'\log x\,dx$

$\displaystyle=\left[-\frac{1}{x}\log x\right]_1^2-\int_1^2\left(-\frac{1}{x}\right)\cdot(\log x)'dx$

$\displaystyle=-\frac{\log 2}{2}+\int_1^2\frac{1}{x^2}dx=-\frac{\log 2}{2}+\left[-\frac{1}{x}\right]_1^2$

$\displaystyle=-\frac{\log 2}{2}+\left\{-\frac{1}{2}-(-1)\right\}=\boldsymbol{-\frac{\log 2}{2}+\frac{1}{2}}$

◀ $(\log x)'=\dfrac{1}{x}$

◀ $\log 1=0$
上端・下端の値を代入して簡単にする。

(2) $0\leqq x\leqq\pi$ のとき $|\sin x|=\sin x$
$\pi\leqq x\leqq 2\pi$ のとき $|\sin x|=-\sin x$ であるから

$\displaystyle\int_0^{2\pi}x^2|\sin x|dx=\underline{\int_0^{\pi}x^2\sin x\,dx}-\underline{\int_{\pi}^{2\pi}x^2\sin x\,dx}^{(*)}$

ここで，

$\displaystyle\int x^2\sin x\,dx=-x^2\cos x+2\int x\cos x\,dx$

$=-x^2\cos x+2x\sin x+2\cos x+C$ から

$\displaystyle\int_0^{2\pi}x^2|\sin x|dx$

$=\Big[-x^2\cos x+2x\sin x+2\cos x\Big]_0^{\pi}$

$-\Big[-x^2\cos x+2x\sin x+2\cos x\Big]_{\pi}^{2\pi}$

$=(\pi^2-2-2)-(-4\pi^2+2-\pi^2+2)$

$=\boldsymbol{6\pi^2-8}$

◀ $p.251$ 例題 **147** と同様。
(＊) ＿は，被積分関数がともに $x^2\sin x$ であるから，その不定積分を求めてから上端・下端の値を代入する方針で定積分を求める。

◀ $\displaystyle\int x^2\sin x\,dx$
$\displaystyle=\int x^2(-\cos x)'dx,$
$\displaystyle\int x\cos x\,dx=\int x(\sin x)'dx$
$\displaystyle=x\sin x-\int\sin x\,dx$
$=x\sin x+\cos x+C$

**練習 ② 154** 次の定積分を求めよ。(4) では $a$，$b$ は定数とする。 〔(1) 宮崎大, (5) 愛媛大〕

(1) $\displaystyle\int_0^{\frac{1}{3}}xe^{3x}dx$ (2) $\displaystyle\int_1^e x^2\log x\,dx$ (3) $\displaystyle\int_1^e(\log x)^2dx$

(4) $\displaystyle\int_a^b(x-a)^2(x-b)dx$ (5) $\displaystyle\int_0^{2\pi}\left|x\cos\frac{x}{3}\right|dx$

p.272 EX 128～130

## 重要例題 155 定積分の部分積分法 (2) … 同形出現 ⓘⓘⓘⓘⓘ

$a$ は 0 でない定数とし，$A=\int_0^{\pi} e^{-ax}\sin 2x\,dx$，$B=\int_0^{\pi} e^{-ax}\cos 2x\,dx$ とする。このとき，$A$，$B$ の値をそれぞれ求めよ。 〔類 札幌医大〕

重要 137，基本 154

**指針** $p.233$ 重要例題 **137** と同様，部分積分法により $A$，$B$ の連立方程式を作る。

[1] $A=\int_0^{\pi}\left(\dfrac{e^{-ax}}{-a}\right)'\sin 2x\,dx$，$B=\int_0^{\pi}\left(\dfrac{e^{-ax}}{-a}\right)'\cos 2x\,dx$ とする。

[2] $A=\int_0^{\pi}e^{-ax}\left(-\dfrac{\cos 2x}{2}\right)'dx$，$B=\int_0^{\pi}e^{-ax}\left(\dfrac{\sin 2x}{2}\right)'dx$ とする。

いずれの方針でもよいが，ここでは [1] の方針で解答する。

別解 ⓘ **積の積分 $e^x\sin x$，$e^x\cos x$ なら同形出現のペアで考える**

$(e^{-ax}\sin 2x)'$，$(e^{-ax}\cos 2x)'$ を利用して，$A$，$B$ の連立方程式を作る。

**解答**

$A=\int_0^{\pi}\left(\dfrac{e^{-ax}}{-a}\right)'\sin 2x\,dx$

$=\left[\dfrac{e^{-ax}}{-a}\sin 2x\right]_0^{\pi}-\int_0^{\pi}\dfrac{e^{-ax}}{-a}\cdot 2\cos 2x\,dx=\dfrac{2}{a}B$ …… ①

$B=\int_0^{\pi}\left(\dfrac{e^{-ax}}{-a}\right)'\cos 2x\,dx$

$=\left[\dfrac{e^{-ax}}{-a}\cos 2x\right]_0^{\pi}-\int_0^{\pi}\dfrac{e^{-ax}}{-a}(-2\sin 2x)dx$

$=\dfrac{1}{a}(1-e^{-a\pi})-\dfrac{2}{a}A$ …… ②

① から $B=\dfrac{a}{2}A$

これを ② に代入して $\dfrac{a}{2}A=\dfrac{1}{a}(1-e^{-a\pi})-\dfrac{2}{a}A$

したがって $\boldsymbol{A=\dfrac{2}{a^2+4}(1-e^{-a\pi})}$，$\boldsymbol{B=\dfrac{a}{a^2+4}(1-e^{-a\pi})}$

別解 $(e^{-ax}\sin 2x)'=-ae^{-ax}\sin 2x+2e^{-ax}\cos 2x$

$(e^{-ax}\cos 2x)'=-ae^{-ax}\cos 2x-2e^{-ax}\sin 2x$

であるから

$\left[e^{-ax}\sin 2x\right]_0^{\pi}=-aA+2B$，$\left[e^{-ax}\cos 2x\right]_0^{\pi}=-aB-2A$

よって $-aA+2B=0$，$-aB-2A=e^{-a\pi}-1$

この 2 式を連立して解くと，上と同じ結果が得られる。

**(上の指針の方針 [2] による解法)**

$A=\left[e^{-ax}\left(-\dfrac{\cos 2x}{2}\right)\right]_0^{\pi}-\dfrac{a}{2}\int_0^{\pi}e^{-ax}\cos 2x\,dx$

$=\dfrac{1}{2}(1-e^{-a\pi})-\dfrac{a}{2}B$,

$B=\left[e^{-ax}\dfrac{\sin 2x}{2}\right]_0^{\pi}+\dfrac{a}{2}\int_0^{\pi}e^{-ax}\sin 2x\,dx$

$=\dfrac{a}{2}A$

から $A$，$B$ を求める。

◀ $\left(\dfrac{a}{2}+\dfrac{2}{a}\right)A=\dfrac{1}{a}(1-e^{-a\pi})$

◀ 積の導関数 $(uv)'=u'v+uv'$

◀ 両辺を積分する。

**練習 ③155** (1) $\int_0^{\pi}e^{-x}\sin x\,dx$ を求めよ。

(2) (1) の結果を用いて，$\int_0^{\pi}xe^{-x}\sin x\,dx$ を求めよ。

# 参考事項　$\pi$ は無理数

背理法や部分積分法などを用いると，$\pi$ が無理数である ことを，高校数学の範囲で証明できる。ここでは，1947 年に発表されたニーベンの証明を紹介しよう。

証明　$\pi$ が有理数であると仮定し，$\pi=\dfrac{b}{a}$ （$a$，$b$ は自然数）とおく。

$f(x)=\dfrac{1}{n!}x^n(b-ax)^n=\dfrac{a^n}{n!}x^n(\pi-x)^n$ として，定積分 $I=\displaystyle\int_0^\pi f(x)\sin x\,dx$ を考える。

まず，$I$ が整数であることを示す。

$I$ について，部分積分法を繰り返し用いると，$f(x)$ は $2n$ 次式であるから

$$\begin{aligned}I&=\Big[-f(x)\cos x\Big]_0^\pi+\int_0^\pi f'(x)\cos x\,dx\\&=\Big[-f(x)\cos x\Big]_0^\pi+\Big[f'(x)\sin x\Big]_0^\pi-\int_0^\pi f''(x)\sin x\,dx\\&=\Big[-f(x)\cos x\Big]_0^\pi+\quad 0\quad+\Big[f''(x)\cos x\Big]_0^\pi-\int_0^\pi f'''(x)\cos x\,dx\\&=\cdots\cdots\\&=\left[\sum_{k=0}^{n}(-1)^{k+1}f^{(2k)}(x)\cos x\right]_0^\pi\end{aligned}$$

◀ $\sin 0=0$，$\sin\pi=0$

となる。これが整数であることを示す。

二項定理から　$f(x)=\dfrac{1}{n!}x^n\{b^n-{}_n\mathrm{C}_1b^{n-1}ax+\cdots\cdots+(-1)^na^nx^n\}$

$=\dfrac{1}{n!}\{b^nx^n-{}_n\mathrm{C}_1b^{n-1}ax^{n+1}+\cdots\cdots+(-1)^na^nx^{2n}\}$

整数 $k$ に対し　$0\leqq k<n$ で　$f^{(k)}(0)=0$，

$n\leqq k\leqq 2n$ で　$f^{(k)}(0)=\dfrac{1}{n!}\{(-1)^{k-n}{}_n\mathrm{C}_{k-n}b^{2n-k}a^{k-n}k!\}$

◀ $n\leqq k$ から，$\dfrac{k!}{n!}$ は整数。

となり，いずれも整数である。

更に，$f(\pi-x)=\dfrac{a^n}{n!}(\pi-x)^nx^n=\dfrac{a^n}{n!}x^n(\pi-x)^n=f(x)$ であるから，$0\leqq k\leqq 2n$ の整数 $k$ について，$f^{(k)}(\pi)=(-1)^kf^{(k)}(\pi-\pi)=(-1)^kf^{(k)}(0)$ も整数である。

よって，すべての自然数 $n$ に対して $I$ は整数となる。 ……（＊）

次に，$x(\pi-x)=-\left(x-\dfrac{\pi}{2}\right)^2+\left(\dfrac{\pi}{2}\right)^2\leqq\left(\dfrac{\pi}{2}\right)^2$ から，区間 $[0,\ \pi]$ において

$0\leqq f(x)\sin x\leqq\dfrac{1}{n!}\left(\dfrac{\pi^2a}{4}\right)^n$　が成り立つ。

ここで，正の実数 $r$ に対して $\displaystyle\lim_{n\to\infty}\frac{r^n}{n!}=0$ であり（証明は解答編 $p.214$ 参照），これを用いると，$n$ が十分大きいとき，区間 $[0,\ \pi]$ において $0\leqq f(x)\sin x<\dfrac{1}{\pi}$ とすることができるから

$$0<\int_0^\pi f(x)\sin x\,dx<\int_0^\pi\frac{1}{\pi}dx$$

（$0\leqq f(x)$ の等号は常には成り立たない ［$p.280$ 基本事項 **2** 参照］。）

すなわち $0<I<1$ となるが，これは（＊）に矛盾する。

したがって，$\pi$ は無理数である。

## 重要例題 156 定積分と漸化式 (1)

$I_n=\int_0^{\frac{\pi}{2}}\sin^n x\,dx$ ($n$ は 0 以上の整数) とするとき，関係式 $I_n=\dfrac{n-1}{n}I_{n-2}$ $(n\geqq 2)$ と，次の [1]，[2] が成り立つことを証明せよ。ただし，$\sin^0 x=\cos^0 x=1$ である。

[1] $I_0=\dfrac{\pi}{2}$，$n\geqq 1$ のとき $I_{2n}=\dfrac{\pi}{2}\cdot\dfrac{1}{2}\cdot\dfrac{3}{4}\cdot\cdots\cdots\cdot\dfrac{2n-1}{2n}$

[2] $I_1=1$，$n\geqq 2$ のとき $I_{2n-1}=1\cdot\dfrac{2}{3}\cdot\dfrac{4}{5}\cdot\cdots\cdots\cdot\dfrac{2n-2}{2n-1}$ 〔類 日本女子大〕

p.262 基本事項 **2**，重要 138 演習 171

**指針** (関係式を導く) $\sin^n x=\sin^{n-1}x\cdot\sin x=\sin^{n-1}x(-\cos x)'$ として **部分積分法** を用いる ($p.234$ 重要例題 **138** 参照)。

([1]，[2] の証明) 先に示した関係式において，$n$ を $2n$，$2n-1$ とおいたものを利用。

…… 先に示した関係式は $I_n$ と $I_{n-2}$，つまり 1 つ項を飛ばした 2 項の間の関係を表しているから，$I_{2n}$ (偶数)，$I_{2n-1}$ (奇数) のような場合分けが必要。

**解答**

$n\geqq 2$ のとき

$$I_n=\int_0^{\frac{\pi}{2}}\sin^{n-1}x\cdot\sin x\,dx=\int_0^{\frac{\pi}{2}}\sin^{n-1}x(-\cos x)'dx$$

$$=\left[-\sin^{n-1}x\cdot\cos x\right]_0^{\frac{\pi}{2}}+\int_0^{\frac{\pi}{2}}(n-1)\sin^{n-2}x\cdot\cos x\cdot\cos x\,dx$$

◀部分積分法。

$$=(n-1)\int_0^{\frac{\pi}{2}}\sin^{n-2}x(1-\sin^2 x)dx=(n-1)\int_0^{\frac{\pi}{2}}(\sin^{n-2}x-\sin^n x)dx$$

◀$\sin^2 x+\cos^2 x=1$

よって $I_n=(n-1)(I_{n-2}-I_n)$

ゆえに $I_n=\dfrac{n-1}{n}I_{n-2}$ …… ①

◀$I_n$ について解く。

[1]，[2] $I_0=\int_0^{\frac{\pi}{2}}dx=\left[x\right]_0^{\frac{\pi}{2}}=\dfrac{\pi}{2}$，$I_1=\int_0^{\frac{\pi}{2}}\sin x\,dx=\left[-\cos x\right]_0^{\frac{\pi}{2}}=1$

◀$\sin^0 x=1$

① で $n$ を $2n$ におき換えて $I_{2n}=\dfrac{2n-1}{2n}I_{2n-2}$ $(n\geqq 1)$

よって $I_{2n}=\dfrac{2n-1}{2n}I_{2n-2}=\dfrac{2n-1}{2n}\cdot\dfrac{2n-3}{2n-2}I_{2n-4}=\cdots\cdots$

$$=\frac{2n-1}{2n}\cdot\frac{2n-3}{2n-2}\cdot\cdots\cdots\cdot\frac{3}{4}\cdot\frac{1}{2}\cdot I_0 \quad\cdots\cdots ②$$

◀〰のように関係式を繰り返し用いる。

① で $n$ を $2n-1$ におき換えて $I_{2n-1}=\dfrac{2n-2}{2n-1}I_{2n-3}$ $(n\geqq 2)$

ゆえに $I_{2n-1}=\dfrac{2n-2}{2n-1}I_{2n-3}=\dfrac{2n-2}{2n-1}\cdot\dfrac{2n-4}{2n-3}I_{2n-5}=\cdots\cdots$

$$=\frac{2n-2}{2n-1}\cdot\frac{2n-4}{2n-3}\cdot\cdots\cdots\cdot\frac{4}{5}\cdot\frac{2}{3}\cdot I_1 \quad\cdots\cdots ③$$

◀$I_{2n}$ の場合とまったく同様。規則性をつかむことがポイント。

②，③ に $I_0=\dfrac{\pi}{2}$，$I_1=1$ を代入すると，[1]，[2] それぞれ後半の等式が成り立つことが導かれる。

**参考** 前ページの結果を利用すると，円周率 $\pi$ の近似値を計算するのに役立つ公式（ウォリスの公式）を導くことができる。

$0<x<\dfrac{\pi}{2}$ のとき，$0<\sin x<1$ であるから，$n$ を2以上の整数とすると

$\sin^{2n}x<\sin^{2n-1}x<\sin^{2n-2}x$ 　　が成り立つ。

よって　$\displaystyle\int_0^{\frac{\pi}{2}}\sin^{2n}x\,dx<\int_0^{\frac{\pi}{2}}\sin^{2n-1}x\,dx<\int_0^{\frac{\pi}{2}}\sin^{2n-2}x\,dx$ 　　◀ $p.280$ 基本事項 **2** ② を利用。

ゆえに，重要例題 **156** で示した等式から

$$\frac{\pi}{2}\cdot\frac{1}{2}\cdot\frac{3}{4}\cdot\cdots\cdot\frac{2n-3}{2n-2}\cdot\frac{2n-1}{2n}<1\cdot\frac{2}{3}\cdot\frac{4}{5}\cdot\cdots\cdot\frac{2n-2}{2n-1}<\frac{\pi}{2}\cdot\frac{1}{2}\cdot\frac{3}{4}\cdot\cdots\cdot\frac{2n-3}{2n-2}$$ ◀ $I_{2n}<I_{2n-1}<I_{2n-2}$

よって　$\displaystyle\frac{\pi}{2}<1\cdot\frac{2^2}{3^2}\cdot\frac{4^2}{5^2}\cdot\cdots\cdots\cdot\frac{(2n-2)^2}{(2n-1)^2}\cdot 2n<\frac{\pi}{2}\cdot\frac{2n}{2n-1}$ 　　◀ 〰〰 で割った。

$\displaystyle\lim_{n\to\infty}\frac{\pi}{2}\cdot\frac{2n}{2n-1}=\lim_{n\to\infty}\frac{\pi}{2}\cdot\frac{2}{2-\frac{1}{n}}=\frac{\pi}{2}$ であるから，はさみうちの原理により

$\displaystyle\lim_{n\to\infty}\left\{1\cdot\frac{2^2}{3^2}\cdot\frac{4^2}{5^2}\cdot\cdots\cdots\cdot\frac{(2n-2)^2}{(2n-1)^2}\cdot\underline{\underline{2n}}\right\}=\frac{\pi}{2}$ …… ④ 　　④ は，次のように変形できる。

$\displaystyle\pi=\lim_{n\to\infty}\left\{\frac{2^2}{3^2}\cdot\frac{4^2}{5^2}\cdot\cdots\cdots\cdot\frac{(2n-2)^2}{(2n-1)^2}\cdot\frac{(2n)^2}{n}\right\}$ 　　◀ $\underline{\underline{2n}}=\dfrac{2n^2}{n}$ とし，両辺に2を掛けた。

$\displaystyle=\lim_{n\to\infty}\frac{2^4\cdot4^4\cdot\cdots\cdots\cdot(2n-2)^4(2n)^4}{1^2\cdot2^2\cdot3^2\cdot4^2\cdot5^2\cdot\cdots\cdots\cdot(2n-1)^2(2n)^2\cdot n}$ 　　◀ 分母・分子に $2^2\cdot4^2\cdot\cdots\cdot(2n)^2$ を掛けた。

$\displaystyle=\lim_{n\to\infty}\frac{2^{4n}\{1\cdot2\cdot\cdots\cdots\cdot(n-1)\cdot n\}^4}{\{1\cdot2\cdot3\cdot4\cdot5\cdot\cdots\cdots\cdot(2n-1)2n\}^2\cdot n}$ 　　ゆえに　$\displaystyle\pi=\lim_{n\to\infty}\frac{(2^{2n})^2(n!)^4}{\{(2n)!\}^2 n}$

両辺の正の平方根をとると　$\displaystyle\boldsymbol{\sqrt{\pi}=\lim_{n\to\infty}\frac{2^{2n}(n!)^2}{(2n)!\sqrt{n}}}$ …… ⑤

また，$\displaystyle\lim_{n\to\infty}\frac{2n}{2n+1}=1$ であるから，④ より次のように変形することもできる。

$$\frac{\pi}{2}=\lim_{n\to\infty}\left\{1\cdot\frac{2^2}{3^2}\cdot\frac{4^2}{5^2}\cdot\cdots\cdots\cdot\frac{(2n-2)^2}{(2n-1)^2}\cdot 2n\cdot\frac{2n}{2n+1}\right\}$$

よって　$\displaystyle\frac{\pi}{2}=\lim_{n\to\infty}\left\{\frac{2^2}{1\cdot3}\cdot\frac{4^2}{3\cdot5}\cdot\cdots\cdots\cdot\frac{(2n-2)^2}{(2n-3)(2n-1)}\cdot\frac{(2n)^2}{(2n-1)(2n+1)}\right\}$

これを　$\displaystyle\frac{\pi}{2}=\prod_{n=1}^{\infty}\frac{(2n)^2}{(2n-1)(2n+1)}$ 　すなわち　$\displaystyle\boldsymbol{\frac{\pi}{2}=\prod_{n=1}^{\infty}\frac{4n^2}{4n^2-1}}$ …… ⑥ 　と書く。(*)

⑤ や ⑥ を **ウォリスの公式** という。ウォリスの公式 ⑥ の右辺は，自然数からなる規則正しい分数であるが，その極限値に円周率 $\pi$ が現れるのは不思議である。

（*）　一般に，$\displaystyle\prod_{k=1}^{n}a_k$ は，積 $a_1\times a_2\times\cdots\cdots\times a_n$ を意味する（$\prod$ は $\pi$ の大文字である）。

**練習 ④156** (1)　重要例題 **156** において，$J_n=\displaystyle\int_0^{\frac{\pi}{2}}\cos^n x\,dx$（$n$ は0以上の整数）とすると

[3]　$I_n=J_n$（$n\geqq0$）　　が成り立つことを示せ。　　〔類 日本女子大〕

(2)　$I_n=\displaystyle\int_0^{\frac{\pi}{4}}\tan^n x\,dx$（$n$ は自然数）とする。$n\geqq3$ のときの $I_n$ を，$n$，$I_{n-2}$ を用いて表せ。また，$I_3$，$I_4$ を求めよ。　　〔類 横浜国大〕

## 重要例題 157 定積分と漸化式 (2)

⊘⊘⊘⊘⊘

$B(m,\ n)=\int_0^1 x^{m-1}(1-x)^{n-1}dx$ [$m,\ n$ は自然数] とする。次のことを証明せよ。

(1) $B(m,\ n)=B(n,\ m)$　(2) $B(m,\ n)=\dfrac{n-1}{m}B(m+1,\ n-1)$ $[n\geqq 2]$

(3) $B(m,\ n)=\dfrac{(m-1)!(n-1)!}{(m+n-1)!}$

p.262 基本事項 2，重要 138，156

(1) $B(n,\ m)=\int_0^1 x^{n-1}(1-x)^{m-1}dx$ は，$B(m,\ n)$ の $x$ を $1-x$ におき換えたものである。そこで，$1-x=t$ とおき，**置換積分法** を用いる。

(2) $x^{m-1}(1-x)^{n-1}=\left(\dfrac{x^m}{m}\right)'(1-x)^{n-1}$ とみて **部分積分法** を用いる。

解答

(1) $1-x=t$ とおくと，$x=1-t$ から　$dx=-dt$

$x$ と $t$ の対応は右のようになる。

| $x$ | $0\longrightarrow 1$ |
|---|---|
| $t$ | $1\longrightarrow 0$ |

$$B(m,\ n)=\int_1^0 (1-t)^{m-1}t^{n-1}\cdot(-1)\,dt=\int_0^1 t^{n-1}(1-t)^{m-1}dt$$

$$=\int_0^1 x^{n-1}(1-x)^{m-1}dx=B(n,\ m)$$

◀定積分は積分変数に無関係。

(2) $$B(m,\ n)=\int_0^1\left(\frac{x^m}{m}\right)'(1-x)^{n-1}dx$$

$$=\left[\frac{x^m}{m}(1-x)^{n-1}\right]_0^1-\int_0^1\frac{x^m}{m}\cdot(n-1)(1-x)^{n-2}\cdot(-1)\,dx$$

$$=\frac{n-1}{m}\int_0^1 x^{(m+1)-1}(1-x)^{(n-1)-1}dx=\frac{n-1}{m}B(m+1,\ n-1)$$

(3) $n\geqq 2$ のとき，(2) の結果を繰り返し用いて

$$B(m,\ n)=\frac{n-1}{m}B(m+1,\ n-1)=\frac{n-1}{m}\cdot\frac{n-2}{m+1}B(m+2,\ n-2)=\cdots\cdots$$

$$=\frac{(n-1)(n-2)\cdots\cdots 2\cdot 1}{m(m+1)\cdots\cdots(m+n-2)}B(m+n-1,\ 1)$$

$$=\frac{(m-1)!(n-1)!}{(m+n-2)!}\int_0^1 x^{m+n-2}dx$$

$$=\frac{(m-1)!(n-1)!}{(m+n-2)!}\left[\frac{x^{m+n-1}}{m+n-1}\right]_0^1=\frac{(m-1)!(n-1)!}{(m+n-1)!}\ \cdots\cdots\ ①$$

◀$(n-1)$ 回繰り返して，●$B$(■，1) の形にする。

$n=1$ のとき，$B(m,\ 1)=\int_0^1 x^{m-1}dx=\left[\dfrac{x^m}{m}\right]_0^1=\dfrac{1}{m}$ であるから，① は $n=1$ のときも成り立つ。

**練習 ④157** $m,\ n$ を 0 以上の整数として，$I_{m,n}=\int_0^{\frac{\pi}{2}}\sin^m x\cos^n x\,dx$ とする。ただし，$\sin^0 x=\cos^0 x=1$ である。

(1) $I_{m,n}=I_{n,m}$ および $I_{m,n}=\dfrac{n-1}{m+n}I_{m,n-2}$ $(n\geqq 2)$ を示せ。

(2) (1) の等式を利用して，次の定積分を求めよ。

(ア) $\int_0^{\frac{\pi}{2}}\sin^6 x\cos^3 x\,dx$　(イ) $\int_0^{\frac{\pi}{2}}\sin^5 x\cos^7 x\,dx$

p.272 EX 131

## 参考事項 ベータ関数

$p.268$ の重要例題 **157** で求めた $B(m,\ n)$ は，2 つの自然数 $m$，$n$ の関数になっている。
一般に，正の数 $x$，$y$ に対して定義される 2 変数関数

$$B(x,\ y)=\int_0^1 t^{x-1}(1-t)^{y-1}dt \quad \cdots\cdots \text{①}$$

を **ベータ関数** といい，$p.293$ で紹介するガンマ関数とともに，いろいろな分野で利用される。

**注意** ① の被積分関数は，$0<x<1$ のときは $t=0$ で，$0<y<1$ のときは $t=1$ で定義されないため，すべての正の数 $x$，$y$ について ① の定積分を考えるためには，$p.292$ で紹介する **広義の定積分** が必要となる。

ここでは，ベータ関数の性質をいくつか証明してみよう。

(I) $\boldsymbol{B(x,\ y)=B(y,\ x)}$
(II) $\boldsymbol{xB(x,\ y+1)=yB(x+1,\ y)}$
(III) $\boldsymbol{B(x+1,\ y)+B(x,\ y+1)=B(x,\ y)}$
(IV) $\boldsymbol{B(x,\ y+1)=\dfrac{y}{x+y}B(x,\ y)}$

証明 (I) $p.268$ 例題 **157** と同様に，$1-t=u$ とおいて置換積分法を利用すれば証明できる。

(II) $xB(x,\ y+1)=\displaystyle\int_0^1 xt^{x-1}(1-t)^{(y+1)-1}dt=\int_0^1 (t^x)'(1-t)^y dt$

$$=\Big[t^x(1-t)^y\Big]_0^1-\int_0^1 t^x\cdot y(1-t)^{y-1}\cdot(-1)\,dt$$

$$=y\int_0^1 t^{(x+1)-1}(1-t)^{y-1}dt=yB(x+1,\ y)$$

(III) $B(x+1,\ y)+B(x,\ y+1)=\displaystyle\int_0^1 t^x(1-t)^{y-1}dt+\int_0^1 t^{x-1}(1-t)^y dt$

$$=\int_0^1 t^{x-1}(1-t)^{y-1}\{t+(1-t)\}dt=B(x,\ y)$$

(IV) (II) より $\quad B(x+1,\ y)=\dfrac{x}{y}B(x,\ y+1)$

これを (III) に代入して $\quad \dfrac{x}{y}B(x,\ y+1)+B(x,\ y+1)=B(x,\ y)$

ゆえに $\quad B(x,\ y+1)=\dfrac{y}{x+y}B(x,\ y)$

また，① において $0\leqq t\leqq 1$ であるから，$t=\sin^2\theta$ とおくと

$$dt=2\sin\theta\cos\theta\,d\theta,\quad 1-t=\cos^2\theta$$

$t$ と $\theta$ の対応は右のようになる。

| $t$ | $0\longrightarrow 1$ |
|---|---|
| $\theta$ | $0\longrightarrow \dfrac{\pi}{2}$ |

よって $\quad B(x,\ y)=\displaystyle\int_0^{\frac{\pi}{2}}(\sin^2\theta)^{x-1}(\cos^2\theta)^{y-1}\cdot 2\sin\theta\cos\theta\,d\theta$

$$=2\int_0^{\frac{\pi}{2}}\sin^{2x-1}\theta\cos^{2y-1}\theta\,d\theta$$

と，三角関数の積分で表すこともできる。

# 重要例題 158 逆関数と積分の等式

(1) $f(x)=\dfrac{e^x}{e^x+1}$ のとき，$y=f(x)$ の逆関数 $y=g(x)$ を求めよ。

(2) (1) の $f(x)$，$g(x)$ に対し，次の等式が成り立つことを示せ。

$$\int_a^b f(x)dx+\int_{f(a)}^{f(b)} g(x)dx=bf(b)-af(a)$$

〔東北大〕

p.262 基本事項 1，基本 10

**指針** (1) 関数 $y=f(x)$ の逆関数を求めるには，$y=f(x)$ を $x$ について解き，$x$ と $y$ を交換する。（$p.25$ 基本例題 **10** 参照。）

(2) (1) の結果を直接左辺に代入してもよいが，逆関数の性質 $\boldsymbol{y=g(x) \Longleftrightarrow x=g^{-1}(y)}$ を利用。すなわち $y=g(x) \Longleftrightarrow x=f(y)$ に注目して，**置換積分法** により，左辺の第2項 $\displaystyle\int_{f(a)}^{f(b)} g(x)dx$ を変形することを考える。

**解答**

(1) $y=\dfrac{e^x}{e^x+1}$ …… ① の値域は　$0<y<1$ …… ②

◀まず，値域を調べておく。

① から　$(e^x+1)y=e^x$　ゆえに　$(1-y)e^x=y$

◀$x$ について解く。

② から　$e^x=\dfrac{y}{1-y}$　よって　$x=\log\dfrac{y}{1-y}$

◀$e^x=A \Longleftrightarrow x=\log A$

求める逆関数は，$x$ と $y$ を入れ替えて $\boldsymbol{g(x)=\log\dfrac{x}{1-x}}$

◀定義域は　$0<x<1$

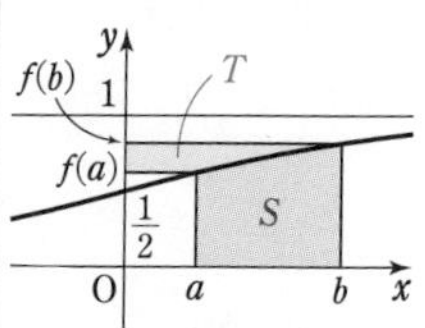


$S=\displaystyle\int_a^b f(x)dx$，

$T=\displaystyle\int_{f(a)}^{f(b)} g(x)dx$

(2) の等式の左辺の積分は，上の図のように表される。（$0<a<b$ のとき）

(2) $I=\displaystyle\int_{f(a)}^{f(b)} g(x)dx$ とする。

$f(x)$ は $g(x)$ の逆関数であるから，$y=g(x)$ より

$x=f(y)$

ゆえに　$dx=f'(y)dy$

また

$g(f(a))=a$，$g(f(b))=b$

$x$ と $y$ の対応は右のようになる。

| $x$ | $f(a) \longrightarrow f(b)$ |
|---|---|
| $y$ | $a \longrightarrow b$ |

よって　$I=\displaystyle\int_a^b yf'(y)dy=\Big[yf(y)\Big]_a^b-\int_a^b f(y)dy$

$=bf(b)-af(a)-\displaystyle\int_a^b f(x)dx$

ゆえに　$\displaystyle\int_a^b f(x)dx+\int_{f(a)}^{f(b)} g(x)dx=bf(b)-af(a)$

**参考** (2) の結果は，$f(x)=\dfrac{e^x}{e^x+1}$ でなくても，一般に，関数 $f(x)$ の逆関数が存在して（すなわち $f(x)$ は単調増加または単調減少），微分可能であれば成り立つ。

**練習 ④158** $a$ を正の定数とする。任意の実数 $x$ に対して，$x=a\tan y$ を満たす $y$ $\left(-\dfrac{\pi}{2}<y<\dfrac{\pi}{2}\right)$ を対応させる関数を $y=f(x)$ とするとき，$\displaystyle\int_0^a f(x)dx$ を求めよ。

〔信州大〕 p.272 EX 132

# EXERCISES



②122 (1) 定積分 $\int_0^{\frac{\pi}{4}}(\cos x-\sin x)(\sin x+\cos x)^5 dx$ を求めよ。

(2) $n<\int_{10}^{100}\log_{10}x\,dx$ を満たす最大の自然数 $n$ の値を求めよ。ただし，$0.434<\log_{10}e<0.435$ （$e$ は自然対数の底）である。 〔(2) 京都大〕

→145

④123 $N$ を 2 以上の自然数とし，関数 $f(x)$ を $f(x)=\sum_{k=1}^{N}\cos(2k\pi x)$ と定める。

(1) $m$，$n$ を整数とするとき，$\int_0^{2\pi}\cos(mx)\cos(nx)dx$ を求めよ。

(2) $\int_0^1\cos(4\pi x)f(x)dx$ を求めよ。 〔類 滋賀大〕

→146

③124 関数 $f(x)=3\cos 2x+7\cos x$ について，$\int_0^{\pi}|f(x)|dx$ を求めよ。 →147



③125 $t=\dfrac{1}{1+\sin x}$ とおくことにより，定積分 $I=\int_0^{\frac{\pi}{2}}\dfrac{1-\sin x}{(1+\sin x)^2}dx$ を求めよ。 〔類 福岡大〕

→148

③126 次の定積分を求めよ。 〔(1) 京都大，(2) 富山大〕

(1) $\int_0^2\dfrac{2x+1}{\sqrt{x^2+4}}dx$ (2) $\int_{\frac{1}{2}a}^{\frac{\sqrt{3}}{2}a}\dfrac{\sqrt{a^2-x^2}}{x}dx$ $(a>0)$ →148，149

③127 定積分 $\int_0^1\dfrac{1}{x^3+1}dx$ を求めよ。 →148，150

122 (2) $\log_{10}x$ の底を $e$ に変換してから定積分を計算する。

123 (1) 積 ⟶ 和の公式を利用。 (2) (1)の結果を利用。

124 2 倍角の公式を用いて角を $x$ に統一し，$f(x)=0$ となる $\cos x$ の値を求める。なお，$x$ の値は具体的に求めることはできないから，それを $\alpha$ とおいて処理する。

125 $I$ の被積分関数の分子・分母に $1+\sin x$ を掛ける。

126 (1) $\int_0^2\dfrac{2x+1}{\sqrt{x^2+4}}dx=\int_0^2\dfrac{2x}{\sqrt{x^2+4}}dx+\int_0^2\dfrac{1}{\sqrt{x^2+4}}dx$ のように分けて積分する。

127 簡単そうであるが，意外に面倒。まず $x^3+1=(x+1)(x^2-x+1)$ により，$\dfrac{1}{x^3+1}$ を部分分数に分解する。

# EXERCISES



④**128** 連続な関数 $f(x)$ は常に $f(x)=f(-x)$ を満たすものとする。

(1) 等式 $\displaystyle\int_{-a}^{a}\frac{f(x)}{1+e^{-x}}dx=\int_0^a f(x)dx$ を証明せよ。

(2) 定積分 $\displaystyle\int_{-\frac{\pi}{2}}^{\frac{\pi}{2}}\frac{x\sin x}{1+e^{-x}}dx$ を求めよ。 →152, 154

③**129** (1) $X=\cos\left(\dfrac{x}{2}-\dfrac{\pi}{4}\right)$ とおくとき，$1+\sin x$ を $X$ を用いて表せ。

(2) 不定積分 $\displaystyle\int\frac{dx}{1+\sin x}$ を求めよ。 (3) 定積分 $\displaystyle\int_0^{\frac{\pi}{2}}\frac{x}{1+\sin x}dx$ を求めよ。

〔類 横浜市大〕 →154

③**130** 関数 $f(x)=2\log(1+e^x)-x-\log 2$ について

(1) 等式 $\log f''(x)=-f(x)$ が成り立つことを示せ。ただし，$f''(x)$ は関数 $f(x)$ の第 2 次導関数である。

(2) 定積分 $\displaystyle\int_0^{\log 2}(x-\log 2)e^{-f(x)}dx$ を求めよ。 〔大阪大 改題〕 →154

④**131** $a$，$b$ は定数，$m$，$n$ は 0 以上の整数とし，$I(m,\ n)=\displaystyle\int_a^b(x-a)^m(x-b)^n dx$ とする。

(1) $I(m,\ 0)$，$I(1,\ 1)$ の値を求めよ。

(2) $I(m,\ n)$ を $I(m+1,\ n-1)$，$m$，$n$ で表せ。ただし，$n$ は自然数とする。

(3) $I(5,\ 5)$ の値を求めよ。 〔群馬大〕 →157

⑤**132** $x>0$ を定義域とする関数 $f(x)=\dfrac{12(e^{3x}-3e^x)}{e^{2x}-1}$ について

(1) 関数 $y=f(x)$ $(x>0)$ は，実数全体を定義域とする逆関数をもつことを示せ。すなわち，任意の実数 $a$ に対して，$f(x)=a$ となる $x>0$ がただ 1 つ存在することを示せ。

(2) (1)で定められた逆関数を $y=g(x)$ $(-\infty<x<\infty)$ とする。このとき，定積分 $\displaystyle\int_8^{27}g(x)dx$ を求めよ。 〔東京大〕 →158

128 (1) $x=-t$ とおいて，置換積分法を利用。
(2) $f(x)=x\sin x$ とすると，常に $f(x)=f(-x)$ を満たす。

129 (1) $\cos^2● =\dfrac{1+\cos 2●}{2}$ を利用して，$X^2$ を計算。
(3) (2)の結果を利用。$\dfrac{x}{1+\sin x}=x\cdot\dfrac{1}{1+\sin x}$ とみて，部分積分法を利用。

130 (2) (1)の結果から　$e^{-f(x)}=f''(x)$　部分積分法を利用して計算。

131 (2) $(x-a)^m=\left\{\dfrac{(x-a)^{m+1}}{m+1}\right\}'$ とみて，部分積分法を利用。 (3) (1)，(2)の結果を利用。

132 (1) まず，$f(x)$ が単調に増加することを示す。
(2) $y=g(x)$ とおいて，置換積分法を利用。$y=f(x)$ の逆関数が $y=g(x)$ であるから，このとき　$x=f(y)$

# 24 定積分で表された関数

## 基本事項

**1 定積分で表された関数**

$a$, $b$ は定数, $x$ は $t$ に無関係な変数とする。

① $\int_a^b f(t)dt$ は **定数** である。

② $\int_a^x f(t)dt$, $\int_a^b f(x,\ t)dt$ などは **積分変数 $t$ に無関係で, $x$ の関数** である。

**2 定積分で表された関数の微分**

① $\displaystyle \boldsymbol{\frac{d}{dx}\int_a^x f(t)dt=f(x)}$　　$a$ は定数

② $\displaystyle \frac{d}{dx}\int_{h(x)}^{g(x)} f(t)dt=f(g(x))g'(x)-f(h(x))h'(x)$　　$x$ は $t$ に無関係な変数

## 解　説

**■ 定積分で表された関数**

$f(x)$ の不定積分の1つを $F(x)$ とすると

◀ $F'(x)=f(x)$

$$\int_a^b f(t)dt=\Big[F(t)\Big]_a^b=F(b)-F(a)$$

すなわち, $\int_a^b f(t)dt$ は $t$ の値に無関係な定数である。

同様に, $\int_a^x f(t)dt=F(x)-F(a)$ であるから,

◀ $\int_a^x f(t)dt=\Big[F(t)\Big]_a^x$

$\int_a^x f(t)dt$ は $t$ に無関係で, $x$ の関数である。

また, 積分変数 $t$ に無関係な変数 $x$ は $t$ に関する積分の計算においては定数として扱われるから, 定積分 $\int_a^b f(x,\ t)dt$ は $x$ の関数である。

**■ 定積分で表された関数の微分**

**2 ①, ② の証明**

$f(t)$ の不定積分の1つを $F(t)$ とすると

① $\displaystyle \frac{d}{dx}\int_a^x f(t)dt=\{F(x)-F(a)\}'=F'(x)=f(x)$

◀ $F'(x)=f(x)$, (定数)$'=0$

② $\displaystyle \frac{d}{dx}\int_{h(x)}^{g(x)} f(t)dt=\frac{d}{dx}\{F(g(x))-F(h(x))\}$

$$=F'(g(x))g'(x)-F'(h(x))h'(x)$$

$$=f(g(x))g'(x)-f(h(x))h'(x)$$

◀ 合成関数の導関数。

**問** 次の関数を $x$ について微分せよ。

(1) $\displaystyle \int_2^3 \frac{\log t}{e^t+1}dt$　　(2) $\displaystyle \int_0^x e^{t^2}\cos 3t\,dt$　　(3) $\displaystyle \int_x^2 (t+1)\log t\,dt$ $(x>0)$

(＊) 問 の解答は $p.391$ にある。

5章 24 定積分で表された関数

## 基本 例題 159 定積分で表された関数の微分 ②②②②②

次の関数を微分せよ。

(1) $f(x)=\int_0^x (t-x)\sin t\,dt$　　(2) $f(x)=\int_{x^2}^{x^3} \frac{1}{\log t}dt\ (x>0)$

p.273 基本事項 2

(1) $p.273$ 基本事項 2 ① $\frac{d}{dx}\int_a^x f(t)dt=f(x)$ ($a$ は定数) を利用。

ここで，積分変数は $t$ であるから，積分の計算で $x$ は定数として扱う。

$\int_0^x (t-\boldsymbol{x})\sin t\,dt=\int_0^x t\sin t\,dt-\boldsymbol{x}\int_0^x \sin t\,dt$ と変形するとわかりやすくなる。

└ 積分変数 $t$ と関係のない文字 $x$ を定積分の前に出す。

(2) $p.273$ 基本事項 2 ② を利用してもよいが，下の解答では，その公式を導いたときと同じように，$f(t)$ の原始関数を $F(t)$ として考えてみよう。

**解答**

(1) $f(x)=\int_0^x (t-x)\sin t\,dt=\int_0^x t\sin t\,dt-x\int_0^x \sin t\,dt$

◀ $x$ は定数とみて，定積分の前に出す。

よって

$$f'(x)=\frac{d}{dx}\int_0^x t\sin t\,dt-\left\{(x)'\int_0^x \sin t\,dt+x\left(\frac{d}{dx}\int_0^x \sin t\,dt\right)\right\}$$

$$=x\sin x-\left(\int_0^x \sin t\,dt+x\sin x\right)=\Big[\cos t\Big]_0^x$$

$$=\boldsymbol{\cos x-1}$$

◀ $x\int_0^x \sin t\,dt$ の微分は，積の導関数の公式を利用。
$\boldsymbol{(uv)'=u'v+uv'}$

(2) $\frac{1}{\log t}$ の原始関数を $F(t)$ とすると

$$\int_{x^2}^{x^3}\frac{1}{\log t}dt=F(x^3)-F(x^2),\qquad F'(t)=\frac{1}{\log t}$$

◀ 定積分の定義。

よって　$f'(x)=\frac{d}{dx}\int_{x^2}^{x^3}\frac{1}{\log t}dt=F'(x^3)(x^3)'-F'(x^2)(x^2)'$

◀ 合成関数の導関数。

$$=\frac{3x^2}{\log x^3}-\frac{2x}{\log x^2}=\frac{x^2}{\log x}-\frac{x}{\log x}=\boldsymbol{\frac{x^2-x}{\log x}}$$

◀ $\log x^n=n\log x$

別解　$\boldsymbol{\frac{d}{dx}\int_{h(x)}^{g(x)} f(t)dt=f(g(x))g'(x)-f(h(x))h'(x)}$ を用いると

$$f'(x)=\frac{1}{\log x^3}\cdot(x^3)'-\frac{1}{\log x^2}\cdot(x^2)'$$

$$=\frac{3x^2}{3\log x}-\frac{2x}{2\log x}=\boldsymbol{\frac{x^2-x}{\log x}}$$

◀ $\int\frac{dt}{\log t}$ は既知の関数で表すことはできないことが知られている。

**練習 ②159** 次の関数を微分せよ。ただし，(3) では $x>0$ とする。

(1) $y=\int_0^x (x-t)^2 e^t dt$　　(2) $y=\int_x^{x+1}\sin\pi t\,dt$　　(3) $y=\int_x^{x^2}\log t\,dt$

p.279 EX133

## 基本 例題 160 定積分の等式から関数決定

次の等式を満たす関数 $f(x)$ を求めよ。(2) では，定数 $a$，$b$ の値も求めよ。

(1) $f(x)=3x+\int_0^{\pi} f(t)\sin t\,dt$　　(2) $\int_a^x (x-t)f(t)dt=xe^{-x}+b$

p.273 基本事項 1，2，基本 159

指針 (1) $\int_0^{\pi} f(t)\sin t\,dt$ は **定数** であるから，これを $k$ とおく と $f(x)=3x+k$

(2) $\frac{d}{dx}\int_a^x f(t)dt=f(x)$ を利用する。また，この問題での積分変数は $t$ であるから，$x$ は定数として扱う。

CHART $a$，$b$ が定数のとき $\int_a^b f(t)dt$ は定数　$\int_a^x$，$\int_x^a$ を含むなら $x$ で微分

解答

(1) $\int_0^{\pi} f(t)\sin t\,dt=k$ とおくと　$f(x)=3x+k$　　よって

$$\int_0^{\pi} f(t)\sin t\,dt=\int_0^{\pi}(3t+k)\sin t\,dt=\int_0^{\pi}(3t+k)(-\cos t)'dt$$

$$=\Big[(3t+k)(-\cos t)\Big]_0^{\pi}-\int_0^{\pi}(3t+k)'(-\cos t)dt$$

$$=3\pi+k-(-k)+3\int_0^{\pi}\cos t\,dt=3\pi+2k+3\Big[\sin t\Big]_0^{\pi}=3\pi+2k$$

ゆえに　$k=3\pi+2k$　　よって　$k=-3\pi$

したがって　$\boldsymbol{f(x)=3x-3\pi}$

(2) 等式から　$x\int_a^x f(t)dt-\int_a^x tf(t)dt=xe^{-x}+b$

両辺を $x$ で微分すると

$$1\cdot\int_a^x f(t)dt+xf(x)-xf(x)=1\cdot e^{-x}-xe^{-x}$$

ゆえに　$\int_a^x f(t)dt=(1-x)e^{-x}$ …… ①

① の両辺を $x$ で微分すると　$f(x)=(x-2)e^{-x}$

① の両辺に $x=a$ を代入して　$0=(1-a)e^{-a}$ …… ②

もとの等式の両辺に $x=a$ を代入して　$0=ae^{-a}+b$ … ③

②，③ を解くと　$a=1$，$b=-\frac{1}{e}$

よって　$\boldsymbol{f(x)=(x-2)e^{-x}}$，$\boldsymbol{a=1}$，$\boldsymbol{b=-\frac{1}{e}}$

◀ $f(x)$ は 1 次関数。

◀ 部分積分法。なお，$(3t+k)'=3$ であるから，このまままとめた形で扱った方が処理しやすい。

◀ $k$ の 1 次方程式を解く。

◀ $\frac{d}{dx}\int_a^x f(t)dt=f(x)$，$\frac{d}{dx}\int_a^x tf(t)dt=xf(x)$

参考 一般に $\int_a^x (x-t)f(t)dt=F(x)$ については，$f(x)=F''(x)$ である（$a$ は定数）。



**練習 ② 160** 次の等式を満たす関数 $f(x)$ を求めよ。　［(1) 東京電機大，(2) 京都工繊大］

(1) $f(x)=\cos x+\int_0^{\frac{\pi}{2}} f(t)dt$　　(2) $f(x)=e^x\int_0^1 \frac{1}{e^t+1}dt+\int_0^1 \frac{f(t)}{e^t+1}dt$

(3) $f(x)=\frac{1}{2}x+\int_0^x (t-x)\sin t\,dt$

p.279 EX 134, 135

## 基本 例題 161 定積分で表された関数の最大・最小(1)

$-2 \leqq x \leqq 2$ のとき，関数 $f(x)=\int_0^x (1-t^2)e^t\,dt$ の最大値・最小値と，そのときの $x$ の値を求めよ。

基本 159，160　重要 163

**指針** $\dfrac{d}{dx}\int_a^x g(t)\,dt=g(x)$ を利用すると，導関数 $f'(x)$ はすぐに求められる。
よって，$f'(x)$ の符号を調べ，増減表をかいて 最大値・最小値を求める。なお，極値や定義域の端での $f(x)$ の値を求めるには，部分積分法により定積分 $\int_0^x (1-t^2)e^t\,dt$ を計算して，$f(x)$ を積分記号を含まない式に直したものを利用するとよい。

**解答**

$$f'(x)=\frac{d}{dx}\int_0^x (1-t^2)e^t\,dt=(1-x^2)e^x$$

◀ $e^x>0$ から，$f'(x)$ の符号は $1-x^2$ の符号と一致。

$f'(x)=0$ とすると　$x=\pm 1$

◀ $1-x^2=0$ から　$x=\pm 1$

よって，$f(x)$ の増減表は次のようになる。

| $x$ | $-2$ | $\cdots$ | $-1$ | $\cdots$ | $1$ | $\cdots$ | $2$ |
|---|---|---|---|---|---|---|---|
| $f'(x)$ | | $-$ | $0$ | $+$ | $0$ | $-$ | |
| $f(x)$ | | ↘ | 極小 | ↗ | 極大 | ↘ | |

また　$f(x)=\int_0^x (1-t^2)(e^t)'\,dt$

$=\Big[(1-t^2)e^t\Big]_0^x+2\int_0^x te^t\,dt$

◀ 部分積分法(1回目)。

$=(1-x^2)e^x-1+2\left(\Big[te^t\Big]_0^x-\int_0^x e^t\,dt\right)$

◀ 部分積分法(2回目)。

$=(1-x^2)e^x-1+2xe^x-2(e^x-1)$

◀ $\int_0^x e^t\,dt=\Big[e^t\Big]_0^x=e^x-1$

$=(-x^2+2x-1)e^x+1$

$=1-(x-1)^2e^x$

よって　$f(-2)=1-\dfrac{9}{e^2}$，$f(-1)=1-\dfrac{4}{e}$，

$f(1)=1$，$f(2)=1-e^2$

◀ 最大・最小　極値と端の値をチェック

ここで，$f(-2)<f(1)$ であり，
$f(-1)$ と $f(2)$ の値を比較すると

◀ 増減表から，最大値の候補は $f(-2)$，$f(1)$，最小値の候補は $f(-1)$，$f(2)$

$$f(-1)-f(2)=\frac{e^3-4}{e}>0$$

◀ $e>2$ から　$e^3>2^3\ (=8)$

ゆえに　$f(-1)>f(2)$

したがって

**$x=1$ で最大値 $1$，**
**$x=2$ で最小値 $1-e^2$**

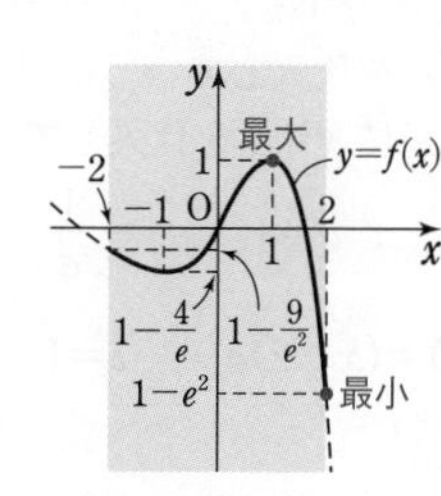


**練習 ②161** $f(x)=\int_0^x e^t\cos t\,dt\ (0 \leqq x \leqq 2\pi)$ の最大値とそのときの $x$ の値を求めよ。

〔北海道大〕

p.279 EX 136

## 基本例題 162 定積分で表された関数の最大・最小 (2)

(1) 定積分 $I(a)=\int_0^1\left(\sin\frac{\pi}{2}x-ax\right)^2dx$ を求めよ。

(2) $I(a)$ の値を最小にする $a$ の値を求め，そのときの積分の値 $I$ を求めよ。

〔大阪府大〕 基本 154

**指針** (1) $\left(\sin\frac{\pi}{2}x-ax\right)^2$ を展開して計算する。積分変数は $x$ であるから，$a$ は定数として扱う。

(2) $I(a)$ は $a$ の 2次関数 となる。⟶ 基本形 $r(a-p)^2+q$ に変形 して，最小値を調べる。

**解答**

(1) $I(a)=\int_0^1\left(\sin\frac{\pi}{2}x-ax\right)^2dx$

$=a^2\int_0^1x^2dx-2a\int_0^1x\sin\frac{\pi}{2}x\,dx+\int_0^1\sin^2\frac{\pi}{2}x\,dx \cdots (*)$

ここで $\int_0^1x^2dx=\left[\frac{x^3}{3}\right]_0^1=\frac{1}{3}$,

$\int_0^1x\sin\frac{\pi}{2}x\,dx=\int_0^1x\left(-\frac{2}{\pi}\cos\frac{\pi}{2}x\right)'dx$

$=\left[-\frac{2}{\pi}x\cos\frac{\pi}{2}x\right]_0^1+\frac{2}{\pi}\int_0^1\cos\frac{\pi}{2}x\,dx$

$=\frac{2}{\pi}\left[\frac{2}{\pi}\sin\frac{\pi}{2}x\right]_0^1=\frac{4}{\pi^2}$,

$\int_0^1\sin^2\frac{\pi}{2}x\,dx=\frac{1}{2}\int_0^1(1-\cos\pi x)dx=\frac{1}{2}\left[x-\frac{1}{\pi}\sin\pi x\right]_0^1=\frac{1}{2}$

したがって $I(a)=\boldsymbol{\frac{1}{3}a^2-\frac{8}{\pi^2}a+\frac{1}{2}}$

(2) (1) から $I(a)=\frac{1}{3}\left(a-\frac{12}{\pi^2}\right)^2+\frac{1}{2}-\frac{48}{\pi^4}$

ゆえに，$I(a)$ は $\boldsymbol{a=\frac{12}{\pi^2}}$ のとき最小となり

$\boldsymbol{I}=I\left(\frac{12}{\pi^2}\right)=\boldsymbol{\frac{1}{2}-\frac{48}{\pi^4}}$

◀( $)^2$ を展開。
◀$a$ を $\int$ の前に出す。
◀(＊) の各定積分を計算。
◀部分積分法。
◀$\sin^2\frac{●}{2}=\frac{1}{2}(1-\cos●)$
◀$I'(a)=\frac{2}{3}a-\frac{8}{\pi^2}$ から $\frac{2}{3}a-\frac{8}{\pi^2}=0 \iff a=\frac{12}{\pi^2}$ として最小値を求めてもよい。

**検討** **定積分の最大値・最小値の調べ方**

上の例題では，定積分の値が $a$ の 2次式 になるから，基本形に直す という方針が有効であるが，定積分の値が 2次式以外の形 になる場合は，前ページの例題 **161** や次ページの例題 **163** 同様，微分して増減を調べる ことになる（2次式で平方完成が面倒な場合も微分は有効）。

**練習 ③162** $I=\int_0^\pi(x+a\cos x)^2dx$ について，次の問いに答えよ。

(1) $I$ を $a$ の関数で表せ。

(2) $I$ の最小値とそのときの $a$ の値を求めよ。 〔岡山理科大〕 p.279 EX137

## 重要例題 163 定積分で表された関数の最大・最小 (3)

実数 $t$ が $1 \leqq t \leqq e$ の範囲を動くとき，$S(t)=\int_0^1|e^x-t|dx$ の最大値と最小値を求めよ。 〔長岡技科大〕

基本 147，161

**指針** 絶対値　場合に分ける

場合分けの境目は $e^x-t=0$ の解で　$x=\log t$

ここで，条件 $1 \leqq t \leqq e$ より $0 \leqq \log t \leqq 1$ であるから，$\log t$ は積分区間 $0 \leqq x \leqq 1$ の内部にある。よって，**積分区間 $0 \leqq x \leqq 1$ を $0 \leqq x \leqq \log t$ と $\log t \leqq x \leqq 1$ に分割** して定積分 $\int_0^1|e^x-t|dx$ を計算する。

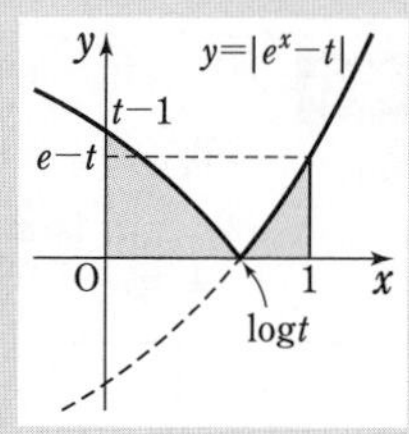


**解答**

$e^x-t=0$ とすると　$x=\log t$

$1 \leqq t \leqq e$ であるから　$0 \leqq \log t \leqq 1$

◀ $\log t$ は単調増加。

ゆえに　$0 \leqq x \leqq \log t$ のとき　$|e^x-t|=-(e^x-t)$,

$\log t \leqq x \leqq 1$ のとき　$|e^x-t|=e^x-t$

◀ $|A|=\begin{cases}-A & (A \leqq 0)\\ A & (A \geqq 0)\end{cases}$

よって　$S(t)=\int_0^{\log t}\{-(e^x-t)\}dx+\int_{\log t}^1(e^x-t)dx$

$=-\Big[e^x-tx\Big]_0^{\log t}+\Big[e^x-tx\Big]_{\log t}^1$

$=-2(e^{\log t}-t\log t)+1+e-t$

$=-2t+2t\log t+1+e-t$

$=2t\log t-3t+e+1$

◀ 積分変数は $x$ であるから，$t$ は定数として扱う。

◀ $-\Big[F(x)\Big]_a^c+\Big[F(x)\Big]_c^b$
$=-2F(c)+F(a)+F(b)$

◀ $e^{\log t}=t$

ゆえに　$S'(t)=2\log t+2t\cdot\frac{1}{t}-3=2\log t-1$

◀ 微分法 を利用して最大値・最小値を求める。

$S'(t)=0$ とすると　$\log t=\frac{1}{2}$

よって　$t=e^{\frac{1}{2}}=\sqrt{e}$

$1 \leqq t \leqq e$ における $S(t)$ の増減表は右のようになる。

| $t$ | 1 | $\cdots$ | $\sqrt{e}$ | $\cdots$ | $e$ |
|---|---|---|---|---|---|
| $S'(t)$ | | $-$ | 0 | $+$ | |
| $S(t)$ | $e-2$ | ↘ | 極小 | ↗ | 1 |

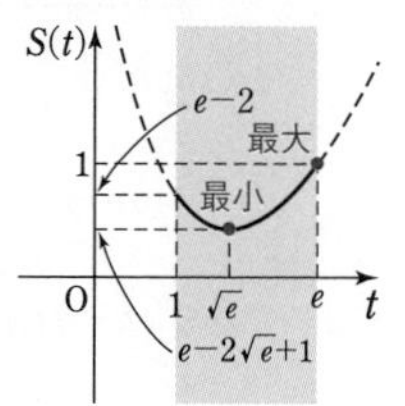


ここで　$e-2<1$,

$S(\sqrt{e})=2\sqrt{e}\log\sqrt{e}-3\sqrt{e}+e+1$

$=e-2\sqrt{e}+1$

◀ $e=2.718\cdots$

◀ $\log\sqrt{e}=\frac{1}{2}$

したがって，$S(t)$ は

**$t=e$ のとき最大値 1,**

**$t=\sqrt{e}$ のとき最小値 $e-2\sqrt{e}+1$**　をとる。

**練習 ③163** $x>0$ のとき，関数 $f(x)=\int_0^1\left|\log\frac{t+1}{x}\right|dt$ の最小値を求めよ。 〔東京学芸大〕

p.279 EX 138

# EXERCISES



②133　関係式 $f(x)+\int_0^x f(t)e^{x-t}dt=\sin x$ を満たす微分可能な関数 $f(x)$ を考える。
$f(x)$ の導関数 $f'(x)$ を求めると，$f'(x)=$ ア□ である。また，$f(0)=$ イ□ であるから，$f(x)=$ ウ□ である。〔横浜市大〕

→159

②134　$a>0$ に対し，関数 $f(x)$ が $f(x)=\int_{-a}^{a}\left\{\dfrac{e^{-x}}{2a}+f(t)\sin t\right\}dt$ を満たすとする。
$f(x)$ を求めよ。〔類　北海道大〕

→160

③135　$f(x)=\int_0^{\frac{\pi}{2}} g(t)\sin(x-t)dt$，$g(x)=x+\int_0^{\frac{\pi}{2}} f(t)dt$ を満たす関数 $f(x)$，$g(x)$ を求めよ。〔工学院大〕

→160

③136　正の実数 $a$ に対して，$F(a)=\int_0^a\left(x+\dfrac{1-a}{2}\right)\sqrt[3]{a-x}\,dx$ とする。
(1)　$F(a)$ を求めよ。
(2)　$a$ が正の実数全体を動くとき，$F(a)$ の最大値と，最大値を与える $a$ の値を求めよ。〔学習院大〕

→161

③137　$n$ を自然数とする。$x$，$y$ がすべての実数を動くとき，定積分
$\int_0^1\{\sin(2n\pi t)-xt-y\}^2 dt$ の最小値を $I_n$ とおく。極限 $\lim_{n\to\infty} I_n$ を求めよ。〔九州大〕

→162

④138　(1)　$0<x<\pi$ のとき，$\sin x-x\cos x>0$ を示せ。
(2)　定積分 $I=\int_0^{\pi}|\sin x-ax|dx$ $(0<a<1)$ を最小にする $a$ の値を求めよ。〔横浜国大〕

→163

133　$e^x$ を定積分の前に出してから微分。
134　$\int_{-a}^{a} f(t)\sin t\,dt$ は定数であるから，これを $k$ とおく。
135　$\sin(x-t)=\sin x\cos t-\cos x\sin t$　$\sin x$，$\cos x$ は定数として扱う。また，$g(t)\cos t$，$g(t)\sin t$ の定積分をそれぞれ定数 $a$，$b$ とおく。
136　(1)　$\sqrt[3]{a-x}=t$ とおいて，置換積分法を利用。
137　まず，$\{\sin(2n\pi t)-xt-y\}^2$ を展開してから積分を計算。
138　(1)　$f(x)=\sin x-x\cos x$ として，$f(x)$ の増減を調べる。
(2)　$0<a<1$ のとき，$y=\sin x$ のグラフと直線 $y=ax$ は $0<x<\pi$ でただ 1 つの共有点をもつ。その共有点の $x$ 座標を $t$ $(0<t<\pi)$ として考えていく。

# 25 定積分と和の極限，不等式

## 基本事項

### 1 定積分と和の極限（区分求積法）

関数 $f(x)$ が閉区間 $[a,\ b]$ で連続であるとき，この区間を $n$ 等分して両端と分点を順に $a=x_0$, $x_1$, $x_2$, ……, $x_n=b$ とし，$\dfrac{b-a}{n}=\Delta x$ とおくと，$x_k=a+k\Delta x$ で

$$\int_a^b f(x)dx=\lim_{n\to\infty}\sum_{k=0}^{n-1}f(x_k)\Delta x=\lim_{n\to\infty}\sum_{k=1}^{n}f(x_k)\Delta x$$

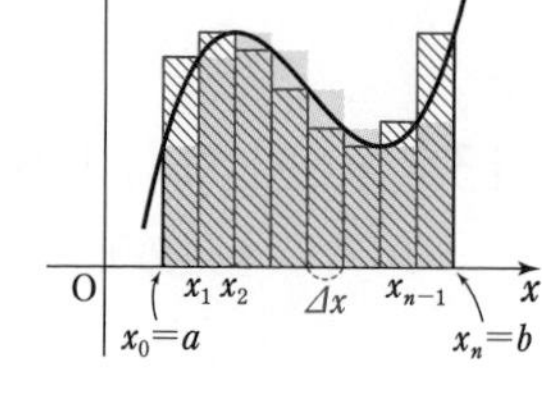


特に，$a=0$, $b=1$ のとき $\Delta x=\dfrac{1}{n}$, $x_k=\dfrac{k}{n}$ で

$$\int_0^1 f(x)dx=\lim_{n\to\infty}\frac{1}{n}\sum_{k=0}^{n-1}f\left(\frac{k}{n}\right)=\lim_{n\to\infty}\frac{1}{n}\sum_{k=1}^{n}f\left(\frac{k}{n}\right)$$

### 2 定積分と不等式

① 区間 $[a,\ b]$ で $f(x)\geqq 0$ ならば $\displaystyle\int_a^b f(x)dx\geqq 0$

等号は，常に $f(x)=0$ であるときに限り成り立つ。

② 区間 $[a,\ b]$ で $f(x)\geqq g(x)$ ならば

$$\int_a^b f(x)dx\geqq\int_a^b g(x)dx$$

等号は，常に $f(x)=g(x)$ であるときに限り成り立つ。

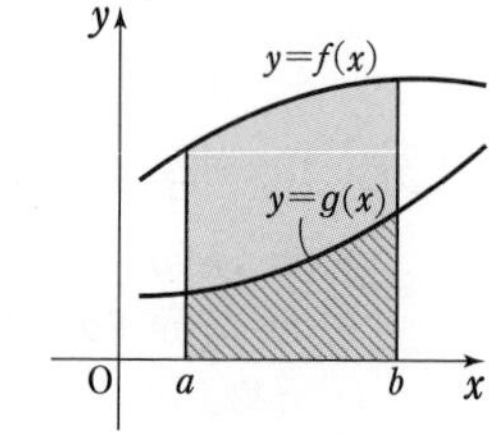


## 解 説

### ■定積分と和の極限（区分求積法）

例　定積分 $\displaystyle\int_0^1 x^2dx$ について。右の上側の図のように，区間 $[0,\ 1]$ を $n$ 等分すると，青い影をつけた各長方形の面積は $\left(\dfrac{1}{n}\right)\cdot\left(\dfrac{k}{n}\right)^2$ $(k=0,\ 1,\ \cdots\cdots,\ n-1)$ で表され，その和は

$$S_n=\sum_{k=0}^{n-1}\frac{1}{n}\cdot\left(\frac{k}{n}\right)^2=\frac{1}{n^3}\sum_{k=1}^{n-1}k^2=\frac{1}{6}\left(1-\frac{1}{n}\right)\left(2-\frac{1}{n}\right)\ \cdots\cdots\ Ⓐ$$

また，右の上側の図で，赤い斜線をつけた各長方形の面積は $\left(\dfrac{1}{n}\right)\cdot\left(\dfrac{k}{n}\right)^2$ $(k=1,\ 2,\ \cdots\cdots,\ n)$ で表されるから，その和は

$$T_n=\sum_{k=1}^{n}\frac{1}{n}\cdot\left(\frac{k}{n}\right)^2=\frac{1}{n^3}\sum_{k=1}^{n}k^2=\frac{1}{6}\left(1+\frac{1}{n}\right)\left(2+\frac{1}{n}\right)\ \cdots\cdots\ Ⓑ$$

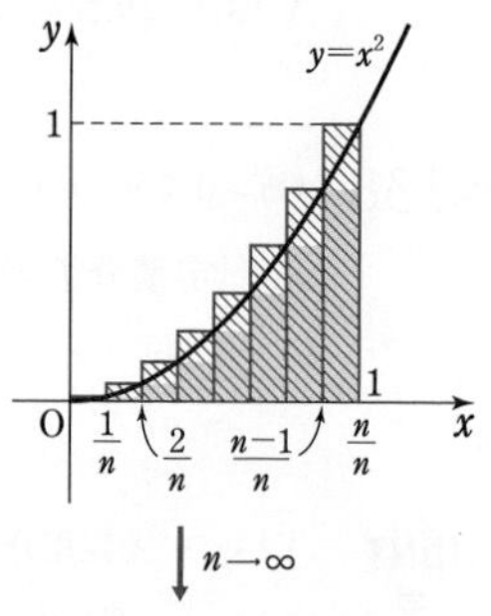


ここで，$\displaystyle\int_0^1 x^2dx$ は曲線 $y=x^2$ と $x$ 軸，直線 $x=1$ で囲まれた部分の面積を表し　$\displaystyle\int_0^1 x^2dx=\left[\frac{x^3}{3}\right]_0^1=\frac{1}{3}$

よって，Ⓐ，Ⓑ から　$\displaystyle\int_0^1 x^2dx=\lim_{n\to\infty}S_n=\lim_{n\to\infty}T_n=\frac{1}{3}$

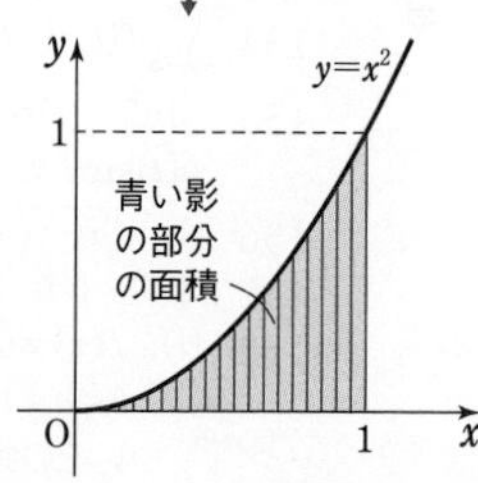

一般に，関数 $f(x)$ が閉区間 $[a,\ b]$ で連続で，常に $f(x)\geqq 0$ であるとき，関数 $y=f(x)$ のグラフと $x$ 軸，および 2 直線 $x=a$，$x=b$ で囲まれた部分の面積を $S$ とする。区間 $[a,\ b]$ を $n$ 等分して，その両端と分点を順に $a=x_0$，$x_1$，$x_2$，……，$x_n=b$ とし，$\dfrac{b-a}{n}=\varDelta x$ とおくと $x_k=a+k\varDelta x$ であり，右の図で，青い影をつけた各長方形の面積は $f(x_k)\varDelta x\ (k=0,\ 1,\ \cdots\cdots,\ n-1)$ で表され，その和は

$$S_n=\sum_{k=0}^{n-1}f(x_k)\varDelta x \qquad \text{ここで，} n \longrightarrow \infty \text{ とすると}\quad S_n \longrightarrow S$$

一方，$S=\displaystyle\int_a^b f(x)dx$ であるから　$\displaystyle\lim_{n\to\infty}S_n=\lim_{n\to\infty}\sum_{k=0}^{n-1}f(x_k)\varDelta x=\int_a^b f(x)dx$

また，右上の図において，赤い斜線をつけた各長方形の面積は $f(x_k)\varDelta x\ (k=1,\ 2,\ \cdots\cdots,\ n)$ であり，その和は $T_n=\displaystyle\sum_{k=1}^{n}f(x_k)\varDelta x$ で表され，上と同様に

$$\lim_{n\to\infty}T_n=\lim_{n\to\infty}\sum_{k=1}^{n}f(x_k)\varDelta x=\int_a^b f(x)dx$$

一般に，関数 $f(x)$ が閉区間 $[a,\ b]$ で連続ならば，常に $f(x)\geqq 0$ でなくても等式

$$\boldsymbol{\int_a^b f(x)dx=\lim_{n\to\infty}\sum_{k=0}^{n-1}f(x_k)\varDelta x=\lim_{n\to\infty}\sum_{k=1}^{n}f(x_k)\varDelta x \quad \left(\varDelta x=\frac{b-a}{n},\ x_k=a+k\varDelta x\right)}$$

が成り立つ。定積分を，このような和の極限として求める方法を **区分求積法** という。

特に，$a=0$，$b=1$ とすると $\varDelta x=\dfrac{1}{n}$，$x_k=\dfrac{k}{n}$ となり，次の等式が成り立つ。

$$\boldsymbol{\int_0^1 f(x)dx=\lim_{n\to\infty}\frac{1}{n}\sum_{k=0}^{n-1}f\left(\frac{k}{n}\right)=\lim_{n\to\infty}\frac{1}{n}\sum_{k=1}^{n}f\left(\frac{k}{n}\right)}$$

## ■ 定積分と不等式

① $f(x)$ は区間 $[a,\ b]$ で連続な関数で，常に $f(x)\geqq 0$ であるとき，曲線 $y=f(x)$ と $x$ 軸，および 2 直線 $x=a$，$x=b$ で囲まれた部分の面積を考えると　**$a\leqq x\leqq b$ で，常には $f(x)=0$ でないとき**

**$f(x)\geqq 0$ ならば**　$\boldsymbol{\displaystyle\int_a^b f(x)dx>0}$　$(a<b)$

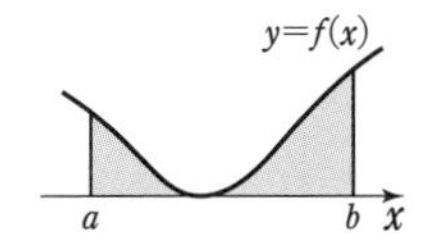


② 更に，区間 $[a,\ b]$ で $f(x)\geqq g(x)$ で，常には $f(x)=g(x)$ でないとき，$h(x)=f(x)-g(x)$ とすると，この区間で $h(x)\geqq 0$ で，常には $h(x)=0$ でないから，上と同様にして　$\displaystyle\int_a^b h(x)dx>0$

よって　$\displaystyle\int_a^b\{f(x)-g(x)\}dx>0$　すなわち　$\displaystyle\int_a^b f(x)dx>\int_a^b g(x)dx$

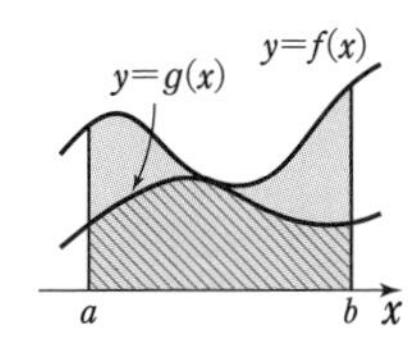


このことを，不等式の証明に利用することができる。

例　$1\leqq x\leqq 2$ のとき，$\sqrt{2}\leqq\sqrt{1+x^3}\leqq 3$ から

$$\frac{1}{3}\leqq\frac{1}{\sqrt{1+x^3}}\leqq\frac{1}{\sqrt{2}}\ \cdots\cdots \text{㋐}$$

㋐ で等号が成り立つのは，左側では $x=2$，右側では $x=1$ のときだけである。よって　$\displaystyle\int_1^2\frac{1}{3}dx<\int_1^2\frac{dx}{\sqrt{1+x^3}}<\int_1^2\frac{1}{\sqrt{2}}dx$

ゆえに　$\displaystyle\frac{1}{3}<\int_1^2\frac{dx}{\sqrt{1+x^3}}<\frac{1}{\sqrt{2}}$

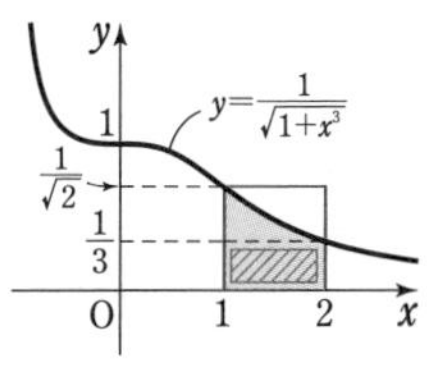

## 基本例題 164 定積分と和の極限 (1) … 基本

①①①①①

次の極限値を求めよ。 [(1) 琉球大, (2) 岐阜大]

(1) $\displaystyle\lim_{n\to\infty}\sum_{k=1}^{n}\left(\frac{n+k}{n^4}\right)^{\frac{1}{3}}$ (2) $\displaystyle\lim_{n\to\infty}\sum_{k=1}^{n}\frac{n^2}{(k+n)^2(k+2n)}$

p.280 基本事項 1 重要 166

$\displaystyle\lim_{n\to\infty}\frac{1}{n}\sum_{k=1}^{n}f\left(\frac{k}{n}\right)=\int_0^1 f(x)dx$ または $\displaystyle\lim_{n\to\infty}\frac{1}{n}\sum_{k=0}^{n-1}f\left(\frac{k}{n}\right)=\int_0^1 f(x)dx$

のように，和の極限を定積分で表す。その手順は次の通り。

1 与えられた和 $S_n$ において，$\dfrac{1}{n}$ をくくり出し，$S_n=\dfrac{1}{n}T_n$ の形に変形する。

2 $T_n$ の第 $k$ 項が $f\left(\dfrac{k}{n}\right)$ **の形になるような関数** $f(x)$ **を見つける。**

3 定積分の形で表す。それには

$\displaystyle\sum_{k=1}^{n}\left(\text{または}\sum_{k=0}^{n-1}\right)\longrightarrow\int_0^1,\ f\left(\frac{k}{n}\right)\longrightarrow f(x),\ \frac{1}{n}\longrightarrow dx$

と対応させる。

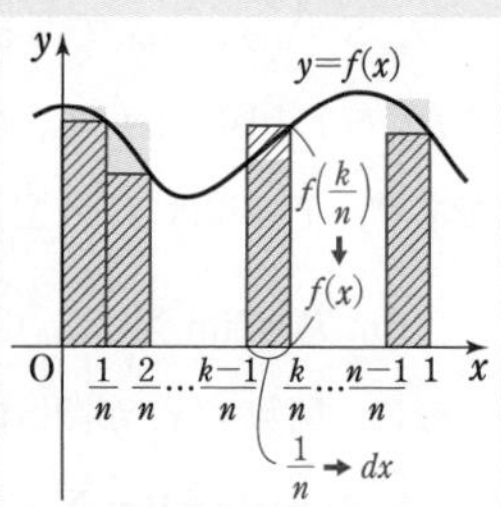


**解答**

求める極限値を $S$ とする。

(1) $\displaystyle\left(\frac{n+k}{n^4}\right)^{\frac{1}{3}}=\left(\frac{n+k}{n^3\cdot n}\right)^{\frac{1}{3}}=\frac{1}{n}\left(\frac{n+k}{n}\right)^{\frac{1}{3}}=\frac{1}{n}\left(1+\frac{k}{n}\right)^{\frac{1}{3}}$

よって $\displaystyle S=\lim_{n\to\infty}\sum_{k=1}^{n}\left(\frac{n+k}{n^4}\right)^{\frac{1}{3}}=\lim_{n\to\infty}\frac{1}{n}\sum_{k=1}^{n}\left(1+\frac{k}{n}\right)^{\frac{1}{3}}$

$\displaystyle=\int_0^1(1+x)^{\frac{1}{3}}dx=\left[\frac{3}{4}(1+x)^{\frac{4}{3}}\right]_0^1=\boldsymbol{\frac{3\sqrt[3]{2}}{2}-\frac{3}{4}}$

(2) $\displaystyle S=\lim_{n\to\infty}\frac{1}{n}\sum_{k=1}^{n}\frac{1}{\left(\frac{k}{n}+1\right)^2\left(\frac{k}{n}+2\right)}=\int_0^1\frac{1}{(x+1)^2(x+2)}dx$

ここで，$\displaystyle\frac{1}{(x+1)^2(x+2)}=\frac{a}{x+1}+\frac{b}{(x+1)^2}+\frac{c}{x+2}$ とすると $a=-1,\ b=1,\ c=1$

よって $\displaystyle S=\int_0^1\left\{-\frac{1}{x+1}+\frac{1}{(x+1)^2}+\frac{1}{x+2}\right\}dx$

$\displaystyle=\left[-\log(x+1)-\frac{1}{x+1}+\log(x+2)\right]_0^1$

$\displaystyle=\boldsymbol{\frac{1}{2}+\log\frac{3}{4}}$

**参考** 積分区間は，$\displaystyle\lim_{n\to\infty}\sum_{k=1}^{n}$○ の形なら，すべて $0\leqq x\leqq 1$ で考えられる。

◀ $f(x)=(1+x)^{\frac{1}{3}}$

◀ $f(x)=\dfrac{1}{(x+1)^2(x+2)}$

右辺の分数式は，左のようにして，**部分分数に分解** する。分母を払った $1=a(x+1)(x+2)+b(x+2)+c(x+1)^2$ の両辺の係数が等しいとして得られる連立方程式を解く。もしくは，$x=-1,\ -2,\ 0$ など適当な値を代入してもよい。

**練習 ② 164** 次の極限値を求めよ。 [(2) 岩手大]

(1) $\displaystyle\lim_{n\to\infty}\sum_{k=1}^{n}\frac{\pi}{n}\sin^2\frac{k\pi}{n}$ (2) $\displaystyle\lim_{n\to\infty}\frac{1}{n^2}\left(e^{\frac{1}{n}}+2e^{\frac{2}{n}}+3e^{\frac{3}{n}}+\cdots\cdots+ne^{\frac{n}{n}}\right)$

p.289 EX 139

## 基本 例題 165 定積分と和の極限 (2) … 積分区間に注意 ①①①①①

次の極限値を求めよ。

(1) $\displaystyle\lim_{n\to\infty}\sum_{k=1}^{2n}\frac{1}{3n+k}$　　(2) $\displaystyle\lim_{n\to\infty}\frac{1}{\sqrt{n}}\sum_{k=n+1}^{2n}\frac{1}{\sqrt{k}}$

基本 164　重要 170

指針　まず，$\dfrac{1}{n}$ をくくり出して，$\displaystyle\frac{1}{n}\sum_{k=l}^{m}f\left(\frac{k}{n}\right)$ の形になるように $f(x)$ を決める。積分区間は，$y=f(x)$ のグラフをかき，$\displaystyle\frac{1}{n}\sum_{k=l}^{m}f\left(\frac{k}{n}\right)$ がどのような長方形の面積の和として表されるか，ということを考えて定めるとよい。

解答

求める極限値を $S$ とする。

(1) $\displaystyle S_n=\sum_{k=1}^{2n}\frac{1}{3n+k}$ とすると

$$S_n=\sum_{k=1}^{2n}\frac{1}{3+\frac{k}{n}}\cdot\frac{1}{n}$$

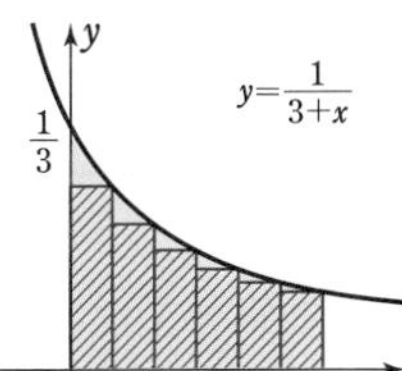


$S_n$ は図の長方形の面積の和を表すから　$\displaystyle S=\lim_{n\to\infty}S_n=\int_0^2\frac{1}{3+x}dx$

$$=\Big[\log(3+x)\Big]_0^2=\log 5-\log 3=\boldsymbol{\log\frac{5}{3}}$$

(1) $f(x)=\dfrac{1}{3+x}$ とすると，$S_n$ は，縦 $f\left(\dfrac{k}{n}\right)$ $(k=1,\ 2,\ \cdots\cdots,\ 2n)$，横 $\dfrac{1}{n}$ の長方形の面積の和を表す。

(2) $\displaystyle S_n=\frac{1}{\sqrt{n}}\sum_{k=n+1}^{2n}\frac{1}{\sqrt{k}}$ とすると

$$S_n=\sum_{k=n+1}^{2n}\frac{1}{\sqrt{\frac{k}{n}}}\cdot\frac{1}{n}$$

y
$y=\frac{1}{\sqrt{x}}$
1
O　1　……　x
$\frac{n+1}{n}$　$\frac{2n}{n}=2$

$S_n$ は図の長方形の面積の和を表すから　$\displaystyle S=\lim_{n\to\infty}S_n=\int_1^2\frac{dx}{\sqrt{x}}$

$$=\Big[2\sqrt{x}\Big]_1^2=\boldsymbol{2(\sqrt{2}-1)}$$

別解　$\displaystyle S=\lim_{n\to\infty}\frac{1}{n}\sum_{k=1}^{n}\frac{1}{\sqrt{1+\frac{k}{n}}}=\int_0^1\frac{dx}{\sqrt{1+x}}=\Big[2\sqrt{1+x}\Big]_0^1$

$$=\boldsymbol{2(\sqrt{2}-1)}$$

(2) $f(x)=\dfrac{1}{\sqrt{x}}$ とすると，$S_n$ は，縦 $f\left(\dfrac{k}{n}\right)$ $(k=n+1,\ n+2,\ \cdots\cdots,\ 2n)$，横 $\dfrac{1}{n}$ の長方形の面積の和を表す。なお，$\displaystyle\sum_{k=n+1}^{2n}\frac{1}{\sqrt{k}}=\sum_{k=1}^{n}\frac{1}{\sqrt{n+k}}$ と変形し，前ページと同じように考えてもよい（別解 参照）。

**練習 ③165**　次の極限値を求めよ。(2) では $p>0$ とする。　〔(1) 摂南大，(2) 日本女子大〕

(1) $\displaystyle\lim_{n\to\infty}\frac{1}{n}\left\{\left(\frac{1}{n}\right)^2+\left(\frac{2}{n}\right)^2+\left(\frac{3}{n}\right)^2+\cdots\cdots+\left(\frac{3n}{n}\right)^2\right\}$

(2) $\displaystyle\lim_{n\to\infty}\frac{(n+1)^p+(n+2)^p+\cdots\cdots+(n+2n)^p}{1^p+2^p+\cdots\cdots+(2n)^p}$

p.289 EX 140

## 重要例題 166 定積分と和の極限 (3) … 対数の利用 ④④④④④

極限値 $\lim_{n\to\infty}\frac{1}{n}\sqrt[n]{\frac{(4n)!}{(3n)!}}$ を求めよ。〔防衛医大〕

基本 164

**指針** まず，$\frac{1}{n}\sqrt[n]{\frac{(4n)!}{(3n)!}}$ を簡単にすることを考える。$a_n=\frac{1}{n}\sqrt[n]{\frac{(4n)!}{(3n)!}}$ とすると

$$a_n=\frac{1}{n}\left\{\frac{4n(4n-1)\cdot\cdots\cdots\cdot(3n+2)(3n+1)\cdot 3n(3n-1)\cdot\cdots\cdots\cdot 2\cdot 1}{3n(3n-1)\cdot\cdots\cdots\cdot 2\cdot 1}\right\}^{\frac{1}{n}}$$

$$=\frac{1}{n}\{(3n+1)(3n+2)\cdot\cdots\cdots\cdot(3n+n-1)(3n+n)\}^{\frac{1}{n}}$$ ← $4n=3n+n$ と考える。

更に，両辺の対数をとると，積の形を 和の形 で表すことができるから，

$\lim_{n\to\infty}\frac{1}{n}\sum_{k=1}^{n}f\left(\frac{k}{n}\right)=\int_0^1 f(x)dx$ を利用して，極限値を求める。

なお，関数 $\log x$ は $x>0$ で連続であるから　$\lim_{x\to\alpha}(\log x)=\log\alpha$

よって，$\lim_{n\to\infty}a_n=\alpha$ が存在するなら　$\lim_{n\to\infty}(\log a_n)=\log\left(\lim_{n\to\infty}a_n\right)$

**log と lim は交換可能**

**解答**

$a_n=\frac{1}{n}\sqrt[n]{\frac{(4n)!}{(3n)!}}$ とすると

$$a_n=\frac{1}{n}\{(3n+1)(3n+2)\cdot\cdots\cdots\cdot(3n+n)\}^{\frac{1}{n}}$$ ◀ $=n\left(3+\frac{1}{n}\right)\cdot n\left(3+\frac{2}{n}\right)\cdot\cdots\cdots n\left(3+\frac{n}{n}\right)$

$$=\frac{1}{n}\left\{n^n\left(3+\frac{1}{n}\right)\left(3+\frac{2}{n}\right)\cdot\cdots\cdots\cdot\left(3+\frac{n}{n}\right)\right\}^{\frac{1}{n}}$$

$$=\frac{1}{n}\cdot(n^n)^{\frac{1}{n}}\left\{\left(3+\frac{1}{n}\right)\left(3+\frac{2}{n}\right)\cdot\cdots\cdots\cdot\left(3+\frac{n}{n}\right)\right\}^{\frac{1}{n}}$$

$$=\left\{\left(3+\frac{1}{n}\right)\left(3+\frac{2}{n}\right)\cdot\cdots\cdots\cdot\left(3+\frac{n}{n}\right)\right\}^{\frac{1}{n}}$$ ◀ $(n^n)^{\frac{1}{n}}=n$

よって，両辺の自然対数をとると

$$\log a_n=\frac{1}{n}\left\{\log\left(3+\frac{1}{n}\right)+\log\left(3+\frac{2}{n}\right)+\cdots\cdots+\log\left(3+\frac{n}{n}\right)\right\}=\frac{1}{n}\sum_{k=1}^{n}\log\left(3+\frac{k}{n}\right)$$

ゆえに　$\lim_{n\to\infty}(\log a_n)=\int_0^1\log(3+x)dx=\int_0^1(3+x)'\log(3+x)dx$

$$=\Big[(3+x)\log(3+x)\Big]_0^1-\int_0^1(3+x)\cdot\frac{1}{3+x}dx$$ ◀部分積分法。

$$=4\log 4-3\log 3-1=\log\frac{4^4}{3^3e}=\log\frac{256}{27e}$$

関数 $\log x$ は $x>0$ で連続であるから　$\lim_{n\to\infty}a_n=\mathbf{\frac{256}{27e}}$ ◀ $\lim_{n\to\infty}(\log a_n)=\log\left(\lim_{n\to\infty}a_n\right)$

**練習 ④166** 数列 $a_n=\frac{1}{n^2}\sqrt[n]{{}_{4n}\mathrm{P}_{2n}}$ $(n=1,\ 2,\ 3,\ \cdots\cdots)$ の極限値 $\lim_{n\to\infty}a_n$ を求めよ。〔東京理科大〕

## 重要例題 167 図形と区分求積法 ◎◎◎◎◎

長さ2の線分ABを直径とする半円周を点 $A=P_0$, $P_1$, ……, $P_{n-1}$, $P_n=B$ で $n$ 等分する。

(1) $\triangle AP_kB$ の3辺の長さの和 $AP_k+P_kB+BA$ を $l_n(k)$ とおく。$l_n(k)$ を求めよ。

(2) 極限値 $\alpha=\lim_{n\to\infty}\dfrac{l_n(1)+l_n(2)+\cdots\cdots+l_n(n)}{n}$ を求めよ。ただし，$l_n(n)=4$ とする。

〔首都大東京〕 基本 164

**指針** (1) 線分ABは半円の直径であるから $\angle AP_kB$ は直角である。
よって，直角三角形 $AP_kB$ に注目して，$AP_k$, $P_kB$ を $n$, $k$ で表す。

(2) 求める極限値は，$\lim_{n\to\infty}\sum_{k=1}^{n} f(x_k)\Delta x\left(\Delta x=\dfrac{1}{n}\right)$ の形に表されるから，定積分 $\int_0^1 f(x)dx$ と結びつけて求められる。

**解答**

(1) 線分ABの中点をOとすると　$\angle AOP_k=\dfrac{k}{n}\pi$

よって　$\angle ABP_k=\dfrac{1}{2}\angle AOP_k{}^{(*)}=\dfrac{k\pi}{2n}$

ゆえに　$AP_k=AB\sin\angle ABP_k=2\sin\dfrac{k\pi}{2n}$,

$P_kB=AB\cos\angle ABP_k=2\cos\dfrac{k\pi}{2n}$

したがって　$l_n(k)=\boldsymbol{2\left(\sin\dfrac{k\pi}{2n}+\cos\dfrac{k\pi}{2n}+1\right)}$

(2) $\alpha=\lim_{n\to\infty}\dfrac{1}{n}\sum_{k=1}^{n} l_n(k)=\lim_{n\to\infty}\dfrac{1}{n}\sum_{k=1}^{n} 2\left(\sin\dfrac{k\pi}{2n}+\cos\dfrac{k\pi}{2n}+1\right)$

$=2\lim_{n\to\infty}\dfrac{1}{n}\sum_{k=1}^{n}\left\{\sin\left(\dfrac{\pi}{2}\cdot\dfrac{k}{n}\right)+\cos\left(\dfrac{\pi}{2}\cdot\dfrac{k}{n}\right)+1\right\}$

$=2\int_0^1\left(\sin\dfrac{\pi x}{2}+\cos\dfrac{\pi x}{2}+1\right)dx$

$=2\left[-\dfrac{2}{\pi}\cos\dfrac{\pi x}{2}+\dfrac{2}{\pi}\sin\dfrac{\pi x}{2}+x\right]_0^1$

$=2\left\{\left(\dfrac{2}{\pi}+1\right)-\left(-\dfrac{2}{\pi}\right)\right\}=\boldsymbol{2\left(\dfrac{4}{\pi}+1\right)}$

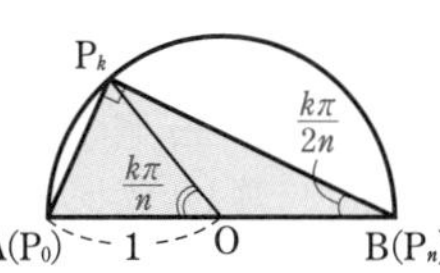


(＊) 円周角の定理。

◀AB=2

◀上の $l_n(k)$ の式は，$k=n$ でも成り立つ。

◀$\lim_{n\to\infty}\dfrac{1}{n}\sum_{k=1}^{n} f\left(\dfrac{k}{n}\right)=\int_0^1 f(x)dx$
ここでは，
$f(x)=\sin\dfrac{\pi x}{2}+\cos\dfrac{\pi x}{2}+1$
とする。

**練習 ③167** 曲線 $y=\sqrt{4-x}$ を $C$ とする。$t\ (2\leqq t\leqq 3)$ に対して，曲線 $C$ 上の点 $(t,\ \sqrt{4-t})$ と原点，点 $(t,\ 0)$ の3点を頂点とする三角形の面積を $S(t)$ とする。区間 $[2,\ 3]$ を $n$ 等分し，その端点と分点を小さい方から順に $t_0=2$, $t_1$, $t_2$, ……, $t_{n-1}$, $t_n=3$ とするとき，極限値 $\lim_{n\to\infty}\dfrac{1}{n}\sum_{k=1}^{n} S(t_k)$ を求めよ。

〔類 茨城大〕 p.289 EX141

5章 ㉕ 定積分と和の極限、不等式

## 重要例題 168 確率と区分求積法 ④④④④④

$n$ 個のボールを $2n$ 個の箱へ投げ入れる。各ボールはいずれかの箱に入るものとし，どの箱に入る確率も等しいとする。どの箱にも 1 個以下のボールしか入っていない確率を $p_n$ とする。このとき，極限値 $\displaystyle\lim_{n\to\infty}\frac{\log p_n}{n}$ を求めよ。〔京都大〕

基本 164，重要 166

**指針** ① 確率の基本 $N$（すべての数）と $a$（起こる数）を求めて $\dfrac{a}{N}$

どの箱にも 1 個以下のボールしか入らない場合の数は，異なる $2n$ 個のものから $n$ 個を取り出して並べる順列の総数に等しい。

求める極限値の $\log p_n$ の部分は，重要例題 **166** と同様に，対数の性質を用いて 和の形にし，$\displaystyle\lim_{n\to\infty}\frac{1}{n}\sum_{k=1}^{n}f\left(\frac{k}{n}\right)=\int_0^1 f(x)dx$ を利用する。

**解答**

1 個のボールに対し，箱に入れる方法は $2n$ 通りあるから，

$n$ 個のボールを $2n$ 個の箱に入れる方法は　$(2n)^n$ 通り　◀重複順列の考え方。

どの箱にも 1 個以下のボールしか入らない場合の数は，異なる $2n$ 個のものから $n$ 個を取り出して並べる順列の総数に等しいから　${}_{2n}\mathrm{P}_n$ 通り

よって
$$p_n=\frac{{}_{2n}\mathrm{P}_n}{(2n)^n}=\frac{2n(2n-1)\cdots\cdots(n+1)}{2^n n^n}$$
$$=\frac{(n+1)(n+2)\cdots\cdots(n+n)}{2^n n^n}$$
$$=\frac{\left(1+\frac{1}{n}\right)\left(1+\frac{2}{n}\right)\cdots\cdots\left(1+\frac{n}{n}\right)}{2^n}$$

◀分子は $n$ 個の（　）の積。分母の $n^n$ は $n$ 個の $n$ の積であるから，それぞれ約分する。

ゆえに
$$\log p_n=\log\left\{\left(1+\frac{1}{n}\right)\left(1+\frac{2}{n}\right)\cdots\cdots\left(1+\frac{n}{n}\right)\right\}-\log 2^n$$
$$=\sum_{k=1}^{n}\log\left(1+\frac{k}{n}\right)-n\log 2$$

◀$\log MN=\log M+\log N$

よって
$$\lim_{n\to\infty}\frac{\log p_n}{n}=\lim_{n\to\infty}\left\{\frac{1}{n}\sum_{k=1}^{n}\log\left(1+\frac{k}{n}\right)-\log 2\right\}$$
$$=\int_0^1\log(1+x)dx-\log 2$$
$$=\Big[(1+x)\log(1+x)\Big]_0^1-\int_0^1 dx-\log 2$$
$$=2\log 2-\log 1-1-\log 2=\boldsymbol{\log 2-1}$$

◀$\log 2$ は $n$ に無関係。

◀$\log(1+x)=(1+x)'\log(1+x)$ とみて，部分積分法。

**練習 ④168** $n$ を 5 以上の自然数とする。1 から $n$ までの異なる番号をつけた $n$ 個の袋があり，番号 $k$ の袋には黒玉 $k$ 個と白玉 $n-k$ 個が入っている。まず，$n$ 個の袋から無作為に 1 つ袋を選ぶ。次に，その選んだ袋から玉を 1 つ取り出してもとに戻すという試行を 5 回繰り返す。このとき，黒玉をちょうど 3 回取り出す確率を $p_n$ とする。極限値 $\displaystyle\lim_{n\to\infty}p_n$ を求めよ。

## 基本例題 169 定積分の不等式の証明

(1) 次の不等式を証明せよ。

(ア) $0<x<\dfrac{1}{2}$ のとき $1<\dfrac{1}{\sqrt{1-x^3}}<\dfrac{1}{\sqrt{1-x^2}}$　(イ) $\dfrac{1}{2}<\displaystyle\int_0^{\frac{1}{2}}\dfrac{dx}{\sqrt{1-x^3}}<\dfrac{\pi}{6}$

(2) 不等式 $\displaystyle\int_0^a e^{-t^2}dt \geqq a-\dfrac{a^3}{3}$ を証明せよ。ただし，$a\geqq 0$ とする。

p.280 基本事項 2　演習 171

**指針** (1) (ア) $0<x<1$ のとき，$0<x^3<x^2<1$ であることを利用。

(イ) 積分は計算できない。そこで，(ア)の結果に注目し，次のことを利用してみる。

区間 $[a,\ b]$ で $f(x)<g(x)$ ならば $\displaystyle\int_a^b f(x)dx<\int_a^b g(x)dx$

(2) 左辺の積分は計算できないため，(左辺)−(右辺) を $a$ の関数と考えて微分し，増減を調べる。このとき，$\dfrac{d}{da}\displaystyle\int_0^a g(t)dt=g(a)$ を用いる。

**解答**

(1) (ア) $0<x<\dfrac{1}{2}$ のとき，$0<x^3<x^2<1$ であるから

$$1>1-x^3>1-x^2>0$$

◀ $x^2-x^3=x^2(1-x)>0$

ゆえに　$1>\sqrt{1-x^3}>\sqrt{1-x^2}>0$

◀ $\sqrt{x}$ は単調に増加する。

よって　$1<\dfrac{1}{\sqrt{1-x^3}}<\dfrac{1}{\sqrt{1-x^2}}$

◀ $\dfrac{1}{x}$ $(x>0)$ は単調に減少する。

(イ) (ア)の結果から　$\displaystyle\int_0^{\frac{1}{2}}dx<\int_0^{\frac{1}{2}}\frac{dx}{\sqrt{1-x^3}}<\int_0^{\frac{1}{2}}\frac{dx}{\sqrt{1-x^2}}$

$x=\sin\theta$ とおくと　$dx=\cos\theta\, d\theta$

| $x$ | $0 \longrightarrow \dfrac{1}{2}$ |
|---|---|
| $\theta$ | $0 \longrightarrow \dfrac{\pi}{6}$ |

$0\leqq\theta\leqq\dfrac{\pi}{6}$ のとき，$\cos\theta>0$ であるから

$$\int_0^{\frac{1}{2}}\frac{dx}{\sqrt{1-x^2}}=\int_0^{\frac{\pi}{6}}\frac{\cos\theta}{\cos\theta}d\theta=\int_0^{\frac{\pi}{6}}d\theta=\frac{\pi}{6}$$

◀ $\cos\theta>0$ であるから $\sqrt{1-x^2}=\sqrt{1-\sin^2\theta}=\sqrt{\cos^2\theta}=\cos\theta$

したがって　$\dfrac{1}{2}<\displaystyle\int_0^{\frac{1}{2}}\frac{dx}{\sqrt{1-x^3}}<\frac{\pi}{6}$

◀ $\displaystyle\int_0^{\frac{1}{2}}dx=\frac{1}{2}$

(2) $f(a)=\displaystyle\int_0^a e^{-t^2}dt-\left(a-\frac{a^3}{3}\right)$ とすると

$$f'(a)=e^{-a^2}-(1-a^2)$$

◀ $\dfrac{d}{da}\displaystyle\int_0^a e^{-t^2}dt=e^{-a^2}$

$a\geqq 0$ のとき　$f''(a)=2a(1-e^{-a^2})\geqq 0$　また　$f'(0)=0$

◀ $a\geqq 0$ のとき，$-a^2\leqq 0$ であるから $e^{-a^2}\leqq 1$

よって　$f'(a)\geqq 0$　また，$f(0)=0$ であるから　$f(a)\geqq 0$

ゆえに，与えられた不等式が成り立つ。

**練習 ② 169** (1) 次の不等式を証明せよ。

(ア) $0<x<\dfrac{\pi}{4}$ のとき $1<\dfrac{1}{\sqrt{1-\sin x}}<\dfrac{1}{\sqrt{1-x}}$　(イ) $\dfrac{\pi}{4}<\displaystyle\int_0^{\frac{\pi}{4}}\frac{dx}{\sqrt{1-\sin x}}<2-\sqrt{4-\pi}$

(2) $x>0$ のとき，不等式 $\displaystyle\int_0^x e^{-t^2}dt<x-\frac{x^3}{3}+\frac{x^5}{10}$ を証明せよ。

p.289 EX 142, 144

## 重要例題 170 数列の和の不等式の証明(定積分の利用)

$n$ は 2 以上の自然数とする。次の不等式を証明せよ。

$$\log(n+1)<1+\frac{1}{2}+\frac{1}{3}+\cdots\cdots+\frac{1}{n}<\log n+1$$

基本 165，169　演習 175

**指針**　数列の和 $1+\frac{1}{2}+\frac{1}{3}+\cdots\cdots+\frac{1}{n}$ は簡単な式で表されない。そこで，積分の助けを借りる。
すなわち，**曲線 $y=\frac{1}{x}$ の下側の面積 と 階段状の図形の面積 を比較** して，不等式を証明する。

**解答**

自然数 $k$ に対して，$k\leqq x\leqq k+1$ のとき　$\frac{1}{k+1}\leqq\frac{1}{x}\leqq\frac{1}{k}$

常に $\frac{1}{k+1}=\frac{1}{x}$ または $\frac{1}{x}=\frac{1}{k}$ ではないから

$$\int_k^{k+1}\frac{dx}{k+1}<\int_k^{k+1}\frac{dx}{x}<\int_k^{k+1}\frac{dx}{k}$$

よって　$\frac{1}{k+1}<\int_k^{k+1}\frac{dx}{x}<\frac{1}{k}$

$\int_k^{k+1}\frac{dx}{x}<\frac{1}{k}$ …… Ⓐ から

$$\sum_{k=1}^{n}\int_k^{k+1}\frac{dx}{x}<\sum_{k=1}^{n}\frac{1}{k}\ \cdots\cdots\ ㋐$$

$$\sum_{k=1}^{n}\int_k^{k+1}\frac{dx}{x}=\int_1^{n+1}\frac{dx}{x}\text{Ⓑ}=\Big[\log x\Big]_1^{n+1}=\log(n+1)$$

であるから

$$\log(n+1)<1+\frac{1}{2}+\frac{1}{3}+\cdots\cdots+\frac{1}{n}\ \cdots\cdots\ ①$$

$\frac{1}{k+1}<\int_k^{k+1}\frac{dx}{x}$ … Ⓒ から　$\sum_{k=1}^{n-1}\frac{1}{k+1}<\sum_{k=1}^{n-1}\int_k^{k+1}\frac{dx}{x}$ … ㋑

$\sum_{k=1}^{n-1}\int_k^{k+1}\frac{dx}{x}=\int_1^{n}\frac{dx}{x}=\Big[\log x\Big]_1^{n}=\log n$ であるから　$\frac{1}{2}+\frac{1}{3}+\cdots\cdots+\frac{1}{n}<\log n$

この不等式の両辺に 1 を加えて　$1+\frac{1}{2}+\frac{1}{3}+\cdots\cdots+\frac{1}{n}<\log n+1$ …… ②

よって，①，② から，$n\geqq2$ のとき　$\log(n+1)<1+\frac{1}{2}+\frac{1}{3}+\cdots\cdots+\frac{1}{n}<\log n+1$

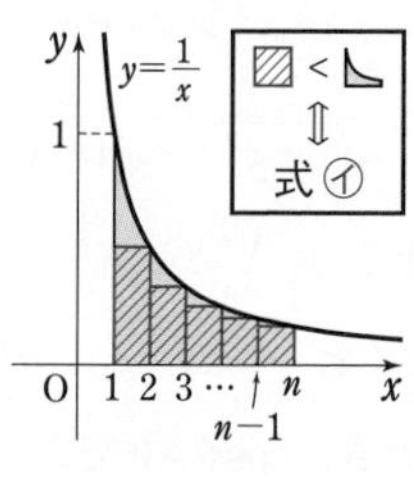


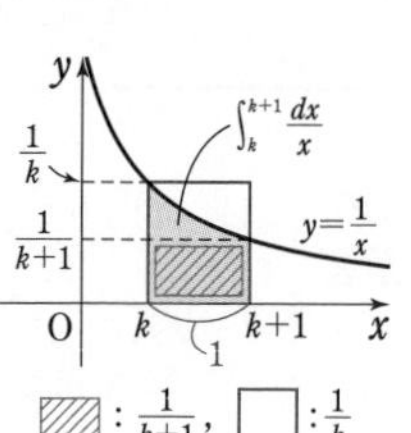


：$\frac{1}{k+1}$，□：$\frac{1}{k}$

◀Ⓐ で $k=1,\ 2,\ \cdots\cdots,\ n$ として辺々を加える。

Ⓑ $\int_1^2●+\int_2^3●+\cdots+\int_n^{n+1}●=\int_1^{n+1}●$

◀Ⓒ で $k=1,\ 2,\ \cdots,\ n-1$ として辺々を加える。

**練習 ③170**　次の不等式を証明せよ。ただし，$n$ は自然数とする。　〔(2) お茶の水大〕

(1) $\frac{1}{1^2}+\frac{1}{2^2}+\frac{1}{3^2}+\cdots\cdots+\frac{1}{n^2}<2-\frac{1}{n}$　$(n\geqq2)$

(2) $2\sqrt{n+1}-2<1+\frac{1}{\sqrt{2}}+\frac{1}{\sqrt{3}}+\cdots\cdots+\frac{1}{\sqrt{n}}\leqq2\sqrt{n}-1$

p.289 EX143

②139 次の極限値を求めよ。　〔(1) 立教大，長崎大，(2) 静岡大〕

(1) $\displaystyle\lim_{n\to\infty}\left(\frac{n}{n^2+1^2}+\frac{n}{n^2+2^2}+\cdots\cdots+\frac{n}{n^2+n^2}\right)$

(2) $\displaystyle\lim_{n\to\infty}\left\{\frac{1}{n}\sum_{k=1}^{n}\log(k+\sqrt{k^2+n^2})-\log n\right\}$　(3) $\displaystyle\lim_{n\to\infty}\sqrt{n}\left(\sin\frac{1}{n}\right)\sum_{k=1}^{n}\frac{1}{\sqrt{n+k}}$

→164

③140 次の極限値を求めよ。

(1) $\displaystyle\lim_{n\to\infty}\frac{1}{n^2}\{\sqrt{(2n)^2-1^2}+\sqrt{(2n)^2-2^2}+\sqrt{(2n)^2-3^2}+\cdots\cdots+\sqrt{(2n)^2-(2n-1)^2}\}$

(2) $\displaystyle\lim_{n\to\infty}\sum_{k=n+1}^{2n}\frac{n}{k^2+3kn+2n^2}$　〔(1) 山口大，(2) 電通大〕 →165

④141 O を原点とする $xyz$ 空間に点 $P_k\left(\dfrac{k}{n},\ 1-\dfrac{k}{n},\ 0\right)$，$k=0,\ 1,\ \cdots\cdots,\ n$ をとる。また，$z$ 軸上の $z\geqq 0$ の部分に，点 $Q_k$ を線分 $P_kQ_k$ の長さが 1 になるようにとる。三角錐 $OP_kP_{k+1}Q_k$ の体積を $V_k$ とするとき，極限 $\displaystyle\lim_{n\to\infty}\sum_{k=0}^{n-1}V_k$ を求めよ。〔東京大〕

→167

④142 (1) $a>1$ とする。不等式 $(1+t)^a\leqq K(1+t^a)$ がすべての $t\geqq 0$ に対して成り立つような実数 $K$ の最小値を求めよ。

(2) $\displaystyle\int_0^{\pi}(1+\sqrt[5]{1+\sin x})^{10}dx<6080$ を示せ。ただし，$\pi<3.15$ であることを用いてよい。

〔信州大〕 →169

④143 次の不等式を証明せよ。ただし，$n$ は自然数とする。

(1) $\displaystyle\frac{1}{n+1}<\int_n^{n+1}\frac{1}{x}dx<\frac{1}{2}\left(\frac{1}{n}+\frac{1}{n+1}\right)$　(2) $\displaystyle 1+\frac{1}{2}+\frac{1}{3}+\cdots\cdots+\frac{1}{n}-\log n>\frac{1}{2}$

〔東北大〕 →170

③144 関数 $f(x)$ が区間 $a\leqq x\leqq b$ $(a<b)$ で連続であるとき

$$\int_a^b f(x)dx=(b-a)f(c),\quad a<c<b$$

となる $c$ が存在することを示せ。**(積分における平均値の定理)** →169

139 $\displaystyle\lim_{n\to\infty}\frac{1}{n}\sum_{k=1}^{n}f\left(\frac{k}{n}\right)=\int_0^1 f(x)dx$ の形に表す。

140 前問と同様に表す。ただし，積分区間に注意。

141 $Q_k(0,\ 0,\ q_k)$ として $q_k$ を $\dfrac{k}{n}$ で表し，$V_k=\dfrac{1}{3}\triangle OP_kP_{k+1}\cdot q_k$ を $n$，$\dfrac{k}{n}$ で表す。

142 (1) $f(t)=\dfrac{(1+t)^a}{1+t^a}$ $(t\geqq 0)$ として，$f(t)$ の最大値を考える。

143 (1) 曲線 $y=\dfrac{1}{x}$ と $x$ 軸の間の面積と四角形の図形の面積を比較して不等式を証明。

(2) **(1) は (2) のヒント**

144 $a\leqq x\leqq b$ で $f(x)$ が定数のとき，定数でないときで場合分け。中間値の定理を利用。

# 26 関連発展問題

## 演習 例題 171 定積分の漸化式と極限

自然数 $n$ に対して，$a_n=\int_0^{\frac{\pi}{4}}\tan^{2n}x\,dx$ とする。

(1) $a_1$ を求めよ。 (2) $a_{n+1}$ を $a_n$ で表せ。 (3) $\lim_{n\to\infty}a_n$ を求めよ。 〔北海道大〕

重要 156，基本 169

**指針** (2) $a_{n+1}$ の積分に $a_n$ が現れるようにする。それには，$\tan^{2n+2}x=\tan^{2n}x\tan^2 x$，および(1)同様，相互関係 $\tan^2 x=\frac{1}{\cos^2 x}-1$ に着目。

(3) **求めにくい極限 はさみうちの原理** を利用の方針で。

$0\leqq x\leqq\frac{\pi}{4}$ のとき，$0\leqq\tan x\leqq 1$ であるから $0\leqq\tan^{2n+2}x\leqq\tan^{2n}x$ …… ①

① を利用して，まず $a_n$ と $a_{n+1}$ の大小関係を導く。(2)の結果も利用。

**解答**

(1) $a_1=\int_0^{\frac{\pi}{4}}\tan^2 x\,dx=\int_0^{\frac{\pi}{4}}\left(\frac{1}{\cos^2 x}-1\right)dx=\left[\tan x-x\right]_0^{\frac{\pi}{4}}=\mathbf{1-\frac{\pi}{4}}$ ◀$\int\frac{dx}{\cos^2 x}=\tan x+C$

(2) $\boldsymbol{a_{n+1}}=\int_0^{\frac{\pi}{4}}\tan^{2n+2}x\,dx=\int_0^{\frac{\pi}{4}}\tan^{2n}x\tan^2 x\,dx=\int_0^{\frac{\pi}{4}}\tan^{2n}x\left(\frac{1}{\cos^2 x}-1\right)dx$

$=\int_0^{\frac{\pi}{4}}\tan^{2n}x\cdot\frac{1}{\cos^2 x}dx-\int_0^{\frac{\pi}{4}}\tan^{2n}x\,dx$

$=\left[\frac{1}{2n+1}\tan^{2n+1}x\right]_0^{\frac{\pi}{4}}-a_n=\boldsymbol{-a_n+\frac{1}{2n+1}}$ ◀$f(■)■'$ の積分。

(3) $0\leqq x\leqq\frac{\pi}{4}$ のとき $0\leqq\tan x\leqq 1$ よって $0\leqq\tan^{2n+2}x\leqq\tan^{2n}x$

ゆえに $0\leqq\int_0^{\frac{\pi}{4}}\tan^{2n+2}x\,dx\leqq\int_0^{\frac{\pi}{4}}\tan^{2n}x\,dx$ ◀$p.280$ 基本事項 **2** ②。

よって $0\leqq a_{n+1}\leqq a_n$ ゆえに，(2)の結果から

$-a_n+\frac{1}{2n+1}\geqq 0$ よって $0\leqq a_n\leqq\frac{1}{2n+1}$ ◀$a_{n+1}\geqq 0$ に(2)の結果を代入。

ここで，$\lim_{n\to\infty}\frac{1}{2n+1}=0$ であるから $\lim_{n\to\infty}a_n=\mathbf{0}$ ◀はさみうちの原理。

**練習 ④171** 自然数 $n$ に対して，$I_n=\int_0^1\frac{x^n}{1+x}dx$ とする。

(1) $I_1$ を求めよ。また，$I_n+I_{n+1}$ を $n$ で表せ。

(2) 不等式 $\frac{1}{2(n+1)}\leqq I_n\leqq\frac{1}{n+1}$ が成り立つことを示せ。

(3) $\lim_{n\to\infty}\sum_{k=1}^{n}\frac{(-1)^{k-1}}{k}=\log 2$ が成り立つことを示せ。 〔類 琉球大〕

## 演習 例題 172 定積分で表された関数の極限 ①①①①①

次の極限値を求めよ。

(1) $\displaystyle\lim_{x\to\infty}\int_1^x te^{-t}dt$　　(2) $\displaystyle\lim_{x\to 0}\frac{1}{x}\int_0^x\sqrt{1+3\cos^2 t}\,dt$

演習 70，122　p.292 参考事項

**指針** (1) $\displaystyle\int_1^x te^{-t}dt=-\frac{x}{e^x}-\frac{1}{e^x}+\frac{2}{e}$ で，$\displaystyle\lim_{x\to\infty}\frac{1}{e^x}=0$ であるから，$\displaystyle\lim_{x\to\infty}\frac{x}{e^x}$ [$=0$ と予想される] を求める。$e^x>x^2$ から $\dfrac{x}{e^x}<\dfrac{1}{x}$ を示し，**はさみうちの原理** を利用。

(2) $\displaystyle\int\sqrt{1+3\cos^2 t}\,dt=F(t)+C$ とすると　$\displaystyle\frac{1}{x}\int_0^x\sqrt{1+3\cos^2 t}\,dt=\frac{F(x)-F(0)}{x-0}$

よって，**微分係数の定義** $\displaystyle\lim_{x\to a}\frac{f(x)-f(a)}{x-a}=f'(a)$ の利用を考える。

**解答**

(1) $\displaystyle\int_1^x te^{-t}dt=\int_1^x t(-e^{-t})'dt=\Big[-te^{-t}\Big]_1^x+\int_1^x e^{-t}dt$

$\displaystyle=-xe^{-x}+e^{-1}-\Big[e^{-t}\Big]_1^x=-\frac{x}{e^x}-\frac{1}{e^x}+\frac{2}{e}$　◀定積分は $x$ の関数。

ここで，$f(x)=e^x-x^2$ $(x\geqq 1)$ とおくと　◀$x\longrightarrow\infty$ であるから，$x\geqq 1$ としてよい。

$f'(x)=e^x-2x$，　$f''(x)=e^x-2$

$f''(x)$ は単調に増加し，$x\geqq 1$ のとき　$f''(x)\geqq e-2>0$　◀$f''(x)\geqq f''(1)=e-2$　$e>2$ であるから　$e-2>0$

ゆえに，$f'(x)$ は $x\geqq 1$ で単調に増加する。このことと $f'(1)=e-2>0$ から，$x\geqq 1$ のとき　$f'(x)>0$

よって，$f(x)$ は $x\geqq 1$ で単調に増加する。このことと $f(1)=e-1>0$ から，$x\geqq 1$ のとき　$f(x)>0$

したがって，$x\geqq 1$ のとき　$e^x-x^2>0$

すなわち　$e^x>x^2$　ゆえに　$0<\dfrac{x}{e^x}<\dfrac{1}{x}$

$\displaystyle\lim_{x\to\infty}\frac{1}{x}=0$ であるから　$\displaystyle\lim_{x\to\infty}\frac{x}{e^x}=0$　◀① 求めにくい極限　不等式利用で はさみうち

以上から　$\displaystyle\lim_{x\to\infty}\int_1^x te^{-t}dt=\lim_{x\to\infty}\left(-\frac{x}{e^x}-\frac{1}{e^x}+\frac{2}{e}\right)=\boldsymbol{\frac{2}{e}}$　◀$\displaystyle\lim_{x\to\infty}\frac{1}{e^x}=0$

(2) $\displaystyle\int\sqrt{1+3\cos^2 t}\,dt=F(t)+C$ とすると

$F'(t)=\sqrt{1+3\cos^2 t}$

したがって

$\displaystyle\lim_{x\to 0}\frac{1}{x}\int_0^x\sqrt{1+3\cos^2 t}\,dt=\lim_{x\to 0}\frac{F(x)-F(0)}{x-0}=F'(0)=\boldsymbol{2}$　◀$\displaystyle\lim_{x\to a}\frac{f(x)-f(a)}{x-a}=f'(a)$

**練習 ④172** (1) (ア) $1\leqq x\leqq e$ において，不等式 $\log x\leqq\dfrac{x}{e}$ が成り立つことを示せ。

(イ) 自然数 $n$ に対し，$\displaystyle\lim_{n\to\infty}\int_1^e x^2(\log x)^n dx$ を求めよ。　〔類 東京電機大〕

(2) $\displaystyle\lim_{x\to 0}\frac{1}{2x}\int_0^x te^{t^2}dt$ を求めよ。

p.298 EX 146

## 参考事項　広義の定積分

定積分は，(閉)区間において連続な関数について定義された($p.248$ 参照)。しかし，区間の端点で関数が定義されない場合や，定積分の上端が $\infty$ であったり，下端が $-\infty$ であったりするような場合も定積分を考えることがある。これらを **広義の定積分**（**広義積分**）という。

### ❶ 区間の端点で関数が定義されない場合の定積分の例

関数 $f(x)$ が区間 $(a,\ b]$〔または $[a,\ b)$〕で連続であるとき，$\displaystyle\lim_{p\to+0}\int_{a+p}^{b} f(x)dx$ $\left[\text{または} \displaystyle\lim_{p\to+0}\int_{a}^{b-p} f(x)dx\right]$ が存在する場合，その極限値を $\displaystyle\int_a^b \boldsymbol{f(x)dx}$ と定義する。

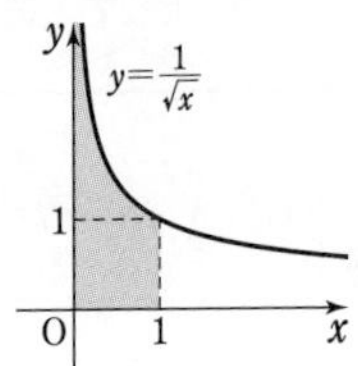


例 1. $\displaystyle\int_0^1 \frac{1}{\sqrt{x}}dx$ について　　← $\displaystyle\lim_{x\to+0}\frac{1}{\sqrt{x}}=\infty$ となる。

$p>0$ のとき　$\displaystyle\int_p^1 \frac{1}{\sqrt{x}}dx=\Big[2\sqrt{x}\Big]_p^1=2(1-\sqrt{p})$

よって　$\displaystyle\int_0^1 \frac{1}{\sqrt{x}}dx=\lim_{p\to+0}\int_p^1 \frac{1}{\sqrt{x}}dx=\lim_{p\to+0}2(1-\sqrt{p})=2$

例 2. $\displaystyle\int_0^1 \frac{1}{x}dx$ について　　← $\displaystyle\lim_{x\to+0}\frac{1}{x}=\infty$ となる。

$p>0$ のとき　$\displaystyle\int_p^1 \frac{1}{x}dx=\Big[\log x\Big]_p^1=-\log p$

$\displaystyle\lim_{p\to+0}\int_p^1 \frac{1}{x}dx=\lim_{p\to+0}(-\log p)=\infty$ であるから，$\displaystyle\int_0^1 \frac{1}{x}dx$ は存在しない。

**参考**　同様に考えると，$\displaystyle\int_0^1 \frac{1}{x^\alpha}dx\ (\alpha>0)$ は，$0<\alpha<1$ のとき存在して $\dfrac{1}{1-\alpha}$ となり，$\alpha\geqq1$ のとき存在しないことがわかる(自分で調べてみよう)。

### ❷ 上端が $\infty$ であったり，下端が $-\infty$ であったりするような場合の定積分の例

関数 $f(x)$ が区間 $[a,\ \infty)$ で連続であるとき，$\displaystyle\lim_{p\to\infty}\int_a^p f(x)dx$ が存在する場合，その極限値を $\displaystyle\int_a^\infty \boldsymbol{f(x)dx}$ と定義する。

$\left(\text{同様に，} \displaystyle\int_{-\infty}^{b} \boldsymbol{f(x)dx}=\lim_{p\to-\infty}\int_p^b f(x)dx \text{ と定義する。}\right)$

例 3. 前ページの演習例題 **172** (1) の結果から

$\displaystyle\int_1^\infty xe^{-x}dx=\lim_{p\to\infty}\int_1^p xe^{-x}dx=\frac{2}{e}$

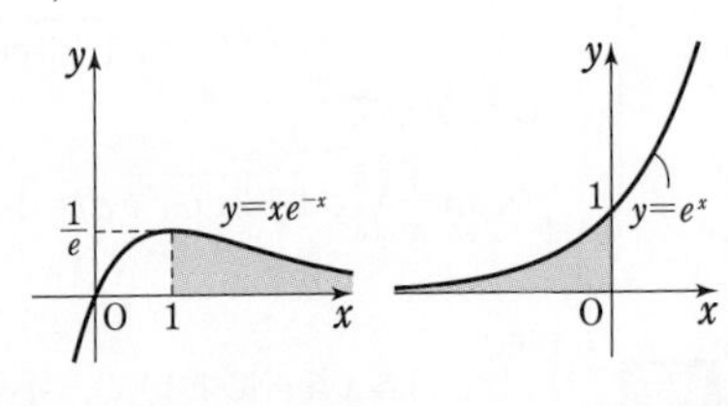


例 4. $\displaystyle\int_{-\infty}^0 e^x dx$ について

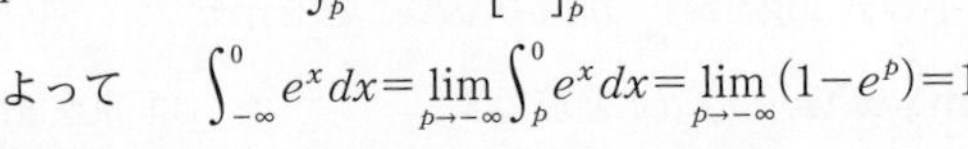
$p<0$ のとき　$\displaystyle\int_p^0 e^x dx=\Big[e^x\Big]_p^0=1-e^p$

よって　$\displaystyle\int_{-\infty}^0 e^x dx=\lim_{p\to-\infty}\int_p^0 e^x dx=\lim_{p\to-\infty}(1-e^p)=1$

## 参考事項 ガンマ関数（階乗！の概念の拡張）

自然数 $n$ について定義された階乗 $n!$ を，正の実数にまで拡張することができる。それが

$$\Gamma(x)=\int_0^{\infty} e^{-t}t^{x-1}dt \quad (x>0)$$

で定義される **ガンマ関数** である $\left(\int_0^{\infty}\right.$ は $p.292$ 参照$\left.\right)$。

$p.269$ の参考事項で紹介したベータ関数と同様，$\Gamma(x)$ を定義する積分は計算できない。

まずは，ガンマ関数が階乗の拡張とみなされる理由を考えてみよう。

| ガンマ関数の性質　　$\boldsymbol{\Gamma(1)=1,\quad \Gamma(x+1)=x\Gamma(x)}$ |
|---|

証明　$\displaystyle\int_0^p e^{-t}dt=\Bigl[-e^{-t}\Bigr]_0^p=-e^{-p}+1$ であるから

$$\Gamma(1)=\int_0^{\infty} e^{-t}dt=\lim_{p\to\infty}\int_0^p e^{-t}dt=\lim_{p\to\infty}(-e^{-p}+1)=1$$

次に，$\Gamma(x+1)=\displaystyle\int_0^{\infty} e^{-t}t^x dt$ について

$$\int_0^p e^{-t}t^x dt=\Bigl[-e^{-t}t^x\Bigr]_0^p+\int_0^p e^{-t}\cdot xt^{x-1}dt$$

◀部分積分法を適用。

$$=-p^xe^{-p}+x\int_0^p e^{-t}t^{x-1}dt$$

任意の正の数 $x$ に対して，$\displaystyle\lim_{p\to\infty}p^xe^{-p}=0$（$p.122$ 参照）であるから

$$\Gamma(x+1)=\lim_{p\to\infty}\int_0^p e^{-t}t^x dt=\lim_{p\to\infty}\left(-p^xe^{-p}+x\int_0^p e^{-t}t^{x-1}dt\right)$$

$$=x\int_0^{\infty} e^{-t}t^{x-1}dt=x\Gamma(x)$$

この性質により，$x=n$（自然数）のときは

$$\Gamma(n)=(n-1)\Gamma(n-1)=(n-1)\cdot(n-2)\Gamma(n-2)=\cdots\cdots$$
$$=(n-1)(n-2)\cdots\cdots2\cdot1\cdot\Gamma(1)=(n-1)!$$

◀$\Gamma(1)=1$

となる（階乗と 1 だけずれるから，注意が必要）ため，**$\boldsymbol{\Gamma(x)}$ は階乗の概念を拡張したもの**と考えることができる。

さて，$p.269$ のベータ関数 $B(x,\ y)=\displaystyle\int_0^1 t^{x-1}(1-t)^{y-1}dt$ が

$$m,\ n \text{ が自然数のとき}\qquad B(m,\ n)=\frac{(m-1)!(n-1)!}{(m+n-1)!}$$

を満たすことを，$p.268$ の重要例題 **157** (3) で証明した。

実は，正の数 $x$，$y$ に対して，一般に $B(x,\ y)=\dfrac{\Gamma(x)\Gamma(y)}{\Gamma(x+y)}$ が成り立つことが証明できるのである（大学で学習する）。

大学ではガンマ関数 $\Gamma(x)$，ベータ関数 $B(x,\ y)$ の定義域を，実部が正である複素数全体へ，更に一般の複素数全体へと拡張していくことになる。

## 演習 例題 173 シュワルツの不等式の証明 ⓘⓘⓘⓘⓘ

$f(x)$，$g(x)$ はともに区間 $a \leqq x \leqq b$ $(a<b)$ で定義された連続な関数とする。

このとき，不等式 $\left\{\int_a^b f(x)g(x)dx\right\}^2 \leqq \left(\int_a^b \{f(x)\}^2 dx\right)\left(\int_a^b \{g(x)\}^2 dx\right)$ …… Ⓐ

が成立することを示せ。また，等号はどのようなときに成立するかを述べよ。

p.280 基本事項 2

**指針** 区間 $[a,\ b]$ で $f(x) \geqq 0$ ならば $\int_a^b f(x)\,dx \geqq 0$　また，等号は常に $f(x)=0$ であるときに限り成り立つ（$p.280$ 基本事項 2 ① 参照）。これを利用する。

$\int_a^b \{f(x)+tg(x)\}^2 dx \geqq 0$ が任意の実数 $t$ に対して成り立つことから，$t$ の 2 次式が常に 0 以上となる条件（判別式 $D \leqq 0$）を用いる。

なお，Ⓐ の不等式を **シュワルツの不等式** という。

解答

$p=\int_a^b \{g(x)\}^2 dx$，$q=\int_a^b f(x)g(x)dx$，$r=\int_a^b \{f(x)\}^2 dx$ とおく。

区間 $[a,\ b]$ において

[1]　常に $f(x)=0$ または $g(x)=0$ のとき

不等式 Ⓐ の両辺はともに 0 となり，Ⓐ が成り立つ。

[2]　[1] の場合以外のとき

$t$ を任意の実数とすると

$$\int_a^b \{f(x)+tg(x)\}^2 dx=\int_a^b [\{f(x)\}^2+2tf(x)g(x)+t^2\{g(x)\}^2]dx=pt^2+2qt+r$$

$\{f(x)+tg(x)\}^2 \geqq 0$ であるから　　$\int_a^b \{f(x)+tg(x)\}^2 dx \geqq 0$

すなわち，任意の実数 $t$ に対して $pt^2+2qt+r \geqq 0$ が成り立つ。

ここで $p>0$ であるから，$t$ の 2 次方程式 $pt^2+2qt+r=0$ の判別式を $D$ とすると

$\frac{D}{4}=q^2-pr$　　　$D \leqq 0$ であるから　　$q^2-pr \leqq 0$

ゆえに　　$q^2 \leqq pr$

[1]，[2] から　　$q^2 \leqq pr$　　　すなわち，不等式 Ⓐ が成り立つ。

また，[2] において，不等式 Ⓐ で等号が成り立つとすると，$D=0$ であるから，2 次方程式 $pt^2+2qt+r=0$ は重解 $\alpha$ をもつ。よって，$p\alpha^2+2q\alpha+r=0$ であるから

$$\int_a^b \{f(x)+\alpha g(x)\}^2 dx=0 \quad \cdots\cdots \text{Ⓑ}$$

ここで，区間 $[a,\ b]$ で常に $\{f(x)+\alpha g(x)\}^2 \geqq 0$ であり，Ⓑ から常に

$f(x)+\alpha g(x)=0$　　すなわち　　$f(x)=-\alpha g(x)$

以上から，Ⓐ で等号が成り立つのは区間 $[a,\ b]$ で

**常に $f(x)=0$ または $g(x)=0$ または $f(x)=kg(x)$ となる定数 $k$ が存在するとき**に限る。

練習 ④173　関数 $f(x)$ が区間 $[0,\ 1]$ で連続で常に正であるとき，次の不等式を証明せよ。

(1)　$\left\{\int_0^1 f(x)dx\right\}\left\{\int_0^1 \frac{1}{f(x)}dx\right\} \geqq 1$　　　(2)　$\int_0^1 \frac{1}{1+x^2e^x}dx \geqq \frac{1}{e-1}$

## 演習 例題 174 無限級数の和と定積分

$a_n=1-\dfrac{1}{2}+\dfrac{1}{3}-\cdots\cdots+(-1)^{n-1}\dfrac{1}{n}$，$\alpha=\displaystyle\int_0^1\dfrac{1}{1+x}dx$ とする。

$|a_n-\alpha|\leqq\displaystyle\int_0^1 x^n dx$ であることを示し，$\displaystyle\lim_{n\to\infty}a_n$ を求めよ。

〔類 愛知工大〕 演習 171

**指針** 証明すべき不等式は $\left|a_n-\displaystyle\int_0^1\dfrac{1}{1+x}dx\right|\leqq\displaystyle\int_0^1 x^n dx$ であるから，$a_n$ をある関数の 0 から 1 までの定積分で表すことを考える。

$\boldsymbol{a_n=\displaystyle\sum_{k=1}^{n}(-1)^{k-1}\dfrac{1}{k}}$ と表されることと，$\boldsymbol{\displaystyle\int_0^1 x^{k-1}dx=\left[\dfrac{x^k}{k}\right]_0^1=\dfrac{1}{k}}$ $(\boldsymbol{k=1,\ 2,\ \cdots\cdots,\ n})$

に注目し，この 2 つの等式をうまく結びつける。更に，次の等比数列の和を利用する。

$x\neq-1$ のとき $\boldsymbol{1-x+x^2-\cdots\cdots+(-1)^{n-1}x^{n-1}=\dfrac{1-(-x)^n}{1-(-x)}}$

**解答**

$k=1,\ 2,\ \cdots\cdots,\ n$ に対して $\displaystyle\int_0^1 x^{k-1}dx=\left[\dfrac{x^k}{k}\right]_0^1=\dfrac{1}{k}$

また，$0\leqq x\leqq1$ では $-x\neq1$，$1\leqq1+x\leqq2$ であり

$$a_n=\sum_{k=1}^{n}(-1)^{k-1}\frac{1}{k}=\sum_{k=1}^{n}(-1)^{k-1}\int_0^1 x^{k-1}dx$$

$$=\int_0^1\sum_{k=1}^{n}(-x)^{k-1}dx=\int_0^1\frac{1-(-x)^n}{1+x}dx$$

よって

$$|a_n-\alpha|=\left|\int_0^1\left\{\frac{1-(-x)^n}{1+x}-\frac{1}{1+x}\right\}dx\right|$$

$$=\left|\int_0^1\frac{-(-x)^n}{1+x}dx\right|\leqq\int_0^1\left|\frac{-(-x)^n}{1+x}\right|dx$$

$$=\int_0^1\frac{x^n}{1+x}dx\leqq\int_0^1 x^n dx$$

$\displaystyle\int_0^1 x^n dx=\left[\dfrac{x^{n+1}}{n+1}\right]_0^1=\dfrac{1}{n+1}$ であるから

$$0\leqq|a_n-\alpha|\leqq\frac{1}{n+1}$$

$\displaystyle\lim_{n\to\infty}\dfrac{1}{n+1}=0$ であるから $\displaystyle\lim_{n\to\infty}|a_n-\alpha|=0$

したがって $\displaystyle\lim_{n\to\infty}a_n=\alpha=\int_0^1\dfrac{dx}{1+x}=\Big[\log(1+x)\Big]_0^1=\boldsymbol{\log 2}$

◀つまり，$\dfrac{1}{k}$ と $\displaystyle\int_0^1 x^{k-1}dx$ が結びつく。

◀$\displaystyle\sum_{k=1}^{n}(-x)^{k-1}=\dfrac{1-(-x)^n}{1-(-x)}$

◀**$a<b$ のとき** $\left|\displaystyle\int_a^b f(x)dx\right|\leqq\displaystyle\int_a^b|f(x)|dx$

$1\leqq1+x\leqq2$ であるから $\dfrac{x^n}{1+x}\leqq x^n$

◀はさみうちの原理。

**参考** 例題の $\displaystyle\sum_{n=1}^{\infty}\dfrac{(-1)^{n-1}}{n}=1-\dfrac{1}{2}+\dfrac{1}{3}-\cdots\cdots$ を **メルカトル級数**，練習 **174** (2) の無限級数を **ライプニッツ級数** という。

**練習** ④**174** 自然数 $n$ に対して，$R_n(x)=\dfrac{1}{1+x}-\{1-x+x^2-\cdots\cdots+(-1)^n x^n\}$ とする。

(1) $\displaystyle\lim_{n\to\infty}\int_0^1 R_n(x^2)dx$ を求めよ。

(2) 無限級数 $1-\dfrac{1}{3}+\dfrac{1}{5}-\dfrac{1}{7}+\cdots\cdots$ の和を求めよ。 〔札幌医大〕 p.298 EX 145, 147

## 演習 例題 175 数列の和の不等式の証明と極限(定積分などの利用)

(1) 2 以上の自然数 $n$ に対して，次の不等式を証明せよ。

$$n\log n-n+1<\log(n!)<(n+1)\log(n+1)-n$$

(2) 極限値 $\displaystyle\lim_{n\to\infty}\frac{\log(n!)}{n\log n-n}$ を求めよ。 〔類 首都大東京〕 重要 170

**指針** (1) 方針は p.288 重要例題 170 と同様。

$\log(n!)=\log1+\log2+\cdots\cdots+\log n$ に注目すると，

**曲線 $y=\log x$ の下側の面積 と 階段状の図形の面積を比較** する方針が思いつく。

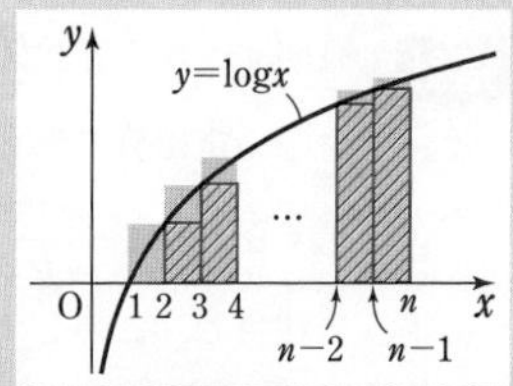


(2) (1), (2) の問題 結果を利用

(1) で証明した不等式の両辺を $n\log n-n$ で割り，

**はさみうちの原理** を利用。

**解答**

(1) 自然数 $k$ に対して，$k\leqq x\leqq k+1$ のとき $\log k\leqq\log x\leqq\log(k+1)$

常に $\log k=\log x$ または $\log x=\log(k+1)$ ではないから，

$$\int_k^{k+1}\log k\,dx<\int_k^{k+1}\log x\,dx<\int_k^{k+1}\log(k+1)dx$$

より

$$\log k<\int_k^{k+1}\log x\,dx<\log(k+1) \quad \cdots\cdots ①$$

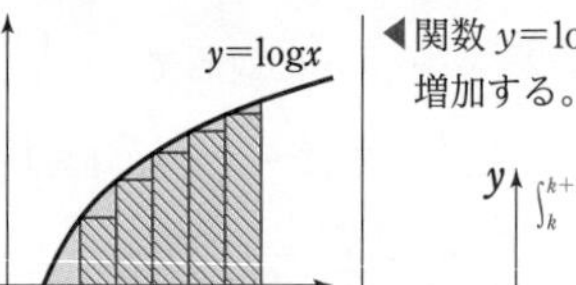


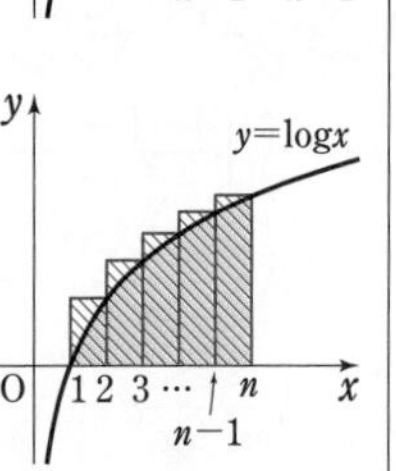


◀関数 $y=\log x$ は単調に増加する。

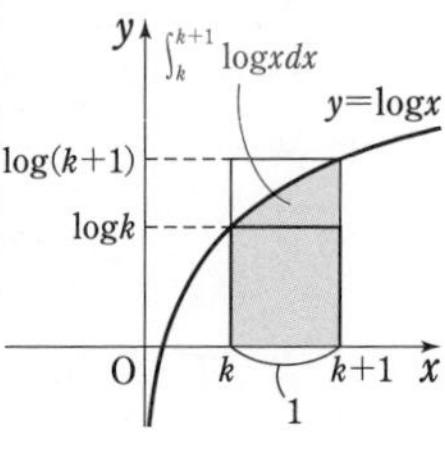


① の左側の不等式で，$k=1, 2, \cdots\cdots, n$ として辺々を加えると

$$\sum_{k=1}^{n}\log k<\int_1^{n+1}\log x\,dx$$

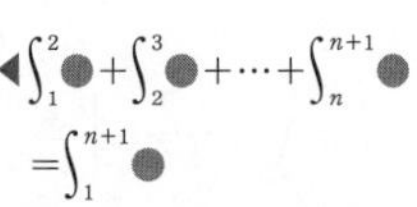

◀$\int_1^2●+\int_2^3●+\cdots+\int_n^{n+1}●=\int_1^{n+1}●$

ここで $\displaystyle\sum_{k=1}^{n}\log k=\log(1\cdot2\cdot\cdots\cdots\cdot n)=\log(n!)$

◀$\log A+\log B=\log AB$

$$\int_1^{n+1}\log x\,dx=\Big[x\log x-x\Big]_1^{n+1}=(n+1)\log(n+1)-(n+1)+1=(n+1)\log(n+1)-n$$

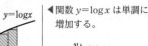

◀$\int\log x\,dx=x\log x-x+C$ (公式として利用する。)

よって $\log(n!)<(n+1)\log(n+1)-n \quad \cdots\cdots ②$

① の右側の不等式で，$k=1, 2, 3, \cdots\cdots, n-1$ として辺々を加えると

$$\int_1^{n}\log x\,dx<\sum_{k=1}^{n-1}\log(k+1)$$

ここで $\displaystyle\int_1^n\log x\,dx=n\log n-n+1$，$\displaystyle\sum_{k=1}^{n-1}\log(k+1)=\log(2\cdot3\cdot4\cdot\cdots\cdot n)=\log(n!)$

よって $n\log n-n+1<\log(n!) \quad \cdots\cdots ③$

②, ③ から，$n\geqq2$ のとき

$$n\log n-n+1<\log(n!)<(n+1)\log(n+1)-n \quad \cdots\cdots ④$$

(2) $n$ が十分大きいとき，$n\log n-n=n(\log n-1)>0$ であるから，④ より

$$1+\frac{1}{n\log n-n}<\frac{\log(n!)}{n\log n-n}<\frac{(n+1)\log(n+1)-n}{n\log n-n}$$

ここで

$$\lim_{n\to\infty}\left(1+\frac{1}{n\log n-n}\right)=\lim_{n\to\infty}\left\{1+\frac{1}{n(\log n-1)}\right\}=1+0=1$$

また，$a_n=\dfrac{(n+1)\log(n+1)-n}{n\log n-n}$ とすると

$$a_n=\frac{\left(1+\dfrac{1}{n}\right)\cdot\dfrac{\log n+\log\left(1+\dfrac{1}{n}\right)}{\log n}-\dfrac{1}{\log n}}{1-\dfrac{1}{\log n}}$$

$$=\frac{\left(1+\dfrac{1}{n}\right)\left\{1+\dfrac{1}{\log n}\cdot\log\left(1+\dfrac{1}{n}\right)\right\}-\dfrac{1}{\log n}}{1-\dfrac{1}{\log n}}$$

$$\therefore\ \lim_{n\to\infty}a_n=\frac{(1+0)(1+0)-0}{1-0}=1\qquad \text{よって}\ \lim_{n\to\infty}\frac{\log(n!)}{n\log n-n}=\mathbf{1}$$

◀この断り は大切。

◀不等号の向きは不変。

◀$n\longrightarrow\infty$ のとき $\log n\longrightarrow\infty$

◀分母・分子を $n\log n$ で割る。
$\log(n+1)$
$=\log\left\{n\left(1+\dfrac{1}{n}\right)\right\}$
$=\log n+\log\left(1+\dfrac{1}{n}\right)$

◀はさみうちの原理。

検討

**代表的な無限級数の収束・発散，和について**

① $\displaystyle\sum_{n=1}^{\infty}\frac{1}{n}=1+\frac{1}{2}+\frac{1}{3}+\frac{1}{4}+\cdots\cdots$ は，正の無限大に発散。 ➡ *p.*77 重要例題 45

（$\dfrac{1}{n}$：自然数の逆数の和）

② $\displaystyle\sum_{n=1}^{\infty}\frac{1}{n^p}=1+\frac{1}{2^p}+\frac{1}{3^p}+\frac{1}{4^p}+\cdots\cdots$ （リーマンのゼータ関数） ➡ *p.*77 検討

は，$p>1$ のとき収束，$p\leqq1$ のとき発散することが知られている。

[$p=1$ のときが上の ① の場合である。また，$p=2$ のときについては，*p.*288 練習 **170** (1) で示した不等式を利用すると，$\displaystyle\sum_{n=1}^{\infty}\frac{1}{n^2}<2$ であることがわかる。]

③ $\displaystyle\sum_{n=1}^{\infty}\frac{(-1)^{n-1}}{n}=1-\frac{1}{2}+\frac{1}{3}-\frac{1}{4}+\cdots\cdots=\log 2$ （メルカトル級数）

➡ *p.*290 練習 **171**，*p.*295 演習例題 **174**

④ $\displaystyle\sum_{n=1}^{\infty}\frac{(-1)^{n-1}}{2n-1}=1-\frac{1}{3}+\frac{1}{5}-\frac{1}{7}+\cdots\cdots=\frac{\pi}{4}$ （ライプニッツ級数） ➡ *p.*295 練習 **174**

⑤ $\displaystyle\sum_{n=0}^{\infty}\frac{1}{n!}=1+\frac{1}{1!}+\frac{1}{2!}+\frac{1}{3!}+\cdots\cdots=e$ （$0!=1$ とする。） ➡ *p.*218 参考事項，*p.*298 EX 145

[*p.*218 の 例 (1) の結果の式で，$x=1$ とすると得られる。]

**練習 ⑤175** $n$ を 2 以上の自然数とする。

(1) 定積分 $\displaystyle\int_1^n x\log x\,dx$ を求めよ。

(2) 次の不等式を証明せよ。

$$\frac{1}{2}n^2\log n-\frac{1}{4}(n^2-1)<\sum_{k=1}^{n}k\log k<\frac{1}{2}n^2\log n-\frac{1}{4}(n^2-1)+n\log n$$

(3) $\displaystyle\lim_{n\to\infty}\frac{\log(1^1\cdot2^2\cdot3^3\cdot\cdots\cdots\cdot n^n)}{n^2\log n}$ を求めよ。 〔類 琉球大〕 p.298 EX 148

# EXERCISES



④**145** 数列 $\{I_n\}$ を関係式 $I_0=\int_0^1 e^{-x}dx$, $I_n=\dfrac{1}{n!}\int_0^1 x^n e^{-x}dx$ $(n=1, 2, 3, \cdots\cdots)$ で定めるとき，次の問いに答えよ。

(1) $I_0$, $I_1$ を求めよ。　(2) $n\geqq 2$ のとき，$I_n-I_{n-1}$ を $n$ の式で表せ。

(3) $\lim\limits_{n\to\infty} I_n$ を求めよ。　(4) $S_n=\sum\limits_{k=0}^{n}\dfrac{1}{k!}$ とするとき，$\lim\limits_{n\to\infty} S_n$ を求めよ。

〔類 岡山理科大〕

→171, 174

④**146** $a>0$ に対し，$f(a)=\lim\limits_{t\to+0}\int_t^1 |ax+x\log x|dx$ とおくとき，次の問いに答えよ。必要ならば，$\lim\limits_{t\to+0} t^n \log t=0$ $(n=1, 2, \cdots\cdots)$ を用いてよい。

(1) $f(a)$ を求めよ。

(2) $a$ が正の実数全体を動くとき，$f(a)$ の最小値とそのときの $a$ の値を求めよ。

〔埼玉大〕 →172

④**147** 実数 $x$ に対して，$x$ を超えない最大の整数を $[x]$ で表す。$n$ を正の整数とし $a_n=\sum\limits_{k=1}^{n}\dfrac{[\sqrt{2n^2-k^2}]}{n^2}$ とする。このとき，$\lim\limits_{n\to\infty} a_n$ を求めよ。〔大阪大 改題〕 →174

⑤**148** $xy$ 平面において，$x$, $y$ がともに整数であるとき，点 $(x, y)$ を格子点という。2以上の整数 $n$ に対し，$0<x<n$, $1<2^y<\left(1+\dfrac{x}{n}\right)^n$ を満たす格子点 $(x, y)$ の個数を $P(n)$ で表すとき

(1) 不等式 $\sum\limits_{k=1}^{n-1}\left\{n\log_2\left(1+\dfrac{k}{n}\right)-1\right\}\leqq P(n)<\sum\limits_{k=1}^{n-1} n\log_2\left(1+\dfrac{k}{n}\right)$ を示せ。

(2) 極限値 $\lim\limits_{n\to\infty}\dfrac{P(n)}{n^2}$ を求めよ。

(3) (2) で求めた極限値を $L$ とするとき，不等式 $L-\dfrac{P(n)}{n^2}>\dfrac{1}{2n}$ を示せ。

〔熊本大〕 →175

145 (2) 部分積分法を利用。

(3) $0\leqq x\leqq 1$ のとき，$0\leqq x^n\leqq 1$ から $0\leqq x^n e^{-x}\leqq e^{-x}$　これと，はさみうちの原理を利用。

(4) $S_n$ を $I_n$ の式で表して，(3) の結果を用いる。

146 (1) $|\ \ |$ の中の式が $=0$ となるのは，$x=e^{-a}$ のとき。$a>0$ のとき，$0<e^{-a}<1$ であるから，$x=e^{-a}$ の前後で積分区間を分けて定積分を求める。

147 $\sqrt{2n^2-k^2}-1<[\sqrt{2n^2-k^2}]\leqq\sqrt{2n^2-k^2}$ を変形して定積分に結びつける。

148 (1) まず，$1<2^y<\left(1+\dfrac{x}{n}\right)^n$ について，各辺の 2 を底とする対数をとり，$y$ の値の範囲を求める。

(2) はさみうちの原理を利用。

数学Ⅲ 第6章

# 積分法の応用

# 6

27 面　積
28 体　積
29 曲線の長さ，速度と道のり
30 発展 微分方程式

SELECT STUDY

- 基本定着コース……教科書の基本事項を確認したいきみに
- 精選速習コース……入試の基礎を短期間で身につけたいきみに
- 実力練成コース……入試に向け実力を高めたいきみに

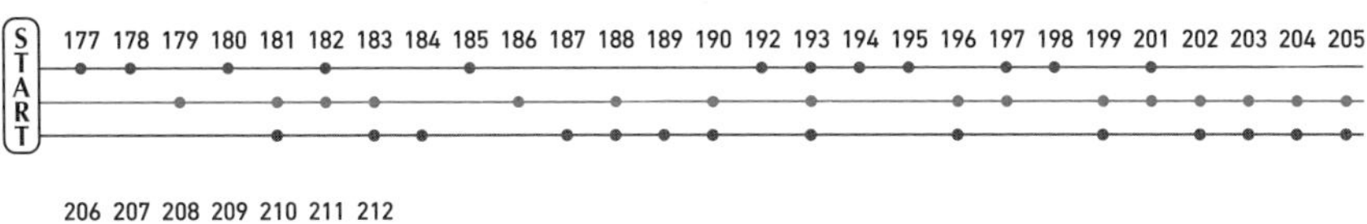


## 例題一覧

| | | 番号 | 例題 | 難易度 |
|---|---|---|---|---|
| 27 | 基本 | 176 | 曲線 $y=f(x)$ と $x$ 軸の間の面積 | ① |
| | 基本 | 177 | 2曲線間の面積 | ② |
| | 基本 | 178 | 曲線 $x=g(y)$ と $y$ 軸の間の面積 | ③ |
| | 基本 | 179 | 接する2曲線と面積 | ③ |
| | 基本 | 180 | 陰関数で表された曲線と面積 (1) | ③ |
| | 基本 | 181 | 陰関数で表された曲線と面積 (2) | ③ |
| | 基本 | 182 | 媒介変数表示の曲線と面積 (1) | ② |
| | 重要 | 183 | 媒介変数表示の曲線と面積 (2) | ④ |
| | 重要 | 184 | 回転移動を利用して面積を求める | ④ |
| | 基本 | 185 | 面積から関数の係数決定 | ③ |
| | 重要 | 186 | 面積の2等分 | ③ |
| | 重要 | 187 | 面積に関する極限 | ③ |
| | 重要 | 188 | 面積の最小値（微分法利用） | ③ |
| | 重要 | 189 | 面積に関する無限級数 | ⑤ |
| | 重要 | 190 | 逆関数と面積 | ④ |
| | 重要 | 191 | 極方程式で表された曲線と面積 | ④ |
| 28 | 基本 | 192 | 断面積と立体の体積 (1) | ② |
| | 基本 | 193 | 断面積と立体の体積 (2) | ② |
| | 基本 | 194 | $x$ 軸の周りの回転体の体積 (1) | ② |
| | 基本 | 195 | $x$ 軸の周りの回転体の体積 (2) | ② |
| | 基本 | 196 | $x$ 軸の周りの回転体の体積 (3) | ③ |
| | 基本 | 197 | 半球形の容器を傾けたときの水の流出量 | ② |
| | 基本 | 198 | $y$ 軸の周りの回転体の体積 (1) | ② |
| | 重要 | 199 | $y$ 軸の周りの回転体の体積 (2) | ④ |
| | 基本 | 200 | 曲線の接線と回転体の体積 | ③ |
| | 基本 | 201 | 媒介変数表示の曲線と回転体の体積 | ② |
| | 重要 | 202 | 直線 $y=x$ の周りの回転体の体積 | ④ |
| | 重要 | 203 | 連立不等式で表される立体の体積 | ④ |
| | 重要 | 204 | 共通部分の体積 | ④ |
| | 重要 | 205 | 座標空間における回転体の体積 (1) | ④ |
| | 重要 | 206 | 座標空間における回転体の体積 (2) | ⑤ |
| | 重要 | 207 | 立体の通過領域の体積 | ④ |
| 29 | 基本 | 208 | 曲線の長さ (1) | ② |
| | 重要 | 209 | 曲線の長さ (2) | ④ |
| | 基本 | 210 | 速度・加速度・位置と道のり（直線運動） | ② |
| | 基本 | 211 | 位置と道のり（平面運動） | ② |
| | 重要 | 212 | 量と積分…水の排出など | ③ |
| 30 | 演習 | 213 | 微分方程式の解法の基本 | ③ |
| | 演習 | 214 | 微分方程式の解法（おき換えの利用） | ④ |
| | 演習 | 215 | 微分方程式を導いて曲線決定 | ③ |

# 27 面　積

## 基本事項

**1　曲線 $y=f(x)$ と $x$ 軸の間の面積**

曲線 $y=f(x)$ と $x$ 軸と 2 直線 $x=a$，$x=b$ $(a<b)$ で囲まれた部分の面積 $S$ は

$$S=\int_a^b |f(x)|\,dx$$

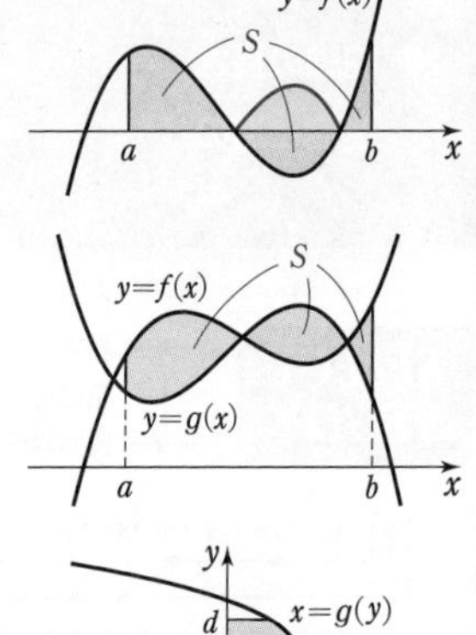


**2　2 曲線間の面積**

2 つの曲線 $y=f(x)$，$y=g(x)$ と 2 直線 $x=a$，$x=b$ $(a<b)$ で囲まれた部分の面積 $S$ は

$$S=\int_a^b |f(x)-g(x)|\,dx$$

**3　曲線 $x=g(y)$ と $y$ 軸の間の面積**

曲線 $x=g(y)$ と $y$ 軸と 2 直線 $y=c$，$y=d$ $(c<d)$ で囲まれた部分の面積 $S$ は

$$S=\int_c^d |g(y)|\,dy$$

## 解　説

**■ $x$ 軸との間の面積**

$a\leqq x\leqq b$ で，曲線 $y=f(x)$ と $x$ 軸と 2 直線 $x=a$，$x=b$ で囲まれた部分の面積 $S$ は

常に $f(x)\geqq 0$ のとき　$S=\int_a^b f(x)\,dx$　　常に $f(x)\leqq 0$ のとき　$S=-\int_a^b f(x)\,dx$

**■ 2 曲線間の面積**

常に $f(x)\geqq g(x)\geqq 0$ のとき

$$S=\int_a^b f(x)\,dx-\int_a^b g(x)\,dx=\int_a^b \{f(x)-g(x)\}\,dx$$

$f(x)\geqq g(x)$ であるが，$g(x)$ が負の値をとることがある場合は，適当な正の数 $c$ を選び $f(x)+c\geqq g(x)+c\geqq 0$ とする。

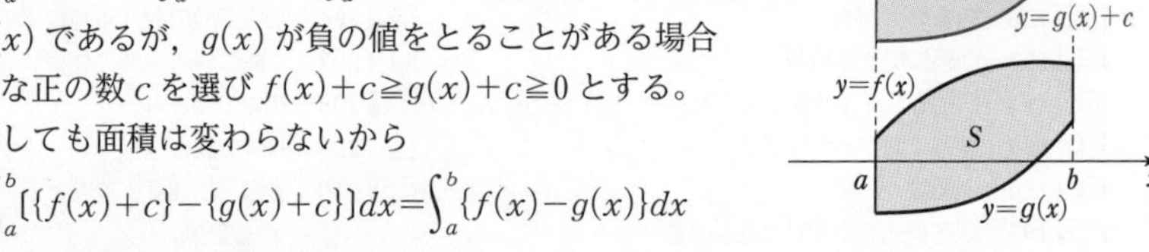


平行移動しても面積は変わらないから

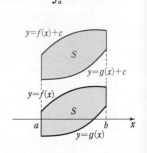

$$S=\int_a^b [\{f(x)+c\}-\{g(x)+c\}]\,dx=\int_a^b \{f(x)-g(x)\}\,dx$$

一般に，上の基本事項の **2** が成り立つ。

**■ $y$ 軸との間の面積**

$y$ 軸についても上の **1**，**2** と同様の公式が成り立つ。

曲線 $x=g(y)$ と $y$ 軸と 2 直線 $y=c$，$y=d$ で囲まれた部分の面積 $S$ は

$$S=\int_c^d |g(y)|\,dy \quad (c<d)$$

2 曲線 $x=f(y)$，$x=g(y)$ の場合は　　$S=\int_c^d |f(y)-g(y)|\,dy$　$(c<d)$

## 基本 例題 176 曲線 $y=f(x)$ と $x$ 軸の間の面積

次の曲線と直線で囲まれた部分の面積 $S$ を求めよ。

(1) $y=-\cos^2 x \left(0 \leqq x \leqq \dfrac{\pi}{2}\right)$, $x$ 軸, $y$ 軸

(2) $y=(3-x)e^x$, $x=0$, $x=2$, $x$ 軸

p.300 基本事項 1 重要 189

1 求める部分がどのような図形かを知るために，グラフをかく。

2 曲線と $x$ 軸の共有点の $x$ 座標を求め，**積分区間** を決める。

3 2 の区間における曲線と $x$ 軸の **上下関係** を調べる。

4 定積分を計算して面積を求める。

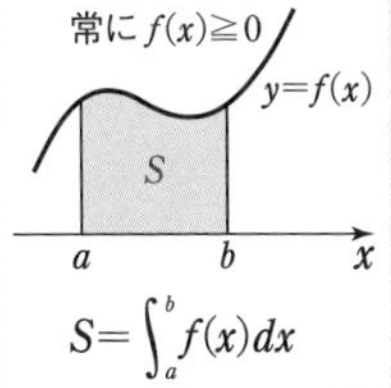


$S=\displaystyle\int_a^b f(x)dx$

**CHART 面積の計算　まず　グラフをかく**

(1) $0 \leqq x \leqq \dfrac{\pi}{2}$ で $y \leqq 0$ であるから

$$S=-\int_0^{\frac{\pi}{2}}(-\cos^2 x)dx$$
$$=\int_0^{\frac{\pi}{2}}\frac{\cos 2x+1}{2}dx$$
$$=\frac{1}{2}\left[\frac{\sin 2x}{2}+x\right]_0^{\frac{\pi}{2}}$$
$$=\boldsymbol{\frac{\pi}{4}}$$

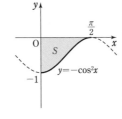

◀区間 $[a, b]$ で常に $f(x) \leqq 0$ のとき

$S=-\displaystyle\int_a^b f(x)dx$

└マイナスがつく。

(2) $y'=-e^x+(3-x)e^x=(2-x)e^x$

$y'=0$ とすると　　$x=2$

増減表は右のようになる。

| $x$ | $\cdots$ | 2 | $\cdots$ |
|---|---|---|---|
| $y'$ | + | 0 | − |
| $y$ | ↗ | $e^2$ | ↘ |

曲線と $x$ 軸の交点の $x$ 座標は，

$(3-x)e^x=0$ を解いて

$x=3$

$0 \leqq x \leqq 2$ で $y>0$ であるから

$$S=\int_0^2(3-x)e^x dx$$
$$=\Big[(3-x)e^x\Big]_0^2+\int_0^2 e^x dx$$
$$=e^2-3+\Big[e^x\Big]_0^2$$
$$=\boldsymbol{2e^2-4}$$

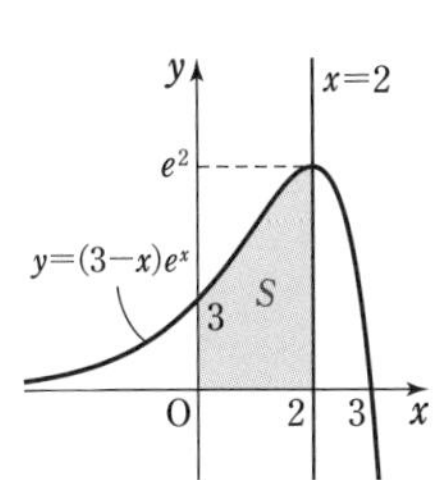


**注意** 左の解答(2)では，微分してグラフをかいているが，面積を求めるためにかくグラフは，曲線と座標軸の交点や $y$ の符号がわかる程度の簡単なものでよい。

◀$e^x>0$

◀$\displaystyle\int(3-x)e^x dx$

$=\displaystyle\int(3-x)(e^x)'dx$

$=(3-x)e^x+\displaystyle\int e^x dx$

(部分積分法)

6章 27 面積

**練習 ① 176** 次の曲線と $x$ 軸で囲まれた部分の面積 $S$ を求めよ。

(1) $y=-x^4+2x^3$　　(2) $y=x+\dfrac{4}{x}-5$　　(3) $y=10-9e^{-x}-e^x$

## 基本例題 177 2曲線間の面積

区間 $0 \leqq x \leqq 2\pi$ において，2つの曲線 $y=\sin x$, $y=\sin 2x$ で囲まれた図形の面積 $S$ を求めよ。

p.300 基本事項 2，基本 176　重要 186〜188

**指針**　2曲線が囲む図形の面積を求める場合，**2曲線の上下関係と共有点** が重要な役割を果たす。

1. まず，**グラフをかく**。
2. 2曲線の共有点の $x$ 座標を求め，**積分区間** を決める。
　← 連立した方程式の実数解。
3. 2 の区間における，2曲線の **上下関係** を調べる。
4. $\displaystyle\int_a^b\{(\text{上の曲線の式})-(\text{下の曲線の式})\}dx$

を計算して，面積を求める。

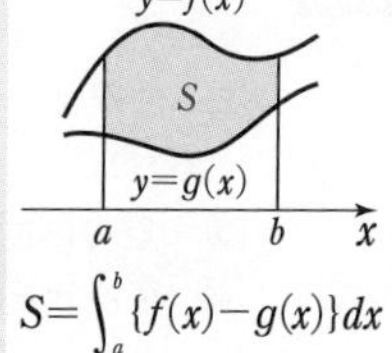


$S=\displaystyle\int_a^b\{f(x)-g(x)\}dx$

なお，図形の **対称性** を利用すると定積分の計算がらくになることがある。

**CHART** 面積　計算はらくに　対称性を利用

**解答**

2曲線の共有点の $x$ 座標は，$\sin x=\sin 2x$ とすると　$\sin x=2\sin x\cos x$

よって　$\sin x(1-2\cos x)=0$

ゆえに　$\sin x=0$ または $\cos x=\dfrac{1}{2}$

$0 \leqq x \leqq 2\pi$ であるから

$$x=0,\ \frac{\pi}{3},\ \pi,\ \frac{5}{3}\pi,\ 2\pi$$

また，2曲線の位置関係は，右の図のようになり，面積を求める図形は点 $(\pi,\ 0)$ に関して対称。

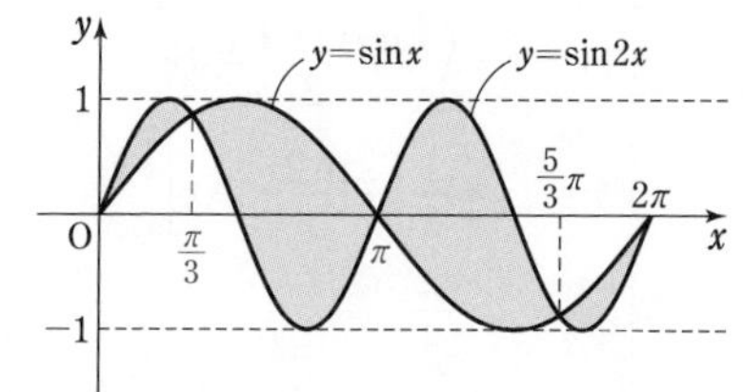


よって，$0 \leqq x \leqq \pi$ の範囲で考えると

$$\frac{1}{2}S=\int_0^{\frac{\pi}{3}}(\sin 2x-\sin x)dx+\int_{\frac{\pi}{3}}^{\pi}(\sin x-\sin 2x)dx$$

$$=\int_0^{\frac{\pi}{3}}(\sin 2x-\sin x)dx-\int_{\frac{\pi}{3}}^{\pi}(\sin 2x-\sin x)dx$$

$$=\left[-\frac{1}{2}\cos 2x+\cos x\right]_0^{\frac{\pi}{3}}-\left[-\frac{1}{2}\cos 2x+\cos x\right]_{\frac{\pi}{3}}^{\pi}$$

$$=2\left(\frac{1}{4}+\frac{1}{2}\right)-\left(-\frac{1}{2}+1\right)-\left(-\frac{1}{2}-1\right)=\frac{5}{2}$$

したがって　$S=\mathbf{5}$

◀2曲線の上下関係は，$\sin x-\sin 2x$ $=\sin x(1-2\cos x)$ の符号から判断するのもよい。
$0 \leqq x \leqq \dfrac{\pi}{3}$ では $\sin 2x \geqq \sin x$
$\dfrac{\pi}{3} \leqq x \leqq \pi$ では $\sin 2x \leqq \sin x$

**練習 ②177**　次の曲線または直線で囲まれた部分の面積 $S$ を求めよ。

(1) $y=xe^x$, $y=e^x$ $(0 \leqq x \leqq 1)$, $x=0$　(2) $y=\log\dfrac{3}{4-x}$, $y=\log x$

(3) $y=\sqrt{3}\cos x$, $y=\sin 2x$ $(0 \leqq x \leqq \pi)$　(4) $y=(\log x)^2$, $y=\log x^2$ $(x>0)$

［(2) 東京電機大，(3) 類 大阪産大］

## 基本 例題 178 曲線 $x=g(y)$ と $y$ 軸の間の面積 ◎◎◎◎◎

次の曲線と直線で囲まれた部分の面積 $S$ を求めよ。

(1) $y=e\log x$, $y=-1$, $y=2e$, $y$ 軸

(2) $y=-\cos x$ $(0\leqq x\leqq\pi)$, $y=\dfrac{1}{2}$, $y=-\dfrac{1}{2}$, $y$ 軸

p.300 基本事項 3　重要 184

まず，曲線の概形をかき，**曲線と直線や座標軸との共有点** を調べる。

(1) $y=e\log x$ を $x$ について解き，**$y$ で積分する** とよい。
……$x$ についての積分で面積を求めるよりも，計算がらくになる。

(2) (1)と同じように考えても，高校数学の範囲では $y=-\cos x$ を $x=g(y)$ の形にはできない。そこで置換積分法を利用する。

なお，(1)，(2) ともに 別解 のような，**長方形の面積から引く** 方法でもよい。

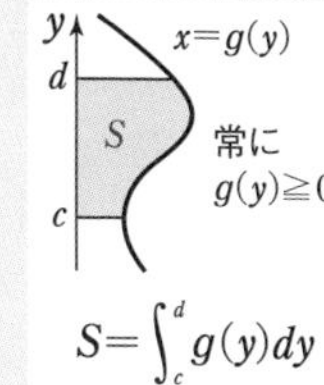


$$S=\int_c^d g(y)dy$$

**解答**

(1) $y=e\log x$ から　$x=e^{\frac{y}{e}}$

$-1\leqq y\leqq 2e$ で常に　$x>0$

よって

$$S=\int_{-1}^{2e}e^{\frac{y}{e}}dy=\left[e\cdot e^{\frac{y}{e}}\right]_{-1}^{2e}$$
$$=e\cdot e^2-e\cdot e^{-\frac{1}{e}}$$
$$=\boldsymbol{e^3-e^{1-\frac{1}{e}}}$$

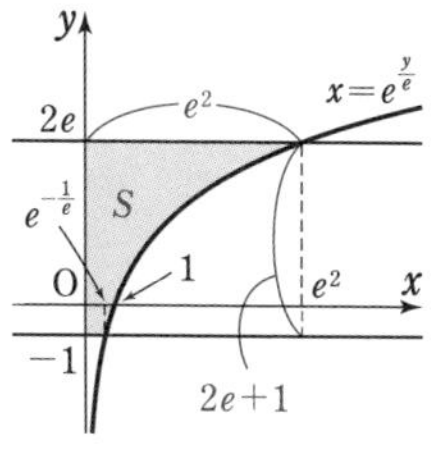


(2) $y=-\cos x$ から　$dy=\sin x\,dx$

よって

| $y$ | $-\dfrac{1}{2}\longrightarrow\dfrac{1}{2}$ |
|---|---|
| $x$ | $\dfrac{\pi}{3}\longrightarrow\dfrac{2}{3}\pi$ |

$$S=\int_{-\frac{1}{2}}^{\frac{1}{2}}x\,dy=\int_{\frac{\pi}{3}}^{\frac{2}{3}\pi}x\sin x\,dx$$
$$=\Big[-x\cos x\Big]_{\frac{\pi}{3}}^{\frac{2}{3}\pi}+\int_{\frac{\pi}{3}}^{\frac{2}{3}\pi}\cos x\,dx$$
$$=-\frac{2}{3}\pi\cdot\left(-\frac{1}{2}\right)+\frac{\pi}{3}\cdot\frac{1}{2}+\Big[\sin x\Big]_{\frac{\pi}{3}}^{\frac{2}{3}\pi}$$
$$=\frac{\pi}{3}+\frac{\pi}{6}+0=\boldsymbol{\frac{\pi}{2}}$$

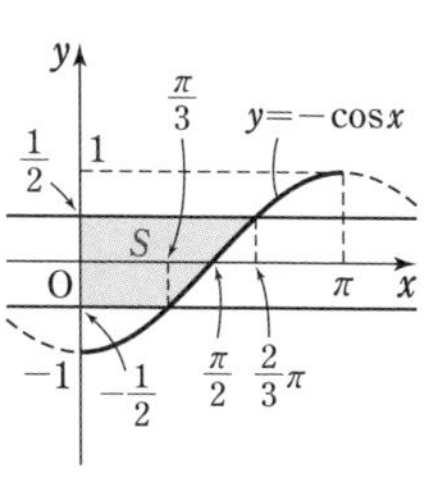


(1)の 別解 (長方形の面積から引く方法)

$S=e^2(2e+1)$
$\quad-\displaystyle\int_{e^{-\frac{1}{e}}}^{e^2}(e\log x+1)dx$
$=2e^3+e^2$
$\quad-\Big[e(x\log x-x)+x\Big]_{e^{-\frac{1}{e}}}^{e^2}$
$=\boldsymbol{e^3-e^{1-\frac{1}{e}}}$

(2)の 別解 (上と同じ方法)

$S=\dfrac{2}{3}\pi\cdot\left(\dfrac{1}{2}+\dfrac{1}{2}\right)$
$\quad-\displaystyle\int_{\frac{\pi}{3}}^{\frac{2}{3}\pi}\left(-\cos x+\frac{1}{2}\right)dx$
$=\dfrac{2}{3}\pi+\Big[\sin x-\dfrac{1}{2}x\Big]_{\frac{\pi}{3}}^{\frac{2}{3}\pi}$
$=\boldsymbol{\dfrac{\pi}{2}}$

**練習 ③178** 次の曲線と直線で囲まれた部分の面積 $S$ を求めよ。

(1) $x=y^2-2y-3$, $y=-x-1$　　(2) $y=\dfrac{1}{\sqrt{x}}$, $y=1$, $y=\dfrac{1}{2}$, $y$ 軸

(3) $y=\tan x$ $\left(0\leqq x<\dfrac{\pi}{2}\right)$, $y=\sqrt{3}$, $y=1$, $y$ 軸

p.318 EX149

6章 27 面積

## 基本例題 179 接する2曲線と面積

曲線 $y=\log x$ が曲線 $y=ax^2$ と接するように正の定数 $a$ の値を定めよ。また，そのとき，これらの曲線と $x$ 軸で囲まれる図形の面積を求めよ。〔信州大〕

基本 85，176，177

（前半） 2曲線 $y=f(x)$，$y=g(x)$ が点 $(p,\ q)$ で接する条件は

$$\begin{cases} f(p)=g(p) & \cdots\cdots\ y\text{ 座標が一致} \\ f'(p)=g'(p) & \cdots\cdots\ \text{傾きが等しい} \end{cases}$$

（$p.147$ 基本例題 **85** 参照。）

（後半） （前半）の結果から2曲線の **接点の座標** がわかるから，グラフをもとに2曲線の **上下関係** をつかみ，面積を計算。

なお，面積の計算には [1] $x$ 軸方向の定積分　[2] $y$ 軸方向の定積分 の2通りが考えられるが，ここでは [1] の方針で解答してみよう。

$y=f(x)$，$y=g(x)$，共通接線，接する，$p$，$x$

### 解答

$f(x)=\log x$，$g(x)=ax^2$ とすると　$f'(x)=\dfrac{1}{x}$，$g'(x)=2ax$

2曲線 $y=f(x)$，$y=g(x)$ が $x=c$ の点で接するための条件は　$\log c=ac^2$ ……①　かつ　$\dfrac{1}{c}=2ac$ ……②

◀①：$f(c)=g(c)$
②：$f'(c)=g'(c)$

②から　$a=\dfrac{1}{2c^2}$ ……③

③を①に代入して　$\log c=\dfrac{1}{2}$

ゆえに　$c=\sqrt{e}$　したがって　$\boldsymbol{a=\dfrac{1}{2c^2}=\dfrac{1}{2e}}$

このとき，接点の座標は　$\left(\sqrt{e},\ \dfrac{1}{2}\right)$

よって，求める面積 $S$ は

$$S=\int_0^{\sqrt{e}}\frac{1}{2e}x^2\,dx-\int_1^{\sqrt{e}}\log x\,dx$$
$$=\frac{1}{2e}\left[\frac{x^3}{3}\right]_0^{\sqrt{e}}-\Big[x\log x-x\Big]_1^{\sqrt{e}}$$
$$=\frac{1}{6}\sqrt{e}-\left(\frac{1}{2}\sqrt{e}-\sqrt{e}+1\right)$$
$$=\boldsymbol{\frac{2}{3}\sqrt{e}-1}$$

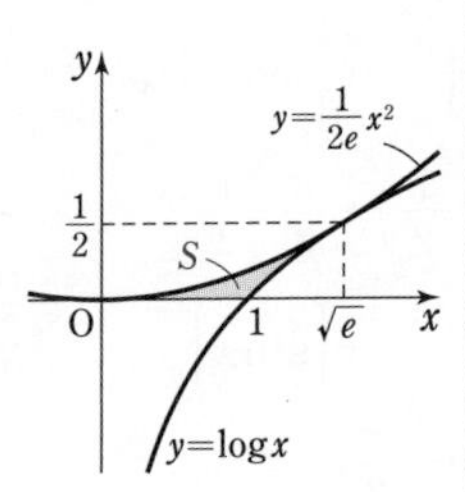


（後半）の 別解
（指針の [2] による）

$y=\dfrac{1}{2e}x^2\ (x\geqq 0)$
$\iff x=\sqrt{2ey}$

$y=\log x \iff x=e^y$ から

$$S=\int_0^{\frac{1}{2}}(e^y-\sqrt{2ey})\,dy$$
$$=\left[e^y-\frac{2\sqrt{2e}}{3}y\sqrt{y}\right]_0^{\frac{1}{2}}$$
$$=\sqrt{e}-\frac{2\sqrt{2e}}{3}\cdot\frac{1}{2}\cdot\frac{1}{\sqrt{2}}-1$$
$$=\boldsymbol{\frac{2}{3}\sqrt{e}-1}$$

**練習 ③179** $e$ は自然対数の底，$a$，$b$，$c$ は実数である。放物線 $y=ax^2+b$ を $C_1$ とし，曲線 $y=c\log x$ を $C_2$ とする。$C_1$ と $C_2$ が点 $\mathrm{P}(e,\ e)$ で接しているとき

(1) $a$，$b$，$c$ の値を求めよ。

(2) $C_1$，$C_2$ および $x$ 軸，$y$ 軸で囲まれた図形の面積を求めよ。〔佐賀大〕

p.318 EX150

# 基本例題 180 陰関数で表された曲線と面積 (1)

2 つの楕円 $x^2+3y^2=4$ …… ①, $3x^2+y^2=4$ …… ② がある。

(1) 2 つの楕円の 4 つの交点の座標を求めよ。

(2) 2 つの楕円の内部の重なった部分の面積を求めよ。

基本 177

**指針** (1) 共有点 ⟺ 実数解　楕円 ①, ② の方程式を連立して解く。

(2) 陰関数で表された曲線の問題では，曲線の **対称性** に注目するとよい。
この問題では，まず楕円 ①, ② の概形をかいてみると，これらは $x$ 軸，$y$ 軸に関して対称であることがわかる (解答の〔図 1〕参照)。更に，楕円 ①, ② は直線 $y=x$ に関して互いに対称であるから，楕円の重なった部分のうち，$x\geqq 0$, $y\geqq 0$, $y\geqq x$ を満たす部分 (〔図 1〕の斜線部分) の面積を求め，それを **8 倍** する。

**解答**

(1) ② から　$y^2=4-3x^2$ …… ③

③ を ① に代入して　$x^2+3(4-3x^2)=4$

整理すると　$x^2=1$　　よって　$x=\pm 1$

$x=\pm 1$ を ③ に代入して　$y^2=1$　　ゆえに　$y=\pm 1$

よって，求める 4 つの交点の座標は

$$(\mathbf{1,\ 1}),\ (\mathbf{1,\ -1}),\ (\mathbf{-1,\ 1}),\ (\mathbf{-1,\ -1})$$

(2) 楕円の内部が重なった部分の図形を $D$ とすると，図形 $D$ は $x$ 軸，$y$ 軸，および直線 $y=x$ に関して対称である。Ⓐ よって，〔図 1〕の斜線部分の面積を $S$ とすると，求める面積は $8S$ である。

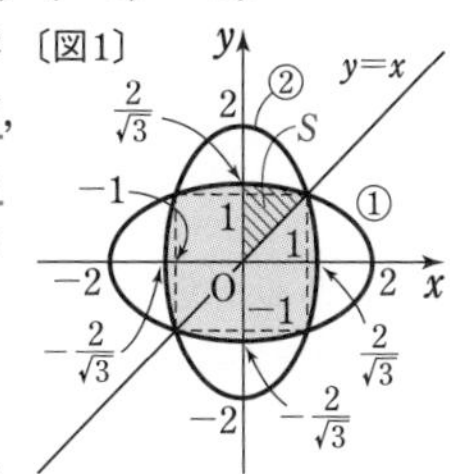


① より，$y=\pm\dfrac{1}{\sqrt{3}}\sqrt{4-x^2}$ であるから　$S=\dfrac{1}{\sqrt{3}}\displaystyle\int_0^1\sqrt{4-x^2}\,dx-\dfrac{1}{2}\cdot 1^2$

Ⓑ $\displaystyle\int_0^1\sqrt{4-x^2}\,dx$ は〔図 2〕の赤い部分の面積に等しいから，これを求めると

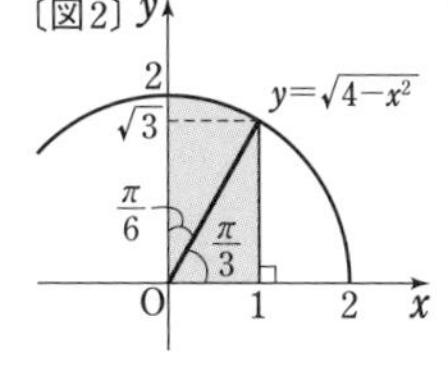


Ⓒ $\dfrac{1}{2}\cdot 2^2\cdot\dfrac{\pi}{6}+\dfrac{1}{2}\cdot 1\cdot\sqrt{3}=\dfrac{\pi}{3}+\dfrac{\sqrt{3}}{2}$

$\therefore\quad S=\dfrac{1}{\sqrt{3}}\left(\dfrac{\pi}{3}+\dfrac{\sqrt{3}}{2}\right)-\dfrac{1}{2}=\dfrac{\sqrt{3}}{9}\pi$

よって，求める面積は　$8S=8\cdot\dfrac{\sqrt{3}}{9}\pi=\boldsymbol{\dfrac{8\sqrt{3}}{9}\pi}$

Ⓐ この問題(楕円)では，これらの対称性を図から直観的に認めてよい。なお，対称性を厳密に確認するには，次ページの基本例題 **181** の解答(1～3 行目)と同様の考察と，①(②)で $x$ を $y$，$y$ を $x$ におき換えると ②(①)に一致することの確認が必要になる。

**面　積**
**計算はらくに**
**対称性の利用**

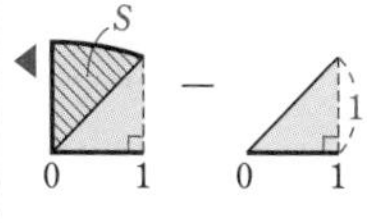


Ⓑ $x=2\sin\theta$ とおいて定積分を計算してもよいが，図を利用する方が早い($p.255$ 参照)。

Ⓒ 半径 $r$，中心角 $\theta$ ラジアンの扇形の面積は $\boldsymbol{\dfrac{1}{2}r^2\theta}$ ($p.10$ 参照。)

6章
27 面積

**練習 ③180** 次の面積を求めよ。　〔(2) 新潟大〕

(1) 連立不等式 $x^2+y^2\leqq 4$, $xy\geqq\sqrt{3}$, $x>0$, $y>0$ で表される領域の面積

(2) 2 つの楕円 $x^2+\dfrac{y^2}{3}=1$, $\dfrac{x^2}{3}+y^2=1$ の内部の重なった部分の面積

## 基本例題 181 陰関数で表された曲線と面積(2)

◎◎◎◎◎

曲線 $(x^2-2)^2+y^2=4$ で囲まれる部分の面積 $S$ を求めよ。

重要 109, 基本 180

**指針** この例題も陰関数で表された曲線の問題であるが，曲線の概形はすぐにイメージできない。そこで，まず，曲線の **対称性** に注目してみる（$p.185$ 重要例題 **109** 参照）。

$(x,\ y)$ を $(x,\ -y)$，$(-x,\ y)$，$(-x,\ -y)$ におき換えても与式は成り立つから，曲線は $x$ 軸，$y$ 軸，原点に関して対称であることがわかる。ゆえに，$x \geqq 0$，$y \geqq 0$ の範囲で考える。

このとき，$y^2=x^2(4-x^2) \geqq 0$ から　　$y=x\sqrt{4-x^2}$ …… ①

よって，曲線 ① と $x$ 軸で囲まれる部分の面積を求め，それを **4 倍** する。

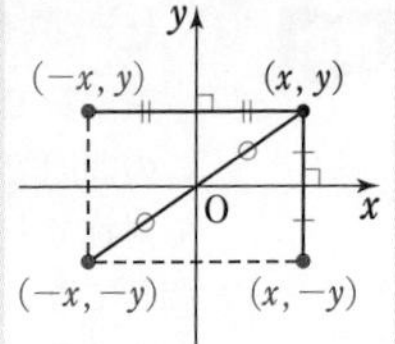


**CHART** 面積　計算はらくに　対称性の利用

**解答**

曲線の式で $(x,\ y)$ を $(x,\ -y)$，$(-x,\ y)$，$(-x,\ -y)$ におき換えても $(x^2-2)^2+y^2=4$ は成り立つから，この曲線は $x$ 軸，$y$ 軸，原点に関して対称である。

したがって，求める面積 $S$ は，図の斜線部分の面積の 4 倍である。

$(x^2-2)^2+y^2=4$ から　　$y^2=x^2(4-x^2)$

$x \geqq 0$，$y \geqq 0$ のとき　　$y=x\sqrt{4-x^2}$

ここで，$4-x^2 \geqq 0$ であるから　　$-2 \leqq x \leqq 2$

$x \geqq 0$ と合わせて　　$0 \leqq x \leqq 2$

$0<x<2$ のとき

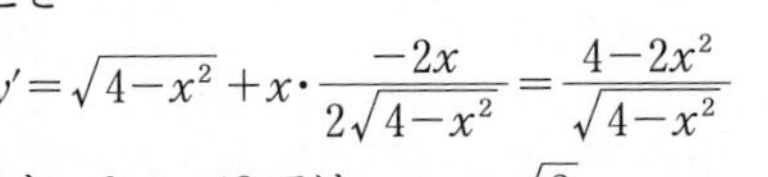

$$y'=\sqrt{4-x^2}+x\cdot\frac{-2x}{2\sqrt{4-x^2}}=\frac{4-2x^2}{\sqrt{4-x^2}}$$

$y'=0$ とすると，$0<x<2$ では　　$x=\sqrt{2}$

$0 \leqq x \leqq 2$ における増減表は右のようになる。

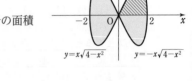

| $x$ | 0 | … | $\sqrt{2}$ | … | 2 |
|---|---|---|---|---|---|
| $y'$ | | + | 0 | − | |
| $y$ | 0 | ↗ | 2 | ↘ | 0 |

よって　　$S=4\int_0^2 x\sqrt{4-x^2}\,dx=4\int_0^2 (4-x^2)^{\frac{1}{2}}\cdot\frac{(4-x^2)'}{-2}dx$

$$=-2\left[\frac{2}{3}(4-x^2)^{\frac{3}{2}}\right]_0^2=-\frac{4}{3}\left(0-4^{\frac{3}{2}}\right)$$

$$=\frac{32}{3}$$

◀ $4-x^2=t$ とおくと $-2x\,dx=dt$　$S=4\int_4^0\sqrt{t}\left(-\frac{1}{2}\right)dt$

◀ $4^{\frac{3}{2}}=(2^2)^{\frac{3}{2}}=2^3=8$

**参考**　この曲線は，リサージュ曲線 $\begin{cases} x=2\sin\theta \\ y=2\sin 2\theta \end{cases}$ である（$p.188$）。

**練習 ③181**　次の図形の面積 $S$ を求めよ。

(1) 曲線 $\sqrt{x}+\sqrt{y}=2$ と $x$ 軸および $y$ 軸で囲まれた図形

(2) 曲線 $y^2=(x+3)x^2$ で囲まれた図形

(3) 曲線 $2x^2-2xy+y^2=4$ で囲まれた図形

p.318 EX 151, 152

## 基本例題 182 媒介変数表示の曲線と面積 (1)　①①①①①

媒介変数 $t$ によって，$x=4\cos t$，$y=\sin 2t$ $\left(0\leqq t\leqq\dfrac{\pi}{2}\right)$ と表される曲線と $x$ 軸で囲まれた部分の面積 $S$ を求めよ。

重要 110　重要 183

**指針**　媒介変数 $t$ を消去して $y=F(x)$ の形に表すこともできるが，計算は面倒になる。
そこで $x=f(t)$，$y=g(t)$ のまま，面積 $S$ を **置換積分法で求める**。

1. 曲線と $x$ 軸の交点の $x$ 座標($y=0$ となる $t$ の値)を求める。
2. $t$ の変化に伴う，$x$ の値の変化や $y$ の符号を調べる。
3. 面積を定積分で表す。計算の際は，次の置換積分法を用いる。

$$S=\int_a^b y\,dx=\int_\alpha^\beta g(t)f'(t)\,dt \quad a=f(\alpha),\ b=f(\beta)$$

**解答**

$0\leqq t\leqq\dfrac{\pi}{2}$ …… ① の範囲で $y=0$ となる $t$ の値は

$$t=0,\ \frac{\pi}{2}$$

また，① の範囲においては，常に $y\geqq 0$ である。

$x=4\cos t$ から　$\dfrac{dx}{dt}=-4\sin t$

よって　$dx=-4\sin t\,dt$

$y=\sin 2t$ から

$\dfrac{dy}{dt}=2\cos 2t$ であり，

$\dfrac{dy}{dt}=0$ とすると

$$t=\frac{\pi}{4}$$

ゆえに，右のような表が得られる(↘ は減少，↗ は増加を表す)(*)。

| $t$ | $0$ | … | $\frac{\pi}{4}$ | … | $\frac{\pi}{2}$ |
|---|---|---|---|---|---|
| $\frac{dx}{dt}$ | $0$ | $-$ | $-$ | $-$ | $-$ |
| $x$ | $4$ | ↘ | $2\sqrt{2}$ | ↘ | $0$ |
| $\frac{dy}{dt}$ | $+$ | $+$ | $0$ | $-$ | $-$ |
| $y$ | $0$ | ↗ | $1$ | ↘ | $0$ |

よって　$S=\displaystyle\int_0^4 y\,dx$

$$=\int_{\frac{\pi}{2}}^0 \sin 2t\cdot(-4\sin t)\,dt$$

$$=4\int_0^{\frac{\pi}{2}} \sin 2t\sin t\,dt$$

$$=8\int_0^{\frac{\pi}{2}} \sin^2 t\cos t\,dt$$

$$=8\left[\frac{1}{3}\sin^3 t\right]_0^{\frac{\pi}{2}}=\frac{8}{3}$$

**検討**

$x$ と $t$ の対応は次の通り。

| $t$ | $0\longrightarrow\frac{\pi}{2}$ |
|---|---|
| $x$ | $4\longrightarrow 0$ |

また，$0\leqq t\leqq\dfrac{\pi}{2}$ では $y\geqq 0$ であるから，曲線は $x$ 軸の上側の部分にある。

**面積の計算では，積分区間・上下関係がわかればよい** から，増減表や概形をかかなくても面積を求めることはできる。しかし，概形を調べないと面積が求められない問題もあるので，そのときは左のようにして調べる。

(*) 重要例題 **110** のように ←，→，↑，↓ を用いて表してもよい。

◀ $\displaystyle\int_0^{\frac{\pi}{2}}\sin^2 t(\sin t)'dt$

**練習 ② 182**　曲線 $\begin{cases} x=t-\sin t \\ y=1-\cos t \end{cases}$ $(0\leqq t\leqq\pi)$ と $x$ 軸および直線 $x=\pi$ で囲まれる部分の面積 $S$ を求めよ。

〔筑波大〕 p.318 EX 153

## 重要例題 183 媒介変数表示の曲線と面積 (2)

④④④④○

媒介変数 $t$ によって，$x=2\cos t-\cos 2t$，
$y=2\sin t-\sin 2t\ (0\leqq t\leqq \pi)$ と表される右図の曲線と，
$x$ 軸で囲まれた図形の面積 $S$ を求めよ。

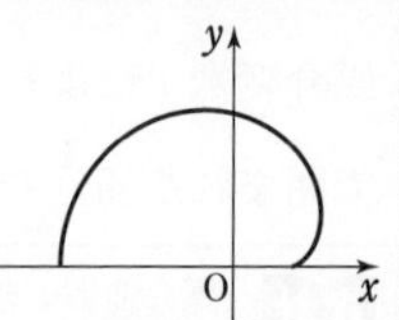


基本 182

**指針** 曲線の概形をみると，$x$ の 1 つの値に対して $y$ の値が 2 つ定まる部分がある(解答の図の $1\leqq x<\frac{3}{2}$ の部分)。これは，前ページの基本例題 **182** のように，$t$ の変化につれて $x$ が常に増加(または常に減少)というわけではないためである。
→ $x$ の値の変化を調べて，**$x$ の増加・減少が変わる $t$ の値 $t_0$ を求め，$0\leqq t\leqq t_0$ における $y$ を $y_1$，$t_0\leqq t\leqq \pi$ における $y$ を $y_2$ として進める** とよい。

**解答**

図から，$0\leqq t\leqq \pi$ では常に　$y\geqq 0$
また，$y=2\sin t(1-\cos t)$ であるから，$y=0$ とすると　$\sin t=0$　または　$\cos t=1$
$0\leqq t\leqq \pi$ から　$t=0,\ \pi$　更に

$$\frac{dx}{dt}=-2\sin t+2\sin 2t=2\sin t(2\cos t-1)$$

| $t$ | 0 | $\cdots$ | $\frac{\pi}{3}$ | $\cdots$ | $\pi$ |
|---|---|---|---|---|---|
| $\frac{dx}{dt}$ | | $+$ | 0 | $-$ | |
| $x$ | 1 | $\nearrow$ | $\frac{3}{2}$ | $\searrow$ | $-3$ |

$0<t<\pi$ で $\frac{dx}{dt}=0$ とすると，$\cos t=\frac{1}{2}$ から　$t=\frac{\pi}{3}$
よって，$x$ の値の増減は右上の表のようになる。
ゆえに，$0\leqq t\leqq \frac{\pi}{3}$ における $y$ を $y_1$，$\frac{\pi}{3}\leqq t\leqq \pi$ における $y$ を $y_2$ とすると

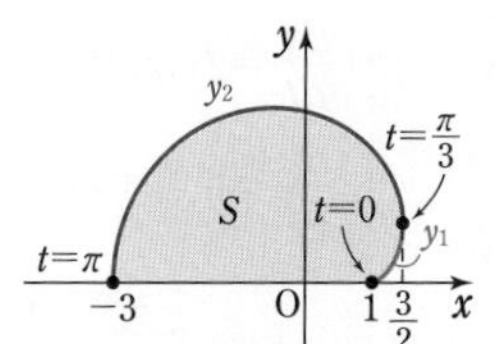


$$S=\int_{-3}^{\frac{3}{2}}y_2\,dx-\int_{1}^{\frac{3}{2}}y_1\,dx=\int_{\pi}^{\frac{\pi}{3}}y\frac{dx}{dt}dt-\int_{0}^{\frac{\pi}{3}}y\frac{dx}{dt}dt$$

$$=\int_{\pi}^{0}y\frac{dx}{dt}dt \text{Ⓐ}=\int_{\pi}^{0}(2\sin t-\sin 2t)(-2\sin t+2\sin 2t)dt$$

$$=2\int_{0}^{\pi}(2\sin t-\sin 2t)(\sin t-\sin 2t)dt \text{Ⓑ}$$

$$=2\int_{0}^{\pi}(2\sin^2 t-3\sin t\sin 2t+\sin^2 2t)dt$$

$$=2\int_{0}^{\pi}\left(2\cdot\frac{1-\cos 2t}{2}-3\sin t\cdot 2\sin t\cos t+\frac{1-\cos 4t}{2}\right)dt$$

$$=2\int_{0}^{\pi}\left(\frac{3}{2}-\cos 2t-\frac{1}{2}\cos 4t-6\sin^2 t\cos t\right)dt$$

$$=2\left[\frac{3}{2}t-\frac{1}{2}\sin 2t-\frac{1}{8}\sin 4t-2\sin^3 t\right]_{0}^{\pi}$$

$$=\mathbf{3\pi}$$

$S=$（$y_2$，$-3$ から $\frac{3}{2}$ の部分）$-$（$y_1$，$1$ から $\frac{3}{2}$ の部分）

Ⓐ $\int_{\pi}^{\frac{\pi}{3}}-\int_{0}^{\frac{\pi}{3}}=\int_{\pi}^{\frac{\pi}{3}}+\int_{\frac{\pi}{3}}^{0}=\int_{\pi}^{0}$

Ⓑ 〰〰 $=-2(\sin t-\sin 2t)$
また　$-\int_{\pi}^{0}=\int_{0}^{\pi}$

**練習 ④183** 媒介変数 $t$ によって，$x=2t+t^2$，$y=t+2t^2\ (-2\leqq t\leqq 0)$ と表される曲線と，$y$ 軸で囲まれた図形の面積 $S$ を求めよ。

## 重要例題 184 回転移動を利用して面積を求める ④

方程式 $\sqrt{2}(x-y)=(x+y)^2$ で表される曲線 $A$ について，次のものを求めよ。

(1) 曲線 $A$ を原点Oを中心として $\dfrac{\pi}{4}$ だけ回転させてできる曲線の方程式

(2) 曲線 $A$ と直線 $x=\sqrt{2}$ で囲まれる図形の面積

基本 178，数学C 重要 148

**指針** (1) 曲線 $A$ 上の点 $(X,\ Y)$ を原点を中心として $\dfrac{\pi}{4}$ だけ回転した点 $(x,\ y)$ に対し，**$X$，$Y$ をそれぞれ $x$，$y$ で表す**。それには，複素数平面上の点の回転を利用 するとよい（「チャート式基礎からの数学C」重要例題 **148** 参照）。

$$(X,\ Y) \underset{-\frac{\pi}{4}\text{ 回転}}{\overset{\frac{\pi}{4}\text{ 回転}}{\rightleftarrows}} (x,\ y)$$

(2) **図形の回転で図形の面積は変わらない** ことに注目。

曲線 $A$，直線 $x=\sqrt{2}$ ともに原点を中心として $\dfrac{\pi}{4}$ 回転した図形の面積を考える。

**解答**

(1) 曲線 $A$ 上の点 $(X,\ Y)$ を原点を中心として $\dfrac{\pi}{4}$ だけ回転した点の座標を $(x,\ y)$ とする。

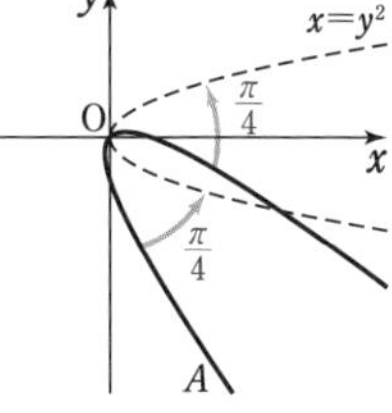


複素数平面上で，$\mathrm{P}(X+Yi)$，$\mathrm{Q}(x+yi)$ とすると，点Qを原点を中心として $-\dfrac{\pi}{4}$ だけ回転した点がPであるから

$$X+Yi=\left\{\cos\left(-\frac{\pi}{4}\right)+i\sin\left(-\frac{\pi}{4}\right)\right\}(x+yi)$$

$$=\frac{1}{\sqrt{2}}(1-i)(x+yi)=\frac{1}{\sqrt{2}}(x+y)+\frac{1}{\sqrt{2}}(-x+y)i$$

よって　$X=\dfrac{1}{\sqrt{2}}(x+y)$ …… ①，$Y=\dfrac{1}{\sqrt{2}}(-x+y)$

これらを $\sqrt{2}(X-Y)=(X+Y)^2$ に代入すると　$2x=(\sqrt{2}\,y)^2$

すなわち　$\boldsymbol{x=y^2}$　これが求める曲線の方程式である。

◀ $X-Y=\sqrt{2}\,x$，$X+Y=\sqrt{2}\,y$

(2) ① を $X=\sqrt{2}$ に代入して整理すると　$x=-y+2$

これは，直線 $x=\sqrt{2}$ を原点を中心として $\dfrac{\pi}{4}$ だけ回転した直線の方程式である。

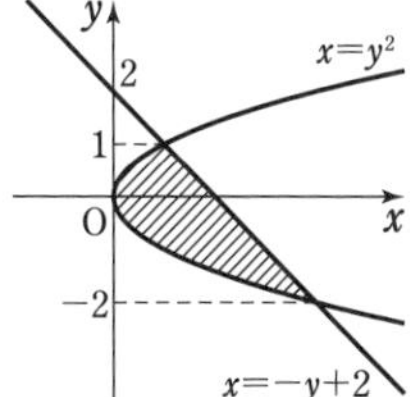


直線 $x=-y+2$ と曲線 $x=y^2$ の交点の $y$ 座標は，

$-y+2=y^2$ から　$(y+2)(y-1)=0$

ゆえに　$y=-2,\ 1$

よって，求める面積は

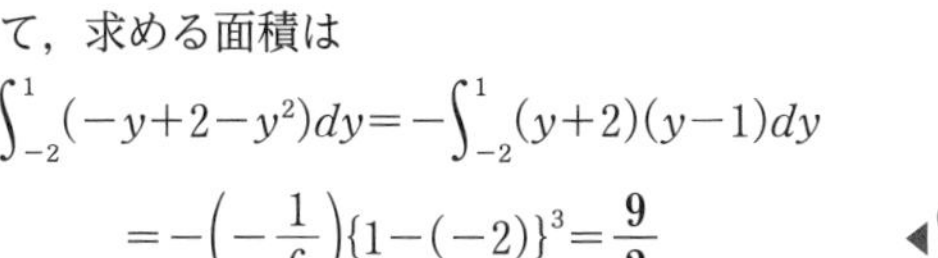

$$\int_{-2}^{1}(-y+2-y^2)dy=-\int_{-2}^{1}(y+2)(y-1)dy$$

$$=-\left(-\frac{1}{6}\right)\{1-(-2)\}^3=\boldsymbol{\frac{9}{2}}$$

◀ $\displaystyle\int_{\alpha}^{\beta}(y-\alpha)(y-\beta)dy=-\frac{(\beta-\alpha)^3}{6}$

**練習 ④184** $a$ は1より大きい定数とする。曲線 $x^2-y^2=2$ と直線 $x=\sqrt{2}\,a$ で囲まれた図形の面積 $S$ を，原点を中心とする $\dfrac{\pi}{4}$ の回転移動を考えることにより求めよ。

〔類 早稲田大〕

## 基本例題 185 面積から関数の係数決定

曲線 $C_1$：$y=k\sin x$ $(0<x<2\pi)$ と，曲線 $C_2$：$y=\cos x$ $(0<x<2\pi)$ について，次の問いに答えよ。ただし，$k>0$ とする。

(1) $C_1$，$C_2$ の 2 交点の $x$ 座標を $\alpha$，$\beta$ $(\alpha<\beta)$ とするとき，$\sin\alpha$，$\sin\beta$ を $k$ を用いて表せ。

(2) $C_1$，$C_2$ で囲まれた図形の面積が 10 であるとき，$k$ の値を求めよ。〔工学院大〕

基本 177

**指針** (1) **共有点 ⟺ 実数解**　曲線 $C_1$，$C_2$ の方程式を連立して $\sin x$ を $k$ で表す。

(2) 2 曲線 $C_1$，$C_2$ で囲まれた図形の面積 $S$ を $k$ で表して，$k$ についての方程式 $S=10$ を解く。ただし，$S$ は $\alpha$ と $\beta$ を用いて表されるが，$\alpha$，$\beta$ は直接 $\alpha=$($k$ の式)，$\beta=$($k$ の式) の形に表すことはできない。そこで，(1) の結果である $\sin\alpha$，$\sin\beta$ を $k$ の式で表したものを利用する。⟵ **(1) は (2) のヒント**

**解答**

(1) $C_1$，$C_2$ の 2 交点の $x$ 座標は，方程式 $k\sin x=\cos x$ …… ① の解である。

① から　$k^2\sin^2 x=\cos^2 x$　　よって　$k^2\sin^2 x=1-\sin^2 x$

ゆえに　$\sin^2 x=\dfrac{1}{k^2+1}$　　したがって　$\sin x=\pm\dfrac{1}{\sqrt{k^2+1}}$

右の図から明らかに　$\sin\alpha>0$，$\sin\beta<0$

したがって

$$\boldsymbol{\sin\alpha=\frac{1}{\sqrt{k^2+1}},\ \sin\beta=-\frac{1}{\sqrt{k^2+1}}}$$



(2) $C_1$，$C_2$ で囲まれた図形の面積を $S$ とすると

$$S=\int_\alpha^\beta (k\sin x-\cos x)dx$$
$$=\Big[-k\cos x-\sin x\Big]_\alpha^\beta$$
$$=k(\cos\alpha-\cos\beta)+\sin\alpha-\sin\beta$$

$\alpha$，$\beta$ は ① の解であるから

$$\cos\alpha=k\sin\alpha,\ \cos\beta=k\sin\beta$$

よって　$S=k(k\sin\alpha-k\sin\beta)+(\sin\alpha-\sin\beta)$

$$=(k^2+1)(\sin\alpha-\sin\beta)$$
$$=(k^2+1)\left(\frac{1}{\sqrt{k^2+1}}+\frac{1}{\sqrt{k^2+1}}\right)$$
$$=2\sqrt{k^2+1}$$

◀$S$ を $k$ の式で表す。

$S=10$ から　$\sqrt{k^2+1}=5$　　ゆえに　$k^2=24$

◀$\sqrt{k^2+1}=5$ の両辺を平方。

$k>0$ であるから　　$\boldsymbol{k=2\sqrt{6}}$

**練習 ③185** $0\leqq x\leqq\dfrac{\pi}{2}$ の範囲で，2 曲線 $y=\tan x$，$y=a\sin 2x$ と $x$ 軸で囲まれた図形の面積が 1 となるように，正の実数 $a$ の値を定めよ。〔群馬大〕

## 重要例題 186 面積の 2 等分

曲線 $y=\cos x\left(-\frac{\pi}{2}\leqq x\leqq\frac{\pi}{2}\right)$ と $x$ 軸で囲まれる図形を $E$ とする。曲線上の点 $(t,\ \cos t)$ を通る傾きが 1 の直線 $\ell$ で $E$ を分割する。こうして得られた 2 つの図形の面積が等しくなるとき，$\cos t$ の値を求めよ。

〔電通大〕 基本 177

**指針** 図形 $E$ のうち直線 $\ell$ より上の部分の面積を $S_1$，下の部分の面積を $S_2$ とすると，問題の条件は $S_1=S_2$ である（解答の図参照）。しかし，ここでは計算をらくにするために，図形 $E$ の面積を $S\ (=S_1+S_2)$ として，条件 $S_1=S_2$ を，$2S_1=S$ または $2S_2=S$ と考えるとよい。

**CHART** 面積の等分　$S_1=S_2$ か $S=2S_1=2S_2$　計算はらくに

**解答**

直線 $\ell$ が図形 $E$ を分割するから　$-\frac{\pi}{2}<t<\frac{\pi}{2}$

図形 $E$ の面積 $S$ は　$S=\int_{-\frac{\pi}{2}}^{\frac{\pi}{2}}\cos x\,dx=2\int_0^{\frac{\pi}{2}}\cos x\,dx=2$

直線 $\ell$ の方程式は　$y-\cos t=1\cdot(x-t)$

すなわち　$y=x-t+\cos t$ ……①

直線 $\ell$ が図形 $E$ を分割するとき，直線 $\ell$ より上の部分の面積を $S_1$，下の部分の面積を $S_2$ とする。

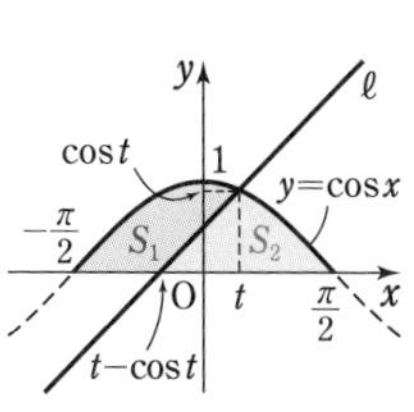


直線 $\ell$ と $x$ 軸の交点の $x$ 座標は，① で $y=0$ とすると，$x=t-\cos t$ であるから

$$S_2=\frac{1}{2}\{t-(t-\cos t)\}\cos t+\int_t^{\frac{\pi}{2}}\cos x\,dx$$

$$=\frac{1}{2}\cos^2 t+\Big[\sin x\Big]_t^{\frac{\pi}{2}}=\frac{1}{2}\cos^2 t+1-\sin t$$

◀ $2S_2=S$ として考える。$2S_1=S$ とするときは，$S_1=\int_{-\frac{\pi}{2}}^{t}\cos x\,dx-\frac{1}{2}\{t-(t-\cos t)\}\cos t$ を用いる。

求める条件は　$2S_2=S$

ゆえに　$\cos^2 t+2-2\sin t=2$

すなわち　$\cos^2 t=2\sin t$ ……②

$\cos^2 t=1-\sin^2 t$ を用いて整理すると

$$\sin^2 t+2\sin t-1=0$$

これを解いて　$\sin t=-1\pm\sqrt{2}$

$|\sin t|<1$ であるから　$\sin t=-1+\sqrt{2}$　◀ $-\frac{\pi}{2}<t<\frac{\pi}{2}$

このとき，② から　$\cos^2 t=2(-1+\sqrt{2})$

$\cos t>0$ であるから　$\boldsymbol{\cos t=\sqrt{2(-1+\sqrt{2})}}$　◀ 2 重根号ははずせない。

**練習 ③186** $xy$ 平面上に 2 曲線 $C_1：y=e^x-2$ と $C_2：y=3e^{-x}$ がある。

(1) $C_1$ と $C_2$ の共有点 P の座標を求めよ。

(2) 点 P を通る直線 $\ell$ が，$C_1$，$C_2$ および $y$ 軸によって囲まれた部分の面積を 2 等分するとき，$\ell$ の方程式を求めよ。

〔関西学院大〕 p.319 EX 154

## 重要例題 187 面積に関する極限 ①①①①①

曲線 $C: y=e^x$ 上の点 $\mathrm{P}(t,\ e^t)$ $(t>1)$ における接線を $\ell$ とする。$C$ と $y$ 軸の共有点を A，$\ell$ と $x$ 軸の交点を Q とする。原点を O とし，△AOQ の面積を $S(t)$ とする。Q を通り $y$ 軸に平行な直線，$y$ 軸，$C$ および $\ell$ で囲まれた図形の面積を $T(t)$ とする。

(1) $S(t)$，$T(t)$ を $t$ で表せ。　(2) $\displaystyle\lim_{t\to1+0}\frac{T(t)}{S(t)}$ を求めよ。　〔類 東京電機大〕

基本 81，177

**指針** まず，**グラフをかいて**，**積分区間** や $C$ と $\ell$ の **位置関係** を確認する。$t>1$ に注意。

(1) $\mathrm{A}(0,\ 1)$ である。また，$\ell$ の方程式は　$y-e^t=e^t(x-t)$　⟵ $(e^x)'=e^x$
この方程式において，$y=0$ とすれば，点 Q の $x$ 座標がわかる。

(2) まず，$\dfrac{T(t)}{S(t)}$ を求める。そして，極限値を求める際は $\displaystyle\lim_{x\to0}\frac{e^x-1}{x}=1$ （$p.121$ 参照）を利用する。

**解答**

(1) 点 A の座標は　(0, 1)

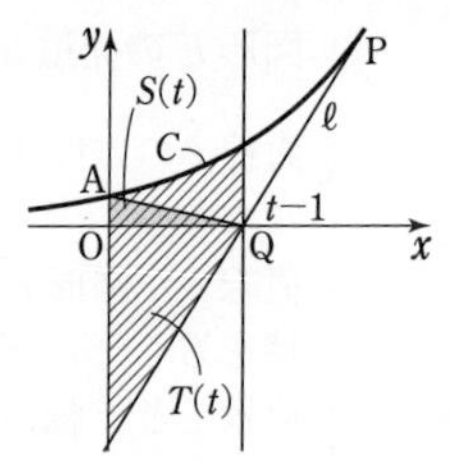


$y=e^x$ より $y'=e^x$ であるから，接線 $\ell$ の方程式は

$$y-e^t=e^t(x-t)$$

すなわち　$y=e^tx+(1-t)e^t$ …… ①

① において，$y=0$ とすると　$0=\{x+(1-t)\}e^t$

よって　$x=t-1$

ゆえに，点 Q の座標は　$(t-1,\ 0)$　◀ $t-1>0$

したがって　$\boldsymbol{S(t)}=\dfrac{1}{2}\cdot(t-1)\cdot1=\boldsymbol{\dfrac{t-1}{2}}$

また　$\boldsymbol{T(t)}=\displaystyle\int_0^{t-1}[e^x-\{e^tx+(1-t)e^t\}]dx$

$$=\left[e^x-\frac{e^t}{2}x^2+(t-1)e^tx\right]_0^{t-1}=\boldsymbol{\frac{e^t}{2}(t-1)^2+e^{t-1}-1}$$

◀ 積分区間において $C$ は常に $\ell$ より上にある。

(2) $\dfrac{T(t)}{S(t)}=\dfrac{2}{t-1}\left\{\dfrac{e^t}{2}(t-1)^2+e^{t-1}-1\right\}=e^t(t-1)+\dfrac{2(e^{t-1}-1)}{t-1}$

ここで，$t-1=s$ とおくと，$t\longrightarrow1+0$ のとき　$s\longrightarrow+0$

よって　$\displaystyle\lim_{t\to1+0}\frac{e^{t-1}-1}{t-1}=\lim_{s\to+0}\frac{e^s-1}{s}=1$　◀ $\displaystyle\lim_{x\to0}\frac{e^x-1}{x}=1$

ゆえに　$\displaystyle\lim_{t\to1+0}\frac{T(t)}{S(t)}=0+2\cdot1=\boldsymbol{2}$　◀ $\displaystyle\lim_{t\to1}e^t(t-1)=e\cdot0=0$

**練習 ③187** $g(x)=\sin^3x$ とし，$0<\theta<\pi$ とする。$x$ の 2 次関数 $y=h(x)$ のグラフは原点を頂点とし，$h(\theta)=g(\theta)$ を満たすとする。このとき，曲線 $y=g(x)$ $(0\leqq x\leqq\theta)$ と直線 $x=\theta$ および $x$ 軸で囲まれた図形の面積を $G(\theta)$ とする。また，曲線 $y=h(x)$ と直線 $x=\theta$ および $x$ 軸で囲まれた図形の面積を $H(\theta)$ とする。　〔類 大阪府大〕

(1) $G(\theta)$，$H(\theta)$ を求めよ。　(2) $\displaystyle\lim_{\theta\to+0}\frac{G(\theta)}{H(\theta)}$ を求めよ。

p.319 EX 155

## 重要例題 188　面積の最小値（微分法利用）

$y=\sin x$ $(0\leqq x\leqq\pi)$ で表される曲線を $C$ とする。

(1)　曲線 $C$ 上の点 $\mathrm{P}(a,\ b)$ における接線 $\ell$ の方程式を求めよ。

(2)　$0<a<\pi$ とするとき，曲線 $C$ と接線 $\ell$ および直線 $x=\pi$ と $y$ 軸で囲まれる部分の面積 $S(a)$ (2 部分の和) を求めよ。

(3)　面積 $S(a)$ の最小値とそのときの $a$ の値を求めよ。〔島根大〕

基本 81，103，177

(1)　接線の傾き＝微分係数　$b=\sin a$ であるから，接線 $\ell$ の方程式を $a$ だけの式で表す。

(2)　接線 $\ell$ の方程式を $y=f(x)$ とすると，区間 $0\leqq x\leqq\pi$ で常に $f(x)\geqq\sin x$ であるから　$S(a)=\int_0^\pi\{f(x)-\sin x\}dx$

(3)　微分法を利用 して $S(a)$ の増減を調べ，最小値を求める。

解答

(1)　$y'=\cos x$ であるから，接線 $\ell$ の方程式は

$$y-b=(\cos a)(x-a)$$

すなわち　$y=x\cos a+b-a\cos a$

$b=\sin a$ であるから　$\boldsymbol{y=x\cos a+\sin a-a\cos a}$

◀曲線 $y=f(x)$ 上の点 $(a,\ f(a))$ における接線の方程式は

$\boldsymbol{y-f(a)=f'(a)(x-a)}$

(2)　$y=\sin x$ から　$y''=-\sin x$

$0<x<\pi$ では $y''<0$ であるから，曲線 $C$ はこの範囲で上に凸であり，接線 $\ell$ は曲線 $C$ の上側にある。

よって　
$$\begin{aligned}S(a)&=\int_0^\pi(x\cos a+\sin a-a\cos a-\sin x)dx\\&=\left[\frac{x^2}{2}\cos a+(\sin a-a\cos a)x+\cos x\right]_0^\pi\\&=\frac{\pi^2}{2}\cos a+(\sin a-a\cos a)\pi-1-1\\&=\boldsymbol{\pi\sin a+\left(\frac{\pi^2}{2}-\pi a\right)\cos a-2}\end{aligned}$$

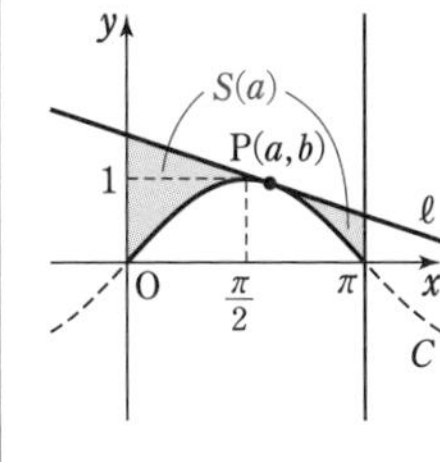


(3)　$S'(a)=\pi\cos a-\pi\cos a+\left(\frac{\pi^2}{2}-\pi a\right)(-\sin a)=\pi\left(a-\frac{\pi}{2}\right)\sin a$

$0<a<\pi$ のとき，$\sin a>0$ であるから，この範囲で $S'(a)=0$ となるのは，$a=\frac{\pi}{2}$ のときである。ゆえに，$0<a<\pi$ における増減表は右のようになる。

| $a$ | 0 | $\cdots$ | $\frac{\pi}{2}$ | $\cdots$ | $\pi$ |
|---|---|---|---|---|---|
| $S'(a)$ | | $-$ | 0 | $+$ | |
| $S(a)$ | | ↘ | 極小 | ↗ | |

よって，$S(a)$ は $\boldsymbol{a=\frac{\pi}{2}}$ **のとき最小値** $S\left(\frac{\pi}{2}\right)=\boldsymbol{\pi-2}$ をとる。

**練習 ③188**　$f(x)=e^x-x$ について，次の問いに答えよ。〔神戸大〕

(1)　$t$ は実数とする。このとき，曲線 $y=f(x)$ と 2 直線 $x=t$，$x=t-1$ および $x$ 軸で囲まれた図形の面積 $S(t)$ を求めよ。

(2)　$S(t)$ を最小にする $t$ の値とその最小値を求めよ。

p.319 EX 156, 157

6章　27 面積

## 重要例題 189 面積に関する無限級数 ⑤

曲線 $y=e^{-x}\sin x$ $(x\geqq 0)$ と $x$ 軸で囲まれた図形で，$x$ 軸の上側にある部分の面積を $y$ 軸に近い方から順に $S_0$，$S_1$，……，$S_n$，…… とするとき，$\displaystyle\lim_{n\to\infty}\sum_{k=0}^{n}S_k$ を求めよ。

重要 155，基本 176

**指針** **曲線と $x$ 軸の交点や上下関係** に注目する。$e^{-x}>0$ であるから，曲線 $y=e^{-x}\sin x$ が $x$ 軸の上側にあるかどうかは $\sin x$ の符号で決まる。
⟶ $\sin x\geqq 0$ となるのは $2n\pi\leqq x\leqq(2n+1)\pi$ $(n=0,\ 1,\ 2,\ \cdots\cdots)$ のとき。
なお，曲線 $y=e^{-x}\sin x$ の概形は解答中の図のようになるが，かき方としては
[1] 2 曲線 $y=-e^{-x}$，$y=e^{-x}$ に挟まれるようにかく。 ⟵ $-e^{-x}\leqq e^{-x}\sin x\leqq e^{-x}$ から。
[2] $x$ の値が大きくなるに従って $x$ 軸に近づくようにかく。 ⟵ $\displaystyle\lim_{x\to\infty}e^{-x}\sin x=0$ から。

**解答**

曲線 $y=e^{-x}\sin x$ $(x\geqq 0)$ と $x$ 軸の交点の $x$ 座標は，$e^{-x}\sin x=0$ から $\sin x=0$
ゆえに $x=n\pi$ $(n=0,\ 1,\ 2,\ \cdots\cdots)$
また，$y\geqq 0$ となるのは，$e^{-x}>0$ であるから，$\sin x\geqq 0$ のときである。
よって $2n\pi\leqq x\leqq(2n+1)\pi$

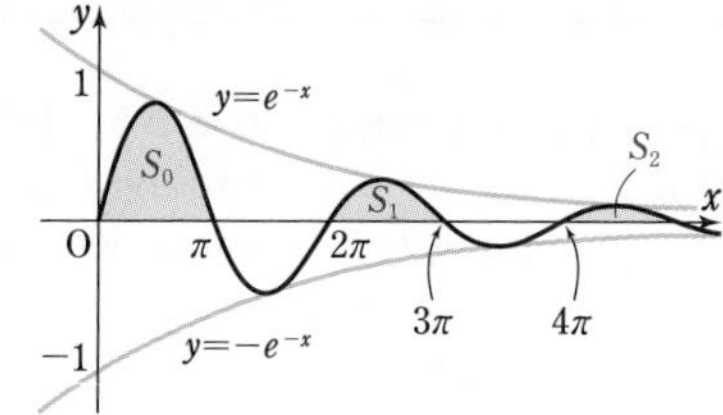


ゆえに $\displaystyle S_k=\int_{2k\pi}^{(2k+1)\pi}e^{-x}\sin x\,dx$

$$=\Big[-e^{-x}\cos x\Big]_{2k\pi}^{(2k+1)\pi}-\int_{2k\pi}^{(2k+1)\pi}e^{-x}\cos x\,dx$$

◀部分積分法。（$p.264$ の指針[2]の方針。）

$$=\Big[-e^{-x}\cos x\Big]_{2k\pi}^{(2k+1)\pi}-\left\{\Big[e^{-x}\sin x\Big]_{2k\pi}^{(2k+1)\pi}+\int_{2k\pi}^{(2k+1)\pi}e^{-x}\sin x\,dx\right\}$$

◀同形出現。

すなわち $S_k=e^{-(2k+1)\pi}+e^{-2k\pi}-S_k$

◀$\cos(2k+1)\pi=-1$，$\cos 2k\pi=1$，$\sin(2k+1)\pi=0$，$\sin 2k\pi=0$

したがって $\displaystyle S_k=\frac{1}{2}\{e^{-(2k+1)\pi}+e^{-2k\pi}\}$

よって $\displaystyle\sum_{k=0}^{n}S_k=\frac{1}{2}\left\{\sum_{k=0}^{n}e^{-(2k+1)\pi}+\sum_{k=0}^{n}e^{-2k\pi}\right\}$

$$=\frac{1}{2}\left\{\frac{e^{-\pi}\{1-e^{-2(n+1)\pi}\}}{1-e^{-2\pi}}+\frac{1-e^{-2(n+1)\pi}}{1-e^{-2\pi}}\right\}$$

◀初項 $e^{-\pi}$，公比 $e^{-2\pi}$ の等比数列と，初項 1，公比 $e^{-2\pi}$ の等比数列の和（両方とも項数は $n+1$）。

ゆえに $\displaystyle\lim_{n\to\infty}\sum_{k=0}^{n}S_k=\frac{1}{2}\cdot\frac{e^{-\pi}+1}{1-e^{-2\pi}}=\frac{1+e^{-\pi}}{2(1+e^{-\pi})(1-e^{-\pi})}$

◀$\displaystyle\lim_{n\to\infty}e^{-2(n+1)\pi}=0$

$$=\boldsymbol{\frac{1}{2(1-e^{-\pi})}}\quad\left[\frac{e^{\pi}}{2(e^{\pi}-1)}\text{ でもよい}\right]$$

**練習 ⑤189** 曲線 $y=e^{-x}$ と $y=e^{-x}|\cos x|$ で囲まれた図形のうち，$(n-1)\pi\leqq x\leqq n\pi$ を満たす部分の面積を $a_n$ とする $(n=1,\ 2,\ 3,\ \cdots\cdots)$。
(1) $a_1$，$a_n$ の値を求めよ。
(2) $\displaystyle\lim_{n\to\infty}(a_1+a_2+\cdots\cdots+a_n)$ を求めよ。 〔類 早稲田大〕

## 重要例題 190 逆関数と面積

$f(x)=\dfrac{e^x-1}{e-1}$ とする。

(1) 方程式 $f(x)=x$ の解は，$x=0$，1 のみであることを示せ。

(2) 関数 $y=f(x)$ のグラフとその逆関数のグラフで囲まれた部分の面積を求めよ。

〔類 大阪府大〕 基本 10，177

**指針** (1) $g(x)=f(x)-x$ とおいて $g'(x)$ を計算し，$g(x)$ の増減を調べる。

(2) 逆関数 $f^{-1}(x)$ を求めて面積を計算してもよいが，次の性質を利用するとよい。

関数 $f(x)$ とその逆関数 $f^{-1}(x)$ について，$y=f(x)$ のグラフと $y=f^{-1}(x)$ のグラフは直線 $y=x$ に関して互いに対称である

⟶ 解答の (2) の図を参照。**対称性を利用して，$y=f(x)$ のグラフと直線 $y=x$ で囲まれた部分の面積の 2 倍として求める** と，計算がらくになる。

**解答**

(1) $g(x)=f(x)-x$ とすると

$$g'(x)=\frac{e^x}{e-1}-1=\frac{e^x-(e-1)}{e-1}$$

◀ $g(x)=\dfrac{e^x-1}{e-1}-x$

$g'(x)=0$ とすると，$e^x=e-1$ から　　$x=\log(e-1)$

$g(x)$ の増減表は右のようになる。

| $x$ | $\cdots$ | $\log(e-1)$ | $\cdots$ |
|---|---|---|---|
| $g'(x)$ | $-$ | 0 | $+$ |
| $g(x)$ | ↘ | 極小 | ↗ |

ここで　　$g(0)=g(1)=0$

また，$1<e-1<e$ から

$$0<\log(e-1)<1$$

よって，方程式 $g(x)=0$ すなわち $f(x)=x$ の解は $x=0$，1 のみである。

◀極小値 $g(\log(e-1))<0$

(2) $y=f(x)$ のグラフと $y=f^{-1}(x)$ のグラフは，直線 $y=x$ に関して対称であるから，(1) の結果も考慮すると，これらのグラフの概形は右の図のようになる。

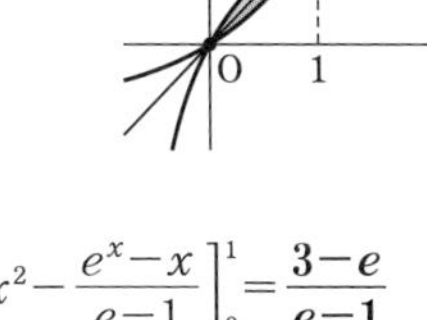

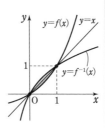

◀ $y=f(x)$ のグラフは下に凸で，(1) から，2 点 (0，0)，(1，1) を通る。また，$x\leqq 0$，$1\leqq x$ では $f(x)\geqq x$，$0\leqq x\leqq 1$ では $f(x)\leqq x$ である。これらと対称性を利用して，$y=f^{-1}(x)$ のグラフの概形をつかむ。

ゆえに，求める面積は

$$2\int_0^1\{x-f(x)\}dx$$

$$=2\int_0^1\left(x-\frac{e^x-1}{e-1}\right)dx=2\left[\frac{1}{2}x^2-\frac{e^x-x}{e-1}\right]_0^1=\boldsymbol{\frac{3-e}{e-1}}$$

**注意** 逆関数 $f^{-1}(x)$ を具体的に求めると，$f^{-1}(x)=\log\{(e-1)x+1\}$ となる。

**練習 ④190** $f(x)=\sqrt{2+x}\ (x\geqq -2)$ とする。また，$f(x)$ の逆関数を $f^{-1}(x)$ とする。

(1) 2 つの曲線 $y=f(x)$，$y=f^{-1}(x)$ および直線 $y=\sqrt{2}-x$ で囲まれた図形を図示せよ。

(2) (1) で図示した図形の面積を求めよ。

6章 27 面積

## 重要例題 191 極方程式で表された曲線と面積

難易度 ④

極方程式 $r=2(1+\cos\theta)\ \left(0\leqq\theta\leqq\dfrac{\pi}{2}\right)$ で表される曲線上の点と極Oを結んだ線分が通過する領域の面積を求めよ。

基本 182，数学C p.303 参考事項

**指針** 極方程式 $r=f(\theta)$ を直交座標の方程式に変換して考える。
極座標 $(r,\ \theta)$ と直交座標 $(x,\ y)$ の変換には，関係式

$$x=r\cos\theta=f(\theta)\cos\theta,\quad y=r\sin\theta=f(\theta)\sin\theta$$

を用いて，$x$，$y$ を $\theta$ で表す。
⟶ $x$，$y$ が媒介変数 $\theta$ で表されるから，基本例題 **182** と同様に **置換積分法** を用いて計算する。

**解答**

曲線上の点をPとし，点Pの直交座標を $(x,\ y)$ とすると

$$x=r\cos\theta=2(1+\cos\theta)\cos\theta$$
$$y=r\sin\theta=2(1+\cos\theta)\sin\theta$$

◀$x$，$y$ を $\theta$ で表し，まずは曲線の概形を調べる。

$\theta=0$ のとき　$(x,\ y)=(4,\ 0)$，

$\theta=\dfrac{\pi}{2}$ のとき　$(x,\ y)=(0,\ 2)$

$0\leqq\theta\leqq\dfrac{\pi}{2}$ において　$y\geqq0$

また　$\dfrac{dx}{d\theta}=2(-\sin\theta)\cdot\cos\theta+2(1+\cos\theta)\cdot(-\sin\theta)$

$$=-2\sin\theta(1+2\cos\theta)$$

$0<\theta<\dfrac{\pi}{2}$ のとき，$\dfrac{dx}{d\theta}<0$ であるから，$\theta$ に対して $x$ は単調に減少する。
よって，求める図形の面積は，右の図の赤く塗った部分である。
$x$ と $\theta$ の対応は右のようになるから，求める面積を $S$ とすると



| $x$ | $0 \longrightarrow 4$ |
|---|---|
| $\theta$ | $\frac{\pi}{2} \longrightarrow 0$ |

注意　$y$ は $\theta=\dfrac{\pi}{3}$ において極大となるが，解答では，面積を求めるために必要な，図形の概形がわかる程度に調べればよい。

$$S=\int_0^4 y\,dx$$
$$=\int_{\frac{\pi}{2}}^0 y\frac{dx}{d\theta}d\theta$$
$$=\int_{\frac{\pi}{2}}^0 2(1+\cos\theta)\sin\theta\cdot(-2\sin\theta)(1+2\cos\theta)d\theta$$
$$=4\int_0^{\frac{\pi}{2}}(\sin^2\theta+3\sin^2\theta\cos\theta+2\sin^2\theta\cos^2\theta)d\theta$$

◀置換積分法。
$y$ も $\dfrac{dx}{d\theta}$ も $\theta$ の式で表されるから，$\theta$ での定積分にもち込む。

ここで　$\displaystyle\int_0^{\frac{\pi}{2}}\sin^2\theta\,d\theta=\int_0^{\frac{\pi}{2}}\frac{1-\cos2\theta}{2}d\theta$

$$=\frac{1}{2}\left[\theta-\frac{1}{2}\sin2\theta\right]_0^{\frac{\pi}{2}}=\frac{\pi}{4}$$

◀半角の公式。

$$\int_0^{\frac{\pi}{2}} 3\sin^2\theta\cos\theta\, d\theta = \int_0^{\frac{\pi}{2}} 3\sin^2\theta(\sin\theta)' d\theta$$

$$= \Big[\sin^3\theta\Big]_0^{\frac{\pi}{2}} = 1$$

◀$f(\sin\theta)\cos\theta$ の形。

$$\int_0^{\frac{\pi}{2}} 2\sin^2\theta\cos^2\theta\, d\theta = \frac{1}{2}\int_0^{\frac{\pi}{2}} \sin^2 2\theta\, d\theta$$

◀$2\sin\alpha\cos\alpha = \sin 2\alpha$

$$= \frac{1}{2}\int_0^{\frac{\pi}{2}} \frac{1-\cos 4\theta}{2} d\theta$$

$$= \frac{1}{4}\Big[\theta - \frac{1}{4}\sin 4\theta\Big]_0^{\frac{\pi}{2}} = \frac{\pi}{8}$$

◀$\sin^2\alpha = \dfrac{1-\cos 2\alpha}{2}$

ゆえに　$S = 4\left(\dfrac{\pi}{4} + 1 + \dfrac{\pi}{8}\right) = \boldsymbol{\dfrac{3}{2}\pi + 4}$

**参考**　極方程式 $\boldsymbol{r = a + b\cos\theta}$ で表される曲線を **リマソン** という。
特に，$a = b$ のとき，**カージオイド** という。(数学 C 第 4 章を参照。)

**極方程式で表された図形の面積**

検討 PLUS ONE

極方程式 $r = f(\theta)$ で表された曲線と，半直線 $\theta = \alpha$，$\theta = \beta$ $(0 < \beta - \alpha \leqq 2\pi)$ で囲まれた図形の面積を $S$ とする。

区間 $\alpha \leqq \theta \leqq \beta$ を $n$ 等分して $\dfrac{\beta - \alpha}{n} = \varDelta\theta$ とし，

$\theta_k = \alpha + k\varDelta\theta$，$r_k = f(\theta_k)$，$P_k(r_k,\ \theta_k)$ $(k = 0,\ 1,\ 2,\ \cdots\cdots,\ n)$ とすると，曲線 $r = f(\theta)$ と線分 $OP_k$，$OP_{k+1}$ で囲まれた図形の面積は，半径 $r_k$，中心角 $\varDelta\theta$ の扇形で近似できる。
求める面積 $S$ は，それらの和を考えて $n \longrightarrow \infty$ とすればよい。

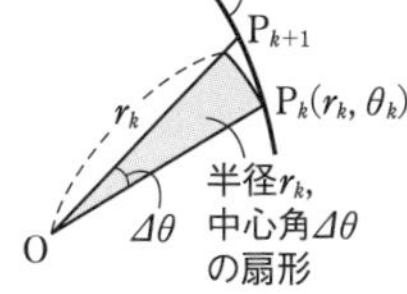


よって　$S = \lim\limits_{n\to\infty}\sum\limits_{k=0}^{n-1}\dfrac{1}{2}r_k^2\varDelta\theta = \dfrac{1}{2}\lim\limits_{n\to\infty}\sum\limits_{k=0}^{n-1}\{f(\theta_k)\}^2\varDelta\theta$

ゆえに　$\boldsymbol{S = \dfrac{1}{2}\int_\alpha^\beta r^2 d\theta = \dfrac{1}{2}\int_\alpha^\beta \{f(\theta)\}^2 d\theta}$

これを用いて例題 **191** の面積 $S$ を計算すると，次のようになる。

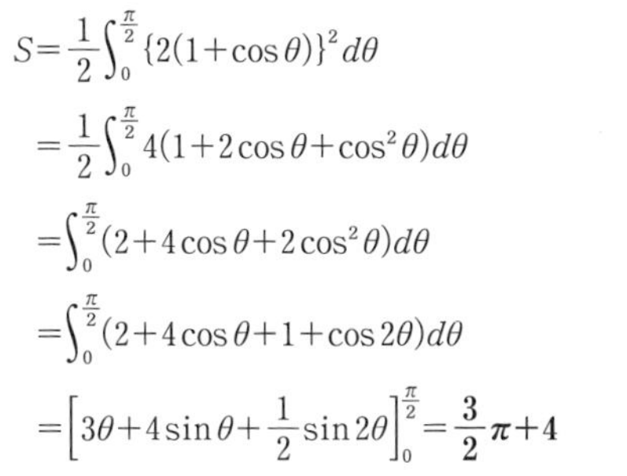

$$S = \frac{1}{2}\int_0^{\frac{\pi}{2}} \{2(1+\cos\theta)\}^2 d\theta$$

$$= \frac{1}{2}\int_0^{\frac{\pi}{2}} 4(1 + 2\cos\theta + \cos^2\theta) d\theta$$

$$= \int_0^{\frac{\pi}{2}} (2 + 4\cos\theta + 2\cos^2\theta) d\theta$$

$$= \int_0^{\frac{\pi}{2}} (2 + 4\cos\theta + 1 + \cos 2\theta) d\theta$$

◀$\cos^2\theta = \dfrac{1+\cos 2\theta}{2}$

$$= \Big[3\theta + 4\sin\theta + \frac{1}{2}\sin 2\theta\Big]_0^{\frac{\pi}{2}} = \boldsymbol{\frac{3}{2}\pi + 4}$$

練習 ④ **191**　極方程式 $r = 1 + 2\cos\theta$ $\left(0 \leqq \theta \leqq \dfrac{\pi}{2}\right)$ で表される曲線上の点と極 O を結んだ線分が通過する領域の面積を求めよ。

## EXERCISES



②**149** 次の曲線または直線で囲まれた部分の面積 $S$ を求めよ。ただし，(2)の $a$ は $0<a<1$ を満たす定数とする。

(1) $y=\sqrt[3]{x^2}$，$y=|x|$　　(2) $y=\left|\dfrac{x}{x+1}\right|$，$y=a$　　〔(2) 早稲田大〕

→177, 178

③**150** (1) 関数 $f(x)=xe^{-2x}$ の極値と曲線 $y=f(x)$ の変曲点の座標を求めよ。

(2) 曲線 $y=f(x)$ 上の変曲点における接線，曲線 $y=f(x)$ および直線 $x=3$ で囲まれた部分の面積を求めよ。　〔日本女子大〕

→179

③**151** 方程式 $y^2=x^6(1-x^2)$ が表す図形で囲まれた部分の面積を求めよ。　〔大分大〕

→181

③**152** 方程式 $x^2-xy+y^2=3$ の表す座標平面上の曲線で囲まれた図形を $D$ とする。

(1) この方程式を $y$ について解くと，$y=\dfrac{1}{2}\{x\pm\sqrt{3(4-x^2)}\}$ となることを示せ。

(2) $\sqrt{3}\leqq x\leqq 2$ を満たす実数 $x$ に対し，$f(x)=\dfrac{1}{2}\{x-\sqrt{3(4-x^2)}\}$ とする。$f(x)$ の最大値と最小値を求めよ。また，そのときの $x$ の値を求めよ。

(3) $0\leqq x\leqq 2$ を満たす実数 $x$ に対し，$g(x)=\dfrac{1}{2}\{x+\sqrt{3(4-x^2)}\}$ とする。$g(x)$ の最大値と最小値を求めよ。また，そのときの $x$ の値を求めよ。

(4) 図形 $D$ の $x\geqq 0$，$y\geqq 0$ の部分の面積を求めよ。　〔類 東京都立大〕

→181

③**153** サイクロイド $x=\theta-\sin\theta$，$y=1-\cos\theta$ $(0\leqq\theta\leqq 2\pi)$ を $C$ とするとき

(1) $C$ 上の点 $\left(\dfrac{\pi}{2}-1,\ 1\right)$ における接線 $\ell$ の方程式を求めよ。

(2) 接線 $\ell$ と $y$ 軸および $C$ で囲まれた部分の面積を求めよ。

→182

149 グラフをかいて，上下関係や積分区間をつかむ。
(1) 対称性が利用できる。　(2) $y$ について積分した方がらく。

150 (2) グラフをかいて曲線 $y=f(x)$ と接線の上下関係をつかむとよい。

151 対称性を利用する。求める面積は，曲線 $y=x^3\sqrt{1-x^2}$ $(x\geqq 0,\ y\geqq 0)$ と $x$ 軸で囲まれた部分の面積の 4 倍。

152 (2), (3) 微分法を利用して，$f(x)$，$g(x)$ の増減を調べる。
(4) 定積分の計算は，四分円や扇形の面積を利用するとよい。

153 (2) 置換積分法を利用。2 つの図形の面積の差として求める。

# EXERCISES



③**154** $k$ を正の数とする。2 つの曲線 $C_1 : y=k\cos x$, $C_2 : y=\sin x$ を考える。$C_1$ と $C_2$ は $0 \leqq x \leqq 2\pi$ の範囲に交点が 2 つあり，それらの $x$ 座標をそれぞれ $\alpha$, $\beta$ $(\alpha<\beta)$ とする。区間 $\alpha \leqq x \leqq \beta$ において，2 つの曲線 $C_1$, $C_2$ で囲まれた図形を $D$ とし，その面積を $S$ とする。更に $D$ のうち，$y \geqq 0$ の部分の面積を $S_1$, $y \leqq 0$ の部分の面積を $S_2$ とする。

(1) $\cos\alpha$, $\sin\alpha$, $\cos\beta$, $\sin\beta$ をそれぞれ $k$ を用いて表せ。

(2) $S$ を $k$ を用いて表せ。

(3) $3S_1=S_2$ となるように $k$ の値を定めよ。〔類 茨城大〕

→185, 186

③**155** $t$ を正の実数とする。$xy$ 平面において，連立不等式

$$x \geqq 0,\ y \geqq 0,\ xy \leqq 1,\ x+y \leqq t$$

の表す領域の面積を $S(t)$ とする。極限 $\lim_{t \to \infty}\{S(t)-2\log t\}$ を求めよ。

〔大阪大 改題〕 →187

③**156** 2 曲線 $C_1 : y=ae^x$, $C_2 : y=e^{-x}$ を考える。定数 $a$ が $1 \leqq a \leqq 4$ の範囲で変化するとき，$C_1$, $C_2$ および $y$ 軸で囲まれる部分を $D_1$ とし，$C_1$, $C_2$ および直線 $x=\log\frac{1}{2}$ で囲まれる部分を $D_2$ とする。

(1) $D_1$ の面積が 1 となるとき，$a$ の値を求めよ。

(2) $D_1$ の面積と $D_2$ の面積の和の最小値とそのときの $a$ の値を求めよ。

→185, 188

③**157** $t$ を正の実数とする。$f(x)$ を $x$ の 2 次関数とする。$xy$ 平面上の曲線 $C_1 : y=e^{|x|}$ と曲線 $C_2 : y=f(x)$ が，点 $\mathrm{P_1}(-t,\ e^t)$ で直交し，かつ点 $\mathrm{P_2}(t,\ e^t)$ でも直交している。ただし，2 曲線 $C_1$ と $C_2$ が点 P で直交するとは，P が $C_1$ と $C_2$ の共有点であり，$C_1$ と $C_2$ は P においてそれぞれ接線をもち，$C_1$ の P における接線と $C_2$ の P における接線が垂直であることである。

(1) $f(x)$ を求めよ。

(2) 線分 $\mathrm{P_1P_2}$ と曲線 $C_2$ とで囲まれた図形の面積を $S$ とする。$S$ を $t$ を用いて表せ。また，$t$ が $t>0$ の範囲を動くときの $S$ の最大値を求めよ。〔京都工繊大〕

→188

154 (1) $C_1$ と $C_2$ の交点の $x$ 座標 $\alpha$, $\beta$ は，方程式 $k\cos x=\sin x$ の解であり，これを三角関数の合成を利用して解く。

155 曲線 $xy=1$ と直線 $x+y=t$ の共有点の $x$ 座標を $\alpha$, $\beta$ $(\alpha<\beta)$ として $S(t)$ を求めるとよい。

156 (2) 面積の和は $\sqrt{a}$ の **2 次式 ⟶ 基本形に直す**。

157 (1) 曲線 $C_2$ は $y$ 軸に関して対称な 2 点 $\mathrm{P_1}$, $\mathrm{P_2}$ を通るから，$f(x)=ax^2+b$ ($a$, $b$ は実数，$a \neq 0$) と表される。

# 28 体 積

## 基本事項

**1 定積分と体積** $x$ 軸に垂直で，$x$ 軸との交点の座標が $a$，$b$ である平面をそれぞれ $\alpha$，$\beta$ とし，ある立体の平面 $\alpha$，$\beta$ の間に挟まれた部分の体積を $V$ とする。$x$ 軸に垂直で，$x$ 軸との交点の座標が $x$ である平面 $\gamma$ による立体の切り口の面積を $S(x)$ とすると

$$V=\int_a^b S(x)dx \quad (a<b) \quad \cdots\cdots (*)$$

**2 回転体の体積（$x$ 軸の周り）** 曲線 $y=f(x)$ と $x$ 軸と2直線 $x=a$，$x=b$ で囲まれた部分を $x$ 軸の周りに1回転してできる回転体の体積 $V$ は

$$V=\pi\int_a^b \{f(x)\}^2 dx=\pi\int_a^b y^2 dx \quad (a<b)$$

**3 回転体の体積（2曲線間）** 2つの曲線 $y=f(x)$，$y=g(x)$ [$f(x)$ と $g(x)$ は同符号，すなわち $f(x)g(x)\geqq 0$] と2直線 $x=a$，$x=b$ で囲まれた部分を $x$ 軸の周りに1回転してできる回転体の体積 $V$ は

$$V=\pi\int_a^b |\{f(x)\}^2-\{g(x)\}^2| dx \quad (a<b,\ f(x)g(x)\geqq 0)$$

## 解 説

■ **定積分と体積** 2平面 $\alpha$，$\gamma$ に挟まれる立体の部分の体積を $V(x)$ とする。

$\Delta x>0$ のとき $\Delta V=V(x+\Delta x)-V(x)$ とすると，

$\Delta x$ が十分に小さいときは　$\Delta V \fallingdotseq S(x)\Delta x$

ゆえに　$\dfrac{\Delta V}{\Delta x}\fallingdotseq S(x)$ …… ①　（$\Delta x<0$ のときも ① は成立。）

$\Delta x \longrightarrow 0$ のとき，① の両辺の差は0に近づくから

$$V'(x)=\lim_{\Delta x\to 0}\frac{\Delta V}{\Delta x}=S(x)$$

よって　$\displaystyle\int_a^b S(x)dx=\Big[V(x)\Big]_a^b=V(b)-V(a)=V-0=V$

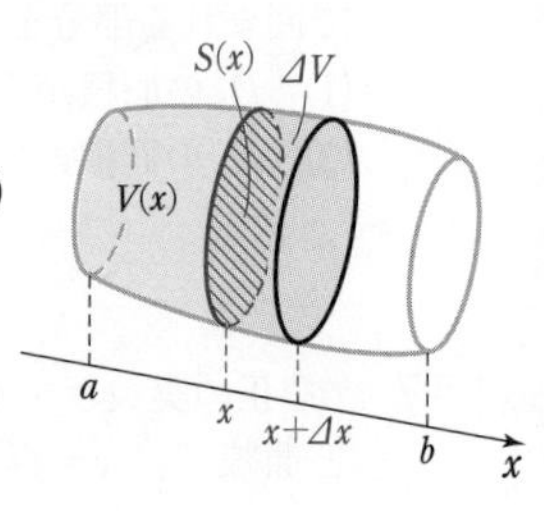


参考 （$*$）を導くのに，区分求積法を利用する方法もある。
詳しくは，解答編 $p.276$ 検討参照。

■ **回転体の体積**

曲線 $y=f(x)$ を **$x$ 軸の周りに1回転してできる回転体** の体積については，平面 $\gamma$ による立体の切り口の面積 $S(x)$ が $S(x)=\pi y^2=\pi\{f(x)\}^2$ であるから

$$V=\pi\int_a^b y^2 dx=\pi\int_a^b \{f(x)\}^2 dx$$

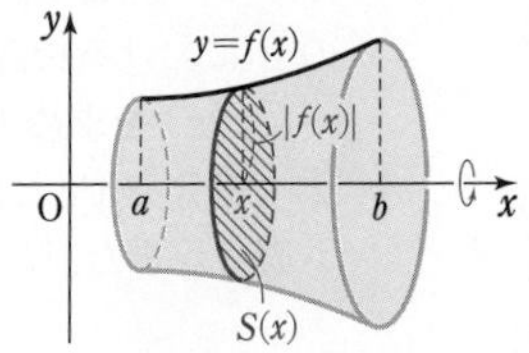


**2曲線 $y=f(x)$，$y=g(x)$ で囲まれた部分を $x$ 軸の周りに1回転してできる立体** については，

$S(x)=|\pi\{f(x)\}^2-\pi\{g(x)\}^2|$ であるから

$$V=\pi\int_a^b |\{f(x)\}^2-\{g(x)\}^2| dx$$

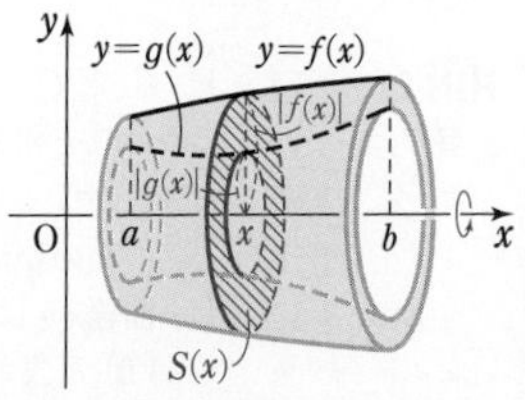

# 基本例題 192 断面積と立体の体積 (1)

2 点 P($x$, 0), Q($x$, $\sin x$) を結ぶ線分を 1 辺とする正三角形を，$x$ 軸に垂直な平面上に作る。P が $x$ 軸上を原点 O から点 ($\pi$, 0) まで動くとき，この正三角形が描く立体の体積を求めよ。

p.320 基本事項 1

**指針** 立体の体積を積分で求めるときは，以下のようにする。

1. 簡単な図をかいて，立体のようすをつかむ。
2. 立体の **断面積 $S(x)$** を求める。…… この問題の断面は正三角形。
3. **積分区間** を定め，$V=\int_a^b S(x)dx$ により，体積を求める。

**CHART** 立体の体積　断面積をつかむ

**解答**

線分 PQ を 1 辺とする正三角形の面積を $S(x)$ とすると

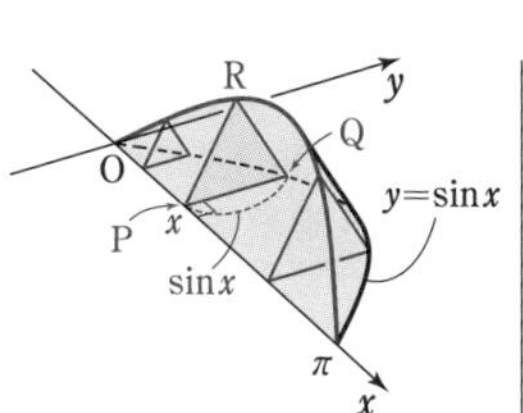


$$S(x)=\frac{\sqrt{3}}{4}\sin^2 x$$

◀1 辺の長さが $a$ の正三角形の面積は $\frac{1}{2}a^2\sin 60°=\frac{\sqrt{3}}{4}a^2$

よって，求める立体の体積 $V$ は

$$V=\int_0^{\pi} S(x)dx=\int_0^{\pi}\frac{\sqrt{3}}{4}\sin^2 x\,dx=\frac{\sqrt{3}}{8}\int_0^{\pi}(1-\cos 2x)dx=\frac{\sqrt{3}}{8}\left[x-\frac{1}{2}\sin 2x\right]_0^{\pi}=\frac{\sqrt{3}}{8}\pi$$

◀$\sin^2 x=\frac{1}{2}(1-\cos 2x)$

**検討** **積分とその記号 ∫ の意味**

積分は英語で integral といい，その動詞である integrate は「積み上げる・集める」という意味である。上の例題で $S(x)dx$ は，右の図のような薄い正三角柱の体積を表し，これを $x=0$ の部分から $x=\pi$ の部分まで積み上げる [積分記号 $\int$ は和(sum)を表している] と考えるとよい。

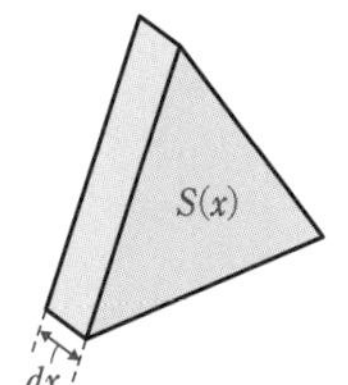


**練習 ②192** 半径 $a$ の半円の直径を AB，中心を O とする。半円周上の点 P から AB に垂線 PQ を下ろし，線分 PQ を底辺とし，高さが線分 OQ の長さに等しい二等辺三角形 PQR を半円と垂直な平面上に作り，P を $\overset{\frown}{\text{AB}}$ 上で動かす。この △PQR が描く立体の体積を求めよ。

6章 ㉘ 体積

## 基本例題 193 断面積と立体の体積 (2)

底面の半径 $a$，高さ $b$ の直円柱をその軸を含む平面で切って得られる半円柱がある。底面の半円の直径を AB，上面の半円の弧の中点を C として，3 点 A，B，C を通る平面でこの半円柱を 2 つに分けるとき，その下側の立体の体積 $V$ を求めよ。

基本 192　重要 203，204，207

**指針** 基本例題 192 と同様　**立体の体積　断面積をつかむ**

の方針で進める。

図のように座標軸をとったとき，題意の立体は図の青い部分であるが，この断面積を考えるとき，**切り方によってその切り口の図形が変わってくる。**

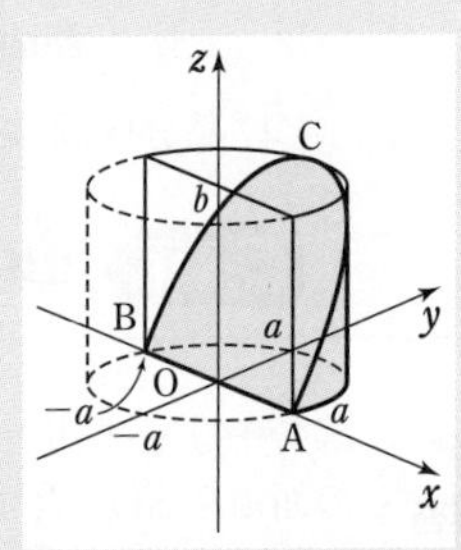


[1]　$x$ 軸に垂直な平面で切る　……　切り口は **直角三角形**

[2]　$y$ 軸に垂直な平面で切る　……　切り口は **長方形**

[3]　$z$ 軸に垂直な平面で切る（底面に平行な平面で切る）　……　切り口は **円の一部**

ここでは，[1] の方針で進める（[2]，[3] の方針は 検討 参照）。

**解答**

図のように座標軸をとり，各点を定める。$x$ 軸上の点 D$(x,\ 0)$ を通り，$x$ 軸に垂直な平面による切り口は直角三角形 DEF である。

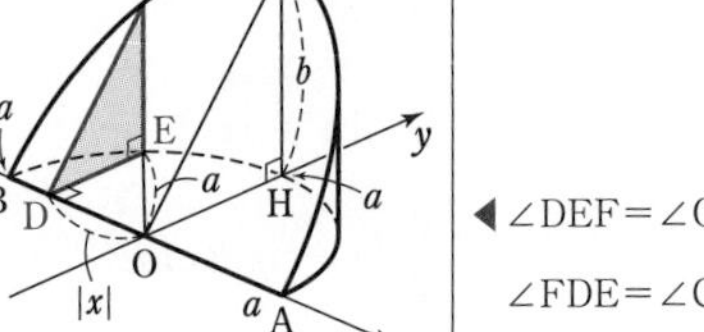


このとき，△DEF∽△OHC であり

◀ $\angle\mathrm{DEF}=\angle\mathrm{OHC}=\dfrac{\pi}{2}$，$\angle\mathrm{FDE}=\angle\mathrm{COH}$

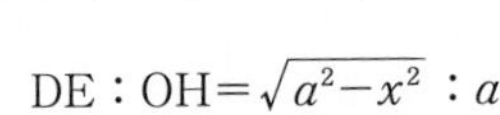

$$\mathrm{DE}:\mathrm{OH}=\sqrt{a^2-x^2}:a$$

ゆえに，切り口の面積を $S(x)$ とすると

$$S(x):\triangle\mathrm{OHC}=(\sqrt{a^2-x^2})^2:a^2$$

◀線分比が $a:b$ ⟹ 面積比は $a^2:b^2$　$\triangle\mathrm{OHC}=\dfrac{1}{2}ab$

よって　$S(x)=\dfrac{a^2-x^2}{a^2}\cdot\dfrac{ab}{2}=\dfrac{b}{2a}(a^2-x^2)$

対称性から，求める立体の体積 $V$ は

$$V=2\int_0^a S(x)dx=2\int_0^a \frac{b}{2a}(a^2-x^2)dx$$

$$=\frac{b}{a}\left[a^2x-\frac{x^3}{3}\right]_0^a=\boldsymbol{\frac{2}{3}a^2b}$$

◀ $V=\displaystyle\int_{-a}^{a}S(x)dx=2\int_0^a S(x)dx$

**検討**　**他の切り口で考えた場合**

[別解 1：$y$ 軸に垂直な平面で切った場合]

各点を図のように定める。$y$ 軸上の点 D$(0,\ y)$ を通り，$y$ 軸に垂直な平面による切り口は長方形である。

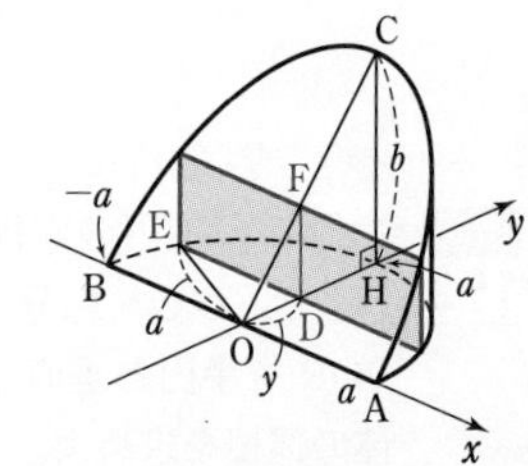


このとき　$\mathrm{DE}=\sqrt{a^2-y^2}$

また，OD：OH＝DF：HC から

$y:a=\mathrm{DF}:b$　　ゆえに　$\mathrm{DF}=\dfrac{b}{a}y$

したがって，切り口の面積 $S(y)$ は

$$S(y)=2\mathrm{DE}\cdot\mathrm{DF}=\frac{2b}{a}y\sqrt{a^2-y^2}$$

よって　　$V=\int_0^a S(y)dy=\int_0^a \frac{2b}{a}y\sqrt{a^2-y^2}\,dy$

◀積分区間は　$0\leqq y\leqq a$

$\sqrt{a^2-y^2}=t$ とおくと　　$a^2-y^2=t^2$

ゆえに，$-2ydy=2tdt$ から　　$ydy=-tdt$

$y$ と $t$ の対応は右のようになるから

| $y$ | $0 \longrightarrow a$ |
|---|---|
| $t$ | $a \longrightarrow 0$ |

$$V=\frac{2b}{a}\int_a^0 t\cdot(-t)dt=\frac{2b}{a}\left[\frac{t^3}{3}\right]_0^a=\boldsymbol{\frac{2}{3}a^2b}$$

［別解 2：底面に平行な平面で切った場合］

$xy$ 平面と垂直に $z$ 軸をとり，各点を図のように定める。

平面 $z=t$ における切り口の面積を $S(t)$ とすると，この切り口は図のような円の一部である。

図において，$\angle\mathrm{IPQ}=\theta$ とすると

$$\begin{aligned}S(t)&=(\text{扇形 PQR})-\triangle\mathrm{PQR}\\&=\frac{1}{2}a^2\cdot 2\theta-\frac{1}{2}a^2\sin 2\theta\\&=a^2(\theta-\sin\theta\cos\theta)\end{aligned}$$

また，$a\cos\theta : t=a : b$ から　　$t=b\cos\theta$

よって　　$dt=-b\sin\theta d\theta$

$t$ と $\theta$ の対応は右のようになるから，求める体積は

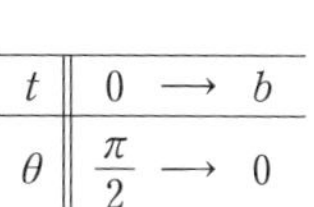

| $t$ | $0 \longrightarrow b$ |
|---|---|
| $\theta$ | $\frac{\pi}{2} \longrightarrow 0$ |

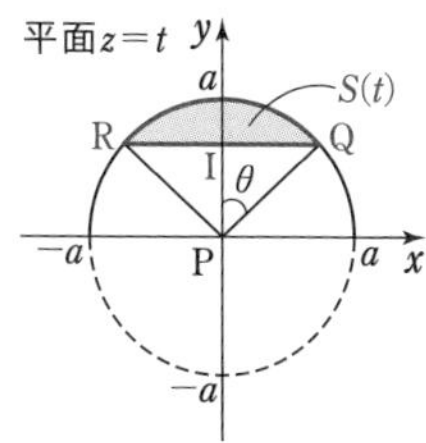


$$\begin{aligned}V&=\int_0^b S(t)dt\\&=\int_{\frac{\pi}{2}}^0 a^2(\theta-\sin\theta\cos\theta)(-b\sin\theta)d\theta\\&=a^2b\int_0^{\frac{\pi}{2}}(\theta\sin\theta-\sin^2\theta\cos\theta)d\theta\end{aligned}$$

ここで　　$\int_0^{\frac{\pi}{2}}\theta\sin\theta d\theta=\Big[-\theta\cos\theta\Big]_0^{\frac{\pi}{2}}+\int_0^{\frac{\pi}{2}}\cos\theta d\theta$

◀部分積分法。

$$=\Big[\sin\theta\Big]_0^{\frac{\pi}{2}}=1$$

$$\int_0^{\frac{\pi}{2}}\sin^2\theta\cos\theta d\theta=\left[\frac{1}{3}\sin^3\theta\right]_0^{\frac{\pi}{2}}=\frac{1}{3}$$

◀$\int_0^{\frac{\pi}{2}}\sin^2\theta(\sin\theta)'\,d\theta$

ゆえに　　$V=a^2b\left(1-\frac{1}{3}\right)=\boldsymbol{\frac{2}{3}a^2b}$

他にも平面 ABC と平行な平面で切る，$z$ 軸を含む平面で切る（放射状に切る）など，いろいろな切り方があり，その切り方によって計算方法が違ってくる。本問の場合は，断面積の求めやすさ・積分計算の手間の両方において，解答のように $x$ 軸と垂直な平面で切るのが得策である。

このように，どのような切り方をするとらくに計算できるか，見極めることが大事である。

**練習 ②193**　$xy$ 平面上の楕円 $\frac{x^2}{a^2}+\frac{y^2}{b^2}=1$ $(a>0,\ b>0)$ を底面とし，高さが十分にある直楕円柱を，$y$ 軸を含み $xy$ 平面と 45° の角をなす平面で 2 つの立体に切り分けるとき，小さい方の立体の体積を求めよ。

p.343 EX158

## 基本例題 194 $x$ 軸の周りの回転体の体積 (1)

次の曲線や座標軸で囲まれた部分を $x$ 軸の周りに1回転させてできる立体の体積 $V$ を求めよ。

(1) $y=1-\sqrt{x}$, $x$ 軸, $y$ 軸　　(2) $y=1+\cos x$ $(-\pi \leqq x \leqq \pi)$, $x$ 軸

p.320 基本事項 2, 基本 192

**指針** まず, **グラフをかき**, 積分区間を決定する。
**回転体の体積** も, 基本は **断面積の積分** であるが, 回転体を $x$ 軸に垂直な平面で切ったときの **断面は円** になることがポイント。
⟶ 断面積は $S(x)=\pi\{f(x)\}^2$ の形となり,

体積は　$\boldsymbol{V=\pi\int_a^b\{f(x)\}^2dx=\pi\int_a^b y^2dx}$　$(a<b)$

$\pi$ を忘れずに!

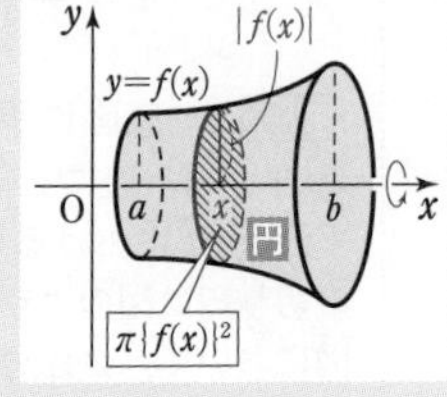


**CHART** 体積　断面積をつかむ　回転体なら 断面は円

**解答**

(1) $1-\sqrt{x}=0$ とすると　$\sqrt{x}=1$　　よって　$x=1$

ゆえに　$V=\pi\int_0^1(1-\sqrt{x})^2dx=\pi\int_0^1(1-2\sqrt{x}+x)dx$

$=\pi\left[x-\frac{4}{3}x\sqrt{x}+\frac{x^2}{2}\right]_0^1$

$=\pi\left(1-\frac{4}{3}+\frac{1}{2}\right)=\boldsymbol{\frac{\pi}{6}}$

(2) $1+\cos x=0$ とすると, $-\pi \leqq x \leqq \pi$ では　$x=\pm\pi$

よって

$V=\pi\int_{-\pi}^{\pi}(1+\cos x)^2dx=2\pi\int_0^{\pi}(1+\cos x)^2dx^{(*)}$

$=2\pi\int_0^{\pi}(1+2\cos x+\cos^2 x)dx$

$=2\pi\int_0^{\pi}\left(1+2\cos x+\frac{1+\cos 2x}{2}\right)dx$

$=2\pi\int_0^{\pi}\left(\frac{3}{2}+2\cos x+\frac{1}{2}\cos 2x\right)dx$

$=2\pi\left[\frac{3}{2}x+2\sin x+\frac{1}{4}\sin 2x\right]_0^{\pi}$

$=2\pi\cdot\frac{3}{2}\pi=\boldsymbol{3\pi^2}$

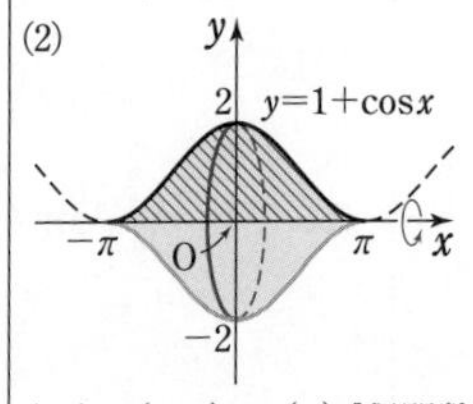


(＊) $f(-x)=f(x)$ [偶関数] のとき

$\int_{-a}^{a}f(x)dx=2\int_0^a f(x)dx$

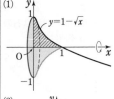

**練習 ② 194** 次の曲線や直線で囲まれた部分を $x$ 軸の周りに1回転させてできる立体の体積 $V$ を求めよ。

(1) $y=e^x$, $x=0$, $x=1$, $x$ 軸　　(2) $y=\tan x$, $x=\frac{\pi}{4}$, $x$ 軸

(3) $y=x+\frac{1}{\sqrt{x}}$, $x=1$, $x=4$, $x$ 軸

p.343 EX159

## 基本 例題 195 $x$ 軸の周りの回転体の体積 (2)

次の図形を $x$ 軸の周りに 1 回転させてできる立体の体積 $V$ を求めよ。

(1) 放物線 $y=-x^2+4x$ と直線 $y=x$ で囲まれた図形

(2) 円 $x^2+(y-2)^2=4$ の周および内部

p.320 基本事項 3，基本 194

**指針** まず，**グラフをかき**，積分区間を決定する [(1) では放物線と直線の共有点の座標を調べる]。断面積の積分 の方針で体積を求めるが，この問題では **断面積が**

$$S(x)=(\text{外側の円の面積})-(\text{内側の円の面積})$$ となることに注意。

(2) 円の方程式を $y$ について解くと $y=2\pm\sqrt{4-x^2}$

ここで，$y=2+\sqrt{4-x^2}$ は円の上半分，$y=2-\sqrt{4-x^2}$ は円の下半分を表す。

**解答**

(1) $-x^2+4x=x$ とすると，

$x(x-3)=0$ から　$x=0,\ 3$

$0\leqq x\leqq 3$ では $-x^2+4x\geqq x\geqq 0$

であるから

$$V=\pi\int_0^3\{(-x^2+4x)^2-x^2\}dx$$

$$=\pi\int_0^3(x^4-8x^3+15x^2)dx$$

$$=\pi\left[\frac{x^5}{5}-2x^4+5x^3\right]_0^3$$

$$=\pi\left(\frac{243}{5}-162+135\right)=\boldsymbol{\frac{108}{5}\pi}$$

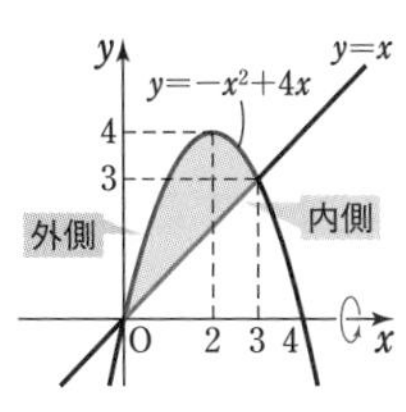


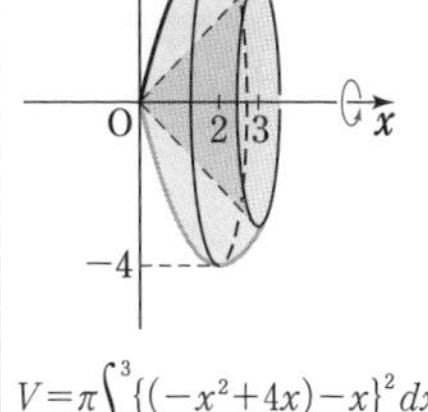


$V=\pi\int_0^3\{(-x^2+4x)-x\}^2dx$ としないように！

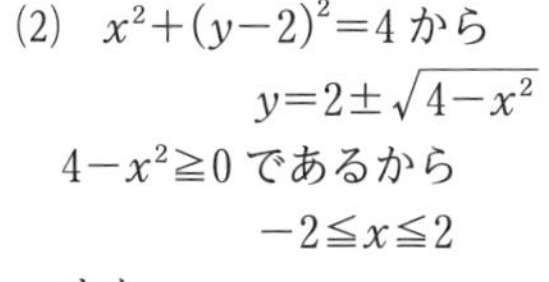

(2) $x^2+(y-2)^2=4$ から

$y=2\pm\sqrt{4-x^2}$

$4-x^2\geqq 0$ であるから

$-2\leqq x\leqq 2$

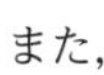

また，

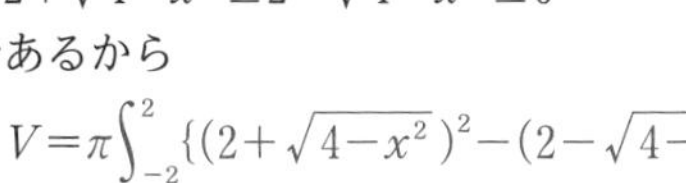

$2+\sqrt{4-x^2}\geqq 2-\sqrt{4-x^2}\geqq 0$

であるから

$$V=\pi\int_{-2}^2\{(2+\sqrt{4-x^2})^2-(2-\sqrt{4-x^2})^2\}dx$$

$$=8\pi\int_{-2}^2\sqrt{4-x^2}\,dx$$

$\int_{-2}^2\sqrt{4-x^2}\,dx$ は半径が 2 の半円の面積を表すから

$$V=8\pi\cdot\frac{\pi\cdot 2^2}{2}=\boldsymbol{16\pi^2}$$

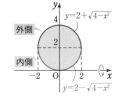

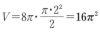

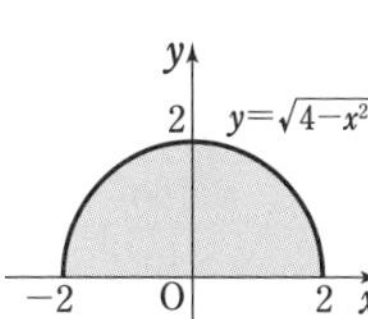


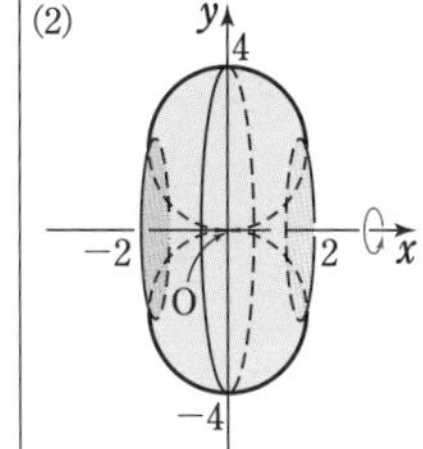


**参考** (2) の回転体の体積は，$p.331$ で紹介する **パップス-ギュルダンの定理** を用いても求められる（$p.331$ の〔**応用例**〕**1.** と同様）。

**練習 ② 195** 次の 2 曲線で囲まれた部分を $x$ 軸の周りに 1 回転させてできる立体の体積 $V$ を求めよ。

(1) $y=x^2-2,\ y=2x^2-3$　(2) $y=\sqrt{3}x^2,\ y=\sqrt{4-x^2}$

p.343 EX 160

# 基本例題 196 $x$ 軸の周りの回転体の体積 (3)

放物線 $y=x^2-2x$ と直線 $y=-x+2$ で囲まれた部分を $x$ 軸の周りに1回転させてできる立体の体積 $V$ を求めよ。

基本 195

**指針** まず，放物線 $y=x^2-2x$ と直線 $y=-x+2$ をかくと〔図1〕のようになる。ここで，放物線と直線で囲まれた部分は **$x$ 軸をまたいでおり**，これを $x$ 軸の周りに1回転してできる立体は，〔図2〕の赤色または青色の部分を $x$ 軸の周りに1回転してできる立体と同じものになる。

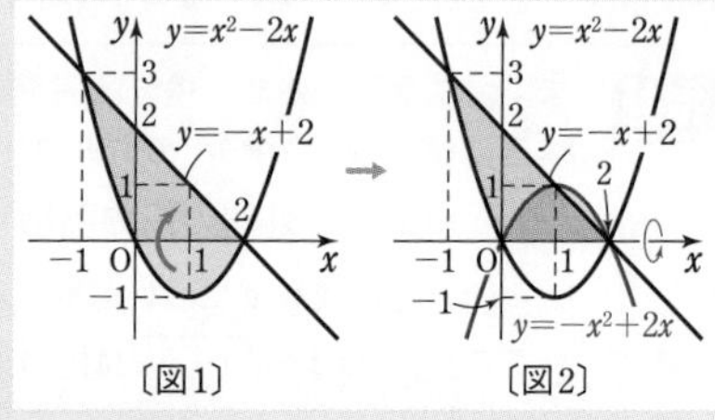


〔図1〕　〔図2〕

基本例題 **195** と異なり，この場合は $x$ 軸の下側(または上側)の部分を $x$ 軸に関して対称に折り返した図形を合わせて考える 必要があることに注意！ ……★

**CHART** 体積　回転体では，図形を回転軸の一方の側に集める

**解答**

$x^2-2x=-x+2$ とすると，$x^2-x-2=0$ から　$x=-1,\ 2$

放物線 $y=x^2-2x$ の $x$ 軸より下側の部分を，$x$ 軸に関して対称に折り返すと右図のようになり，題意の回転体の体積は，図の赤い部分を $x$ 軸の周りに1回転すると得られる。

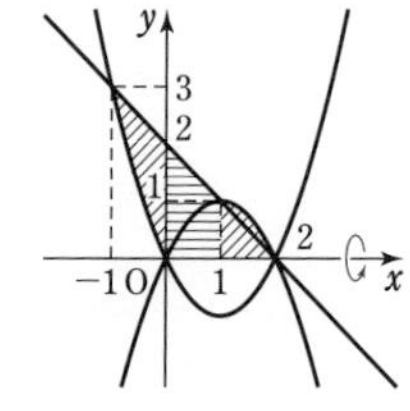

このとき，折り返してできる放物線 $y=-x^2+2x$ と直線 $y=-x+2$ の交点の $x$ 座標は，$-x^2+2x=-x+2$ を解いて

$$x=1,\ 2$$

よって，求める立体の体積 $V$ は

$$V=\pi\int_{-1}^{0}\{(-x+2)^2-(x^2-2x)^2\}dx+\pi\int_0^1(-x+2)^2dx+\pi\int_1^2(-x^2+2x)^2dx$$

$$=\pi\int_{-1}^{0}(-x^4+4x^3-3x^2-4x+4)dx+\pi\int_0^1(x-2)^2dx+\pi\int_1^2(x^4-4x^3+4x^2)dx$$

$$=\pi\left[-\frac{x^5}{5}+x^4-x^3-2x^2+4x\right]_{-1}^{0}+\pi\left[\frac{(x-2)^3}{3}\right]_0^1+\pi\left[\frac{x^5}{5}-x^4+\frac{4}{3}x^3\right]_1^2$$

$$=\frac{19}{5}\pi+\frac{7}{3}\pi+\frac{8}{15}\pi=\frac{100}{15}\pi=\boldsymbol{\frac{20}{3}\pi}$$

◀指針____……★の方針。上の図も参考にしながら，次の3つの図形に分けて体積を計算する。

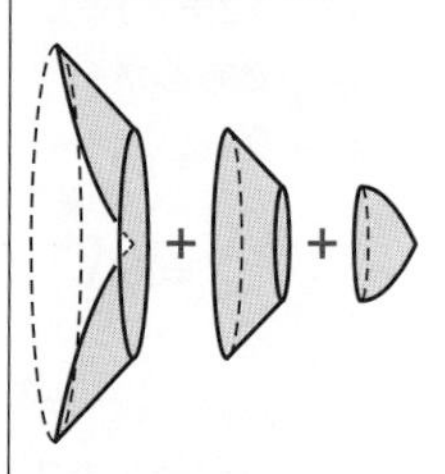

**練習 ③196** 2曲線 $y=\cos\frac{x}{2}\ (0\leqq x\leqq\pi)$ と $y=\cos x\ (0\leqq x\leqq\pi)$ を考える。

(1) 上の2曲線と直線 $x=\pi$ を描き，これらで囲まれる領域を斜線で図示せよ。

(2) (1)で示した斜線部分の領域を $x$ 軸の周りに1回転して得られる回転体の体積 $V$ を求めよ。〔岐阜大〕

p.343 EX161

## 基本 例題 197 半球形の容器を傾けたときの水の流出量 ②②②②②

水を満たした半径 $r$ の半球形の容器がある。これを静かに角 $\alpha$ だけ傾けたとき，こぼれ出た水の量を $r$，$\alpha$ で表せ。
($\alpha$ は弧度法で表された角とする。)

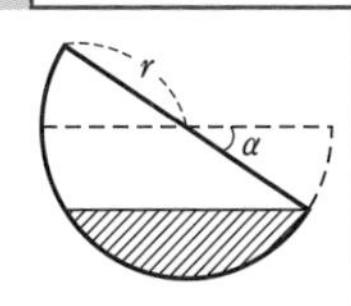


基本 194

**指針** **球やその一部の体積を求めるには，円の回転体の体積を利用** するのもよい。

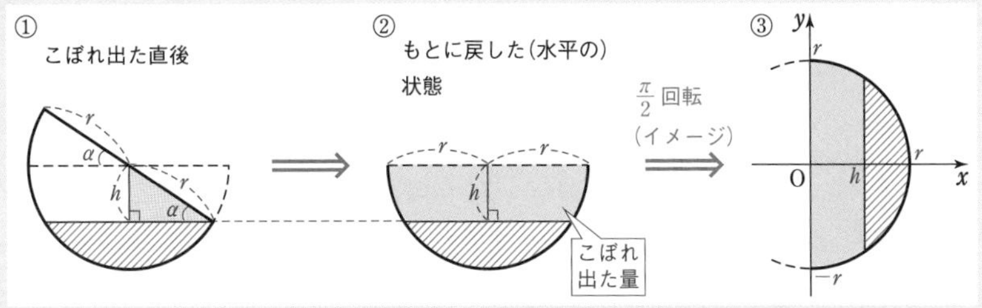


③ の図のようにして，**座標を利用する** と，求める水の量を定積分で計算できる。
└─ 計算がしやすいように $x$ 軸，$y$ 軸を定める。

また，① の図に注目すると，水面の下がった量 $h$ は $r$，$\alpha$ で表される(三角関数を利用)。

**解答**

図のように座標軸をとる。
水がこぼれ出た後，水面が $h$ だけ下がったとすると　　$h=r\sin\alpha$
流れ出た水の量は，右の図の赤い部分を $x$ 軸の周りに 1 回転させてできる回転体の体積に等しい。
その体積は

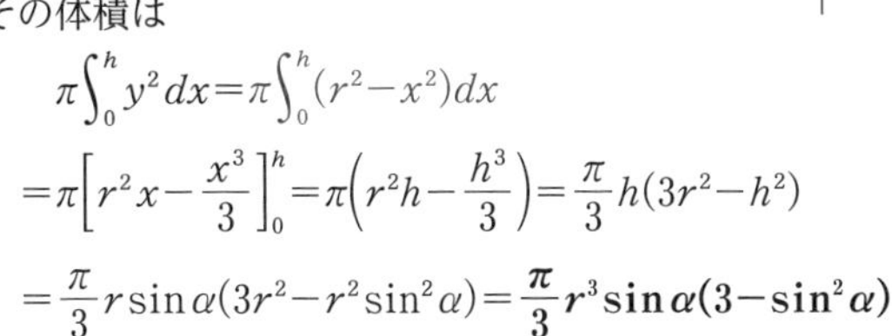


$$\pi\int_0^h y^2\,dx=\pi\int_0^h(r^2-x^2)\,dx$$

$$=\pi\left[r^2x-\frac{x^3}{3}\right]_0^h=\pi\left(r^2h-\frac{h^3}{3}\right)=\frac{\pi}{3}h(3r^2-h^2)$$

$$=\frac{\pi}{3}r\sin\alpha(3r^2-r^2\sin^2\alpha)=\boldsymbol{\frac{\pi}{3}r^3\sin\alpha(3-\sin^2\alpha)}$$

◀指針の ① の図で，黒く塗った直角三角形に注目。

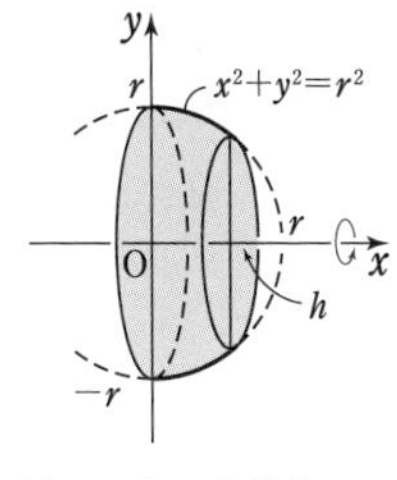


◀$h=r\sin\alpha$ を代入。

**参考** 上の例題で，残った水の量は，$\pi\int_h^r(r^2-x^2)\,dx$ を計算するか，半球の体積 $\frac{1}{2}\cdot\frac{4}{3}\pi r^3$ からこぼれ出た水の量(上で求めた)を引くと求められる。
…… $\frac{\pi}{3}r^3(\sin\alpha-1)^2(\sin\alpha+2)$ となる。

**練習 ② 197** 水を満たした半径 2 の半球形の容器がある。これを静かに角 $\alpha$ 傾けたとき，水面が $h$ だけ下がり，こぼれ出た水の量と容器に残った水の量の比が 11：5 になった。$h$ と $\alpha$ の値を求めよ。ただし，$\alpha$ は弧度法で答えよ。　〔類 筑波大〕

6章 ㉘ 体積

## 基本例題 198 $y$ 軸の周りの回転体の体積 (1)

①①①①①

次の回転体の体積 $V$ を求めよ。

(1) 楕円 $\dfrac{x^2}{9}+\dfrac{y^2}{4}=1$ を $y$ 軸の周りに 1 回転させてできる回転体

(2) 曲線 $C$ : $y=\log(x^2+1)$ $(0\leqq x\leqq 1)$ と直線 $y=\log 2$, および $y$ 軸で囲まれた部分を $y$ 軸の周りに 1 回転させてできる回転体

基本 194　重要 199

**指針** **$y$ 軸の周りの回転体の体積** は $x$ と $y$ の役割交替

$$V=\pi\int_c^d \{g(y)\}^2 dy=\pi\int_c^d x^2 dy \quad (c<d)$$

1 まず, グラフをかき, 曲線と $y$ 軸, 曲線と直線の共有点の $y$ 座標などを求めておく(積分区間を決める)。

2 曲線の式を $x=g(y)$ の形に変形する。直接 $x^2$ について解いてもよい。

3 定積分を計算して体積を求める。

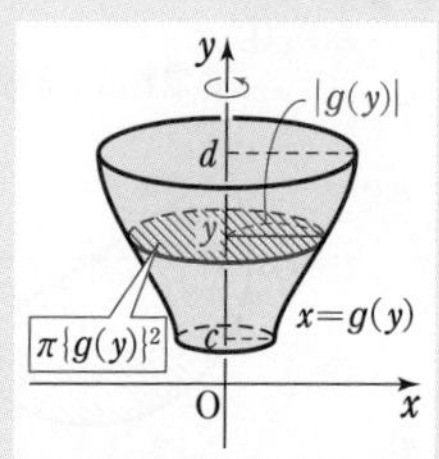


**解答**

(1) $x=0$ とすると　$y=\pm 2$

$\dfrac{x^2}{9}+\dfrac{y^2}{4}=1$ から　$x^2=9-\dfrac{9}{4}y^2$

よって　$V=\pi\displaystyle\int_{-2}^{2} x^2 dy=2\pi\int_0^2\left(9-\frac{9}{4}y^2\right)dy$

$=2\pi\left[9y-\dfrac{3}{4}y^3\right]_0^2=\mathbf{24\pi}$

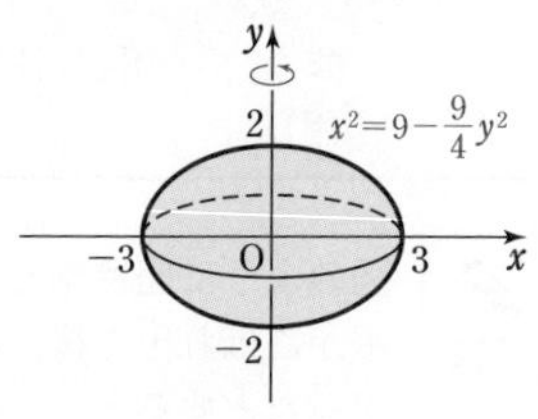


(2) $y=\log(x^2+1)$ から　$x^2+1=e^y$

すなわち　$x^2=e^y-1$

$0\leqq x\leqq 1$ では $0\leqq y\leqq \log 2$ である。

よって　$V=\pi\displaystyle\int_0^{\log 2} x^2 dy=\pi\int_0^{\log 2}(e^y-1)dy$

$=\pi\Big[e^y-y\Big]_0^{\log 2}=\pi(2-\log 2-1)$

$=\mathbf{(1-\log 2)\pi}$

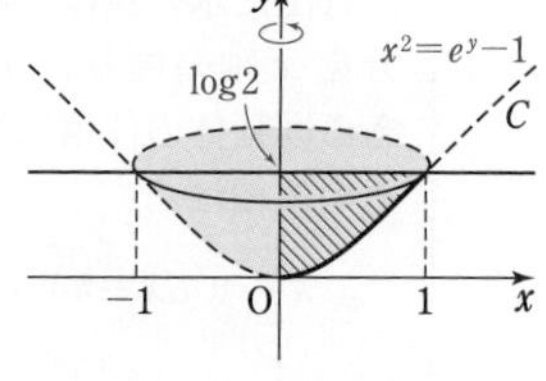


別解　$y=\log(x^2+1)$ から　$dy=\dfrac{2x}{x^2+1}dx$

$y$ と $x$ の対応は右のようになる。

| $y$ | $0 \longrightarrow \log 2$ |
|---|---|
| $x$ | $0 \longrightarrow 1$ |

よって　$V=\pi\displaystyle\int_0^{\log 2} x^2 dy=\pi\int_0^1 x^2\cdot\frac{2x}{x^2+1}dx$

$=\pi\displaystyle\int_0^1\left(2x-\frac{2x}{x^2+1}\right)dx=\pi\Big[x^2-\log(x^2+1)\Big]_0^1$

$=\mathbf{(1-\log 2)\pi}$

**練習 ② 198** 次の曲線や直線で囲まれた部分を $y$ 軸の周りに 1 回転させてできる回転体の体積 $V$ を求めよ。

(1) $y=x^2$, $y=\sqrt{x}$　　(2) $y=-x^4+2x^2$ $(x\geqq 0)$, $x$ 軸

(3) $y=\cos x$ $(0\leqq x\leqq\pi)$, $y=-1$, $y$ 軸

p.343 EX 162

## 重要例題 199 $y$ 軸の周りの回転体の体積 (2)

関数 $f(x)=\sin x$ $(0 \leqq x \leqq \pi)$ について，関数 $y=f(x)$ のグラフと $x$ 軸で囲まれた部分を $y$ 軸の周りに 1 回転させてできる立体の体積 $V$ は，$V=2\pi\int_0^{\pi} xf(x)dx$ で与えられることを示せ。また，この体積を求めよ。

基本 198

**指針** 高校数学の範囲では，$y=\sin x$ を $x$ について解くことができない。
そこで，立体の **断面積** をつかみ，**置換積分法** を利用して解く。
この立体を $y$ 軸に垂直な平面で切ったときの断面は，曲線 $y=\sin x$ の

$$\left(\frac{\pi}{2} \leqq x \leqq \pi \text{ の部分を回転させた円}\right)-\left(0 \leqq x \leqq \frac{\pi}{2} \text{ の部分を回転させた円}\right)$$

**解答**

$y=\sin x$ $(0 \leqq x \leqq \pi)$ のグラフの $0 \leqq x \leqq \dfrac{\pi}{2}$ の部分の $x$ 座標を $x_1$ とし，$\dfrac{\pi}{2} \leqq x \leqq \pi$ の部分の $x$ 座標を $x_2$ とする。

このとき，体積 $V$ は

$$V=\pi\int_0^1 x_2{}^2dy-\pi\int_0^1 x_1{}^2dy$$

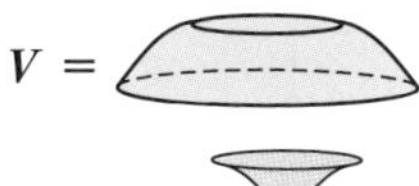


ここで，$y=\sin x$ から　　$dy=\cos x\,dx$

積分区間の対応は
　$x_1$ については [1]，
　$x_2$ については [2]
のようになる。

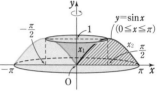

[1]

| $y$ | $0 \longrightarrow 1$ |
|---|---|
| $x$ | $0 \longrightarrow \dfrac{\pi}{2}$ |

[2]

| $y$ | $0 \longrightarrow 1$ |
|---|---|
| $x$ | $\pi \longrightarrow \dfrac{\pi}{2}$ |

よって

$$V=\pi\int_{\pi}^{\frac{\pi}{2}} x^2\cos x\,dx-\pi\int_0^{\frac{\pi}{2}} x^2\cos x\,dx=-\pi\int_0^{\pi} x^2\cos x\,dx$$

$$=-\pi\left(\Big[x^2\sin x\Big]_0^{\pi}-2\int_0^{\pi} x\sin x\,dx\right)=2\pi\int_0^{\pi} xf(x)dx$$

また　$V=2\pi\int_0^{\pi} x\sin x\,dx=2\pi\left(\Big[-x\cos x\Big]_0^{\pi}+\int_0^{\pi}\cos x\,dx\right)$

$$=2\pi\left(\pi+\Big[\sin x\Big]_0^{\pi}\right)=\boldsymbol{2\pi^2}$$

◀ $\int_{\pi}^{\frac{\pi}{2}}-\int_0^{\frac{\pi}{2}}$
$=-\left(\int_{\frac{\pi}{2}}^{\pi}+\int_0^{\frac{\pi}{2}}\right)$
$=-\int_0^{\pi}$

**検討**　**上の例題で示した関係式は，一般的に成り立つ**

一般に，区間 $[a,\ b]$ $(0 \leqq a<b)$ において $f(x) \geqq 0$ であるとき，曲線 $y=f(x)$ $(a \leqq x \leqq b)$ と $x$ 軸，および直線 $x=a$，$x=b$ で囲まれた部分を，$y$ 軸の周りに 1 回転させてできる立体の体積は，

$\boldsymbol{V=2\pi\int_a^b xf(x)dx}$ で与えられる（詳しくは，次ページ参照）。

これは右図のような，半径 $x$，高さ $f(x)$，幅 $dx$ の円筒の体積 $2\pi xf(x)dx$ を，$x=a$ から $x=b$ まで集めると考えるとよい。

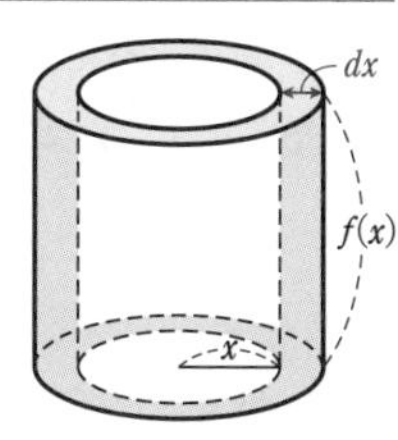


**練習 ④199**　放物線 $y=2x-x^2$ と $x$ 軸で囲まれた部分を $y$ 軸の周りに 1 回転させてできる立体の体積を求めよ。　〔東京理科大〕

# 参考事項 バウムクーヘン分割による体積の計算

$y$ 軸の周りの回転体の体積に関して，一般に次のことが成り立つ。

区間 $[a,\ b]$ $(0\leqq a<b)$ において $f(x)\geqq 0$ であるとき，曲線 $y=f(x)$，$x$ 軸，直線 $x=a$，$x=b$ で囲まれた部分を，$y$ 軸の周りに 1 回転させてできる立体の体積 $V$ は

$$V=2\pi\int_a^b xf(x)dx \quad \cdots\cdots \text{Ⓐ}$$

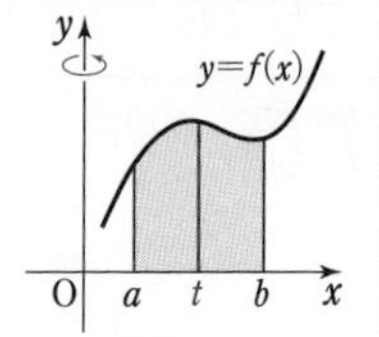


（**証明**）$a\leqq t\leqq b$ とし，曲線 $y=f(x)$ と 2 直線 $x=a$，$x=t$，$x$ 軸で囲まれた部分を，$y$ 軸の周りに 1 回転させてできる立体の体積を $V(t)$ とする。$\Delta t>0$ のとき，$\Delta V=V(t+\Delta t)-V(t)$ とすると，$\Delta t$ が十分小さいときは

$$\Delta V \fallingdotseq 2\pi t\cdot f(t)\cdot \Delta t$$ ◀右下の板状の直方体の体積。

よって $\quad \dfrac{\Delta V}{\Delta t}\fallingdotseq 2\pi tf(t)$ …… ① （$\Delta t<0$ のときも ① は成立。）

$\Delta t \longrightarrow 0$ のとき，① の両辺の差は 0 に近づくから

$$V'(t)=\lim_{\Delta t\to 0}\frac{\Delta V}{\Delta t}=2\pi tf(t)$$

よって $\quad \displaystyle\int_a^b 2\pi tf(t)dt=\Big[V(t)\Big]_a^b=V(b)-V(a)=V-0=V$

└ 円筒の側面積を積分。

ゆえに，Ⓐ が成り立つ。

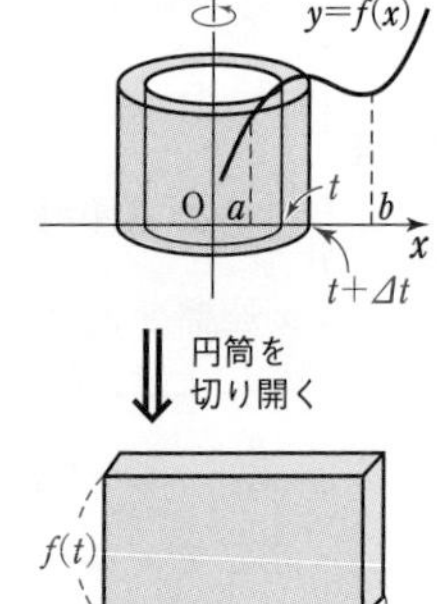


**注意** $p.328$ 基本例題 **198** で扱った公式 $\pi\int_{●}^{■} x^2 dy$ は，回転体を $y$ 軸に垂直な平面による円板で分割して積分にもち込むことで導かれる（［図 1］参照）。これに対して，上の（**証明**）では，回転体を（幅 $\Delta t$ の）円筒で分割して積分にもち込む，という考え方で公式 Ⓐ を導いている（［図 2］参照）。

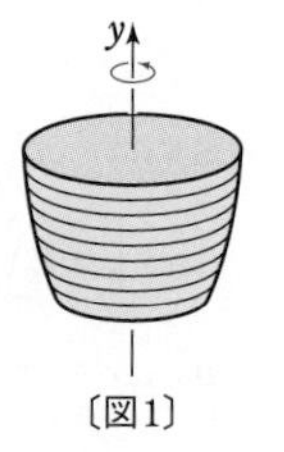

〔図1〕

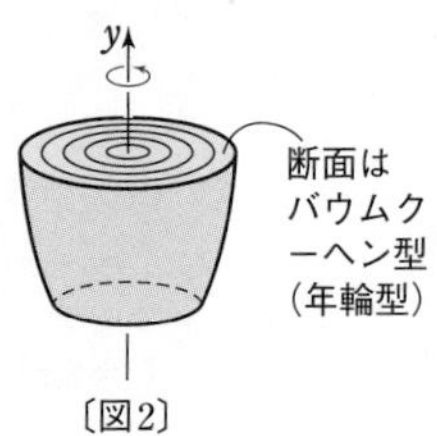

〔図2〕

例 $p.328$ 練習 **198** (2) の体積 $V$ については，公式 Ⓐ を利用すると，次のように簡単に求められる。

$$V=2\pi\int_0^{\sqrt{2}} x(-x^4+2x^2)dx=2\pi\int_0^{\sqrt{2}}(-x^5+2x^3)dx$$

$$=2\pi\left[-\frac{x^6}{6}+\frac{x^4}{2}\right]_0^{\sqrt{2}}=2\pi\left(-\frac{4}{3}+2\right)=\frac{4}{3}\pi$$

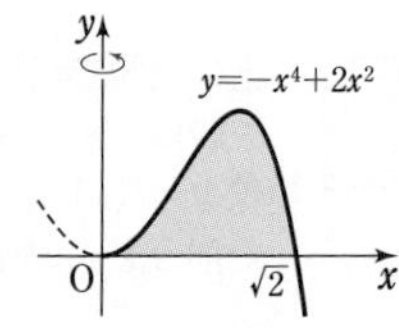


問 曲線 $y=e^x$，直線 $x=1$，$x$ 軸，$y$ 軸によって囲まれた部分を $y$ 軸の周りに 1 回転させてできる立体の体積を，公式 Ⓐ を利用して求めよ。〔類 慶応大〕

（＊） 問 の解答は $p.391$ にある。

# 参考事項 パップス-ギュルダンの定理

次のパップス-ギュルダンの定理を使うと，回転体の体積が簡単に求められる場合がある(証明は省略する)。答案には使えないが，覚えておくと **検算** に役立つことがある。

**パップス-ギュルダンの定理**

平面上に曲線で囲まれた図形 $A$ と，$A$ と交わらない直線 $\ell$ があるとき，直線 $\ell$ の周りに $A$ を 1 回転してできる回転体の体積 $V$ について，次の関係が成り立つ。

**$V$＝($A$ の重心が描く円周の長さ)×($A$ の面積)**

〔応用例〕 **1.** 円 $x^2+(y-2)^2=1$ を $x$ 軸の周りに 1 回転してできる回転体(円環体)の体積 $V$ は，定理から

$V=(2\pi\cdot2)\times(\pi\cdot1^2)$ ◀円の中心が重心。

$=\boldsymbol{4\pi^2}$

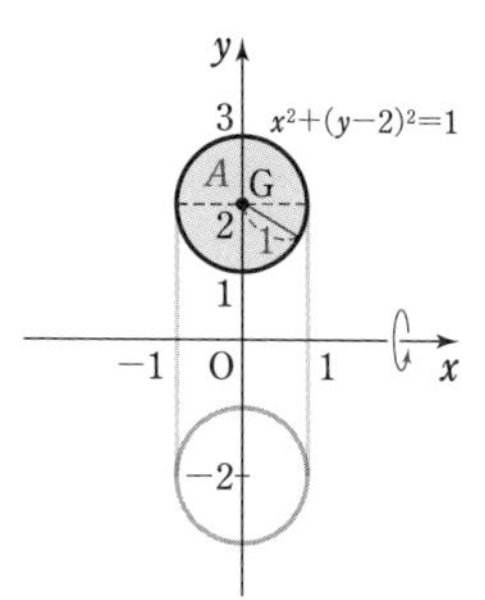


別解 定理を使わないで，体積を計算すると
[$p.325$ 基本例題 **195** (2) と同様]

$V=2\pi\int_0^1\{(2+\sqrt{1-x^2})^2-(2-\sqrt{1-x^2})^2\}dx$

$=16\pi\int_0^1\sqrt{1-x^2}\,dx$ ◀$\int_0^1\sqrt{1-x^2}\,dx$ は半径 1 の四分円の面積を表す。

$=16\pi\cdot\dfrac{1}{4}\pi\cdot1^2=\boldsymbol{4\pi^2}$

〔応用例〕 **2.** $p.329$ 重要例題 **199** について。

曲線 $y=\sin x$ $(0\leqq x\leqq\pi)$ と $x$ 軸で囲まれる図形 $A$ を $y$ 軸の周りに 1 回転してできる回転体の体積を $V$ とする。

図形 $A$ の面積 $S$ は

$S=\int_0^\pi\sin x\,dx=\Big[-\cos x\Big]_0^\pi$

$=2$

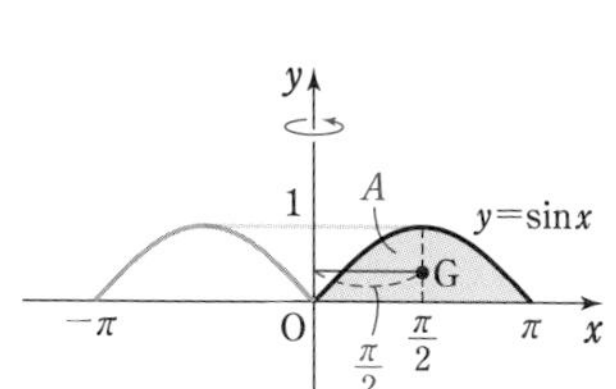


$A$ の重心 G の $x$ 座標は $x=\dfrac{\pi}{2}$ であるから

$V=\left(2\pi\cdot\dfrac{\pi}{2}\right)\times2$

$=\boldsymbol{2\pi^2}$

問 曲線 $y^2-2y+x=0$ と $y$ 軸で囲まれる図形を $x$ 軸の周りに 1 回転してできる立体の体積を求めよ。

(＊) 問 の解答は $p.391$ にある。

## 基本 例題 200 曲線の接線と回転体の体積 ⓘⓘⓘⓘⓘ

曲線 $C: y=\log x$ に原点から接線 $\ell$ を引く。曲線 $C$ と接線 $\ell$ および $x$ 軸で囲まれた図形を $D$ とするとき，次の回転体の体積を求めよ。　〔類　東京商船大〕

(1)　$D$ を $x$ 軸の周りに1回転させてできる回転体の体積 $V_x$

(2)　$D$ を $y$ 軸の周りに1回転させてできる回転体の体積 $V_y$

基本 82，194，198

**指針**　まず，接線 $\ell$ の方程式を求める必要があるが，接点の座標が不明なので，「$x=a$ における曲線 $C$ の接線が原点を通る」と考える。　← $p.144$ 基本例題 **82** 参照。

そして，2曲線で囲まれた部分の回転体の体積については，次の要領で求める。

**(外側の曲線でできる体積)−(内側の曲線でできる体積)**

なお，体積の計算では，回転体が円錐になる部分に注目するとらくになる。

**解答**

曲線 $C$ 上の点 $(a,\ \log a)$ における接線の方程式は，$y'=\dfrac{1}{x}$ であるから　$y-\log a=\dfrac{1}{a}(x-a)$

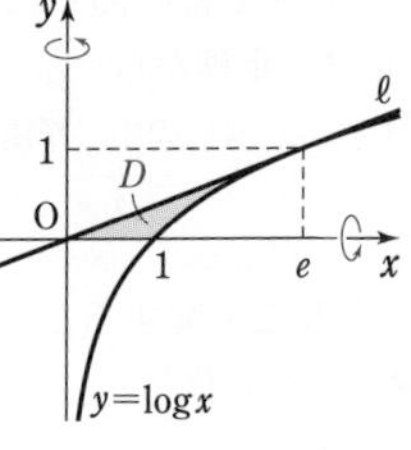


この直線が原点を通るから

$\log a=1$　　ゆえに　$a=e$

よって，接線 $\ell$ の方程式は　$y=\dfrac{x}{e}$

また，接点の座標は　$(e,\ 1)$

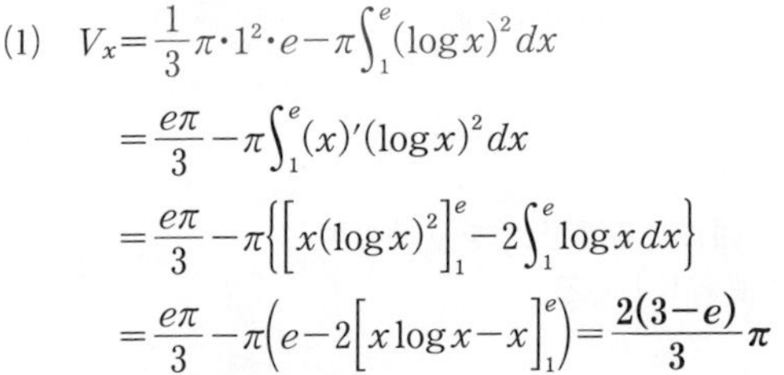

(1)　$V_x=\dfrac{1}{3}\pi\cdot1^2\cdot e-\pi\displaystyle\int_1^e(\log x)^2dx$

$=\dfrac{e\pi}{3}-\pi\displaystyle\int_1^e(x)'(\log x)^2dx$

$=\dfrac{e\pi}{3}-\pi\left\{\left[x(\log x)^2\right]_1^e-2\displaystyle\int_1^e\log x\,dx\right\}$

$=\dfrac{e\pi}{3}-\pi\left(e-2\left[x\log x-x\right]_1^e\right)=\boldsymbol{\dfrac{2(3-e)}{3}\pi}$

(2)　$y=\log x$ から　$x=e^y$

$V_y=\pi\displaystyle\int_0^1(e^y)^2dy-\dfrac{1}{3}\pi\cdot e^2\cdot1^{(*)}=\pi\left[\dfrac{e^{2y}}{2}\right]_0^1-\dfrac{e^2\pi}{3}$

$=\boldsymbol{\dfrac{(e^2-3)\pi}{6}}$

(＊)　$x=e^y$，$y=1$，$x$ 軸，$y$ 軸で囲まれた部分の回転体から，半径 $e$，高さ1の円錐をくり抜く。

◀曲線 $y=f(x)$ 上の点 $(a,\ f(a))$ における接線の方程式は
$\boldsymbol{y-f(a)=f'(a)(x-a)}$

(1)

$V_x=$ [円錐 0〜e] − [回転体 1〜e]

$V_x=\pi\displaystyle\int_0^1\left(\dfrac{x}{e}\right)^2dx+\pi\int_1^e\left\{\left(\dfrac{x}{e}\right)^2-(\log x)^2\right\}dx$

として求めてもよいが，直線 $\ell$，$x=e$，$x$ 軸で囲まれた部分の回転体は，半径1，高さ $e$ の円錐である。

よって，この円錐から $1\leqq x\leqq e$ の範囲で $C$ と $x$ 軸で囲まれた部分の回転体をくり抜くと考えた方がらく。

**練習 ③200**　$a$ を正の定数とする。曲線 $C_1: y=\log x$ と曲線 $C_2: y=ax^2$ が共有点Tで共通の接線 $\ell$ をもつとする。また，$C_1$ と $\ell$ と $x$ 軸によって囲まれる部分を $S_1$ とし，$C_2$ と $\ell$ と $x$ 軸によって囲まれる部分を $S_2$ とする。次のものを求めよ。　〔類　電通大〕

(1)　$a$ の値，および直線 $\ell$ の方程式

(2)　$S_1$ を $x$ 軸の周りに1回転させて得られる回転体の体積

(3)　$S_2$ を $y$ 軸の周りに1回転させて得られる回転体の体積

p.344 EX 163

## 基本 例題 201 媒介変数表示の曲線と回転体の体積

①①①①①

曲線 $x=\tan\theta$, $y=\cos 2\theta$ $\left(-\dfrac{\pi}{2}<\theta<\dfrac{\pi}{2}\right)$ と $x$ 軸で囲まれた部分を $x$ 軸の周りに 1 回転させてできる回転体の体積 $V$ を求めよ。 〔類 東京都立大〕 基本 182, 194

指針 曲線が $x=f(\theta)$, $y=g(\theta)$ のように媒介変数で表されている場合, 次の手順で体積を求める。

1 曲線と $x$ 軸の共有点の座標 ($y=0$ となる $\theta$ の値) を求める。
2 $\theta$ の値の変化に伴う, $x$, $y$ の値の変化を調べる。
3 体積を定積分で表して計算する。$y$ を $x$ の式で表してもよいが, 置換積分法を利用すると, 媒介変数 $\theta$ のままで計算できる。

$$V=\pi\int_a^b y^2\,dx=\pi\int_\alpha^\beta \{g(\theta)\}^2 f'(\theta)\,d\theta \qquad a=f(\alpha),\ b=f(\beta)$$

解答

$y=0$ とすると　$\cos 2\theta=0$

$-\pi<2\theta<\pi$ であるから　$2\theta=\pm\dfrac{\pi}{2}$　すなわち　$\theta=\pm\dfrac{\pi}{4}$

このとき　$x=\pm 1$ (複号同順)

$\theta$ の値に対応した $x$, $y$ の値の変化は表のようになり, 曲線と $x$ 軸で囲まれるのは $-\dfrac{\pi}{4}\leqq\theta\leqq\dfrac{\pi}{4}$ のときである。

◀ $x=\tan\theta$ は $-\dfrac{\pi}{2}<\theta<\dfrac{\pi}{2}$ で常に増加する。$y=\cos 2\theta$ は $-\dfrac{\pi}{2}<\theta\leqq 0$ で増加し, $0\leqq\theta<\dfrac{\pi}{2}$ で減少する。

| $\theta$ | $-\frac{\pi}{2}$ | $\cdots$ | $-\frac{\pi}{4}$ | $\cdots$ | $0$ | $\cdots$ | $\frac{\pi}{4}$ | $\cdots$ | $\frac{\pi}{2}$ |
|---|---|---|---|---|---|---|---|---|---|
| $x$ | | ↗ | $-1$ | ↗ | $0$ | ↗ | $1$ | ↗ | |
| $y$ | | ↗ | $0$ | ↗ | $1$ | ↘ | $0$ | ↘ | |

$x=\tan\theta$ から

$$dx=\frac{1}{\cos^2\theta}d\theta$$

| $x$ | $-1 \longrightarrow 1$ |
|---|---|
| $\theta$ | $-\frac{\pi}{4} \longrightarrow \frac{\pi}{4}$ |

よって, 求める体積は

$$V=\pi\int_{-1}^{1}y^2\,dx=\pi\int_{-\frac{\pi}{4}}^{\frac{\pi}{4}}\cos^2 2\theta\cdot\frac{1}{\cos^2\theta}d\theta$$

$$=2\pi\int_0^{\frac{\pi}{4}}(2\cos^2\theta-1)^2\cdot\frac{1}{\cos^2\theta}d\theta=2\pi\int_0^{\frac{\pi}{4}}\left(4\cos^2\theta-4+\frac{1}{\cos^2\theta}\right)d\theta$$

◀ 曲線は $y$ 軸に関して対称。

$$=2\pi\int_0^{\frac{\pi}{4}}\left(2\cos 2\theta-2+\frac{1}{\cos^2\theta}\right)d\theta=2\pi\Big[\sin 2\theta-2\theta+\tan\theta\Big]_0^{\frac{\pi}{4}}$$

◀ $\cos^2\theta=\dfrac{1+\cos 2\theta}{2}$

$$=2\pi\left(1-\frac{\pi}{2}+1\right)=\boldsymbol{\pi(4-\pi)}$$

練習 ② 201 曲線 $C$ : $x=\cos t$, $y=2\sin^3 t$ $\left(0\leqq t\leqq\dfrac{\pi}{2}\right)$ がある。

(1) 曲線 $C$ と $x$ 軸および $y$ 軸で囲まれる図形の面積を求めよ。

(2) (1) で考えた図形を $y$ 軸の周りに 1 回転させて得られる回転体の体積を求めよ。

〔大阪工大〕 p.344 EX 164

# 重要例題 202 直線 $y=x$ の周りの回転体の体積

不等式 $x^2-x \leqq y \leqq x$ で表される座標平面上の領域を，直線 $y=x$ の周りに1回転して得られる回転体の体積 $V$ を求めよ。〔学習院大〕

基本 194

これまでは $x$ 軸または $y$ 軸の周りの回転体の体積を扱ってきたが，この例題では直線 $y=x$ の周りの回転体である。
したがって，回転体の断面積や積分変数は **回転軸（直線 $y=x$）に対応して考える** ことになる。…… **体積　断面積をつかむ** の方針。
そこで，解答の上側の図のように **放物線上の点 P から直線 $y=x$ に垂線 PQ を引いて，PQ$=h$，OQ$=t$ とし，積分変数を $t$ $(0 \leqq t \leqq 2\sqrt{2})$ とした定積分** を考える。
このとき，断面は線分 PQ を半径とする円になるから，その面積は　$\pi h^2$

**解答**

$x^2-x=x$ を解くと　$x=0,\ 2$
よって，放物線 $y=x^2-x$ と直線 $y=x$ の共有点の座標は
$(0,\ 0),\ (2,\ 2)$
題意の領域は，右図の赤く塗った部分である。放物線 $y=x^2-x$ 上の点 $\mathrm{P}(x,\ x^2-x)$ $(0 \leqq x \leqq 2)$ から直線 $y=x$ に垂線 PQ を引き，
$\mathrm{PQ}=h,\ \mathrm{OQ}=t$ $(0 \leqq t \leqq 2\sqrt{2})$
とする。

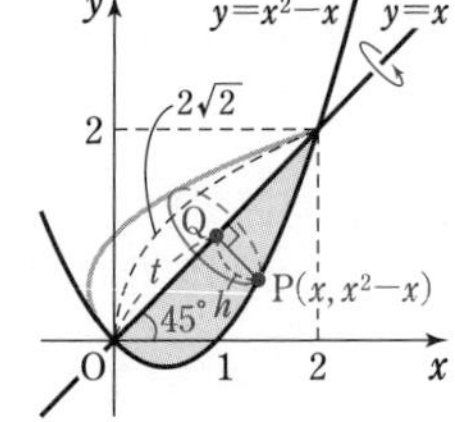


このとき

$$h=\frac{x-(x^2-x)}{\sqrt{2}}=\frac{2x-x^2}{\sqrt{2}} \quad \cdots\cdots (*)$$

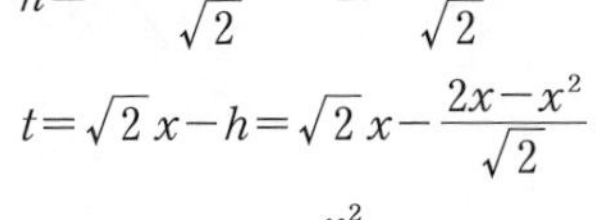

$$t=\sqrt{2}\,x-h=\sqrt{2}\,x-\frac{2x-x^2}{\sqrt{2}}$$

$$=\frac{x^2}{\sqrt{2}}$$

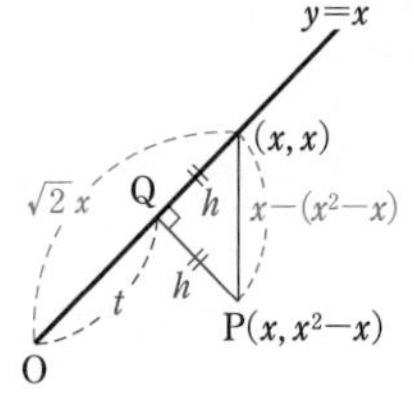


ゆえに　$dt=\sqrt{2}\,x\,dx$
$t$ と $x$ の対応は表のようになるから

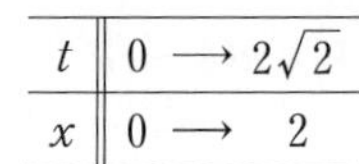

| $t$ | $0 \longrightarrow 2\sqrt{2}$ |
|---|---|
| $x$ | $0 \longrightarrow 2$ |

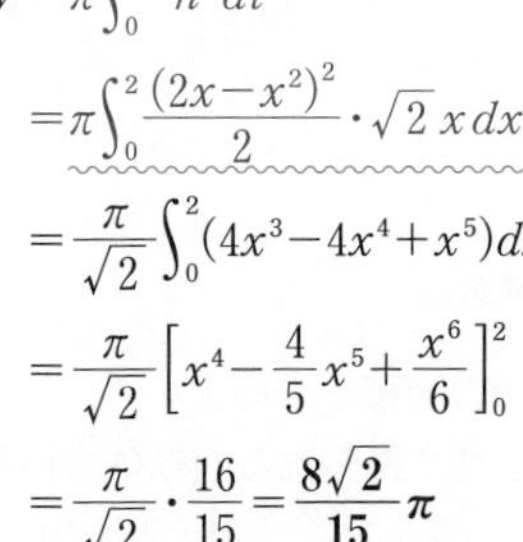

$$V=\pi\int_0^{2\sqrt{2}} h^2\,dt$$

$$=\pi\int_0^2 \frac{(2x-x^2)^2}{2}\cdot\sqrt{2}\,x\,dx$$

$$=\frac{\pi}{\sqrt{2}}\int_0^2 (4x^3-4x^4+x^5)\,dx$$

$$=\frac{\pi}{\sqrt{2}}\left[x^4-\frac{4}{5}x^5+\frac{x^6}{6}\right]_0^2$$

$$=\frac{\pi}{\sqrt{2}}\cdot\frac{16}{15}=\boldsymbol{\frac{8\sqrt{2}}{15}\pi}$$

**注意**　解答の $(*)$ の $h$ は，直線 $y=x$ と $x$ 軸の正の向きとのなす角が $45°$ であることに注目して求めた。なお，次の点と直線の距離の公式を利用してもよい。

点 $(x_0,\ y_0)$ から直線 $ax+by+c=0$ に引いた垂線の長さは
$$\frac{|ax_0+by_0+c|}{\sqrt{a^2+b^2}}$$

◀左の図を参照。

◀断面積 $\pi h^2$ を，$t$ について区間 $[0,\ 2\sqrt{2}]$ で積分する。

◀$h$，$t$ は $x$ の式になるから，体積 $V$ の計算（$t$ での定積分）を，置換積分法により $x$ での定積分にもち込む。

検討

**回転させる領域と回転軸の位置関係**

放物線 $y=x^2-x$ について，$y'=2x-1$ から，$x=0$ のとき $y'=-1$ である。よって，原点における接線 $\ell$ の傾きは $-1$ であり，接線 $\ell$ と直線 $y=x$ は垂直である。
したがって，重要例題 **202** の回転させる領域は $y>-x$ の部分にある。

では，次の問題を考えてみよう。

> **問題**　不等式 $2x^2-3x \leqq y \leqq x$ で表される座標平面上の領域を，直線 $y=x$ の周りに1回転して得られる回転体の体積 $V$ を求めよ。

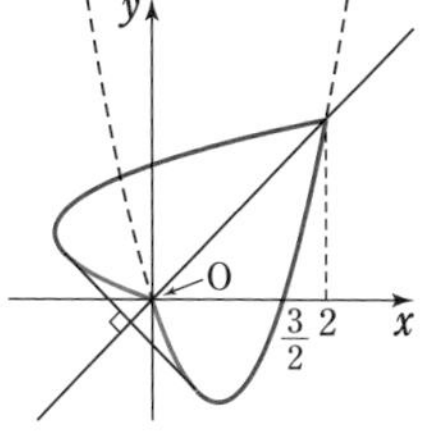


重要例題 **202** と同様に考えることができるが，この問題の放物線は右の図のようになり，青色の部分は立体の内側にくい込む形になる。
この場合の体積を，基本例題 **195** のように，外側（赤色）部分の体積から内側（青色）部分の体積を引いて求めてみよう。
$2x^2-3x=x$ を解くと　　$x=0,\ 2$
よって，放物線 $y=2x^2-3x$ と直線 $y=x$ の共有点の座標は
　$(0,\ 0),\ (2,\ 2)$

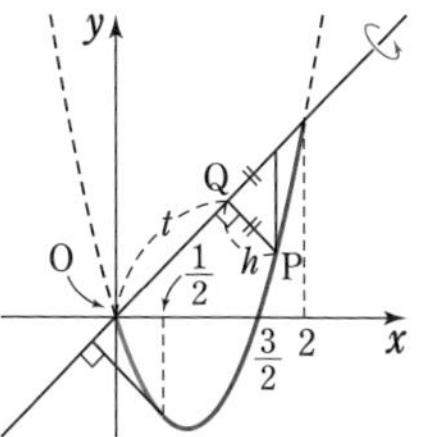


放物線 $y=2x^2-3x$ 上の点 $\mathrm{P}(x,\ 2x^2-3x)$ $(0 \leqq x \leqq 2)$ から直線 $y=x$ に垂線 PQ を引き，$\mathrm{PQ}=h$，$\mathrm{OQ}=t$（ただし，点 Q が点 O から見て点 $(2,\ 2)$ と反対側にあるときは $t<0$）とすると

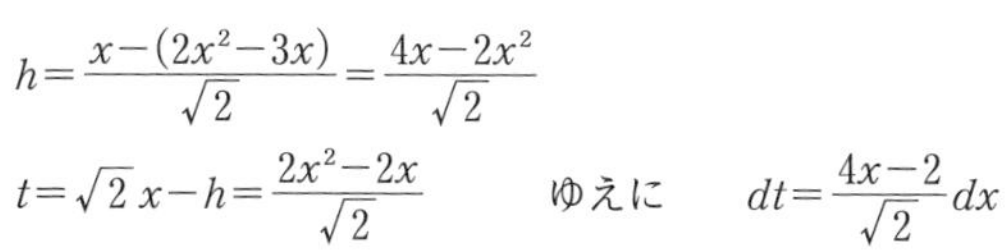

$$h=\frac{x-(2x^2-3x)}{\sqrt{2}}=\frac{4x-2x^2}{\sqrt{2}}$$

$$t=\sqrt{2}\,x-h=\frac{2x^2-2x}{\sqrt{2}} \qquad \text{ゆえに} \qquad dt=\frac{4x-2}{\sqrt{2}}dx$$

$y=2x^2-3x$ から　　$y'=4x-3$

$y'=-1$ のとき　　$x=\dfrac{1}{2}$　　このとき　　$t=-\dfrac{1}{2\sqrt{2}}$

$0 \leqq x \leqq \dfrac{1}{2}$ のときの $h$ を $h_1$，$\dfrac{1}{2} \leqq x \leqq 2$ のときの $h$ を $h_2$ とし，求める体積を $V$ とすると

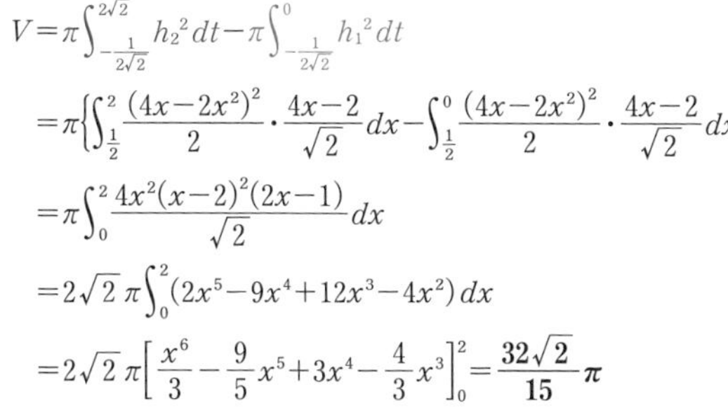

$$V=\pi\int_{-\frac{1}{2\sqrt{2}}}^{2\sqrt{2}} h_2{}^2\,dt-\pi\int_{-\frac{1}{2\sqrt{2}}}^{0} h_1{}^2\,dt$$

$$=\pi\left\{\int_{\frac{1}{2}}^{2}\frac{(4x-2x^2)^2}{2}\cdot\frac{4x-2}{\sqrt{2}}dx-\int_{\frac{1}{2}}^{0}\frac{(4x-2x^2)^2}{2}\cdot\frac{4x-2}{\sqrt{2}}dx\right\}$$

$$=\pi\int_0^2\frac{4x^2(x-2)^2(2x-1)}{\sqrt{2}}dx$$

$$=2\sqrt{2}\,\pi\int_0^2(2x^5-9x^4+12x^3-4x^2)\,dx$$

$$=2\sqrt{2}\,\pi\left[\frac{x^6}{3}-\frac{9}{5}x^5+3x^4-\frac{4}{3}x^3\right]_0^2=\boldsymbol{\frac{32\sqrt{2}}{15}\pi}$$

$h_1$：

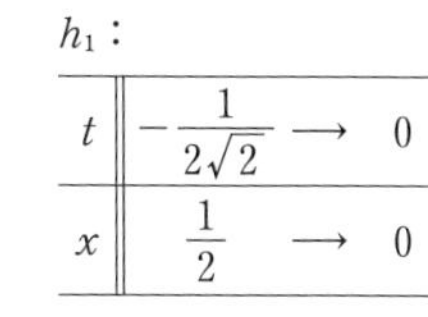

| $t$ | $-\dfrac{1}{2\sqrt{2}}$ | $\longrightarrow$ | $0$ |
|---|---|---|---|
| $x$ | $\dfrac{1}{2}$ | $\longrightarrow$ | $0$ |

$h_2$：

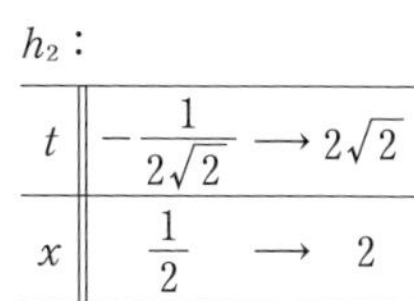

| $t$ | $-\dfrac{1}{2\sqrt{2}}$ | $\longrightarrow$ | $2\sqrt{2}$ |
|---|---|---|---|
| $x$ | $\dfrac{1}{2}$ | $\longrightarrow$ | $2$ |

**練習** ④**202**　次の図形を直線 $y=x$ の周りに1回転させてできる回転体の体積 $V$ を求めよ。
(1)　放物線 $y=x^2$ と直線 $y=x$ で囲まれた図形　〔類　名古屋市大〕
(2)　曲線 $y=\sin x$ $(0 \leqq x \leqq \pi)$ と2直線 $y=x$，$x+y=\pi$ で囲まれた図形

p.344 EX165

# 参考事項　一般の直線の周りの回転体の体積

$p.334$ の重要例題 **202** に関しては，次のようにして回転体の体積を求めることもできる。

別解 **1.** $x$ 軸に垂直な断面に注目して定積分にもち込む。
（傘型分割による体積計算）

$0\leqq t\leqq 2$ とする。連立不等式 $0\leqq x\leqq t$, $x^2-x\leqq y\leqq x$ で表される領域を，直線 $y=x$ の周りに1回転させてできる回転体の体積を $V(t)$, $\varDelta V=V(t+\varDelta t)-V(t)$ とする。右の図のように点 P, Q, H をとると　$\mathrm{PQ}=t-(t^2-t)=2t-t^2$,

$$\mathrm{PH}=\frac{\mathrm{PQ}}{\sqrt{2}}=\frac{2t-t^2}{\sqrt{2}}$$

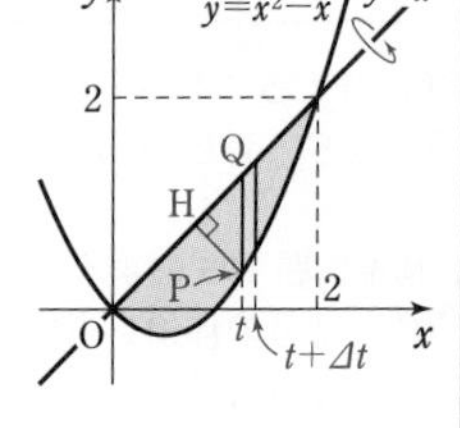


$\varDelta t>0$ のとき，$\varDelta t$ が十分小さいとすると

$$\varDelta V \fallingdotseq \frac{1}{2}\cdot\mathrm{PQ}\cdot 2\pi\mathrm{PH}\cdot\varDelta t^{(*)}$$　◀右の図に注目。

ゆえに　$\dfrac{\varDelta V}{\varDelta t}\fallingdotseq\dfrac{\pi}{\sqrt{2}}(2t-t^2)^2$ … ①（$\varDelta t<0$ のときも成り立つ。）

$\varDelta t\longrightarrow 0$ のとき，① の両辺の差は 0 に近づくから

$$V'(t)=\lim_{\varDelta t\to 0}\frac{\varDelta V}{\varDelta t}=\frac{\pi}{\sqrt{2}}(2t-t^2)^2$$

よって　$V=V(2)=\displaystyle\int_0^2\frac{\pi}{\sqrt{2}}(2t-t^2)^2dt$　（以後の計算は省略。）

左図の青い部分の回転体

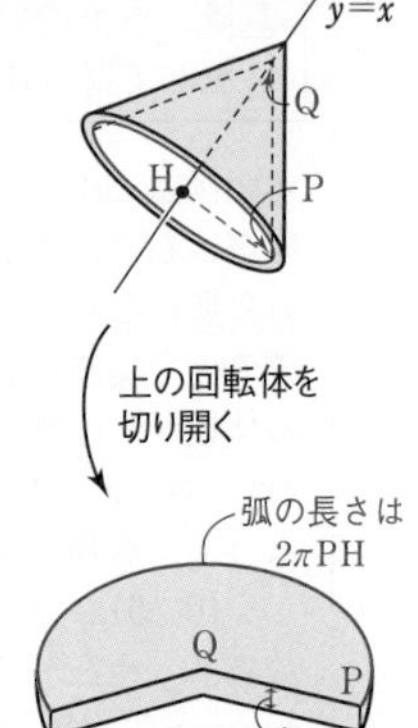


（＊）半径 $r$，弧の長さ $l$ の扇形の面積は　$\dfrac{1}{2}rl$
（$p.10$ 参照。）

別解 **2.** 原点の周りの回転移動を利用する。つまり，放物線 $y=x^2-x$ を原点の周りに $-\dfrac{\pi}{4}$ だけ回転させ，$x$ 軸の周りの回転体の体積に帰着させる。

放物線 $y=x^2-x$ 上の点 $\mathrm{P}(t,\ t^2-t)$ $(0\leqq t\leqq 2)$ を原点の周りに $-\dfrac{\pi}{4}$ だけ回転させた点の座標を $\mathrm{P}'(x,\ y)$ とすると，

$$x+yi=\left\{\cos\left(-\frac{\pi}{4}\right)+i\sin\left(-\frac{\pi}{4}\right)\right\}\{t+(t^2-t)i\}$$　⟵ 数学C 第3章参照。

が成り立つから　　$x=\dfrac{t^2}{\sqrt{2}}$, $y=\dfrac{t^2-2t}{\sqrt{2}}$

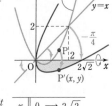

ゆえに　　$V=\pi\displaystyle\int_0^{2\sqrt{2}}y^2dx=\pi\int_0^2\left(\frac{t^2-2t}{\sqrt{2}}\right)^2\sqrt{2}\,t\,dt$　◀$dx=\sqrt{2}\,t\,dt$

（以後の計算は前ページの解答と同様。）

| $x$ | $0\longrightarrow 2\sqrt{2}$ |
|---|---|
| $t$ | $0\longrightarrow 2$ |

一般に，直線 $y=mx+n$ を回転軸とする回転体の体積について，以下のことが成り立つ。
（証明は上の 別解 1. と同様にしてできる。詳しくは，解答編 $p.286$ 参照。）

$a\leqq x\leqq b$ のとき，$f(x)\geqq mx+n$, $\tan\theta=m$ とする。曲線 $y=f(x)$ と直線 $y=mx+n$, $x=a$, $x=b$ で囲まれた部分を直線 $y=mx+n$ の周りに1回転させてできる立体の体積は

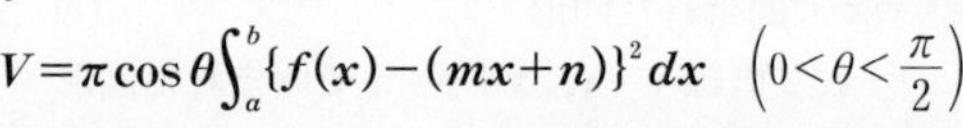

$$\boldsymbol{V=\pi\cos\theta\int_a^b\{f(x)-(mx+n)\}^2dx}\quad\left(0<\theta<\frac{\pi}{2}\right)$$

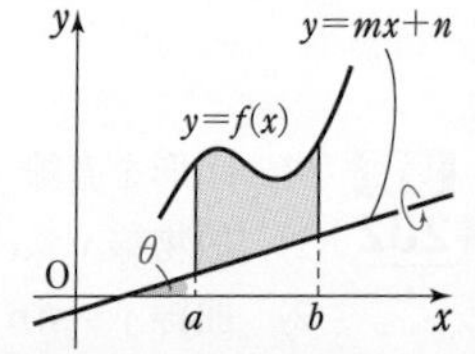

## 重要例題 203 連立不等式で表される立体の体積

xyz 空間において，次の連立不等式が表す立体を考える。

$$0 \leqq x \leqq 1,\ 0 \leqq y \leqq 1,\ 0 \leqq z \leqq 1,\ x^2+y^2+z^2-2xy-1 \geqq 0$$

(1) この立体を平面 $z=t$ で切ったときの断面を $xy$ 平面に図示し，この断面の面積 $S(t)$ を求めよ。

(2) この立体の体積 $V$ を求めよ。

〔北海道大〕 基本 192，193

この問題では，連立不等式から立体のようすがイメージできない。
しかし，立体のようすがわからなくても，断面積が求められれば 積分の計算により，立体の体積を求めることができる。

**立体の体積　断面積をつかむ**

今回は，(1) で指定されているように $z$ 軸に垂直な平面 $z=t$ で切ったときの断面を考える。

**解答**

(1) $0 \leqq z \leqq 1$ であるから　$0 \leqq t \leqq 1$

$x^2+y^2+z^2-2xy-1 \geqq 0$ において，$z=t$ とすると

$$x^2+y^2+t^2-2xy-1 \geqq 0$$

よって　$(y-x)^2 \geqq 1-t^2$

すなわち　$y-x \leqq -\sqrt{1-t^2}$ または $\sqrt{1-t^2} \leqq y-x$

ゆえに　$y \leqq x-\sqrt{1-t^2}$ または $y \geqq x+\sqrt{1-t^2}$

よって，平面 $z=t$ で切ったときの断面は，**右の図の斜線部分**である。ただし，**境界線を含む**。

また　$\boldsymbol{S(t)}=2\cdot\dfrac{1}{2}(1-\sqrt{1-t^2})^2$

$$=\boldsymbol{(1-\sqrt{1-t^2})^2}$$

(2) $V=\displaystyle\int_0^1 S(t)dt$

$$=\int_0^1(1-\sqrt{1-t^2})^2dt$$

$$=\int_0^1(2-t^2-2\sqrt{1-t^2})dt$$

$$=\left[2t-\frac{t^3}{3}\right]_0^1-2\int_0^1\sqrt{1-t^2}\,dt$$

$\displaystyle\int_0^1\sqrt{1-t^2}\,dt$ は半径が 1 の四分円の面積を表すから

$$V=2-\frac{1}{3}-2\cdot\frac{1}{4}\cdot\pi\cdot1^2=\boldsymbol{\frac{5}{3}-\frac{\pi}{2}}$$

◀$z=t$ を代入すれば，断面の関係式（$xy$ 平面に平行な平面上）がわかる。

◀$X^2 \geqq A^2 \quad (A \geqq 0)$
$\Longleftrightarrow (X+A)(X-A) \geqq 0$
$\Longleftrightarrow X \leqq -A,\ A \leqq X$

◀2 つの合同な直角二等辺三角形の面積の合計。

◀積分区間は　$0 \leqq t \leqq 1$

◀$t=\sin\theta$ の置換積分法より，図形的意味を考えた方が早い。

**練習 ④203** $r$ を正の実数とする。$xyz$ 空間において，連立不等式

$$x^2+y^2 \leqq r^2,\ y^2+z^2 \geqq r^2,\ z^2+x^2 \leqq r^2$$

を満たす点全体からなる立体の体積を，平面 $x=t$ $(0 \leqq t \leqq r)$ による切り口を考えることにより求めよ。〔類 東京大〕

## 重要例題 204 共通部分の体積

両側に無限に伸びた直円柱で，切り口が半径 $a$ の円になっているものが2つある。いま，これらの直円柱は中心軸が $\frac{\pi}{4}$ の角をなすように交わっているとする。交わっている部分(共通部分)の体積を求めよ。 〔類 日本女子大〕

基本 192，193

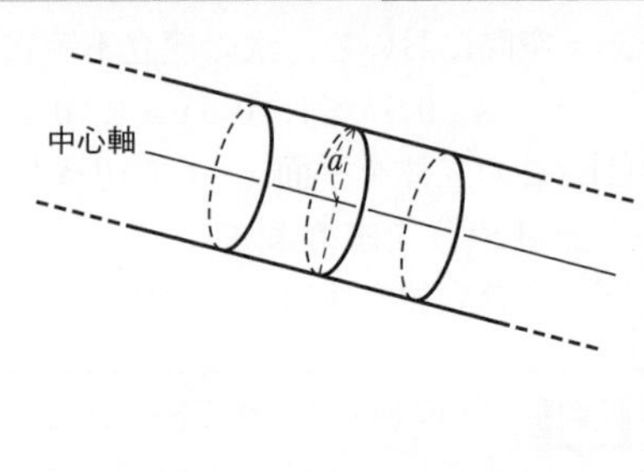


**指針** 重要例題 203 と同様に立体のようすはイメージしにくいので，断面を考える。

**立体の体積 断面積をつかむ**

ここでは，中心軸が作る平面からの距離が $x$ である平面で切った断面を考える。直円柱は，その中心線と平行な平面で切ったとき，断面は幅が一定の帯になる。したがって，帯が重なっている部分の断面積を考える。

**解答** 2つの中心軸が作る平面からの距離が $x$ である平面で切った断面を考える。

幅 $2\sqrt{a^2-x^2}$ の帯が角 $\frac{\pi}{4}$ で交わっているから，その共通部分は1辺の長さが

$$2\sqrt{a^2-x^2}\cdot\sqrt{2}=2\sqrt{2}\sqrt{a^2-x^2}$$

のひし形である。

切断面のひし形の面積は

$$2\sqrt{2}\sqrt{a^2-x^2}\cdot 2\sqrt{a^2-x^2}=4\sqrt{2}(a^2-x^2)$$

よって，求める体積を $V$ とすると，対称性から

$$V=2\int_0^a 4\sqrt{2}(a^2-x^2)dx$$

$$=8\sqrt{2}\left[a^2x-\frac{x^3}{3}\right]_0^a$$

$$=\boldsymbol{\frac{16\sqrt{2}}{3}a^3}$$

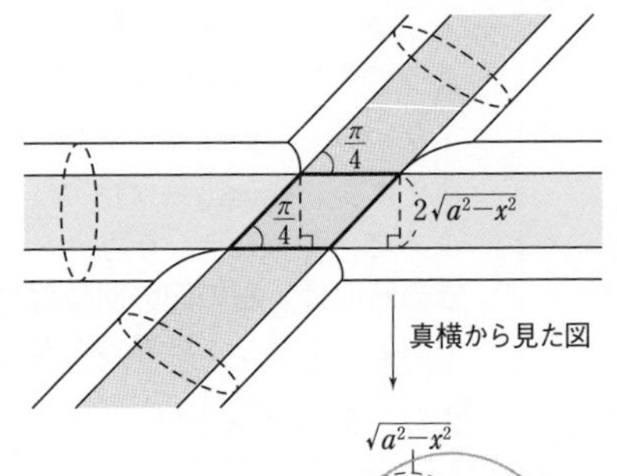


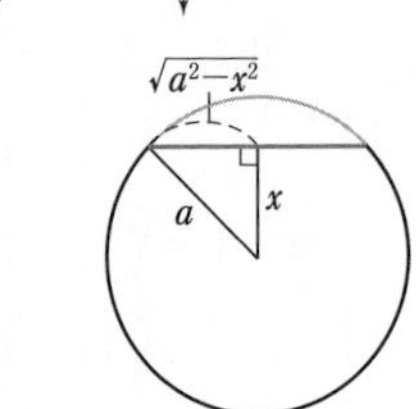


**練習 ④204** 4点 (0, 0, 0), (1, 0, 0), (0, 1, 0), (0, 0, 1) を頂点とする三角錐を $C$，4点 (0, 0, 0), (−1, 0, 0), (0, 1, 0), (0, 0, 1) を頂点とする三角錐を $x$ 軸の正の方向に $a$ $(0<a<1)$ だけ平行移動したものを $D$ とする。
このとき，$C$ と $D$ の共通部分の体積 $V(a)$ を求めよ。また，$V(a)$ が最大になるときの $a$ の値を求めよ。 〔類 千葉大〕

## 重要例題 205 座標空間における回転体の体積 (1) ④

$a$, $b$ を正の実数とする。座標空間内の2点 A$(0,\ a,\ 0)$, B$(1,\ 0,\ b)$ を通る直線を $\ell$ とし，直線 $\ell$ を $x$ 軸の周りに1回転して得られる図形を $M$ とする。

(1) $x$ 座標の値が $t$ であるような直線 $\ell$ 上の点 P の座標を求めよ。

(2) 図形 $M$ と2つの平面 $x=0$ と $x=1$ で囲まれた立体の体積を求めよ。

〔類 北海道大〕 基本 192, 193

**指針** 体積を求める問題では，常に **軸とその軸に垂直な平面で切ったときの断面** が重要なポイントとなる。この問題では $x$ 軸が回転軸であるから，図形 $M$ の体積を求めるには，図形 $M$ を $x$ 軸に垂直な平面 $x=t$ で切ったときの **断面積** を調べ，**定積分** にもち込む。

(1) **ベクトル** を利用。2点 A，B を通る直線 $\ell$ 上の点は，$s$ を実数として $(1-s)\overrightarrow{\mathrm{OA}}+s\overrightarrow{\mathrm{OB}}=\overrightarrow{\mathrm{OA}}+s\overrightarrow{\mathrm{AB}}$ と表される（「チャート式基礎からの数学C」の第11節 空間における直線のベクトル方程式を参照）。

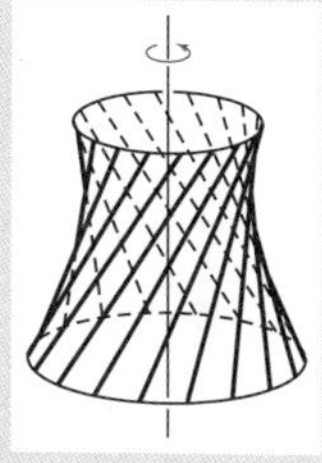

**解答**

(1) 直線 $\ell$ 上の点 C は，O を原点，$s$ を実数として，

$\overrightarrow{\mathrm{OC}}=\overrightarrow{\mathrm{OA}}+s\overrightarrow{\mathrm{AB}}$ と表され

$$\overrightarrow{\mathrm{OC}}=(0,\ a,\ 0)+s(1,\ -a,\ b)=(s,\ a(1-s),\ bs)$$

よって，$x$ 座標が $t$ である点 P の座標は，$s=t$ として

$$\mathbf{P}(t,\ a(1-t),\ bt)$$

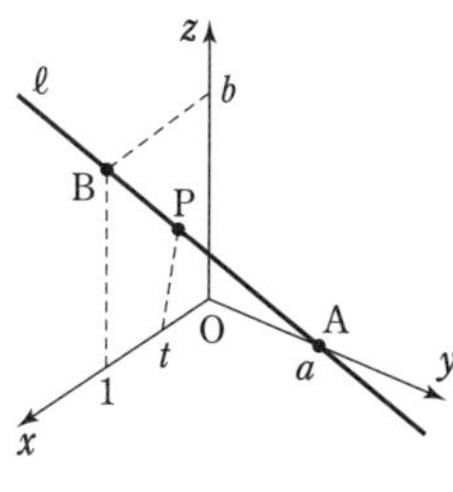


(1) 左では丁寧に示したが，
$\overrightarrow{\mathrm{OA}}=(0,\ a,\ 0)$
$\overrightarrow{\mathrm{AB}}=(1,\ -a,\ b)$
から，$\overrightarrow{\mathrm{OA}}+t\overrightarrow{\mathrm{AB}}$ の $x$ 成分が $t$ となることに着目し，最初から
$\overrightarrow{\mathrm{OP}}=\overrightarrow{\mathrm{OA}}+t\overrightarrow{\mathrm{AB}}$
としてもよい。

(2) 図形 $M$ を平面 $x=t$ で切ったときの断面は，中心が点 $(t,\ 0,\ 0)$，半径 $\sqrt{a^2(1-t)^2+b^2t^2}$ の円である。
ゆえに，その断面積を $S(t)$ とすると

$$S(t)=\pi\{a^2(1-t)^2+b^2t^2\}$$

よって，求める体積 $V$ は

$$V=\int_0^1 S(t)dt$$
$$=\pi\int_0^1\{a^2(1-t)^2+b^2t^2\}dt \quad \cdots\cdots (*)$$
$$=\pi\int_0^1\{(a^2+b^2)t^2-2a^2t+a^2\}dt$$
$$=\pi\left[\frac{a^2+b^2}{3}t^3-a^2t^2+a^2t\right]_0^1=\boldsymbol{\frac{\pi}{3}(a^2+b^2)}$$

◀平面 $x=t$ で切ったときの断面

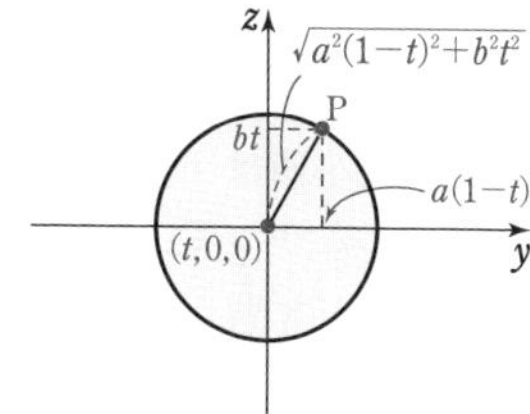


(＊) $\int(1-t)^2dt$
$=-\dfrac{(1-t)^3}{3}+C$
を用いてもよい。

**練習 ④205** $xyz$ 空間において，2点 P$(1,\ 0,\ 1)$，Q$(-1,\ 1,\ 0)$ を考える。線分 PQ を $x$ 軸の周りに1回転して得られる立体を $S$ とする。立体 $S$ と，2つの平面 $x=1$ および $x=-1$ で囲まれる立体の体積を求めよ。

〔類 早稲田大〕

## 重要例題 206 座標空間における回転体の体積 (2)

$xyz$ 空間内の3点 O(0, 0, 0), A(1, 0, 0), B(1, 1, 0) を頂点とする三角形 OAB を $x$ 軸の周りに1回転させてできる円錐を $V$ とする。円錐 $V$ を $y$ 軸の周りに1回転させてできる立体の体積を求めよ。 〔大阪大 改題〕 重要 205

**指針** 立体のようすがイメージしにくいので，断面積 を考える。

1 $V$ の側面上の点を P$(x, y, z)$ とし，Q$(x, 0, 0)$ とすると，△OPQ は OQ=PQ の直角二等辺三角形であるから，関係式を $x, y, z$ で表して $V$ の側面の方程式を求める。

2 $V$ の平面 $y=t$ による切り口は，右図のような曲線の一部と直線 $x=1$ で囲まれた図形で，これを $y$ 軸の周りに1回転させるから，題意の立体の平面 $y=t$ による切断面はドーナツ状の図形になる（解答の図参照）。
この図形の面積は　**(外側の円の面積)−(内側の円の面積)**

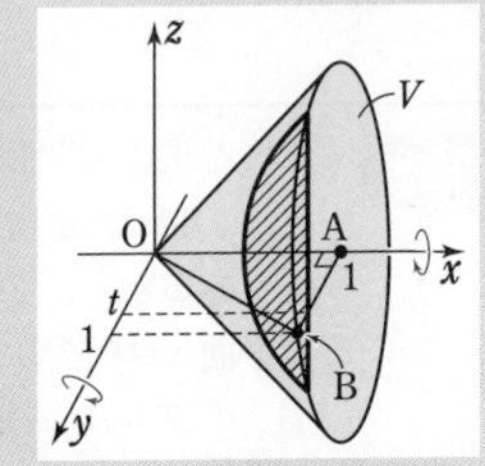


**解答**

円錐 $V$ の側面上の点を P$(x, y, z)$ $(0\leqq x\leqq 1,\ |y|\leqq 1)$ とする。
円錐 $V$ 上の点 P と点 Q$(x, 0, 0)$ の距離は $x$ であるから Ⓐ

$$(x-x)^2+y^2+z^2=x^2$$

よって　$x^2-z^2=y^2$ $(0\leqq x\leqq 1)$

円錐 $V$ の平面 $y=t$ $(-1\leqq t\leqq 1)$ による切り口は，曲線 $C$：$x^2-z^2=t^2$ $(0\leqq x\leqq 1)$ と直線 $x=1$ で囲まれた図形となる。Ⓑ

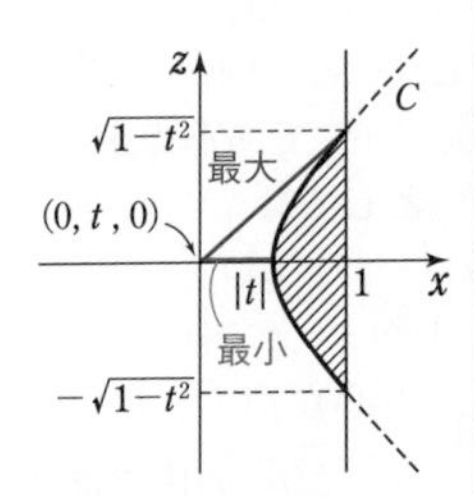


点 $(0, t, 0)$ と，この図形内の点との距離の最大値は

$$\sqrt{1^2+(\sqrt{1-t^2})^2}=\sqrt{2-t^2}$$

最小値は　$|t|$

したがって，円錐 $V$ を $y$ 軸の周りに1回転させてできた立体の，平面 $y=t$ による切断面は右の図のようになる。

この図形の面積は　$\pi(\sqrt{2-t^2})^2-\pi|t|^2=2(1-t^2)\pi$

よって，求める立体の体積は

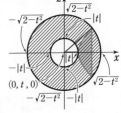

$$\int_{-1}^{1}2(1-t^2)\pi\,dt=-2\pi\int_{-1}^{1}(t+1)(t-1)dt$$

$$=-2\pi\cdot\left(-\frac{1}{6}\right)\cdot\{1-(-1)\}^3=\frac{8}{3}\pi$$

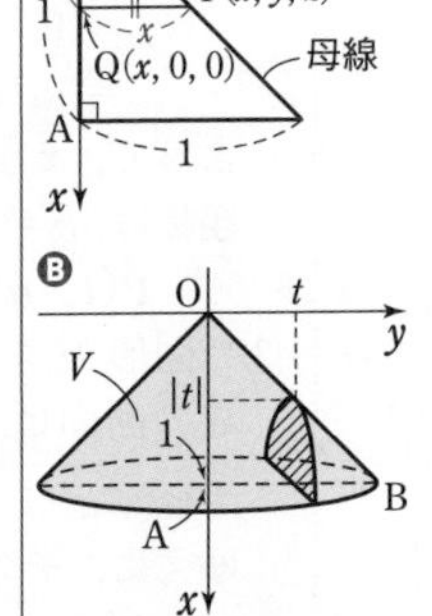


z
$\sqrt{2-t^2}$
$-\sqrt{2-t^2}$
|t|
x
$-|t|$
|t|
(0, t, 0)
$\sqrt{2-t^2}$
$-\sqrt{2-t^2}$
$-|t|$

**参考** 対称性を利用して，$2\int_0^1 2(1-t^2)\pi\,dt$ を計算してもよい。

**練習 ⑤206** $xyz$ 空間において，平面 $y=z$ の中で $|x|\leqq\dfrac{e^y+e^{-y}}{2}-1$, $0\leqq y\leqq\log a$ で与えられる図形 $D$ を考える。ただし，$a$ は1より大きい定数とする。この図形 $D$ を $y$ 軸の周りに1回転させてできる立体の体積を求めよ。 〔京都大〕 p.344 EX166, 167

## 重要例題 207 立体の通過領域の体積 ①①①①①

(1) 平面で，半径 $r$ ($r \leqq 1$) の円の中心が，辺の長さが 4 の正方形の辺上を 1 周するとき，この円が通過する部分の面積 $S(r)$ を求めよ。

(2) 空間で，半径 1 の球の中心が，辺の長さが 4 の正方形の辺上を 1 周するとき，この球が通過する部分の体積 $V$ を求めよ。

〔類 滋賀医大〕 基本 192，193

**指針** (1) では半径 $r$ ($r \leqq 1$) の円が動く。(2) では半径 1 の球が動く。

**(1) は (2) のヒント**

(1) 面積が求めやすい図形に分割して考える。

(2) 正方形を $xy$ 平面上に置いて，立体を平面 $z=t$ ($-1 \leqq t \leqq 1$) で切ったときの断面積を $t$ の式で表す。切断面は，球を切断した**円が通過してできる図形**である。
⟶ (1) の結果が利用できる。

**解答**

(1) 円が通過する部分は右図のようになる。
4 つの角の四分円は合わせて 1 つの円になるから

$$S(r) = 4^2-(4-2r)^2+4\cdot 4r+\pi r^2$$
$$= \boldsymbol{32r+(\pi-4)r^2}$$

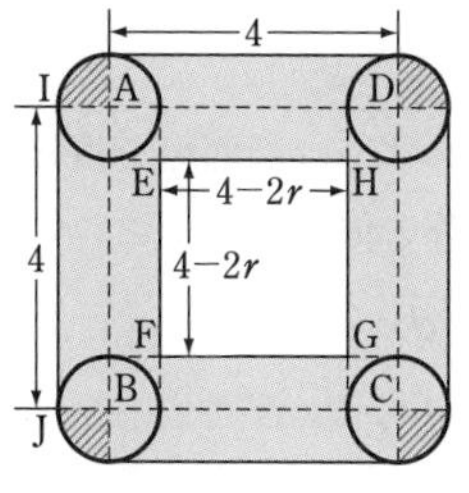


◀ (正方形 ABCD)
−(正方形 EFGH)
+4·(長方形 ABJI)
+(四分円を合わせた円)

(2) 正方形を $xy$ 平面上に置いて，球が通過する部分を平面 $z=t$ ($-1 \leqq t \leqq 1$) で切ったときの断面積を $f(t)$ とする。
角の球の切断面の半径を $r$ とすると，$t^2+r^2=1$ であるから，$f(t)$ は (1) の結果の式において

$$r=\sqrt{1-t^2} \quad (-1 \leqq t \leqq 1)$$

としたものである。

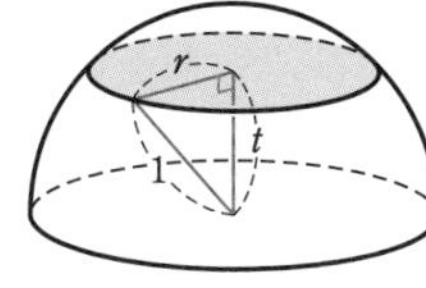


対称性から，求める体積 $V$ は

$$V=2\int_0^1 f(t)dt$$
$$=2\int_0^1 \{32\sqrt{1-t^2}+(\pi-4)(1-t^2)\}dt$$
$$=64\int_0^1 \sqrt{1-t^2}\,dt+2(\pi-4)\int_0^1 (1-t^2)dt$$
$$=64\cdot\frac{\pi}{4}+2(\pi-4)\left[t-\frac{t^3}{3}\right]_0^1=\boldsymbol{\frac{52\pi-16}{3}}$$

◀ $\int_0^1 \sqrt{1-t^2}\,dt$ は半径 1 の四分円の面積に等しい。

**練習 ④ 207** $xy$ 平面上の原点を中心とする単位円を底面とし，点 $\mathrm{P}(t,\ 0,\ 1)$ を頂点とする円錐を $K$ とする。$t$ が $-1 \leqq t \leqq 1$ の範囲を動くとき，円錐 $K$ の表面および内部が通過する部分の体積を求めよ。 〔早稲田大〕

# まとめ　体積の求め方

これまで，立体の体積の求め方を学んできた。ここでは，いくつかの解法を整理しながら，体積を求める基本的な考え方を確認しよう。

## ● 体積の求め方の基本

$x$ 軸に垂直で，$x$ 軸との交点の座標が $x$ である平面による切り口の面積が $S(x)$ であるとき，2 平面 $x=a$，$x=b$ $(a<b)$ の間にある立体の体積 $V$ は　$V=\int_a^b S(x)dx$

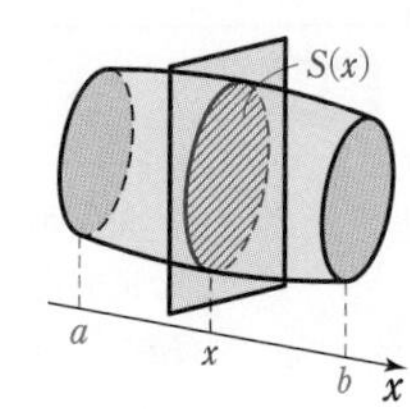


このように，立体の体積は $x$ 軸に垂直な平面で切ったときの断面積 $S(x)$ を積分することで求めることができるが，これは，面積 $S(x)$，幅 $dx$ の立体の微小体積を，$x=a$ から $x=b$ まで集める，というイメージである。

## ● 回転体の体積公式のまとめ

それぞれの公式で，どのような断面積を積分しているのかを意識しながら確認しよう。

[1] **$x$ 軸の周りの回転体の体積**　(◀例題 194)

$$V=\pi\int_a^b\{f(x)\}^2dx$$

⟶ 断面積 $\pi\{f(x)\}^2$，幅 $dx$ である微小体積を，$x=a$ から $x=b$ まで集めるイメージ。

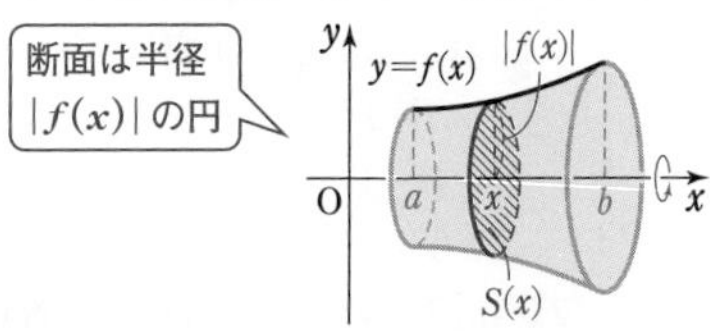


[2] **2 曲線間の図形の回転体の体積**　(◀例題 195)

$$V=\pi\int_a^b[\{f(x)\}^2-\{g(x)\}^2]dx\quad[f(x)\geqq g(x)\geqq 0]$$

⟶ 断面積 $\pi\{f(x)\}^2-\pi\{g(x)\}^2$，幅 $dx$ である微小体積を，$x=a$ から $x=b$ まで集めるイメージ。

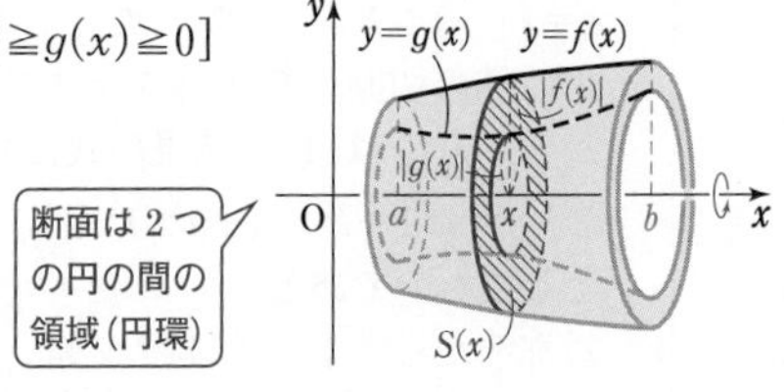


**注意**　$V=\pi\int_a^b\{f(x)-g(x)\}^2dx$ **は誤り！**

## ● 非回転体の体積は断面積のとり方を工夫する

回転体でない立体（非回転体）の場合は，断面積を求めてから積分することになるから，断面積のとり方がポイントとなる。例えば，次のような方法を学習した。

- 定積分が計算しやすいような平面で立体を切り，断面積を求める。
  ⟶ 切り方によって，断面積の求めやすさや積分計算の手間が変わってくる。　◀例題 193
- 不等式で表された立体に対し，特定の平面における断面を考える。
  ⟶ 平面での断面は，座標平面に図示することができる。　◀例題 203

これまで扱ってきた例題のうち，特に重要例題は難しい問題が多かっただろう。しかし，断面積を求めて 積分する という部分は各問題に共通する考え方である。復習するときや更なる演習を積むときには，このような考え方を意識して取り組むとよい。

# EXERCISES



④158 半径 1 の円を底面とする高さ $\frac{1}{\sqrt{2}}$ の直円柱がある。底面の円の中心を O とし，直径を 1 つとり AB とおく。AB を含み底面と 45° の角度をなす平面でこの直円柱を 2 つの部分に分けるとき，体積の小さい方の部分を $V$ とする。

(1) 直径 AB と直交し，O との距離が $t\ (0\leqq t\leqq 1)$ であるような平面で $V$ を切ったときの断面積 $S(t)$ を求めよ。

(2) $V$ の体積を求めよ。 〔東北大〕

→193

②159 $a$, $b$ を実数とする。曲線 $y=|x-a-b\sin x|$ と直線 $x=\pi$, $x=-\pi$ および $x$ 軸で囲まれる部分を $x$ 軸の周りに 1 回転して得られる回転体の体積を $V$ とする。

(1) $V$ を求めよ。

(2) $a$, $b$ を動かしたとき，$V$ の値が最小となるような $a$, $b$ の値を求めよ。

〔東京都立大〕 →194

③160 $a>0$ に対し，区間 $0\leqq x\leqq\pi$ において曲線 $y=a^2x+\frac{1}{a}\sin x$ と直線 $y=a^2x$ によって囲まれる部分を $x$ 軸の周りに回転してできる立体の体積を $V(a)$ とする。

(1) $V(a)$ を $a$ で表せ。

(2) $V(a)$ が最小になるように $a$ の値を定めよ。 〔奈良県医大〕

→195

③161 不等式 $-\sin x\leqq y\leqq\cos 2x$, $0\leqq x\leqq\frac{\pi}{2}$ で定義される領域を $K$ とする。

(1) $K$ の面積を求めよ。

(2) $K$ を $x$ 軸の周りに回転して得られる回転体の体積を求めよ。 〔神戸大〕

→196

④162 $xy$ 平面上において，極方程式 $r=\frac{4\cos\theta}{4-3\cos^2\theta}\left(-\frac{\pi}{2}\leqq\theta\leqq\frac{\pi}{2}\right)$ で表される曲線を $C$ とする。

(1) 曲線 $C$ を直交座標に関する方程式で表せ。

(2) 曲線 $C$ で囲まれた部分を $x$ 軸の周りに 1 回転してできる立体の体積を求めよ。

(3) 曲線 $C$ で囲まれた部分を $y$ 軸の周りに 1 回転してできる立体の体積を求めよ。 〔鳥取大〕

→194, 198

158 (1) 断面の形は，台形と直角二等辺三角形の 2 つの場合がある。
159 (1) 偶関数・奇関数の定積分を活用。 (2) $b$ について平方完成。
160 (1) $0\leqq x\leqq\pi$ のとき $\sin x\geqq 0$ であることに注意。 (2) 微分法を利用。
161 (2) $x$ 軸の下側にある部分を $x$ 軸に関して対称に折り返して考える。
162 (1) $r^2=x^2+y^2$, $r\cos\theta=x$, $r\sin\theta=y$ を利用。

③163 正の実数 $a$ に対し，曲線 $y=e^{ax}$ を $C$ とする。原点を通る直線 $\ell$ が曲線 $C$ に点 P で接している。$C$，$\ell$ および $y$ 軸で囲まれた図形を $D$ とする。

(1) 点 P の座標を $a$ を用いて表せ。

(2) $D$ を $y$ 軸の周りに 1 回転してできる回転体の体積が $2\pi$ のとき，$a$ の値を求めよ。 〔類 東京電機大〕 →200

③164 座標平面上の曲線 $C$ を，媒介変数 $0\leqq t\leqq 1$ を用いて $\begin{cases} x=1-t^2 \\ y=t-t^3 \end{cases}$ と定める。

(1) 曲線 $C$ の概形をかけ。

(2) 曲線 $C$ と $x$ 軸で囲まれた部分が，$y$ 軸の周りに 1 回転してできる回転体の体積を求めよ。 〔神戸大〕 →199, 201

④165 $xy$ 平面上の $x\geqq 0$ の範囲で，直線 $y=x$ と曲線 $y=x^n$ $(n=2,\ 3,\ 4,\ \cdots\cdots)$ により囲まれる部分を $D$ とする。$D$ を直線 $y=x$ の周りに回転してできる回転体の体積を $V_n$ とするとき

(1) $V_n$ を求めよ。 (2) $\lim\limits_{n\to\infty} V_n$ を求めよ。 〔横浜国大〕 →202

⑤166 座標空間において，中心 $(0,\ 2,\ 0)$，半径 1 で $xy$ 平面内にある円を $D$ とする。$D$ を底面とし，$z\geqq 0$ の部分にある高さ 3 の直円柱（内部を含む）を $E$ とする。点 $(0,\ 2,\ 2)$ と $x$ 軸を含む平面で $E$ を 2 つの立体に分け，$D$ を含む方を $T$ とする。

(1) $-1\leqq t\leqq 1$ とする。平面 $x=t$ で $T$ を切ったときの断面積 $S(t)$ を求めよ。また，$T$ の体積を求めよ。

(2) $T$ を $x$ 軸の周りに 1 回転させてできる立体の体積を求めよ。 〔九州大〕 →206

⑤167 点 O を原点とする座標空間内で，1 辺の長さが 1 の正三角形 OPQ を動かす。また，点 $\mathrm{A}(1,\ 0,\ 0)$ に対して，$\angle\mathrm{AOP}$ を $\theta$ とおく。ただし，$0\leqq\theta\leqq\pi$ とする。

(1) 点 Q が $(0,\ 0,\ 1)$ にあるとき，点 P の $x$ 座標がとりうる値の範囲と，$\theta$ がとりうる値の範囲を求めよ。

(2) 点 Q が平面 $x=0$ 上を動くとき，辺 OP が通過しうる範囲を $K$ とする。$K$ の体積を求めよ。 〔類 東京大〕 →206

164 (1) $\dfrac{dx}{dt}$，$\dfrac{dy}{dt}$ を求め，$t$ の値に対する $x$，$y$ それぞれの増減を調べる。

165 回転体の断面積や積分変数は，回転軸（直線 $y=x$）に対応して考える。
点 $\mathrm{P}(x,\ x^n)$ から直線 $y=x$ に垂線 PH を引き，$\mathrm{PH}=h$，$\mathrm{OH}=t$ $(0\leqq t\leqq\sqrt{2})$ とする（O は原点）。

166 (1) 点 $(0,\ 2,\ 2)$ と $x$ 軸を含む平面の方程式は $z=y$ また，直円柱 $E$ は $x^2+(y-2)^2\leqq 1$，$0\leqq z\leqq 3$ で表される。体積を求める立体を平面 $x=t$ で切ったときの断面積を考える。

167 (1) （後半）$\overrightarrow{\mathrm{OP}}$ と $\overrightarrow{\mathrm{OA}}$ の内積を利用する。
(2) $K$ は，円錐の側面を $x$ 軸の周りに 1 回転させた立体である。

# 29 曲線の長さ，速度と道のり

## 基本事項

### 曲線の長さ

① **媒介変数**　曲線 $x=f(t)$，$y=g(t)$ $(\alpha\leqq t\leqq\beta)$ の長さ $L$ は

$$L=\int_\alpha^\beta\sqrt{\left(\frac{dx}{dt}\right)^2+\left(\frac{dy}{dt}\right)^2}\,dt=\int_\alpha^\beta\sqrt{\{f'(t)\}^2+\{g'(t)\}^2}\,dt$$

② **直交座標**　曲線 $y=f(x)$ $(a\leqq x\leqq b)$ の長さ $L$ は

$$L=\int_a^b\sqrt{1+\left(\frac{dy}{dx}\right)^2}\,dx=\int_a^b\sqrt{1+\{f'(x)\}^2}\,dx$$

## 解　説

### ■曲線の長さ

面積や体積は，それを表す量の導関数を考え，その定積分として求めた。曲線の長さについても同じように考える。

① 曲線の方程式が媒介変数 $t$ を用いて $x=f(t)$，$y=g(t)$ $(\alpha\leqq t\leqq\beta)$ で表され，$f(t)$，$g(t)$ はともに微分可能で $f'(t)$，$g'(t)$ はいずれも連続であるとする。

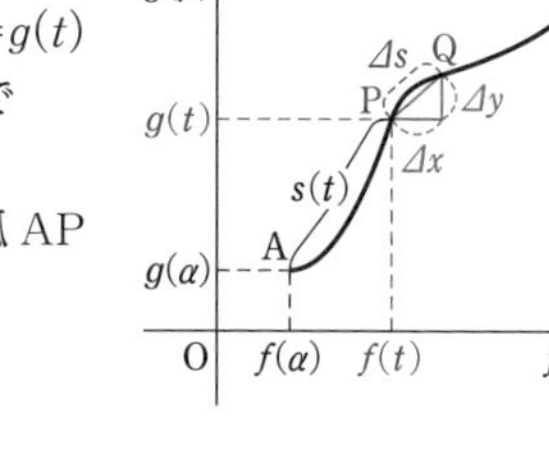


曲線上の 2 点 A$(f(\alpha),\ g(\alpha))$，P$(f(t),\ g(t))$ 間の弧 AP の長さを，$t$ の関数とみて $s(t)$ で表す。

$t$ の増分を $\Delta t$ とすると

$$\Delta x=f(t+\Delta t)-f(t),\ \Delta y=g(t+\Delta t)-g(t),$$
$$\Delta s=s(t+\Delta t)-s(t)$$

で，$s(t)$ の定義により，$\Delta s$ は $\Delta t$ と同符号である。

曲線上に点 Q$(f(t+\Delta t),\ g(t+\Delta t))$ をとると，$|\Delta t|$ が十分小さいとき，弧 PQ の長さ $|\Delta s|$ は $|\Delta s|\fallingdotseq\sqrt{(\Delta x)^2+(\Delta y)^2}$ であり，$\Delta s$ と $\Delta t$ は同符号であるから

$$\frac{\Delta s}{\Delta t}=\frac{|\Delta s|}{|\Delta t|}\fallingdotseq\sqrt{\left(\frac{\Delta x}{\Delta t}\right)^2+\left(\frac{\Delta y}{\Delta t}\right)^2}$$

$\Delta t\longrightarrow 0$ のとき，この $\fallingdotseq$ の両辺の差は 0 に近づくから　$\dfrac{ds}{dt}=\sqrt{\{f'(t)\}^2+\{g'(t)\}^2}$

よって，$s(t)$ は $t$ の関数 $\sqrt{\{f'(t)\}^2+\{g'(t)\}^2}$ の不定積分の 1 つで

$$\int_\alpha^\beta\sqrt{\{f'(t)\}^2+\{g'(t)\}^2}\,dt=\Big[s(t)\Big]_\alpha^\beta=s(\beta)-s(\alpha)$$

$s(\alpha)=0$，$s(\beta)=L$ であるから，上の ① が成り立つ。

② 曲線の方程式が $y=f(x)$ $(a\leqq x\leqq b)$ で与えられる場合には

$$x=t,\ y=f(t)\ (a\leqq t\leqq b)$$

と考えると，このとき　$\dfrac{dx}{dt}=1$　　また　$\dfrac{dy}{dt}=\dfrac{dy}{dx}\cdot\dfrac{dx}{dt}=\dfrac{dy}{dx}=f'(x)$，$dx=dt$

よって，これらを ① に代入して　$L=\displaystyle\int_a^b\sqrt{1+\left(\frac{dy}{dx}\right)^2}\,dx=\int_a^b\sqrt{1+\{f'(x)\}^2}\,dx$

したがって，上の ② が成り立つ。

## 基本例題 208 曲線の長さ (1) … 基本

次の曲線の長さを求めよ。(1) では $a>0$ とする。

(1) アステロイド　$x=a\cos^3 t$, $y=a\sin^3 t$ $(0\leqq t\leqq 2\pi)$

(2) $y=\log(x+\sqrt{x^2-1})$ $(\sqrt{2}\leqq x\leqq 4)$

p.345 基本事項

**指針** 前ページの基本事項 ①, ② の公式を利用して求める。

(1) は公式 ① $\displaystyle\int_\alpha^\beta\sqrt{\left(\frac{dx}{dt}\right)^2+\left(\frac{dy}{dt}\right)^2}\,dt$, (2) は公式 ② $\displaystyle\int_a^b\sqrt{1+\left(\frac{dy}{dx}\right)^2}\,dx$

(1) アステロイドについては $p.150$ 基本例題 **88** 参照。**対称性** に注目して，計算をらくにすることも考える。

**解答**

(1) $\dfrac{dx}{dt}=3a\cos^2 t(-\sin t)$,

$\dfrac{dy}{dt}=3a\sin^2 t\cos t$

ゆえに

$\left(\dfrac{dx}{dt}\right)^2+\left(\dfrac{dy}{dt}\right)^2=9a^2\cos^2 t\sin^2 t$

よって，曲線の長さは

$\displaystyle\int_0^{2\pi}\sqrt{9a^2\cos^2 t\sin^2 t}\,dt$

$\displaystyle=\frac{3}{2}a\int_0^{2\pi}|\sin 2t|\,dt$

$\displaystyle=4\cdot\frac{3}{2}a\int_0^{\frac{\pi}{2}}\sin 2t\,dt$

$\displaystyle=3a\Big[-\cos 2t\Big]_0^{\frac{\pi}{2}}=\boldsymbol{6a}$

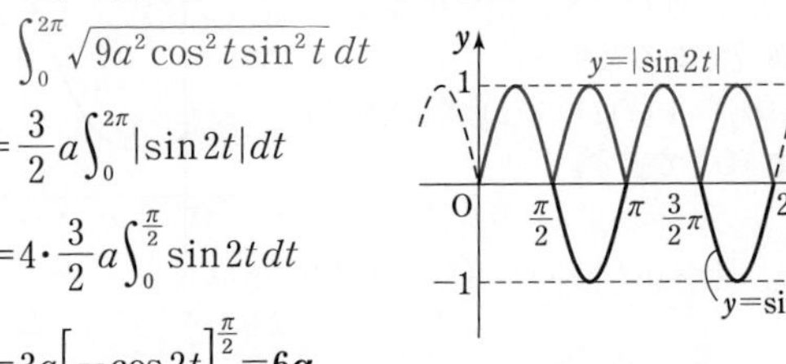


◀まず，$\dfrac{dx}{dt}$, $\dfrac{dy}{dt}$ を計算し，$\left(\dfrac{dx}{dt}\right)^2+\left(\dfrac{dy}{dt}\right)^2$ を $t$ で表す。

◀$9a^2\cos^2 t\sin^2 t=\left(\dfrac{3}{2}a\sin 2t\right)^2$

◀$y=\sin 2t$ $\left(0\leqq t\leqq\dfrac{\pi}{2}\right)$ と $t$ 軸で囲まれた図形の面積の 4 倍。

(2) $\dfrac{dy}{dx}=\dfrac{1}{x+\sqrt{x^2-1}}\left(1+\dfrac{x}{\sqrt{x^2-1}}\right)=\dfrac{1}{\sqrt{x^2-1}}$

よって，曲線の長さ $s$ は

$\displaystyle s=\int_{\sqrt{2}}^4\sqrt{1+\left(\frac{1}{\sqrt{x^2-1}}\right)^2}\,dx$

$\displaystyle=\int_{\sqrt{2}}^4\frac{x}{\sqrt{x^2-1}}\,dx$

$\displaystyle=\Big[\sqrt{x^2-1}\Big]_{\sqrt{2}}^4=\boldsymbol{\sqrt{15}-1}$

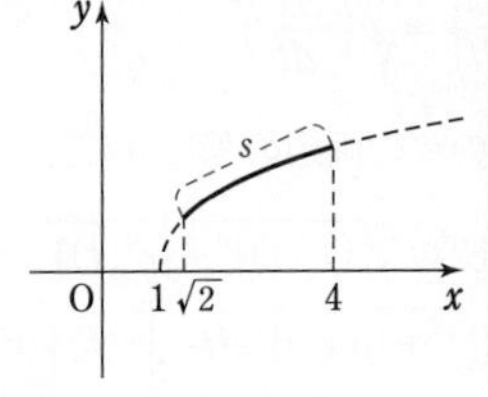


**参考** (1) で曲線は $x$ 軸，$y$ 軸に関して対称であるから，曲線の長さは

$\displaystyle 4\int_0^{\frac{\pi}{2}}\sqrt{\left(\frac{dx}{dt}\right)^2+\left(\frac{dy}{dt}\right)^2}\,dt$

としてもよい。

**練習** ② **208** 次の曲線の長さを求めよ。

(1) $x=2t-1$, $y=e^t+e^{-t}$ $(0\leqq t\leqq 1)$

(2) $x=t-\sin t$, $y=1-\cos t$ $(0\leqq t\leqq\pi)$

(3) $y=\dfrac{x^3}{3}+\dfrac{1}{4x}$ $(1\leqq x\leqq 2)$　　(4) $y=\log(\sin x)$ $\left(\dfrac{\pi}{3}\leqq x\leqq\dfrac{\pi}{2}\right)$

[(4) 類 信州大]　p.352 EX 168〜170

## 重要例題 209 曲線の長さ (2)

円 $C$：$x^2+y^2=9$ の内側を半径 1 の円 $D$ が滑らずに転がる。時刻 $t$ において $D$ は点 $(3\cos t,\ 3\sin t)$ で $C$ に接している。

(1) 時刻 $t=0$ において点 $(3,\ 0)$ にあった $D$ 上の点 P の時刻 $t$ における座標 $(x(t),\ y(t))$ を求めよ。ただし，$0\leqq t\leqq \dfrac{2}{3}\pi$ とする。

(2) (1) の範囲で点 P の描く曲線の長さを求めよ。 〔類 早稲田大〕 基本 208

**指針** (1) **ベクトル** を利用。点 P は $D$ の円周上にあり，$D$ の中心 Q とともに動く。そこで $\overrightarrow{\mathrm{OP}}=\overrightarrow{\mathrm{OQ}}+\overrightarrow{\mathrm{QP}}$ (O は原点) として，$\overrightarrow{\mathrm{OQ}}$，$\overrightarrow{\mathrm{QP}}$ を $t$ の式で表す。
円 $x^2+y^2=r^2\ (r>0)$ の周上の点 P の座標は $(r\cos t,\ r\sin t)$ で表され，このとき，OP が $x$ 軸の正の方向となす角は $t$ である。

(2) $p.345$ 基本事項 ① $\displaystyle\int_\alpha^\beta\sqrt{\left(\frac{dx}{dt}\right)^2+\left(\frac{dy}{dt}\right)^2}\,dt$ の公式を利用。

**解答**

(1) A(3, 0)，T$(3\cos t,\ 3\sin t)$ とする。

$D$ と $C$ が T で接しているとき，$D$ の中心 Q の座標は $(2\cos t,\ 2\sin t)$ である。また，$\overset{\frown}{\mathrm{TP}}=\overset{\frown}{\mathrm{TA}}=3t$ であるから，$x$ 軸の正の方向から半直線 QP への角は

$$t-3t=-2t$$

よって，O を原点とすると

$$\begin{aligned}\overrightarrow{\mathrm{OP}}&=\overrightarrow{\mathrm{OQ}}+\overrightarrow{\mathrm{QP}}\\&=(2\cos t,\ 2\sin t)+(\cos(-2t),\ \sin(-2t))\\&=\boldsymbol{(2\cos t+\cos 2t,\ 2\sin t-\sin 2t)}\end{aligned}$$

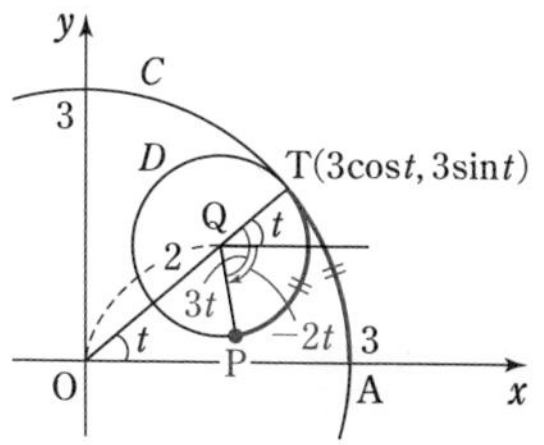


◀点 P の描く曲線は **ハイポサイクロイド** である。

(2) $x'(t)=-2\sin t-2\sin 2t,\ y'(t)=2\cos t-2\cos 2t$ から

$$\begin{aligned}\{x'(t)\}^2+\{y'(t)\}^2&=4(\sin^2 t+2\sin t\sin 2t+\sin^2 2t)\\&\quad+4(\cos^2 t-2\cos t\cos 2t+\cos^2 2t)\\&=4(2-2\cos 3t)=8(1-\cos 3t)\\&=16\sin^2\frac{3}{2}t\end{aligned}$$

◀$\sin^2\theta+\cos^2\theta=1$，$\cos t\cos 2t-\sin t\sin 2t=\cos(t+2t)$

◀半角の公式により $\dfrac{1-\cos 3t}{2}=\sin^2\dfrac{3}{2}t$

$0\leqq t\leqq\dfrac{2}{3}\pi$ であるから　$\sin\dfrac{3}{2}t\geqq 0$

よって，求める曲線の長さは

$$\begin{aligned}\int_0^{\frac{2}{3}\pi}\sqrt{16\sin^2\frac{3}{2}t}\,dt&=\int_0^{\frac{2}{3}\pi}4\sin\frac{3}{2}t\,dt\\&=4\cdot\frac{2}{3}\left[-\cos\frac{3}{2}t\right]_0^{\frac{2}{3}\pi}=\boldsymbol{\frac{16}{3}}\end{aligned}$$

◀$\displaystyle\int_0^{\frac{2}{3}\pi}\sqrt{\{x'(t)\}^2+\{y'(t)\}^2}\,dt$

**練習 ④209** $a>0$ とする。長さ $2\pi a$ のひもが一方の端を半径 $a$ の円周上の点 A に固定して，その円に巻きつけてある。このひもを引っ張りながら円からはずしていくとき，ひもの他方の端 P が描く曲線の長さを求めよ。

## 基本事項

**速度と道のり**

① **直線運動**　数直線上を運動する点Pの速度 $v$ を時刻 $t$ の関数とみて $v=f(t)$ とする。また，$t=a$ のときの点Pの座標を $k$ とする。

[1]　**時刻 $b$ における点Pの座標 $x$ は**　$\boldsymbol{x=k+\int_a^b f(t)dt}$

[2]　**$t=a$ から $t=b$ までの点Pの位置の変化量 $s$ は**　$\boldsymbol{s=\int_a^b f(t)dt}$

[3]　**$t=a$ から $t=b$ までの点Pの道のり $l$ は**　$\boldsymbol{l=\int_a^b |f(t)|dt}$

② **平面運動**　点Pが平面上の曲線

$\boldsymbol{x=f(t),\ y=g(t)}$（**$t$ は時刻**）

上を動くとき，時刻 $\alpha$ から時刻 $t$ までに通過する道のりを $l(t)$ とすると

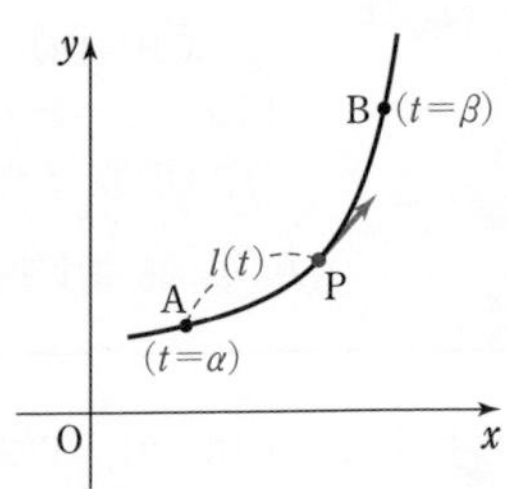


[1]　**時刻 $t$ における速度 $\vec{v}$ の大きさは**

$$|\vec{v}|=\sqrt{\left(\frac{dx}{dt}\right)^2+\left(\frac{dy}{dt}\right)^2}$$

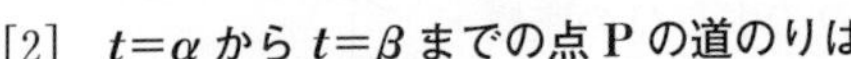

[2]　**$t=\alpha$ から $t=\beta$ までの点Pの道のりは**

$$l(\beta)-l(\alpha)=\int_\alpha^\beta |\vec{v}|dt=\int_\alpha^\beta \sqrt{\left(\frac{dx}{dt}\right)^2+\left(\frac{dy}{dt}\right)^2}\,dt$$

## 解　説

### ■直線運動

点Pが数直線上を運動するとき，点Pの位置が時刻 $t$ の関数 $s(t)$ で与えられるなら，速度 $v=f(t)$ は，$p.209$ 基本事項 **1** で学んだように

$$f(t)=s'(t)$$

逆に，$f(t)$ が既知のとき，$t=a$ から $t=b$ $(a<b)$ までの点Pの位置の変化量 $s=s(b)-s(a)$ は，$f(t)=s'(t)$ であるから，定積分の定義によって

$$s=\int_a^b f(t)dt$$

で与えられる。また，実際に点Pが動いた道のりは，絶対値 $|f(t)|$ の定積分になる。

### ■平面運動

直線運動のように，速度ベクトル　$\vec{v}=\left(\dfrac{dx}{dt},\ \dfrac{dy}{dt}\right)$

から道のりをすぐに求めるわけにはいかないが，道のりは曲線上の弧の長さに等しいと考えると求められる。

$p.209$ 基本事項 **2** で学んだように，速度 $\vec{v}$ の大きさ $|\vec{v}|$ は

$$|\vec{v}|=\sqrt{\left(\frac{dx}{dt}\right)^2+\left(\frac{dy}{dt}\right)^2}$$

であるから，点Pが $t=\alpha$ から $t=\beta$ までに進む道のり $l(\beta)-l(\alpha)$ は

$$l(\beta)-l(\alpha)=\int_\alpha^\beta |\vec{v}|dt=\int_\alpha^\beta \sqrt{\left(\frac{dx}{dt}\right)^2+\left(\frac{dy}{dt}\right)^2}\,dt$$

これは，曲線 $x=f(t)$，$y=g(t)$ $(\alpha \leqq t \leqq \beta)$ の長さ $L$ に等しい。

## 基本例題 210 速度・加速度・位置と道のり（直線運動）

(1) 数直線上を点1から出発して $t$ 秒後の速度 $v$ が $v=t(t-1)(t-2)$ で運動する点Pがある。出発してから3秒後のPの位置は ア□ であり，Pが動いた道のりは イ□ である。

(2) $x$ 軸上を，原点から出発して $t$ 秒後の加速度が $\dfrac{1}{1+t}$ であるように動く物体がある。物体の初速度が $v_0$ のとき，出発してから $t$ 秒後の物体の速度と位置を求めよ。

p.348 基本事項 ①

**指針**

位置 $x$ $\underset{\text{積分}}{\overset{\text{微分}}{\rightleftarrows}}$ 速度 $v$ $\underset{\text{積分}}{\overset{\text{微分}}{\rightleftarrows}}$ 加速度 $\alpha$ の関係に注意。

$p.348$ 基本事項 ① の公式を利用し，積分によって位置や道のりを求める。

$$x_1=x_0+\int_{t_0}^{t_1}v\,dt,\ \text{道のり}\ l=\int_{t_0}^{t_1}|v|dt,\ v_1=v_0+\int_{t_0}^{t_1}\alpha\,dt$$

**解答**

(1) $1+\displaystyle\int_0^3 t(t-1)(t-2)dt=1+\int_0^3(t^3-3t^2+2t)dt$

$=1+\left[\dfrac{t^4}{4}-t^3+t^2\right]_0^3=$ ア $\dfrac{\mathbf{13}}{\mathbf{4}}$

◀(位置)=(初めの位置)+(速度 $v$ の定積分)　＝位置の変化量

$l=\displaystyle\int_0^3|t(t-1)(t-2)|dt$

$=\displaystyle\int_0^1 t(t-1)(t-2)dt-\int_1^2 t(t-1)(t-2)dt+\int_2^3 t(t-1)(t-2)dt$

◀道のり は |速度| の定積分

$F(t)=\displaystyle\int_0^t t(t-1)(t-2)dt=\dfrac{t^4}{4}-t^3+t^2$ とすると

$l=F(1)-F(0)-\{F(2)-F(1)\}+F(3)-F(2)$

$=-0+2\cdot\dfrac{1}{4}-2\cdot 0+\dfrac{9}{4}$

$=$ イ $\dfrac{\mathbf{11}}{\mathbf{4}}$

◀まとめて $-F(0)+2F(1)-2F(2)+F(3)$

(2) **速度** $v=v_0+\displaystyle\int_0^t\dfrac{1}{1+t}dt=v_0+\Big[\log(1+t)\Big]_0^t$

$=\mathbf{\log(1+t)+v_0}$

◀(速度)=(初速度)+(加速度の定積分)　＝速度の変化量

**位置** $\displaystyle\int_0^t\{\log(1+t)+v_0\}dt$

$=\Big[(1+t)\log(1+t)-t+v_0t\Big]_0^t$

$=\mathbf{(1+t)\log(1+t)+(v_0-1)t}$

◀$\displaystyle\int\log(1+t)dt$
$=\displaystyle\int(1+t)'\log(1+t)dt$
$=(1+t)\log(1+t)-\displaystyle\int(1+t)\cdot\dfrac{1}{1+t}dt$
$=(1+t)\log(1+t)-t+C$

**注意** 上の基本例題 **210** に対する練習（練習 **210**）は次のページで扱う。

## 基本 例題 211 位置と道のり（平面運動）

時刻 $t$ における動点 P の座標が $x=e^{-t}\cos t$, $y=e^{-t}\sin t$ で与えられている。$t=1$ から $t=2$ までに P が動いた道のりを求めよ。

p.348 基本事項 ②

**指針** $P(x(t),\ y(t))$ のとき $t=t_0$ から $t=t_1$ までに P が動いた道のりは

$$\int_{t_0}^{t_1}\sqrt{\left(\frac{dx}{dt}\right)^2+\left(\frac{dy}{dt}\right)^2}\,dt \quad \longleftarrow \text{速度}\left(\frac{dx}{dt},\ \frac{dy}{dt}\right)\text{の大きさの定積分}$$

これは動点 P が描く曲線の $t=t_0$ から $t=t_1$ までの **弧の長さ** に等しい。

**CHART** 道のりは |速度| の定積分

**解答**

$$\frac{dx}{dt}=-e^{-t}\cos t+e^{-t}(-\sin t)=-e^{-t}(\cos t+\sin t)$$

$$\frac{dy}{dt}=-e^{-t}\sin t+e^{-t}\cos t=e^{-t}(\cos t-\sin t)$$

よって

$$\left(\frac{dx}{dt}\right)^2+\left(\frac{dy}{dt}\right)^2$$
$$=e^{-2t}(1+2\cos t\sin t)+e^{-2t}(1-2\cos t\sin t)$$
$$=2e^{-2t}=(\sqrt{2}\,e^{-t})^2$$

求める道のりは

$$\int_1^2\sqrt{2}\,e^{-t}dt=-\sqrt{2}\Big[e^{-t}\Big]_1^2$$
$$=\sqrt{2}\left(\frac{1}{e}-\frac{1}{e^2}\right)$$

点 $P(e^{-t}\cos t,\ e^{-t}\sin t)$ の描く曲線は，極方程式を用いて $r=e^{-t}$ と表されるから，曲線の概形は下の図のようになる。
この曲線は **対数螺旋**（らせん）とよばれている。

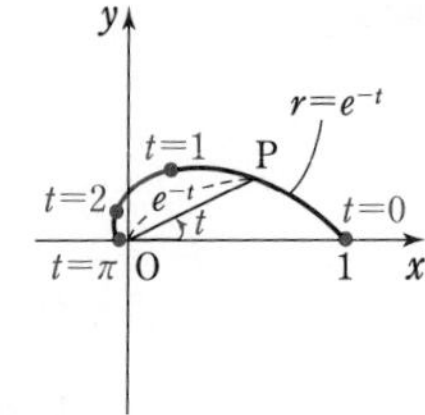


**注意** 下の練習 **210**, **211** は，それぞれ基本例題 **210**, **211** に対する練習である。

**練習 ②210** (1) $x$ 軸上を動く 2 点 P, Q が同時に原点を出発して，$t$ 秒後の速度はそれぞれ $\sin\pi t$, $2\sin\pi t$ (/s) である。

(ア) $t=3$ における P の座標を求めよ。

(イ) $t=0$ から $t=3$ までに P が動いた道のりを求めよ。

(ウ) 出発後初めて 2 点 P, Q が重なるのは何秒後か。また，このときまでの Q の道のりを求めよ。

(2) $x$ 軸上を動く点の加速度が時刻 $t$ の関数 $6(2t^2-2t+1)$ であり，$t=0$ のとき点 1，速度 $-1$ である。$t=1$ のときの点の位置を求めよ。

**練習 ②211** 時刻 $t$ における座標が次の式で与えられる点が動く道のりを求めよ。

(1) $x=t^2$, $y=t^3$ $(0\leqq t\leqq 1)$

(2) $x=t^2-\sin t^2$, $y=1-\cos t^2$ $(0\leqq t\leqq \sqrt{2\pi})$ ［類 山形大］

p.352 EX171

## 重要例題 212 量と積分 … 水の排出など ⓘⓘⓘⓘⓘ

曲線 $y=x^2\ (0\leqq x\leqq 1)$ を $y$ 軸の周りに1回転してできる形の容器に水を満たす。この容器の底に排水口がある。時刻 $t=0$ に排水口を開けて排水を開始する。時刻 $t$ において容器に残っている水の深さを $h$，体積を $V$ とする。$V$ の変化率 $\dfrac{dV}{dt}$ は $\dfrac{dV}{dt}=-\sqrt{h}$ で与えられる。〔北海道大〕

(1) 水深 $h$ の変化率 $\dfrac{dh}{dt}$ を $h$ を用いて表せ。

(2) 容器内の水を完全に排水するのにかかる時間 $T$ を求めよ。 基本 126

**指針** (1) $h$ を $t$ で表すのは難しそう。そこで，$\boldsymbol{\dfrac{dV}{dt}=\dfrac{dV}{dh}\cdot\dfrac{dh}{dt}}$ に注目。

$\dfrac{dV}{dt}$ は条件で与えられているから，$\dfrac{dV}{dh}$ が $h$ で表されればよい。これは $V$ を $h$ の関数と考えたものだから，水の深さが $h$ のときの体積を定積分で表すことから始める。

(2) 求める時間 $T$ は $h=1$ から $h=0$ までの時刻 $t$ の変化量と考える。

解答

(1) 水の深さが $h$ であるときの水の体積を $V(h)$ とすると

$$V(h)=\pi\int_0^h x^2dy=\pi\int_0^h y\,dy$$

ゆえに $\dfrac{dV}{dh}=\pi h$ …… (＊)

よって $\dfrac{dV}{dt}=\dfrac{dV}{dh}\cdot\dfrac{dh}{dt}=\pi h\dfrac{dh}{dt}$

題意から $\pi h\dfrac{dh}{dt}=-\sqrt{h}$

したがって $\dfrac{dh}{dt}=\boldsymbol{-\dfrac{1}{\pi\sqrt{h}}}$

(2) (1)より $\dfrac{dt}{dh}=-\pi\sqrt{h}$ であるから

$$T=\int_1^0(-\pi\sqrt{h})dh=\pi\int_0^1\sqrt{h}\,dh$$
$$=\pi\left[\frac{2}{3}h\sqrt{h}\right]_0^1=\boldsymbol{\frac{2}{3}\pi}$$

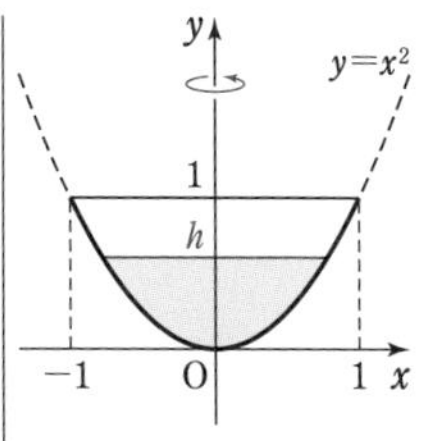


(＊) $\dfrac{d}{dh}\displaystyle\int_0^h y\,dy=h$

◀ $\dfrac{dt}{dh}=\dfrac{1}{\frac{dh}{dt}}$



**練習 ③212** 曲線 $y=x(1-x)\ \left(0\leqq x\leqq\dfrac{1}{2}\right)$ を $y$ 軸の周りに回転してできる容器に，単位時間あたり一定の割合 $V$ で水を注ぐ。〔類 筑波大〕

(1) 水面の高さが $h\ \left(0\leqq h\leqq\dfrac{1}{4}\right)$ であるときの水の体積を $v(h)$ とすると，

$v(h)=\dfrac{\pi}{2}\displaystyle\int_0^h(\boxed{\phantom{xx}})dy$ と表される。ただし，$\boxed{\phantom{xx}}$ には $y$ の関数を入れよ。

(2) 水面の上昇する速度 $u$ を水面の高さ $h$ の関数として表せ。

(3) 空の容器に水がいっぱいになるまでの時間を求めよ。 p.352 EX172

③**168**　$a>0$ とする。カテナリー $y=\dfrac{a}{2}\left(e^{\frac{x}{a}}+e^{-\frac{x}{a}}\right)$ 上の定点 $\mathrm{A}(0,\ a)$ から点 $\mathrm{P}(p,\ q)$ までの弧の長さを $l$ とし，この曲線と $x$ 軸，$y$ 軸および直線 $x=p$ で囲まれる部分の面積を $S$ とする。このとき，$S=al$ であることを示せ。 →208

③**169**　極方程式 $r=1+\cos\theta\ (0\leqq\theta\leqq\pi)$ で表される曲線の長さを求めよ。〔京都大〕
→208

③**170**　次の条件 [1]，[2] を満たす曲線 $C$ の方程式 $y=f(x)\ (x\geqq0)$ を求めよ。
[1]　点 $(0,\ 1)$ を通る。
[2]　点 $(0,\ 1)$ から曲線 $C$ 上の任意の点 $(x,\ y)$ までの曲線の長さ $L$ が $L=e^{2x}+y-2$ で与えられる。〔北海道大〕
→208

④**171**　$f(t)=\pi t(9-t^2)$ とするとき，次の問いに答えよ。
(1)　$x=\cos f(t)$，$y=\sin f(t)$ とするとき，$\left(\dfrac{dx}{dt}\right)^2+\left(\dfrac{dy}{dt}\right)^2$ を計算せよ。
(2)　座標平面上を運動する点 P の時刻 $t$ における座標 $(x,\ y)$ が，$x=\cos f(t)$，$y=\sin f(t)$ で表されているとき，$t=0$ から $t=3$ までに点 P が点 $(-1,\ 0)$ を通過する回数 $N$ を求めよ。
(3)　(2) における点 P が，$t=0$ から $t=3$ までに動く道のり $s$ を求めよ。
〔類　大阪工大〕
→211

③**172**　曲線 $y=-\cos x\ (0\leqq x\leqq\pi)$ を $y$ 軸の周りに 1 回転させてできる形をした容器がある。ただし，単位は cm とする。この容器に毎秒 $1\,\mathrm{cm}^3$ ずつ水を入れたとき，$t$ 秒後の水面の半径を $r$ cm とし，水の体積を $V\,\mathrm{cm}^3$ とする。水を入れ始めてからあふれるまでの時間内で考えるとき
(1)　水の体積 $V$ を $r$ の式で表せ。
(2)　水を入れ始めて $t$ 秒後の $r$ の増加する速度 $\dfrac{dr}{dt}$ を $r$ の式で表せ。 →212

HINT
168　$p>0$ と $p<0$ の場合に分かれる。
169　曲線上の点の直交座標を $(x,\ y)$ とすると　$x=r\cos\theta$，$y=r\sin\theta$
170　条件 [2] から $f'(x)$ を求めて積分。[1] $f(0)=1$ から定数を決定。
171　(2)　$\cos f(t)=-1$，$\sin f(t)=0$ から，$f(t)$ を整数 $n$ を用いて表す。$0\leqq t\leqq3$ における $f(t)$ の増減にも注目。
(3)　(1) を利用。
172　(1)　$V=\int_{\bullet}^{\blacksquare}\pi x^2\,dy$ …… ① の形となる。$y=-\cos x$ から置換積分法を利用して，① を $x$ に関する積分に直す。

# 30 発展 微分方程式

## 基本事項

### 1 微分方程式

$x$ の関数である未知の関数 $y$ について，$x$，$y$ および $\dfrac{dy}{dx}$，$\dfrac{d^2y}{dx^2}$ などの導関数を含む等式を **微分方程式** という。また，微分方程式に含まれる導関数の次数で，微分方程式を 1 階，2 階，…… というように区別する。

### 2 微分方程式の解

微分方程式を満たす関数をその微分方程式の **解** といい，解を求めることを微分方程式を **解く** という。また，解には次の種類がある。

**一般解**：微分方程式の階数と同数個の任意定数を含んだ解

**特別解**：一般解の任意定数に，特別の値を与えたもの

### 3 微分方程式の作成

任意定数を含む関数 $y$ について $y'$，$y''$，…… を求めて，任意定数を消去することにより微分方程式を作ることができる。

また，曲線や接線についての性質や条件，速度・加速度，力のつり合い，量の変化率などの関係を微分方程式で表すことができる（⟶ $p.357$ 演習例題 **215** など）。

## 解　説

### ■ 微分方程式

例えば，$\dfrac{dy}{dx}=x^2$，$\dfrac{dy}{dx}=y$，$\dfrac{dy}{dx}=x+y$，$\dfrac{d^2y}{dx^2}=-k^2y$ のような等式で，$x$ の関数 $y$ の形が未知の場合に，これを微分方程式という。ここで，上記の第 1 から第 3 までの微分方程式は 1 階微分方程式，第 4 のものは 2 階微分方程式である。

例　関数 $y=Ae^{-x^2}$ …… ①（$A$ は任意の定数）が満たす微分方程式を作成してみよう。

① から　$y'=-2xAe^{-x^2}$　　$Ae^{-x^2}=y$ であるから，求める微分方程式は

$y'=-2xy$　　⟵ 1 階微分方程式

### ■ 一般解と特別解

微分方程式 $\dfrac{dy}{dx}=x^2$ の解は $y=\dfrac{x^3}{3}+C$（$C$ は任意定数），$\dfrac{dy}{dx}=y$ の解は $y=Ce^x$（$C$ は任意定数），$\dfrac{d^2y}{dx^2}=-k^2y$ の解は $y=C_1\cos kx+C_2\sin kx$（$C_1$，$C_2$ は任意定数）のように，ちょうど **階数に等しいだけの任意定数を含む**。このような形の解は一般解である。ここで，例えば，$\dfrac{dy}{dx}=y$ で，「$x=0$ のとき $y=1$」という条件があると，解 $y=Ce^x$ に $x=0$，$y=1$ を代入することにより $C=1$ と値が決まり，解は $y=e^x$ となる。これは特別解である。〰〰 のような，微分方程式の解に含まれる定数の値を定めるための条件を，**初期条件** という。

なお，不定積分に用いた積分定数に対して，微分方程式の解（一般解）に用いる定数は **任意定数** という。

基本事項

## 4 微分方程式の解法

$\dfrac{dy}{dx}=F(x,\ y)$ の形で表された1階微分方程式の解法を考えてみよう。

以下において，$C$ は任意定数とする。

**[1] 変数分離形 $f(y)\dfrac{dy}{dx}=g(x)$ …… ① の解法**

① の両辺を $x$ について積分して

$$\int f(y)\frac{dy}{dx}dx=\int g(x)dx$$

置換積分法 ($p.227$ 基本事項 2 ②) により，$\displaystyle\int f(y)\frac{dy}{dx}dx=\int f(y)dy$ であるから

$$\int f(y)dy=\int g(x)dx$$

この式の左辺・右辺それぞれの不定積分を求めることで，$F(y)=G(x)+C$ の形の一般解が得られる。

**[2] 同次形 $\dfrac{dy}{dx}=f\left(\dfrac{y}{x}\right)$ …… ② の解法**

$\dfrac{y}{x}=z$ すなわち $y=xz$ とおくと $\dfrac{dy}{dx}=z+x\dfrac{dz}{dx}$

これを ② に代入して $z+x\dfrac{dz}{dx}=f(z)$ から $\dfrac{dz}{f(z)-z}=\dfrac{dx}{x}$ となり，[1] の変数分離形に帰着できる。

$\displaystyle\int\frac{dz}{f(z)-z}=\int\frac{dx}{x}$ から $F(z)=\log|x|+C$ の形の一般解が得られる。

**[3] $\dfrac{dy}{dx}=f(ax+by+c)$ …… ③ の解法**

$ax+by+c=z$ とおいて，両辺を $x$ について微分すると $a+b\dfrac{dy}{dx}=\dfrac{dz}{dx}$

③ を代入して $\dfrac{dz}{dx}=a+bf(z)$ から $\dfrac{dz}{a+bf(z)}=dx$ となり，変数分離形となる ([1] に帰着)。

**[4] $\dfrac{dy}{dx}=\dfrac{ax+by+c}{px+qy+r}$ $(aq-bp\neq0)$ の解法**

連立方程式 $\begin{cases}ax+by+c=0\\ px+qy+r=0\end{cases}$ の解を $(x,\ y)=(\alpha,\ \beta)$ とすると

$x=X+\alpha$，$y=Y+\beta$ とおいて $\dfrac{dy}{dx}=\dfrac{dY}{dX}$ から

$$\frac{dY}{dX}=\frac{aX+bY}{pX+qY}$$

これは上の [2] と同じタイプの式。$aq-bp=0$ のときは上の [3] と同じタイプの式。

**[5] 連立形** 関数 $f(x)$，$g(x)$，$f'(x)$，$g'(x)$ の連立方程式で表された関数 $f(x)$，$g(x)$ を求めるには，適当なおき換えで1つの微分方程式に直して解く。

## 演習 例題 213 微分方程式の解法の基本

$y$ は $x$ の関数とする。次の微分方程式を解け。ただし，(1) は［　］内の初期条件のもとで解け。

(1)　$2yy'=1$［$x=1$ のとき $y=1$］　　(2)　$y=xy'+1$

p.354 基本事項 4 [1]

**指針**　$f(y)\dfrac{dy}{dx}=g(x)$ の形（**変数分離形**）にして，両辺を $x$ で積分する。

(1)　一般解を求めたら，$x=1$，$y=1$ を代入し，任意定数 $(C)$ の値を定める。

(2)　まず，定数関数 $y=1$ が解であるかどうかを調べる。

**CHART**　変数分離形の微分方程式　**$x$ と $y$ を離す $\longrightarrow f(y)\dfrac{dy}{dx}=g(x)$**

**解答**

(1)　$2y\dfrac{dy}{dx}=1$ の両辺を $x$ で積分して　$\displaystyle\int 2y\frac{dy}{dx}dx=\int dx$

◀ $y'=\dfrac{dy}{dx}$ と書き表す。

$\left(2y\dfrac{dy}{dx}=1\right.$ は変数分離形。$\left.\right)$

左辺に置換積分法の公式を用いて　$\displaystyle\int 2y\,dy=\int dx$

$\displaystyle\int f(y)\frac{dy}{dx}dx=\int f(y)dy$

よって　$y^2=x+C$，$C$ は任意定数

$x=1$ のとき $y=1$ であるから　$1=1+C$　$\therefore$　$C=0$

◀初期条件を代入。

したがって　$y^2=x$　　よって　$y=\pm\sqrt{x}$

このうち，初期条件を満たすのは　$\boldsymbol{y=\sqrt{x}}$

(2)　微分方程式を変形すると　$xy'=y-1$

［1］　定数関数 $y=1$ は明らかに解である。

◀ $y=1$ のとき　$y'=0$

［2］　$y\neq 1$ のとき　$\dfrac{1}{y-1}\cdot\dfrac{dy}{dx}=\dfrac{1}{x}$

◀ $\dfrac{y'}{y-1}=\dfrac{1}{x}$（変数分離形）に直す。

ゆえに　$\displaystyle\int\frac{1}{y-1}\cdot\frac{dy}{dx}dx=\int\frac{1}{x}dx$

よって　$\displaystyle\int\frac{dy}{y-1}=\int\frac{dx}{x}$

ゆえに　$\log|y-1|=\log|x|+C$（$C$ は任意定数）

◀絶対値記号を落とさないように。

よって　$|y-1|=e^C|x|$　すなわち　$y-1=\pm e^Cx$

$\pm e^C=A$ とおくと，$A$ は 0 以外の任意の値をとる。

したがって，解は　$y=Ax+1$，$A\neq 0$

［1］における解 $y=1$ は，［2］における解 $y=Ax+1$ において，$A=0$ とおくと得られるから，求める解は

◀解は 1 つにまとめることができる。

$\boldsymbol{y=Ax+1}$，**$A$ は任意定数**

**練習 ③213**　(1)　$A$，$B$ を任意の定数とする方程式 $y=A\sin x+B\cos x-1$ から $A$，$B$ を消去して微分方程式を作れ。

(2)　$y$ は $x$ の関数とする。次の微分方程式を解け。ただし，(イ) は［　］内の初期条件のもとで解け。

(ア)　$y'=ay^2$（$a$ は定数）

(イ)　$xy'+y=y'+1$［$x=2$ のとき $y=2$］

p.358 EX 173, 174

## 演習 例題 214 微分方程式の解法（おき換えの利用）

ⒾⒾⒾⒾⒾ

$y$ は $x$ の関数とする。

(1) $a,\ b,\ c$ は定数とする。$\dfrac{dy}{dx}=f(ax+by+c)$ を $ax+by+c=z$ とおき換えることにより，$z$ に関する微分方程式として表せ。

(2) (1)を利用して，微分方程式 $\dfrac{dy}{dx}=x+y+1$ を解け。

p.354 基本事項 4 [3]，演習 213

**指針** (1) $ax+by+c=z$ の両辺を $x$ で微分する。

(2) **$x+y+1=z$ とおく** と，(1)の結果から $\dfrac{dz}{dx}$ と $z$ を含む微分方程式が得られる。

これを解いて $x,\ y$ の関数に直す。

**解答**

(1) $ax+by+c=z$ の両辺を $x$ で微分して

$$a+b\frac{dy}{dx}=\frac{dz}{dx}$$

◀$z$ も $x$ の関数である。

$\dfrac{dy}{dx}=f(z)$ を代入して　$\boldsymbol{\dfrac{dz}{dx}=a+bf(z)}$

(2) $x+y+1=z$ とおくと，(1)から　$\dfrac{dz}{dx}=1+z$ …… ①

◀(1)において，$a=b=c=1$ の場合であり　$f(z)=z$

[1] $1+z=0$ は明らかに ① の解である。

[2] $1+z \neq 0$ のとき　$\dfrac{1}{1+z}\cdot\dfrac{dz}{dx}=1$

◀① の両辺$\div(1+z)$

よって　$\displaystyle\int\frac{1}{1+z}\cdot\frac{dz}{dx}dx=\int dx$

ゆえに　$\displaystyle\int\frac{dz}{1+z}=\int dx$

◀置換積分法を利用。

したがって　$\log|1+z|=x+C$（$C$ は任意定数）

◀$\displaystyle\int\frac{dz}{1+z}=\log|1+z|+C_1$（$C_1$ は積分定数）

ゆえに　$|1+z|=e^C\cdot e^x$　すなわち　$1+z=\pm e^C\cdot e^x$

$\pm e^C=A$ とおくと，$A$ は 0 以外の任意の値をとる。

したがって，解は　$1+z=Ae^x,\ A\neq 0$

[1] における解 $1+z=0$ は，[2] における解 $1+z=Ae^x$ で $A=0$ とおくと得られる。

◀解は 1 つにまとめることができる。

$x+y+1=z$ より $1+z=x+y+2$ であるから，求める解は

$$\boldsymbol{x+y+2=Ae^x,\ A\ は任意定数}$$

◀左辺を $x,\ y$ で表す。

**練習 ④214** $y$ は $x$ の関数とする。(　) 内のおき換えを利用して，次の微分方程式を解け。

(1) $\dfrac{dy}{dx}=\dfrac{1-x-y}{x+y}$　　$(x+y=z)$

(2) $\dfrac{dy}{dx}=(x-y)^2$　　$(x-y=z)$

## 演習 例題 215 微分方程式を導いて曲線決定

第 1 象限にある曲線 $C$ 上の任意の点における接線は常に $x$ 軸，$y$ 軸の正の部分と交わり，その交点をそれぞれ Q，R とすると，接点 P は線分 QR を 2：1 に内分するという。この曲線 $C$ が点 $(1,\ 1)$ を通るとき，$C$ の方程式を求めよ。

演習 213

**指針** 接点 P の座標を $(x,\ y)$ として，P における曲線 $C$ の接線の方程式を求め，Q の $x$ 座標 $X$ を $x$，$y$，$y'$ で表す。また，条件 QP：PR＝2：1 からわかる $x$，$X$ の関係式を利用して，$x$，$y$，$y'$ の関係式（**微分方程式**）を導く。
なお，条件から $\boldsymbol{y'\neq 0}$，$\boldsymbol{x>0}$，$\boldsymbol{y>0}$ であることに注意。

**解答**

接点 P の座標を $(x,\ y)$ とし，接線上の任意の点を $(X,\ Y)$ とすると，接線の方程式は　$Y-y=y'(X-x)$

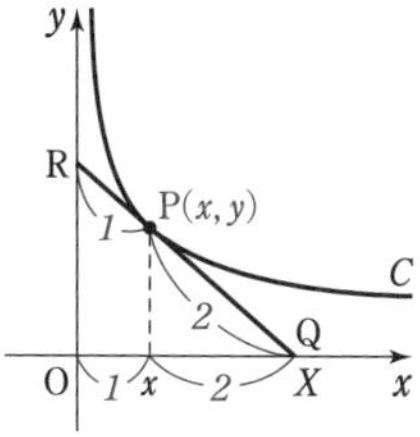

◀点 P の座標 $x$，$y$ と紛れないように $X$，$Y$ としている。

接線と $x$ 軸の交点 Q の $x$ 座標 $X$ は，$Y=0$ として　$-y=y'(X-x)$

$y'\neq 0$ であるから　$X=\dfrac{xy'-y}{y'}$

◀接線は常に $x$ 軸，$y$ 軸と交わるから $y'\neq 0$

また，QP：PR＝2：1 であるから

$x=\dfrac{X}{3}$　すなわち　$x=\dfrac{xy'-y}{3y'}$

◀上の図参照。

したがって　$2xy'=-y$

◀曲線が満たす条件。

曲線 $C$ は第 1 象限にあるから　$x>0$，$y>0$ …… ①

ゆえに，$2x\dfrac{dy}{dx}=-y$ から　$\dfrac{dy}{y}=-\dfrac{dx}{2x}$

◀$\dfrac{1}{y}\cdot\dfrac{dy}{dx}=-\dfrac{1}{2x}$ として両辺を $x$ について積分する代わりに $\dfrac{dy}{y}=-\dfrac{dx}{2x}$ として両辺をそれぞれの変数で積分している。

両辺を積分して　$\displaystyle\int\frac{dy}{y}=-\frac{1}{2}\int\frac{dx}{x}$

よって，① から　$\log y=-\dfrac{1}{2}\log x+C_1$(*)，$C_1$ は任意定数

◀(*) ① より，$x>0$，$y>0$ であるから，絶対値記号は付けなくてよい。

したがって　$y=\dfrac{e^{C_1}}{\sqrt{x}}$

$e^{C_1}=A$ とおくと，$A$ は正の値をとる。

ゆえに　$y=\dfrac{A}{\sqrt{x}}$，$A>0$

曲線 $C$ は点 $(1,\ 1)$ を通るから，$x=y=1$ を代入して

$A=1$

◀初期条件。

よって，求める曲線 $C$ の方程式は　$\boldsymbol{y=\dfrac{1}{\sqrt{x}}}$

**練習 ③215** 点 $(1,\ 1)$ を通る曲線上の点 P における接線が $x$ 軸，$y$ 軸と交わる点をそれぞれ Q，R とし，O を原点とする。この曲線は第 1 象限にあるとして，常に △ORP＝2△OPQ であるとき，曲線の方程式を求めよ。

p.358 EX 175

# EXERCISES



③173 $f(x)$ は実数全体で定義された連続関数であり，すべての実数 $x$ に対して次の関係式を満たすとする。このとき，関数 $f(x)$ を求めよ。

$$\int_0^x e^t f(x-t)dt=f(x)-e^x$$

〔奈良県医大〕

→213

③174 実数全体で微分可能な関数 $f(x)$ が次の条件(A)，(B)をともに満たす。

(A)：すべての実数 $x$，$y$ について，$f(x+y)=f(x)f(y)$ が成り立つ。

(B)：すべての実数 $x$ について，$f(x)\neq 0$ である。

(1) すべての実数 $x$ について $f(x)>0$ であることを，背理法によって証明せよ。

(2) すべての実数 $x$ について，$f'(x)=f(x)f'(0)$ であることを示せ。

(3) $f'(0)=k$ とするとき，$f(x)$ を $k$ を用いて表せ。 〔類 東京慈恵医大〕

→213

④175 ラジウムなどの放射性物質は，各瞬間の質量に比例する速度で，質量が減少していく。その比例定数を $k$ $(k>0)$，最初の質量を $A$ として，質量 $x$ を時間 $t$ の関数で表せ。また，ラジウムでは，質量が半減するのに 1600 年かかるという。800 年では初めの量のおよそ何 % になるか。小数点以下を四捨五入せよ。 →215

④176 関数 $f(x)$ は，$x>-2$ で連続な第 2 次導関数 $f''(x)$ をもつ。また，$x>0$ において $f(x)>0$，$f'(x)>0$ を満たし，任意の正の数 $t$ に対して点 $(t,\ f(t))$ における曲線 $y=f(x)$ の接線と $x$ 軸との交点 P の $x$ 座標が $-\int_0^t f(x)dx$ に等しい。

(1) $t>0$ のとき，点 $(t,\ f(t))$ における接線の方程式を求めよ。

(2) $t>0$ のとき，$f''(t)=-\{f'(t)\}^2$ を示せ。

(3) $f'(0)=\dfrac{1}{2}$，$f(0)=0$ のとき，$f'(x)$，$f(x)$ を求めよ。 〔類 鳥取大〕

173 $x-t=s$ とおいて，左辺を変形する。次に，両辺を $x$ で微分することで，$f(x)$ に関する微分方程式を導く。

174 (1) 中間値の定理を利用。

(2) 定義の式 $f'(x)=\lim\limits_{h\to 0}\dfrac{f(x+h)-f(x)}{h}$ に，条件(A)の式を利用。

175 質量の減少速度は $-\dfrac{dx}{dt}$ であるから $-\dfrac{dx}{dt}=kx$

176 (2) (1)で求めた接線の方程式において $y=0$ として，点 P の $x$ 座標を求める。

(3) (2)で示した等式において，$f'(t)=u$ とおく。

## 参考事項 電気回路と複素数，微分方程式

我々の日常生活では，交流の電気が広く利用されている。この交流の回路の計算において，複素数や微分方程式を利用することがあるので，その一部を見てみよう。なお，以下の内容は大学の範囲も含むため，概要を大まかに押さえてもらえれば十分である。

電圧 $V=V_0\sin\omega t$ (V)[$V$ は $t$ の関数] の交流電源に，抵抗値 $R$ (Ω) の抵抗，自己インダクタンス $L$ (H) のコイル，電気容量 $C$ (F) のコンデンサーを直列につないだ回路を考える。このときの抵抗，コイル，コンデンサーにかかる電圧を，それぞれ $V_R$, $V_L$, $V_C$ とする。時刻 $t$ (秒) における，この回路を流れる電流 $I$ (A) [$I$ は $t$ の関数] を求めてみよう。

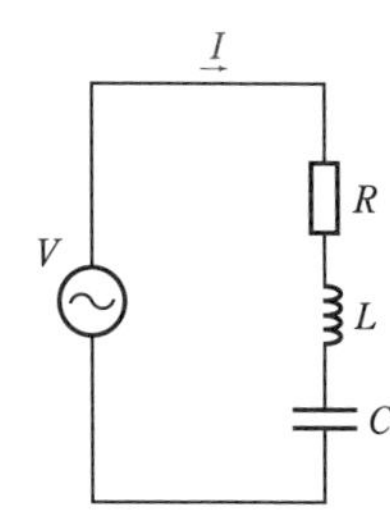


オームの法則により　$V_R=RI$

時刻 $t$ (秒) から時刻 $t+\varDelta t$ (秒) の間に電流が $\varDelta I$ (A) 増加したとすると，$V_L=L\dfrac{\varDelta I}{\varDelta t}$ から，$\varDelta t\longrightarrow 0$ として　$V_L=L\dfrac{dI}{dt}$

また，この間にコンデンサーの電気量が $\varDelta q$ (C) 増加したとすると，

$I=\dfrac{\varDelta q}{\varDelta t}$ から，$\varDelta t\longrightarrow 0$ として　$I=\dfrac{dq}{dt}$　　$q=CV_C$ であるから　$I=C\dfrac{dV_C}{dt}$

よって，$V_R+V_L+V_C=V$ から　$RI+L\dfrac{dI}{dt}+V_C=V_0\sin\omega t$　← キルヒホッフの法則。

両辺を $t$ で微分すると　$R\dfrac{dI}{dt}+L\dfrac{d^2I}{dt^2}+\dfrac{I}{C}=V_0\omega\cos\omega t$ …… ①

この微分方程式の解が求める $I$ である。ここで，オイラーの公式 $e^{i\theta}=\cos\theta+i\sin\theta$ (p.219) を利用して，① の右辺を $V_0\omega e^{i\omega t}$ とおき換え，$I$ を複素数とみなすことにする。

すなわち　$R\dfrac{dI}{dt}+L\dfrac{d^2I}{dt^2}+\dfrac{I}{C}=V_0\omega e^{i\omega t}$ …… ①′　を考える。

$I=Ae^{i\omega t}$ ($A$ は複素数の定数)(*) として，$i$ を定数とみなすと

$$\frac{dI}{dt}=Ai\omega e^{i\omega t},\quad \frac{d^2I}{dt^2}=-A\omega^2e^{i\omega t}$$

← $i$ を定数とみなしてよい理由は，大学で学習する。

となるから，①′ の式は　$A\omega\left(Ri-\omega L+\dfrac{1}{\omega C}\right)e^{i\omega t}=V_0\omega e^{i\omega t}$

よって　$A=\dfrac{V_0}{\left(Ri-\omega L+\dfrac{1}{\omega C}\right)}$　← 分母は複素数 $\left(-\omega L+\dfrac{1}{\omega C}\right)+Ri$

$\left|Ri-\omega L+\dfrac{1}{\omega C}\right|=\sqrt{R^2+\left(\omega L-\dfrac{1}{\omega C}\right)^2}=Z$, $\alpha=\arg\left(Ri-\omega L+\dfrac{1}{\omega C}\right)$ とすると，

$A=\dfrac{V_0}{Ze^{i\alpha}}$ となるから　$I=Ae^{i\omega t}=\dfrac{V_0}{Z}e^{i(\omega t-\alpha)}$　← この $Z$ をインピーダンスという。

① を満たす電流は，この実数部分を考えて　$\boldsymbol{I=\dfrac{V_0}{Z}\cos(\omega t-\alpha)}$

このように，複素数を利用することで複雑な三角関数の計算を回避することができる。

(*) 大学範囲の物理では，①′ を満たす関数は $Ae^{i\omega t}$ の形だけであることが示される。

6章 30 発展 微分方程式

## 参考事項 積分法の歴史の概観

積分の考え方の発祥は，古代ギリシアのユードクソス（紀元前約 408-355）によると言われる。彼は現在の積分法にあたる積尽法（取り尽くしの方法）とよばれる方法を確立し，円の面積の公式や，角錐や円錐の体積の公式（底面の面積×高さ÷3）を求めることに成功した（角錐の体積の現代的な求め方では，規則的に積み上げた角柱で角錐を近似し，その体積を求めてから，角柱の数を増やして，その極限として体積を計算する）。

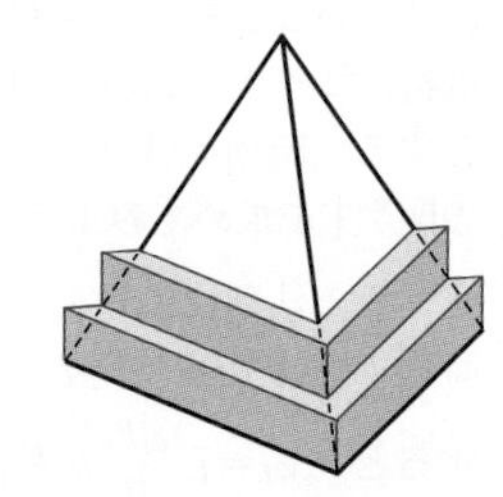

ユードクソスはほかにも，それまで自然数の比（有理数）のみを考えていたのを改め，もっと一般の比（無理数比を含む）の理論を確立したことでも知られる。

その後，アルキメデス（紀元前 287?-212）は，球の体積や表面積，放物線と直線で囲まれた図形の面積の計算などを行い，積尽法の適用範囲を広げた。また特殊な図形に限られていたとはいえ，その方法は統一的な考えのもとで行われており，積分の発見の一歩手前まで達していたと言っても過言ではない。

その後，カヴァリエリ（1598-1647）やパスカル（1623-1662）などの研究を経て，17 世紀にニュートン（1642-1727）とライプニッツ（1646-1716）による，一般の関数の積分理論に結実したのである。我が国でも，関孝和（せきたかかず）（1642-1708）や建部賢弘（たけべかたひろ）（1664-1739）らの研究は，微分積分学の一歩手前まで達したことを強調しておきたい。建部は，$y=\sin x$ の逆関数の級数展開などを求め，円弧の長さについての公式を発見している。

微分積分学の中でも最も重要な定理が次の公式である。

$$\frac{d}{dx}\int_a^x f(x)dx=f(x) \quad \text{（微分積分学の基本定理）}$$

この公式により，全く由来の異なる 2 つのもの，すなわち微分（接線）という局所的な性質を扱うものと，積分（面積）という大域的な概念が結びついたのである。

さて，現在使われている微分や積分の記号 $\dfrac{dy}{dx}$，$\int f(x)dx$ はライプニッツによるものである。これらの記号の自然さは，合成関数の微分や積分の公式

$$\frac{dz}{dx}=\frac{dz}{dy}\cdot\frac{dy}{dx} \qquad \int f(x)dx=\int f(x)\frac{dx}{dt}dt$$

などに現れている。

ヨーロッパの大陸部では，この記号の適切さもあって，微分積分学は大いに発展した。中でも，オイラー（1707-1783）の業績は偉大なものである。オイラーは，多くの級数の和を求めたり，微分方程式を解いたりした。イギリスでは，ニュートンの記号（例えば，微分は $\dot{x}$ 等）にこだわり，ヨーロッパの他の国に一歩後れをとったことが知られている。記号の善し悪しは，決して侮れないことなのである。

# 総合演習

学習の総仕上げのための問題を２部構成で掲載しています。数学Ⅲのひととおりの学習を終えた後に取り組んでください。

●第１部

第１部では，思考力を鍛えることができるテーマを取り上げ，それに関連する問題や解説を掲載しています。
各テーマは次のような流れで構成されています。

CHECK → 問題 → 指針 → 解答 → 検討

CHECK では，例題で学んだ問題の類題を取り上げています。その後に続く問題の準備となるような解説も書かれていますので，例題で学んだ内容を思い出しながら読み進めてみましょう。必要に応じて，例題の内容を復習するとよいでしょう。

問題 では，そのテーマで主となる問題を掲載しています。あまり解いたことのない形式のものや，思考力を要する問題も含まれています。CHECK で確認したことや，これまで学んできた内容を活用しながらチャレンジしてください。
解答の方針がつかみづらい場合は，指針も読んで考えてみましょう。

更に，解答と検討が続きますが，問題が解けた場合も解けなかった場合も，解答や検討の内容もきちんと確認してみてください。検討の内容まで理解することで，より思考力を高められます。

●第２部

第２部では，基本～標準レベルの入試問題を中心に取り上げました。中には難しい問題もあります（◇印をつけました)。解法の手がかりとなる HINT も設けていますから，難しい場合は HINT も参考にしながら挑戦してください。

# テーマ 1 はさみうちの原理と無限級数

## 平方数の逆数和の極限を求める

無限級数 $\sum_{n=1}^{\infty}\frac{1}{n^s}$ は，古くからさまざまな数学者によって研究されてきた級数です。$s=1$ のとき，すなわち $\sum_{n=1}^{\infty}\frac{1}{n}$ が発散することを，数学Ⅲ例題 **45** で学びました（調和級数の発散）。ここでは，$s=2$ のとき，すなわち $\sum_{n=1}^{\infty}\frac{1}{n^2}$ について考察します。

まず，次の問題で，はさみうちの原理を利用して極限を求める方法について，確認しましょう。

**CHECK 1−A**　$n$ を自然数とする。$7^n$ の桁数を $d_n$ とするとき，極限 $\lim_{n\to\infty}\frac{d_n}{n}$ を求めよ。

$\frac{d_n}{n}$ の極限は，直接は求められませんから，**はさみうちの原理** を利用することを考えます。はさみうちの原理については，数学Ⅲ例題 **21**～**23** を確認しましょう。$a_n \leqq \frac{d_n}{n} \leqq b_n$ の形の不等式を作る必要がありますが，自然数 $N$ の桁数が $m$ であるとき，不等式 $10^{m-1} \leqq N < 10^m$ が成り立つことを利用しましょう。

**解答**

$7^n$ は $d_n$ 桁の自然数であるから　　$10^{d_n-1} \leqq 7^n < 10^{d_n}$

各辺の常用対数をとると　　$d_n - 1 \leqq n\log_{10}7 < d_n$

ゆえに　　$\log_{10}7 < \frac{d_n}{n} \leqq \log_{10}7 + \frac{1}{n}$

$\lim_{n\to\infty}\left(\log_{10}7 + \frac{1}{n}\right) = \log_{10}7$ であるから

$$\lim_{n\to\infty}\frac{d_n}{n} = \mathbf{\log_{10}7}$$

◀ $d_n - 1 \leqq n\log_{10}7$ から $\frac{d_n}{n} - \frac{1}{n} \leqq \log_{10}7$ よって $\frac{d_n}{n} \leqq \log_{10}7 + \frac{1}{n}$

◀ **はさみうちの原理。**

上の極限値について，$d_n$ および $n$ はともに自然数ですので $\frac{d_n}{n}$ は常に有理数ですが，その極限値は上で示したように無理数となります。有理数の数列は，有理数に収束することもあれば，無理数に収束することもあります。

次の CHECK 1−B は，極限に関する問題ではありませんが，後の問題 **1** を考察する上で役立つ内容です。数列の内容の復習として，取り組んでみましょう。

**CHECK 1−B**　$n$ を自然数とする。

(1)　$n \geqq 2$ のとき，$\sum_{k=2}^{n}\frac{1}{(k-1)k}$ を求めよ。

(2)　$\sum_{k=1}^{n}\frac{1}{k^2} < 2$ が成り立つことを示せ。

分数の数列の和は，**部分分数に分解** し，差の形で表すことで，隣り合う項が消え計算することができます。必要に応じて，数学 B 例題 **25** を復習しておきましょう。

(2) では，$k \geqq 2$ のとき，$k^2>(k-1)k$ から，$\dfrac{1}{k^2}<\dfrac{1}{k(k-1)}$ が成り立ちます。これと，(1) の結果を利用します。

**解答**

(1) $\displaystyle\sum_{k=2}^{n}\frac{1}{(k-1)k}=\sum_{k=2}^{n}\left(\frac{1}{k-1}-\frac{1}{k}\right)$

$\displaystyle=\left(\frac{1}{1}-\frac{1}{2}\right)+\left(\frac{1}{2}-\frac{1}{3}\right)+\cdots\cdots+\left(\frac{1}{n-1}-\frac{1}{n}\right)$

$\displaystyle=\boldsymbol{1-\frac{1}{n}}$

◀部分分数に分解する。

(2) $k \geqq 2$ のとき，$k^2>(k-1)k>0$ から

$\displaystyle\frac{1}{k^2}<\frac{1}{(k-1)k}$

◀$a>b>0$ ならば $\dfrac{1}{a}<\dfrac{1}{b}$

よって，(1) から

$\displaystyle\sum_{k=1}^{n}\frac{1}{k^2}=\frac{1}{1^2}+\sum_{k=2}^{n}\frac{1}{k^2}<1+\sum_{k=2}^{n}\frac{1}{(k-1)k}$

$\displaystyle=1+\left(1-\frac{1}{n}\right)=2-\frac{1}{n}<2$

◀$\dfrac{1}{n}>0$

次ページの問題 **1** では，平方数の逆数の和の極限 $\left(\displaystyle\sum_{n=1}^{\infty}\frac{1}{n^2}\right)$ に関する内容がテーマになっています。問題 **1** に取り組む前に，関連する事柄を整理しておきましょう。

まず，数列 $\{a_n\}$ の極限について，次のことが知られています。

**$M$ を定数とし，すべての自然数 $n$ について，**

**$a_n \leqq a_{n+1}$ かつ $a_n \leqq M$**

**が成り立つとき，数列 $\{a_n\}$ は $M$ 以下の値に収束する** …… (＊)

(*p*.55 補足事項も参照。)

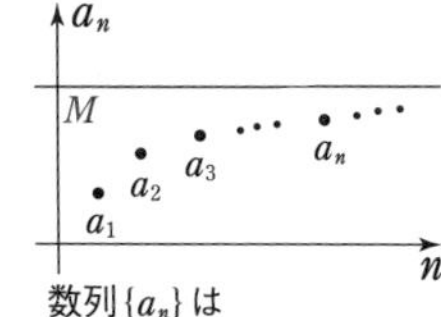

数列 $\{a_n\}$ は
$a_n \leqq a_{n+1}$ (単調増加)
$a_n \leqq M$ ($M$は定数)
を満たす。

厳密な証明は大学で学ぶ知識が必要となりますが，直感的には自然な性質と思えるのではないでしょうか。

この性質を用いて，$\displaystyle\sum_{n=1}^{\infty}\frac{1}{n^2}=\lim_{n\to\infty}\sum_{k=1}^{n}\frac{1}{k^2}$ について考えてみます。

$\displaystyle S_n=\sum_{k=1}^{n}\frac{1}{k^2}$ とすると，数列 $\{S_n\}$ は

$$S_{n+1}=\sum_{k=1}^{n+1}\frac{1}{k^2}=\sum_{k=1}^{n}\frac{1}{k^2}+\frac{1}{(n+1)^2}>\sum_{k=1}^{n}\frac{1}{k^2}=S_n$$

◀$\dfrac{1}{(n+1)^2}>0$

から，$S_n<S_{n+1}$ を満たします。

また，CHECK 1−B の結果から，$S_n<2$ が成り立ちます。

よって，上の (＊) から，$\displaystyle\sum_{n=1}^{\infty}\frac{1}{n^2}=\lim_{n\to\infty}S_n$ は **2 以下の値に収束する** ことがわかります。

しかし，これだけでは，$\displaystyle\sum_{n=1}^{\infty}\frac{1}{n^2}$ の具体的な極限値まではわかりません。

次ページの問題 **1** では，$\displaystyle\sum_{n=1}^{\infty}\frac{1}{n^2}$ が具体的にどのような値に収束するかを考察します。

## 問題 1　平方数の逆数和の極限

関数 $f(x)$, $g(x)$ を $f(x)=\dfrac{1}{\sin^2 x}$, $g(x)=\dfrac{1}{\tan^2 x}$ と定め，自然数 $n$ に対して

$S_n=\displaystyle\sum_{k=1}^{2^n-1} f\left(\frac{k\pi}{2^{n+1}}\right)$, $T_n=\displaystyle\sum_{k=1}^{2^n-1} g\left(\frac{k\pi}{2^{n+1}}\right)$ とする。

(1) $0<x<\dfrac{\pi}{2}$ のとき，$f(x)+f\left(\dfrac{\pi}{2}-x\right)=4f(2x)$ が成り立つことを示せ。

(2) $S_1$, $S_2$, $S_3$ の値を求めよ。

(3) $S_{n+1}$ と $S_n$ の関係式を求め，$S_n$ を求めよ。

(4) $\dfrac{1}{\tan^2 x}=\dfrac{1}{\sin^2 x}-1$ であることを利用して，$T_n$ を求めよ。

(5) $\displaystyle\lim_{n\to\infty}\sum_{k=1}^{2^n-1}\frac{1}{k^2}$ を求めよ。ただし，$0<\theta<\dfrac{\pi}{2}$ に対して $\sin\theta<\theta<\tan\theta$ が成り立つことを用いてもよい。

〔類 慶応大〕

(1) $\sin\left(\dfrac{\pi}{2}-x\right)=\cos x$ が成り立つことを利用する。

(2) $S_2$, $S_3$ の値は，(1) で示した関係式を用いて計算する。

(3) $k=1$, 2, ……, $2^n-1$ のとき，$f\left(\dfrac{2^{n+1}-k}{2^{n+2}}\pi\right)=f\left(\dfrac{\pi}{2}-\dfrac{k}{2^{n+2}}\pi\right)$ であるから，

$f\left(\dfrac{k\pi}{2^{n+2}}\right)+f\left(\dfrac{2^{n+1}-k}{2^{n+2}}\pi\right)$ に対して (1) の関係式を用いる。

(4) $\dfrac{1}{\tan^2 x}=\dfrac{1}{\sin^2 x}-1$ から，$g(x)=f(x)-1$ であることを利用する。

(5) $\sin\theta<\theta<\tan\theta$ を利用して $\displaystyle\sum_{k=1}^{2^n-1}\frac{1}{k^2}$ が満たす不等式を求め，**はさみうちの原理** を用いて極限を求める。そのために，$\theta=\dfrac{k\pi}{2^{n+1}}$ として，(3), (4) で求めた $S_n$, $T_n$ を利用する。

**CHART** 求めにくい極限　**不等式利用で　はさみうち**

**解答**

(1) $\sin\left(\dfrac{\pi}{2}-x\right)=\cos x$ から

$$f(x)+f\left(\frac{\pi}{2}-x\right)=\frac{1}{\sin^2 x}+\frac{1}{\cos^2 x}$$
$$=\frac{\cos^2 x+\sin^2 x}{\sin^2 x\cos^2 x}=\frac{1}{(\sin x\cos x)^2}$$
$$=\frac{1}{\left(\frac{1}{2}\sin 2x\right)^2}=\frac{4}{\sin^2 2x}$$
$$=4f(2x)$$

◀ $f\left(\dfrac{\pi}{2}-x\right)=\dfrac{1}{\sin^2\left(\frac{\pi}{2}-x\right)}=\dfrac{1}{\cos^2 x}$

◀ $\sin 2x=2\sin x\cos x$ から $\sin x\cos x=\dfrac{1}{2}\sin 2x$

(2) $\boldsymbol{S_1}=\sum_{k=1}^{1} f\left(\frac{k\pi}{2^2}\right)=f\left(\frac{\pi}{4}\right)=\frac{1}{\sin^2\frac{\pi}{4}}=\mathbf{2}$

◀$2^1-1=1$

$S_2=\sum_{k=1}^{3} f\left(\frac{k\pi}{2^3}\right)=f\left(\frac{\pi}{8}\right)+f\left(\frac{2}{8}\pi\right)+f\left(\frac{3}{8}\pi\right)$

◀$2^2-1=3$

(1) より，$f(x)+f\left(\frac{\pi}{2}-x\right)=4f(2x)$ であるから

$$f\left(\frac{\pi}{8}\right)+f\left(\frac{3}{8}\pi\right)=4f\left(2\cdot\frac{\pi}{8}\right)=4f\left(\frac{\pi}{4}\right)$$

◀(1) の等式に，$x=\frac{\pi}{8}$ を代入。

よって　$\boldsymbol{S_2}=4f\left(\frac{\pi}{4}\right)+f\left(\frac{\pi}{4}\right)=5f\left(\frac{\pi}{4}\right)=\mathbf{10}$

同様に，$f(x)+f\left(\frac{\pi}{2}-x\right)=4f(2x)$ を用いると

$$\begin{aligned}\boldsymbol{S_3}&=\sum_{k=1}^{7} f\left(\frac{k\pi}{2^4}\right)\\&=f\left(\frac{\pi}{16}\right)+f\left(\frac{2}{16}\pi\right)+f\left(\frac{3}{16}\pi\right)+f\left(\frac{4}{16}\pi\right)\\&\quad+f\left(\frac{5}{16}\pi\right)+f\left(\frac{6}{16}\pi\right)+f\left(\frac{7}{16}\pi\right)\\&=\left\{\underline{f\left(\frac{\pi}{16}\right)+f\left(\frac{7}{16}\pi\right)}\right\}+\left\{f\left(\frac{2}{16}\pi\right)+f\left(\frac{6}{16}\pi\right)\right\}\\&\quad+\left\{f\left(\frac{3}{16}\pi\right)+f\left(\frac{5}{16}\pi\right)\right\}+f\left(\frac{\pi}{4}\right)\\&=\underline{4f\left(\frac{\pi}{8}\right)}+4f\left(\frac{2}{8}\pi\right)+4f\left(\frac{3}{8}\pi\right)+f\left(\frac{\pi}{4}\right)\\&=4S_2+2=\mathbf{42}\end{aligned}$$

◀$2^3-1=7$

◀和が $\frac{\pi}{2}$ になるペアでまとめる。

◀$\underline{f\left(\frac{\pi}{16}\right)+f\left(\frac{7}{16}\pi\right)}$
$=f\left(\frac{\pi}{16}\right)+f\left(\frac{8\pi-\pi}{16}\right)$
$=f\left(\frac{\pi}{16}\right)+f\left(\frac{\pi}{2}-\frac{\pi}{16}\right)$
$=4f\left(2\cdot\frac{\pi}{16}\right)=\underline{4f\left(\frac{\pi}{8}\right)}$

(3) $f(x)+f\left(\frac{\pi}{2}-x\right)=4f(2x)$ を用いると

$$\begin{aligned}\boldsymbol{S_{n+1}}&=\sum_{k=1}^{2^{n+1}-1} f\left(\frac{k\pi}{2^{(n+1)+1}}\right)\\&=f\left(\frac{\pi}{2^{n+2}}\right)+f\left(\frac{2}{2^{n+2}}\pi\right)+\cdots\cdots+f\left(\frac{2^{n+1}-1}{2^{n+2}}\pi\right)\\&=\left\{f\left(\frac{\pi}{2^{n+2}}\right)+f\left(\frac{2^{n+1}-1}{2^{n+2}}\pi\right)\right\}\\&\quad+\left\{f\left(\frac{2}{2^{n+2}}\pi\right)+f\left(\frac{2^{n+1}-2}{2^{n+2}}\pi\right)\right\}+\cdots\cdots\\&\quad+\left\{f\left(\frac{2^n-1}{2^{n+2}}\pi\right)+f\left(\frac{2^n+1}{2^{n+2}}\pi\right)\right\}+f\left(\frac{2^n}{2^{n+2}}\pi\right)\\&=4\left\{f\left(\frac{\pi}{2^{n+1}}\right)+f\left(\frac{2}{2^{n+1}}\pi\right)+\cdots\cdots+f\left(\frac{2^n-1}{2^{n+1}}\pi\right)\right\}\\&\qquad\qquad+f\left(\frac{\pi}{4}\right)\\&=4\sum_{k=1}^{2^n-1} f\left(\frac{k\pi}{2^{n+1}}\right)+f\left(\frac{\pi}{4}\right)\\&=\mathbf{4S_n+2}\end{aligned}$$

◀(2) と同様にペアを作る。

◀$f\left(\frac{k\pi}{2^{n+2}}\right)+f\left(\frac{2^{n+1}-k}{2^{n+2}}\pi\right)$
$=f\left(\frac{k\pi}{2^{n+2}}\right)$
$\quad+f\left(\frac{\pi}{2}-\frac{k}{2^{n+2}}\pi\right)$
$=4f\left(2\cdot\frac{k\pi}{2^{n+2}}\right)$
$=4f\left(\frac{k\pi}{2^{n+1}}\right)$

$S_{n+1}=4S_n+2$ を変形すると

$$S_{n+1}+\frac{2}{3}=4\left(S_n+\frac{2}{3}\right)$$

◀特性方程式 $\alpha=4\alpha+2$ の解 $\alpha=-\frac{2}{3}$ を用いて漸化式を変形する。

また　　$S_1+\frac{2}{3}=2+\frac{2}{3}=\frac{8}{3}$

よって，数列 $\left\{S_n+\frac{2}{3}\right\}$ は初項 $\frac{8}{3}$，公比 4 の等比数列であるから　　$S_n+\frac{2}{3}=\frac{8}{3}\cdot 4^{n-1}=\frac{2}{3}\cdot 4^n$

したがって　　$\boldsymbol{S_n=\frac{2}{3}\cdot 4^n-\frac{2}{3}}$

(4)　$\frac{1}{\tan^2 x}=\frac{1}{\sin^2 x}-1$ から　　$\underline{g(x)=f(x)-1}$

よって　　$\boldsymbol{T_n}=\underline{\sum_{k=1}^{2^n-1}g\left(\frac{k\pi}{2^{n+1}}\right)}=\underline{\sum_{k=1}^{2^n-1}\left\{f\left(\frac{k\pi}{2^{n+1}}\right)-1\right\}}$

$$=S_n-(2^n-1)=\frac{2}{3}\cdot 4^n-\frac{2}{3}-(2^n-1)$$

$$=\boldsymbol{\frac{2}{3}\cdot 4^n-2^n+\frac{1}{3}}$$

**参考**

$\frac{1}{\tan^2 x}=\frac{1}{\sin^2 x}-1$

は，次のようにして導かれる。

$\sin^2 x+\cos^2 x=1$ の両辺を $\sin^2 x$ で割ると

$1+\frac{\cos^2 x}{\sin^2 x}=\frac{1}{\sin^2 x}$

よって

$\frac{1}{\tan^2 x}=\frac{1}{\sin^2 x}-1$

(5)　$0<\theta<\frac{\pi}{2}$ のとき，$0<\sin\theta<\theta<\tan\theta$ であるから

$$0<\frac{1}{\tan\theta}<\frac{1}{\theta}<\frac{1}{\sin\theta}$$

よって　　$\frac{1}{\tan^2\theta}<\frac{1}{\theta^2}<\frac{1}{\sin^2\theta}$

ゆえに　　$g(\theta)<\frac{1}{\theta^2}<f(\theta)$ ……①

$1\leqq k\leqq 2^n-1$ のとき，$0<\frac{k\pi}{2^{n+1}}<\frac{\pi}{2}$ であるから，

$\theta=\frac{k\pi}{2^{n+1}}$ を①に代入して

$$g\left(\frac{k\pi}{2^{n+1}}\right)<\frac{4^{n+1}}{k^2\pi^2}<f\left(\frac{k\pi}{2^{n+1}}\right)$$

よって　　$\sum_{k=1}^{2^n-1}g\left(\frac{k\pi}{2^{n+1}}\right)<\sum_{k=1}^{2^n-1}\frac{4^{n+1}}{k^2\pi^2}<\sum_{k=1}^{2^n-1}f\left(\frac{k\pi}{2^{n+1}}\right)$

ゆえに　　$T_n<\frac{4^{n+1}}{\pi^2}\sum_{k=1}^{2^n-1}\frac{1}{k^2}<S_n$

◀$n$ は $k$ と無関係であるから，$\sum$ の前に出す。

よって　　$\frac{\pi^2}{4^{n+1}}T_n<\sum_{k=1}^{2^n-1}\frac{1}{k^2}<\frac{\pi^2}{4^{n+1}}S_n$ ……②

ここで

$$\lim_{n\to\infty}\left(\frac{\pi^2}{4^{n+1}}T_n\right)=\lim_{n\to\infty}\left\{\frac{\pi^2}{4^{n+1}}\left(\frac{2}{3}\cdot 4^n-2^n+\frac{1}{3}\right)\right\}$$

$$=\lim_{n\to\infty}\frac{\pi^2}{4}\left\{\frac{2}{3}-\left(\frac{1}{2}\right)^n+\frac{1}{3}\cdot\left(\frac{1}{4}\right)^n\right\}$$

$$=\frac{\pi^2}{4}\cdot\frac{2}{3}=\frac{\pi^2}{6}\ \cdots\cdots ③$$

また　$\displaystyle\lim_{n\to\infty}\left(\frac{\pi^2}{4^{n+1}}S_n\right)=\lim_{n\to\infty}\left\{\frac{\pi^2}{4^{n+1}}\left(\frac{2}{3}\cdot 4^n-\frac{2}{3}\right)\right\}$

$$=\lim_{n\to\infty}\frac{\pi^2}{4}\left\{\frac{2}{3}-\frac{2}{3}\left(\frac{1}{4}\right)^n\right\}$$

$$=\frac{\pi^2}{4}\cdot\frac{2}{3}=\frac{\pi^2}{6}\ \cdots\cdots\ ④$$

したがって，②，③，④ から　$\displaystyle\lim_{n\to\infty}\sum_{k=1}^{2^n-1}\frac{1}{k^2}=\boldsymbol{\frac{\pi^2}{6}}$

◀はさみうちの原理。

検討

**無限級数 $\displaystyle\sum_{n=1}^{\infty}\frac{1}{n^2}$ について**

$\displaystyle\sum_{n=1}^{\infty}\frac{1}{n^2}=\lim_{n\to\infty}\sum_{k=1}^{2^n-1}\frac{1}{k^2}$ …… Ⓐ であることを示す。

自然数 $n$ に対して，$2^m-1\leqq n<2^{m+1}-1$ を満たす自然数 $m$ をとる。

(関数 $y=2^x-1$ は単調増加関数であり，$\displaystyle\lim_{x\to\infty}(2^x-1)=\infty$ であるから，このような自然数 $m$ がただ 1 つ存在する。)

このとき，$\displaystyle\sum_{k=1}^{2^m-1}\frac{1}{k^2}\leqq\sum_{k=1}^{n}\frac{1}{k^2}<\sum_{k=1}^{2^{m+1}-1}\frac{1}{k^2}$ が成り立つ。

$n\longrightarrow\infty$ のとき，$m\longrightarrow\infty$ で，問題 **1**(5) の結果より $\displaystyle\lim_{n\to\infty}\sum_{k=1}^{2^n-1}\frac{1}{k^2}=\frac{\pi^2}{6}$ であるから

$$\lim_{m\to\infty}\sum_{k=1}^{2^m-1}\frac{1}{k^2}=\lim_{m\to\infty}\sum_{k=1}^{2^{m+1}-1}\frac{1}{k^2}=\frac{\pi^2}{6}$$

よって　$\displaystyle\lim_{n\to\infty}\sum_{k=1}^{n}\frac{1}{k^2}=\sum_{n=1}^{\infty}\frac{1}{n^2}=\frac{\pi^2}{6}$

◀はさみうちの原理。

したがって，$\displaystyle\sum_{n=1}^{\infty}\frac{1}{n^2}$ と $\displaystyle\lim_{n\to\infty}\sum_{k=1}^{2^n-1}\frac{1}{k^2}$ の値はいずれも $\dfrac{\pi^2}{6}$ であるから，Ⓐ が成り立つ。

**注意**　上の Ⓐ は明らかに見えるが，一般には，$\displaystyle\lim_{n\to\infty}\sum_{k=1}^{2^n-1}a_k=\alpha$ であったとしても $\displaystyle\sum_{n=1}^{\infty}a_n=\alpha$ となるとは限らない。例えば，$a_n=(-1)^{n-1}$ とすると

$$\lim_{n\to\infty}\sum_{k=1}^{2^n-1}a_k=\lim_{n\to\infty}\sum_{k=1}^{2^n-1}(-1)^{k-1}$$

$$=\lim_{n\to\infty}\{1+(-1)+\cdots\cdots+(-1)+1\}=\lim_{n\to\infty}1=1$$

◀$2^n-1$ は奇数。

一方で，$\displaystyle\sum_{n=1}^{\infty}(-1)^{n-1}$ は収束しない（振動する)。

$\dfrac{\pi^2}{6}=1.6449\cdots\cdots$ であるから，CHECK 1−B での考察の通り，$\displaystyle\sum_{n=1}^{\infty}\frac{1}{n^2}$ は 2 以下の値に収束することが具体的に確認できた。

この問題は「バーゼル問題」と呼ばれ，オイラーをはじめ，古くからさまざまな数学者によって研究されている問題である。また，**ゼータ関数** という整数に関する重要な話題につながる問題でもある。

$\left(\zeta(s)=\displaystyle\sum_{n=1}^{\infty}\frac{1}{n^s}\right.$ をリーマンのゼータ関数という。$p.77$ の 検討 や，$p.297$ の 検討 も参照。$\left.\right)$

数学Ⅲ　総合演習　第1部

テーマ 2

# 定積分の定義とその性質

## 定積分の性質を定義から考察する

定積分の計算を行うとき，さまざまな性質を使いながら計算していますが，それらの性質が成り立つ理由については，意識することはあまりないかもしれません。ここでは，定積分の定義をもとに，定積分の性質を示す問題を扱います。

まず，次の問題で，導関数の定義とその意味を確認しましょう。

**CHECK 2−A**　$x>0$ に対して $f(x)=\sqrt{x}$ とする。

(1)　導関数の定義に従って，$f'(x)$ を求めよ。

(2)　$0<a<b$ のとき，$\dfrac{f(b)-f(a)}{b-a}$，$f'(a)$，$f'(b)$ を大きい順に並べよ。

(1) は，導関数の定義 $f'(x)=\lim_{h\to 0}\dfrac{f(x+h)-f(x)}{h}$ に従って，$f(x)=\sqrt{x}$ の導関数を求めます。

(2) では，$\dfrac{f(b)-f(a)}{b-a}$ の式の形から，**平均値の定理** の利用を考えてみましょう。

$\dfrac{f(b)-f(a)}{b-a}=f'(c)$，$a<c<b$ を満たす実数 $c$ が存在することから，$f'(a)$，$f'(b)$，$f'(c)$ の大きさを比較すればよいことがわかります。

**解答**

(1)　$f'(x)=\lim_{h\to 0}\dfrac{\sqrt{x+h}-\sqrt{x}}{h}=\lim_{h\to 0}\dfrac{(x+h)-x}{h(\sqrt{x+h}+\sqrt{x})}$

$=\lim_{h\to 0}\dfrac{1}{\sqrt{x+h}+\sqrt{x}}=\dfrac{1}{\sqrt{x}+\sqrt{x}}$

$=\boldsymbol{\dfrac{1}{2\sqrt{x}}}$

◀分母・分子に $\sqrt{x+h}+\sqrt{x}$ を掛けて，分子を有理化する。

(2)　関数 $f(x)=\sqrt{x}$ は $x>0$ で微分可能であるから，区間 $[a,\ b]$ において，平均値の定理を用いると

$$\frac{f(b)-f(a)}{b-a}=f'(c),\ a<c<b$$

を満たす $c$ が存在する。

ここで，$f''(x)=-\dfrac{1}{4x\sqrt{x}}<0$ であるから，関数 $f'(x)$ は $x>0$ で単調に減少する。

◀$f'(x)$ の導関数 $f''(x)$ の符号を調べることで，$f'(x)$ の増減を調べる。ここでは，公式を用いて $\left(\dfrac{1}{\sqrt{x}}\right)'=-\dfrac{1}{2x\sqrt{x}}$ を計算した。

よって，$a<c<b$ から

$$f'(b)<f'(c)<f'(a)$$

したがって，$\dfrac{f(b)-f(a)}{b-a}$，$f'(a)$，$f'(b)$ を大きい順に並べると　$\boldsymbol{f'(a),\ \dfrac{f(b)-f(a)}{b-a},\ f'(b)}$

(2) の結果について，グラフを用いて考えてみましょう。
$f'(a)$，$f'(b)$ はそれぞれ $y=f(x)$ のグラフ上の点 $(a,\ f(a))$，点 $(b,\ f(b))$ における接線の傾きを表し，$\dfrac{f(b)-f(a)}{b-a}$ は2点 $(a,\ f(a))$，$(b,\ f(b))$ を通る直線の傾きを表します。

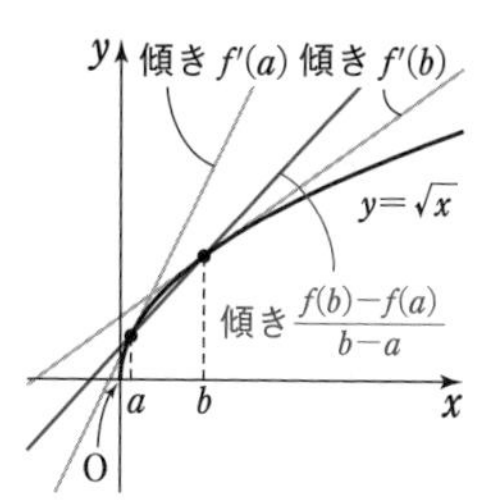


$y=\sqrt{x}$ のとき，$y''=-\dfrac{1}{4x\sqrt{x}}$ で，$x>0$ のとき $y''<0$ であることから，$y=\sqrt{x}$ のグラフは **上に凸** のグラフになります。
このことから，3つの値の大小関係は，グラフから判断することもできます。

次に，定積分と不等式について，基本的な性質を確認しましょう。

**CHECK 2−B** (1) 定積分 $\displaystyle\int_0^{\frac{\sqrt{3}}{2}} \frac{x^2}{\sqrt{1-x^2}}dx$ を求めよ。

(2) $n$ を3以上の整数とするとき，不等式 $\displaystyle\int_0^{\frac{\sqrt{3}}{2}} \frac{x^2}{\sqrt{1-x^n}}dx<\frac{\pi}{6}$ を証明せよ。

数学Ⅲ例題 **149** で学習したように，被積分関数に $\sqrt{a^2-x^2}$ の形の式を含む場合，定積分の計算には $\boldsymbol{x=a\sin\theta}$ とおく **置換積分法** の利用を考えてみましょう。また，(2) では，不等式の左辺の定積分は直接計算できません。そこで，$n\geqq3$ のとき，$0\leqq x\leqq\dfrac{\sqrt{3}}{2}$ において

$\dfrac{x^2}{\sqrt{1-x^n}}\leqq\dfrac{x^2}{\sqrt{1-x^2}}$ が成り立つことから，(1) の結果を利用することを考えます。

**解答**

(1) $x=\sin\theta$ とおくと

$$dx=\cos\theta d\theta$$

$x$ と $\theta$ の対応は右のようになる。

| $x$ | $0 \longrightarrow \dfrac{\sqrt{3}}{2}$ |
|---|---|
| $\theta$ | $0 \longrightarrow \dfrac{\pi}{3}$ |

よって

$$\int_0^{\frac{\sqrt{3}}{2}} \frac{x^2}{\sqrt{1-x^2}}dx$$
$$=\int_0^{\frac{\pi}{3}} \frac{\sin^2\theta}{\sqrt{1-\sin^2\theta}}\cdot\cos\theta d\theta=\int_0^{\frac{\pi}{3}}\sin^2\theta d\theta$$
$$=\int_0^{\frac{\pi}{3}}\frac{1-\cos2\theta}{2}d\theta=\frac{1}{2}\left[\theta-\frac{1}{2}\sin2\theta\right]_0^{\frac{\pi}{3}}=\boldsymbol{\frac{\pi}{6}-\frac{\sqrt{3}}{8}}$$

◀$0\leqq\theta\leqq\dfrac{\pi}{3}$ において $\cos\theta>0$ であるから $\sqrt{1-\sin^2\theta}=\sqrt{\cos^2\theta}=\cos\theta$

(2) $n\geqq3$ のとき，$0\leqq x\leqq\dfrac{\sqrt{3}}{2}$ $(<1)$ において，$0\leqq x^n\leqq x^2$

であるから $\quad 0\leqq\dfrac{x^2}{\sqrt{1-x^n}}\leqq\dfrac{x^2}{\sqrt{1-x^2}}$

◀$\sqrt{1-x^2}\leqq\sqrt{1-x^n}$ から $\dfrac{1}{\sqrt{1-x^n}}\leqq\dfrac{1}{\sqrt{1-x^2}}$

よって

$$\int_0^{\frac{\sqrt{3}}{2}} \frac{x^2}{\sqrt{1-x^n}}dx\leqq\int_0^{\frac{\sqrt{3}}{2}} \frac{x^2}{\sqrt{1-x^2}}dx=\frac{\pi}{6}-\frac{\sqrt{3}}{8}<\frac{\pi}{6}$$

◀(1) の結果を利用。

CHECK 2－B (2) では，区間 $[a,\ b]$ で $f(x) \leqq g(x)$ ならば $\int_a^b f(x)dx \leqq \int_a^b g(x)dx$ という，定積分の性質を用いました。このような定積分の性質は，特に意識することなく利用することが多いと思います。次の問題 **2** は，このような定積分の性質がなぜ成り立つのかを，定積分の定義をもとに考える問題となっています。何が仮定（用いてよい性質）で，何を示すべきものなのかをしっかり把握して取り組んでみましょう。

## 問題 2　定積分の定義とその性質

定積分について述べた次の文章を読んで，後の問いに答えよ。

区間 $a \leqq x \leqq b$ で連続な関数 $f(x)$ に対して，$F'(x)=f(x)$ となる関数 $F(x)$ を 1 つ選び，$f(x)$ の $a$ から $b$ までの定積分を

$$\int_a^b f(x)dx=F(b)-F(a) \quad \cdots\cdots \text{①}$$

で定義する。定積分の値は $F(x)$ の選び方によらずに定まる。定積分は次の性質 (A)，(B)，(C) をもつ。

(A)　$\int_a^b \{kf(x)+lg(x)\}dx=k\int_a^b f(x)dx+l\int_a^b g(x)dx$

(B)　$a \leqq c \leqq b$ のとき　$\int_a^c f(x)dx+\int_c^b f(x)dx=\int_a^b f(x)dx$

(C)　区間 $a \leqq x \leqq b$ において $g(x) \geqq h(x)$ ならば　$\int_a^b g(x)dx \geqq \int_a^b h(x)dx$

ただし，$f(x)$，$g(x)$，$h(x)$ は区間 $a \leqq x \leqq b$ で連続な関数，$k$，$l$ は定数である。

以下，$f(x)$ を区間 $0 \leqq x \leqq 1$ で連続な増加関数とし，$n$ を自然数とする。定積分の性質 [ア] を用い，定数関数に対する定積分の計算を行うと，

$$\frac{1}{n}f\left(\frac{i-1}{n}\right) \leqq \int_{\frac{i-1}{n}}^{\frac{i}{n}} f(x)dx \leqq \frac{1}{n}f\left(\frac{i}{n}\right) \quad (i=1,\ 2,\ \cdots\cdots,\ n) \quad \cdots\cdots \text{②}$$

が成り立つことがわかる。$S_n=\frac{1}{n}\sum_{i=1}^{n} f\left(\frac{i-1}{n}\right)$ とおくと，不等式 ② と定積分の性質 [イ] より次の不等式が成り立つ。

$$0 \leqq \int_0^1 f(x)dx-S_n \leqq \frac{f(1)-f(0)}{n} \quad \cdots\cdots \text{③}$$

(1)　関数 $F(x)$，$G(x)$ が微分可能であるとき，

$$\{F(x)+G(x)\}'=F'(x)+G'(x)$$

が成り立つことを，導関数の定義に従って示せ。また，この等式と定積分の定義 ① を用いて，定積分の性質 (A) で $k=l=1$ とした場合の等式

$$\int_a^b \{f(x)+g(x)\}dx=\int_a^b f(x)dx+\int_a^b g(x)dx$$

を示せ。

(2) 定積分の定義 ① と平均値の定理を用いて，次を示せ。

$a<b$ のとき，区間 $a \leqq x \leqq b$ において $g(x)>0$ ならば $\int_a^b g(x)dx>0$

(3) $f(x)=x^2+1$ とするとき，$\lim_{n\to\infty} S_n$ および $\int_0^1 f(x)dx$ を，それぞれ計算せよ。

(4) (A), (B), (C) のうち，空欄 ア に入る記号として最もふさわしいものを1つ選び答えよ。また文章中の下線部の内容を詳しく説明することで，不等式 ② を示せ。

(5) (A), (B), (C) のうち，空欄 イ に入る記号として最もふさわしいものを1つ選び答えよ。また，不等式 ③ を示せ。

(6) 不等式 ③ を用いて，$\lim_{n\to\infty} S_n=\int_0^1 f(x)dx$ が成り立つことを示せ。

〔類　九州大〕

設問に「～に従って」「～を用いて」などの，解答するにあたっての指定がある場合，何が仮定（解答で用いてよいもの）であるかを注意して解答する。

(1) （前半）導関数の定義から

$$\{F(x)+G(x)\}'=\lim_{h\to 0}\frac{\{F(x+h)+G(x+h)\}-\{F(x)+G(x)\}}{h}$$

（後半）$F'(x)=f(x)$，$G'(x)=g(x)$ となる関数 $F(x)$，$G(x)$ をそれぞれ選ぶと，定積分の定義 ① から

$$\int_a^b \{f(x)+g(x)\}dx=\{F(b)+G(b)\}-\{F(a)+G(a)\}$$

(2) 平均値の定理（$p$.155 参照）を $G(x)$ に対して用いると，

$$\frac{G(b)-G(a)}{b-a}=G'(c),\ a<c<b$$

を満たす実数 $c$ が存在する。これと，定積分の定義 ① から $\int_a^b g(x)dx=G(b)-G(a)$ であることを用いる。

(3) $f(x)=x^2+1$ のとき，$S_n=\frac{1}{n}\sum_{i=1}^{n} f\left(\frac{i-1}{n}\right)=\frac{1}{n}\sum_{i=0}^{n-1} f\left(\frac{i}{n}\right)=\frac{1}{n}\sum_{i=0}^{n-1}\left\{\left(\frac{i}{n}\right)^2+1\right\}$ であるから，$\Sigma$ の公式を用いて $S_n$ を $n$ の式で表し，$\lim_{n\to\infty} S_n$ を求める。

(4) 区間 $\frac{i-1}{n} \leqq x \leqq \frac{i}{n}$ において，$f(x)$ は増加関数であるから，

$f\left(\frac{i-1}{n}\right) \leqq f(x) \leqq f\left(\frac{i}{n}\right)$ が成り立つ。これに，定積分の性質のいずれかを用いることで ② を導く。

(5) ② から，$\sum_{i=1}^{n}\frac{1}{n}f\left(\frac{i-1}{n}\right) \leqq \sum_{i=1}^{n}\int_{\frac{i-1}{n}}^{\frac{i}{n}} f(x)dx \leqq \sum_{i=1}^{n}\frac{1}{n}f\left(\frac{i}{n}\right)$ が成り立つ。

$\sum_{i=1}^{n}\frac{1}{n}f\left(\frac{i-1}{n}\right)$，$\sum_{i=1}^{n}\frac{1}{n}f\left(\frac{i}{n}\right)$ を $S_n$ を用いて表し，$\sum_{i=1}^{n}\int_{\frac{i-1}{n}}^{\frac{i}{n}} f(x)dx$ を $\int_0^1 f(x)dx$ で表すことを考える。

(6) **はさみうちの原理** を利用する。

解答

(1) $F(x)$, $G(x)$ は微分可能であるから

$$F'(x)=\lim_{h\to0}\frac{F(x+h)-F(x)}{h},$$
$$G'(x)=\lim_{h\to0}\frac{G(x+h)-G(x)}{h}$$

よって $\{F(x)+G(x)\}'$

$$=\lim_{h\to0}\frac{\{F(x+h)+G(x+h)\}-\{F(x)+G(x)\}}{h}$$

◀導関数の定義。

$$=\lim_{h\to0}\left\{\frac{F(x+h)-F(x)}{h}+\frac{G(x+h)-G(x)}{h}\right\}$$
$$=F'(x)+G'(x)$$

また，$f(x)$，$g(x)$ を区間 $a\leqq x\leqq b$ で連続な関数とし，$F'(x)=f(x)$，$G'(x)=g(x)$ となる関数 $F(x)$，$G(x)$ をそれぞれ1つ選ぶ。このとき，

$$\{F(x)+G(x)\}'=F'(x)+G'(x)=f(x)+g(x)$$

◀1つ目の等号は，上で示した性質を利用している。

であるから，定積分の定義 ① より

$$\int_a^b\{f(x)+g(x)\}dx=\{F(b)+G(b)\}-\{F(a)+G(a)\}$$
$$=\{F(b)-F(a)\}+\{G(b)-G(a)\}$$
$$=\int_a^b f(x)dx+\int_a^b g(x)dx$$

◀再び定積分の定義 ① を用いた。

(2) 定積分の定義 ① から

$$\int_a^b g(x)dx=G(b)-G(a) \quad \cdots\cdots ④$$

また，区間 $[a,\ b]$ において，平均値の定理を用いると

$$\frac{G(b)-G(a)}{b-a}=G'(c),\ a<c<b$$

を満たす実数 $c$ が存在する。
仮定より，$a\leqq x\leqq b$ において $g(x)>0$ であるから

$$G'(c)=g(c)>0$$

また，$b-a>0$ であるから

$$G(b)-G(a)=(b-a)G'(c)>0 \quad \cdots\cdots ⑤$$

したがって，④，⑤ から $\displaystyle\int_a^b g(x)dx>0$

(3) $f(x)=x^2+1$ のとき

$$S_n=\frac{1}{n}\sum_{i=1}^{n}\left\{\left(\frac{i-1}{n}\right)^2+1\right\}=\frac{1}{n}\sum_{i=0}^{n-1}\left\{\left(\frac{i}{n}\right)^2+1\right\}$$
$$=\frac{1}{n}\left\{\frac{1}{n^2}\cdot\frac{1}{6}(n-1)n(2n-1)+n\right\}$$
$$=\frac{1}{6}\left(1-\frac{1}{n}\right)\cdot1\cdot\left(2-\frac{1}{n}\right)+1$$

◀$\displaystyle\sum_{k=1}^{n}k^2=\frac{1}{6}n(n+1)(2n+1)$，$\displaystyle\sum_{i=0}^{n-1}1=n$ に注意。

よって

$$\lim_{n\to\infty}S_n=\lim_{n\to\infty}\left\{\frac{1}{6}\left(1-\frac{1}{n}\right)\cdot1\cdot\left(2-\frac{1}{n}\right)+1\right\}$$
$$=\frac{1}{6}\cdot1\cdot1\cdot2+1=\boldsymbol{\frac{4}{3}}$$

また，$F(x)=\dfrac{x^3}{3}+x$ とすると，$F'(x)=x^2+1=f(x)$ であるから

$$\int_0^1 \boldsymbol{f(x)dx}=F(1)-F(0)=\left(\frac{1}{3}+1\right)-0=\boldsymbol{\frac{4}{3}}$$

◀この結果から，$f(x)=x^2+1$ のとき，$\lim_{n\to\infty}S_n=\int_0^1 f(x)dx$ が成り立っていることがわかる。(4)~(6) で，$\lim_{n\to\infty}S_n=\int_0^1 f(x)dx$ が一般に成り立つことを証明する。

(4) $f(x)$ は $0\leqq x\leqq 1$ において増加関数であるから，$f(x)$ は $\dfrac{i-1}{n}\leqq x\leqq\dfrac{i}{n}$ $(i=1,\ 2,\ \cdots\cdots,\ n)$ において増加関数である。

よって，$\dfrac{i-1}{n}\leqq x\leqq\dfrac{i}{n}$ において

$$f\left(\frac{i-1}{n}\right)\leqq f(x)\leqq f\left(\frac{i}{n}\right)$$

したがって，定積分の性質 (C) により

$$\int_{\frac{i-1}{n}}^{\frac{i}{n}} f\left(\frac{i-1}{n}\right)dx\leqq\int_{\frac{i-1}{n}}^{\frac{i}{n}} f(x)dx\leqq\int_{\frac{i-1}{n}}^{\frac{i}{n}} f\left(\frac{i}{n}\right)dx$$

◀性質 (C) を 2 回用いた。

ここで，定数関数 $h(x)=c$ に対して，$H(x)=cx$ とすると，$H'(x)=c=h(x)$ が成り立つから

◀定数関数を定め，下線部の内容を詳しく説明する。

$$\int_a^b h(x)dx=H(b)-H(a)=cb-ca=c(b-a) \quad \cdots\cdots ⑥$$

◀1 つ目の等号は，定積分の定義 ① から。

$f\left(\dfrac{i-1}{n}\right)$，$f\left(\dfrac{i}{n}\right)$ は定数関数であるから，⑥ より

$$\int_{\frac{i-1}{n}}^{\frac{i}{n}} f\left(\frac{i-1}{n}\right)dx=f\left(\frac{i-1}{n}\right)\left(\frac{i}{n}-\frac{i-1}{n}\right)=\frac{1}{n}f\left(\frac{i-1}{n}\right),$$

$$\int_{\frac{i-1}{n}}^{\frac{i}{n}} f\left(\frac{i}{n}\right)dx=f\left(\frac{i}{n}\right)\left(\frac{i}{n}-\frac{i-1}{n}\right)=\frac{1}{n}f\left(\frac{i}{n}\right)$$

ゆえに $\quad \dfrac{1}{n}f\left(\dfrac{i-1}{n}\right)\leqq\displaystyle\int_{\frac{i-1}{n}}^{\frac{i}{n}} f(x)dx\leqq\dfrac{1}{n}f\left(\dfrac{i}{n}\right)$

$(i=1,\ 2,\ \cdots\cdots,\ n)$ $\cdots\cdots$ ②

が成り立つ。

したがって，[ ア ] に入るものは (C)

(5) ② から

$$\sum_{i=1}^n \frac{1}{n}f\left(\frac{i-1}{n}\right)\leqq\sum_{i=1}^n\int_{\frac{i-1}{n}}^{\frac{i}{n}} f(x)dx\leqq\sum_{i=1}^n\frac{1}{n}f\left(\frac{i}{n}\right)$$

◀$i=1,\ 2,\ \cdots\cdots,\ n$ の和をとる。

ここで，性質 (B) から

$$\sum_{i=1}^n\int_{\frac{i-1}{n}}^{\frac{i}{n}} f(x)dx=\underline{\int_0^{\frac{1}{n}} f(x)dx+\int_{\frac{1}{n}}^{\frac{2}{n}} f(x)dx}+\cdots\cdots+\int_{\frac{n-1}{n}}^{\frac{n}{n}} f(x)dx$$

$$=\underline{\int_0^{\frac{2}{n}} f(x)dx}+\cdots\cdots+\int_{\frac{n-1}{n}}^{1} f(x)dx=\cdots\cdots=\int_0^1 f(x)dx$$

また　$\displaystyle\sum_{i=1}^{n}\frac{1}{n}f\left(\frac{i-1}{n}\right)=\frac{1}{n}\sum_{i=1}^{n}f\left(\frac{i-1}{n}\right)=S_n,$

◀$n$ は $i$ と無関係。

$$\sum_{i=1}^{n}\frac{1}{n}f\left(\frac{i}{n}\right)=\frac{1}{n}\sum_{i=2}^{n+1}f\left(\frac{i-1}{n}\right)$$

$$=\frac{1}{n}\left\{\sum_{i=1}^{n}f\left(\frac{i-1}{n}\right)-f\left(\frac{1-1}{n}\right)+f\left(\frac{n}{n}\right)\right\}$$

$$=S_n+\frac{f(1)-f(0)}{n}$$

◀$\Sigma f\left(\frac{i-1}{n}\right)$ の形になるように調整する。

よって　$\displaystyle S_n\leqq\int_0^1 f(x)dx\leqq S_n+\frac{f(1)-f(0)}{n}$

ゆえに　$\displaystyle 0\leqq\int_0^1 f(x)dx-S_n\leqq\frac{f(1)-f(0)}{n}$　…… ③

◀各辺から $S_n$ を引く。

したがって，［イ］に入るものは　(B)

(6) $\displaystyle\lim_{n\to\infty}\frac{f(1)-f(0)}{n}=0$ であるから，③ より

$$\lim_{n\to\infty}\left\{\int_0^1 f(x)dx-S_n\right\}=0$$

◀はさみうちの原理。

すなわち，$\displaystyle\lim_{n\to\infty}S_n=\int_0^1 f(x)dx$ が成り立つ。

検討 PLUS ONE

**定積分の性質 (A), (B), (C) の証明**

(1) において，定積分の定義 ① に基づいて，性質 (A) の特別な場合（$k=l=1$ の場合）について証明したが，同様に性質 (A)～(C) の証明についても考えてみよう。
以下，$F(x)$，$G(x)$ は $F'(x)=f(x)$，$G'(x)=g(x)$ となる関数とする。

**<性質 (A) について>**

定数 $k$ に対して，$\{kF(x)\}'=kF'(x)=kf(x)$ が成り立つから

$$\int_a^b kf(x)dx=kF(b)-kF(a)=k\{F(b)-F(a)\}=k\int_a^b f(x)dx$$

◀1 つ目の等号は関数 $kf(x)$ に対する定積分の定義 ① を，3 つ目の等号は関数 $f(x)$ に対する定積分の定義 ① を用いている。

よって，問題 **2** (1) で証明したことと合わせると

$$\int_a^b\{kf(x)+lg(x)\}dx=\int_a^b kf(x)dx+\int_a^b lg(x)dx$$

$$=k\int_a^b f(x)dx+l\int_a^b g(x)dx$$

**<性質 (B) について>**

$$\int_a^c f(x)dx+\int_c^b f(x)dx=\{F(c)-F(a)\}+\{F(b)-F(c)\}=F(b)-F(a)=\int_a^b f(x)dx$$

**<性質 (C) について>**

(2) と同様の証明により，次が成り立つ。

$a<b$ のとき，区間 $a\leqq x\leqq b$ において $f(x)\geqq 0$ ならば $\displaystyle\int_a^b f(x)dx\geqq 0$

区間 $a\leqq x\leqq b$ において $g(x)\geqq h(x)$ であるとき，$f(x)=g(x)-h(x)$ とすると，区間 $a\leqq x\leqq b$ において $f(x)\geqq 0$ が成り立つ。

よって，$\displaystyle\int_a^b\{g(x)-h(x)\}dx\geqq 0$ が成り立つから，性質 (A) により

$\displaystyle\int_a^b g(x)dx-\int_a^b h(x)dx\geqq 0$　すなわち　$\displaystyle\int_a^b g(x)dx\geqq\int_a^b h(x)dx$ が成り立つ。

テーマ **3**

# 非回転体の体積

## 平面による切断面の面積を考えて，非回転体の体積を求める

立体の体積を求めるときは，断面積を求めて積分するという考え方が基本となりますが，回転体でない立体（非回転体）の体積を求めるときは，どのような平面で立体を切り，断面積を考えるかがポイントとなります。また，実際に体積を求める際の確かな計算力も必要です。ここでは，やや発展的な立体の体積を求める問題を扱います。

まず，次の問題で，やや複雑な積分の計算方法について確認しましょう。

**CHECK 3−A**　次の不定積分を求めよ。

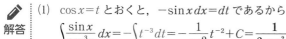

(1) $\displaystyle\int\frac{\sin x}{\cos^3 x}dx$　　　(2) $\displaystyle\int x\sin^2 x\cos x\,dx$

(1) は被積分関数が $f(\cos x)\sin x$ の形であるから，$\cos x=t$ とおく **置換積分法** を利用することで計算できます。(2) は，$\sin^2 x\cos x=\sin^2 x(\sin x)'=\left(\dfrac{1}{3}\sin^3 x\right)'$ に着目し，**部分積分法** を利用します。以下，$C$ は積分定数とします。

解答

(1)　$\cos x=t$ とおくと，$-\sin x\,dx=dt$ であるから

$$\int\frac{\sin x}{\cos^3 x}dx=-\int t^{-3}dt=-\frac{1}{-2}t^{-2}+C=\boldsymbol{\frac{1}{2\cos^2 x}+C}$$

別解　$\dfrac{\sin x}{\cos^3 x}=\dfrac{\sin x}{\cos x}\cdot\dfrac{1}{\cos^2 x}=\tan x(\tan x)'$

であるから

$$\int\frac{\sin x}{\cos^3 x}dx=\int\tan x(\tan x)'dx=\boldsymbol{\frac{1}{2}\tan^2 x+C}$$

◀ $\cos x=t$ と置換せず，
$\displaystyle\int\frac{\sin x}{\cos^3 x}dx$
$\displaystyle=-\int(\cos x)^{-3}(\cos x)'dx$
$\displaystyle=-\frac{1}{-2}(\cos x)^{-2}+C$
$\displaystyle=\frac{1}{2\cos^2 x}+C$
としてもよい。

(2)　$\displaystyle\int x\sin^2 x\cos x\,dx=\int x\left(\frac{1}{3}\sin^3 x\right)'dx$

$$=x\cdot\frac{1}{3}\sin^3 x-\int 1\cdot\frac{1}{3}\sin^3 x\,dx$$

$$=\frac{x}{3}\sin^3 x-\frac{1}{3}\int\sin^3 x\,dx\quad\cdots\cdots\ (*)$$

◀部分積分法を利用。
$f(x)=x$,
$g'(x)=\sin^2 x\cos x$
とすると
$f'(x)=1$,
$g(x)=\dfrac{1}{3}\sin^3 x$

ここで，$\sin^3 x=\dfrac{3\sin x-\sin 3x}{4}$ であるから

$$\int\sin^3 x\,dx=\int\frac{3\sin x-\sin 3x}{4}dx$$

$$=-\frac{3}{4}\cos x+\frac{1}{12}\cos 3x+C'\ \ (C' \text{は積分定数})$$

◀3 倍角の公式
$\sin 3x=3\sin x-4\sin^3 x$
数学Ⅲ例題 **142** も参照。

よって　$\displaystyle\int x\sin^2 x\cos x\,dx$

$$=\frac{x}{3}\sin^3 x-\frac{1}{3}\left(-\frac{3}{4}\cos x+\frac{1}{12}\cos 3x+C'\right)$$

$$=\boldsymbol{\frac{x}{3}\sin^3 x+\frac{1}{4}\cos x-\frac{1}{36}\cos 3x+C}$$

◀ $-\dfrac{1}{3}C'$ を $C$ とおいた。

別解　(＊)までは同じ。

$$\sin^3 x=\sin^2 x\cdot\sin x=(1-\cos^2 x)\sin x$$

◀ $f(\cos x)\sin x$ の形に変形し，置換積分法を利用。

であるから，$\cos x=t$ とおくと　$-\sin x\,dx=dt$

よって　$\int\sin^3 x\,dx=\int(1-\cos^2 x)\sin x\,dx$

$$=-\int(1-t^2)dt=-\left(t-\frac{t^3}{3}\right)+C'$$

$$=-\left(\cos x-\frac{1}{3}\cos^3 x\right)+C'$$ （$C'$ は積分定数）

ゆえに　$\int x\sin^2 x\cos x\,dx$

$$=\frac{x}{3}\sin^3 x+\frac{1}{3}\left(\cos x-\frac{1}{3}\cos^3 x-C'\right)$$

$$=\boldsymbol{\frac{x}{3}\sin^3 x+\frac{1}{3}\cos x-\frac{1}{9}\cos^3 x+C}$$

◀ $-\frac{1}{3}C'$ を $C$ とおいた。

(1), (2) とも，解答と別解で答えが異なるように見えますが，次のように式変形すると一致していることが確かめられます。

(1) は，$1+\tan^2 x=\dfrac{1}{\cos^2 x}$ から

$$\frac{1}{2}\tan^2 x+C=\frac{1}{2}\left(\frac{1}{\cos^2 x}-1\right)+C=\frac{1}{2\cos^2 x}+\left(C-\frac{1}{2}\right)$$

$C-\dfrac{1}{2}$ を $C$ におき換えることで，一致していることがわかります。

(2) は，3 倍角の公式 $\cos 3x=4\cos^3 x-3\cos x$ を解答の答えの式に代入すると，別解の答えと一致することがわかりますから，各自確認してみましょう。

次に，立体の体積を，定積分を用いて求める方法を確認しましょう。

**CHECK 3−B**　半径 1 の円柱を，底面の直径を含み底面と角 $\dfrac{\pi}{3}$ をなす平面で切ってできる小さい方の立体 $A$ を考える。ただし，円柱の高さは $\sqrt{3}$ 以上であるとする。この立体 $A$ の体積 $V$ を求めよ。

数学Ⅲ例題 **193** で学習したように，**立体の体積　断面積をつかむ** の方針で進めます。底面の直径を座標軸にとり，座標軸に対して垂直な平面で切断したときの断面積を考えます。

**解答**　右の図のように，底面の中心を O とし，直径 MN に対し，直線 MN を $x$ 軸にとる。
また，線分 MN 上に点 P をとる。
点 P を通り $x$ 軸に垂直な平面による立体 $A$ の切り口は，直角三角形 PQR となる。
点 P の座標を $x$ とすると

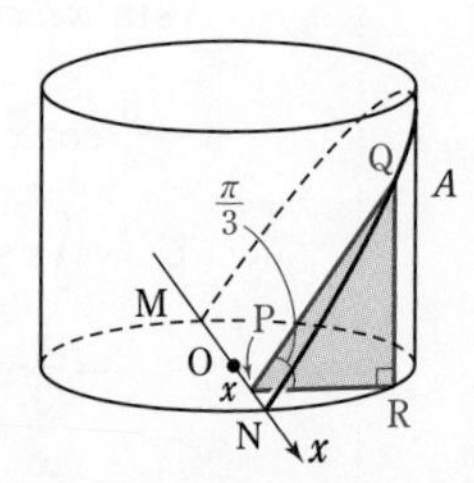


$$\mathrm{PR}=\sqrt{\mathrm{OR}^2-\mathrm{OP}^2}=\sqrt{1-x^2}$$

$$\mathrm{QR}=\mathrm{PR}\tan\frac{\pi}{3}=\sqrt{3}\sqrt{1-x^2}$$

よって，$\triangle$PQR の面積を $S(x)$ とすると

$$S(x)=\frac{1}{2}\mathrm{PR}\cdot\mathrm{QR}=\frac{\sqrt{3}}{2}(1-x^2)$$

対称性から，求める体積 $V$ は

$$V=2\int_0^1 S(x)dx=2\int_0^1\frac{\sqrt{3}}{2}(1-x^2)dx=\sqrt{3}\left[x-\frac{x^3}{3}\right]_0^1=\frac{2\sqrt{3}}{3}$$

解答では，直線 MN を $x$ 軸として，直線 MN に垂直な平面で立体を切断したときの断面積を考えましたが，別の方向で切断したときの断面積を考えて体積を求めることもできます（$p$.322，323 参照）。

次の問題 **3** はやや難しい問題になっています。これまで学習した，積分の計算方法，体積の求め方の総まとめとして挑戦してみましょう。

## 問題 3　定積分の漸化式と非回転体の体積

$xyz$ 空間において，$xy$ 平面内の原点を中心とする半径 1 の円板を $D$ とする。$D$ を底面とし，点 $(0,\ 0,\ 1)$ を頂点とする円錐を $C$ とする。$C$ を平面 $x=\frac{1}{2}$ で 2 つの部分に切断したとき，小さい方を $K$ とする。

(1)　正の整数 $n$ に対し $I_n=\int_0^{\frac{\pi}{3}}\frac{d\theta}{\cos^n\theta}$ とするとき，$I_1$ を求めよ。

(2)　(1) の $I_n$ について，$n\geqq 3$ のとき，$I_n$ を $I_{n-2}$ と $n$ で表せ。

(3)　平面 $z=t$ $\left(0\leqq t\leqq\frac{1}{2}\right)$ による $K$ の切り口の面積を $S(t)$ とし，$\theta$ を $\cos\theta=\frac{1}{2(1-t)}$ $\left(ただし，0\leqq\theta\leqq\frac{\pi}{3}\right)$ を満たすものとする。このとき，$S(t)$ を $\theta$ を用いて表せ。

(4)　$K$ の体積を求めよ。　〔類　名古屋大〕

(1)　$\frac{1}{\cos\theta}=\frac{\cos\theta}{\cos^2\theta}=\frac{\cos\theta}{1-\sin^2\theta}$ と変形すると，$f(\sin\theta)\cos\theta$ の形。
$\longrightarrow$ $\sin\theta=t$ とおく **置換積分法** を利用。

(2)　$\frac{1}{\cos^n\theta}=\frac{1}{\cos^2\theta}\cdot\frac{1}{\cos^{n-2}\theta}=(\tan\theta)'\cdot\frac{1}{\cos^{n-2}\theta}$ と変形し，**部分積分法** を利用。

(3)　円錐 $C$ を平面 $z=t$ $\left(0\leqq t\leqq\frac{1}{2}\right)$ で切った断面は円であるから，その円の $x\geqq\frac{1}{2}$ を満たす部分が，平面 $z=t$ $\left(0\leqq t\leqq\frac{1}{2}\right)$ による $K$ の切り口である。

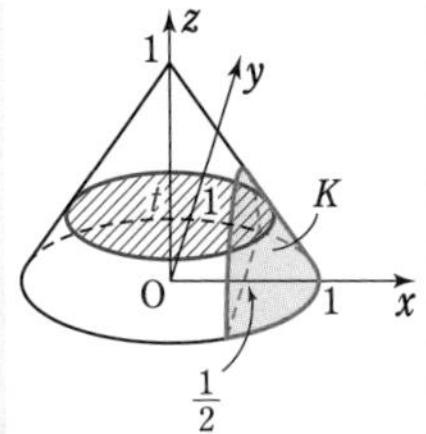


(4)　求める体積は $\int_0^{\frac{1}{2}}S(t)dt$ で求められる。(3) より，$S(t)$ は $\theta$ の式で表されているから，$\cos\theta=\frac{1}{2(1-t)}$ の **置換積分法** を利用して計算する。

解答

(1) $I_1=\int_0^{\frac{\pi}{3}}\frac{d\theta}{\cos\theta}=\int_0^{\frac{\pi}{3}}\frac{\cos\theta}{\cos^2\theta}d\theta=\int_0^{\frac{\pi}{3}}\frac{\cos\theta}{1-\sin^2\theta}d\theta$

◀分母・分子に $\cos\theta$ を掛ける。

$t=\sin\theta$ とおくと　$dt=\cos\theta d\theta$

$\theta$ と $t$ の対応は右のようになる。

| $\theta$ | $0 \longrightarrow \frac{\pi}{3}$ |
|---|---|
| $t$ | $0 \longrightarrow \frac{\sqrt{3}}{2}$ |

よって

$$I_1=\int_0^{\frac{\sqrt{3}}{2}}\frac{dt}{1-t^2}$$
$$=\int_0^{\frac{\sqrt{3}}{2}}\frac{dt}{(1-t)(1+t)}$$
$$=\int_0^{\frac{\sqrt{3}}{2}}\frac{1}{2}\left(\frac{1}{1-t}+\frac{1}{1+t}\right)dt$$

◀部分分数に分解。

$$=\frac{1}{2}\Big[-\log|1-t|+\log|1+t|\Big]_0^{\frac{\sqrt{3}}{2}}$$
$$=\frac{1}{2}\left\{-\log\left(1-\frac{\sqrt{3}}{2}\right)+\log\left(1+\frac{\sqrt{3}}{2}\right)\right\} \cdots\cdots (*)$$
$$=\boldsymbol{\log(2+\sqrt{3})}$$

◀(*) の式
$=\frac{1}{2}\log\frac{1+\frac{\sqrt{3}}{2}}{1-\frac{\sqrt{3}}{2}}$
$=\frac{1}{2}\log\frac{2+\sqrt{3}}{2-\sqrt{3}}$
$=\frac{1}{2}\log\frac{(2+\sqrt{3})^2}{2^2-(\sqrt{3})^2}$
$=\log(2+\sqrt{3})$

(2) $n\geqq 3$ のとき

$$I_n=\int_0^{\frac{\pi}{3}}\frac{d\theta}{\cos^n\theta}$$
$$=\int_0^{\frac{\pi}{3}}\frac{1}{\cos^2\theta}\cdot\frac{1}{\cos^{n-2}\theta}d\theta$$
$$=\int_0^{\frac{\pi}{3}}(\tan\theta)'\left(\frac{1}{\cos^{n-2}\theta}\right)d\theta$$
$$=\left[\frac{\tan\theta}{\cos^{n-2}\theta}\right]_0^{\frac{\pi}{3}}-\int_0^{\frac{\pi}{3}}\tan\theta\cdot\frac{(n-2)\sin\theta}{\cos^{n-1}\theta}d\theta$$

◀部分積分法。
$\left(\frac{1}{\cos^{n-2}\theta}\right)'$
$=\{(\cos\theta)^{-(n-2)}\}'$
$=-(n-2)(\cos\theta)^{-(n-1)}$
$\times(\cos\theta)'$
$=\frac{(n-2)\sin\theta}{\cos^{n-1}\theta}$

$$=\frac{\sqrt{3}}{\left(\frac{1}{2}\right)^{n-2}}-(n-2)\int_0^{\frac{\pi}{3}}\frac{\sin^2\theta}{\cos^n\theta}d\theta$$
$$=\sqrt{3}\cdot 2^{n-2}-(n-2)\int_0^{\frac{\pi}{3}}\frac{1-\cos^2\theta}{\cos^n\theta}d\theta$$
$$=\sqrt{3}\cdot 2^{n-2}-(n-2)\left(\int_0^{\frac{\pi}{3}}\frac{d\theta}{\cos^n\theta}-\int_0^{\frac{\pi}{3}}\frac{d\theta}{\cos^{n-2}\theta}\right)$$
$$=\sqrt{3}\cdot 2^{n-2}-(n-2)(I_n-I_{n-2})$$

よって　$(n-1)I_n=(n-2)I_{n-2}+\sqrt{3}\cdot 2^{n-2}$

◀$n\geqq 3$ から　$n\neq 1$

したがって　$\boldsymbol{I_n=\frac{n-2}{n-1}I_{n-2}+\frac{\sqrt{3}\cdot 2^{n-2}}{n-1}}$

(3) 円錐 $C$ の $zx$ 平面による切り口は右の図のようになるから，立体 $K$ は $0\leqq z\leqq\frac{1}{2}$ を満たす部分にある。

よって，平面 $z=t$ $\left(0\leqq t\leqq\frac{1}{2}\right)$ による切り口を考える。

円錐 $C$ と平面 $z=t$ の共通部分は，中心が $z$ 軸上にある半径 $1-t$ の円となる。

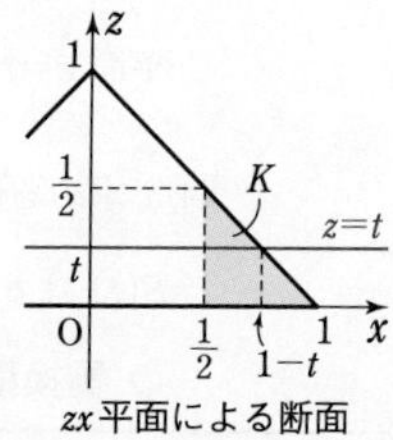

zx 平面による断面

よって，その円の方程式は

$$x^2+y^2=(1-t)^2,\ z=t$$

◀ $z=t$ を忘れない。

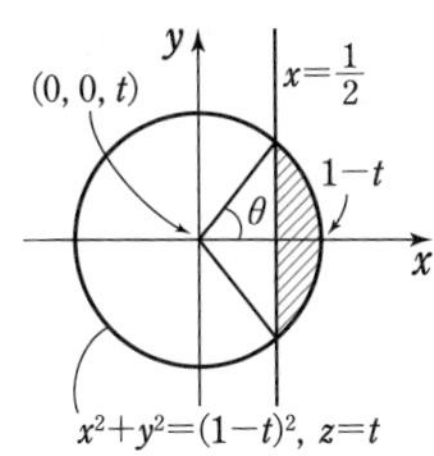


ゆえに，平面 $z=t\ \left(0\leqq t\leqq\dfrac{1}{2}\right)$ による $K$ の切り口は，右の図の斜線部分となる。

ここで，$\theta$ は $\cos\theta=\dfrac{1}{2(1-t)}$，$0\leqq\theta\leqq\dfrac{\pi}{3}$ を満たすものであるから，$S(t)$ は

$$\boldsymbol{S(t)}=\frac{1}{2}(1-t)^2\cdot 2\theta-\frac{1}{2}(1-t)^2\sin 2\theta$$

$$=\frac{1}{8\cos^2\theta}(2\theta-\sin 2\theta)$$

◀ $1-t=\dfrac{1}{2\cos\theta}$ を代入。

$$=\boldsymbol{\frac{1}{4}\left(\frac{\theta}{\cos^2\theta}-\tan\theta\right)}$$

◀扇形から二等辺三角形を除いたものである。

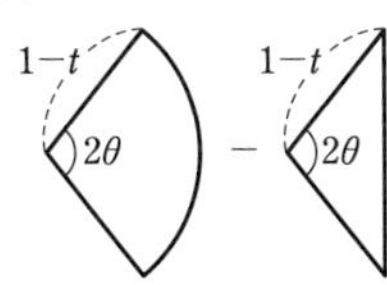


問題文の $\theta$ は，この扇形の中心角が $2\theta$ になるように与えられている。

(4)　$K$ の体積を $V$ とすると

$$V=\int_0^{\frac{1}{2}}S(t)dt=\frac{1}{4}\int_0^{\frac{1}{2}}\left(\frac{\theta}{\cos^2\theta}-\tan\theta\right)dt$$

$\cos\theta=\dfrac{1}{2(1-t)}$ から，$t=1-\dfrac{1}{2\cos\theta}$ であり

$$dt=-\frac{\sin\theta}{2\cos^2\theta}d\theta$$

$t$ と $\theta$ の対応は右のようになる。

| $t$ | $0\longrightarrow\dfrac{1}{2}$ |
|---|---|
| $\theta$ | $\dfrac{\pi}{3}\longrightarrow 0$ |

よって

$$V=\frac{1}{4}\int_{\frac{\pi}{3}}^{0}\left(\frac{\theta}{\cos^2\theta}-\tan\theta\right)\cdot\left(-\frac{\sin\theta}{2\cos^2\theta}\right)d\theta$$

$$=\frac{1}{8}\int_0^{\frac{\pi}{3}}\left(\frac{\theta\sin\theta}{\cos^4\theta}-\frac{\sin^2\theta}{\cos^3\theta}\right)d\theta$$

ここで　$\displaystyle\int_0^{\frac{\pi}{3}}\frac{\theta\sin\theta}{\cos^4\theta}d\theta=\int_0^{\frac{\pi}{3}}\theta\cdot\left(\frac{1}{3\cos^3\theta}\right)'d\theta$

$$=\left[\frac{\theta}{3\cos^3\theta}\right]_0^{\frac{\pi}{3}}-\frac{1}{3}\int_0^{\frac{\pi}{3}}\frac{d\theta}{\cos^3\theta}=\frac{8}{9}\pi-\frac{1}{3}I_3,$$

◀被積分関数を $\theta\times\dfrac{\sin\theta}{\cos^4\theta}$ と分け，更に $\dfrac{\sin\theta}{\cos^4\theta}=\left(\dfrac{1}{3\cos^3\theta}\right)'$ であることに着目し，**部分積分法** を用いる。

$$\int_0^{\frac{\pi}{3}}\frac{\sin^2\theta}{\cos^3\theta}d\theta=\int_0^{\frac{\pi}{3}}\frac{1-\cos^2\theta}{\cos^3\theta}d\theta$$

$$=\int_0^{\frac{\pi}{3}}\frac{d\theta}{\cos^3\theta}-\int_0^{\frac{\pi}{3}}\frac{d\theta}{\cos\theta}=I_3-I_1$$

ゆえに　$\displaystyle V=\frac{1}{8}\left\{\frac{8}{9}\pi-\frac{1}{3}I_3-(I_3-I_1)\right\}$

$$=\frac{\pi}{9}-\frac{1}{6}I_3+\frac{1}{8}I_1$$

更に，(2) より $I_3=\dfrac{1}{2}I_1+\sqrt{3}$ であるから

$$V=\frac{\pi}{9}-\frac{1}{6}\left(\frac{1}{2}I_1+\sqrt{3}\right)+\frac{1}{8}I_1=\frac{\pi}{9}-\frac{\sqrt{3}}{6}+\frac{1}{24}I_1$$

$$=\boldsymbol{\frac{\pi}{9}-\frac{\sqrt{3}}{6}+\frac{1}{24}\log(2+\sqrt{3})}$$

◀できるだけ簡単な式になるように変形し，最後に $I_1=\log(2+\sqrt{3})$ を代入する。

検討

### $I_n$ の値について

問題3の $I_n=\int_0^{\frac{\pi}{3}}\frac{d\theta}{\cos^n\theta}$ について，$I_3$ の値は，(2) で求めた関係式

$I_n=\frac{n-2}{n-1}I_{n-2}+\frac{\sqrt{3}\cdot 2^{n-2}}{n-1}$ $(n\geqq 3)$ ……（＊），および $I_1=\log(2+\sqrt{3})$ を用いて，

$I_3=\frac{1}{2}I_1+\sqrt{3}=\frac{1}{2}\log(2+\sqrt{3})+\sqrt{3}$ と求めることができる。

$n$ が奇数のときは，関係式（＊）を繰り返し用いることで，

$$I_5=\frac{3}{4}I_3+\frac{\sqrt{3}\cdot 2^3}{4}=\frac{3}{4}\left\{\frac{1}{2}\log(2+\sqrt{3})+\sqrt{3}\right\}+\frac{\sqrt{3}\cdot 2^3}{4}=\frac{3}{8}\log(2+\sqrt{3})+\frac{11\sqrt{3}}{4},$$

$$I_7=\frac{5}{6}I_5+\frac{\sqrt{3}\cdot 2^5}{6}=\cdots\cdots$$

と順に求められる。

$n$ が偶数のときは，$I_2=\int_0^{\frac{\pi}{3}}\frac{d\theta}{\cos^2\theta}=\Big[\tan\theta\Big]_0^{\frac{\pi}{3}}=\sqrt{3}$ であるから，これを用いると

$$I_4=\frac{2}{3}I_2+\frac{\sqrt{3}\cdot 2^2}{3}=\frac{2\sqrt{3}}{3}+\frac{4\sqrt{3}}{3}=2\sqrt{3},\quad I_6=\frac{4}{5}I_4+\frac{\sqrt{3}\cdot 2^4}{5}=\cdots\cdots$$

と順に求められる。

検討

### 円錐の側面の方程式とその切り口

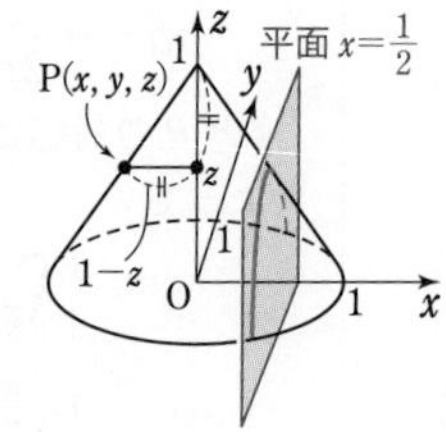


円錐 $C$ を平面 $x=\frac{1}{2}$ で切断したときの側面の切り口は，**双曲線** の一部となる。(「チャート式基礎からの数学C」の $p.244$「まとめ　2次曲線の基本」も参照。)
ここでは，その理由について考えてみよう。

円錐 $C$ の側面上の点を $\mathrm{P}(x,\ y,\ z)$ とすると，$0\leqq z\leqq 1$ であり，点Pと点 $(0,\ 0,\ z)$ との距離は $1-z$ であるから，点Pが円錐 $C$ の側面上を動くとき，$x^2+y^2=(1-z)^2$ を満たしながら動く。

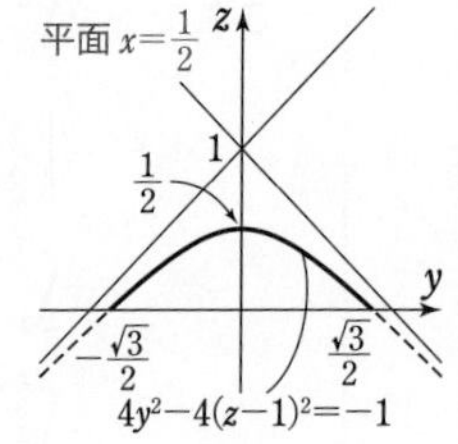


よって，点Pが円錐 $C$ の側面上かつ平面 $x=\frac{1}{2}$ 上を動くとき　　$x^2+y^2=(1-z)^2$ かつ $x=\frac{1}{2}$

すなわち，平面 $x=\frac{1}{2}$ 上で $4y^2-4(z-1)^2=-1$ を満たしながら動くから，円錐 $C$ を平面 $x=\frac{1}{2}$ で切断したときの側面の切り口は，双曲線の一部となることがわかる。

# 総合演習 第2部



## 第1章 関数

**1** 点 $(2,\ 2)$ を通り，傾きが $m\ (\neq 0)$ である直線 $\ell$ と曲線 $y=\dfrac{1}{x}$ との 2 つの交点を $\mathrm{P}\left(\alpha,\ \dfrac{1}{\alpha}\right)$，$\mathrm{Q}\left(\beta,\ \dfrac{1}{\beta}\right)$ とし，線分 PQ の中点を $\mathrm{R}(u,\ v)$ とする。$m$ の値が変化するとき，点 R が動いてできる曲線を $C$ とする。

(1) 直線 $\ell$ の方程式を求めよ。　　(2) $u$ および $v$ をそれぞれ $m$ の式で表せ。

(3) 曲線 $C$ の方程式を求め，その概形をかけ。　〔名城大〕

**2** 座標平面上の点 $(x,\ y)$ は，次の方程式を満たす。

$$\frac{1}{2}\log_2(6-x)-\log_2\sqrt{3-y}=\frac{1}{2}\log_2(10-2x)-\log_2\sqrt{4-y}\quad\cdots\cdots\ (*)$$

方程式 $(*)$ の表す図形上の点 $(x,\ y)$ は，関数 $y=\dfrac{2}{x}$ のグラフを $x$ 軸方向に $p$，$y$ 軸方向に $q$ だけ平行移動したグラフ上の点である。このとき，$p$，$q$ を求めると，$(p,\ q)=$ ア□ である。点 $(x,\ y)$ が方程式 $(*)$ の表す図形上を動くとき，$x+2y$ の最大値は イ□ である。また，整数の組 $(x,\ y)$ が方程式 $(*)$ を満たすとき，$x$ の値をすべて求めると，$x=$ ウ□ である。　〔芝浦工大〕

**3** 定数 $a$ に対して関数 $f(x)=\dfrac{1}{2}\sqrt{4x+a^2-6a-7}-\dfrac{3-a}{2}$ を考え，$y=f(x)$ の逆関数を $y=g(x)$ とする。

(1) 関数 $f(x)$ の定義域を求めよ。　　(2) 関数 $g(x)$ を求めよ。

(3) $y=f(x)$ のグラフと $y=g(x)$ のグラフが接するとき，$a=$ ア□，イ□ であり，接点の座標は $a=$ ア□ のとき (ウ□，エ□)，$a=$ イ□ のとき (オ□，カ□) である。ただし，□ には整数値が入り，ア□ < イ□ とする。　〔類 近畿大〕

**4** 関数 $f(x)=\dfrac{2x+1}{x+2}\ (x>0)$ に対して，

$$f_1(x)=f(x),\quad f_n(x)=(f\circ f_{n-1})(x)\quad (n=2,\ 3,\ \cdots\cdots)$$

とおく。

(1) $f_2(x)$，$f_3(x)$，$f_4(x)$ を求めよ。

(2) 自然数 $n$ に対して $f_n(x)$ の式を推測し，その結果を数学的帰納法を用いて証明せよ。　〔札幌医大〕

**1** (2) 解と係数の関係を利用。
(3) (2) の結果を利用して $m$ を消去し，$v$ を $u$ の式で表す。

**2** 真数条件に注意して，まず $x$，$y$ それぞれの値の範囲を絞る。次に，$(*)$ から対数を含まない $x$，$y$ の関係式を導き，それを $y$ について解く。

**3** (2) $g(x)$ の定義域に注意。
(3) 接点の座標を $(x,\ y)$ とすると　$y=g(x)$ かつ $x=g(y)$

**4** (2) (1) の結果から，$f_n(x)$ の式の係数の規則性をつかむ。階差数列を利用するとよい。

# 総合演習 第2部 数学Ⅲ

## 第2章 極 限

**5** 点 $(2,\ 1)$ から放物線 $y=\dfrac{2}{3}x^2-1$ に引いた2つの接線のうち，傾きが小さい方を $\ell$ とする。

(1) $\ell$ の方程式を求めよ。

(2) $n$ を自然数とする。$\ell$ 上の点で，$x$ 座標と $y$ 座標がともに $n$ 以下の自然数であるものの個数を $A(n)$ とするとき，極限値 $\displaystyle\lim_{n\to\infty}\frac{A(n)}{n}$ を求めよ。〔類 茨城大〕

**6** 焼きいも屋さんが京都・大阪・神戸の3都市を次のような確率で移動して店を出す（2日以上続けて同じ都市で出すこともありうる）。

・京都で出した翌日に，大阪・神戸で出す確率はそれぞれ $\dfrac{1}{3}$，$\dfrac{2}{3}$ である。

・大阪で出した翌日に，京都・大阪で出す確率はそれぞれ $\dfrac{1}{3}$，$\dfrac{2}{3}$ である。

・神戸で出した翌日に，京都・神戸で出す確率はそれぞれ $\dfrac{2}{3}$，$\dfrac{1}{3}$ である。

今日を1日目として，$n$ 日目に京都で店を出す確率を $p_n$ とする。$p_1=1$ であるとき

(1) $p_2=$ ア□，$p_3=$ イ□ である。

(2) 一般項 $p_n$ は，$n$ が奇数のとき $p_n=$ ウ□，$n$ が偶数のとき $p_n=$ エ□ である。

(3) $\displaystyle\lim_{n\to\infty}p_n=$ オ□ である。〔類 関西学院大〕

**7** 数列 $\{a_n\}$ を $a_1=\tan\dfrac{\pi}{3}$，$a_{n+1}=\dfrac{a_n}{\sqrt{a_n{}^2+1}+1}$ $(n=1,\ 2,\ 3,\ \cdots\cdots)$ により定める。

(1) $a_2=\tan\dfrac{\pi}{6}$，$a_3=\tan\dfrac{\pi}{12}$ であることを示せ。

(2) 一般項 $a_n$ を求めよ。 (3) $\displaystyle\lim_{n\to\infty}2^na_n$ を求めよ。〔類 広島大〕

**8** $p$ を正の整数とする。$\alpha$，$\beta$ は $x$ に関する方程式 $x^2-2px-1=0$ の2つの解で，$|\alpha|>1$ であるとする。

(1) すべての正の整数 $n$ に対し，$\alpha^n+\beta^n$ は整数であり，更に偶数であることを証明せよ。

(2) 極限 $\displaystyle\lim_{n\to\infty}(-\alpha)^n\sin(\alpha^n\pi)$ を求めよ。〔京都大〕

**5** (2) まず，$\ell$ の方程式を1次不定方程式とみて整数解を求める。はさみうちの原理を利用するが，ガウス記号を用いるとよい。

**6** (2) $n$ 日目に大阪，神戸で店を出す確率をそれぞれ $q_n$，$r_n$ として，$p_{n+1}$，$q_{n+1}$，$r_{n+1}$ をそれぞれ $p_n$，$q_n$，$r_n$ で表す。そして，$p_{n+2}$ を考え，$p_n+q_n+r_n=1$ であることを利用することで，数列 $\{p_n\}$ のみの漸化式を導く。

**7** (1) $0<\theta<\dfrac{\pi}{2}$ のとき，$\dfrac{\tan\theta}{\sqrt{\tan^2\theta+1}+1}$ を倍角・半角の公式などを用いて $\dfrac{\theta}{2}$ の式に直す。その結果を利用して $a_2$，$a_3$ を計算するとよい。

**8** (1) $n=k$，$k+1$ のときを仮定する数学的帰納法により示す。

# 総合演習 第2部　数学Ⅲ

**9** ◇ $n$ を正の整数とする。右の連立不等式を満たす $xyz$ 空間の点 P$(x,\ y,\ z)$ で，$x,\ y,\ z$ がすべて整数であるもの（格子点）の個数を $f(n)$ とする。極限 $\lim_{n\to\infty}\dfrac{f(n)}{n^3}$ を求めよ。〔東京大〕

$$\begin{cases} x+y+z\leqq n \\ -x+y-z\leqq n \\ x-y-z\leqq n \\ -x-y+z\leqq n \end{cases}$$

**10** 複素数 $z$ に対して $f(z)=\alpha z+\beta$ とする。ただし，$\alpha,\ \beta$ は複素数の定数で，$\alpha\neq 1$ とする。また，$f^1(z)=f(z)$，$f^n(z)=f(f^{n-1}(z))$ $(n=2,\ 3,\ \cdots\cdots)$ と定める。

(1) $f^n(z)$ を $\alpha,\ \beta,\ z,\ n$ を用いて表せ。

(2) $|\alpha|<1$ のとき，すべての複素数 $z$ に対して $\lim_{n\to\infty}|f^n(z)-\delta|=0$ が成り立つような複素数の定数 $\delta$ を求めよ。

(3) $|\alpha|=1$ とする。複素数の列 $\{f^n(z)\}$ に少なくとも3つの異なる複素数が現れるとき，これらの $f^n(z)$ $(n=1,\ 2,\ \cdots\cdots)$ は複素数平面内のある円 $C_z$ 上にある。円 $C_z$ の中心と半径を求めよ。〔早稲田大〕

**11** 半径1の円 $S_1$ に正三角形 $T_1$ が内接している。$T_1$ に内接する円を $S_2$ とし，$S_2$ に内接する正方形を $U_1$ とする。更に，$U_1$ に円 $S_3$ を，$S_3$ に正三角形 $T_2$ を，$T_2$ に円 $S_4$ を，$S_4$ に正方形 $U_2$ を順次内接させていき，以下同様にして，円の列 $S_1,\ S_2,\ S_3,\ \cdots\cdots$，正三角形の列 $T_1,\ T_2,\ T_3,\ \cdots\cdots$，正方形の列 $U_1,\ U_2,\ U_3,\ \cdots\cdots$ を作る。

(1) 正三角形 $T_1$ の1辺の長さは ア[　] であり，面積は イ[　] である。

(2) 正方形 $U_1$ の1辺の長さは ウ[　] であり，円 $S_2$ の面積は エ[　] である。

(3) 円 $S_n$ の面積を $s_n$ とする。$s_{2n-1}$，$s_{2n}$ $(n=1,\ 2,\ \cdots\cdots)$ を $n$ で表すと，

$s_{2n-1}=$ オ[　]，$s_{2n}=$ カ[　] であるから，$\sum_{n=1}^{\infty}s_n=$ キ[　] となる。〔近畿大〕

**12** 実数の定数 $a,\ b$ に対して，関数 $f(x)$ を $f(x)=\dfrac{ax+b}{x^2+x+1}$ で定める。すべての実数 $x$ で不等式 $f(x)\leqq\{f(x)\}^3-2\{f(x)\}^2+2$ が成り立つような点 $(a,\ b)$ の範囲を図示せよ。〔京都大〕

**9** まず，$z=k$ として固定し，平面 $z=k$ 上の格子点の数を $k,\ n$ で表す。

**10** (1) $f^n(z)=a_n$ とおくと　$a_{n+1}=\alpha a_n+\beta$

(2) (1)の結果を利用。$|\alpha|<1$ のとき　$\lim_{n\to\infty}\alpha^n=0$

**11** (1), (2)　$S_1,\ T_1,\ S_2,\ U_1$ の図をかき，半径や辺の長さの関係をつかむ。

(3) 円 $S_n$ の半径を $r_n$ として，半径と正三角形や正方形の辺の長さの関係に注目しながら，まず $r_{2n}$ と $r_{2n-1}$ の関係式を作る。$\sum_{n=1}^{\infty}s_n$ は，2つの部分和 $\sum_{n=1}^{2N}s_n$，$\sum_{n=1}^{2N-1}s_n$ に分けて考えていく。

**12** まず，不等式から $f(x)$ の範囲を求める。**すべての実数 $x$** で不等式が成り立たなければならないことと $\lim_{x\to\infty}f(x)$ の値に注意。

## 第3章 微分法

**13** $n$ を3以上の自然数, $\alpha$, $\beta$ を相異なる実数とするとき, 次の問いに答えよ。
(1) 次を満たす実数 $A$, $B$, $C$ と整式 $Q(x)$ が存在することを示せ。
$$x^n=(x-\alpha)(x-\beta)^2Q(x)+A(x-\alpha)(x-\beta)+B(x-\alpha)+C$$
(2) (1)の $A$, $B$, $C$ を $n$, $\alpha$, $\beta$ を用いて表せ。
(3) (2)の $A$ について, $n$ と $\alpha$ を固定して, $\beta$ を $\alpha$ に近づけたときの極限 $\lim_{\beta\to\alpha}A$ を求めよ。 〔九州大〕

**14** 関数 $y=\log_3 x$ とその逆関数 $y=3^x$ のグラフが, 直線 $y=-x+s$ と交わる点をそれぞれ $\mathrm{P}(t,\ \log_3 t)$, $\mathrm{Q}(u,\ 3^u)$ とする。 〔金沢大〕
(1) 線分PQの中点の座標は $\left(\dfrac{s}{2},\ \dfrac{s}{2}\right)$ であることを示せ。
(2) $s$, $t$, $u$ は $s=t+u$, $u=\log_3 t$ を満たすことを示せ。
(3) $\displaystyle\lim_{t\to3}\frac{su-k}{t-3}$ が有限な値となるように, 定数 $k$ の値を定め, その極限値を求めよ。

**15** $n$ は0以上の整数とする。関係式 $H_0(x)=1$, $H_{n+1}(x)=2xH_n(x)-H_n{}'(x)$ によって多項式 $H_0(x)$, $H_1(x)$, …… を定め, $f_n(x)=H_n(x)e^{-\frac{x^2}{2}}$ とおく。 〔お茶の水大〕
(1) $-f_0{}''(x)+x^2f_0(x)=a_0f_0(x)$ が成り立つように定数 $a_0$ を定めよ。
(2) $f_{n+1}(x)=xf_n(x)-f_n{}'(x)$ を示せ。
(3) 2回微分可能な関数 $f(x)$ に対して, $g(x)=xf(x)-f'(x)$ とおく。定数 $a$ に対して $-f''(x)+x^2f(x)=af(x)$ が成り立つとき, $-g''(x)+x^2g(x)=(a+2)g(x)$ を示せ。
(4) $-f_n{}''(x)+x^2f_n(x)=a_nf_n(x)$ が成り立つように定数 $a_n$ を定めよ。

**16** $n$ を任意の正の整数とし, 2つの関数 $f(x)$, $g(x)$ はともに $n$ 回微分可能な関数とする。 〔大分大〕
(1) 積 $f(x)g(x)$ の第4次導関数 $\dfrac{d^4}{dx^4}\{f(x)g(x)\}$ を求めよ。
(2) 積 $f(x)g(x)$ の第 $n$ 次導関数 $\dfrac{d^n}{dx^n}\{f(x)g(x)\}$ における $f^{(n-r)}(x)g^{(r)}(x)$ の係数を類推し, その類推が正しいことを数学的帰納法を用いて証明せよ。ただし, $r$ は負でない $n$ 以下の整数とし, $f^{(0)}(x)=f(x)$, $g^{(0)}(x)=g(x)$ とする。
(3) 関数 $h(x)=x^3e^x$ の第 $n$ 次導関数 $h^{(n)}(x)$ を求めよ。ただし, $n\geqq4$ とする。

**HINT**

**13** (1) まず, $x^n$ を $x-\alpha$ で割ったときの商を $Q_1(x)$ として, 割り算の等式を利用。

**14** (3) $\lim_{t\to3}(t-3)=0$ であるから, $\lim_{t\to3}(su-k)=0$ である必要がある。(1), (2)の結果を利用して, $su$ を $t$ で表す。

**15** (3) $g(x)=xf(x)-f'(x)$ の両辺を $x$ で微分。 (4) $g_n(x)=xf_n(x)-f_n{}'(x)$ として, (2), (3)の結果を利用することで, $a_n$ の漸化式を導く。

**16** (1), (2) 第1次導関数, 第2次導関数, …… と順に求め, $f^{(●)}(x)g^{(■)}(x)$ の係数に注目。
(2)では, ${}_n\mathrm{C}_k=\dfrac{n!}{k!(n-k)!}$ にも注意。

# 総合演習 第2部



## 第4章 微分法の応用

**17** $xy$ 平面における曲線 $y=\sin x$ の2つの接線が直交するとき，その交点の $y$ 座標の値をすべて求めよ。 〔東北大〕

**18** $x>0$ とし，$f(x)=\log x^{100}$ とおく。

(1) 不等式 $\dfrac{100}{x+1}<f(x+1)-f(x)<\dfrac{100}{x}$ を証明せよ。

(2) 実数 $a$ の整数部分（$k\leqq a<k+1$ となる整数 $k$）を $[a]$ で表す。整数 $[f(1)]$，$[f(2)]$，$[f(3)]$，……，$[f(1000)]$ のうちで異なるものの個数を求めよ。必要ならば，$\log 10=2.3026$ として計算せよ。 〔名古屋大〕

**19**◇ $n$ を正の整数とする。試行の結果に応じて $k$ 点（$k=0$，1，2，……，$n$）が与えられるゲームがある。ここで，$k$ 点を獲得する確率は，ある $t>0$ によって決まっており，これを $p_k(t)$ とする。このとき，確率 $p_k(t)$ は $a\geqq 0$ に対して，次の関係式を満たす。

$$p_0(t)=t^n,\ \ p_k(t)=a\cdot\frac{n-k+1}{k}\cdot p_{k-1}(t)\ \ (k=1,\ 2,\ \cdots\cdots,\ n)$$

(1) $\displaystyle\sum_{k=0}^{n}p_k(t)$ の値を求めよ。　(2) $a$ を $t$ を用いて表せ。

(3) 各 $k$ に対して，$0\leqq t\leqq 1$ の範囲で $p_k(t)$ を最大にするような $t$ の値 $T_k$ を求めよ。ただし，$p_k(0)=0$（$k=0$，1，……，$n-1$），$p_n(0)=1$ と定める。

(4) $0<t<1$ なる $t$ を与えたとき，(3) で求めた $T_k$ に対して，$E=\displaystyle\sum_{k=0}^{n}T_k\cdot p_k(t)$ とする。$E$ の値を求めよ。 〔早稲田大〕

**20** $\alpha$，$\beta$ を複素数とし，複素数平面上の点 O(0)，A($\alpha$)，B($\beta$)，C($|\alpha|^2$)，D($\overline{\alpha}\beta$) を考える。3点 O，A，B は三角形をなすとする。また，複素数 $z$ に対し，$\mathrm{Im}(z)$ によって，$z$ の虚部を表すことにする。 〔熊本大〕

(1) △OAB の面積を $S_1$，△OCD の面積を $S_2$ とするとき，$\dfrac{S_2}{S_1}$ を求めよ。

(2) △OAB の面積 $S_1$ は $\dfrac{1}{2}|\mathrm{Im}(\overline{\alpha}\beta)|$ で与えられることを示せ。

(3) 実数 $a$，$b$ に対し，複素数 $z$ を $z=a+bi$ で定める。$1\leqq a\leqq 2$，$1\leqq b\leqq 3$ のとき，3点 O(0)，P($z$)，Q$\left(\dfrac{1}{z}\right)$ を頂点とする △OPQ の面積の最大値と最小値を求めよ。

**HINT**

**18** (1) 平均値の定理を利用。(2) (1)の結果を利用。$x\leqq 99$ と $x\geqq 100$ で場合分けする。

**19** (2) 関係式を繰り返し用いて，$p_k(t)$ を求める。二項係数の式が現れる。

(3) $k=0$，$1\leqq k\leqq n-1$，$k=n$ で場合分け。$1\leqq k\leqq n-1$ のときは，$p_k(t)$ を $t$ で微分。

(4) ${}_n\mathrm{C}_k=\dfrac{n!}{k!(n-k)!}$ を利用することで，まず $T_k\cdot p_k(t)$ の式を簡単にする。

**20** (1) 偏角に注目して ∠AOB＝∠COD を導き，△OAB∽△OCD を示す。

(3) (2)の結果を利用して，△OPQ の面積を $a$，$b$ で表す。その式をおき換えで1変数の式として扱うことができるように変形。

# 総合演習 第2部 数学Ⅲ

**21** ◇ 座標平面において，原点Oを中心とする半径3の円を $C$，点 $(0,\ -1)$ を中心とする半径8の円を $C'$ とする。$C$ と $C'$ に挟まれた領域を $D$ とする。

(1) $0 \leqq k \leqq 3$ とする。直線 $\ell$ と原点Oとの距離が一定値 $k$ であるように $\ell$ が動くとき，$\ell$ と $D$ の共通部分の長さの最小値を求めよ。

(2) 直線 $\ell$ が $C$ と共有点をもつように動くとき，$\ell$ と $D$ の共通部分の長さの最小値を求めよ。〔弘前大〕

**22** $n$ を2以上の自然数とする。三角形ABCにおいて，辺ABの長さを $c$，辺CAの長さを $b$ で表す。$\angle \mathrm{ACB} = n\angle \mathrm{ABC}$ であるとき，$c < nb$ を示せ。〔大阪大〕

**23** $xy$ 平面において，点 $(1,\ 2)$ を通る傾き $t$ の直線を $\ell$ とする。また，$\ell$ に垂直で原点を通る直線と $\ell$ との交点をPとする。

(1) 点Pの座標を $t$ を用いて表せ。

(2) 点Pの軌跡が2次曲線 $2x^2 - ay = 0\ (a \neq 0)$ と3点のみを共有するような $a$ の値を求めよ。また，そのとき3つの共有点の座標を求めよ。〔岡山大〕

**24** $a$ を $0 < a < \dfrac{\pi}{2}$ を満たす定数とし，方程式 $x(1-\cos x) = \sin(x+a)$ を考える。

(1) $n$ を正の整数とするとき，上の方程式は $2n\pi < x < 2n\pi + \dfrac{\pi}{2}$ の範囲でただ1つの解をもつことを示せ。

(2) (1)の解を $x_n$ とおく。極限 $\displaystyle\lim_{n\to\infty}(x_n - 2n\pi)$ を求めよ。

(3) 極限 $\displaystyle\lim_{n\to\infty}\sqrt{n}\,(x_n - 2n\pi)$ を求めよ。〔類 滋賀医大〕

**25** 曲線 $y = e^x$ 上を動く点Pの時刻 $t$ における座標を $(x(t),\ y(t))$ と表し，Pの速度ベクトルと加速度ベクトルをそれぞれ $\vec{v} = \left(\dfrac{dx}{dt},\ \dfrac{dy}{dt}\right)$，$\vec{\alpha} = \left(\dfrac{d^2x}{dt^2},\ \dfrac{d^2y}{dt^2}\right)$ とする。すべての時刻 $t$ で $|\vec{v}| = 1$ かつ $\dfrac{dx}{dt} > 0$ であるとき

(1) Pが点 $(s,\ e^s)$ を通過する時刻における速度ベクトル $\vec{v}$ を $s$ を用いて表せ。

(2) Pが点 $(s,\ e^s)$ を通過する時刻における加速度ベクトル $\vec{\alpha}$ を $s$ を用いて表せ。

(3) Pが曲線全体を動くとき，$|\vec{\alpha}|$ の最大値を求めよ。〔九州大〕

**21** (1) 直線 $\ell$ が円 $C$，$C'$ によって切り取られる弦の長さをそれぞれ $L_1$，$L_2$ とすると，$\ell$ と $D$ の共通部分の長さは $L_2 - L_1$

**22** $\angle \mathrm{ABC} = \theta$ とする。まず，正弦定理により $c$ を $b$，$\theta$ の式で表したものを $nb-c$ に代入してみる。

**23** (2) 点Pの座標を2次曲線の式に代入。その $t$ の方程式の実数解の個数に注目。

**24** (2) $x_n - 2n\pi = y_n$ とおき，$\displaystyle\lim_{n\to\infty}(1-\cos y_n)$ を調べてみる。はさみうちの原理を利用。

**25** (1) まず，$y = e^x$ の両辺を $t$ で微分。条件 $|\vec{v}| = \sqrt{\left(\dfrac{dx}{dt}\right)^2 + \left(\dfrac{dy}{dt}\right)^2} = 1$，$\dfrac{dx}{dt} > 0$ を利用。

(3) $|\vec{\alpha}|^2$ を $x$ で表し，$e^{2x} = z$ とおく。

# 総合演習 第2部



## 第5章 積分法

**26** (1) 不定積分$\displaystyle\int e^{2x+e^x}dx$ を求めよ。 〔広島市大〕

(2) 定積分$\displaystyle\int_0^1\{x(1-x)\}^{\frac{3}{2}}dx$ を求めよ。 〔弘前大〕

**27** 実数 $x$ に対して，$3n \leqq x < 3n+3$ を満たす整数 $n$ により，

$$f(x)=\begin{cases}|3n+1-x| & (3n \leqq x < 3n+2 \text{ のとき})\\ 1 & (3n+2 \leqq x < 3n+3 \text{ のとき})\end{cases}$$

とする。関数 $f(x)$ について，次の問いに答えよ。

(1) $0 \leqq x \leqq 7$ のとき，$y=f(x)$ のグラフをかけ。

(2) 0以上の整数 $n$ に対して，$I_n=\displaystyle\int_{3n}^{3n+3}f(x)e^{-x}dx$ とする。$I_n$ を求めよ。

(3) 自然数 $n$ に対して，$J_n=\displaystyle\int_0^{3n}f(x)e^{-x}dx$ とする。$\displaystyle\lim_{n\to\infty}J_n$ を求めよ。 〔山口大〕

**28** $t \geqq 0$ に対して，$f(t)=2\pi\displaystyle\int_0^{2t}|x-t|\cos(2\pi x)dx-t\sin(4\pi t)$ と定義する。このとき，$f(t)=0$ を満たす $t$ のうち，閉区間 $[0,\ 1]$ に属する相異なるものはいくつあるか。 〔早稲田大〕

**29** 関数 $f(x)$ と $g(x)$ を $0 \leqq x \leqq 1$ の範囲で定義された連続関数とする。

(1) $f(x)=\displaystyle\int_0^1 e^{x+t}f(t)dt$ を満たす $f(x)$ は定数関数 $f(x)=0$ のみであることを示せ。

(2) $g(x)=\displaystyle\int_0^1 e^{x+t}g(t)dt+x$ を満たす $g(x)$ を求めよ。 〔北海道大〕

**30** 連続関数 $f(x)$ が次の関係式を満たしているとする。

$$f(x)=x^2+\int_0^x f(t)dt-\int_x^1 f(t)dt$$

(1) $f(0)+f(1)$ の値を求めよ。

(2) $g(x)=e^{-2x}f(x)$ とおくことにより，$f(x)$ を求めよ。 〔類 東京医歯大〕

**26** (1) $(e^{e^x})'=e^xe^{e^x}$ (2) $x(1-x)=-x^2+x=-\left(x-\frac{1}{2}\right)^2+\left(\frac{1}{2}\right)^2$ に注目。

**27** (1) $n=0,\ 1,\ 2$ の各場合の $f(x)$ を求める。
(2) 積分区間を $3n \leqq x \leqq 3n+1$，$3n+1 \leqq x \leqq 3n+2$，$3n+2 \leqq x \leqq 3n+3$ で分ける。

**29** (1) $\displaystyle\int_0^1 e^{x+t}f(t)dt=e^x\int_0^1 e^tf(t)dt$ で，$\displaystyle\int_0^1 e^tf(t)dt$ は定数である。(2) も同様に考える。

**30** (1) 関係式の両辺に $x=0,\ 1$ を代入。 (2) $g'(x)$ を計算してみる。

**31**　楕円 $\dfrac{x^2}{4}+\dfrac{y^2}{9}=1$ 上に点 $P_k$ $(k=1,\ 2,\ \cdots\cdots,\ n)$ を $\angle P_kOA=\dfrac{k}{n}\pi$ を満たすようにとる。ただし，$O(0,\ 0)$，$A(2,\ 0)$ とする。

このとき，$\displaystyle\lim_{n\to\infty}\frac{1}{n}\left(\frac{1}{OP_1{}^2}+\frac{1}{OP_2{}^2}+\cdots\cdots+\frac{1}{OP_n{}^2}\right)$ を求めよ。　〔東北大〕

**32**　自然数 $n$ に対し，$\displaystyle S_n=\int_0^1\frac{1-(-x)^n}{1+x}dx$，$\displaystyle T_n=\sum_{k=1}^{n}\frac{(-1)^{k-1}}{k(k+1)}$ とおく。

(1)　不等式 $\displaystyle\left|S_n-\int_0^1\frac{1}{1+x}dx\right|\leqq\frac{1}{n+1}$ を示せ。

(2)　$T_n-2S_n$ を $n$ で表せ。　(3)　極限値 $\displaystyle\lim_{n\to\infty}T_n$ を求めよ。　〔東京医歯大〕

## 第6章　積分法の応用

**33**　方程式 $y=(\sqrt{x}-\sqrt{2})^2$ が定める曲線を $C$ とする。

(1)　曲線 $C$ と $x$ 軸，$y$ 軸で囲まれた図形の面積 $S$ を求めよ。

(2)　曲線 $C$ と直線 $y=2$ で囲まれた図形を，直線 $y=2$ の周りに1回転してできる立体の体積 $V$ を求めよ。　〔信州大〕

**34**　$a$ と $b$ を正の実数とする。$y=a\cos x\left(0\leqq x\leqq\dfrac{\pi}{2}\right)$ のグラフを $C_1$，$y=b\sin x$ $\left(0\leqq x\leqq\dfrac{\pi}{2}\right)$ のグラフを $C_2$ とし，$C_1$ と $C_2$ の交点を P とする。

(1)　P の $x$ 座標を $t$ とするとき，$\sin t$ および $\cos t$ を $a$ と $b$ で表せ。

(2)　$C_1$，$C_2$ と $y$ 軸で囲まれた領域の面積 $S$ を $a$ と $b$ で表せ。

(3)　$C_1$，$C_2$ と直線 $x=\dfrac{\pi}{2}$ で囲まれた領域の面積を $T$ とするとき，$T=2S$ となるための条件を $a$ と $b$ で表せ。　〔北海道大〕

**35**　$n$ は2以上の自然数とする。関数 $y=e^x$ …… ①，$y=e^{nx}-1$ …… ② について

(1)　① と ② のグラフは第1象限においてただ1つの交点をもつことを示せ。

(2)　(1) で得られた交点の座標を $(a_n,\ b_n)$ とする。$\displaystyle\lim_{n\to\infty}a_n$ と $\displaystyle\lim_{n\to\infty}na_n$ を求めよ。

(3)　第1象限内で ① と ② のグラフおよび $y$ 軸で囲まれた部分の面積を $S_n$ とする。このとき，$\displaystyle\lim_{n\to\infty}nS_n$ を求めよ。　〔東京工大〕

**31**　$\displaystyle\lim_{n\to\infty}\frac{1}{n}\sum_{k=1}^{n}f\left(\frac{k}{n}\right)=\int_0^1 f(x)dx$ ［区分求積法］を利用。

**32**　(1)　左辺は，変形すると $\displaystyle\int_0^1 f(x)dx$ の形になる。　(2)　まず，等比数列の和の公式を用いて，$S_n$ を和の形で表す。$T_n$ の式の変形には部分分数分解を利用。

**33**　(2)　$x$ 軸の周りの回転体となるように，曲線 $C$ を平行移動して考えるとよい。

**35**　(1)　まず，$x\leqq 0$ のとき ① と ② のグラフが交点をもたないことを示す。

(2)　まず，$\displaystyle\lim_{n\to\infty}b_n$ を求める。二項定理，はさみうちの原理を利用。

# 総合演習 第2部



**36** 媒介変数表示 $x=\sin t$, $y=t^2$ (ただし $-2\pi \leqq t \leqq 2\pi$) で表された曲線で囲まれた領域の面積を求めよ。なお，領域が複数ある場合は，その面積の総和を求めよ。

〔九州大〕

**37** 曲線 $y=-\dfrac{1}{2}x^2-\dfrac{1}{2}x+1$ $(0\leqq x\leqq 1)$ を $C$ とし，直線 $y=1-x$ を $\ell$ とする。

(1) $C$ 上の点 $(x,\ y)$ と $\ell$ の距離を $f(x)$ とするとき，$f(x)$ の最大値を求めよ。

(2) $C$ と $\ell$ で囲まれた部分を $\ell$ の周りに1回転してできる立体の体積を求めよ。

〔群馬大〕

**38** 座標空間内を，長さ2の線分 AB が次の2条件 (a), (b) を満たしながら動く。

(a) 点Aは平面 $z=0$ 上にある。

(b) 点 C(0, 0, 1) が線分 AB 上にある。

このとき，線分 AB が通過することのできる範囲を $K$ とする。$K$ と不等式 $z\geqq 1$ の表す範囲との共通部分の体積を求めよ。

〔東京大〕

**39** ◇ 原点をOとし，点 (0, 0, 1) を通り $z$ 軸に垂直な平面を $\alpha$ とする。点Aは $x$ 軸上，点Bは $y$ 軸上，点Cは $z$ 軸上の $x\geqq 0$, $y\geqq 0$, $z\geqq 0$ の領域を，AC=BC=8 を満たしつつ動く。平面 $\alpha$ と AC の交点を P とする。点 P の $x$ 座標は $\angle \mathrm{OCA}=$ ア□ $\pi$ のときに最大となる。また，△ABC の辺および内部の点が動きうる領域を $V$ とする。ただし，点 A, B がともに原点 O に重なるときは，△ABC は線分 OC とみなす。このとき，平面 $\alpha$ による $V$ の断面積は イ□ であり，領域 $V$ の体積に最も近い整数は ウ□ である。

〔早稲田大〕

**40** 曲線 $y=\log x$ 上の点 $\mathrm{A}(t,\ \log t)$ における法線上に，点Bを AB=1 となるようにとる。ただし，点Bの $x$ 座標は $t$ より大きいとする。

(1) 点Bの座標 $(u(t),\ v(t))$ を求めよ。また，$\left(\dfrac{du}{dt},\ \dfrac{dv}{dt}\right)$ を求めよ。

(2) 実数 $r$ は $0<r<1$ を満たすとし，$t$ が $r$ から1まで動くときに点Aと点Bが描く曲線の長さをそれぞれ $L_1(r)$, $L_2(r)$ とする。このとき，極限 $\displaystyle\lim_{r\to+0}\{L_1(r)-L_2(r)\}$ を求めよ。

〔京都大〕

**36** まず，曲線の概形をかく。$t$ の値の変化に応じた $x$, $y$ の値の変化を調べる。対称性にも着目。

**38** ❶ **体積　断面積をつかむ**　$K$ は $z$ 軸を軸とする回転体である。$K$ を平面 $z=k$ $(k\geqq 1)$ で切った切り口の円の半径を，相似を利用して求める。

**39** (ア), (イ)　$\mathrm{P}(p,\ 0,\ 1)$, $\angle \mathrm{OCA}=\theta$ とし，$p$ を $\theta$ の式で表す。⟶ 微分法を利用。

(ウ)　(ア), (イ) の考察と同様にして，AC と平面 $z=k$ $(0\leqq k\leqq 8)$ との交点を $\mathrm{R}(x_k,\ 0,\ k)$ として，$x_k$ の最大値をつかむ。それをもとに断面積を調べる。

**40** (1)　$\overrightarrow{\mathrm{OB}}=\overrightarrow{\mathrm{OA}}+\overrightarrow{\mathrm{AB}}$ (O は原点) として考えると早い。$\overrightarrow{\mathrm{AB}}$ は単位ベクトルであるから，点Aにおける法線の傾きを利用することで，成分表示できる。

(2)　(1) の結果に注目して，$L_1(r)-L_2(r)$ [定積分の式] を計算していく。

# 答の部
# 索　引

# 答　の　部

練習，EXERCISES，総合演習第 2 部の答の数値のみをあげ，図・証明は省略した。
[問] については答に加え，略解等を [　] 内に付した場合もある。



## 数学Ⅲ

### ● [問] の解答

・$p.12$ の [問]　図

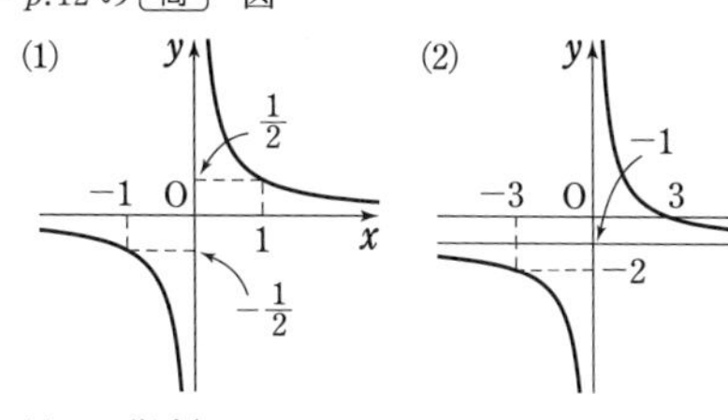


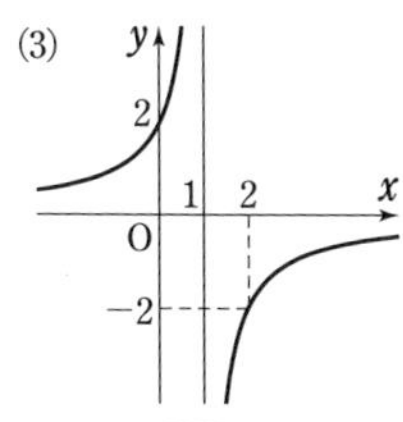


・$p.135$ の [問]　$\{x^2+2nx+n(n-1)\}e^x$
$[n\geqq 3$ のときは，$(x^2)^{(n)}=0$ であるから
$x^2(e^x)^{(n)}+n(x^2)'(e^x)^{(n-1)}+{}_n\mathrm{C}_2(x^2)''(e^x)^{(n-2)}]$

・$p.178$ の [問]　点 $(-1,\ 27)$
$[y''=6x+6\quad y''=0$ から　$x=-1]$

・$p.218$ の [問]　(1)　$\cos x=1-\dfrac{x^2}{2}+\dfrac{x^4}{24}-\cdots\cdots$

(2)　$\log(1+x)=x-\dfrac{x^2}{2}+\dfrac{x^3}{3}-\dfrac{x^4}{4}+\dfrac{x^5}{5}-\cdots\cdots$

[(1)　$f'(x)=-\sin x$，$f''(x)=-\cos x$，
$f'''(x)=\sin x$，$f^{(4)}(x)=\cos x$，$f^{(5)}(x)=-\sin x$

(2)　$f'(x)=\dfrac{1}{1+x}$，$f''(x)=-\dfrac{1}{(1+x)^2}$，

$f'''(x)=\dfrac{2}{(1+x)^3}$，$f^{(4)}(x)=-\dfrac{6}{(1+x)^4}$，

$f^{(5)}(x)=\dfrac{24}{(1+x)^5}$ ]

・$p.273$ の [問]　(1)　0　(2)　$e^{x^2}\cos 3x$
(3)　$-(x+1)\log x$
$\left[(3)\ \ (与式)=-\displaystyle\int_2^x (t+1)\log t\,dt\right]$

・$p.330$ の [問]　$2\pi$　$\left[2\pi\displaystyle\int_0^1 xe^x dx\right]$

・$p.331$ の [問]　$\dfrac{8}{3}\pi$　[曲線 $x=2y-y^2$ と $y$ 軸で囲まれる部分の面積は　$\displaystyle\int_0^2 (2y-y^2)dy=\dfrac{4}{3}$

よって，求める体積は　$2\pi\cdot 1\times\dfrac{4}{3}$ ]

## <第 1 章>　関　数

### ● 練習 の解答

**1**　(1)　図略　(ア)　2 直線 $x=-1$，$y=3$
(イ)　2 直線 $x=3$，$y=-2$
(ウ)　2 直線 $x=-\dfrac{1}{2}$，$y=\dfrac{1}{2}$

(2)　(ア)　$\dfrac{17}{5}\leqq y\leqq\dfrac{11}{3}$　(イ)　$y\leqq -3$，$-1\leqq y$

**2**　(1)　$x$ 軸方向に 2，$y$ 軸方向に $-7$ だけ平行移動したもの　(2)　$a=3$，$b=1$，$c=-5$

**3**　(1)　$(1,\ -1)$，$(3,\ 9)$　(2)　$x\leqq 1$，$2<x\leqq 3$

**4**　(1)　$x=\dfrac{7}{2}$　(2)　$x\leqq -2$，$1<x\leqq\dfrac{3}{2}$

**5**　$k<-\dfrac{2}{5}$，$\dfrac{18}{5}<k$ のとき 2 個；

$k=-\dfrac{2}{5}$，$\dfrac{18}{5}$ のとき 1 個；

$-\dfrac{2}{5}<k<\dfrac{18}{5}$ のとき 0 個

**6**　(1)　図略　(ア)　$y\geqq 0$　(イ)　$\sqrt{2}\leqq y\leqq 2\sqrt{2}$
(ウ)　$y\geqq -1$　(2)　$a=-\dfrac{3}{2}$，$b=\dfrac{5}{2}$

**7**　(1)　$\left(\dfrac{5}{8},\ 3\right)$

(2)　(ア)　$x<2$　(イ)　$-\dfrac{9}{4}\leqq x\leqq\sqrt{5}$　(ウ)　$0\leqq x<4$

**8**　(1)　$x=1$，$-\dfrac{3}{4}$　(2)　$\dfrac{8}{5}\leqq x\leqq 2$

(3)　$\dfrac{5-\sqrt{7}}{2}<x\leqq 4$

**9**　$\dfrac{1}{2}\leqq k<1$ のとき 2 個；

$k<\dfrac{1}{2}$，$k=1$ のとき 1 個；$1<k$ のとき 0 個

**10**　図略　(1)　$y=-\dfrac{x}{2}+\dfrac{1}{2}$
(2)　$y=\dfrac{3x-2}{x-1}$　(3)　$y=\sqrt{1-2x}\ \left(x\leqq\dfrac{1}{2}\right)$

(4)　$y=\dfrac{x^2}{2}+\dfrac{5}{2}\ (x\leqq 0)$　(5)　$y=3^x-2\ (1\leqq x\leqq 2)$

**11**　(1)　$a=-\dfrac{1}{2}$　(2)　$a=-2$，$b=5$

**12**　$(-1-\sqrt{5},\ -1-\sqrt{5})$

**13** $a>2+2\sqrt{3}$

**14** (1) (ア) $-2x+2$ (イ) $-2x+5$ (ウ) $4x-3$
(エ) $8x^2-40x+51$ (オ) $-4x^2$
(2) 定義域は実数全体，値域は $y\leqq 4$

**15** $c\neq 0$ のとき $g(x)=x$
$c=0$ のとき $g(x)=x$ または $g(x)=-x$

**16** $f_n(x)=a^n x+\dfrac{1-a^n}{1-a}$

## ● EXERCISES の解答

1 $(-1,\ -3)$, $(-2,\ -2)$

2 (1) $a=2$, $b=-2$ (2) $x<-\dfrac{1}{2}$, $0<x<\dfrac{5}{2}$

3 (1) $x=\dfrac{3}{2}$, $\dfrac{3\pm\sqrt{5}}{2}$ (2) $\dfrac{1}{16}<x<\dfrac{1}{4}$, $\dfrac{1}{2}<x$

4 (ア) 0 (イ) 1

5 (1) $x=\sqrt{2}$, $\sqrt{3}$ (2) $2\leqq x\leqq 3$

6 (1) $a=\dfrac{1}{5}$
(2) $a<-\dfrac{4}{5}$, $\dfrac{1}{5}<a$ のとき 0 個；
$-\dfrac{4}{5}\leqq a\leqq 0$, $a=\dfrac{1}{5}$ のとき 1 個；
$0<a<\dfrac{1}{5}$ のとき 2 個

7 (1) $\dfrac{3}{2}$ (2) $\dfrac{3+2x}{3-2x}$

8 (1) $a=-4$, $b=2$ (2) $a=6$, $b=3$

9 (1) $ad-bc\neq 0$ (2) $a+d=0$

10 $(1,\ 1)$, $(-2,\ -2)$

11 (1) $f(g(x))=x^2-x+2$
(2) $a<\dfrac{7}{2}$ のとき 0 個；
$a=\dfrac{7}{2}$, $4<a$ のとき 2 個；
$a=4$ のとき 3 個；$\dfrac{7}{2}<a<4$ のとき 4 個

12 (1) $f(f(x))=-\dfrac{1}{x}+1$ $(x\neq 1)$, 図略
(2) 略

# ＜第2章＞ 極 限

## ● 練習 の解答

**17** (1) 1 に収束
(2) (ア) $\infty$ (イ) 0 (ウ) $\infty$ (エ) $-2$

**18** (1) $\sqrt{3}-1$ (2) 2 (3) $\dfrac{1}{2}$ (4) $\dfrac{2}{3}$
(5) $-\infty$ (6) 振動 (7) 0

**19** (1) 7 (2) $-2$

**20** (1) 順に (ア) 0, $\dfrac{1}{2}$ (イ) $-\dfrac{5}{3}$, $-\infty$
(2) $a=8$

**21** (1) 0 (2) 0 (3) 1

**22** (1) 略 (2) 1

**23** (1) $\log_{10}m+1$ (2) $\log_{10}3$

**24** (1) $\infty$ (2) $\infty$ (3) $\infty$ (4) 0
(5) $r<-1$, $1<r$ のとき $r$；
$r=-1$ のとき $-1$；$r=1$ のとき 0；
$-1<r<1$ のとき $-1$

**25** (1) $-\dfrac{3}{2}<x\leqq\dfrac{3}{2}$；極限値は
$-\dfrac{3}{2}<x<\dfrac{3}{2}$ のとき 0, $x=\dfrac{3}{2}$ のとき 1
(2) $2-\sqrt{5}\leqq x<2-\sqrt{3}$, $2+\sqrt{3}<x\leqq 2+\sqrt{5}$；
極限値は $2-\sqrt{5}<x<2-\sqrt{3}$,
$2+\sqrt{3}<x<2+\sqrt{5}$ のとき 0；
$x=2\pm\sqrt{5}$ のとき 1
(3) $x<-\dfrac{3}{2}$, $1<x\leqq\dfrac{7}{3}$；極限値は
$x<-\dfrac{3}{2}$, $1<x<\dfrac{7}{3}$ のとき 0；$x=\dfrac{7}{3}$ のとき 1

**26** (1) $\infty$ (2) 2

**27** $\dfrac{11}{3}$

**28** (1) $b_{n+1}=\dfrac{b_n}{b_n+1}$ (2) $a_n=4+\dfrac{1}{n}$ (3) 4

**29** (1) $a_n=\dfrac{3\cdot 5^{n-1}-(-3)^{n-1}}{2}$,
$b_n=\dfrac{3\cdot 5^{n-1}+(-3)^{n-1}}{4}$ (2) 1

**30** (1) 略 (2) 1

**31** (1) $x_{n+1}=a^4x_n+a-a^2+a^3-a^4$
(2) $x_n=\dfrac{a}{a+1}+\left(x_1-\dfrac{a}{a+1}\right)(a^4)^{n-1}$ (3) $\dfrac{a}{a+1}$

**32** (1) $\dfrac{1}{2}$ (2) $a_{n+1}=-\dfrac{1}{2}a_n+1$ (3) $\dfrac{2}{3}$

**33** (1) 収束して，和は $\dfrac{1}{3}$
(2) 収束して，和は $\dfrac{3}{4}$ (3) 発散する
(4) 収束して，和は 1

**34** 略

**35** (1) (ア) 収束して，和は $\dfrac{3}{4}$ (イ) 発散する
(ウ) 収束して，和は $\dfrac{2+3\sqrt{2}}{2}$ (2) $\dfrac{49}{50}$

**36** $0\leqq x<1$；$x=0$ のとき $S=0$,
$0<x<1$ のとき $S=\dfrac{1}{1-x}$

**37** (1) $\dfrac{7}{11}$ (2) $\dfrac{7}{135}$ (3) $\dfrac{177}{55}$

**38** 12m

**39** $(2+\sqrt{2})\pi a$

**40** $\dfrac{9\sqrt{3}}{4}$

**41** (1) 初項 $\sqrt{5}-1$，公比 $\dfrac{3-\sqrt{5}}{2}$ (2) $\dfrac{4}{\sqrt{5}}$

**42** (1) 収束して，和は $\dfrac{26}{5}$

(2) 収束して，和は $\dfrac{1}{2}$

**43** (1) 収束して，和は $\dfrac{3}{2}$ (2) 発散する

**44** (1) 証明略，0 (2) $\dfrac{1}{(1-x)^2}$

**45** 略

**46** (1) $a_n{}^2+b_n{}^2=\left(\dfrac{1}{2}\right)^n$，$\lim_{n\to\infty}(a_n{}^2+b_n{}^2)=0$

(2) 証明略，$\sum_{n=1}^{\infty}a_n=0$，$\sum_{n=1}^{\infty}b_n=1$

**47** (1) $\dfrac{1}{3}$ (2) 0 (3) $-1$ (4) 1 (5) $-\dfrac{4}{3}$

(6) $\dfrac{3\sqrt{2}}{4}$

**48** (1) $a=8$，$b=-16$ (2) $a=5$，$b=-18$
(3) $a=1$，$b=-9$

**49** (1) 右側極限，左側極限ともに $\infty$；
極限は存在する
(2) 右側極限は $\infty$，左側極限は $-\infty$；
極限は存在しない
(3) 右側極限，左側極限ともに $\infty$；
極限は存在する
(4) 右側極限は 0，左側極限は 1；
極限は存在しない

**50** (1) $-\infty$ (2) 0 (3) $\infty$ (4) 1 (5) 1

(6) $\dfrac{1}{2}$ (7) $-1$

**51** (1) $3-2\log_2 5$ (2) $-\dfrac{1}{2}$ (3) 1

**52** (1) 3 (2) $\dfrac{3}{2}$

**53** (1) 0 (2) $\dfrac{4}{3}$ (3) $\dfrac{2}{5}$ (4) 2 (5) 2

(6) 2 (7) $-\dfrac{1}{3}$

**54** (1) 2 (2) $-\pi$ (3) $\dfrac{1}{2}$ (4) $\dfrac{2}{3}$ (5) 0

(6) 0

**55** $\dfrac{9}{2}$

**56** (1) 定義域は $x<-1$，$-1<x<1$，$1<x$；
定義域のすべての点で連続
(2) $-1\leqq x<0$，$0<x\leqq 2$ で連続；
$x=0$ で不連続

(3) $0<x<\dfrac{\pi}{2}$，$\dfrac{\pi}{2}<x<\dfrac{3}{2}\pi$，$\dfrac{3}{2}\pi<x<2\pi$ で連続；$x=0$，$\dfrac{\pi}{2}$，$\dfrac{3}{2}\pi$，$2\pi$ で不連続

**57** 図略
(1) $x<0$，$0<x$ で連続；$x=0$ で不連続

(2) $0<x<\dfrac{2}{5}$ で連続，$x=0$ で不連続

**58** $a=\dfrac{1}{2}$，図略

**59** 略

## ● EXERCISES の解答

13 (1) 1 (2) 3 (3) $\dfrac{8}{3}$

14 (1) $\dfrac{1}{3}$ (2) $0<r<1$ のとき $\dfrac{r}{1+r}$，
$r=1$ のとき 1，$r>1$ のとき $\infty$

15 (ア) $\left(\dfrac{1}{2}\right)^n-\left(\dfrac{1}{3}\right)^n$ (イ) $-\log_3 2$

16 (1) 略 (2) $b$

17 (1) (ア) $-1$ (イ) $0<r<3$ のとき $-9$，
$r=3$ のとき $-2$，$3<r$ のとき $\dfrac{1}{r}$

(2) $0<\theta\leqq\dfrac{\pi}{3}$，$\dfrac{\pi}{2}\leqq\theta<\dfrac{2}{3}\pi$

18 (1) $0\leqq x<\dfrac{\pi}{4}$，$\dfrac{3}{4}\pi<x\leqq\pi$ のとき 0；

$x=\dfrac{\pi}{4}$，$\dfrac{3}{4}\pi$ のとき $\dfrac{\sqrt{2}}{4}$；

$\dfrac{\pi}{4}<x<\dfrac{3}{4}\pi$ のとき $\sin x$ (2) 略

19 (ア) $1-\left(\dfrac{1}{3}\right)^n$ (イ) $\sqrt{3}$

20 (1) $a_n=n\cdot 3^{n-1}$ (2) $\dfrac{3}{2}$

21 (ア) $-\dfrac{1}{4}x_n+1$ (イ) $\dfrac{2}{5}$

22 (1) $a_n=\dfrac{2a_{n-1}{}^3}{3a_{n-1}{}^2+1}$ (2) 略

23 (1) $p_{n+1}=\dfrac{5}{8}p_n+\dfrac{1}{8}$ (2) $\dfrac{1}{3}$

24 (1) $\dfrac{1}{6}$ (2) $\left(\dfrac{\pi}{\pi-1}\right)^2$

25 $0<x<\dfrac{\pi}{2}$，$\pi<x<\dfrac{3}{2}\pi$；

$\lim_{n\to\infty}S_n=\dfrac{\cos x-\sin x}{1-\cos x+\sin x}$

26 (1) $x_n=1-\left(\dfrac{1}{2}\right)^n$，$y_n=\dfrac{\sqrt{3}}{3}\left\{1-\left(-\dfrac{1}{2}\right)^n\right\}$

(2) $l_n=\sqrt{3}\left(\dfrac{1}{4}\right)^n$ (3) $S=\dfrac{\sqrt{3}}{3}$

27 (1) $\theta_{n+1}=\dfrac{1}{4}\theta_n+\dfrac{1}{4}\pi$

(2) $\theta_n=\left(\dfrac{1}{4}\right)^n\left(\theta_0-\dfrac{\pi}{3}\right)+\dfrac{\pi}{3}$ (3) $\dfrac{4}{9}\pi$

28 $c=\dfrac{253}{16}$

29 $\dfrac{14+3\sqrt{3}}{6}$

30 (1) $\dfrac{1}{2}$ (2) 1

31 (1) $R_n=\dfrac{1-r^{n+1}}{1-r}$, $S_n=\dfrac{1-r^n}{(1-r)^2}-\dfrac{nr^n}{1-r}$

(2) $2\left\{\dfrac{1-r^{n-1}}{(1-r)^3}-\dfrac{(n-1)r^{n-1}}{(1-r)^2}\right\}-\dfrac{n(n-1)r^{n-1}}{1-r}$

(3) $\dfrac{r(r+1)}{(1-r)^3}$

32 (1) $x_n=\dfrac{1}{(2n-1)^2}$ (2) $\dfrac{1}{2}$ (3) 略

33 (1) $a=1$, $b=\sqrt{3}$ (2) $c_n=(-r)^{n+1}\cdot2^{1-3n}$

(3) $r=4$

34 (1) $\dfrac{1}{2}$ (2) $a=2$, $b=\dfrac{5}{4}$

(3) (ア) 2 (イ) $-1$

35 $f(x)=2x^3+4x^2+3x+5$

36 証明略；$a=0$, $b=c=\dfrac{1}{2}$

37 (1) 1 (2) $\sqrt{2}$

38 (1) $-2$ (2) $-2$ (3) $\dfrac{b}{2a}$

39 (1) 略 (2) $S_n=\dfrac{a_1}{2}-\dfrac{1}{2a_1}+\dfrac{1}{2^na_n}$

(3) $\dfrac{1}{\theta}-\dfrac{1}{\tan\theta}$

40 2

41 (1) $u=\dfrac{\cos\theta}{1+\cos\theta}$, $v=\dfrac{\sin\theta}{1+\cos\theta}$ (2) $\pi$

42 (1) $t=\dfrac{-1+\sqrt{1+m^2}}{m}$

(2) $\dfrac{b}{a}=(\sqrt{t^2+1}+t)^2$ (3) 1

43 $a=1$, $b=2$

44 (1) $k$ が偶数 (2) 略

45 (1) $a=b$, $c=1$

(2) $0<a<2$ のとき $x=\dfrac{a}{2}$ で最大値 $1+\dfrac{a^2}{4}$,

$2\leqq a$ のとき $x=1$ で最大値 $a$

(3) $a=1$, $b=1$, $c=1$

46 略

47 略

## <第3章> 微 分 法

### ● 練習 の解答

**60** (1) $x=0$ で連続であり微分可能である

(2) $x=0$ で連続であるが微分可能ではない

**61** (1) $-\dfrac{2}{x^3}$ (2) $\dfrac{2}{\sqrt{4x+3}}$ (3) $\dfrac{1}{4\sqrt[4]{x^3}}$

**62** $a=\dfrac{\sqrt{2}-3}{4}$, $b=3$

**63** (1) $15x^4-8x^3+8x$ (2) $4x^3+3x^2-2x+2$

(3) $5x^4+3x^2-6$ (4) $-4x^3-3x^2+14x+1$

(5) $-\dfrac{2x+1}{(x^2+x+1)^2}$ (6) $-\dfrac{4x}{(1+x^2)^2}$

(7) $\dfrac{x^2-1}{x^2}$ (8) $\dfrac{x^4+7x^2-2x+6}{(x^2+3)^2}$

**64** (1) $3(x-3)^2$ (2) $4x(x^2-2)$

(3) $(x^2+1)(x-3)^2(7x^2-12x+3)$

(4) $-\dfrac{6x}{(x^2-2)^4}$ (5) $\dfrac{6(x-2)}{(x+1)^3}$

(6) $-\dfrac{2(x+1)(x-3)(2x-1)^2}{(x^2+1)^3}$

**65** (1) $-\dfrac{1}{3}x^{-\frac{4}{3}}$ (2) $-\dfrac{4225}{48}$

(3) (ア) $-\dfrac{2}{3\sqrt[3]{x^5}}$ (イ) $-\dfrac{3x^2}{2\sqrt{2-x^3}}$

(ウ) $\dfrac{2}{3\sqrt[3]{(x-1)^2(x+1)^4}}$

**66** (1) $2\cos2x$ (2) $-2x\sin x^2$

(3) $\dfrac{2\tan x}{\cos^2x}$ (4) $6\sin^2(2x+1)\cos(2x+1)$

(5) $-3\sin^3x+2\sin x$ (6) $\dfrac{\cos x}{\cos^2(\sin x)}$

(7) $\dfrac{x-\sin x\cos x}{x^2\cos^2x}$ (8) $-\dfrac{2x\sin x+\cos x}{2x\sqrt{x}}$

**67** (1) $\dfrac{1}{x}$ (2) $\dfrac{1}{x\log10}$ (3) $\dfrac{2x}{x^2-1}$

(4) $\dfrac{3(\log x)^2}{x}$ (5) $-\dfrac{\tan x}{\log2}$ (6) $\dfrac{1}{x\log x}$

(7) $\dfrac{4\cos x}{4-\sin^2x}$ (8) $6e^{6x}$ (9) $\dfrac{4}{(e^x+e^{-x})^2}$

(10) $(-2\log a)a^{-2x+1}$ (11) $e^x(\cos x-\sin x)$

**68** (1) $2(\log x+1)x^{2x}$

(2) $2x^{\log x-1}\log x$

(3) $(x+2)(x+3)^2(x+4)^3(9x^2+52x+72)$

(4) $-\dfrac{4(x+1)^2(x^2-x+1)}{(x^2+1)^2(x-1)^2}$

(5) $\dfrac{3x+2}{3}\sqrt[3]{\dfrac{1}{x(x+1)^2}}$

(6) $\dfrac{3x^3+2x^2-7x+12}{2}\sqrt{\dfrac{x+3}{(x^2+1)^3}}$

**69** (1) $e^{-1}$ (2) $e^{-2}$ (3) $e^{-1}$

**70** (1) $2f'(x)$ (2) 6

**71** (1) $2\log3$ (2) 1 (3) $\log a+1$

(4) 2 (5) $e^a$

**72** $f'(x)=a$, $f(x)=ax$

**73** (1) (ア) $y''=6x-6$, $y'''=6$

(イ) $y''=-\dfrac{2}{9x\sqrt[3]{x^2}}$, $y'''=\dfrac{10}{27x^2\cdot\sqrt[3]{x^2}}$

(ウ) $y''=\dfrac{2(1-x^2)}{(x^2+1)^2}$, $y'''=\dfrac{4x(x^2-3)}{(x^2+1)^3}$

(エ) $y''=4(x+1)e^{2x}$, $y'''=4(2x+3)e^{2x}$
(オ) $y''=-2e^x\sin x$, $y'''=-2e^x(\sin x+\cos x)$

(2) $g'(x)=\dfrac{1}{\sqrt{1-x^2}}$, $g''(x)=\dfrac{x}{\sqrt{(1-x^2)^3}}$

**74** (1) 略 (2) $a=-3$, $b=2$

**75** (1) $y^{(n)}=(-1)^{n-1}\cdot\dfrac{(n-1)!}{x^n}$

(2) $y^{(n)}=\cos\left(x+\dfrac{n\pi}{2}\right)$

**76** 略

**77** (1) $f'(x)=(6x+13)e^{2x}$
(2) $a_{n+1}=2a_n$, $b_{n+1}=a_n+2b_n$
(3) $f^{(n)}(x)=2^{n-1}(6x+3n+10)e^{2x}$

**78** $\dfrac{dy}{dx}$, $\dfrac{d^2y}{dx^2}$ の順に

(1) $\dfrac{1}{2y}$, $-\dfrac{1}{4y^3}$ (2) $\dfrac{x}{y}$, $-\dfrac{4}{y^3}$

(3) $-\dfrac{x+1}{y}$, $-\dfrac{9}{y^3}$ (4) $\dfrac{2-3y}{3x+5}$, $\dfrac{6(3y-2)}{(3x+5)^2}$

**79** (1) $\dfrac{2t+1}{6t^2}$ (2) $-2\sqrt{1-t^2}$ (3) $-\dfrac{3\cos\theta}{2\sin\theta}$

(4) $-\dfrac{2}{3}\tan\theta$

**80** (1) $-\dfrac{1}{x^2+1}$ (2) $-\dfrac{b}{a^2\sin^3\theta}$

(3) $-\dfrac{2(t-1)(3t^2+8t+6)}{(2+t)^5}e^{4t}$

## ● EXERCISES の解答

48 (1) 微分係数 $\lim\limits_{h\to0}\dfrac{f(a+h)-f(a)}{h}$ $\left[\lim\limits_{x\to a}\dfrac{f(x)-f(a)}{x-a}\right]$ が存在するとき，$f(x)$ は $x=a$ で微分可能であるという
(2) 略

49 (1), (2) $f'(x)=\dfrac{1}{3}x^{-\frac{2}{3}}$

50 (1) $\dfrac{4}{\sqrt{(4+3x^2)^3}}$ (2) $\dfrac{3}{8}$

51 (1) 略 (2) $a=n$, $b=-n-1$

52 $g(2)=1$, $g'(2)=\dfrac{1}{2}$

53 (1) $x\neq1$ のとき $\dfrac{1-x^{n+1}}{1-x}$,
$x=1$ のとき $n+1$
(2) $x\neq1$ のとき $\dfrac{nx^{n+1}-(n+1)x^n+1}{(1-x)^2}$,
$x=1$ のとき $\dfrac{1}{2}n(n+1)$ (3) 2

54 (1) $\dfrac{1}{(\sin x+\cos x)^2}$

(2) $e^{\sin 2x}\left(2\cos 2x\tan x+\dfrac{1}{\cos^2 x}\right)$

(3) $\dfrac{2x\{1-\log(1+x^2)\}}{(1+x^2)^2}$ (4) $\dfrac{2\cos x}{\sin x}$

(5) $\dfrac{1}{\cos x}$

55 (1) $\dfrac{1}{\sqrt{x^2+1}}$

(2) $\dfrac{dx}{dy}=\sqrt{x^2+1}$, $\dfrac{dy}{dx}=\dfrac{1}{\sqrt{x^2+1}}$

56 (ア) 2 (イ) $-1$

57 (1) 略 (2) $F(x)=1$, $G(x)=1$

(3) $f(x)=\dfrac{e^x+e^{-x}}{2}$, $g(x)=\dfrac{e^x-e^{-x}}{2}$

58 (1) $\left(\dfrac{2}{x}\right)^x\left(\log\dfrac{2}{x}-1\right)$

(2) $\left(\cos x\log x+\dfrac{\sin x}{x}\right)x^{\sin x}$

(3) $(x+1-\log x)x^{\frac{1}{x}-1}$

59 (1) $a$ (2) 2 (3) $e^{-1}$

60 (1) $a=-1$, $f'(0)=0$

(2) $\lim\limits_{x\to+0}\dfrac{f'(x)}{x}=4$，証明略

61 (1) $\dfrac{\pi}{2}$ (2) $-ae^a$

(3) $2a\sin a(a\cos a-\sin a)$

62 (1) 略 (2) 証明略，$f'(x)=\dfrac{1}{1-x^2}$

63 (1) $\sqrt{5-4\cos x}$ (2) $\dfrac{1}{R}$ (3) 1

64 $a=2$, $b=\dfrac{1}{4}$, $c=0$

65 $-\dfrac{3}{8}$

66 $\dfrac{1}{\cos^4 x}f''(\tan x)+\dfrac{2\sin x}{\cos^3 x}f'(\tan x)$

67 (ア) 7 (イ) 10

68 $f(x)=-\dfrac{1}{6}x^3+\dfrac{3}{2}x^2-3x+1$

69 (1) 略 (2) 証明略，0

70 証明略，係数は $(n-1)!n!$

71 (ア) 1 (イ) 1 (ウ) 2 (エ) 2 (オ) 2 (カ) 8
(キ) 6 (ク) 120 (ケ) 5040 (コ) 0 (サ) 272

72 (1) (ア) 8 (イ) 2 (ウ) 3

(2) $-\dfrac{8x+y}{x-3y}$ (3) $-\dfrac{1}{2}\log 2$

73 $\dfrac{4}{9}$

74 (1) $y=\dfrac{2}{3}\pi$

(2) $\dfrac{dy}{dx}=-\dfrac{1}{2\sqrt{x}(1+x)}$, $\dfrac{d^2y}{dx^2}=\dfrac{3x+1}{4x\sqrt{x}(1+x)^2}$

75 $s=-\dfrac{1}{4}\sin\theta\cos\theta$, $t=\dfrac{1}{4}\sin^2\theta$

答の部

## <第4章> 微分法の応用

### ● 練習 の解答

**81** (1) 接線，法線の方程式の順に

(ア) $y=-\frac{1}{2}x-1$，$y=2x-6$

(イ) $y=-ex-1$，$y=\frac{1}{e}x+e+\frac{1}{e}-1$

(ウ) $y=4x-\frac{\pi}{2}+1$，$y=-\frac{1}{4}x+\frac{\pi}{32}+1$

(2) $y=\frac{3}{2}x+\frac{1}{2}$

**82** (1) 接線の方程式，接点の座標の順に

(ア) $y=(\log 2+1)x-2$，$(2,\ 2\log 2)$

(イ) $y=-x-1$，$(-1,\ 0)$；

$y=-9x+7$，$\left(\frac{1}{3},\ 4\right)$

(2) $a=e^{\frac{1}{e}}$，接点の座標は $(e,\ e)$

**83** (1) $x_1x-y_1y=a^2$

(2) $y=\frac{1}{2}x+\frac{9}{4}$

**84** $y=x+1$，$y=\frac{x}{e}+\frac{2}{e}$

**85** 順に $a=\frac{1}{2e}$，$y=e^{-\frac{1}{2}x}-\frac{1}{2}$

**86** $k=\frac{e^{-a^2}}{2a}$ $(a>0)$

**87** $a\leqq-4$，$0\leqq a$

**88** 略

**89** (1) (ア) $c=e-1$ (イ) $c=1-\log(e-1)$

(2) $\theta=\frac{\sqrt{9a^2+9ah+3h^2}-3a}{3h}$，$\lim_{h\to+0}\theta=\frac{1}{2}$

**90** 略

**91** (1) 0 (2) $-\pi$

**92** (1) 2 (2) 0 (3) $-2$

**93** (1) $0\leqq x\leqq1$ で単調に減少し，
$1\leqq x$ で単調に増加する

(2) $x<2$，$2<x\leqq3$ で単調に減少し，
$3\leqq x$ で単調に増加する

(3) $0<x\leqq\frac{1}{2}$ で単調に減少し，

$\frac{1}{2}\leqq x$ で単調に増加する

**94** (1) $x=1$ で極大値 $e^{-1}$

(2) $x=1$ で極大値 1

(3) $x=-2$ で極小値 $-\frac{1}{3}$，$x=0$ で極大値 1

(4) $x=\frac{7}{6}\pi$ で極小値 $-\frac{3\sqrt{3}}{4}$，

$x=\frac{11}{6}\pi$ で極大値 $\frac{3\sqrt{3}}{4}$

(5) $x=\frac{8}{3}$ で極大値 $\frac{16\sqrt{3}}{9}$，$x=0$ で極小値 0

(6) $x=-\frac{4}{5}$ で極大値 $\frac{12\sqrt[3]{10}}{25}$，$x=0$ で極小値 0

**95** (1) $k=-\frac{4}{5}$ (2) $-1<k<1$

**96** $a\leqq0$，$1\leqq a$

**97** $a=1$，$b=2$，$c=3$

**98** (1) $x=\frac{\pi}{3}$ で最大値 $\frac{3\sqrt{3}}{2}$，

$x=\frac{5}{3}\pi$ で最小値 $-\frac{3\sqrt{3}}{2}$

(2) $x=\pi$ で最大値 $\pi-1$，$x=2\pi$ で最小値 $1-2\pi$

(3) $x=\frac{\sqrt{5}}{10}$ で最大値 $\frac{\sqrt{5}}{2}$，

$x=-\frac{1}{2}$ で最小値 $-\frac{1}{2}$

(4) $x=2$ で最大値 $3e^2$，
$x=\sqrt{2}-1$ で最小値 $2(1-\sqrt{2})e^{\sqrt{2}-1}$

**99** (1) $x=-3$ で最大値 $\frac{3}{2}$，$x=1$ で最小値 $-\frac{1}{2}$

(2) $x=0$ で最小値 0，最大値はない

**100** (1) $\tan 3x=\frac{t^3-3t}{3t^2-1}$ (2) $17-12\sqrt{2}$

**101** $a=3$

**102** (1) $x=-a\pm\sqrt{a^2+1}$ (2) $\beta<1$

(3) $a=\frac{3}{4}$

**103** (1) $\left(\frac{1}{4},\ \frac{2-\cos\theta}{4\sin\theta}\right)$

(2) $\theta=\frac{\pi}{3}$ のとき最小値 $\frac{\sqrt{3}}{4}$

**104** 底面の半径が 1，高さが $\sqrt{2}$ のとき最小値 $\sqrt{3}\pi$

**105** (1) $x<-1$，$0<x$ で下に凸；$-1<x<0$ で上に凸；変曲点は点 $(-1,\ 1)$，$(0,\ 2)$

(2) $0<x<\frac{\pi}{4}$，$\frac{3}{4}\pi<x<\pi$ で上に凸；

$\frac{\pi}{4}<x<\frac{3}{4}\pi$ で下に凸；

変曲点は点 $\left(\frac{\pi}{4},\ \frac{\pi}{4}\right)$，$\left(\frac{3}{4}\pi,\ \frac{3}{4}\pi\right)$

(3) $x<-2$ で上に凸，$-2<x$ で下に凸；
変曲点は点 $(-2,\ -2e^{-2})$

(4) $x<-1$，$0<x$ で下に凸；
$-1<x<0$ で上に凸；変曲点は点 $(-1,\ 0)$

**106** (1) $x=1$，$y=2x+2$ (2) $y=0$，$y=2x$

**107** 図略，変曲点は (1) ない

(2) 点 $(-2-\sqrt{3},\ 2(3+2\sqrt{3})e^{-2-\sqrt{3}})$，
$(-2+\sqrt{3},\ 2(3-2\sqrt{3})e^{-2+\sqrt{3}})$

(3) 点 $\left(\frac{\pi}{2},\ \frac{\pi}{2}\right)$，$\left(\frac{3}{2}\pi,\ \frac{3}{2}\pi\right)$ (4) 点 $\left(3,\ \frac{2}{9}\right)$

(5) 点 $(\pi,\ -e^{-\pi})$ (6) ない

**108～111** 略

**112** (1) $x=-1$ で極小値 $-\frac{31}{12}$,
$x=1$ で極大値 $\frac{1}{12}$, $x=2$ で極小値 $-\frac{1}{3}$
(2) $x=\frac{\pi}{4}$ で極大値 $\frac{1}{\sqrt{2}}e^{\frac{\pi}{4}}$,
$x=\frac{5}{4}\pi$ で極小値 $-\frac{1}{\sqrt{2}}e^{\frac{5}{4}\pi}$

**113~116** 略

**117** $a \geqq e^{\frac{1}{e}}$

**118** (1) $k<0$, $\log 3<k$ のとき 0 個;
$k=0$, $\log 2$, $\log 3$ のとき 1 個;
$0<k<\log 2$, $\log 2<k<\log 3$ のとき 2 個
(2) $0 \leqq a<e$ のとき 0 個;
$a<0$, $a=e$ のとき 1 個;
$e<a$ のとき 2 個

**119** $a<3$ のとき 1 本, $a=3$ のとき 2 本,
$a>3$ のとき 3 本

**120** (1) $y_n=-n\pi\left(-\frac{1}{e}\right)^n$ (2) $\frac{\pi}{e+1}$

**121** 証明略, $\sum_{n=1}^{\infty} f(x_n)=-\frac{e^{\frac{5}{4}\pi}}{\sqrt{2}(e^{2\pi}-1)}$

**122** (1) 証明略, $\lim_{x\to\infty} x^2e^{-x}=0$ (2) 略

**123** (1) $t=4$ のとき $v=-8$, $\alpha=4$;
$t=6$ のとき $v=12$, $\alpha=16$
(2) 速さ $\sqrt{13}$, 加速度の大きさ 4

**124** (1) $r\omega^2$ (2) 略

**125** 速度 $\left(\frac{6}{\sqrt{11}}, -\frac{2\sqrt{2}}{\sqrt{11}}\right)$,
加速度 $\left(-\frac{36\sqrt{3}}{121}, -\frac{54\sqrt{6}}{121}\right)$

**126** (1) $\frac{1}{20}$cm/s (2) $20\pi$cm$^3$/s

**127** (1) 1 次の近似式, 2 次の近似式の順に
(ア) $x$, $x-\frac{1}{2}x^2$ (イ) $1+\frac{1}{2}x$, $1+\frac{1}{2}x-\frac{1}{8}x^2$
(2) (ア) 0.48 (イ) 6.98 (ウ) 2.04

**128** (1) 半径は約 $\frac{1}{3}$%, 表面積は約 $\frac{2}{3}$% 増加する
(2) 約 0.10cm$^2$ 増える

## ● EXERCISES の解答

76 $(2, \log 2)$

77 $\frac{3}{8}\pi$, $\frac{5}{8}\pi$

78 (1) $a=\frac{1-\sqrt{1-st}}{t}$, $b=\frac{1+\sqrt{1-st}}{t}$
(2) $\frac{2(1-u)\sqrt{1-u}}{u}$

79 $\left(\frac{1}{2}\right)^{n-1}$

80 $a=1$

81 (1) $y=\frac{x}{2\sqrt{a}}+\frac{\sqrt{a}}{2}$
(2) $y=-2\sqrt{a}x+2\sqrt[4]{4a}$
(3) $l=\sqrt[4]{\frac{4}{a}}+2\sqrt[4]{4a}$, $a=\frac{1}{4}$ のとき最小値 4

82 $(x-\sqrt{2})^2+(y+\sqrt{2})^2=4$,
$(x+\sqrt{2})^2+(y-\sqrt{2})^2=4$

83 $a \leqq -19$, $-1<a$

84 (1) $y=mx-m^3-2m$
(2) $a>2$ のとき 3 本; $a<0$, $0<a \leqq 2$ のとき 1 本

85 $\frac{1}{2}$

86 (1) $c=\sqrt{\frac{x+1}{2}}$
(2) $\lim_{x\to 1+0}\frac{c-1}{x-1}=\frac{1}{4}$, $\lim_{x\to\infty}\frac{c-1}{x-1}=0$

87 略

88 (1) 略 (2) 1 (3) $e$

89 略

90 (1) $x \leqq 0$, $2 \leqq x \leqq 4$ で単調に増加し, $0 \leqq x \leqq 2$, $4 \leqq x$ で単調に減少する;
$x=0$, 4 で極大値 1, $x=2$ で極小値 0
(2) $-\frac{9}{8}<a<2$

91 (1) 略
(2) 放物線 $y=2x^2+1$ の $-1<x<0$ の部分

92 (1) $f'(x)=\frac{1-\log(x+1)}{(x+1)^{\frac{2x+1}{x+1}}}$
(2) $x=e-1$ で最大値 $e^{\frac{1}{e}}$

93 6

94 (1) $S=\frac{x(1-x)^3}{4(1+x)}$ $(0 \leqq x \leqq 1)$
(2) $x=\frac{-2+\sqrt{7}}{3}$

95 (1) 0 (2) $a=\frac{1}{2}$, 図略

96 (1) 略 (2) 直線 $y=x$ (3) 略

97 (1) 0 (2) 0 (3) 略

98 (1) $y=\sqrt{1+2x}(1-x)$ (2) 略

99 略

100 (1) $x>0$ (2) $\frac{e^x-1}{x}>e^{\frac{x}{2}}$

101 $(\sqrt{5})^{\sqrt{7}}<(\sqrt{7})^{\sqrt{5}}$

102, 103 略

104 (1) $x<0$, $\frac{2}{\log 2}<x$ (2) 略 (3) $x=2$, 4

105 (1) $b<2a$, $b>e^a-e^{-a}$ のとき 1 個;
$b=2a$, $e^a-e^{-a}$ のとき 2 個;
$2a<b<e^a-e^{-a}$ のとき 3 個

答の部

(2) $b<2a$, $b>e^a-e^{-a}$ のとき1本；
$b=2a$, $e^a-e^{-a}$ のとき2本；
$2a<b<e^a-e^{-a}$ のとき3本

106 (1) 略 (2) 略 (3) $\dfrac{1}{e}$

107 $\dfrac{5}{4}$

108 略

109 $\dfrac{d\omega}{dt}=\dfrac{20+40\cos 14t}{13+5\cos 14t}$

110 (1) $-1+x$ (2) (ア) $a=\dfrac{1}{2}$

(イ) 順に $1+\dfrac{1}{2}x-\dfrac{1}{8}x^2$, 10.0995

## <第5章> 積　分　法

注意 以後，$C$ は積分定数とする。

### ● 練習 の解答

**129** (1) $\dfrac{x^2}{2}-2\log|x|-\dfrac{1}{x}+C$

(2) $x-\dfrac{9}{2}\sqrt[3]{x^2}+9\sqrt[3]{x}-\log|x|+C$

(3) $-\cos x+2\sin x+C$ (4) $3\tan x-2x+C$

(5) $-\dfrac{1}{2}\cos x+C$ (6) $3e^t-\dfrac{10^t}{\log 10}+C$

**130** (1) $F(x)=e^x+\dfrac{1}{\tan x}-e^{\frac{\pi}{4}}-1$

(2) $f(x)=\dfrac{1}{\log 3}(3^{-x}-1)$

**131** $f(x)=\begin{cases}-\log x+x-2 & (1\leqq x)\\ \log x-x & (0<x<1)\end{cases}$

**132** (1) $-\dfrac{1}{2(2x-3)}+C$

(2) $\dfrac{1}{4}(3x+2)\sqrt[3]{3x+2}+C$

(3) $-\dfrac{1}{2}e^{-2x+1}+C$ (4) $-\sqrt[3]{1-3x}+C$

(5) $-\dfrac{1}{3}\cos(3x-2)+C$ (6) $\dfrac{7^{2x-3}}{2\log 7}+C$

**133** (1) $-\dfrac{2}{5}(x+4)(1-x)\sqrt{1-x}+C$

(2) $\log|x+3|+\dfrac{3}{x+3}+C$

(3) $\dfrac{2}{3}(x^2+x+1)\sqrt{x^2+x+1}+C$

(4) $e^x-2\log(e^x+2)+C$ (5) $\log|\tan x|+C$

(6) $\dfrac{1}{4}\{\log(1+x^2)\}^2+C$

**134** (1) $2\sqrt{x^2+x}+C$ (2) $-\dfrac{1}{3}\cos^3 x+C$

(3) $\log|\log x|+C$

**135** (1) $-xe^{-x}-e^{-x}+C$

(2) $-x\cos x+\sin x+C$

(3) $\dfrac{x^3}{3}\log x-\dfrac{x^3}{9}+C$

(4) $\dfrac{x\cdot 3^x}{\log 3}-\dfrac{3^x}{(\log 3)^2}+C$

(5) $\log x\{\log(\log x)-1\}+C$

**136** (1) $x^2\sin x+2x\cos x-2\sin x+C$

(2) $-(x^2+2x+2)e^{-x}+C$

(3) $x\tan x+\log|\cos x|-\dfrac{x^2}{2}+C$

**137** (1) $\dfrac{1}{2}e^{-x}(\sin x-\cos x)+C$

(2) $\dfrac{1}{2}x\{\sin(\log x)-\cos(\log x)\}+C$

**138** 略

**139** (1) $\dfrac{x^2}{2}+\dfrac{1}{2}\log(x^2+1)+C$

(2) $x+\dfrac{1}{2}\log\left|\dfrac{x-1}{x+1}\right|+C$

(3) $\log(x-1)^2(x^2+x+1)+C$

(4) $2\log\left|\dfrac{x}{x+1}\right|-\dfrac{1}{x+1}+C$

**140** (1) $\dfrac{1}{6}(2x+1)\sqrt{2x+1}+\dfrac{x}{2}+C$

(2) $\dfrac{2}{9}(x+3)(2x-3)\sqrt[4]{2x-3}+C$

(3) $\sqrt{2x+1}+\log\dfrac{|\sqrt{2x+1}-1|}{\sqrt{2x+1}+1}+C$

**141** (1) $\log(x+\sqrt{x^2+a^2})+C$

(2) $\dfrac{1}{2}\{x\sqrt{x^2+a^2}+a^2\log(x+\sqrt{x^2+a^2})\}+C$

(3) $\dfrac{1}{2}\log|x+\sqrt{x^2-1}|+\dfrac{1}{4}(x-\sqrt{x^2-1})^2+C$

**142** (1) $\dfrac{x}{2}-\dfrac{1}{4}\sin 2x+C$

(2) $\dfrac{1}{12}\cos 3x-\dfrac{3}{4}\cos x+C$

(3) $\dfrac{1}{16}\sin 8x+\dfrac{1}{4}\sin 2x+C$

**143** (1) $\dfrac{1}{2}\log\dfrac{1+\sin x}{1-\sin x}+C$

(2) $-\dfrac{1}{\sin x}+2\log|\sin x|+C$

(3) $\dfrac{1}{2}\cos^2 x-\log|\cos x|+C$

**144** (1) $\dfrac{2}{\tan\dfrac{x}{2}-1}+C$

(2) $-\dfrac{1}{3\tan^3 x}-\dfrac{1}{\tan x}+C$

**145** (1) $\dfrac{80}{81}$ (2) $\dfrac{7}{10}$ (3) $2\log 3-3\log 2$

(4) $\dfrac{5}{2}\pi$ (5) $\dfrac{\pi}{4}-1$ (6) $2\log 2$

**146** (1) $m\neq n$ のとき 0, $m=n$ のとき $\dfrac{\pi}{2}$

(2) $m \fallingdotseq \pm 2$ のとき 0，$m=\pm 2$ のとき $\frac{\pi}{2}$

**147** (1) 6 (2) $\sqrt{3}-1-\frac{\pi}{12}$ (3) $2\sqrt{3}-\frac{\pi}{3}$

**148** (1) $\frac{16\sqrt{2}}{15}$ (2) $\frac{1}{2}-\log 2$ (3) $\frac{9}{8}$

(4) $\frac{1}{\sqrt{2}}\log(\sqrt{2}+1)$ (5) $-2$

(6) $\frac{1}{2}(\log 3-\log 2)$

**149** (1) $\frac{9}{4}\pi$ (2) $\frac{\pi}{6}$ (3) $\frac{2}{3}\pi-\frac{\sqrt{3}}{2}$

**150** (1) $\frac{\pi}{3}$ (2) $\frac{\sqrt{3}}{9}\pi$ (3) $\frac{\sqrt{2}}{4}$

**151** (1) $13\pi$ (2) 0 (3) $\sqrt{3}$

**152** (1) 略 (2) $\frac{\pi}{4}$

**153** (1) 略 (2) $\pi\left(1-\frac{3}{4}\log 3\right)$

**154** (1) $\frac{1}{9}$ (2) $\frac{2e^3+1}{9}$ (3) $e-2$

(4) $-\frac{1}{12}(b-a)^4$ (5) $(9-3\sqrt{3})\pi-\frac{9}{2}$

**155** (1) $\frac{e^{-\pi}+1}{2}$ (2) $\frac{1}{2}\{(\pi+1)e^{-\pi}+1\}$

**156** (1) 略 (2) $I_n=\frac{1}{n-1}-I_{n-2}$；

$I_3=\frac{1}{2}-\frac{1}{2}\log 2$，$I_4=\frac{\pi}{4}-\frac{2}{3}$

**157** (1) 略 (2) (ア) $\frac{2}{63}$ (イ) $\frac{1}{120}$

**158** $\left(\frac{\pi}{4}-\frac{1}{2}\log 2\right)a$

**159** (1) $2e^x-2x-2$ (2) $-2\sin\pi x$

(3) $(4x-1)\log x$

**160** (1) $f(x)=\cos x-\frac{2}{\pi-2}$

(2) $f(x)=(e^x+1)\log\frac{2e}{e+1}$

(3) $f(x)=\sin x-\frac{1}{2}x$

**161** $x=2\pi$ のとき最大値 $\frac{1}{2}(e^{2\pi}-1)$

**162** (1) $I=\frac{\pi}{2}a^2-4a+\frac{\pi^3}{3}$

(2) $a=\frac{4}{\pi}$ のとき最小値 $\frac{\pi^3}{3}-\frac{8}{\pi}$

**163** $x=\frac{3}{2}$ のとき最小値 $\log\frac{32}{27}$

**164** (1) $\frac{\pi}{2}$ (2) 1

**165** (1) 9 (2) $\frac{3^{p+1}-1}{2^{p+1}}$

**166** $\frac{64}{e^2}$

**167** $\frac{28\sqrt{2}-17}{15}$

**168** $\frac{1}{6}$

**169**，**170** 略

**171** (1) $I_1=1-\log 2$，$I_n+I_{n+1}=\frac{1}{n+1}$

(2)，(3) 略

**172** (1) (ア) 略 (イ) 0 (2) 0

**173** 略

**174** (1) 0 (2) $\frac{\pi}{4}$

**175** (1) $\frac{1}{2}n^2\log n-\frac{1}{4}n^2+\frac{1}{4}$ (2) 略

(3) $\frac{1}{2}$

## ● EXERCISES の解答

111 $f'(x)=-\frac{1}{x^3}$，$f(x)=\frac{1}{2x^2}+3$

112 $f(x)=3x^5-10x^3+15x$

113 (1) $\frac{4}{15}(3\sqrt{x}-2)(1+\sqrt{x})\sqrt{1+\sqrt{x}}+C$

(2) $\frac{1}{\sin x-1}+C$ (3) $\frac{1}{2}(x^2-1)e^{x^2}+C$

114 (1) $f(x)=x\sin x+\cos x-1$

(2) $x=\frac{\pi}{2}$ のとき最大値 $\frac{\pi}{2}-1$

115 順に $x\sin x+C$，$x(\sin x)\log x+\cos x+C$

116 (1) $(A+B)e^x\cos x+(-A+B)e^x\sin x$

(2) $f''(x)=2f'(x)-2f(x)$

(3) $\frac{1}{2}(A-B)e^x\cos x+\frac{1}{2}(A+B)e^x\sin x+C$

117 $\frac{n!(\log x)^k}{k!x}$

118 (1) $a=-\frac{1}{2}$，$b=\frac{1}{2}$，$c=0$，$d=-1$

(2) $\frac{1}{2}\log\left|\frac{x-2}{x}\right|+\frac{1}{x-1}+C$

119 $\log\left|\dfrac{2\tan\frac{x}{2}+1}{\tan\frac{x}{2}-2}\right|+C$

120 (1) $\log|\tan x|+C$

(2) $-\frac{1}{\sin^2 x\cos^n x}+\frac{n+1}{\cos^{n+2}x}$

(3) 略

121 (1) $f(1)=0$，$f\left(\frac{1}{x}\right)=-f(x)$

(2) $f\left(\frac{x}{y}\right)=f(x)-f(y)$ (3) $\frac{2}{x}$

(4) $f(x)=2\log x$

122 (1) $\frac{7}{6}$ (2) $n=150$

123 (1) $m=n=0$ のとき $2\pi$, $m=\pm n\ (\neq 0)$ のとき $\pi$, $m\neq \pm n$ のとき $0$

(2) $\frac{1}{2}$

124 $\frac{32\sqrt{2}}{3}$

125 $\frac{1}{3}$

126 (1) $4\sqrt{2}-4+\log(1+\sqrt{2})$

(2) $a\left(\log\frac{2\sqrt{3}+3}{3}+\frac{1-\sqrt{3}}{2}\right)$

127 $\frac{1}{3}\log 2+\frac{\sqrt{3}}{9}\pi$

128 (1) 略 (2) 1

129 (1) $1+\sin x=2X^2$ (2) $\tan\left(\frac{x}{2}-\frac{\pi}{4}\right)+C$

(3) $\log 2$

130 (1) 略 (2) $3\log 2-2\log 3$

131 (1) 順に $\frac{(b-a)^{m+1}}{m+1}$, $-\frac{(b-a)^3}{6}$

(2) $I(m,\ n)=-\frac{n}{m+1}I(m+1,\ n-1)$

(3) $-\frac{(b-a)^{11}}{2772}$

132 (1) 略 (2) $39\log 3-20\log 2-12$

133 (ア) $\cos x-\sin x$ (イ) 0

(ウ) $\sin x+\cos x-1$

134 $f(x)=e^{-x}-\frac{e^a+e^{-a}}{2}\sin a+\frac{e^a-e^{-a}}{2}\cos a$

135 $f(x)=(\pi-3)\sin x-\left(\frac{\pi}{2}-1\right)\cos x$,

$g(x)=x+\frac{\pi}{2}-2$

136 (1) $F(a)=-\frac{3}{56}a^{\frac{7}{3}}+\frac{3}{8}a^{\frac{4}{3}}$

(2) $a=4$ のとき最大値 $\frac{9\sqrt[3]{4}}{14}$

137 $\frac{1}{2}$

138 (1) 略 (2) $a=\frac{\sqrt{2}}{\pi}\sin\frac{\pi}{\sqrt{2}}$

139 (1) $\frac{\pi}{4}$ (2) $\log(1+\sqrt{2})-\sqrt{2}+1$

(3) $2(\sqrt{2}-1)$

140 (1) $\pi$ (2) $2\log 3-3\log 2$

141 $\frac{\sqrt{2}}{48}\pi$

142 (1) $2^{a-1}$ (2) 略

143, 144 略

145 (1) $I_0=1-\frac{1}{e}$, $I_1=1-\frac{2}{e}$

(2) $I_n-I_{n-1}=-\frac{1}{n!e}$ (3) 0 (4) $e$

146 (1) $f(a)=\frac{1}{2}e^{-2a}+\frac{a}{2}-\frac{1}{4}$

(2) $a=\frac{1}{2}\log 2$ で最小値 $\frac{1}{4}\log 2$

147 $\frac{\pi}{4}+\frac{1}{2}$

148 (1) 略 (2) $2-\frac{1}{\log 2}$ (3) 略

## <第6章> 積分法の応用

### ● 練習 の解答

**176** (1) $\frac{8}{5}$ (2) $\frac{15}{2}-8\log 2$ (3) $20\log 3-16$

**177** (1) $e-2$ (2) $4\log 3-4$

(3) $\frac{7-4\sqrt{3}}{2}$ (4) 4

**178** (1) $\frac{9}{2}$ (2) 1

(3) $\left(\frac{\sqrt{3}}{3}-\frac{1}{4}\right)\pi-\frac{1}{2}\log 2$

**179** (1) $a=\frac{1}{2e}$, $b=\frac{e}{2}$, $c=e$ (2) $\frac{2}{3}e^2-e$

**180** (1) $\frac{\pi}{3}-\frac{\sqrt{3}}{2}\log 3$ (2) $\frac{2\sqrt{3}}{3}\pi$

**181** (1) $\frac{8}{3}$ (2) $\frac{24\sqrt{3}}{5}$ (3) $4\pi$

**182** $\frac{3}{2}\pi$

**183** 4

**184** $2a\sqrt{a^2-1}-2\log(a+\sqrt{a^2-1})$

**185** $a=\frac{e}{2}$

**186** (1) $(\log 3,\ 1)$

(2) $y=\frac{4(\log 3-1)}{(\log 3)^2}x-3+\frac{4}{\log 3}$

**187** (1) $G(\theta)=\frac{1}{3}\cos^3\theta-\cos\theta+\frac{2}{3}$,

$H(\theta)=\frac{1}{3}\theta\sin^3\theta$ (2) $\frac{3}{4}$

**188** (1) $\left(1-\frac{1}{e}\right)e^t-t+\frac{1}{2}$

(2) $t=1-\log(e-1)$ のとき最小値

$\log(e-1)+\frac{1}{2}$

**189** (1) $a_1=\frac{1}{2}(1-2e^{-\frac{\pi}{2}}-e^{-\pi})$,

$a_n=\frac{1}{2}e^{-(n-1)\pi}(1-2e^{-\frac{\pi}{2}}-e^{-\pi})$

(2) $\frac{1-2e^{-\frac{\pi}{2}}-e^{-\pi}}{2(1-e^{-\pi})}$ $\left[\frac{e^{\pi}-2e^{\frac{\pi}{2}}-1}{2(e^{\pi}-1)}\right]$

**190** (1) 略 (2) $\frac{17}{3}-\frac{8\sqrt{2}}{3}$

**191** $\frac{3}{4}\pi+2$

**192** $\frac{a^3}{3}$

**193** $\frac{2}{3}a^2b$

**194** (1) $\frac{1}{2}(e^2-1)\pi$ (2) $\pi\left(1-\frac{\pi}{4}\right)$

(3) $\left(\frac{91}{3}+2\log 2\right)\pi$

**195** (1) $\frac{88}{15}\pi$ (2) $\frac{92}{15}\pi$

**196** (1) 略 (2) $\frac{\pi(2\pi+3\sqrt{3})}{8}$

**197** $h=1$，$\alpha=\frac{\pi}{6}$

**198** (1) $\frac{3}{10}\pi$ (2) $\frac{4}{3}\pi$ (3) $\pi^3-4\pi$

**199** $\frac{8}{3}\pi$

**200** (1) 順に $a=\frac{1}{2e}$，$y=\frac{1}{\sqrt{e}}x-\frac{1}{2}$

(2) $\left(2-\frac{29}{24}\sqrt{e}\right)\pi$ (3) $\frac{e}{24}\pi$

**201** (1) $\frac{3}{8}\pi$ (2) $\frac{4}{5}\pi$

**202** (1) $\frac{\sqrt{2}}{60}\pi$ (2) $\frac{\sqrt{2}(\pi^2-9)\pi^2}{12}$

**203** $\left(8\sqrt{2}-\frac{32}{3}\right)r^3$

**204** $V(a)=\frac{1}{24}(7a^3-18a^2+12a)$，$a=\frac{6-2\sqrt{2}}{7}$

**205** $\frac{4}{3}\pi$

**206** $\pi\left\{\frac{1}{8}\left(a^2-\frac{1}{a^2}\right)-\left(a-\frac{1}{a}\right)+\frac{3}{2}\log a\right\}$

**207** $\frac{\pi+2}{3}$

**208** (1) $e-\frac{1}{e}$ (2) 4 (3) $\frac{59}{24}$ (4) $\frac{1}{2}\log 3$

**209** $2\pi^2 a$

**210** (1) (ア) $\frac{2}{\pi}$ (イ) $\frac{6}{\pi}$

(ウ) 2 秒後，道のりは $\frac{8}{\pi}$ (2) 2

**211** (1) $\frac{13\sqrt{13}-8}{27}$ (2) 8

**212** (1) $1-2y-\sqrt{1-4y}$

(2) $u=\frac{V}{2\pi}\cdot\frac{1-2h+\sqrt{1-4h}}{h^2}$ (3) $\frac{\pi}{96V}$

**213** (1) $y''=-y-1$

(2) (ア) $(ax+C)y+1=0$ ($C$ は任意定数)，$y=0$

(イ) $y=1+\frac{1}{x-1}$

**214** (1) $(x+y)^2=2x+A$ ($A$ は任意定数)

(2) $y=x-\frac{Ae^{2x}-1}{Ae^{2x}+1}$ ($A$ は任意定数)，$y=x-1$

**215** $y=x^2$ $(x>0)$ または $y=\frac{1}{x^2}$ $(x>0)$

## ● EXERCISES の解答

149 (1) $\frac{1}{5}$ (2) $-\log(1-a^2)$

150 (1) $x=\frac{1}{2}$ で極大値 $\frac{1}{2e}$，

変曲点の座標 $\left(1,\ \frac{1}{e^2}\right)$ (2) $\frac{3e^4-7}{4e^6}$

151 $\frac{8}{15}$

152 (1) 略

(2) $x=2$ で最大値 1，$x=\sqrt{3}$ で最小値 0

(3) $x=1$ で最大値 2，$x=2$ で最小値 1

(4) $\frac{2\sqrt{3}}{3}\pi$

153 (1) $y=x+2-\frac{\pi}{2}$ (2) $\frac{-\pi^2+2\pi+4}{8}$

154 (1) $\cos\alpha=\frac{1}{\sqrt{1+k^2}}$，$\sin\alpha=\frac{k}{\sqrt{1+k^2}}$，

$\cos\beta=-\frac{1}{\sqrt{1+k^2}}$，$\sin\beta=-\frac{k}{\sqrt{1+k^2}}$

(2) $S=2\sqrt{1+k^2}$ (3) $k=\frac{4+\sqrt{7}}{3}$

155 1

156 (1) $a=4$ (2) $a=\frac{16}{9}$ のとき最小値 $\frac{1}{3}$

157 (1) $f(x)=-\frac{1}{2te^t}x^2+e^t+\frac{t}{2e^t}$

(2) $S=\frac{2t^2}{3e^t}$，$t=2$ で最大値 $\frac{8}{3e^2}$

158 (1)

$$S(t)=\begin{cases}\frac{\sqrt{2(1-t^2)}}{2}-\frac{1}{4} & \left(0\leqq t<\frac{1}{\sqrt{2}} \text{ のとき}\right)\\ \frac{1}{2}(1-t^2) & \left(\frac{1}{\sqrt{2}}\leqq t\leqq 1 \text{ のとき}\right)\end{cases}$$

(2) $\frac{\sqrt{2}}{8}\pi+\frac{2}{3}-\frac{5\sqrt{2}}{12}$

159 (1) $2\pi^2\left(a^2+\frac{1}{2}b^2-2b+\frac{\pi^2}{3}\right)$

(2) $a=0$，$b=2$

160 (1) $V(a)=\frac{\pi^2}{2}\left(4a+\frac{1}{a^2}\right)$ (2) $a=\frac{1}{\sqrt[3]{2}}$

161 (1) 1 (2) $\frac{\pi(2\pi+3\sqrt{3})}{16}$

162 (1) $\frac{(x-2)^2}{4}+y^2=1$ (2) $\frac{8}{3}\pi$ (3) $8\pi^2$

163 (1) $\left(\frac{1}{a},\ e\right)$ (2) $a=\sqrt{\frac{3-e}{3}}$

答の部

164 (1) 略 (2) $\frac{32}{105}\pi$

165 (1) $\frac{\sqrt{2}(n-1)^2}{3(n+2)(2n+1)}\pi$ (2) $\frac{\sqrt{2}}{6}\pi$

166 (1) 順に $S(t)=4\sqrt{1-t^2}$, $2\pi$

(2) $6\pi^2+\frac{28}{3}\pi$

167 (1) 点Pの $x$ 座標を $p_x$ とすると

$-\frac{\sqrt{3}}{2}\leqq p_x\leqq\frac{\sqrt{3}}{2}$, $\frac{\pi}{6}\leqq\theta\leqq\frac{5}{6}\pi$

(2) $\frac{2\sqrt{3}}{3}\pi$

168 略

169 4

170 $y=-\frac{1}{2}e^{2x}-\frac{1}{8}e^{-2x}+\frac{13}{8}$ $(x\geqq 0)$

171 (1) $9\pi^2(3-t^2)^2$ (2) $N=10$

(3) $s=12\sqrt{3}\pi$

172 (1) $\pi(-r^2\cos r+2r\sin r+2\cos r-2)$

(2) $\frac{1}{\pi r^2\sin r}$

173 $f(x)=e^{2x}$

174 (1), (2) 略 (3) $f(x)=e^{kx}$

175 順に $x=Ae^{-kt}$, およそ71%

176 (1) $y=f'(t)(x-t)+f(t)$ (2) 略

(3) $f'(x)=\frac{1}{x+2}$, $f(x)=\log\frac{x+2}{2}$

## ● 総合演習第2部 の解答

**1** (1) $y=mx-2m+2$

(2) $u=\frac{m-1}{m}$, $v=1-m$

(3) $y=\frac{1}{x-1}+1$, 図略

**2** (ア) (4, 2) (イ) 4 (ウ) 2, 3

**3** (1) $x\geqq-\frac{1}{4}a^2+\frac{3}{2}a+\frac{7}{4}$

(2) $g(x)=x^2-(a-3)x+4\left(x\geqq\frac{a-3}{2}\right)$

(3) (ア) $-2$ (イ) 6 (ウ) $-2$ (エ) $-2$

(オ) 2 (カ) 2

**4** (1) $f_2(x)=\frac{5x+4}{4x+5}$, $f_3(x)=\frac{14x+13}{13x+14}$,

$f_4(x)=\frac{41x+40}{40x+41}$

(2) $f_n(x)=\frac{(3^n+1)x+3^n-1}{(3^n-1)x+3^n+1}$, 証明略

**5** (1) $y=\frac{4}{3}x-\frac{5}{3}$ (2) $\frac{1}{4}$

**6** (1) (ア) 0 (イ) $\frac{5}{9}$

(2) (ウ) $\frac{2}{3}\left(\frac{1}{3}\right)^{\frac{n-1}{2}}+\frac{1}{3}$ (エ) $-\left(\frac{1}{3}\right)^{\frac{n}{2}}+\frac{1}{3}$

(3) (オ) $\frac{1}{3}$

**7** (1) 略 (2) $a_n=\tan\frac{\pi}{3\cdot 2^{n-1}}$ (3) $\frac{2}{3}\pi$

**8** (1) 略 (2) $-\pi$

**9** $\frac{8}{3}$

**10** (1) $f^n(z)=\left(z-\frac{\beta}{1-\alpha}\right)\alpha^n+\frac{\beta}{1-\alpha}$

(2) $\delta=\frac{\beta}{1-\alpha}$

(3) 中心は点 $\frac{\beta}{1-\alpha}$, 半径は $\left|z-\frac{\beta}{1-\alpha}\right|$

**11** (ア) $\sqrt{3}$ (イ) $\frac{3\sqrt{3}}{4}$ (ウ) $\frac{1}{\sqrt{2}}$ (エ) $\frac{\pi}{4}$

(オ) $\frac{\pi}{8^{n-1}}$ (カ) $\frac{\pi}{4\cdot 8^{n-1}}$ (キ) $\frac{10}{7}\pi$

**12** 略

**13** (1) 略

(2) $A=\frac{n\beta^{n-1}}{\beta-\alpha}-\frac{\beta^n-\alpha^n}{(\beta-\alpha)^2}$, $B=\frac{\beta^n-\alpha^n}{\beta-\alpha}$, $C=\alpha^n$

(3) $\frac{1}{2}n(n-1)\alpha^{n-2}$

**14** (1), (2) 略 (3) $k=4$, 極限値 $1+\frac{5}{3\log 3}$

**15** (1) $a_0=1$ (2), (3) 略 (4) $a_n=2n+1$

**16** (1) $f^{(4)}(x)g(x)+4f^{(3)}(x)g^{(1)}(x)$

$+6f^{(2)}(x)g^{(2)}(x)+4f^{(1)}(x)g^{(3)}(x)+f(x)g^{(4)}(x)$

(2) ${}_n\mathrm{C}_r$, 証明略

(3) $\{x^3+3nx^2+3n(n-1)x+n(n-1)(n-2)\}e^x$

**17** $y=\frac{2k+1}{2}\pi$ ($k$ は整数)

**18** (1) 略 (2) 330

**19** (1) 1 (2) $a=\frac{1}{t}-1$ $(0<t\leqq 1)$

(3) $T_k=\frac{n-k}{n}$ (4) $E=t$

**20** (1) $|\alpha|^2$ (2) 略 (3) $a=b$ のとき最大値

$\frac{1}{2}$ ; $a=1$, $b=3$ のとき最小値 $\frac{3}{10}$

**21** (1) $2\{\sqrt{64-(k+1)^2}-\sqrt{9-k^2}\}$ (2) $4\sqrt{6}$

**22** 略

**23** (1) $\left(\frac{t^2-2t}{t^2+1}, \frac{-t+2}{t^2+1}\right)$ (2) $a=1$ ;

共有点の座標 (0, 0), $\left(-\frac{1}{2}, \frac{1}{2}\right)$, (1, 2)

**24** (1) 略 (2) 0 (3) $\sqrt{\frac{\sin a}{\pi}}$

**25** (1) $\left(\frac{1}{\sqrt{1+e^{2s}}}, \frac{e^s}{\sqrt{1+e^{2s}}}\right)$

(2) $\left(-\frac{e^{2s}}{(1+e^{2s})^2}, \frac{e^s}{(1+e^{2s})^2}\right)$ (3) $\frac{2\sqrt{3}}{9}$

**26** (1) $e^{e^x}(e^x-1)+C$ (2) $\dfrac{3}{128}\pi$

**27** (1) 略 (2) $I_n=(2e^2-e-1)e^{-3(n+1)}$

(3) $\dfrac{2e+1}{e^2+e+1}$

**28** 4つ

**29** (1) 略 (2) $g(x)=\dfrac{2}{3-e^2}e^x+x$

**30** (1) 1 (2) $f(x)=-\left(x+\dfrac{1}{2}\right)+\dfrac{3e^{2x}}{e^2+1}$

**31** $\dfrac{13}{72}$

**32** (1) 略 (2) $-1+\dfrac{(-1)^n}{n+1}$ (3) $2\log 2-1$

**33** (1) $\dfrac{2}{3}$ (2) $\dfrac{256}{15}\pi$

**34** (1) $\sin t=\dfrac{a}{\sqrt{a^2+b^2}}$, $\cos t=\dfrac{b}{\sqrt{a^2+b^2}}$

(2) $\sqrt{a^2+b^2}-b$ (3) $b=\dfrac{4}{3}a$

**35** (1) 略 (2) $\lim_{n\to\infty}a_n=0$, $\lim_{n\to\infty}na_n=\log 2$

(3) $-1+2\log 2$

**36** $16\pi$

**37** (1) $\dfrac{\sqrt{2}}{16}$ (2) $\dfrac{\sqrt{2}}{240}\pi$

**38** $\left(\dfrac{17}{3}-8\log 2\right)\pi$

**39** (ア) $\dfrac{1}{3}$ (イ) $\dfrac{27}{2}$ (ウ) 39

**40** (1) $(u(t),\ v(t))$

$=\left(t+\dfrac{1}{\sqrt{1+t^2}},\ \log t-\dfrac{t}{\sqrt{1+t^2}}\right)$

$\left(\dfrac{du}{dt},\ \dfrac{dv}{dt}\right)=\left(1-\dfrac{t}{(1+t^2)^{\frac{3}{2}}},\ \dfrac{1}{t}-\dfrac{1}{(1+t^2)^{\frac{3}{2}}}\right)$

(2) $\dfrac{\pi}{4}$

# 索 引

1. 用語の掲載ページ(右側の数字)を示した。
2. 主に初出のページを示したが，関連するページも合わせて示したところもある。

## 【あ行】



## 【か行】



## 【さ行】



## 【た行】



## 【な行】

## 【は行】



## 【ま行】



## 【や行】



## 【ら行】



## 【わ行】



## 【記号】

以下の問題の出典・出題年度は，次の通りである。
・$p.272$ EXERCISES 130　大阪大 2010 年 改題
・$p.298$ EXERCISES 147　大阪大 2000 年 改題
・$p.319$ EXERCISES 155　大阪大 2020 年 改題
・$p.340$ 重要例題 206　大阪大 2013 年 改題
・$p.386$ 総合演習第 2 部 22　大阪大 2020 年

●編著者
チャート研究所

●表紙・カバーデザイン
有限会社アーク・ビジュアル・ワークス

●本文デザイン
株式会社加藤文明社

編集・制作　チャート研究所
発行者　星野 泰也

初版
第1刷　1967年2月1日　発行
新制版
第1刷　1975年3月1日　発行
改訂版
第1刷　1982年2月1日　発行
新　制(微分・積分)
第1刷　1984年2月10日　発行
改訂版
第1刷　1993年1月10日　発行
新　制(数学Ⅲ)
第1刷　1995年11月1日　発行
改訂新版
第1刷　1999年11月1日　発行
新課程
第1刷　2004年9月1日　発行
改訂版
第1刷　2008年10月1日　発行
新課程
第1刷　2013年7月1日　発行
改訂版
第1刷　2018年7月1日　発行
新課程
第1刷　2023年8月1日　発行
第2刷　2023年8月10日　発行

ISBN978-4-410-10557-9

※解答・解説は数研出版株式会社が作成したものです。

チャート式® 基礎からの 数学Ⅲ

発行所　数研出版株式会社

〒101-0052 東京都千代田区神田小川町2丁目3番地3
〔振替〕00140-4-118431
〒604-0861 京都市中京区烏丸通竹屋町上る大倉町205番地
〔電話〕 代表 (075)231-0161
ホームページ　https://www.chart.co.jp
印刷　株式会社　加藤文明社
乱丁本・落丁本はお取り替えいたします　230602

## □ 平均値の定理

▶ロルの定理　関数 $f(x)$ が区間 $[a,\ b]$ で連続，区間 $(a,\ b)$ で微分可能で，$f(a)=f(b)$ ならば $f'(c)=0$，$a<c<b$ を満たす実数 $c$ が存在する。

▶平均値の定理　関数 $f(x)$ が区間 $[a,\ b]$ で連続，区間 $(a,\ b)$ で微分可能ならば

$$\frac{f(b)-f(a)}{b-a}=f'(c),\quad a<c<b$$

を満たす実数 $c$ が存在する。

## □ 関数の増減と極値，最大・最小

▶関数の増減　関数 $f(x)$ が，区間 $[a,\ b]$ で連続，区間 $(a,\ b)$ で微分可能であるとき

区間 $(a,\ b)$ で

常に $f'(x)>0$ なら区間 $[a,\ b]$ で単調に増加

常に $f'(x)<0$ なら区間 $[a,\ b]$ で単調に減少

常に $f'(x)=0$ なら区間 $[a,\ b]$ で定数

▶関数の極大・極小

・$x=a$ を含む十分小さい開区間において

$x\neq a$ なら $f(x)<f(a)$ のとき $f(x)$ は $x=a$ で極大

$x\neq a$ なら $f(x)>f(a)$ のとき $f(x)$ は $x=a$ で極小

といい，$f(a)$ をそれぞれ極大値，極小値という。極大値と極小値をまとめて，極値という。

・$f(x)$ が $x=a$ で微分可能であるとき

$x=a$ で極値をとる $\Longrightarrow f'(a)=0$

(逆は成り立たない。)

▶関数の最大・最小　関数 $f(x)$ が，区間 $[a,\ b]$ で連続であるとき，$f(x)$ の最大値，最小値を求めるには，$f(x)$ の極大，極小を調べ，極値と区間の両端の値 $f(a)$，$f(b)$ を比較。

▶極値と第 2 次導関数

$x=a$ を含むある区間で $f''(x)$ は連続とする。

$f'(a)=0$ かつ $f''(a)<0$ なら $f(a)$ は極大値

$f'(a)=0$ かつ $f''(a)>0$ なら $f(a)$ は極小値

▶曲線 $y=f(x)$ の凹凸・変曲点

・ある区間で $f''(x)>0$ ならば，その区間で下に凸

ある区間で $f''(x)<0$ ならば，その区間で上に凸

・変曲点　凹凸が変わる曲線上の点のこと。

$f''(a)=0$ のとき，$x=a$ の前後で $f''(x)$ の符号が変わるなら，点 $(a,\ f(a))$ は曲線 $y=f(x)$ の変曲点である。

・点 $(a,\ f(a))$ が曲線 $y=f(x)$ の変曲点ならば

$f''(a)=0$

▶漸近線　関数 $y=f(x)$ のグラフにおいて

① $\displaystyle\lim_{x\to a+0} f(x)$，$\displaystyle\lim_{x\to a-0} f(x)$ のうち，少なくとも 1 つが $\infty$ または $-\infty$ になる場合，直線 $x=a$ が漸近線。

② $\displaystyle\lim_{x\to\infty}\{f(x)-(ax+b)\}$，$\displaystyle\lim_{x\to-\infty}\{f(x)-(ax+b)\}$ のいずれかが 0 なら，直線 $y=ax+b$ が漸近線。

## □ 方程式・不等式への応用

▶方程式 $f(x)=g(x)$ の実数解の個数

$y=f(x)$ のグラフと $y=g(x)$ のグラフの共有点の個数を調べる。

▶不等式 $f(x)>g(x)$ の証明

$F(x)=f(x)-g(x)$ として，$F(x)$ の最小値 $m$ を求め，$m>0$ を示す。

## □ 速度・加速度，近似式

▶直線上の運動の速度・加速度

数直線上を運動する点 P の時刻 $t$ における座標が $t$ の関数 $x=f(t)$ で与えられるとき

速度：$v=\dfrac{dx}{dt}$，加速度：$\alpha=\dfrac{dv}{dt}=\dfrac{d^2x}{dt^2}$

速さ：$|v|$，加速度の大きさ：$|\alpha|$

▶平面上の運動の速度・加速度

平面上を点 P が曲線を描いて運動し，時刻 $t$ のときの位置(座標)が $t$ の関数 $x=f(t)$，$y=g(t)$ で与えられるとき，速度 $\vec{v}$，加速度 $\vec{\alpha}$ は

$$\vec{v}=\left(\frac{dx}{dt},\ \frac{dy}{dt}\right),\ \vec{\alpha}=\left(\frac{d^2x}{dt^2},\ \frac{d^2y}{dt^2}\right)$$

また，速さ $|\vec{v}|$，加速度 $\vec{\alpha}$ の大きさ $|\vec{\alpha}|$ は，順に

$$\sqrt{\left(\frac{dx}{dt}\right)^2+\left(\frac{dy}{dt}\right)^2},\ \sqrt{\left(\frac{d^2x}{dt^2}\right)^2+\left(\frac{d^2y}{dt^2}\right)^2}$$

▶ 1 次の近似式

・$|h|$ が十分小さいとき　$f(a+h)\fallingdotseq f(a)+f'(a)h$

・$|x|$ が十分小さいとき　$f(x)\fallingdotseq f(0)+f'(0)x$

・$y=f(x)$ の $x$ の増分 $\Delta x$ に対する $y$ の増分 $\Delta y$ について，$|\Delta x|$ が十分小さいとき　$\Delta y\fallingdotseq y'\Delta x$

# 5 積 分 法

## □ 不定積分

▶基本的な関数の不定積分　$C$ は積分定数とする。

・$\displaystyle\int x^\alpha dx=\frac{x^{\alpha+1}}{\alpha+1}+C$ ($\alpha$ は実数，$\alpha\neq-1$)

$\displaystyle\int\frac{dx}{x}=\log|x|+C$

・$\displaystyle\int\sin x\,dx=-\cos x+C$

$\displaystyle\int\cos x\,dx=\sin x+C$，$\displaystyle\int\frac{dx}{\cos^2 x}=\tan x+C$

・$\displaystyle\int e^x dx=e^x+C$，$\displaystyle\int a^x dx=\frac{a^x}{\log a}+C$ $\begin{pmatrix}a>0\\ a\neq1\end{pmatrix}$

# 練習，EXERCISES，総合演習の解答（数学Ⅲ）

注意　・章ごとに，練習，EXERCISES の解答をまとめて扱った。
　　　・問題番号の左横の数字は，難易度を表したものである。

## 練習 ①1

(1)　次の関数のグラフをかけ。また，漸近線を求めよ。

(ア)　$y=\dfrac{3x+5}{x+1}$　　(イ)　$y=\dfrac{-2x+5}{x-3}$　　(ウ)　$y=\dfrac{x-2}{2x+1}$

(2)　(1) の (ア)，(イ) の各関数において，$2\leqq x\leqq 4$ のとき $y$ のとりうる値の範囲を求めよ。

(1)　(ア)　$y=\dfrac{3x+5}{x+1}=\dfrac{3(x+1)+2}{x+1}=\dfrac{2}{x+1}+3$

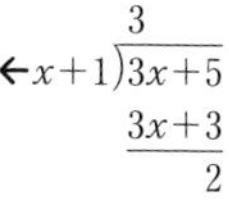

この関数のグラフは $y=\dfrac{2}{x}$ のグラフを $x$ 軸方向に $-1$，$y$ 軸方向に 3 だけ平行移動したもので，**図 (ア)** のようになる。

漸近線は　　**2 直線 $x=-1$，$y=3$**

(イ)　$y=\dfrac{-2x+5}{x-3}=\dfrac{-2(x-3)-1}{x-3}=-\dfrac{1}{x-3}-2$

←$x-3\overline{)-2x+5}$ 商 $-2$，$-2x+6$，余り $-1$

この関数のグラフは $y=-\dfrac{1}{x}$ のグラフを $x$ 軸方向に 3，$y$ 軸方向に $-2$ だけ平行移動したもので，**図 (イ)** のようになる。

漸近線は　　**2 直線 $x=3$，$y=-2$**

(ウ)　$y=\dfrac{x-2}{2x+1}=\dfrac{1}{2}\cdot\dfrac{(2x+1)-5}{2x+1}=-\dfrac{\frac{5}{4}}{x+\frac{1}{2}}+\dfrac{1}{2}$

←$x-2=\dfrac{1}{2}(2x-4)$

$2x+1\overline{)x-2}$ 商 $\dfrac{1}{2}$，$x+\dfrac{1}{2}$，余り $-\dfrac{5}{2}$

この関数のグラフは $y=-\dfrac{5}{4x}$ のグラフを $x$ 軸方向に $-\dfrac{1}{2}$，$y$ 軸方向に $\dfrac{1}{2}$ だけ平行移動したもので，**図 (ウ)** のようになる。

漸近線は　　**2 直線 $x=-\dfrac{1}{2}$，$y=\dfrac{1}{2}$**

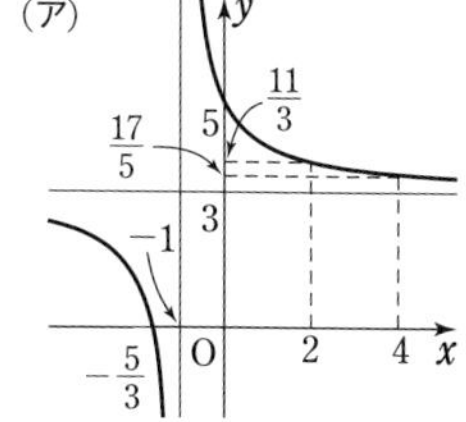

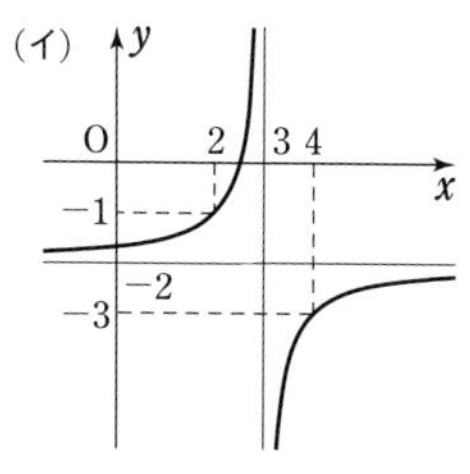

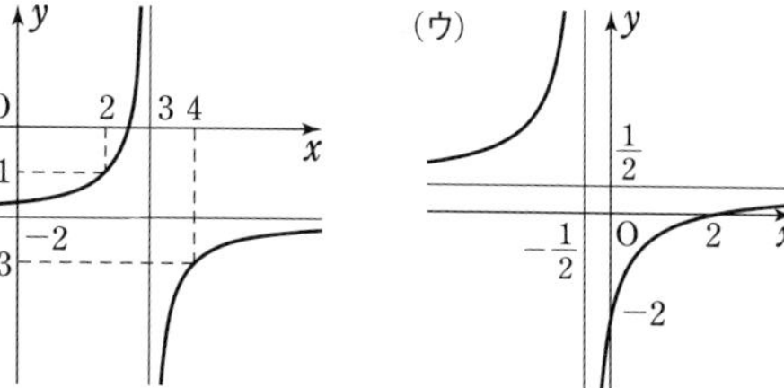

注意　グラフでは，グラフと座標軸との交点の座標もわかる範囲で示しておくこと。

(2)　(ア)　$x=2$ のとき　$y=\dfrac{11}{3}$，$x=4$ のとき　$y=\dfrac{17}{5}$

(1) の図 (ア) のグラフから　　$\boldsymbol{\dfrac{17}{5}\leqq y\leqq\dfrac{11}{3}}$

←端の値 $x=2$，4 に対応した $y$ の値を求め，グラフから読みとる。

(イ)　$x=2$ のとき　$y=-1$，$x=4$ のとき　$y=-3$

(1) の図 (イ) のグラフから　　$\boldsymbol{y\leqq -3,\ -1\leqq y}$

**練習 ③2**

(1) 関数 $y=\dfrac{-6x+21}{2x-5}$ のグラフは，関数 $y=\dfrac{8x+2}{2x-1}$ のグラフをどのように平行移動したものか。

(2) 関数 $y=\dfrac{2x+c}{ax+b}$ のグラフが点 $\left(-2,\ \dfrac{9}{5}\right)$ を通り，2 直線 $x=-\dfrac{1}{3}$，$y=\dfrac{2}{3}$ を漸近線にもつとき，定数 $a$，$b$，$c$ の値を求めよ。

(1) $y=\dfrac{-6x+21}{2x-5}=\dfrac{-3(2x-5)+6}{2x-5}=\dfrac{6}{2x-5}-3=\dfrac{3}{x-\dfrac{5}{2}}-3$ …… ①

$y=\dfrac{8x+2}{2x-1}=\dfrac{4(2x-1)+6}{2x-1}=\dfrac{6}{2x-1}+4=\dfrac{3}{x-\dfrac{1}{2}}+4$ …… ②

①，② のグラフは，$y=\dfrac{3}{x}$ のグラフを平行移動したものである。

② のグラフを $x$ 軸方向に $p$，$y$ 軸方向に $q$ だけ平行移動したときに ① のグラフに重なるとすると，漸近線に着目して

$\dfrac{1}{2}+p=\dfrac{5}{2}$，$4+q=-3$　　ゆえに　　$p=2$，$q=-7$

よって　**$x$ 軸方向に 2，$y$ 軸方向に $-7$ だけ平行移動したもの**

(2) 2 直線 $x=-\dfrac{1}{3}$，$y=\dfrac{2}{3}$ が漸近線であるから，求める関数は

$y=\dfrac{k}{x+\dfrac{1}{3}}+\dfrac{2}{3}$ と表される。このグラフが点 $\left(-2,\ \dfrac{9}{5}\right)$ を通るから　$\dfrac{9}{5}=\dfrac{k}{-2+\dfrac{1}{3}}+\dfrac{2}{3}$　すなわち　$\dfrac{9}{5}=-\dfrac{3}{5}k+\dfrac{2}{3}$

これを解いて　　$k=-\dfrac{17}{9}$

よって　　$y=-\dfrac{17}{9}\cdot\dfrac{1}{x+\dfrac{1}{3}}+\dfrac{2}{3}$　すなわち　$y=\dfrac{2x-5}{3x+1}$

$y=\dfrac{2x+c}{ax+b}$ と係数を比較して　　**$a=3$，$b=1$，$c=-5$**

検討　(2) では，次の点に注意しておく。

$k\neq 0$ のとき，$y=\dfrac{ax+b}{cx+d}$ と $y=\dfrac{kax+kb}{kcx+kd}$ は同じ関数を表す。

ゆえに，$\boldsymbol{\dfrac{ax+b}{cx+d}=\dfrac{a'x+b'}{c'x+d'}}$ **が恒等式** であるからといって

$a=a'$，$b=b'$，$c=c'$，$d=d'$ が成り立つとは限らない。

一般に，**$a'=ka$，$b'=kb$，$c'=kc$，$d'=kd$ ($k\neq 0$)** である。

←① は，分子に分母の $2x-5$，② は，分子に分母の $2x-1$ を作るようにして変形。

←① の漸近線は，2 直線 $x=\dfrac{5}{2}$，$y=-3$　② の漸近線は，2 直線 $x=\dfrac{1}{2}$，$y=4$

←$y=\dfrac{k}{x-p}+q$ の漸近線は，2 直線 $x=p$，$y=q$

←$y=\dfrac{2x+c}{ax+b}$ と比較するために，分子の $x$ の係数が 2 となるように変形。

**練習 ②3**

(1) 関数 $y=\dfrac{4x-3}{x-2}$ のグラフと直線 $y=5x-6$ の共有点の座標を求めよ。

(2) 不等式 $\dfrac{4x-3}{x-2}\geqq 5x-6$ を解け。

(1) $y=\dfrac{4x-3}{x-2}$ …… ①，$y=5x-6$ …… ②

①，② から　$\dfrac{4x-3}{x-2}=5x-6$

両辺に $x-2$ を掛けて　$4x-3=(5x-6)(x-2)$

整理して　$x^2-4x+3=0$

ゆえに　$(x-1)(x-3)=0$

よって　$x=1,\ 3$

② に代入して　$x=1$ のとき　$y=-1$，

$x=3$ のとき　$y=9$

したがって，共有点の座標は

**$(1,\ -1)$，$(3,\ 9)$**

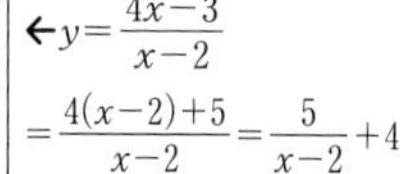

←$y=\dfrac{4x-3}{x-2}=\dfrac{4(x-2)+5}{x-2}=\dfrac{5}{x-2}+4$

←$4x-3=5x^2-16x+12$ から　$5x^2-20x+15=0$

←$x=1, 3$ は $\dfrac{4x-3}{x-2}$ の分母を 0 としない。

(2) ① のグラフが直線 ② の上側にある，または直線 ② と共有点をもつような $x$ の値の範囲は，右の図から

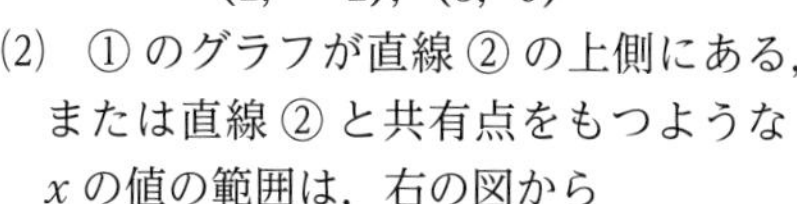

**$x\leqq 1$，$2<x\leqq 3$**

［別解］ $\dfrac{4x-3}{x-2}=\dfrac{5}{x-2}+4$ であるから

不等式は　$\dfrac{5}{x-2}+4\geqq 5x-6$

よって　$\dfrac{1}{x-2}\geqq x-2$　これを解いてもよい。

**不等式 ⟺ 上下関係**

←$\dfrac{5}{x-2}\geqq 5x-10$

## 練習 ②4

次の方程式，不等式を解け。

(1) $2-\dfrac{6}{x^2-9}=\dfrac{1}{x+3}$　　(2) $\dfrac{4x-7}{x-1}\leqq -2x+1$

(1) 方程式の両辺に $x^2-9$ を掛けて　$2(x^2-9)-6=x-3$

整理して　$2x^2-x-21=0$　ゆえに　$(x+3)(2x-7)=0$

よって　$x=-3,\ \dfrac{7}{2}$

$x=-3$ は，もとの方程式の分母を 0 にするから解ではない。

したがって　**$x=\dfrac{7}{2}$**

［HINT］ 分母を払って，多項式の方程式，不等式に直して解く。**(分母)≠0** に注意。

←この確認を忘れないように。

(2) 不等式から　$\dfrac{4x-7}{x-1}+2x-1\leqq 0$

ゆえに　$\dfrac{2x^2+x-6}{x-1}\leqq 0$　よって　$\dfrac{(x+2)(2x-3)}{x-1}\leqq 0$

左辺を $P$ とし，$P$ の符号を調べると，右の表のようになる。

したがって，解は

**$x\leqq -2$，$1<x\leqq \dfrac{3}{2}$**

| $x$ | … | $-2$ | … | $1$ | … | $\frac{3}{2}$ | … |
|---|---|---|---|---|---|---|---|
| $x+2$ | $-$ | 0 | $+$ | $+$ | $+$ | $+$ | $+$ |
| $x-1$ | $-$ | $-$ | $-$ | 0 | $+$ | $+$ | $+$ |
| $2x-3$ | $-$ | $-$ | $-$ | $-$ | $-$ | 0 | $+$ |
| $P$ | $-$ | 0 | $+$ | ／ | $-$ | 0 | $+$ |

←$\dfrac{4x-7+(2x-1)(x-1)}{x-1}\leqq 0$

←$x=1$ のとき，(分母)$=0$ となるから　$x\neq 1$

別解 **1.** [1]　$x-1>0$ すなわち $x>1$ のとき

$$4x-7 \leqq (x-1)(-2x+1) \qquad \text{よって} \qquad 2x^2+x-6 \leqq 0$$

←不等号の向きは不変。

ゆえに　$(x+2)(2x-3) \leqq 0$　よって　$-2 \leqq x \leqq \dfrac{3}{2}$

$x>1$ であるから　$1<x \leqq \dfrac{3}{2}$

←$x>1$ との共通範囲。

[2]　$x-1<0$ すなわち $x<1$ のとき

$$4x-7 \geqq (x-1)(-2x+1) \qquad \text{よって} \qquad 2x^2+x-6 \geqq 0$$

←両辺に負の数を掛けると，不等号の向きが変わる。

ゆえに　$(x+2)(2x-3) \geqq 0$　よって　$x \leqq -2,\ \dfrac{3}{2} \leqq x$

$x<1$ であるから　$x \leqq -2$

←$x<1$ との共通範囲。

[1]，[2] から，解は　$\boldsymbol{x \leqq -2,\ 1<x \leqq \dfrac{3}{2}}$

←[1]，[2] の解を合わせる。

別解 **2.** 不等式の両辺に $(x-1)^2$ を掛けて

←$(x-1)^2 \geqq 0$ であるから，不等号の向きは変わらない。

$$(x-1)(4x-7) \leqq (x-1)^2(-2x+1)$$
$$(x-1)\{4x-7-(x-1)(-2x+1)\} \leqq 0$$
$$(x-1)(2x^2+x-6) \leqq 0$$

ゆえに　$(x+2)(x-1)(2x-3) \leqq 0$

よって　$x \leqq -2,\ 1 \leqq x \leqq \dfrac{3}{2}$

$x \neq 1$ であるから，求める解は　$\boldsymbol{x \leqq -2,\ 1<x \leqq \dfrac{3}{2}}$

←$x=1$ のとき，(分母)$=0$ となるから　$x \neq 1$

**練習 ③5**　$k$ は定数とする。方程式 $\dfrac{2x+9}{x+2}=-\dfrac{x}{5}+k$ の実数解の個数を調べよ。

$y=\dfrac{2x+9}{x+2}=\dfrac{5}{x+2}+2$ …… ①

←$\dfrac{2x+9}{x+2}=\dfrac{2(x+2)+5}{x+2}=\dfrac{5}{x+2}+2$

$y=-\dfrac{x}{5}+k$ …… ②

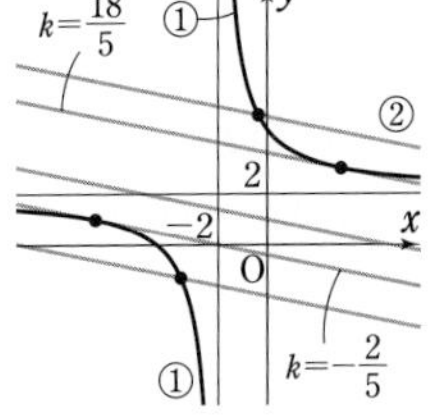


とすると，双曲線 ① と直線 ② の共有点の個数が，与えられた方程式の実数解の個数に一致する。

**共有点 ⟺ 実数解**

$\dfrac{2x+9}{x+2}=-\dfrac{x}{5}+k$ から

←両辺に $5(x+2)$ を掛ける。

$$5(2x+9)=-x(x+2)+5k(x+2)$$

整理して　$x^2+(12-5k)x+5(9-2k)=0$

判別式を $D$ とすると

$$D=(12-5k)^2-4\cdot1\cdot5(9-2k)$$
$$=25k^2-80k-36$$
$$=(5k+2)(5k-18)$$

←双曲線 ① と直線 ② が接するときの $k$ の値を調べる。

$D=0$ とすると　$k=-\dfrac{2}{5},\ \dfrac{18}{5}$

このとき，双曲線 ① と直線 ② は接する。

**接点 ⟺ 重解**

よって，求める実数解の個数は，図から

←$y$ 切片 $k$ の値に応じて，直線 ② を平行移動。

$k<-\frac{2}{5}$, $\frac{18}{5}<k$ のとき　2個；

$k=-\frac{2}{5}$, $\frac{18}{5}$ のとき　1個；

$-\frac{2}{5}<k<\frac{18}{5}$ のとき　0個

**練習 ②6**

(1) 次の関数のグラフをかけ。また，値域を求めよ。
(ア) $y=\sqrt{3x-4}$　(イ) $y=\sqrt{-2x+4}$ $(-2\leqq x\leqq 1)$　(ウ) $y=\sqrt{2-x}-1$
(2) 関数 $y=\sqrt{2x+4}$ $(a\leqq x\leqq b)$ の値域が $1\leqq y\leqq 3$ であるとき，定数 $a$, $b$ の値を求めよ。

(1) (ア) $y=\sqrt{3x-4}$ から　$y=\sqrt{3\left(x-\frac{4}{3}\right)}$

このグラフは $y=\sqrt{3x}$ のグラフを $x$ 軸方向に $\frac{4}{3}$ だけ平行移動したもので，**図(ア)** のようになる。
また，**値域は**　$\boldsymbol{y\geqq 0}$

(イ) $y=\sqrt{-2x+4}$ から　$y=\sqrt{-2(x-2)}$
このグラフは $y=\sqrt{-2x}$ のグラフを $x$ 軸方向に 2 だけ平行移動したもので，$-2\leqq x\leqq 1$ のときのグラフは **図(イ)の実線部分** のようになる。
また，**値域は**　$\boldsymbol{\sqrt{2}\leqq y\leqq 2\sqrt{2}}$

(ウ) $y=\sqrt{2-x}-1$ から　$y=\sqrt{-(x-2)}-1$
このグラフは $y=\sqrt{-x}$ のグラフを $x$ 軸方向に 2，$y$ 軸方向に $-1$ だけ平行移動したもので，**図(ウ)** のようになる。
また，**値域は**　$\boldsymbol{y\geqq -1}$

HINT
(1) $y=\sqrt{a(x-p)}+q$ の形に変形する。

検討　無理関数の定義域は，($\sqrt{\quad}$ の中)$\geqq 0$ となる $x$ の値全体として求めるとよい。(ア), (ウ) について，定義域は次のようになる。
(ア) $3x-4\geqq 0$ から　$x\geqq\frac{4}{3}$
(ウ) $2-x\geqq 0$ から　$x\leqq 2$

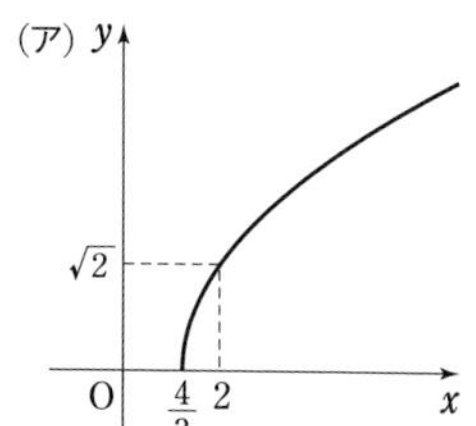


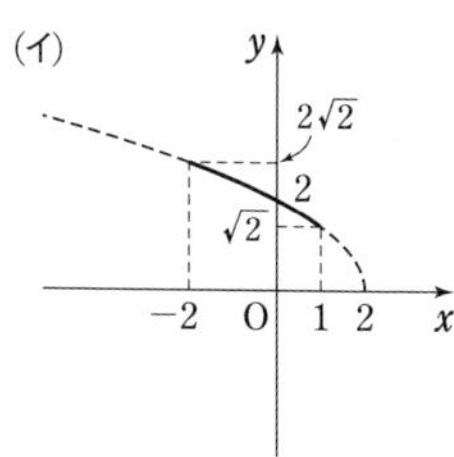


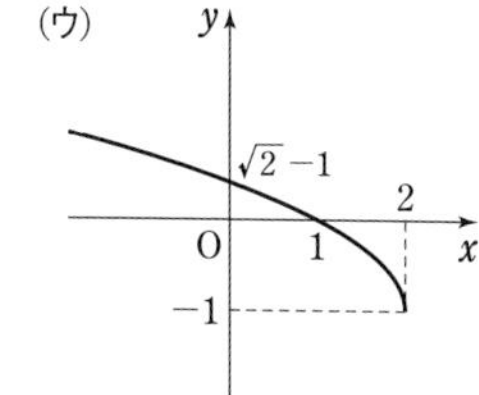


(2) 関数 $y=\sqrt{2x+4}$ $(a\leqq x\leqq b)$ は単調に増加するから，値域は
$\sqrt{2a+4}\leqq y\leqq\sqrt{2b+4}$
これが $1\leqq y\leqq 3$ であるための条件は
$$\sqrt{2a+4}=1,\ \sqrt{2b+4}=3$$
それぞれの両辺を平方して　$2a+4=1$, $2b+4=9$
これを解いて　$\boldsymbol{a=-\frac{3}{2}}$, $\boldsymbol{b=\frac{5}{2}}$

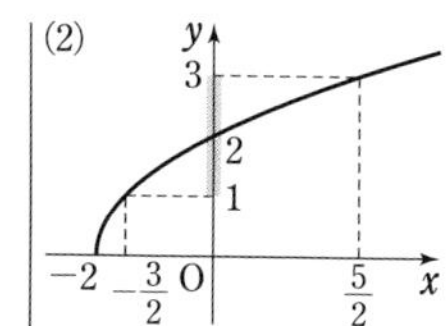

**練習 ②7**
(1) 直線 $y=8x-2$ と関数 $y=\sqrt{16x-1}$ のグラフの共有点の座標を求めよ。〔類 関東学院大〕
(2) 次の不等式を満たす $x$ の値の範囲を求めよ。
(ア) $\sqrt{3-x}>x-1$　(イ) $x+2\leqq\sqrt{4x+9}$　(ウ) $\sqrt{x}+x<6$

(1) $8x-2=\sqrt{16x-1}$ …… ① とし，両辺を平方すると

$(8x-2)^2=16x-1$

整理して　$64x^2-48x+5=0$

よって　$(8x-1)(8x-5)=0$

ゆえに　$x=\dfrac{1}{8},\ \dfrac{5}{8}$

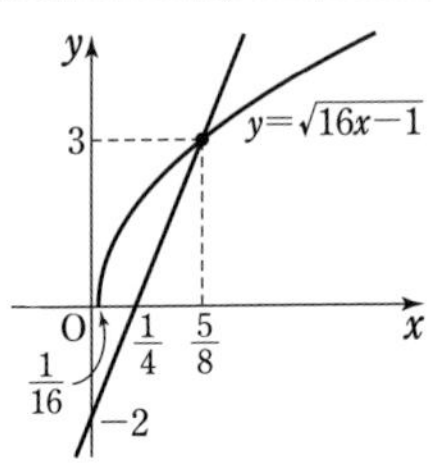


←$y$ を消去した無理方程式を解く。平方して解いた後は，**解の確認** を忘れずに。

グラフから ① を満たすものは　$x=\dfrac{5}{8}$

このとき　$y=3$

したがって，共有点の座標は　$\left(\dfrac{5}{8},\ 3\right)$

←① より，$8x-2\geqq0$ すなわち $x\geqq\dfrac{1}{4}$ であるから，$x=\dfrac{5}{8}$ のみが適する，としてもよい。

(2) (ア) $\sqrt{3-x}=x-1$ …… ① として，両辺を平方すると

$3-x=x^2-2x+1$　整理して　$x^2-x-2=0$

よって　$x=-1,\ 2$　① を満たすものは　$x=2$

グラフから，不等式の解は　$x<2$

⓪ 不等式 ⟺ 上下関係

←$y=\sqrt{3-x}$ のグラフが直線 $y=x-1$ より上側にある $x$ の値の範囲。

(イ) $x+2=\sqrt{4x+9}$ …… ② として，両辺を平方すると

$x^2+4x+4=4x+9$　整理して　$x^2-5=0$

よって　$x=\pm\sqrt{5}$　② を満たすものは　$x=\sqrt{5}$

グラフから，不等式の解は　$-\dfrac{9}{4}\leqq x\leqq\sqrt{5}$

←② は $x=-\sqrt{5}$ のとき
(左辺)$=2-\sqrt{5}<0$
(右辺)$=\sqrt{-4\sqrt{5}+9}>0$

(ウ) $\sqrt{x}+x=6$ とすると　$\sqrt{x}=6-x$ …… ③

両辺を平方して　$x=(6-x)^2$　ゆえに　$x^2-13x+36=0$

よって　$x=4,\ 9$　③ を満たすものは　$x=4$

グラフから，不等式の解は　$0\leqq x<4$

←$(x-4)(x-9)=0$

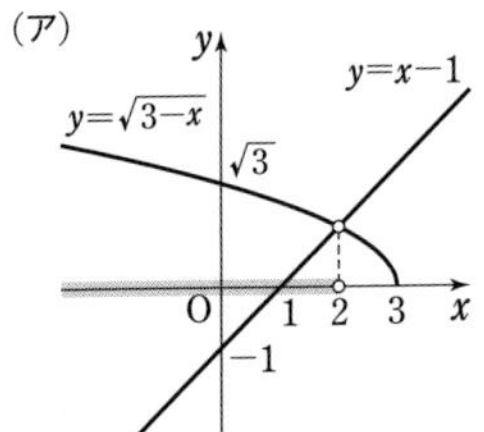


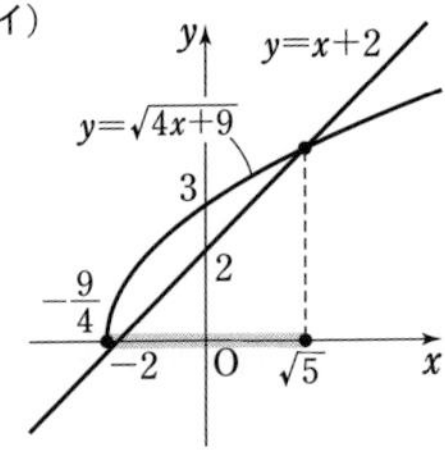


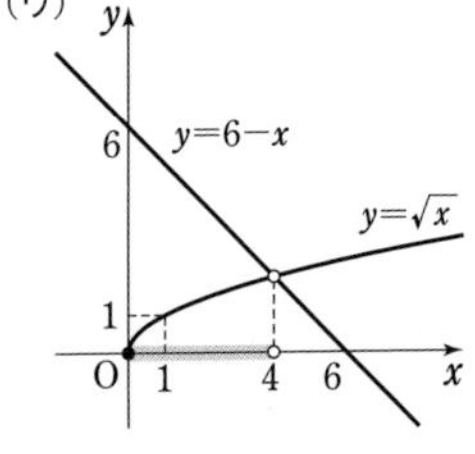


**練習 ③8**
次の方程式，不等式を解け。〔(1) 千葉工大，(3) 学習院大〕
(1) $\sqrt{x+3}=|2x|$　(2) $\sqrt{4-x^2}\leqq2(x-1)$　(3) $\sqrt{4x-x^2}>3-x$

(1) 方程式の両辺を平方して　$x+3=(2x)^2$

ゆえに　$4x^2-x-3=0$　よって　$(x-1)(4x+3)=0$

したがって　$x=1,\ -\dfrac{3}{4}$

これらは与えられた方程式を満たすから，解である。

←$A\geqq0,\ B\geqq0$ なら $A=B \Longleftrightarrow A^2=B^2$

(2) $4-x^2 \geqq 0$ であるから，$(x+2)(x-2) \leqq 0$ より

$$-2 \leqq x \leqq 2 \quad \cdots\cdots \text{①}$$

←($\sqrt{\phantom{x}}$ の中)$\geqq 0$

① のとき，$\sqrt{4-x^2} \geqq 0$ であるから，不等式より　$2(x-1) \geqq 0$

よって　$x \geqq 1$　① から　$1 \leqq x \leqq 2$ …… ②

←② は ① と $x \geqq 1$ の共通範囲。

② のとき，不等式の両辺は負でないから，平方すると

$4-x^2 \leqq 4(x-1)^2$　整理すると　$5x^2-8x \geqq 0$

←$A \geqq 0$，$B \geqq 0$ のとき $A \leqq B \Longleftrightarrow A^2 \leqq B^2$

ゆえに　$x(5x-8) \geqq 0$　よって　$x \leqq 0$，$\dfrac{8}{5} \leqq x$ …… ③

②，③ の共通範囲を求めて，解は　$\boldsymbol{\dfrac{8}{5} \leqq x \leqq 2}$

(3) $4x-x^2 \geqq 0$ であるから　$x(x-4) \leqq 0$

ゆえに　$0 \leqq x \leqq 4$ …… ①

←不等式の解は ① を満たさなければならない。

[1] $3-x<0$ すなわち $x>3$ のとき，① から　$3<x \leqq 4$

このとき，$\sqrt{4x-x^2} \geqq 0$ であるから，与えられた不等式は成り立つ。

[2] $3-x \geqq 0$ すなわち $x \leqq 3$ のとき，① から　$0 \leqq x \leqq 3$ …… ②

このとき，$\sqrt{4x-x^2} \geqq 0$，$3-x \geqq 0$ であるから，不等式の両辺を平方して　$4x-x^2>(3-x)^2$

整理して　$2x^2-10x+9<0$

←$2x^2-10x+9=0$ の解は $x=\dfrac{5 \pm \sqrt{5^2-2 \cdot 9}}{2}=\dfrac{5 \pm \sqrt{7}}{2}$

これを解くと　$\dfrac{5-\sqrt{7}}{2}<x<\dfrac{5+\sqrt{7}}{2}$

$2<\sqrt{7}<3$ であるから，② より　$\dfrac{5-\sqrt{7}}{2}<x \leqq 3$

←$1<\dfrac{5-\sqrt{7}}{2}<\dfrac{3}{2}$，$\dfrac{7}{2}<\dfrac{5+\sqrt{7}}{2}<4$

[1]，[2] から，解は　$\boldsymbol{\dfrac{5-\sqrt{7}}{2}<x \leqq 4}$

参考 (2) $y=\sqrt{4-x^2}$ …… ① とすると，$y \geqq 0$ で，$y^2=4-x^2$ から　$x^2+y^2=4$

←グラフを利用して解を求める方法について説明しておく。

よって，① は円 $x^2+y^2=4$ の $y \geqq 0$ の部分を表す。

(3) $y=\sqrt{4x-x^2}$ …… ② とすると，$y \geqq 0$ で，$y^2=4x-x^2$ から　$(x-2)^2+y^2=4$

よって，② は円 $(x-2)^2+y^2=4$ の $y \geqq 0$ の部分を表す。

これらのことから，(2)，(3) は次のような図をかいて，グラフの上下関係に注目して解を求めることもできる。

(1) について図をかくと，次のようになる。

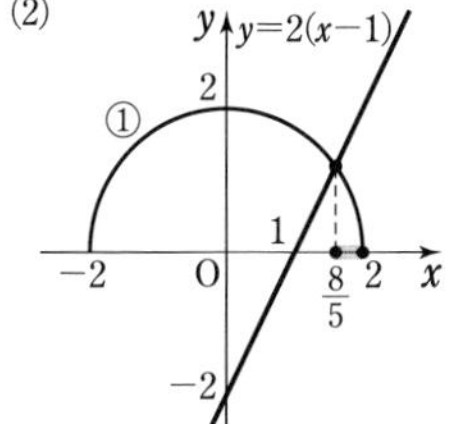


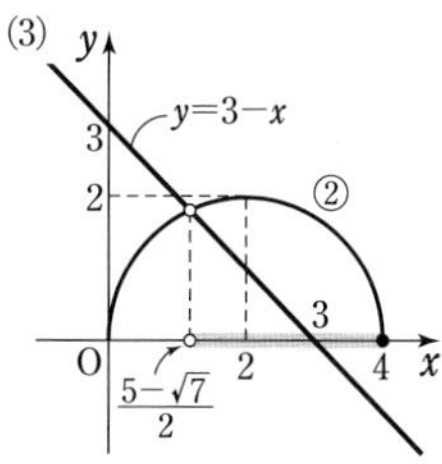


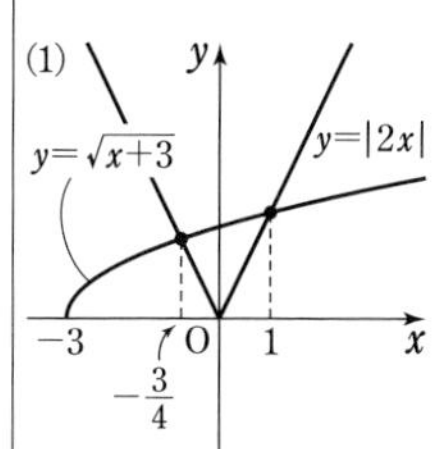

**検討** 一般に，次の同値関係が成り立つ。

[1] $\sqrt{A}=B \Longleftrightarrow A=B^2,\ B\geqq 0$

[2] $\sqrt{A}<B \Longleftrightarrow A<B^2,\ A\geqq 0,\ B>0$

[3] $\sqrt{A}>B \Longleftrightarrow (B\geqq 0,\ A>B^2)$ または $(B<0,\ A\geqq 0)$

(1) では [1] を利用すると，$|2x|\geqq 0$ であることから，$(\sqrt{x+3})^2=(2x)^2$ を解いて導かれる解が方程式を満たすことを必ずしも調べなくてもよい。

また，(2)，(3) はそれぞれ [2]，[3] を利用すると，次のように解くことができる。

(2) $\sqrt{4-x^2}\leqq 2(x-1) \Longleftrightarrow \begin{cases} 4-x^2\leqq 4(x-1)^2 & \cdots\cdots ① \\ 4-x^2\geqq 0 & \cdots\cdots ② \\ 2(x-1)\geqq 0 & \cdots\cdots ③ \end{cases}$

① から　$x\leqq 0,\ \dfrac{8}{5}\leqq x$ …… ④　　② から　$-2\leqq x\leqq 2$ …… ⑤

③ から　$x\geqq 1$ …… ⑥

④～⑥ の共通範囲を求めて，解は　$\boldsymbol{\dfrac{8}{5}\leqq x\leqq 2}$

(3) $\sqrt{4x-x^2}>3-x$

$\Longleftrightarrow \begin{cases} 3-x\geqq 0 & \cdots\cdots ① \\ 4x-x^2>(3-x)^2 & \cdots\cdots ② \end{cases}$ または $\begin{cases} 3-x<0 & \cdots\cdots ③ \\ 4x-x^2\geqq 0 & \cdots\cdots ④ \end{cases}$

① から　$x\leqq 3$　　② から　$\dfrac{5-\sqrt{7}}{2}<x<\dfrac{5+\sqrt{7}}{2}$

よって　$\dfrac{5-\sqrt{7}}{2}<x\leqq 3$ …… ⑤

③ から　$x>3$　　④ から　$0\leqq x\leqq 4$

ゆえに　$3<x\leqq 4$ …… ⑥

求める解は，⑤，⑥ を合わせた範囲で　$\boldsymbol{\dfrac{5-\sqrt{7}}{2}<x\leqq 4}$

**練習 ③9** 方程式 $\sqrt{2x+1}=x+k$ の実数解の個数を，定数 $k$ の値によって調べよ。〔類 九州共立大〕

$y=\sqrt{2x+1}$ …… ①，$y=x+k$ …… ②

とすると，① のグラフと直線 ② の共有点の個数が，与えられた方程式の実数解の個数に一致する。

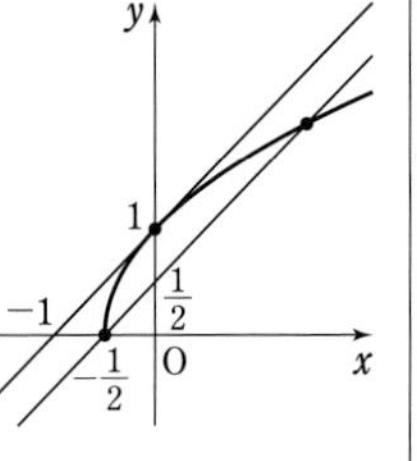


←$y=\sqrt{2x+1}$ の定義域は，$2x+1\geqq 0$ から $x\geqq -\dfrac{1}{2}$

$\sqrt{2x+1}=x+k$ の両辺を平方すると

$2x+1=x^2+2kx+k^2$

整理して　$x^2+2(k-1)x+k^2-1=0$

判別式を $D$ とすると

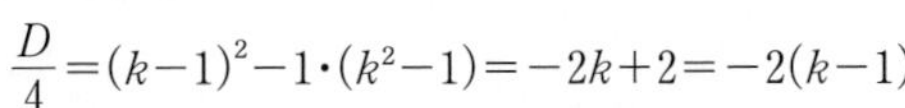

$$\frac{D}{4}=(k-1)^2-1\cdot(k^2-1)=-2k+2=-2(k-1)$$

$D=0$ とすると　$k-1=0$　　ゆえに　$k=1$

このとき，① のグラフと直線 ② は接する。

❶ **接点 ⟺ 重解**

また，直線 ② が ① のグラフの端点 $\left(-\dfrac{1}{2},\ 0\right)$ を通るとき

←このことを見落とさないように。

$$0=-\frac{1}{2}+k \quad すなわち \quad k=\frac{1}{2}$$

したがって，求める実数解の個数は

**$\frac{1}{2}\leqq k<1$ のとき　2個；**

**$k<\frac{1}{2}$，$k=1$ のとき　1個；**

**$1<k$ のとき　0個**

**練習 ②10** 次の関数の逆関数を求めよ。また，そのグラフをかけ。

(1) $y=-2x+1$　(2) $y=\frac{x-2}{x-3}$　(3) $y=-\frac{1}{2}(x^2-1)\ (x\geqq 0)$

(4) $y=-\sqrt{2x-5}$　(5) $y=\log_3(x+2)\ (1\leqq x\leqq 7)$　〔(2) 類 中部大〕

(1) $y=-2x+1$ …… ① の値域は，実数全体である。

①を $x$ について解くと　$x=-\frac{y}{2}+\frac{1}{2}$

求める逆関数は，$x$ と $y$ を入れ替えて　$\boldsymbol{y=-\frac{x}{2}+\frac{1}{2}}$

グラフは，**図(1)の実線部分。**

(2) $y=\frac{x-2}{x-3}$ …… ① から　$y=\frac{1}{x-3}+1$

① の値域は　$y\neq 1$

①を $x$ について解くと　$(y-1)x=3y-2$

$y\neq 1$ であるから　$x=\frac{3y-2}{y-1}$

求める逆関数は，$x$ と $y$ を入れ替えて　$\boldsymbol{y=\frac{3x-2}{x-1}}$

$\frac{3x-2}{x-1}=\frac{1}{x-1}+3$ であるから，グラフは **図(2)の実線部分。**

(3) $y=-\frac{1}{2}(x^2-1)\ (x\geqq 0)$ …… ① の値域は　$y\leqq\frac{1}{2}$

①を $x$ について解くと　$x=\sqrt{1-2y}$

求める逆関数は，$x$ と $y$ を入れ替えて　$\boldsymbol{y=\sqrt{1-2x}\ \left(x\leqq\frac{1}{2}\right)}$

グラフは，**図(3)の実線部分。**

(4) $y=-\sqrt{2x-5}$ …… ① の値域は　$y\leqq 0$

①を $x$ について解くと　$x=\frac{y^2}{2}+\frac{5}{2}$

求める逆関数は，$x$ と $y$ を入れ替えて　$\boldsymbol{y=\frac{x^2}{2}+\frac{5}{2}\ (x\leqq 0)}$

グラフは，**図(4)の実線部分。**

(5) $y=\log_3(x+2)\ (1\leqq x\leqq 7)$ …… ① の値域は　$1\leqq y\leqq 2$

①を $x$ について解くと　$x=3^y-2$

求める逆関数は，$x$ と $y$ を入れ替えて　$\boldsymbol{y=3^x-2\ (1\leqq x\leqq 2)}$

グラフは，**図(5)の実線部分。**

HINT　まず，与えられた関数の値域を求める。これが逆関数の定義域になる。次に，$x$ について解き，$x$ と $y$ を入れ替える。

←$\frac{x-2}{x-3}=\frac{(x-3)+1}{x-3}=\frac{1}{x-3}+1$

←分数関数の式から，$x\neq 1$ は明らか。

←$x=0$ のとき　$y=\frac{1}{2}$

$x\geqq 0$ の範囲で関数 ① は単調減少。

←$y=-\sqrt{2\left(x-\frac{5}{2}\right)}$

←底 3 は 1 より大きいから，関数 ① は単調増加。

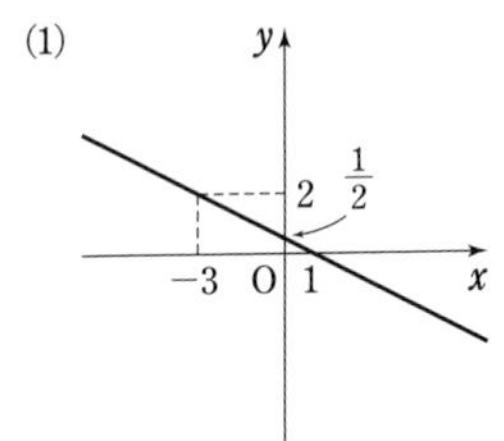


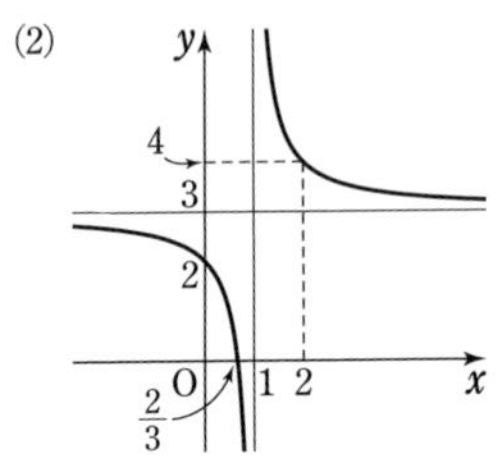


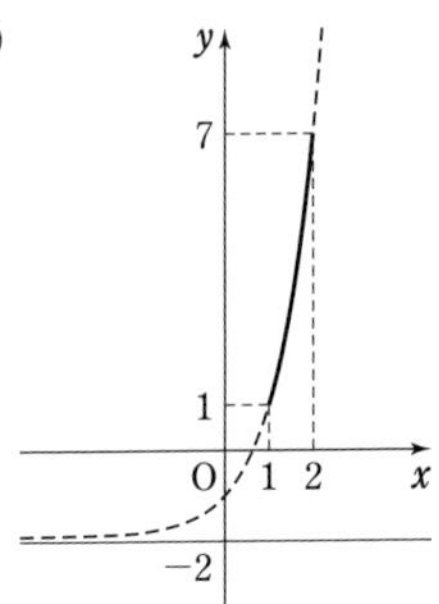


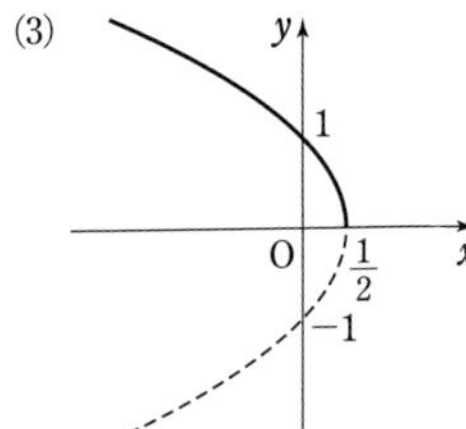


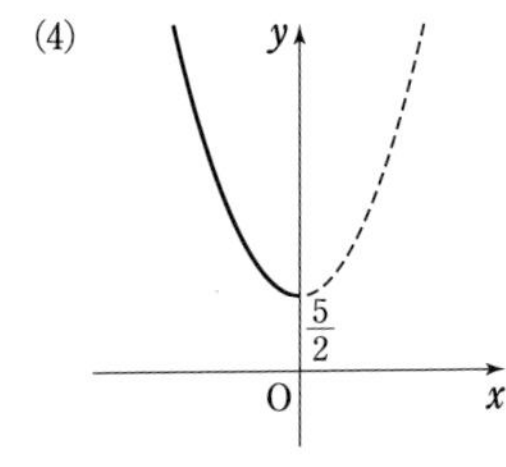

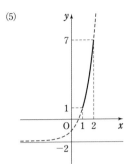

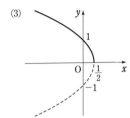

**練習 ③11**

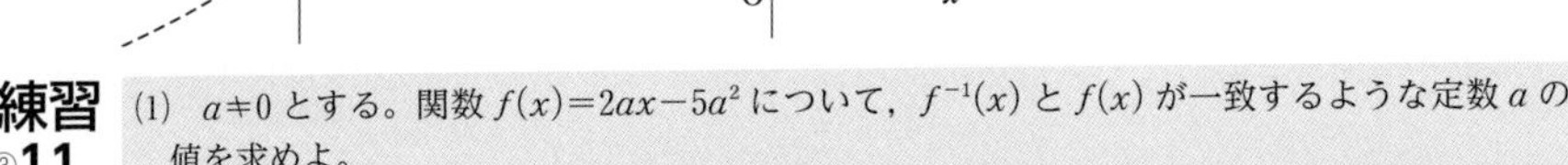

(1)　$a \neq 0$ とする。関数 $f(x)=2ax-5a^2$ について，$f^{-1}(x)$ と $f(x)$ が一致するような定数 $a$ の値を求めよ。

(2)　関数 $y=\dfrac{ax+b}{x+2}$ $(b \neq 2a)$ のグラフは点 $(1,\ 1)$ を通り，また，この関数の逆関数はもとの関数と一致する。定数 $a$，$b$ の値を求めよ。　〔(2) 文化女子大〕

(1)　$y=2ax-5a^2$ …… ① として，① を $x$ について解くと，

$a \neq 0$ であるから　　$x=\dfrac{y}{2a}+\dfrac{5}{2}a$

よって，$f(x)$ の逆関数は　　$f^{-1}(x)=\dfrac{x}{2a}+\dfrac{5}{2}a$

$f^{-1}(x)$ と $f(x)$ が一致するための条件は，

$\dfrac{x}{2a}+\dfrac{5}{2}a=2ax-5a^2$ が $x$ の恒等式となることである。

両辺の係数を比較して　　$\dfrac{1}{2a}=2a$ … ②，$\dfrac{5}{2}a=-5a^2$ … ③

$a \neq 0$ であるから，③ より　　$\boldsymbol{a=-\dfrac{1}{2}}$　　これは ② を満たす。

(2)　$y=\dfrac{ax+b}{x+2}$ …… ① とする。

① のグラフは点 $(1,\ 1)$ を通るから　　$1=\dfrac{a\cdot 1+b}{1+2}$

ゆえに　$a+b=3$　　よって　$b=3-a$ …… ②

$\dfrac{ax+b}{x+2}=\dfrac{b-2a}{x+2}+a$ であるから，① の値域は　　$y \neq a$

① から　$y(x+2)=ax+b$　　ゆえに　$x(y-a)=-2y+b$

$y \neq a$ であるから　　$x=\dfrac{-2y+b}{y-a}$

よって，① の逆関数は　　$y=\dfrac{-2x+b}{x-a}$ $(x \neq a)$ …… ③

HINT　逆関数を求め，(もとの関数)＝(逆関数) が $x$ の恒等式となる必要十分条件を求める。(2) では，まずグラフが通る点の条件から，$b$ を $a$ で表す。

←係数比較法。

←$=\dfrac{a(x+2)+b-2a}{x+2}$

←② の $b=3-a$ を代入して $\dfrac{ax+3-a}{x+2}$ の形で計算を進めてもよいが，後々の計算を考えると，この段階では代入しない方が計算しやすい。

①と③が一致するための条件は，$\dfrac{ax+b}{x+2}=\dfrac{-2x+b}{x-a}$ …… ④

が $x$ の恒等式となることである。

④の分母を払って

$$(ax+b)(x-a)=(-2x+b)(x+2)$$

ゆえに　$ax^2+(-a^2+b)x-ab=-2x^2+(-4+b)x+2b$

両辺の係数を比較して

$$a=-2,\ -a^2+b=-4+b,\ -ab=2b$$

$a=-2$ は第2式，第3式を満たし，このとき，②から　$b=5$

したがって，求める $a$，$b$ の値は　$\boldsymbol{a=-2,\ b=5}$

このとき，①と③の定義域はともに $x\neq-2$ となり一致する。

←この確認を忘れずに！

別解　$y=f(x)$ とする。$f(x)$ の値域は $y\neq a$ であるから，逆関数 $f^{-1}(x)$ の定義域は　$x\neq a$

←定義域が一致することに着目した解法。

$f^{-1}(x)=f(x)$ であるとき，$f(x)$ の定義域 $x\neq-2$ が $x\neq a$ に一致するから　$\boldsymbol{a=-2}$

←必要条件。

また，$y=f(x)$ のグラフは点 $(1,\ 1)$ を通るから　$f(1)=1$

ゆえに　$a+b=3$　　$a=-2$ を代入して　$\boldsymbol{b=5}$

$a=-2$，$b=5$ のとき，$f(x)=\dfrac{-2x+5}{x+2}$ とその逆関数は一致する。

←十分条件。

## 練習 ③12

$f(x)=-\dfrac{1}{2}x^2+2\ (x\leqq0)$ の逆関数を $f^{-1}(x)$ とするとき，$y=f(x)$ のグラフと $y=f^{-1}(x)$ のグラフの共有点の座標を求めよ。

$y=-\dfrac{1}{2}x^2+2\ (x\leqq0)$ …… ① とすると　$y\leqq2$

←$f(x)$ の値域を調べる。$y\leqq2$ で $y$ を $x$ に替えた $x\leqq2$ が $f^{-1}(x)$ の定義域になる。

①から　$x^2=4-2y$

$x\leqq0$ であるから　$x=-\sqrt{4-2y}$

$x$ と $y$ を入れ替えて　$y=-\sqrt{4-2x}\ (x\leqq2)$

すなわち　$f^{-1}(x)=-\sqrt{4-2x}\ (x\leqq2)$

$y=f(x)$ のグラフと $y=f^{-1}(x)$ のグラフは直線 $y=x$ に関して対称であり，図から，これらのグラフの共有点は直線 $y=x$ 上のみにある。…… (＊)

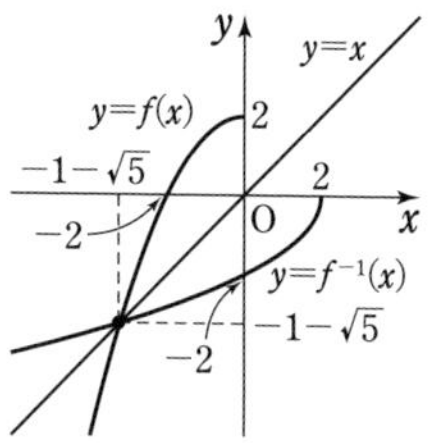

←$f^{-1}(x)=-\sqrt{-2(x-2)}$ から，$y=f^{-1}(x)$ のグラフは $y=-\sqrt{-2x}$ のグラフを $x$ 軸方向に2だけ平行移動したもの。共有点が直線 $y=x$ 上のみにあることを確認してから，方程式 $f(x)=x$ を解く。

よって，$f(x)=x$ とすると

$$-\frac{1}{2}x^2+2=x$$

ゆえに　$x^2+2x-4=0$

これを解くと　$x=-1\pm\sqrt{5}$

$x<0$ を満たすものは　$x=-1-\sqrt{5}$

←図から，共有点は $x<0$ の範囲にある。

よって，求める共有点の座標は　$\boldsymbol{(-1-\sqrt{5},\ -1-\sqrt{5})}$

別解　(＊)までは同じ。

$f(x)=f^{-1}(x)$ とすると　　$-\frac{1}{2}x^2+2=-\sqrt{4-2x}$

両辺を平方すると　　$\frac{1}{4}x^4-2x^2+4=4-2x$

よって　　$x(x^3-8x+8)=0$

ゆえに　　$x(x-2)(x^2+2x-4)=0$

よって　　$x=0,\ 2,\ -1\pm\sqrt{5}$ …… Ⓐ

図より，適する $x$ の値は $x<0$ であるから

$x=-1-\sqrt{5}$

よって，求める共有点の座標は　　$(-1-\sqrt{5},\ -1-\sqrt{5})$

←方程式 $f(x)=f^{-1}(x)$ を解く方針。

検討　別解 の方針の場合，$f(x)$，$f^{-1}(x)$ の定義のみに注目して，共有点は $x\leqq 0$ の範囲にあると考えてしまうと，Ⓐ から $x=0$ も適すると判断してしまうことになる。それを避けるために，$y=f(x)$，$y=f^{-1}(x)$ のグラフをかいて，共有点が $x<0$ の範囲にあることを確認するようにしておきたい。

## 練習 ④13

$a>0$ とし，$f(x)=\sqrt{ax-2}-1\ \left(x\geqq\frac{2}{a}\right)$ とする。関数 $y=f(x)$ のグラフとその逆関数 $y=f^{-1}(x)$ のグラフが異なる 2 点を共有するとき，$a$ の値の範囲を求めよ。

HINT　$y=f(x) \Longleftrightarrow x=f^{-1}(y)$

$y=\sqrt{ax-2}-1$ …… Ⓐ とする。

値域は　　$y\geqq -1$

Ⓐ を $x$ について解くと，$y+1=\sqrt{ax-2}$ の両辺を平方して

$(y+1)^2=ax-2$

$a>0$ であるから　　$x=\frac{1}{a}\{(y+1)^2+2\}$

よって，$y=f(x)$ の逆関数は

$y=\frac{1}{a}\{(x+1)^2+2\}\quad(x\geqq -1)$

←逆関数 $f^{-1}(x)$ の定義域は，関数 $f(x)$ の値域と一致するから $x\geqq -1$

共有点の座標を $(x,\ y)$ とすると　　$y=f(x)$ かつ $y=f^{-1}(x)$

$y=f(x)$ より $x=f^{-1}(y)$ であるから，次の連立方程式を考える。

$x=\frac{1}{a}\{(y+1)^2+2\}\ (y\geqq -1)$ …… ①，

$y=\frac{1}{a}\{(x+1)^2+2\}\ (x\geqq -1)$ …… ②

←連立方程式 $y=f(x)$，$x=f(y)$ が異なる 2 つの実数解の組をもつ条件を考えてもよいが，無理式となるので処理が面倒。逆関数が 2 次関数であることに着目し，連立方程式 $x=f^{-1}(y)$，$y=f^{-1}(x)$ について考える。

$a\times$(①−②) から　　$a(x-y)=(y+x)(y-x)+2(y-x)$

したがって　　$(y-x)(x+y+2+a)=0$

$x\geqq -1$，$y\geqq -1$，$a>0$ であるから　　$x+y+2+a>0$

ゆえに　　$y-x=0$　　　よって　　$y=x$

求める条件は，$y=\frac{1}{a}\{(y+1)^2+2\}$ すなわち $y^2+(2-a)y+3=0$ が $y\geqq -1$ である異なる 2 つの実数解をもつことである。

すなわち，$g(y)=y^2+(2-a)y+3$ とし，$g(y)=0$ の判別式を $D$ とすると，次のことが同時に成り立つ。

[1]　$D>0$　　[2]　$z=g(y)$ の軸が $y>-1$ の範囲にある

[3]　$g(-1)\geqq 0$

←放物線 $z=g(y)$ と $y$ 軸が $y\geqq -1$ の範囲の異なる 2 点で交わる条件と同じ。

[1] $D>0$ から　$(2-a)^2-4\cdot1\cdot3>0$
よって　$a^2-4a-8>0$
これを解いて　$a<2-2\sqrt{3}$，$2+2\sqrt{3}<a$ …… ③
[2] 軸は直線 $y=-\dfrac{2-a}{2}$ で　$-\dfrac{2-a}{2}>-1$
これを解いて　$a>0$ …… ④
[3] $g(-1)\geqq0$ から　$(-1)^2+(2-a)(-1)+3\geqq0$
よって　$a+2\geqq0$　ゆえに　$a\geqq-2$ …… ⑤
③，④，⑤ の共通範囲をとって　$\boldsymbol{a>2+2\sqrt{3}}$

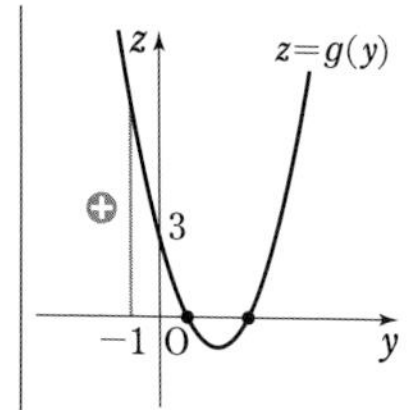


## 練習 ②14

(1) $f(x)=x-1$，$g(x)=-2x+3$，$h(x)=2x^2+1$ について，次のものを求めよ。
(ア) $(f\circ g)(x)$　(イ) $(g\circ f)(x)$　(ウ) $(g\circ g)(x)$
(エ) $((h\circ g)\circ f)(x)$　(オ) $(f\circ(g\circ h))(x)$
(2) 関数 $f(x)=x^2-2x$，$g(x)=-x^2+4x$ について，合成関数 $(g\circ f)(x)$ の定義域と値域を求めよ。

(1) (ア) $(f\circ g)(x)=f(g(x))=g(x)-1$
$=(-2x+3)-1=\boldsymbol{-2x+2}$

←$(f\circ g)(x)=f(g(x))$

(イ) $(g\circ f)(x)=g(f(x))=-2f(x)+3$
$=-2(x-1)+3=\boldsymbol{-2x+5}$

(ウ) $(g\circ g)(x)=g(g(x))=-2g(x)+3$
$=-2(-2x+3)+3=\boldsymbol{4x-3}$

(エ) $(h\circ g)(x)=h(g(x))=2(-2x+3)^2+1$
$((h\circ g)\circ f)(x)=(h\circ g)(f(x))=2\{-2(x-1)+3\}^2+1$
$=2(-2x+5)^2+1=\boldsymbol{8x^2-40x+51}$

←$h\circ g$ を $k$ とすると
$((h\circ g)\circ f)(x)$
$=(k\circ f)(x)=k(f(x))$

(オ) $(g\circ h)(x)=g(h(x))=-2(2x^2+1)+3=-4x^2+1$
$(f\circ(g\circ h))(x)=(-4x^2+1)-1=\boldsymbol{-4x^2}$

←$g\circ h$ を $l$ とすると
$(f\circ(g\circ h))(x)$
$=(f\circ l)(x)=f(l(x))$

←(エ)，(オ) はそれぞれ $(h\circ g)\circ f$ を $h\circ(g\circ f)$，$f\circ(g\circ h)$ を $(f\circ g)\circ h$ としてもよい。

**検討** **一般に $(h\circ(g\circ f))(x)=((h\circ g)\circ f)(x)$ が成り立つことの証明。**
$f(x)=u$，$g(u)=v$，$h(v)=w$ とする。
$(g\circ f)(x)=g(f(x))=g(u)=v$ から
$(h\circ(g\circ f))(x)=h(v)=w$
また　$((h\circ g)\circ f)(x)=(h\circ g)(u)=h(v)=w$
よって　$(h\circ(g\circ f))(x)=((h\circ g)\circ f)(x)$

(2) $(g\circ f)(x)=g(f(x))=-\{f(x)\}^2+4\{f(x)\}$
$=-\{f(x)-2\}^2+4$
また　$f(x)=x^2-2x=(x-1)^2-1\geqq-1$
$f(x)$ の定義域は実数全体であるから，$(g\circ f)(x)$ の定義域も実数全体である。
$f(x)=t$ とおくと　$t\geqq-1$
$u=(g\circ f)(x)$ とすると　$u=-(t-2)^2+4$
したがって　$u\leqq4$
よって，$(g\circ f)(x)$ の **定義域は実数全体，値域は $y\leqq4$**

(2)
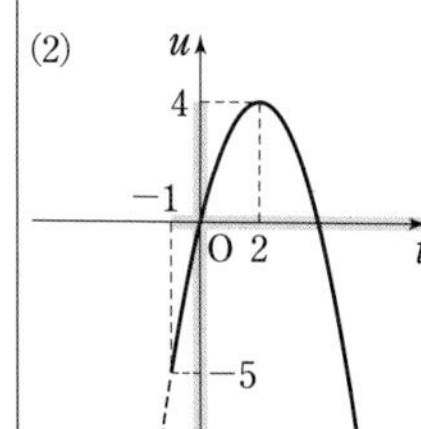

**練習 ③15** 3 次関数 $f(x)=x^3+bx+c$ に対し，$g(f(x))=f(g(x))$ を満たすような 1 次関数 $g(x)$ をすべて求めよ。 〔城西大〕

$g(x)$ は 1 次関数であるから，$g(x)=px+q\ (p\neq 0)$ とする。

$$g(f(x))=pf(x)+q=p(x^3+bx+c)+q$$
$$=px^3+bpx+cp+q$$
$$f(g(x))=\{g(x)\}^3+bg(x)+c=(px+q)^3+b(px+q)+c$$
$$=p^3x^3+3p^2qx^2+(3pq^2+bp)x+q^3+bq+c$$

$g(f(x))=f(g(x))$ を満たすための条件は

$$px^3+bpx+cp+q=p^3x^3+3p^2qx^2+(3pq^2+bp)x+q^3+bq+c$$

が $x$ についての恒等式となることである。

両辺の係数を比較して

$p=p^3$ …… ①，　$0=3p^2q$ …… ②，

$bp=3pq^2+bp$ …… ③，　$cp+q=q^3+bq+c$ …… ④

$p\neq 0$ であるから，② より　$q=0$

このとき，③ は常に成り立つ。

$q=0$ を ④ に代入して　$cp=c$

すなわち　$c(p-1)=0$ …… ⑤

ここで，$p\neq 0$ と ① から　$p^2=1$　ゆえに　$p=\pm 1$

$p=1$ のとき ⑤ は常に成り立つが，$p=-1$ のとき　$c=0$

よって　$c\neq 0$ のとき　$p=1$，

$c=0$ のとき　$p=\pm 1$

したがって　**$c\neq 0$ のとき　$g(x)=x$**

**$c=0$ のとき　$g(x)=x$ または $g(x)=-x$**

HINT　1 次関数 $g(x)$ を $g(x)=px+q\ (p\neq 0)$ として，$g(f(x))=f(g(x))$ が $x$ についての恒等式となるように $p$，$q$ の値を定める。

←すべての $x$ について成り立つ ⟶ $x$ の恒等式。

←係数比較法。

←$bp=bp$ となる。

←⑤ は，$p=1$ のとき $c\cdot 0=0$
$p=-1$ のとき　$-2c=0$

**練習 ④16** $x$ の関数 $f(x)=ax+1\ (0<a<1)$ に対し，$f_1(x)=f(x)$, $f_2(x)=f(f_1(x))$, $f_3(x)=f(f_2(x))$, ……, $f_n(x)=f(f_{n-1}(x))\ [n\geqq 2]$ とするとき，$f_n(x)$ を求めよ。

$f_1(x)=ax+1$ から

$$f_2(x)=f(f_1(x))=a(ax+1)+1=a^2x+a+1$$
$$f_3(x)=f(f_2(x))=a(a^2x+a+1)+1=a^3x+a^2+a+1$$

したがって，自然数 $n$ について

$$f_n(x)=a^nx+a^{n-1}+a^{n-2}+\cdots\cdots+a+1 \quad \cdots\cdots ①$$

であると推測できる。これを数学的帰納法で証明する。

[1]　$n=1$ のとき　$f_1(x)=ax+1$ であるから，① は成り立つ。

[2]　$n=k$ のとき　① が成り立つ，すなわち

$f_k(x)=a^kx+a^{k-1}+a^{k-2}+\cdots\cdots+a+1$ であると仮定すると

$$f_{k+1}(x)=f(f_k(x))=af_k(x)+1$$
$$=a^{k+1}x+a^k+a^{k-1}+\cdots\cdots+a+1$$

よって，$n=k+1$ のときも ① は成り立つ。

[1]，[2] から，すべての自然数 $n$ について ① は成り立つ。

したがって　$\boldsymbol{f_n(x)}=a^nx+\underline{a^{n-1}+a^{n-2}+\cdots\cdots+a+1}$

$$\boldsymbol{=a^nx+\frac{1-a^n}{1-a}}$$

HINT　$f_2(x)$, $f_3(x)$, …… と順に求めると，$f_n(x)$ の形が推測できる ⟶ その推測が正しいことを **数学的帰納法** で証明。

←___は，初項 1，公比 $a$ $(a\neq 1)$ の等比数列の初項から第 $n$ 項までの和。

**EX ②1**

座標平面上において，直線 $y=x$ に関して，曲線 $y=\dfrac{2}{x+1}$ と対称な曲線を $C_1$ とし，直線 $y=-1$ に関して，曲線 $y=\dfrac{2}{x+1}$ と対称な曲線を $C_2$ とする。曲線 $C_2$ の漸近線と曲線 $C_1$ との交点の座標をすべて求めよ。〔関西大〕

$y=\dfrac{2}{x+1}$ において，$x$ と $y$ を入れ替えると　$x=\dfrac{2}{y+1}$

←曲線 $f(x,\ y)=0$ を直線 $y=x$ に関して対称移動した曲線の方程式は $f(y,\ x)=0$

これを $y$ について解くと，$y+1=\dfrac{2}{x}$ から

$$y=\frac{2}{x}-1 \quad \cdots\cdots ①$$

これが曲線 $C_1$ の方程式である。

また，$y=\dfrac{2}{x+1}$ のグラフを $y$ 軸方向に1だけ平行移動した曲線の方程式は　$y=\dfrac{2}{x+1}+1$

←この平行移動により，直線 $y=-1$ は $x$ 軸に移る。

これを $x$ 軸に関して対称移動した曲線の方程式は

$$-y=\frac{2}{x+1}+1 \quad すなわち \quad y=-\frac{2}{x+1}-1$$

←$y$ を $-y$ におき換える。

これを $y$ 軸方向に $-1$ だけ平行移動した曲線 $C_2$ の方程式は

$$y=-\frac{2}{x+1}-2$$

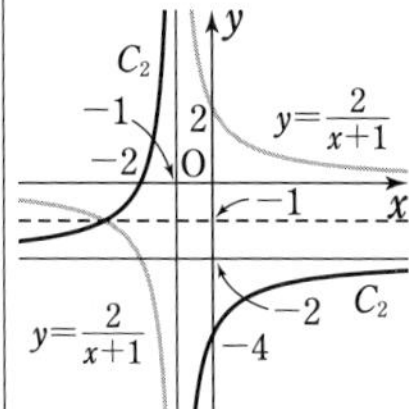


よって，曲線 $C_2$ の漸近線は直線 $x=-1$ と直線 $y=-2$ である。

① において　$x=-1$ とすると　$y=-3$

$y=-2$ とすると　$x=-2$

したがって，曲線 $C_2$ の漸近線と曲線 $C_1$ の交点の座標は

**$(-1,\ -3)$，$(-2,\ -2)$**

**EX ③2**

関数 $y=\dfrac{ax+b}{2x+1}$ …… ① のグラフは点 $(1,\ 0)$ を通り，直線 $y=1$ を漸近線にもつ。

(1) 定数 $a$，$b$ の値を求めよ。

(2) $a$，$b$ が (1) で求めた値をとるとき，不等式 $\dfrac{ax+b}{2x+1}>x-2$ を解け。〔成蹊大〕

(1) ① のグラフは点 $(1,\ 0)$ を通るから　$0=\dfrac{a+b}{3}$

よって　$b=-a$ …… ②

このとき，① は　$y=\dfrac{ax-a}{2x+1}=\dfrac{a}{2}-\dfrac{3a}{2(2x+1)}$

←
$$\begin{array}{r} \frac{a}{2} \\ 2x+1\,\overline{)\,ax-a} \\ ax+\frac{a}{2} \\ \hline -\frac{3}{2}a \end{array}$$

また，① は直線 $y=1$ を漸近線にもつから　$\dfrac{a}{2}=1$

したがって　$\boldsymbol{a=2}$

② に代入して　$\boldsymbol{b=-2}$

(2) (1)の結果から，不等式は

$$\frac{2x-2}{2x+1}>x-2 \quad \cdots\cdots (*)$$

ゆえに　$\dfrac{2x-2-(x-2)(2x+1)}{2x+1}>0$

よって　$\dfrac{-2x^2+5x}{2x+1}>0$　すなわち　$\dfrac{x(2x-5)}{2x+1}<0$

左辺を $P$ とし，$P$ の符号を調べると，右の表のようになる。

| $x$ | $\cdots$ | $-\frac{1}{2}$ | $\cdots$ | $0$ | $\cdots$ | $\frac{5}{2}$ | $\cdots$ |
|---|---|---|---|---|---|---|---|
| $2x+1$ | $-$ | $0$ | $+$ | $+$ | $+$ | $+$ | $+$ |
| $x$ | $-$ | $-$ | $-$ | $0$ | $+$ | $+$ | $+$ |
| $2x-5$ | $-$ | $-$ | $-$ | $-$ | $-$ | $0$ | $+$ |
| $P$ | $-$ | ／ | $+$ | $0$ | $-$ | $0$ | $+$ |

したがって，解は

$$\boldsymbol{x<-\frac{1}{2},\ 0<x<\frac{5}{2}}$$

←関数①のグラフは下図のようになる。なお $y=\dfrac{2x-2}{2x+1}=-\dfrac{3}{2x+1}+1$ 双曲線 $y=-\dfrac{3}{2x+1}+1$ と直線 $y=x-2$ の上下関係から，不等式の解を求めてもよい。

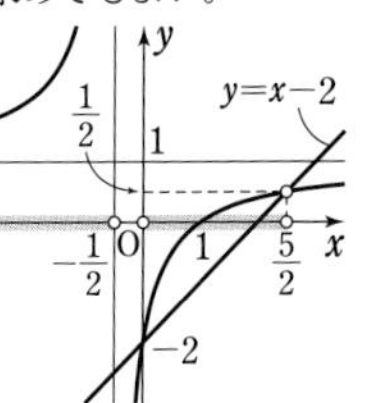


別解 **1.** [1]　$2x+1>0$ すなわち $x>-\dfrac{1}{2}$ のとき，$(*)$から　$2x-2>(x-2)(2x+1)$

よって　$x(2x-5)<0$　　ゆえに　$0<x<\dfrac{5}{2}$　　これは $x>-\dfrac{1}{2}$ を満たす。

[2]　$2x+1<0$ すなわち $x<-\dfrac{1}{2}$ のとき，$(*)$から　$2x-2<(x-2)(2x+1)$

よって　$x(2x-5)>0$　　ゆえに　$x<0,\ \dfrac{5}{2}<x$　　$x<-\dfrac{1}{2}$ から　$x<-\dfrac{1}{2}$

[1]，[2] から　　$\boldsymbol{x<-\frac{1}{2},\ 0<x<\frac{5}{2}}$

別解 **2.** $(*)$の両辺に $(2x+1)^2$ を掛けて

$$2(x-1)(2x+1)>(x-2)(2x+1)^2$$
$$(x-2)(2x+1)^2-2(x-1)(2x+1)<0$$
$$(2x+1)\{(x-2)(2x+1)-2(x-1)\}<0$$
$$(2x+1)(2x^2-5x)<0$$

ゆえに　$(2x+1)x(2x-5)<0$

よって　$\boldsymbol{x<-\frac{1}{2},\ 0<x<\frac{5}{2}}$

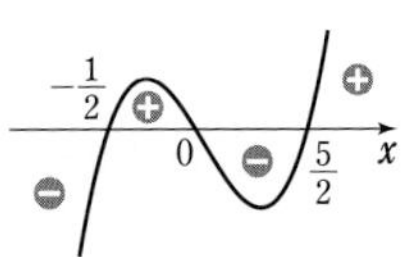


## EX ③3

(1)　方程式 $\dfrac{1}{x}+\dfrac{1}{x-1}+\dfrac{1}{x-2}+\dfrac{1}{x-3}=0$ を解け。　〔昭和女子大〕

(2)　不等式 $\log_2 256x>3\log_{2x}x$ を，$\log_2 x=a$ とおくことにより解け。　〔類 法政大〕

(1)　(左辺)

$$=\frac{1}{x}+\frac{1}{x-3}+\frac{1}{x-1}+\frac{1}{x-2}=\frac{x-3+x}{x(x-3)}+\frac{x-2+x-1}{(x-1)(x-2)}$$

$$=\frac{(x-1)(x-2)(2x-3)+x(x-3)(2x-3)}{x(x-3)(x-1)(x-2)}$$

$$=\frac{(2x-3)(x^2-3x+2+x^2-3x)}{x(x-1)(x-2)(x-3)}=\frac{2(2x-3)(x^2-3x+1)}{x(x-1)(x-2)(x-3)}$$

ゆえに，方程式は　$\dfrac{2(2x-3)(x^2-3x+1)}{x(x-1)(x-2)(x-3)}=0$

←1度に通分すると計算が大変。$x+x-3$，$x-1+x-2$ がともに $2x-3$ となることに着目し，第1項と第4項，第2項と第3項を通分する。

分母を払って　　$(2x-3)(x^2-3x+1)=0$

よって　　$2x-3=0,\ x^2-3x+1=0$

← $x^2-3x+1=0$ から

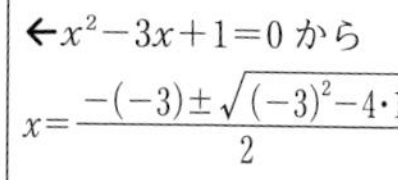

したがって　　$\boldsymbol{x=\dfrac{3}{2},\ \dfrac{3\pm\sqrt{5}}{2}}$

これらは，方程式の分母を 0 としないから解である。

←この確認を忘れないように。

(2)　真数は正であるから　　$x>0$

また，底 $2x$ について，$2x\neq1$ であるから　　$x\neq\dfrac{1}{2}$

←対数については **(真数)>0**，**(底)>0**，**(底)≠1** に注意。

このとき　　$\log_2 256x=\log_2 2^8+\log_2 x=8+\log_2 x$

$$\log_{2x}x=\frac{\log_2 x}{\log_2 2x}=\frac{\log_2 x}{\log_2 2+\log_2 x}=\frac{\log_2 x}{1+\log_2 x}$$

←底の変換公式。

よって，$\log_2 x=a$ とおくと，$x\neq\dfrac{1}{2}$ から $a\neq-1$ であり，不等式は　　$a+8>\dfrac{3a}{a+1}$ …… ①

← $\log_2\dfrac{1}{2}=-1$

←この $a$ の分数不等式を解く。

ここで，$b=a+8$ …… ②，$b=\dfrac{3a}{a+1}$ …… ③ とする。

←まず，②，③ のグラフの共有点の座標を調べる。

②，③ から，$b$ を消去すると　　$a+8=\dfrac{3a}{a+1}$

両辺に $a+1$ を掛けて整理すると　　$a^2+6a+8=0$

ゆえに　　$(a+2)(a+4)=0$　　よって　　$a=-2,\ -4$

② から　　$a=-2$ のとき　　$b=6$

　　　　　$a=-4$ のとき　　$b=4$

また，③ を変形すると

$$b=-\frac{3}{a+1}+3$$

← $\dfrac{3(a+1)-3}{a+1}=3-\dfrac{3}{a+1}$

ゆえに，$ab$ 平面上に ②，③ のグラフをかくと，右図のようになる。

図から，不等式 ① の解は

$-4<a<-2,\ -1<a$

←② のグラフが ③ のグラフよりも上側にある値の範囲。

よって　　$-4<\log_2 x<-2,\ -1<\log_2 x$

ゆえに　　$2^{-4}<x<2^{-2},\ 2^{-1}<x$

←(底)>1 から，不等号の向きは変わらない。

すなわち　　$\boldsymbol{\dfrac{1}{16}<x<\dfrac{1}{4},\ \dfrac{1}{2}<x}$

これは $x>0,\ x\neq\dfrac{1}{2}$ を満たす。

**検討**　不等式 ① の解法には，本冊 $p.16$ 基本例題 4 (2) の解答のように，他にもいくつかある。例えば，① の両辺に $a+1$ を掛ける解法は，次のようになる。

[1]　$a>-1$ のとき，① の両辺に $a+1$ を掛けて　　$(a+8)(a+1)>3a$

　これを解いて　　$a<-4,\ -2<a$　　$a>-1$ との共通範囲は　　$a>-1$

[2]　$a<-1$ のとき，① の両辺に $a+1$ を掛けて　　$(a+8)(a+1)<3a$

　これを解いて　　$-4<a<-2$　　これは $a<-1$ を満たす。

[1]，[2] から，① の解は　　$-4<a<-2,\ -1<a$

他にも，① を $\dfrac{(a+2)(a+4)}{a+1}>0$ と変形して，左辺の式の符号を調べる（表をかく）解法や，① の両辺に $(a+1)^2$ $(\geqq 0)$ を掛けて $a$ の 3 次不等式を解く解法が考えられる。

**EX ②4**

$-4\leqq x\leqq a$ のとき，$y=\sqrt{9-4x}+b$ の最大値が 6，最小値が 4 であるとする。このとき，$a=$ ア□，$b=$ イ□ である。

$y=\sqrt{9-4x}+b$ は減少関数であるから

$x=-4$ のとき最大となり　$\sqrt{9+16}+b=6$ …… ①

$x=a$　のとき最小となり　$\sqrt{9-4a}+b=4$ …… ②

① から　$b=1$　　② に代入して　$\sqrt{9-4a}=3$

両辺を平方して　$9-4a=9$　　よって　$a=0$

したがって　$a=$ ア$\mathbf{0}$，$b=$ イ$\mathbf{1}$

←$y=\sqrt{9-4x}+b$ $=\sqrt{-4\left(x-\dfrac{9}{4}\right)}+b$
グラフは，$y=\sqrt{-4x}$ のグラフを平行移動したもの。

**EX ③5**

次の方程式・不等式を解け。

(1) $x=\sqrt{2+\sqrt{x^2-2}}$ 〔福島大〕 (2) $\sqrt{9x-18}\leqq\sqrt{-x^2+6x}$ 〔芝浦工大〕

(1) $x^2-2\geqq 0$ から　$(x+\sqrt{2})(x-\sqrt{2})\geqq 0$

ゆえに　$x\leqq-\sqrt{2}$，$\sqrt{2}\leqq x$ …… ①

また，$\sqrt{2+\sqrt{x^2-2}}\geqq 0$ であるから　$x\geqq 0$ …… ②

①，② から　$x\geqq\sqrt{2}$ …… ③

方程式の両辺を 2 乗すると　$x^2=2+\sqrt{x^2-2}$

よって　$x^2-2=\sqrt{x^2-2}$

③ より，$x^2-2\geqq 0$ であるから，両辺を 2 乗すると

$x^4-4x^2+4=x^2-2$

整理して因数分解すると　$(x^2-2)(x^2-3)=0$

ゆえに　$x^2=2,\ 3$　　よって　$x=\pm\sqrt{2},\ \pm\sqrt{3}$

③ を満たす $x$ の値は　$\boldsymbol{x=\sqrt{2},\ \sqrt{3}}$

(2) 根号内は負でないから　$9x-18\geqq 0$，$-x^2+6x\geqq 0$

$9x-18\geqq 0$ から　$x\geqq 2$ …… ①

$-x^2+6x\geqq 0$ すなわち $x^2-6x\leqq 0$ から　$x(x-6)\leqq 0$

よって　$0\leqq x\leqq 6$ …… ②

また，不等式の両辺を平方して　$9x-18\leqq -x^2+6x$

整理して　$x^2+3x-18\leqq 0$

ゆえに　$(x-3)(x+6)\leqq 0$

よって　$-6\leqq x\leqq 3$ …… ③

①，②，③ の共通範囲を求めて　$\boldsymbol{2\leqq x\leqq 3}$

←（$\sqrt{\ }$ の中）$\geqq 0$

←方程式の右辺は 0 以上 ⟶ 左辺も 0 以上。

←外側の $\sqrt{\ }$ をはずす。

←内側の $\sqrt{\ }$ をはずす。

←$x^4-5x^2+6=0$

(2) $\sqrt{A}\leqq\sqrt{B}\iff$ $A\leqq B$，$A\geqq 0$，$B\geqq 0$

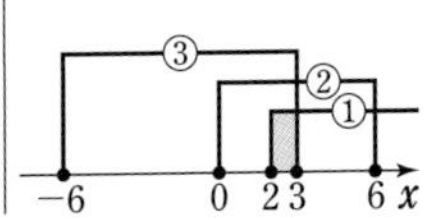


**EX ③6**

(1) 直線 $y=ax+1$ が曲線 $y=\sqrt{2x-5}-1$ に接するように，定数 $a$ の値を定めよ。

(2) 方程式 $\sqrt{2x-5}-1=ax+1$ の実数解の個数を求めよ。ただし，重解は 1 個とみなす。

〔広島文教女子大〕

(1) $y=ax+1$ …… ①，$y=\sqrt{2x-5}-1$ …… ② とする。

$a=0$ のとき，① は直線 $y=1$ で，直線 $y=1$ は曲線 ② と 1 点で交わるが接しない。

←直線 ① は，常に点 $(0,\ 1)$ を通る。

また，直線 ① が曲線 ② に接するのは，図から $a>0$ のときである。

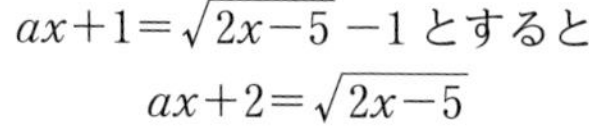

$ax+1=\sqrt{2x-5}-1$ とすると

$$ax+2=\sqrt{2x-5}$$

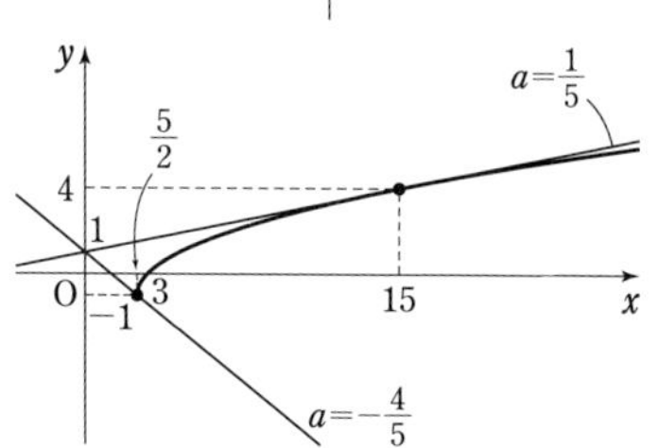


両辺を平方して整理すると

$$a^2x^2+2(2a-1)x+9=0$$

この 2 次方程式の判別式を $D$ とすると

$$\frac{D}{4}=(2a-1)^2-9a^2$$
$$=(2a-1)^2-(3a)^2$$
$$=(2a-1+3a)(2a-1-3a)=-(a+1)(5a-1)$$

$D=0$ とすると，接するときは $a>0$ であるから 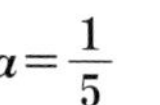 $\boldsymbol{a=\frac{1}{5}}$

← 接点 ⟺ 重解

(2) 直線 ① が曲線 ② の端点 $\left(\frac{5}{2},\ -1\right)$ を通るとき

$$-1=\frac{5}{2}a+1 \quad すなわち \quad a=-\frac{4}{5}$$

したがって，図から，求める実数解の個数は

**$a<-\frac{4}{5}$，$\frac{1}{5}<a$ のとき　0 個；**

**$-\frac{4}{5}\leqq a\leqq 0$，$a=\frac{1}{5}$ のとき　1 個；**

**$0<a<\frac{1}{5}$ のとき　2 個**

←実数解の個数は，直線 ① と曲線 ② の共有点の個数に一致する。

## EX ②7

$x$ の関数 $f(x)=a-\frac{3}{2^x+1}$ を考える。ただし，$a$ は実数の定数である。

(1) $a=$☐ のとき，$f(-x)=-f(x)$ が常に成り立つ。

(2) $a$ が (1) の値のとき，$f(x)$ の逆関数は $f^{-1}(x)=\log_2$☐ である。　〔東京理科大〕

(1) $f(-x)=a-\frac{3}{2^{-x}+1}=a-\frac{3\cdot 2^x}{2^x+1}$

$f(-x)=-f(x)$ とすると　$a-\frac{3\cdot 2^x}{2^x+1}=-a+\frac{3}{2^x+1}$

←このとき，$f(x)$ は奇関数。

よって　$2a=\frac{3(2^x+1)}{2^x+1}$　　ゆえに，$2a=3$ から　$\boldsymbol{a=\frac{3}{2}}$

←$2^x+1$ で約分。

(2) $a=\frac{3}{2}$ のとき　$f(x)=\frac{3}{2}-\frac{3}{2^x+1}$

$y=\frac{3}{2}-\frac{3}{2^x+1}$ とおくと　$\frac{3}{2^x+1}=\frac{3}{2}-y$

この式から，$y\neq\frac{3}{2}$ であり　$\frac{2^x+1}{3}=\frac{1}{\frac{3}{2}-y}$

よって　$2^x+1=\frac{3\cdot 2}{3-2y}$　　ゆえに　$2^x=\frac{6}{3-2y}-1$

検討 (2) $y$ の変域は，$y=\frac{3}{2}-\frac{3}{x+1}$ で $x>0$ における値域を調べることにより　$-\frac{3}{2}<y<\frac{3}{2}$
よって，$f^{-1}(x)$ の定義域は　$-\frac{3}{2}<x<\frac{3}{2}$
ところが，$f^{-1}(x)$ の式の真数条件に注目すると

よって　$2^x=\dfrac{3+2y}{3-2y}$　ゆえに　$x=\log_2\dfrac{3+2y}{3-2y}$

したがって，$f(x)$ の逆関数は

$$f^{-1}(x)=\log_2\frac{\mathbf{3+2x}}{\mathbf{3-2x}}$$

$\dfrac{3+2x}{3-2x}>0 \Longleftrightarrow -\dfrac{3}{2}<x<\dfrac{3}{2}$ であるから，$f^{-1}(x)$ の式に定義域を書き添えておく必要はない。

**EX ②8**

(1) 関数 $f(x)=\dfrac{3x+a}{x+b}$ について，$f^{-1}(1)=3$，$f^{-1}(-7)=-1$ のとき，定数 $a$，$b$ の値を求めよ。

(2) 関数 $y=\sqrt{ax+b}$ の逆関数が $y=\dfrac{1}{6}x^2-\dfrac{1}{2}$ $(x\geqq 0)$ となるとき，定数 $a$，$b$ の値を求めよ。

〔(2) 国士舘大〕

(1) $f^{-1}(1)=3$ から　$f(3)=1$　ゆえに　$\dfrac{9+a}{3+b}=1$

よって　$9+a=3+b$　すなわち　$a-b=-6$ …… ①

$f^{-1}(-7)=-1$ から　$f(-1)=-7$

ゆえに　$\dfrac{-3+a}{-1+b}=-7$

よって　$-3+a=-7(-1+b)$　すなわち　$a+7b=10$ … ②

①，② を連立して解くと　$\boldsymbol{a=-4,\ b=2}$

←$f(x)=\dfrac{3x+a}{x+b}$ の逆関数 $f^{-1}(x)$ を求めてもよいが，$\boldsymbol{b=f(a) \Longleftrightarrow a=f^{-1}(b)}$ を利用した方が計算がらく。

(2) $y=\sqrt{ax+b}$ …… ③ とする。

$a=0$ とすると，③ は $y=\sqrt{b}$ となり，逆関数は存在しない。

よって　$a\neq 0$　このとき，③ の値域は　$y\geqq 0$

③ の両辺を平方すると　$y^2=ax+b$

$x$ について解くと　$x=\dfrac{1}{a}y^2-\dfrac{b}{a}$

よって，③ の逆関数は　$y=\dfrac{1}{a}x^2-\dfrac{b}{a}$ $(x\geqq 0)$

これが $y=\dfrac{1}{6}x^2-\dfrac{1}{2}$ $(x\geqq 0)$ となるから

$$\frac{1}{a}=\frac{1}{6} \text{ …… ④},\quad -\frac{b}{a}=-\frac{1}{2} \text{ …… ⑤}$$

④ から　$\boldsymbol{a=6}$　ゆえに，⑤ から　$\boldsymbol{b=3}$

別解　$y=\dfrac{1}{6}x^2-\dfrac{1}{2}$ $(x\geqq 0)$ の逆関数を求めると　$y=\sqrt{6x+3}$

これが $y=\sqrt{ax+b}$ となるから　$\boldsymbol{a=6,\ b=3}$

←$y=\sqrt{ax+b}$ の逆関数を求める。$a\neq 0$ であることの確認が必要になる。

←$a\neq 0$

←$x$ と $y$ を入れ替える。$y=\sqrt{ax+b}$ の値域がその逆関数の定義域になる。

←$b=\dfrac{a}{2}$

**EX ③9**

関数 $f(x)=\dfrac{ax+b}{cx+d}$ （$a$，$b$，$c$，$d$ は実数，$c\neq 0$）がある。

(1) $f(x)$ の逆関数 $f^{-1}(x)$ が存在するための条件を求めよ。

(2) (1) の条件が満たされるとき，常に $f^{-1}(x)=f(x)$ が成り立つための条件を求めよ。

(1) $y=\dfrac{ax+b}{cx+d}$ …… ① とすると，$c\neq 0$ であるから

$$y=\frac{b-\dfrac{ad}{c}}{cx+d}+\frac{a}{c} \text{ …… ②}$$

←$y=\dfrac{■}{cx+d}+▲$ の形に。

$f^{-1}(x)$ が存在するための条件は，$y$ が定数関数にならないことであるから　$b-\dfrac{ad}{c}\neq 0$　すなわち　$\boldsymbol{ad-bc\neq 0}$

←1 対 1 の関数になることが条件。

(2)　$ad-bc\neq 0$ のとき，① から　$(cx+d)y=ax+b$

←① を $x$ について解く。

ゆえに　$(cy-a)x=-dy+b$

ここで，② より，$y\neq\dfrac{a}{c}$ すなわち $cy-a\neq 0$ であるから

$$x=\frac{-dy+b}{cy-a}$$

$x$ と $y$ を入れ替えて　$y=\dfrac{-dx+b}{cx-a}$

すなわち　$f^{-1}(x)=\dfrac{-dx+b}{cx-a}$ ……③

$f^{-1}(x)=f(x)$ とすると　$\dfrac{-dx+b}{cx-a}=\dfrac{ax+b}{cx+d}$

←この式が $x$ の恒等式なら，分母を払った等式も $x$ の恒等式である。

分母を払うと　$-(dx-b)(cx+d)=(ax+b)(cx-a)$

∴　$(ax+b)(cx-a)+(cx+d)(dx-b)=0$

$acx^2-a^2x+bcx-ab+cdx^2-bcx+d^2x-bd=0$

$(ac+cd)x^2-(a^2-d^2)x-ab-bd=0$

←$x$ について整理。

∴　$c(a+d)x^2-(a+d)(a-d)x-b(a+d)=0$

よって　$(a+d)\{cx^2-(a-d)x-b\}=0$

これが $x$ の恒等式となるための条件は，$c\neq 0$ から

$$\boldsymbol{a+d=0}$$

←$c\neq 0$ であるから，$cx^2-(a-d)x-b=0$ は恒等式にならない。

このとき，① と ③ の定義域はともに $x\neq\dfrac{a}{c}$ となり，一致する。

**EX ③10**

関数 $f(x)=\dfrac{1}{6}x^3+\dfrac{1}{2}x+\dfrac{1}{3}$ の逆関数を $f^{-1}(x)$ とする。$y=f(x)$ のグラフと $y=f^{-1}(x)$ のグラフの共有点の座標を求めよ。

〔類　関東学院大〕

HINT　$f^{-1}(x)$ は求めにくく，$y=f^{-1}(x)$ のグラフを直接かくことは難しい。
そこで，共有点の座標を $(x,\ y)$ として，$y=f(x)$ かつ $y=f^{-1}(x)$ であることを利用する。

求める共有点の座標を $(x,\ y)$ とすると

$$y=f(x)\ かつ\ y=f^{-1}(x)$$

$y=f(x)$ から　$6y=x^3+3x+2$ ……①

←$y=\dfrac{1}{6}x^3+\dfrac{1}{2}x+\dfrac{1}{3}$ の両辺に 6 を掛けた式。

$y=f^{-1}(x)$ から　$x=f(y)$

よって　$6x=y^3+3y+2$ ……②

①−② から　$6(y-x)=(x-y)(x^2+xy+y^2)+3(x-y)$

←$x^3-y^3=(x-y)(x^2+xy+y^2)$

よって　$(x-y)(x^2+xy+y^2+9)=0$

ゆえに　$y=x$　または　$x^2+xy+y^2+9=0$

$y=x$ のとき，これを ① に代入して　$6x=x^3+3x+2$

よって　$x^3-3x+2=0$　ゆえに　$(x-1)^2(x+2)=0$

よって　$x=1,\ -2$

$x=1$ のとき　$y=1$,

$x=-2$ のとき　$y=-2$

$x^2+xy+y^2+9=0$ のとき，これを変形すると

$$\left(x+\frac{y}{2}\right)^2+\frac{3}{4}y^2=-9$$

この等式を満たす実数の組 $(x,\ y)$ はない。

以上から，求める共有点の座標は　**(1, 1), (−2, −2)**

←因数定理を利用。

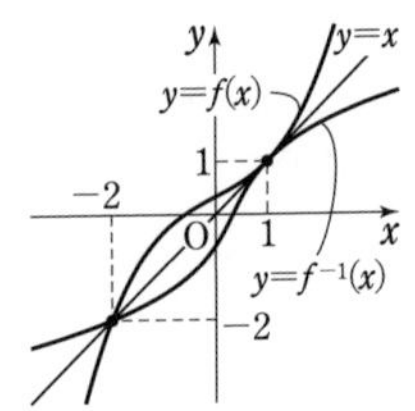


**EX ③11**

(1) $f(x)=x^2+x+2$ および $g(x)=x-1$ のとき，合成関数 $f(g(x))$ を求めよ。

(2) $a$ を実数とするとき，$x$ の方程式 $f(g(x))+f(x)-|f(g(x))-f(x)|=a$ の実数解の個数を求めよ。〔中央大〕

(1) $\boldsymbol{f(g(x))}=\{g(x)\}^2+g(x)+2=(x-1)^2+(x-1)+2$

$\boldsymbol{=x^2-x+2}$

(2) $f(g(x))+f(x)=(x^2-x+2)+x^2+x+2=2x^2+4$

$f(g(x))-f(x)=(x^2-x+2)-(x^2+x+2)=-2x$

よって，方程式は　$2x^2+4-|-2x|=a$

$x^2=|x|^2$ と考えて，左辺を変形すると

$$2\left(|x|-\frac{1}{2}\right)^2+\frac{7}{2}=a$$

方程式の実数解の個数は，$y=2\left(|x|-\frac{1}{2}\right)^2+\frac{7}{2}$ のグラフと直線 $y=a$ の共有点の個数に一致するから，

図より　$\boldsymbol{a<\frac{7}{2}}$ **のとき　0 個；**

$\boldsymbol{a=\frac{7}{2},\ 4<a}$ **のとき　2 個；**

$\boldsymbol{a=4}$ **のとき　3 個；**

$\boldsymbol{\frac{7}{2}<a<4}$ **のとき　4 個**

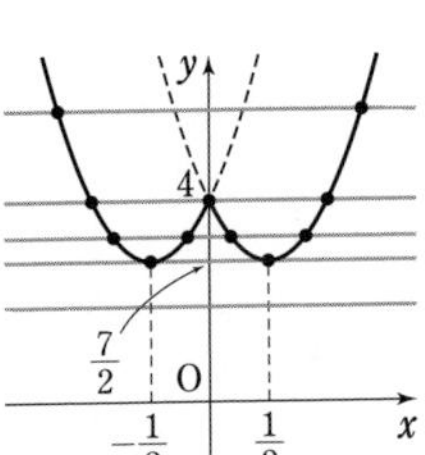


HINT　(2)　$x^2=|x|^2$ に着目して，与式の左辺を $|x|$ の 2 次関数として表し，そのグラフを利用。

←$2x^2+4-|-2x|$
$=2|x|^2-2|x|+4$
$=2\left(|x|^2-|x|+\frac{1}{4}\right)-\frac{1}{2}+4$
$=2\left(|x|-\frac{1}{2}\right)^2+\frac{7}{2}$

←グラフは $y$ 軸に関して対称。

**EX ④12**

$f(x)=\dfrac{1}{1-x}$ $(x\neq 0)$ とする。

(1) $f(f(x))$ を求めよ。また，$y=f(f(x))$ のグラフの概形をかけ。

(2) 直線 $y=bx+a$ と曲線 $y=f(f(x))$ が共有点をもたないとき，点 $(a,\ b)$ の存在範囲を図示せよ。 〔類 中央大〕

HINT (2) 直線 $y=bx+a$ が，点 $(1,\ 0)$ を含めた (1) の曲線と共有点をもたない場合と，点 $(1,\ 0)$ を通って共有点をもたない場合があることに注意。

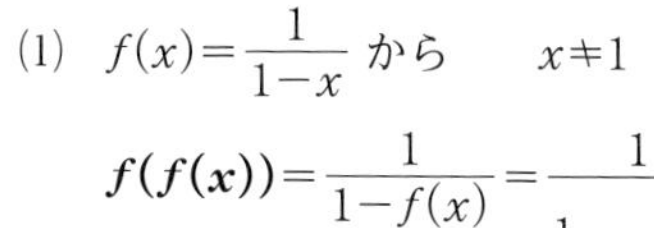

(1) $f(x)=\dfrac{1}{1-x}$ から $x\neq 1$

$$\boldsymbol{f(f(x))}=\frac{1}{1-f(x)}=\frac{1}{1-\dfrac{1}{1-x}}$$

$$=\frac{1-x}{-x}=\boldsymbol{-\frac{1}{x}+1\ (x\neq 1)}$$

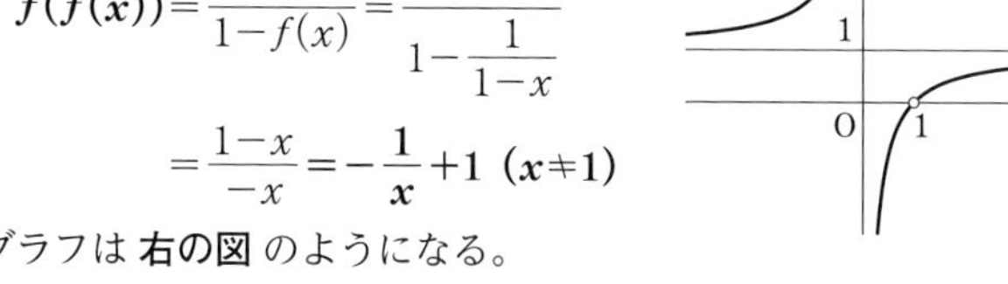



グラフは **右の図** のようになる。

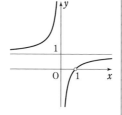

←$\dfrac{1}{1-\dfrac{1}{1-x}}$ の分母・分子に $1-x$ を掛ける。

(2) 共有点をもたないのは，次の [1]～[3] の場合である。

[1] 直線 $y=bx+a$ と曲線 $y=-\dfrac{1}{x}+1$ が，共有点をもたない

←点 $(1,\ 0)$ を含む曲線。

[2] 直線 $y=bx+a$ が点 $(1,\ 0)$ を通り，$y$ 軸に垂直である

←曲線 $y=f(f(x))$ が点 $(1,\ 0)$ を含まないことに注意。

[3] 直線 $y=bx+a$ が点 $(1,\ 0)$ において，曲線 $y=-\dfrac{1}{x}+1$ と接する

[1] のとき

直線と曲線は共有点をもたないから，$bx+a=-\dfrac{1}{x}+1$ すなわち $bx^2+(a-1)x+1=0$ が実数解をもたない。

このための条件は

(i) $b\neq 0$ のとき，2 次方程式 $bx^2+(a-1)x+1=0$ の判別式を $D$ とすると $D<0$

よって $(a-1)^2-4\cdot b\cdot 1<0$ すなわち $(a-1)^2<4b$

(ii) $b=0$ のとき $a-1=0$ ゆえに $a=1$

←$0\cdot x+1=0$ の形。

[2] のとき $0=b\cdot 1+a$ かつ $b=0$

←直線は $x$ 軸と一致。

ゆえに $a=0,\ b=0$

[3] のとき $0=b\cdot 1+a$ から $a=-b$

←直線 $y=bx+a$ が点 $(1,\ 0)$ を通る。

$bx-b=-\dfrac{1}{x}+1$ とすると $bx^2-(b+1)x+1=0$

$b\neq 0$ から，この 2 次方程式の判別式を $D$ とすると $D=0$

よって $\{-(b+1)\}^2-4\cdot b\cdot 1=0$

ゆえに $(b-1)^2=0$

よって $b=1,\ a=-1$

[1]～[3] から，点 $(a,\ b)$ の存在範囲は

**右の図の斜線部分（境界線上の点を含まない），および点 $(-1,\ 1)$，$(0,\ 0)$，$(1,\ 0)$**

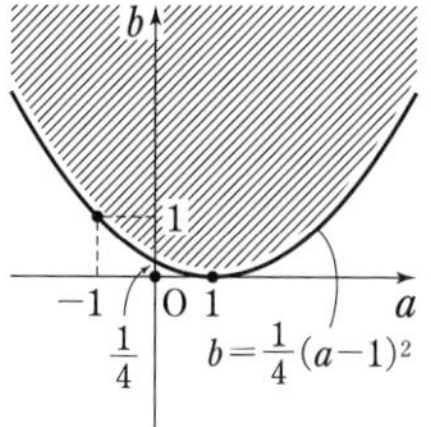



検討 有理数 $p$ に対して $(x^p)'=px^{p-1}$ であること（本冊 $p.110$ 基本事項 ❻ 参照）を使うと，解答の [3] の場合 $y'=\dfrac{1}{x^2}$ より点 $(1,\ 0)$ における接線の方程式は $y=x-1$ であるから $a=-1,\ b=1$

**練習 ②17**

(1) 数列 $\frac{1}{2}$, $\frac{2}{3}$, $\frac{3}{4}$, $\frac{4}{5}$, …… の極限を調べよ。

(2) 第 $n$ 項が次の式で表される数列の極限を求めよ。

(ア) $\sqrt{4n-2}$ (イ) $\frac{n}{1-n^2}$ (ウ) $n^4+(-n)^3$ (エ) $\frac{3n^2+n+1}{n+1}-3n$

HINT (2) (エ) 第 $n$ 項をまず通分。

(1) 第 $n$ 項は $\frac{n}{n+1}$

よって $\lim_{n\to\infty}\frac{n}{n+1}=\lim_{n\to\infty}\frac{1}{1+\frac{1}{n}}=1$

←分母・分子を $n$ で割る。

つまり，**1 に収束** する。

(2) (ア) $\lim_{n\to\infty}\sqrt{4n-2}=\infty$

←$\lim_{n\to\infty}n^k=\infty$ $(k>0)$

(イ) $\lim_{n\to\infty}\frac{n}{1-n^2}=\lim_{n\to\infty}\frac{\frac{1}{n}}{\frac{1}{n^2}-1}=\frac{0}{0-1}=\mathbf{0}$

←分母の最高次の項 $n^2$ で分母・分子を割る。

(ウ) $\lim_{n\to\infty}\{n^4+(-n)^3\}=\lim_{n\to\infty}n^4\left(1-\frac{1}{n}\right)=\infty$

←$n$ の最高次の項 $n^4$ でくくり出す。

(エ) $\lim_{n\to\infty}\left(\frac{3n^2+n+1}{n+1}-3n\right)=\lim_{n\to\infty}\frac{3n^2+n+1-3n(n+1)}{n+1}$

←まず通分する。

$=\lim_{n\to\infty}\frac{-2n+1}{n+1}=\lim_{n\to\infty}\frac{-2+\frac{1}{n}}{1+\frac{1}{n}}$

←分母・分子を $n$ で割る。

$=\mathbf{-2}$

**練習 ②18**

第 $n$ 項が次の式で表される数列の極限を求めよ。 〔(2) 京都産大〕

(1) $\frac{2n+3}{\sqrt{3n^2+n}+n}$ (2) $\frac{1}{\sqrt{n^2+n}-n}$ (3) $n(\sqrt{n^2+2}-\sqrt{n^2+1})$

(4) $\frac{\sqrt{n+1}-\sqrt{n-1}}{\sqrt{n+3}-\sqrt{n}}$ (5) $\log_3\frac{\sqrt[n]{7}}{5^n}$ (6) $\sin\frac{n\pi}{2}$ (7) $\tan n\pi$

(1) $\lim_{n\to\infty}\frac{2n+3}{\sqrt{3n^2+n}+n}=\lim_{n\to\infty}\frac{2+\frac{3}{n}}{\sqrt{3+\frac{1}{n}}+1}$

←$\frac{\infty}{\infty}$ の不定形。
分母・分子を $n$ で割る。

$=\frac{2}{\sqrt{3}+1}=\frac{2(\sqrt{3}-1)}{(\sqrt{3}+1)(\sqrt{3}-1)}$

$=\mathbf{\sqrt{3}-1}$

(2) $\lim_{n\to\infty}\frac{1}{\sqrt{n^2+n}-n}=\lim_{n\to\infty}\frac{\sqrt{n^2+n}+n}{(\sqrt{n^2+n}-n)(\sqrt{n^2+n}+n)}$

←$\infty-\infty$ を含む不定形。
分母を有理化。

$=\lim_{n\to\infty}\frac{\sqrt{n^2+n}+n}{(n^2+n)-n^2}=\lim_{n\to\infty}\frac{\sqrt{n^2+n}+n}{n}$

$=\lim_{n\to\infty}\left(\sqrt{1+\frac{1}{n}}+1\right)$

$=\mathbf{2}$

(3) $\lim_{n\to\infty} n(\sqrt{n^2+2}-\sqrt{n^2+1})$

$=\lim_{n\to\infty}\frac{n(\sqrt{n^2+2}-\sqrt{n^2+1})(\sqrt{n^2+2}+\sqrt{n^2+1})}{\sqrt{n^2+2}+\sqrt{n^2+1}}$

$=\lim_{n\to\infty}\frac{n\{(n^2+2)-(n^2+1)\}}{\sqrt{n^2+2}+\sqrt{n^2+1}}=\lim_{n\to\infty}\frac{1}{\sqrt{1+\frac{2}{n^2}}+\sqrt{1+\frac{1}{n^2}}}=\boldsymbol{\frac{1}{2}}$

←$\infty-\infty$ を含む不定形。
$\frac{n(\sqrt{n^2+2}-\sqrt{n^2+1})}{1}$
とみて，分子を有理化。

←分母・分子を $n$ で割る。

(4) $\lim_{n\to\infty}\frac{\sqrt{n+1}-\sqrt{n-1}}{\sqrt{n+3}-\sqrt{n}}$

$=\lim_{n\to\infty}\frac{(\sqrt{n+1}-\sqrt{n-1})}{(\sqrt{n+3}-\sqrt{n})}\cdot\frac{(\sqrt{n+1}+\sqrt{n-1})(\sqrt{n+3}+\sqrt{n})}{(\sqrt{n+3}+\sqrt{n})(\sqrt{n+1}+\sqrt{n-1})}$

$=\lim_{n\to\infty}\frac{2(\sqrt{n+3}+\sqrt{n})}{3(\sqrt{n+1}+\sqrt{n-1})}=\lim_{n\to\infty}\frac{2\left(\sqrt{1+\frac{3}{n}}+1\right)}{3\left(\sqrt{1+\frac{1}{n}}+\sqrt{1-\frac{1}{n}}\right)}=\boldsymbol{\frac{2}{3}}$

←分母の有理化と分子の有理化を同時に行う。

←分母・分子を $\sqrt{n}$ で割る。

(5) $\lim_{n\to\infty}\log_3\frac{\sqrt[n]{7}}{5^n}=\lim_{n\to\infty}\left(\frac{1}{n}\log_3 7-n\log_3 5\right)=\boldsymbol{-\infty}$

(6) 数列は 1, 0, −1, 0, 1, 0, −1, 0, …… となり一定の値に収束せず，正の無限大にも負の無限大にも発散しない。
よって，**振動する(極限はない)**。

(7) すべての自然数 $n$ に対して　$\tan n\pi=0$
よって，この数列のすべての項は 0 であるから　極限は **0**

←$\log_a M^k=k\log_a M$,
$\log_a\frac{M}{N}=\log_a M-\log_a N$
$\log_3 7$, $\log_3 5$ は定数で，
$7>1$, $5>1$ であるから
$\log_3 7>0$, $\log_3 5>0$



**練習 ③19** 次の極限を求めよ。
(1) $\lim_{n\to\infty}\frac{(n+1)^2+(n+2)^2+\cdots\cdots+(2n)^2}{1^2+2^2+\cdots\cdots+n^2}$
(2) $\lim_{n\to\infty}\{\log_2(1^3+2^3+\cdots\cdots+n^3)-\log_2(n^4+1)\}$

(1) $(n+1)^2+(n+2)^2+\cdots\cdots+(2n)^2$

$=\sum_{k=1}^{n}(n+k)^2=\sum_{k=1}^{n}(n^2+2nk+k^2)$

$=n^2\cdot n+2n\cdot\frac{1}{2}n(n+1)+\frac{1}{6}n(n+1)(2n+1)$

$=\frac{1}{6}n(6n^2+6n^2+6n+2n^2+3n+1)$

$=\frac{1}{6}n(14n^2+9n+1)$

よって　(与式)$=\lim_{n\to\infty}\frac{\frac{1}{6}n(14n^2+9n+1)}{\frac{1}{6}n(n+1)(2n+1)}$

$=\lim_{n\to\infty}\frac{14n^2+9n+1}{2n^2+3n+1}=\lim_{n\to\infty}\frac{14+\frac{9}{n}+\frac{1}{n^2}}{2+\frac{3}{n}+\frac{1}{n^2}}$

$=\boldsymbol{7}$

←$n^2\sum_{k=1}^{n}1+2n\sum_{k=1}^{n}k+\sum_{k=1}^{n}k^2$
とみて，$\sum k^{\bullet}$ の公式を利用。

検討 (1) 分子の和を
$\sum_{k=1}^{2n}k^2-\sum_{k=1}^{n}k^2$
として求めると，分母が $\sum_{k=1}^{n}k^2$ であるから，極限を求める式は
$\frac{2(2n+1)(4n+1)}{(n+1)(2n+1)}-1$
となる。この式で $n\longrightarrow\infty$ として求めてもよい。

(2) (与式)$=\lim_{n\to\infty}\left\{\log_2\frac{1}{4}n^2(n+1)^2-\log_2(n^4+1)\right\}$

$$=\lim_{n\to\infty}\log_2\frac{n^2(n+1)^2}{4(n^4+1)}=\lim_{n\to\infty}\log_2\frac{\left(1+\frac{1}{n}\right)^2}{4\left(1+\frac{1}{n^4}\right)}$$

$$=\log_2\frac{1}{4}=\mathbf{-2}$$

←$\sum_{k=1}^{n}k^3=\left\{\frac{1}{2}n(n+1)\right\}^2$

←分母・分子を $n^4$ で割る。

←$\log_2\frac{1}{4}=\log_2 2^{-2}$

**練習 ③20**

(1) 次の関係を満たす数列 $\{a_n\}$ について，$\lim_{n\to\infty}a_n$ と $\lim_{n\to\infty}na_n$ を求めよ。

(ア) $\lim_{n\to\infty}(2n-1)a_n=1$　　(イ) $\lim_{n\to\infty}\frac{a_n-3}{2a_n+1}=2$

(2) $\lim_{n\to\infty}(\sqrt{n^2+an+2}-\sqrt{n^2+2n+3})=3$ が成り立つとき，定数 $a$ の値を求めよ。［(2) 摂南大］

(1) (ア) $a_n=(2n-1)a_n\times\frac{1}{2n-1}$ であり

$$\lim_{n\to\infty}(2n-1)a_n=1,\quad \lim_{n\to\infty}\frac{1}{2n-1}=0$$

よって　$\lim_{n\to\infty}\boldsymbol{a_n}=\lim_{n\to\infty}(2n-1)a_n\times\lim_{n\to\infty}\frac{1}{2n-1}=1\times0=\mathbf{0}$

$na_n=(2n-1)a_n\times\frac{n}{2n-1}$，$\lim_{n\to\infty}\frac{n}{2n-1}=\lim_{n\to\infty}\frac{1}{2-\frac{1}{n}}=\frac{1}{2}$

から　$\lim_{n\to\infty}\boldsymbol{na_n}=\lim_{n\to\infty}(2n-1)a_n\times\lim_{n\to\infty}\frac{n}{2n-1}=1\times\frac{1}{2}=\mathbf{\frac{1}{2}}$

←数列の極限値の性質
$\lim_{n\to\infty}a_n=\alpha$，$\lim_{n\to\infty}b_n=\beta$
$\Longrightarrow\lim_{n\to\infty}a_nb_n=\alpha\beta$
を利用。($\alpha$，$\beta$ は定数)

(イ) $\frac{a_n-3}{2a_n+1}=b_n$ とおき，両辺に $2a_n+1$ を掛けると

$$a_n-3=(2a_n+1)b_n$$

ゆえに　$(2b_n-1)a_n=-(b_n+3)$

$b_n=\frac{1}{2}$ とすると $0\cdot a_n=-\frac{7}{2}$ となり，これは不合理である。

よって，$b_n\fallingdotseq\frac{1}{2}$ であるから　$a_n=-\frac{b_n+3}{2b_n-1}$

$\lim_{n\to\infty}b_n=2$ であるから

$$\lim_{n\to\infty}\boldsymbol{a_n}=\lim_{n\to\infty}\left(-\frac{b_n+3}{2b_n-1}\right)=-\frac{2+3}{2\cdot2-1}=\mathbf{-\frac{5}{3}}$$

ゆえに　$\lim_{n\to\infty}\boldsymbol{na_n}=\mathbf{-\infty}$

←数列 $\{b_n\}$ は収束する数列である。

(2) $\lim_{n\to\infty}(\sqrt{n^2+an+2}-\sqrt{n^2+2n+3})$

$$=\lim_{n\to\infty}\frac{(n^2+an+2)-(n^2+2n+3)}{\sqrt{n^2+an+2}+\sqrt{n^2+2n+3}}$$

$$=\lim_{n\to\infty}\frac{(a-2)-\frac{1}{n}}{\sqrt{1+\frac{a}{n}+\frac{2}{n^2}}+\sqrt{1+\frac{2}{n}+\frac{3}{n^2}}}=\frac{a-2}{2}$$

←左辺の極限値を $a$ で表す。
$\frac{\sqrt{n^2+an+2}-\sqrt{n^2+2n+3}}{1}$
とみて分子を有理化。

よって，条件から　$\dfrac{a-2}{2}=3$　ゆえに　$\boldsymbol{a=8}$

←$a$ の方程式を解く。



**練習 ③21**　次の極限を求めよ。

(1) $\displaystyle\lim_{n\to\infty}\frac{1}{n+1}\sin\frac{n\pi}{2}$　(2) $\displaystyle\lim_{n\to\infty}\left\{\frac{1}{(n+1)^2}+\frac{1}{(n+2)^2}+\cdots\cdots+\frac{1}{(2n)^2}\right\}$

(3) $\displaystyle\lim_{n\to\infty}\left(\frac{1}{\sqrt{n^2+1}}+\frac{1}{\sqrt{n^2+2}}+\cdots\cdots+\frac{1}{\sqrt{n^2+n}}\right)$

HINT　はさみうちの原理を利用。(2)，(3) については，$k=1,\ 2,\ \cdots\cdots,\ n$ に対して

(2) $\dfrac{1}{(n+k)^2}<\dfrac{1}{n^2}$　(3) $\dfrac{1}{\sqrt{n^2+n}}\leqq\dfrac{1}{\sqrt{n^2+k}}<\dfrac{1}{n}$　が成り立つことを利用。

(1)　$-1\leqq\sin\dfrac{n\pi}{2}\leqq1$ であるから

$$-\frac{1}{n+1}\leqq\frac{1}{n+1}\sin\frac{n\pi}{2}\leqq\frac{1}{n+1}$$

←$-1\leqq\sin\dfrac{n\pi}{2}\leqq1$ の各辺を $n+1$ で割る。

$\displaystyle\lim_{n\to\infty}\left(-\frac{1}{n+1}\right)=0,\ \lim_{n\to\infty}\frac{1}{n+1}=0$ であるから

$$\lim_{n\to\infty}\frac{1}{n+1}\sin\frac{n\pi}{2}=\boldsymbol{0}$$

←はさみうちの原理。

(2)　$\dfrac{1}{(n+k)^2}<\dfrac{1}{n^2}$ $(k=1,\ 2,\ \cdots\cdots,\ n)$ であるから，

←$0<n^2<(n+k)^2$

$a_n=\dfrac{1}{(n+1)^2}+\dfrac{1}{(n+2)^2}+\cdots\cdots+\dfrac{1}{(2n)^2}$ とおくと

$$a_n<\frac{1}{n^2}\cdot n=\frac{1}{n}$$

よって　$0<a_n<\dfrac{1}{n}$

$\displaystyle\lim_{n\to\infty}\frac{1}{n}=0$ であるから　$\displaystyle\lim_{n\to\infty}a_n=\boldsymbol{0}$

←はさみうちの原理。

(3)　$\dfrac{1}{\sqrt{n^2+n}}\leqq\dfrac{1}{\sqrt{n^2+k}}<\dfrac{1}{n}$ $(k=1,\ 2,\ \cdots\cdots,\ n)$ であるから，

←$1\leqq k\leqq n$ から $n<\sqrt{n^2+k}\leqq\sqrt{n^2+n}$

$a_n=\dfrac{1}{\sqrt{n^2+1}}+\dfrac{1}{\sqrt{n^2+2}}+\cdots\cdots+\dfrac{1}{\sqrt{n^2+n}}$ とおくと

$\dfrac{1}{\sqrt{n^2+n}}\cdot n\leqq a_n<\dfrac{1}{n}\cdot n$　すなわち　$\dfrac{n}{\sqrt{n^2+n}}\leqq a_n<1$

←$a_n$ の各項を最小の項でおき換えたものと $\dfrac{1}{n}$ でおき換えたものではさむ。

$\displaystyle\lim_{n\to\infty}\frac{n}{\sqrt{n^2+n}}=\lim_{n\to\infty}\frac{1}{\sqrt{1+\frac{1}{n}}}=1$ であるから

$$\lim_{n\to\infty}a_n=\boldsymbol{1}$$

←はさみうちの原理。

**練習 ③22**　$n$ を正の整数とする。また，$x\geqq0$ とする。

(1) 不等式 $(1+x)^n\geqq1+nx+\dfrac{1}{2}n(n-1)x^2$ を用いて，$\left(1+\sqrt{\dfrac{2}{n}}\right)^n>n$ が成り立つことを示せ。

(2) (1) で示した不等式を用いて，$\displaystyle\lim_{n\to\infty}n^{\frac{1}{n}}$ の値を求めよ。　〔類　京都産大〕

(1) $\underline{(1+x)^n \geqq 1+nx+\dfrac{1}{2}n(n-1)x^2}$ において，$x=\sqrt{\dfrac{2}{n}}$ とおくと

$$\left(1+\sqrt{\frac{2}{n}}\right)^n \geqq 1+n\sqrt{\frac{2}{n}}+\frac{1}{2}n(n-1)\cdot\frac{2}{n}$$
$$=1+\sqrt{2n}+n-1=n+\sqrt{2n}>n$$

したがって　$\left(1+\sqrt{\dfrac{2}{n}}\right)^n>n$ …… ①

←不等式___は，二項定理 $(a+b)^n=a^n+{}_nC_1a^{n-1}b+{}_nC_2a^{n-2}b^2+\cdots\cdots+{}_nC_ra^{n-r}b^r+\cdots\cdots+b^n$ で $a=1$，$b=x$ $(x\geqq 0)$ とおくことにより導かれる。

(2) $1+\sqrt{\dfrac{2}{n}}>0$，$n>0$ であるから，① より　$1+\sqrt{\dfrac{2}{n}}>n^{\frac{1}{n}}$

←$a>0$，$b>0$，$n>0$ のとき　$a^n>b^n \Longleftrightarrow a>b$

$n\geqq 1$ であるから　$n^{\frac{1}{n}}\geqq 1^{\frac{1}{n}}=1$

よって　$1\leqq n^{\frac{1}{n}}<1+\sqrt{\dfrac{2}{n}}$

ここで，$\displaystyle\lim_{n\to\infty}\left(1+\sqrt{\frac{2}{n}}\right)=1$ であるから　$\displaystyle\lim_{n\to\infty}n^{\frac{1}{n}}=\mathbf{1}$

←はさみうちの原理。

**練習 ③23** 実数 $\alpha$ に対して $\alpha$ を超えない最大の整数を $[\alpha]$ と書く。[ ] をガウス記号という。
(1) 自然数 $m$ の桁数 $k$ をガウス記号を用いて表すと，$k=[\square]$ である。
(2) 自然数 $n$ に対して $3^n$ の桁数を $k_n$ で表すと，$\displaystyle\lim_{n\to\infty}\frac{k_n}{n}=\square$ である。〔慶応大〕

(1) 自然数 $m$ の桁数が $k$ であるとき

$$10^{k-1}\leqq m<10^k$$

←数学Ⅱで学習。

各辺の常用対数をとると　$k-1\leqq \log_{10}m<k$

よって　$k\leqq \log_{10}m+1<k+1$

ゆえに　$k=[\mathbf{\log_{10}m+1}]$

←$k\leqq x<k+1$（$k$ は整数）$\Longleftrightarrow [x]=k$

(2) (1) の結果から　$k_n=[\log_{10}3^n+1]$

よって　$k_n\leqq \log_{10}3^n+1<k_n+1$

ゆえに　$\log_{10}3^n<k_n\leqq \log_{10}3^n+1$

←$\log_{10}3^n+1<k_n+1$ から　$\log_{10}3^n<k_n$

よって　$n\log_{10}3<k_n\leqq n\log_{10}3+1$

各辺を $n$ で割ると

$$\log_{10}3<\frac{k_n}{n}\leqq \log_{10}3+\frac{1}{n}$$

$\displaystyle\lim_{n\to\infty}\left(\log_{10}3+\frac{1}{n}\right)=\log_{10}3$ であるから　$\displaystyle\lim_{n\to\infty}\frac{k_n}{n}=\mathbf{\log_{10}3}$

←はさみうちの原理。

**練習 ②24** 第 $n$ 項が次の式で表される数列の極限を求めよ。
(1) $\left(\dfrac{3}{2}\right)^n$　(2) $3^n-2^n$　(3) $\dfrac{3^n-1}{2^n+1}$
(4) $\dfrac{2^n+1}{(-3)^n-2^n}$　(5) $\dfrac{r^{2n+1}-1}{r^{2n}+1}$（$r$ は実数）

(1) $\dfrac{3}{2}>1$ であるから　$\displaystyle\lim_{n\to\infty}\left(\frac{3}{2}\right)^n=\infty$

(2) $\displaystyle\lim_{n\to\infty}(3^n-2^n)=\lim_{n\to\infty}3^n\left\{1-\left(\frac{2}{3}\right)^n\right\}=\infty$

**HINT** $\{r^n\}$ の極限
$r>1$ のとき　$\infty$，
$r=1$ のとき　1，
$|r|<1$ のとき　0
$r\leqq -1$ のとき　振動（極限はない）

(3) $\lim_{n\to\infty}\frac{3^n-1}{2^n+1}=\lim_{n\to\infty}\frac{\left(\frac{3}{2}\right)^n-\left(\frac{1}{2}\right)^n}{1+\left(\frac{1}{2}\right)^n}=\infty$

←分母・分子を $2^n$ で割る。

(4) $\lim_{n\to\infty}\frac{2^n+1}{(-3)^n-2^n}=\lim_{n\to\infty}\frac{\left(-\frac{2}{3}\right)^n+\left(-\frac{1}{3}\right)^n}{1-\left(-\frac{2}{3}\right)^n}=\frac{0+0}{1-0}=\mathbf{0}$

←分母・分子を $(-3)^n$ で割る。

(5) $a_n=\frac{r^{2n+1}-1}{r^{2n}+1}$ とおく。

**$r<-1$, $1<r$ のとき** $\lim_{n\to\infty}a_n=\lim_{n\to\infty}\frac{r-\frac{1}{r^{2n}}}{1+\frac{1}{r^{2n}}}=\boldsymbol{r}$

←$r<-1$, $1<r$ $\Longleftrightarrow |r|>1 \Longleftrightarrow r^2>1$
$\therefore\quad r^{2n}=(r^2)^n\longrightarrow\infty$

**$r=-1$ のとき** $\lim_{n\to\infty}a_n=\lim_{n\to\infty}\frac{-1-1}{1+1}=\mathbf{-1}$

←$(-1)^{偶数}=1$, $(-1)^{奇数}=-1$

**$r=1$ のとき** $\lim_{n\to\infty}a_n=\lim_{n\to\infty}\frac{1-1}{1+1}=\mathbf{0}$

**$-1<r<1$ のとき** $\lim_{n\to\infty}a_n=\lim_{n\to\infty}\frac{(r^2)^n r-1}{(r^2)^n+1}=\frac{0-1}{0+1}=\mathbf{-1}$

←$-1<r<1 \Longleftrightarrow |r|<1$ $\Longleftrightarrow 0\leqq r^2<1$
$\therefore\quad r^{2n}=(r^2)^n\longrightarrow 0$

検討 $r=-1$ と $-1<r<1$ の場合をまとめてもよい。

## 練習 ②25

次の数列が収束するように，実数 $x$ の値の範囲を定めよ。また，そのときの数列の極限値を求めよ。

(1) $\left\{\left(\frac{2}{3}x\right)^n\right\}$　(2) $\{(x^2-4x)^n\}$　(3) $\left\{\left(\frac{x^2+2x-5}{x^2-x+2}\right)^n\right\}$

HINT 数列 $\{r^n\}$ の収束条件は $\boldsymbol{-1<r\leqq 1}$
また，極限値は
$-1<r<1$ なら 0,
$r=1$ なら 1

(1) 収束するための条件は $-1<\frac{2}{3}x\leqq 1$ …… Ⓐ

これを解いて $\boldsymbol{-\frac{3}{2}<x\leqq\frac{3}{2}}$

また，Ⓐ で $\frac{2}{3}x=1$ となるのは，$x=\frac{3}{2}$ のときであるから，

数列の **極限値は $\boldsymbol{-\frac{3}{2}<x<\frac{3}{2}}$ のとき 0，$\boldsymbol{x=\frac{3}{2}}$ のとき 1**

←$-1<r<1$ のときと $r=1$ のときで数列 $\{r^n\}$ の極限値が異なることに注意。

(2) 収束するための条件は $-1<x^2-4x\leqq 1$ …… Ⓐ

$-1<x^2-4x$ から $x^2-4x+1>0$

$x^2-4x+1=0$ の解は $x=2\pm\sqrt{3}$

よって $x<2-\sqrt{3}$, $2+\sqrt{3}<x$ …… ①

$x^2-4x\leqq 1$ から $x^2-4x-1\leqq 0$

$x^2-4x-1=0$ の解は $x=2\pm\sqrt{5}$

よって $2-\sqrt{5}\leqq x\leqq 2+\sqrt{5}$ …… ②

ゆえに，収束するときの実数 $x$ の値の範囲は，① かつ ② から

$$\boldsymbol{2-\sqrt{5}\leqq x<2-\sqrt{3},\ 2+\sqrt{3}<x\leqq 2+\sqrt{5}}$$

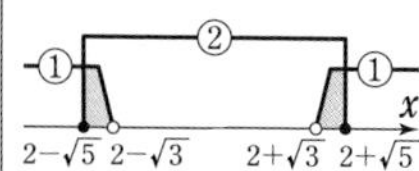


また，Ⓐ で $x^2-4x=1$ となるのは，$x=2\pm\sqrt{5}$ のときであるから，数列の **極限値は**

$\boldsymbol{2-\sqrt{5}<x<2-\sqrt{3},\ 2+\sqrt{3}<x<2+\sqrt{5}}$ **のとき 0；**
$\boldsymbol{x=2\pm\sqrt{5}}$ **のとき 1**

(3) 収束するための条件は　$-1<\dfrac{x^2+2x-5}{x^2-x+2}\leqq 1$ …… Ⓐ

$x^2-x+2=\left(x-\dfrac{1}{2}\right)^2+\dfrac{7}{4}>0$ であるから，各辺に $x^2-x+2$ を掛けて　$-(x^2-x+2)<x^2+2x-5\leqq x^2-x+2$

←各辺に正の数を掛けることになるから，不等号の向きは変わらない。

$-(x^2-x+2)<x^2+2x-5$ から　$2x^2+x-3>0$

ゆえに　$(2x+3)(x-1)>0$

よって　$x<-\dfrac{3}{2},\ 1<x$ …… ①

$x^2+2x-5\leqq x^2-x+2$ から　$3x\leqq 7$　よって　$x\leqq\dfrac{7}{3}$ … ②

ゆえに，収束するときの実数 $x$ の値の範囲は，① かつ ② から

$$x<-\frac{3}{2},\ 1<x\leqq\frac{7}{3}$$

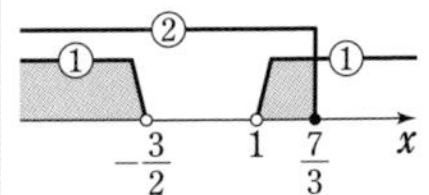


また，Ⓐ で $\dfrac{x^2+2x-5}{x^2-x+2}=1$ となるのは，$x=\dfrac{7}{3}$ のときであるから，数列の **極限値は**

$$\boldsymbol{x<-\frac{3}{2},\ 1<x<\frac{7}{3}}\ \textbf{のとき 0；}\ \boldsymbol{x=\frac{7}{3}}\ \textbf{のとき 1}$$

**練習 ②26** 次の条件によって定められる数列 $\{a_n\}$ の極限を求めよ。
(1) $a_1=2,\ a_{n+1}=3a_n+2$　(2) $a_1=1,\ 2a_{n+1}=6-a_n$

(1) 与えられた漸化式を変形すると

$a_{n+1}+1=3(a_n+1)$　また　$a_1+1=2+1=3$

←$\alpha=3\alpha+2$ の解は $\alpha=-1$

よって，数列 $\{a_n+1\}$ は，初項 3，公比 3 の等比数列で

$a_n+1=3\cdot 3^{n-1}$　ゆえに　$a_n=3^n-1$

したがって　$\displaystyle\lim_{n\to\infty}a_n=\lim_{n\to\infty}(3^n-1)=\infty$

←$3^n\longrightarrow\infty$

(2) 与えられた漸化式を変形すると

←$2\alpha=6-\alpha$ の解は $\alpha=2$

$a_{n+1}-2=-\dfrac{1}{2}(a_n-2)$　また　$a_1-2=1-2=-1$

(漸化式は $a_{n+1}=-\dfrac{1}{2}a_n+3$)

よって，数列 $\{a_n-2\}$ は初項 $-1$，公比 $-\dfrac{1}{2}$ の等比数列で

$a_n-2=-1\cdot\left(-\dfrac{1}{2}\right)^{n-1}$　ゆえに　$a_n=2-\left(-\dfrac{1}{2}\right)^{n-1}$

したがって　$\displaystyle\lim_{n\to\infty}a_n=\lim_{n\to\infty}\left\{2-\left(-\frac{1}{2}\right)^{n-1}\right\}=\boldsymbol{2}$

←$\left(-\dfrac{1}{2}\right)^{n-1}\longrightarrow 0$

**練習 ②27** 次の条件によって定められる数列 $\{a_n\}$ の極限値を求めよ。
$a_1=1,\ a_2=3,\ 4a_{n+2}=5a_{n+1}-a_n$

$4a_{n+2}=5a_{n+1}-a_n$ を変形すると

$a_{n+2}-a_{n+1}=\dfrac{1}{4}(a_{n+1}-a_n)$

←$4x^2=5x-1$ を解くと
$4x^2-5x+1=0$
$(x-1)(4x-1)=0$
よって　$x=1,\ \dfrac{1}{4}$

また　$a_2-a_1=3-1=2$

ゆえに，数列 $\{a_{n+1}-a_n\}$ は，初項 2，公比 $\frac{1}{4}$ の等比数列で

$$a_{n+1}-a_n=2\left(\frac{1}{4}\right)^{n-1}$$

←数列 $\{a_n\}$ の階差数列がわかった。

よって，$n\geqq 2$ のとき

$$a_n=1+\sum_{k=1}^{n-1}2\left(\frac{1}{4}\right)^{k-1}=1+2\cdot\frac{1-\left(\frac{1}{4}\right)^{n-1}}{1-\frac{1}{4}}=1+\frac{8}{3}\left\{1-\left(\frac{1}{4}\right)^{n-1}\right\}$$

←$n\longrightarrow\infty$ の場合を考えるから，$n=1$ のときの確認は必要ない。

したがって　$\lim_{n\to\infty}a_n=\lim_{n\to\infty}\left[1+\frac{8}{3}\left\{1-\left(\frac{1}{4}\right)^{n-1}\right\}\right]=1+\frac{8}{3}=\boldsymbol{\frac{11}{3}}$

別解　与えられた漸化式を変形すると

$$a_{n+2}-a_{n+1}=\frac{1}{4}(a_{n+1}-a_n),\ a_{n+2}-\frac{1}{4}a_{n+1}=a_{n+1}-\frac{1}{4}a_n$$

←$a_{n+2}-\alpha a_{n+1}=\beta(a_{n+1}-\alpha a_n)$ で $\alpha=1$，$\beta=\frac{1}{4}$ とした場合と $\alpha=\frac{1}{4}$，$\beta=1$ とした場合を考える。

また　$a_2-a_1=2$，$a_2-\frac{1}{4}a_1=\frac{11}{4}$

ゆえに　$a_{n+1}-a_n=2\left(\frac{1}{4}\right)^{n-1}$，$a_{n+1}-\frac{1}{4}a_n=\frac{11}{4}$

辺々を引いて　$a_n=\frac{11}{3}-\frac{8}{3}\left(\frac{1}{4}\right)^{n-1}$

←$a_{n+1}$ を消去。

したがって　$\lim_{n\to\infty}a_n=\lim_{n\to\infty}\left\{\frac{11}{3}-\frac{8}{3}\left(\frac{1}{4}\right)^{n-1}\right\}=\frac{11}{3}-0=\boldsymbol{\frac{11}{3}}$

**練習 ③28**　$a_1=5$，$a_{n+1}=\frac{5a_n-16}{a_n-3}$ で定められる数列 $\{a_n\}$ について

(1)　$b_n=a_n-4$ とおくとき，$b_{n+1}$ を $b_n$ で表せ。

(2)　数列 $\{a_n\}$ の一般項を求めよ。　(3)　$\lim_{n\to\infty}a_n$ を求めよ。　〔類　岐阜大〕

HINT　(1)　$a_n=b_n+4$ を与式に代入して整理。
(2)　まず，$b_n>0$ を示し，(1)の漸化式の逆数をとる。

(1)　$a_{n+1}=\frac{5a_n-16}{a_n-3}$ ……①　とする。

$b_n=a_n-4$ から　$a_n=b_n+4$，$a_{n+1}=b_{n+1}+4$

①に代入して　$b_{n+1}+4=\frac{5(b_n+4)-16}{b_n+4-3}=\frac{5b_n+4}{b_n+1}$

よって　$\boldsymbol{b_{n+1}}=\frac{5b_n+4-4(b_n+1)}{b_n+1}=\boldsymbol{\frac{b_n}{b_n+1}}$ ……②

←$b_{n+1}=\frac{5b_n+4}{b_n+1}-4$

(2)　$b_1=a_1-4=1>0$ であるから，②より，すべての $n$ について $b_n>0$ である。

←$b_k>0$ と仮定すると $b_{k+1}=\frac{b_k}{b_k+1}>0$
$b_1>0$ であるから，すべての $n$ について　$b_n>0$

ゆえに，②の両辺の逆数をとると　$\frac{1}{b_{n+1}}=\frac{1}{b_n}+1$

よって，数列 $\left\{\frac{1}{b_n}\right\}$ は初項 $\frac{1}{b_1}=1$，公差 1 の等差数列で

$$\frac{1}{b_n}=1+(n-1)\cdot 1=n \quad すなわち \quad b_n=\frac{1}{n}$$

ゆえに　$a_n-4=\frac{1}{n}$　　よって　$\boldsymbol{a_n=4+\frac{1}{n}}$

(3)　(2)から　$\lim_{n\to\infty}a_n=\lim_{n\to\infty}\left(4+\frac{1}{n}\right)=\boldsymbol{4}$

←$\frac{1}{n}\longrightarrow 0$

2章 練習 〔極限〕

**練習 ③29** 数列 $\{a_n\}$，$\{b_n\}$ を $a_1=b_1=1$，$a_{n+1}=a_n+8b_n$，$b_{n+1}=2a_n+b_n$ で定めるとき

(1) 数列 $\{a_n\}$，$\{b_n\}$ の一般項を求めよ。　(2) $\lim_{n\to\infty}\frac{a_n}{2b_n}$ を求めよ。

HINT (1) $a_{n+1}+\alpha b_{n+1}=\beta(a_n+\alpha b_n)$ として $\alpha$，$\beta$ の値を定め，2 つ定まる等比数列 $\{a_n+\alpha b_n\}$ の一般項を $n$ で表す。または，$b_n$ を消去して，数列 $\{a_n\}$ の隣接 3 項間の漸化式を導く(別解)。

(1) $a_{n+1}+\alpha b_{n+1}=a_n+8b_n+\alpha(2a_n+b_n)=(1+2\alpha)a_n+(8+\alpha)b_n$

←$a_{n+1}=a_n+8b_n$，$b_{n+1}=2a_n+b_n$ を代入。

よって，$a_{n+1}+\alpha b_{n+1}=\beta(a_n+\alpha b_n)$ とすると

$$(1+2\alpha)a_n+(8+\alpha)b_n=\beta a_n+\alpha\beta b_n$$

これがすべての $n$ について成り立つための条件は

$$1+2\alpha=\beta \quad\cdots\cdots ①,\qquad 8+\alpha=\alpha\beta \quad\cdots\cdots ②$$

←係数を比較。

① を ② に代入して整理すると　$\alpha^2=4$　ゆえに　$\alpha=\pm2$

←$8+\alpha=\alpha+2\alpha^2$

① から　$(\alpha,\ \beta)=(2,\ 5),\ (-2,\ -3)$

←$\beta=1+2\alpha$

よって　$a_{n+1}+2b_{n+1}=5(a_n+2b_n)$，$a_1+2b_1=3$；

$a_{n+1}-2b_{n+1}=-3(a_n-2b_n)$，$a_1-2b_1=-1$

←$\{a_n+2b_n\}$ は初項 3，公比 5 の等比数列；$\{a_n-2b_n\}$ は初項 $-1$，公比 $-3$ の等比数列。

ゆえに　$a_n+2b_n=3\cdot5^{n-1}$　$\cdots\cdots$ ③，

$a_n-2b_n=-(-3)^{n-1}$　$\cdots\cdots$ ④

(③+④)÷2 から　$\boldsymbol{a_n=\dfrac{3\cdot5^{n-1}-(-3)^{n-1}}{2}}$

←$a_n$，$b_n$ をそれぞれ消去。

(③−④)÷4 から　$\boldsymbol{b_n=\dfrac{3\cdot5^{n-1}+(-3)^{n-1}}{4}}$

別解 $a_{n+1}=a_n+8b_n$ から　$b_n=\dfrac{1}{8}(a_{n+1}-a_n)$

よって　$b_{n+1}=\dfrac{1}{8}(a_{n+2}-a_{n+1})$

これらを $b_{n+1}=2a_n+b_n$ に代入して整理すると

$$a_{n+2}-2a_{n+1}-15a_n=0$$

←$x^2-2x-15=0$ を解くと，$(x-5)(x+3)=0$ から　$x=5,\ -3$

変形すると　$a_{n+2}-5a_{n+1}=-3(a_{n+1}-5a_n)$，

$a_{n+2}+3a_{n+1}=5(a_{n+1}+3a_n)$

ここで　$a_2-5a_1=(a_1+8b_1)-5a_1=-4a_1+8b_1=4$，

$a_2+3a_1=(a_1+8b_1)+3a_1=4a_1+8b_1=12$

←$\{a_{n+1}-5a_n\}$ は初項 4，公比 $-3$ の等比数列；$\{a_{n+1}+3a_n\}$ は初項 12，公比 5 の等比数列。

ゆえに　$a_{n+1}-5a_n=4(-3)^{n-1}$　$\cdots\cdots$ ⑤，

$a_{n+1}+3a_n=12\cdot5^{n-1}$　$\cdots\cdots$ ⑥

(⑥−⑤)÷8 から　$\boldsymbol{a_n=\dfrac{3\cdot5^{n-1}-(-3)^{n-1}}{2}}$

よって　$\boldsymbol{b_n}=\dfrac{1}{8}(a_{n+1}-a_n)$

$$=\frac{1}{8}\left\{\frac{3\cdot5^n-(-3)^n}{2}-\frac{3\cdot5^{n-1}-(-3)^{n-1}}{2}\right\}$$

←$5^n=5\cdot5^{n-1}$，$(-3)^n=-3(-3)^{n-1}$

$$=\boldsymbol{\frac{3\cdot5^{n-1}+(-3)^{n-1}}{4}}$$

(2) $\displaystyle\lim_{n\to\infty}\frac{a_n}{2b_n}=\lim_{n\to\infty}\frac{3\cdot5^{n-1}-(-3)^{n-1}}{3\cdot5^{n-1}+(-3)^{n-1}}$

←分母・分子を $5^{n-1}$ で割る。

$$=\lim_{n\to\infty}\frac{3-\left(-\frac{3}{5}\right)^{n-1}}{3+\left(-\frac{3}{5}\right)^{n-1}}=\frac{3-0}{3+0}=\mathbf{1}$$

← $\left|-\frac{3}{5}\right|<1$



**練習 ③30**

$a_1=2$, $n\geqq 2$ のとき $a_n=\frac{3}{2}\sqrt{a_{n-1}}-\frac{1}{2}$ を満たす数列 $\{a_n\}$ について

(1) すべての自然数 $n$ に対して $a_n>1$ であることを証明せよ。

(2) 数列 $\{a_n\}$ の極限値を求めよ。 〔類 関西大〕

(1) $a_n>1$ …… ① とする。

[1] $n=1$ のとき，$a_1=2>1$ であるから，① は成り立つ。

[2] $n=k$ のとき，① が成り立つと仮定すると　$a_k>1$

$n=k+1$ のときを考えると，$\sqrt{a_k}>1$ であるから

$$a_{k+1}-1=\left(\frac{3}{2}\sqrt{a_k}-\frac{1}{2}\right)-1=\frac{3}{2}(\sqrt{a_k}-1)>0$$

よって，$n=k+1$ のときにも ① が成り立つ。

[1]，[2] から，すべての自然数 $n$ について ① が成り立つ。

← 数学的帰納法による。

← $a_k>1$ から　$\sqrt{a_k}>1$

(2) $n\geqq 2$ のとき，(1) より $\sqrt{a_n}>1$ であるから

$$a_n-1=\frac{3}{2}(\sqrt{a_{n-1}}-1)=\frac{3}{2}\cdot\frac{a_{n-1}-1}{\sqrt{a_{n-1}}+1}$$
$$<\frac{3}{2}\cdot\frac{a_{n-1}-1}{1+1}=\frac{3}{4}(a_{n-1}-1)$$

これを繰り返すと，$a_n>1$ と $a_1-1=1$ から

$$0<a_n-1<\left(\frac{3}{4}\right)^{n-1}\cdot 1=\left(\frac{3}{4}\right)^{n-1}$$

$\displaystyle\lim_{n\to\infty}\left(\frac{3}{4}\right)^{n-1}=0$ であるから　$\displaystyle\lim_{n\to\infty}(a_n-1)=0$

したがって　$\displaystyle\lim_{n\to\infty}a_n=\mathbf{1}$

(2) 極限値が存在すると仮定して，それを $\alpha$ とおくと，$n\longrightarrow\infty$ のとき
$a_n\longrightarrow\alpha$，$a_{n-1}\longrightarrow\alpha$
ゆえに　$\alpha=\frac{3}{2}\sqrt{\alpha}-\frac{1}{2}$
よって　$3\sqrt{\alpha}=2\alpha+1$
平方して整理すると
$4\alpha^2-5\alpha+1=0$
$(\alpha-1)(4\alpha-1)=0$
ゆえに　$\alpha=1,\ \frac{1}{4}$
$a_n>1$ により　$\alpha=1$ であると予想できる。

**練習 ③31**

1 辺の長さが 1 の正方形 ABCD の辺 AB 上に点 B 以外の点 $P_1$ をとり，辺 AB 上に点列 $P_2$，$P_3$，…… を次のように定める。

$0°<\theta<45°$ とし，$n=1,\ 2,\ 3,$ …… に対し，点 $P_n$ から出発して，辺 BC 上に点 $Q_n$ を $\angle BP_nQ_n=\theta$ となるようにとり，辺 CD 上に点 $R_n$ を $\angle CQ_nR_n=\theta$ となるようにとり，辺 DA 上に点 $S_n$ を $\angle DR_nS_n=\theta$ となるようにとり，辺 AB 上に点 $P_{n+1}$ を $\angle AS_nP_{n+1}=\theta$ となるようにとる。また，$x_n=AP_n$，$a=\tan\theta$ とする。 〔類 和歌山県医大〕

(1) $x_{n+1}$ を $x_n$，$a$ で表せ。　(2) $x_n$ を $n$，$x_1$，$a$ で表せ。　(3) $\displaystyle\lim_{n\to\infty}x_n$ を求めよ。

HINT (1) 図をかき，$AP_n\longrightarrow BQ_n\longrightarrow CR_n\longrightarrow DS_n\longrightarrow AP_{n+1}$ と順に長さを求める。

(1) $AP_n=x_n$，　$BQ_n=BP_n\tan\theta=a(1-x_n)$，

$CR_n=CQ_n\tan\theta=\{1-a(1-x_n)\}a=a-a^2+a^2x_n$，

$DS_n=DR_n\tan\theta=\{1-(a-a^2+a^2x_n)\}a=a-a^2+a^3-a^3x_n$

ゆえに　$x_{n+1}=AP_{n+1}=AS_n\tan\theta$
$=\{1-(a-a^2+a^3-a^3x_n)\}a$
$=a-a^2+a^3-a^4+a^4x_n$

よって　$\boldsymbol{x_{n+1}=a^4x_n+a-a^2+a^3-a^4}$

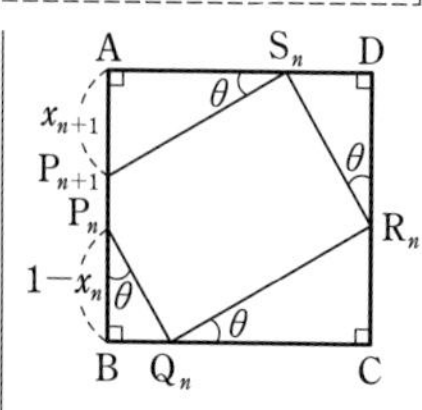

(2) (1)の漸化式において，$\alpha=a^4\alpha+a-a^2+a^3-a^4$ の解

$\alpha=\dfrac{a}{a+1}$ を両辺から引くと

$$x_{n+1}-\frac{a}{a+1}=a^4x_n-\frac{(a+1)(a^4-a^3+a^2-a)+a}{a+1}$$

よって　$x_{n+1}-\dfrac{a}{a+1}=a^4x_n-\dfrac{a^5}{a+1}$

ゆえに　$x_{n+1}-\dfrac{a}{a+1}=a^4\left(x_n-\dfrac{a}{a+1}\right)$

よって，数列 $\left\{x_n-\dfrac{a}{a+1}\right\}$ は，初項 $x_1-\dfrac{a}{a+1}$，公比 $a^4$ の等比数列であるから

$$x_n-\frac{a}{a+1}=\left(x_1-\frac{a}{a+1}\right)(a^4)^{n-1}$$

したがって　$\boldsymbol{x_n=\dfrac{a}{a+1}+\left(x_1-\dfrac{a}{a+1}\right)(a^4)^{n-1}}$

(3) $0°<\theta<45°$ であるから　$0<\tan\theta<1$

ゆえに　$0<a<1$　　よって　$0<a^4<1$

$\lim\limits_{n\to\infty}(a^4)^{n-1}=0$ であるから　$\lim\limits_{n\to\infty}x_n=\boldsymbol{\dfrac{a}{a+1}}$

←$(a^4-1)\alpha$
$=a^4-a^3+a^2-a$
(左辺)
$=(a^2-1)(a^2+1)\alpha$
$=(a+1)(a-1)(a^2+1)\alpha$
(右辺)
$=a^2(a^2+1)-a(a^2+1)$
$=a(a-1)(a^2+1)$
よって　$\alpha$
$=\dfrac{a(a-1)(a^2+1)}{(a+1)(a-1)(a^2+1)}$
$=\dfrac{a}{a+1}$

**練習 ③32**

ある1面だけに印のついた立方体が水平な平面に置かれている。立方体の底面の4辺のうち1辺を等しい確率で選んで，この辺を軸にしてこの立方体を横に倒す操作を $n$ 回続けて行ったとき，印のついた面が立方体の側面にくる確率を $a_n$，底面にくる確率を $b_n$ とする。ただし，印のついた面は最初に上面にあるとする。〔類 東北大〕

(1) $a_2$ を求めよ。　(2) $a_{n+1}$ を $a_n$ で表せ。　(3) $\lim\limits_{n\to\infty}a_n$ を求めよ。

HINT (1) 1回の操作で，印のついた面の移動先は4通りある。
(2) $n$ 回後に，印のついた面が上面，側面，底面にくる各場合に分けて考える。

(1) 1回目の操作後，印のついた面は必ず側面にくるから，次の2回目の操作後に印のついた面が続けて側面にくる確率は

$$\frac{2}{4}=\boldsymbol{\frac{1}{2}}$$

←$a_1=1$

←4通りの移動のうち，2通りの移動で側面にくる。

(2) $(n+1)$ 回後に印のついた面が側面にくるには，印のついた面が

[1] $n$ 回後に上面にあり，$(n+1)$ 回後に側面にくる
[2] $n$ 回後に側面にあり，$(n+1)$ 回後も側面にくる
[3] $n$ 回後に底面にあり，$(n+1)$ 回後に側面にくる

の3つの場合がある。[1]～[3] は互いに排反であるから

$$\boldsymbol{a_{n+1}}=(1-a_n-b_n)\cdot1+a_n\cdot\frac{2}{4}+b_n\cdot1\ \cdots\cdots\ (*)$$
$$=\boldsymbol{-\frac{1}{2}a_n+1}$$

(3) (2)の結果の式から　$a_{n+1}-\dfrac{2}{3}=-\dfrac{1}{2}\left(a_n-\dfrac{2}{3}\right)$

よって，数列 $\left\{a_n-\dfrac{2}{3}\right\}$ は初項 $a_1-\dfrac{2}{3}=1-\dfrac{2}{3}=\dfrac{1}{3}$，公比 $-\dfrac{1}{2}$

(*) 印のついた面が $n$ 回後に上面にくる確率は
$1-a_n-b_n$
また，[1]，[3] に関し，$(n+1)$ 回後，印のついた面は必ず側面にくる。

←$\alpha=-\dfrac{1}{2}\alpha+1$ を解くと
$\alpha=\dfrac{2}{3}$

の等比数列であるから　$a_n-\frac{2}{3}=\frac{1}{3}\left(-\frac{1}{2}\right)^{n-1}$

ゆえに　$a_n=\frac{1}{3}\left(-\frac{1}{2}\right)^{n-1}+\frac{2}{3}$

よって　$\lim_{n\to\infty}a_n=\lim_{n\to\infty}\left\{\frac{1}{3}\left(-\frac{1}{2}\right)^{n-1}+\frac{2}{3}\right\}=\mathbf{\frac{2}{3}}$

←$-1<-\frac{1}{2}<1$



**練習 ②33** 次の無限級数の収束，発散について調べ，収束すればその和を求めよ。

(1) $\frac{1}{1\cdot4}+\frac{1}{4\cdot7}+\frac{1}{7\cdot10}+\frac{1}{10\cdot13}+\cdots\cdots$　(2) $\sum_{n=2}^{\infty}\frac{1}{n^2-1}$

(3) $\sum_{n=1}^{\infty}\frac{1}{\sqrt{2n-1}+\sqrt{2n+1}}$　(4) $\sum_{n=1}^{\infty}\frac{\sqrt{n+1}-\sqrt{n}}{\sqrt{n^2+n}}$

初項から第 $n$ 項 $a_n$ までの部分和を $S_n$ とする。

(1) $a_n=\frac{1}{(3n-2)(3n+1)}=\frac{1}{3}\left(\frac{1}{3n-2}-\frac{1}{3n+1}\right)$ であるから

$S_n=\frac{1}{3}\left(\frac{1}{1}-\frac{1}{4}\right)+\frac{1}{3}\left(\frac{1}{4}-\frac{1}{7}\right)+\cdots\cdots+\frac{1}{3}\left(\frac{1}{3n-2}-\frac{1}{3n+1}\right)$

$=\frac{1}{3}\left(1-\frac{1}{3n+1}\right)$　　よって　$\lim_{n\to\infty}S_n=\frac{1}{3}$

ゆえに，この無限級数は **収束して，その和は $\mathbf{\frac{1}{3}}$** である。

←$\frac{1}{3n-2}-\frac{1}{3n+1}=\frac{3}{(3n-2)(3n+1)}$ から。

←$\frac{1}{3}(1-0)$

(2) $a_n=\frac{1}{n^2-1}=\frac{1}{(n+1)(n-1)}=\frac{1}{2}\left(\frac{1}{n-1}-\frac{1}{n+1}\right)\ (n\geqq2)$ であるから

$S_n=\frac{1}{2}\left(\frac{1}{1}-\frac{1}{3}\right)+\frac{1}{2}\left(\frac{1}{2}-\frac{1}{4}\right)+\cdots\cdots+\frac{1}{2}\left(\frac{1}{n-2}-\frac{1}{n}\right)$

$+\frac{1}{2}\left(\frac{1}{n-1}-\frac{1}{n+1}\right)$

$=\frac{1}{2}\left(1+\frac{1}{2}-\frac{1}{n}-\frac{1}{n+1}\right)$

よって　$\lim_{n\to\infty}S_n=\frac{3}{4}$

ゆえに，この無限級数は **収束して，その和は $\mathbf{\frac{3}{4}}$** である。

←途中の分数が消える。

←$\frac{1}{2}\left(1+\frac{1}{2}-0-0\right)$

(3) $a_n=\frac{1}{\sqrt{2n-1}+\sqrt{2n+1}}=\frac{\sqrt{2n-1}-\sqrt{2n+1}}{(2n-1)-(2n+1)}$

$=-\frac{1}{2}(\sqrt{2n-1}-\sqrt{2n+1})$ であるから

$S_n=-\frac{1}{2}\{(\sqrt{1}-\sqrt{3})+(\sqrt{3}-\sqrt{5})+\cdots\cdots$

$+(\sqrt{2n-3}-\sqrt{2n-1})+(\sqrt{2n-1}-\sqrt{2n+1})\}$

$=\frac{1}{2}(\sqrt{2n+1}-1)$

よって　$\lim_{n\to\infty}S_n=\infty$

ゆえに，この無限級数は **発散する**。

←分母の有理化。分母・分子に $\sqrt{2n-1}-\sqrt{2n+1}$ を掛ける。

←途中の $\sqrt{\ \ }$ が消える。

(4) $a_n=\dfrac{\sqrt{n+1}-\sqrt{n}}{\sqrt{n^2+n}}=\dfrac{1}{\sqrt{n}}-\dfrac{1}{\sqrt{n+1}}$ であるから

$$S_n=\left(1-\frac{1}{\sqrt{2}}\right)+\left(\frac{1}{\sqrt{2}}-\frac{1}{\sqrt{3}}\right)+\cdots\cdots$$
$$+\left(\frac{1}{\sqrt{n-1}}-\frac{1}{\sqrt{n}}\right)+\left(\frac{1}{\sqrt{n}}-\frac{1}{\sqrt{n+1}}\right)$$
$$=1-\frac{1}{\sqrt{n+1}}$$ よって $\displaystyle\lim_{n\to\infty}S_n=1$

ゆえに，この無限級数は **収束して，その和は 1** である。

←$\dfrac{\sqrt{n+1}-\sqrt{n}}{\sqrt{n(n+1)}}=\dfrac{1}{\sqrt{n}}-\dfrac{1}{\sqrt{n+1}}$

**練習 ②34** 次の無限級数は発散することを示せ。

(1) $1-2+3-4+5-\cdots\cdots$ (2) $1+\dfrac{2}{3}+\dfrac{3}{5}+\dfrac{4}{7}+\cdots\cdots$

(3) $\sin^2\dfrac{\pi}{2}+\sin^2\pi+\sin^2\dfrac{3}{2}\pi+\sin^2 2\pi+\cdots\cdots$

第 $n$ 項を $a_n$ とする。

(1) $a_n=(-1)^{n+1}n$

数列 $\{a_n\}$ は振動して 0 に収束しないから，無限級数は発散する。

(2) $a_n=\dfrac{n}{2n-1}$ であり $\displaystyle\lim_{n\to\infty}a_n=\lim_{n\to\infty}\frac{1}{2-\frac{1}{n}}=\frac{1}{2}$

数列 $\{a_n\}$ は 0 に収束しないから，無限級数は発散する。

(3) $a_n=\sin^2\dfrac{n\pi}{2}$

$k$ を自然数とすると，$n=2k-1$ のとき

$$\sin\frac{n\pi}{2}=\sin\left(k\pi-\frac{\pi}{2}\right)=-\cos k\pi=\begin{cases}1 & (k\text{ が奇数})\\ -1 & (k\text{ が偶数})\end{cases}$$

よって $\sin^2\dfrac{n\pi}{2}=(\pm1)^2=1$

$n=2k$ のとき $\sin^2\dfrac{n\pi}{2}=\sin^2 k\pi=0$

ゆえに，数列 $\{a_n\}$ は振動して 0 に収束しないから，無限級数は発散する。

HINT **数列 $\{a_n\}$ が 0 に収束しない ⟹ 無限級数 $\displaystyle\sum_{n=1}^{\infty}a_n$ は発散** を利用。

←分母・分子を $n$ で割る。

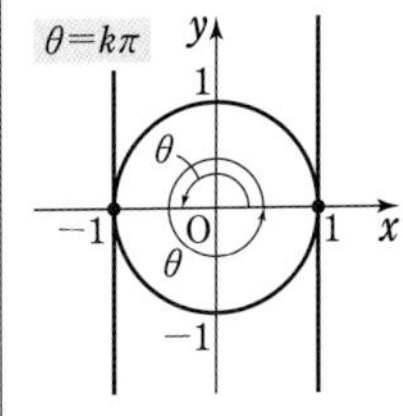


←数列 $\{a_n\}$ は 1，0，1，0，……

**練習 ②35** (1) 次の無限等比級数の収束，発散を調べ，収束すればその和を求めよ。

(ア) $1-\dfrac{1}{3}+\dfrac{1}{9}-\cdots\cdots$ (イ) $2+2\sqrt{2}+4+\cdots\cdots$

(ウ) $(3+\sqrt{2})+(1-2\sqrt{2})+(5-3\sqrt{2})+\cdots\cdots$

(2) 無限級数 $\displaystyle\sum_{n=0}^{\infty}\frac{1}{7^n}\cos\frac{n\pi}{2}$ の和を求めよ。

(1) (ア) 初項は 1，公比は $r=-\dfrac{1}{3}$ で，$|r|<1$ であるから，**収束する。**

その **和は** $\dfrac{1}{1-\left(-\frac{1}{3}\right)}=\mathbf{\dfrac{3}{4}}$

←$r=\dfrac{a_2}{a_1}$

←$\dfrac{(初項)}{1-(公比)}$

(イ) 初項は 2, 公比は $r=\sqrt{2}$ で, $|r|>1$ であるから, **発散する。**

(ウ) 初項は $3+\sqrt{2}$, 公比は

$$r=\frac{1-2\sqrt{2}}{3+\sqrt{2}}=\frac{(1-2\sqrt{2})(3-\sqrt{2})}{(3+\sqrt{2})(3-\sqrt{2})}$$

$$=\frac{7(1-\sqrt{2})}{7}=1-\sqrt{2}$$

$|r|=\sqrt{2}-1<1$ であるから, **収束する。**

その **和は** $\quad \dfrac{3+\sqrt{2}}{1-(1-\sqrt{2})}=\dfrac{3+\sqrt{2}}{\sqrt{2}}=\mathbf{\dfrac{2+3\sqrt{2}}{2}}$

←$1<\sqrt{2}<2$ であるから $0<\sqrt{2}-1<1$

(2) $k$ を 0 以上の整数とすると

$n=2k+1$ のとき $\quad \cos\dfrac{n\pi}{2}=\cos\left(k\pi+\dfrac{\pi}{2}\right)=-\sin k\pi=0$

←$\cos\left(\dfrac{\pi}{2}+\theta\right)=-\sin\theta$

$n=2k$ のとき $\quad \cos\dfrac{n\pi}{2}=\cos k\pi=(-1)^k$

←$k$ が整数のとき $\cos k\pi=\begin{cases}1 & (k\text{ が偶数})\\ -1 & (k\text{ が奇数})\end{cases}$

よって, $\dfrac{1}{7^n}\cos\dfrac{n\pi}{2}$ で $n=0,\ 1,\ 2,\ \cdots\cdots$ とおいたものを順に並べると $\quad 1,\ 0,\ -\dfrac{1}{7^2},\ 0,\ \dfrac{1}{7^4},\ 0,\ \cdots\cdots$

ゆえに, $\displaystyle\sum_{n=0}^{\infty}\frac{1}{7^n}\cos\frac{n\pi}{2}$ は初項 1, 公比 $-\dfrac{1}{7^2}$ の無限等比級数であり, 公比 $r$ は $|r|<1$ であるから収束する。

その和は $\quad \dfrac{1}{1-\left(-\dfrac{1}{7^2}\right)}=\mathbf{\dfrac{49}{50}}$

←無限等比級数 $1-\dfrac{1}{7^2}+\dfrac{1}{7^4}-\dfrac{1}{7^6}+\cdots\cdots$ とみる。

**練習 ②36** 無限等比級数 $x+x(x^2-x+1)+x(x^2-x+1)^2+\cdots\cdots$ が収束するとき, 実数 $x$ の値の範囲を求めよ。また, この無限級数の和 $S$ を求めよ。

与えられた無限級数は, 初項 $x$, 公比 $x^2-x+1$ の無限等比級数であるから, 収束するための条件は

$$x=0 \quad \text{または} \quad |x^2-x+1|<1$$

←**(初項)=0 または |公比|<1**

$|x^2-x+1|<1$ から $\quad -1<x^2-x+1<1$

$-1<x^2-x+1$ から $\quad x^2-x+2>0$

ゆえに $\quad \left(x-\dfrac{1}{2}\right)^2+\dfrac{7}{4}>0$

この不等式は常に成り立つ。

$x^2-x+1<1$ から $\quad x^2-x<0$

ゆえに $\quad x(x-1)<0 \qquad$ よって $\quad 0<x<1 \quad \cdots\cdots$ ①

求める $x$ の値の範囲は, $x=0$ と ① を合わせた範囲で

$$\mathbf{0\leqq x<1}$$

なお, 公比 $x^2-x+1$ について $x^2-x+1=\left(x-\dfrac{1}{2}\right)^2+\dfrac{3}{4}>0$ であるから, 収束するための条件を $x^2-x+1<1$ として考えてもよい。

また, 和 $S$ は $\quad$ **$x=0$ のとき $\quad S=0$**

**$0<x<1$ のとき** $\quad S=\dfrac{x}{1-(x^2-x+1)}=\dfrac{x}{x(1-x)}=\mathbf{\dfrac{1}{1-x}}$

←$\dfrac{(\text{初項})}{1-(\text{公比})}$

**練習 ①37** 次の循環小数を分数に直せ。
(1) $0.\dot{6}\dot{3}$ (2) $0.0\dot{5}1\dot{8}$ (3) $3.2\dot{1}\dot{8}$

(1)　$0.\dot{6}\dot{3}=0.63+0.0063+0.000063+\cdots\cdots$

よって，初項 0.63，公比 0.01 の無限等比級数であるから

$$0.\dot{6}\dot{3}=\frac{0.63}{1-0.01}=\frac{0.63}{0.99}=\frac{63}{99}=\boldsymbol{\frac{7}{11}}$$

(2)　$0.0\dot{5}1\dot{8}=0.0518+0.0000518+0.0000000518+\cdots\cdots$

よって，初項 0.0518，公比 0.001 の無限等比級数であり，

$518=2\cdot7\cdot37$ であるから

$$0.0\dot{5}1\dot{8}=\frac{0.0518}{1-0.001}=\frac{0.0518}{0.999}=\frac{518}{9990}=\boldsymbol{\frac{7}{135}}$$

(3)　$3.2\dot{1}\dot{8}=3.2+0.018+0.00018+0.0000018+\cdots\cdots$

よって，第 2 項以降は初項 0.018，公比 0.01 の無限等比級数であるから

$$3.2\dot{1}\dot{8}=3.2+\frac{0.018}{1-0.01}=3.2+\frac{0.018}{0.99}=\frac{32}{10}+\frac{18}{990}=\frac{16}{5}+\frac{1}{55}$$

$$=\boldsymbol{\frac{177}{55}}$$

別解　(1)　$x=0.\dot{6}\dot{3}$ とする。

$$\begin{array}{rr} 100x= & 63.\dot{6}\dot{3} \\ -)\quad x= & 0.\dot{6}\dot{3} \\ \hline 99x= & 63 \end{array}$$

よって　$x=\frac{63}{99}=\boldsymbol{\frac{7}{11}}$

(2)　$x=0.0\dot{5}1\dot{8}$ とする。

$$\begin{array}{rr} 10000x= & 518.\dot{5}1\dot{8} \\ -)\quad 10x= & 0.\dot{5}1\dot{8} \\ \hline 9990x= & 518 \end{array}$$

よって　$x=\frac{518}{9990}=\boldsymbol{\frac{7}{135}}$

(3)　$x=3.2\dot{1}\dot{8}$ とする。

$$\begin{array}{rr} 1000x= & 3218.\dot{1}\dot{8} \\ -)\quad 10x= & 32.\dot{1}\dot{8} \\ \hline 990x= & 3186 \end{array}$$

よって　$x=\frac{3186}{990}=\boldsymbol{\frac{177}{55}}$

**練習 ②38**　あるボールを床に落とすと，ボールは常に落ちる高さの $\frac{3}{5}$ まではね返るという。このボールを 3 m の高さから落としたとき，静止するまでにボールが上下する距離の総和を求めよ。

ボールが上下する距離の総和 $S$ は

$$S=3+2\times\left(3\times\frac{3}{5}\right)+2\times\left\{3\times\left(\frac{3}{5}\right)^2\right\}+2\times\left\{3\times\left(\frac{3}{5}\right)^3\right\}+\cdots\cdots$$

$$=3+6\cdot\frac{3}{5}+6\left(\frac{3}{5}\right)^2+6\left(\frac{3}{5}\right)^3+\cdots\cdots$$

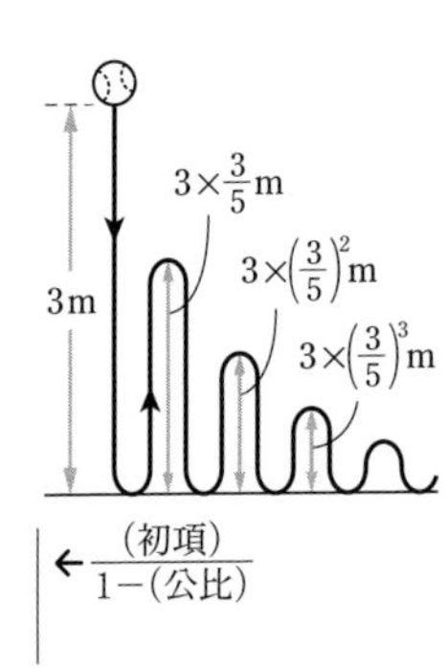


$6\cdot\frac{3}{5}+6\left(\frac{3}{5}\right)^2+6\left(\frac{3}{5}\right)^3+\cdots\cdots$ は初項 $6\cdot\frac{3}{5}$，公比 $\frac{3}{5}$ の無限等比級数で，$\left|\frac{3}{5}\right|<1$ であるから，収束する。

したがって　　$S=3+6\cdot\frac{3}{5}\cdot\frac{1}{1-\frac{3}{5}}=\boldsymbol{12\ (\mathrm{m})}$

←$\frac{(初項)}{1-(公比)}$

**練習 ③39**　正方形 $S_n$，円 $C_n$ $(n=1,\ 2,\ \cdots\cdots)$ を次のように定める。$C_n$ は $S_n$ に内接し，$S_{n+1}$ は $C_n$ に内接する。$S_1$ の 1 辺の長さを $a$ とするとき，円周の総和を求めよ。〔工学院大〕

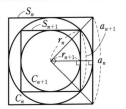

正方形 $S_n$ の 1 辺の長さを $a_n$，
円 $C_n$ の半径を $r_n$ とすると

$$r_n=\frac{a_n}{2},\quad a_{n+1}=\sqrt{2}\,r_n$$

←(円の直径)＝(正方形の 1 辺の長さ)

よって　　$r_{n+1}=\frac{r_n}{\sqrt{2}}$

←$r_{n+1}=\frac{a_{n+1}}{2}=\frac{\sqrt{2}\,r_n}{2}$

$a_1=a$ から　　$r_1=\frac{a}{2}$

ゆえに，数列 $\{r_n\}$ は初項 $\frac{a}{2}$，公比 $\frac{1}{\sqrt{2}}$ の無限等比数列である。

したがって，円周の総和は

$$\sum_{n=1}^{\infty} 2\pi r_n = 2\pi \cdot \frac{\frac{a}{2}}{1-\frac{1}{\sqrt{2}}} = \frac{\sqrt{2}\,\pi a}{\sqrt{2}-1} = \boldsymbol{(2+\sqrt{2})\pi a}$$

←|公比|<1 から，円周の総和は収束する。

← $\dfrac{(初項)}{1-(公比)}$



**練習 ③40** 右図のような正六角形 $A_1B_1C_1D_1E_1F_1$ において，$\triangle A_1C_1E_1$ と $\triangle D_1F_1B_1$ の共通部分としてできる正六角形 $A_2B_2C_2D_2E_2F_2$ を考える。$A_1B_1=1$ とし，正六角形 $A_1B_1C_1D_1E_1F_1$ の面積を $S_1$，正六角形 $A_2B_2C_2D_2E_2F_2$ の面積を $S_2$ とする。同様の操作で順に正六角形を作り，それらの面積を $S_3$，$S_4$，……，$S_n$，…… とする。面積の総和 $\sum_{n=1}^{\infty} S_n$ を求めよ。

〔類　大阪工大〕

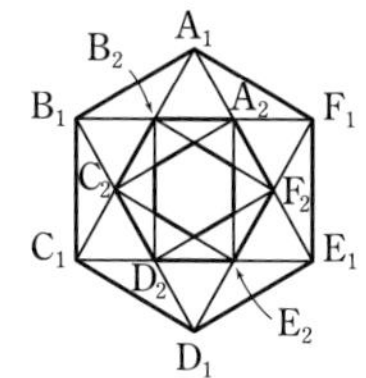


HINT　まず $S_1$ を求める。次に，相似な 2 つの正六角形の面積比は相似比の平方であることから，$\dfrac{S_{n+1}}{S_n}=\left(\dfrac{A_{n+1}B_{n+1}}{A_nB_n}\right)^2$ を求める。

正六角形 $A_1B_1C_1D_1E_1F_1$ の中心を O とすると，$\triangle OA_1B_1$ において　　$OA_1=OB_1=1$，$\angle A_1OB_1=60°$

$$S_1=6\triangle OA_1B_1=6\times\frac{1}{2}\cdot1\cdot1\sin60°=\frac{3\sqrt{3}}{2}$$

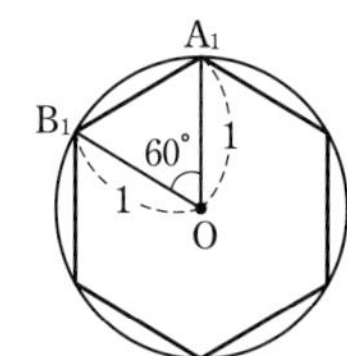


また，$\angle B_nA_nF_n=720°\div6=120°$ から

$$\angle A_nB_nA_{n+1}=\frac{180°-120°}{2}=30°$$

また，$\angle A_nA_{n+1}B_n=60°$ より，

$\angle B_nA_nA_{n+1}=90°$ であるから

$$A_nB_n=\sqrt{3}\,A_nA_{n+1}=\sqrt{3}\,A_{n+1}B_{n+1}$$

←六角形の内角の和は $180°\times(6-2)=720°$

また，$\triangle A_nB_{n+1}A_{n+1}$ は正三角形。

よって　　$A_{n+1}B_{n+1}=\dfrac{1}{\sqrt{3}}A_nB_n$

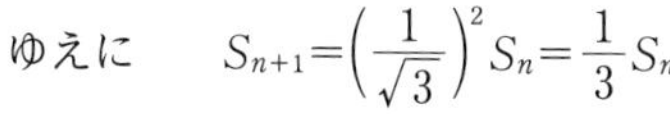

ゆえに　　$S_{n+1}=\left(\dfrac{1}{\sqrt{3}}\right)^2S_n=\dfrac{1}{3}S_n$

←(相似比)$^2$=(面積比)

したがって，数列 $\{S_n\}$ は初項 $S_1=\dfrac{3\sqrt{3}}{2}$，公比 $\dfrac{1}{3}$ の等比数列

← $-1<\dfrac{1}{3}<1$

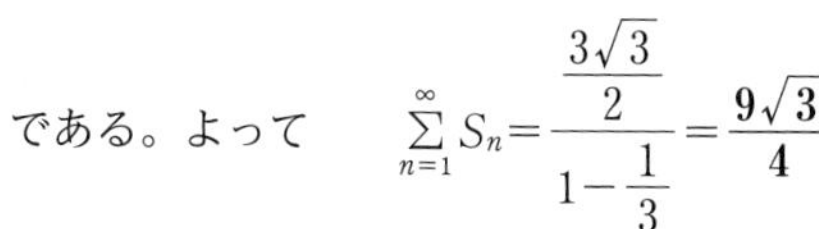

である。よって　　$\displaystyle\sum_{n=1}^{\infty}S_n=\frac{\frac{3\sqrt{3}}{2}}{1-\frac{1}{3}}=\boldsymbol{\frac{9\sqrt{3}}{4}}$

← $\dfrac{(初項)}{1-(公比)}$

**練習 ③41** 無限等比数列 $\{a_n\}$ が $\sum_{n=1}^{\infty}a_n=\sum_{n=1}^{\infty}a_n{}^3=2$ を満たすとき

(1)　数列 $\{a_n\}$ の初項と公比を求めよ。　　(2)　$\sum_{n=1}^{\infty}a_n{}^2$ を求めよ。

〔(1) 学習院大〕

(1)　数列 $\{a_n\}$ の初項を $a$，公比を $r$ とすると，$\sum_{n=1}^{\infty}a_n=2$ であるから，$a\neq0$ であり，$-1<r<1$ である。

←収束条件について確認。

条件から　　$\dfrac{a}{1-r}=2$ …… ①，$\dfrac{a^3}{1-r^3}=2$ …… ②

←無限等比級数 $\sum_{n=1}^{\infty}a_n{}^3$ の初項は $a^3$，公比は $r^3$

① から　　$a=2(1-r)$ …… ③　　② から　　$a^3=2(1-r^3)$

③ を代入して　$\{2(1-r)\}^3=2(1-r^3)$

ゆえに　$(1-r)\{4(1-r)^2-(1+r+r^2)\}=0$

整理すると　$(r-1)(r^2-3r+1)=0$

これを解くと　$r=1,\ \dfrac{3\pm\sqrt{5}}{2}$

$-1<r<1$ であるから　$r=\dfrac{3-\sqrt{5}}{2}$

③ から　$a=2\left(1-\dfrac{3-\sqrt{5}}{2}\right)=\sqrt{5}-1$

したがって　**初項は $\sqrt{5}-1$，公比は $\dfrac{3-\sqrt{5}}{2}$**

←$1-r^3=(1-r)(1+r+r^2)$

←{　} の中を整理すると　$3r^2-9r+3$

←$r^2-3r+1=0$ の解は $r=\dfrac{-(-3)\pm\sqrt{(-3)^2-4\cdot1\cdot1}}{2\cdot1}$

(2)　$\displaystyle\sum_{n=1}^{\infty}a_n{}^2$ は初項 $(\sqrt{5}-1)^2=6-2\sqrt{5}$，公比

$\left(\dfrac{3-\sqrt{5}}{2}\right)^2=\dfrac{7-3\sqrt{5}}{2}$ の無限等比級数であるから

$$\sum_{n=1}^{\infty}a_n{}^2=\frac{6-2\sqrt{5}}{1-\dfrac{7-3\sqrt{5}}{2}}=\frac{12-4\sqrt{5}}{3\sqrt{5}-5}=\frac{4(3-\sqrt{5})}{\sqrt{5}(3-\sqrt{5})}=\boldsymbol{\frac{4}{\sqrt{5}}}$$

←初項は $a^2$，公比は $r^2$

←$-1<\dfrac{3-\sqrt{5}}{2}<1$ から $-1<\left(\dfrac{3-\sqrt{5}}{2}\right)^2<1$

**練習 ②42**　次の無限級数の収束，発散について調べ，収束すればその和を求めよ。

(1)　$\displaystyle\sum_{n=1}^{\infty}\left\{2\left(-\frac{2}{3}\right)^{n-1}+3\left(\frac{1}{4}\right)^{n-1}\right\}$　　(2)　$(1-2)+\left(\dfrac{1}{2}+\dfrac{2}{3}\right)+\left(\dfrac{1}{2^2}-\dfrac{2}{3^2}\right)+\cdots\cdots$

(1)　$\displaystyle\sum_{n=1}^{\infty}2\left(-\frac{2}{3}\right)^{n-1}$ は初項 2，公比 $-\dfrac{2}{3}$ の無限等比級数

$\displaystyle\sum_{n=1}^{\infty}3\left(\frac{1}{4}\right)^{n-1}$ は初項 3，公比 $\dfrac{1}{4}$ の無限等比級数

で，公比の絶対値が 1 より小さいから，これらの無限等比級数はともに収束する。

ゆえに，与えられた無限級数は **収束して，その和は**

$$(\text{与式})=\frac{2}{1-\left(-\dfrac{2}{3}\right)}+\frac{3}{1-\dfrac{1}{4}}=\frac{6}{5}+4=\boldsymbol{\frac{26}{5}}$$

←無限等比級数 $\displaystyle\sum_{n=1}^{\infty}ar^{n-1}$ の収束条件は $a=0$ または $|r|<1$

また，$\displaystyle\sum_{n=1}^{\infty}a_n$，$\displaystyle\sum_{n=1}^{\infty}b_n$ がともに収束するとき

$\displaystyle\sum_{n=1}^{\infty}(a_n+b_n)=\sum_{n=1}^{\infty}a_n+\sum_{n=1}^{\infty}b_n$

(2)　初項から第 $n$ 項までの部分和を $S_n$ とすると

$$S_n=(1-2)+\left(\frac{1}{2}+\frac{2}{3}\right)+\left(\frac{1}{2^2}-\frac{2}{3^2}\right)+\cdots\cdots+\left\{\frac{1}{2^{n-1}}-\frac{2\cdot(-1)^{n-1}}{3^{n-1}}\right\}$$

$$=\left(1+\frac{1}{2}+\frac{1}{2^2}+\cdots\cdots+\frac{1}{2^{n-1}}\right)-2\left\{1-\frac{1}{3}+\frac{1}{3^2}+\cdots\cdots+\left(-\frac{1}{3}\right)^{n-1}\right\}$$

$$=\frac{1-\left(\dfrac{1}{2}\right)^n}{1-\dfrac{1}{2}}-2\cdot\frac{1-\left(-\dfrac{1}{3}\right)^n}{1-\left(-\dfrac{1}{3}\right)}=2\left\{1-\left(\frac{1}{2}\right)^n\right\}-\frac{3}{2}\left\{1-\left(-\frac{1}{3}\right)^n\right\}$$

よって　$\displaystyle\lim_{n\to\infty}S_n=2\cdot1-\frac{3}{2}\cdot1=\frac{1}{2}$

ゆえに，与えられた無限級数は **収束して，その和は $\dfrac{1}{2}$**

←$S_n$ は有限個の項の和なので，左のように順序を変えて計算してよい。

←初項 $a$，公比 $r$ の等比数列の初項から第 $n$ 項までの和は，$r\neq1$ のとき $\dfrac{a(1-r^n)}{1-r}$

別解　$(与式)=\sum_{n=1}^{\infty}\left\{\frac{1}{2^{n-1}}-\frac{2\cdot(-1)^{n-1}}{3^{n-1}}\right\}=\sum_{n=1}^{\infty}\left\{\left(\frac{1}{2}\right)^{n-1}-2\left(-\frac{1}{3}\right)^{n-1}\right\}$

←(1)と同様に，無限級数の性質を利用する。

$\sum_{n=1}^{\infty}\left(\frac{1}{2}\right)^{n-1}$ は初項 1，公比 $\frac{1}{2}$ の無限等比級数

$\sum_{n=1}^{\infty}2\left(-\frac{1}{3}\right)^{n-1}$ は初項 2，公比 $-\frac{1}{3}$ の無限等比級数

で，公比の絶対値が 1 より小さいから，これらの無限等比級数はともに収束する。

ゆえに，与えられた無限級数は **収束して，その和は**

$$(与式)=\sum_{n=1}^{\infty}\left(\frac{1}{2}\right)^{n-1}-\sum_{n=1}^{\infty}2\left(-\frac{1}{3}\right)^{n-1}=\frac{1}{1-\frac{1}{2}}-\frac{2}{1-\left(-\frac{1}{3}\right)}=2-\frac{3}{2}=\boldsymbol{\frac{1}{2}}$$

**練習 ③43**　次の無限級数の収束，発散を調べ，収束すればその和を求めよ。

(1)　$\frac{1}{2}+\frac{1}{3}+\frac{1}{2^2}+\frac{1}{3^2}+\frac{1}{2^3}+\frac{1}{3^3}+\cdots\cdots$

(2)　$2-\frac{3}{2}+\frac{3}{2}-\frac{4}{3}+\frac{4}{3}-\cdots\cdots-\frac{n+1}{n}+\frac{n+1}{n}-\frac{n+2}{n+1}+\cdots\cdots$

初項から第 $n$ 項までの部分和を $S_n$ とする。

(1)　$S_{2n}=\left\{\frac{1}{2}+\left(\frac{1}{2}\right)^2+\cdots\cdots+\left(\frac{1}{2}\right)^n\right\}+\left\{\frac{1}{3}+\left(\frac{1}{3}\right)^2+\cdots\cdots+\left(\frac{1}{3}\right)^n\right\}$

←部分和(有限個の和)なので，項の順序を変えてよい。

$$=\frac{1}{2}\cdot\frac{1-\left(\frac{1}{2}\right)^n}{1-\frac{1}{2}}+\frac{1}{3}\cdot\frac{1-\left(\frac{1}{3}\right)^n}{1-\frac{1}{3}}=\frac{3}{2}-\left(\frac{1}{2}\right)^n-\frac{1}{2}\left(\frac{1}{3}\right)^n$$

また　$S_{2n-1}=S_{2n}-\frac{1}{3^n}$

←$S_{2n-1}$ は，$S_{2n}$ から $S_{2n}$ の最後の項 $\frac{1}{3^n}$ を引いたもの。

よって　$\lim_{n\to\infty}S_{2n}=\frac{3}{2}$，$\lim_{n\to\infty}S_{2n-1}=\lim_{n\to\infty}\left(S_{2n}-\frac{1}{3^n}\right)=\frac{3}{2}$

ゆえに，この無限級数は **収束して，和は $\boldsymbol{\frac{3}{2}}$**

←本冊 $p.75$ の指針 [1]，[2] 参照。

(2)　$S_{2n-1}=2+\left(-\frac{3}{2}+\frac{3}{2}\right)+\left(-\frac{4}{3}+\frac{4}{3}\right)+\cdots+\left(-\frac{n+1}{n}+\frac{n+1}{n}\right)$

$=2$

←$S_{2n-1}$ が求めやすい。

$S_{2n}=S_{2n-1}-\frac{n+2}{n+1}=2-\frac{n+2}{n+1}=2-\left(1+\frac{1}{n+1}\right)=1-\frac{1}{n+1}$

←$S_{2n}$ は $S_{2n}=S_{2n-1}+a_{2n}$ から求める。

$\lim_{n\to\infty}S_{2n-1}=2$，$\lim_{n\to\infty}S_{2n}=\lim_{n\to\infty}\left(1-\frac{1}{n+1}\right)=1$ で，

$\lim_{n\to\infty}S_{2n-1}\neq\lim_{n\to\infty}S_{2n}$ であるから，この無限級数は **発散する。**

検討　一般に，無限数列 $\{a_n\}$ が $\alpha$ に収束すれば，その任意の無限部分数列も $\alpha$ に収束する。この対偶を考えると，ある無限数列，例えば，数列 $\{a_{2n-1}\}$ と数列 $\{a_{2n}\}$ が $\alpha$ に収束しなければ数列 $\{a_n\}$ は $\alpha$ に収束しない。すなわち，発散する。
(2)で，数列 $\{S_n\}$ の部分数列 $\{S_{2n-1}\}$ と $\{S_{2n}\}$ は異なる値に収束するから，数列 $\{S_n\}$ は収束しない。したがって，(2)で与えられた無限級数は発散する。

(2) の 別解　数列 $\{a_n\}$ の部分数列 $\{a_{2n-1}\}$ で　$\lim_{n\to\infty} a_{2n-1}=\lim_{n\to\infty}\frac{n+1}{n}=1$

よって，数列 $\{a_n\}$ は 0 に収束しないから，この無限級数は **発散する。**

**練習 ③44**　$n$ を 2 以上の自然数，$x$ を $0<x<1$ である実数とし，$\frac{1}{x}=1+h$ とおく。
(1) $\frac{1}{x^n}>\frac{n(n-1)}{2}h^2$ が成り立つことを示し，$\lim_{n\to\infty} nx^n$ を求めよ。
(2) $S_n=1+2x+\cdots\cdots+nx^{n-1}$ とするとき，$\lim_{n\to\infty} S_n$ を求めよ。　〔類 芝浦工大〕

(1) $0<x<1$ のとき，$\frac{1}{x}>1$ であるから，$h>0$ である。

二項定理により

$$\frac{1}{x^n}=(1+h)^n=1+{}_nC_1h+{}_nC_2h^2+\cdots\cdots+{}_nC_nh^n>{}_nC_2h^2$$

よって　$\frac{1}{x^n}>\frac{n(n-1)}{2}h^2$　ゆえに　$0<x^n<\frac{2}{n(n-1)h^2}$

したがって　$0<nx^n<\frac{2}{(n-1)h^2}$

$\lim_{n\to\infty}\frac{2}{(n-1)h^2}=0$ であるから　$\lim_{n\to\infty} nx^n=\mathbf{0}$

(2)　$S_n=1+2x+3x^2+\cdots\cdots+nx^{n-1}$
$xS_n=\quad x+2x^2+\cdots\cdots+(n-1)x^{n-1}+nx^n$

よって　$(1-x)S_n=\underline{1+x+\cdots\cdots+x^{n-1}}-nx^n$

$0<x<1$ であるから　$(1-x)S_n=\frac{1\cdot(1-x^n)}{1-x}-nx^n$

ゆえに　$S_n=\frac{1-x^n}{(1-x)^2}-\frac{nx^n}{1-x}$

$0<x<1$ のとき，$\lim_{n\to\infty} x^n=0$，$\lim_{n\to\infty} nx^n=0$ であるから

$$\lim_{n\to\infty} S_n=\frac{1-0}{(1-x)^2}-\frac{0}{1-x}=\mathbf{\frac{1}{(1-x)^2}}$$

HINT　(2) 部分和 $S_n$ は，$S_n-xS_n$ を利用して求める。

←${}_{●}C_{■}>0$，$h>0$

←はさみうちの原理。

←＿は初項 1，公比 $x$，項数 $n$ の等比数列の和。

←$\lim_{n\to\infty} nx^n=0$ は (1) から。

**練習 ④45**　無限級数 $\sum_{n=1}^{\infty}\frac{1}{n}$ は発散することを用いて，無限級数 $\sum_{n=1}^{\infty}\frac{1}{\sqrt{n}}$ は発散することを示せ。

$n\geqq1$ のとき，$n$ と $\sqrt{n}$ の大小関係は，
$n-\sqrt{n}=\sqrt{n}(\sqrt{n}-1)\geqq0$ から　$n\geqq\sqrt{n}$

したがって　$\frac{1}{\sqrt{n}}\geqq\frac{1}{n}$

ゆえに，$S_n=\sum_{k=1}^{n}\frac{1}{\sqrt{k}}$，$S_n'=\sum_{k=1}^{n}\frac{1}{k}$ とおくと　$S_n\geqq S_n'$

無限級数 $\sum_{n=1}^{\infty}\frac{1}{n}$ は発散するから　$\lim_{n\to\infty} S_n'=\lim_{n\to\infty}\sum_{k=1}^{n}\frac{1}{k}=\infty$

よって　$\lim_{n\to\infty} S_n=\infty$

したがって，$\sum_{n=1}^{\infty}\frac{1}{\sqrt{n}}$ は発散する。

HINT　まず，$n\geqq1$ のとき $\frac{1}{\sqrt{n}}\geqq\frac{1}{n}$ であることを示す。

検討　一般にすべての $n$ について $0<p_n\leqq q_n$ が成り立つとき $\sum_{n=1}^{\infty}q_n$ が収束すれば $\sum_{n=1}^{\infty}p_n$ も収束し，$\sum_{n=1}^{\infty}p_n$ が発散すれば $\sum_{n=1}^{\infty}q_n$ も発散する。

**練習 ④46** 実数列 $\{a_n\}$, $\{b_n\}$ を, $\left(\dfrac{1+i}{2}\right)^n=a_n+ib_n$ $(n=1,\ 2,\ \cdots\cdots)$ により定める。

(1) 数列 $\{a_n{}^2+b_n{}^2\}$ の一般項を求めよ。また, $\displaystyle\lim_{n\to\infty}(a_n{}^2+b_n{}^2)$ を求めよ。

(2) $\displaystyle\lim_{n\to\infty}a_n=\lim_{n\to\infty}b_n=0$ であることを示せ。また, $\displaystyle\sum_{n=1}^{\infty}a_n$, $\displaystyle\sum_{n=1}^{\infty}b_n$ を求めよ。 〔類 中央大〕

(1) $\left(\dfrac{1+i}{2}\right)^{n+1}=a_{n+1}+ib_{n+1}$ …… ① である。

←まず, $a_{n+1}$, $b_{n+1}$ をそれぞれ $a_n$, $b_n$ で表す。

一方 $\left(\dfrac{1+i}{2}\right)^{n+1}=\dfrac{1+i}{2}\left(\dfrac{1+i}{2}\right)^n=\dfrac{1+i}{2}(a_n+ib_n)$

$=\dfrac{a_n-b_n}{2}+i\cdot\dfrac{a_n+b_n}{2}$ …… ②

$a_{n+1}$, $b_{n+1}$, $\dfrac{a_n-b_n}{2}$, $\dfrac{a_n+b_n}{2}$ は実数であるから, ①, ② より

$$a_{n+1}=\frac{a_n-b_n}{2},\quad b_{n+1}=\frac{a_n+b_n}{2}$$

←複素数の相等。

よって $a_{n+1}{}^2+b_{n+1}{}^2=\left(\dfrac{a_n-b_n}{2}\right)^2+\left(\dfrac{a_n+b_n}{2}\right)^2$

$=\dfrac{a_n{}^2+b_n{}^2}{2}$

ゆえに, 数列 $\{a_n{}^2+b_n{}^2\}$ は公比 $\dfrac{1}{2}$ の等比数列である。

$\dfrac{1+i}{2}=a_1+ib_1$ より, $a_1=\dfrac{1}{2}$, $b_1=\dfrac{1}{2}$ であるから

$$a_1{}^2+b_1{}^2=\left(\frac{1}{2}\right)^2+\left(\frac{1}{2}\right)^2=\frac{1}{2}$$

←初項は $\dfrac{1}{2}$

よって $\boldsymbol{a_n{}^2+b_n{}^2}=\dfrac{1}{2}\left(\dfrac{1}{2}\right)^{n-1}=\boldsymbol{\left(\dfrac{1}{2}\right)^n}$

$0<\dfrac{1}{2}<1$ であるから $\displaystyle\boldsymbol{\lim_{n\to\infty}(a_n{}^2+b_n{}^2)=0}$ …… ③

(2) $0\leqq a_n{}^2\leqq a_n{}^2+b_n{}^2$, $0\leqq b_n{}^2\leqq a_n{}^2+b_n{}^2$ であるから, ③ より

$$\lim_{n\to\infty}a_n{}^2=0,\quad \lim_{n\to\infty}b_n{}^2=0$$

←はさみうちの原理。

ゆえに $\displaystyle\lim_{n\to\infty}a_n=0,\ \lim_{n\to\infty}b_n=0$ …… ④

←$\displaystyle\lim_{n\to\infty}|a_n|^2=0$ から $\displaystyle\lim_{n\to\infty}|a_n|=0$

また, $c=\dfrac{1+i}{2}$ とすると, $a_n+ib_n=c^n$ から

$$\sum_{k=1}^{n}(a_k+ib_k)=\sum_{k=1}^{n}c^k$$

ゆえに $\displaystyle\sum_{k=1}^{n}a_k+i\sum_{k=1}^{n}b_k=\frac{c(1-c^n)}{1-c}$

ここで $\dfrac{c}{1-c}=\dfrac{\dfrac{1+i}{2}}{1-\dfrac{1+i}{2}}=\dfrac{1+i}{1-i}=\dfrac{(1+i)^2}{1-i^2}=i$

よって $\dfrac{c(1-c^n)}{1-c}=i\{1-(a_n+ib_n)\}=b_n+i(1-a_n)$

検討

$c=\dfrac{1}{\sqrt{2}}\left(\cos\dfrac{\pi}{4}+i\sin\dfrac{\pi}{4}\right)$ であるから, $c$ は本冊 $p.78$ 重要例題 46 (1) において, $r=\dfrac{1}{\sqrt{2}}$, $\theta=\dfrac{\pi}{4}$ とした場合である。
$0<r<1$ であるから, $\displaystyle\lim_{n\to\infty}a_n=\lim_{n\to\infty}b_n=0$ がわかる。

ゆえに　$\sum_{k=1}^{n} a_k + i\sum_{k=1}^{n} b_k = b_n + i(1-a_n)$

よって　$\sum_{k=1}^{n} a_k = b_n$, $\sum_{k=1}^{n} b_k = 1-a_n$　　←複素数の相等。

④ から　$\sum_{n=1}^{\infty} \boldsymbol{a_n} = \lim_{n\to\infty}\sum_{k=1}^{n} a_k = \lim_{n\to\infty} b_n = \mathbf{0}$

$\sum_{n=1}^{\infty} \boldsymbol{b_n} = \lim_{n\to\infty}\sum_{k=1}^{n} b_k = \lim_{n\to\infty}(1-a_n) = \mathbf{1}$

**練習 ②47**　次の極限値を求めよ。　〔(1) 芝浦工大，(4) 北見工大，(6) 創価大〕

(1) $\lim_{x\to1}\dfrac{x^2-3x+2}{x^2-5x+4}$　(2) $\lim_{x\to-2}\dfrac{x^3+3x^2-4}{x^3+8}$　(3) $\lim_{x\to1}\dfrac{1}{x-1}\left(x+1+\dfrac{2}{x-2}\right)$

(4) $\lim_{x\to0}\dfrac{\sqrt{1+x}-\sqrt{1-x}}{x}$　(5) $\lim_{x\to2}\dfrac{\sqrt{2x+5}-\sqrt{4x+1}}{\sqrt{2x}-\sqrt{x+2}}$　(6) $\lim_{x\to3}\dfrac{\sqrt{(2x-3)^2-1}-\sqrt{x^2-1}}{x-3}$

(1) $(与式)=\lim_{x\to1}\dfrac{(x-1)(x-2)}{(x-1)(x-4)}=\lim_{x\to1}\dfrac{x-2}{x-4}=\dfrac{-1}{-3}=\mathbf{\dfrac{1}{3}}$

(2) $(与式)=\lim_{x\to-2}\dfrac{(x+2)^2(x-1)}{(x+2)(x^2-2x+4)}=\lim_{x\to-2}\dfrac{(x+2)(x-1)}{x^2-2x+4}=\dfrac{0}{12}$

$=\mathbf{0}$

←$x^3+3x^2-4$ の因数分解には因数定理を利用。

(3) $(与式)=\lim_{x\to1}\left\{\dfrac{1}{x-1}\cdot\dfrac{(x+1)(x-2)+2}{x-2}\right\}=\lim_{x\to1}\dfrac{x^2-x}{(x-1)(x-2)}$　　←与式の（　）内を通分。

$=\lim_{x\to1}\dfrac{x(x-1)}{(x-1)(x-2)}=\lim_{x\to1}\dfrac{x}{x-2}=\dfrac{1}{-1}=\mathbf{-1}$

(4) $(与式)=\lim_{x\to0}\dfrac{(1+x)-(1-x)}{x(\sqrt{1+x}+\sqrt{1-x})}=\lim_{x\to0}\dfrac{2}{\sqrt{1+x}+\sqrt{1-x}}=\dfrac{2}{2}$　　←分子の有理化。

$=\mathbf{1}$

(5) $(与式)=\lim_{x\to2}\left\{\dfrac{(2x+5)-(4x+1)}{2x-(x+2)}\cdot\dfrac{\sqrt{2x}+\sqrt{x+2}}{\sqrt{2x+5}+\sqrt{4x+1}}\right\}$　　←分母と分子をともに有理化する。

$=\lim_{x\to2}\left\{\dfrac{-2x+4}{x-2}\cdot\dfrac{\sqrt{2x}+\sqrt{x+2}}{\sqrt{2x+5}+\sqrt{4x+1}}\right\}$

$=(-2)\cdot\dfrac{\sqrt{4}+\sqrt{4}}{\sqrt{9}+\sqrt{9}}=\mathbf{-\dfrac{4}{3}}$

(6) $(与式)=\lim_{x\to3}\dfrac{\{(2x-3)^2-1\}-(x^2-1)}{(x-3)\{\sqrt{(2x-3)^2-1}+\sqrt{x^2-1}\}}$　　←分子の有理化。

$=\lim_{x\to3}\dfrac{3(x-1)(x-3)}{(x-3)\{\sqrt{(2x-3)^2-1}+\sqrt{x^2-1}\}}$

$=\lim_{x\to3}\dfrac{3(x-1)}{\sqrt{(2x-3)^2-1}+\sqrt{x^2-1}}=\dfrac{6}{4\sqrt{2}}=\mathbf{\dfrac{3\sqrt{2}}{4}}$

**練習 ②48**　次の等式が成り立つように，定数 $a$，$b$ の値を定めよ。　〔(2) 近畿大，(3) 東北学院大〕

(1) $\lim_{x\to4}\dfrac{a\sqrt{x}+b}{x-4}=2$　(2) $\lim_{x\to2}\dfrac{x^3+ax+b}{x-2}=17$　(3) $\lim_{x\to8}\dfrac{ax^2+bx+8}{\sqrt[3]{x}-2}=84$

(1) $\lim_{x\to4}\dfrac{a\sqrt{x}+b}{x-4}=2$ …… ① が成り立つとする。

$\lim_{x\to4}(x-4)=0$ であるから　$\lim_{x\to4}(a\sqrt{x}+b)=0$

ゆえに　$a\cdot2+b=0$　よって　$b=-2a$ ……②

このとき　$\lim_{x\to4}\frac{a\sqrt{x}+b}{x-4}=\lim_{x\to4}\frac{a(\sqrt{x}-2)}{x-4}$

$=\lim_{x\to4}\frac{a(x-4)}{(x-4)(\sqrt{x}+2)}=\lim_{x\to4}\frac{a}{\sqrt{x}+2}$

$=\frac{a}{4}$

←$b=-2a$ を代入。

←分子の有理化。
$x-4=(\sqrt{x})^2-2^2$
$=(\sqrt{x}+2)(\sqrt{x}-2)$
とみてもよい。

ゆえに，$\frac{a}{4}=2$ のとき①が成り立つ。よって　$\boldsymbol{a=8}$

②から　$\boldsymbol{b=-16}$

(2) $\lim_{x\to2}\frac{x^3+ax+b}{x-2}=17$ ……①が成り立つとする。

$\lim_{x\to2}(x-2)=0$ であるから　$\lim_{x\to2}(x^3+ax+b)=0$

ゆえに　$8+2a+b=0$　よって　$b=-2a-8$ ……②

このとき　$\lim_{x\to2}\frac{x^3+ax+b}{x-2}=\lim_{x\to2}\frac{x^3+ax-2a-8}{x-2}$

$=\lim_{x\to2}\frac{(x-2)\{(x^2+2x+4)+a\}}{x-2}$

$=\lim_{x\to2}(x^2+2x+4+a)=12+a$

←$b=-2a-8$ を代入。

←$x^3+ax-2a-8$
$=x^3-8+a(x-2)$
$=(x-2)(x^2+2x+4)$
$+a(x-2)$

ゆえに，$12+a=17$ のとき①が成り立つ。よって　$\boldsymbol{a=5}$

②から　$\boldsymbol{b=-18}$

(3) $\lim_{x\to8}\frac{ax^2+bx+8}{\sqrt[3]{x}-2}=84$ ……①が成り立つとする。

$\lim_{x\to8}(\sqrt[3]{x}-2)=0$ であるから　$\lim_{x\to8}(ax^2+bx+8)=0$

ゆえに　$64a+8b+8=0$　よって　$b=-8a-1$ ……②

このとき

$(与式)=\lim_{x\to8}\frac{ax^2-(8a+1)x+8}{\sqrt[3]{x}-2}=\lim_{x\to8}\frac{(ax-1)(x-8)}{\sqrt[3]{x}-2}$

$=\lim_{x\to8}(ax-1)(\sqrt[3]{x^2}+2\cdot\sqrt[3]{x}+4)=12(8a-1)$

←分子を因数分解してから約分。
$x-8=(\sqrt[3]{x})^3-2^3$
$=(\sqrt[3]{x}-2)(\sqrt[3]{x^2}+2\cdot\sqrt[3]{x}+4)$

ゆえに，$12(8a-1)=84$ のとき①が成り立つ。よって　$\boldsymbol{a=1}$

②から　$\boldsymbol{b=-9}$

**練習 ②49** 次の関数について，$x$ が 1 に近づくときの右側極限，左側極限を求めよ。そして，$x\longrightarrow1$ のときの極限が存在するかどうかを調べよ。ただし，(4) の $[x]$ は $x$ を超えない最大の整数を表す。

(1) $\frac{1}{(x-1)^2}$　(2) $\frac{1}{(x-1)^3}$　(3) $\frac{(x+1)^2}{|x^2-1|}$　(4) $x-[x]$

(1) $\lim_{x\to1+0}\frac{1}{(x-1)^2}=\infty$，$\lim_{x\to1-0}\frac{1}{(x-1)^2}=\infty$

よって，**右側極限，左側極限ともに** $\infty$ であるから，**極限は存在する。**

←極限 値 はないが，極限 ($\infty$) は存在する。

(2) $\lim_{x\to1+0}\frac{1}{(x-1)^3}=\infty$, $\lim_{x\to1-0}\frac{1}{(x-1)^3}=-\infty$

よって，**右側極限は** $\infty$，**左側極限は** $-\infty$ であるから，**極限は存在しない。**

←(右側極限)
≠(左側極限)

(3) $\lim_{x\to1+0}\frac{(x+1)^2}{|x^2-1|}=\lim_{x\to1+0}\frac{(x+1)^2}{|(x+1)(x-1)|}=\lim_{x\to1+0}\frac{x+1}{x-1}=\infty$,

←$x\longrightarrow1+0$ のとき
$x+1>0$，$x-1>0$

$\lim_{x\to1-0}\frac{(x+1)^2}{|x^2-1|}=\lim_{x\to1-0}\left\{-\frac{(x+1)^2}{(x+1)(x-1)}\right\}=\lim_{x\to1-0}\left(-\frac{x+1}{x-1}\right)=\infty$

←$x\longrightarrow1-0$ のとき
$x+1>0$，$x-1<0$

よって，**右側極限，左側極限ともに** $\infty$ であるから，**極限は存在する。**

(4) $\lim_{x\to1+0}(x-[x])=1-1=0$, $\lim_{x\to1-0}(x-[x])=1-0=1$

よって，**右側極限は 0，左側極限は 1** であるから，**極限は存在しない。**

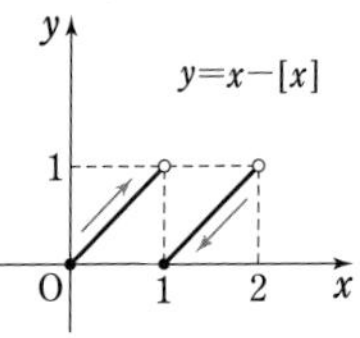


**練習 ②50** 次の極限を求めよ。

(1) $\lim_{x\to-\infty}(x^3-2x^2)$　(2) $\lim_{x\to\infty}\frac{2x^2+3}{x^3-2x}$　(3) $\lim_{x\to\infty}\frac{3x^3+1}{x+1}$　(4) $\lim_{x\to\infty}(\sqrt{x^2+2x}-x)$

(5) $\lim_{x\to\infty}\sqrt{x}(\sqrt{x+1}-\sqrt{x-1})$　(6) $\lim_{x\to\infty}\frac{2^{x-1}}{1+2^x}$　(7) $\lim_{x\to-\infty}\frac{7^x-5^x}{7^x+5^x}$

(1) (与式)$=\lim_{x\to-\infty}x^3\left(1-\frac{2}{x}\right)=-\infty$

←最高次の項 $x^3$ でくくり出すと，$-\infty\times1$ の形。

(2) (与式)$=\lim_{x\to\infty}\frac{\frac{2}{x}+\frac{3}{x^3}}{1-\frac{2}{x^2}}=\frac{0+0}{1-0}=\mathbf{0}$

←分母の最高次の項 $x^3$ で分母・分子を割る。

(3) (与式)$=\lim_{x\to\infty}\frac{3x^2+\frac{1}{x}}{1+\frac{1}{x}}=\infty$

←分母の最高次の項 $x$ で分母・分子を割る。

(4) (与式)$=\lim_{x\to\infty}\frac{(x^2+2x)-x^2}{\sqrt{x^2+2x}+x}=\lim_{x\to\infty}\frac{2}{\sqrt{1+\frac{2}{x}}+1}=\frac{2}{1+1}=\mathbf{1}$

←分子を有理化し，分母・分子を $x(>0)$ で割る。

(5) (与式)$=\lim_{x\to\infty}\frac{\sqrt{x}\{(x+1)-(x-1)\}}{\sqrt{x+1}+\sqrt{x-1}}=\lim_{x\to\infty}\frac{2\sqrt{x}}{\sqrt{x+1}+\sqrt{x-1}}$

$=\lim_{x\to\infty}\frac{2}{\sqrt{1+\frac{1}{x}}+\sqrt{1-\frac{1}{x}}}=\frac{2}{1+1}=\mathbf{1}$

←$\sqrt{x+1}-\sqrt{x-1}$ を有理化する。

(6) (与式)$=\lim_{x\to\infty}\frac{\frac{1}{2}}{\frac{1}{2^x}+1}=\frac{\frac{1}{2}}{0+1}=\mathbf{\frac{1}{2}}$

←$2^{x-1}=\frac{1}{2}\cdot2^x$

(7) (与式)$=\lim_{x\to-\infty}\frac{\left(\frac{7}{5}\right)^x-1}{\left(\frac{7}{5}\right)^x+1}=\frac{0-1}{0+1}=\mathbf{-1}$

←$a>1$ のとき
$\lim_{x\to-\infty}a^x=0$

**練習 ②51** 次の極限値を求めよ。

(1) $\lim_{x\to\infty}\{\log_2(8x^2+2)-2\log_2(5x+3)\}$　　(2) $\lim_{x\to-\infty}(\sqrt{x^2+x+1}+x)$

(3) $\lim_{x\to-\infty}(3x+1+\sqrt{9x^2+1})$　　[(1) 近畿大]



(1) $\log_2(8x^2+2)-2\log_2(5x+3)=\log_2(8x^2+2)-\log_2(5x+3)^2$

$$=\log_2\frac{8x^2+2}{(5x+3)^2}$$

←$\log_2 f(x)$ の形にまとめる。

$x\longrightarrow\infty$ のとき，$\dfrac{8x^2+2}{(5x+3)^2}=\dfrac{8+\frac{2}{x^2}}{\left(5+\frac{3}{x}\right)^2}\longrightarrow\dfrac{8}{25}$ であるから

←分母・分子を $x^2$ で割る。

$$(\text{与式})=\log_2\frac{8}{25}=\log_2\frac{2^3}{5^2}=\mathbf{3-2\log_2 5}$$

←$\log_2 2^3-\log_2 5^2$

(2) $\lim_{x\to-\infty}(\sqrt{x^2+x+1}+x)=\lim_{x\to-\infty}\dfrac{(x^2+x+1)-x^2}{\sqrt{x^2+x+1}-x}$

←分子の有理化。

$$=\lim_{x\to-\infty}\frac{x+1}{\sqrt{x^2+x+1}-x}$$

$$=\lim_{x\to-\infty}\frac{1+\frac{1}{x}}{-\sqrt{1+\frac{1}{x}+\frac{1}{x^2}}-1}=-\frac{1}{2}$$

←$x\longrightarrow-\infty$ であるから，$x<0$ として変形する。
よって　$\sqrt{x^2+x+1}$
$=\sqrt{x^2\left(1+\frac{1}{x}+\frac{1}{x^2}\right)}$
$=-x\sqrt{1+\frac{1}{x}+\frac{1}{x^2}}$
└ $\sqrt{x^2}=-x$

別解　$x=-t$ とおくと，$x\longrightarrow-\infty$ のとき $t\longrightarrow\infty$

よって　$\lim_{x\to-\infty}(\sqrt{x^2+x+1}+x)=\lim_{t\to\infty}(\sqrt{t^2-t+1}-t)$

$$=\lim_{t\to\infty}\frac{(t^2-t+1)-t^2}{\sqrt{t^2-t+1}+t}=\lim_{t\to\infty}\frac{-t+1}{\sqrt{t^2-t+1}+t}$$

$$=\lim_{t\to\infty}\frac{-1+\frac{1}{t}}{\sqrt{1-\frac{1}{t}+\frac{1}{t^2}}+1}=-\frac{1}{2}$$

←$\dfrac{-1+0}{\sqrt{1-0+0}+1}$

(3) $\lim_{x\to-\infty}(3x+1+\sqrt{9x^2+1})=\lim_{x\to-\infty}\dfrac{(3x+1)^2-(9x^2+1)}{3x+1-\sqrt{9x^2+1}}$

$$=\lim_{x\to-\infty}\frac{6x}{3x+1-\sqrt{9x^2+1}}=\lim_{x\to-\infty}\frac{6}{3+\frac{1}{x}+\sqrt{9+\frac{1}{x^2}}}=\mathbf{1}$$

←$\sqrt{9x^2+1}$
$=-x\sqrt{9+\frac{1}{x^2}}$
**($x<0$ のとき，$\sqrt{x^2}=-x$ に注意！)**

別解　$x=-t$ とおくと，$x\longrightarrow-\infty$ のとき $t\longrightarrow\infty$

したがって

$\lim_{x\to-\infty}(3x+1+\sqrt{9x^2+1})=\lim_{t\to\infty}(-3t+1+\sqrt{9t^2+1})$

$$=\lim_{t\to\infty}\frac{(-3t+1)^2-(9t^2+1)}{-3t+1-\sqrt{9t^2+1}}=\lim_{t\to\infty}\frac{-6t}{-3t+1-\sqrt{9t^2+1}}$$

$$=\lim_{t\to\infty}\frac{-6}{-3+\frac{1}{t}-\sqrt{9+\frac{1}{t^2}}}=\mathbf{1}$$

←$\dfrac{-6}{-3+0-\sqrt{9+0}}$

**練習 ③52** 次の極限値を求めよ。ただし，[　] はガウス記号を表す。

(1) $\displaystyle\lim_{x\to\infty}\frac{x+[2x]}{x+1}$　　(2) $\displaystyle\lim_{x\to\infty}\left\{\left(\frac{2}{3}\right)^x+\left(\frac{3}{2}\right)^x\right\}^{\frac{1}{x}}$

(1) 不等式 $[2x]\leqq 2x<[2x]+1$ が成り立つから，これより

$2x-1<[2x]\leqq 2x$　　ゆえに　$3x-1<x+[2x]\leqq 3x$

←各辺に $x$ を加える。

よって，$x>0$ のとき　$\dfrac{3x-1}{x+1}<\dfrac{x+[2x]}{x+1}\leqq\dfrac{3x}{x+1}$

←各辺を $x+1$ $(>0)$ で割る。

$$\lim_{x\to\infty}\frac{3x-1}{x+1}=\lim_{x\to\infty}\frac{3-\frac{1}{x}}{1+\frac{1}{x}}=3,\ \lim_{x\to\infty}\frac{3x}{x+1}=\lim_{x\to\infty}\frac{3}{1+\frac{1}{x}}=3 \text{ である}$$

から　$\displaystyle\lim_{x\to\infty}\frac{x+[2x]}{x+1}=\mathbf{3}$

←はさみうちの原理。

(2) $\displaystyle\left\{\left(\frac{2}{3}\right)^x+\left(\frac{3}{2}\right)^x\right\}^{\frac{1}{x}}=\left[\left(\frac{3}{2}\right)^x\left\{\left(\frac{4}{9}\right)^x+1\right\}\right]^{\frac{1}{x}}=\frac{3}{2}\left\{\left(\frac{4}{9}\right)^x+1\right\}^{\frac{1}{x}}$

←底が最大の $\left(\dfrac{3}{2}\right)^x$ でくくり出す。

$x\longrightarrow\infty$ であるから，$x>1$，$0<\dfrac{1}{x}<1$ と考えてよい。

このとき　$\displaystyle\left\{\left(\frac{4}{9}\right)^x+1\right\}^0<\left\{\left(\frac{4}{9}\right)^x+1\right\}^{\frac{1}{x}}<\left\{\left(\frac{4}{9}\right)^x+1\right\}^1$

←$\left(\dfrac{4}{9}\right)^x+1>1$ から。

すなわち　$\displaystyle 1<\left\{\left(\frac{4}{9}\right)^x+1\right\}^{\frac{1}{x}}<\left(\frac{4}{9}\right)^x+1$

$\displaystyle\lim_{x\to\infty}\left\{\left(\frac{4}{9}\right)^x+1\right\}=1$ であるから　$\displaystyle\lim_{x\to\infty}\left\{\left(\frac{4}{9}\right)^x+1\right\}^{\frac{1}{x}}=1$

←はさみうちの原理。

よって　$\displaystyle\lim_{x\to\infty}\left\{\left(\frac{2}{3}\right)^x+\left(\frac{3}{2}\right)^x\right\}^{\frac{1}{x}}=\lim_{x\to\infty}\frac{3}{2}\left\{\left(\frac{4}{9}\right)^x+1\right\}^{\frac{1}{x}}=\mathbf{\frac{3}{2}}$

別解　$\displaystyle\left\{\left(\frac{2}{3}\right)^x+\left(\frac{3}{2}\right)^x\right\}^{\frac{1}{x}}=\left[\left(\frac{3}{2}\right)^x\left\{\left(\frac{4}{9}\right)^x+1\right\}\right]^{\frac{1}{x}}=\frac{3}{2}\left\{\left(\frac{4}{9}\right)^x+1\right\}^{\frac{1}{x}}$

←底が最大の $\left(\dfrac{3}{2}\right)^x$ でくくり出す。

$\displaystyle y=\left\{\left(\frac{4}{9}\right)^x+1\right\}^{\frac{1}{x}}$ とすると，$y>1$ であり

←$\left(\dfrac{4}{9}\right)^x+1>1$

$$\log_{10}y=\log_{10}\left\{\left(\frac{4}{9}\right)^x+1\right\}^{\frac{1}{x}}=\frac{1}{x}\log_{10}\left\{\left(\frac{4}{9}\right)^x+1\right\}$$

よって　$\displaystyle\lim_{x\to\infty}\log_{10}y=0\cdot\log_{10}(0+1)=0\cdot 0=0$

ゆえに　$\displaystyle\lim_{x\to\infty}y=10^0=1$

ゆえに　$\displaystyle\lim_{x\to\infty}\left\{\left(\frac{2}{3}\right)^x+\left(\frac{3}{2}\right)^x\right\}^{\frac{1}{x}}=\frac{3}{2}\cdot 1=\mathbf{\frac{3}{2}}$

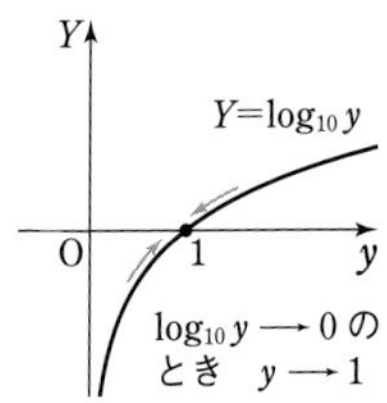


**練習 ②53** 次の極限値を求めよ。

(1) $\displaystyle\lim_{x\to\infty}\sin\frac{1}{x}$　(2) $\displaystyle\lim_{x\to 0}\frac{\sin 4x}{3x}$　(3) $\displaystyle\lim_{x\to 0}\frac{\sin 2x}{\sin 5x}$　(4) $\displaystyle\lim_{x\to 0}\frac{\tan 2x}{x}$

(5) $\displaystyle\lim_{x\to 0}\frac{x\sin x}{1-\cos x}$　(6) $\displaystyle\lim_{x\to 0}\frac{1-\cos 2x}{x^2}$　(7) $\displaystyle\lim_{x\to 0}\frac{x-\sin 2x}{\sin 3x}$　[(6) 法政大]

(1) $\displaystyle\lim_{x\to\infty}\sin\frac{1}{x}=\sin 0=\mathbf{0}$

←$\displaystyle\lim_{x\to\infty}\frac{1}{x}=0$

(2) $\displaystyle\lim_{x\to0}\frac{\sin4x}{3x}=\lim_{x\to0}\frac{\sin4x}{4x}\cdot\frac{4}{3}=1\cdot\frac{4}{3}=\boldsymbol{\frac{4}{3}}$

←$\displaystyle\lim_{○\to0}\frac{\sin□}{□}=1$ (○ → 0 のとき □ → 0) が使える形に変形。

別解　$4x=\theta$ とおくと，$x\longrightarrow0$ のとき　$\theta\longrightarrow0$

$$\lim_{x\to0}\frac{\sin4x}{3x}=\lim_{\theta\to0}\frac{\sin\theta}{\frac{3}{4}\theta}=\lim_{\theta\to0}\frac{\sin\theta}{\theta}\cdot\frac{4}{3}=1\cdot\frac{4}{3}=\boldsymbol{\frac{4}{3}}$$

(3) $\displaystyle\lim_{x\to0}\frac{\sin2x}{\sin5x}=\lim_{x\to0}\frac{\sin2x}{2x}\cdot\frac{5x}{\sin5x}\cdot\frac{2}{5}=1\cdot1\cdot\frac{2}{5}=\boldsymbol{\frac{2}{5}}$

←$\displaystyle\lim_{□\to0}\frac{□}{\sin□}=1$

(4) $\displaystyle\lim_{x\to0}\frac{\tan2x}{x}=\lim_{x\to0}\frac{\sin2x}{2x}\cdot2\cdot\frac{1}{\cos2x}=1\cdot2\cdot\frac{1}{1}=\boldsymbol{2}$

(5) $\displaystyle\lim_{x\to0}\frac{x\sin x}{1-\cos x}=\lim_{x\to0}\frac{x\sin x(1+\cos x)}{1-\cos^2x}$

$\displaystyle=\lim_{x\to0}\frac{x}{\sin x}\cdot(1+\cos x)=1\cdot2=\boldsymbol{2}$

←$1-\cos x$ と $1+\cos x$ はペアで扱う。
$1-\cos^2x=\sin^2x$

(6) $\displaystyle\lim_{x\to0}\frac{1-\cos2x}{x^2}=\lim_{x\to0}\frac{2\sin^2x}{x^2}=\lim_{x\to0}2\left(\frac{\sin x}{x}\right)^2=2\cdot1^2=\boldsymbol{2}$

←$\cos2x=1-2\sin^2x$ を代入して，sin の式に。

(7) $\displaystyle\lim_{x\to0}\frac{x-\sin2x}{\sin3x}=\lim_{x\to0}\left(\frac{x}{\sin3x}-\frac{\sin2x}{\sin3x}\right)$

$\displaystyle=\lim_{x\to0}\left(\frac{3x}{\sin3x}\cdot\frac{1}{3}-\frac{\sin2x}{2x}\cdot\frac{3x}{\sin3x}\cdot\frac{2}{3}\right)$

$\displaystyle=1\cdot\frac{1}{3}-1\cdot1\cdot\frac{2}{3}=\boldsymbol{-\frac{1}{3}}$

別解　(与式)$\displaystyle=\lim_{x\to0}\frac{x-2\sin x\cos x}{3\sin x-4\sin^3x}=\lim_{x\to0}\frac{\frac{x}{\sin x}-2\cos x}{3-4\sin^2x}$

$\displaystyle=\frac{1-2}{3}=\boldsymbol{-\frac{1}{3}}$

←$\sin3x$
$=3\sin x-4\sin^3x$

## 練習 ②54

次の極限値を求めよ。

(1) $\displaystyle\lim_{x\to\pi}\frac{(x-\pi)^2}{1+\cos x}$　(2) $\displaystyle\lim_{x\to1}\frac{\sin\pi x}{x-1}$　(3) $\displaystyle\lim_{x\to\infty}x^2\left(1-\cos\frac{1}{x}\right)$

(4) $\displaystyle\lim_{x\to0}\frac{\sin(2\sin x)}{3x(1+2x)}$　(5) $\displaystyle\lim_{x\to\infty}\frac{\cos x}{x}$　(6) $\displaystyle\lim_{x\to0}x\sin^2\frac{1}{x}$

(1) $x-\pi=t$ とおくと　$x\longrightarrow\pi$ のとき　$t\longrightarrow0$

また　$1+\cos x=1+\cos(t+\pi)=1-\cos t$

←$\cos(\theta+\pi)=-\cos\theta$

よって　$\displaystyle\lim_{x\to\pi}\frac{(x-\pi)^2}{1+\cos x}=\lim_{t\to0}\frac{t^2}{1-\cos t}=\lim_{t\to0}\frac{t^2(1+\cos t)}{1-\cos^2t}$

$\displaystyle=\lim_{t\to0}\left(\frac{t}{\sin t}\right)^2(1+\cos t)$

$=1^2\cdot2=\boldsymbol{2}$

←$1-\cos t$ と $1+\cos t$ はペアで扱う。
$1-\cos^2t=\sin^2t$

←$\displaystyle\lim_{□\to0}\frac{\sin□}{□}=1$

(2) $x-1=t$ とおくと　$x\longrightarrow1$ のとき　$t\longrightarrow0$

また　$\sin\pi x=\sin\pi(t+1)=\sin(\pi t+\pi)=-\sin\pi t$

←$\sin(\theta+\pi)=-\sin\theta$

よって　$\displaystyle\lim_{x\to1}\frac{\sin\pi x}{x-1}=\lim_{t\to0}\frac{-\sin\pi t}{t}=\lim_{t\to0}\left(-\frac{\sin\pi t}{\pi t}\right)\cdot\pi$

$=-1\cdot\pi=\boldsymbol{-\pi}$

(3) $\dfrac{1}{x}=t$ とおくと　$x \longrightarrow \infty$ のとき　$t \longrightarrow +0$

よって　$\displaystyle\lim_{x\to\infty} x^2\left(1-\cos\frac{1}{x}\right)=\lim_{t\to+0}\frac{1}{t^2}(1-\cos t)$

$$=\lim_{t\to+0}\frac{\sin^2 t}{t^2(1+\cos t)}$$

$$=\lim_{t\to+0}\left(\frac{\sin t}{t}\right)^2\cdot\frac{1}{1+\cos t}$$

$$=1^2\cdot\frac{1}{2}=\mathbf{\frac{1}{2}}$$

←$1-\cos t$ と $1+\cos t$ はペアで扱う。
$1-\cos^2 t=\sin^2 t$

(4) $\displaystyle\lim_{x\to 0}\frac{\sin(2\sin x)}{3x(1+2x)}=\lim_{x\to 0}\frac{\sin(2\sin x)}{2\sin x}\cdot\frac{\sin x}{x}\cdot\frac{2}{3(1+2x)}$

$$=1\cdot 1\cdot\frac{2}{3}=\mathbf{\frac{2}{3}}$$

←$\dfrac{\sin\square}{\square}$ の形を作る。

(5) $x>0$ のとき，$-1\leqq\cos x\leqq 1$ から

$$-\frac{1}{x}\leqq\frac{\cos x}{x}\leqq\frac{1}{x}$$

$\displaystyle\lim_{x\to\infty}\frac{1}{x}=0$，$\displaystyle\lim_{x\to\infty}\left(-\frac{1}{x}\right)=0$ であるから　$\displaystyle\lim_{x\to\infty}\frac{\cos x}{x}=\mathbf{0}$

←$x\longrightarrow\infty$ であるから，$x>0$ としてよい。

←はさみうちの原理。

(6) $0\leqq\sin^2\dfrac{1}{x}\leqq 1$ であるから

←$-1\leqq\sin\dfrac{1}{x}\leqq 1$

$$0\leqq|x|\sin^2\frac{1}{x}\leqq|x|\quad すなわち\quad 0\leqq\left|x\sin^2\frac{1}{x}\right|\leqq|x|$$

←$|A||B|=|AB|$
$\sin^2\dfrac{1}{x}=\left|\sin^2\dfrac{1}{x}\right|$

$\displaystyle\lim_{x\to 0}|x|=0$ であるから

$$\lim_{x\to 0}\left|x\sin^2\frac{1}{x}\right|=0$$

よって　$\displaystyle\lim_{x\to 0}x\sin^2\frac{1}{x}=\mathbf{0}$

←はさみうちの原理。
←$\displaystyle\lim_{x\to a}|f(x)|=0$ ならば $\displaystyle\lim_{x\to a}f(x)=0$

**練習 ③55**　座標平面上に点 A(0, 3)，B($b$, 0)，C($c$, 0)，O(0, 0) がある。ただし，$b<0$，$c>0$，$\angle$BAO$=2\angle$CAO である。$\angle$BAC$=\theta$，△ABC の面積を $S$ とするとき，$\displaystyle\lim_{\theta\to 0}\frac{S}{\theta}$ を求めよ。〔防衛医大〕

条件から　$\angle\mathrm{BAO}=\dfrac{2}{3}\theta$，$\angle\mathrm{CAO}=\dfrac{\theta}{3}$

$\theta\longrightarrow 0$ のときを考えるから，$0<\theta<\dfrac{\pi}{2}$ とする。

このとき，$\mathrm{OB}=3\tan\dfrac{2}{3}\theta$，$c=3\tan\dfrac{\theta}{3}$ であるから

$$S=\frac{1}{2}\cdot 3\cdot\left(3\tan\frac{2}{3}\theta+3\tan\frac{\theta}{3}\right)=\frac{9}{2}\left(\tan\frac{2}{3}\theta+\tan\frac{\theta}{3}\right)$$

$\theta\longrightarrow 0$ のとき，$\dfrac{2}{3}\theta\longrightarrow 0$，$\dfrac{\theta}{3}\longrightarrow 0$ であり，

$\displaystyle\lim_{\alpha\to 0}\frac{\tan\alpha}{\alpha}=\lim_{\alpha\to 0}\frac{\sin\alpha}{\alpha}\cdot\frac{1}{\cos\alpha}=1\cdot\frac{1}{1}=1$ であることから

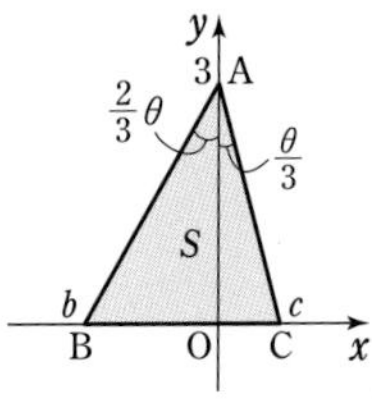

$$\lim_{\theta\to0}\frac{S}{\theta}=\lim_{\theta\to0}\frac{9}{2}\left(\frac{\tan\frac{2}{3}\theta}{\theta}+\frac{\tan\frac{\theta}{3}}{\theta}\right)$$

$$=\lim_{\theta\to0}\frac{9}{2}\left(\frac{2}{3}\cdot\frac{\tan\frac{2}{3}\theta}{\frac{2}{3}\theta}+\frac{1}{3}\cdot\frac{\tan\frac{\theta}{3}}{\frac{\theta}{3}}\right)$$

$$=\frac{9}{2}\left(\frac{2}{3}\cdot1+\frac{1}{3}\cdot1\right)=\boldsymbol{\frac{9}{2}}$$

検討 $\lim_{\theta\to0}\frac{\tan\theta}{\theta}=1$ は公式として証明なしに用いてもよい。



**練習 ②56** 次の関数の連続性について調べよ。なお，(1) では関数の定義域もいえ。

(1) $f(x)=\frac{x+1}{x^2-1}$　(2) $-1\leqq x\leqq 2$ で $f(x)=\log_{10}\frac{1}{|x|}$ $(x\neq0)$，$f(0)=0$

(3) $0\leqq x\leqq 2\pi$ で $f(x)=[\cos x]$　ただし，[ ] はガウス記号。

(1) 定義域に属さない $x$ の値は，$x^2-1=0$ から　$x=\pm1$

よって，**定義域は　$x<-1$，$-1<x<1$，$1<x$；**

**定義域のすべての点で連続。**

注意 定義域に属さない値に対する連続・不連続は考えないから，$x=\pm1$ で不連続であるとはいわない。

←分数関数の定義域は，(分母)$\neq0$ を満たす $x$ の値全体である。

←$x+1$，$x^2-1$ $(x\neq\pm1)$ は連続関数である。

(2) $-1\leqq x<0$ のとき　$f(x)=\log_{10}\frac{1}{-x}=-\log_{10}(-x)$

$0<x\leqq2$ のとき　$f(x)=\log_{10}\frac{1}{x}=-\log_{10}x$

よって　$\lim_{x\to-0}f(x)=\lim_{x\to+0}f(x)=\infty$

すなわち，極限値 $\lim_{x\to0}f(x)$ は存在しない。

ゆえに　**$-1\leqq x<0$，$0<x\leqq2$ で連続；$x=0$ で不連続。**

←$y=\log_{10}x$ $(x>0)$ は連続関数。

(3) $0\leqq x\leqq2\pi$ のとき，$y=\cos x$ のグラフは，右図のようになる。



よって　$x=0$ のとき　$[\cos x]=1$

$0<x\leqq\frac{\pi}{2}$ のとき　$[\cos x]=0$

$\frac{\pi}{2}<x<\frac{3}{2}\pi$ のとき　$[\cos x]=-1$

$\frac{3}{2}\pi\leqq x<2\pi$ のとき　$[\cos x]=0$

$x=2\pi$ のとき　$[\cos x]=1$

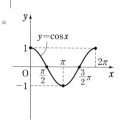

ゆえに　$\lim_{x\to+0}f(x)=0$，$\lim_{x\to2\pi-0}f(x)=0$

よって　$\lim_{x\to+0}f(x)\neq f(0)$，$\lim_{x\to2\pi-0}f(x)\neq f(2\pi)$

また　$\lim_{x\to\frac{\pi}{2}-0}f(x)=0$，$\lim_{x\to\frac{\pi}{2}+0}f(x)=-1$，$\lim_{x\to\frac{3}{2}\pi-0}f(x)=-1$，$\lim_{x\to\frac{3}{2}\pi+0}f(x)=0$

ゆえに，極限値 $\lim_{x\to\frac{\pi}{2}}f(x)$，$\lim_{x\to\frac{3}{2}\pi}f(x)$ は存在しない。よって

**$0<x<\frac{\pi}{2}$，$\frac{\pi}{2}<x<\frac{3}{2}\pi$，$\frac{3}{2}\pi<x<2\pi$ で連続；$x=0$，$\frac{\pi}{2}$，$\frac{3}{2}\pi$，$2\pi$ で不連続。**

**検討** 関数 $y=f(x)$ のグラフは次の図の実線部分のようになる。(2), (3) については，このグラフをもとにして連続である区間，不連続である区間を判断してもよい。

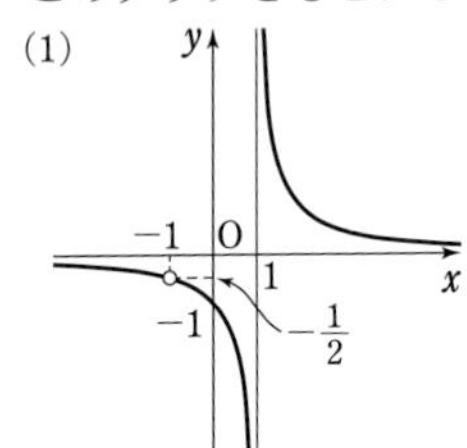


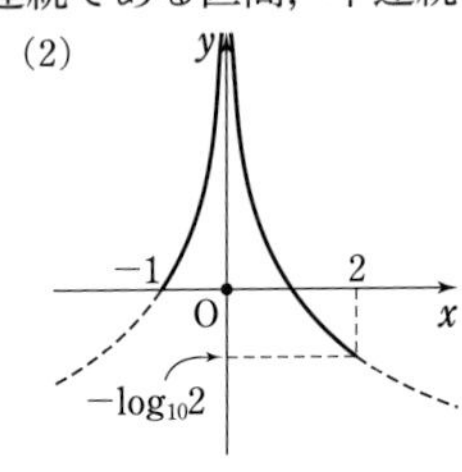


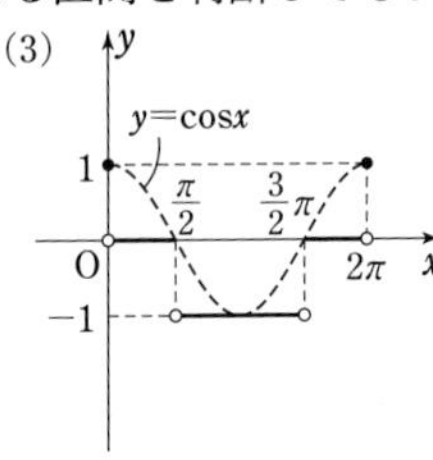


**練習 ③57** 次の無限級数が収束するとき，その和を $f(x)$ とする。関数 $y=f(x)$ のグラフをかき，その連続性について調べよ。

(1) $x^2+\dfrac{x^2}{1+2x^2}+\dfrac{x^2}{(1+2x^2)^2}+\cdots\cdots+\dfrac{x^2}{(1+2x^2)^{n-1}}+\cdots\cdots$

(2) $x+x\cdot\dfrac{1-3x}{1-2x}+x\left(\dfrac{1-3x}{1-2x}\right)^2+\cdots\cdots+x\left(\dfrac{1-3x}{1-2x}\right)^{n-1}+\cdots\cdots$ 　［(2) 類 金沢工大］

(1) この無限級数は，初項 $x^2$，公比 $\dfrac{1}{1+2x^2}$ の無限等比級数である。収束するから

$$x=0 \quad \text{または} \quad -1<\frac{1}{1+2x^2}<1 \quad \cdots\cdots ①$$

←$\sum_{n=1}^{\infty}ar^{n-1}$ の収束条件は $a=0$ または $|r|<1$

不等式 ① の解は，各辺に $1+2x^2$ $(>0)$ を掛けて

$$-(1+2x^2)<1<1+2x^2 \quad \text{すなわち} \quad \begin{cases} x^2>-1 \\ x^2>0 \end{cases}$$

この連立不等式を解いて　　$x\neq 0$

←$x^2>-1$ は常に成り立つ。また，$x^2>0$ の解は $x\neq 0$ よって，連立不等式の解は，$x\neq 0$ である。

したがって，和は

$x=0$ のとき　　$f(x)=0$

$x\neq 0$ のとき

$$f(x)=\frac{x^2}{1-\dfrac{1}{1+2x^2}}=\frac{1}{2}+x^2$$

←$\dfrac{(初項)}{1-(公比)}$

ゆえに，グラフは **右の図** のようになる。

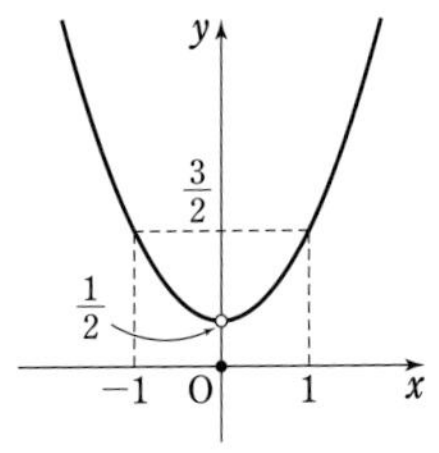


よって　　**$x<0$, $0<x$ で連続；$x=0$ で不連続**

(2) この無限級数は，初項 $x$，公比 $\dfrac{1-3x}{1-2x}$ の無限等比級数である。

収束するから

$$x=0 \quad \text{または} \quad -1<\frac{1-3x}{1-2x}<1 \quad \cdots\cdots ①$$

←(初項)$=0$　または　$-1<$(公比)$<1$

$\dfrac{1-3x}{1-2x}=\dfrac{1}{4\left(x-\dfrac{1}{2}\right)}+\dfrac{3}{2}$ であり，

←$1-3x$ を $1-2x$ で割ると，商は $\dfrac{3}{2}$，余りは $-\dfrac{1}{2}$ であるから $\dfrac{1-3x}{1-2x}=\dfrac{-\dfrac{1}{2}}{-2x+1}+\dfrac{3}{2}$

$\dfrac{1-3x}{1-2x}=1$ とすると　$x=0$　　$\dfrac{1-3x}{1-2x}=-1$ とすると　$x=\dfrac{2}{5}$

よって，不等式 ① の解は，右の図

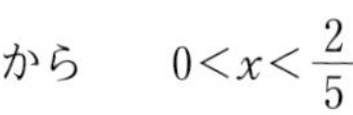

から　　$0<x<\dfrac{2}{5}$

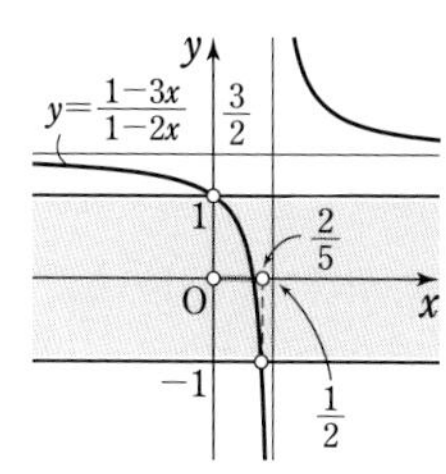


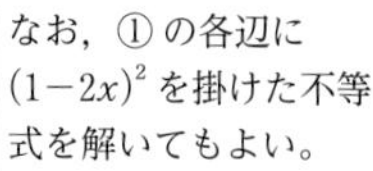

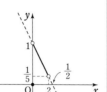

なお，① の各辺に $(1-2x)^2$ を掛けた不等式を解いてもよい。

したがって，和は

$x=0$ のとき　　$f(x)=0$

$0<x<\dfrac{2}{5}$ のとき

$$f(x)=\frac{x}{1-\dfrac{1-3x}{1-2x}}=1-2x$$

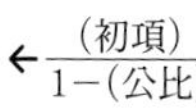

← $\dfrac{(初項)}{1-(公比)}$

ゆえに，グラフは **右の図** のようになる。

← $f(x)$ の定義域は $0\leqq x<\dfrac{2}{5}$ である。連続性についてはこの定義域内で考える。

よって　　**$0<x<\dfrac{2}{5}$ で連続，**

**$x=0$ で不連続**

## 練習 ④58

$a$ は 0 でない定数とする。関数 $f(x)=\displaystyle\lim_{n\to\infty}\frac{x^{2n+1}+(a-1)x^n-1}{x^{2n}-ax^n-1}$ が $x\geqq 0$ において連続になるように $a$ の値を定め，$y=f(x)$ のグラフをかけ。　〔類　東北工大〕

$x>1$ のとき　　$f(x)=\displaystyle\lim_{n\to\infty}\frac{x+\dfrac{a-1}{x^n}-\dfrac{1}{x^{2n}}}{1-\dfrac{a}{x^n}-\dfrac{1}{x^{2n}}}=\frac{x+0-0}{1-0-0}=x$

← 分母の最高次の項 $x^{2n}$ で分母・分子を割る。

$x=1$ のとき　　$f(x)=f(1)=\displaystyle\lim_{n\to\infty}\frac{1+(a-1)-1}{1-a-1}=\frac{1-a}{a}$

$0\leqq x<1$ のとき　$f(x)=\dfrac{0+0-1}{0-0-1}=1$

$0\leqq \alpha<1$ のとき $\displaystyle\lim_{n\to\infty}\alpha^n=0$

$f(x)$ は $0\leqq x<1$，$1<x$ において，それぞれ連続である。
ゆえに，$f(x)$ が $x\geqq 0$ において連続になるための条件は，$x=1$ で連続であることである。

よって　　$\displaystyle\lim_{x\to 1-0}f(x)=\lim_{x\to 1+0}f(x)=f(1)$

ここで　　$\displaystyle\lim_{x\to 1-0}f(x)=1$，$\displaystyle\lim_{x\to 1+0}f(x)=1$

← $\displaystyle\lim_{x\to 1-0}f(x)=\lim_{x\to 1-0}1$，$\displaystyle\lim_{x\to 1+0}f(x)=\lim_{x\to 1+0}x$

ゆえに　　$1=\dfrac{1-a}{a}$

これを解いて　　$\boldsymbol{a=\dfrac{1}{2}}$

← $a=\dfrac{1}{2}$ のとき $f(1)=1$

このとき，$y=f(x)$ のグラフは **右図**。

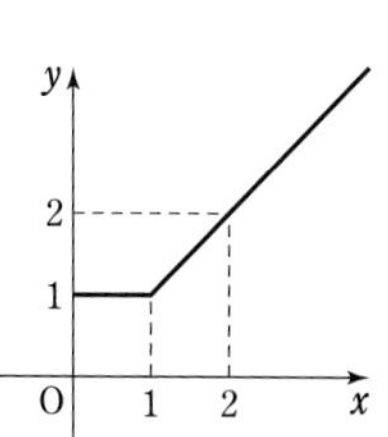

**練習 ③59**

(1) 次の方程式は，与えられた範囲に少なくとも 1 つの実数解をもつことを示せ。
 (ア) $x^3-2x^2-3x+1=0$ $(-2<x<-1,\ 0<x<1,\ 2<x<3)$
 (イ) $\cos x=x$ $\left(0<x<\dfrac{\pi}{2}\right)$ (ウ) $\dfrac{1}{2^x}=x$ $(0<x<1)$
(2) 関数 $f(x)$, $g(x)$ は区間 $[a,\ b]$ で連続で，$f(x)$ の最大値は $g(x)$ の最大値より大きく，$f(x)$ の最小値は $g(x)$ の最小値より小さい。このとき，方程式 $f(x)=g(x)$ は，$a\leqq x\leqq b$ の範囲に解をもつことを示せ。

(1) (ア) $f(x)=x^3-2x^2-3x+1$ とすると，関数 $f(x)$ は区間 $[-2,\ -1]$, $[0,\ 1]$, $[2,\ 3]$ で連続であり，かつ

$$f(-2)=-9<0,\ f(-1)=1>0,\ f(0)=1>0,$$
$$f(1)=-3<0,\ f(2)=-5<0,\ f(3)=1>0$$

よって，中間値の定理により，方程式 $f(x)=0$ は $-2<x<-1$, $0<x<1$, $2<x<3$ のそれぞれの範囲に少なくとも 1 つの実数解をもつ。

(イ) $g(x)=x-\cos x$ とすると，関数 $g(x)$ は区間 $\left[0,\ \dfrac{\pi}{2}\right]$ で連続であり，かつ $g(0)=0-\cos 0=-1<0$,

$$g\left(\frac{\pi}{2}\right)=\frac{\pi}{2}-\cos\frac{\pi}{2}=\frac{\pi}{2}>0$$

よって，中間値の定理により，方程式 $g(x)=0$ は $0<x<\dfrac{\pi}{2}$ の範囲に少なくとも 1 つの実数解をもつ。

(ウ) $h(x)=x-\dfrac{1}{2^x}$ とすると，関数 $h(x)$ は区間 $[0,\ 1]$ で連続であり，かつ $h(0)=0-\dfrac{1}{2^0}=-1<0$,

$$h(1)=1-\frac{1}{2^1}=\frac{1}{2}>0$$

よって，中間値の定理により，方程式 $h(x)=0$ は $0<x<1$ の範囲に少なくとも 1 つの実数解をもつ。

(2) $h(x)=f(x)-g(x)$ とする。
関数 $f(x)$, $g(x)$ は区間 $[a,\ b]$ で連続であるから，関数 $h(x)$ も区間 $[a,\ b]$ で連続である。
$f(x)$ が $x=x_1$ で最大，$x=x_2$ で最小であるとする。
また，$g(x)$ が $x=x_3$ で最大，$x=x_4$ で最小であるとする。
条件から $f(x_1)>g(x_3)$, $f(x_2)<g(x_4)$
一方，$g(x_3)$ は最大値であるから $g(x_3)\geqq g(x_1)$
 $g(x_4)$ は最小値であるから $g(x_4)\leqq g(x_2)$
以上から $f(x_1)>g(x_3)\geqq g(x_1)$, $f(x_2)<g(x_4)\leqq g(x_2)$
よって $h(x_1)=f(x_1)-g(x_1)>0$,
 $h(x_2)=f(x_2)-g(x_2)<0$
したがって，方程式 $h(x)=0$ は $x_1$ と $x_2$ の間に解をもつ。
$a\leqq x_1\leqq b$, $a\leqq x_2\leqq b$ であるから，方程式 $h(x)=0$ すなわち $f(x)=g(x)$ は $a\leqq x\leqq b$ の範囲に解をもつ。

HINT (中間値の定理)
$f(x)$ が区間 $[a,\ b]$ で連続で，$f(a)$ と $f(b)$ が異符号ならば，$f(x)=0$ は区間 $(a,\ b)$ に少なくとも 1 つの実数解をもつ。
←3 次方程式であるから 3 つの開区間に 1 つずつ解をもつ。

(ウ) $h(x)=x-2^{-x}$ は単調に増加するから，区間 $0<x<1$ に 1 つだけ解をもつ。

←$x_1\neq x_2$

←中間値の定理。

**EX ②13** 次の極限を求めよ。［(1) 福島大，(2) 東京電機大，(3) 類 芝浦工大］

(1) $\lim_{n\to\infty}\{\sqrt{(n+1)(n+3)}-\sqrt{n(n+2)}\}$　(2) $\lim_{n\to\infty}\dfrac{1}{\sqrt[3]{n^2}(\sqrt[3]{n+1}-\sqrt[3]{n})}$

(3) $\lim_{n\to\infty}\dfrac{1}{n}\left\{\dfrac{1^2}{n^2+1}+\dfrac{2^2}{n^2+1}+\dfrac{3^2}{n^2+1}+\cdots\cdots+\dfrac{(2n)^2}{n^2+1}\right\}$

(1) $(与式)=\lim_{n\to\infty}\dfrac{\{\sqrt{(n+1)(n+3)}\}^2-\{\sqrt{n(n+2)}\}^2}{\sqrt{(n+1)(n+3)}+\sqrt{n(n+2)}}$

$=\lim_{n\to\infty}\dfrac{2n+3}{\sqrt{(n+1)(n+3)}+\sqrt{n(n+2)}}$

$=\lim_{n\to\infty}\dfrac{2+\dfrac{3}{n}}{\sqrt{\left(1+\dfrac{1}{n}\right)\left(1+\dfrac{3}{n}\right)}+\sqrt{1+\dfrac{2}{n}}}=\dfrac{2}{1+1}=\mathbf{1}$

←分子の有理化。

←分母・分子を $n$ で割る。

(2) $(与式)=\lim_{n\to\infty}\dfrac{(n+1)^{\frac{2}{3}}+(n+1)^{\frac{1}{3}}n^{\frac{1}{3}}+n^{\frac{2}{3}}}{n^{\frac{2}{3}}\{(n+1)^{\frac{1}{3}}-n^{\frac{1}{3}}\}\{(n+1)^{\frac{2}{3}}+(n+1)^{\frac{1}{3}}n^{\frac{1}{3}}+n^{\frac{2}{3}}\}}$

$=\lim_{n\to\infty}\dfrac{(n+1)^{\frac{2}{3}}+(n+1)^{\frac{1}{3}}n^{\frac{1}{3}}+n^{\frac{2}{3}}}{n^{\frac{2}{3}}\{(n+1)-n\}}$

$=\lim_{n\to\infty}\left\{\dfrac{(n+1)^{\frac{2}{3}}}{n^{\frac{2}{3}}}+\dfrac{(n+1)^{\frac{1}{3}}}{n^{\frac{1}{3}}}+1\right\}$

$=\lim_{n\to\infty}\left\{\left(1+\dfrac{1}{n}\right)^{\frac{2}{3}}+\left(1+\dfrac{1}{n}\right)^{\frac{1}{3}}+1\right\}=1+1+1=\mathbf{3}$

←$(a-b)(a^2+ab+b^2)=a^3-b^3$ を利用して分母を簡単な形にし，不定形でない形を導く。

(3) $\dfrac{1^2}{n^2+1}+\dfrac{2^2}{n^2+1}+\dfrac{3^2}{n^2+1}+\cdots\cdots+\dfrac{(2n)^2}{n^2+1}$

$=\dfrac{1}{n^2+1}\sum_{k=1}^{2n}k^2=\dfrac{1}{n^2+1}\cdot\dfrac{1}{6}\cdot 2n\cdot(2n+1)\cdot(2\cdot 2n+1)$

$=\dfrac{n(2n+1)(4n+1)}{3(n^2+1)}$

よって　$(与式)=\lim_{n\to\infty}\dfrac{1}{n}\cdot\dfrac{n(2n+1)(4n+1)}{3(n^2+1)}$

$=\lim_{n\to\infty}\dfrac{\left(2+\dfrac{1}{n}\right)\left(4+\dfrac{1}{n}\right)}{3\left(1+\dfrac{1}{n^2}\right)}=\dfrac{2\cdot 4}{3}=\mathbf{\dfrac{8}{3}}$

←$\sum_{k=1}^{●}k^2=\dfrac{1}{6}●(●+1)(2●+1)$

←分母・分子を $n^2$ で割る。

**EX ③14** 次の各数列 $\{a_n\}$ について，極限 $\lim_{n\to\infty}\dfrac{a_2+a_4+\cdots\cdots+a_{2n}}{a_1+a_2+\cdots\cdots+a_n}$ を調べよ。

(1) $a_n=\dfrac{1}{n^2+2n}$　(2) $a_n=cr^n$ $(c>0,\ r>0)$　［類 信州大］

(1) $a_n=\dfrac{1}{n(n+2)}=\dfrac{1}{2}\left(\dfrac{1}{n}-\dfrac{1}{n+2}\right)$ と変形できるから

$a_2+a_4+\cdots\cdots+a_{2n}=\dfrac{1}{2}\left(\dfrac{1}{2}-\dfrac{1}{4}\right)+\dfrac{1}{2}\left(\dfrac{1}{4}-\dfrac{1}{6}\right)+\cdots\cdots+\dfrac{1}{2}\left(\dfrac{1}{2n}-\dfrac{1}{2n+2}\right)$

$=\dfrac{1}{2}\left(\dfrac{1}{2}-\dfrac{1}{2n+2}\right)$

$a_1+a_2+\cdots\cdots+a_n$

$$=\frac{1}{2}\left(\frac{1}{1}-\frac{1}{3}\right)+\frac{1}{2}\left(\frac{1}{2}-\frac{1}{4}\right)+\cdots\cdots+\frac{1}{2}\left(\frac{1}{n-1}-\frac{1}{n+1}\right)+\frac{1}{2}\left(\frac{1}{n}-\frac{1}{n+2}\right)$$

$$=\frac{1}{2}\left(1+\frac{1}{2}-\frac{1}{n+1}-\frac{1}{n+2}\right)$$

←残る項に注意。

よって　$(与式)=\lim_{n\to\infty}\dfrac{\frac{1}{2}\left(\frac{1}{2}-\frac{1}{2n+2}\right)}{\frac{1}{2}\left(1+\frac{1}{2}-\frac{1}{n+1}-\frac{1}{n+2}\right)}=\dfrac{\frac{1}{2}}{1+\frac{1}{2}}=\mathbf{\frac{1}{3}}$

←$\dfrac{\frac{1}{2}\left(\frac{1}{2}-0\right)}{\frac{1}{2}\left(1+\frac{1}{2}-0-0\right)}$

(2)　[1]　$r=1$ のとき　　$a_n=c$

よって　$\displaystyle\lim_{n\to\infty}\frac{a_2+a_4+\cdots\cdots+a_{2n}}{a_1+a_2+\cdots\cdots+a_n}=\lim_{n\to\infty}\frac{cn}{cn}=1$

←すべての項が $c$ となる。

[2]　$r\neq1$ のとき

$$a_2+a_4+\cdots\cdots+a_{2n}=\sum_{k=1}^{n}cr^{2k}=\frac{cr^2(1-r^{2n})}{1-r^2},$$

←初項 $cr^2$，公比 $r^2$，項数 $n$ の等比数列の和。

$$a_1+a_2+\cdots\cdots+a_n=\sum_{k=1}^{n}cr^k=\frac{cr(1-r^n)}{1-r}$$

←初項 $cr$，公比 $r$，項数 $n$ の等比数列の和。

よって　$\displaystyle(与式)=\lim_{n\to\infty}\left\{\frac{cr^2(1-r^{2n})}{1-r^2}\cdot\frac{1-r}{cr(1-r^n)}\right\}$

←$1-r^{2n}=(1+r^n)(1-r^n)$

$$=\lim_{n\to\infty}\frac{r(1+r^n)}{1+r}=\lim_{n\to\infty}\left(\frac{r}{1+r}+\frac{r^{n+1}}{1+r}\right)$$

ゆえに，$0<r<1$ のとき　$\displaystyle\lim_{n\to\infty}\frac{a_2+a_4+\cdots\cdots+a_{2n}}{a_1+a_2+\cdots\cdots+a_n}=\frac{r}{1+r}$

←$r^{n+1}\longrightarrow0$

$r>1$ のとき　$\displaystyle\lim_{n\to\infty}\frac{a_2+a_4+\cdots\cdots+a_{2n}}{a_1+a_2+\cdots\cdots+a_n}=\infty$

←$r^{n+1}\longrightarrow\infty$

以上から，求める極限は　**$0<r<1$ のとき $\dfrac{r}{1+r}$，**

**$r=1$ のとき 1，$r>1$ のとき $\infty$**

**EX ③15**

1個のさいころを $n$ 回投げるとき，出る目の最大値が3となる確率を $P_n$ とおく。このとき，$P_n$ は $n$ を用いた式で $P_n=$ ア［　］と表される。更に，極限 $\displaystyle\lim_{n\to\infty}\frac{1}{n}\log_3P_n$ の値はイ［　］である。
［類　関西大］

1個のさいころを $n$ 回投げるときの目の出方は　　$6^n$ 通り

出る目の最大値が3となるような出方は，出る目の最大値が3以下となるような出方から出る目の最大値が2以下となるような出方を除いたものであるから　　$3^n-2^n$（通り）

**確率の計算の基本**
**$N$（すべての数）と $a$（起こる数）を求めて**
$$\frac{a}{N}$$

よって　$P_n=\dfrac{3^n-2^n}{6^n}=$ ア $\left(\mathbf{\frac{1}{2}}\right)^n-\left(\mathbf{\frac{1}{3}}\right)^n$

ゆえに　$\displaystyle\lim_{n\to\infty}\frac{1}{n}\log_3P_n=\lim_{n\to\infty}\frac{1}{n}\log_3\left\{\left(\frac{1}{2}\right)^n-\left(\frac{1}{3}\right)^n\right\}$

$$=\lim_{n\to\infty}\frac{1}{n}\log_3\left[\left(\frac{1}{2}\right)^n\left\{1-\left(\frac{2}{3}\right)^n\right\}\right]$$

$$=\lim_{n\to\infty}\frac{1}{n}\left[-n\log_32+\log_3\left\{1-\left(\frac{2}{3}\right)^n\right\}\right]$$

←●$^n$（|●|<1）の形が出るように，$\left(\frac{1}{2}\right)^n-\left(\frac{1}{3}\right)^n$ を $\left(\frac{1}{2}\right)^n$ でくくる。

$$=\lim_{n\to\infty}\left[-\log_3 2+\frac{1}{n}\log_3\left\{1-\left(\frac{2}{3}\right)^n\right\}\right]$$

$\displaystyle\lim_{n\to\infty}\frac{1}{n}=0$, $\displaystyle\lim_{n\to\infty}\log_3\left\{1-\left(\frac{2}{3}\right)^n\right\}=\log_3 1=0$ であるから

$$\lim_{n\to\infty}\frac{1}{n}\log_3 P_n=^{イ}\,\mathbf{-\log_3 2}$$



**EX ④16**

$0<a<b$ である定数 $a$, $b$ がある。$x_n=\left(\dfrac{a^n}{b}+\dfrac{b^n}{a}\right)^{\frac{1}{n}}$ とおくとき

(1) 不等式 $b^n<a(x_n)^n<2b^n$ を証明せよ。　(2) $\displaystyle\lim_{n\to\infty}x_n$ を求めよ。　［立命館大］

HINT (1) 不等式の証明 …… ⓘ **大小比較は差を作る** の方針で。
(2) (1)で示した不等式の各辺の常用対数をとり，はさみうちの原理を用いる。

(1) $a(x_n)^n-b^n=a\left(\dfrac{a^n}{b}+\dfrac{b^n}{a}\right)-b^n=\dfrac{a^{n+1}}{b}>0$

$2b^n-a(x_n)^n=2b^n-a\left(\dfrac{a^n}{b}+\dfrac{b^n}{a}\right)=\dfrac{b^{n+1}-a^{n+1}}{b}>0$

←$0<a<b$ $\Longrightarrow a^{n+1}<b^{n+1}$

よって　$b^n<a(x_n)^n<2b^n$

(2) $0<a<b$, $x_n>0$ であるから，(1)の不等式の各辺の常用対数をとって　$n\log_{10}b<\log_{10}a+n\log_{10}x_n<\log_{10}2+n\log_{10}b$

←常用対数でなくて，底 $a$ の対数をとってもよいが，$0<a<1$ のときは不等号の向きが逆になることに注意が必要。

よって　$\log_{10}b-\dfrac{\log_{10}a}{n}<\log_{10}x_n<\log_{10}b+\dfrac{\log_{10}2-\log_{10}a}{n}$

ここで，$\displaystyle\lim_{n\to\infty}\left(\log_{10}b-\frac{\log_{10}a}{n}\right)=\log_{10}b$,

$\displaystyle\lim_{n\to\infty}\left(\log_{10}b+\frac{\log_{10}2-\log_{10}a}{n}\right)=\log_{10}b$ であるから

$\displaystyle\lim_{n\to\infty}\log_{10}x_n=\log_{10}b$　　よって　$\displaystyle\lim_{n\to\infty}x_n=\boldsymbol{b}$

←はさみうちの原理。

**EX ②17**

(1) 次の極限値を求めよ。　［(ア) 類 公立はこだて未来大，(イ) 弘前大］

(ア) $\displaystyle\lim_{n\to\infty}\frac{\sin^n\theta-\cos^n\theta}{\sin^n\theta+\cos^n\theta}\ \left(0<\theta<\frac{\pi}{4}\right)$　　(イ) $\displaystyle\lim_{n\to\infty}\frac{r^{n-1}-3^{n+1}}{r^n+3^{n-1}}$ ($r$ は正の定数)

(2) $0\leqq\theta\leqq\pi$ とする。$a_n=(4\sin^2\theta+2\cos\theta-3)^n$ とするとき，数列 $\{a_n\}$ が収束するような $\theta$ の値の範囲を求めよ。　［関西大］

HINT (1) (イ) $0<r<3$, $r=3$, $r>3$ で場合分け。

(1) (ア) $0<\theta<\dfrac{\pi}{4}$ のとき

$$\frac{\sin^n\theta-\cos^n\theta}{\sin^n\theta+\cos^n\theta}=\frac{\left(\dfrac{\sin\theta}{\cos\theta}\right)^n-1}{\left(\dfrac{\sin\theta}{\cos\theta}\right)^n+1}=\frac{\tan^n\theta-1}{\tan^n\theta+1}$$

←分母・分子を $\cos^n\theta$ で割る。

このとき，$0<\tan\theta<1$ であるから　(与式)$=\dfrac{0-1}{0+1}=\mathbf{-1}$

(イ) [1] **$0<r<3$ のとき**　$0<\dfrac{r}{3}<1$

$$\lim_{n\to\infty}\frac{r^{n-1}-3^{n+1}}{r^n+3^{n-1}}=\lim_{n\to\infty}\frac{\dfrac{1}{3}\left(\dfrac{r}{3}\right)^{n-1}-3}{\left(\dfrac{r}{3}\right)^n+\dfrac{1}{3}}=\frac{\dfrac{1}{3}\cdot0-3}{0+\dfrac{1}{3}}=\mathbf{-9}$$

←分母・分子を $3^n$ で割る。

[2] **$r=3$ のとき**

$$\lim_{n\to\infty}\frac{r^{n-1}-3^{n+1}}{r^n+3^{n-1}}=\lim_{n\to\infty}\frac{3^{n-1}-3^{n+1}}{3^n+3^{n-1}}=\lim_{n\to\infty}\frac{-8\cdot3^{n-1}}{4\cdot3^{n-1}}=\mathbf{-2}$$

←$3^{n+1}=3^2\cdot3^{n-1}$, $3^n=3\cdot3^{n-1}$

[3] **$3<r$ のとき** $0<\dfrac{3}{r}<1$

$$\lim_{n\to\infty}\frac{r^{n-1}-3^{n+1}}{r^n+3^{n-1}}=\lim_{n\to\infty}\frac{1-9\left(\dfrac{3}{r}\right)^{n-1}}{r+\left(\dfrac{3}{r}\right)^{n-1}}=\frac{1-9\cdot0}{r+0}=\boldsymbol{\frac{1}{r}}$$

←分母・分子を $r^{n-1}$ で割る。

(2) 収束するための条件は

$$-1<4\sin^2\theta+2\cos\theta-3\leqq1$$

←$-1<$(公比)$\leqq1$

$\cos\theta=x$ とおくと，$0\leqq\theta\leqq\pi$ であるから　$-1\leqq x\leqq1$ …… ①

$\sin^2\theta=1-\cos^2\theta$ であるから

←$\sin^2\theta+\cos^2\theta=1$

$$-1<4(1-x^2)+2x-3\leqq1$$

整理して　$-1<-4x^2+2x+1\leqq1$

$-1<-4x^2+2x+1$ から　$2x^2-x-1<0$

ゆえに　$(2x+1)(x-1)<0$　よって　$-\dfrac{1}{2}<x<1$ …… ②

$-4x^2+2x+1\leqq1$ から　$2x^2-x\geqq0$

ゆえに　$x(2x-1)\geqq0$　よって　$x\leqq0,\ \dfrac{1}{2}\leqq x$ …… ③

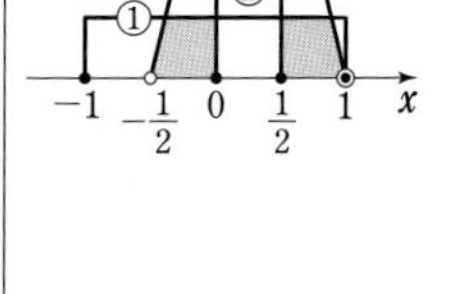


①，②，③ の共通範囲をとって　$-\dfrac{1}{2}<x\leqq0,\ \dfrac{1}{2}\leqq x<1$

すなわち　$-\dfrac{1}{2}<\cos\theta\leqq0,\ \dfrac{1}{2}\leqq\cos\theta<1$

$0\leqq\theta\leqq\pi$ であるから，$-\dfrac{1}{2}<\cos\theta\leqq0$ より　$\dfrac{\pi}{2}\leqq\theta<\dfrac{2}{3}\pi$

$\dfrac{1}{2}\leqq\cos\theta<1$ より　$0<\theta\leqq\dfrac{\pi}{3}$

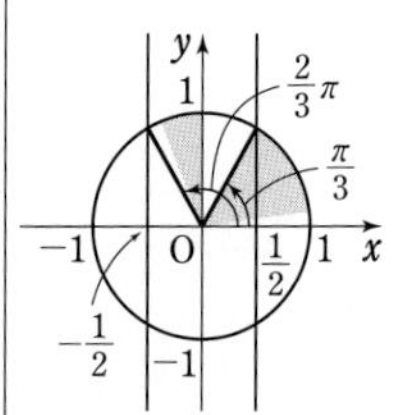


よって，求める $\theta$ の値の範囲は

$$\boldsymbol{0<\theta\leqq\frac{\pi}{3},\ \frac{\pi}{2}\leqq\theta<\frac{2}{3}\pi}$$

**EX ③18**

数列 $\{a_n(x)\}$ は $a_n(x)=\dfrac{\sin^{2n+1}x}{\sin^{2n}x+\cos^{2n}x}$ $(0\leqq x\leqq\pi)$ で定められたものとする。

(1) この数列の極限値 $\lim\limits_{n\to\infty}a_n(x)$ を求めよ。

(2) $\lim\limits_{n\to\infty}a_n(x)$ を $A(x)$ とするとき，関数 $y=A(x)$ のグラフをかけ。〔名城大〕

(1) $x=\dfrac{\pi}{2}$ のとき　$\lim\limits_{n\to\infty}a_n(x)=\dfrac{1}{1+0}=1$ …… ①

←$0\leqq x\leqq\pi$ で $\cos x=0$ となるのは，$x=\dfrac{\pi}{2}$ のときである。

$x\neq\dfrac{\pi}{2}$ のとき，$\cos^{2n}x\neq0$ であるから

$$a_n(x)=\frac{\sin x\cdot\dfrac{\sin^{2n}x}{\cos^{2n}x}}{\dfrac{\sin^{2n}x}{\cos^{2n}x}+1}=\frac{\sin x\tan^{2n}x}{\tan^{2n}x+1}$$

←$\dfrac{\sin x}{\cos x}=\tan x$

$\tan^2 x=1$ とすると　　$\tan x=\pm 1$

$0\leqq x\leqq \pi$ であるから　　$x=\dfrac{\pi}{4},\ \dfrac{3}{4}\pi$

この $x$ の値で区切って考える。

[1]　**$0\leqq x<\dfrac{\pi}{4},\ \dfrac{3}{4}\pi<x\leqq\pi$ のとき**　　$\tan^2 x<1$

よって　　$\displaystyle\lim_{n\to\infty} a_n(x)=\lim_{n\to\infty}\frac{\sin x\tan^{2n}x}{\tan^{2n}x+1}=\frac{\sin x\cdot 0}{0+1}=\mathbf{0}$

[2]　**$x=\dfrac{\pi}{4},\ \dfrac{3}{4}\pi$ のとき**　　$\tan^2 x=1$

よって　　$\displaystyle\lim_{n\to\infty} a_n(x)=\lim_{n\to\infty}\frac{\frac{\sqrt{2}}{2}\cdot 1}{1+1}=\boldsymbol{\frac{\sqrt{2}}{4}}$

[3]　$\dfrac{\pi}{4}<x<\dfrac{3}{4}\pi\ \left(x\neq\dfrac{\pi}{2}\right)$ のとき　　$\tan^2 x>1$

よって　　$\displaystyle\lim_{n\to\infty} a_n(x)=\lim_{n\to\infty}\frac{\sin x}{1+\frac{1}{\tan^{2n}x}}=\frac{\sin x}{1+0}=\sin x$

$\sin\dfrac{\pi}{2}=1$ であり，① と一致している。

したがって，**$\dfrac{\pi}{4}<x<\dfrac{3}{4}\pi$ のとき**　　$\displaystyle\lim_{n\to\infty} a_n(x)=\mathbf{\sin x}$

←$a_n(x)=\sin x\cdot\dfrac{(\tan^2 x)^n}{(\tan^2 x)^n+1}$ で　$\tan^2 x\geqq 0$

←$0\leqq x<\dfrac{\pi}{4}$，$\dfrac{3}{4}\pi<x\leqq\pi$ では　$|\tan x|<1$

←$\sin\dfrac{\pi}{4}=\sin\dfrac{3}{4}\pi=\dfrac{\sqrt{2}}{2}$

←$\tan^2 x>1$ であるから　$0<\dfrac{1}{\tan^2 x}<1$

←$x=\dfrac{\pi}{2}$ の場合も含めてよい。

(2)　$A(x)=\begin{cases} 0 & \left(0\leqq x<\dfrac{\pi}{4},\ \dfrac{3}{4}\pi<x\leqq\pi\right) \\ \dfrac{\sqrt{2}}{4} & \left(x=\dfrac{\pi}{4},\ \dfrac{3}{4}\pi\right) \\ \sin x & \left(\dfrac{\pi}{4}<x<\dfrac{3}{4}\pi\right) \end{cases}$

グラフは **右図の実線部分と点 $\left(\dfrac{\pi}{4},\ \dfrac{\sqrt{2}}{4}\right)$，$\left(\dfrac{3}{4}\pi,\ \dfrac{\sqrt{2}}{4}\right)$**

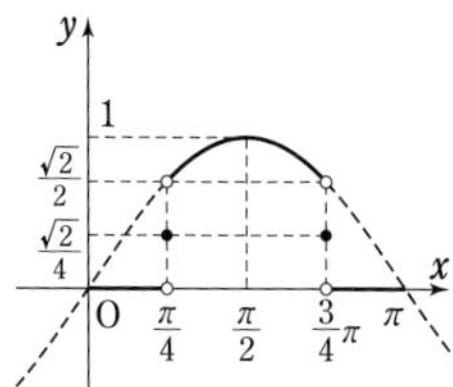


2章 EX〔極限〕

**EX ②19**

数列 $\{a_n\}$ を $a_1=\sqrt[3]{3}$，$a_2=\sqrt[3]{3\sqrt[3]{3}}$，$a_3=\sqrt[3]{3\sqrt[3]{3\sqrt[3]{3}}}$，$a_4=\sqrt[3]{3\sqrt[3]{3\sqrt[3]{3\sqrt[3]{3}}}}$，…… で定めると，$a_n=3^{\frac{1}{2}(ア\square)}$，$\displaystyle\lim_{n\to\infty}a_n=$ イ$\square$ である。　〔関西大〕

$a_{n+1}=\sqrt[3]{3a_n}$ …… ① と表される。

① の両辺の 3 を底とする対数をとると

$$\log_3 a_{n+1}=\log_3\sqrt[3]{3a_n}$$

よって　　$\log_3 a_{n+1}=\dfrac{1}{3}(1+\log_3 a_n)$

$\log_3 a_n=b_n$ とおくと　　$b_{n+1}=\dfrac{1}{3}b_n+\dfrac{1}{3}$

変形すると　　$b_{n+1}-\dfrac{1}{2}=\dfrac{1}{3}\left(b_n-\dfrac{1}{2}\right)$

ここで　　$b_1-\dfrac{1}{2}=\log_3 a_1-\dfrac{1}{2}=\dfrac{1}{3}-\dfrac{1}{2}=-\dfrac{1}{6}$

←$a_1>0$ と ① から，すべての $n$ に対して　$a_n>0$

←対数をとることで，$b_{n+1}=pb_n+q$ 型の漸化式を導く。

←$\alpha=\dfrac{1}{3}\alpha+\dfrac{1}{3}$ を解くと　$\alpha=\dfrac{1}{2}$

←$\log_3\sqrt[3]{3}=\log_3 3^{\frac{1}{3}}=\dfrac{1}{3}$

ゆえに，数列 $\left\{b_n-\frac{1}{2}\right\}$ は初項 $-\frac{1}{6}$，公比 $\frac{1}{3}$ の等比数列であるから　$b_n-\frac{1}{2}=-\frac{1}{6}\left(\frac{1}{3}\right)^{n-1}$　よって　$b_n=\frac{1}{2}\left\{1-\left(\frac{1}{3}\right)^n\right\}$

したがって　$a_n=3^{b_n}=3^{\frac{1}{2}\left\{{}^{ア}1-\left(\frac{1}{3}\right)^n\right\}}$

また　$\lim_{n\to\infty}a_n=\lim_{n\to\infty}3^{\frac{1}{2}\left\{1-\left(\frac{1}{3}\right)^n\right\}}=3^{\frac{1}{2}}={}^{イ}\sqrt{3}$

←$\frac{1}{6}\left(\frac{1}{3}\right)^{n-1}=\frac{1}{2}\cdot\frac{1}{3}\cdot\left(\frac{1}{3}\right)^{n-1}=\frac{1}{2}\left(\frac{1}{3}\right)^n$

←$\lim_{n\to\infty}\left(\frac{1}{3}\right)^n=0$

## EX ③20

数列 $\{a_n\}$ とその初項から第 $n$ 項までの和 $S_n$ について
$a_1=1,\ 4S_n=3a_n+9a_{n-1}+1\ (n=2,\ 3,\ 4,\ \cdots\cdots)$　が成り立つとする。

(1) 一般項 $a_n$ を求めよ。　(2) $\lim_{n\to\infty}\frac{S_n}{a_n}$ を求めよ。　〔福井大〕

(1) $4S_n=3a_n+9a_{n-1}+1\ (n\geqq 2)$　…… ①

$4S_{n+1}=3a_{n+1}+9a_n+1\ (n\geqq 1)$　…… ②

②−① から　$4(S_{n+1}-S_n)=3a_{n+1}+6a_n-9a_{n-1}\ (n\geqq 2)$

$S_{n+1}-S_n=a_{n+1}$ であるから

$$4a_{n+1}=3a_{n+1}+6a_n-9a_{n-1}$$

よって　$a_{n+1}-3a_n=3(a_n-3a_{n-1})$

ゆえに，数列 $\{a_{n+1}-3a_n\}$ は初項 $a_2-3a_1$，公比 3 の等比数列であるから　$a_{n+1}-3a_n=3^{n-1}(a_2-3a_1)$

① に $n=2$ を代入すると　$4S_2=3a_2+9a_1+1$

$a_1=1,\ S_2=a_1+a_2=1+a_2$ であるから　$4(1+a_2)=3a_2+9+1$

よって　$a_2=6$　ゆえに　$a_{n+1}-3a_n=3^n$

両辺を $3^{n+1}$ で割ると　$\frac{a_{n+1}}{3^{n+1}}-\frac{a_n}{3^n}=\frac{1}{3}$

よって，数列 $\left\{\frac{a_n}{3^n}\right\}$ は，初項 $\frac{1}{3}$，公差 $\frac{1}{3}$ の等差数列であるから　$\frac{a_n}{3^n}=\frac{1}{3}+(n-1)\cdot\frac{1}{3}=\frac{1}{3}n$

ゆえに　$\boldsymbol{a_n=n\cdot 3^{n-1}}$

(2) $\frac{S_n}{a_n}=\frac{1}{4}\left(3+9\cdot\frac{a_{n-1}}{a_n}+\frac{1}{a_n}\right)$

ここで　$\frac{a_{n-1}}{a_n}=\frac{(n-1)\cdot 3^{n-2}}{n\cdot 3^{n-1}}=\frac{1}{3}\left(1-\frac{1}{n}\right)$

ゆえに　$\lim_{n\to\infty}\frac{a_{n-1}}{a_n}=\frac{1}{3}\lim_{n\to\infty}\left(1-\frac{1}{n}\right)=\frac{1}{3}$

また　$\lim_{n\to\infty}\frac{1}{a_n}=\lim_{n\to\infty}\frac{1}{n\cdot 3^{n-1}}=0$

よって　$\lim_{n\to\infty}\frac{S_n}{a_n}=\frac{1}{4}\left(3+9\cdot\frac{1}{3}+0\right)=\boldsymbol{\frac{3}{2}}$

HINT (1) $S_{n+1}-S_n=a_{n+1}$ を用いて，隣接 3 項間の漸化式を導く。

←$4x^2=3x^2+6x-9$ を解くと　$x^2-6x+9=0$　$(x-3)^2=0$　ゆえに　$x=3$

←$a_2-3a_1=6-3\cdot 1=3$

←$a_{n+1}=pa_n+p^n$ 型の漸化式は，両辺を $p^{n+1}$ で割る。

←$S_n=\frac{1}{4}(3a_n+9a_{n-1}+1)$ の両辺を $a_n$ で割る。

## EX ③21

$z_1=1+i,\ z_{n+1}=\frac{i}{2}z_n+1\ (n=1,\ 2,\ 3,\ \cdots\cdots)$ で定義される複素数の数列 $\{z_n\}$ を考える。$z_n$ は実数 $x_n,\ y_n$ を用いて $z_n=x_n+y_ni$ で表される。このとき，$x_{n+2}$ を $x_n$ で表すと $x_{n+2}={}^{ア}\boxed{\phantom{00}}$ であり，$\lim_{n\to\infty}y_n={}^{イ}\boxed{\phantom{00}}$ である。　〔南山大〕

(ア) $z_{n+1}=x_{n+1}+y_{n+1}i$ …… ① である。

また $z_{n+1}=\dfrac{i}{2}z_n+1=\dfrac{i}{2}(x_n+y_ni)+1$

$=-\dfrac{1}{2}y_n+1+\dfrac{1}{2}x_ni$ …… ②

$x_{n+1}$, $y_{n+1}$, $-\dfrac{1}{2}y_n+1$, $\dfrac{1}{2}x_n$ は実数であるから，①，② より $x_{n+1}=-\dfrac{1}{2}y_n+1$, $y_{n+1}=\dfrac{1}{2}x_n$

←複素数の相等。

ゆえに $x_{n+2}=-\dfrac{1}{2}y_{n+1}+1=\boldsymbol{-\dfrac{1}{4}x_n+1}$

(イ) $y_{n+2}=\dfrac{1}{2}x_{n+1}=-\dfrac{1}{4}y_n+\dfrac{1}{2}$ から

$$y_{n+2}-\frac{2}{5}=-\frac{1}{4}\left(y_n-\frac{2}{5}\right) \quad \cdots\cdots \ (*)$$

←$\alpha=-\dfrac{1}{4}\alpha+\dfrac{1}{2}$ の解は $\alpha=\dfrac{2}{5}$

←(∗)は $y_{n+2}$ と $y_n$（1項おき）の関係式であるから，$n$ が偶数，奇数の場合に分けて一般項を求める。

$k$ を自然数とすると，$n=2k$ のとき

$$y_n-\frac{2}{5}=-\frac{1}{4}\left(y_{2k-2}-\frac{2}{5}\right)=\left(-\frac{1}{4}\right)^2\left(y_{2k-4}-\frac{2}{5}\right)=\cdots\cdots$$
$$=\left(-\frac{1}{4}\right)^{k-1}\left(y_2-\frac{2}{5}\right)$$

←(∗)を繰り返し $k-1$ 回使う。

$n=2k-1$ のとき

$$y_n-\frac{2}{5}=-\frac{1}{4}\left(y_{2k-3}-\frac{2}{5}\right)=\left(-\frac{1}{4}\right)^2\left(y_{2k-5}-\frac{2}{5}\right)=\cdots\cdots$$
$$=\left(-\frac{1}{4}\right)^{k-1}\left(y_1-\frac{2}{5}\right)$$

←(∗)を繰り返し $k-1$ 回使う。

$n\longrightarrow\infty$ のとき $k\longrightarrow\infty$ であり $\displaystyle\lim_{k\to\infty}\left(-\frac{1}{4}\right)^{k-1}=0$

よって $\displaystyle\lim_{n\to\infty}\left(y_n-\frac{2}{5}\right)=0$ ゆえに $\displaystyle\lim_{n\to\infty}y_n=\boldsymbol{\frac{2}{5}}$

**EX ④22**

$f(x)=x(x^2+1)$ とする。数列 $\{a_n\}$ を次のように定める。

$a_1=1$ とする。また，$n\geqq2$ のとき，曲線 $y=f(x)$ 上の点 $(a_{n-1},\ f(a_{n-1}))$ における接線と $x$ 軸との交点の $x$ 座標を $a_n$ とする。

(1) $a_n$ を $a_{n-1}$ を用いて表せ。 (2) $\displaystyle\lim_{n\to\infty}a_n=0$ を示せ。 〔類 千葉大〕

HINT (1) 曲線 $y=f(x)$ 上の点 $(a,\ f(a))$ における接線の方程式は

$y-f(a)=f'(a)(x-a)$ （数学Ⅱ）

まず，点 $(a_{n-1},\ f(a_{n-1}))$ における接線の方程式を求め，その直線が点 $(a_n,\ 0)$ を通ることから $a_n$ と $a_{n-1}$ の関係式を導く。

(1) $f(x)=x^3+x$ であるから $f'(x)=3x^2+1$

$n\geqq2$ のとき，曲線 $y=f(x)$ 上の点 $(a_{n-1},\ f(a_{n-1}))$ における接線の方程式は $y-f(a_{n-1})=(3a_{n-1}{}^2+1)(x-a_{n-1})$

すなわち $y-(a_{n-1}{}^3+a_{n-1})=(3a_{n-1}{}^2+1)(x-a_{n-1})$

この直線が点 $(a_n,\ 0)$ を通るから

$$-(a_{n-1}{}^3+a_{n-1})=(3a_{n-1}{}^2+1)(a_n-a_{n-1})$$

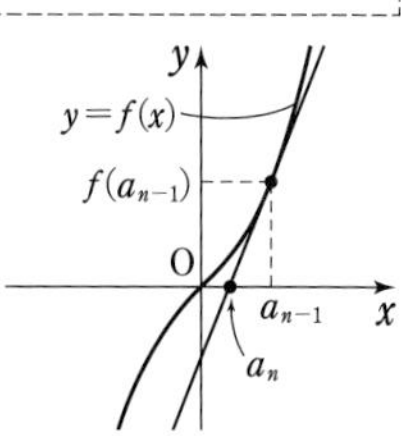

変形すると　$(3a_{n-1}{}^2+1)a_n=2a_{n-1}{}^3$

$3a_{n-1}{}^2+1 \neq 0$ であるから　$\boldsymbol{a_n=\dfrac{2a_{n-1}{}^3}{3a_{n-1}{}^2+1}}$ ……①

(2) $a_1=1>0$ であることと①から，すべての自然数 $n$ について $a_n>0$ である。$n \geqq 2$ のとき，①から

$$a_n=\frac{2a_{n-1}{}^3}{3a_{n-1}{}^2+1}<\frac{2a_{n-1}{}^3}{3a_{n-1}{}^2}=\frac{2}{3}a_{n-1}$$

←本冊 $p.54$ 補足事項参照。$\displaystyle\lim_{n\to\infty}a_n=0$ を示すから，$a_n<ka_{n-1}$ を満たす $k$ $(0<k<1)$ を見つける方針で進める。

すなわち　$a_n<\dfrac{2}{3}a_{n-1}$　ゆえに

$$a_n<\frac{2}{3}a_{n-1}<\left(\frac{2}{3}\right)^2a_{n-2}<\cdots\cdots<\left(\frac{2}{3}\right)^{n-1}a_1=\left(\frac{2}{3}\right)^{n-1}$$

よって　$0<a_n<\left(\dfrac{2}{3}\right)^{n-1}$

$\displaystyle\lim_{n\to\infty}\left(\frac{2}{3}\right)^{n-1}=0$ であるから　$\displaystyle\lim_{n\to\infty}a_n=0$

←はさみうちの原理。

## EX ④23

投げたときに表と裏の出る確率がそれぞれ $\dfrac{1}{2}$ の硬貨が 3 枚ある。その硬貨 3 枚を同時に投げる試行を繰り返す。持ち点 0 から始めて，1 回の試行で表が 3 枚出れば持ち点に 1 が加えられ，裏が 3 枚出れば持ち点から 1 が引かれ，それ以外は持ち点が変わらないとする。$n$ 回の試行後に持ち点が 3 の倍数である確率を $p_n$ とする。

(1) $p_{n+1}$ を $p_n$ で表せ。　(2) $\displaystyle\lim_{n\to\infty}p_n$ を求めよ。　〔類 芝浦工大〕

(1) 1 回の試行で，持ち点に 1 が加えられる確率は　$\left(\dfrac{1}{2}\right)^3=\dfrac{1}{8}$

←表が 3 枚。

1 回の試行で，持ち点から 1 が引かれる確率は　$\left(\dfrac{1}{2}\right)^3=\dfrac{1}{8}$

←裏が 3 枚。

よって，1 回の試行で，持ち点が変わらない確率は

$$1-2\cdot\frac{1}{8}=\frac{3}{4}$$

←余事象の確率を利用。

$n+1$ 回の試行後に持ち点が 3 の倍数となるのには，次の [1]～[3] の場合がある。

←3 で割った余りには 0，1，2 の 3 通りがある。

[1] $n$ 回の試行後の持ち点が 3 の倍数で，$n+1$ 回目の試行で持ち点が変わらない。

[2] $n$ 回の試行後の持ち点を 3 で割ったときの余りが 1 で，$n+1$ 回目の試行で持ち点から 1 が引かれる。

[3] $n$ 回の試行後の持ち点を 3 で割ったときの余りが 2 で，$n+1$ 回目の試行で持ち点に 1 が加えられる。

[1]，[2]，[3] は互いに排反であり，$n$ 回の試行後に，持ち点を 3 で割ったときの余りが 1 となる確率を $q_n$ とすると

$$\boldsymbol{p_{n+1}}=p_n\cdot\frac{3}{4}+q_n\cdot\frac{1}{8}+(1-p_n-q_n)\cdot\frac{1}{8}=\boldsymbol{\frac{5}{8}p_n+\frac{1}{8}}$$

←$n$ 回の試行後に，持ち点を 3 で割った余りが 2 である確率は $1-p_n-q_n$

(2) (1) の結果の式から　$p_{n+1}-\dfrac{1}{3}=\dfrac{5}{8}\left(p_n-\dfrac{1}{3}\right)$

←$\alpha=\dfrac{5}{8}\alpha+\dfrac{1}{8}$ の解は $\alpha=\dfrac{1}{3}$

よって，数列 $\left\{p_n-\dfrac{1}{3}\right\}$ は，初項 $p_1-\dfrac{1}{3}=\dfrac{3}{4}-\dfrac{1}{3}=\dfrac{5}{12}$，公比

$\frac{5}{8}$ の等比数列であるから　　$p_n-\frac{1}{3}=\frac{5}{12}\left(\frac{5}{8}\right)^{n-1}$

ゆえに　　$p_n=\frac{5}{12}\left(\frac{5}{8}\right)^{n-1}+\frac{1}{3}$

よって　　$\lim_{n\to\infty}p_n=\lim_{n\to\infty}\left\{\frac{5}{12}\left(\frac{5}{8}\right)^{n-1}+\frac{1}{3}\right\}=\boldsymbol{\frac{1}{3}}$

←$p_1$ は1回の試行後に持ち点が変わらない確率に等しい。



**EX ②24**

次の無限級数の和を求めよ。

(1)　数列 $\{a_n\}$ が初項2，公比2の等比数列であるとき　$\sum_{n=1}^{\infty}\frac{1}{a_na_{n+1}}$　〔類　愛知工大〕

(2)　$\pi$ を円周率とするとき　$1+\frac{2}{\pi}+\frac{3}{\pi^2}+\frac{4}{\pi^3}+\cdots\cdots+\frac{n+1}{\pi^n}+\cdots\cdots$

ただし，$\lim_{n\to\infty}nx^n=0$ $(|x|<1)$ を用いてもよい。　〔類　慶応大〕

(1)　$a_n=2\cdot2^{n-1}=2^n$ であるから

$$\frac{1}{a_na_{n+1}}=\frac{1}{2^n\cdot2^{n+1}}=\frac{1}{2^{2n+1}}=\frac{1}{2\cdot4^n}=\frac{1}{8}\left(\frac{1}{4}\right)^{n-1}$$

←$ar^{n-1}$ の形に。

よって，$\sum_{n=1}^{\infty}\frac{1}{a_na_{n+1}}$ は初項 $\frac{1}{8}$，公比 $\frac{1}{4}$ の無限等比級数である。

$\left|\frac{1}{4}\right|<1$ であるから収束し

$$\sum_{n=1}^{\infty}\frac{1}{a_na_{n+1}}=\frac{\frac{1}{8}}{1-\frac{1}{4}}=\boldsymbol{\frac{1}{6}}$$

←$\frac{(初項)}{1-(公比)}$

(2)　初項から第 $n$ 項までの部分和を $S_n$ とすると

$$S_n=1+\frac{2}{\pi}+\frac{3}{\pi^2}+\cdots\cdots+\frac{n}{\pi^{n-1}}$$

$$\frac{1}{\pi}S_n=\frac{1}{\pi}+\frac{2}{\pi^2}+\cdots\cdots+\frac{n-1}{\pi^{n-1}}+\frac{n}{\pi^n}$$

←部分和を $S_n$ として，$S_n-rS_n$ を計算（$r$ は数列 $\left\{\frac{k}{\pi^{k-1}}\right\}$ の公比部分）。

辺々を引くと

$$\left(1-\frac{1}{\pi}\right)S_n=\underline{1+\frac{1}{\pi}+\frac{1}{\pi^2}+\cdots\cdots+\frac{1}{\pi^{n-1}}}-\frac{n}{\pi^n}$$

$$=\frac{1-\left(\frac{1}{\pi}\right)^n}{1-\frac{1}{\pi}}-\frac{n}{\pi^n}$$

←----は初項1，公比 $\frac{1}{\pi}$，項数 $n$ の等比数列の和。

よって　　$S_n=\left(\frac{\pi}{\pi-1}\right)^2\left\{1-\left(\frac{1}{\pi}\right)^n\right\}-\frac{\pi}{\pi-1}\cdot\frac{n}{\pi^n}$

$0<\frac{1}{\pi}<1$ であるから　　$\lim_{n\to\infty}\left(\frac{1}{\pi}\right)^n=0$，$\lim_{n\to\infty}\frac{n}{\pi^n}=0$

ゆえに，求める級数の和は

$$\lim_{n\to\infty}S_n=\left(\frac{\pi}{\pi-1}\right)^2(1-0)-0=\boldsymbol{\left(\frac{\pi}{\pi-1}\right)^2}$$

**EX ②25**

$0\leqq x\leqq 2\pi$ を満たす実数 $x$ と自然数 $n$ に対して，$S_n=\sum_{k=1}^{n}(\cos x-\sin x)^k$ と定める。数列 $\{S_n\}$ が収束する $x$ の値の範囲を求め，$x$ がその範囲にあるときの極限値 $\lim_{n\to\infty}S_n$ を求めよ。〔名古屋工大〕

$\cos x-\sin x=r$ とおくと，$\lim\limits_{n\to\infty}S_n$ は初項 $r$，公比 $r$ の無限等比級数である。数列 $\{S_n\}$ が収束するための条件は

$r=0$ または $-1<r<1$　すなわち　$-1<r<1$ …… ①

ここで，$r=\sqrt{2}\sin\left(x+\frac{3}{4}\pi\right)$ であるから，① より

$$-1<\sqrt{2}\sin\left(x+\frac{3}{4}\pi\right)<1$$

よって　$$-\frac{1}{\sqrt{2}}<\sin\left(x+\frac{3}{4}\pi\right)<\frac{1}{\sqrt{2}}$$

$0\leqq x\leqq 2\pi$ より，$\frac{3}{4}\pi\leqq x+\frac{3}{4}\pi\leqq\frac{11}{4}\pi$ であるから

$$\frac{3}{4}\pi<x+\frac{3}{4}\pi<\frac{5}{4}\pi,\quad \frac{7}{4}\pi<x+\frac{3}{4}\pi<\frac{9}{4}\pi$$

ゆえに　$$\boldsymbol{0<x<\frac{\pi}{2},\quad \pi<x<\frac{3}{2}\pi}$$

このとき　$$\lim_{n\to\infty}S_n=\frac{r}{1-r}=\boldsymbol{\frac{\cos x-\sin x}{1-\cos x+\sin x}}$$

←初項の条件 $r=0$ は，公比の条件 $-1<r<1$ に含まれる。

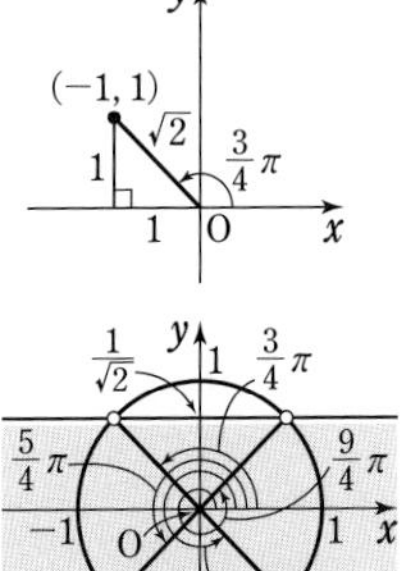


**EX ③26**

座標平面上の原点を $P_0(0,\ 0)$ と書く。点 $P_1$，$P_2$，$P_3$，…… を

$$\overrightarrow{P_nP_{n+1}}=\left(\frac{1}{2^n}\cos\frac{(-1)^n\pi}{3},\ \frac{1}{2^n}\sin\frac{(-1)^n\pi}{3}\right)\quad(n=0,\ 1,\ 2,\ \cdots\cdots)$$

を満たすように定め，点 $P_n$ の座標を $(x_n,\ y_n)$ $(n=0,\ 1,\ 2,\ \cdots\cdots)$ とする。

(1) $x_n$，$y_n$ をそれぞれ $n$ を用いて表せ。

(2) ベクトル $\overrightarrow{P_{2n-1}P_{2n+1}}$ の大きさを $l_n$ $(n=1,\ 2,\ 3,\ \cdots\cdots)$ とするとき，$l_n$ を $n$ を用いて表せ。

(3) (2) の $l_n$ について，無限級数 $\sum\limits_{n=1}^{\infty}l_n$ の和 $S$ を求めよ。　〔類　立教大〕

(1)　O を原点とすると

$$\begin{aligned}\overrightarrow{OP_n}&=\overrightarrow{OP_1}+\overrightarrow{P_1P_2}+\cdots\cdots+\overrightarrow{P_{n-1}P_n}\\&=\overrightarrow{P_0P_1}+\overrightarrow{P_1P_2}+\cdots\cdots+\overrightarrow{P_{n-1}P_n}\\&=\left(\sum_{k=0}^{n-1}\frac{1}{2^k}\cos\frac{(-1)^k\pi}{3},\ \sum_{k=0}^{n-1}\frac{1}{2^k}\sin\frac{(-1)^k\pi}{3}\right)\end{aligned}$$

←$O=P_0$

←$\overrightarrow{P_nP_{n+1}}$ の定義から。

よって　$$x_n=\sum_{k=0}^{n-1}\frac{1}{2^k}\cos\frac{(-1)^k\pi}{3},\quad y_n=\sum_{k=0}^{n-1}\frac{1}{2^k}\sin\frac{(-1)^k\pi}{3}$$

←$P_n(x_n,\ y_n)$

ここで，すべての整数 $k$ に対して

$$\cos\frac{(-1)^k\pi}{3}=\cos\frac{\pi}{3}=\frac{1}{2},$$

$$\sin\frac{(-1)^k\pi}{3}=(-1)^k\sin\frac{\pi}{3}=(-1)^k\cdot\frac{\sqrt{3}}{2}$$

←$\cos(-\theta)=\cos\theta$，$\sin(-\theta)=-\sin\theta$

ゆえに　$$\boldsymbol{x_n}=\sum_{k=0}^{n-1}\frac{1}{2^{k+1}}=\frac{\frac{1}{2}\left\{1-\left(\frac{1}{2}\right)^n\right\}}{1-\frac{1}{2}}=\boldsymbol{1-\left(\frac{1}{2}\right)^n}$$

←$\dfrac{(\text{初項})\{1-(\text{公比})^{(\text{項数})}\}}{1-(\text{公比})}$

$$\boldsymbol{y_n}=\frac{\sqrt{3}}{2}\sum_{k=0}^{n-1}\left(-\frac{1}{2}\right)^k=\frac{\sqrt{3}}{2}\cdot\frac{1-\left(-\frac{1}{2}\right)^n}{1-\left(-\frac{1}{2}\right)}$$

$$=\boldsymbol{\frac{\sqrt{3}}{3}\left\{1-\left(-\frac{1}{2}\right)^n\right\}}$$

(2) $\overrightarrow{\mathrm{P}_{2n-1}\mathrm{P}_{2n+1}}=(x_{2n+1}-x_{2n-1},\ y_{2n+1}-y_{2n-1})$ であり

$$x_{2n+1}-x_{2n-1}=1-\left(\frac{1}{2}\right)^{2n+1}-\left\{1-\left(\frac{1}{2}\right)^{2n-1}\right\}$$

←(1) の結果を利用。

$$=-\left(\frac{1}{2}\right)^{2n+1}+\left(\frac{1}{2}\right)^{2n-1}=\left(-\frac{1}{4}+1\right)\left(\frac{1}{2}\right)^{2n-1}$$

←$\left(\frac{1}{2}\right)^{2n+1}=\left(\frac{1}{2}\right)^2\left(\frac{1}{2}\right)^{2n-1}$

$$=\frac{3}{4}\left(\frac{1}{2}\right)^{2n-1}$$

$$y_{2n+1}-y_{2n-1}=\frac{\sqrt{3}}{3}\left\{1-\left(-\frac{1}{2}\right)^{2n+1}\right\}-\frac{\sqrt{3}}{3}\left\{1-\left(-\frac{1}{2}\right)^{2n-1}\right\}$$

$$=\frac{\sqrt{3}}{3}\left(-\frac{1}{4}+1\right)\left(-\frac{1}{2}\right)^{2n-1}=-\frac{\sqrt{3}}{4}\left(\frac{1}{2}\right)^{2n-1}$$

←$\left(-\frac{1}{2}\right)^{2n-1}=-\left(\frac{1}{2}\right)^{2n-1}$

よって　$l_n{}^2=\left(\frac{9}{16}+\frac{3}{16}\right)\left(\frac{1}{2}\right)^{2(2n-1)}=\frac{3}{4}\cdot4\left(\frac{1}{4}\right)^{2n}=3\left(\frac{1}{4}\right)^{2n}$

したがって　$\boldsymbol{l_n}=\sqrt{3\left(\frac{1}{4}\right)^{2n}}=\boldsymbol{\sqrt{3}\left(\frac{1}{4}\right)^n}$ …… ①

(3) ① から　$\boldsymbol{S}=\sum_{n=1}^{\infty}l_n=\frac{\frac{\sqrt{3}}{4}}{1-\frac{1}{4}}=\boldsymbol{\frac{\sqrt{3}}{3}}$

←初項 $\frac{\sqrt{3}}{4}$，公比 $\frac{1}{4}$ の無限等比級数の和。

**EX ④27**

$\triangle \mathrm{A_0B_0C_0}$ の内心を $\mathrm{I_0}$ とし，その内接円と線分 $\mathrm{A_0I_0}$，$\mathrm{B_0I_0}$，$\mathrm{C_0I_0}$ との交点をそれぞれ $\mathrm{A_1}$，$\mathrm{B_1}$，$\mathrm{C_1}$ とする。次に，$\triangle \mathrm{A_1B_1C_1}$ の内心を $\mathrm{I_1}$ とし，その内接円と線分 $\mathrm{A_1I_1}$，$\mathrm{B_1I_1}$，$\mathrm{C_1I_1}$ との交点をそれぞれ $\mathrm{A_2}$，$\mathrm{B_2}$，$\mathrm{C_2}$ とする。これを繰り返して $\triangle \mathrm{A}_n\mathrm{B}_n\mathrm{C}_n$ を作り，その内心を $\mathrm{I}_n$，$\angle \mathrm{B}_n\mathrm{A}_n\mathrm{C}_n=\theta_n$ $(n=0,\ 1,\ 2,\ \cdots\cdots)$ とする。

(1) $\theta_{n+1}$ を $\theta_n$ で表せ。

(2) $\theta_n$ を $n$，$\theta_0$ で表せ。

(3) $\theta_0=\frac{2}{3}\pi$ のとき，$\sum_{n=0}^{\infty}\left(\theta_n-\frac{\pi}{3}\right)$ を求めよ。　〔南山大〕

(1) $\mathrm{I}_n$ は $\triangle \mathrm{A}_n\mathrm{B}_n\mathrm{C}_n$ の内心であり，かつ $\triangle \mathrm{A}_{n+1}\mathrm{B}_{n+1}\mathrm{C}_{n+1}$ の外心であるから

←円の同じ弧に対する中心角は円周角の 2 倍。

$$\angle \mathrm{B}_n\mathrm{I}_n\mathrm{C}_n=\angle \mathrm{B}_{n+1}\mathrm{I}_n\mathrm{C}_{n+1}=2\angle \mathrm{B}_{n+1}\mathrm{A}_{n+1}\mathrm{C}_{n+1}=2\theta_{n+1}$$

また　$\angle \mathrm{B}_n\mathrm{I}_n\mathrm{C}_n=\pi-(\angle \mathrm{I}_n\mathrm{B}_n\mathrm{C}_n+\angle \mathrm{I}_n\mathrm{C}_n\mathrm{B}_n)$

$$=\pi-\left(\frac{1}{2}\angle \mathrm{A}_n\mathrm{B}_n\mathrm{C}_n+\frac{1}{2}\angle \mathrm{A}_n\mathrm{C}_n\mathrm{B}_n\right)$$

$$=\pi-\frac{1}{2}(\angle \mathrm{A}_n\mathrm{B}_n\mathrm{C}_n+\angle \mathrm{A}_n\mathrm{C}_n\mathrm{B}_n)$$

$$=\pi-\frac{1}{2}(\pi-\theta_n)=\frac{1}{2}\theta_n+\frac{1}{2}\pi$$

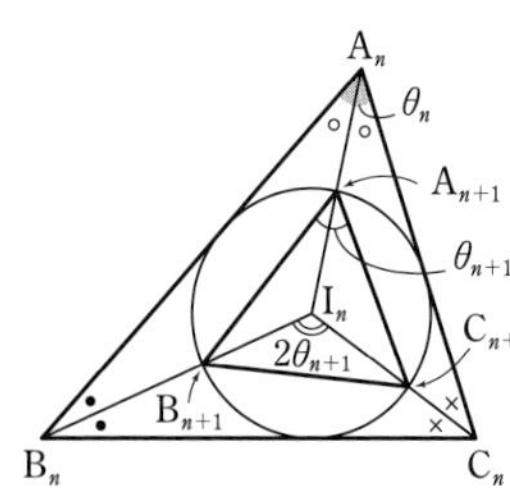


よって，$2\theta_{n+1}=\frac{1}{2}\theta_n+\frac{1}{2}\pi$ から　$\boldsymbol{\theta_{n+1}=\frac{1}{4}\theta_n+\frac{1}{4}\pi}$

(2) (1) の式を変形すると　$\theta_{n+1}-\dfrac{\pi}{3}=\dfrac{1}{4}\left(\theta_n-\dfrac{\pi}{3}\right)$

よって　$\theta_n-\dfrac{\pi}{3}=\left(\theta_0-\dfrac{\pi}{3}\right)\left(\dfrac{1}{4}\right)^n$ …… ①

ゆえに　$\boldsymbol{\theta_n=\left(\dfrac{1}{4}\right)^n\left(\theta_0-\dfrac{\pi}{3}\right)+\dfrac{\pi}{3}}$

(3) $\theta_0=\dfrac{2}{3}\pi$ であるとき，① から

$$\theta_n-\frac{\pi}{3}=\frac{\pi}{3}\left(\frac{1}{4}\right)^n$$

よって　$\displaystyle\sum_{n=0}^{\infty}\left(\theta_n-\frac{\pi}{3}\right)=\sum_{n=0}^{\infty}\frac{\pi}{3}\left(\frac{1}{4}\right)^n=\frac{\pi}{3}\cdot\frac{1}{1-\frac{1}{4}}=\boldsymbol{\frac{4}{9}\pi}$

←(1) の結果で $\theta_{n+1}$ と $\theta_n$ を $\alpha$ とおくと

$$\alpha=\frac{1}{4}\alpha+\frac{1}{4}\pi$$

これを解いて　$\alpha=\dfrac{\pi}{3}$

←$n=0$ から始まることに注意。

## EX ③28

2 次方程式 $x^2+8x+c=0$ の 2 つの解を $\alpha$, $\beta$ とする。$\displaystyle\sum_{k=1}^{\infty}(\alpha-\beta)^{2k}=3$ のとき，定数 $c$ の値を求めよ。〔九州歯大〕

解と係数の関係により　$\alpha+\beta=-8$, $\alpha\beta=c$

よって　$(\alpha-\beta)^2=(\alpha+\beta)^2-4\alpha\beta=(-8)^2-4c$
$=64-4c$

ゆえに　$\displaystyle\sum_{k=1}^{\infty}(\alpha-\beta)^{2k}=\sum_{k=1}^{\infty}\{(\alpha-\beta)^2\}^k=\sum_{k=1}^{\infty}(64-4c)^k$

この無限等比級数が収束して，その和が 0 でないから

$|64-4c|<1$　　よって　$-1<4c-64<1$

ゆえに　$\dfrac{63}{4}<c<\dfrac{65}{4}$ …… ①

このとき　$\displaystyle\sum_{k=1}^{\infty}(64-4c)^k=\frac{64-4c}{1-(64-4c)}=\frac{64-4c}{4c-63}$

よって　$\dfrac{64-4c}{4c-63}=3$

これを解いて　$\boldsymbol{c=\dfrac{253}{16}}$

これは ① を満たす。

HINT　解と係数の関係を利用して，無限級数を $\displaystyle\sum_{k=1}^{\infty}$ ($c$ の式) に変形。

←|公比|<1

←$\dfrac{(初項)}{1-(公比)}$

←$64-4c=3(4c-63)$

←この確認を忘れずに。

## EX ②29

無限級数 $\displaystyle\sum_{n=0}^{\infty}\left(\frac{1}{5^n}\cos n\pi+\frac{1}{3^{\frac{n}{2}}}\right)$ の和を求めよ。

$$\sum_{n=0}^{\infty}\frac{1}{5^n}\cos n\pi=\sum_{n=0}^{\infty}\frac{1}{5^n}\cdot(-1)^n=\sum_{n=0}^{\infty}\left(-\frac{1}{5}\right)^n=\frac{1}{1+\frac{1}{5}}=\frac{5}{6}$$

$$\sum_{n=0}^{\infty}\frac{1}{3^{\frac{n}{2}}}=\sum_{n=0}^{\infty}\left(\frac{1}{\sqrt{3}}\right)^n=\frac{1}{1-\frac{1}{\sqrt{3}}}=\frac{\sqrt{3}}{\sqrt{3}-1}=\frac{3+\sqrt{3}}{2}$$

よって，$\displaystyle\sum_{n=0}^{\infty}\left(\frac{1}{5^n}\cos n\pi+\frac{1}{3^{\frac{n}{2}}}\right)$ は収束して，求める和は

$$\frac{5}{6}+\frac{3+\sqrt{3}}{2}=\boldsymbol{\frac{14+3\sqrt{3}}{6}}$$

HINT　無限級数 $\sum a_n$, $\sum b_n$ が収束するとき $\sum(a_n+b_n)=\sum a_n+\sum b_n$ を利用。無限級数 $\displaystyle\sum_{n=0}^{\infty}\frac{1}{5^n}\cos n\pi$, $\displaystyle\sum_{n=0}^{\infty}\frac{1}{3^{\frac{n}{2}}}$ の和をそれぞれ求める。

**EX ④30**

(1) 無限級数 $\frac{1}{2}-\frac{1}{3}+\frac{1}{2^2}-\frac{1}{3^2}+\frac{1}{2^3}-\frac{1}{3^3}+\cdots\cdots$ の和を求めよ。

(2) $b_n=(-1)^{n-1}\log_2\frac{n+2}{n}$ $(n=1,\ 2,\ 3,\ \cdots\cdots)$ で定められる数列 $\{b_n\}$ に対して，$S_n=b_1+b_2+\cdots\cdots+b_n$ とする。このとき，$\lim_{n\to\infty}S_n$ を求めよ。 〔(2) 類 岡山大〕

(1) 初項から第 $n$ 項までの部分和を $S_n$ とする。

$$S_{2n}=\frac{1}{2}-\frac{1}{3}+\frac{1}{2^2}-\frac{1}{3^2}+\cdots\cdots+\frac{1}{2^n}-\frac{1}{3^n}$$
$$=\left\{\frac{1}{2}+\left(\frac{1}{2}\right)^2+\cdots\cdots+\left(\frac{1}{2}\right)^n\right\}$$
$$-\left\{\frac{1}{3}+\left(\frac{1}{3}\right)^2+\cdots\cdots+\left(\frac{1}{3}\right)^n\right\}$$
$$=\frac{1}{2}\cdot\frac{1-\left(\frac{1}{2}\right)^n}{1-\frac{1}{2}}-\frac{1}{3}\cdot\frac{1-\left(\frac{1}{3}\right)^n}{1-\frac{1}{3}}$$
$$=\left(1-\frac{1}{2^n}\right)-\frac{1}{2}\left(1-\frac{1}{3^n}\right)$$
$$=\frac{1}{2}-\frac{1}{2^n}+\frac{1}{2\cdot3^n}$$

また　$S_{2n-1}=S_{2n}+\frac{1}{3^n}$

よって　$\lim_{n\to\infty}S_{2n}=\frac{1}{2}$，$\lim_{n\to\infty}S_{2n-1}=\lim_{n\to\infty}\left(S_{2n}+\frac{1}{3^n}\right)=\frac{1}{2}$

ゆえに，この無限級数は収束して，その和は　$\boldsymbol{\frac{1}{2}}$

(2) $S_{2n}=(b_1+b_2)+(b_3+b_4)+\cdots\cdots+(b_{2n-1}+b_{2n})$
$$=\sum_{k=1}^{n}(b_{2k-1}+b_{2k})$$
$$=\sum_{k=1}^{n}\left(\log_2\frac{2k+1}{2k-1}-\log_2\frac{2k+2}{2k}\right)$$

ここで

$$\sum_{k=1}^{n}\log_2\frac{2k+1}{2k-1}=\sum_{k=1}^{n}\{\log_2(2k+1)-\log_2(2k-1)\}$$
$$=(\log_2 3-\log_2 1)+(\log_2 5-\log_2 3)+\cdots\cdots$$
$$+\{\log_2(2n-1)-\log_2(2n-3)\}+\{\log_2(2n+1)-\log_2(2n-1)\}$$
$$=\log_2(2n+1)-\log_2 1$$
$$=\log_2(2n+1)$$

$$\sum_{k=1}^{n}\log_2\frac{2k+2}{2k}=\sum_{k=1}^{n}\log_2\frac{k+1}{k}=\sum_{k=1}^{n}\{\log_2(k+1)-\log_2 k\}$$
$$=(\log_2 2-\log_2 1)+(\log_2 3-\log_2 2)+\cdots\cdots$$
$$+\{\log_2 n-\log_2(n-1)\}+\{\log_2(n+1)-\log_2 n\}$$
$$=\log_2(n+1)-\log_2 1$$
$$=\log_2(n+1)$$

HINT　$\lim_{n\to\infty}S_{2n}$ と $\lim_{n\to\infty}S_{2n-1}$ に分けて考える。

←初項 $\frac{1}{2}$，公比 $\frac{1}{2}$ の等比数列。

←初項 $\frac{1}{3}$，公比 $\frac{1}{3}$ の等比数列。

検討　(1)の無限級数を $\sum_{n=1}^{\infty}\left(\frac{1}{2}\right)^n-\sum_{n=1}^{\infty}\left(\frac{1}{3}\right)^n$ とするのは，答えが同じでも正しい解法ではない（無限級数では，無条件で項の順序は変えられない）。
問題が
$\left(\frac{1}{2}-\frac{1}{3}\right)+\left(\frac{1}{2^2}-\frac{1}{3^2}\right)+\left(\frac{1}{2^3}-\frac{1}{3^3}\right)+\cdots\cdots$
すなわち
$\sum_{n=1}^{\infty}\left(\frac{1}{2^n}-\frac{1}{3^n}\right)$ と与えられていれば，$\sum_{n=1}^{\infty}\left(\frac{1}{2}\right)^n$，$\sum_{n=1}^{\infty}\left(\frac{1}{3}\right)^n$ が収束することを示してから
（前者の和）−（後者の和）
を答えとするのは正しい。

←$=\log_2 3+\log_2\frac{5}{3}+\cdots\cdots+\log_2\frac{2n-1}{2n-3}+\log_2\frac{2n+1}{2n-1}$
$=\log_2\left(3\cdot\frac{5}{3}\cdot\cdots\cdots\cdot\frac{2n-1}{2n-3}\cdot\frac{2n+1}{2n-1}\right)$
$=\log_2(2n+1)$ としてもよい。
$\sum_{k=1}^{n}\log_2\frac{k+1}{k}$ についても同様。

よって　$S_{2n}=\log_2(2n+1)-\log_2(n+1)=\log_2\dfrac{2n+1}{n+1}$

また　$S_{2n-1}=S_{2n}-b_{2n}=S_{2n}+\log_2\dfrac{2n+2}{2n}$

ゆえに　$\lim_{n\to\infty}S_{2n}=\lim_{n\to\infty}\log_2\dfrac{2+\dfrac{1}{n}}{1+\dfrac{1}{n}}=\log_2 2=1,$

$\lim_{n\to\infty}S_{2n-1}=\lim_{n\to\infty}\left\{S_{2n}+\log_2\left(1+\dfrac{1}{n}\right)\right\}=1+0=1$

したがって　$\lim_{n\to\infty}S_n=\mathbf{1}$

←分母・分子を $n$ で割って極限を求める。

**EX ④31**

0でない実数 $r$ が $|r|<1$ を満たすとき，次のものを求めよ。ただし，自然数 $n$ に対して $\lim_{n\to\infty}nr^n=0$，$\lim_{n\to\infty}n(n-1)r^n=0$ である。〔大分大〕

(1) $R_n=\sum_{k=0}^{n}r^k$ と $S_n=\sum_{k=0}^{n}kr^{k-1}$　(2) $T_n=\sum_{k=0}^{n}k(k-1)r^{k-2}$　(3) $\sum_{k=0}^{\infty}k^2r^k$

(1) $\boldsymbol{R_n}=\sum_{k=0}^{n}r^k=\dfrac{1\cdot(1-r^{n+1})}{1-r}=\boldsymbol{\dfrac{1-r^{n+1}}{1-r}}$

また　$S_n=1+2r+3r^2+\cdots\cdots+nr^{n-1}$

$rS_n=r+2r^2+\cdots\cdots+(n-1)r^{n-1}+nr^n$

辺々を引くと

$(1-r)S_n=1+r+r^2+\cdots\cdots+r^{n-1}-nr^n$

$=\dfrac{1-r^n}{1-r}-nr^n$

$r\neq1$ であるから　$\boldsymbol{S_n=\dfrac{1-r^n}{(1-r)^2}-\dfrac{nr^n}{1-r}}$

←初項 $r^0=1$，公比 $r$，項数 $n+1$ の等比数列の和。

←(等差)×(等比) 型の数列の和 $S\longrightarrow S-rS$ を計算（$r$ は等比数列部分の公比)。

←$1-r\neq0$

(2) $n\geqq2$ のとき

$T_n=2\cdot1+3\cdot2r+\cdots\cdots+n(n-1)r^{n-2}$

$rT_n=2\cdot1\cdot r+\cdots\cdots+(n-1)(n-2)r^{n-2}+n(n-1)r^{n-1}$

辺々を引くと，$(k+1)k-k(k-1)=2k$ $(k=1,\ 2,\ \cdots\cdots,\ n-1)$ であるから

$(1-r)T_n=\sum_{k=1}^{n-1}2kr^{k-1}-n(n-1)r^{n-1}$

$=2S_{n-1}-n(n-1)r^{n-1}$

$=2\left\{\dfrac{1-r^{n-1}}{(1-r)^2}-\dfrac{(n-1)r^{n-1}}{1-r}\right\}-n(n-1)r^{n-1}$

よって，$n\geqq2$ のとき

$T_n=2\left\{\dfrac{1-r^{n-1}}{(1-r)^3}-\dfrac{(n-1)r^{n-1}}{(1-r)^2}\right\}-\dfrac{n(n-1)r^{n-1}}{1-r}$ …… ①

$T_1=0$ であるから，① は $n=1$ のときも成り立つ。

ゆえに　$T_n=\boldsymbol{2\left\{\dfrac{1-r^{n-1}}{(1-r)^3}-\dfrac{(n-1)r^{n-1}}{(1-r)^2}\right\}-\dfrac{n(n-1)r^{n-1}}{1-r}}$

←$S_n$ を求めるのと同様の方針。

←$(1-r)T_n$
$=2\cdot1+2\cdot2r+\cdots\cdots$
$+2(n-1)r^{n-2}$
$-n(n-1)r^{n-1}$

←(1) の $S_n$ の結果の式を利用。

←$1-r\neq0$

(3) 数列 $\{n^2r^n\}$ の初項から第 $n$ 項までの和を $U_n$ とすると

←まず，部分和を求める。

$$U_n=\sum_{k=0}^{n}k^2r^k=\sum_{k=0}^{n}\{k(k-1)+k\}r^k$$
$$=r^2\sum_{k=0}^{n}k(k-1)r^{k-2}+r\sum_{k=0}^{n}kr^{k-1}$$
$$=r^2T_n+rS_n$$

ここで，$|r|<1$ より，$\lim_{n\to\infty}r^n=0$，$\lim_{n\to\infty}nr^n=0$ であるから

$$\lim_{n\to\infty}S_n=\frac{1}{(1-r)^2}$$

また，$\lim_{n\to\infty}n(n-1)r^n=0$ であるから

$$\lim_{n\to\infty}T_n=\lim_{n\to\infty}\left[2\left\{\frac{1-r^{n-1}}{(1-r)^3}-\frac{(n-1)r^{n-1}}{(1-r)^2}\right\}-\frac{n(n-1)r^n}{r(1-r)}\right]$$
$$=\frac{2}{(1-r)^3}$$

よって　$\lim_{n\to\infty}U_n=\lim_{n\to\infty}(r^2T_n+rS_n)=r^2\cdot\frac{2}{(1-r)^3}+r\cdot\frac{1}{(1-r)^2}$

$$=\frac{2r^2+r(1-r)}{(1-r)^3}=\frac{r(r+1)}{(1-r)^3}$$

すなわち　$\sum_{k=1}^{\infty}k^2r^k=\boldsymbol{\frac{r(r+1)}{(1-r)^3}}$

(1)，(2) は (3) のヒント
(1), (2) の結果を利用するために，
$k^2=k(k-1)+k$ と変形する。



**EX ④32**

$\cos\frac{\pi}{\sqrt{x}}=-1$ の解を $x_1$，$x_2$，……，$x_n$，…… とする。ただし，$x_1>x_2>\cdots\cdots>x_n>\cdots\cdots$ である。

(1) $x_n$ を $n$ を用いて表せ。

(2) $a_n=\sqrt{x_nx_{n+1}}$ ($n=1$，2，3，……) とおくとき，$\sum_{n=1}^{\infty}a_n$ を求めよ。

(3) 不等式 $\frac{7}{6}\leqq\sum_{n=1}^{\infty}x_n\leqq\frac{3}{2}$ を証明せよ。ただし，$\sum_{n=1}^{\infty}x_n$ は収束するとしてよい。　[名城大]

(1) $\frac{\pi}{\sqrt{x}}>0$ であるから，$\cos\frac{\pi}{\sqrt{x}}=-1$ より

$$\frac{\pi}{\sqrt{x}}=\pi+2(k-1)\pi\quad(k \text{ は自然数})$$

よって　$\frac{1}{\sqrt{x}}=2k-1$　　ゆえに　$x=\frac{1}{(2k-1)^2}$

$\frac{1}{(2k-1)^2}$ は $k\geqq1$ において単調に減少するから，

$x_n=\frac{1}{(2n-1)^2}$ とすると $x_1>x_2>\cdots\cdots>x_n>\cdots\cdots$ を満たす。

したがって　$\boldsymbol{x_n=\frac{1}{(2n-1)^2}}$

←$\cos\frac{\pi}{\sqrt{x}}=-1$ を解く。

(2) $a_n=\sqrt{x_nx_{n+1}}=\sqrt{\frac{1}{(2n-1)^2}\cdot\frac{1}{(2n+1)^2}}=\frac{1}{(2n-1)(2n+1)}$

$$=\frac{1}{2}\left(\frac{1}{2n-1}-\frac{1}{2n+1}\right)$$

←部分分数に分解することで，部分和を求める。

よって　$\displaystyle\sum_{m=1}^{n}a_m=\sum_{m=1}^{n}\frac{1}{2}\left(\frac{1}{2m-1}-\frac{1}{2m+1}\right)$

$\displaystyle=\frac{1}{2}\left\{\left(1-\frac{1}{3}\right)+\left(\frac{1}{3}-\frac{1}{5}\right)+\left(\frac{1}{5}-\frac{1}{7}\right)+\cdots\cdots+\left(\frac{1}{2n-1}-\frac{1}{2n+1}\right)\right\}$

$\displaystyle=\frac{1}{2}\left(1-\frac{1}{2n+1}\right)$

したがって　$\displaystyle\sum_{n=1}^{\infty}a_n=\lim_{n\to\infty}\frac{1}{2}\left(1-\frac{1}{2n+1}\right)=\boldsymbol{\frac{1}{2}}$

(3)　$k\geqq2$ のとき　$x_{k-1}>x_k>x_{k+1}>0$

よって　$\sqrt{x_{k-1}}>\sqrt{x_k}>\sqrt{x_{k+1}}$

ゆえに　$\sqrt{x_{k-1}x_k}>\sqrt{x_k{}^2}>\sqrt{x_kx_{k+1}}$

すなわち　$a_k<x_k<a_{k-1}$ …… Ⓐ

よって　$\displaystyle\sum_{k=2}^{n}a_k<\sum_{k=2}^{n}x_k<\sum_{k=2}^{n}a_{k-1}$

ゆえに　$\displaystyle1+\sum_{k=2}^{n}a_k<1+\sum_{k=2}^{n}x_k<1+\sum_{k=2}^{n}a_{k-1}$ …… ①

ここで　$\displaystyle1+\sum_{k=2}^{n}a_k=1+\sum_{k=2}^{n}\frac{1}{2}\left(\frac{1}{2k-1}-\frac{1}{2k+1}\right)$

$\displaystyle=1+\frac{1}{2}\left\{\left(\frac{1}{3}-\frac{1}{5}\right)+\left(\frac{1}{5}-\frac{1}{7}\right)+\cdots\cdots+\left(\frac{1}{2n-1}-\frac{1}{2n+1}\right)\right\}$

$\displaystyle=1+\frac{1}{2}\left(\frac{1}{3}-\frac{1}{2n+1}\right)=\frac{7}{6}-\frac{1}{2(2n+1)}$

よって　$\displaystyle\lim_{n\to\infty}\left(1+\sum_{k=2}^{n}a_k\right)=\frac{7}{6}$ …… ②

また　$\displaystyle\lim_{n\to\infty}\left(1+\sum_{k=2}^{n}x_k\right)=\lim_{n\to\infty}\sum_{k=1}^{n}x_k=\sum_{n=1}^{\infty}x_n$ …… ③

$\displaystyle1+\sum_{k=2}^{n}a_{k-1}=1+\sum_{k=2}^{n}\left(\frac{1}{2k-3}-\frac{1}{2k-1}\right)$

$\displaystyle=1+\frac{1}{2}\left\{\left(1-\frac{1}{3}\right)+\left(\frac{1}{3}-\frac{1}{5}\right)+\cdots\cdots+\left(\frac{1}{2n-3}-\frac{1}{2n-1}\right)\right\}$

$\displaystyle=1+\frac{1}{2}\left(1-\frac{1}{2n-1}\right)=\frac{3}{2}-\frac{1}{2(2n-1)}$

ゆえに　$\displaystyle\lim_{n\to\infty}\left(1+\sum_{k=2}^{n}a_{k-1}\right)=\frac{3}{2}$ …… ④

①，②，③，④ から　$\displaystyle\frac{7}{6}\leqq\sum_{n=1}^{\infty}x_n\leqq\frac{3}{2}$ …… Ⓑ

←各辺に $\sqrt{x_k}$ を掛ける。

←$a_n=\sqrt{x_nx_{n+1}}$

←Ⓐ で $k=2,\ 3,\ \cdots\cdots,\ n$ としたときの和をとる。

←$x_1=1$ に注目し，各辺に 1 を加えた。

←極限値 $\displaystyle\sum_{n=1}^{\infty}x_n$ は存在する。

Ⓑ すべての $n$ について $a_n<b_n$ のとき $\displaystyle\lim_{n\to\infty}a_n=\alpha,\ \lim_{n\to\infty}b_n=\beta$ ならば　$\alpha\leqq\beta$

**EX ④33**

$n$ を自然数とし，$a,\ b,\ r$ は実数で $b>0,\ r>0$ とする。複素数 $w=a+bi$ は $w^2=-2\overline{w}$ を満たすとする。$\alpha_n=r^{n+1}w^{2-3n}$ $(n=1,\ 2,\ 3,\ \cdots\cdots)$ とするとき

(1)　$a$ と $b$ の値を求めよ。

(2)　$\alpha_n$ の実部を $c_n$ $(n=1,\ 2,\ 3,\ \cdots\cdots)$ とする。$c_n$ を $n$ と $r$ を用いて表せ。

(3)　(2) で求めた $c_n$ を第 $n$ 項とする数列 $\{c_n\}$ について，無限級数 $\displaystyle\sum_{n=1}^{\infty}c_n$ が収束し，その和が $\dfrac{8}{3}$ となるような $r$ の値を求めよ。　〔類 東京農工大〕

(1) $w^2=(a+bi)^2=a^2-b^2+2abi$,
$-2\overline{w}=-2(a-bi)=-2a+2bi$
$w^2=-2\overline{w}$ から　$a^2-b^2+2abi=-2a+2bi$
よって　$a^2-b^2=-2a$ …… ①,　$2ab=2b$ …… ②
② において，$b>0$ であることから　$\boldsymbol{a=1}$
$a=1$ を ① に代入して　$b^2=3$　$b>0$ から　$\boldsymbol{b=\sqrt{3}}$

←$w^2$, $-2\overline{w}$ をそれぞれ $a$, $b$ の式に直す。

←複素数の相等。

(2) (1) から　$w=1+\sqrt{3}\,i=2\left(\dfrac{1}{2}+\dfrac{\sqrt{3}}{2}i\right)=2\left(\cos\dfrac{\pi}{3}+i\sin\dfrac{\pi}{3}\right)$

ゆえに　$\alpha_n=r^{n+1}\left\{2\left(\cos\dfrac{\pi}{3}+i\sin\dfrac{\pi}{3}\right)\right\}^{2-3n}$

$=r^{n+1}\cdot 2^{2-3n}\left\{\cos\left(\dfrac{2}{3}\pi-n\pi\right)+i\sin\left(\dfrac{2}{3}\pi-n\pi\right)\right\}$

よって　$\boldsymbol{c_n}=r^{n+1}\cdot 2^{2-3n}\cos\left(\dfrac{2}{3}\pi-n\pi\right)$

$=r^{n+1}\cdot 2^{2-3n}\cdot(-1)^n\cos\dfrac{2}{3}\pi=\boldsymbol{(-r)^{n+1}\cdot 2^{1-3n}}$

←$w$ を極形式で表す。

←ド・モアブルの定理
$(\cos\theta+i\sin\theta)^n$
$=\cos n\theta+i\sin n\theta$

←$c_n$ は $\alpha_n$ の実部。

←$\cos n\pi=(-1)^n$

(3) $c_1=\dfrac{r^2}{4}$, $\dfrac{c_{n+1}}{c_n}=-\dfrac{r}{8}$ であるから，数列 $\{c_n\}$ は初項 $\dfrac{r^2}{4}$,
公比 $-\dfrac{r}{8}$ の等比数列である。
ゆえに，無限等比級数 $\displaystyle\sum_{n=1}^{\infty}c_n$ が収束し，その和が $\dfrac{8}{3}$ であるための条件は

$$\left|-\frac{r}{8}\right|<1 \text{ …… ③ かつ } \frac{\frac{r^2}{4}}{1-\left(-\frac{r}{8}\right)}=\frac{8}{3} \text{ …… ④}$$

③ から　$-8<r<8$　$r>0$ から　$0<r<8$ …… ⑤
④ から　$3r^2-4r-32=0$　よって　$(r-4)(3r+8)=0$
⑤ から　$\boldsymbol{r=4}$

←$\dfrac{c_{n+1}}{c_n}=\dfrac{(-r)^{n+2}}{(-r)^{n+1}}\cdot\dfrac{2^{1-3(n+1)}}{2^{1-3n}}$
(初項)$\neq 0$

←|公比|$<1$ かつ $\dfrac{(\text{初項})}{1-(\text{公比})}=\dfrac{8}{3}$

←$|r|<8$

**EX ②34**

(1) $\displaystyle\lim_{x\to 0}\frac{1}{x^3}\left\{\sqrt{1+2x}-\left(1+x-\frac{x^2}{2}\right)\right\}$ を求めよ。〔摂南大〕

(2) 等式 $\displaystyle\lim_{x\to\infty}\{\sqrt{4x^2+5x+6}-(ax+b)\}=0$ が成り立つとき，定数 $a$, $b$ の値を求めよ。〔関西大〕

(3) 等式 $\displaystyle\lim_{x\to\infty}\frac{2^x a-2^{-x}}{2^{x+1}-2^{-x-1}}=1$ が成り立つとき，定数 $a$ の値は $a=$ ア□ である。また，このとき，$\displaystyle\lim_{x\to\infty}\{\log_a x-\log_a(2x+3)\}$ の値は イ□ である。

(1) $\dfrac{1}{x^3}\left\{\sqrt{1+2x}-\left(1+x-\dfrac{x^2}{2}\right)\right\}$

$=\dfrac{1}{x^3}\left\{1+2x-\left(1+x-\dfrac{x^2}{2}\right)^2\right\}\cdot\dfrac{1}{\sqrt{1+2x}+\left(1+x-\dfrac{x^2}{2}\right)}$

$=\dfrac{1}{x^3}\left\{1+2x-\left(1+2x-x^3+\dfrac{x^4}{4}\right)\right\}\cdot\dfrac{1}{\sqrt{1+2x}+\left(1+x-\dfrac{x^2}{2}\right)}$

←分母・分子に $\sqrt{1+2x}+\left(1+x-\dfrac{x^2}{2}\right)$ を掛ける。

←$\left(1+x-\dfrac{x^2}{2}\right)^2$
$=1+x^2+\dfrac{x^4}{4}+2x-x^3-x^2$

$$=\left(-\frac{x}{4}+1\right)\cdot\frac{1}{\sqrt{1+2x}+\left(1+x-\frac{x^2}{2}\right)}$$

よって　$\displaystyle\lim_{x\to0}\frac{1}{x^3}\left\{\sqrt{1+2x}-\left(1+x-\frac{x^2}{2}\right)\right\}=1\cdot\frac{1}{1+1}=\boldsymbol{\frac{1}{2}}$

(2)　$a\leqq0$ であるとすると，$\displaystyle\lim_{x\to\infty}\{\sqrt{4x^2+5x+6}-(ax+b)\}=\infty$ となり，不適。よって　$a>0$　このとき

←まずこのことを確認。

$$\lim_{x\to\infty}\{\sqrt{4x^2+5x+6}-(ax+b)\}=\lim_{x\to\infty}\frac{4x^2+5x+6-(ax+b)^2}{\sqrt{4x^2+5x+6}+(ax+b)}$$

←有理化。

$$=\lim_{x\to\infty}\frac{(4-a^2)x^2+(5-2ab)x+6-b^2}{\sqrt{4x^2+5x+6}+ax+b}$$

←分母・分子を $x$ で割る。

$$=\lim_{x\to\infty}\frac{(4-a^2)x+(5-2ab)+\frac{6-b^2}{x}}{\sqrt{4+\frac{5}{x}+\frac{6}{x^2}}+a+\frac{b}{x}}\quad\cdots\cdots\ (*)$$

$\displaystyle\lim_{x\to\infty}\left(\sqrt{4+\frac{5}{x}+\frac{6}{x^2}}+a+\frac{b}{x}\right)=2+a>0$，$\displaystyle\lim_{x\to\infty}\frac{6-b^2}{x}=0$ であるから，$\displaystyle\lim_{x\to\infty}\{\sqrt{4x^2+5x+6}-(ax+b)\}=0$ より

←（＊）について，極限値が存在するから，分子の $x$ の係数は 0 である。

$4-a^2=0$ ……①，$5-2ab=0$ ……②

①から　$a=\pm2$　$a>0$ であるから　$\boldsymbol{a=2}$

$a=2$ を②に代入して　$\boldsymbol{b=\frac{5}{4}}$

←$5-4b=0$

(3)　(ア)　$\displaystyle\lim_{x\to\infty}\frac{2^xa-2^{-x}}{2^{x+1}-2^{-x-1}}=\lim_{x\to\infty}\frac{a-\frac{1}{2^{2x}}}{2-\frac{1}{2^{2x+1}}}=\frac{a}{2}$

←分母・分子を $2^x$ で割る。

よって　$\dfrac{a}{2}=1$　ゆえに　$\boldsymbol{a=2}$

(イ)　$\displaystyle\lim_{x\to\infty}\{\log_2x-\log_2(2x+3)\}=\lim_{x\to\infty}\log_2\frac{x}{2x+3}$

$$=\lim_{x\to\infty}\log_2\frac{1}{2+\frac{3}{x}}=\log_2\frac{1}{2}=\boldsymbol{-1}$$

←$\frac{1}{2}=2^{-1}$

**EX ②35**

3 次関数 $f(x)$ が $\displaystyle\lim_{x\to\infty}\frac{f(x)-2x^3+3}{x^2}=4$，$\displaystyle\lim_{x\to0}\frac{f(x)-5}{x}=3$ を満たすとき，$f(x)$ を求めよ。

〔愛知工大〕

極限値 $\displaystyle\lim_{x\to\infty}\frac{f(x)-2x^3+3}{x^2}$ が存在するから，$f(x)-2x^3$ は 2 次以下の多項式である。

したがって　$f(x)-2x^3=ax^2+bx+c$

すなわち　$f(x)=2x^3+ax^2+bx+c$　とおける。

このとき　$\displaystyle\lim_{x\to\infty}\frac{f(x)-2x^3+3}{x^2}=\lim_{x\to\infty}\left(a+\frac{b}{x}+\frac{c+3}{x^2}\right)=a$

←$\displaystyle\lim_{x\to\infty}\frac{1}{x}=\lim_{x\to\infty}\frac{1}{x^2}=0$

よって，条件から　$a=4$

ゆえに　$f(x)=2x^3+4x^2+bx+c$

条件 $\lim_{x\to 0}\frac{f(x)-5}{x}=3$ から　$\lim_{x\to 0}\{f(x)-5\}=0$

よって　$c-5=0$　したがって　$c=5$

ゆえに　$f(x)=2x^3+4x^2+bx+5$

このとき　$\lim_{x\to 0}\frac{f(x)-5}{x}=\lim_{x\to 0}(2x^2+4x+b)=b$

条件から　$b=3$

以上により　$\boldsymbol{f(x)=2x^3+4x^2+3x+5}$

←$\lim_{x\to\infty}\frac{f(x)-2x^3+3}{x^2}=4$ から。

←$\lim_{x\to 0}$ (分子)$=0$

←$\lim_{x\to 0}\{f(x)-5\}=f(0)-5$

←$\lim_{x\to 0}\frac{f(x)-5}{x}=3$ から。

2章 EX ［極限］

**EX ③36**

関数 $f(x)=x^{2n}$ ($n$ は正の整数) を考える。$t>0$ に対して，曲線 $y=f(x)$ 上の 3 点 A$(-t,\ f(-t))$, O$(0,\ 0)$, B$(t,\ f(t))$ を通る円の中心の座標を $(p(t),\ q(t))$，半径を $r(t)$ とする。極限 $\lim_{t\to+0}p(t)$, $\lim_{t\to+0}q(t)$, $\lim_{t\to+0}r(t)$ がすべて収束するとき，$n=1$ であることを示せ。また，このとき $a=\lim_{t\to+0}p(t)$, $b=\lim_{t\to+0}q(t)$, $c=\lim_{t\to+0}r(t)$ の値を求めよ。　［類　岡山大］

$f(-t)=f(t)$ から，線分 AB の垂直二等分線は $y$ 軸である。

また，線分 OB の傾きは $\frac{f(t)}{t}$，中点の座標は $\left(\frac{t}{2},\ \frac{f(t)}{2}\right)$ であるから，線分 OB の垂直二等分線の方程式は

$$y=-\frac{t}{f(t)}\left(x-\frac{t}{2}\right)+\frac{f(t)}{2}$$

$x=0$ とすると

$$y=\frac{t^2}{2f(t)}+\frac{f(t)}{2}=\frac{1}{2}\left(\frac{t^2}{t^{2n}}+t^{2n}\right)=\frac{1}{2}(t^{2-2n}+t^{2n})$$

よって，円の中心の座標 $(p(t),\ q(t))$ について

$$p(t)=0,\ q(t)=\frac{1}{2}(t^{2-2n}+t^{2n})$$

半径 $r(t)$ について　$r(t)=q(t)$

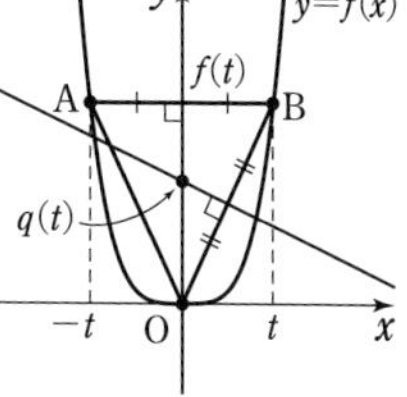


←図を参照。

$p(t)=0$ であるから，任意の正の整数 $n$ に対して $\lim_{t\to+0}p(t)$ は収束する。また，$\lim_{t\to+0}q(t)$ について

$n=1$ のとき　$\lim_{t\to+0}q(t)=\lim_{t\to+0}\frac{1}{2}(1+t^2)=\frac{1}{2}$

$n\geqq 2$ のとき，$2n-2\geqq 2$ であるから

$$\lim_{t\to+0}t^{2-2n}=\lim_{t\to+0}\left(\frac{1}{t}\right)^{2n-2}=\infty$$

これと $\lim_{t\to+0}t^{2n}=0$ から　$\lim_{t\to+0}q(t)=\infty$

←$t\longrightarrow+0$ のとき $\frac{1}{t}\longrightarrow\infty$

ゆえに，$\lim_{t\to+0}p(t)$, $\lim_{t\to+0}q(t)$, $\lim_{t\to+0}r(t)$ がすべて収束するとき

$n=1$ であり，このとき　$\boldsymbol{a=0,\ b=c=\frac{1}{2}}$

**EX ②37**

次の極限値を求めよ。ただし，$[x]$ は $x$ を超えない最大の整数を表すとする。

(1) $\lim_{x\to k-0}([2x]-2[x])$ ($k$ は整数)　［類　摂南大］　(2) $\lim_{x\to\infty}\frac{[\sqrt{2x^2+x}\,]-2\sqrt{x}}{x}$

(1) $k-\frac{1}{2}<x<k$ のとき　$[x]=k-1$

また，このとき $2k-1<2x<2k$ であるから　$[2x]=2k-1$

よって　$\lim_{x\to k-0}([2x]-2[x])=2k-1-2(k-1)=\mathbf{1}$

←$x\longrightarrow k-0$ を考えるから $k-\frac{1}{2}<x<k$ とする。

(2) 不等式 $[\sqrt{2x^2+x}]\leqq\sqrt{2x^2+x}<[\sqrt{2x^2+x}]+1$ が成り立つ。

よって　$\sqrt{2x^2+x}-1<[\sqrt{2x^2+x}]\leqq\sqrt{2x^2+x}$ ……①

$x>0$ のとき，① から

$$\frac{\sqrt{2x^2+x}-2\sqrt{x}}{x}-\frac{1}{x}<\frac{[\sqrt{2x^2+x}]-2\sqrt{x}}{x}\leqq\frac{\sqrt{2x^2+x}-2\sqrt{x}}{x}$$

ここで　$\lim_{x\to\infty}\frac{\sqrt{2x^2+x}-2\sqrt{x}}{x}=\lim_{x\to\infty}\left(\sqrt{2+\frac{1}{x}}-2\sqrt{\frac{1}{x}}\right)=\sqrt{2}$

よって　$\lim_{x\to\infty}\left(\frac{\sqrt{2x^2+x}-2\sqrt{x}}{x}-\frac{1}{x}\right)$

$$=\lim_{x\to\infty}\frac{\sqrt{2x^2+x}-2\sqrt{x}}{x}-\lim_{x\to\infty}\frac{1}{x}=\sqrt{2}$$

ゆえに　$\lim_{x\to\infty}\frac{[\sqrt{2x^2+x}]-2\sqrt{x}}{x}=\sqrt{\mathbf{2}}$

←一般に，$[a]\leqq a<[a]+1$ が成り立つ。

←① の各辺に $-2\sqrt{x}$ を加え，各辺を $x$ $(>0)$ で割った式。

←$\lim_{x\to\infty}\frac{1}{x}=0$

←はさみうちの原理。

## EX ③38

次の極限値を求めよ。ただし，$a$，$b$ は正の実数とする。

(1) $\lim_{x\to 0}\frac{x\tan x}{\sqrt{\cos 2x}-\cos x}$　(2) $\lim_{x\to\frac{\pi}{2}}\frac{\sin(2\cos x)}{x-\frac{\pi}{2}}$　(3) $\lim_{x\to\infty}x\sin(\sqrt{a^2x^2+b}-ax)$

[(1) 類 岩手大，(2) 関西大，(3) 学習院大]

(1) $\lim_{x\to 0}\frac{x\tan x}{\sqrt{\cos 2x}-\cos x}=\lim_{x\to 0}\frac{x\cdot\frac{\sin x}{\cos x}\cdot(\sqrt{\cos 2x}+\cos x)}{\cos 2x-\cos^2 x}$

$$=\lim_{x\to 0}\frac{x\cdot\frac{\sin x}{\cos x}\cdot(\sqrt{\cos 2x}+\cos x)}{(2\cos^2 x-1)-\cos^2 x}$$

$$=\lim_{x\to 0}\frac{x\sin x(\sqrt{\cos 2x}+\cos x)}{-\cos x(1-\cos^2 x)}$$

$$=\lim_{x\to 0}\frac{x\sin x(\sqrt{\cos 2x}+\cos x)}{-\cos x\sin^2 x}$$

$$=\lim_{x\to 0}\left(-\frac{x}{\sin x}\cdot\frac{\sqrt{\cos 2x}+\cos x}{\cos x}\right)=-1\cdot\frac{1+1}{1}=\mathbf{-2}$$

←分母の有理化。

←分母に 2 倍角の公式。$\cos 2x=2\cos^2 x-1$

←$1-\cos^2 x=\sin^2 x$

←$\lim_{x\to 0}\frac{x}{\sin x}=1$

(2) $x-\frac{\pi}{2}=t$ とおくと　$x\longrightarrow\frac{\pi}{2}$ のとき　$t\longrightarrow 0$

よって　$\lim_{x\to\frac{\pi}{2}}\frac{\sin(2\cos x)}{x-\frac{\pi}{2}}=\lim_{t\to 0}\frac{\sin\left(2\cos\left(\frac{\pi}{2}+t\right)\right)}{t}$

$$=\lim_{t\to 0}\frac{\sin(-2\sin t)}{t}=-\lim_{t\to 0}\frac{\sin(2\sin t)}{t}$$

$$=-\lim_{t\to 0}\frac{\sin(2\sin t)}{2\sin t}\cdot\frac{2\sin t}{2t}\cdot 2=-1\cdot 1\cdot 2=\mathbf{-2}$$

←$x=\frac{\pi}{2}+t$

←$\cos\left(\frac{\pi}{2}+t\right)=-\sin t$

←$t\longrightarrow 0$ のとき $\sin t\longrightarrow 0$

(3) $\sqrt{a^2x^2+b}-ax=t$ …… ① とおくと

$$t=\frac{(\sqrt{a^2x^2+b}-ax)(\sqrt{a^2x^2+b}+ax)}{\sqrt{a^2x^2+b}+ax}=\frac{b}{\sqrt{a^2x^2+b}+ax} \quad \cdots\cdots ②$$

←分子の有理化を行うと，$x\longrightarrow\infty$ のときの $t$ の極限がわかる。

よって，$x\longrightarrow\infty$ のとき　$t\longrightarrow 0$

また，① から　$t+ax=\sqrt{a^2x^2+b}$

←① から $x$ を $t$ で表す。

両辺を平方すると　$t^2+2atx+a^2x^2=a^2x^2+b$

ゆえに　$2atx=b-t^2$

② において，$x>0$ とすると，$b>0$ から $t\neq 0$ で　$x=\dfrac{b-t^2}{2at}$

よって　$\displaystyle\lim_{x\to\infty}x\sin(\sqrt{a^2x^2+b}-ax)$

$$=\lim_{t\to 0}\frac{b-t^2}{2at}\cdot\sin t=\lim_{t\to 0}\frac{b-t^2}{2a}\cdot\frac{\sin t}{t}$$

←$t$ の式に。

$$=\frac{b}{2a}\cdot 1=\boldsymbol{\frac{b}{2a}}$$

2章 EX〔極限〕

**EX ③39**

$\theta$ を $0<\theta<\dfrac{\pi}{4}$ を満たす定数とし，自然数 $n$ に対して $a_n=\tan\dfrac{\theta}{2^n}$ とおく。

(1) $n\geqq 2$ のとき，$\dfrac{1}{a_n}-\dfrac{2}{a_{n-1}}=a_n$ が成り立つことを示せ。

(2) $S_n=\displaystyle\sum_{k=1}^{n}\frac{a_k}{2^k}$ とおく。$n\geqq 2$ のとき，$S_n$ を $a_1$ と $a_n$ で表せ。

(3) 無限級数 $\displaystyle\sum_{n=1}^{\infty}\frac{a_n}{2^n}$ の和を求めよ。　〔類　名古屋工大〕

(1) $n\geqq 2$ のとき

$$a_{n-1}=\tan\frac{\theta}{2^{n-1}}=\tan 2\cdot\frac{\theta}{2^n}=\frac{2\tan\dfrac{\theta}{2^n}}{1-\tan^2\dfrac{\theta}{2^n}}$$

←2 倍角の公式。

$$=\frac{2a_n}{1-a_n{}^2}$$

よって　$\dfrac{2}{a_{n-1}}=\dfrac{1-a_n{}^2}{a_n}=\dfrac{1}{a_n}-a_n$

←$0<\dfrac{\theta}{2^n}<\dfrac{\pi}{4}$ であるから　$0<a_n<1$

ゆえに，$n\geqq 2$ のとき，$\dfrac{1}{a_n}-\dfrac{2}{a_{n-1}}=a_n$ が成り立つ。

(2) (1) から　$\dfrac{a_k}{2^k}=\dfrac{1}{2^ka_k}-\dfrac{1}{2^{k-1}a_{k-1}}$ $(n\geqq 2)$

←(1) の結果を利用する。

よって，$n\geqq 2$ のとき

$$S_n=\sum_{k=1}^{n}\frac{a_k}{2^k}=\frac{a_1}{2}+\sum_{k=2}^{n}\left(\frac{1}{2^ka_k}-\frac{1}{2^{k-1}a_{k-1}}\right)$$

←$k=1$ の場合は別扱い。

$$=\frac{a_1}{2}+\left(\frac{1}{2^2a_2}-\frac{1}{2a_1}\right)+\left(\frac{1}{2^3a_3}-\frac{1}{2^2a_2}\right)$$

←項が消し合う。

$$+\cdots\cdots+\left(\frac{1}{2^na_n}-\frac{1}{2^{n-1}a_{n-1}}\right)$$

$$=\boldsymbol{\frac{a_1}{2}-\frac{1}{2a_1}+\frac{1}{2^na_n}}$$

(3) (2) から　$\displaystyle\sum_{n=1}^{\infty}\frac{a_n}{2^n}=\lim_{n\to\infty}S_n=\lim_{n\to\infty}\left(\frac{a_1}{2}-\frac{1}{2a_1}+\frac{1}{2^n a_n}\right)$

$$=\frac{1}{2}\left(a_1-\frac{1}{a_1}\right)+\lim_{n\to\infty}\frac{1}{2^n a_n}$$

ここで　$2^n a_n=2^n\cdot\dfrac{\sin\frac{\theta}{2^n}}{\cos\frac{\theta}{2^n}}=\dfrac{\sin\frac{\theta}{2^n}}{\frac{\theta}{2^n}}\cdot\dfrac{\theta}{\cos\frac{\theta}{2^n}}$

$\displaystyle\lim_{n\to\infty}\frac{\theta}{2^n}=0$ であるから　$\displaystyle\lim_{n\to\infty}2^n a_n=1\cdot\frac{\theta}{1}=\theta$

←$\displaystyle\lim_{\square\to 0}\frac{\sin\square}{\square}=1$

よって　$\displaystyle\sum_{n=1}^{\infty}\frac{a_n}{2^n}=\frac{a_1{}^2-1}{2a_1}+\frac{1}{\theta}$

$$=\frac{\tan^2\frac{\theta}{2}-1}{2\tan\frac{\theta}{2}}+\frac{1}{\theta}$$

←$\tan 2\alpha=\dfrac{2\tan\alpha}{1-\tan^2\alpha}$

$$=\boldsymbol{\frac{1}{\theta}-\frac{1}{\tan\theta}}$$

**EX**
③**40**

点Oを中心とし，長さ $2r$ の線分ABを直径とする円の周上を動く点Pがある。△ABPの面積を $S_1$，扇形OPBの面積を $S_2$ とする。点Pが点Bに限りなく近づくとき，$\dfrac{S_1}{S_2}$ の極限値を求めよ。　〔類　日本女子大〕

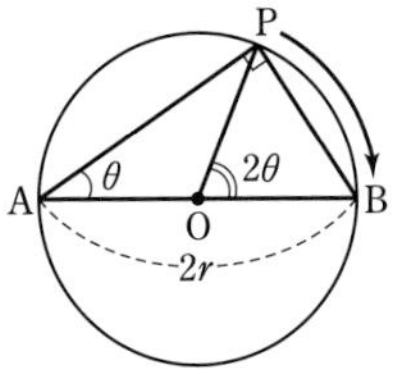

$\angle\mathrm{PAB}=\theta$ とすると

$\angle\mathrm{POB}=2\angle\mathrm{PAB}=2\theta$

←円周角の定理。

また，$\angle\mathrm{APB}=\dfrac{\pi}{2}$，$\mathrm{AB}=2r$ であるから　$\mathrm{AP}=2r\cos\theta$，$\mathrm{BP}=2r\sin\theta$

←$\mathrm{AP}=\mathrm{AB}\cos\theta$，$\mathrm{BP}=\mathrm{AB}\sin\theta$



よって　$S_1=\dfrac{1}{2}\mathrm{AP}\cdot\mathrm{BP}$

$$=\frac{1}{2}\cdot 2r\cos\theta\cdot 2r\sin\theta$$

$$=2r^2\sin\theta\cos\theta$$

$$=r^2\sin 2\theta$$

←2倍角の公式。

また　$S_2=\dfrac{1}{2}r^2\cdot 2\theta=r^2\theta$

←半径 $R$，中心角 $\alpha$ の扇形の面積は $\dfrac{1}{2}R^2\alpha$

ゆえに　$\dfrac{S_1}{S_2}=\dfrac{r^2\sin 2\theta}{r^2\theta}=2\cdot\dfrac{\sin 2\theta}{2\theta}$

PがBに限りなく近づくとき，$\theta\longrightarrow +0$ であるから

$$\lim_{\theta\to+0}\frac{S_1}{S_2}=\lim_{\theta\to+0}\left(2\cdot\frac{\sin 2\theta}{2\theta}\right)=2\cdot 1=\mathbf{2}$$

←$\displaystyle\lim_{\square\to 0}\frac{\sin\square}{\square}=1$

**EX ③41**

$xy$ 平面上の原点を中心として半径 1 の円 $C$ を考える。$0\leqq\theta<\dfrac{\pi}{2}$ とし，$C$ 上の点 $(\cos\theta,\ \sin\theta)$ を P とする。点 P で $C$ に接し，更に，$y$ 軸と接する円でその中心が円 $C$ の内部にあるものを $S$ とし，その中心 Q の座標を $(u,\ v)$ とする。

(1) $u$ と $v$ をそれぞれ $\cos\theta$ と $\sin\theta$ を用いて表せ。

(2) 円 $S$ の面積を $D(\theta)$ とするとき，$\displaystyle\lim_{\theta\to\frac{\pi}{2}-0}\frac{D(\theta)}{\left(\frac{\pi}{2}-\theta\right)^2}$ を求めよ。　〔類　高知大〕



(1) 円 $S$ は円 $C$，$y$ 軸の両方に接し，円 $C$ の内部にあるから，3 点 O，Q，P は一直線上にあり，円 $S$ の半径は点 Q の $x$ 座標に等しい。

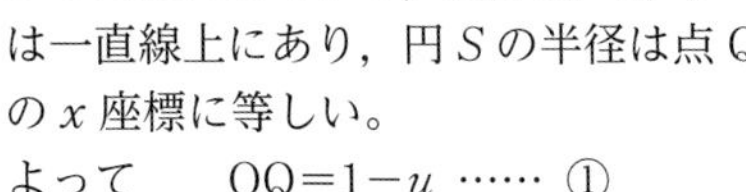

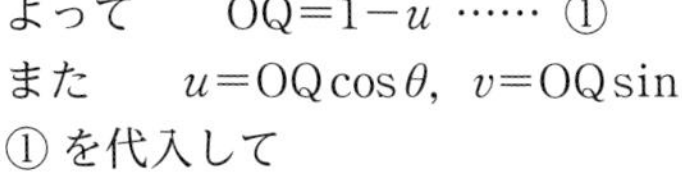

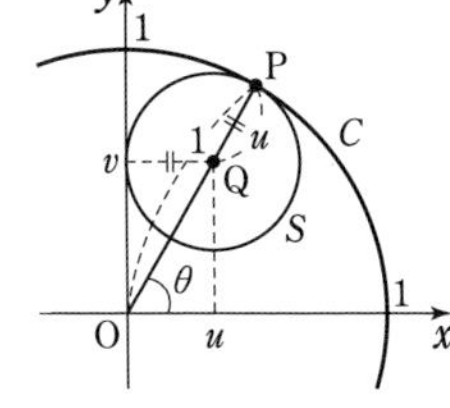


←このことに気づくことがポイント。

よって　　$OQ=1-u$ …… ①

←$OQ=OP-PQ$

また　　$u=OQ\cos\theta,\ v=OQ\sin\theta$

←線分 OP と $x$ 軸の正の向きとのなす角は $\theta$

① を代入して

$u=(1-u)\cos\theta$ …… ②,

$v=(1-u)\sin\theta$ …… ③

② から　　$(1+\cos\theta)u=\cos\theta$

←$u$ と $\cos\theta$ のみの式 ② を，$u$ について解く。

$0\leqq\theta<\dfrac{\pi}{2}$ より，$\cos\theta\neq-1$ であるから

$$\boldsymbol{u=\frac{\cos\theta}{1+\cos\theta}}$$

ゆえに，③ から　　$v=\left(1-\dfrac{\cos\theta}{1+\cos\theta}\right)\sin\theta=\boldsymbol{\dfrac{\sin\theta}{1+\cos\theta}}$

←$1-\dfrac{\cos\theta}{1+\cos\theta}=\dfrac{1}{1+\cos\theta}$

(2) $D(\theta)=\pi u^2=\dfrac{\pi\cos^2\theta}{(1+\cos\theta)^2}$

よって　　
$$\frac{D(\theta)}{\left(\frac{\pi}{2}-\theta\right)^2}=\frac{\pi\cos^2\theta}{(1+\cos\theta)^2\left(\frac{\pi}{2}-\theta\right)^2}$$

$$=\frac{\pi}{(1+\cos\theta)^2}\cdot\left\{\frac{\sin\left(\frac{\pi}{2}-\theta\right)}{\frac{\pi}{2}-\theta}\right\}^2$$

←$\sin\left(\dfrac{\pi}{2}-\alpha\right)=\cos\alpha$

$\theta\longrightarrow\dfrac{\pi}{2}-0$ のとき，$\dfrac{\pi}{2}-\theta\longrightarrow+0$ であるから

$$\lim_{\theta\to\frac{\pi}{2}-0}\frac{D(\theta)}{\left(\frac{\pi}{2}-\theta\right)^2}=\frac{\pi}{1^2}\cdot1^2=\boldsymbol{\pi}$$

←$\displaystyle\lim_{\square\to0}\frac{\sin\square}{\square}=1$

**EX ③42**

$xy$ 平面の第 1 象限内において，直線 $\ell$：$y=mx\,(m>0)$ と $x$ 軸の両方に接している半径 $a$ の円を $C$ とし，円 $C$ の中心を通る直線 $y=tx\,(t>0)$ を考える。また，直線 $\ell$ と $x$ 軸，および，円 $C$ のすべてにそれぞれ 1 点で接する円の半径を $b$ とする。ただし，$b>a$ とする。

(1) $t$ を $m$ を用いて表せ。　　(2) $\dfrac{b}{a}$ を $t$ を用いて表せ。

(3) 極限値 $\displaystyle\lim_{m\to+0}\frac{1}{m}\left(\frac{b}{a}-1\right)$ を求めよ。　〔東北大〕

(1) 直線 $y=tx$ と $x$ 軸の正の向きがなす角を $\theta$ とすると，直線 $\ell$ と $x$ 軸の正の向きがなす角は $2\theta$ である。

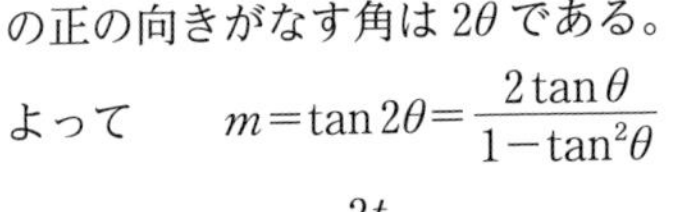


←直線 $y=tx$ は，直線 $\ell$ と $x$ 軸の正の向きとのなす角の二等分線である

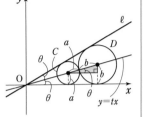

よって　$m=\tan 2\theta=\dfrac{2\tan\theta}{1-\tan^2\theta}$　　←2 倍角の公式。

ゆえに　$m=\dfrac{2t}{1-t^2}$ …… ①　　←$\tan\theta=t$

よって　$mt^2+2t-m=0$　　←$t$ の 2 次方程式とみて，解の公式を利用。

ゆえに　$t=\dfrac{-1\pm\sqrt{1+m^2}}{m}$

$t>0$，$m>0$ であるから　$\boldsymbol{t=\dfrac{-1+\sqrt{1+m^2}}{m}}$

(2) 半径が $b$ である円を $D$ とする。$D$ の中心から $x$ 軸に下ろした垂線に $C$ の中心から垂線を下ろすと，$\sin\theta$ について

$$\frac{b-a}{a+b}=\frac{t}{\sqrt{t^2+1}}\quad すなわち\quad \frac{\frac{b}{a}-1}{1+\frac{b}{a}}=\frac{t}{\sqrt{t^2+1}}$$

(1) の図の黒く塗った直角三角形

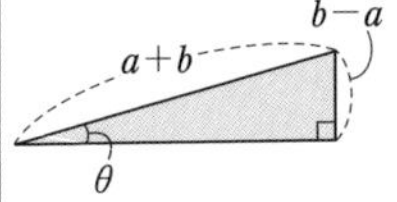


tan $\theta=t$ から得られる直角三角形

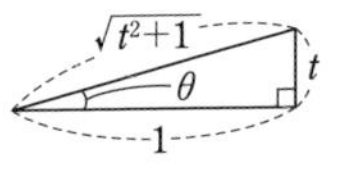


$\dfrac{b}{a}=A$ とおくと　$\dfrac{A-1}{1+A}=\dfrac{t}{\sqrt{t^2+1}}$

分母を払い，変形すると　$(\sqrt{t^2+1}-t)A=\sqrt{t^2+1}+t$

$\sqrt{t^2+1}-t>0$ であるから

$$A=\frac{\sqrt{t^2+1}+t}{\sqrt{t^2+1}-t}=\frac{(\sqrt{t^2+1}+t)^2}{(\sqrt{t^2+1})^2-t^2}=(\sqrt{t^2+1}+t)^2$$　←分母の有理化。

したがって　$\boldsymbol{\dfrac{b}{a}=(\sqrt{t^2+1}+t)^2}$ …… ②

(3) ①，② および，$m\longrightarrow+0$ のとき $t\longrightarrow+0$ であることから

$$\lim_{m\to+0}\frac{1}{m}\left(\frac{b}{a}-1\right)=\lim_{t\to+0}\frac{1-t^2}{2t}(2t^2+2t\sqrt{t^2+1})$$
$$=\lim_{t\to+0}(1-t^2)(t+\sqrt{t^2+1})=\boldsymbol{1}$$

←$(\sqrt{t^2+1}+t)^2=2t^2+1+2t\sqrt{t^2+1}$，$2t$ で約分。

**EX ②43**

実数 $x$ に対して $[x]$ は $n\leqq x<n+1$ を満たす整数 $n$ を表すとき，関数 $f(x)=([x]+a)(bx-[x])$ が $x=1$ と $x=2$ で連続となるように定数 $a$，$b$ の値を定めよ。　〔類 神戸商船大〕

$0\leqq x<1$ のとき　$f(x)=abx$　　←$[x]=0$

$1\leqq x<2$ のとき　$f(x)=(1+a)(bx-1)$　　←$[x]=1$

$2\leqq x<3$ のとき　$f(x)=(2+a)(bx-2)$　　←$[x]=2$

$f(x)$ が $x=1$，$x=2$ で連続となるための条件は

$$\lim_{x\to1-0} f(x)=f(1),\quad \lim_{x\to2-0} f(x)=f(2)$$

←左側極限についてのみ検討。

ここで　$\displaystyle\lim_{x\to1-0} f(x)=ab,\quad \lim_{x\to2-0} f(x)=(1+a)(2b-1)$

$f(1)=(1+a)(b-1),\ f(2)=(2+a)(2b-2)$

ゆえに　$ab=(1+a)(b-1),\ (1+a)(2b-1)=(2+a)(2b-2)$

整理して　$a-b=-1,\ a-2b=-3$

これを解いて　$\boldsymbol{a=1,\ b=2}$



**EX ④44**

$k$ を自然数とする。級数 $\displaystyle\sum_{n=1}^{\infty}\{(\cos x)^{n-1}-(\cos x)^{n+k-1}\}$ が $\cos x\neq0$ を満たすすべての実数 $x$ に対して収束するとき，級数の和を $f(x)$ とする。

(1)　$k$ の条件を求めよ。

(2)　関数 $f(x)$ は $x=0$ で連続でないことを示せ。　〔東京学芸大〕

(1)　$\displaystyle\sum_{n=1}^{\infty}\{(\cos x)^{n-1}-(\cos x)^{n+k-1}\}=\sum_{n=1}^{\infty}\{1-(\cos x)^k\}(\cos x)^{n-1}$

ゆえに，この級数は，初項 $1-(\cos x)^k=1-\cos^k x$，公比 $\cos x$ の無限等比級数である。

よって，級数が収束するための条件は

$1-\cos^k x=0$ …… ①　または　$-1<\cos x<1$ …… ②

←(初項)$=0$　または　$-1<$(公比)$<1$

$n$ は整数とする。

[1]　$x\neq n\pi$ のとき，② が満たされるから，この級数は $k$ の値に関係なく収束する。

←和は $\dfrac{1-\cos^k x}{1-\cos x}$

[2]　$x=n\pi$ のとき　$\cos x=\pm1$

このとき，② を満たさないから，級数が収束するためには，① を満たさなければならない。

←つまり，初項が 0 となる。

(i)　$x=2m\pi$（$m$ は整数）のとき　$\cos x=1$

このとき，$k$ の値に関係なく ① は成り立つから，和は 0 となって級数は収束する。

(ii)　$x=(2m+1)\pi$（$m$ は整数）のとき　$\cos x=-1$

$(-1)^k=1$ となるのは，$k$ が偶数のときである。

←$k$ が奇数のときは $\cos^k x=(-1)^k=-1$ よって，① は成り立たない。

以上から，求める条件は，**$k$ が偶数** であることである。

(2)　(1) から，$k$ が偶数であるとき，$n$ を整数として

$$f(x)=\begin{cases}0 & (x=n\pi \text{ のとき})\\ \dfrac{1-\cos^k x}{1-\cos x} & (x\neq n\pi \text{ のとき})\end{cases}$$ と表される。

←$\dfrac{(\text{初項})}{1-(\text{公比})}$

$x=0$ のとき　$f(0)=0$

$x\neq0$ のとき，$x=0$ の近くでは　$0<\cos x<1$

$$f(x)=\frac{1-\cos^k x}{1-\cos x}=1+\cos x+\cos^2 x+\cdots\cdots+\cos^{k-1}x$$

←$1-\cos^k x=(1-\cos x)(1+\cos x+\cos^2 x+\cdots+\cos^{k-1}x)$

ゆえに　$\displaystyle\lim_{x\to0} f(x)=1+1+1+\cdots\cdots+1=k>0$

よって　$\displaystyle\lim_{x\to0} f(x)\neq f(0)$

したがって，$f(x)$ は $x=0$ で連続でない。

**EX ④45** 関数 $f(x)=\lim_{n\to\infty}\dfrac{ax^{2n-1}-x^2+bx+c}{x^{2n}+1}$ について，次の問いに答えよ。ただし，$a$，$b$，$c$ は定数で，$a>0$ とする。

(1) 関数 $f(x)$ が $x$ の連続関数となるための定数 $a$，$b$，$c$ の条件を求めよ。

(2) 定数 $a$，$b$，$c$ が(1)で求めた条件を満たすとき，関数 $f(x)$ の最大値とそれを与える $x$ の値を $a$ を用いて表せ。

(3) 定数 $a$，$b$，$c$ が(1)で求めた条件を満たし，関数 $f(x)$ の最大値が $\dfrac{5}{4}$ であるとき，定数 $a$，$b$，$c$ の値を求めよ。〔鳥取大〕

(1) [1] $-1<x<1$ のとき

$\lim_{n\to\infty}x^n=0$ であるから　$f(x)=-x^2+bx+c$

[2] $x=-1$ のとき　$f(x)=f(-1)=\dfrac{-a-1-b+c}{2}$

[3] $x=1$ のとき　$f(x)=f(1)=\dfrac{a-1+b+c}{2}$

[4] $x<-1$，$1<x$ のとき

$$f(x)=\lim_{n\to\infty}\frac{\dfrac{a}{x}-\dfrac{1}{x^{2n-2}}+\dfrac{b}{x^{2n-1}}+\dfrac{c}{x^{2n}}}{1+\dfrac{1}{x^{2n}}}=\frac{a}{x}$$

$f(x)$ は $x<-1$，$-1<x<1$，$1<x$ において，それぞれ連続である。したがって，$f(x)$ が $x$ の連続関数となるための条件は，$x=-1$ および $x=1$ で連続であることである。

よって　$\lim_{x\to-1-0}f(x)=\lim_{x\to-1+0}f(x)=f(-1)$

かつ　$\lim_{x\to1-0}f(x)=\lim_{x\to1+0}f(x)=f(1)$

ゆえに　$-a=-1-b+c=\dfrac{-a-1-b+c}{2}$，

$-1+b+c=a=\dfrac{a-1+b+c}{2}$

したがって　$\boldsymbol{a=b,\ c=1}$

(2) (1)の結果により

$-1<x<1$ のとき　$f(x)=-x^2+ax+1$

$=-\left(x-\dfrac{a}{2}\right)^2+1+\dfrac{a^2}{4}$

$x=-1$ のとき　$f(-1)=-a$

$x=1$ のとき　$f(1)=a$

$x<-1$，$1<x$ のとき　$f(x)=\dfrac{a}{x}$

[1] $0<\dfrac{a}{2}<1$ すなわち $0<a<2$ のとき　グラフは図[1]のようになる。

よって　$x=\dfrac{a}{2}$ で最大値 $1+\dfrac{a^2}{4}$

HINT (1) $x^{2n}$ の極限を考えることになるから，$x=\pm1$ で区切って考える。

←$(-1)^{2n}=1$，$(-1)^{2n-1}=-1$

←$|x|>1$ のとき，$n\longrightarrow\infty$ とすると $\dfrac{1}{x^{2n}}\longrightarrow0$，$\dfrac{1}{x^{2n-1}}\longrightarrow0$，$\dfrac{1}{x^{2n-2}}\longrightarrow0$

←$a-b+c=1$

←$a-b-c=-1$

←軸は直線 $x=\dfrac{a}{2}$

←直角双曲線。

←$a>0$ であるから，軸 $x=\dfrac{a}{2}$ は $x$ 軸の正の部分にある。そこで，$0<$ 軸 $<1$，$1\leqq$ 軸 の場合に分けて考える。

[2] $1 \leqq \frac{a}{2}$ すなわち $2 \leqq a$ のとき　グラフは図 [2] のようになる。

よって　　$x=1$ で最大値 $a$

[1]

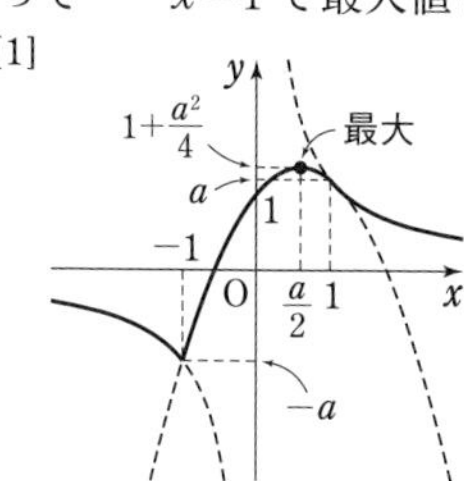


[2]

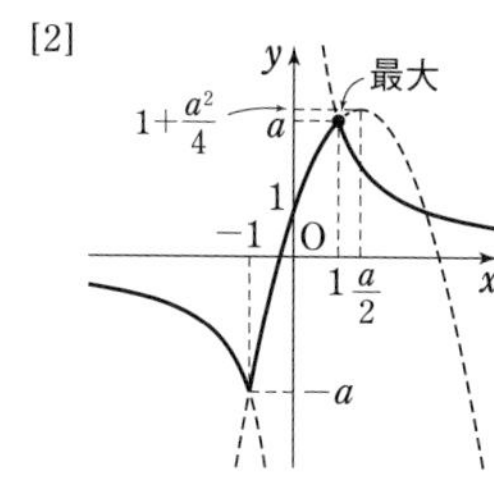


以上から　　$\boldsymbol{0<a<2}$ **のとき**　$\boldsymbol{x=\frac{a}{2}}$ **で最大値** $\boldsymbol{1+\frac{a^2}{4}}$

$\boldsymbol{2 \leqq a}$ **のとき**　　$\boldsymbol{x=1}$ **で最大値** $\boldsymbol{a}$

(3) [1] $0<a<2$ のとき

最大値が $\frac{5}{4}$ となる条件は　　$1+\frac{a^2}{4}=\frac{5}{4}$

ゆえに　　$a^2=1$

$0<a<2$ であるから　　$a=1$

これと (1) の結果により　　$a=1,\ b=1,\ c=1$

[2] $2 \leqq a$ のとき

最大値が $\frac{5}{4}$ となる条件は　　$a=\frac{5}{4}$

これは $2 \leqq a$ を満たさないから不適。

以上から　　$\boldsymbol{a=1,\ b=1,\ c=1}$

←(2) の結果を利用。

←場合分けの条件を忘れないように注意。

## EX ②46

関数 $f(x)$ が連続で $f(0)=-1$, $f(1)=2$, $f(2)=3$ のとき，方程式 $f(x)=x^2$ は $0<x<2$ の範囲に少なくとも 2 つの実数解をもつことを示せ。

$g(x)=f(x)-x^2$ とすると，関数 $f(x)$ と $x^2$ はともに連続であるから，関数 $g(x)$ も連続である。

$g(0)=f(0)-0^2=-1<0,\quad g(1)=f(1)-1^2=2-1=1>0,$

$g(2)=f(2)-2^2=3-4=-1<0$

よって，方程式 $g(x)=0$ すなわち $f(x)=x^2$ は，中間値の定理により，区間 $(0,\ 1)$, $(1,\ 2)$ それぞれで少なくとも 1 つの実数解をもつ。

したがって，方程式 $f(x)=x^2$ は $0<x<2$ の範囲に少なくとも 2 つの実数解をもつ。

HINT　**(中間値の定理)**
$f(x)$ が区間 $[a,\ b]$ で連続で，$f(a)$ と $f(b)$ が異符号ならば，$f(x)=0$ は区間 $(a,\ b)$ に少なくとも 1 つの実数解をもつ。

**EX ④47** 関数 $y=f(x)$ は連続とし，$a$ を実数の定数とする。すべての実数 $x$ に対して，不等式 $|f(x)-f(a)| \leqq \frac{2}{3}|x-a|$ が成り立つなら，曲線 $y=f(x)$ は直線 $y=x$ と必ず交わることを中間値の定理を用いて証明せよ。

$g(x)=f(x)-x$ とおくと，関数 $g(x)$ は連続であり，

$$f(x)=g(x)+x$$

不等式から　$|g(x)-g(a)+x-a| \leqq \frac{2}{3}|x-a|$

したがって　$-\frac{2}{3}|x-a| \leqq g(x)-g(a)+x-a \leqq \frac{2}{3}|x-a|$

各辺に $-x+a+g(a)$ を加えて

$$-\frac{2}{3}|x-a|-x+a+g(a) \leqq g(x) \leqq \frac{2}{3}|x-a|-x+a+g(a)$$

ここで，$h(x)=-\frac{2}{3}|x-a|-x+a+g(a)$,

$$k(x)=\frac{2}{3}|x-a|-x+a+g(a)$$

のように $h(x)$，$k(x)$ を定めると　$h(x) \leqq g(x) \leqq k(x)$

$x \longrightarrow -\infty$ のとき，$x=-t$ とおくと　$t \longrightarrow \infty$

このとき　$-\frac{2}{3}|x-a|-x=-\frac{2}{3}|t+a|+t$

$$=t\left(-\frac{2}{3}\left|1+\frac{a}{t}\right|+1\right) \longrightarrow \infty$$

ゆえに，$\lim_{x \to -\infty} h(x)=\infty$ であるから　$\lim_{x \to -\infty} g(x)=\infty$

また，$x \longrightarrow \infty$ のとき

$$\frac{2}{3}|x-a|-x=x\left(\frac{2}{3}\left|1-\frac{a}{x}\right|-1\right) \longrightarrow -\infty$$

よって，$\lim_{x \to \infty} k(x)=-\infty$ であるから　$\lim_{x \to \infty} g(x)=-\infty$

すなわち　$\lim_{x \to -\infty} g(x)=\infty$，$\lim_{x \to \infty} g(x)=-\infty$

ゆえに，中間値の定理により $g(c)=0$ すなわち $f(c)=c$ となる $c$ が存在し，曲線 $y=f(x)$ は直線 $y=x$ と必ず交わる。

HINT　$g(x)=f(x)-x$ とおいて，条件から $\lim_{x \to -\infty} g(x)=\infty$, $\lim_{x \to \infty} g(x)=-\infty$ を導く。

←$|A| \leqq |B| \iff -|B| \leqq A \leqq |B|$

←(　) 内 $\longrightarrow \frac{1}{3}$

←$h(x) \leqq g(x)$ から。

←(　) 内 $\longrightarrow -\frac{1}{3}$

←$g(x) \leqq k(x)$ から。

←ある実数 $a$ $(<0)$, $b$ $(>0)$ が存在して $g(a)>0$，$g(b)<0$

**練習 ②60** 次の関数は，$x=0$ において連続であるか，微分可能であるかを調べよ。

(1) $f(x)=|x|\sin x$ 〔類 島根大〕 (2) $f(x)=\begin{cases} 0 & (x=0) \\ \dfrac{x}{1+2^{\frac{1}{x}}} & (x\neq 0) \end{cases}$

(1) $\displaystyle\lim_{x\to+0}f(x)=\lim_{x\to+0}x\sin x=0,$

$\displaystyle\lim_{x\to-0}f(x)=\lim_{x\to-0}(-x\sin x)=0$

ゆえに $\displaystyle\lim_{x\to 0}f(x)=0$

また $f(0)=0$ よって $\displaystyle\lim_{x\to 0}f(x)=f(0)$

したがって，$f(x)$ は **$x=0$ で連続である。**

また $\displaystyle\lim_{h\to+0}\frac{f(0+h)-f(0)}{h}=\lim_{h\to+0}\frac{h\sin h-0}{h}=\lim_{h\to+0}\sin h=0$

$\displaystyle\lim_{h\to-0}\frac{f(0+h)-f(0)}{h}=\lim_{h\to-0}\frac{-h\sin h-0}{h}=\lim_{h\to-0}(-\sin h)=0$

$h\longrightarrow+0$ と $h\longrightarrow-0$ のときの極限値が一致し，$f'(0)=0$ となるから，$f(x)$ は **$x=0$ で微分可能である。**

←$|x|=\begin{cases} x & (x\geqq 0 \text{ のとき}) \\ -x & (x<0 \text{ のとき}) \end{cases}$

検討 **微分可能 ⟹ 連続** であるから，まず $x=0$ で微分可能であることを調べ，その結果を利用して，「$x=0$ で連続である」と答える解答でもよい。

(2) $\dfrac{1}{x}=t$ とおくと

$$\lim_{x\to+0}2^{\frac{1}{x}}=\lim_{t\to\infty}2^t=\infty,\quad \lim_{x\to-0}2^{\frac{1}{x}}=\lim_{t\to-\infty}2^t=0$$

←底 $2>1$ である。

よって $\displaystyle\lim_{x\to+0}f(x)=\lim_{x\to+0}\frac{x}{1+2^{\frac{1}{x}}}=0,$

←$\dfrac{0}{\infty}$ の形。

$\displaystyle\lim_{x\to-0}f(x)=\lim_{x\to-0}\frac{x}{1+2^{\frac{1}{x}}}=0$

←$\dfrac{0}{1+0}$

ゆえに $\displaystyle\lim_{x\to 0}f(x)=0$

また $f(0)=0$ よって $\displaystyle\lim_{x\to 0}f(x)=f(0)$

したがって，$f(x)$ は **$x=0$ で連続である。**

次に，$h\neq 0$ のとき $\dfrac{f(0+h)-f(0)}{h}=\dfrac{1}{h}\cdot\dfrac{h}{1+2^{\frac{1}{h}}}=\dfrac{1}{1+2^{\frac{1}{h}}}$

$\displaystyle\lim_{h\to+0}\frac{f(0+h)-f(0)}{h}=\lim_{h\to+0}\frac{1}{1+2^{\frac{1}{h}}}=0$

$\displaystyle\lim_{h\to-0}\frac{f(0+h)-f(0)}{h}=\lim_{h\to-0}\frac{1}{1+2^{\frac{1}{h}}}=1$

$h\longrightarrow+0$ と $h\longrightarrow-0$ のときの極限値が異なるから，$f'(0)$ は存在しない。

すなわち，$f(x)$ は **$x=0$ で微分可能ではない。**

←$h\longrightarrow+0$ のとき $\dfrac{1}{h}\longrightarrow\infty$
よって $2^{\frac{1}{h}}\longrightarrow\infty$
また，$h\longrightarrow-0$ のとき $\dfrac{1}{h}\longrightarrow-\infty$
よって $2^{\frac{1}{h}}\longrightarrow 0$

**練習 ②61** 次の関数を，導関数の定義に従って微分せよ。

(1) $y=\dfrac{1}{x^2}$ (2) $y=\sqrt{4x+3}$ (3) $y=\sqrt[4]{x}$

HINT (3) $(a^{\frac{1}{4}}+b^{\frac{1}{4}})(a^{\frac{1}{4}}-b^{\frac{1}{4}})(a^{\frac{1}{2}}+b^{\frac{1}{2}})=a-b$ を利用して有理化する。

(1) $y'=\lim_{h\to 0}\frac{1}{h}\left\{\frac{1}{(x+h)^2}-\frac{1}{x^2}\right\}=\lim_{h\to 0}\frac{x^2-(x+h)^2}{h(x+h)^2x^2}$

$=\lim_{h\to 0}\frac{-h(2x+h)}{h(x+h)^2x^2}=\lim_{h\to 0}\frac{-(2x+h)}{(x+h)^2x^2}=\frac{-2x}{x^4}=\boldsymbol{-\frac{2}{x^3}}$

←$\lim_{h\to 0}\frac{f(x+h)-f(x)}{h}$

←$h$ で約分。

(2) $y'=\lim_{h\to 0}\frac{\sqrt{4(x+h)+3}-\sqrt{4x+3}}{h}$

$=\lim_{h\to 0}\frac{\{4(x+h)+3\}-(4x+3)}{h\{\sqrt{4(x+h)+3}+\sqrt{4x+3}\}}$

$=\lim_{h\to 0}\frac{4}{\sqrt{4(x+h)+3}+\sqrt{4x+3}}$

$=\boldsymbol{\frac{2}{\sqrt{4x+3}}}$

←$\lim_{h\to 0}\frac{f(x+h)-f(x)}{h}$

←分母・分子に $\sqrt{4(x+h)+3}+\sqrt{4x+3}$ を掛ける。

(3) $y'=\lim_{h\to 0}\frac{\sqrt[4]{x+h}-\sqrt[4]{x}}{h}=\lim_{h\to 0}\frac{\sqrt{x+h}-\sqrt{x}}{h(\sqrt[4]{x+h}+\sqrt[4]{x})}$

$=\lim_{h\to 0}\frac{(x+h)-x}{h(\sqrt[4]{x+h}+\sqrt[4]{x})(\sqrt{x+h}+\sqrt{x})}$

$=\lim_{h\to 0}\frac{1}{(\sqrt[4]{x+h}+\sqrt[4]{x})(\sqrt{x+h}+\sqrt{x})}$

$=\frac{1}{2\sqrt[4]{x}\cdot 2\sqrt{x}}=\boldsymbol{\frac{1}{4\sqrt[4]{x^3}}}$

←分母・分子に $\sqrt[4]{x+h}+\sqrt[4]{x}$ を掛ける。

←分母・分子に $\sqrt{x+h}+\sqrt{x}$ を掛ける。

←$h$ で約分。

←$\sqrt{x}=\sqrt[4]{x^2}$

**練習 ④62** $f(x)=\begin{cases}\sqrt{x^2-2}+3 & (x\geqq 2)\\ ax^2+bx & (x<2)\end{cases}$ で定義される関数 $f(x)$ が $x=2$ で微分可能となるように，定数 $a$, $b$ の値を定めよ。 〔類 関西大〕

関数 $f(x)$ が $x=2$ で微分可能であるとき，$f(x)$ は $x=2$ で連続であるから　$\lim_{x\to 2}f(x)=f(2)$

すなわち　$\lim_{x\to 2-0}f(x)=\lim_{x\to 2+0}f(x)=f(2)$

よって　$a\cdot 2^2+b\cdot 2=\sqrt{2^2-2}+3$

ゆえに　$4a+2b=\sqrt{2}+3$ …… ①

したがって，① から

$\lim_{h\to +0}\frac{f(2+h)-f(2)}{h}=\lim_{h\to +0}\frac{\sqrt{(2+h)^2-2}+3-(\sqrt{2}+3)}{h}$

$=\lim_{h\to +0}\frac{\sqrt{h^2+4h+2}-\sqrt{2}}{h}=\lim_{h\to +0}\frac{(h^2+4h+2)-2}{h(\sqrt{h^2+4h+2}+\sqrt{2})}$

$=\lim_{h\to +0}\frac{h+4}{\sqrt{h^2+4h+2}+\sqrt{2}}=\frac{4}{2\sqrt{2}}=\sqrt{2}$

$\lim_{h\to -0}\frac{f(2+h)-f(2)}{h}=\lim_{h\to -0}\frac{a(2+h)^2+b(2+h)-(\sqrt{2}+3)}{h}$

$=\lim_{h\to -0}\frac{4a+4ah+ah^2+2b+bh-\sqrt{2}-3}{h}$

$=\lim_{h\to -0}\frac{4ah+ah^2+bh}{h}=\lim_{h\to -0}(4a+b+ah)=4a+b$

←**微分可能 ⟹ 連続**

←$x\longrightarrow 2-0$ のときは $x<2$，$x\longrightarrow 2+0$ のときは $x>2$ として考える。

←分子を有理化する。更に，分母・分子を $h$ で約分。

←① から $4a+2b-\sqrt{2}-3=0$

←$h$ で約分。

よって，$f'(2)$ が存在するための条件は　$4a+b=\sqrt{2}$ ……②

①−② から　　$\boldsymbol{b=3}$

ゆえに，② から　　$\boldsymbol{a=\dfrac{\sqrt{2}-3}{4}}$

←$a=\dfrac{\sqrt{2}-b}{4}$

**練習 ②63** 次の関数を微分せよ。

(1) $y=3x^5-2x^4+4x^2-2$　(2) $y=(x^2+2x)(x^2-x+1)$　(3) $y=(x^3+3x)(x^2-2)$

(4) $y=(x+3)(x^2-1)(-x+2)$　(5) $y=\dfrac{1}{x^2+x+1}$　(6) $y=\dfrac{1-x^2}{1+x^2}$

(7) $y=\dfrac{x^3-3x^2+x}{x^2}$　(8) $y=\dfrac{(x-1)(x^2+2)}{x^2+3}$　［(6) 宮崎大］

(1) $y'=3\cdot5x^4-2\cdot4x^3+4\cdot2x=\boldsymbol{15x^4-8x^3+8x}$

←$(x^n)'=nx^{n-1}$

(2) $y'=(2x+2)(x^2-x+1)+(x^2+2x)(2x-1)$
$=2(x^3+1)+2x^3+3x^2-2x$
$=\boldsymbol{4x^3+3x^2-2x+2}$

←$(uv)'=u'v+uv'$

←$(x+1)(x^2-x+1)=x^3+1$

(3) $y'=(3x^2+3)(x^2-2)+(x^3+3x)\cdot2x$
$=(3x^4-3x^2-6)+(2x^4+6x^2)$
$=\boldsymbol{5x^4+3x^2-6}$

←$(uv)'=u'v+uv'$

(4) $y'=1\cdot(x^2-1)(-x+2)+(x+3)\cdot2x(-x+2)$
$+(x+3)(x^2-1)(-1)$
$=(-x^3+2x^2+x-2)+(-2x^3-2x^2+12x)$
$+(-x^3-3x^2+x+3)$
$=\boldsymbol{-4x^3-3x^2+14x+1}$

←$(uvw)'=u'vw+uv'w+uvw'$

(5) $y'=-\dfrac{(x^2+x+1)'}{(x^2+x+1)^2}=\boldsymbol{-\dfrac{2x+1}{(x^2+x+1)^2}}$

←$\left(\dfrac{1}{v}\right)'=-\dfrac{v'}{v^2}$

(6) $y'=\dfrac{-2x(1+x^2)-(1-x^2)\cdot2x}{(1+x^2)^2}=\boldsymbol{-\dfrac{4x}{(1+x^2)^2}}$

←$\left(\dfrac{u}{v}\right)'=\dfrac{u'v-uv'}{v^2}$

別解　$y=-1+\dfrac{2}{1+x^2}$　であるから

←$y=\dfrac{-(1+x^2)+2}{1+x^2}$

$y'=0-\dfrac{2\cdot2x}{(1+x^2)^2}=\boldsymbol{-\dfrac{4x}{(1+x^2)^2}}$

←$\left(\dfrac{1}{v}\right)'=-\dfrac{v'}{v^2}$

(7) $y'=\left(x-3+\dfrac{1}{x}\right)'=1-\dfrac{1}{x^2}=\boldsymbol{\dfrac{x^2-1}{x^2}}$

別解　$y'=\dfrac{(3x^2-6x+1)x^2-(x^3-3x^2+x)\cdot2x}{x^4}$
$=\dfrac{(3x^4-6x^3+x^2)-(2x^4-6x^3+2x^2)}{x^4}$
$=\dfrac{x^4-x^2}{x^4}=\boldsymbol{\dfrac{x^2-1}{x^2}}$

←$\left(\dfrac{u}{v}\right)'=\dfrac{u'v-uv'}{v^2}$ を利用して微分してもよいが（別解），（分母の次数）>（分子の次数）の形に変形してから微分する方が計算がらく。

(8) $y'=\dfrac{\{(x-1)(x^2+2)\}'(x^2+3)-(x-1)(x^2+2)(x^2+3)'}{(x^2+3)^2}$
$=\dfrac{\{1\cdot(x^2+2)+(x-1)\cdot2x\}(x^2+3)-(x-1)(x^2+2)\cdot2x}{(x^2+3)^2}$

←分子を $x^3-x^2+2x-2$ と展開して，(6) と同様に微分してもよい。
また，$(x-1)(x^2+2)=(x-1)\{(x^2+3)-1\}$

$$=\frac{(3x^4-2x^3+11x^2-6x+6)-(2x^4-2x^3+4x^2-4x)}{(x^2+3)^2}$$

$$=\boldsymbol{\frac{x^4+7x^2-2x+6}{(x^2+3)^2}}$$

別解　$y=(x-1)\cdot\dfrac{x^2+3-1}{x^2+3}=(x-1)\left(1-\dfrac{1}{x^2+3}\right)$ であるから

$$y'=1\cdot\left(1-\frac{1}{x^2+3}\right)+(x-1)\cdot\frac{2x}{(x^2+3)^2}$$

$$=\frac{(x^2+3)^2-(x^2+3)+2x(x-1)}{(x^2+3)^2}=\boldsymbol{\frac{x^4+7x^2-2x+6}{(x^2+3)^2}}$$

であるから $y=(x-1)\left(1-\dfrac{1}{x^2+3}\right)$ として微分してもよい（別解 参照）。

←$(uv)'=u'v+uv'$

**練習 ①64**　次の関数を微分せよ。

(1)　$y=(x-3)^3$　(2)　$y=(x^2-2)^2$　(3)　$y=(x^2+1)^2(x-3)^3$

(4)　$y=\dfrac{1}{(x^2-2)^3}$　(5)　$y=\left(\dfrac{x-2}{x+1}\right)^2$　(6)　$y=\dfrac{(2x-1)^3}{(x^2+1)^2}$

(1)　$y'=3(x-3)^2(x-3)'=3(x-3)^2\cdot1=\boldsymbol{3(x-3)^2}$

(2)　$y'=2(x^2-2)(x^2-2)'=2(x^2-2)\cdot2x=\boldsymbol{4x(x^2-2)}$

←$y=f(u)$ ならば $y'=f'(u)u'$

(3)　$y'=\{(x^2+1)^2\}'(x-3)^3+(x^2+1)^2\{(x-3)^3\}'$

$=2(x^2+1)\cdot2x(x-3)^3+(x^2+1)^2\cdot3(x-3)^2\cdot1$

$=(x^2+1)(x-3)^2\{4x(x-3)+3(x^2+1)\}$

$=\boldsymbol{(x^2+1)(x-3)^2(7x^2-12x+3)}$

←$\{(x^2+1)^2\}'=2(x^2+1)(x^2+1)'$

(4)　$y=(x^2-2)^{-3}$ であるから

$$y'=-3(x^2-2)^{-4}(x^2-2)'=-\frac{3}{(x^2-2)^4}\cdot2x=\boldsymbol{-\frac{6x}{(x^2-2)^4}}$$

←$n$ が負の整数のときも $(x^n)'=nx^{n-1}$

別解　$y'=-\dfrac{\{(x^2-2)^3\}'}{\{(x^2-2)^3\}^2}=-\dfrac{3(x^2-2)^2\cdot2x}{(x^2-2)^6}=\boldsymbol{-\dfrac{6x}{(x^2-2)^4}}$

←$\left(\dfrac{1}{v}\right)'=-\dfrac{v'}{v^2}$

(5)　$y'=2\left(\dfrac{x-2}{x+1}\right)\left(\dfrac{x-2}{x+1}\right)'=2\left(\dfrac{x-2}{x+1}\right)\cdot\dfrac{x+1-(x-2)}{(x+1)^2}$

$$=\frac{2(x-2)\cdot3}{(x+1)^3}=\boldsymbol{\frac{6(x-2)}{(x+1)^3}}$$

別解　$y'=\left\{\dfrac{(x-2)^2}{(x+1)^2}\right\}'=\dfrac{2(x-2)(x+1)^2-(x-2)^2\cdot2(x+1)}{(x+1)^4}$

$$=2\cdot\frac{(x-2)(x+1-x+2)}{(x+1)^3}=\boldsymbol{\frac{6(x-2)}{(x+1)^3}}$$

←$u=\dfrac{x-2}{x+1}$ とおくと $y=u^2$ で　$y'=2u\cdot u'$

なお，$\dfrac{x-2}{x+1}=1-\dfrac{3}{x+1}$ と変形してから微分する方法もあるが，左の解答の方が早い。

(6)　$y'=\dfrac{\{(2x-1)^3\}'(x^2+1)^2-(2x-1)^3\{(x^2+1)^2\}'}{(x^2+1)^4}$

$$=\frac{3(2x-1)^2\cdot2(x^2+1)^2-(2x-1)^3\cdot2(x^2+1)\cdot2x}{(x^2+1)^4}$$

$$=\frac{2(2x-1)^2\{3(x^2+1)-(2x-1)\cdot2x\}}{(x^2+1)^3}$$

$$=\boldsymbol{-\frac{2(x+1)(x-3)(2x-1)^2}{(x^2+1)^3}}$$

検討　(6)　$y=(2x-1)^3(x^2+1)^{-2}$ とみて，公式 $(uv)'=u'v+uv'$ の利用により微分する方法も考えられる。

←分子の｛　｝の中は $-x^2+2x+3=-(x+1)(x-3)$

**練習 ②65**

(1) $y=\dfrac{1}{x^3}$ の逆関数の導関数を求めよ。

(2) $f(x)=\dfrac{1}{x^3+1}$ の逆関数 $f^{-1}(x)$ の $x=\dfrac{1}{65}$ における微分係数を求めよ。

(3) 次の関数を微分せよ。 [(イ) 広島市大]

(ア) $y=\dfrac{1}{\sqrt[3]{x^2}}$　(イ) $y=\sqrt{2-x^3}$　(ウ) $y=\sqrt[3]{\dfrac{x-1}{x+1}}$



(1) $y=\dfrac{1}{x^3}$ の逆関数は $x=\dfrac{1}{y^3}$ を満たす。

よって　$\dfrac{dx}{dy}=-\dfrac{3}{y^4}$

ゆえに　$\dfrac{dy}{dx}=\dfrac{1}{\frac{dx}{dy}}=-\dfrac{y^4}{3}=-\dfrac{1}{3}(y^3)^{\frac{4}{3}}=-\dfrac{1}{3}(x^{-1})^{\frac{4}{3}}$

$=-\dfrac{1}{3}x^{-\frac{4}{3}}$

(2) $y=f^{-1}(x)$ とすると　$x=f(y)=\dfrac{1}{y^3+1}$

よって　$\dfrac{dx}{dy}=-\dfrac{(y^3+1)'}{(y^3+1)^2}=-\dfrac{3y^2}{(y^3+1)^2}$

ゆえに　$\dfrac{dy}{dx}=\dfrac{1}{\frac{dx}{dy}}=-\dfrac{(y^3+1)^2}{3y^2}$

$x=\dfrac{1}{65}$ のとき　$\dfrac{1}{y^3+1}=\dfrac{1}{65}$

ゆえに　$y^3=64$　したがって　$y=4$

このとき　$\dfrac{dy}{dx}=-\dfrac{(4^3+1)^2}{3\cdot4^2}=-\dfrac{4225}{48}$

(3) (ア) $y'=\left(x^{-\frac{2}{3}}\right)'=-\dfrac{2}{3}x^{-\frac{5}{3}}=-\dfrac{2}{3\sqrt[3]{x^5}}$

(イ) $y'=\left\{(2-x^3)^{\frac{1}{2}}\right\}'=\dfrac{1}{2}(2-x^3)^{-\frac{1}{2}}\cdot(2-x^3)'=-\dfrac{3x^2}{2\sqrt{2-x^3}}$

(ウ) $y'=\left\{\left(\dfrac{x-1}{x+1}\right)^{\frac{1}{3}}\right\}'=\dfrac{1}{3}\left(\dfrac{x-1}{x+1}\right)^{-\frac{2}{3}}\left(\dfrac{x-1}{x+1}\right)'$

$=\dfrac{1}{3}\cdot\dfrac{\sqrt[3]{(x+1)^2}}{\sqrt[3]{(x-1)^2}}\cdot\dfrac{x+1-(x-1)}{(x+1)^2}=\dfrac{2}{3\sqrt[3]{(x-1)^2(x+1)^4}}$

**検討** (イ), (ウ) の結果からわかるように, (イ) では $x=\sqrt[3]{2}$ における微分係数, (ウ) では $x=\pm1$ における微分係数が, それぞれ存在しない。

←$\left(\dfrac{1}{y^3}\right)'=(y^{-3})'=-3y^{-4}$

←$y^3=\dfrac{1}{x}=x^{-1}$

←$y^3+1=65$

←$(y-4)(y^2+4y+16)=0$
$y$ は実数であるから
$y=4$

←$p$ が有理数のとき
$(x^p)'=px^{p-1}$

←$y=\sqrt{u}$ を $y=u^{\frac{1}{2}}$ とみて　$y'=\dfrac{1}{2}u^{-\frac{1}{2}}\cdot u'$

←$\left(\dfrac{x-1}{x+1}\right)^{-\frac{2}{3}}=\dfrac{1}{\left(\frac{x-1}{x+1}\right)^{\frac{2}{3}}}$
$=\dfrac{\sqrt[3]{(x+1)^2}}{\sqrt[3]{(x-1)^2}}$

←$y'$ の分母を 0 にする $x$ の値と考えればよい。

**練習 ②66**

次の関数を微分せよ。 [(4) 宮崎大, (6) 会津大, (8) 東京理科大]

(1) $y=\sin2x$　(2) $y=\cos x^2$　(3) $y=\tan^2x$　(4) $y=\sin^3(2x+1)$

(5) $y=\cos x\sin^2x$　(6) $y=\tan(\sin x)$　(7) $y=\dfrac{\tan x}{x}$　(8) $y=\dfrac{\cos x}{\sqrt{x}}$

HINT (4) $y=u^3$, $u=\sin v$, $v=2x+1$ という合成関数になっている。

(1) $y'=\cos 2x\cdot(2x)'=\mathbf{2\cos 2x}$

(2) $y'=-\sin x^2\cdot(x^2)'=\mathbf{-2x\sin x^2}$

(3) $y'=2\tan x\cdot(\tan x)'=2\tan x\cdot\dfrac{1}{\cos^2 x}=\mathbf{\dfrac{2\tan x}{\cos^2 x}}$

(4) $y'=3\sin^2(2x+1)\cdot\{\sin(2x+1)\}'$
$=3\sin^2(2x+1)\cos(2x+1)\cdot(2x+1)'$
$=\mathbf{6\sin^2(2x+1)\cos(2x+1)}$

(5) $y'=(\cos x)'\sin^2 x+\cos x(\sin^2 x)'$
$=-\sin x\cdot\sin^2 x+\cos x\cdot 2\sin x\cos x$
$=\sin x(-\sin^2 x+2\cos^2 x)=\sin x(-3\sin^2 x+2)$
$=\mathbf{-3\sin^3 x+2\sin x}$

(6) $y'=\dfrac{1}{\cos^2(\sin x)}\cdot\cos x=\mathbf{\dfrac{\cos x}{\cos^2(\sin x)}}$

(7) $y'=\dfrac{\dfrac{1}{\cos^2 x}\cdot x-\tan x\cdot 1}{x^2}=\mathbf{\dfrac{x-\sin x\cos x}{x^2\cos^2 x}}$

(8) $y'=\dfrac{-\sin x\cdot\sqrt{x}-\cos x\cdot\dfrac{1}{2\sqrt{x}}}{x}=\mathbf{-\dfrac{2x\sin x+\cos x}{2x\sqrt{x}}}$

←$u=2x$ とおくと $y=\sin u$ であるから
$y'=\cos u\cdot u'$

←$u=\sin(2x+1)$ とおくと $y=u^3$ で　$y'=3u^2\cdot u'$
更に，$v=2x+1$ とおくと $u=\sin v$ で
$u'=\cos v\cdot v'$

(5) 別解
$\sin^2 x=1-\cos^2 x$ から
$y=\cos x-\cos^3 x$
$y'=-\sin x+3\sin x\cos^2 x$
$=\mathbf{-3\sin^3 x+2\sin x}$

(6) $y=\tan u$ とみて
$y'=\dfrac{1}{\cos^2 u}\cdot u'$

(7), (8)
$\left(\dfrac{u}{v}\right)'=\dfrac{u'v-uv'}{v^2}$

## 練習 ②67

次の関数を微分せよ。ただし，$a>0$，$a\neq 1$ とする。

(1) $y=\log 3x$　(2) $y=\log_{10}(-4x)$　(3) $y=\log|x^2-1|$　(4) $y=(\log x)^3$

(5) $y=\log_2|\cos x|$　(6) $y=\log(\log x)$　(7) $y=\log\dfrac{2+\sin x}{2-\sin x}$　(8) $y=e^{6x}$

(9) $y=\dfrac{e^x-e^{-x}}{e^x+e^{-x}}$　(10) $y=a^{-2x+1}$　(11) $y=e^x\cos x$　[(7), (9) 宮崎大]

(1) $y'=\dfrac{3}{3x}=\mathbf{\dfrac{1}{x}}$　(2) $y'=\dfrac{-4}{-4x\log 10}=\mathbf{\dfrac{1}{x\log 10}}$

(3) $y'=\mathbf{\dfrac{2x}{x^2-1}}$　(4) $y'=3(\log x)^2\cdot\dfrac{1}{x}=\mathbf{\dfrac{3(\log x)^2}{x}}$

(5) $y'=\dfrac{-\sin x}{\cos x\log 2}=\mathbf{-\dfrac{\tan x}{\log 2}}$　(6) $y'=\dfrac{(\log x)'}{\log x}=\mathbf{\dfrac{1}{x\log x}}$

(7) $y=\log(2+\sin x)-\log(2-\sin x)$ であるから

$y'=\dfrac{\cos x}{2+\sin x}-\dfrac{-\cos x}{2-\sin x}=\dfrac{4\cos x}{(2+\sin x)(2-\sin x)}$
$=\mathbf{\dfrac{4\cos x}{4-\sin^2 x}}$

別解 $y'=\dfrac{2-\sin x}{2+\sin x}\cdot\dfrac{\cos x(2-\sin x)-(2+\sin x)(-\cos x)}{(2-\sin x)^2}$
$=\dfrac{4\cos x}{(2+\sin x)(2-\sin x)}=\mathbf{\dfrac{4\cos x}{4-\sin^2 x}}$

(8) $y'=e^{6x}\cdot 6=\mathbf{6e^{6x}}$

(2) $u=-4x$ とおくと $y=\log_{10}u$ であるから
$y'=\dfrac{u'}{u\log 10}=\dfrac{-4}{-4x\log 10}$
$=\dfrac{1}{x\log 10}$

(4) $u=\log x$ とおくと $y=u^3$ で　$y'=3u^2\cdot u'$

←$\dfrac{1}{\dfrac{2+\sin x}{2-\sin x}}\cdot\left(\dfrac{2+\sin x}{2-\sin x}\right)'$

(9) $y'=\dfrac{(e^x+e^{-x})^2-(e^x-e^{-x})^2}{(e^x+e^{-x})^2}=\dfrac{4e^xe^{-x}}{(e^x+e^{-x})^2}=\boldsymbol{\dfrac{4}{(e^x+e^{-x})^2}}$

←$(e^x)'=e^x$, $(e^{-x})'=-e^{-x}$

別解 $y=1-\dfrac{2e^{-x}}{e^x+e^{-x}}=1-\dfrac{2}{e^{2x}+1}$ であるから

$y'=-2\left\{-\dfrac{2e^{2x}}{(e^{2x}+1)^2}\right\}=\boldsymbol{\dfrac{4e^{2x}}{(e^{2x}+1)^2}}$

←$\left(\dfrac{1}{v}\right)'=-\dfrac{v'}{v^2}$

(10) $y'=a^{-2x+1}\cdot(-2)\log a$
$=\boldsymbol{(-2\log a)a^{-2x+1}}$

←$u=-2x+1$ とおくと $y=a^u$ であるから $y'=a^u\log a\cdot u'$ $=(-2\log a)a^{-2x+1}$

(11) $y'=e^x\cos x+e^x(-\sin x)$
$=\boldsymbol{e^x(\cos x-\sin x)}$



## 練習 ②68

次の関数を微分せよ。 [(2) 関西大]

(1) $y=x^{2x}\ (x>0)$　(2) $y=x^{\log x}$　(3) $y=(x+2)^2(x+3)^3(x+4)^4$

(4) $y=\dfrac{(x+1)^3}{(x^2+1)(x-1)}$　(5) $y=\sqrt[3]{x^2(x+1)}$　(6) $y=(x+2)\sqrt{\dfrac{(x+3)^3}{x^2+1}}$

(1) $x>0$ であるから　$y>0$

←両辺$>0$ を確認。

両辺の自然対数をとって　$\log y=2x\log x$

両辺を $x$ で微分して　$\dfrac{y'}{y}=2(\log x+1)$

←(右辺)$=2\left(\log x+x\cdot\dfrac{1}{x}\right)$

よって　$y'=\boldsymbol{2(\log x+1)x^{2x}}$

←$y'=2(\log x+1)y$

(2) $x>0$ であるから　$y>0$

←$\log x$ の $x$ は真数であるから　$x>0$
また　$\log x^{\log x}=(\log x)^2$

両辺の自然対数をとって　$\log y=(\log x)^2$

両辺を $x$ で微分して　$\dfrac{y'}{y}=(2\log x)\cdot\dfrac{1}{x}$

よって　$y'=(2\log x)\cdot\dfrac{1}{x}\cdot x^{\log x}=\boldsymbol{2x^{\log x-1}\log x}$

←$\dfrac{1}{x}\cdot x^{\log x}=x^{-1}\cdot x^{\log x}$

(3) 両辺の絶対値の自然対数をとって

$\log|y|=2\log|x+2|+3\log|x+3|+4\log|x+4|$

両辺を $x$ で微分して

$\dfrac{y'}{y}=\dfrac{2}{x+2}+\dfrac{3}{x+3}+\dfrac{4}{x+4}=\dfrac{9x^2+52x+72}{(x+2)(x+3)(x+4)}$ ❶

よって　$y'=\dfrac{9x^2+52x+72}{(x+2)(x+3)(x+4)}\cdot(x+2)^2(x+3)^3(x+4)^4$

$=\boldsymbol{(x+2)(x+3)^2(x+4)^3(9x^2+52x+72)}$

(3) ❶(分子)の計算
$2(x+3)(x+4)$
$+3(x+2)(x+4)$
$+4(x+2)(x+3)$
$=(2+3+4)x^2$
$+(2\cdot7+3\cdot6+4\cdot5)x$
$+2\cdot12+3\cdot8+4\cdot6$
$=9x^2+52x+72$

(4) 両辺の絶対値の自然対数をとって

$\log|y|=3\log|x+1|-\log(x^2+1)-\log|x-1|$

両辺を $x$ で微分して

$\dfrac{y'}{y}=\dfrac{3}{x+1}-\dfrac{2x}{x^2+1}-\dfrac{1}{x-1}=\dfrac{-4(x^2-x+1)}{(x+1)(x^2+1)(x-1)}$ ❷

よって　$y'=\dfrac{-4(x^2-x+1)}{(x+1)(x^2+1)(x-1)}\cdot\dfrac{(x+1)^3}{(x^2+1)(x-1)}$

$=\boldsymbol{-\dfrac{4(x+1)^2(x^2-x+1)}{(x^2+1)^2(x-1)^2}}$

(4) ❷(分子)の計算
$3(x^2+1)(x-1)$
$-2x(x+1)(x-1)$
$-(x+1)(x^2+1)$
$=(3-2-1)x^3$
$-(3+1)x^2$
$+(3+2-1)x$
$-(3+1)$
$=-4(x^2-x+1)$

(5) 両辺の絶対値の自然対数をとって

$$\log|y|=\frac{1}{3}(2\log|x|+\log|x+1|)$$

両辺を $x$ で微分して

$$\frac{y'}{y}=\frac{1}{3}\left(\frac{2}{x}+\frac{1}{x+1}\right)=\frac{3x+2}{3x(x+1)}$$

よって $y'=\dfrac{3x+2}{3x(x+1)}\sqrt[3]{x^2(x+1)}=\dfrac{3x+2}{3}\cdot\dfrac{x^{\frac{2}{3}}(x+1)^{\frac{1}{3}}}{x(x+1)}$

$$=\frac{3x+2}{3}\cdot x^{-\frac{1}{3}}(x+1)^{-\frac{2}{3}}=\boldsymbol{\frac{3x+2}{3}\sqrt[3]{\frac{1}{x(x+1)^2}}}$$

(6) 両辺の絶対値の自然対数をとって

$$\log|y|=\log|x+2|+\frac{1}{2}\{3\log|x+3|-\log(x^2+1)\}$$

両辺を $x$ で微分して

$$\frac{y'}{y}=\frac{1}{x+2}+\frac{1}{2}\left(\frac{3}{x+3}-\frac{2x}{x^2+1}\right)=\frac{3x^3+2x^2-7x+12}{2(x+2)(x+3)(x^2+1)}❸$$

よって $y'=\dfrac{3x^3+2x^2-7x+12}{2(x+2)(x+3)(x^2+1)}\cdot(x+2)\sqrt{\dfrac{(x+3)^3}{x^2+1}}$

$$=\frac{3x^3+2x^2-7x+12}{2}\cdot\frac{(x+3)^{-1+\frac{3}{2}}}{(x^2+1)^{1+\frac{1}{2}}}$$

$$=\boldsymbol{\frac{3x^3+2x^2-7x+12}{2}\sqrt{\frac{x+3}{(x^2+1)^3}}}$$

(6) ❸(分子)の計算
$2(x+3)(x^2+1)$
$+3(x+2)(x^2+1)$
$-2x(x+2)(x+3)$
$=(2+3-2)x^3$
$+(2\cdot3+3\cdot2-2\cdot5)x^2$
$+(2\cdot1+3\cdot1-2\cdot6)x$
$+2\cdot3+3\cdot2$
$=3x^3+2x^2-7x+12$

## 練習 ③69

$\lim_{h\to0}(1+h)^{\frac{1}{h}}=e$ を用いて，次の極限値を求めよ。 〔(3) 防衛大〕

(1) $\lim_{x\to0}(1-x)^{\frac{1}{x}}$ (2) $\lim_{x\to\infty}\left(1-\frac{1}{x}\right)^{2x}$ (3) $\lim_{x\to\infty}\left(\frac{x}{x+1}\right)^{x}$

(1) $-x=h$ とおくと，$x\longrightarrow0$ のとき $h\longrightarrow0$

よって $\lim_{x\to0}(1-x)^{\frac{1}{x}}=\lim_{h\to0}(1+h)^{-\frac{1}{h}}=\lim_{h\to0}\left\{(1+h)^{\frac{1}{h}}\right\}^{-1}=\boldsymbol{e^{-1}}$

(2) $-\dfrac{1}{x}=h$ とおくと，$x\longrightarrow\infty$ のとき $h\longrightarrow-0$

よって $\lim_{x\to\infty}\left(1-\dfrac{1}{x}\right)^{2x}=\lim_{h\to-0}(1+h)^{-\frac{2}{h}}=\lim_{h\to-0}\left\{(1+h)^{\frac{1}{h}}\right\}^{-2}$

$$=\boldsymbol{e^{-2}}$$

(3) $\left(\dfrac{x}{x+1}\right)^x=\left(\dfrac{x+1}{x}\right)^{-x}=\left(1+\dfrac{1}{x}\right)^{-x}$

$\dfrac{1}{x}=h$ とおくと，$x\longrightarrow\infty$ のとき $h\longrightarrow+0$

よって $\lim_{x\to\infty}\left(\dfrac{x}{x+1}\right)^x=\lim_{h\to+0}(1+h)^{-\frac{1}{h}}=\lim_{h\to+0}\left\{(1+h)^{\frac{1}{h}}\right\}^{-1}=\boldsymbol{e^{-1}}$

注意 「$0<\dfrac{x}{x+1}<1$ であるから $\lim_{x\to\infty}\left(\dfrac{x}{x+1}\right)^x=0$」とするのは誤りである。

HINT $\lim_{h\to0}(1+h)^{\frac{1}{h}}=e$ が利用できるように変数をおき換える。
$\lim_{□\to0}(1+□)^{\frac{1}{□}}=e$ のように，□が一致するように変形するのがコツ。

←(1) は $\dfrac{1}{e}$，(2) は $\dfrac{1}{e^2}$，(3) は $\dfrac{1}{e}$ と答えてもよい。

←$h=\dfrac{1}{x}$

「$c$ を正の定数とするとき $\lim_{x\to\infty}\left(\frac{c}{c+1}\right)^x=0$」は正しい。2つを混同しないようにしよう。

←$c$ は $x$ に無関係。

**練習 ③70** 関数 $f(x)$ は微分可能であるとする。

(1) 極限値 $\lim_{h\to 0}\frac{f(x+2h)-f(x)}{\sin h}$ を $f'(x)$ を用いて表せ。〔東京電機大〕

(2) $f'(0)=2$ であるとき，極限値 $\lim_{x\to 0}\frac{f(2x)-f(-x)}{x}$ を求めよ。



(1) $\lim_{h\to 0}\frac{f(x+2h)-f(x)}{\sin h}=\lim_{h\to 0}\left\{2\cdot\frac{f(x+2h)-f(x)}{2h}\cdot\frac{h}{\sin h}\right\}$

$=2\cdot f'(x)\cdot 1=\boldsymbol{2f'(x)}$

(2) $\lim_{x\to 0}\frac{f(2x)-f(-x)}{x}=\lim_{x\to 0}\frac{f(2x)-f(0)-\{f(-x)-f(0)\}}{x}$

$=\lim_{x\to 0}\left\{\frac{f(2x)-f(0)}{2x-0}\cdot 2+\frac{f(-x)-f(0)}{-x-0}\right\}$

$=f'(0)\cdot 2+f'(0)=3f'(0)=3\cdot 2=\boldsymbol{6}$

←$\lim_{h\to 0}\frac{f(x+\square)-f(x)}{\square}=f'(x)$ （□は同じ式，$h\longrightarrow 0$ のとき □ $\longrightarrow 0$）
(2)では
$\lim_{\square\to a}\frac{f(\square)-f(a)}{\square-a}=f'(a)$
が使える形に変形する。

**練習 ③71** 次の極限値を求めよ。ただし，$a$ は定数とする。

(1) $\lim_{x\to 0}\frac{3^{2x}-1}{x}$ (2) $\lim_{x\to 1}\frac{\log x}{x-1}$ (3) $\lim_{x\to a}\frac{1}{x-a}\log\frac{x^x}{a^a}$ $(a>0)$

(4) $\lim_{x\to 0}\frac{e^x-e^{-x}}{x}$ (5) $\lim_{x\to 0}\frac{e^{a+x}-e^a}{x}$ 〔(2) 類 東京理科大〕

(1) $f(x)=3^{2x}$ とすると　(与式)$=\lim_{x\to 0}\frac{3^{2x}-3^0}{x-0}=f'(0)$

$f'(x)=3^{2x}\cdot 2\log 3$ であるから　$f'(0)=2\log 3$

よって　(与式)$=\boldsymbol{2\log 3}$

←$f'(0)=\lim_{x\to 0}\frac{f(x)-f(0)}{x-0}$

(2) $f(x)=\log x$ とすると

(与式)$=\lim_{x\to 1}\frac{\log x-\log 1}{x-1}=f'(1)$

$f'(x)=\frac{1}{x}$ であるから　$f'(1)=1$

よって　(与式)$=\boldsymbol{1}$

別解 $x-1=t$ とおく。
(与式)$=\lim_{t\to 0}\frac{\log(1+t)}{t}$
$=\lim_{t\to 0}\log(1+t)^{\frac{1}{t}}$
$=\log e=\boldsymbol{1}$

参考 $\lim_{x\to 0}\frac{\log(1+x)}{x}=1$ も覚えておくと便利。

(3) $f(x)=\log x^x$ とすると

(与式)$=\lim_{x\to a}\frac{\log x^x-\log a^a}{x-a}=f'(a)$

$f'(x)=(x\log x)'=\log x+1$ であるから　$f'(a)=\log a+1$

よって　(与式)$=\boldsymbol{\log a+1}$

←$(x\log x)'$
$=1\cdot\log x+x\cdot\frac{1}{x}$

(4) $f(x)=e^x$ とすると，$f'(x)=e^x$ であるから

(与式)$=\lim_{x\to 0}\frac{e^x-1-(e^{-x}-1)}{x}=\lim_{x\to 0}\left(\frac{e^x-1}{x}+\frac{e^{-x}-1}{-x}\right)$

$=\lim_{x\to 0}\left(\frac{e^x-e^0}{x-0}+\frac{e^{-x}-e^0}{-x-0}\right)=f'(0)+f'(0)$

$=1+1=\boldsymbol{2}$

←$\lim_{x\to 0}\frac{e^x-1}{x}=1$ を利用してもよい。

(5) (与式)$=\lim_{x\to 0}\frac{e^a(e^x-1)}{x}=\lim_{x\to 0}\left(e^a\cdot\frac{e^x-1}{x}\right)$

$f(x)=e^x$ とすると，$f'(x)=e^x$ であるから

$$\lim_{x\to 0}\frac{e^x-1}{x}=\lim_{x\to 0}\frac{e^x-e^0}{x-0}=f'(0)=1$$

よって　(与式)$=e^a\cdot 1=\boldsymbol{e^a}$

←$\lim_{x\to 0}\frac{e^x-1}{x}=1$ を直ちに使ってもよいが，ここでは微分係数の定義を利用した解法を示しておく。

参考　$\lim_{x\to 0}\frac{\sin x}{x}=1$，$\lim_{x\to 0}\frac{e^x-1}{x}=1\left[\lim_{x\to 0}\frac{\log(1+x)}{x}=1\right]$ は，$x\fallingdotseq 0$ のとき

$\sin x\fallingdotseq x$，$e^x-1\fallingdotseq x\left[\log(1+x)\fallingdotseq x\right]$ であることを示している。

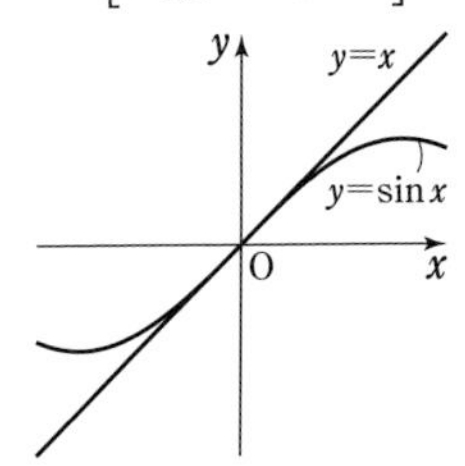


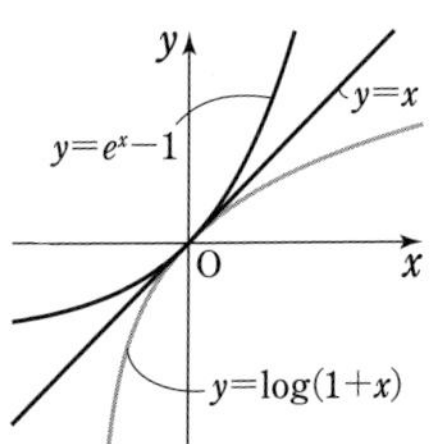


## 練習 ④72

関数 $f(x)$ は微分可能で，$f'(0)=a$ とする。任意の実数 $x$，$y$，$p$ ($p\neq 0$) に対して，等式 $f(x+py)=f(x)+pf(y)$ が成り立つとき，$f'(x)$，$f(x)$ を順に求めよ。

HINT　$f'(x)$ は導関数の定義式，$f(x)$ は積分法(数学II)を利用して求める。

$f(x+py)=f(x)+pf(y)$ …… ① とする。

① に $y=h$ を代入して　$f(x+ph)=f(x)+pf(h)$

また，① に $y=0$ を代入して　$f(x)=f(x)+pf(0)$

$p\neq 0$ であるから　$f(0)=0$

よって　$\boldsymbol{f'(x)}=\lim_{h\to 0}\frac{f(x+ph)-f(x)}{ph}=\lim_{h\to 0}\frac{pf(h)}{ph}$

$=\lim_{h\to 0}\frac{f(h)}{h}=\lim_{h\to 0}\frac{f(0+h)-f(0)}{h}$

$=f'(0)=\boldsymbol{a}$

←$\lim_{h\to 0}\frac{f(a+\square)-f(a)}{\square}=f'(a)$　(□ は同じ式，$h\longrightarrow 0$ のとき □ $\longrightarrow 0$)

ゆえに　$f(x)=\int f'(x)dx=\int a\,dx=ax+C$ ($C$ は積分定数)

$f(0)=0$ であるから　$C=0$

←$C$ の値を決定。

よって　$\boldsymbol{f(x)=ax}$

## 練習 ③73

(1) 次の関数の第 2 次導関数，第 3 次導関数を求めよ。

(ア) $y=x^3-3x^2+2x-1$　(イ) $y=\sqrt[3]{x}$　(ウ) $y=\log(x^2+1)$

(エ) $y=xe^{2x}$　(オ) $y=e^x\cos x$

(2) $y=\cos x$ ($\pi<x<2\pi$) の逆関数を $y=g(x)$ とするとき，$g'(x)$，$g''(x)$ をそれぞれ $x$ の式で表せ。

(1) (ア) $y'=3x^2-6x+2$ であるから　$\boldsymbol{y''=6x-6}$，$\boldsymbol{y'''=6}$

(イ) $y'=\left(x^{\frac{1}{3}}\right)'=\frac{1}{3}x^{-\frac{2}{3}}$ であるから

$$\boldsymbol{y''}=\frac{1}{3}\cdot\left(-\frac{2}{3}x^{-\frac{5}{3}}\right)=-\frac{2}{9}x^{-\frac{5}{3}}=\boldsymbol{-\frac{2}{9x\sqrt[3]{x^2}}}$$

←$x^{-\frac{5}{3}}=x^{-1-\frac{2}{3}}=x^{-1}\cdot x^{-\frac{2}{3}}$

$$y'''=-\frac{2}{9}\cdot\left(-\frac{5}{3}x^{-\frac{8}{3}}\right)=\frac{10}{27}x^{-\frac{8}{3}}=\boldsymbol{\frac{10}{27x^2\sqrt[3]{x^2}}}$$

←$y''=-\frac{2}{9}x^{-\frac{5}{3}}$ から $y'''$ を計算。
$x^{-\frac{8}{3}}=x^{-2-\frac{2}{3}}=x^{-2}\cdot x^{-\frac{2}{3}}$

(ウ)　$y'=\dfrac{2x}{x^2+1}$ であるから

$$y''=\frac{2(x^2+1-x\cdot 2x)}{(x^2+1)^2}=\boldsymbol{\frac{2(1-x^2)}{(x^2+1)^2}}$$

$$\begin{aligned}y'''&=\{2(1-x^2)(x^2+1)^{-2}\}'\\&=2(-2x)(x^2+1)^{-2}+2(1-x^2)(-2)(x^2+1)^{-3}\cdot 2x\\&=-4x(x^2+1)^{-2}-8x(1-x^2)(x^2+1)^{-3}\\&=-4x(x^2+1)^{-3}\{x^2+1+2(1-x^2)\}\\&=\boldsymbol{\frac{4x(x^2-3)}{(x^2+1)^3}}\end{aligned}$$

←この形で $y'''$ を計算すると，商の微分を使うより少しらく。

(エ)　$y'=e^{2x}+2xe^{2x}=(2x+1)e^{2x}$ であるから

←整理してから微分。

$$y''=2e^{2x}+2(2x+1)e^{2x}=\boldsymbol{4(x+1)e^{2x}}$$
$$y'''=4e^{2x}+8(x+1)e^{2x}=\boldsymbol{4(2x+3)e^{2x}}$$

(オ)　$y'=e^x\cos x-e^x\sin x=e^x(\cos x-\sin x)$ であるから

$$y''=e^x(\cos x-\sin x)+e^x(-\sin x-\cos x)=\boldsymbol{-2e^x\sin x}$$
$$y'''=-2e^x\sin x-2e^x\cos x=\boldsymbol{-2e^x(\sin x+\cos x)}$$

(2)　条件より，$y=g(x)$ に対して $x=\cos y$ が成り立つから

$$\frac{dy}{dx}=\frac{1}{\frac{dx}{dy}}=-\frac{1}{\sin y}$$

←$\dfrac{dx}{dy}=\dfrac{d}{dy}(\cos y)=-\sin y$

$\pi<y<2\pi$ であるから　　$\sin y<0$

ゆえに　　$\sin y=-\sqrt{1-\cos^2 y}=-\sqrt{1-x^2}$

よって　　$\boldsymbol{g'(x)}=\dfrac{dy}{dx}=-\dfrac{1}{\sin y}=\boldsymbol{\dfrac{1}{\sqrt{1-x^2}}}$

また　　$\boldsymbol{g''(x)}=\left\{(1-x^2)^{-\frac{1}{2}}\right\}'=-\dfrac{1}{2}(1-x^2)^{-\frac{3}{2}}(-2x)$

$$=\boldsymbol{\frac{x}{\sqrt{(1-x^2)^3}}}$$

←$\dfrac{d}{dx}\left(\dfrac{1}{\sqrt{1-x^2}}\right)$

**練習 ③74**　(1)　$y=\log(x+\sqrt{x^2+1})$ のとき，等式 $(x^2+1)y''+xy'=0$ を証明せよ。〔首都大東京〕
(2)　$y=e^{2x}+e^x$ が $y''+ay'+by=0$ を満たすとき，定数 $a$，$b$ の値を求めよ。〔大阪工大〕

(1)　$y'=\dfrac{1}{x+\sqrt{x^2+1}}\left(1+\dfrac{2x}{2\sqrt{x^2+1}}\right)=\dfrac{1}{x+\sqrt{x^2+1}}\cdot\dfrac{x+\sqrt{x^2+1}}{\sqrt{x^2+1}}$

$$=\frac{1}{\sqrt{x^2+1}}$$

$$y''=\left\{(x^2+1)^{-\frac{1}{2}}\right\}'=-\frac{1}{2}(x^2+1)^{-\frac{3}{2}}\cdot 2x=-\frac{x}{(x^2+1)\sqrt{x^2+1}}$$

よって　　$(x^2+1)y''+xy'=-\dfrac{x}{\sqrt{x^2+1}}+\dfrac{x}{\sqrt{x^2+1}}=0$

ゆえに，等式 $(x^2+1)y''+xy'=0$ は成り立つ。

HINT　(1)　$y'$, $y''$ を求め，証明すべき等式の左辺に代入する。
(2)　与式を $e^{2x}$，$e^x$ について整理する。

3章 練習 [微分法]

(2)　$y'=2e^{2x}+e^x$，$y''=4e^{2x}+e^x$ であるから

$$y''+ay'+by=(4e^{2x}+e^x)+a(2e^{2x}+e^x)+b(e^{2x}+e^x)$$
$$=(2a+b+4)e^{2x}+(a+b+1)e^x$$

$y''+ay'+by=0$ から　　$(2a+b+4)e^{2x}+(a+b+1)e^x=0$

これがすべての $x$ に対して成り立つから

$2a+b+4=0$ …… ①，$a+b+1=0$ …… ②

①，② を解いて　　$\boldsymbol{a=-3,\ b=2}$

←$e^x=X$ とおくと，左辺は $X$ の 2 次式となる。恒等式の性質から，各項の係数が 0 である。

検討　$a$，$b$，$c$，$d$ を実数の定数とすると，次のことが成り立つ。

**1．すべての実数 $x$ について $a\sin x+b\cos x=0 \iff a=0,\ b=0$**

**2．すべての実数 $x$ について $a\sin x+b\cos x=c\sin x+d\cos x \iff a=c,\ b=d$**

**[1. の証明]**　($\Longleftarrow$)　明らかに成り立つ。

($\Longrightarrow$)　$a\sin x+b\cos x=\sqrt{a^2+b^2}\sin(x+\alpha)$

$$\left(ただし，\cos\alpha=\frac{a}{\sqrt{a^2+b^2}}，\sin\alpha=\frac{b}{\sqrt{a^2+b^2}}\right)$$

であるから　　$a\sin x+b\cos x=0 \iff \sqrt{a^2+b^2}\sin(x+\alpha)=0$

$\sqrt{a^2+b^2}\sin(x+\alpha)=0$ がすべての実数 $x$ について成り立つとき　$\sqrt{a^2+b^2}=0$

すなわち　　$a^2+b^2=0$　　　$a$，$b$ は実数であるから　　$a=b=0$　終

**[2. の証明]**　1. において，$a$ を $a-c$，$b$ を $b-d$ とすると

$$(a-c)\sin x+(b-d)\cos x=0 \iff a-c=0,\ b-d=0$$

すなわち　　$a\sin x+b\cos x=c\sin x+d\cos x \iff a=c,\ b=d$　終

この性質を用いると，本冊 $p.131$ の基本例題 74 (2) は，③ の式から

$3=a+2b$，$4=b$

←③ の両辺の係数を比較。

よって，$a=-5$，$b=4$ が得られる。

## 練習 ③75

$n$ を自然数とする。次の関数の第 $n$ 次導関数を求めよ。

(1)　$y=\log x$　　　(2)　$y=\cos x$

HINT　$y'$，$y''$，$y'''$，… を求めて $y^{(n)}$ を推測し，数学的帰納法で証明する。

(1)　$y=\log x$，$y'=\dfrac{1}{x}=x^{-1}$，$y''=-x^{-2}$，

$y'''=(-1)^2\cdot 2x^{-3}$，$y^{(4)}=(-1)^3\cdot 2\cdot 3x^{-4}$

ゆえに，$y^{(n)}=(-1)^{n-1}\cdot\dfrac{(n-1)!}{x^n}$ …… ①　と推測できる。

[1]　$n=1$ のとき　$y'=\dfrac{1}{x}=(-1)^0\cdot\dfrac{0!}{x}$ から，① は成り立つ。

←$(-1)^0=1$，$0!=1$

[2]　$n=k$ のとき，① が成り立つと仮定すると

$$y^{(k)}=(-1)^{k-1}\cdot\frac{(k-1)!}{x^k} \quad \cdots\cdots ②$$

←$y^{(k)}=(-1)^{k-1}\cdot(k-1)!\times x^{-k}$ とすると，$y^{(k+1)}$ を求めやすい。

$n=k+1$ のときを考えると，② の両辺を $x$ で微分して

$$y^{(k+1)}=(-1)^{k-1}\cdot\frac{(k-1)!(-k)}{x^{k+1}}=(-1)^k\cdot\frac{k!}{x^{k+1}}$$

←$(k-1)!\times k=k!$

よって，$n=k+1$ のときも ① は成り立つ。

[1]，[2] から，すべての自然数 $n$ について ① は成り立つ。

したがって　　$\boldsymbol{y^{(n)}=(-1)^{n-1}\cdot\dfrac{(n-1)!}{x^n}}$

(2) $y=\cos x$, $y'=-\sin x=\cos\left(x+\dfrac{\pi}{2}\right)$ …… Ⓐ,

$$y''=-\sin\left(x+\frac{\pi}{2}\right)=\cos\left(x+\frac{\pi}{2}+\frac{\pi}{2}\right)=\cos\left(x+2\cdot\frac{\pi}{2}\right)$$

ゆえに，$y^{(n)}=\cos\left(x+\dfrac{n\pi}{2}\right)$ …… ① と推測できる。

[1] $n=1$ のとき Ⓐ から，① は成り立つ。

[2] $n=k$ のとき，① が成り立つと仮定すると

$$y^{(k)}=\cos\left(x+\frac{k\pi}{2}\right) \quad \cdots\cdots ②$$

$n=k+1$ のときを考えると，② の両辺を $x$ で微分して

$$y^{(k+1)}=-\sin\left(x+\frac{k\pi}{2}\right)=\cos\left(x+\frac{k\pi}{2}+\frac{\pi}{2}\right)$$
$$=\cos\left\{x+\frac{(k+1)\pi}{2}\right\}$$

よって，$n=k+1$ のときも ① は成り立つ。

[1]，[2] から，すべての自然数 $n$ について ① は成り立つ。

したがって　$\boldsymbol{y^{(n)}=\cos\left(x+\dfrac{n\pi}{2}\right)}$

←$(\cos x)'=-\sin x$ であるが，関数の種類が混在すると，規則性がわかりにくい。よって，$\cos\left(\theta+\dfrac{\pi}{2}\right)=-\sin\theta$ を利用して cos の式に変形。

←$\cos\left(\theta+\dfrac{\pi}{2}\right)=-\sin\theta$ で $\theta=x+\dfrac{k\pi}{2}$ の場合。

3章 練習 [微分法]

## 練習 ④76

関数 $f(x)=\dfrac{1}{1+x^2}$ について，等式

$$(1+x^2)f^{(n)}(x)+2nxf^{(n-1)}(x)+n(n-1)f^{(n-2)}(x)=0 \quad (n\geqq 2)$$

が成り立つことを証明せよ。ただし，$f^{(0)}(x)=f(x)$ とする。〔類 横浜市大〕

証明したい等式を ① とする。

[1] $f(x)=f^{(0)}(x)=(1+x^2)^{-1}$，　$f'(x)=-(1+x^2)^{-2}\cdot 2x$，
$f''(x)=(1+x^2)^{-3}\cdot 8x^2-(1+x^2)^{-2}\cdot 2$

よって，$n=2$ のとき

$$(①\text{ の左辺})=(1+x^2)f''(x)+4xf'(x)+2f(x)$$
$$=(1+x^2)^{-2}\cdot 8x^2-(1+x^2)^{-1}\cdot 2-(1+x^2)^{-2}\cdot 8x^2+(1+x^2)^{-1}\cdot 2$$
$$=0$$

したがって，① は成り立つ。

[2] $n=k\ (k\geqq 2)$ のとき，① が成り立つと仮定すると

$$(1+x^2)f^{(k)}(x)+2kxf^{(k-1)}(x)+k(k-1)f^{(k-2)}(x)=0$$

$n=k+1$ のときを考えると，この両辺を $x$ で微分して

$$2xf^{(k)}(x)+(1+x^2)f^{(k+1)}(x)+2kf^{(k-1)}(x)+2kxf^{(k)}(x)+k(k-1)f^{(k-1)}(x)=0$$

整理すると

$$(1+x^2)f^{(k+1)}(x)+2(k+1)xf^{(k)}(x)+(k+1)kf^{(k-1)}(x)=0$$

よって，$n=k+1$ のときも ① は成り立つ。

[1]，[2] から，$n\geqq 2$ のすべての自然数 $n$ について ① は成り立つ。

←$f'(x)=\{(1+x^2)^{-1}\}'=-(1+x^2)^{-2}\cdot 2x$
$f''(x)=\{(1+x^2)^{-2}(-2x)\}'=-2(1+x^2)^{-3}(2x)\cdot(-2x)+(1+x^2)^{-2}\cdot(-2)$

←$\{f^{(k)}(x)\}'=f^{(k+1)}(x)$
$\{f^{(k-1)}(x)\}'=f^{(k)}(x)$
$\{f^{(k-2)}(x)\}'=f^{(k-1)}(x)$

**練習 ③77** $f(x)=(3x+5)e^{2x}$ とする。
(1) $f'(x)$ を求めよ。
(2) 定数 $a_n$, $b_n$ を用いて, $f^{(n)}(x)=(a_nx+b_n)e^{2x}$ $(n=1, 2, 3, \cdots\cdots)$ と表すとき, $a_{n+1}$, $b_{n+1}$ をそれぞれ $a_n$, $b_n$ を用いて表せ。
(3) $f^{(n)}(x)$ を求めよ。 〔類 金沢工大〕

(1) $\boldsymbol{f'(x)}=3e^{2x}+(3x+5)\cdot 2e^{2x}=\boldsymbol{(6x+13)e^{2x}}$

(2) $f^{(n)}(x)=(a_nx+b_n)e^{2x}$ …… ① とする。

①の両辺を $x$ で微分すると

$$f^{(n+1)}(x)=a_ne^{2x}+(a_nx+b_n)\cdot 2e^{2x}$$
$$=(2a_nx+a_n+2b_n)e^{2x} \quad \cdots\cdots ②$$

←$\{f^{(n)}(x)\}'=(a_nx+b_n)'e^{2x}+(a_nx+b_n)(e^{2x})'$

また, ①から

$$f^{(n+1)}(x)=(a_{n+1}x+b_{n+1})e^{2x} \quad \cdots\cdots ③$$

←①の $n$ を $n+1$ におき換える。

②, ③の右辺の係数をそれぞれ比較して

$$\boldsymbol{a_{n+1}=2a_n,\ b_{n+1}=a_n+2b_n}$$

(3) (1)から $a_1=6$, $b_1=13$

数列 $\{a_n\}$ は初項 6, 公比 2 の等比数列であるから

$$a_n=6\cdot 2^{n-1}=3\cdot 2^n$$

←初項を $a$, 公比を $r$ とすると $a_n=ar^{n-1}$

ゆえに $b_{n+1}=2b_n+3\cdot 2^n$

←$b_{n+1}=2b_n+a_n$

両辺を $2^{n+1}$ で割ると $\dfrac{b_{n+1}}{2^{n+1}}=\dfrac{b_n}{2^n}+\dfrac{3}{2}$

←$\dfrac{b_{n+1}}{2^{n+1}}=\dfrac{2}{2}\cdot\dfrac{b_n}{2^n}+\dfrac{3}{2}\cdot\dfrac{2^n}{2^n}$

$\dfrac{b_n}{2^n}=c_n$ とおくと $c_{n+1}=c_n+\dfrac{3}{2}$ また $c_1=\dfrac{b_1}{2}=\dfrac{13}{2}$

←等差数列型。

よって, 数列 $\{c_n\}$ は初項 $\dfrac{13}{2}$, 公差 $\dfrac{3}{2}$ の等差数列であるから

$$c_n=\frac{13}{2}+(n-1)\cdot\frac{3}{2}=\frac{3}{2}n+5$$

ゆえに $b_n=2^nc_n=2^n\left(\dfrac{3}{2}n+5\right)=2^{n-1}(3n+10)$

←$\dfrac{b_n}{2^n}=c_n$ から。

したがって $\boldsymbol{f^{(n)}(x)}=\{3\cdot 2^nx+2^{n-1}(3n+10)\}e^{2x}$
$=\boldsymbol{2^{n-1}(6x+3n+10)e^{2x}}$

**練習 ②78** 次の方程式で定められる $x$ の関数 $y$ について, $\dfrac{dy}{dx}$ と $\dfrac{d^2y}{dx^2}$ をそれぞれ $x$ と $y$ を用いて表せ。
(1) $y^2=x$　(2) $x^2-y^2=4$　(3) $(x+1)^2+y^2=9$　(4) $3xy-2x+5y=0$

(1) $y^2=x$ の両辺を $x$ で微分すると

$2y\dfrac{dy}{dx}=1$ よって, $y\neq 0$ のとき $\boldsymbol{\dfrac{dy}{dx}=\dfrac{1}{2y}}$

←$\dfrac{d}{dx}y^2=2y\dfrac{dy}{dx}$

また, この両辺を $x$ で微分すると

$$\boldsymbol{\frac{d^2y}{dx^2}}=-\frac{y'}{2y^2}=-\frac{1}{2y^2}\cdot\frac{1}{2y}=\boldsymbol{-\frac{1}{4y^3}}$$

←$\dfrac{d^2y}{dx^2}=\dfrac{d}{dx}\left(\dfrac{dy}{dx}\right)=\dfrac{d}{dy}\left(\dfrac{1}{2y}\right)\dfrac{dy}{dx}$

(2) $x^2-y^2=4$ の両辺を $x$ で微分すると

$2x-2y\dfrac{dy}{dx}=0$ よって, $y\neq 0$ のとき $\boldsymbol{\dfrac{dy}{dx}=\dfrac{x}{y}}$

また, この両辺を $x$ で微分すると

$$\frac{d^2y}{dx^2}=\frac{1\cdot y-xy'}{y^2}=\frac{y-\dfrac{x^2}{y}}{y^2}=\frac{y^2-x^2}{y^3}=\boldsymbol{-\frac{4}{y^3}}$$

← $\dfrac{d^2y}{dx^2}=\dfrac{d}{dx}\left(\dfrac{dy}{dx}\right)$
$=\dfrac{d}{dx}\left(\dfrac{x}{y}\right)$
商の微分の公式を利用。

(3) $(x+1)^2+y^2=9$ の両辺を $x$ で微分すると

$2(x+1)+2y\dfrac{dy}{dx}=0$　　よって，$y\neq0$ のとき　$\boldsymbol{\dfrac{dy}{dx}=-\dfrac{x+1}{y}}$

また，この両辺を $x$ で微分すると

$$\frac{d^2y}{dx^2}=-\frac{1\cdot y-(x+1)y'}{y^2}=-\frac{y+\dfrac{(x+1)^2}{y}}{y^2}$$

$$=-\frac{y^2+(x+1)^2}{y^3}=\boldsymbol{-\frac{9}{y^3}}$$

(4) $3xy-2x+5y=0$ の両辺を $x$ で微分すると

$$3\left(y+x\frac{dy}{dx}\right)-2+5\frac{dy}{dx}=0$$

よって　$(3x+5)\dfrac{dy}{dx}=2-3y$　ゆえに　$\boldsymbol{\dfrac{dy}{dx}=\dfrac{2-3y}{3x+5}}$

また，この両辺を $x$ で微分すると

$$\frac{d^2y}{dx^2}=\frac{-3y'(3x+5)-(2-3y)\cdot3}{(3x+5)^2}$$

$$=\frac{-3\cdot\dfrac{2-3y}{3x+5}\cdot(3x+5)-3(2-3y)}{(3x+5)^2}=\boldsymbol{\frac{6(3y-2)}{(3x+5)^2}}$$

参考 (4)
$3x+5=0$ とすると，
$3xy-2x+5y=0$ から
$y(3x+5)-2x=0$
よって，$y\cdot0-2x=0$ から　$x=0$　これは
$3x+5=0$ に反する。
ゆえに　$3x+5\neq0$

3章 練習 [微分法]

**練習 ①79**

$x$ の関数 $y$ が，$t$，$\theta$ を媒介変数として，次の式で表されるとき，導関数 $\dfrac{dy}{dx}$ を $t$，$\theta$ の関数として表せ。

(1) $\begin{cases}x=2t^3+1\\y=t^2+t\end{cases}$　(2) $\begin{cases}x=\sqrt{1-t^2}\\y=t^2+2\end{cases}$　(3) $\begin{cases}x=2\cos\theta\\y=3\sin\theta\end{cases}$　(4) $\begin{cases}x=3\cos^3\theta\\y=2\sin^3\theta\end{cases}$

(1) $\dfrac{dx}{dt}=6t^2$，$\dfrac{dy}{dt}=2t+1$

よって，$t\neq0$ のとき　$\dfrac{dy}{dx}=\boldsymbol{\dfrac{2t+1}{6t^2}}$

← $\boldsymbol{\dfrac{dy}{dx}=\dfrac{\frac{dy}{dt}}{\frac{dx}{dt}}}$

(2) $t\neq\pm1$ のとき　$\dfrac{dx}{dt}=\dfrac{-2t}{2\sqrt{1-t^2}}=-\dfrac{t}{\sqrt{1-t^2}}$，$\dfrac{dy}{dt}=2t$

よって，$t\neq0$，$t\neq\pm1$ のとき　$\dfrac{dy}{dx}=\dfrac{2t}{-\dfrac{t}{\sqrt{1-t^2}}}=\boldsymbol{-2\sqrt{1-t^2}}$

(3) $\dfrac{dx}{d\theta}=-2\sin\theta$，$\dfrac{dy}{d\theta}=3\cos\theta$

よって，$\sin\theta\neq0$ のとき　$\dfrac{dy}{dx}=\boldsymbol{-\dfrac{3\cos\theta}{2\sin\theta}}$

(4) $\dfrac{dx}{d\theta}=3\cdot3\cos^2\theta\cdot(-\sin\theta)$，$\dfrac{dy}{d\theta}=2\cdot3\sin^2\theta\cdot\cos\theta$

$\sin\theta\cos\theta\neq0$ のとき　$\dfrac{dy}{dx}=\dfrac{2\cdot3\sin^2\theta\cos\theta}{-3\cdot3\cos^2\theta\sin\theta}=\boldsymbol{-\dfrac{2}{3}\tan\theta}$

(4) グラフは 4 点 $(3,\ 0)$，$(0,\ 2)$，$(-3,\ 0)$，$(0,\ -2)$ を通り，点 $(3,\ 0)$ に戻る。図形は $x$ 軸，$y$ 軸に関して対称である。

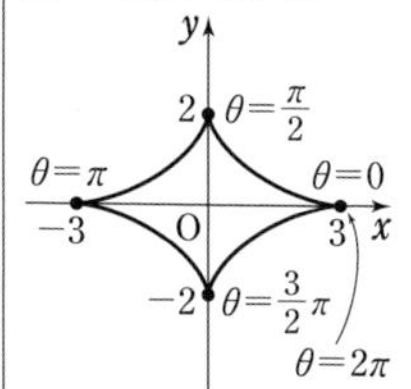

**練習 ③80**

(1) $x\tan y=1\ \left(x>0,\ 0<y<\dfrac{\pi}{2}\right)$ が成り立つとき，$\dfrac{dy}{dx}$ を $x$ の式で表せ。〔広島市大〕

(2) $x=a\cos\theta,\ y=b\sin\theta\ (a>0,\ b>0)$ のとき，$\dfrac{d^2y}{dx^2}$ を $\theta$ の式で表せ。

(3) $x=3-(3+t)e^{-t},\ y=\dfrac{2-t}{2+t}e^{2t}\ (t>-2)$ について，$\dfrac{d^2y}{dx^2}$ を $t$ の式で表せ。

(1) $x\tan y=1$ の両辺を $x$ で微分すると

$$\tan y+x\cdot\frac{1}{\cos^2 y}\cdot\frac{dy}{dx}=0\ \cdots\cdots\ ①$$

←積の微分と $\dfrac{d}{dx}\tan y=\dfrac{d}{dy}\tan y\cdot\dfrac{dy}{dx}$

条件から　$x>0,\ \cos y>0$

よって　$\tan y=\dfrac{1}{x},\ \dfrac{1}{\cos^2 y}=1+\tan^2 y=1+\left(\dfrac{1}{x}\right)^2=\dfrac{x^2+1}{x^2}$

① に代入して　$\dfrac{1}{x}+x\cdot\dfrac{x^2+1}{x^2}\cdot\dfrac{dy}{dx}=0$

ゆえに　$\dfrac{dy}{dx}=-\boldsymbol{\dfrac{1}{x^2+1}}$

←$\dfrac{x^2+1}{x}\cdot\dfrac{dy}{dx}=-\dfrac{1}{x}$

(2) $\dfrac{dx}{d\theta}=-a\sin\theta,\ \dfrac{dy}{d\theta}=b\cos\theta$

←まず，$\dfrac{dy}{dx}$ を求める。

よって，$\sin\theta\neq 0$ のとき　$\dfrac{dy}{dx}=-\dfrac{b\cos\theta}{a\sin\theta}$

したがって

$$\frac{d^2y}{dx^2}=\frac{d}{dx}\left(\frac{dy}{dx}\right)=\frac{d}{dx}\left(-\frac{b\cos\theta}{a\sin\theta}\right)=\frac{d}{d\theta}\left(-\frac{b\cos\theta}{a\sin\theta}\right)\cdot\frac{d\theta}{dx}$$

$$=-\frac{b(-\sin\theta\sin\theta-\cos\theta\cos\theta)}{a\sin^2\theta}\cdot\frac{1}{-a\sin\theta}$$

$$=-\frac{b(\sin^2\theta+\cos^2\theta)}{a^2\sin^3\theta}=-\boldsymbol{\frac{b}{a^2\sin^3\theta}}$$

←合成関数の微分。
$\dfrac{d^2y}{dx^2}=\dfrac{d}{dx}\left(\dfrac{dy}{dx}\right)=\dfrac{d}{d\theta}\left(\dfrac{dy}{dx}\right)\cdot\dfrac{d\theta}{dx}$

(3) $\dfrac{dx}{dt}=-e^{-t}+(3+t)e^{-t}=(2+t)e^{-t}$

←積の微分。

$$\frac{dy}{dt}=\frac{-(2+t)-(2-t)}{(2+t)^2}e^{2t}+\frac{2-t}{2+t}\cdot 2e^{2t}$$

$$=\frac{-4+2(2-t)(2+t)}{(2+t)^2}e^{2t}=\frac{4-2t^2}{(2+t)^2}e^{2t}$$

←積の微分，商の微分。

よって　$\dfrac{dy}{dx}=\dfrac{4-2t^2}{(2+t)^2}e^{2t}\cdot\dfrac{1}{(2+t)e^{-t}}=\dfrac{4-2t^2}{(2+t)^3}e^{3t}$

←$\dfrac{dy}{dx}=\dfrac{dy}{dt}\Big/\dfrac{dx}{dt}$

したがって

$$\frac{d^2y}{dx^2}=\frac{d}{dx}\left(\frac{dy}{dx}\right)=\frac{d}{dx}\left\{\frac{4-2t^2}{(2+t)^3}e^{3t}\right\}=\frac{d}{dt}\left\{\frac{4-2t^2}{(2+t)^3}e^{3t}\right\}\cdot\frac{dt}{dx}$$

$$=\left\{\frac{-4t(2+t)^3-(4-2t^2)\cdot 3(2+t)^2}{(2+t)^6}e^{3t}+\frac{4-2t^2}{(2+t)^3}\cdot 3e^{3t}\right\}\cdot\frac{e^t}{2+t}$$

$$=\frac{-4t(2+t)-3(4-2t^2)+3(4-2t^2)(2+t)}{(2+t)^4}\cdot\frac{e^{4t}}{2+t}$$

$$=-\frac{2(3t^3+5t^2-2t-6)}{(2+t)^5}e^{4t}=-\boldsymbol{\frac{2(t-1)(3t^2+8t+6)}{(2+t)^5}e^{4t}}$$

←合成関数の微分。
$\dfrac{d^2y}{dx^2}\neq\dfrac{d^2y}{dt^2}\Big/\dfrac{d^2x}{dt^2}$ に注意。

**EX ②48**

(1) 関数 $f(x)$ が $x=a$ で微分可能であることの定義を述べよ。
(2) 関数 $f(x)=|x^2-1|\cdot3^{-x}$ は $x=1$ で微分可能でないことを示せ。 〔類 神戸大〕

(1) **微分係数 $\lim_{h\to0}\dfrac{f(a+h)-f(a)}{h}$ が存在するとき，$f(x)$ は $x=a$ で微分可能であるという。**

←下線部は $\lim_{x\to a}\dfrac{f(x)-f(a)}{x-a}$ としてもよい。

(2) $f(x)=\begin{cases}(x^2-1)\cdot3^{-x} & (x\leqq-1,\ 1\leqq x)\\ -(x^2-1)\cdot3^{-x} & (-1<x<1)\end{cases}$ であるから

$$\lim_{h\to+0}\frac{f(1+h)-f(1)}{h}=\lim_{h\to+0}\frac{(h^2+2h)\cdot3^{-(1+h)}-0}{h}$$
$$=\lim_{h\to+0}(h+2)\cdot3^{-1-h}=\frac{2}{3}$$

←$h\longrightarrow+0$ のとき $f(1+h)=\{(1+h)^2-1\}\cdot3^{-(1+h)}$

$$\lim_{h\to-0}\frac{f(1+h)-f(1)}{h}=\lim_{h\to-0}\frac{-(h^2+2h)\cdot3^{-(1+h)}-0}{h}$$
$$=\lim_{h\to-0}\{-(h+2)\cdot3^{-1-h}\}=-\frac{2}{3}$$

←$h\longrightarrow-0$ のとき $f(1+h)=-\{(1+h)^2-1\}\cdot3^{-(1+h)}$

$h\longrightarrow+0$ と $h\longrightarrow-0$ のときの極限値が異なるから，$f'(1)$ は存在しない。すなわち，$f(x)$ は $x=1$ で微分可能でない。

別解
$$\lim_{x\to1+0}\frac{f(x)-f(1)}{x-1}=\lim_{x\to1+0}\frac{(x^2-1)\cdot3^{-x}-0}{x-1}$$
$$=\lim_{x\to1+0}(x+1)\cdot3^{-x}=\frac{2}{3}$$
$$\lim_{x\to1-0}\frac{f(x)-f(1)}{x-1}=\lim_{x\to1-0}\frac{-(x^2-1)\cdot3^{-x}-0}{x-1}$$
$$=\lim_{x\to1-0}\{-(x+1)\cdot3^{-x}\}=-\frac{2}{3}$$

←$\lim_{x\to a}\dfrac{f(x)-f(a)}{x-a}$ を用いた場合。$x^2-1=(x+1)(x-1)$ から，$x-1$ で約分ができる。

$x\longrightarrow1+0$ と $x\longrightarrow1-0$ のときの極限値が異なるから，$f'(1)$ は存在しない。すなわち，$f(x)$ は $x=1$ で微分可能でない。

**EX ②49**

$f(x)=x^{\frac{1}{3}}\ (x>0)$ とする。次の(1)，(2)それぞれの方法で，導関数 $f'(x)$ を求めよ。
(1) 導関数の定義に従って求める。
(2) $f(x)\cdot f(x)\cdot f(x)=x$ となっている。これに積の導関数の公式を適用する。 〔類 関西大〕

(1) $$f'(x)=\lim_{h\to0}\frac{(x+h)^{\frac{1}{3}}-x^{\frac{1}{3}}}{h}$$

←$f'(x)=\lim_{h\to0}\dfrac{f(x+h)-f(x)}{h}$

$$=\lim_{h\to0}\frac{\left\{(x+h)^{\frac{1}{3}}-x^{\frac{1}{3}}\right\}\left\{(x+h)^{\frac{2}{3}}+(x+h)^{\frac{1}{3}}x^{\frac{1}{3}}+x^{\frac{2}{3}}\right\}}{h\left\{(x+h)^{\frac{2}{3}}+(x+h)^{\frac{1}{3}}x^{\frac{1}{3}}+x^{\frac{2}{3}}\right\}}$$

←$\left(a^{\frac{1}{3}}-b^{\frac{1}{3}}\right)\left(a^{\frac{2}{3}}+a^{\frac{1}{3}}b^{\frac{1}{3}}+b^{\frac{2}{3}}\right)=a-b$ であることを利用して変形。

$$=\lim_{h\to0}\frac{x+h-x}{h\left\{(x+h)^{\frac{2}{3}}+(x+h)^{\frac{1}{3}}x^{\frac{1}{3}}+x^{\frac{2}{3}}\right\}}$$

←$h$ で約分できる。

$$=\lim_{h\to0}\frac{1}{(x+h)^{\frac{2}{3}}+(x+h)^{\frac{1}{3}}x^{\frac{1}{3}}+x^{\frac{2}{3}}}=\frac{1}{3x^{\frac{2}{3}}}=\boldsymbol{\frac{1}{3}x^{-\frac{2}{3}}}$$

(2) $f(x)\cdot\{f(x)\cdot f(x)\}=x$ の両辺を $x$ で微分すると
$$f'(x)\{f(x)\cdot f(x)\}+f(x)\{f(x)\cdot f(x)\}'=1$$
よって $$f'(x)\{f(x)\}^2+f(x)\{f'(x)\cdot f(x)+f(x)\cdot f'(x)\}=1$$

←左辺の微分については $(uvw)'=u'vw+uv'w+uvw'$ を利用してもよい。

ゆえに　$3f'(x)\{f(x)\}^2=1$

$f(x)\neq 0$ であるから　$\boldsymbol{f'(x)}=\dfrac{1}{3\{f(x)\}^2}=\boldsymbol{\dfrac{1}{3}x^{-\frac{2}{3}}}$

←$\dfrac{1}{\{f(x)\}^2}=\left(\dfrac{1}{x^{\frac{1}{3}}}\right)^2=x^{-\frac{2}{3}}$

**EX ②50**

(1) 関数 $y=\dfrac{x}{\sqrt{4+3x^2}}$ の導関数を求めよ。〔宮崎大〕

(2) 関数 $f(x)=\sqrt{x+\sqrt{x^2-9}}$ の $x=5$ における微分係数を求めよ。〔藤田医大〕

(1) $y'=\dfrac{1\cdot\sqrt{4+3x^2}-x\cdot\dfrac{6x}{2\sqrt{4+3x^2}}}{4+3x^2}=\dfrac{4+3x^2-3x^2}{(4+3x^2)\sqrt{4+3x^2}}$

$=\boldsymbol{\dfrac{4}{\sqrt{(4+3x^2)^3}}}$

(2) $f'(x)=\dfrac{1}{2\sqrt{x+\sqrt{x^2-9}}}\cdot(x+\sqrt{x^2-9})'$

$=\dfrac{1}{2\sqrt{x+\sqrt{x^2-9}}}\cdot\left(1+\dfrac{2x}{2\sqrt{x^2-9}}\right)$

よって

$f'(5)=\dfrac{1}{2\sqrt{5+\sqrt{5^2-9}}}\cdot\left(1+\dfrac{5}{\sqrt{5^2-9}}\right)=\dfrac{1}{2\cdot 3}\cdot\left(1+\dfrac{5}{4}\right)=\boldsymbol{\dfrac{3}{8}}$

←$(\sqrt{4+3x^2})'$
$=\left\{(4+3x^2)^{\frac{1}{2}}\right\}'$
$=\dfrac{1}{2}(4+3x^2)^{-\frac{1}{2}}$
$\times(4+3x^2)'$

←$f'(x)=$
$\left\{(x+\sqrt{x^2-9})^{\frac{1}{2}}\right\}'$
$=\dfrac{1}{2}(x+\sqrt{x^2-9})^{-\frac{1}{2}}$
$\times(x+\sqrt{x^2-9})'$

**EX ③51**

(1) $f(x)=(x-1)^2Q(x)$（$Q(x)$ は多項式）のとき，$f'(x)$ は $x-1$ で割り切れることを示せ。

(2) $g(x)=ax^{n+1}+bx^n+1$（$n$ は 2 以上の自然数）が $(x-1)^2$ で割り切れるとき，$a$，$b$ を $n$ で表せ。ただし，$a$，$b$ は $x$ に無関係とする。〔岡山理科大〕

(1) $f'(x)=2(x-1)Q(x)+(x-1)^2Q'(x)$

$=(x-1)\{2Q(x)+(x-1)Q'(x)\}$

よって，$f'(x)$ は $x-1$ で割り切れる。

(2) $g(x)$ が $(x-1)^2$ で割り切れるから，

$g(x)=(x-1)^2P(x)$（$P(x)$ は多項式）…… ①

と表される。

よって，(1) の結果より，$g'(x)$ は $x-1$ で割り切れるから

$g'(1)=0$

$g(x)=ax^{n+1}+bx^n+1$ から　$g'(x)=a(n+1)x^n+bnx^{n-1}$

ゆえに　$a(n+1)+bn=0$ …… ②

① より，$g(x)$ は $x-1$ で割り切れるから　$g(1)=0$

よって　$a+b+1=0$ …… ③

②−③×$n$ から　$a-n=0$　ゆえに　$\boldsymbol{a=n}$

このとき，③ から　$\boldsymbol{b}=-a-1=\boldsymbol{-n-1}$

←$(uv)'=u'v+uv'$

←$2Q(x)+(x-1)Q'(x)$ は多項式。

←(1) の条件の式と同様の形。

←剰余の定理
多項式 $h(x)$ を $x-\alpha$ で割ったときの余りは
$h(\alpha)$

検討　**多項式 $f(x)$ が $(x-\alpha)^2$ で割り切れる**
**⟺ $f(\alpha)=f'(\alpha)=0$**
（数学Ⅱ本冊 $p.323$ 参照）

**EX ②52**

関数 $f(x)$ は微分可能で，その逆関数を $g(x)$ とする。$f(1)=2$，$f'(1)=2$ のとき，$g(2)$，$g'(2)$ の値をそれぞれ求めよ。

$y=g(x)$ とすると，$f(x)$ は $g(x)$ の逆関数でもあるから

$$x=f(y) \qquad \text{よって} \qquad \frac{dx}{dy}=f'(y)$$

また　$g'(x)=\dfrac{d}{dx}g(x)=\dfrac{dy}{dx}=\dfrac{1}{f'(y)}$ …… ①

$f(1)=2$ から　$\boldsymbol{g(2)=1}$　① から　$\boldsymbol{g'(2)}=\dfrac{1}{f'(1)}=\boldsymbol{\dfrac{1}{2}}$

←$f(x)$ の逆関数が $g(x)$ ⟺ $f(x)$ は $g(x)$ の逆関数。$y=g(x) \iff x=g^{-1}(y) \iff x=f(y)$

←$\dfrac{dy}{dx}=\dfrac{1}{\frac{dx}{dy}}$

**EX ④53**

(1) 和 $1+x+x^2+\cdots\cdots+x^n$ を求めよ。
(2) (1)で求めた結果を $x$ で微分することにより，和 $1+2x+3x^2+\cdots\cdots+nx^{n-1}$ を求めよ。
(3) (2)の結果を用いて，無限級数の和 $\displaystyle\sum_{n=1}^{\infty}\frac{n}{2^n}$ を求めよ。ただし，$\displaystyle\lim_{n\to\infty}\frac{n}{2^n}=0$ であることを用いてよい。　〔類 東北学院大〕

(1) $\boldsymbol{x \neq 1}$ **のとき**，求める和は初項 1，公比 $x$ の等比数列の初項から第 $n+1$ 項までの和であるから

$$1+x+x^2+\cdots\cdots+x^n=\boldsymbol{\frac{1-x^{n+1}}{1-x}} \quad \cdots\cdots \text{①}$$

$\boldsymbol{x=1}$ **のとき**　$1+x+x^2+\cdots\cdots+x^n=\boldsymbol{n+1}$

←公比 $\neq 1$，公比 $=1$ で場合分け。

←$\dfrac{(\text{初項})\{1-(\text{公比})^{\text{項数}}\}}{1-(\text{公比})}$

←$1\times(n+1)$

(2) $\boldsymbol{x \neq 1}$ **のとき**，① の両辺を $x$ で微分すると

$$1+2x+3x^2+\cdots\cdots+nx^{n-1}$$
$$=\frac{-(n+1)x^n(1-x)-(1-x^{n+1})\cdot(-1)}{(1-x)^2} \quad \cdots\cdots (*)$$

よって

$$1+2x+3x^2+\cdots\cdots+nx^{n-1}=\boldsymbol{\frac{nx^{n+1}-(n+1)x^n+1}{(1-x)^2}} \quad \cdots\cdots \text{②}$$

$\boldsymbol{x=1}$ **のとき**　$1+2x+3x^2+\cdots\cdots+nx^{n-1}$

$$=1+2+3+\cdots\cdots+n=\boldsymbol{\frac{1}{2}n(n+1)}$$

←$(x^●)'=●x^{●-1}$

←$\left(\dfrac{u}{v}\right)'=\dfrac{u'v-uv'}{v^2}$

←$(*)$の右辺の分子を整理。

(3) $x=\dfrac{1}{2}$ を ② の両辺に代入すると

$$1+\frac{2}{2}+\frac{3}{2^2}+\cdots\cdots+\frac{n}{2^{n-1}}=4\left(\frac{n}{2^{n+1}}-\frac{n+1}{2^n}+1\right)$$

両辺を 2 で割ると

$$\frac{1}{2}+\frac{2}{2^2}+\frac{3}{2^3}+\cdots\cdots+\frac{n}{2^n}=2\left(\frac{n}{2^{n+1}}-\frac{n+1}{2^n}+1\right)$$

すなわち　$\displaystyle\sum_{k=1}^{n}\frac{k}{2^k}=2\left(\frac{n}{2^{n+1}}-\frac{n+1}{2^n}+1\right)$

ゆえに　$\displaystyle\sum_{k=1}^{n}\frac{k}{2^k}=2\left(\frac{1}{2}\cdot\frac{n}{2^n}-\frac{n}{2^n}-\frac{1}{2^n}+1\right)$

よって　$\displaystyle\sum_{n=1}^{\infty}\frac{n}{2^n}=\lim_{n\to\infty}\sum_{k=1}^{n}\frac{k}{2^k}=\lim_{n\to\infty}2\left(\frac{1}{2}\cdot\frac{n}{2^n}-\frac{n}{2^n}-\frac{1}{2^n}+1\right)=\boldsymbol{2}$

←$\displaystyle\sum_{n=1}^{\infty}\frac{n}{2^n}$ の公比部分は $\dfrac{1}{2}$ であることに注目し，$x=\dfrac{1}{2}$ を代入。

←部分和 $\displaystyle\sum_{k=1}^{n}\frac{k}{2^k}$ を求めたことになる。

←$2\left(\dfrac{1}{2}\cdot 0-0-0+1\right)$

**EX ②54**

次の関数を微分せよ。　〔(1) 広島市大，(2) 岡山理科大，(3) 青山学院大，(4) 類 横浜市大，(5) 弘前大〕

(1) $y=\dfrac{\sin x}{\sin x+\cos x}$　(2) $y=e^{\sin 2x}\tan x$　(3) $y=\dfrac{\log(1+x^2)}{1+x^2}$

(4) $y=\log(\sin^2 x)$　(5) $y=\log\dfrac{\cos x}{1-\sin x}$

(1) $y'=\dfrac{(\sin x)'(\sin x+\cos x)-\sin x(\sin x+\cos x)'}{(\sin x+\cos x)^2}$

$=\dfrac{\cos x(\sin x+\cos x)-\sin x(\cos x-\sin x)}{(\sin x+\cos x)^2}$

$=\dfrac{\cos^2 x+\sin^2 x}{(\sin x+\cos x)^2}=\boldsymbol{\dfrac{1}{(\sin x+\cos x)^2}}$

←$\left(\dfrac{u}{v}\right)'=\dfrac{u'v-uv'}{v^2}$, $(\sin x)'=\cos x$, $(\cos x)'=-\sin x$

←$\sin^2 x+\cos^2 x=1$

(2) $y'=(e^{\sin 2x})'\tan x+e^{\sin 2x}(\tan x)'$

$=e^{\sin 2x}\cdot 2\cos 2x\cdot\tan x+e^{\sin 2x}\cdot\dfrac{1}{\cos^2 x}$

$=\boldsymbol{e^{\sin 2x}\left(2\cos 2x\tan x+\dfrac{1}{\cos^2 x}\right)}$

←$(uv)'=u'v+uv'$

←$(e^{\sin 2x})'$ は合成関数の微分を利用。

(3) $y'=\dfrac{\{\log(1+x^2)\}'(1+x^2)-\log(1+x^2)\cdot(1+x^2)'}{(1+x^2)^2}$

$=\dfrac{\dfrac{2x}{1+x^2}\cdot(1+x^2)-\log(1+x^2)\cdot 2x}{(1+x^2)^2}$

$=\dfrac{2x-2x\log(1+x^2)}{(1+x^2)^2}=\boldsymbol{\dfrac{2x\{1-\log(1+x^2)\}}{(1+x^2)^2}}$

←$\left(\dfrac{u}{v}\right)'=\dfrac{u'v-uv'}{v^2}$

←$\{\log(1+x^2)\}'$ は合成関数の微分を利用。

(4) $y'=\dfrac{1}{\sin^2 x}\cdot 2\sin x\cos x=\boldsymbol{\dfrac{2\cos x}{\sin x}}$

←$(\sin^2 x)'=2\sin x\cos x$

(5) $y'=(\log|\cos x|-\log|1-\sin x|)'=\dfrac{-\sin x}{\cos x}-\dfrac{-\cos x}{1-\sin x}$

$=\dfrac{-\sin x}{\cos x}+\dfrac{\cos x(1+\sin x)}{1-\sin^2 x}=\dfrac{-\sin x}{\cos x}+\dfrac{1+\sin x}{\cos x}$

$=\boldsymbol{\dfrac{1}{\cos x}}$

←$1-\sin^2 x=\cos^2 x$ であるから，$\cos x$ で約分。

**EX ③55**

関数 $y=\log(x+\sqrt{x^2+1})$ について，次の問いに答えよ。

(1) この関数を微分せよ。　(2) $x$ を $y$ で表して $\dfrac{dx}{dy}$ を求め，それを利用して $\dfrac{dy}{dx}$ を求めよ。

(1) $y'=\dfrac{(x+\sqrt{x^2+1})'}{x+\sqrt{x^2+1}}=\dfrac{1}{x+\sqrt{x^2+1}}\left\{1+\dfrac{1}{2}(x^2+1)^{-\frac{1}{2}}(x^2+1)'\right\}$

$=\dfrac{1}{x+\sqrt{x^2+1}}\left(1+\dfrac{x}{\sqrt{x^2+1}}\right)=\dfrac{1}{x+\sqrt{x^2+1}}\cdot\dfrac{x+\sqrt{x^2+1}}{\sqrt{x^2+1}}$

$=\boldsymbol{\dfrac{1}{\sqrt{x^2+1}}}$

←$\{\log f(x)\}'=\dfrac{f'(x)}{f(x)}$

(2) $y=\log(x+\sqrt{x^2+1})$ から　$e^y=x+\sqrt{x^2+1}$ …… ①

よって　$e^{-y}=\dfrac{1}{x+\sqrt{x^2+1}}=-x+\sqrt{x^2+1}$ …… ②

①−② から　$e^y-e^{-y}=2x$　ゆえに　$x=\dfrac{e^y-e^{-y}}{2}$

したがって　$\boldsymbol{\dfrac{dx}{dy}}=\dfrac{e^y+e^{-y}}{2}=\dfrac{2\sqrt{x^2+1}}{2}=\boldsymbol{\sqrt{x^2+1}}$

←$p=\log_a M \Longleftrightarrow a^p=M$

参考
$y=\log(x+\sqrt{x^2+1})$ は $y=\dfrac{1}{2}(e^x-e^{-x})$ の逆関数である（本冊 $p.128$ 参考事項参照）。

ゆえに　$\dfrac{dy}{dx}=\dfrac{1}{\dfrac{dx}{dy}}=\dfrac{1}{\sqrt{x^2+1}}$

←(1) と一致する。

**EX ③56**

関数 $f(x)$ は微分可能な関数 $g(x)$ を用いて $f(x)=2-x\cos x+g(x)$ と表され，$\displaystyle\lim_{x\to 0}\frac{g(x)}{x^2}=1$ であるとする。このとき，$f(0)=$ ア□，$f'(0)=$ イ□ である。　〔愛知工大〕

HINT　(ア)　$x\longrightarrow 0$ のとき　$g(x)\longrightarrow 0$　　また，$g(x)$ は $x=0$ で連続であるから　$\displaystyle\lim_{x\to 0}g(x)=g(0)$
(イ)　微分係数の定義に従って，$g'(0)$ を求めてみる。

$\displaystyle\lim_{x\to 0}\frac{g(x)}{x^2}=1$ において，$\displaystyle\lim_{x\to 0}x^2=0$ であるから　　$\displaystyle\lim_{x\to 0}g(x)=0$

←基本例題 48 参照。

$g(x)$ は微分可能な関数であるから，連続な関数である。

←微分可能 ⟹ 連続

ゆえに　$\displaystyle\lim_{x\to 0}g(x)=g(0)$　　　よって　$g(0)=0$

←$g(x)$ が $x=0$ で連続 $\displaystyle\Longleftrightarrow \lim_{x\to 0}g(x)=g(0)$

したがって　$f(0)=2+g(0)=$ ア$\mathbf{2}$

また　$f'(x)=-\cos x+x\sin x+g'(x)$

ゆえに　$f'(0)=-1+g'(0)$

←$x=0$ を代入。

$\displaystyle g'(0)=\lim_{x\to 0}\frac{g(0+x)-g(0)}{x}=\lim_{x\to 0}\frac{g(x)}{x}=\lim_{x\to 0}\frac{g(x)}{x^2}\cdot x$
$=1\cdot 0=0$

←微分係数の定義式。なお，$g(0)=0$ である。

よって　$f'(0)=-1+0=$ イ$\mathbf{-1}$

**EX ③57**

実数全体で定義された 2 つの微分可能な関数 $f(x)$，$g(x)$ は次の条件を満たす。
(A)　$f'(x)=g(x)$，$g'(x)=f(x)$　　(B)　$f(0)=1$，$g(0)=0$
(1)　すべての実数 $x$ に対し，$\{f(x)\}^2-\{g(x)\}^2=1$ が成り立つことを示せ。
(2)　$F(x)=e^{-x}\{f(x)+g(x)\}$，$G(x)=e^x\{f(x)-g(x)\}$ とするとき，$F(x)$，$G(x)$ を求めよ。
(3)　$f(x)$，$g(x)$ を求めよ。　〔鳥取大〕

(1)　$H(x)=\{f(x)\}^2-\{g(x)\}^2$ とする。
$H'(x)=2f(x)f'(x)-2g(x)g'(x)=2f(x)g(x)-2g(x)f(x)=0$
ゆえに，$H(x)$ は定数である。

←$H(x)=H(0)=c$（定数）

ここで　$H(0)=\{f(0)\}^2-\{g(0)\}^2=1^2-0^2=1$
よって　$H(x)=1$　　すなわち　$\{f(x)\}^2-\{g(x)\}^2=1$

(2)　$F'(x)=-e^{-x}\{f(x)+g(x)\}+e^{-x}\{f'(x)+g'(x)\}$
$=-e^{-x}\{f(x)+g(x)\}+e^{-x}\{g(x)+f(x)\}=0$

←条件 (A) から。

ゆえに，$F(x)$ は定数である。
ここで　$F(0)=1\cdot\{f(0)+g(0)\}=1$　　よって　$\boldsymbol{F(x)=1}$

←$F(x)=F(0)$

また　$G'(x)=e^x\{f(x)-g(x)\}+e^x\{f'(x)-g'(x)\}$
$=e^x\{f(x)-g(x)\}+e^x\{g(x)-f(x)\}=0$
ゆえに，$G(x)$ は定数である。
ここで　$G(0)=1\cdot\{f(0)-g(0)\}=1$　　よって　$\boldsymbol{G(x)=1}$

←$G(x)=G(0)$

(3)　$F(x)=1$ であるから　$e^{-x}\{f(x)+g(x)\}=1$

←(2) の結果を利用。

すなわち　$f(x)+g(x)=e^x$　…… ①
$G(x)=1$ であるから　$e^x\{f(x)-g(x)\}=1$

←(2) の結果を利用。

すなわち　$f(x)-g(x)=e^{-x}$　…… ②

3章 EX〔微分法〕

①，② から　$f(x)=\dfrac{e^x+e^{-x}}{2}$，$g(x)=\dfrac{e^x-e^{-x}}{2}$

参考　この $f(x)$，$g(x)$ を **双曲線関数** という（本冊 $p.128$ 参照）。

**EX ②58**　次の関数を微分せよ。ただし，$x>0$ とする。

(1) $y=\left(\dfrac{2}{x}\right)^x$　〔産業医大〕　(2) $y=x^{\sin x}$　〔信州大〕　(3) $y=x^{1+\frac{1}{x}}$　〔広島市大〕

(1) 両辺の自然対数をとって　$\log y=x\log\dfrac{2}{x}$

←$x>0$ のとき　$y>0$

よって　$\log y=x(\log 2-\log x)$　両辺を $x$ で微分して

$$\frac{y'}{y}=(\log 2-\log x)+x\cdot\left(-\frac{1}{x}\right)=\log\frac{2}{x}-1$$

←右辺の計算には $(uv)'=u'v+uv'$ を利用。

ゆえに　$y'=\left(\dfrac{2}{x}\right)^x\left(\log\dfrac{2}{x}-1\right)$

←$y'=y\left(\log\dfrac{2}{x}-1\right)$

(2) 両辺の自然対数をとって　$\log y=\sin x\log x$

←$x>0$ のとき　$y>0$

両辺を $x$ で微分して　$\dfrac{y'}{y}=\cos x\log x+\dfrac{\sin x}{x}$

よって　$y'=\left(\cos x\log x+\dfrac{\sin x}{x}\right)x^{\sin x}$

注意　$y'=(\sin x)x^{\sin x-1}$ などとしないように。

(3) 両辺の自然対数をとって　$\log y=\left(1+\dfrac{1}{x}\right)\log x$

←$x>0$ のとき　$y>0$

両辺を $x$ で微分して

$$\frac{y'}{y}=-\frac{1}{x^2}\log x+\left(1+\frac{1}{x}\right)\cdot\frac{1}{x}=\frac{1}{x}+\frac{1}{x^2}(1-\log x)$$

よって　$y'=\left\{\dfrac{1}{x}+\dfrac{1}{x^2}(1-\log x)\right\}y=\dfrac{x+1-\log x}{x^2}x^{1+\frac{1}{x}}$

$$=(x+1-\log x)x^{\frac{1}{x}-1}$$

←$\dfrac{x^{1+\frac{1}{x}}}{x^2}=x^{\left(1+\frac{1}{x}\right)-2}$

**EX ③59**　次の極限値を求めよ。ただし，$a$ は0でない定数とする。

(1) $\displaystyle\lim_{x\to 0}\frac{\log(1+ax)}{x}$　(2) $\displaystyle\lim_{x\to 0}\frac{1-\cos 2x}{x\log(1+x)}$　(3) $\displaystyle\lim_{x\to 0}(\cos^2 x)^{\frac{1}{x^2}}$

(1) $\displaystyle\lim_{x\to 0}\frac{\log(1+ax)}{x}=\lim_{x\to 0}\log(1+ax)^{\frac{1}{x}}=\lim_{x\to 0}\log\{(1+ax)^{\frac{1}{ax}}\}^a$

$$=\lim_{x\to 0}a\log(1+ax)^{\frac{1}{ax}}=a\log e=a$$

←$\displaystyle\lim_{x\to 0}(1+ax)^{\frac{1}{ax}}=e$

(2) $\displaystyle\lim_{x\to 0}\frac{1-\cos 2x}{x\log(1+x)}=\lim_{x\to 0}\frac{2\sin^2 x}{x\log(1+x)}$

←$\cos 2x=1-2\sin^2 x$ から。

$$=\lim_{x\to 0}\left\{2\left(\frac{\sin x}{x}\right)^2\cdot\frac{1}{\frac{1}{x}\log(1+x)}\right\}$$

$$=2\lim_{x\to 0}\left\{\left(\frac{\sin x}{x}\right)^2\cdot\frac{1}{\log(1+x)^{\frac{1}{x}}}\right\}=2\cdot 1^2\cdot\frac{1}{\log e}=2$$

←$\displaystyle\lim_{x\to 0}\frac{\sin x}{x}=1$，$\displaystyle\lim_{x\to 0}(1+x)^{\frac{1}{x}}=e$

(3) $\displaystyle\lim_{x\to 0}(\cos^2 x)^{\frac{1}{x^2}}=\lim_{x\to 0}(1-\sin^2 x)^{\frac{1}{x^2}}$

$$=\lim_{x\to 0}\{1+(-\sin^2 x)\}^{\frac{1}{-\sin^2 x}\cdot\left(\frac{\sin x}{x}\right)^2\cdot(-1)}$$

$x \longrightarrow 0$ のとき，$-\sin^2 x \longrightarrow 0$ であるから　$\displaystyle\lim_{x\to 0}(\cos^2 x)^{\frac{1}{x^2}}=e^{1^2\cdot(-1)}=\boldsymbol{e^{-1}}$

**EX ④60**

$a$ を実数とする。すべての実数 $x$ で定義された関数 $f(x)=|x|(e^{2x}+a)$ は $x=0$ で微分可能であるとする。〔類 京都工繊大〕

(1) $a$ および $f'(0)$ の値を求めよ。

(2) 右側極限 $\displaystyle\lim_{x\to+0}\frac{f'(x)}{x}$ を求めよ。更に，$f'(x)$ は $x=0$ で微分可能でないことを示せ。

(1) $f(0)=|0|(e^0+a)=0$ である。

$x>0$ のとき，$f(x)=x(e^{2x}+a)$ であるから

$$\lim_{h\to+0}\frac{f(0+h)-f(0)}{h}=\lim_{h\to+0}\frac{h(e^{2h}+a)}{h}=\lim_{h\to+0}(e^{2h}+a)=1+a$$

$x<0$ のとき，$f(x)=-x(e^{2x}+a)$ であるから

$$\lim_{h\to-0}\frac{f(0+h)-f(0)}{h}=\lim_{h\to-0}\frac{-h(e^{2h}+a)}{h}=\lim_{h\to-0}\{-(e^{2h}+a)\}$$
$$=-(1+a)$$

$f(x)$ は $x=0$ で微分可能であるから，$f'(0)$ が存在し

$$f'(0)=\lim_{h\to+0}\frac{f(0+h)-f(0)}{h}=\lim_{h\to-0}\frac{f(0+h)-f(0)}{h}$$

よって　$1+a=-(1+a)$　　これを解いて　$\boldsymbol{a=-1}$

このとき　$\boldsymbol{f'(0)=0}$

(2) $x>0$ のとき，$f(x)=x(e^{2x}-1)$ であり

$$f'(x)=1\cdot(e^{2x}-1)+x\cdot 2e^{2x}=(2x+1)e^{2x}-1 \quad \cdots\cdots (*)$$

よって　$\displaystyle\frac{f'(x)}{x}=\frac{(2x+1)e^{2x}-1}{x}=2e^{2x}+2\cdot\frac{e^{2x}-1}{2x}$

ゆえに　$\displaystyle\boldsymbol{\lim_{x\to+0}\frac{f'(x)}{x}}=\lim_{x\to+0}\left(2e^{2x}+2\cdot\frac{e^{2x}-1}{2x}\right)=2\cdot1+2\cdot1=\boldsymbol{4}$

よって　$\displaystyle\lim_{h\to+0}\frac{f'(0+h)-f'(0)}{h}=\lim_{h\to+0}\frac{f'(h)}{h}=4$

また，$x<0$ のとき，$f(x)=-x(e^{2x}-1)$ であり

$$\frac{f'(x)}{x}=\frac{-(2x+1)e^{2x}+1}{x}=-2e^{2x}-2\cdot\frac{e^{2x}-1}{2x}$$

ゆえに　$\displaystyle\lim_{x\to-0}\frac{f'(x)}{x}=\lim_{x\to-0}\left(-2e^{2x}-2\cdot\frac{e^{2x}-1}{2x}\right)$
$$=-2\cdot1-2\cdot1=-4$$

よって　$\displaystyle\lim_{h\to-0}\frac{f'(0+h)-f'(0)}{h}=\lim_{h\to-0}\frac{f'(h)}{h}=-4$

$\displaystyle\lim_{h\to+0}\frac{f'(0+h)-f'(0)}{h}\neq\lim_{h\to-0}\frac{f'(0+h)-f'(0)}{h}$ であるから，

$f''(0)$ は存在しない。つまり，$f'(x)$ は $x=0$ で微分可能でない。

! 絶対値　場合に分ける

←$f(0)=0$

←$x=0$ における右側微分係数と左側微分係数が等しい。

←$f'(0)=1+a$

←$\displaystyle\lim_{\square\to0}\frac{e^{\square}-1}{\square}=1$

←$f'(x)$ の，$x=0$ における右側微分係数は 4

←$(*)$ を利用。

←$\displaystyle\lim_{\square\to0}\frac{e^{\square}-1}{\square}=1$

←$f'(x)$ の，$x=0$ における左側微分係数は $-4$

**EX ③61**

次の極限値を求めよ。ただし，$a$ は正の定数とする。〔(1), (3) 立教大〕

(1) $\displaystyle\lim_{x\to\frac{1}{4}}\frac{\tan(\pi x)-1}{4x-1}$　(2) $\displaystyle\lim_{h\to0}\frac{e^{a+h}-e^a}{\log(a-h)-\log a}$　(3) $\displaystyle\lim_{x\to a}\frac{a^2\sin^2x-x^2\sin^2a}{x-a}$

(1) $f(x)=\tan(\pi x)$ とすると

HINT　微分係数の定義式を利用する。

$$\lim_{x\to\frac{1}{4}}\frac{\tan(\pi x)-1}{4x-1}=\lim_{x\to\frac{1}{4}}\frac{1}{4}\cdot\frac{f(x)-f\left(\frac{1}{4}\right)}{x-\frac{1}{4}}=\frac{1}{4}f'\left(\frac{1}{4}\right)$$

←$\lim_{x\to a}\frac{f(x)-f(a)}{x-a}=f'(a)$

$f'(x)=\frac{\pi}{\cos^2(\pi x)}$ であるから　$f'\left(\frac{1}{4}\right)=\frac{\pi}{\cos^2\frac{\pi}{4}}=2\pi$

したがって　$\lim_{x\to\frac{1}{4}}\frac{\tan(\pi x)-1}{4x-1}=\frac{1}{4}\cdot 2\pi=\boldsymbol{\frac{\pi}{2}}$

(2)　$f(x)=e^x$，$g(x)=\log x$ とすると，$f'(x)=e^x$，$g'(x)=\frac{1}{x}$ であるから

←分子を $f(x)=e^x$，分母を $g(x)=\log x$ の関数値の差と考える。

$$(与式)=\lim_{h\to 0}\frac{\frac{e^{a+h}-e^a}{h}}{-\frac{\log(a-h)-\log a}{-h}}=-\frac{f'(a)}{g'(a)}=-\frac{e^a}{\frac{1}{a}}=\boldsymbol{-ae^a}$$

(3)　$f(x)=\sin^2 x$ とすると，$f'(x)=2\sin x\cos x$ であるから

←$f'(x)=\sin 2x$ としてもよい。

$$(与式)=\lim_{x\to a}\frac{a^2(\sin^2 x-\sin^2 a)-(x^2-a^2)\sin^2 a}{x-a}$$

$$=\lim_{x\to a}\left\{a^2\cdot\frac{\sin^2 x-\sin^2 a}{x-a}-(x+a)\sin^2 a\right\}$$

$$=a^2 f'(a)-2a\sin^2 a=\boldsymbol{2a\sin a(a\cos a-\sin a)}$$

←$\lim_{x\to a}\frac{\sin^2 x-\sin^2 a}{x-a}=f'(a)=2\sin a\cos a$

別解　微分係数の定義式を使わずに，極限に関する公式を利用して解くこともできる。

←微分係数の定義式を使う方が解答はらく。

(1)　$x-\frac{1}{4}=t$ とおくと　$x\longrightarrow\frac{1}{4}$ のとき $t\longrightarrow 0$

$$(与式)=\lim_{t\to 0}\frac{\tan\left(\pi t+\frac{\pi}{4}\right)-1}{4t}=\lim_{t\to 0}\frac{\frac{\tan\pi t+1}{1-\tan\pi t}-1}{4t}$$

←正接の加法定理。

$$=\lim_{t\to 0}\frac{\tan\pi t}{2t(1-\tan\pi t)}=\lim_{t\to 0}\frac{\pi\cdot\frac{\tan\pi t}{\pi t}}{2(1-\tan\pi t)}=\boldsymbol{\frac{\pi}{2}}$$

←$\lim_{x\to 0}\frac{\tan x}{x}=1$

(2)　$$\frac{e^{a+h}-e^a}{\log(a-h)-\log a}=\frac{e^a(e^h-1)}{\log\left(1-\frac{h}{a}\right)}=\frac{e^a\cdot\frac{e^h-1}{h}}{\log\left(1-\frac{h}{a}\right)^{\frac{1}{h}}}$$

$-\frac{h}{a}=t$ とおくと　$h\longrightarrow 0$ のとき $t\longrightarrow 0$

$$(与式)=\lim_{t\to 0}\frac{e^a\cdot\frac{e^{-at}-1}{-at}}{\log(1+t)^{-\frac{1}{at}}}=\lim_{t\to 0}\frac{e^a\cdot\frac{e^{-at}-1}{-at}}{-\frac{1}{a}\log(1+t)^{\frac{1}{t}}}$$

$$=\frac{e^a\cdot 1}{-\frac{1}{a}\log e}=\boldsymbol{-ae^a}$$

←$\lim_{x\to 0}\frac{e^x-1}{x}=1$，$\lim_{x\to 0}(1+x)^{\frac{1}{x}}=e$

(3) $x-a=t$ とおくと　$x\longrightarrow a$ のとき $t\longrightarrow 0$

$a^2\sin^2 x-x^2\sin^2 a=a^2\sin^2(t+a)-(t+a)^2\sin^2 a$

$=a^2(\sin t\cos a+\cos t\sin a)^2-(t^2+2at+a^2)\sin^2 a$

$=-t^2\sin^2 a-2at\sin^2 a+a^2\cos 2a\sin^2 t$

$\quad+2a^2\sin a\cos a\sin t\cos t$　であるから

$$(\text{与式})=\lim_{t\to 0}\left(-t\sin^2 a-2a\sin^2 a+a^2\cos 2a\sin t\cdot\frac{\sin t}{t}\right.$$
$$\left.+2a^2\sin a\cos a\cdot\frac{\sin t}{t}\cdot\cos t\right)$$
$$=0-2a\sin^2 a+0+2a^2\sin a\cos a$$
$$=\boldsymbol{2a\sin a(a\cos a-\sin a)}$$

←正弦の加法定理。

←$\sin^2\theta+\cos^2\theta=1$, $\cos^2\theta-\sin^2\theta=\cos 2\theta$ を利用して式を変形。

←$\displaystyle\lim_{x\to 0}\frac{\sin x}{x}=1$



**EX ④62**

$-1<x<1$ の範囲で定義された関数 $f(x)$ で，次の 2 つの条件を満たすものを考える。

$f(x)+f(y)=f\left(\dfrac{x+y}{1+xy}\right)$　$(-1<x<1,\ -1<y<1)$

$f(x)$ は $x=0$ で微分可能で，そこでの微分係数は 1 である

(1)　$-1<x<1$ に対し $f(x)=-f(-x)$ が成り立つことを示せ。

(2)　$f(x)$ は $-1<x<1$ の範囲で微分可能であることを示し，導関数 $f'(x)$ を求めよ。

〔類 東北大〕

$f(x)+f(y)=f\left(\dfrac{x+y}{1+xy}\right)$ …… ①　とする。

(1)　$-1<x<1$ のとき　　$-1<-x<1$

①において，$y=-x$ とすると　　$f(x)+f(-x)=f\left(\dfrac{x-x}{1-x^2}\right)$

よって　　$f(x)+f(-x)=f(0)$ …… ②

また，①において，$x=y=0$ とすると　　$f(0)+f(0)=f(0)$

よって　　$f(0)=0$ …… ③

②, ③から　　$f(x)+f(-x)=0$

したがって　　$f(x)=-f(-x)$

←$-1<y<1$ を満たす。

←$f(x)$ は奇関数。

(2)　$f'(0)=1$ から　　$\displaystyle\lim_{h\to 0}\frac{f(0+h)-f(0)}{h}=1$

③から　　$\displaystyle\lim_{h\to 0}\frac{f(h)}{h}=1$ …… ④

よって，$-1<x<1$ で $h$ が十分に小さいとき

$$\lim_{h\to 0}\frac{f(x+h)-f(x)}{h}=\lim_{h\to 0}\frac{f(x+h)+f(-x)}{h}$$
$$=\lim_{h\to 0}\frac{f\left(\dfrac{x+h-x}{1+(x+h)(-x)}\right)}{h}=\lim_{h\to 0}\frac{f\left(\dfrac{h}{1-x^2-hx}\right)}{h}$$
$$=\lim_{h\to 0}\frac{f\left(\dfrac{h}{1-x^2-hx}\right)}{\dfrac{h}{1-x^2-hx}}\cdot\frac{1}{1-x^2-hx}$$

$h\longrightarrow 0$ のとき，$\dfrac{h}{1-x^2-hx}\longrightarrow 0$ であるから，④より

←(1)から。

←①から。

←④が使える形に変形。
$\displaystyle\lim_{h\to 0}\frac{f(\square)}{\square}=1$
（□は同じ式，$h\longrightarrow 0$ のとき □ $\longrightarrow 0$）

$$\lim_{h\to 0}\frac{f\left(\dfrac{h}{1-x^2-hx}\right)}{\dfrac{h}{1-x^2-hx}}=1$$

よって　$\displaystyle\lim_{h\to 0}\frac{f(x+h)-f(x)}{h}=1\cdot\frac{1}{1-x^2}=\frac{1}{1-x^2}$

したがって，$f(x)$ は $-1<x<1$ の範囲で微分可能で

$$\boldsymbol{f'(x)=\frac{1}{1-x^2}}$$

**検討**　$-1<x<1$ に対して，$f(x)=\displaystyle\int\frac{dx}{1-x^2}=\frac{1}{2}\log\frac{1+x}{1-x}+C$ となる（詳しくは第 5 章で学習する）。$g(x)=\dfrac{1}{2}\log\dfrac{1+x}{1-x}$ は，$y=\tanh x=\dfrac{e^x-e^{-x}}{e^x+e^{-x}}$ の逆関数である（本冊 $p.128$ 参考事項参照）。

**EX ④63**

△ABC において，AB=2，AC=1，∠A=$x$ とし，$f(x)$=BC とする。
(1) $f(x)$ を $x$ の式として表せ。
(2) △ABC の外接円の半径を $R$ とするとき，$\dfrac{d}{dx}f(x)$ を $R$ で表せ。
(3) $\dfrac{d}{dx}f(x)$ の最大値を求めよ。　〔長岡技科大〕

(1)　余弦定理により

$\{f(x)\}^2=2^2+1^2-2\cdot 2\cdot 1\cdot\cos x=5-4\cos x$

$f(x)>0$ であるから　$\boldsymbol{f(x)=\sqrt{5-4\cos x}}$ …… ①

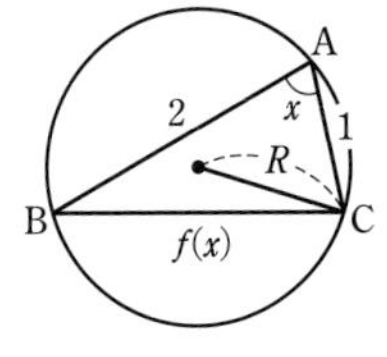


(2)　$\dfrac{d}{dx}f(x)=\dfrac{1}{2}(5-4\cos x)^{-\frac{1}{2}}\cdot\{-4(-\sin x)\}=\dfrac{2\sin x}{\sqrt{5-4\cos x}}$

ここで，正弦定理により　$\dfrac{f(x)}{\sin x}=2R$

よって，① から　$\sqrt{5-4\cos x}=2R\sin x$

ゆえに　$\boldsymbol{\dfrac{d}{dx}f(x)=\dfrac{2\sin x}{2R\sin x}=\dfrac{1}{R}}$ …… ②

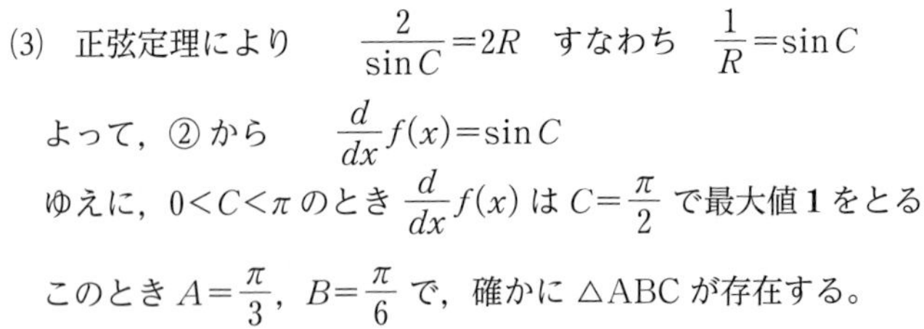

(3)　正弦定理により　$\dfrac{2}{\sin C}=2R$　すなわち　$\dfrac{1}{R}=\sin C$

よって，② から　$\dfrac{d}{dx}f(x)=\sin C$

ゆえに，$0<C<\pi$ のとき $\dfrac{d}{dx}f(x)$ は $C=\dfrac{\pi}{2}$ で最大値 **1** をとる。

このとき $A=\dfrac{\pi}{3}$，$B=\dfrac{\pi}{6}$ で，確かに △ABC が存在する。

**$C=\frac{\pi}{2}$ の場合**

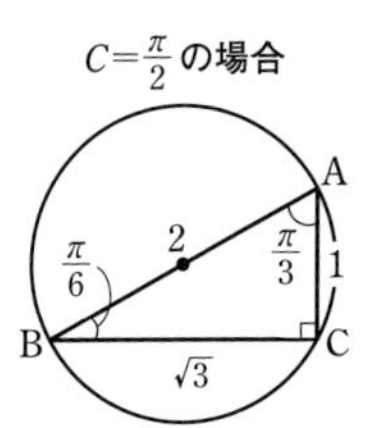


**EX ②64**

$f(x)=\cos x+1$，$g(x)=\dfrac{a}{bx^2+cx+1}$ とする。$f(0)=g(0)$，$f'(0)=g'(0)$，$f''(0)=g''(0)$ であるとき，定数 $a$，$b$，$c$ の値を求めよ。

$f(0)=g(0)$ から　$2=a$

よって，$f'(x)=-\sin x$，$g'(x)=\dfrac{-2(2bx+c)}{(bx^2+cx+1)^2}$ である。

←$g(x)$ に $a=2$ を代入して微分。

ゆえに，$f'(0)=g'(0)$ から　$0=-2c$　すなわち　$c=0$

よって，$g'(x)=\dfrac{-4bx}{(bx^2+1)^2}$ であるから

$$g''(x)=\frac{-4b\{(bx^2+1)^2-x\cdot2(bx^2+1)\cdot2bx\}}{(bx^2+1)^4}$$

$$=\frac{-4b(bx^2+1-4bx^2)}{(bx^2+1)^3}=\frac{4b(3bx^2-1)}{(bx^2+1)^3}$$

←$g'(x)$ に $c=0$ を代入。

また，$f''(x)=-\cos x$ である。

←$f'(x)=-\sin x$ から。

よって，$f''(0)=g''(0)$ から

$$-1=-4b \quad すなわち \quad b=\frac{1}{4}$$

したがって　$\boldsymbol{a=2,\ b=\dfrac{1}{4},\ c=0}$



**EX ③65**　2 回微分可能な関数 $f(x)$ の逆関数を $g(x)$ とする。$f(1)=2$，$f'(1)=2$，$f''(1)=3$ のとき，$g''(2)$ の値を求めよ。〔防衛医大〕

$y=g(x)$ とすると，$f(x)$ は $g(x)$ の逆関数でもあるから

$$x=f(y) \qquad ゆえに \qquad \frac{dx}{dy}=f'(y)$$

HINT　$y=g(x)$ とすると　$x=f(y)$

よって　$g'(x)=\dfrac{dy}{dx}=\dfrac{1}{\dfrac{dx}{dy}}=\dfrac{1}{f'(y)}$

←逆関数の微分。

$$g''(x)=\frac{d}{dx}g'(x)=\frac{d}{dy}\left\{\frac{1}{f'(y)}\right\}\frac{dy}{dx}$$

←合成関数の微分。

$$=-\frac{f''(y)}{\{f'(y)\}^2}\cdot\frac{1}{f'(y)}=-\frac{f''(y)}{\{f'(y)\}^3}$$

$f(1)=2$ から $g(2)=1$，すなわち $x=2$ のとき $y=1$ であるから

$$g''(2)=-\frac{f''(1)}{\{f'(1)\}^3}=-\frac{3}{2^3}=\boldsymbol{-\frac{3}{8}}$$

**EX ③66**　$f(x)$ が 2 回微分可能な関数のとき，$\dfrac{d^2}{dx^2}f(\tan x)$ を $f'(\tan x)$，$f''(\tan x)$ を用いて表せ。〔富山大〕

$\tan x=u$ とおくと　$\dfrac{du}{dx}=\dfrac{1}{\cos^2 x}$

HINT　$\tan x=u$ とおくと　$\dfrac{du}{dx}=\dfrac{1}{\cos^2 x}$

ゆえに　$\dfrac{d}{dx}f(\tan x)=\dfrac{d}{du}f(u)\dfrac{du}{dx}=f'(u)\cdot\dfrac{1}{\cos^2 x}$

←合成関数の微分。

よって　$\dfrac{d^2}{dx^2}f(\tan x)=\dfrac{d}{dx}\left\{f'(u)\cdot\dfrac{1}{\cos^2 x}\right\}$

$$=f''(u)\frac{du}{dx}\cdot\frac{1}{\cos^2 x}+f'(u)\cdot\frac{-2\cos x(-\sin x)}{\cos^4 x}$$

←合成関数の微分と積の微分。

$$=f''(\tan x)\cdot\frac{1}{\cos^2 x}\cdot\frac{1}{\cos^2 x}+f'(\tan x)\cdot\frac{2\sin x}{\cos^3 x}$$

$$=\boldsymbol{\frac{1}{\cos^4 x}f''(\tan x)+\frac{2\sin x}{\cos^3 x}f'(\tan x)}$$

注意 $f'(\tan x)$ と $\dfrac{d}{dx}f(\tan x)$ は異なる。例えば，$f(u)=u^2$ とすると，$f'(u)=2u$ から　$f'(\tan x)=2\tan x$
ところが，$f(u)=u^2$ のとき　$f(\tan x)=\tan^2 x$
よって　$\dfrac{d}{dx}f(\tan x)=2\tan x(\tan x)'=\dfrac{2\tan x}{\cos^2 x}$

←$f'(\tan x)\neq\dfrac{d}{dx}f(\tan x)$

**EX ③67** どのような実数 $c_1$，$c_2$ に対しても関数 $f(x)=c_1e^{2x}+c_2e^{5x}$ は関係式 $f''(x)-{}^{ア}\square f'(x)+{}^{イ}\square f(x)=0$ を満たす。〔慶応大〕

$f(x)=c_1e^{2x}+c_2e^{5x}$ から
$f'(x)=2c_1e^{2x}+5c_2e^{5x}$，$f''(x)=4c_1e^{2x}+25c_2e^{5x}$
よって，$a$，$b$ を実数の定数とすると
$f''(x)+af'(x)+bf(x)$
$=(4c_1e^{2x}+25c_2e^{5x})+a(2c_1e^{2x}+5c_2e^{5x})+b(c_1e^{2x}+c_2e^{5x})$
$=(4+2a+b)e^{2x}c_1+(25+5a+b)e^{5x}c_2$
$f''(x)+af'(x)+bf(x)=0$ とすると
$(4+2a+b)e^{2x}c_1+(25+5a+b)e^{5x}c_2=0$ …… ①
① において，$c_1=1$，$c_2=0$ とすると　$(4+2a+b)e^{2x}=0$
$e^{2x}\neq0$ であるから　$4+2a+b=0$ …… ②
① において，$c_1=0$，$c_2=1$ とすると　$(25+5a+b)e^{5x}=0$
$e^{5x}\neq0$ であるから　$25+5a+b=0$ …… ③
②，③ を解いて　$a=-7$，$b=10$
逆に，$a=-7$，$b=10$ のとき，$4+2a+b=0$，$25+5a+b=0$ であるから，どのような実数 $c_1$，$c_2$ に対しても $f''(x)+af'(x)+bf(x)=0$ が満たされる。
したがって，$f(x)$ は $f''(x)-{}^{ア}\mathbf{7}f'(x)+{}^{イ}\mathbf{10}f(x)=0$ を満たす。

HINT　まず，$a$，$b$ を実数の定数として，$f''(x)+af'(x)+bf(x)$ を $a$，$b$，$c_1$，$c_2$ で表す。$c_1$，$c_2$ についての恒等式の問題と考える。

←数値代入法。

←③－② から　$21+3a=0$　よって　$a=-7$

**EX ③68** $x$ の多項式 $f(x)$ が $xf''(x)+(1-x)f'(x)+3f(x)=0$，$f(0)=1$ を満たすとき，$f(x)$ を求めよ。〔類 神戸大〕

$f(x)$ の次数を $n$ ($n$ は 0 以上の整数) とする。
$n=0$ すなわち $f(x)$ が定数のとき，$f(0)=1$ から　$f(x)=1$
このとき　$f'(x)=0$，$f''(x)=0$
条件式に代入すると，$3f(x)=0$ となり　$f(x)=0$
これは $f(x)=1$ に反するから，不適。
$n\geqq1$ のとき，$f(x)$ の最高次の項を $ax^n$ ($a\neq0$) とする。
$xf''(x)+(1-x)f'(x)+3f(x)=0$ の左辺を変形して
$\{3f(x)-xf'(x)\}+\{f'(x)+xf''(x)\}=0$
$3f(x)$ と $xf'(x)$ の次数は $n$ であり，$3f(x)-xf'(x)$ の $n$ 次の項について　$3ax^n-x\cdot nax^{n-1}=(3-n)ax^n$
条件から　$(3-n)ax^n=0$　$a\neq0$ であるから　$n=3$
したがって，$f(x)$ の次数は 3 であることが必要条件である。
このとき，$f(0)=1$ から，$f(x)=ax^3+bx^2+cx+1$ ($a\neq0$) とおけて　$f'(x)=3ax^2+2bx+c$，$f''(x)=6ax+2b$

HINT　$f(x)$ の最高次の項に着目して，まず $f(x)$ の次数を求める。

←$3f(x)-xf'(x)$ の次数は $n$ 以下，$f'(x)+xf''(x)$ の次数は $(n-1)$ 以下。

$xf''(x)+(1-x)f'(x)+3f(x)=0$ に代入して

$x(6ax+2b)+(1-x)(3ax^2+2bx+c)+3(ax^3+bx^2+cx+1)=0$

整理して　$(9a+b)x^2+(4b+2c)x+c+3=0$

よって　$9a+b=0,\ 4b+2c=0,\ c+3=0$

ゆえに　$a=-\dfrac{1}{6},\ b=\dfrac{3}{2},\ c=-3$

したがって　$\boldsymbol{f(x)=-\dfrac{1}{6}x^3+\dfrac{3}{2}x^2-3x+1}$

←$Ax^2+Bx+C=0$ が $x$ の恒等式 $\Longleftrightarrow A=B=C=0$



**EX ④69** 実数全体で定義された関数 $y=f(x)$ が 2 回微分可能で，常に $f''(x)=-2f'(x)-2f(x)$ を満たすとき，次の問いに答えよ。

(1) 関数 $F(x)$ を $F(x)=e^xf(x)$ と定めるとき，$F(x)$ は $F''(x)=-F(x)$ を満たすことを示せ。

(2) $F''(x)=-F(x)$ を満たす関数 $F(x)$ は，$\{F'(x)\}^2+\{F(x)\}^2$ が定数になることを示し，$\lim\limits_{x\to\infty}f(x)$ を求めよ。　〔高知女子大〕

(1)　$F'(x)=e^xf(x)+e^xf'(x)$,

$F''(x)=e^xf(x)+e^xf'(x)+e^xf'(x)+e^xf''(x)$
$=e^xf(x)+2e^xf'(x)+e^xf''(x)$

ここで，$f''(x)=-2f'(x)-2f(x)$ であるから

$F''(x)=e^xf(x)+2e^xf'(x)+e^x\{-2f'(x)-2f(x)\}$
$=-e^xf(x)=-F(x)$

(2)　$F''(x)=-F(x)$ を満たす関数 $F(x)$ は

$[\{F'(x)\}^2+\{F(x)\}^2]'=2F'(x)F''(x)+2F(x)F'(x)$
$=2F'(x)\{F''(x)+F(x)\}=0$

ゆえに，$\{F'(x)\}^2+\{F(x)\}^2=C$ ($C$ は負でない定数) と表される。

このとき，$C\geqq\{F(x)\}^2$ から　$\sqrt{C}\geqq|F(x)|$

$f(x)=\dfrac{F(x)}{e^x}$ から　$0\leqq|f(x)|\leqq\dfrac{\sqrt{C}}{e^x}$

ここで，$\lim\limits_{x\to\infty}\dfrac{\sqrt{C}}{e^x}=0$ であるから　$\lim\limits_{x\to\infty}|f(x)|=0$

よって　$\boldsymbol{\lim\limits_{x\to\infty}f(x)=0}$

HINT (1) $F''(x)$ の式に $f''(x)$ を代入。
(2) $[\{F'(x)\}^2+\{F(x)\}^2]'=0$ を示す。$\lim\limits_{x\to\infty}f(x)$ は，はさみうちの原理を利用。

←$F''(x)+F(x)=0$

←$|f(x)|=\dfrac{|F(x)|}{e^x}$

←はさみうちの原理。

**EX ④70** $n$ を自然数とする。関数 $f_n(x)$ $(n=1,\ 2,\ \cdots\cdots)$ を漸化式 $f_1(x)=x^2$, $f_{n+1}(x)=f_n(x)+x^3f_n''(x)$ により定めるとき，$f_n(x)$ は $(n+1)$ 次多項式であることを示し，$x^{n+1}$ の係数を求めよ。　〔類 東京工大〕

[1]　$n=1$ のとき　$f_1(x)=x^2$

よって，$f_1(x)$ は 2 次多項式である。

[2]　$n=k$ のとき，$f_k(x)$ が $(k+1)$ 次多項式であると仮定すると　$f_k(x)=a_kx^{k+1}+g_k(x)$ …… ①

($a_k\neq0$，$g_k(x)$ は $k$ 次以下の多項式)　と表される。

$n=k+1$ のときを考えると，① の両辺を $x$ で微分して

$f_k'(x)=(k+1)a_kx^k+g_k'(x)$

更に，両辺を $x$ で微分して

$f_k''(x)=k(k+1)a_kx^{k-1}+g_k''(x)$

HINT (前半) 数学的帰納法で証明。
(後半) $a_{n+1}$，$a_n$ に関する漸化式を導く。

ゆえに　$f_{k+1}(x)=f_k(x)+x^3f_k''(x)$

$=f_k(x)+x^3\{k(k+1)a_kx^{k-1}+g_k''(x)\}$

$=k(k+1)a_kx^{k+2}+f_k(x)+x^3g_k''(x)$

←与えられた漸化式。

ここで，$k(k+1)a_k\neq 0$，$f_k(x)$ は $(k+1)$ 次式，$x^3g_k''(x)$ は $(k+1)$ 次以下の多項式である。

←$g_k''(x)$ は $(k-2)$ 次以下。

よって，$f_{k+1}(x)$ は $(k+2)$ 次式である。

[1]，[2] から，すべての自然数 $n$ について $f_n(x)$ は $(n+1)$ 次多項式である。

次に，[2] の過程から $f_n(x)$ の $x^{n+1}$ の係数を $a_n$ とすると

$$a_{n+1}=n(n+1)a_n,\ a_1=1$$

←$f_1(x)=x^2$ から　$a_1=1$

$a_{n+1}=n(n+1)a_n$ の両辺を $n!(n+1)!$ で割ると

$$\frac{a_{n+1}}{n!(n+1)!}=\frac{a_n}{(n-1)!n!}$$

よって　$\dfrac{a_n}{(n-1)!n!}=\dfrac{a_1}{0!1!}=1$

したがって　$a_n=\boldsymbol{(n-1)!n!}$

←$a_n=n(n-1)a_{n-1}$
$=n(n-1)\{(n-1)(n-2)a_{n-2}\}$
$=\cdots\cdots$
$=n(n-1)^2(n-2)^2\cdots\cdots(2\cdot1\cdot a_1)$
$=n(n-1)^2(n-2)^2\cdots\cdots2^2\cdot1^2$
$=\dfrac{(n!)^2}{n}$ と同じである。

**EX**
③**71**

関数 $y=\tan x$ の第 $n$ 次導関数を $y^{(n)}$ とすると，$y^{(1)}=$ ア□ $+$ イ□ $y^2$，$y^{(2)}=$ ウ□ $y+$ エ□ $y^3$，$y^{(3)}=$ オ□ $+$ カ□ $y^2+$ キ□ $y^4$ である。同様に，各 $y^{(n)}$ を $y$ に着目して多項式とみなしたとき，最も次数の高い項の係数を $a_n$，定数項を $b_n$ とすると，$a_5=$ ク□，$a_7=$ ケ□，$b_6=$ コ□，$b_7=$ サ□ である。　〔類　東京理科大〕

$y^{(1)}=\dfrac{1}{\cos^2x}=1+\tan^2x=$ ア$\mathbf{1}+$ イ$\mathbf{1}\cdot y^2$

$y^{(2)}=\dfrac{d}{dx}(1+y^2)=2yy'=2y(1+y^2)=$ ウ$\mathbf{2}y+$ エ$\mathbf{2}y^3$

←合成関数の微分を利用。$y^{(1)}$ の結果を利用して，$y$ だけの式で表す。

$y^{(3)}=\dfrac{d}{dx}(2y+2y^3)=(2+6y^2)y'=(2+6y^2)(1+y^2)$

$=$ オ$\mathbf{2}+$ カ$\mathbf{8}y^2+$ キ$\mathbf{6}y^4$

←最高次の係数は 6

また，$y^{(n)}$ の最も次数の高い項は $a_ny^{n+1}$ と表されるから，$y^{(n+1)}$ の最も次数の高い項の係数は，

$$\frac{d}{dx}(a_ny^{n+1})=a_n\cdot(n+1)y^ny'=(n+1)a_ny^n(1+y^2)$$

←最高次の項は $(n+1)a_ny^{n+2}$

から　$a_{n+1}=(n+1)a_n$

←この関係式と $a_1=1$ から，$a_n=n!$ を導くこともできる。

ゆえに　$a_5=5a_4=5\cdot4a_3=5\cdot4\cdot6=$ ク$\mathbf{120}$

$a_7=7a_6=7\cdot6a_5=7\cdot6\cdot120=$ ケ$\mathbf{5040}$

更に　$y^{(4)}=\dfrac{d}{dx}(2+8y^2+6y^4)=(16y+24y^3)y'$

$=(16y+24y^3)(1+y^2)=16y+40y^3+24y^5$

←以下，$y^{(5)}$，$y^{(6)}$，$y^{(7)}$ を計算して $b_6$，$b_7$ を求めてもよいが，項を取り出して考える方法で進める。

ここで，$y^{(n+1)}=\dfrac{d}{dx}y^{(n)}=\dfrac{d}{dy}y^{(n)}\cdot(1+y^2)$ であるから

$$y^{(5)}=\frac{d}{dy}y^{(4)}\cdot(1+y^2),\ y^{(6)}=\frac{d}{dy}y^{(5)}\cdot(1+y^2)$$

よって，$y^{(6)}$ の定数項は $y^{(5)}$ の 1 次の項の係数と等しい。
また，$y^{(5)}$ の 1 次の項の係数は $y^{(4)}$ の 2 次の項の係数の 2 倍に等しいから　$b_6=0\cdot2=$ コ**0**
同様に，$y^{(7)}$ の定数項は $y^{(6)}$ の 1 次の項の係数と等しく，$y^{(6)}$ の 1 次の項の係数は $y^{(5)}$ の 2 次の項の係数の 2 倍に等しい。

ここで　$y^{(5)}=\dfrac{d}{dy}(16y+40y^3+24y^5)\cdot(1+y^2)$

$=(16+120y^2+120y^4)(1+y^2)$

ゆえに，$y^{(5)}$ の 2 次の項の係数は　$16+120=136$

したがって　$b_7=2\cdot136=$ サ**272**



## EX ②72

曲線 $C$：$x=\dfrac{e^t+3e^{-t}}{2}$，$y=e^t-2e^{-t}$ について

(1) 曲線 $C$ の方程式は ア□ $x^2+$ イ□ $xy-$ ウ□ $y^2=25$ である。

(2) $\dfrac{dy}{dx}$ を $x$，$y$ を用いて表せ。

(3) 曲線 $C$ 上の $t=$□ に対応する点において，$\dfrac{dy}{dx}=-2$ となる。　〔類　慶応大〕

(1) $x=\dfrac{e^t+3e^{-t}}{2}$ から　$e^t+3e^{-t}=2x$ …… ①

←まず，$e^t$，$e^{-t}$ をそれぞれ $x$，$y$ で表す。

また　$e^t-2e^{-t}=y$ …… ②

①×2＋②×3 から　$5e^t=4x+3y$ …… ③

①－② から　$5e^{-t}=2x-y$ …… ④

③，④ の辺々を掛けると

$25e^t\cdot e^{-t}=(4x+3y)(2x-y)$

←$e^t\cdot e^{-t}=1$ を利用して $t$ を消去。

したがって　ア$\mathbf{8}x^2+$ イ$\mathbf{2}xy-$ ウ$\mathbf{3}y^2=25$ …… ⑤

(2) ⑤ の両辺を $x$ で微分すると

$$16x+2\left(1\cdot y+x\frac{dy}{dx}\right)-6y\frac{dy}{dx}=0$$

←$\dfrac{d}{dx}y^2=2y\dfrac{dy}{dx}$

よって　$(x-3y)\dfrac{dy}{dx}=-(8x+y)$

ゆえに，$x\neq3y$ のとき　$\boldsymbol{\dfrac{dy}{dx}=-\dfrac{8x+y}{x-3y}}$ ……（＊）

(3) $\dfrac{dx}{dt}=\dfrac{e^t-3e^{-t}}{2}$，$\dfrac{dy}{dt}=e^t+2e^{-t}$

よって　$\dfrac{dy}{dx}=\dfrac{e^t+2e^{-t}}{\dfrac{e^t-3e^{-t}}{2}}=\dfrac{2(e^{2t}+2)}{e^{2t}-3}$

←$\dfrac{dy}{dx}=\dfrac{dy}{dt}\Big/\dfrac{dx}{dt}$

$\dfrac{dy}{dx}=-2$ とすると　$\dfrac{2(e^{2t}+2)}{e^{2t}-3}=-2$

←両辺に $e^{2t}-3$ を掛けて，$e^{2t}$ について解く。

ゆえに　$e^{2t}+2=-(e^{2t}-3)$　よって　$e^{2t}=\dfrac{1}{2}$

ゆえに　$2t=\log\dfrac{1}{2}$　したがって　$\boldsymbol{t=-\dfrac{1}{2}\log2}$

←$\log\dfrac{1}{2}=-\log2$

別解 $\dfrac{dy}{dx}=-2$ とすると，(＊) から　$-\dfrac{8x+y}{x-3y}=-2$

よって　$6x+7y=0$ …… ⑥

⑥ に $x=\dfrac{e^t+3e^{-t}}{2}$，$y=e^t-2e^{-t}$ を代入して整理すると

$2e^t-e^{-t}=0$　ゆえに　$e^{-t}(2e^{2t}-1)=0$

$e^{-t}>0$ であるから　$e^{2t}=\dfrac{1}{2}$　よって　$2t=\log\dfrac{1}{2}$

したがって　$\boldsymbol{t=-\dfrac{1}{2}\log 2}$

**EX ③73**

関数 $y(x)$ が第 2 次導関数 $y''(x)$ をもち，$x^3+(x+1)\{y(x)\}^3=1$ を満たすとき，$y''(0)$ を求めよ。〔立教大〕

$x^3+(x+1)\{y(x)\}^3=1$ …… ① とする。

① に $x=0$ を代入すると　$\{y(0)\}^3=1$

よって　$y(0)=1$

① の両辺を $x$ で微分すると

$$3x^2+\{y(x)\}^3+3(x+1)y'(x)\{y(x)\}^2=0 \quad \cdots\cdots ②$$

② に $x=0$ を代入すると

$$\{y(0)\}^3+3y'(0)\{y(0)\}^2=0$$

$y(0)=1$ であるから

$1+3y'(0)=0$　すなわち　$y'(0)=-\dfrac{1}{3}$

② の両辺を $x$ で微分すると

$$6x+\underline{3y'(x)\{y(x)\}^2+3y'(x)\{y(x)\}^2}$$
$$+3(x+1)y''(x)\{y(x)\}^2+6(x+1)\{y'(x)\}^2y(x)=0$$

これに $x=0$ を代入すると

$$6y'(0)\{y(0)\}^2+3y''(0)\{y(0)\}^2+6\{y'(0)\}^2y(0)=0$$

$y(0)=1$，$y'(0)=-\dfrac{1}{3}$ であるから

$$6\cdot\left(-\frac{1}{3}\right)\cdot1^2+3y''(0)\cdot1^2+6\cdot\left(-\frac{1}{3}\right)^2\cdot1=0$$

ゆえに　$-2+3y''(0)+\dfrac{2}{3}=0$　よって　$\boldsymbol{y''(0)=\dfrac{4}{9}}$

HINT　$y''(0)$ を求めるには，$y(0)$，$y'(0)$ の値が必要になる。

←$[\{y(x)\}^3]'=3\{y(x)\}^2y'(x)$

←$(uvw)'=u'vw+uv'w+uvw'$

←＿＿$=6y'(x)\{y(x)\}^2$

**EX ③74**

条件 $x=\tan^2 y$ を満たす，実数 $x$ について微分可能な $x$ の関数 $y$ を考える。ただし，$\dfrac{\pi}{2}<y<\pi$ とする。〔東京理科大〕

(1) $x=3$ のとき，$y$ の値を求めよ。　(2) $\dfrac{dy}{dx}$ および $\dfrac{d^2y}{dx^2}$ を $x$ の式で表せ。

(1) $x=3$ のとき　$\tan^2 y=3$

$\dfrac{\pi}{2}<y<\pi$ であるから　$\tan y<0$

よって　$\tan y=-\sqrt{3}$　ゆえに　$\boldsymbol{y=\dfrac{2}{3}\pi}$

←$y$ は第 2 象限にある。

(2)　$x=\tan^2 y$ の両辺を $x$ で微分すると

$$1=2\tan y\cdot\frac{1}{\cos^2 y}\cdot\frac{dy}{dx}$$

すなわち　$1=2\tan y(1+\tan^2 y)\dfrac{dy}{dx}$

$x=\tan^2 y$，$\tan y<0$ から　$\tan y=-\sqrt{x}$　$(x>0)$

よって　$1=-2\sqrt{x}(1+x)\dfrac{dy}{dx}$

$x>0$ であるから　$\boldsymbol{\dfrac{dy}{dx}=-\dfrac{1}{2\sqrt{x}(1+x)}}$ …… ①

また，① の両辺を $x$ で微分すると

$$\frac{d^2y}{dx^2}=-\frac{1}{2}\cdot\frac{-\frac{1}{2\sqrt{x}}(1+x)-\sqrt{x}}{\{\sqrt{x}(1+x)\}^2}=\frac{1}{2}\cdot\frac{\frac{1}{2\sqrt{x}}(1+x)+\sqrt{x}}{\{\sqrt{x}(1+x)\}^2}$$

$$=\frac{1}{2}\cdot\frac{(1+x)+2x}{2\sqrt{x}\{\sqrt{x}(1+x)\}^2}=\boldsymbol{\frac{3x+1}{4x\sqrt{x}(1+x)^2}}$$

別解　$\dfrac{dy}{dx}$ の求め方

$x=\tan^2 y$ の両辺を $y$ で微分すると

$$\frac{dx}{dy}=2\tan y\cdot\frac{1}{\cos^2 y}=2\tan y(1+\tan^2 y)$$

$x=\tan^2 y$，$\tan y<0$ から　$\tan y=-\sqrt{x}$　$(x>0)$

よって　$\dfrac{dx}{dy}=-2\sqrt{x}(1+x)$

ゆえに　$\boldsymbol{\dfrac{dy}{dx}=-\dfrac{1}{2\sqrt{x}(1+x)}}$

←$\dfrac{d}{dx}(\tan^2 y)=\dfrac{d}{dy}(\tan^2 y)\dfrac{dy}{dx}$
また
$\dfrac{1}{\cos^2 y}=1+\tan^2 y$

←$\sqrt{x}(1+x)\neq 0$

←$\{\sqrt{x}(1+x)\}'=\dfrac{1}{2}x^{-\frac{1}{2}}(1+x)+\sqrt{x}\cdot 1$

←逆関数の考え方。

←$\dfrac{dy}{dx}=\dfrac{1}{\frac{dx}{dy}}$

3章 EX［微分法］

**EX ⑤75**　原点を通る曲線 $C$ 上の任意の点 $(x,\ y)$ は，直線 $x\cos\theta+y\sin\theta+p=0$（$p$，$\theta$ は定数，$\sin\theta\neq 0$）および点 $\mathrm{A}(s,\ t)$ から等距離にあるものとする。また，$f(x)=e^{-x}\sin x+2x^2-x$ とする。曲線 $C$ の方程式で定められる $x$ の関数 $y$ について，導関数 $\dfrac{dy}{dx}$ と第 2 次導関数 $\dfrac{d^2y}{dx^2}$ の原点における値がそれぞれ，$f'(0)$，$f''(0)$ に等しいとき，$s$，$t$ を $\theta$ で表せ。　〔類　島根医大〕

HINT　等距離にある条件から $x$，$y$ の関係式を導き，その式の両辺を $x$ で 2 回微分する。そして，各式において，$x=y=0$ としたときを考える。

曲線 $C$ 上の任意の点の座標を $(x,\ y)$ とすると

$$\sqrt{(x-s)^2+(y-t)^2}=\frac{|x\cos\theta+y\sin\theta+p|}{\sqrt{\cos^2\theta+\sin^2\theta}}$$

両辺は負でないから，両辺を平方して

$$(x-s)^2+(y-t)^2=(x\cos\theta+y\sin\theta+p)^2 \quad \cdots\cdots ①$$

① の両辺を $x$ で微分すると

$$2(x-s)+2(y-t)\frac{dy}{dx}=2(x\cos\theta+y\sin\theta+p)\left(\cos\theta+\frac{dy}{dx}\sin\theta\right)$$

←点 $(x_1,\ y_1)$ と直線 $ax+by+c=0$ の距離は $\dfrac{|ax_1+by_1+c|}{\sqrt{a^2+b^2}}$（数学Ⅱ）
また　$\sin^2\theta+\cos^2\theta=1$

よって

$$x-s+(y-t)\frac{dy}{dx}=(x\cos\theta+y\sin\theta+p)\left(\cos\theta+\frac{dy}{dx}\sin\theta\right) \quad \cdots\cdots ②$$

←両辺を 2 で割った。

更に ② の両辺を $x$ で微分すると

$$1+\left(\frac{dy}{dx}\right)^2+(y-t)\frac{d^2y}{dx^2}=\left(\cos\theta+\frac{dy}{dx}\sin\theta\right)\left(\cos\theta+\frac{dy}{dx}\sin\theta\right)$$
$$+(x\cos\theta+y\sin\theta+p)\frac{d^2y}{dx^2}\sin\theta \quad \cdots ③$$

←$\frac{d}{dx}\left\{(y-t)\frac{dy}{dx}\right\}=\frac{dy}{dx}\cdot\frac{dy}{dx}+(y-t)\frac{d^2y}{dx^2}$

曲線 $C$ は原点を通るから，① より　$s^2+t^2=p^2$ $\cdots\cdots$ ④

←① において $x=y=0$ とおく。

一方　$f'(x)=-e^{-x}\sin x+e^{-x}\cos x+4x-1$，$f'(0)=0$，

$f''(x)=e^{-x}\sin x-e^{-x}\cos x-e^{-x}\cos x-e^{-x}\sin x+4$
$=-2e^{-x}\cos x+4$，$f''(0)=2$

条件から，$x=0$，$y=0$ のとき　$\frac{dy}{dx}=0$，$\frac{d^2y}{dx^2}=2$

ゆえに，② から　$-s=p\cos\theta$，

③ から　$1-2t=\cos^2\theta+2p\sin\theta$ $\cdots\cdots$ (＊)

←②，③ に，$x=y=0$，$\frac{dy}{dx}=0$，$\frac{d^2y}{dx^2}=2$ を代入する。

(＊)から　$2t=1-\cos^2\theta-2p\sin\theta=\sin^2\theta-2p\sin\theta$

よって　$s=-p\cos\theta$，$t=\frac{1}{2}\sin\theta(\sin\theta-2p)$ $\cdots\cdots$ ⑤

④，⑤ から　$p^2=p^2\cos^2\theta+\frac{1}{4}(\sin^4\theta-4p\sin^3\theta+4p^2\sin^2\theta)$

$$=p^2(\cos^2\theta+\sin^2\theta)+\frac{1}{4}(\sin^4\theta-4p\sin^3\theta)$$

$$=p^2+\frac{1}{4}\sin^3\theta(\sin\theta-4p)$$

ゆえに　$\frac{1}{4}\sin^3\theta(\sin\theta-4p)=0$

$\sin\theta\neq0$ であるから　$p=\frac{1}{4}\sin\theta$

よって　$\boldsymbol{s=-\frac{1}{4}\sin\theta\cos\theta}$，$\boldsymbol{t=\frac{1}{4}\sin^2\theta}$

←$p=\frac{1}{4}\sin\theta$ を ⑤ に代入する。

検討　点 A が与えられた直線($\ell$ とする)上にないから，曲線 $C$ は，点 A を焦点，$\ell$ を準線とする放物線である。

例えば，$\theta=\frac{\pi}{2}$ のとき，$p=\frac{1}{4}$，$s=0$，$t=\frac{1}{4}$ であるから，① より　$x^2+\left(y-\frac{1}{4}\right)^2=\left(y+\frac{1}{4}\right)^2$　ゆえに　$y=x^2$

このとき，焦点は点 $\left(0,\ \frac{1}{4}\right)$，準線は直線 $y=-\frac{1}{4}$ となる。

←$x^2=4\cdot\frac{1}{4}\cdot y$

**練習 ②81**

(1) 次の曲線上の点Aにおける接線と法線の方程式を求めよ。

(ア) $y=-\sqrt{2x}$, A$(2,\ -2)$ (イ) $y=e^{-x}-1$, A$(-1,\ e-1)$ (ウ) $y=\tan 2x$, A$\left(\frac{\pi}{8},\ 1\right)$

(2) 曲線 $y=x+\sqrt{x}$ に接し，傾きが $\frac{3}{2}$ である直線の方程式を求めよ。

(1) (ア) $f(x)=-\sqrt{2x}$ とすると $f'(x)=-\frac{1}{\sqrt{2x}}$

よって $f'(2)=-\frac{1}{2}$, $-\frac{1}{f'(2)}=2$

ゆえに，**接線の方程式は**

$y+2=-\frac{1}{2}(x-2)$ すなわち $\boldsymbol{y=-\frac{1}{2}x-1}$

**法線の方程式は** $y+2=2(x-2)$ すなわち $\boldsymbol{y=2x-6}$

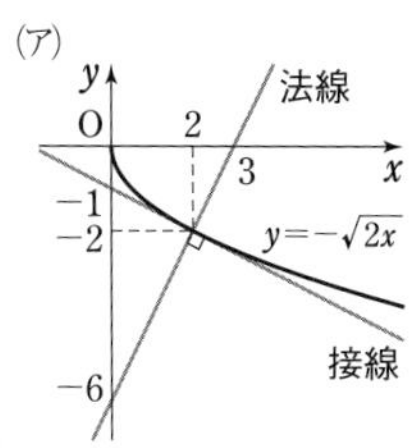


(イ) $f(x)=e^{-x}-1$ とすると $f'(x)=-e^{-x}$

よって $f'(-1)=-e$, $-\frac{1}{f'(-1)}=\frac{1}{e}$

ゆえに，**接線の方程式は**

$y-(e-1)=-e(x+1)$ すなわち $\boldsymbol{y=-ex-1}$

**法線の方程式は**

$y-(e-1)=\frac{1}{e}(x+1)$ すなわち $\boldsymbol{y=\frac{1}{e}x+e+\frac{1}{e}-1}$

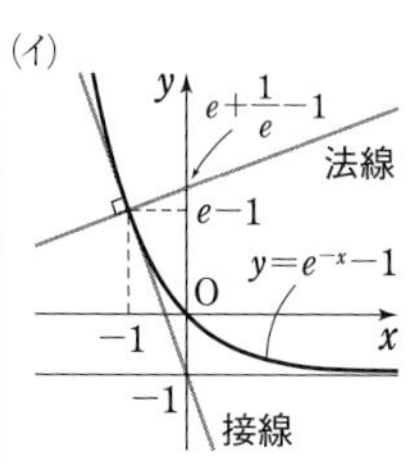


(ウ) $f(x)=\tan 2x$ とすると $f'(x)=\frac{2}{\cos^2 2x}$

←合成関数の微分。

よって $f'\left(\frac{\pi}{8}\right)=4$, $-\frac{1}{f'\left(\frac{\pi}{8}\right)}=-\frac{1}{4}$

←$\cos^2\left(2\cdot\frac{\pi}{8}\right)=\cos^2\frac{\pi}{4}$
$=\left(\frac{1}{\sqrt{2}}\right)^2=\frac{1}{2}$

ゆえに，**接線の方程式は**

$y-1=4\left(x-\frac{\pi}{8}\right)$ すなわち $\boldsymbol{y=4x-\frac{\pi}{2}+1}$

**法線の方程式は**

$y-1=-\frac{1}{4}\left(x-\frac{\pi}{8}\right)$ すなわち $\boldsymbol{y=-\frac{1}{4}x+\frac{\pi}{32}+1}$

(2) $y=x+\sqrt{x}$ から $y'=1+\frac{1}{2\sqrt{x}}$

点 $(a,\ a+\sqrt{a})$ における接線の方程式は

$y-(a+\sqrt{a})=\left(1+\frac{1}{2\sqrt{a}}\right)(x-a)$ …… ①

この直線の傾きが $\frac{3}{2}$ であるとすると $1+\frac{1}{2\sqrt{a}}=\frac{3}{2}$

ゆえに $\frac{1}{\sqrt{a}}=1$ よって $a=1$

求める直線の方程式は，$a=1$ を ① に代入して

$y-2=\frac{3}{2}(x-1)$ すなわち $\boldsymbol{y=\frac{3}{2}x+\frac{1}{2}}$

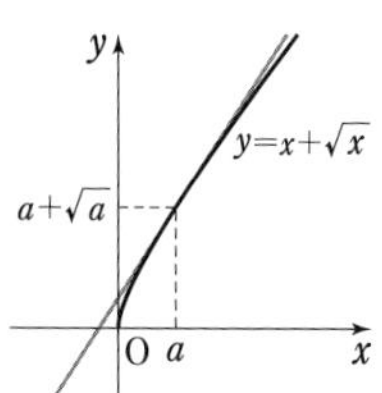

**練習** ②**82**

(1) 次の曲線に，与えられた点Pから引いた接線の方程式と，そのときの接点の座標を求めよ。

(ア) $y=x\log x$，P(0，$-2$)　　(イ) $y=\dfrac{1}{x}+1$，P(1，$-2$)

(2) 直線 $y=x$ が曲線 $y=a^x$ の接線となるとき，$a$ の値と接点の座標を求めよ。ただし，$a>0$，$a\neq1$ とする。　［(2) 類 東京理科大］

(1) (ア) $y=x\log x$ から　$y'=\log x+x\cdot\dfrac{1}{x}=\log x+1$

←$(uv)'=u'v+uv'$

接点の座標を $(a,\ a\log a)$ $(a>0)$ とすると，接線の方程式は　$y-a\log a=(\log a+1)(x-a)$

←傾きは $\log a+1$
曲線 $y=f(x)$ 上の点 $(\alpha,\ f(\alpha))$ における接線の方程式は
$y-f(\alpha)=f'(\alpha)(x-\alpha)$

すなわち　$y=(\log a+1)x-a$

この直線が点 $(0,\ -2)$ を通るから　$-2=-a$

したがって　$a=2$

よって，求める接線の方程式は　$\boldsymbol{y=(\log 2+1)x-2}$

また，接点の座標は　$\boldsymbol{(2,\ 2\log 2)}$

(ア)

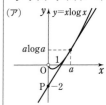

(イ) $y=\dfrac{1}{x}+1$ から　$y'=-\dfrac{1}{x^2}$

接点の座標を $\left(a,\ \dfrac{1}{a}+1\right)$ $(a\neq0)$ とすると，接線の方程式は

$$y-\left(\frac{1}{a}+1\right)=-\frac{1}{a^2}(x-a)$$

すなわち　$y=-\dfrac{1}{a^2}x+\dfrac{2}{a}+1$ …… ①

この直線が点 $(1,\ -2)$ を通るから　$-2=-\dfrac{1}{a^2}+\dfrac{2}{a}+1$

両辺に $a^2$ を掛けて整理すると　$3a^2+2a-1=0$

ゆえに　$(a+1)(3a-1)=0$　　よって　$a=-1,\ \dfrac{1}{3}$

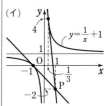

よって，求める接線の方程式と接点の座標は，① から

$a=-1$ のとき　$\boldsymbol{y=-x-1,\ (-1,\ 0)}$

$a=\dfrac{1}{3}$ のとき　$\boldsymbol{y=-9x+7,\ \left(\dfrac{1}{3},\ 4\right)}$

(イ)


(2) $y=a^x$ から　$y'=a^x\log a$

接点の座標を $(t,\ a^t)$ とすると，接線の方程式は

$$y-a^t=(a^t\log a)(x-t)$$

すなわち　$y=(a^t\log a)x+a^t(1-t\log a)$

これが $y=x$ と一致するための条件は

$a^t\log a=1$ …… ①　かつ　$a^t(1-t\log a)=0$ …… ②

←2直線が一致 ⟺ 傾きと $y$ 切片が一致。

$a^t>0$ であるから，② より　$1-t\log a=0$

$t\neq0$ であるから　$\log a=\dfrac{1}{t}$　　ゆえに　$a=e^{\frac{1}{t}}$

←$t=0$ のとき，② は成り立たない。

① に代入して　$e\cdot\dfrac{1}{t}=1$　　よって　$t=e$

←$a^t=e$

以上から　$\boldsymbol{a=e^{\frac{1}{e}}}$，**接点の座標は**　$\boldsymbol{(e,\ e)}$

**練習 ②83** 次の曲線上の点P，Qにおける接線の方程式をそれぞれ求めよ。

(1) 双曲線 $x^2-y^2=a^2$ 上の点 $\mathrm{P}(x_1,\ y_1)$ ただし，$a>0$

(2) 曲線 $x=1-\cos 2t$，$y=\sin t+2$ 上の $t=\frac{5}{6}\pi$ に対応する点Q

(1) $x^2-y^2=a^2$ の両辺を $x$ について微分すると

$$2x-2yy'=0$$

ゆえに，$y\neq 0$ のとき　$y'=\frac{x}{y}$

←$y'$ を求める。

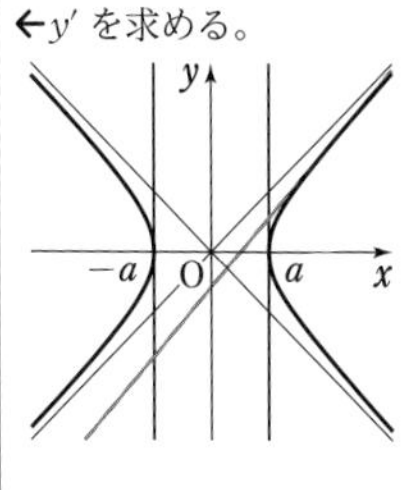


よって，点Pにおける接線の方程式は，$y_1\neq 0$ のとき

$$y-y_1=\frac{x_1}{y_1}(x-x_1)\quad すなわち\quad x_1x-y_1y={x_1}^2-{y_1}^2$$

点Pは双曲線上の点であるから　${x_1}^2-{y_1}^2=a^2$

$y_1\neq 0$ のとき，接線の方程式は　$x_1x-y_1y=a^2$ …… ①

$y_1=0$ のとき，$x_1=\pm a$ であり，接線の方程式は　$x=\pm a$

これは①で $x_1=\pm a$，$y_1=0$ とすると得られる。

したがって，求める接線の方程式は

$$\boldsymbol{x_1x-y_1y=a^2}$$

(2) $\frac{dx}{dt}=2\sin 2t=4\sin t\cos t$，$\frac{dy}{dt}=\cos t$

よって，$\sin t\cos t\neq 0$ のとき

$$\frac{dy}{dx}=\cos t\cdot\frac{1}{4\sin t\cos t}=\frac{1}{4\sin t}$$

←$\frac{dy}{dx}=\frac{dy}{dt}\Big/\frac{dx}{dt}$

$t=\frac{5}{6}\pi$ のとき　$x=1-\frac{1}{2}=\frac{1}{2}$，$y=\frac{1}{2}+2=\frac{5}{2}$

←$\cos\frac{5}{3}\pi=\frac{1}{2}$

$\sin\frac{5}{6}\pi=\frac{1}{2}$

すなわち　$\mathrm{Q}\left(\frac{1}{2},\ \frac{5}{2}\right)$　　また　$\frac{dy}{dx}=\frac{1}{4}\cdot 2=\frac{1}{2}$

したがって，求める接線の方程式は

$$y-\frac{5}{2}=\frac{1}{2}\left(x-\frac{1}{2}\right)\quad すなわち\quad \boldsymbol{y=\frac{1}{2}x+\frac{9}{4}}$$

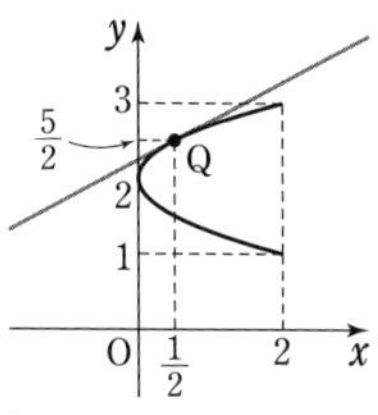


**検討** $x=1-\cos 2t=1-(1-2\sin^2 t)=2\sin^2 t$ …… ①

$y=\sin t+2$ から　$\sin t=y-2$ …… ②

②を①に代入して $t$ を消去すると　$x=2(y-2)^2$

また，$-1\leqq\cos 2t\leqq 1$ であるから　$0\leqq 1-\cos 2t\leqq 2$

←$-1\leqq -\cos 2t\leqq 1$

すなわち　$0\leqq x\leqq 2$

よって，曲線は，放物線 $x=2(y-2)^2$ の $0\leqq x\leqq 2$ の部分。

**練習 ③84** 2つの曲線 $y=e^x$，$y=\log(x+2)$ の共通接線の方程式を求めよ。

$y=e^x$ から　$y'=e^x$

よって，曲線 $y=e^x$ 上の点 $(s,\ e^s)$ における接線の方程式は

$$y-e^s=e^s(x-s)\quad すなわち\quad y=e^sx-(s-1)e^s\ \cdots\cdots ①$$

←曲線 $y=f(x)$ 上の点 $(\alpha,\ f(\alpha))$ における接線の方程式は

$\boldsymbol{y-f(\alpha)=f'(\alpha)(x-\alpha)}$

また，$y=\log(x+2)$ から　$y'=\frac{1}{x+2}$

よって，曲線 $y=\log(x+2)$ 上の点 $(t,\ \log(t+2))$ における接線の方程式は　$y-\log(t+2)=\dfrac{1}{t+2}(x-t)$

すなわち　$y=\dfrac{1}{t+2}x+\log(t+2)-\dfrac{t}{t+2}$ …… ②

2 接線 ①，② が一致するための条件は

$e^s=\dfrac{1}{t+2}$ … ③ かつ $-(s-1)e^s=\log(t+2)-\dfrac{t}{t+2}$ … ④

←①, ② の傾きと $y$ 切片がそれぞれ一致。

③ から　$t+2=\dfrac{1}{e^s}$　　よって　$t=\dfrac{1}{e^s}-2$

これらを ④ に代入して　$-(s-1)e^s=-s-e^s\cdot\left(\dfrac{1}{e^s}-2\right)$

ゆえに　$(s+1)-(s+1)e^s=0$

よって　$(s+1)(1-e^s)=0$

ゆえに　$s=-1,\ e^s=1$

すなわち　$s=0,\ -1$

これらを ① に代入して，求める接線の方程式は

$s=0$ のとき　$\boldsymbol{y=x+1}$

$s=-1$ のとき　$\boldsymbol{y=\dfrac{x}{e}+\dfrac{2}{e}}$

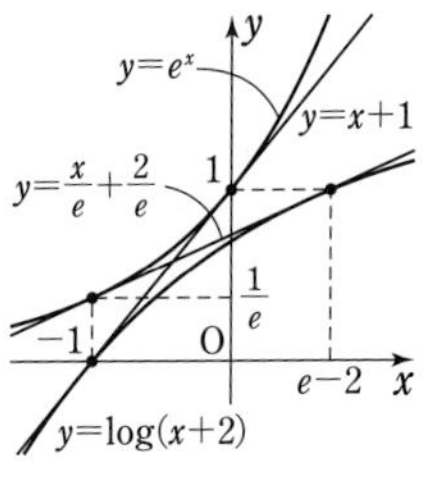


**練習 ③85**　2 つの曲線 $y=ax^2$, $y=\log x$ が接するとき，定数 $a$ の値を求めよ。このとき，接点での接線の方程式を求めよ。　〔類 東京電機大〕

$y=ax^2$ から　$y'=2ax$

$y=\log x$ から　$y'=\dfrac{1}{x}$

2 つの曲線 $y=ax^2$, $y=\log x$ が $x$ 座標 $t\ (t>0)$ の点で接するための条件は

$$at^2=\log t \ \cdots\cdots ① \quad かつ \quad 2at=\frac{1}{t} \ \cdots\cdots ②$$

② から　$at^2=\dfrac{1}{2}$ …… ③

③ を ① に代入して　$\dfrac{1}{2}=\log t$　　よって　$t=e^{\frac{1}{2}}$

ゆえに，③ から　$\boldsymbol{a}=\dfrac{1}{2(e^{\frac{1}{2}})^2}=\boldsymbol{\dfrac{1}{2e}}$

このとき，接点の座標は $\left(e^{\frac{1}{2}},\ \dfrac{1}{2}\right)$ であるから，求める接線の方程式は

$$y-\frac{1}{2}=\frac{1}{e^{\frac{1}{2}}}(x-e^{\frac{1}{2}}) \quad すなわち \quad \boldsymbol{y=e^{-\frac{1}{2}}x-\frac{1}{2}}$$

HINT　2 曲線 $y=f(x)$ と $y=g(x)$ が共有点（$x$ 座標 $t$）で接する（共通な接線をもつ）ための条件は
**$f(t)=g(t)$ かつ $f'(t)=g'(t)$**

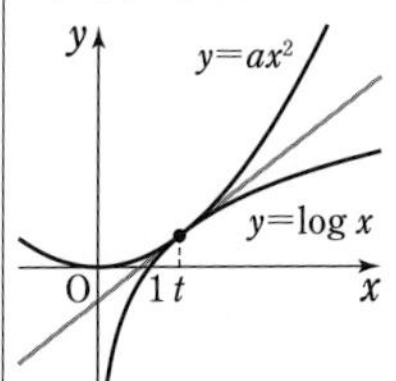

**練習 ②86** $k>0$ とする。$f(x)=-(x-a)^2$, $g(x)=\log kx$ のとき，曲線 $y=f(x)$ と曲線 $y=g(x)$ の共有点をPとする。この点Pにおいて曲線 $y=f(x)$ の接線と曲線 $y=g(x)$ の接線が直交するとき，$a$ と $k$ の関係式を求めよ。〔弘前大〕

$g(x)$ の定義域は　　$x>0$

点Pの $x$ 座標を $t\ (t>0)$ とすると，2 曲線 $y=f(x)$, $y=g(x)$ は点Pを通るから　　$f(t)=g(t)$

すなわち　$-(t-a)^2=\log kt$ …… ①

また　　$f'(x)=-2(x-a)$, $g'(x)=\dfrac{1}{x}$

点Pにおいて，2 曲線 $y=f(x)$, $y=g(x)$ の接線は座標軸に平行でなく，互いに直交するから

$$t \neq a \quad かつ \quad f'(t)g'(t)=-1 \ \cdots\cdots \ ②$$

② から　　$-2(t-a)\cdot\dfrac{1}{t}=-1$　　ゆえに　　$2t-2a=t$

よって　　$t=2a$　　これを ① に代入すると　$-a^2=\log 2ka$

ゆえに　　$2ka=e^{-a^2}$　　　$t>0$ で，$t=2a$ から　　$a>0$

よって　　$\boldsymbol{k=\dfrac{e^{-a^2}}{2a}\ (a>0)}$

←真数条件 $kx>0$ で，$k>0$ から。

←$y$ 座標の一致。

←$g'(x)=\dfrac{1}{kx}\cdot k=\dfrac{1}{x}$

←2 直線が **直交 ⟺ 傾きの積が −1**

**練習 ③87** 曲線 $y=xe^x$ に，点 $(a,\ 0)$ から接線が引けるような定数 $a$ の値の範囲を求めよ。

$y=xe^x$ から　　$y'=e^x+xe^x=(x+1)e^x$

接点の座標を $(t,\ te^t)$ とすると，接線の方程式は

$$y-te^t=(t+1)e^t(x-t)$$

この直線が点 $(a,\ 0)$ を通るとすると　$-te^t=(t+1)e^t(a-t)$

$e^t \neq 0$ であるから　　$-t=(t+1)(a-t)$

整理して　　$t^2-at-a=0$ …… ①

接線が引けるための条件は，$t$ の 2 次方程式 ① が実数解をもつことである。よって，① の判別式を $D$ とすると　　$D \geqq 0$

$$D=(-a)^2-4\cdot1\cdot(-a)=a(a+4)$$

ゆえに　　$a(a+4)\geqq 0$　　　したがって　　$\boldsymbol{a\leqq -4,\ 0\leqq a}$

HINT　接線が引ける ⟺ 接点が存在する。

←2 次方程式が実数解をもつ ⟺ 判別式 $D\geqq 0$

**練習 ③88** 曲線 $\sqrt{x}+\sqrt{y}=\sqrt{a}\ (a>0)$ 上の点P（座標軸上にはない）における接線が，$x$ 軸，$y$ 軸と交わる点をそれぞれA，Bとするとき，原点Oからの距離の和 OA+OB は一定であることを示せ。

根号内は負でないから　　$x\geqq 0$, $y\geqq 0$

よって，座標軸上にはない点Pの座標を $(s,\ t)$ とすると，$s>0$ かつ $t>0$ である。

$x>0$, $y>0$ のとき，$\sqrt{x}+\sqrt{y}=\sqrt{a}$ の両辺を $x$ で微分して

$$\frac{1}{2\sqrt{x}}+\frac{y'}{2\sqrt{y}}=0$$

よって　　$y'=-\sqrt{\dfrac{y}{x}}$

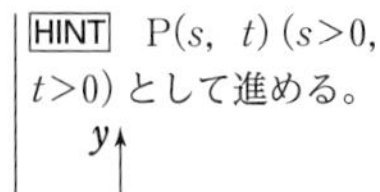
HINT　$\mathrm{P}(s,\ t)\ (s>0,\ t>0)$ として進める。

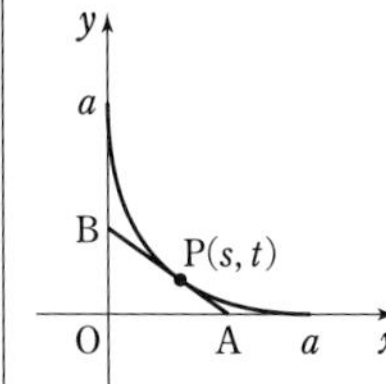

ゆえに，点Pにおける接線の方程式は

$$y-t=-\sqrt{\frac{t}{s}}(x-s) \quad \text{すなわち} \quad y=-\sqrt{\frac{t}{s}}x+\sqrt{st}+t$$

$y=0$ とすると　　$x=s+\sqrt{st}$

←$\sqrt{\frac{t}{s}}x=\sqrt{st}+t$ の両辺に $\sqrt{\frac{s}{t}}$ を掛ける。

$x=0$ とすると　　$y=\sqrt{st}+t$

よって　　$\mathrm{OA}+\mathrm{OB}=(s+\sqrt{st})+(\sqrt{st}+t)=(\sqrt{s}+\sqrt{t})^2$

$$=(\sqrt{a})^2=a$$

したがって，OA＋OB は一定である。

**練習 ②89**

(1) 次の関数 $f(x)$ と区間について，平均値の定理の式 $\frac{f(b)-f(a)}{b-a}=f'(c)$，$a<c<b$ を満たす $c$ の値を求めよ。

(ア) $f(x)=\log x$　$[1,\ e]$　　　(イ) $f(x)=e^{-x}$　$[0,\ 1]$

(2) $f(x)=x^3$ のとき，$f(a+h)-f(a)=hf'(a+\theta h)$，$0<\theta<1$ を満たす $\theta$ を正の数 $a$，$h$ で表し，$\lim_{h\to+0}\theta$ を求めよ。

(1) (ア) $f(x)$ は $x>0$ で微分可能で　　$f'(x)=\frac{1}{x}$

←$f(x)$ は $[1,\ e]$ で連続，$(1,\ e)$ で微分可能。

平均値の定理の式 $\frac{f(e)-f(1)}{e-1}=f'(c)$ を満たす $c$ の値は，

$\frac{1-0}{e-1}=\frac{1}{c}$ から　　$\boldsymbol{c=e-1}$

これは $1<c<e$ を満たすから，求める $c$ の値である。

←$e=2.71828\cdots$

(イ) $f(x)$ は微分可能で　　$f'(x)=-e^{-x}$

←$f(x)$ は $[0,\ 1]$ で連続，$(0,\ 1)$ で微分可能。

平均値の定理の式 $\frac{f(1)-f(0)}{1-0}=f'(c)$ を満たす $c$ の値は，

$\frac{1}{e}-1=-e^{-c}$ から　　$e^{-c}=\frac{e-1}{e}$

ゆえに　　$-c=\log\frac{e-1}{e}$　　　よって　　$\boldsymbol{c=1-\log(e-1)}$

←$1<e-1<e$ であるから　$0<\log(e-1)<1$

これは $0<c<1$ を満たすから，求める $c$ の値である。

(2) $f'(x)=3x^2$ で，等式から　　$(a+h)^3-a^3=h\cdot 3(a+\theta h)^2$

←$f(a+h)-f(a)=hf'(a+\theta h)$

よって　　$h(3a^2+3ah+h^2)=3h(a+\theta h)^2$

$a>0$，$h>0$，$\theta>0$ であるから　$\sqrt{3a^2+3ah+h^2}=\sqrt{3}(a+\theta h)$

ゆえに　　$\boldsymbol{\theta}=\frac{\sqrt{3a^2+3ah+h^2}-\sqrt{3}a}{\sqrt{3}h}$

$$=\boldsymbol{\frac{\sqrt{9a^2+9ah+3h^2}-3a}{3h}}$$

←$0<\theta<1$ である。

また，$h>0$ のとき

$$\theta=\frac{(9a^2+9ah+3h^2)-(3a)^2}{3h(\sqrt{9a^2+9ah+3h^2}+3a)}=\frac{9ah+3h^2}{3h(\sqrt{9a^2+9ah+3h^2}+3a)}$$

←分子の有理化。

$$=\frac{3a+h}{\sqrt{9a^2+9ah+3h^2}+3a}$$

よって　　$\boldsymbol{\lim_{h\to+0}\theta=\frac{3a}{3a+3a}=\frac{1}{2}}$

**練習 ②90** 平均値の定理を利用して，次のことを証明せよ。

(1) $a<b$ のとき $e^a<\dfrac{e^b-e^a}{b-a}<e^b$ (2) $t>0$ のとき $0<\log\dfrac{e^t-1}{t}<t$

(3) $0<a<b$ のとき $1-\dfrac{a}{b}<\log b-\log a<\dfrac{b}{a}-1$

(1) 関数 $f(x)=e^x$ は微分可能で $f'(x)=e^x$

よって，区間 $[a,\ b]$ において，平均値の定理を用いると

$$\frac{e^b-e^a}{b-a}=e^c,\ a<c<b$$

を満たす $c$ が存在する。$a<c<b$ から $e^a<e^c<e^b$

したがって $e^a<\dfrac{e^b-e^a}{b-a}<e^b$

(2) (1)の不等式において，$a=0$，$b=t$ とすると

$$e^0<\frac{e^t-e^0}{t-0}<e^t \quad \text{すなわち} \quad 1<\frac{e^t-1}{t}<e^t$$

各辺は正の数であるから，各辺の自然対数をとると

$$0<\log\frac{e^t-1}{t}<t$$

(3) 関数 $f(x)=\log x$ は $x>0$ で微分可能で $f'(x)=\dfrac{1}{x}$

よって，区間 $[a,\ b]$ において，平均値の定理を用いると

$$\frac{\log b-\log a}{b-a}=\frac{1}{c},\ a<c<b$$

を満たす $c$ が存在する。$0<a<b$ と $a<c<b$ から

$0<a<c<b$

ゆえに $\dfrac{1}{b}<\dfrac{1}{c}<\dfrac{1}{a}$ よって $\dfrac{1}{b}<\dfrac{\log b-\log a}{b-a}<\dfrac{1}{a}$

この不等式の各辺に $b-a\ (>0)$ を掛けて

$$\frac{b-a}{b}<\log b-\log a<\frac{b-a}{a} \quad \text{すなわち} \quad 1-\frac{a}{b}<\log b-\log a<\frac{b}{a}-1$$

HINT 平均値の定理の式 $\dfrac{f(b)-f(a)}{b-a}=f'(c)$，$a<c<b$ を利用。このa<c<bと証明すべき不等式を結びつける。
(2) (1)の結果を利用。

別解 (2) (1)の不等式を利用しない証明。
関数 $f(x)=e^x$ に区間 $[0,\ t]$ において，平均値の定理を用いると
$\dfrac{e^t-e^0}{t-0}=e^c$，$0<c<t$ を満たす $c$ が存在する。
$0<c<t$ から
$e^0<e^c<e^t$
$\therefore\ 1<\dfrac{e^t-1}{t}<e^t$
各辺の自然対数をとって
$0<\log\dfrac{e^t-1}{t}<t$

4章 練習 〔微分法の応用〕

**練習 ④91** 平均値の定理を利用して，次の極限値を求めよ。

(1) $\displaystyle\lim_{x\to0}\log\frac{e^x-1}{x}$ 〔類 富山医薬大〕 (2) $\displaystyle\lim_{x\to1}\frac{\sin\pi x}{x-1}$

(1) $f(x)=e^x$ とすると，$f(x)$ は常に微分可能で $f'(x)=e^x$

[1] $x<0$ のとき，区間 $[x,\ 0]$ において，平均値の定理を用いると $\dfrac{e^0-e^x}{0-x}=e^{c_1}$，$x<c_1<0$ を満たす $c_1$ が存在する。

$\displaystyle\lim_{x\to-0}x=0$ であるから $\displaystyle\lim_{x\to-0}c_1=0$

よって $\displaystyle\lim_{x\to-0}\log\frac{e^x-1}{x}=\lim_{x\to-0}\log e^{c_1}=\lim_{x\to-0}c_1=0$

[2] $x>0$ のとき，区間 $[0,\ x]$ において，平均値の定理を用いると $\dfrac{e^x-e^0}{x-0}=e^{c_2}$，$0<c_2<x$

HINT (1) $f(x)=e^x$，(2) $f(x)=\sin\pi x$ について，平均値の定理を適用。

←はさみうちの原理。

← $\dfrac{e^x-1}{x}=\dfrac{e^0-e^x}{0-x}$

を満たす $c_2$ が存在する。

$\lim_{x\to+0} x=0$ であるから　$\lim_{x\to+0} c_2=0$

←はさみうちの原理。

よって　$\lim_{x\to+0}\log\frac{e^x-1}{x}=\lim_{x\to+0}\log e^{c_2}=\lim_{x\to+0} c_2=0$

←$\frac{e^x-1}{x}=\frac{e^x-e^0}{x-0}$

以上から　$\lim_{x\to0}\log\frac{e^x-1}{x}=\mathbf{0}$

参考　$\lim_{x\to0}\log\frac{f(x)-f(0)}{x}=\log f'(0)=\log e^0=\mathbf{0}$

←微分係数の定義式利用。

(2)　$f(x)=\sin\pi x$ とすると，$f(x)$ は常に微分可能で

$$f'(x)=\pi\cos\pi x$$

[1]　$x<1$ のとき，区間 $[x,\ 1]$ において，平均値の定理を用いると　$\frac{\sin\pi-\sin\pi x}{1-x}=\pi\cos\pi\theta_1,\ x<\theta_1<1$

を満たす $\theta_1$ が存在する。

$\lim_{x\to1-0} x=1$ であるから　$\lim_{x\to1-0}\theta_1=1$

←はさみうちの原理。

よって　$\lim_{x\to1-0}\frac{\sin\pi x}{x-1}=\lim_{x\to1-0}\pi\cos\pi\theta_1=\pi\cos\pi=-\pi$

←$\frac{\sin\pi x}{x-1}=\frac{\sin\pi-\sin\pi x}{1-x}$

[2]　$1<x$ のとき，区間 $[1,\ x]$ において，平均値の定理を用いると　$\frac{\sin\pi x-\sin\pi}{x-1}=\pi\cos\pi\theta_2,\ 1<\theta_2<x$

を満たす $\theta_2$ が存在する。

$\lim_{x\to1+0} x=1$ であるから　$\lim_{x\to1+0}\theta_2=1$

←はさみうちの原理。

よって　$\lim_{x\to1+0}\frac{\sin\pi x}{x-1}=\lim_{x\to1+0}\pi\cos\pi\theta_2=\pi\cos\pi=-\pi$

以上から　$\lim_{x\to1}\frac{\sin\pi x}{x-1}=-\boldsymbol{\pi}$

参考　練習 54 (2) 参照。

**練習 ④92**　ロピタルの定理を用いて，次の極限値を求めよ。

(1)　$\lim_{x\to0}\frac{e^x-e^{-x}}{x}$　(2)　$\lim_{x\to0}\frac{x-\sin x}{x^2}$　(3)　$\lim_{x\to\infty}x\log\frac{x-1}{x+1}$

(1)　$f(x)=e^x-e^{-x},\ g(x)=x$ とすると

$$f'(x)=e^x+e^{-x},\quad g'(x)=1$$

←$\lim_{x\to0}(e^x-e^{-x})=0$, $\lim_{x\to0}x=0$

また　$\lim_{x\to0}\frac{f'(x)}{g'(x)}=\lim_{x\to0}\frac{e^x+e^{-x}}{1}=2$

←分母・分子を微分して極限値を求める。

よって　$\lim_{x\to0}\frac{e^x-e^{-x}}{x}=\mathbf{2}$

(2)　$f(x)=x-\sin x,\ g(x)=x^2$ とすると

$$f'(x)=1-\cos x,\ g'(x)=2x,\ f''(x)=\sin x,\ g''(x)=2$$

←1 回微分しても，$\lim_{x\to0}(1-\cos x)=0$, $\lim_{x\to0}2x=0$ より $\frac{0}{0}$ の不定形となるから，更に微分する。

また　$\lim_{x\to0}\frac{f''(x)}{g''(x)}=\lim_{x\to0}\frac{\sin x}{2}=0$

よって　$\lim_{x\to0}\frac{x-\sin x}{x^2}=\mathbf{0}$

(3) $f(x)=\log\dfrac{x-1}{x+1}=\log|x-1|-\log|x+1|$, $g(x)=\dfrac{1}{x}$ とすると

←与式は $\dfrac{\infty-\infty}{0}$ の形。

$$f'(x)=\frac{1}{x-1}-\frac{1}{x+1},\quad g'(x)=-\frac{1}{x^2}$$

また
$$\lim_{x\to\infty}\frac{f'(x)}{g'(x)}=\lim_{x\to\infty}\frac{\dfrac{1}{x-1}-\dfrac{1}{x+1}}{-\dfrac{1}{x^2}}$$
$$=\lim_{x\to\infty}\frac{-2x^2}{(x-1)(x+1)}$$

←分母・分子を $x^2$ で割る。

$$=\lim_{x\to\infty}\frac{-2}{\left(1-\dfrac{1}{x}\right)\left(1+\dfrac{1}{x}\right)}=-2$$

よって $\displaystyle\lim_{x\to\infty}x\log\frac{x-1}{x+1}=\mathbf{-2}$



## 練習 ②93

次の関数の増減を調べよ。

(1) $y=x-2\sqrt{x}$　(2) $y=\dfrac{x^3}{x-2}$　(3) $y=2x-\log x$

(1) 定義域は $x\geqq 0$ である。

←$\sqrt{\quad}$ 内$\geqq 0$ から。

$$y'=1-2\cdot\frac{1}{2\sqrt{x}}=\frac{\sqrt{x}-1}{\sqrt{x}}$$

$y'=0$ とすると　$x=1$

←$\sqrt{x}-1=0$ から $\sqrt{x}=1$ 平方して　$x=1$

よって，$y$ の増減表は右のようになる。したがって，

| $x$ | 0 | … | 1 | … |
|---|---|---|---|---|
| $y'$ | ／ | $-$ | 0 | $+$ |
| $y$ | 0 | ↘ | $-1$ | ↗ |

**$0\leqq x\leqq 1$ で単調に減少し，**
**$1\leqq x$ で単調に増加する。**

←区間の端点を含める（解答の後の 検討 参照）。

検討　関数 $y=f(x)$ の定義域は $x\geqq 0$ であるが，$x=0$ で $y'$ は存在しない。しかし，$0<u<1$ を満たす任意の $u$ に対し，平均値の定理から，$\dfrac{f(u)-f(0)}{u}=f'(c)$，$0<c<u$ を満たす実数 $c$ が存在し，$f'(c)<0$，$u>0$ から　$f(0)>f(u)$
したがって，$x=0$ を含めて $y$ は単調に減少する。

(2) 定義域は $x\neq 2$ である。

←分母$\neq 0$ から。

$$y'=\frac{3x^2(x-2)-x^3\cdot 1}{(x-2)^2}=\frac{2x^2(x-3)}{(x-2)^2}$$

$y'=0$ とすると　$x=0,\ 3$
よって，$y$ の増減表は右のようになる。
したがって，

| $x$ | … | 0 | … | 2 | … | 3 | … |
|---|---|---|---|---|---|---|---|
| $y'$ | $-$ | 0 | $-$ | ／ | $-$ | 0 | $+$ |
| $y$ | ↘ | 0 | ↘ | ／ | ↘ | 27 | ↗ |

←$\displaystyle\lim_{x\to 2-0}y=-\infty$，$\displaystyle\lim_{x\to 2+0}y=\infty$

**$x<2$，$2<x\leqq 3$ で単調に減少し，**
**$3\leqq x$ で単調に増加する。**

(3) 定義域は $x>0$ である。

←真数$>0$ から。

$$y'=2-\frac{1}{x}=\frac{2x-1}{x}$$

$y'=0$ とすると　$x=\frac{1}{2}$

よって，$y$ の増減表は右のようになる。したがって，

| $x$ | 0 | … | $\frac{1}{2}$ | … |
|---|---|---|---|---|
| $y'$ | | $-$ | 0 | $+$ |
| $y$ | | ↘ | $1+\log 2$ | ↗ |

←$\lim_{x\to+0} y=\infty$

**$0<x\leqq\frac{1}{2}$ で単調に減少し，**

**$\frac{1}{2}\leqq x$ で単調に増加する。**

**練習 ②94** 次の関数の極値を求めよ。

(1) $y=xe^{-x}$　(2) $y=\frac{3x-1}{x^3+1}$　(3) $y=\frac{x+1}{x^2+x+1}$

(4) $y=(1-\sin x)\cos x\ (0\leqq x\leqq 2\pi)$　(5) $y=|x|\sqrt{4-x}$　(6) $y=(x+2)\cdot\sqrt[3]{x^2}$

(1) $y'=e^{-x}-xe^{-x}=e^{-x}(1-x)$

$y'=0$ とすると　$x=1$

←$e^{-x}>0$ であるから $1-x=0$

増減表は右のようになる。

| $x$ | … | 1 | … |
|---|---|---|---|
| $y'$ | $+$ | 0 | $-$ |
| $y$ | ↗ | 極大 | ↘ |

よって　**$x=1$ で極大値 $e^{-1}$**

←$\frac{1}{e}$ でもよい。

(2) $x^3+1=(x+1)(x^2-x+1)$ であるから，定義域は　$x\neq-1$

←$x^2-x+1=\left(x-\frac{1}{2}\right)^2+\frac{3}{4}>0$

$$y'=\frac{3(x^3+1)-(3x-1)\cdot 3x^2}{(x^3+1)^2}=\frac{-3(2x^3-x^2-1)}{(x^3+1)^2}$$

$$=\frac{-3(x-1)(2x^2+x+1)}{(x^3+1)^2}$$

←$2x^2+x+1=2\left(x+\frac{1}{4}\right)^2+\frac{7}{8}>0$

$y'=0$ とすると　$x=1$

増減表は右のようになる。

| $x$ | … | $-1$ | … | 1 | … |
|---|---|---|---|---|---|
| $y'$ | $+$ | ／ | $+$ | 0 | $-$ |
| $y$ | ↗ | ／ | ↗ | 極大 | ↘ |

よって　**$x=1$ で極大値 1**

(3) $$y'=\frac{x^2+x+1-(x+1)(2x+1)}{(x^2+x+1)^2}$$

$$=-\frac{x(x+2)}{(x^2+x+1)^2}$$

←$x^2+x+1=\left(x+\frac{1}{2}\right)^2+\frac{3}{4}>0$
定義域は，すべての実数である。

$y'=0$ とすると　$x=-2,\ 0$

増減表は右のようになる。

よって

| $x$ | … | $-2$ | … | 0 | … |
|---|---|---|---|---|---|
| $y'$ | $-$ | 0 | $+$ | 0 | $-$ |
| $y$ | ↘ | 極小 | ↗ | 極大 | ↘ |

**$x=-2$ で極小値 $-\frac{1}{3}$，$x=0$ で極大値 1**

(4) $y'=-\cos x\cdot\cos x+(1-\sin x)(-\sin x)$

$=-1+\sin^2 x-\sin x+\sin^2 x$

$=2\sin^2 x-\sin x-1$

$=(\sin x-1)(2\sin x+1)$

$0\leqq x\leqq 2\pi$ の範囲で $y'=0$ を解くと

$\sin x-1=0$ から $x=\frac{\pi}{2}$，$2\sin x+1=0$ から $x=\frac{7}{6}\pi,\ \frac{11}{6}\pi$

増減表は次のようになる。

| $x$ | 0 | … | $\frac{\pi}{2}$ | … | $\frac{7}{6}\pi$ | … | $\frac{11}{6}\pi$ | … | $2\pi$ |
|---|---|---|---|---|---|---|---|---|---|
| $y'$ | | $-$ | 0 | $-$ | 0 | $+$ | 0 | $-$ | |
| $y$ | 1 | ↘ | 0 | ↘ | 極小 | ↗ | 極大 | ↘ | 1 |

**$x=\frac{7}{6}\pi$ で極小値 $-\frac{3\sqrt{3}}{4}$，$x=\frac{11}{6}\pi$ で極大値 $\frac{3\sqrt{3}}{4}$**

←$\sin x-1\leqq 0$ であるから，$y'$ の符号は
$2\sin x+1\leqq 0$　すなわち
$\frac{7}{6}\pi\leqq x\leqq\frac{11}{6}\pi$ のとき
　$y'\geqq 0$
$2\sin x+1\geqq 0$　すなわち
$0\leqq x\leqq\frac{7}{6}\pi$,
$\frac{11}{6}\pi\leqq x\leqq 2\pi$ のとき
　$y'\leqq 0$

(5)　定義域は，$4-x\geqq 0$ から　　$x\leqq 4$

$0\leqq x\leqq 4$ のとき，$y=x\sqrt{4-x}$ であるから，$0<x<4$ では

$$y'=\sqrt{4-x}-\frac{x}{2\sqrt{4-x}}=\frac{8-3x}{2\sqrt{4-x}}$$

この範囲で $y'=0$ となる $x$ の値は　　$x=\frac{8}{3}$

$x<0$ のとき　　$y=-x\sqrt{4-x}$

ゆえに，$x<0$ では　　$y'=-\frac{8-3x}{2\sqrt{4-x}}<0$

関数 $y=|x|\sqrt{4-x}$ は
$x=0$，4 で微分可能ではない。
増減表は右のようになる。

| $x$ | … | 0 | … | $\frac{8}{3}$ | … | 4 |
|---|---|---|---|---|---|---|
| $y'$ | $-$ | ／ | $+$ | 0 | $-$ | ／ |
| $y$ | ↘ | 極小 | ↗ | 極大 | ↘ | 0 |

よって

**$x=\frac{8}{3}$ で極大値 $\frac{8}{3}\sqrt{\frac{4}{3}}=\frac{16\sqrt{3}}{9}$，$x=0$ で極小値 0**

←$y'$ が存在しない $x$ についても，その前後の $x$ に対する $y'$ の符号に注目。ここでは，$x=0$ で $y'$ は存在しないが，関数は連続で極小となる。

(6)　$y'=\sqrt[3]{x^2}+(x+2)\cdot\frac{2}{3}x^{-\frac{1}{3}}=\frac{1}{3\sqrt[3]{x}}(3x+2x+4)=\frac{5x+4}{3\sqrt[3]{x}}$

←$y'$
$=x^{\frac{2}{3}}+\frac{2}{3}x^{-\frac{1}{3}}(x+2)$
$=\frac{1}{3}x^{-\frac{1}{3}}\{3x+2(x+2)\}$

$y'=0$ とすると　$x=-\frac{4}{5}$

関数 $y=(x+2)\cdot\sqrt[3]{x^2}$ は
$x=0$ で微分可能ではない。
増減表は右のようになる。

| $x$ | … | $-\frac{4}{5}$ | … | 0 | … |
|---|---|---|---|---|---|
| $y'$ | $+$ | 0 | $-$ | ／ | $+$ |
| $y$ | ↗ | 極大 | ↘ | 極小 | ↗ |

←$x=0$ で $y'$ は存在しないが，関数は連続で極小となる。

よって

**$x=-\frac{4}{5}$ で極大値 $\frac{6}{5}\cdot\sqrt[3]{\frac{16}{25}}=\frac{12\sqrt[3]{10}}{25}$，$x=0$ で極小値 0**

←$\sqrt[3]{\frac{16}{25}}=\frac{\sqrt[3]{2^3\cdot 2}}{\sqrt[3]{5^2}}$
$=\frac{2\cdot\sqrt[3]{2}\cdot\sqrt[3]{5}}{5}$

**練習 ②95**　関数 $f(x)=\frac{e^{kx}}{x^2+1}$ ($k$ は定数) について

(1)　$f(x)$ が $x=-2$ で極値をとるとき，$k$ の値を求めよ。

(2)　$f(x)$ が極値をもつとき，$k$ のとりうる値の範囲を求めよ。　〔類　名城大〕

$$f'(x)=\frac{ke^{kx}(x^2+1)-e^{kx}\cdot 2x}{(x^2+1)^2}=\frac{e^{kx}(kx^2-2x+k)}{(x^2+1)^2}$$

$f'(x)=0$ とすると，$e^{kx}>0$，$x^2+1>0$ から　$kx^2-2x+k=0$

HINT　(2)　$k=0$，$k\neq 0$ で場合分けをする。

4章 練習〔微分法の応用〕

$g(x)=kx^2-2x+k$ とする。

(1) $f(x)$ は $x=-2$ で微分可能であり，$f(x)$ が $x=-2$ で極値をとるとき　$g(-2)=0$

ここで　$g(-2)=4k+4+k=5k+4$

よって，$5k+4=0$ から　$k=-\frac{4}{5}$

このとき　$g(x)=-\frac{4}{5}x^2-2x-\frac{4}{5}=-\frac{2}{5}(x+2)(2x+1)$

$g(x)=0$ すなわち $f'(x)=0$ を満たす $x$ の値は

$$x=-2,\ -\frac{1}{2}$$

$\frac{e^{kx}}{(x^2+1)^2}>0$ であるから，$f(x)$ の増減表は右のようになり，$f(x)$ は $x=-2$ で極小となる。

| $x$ | $\cdots$ | $-2$ | $\cdots$ | $-\frac{1}{2}$ | $\cdots$ |
|---|---|---|---|---|---|
| $f'(x)$ | $-$ | $0$ | $+$ | $0$ | $-$ |
| $f(x)$ | ↘ | 極小 | ↗ | 極大 | ↘ |

よって　$\boldsymbol{k=-\frac{4}{5}}$

(2) $f(x)$ は実数全体で微分可能である。$f(x)$ が極値をもつとき，$f'(x)=0$ すなわち $g(x)=0$ となる $x$ の値 $c$ があり，$x=c$ の前後で $g(x)$ の符号が変わる。

[1] $k=0$ のとき　$g(x)=0$ とすると，$-2x=0$ から　$x=0$

$g(x)$ の符号は $x=0$ の前後で正から負に変わるから，$f(x)$ は極値をもつ。

[2] $k\neq 0$ のとき　2次方程式 $g(x)=0$ の判別式 $D$ について

$$D>0$$

$\frac{D}{4}=(-1)^2-k\cdot k=-(k+1)(k-1)$ であるから

$$(k+1)(k-1)<0$$

$k\neq 0$ であるから　$-1<k<0,\ 0<k<1$

このとき，$g(x)$ の符号は $x=c$ の前後で変わるから，$f(x)$ は極値をもつ。

以上から，求める $k$ の値の範囲は　$\boldsymbol{-1<k<1}$

←必要条件。

←このとき $f'(-2)=0$

←$-\frac{4}{5}x^2-2x-\frac{4}{5}$
$=-\frac{2}{5}(2x^2+5x+2)$

←十分条件であることを示す。つまり，$x=-2$ の前後で $f'(x)$ の符号が変わることを示す。

←$g(x)=-2x$

←必要条件。

←十分条件であることを示す。

**練習 ③96**　関数 $y=\log(x+\sqrt{x^2+1})-ax$ が極値をもたないように，定数 $a$ の値の範囲を定めよ。

HINT　微分可能な関数 $f(x)$ が極値をもたないための条件は，
$f'(x)=0$ を満たす実数 $x$ が存在しない　あるいは　常に $f'(x)\geqq 0$ または $f'(x)\leqq 0$ が成り立つことである。

$f(x)=\log(x+\sqrt{x^2+1})-ax$ とすると

$$f'(x)=\frac{1+\frac{x}{\sqrt{x^2+1}}}{x+\sqrt{x^2+1}}-a=\frac{\frac{\sqrt{x^2+1}+x}{\sqrt{x^2+1}}}{x+\sqrt{x^2+1}}-a=\frac{1}{\sqrt{x^2+1}}-a$$

←$\{\log|h(x)|\}'=\frac{h'(x)}{h(x)}$

$g(x)=\dfrac{1}{\sqrt{x^2+1}}-a$ とすると

$$g'(x)=\left\{(x^2+1)^{-\frac{1}{2}}\right\}'=-\frac{1}{2}(x^2+1)^{-\frac{3}{2}}\cdot 2x=-\frac{x}{\sqrt{(x^2+1)^3}}$$

←$f'(x)$ の増減を調べるため，$f'(x)$ の式を $g(x)$ とする。

$g'(x)=0$ とすると　　$x=0$

よって，$g(x)$ の増減表は右のようになる。

| $x$ | $\cdots$ | $0$ | $\cdots$ |
|---|---|---|---|
| $g'(x)$ | $+$ | $0$ | $-$ |
| $g(x)$ | ↗ | 極大 $1-a$ | ↘ |

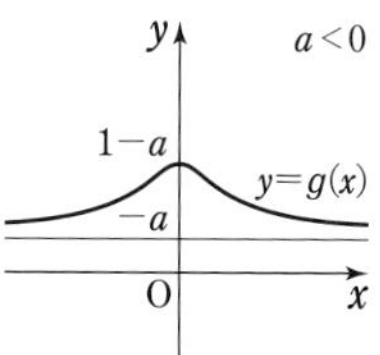


また　　$\displaystyle\lim_{x\to\pm\infty} g(x)=-a$

ゆえに　　$-a<g(x)\leqq 1-a$

$f(x)$ が極値をもたないための条件は

$-a\geqq 0$　または　$1-a\leqq 0$

したがって，求める $a$ の値の範囲は

$\boldsymbol{a\leqq 0,\ 1\leqq a}$

←常に $g(x)\geqq 0$ または常に $g(x)\leqq 0$ となる条件。不等号に等号を含めることに注意。



**練習 ②97**　関数 $f(x)=\dfrac{ax^2+bx+c}{x^2+2}$ は $x=-2$ で極小値 $\dfrac{1}{2}$，$x=1$ で極大値 2 をとる。このとき，定数 $a$，$b$，$c$ の値を求めよ。［横浜市大］

$f(x)$ は実数全体で微分可能である。

←定義域は実数全体。

$$f'(x)=\frac{(2ax+b)(x^2+2)-(ax^2+bx+c)\cdot 2x}{(x^2+2)^2}$$

$$=\frac{-bx^2+(4a-2c)x+2b}{(x^2+2)^2}$$

$x=-2$ で極小値 $\dfrac{1}{2}$ をとるから　　$f(-2)=\dfrac{1}{2}$，$f'(-2)=0$

$x=1$ で極大値 2 をとるから　　$f(1)=2$，$f'(1)=0$

$f(-2)=\dfrac{1}{2}$ から　　$4a-2b+c=3$ ……①

$f(1)=2$ から　　$a+b+c=6$ ……②

$f'(-2)=0$，$f'(1)=0$ から　　$4a+b-2c=0$ ……③

←$f(-2)=\dfrac{4a-2b+c}{6}=\dfrac{1}{2}$，$f(1)=\dfrac{a+b+c}{3}=2$，$f'(-2)=\dfrac{-8a-2b+4c}{36}=0$，$f'(1)=\dfrac{4a+b-2c}{9}=0$

①～③ を解いて　　$a=1$，$b=2$，$c=3$

逆に，$a=1$，$b=2$，$c=3$ のとき

←この確認を忘れずに！

$$f(x)=\frac{x^2+2x+3}{x^2+2} \quad \cdots\cdots ④$$

$$f'(x)=\frac{-2x^2-2x+4}{(x^2+2)^2}=\frac{-2(x+2)(x-1)}{(x^2+2)^2}$$

$f'(x)=0$ とすると　　$x=-2,\ 1$

関数 ④ の増減表は右のようになり，条件を満たす。

| $x$ | $\cdots$ | $-2$ | $\cdots$ | $1$ | $\cdots$ |
|---|---|---|---|---|---|
| $f'(x)$ | $-$ | $0$ | $+$ | $0$ | $-$ |
| $f(x)$ | ↘ | 極小 $\frac{1}{2}$ | ↗ | 極大 2 | ↘ |

よって　　$\boldsymbol{a=1,\ b=2,\ c=3}$

**練習 ②98**　次の関数の最大値，最小値を求めよ。(1)，(2) では $0\leqq x\leqq 2\pi$ とする。

(1)　$y=\sin 2x+2\sin x$　　(2)　$y=\sin x+(1-x)\cos x$

(3)　$y=x+\sqrt{1-4x^2}$　　(4)　$y=(x^2-1)e^x$ $(-1\leqq x\leqq 2)$

(1) $y'=2\cos 2x+2\cos x=2(2\cos^2 x-1)+2\cos x$
$=2(2\cos^2 x+\cos x-1)$
$=2(\cos x+1)(2\cos x-1)$

$0\leqq x\leqq 2\pi$ の範囲で $y'=0$ となる $x$ の値は

$\cos x=-1$ から　$x=\pi$,　　$\cos x=\dfrac{1}{2}$ から　$x=\dfrac{\pi}{3}$, $\dfrac{5}{3}\pi$

$0\leqq x\leqq 2\pi$ における $y$ の増減表は次のようになる。

| $x$ | 0 | … | $\dfrac{\pi}{3}$ | … | $\pi$ | … | $\dfrac{5}{3}\pi$ | … | $2\pi$ |
|---|---|---|---|---|---|---|---|---|---|
| $y'$ | | + | 0 | − | 0 | − | 0 | + | |
| $y$ | 0 | ↗ | 極大 $\dfrac{3\sqrt{3}}{2}$ | ↘ | 0 | ↘ | 極小 $-\dfrac{3\sqrt{3}}{2}$ | ↗ | 0 |

よって　**$x=\dfrac{\pi}{3}$ で最大値 $\dfrac{3\sqrt{3}}{2}$, $x=\dfrac{5}{3}\pi$ で最小値 $-\dfrac{3\sqrt{3}}{2}$**

HINT　$y'$ を求め，増減表を作る。区間の端における関数の値と極値の大小を比較する。

←$x\neq\pi$ のとき
$\cos x+1>0$
よって，$2\cos x-1$ の符号に着目する。

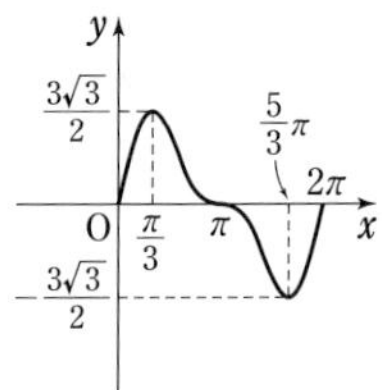


(2) $y'=\cos x-\cos x+(1-x)(-\sin x)$
$=(x-1)\sin x$

$0\leqq x\leqq 2\pi$ の範囲で $y'=0$ となる $x$ の値は

$x-1=0$ から　$x=1$,　　$\sin x=0$ から　$x=0$, $\pi$, $2\pi$

$0\leqq x\leqq 2\pi$ における $y$ の増減表は次のようになる。

| $x$ | 0 | … | 1 | … | $\pi$ | … | $2\pi$ |
|---|---|---|---|---|---|---|---|
| $y'$ | | − | 0 | + | 0 | − | |
| $y$ | 1 | ↘ | 極小 $\sin 1$ | ↗ | 極大 $\pi-1$ | ↘ | $1-2\pi$ |

ここで　　$1<\pi-1$, $\sin 1>0>1-2\pi$

よって　　**$x=\pi$ で最大値 $\pi-1$, $x=2\pi$ で最小値 $1-2\pi$**

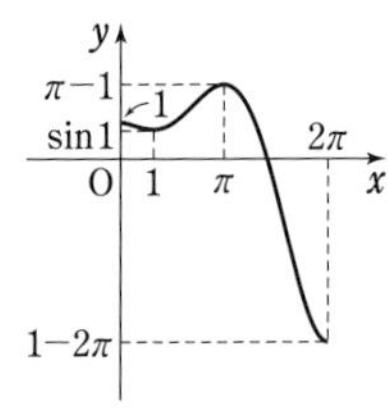


(3) 定義域は，$1-4x^2\geqq 0$ から　　$-\dfrac{1}{2}\leqq x\leqq\dfrac{1}{2}$ …… ①

$-\dfrac{1}{2}<x<\dfrac{1}{2}$ のとき　$y'=1+\dfrac{-8x}{2\sqrt{1-4x^2}}=\dfrac{\sqrt{1-4x^2}-4x}{\sqrt{1-4x^2}}$

$y'=0$ とすると　　$\sqrt{1-4x^2}=4x$ …… ②

両辺を平方して整理すると　　$20x^2=1$

これを解いて　　$x=\pm\dfrac{1}{2\sqrt{5}}=\pm\dfrac{\sqrt{5}}{10}$

② より，$x\geqq 0$ であるから　　$x=\dfrac{\sqrt{5}}{10}$

① における $y$ の増減表は右のようになる。よって

**$x=\dfrac{\sqrt{5}}{10}$ で最大値 $\dfrac{\sqrt{5}}{2}$,**

**$x=-\dfrac{1}{2}$ で最小値 $-\dfrac{1}{2}$**

| $x$ | $-\dfrac{1}{2}$ | … | $\dfrac{\sqrt{5}}{10}$ | … | $\dfrac{1}{2}$ |
|---|---|---|---|---|---|
| $y'$ | ／ | + | 0 | − | ／ |
| $y$ | $-\dfrac{1}{2}$ | ↗ | 極大 $\dfrac{\sqrt{5}}{2}$ | ↘ | $\dfrac{1}{2}$ |

←関数 $y=x+\sqrt{1-4x^2}$ は $x=\pm\dfrac{1}{2}$ で微分可能ではない。

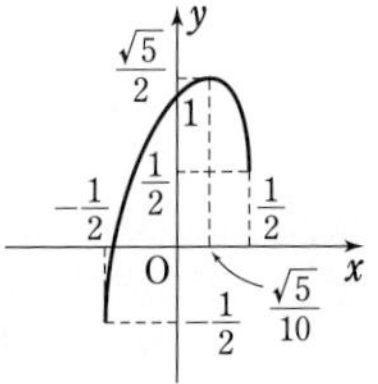

(4)　$y'=2xe^x+(x^2-1)e^x=(x^2+2x-1)e^x$

$y'=0$ とすると，$e^x>0$ であるから　　$x^2+2x-1=0$

これを解いて　　$x=-1\pm\sqrt{2}$

$-1\leqq x\leqq 2$ であるから　　$x=-1+\sqrt{2}$

このとき　　$x^2-1=-2x=-2(-1+\sqrt{2})=2(1-\sqrt{2})$　　←$x^2+2x-1=0$ から。

$-1\leqq x\leqq 2$ における $y$ の増減表は次のようになる。

| $x$ | $-1$ | $\cdots$ | $\sqrt{2}-1$ | $\cdots$ | $2$ |
|---|---|---|---|---|---|
| $y'$ | | $-$ | $0$ | $+$ | |
| $y$ | $0$ | ↘ | 極小<br>$2(1-\sqrt{2})e^{\sqrt{2}-1}$ | ↗ | $3e^2$ |

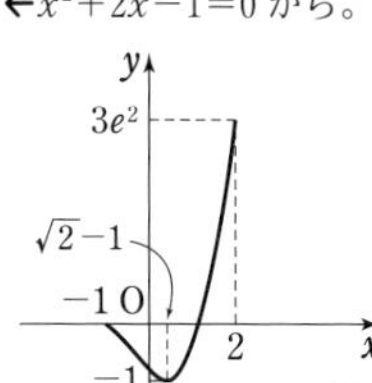


よって　　**$x=2$ で最大値 $3e^2$，**

**$x=\sqrt{2}-1$ で最小値 $2(1-\sqrt{2})e^{\sqrt{2}-1}$**

**練習 ②99**　次の関数に最大値，最小値があれば，それを求めよ。

(1)　$y=\dfrac{x^2-3x}{x^2+3}$　　〔類　関西大〕　　(2)　$y=e^{-x}+x-1$　　〔類　名古屋市大〕

(1)　$y'=\dfrac{(2x-3)(x^2+3)-(x^2-3x)\cdot 2x}{(x^2+3)^2}=\dfrac{3x^2+6x-9}{(x^2+3)^2}$　　←定義域は実数全体。

$=\dfrac{3(x+3)(x-1)}{(x^2+3)^2}$

$y'=0$ とすると　$x=-3,\ 1$

$y$ の増減表は右のようになる。

| $x$ | $\cdots$ | $-3$ | $\cdots$ | $1$ | $\cdots$ |
|---|---|---|---|---|---|
| $y'$ | $+$ | $0$ | $-$ | $0$ | $+$ |
| $y$ | ↗ | 極大<br>$\dfrac{3}{2}$ | ↘ | 極小<br>$-\dfrac{1}{2}$ | ↗ |

また　$\displaystyle\lim_{x\to\infty}y=\lim_{x\to\infty}\frac{1-\frac{3}{x}}{1+\frac{3}{x^2}}=1$

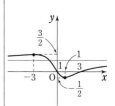

同様にして　　$\displaystyle\lim_{x\to-\infty}y=1$

ゆえに　　**$x=-3$ で最大値 $\dfrac{3}{2}$，**

**$x=1$ で最小値 $-\dfrac{1}{2}$**

(2)　$y'=-e^{-x}+1$　　←定義域は実数全体。

$y'=0$ とすると　　$e^{-x}=1$　　よって　　$x=0$

$y$ の増減表は右のようになる。

| $x$ | $\cdots$ | $0$ | $\cdots$ |
|---|---|---|---|
| $y'$ | $-$ | $0$ | $+$ |
| $y$ | ↘ | 極小<br>$0$ | ↗ |

また　　$\displaystyle\lim_{x\to\infty}y=\lim_{x\to\infty}\left(\frac{1}{e^x}+x-1\right)=\infty$

ゆえに　　**$x=0$ で最小値 0，**

**最大値はない**

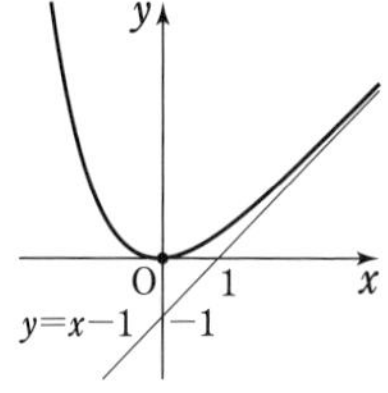


**検討**　$\displaystyle\lim_{x\to-\infty}y$ を調べなくても，$\displaystyle\lim_{x\to\infty}y=\infty$ であることだけから最大値はないことがわかる。

なお　　$\displaystyle\lim_{x\to-\infty}y=\lim_{x\to-\infty}e^{-x}\left(1+\frac{x}{e^{-x}}-\frac{1}{e^{-x}}\right)=\infty$　　←$\displaystyle\lim_{t\to\infty}\frac{t}{e^t}=0$ を利用。

**練習 ③100** $0<x<\frac{\pi}{6}$ を満たす実数 $x$ に対して，$t=\tan x$ とおく。
(1) $\tan 3x$ を $t$ で表せ。
(2) $x$ が $0<x<\frac{\pi}{6}$ の範囲を動くとき，$\frac{\tan^3 x}{\tan 3x}$ の最大値を求めよ。〔学習院大〕

(1) $$\mathbf{\tan 3x}=\tan(2x+x)=\frac{\tan 2x+\tan x}{1-\tan 2x\tan x}$$

$$=\frac{\frac{2\tan x}{1-\tan^2 x}+\tan x}{1-\frac{2\tan x}{1-\tan^2 x}\cdot\tan x}$$

$$=\frac{2\tan x+\tan x(1-\tan^2 x)}{(1-\tan^2 x)-2\tan^2 x}$$

$$=\frac{3\tan x-\tan^3 x}{1-3\tan^2 x}=\frac{3t-t^3}{1-3t^2}=\mathbf{\frac{t^3-3t}{3t^2-1}}$$

←加法定理 $\tan(\alpha+\beta)=\frac{\tan\alpha+\tan\beta}{1-\tan\alpha\tan\beta}$

←2 倍角の公式 $\tan 2\alpha=\frac{2\tan\alpha}{1-\tan^2\alpha}$

←分子，分母に $1-\tan^2 x$ を掛ける。

(2) $\tan x=t$ とおくと，$0<x<\frac{\pi}{6}$ から　$0<t<\frac{1}{\sqrt{3}}$

(1) から　$\frac{\tan^3 x}{\tan 3x}=t^3\cdot\frac{3t^2-1}{t^3-3t}=\frac{3t^4-t^2}{t^2-3}$

$t^2=s$ とおくと，$\frac{3t^4-t^2}{t^2-3}=\frac{3s^2-s}{s-3}$ で，$0<t<\frac{1}{\sqrt{3}}$ から

$$0<s<\frac{1}{3}$$

←$t^2=s$ とおくことで，分母・分子の次数を下げることができる。

$f(s)=\frac{3s^2-s}{s-3}$ とすると

$$f'(s)=\frac{(6s-1)(s-3)-(3s^2-s)\cdot 1}{(s-3)^2}=\frac{3s^2-18s+3}{(s-3)^2}$$

$$=\frac{3(s^2-6s+1)}{(s-3)^2}$$

←$\left(\frac{u}{v}\right)'=\frac{u'v-uv'}{v^2}$

$f'(s)=0$ とすると　$s^2-6s+1=0$

よって　$s=3\pm2\sqrt{2}$

$0<s<\frac{1}{3}$ であるから

$s=3-2\sqrt{2}$

$0<s<\frac{1}{3}$ における $f(s)$ の増減表は右のようになる。

| $s$ | 0 | $\cdots$ | $3-2\sqrt{2}$ | $\cdots$ | $\frac{1}{3}$ |
|---|---|---|---|---|---|
| $f'(s)$ | | $+$ | 0 | $-$ | |
| $f(s)$ | | ↗ | 極大 | ↘ | |

ここで，$f(s)=3s+8+\frac{24}{s-3}$ であるから，$f(s)$ の最大値は

$$f(3-2\sqrt{2})=3(3-2\sqrt{2})+8+\frac{24}{-2\sqrt{2}}$$

$$=9-6\sqrt{2}+8-6\sqrt{2}=17-12\sqrt{2}$$

したがって，求める最大値は　$\mathbf{17-12\sqrt{2}}$

←$3s^2-s$ を $s-3$ で割ると，商は $3s+8$，余りは 24 であることを利用して，$f(s)$ の分子の次数を下げる。

**検討** $f(s)$ が最大となるとき　$s=3-2\sqrt{2}$

すなわち　$t^2=3-2\sqrt{2}$

$0<t<\dfrac{1}{\sqrt{3}}$ から　$t=\sqrt{3-2\sqrt{2}}=\sqrt{2}-1$

←$\sqrt{3-2\sqrt{2}}$
$=\sqrt{(2+1)-2\sqrt{2\cdot1}}$

よって，$\tan x=\sqrt{2}-1$ であるから

$$\tan 2x=\frac{2\tan x}{1-\tan^2 x}=\frac{2(\sqrt{2}-1)}{1-(\sqrt{2}-1)^2}=\frac{2(\sqrt{2}-1)}{-2+2\sqrt{2}}=1$$

$0<x<\dfrac{\pi}{6}$ より，$0<2x<\dfrac{\pi}{3}$ であるから　$2x=\dfrac{\pi}{4}$

したがって　$x=\dfrac{\pi}{8}$



## 練習 ③101

関数 $f(x)=\dfrac{a\sin x}{\cos x+2}$ $(0\leqq x\leqq\pi)$ の最大値が $\sqrt{3}$ となるように定数 $a$ の値を定めよ。　［信州大］

$$f'(x)=\frac{a\{\cos x(\cos x+2)-\sin x(-\sin x)\}}{(\cos x+2)^2}$$

$$=\frac{a(2\cos x+1)}{(\cos x+2)^2}$$

←$\left(\dfrac{u}{v}\right)'=\dfrac{u'v-uv'}{v^2}$

←$\sin^2x+\cos^2x=1$

[1]　$a=0$ のとき

常に $f(x)=0$ であるから，最大値が $\sqrt{3}$ になることはない。

よって，不適。

←この場合を落とさないように！

[2]　$a>0$ のとき　$f'(x)=0$ とすると　$\cos x=-\dfrac{1}{2}$

$0\leqq x\leqq\pi$ であるから　$x=\dfrac{2}{3}\pi$

$0\leqq x\leqq\pi$ における $f(x)$ の増減表は右のようになり，$x=\dfrac{2}{3}\pi$ で極大かつ最大となる。ゆえに，最大値は

| $x$ | 0 | $\cdots$ | $\frac{2}{3}\pi$ | $\cdots$ | $\pi$ |
|---|---|---|---|---|---|
| $f'(x)$ | | $+$ | 0 | $-$ | |
| $f(x)$ | 0 | ↗ | 極大 | ↘ | 0 |

$$f\left(\frac{2}{3}\pi\right)=\frac{\frac{\sqrt{3}}{2}a}{-\frac{1}{2}+2}=\frac{\sqrt{3}}{3}a$$

よって　$\dfrac{\sqrt{3}}{3}a=\sqrt{3}$　したがって　$a=3$

これは $a>0$ を満たす。

←場合分けの条件を満たすかどうか確認する。

[3]　$a<0$ のとき

$0\leqq x\leqq\pi$ における $f(x)$ の増減表は右のようになる。

ゆえに，最大値は

$f(0)=f(\pi)=0$

よって，不適。

| $x$ | 0 | $\cdots$ | $\frac{2}{3}\pi$ | $\cdots$ | $\pi$ |
|---|---|---|---|---|---|
| $f'(x)$ | | $-$ | 0 | $+$ | |
| $f(x)$ | 0 | ↘ | 極小 | ↗ | 0 |

←最大になるのは $x=0$ または $x=\pi$ のとき。

[1]～[3] から　$\boldsymbol{a=3}$

**練習 ③102**

関数 $f(x)=\dfrac{x+a}{x^2+1}$ $(a>0)$ について，次のものを求めよ。
(1) $f'(x)=0$ となる $x$ の値
(2) (1) で求めた $x$ の値を $\alpha$，$\beta$ $(\alpha<\beta)$ とするとき，$\beta$ と 1 の大小関係
(3) $0\leqq x\leqq 1$ における $f(x)$ の最大値が 1 であるとき，$a$ の値 〔大阪電通大〕

HINT (2) $\beta-1$ の符号を調べる。
(3) 増減表をかいて，$x=\beta$ の前後における $f'(x)$ の符号を調べる。

(1) $f'(x)=\dfrac{x^2+1-(x+a)\cdot 2x}{(x^2+1)^2}=-\dfrac{x^2+2ax-1}{(x^2+1)^2}$

$f'(x)=0$ とすると　$x^2+2ax-1=0$

これを解いて　$\boldsymbol{x=-a\pm\sqrt{a^2+1}}$

(2) $\alpha<\beta$ であるから　$\beta=-a+\sqrt{a^2+1}$

よって　$\beta-1=-a-1+\sqrt{a^2+1}$

$$=\frac{(a^2+1)-(a+1)^2}{\sqrt{a^2+1}+a+1}=\frac{-2a}{\sqrt{a^2+1}+a+1}$$

←大小比較は差を作る

$a>0$ であるから　$\beta-1<0$

したがって　$\boldsymbol{\beta<1}$

(3) $f'(x)=-\dfrac{(x-\alpha)(x-\beta)}{(x^2+1)^2}$ であり

$\alpha=-a-\sqrt{a^2+1}<0$

←$\alpha$ は区間 $0\leqq x\leqq 1$ に含まれない。

また，(2) より $0<\beta<1$ であるから，$0\leqq x\leqq 1$ における $f(x)$ の増減表は右のようになる。

| $x$ | 0 | $\cdots$ | $\beta$ | $\cdots$ | 1 |
|---|---|---|---|---|---|
| $f'(x)$ | | $+$ | 0 | $-$ | |
| $f(x)$ | $a$ | ↗ | 極大 $f(\beta)$ | ↘ | $\dfrac{a+1}{2}$ |

ゆえに，$0\leqq x\leqq 1$ の範囲において，$f(x)$ は $x=\beta$ のとき極大かつ最大となり，その値は　$f(\beta)=\dfrac{\beta+a}{\beta^2+1}$

最大値は 1 であるから　$\dfrac{\beta+a}{\beta^2+1}=1$

分母を払って　$\beta+a=\beta^2+1$

よって　$a=\beta^2-\beta+1$ …… ①

$\beta$ は $x^2+2ax-1=0$ の解であるから　$\beta^2+2a\beta-1=0$

これに ① を代入して整理すると　$2\beta^3-\beta^2+2\beta-1=0$

←$2\beta^3-\beta^2+2\beta-1$
$=\beta^2(2\beta-1)+2\beta-1$
$=(\beta^2+1)(2\beta-1)$

ゆえに　$(\beta^2+1)(2\beta-1)=0$

$\beta^2+1>0$ であるから　$\beta=\dfrac{1}{2}$

① に代入して　$\boldsymbol{a}=\left(\dfrac{1}{2}\right)^2-\dfrac{1}{2}+1=\boldsymbol{\dfrac{3}{4}}$

**練習 ②103**

3 点 O(0, 0)，A$\left(\dfrac{1}{2},\ 0\right)$，P$(\cos\theta,\ \sin\theta)$ と点 Q が，条件 OQ=AQ=PQ を満たす。ただし，$0<\theta<\pi$ とする。 〔類 北海道大〕
(1) 点 Q の座標を求めよ。　(2) 点 Q の $y$ 座標の最小値とそのときの $\theta$ の値を求めよ。

HINT (1) 条件 OQ=AQ から，点 Q の $x$ 座標が決まる。条件 OQ=PQ すなわち $\mathrm{OQ}^2=\mathrm{PQ}^2$ を利用することで，点 Q の $y$ 座標も決まる。

(1)　OQ=AQ より，点 Q は線分 OA の垂直二等分線上にあるから，$Q\left(\frac{1}{4},\ y\right)$ とおける。

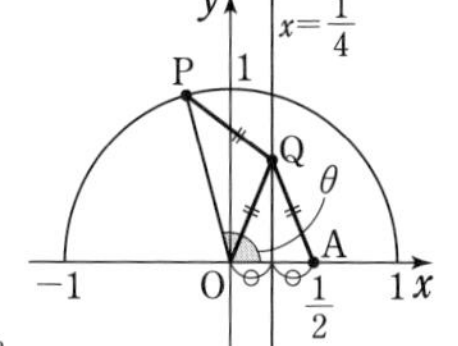


←O，A は定点。

OQ=PQ より $OQ^2=PQ^2$ であるから

$$\left(\frac{1}{4}\right)^2+y^2=\left(\frac{1}{4}-\cos\theta\right)^2+(y-\sin\theta)^2$$

←距離の条件は平方して扱う。

整理して　$2y\sin\theta=1-\frac{1}{2}\cos\theta$　　$0<\theta<\pi$ から　$\sin\theta\neq0$

よって　$y=\frac{2-\cos\theta}{4\sin\theta}$ …… ①　　ゆえに　$\mathbf{Q\left(\frac{1}{4},\ \frac{2-\cos\theta}{4\sin\theta}\right)}$

(2)　① から

$$\frac{dy}{d\theta}=\frac{1}{4}\cdot\frac{\sin\theta\cdot\sin\theta-(2-\cos\theta)\cdot\cos\theta}{\sin^2\theta}=\frac{1-2\cos\theta}{4\sin^2\theta}$$

←$\left(\frac{u}{v}\right)'=\frac{u'v-uv'}{v^2}$

$\frac{dy}{d\theta}=0$ とすると　　$\cos\theta=\frac{1}{2}$

$0<\theta<\pi$ から　　$\theta=\frac{\pi}{3}$

$0<\theta<\pi$ における $y$ の増減表は右のようになるから，$y$ は

$\boldsymbol{\theta=\frac{\pi}{3}}$ **のとき最小値** $\boldsymbol{\frac{\sqrt{3}}{4}}$

をとる。

| $\theta$ | 0 | … | $\frac{\pi}{3}$ | … | $\pi$ |
|---|---|---|---|---|---|
| $\frac{dy}{d\theta}$ | | − | 0 | + | |
| $y$ | | ↘ | 極小 $\frac{\sqrt{3}}{4}$ | ↗ | |

←$0<\theta<\pi$ のとき，$\sin\theta>0$ であるから，$1-2\cos\theta$ の符号を調べる。



## 練習 ③104

体積が $\frac{\sqrt{2}}{3}\pi$ の直円錐において，直円錐の側面積の最小値を求めよ。また，最小となるときの直円錐の底面の円の半径と高さを求めよ。〔類　札幌医大〕

直円錐の底面の円の半径を $r$，高さを $h$，母線の長さを $l$ とすると　　$l=\sqrt{r^2+h^2}$

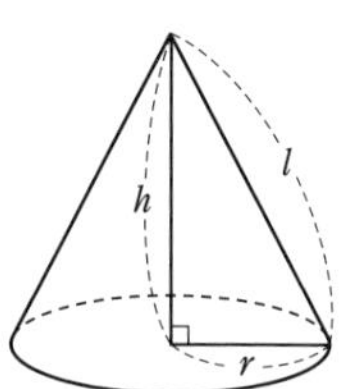


この直円錐の体積が $\frac{\sqrt{2}}{3}\pi$ であるから　　$\frac{1}{3}\pi r^2h=\frac{\sqrt{2}}{3}\pi$

よって　　$h=\frac{\sqrt{2}}{r^2}$

また，この直円錐の側面は，半径 $l$，弧の長さ $2\pi r$ の扇形であるから，その面積を $S$ とすると

$$S=\frac{1}{2}\cdot l\cdot2\pi r=\pi lr=\pi r\sqrt{r^2+h^2}$$
$$=\pi r\sqrt{r^2+\frac{2}{r^4}}=\pi\sqrt{r^4+\frac{2}{r^2}}$$

←半径 $R$，弧の長さ $L$ の扇形の面積 $S$ は　$S=\frac{1}{2}RL$

$r^2=x$ とおくと　　$S=\pi\sqrt{x^2+\frac{2}{x}}$，$x>0$

←$r^4=(r^2)^2$ とみて，おき換えを利用。

$f(x)=x^2+\frac{2}{x}$ とすると

$$f'(x)=2x-\frac{2}{x^2}=\frac{2(x^3-1)}{x^2}=\frac{2(x-1)(x^2+x+1)}{x^2}$$

←$x^2+x+1=\left(x+\frac{1}{2}\right)^2+\frac{3}{4}>0$

$f'(x)=0$ とすると　$x=1$

$x>0$ における $f(x)$ の増減表は右のようになり，$f(x)$ は $x=1$ で最小値 3 をとる。

| $x$ | 0 | … | 1 | … |
|---|---|---|---|---|
| $f'(x)$ | | $-$ | 0 | $+$ |
| $f(x)$ | | ↘ | 極小 3 | ↗ |

このとき，$r^2=1$ から　$r=1$

←$r^2=x$，$h=\frac{\sqrt{2}}{r^2}$

よって　$h=\sqrt{2}$

$f(x)>0$ であるから，$f(x)$ が最小となるとき，$S$ も最小となる。

したがって，$S$ は直円錐の**底面の半径が 1，高さが $\sqrt{2}$ のとき最小値 $\sqrt{3}\pi$** をとる。

**練習 ①105**　次の曲線の凹凸を調べ，変曲点を求めよ。

(1)　$y=x^4+2x^3+2$　(2)　$y=x+\cos 2x$ $(0\leqq x\leqq\pi)$　(3)　$y=xe^x$　(4)　$y=x^2+\frac{1}{x}$

HINT　$y''=0$ を満たす $x$ の値の前後の $y''$ の符号を調べる。$y''$ の符号が変われば，その点が変曲点。

(1)　$y'=4x^3+6x^2$，　$y''=12x^2+12x=12x(x+1)$

$y''=0$ とすると　$x=-1,\ 0$

$y''$ の符号を調べると，この曲線の凹凸は次の表のようになる（ただし，表の ∪ は下に凸，∩ は上に凸を表す。以下同じ）。

| $x$ | … | $-1$ | … | 0 | … |
|---|---|---|---|---|---|
| $y''$ | $+$ | 0 | $-$ | 0 | $+$ |
| $y$ | ∪ | 変曲点 | ∩ | 変曲点 | ∪ |

よって　**$x<-1$，$0<x$ で下に凸，$-1<x<0$ で上に凸；**

**変曲点は　点 $(-1,\ 1)$，$(0,\ 2)$**

(2)　$y'=1-2\sin 2x$，　$y''=-4\cos 2x$

$y''=0$ とすると，$0\leqq x\leqq\pi$ より $0\leqq 2x\leqq 2\pi$ であるから

$$2x=\frac{\pi}{2},\ \frac{3}{2}\pi \quad すなわち \quad x=\frac{\pi}{4},\ \frac{3}{4}\pi$$

$y''$ の符号を調べると，この曲線の凹凸は次の表のようになる。

| $x$ | 0 | … | $\frac{\pi}{4}$ | … | $\frac{3}{4}\pi$ | … | $\pi$ |
|---|---|---|---|---|---|---|---|
| $y''$ | | $-$ | 0 | $+$ | 0 | $-$ | |
| $y$ | 1 | ∩ | 変曲点 | ∪ | 変曲点 | ∩ | $\pi+1$ |

よって　**$0<x<\frac{\pi}{4}$，$\frac{3}{4}\pi<x<\pi$ で上に凸，$\frac{\pi}{4}<x<\frac{3}{4}\pi$ で下に凸；**

**変曲点は　点 $\left(\frac{\pi}{4},\ \frac{\pi}{4}\right)$，$\left(\frac{3}{4}\pi,\ \frac{3}{4}\pi\right)$**

(3)　$y'=e^x+xe^x=(x+1)e^x$，　$y''=e^x+(x+1)e^x=(x+2)e^x$

$y''=0$ とすると，$e^x>0$ であるから　$x=-2$

$y''$ の符号を調べると，この曲線の凹凸は右の表のようになる。よって　**$x<-2$ で上に凸，$-2<x$ で下に凸；**

**変曲点は　点 $(-2,\ -2e^{-2})$**

| $x$ | … | $-2$ | … |
|---|---|---|---|
| $y''$ | $-$ | 0 | $+$ |
| $y$ | ∩ | 変曲点 | ∪ |

(4)　定義域は $x \neq 0$ である。

$$y'=2x-\frac{1}{x^2},\qquad y''=2\left(1+\frac{1}{x^3}\right)=\frac{2(x+1)(x^2-x+1)}{x^3}$$

$y''=0$ とすると　　$x=-1$

$y''$ の符号を調べると，この曲線の凹凸は右の表のようになる。

| $x$ | $\cdots$ | $-1$ | $\cdots$ | 0 | $\cdots$ |
|---|---|---|---|---|---|
| $y''$ | $+$ | 0 | $-$ | ／ | $+$ |
| $y$ | ∪ | 変曲点 | ∩ | ／ | ∪ |

よって　　**$x<-1$，$0<x$ で下に凸，$-1<x<0$ で上に凸；**
**変曲点は　点 $(-1,\ 0)$**

←$x^2-x+1=\left(x-\frac{1}{2}\right)^2+\frac{3}{4}>0$

←$y''$ の符号には，分母 $x^3$ の符号も関係することに注意。

**練習** ②**106**　次の曲線の漸近線の方程式を求めよ。

(1)　$y=\dfrac{2x^2+3}{x-1}$　　　(2)　$y=x-\sqrt{x^2-9}$

4章 練習 [微分法の応用]

(1)　$y=\dfrac{2x^2+3}{x-1}=2x+2+\dfrac{5}{x-1}$

定義域は，$x-1 \neq 0$ から　　$x \neq 1$

$\lim\limits_{x\to1-0}y=-\infty$，$\lim\limits_{x\to1+0}y=\infty$ であるから，直線 $x=1$ は漸近線。

また　　$\lim\limits_{x\to\pm\infty}\{y-(2x+2)\}=\lim\limits_{x\to\pm\infty}\dfrac{5}{x-1}=0$

よって，直線 $y=2x+2$ は漸近線である。

以上から，漸近線の方程式は　　**$x=1$，$y=2x+2$**

(2)　定義域は，$x^2-9 \geqq 0$ から　　$x \leqq -3$，$3 \leqq x$

$\lim\limits_{x\to p}y=\pm\infty$ となる定数 $p$ の値はないから，$x$ 軸に垂直な漸近線はない。

また　　$\lim\limits_{x\to\infty}y=\lim\limits_{x\to\infty}\dfrac{9}{x+\sqrt{x^2-9}}=0$,

$\lim\limits_{x\to-\infty}y=\lim\limits_{x\to-\infty}(x-\sqrt{x^2-9})=-\infty$

ゆえに，$y$ 軸に平行な漸近線は，直線 $y=0$（$x$ 軸）のみである。

$\lim\limits_{x\to-\infty}\dfrac{y}{x}=\lim\limits_{x\to-\infty}\left(1-\dfrac{\sqrt{x^2-9}}{x}\right)=\lim\limits_{x\to-\infty}\left(1+\sqrt{1-\dfrac{9}{x^2}}\right)=2$ から

$\lim\limits_{x\to-\infty}(y-2x)=\lim\limits_{x\to-\infty}(-x-\sqrt{x^2-9})=\lim\limits_{x\to-\infty}\dfrac{9}{-x+\sqrt{x^2-9}}=0$

よって，直線 $y=2x$ は漸近線である。

以上から，漸近線の方程式は　　**$y=0$，$y=2x$**

←漸近線（つまり極限）を調べやすくするために，**分母の次数＞分子の次数**の形に変形する。

参考　$\lim\limits_{x\to\pm\infty}y=\pm\infty$（複号同順）であるから，$x$ 軸に平行な漸近線はない。

(2)　$x$ 軸にも $y$ 軸にも平行でない直線 $y=ax+b$ も調べる。$a$ の値は $\lim\limits_{x\to\pm\infty}\dfrac{y}{x}$，$b$ の値は $\lim\limits_{x\to\pm\infty}(y-ax)$ から求める。

←$x\longrightarrow-\infty$ であるから，$x<0$ として考えることに注意する。
つまり　$\sqrt{x^2}=-x$

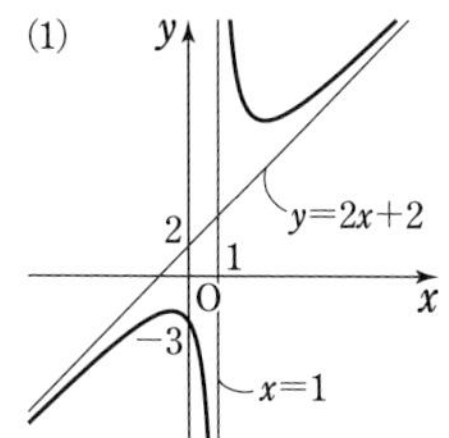


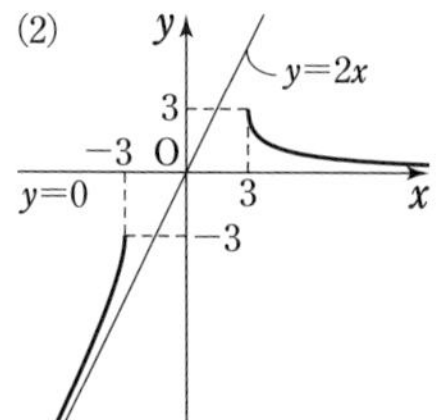

**練習 ②107** 次の関数のグラフの概形をかけ。また，変曲点があればそれを求めよ。ただし，(3)，(5)では $0 \leqq x \leqq 2\pi$ とする。また，(2)では $\displaystyle\lim_{x\to-\infty} x^2e^x=0$ を用いてよい。

(1) $y=x-2\sqrt{x}$　　(2) $y=(x^2-1)e^x$　　(3) $y=x+2\cos x$

(4) $y=\dfrac{x-1}{x^2}$　　(5) $y=e^{-x}\cos x$　　(6) $y=\dfrac{x^2-x+2}{x+1}$

(1) 定義域は　$x \geqq 0$

また，関数 $y$ は $x=0$ で微分可能ではない。

$x>0$ のとき

$$y'=1-\frac{1}{\sqrt{x}}=\frac{\sqrt{x}-1}{\sqrt{x}}$$

$$y''=\frac{1}{2\sqrt{x^3}}$$

| $x$ | 0 | … | 1 | … |
|---|---|---|---|---|
| $y'$ | / | − | 0 | + |
| $y''$ | / | + | + | + |
| $y$ | 0 | ↘ | 極小 −1 | ↗ |

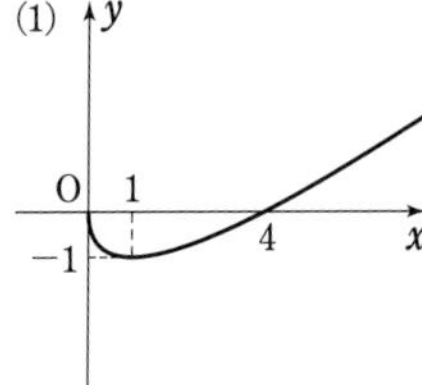


$y'=0$ とすると　$x=1$

$y$ の増減，グラフの凹凸は右の表のようになる。

よって，**グラフは** 右の **図**(1)，**変曲点はない。**

(2) $y'=2xe^x+(x^2-1)e^x=(x^2+2x-1)e^x$　　←定義域は実数全体。

$y''=(2x+2)e^x+(x^2+2x-1)e^x=(x^2+4x+1)e^x$

$y'=0$ とすると　$x=-1\pm\sqrt{2}$

$y''=0$ とすると　$x=-2\pm\sqrt{3}$

$y$ の増減，グラフの凹凸は次の表のようになる。

| $x$ | … | $-2-\sqrt{3}$ | … | $-1-\sqrt{2}$ | … | $-2+\sqrt{3}$ | … | $-1+\sqrt{2}$ | … |
|---|---|---|---|---|---|---|---|---|---|
| $y'$ | + | + | + | 0 | − | − | − | 0 | + |
| $y''$ | + | 0 | − | − | − | 0 | + | + | + |
| $y$ | ↗ | 変曲点 | ↗ | 極大 | ↘ | 変曲点 | ↘ | 極小 | ↗ |

$x=-1\pm\sqrt{2}$ のとき，$x^2+2x-1=0$ から

$x^2-1=-2x=-2(-1\pm\sqrt{2})=2(1\mp\sqrt{2})$　(複号同順)　　←練習 98(4)と同じ要領。

ゆえに　　極大値は　$2(1+\sqrt{2})e^{-1-\sqrt{2}}$，

　　　　　極小値は　$2(1-\sqrt{2})e^{-1+\sqrt{2}}$

また，$\displaystyle\lim_{x\to-\infty}(x^2-1)e^x=\lim_{x\to-\infty}(x^2e^x-e^x)=0$ であるから，$x$ 軸は漸近線である。

更に，$x=-2\pm\sqrt{3}$ のとき，$x^2+4x+1=0$ から

$x^2-1=-4x-2=-4(-2\pm\sqrt{3})-2=2(3\mp2\sqrt{3})$　(複号同順)

よって，**グラフは図**(2)，

**変曲点は 点** $\boldsymbol{(-2-\sqrt{3},\ 2(3+2\sqrt{3})e^{-2-\sqrt{3}}),\ (-2+\sqrt{3},\ 2(3-2\sqrt{3})e^{-2+\sqrt{3}})}$

(3) $y'=1-2\sin x$，　$y''=-2\cos x$

$0 \leqq x \leqq 2\pi$ の範囲で $y'=0$ となる $x$ の値は，$\sin x=\dfrac{1}{2}$ から

$$x=\frac{\pi}{6},\ \frac{5}{6}\pi$$

$y''=0$ となる $x$ の値は，$\cos x=0$ から　　$x=\dfrac{\pi}{2},\ \dfrac{3}{2}\pi$

$y$ の増減，グラフの凹凸は次の表のようになる。

| $x$ | $0$ | $\cdots$ | $\frac{\pi}{6}$ | $\cdots$ | $\frac{\pi}{2}$ | $\cdots$ | $\frac{5}{6}\pi$ | $\cdots$ | $\frac{3}{2}\pi$ | $\cdots$ | $2\pi$ |
|---|---|---|---|---|---|---|---|---|---|---|---|
| $y'$ | | $+$ | $0$ | $-$ | $-$ | $-$ | $0$ | $+$ | $+$ | $+$ | |
| $y''$ | | $-$ | $-$ | $-$ | $0$ | $+$ | $+$ | $+$ | $0$ | $-$ | |
| $y$ | $2$ | ↗ | 極大 $\frac{\pi}{6}+\sqrt{3}$ | ↘ | 変曲点 $\frac{\pi}{2}$ | ↘ | 極小 $\frac{5}{6}\pi-\sqrt{3}$ | ↗ | 変曲点 $\frac{3}{2}\pi$ | ↗ | $2\pi+2$ |

よって，**グラフは図 (3)，変曲点は　点 $\left(\frac{\pi}{2},\ \frac{\pi}{2}\right)$，$\left(\frac{3}{2}\pi,\ \frac{3}{2}\pi\right)$**

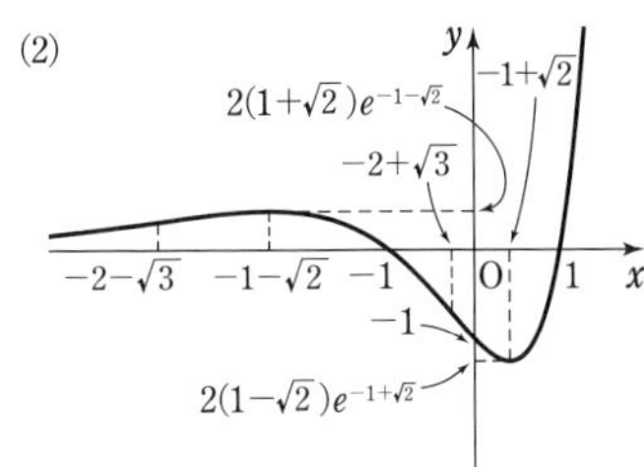


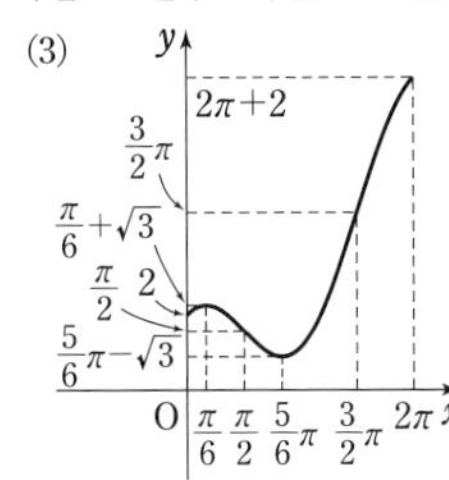


(4)　定義域は　　$x \neq 0$

$y=\frac{1}{x}-\frac{1}{x^2}$ であるから

$$y'=-\frac{1}{x^2}+\frac{2}{x^3}=\frac{2-x}{x^3}$$

$$y''=\frac{2}{x^3}+2\cdot(-3)\cdot\frac{1}{x^4}=\frac{2(x-3)}{x^4}$$

$y'=0$ とすると　　$x=2$

$y''=0$ とすると　　$x=3$

$y$ の増減，グラフの凹凸は右の表のようになる。

| $x$ | $\cdots$ | $0$ | $\cdots$ | $2$ | $\cdots$ | $3$ | $\cdots$ |
|---|---|---|---|---|---|---|---|
| $y'$ | $-$ | ／ | $+$ | $0$ | $-$ | $-$ | $-$ |
| $y''$ | $-$ | ／ | $-$ | $-$ | $-$ | $0$ | $+$ |
| $y$ | ↘ | ／ | ↗ | 極大 $\frac{1}{4}$ | ↘ | 変曲点 $\frac{2}{9}$ | ↘ |

また　　$\lim_{x\to 0} y=\lim_{x\to 0}\left\{\frac{1}{x^2}\cdot(x-1)\right\}=-\infty$，

$\lim_{x\to\pm\infty} y=\lim_{x\to\pm\infty}\left(\frac{1}{x}-\frac{1}{x^2}\right)=0$　　ゆえに，$x$ 軸，$y$ 軸は漸近線である。

よって，**グラフは図 (4)，変曲点は　点 $\left(3,\ \frac{2}{9}\right)$**

(5)　$y'=-e^{-x}\cos x-e^{-x}\sin x=-e^{-x}(\sin x+\cos x)=-\sqrt{2}\,e^{-x}\sin\left(x+\frac{\pi}{4}\right)$

$$y''=e^{-x}(\sin x+\cos x)-e^{-x}(\cos x-\sin x)=2e^{-x}\sin x$$

$0 \leqq x \leqq 2\pi$ の範囲で $y'=0$ となる $x$ の値は，$\sin\left(x+\frac{\pi}{4}\right)=0$ から

$$x=\frac{3}{4}\pi,\ \frac{7}{4}\pi$$

$y''=0$ となる $x$ の値は，$\sin x=0$ から　　$x=0,\ \pi,\ 2\pi$

$y$ の増減，グラフの凹凸は次の表のようになる。

| $x$ | $0$ | $\cdots$ | $\frac{3}{4}\pi$ | $\cdots$ | $\pi$ | $\cdots$ | $\frac{7}{4}\pi$ | $\cdots$ | $2\pi$ |
|---|---|---|---|---|---|---|---|---|---|
| $y'$ | | $-$ | $0$ | $+$ | $+$ | $+$ | $0$ | $-$ | |
| $y''$ | | $+$ | $+$ | $+$ | $0$ | $-$ | $-$ | $-$ | |
| $y$ | $1$ | ↘ | 極小 $-\frac{1}{\sqrt{2}}e^{-\frac{3}{4}\pi}$ | ↗ | 変曲点 $-e^{-\pi}$ | ↗ | 極大 $\frac{1}{\sqrt{2}}e^{-\frac{7}{4}\pi}$ | ↘ | $e^{-2\pi}$ |

よって，**グラフは図(5)，変曲点は　点 $(\pi,\ -e^{-\pi})$**

(6)　定義域は　　$x \neq -1$

$$y=\frac{(x+1)(x-2)+4}{x+1}=x-2+\frac{4}{x+1}\ \text{であるから}$$

$$y'=1-\frac{4}{(x+1)^2}=\frac{(x+1)^2-4}{(x+1)^2}=\frac{(x+3)(x-1)}{(x+1)^2}$$

$$y''=\left\{1-\frac{4}{(x+1)^2}\right\}'=\frac{4}{(x+1)^4}\cdot 2(x+1)=\frac{8}{(x+1)^3}$$

$y'=0$ とすると　　$x=-3,\ 1$

定義域では，$y''\neq 0$ である。

$y$ の増減，グラフの凹凸は右の表のようになる。また

| $x$ | $\cdots$ | $-3$ | $\cdots$ | $-1$ | $\cdots$ | $1$ | $\cdots$ |
|---|---|---|---|---|---|---|---|
| $y'$ | $+$ | $0$ | $-$ | | $-$ | $0$ | $+$ |
| $y''$ | $-$ | $-$ | $-$ | | $+$ | $+$ | $+$ |
| $y$ | ↗ | 極大 $-7$ | ↘ | | ↘ | 極小 $1$ | ↗ |

$$\lim_{x\to -1+0} y=\lim_{x\to -1+0}\left(x-2+\frac{4}{x+1}\right)=\infty,$$

$$\lim_{x\to -1-0} y=-\infty$$

ゆえに，直線 $x=-1$ は漸近線である。

更に　$\displaystyle\lim_{x\to\pm\infty}\{y-(x-2)\}=\lim_{x\to\pm\infty}\frac{4}{x+1}=0$　　よって，直線 $y=x-2$ も漸近線である。

**グラフは図(6)，変曲点はない。**

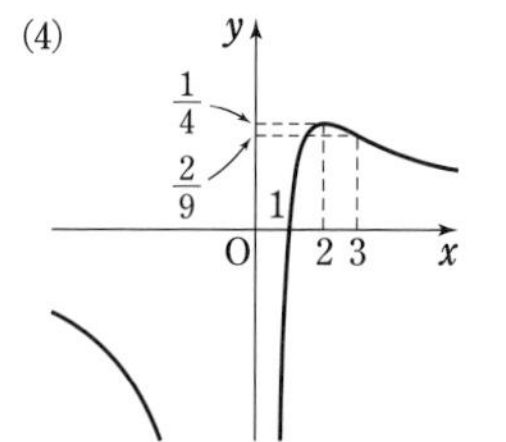


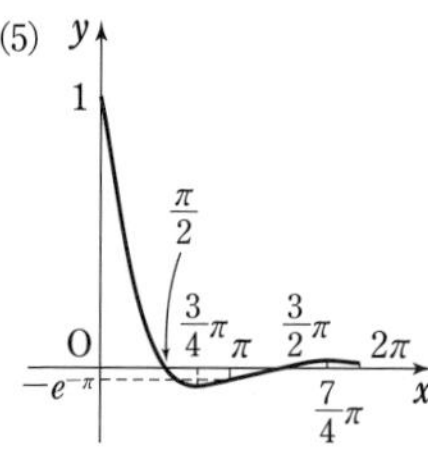


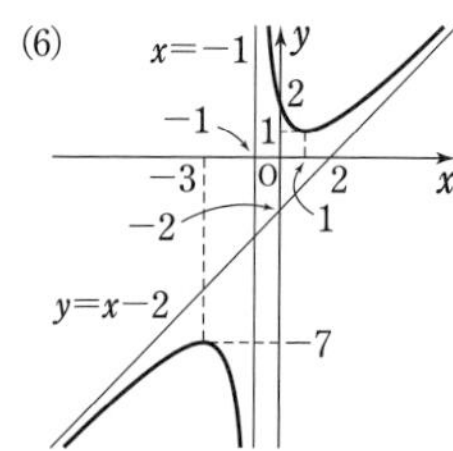


**練習 ③108**　次の関数のグラフの概形をかけ。ただし，(2)ではグラフの凹凸は調べなくてよい。

(1)　$y=e^{\frac{1}{x^2-1}}\ (-1<x<1)$　　(2)　$y=\frac{1}{3}\sin 3x-2\sin 2x+\sin x\ (-\pi\leqq x\leqq\pi)$　〔(1) 横浜国大〕

(1)　$y=f(x)$ とすると，$f(-x)=f(x)$ であるから，グラフは $y$ 軸に関して対称である。

$$y'=e^{\frac{1}{x^2-1}}\cdot\left\{-\frac{2x}{(x^2-1)^2}\right\}=-\frac{2x}{(x^2-1)^2}e^{\frac{1}{x^2-1}}$$

$$y''=-2\left[\frac{(x^2-1)^2-x\cdot 2(x^2-1)\cdot 2x}{(x^2-1)^4}e^{\frac{1}{x^2-1}}+\frac{x}{(x^2-1)^2}\left\{-\frac{2x}{(x^2-1)^2}e^{\frac{1}{x^2-1}}\right\}\right]$$

$$=\frac{-2}{(x^2-1)^4}e^{\frac{1}{x^2-1}}(x^4-2x^2+1-4x^4+4x^2-2x^2)=\frac{2(3x^4-1)}{(x^2-1)^4}e^{\frac{1}{x^2-1}}$$

$y'=0$ とすると　　$x=0$

$y''=0$ とすると　　$x^4=\dfrac{1}{3}$　　　よって　　$x=\pm\dfrac{1}{\sqrt[4]{3}}$

$0\leqq x<1$ における $y$ の増減，グラフの凹凸は右の表のようになる。

| $x$ | 0 | … | $\dfrac{1}{\sqrt[4]{3}}$ | … | 1 |
|---|---|---|---|---|---|
| $y'$ | 0 | $-$ | $-$ | $-$ | |
| $y''$ | $-$ | $-$ | 0 | $+$ | |
| $y$ | $\dfrac{1}{e}$ | ↘ | 変曲点 $e^{-\frac{3+\sqrt{3}}{2}}$ | ↘ | |

また，$\displaystyle\lim_{x\to1-0}\frac{1}{x^2-1}=-\infty$ であるから

$$\lim_{x\to1-0}f(x)=\lim_{x\to1-0}e^{\frac{1}{x^2-1}}=0$$

グラフの対称性を考慮すると，求めるグラフは **図**(1)。

(2)　$y=f(x)$ とすると，$f(-x)=-f(x)$ であるから，グラフは原点に関して対称である。

$y'=\cos3x-4\cos2x+\cos x=(\cos3x+\cos x)-4\cos2x$

$=2\cos2x\cos x-4\cos2x$

$=2\cos2x(\cos x-2)$

←和 ⟶ 積の公式。
$\cos\alpha+\cos\beta$
$=2\cos\dfrac{\alpha+\beta}{2}\cos\dfrac{\alpha-\beta}{2}$

$y'=0$ とすると，$\cos x-2<0$ であるから　　$\cos2x=0$

$0<x<\pi$ とすると，$0<2x<2\pi$ から　　$2x=\dfrac{\pi}{2},\ \dfrac{3}{2}\pi$

ゆえに　　$x=\dfrac{\pi}{4},\ \dfrac{3}{4}\pi$

$0\leqq x\leqq\pi$ における $y$ の増減表は次のようになる。

| $x$ | 0 | … | $\dfrac{\pi}{4}$ | … | $\dfrac{3}{4}\pi$ | … | $\pi$ |
|---|---|---|---|---|---|---|---|
| $y'$ | | $-$ | 0 | $+$ | 0 | $-$ | |
| $y$ | 0 | ↘ | 極小 $\dfrac{2\sqrt{2}}{3}-2$ | ↗ | 極大 $\dfrac{2\sqrt{2}}{3}+2$ | ↘ | 0 |

よって，グラフの対称性により，求めるグラフは **図**(2)。

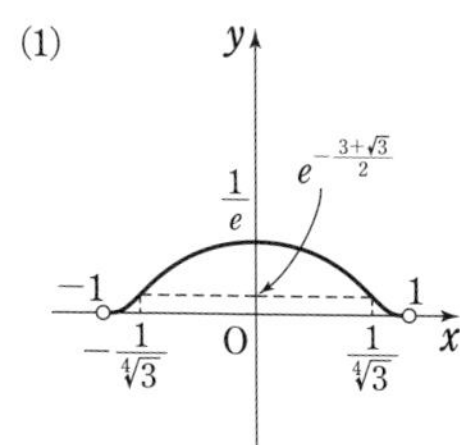


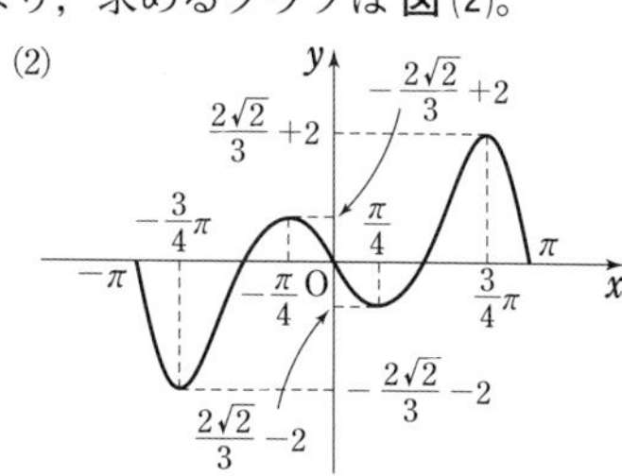


**練習 ④109**　次の方程式が定める $x$ の関数 $y$ のグラフの概形をかけ。
(1)　$y^2=x^2(x+1)$　　　(2)　$x^2y^2=x^2-y^2$

(1)　$y^2\geqq0$ であるから　　$x^2(x+1)\geqq0$

したがって　　$x\geqq-1$　　←定義域

このとき，$y=\pm x\sqrt{x+1}$ であるから，求めるグラフは $y=x\sqrt{x+1}$ と $y=-x\sqrt{x+1}$ のグラフを合わせたものである。

まず，$y=x\sqrt{x+1}$ …… ① のグラフについて考える。

(1)　方程式で $y$ を $-y$ におき換えても $y^2=x^2(x+1)$ は成り立つから，グラフは $x$ 軸に関して対称である。

4章 練習 [微分法の応用]

$y=0$ のとき　$x=-1,\ 0$
よって，グラフは原点 $(0,\ 0)$ と点 $(-1,\ 0)$ を通る。
$x>-1$ のとき，① から

$$y'=1\cdot\sqrt{x+1}+x\cdot\frac{1}{2\sqrt{x+1}}=\sqrt{x+1}+\frac{x}{2\sqrt{x+1}}=\frac{3x+2}{2\sqrt{x+1}}$$

$$y''=\frac{1}{4(x+1)}\left(3\cdot2\sqrt{x+1}-\frac{3x+2}{\sqrt{x+1}}\right)=\frac{3x+4}{4(x+1)\sqrt{x+1}}$$

$y'=0$ とすると　$x=-\dfrac{2}{3}$

また，$x>-1$ では　$y''>0$
関数 ① について，$y$ の増減とグラフの凹凸は次の表のようになる。ただし，$\displaystyle\lim_{x\to-1+0}y'=-\infty$ である。

| $x$ | $-1$ | $\cdots$ | $-\frac{2}{3}$ | $\cdots$ |
|---|---|---|---|---|
| $y'$ | | $-$ | $0$ | $+$ |
| $y''$ | | $+$ | $+$ | $+$ |
| $y$ | $0$ | ↘ | 極小 $-\frac{2\sqrt{3}}{9}$ | ↗ |

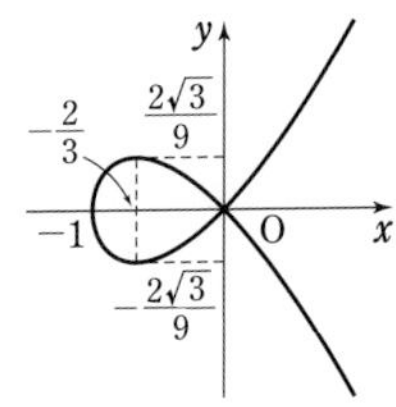


$y=-x\sqrt{x+1}$ のグラフは，$x$ 軸に関して ① のグラフと対称である。
よって，求めるグラフは **右上の図** のようになる。

←座標軸との共有点

←関数 $y=x\sqrt{x+1}$ は，$x=-1$ で微分可能ではない。

←増減と極値，凹凸と変曲点

←$x=0$ とすると $y=0$ であるから，原点を通るグラフ。

←対称性

(2)　方程式で $x$ を $-x$ に，$y$ を $-y$ におき換えても $x^2y^2=x^2-y^2$ は成り立つから，グラフは $x$ 軸，$y$ 軸，原点に関して対称である。
ゆえに，$x\geqq0$，$y\geqq0$ の範囲で考える。

$x^2y^2=x^2-y^2$ から　$y^2=\dfrac{x^2}{x^2+1}$

よって　$y=\dfrac{x}{\sqrt{x^2+1}}$　$(x\geqq0,\ y\geqq0)$

$$y'=\frac{1}{x^2+1}\left(1\cdot\sqrt{x^2+1}-x\cdot\frac{2x}{2\sqrt{x^2+1}}\right)$$

$$=\frac{1}{(x^2+1)\sqrt{x^2+1}}$$

$$y''=-\frac{3}{2}(x^2+1)^{-\frac{5}{2}}\cdot2x$$

$$=-\frac{3x}{(x^2+1)^2\sqrt{x^2+1}}$$

$y$ の増減とグラフの凹凸は右の表のようになる。

| $x$ | $0$ | $\cdots$ |
|---|---|---|
| $y'$ | | $+$ |
| $y''$ | | $-$ |
| $y$ | $0$ | ↗ |

また　$\displaystyle\lim_{x\to\infty}y=\lim_{x\to\infty}\frac{1}{\sqrt{1+\frac{1}{x^2}}}=1$

(2)　求めるグラフは $y=\dfrac{x}{\sqrt{x^2+1}}$ と $y=-\dfrac{x}{\sqrt{x^2+1}}$ のグラフを合わせたものと考えることもできる。

←$y'=(x^2+1)^{-\frac{3}{2}}$

←増減と極値，凹凸

←漸近線

よって，直線 $y=1$ は漸近線である。ゆえに，対称性により，求めるグラフは **右の図** のようになる。

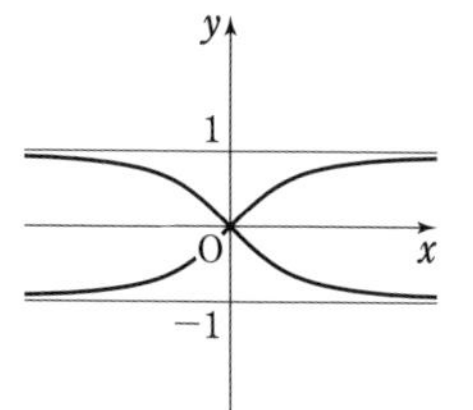


←$x\geqq 0$，$y\geqq 0$ の範囲では

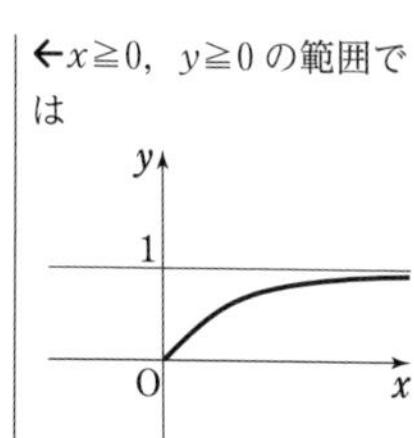


**練習 ④110** $-\pi\leqq\theta\leqq\pi$ とする。次の式で表された曲線の概形をかけ（凹凸は調べなくてよい）。
(1) $x=\sin\theta$，$y=\cos 3\theta$
(2) $x=(1+\cos\theta)\cos\theta$，$y=(1+\cos\theta)\sin\theta$



$x=f(\theta)$，$y=g(\theta)$ とする。

(1) $\sin\theta$，$\cos 3\theta$ の周期はそれぞれ $2\pi$，$\dfrac{2\pi}{3}$ である。

$f(-\theta)=-f(\theta)$，$g(-\theta)=g(\theta)$ であるから，曲線は $y$ 軸に関して対称である。

←$\theta=\alpha$ に対応した点を $(x,\ y)$ とすると，$\theta=-\alpha$ に対応した点は $(-x,\ y)$
よって，曲線は $y$ 軸に関して対称である。ゆえに，$0\leqq\theta\leqq\pi$ に対応した部分と $-\pi\leqq\theta\leqq 0$ に対応した部分は，$y$ 軸に関して対称である。

したがって，$0\leqq\theta\leqq\pi$ …… ① の範囲で考える。

また　　$f'(\theta)=\cos\theta$，$g'(\theta)=-3\sin 3\theta$

① の範囲で $f'(\theta)=0$ を満たす $\theta$ の値は　　$\theta=\dfrac{\pi}{2}$

$g'(\theta)=0$ を満たす $\theta$ の値は，$\sin 3\theta=0$ $(0\leqq 3\theta\leqq 3\pi)$ から

$3\theta=0,\ \pi,\ 2\pi,\ 3\pi$　すなわち　$\theta=0,\ \dfrac{\pi}{3},\ \dfrac{2}{3}\pi,\ \pi$

① の範囲における $\theta$ の値の変化に対応した $x$，$y$ の値の変化は次の表のようになる。

| $\theta$ | $0$ | … | $\dfrac{\pi}{3}$ | … | $\dfrac{\pi}{2}$ | … | $\dfrac{2}{3}\pi$ | … | $\pi$ |
|---|---|---|---|---|---|---|---|---|---|
| $f'(\theta)$ | $+$ | $+$ | $+$ | $+$ | $0$ | $-$ | $-$ | $-$ | $-$ |
| $x$ | $0$ | → | $\dfrac{\sqrt{3}}{2}$ | → | $1$ | ← | $\dfrac{\sqrt{3}}{2}$ | ← | $0$ |
| $g'(\theta)$ | $0$ | $-$ | $0$ | $+$ | $+$ | $+$ | $0$ | $-$ | $0$ |
| $y$ | $1$ | ↓ | $-1$ | ↑ | $0$ | ↑ | $1$ | ↓ | $-1$ |
| (グラフ) | | (↘) | | (↗) | | (↖) | | (↙) | |

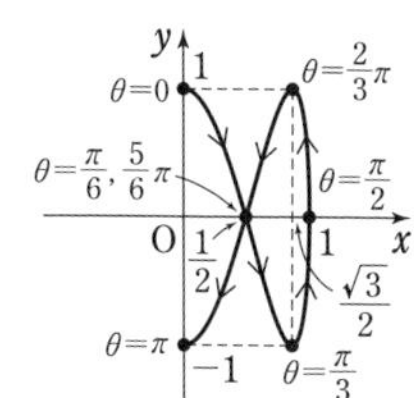


また，① の範囲で $y=0$ となるのは，

$\theta=\dfrac{\pi}{2}$ の他に $\theta=\dfrac{\pi}{6}$，$\dfrac{5}{6}\pi$ の場合があり

$\theta=\dfrac{\pi}{6}$，$\dfrac{5}{6}\pi$ のとき　　$(x,\ y)=\left(\dfrac{1}{2},\ 0\right)$

よって，対称性を考えると，曲線の概形は **右の図** のようになる。

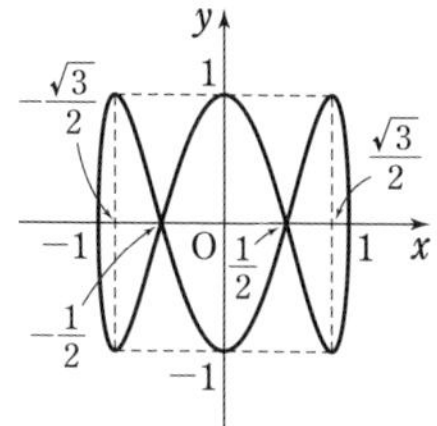


(2) $f(\theta)$，$g(\theta)$ の周期はともに $2\pi$ である。

$f(-\theta)=f(\theta)$，$g(-\theta)=-g(\theta)$ であるから，曲線は $x$ 軸に関して対称である。

←$\theta=\alpha$ に対応した点を $(x,\ y)$ とすると，$\theta=-\alpha$ に対応した点は $(x,\ -y)$

よって，$0\leqq\theta\leqq\pi$ …… ① の範囲で考える。

$f'(\theta)=-\sin\theta\cos\theta-(1+\cos\theta)\sin\theta=-\sin\theta(1+2\cos\theta)$

$g'(\theta)=-\sin^2\theta+(1+\cos\theta)\cos\theta$

$=-(1-\cos^2\theta)+(1+\cos\theta)\cos\theta$

$=2\cos^2\theta+\cos\theta-1=(\cos\theta+1)(2\cos\theta-1)$

① の範囲で $f'(\theta)=0$ を満たす $\theta$ の値は　　$\theta=0,\ \dfrac{2}{3}\pi,\ \pi$

$g'(\theta)=0$ を満たす $\theta$ の値は　　$\theta=\dfrac{\pi}{3},\ \pi$

① の範囲における $\theta$ の値の変化に対応した $x$, $y$ の値の変化は次の表のようになる。

| $\theta$ | $0$ | $\cdots$ | $\frac{\pi}{3}$ | $\cdots$ | $\frac{\pi}{2}$ | $\cdots$ | $\frac{2}{3}\pi$ | $\cdots$ | $\pi$ |
|---|---|---|---|---|---|---|---|---|---|
| $f'(\theta)$ | $0$ | $-$ | $-$ | $-$ | $-$ | $-$ | $0$ | $+$ | $0$ |
| $x$ | $2$ | $\leftarrow$ | $\frac{3}{4}$ | $\leftarrow$ | $0$ | $\leftarrow$ | $-\frac{1}{4}$ | $\rightarrow$ | $0$ |
| $g'(\theta)$ | $+$ | $+$ | $0$ | $-$ | $-$ | $-$ | $-$ | $-$ | $0$ |
| $y$ | $0$ | $\uparrow$ | $\frac{3\sqrt{3}}{4}$ | $\downarrow$ | $1$ | $\downarrow$ | $\frac{\sqrt{3}}{4}$ | $\downarrow$ | $0$ |
| (グラフ) | | (↖) | | (↙) | | (↙) | | (↘) | |

よって，対称性を考えると，曲線の概形は **右の図** のようになる。

注意　この問題の解答における増減表の →，←，↑，↓ は，次のことを表す。

→：$x$ の値が増加する　　←：$x$ の値が減少する

↑：$y$ の値が増加する　　↓：$y$ の値が減少する

検討　(2) の曲線はカージオイドである。本冊 $p.151$ 参照。

よって，曲線は $x$ 軸に関して対称である。ゆえに，$0\leqq\theta\leqq\pi$ に対応した部分と $-\pi\leqq\theta\leqq 0$ に対応した部分は，$x$ 軸に関して対称である。

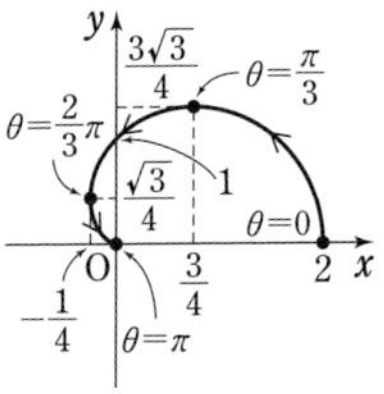

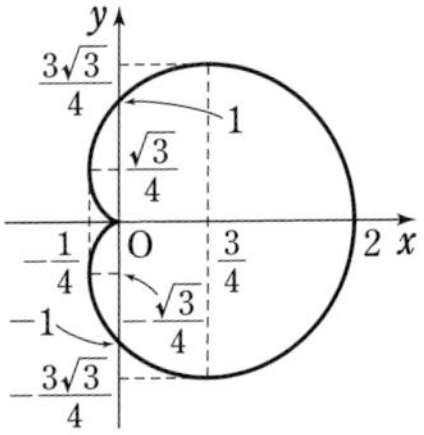

## 練習 ③111

$a>0$, $b>0$ とし，$f(x)=\log\dfrac{x+a}{b-x}$ とする。曲線 $y=f(x)$ はその変曲点に関して対称であることを示せ。

HINT　$y''=0$ から変曲点を求め，変曲点が原点にくるように曲線を平行移動する。

対数の真数は正の数であるから　　$\dfrac{x+a}{b-x}>0$

これと $a>0$, $b>0$ から　　$-a<x<b$

このとき　$y=\log(x+a)-\log(b-x)$

よって　　$y'=\dfrac{1}{x+a}+\dfrac{1}{b-x}=\dfrac{a+b}{(x+a)(b-x)}>0$

また　　$y''=-\dfrac{1}{(x+a)^2}+\dfrac{1}{(b-x)^2}$

$=\dfrac{-(b^2-2bx+x^2)+x^2+2ax+a^2}{(x+a)^2(b-x)^2}$

$=\dfrac{2(a+b)x+a^2-b^2}{(x+a)^2(b-x)^2}=\dfrac{(a+b)(2x+a-b)}{(x+a)^2(b-x)^2}$

← $\dfrac{x+a}{b-x}>0$

$\Longleftrightarrow \dfrac{x+a}{x-b}<0$

$\Longleftrightarrow (x+a)(x-b)<0$

$p=\dfrac{b-a}{2}$ とする。$y''=0$ とすると，$x=p$ であり

$-a<x<p$ で　$y''<0$，$p<x<b$ で　$y''>0$

$x=p$ のとき $y=0$ であり，点 $(p,\ 0)$ が変曲点である。

点 $(p,\ 0)$ が原点にくるように，曲線 $y=f(x)$ を $x$ 軸方向に $-p$ だけ平行移動すると

$$y=\log(x+p+a)-\log(b-x-p)$$
$$=\log\left(x+\frac{a+b}{2}\right)-\log\left(-x+\frac{a+b}{2}\right)$$

この曲線の方程式を $y=g(x)$ とすると，$g(-x)=-g(x)$ が成り立つから，曲線 $y=g(x)$ は原点に関して対称である。

したがって，曲線 $y=f(x)$ はその変曲点 $(p,\ 0)$ に関して対称である。

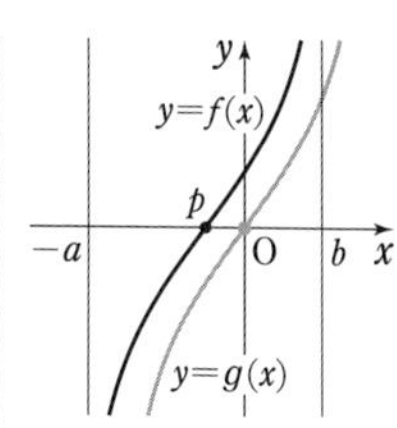


←$a+p=\dfrac{a+b}{2}$

←$g(x)$ は奇関数。

検討　$f(p-x)+f(p+x)=f\left(\dfrac{b-a}{2}-x\right)+f\left(\dfrac{b-a}{2}+x\right)$

$$=\log\frac{a+b-2x}{a+b+2x}+\log\frac{a+b+2x}{a+b-2x}=\log 1=0$$

すなわち，$f(p-x)+f(p+x)=0$ が成り立つから，曲線 $y=f(x)$ は変曲点 $(p,\ 0)$ に関して対称である。

←曲線 $y=f(x)$ が点 $(p,\ q)$ に関して対称 $\Longleftrightarrow$ $f(p-x)+f(p+x)=2q$



## 練習 ①112

第 2 次導関数を利用して，次の関数の極値を求めよ。

(1)　$y=\dfrac{x^4}{4}-\dfrac{2}{3}x^3-\dfrac{x^2}{2}+2x-1$　　(2)　$y=e^x\cos x$ $(0\leqq x\leqq 2\pi)$

与えられた関数を $f(x)$ とする。

(1)　$f'(x)=x^3-2x^2-x+2=x^2(x-2)-(x-2)$
$$=(x^2-1)(x-2)=(x+1)(x-1)(x-2)$$

$f''(x)=3x^2-4x-1$

$f'(x)=0$ とすると　　$x=-1,\ 1,\ 2$

$f''(-1)=6>0$，$f''(1)=-2<0$，$f''(2)=3>0$ であるから，

$f(x)$ は　**$x=-1$ で　極小値**　$\dfrac{1}{4}+\dfrac{2}{3}-\dfrac{1}{2}-2-1=-\boldsymbol{\dfrac{31}{12}}$，

**$x=1$ で　極大値**　$\dfrac{1}{4}-\dfrac{2}{3}-\dfrac{1}{2}+2-1=\boldsymbol{\dfrac{1}{12}}$，

**$x=2$ で　極小値**　$4-\dfrac{16}{3}-2+4-1=-\boldsymbol{\dfrac{1}{3}}$ をとる。

HINT　**$f'(a)=0$ のとき $f''(a)<0$ $\Longrightarrow$ $x=a$ で極大，$f''(a)>0$ $\Longrightarrow$ $x=a$ で極小。**

(2)　$f'(x)=e^x\cos x-e^x\sin x=e^x(\cos x-\sin x)$

$f''(x)=e^x(\cos x-\sin x)+e^x(-\sin x-\cos x)=-2e^x\sin x$

$f'(x)=0$ とすると　　$\sin x-\cos x=0$

したがって　　$\sqrt{2}\sin\left(x-\dfrac{\pi}{4}\right)=0$

$0\leqq x\leqq 2\pi$ より，$-\dfrac{\pi}{4}\leqq x-\dfrac{\pi}{4}\leqq\dfrac{7}{4}\pi$ であるから

$x-\dfrac{\pi}{4}=0,\ \pi$　すなわち　$x=\dfrac{\pi}{4},\ \dfrac{5}{4}\pi$

←$\sin x=\cos x$ から，$\tan x=1$ の解を考えてもよい。

$f''\left(\frac{\pi}{4}\right)=-\frac{2}{\sqrt{2}}e^{\frac{\pi}{4}}<0$，$f''\left(\frac{5}{4}\pi\right)=\frac{2}{\sqrt{2}}e^{\frac{5}{4}\pi}>0$ であるから，

←$e^{\frac{\pi}{4}}>0$，$e^{\frac{5}{4}\pi}>0$ である。

$f(x)$ は $\boldsymbol{x=\frac{\pi}{4}}$ **で極大値** $\boldsymbol{\frac{1}{\sqrt{2}}e^{\frac{\pi}{4}}}$，$\boldsymbol{x=\frac{5}{4}\pi}$ **で極小値** $\boldsymbol{-\frac{1}{\sqrt{2}}e^{\frac{5}{4}\pi}}$

をとる。

検討　**$y=e^x\cos x$ のグラフ**

$-1\leqq\cos x\leqq 1$ から　$-e^x\leqq e^x\cos x\leqq e^x$

よって，$y=e^x\cos x$ のグラフは，右の図のように $y=e^x$ と $y=-e^x$ のグラフに挟まれるような形になる。

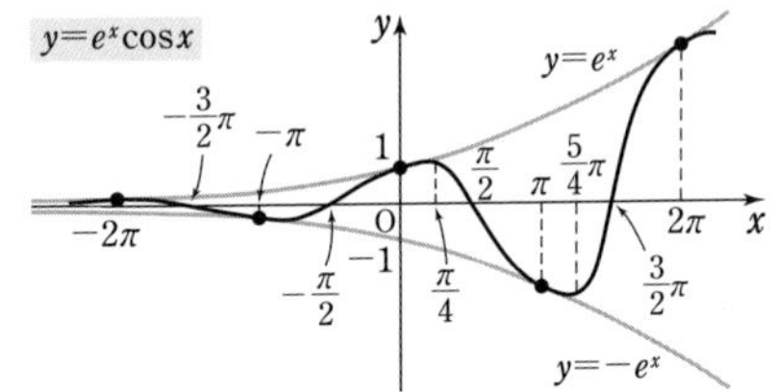


**練習** ②**113**　次の不等式が成り立つことを証明せよ。

(1)　$\sqrt{1+x}<1+\frac{x}{2}$ $(x>0)$　　(2)　$e^x<1+x+\frac{e}{2}x^2$ $(0<x<1)$

(3)　$e^x>x^2$ $(x>0)$　　(4)　$\sin x>x-\frac{x^3}{6}$ $(x>0)$

(1)　$F(x)=1+\frac{x}{2}-\sqrt{1+x}$ とすると，$x>0$ のとき

**大小比較は差を作る**

$$F'(x)=\frac{1}{2}-\frac{1}{2\sqrt{1+x}}=\frac{\sqrt{1+x}-1}{2\sqrt{1+x}}>0$$

←$x>0$ のとき $\sqrt{x+1}-1>0$

ゆえに，$F(x)$ は $x\geqq 0$ で単調に増加する。

このことと，$F(0)=0$ から，$x>0$ のとき　$F(x)>0$

よって　$\sqrt{1+x}<1+\frac{x}{2}$ $(x>0)$

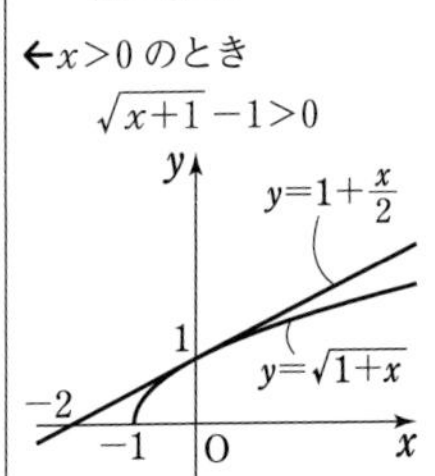


(2)　$F(x)=\left(1+x+\frac{e}{2}x^2\right)-e^x$ とすると

$$F'(x)=1+ex-e^x,\quad F''(x)=e-e^x$$

←$F'(x)>0$ を直ちに示すことができないから，$F''(x)$ を用いる。

$0<x<1$ のとき，$1<e^x<e$ であるから　$F''(x)>0$

ゆえに，$F'(x)$ は $0\leqq x\leqq 1$ で単調に増加する。

このことと，$F'(0)=0$ から，$0<x<1$ のとき　$F'(x)>0$

よって，$F(x)$ は $0\leqq x\leqq 1$ で単調に増加する。

このことと，$F(0)=0$ から，$0<x<1$ のとき　$F(x)>0$

したがって　$e^x<1+x+\frac{e}{2}x^2$ $(0<x<1)$

(3)　$F(x)=e^x-x^2$ とすると　$F'(x)=e^x-2x$，$F''(x)=e^x-2$

$F''(x)=0$ とすると，$e^x=2$ から

←まず，$F'(x)>0$ を示す。

$x=\log 2$

$x>0$ における $F'(x)$ の増減表は右のようになる。

| $x$ | 0 | $\cdots$ | $\log 2$ | $\cdots$ |
|---|---|---|---|---|
| $F''(x)$ | | $-$ | 0 | $+$ |
| $F'(x)$ | | ↘ | 極小 | ↗ |

$F'(\log 2)=2-2\log 2=2\log\frac{e}{2}>0$ であるから，$x>0$ のとき

←$e>2$ から　$\frac{e}{2}>1$　よって　$0=\log 1<\log\frac{e}{2}$

$$F'(x)\geqq F'(\log 2)>0$$

ゆえに，$F(x)$ は $x\geqq 0$ で単調に増加する。

このことと，$F(0)=1$ から，$x>0$ のとき

$$F(x)>1>0$$

したがって　$e^x>x^2\ (x>0)$

(4)　$F(x)=\sin x-\left(x-\dfrac{x^3}{6}\right)$ とする。

$$F'(x)=\cos x-1+\frac{x^2}{2},\ F''(x)=-\sin x+x,$$

$$F'''(x)=-\cos x+1\geqq 0$$

ゆえに，$F''(x)$ は $x\geqq 0$ で単調に増加する。

このことと，$F''(0)=0$ から，$x>0$ のとき　$F''(x)>0$

よって，$F'(x)$ は $x\geqq 0$ で単調に増加する。

このことと，$F'(0)=0$ から，$x>0$ のとき　$F'(x)>0$

したがって，$F(x)$ は $x\geqq 0$ で単調に増加する。

このことと，$F(0)=0$ から，$x>0$ のとき　$F(x)>0$

よって　$\sin x>x-\dfrac{x^3}{6}\ (x>0)$

(4)

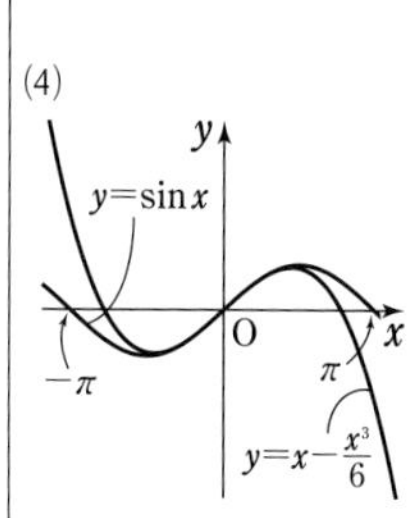


参考　下の図から，$x>0$ のとき　$\sin x<x$

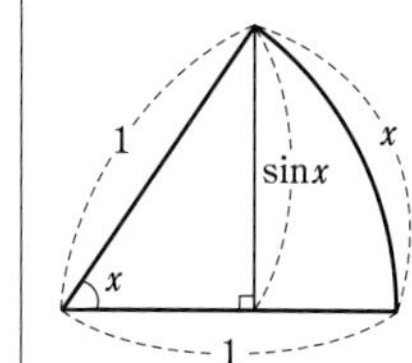


4章 練習 [微分法の応用]

**練習 ③114**　(1)　$x\geqq 1$ において，$x>2\log x$ が成り立つことを示せ。ただし，自然対数の底 $e$ について，$2.7<e<2.8$ であることを用いてよい。
(2)　自然数 $n$ に対して，$(2n\log n)^n<e^{2n\log n}$ が成り立つことを示せ。　〔神戸大〕

(1)　$f(x)=x-2\log x$ とすると

$$f'(x)=1-\frac{2}{x}=\frac{x-2}{x}$$

$f'(x)=0$ とすると　$x=2$

$x\geqq 1$ における $f(x)$ の増減表は右のようになる。

| $x$ | 1 | $\cdots$ | 2 | $\cdots$ |
|---|---|---|---|---|
| $f'(x)$ | | $-$ | 0 | $+$ |
| $f(x)$ | 1 | ↘ | $2-2\log 2$ | ↗ |

よって，$x\geqq 1$ において，$f(x)$ は $x=2$ で最小値 $2-2\log 2$ をとる。

$e>2$ であるから　$2-2\log 2>2-2\log e=0$

ゆえに，$x\geqq 1$ において $f(x)>0$ つまり $x>2\log x$ が成り立つ。

(2)　(1)の結果を用いると，$n\geqq 1$ から　$2\log n<n$

両辺に $n$ を掛けると　$2n\log n<n^2$

両辺は 0 以上であるから，両辺を $n$ 乗すると

$$(2n\log n)^n<n^{2n}$$

ここで　$n^{2n}=e^{\log n^{2n}}=e^{2n\log n}$

したがって　$(2n\log n)^n<e^{2n\log n}$

◀ 大小比較は差を作る

←$0<\log 2<\log e$ から $-\log 2>-\log e$

←$x=n$ を代入。

←$e^{\log a}=a$

**練習 ③115**　$e<a<b$ のとき，不等式 $a^b>b^a$ が成り立つことを証明せよ。　〔類 長崎大〕

$$a^b>b^a \iff \log a^b>\log b^a$$
$$\iff b\log a>a\log b$$
$$\iff \frac{\log a}{a}>\frac{\log b}{b}\ \cdots\cdots ①$$

HINT　$a^b>b^a$ は $F(a,\ b)>F(b,\ a)$ の形。これを $f(a)>f(b)$ の形に変形し，関数 $f(x)$ の増減を利用する。

ここで，$f(x)=\dfrac{\log x}{x}$ とすると

$$f'(x)=\frac{\frac{1}{x}\cdot x-\log x\cdot 1}{x^2}=\frac{1-\log x}{x^2}$$

$x>e$ のとき，$x^2>0$，$1-\log x<0$ であるから　　$f'(x)<0$
よって，$f(x)$ は $x \geqq e$ で単調に減少する。

ゆえに，$e<a<b$ のとき　　$\dfrac{\log a}{a}>\dfrac{\log b}{b}$

すなわち，不等式 ① が成り立つから　　$a^b>b^a$

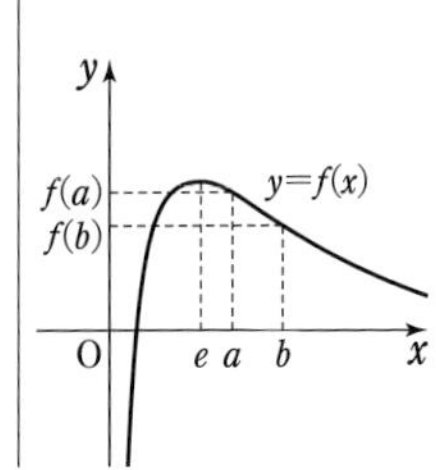


**練習 ④116**　$a>0$，$b>0$ のとき，不等式 $b\log\dfrac{a}{b} \leqq a-b \leqq a\log\dfrac{a}{b}$ が成り立つことを証明せよ。
〔類　北見工大〕

与えられた不等式の各辺を $b\ (>0)$ で割ると

$\log\dfrac{a}{b} \leqq \dfrac{a}{b}-1 \leqq \dfrac{a}{b}\log\dfrac{a}{b}$ であり，$\dfrac{a}{b}=t$ とおくと　$t>0$

ゆえに，不等式は　　$\log t \leqq t-1 \leqq t\log t\ (t>0)$ …… ①

$f(t)=t-1-\log t$ とすると　　$f'(t)=1-\dfrac{1}{t}=\dfrac{t-1}{t}$

$f'(t)=0$ とすると　　$t=1$
$t>0$ における $f(t)$ の増減表は，右のようになる。
よって，$t>0$ のとき　　$f(t) \geqq 0$
次に，$g(t)=t\log t-t+1$ とすると　$g'(t)=\log t+t\cdot\dfrac{1}{t}-1=\log t$　　$g'(t)=0$ とすると　$t=1$

| $t$ | 0 | … | 1 | … |
|---|---|---|---|---|
| $f'(t)$ | | $-$ | 0 | $+$ |
| $f(t)$ | | ↘ | 極小<br>0 | ↗ |

$f(t)$ と同様に，$g(t)$ は $t=1$ で極小かつ最小で　　$g(1)=0$
よって，$t>0$ のとき　　$g(t) \geqq 0$
以上から，① が成り立ち，与えられた不等式は成り立つ。

HINT　不等式の各辺を $b$ で割ると，各辺は $\dfrac{a}{b}$ に関する式とみることができる。⟶ $\dfrac{a}{b}=t$ とおく。

| $t$ | 0 | … | 1 | … |
|---|---|---|---|---|
| $g'(t)$ | | $-$ | 0 | $+$ |
| $g(t)$ | | ↘ | 極小 | ↗ |

別解 **1.** [1]　$b\log\dfrac{a}{b} \leqq a-b$ を示す。

$b$ を定数とみて，$f(x)=(x-b)-b\log\dfrac{x}{b}\ (x>0)$ とすると

$$f'(x)=1-b\cdot\frac{1}{x}=\frac{x-b}{x}$$

$f'(x)=0$ とすると　　$x=b$
$b>0$ であるから，$x>0$ における $f(x)$ の増減表は右のようになる。
よって，$x>0$ のとき　$f(x) \geqq 0$

| $x$ | 0 | … | $b$ | … |
|---|---|---|---|---|
| $f'(x)$ | | $-$ | 0 | $+$ |
| $f(x)$ | | ↘ | 極小<br>0 | ↗ |

すなわち　　$b\log\dfrac{x}{b} \leqq x-b$

$x=a$ とすると　　$b\log\dfrac{a}{b} \leqq a-b$

←本冊 $p.200$ の **[3]**「**一方の文字を定数とみる**」の方針で証明する。

←$\left(\log\dfrac{x}{b}\right)'=(\log x-\log b)'=\dfrac{1}{x}$

[2]　$a-b \leqq a\log\dfrac{a}{b}$ を示す。

$a$ を定数とみて，$g(x)=a\log\dfrac{a}{x}-(a-x)\ (x>0)$ とすると

$$g'(x)=a\cdot\left(-\frac{1}{x}\right)+1=\frac{x-a}{x}$$

$a>0$ であるから，$x>0$ における $g(x)$ の増減表をかくことにより，$x>0$ のとき　$g(x) \geqq 0$　すなわち　$a-x \leqq a\log\dfrac{a}{x}$

$x=b$ とすると　$a-b \leqq a\log\dfrac{a}{b}$

[1]，[2] から　$b\log\dfrac{a}{b} \leqq a-b \leqq a\log\dfrac{a}{b}$

←$g(x)$ の増減表は [1] の $f(x)$ の増減表で $b=a$ としたものに一致する。

別解 **2.** 示すべき不等式は，次の ① と同値である。① が成り立つことを示す。

$$b(\log a-\log b) \leqq a-b \leqq a(\log a-\log b) \ \cdots\cdots \ ①$$

$f(x)=\log x$ は，$x>0$ で微分可能で　$f'(x)=\dfrac{1}{x}$

←本冊 $p.200$ の **[4]「差に注目して平均値の定理の利用」**の方針で証明する。

[1]　$a=b$ のとき，① の各辺は 0 となるから，① は成り立つ。

[2]　$a>b$ のとき，区間 $[b,\ a]$ において，平均値の定理を用いると，$\dfrac{\log a-\log b}{a-b}=\dfrac{1}{c}$，$b<c<a$ を満たす $c$ が存在する。

$c=\dfrac{a-b}{\log a-\log b}$ であり　$b<\dfrac{a-b}{\log a-\log b}<a$

各辺に $\log a-\log b\ (>0)$ を掛けて

$$b(\log a-\log b)<a-b<a(\log a-\log b)$$

←**平均値の定理**
関数 $f(x)$ が $[a,\ b]$ で連続，$(a,\ b)$ で微分可能ならば
$\dfrac{f(b)-f(a)}{b-a}=f'(c)$，$a<c<b$
を満たす実数 $c$ が存在する。

[3]　$a<b$ のとき，区間 $[a,\ b]$ において，平均値の定理を用いることにより，[2] と同様にして　$a<\dfrac{b-a}{\log b-\log a}<b$

各辺に $\log b-\log a\ (>0)$ を掛けて

$$a(\log b-\log a)<b-a<b(\log b-\log a)$$

←各辺に $-1$ を掛ける。

よって　$b(\log a-\log b)<a-b<a(\log a-\log b)$

[1]～[3] から，① が成り立つことが示された。

**練習 ③117**　$a$ を正の定数とする。不等式 $a^x \geqq x$ が任意の正の実数 $x$ に対して成り立つような $a$ の値の範囲を求めよ。
［神戸大］

$a^x \geqq x \ \cdots\cdots$ ① とする。$a>0$ であり，$x>0$ の範囲で考えるから，① の両辺の自然対数をとると

$$x\log a \geqq \log x$$

ゆえに　$\log a \geqq \dfrac{\log x}{x} \ \cdots\cdots$ ②

HINT　扱いやすくなるように，不等式を $f(x) \leqq (a$ の式$)$ の形に変形(定数 $a$ を分離)する。

$f(x)=\dfrac{\log x}{x}$ とすると　$f'(x)=\dfrac{1-\log x}{x^2}$

$f'(x)=0$ とすると，$1-\log x=0$ から　$x=e$

←$\log x=1$

4章 練習 [微分法の応用]

$x>0$ における $f(x)$ の増減表は，右のようになる。

| $x$ | 0 | $\cdots$ | $e$ | $\cdots$ |
|---|---|---|---|---|
| $f'(x)$ | | $+$ | 0 | $-$ |
| $f(x)$ | | ↗ | 極大 | ↘ |

よって，$f(x)$ は $x=e$ で極大かつ最大となり，その値は $f(e)=\dfrac{1}{e}$

したがって，② が $x>0$ の範囲で常に成り立つための条件は

$$\log a \geqq \frac{1}{e} \quad \text{すなわち} \quad \boldsymbol{a \geqq e^{\frac{1}{e}}}$$

←$\log a \geqq$ 最大値

別解　$g(x)=\dfrac{x}{a^x}$ とし，$x>0$ のとき常に $g(x) \leqq 1$ が成り立つための条件を考える。

$$g'(x)=\frac{1\cdot a^x - x\cdot a^x \log a}{(a^x)^2}=\frac{1-x\log a}{a^x}$$

←$(a^x)'=a^x\log a$

$g'(x)=0$ とすると　$x=\dfrac{1}{\log a}=\log_a e$

←$\log_a b=\dfrac{1}{\log_b a}$

ゆえに，$x>0$ における $g(x)$ の増減表は右のようになる。

| $x$ | 0 | $\cdots$ | $\log_a e$ | $\cdots$ |
|---|---|---|---|---|
| $g'(x)$ | | $+$ | 0 | $-$ |
| $g(x)$ | | ↗ | 極大 | ↘ |

よって，$g(x)$ は $x=\log_a e$ で極大かつ最大となり，その値は　$g(\log_a e)=\dfrac{\log_a e}{e}$

←(分母)$=a^{\log_a e}=e$

したがって，求める条件は　$\dfrac{\log_a e}{e} \leqq 1$

ゆえに，$\log_a e \leqq e$ から　$\dfrac{1}{\log a} \leqq e$

よって　$\log a \geqq \dfrac{1}{e}$　すなわち　$\boldsymbol{a \geqq e^{\frac{1}{e}}}$

**検討**　**[本冊 *p.*201 重要例題 117 の別解]**

←**大小比較は差を作る**に従った場合の解法。

$f(x)=kx^2-\log x$ とし，$x>0$ のとき常に $f(x) \geqq 0$ が成り立つための条件を考える。

$$f'(x)=2kx-\frac{1}{x}=\frac{2kx^2-1}{x}$$

$f'(x)=0$ とすると　$2kx^2-1=0$ …… ①

[1]　$k \leqq 0$ のとき　$x>0$ で　$f'(x)<0$

ゆえに，$f(x)$ は $x>0$ で単調に減少する。

$f(1)=k \leqq 0$ であるから，常に $f(x) \geqq 0$ は成り立たない。

←$x \geqq 1$ のとき $f(x) \leqq 0$ となる。

[2]　$k>0$ のとき

$x>0$ の範囲で ① を解くと　$x=\dfrac{1}{\sqrt{2k}}$

$x>0$ における $f(x)$ の増減表は右のようになる。

| $x$ | 0 | $\cdots$ | $\dfrac{1}{\sqrt{2k}}$ | $\cdots$ |
|---|---|---|---|---|
| $f'(x)$ | | $-$ | 0 | $+$ |
| $f(x)$ | | ↘ | 極小 | ↗ |

よって，$f(x)$ は $x=\dfrac{1}{\sqrt{2k}}$ で極小かつ最小となり，そ

の値は

$$f\left(\frac{1}{\sqrt{2k}}\right)=k\cdot\frac{1}{2k}-\log\left(\frac{1}{2k}\right)^{\frac{1}{2}}=\frac{1}{2}+\frac{1}{2}\log 2k$$

←$\log\frac{1}{\sqrt{2k}}=\log\left(\frac{1}{2k}\right)^{\frac{1}{2}}=\log(2k)^{-\frac{1}{2}}$

$x>0$ のとき常に $f(x)\geqq 0$ が成り立つための条件は

$$\frac{1}{2}+\frac{1}{2}\log 2k\geqq 0$$

ゆえに　$\log 2k\geqq -1$　　よって　$\log 2k\geqq\log e^{-1}$

底は1より大きいから　$2k\geqq\frac{1}{e}$　すなわち　$k\geqq\frac{1}{2e}$

←$2k\geqq e^{-1}$ など，$\frac{1}{e}$ を $e^{-1}$ と書いてもよい。

以上から，求める $k$ の最小値は　$\boldsymbol{\frac{1}{2e}}$



**練習 ②118**

(1) $k$ を定数とするとき，$0<x<2\pi$ における方程式 $\log(\sin x+2)-k=0$ の実数解の個数を調べよ。〔類 関西大〕

(2) 方程式 $e^x=ax$ ($a$ は定数) の実数解の個数を調べよ。ただし，$\lim_{x\to\infty}\frac{e^x}{x}=\infty$ を用いてもよい。

(1) $\log(\sin x+2)-k=0$ から　$\log(\sin x+2)=k$

←$f(x)=k$ の形に変形。

$f(x)=\log(\sin x+2)$ とすると

$$f'(x)=\frac{\cos x}{\sin x+2}$$

$f'(x)=0$ とすると　$\cos x=0$

$0<x<2\pi$ のとき　$x=\frac{\pi}{2},\ \frac{3}{2}\pi$

$0\leqq x\leqq 2\pi$ における $f(x)$ の増減表は次のようになる。

←$f(0)$，$f(2\pi)$ の値を調べるため，増減表は $0\leqq x\leqq 2\pi$ の範囲とした。

| $x$ | 0 | … | $\frac{\pi}{2}$ | … | $\frac{3}{2}\pi$ | … | $2\pi$ |
|---|---|---|---|---|---|---|---|
| $f'(x)$ | | + | 0 | − | 0 | + | |
| $f(x)$ | $\log 2$ | ↗ | 極大 $\log 3$ | ↘ | 極小 0 | ↗ | $\log 2$ |

よって，$0<x<2\pi$ における $y=f(x)$ のグラフは右図のようになり，実数解の個数は，グラフと直線 $y=k$ との共有点の個数に一致するから

**$k<0$，$\log 3<k$ のとき　0個；**
**$k=0$，$\log 2$，$\log 3$ のとき　1個；**
**$0<k<\log 2$，$\log 2<k<\log 3$ のとき　2個**

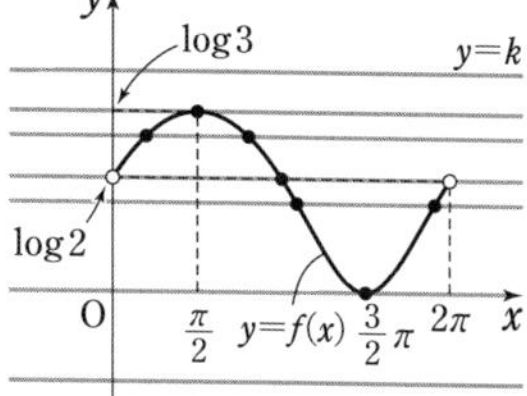


(2) $x=0$ は方程式の解でないから，方程式は $\frac{e^x}{x}=a$ と同値。

←$f(x)=a$ の形に変形。

$f(x)=\frac{e^x}{x}$ とすると，定義域は $x\neq 0$ で

$$f'(x)=\frac{e^x(x-1)}{x^2}$$

←$f'(x)=\frac{e^x\cdot x-e^x\cdot 1}{x^2}$

$f'(x)=0$ とすると　$x=1$

増減表は右上のようになる。

| $x$ | … | 0 | … | 1 | … |
|---|---|---|---|---|---|
| $f'(x)$ | − | ／ | − | 0 | + |
| $f(x)$ | ↘ | ／ | ↘ | 極小 $e$ | ↗ |

また　$\lim_{x\to-\infty}f(x)=0$，$\lim_{x\to-0}f(x)=-\infty$，

$\lim_{x\to+0}f(x)=\infty$，$\lim_{x\to\infty}f(x)=\infty$

以上より，$y=f(x)$ のグラフは右図のようになり，実数解の個数はグラフと直線 $y=a$ との共有点の個数に一致するから

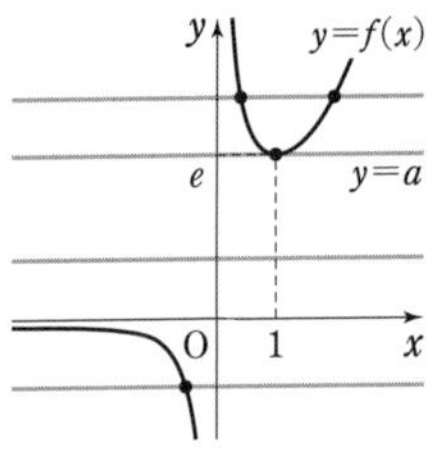


**$0\leqq a<e$ のとき　0個；**

**$a<0$，$a=e$ のとき　1個；**

**$e<a$ のとき　2個**

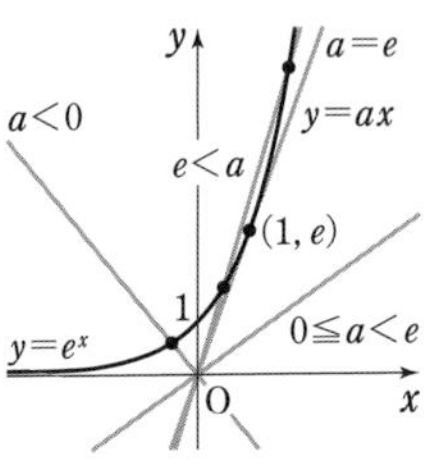


検討　$y=e^x$ と $y=ax$ のグラフは図のようになる。両者は $a=e$ のとき，点 $(1,\ e)$ で接する。これから上と同じ結果が得られる。

←$\lim_{x\to-\infty}f(x)=0$ から $x$ 軸は漸近線。

$\lim_{x\to+0}f(x)=\infty$，

$\lim_{x\to-0}f(x)=-\infty$

から $y$ 軸は漸近線。

参考　ロピタルの定理から　$\lim_{x\to\infty}\dfrac{e^x}{x}=\lim_{x\to\infty}\dfrac{e^x}{1}=\infty$

## 練習 ③119

$f(x)=\dfrac{1}{3}x^3+2\log|x|$ とする。実数 $a$ に対して，曲線 $y=f(x)$ の接線のうちで傾きが $a$ と等しくなるようなものの本数を求めよ。

定義域は，真数条件から　　$|x|>0$

よって　　$x\neq0$

$f(x)=\dfrac{1}{3}x^3+2\log|x|$ から　　$f'(x)=x^2+\dfrac{2}{x}=\dfrac{x^3+2}{x}$

接点の $x$ 座標を $t$ $(t\neq0)$ とすると，接線の傾きは $f'(t)$ であるから，$t$ についての方程式 $a=f'(t)$ すなわち $a=\dfrac{t^3+2}{t}$ の実数解の個数が題意の接線の本数に一致する。

$g(t)=\dfrac{t^3+2}{t}$ とすると

$$g'(t)=\frac{3t^2\cdot t-(t^3+2)\cdot1}{t^2}=\frac{2(t^3-1)}{t^2}$$

$g'(t)=0$ とすると　　$t=1$

$g(t)$ の増減表は右のようになる。

| $t$ | $\cdots$ | 0 | $\cdots$ | 1 | $\cdots$ |
|---|---|---|---|---|---|
| $g'(t)$ | $-$ | ／ | $-$ | 0 | $+$ |
| $g(t)$ | ↘ | ／ | ↘ | 3 | ↗ |

$\lim_{t\to\infty}g(t)=\infty$，$\lim_{t\to-\infty}g(t)=\infty$，

$\lim_{t\to+0}g(t)=\infty$，$\lim_{t\to-0}g(t)=-\infty$

であるから，$y=g(t)$ のグラフは右図のようになる。

求める接線の本数は，$y=g(t)$ のグラフと直線 $y=a$ との共有点の個数に一致するから

**$a<3$ のとき 1本，**

**$a=3$ のとき 2本，**

**$a>3$ のとき 3本**

HINT　$x=t$ における接線の傾きは $f'(t)$ である。$a=f'(t)$ の実数解の個数を調べる。

←$t^3-1$
$=(t-1)(t^2+t+1)$

検討　$y=f(x)$ のグラフは図のようになり，接点が異なれば接線も異なる。

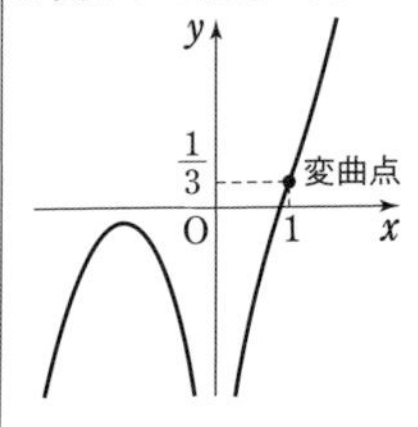

**練習 ③120**

関数 $f(x)=e^{-x}\sin\pi x\ (x>0)$ について，曲線 $y=f(x)$ と $x$ 軸の交点の $x$ 座標を，小さい方から順に $x_1$，$x_2$，$x_3$，…… とし，$x=x_n$ における曲線 $y=f(x)$ の接線の $y$ 切片を $y_n$ とする。

(1) $y_n$ を $n$ を用いて表せ。　(2) $\displaystyle\lim_{n\to\infty}\sum_{k=1}^{n}\frac{y_k}{k}$ の値を求めよ。　〔類 芝浦工大〕

(1) $e^{-x}>0$ であるから，$f(x)=0$ とすると　$\sin\pi x=0$

$x>0$ であるから　$\pi x=n\pi\ (n=1,\ 2,\ 3,\ \cdots\cdots)$

ゆえに　$x=n$　すなわち　$x_n=n$

$f'(x)=-e^{-x}\sin\pi x+\pi e^{-x}\cos\pi x$ であるから

$$f'(n)=\pi e^{-n}\cos n\pi=\pi e^{-n}(-1)^n=\pi\left(-\frac{1}{e}\right)^n$$

$x=x_n$ における接線の方程式は　$y=\pi\left(-\dfrac{1}{e}\right)^n(x-n)$

よって，この接線の $y$ 切片は　$\boldsymbol{y_n=-n\pi\left(-\dfrac{1}{e}\right)^n}$

(2) $\left|-\dfrac{1}{e}\right|<1$ であるから，(1) より

$$\lim_{n\to\infty}\sum_{k=1}^{n}\frac{y_k}{k}=\lim_{n\to\infty}\sum_{k=1}^{n}\left\{-\pi\left(-\frac{1}{e}\right)^k\right\}=\lim_{n\to\infty}\frac{\dfrac{\pi}{e}\left\{1-\left(-\dfrac{1}{e}\right)^n\right\}}{1-\left(-\dfrac{1}{e}\right)}$$

$$=\boldsymbol{\frac{\pi}{e+1}}$$

←まず，曲線 $y=f(x)$ と $x$ 軸の交点の $x$ 座標を求める。

←$\sin n\pi=0$
$n$ が偶数のとき
$\cos n\pi=1$，
$n$ が奇数のとき
$\cos n\pi=-1$

←$e>1$

←$\left(-\dfrac{1}{e}\right)^n\longrightarrow 0$

**練習 ④121**

関数 $f(x)=e^{-x}\cos x\ (x>0)$ について，$f(x)$ が極小値をとる $x$ の値を小さい方から順に $x_1$，$x_2$，…… とすると，数列 $\{f(x_n)\}$ は等比数列であることを示せ。また，$\displaystyle\sum_{n=1}^{\infty}f(x_n)$ を求めよ。

$$f'(x)=-e^{-x}\cos x+e^{-x}(-\sin x)=\underline{-e^{-x}(\sin x+\cos x)}$$

$$=-\sqrt{2}\,e^{-x}\sin\left(x+\frac{\pi}{4}\right)$$

$$f''(x)=e^{-x}(\sin x+\cos x)-e^{-x}(\cos x-\sin x)$$

$$=2e^{-x}\sin x$$

$f'(x)=0$ とすると　$\sin\left(x+\dfrac{\pi}{4}\right)=0$

$x>0$ であるから　$x=\dfrac{3}{4}\pi+k\pi\ (k=0,\ 1,\ \cdots\cdots)$

以下では，$n$ は自然数とする。

$k=2n-1$ のとき

$\sin\left(\dfrac{3}{4}\pi+k\pi\right)=\sin\dfrac{7}{4}\pi<0$　ゆえに　$f''\left(\dfrac{3}{4}\pi+k\pi\right)<0$

$k=2(n-1)$ のとき

$\sin\left(\dfrac{3}{4}\pi+k\pi\right)=\sin\dfrac{3}{4}\pi>0$　ゆえに　$f''\left(\dfrac{3}{4}\pi+k\pi\right)>0$

よって，$k=2(n-1)$ のとき極小値をとるから

$$x_n=\frac{3}{4}\pi+2(n-1)\pi$$

←三角関数の合成。

←＿＿ を微分。

←$x+\dfrac{\pi}{4}=l\pi$ ($l$ は整数) から　$x=\dfrac{3}{4}\pi+(l-1)\pi$
この式で $l-1$ を $k$ におき換える。

←$f'(x)=0$ を満たす $x$ の値について，$f''(x)$ の符号を調べる。

←$\boldsymbol{f'(a)=0}$，$\boldsymbol{f''(a)>0}$
$\Longrightarrow$ $\boldsymbol{f(a)}$ **は極小値。**

4章 練習 [微分法の応用]

ここで　$f(x_n)=e^{-\left\{\frac{3}{4}\pi+2(n-1)\pi\right\}}\cos\left\{\frac{3}{4}\pi+2(n-1)\pi\right\}$

$=-\frac{1}{\sqrt{2}}e^{-\frac{3}{4}\pi}(e^{-2\pi})^{n-1}$

←$\cos\frac{3}{4}\pi=-\frac{1}{\sqrt{2}}$

←$ar^{n-1}$ の形に変形。

よって，数列 $\{f(x_n)\}$ は初項 $-\frac{1}{\sqrt{2}}e^{-\frac{3}{4}\pi}$，公比 $e^{-2\pi}$ の等比数列である。

←$a_n=ar^{n-1} \Longleftrightarrow \{a_n\}$ は初項 $a$，公比 $r$ の等比数列。

公比 $e^{-2\pi}$ は $0<e^{-2\pi}<1$ であるから，無限等比級数 $\sum_{n=1}^{\infty}f(x_n)$ は収束し，その和は

$$\sum_{n=1}^{\infty}f(x_n)=\frac{-\frac{1}{\sqrt{2}}e^{-\frac{3}{4}\pi}}{1-e^{-2\pi}}=-\frac{e^{\frac{5}{4}\pi}}{\sqrt{2}(e^{2\pi}-1)}$$

←$\frac{(初項)}{1-(公比)}$

**練習 ③122**

(1) $x \geqq 3$ のとき，不等式 $x^3e^{-x} \leqq 27e^{-3}$ が成り立つことを示せ。更に，$\lim_{x\to\infty}x^2e^{-x}$ を求めよ。〔類 九州大〕

(2) (ア) $x>0$ に対し，$\sqrt{x}\log x>-1$ であることを示せ。

(イ) (ア)の結果を用いて，$\lim_{x\to+0}x\log x=0$ を示せ。〔慶応大〕

(1) $F(x)=27e^{-3}-x^3e^{-x}$ とすると

$F'(x)=-3x^2e^{-x}-x^3(-e^{-x})=x^2(x-3)e^{-x}$

←**大小比較は差を作る**

$x>3$ のとき $F'(x)>0$ であるから，$F(x)$ は $x \geqq 3$ で単調に増加する。

更に，$F(3)=0$ であるから，$x \geqq 3$ のとき　$F(x) \geqq 0$

したがって，$x \geqq 3$ のとき　$x^3e^{-x} \leqq 27e^{-3}$ …… ①

① から，$x \geqq 3$ のとき　$0<x^3e^{-x} \leqq 27e^{-3}$

このとき，各辺を $x$ で割ると　$0<x^2e^{-x} \leqq \frac{27e^{-3}}{x}$

←不等号の向きは不変。

$\lim_{x\to\infty}\frac{27e^{-3}}{x}=0$ であるから　$\lim_{x\to\infty}x^2e^{-x}=\mathbf{0}$

←はさみうちの原理。

検討　ロピタルの定理から　$\lim_{x\to\infty}\frac{x^2}{e^x}=\lim_{x\to\infty}\frac{2x}{e^x}=\lim_{x\to\infty}\frac{2}{e^x}=0$

←ロピタルの定理を 2 回用いる。

(2) (ア) $f(x)=\sqrt{x}\log x+1\ (x>0)$ とすると

$f'(x)=\frac{1}{2\sqrt{x}}\cdot\log x+\sqrt{x}\cdot\frac{1}{x}=\frac{\log x+2}{2\sqrt{x}}$

←**大小比較は差を作る**

$f'(x)=0$ とすると，$\log x=-2$ から　$x=\frac{1}{e^2}$

←$x=e^{-2}$

$x>0$ における $f(x)$ の増減表は右のようになる。

| $x$ | 0 | … | $\frac{1}{e^2}$ | … |
|---|---|---|---|---|
| $f'(x)$ | | $-$ | 0 | $+$ |
| $f(x)$ | | ↘ | 極小 | ↗ |

また

$f\left(\frac{1}{e^2}\right)=1-\frac{2}{e}=\frac{e-2}{e}>0$

よって，$x>0$ のとき，$f(x)>0$ すなわち $\sqrt{x}\log x>-1$ が成り立つ。

(イ) $x \longrightarrow +0$ のときを考えるから，$0<x<1$ の範囲で考える。
$0<x<1$ のとき，$\sqrt{x}\log x<0$ であるから，(ア) より

$$-1<\sqrt{x}\log x<0$$

両辺に $\sqrt{x}$ を掛けると　$-\sqrt{x}<x\log x<0$

$\lim_{x\to+0}\sqrt{x}=0$ であるから　$\lim_{x\to+0}x\log x=0$

参考　本冊 $p.160$ 演習例題 92 (3) では，(イ) の極限をロピタルの定理を用いて求めた。

←$0<x<1$ のとき $\sqrt{x}>0$，$\log x<0$

←はさみうちの原理。

**練習 ①123**
(1) 原点を出発して数直線上を動く点 P の座標が，時刻 $t$ の関数として，$x=t^3-10t^2+24t$ $(t>0)$ で表されるという。点 P が原点に戻ったときの速度 $v$ と加速度 $\alpha$ を求めよ。
(2) 座標平面上を運動する点 P の，時刻 $t$ における座標が $x=4\cos t$，$y=\sin 2t$ で表されるとき，$t=\dfrac{\pi}{3}$ における点 P の速さと加速度の大きさを求めよ。



(1) $v=\dfrac{dx}{dt}=3t^2-20t+24$ …… ①，$\alpha=\dfrac{dv}{dt}=6t-20$ …… ②

$x=0$ とすると　$t^3-10t^2+24t=0$
ゆえに　$t(t-4)(t-6)=0$
よって　$t=0,\ 4,\ 6$
$t>0$ で点 P が原点に戻るのは $t=4,\ 6$ のときである。
したがって，①，② から

**$t=4$ のとき**　$v=3\cdot4^2-20\cdot4+24=\mathbf{-8}$，$\boldsymbol{\alpha}=6\cdot4-20=\mathbf{4}$

**$t=6$ のとき**　$v=3\cdot6^2-20\cdot6+24=\mathbf{12}$，$\boldsymbol{\alpha}=6\cdot6-20=\mathbf{16}$

←位置 $x$ を $t$ で微分すると速度 $v$ が，速度 $v$ を $t$ で微分すると加速度 $\alpha$ が得られる。つまり，$\alpha=\dfrac{d^2x}{dt^2}$ である。

(2) 点 P の時刻 $t$ における速度ベクトルを $\vec{v}$，加速度ベクトルを $\vec{\alpha}$ とすると

$$\vec{v}=\left(\frac{dx}{dt},\ \frac{dy}{dt}\right)=(-4\sin t,\ 2\cos 2t)$$

$$\vec{\alpha}=\left(\frac{d^2x}{dt^2},\ \frac{d^2y}{dt^2}\right)=(-4\cos t,\ -4\sin 2t)$$

$t=\dfrac{\pi}{3}$ を代入すると

$$\vec{v}=\left(-4\sin\frac{\pi}{3},\ 2\cos\frac{2}{3}\pi\right)=(-2\sqrt{3},\ -1)$$

$$\vec{\alpha}=\left(-4\cos\frac{\pi}{3},\ -4\sin\frac{2}{3}\pi\right)=(-2,\ -2\sqrt{3})$$

←$\left(-4\cdot\dfrac{\sqrt{3}}{2},\ 2\cdot\left(-\dfrac{1}{2}\right)\right)$

←$\left(-4\cdot\dfrac{1}{2},\ -4\cdot\dfrac{\sqrt{3}}{2}\right)$

よって，**速さは**　$|\vec{v}|=\sqrt{(-2\sqrt{3})^2+(-1)^2}=\boldsymbol{\sqrt{13}}$

**加速度の大きさは**　$|\vec{\alpha}|=\sqrt{(-2)^2+(-2\sqrt{3})^2}=\sqrt{16}=\mathbf{4}$

**練習 ②124**
(1) 動点 P が，原点 O を中心とする半径 $r$ の円周上を，定点 $P_0$ から出発して，OP が 1 秒間に角 $\omega$ の割合で回転するように等速円運動をしている。P の加速度の大きさを求めよ。
(2) $a>0$，$\omega>0$ とする。座標平面上を運動する点 P の，時刻 $t$ における座標が $x=a(\omega t-\sin\omega t)$，$y=a(1-\cos\omega t)$ で表されるとき，加速度の大きさは一定であることを示せ。

(1) 加速度ベクトル $\vec{\alpha}$ は
$\vec{\alpha}=(-r\omega^2\cos(\omega t+\beta),\ -r\omega^2\sin(\omega t+\beta))$ であるから

$$|\vec{\alpha}|=\sqrt{(-r\omega^2)^2\cos^2(\omega t+\beta)+(-r\omega^2)^2\sin^2(\omega t+\beta)}$$
$$=\sqrt{(r\omega^2)^2}$$

←$\cos^2\theta+\sin^2\theta=1$

$r>0$ であるから　$|\vec{\alpha}|=\boldsymbol{r\omega^2}$

←$\omega^2>0$ である。

(2)　点Pの時刻 $t$ における速度ベクトルを $\vec{v}$，加速度ベクトルを $\vec{\alpha}$ とすると

$$\vec{v}=\left(\frac{dx}{dt},\ \frac{dy}{dt}\right)=(a(\omega-\omega\cos\omega t),\ a\omega\sin\omega t)$$

←$a$，$\omega$ は定数。

$$\vec{\alpha}=\left(\frac{d^2x}{dt^2},\ \frac{d^2y}{dt^2}\right)=(a\omega^2\sin\omega t,\ a\omega^2\cos\omega t)$$

よって，加速度の大きさは

$$|\vec{\alpha}|=\sqrt{(a\omega^2\sin\omega t)^2+(a\omega^2\cos\omega t)^2}=\sqrt{(a\omega^2)^2}$$

←$\sin^2\omega t+\cos^2\omega t=1$

$a>0$，$\omega>0$ であるから，加速度の大きさは $a\omega^2$ で一定である。

**練習 ③125**　楕円 $\dfrac{x^2}{9}+\dfrac{y^2}{4}=1\ (x>0,\ y>0)$ 上の動点Pが一定の速さ2で $x$ 座標が増加する向きに移動している。$x=\sqrt{3}$ における速度と加速度を求めよ。

$\dfrac{x^2}{9}+\dfrac{y^2}{4}=1$ …… ① の両辺を $t$ で微分して

$$\frac{2x}{9}\cdot\frac{dx}{dt}+\frac{y}{2}\cdot\frac{dy}{dt}=0 \ \cdots\cdots \ ②$$

HINT　速さが2であるから $\sqrt{\left(\dfrac{dx}{dt}\right)^2+\left(\dfrac{dy}{dt}\right)^2}=2$

点Pの速さが2であるから　$\left(\dfrac{dx}{dt}\right)^2+\left(\dfrac{dy}{dt}\right)^2=2^2$ …… ③

$x$ 座標が増加する向きに移動しているから　$\dfrac{dx}{dt}>0$

① から　$y^2=4\left(1-\dfrac{x^2}{9}\right)$　$x=\sqrt{3}$ を代入して　$y^2=\dfrac{8}{3}$

$y>0$ であるから　$y=\dfrac{2\sqrt{6}}{3}$

←$y=\dfrac{2\sqrt{2}}{\sqrt{3}}$

$x=\sqrt{3}$，$y=\dfrac{2\sqrt{6}}{3}$ を ② に代入して　$\dfrac{2\sqrt{3}}{9}\cdot\dfrac{dx}{dt}+\dfrac{\sqrt{6}}{3}\cdot\dfrac{dy}{dt}=0$

ゆえに　$\dfrac{dy}{dt}=-\dfrac{\sqrt{2}}{3}\cdot\dfrac{dx}{dt}$ …… ②′

②′ を ③ に代入して，$\left(1+\dfrac{2}{9}\right)\left(\dfrac{dx}{dt}\right)^2=4$ から　$\left(\dfrac{dx}{dt}\right)^2=\dfrac{36}{11}$

←$\left(\dfrac{dx}{dt}\right)^2+\dfrac{2}{9}\left(\dfrac{dx}{dt}\right)^2=4$

$\dfrac{dx}{dt}>0$ であるから　$\dfrac{dx}{dt}=\dfrac{6}{\sqrt{11}}$

このとき，②′ から　$\dfrac{dy}{dt}=-\dfrac{2\sqrt{2}}{\sqrt{11}}$

よって，$x=\sqrt{3}$ における **速度は**　$\boldsymbol{\left(\dfrac{6}{\sqrt{11}},\ -\dfrac{2\sqrt{2}}{\sqrt{11}}\right)}$

←平面上の速度は $\vec{v}=\left(\dfrac{dx}{dt},\ \dfrac{dy}{dt}\right)$

次に，② の両辺を $t$ で微分して

$$\frac{2}{9}\left\{\left(\frac{dx}{dt}\right)^2+x\frac{d^2x}{dt^2}\right\}+\frac{1}{2}\left\{\left(\frac{dy}{dt}\right)^2+y\frac{d^2y}{dt^2}\right\}=0$$

←積の微分。

$x=\sqrt{3}$，$y=\dfrac{2\sqrt{6}}{3}$，$\dfrac{dx}{dt}=\dfrac{6}{\sqrt{11}}$，$\dfrac{dy}{dt}=-\dfrac{2\sqrt{2}}{\sqrt{11}}$ を代入して整理すると　$2\dfrac{d^2x}{dt^2}+3\sqrt{2}\dfrac{d^2y}{dt^2}=-\dfrac{36\sqrt{3}}{11}$　…… ④

また，③ の両辺を $t$ で微分して

$$2\frac{dx}{dt}\cdot\frac{d^2x}{dt^2}+2\frac{dy}{dt}\cdot\frac{d^2y}{dt^2}=0$$

$\dfrac{dx}{dt}=\dfrac{6}{\sqrt{11}}$，$\dfrac{dy}{dt}=-\dfrac{2\sqrt{2}}{\sqrt{11}}$ を代入して整理すると

$$3\frac{d^2x}{dt^2}-\sqrt{2}\frac{d^2y}{dt^2}=0 \quad \cdots\cdots ⑤$$

④，⑤ から　$\dfrac{d^2x}{dt^2}=-\dfrac{36\sqrt{3}}{121}$，$\dfrac{d^2y}{dt^2}=-\dfrac{54\sqrt{6}}{121}$

よって，$x=\sqrt{3}$ における**加速度は**　$\boldsymbol{\left(-\dfrac{36\sqrt{3}}{121},\ -\dfrac{54\sqrt{6}}{121}\right)}$

←$\dfrac{2\sqrt{3}}{9}\cdot\dfrac{d^2x}{dt^2}+\dfrac{\sqrt{6}}{3}\cdot\dfrac{d^2y}{dt^2}=-\dfrac{12}{11}$

←$\dfrac{12}{\sqrt{11}}\cdot\dfrac{d^2x}{dt^2}-\dfrac{4\sqrt{2}}{\sqrt{11}}\cdot\dfrac{d^2y}{dt^2}=0$

←平面上の加速度は　$\vec{\alpha}=\left(\dfrac{d^2x}{dt^2},\ \dfrac{d^2y}{dt^2}\right)$

4章

練習［微分法の応用］

## 練習 ②126

表面積が $4\pi\,\text{cm}^2/\text{s}$ の一定の割合で増加している球がある。半径が 10 cm になる瞬間において，以下のものを求めよ。

(1)　半径の増加する速度　　(2)　体積の増加する速度　　〔工学院大〕

$t$ 秒後の表面積を $S\,\text{cm}^2$ とすると　$\dfrac{dS}{dt}=4\pi\ (\text{cm}^2/\text{s})$ …… ①

(1)　$t$ 秒後の球の半径を $r$ cm とすると　$S=4\pi r^2$

両辺を $t$ で微分して　$\dfrac{dS}{dt}=8\pi r\dfrac{dr}{dt}$

ゆえに　$\dfrac{dr}{dt}=\dfrac{dS}{dt}\cdot\dfrac{1}{8\pi r}$　① から　$\dfrac{dr}{dt}=4\pi\cdot\dfrac{1}{8\pi r}=\dfrac{1}{2r}$

求める速度は，$r=10$ を代入して　$\boldsymbol{\dfrac{1}{20}}$ **cm/s**

(1)　$S=4\pi t$ と $S=4\pi r^2$ から　$t=r^2$

ゆえに　$1=2r\dfrac{dr}{dt}$

よって　$\dfrac{dr}{dt}=\dfrac{1}{2r}$

と考えてもよい。

(2)　$t$ 秒後の球の体積を $V\,\text{cm}^3$ とすると　$V=\dfrac{4}{3}\pi r^3$

両辺を $t$ で微分して　$\dfrac{dV}{dt}=4\pi r^2\dfrac{dr}{dt}$

$r=10$ のときの半径の増加する速度は，(1) より $\dfrac{dr}{dt}=\dfrac{1}{20}$ であるから　$\dfrac{dV}{dt}=4\pi\cdot 10^2\cdot\dfrac{1}{20}=20\pi$

よって，求める速度は　$\boldsymbol{20\pi}$ **cm³/s**

←(1) の結果を利用。

検討　本冊 $p.215$ の　■**2 次の近似式**　の解説の中の

$f(a)=g(a)$，$f'(a)=g'(a)$，$f''(a)=g''(a)$ を満たす 2 次関数 $g(x)$ は

$$g(x)=f(a)+f'(a)(x-a)+\frac{f''(a)}{2}(x-a)^2 \quad \cdots\cdots ①$$ であることの証明。

**（証明）**　$g(x)=p(x-a)^2+q(x-a)+r$ とすると　$g'(x)=2p(x-a)+q$，$g''(x)=2p$

$f(a)=g(a)$ から　$r=f(a)$　　$f'(a)=g'(a)$ から　$q=f'(a)$

$f''(a)=g''(a)$ から　$2p=f''(a)$　　よって　$p=\dfrac{f''(a)}{2}$

したがって，① が成り立つ。

**練習 ②127**

(1) $|x|$ が十分小さいとき，次の関数の 1 次の近似式，2 次の近似式を作れ。

(ア) $f(x)=\log(1+x)$　　(イ) $f(x)=\sqrt{1+\sin x}$

(2) 1 次の近似式を用いて，次の数の近似値を求めよ。ただし，$\pi=3.14$，$\sqrt{3}=1.73$ として小数第 2 位まで求めよ。

(ア) $\cos 61^\circ$　　(イ) $\sqrt[3]{340}$　　(ウ) $\sqrt{1+\pi}$

(1) (ア) $f'(x)=\dfrac{1}{1+x}$，$f''(x)=-\dfrac{1}{(1+x)^2}$　　←$f''(x)=\{(1+x)^{-1}\}'$

よって　$f(0)=0$，$f'(0)=1$，$f''(0)=-1$

$|x|$ が十分小さいとき　**1 次の近似式は**　$\boldsymbol{f(x)\fallingdotseq x}$　　←$f(x)\fallingdotseq f(0)+f'(0)x$

**2 次の近似式は**　$\boldsymbol{f(x)\fallingdotseq x-\dfrac{1}{2}x^2}$　　←$f(x)\fallingdotseq f(0)+f'(0)x+\dfrac{f''(0)}{2}x^2$

(イ) $f'(x)=\dfrac{1}{2}(1+\sin x)^{-\frac{1}{2}}\cdot(1+\sin x)'=\dfrac{\cos x}{2\sqrt{1+\sin x}}$

$$f''(x)=\frac{1}{2}\cdot\frac{-\sin x\sqrt{1+\sin x}-\cos x\cdot\dfrac{\cos x}{2\sqrt{1+\sin x}}}{1+\sin x}$$

←$\left(\dfrac{u}{v}\right)'=\dfrac{u'v-uv'}{v^2}$

$$=-\frac{1}{4}\cdot\frac{2\sin x+2\sin^2 x+\cos^2 x}{(1+\sin x)^{\frac{3}{2}}}$$

←分母・分子に $2\sqrt{1+\sin x}$ を掛ける。

$$=-\frac{\sin^2 x+2\sin x+1}{4(1+\sin x)^{\frac{3}{2}}}$$

よって　$f(0)=1$，$f'(0)=\dfrac{1}{2}$，$f''(0)=-\dfrac{1}{4}$

$|x|$ が十分小さいとき

**1 次の近似式は**　$\boldsymbol{f(x)\fallingdotseq 1+\dfrac{1}{2}x}$　　←$f(x)\fallingdotseq f(0)+f'(0)x$

**2 次の近似式は**　$\boldsymbol{f(x)\fallingdotseq 1+\dfrac{1}{2}x-\dfrac{1}{8}x^2}$　　←$f(x)\fallingdotseq f(0)+f'(0)x+\dfrac{f''(0)}{2}x^2$

(2) (ア) $\cos 61^\circ=\cos(60^\circ+1^\circ)=\cos\left(\dfrac{\pi}{3}+\dfrac{\pi}{180}\right)$　　←角は弧度法で表す。

$(\cos x)'=-\sin x$ であるから，$|h|$ が十分小さいとき

$$\cos(a+h)\fallingdotseq\cos a-h\sin a$$

←$|h|$ が十分小さいとき $f(a+h)\fallingdotseq f(a)+f'(a)h$

よって　$\cos\left(\dfrac{\pi}{3}+\dfrac{\pi}{180}\right)\fallingdotseq\cos\dfrac{\pi}{3}-\dfrac{\pi}{180}\sin\dfrac{\pi}{3}$

$$=\frac{1}{2}-\frac{\pi}{180}\cdot\frac{\sqrt{3}}{2}$$

$$\fallingdotseq\frac{180-3.14\times1.73}{360}$$

←$3.14\times1.73=5.4322$

$$=0.4849\cdots\cdots\fallingdotseq\boldsymbol{0.48}$$

(イ) $\sqrt[3]{340}=\sqrt[3]{343-3}=\sqrt[3]{7^3\left(1-\dfrac{3}{7^3}\right)}=7\cdot\sqrt[3]{1-\dfrac{3}{7^3}}$

$f(x)=\sqrt[3]{1+x}$ とすると

$$f'(x)=\left\{(1+x)^{\frac{1}{3}}\right\}'=\frac{1}{3}(1+x)^{-\frac{2}{3}}=\frac{1}{3\cdot\sqrt[3]{(1+x)^2}}$$

ゆえに，$|x|$ が十分小さいとき　$f(x)\fallingdotseq 1+\dfrac{1}{3}x$

よって　$\sqrt[3]{340}\fallingdotseq 7\left(1-\dfrac{1}{3}\cdot\dfrac{3}{7^3}\right)=7-\dfrac{1}{49}=\dfrac{342}{49}$

$=6.979\cdots\cdots\fallingdotseq\mathbf{6.98}$

(ウ)　$\pi=3.14$ から，$1+\pi=4+x$ とする。

$\dfrac{x}{4}$ は十分小さいから

$\sqrt{4+x}=2\sqrt{1+\dfrac{x}{4}}\fallingdotseq 2\left(1+\dfrac{1}{2}\cdot\dfrac{x}{4}\right)=2+\dfrac{0.14}{4}=2.035\fallingdotseq\mathbf{2.04}$

参考　$\cos 61^\circ=0.48480\cdots\cdots$，$\sqrt[3]{340}=6.97953\cdots\cdots$，
$\sqrt{1+\pi}=2.03509\cdots\cdots$

←$f(x)\fallingdotseq f(0)+f'(0)x$
なお，$x\fallingdotseq 0$ のとき
$\boldsymbol{(1+x)^p\fallingdotseq 1+px}$
であるから，直ちに
$\sqrt[3]{1+x}\fallingdotseq 1+\dfrac{1}{3}x$
としてもよい。

←$\dfrac{x}{4}\fallingdotseq 0$ のとき
$\left(1+\dfrac{x}{4}\right)^p\fallingdotseq 1+\dfrac{px}{4}$



## 練習 ②128

(1)　球の体積 $V$ が 1 % 増加するとき，球の半径 $r$ と球の表面積 $S$ は，それぞれ約何 % 増加するか。
(2)　AD∥BC の等脚台形 ABCD において，AB=2cm，BC=4cm，∠B=60° とする。∠B が 1° だけ増えたとき，台形 ABCD の面積 $S$ は，ほぼどれだけ増えるか。ただし，$\pi=3.14$ とする。

(1)　$V=\dfrac{4}{3}\pi r^3$，$S=4\pi r^2$ から　$\dfrac{dV}{dr}=4\pi r^2$，$\dfrac{dS}{dr}=8\pi r$

ゆえに　$\varDelta V\fallingdotseq 4\pi r^2\varDelta r$，　$\varDelta S\fallingdotseq 8\pi r\varDelta r$

よって　$\dfrac{\varDelta V}{V}\fallingdotseq 3\dfrac{\varDelta r}{r}$，　$\dfrac{\varDelta S}{S}\fallingdotseq 2\dfrac{\varDelta r}{r}$

球の体積が 1 % 増加するとき，$\dfrac{\varDelta V}{V}=\dfrac{1}{100}$ であるから

$\dfrac{\varDelta r}{r}\fallingdotseq\dfrac{1}{300}$，　$\dfrac{\varDelta S}{S}\fallingdotseq\dfrac{2}{300}$

ゆえに，**球の半径は約 $\dfrac{1}{3}$ % 増加，表面積は約 $\dfrac{2}{3}$ % 増加する。**

HINT　微小変化に対する公式 $\boldsymbol{\varDelta y\fallingdotseq y'\varDelta x}$ を利用する。

←微小変化 $\varDelta r$ に対して
$\varDelta V\fallingdotseq V'\varDelta r$
$\varDelta S\fallingdotseq S'\varDelta r$

(2)　∠B$=x$（ラジアン）とすると　$x=60^\circ=\dfrac{\pi}{3}$，$\varDelta x=1^\circ=\dfrac{\pi}{180}$

点 A から辺 BC に下ろした垂線の足を H とすると，
$\mathrm{BH}=2\cos x$ であるから　$\mathrm{AD}=\mathrm{BC}-2\mathrm{BH}=4-4\cos x$
台形 ABCD の面積を $S$ とすると

$S=\dfrac{1}{2}(\mathrm{AD}+\mathrm{BC})\cdot\mathrm{AH}=\dfrac{1}{2}\{(4-4\cos x)+4\}\cdot 2\sin x$

$=4(2-\cos x)\sin x=8\sin x-4\sin x\cos x=8\sin x-2\sin 2x$

ゆえに　$S'=8\cos x-2\cos 2x\cdot(2x)'=4(2\cos x-\cos 2x)$

$x$ の増分 $\varDelta x$ に対する $S$ の増分を $\varDelta S$ とすると，$|\varDelta x|$ が十分小さいとき，次の式が成り立つ。

$\varDelta S\fallingdotseq S'\varDelta x=4(2\cos x-\cos 2x)\varDelta x$

$x=\dfrac{\pi}{3}$ のとき　$S'=4\left\{2\cdot\dfrac{1}{2}-\left(-\dfrac{1}{2}\right)\right\}=6$

よって　$\varDelta S\fallingdotseq 6\cdot\dfrac{\pi}{180}=\dfrac{\pi}{30}\fallingdotseq\dfrac{3.14}{30}=0.104\cdots\cdots\fallingdotseq 0.10$

したがって，**約 0.10 cm² 増える。**

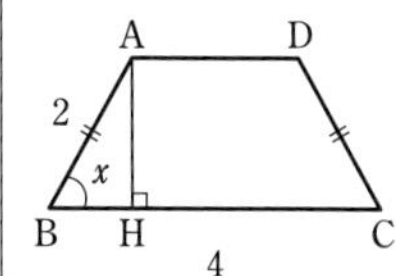


←$\cos\dfrac{\pi}{3}=\dfrac{1}{2}$，
$\cos\dfrac{2}{3}\pi=-\dfrac{1}{2}$

**EX ②76** 関数 $y=\log x$ $(x>0)$ 上の点 $\mathrm{P}(t,\ \log t)$ における接線を $\ell$ とする。また，点 P を通り，$\ell$ に垂直な直線を $m$ とする。2 本の直線 $\ell$，$m$ および $y$ 軸とで囲まれる図形の面積を $S$ とする。$S=5$ となるとき，点 P の座標を求めよ。〔長崎大〕

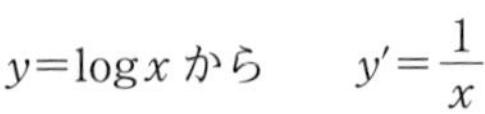

$y=\log x$ から　　$y'=\dfrac{1}{x}$

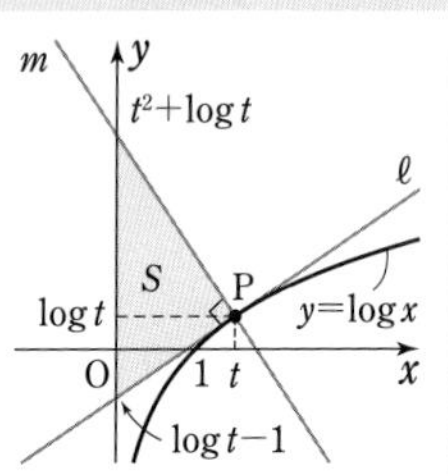


よって，接線 $\ell$ の方程式は

$$y-\log t=\frac{1}{t}(x-t)$$

←$y-f(t)=f'(t)(x-t)$

$x=0$ とすると　　$y=\log t-1$

また，直線 $m$ の傾きは $-t$ であるから，その方程式は

←垂直 ⟺ (傾きの積)$=-1$ から。$m$ は点 P における法線。

$$y-\log t=-t(x-t)$$

$x=0$ とすると　　$y=t^2+\log t$

←$t^2+\log t>\log t-1$

よって　　$S=\dfrac{1}{2}\{(t^2+\log t)-(\log t-1)\}\cdot t=\dfrac{1}{2}t(t^2+1)$

$S=5$ とすると　　$\dfrac{1}{2}t(t^2+1)=5$

ゆえに　　$t^3+t-10=0$

よって　　$(t-2)(t^2+2t+5)=0$

| 1 | 0 | 1 | −10 | 2 |
|---|---|---|---|---|
|  | 2 | 4 | 10 |  |
| 1 | 2 | 5 | 0 |  |

$t^2+2t+5=(t+1)^2+4>0$ であるから　　$t=2$

したがって，点 P の座標は　　**$(2,\ \log 2)$**

**EX ②77** 曲線 $y=\sin x$ 上の点 $\mathrm{P}\left(\dfrac{\pi}{4},\ \dfrac{1}{\sqrt{2}}\right)$ における接線と，曲線 $y=\sin 2x$ $(0\leqq x\leqq\pi)$ 上の点 Q における接線が垂直であるとき，点 Q の $x$ 座標を求めよ。〔愛知工大〕

HINT　点 Q の $x$ 座標を $t$ として，両接線の傾きの積が $-1$ となるように $t$ の値を決める。

$f(x)=\sin x$，$g(x)=\sin 2x$ とすると

$$f'(x)=\cos x,\quad g'(x)=2\cos 2x$$

ゆえに，曲線 $y=f(x)$ 上の点 P における接線の傾きは

$$f'\left(\frac{\pi}{4}\right)=\cos\frac{\pi}{4}=\frac{1}{\sqrt{2}}\quad\cdots\cdots ①$$

点 Q の $x$ 座標を $t$ $(0\leqq t\leqq\pi)$ とすると，点 Q における接線の傾きは　　$g'(t)=2\cos 2t$　　$\cdots\cdots$ ②

条件から　　$f'\left(\dfrac{\pi}{4}\right)g'(t)=-1$

①，② から

$$\frac{1}{\sqrt{2}}\cdot 2\cos 2t=-1\quad すなわち\quad \cos 2t=-\frac{1}{\sqrt{2}}$$

$0\leqq t\leqq\pi$ より $0\leqq 2t\leqq 2\pi$ であるから　　$2t=\dfrac{3}{4}\pi,\ \dfrac{5}{4}\pi$

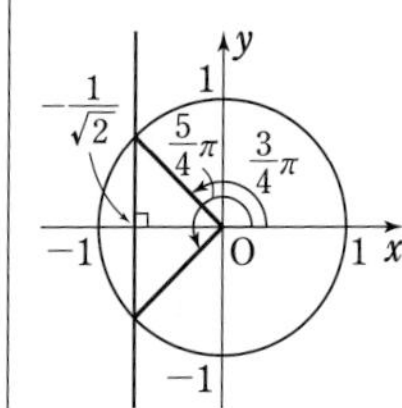


したがって，点 Q の $x$ 座標は　　**$\dfrac{3}{8}\pi,\ \dfrac{5}{8}\pi$**

**EX ③78**

曲線 $C$：$y=\dfrac{1}{x}$ $(x>0)$ と点 $\mathrm{P}(s,\ t)$ $(s>0,\ t>0,\ st<1)$ を考える。点Pを通る曲線 $C$ の2本の接線を $\ell_1$, $\ell_2$ とし，これらの接線と曲線 $C$ との接点をそれぞれ $\mathrm{A}\left(a,\ \dfrac{1}{a}\right)$, $\mathrm{B}\left(b,\ \dfrac{1}{b}\right)$ とする。ただし，$a<b$ とする。

(1) $a$, $b$ をそれぞれ $s$, $t$ を用いて表せ。

(2) $u=st$ とする。△PABの面積を $u$ を用いて表せ。　〔類 九州工大〕

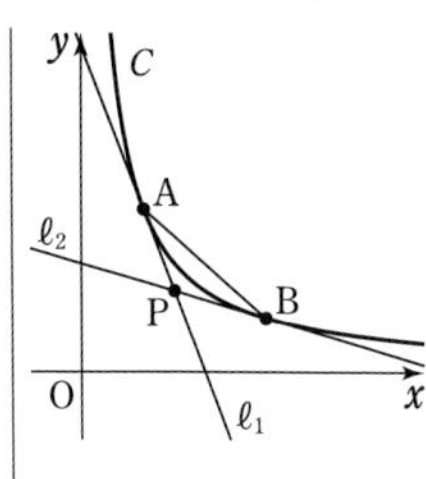


(1) $y=\dfrac{1}{x}$ から　$y'=-\dfrac{1}{x^2}$

接点の座標を $\left(k,\ \dfrac{1}{k}\right)$ $(k\neq 0)$ とすると，接線の方程式は

$$y-\frac{1}{k}=-\frac{1}{k^2}(x-k)\quad すなわち\quad y=-\frac{1}{k^2}x+\frac{2}{k}$$

この直線が点 $\mathrm{P}(s,\ t)$ を通るから　$t=-\dfrac{1}{k^2}s+\dfrac{2}{k}$

両辺に $k^2$ を掛けて整理すると　$tk^2-2k+s=0$ ……（∗）

←$1-st>0$

よって　$k=\dfrac{1\pm\sqrt{1-st}}{t}$

$a<b$ であるから　$\boldsymbol{a=\dfrac{1-\sqrt{1-st}}{t}}$, $\boldsymbol{b=\dfrac{1+\sqrt{1-st}}{t}}$

(2) 右の図のように点E, F, Hをとると

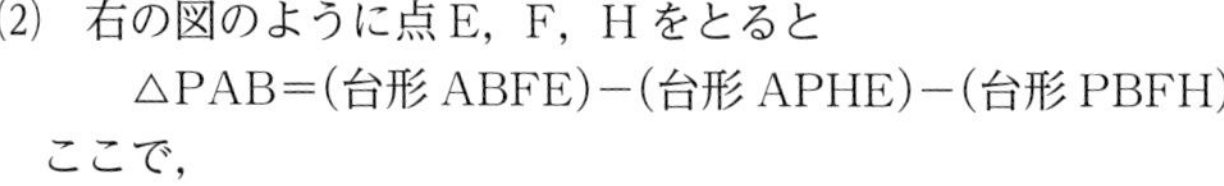

△PAB＝(台形ABFE)－(台形APHE)－(台形PBFH)

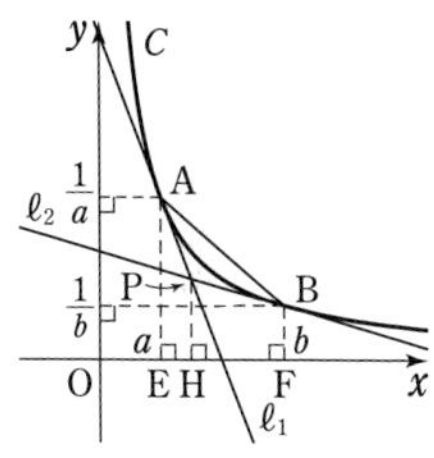


ここで，

$$(台形\mathrm{ABFE})=\frac{1}{2}\left(\frac{1}{a}+\frac{1}{b}\right)(b-a)=\frac{1}{2}\cdot\frac{a+b}{ab}(b-a)$$

$$(台形\mathrm{APHE})=\frac{1}{2}\left(\frac{1}{a}+t\right)(s-a)$$

$$(台形\mathrm{PBFH})=\frac{1}{2}\left(t+\frac{1}{b}\right)(b-s)$$

であり，(1)の結果から

$$a+b=\frac{2}{t},\quad ab=\frac{s}{t},\quad b-a=\frac{2\sqrt{1-st}}{t}$$

←$a+b$, $ab$ は，方程式（∗）の解と係数の関係から。

よって

$$\triangle\mathrm{PAB}=\frac{1}{2}\cdot\frac{2}{s}\cdot\frac{2\sqrt{1-st}}{t}-\frac{1}{2}\left\{\left(\frac{1}{a}+t\right)(s-a)+\left(t+\frac{1}{b}\right)(b-s)\right\}$$

←{ }の中は $(b-a)t+\dfrac{b-a}{ab}s$

$$=\frac{2\sqrt{1-u}}{u}-\frac{1}{2}(b-a)\left(\frac{s}{ab}+t\right)$$

$$=\frac{2\sqrt{1-u}}{u}-2\sqrt{1-u}=\boldsymbol{\frac{2(1-u)\sqrt{1-u}}{u}}$$

←$\dfrac{s}{ab}=t$

別解　点Pが原点にくるように△PABを平行移動したとき，A, Bの移動した先の点をそれぞれA′, B′とすると

$$\mathrm{A}'\left(a-s,\ \frac{1}{a}-t\right),\quad \mathrm{B}'\left(b-s,\ \frac{1}{b}-t\right)$$

←$x$ 軸方向に $-s$, $y$ 軸方向に $-t$ だけ平行移動する。

4章 EX［微分法の応用］

よって　$\triangle PAB=\triangle OA'B'$

$$=\frac{1}{2}\left|(a-s)\left(\frac{1}{b}-t\right)-(b-s)\left(\frac{1}{a}-t\right)\right|$$

$$=\frac{1}{2}\left|t(b-a)+s\left(\frac{1}{a}-\frac{1}{b}\right)+\frac{a}{b}-\frac{b}{a}\right|$$

$$=\frac{1}{2}\left|t(b-a)+s\cdot\frac{b-a}{ab}-\frac{b^2-a^2}{ab}\right|$$

$$=\frac{b-a}{2}\left|t+\frac{s}{ab}-\frac{a+b}{ab}\right|$$

$$=\frac{\sqrt{1-st}}{t}\left|t+t-\frac{2}{s}\right|=\frac{2\sqrt{1-st}}{t}\left|\frac{st-1}{s}\right|$$

$$=\frac{2\sqrt{1-st}}{t}\cdot\frac{1-st}{s}=\boldsymbol{\frac{2(1-u)\sqrt{1-u}}{u}}$$

←3点 O(0, 0), $A(x_1,\ y_1)$, $B(x_2,\ y_2)$ を頂点とする △OAB の面積 $S$ は
$$S=\frac{1}{2}|x_1y_2-x_2y_1|$$

←$st<1$ から $|st-1|=1-st$

**EX ③79**

$n$ を 3 以上の自然数とする。曲線 $C$ が媒介変数 $\theta$ を用いて $x=\cos^n\theta$, $y=\sin^n\theta\left(0<\theta<\frac{\pi}{2}\right)$ で表されている。原点を O とし，曲線 $C$ 上の点 P における接線が $x$ 軸，$y$ 軸と交わる点をそれぞれ A，B とする。点 P が曲線 $C$ 上を動くとき，△OAB の面積の最大値を求めよ。〔類　信州大〕

$$\frac{dx}{d\theta}=n\cos^{n-1}\theta\cdot(-\sin\theta)=-n\sin\theta\cos^{n-1}\theta$$

$$\frac{dy}{d\theta}=n\sin^{n-1}\theta\cdot\cos\theta=n\cos\theta\sin^{n-1}\theta$$

←$(u^n)'=nu^{n-1}\cdot u'$

よって　$\displaystyle\frac{dy}{dx}=\frac{\frac{dy}{d\theta}}{\frac{dx}{d\theta}}=\frac{n\cos\theta\sin^{n-1}\theta}{-n\sin\theta\cos^{n-1}\theta}=-\frac{\sin^{n-2}\theta}{\cos^{n-2}\theta}$

$$=-\tan^{n-2}\theta$$

ゆえに，$P(\cos^n\theta,\ \sin^n\theta)$ とすると，点 P における接線の方程式は　$y-\sin^n\theta=-\tan^{n-2}\theta(x-\cos^n\theta)$

よって　$y=-(\tan^{n-2}\theta)x+\cos^2\theta\sin^{n-2}\theta+\sin^n\theta$

ここで　$\cos^2\theta\sin^{n-2}\theta+\sin^n\theta=(\cos^2\theta+\sin^2\theta)\sin^{n-2}\theta$

$$=\sin^{n-2}\theta$$

ゆえに　$y=-(\tan^{n-2}\theta)x+\sin^{n-2}\theta$ …… ①

① において，$y=0$ とすると　$x=\cos^{n-2}\theta$

$x=0$ とすると　$y=\sin^{n-2}\theta$

よって　$A(\cos^{n-2}\theta,\ 0)$，$B(0,\ \sin^{n-2}\theta)$

ゆえに，△OAB の面積を $S$ とすると

$$S=\frac{1}{2}\cdot\cos^{n-2}\theta\cdot\sin^{n-2}\theta=\frac{1}{2}(\sin\theta\cos\theta)^{n-2}$$

$$=\frac{1}{2}\left(\frac{1}{2}\sin 2\theta\right)^{n-2}=\left(\frac{1}{2}\right)^{n-1}\sin^{n-2}2\theta$$

$0<\theta<\frac{\pi}{2}$ から　$0<2\theta<\pi$

よって　$0<\sin 2\theta\leqq 1$

←$\cos\theta>0$, $\sin\theta>0$ から，点 P は第 1 象限にあり，$\frac{dy}{dx}<0$ である。
よって，点 A は $x$ 軸の $x>0$ の部分，点 B は $y$ 軸の $y>0$ の部分にある。

したがって，$S$ は $\sin 2\theta=1$ すなわち $2\theta=\frac{\pi}{2}$ から $\theta=\frac{\pi}{4}$ のとき最大値 $\left(\frac{1}{2}\right)^{n-1}$ をとる。

←$n-2\geqq 1$，$\sin 2\theta>0$ から，$\sin 2\theta$ が最大のとき $\sin^{n-2}\theta$ も最大となる。

**EX** ③**80**

2 次曲線 $x^2+\frac{y^2}{4}=1$ と $xy=a\ (a>0)$ が第 1 象限に共有点をもち，その点における 2 つの曲線の接線が一致するとき，定数 $a$ の値を求めよ。

$x^2+\frac{y^2}{4}=1$ …… ①，$xy=a$ …… ② とする。

曲線 ① は楕円で，その媒介変数表示は　$x=\cos\theta$，$y=2\sin\theta$

ここで，第 1 象限の点について考えるから，$x>0$，$y>0$ としてよい。したがって，$0<\theta<\frac{\pi}{2}$ で考える。

HINT　曲線 $x^2+\frac{y^2}{4}=1$ 上の点の座標は $(\cos\theta,\ 2\sin\theta)$ と表されることを利用。

$\frac{dx}{d\theta}=-\sin\theta$，$\frac{dy}{d\theta}=2\cos\theta$ から　　$\frac{dy}{dx}=-\frac{2\cos\theta}{\sin\theta}$

←$\frac{dy}{dx}=\frac{\frac{dy}{d\theta}}{\frac{dx}{d\theta}}$

また，② の両辺を $x$ で微分すると

$$y+x\frac{dy}{dx}=0 \qquad よって \qquad \frac{dy}{dx}=-\frac{y}{x}$$

←陰関数の微分。

2 曲線の共有点の座標を $(\cos\theta_1,\ 2\sin\theta_1)$ とすると，この点における接線の傾きが一致するから

$$-\frac{2\cos\theta_1}{\sin\theta_1}=-\frac{2\sin\theta_1}{\cos\theta_1} \quad すなわち \quad \frac{1}{\tan\theta_1}=\tan\theta_1$$

←$\frac{\sin\alpha}{\cos\alpha}=\tan\alpha$

ゆえに　　$\tan^2\theta_1=1$

$0<\theta_1<\frac{\pi}{2}$ より $\tan\theta_1>0$ であるから

$$\tan\theta_1=1 \qquad よって \qquad \theta_1=\frac{\pi}{4}$$

このとき　$\cos\theta_1=\cos\frac{\pi}{4}=\frac{1}{\sqrt{2}}$，$2\sin\theta_1=2\sin\frac{\pi}{4}=\frac{2}{\sqrt{2}}=\sqrt{2}$

したがって　　$\boldsymbol{a}=xy=\cos\theta_1\cdot 2\sin\theta_1=\frac{1}{\sqrt{2}}\cdot\sqrt{2}=\mathbf{1}$

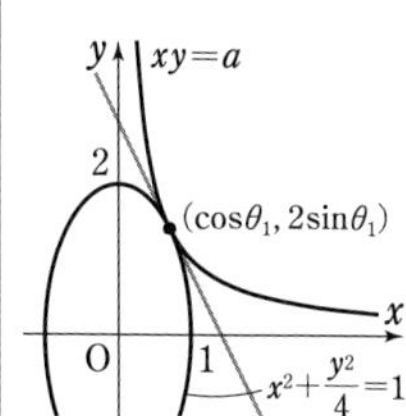


**EX** ④**81**

$xy$ 平面上の第 1 象限内の 2 つの曲線 $C_1：y=\sqrt{x}\ (x>0)$ と $C_2：y=\frac{1}{x}\ (x>0)$ を考える。ただし，$a$ は正の実数とする。

(1)　$x=a$ における $C_1$ の接線 $L_1$ の方程式を求めよ。

(2)　$C_2$ の接線 $L_2$ が (1) で求めた $L_1$ と直交するとき，接線 $L_2$ の方程式を求めよ。

(3)　(2) で求めた $L_2$ が $x$ 軸，$y$ 軸と交わる点をそれぞれ A，B とする。折れ線 AOB の長さ $l$ を $a$ の関数として求め，$l$ の最小値を求めよ。ここで，O は原点である。　［鳥取大］

(1)　$y=\sqrt{x}$ より $y'=\frac{1}{2\sqrt{x}}$ であるから，接線 $L_1$ の方程式は

$$y-\sqrt{a}=\frac{1}{2\sqrt{a}}(x-a) \quad すなわち \quad \boldsymbol{y=\frac{x}{2\sqrt{a}}+\frac{\sqrt{a}}{2}}$$

(2)　接線 $L_2$ の接点の座標を $\left(b,\ \frac{1}{b}\right)$ とする。

$y=\dfrac{1}{x}$ より $y'=-\dfrac{1}{x^2}$ であるから，接線 $L_2$ の方程式は

$$y-\frac{1}{b}=-\frac{1}{b^2}(x-b)$$

すなわち　　$y=-\dfrac{x}{b^2}+\dfrac{2}{b}$ …… ①

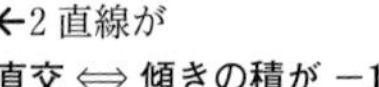

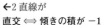

←2 直線が
**直交 ⟺ 傾きの積が −1**

$L_1$ と $L_2$ は直交するから　　$\dfrac{1}{2\sqrt{a}}\cdot\left(-\dfrac{1}{b^2}\right)=-1$

よって　　$b^2=\dfrac{1}{\sqrt{4a}}$　　$b>0$ であるから　　$b=\dfrac{1}{\sqrt[4]{4a}}$

ゆえに，① から，$L_2$ の方程式は　　$\boldsymbol{y=-2\sqrt{a}\,x+2\sqrt[4]{4a}}$

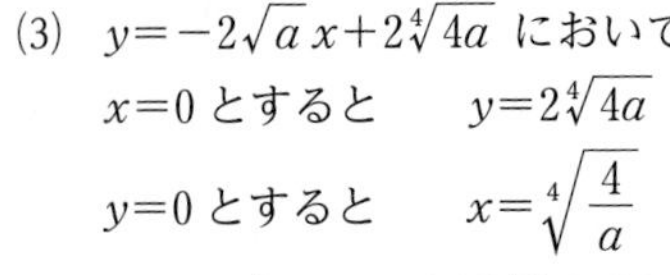

(3)　$y=-2\sqrt{a}\,x+2\sqrt[4]{4a}$ において

$x=0$ とすると　　$y=2\sqrt[4]{4a}$

$y=0$ とすると　　$x=\sqrt[4]{\dfrac{4}{a}}$

よって，点 A，B の座標はそれぞれ

$\left(\sqrt[4]{\dfrac{4}{a}},\ 0\right)$，$(0,\ 2\sqrt[4]{4a})$

ゆえに　　$\boldsymbol{l=\sqrt[4]{\dfrac{4}{a}}+2\sqrt[4]{4a}}$

←$l=\mathrm{OA}+\mathrm{OB}$

$\sqrt[4]{\dfrac{4}{a}}>0$，$\sqrt[4]{4a}>0$ より，(相加平均)≧(相乗平均) から

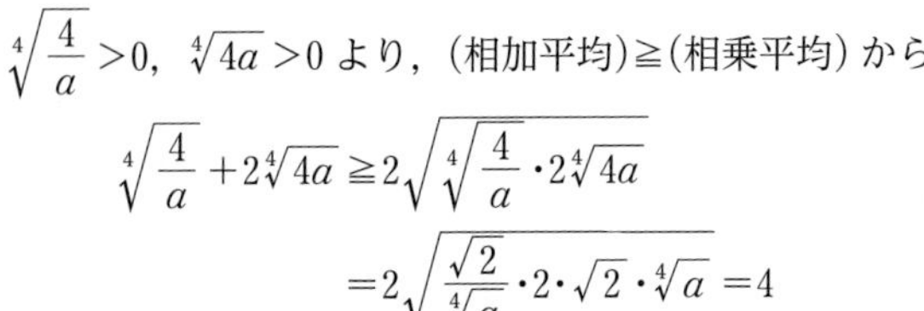

$$\sqrt[4]{\frac{4}{a}}+2\sqrt[4]{4a}\geqq 2\sqrt{\sqrt[4]{\frac{4}{a}}\cdot 2\sqrt[4]{4a}}$$

$$=2\sqrt{\frac{\sqrt{2}}{\sqrt[4]{a}}\cdot 2\cdot\sqrt{2}\cdot\sqrt[4]{a}}=4$$

←$x>0$，$y>0$ のとき
$\boldsymbol{x+y\geqq 2\sqrt{xy}}$
等号は $x=y$ のとき成り立つ。

←$\sqrt[4]{4}=(2^2)^{\frac{1}{4}}=2^{\frac{1}{2}}=\sqrt{2}$

等号は $\sqrt[4]{\dfrac{4}{a}}=2\sqrt[4]{4a}$ すなわち $a=\dfrac{1}{4}$ のとき成り立つ。

したがって，$l$ は $\boldsymbol{a=\dfrac{1}{4}}$ **のとき最小値 4** をとる。

## EX ④82

座標平面上の円 $C$ は，点 $(0,\ 0)$ を通り，中心が直線 $x+y=0$ 上にあり，更に双曲線 $xy=1$ と接する。このとき，円 $C$ の方程式を求めよ。ただし，円と双曲線がある点で接するとは，その点における円の接線と双曲線の接線が一致することをいう。　〔類　千葉大〕

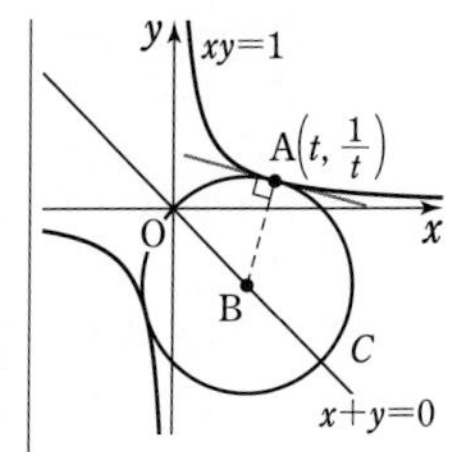


$xy=1$ から　　$y=\dfrac{1}{x}$

$\left(\dfrac{1}{x}\right)'=-\dfrac{1}{x^2}$ であるから，双曲線 $xy=1$ 上の点 $\mathrm{A}\left(t,\ \dfrac{1}{t}\right)$ における接線の傾きは $-\dfrac{1}{t^2}$ である。

円 $C$ が点 A で双曲線 $xy=1$ と接するための条件は，円 $C$ が点 A を通り，かつ円 $C$ の点 A における接線の傾きが $-\dfrac{1}{t^2}$ となることである。

このとき，円 $C$ の中心をBとすると，直線ABの傾きは $t^2$ である。

←AB⊥(点Aにおける双曲線の接線) から。

よって，直線ABの方程式は

$$y-\frac{1}{t}=t^2(x-t) \quad \text{すなわち} \quad y=t^2x-t^3+\frac{1}{t} \;\cdots\cdots\;(*)$$

これを $x+y=0$ に代入して　$x+t^2x-t^3+\dfrac{1}{t}=0$

←円 $C$ の中心の座標を求めるため，$(*)$と $x+y=0$ を連立させて解く。

すなわち　$t(t^2+1)x-(t^2+1)(t^2-1)=0$

$t\neq0$，$t^2+1>0$ から　$x=\dfrac{1}{t}(t^2-1)$　すなわち　$x=t-\dfrac{1}{t}$

$t-\dfrac{1}{t}=b$ とおくと　$\mathrm{B}(b,\ -b)$

←おき換えを利用して表記を簡潔に。

円 $C$ は原点Oを通るから，半径は

$$\mathrm{BO}=\sqrt{b^2+(-b)^2}=\sqrt{2b^2}$$

よって，円 $C$ の方程式は　$(x-b)^2+(y+b)^2=2b^2$

円 $C$ は点Aを通るから　$(t-b)^2+\left(\dfrac{1}{t}+b\right)^2=2b^2$

整理すると　$t^2+\dfrac{1}{t^2}-2\left(t-\dfrac{1}{t}\right)b=0$

$t-\dfrac{1}{t}=b$，$t^2+\dfrac{1}{t^2}=\left(t-\dfrac{1}{t}\right)^2+2=b^2+2$ であるから

$$b^2+2-2b^2=0 \quad \text{すなわち} \quad b^2=2$$

よって　$b=\pm\sqrt{2}$

したがって，円 $C$ の方程式は

$$\boldsymbol{(x-\sqrt{2})^2+(y+\sqrt{2})^2=4,}$$
$$\boldsymbol{(x+\sqrt{2})^2+(y-\sqrt{2})^2=4}$$

←$(x-b)^2+(y+b)^2=2b^2$



## EX ④83

$x$ 軸上の点 $(a,\ 0)$ から，関数 $y=\dfrac{x+3}{\sqrt{x+1}}$ のグラフに接線が引けるとき，定数 $a$ の値の範囲を求めよ。

$$y'=\frac{1\cdot\sqrt{x+1}-(x+3)\cdot\dfrac{1}{2\sqrt{x+1}}}{x+1}=\frac{x-1}{2(x+1)\sqrt{x+1}}$$

HINT　関数 $y=\dfrac{x+3}{\sqrt{x+1}}$ の定義域は $x>-1$ であることに注意。

接点の座標を $\left(t,\ \dfrac{t+3}{\sqrt{t+1}}\right)$ $(t>-1)$ とすると，接線の方程式は

$$y-\frac{t+3}{\sqrt{t+1}}=\frac{t-1}{2(t+1)\sqrt{t+1}}(x-t)$$

この直線が点 $(a,\ 0)$ を通るとき

$$-\frac{t+3}{\sqrt{t+1}}=\frac{t-1}{2(t+1)\sqrt{t+1}}(a-t)$$

←両辺に $2(t+1)\sqrt{t+1}$ を掛ける。

ゆえに　$-2(t+1)(t+3)=(t-1)(a-t)$

よって　$-2t^2-8t-6=at-t^2-a+t$

整理して　$t^2+(9+a)t+6-a=0$ ……Ⓐ

接線が引けるための条件は，$t$ についての 2 次方程式 Ⓐ が $t>-1$ の範囲に実数解をもつことである。
したがって，$f(t)=t^2+(9+a)t+6-a$ とすると

←接線が引ける ⟺ 接点が存在する。

[1]　2 つの解(重解を含む)がともに $t>-1$ の範囲にあるための条件は，$f(t)=0$ の判別式を $D$ とすると

$D\geqq 0$ …… ①，軸 $>-1$ …… ②，$f(-1)>0$ …… ③

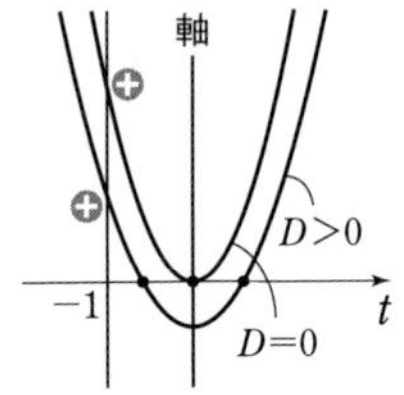


① から　$(9+a)^2-4\cdot1\cdot(6-a)\geqq 0$
整理して　$a^2+22a+57\geqq 0$
よって　$(a+19)(a+3)\geqq 0$
ゆえに　$a\leqq -19,\ -3\leqq a$ …… ④
② から　$-\dfrac{9+a}{2}>-1$　　よって　$a<-7$ …… ⑤
③ から　$-2-2a>0$　　ゆえに　$a<-1$ …… ⑥
④～⑥ の共通範囲は　$a\leqq -19$ …… ⑦

[2]　解の 1 つが $t<-1$，他の解が $-1<t$ の範囲にあるための条件は　$f(-1)<0$　　ゆえに　$-2-2a<0$
よって　$a>-1$ …… ⑧

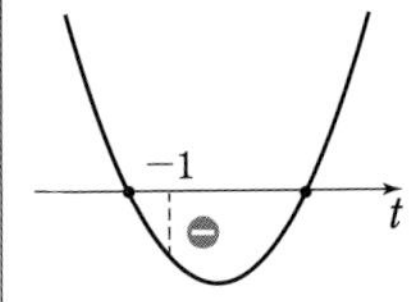


[3]　解の 1 つが $t=-1$ のときは　$f(-1)=0$
よって　$a=-1$
このとき　$f(t)=t^2+8t+7=(t+1)(t+7)$
ゆえに，$f(t)=0$ は $t>-1$ の範囲に解をもたず，不適。

以上から，⑦，⑧ を合わせた範囲をとって

$\boldsymbol{a\leqq -19,\ -1<a}$

**EX ④84**

放物線 $y^2=4x$ を $C$ とする。
(1)　放物線 $C$ の傾き $m$ の法線の方程式を求めよ。
(2)　$x$ 軸上の点 $(a,\ 0)$ から放物線 $C$ に法線が何本引けるか。ただし，$a\neq 0$ とする。

(1)　$y^2=4x$ の両辺を $x$ で微分すると　$2yy'=4$
よって，$y\neq 0$ のとき　$y'=\dfrac{2}{y}$

←$y=0$ のとき $y'$ は存在しない。

放物線 $C$ 上の点 $(x_1,\ y_1)$ $(x_1\neq 0,\ y_1\neq 0)$ における $C$ の接線と法線は直交するから　$\dfrac{2}{y_1}\cdot m=-1$　すなわち　$y_1=-2m$

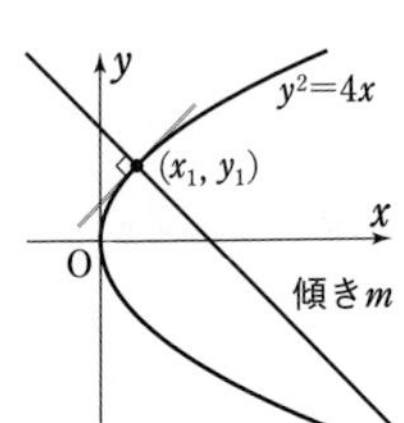


一方，${y_1}^2=4x_1$ …… ① が成り立つ。
① に $y_1=-2m$ を代入すると　$(-2m)^2=4x_1$
ゆえに　$x_1=m^2$
よって，求める法線の方程式は　$y-(-2m)=m(x-m^2)$
すなわち　$y=mx-m^3-2m$ …… ②
一方，原点における放物線 $C$ の法線の方程式は　$y=0$
② において，$m=0$ とすると　$y=0$
ゆえに，原点における法線も ② に含まれる。
よって，求める法線の方程式は

$\boldsymbol{y=mx-m^3-2m}$

←直線 $y=0$ の傾きは 0

←$y=0$ における $y'$ は存在しないが，接線 $x=0$，法線 $y=0$ は存在する。

(2) 直線 ② が点 $(a,\ 0)$ を通るとき

$$0=ma-m^3-2m$$

よって　$m\{m^2-(a-2)\}=0$ …… ③

ここで，法線の本数は $m$ についての方程式 ③ の異なる実数解の個数と一致する。

← $C$ 上の異なる 2 点は，$y$ 座標が異なる。よって，$y'=\dfrac{2}{y}$ から，その 2 点における法線(の傾き)は異なる。

③ から　$m=0,\ m^2=a-2$

[1] $a-2>0$ すなわち $a>2$ のとき，$m^2=a-2$ から

$$m=\pm\sqrt{a-2}$$

よって，$m$ の方程式 ③ は異なる 3 個の実数解をもつから，法線は 3 本引ける。

← $0,\ \sqrt{a-2},\ -\sqrt{a-2}$ は，$a-2>0$ であるから，すべて異なる。

[2] $a-2\leqq 0$ かつ $a\neq 0$ すなわち $a<0,\ 0<a\leqq 2$ のとき

$m^2=a-2$ の実数解は　0 または なし

よって，$m$ の方程式 ③ の実数解は 1 個であるから，法線は 1 本引ける。

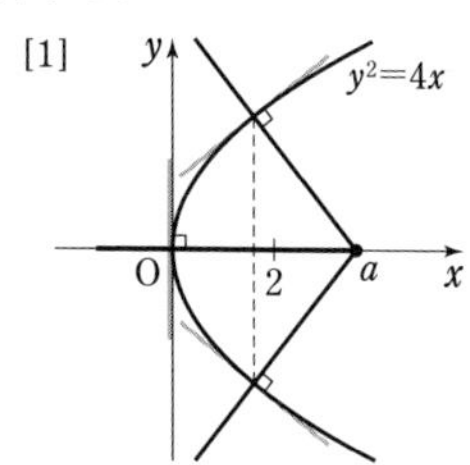


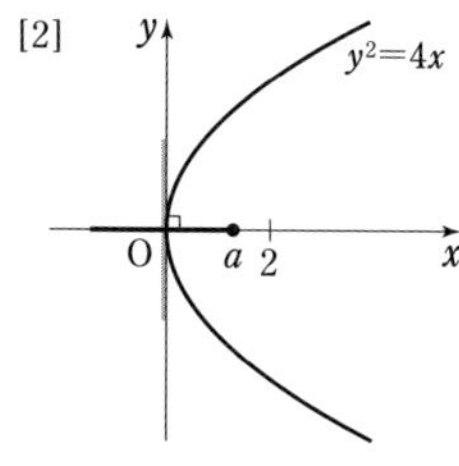


ゆえに　**$a>2$ のとき 3 本；**

**$a<0,\ 0<a\leqq 2$ のとき 1 本**

4章 EX [微分法の応用]

**EX ④85**

曲線 $\sqrt[3]{x}+\sqrt[3]{y}=1$ 上の，第 1 象限にある点 P における接線が $x$ 軸，$y$ 軸と交わる点をそれぞれ A，B とする。原点を O とするとき，OA+OB の最小値を求めよ。〔類 筑波大〕

題意より，$x>0,\ y>0$ で考えてよい。

$\sqrt[3]{x}+\sqrt[3]{y}=1$ の両辺を $x$ で微分して

$$\frac{1}{3}x^{-\frac{2}{3}}+\frac{1}{3}y^{-\frac{2}{3}}y'=0 \qquad \text{ゆえに} \qquad y'=-\left(\frac{y}{x}\right)^{\frac{2}{3}}$$

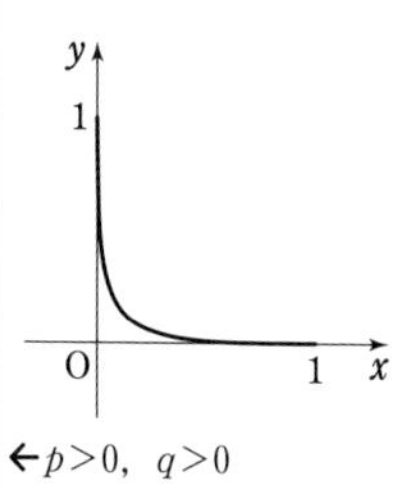


点 P は第 1 象限にあるから，その座標を $(s,\ t)$ $(0<s<1,\ 0<t<1)$ とすると　$s^{\frac{1}{3}}+t^{\frac{1}{3}}=1$

ここで，$s^{\frac{1}{3}}=p,\ t^{\frac{1}{3}}=q$ とおくと，$p+q=1$ から

$$0<p<1,\ 0<q<1 \ \cdots\cdots \ ①$$

← $p>0,\ q>0$

点 P における接線の方程式は

$$y-q^3=-\frac{q^2}{p^2}(x-p^3) \text{ から} \qquad y=-\frac{q^2}{p^2}x+pq^2+q^3$$

← $s^{\frac{1}{3}}=p,\ t^{\frac{1}{3}}=q \iff s=p^3,\ t=q^3$

すなわち　$y=-\dfrac{q^2}{p^2}x+q^2$

← $pq^2+q^3=(p+q)q^2=1\cdot q^2$

$y=0$ とすると，$0=-\dfrac{q^2}{p^2}x+q^2$ から　$x=p^2$

$x=0$ とすると　$y=q^2$

よって　$OA+OB=p^2+q^2=p^2+(1-p)^2$
$=2p^2-2p+1$
$=2\left(p-\frac{1}{2}\right)^2+\frac{1}{2}$

① の範囲において，OA+OB は $p=q=\frac{1}{2}$ のとき最小値 $\frac{1}{2}$ をとる。

ゆえに　$s=t=\frac{1}{8}$ のとき最小値 $\mathbf{\frac{1}{2}}$

←$p$ の 2 次式
⟶ 基本形に直す。

←$s=p^3=\frac{1}{8}$,
$t=q^3=\frac{1}{8}$

**EX ②86**

$f(x)=\sqrt{x^2-1}$ について，次の問いに答えよ。ただし，$x>1$ とする。
(1) $\frac{f(x)-f(1)}{x-1}=f'(c)$，$1<c<x$ を満たす $c$ を $x$ の式で表せ。
(2) (1)のとき，$\lim_{x\to 1+0}\frac{c-1}{x-1}$ および $\lim_{x\to\infty}\frac{c-1}{x-1}$ を求めよ。　〔類　信州大〕

HINT　(1) 区間 $[1,\ x]$ における平均値の定理を意味している。
(2) いずれも不定形の極限であるから，変形が必要。（前半） 分子の有理化
（後半） 分母・分子を $\sqrt{x}$ で割る。

(1) $f'(x)=\frac{1}{2}\cdot\frac{(x^2-1)'}{\sqrt{x^2-1}}=\frac{x}{\sqrt{x^2-1}}$

ゆえに，条件の等式は　$\frac{\sqrt{x^2-1}-0}{x-1}=\frac{c}{\sqrt{c^2-1}}$

この等式の両辺を平方して

$\frac{x^2-1}{(x-1)^2}=\frac{c^2}{c^2-1}$　すなわち　$\frac{x+1}{x-1}=\frac{c^2}{c^2-1}$

分母を払って　$(c^2-1)(x+1)=c^2(x-1)$

ゆえに　$2c^2=x+1$　よって　$c^2=\frac{x+1}{2}$

$x>1$，$c>1$ であるから　$\mathbf{c=\sqrt{\frac{x+1}{2}}}$

(2) $\lim_{x\to 1+0}\frac{c-1}{x-1}=\lim_{x\to 1+0}\frac{\sqrt{\frac{x+1}{2}}-1}{x-1}=\lim_{x\to 1+0}\frac{\frac{x+1}{2}-1}{(x-1)\left(\sqrt{\frac{x+1}{2}}+1\right)}$

$=\lim_{x\to 1+0}\frac{1}{2\left(\sqrt{\frac{x+1}{2}}+1\right)}=\frac{1}{2(\sqrt{1}+1)}=\mathbf{\frac{1}{4}}$

$\lim_{x\to\infty}\frac{c-1}{x-1}=\lim_{x\to\infty}\frac{\sqrt{\frac{x+1}{2}}-1}{x-1}=\lim_{x\to\infty}\frac{\sqrt{\frac{1}{2x}\left(1+\frac{1}{x}\right)}-\frac{1}{x}}{1-\frac{1}{x}}=\mathbf{0}$

←$f(x)$ は区間 $[1,\ x]$ で連続，区間 $(1,\ x)$ で微分可能であるから，平均値の定理が適用できる。

←平均値の定理から $1<\sqrt{\frac{x+1}{2}}<x$ である。計算からも確認できる。

←分母・分子に 2 を掛けると，$x-1$ が約分できる。

←分母・分子を $x\ (>0)$ で割る。

**EX ③87**

平均値の定理を用いて，次の不等式が成り立つことを示せ。
(1) $|\sin\alpha-\sin\beta|\leqq|\alpha-\beta|$
(2) $a$，$b$ を異なる正の実数とするとき　$\left(\frac{1+a}{1+b}\right)^{\frac{1}{a-b}}<e$　〔(2) 一橋大〕

(1) [1] $\alpha=\beta$ のとき
$\sin\alpha-\sin\beta=0$, $\alpha-\beta=0$ であるから
$$|\sin\alpha-\sin\beta|=|\alpha-\beta|$$
[2] $\alpha\neq\beta$ のとき
関数 $f(x)=\sin x$ は微分可能で $f'(x)=\cos x$
区間 $[\alpha,\ \beta]$ または区間 $[\beta,\ \alpha]$ で平均値の定理を用いると
$$\left|\frac{\sin\beta-\sin\alpha}{\beta-\alpha}\right|=|\cos c|,\ \alpha<c<\beta \quad \text{または} \quad \beta<c<\alpha$$
を満たす $c$ が存在する。
ここで, $|\cos c|\leqq 1$ であるから $\left|\dfrac{\sin\beta-\sin\alpha}{\beta-\alpha}\right|\leqq 1$
よって $|\sin\alpha-\sin\beta|\leqq|\alpha-\beta|$
[1], [2] から $|\sin\alpha-\sin\beta|\leqq|\alpha-\beta|$

HINT (1) $\alpha=\beta$, $\alpha\neq\beta$ に分けて考える。

←$\left|\dfrac{f(\beta)-f(\alpha)}{\beta-\alpha}\right|=|f'(c)|$
$\alpha\leqq x\leqq\beta$, $\beta\leqq x\leqq\alpha$ の両方の場合を同時に考えるために，絶対値をつけた。

(2) $a>0$, $b>0$ であるから $\dfrac{1+a}{1+b}>0$ ←(真数)>0 の確認。
与式の両辺の自然対数をとると $\log\left(\dfrac{1+a}{1+b}\right)^{\frac{1}{a-b}}<\log e$
すなわち $\dfrac{\log(1+a)-\log(1+b)}{a-b}<1$ …… ①
よって, ① を示せばよい。
関数 $f(x)=\log(1+x)$ は, $x>-1$ において微分可能で
$$f'(x)=\frac{1}{1+x}$$
区間 $[a,\ b]$ または区間 $[b,\ a]$ で平均値の定理を用いると
$$\frac{\log(1+a)-\log(1+b)}{a-b}=\frac{1}{1+c},\ a<c<b \ \text{または}\ b<c<a$$
を満たす $c$ が存在する。
$a<c<b$, $b<c<a$ のいずれの場合も $c>0$ であるから
$$\frac{1}{1+c}<1$$
したがって, ① が成り立つ。
よって $\left(\dfrac{1+a}{1+b}\right)^{\frac{1}{a-b}}<e$

HINT (2) 与式の両辺の自然対数をとって $f(x)=\log(1+x)$ とする。

←$\log\left(\dfrac{M}{N}\right)^a=a\log\dfrac{M}{N}$
$=a(\log M-\log N)$

←$c>0$ より, $1+c>1$ であるから $\dfrac{1}{1+c}<1$

**EX ④88**

関数 $f(x)=\log\dfrac{e^x}{x}$ を用いて, $a_1=2$, $a_{n+1}=f(a_n)$ によって数列 $\{a_n\}$ が与えられている。ただし, 対数は自然対数である。 〔大分大〕
(1) $1\leqq x\leqq 2$ のとき, $0\leqq f(x)-1\leqq\dfrac{1}{2}(x-1)$ が成立することを示せ。
(2) $\displaystyle\lim_{n\to\infty}a_n$ を求めよ。
(3) $b_1=a_1$, $b_{n+1}=a_{n+1}b_n$ によって与えられる数列 $\{b_n\}$ について, $\displaystyle\lim_{n\to\infty}b_n$ を求めよ。

(1) $f(x)=\log\dfrac{e^x}{x}=x-\log x$ は $x>0$ で微分可能で
$$f'(x)=1-\frac{1}{x}$$

←$\log\dfrac{B}{A}=\log B-\log A$ を利用して差の形に。

4章 EX 〔微分法の応用〕

$1<x \leqq 2$ を満たす実数 $x$ に対して，区間 $[1,\ x]$ で平均値の定理を用いると

$$\frac{f(x)-1}{x-1}=f'(c),\ 1<c<x$$

を満たす実数 $c$ が存在する。

$1<c<2$ より，$0<1-\frac{1}{c}<\frac{1}{2}$ であるから　$0<f'(c)<\frac{1}{2}$

←$\frac{1}{2}<\frac{1}{c}<1$ から $-1<-\frac{1}{c}<-\frac{1}{2}$

よって　$0<\frac{f(x)-1}{x-1}<\frac{1}{2}$

各辺に $x-1(>0)$ を掛けて　$0<f(x)-1<\frac{1}{2}(x-1)$

$x=1$ のとき，$f(1)=1$ であるから　$0=f(x)-1=\frac{1}{2}(x-1)$

したがって，$1 \leqq x \leqq 2$ のとき　$0 \leqq f(x)-1 \leqq \frac{1}{2}(x-1)$

(2)　(1) から，$1 \leqq x \leqq 2$ のとき　$1 \leqq f(x) \leqq \frac{1}{2}(x+1)<2$ …… ①

$a_1=2$，$a_2=f(a_1)$ であるから，① より　$1 \leqq a_2 \leqq 2$

これと $a_3=f(a_2)$，① より　$1 \leqq a_3 \leqq 2$

以後同様にして，すべての自然数 $n$ に対して　$1 \leqq a_n \leqq 2$

←厳密に示すには数学的帰納法。

よって，(1) から　$0 \leqq f(a_n)-1 \leqq \frac{1}{2}(a_n-1)$

すなわち　$0 \leqq a_{n+1}-1 \leqq \frac{1}{2}(a_n-1)$

これを繰り返し用いると

$$0 \leqq a_n-1 \leqq \frac{1}{2}(a_{n-1}-1) \leqq \left(\frac{1}{2}\right)^2(a_{n-2}-1) \leqq \cdots\cdots$$

$$\leqq \left(\frac{1}{2}\right)^{n-1}(a_1-1)=\left(\frac{1}{2}\right)^{n-1}$$

←$a_1=2$

$\lim_{n\to\infty}\left(\frac{1}{2}\right)^{n-1}=0$ であるから　$\lim_{n\to\infty}(a_n-1)=0$

したがって　$\lim_{n\to\infty}a_n=\mathbf{1}$

(3)　$b_1=a_1$，$b_{n+1}=a_{n+1}b_n$ から

$$b_n=a_nb_{n-1}=a_n \cdot a_{n-1}b_{n-2}=\cdots\cdots$$

$$=a_na_{n-1}\cdots\cdots a_2b_1=a_1 \cdot a_2 \cdot \cdots\cdots \cdot a_n$$

←$b_1=a_1$

よって　$\log b_n=\log(a_1 \cdot a_2 \cdot \cdots\cdots \cdot a_n)=\sum_{k=1}^{n}\log a_k$

←対数をとる。

ここで，$a_{k+1}=f(a_k)=a_k-\log a_k$ から　$\log a_k=a_k-a_{k+1}$

ゆえに　$\log b_n=\sum_{k=1}^{n}(a_k-a_{k+1})=a_1-a_{n+1}$

$$=2-f(a_n)=2-(a_n-\log a_n)$$

←$\sum_{k=1}^{n}(a_k-a_{k+1})=(a_1-a_2)+(a_2-a_3)+\cdots+(a_{n-1}-a_n)+(a_n-a_{n+1})$

(2) から　$\lim_{n\to\infty}\log b_n=\lim_{n\to\infty}(2-a_n+\log a_n)=2-1+\log 1=1$

したがって　$\lim_{n\to\infty}b_n=\boldsymbol{e}$

**EX ④89**

(1) すべての実数で微分可能な関数 $f(x)$ が常に $f'(x)=0$ を満たすとする。このとき，$f(x)$ は定数であることを示せ。

(2) 実数全体で定義された関数 $g(x)$ が次の条件(＊)を満たすならば，$g(x)$ は定数であることを示せ。

(＊) 正の定数 $C$ が存在して，すべての実数 $x$，$y$ に対して $|g(x)-g(y)| \leqq C|x-y|^{\frac{3}{2}}$ が成り立つ。 〔富山大〕

HINT (2) $g(x)$ が(1)の条件を満たすことを示し，(1)の結果を利用する。

(1) $x_1$，$x_2$ は $x_1<x_2$ である任意の実数とする。

$f(x)$ はすべての実数で微分可能であるから，区間 $[x_1,\ x_2]$ において $f(x)$ に平均値の定理を用いると

$$\frac{f(x_2)-f(x_1)}{x_2-x_1}=f'(a),\quad x_1<a<x_2$$

を満たす実数 $a$ が存在する。

$f'(a)=0$ であるから　$f(x_2)-f(x_1)=0$　←常に $f'(x)=0$

すなわち　$f(x_1)=f(x_2)$

したがって，$f(x)$ は定数である。

(2) $x$，$y$ は任意の異なる実数とする。

条件(＊)から，正の定数 $C$ が存在して，

$0 \leqq |g(x)-g(y)| \leqq C|x-y|^{\frac{3}{2}}$ が成り立つ。

この不等式の各辺を $|x-y|$ で割ると　←$|x-y|>0$

$$0 \leqq \left|\frac{g(x)-g(y)}{x-y}\right| \leqq C|x-y|^{\frac{1}{2}}$$

←$\dfrac{|A|}{|B|}=\left|\dfrac{A}{B}\right|$

$\displaystyle\lim_{x\to y} C|x-y|^{\frac{1}{2}}=0$ であるから　$\displaystyle\lim_{x\to y}\left|\frac{g(x)-g(y)}{x-y}\right|=0$

よって　$\displaystyle\lim_{x\to y}\frac{g(x)-g(y)}{x-y}=0$　すなわち　$g'(y)=0$

←$-|F(x)| \leqq F(x) \leqq |F(x)|$ であるから，$\displaystyle\lim_{x\to a}|F(x)|=0$ ならば $\displaystyle\lim_{x\to a}F(x)=0$

ゆえに，関数 $g(x)$ はすべての実数で微分可能であり，常に $g'(x)=0$ を満たす。

したがって，(1)から，$g(x)$ は定数である。

**EX ③90**

(1) 関数 $y=\dfrac{4|x-2|}{x^2-4x+8}$ の増減を調べ，極値があればそれを求めよ。 〔類 国士舘大〕

(2) $a$ を実数とする。関数 $f(x)=ax+\cos x+\dfrac{1}{2}\sin 2x\ \left(-\dfrac{\pi}{2}<x<\dfrac{\pi}{2}\right)$ が極値をもつように，$a$ の値の範囲を定めよ。

HINT (1) $x \geqq 2$，$x<2$ で場合分け。
(2) まず，$f'(x)$ を計算。2倍角の公式を用いて $\sin x$ の2次式で表す。

(1) [1] $x \geqq 2$ のとき　$y=\dfrac{4(x-2)}{x^2-4x+8}$

よって，$x>2$ では

$$y'=4\cdot\frac{(x^2-4x+8)-(x-2)(2x-4)}{(x^2-4x+8)^2}$$

←$\left(\dfrac{u}{v}\right)'=\dfrac{u'v-uv'}{v^2}$

$$=\frac{-4x(x-4)}{(x^2-4x+8)^2}$$

$y'=0$ とすると　$x=4$

4章 EX [微分法の応用]

[2] $x<2$ のとき　$y=-\dfrac{4(x-2)}{x^2-4x+8}$

よって　$y'=\dfrac{4x(x-4)}{(x^2-4x+8)^2}$

←[1] で求めた $y'$ の式を利用。

$y'=0$ とすると　$x=0$

[1], [2] から，$y$ の増減表は次のようになる。

| $x$ | $\cdots$ | 0 | $\cdots$ | 2 | $\cdots$ | 4 | $\cdots$ |
|---|---|---|---|---|---|---|---|
| $y'$ | + | 0 | − | ／ | + | 0 | − |
| $y$ | ↗ | 極大 1 | ↘ | 極小 0 | ↗ | 極大 1 | ↘ |

←$x=2$ で極小値をとることに注意。

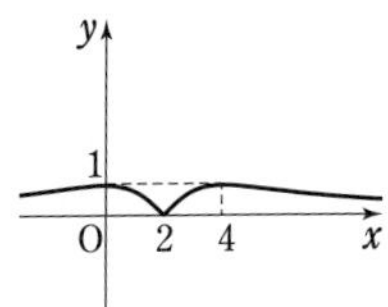


ゆえに　**$x\leqq 0$, $2\leqq x\leqq 4$ で単調に増加し，**
**$0\leqq x\leqq 2$, $4\leqq x$ で単調に減少する。**

また　**$x=0$, 4 のとき極大値 1；$x=2$ のとき極小値 0**

(2) $f'(x)=a-\sin x+\dfrac{1}{2}\cdot 2\cos 2x$
$=a-\sin x+(1-2\sin^2 x)$
$=-2\sin^2 x-\sin x+a+1$

←2 倍角の公式を利用して，$f'(x)$ を $\sin x$ の 2 次式へ。

$\sin x=t$ とおくと，$-\dfrac{\pi}{2}<x<\dfrac{\pi}{2}$ から $-1<t<1$ で

←おき換えを利用。

$$f'(x)=-2t^2-t+a+1$$

$g(t)=-2t^2-t+a+1$ とすると，$f(x)$ が極値をもつための条件は，$t$ の 2 次方程式 $g(t)=0$ が $-1<t<1$ の範囲に少なくとも 1 つの実数解をもち，その前後で $g(t)$ の符号が変わることである。

曲線 $y=g(t)$ の軸は直線 $t=-\dfrac{1}{4}$ であり，直線 $t=1$ の方が直線 $t=-1$ よりも軸から離れているから，$g(t)=0$ の判別式を $D$ とすると，求める条件は　$D>0$ かつ $\underline{g(1)<0}$

$D=(-1)^2-4\cdot(-2)(a+1)=8a+9$ であるから　$8a+9>0$

よって　$a>-\dfrac{9}{8}$ ……①

また，$g(1)=a-2$ であるから，$a-2<0$ より　$a<2$ ……②

①，② から，求める $a$ の値の範囲は　$-\dfrac{9}{8}<a<2$

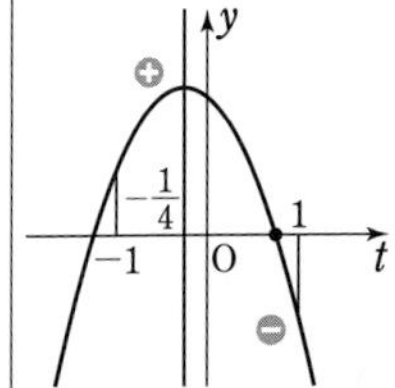


注意　$\underline{g(1)<0}$ の代わりに「$g(-1)<0$ または $g(1)<0$」としてもよい。$g(-1)<0$ からは $a<0$ が導かれる。

**EX ③91**

$t$ を $0<t<1$ を満たす実数とする。0, $\dfrac{1}{t}$ 以外のすべての実数 $x$ で定義された関数 $f(x)=\dfrac{x+t}{x(1-tx)}$ を考える。

(1) $f(x)$ は極大値と極小値を 1 つずつもつことを示せ。

(2) $f(x)$ の極大値を与える $x$ の値を $\alpha$，極小値を与える $x$ の値を $\beta$ とし，座標平面上に 2 点 P$(\alpha,\ f(\alpha))$，Q$(\beta,\ f(\beta))$ をとる。$t$ が $0<t<1$ を満たしながら変化するとき，線分 PQ の中点 M の軌跡を求めよ。　〔北海道大〕

(1) $f'(x)=\dfrac{1\cdot(x-tx^2)-(x+t)(1-2tx)}{(x-tx^2)^2}=\dfrac{t(x^2+2tx-1)}{(x-tx^2)^2}$

←$\left(\dfrac{u}{v}\right)'=\dfrac{u'v-uv'}{v^2}$

$f'(x)=0$ とすると　$x^2+2tx-1=0$

よって　$x=-t\pm\sqrt{t^2+1}$

ここで　$-t-\sqrt{t^2+1}<0$

←$0<t<1$

また，$-t+\sqrt{t^2+1}=\dfrac{(\sqrt{t^2+1}-t)(\sqrt{t^2+1}+t)}{\sqrt{t^2+1}+t}=\dfrac{1}{t+\sqrt{t^2+1}}$

から　$0<-t+\sqrt{t^2+1}<\dfrac{1}{t}$

←$0<t<t+\sqrt{t^2+1}$

ゆえに，$f(x)$ の増減表は次のようになる。

| $x$ | $\cdots$ | $-t-\sqrt{t^2+1}$ | $\cdots$ | $0$ | $\cdots$ | $-t+\sqrt{t^2+1}$ | $\cdots$ | $\dfrac{1}{t}$ | $\cdots$ |
|---|---|---|---|---|---|---|---|---|---|
| $f'(x)$ | $+$ | $0$ | $-$ | ／ | $-$ | $0$ | $+$ | ／ | $+$ |
| $f(x)$ | ↗ | 極大 | ↘ | ／ | ↘ | 極小 | ↗ | ／ | ↗ |

したがって，$f(x)$ は極大値と極小値を 1 つずつもつ。

(2)　$\alpha,\ \beta$ は 2 次方程式 $x^2+2tx-1=0$ の 2 つの解であるから，解と係数の関係により　$\alpha+\beta=-2t,\ \alpha\beta=-1$

M$(x,\ y)$ とすると　$x=\dfrac{\alpha+\beta}{2}=-t$

←2 点 $(a,\ b)$，$(c,\ d)$ を結ぶ線分の中点の座標は $\left(\dfrac{a+c}{2},\ \dfrac{b+d}{2}\right)$

$$y=\frac{f(\alpha)+f(\beta)}{2}=\frac{1}{2}\left\{\frac{\alpha+t}{\alpha(1-t\alpha)}+\frac{\beta+t}{\beta(1-t\beta)}\right\}$$
$$=\frac{\beta(1-t\beta)(\alpha+t)+\alpha(1-t\alpha)(\beta+t)}{2\alpha\beta(1-t\alpha)(1-t\beta)}$$
$$=\frac{2\alpha\beta+(\alpha+\beta)t-\alpha\beta(\alpha+\beta)t-(\alpha^2+\beta^2)t^2}{2\alpha\beta\{\alpha\beta t^2-(\alpha+\beta)t+1\}}$$

ここで，$\alpha^2+\beta^2=(\alpha+\beta)^2-2\alpha\beta=4t^2+2$ であるから

$$y=\frac{-2-2t^2-2t^2-4t^4-2t^2}{-2(-t^2+2t^2+1)}=\frac{2t^4+3t^2+1}{t^2+1}$$
$$=\frac{(t^2+1)(2t^2+1)}{t^2+1}=2t^2+1$$
$$=2x^2+1$$

←$t=-x$

$0<t<1$ であるから　$-1<-t<0$　すなわち　$-1<x<0$

←$x=-t$

したがって，求める軌跡は

**放物線 $y=2x^2+1$ の $-1<x<0$ の部分**



## EX ②92

関数 $f(x)=(x+1)^{\frac{1}{x+1}}\ (x\geqq 0)$ について

(1)　$f'(x)$ を求めよ。　　(2)　$f(x)$ の最大値を求めよ。

(1)　$x\geqq 0$ より，$f(x)=(x+1)^{\frac{1}{x+1}}$ の両辺は正であるから，

←対数微分法を利用。

自然対数をとると　$\log f(x)=\dfrac{\log(x+1)}{x+1}$

両辺を $x$ で微分すると

$$\frac{f'(x)}{f(x)}=\frac{\dfrac{1}{x+1}\cdot(x+1)-\log(x+1)\cdot 1}{(x+1)^2}=\frac{1-\log(x+1)}{(x+1)^2}$$

←$\left(\dfrac{u}{v}\right)'=\dfrac{u'v-uv'}{v^2}$

よって　　$f'(x)=\dfrac{1-\log(x+1)}{(x+1)^2}\cdot(x+1)^{\frac{1}{x+1}}$

$=\dfrac{\mathbf{1-\log(x+1)}}{(x+1)^{\frac{2x+1}{x+1}}}$

$\leftarrow=\dfrac{1-\log(x+1)}{(x+1)^{2-\frac{1}{x+1}}}$

(2)　$f'(x)=0$ とすると　　$\log(x+1)=1$

ゆえに　　$x+1=e$

すなわち　　$x=e-1$

$x\geqq0$ における $f(x)$ の増減表は右のようになる。

よって，$f(x)$ は $\boldsymbol{x=e-1}$ **で最大値** $\boldsymbol{e^{\frac{1}{e}}}$ をとる。

| $x$ | 0 | $\cdots$ | $e-1$ | $\cdots$ |
|---|---|---|---|---|
| $f'(x)$ | | $+$ | 0 | $-$ |
| $f(x)$ | 1 | ↗ | 極大 $e^{\frac{1}{e}}$ | ↘ |

$\leftarrow(x+1)^{\frac{2x+1}{x+1}}>0$

**EX**
③**93**

原点をOとする座標平面上において，円 $C:(x-2)^2+y^2=1$ 上に点P（点Pの $y$ 座標は正の実数），直線 $\ell:x=0$ 上に点 $\mathrm{Q}(0,\ t)$（$t$ は正の実数）を，$\overrightarrow{\mathrm{OP}}\cdot\overrightarrow{\mathrm{QP}}=0$ を満たすようにとる。$|\overrightarrow{\mathrm{OQ}}|$ が最小となるときの $\dfrac{5}{3}|\overrightarrow{\mathrm{OP}}||\overrightarrow{\mathrm{QP}}|$ の値を求めよ。　〔自治医大〕

$|\overrightarrow{\mathrm{OQ}}|=t\ (t>0)$ であるから，$t$ が最小となるときを考える。

点Pの座標を $(\cos\theta+2,\ \sin\theta)$ とする。ただし，点Pの $y$ 座標は正であるから，$0<\theta<\pi$ とする。

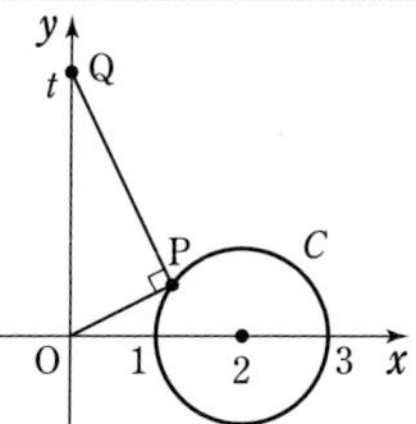


HINT　円 $(x-a)^2+(y-b)^2=r^2$ 上の点の座標は $(r\cos\theta+a,\ r\sin\theta+b)$ と表される $(r>0)$。

また，$\overrightarrow{\mathrm{OP}}=(\cos\theta+2,\ \sin\theta)$，

$\overrightarrow{\mathrm{QP}}=(\cos\theta+2,\ \sin\theta-t)$

であるから

$$\begin{aligned}\overrightarrow{\mathrm{OP}}\cdot\overrightarrow{\mathrm{QP}}&=(\cos\theta+2)^2+\sin\theta(\sin\theta-t)\\&=\cos^2\theta+4\cos\theta+4+\sin^2\theta-t\sin\theta\\&=4\cos\theta+5-t\sin\theta\end{aligned}$$

$\overrightarrow{\mathrm{OP}}\cdot\overrightarrow{\mathrm{QP}}=0$ から　　$4\cos\theta+5-t\sin\theta=0$

よって　　$t\sin\theta=4\cos\theta+5$

$\sin\theta>0$ であるから　　$t=\dfrac{4\cos\theta+5}{\sin\theta}$　　$\leftarrow 0<\theta<\pi$

ゆえに　　$\dfrac{dt}{d\theta}=\dfrac{-4\sin\theta\cdot\sin\theta-(4\cos\theta+5)\cdot\cos\theta}{\sin^2\theta}$　　$\leftarrow\left(\dfrac{u}{v}\right)'=\dfrac{u'v-uv'}{v^2}$

$=-\dfrac{5\cos\theta+4}{\sin^2\theta}$

$\dfrac{dt}{d\theta}=0$ とすると　　$\cos\theta=-\dfrac{4}{5}$

これを満たす $\theta$ を $\alpha\ (0<\alpha<\pi)$ とすると，$0<\theta<\pi$ における $t$ の増減表は右のようになる。

| $\theta$ | 0 | $\cdots$ | $\alpha$ | $\cdots$ | $\pi$ |
|---|---|---|---|---|---|
| $\dfrac{dt}{d\theta}$ | | $-$ | 0 | $+$ | |
| $t$ | | ↘ | 極小 | ↗ | |

$\cos\alpha=-\dfrac{4}{5}$，$0<\alpha<\pi$ から

$\sin\alpha=\sqrt{1-\cos^2\alpha}=\sqrt{1-\left(-\dfrac{4}{5}\right)^2}=\dfrac{3}{5}$　　$\leftarrow\sin\alpha>0$

よって，$\theta=\alpha$ のとき　$t=\dfrac{4\cos\alpha+5}{\sin\alpha}=\dfrac{4\cdot\left(-\dfrac{4}{5}\right)+5}{\dfrac{3}{5}}=3$

ゆえに，$|\overrightarrow{OQ}|$ は $\theta=\alpha$ で最小値 3 をとる。

このとき　$|\overrightarrow{OP}|^2=(\cos\alpha+2)^2+\sin^2\alpha$

$=\left(-\dfrac{4}{5}+2\right)^2+\left(\dfrac{3}{5}\right)^2=\dfrac{45}{25}=\dfrac{9}{5}$

$|\overrightarrow{QP}|^2=(\cos\alpha+2)^2+(\sin\alpha-3)^2$

$=\left(-\dfrac{4}{5}+2\right)^2+\left(\dfrac{3}{5}-3\right)^2=\dfrac{180}{25}=\dfrac{36}{5}$

←$\vec{a}=(a_1,\ a_2)$ のとき $|\vec{a}|^2=a_1{}^2+a_2{}^2$

$|\overrightarrow{OP}|\geqq0$，$|\overrightarrow{QP}|\geqq0$ であるから　$|\overrightarrow{OP}|=\dfrac{3}{\sqrt{5}}$，$|\overrightarrow{QP}|=\dfrac{6}{\sqrt{5}}$

したがって　$\dfrac{5}{3}|\overrightarrow{OP}||\overrightarrow{QP}|=\dfrac{5}{3}\cdot\dfrac{3}{\sqrt{5}}\cdot\dfrac{6}{\sqrt{5}}=\mathbf{6}$



**EX ④94**

1 辺の長さが 1 の正方形の折り紙 ABCD が机の上に置かれている。P を辺 AB 上の点とし，AP$=x$ とする。頂点 D を持ち上げて P と一致するように折り紙を 1 回折ったとき，右の図のようになった。点 C′，E，F，G，Q を図のようにとり，もとの正方形 ABCD からはみ出る部分の面積を $S$ とする。

(1)　$S$ を $x$ で表せ。

(2)　点 P が点 A から点 B まで動くとき，$S$ を最大にするような $x$ の値を求めよ。　〔類　東京工大〕

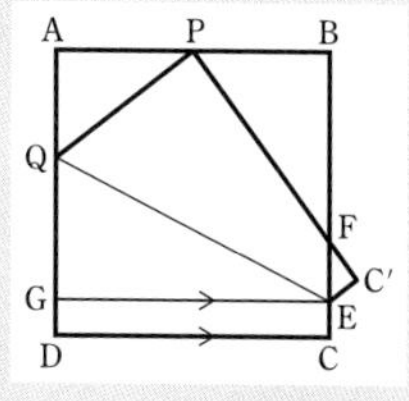


$0\leqq x\leqq1$ である。

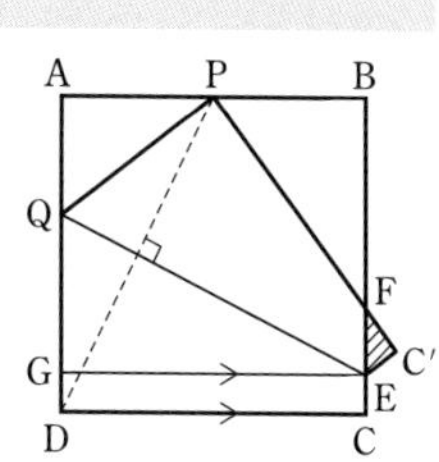


(1)　△APQ と △C′FE において　$\angle PAQ=\angle FC'E=\dfrac{\pi}{2}$ …… ①

また，$\angle QPF=\angle PBF=\dfrac{\pi}{2}$ から

$\angle QPA+\angle FPB=\dfrac{\pi}{2}$，$\angle BFP+\angle FPB=\dfrac{\pi}{2}$

よって　$\angle QPA=\angle BFP=\angle EFC'$ …… ②　←対頂角

①，② より，2 組の角がそれぞれ等しいから

△APQ∽△C′FE

AQ$=y$ とすると，PQ$=$QD$=1-y$ であるから，△APQ において，三平方の定理により

$(1-y)^2=y^2+x^2$　　整理して　$1-2y=x^2$　←$PQ^2=AQ^2+AP^2$

よって　$y=\dfrac{1-x^2}{2}$　　ゆえに　$PQ=1-\dfrac{1-x^2}{2}=\dfrac{1+x^2}{2}$

△APD と △GQE において

$AD=GE=1$，$\angle PAD=\angle QGE=\dfrac{\pi}{2}$

また，QE⊥DP から　$\angle ADP+\angle GQE=\dfrac{\pi}{2}$　←QE は DP の垂直二等分線。

$\angle GEQ+\angle GQE=\dfrac{\pi}{2}$ であるから　$\angle ADP=\angle GEQ$

よって，1辺とその両端の角がそれぞれ等しいから

$\triangle APD \equiv \triangle GQE$　　ゆえに　　$QG=x$

よって　　$C'E=CE=DG=QD-QG$

$$=PQ-x=\frac{1+x^2}{2}-\frac{2x}{2}=\frac{(1-x)^2}{2}$$

したがって　　$S=\triangle C'FE=\triangle APQ\times\left(\frac{C'E}{AQ}\right)^2$

$$=\frac{1}{2}\cdot\frac{1-x^2}{2}\cdot x\times\frac{(1-x)^4}{4}\cdot\frac{4}{(1-x^2)^2}$$

$$=\boldsymbol{\frac{x(1-x)^3}{4(1+x)}}\quad\boldsymbol{(0\leqq x\leqq 1)}$$

←$\triangle APQ$ と $\triangle C'FE$ の相似比は $AQ:C'E$ であるから，$\triangle APQ$ と $\triangle C'FE$ の面積比は $AQ^2:C'E^2$

(2) $$\frac{dS}{dx}=\frac{1}{4}\cdot\frac{\{(1-x)^3+x\cdot 3(1-x)^2\cdot(-1)\}(1+x)-x(1-x)^3\cdot 1}{(1+x)^2}$$

$$=\frac{1}{4}\cdot\frac{(1-x)^2\{(1-4x)(1+x)-x(1-x)\}}{(1+x)^2}$$

$$=\frac{1}{4}\cdot\frac{(1-x)^2(-3x^2-4x+1)}{(1+x)^2}$$

$\frac{dS}{dx}=0$ とすると，$x\geqq 0$ から　　$x=1,\ \frac{-2+\sqrt{7}}{3}$

よって，$0\leqq x\leqq 1$ における $S$ の増減表は右のようになる。

ゆえに，$\boldsymbol{x=\frac{-2+\sqrt{7}}{3}}$ のとき $S$ は最大となる。

| $x$ | 0 | … | $\frac{-2+\sqrt{7}}{3}$ | … | 1 |
|---|---|---|---|---|---|
| $\frac{dS}{dx}$ | | + | 0 | − | 0 |
| $S$ | | ↗ | 極大 | ↘ | |

**EX ③95**

$a>0$ を定数とし，$f(x)=x^a\log x$ とする。

(1) $\lim_{x\to+0}f(x)$ を求めよ。必要ならば，$\lim_{s\to\infty}se^{-s}=0$ が成り立つことは証明なしに用いてよい。

(2) 曲線 $y=f(x)$ の変曲点が $x$ 軸上に存在するときの $a$ の値を求めよ。更に，そのときの $y=f(x)$ のグラフの概形をかけ。　〔類 早稲田大〕

(1) $\log x=-s$ とすると　　$x=e^{-s}$

また，$s=-\log x$ から，$x\longrightarrow+0$ のとき $s\longrightarrow\infty$ である。

よって　　$\lim_{x\to+0}f(x)=\lim_{s\to\infty}(e^{-s})^a\cdot(-s)=\lim_{s\to\infty}\{-(e^{-s})^{a-1}\cdot se^{-s}\}$

$$=0\cdot 0=\boldsymbol{0}$$

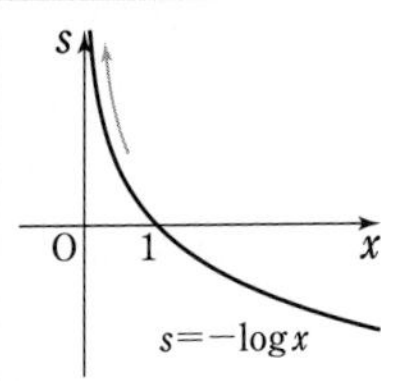


(2) 真数は正であるから　　$x>0$

また　　$f'(x)=ax^{a-1}\cdot\log x+x^a\cdot\frac{1}{x}=x^{a-1}(a\log x+1)$

←$(uv)'=u'v+uv'$

$$f''(x)=(a-1)x^{a-2}\cdot(a\log x+1)+x^{a-1}\cdot\frac{a}{x}$$

$$=x^{a-2}\{\underline{a(a-1)\log x+2a-1}\}$$

←＿＿の $\log x$ の係数が0となる場合。

$a=1$ のとき　　$f''(x)=\frac{1}{x}$

このとき，$x>0$ において常に $f''(x)>0$ であるから，曲線 $y=f(x)$ は変曲点をもたない。

$a\neq 1$ のとき，$f''(x)=0$ とすると，$x>0$ で $x^{a-2}>0$ であり

$$\log x=\frac{2a-1}{a(1-a)} \qquad \text{よって} \qquad x=e^{\frac{2a-1}{a(1-a)}}$$

$f''(x)$ の符号は $x=e^{\frac{2a-1}{a(1-a)}}$ の前後で変わるから，変曲点は

$$\text{点}\left(e^{\frac{2a-1}{a(1-a)}},\ \frac{2a-1}{a(1-a)}e^{\frac{2a-1}{1-a}}\right)$$

←$f''(a)=0$ かつ $x=a$ の前後で $f''(x)$ の符号が変わるならば，点 $(a,\ f(a))$ は変曲点。

この点が $x$ 軸上にあるとき　　$\frac{2a-1}{a(1-a)}e^{\frac{2a-1}{1-a}}=0$

$e^{\frac{2a-1}{1-a}}>0$ であるから，$2a-1=0$ より　　$\boldsymbol{a=\frac{1}{2}}$

これは $a\neq 1$，$a>0$ を満たす。

このとき　　$f(x)=\sqrt{x}\log x$，$f'(x)=\frac{1}{\sqrt{x}}\left(\frac{1}{2}\log x+1\right)$，

$$f''(x)=-\frac{\log x}{4x\sqrt{x}}$$

$f'(x)=0$ とすると，$\log x=-2$ から　　$x=e^{-2}$

$f''(x)=0$ とすると，$\log x=0$ から　　$x=1$

よって，$x>0$ における $f(x)$ の増減とグラフの凹凸は次の表のようになる。

| $x$ | 0 | $\cdots$ | $e^{-2}$ | $\cdots$ | 1 | $\cdots$ |
|---|---|---|---|---|---|---|
| $f'(x)$ | | $-$ | 0 | $+$ | $+$ | $+$ |
| $f''(x)$ | | $+$ | $+$ | $+$ | 0 | $-$ |
| $f(x)$ | | ↘ | 極小 $-2e^{-1}$ | ↗ | 変曲点 0 | ↗ |

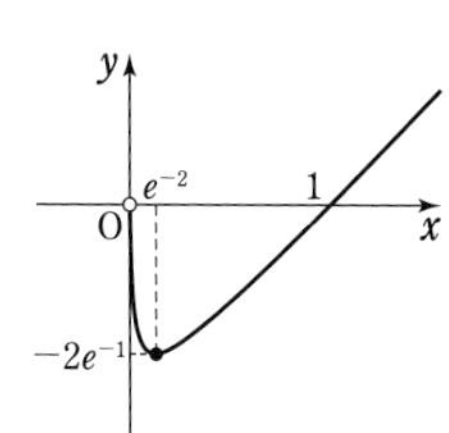


(1) から，$\lim_{x\to+0}f(x)=0$ であり，更に　$\lim_{x\to\infty}f(x)=\infty$

したがって，$y=f(x)$ のグラフの概形は，右の **図** のようになる。

## EX ③96

$f(x)=x^3+x^2+7x+3$，$g(x)=\frac{x^3-3x+2}{x^2+1}$ とする。

(1)　方程式 $f(x)=0$ はただ 1 つの実数解をもち，その実数解 $\alpha$ は $-2<\alpha<0$ を満たすことを示せ。

(2)　曲線 $y=g(x)$ の漸近線を求めよ。

(3)　$\alpha$ を用いて関数 $y=g(x)$ の増減を調べ，そのグラフをかけ。ただし，グラフの凹凸を調べる必要はない。　〔富山大〕

(1)　$f'(x)=3x^2+2x+7=3\left(x^2+\frac{2}{3}x\right)+7$

$$=3\left(x+\frac{1}{3}\right)^2+\frac{20}{3}$$

よって，すべての実数 $x$ について　　$f'(x)>0$

ゆえに，$f(x)$ は単調に増加する。

また　　$f(-2)=-15<0$，$f(0)=3>0$

したがって，方程式 $f(x)=0$ はただ 1 つの実数解をもち，その実数解 $\alpha$ は $-2<\alpha<0$ を満たす。

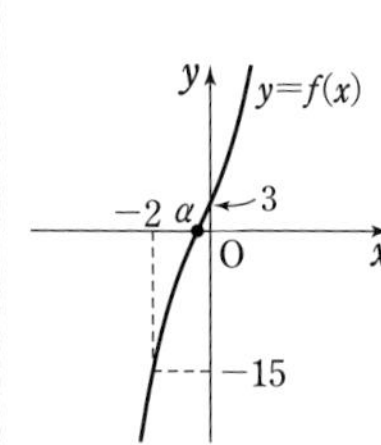

(2) $g(x)=\dfrac{(x^3+x)-4x+2}{x^2+1}=x+\dfrac{2-4x}{x^2+1}$

←分母の次数>分子の次数の形に。

よって　$\displaystyle\lim_{x\to\infty}\{g(x)-x\}=\lim_{x\to\infty}\frac{2-4x}{x^2+1}=\lim_{x\to\infty}\frac{\frac{2}{x^2}-\frac{4}{x}}{1+\frac{1}{x^2}}=0$

同様にして　$\displaystyle\lim_{x\to-\infty}\{g(x)-x\}=0$

$\displaystyle\lim_{x\to p}g(x)=\pm\infty$ となる定数 $p$ の値はないから，$x$ 軸に垂直な漸近線はない。

また，$\displaystyle\lim_{x\to\infty}g(x)=\infty$，$\displaystyle\lim_{x\to-\infty}g(x)=-\infty$ であるから，$x$ 軸に平行な漸近線もない。

ゆえに，曲線 $y=g(x)$ の漸近線は　**直線 $y=x$**

(3) $g'(x)=\dfrac{(3x^2-3)(x^2+1)-(x^3-3x+2)\cdot 2x}{(x^2+1)^2}$

←$\left(\dfrac{u}{v}\right)'=\dfrac{u'v-uv'}{v^2}$

$=\dfrac{x^4+6x^2-4x-3}{(x^2+1)^2}$

$=\dfrac{(x-1)(x^3+x^2+7x+3)}{(x^2+1)^2}=\dfrac{(x-1)f(x)}{(x^2+1)^2}$

```
1  0  6  −4  −3 |1
   1  1   7   3
1  1  7   3   0
```

$g'(x)=0$ とすると，(1) から
　$x=1$，$\alpha$

$-2<\alpha<0$ であるから，$g(x)$ の増減表は右のようになる。

| $x$ | $\cdots$ | $\alpha$ | $\cdots$ | 1 | $\cdots$ |
|---|---|---|---|---|---|
| $g'(x)$ | + | 0 | − | 0 | + |
| $g(x)$ | ↗ | 極大 | ↘ | 0 | ↗ |

←$x<\alpha$ のとき $f(x)<0$，$x>\alpha$ のとき $f(x)>0$

また　$g(x)=\dfrac{(x-1)^2(x+2)}{x^2+1}$

(2) の結果も考慮すると，$y=g(x)$ のグラフは **右図** のようになる。

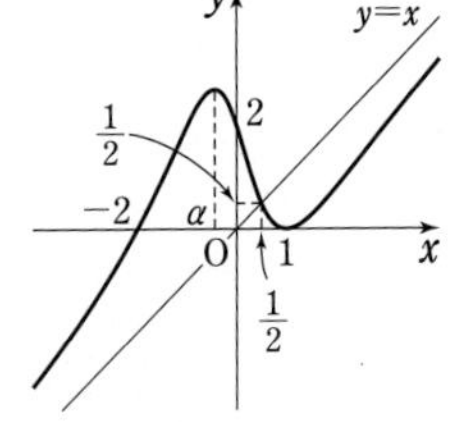


←分子の因数分解について

```
1  0  −3   2 |1
   1   1  −2
1  1  −2   0
```

**EX ③97**

$f(x)=\sin(\pi\cos x)$ とする。
(1) $f(\pi+x)-f(\pi-x)$ の値を求めよ。　(2) $f\left(\dfrac{\pi}{2}+x\right)+f\left(\dfrac{\pi}{2}-x\right)$ の値を求めよ。
(3) $0\leqq x\leqq 2\pi$ の範囲で $y=f(x)$ のグラフをかけ（凹凸は調べなくてよい）。　［類　東京理科大］

(1) $f(\pi+x)-f(\pi-x)=\sin\{\pi\cos(\pi+x)\}-\sin\{\pi\cos(\pi-x)\}$
$=\sin(-\pi\cos x)-\sin(-\pi\cos x)$
$=-\sin(\pi\cos x)+\sin(\pi\cos x)=\mathbf{0}$

←$\cos(\pi\pm x)=-\cos x$
$\sin(-x)=-\sin x$

(2) $f\left(\dfrac{\pi}{2}+x\right)+f\left(\dfrac{\pi}{2}-x\right)$
$=\sin\left\{\pi\cos\left(\dfrac{\pi}{2}+x\right)\right\}+\sin\left\{\pi\cos\left(\dfrac{\pi}{2}-x\right)\right\}$
$=\sin\{\pi(-\sin x)\}+\sin(\pi\sin x)$
$=-\sin(\pi\sin x)+\sin(\pi\sin x)=\mathbf{0}$

←$\cos\left(\dfrac{\pi}{2}\pm x\right)=\mp\sin x$
（複号同順）

(3) (1) から　　$f(\pi+x)=f(\pi-x)$

よって，$y=f(x)$ のグラフは直線 $x=\pi$ に関して対称である。

(2) から　　$f\left(\frac{\pi}{2}+x\right)+f\left(\frac{\pi}{2}-x\right)=0$

ゆえに，$y=f(x)$ のグラフは点 $\left(\frac{\pi}{2},\ 0\right)$ に関して対称である。

したがって，$0\leqq x\leqq\frac{\pi}{2}$ …… ① の範囲で考える。

$f'(x)=\cos(\pi\cos x)\cdot(-\pi\sin x)=-\pi\sin x\cos(\pi\cos x)$

$f'(x)=0$ とすると　　$\sin x=0,\ \cos(\pi\cos x)=0$

$\sin x=0$ から，① の範囲を満たす $x$ は　　$x=0$

$\cos(\pi\cos x)=0$ から，$n$ を整数として

$$\pi\cos x=\frac{\pi}{2}+n\pi \quad すなわち \quad \cos x=\pm\frac{1}{2}$$

よって，① の範囲を満たす $x$ は　　$x=\frac{\pi}{3}$

ゆえに，① の範囲における増減表は次のようになり，対称性を考えると，グラフの概形は **図** のようになる。

←$f(a+x)=f(a-x)$
⟺ 直線 $x=a$ に関して対称

←$f(a+x)+f(a-x)=2b$
⟺ 点 $(a,\ b)$ に関して対称

←$\cos x=\frac{1}{2}+n$ で $-1\leqq\cos x\leqq1$

| $x$ | $0$ | $\cdots$ | $\frac{\pi}{3}$ | $\cdots$ | $\frac{\pi}{2}$ |
|---|---|---|---|---|---|
| $f'(x)$ | $0$ | $+$ | $0$ | $-$ | |
| $f(x)$ | $0$ | ↗ | $1$ | ↘ | $0$ |

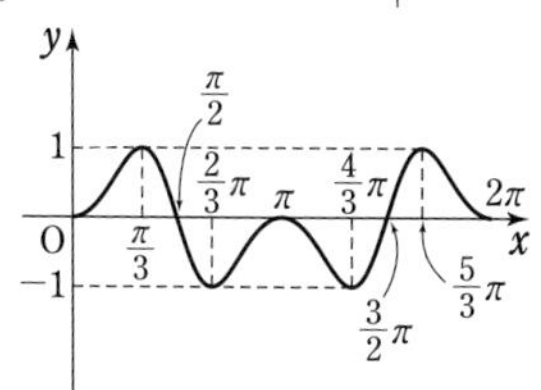


## EX ④98

曲線 $C:\begin{cases} x=\sin\theta\cos\theta \\ y=\sin^3\theta+\cos^3\theta \end{cases} \left(-\frac{\pi}{4}\leqq\theta\leqq\frac{\pi}{4}\right)$ を考える。

(1) $y$ を $x$ の式で表せ。　　(2) 曲線 $C$ の概形をかけ(凹凸も調べよ)。

(1) $(\sin\theta+\cos\theta)^2=1+2\sin\theta\cos\theta$ であるから

$$(\sin\theta+\cos\theta)^2=1+2x \quad \cdots\cdots ①$$

$x=\frac{1}{2}\sin2\theta$ と $-\frac{\pi}{2}\leqq2\theta\leqq\frac{\pi}{2}$ から　　$-1\leqq\sin2\theta\leqq1$

したがって　　$-\frac{1}{2}\leqq x\leqq\frac{1}{2}$ …… ②

また，$-\frac{\pi}{4}\leqq\theta\leqq\frac{\pi}{4}$ では　$\sin\theta+\cos\theta=\sqrt{2}\sin\left(\theta+\frac{\pi}{4}\right)\geqq0$

よって，① から　　$\sin\theta+\cos\theta=\sqrt{1+2x}$ …… ③

$\sin^3\theta+\cos^3\theta=(\sin\theta+\cos\theta)(1-\sin\theta\cos\theta)$ であるから，

$x=\sin\theta\cos\theta$ と ③ を代入して

$$\boldsymbol{y=\sqrt{1+2x}\,(1-x)}$$

(2) 関数 $y$ は $x=-\frac{1}{2}$ で微分可能ではない。

$$y'=\frac{2}{2\sqrt{1+2x}}\cdot(1-x)+\sqrt{1+2x}\cdot(-1)=-\frac{3x}{\sqrt{1+2x}}$$

←2 倍角の公式。

←$x$ の変域に注意。

←$\sin^3\theta+\cos^3\theta$
$=(\sin\theta+\cos\theta)$
$\times(\sin^2\theta-\sin\theta\cos\theta+\cos^2\theta)$
$\sin^3\theta+\cos^3\theta$
$=(\sin\theta+\cos\theta)^3$
$-3\sin\theta\cos\theta(\sin\theta+\cos\theta)$
としてもよい。

4章 EX【微分法の応用】

$$y''=-\frac{3\sqrt{1+2x}-3x\cdot\dfrac{2}{2\sqrt{1+2x}}}{1+2x}=-\frac{3(x+1)}{(1+2x)\sqrt{1+2x}}$$

$y'=0$ とすると　　$x=0$

また，② の範囲では　　$y''<0$

よって，② の範囲における $y$ の増減とグラフの凹凸は左下の表のようになり，曲線の概形は **右下の図** のようになる。

| $x$ | $-\frac{1}{2}$ | $\cdots$ | $0$ | $\cdots$ | $\frac{1}{2}$ |
|---|---|---|---|---|---|
| $y'$ | | $+$ | $0$ | $-$ | $-$ |
| $y''$ | | $-$ | $-$ | $-$ | $-$ |
| $y$ | $0$ | ↱ | 極大 1 | ↴ | $\frac{\sqrt{2}}{2}$ |

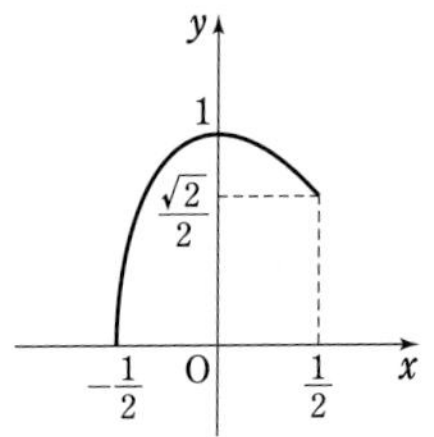

← $\displaystyle\lim_{x\to-\frac{1}{2}+0} y'=\infty$

**EX ②99**

関数 $f(x)=ax+x\cos x-2\sin x$ は $\frac{\pi}{2}$ と $\pi$ との間で極値をただ1つもつことを示せ。ただし，$-1<a<1$ とする。　〔類　前橋工科大〕

$$f'(x)=a+1\cdot\cos x+x\cdot(-\sin x)-2\cos x$$
$$=a-\cos x-x\sin x$$
$$f''(x)=\sin x-(1\cdot\sin x+x\cdot\cos x)=-x\cos x$$

$\frac{\pi}{2}<x<\pi$ のとき常に $f''(x)>0$ であるから，このとき $f'(x)$ は単調に増加する。

← $\frac{\pi}{2}<x<\pi$ のとき $-1<\cos x<0$

また，$-1<a<1$ から

$$f'\left(\frac{\pi}{2}\right)=a-\frac{\pi}{2}<1-\frac{\pi}{2}<0,\qquad f'(\pi)=a+1>0$$

よって，$f'(c)=0$ となる $c$ が $\frac{\pi}{2}<x<\pi$ の範囲にただ1つ存在して，この範囲における $f(x)$ の増減表は，右のようになる。

| $x$ | $\frac{\pi}{2}$ | $\cdots$ | $c$ | $\cdots$ | $\pi$ |
|---|---|---|---|---|---|
| $f'(x)$ | | $-$ | $0$ | $+$ | |
| $f(x)$ | | ↘ | 極小 | ↗ | |

← $f'(x)$ は単調に増加するから
$x<c$ のとき　$f'(x)<0$
$x=c$ のとき　$f'(x)=0$
$x>c$ のとき　$f'(x)>0$

ゆえに，$f(x)$ は $\frac{\pi}{2}$ と $\pi$ との間で極値をただ1つもつ。

**EX ②100**

(1)　$e^x-1-xe^{\frac{x}{2}}>0$ を満たす $x$ の値の範囲を求めよ。

(2)　$x\neq0$ のとき，$\dfrac{e^x-1}{x}$ と $e^{\frac{x}{2}}$ の大小関係を求めよ。　〔類　山形大〕

(1)　$f(x)=e^x-1-xe^{\frac{x}{2}}$ とすると

$$f'(x)=e^x-\left(e^{\frac{x}{2}}+x\cdot\frac{1}{2}e^{\frac{x}{2}}\right)=e^{\frac{x}{2}}\left(e^{\frac{x}{2}}-1-\frac{x}{2}\right)$$

← $f'(x)=e^{\frac{x}{2}}g(x)$ の形。

$g(x)=e^{\frac{x}{2}}-1-\dfrac{x}{2}$ とすると　　$g'(x)=\dfrac{1}{2}e^{\frac{x}{2}}-\dfrac{1}{2}=\dfrac{1}{2}\left(e^{\frac{x}{2}}-1\right)$

← $f'(x)$ の符号を調べるために，$g(x)$ の増減を調べる。

$g'(x)=0$ とすると　　$x=0$

$g(x)$ の増減表は右のようになる。

| $x$ | $\cdots$ | 0 | $\cdots$ |
|---|---|---|---|
| $g'(x)$ | $-$ | 0 | $+$ |
| $g(x)$ | ↘ | 0 | ↗ |

よって　　$g(x) \geqq g(0)=0$

$e^{\frac{x}{2}}>0$ であるから

$$f'(x)=e^{\frac{x}{2}}g(x) \geqq 0$$

ゆえに，$f(x)$ の増減表は右のようになる。

| $x$ | $\cdots$ | 0 | $\cdots$ |
|---|---|---|---|
| $f'(x)$ | $+$ | 0 | $+$ |
| $f(x)$ | ↗ | 0 | ↗ |

←$f(x)$ は単調増加。

したがって，求める $x$ の値の範囲は　　$\boldsymbol{x>0}$

(2)　(1) の $f(x)$ の増減表から

←(1) の結果を利用。

$x>0$ のとき，$e^x-1>xe^{\frac{x}{2}}$ であるから　　$\dfrac{e^x-1}{x}>e^{\frac{x}{2}}$

←$f(x)=e^x-1-xe^{\frac{x}{2}}>0$

$x<0$ のとき，$e^x-1<xe^{\frac{x}{2}}$ であるから　　$\dfrac{e^x-1}{x}>e^{\frac{x}{2}}$

←$f(x)=e^x-1-xe^{\frac{x}{2}}<0$

したがって，$x \neq 0$ のとき　　$\boldsymbol{\dfrac{e^x-1}{x}>e^{\frac{x}{2}}}$



## EX ③101

$(\sqrt{5})^{\sqrt{7}}$ と $(\sqrt{7})^{\sqrt{5}}$ の大小を比較せよ。必要ならば $2.7<e$ を用いてもよい。　〔類　京都府医大〕

$(\sqrt{5})^{\sqrt{7}}$，$(\sqrt{7})^{\sqrt{5}}$ をそれぞれ $\dfrac{1}{\sqrt{5}\sqrt{7}}$ 乗すると

HINT　$F(a,\ b)$ と $F(b,\ a)$ の比較であるから，変形によって $f(a)$ と $f(b)$ の比較にもちこむ。

$$\{(\sqrt{5})^{\sqrt{7}}\}^{\frac{1}{\sqrt{5}\sqrt{7}}}=(\sqrt{5})^{\frac{1}{\sqrt{5}}},\ \{(\sqrt{7})^{\sqrt{5}}\}^{\frac{1}{\sqrt{5}\sqrt{7}}}=(\sqrt{7})^{\frac{1}{\sqrt{7}}}$$

更にそれぞれの自然対数をとると

$$\log(\sqrt{5})^{\frac{1}{\sqrt{5}}}=\frac{\log\sqrt{5}}{\sqrt{5}},\ \log(\sqrt{7})^{\frac{1}{\sqrt{7}}}=\frac{\log\sqrt{7}}{\sqrt{7}}$$

よって，$(\sqrt{5})^{\sqrt{7}}$，$(\sqrt{7})^{\sqrt{5}}$ の大小は $\dfrac{\log\sqrt{5}}{\sqrt{5}}$ と $\dfrac{\log\sqrt{7}}{\sqrt{7}}$ の大小に一致する。ここで，$f(x)=\dfrac{\log x}{x}$ $(x>0)$ とすると

←$f(x)=\dfrac{\log x}{x}$ について $f(\sqrt{5})$ と $f(\sqrt{7})$ の大小を比較すればよい。

$$f'(x)=\frac{\frac{1}{x}\cdot x-\log x}{x^2}=\frac{1-\log x}{x^2}$$

$f'(x)=0$ とすると　　$x=e$

よって，$f(x)$ の増減表は次のようになる。

| $x$ | 0 | $\cdots$ | $e$ | $\cdots$ |
|---|---|---|---|---|
| $f'(x)$ | | $+$ | 0 | $-$ |
| $f(x)$ | | ↗ | 極大 $\frac{1}{e}$ | ↘ |

ゆえに，$f(x)$ は $0<x \leqq e$ の範囲で単調に増加する。

$2.7^2=7.29$ であり，$5<7<7.29$ から　　$\sqrt{5}<\sqrt{7}<2.7<e$

よって　　$f(\sqrt{5})<f(\sqrt{7})$　すなわち　$\dfrac{\log\sqrt{5}}{\sqrt{5}}<\dfrac{\log\sqrt{7}}{\sqrt{7}}$

したがって　　$\boldsymbol{(\sqrt{5})^{\sqrt{7}}<(\sqrt{7})^{\sqrt{5}}}$

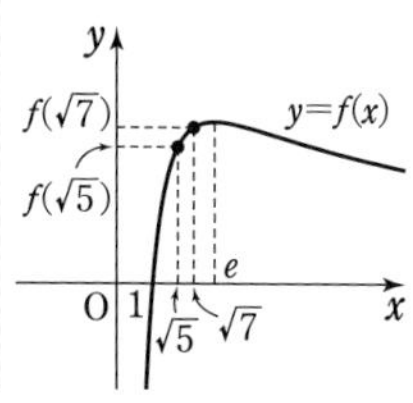

**EX ④102** $x$, $y$ は実数とする。すべての実数 $t$ に対して $y \leqq e^t - xt$ が成立するような点 $(x,\ y)$ 全体の集合を座標平面上に図示せよ。必要ならば，$\lim_{x \to +0} x\log x = 0$ を使ってよい。〔類　九州大〕

HINT　$f(t) = e^t - xt - y$ とすると　$f'(t) = e^t - x$
よって，$x \leqq 0$ のとき $f'(t) > 0$ となり，$f(t)$ は単調増加。
$\longrightarrow$ $x<0$, $x=0$, $x>0$ で分けることが思いつく。

$y \leqq e^t - xt$ から　　$e^t - xt - y \geqq 0$

$f(t) = e^t - xt - y$ として，すべての実数 $t$ に対して $f(t) \geqq 0$ となる条件を求める。

[1]　$x<0$ のとき　　$\lim_{t \to -\infty} f(t) = -\infty$

よって，$f(t)<0$ となる実数 $t$ が存在するから，不適

←$t \longrightarrow -\infty$ のとき $e^t \longrightarrow 0$, $-x>0$ から $-xt \longrightarrow -\infty$

[2]　$x=0$ のとき　　$f(t) = e^t - y$

$e^t > 0$, $\lim_{t \to -\infty} e^t = 0$ であるから，すべての実数 $t$ に対して

$f(t) \geqq 0$ となる条件は　　$-y \geqq 0$　すなわち　$y \leqq 0$

[3]　$x>0$ のとき　　$f'(t) = e^t - x$

←この場合は微分法を利用して，$f(t)$ の増減を調べる。

$f'(t) = 0$ とすると　　$e^t - x = 0$

ゆえに　　$t = \log x$

よって，$f(t)$ の増減表は右のようになる。

| $t$ | $\cdots$ | $\log x$ | $\cdots$ |
|---|---|---|---|
| $f'(t)$ | $-$ | $0$ | $+$ |
| $f(t)$ | ↘ | $x - x\log x - y$ | ↗ |

ゆえに，すべての実数 $t$ に対して $f(t) \geqq 0$ となる条件は

$x - x\log x - y \geqq 0$　すなわち　$y \leqq x - x\log x$

[1]~[3] から，求める $(x,\ y)$ の条件は

$x=0$ かつ $y \leqq 0$　または　$x>0$ かつ $y \leqq x - x\log x$

ここで，$y = x - x\log x$ $(x>0)$ について

←曲線 $y = x - x\log x$ の概形について調べる。

$y' = 1 - (\log x + 1) = -\log x$

$y' = 0$ とすると　　$x = 1$

よって，$y$ の増減表は右のようになる。

| $x$ | $0$ | $\cdots$ | $1$ | $\cdots$ |
|---|---|---|---|---|
| $y'$ | | $+$ | $0$ | $-$ |
| $y$ | | ↗ | $1$ | ↘ |

また，$y'' = -\dfrac{1}{x} < 0$ から，$y = x - x\log x$ のグラフは上に凸である。

更に　　$\lim_{x \to +0}(x - x\log x) = 0$,

←$\lim_{x \to +0} x\log x = 0$

$\lim_{x \to \infty}(x - x\log x)$

$= \lim_{x \to \infty} x(1 - \log x) = -\infty$

←$\lim_{x \to \infty}(-\log x) = -\infty$

以上から，求める点 $(x,\ y)$ 全体の集合は，**右の図の斜線分。ただし，境界線を含む。**

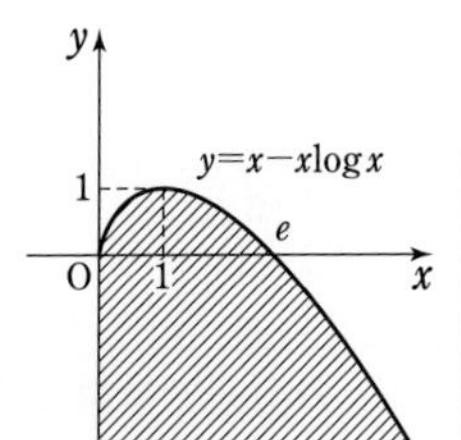


**EX ③103** $a$, $\theta$ を $a>0$, $0<\theta<2\pi$ を満たす定数とする。このとき，方程式 $\dfrac{\sqrt{x^2 - 2x\cos\theta + 1}}{x^2 - 1} = a$ の区間 $x>1$ における実数解の個数は1個であることを証明せよ。〔山口大〕

$f(x)=\dfrac{\sqrt{x^2-2x\cos\theta+1}}{x^2-1}$ $(x>1)$ …… ① とする。

$x>1$ のとき $x^2-1>0$ また, $\cos\theta<1$ より, $-2x\cos\theta>-2x$

であるから $x^2-2x\cos\theta+1>x^2-2x+1=(x-1)^2>0$

よって, $f(x)>0$ であるから, ① の両辺の自然対数をとると

$$\log f(x)=\frac{1}{2}\log(x^2-2x\cos\theta+1)-\log(x^2-1)$$

←$f(x)$ がやや複雑な式であるから, 対数微分法を利用して $f'(x)$ を求める。

両辺を $x$ で微分すると

$$\frac{f'(x)}{f(x)}=\frac{1}{2}\cdot\frac{2x-2\cos\theta}{x^2-2x\cos\theta+1}-\frac{2x}{x^2-1}$$

$$=\frac{(x-\cos\theta)(x^2-1)-2x(x^2-2x\cos\theta+1)}{(x^2-2x\cos\theta+1)(x^2-1)}$$

←通分する。

$$=\frac{-x^3+3x^2\cos\theta-3x+\cos\theta}{(x^2-2x\cos\theta+1)(x^2-1)}$$

$$=\frac{-x^3-3x+(3x^2+1)\cos\theta}{(x^2-2x\cos\theta+1)(x^2-1)}$$

←(分母)$>0$ であるから, $x>1$, $\cos\theta<1$ を利用して, 分子の符号について調べる。

$\cos\theta<1$, $3x^2+1>0$ であるから $(3x^2+1)\cos\theta<3x^2+1$

よって $-x^3-3x+(3x^2+1)\cos\theta<-x^3-3x+(3x^2+1)$

$=-(x-1)^3<0$

←$x-1>0$

したがって $\dfrac{f'(x)}{f(x)}<0$

$f(x)>0$ であるから $f'(x)<0$

ゆえに, $f(x)$ は $x>1$ で単調に減少する。

←このことが言えたから, $\lim_{x\to1+0}f(x)=\infty$, $\lim_{x\to\infty}f(x)\leqq0$ が示されれば題意は成り立つ。

また, $\cos\theta\neq1$ であるから

$$\lim_{x\to1+0}f(x)=\lim_{x\to1+0}\frac{1}{x-1}\cdot\frac{\sqrt{x^2-2x\cos\theta+1}}{x+1}=\infty$$

$$\lim_{x\to\infty}f(x)=\lim_{x\to\infty}\frac{\sqrt{1-\dfrac{2\cos\theta}{x}+\dfrac{1}{x^2}}}{x-\dfrac{1}{x}}=0$$

よって, $f(x)=a$ の $x>1$ における実数解の個数は 1 個である。

**EX ④104**

(1) 関数 $f(x)=x^{-2}2^x$ $(x\neq0)$ について, $f'(x)>0$ となるための $x$ に関する条件を求めよ。
(2) 方程式 $2^x=x^2$ は相異なる 3 個の実数解をもつことを示せ。
(3) 方程式 $2^x=x^2$ の解で有理数であるものをすべて求めよ。 〔名古屋大〕

(1) $f'(x)=-2x^{-3}2^x+x^{-2}2^x\log2=x^{-3}2^x(-2+x\log2)$

$$=\frac{2^x(x\log2-2)}{x^3} \quad\cdots\cdots ①$$

←分数の形 ① に変形すると, 見やすく, 考えやすい。

$x\neq0$ であり, $2^x>0$ であるから, $f'(x)>0$ となるための条件は

$$\frac{x\log2-2}{x^3}>0 \quad\cdots\cdots (*)$$

この不等式の両辺に $x^4$ $(>0)$ を掛けて $x(x\log2-2)>0$

したがって, 求める条件は $\boldsymbol{x<0,\ \dfrac{2}{\log2}<x}$

←(＊) $\begin{cases}(分子)>0\\(分母)>0\end{cases}$ または $\begin{cases}(分子)<0\\(分母)<0\end{cases}$ で分けてもよいが, 正の数 $x^4$ を掛けると, 左のように場合分けは不要。

(2)　$x=0$ は方程式の解ではないから，$2^x=x^2$ の両辺を $x^2$ で割ると　　$x^{-2}2^x=1$

よって，$y=f(x)$ のグラフと直線 $y=1$ の共有点の個数について調べればよい。

$f'(x)=0$ とすると，(1) の ① と $x\neq 0$ から

$$x=\frac{2}{\log 2}$$

よって，$y=f(x)$ の増減表は右のようになる。

| $x$ | $\cdots$ | $0$ | $\cdots$ | $\frac{2}{\log 2}$ | $\cdots$ |
|---|---|---|---|---|---|
| $f'(x)$ | $+$ | ／ | $-$ | $0$ | $+$ |
| $f(x)$ | ↗ | ／ | ↘ | 極小 | ↗ |

また　$\lim_{x\to-\infty}f(x)=0$，

$\lim_{x\to-0}f(x)=\infty$，

$\lim_{x\to+0}f(x)=\infty$　であり

$2<\frac{2}{\log 2}<4$，$f(2)=1$，

$f(4)=1$

ゆえに，$y=f(x)$ のグラフと直線 $y=1$ は，右の図のように異なる 3 つの共有点をもつ。

したがって，方程式 $2^x=x^2$ は異なる 3 つの実数解をもつ。

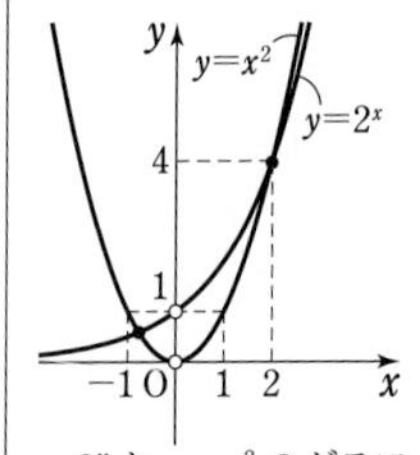


$y=2^x$ と $y=x^2$ のグラフをかくと図のようになるが，両者のグラフが接近しているので，図から 3 個の実数解をもつことを示すには説得力に欠ける。

参考　$2^x$ は $x^2$ より増加の仕方が急激であるから

$\lim_{x\to\infty}x^{-2}2^x=\infty$

←$e\fallingdotseq 2.718$ から

$\log\sqrt{e}<\log 2<\log e$

よって　$1<\frac{1}{\log 2}<2$

(3)　(2) から，$x=2$，$4$ は方程式 $2^x=x^2$ の有理数の解である。

また，方程式 $2^x=x^2$ は $x<0$ の範囲にもう 1 つの実数解 $\alpha$ をもつ。

←(2) の側注の図を参照。

ここで，$\alpha$ が有理数であると仮定すると，$\alpha$ は，互いに素な自然数 $m$，$n$ を用いて，$\alpha=-\frac{m}{n}$ と表される。

$x=\alpha$ を方程式 $2^x=x^2$ に代入すると

$$2^\alpha=\alpha^2\qquad すなわち\qquad 2^{-\frac{m}{n}}=\left(-\frac{m}{n}\right)^2$$

よって　　$2^{\frac{m}{n}}=\frac{n^2}{m^2}$　　　ゆえに　　$2^m=\left(\frac{n^2}{m^2}\right)^n$

←$a^{-t}=\frac{1}{a^t}$

更に，両辺を $n$ 乗する。

したがって　　$2^m=\left(\frac{n}{m}\right)^{2n}$　…… ②

② の左辺は 2 の倍数であるから，等式が成り立つには，右辺も 2 の倍数でなければならない。

ところが，$m$ と $n$ は互いに素であるから，$\frac{n}{m}$ が 2 の倍数になるのは，$n=2k$（$k$ は自然数）かつ $m=1$ のときである。

このとき，② は　　$2^1=(2k)^{4k}$

この等式を満たす自然数 $k$ は存在しない。

←$k\geqq 1$ より

$2k\geqq 2$，$4k\geqq 4$

であるから

$(2k)^{4k}\geqq 2^4=16$

ゆえに，$\alpha$ は有理数ではない。

したがって，$\alpha$ は無理数であるから，方程式 $2^x=x^2$ の有理数の解は　　$\boldsymbol{x=2,\ 4}$

**EX ③105**

(1) $a>0$, $b$ を定数とする。実数 $t$ に関する方程式 $(a-t+1)e^t+(a-t-1)e^{-t}=b$ の実数解の個数を調べよ。ただし, $\lim_{t\to\infty} te^{-t}=\lim_{t\to-\infty} te^t=0$ は既知としてよい。

(2) 点 $(a,\ b)$ から曲線 $y=e^x-e^{-x}$ へ接線が何本引けるか調べよ。ただし, $a>0$ とする。

〔琉球大〕

HINT (1) 方程式の左辺を $f(t)$ とし, $y=f(t)$ と $y=b$ のグラフを利用。
(2) 曲線上の接線が点 $(a,\ b)$ を通ると考える。

(1) $f(t)=(a-t+1)e^t+(a-t-1)e^{-t}$ とすると

$$f'(t)=(a-t)(e^t-e^{-t})$$

$f'(t)=0$ とすると $a-t=0$,

$e^t-e^{-t}=0$ すなわち $e^{2t}=1$

$a-t=0$ から $t=a$ $e^{2t}=1$ から $t=0$

また, $\lim_{t\to\infty} te^{-t}=\lim_{t\to-\infty} te^t=0$ であるから

$$\lim_{t\to-\infty} f(t)=\infty,\quad \lim_{t\to\infty} f(t)=-\infty$$

よって, $f(t)$ の増減表は次のようになり, $y=f(t)$ のグラフは図のようになる。

| $t$ | $\cdots$ | $0$ | $\cdots$ | $a$ | $\cdots$ |
|---|---|---|---|---|---|
| $f'(t)$ | $-$ | $0$ | $+$ | $0$ | $-$ |
| $f(t)$ | ↘ | 極小<br>$2a$ | ↗ | 極大<br>$e^a-e^{-a}$ | ↘ |

←$f(t)=(a-t)(e^t+e^{-t})+(e^t-e^{-t})$ として微分すると $f'(t)=-(e^t+e^{-t})+(a-t)(e^t-e^{-t})+(e^t+e^{-t})$

方程式 $f(t)=b$ の実数解の個数は, $y=f(t)$ のグラフと直線 $y=b$ の共有点の個数に一致するから

**$b<2a$, $b>e^a-e^{-a}$ のとき 1 個;**
**$b=2a$, $e^a-e^{-a}$ のとき 2 個;**
**$2a<b<e^a-e^{-a}$ のとき 3 個**

←$f(t)$ が極大, 極小となる点を直線 $y=b$ が通るときの $b$ の値が, 実数解の個数の境目。

(2) $g(x)=e^x-e^{-x}$ とし, 曲線 $y=g(x)$ 上の接点の座標を $(t,\ e^t-e^{-t})$ とする。

$g'(x)=e^x+e^{-x}$ から, 接線の方程式は

$$y-(e^t-e^{-t})=(e^t+e^{-t})(x-t)$$

この直線が点 $(a,\ b)$ を通るから

$$b=(a-t+1)e^t+(a-t-1)e^{-t} \quad \cdots\cdots ①$$

←① は (1) と同じ方程式。

ここで $g(-x)=-g(x)$, $g'(x)=e^x+e^{-x}>0$,

$$g''(x)=e^x-e^{-x}=\frac{e^{2x}-1}{e^x}$$

よって, 曲線 $y=g(x)$ は, 原点に関して対称で, 単調に増加し, $x<0$ で $g''(x)<0$ より上に凸, $x>0$ で $g''(x)>0$ より下に凸であるから, 曲線 $y=g(x)$ 上の接線について, 接点が異なれば接線も異なる。

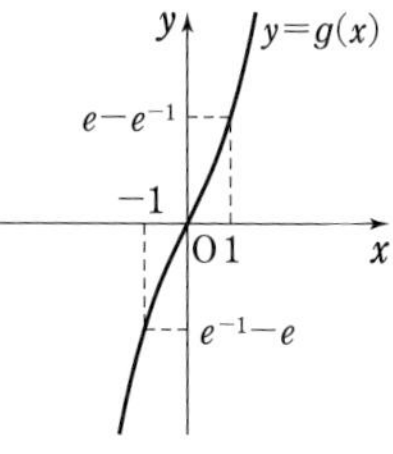


よって, $t$ の方程式 ① の実数解の個数が接線の本数に一致するから, (1) より

**$b<2a$，$b>e^a-e^{-a}$ のとき 1 本；**
**$b=2a$，$e^a-e^{-a}$ のとき 2 本；**
**$2a<b<e^a-e^{-a}$ のとき 3 本**

**EX ④106**

$n$ を自然数とし，実数 $x$ に対して $f_n(x)=(-1)^n\left\{e^{-x}-1-\sum_{k=1}^{n}\frac{(-1)^k}{k!}x^k\right\}$ とする。

(1) $f_{n+1}(x)$ の導関数 $f_{n+1}'(x)$ について，$f_{n+1}'(x)=f_n(x)$ が成り立つことを示せ。

(2) すべての自然数 $n$ について，$x>0$ のとき $f_n(x)<0$ であることを示せ。

(3) $a_n=1+\sum_{k=1}^{n}\frac{(-1)^k}{k!}$ とする。$\lim_{n\to\infty}a_{2n}$ を求めよ。〔神戸大〕

(1) $f_{n+1}(x)=(-1)^{n+1}\left\{e^{-x}-1-\sum_{k=1}^{n+1}\frac{(-1)^k}{k!}x^k\right\}$ であるから

$$f_{n+1}'(x)=(-1)^{n+1}\left\{-e^{-x}-\sum_{k=1}^{n+1}\frac{(-1)^k}{(k-1)!}x^{k-1}\right\}$$

$$=(-1)^n\left\{e^{-x}-\sum_{k=1}^{n+1}\frac{(-1)^{k-1}}{(k-1)!}x^{k-1}\right\}$$

$$=(-1)^n\left\{e^{-x}-1-\sum_{k=2}^{n+1}\frac{(-1)^{k-1}}{(k-1)!}x^{k-1}\right\}$$

←$\frac{1}{k!}\times k=\frac{1}{(k-1)!}$

←$(-1)^{n+1}=-(-1)^n$，$(-1)^k=-(-1)^{k-1}$

$l=k-1$ とすると，$k=2,\ 3,\ \cdots\cdots,\ n+1$ のとき
$l=1,\ 2,\ \cdots\cdots,\ n$ で

$$f'_{n+1}(x)=(-1)^n\left\{e^{-x}-1-\sum_{l=1}^{n}\frac{(-1)^l}{l!}x^l\right\}=f_n(x)$$

(2) $f_n(x)<0$ …… ① とし，数学的帰納法で証明する。

[1] $n=1$ のとき

$$f_1(x)=(-1)(e^{-x}-1+x)=-e^{-x}-x+1$$

$x>0$ のとき　$f_1'(x)=e^{-x}-1<e^0-1=0$

ゆえに，$x>0$ において $f_1(x)$ は単調に減少する。

$f_1(0)=-e^0+1=0$ であるから，$x>0$ において　$f_1(x)<0$

すなわち，① は成り立つ。

←[1]，[2] とも，方針は，$x>0$ で $f_●'(x)<0$ と $f_●(0)=0$ を示すことにより $f_●(x)<0$ を導くことである。

[2] $n=i$ のとき，① が成り立つと仮定すると　$f_i(x)<0$

よって，(1) から　$f_{i+1}'(x)=f_i(x)<0$

ゆえに，$f_{i+1}(x)$ は単調に減少する。

←(1) の結果を利用すると，$f_{i+1}'(x)<0$ はすぐに示される。

$f_{i+1}(0)=(-1)^{i+1}\left\{e^0-1-\sum_{k=1}^{i+1}\frac{(-1)^k}{k!}\cdot 0\right\}=0$ であるから，

$x>0$ において　$f_{i+1}(x)<0$

ゆえに，$n=i+1$ のときも ① は成り立つ。

[1]，[2] から，すべての自然数 $n$ について，$x>0$ のとき

$$f_n(x)<0$$

(3) $f_{2n}(1)=(-1)^{2n}\left\{e^{-1}-1-\sum_{k=1}^{2n}\frac{(-1)^k}{k!}\cdot 1\right\}=\frac{1}{e}-a_{2n}$

⑵ より，$f_{2n}(1)<0$ であるから　$\frac{1}{e}<a_{2n}$ …… ②

また　$f_{2n+1}(1)=(-1)^{2n+1}\left\{e^{-1}-1-\sum_{k=1}^{2n+1}\frac{(-1)^k}{k!}\cdot 1\right\}$

$$=-\frac{1}{e}+\left\{1+\sum_{k=1}^{2n}\frac{(-1)^k}{k!}\right\}+\frac{(-1)^{2n+1}}{(2n+1)!}$$

$$=-\frac{1}{e}+a_{2n}-\frac{1}{(2n+1)!}$$

⑵ より，$f_{2n+1}(1)<0$ であるから

$$a_{2n}<\frac{1}{e}+\frac{1}{(2n+1)!} \quad \cdots\cdots ③$$

②，③ から　$\frac{1}{e}<a_{2n}<\frac{1}{e}+\frac{1}{(2n+1)!}$

$\lim_{n\to\infty}\left\{\frac{1}{e}+\frac{1}{(2n+1)!}\right\}=\frac{1}{e}$ であるから　$\lim_{n\to\infty}a_{2n}=\boldsymbol{\frac{1}{e}}$

←求めるのは $\lim_{n\to\infty}a_{2n}$ であることと，$a_n$ の定義式の Σ の中の式に注目し，$f_{2n}(1)$ を考える。
$(-1)^{偶数}=1$,
$(-1)^{奇数}=-1$

←はさみうちの原理。



## EX ②107

座標平面上の動点 P の時刻 $t$ における座標 $(x, y)$ が $\begin{cases} x=\sin t \\ y=\frac{1}{2}\cos 2t \end{cases}$ で表されるとき，点 P の速度の大きさの最大値を求めよ。　〔類 立命館大〕

$\frac{dx}{dt}=\cos t$，$\frac{dy}{dt}=-\sin 2t$ であるから，時刻 $t$ における速度ベクトルを $\vec{v}$ とすると

$$|\vec{v}|^2=\left(\frac{dx}{dt}\right)^2+\left(\frac{dy}{dt}\right)^2$$
$$=\cos^2 t+\sin^2 2t$$
$$=\cos^2 t+4\sin^2 t\cos^2 t$$
$$=\cos^2 t(1+4\sin^2 t) \quad \cdots\cdots (*)$$

ここで，$\sin^2 t=X$ とおくと　$0\leqq X\leqq 1$ …… ①

$$|\vec{v}|^2=(1-X)(1+4X)$$
$$=-4X^2+3X+1$$
$$=-4\left(X-\frac{3}{8}\right)^2+\frac{25}{16}$$

ゆえに，① の範囲において，$|\vec{v}|^2$ は $X=\frac{3}{8}$ のとき最大値 $\frac{25}{16}$ をとる。

$|\vec{v}|\geqq 0$ であるから，$|\vec{v}|^2$ が最大のとき $|\vec{v}|$ も最大となる。

したがって，求める最大値は　$\sqrt{\frac{25}{16}}=\boldsymbol{\frac{5}{4}}$

HINT　速度 $\vec{v}$ の大きさ
$|\vec{v}|=\sqrt{\left(\frac{dx}{dt}\right)^2+\left(\frac{dy}{dt}\right)^2}$

←$\sin 2t=2\sin t\cos t$

←変数のおき換えは，その範囲に注意する。
なお，$(*)$ で $\cos^2 t=X$ とおくと
$|\vec{v}|^2=X\{1+4(1-X)\}$
$=-4X^2+5X$
$=-4\left(X-\frac{5}{8}\right)^2+\frac{25}{16}$
$0\leqq X\leqq 1$ の範囲で $|\vec{v}|^2$ は $X=\frac{5}{8}$ のとき最大値 $\frac{25}{16}$ をとる。

**EX ③108** 楕円 $Ax^2+By^2=1\ (A>0,\ B>0)$ の周上を速さ1で運動する点 $\mathrm{P}(x,\ y)$ について，次のことが成り立つことを示せ。
(1) 点Pの速度ベクトルと加速度ベクトルは垂直である。
(2) 点Pの速度ベクトルとベクトル $(Ax,\ By)$ は垂直である。

時刻 $t$ における点Pの座標を $(x,\ y)$ とすると，$x$，$y$ はそれぞれ $t$ の関数である。

点Pの速度ベクトル $\vec{v}$ は　$\vec{v}=\left(\dfrac{dx}{dt},\ \dfrac{dy}{dt}\right)$

点Pの加速度ベクトル $\vec{\alpha}$ は　$\vec{\alpha}=\left(\dfrac{d^2x}{dt^2},\ \dfrac{d^2y}{dt^2}\right)$

以下，$\dfrac{dx}{dt}=x'$，$\dfrac{dy}{dt}=y'$，$\dfrac{d^2x}{dt^2}=x''$，$\dfrac{d^2y}{dt^2}=y''$ と表す。

(1) 点 $\mathrm{P}(x,\ y)$ の速さは1であるから
$$(x')^2+(y')^2=1$$
この両辺を $t$ で微分すると
$$2(x'x''+y'y'')=0$$
したがって　$\vec{v}\cdot\vec{\alpha}=0$　すなわち　$\vec{v}\perp\vec{\alpha}$
よって，点Pの速度ベクトルと加速度ベクトルは垂直である。

(2) $Ax^2+By^2=1$ の両辺を $t$ で微分すると
$$2(Axx'+Byy')=0$$
$\vec{p}=(Ax,\ By)$ とすると　$\vec{v}\cdot\vec{p}=0$
すなわち　$\vec{v}\perp\vec{p}$
よって，点Pの速度ベクトルとベクトル $(Ax,\ By)$ は垂直である。

HINT　$Ax^2+By^2=1$ の両辺を時刻 $t$ で微分する。
**速さ1** $\Leftrightarrow$ $\sqrt{\left(\dfrac{dx}{dt}\right)^2+\left(\dfrac{dy}{dt}\right)^2}=1$
**ベクトルの垂直** $\Leftrightarrow$ **内積=0**

←$x'x''+y'y''=\vec{v}\cdot\vec{\alpha}$

←$\vec{v}\neq\vec{0}$，$\vec{\alpha}\neq\vec{0}$ のとき $\vec{v}\cdot\vec{\alpha}=0 \Leftrightarrow \vec{v}\perp\vec{\alpha}$

←$\vec{p}\neq\vec{0}$ である。

**EX ④109** 原点Oを中心とし，半径5の円周上を点Qが回転し，更に点Qを中心とする半径1の円周上を点Pが回転する。時刻 $t$ のとき，$x$ 軸の正方向に対しOQ，QPのなす角はそれぞれ $t$，$15t$ とする。OPが $x$ 軸の正方向となす角 $\omega$ について，$\dfrac{d\omega}{dt}$ を求めよ。　〔類 学習院大〕

HINT　まず，$\mathrm{P}(x,\ y)$ として，$\overrightarrow{\mathrm{OP}}=\overrightarrow{\mathrm{OQ}}+\overrightarrow{\mathrm{QP}}$ から $x$，$y$ を $t$ で表す。$x=\mathrm{OP}\cos\omega$，$y=\mathrm{OP}\sin\omega$ であることにも注目。

$\mathrm{P}(x,\ y)$ とする。
条件から　$\overrightarrow{\mathrm{OP}}=\overrightarrow{\mathrm{OQ}}+\overrightarrow{\mathrm{QP}}$
$=(5\cos t,\ 5\sin t)+(\cos 15t,\ \sin 15t)$
ゆえに　$x=5\cos t+\cos 15t$，$y=5\sin t+\sin 15t$ …… ①
一方　$x=\mathrm{OP}\cos\omega$，$y=\mathrm{OP}\sin\omega$ …… ②
よって　$x\sin\omega=y\cos\omega$
この両辺を $t$ で微分して
$$x'\sin\omega+x\cos\omega\cdot\omega'=y'\cos\omega+y(-\sin\omega)\omega'$$
② から　$x'y+x^2\omega'=y'x-y^2\omega'$
ゆえに　$(x^2+y^2)\omega'=xy'-x'y$
これに ① と $x'=-5\sin t-15\sin 15t$，$y'=5\cos t+15\cos 15t$ を代入して

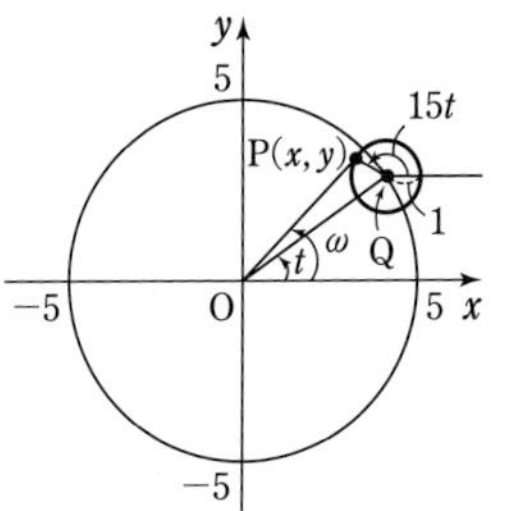


←上式の両辺にOPを掛けて ② を代入。

$$\{5^2(\cos^2 t+\sin^2 t)+2\cdot 5(\cos t\cos 15t+\sin t\sin 15t)+(\cos^2 15t+\sin^2 15t)\}\omega'$$
$$=(5\cos t+\cos 15t)(5\cos t+15\cos 15t)-(-5\sin t-15\sin 15t)(5\sin t+\sin 15t)$$

←$\cos\alpha\cos\beta+\sin\alpha\sin\beta=\cos(\alpha-\beta)$

←$25+80\cos(15t-t)+15=40+80\cos 14t$

よって　$(26+10\cos 14t)\omega'=40+80\cos 14t$

$26+10\cos 14t>0$ であるから

$$\boldsymbol{\frac{d\omega}{dt}=\omega'=\frac{20+40\cos 14t}{13+5\cos 14t}}$$

**EX ②110**

(1) $|x|$ が十分小さいとき，関数 $\tan\left(\frac{x}{2}-\frac{\pi}{4}\right)$ の近似式 (1 次) を作れ。〔信州大〕

(2) (ア) $\displaystyle\lim_{x\to 0}\frac{1+ax-\sqrt{1+x}}{x^2}=\frac{1}{8}$ が成り立つように定数 $a$ の値を定めよ。

(イ) (ア)の結果を用いて，$|x|$ が十分小さいとき，$\sqrt{1+x}$ の近似式を作れ。また，その近似式を利用して $\sqrt{102}$ の近似値を求めよ。

(1) $f(x)=\tan\left(\frac{x}{2}-\frac{\pi}{4}\right)$ とすると

$$f'(x)=\frac{1}{2\cos^2\left(\frac{x}{2}-\frac{\pi}{4}\right)}$$

$f(0)=\tan\left(-\frac{\pi}{4}\right)=-1$，$f'(0)=\dfrac{1}{2\cos^2\left(-\frac{\pi}{4}\right)}=1$ であるから，

$|x|$ が十分小さいとき　$\boldsymbol{\tan\left(\frac{x}{2}-\frac{\pi}{4}\right)\fallingdotseq -1+x}$

←$|x|$ が十分小さいとき $\boldsymbol{f(x)\fallingdotseq f(0)+f'(0)x}$

(2) (ア) 
$$\lim_{x\to 0}\frac{1+ax-\sqrt{1+x}}{x^2}=\lim_{x\to 0}\frac{(1+ax)^2-(1+x)}{x^2(1+ax+\sqrt{1+x})}$$
$$=\lim_{x\to 0}\frac{x(a^2x+2a-1)}{x^2(1+ax+\sqrt{1+x})}$$
$$=\lim_{x\to 0}\frac{a^2x+2a-1}{x(1+ax+\sqrt{1+x})}\quad\cdots\cdots ①$$

←分子の有理化。

$\displaystyle\lim_{x\to 0}x(1+ax+\sqrt{1+x})=0$ であるから　$\displaystyle\lim_{x\to 0}(a^2x+2a-1)=0$

←必要条件。

よって　$2a-1=0$　　これを解いて　$a=\frac{1}{2}$

このとき，① から

←求めた $a=\frac{1}{2}$ が十分条件であることを確認。

$$\lim_{x\to 0}\frac{\frac{x}{4}+2\cdot\frac{1}{2}-1}{x\left(1+\frac{x}{2}+\sqrt{1+x}\right)}=\lim_{x\to 0}\frac{1}{4\left(1+\frac{x}{2}+\sqrt{1+x}\right)}=\frac{1}{8}$$

ゆえに，与式は成り立つ。

したがって　$\boldsymbol{a=\frac{1}{2}}$

4章 EX 〔微分法の応用〕

(イ) (ア)から，$|x|$ が十分小さいとき

$$\frac{1+\frac{1}{2}x-\sqrt{1+x}}{x^2} \fallingdotseq \frac{1}{8}$$

よって　$1+\frac{1}{2}x-\sqrt{1+x} \fallingdotseq \frac{1}{8}x^2$

ゆえに，$\sqrt{1+x}$ の近似式は

$$\sqrt{1+x} \fallingdotseq \mathbf{1+\frac{1}{2}x-\frac{1}{8}x^2} \quad \cdots\cdots ②$$

←これは $\sqrt{1+x}$ の2次の近似式である。

また　$\sqrt{102}=\sqrt{100+2}=\sqrt{100\left(1+\frac{1}{50}\right)}$

$$=10\sqrt{1+\frac{1}{50}} \quad \cdots\cdots ③$$

近似式②において，$x=\frac{1}{50}$ とすると

$$\sqrt{1+\frac{1}{50}} \fallingdotseq 1+\frac{1}{2}\cdot\frac{1}{50}-\frac{1}{8}\cdot\left(\frac{1}{50}\right)^2=\frac{20199}{20000}$$

←通分すると $\frac{20000+200-1}{20000}$

これを③に代入すると

$$\sqrt{102} \fallingdotseq 10\cdot\frac{20199}{20000}=\frac{20199}{2000}=\mathbf{10.0995}$$

**練習 ①129** 次の不定積分を求めよ。

(1) $\displaystyle\int\frac{x^3-2x+1}{x^2}dx$ (2) $\displaystyle\int\frac{(\sqrt[3]{x}-1)^3}{x}dx$ (3) $\displaystyle\int(\tan x+2)\cos x\,dx$

(4) $\displaystyle\int\frac{3-2\cos^2 x}{\cos^2 x}dx$ (5) $\displaystyle\int\sin\frac{x}{2}\cos\frac{x}{2}dx$ (6) $\displaystyle\int(3e^t-10^t)dt$

**$C$ は積分定数とする。**

(1) (与式)$\displaystyle=\int\left(x-\frac{2}{x}+\frac{1}{x^2}\right)dx=\boldsymbol{\frac{x^2}{2}-2\log|x|-\frac{1}{x}+C}$

←$\displaystyle\int\frac{1}{x}dx=\log|x|+C$

(2) (与式)$\displaystyle=\int\frac{x-3x^{\frac{2}{3}}+3x^{\frac{1}{3}}-1}{x}dx$

$\displaystyle=\int\left(1-3x^{-\frac{1}{3}}+3x^{-\frac{2}{3}}-\frac{1}{x}\right)dx$

$\displaystyle=x-3\cdot\frac{3}{2}x^{\frac{2}{3}}+3\cdot3x^{\frac{1}{3}}-\log|x|+C$

$\displaystyle=\boldsymbol{x-\frac{9}{2}\sqrt[3]{x^2}+9\sqrt[3]{x}-\log|x|+C}$

←$\alpha\neq-1$ のとき $\displaystyle\int x^\alpha dx=\frac{x^{\alpha+1}}{\alpha+1}+C$

(3) (与式)$\displaystyle=\int(\tan x\cos x+2\cos x)dx=\int(\sin x+2\cos x)dx$

$=\boldsymbol{-\cos x+2\sin x+C}$

←$\displaystyle\int\sin x\,dx=-\cos x+C$
$\displaystyle\int\cos x\,dx=\sin x+C$

(4) (与式)$\displaystyle=\int\left(\frac{3}{\cos^2 x}-2\right)dx=\boldsymbol{3\tan x-2x+C}$

←$\displaystyle\int\frac{1}{\cos^2 x}dx=\tan x+C$

(5) (与式)$\displaystyle=\int\frac{1}{2}\sin x\,dx=\boldsymbol{-\frac{1}{2}\cos x+C}$

←2 倍角の公式。

(6) (与式)$\displaystyle=\boldsymbol{3e^t-\frac{10^t}{\log 10}+C}$

←$a>0$, $a\neq1$ のとき $\displaystyle\int a^x dx=\frac{a^x}{\log a}+C$

注意 **本書では，以後断りのない限り，$C$ は積分定数を表すものとする。**

**練習 ②130** (1) 次の条件を満たす関数 $F(x)$ を求めよ。

$$F'(x)=e^x-\frac{1}{\sin^2 x},\ F\left(\frac{\pi}{4}\right)=0$$

(2) 曲線 $y=f(x)$ 上の点 $(x,\ y)$ における法線の傾きが $3^x$ であり，かつ，この曲線が原点を通るとき，微分可能な関数 $f(x)$ を求めよ。

(1) $\displaystyle F(x)=\int F'(x)dx=\int\left(e^x-\frac{1}{\sin^2 x}\right)dx=e^x+\frac{1}{\tan x}+C$

←$\displaystyle\int e^x dx=e^x+C$
$\displaystyle\int\frac{dx}{\sin^2 x}=-\frac{1}{\tan x}+C$

$F\left(\dfrac{\pi}{4}\right)=0$ であるから　$e^{\frac{\pi}{4}}+1+C=0$

これを解いて　$C=-e^{\frac{\pi}{4}}-1$

したがって　$\displaystyle\boldsymbol{F(x)=e^x+\frac{1}{\tan x}-e^{\frac{\pi}{4}}-1}$

(2) 条件から　$\displaystyle-\frac{1}{f'(x)}=3^x$

←(接線の傾き)×(法線の傾き)$=-1$

ゆえに　$\displaystyle f'(x)=-\frac{1}{3^x}=-3^{-x}$

よって　$\displaystyle f(x)=\int(-3^{-x})dx=\frac{3^{-x}}{\log 3}+C$

←$(3^{-x})'=-3^{-x}\log 3$

曲線 $y=f(x)$ は原点を通るから　$0=f(0)$

ゆえに　$0=\dfrac{1}{\log 3}+C$

よって　$C=-\dfrac{1}{\log 3}$

したがって　$\boldsymbol{f(x)=\dfrac{1}{\log 3}(3^{-x}-1)}$

**練習 ④131** $x>0$ とする。微分可能な関数 $f(x)$ が $f'(x)=\left|\dfrac{1}{x}-1\right|$ を満たし，$f(2)=-\log 2$ であるとき，$f(x)$ を求めよ。

$x>1$ のとき，$\dfrac{1}{x}-1<0$ であるから　$f'(x)=-\dfrac{1}{x}+1$

←$x>1$ のとき　$1>\dfrac{1}{x}$

よって　$f(x)=\displaystyle\int\left(-\frac{1}{x}+1\right)dx$

$=-\log x+x+C$（$C$ は積分定数）

$f(2)=-\log 2$ であるから　$-\log 2=-\log 2+2+C$

ゆえに　$C=-2$

したがって　$f(x)=-\log x+x-2$ …… ①

$0<x<1$ のとき，$\dfrac{1}{x}-1>0$ であるから　$f'(x)=\dfrac{1}{x}-1$

←$0<x<1$ のとき　$\dfrac{1}{x}>1$

よって　$f(x)=\displaystyle\int\left(\frac{1}{x}-1\right)dx$

$=\log x-x+D$（$D$ は積分定数）…… ②

$f(x)$ は $x=1$ で微分可能であるから，$x=1$ で連続である。

←$f(x)$ は微分可能な関数。

ゆえに　$\displaystyle\lim_{x\to 1+0}f(x)=\lim_{x\to 1-0}f(x)=f(1)$

① から　$\displaystyle\lim_{x\to 1+0}f(x)=\lim_{x\to 1+0}(-\log x+x-2)=-1$

② から　$\displaystyle\lim_{x\to 1-0}f(x)=\lim_{x\to 1-0}(\log x-x+D)=-1+D$

よって　$-1=-1+D=f(1)$　　ゆえに　$D=0$

したがって　$f(x)=\log x-x$

←必要条件。

このとき，$\displaystyle\lim_{h\to 0}\frac{\log(1+h)}{h}=1$ から

←逆の確認。また，$\displaystyle\lim_{h\to 0}(1+h)^{\frac{1}{h}}=e$ であり（本冊 $p.121$ 参照），関数 $y=\log x$ は連続であるから
$\displaystyle\lim_{h\to 0}\frac{\log(1+h)}{h}$
$\displaystyle=\lim_{h\to 0}\log(1+h)^{\frac{1}{h}}$
$=\log e=1$

$$\lim_{h\to +0}\frac{f(1+h)-f(1)}{h}=\lim_{h\to +0}\frac{-\log(1+h)+(1+h)-2-(-1)}{h}$$

$$=\lim_{h\to +0}\left\{-\frac{\log(1+h)}{h}+1\right\}=-1+1=0$$

$$\lim_{h\to -0}\frac{f(1+h)-f(1)}{h}=\lim_{h\to -0}\frac{\log(1+h)-(1+h)-(-1)}{h}$$

$$=\lim_{h\to -0}\left\{\frac{\log(1+h)}{h}-1\right\}=1-1=0$$

よって，$f'(1)$ が存在し，$f(x)$ は $x=1$ で微分可能である。

以上から　$\boldsymbol{f(x)=\begin{cases}-\log x+x-2 & (1\leqq x)\\ \log x-x & (0<x<1)\end{cases}}$

**練習 ①132** 次の不定積分を求めよ。

(1) $\displaystyle\int\frac{1}{4x^2-12x+9}dx$ (2) $\displaystyle\int\sqrt[3]{3x+2}\,dx$ (3) $\displaystyle\int e^{-2x+1}dx$

(4) $\displaystyle\int\frac{1}{\sqrt[3]{(1-3x)^2}}dx$ (5) $\displaystyle\int\sin(3x-2)dx$ (6) $\displaystyle\int 7^{2x-3}dx$

(1) $\displaystyle\int\frac{dx}{4x^2-12x+9}=\int\frac{dx}{(2x-3)^2}=\frac{1}{2}\left(-\frac{1}{2x-3}\right)+C$

$\displaystyle=-\frac{1}{2(2x-3)}+C$

←$\displaystyle\int f(ax+b)dx=\frac{1}{a}F(ax+b)+C$

(2) $\displaystyle\int\sqrt[3]{3x+2}\,dx=\int(3x+2)^{\frac{1}{3}}dx=\frac{1}{3}\cdot\frac{3}{4}(3x+2)^{\frac{4}{3}}+C$

$\displaystyle=\frac{1}{4}(3x+2)\sqrt[3]{3x+2}+C$

←$\displaystyle\int x^{\frac{1}{3}}dx=\frac{x^{\frac{1}{3}+1}}{\frac{1}{3}+1}+C$

(3) $\displaystyle\int e^{-2x+1}dx=-\frac{1}{2}e^{-2x+1}+C$

←$\displaystyle\int e^x dx=e^x+C$

(4) $\displaystyle\int\frac{1}{\sqrt[3]{(1-3x)^2}}dx=\int(1-3x)^{-\frac{2}{3}}dx=-\frac{1}{3}\cdot3(1-3x)^{\frac{1}{3}}+C$

$=-\sqrt[3]{1-3x}+C$

←$\displaystyle\int x^{-\frac{2}{3}}dx=\frac{x^{-\frac{2}{3}+1}}{-\frac{2}{3}+1}+C$

(5) $\displaystyle\int\sin(3x-2)dx=\frac{1}{3}\{-\cos(3x-2)\}+C$

$\displaystyle=-\frac{1}{3}\cos(3x-2)+C$

←$\displaystyle\int\sin x\,dx=-\cos x+C$

(6) $\displaystyle\int 7^{2x-3}dx=\frac{1}{2}\cdot\frac{7^{2x-3}}{\log 7}+C=\frac{7^{2x-3}}{2\log 7}+C$

←$\displaystyle\int 7^x dx=\frac{7^x}{\log 7}+C$

5章 練習 [積分法]

**練習 ②133** 次の不定積分を求めよ。

(1) $\displaystyle\int(x+2)\sqrt{1-x}\,dx$ (2) $\displaystyle\int\frac{x}{(x+3)^2}dx$ (3) $\displaystyle\int(2x+1)\sqrt{x^2+x+1}\,dx$

(4) $\displaystyle\int\frac{e^{2x}}{e^x+2}dx$ (5) $\displaystyle\int\left(\tan x+\frac{1}{\tan x}\right)dx$ (6) $\displaystyle\int\frac{x}{1+x^2}\log(1+x^2)dx$

(1) $\sqrt{1-x}=t$ とおくと，$x=1-t^2$ から　$dx=-2t\,dt$

よって　$\displaystyle\int(x+2)\sqrt{1-x}\,dx=\int(3-t^2)t(-2t)dt$

$\displaystyle=2\int(t^4-3t^2)dt=2\left(\frac{t^5}{5}-t^3\right)+C$

$\displaystyle=-\frac{2}{5}t^3(5-t^2)+C=-\frac{2}{5}(x+4)(1-x)\sqrt{1-x}+C$

←置換積分法の利用。なお，(1)では $1-x=t$ とおくと，指数が分数になって，計算が面倒。

←$5-t^2=x+4$

(2) $x+3=t$ とおくと，$x=t-3$ から　$dx=dt$

よって　$\displaystyle\int\frac{x}{(x+3)^2}dx=\int\frac{t-3}{t^2}dt=\int\left(\frac{1}{t}-\frac{3}{t^2}\right)dt$

$\displaystyle=\log|t|+\frac{3}{t}+C=\log|x+3|+\frac{3}{x+3}+C$

←$(x+3)^2=t$（丸ごと置換）とおくと大変。

(3) $x^2+x+1=t$ とおくと　$(2x+1)dx=dt$

よって　$\displaystyle\int(2x+1)\sqrt{x^2+x+1}\,dx=\int\sqrt{t}\,dt=\frac{2}{3}t^{\frac{3}{2}}+C$

←$g'(x)\sqrt{g(x)}$ の形をしているときは，$g(x)=t$ または $\sqrt{g(x)}=t$ とおく。

$$=\frac{2}{3}(x^2+x+1)\sqrt{x^2+x+1}+C$$

別解　$\sqrt{x^2+x+1}=t$ とおくと，$\dfrac{2x+1}{2\sqrt{x^2+x+1}}dx=dt$ から

$$(2x+1)dx=2\sqrt{x^2+x+1}\,dt$$

すなわち　$(2x+1)dx=2t\,dt$

よって　$\displaystyle\int(2x+1)\sqrt{x^2+x+1}\,dx=\int 2t^2dt=\frac{2}{3}t^3+C$

$$=\frac{2}{3}(x^2+x+1)\sqrt{x^2+x+1}+C$$

(4)　$e^x+2=t$ とおくと　　$e^x=t-2$，$e^x dx=dt$

よって　$\displaystyle\int\frac{e^{2x}}{e^x+2}dx=\int\frac{e^x}{e^x+2}e^x dx=\int\frac{t-2}{t}dt$

$$=\int\left(1-\frac{2}{t}\right)dt=t-2\log t+C'$$

$$=e^x+2-2\log(e^x+2)+C' \quad (C' \text{は積分定数})$$

$2+C'$ を $C$ とおいて　$\displaystyle\int\frac{e^{2x}}{e^x+2}dx=e^x-2\log(e^x+2)+C$

←$e^x+2=t>0$ であるから　$\log|t|=\log t$

(5)　$\tan x=t$ とおくと　　$\dfrac{1}{\cos^2 x}dx=dt$

よって　$\displaystyle\int\left(\tan x+\frac{1}{\tan x}\right)dx=\int\frac{\tan^2 x+1}{\tan x}dx$

$$=\int\frac{1}{\tan x}\cdot\frac{1}{\cos^2 x}dx=\int\frac{dt}{t}$$

$$=\log|t|+C=\log|\tan x|+C$$

←(与式)$=\displaystyle\int\frac{\sin x}{\cos x}dx+\int\frac{\cos x}{\sin x}dx$ として，$\displaystyle\int\frac{g'(x)}{g(x)}dx=\log|g(x)|+C$ を利用してもよい。

(6)　$1+x^2=t$ とおくと　　$2x\,dx=dt$

$$\int\frac{x}{1+x^2}\log(1+x^2)dx=\frac{1}{2}\int\frac{1}{1+x^2}\log(1+x^2)\cdot 2x\,dx$$

$$=\frac{1}{2}\int\frac{1}{t}\cdot\log t\,dt$$

$\log t=u$ とおくと　　$\dfrac{1}{t}dt=du$

よって　$\displaystyle\int\frac{x}{1+x^2}\log(1+x^2)dx=\frac{1}{2}\int u\,du=\frac{1}{4}u^2+C$

$$=\frac{1}{4}(\log t)^2+C=\frac{1}{4}\{\log(1+x^2)\}^2+C$$

(6)　別解　$\log(1+x^2)=t$ とおくと　$\dfrac{2x}{1+x^2}dx=dt$
よって　(与式)$=\dfrac{1}{2}\displaystyle\int t\,dt=\frac{1}{4}t^2+C$
$=\dfrac{1}{4}\{\log(1+x^2)\}^2+C$

**練習 ②134**　次の不定積分を求めよ。　〔(1) 芝浦工大〕

(1) $\displaystyle\int\frac{2x+1}{\sqrt{x^2+x}}dx$　　(2) $\displaystyle\int\sin x\cos^2 x\,dx$　　(3) $\displaystyle\int\frac{1}{x\log x}dx$

(1)　$x^2+x=u$ とおくと　　$(x^2+x)'=2x+1$

←置換積分法の利用。

よって　$\displaystyle\int\frac{2x+1}{\sqrt{x^2+x}}dx=\int(x^2+x)^{-\frac{1}{2}}(x^2+x)'dx$

$$=\int u^{-\frac{1}{2}}du=2u^{\frac{1}{2}}+C=2\sqrt{x^2+x}+C$$

←$(x^2+x)'dx=du$

(2) $(\cos x)'=-\sin x$ であるから

$$\int \sin x\cos^2 x\,dx=-\int \cos^2 x(\cos x)'\,dx=-\frac{1}{3}\cos^3 x+C$$

←$\cos x=u$ とおくと $-\sin x\,dx=du$

(3) $(\log x)'=\dfrac{1}{x}$ であるから

$$\int \frac{1}{x\log x}dx=\int \frac{(\log x)'}{\log x}dx=\log|\log x|+C$$

←$\displaystyle\int \frac{g'(x)}{g(x)}dx=\log|g(x)|+C$

**練習 ②135** 次の不定積分を求めよ。 [(5) 会津大]

(1) $\displaystyle\int xe^{-x}dx$　(2) $\displaystyle\int x\sin x\,dx$　(3) $\displaystyle\int x^2\log x\,dx$　(4) $\displaystyle\int x\cdot 3^x dx$　(5) $\displaystyle\int \frac{\log(\log x)}{x}dx$

HINT 部分積分法 $\displaystyle\int f\cdot g'\,dx=f\cdot g-\int f'\cdot g\,dx$ を利用。$\displaystyle\int f'\cdot g\,dx$ の計算ができるように $g$ を決めるのがコツ。(5) では，$\log x=y$ とおき，置換積分法を利用する。

(1) $\displaystyle\int xe^{-x}dx=\int x(-e^{-x})'dx=-xe^{-x}-\int 1\cdot(-e^{-x})dx$

$\displaystyle=-xe^{-x}+\int e^{-x}dx=-xe^{-x}-e^{-x}+C$

←$f=x$，$g'=e^{-x}$ とすると $f'=1$，$g=-e^{-x}$

(2) $\displaystyle\int x\sin x\,dx=\int x(-\cos x)'dx=-x\cos x-\int 1\cdot(-\cos x)dx$

$\displaystyle=-x\cos x+\int \cos x\,dx=-x\cos x+\sin x+C$

←$f=x$，$g'=\sin x$ とすると $f'=1$，$g=-\cos x$

(3) $\displaystyle\int x^2\log x\,dx=\int\left(\frac{x^3}{3}\right)'\log x\,dx=\frac{x^3}{3}\log x-\int \frac{x^3}{3}\cdot\frac{1}{x}dx$

$\displaystyle=\frac{x^3}{3}\log x-\frac{1}{3}\int x^2dx=\frac{x^3}{3}\log x-\frac{x^3}{9}+C$

←$f=\log x$，$g'=x^2$ とすると $f'=\dfrac{1}{x}$，$g=\dfrac{x^3}{3}$

(4) $\displaystyle\int x\cdot 3^x dx=\int x\left(\frac{3^x}{\log 3}\right)'dx=x\cdot\frac{3^x}{\log 3}-\int \frac{3^x}{\log 3}dx$

$\displaystyle=\frac{x\cdot 3^x}{\log 3}-\frac{3^x}{(\log 3)^2}+C$

←$(3^x)'=3^x\log 3$ であるから $\left(\dfrac{3^x}{\log 3}\right)'=3^x$

(5) $\log x=y$ とおくと，$\dfrac{1}{x}dx=dy$ であるから

←置換積分法。

$$\int \frac{\log(\log x)}{x}dx=\int \log y\,dy=\int (y)'\cdot\log y\,dy$$

$\displaystyle=y\log y-\int y\cdot\frac{1}{y}dy=y\log y-y+C$

$=y(\log y-1)+C=\log x\{\log(\log x)-1\}+C$

←部分積分法。
今後，$\displaystyle\int \log x\,dx=x\log x-x+C$ は公式として扱う。

**練習 ③136** 次の不定積分を求めよ。

(1) $\displaystyle\int x^2\cos x\,dx$　(2) $\displaystyle\int x^2e^{-x}dx$　(3) $\displaystyle\int x\tan^2 x\,dx$

(1) $\displaystyle\int x^2\cos x\,dx=\int x^2(\sin x)'dx$

←$f=x^2$，$g'=\cos x$

$\displaystyle=x^2\sin x-2\int x\sin x\,dx$

←第 2 項の積分に再度部分積分法を適用する。
$f=x$，$g'=\sin x$

$\displaystyle=x^2\sin x+2\int x(\cos x)'dx$

5章 練習 [積分法]

$=x^2\sin x+2\left(x\cos x-\int\cos x\,dx\right)$

$=\boldsymbol{x^2\sin x+2x\cos x-2\sin x+C}$

(2) $\int x^2e^{-x}dx=\int x^2(-e^{-x})'\,dx$　　←$f=x^2$, $g'=e^{-x}$

$=-x^2e^{-x}+2\int xe^{-x}dx$

$=-x^2e^{-x}+2\int x(-e^{-x})'\,dx$　　←再度，部分積分法を適用。$f=x$, $g'=e^{-x}$

$=-x^2e^{-x}+2\left(-xe^{-x}+\int e^{-x}dx\right)$

$=-x^2e^{-x}-2xe^{-x}-2e^{-x}+C$

$=\boldsymbol{-(x^2+2x+2)e^{-x}+C}$

(3) $\int x\tan^2x\,dx=\int x\left(\dfrac{1}{\cos^2x}-1\right)dx$　　←$\tan^2x=\dfrac{1}{\cos^2x}-1$

$=\int x(\tan x-x)'\,dx$

$=x(\tan x-x)-\int(\tan x-x)dx$　　←$-\int\tan x\,dx$ $=\int\dfrac{(\cos x)'}{\cos x}dx$ $=\log|\cos x|+C$

$=x\tan x-x^2+\log|\cos x|+\dfrac{1}{2}x^2+C$

$=\boldsymbol{x\tan x+\log|\cos x|-\dfrac{x^2}{2}+C}$

**練習 ③137**　次の不定積分を求めよ。
(1) $\int e^{-x}\cos x\,dx$　　(2) $\int\sin(\log x)dx$

(1) $I=\int e^{-x}\cos x\,dx$ とする。

$I=\int(-e^{-x})'\cos x\,dx=-e^{-x}\cos x-\int e^{-x}\sin x\,dx$　　←$I=\int e^{-x}(\sin x)'\,dx$ と考えてもよい(結果は同じ)。

$=-e^{-x}\cos x+\int(e^{-x})'\sin x\,dx$

$=-e^{-x}\cos x+\left(e^{-x}\sin x-\int e^{-x}\cos x\,dx\right)$　　←部分積分法を 2 回行うと **同形出現**。

$=-e^{-x}\cos x+e^{-x}\sin x-I$

よって，積分定数を考えて　　$I=\boldsymbol{\dfrac{1}{2}e^{-x}(\sin x-\cos x)+C}$　　←$2I$ $=-e^{-x}\cos x+e^{-x}\sin x$ 積分定数 $C$ を落とさないように。

別解　$I=\int e^{-x}\cos x\,dx$, $J=\int e^{-x}\sin x\,dx$ とする。

$(e^{-x}\cos x)'=-e^{-x}\cos x-e^{-x}\sin x$,

$(e^{-x}\sin x)'=-e^{-x}\sin x+e^{-x}\cos x$

であるから，2 つの式の両辺を積分して

$e^{-x}\cos x=-I-J$, $e^{-x}\sin x=-J+I$　　←$I$, $J$ の連立方程式。

辺々を引き，積分定数を考えて　　←$2I$ $=e^{-x}\sin x-e^{-x}\cos x$

$I=\boldsymbol{\dfrac{1}{2}e^{-x}(\sin x-\cos x)+C}$

(2) $I=\int\sin(\log x)dx$ とする。

$$I=\int(x)'\sin(\log x)dx=x\sin(\log x)-\int x\cos(\log x)\cdot\frac{1}{x}dx$$

$$=x\sin(\log x)-\int\cos(\log x)dx$$

$$=x\sin(\log x)-\int(x)'\cos(\log x)dx$$

$$=x\sin(\log x)-\left\{x\cos(\log x)+\int x\sin(\log x)\cdot\frac{1}{x}dx\right\}$$

$$=x\sin(\log x)-x\cos(\log x)-\int\sin(\log x)dx$$

$$=x\{\sin(\log x)-\cos(\log x)\}-I$$

よって，積分定数を考えて

$$I=\frac{1}{2}x\{\sin(\log x)-\cos(\log x)\}+C$$

←$\{\sin(\log x)\}'=\cos(\log x)\cdot(\log x)'$

←部分積分法を 2 回行うと **同形出現**。

←$2I=x\{\sin(\log x)-\cos(\log x)\}$

←積分定数 $C$ を落とさないように。

別解 $I=\int\sin(\log x)dx$，$J=\int\cos(\log x)dx$ とする。

$$\{\sin(\log x)\}'=\cos(\log x)\cdot\frac{1}{x},$$

$$\{\cos(\log x)\}'=-\sin(\log x)\cdot\frac{1}{x}$$

から　$\{x\sin(\log x)\}'=\sin(\log x)+\cos(\log x)$

$\{x\cos(\log x)\}'=\cos(\log x)-\sin(\log x)$

両辺を積分して　$x\sin(\log x)=I+J$，$x\cos(\log x)=J-I$

辺々を引き，積分定数を考えて

$$I=\frac{1}{2}x\{\sin(\log x)-\cos(\log x)\}+C$$

←$I$，$J$ の連立方程式。

←$2I=x\sin(\log x)-x\cos(\log x)$



## 練習 ④138

$n$ は整数とする。次の等式が成り立つことを証明せよ。ただし，$\cos^0x=1$，$(\log x)^0=1$ である。

(1) $\int\cos^n x\,dx=\frac{1}{n}\left\{\sin x\cos^{n-1}x+(n-1)\int\cos^{n-2}x\,dx\right\}$ $(n\geqq2)$

(2) $\int(\log x)^n dx=x(\log x)^n-n\int(\log x)^{n-1}dx$ $(n\geqq1)$

(3) $\int x^n\sin x\,dx=-x^n\cos x+n\int x^{n-1}\cos x\,dx$ $(n\geqq1)$

(1) $n\geqq2$ のとき

$$\int\cos^n x\,dx=\int\cos x\cos^{n-1}x\,dx=\int(\sin x)'\cos^{n-1}x\,dx$$

$$=\sin x\cos^{n-1}x-\int\sin x\cdot(n-1)\cos^{n-2}x\cdot(-\sin x)dx$$

$$=\sin x\cos^{n-1}x+(n-1)\int\sin^2x\cos^{n-2}x\,dx$$

$$=\sin x\cos^{n-1}x+(n-1)\int(1-\cos^2x)\cos^{n-2}x\,dx$$

$$=\sin x\cos^{n-1}x+(n-1)\left(\int\cos^{n-2}x\,dx-\int\cos^n x\,dx\right)$$

←部分積分法。

←$\sin^2x=1-\cos^2x$

よって，$I_n=\int\cos^n x\,dx$ とすると

$$I_n=\sin x\cos^{n-1}x+(n-1)(I_{n-2}-I_n)$$

整理すると　$nI_n=\sin x\cos^{n-1}x+(n-1)I_{n-2}$

したがって

$$\int\cos^n x\,dx=\frac{1}{n}\left\{\sin x\cos^{n-1}x+(n-1)\int\cos^{n-2}x\,dx\right\}$$

(2) $\int(\log x)^n dx=\int(x)'(\log x)^n dx$

$$=x(\log x)^n-\int x\cdot n(\log x)^{n-1}\cdot\frac{1}{x}dx$$

$$=x(\log x)^n-n\int(\log x)^{n-1}dx$$

(3) $\int x^n\sin x\,dx=\int x^n(-\cos x)'\,dx$

$$=-x^n\cos x-\int(-\cos x)nx^{n-1}dx$$

$$=-x^n\cos x+n\int x^{n-1}\cos x\,dx$$

**検討**　更に，$n\geqq2$ のとき

$$\int x^{n-1}\cos x\,dx=\int x^{n-1}(\sin x)'\,dx$$

$$=x^{n-1}\sin x-(n-1)\int x^{n-2}\sin x\,dx$$

であるから，$I_n=\int x^n\sin x\,dx$ とすると

←$I_{n-2}=\int x^{n-2}\sin x\,dx$

$$I_n=-x^n\cos x+nx^{n-1}\sin x-n(n-1)I_{n-2}$$

**練習 ②139**　次の不定積分を求めよ。　[(2) 茨城大，(3) 芝浦工大]

(1) $\int\frac{x^3+2x}{x^2+1}dx$　(2) $\int\frac{x^2}{x^2-1}dx$　(3) $\int\frac{4x^2+x+1}{x^3-1}dx$　(4) $\int\frac{3x+2}{x(x+1)^2}dx$

(1) $\frac{x^3+2x}{x^2+1}=\frac{(x^2+1)x+x}{x^2+1}=x+\frac{x}{x^2+1}$

←分子の次数を下げる。分子 $x^3+2x$ を分母 $x^2+1$ で割ると　商 $x$，余り $x$

よって　$\int\frac{x^3+2x}{x^2+1}dx=\int\left(x+\frac{x}{x^2+1}\right)dx$

$$=\int\left\{x+\frac{1}{2}\cdot\frac{(x^2+1)'}{x^2+1}\right\}dx=\boldsymbol{\frac{x^2}{2}+\frac{1}{2}\log(x^2+1)+C}$$

←$\int\frac{f'(x)}{f(x)}dx=\log|f(x)|+C$

(2) $\frac{x^2}{x^2-1}=\frac{(x^2-1)+1}{x^2-1}=1+\frac{1}{x^2-1}=1+\frac{1}{2}\cdot\frac{(x+1)-(x-1)}{(x+1)(x-1)}$

←分子の次数を下げる。

$$=1+\frac{1}{2}\left(\frac{1}{x-1}-\frac{1}{x+1}\right)$$

←部分分数に分解する。

よって　$\int\frac{x^2}{x^2-1}dx=\int\left\{1+\frac{1}{2}\left(\frac{1}{x-1}-\frac{1}{x+1}\right)\right\}dx$

$$=x+\frac{1}{2}(\log|x-1|-\log|x+1|)+C$$

$$=\boldsymbol{x+\frac{1}{2}\log\left|\frac{x-1}{x+1}\right|+C}$$

←$\log M-\log N=\log\frac{M}{N}$

(3) $x^3-1=(x-1)(x^2+x+1)$ であるから,

$$\frac{4x^2+x+1}{(x-1)(x^2+x+1)}=\frac{a}{x-1}+\frac{bx+c}{x^2+x+1}$$

とおく。両辺に $(x-1)(x^2+x+1)$ を掛けて

$$4x^2+x+1=a(x^2+x+1)+(bx+c)(x-1)$$

ゆえに　$4x^2+x+1=(a+b)x^2+(a-b+c)x+a-c$

両辺の係数を比較して　$a+b=4$, $a-b+c=1$, $a-c=1$

これを解いて　$a=2$, $b=2$, $c=1$

よって

$$\int\frac{4x^2+x+1}{x^3-1}dx=\int\left(\frac{2}{x-1}+\frac{2x+1}{x^2+x+1}\right)dx$$
$$=2\int\frac{dx}{x-1}+\int\frac{(x^2+x+1)'}{x^2+x+1}dx$$
$$=2\log|x-1|+\log(x^2+x+1)+C$$
$$=\boldsymbol{\log(x-1)^2(x^2+x+1)+C}$$

←分母が因数分解できるから，部分分数に分解する。
(分子の次数)
<(分母の次数)
となるように。

←もしくは，$x=0$, $x=1$ を代入して $1=a-c$, $6=3a$ から $a$, $c$ の値を求めてもよい。

←$x^2+x+1=\left(x+\frac{1}{2}\right)^2+\frac{3}{4}>0$

(4) $\dfrac{3x+2}{x(x+1)^2}=\dfrac{a}{x}+\dfrac{b}{x+1}+\dfrac{c}{(x+1)^2}$ とおく。

両辺に $x(x+1)^2$ を掛けて

$$3x+2=a(x+1)^2+bx(x+1)+cx$$

ゆえに　$3x+2=(a+b)x^2+(2a+b+c)x+a$

両辺の係数を比較して　$a+b=0$, $2a+b+c=3$, $a=2$

これを解いて　$a=2$, $b=-2$, $c=1$

よって

$$\int\frac{3x+2}{x(x+1)^2}dx=\int\left\{\frac{2}{x}-\frac{2}{x+1}+\frac{1}{(x+1)^2}\right\}dx$$
$$=2\log|x|-2\log|x+1|-\frac{1}{x+1}+C$$
$$=\boldsymbol{2\log\left|\frac{x}{x+1}\right|-\frac{1}{x+1}+C}$$

←右辺を $\dfrac{a}{x}+\dfrac{b}{(x+1)^2}$ としてはダメ！

←数値代入法で解くと，$x=0$, $-1$, $1$ を代入することにより
$x=0 \longrightarrow a=2$
$x=-1 \longrightarrow -c=-1$
$x=1 \longrightarrow 4a+2b+c=5$

←$\log M-\log N=\log\dfrac{M}{N}$

**練習 ③140**　次の不定積分を求めよ。

(1) $\displaystyle\int\frac{x}{\sqrt{2x+1}-1}dx$　(2) $\displaystyle\int(x+1)\sqrt[4]{2x-3}\,dx$　(3) $\displaystyle\int\frac{x+1}{x\sqrt{2x+1}}dx$

(1) $\dfrac{x}{\sqrt{2x+1}-1}=\dfrac{x(\sqrt{2x+1}+1)}{(2x+1)-1}=\dfrac{1}{2}(\sqrt{2x+1}+1)$

よって

$$(与式)=\frac{1}{2}\int(\sqrt{2x+1}+1)dx$$
$$=\frac{1}{2}\left\{\frac{1}{3}(2x+1)^{\frac{3}{2}}+x\right\}+C$$
$$=\boldsymbol{\frac{1}{6}(2x+1)\sqrt{2x+1}+\frac{x}{2}+C}$$

←分母の有理化。

(2) $\sqrt[4]{2x-3}=t$ とおくと，$2x-3=t^4$ から　$dx=2t^3dt$

よって

$$(与式)=\int\left(\frac{t^4+3}{2}+1\right)t\cdot 2t^3dt=\int(t^8+5t^4)dt$$
$$=\frac{t^9}{9}+t^5+C=\frac{t^5}{9}(t^4+9)+C$$

←丸ごと置換。
$2x-3=t^4$ から
$x=\dfrac{t^4+3}{2}$

5章 練習 [積分法]

$$=\frac{1}{9}(2x-3)\sqrt[4]{2x-3}\,(2x-3+9)+C$$ ←$t^4=2x-3$

$$=\boldsymbol{\frac{2}{9}(x+3)(2x-3)\sqrt[4]{2x-3}+C}$$ ←$2x+6=2(x+3)$

(3) $\sqrt{2x+1}=t$ とおくと　$x=\dfrac{t^2-1}{2}$, $dx=t\,dt$ ←丸ごと置換。

よって　(与式)$=\displaystyle\int\frac{2x+2}{2x\sqrt{2x+1}}dx=\int\frac{t^2+1}{(t^2-1)t}\cdot t\,dt$ ←分母・分子に 2 を掛けると計算がらく。

$$=\int\frac{t^2+1}{t^2-1}dt=\int\left(1+\frac{2}{t^2-1}\right)dt$$ ←分子の次数を下げる。

$$=\int\left(1+\frac{1}{t-1}-\frac{1}{t+1}\right)dt$$ ←部分分数に分解する。

$$=t+\log|t-1|-\log(t+1)+C$$ ←$t\geqq 0$ から　$t+1>0$

$$=t+\log\frac{|t-1|}{t+1}+C$$

$$=\boldsymbol{\sqrt{2x+1}+\log\frac{|\sqrt{2x+1}-1|}{\sqrt{2x+1}+1}+C}$$

**練習 ④141**　$x+\sqrt{x^2+A}=t$ ($A$ は定数) のおき換えを利用して，次の不定積分を求めよ。ただし，(1), (2) では $a\neq 0$ とする。

(1) $\displaystyle\int\frac{1}{\sqrt{x^2+a^2}}dx$　(2) $\displaystyle\int\sqrt{x^2+a^2}\,dx$　(3) $\displaystyle\int\frac{dx}{x+\sqrt{x^2-1}}$

(1) $x+\sqrt{x^2+a^2}=t$ とおくと　$\left(1+\dfrac{x}{\sqrt{x^2+a^2}}\right)dx=dt$

←$(\sqrt{x^2+a^2})'=\dfrac{1}{2}(x^2+a^2)^{-\frac{1}{2}}\cdot(x^2+a^2)'=\dfrac{2x}{2\sqrt{x^2+a^2}}=\dfrac{x}{\sqrt{x^2+a^2}}$

ゆえに　$\dfrac{\sqrt{x^2+a^2}+x}{\sqrt{x^2+a^2}}dx=dt$

すなわち　$\dfrac{t}{\sqrt{x^2+a^2}}dx=dt$

よって　$\dfrac{1}{\sqrt{x^2+a^2}}dx=\dfrac{1}{t}dt$

したがって　$\displaystyle\int\frac{1}{\sqrt{x^2+a^2}}dx=\int\frac{1}{t}dt=\log|t|+C$

$$=\boldsymbol{\log(x+\sqrt{x^2+a^2})+C}$$ ←$x+\sqrt{x^2+a^2}>0$

(2) $\displaystyle\int\sqrt{x^2+a^2}\,dx=\int(x)'\sqrt{x^2+a^2}\,dx$ ←部分積分法。

$$=x\sqrt{x^2+a^2}-\int\frac{x^2}{\sqrt{x^2+a^2}}dx$$

$$=x\sqrt{x^2+a^2}-\int\frac{x^2+a^2-a^2}{\sqrt{x^2+a^2}}dx$$ ←分子の次数を下げる。

$$=x\sqrt{x^2+a^2}-\int\left(\sqrt{x^2+a^2}-\frac{a^2}{\sqrt{x^2+a^2}}\right)dx$$

$$=x\sqrt{x^2+a^2}-\int\sqrt{x^2+a^2}\,dx+\int\frac{a^2}{\sqrt{x^2+a^2}}dx$$ ←同形出現。

ゆえに　$2\int\sqrt{x^2+a^2}\,dx=x\sqrt{x^2+a^2}+\int\frac{a^2}{\sqrt{x^2+a^2}}dx$

よって　$\int\sqrt{x^2+a^2}\,dx=\frac{1}{2}\left(x\sqrt{x^2+a^2}+\int\frac{a^2}{\sqrt{x^2+a^2}}dx\right)$

(1) の結果から

$$\int\sqrt{x^2+a^2}\,dx=\boldsymbol{\frac{1}{2}\{x\sqrt{x^2+a^2}+a^2\log(x+\sqrt{x^2+a^2})\}+C}$$

別解　$x+\sqrt{x^2+a^2}=t$ とおくと　$x^2+a^2=(t-x)^2$

ゆえに　$x=\frac{t^2-a^2}{2t}=\frac{1}{2}\left(t-\frac{a^2}{t}\right)$,

←$x^2+a^2=(t-x)^2$ から $2tx=t^2-a^2$

$dx=\frac{1}{2}\left(1+\frac{a^2}{t^2}\right)dt=\frac{t^2+a^2}{2t^2}dt$,　$\sqrt{x^2+a^2}=t-x=\frac{t^2+a^2}{2t}$

$$\int\sqrt{x^2+a^2}\,dx=\int\frac{t^2+a^2}{2t}\cdot\frac{t^2+a^2}{2t^2}dt=\frac{1}{4}\int\frac{t^4+2a^2t^2+a^4}{t^3}dt$$
$$=\frac{1}{4}\int\left(t+\frac{2a^2}{t}+\frac{a^4}{t^3}\right)dt$$
$$=\frac{1}{4}\left(\frac{t^2}{2}+2a^2\log|t|-\frac{a^4}{2}t^{-2}\right)+C$$
$$=\frac{1}{8}\left(t^2-\frac{a^4}{t^2}\right)+\frac{a^2}{2}\log|t|+C$$

ここで　$\frac{a^2}{t}=\frac{a^2}{x+\sqrt{x^2+a^2}}=\frac{a^2(x-\sqrt{x^2+a^2})}{x^2-(x^2+a^2)}=\sqrt{x^2+a^2}-x$

←分母の有理化。

よって　$t^2-\frac{a^4}{t^2}=(x+\sqrt{x^2+a^2})^2-(\sqrt{x^2+a^2}-x)^2$
$=4x\sqrt{x^2+a^2}$

したがって

$$\int\sqrt{x^2+a^2}\,dx=\boldsymbol{\frac{1}{2}\{x\sqrt{x^2+a^2}+a^2\log(x+\sqrt{x^2+a^2})\}+C}$$

←$\sqrt{x^2+a^2}>\sqrt{x^2}=|x|$ から　$x+\sqrt{x^2+a^2}>0$

(3)　$x+\sqrt{x^2-1}=t$ とおくと，$x^2-1=(t-x)^2$ から　$2tx=t^2+1$

よって　$x=\frac{t^2+1}{2t}=\frac{1}{2}\left(t+\frac{1}{t}\right)$,　$dx=\frac{1}{2}\left(1-\frac{1}{t^2}\right)dt$

ゆえに　$\int\frac{dx}{x+\sqrt{x^2-1}}=\int\frac{1}{t}\cdot\frac{1}{2}\left(1-\frac{1}{t^2}\right)dt=\frac{1}{2}\int\left(\frac{1}{t}-\frac{1}{t^3}\right)dt$
$=\frac{1}{2}\left(\log|t|+\frac{1}{2t^2}\right)+C$

$\frac{1}{t}=\frac{1}{x+\sqrt{x^2-1}}=\frac{x-\sqrt{x^2-1}}{x^2-(x^2-1)}=x-\sqrt{x^2-1}$ であるから

←分母の有理化。

$$\int\frac{dx}{x+\sqrt{x^2-1}}=\boldsymbol{\frac{1}{2}\log|x+\sqrt{x^2-1}|+\frac{1}{4}(x-\sqrt{x^2-1})^2+C}$$

参考　**$\int\frac{1}{\sqrt{x^2+1}}dx$ を $\log(x+\sqrt{x^2+1})=t$ とおいて求める方法**

←本冊 $p.240$ 参照。

$\log(x+\sqrt{x^2+1})=t$ とおくと

5章　練習　[積分法]

$$\frac{dt}{dx}=\frac{1}{x+\sqrt{x^2+1}}(x+\sqrt{x^2+1})'$$

$$=\frac{1}{x+\sqrt{x^2+1}}\left(1+\frac{x}{\sqrt{x^2+1}}\right)=\frac{1}{\sqrt{x^2+1}}$$

よって，$\frac{1}{\sqrt{x^2+1}}dx=dt$ であるから

$$\int\frac{1}{\sqrt{x^2+1}}dx=\int dt=t+C=\boldsymbol{\log(x+\sqrt{x^2+1})+C}$$

←$1+\frac{x}{\sqrt{x^2+1}}=\frac{x+\sqrt{x^2+1}}{\sqrt{x^2+1}}$

**練習 ②142** 次の不定積分を求めよ。

(1) $\int\sin^2 x\,dx$　　(2) $\int\sin^3 x\,dx$　　(3) $\int\cos 3x\cos 5x\,dx$

(1) $(与式)=\int\frac{1-\cos 2x}{2}dx=\frac{1}{2}\int(1-\cos 2x)dx$

$$=\frac{1}{2}\left(x-\frac{1}{2}\sin 2x\right)+C=\boldsymbol{\frac{x}{2}-\frac{1}{4}\sin 2x+C}$$

←$\cos 2x=1-2\sin^2 x$ から　$\sin^2 x=\frac{1-\cos 2x}{2}$

(2) $\sin 3x=3\sin x-4\sin^3 x$ から　　$\sin^3 x=\frac{1}{4}(3\sin x-\sin 3x)$

よって　　$(与式)=\frac{1}{4}\int(3\sin x-\sin 3x)dx$

$$=\frac{1}{4}\left(-3\cos x+\frac{1}{3}\cos 3x\right)+C$$

$$=\boldsymbol{\frac{1}{12}\cos 3x-\frac{3}{4}\cos x+C}$$

(2) 別解

$\cos x=t$ とおくと

$-\sin x\,dx=dt$

よって　$\int\sin^3 x\,dx$

$=\int\sin^2 x\sin x\,dx$

$=\int(1-\cos^2 x)\sin x\,dx$

$=\int(1-t^2)\cdot(-1)dt$

$=\int(t^2-1)dt$

$=\frac{1}{3}t^3-t+C$

$=\frac{1}{3}\cos^3 x-\cos x+C$

$=\boldsymbol{\frac{1}{12}\cos 3x-\frac{3}{4}\cos x+C}$

(3) $\cos 3x\cos 5x=\frac{1}{2}(\cos 8x+\cos 2x)$

よって　　$(与式)=\frac{1}{2}\int(\cos 8x+\cos 2x)dx$

$$=\frac{1}{2}\left(\frac{1}{8}\sin 8x+\frac{1}{2}\sin 2x\right)+C$$

$$=\boldsymbol{\frac{1}{16}\sin 8x+\frac{1}{4}\sin 2x+C}$$

**練習 ②143** 次の不定積分を求めよ。

(1) $\int\frac{dx}{\cos x}$　　(2) $\int\frac{\cos x+\sin 2x}{\sin^2 x}dx$　　(3) $\int\sin^2 x\tan x\,dx$

(1) $\sin x=t$ とおくと　　$\cos x\,dx=dt$

$$\int\frac{dx}{\cos x}=\int\frac{\cos x}{\cos^2 x}dx=\int\frac{\cos x}{1-\sin^2 x}dx=\int\frac{1}{1-t^2}dt$$

$$=\frac{1}{2}\int\left(\frac{1}{1-t}+\frac{1}{1+t}\right)dt$$

$$=\frac{1}{2}(-\log|1-t|+\log|1+t|)+C$$

$$=\frac{1}{2}\log\left|\frac{1+t}{1-t}\right|+C=\boldsymbol{\frac{1}{2}\log\frac{1+\sin x}{1-\sin x}+C}$$

←$\sin^2 x+\cos^2 x=1$

←$\cos x\neq 0$ から　$-1<\sin x<1$

(2) $\dfrac{\cos x+\sin 2x}{\sin^2 x}=\dfrac{\cos x+2\sin x\cos x}{\sin^2 x}=\dfrac{1+2\sin x}{\sin^2 x}\cdot\cos x$

$\sin x=t$ とおくと　$\cos x\,dx=dt$

$$\int\frac{\cos x+\sin 2x}{\sin^2 x}dx=\int\frac{1+2\sin x}{\sin^2 x}\cdot\cos x\,dx=\int\frac{1+2t}{t^2}dt$$
$$=\int\left(\frac{1}{t^2}+\frac{2}{t}\right)dt=-\frac{1}{t}+2\log|t|+C$$
$$=\boldsymbol{-\frac{1}{\sin x}+2\log|\sin x|+C}$$

←被積分関数を $f(\sin x)\cos x$ の形に変形。

(3) $\cos x=t$ とおくと　$-\sin x\,dx=dt$

$$\int\sin^2 x\tan x\,dx=\int(1-\cos^2 x)\cdot\frac{\sin x}{\cos x}dx=\int(1-t^2)\cdot\frac{-1}{t}dt$$
$$=\int\left(t-\frac{1}{t}\right)dt=\frac{t^2}{2}-\log|t|+C$$
$$=\boldsymbol{\frac{1}{2}\cos^2 x-\log|\cos x|+C}$$

←被積分関数を $f(\cos x)\sin x$ の形に変形。

別解　$\tan x=t$ とおくと　$dx=\dfrac{dt}{1+t^2}$

←$\dfrac{1}{\cos^2 x}dx=dt$ から。

$$\int\sin^2 x\tan x\,dx=\int\frac{\sin^2 x}{\sin^2 x+\cos^2 x}\tan x\,dx$$
$$=\int\frac{\tan^2 x}{\tan^2 x+1}\tan x\,dx=\int\frac{t^2}{1+t^2}\cdot t\cdot\frac{dt}{1+t^2}$$
$$=\int\frac{t^3}{(t^2+1)^2}dt=\int\frac{(t^2+1)-1}{(t^2+1)^2}\cdot\frac{2t}{2}dt$$
$$=\frac{1}{2}\int\left\{\frac{2t}{t^2+1}-\frac{2t}{(t^2+1)^2}\right\}dt$$
$$=\frac{1}{2}\left\{\log(t^2+1)+\frac{1}{t^2+1}\right\}+C$$
$$=\frac{1}{2}\left(\log\frac{1}{\cos^2 x}+\cos^2 x\right)+C$$
$$=\frac{1}{2}\cos^2 x-\frac{1}{2}\log\cos^2 x+C$$
$$=\boldsymbol{\frac{1}{2}\cos^2 x-\log|\cos x|+C}$$

←$\dfrac{\sin^2 x}{\sin^2 x+\cos^2 x}$ の分母・分子を $\cos^2 x$ で割る。

←$1+\tan^2 x=\dfrac{1}{\cos^2 x}$

**練習 ④144**　次の不定積分を（　）内のおき換えによって求めよ。　［(2) 類　東京電機大］

(1) $\displaystyle\int\frac{dx}{\sin x-1}\ \left(\tan\frac{x}{2}=t\right)$　　(2) $\displaystyle\int\frac{dx}{\sin^4 x}\ (\tan x=t)$

(1) $\tan\dfrac{x}{2}=t$ とおくと　$\sin x=\dfrac{2t}{1+t^2}$

また，$\dfrac{1}{\cos^2\frac{x}{2}}\cdot\dfrac{1}{2}dx=dt$ から

$$dx=2\cos^2\frac{x}{2}dt=\frac{2}{1+\tan^2\frac{x}{2}}dt=\frac{2}{1+t^2}dt$$

←$\sin x=2\sin\dfrac{x}{2}\cos\dfrac{x}{2}$
$=2\tan\dfrac{x}{2}\cos^2\dfrac{x}{2}$
$=2\tan\dfrac{x}{2}\cdot\dfrac{1}{1+\tan^2\frac{x}{2}}$
$=\dfrac{2t}{1+t^2}$

5章 練習［積分法］

よって　$\displaystyle\int\frac{dx}{\sin x-1}=\int\frac{1}{\frac{2t}{1+t^2}-1}\cdot\frac{2}{1+t^2}dt$

$\displaystyle=\int\frac{2}{2t-(1+t^2)}dt=-\int\frac{2}{(t-1)^2}dt$

$\displaystyle=\frac{2}{t-1}+C=\boldsymbol{\frac{2}{\tan\frac{x}{2}-1}+C}$

(2)　$\tan x=t$ とおくと

$\displaystyle\sin^2x=1-\cos^2x=1-\frac{1}{1+\tan^2x}$

$\displaystyle=\frac{\tan^2x}{1+\tan^2x}=\frac{t^2}{1+t^2}$

←$\displaystyle\sin^2x=\frac{\sin^2x}{\cos^2x}\cos^2x$
$\displaystyle=\tan^2x\cdot\frac{1}{1+\tan^2x}$
$\displaystyle=\frac{t^2}{1+t^2}$ でもよい。

また，$\displaystyle\frac{1}{\cos^2x}dx=dt$ から

$\displaystyle dx=\cos^2xdt=\frac{1}{1+\tan^2x}dt=\frac{1}{1+t^2}dt$

よって　$\displaystyle\int\frac{dx}{\sin^4x}=\int\left(\frac{1+t^2}{t^2}\right)^2\cdot\frac{1}{1+t^2}dt$

$\displaystyle=\int\frac{1+t^2}{t^4}dt$

$\displaystyle=\int\left(\frac{1}{t^4}+\frac{1}{t^2}\right)dt$

$\displaystyle=-\frac{1}{3t^3}-\frac{1}{t}+C$

$\displaystyle=\boldsymbol{-\frac{1}{3\tan^3x}-\frac{1}{\tan x}+C}$

**練習 ②145**　次の定積分を求めよ。

(1) $\displaystyle\int_1^3\frac{(x^2-1)^2}{x^4}dx$　(2) $\displaystyle\int_0^1(x+1-\sqrt{x})^2dx$　(3) $\displaystyle\int_0^1\frac{4x-1}{2x^2+5x+2}dx$

(4) $\displaystyle\int_0^{\pi}(2\sin x+\cos x)^2dx$　(5) $\displaystyle\int_{\frac{\pi}{4}}^{\frac{\pi}{2}}\frac{\sin 3x}{\sin x}dx$　(6) $\displaystyle\int_0^{\log 7}\frac{e^x}{1+e^x}dx$

(1)　(与式)$\displaystyle=\int_1^3\left(1-\frac{2}{x^2}+\frac{1}{x^4}\right)dx=\left[x+\frac{2}{x}-\frac{1}{3x^3}\right]_1^3$

$\displaystyle=\left(3+\frac{2}{3}-\frac{1}{81}\right)-\left(1+2-\frac{1}{3}\right)=\boldsymbol{\frac{80}{81}}$

←$\displaystyle\int x^{\alpha}dx=\frac{x^{\alpha+1}}{\alpha+1}+C$
$(\alpha\neq-1)$

(2)　(与式)$\displaystyle=\int_0^1(x^2+1+x+2x-2\sqrt{x}-2x\sqrt{x})dx$

$\displaystyle=\left[\frac{x^3}{3}+x+\frac{3}{2}x^2-\frac{4}{3}x^{\frac{3}{2}}-\frac{4}{5}x^{\frac{5}{2}}\right]_0^1$

$\displaystyle=\left(\frac{1}{3}+1+\frac{3}{2}-\frac{4}{3}-\frac{4}{5}\right)-0$

$\displaystyle=\boldsymbol{\frac{7}{10}}$

←$(a+b+c)^2$
$=a^2+b^2+c^2+2ab$
$+2bc+2ca$

(3) $\dfrac{4x-1}{2x^2+5x+2}=\dfrac{4x-1}{(x+2)(2x+1)}=\dfrac{3}{x+2}-\dfrac{2}{2x+1}$ であるから

$$\int_0^1 \frac{4x-1}{2x^2+5x+2}dx=\int_0^1\left(\frac{3}{x+2}-\frac{2}{2x+1}\right)dx$$
$$=\left[3\log(x+2)-2\cdot\frac{1}{2}\log(2x+1)\right]_0^1$$
$$=\left[\log\frac{(x+2)^3}{2x+1}\right]_0^1$$
$$=\log 3^2-\log 2^3$$
$$=\mathbf{2\log 3-3\log 2}$$

←部分分数に分解する。
$4x-1$
$=a(2x+1)+b(x+2)$
とすると $a=3$, $b=-2$
$\left(x=-2,\ -\dfrac{1}{2}\right.$ を代入して，$a$，$b$ の値を求めてもよい。$\left.\right)$

(4) (与式)$=\displaystyle\int_0^\pi(4\sin^2x+4\sin x\cos x+\cos^2x)dx$

$$=\int_0^\pi(3\sin^2x+4\sin x\cos x+1)dx$$
$$=\int_0^\pi\left(3\cdot\frac{1-\cos 2x}{2}+4\cdot\frac{\sin 2x}{2}+1\right)dx$$
$$=\int_0^\pi\left(\frac{5}{2}-\frac{3}{2}\cos 2x+2\sin 2x\right)dx=\left[\frac{5}{2}x-\frac{3}{4}\sin 2x-\cos 2x\right]_0^\pi$$
$$=\left(\frac{5}{2}\pi-1\right)-(-1)=\boldsymbol{\frac{5}{2}\pi}$$

←$\sin^2x+\cos^2x=1$

←$\sin^2x=\dfrac{1}{2}(1-\cos 2x)$

(5) (与式)$=\displaystyle\int_{\frac{\pi}{4}}^{\frac{\pi}{2}}(3-4\sin^2x)dx=\int_{\frac{\pi}{4}}^{\frac{\pi}{2}}\left(3-4\cdot\frac{1-\cos 2x}{2}\right)dx$

$$=\int_{\frac{\pi}{4}}^{\frac{\pi}{2}}(1+2\cos 2x)dx=\Big[x+\sin 2x\Big]_{\frac{\pi}{4}}^{\frac{\pi}{2}}$$
$$=\frac{\pi}{2}-\left(\frac{\pi}{4}+1\right)=\boldsymbol{\frac{\pi}{4}-1}$$

←$\sin 3x$
$=3\sin x-4\sin^3x$

(6) $\displaystyle\int_0^{\log 7}\frac{e^x}{1+e^x}dx=\Big[\log(1+e^x)\Big]_0^{\log 7}=\log(1+e^{\log 7})-\log(1+e^0)$

$$=\log 8-\log 2=3\log 2-\log 2=\mathbf{2\log 2}$$

←$\dfrac{e^x}{1+e^x}=\dfrac{(1+e^x)'}{1+e^x}$
←$e^{\log 7}=e^{\log_e 7}=7$

**練習 ③146** 次の定積分を求めよ。 〔(1) 大阪医大，(2) 類 愛媛大〕

(1) $\displaystyle\int_0^\pi \sin mx\sin nx\,dx$ ($m$，$n$ は自然数)　(2) $\displaystyle\int_0^\pi \cos mx\cos 2x\,dx$ ($m$ は整数)

(1) $I=\displaystyle\int_0^\pi \sin mx\sin nx\,dx$ とする。

$\sin mx\sin nx=-\dfrac{1}{2}\{\cos(m+n)x-\cos(m-n)x\}$ であるから

←積 ⟶ 和の公式。なお，$m+n>0$ である。

[1] $m-n\neq 0$ すなわち $m\neq n$ のとき

$$I=-\frac{1}{2}\left[\frac{\sin(m+n)x}{m+n}-\frac{\sin(m-n)x}{m-n}\right]_0^\pi=0$$

←$\sin k\pi=0$ ($k$ は整数)

[2] $m-n=0$ すなわち $m=n$ のとき

$$I=\frac{1}{2}\int_0^\pi(1-\cos 2nx)dx=\frac{1}{2}\left[x-\frac{\sin 2nx}{2n}\right]_0^\pi=\frac{\pi}{2}$$

←$\sin nx\sin nx$
$=-\dfrac{1}{2}(\cos 2nx-1)$

したがって　$\boldsymbol{m\neq n}$ **のとき** $\boldsymbol{I=0}$，$\boldsymbol{m=n}$ **のとき** $\boldsymbol{I=\dfrac{\pi}{2}}$

5章 練習 [積分法]

(2) $I=\int_0^{\pi}\cos mx\cos 2x\,dx$ とする。

$\cos mx\cos 2x=\frac{1}{2}\{\cos(m+2)x+\cos(m-2)x\}$ であるから

←積 ⟶ 和の公式。

[1] $m+2\neq 0$ かつ $m-2\neq 0$，すなわち $m\neq\pm 2$ のとき

←$m$ は整数。

$$I=\frac{1}{2}\left[\frac{\sin(m+2)x}{m+2}+\frac{\sin(m-2)x}{m-2}\right]_0^{\pi}=0$$

←$\sin k\pi=0$（$k$ は整数）

[2] $m-2=0$ すなわち $m=2$ のとき

$$I=\frac{1}{2}\int_0^{\pi}(\cos 4x+1)dx=\frac{1}{2}\left[\frac{\sin 4x}{4}+x\right]_0^{\pi}=\frac{\pi}{2}$$

[3] $m+2=0$ すなわち $m=-2$ のとき

$$I=\frac{1}{2}\int_0^{\pi}\{1+\cos(-4x)\}dx=\frac{1}{2}\int_0^{\pi}(1+\cos 4x)dx=\frac{\pi}{2}$$

←[2] と同じ結果。

したがって　**$m\neq\pm 2$ のとき　$I=0$,**

**$m=\pm 2$ のとき　$I=\frac{\pi}{2}$**

**練習 ②147**　次の定積分を求めよ。　［(2) 琉球大，(3) 埼玉大］

(1) $\int_0^5\sqrt{|x-4|}\,dx$　(2) $\int_0^{\frac{\pi}{2}}\left|\cos x-\frac{1}{2}\right|dx$　(3) $\int_0^{\pi}|\sqrt{3}\sin x-\cos x-1|dx$

(1) $x\leqq 4$ のとき　$|x-4|=-(x-4)=4-x$

$x\geqq 4$ のとき　$|x-4|=x-4$

←$x-4=0$ となる $x$ の値 4 が場合の分かれ目。

よって

$$\int_0^5\sqrt{|x-4|}\,dx=\int_0^4\sqrt{4-x}\,dx+\int_4^5\sqrt{x-4}\,dx$$

←$x=4$ で積分区間を分割する。

$$=\left[-\frac{2}{3}(4-x)^{\frac{3}{2}}\right]_0^4+\left[\frac{2}{3}(x-4)^{\frac{3}{2}}\right]_4^5$$

$$=\frac{2}{3}\cdot 8+\frac{2}{3}=\mathbf{6}$$

←$4^{\frac{3}{2}}=2^{2\cdot\frac{3}{2}}=2^3$

(2) $0\leqq x\leqq\frac{\pi}{3}$ のとき　$\left|\cos x-\frac{1}{2}\right|=\cos x-\frac{1}{2}$

←$\frac{\pi}{3}$ が場合の分かれ目。

$\frac{\pi}{3}\leqq x\leqq\frac{\pi}{2}$ のとき　$\left|\cos x-\frac{1}{2}\right|=-\left(\cos x-\frac{1}{2}\right)$

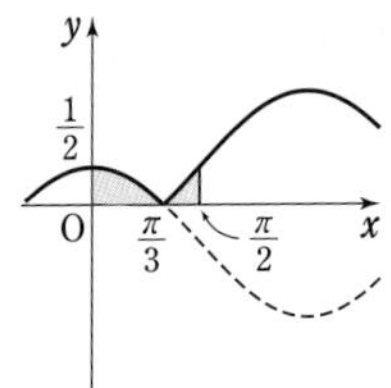


よって

$$\int_0^{\frac{\pi}{2}}\left|\cos x-\frac{1}{2}\right|dx=\int_0^{\frac{\pi}{3}}\left(\cos x-\frac{1}{2}\right)dx-\int_{\frac{\pi}{3}}^{\frac{\pi}{2}}\left(\cos x-\frac{1}{2}\right)dx$$

$$=\left[\sin x-\frac{x}{2}\right]_0^{\frac{\pi}{3}}-\left[\sin x-\frac{x}{2}\right]_{\frac{\pi}{3}}^{\frac{\pi}{2}}$$

$$=2\left(\frac{\sqrt{3}}{2}-\frac{\pi}{6}\right)-0-\left(1-\frac{\pi}{4}\right)$$

←$\left[F(x)\right]_a^b-\left[F(x)\right]_b^c=2F(b)-F(a)-F(c)$

$$=\boldsymbol{\sqrt{3}-1-\frac{\pi}{12}}$$

(3) $|\sqrt{3}\sin x-\cos x-1|=\left|2\sin\left(x-\frac{\pi}{6}\right)-1\right|$ であるから

$0\leqq x\leqq\frac{\pi}{3}$ のとき　$\left|2\sin\left(x-\frac{\pi}{6}\right)-1\right|=-\left\{2\sin\left(x-\frac{\pi}{6}\right)-1\right\}$

$\frac{\pi}{3}\leqq x\leqq\pi$ のとき　$\left|2\sin\left(x-\frac{\pi}{6}\right)-1\right|=2\sin\left(x-\frac{\pi}{6}\right)-1$

よって

$$\int_0^{\pi}|\sqrt{3}\sin x-\cos x-1|dx=\int_0^{\pi}\left|2\sin\left(x-\frac{\pi}{6}\right)-1\right|dx$$

$$=-\int_0^{\frac{\pi}{3}}\left\{2\sin\left(x-\frac{\pi}{6}\right)-1\right\}dx+\int_{\frac{\pi}{3}}^{\pi}\left\{2\sin\left(x-\frac{\pi}{6}\right)-1\right\}dx$$

$$=-\left[-2\cos\left(x-\frac{\pi}{6}\right)-x\right]_0^{\frac{\pi}{3}}+\left[-2\cos\left(x-\frac{\pi}{6}\right)-x\right]_{\frac{\pi}{3}}^{\pi}$$

$$=\left[2\cos\left(x-\frac{\pi}{6}\right)+x\right]_0^{\frac{\pi}{3}}-\left[2\cos\left(x-\frac{\pi}{6}\right)+x\right]_{\frac{\pi}{3}}^{\pi}$$

$$=2\left(2\cdot\frac{\sqrt{3}}{2}+\frac{\pi}{3}\right)-2\cdot\frac{\sqrt{3}}{2}-\left\{2\cdot\left(-\frac{\sqrt{3}}{2}\right)+\pi\right\}=\mathbf{2\sqrt{3}-\frac{\pi}{3}}$$

←$2\sin\left(x-\frac{\pi}{6}\right)-1=0$ となる $x$ の値 $\frac{\pi}{3}$ が場合の分かれ目。

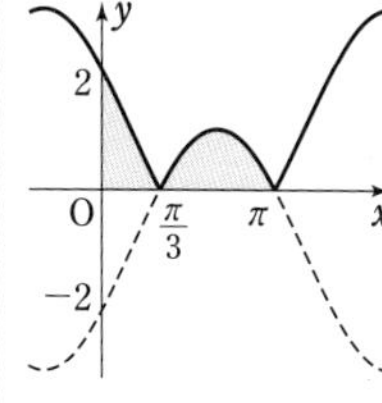


←$\left[F(x)\right]_a^b-\left[F(x)\right]_b^c$ $=2F(b)-F(a)-F(c)$



**練習 ②148**　次の定積分を求めよ。　〔(5) 宮崎大〕

(1) $\int_0^2 x\sqrt{2-x}\,dx$　(2) $\int_0^1\frac{x-1}{(2-x)^2}dx$　(3) $\int_0^{\frac{2}{3}\pi}\sin^3\theta\,d\theta$

(4) $\int_0^{\frac{\pi}{2}}\frac{\cos\theta}{2-\sin^2\theta}d\theta$　(5) $\int_{\log\pi}^{\log 2\pi}e^x\sin e^x\,dx$　(6) $\int_{\frac{\pi}{6}}^{\frac{\pi}{4}}\tan x\,dx$

(1) $\sqrt{2-x}=t$ とおくと
$2-x=t^2$, $dx=-2t\,dt$
$x$ と $t$ の対応は右のようになる。

| $x$ | $0\longrightarrow 2$ |
|---|---|
| $t$ | $\sqrt{2}\longrightarrow 0$ |

よって　$\int_0^2 x\sqrt{2-x}\,dx=\int_{\sqrt{2}}^0(2-t^2)t(-2t)dt$

$$=2\int_0^{\sqrt{2}}(2t^2-t^4)dt=2\left[\frac{2}{3}t^3-\frac{t^5}{5}\right]_0^{\sqrt{2}}$$

$$=2\left(\frac{2}{3}\cdot 2\sqrt{2}-\frac{4\sqrt{2}}{5}\right)=\mathbf{\frac{16\sqrt{2}}{15}}$$

HINT (1) $\sqrt{2-x}=t$,
(2) $2-x=t$,
(3) $\cos\theta=t$ とおく。
(4) $\sin\theta=t$ とおき，部分分数に分解する。
(5) $e^x=t$ とおく。

←$-\int_{\sqrt{2}}^0=\int_0^{\sqrt{2}}$

(2) $2-x=t$ とおくと
$x-1=-t+1$, $dx=-dt$
$x$ と $t$ の対応は右のようになる。

| $x$ | $0\longrightarrow 1$ |
|---|---|
| $t$ | $2\longrightarrow 1$ |

よって　$\int_0^1\frac{x-1}{(2-x)^2}dx=\int_2^1\frac{-t+1}{t^2}\cdot(-1)dt=\int_1^2\left(\frac{1}{t^2}-\frac{1}{t}\right)dt$

$$=\left[-\frac{1}{t}-\log t\right]_1^2=\left(-\frac{1}{2}-\log 2\right)-(-1)$$

$$=\mathbf{\frac{1}{2}-\log 2}$$

←$-\int_2^1=\int_1^2$

←積分区間が $1\leqq t\leqq 2$ であるから，$\log|t|$ のように絶対値記号をつける必要はない。

(3) $\cos\theta=t$ とおくと
$\sin\theta\,d\theta=-dt$
$\theta$ と $t$ の対応は右のようになる。

| $\theta$ | $0\longrightarrow\frac{2}{3}\pi$ |
|---|---|
| $t$ | $1\longrightarrow-\frac{1}{2}$ |

よって　$\displaystyle\int_0^{\frac{2}{3}\pi}\sin^3\theta\,d\theta=\int_0^{\frac{2}{3}\pi}(1-\cos^2\theta)\sin\theta\,d\theta$

$\displaystyle=\int_1^{-\frac{1}{2}}(1-t^2)\cdot(-1)dt=\int_{-\frac{1}{2}}^1(1-t^2)dt=\left[t-\frac{t^3}{3}\right]_{-\frac{1}{2}}^1$

$\displaystyle=\left(1-\frac{1}{3}\right)-\left(-\frac{1}{2}+\frac{1}{24}\right)=\boldsymbol{\frac{9}{8}}$

←$\sin^2\theta=1-\cos^2\theta$

←$\displaystyle-\int_1^{-\frac{1}{2}}=\int_{-\frac{1}{2}}^1$

(4)　$\sin\theta=t$ とおくと　$\cos\theta\,d\theta=dt$

$\theta$ と $t$ の対応は右のようになる。

| $\theta$ | $0\longrightarrow\dfrac{\pi}{2}$ |
|---|---|
| $t$ | $0\longrightarrow 1$ |

よって　$\displaystyle\int_0^{\frac{\pi}{2}}\frac{\cos\theta}{2-\sin^2\theta}d\theta=\int_0^1\frac{dt}{2-t^2}$

$\displaystyle=\frac{1}{2\sqrt{2}}\int_0^1\left(\frac{1}{\sqrt{2}-t}+\frac{1}{\sqrt{2}+t}\right)dt$

$\displaystyle=\frac{1}{2\sqrt{2}}\Big[-\log(\sqrt{2}-t)+\log(\sqrt{2}+t)\Big]_0^1$

$\displaystyle=\frac{1}{2\sqrt{2}}\left[\log\frac{\sqrt{2}+t}{\sqrt{2}-t}\right]_0^1=\frac{1}{2\sqrt{2}}\log\frac{\sqrt{2}+1}{\sqrt{2}-1}$

$\displaystyle=\frac{1}{2\sqrt{2}}\log(\sqrt{2}+1)^2=\boldsymbol{\frac{1}{\sqrt{2}}\log(\sqrt{2}+1)}$

←$\displaystyle\frac{1}{2-t^2}=\frac{1}{(\sqrt{2})^2-t^2}$
$\displaystyle=\frac{1}{2\sqrt{2}}\cdot\frac{\sqrt{2}+t+\sqrt{2}-t}{(\sqrt{2}+t)(\sqrt{2}-t)}$
$\displaystyle=\frac{1}{2\sqrt{2}}\left(\frac{1}{\sqrt{2}-t}+\frac{1}{\sqrt{2}+t}\right)$

←$\dfrac{\sqrt{2}+1}{\sqrt{2}-1}$ の分母を有理化。

(5)　$e^x=t$ とおくと　$x=\log t$

←対数の定義から。

よって　$dx=\dfrac{1}{t}dt$

$x$ と $t$ の対応は右のようになる。

| $x$ | $\log\pi\longrightarrow\log 2\pi$ |
|---|---|
| $t$ | $\pi\longrightarrow 2\pi$ |

ゆえに　$\displaystyle\int_{\log\pi}^{\log 2\pi}e^x\sin e^x\,dx=\int_\pi^{2\pi}t\sin t\cdot\frac{1}{t}dt=\int_\pi^{2\pi}\sin t\,dt$

$\displaystyle=\Big[-\cos t\Big]_\pi^{2\pi}=\boldsymbol{-2}$

(6)　$\cos x=t$ とおくと　$\sin x\,dx=-dt$

$x$ と $t$ の対応は右のようになる。

| $x$ | $\dfrac{\pi}{6}\longrightarrow\dfrac{\pi}{4}$ |
|---|---|
| $t$ | $\dfrac{\sqrt{3}}{2}\longrightarrow\dfrac{\sqrt{2}}{2}$ |

よって　$\displaystyle\int_{\frac{\pi}{6}}^{\frac{\pi}{4}}\tan x\,dx=\int_{\frac{\pi}{6}}^{\frac{\pi}{4}}\frac{\sin x}{\cos x}dx$

$\displaystyle=\int_{\frac{\sqrt{3}}{2}}^{\frac{\sqrt{2}}{2}}\frac{1}{t}\cdot(-1)dt=\int_{\frac{\sqrt{2}}{2}}^{\frac{\sqrt{3}}{2}}\frac{1}{t}dt$

$\displaystyle=\Big[\log t\Big]_{\frac{\sqrt{2}}{2}}^{\frac{\sqrt{3}}{2}}=\log\frac{\sqrt{3}}{2}-\log\frac{\sqrt{2}}{2}=\boldsymbol{\frac{1}{2}(\log 3-\log 2)}$

←$\displaystyle-\int_{\frac{\sqrt{3}}{2}}^{\frac{\sqrt{2}}{2}}=\int_{\frac{\sqrt{2}}{2}}^{\frac{\sqrt{3}}{2}}$

別解　$\displaystyle\int_{\frac{\pi}{6}}^{\frac{\pi}{4}}\tan x\,dx=\int_{\frac{\pi}{6}}^{\frac{\pi}{4}}\left\{-\frac{(\cos x)'}{\cos x}\right\}dx=\Big[-\log(\cos x)\Big]_{\frac{\pi}{6}}^{\frac{\pi}{4}}$

$\displaystyle=\boldsymbol{\frac{1}{2}(\log 3-\log 2)}$

←$\dfrac{(分母)'}{(分母)}$ の形。

注意　$\displaystyle\boldsymbol{\int\tan x\,dx=-\log|\cos x|+C}$ を公式として利用してもよい。

**練習 ②149** 次の定積分を求めよ。

(1) $\int_0^3 \sqrt{9-x^2}\,dx$　(2) $\int_0^2 \frac{dx}{\sqrt{16-x^2}}$　(3) $\int_0^{\sqrt{3}} \frac{x^2}{\sqrt{4-x^2}}\,dx$

(1) $x=3\sin\theta$ とおくと　$dx=3\cos\theta\,d\theta$

$x$ と $\theta$ の対応は右のようになる。

| $x$ | $0 \longrightarrow 3$ |
|---|---|
| $\theta$ | $0 \longrightarrow \frac{\pi}{2}$ |

$0 \leqq \theta \leqq \frac{\pi}{2}$ のとき，$\cos\theta \geqq 0$ であるから

$$\sqrt{9-x^2}=\sqrt{9(1-\sin^2\theta)}=\sqrt{9\cos^2\theta}=3\cos\theta$$

よって　$\int_0^3 \sqrt{9-x^2}\,dx=\int_0^{\frac{\pi}{2}}(3\cos\theta)\cdot 3\cos\theta\,d\theta$

$$=9\int_0^{\frac{\pi}{2}}\cos^2\theta\,d\theta=9\int_0^{\frac{\pi}{2}}\frac{1+\cos 2\theta}{2}\,d\theta$$

$$=\frac{9}{2}\left[\theta+\frac{\sin 2\theta}{2}\right]_0^{\frac{\pi}{2}}=\boldsymbol{\frac{9}{4}\pi}$$

(2) $x=4\sin\theta$ とおくと　$dx=4\cos\theta\,d\theta$

$x$ と $\theta$ の対応は右のようになる。

| $x$ | $0 \longrightarrow 2$ |
|---|---|
| $\theta$ | $0 \longrightarrow \frac{\pi}{6}$ |

$0 \leqq \theta \leqq \frac{\pi}{6}$ のとき，$\cos\theta > 0$ であるから

$$\sqrt{16-x^2}=\sqrt{16(1-\sin^2\theta)}=\sqrt{16\cos^2\theta}=4\cos\theta$$

よって　$\int_0^2 \frac{dx}{\sqrt{16-x^2}}=\int_0^{\frac{\pi}{6}}\frac{4\cos\theta}{4\cos\theta}\,d\theta=\int_0^{\frac{\pi}{6}}d\theta=\left[\theta\right]_0^{\frac{\pi}{6}}=\boldsymbol{\frac{\pi}{6}}$

(3) $x=2\sin\theta$ とおくと　$dx=2\cos\theta\,d\theta$

$x$ と $\theta$ の対応は右のようになる。

| $x$ | $0 \longrightarrow \sqrt{3}$ |
|---|---|
| $\theta$ | $0 \longrightarrow \frac{\pi}{3}$ |

$0 \leqq \theta \leqq \frac{\pi}{3}$ のとき，$\cos\theta > 0$ であるから

$$\sqrt{4-x^2}=\sqrt{4(1-\sin^2\theta)}=\sqrt{4\cos^2\theta}=2\cos\theta$$

よって　$\int_0^{\sqrt{3}} \frac{x^2}{\sqrt{4-x^2}}\,dx=\int_0^{\frac{\pi}{3}}\frac{4\sin^2\theta}{2\cos\theta}\cdot 2\cos\theta\,d\theta$

$$=4\int_0^{\frac{\pi}{3}}\sin^2\theta\,d\theta=4\int_0^{\frac{\pi}{3}}\frac{1-\cos 2\theta}{2}\,d\theta$$

$$=2\left[\theta-\frac{\sin 2\theta}{2}\right]_0^{\frac{\pi}{3}}=\boldsymbol{\frac{2}{3}\pi-\frac{\sqrt{3}}{2}}$$

HINT　$\sqrt{a^2-x^2}$ の定積分は，$x=a\sin\theta$ とおく。

←$\int_0^3 \sqrt{9-x^2}\,dx$ は，半径3の四分円の面積を表すから，直ちに

$\frac{\pi\cdot 3^2}{4}=\frac{9}{4}\pi$

として求めてもよい。

←$\sin^2\theta=\frac{1-\cos 2\theta}{2}$

**練習 ②150** 次の定積分を求めよ。

(1) $\int_0^{\sqrt{3}} \frac{dx}{1+x^2}$　(2) $\int_1^4 \frac{dx}{x^2-2x+4}$　(3) $\int_0^{\sqrt{2}} \frac{dx}{(x^2+2)\sqrt{x^2+2}}$

(1) $x=\tan\theta$ とおくと　$dx=\frac{1}{\cos^2\theta}\,d\theta$

$x$ と $\theta$ の対応は右のようになる。

| $x$ | $0 \longrightarrow \sqrt{3}$ |
|---|---|
| $\theta$ | $0 \longrightarrow \frac{\pi}{3}$ |

よって

$$\int_0^{\sqrt{3}} \frac{dx}{1+x^2}=\int_0^{\frac{\pi}{3}}\frac{1}{1+\tan^2\theta}\cdot\frac{d\theta}{\cos^2\theta}=\int_0^{\frac{\pi}{3}}d\theta=\left[\theta\right]_0^{\frac{\pi}{3}}=\boldsymbol{\frac{\pi}{3}}$$

HINT　$\frac{1}{x^2+a^2}$ の定積分は，$x=a\tan\theta$ とおく。

←$\frac{1}{1+\tan^2\theta}=\cos^2\theta$

(2)　$x^2-2x+4=(x-1)^2+3$ と変形できる。

$x-1=\sqrt{3}\tan\theta$ とおくと　$dx=\dfrac{\sqrt{3}}{\cos^2\theta}d\theta$

| $x$ | $1 \longrightarrow 4$ |
|---|---|
| $\theta$ | $0 \longrightarrow \dfrac{\pi}{3}$ |

$x$ と $\theta$ の対応は右のようになる。

よって　$\displaystyle\int_1^4 \frac{dx}{x^2-2x+4}=\int_1^4 \frac{dx}{(x-1)^2+3}$

$\displaystyle=\int_0^{\frac{\pi}{3}} \frac{1}{3(\tan^2\theta+1)}\cdot\frac{\sqrt{3}}{\cos^2\theta}d\theta=\int_0^{\frac{\pi}{3}}\frac{\sqrt{3}}{3}d\theta$

$\displaystyle=\frac{\sqrt{3}}{3}\Big[\theta\Big]_0^{\frac{\pi}{3}}=\frac{\sqrt{3}}{3}\cdot\frac{\pi}{3}=\boldsymbol{\frac{\sqrt{3}}{9}\pi}$

←$\dfrac{1}{\tan^2\theta+1}=\cos^2\theta$

(3)　$x=\sqrt{2}\tan\theta$ とおくと　$dx=\dfrac{\sqrt{2}}{\cos^2\theta}d\theta$

| $x$ | $0 \longrightarrow \sqrt{2}$ |
|---|---|
| $\theta$ | $0 \longrightarrow \dfrac{\pi}{4}$ |

$x$ と $\theta$ の対応は右のようになる。

よって　$\displaystyle\int_0^{\sqrt{2}} \frac{dx}{(x^2+2)\sqrt{x^2+2}}=\int_0^{\sqrt{2}}\frac{dx}{(x^2+2)^{\frac{3}{2}}}$

$\displaystyle=\int_0^{\frac{\pi}{4}}\frac{1}{2^{\frac{3}{2}}(\tan^2\theta+1)^{\frac{3}{2}}}\cdot\frac{\sqrt{2}}{\cos^2\theta}d\theta=\frac{1}{2}\int_0^{\frac{\pi}{4}}\cos\theta\,d\theta$

$\displaystyle=\frac{1}{2}\Big[\sin\theta\Big]_0^{\frac{\pi}{4}}=\boldsymbol{\frac{\sqrt{2}}{4}}$

←$\dfrac{1}{\tan^2\theta+1}=\cos^2\theta$

**練習 ②151**　次の定積分を求めよ。(2) では $a$ は定数とする。

(1)　$\displaystyle\int_{-\pi}^{\pi}(2\sin t+3\cos t)^2dt$　　(2)　$\displaystyle\int_{-a}^{a}x\sqrt{a^2-x^2}\,dx$　　(3)　$\displaystyle\int_{-\frac{\pi}{3}}^{\frac{\pi}{3}}(\cos x+x^2\sin x)dx$

(1)　$\displaystyle(与式)=\int_{-\pi}^{\pi}(4\sin^2t+12\sin t\cos t+9\cos^2t)dt$

$\sin^2t$，$\cos^2t$ は偶関数，$\sin t\cos t$ は奇関数であるから

$\displaystyle(与式)=2\int_0^{\pi}(4\sin^2t+9\cos^2t)dt$

$\displaystyle=2\int_0^{\pi}\left\{4(\sin^2t+\cos^2t)+5\cdot\frac{1+\cos 2t}{2}\right\}dt$

$\displaystyle=2\int_0^{\pi}\left\{4+\frac{5}{2}(1+\cos 2t)\right\}dt$

$\displaystyle=\int_0^{\pi}(13+5\cos 2t)dt$

$\displaystyle=\left[13t+\frac{5}{2}\sin 2t\right]_0^{\pi}=\boldsymbol{13\pi}$

**❶ $\displaystyle\int_{-a}^{a}$ の扱い**

**偶関数は $2\displaystyle\int_0^a$，奇関数は 0**

←$\displaystyle\int_{-\pi}^{\pi}\sin t\cos t\,dt=0$

$\cos^2t=\dfrac{1+\cos 2t}{2}$

(2)　$f(x)=x\sqrt{a^2-x^2}$ とすると

$f(-x)=-x\sqrt{a^2-x^2}=-f(x)$

よって，$f(x)$ は奇関数であるから　　(与式)$=\boldsymbol{0}$

←$f(x)$ が奇関数
　$\Longleftrightarrow f(-x)=-f(x)$

←$f(x)$ が偶関数
　$\Longleftrightarrow f(-x)=f(x)$

(3)　$\cos x$ は偶関数であり，$(-x)^2\sin(-x)=-x^2\sin x$ であるから，$x^2\sin x$ は奇関数である。

よって　　$\displaystyle(与式)=2\int_0^{\frac{\pi}{3}}\cos x\,dx=2\Big[\sin x\Big]_0^{\frac{\pi}{3}}=2\cdot\frac{\sqrt{3}}{2}=\boldsymbol{\sqrt{3}}$

←$\displaystyle\int_{-\frac{\pi}{3}}^{\frac{\pi}{3}}x^2\sin x\,dx=0$

**練習 ③152**

(1) 連続な関数 $f(x)$ について，等式 $\int_0^{\frac{\pi}{2}} f(\sin x)dx = \int_0^{\frac{\pi}{2}} f(\cos x)dx$ を証明せよ。

(2) 定積分 $I=\int_0^{\frac{\pi}{2}} \frac{\sin x}{\sin x+\cos x}dx$ を求めよ。〔類 愛媛大〕

(1) $x=\frac{\pi}{2}-t$ とおくと　$dx=-dt$,

$$\sin x=\sin\left(\frac{\pi}{2}-t\right)=\cos t$$

| $x$ | $0 \longrightarrow \frac{\pi}{2}$ |
|---|---|
| $t$ | $\frac{\pi}{2} \longrightarrow 0$ |

$x$ と $t$ の対応は右のようになるから

$$\int_0^{\frac{\pi}{2}} f(\sin x)dx = \int_{\frac{\pi}{2}}^0 f(\cos t)\cdot(-1)dt$$

$$= \int_0^{\frac{\pi}{2}} f(\cos t)dt = \int_0^{\frac{\pi}{2}} f(\cos x)dx$$

(2) $x=\frac{\pi}{2}-t$ とおくと　$dx=-dt$

| $x$ | $0 \longrightarrow \frac{\pi}{2}$ |
|---|---|
| $t$ | $\frac{\pi}{2} \longrightarrow 0$ |

$x$ と $t$ の対応は右のようになる。

$$I=\int_{\frac{\pi}{2}}^0 \frac{\sin\left(\frac{\pi}{2}-t\right)}{\sin\left(\frac{\pi}{2}-t\right)+\cos\left(\frac{\pi}{2}-t\right)}\cdot(-1)dt$$

$$=\int_{\frac{\pi}{2}}^0 \frac{\cos t}{\cos t+\sin t}\cdot(-1)dt = \int_0^{\frac{\pi}{2}} \frac{\cos t}{\cos t+\sin t}dt$$

$$=\int_0^{\frac{\pi}{2}} \frac{\cos x}{\sin x+\cos x}dx$$

最後の式を $J$ とおくと

$$I+J=\int_0^{\frac{\pi}{2}} \frac{\sin x+\cos x}{\sin x+\cos x}dx = \int_0^{\frac{\pi}{2}} dx = \Big[x\Big]_0^{\frac{\pi}{2}} = \frac{\pi}{2}$$

$I=J$ であるから，$2I=\frac{\pi}{2}$ より　$I=\boldsymbol{\frac{\pi}{4}}$

HINT (1), (2) ともに $x=\frac{\pi}{2}-t$ とおき換える。

←$-\int_{\frac{\pi}{2}}^0 = \int_0^{\frac{\pi}{2}}$

←定積分の値は積分変数の文字に無関係。

←$\sin\left(\frac{\pi}{2}-t\right)=\cos t$
$\cos\left(\frac{\pi}{2}-t\right)=\sin t$

←$-\int_{\frac{\pi}{2}}^0 = \int_0^{\frac{\pi}{2}}$

←定積分の値は積分変数の文字に無関係。

**練習 ④153**

(1) 連続関数 $f(x)$ が，すべての実数 $x$ について $f(\pi-x)=f(x)$ を満たすとき，$\int_0^{\pi}\left(x-\frac{\pi}{2}\right)f(x)dx=0$ が成り立つことを証明せよ。

(2) 定積分 $\int_0^{\pi} \frac{x\sin^3 x}{4-\cos^2 x}dx$ を求めよ。〔名古屋大〕

HINT (1) $\pi-x=t$ とおく。

(2) (1) で証明した等式を用いるために，まず $f(x)=\frac{\sin^3 x}{4-\cos^2 x}$ として，$f(\pi-x)=f(x)$ であることを示す。

(1) $I=\int_0^{\pi}\left(x-\frac{\pi}{2}\right)f(x)dx$ とする。

$\pi-x=t$ とおくと　$x=\pi-t$, $dx=-dt$

| $x$ | $0 \longrightarrow \pi$ |
|---|---|
| $t$ | $\pi \longrightarrow 0$ |

$x$ と $t$ の対応は右のようになる。

したがって

5章 練習 [積分法]

$$I=\int_{\pi}^{0}\left(\pi-t-\frac{\pi}{2}\right)f(\pi-t)\cdot(-1)dt$$

$$=\int_{0}^{\pi}\left(\frac{\pi}{2}-t\right)f(\pi-t)dt=\int_{0}^{\pi}\left(\frac{\pi}{2}-t\right)f(t)dt$$ ←$f(\pi-t)=f(t)$

$$=-\int_{0}^{\pi}\left(x-\frac{\pi}{2}\right)f(x)dx=-I$$ ←同形出現。

よって　$I=0$　すなわち　$\displaystyle\int_{0}^{\pi}\left(x-\frac{\pi}{2}\right)f(x)dx=0$

(2)　$J=\displaystyle\int_{0}^{\pi}\frac{x\sin^3 x}{4-\cos^2 x}dx$ とし，$f(x)=\dfrac{\sin^3 x}{4-\cos^2 x}$ とすると

$$f(\pi-x)=\frac{\sin^3(\pi-x)}{4-\cos^2(\pi-x)}=\frac{\sin^3 x}{4-\cos^2 x}=f(x)$$ ←まず，$f(\pi-x)=f(x)$ を示す。

よって，(1)から

$$J=\int_{0}^{\pi}xf(x)dx=\int_{0}^{\pi}\left\{\left(x-\frac{\pi}{2}\right)f(x)+\frac{\pi}{2}f(x)\right\}dx$$

$$=\int_{0}^{\pi}\left(x-\frac{\pi}{2}\right)f(x)dx+\frac{\pi}{2}\int_{0}^{\pi}f(x)dx=\frac{\pi}{2}\int_{0}^{\pi}f(x)dx$$ ←$\displaystyle\int_{0}^{\pi}\left(x-\frac{\pi}{2}\right)f(x)dx=0$

$$=\frac{\pi}{2}\int_{0}^{\pi}\frac{\sin^3 x}{4-\cos^2 x}dx=\frac{\pi}{2}\int_{0}^{\pi}\frac{1-\cos^2 x}{4-\cos^2 x}\cdot\sin x\,dx$$

$\cos x=u$ とおくと　$-\sin x\,dx=du$

$x$ と $u$ の対応は右のようになる。

| $x$ | $0\longrightarrow\pi$ |
|---|---|
| $u$ | $1\longrightarrow-1$ |

ゆえに　$J=\dfrac{\pi}{2}\displaystyle\int_{1}^{-1}\frac{1-u^2}{4-u^2}\cdot(-1)du$

$$=\frac{\pi}{2}\int_{-1}^{1}\frac{u^2-1}{u^2-4}du=\frac{\pi}{2}\cdot2\int_{0}^{1}\frac{u^2-1}{u^2-4}du$$ ←$\dfrac{u^2-1}{u^2-4}$ は偶関数。

$$=\pi\int_{0}^{1}\left(1+\frac{3}{u^2-4}\right)du$$ ←分子の次数を下げる。

$$=\pi\int_{0}^{1}\left\{1+\frac{3}{4}\left(\frac{1}{u-2}-\frac{1}{u+2}\right)\right\}du$$

$$=\pi\left[u+\frac{3}{4}\{\log|u-2|-\log(u+2)\}\right]_{0}^{1}$$

$$=\pi\left[u+\frac{3}{4}\log\frac{|u-2|}{u+2}\right]_{0}^{1}=\boldsymbol{\pi\left(1-\frac{3}{4}\log3\right)}$$

←$\dfrac{1}{u^2-4}=\dfrac{1}{(u-2)(u+2)}=\dfrac{1}{4}\cdot\dfrac{(u+2)-(u-2)}{(u-2)(u+2)}=\dfrac{1}{4}\left(\dfrac{1}{u-2}-\dfrac{1}{u+2}\right)$

**練習 ②154**　次の定積分を求めよ。(4) では $a$，$b$ は定数とする。

(1) $\displaystyle\int_{0}^{\frac{1}{3}}xe^{3x}dx$　(2) $\displaystyle\int_{1}^{e}x^2\log x\,dx$　(3) $\displaystyle\int_{1}^{e}(\log x)^2dx$

(4) $\displaystyle\int_{a}^{b}(x-a)^2(x-b)dx$　(5) $\displaystyle\int_{0}^{2\pi}\left|x\cos\frac{x}{3}\right|dx$

〔(1) 宮崎大，(5) 愛媛大〕

(1)　(与式)$=\displaystyle\int_{0}^{\frac{1}{3}}x\left(\frac{1}{3}e^{3x}\right)'dx=\left[\frac{1}{3}xe^{3x}\right]_{0}^{\frac{1}{3}}-\int_{0}^{\frac{1}{3}}\frac{1}{3}e^{3x}dx$

$$=\frac{1}{9}e-\left[\frac{1}{9}e^{3x}\right]_{0}^{\frac{1}{3}}=\frac{1}{9}e-\frac{1}{9}(e-1)=\boldsymbol{\frac{1}{9}}$$

(2)　(与式)$=\displaystyle\int_{1}^{e}\left(\frac{x^3}{3}\right)'\log x\,dx=\left[\frac{x^3}{3}\log x\right]_{1}^{e}-\int_{1}^{e}\frac{x^2}{3}dx$

←部分積分法の利用。
$$\int_{a}^{b}f(x)g'(x)dx=\Big[f(x)g(x)\Big]_{a}^{b}-\int_{a}^{b}f'(x)g(x)dx$$

$$=\frac{e^3}{3}-\left[\frac{x^3}{9}\right]_1^e=\frac{e^3}{3}-\frac{e^3-1}{9}=\boldsymbol{\frac{2e^3+1}{9}}$$

(3) (与式)$=\int_1^e (x)'(\log x)^2\,dx=\left[x(\log x)^2\right]_1^e-2\int_1^e \log x\,dx$

$=e-2\int_1^e (x)'\log x\,dx=e-2\left(\left[x\log x\right]_1^e-\left[x\right]_1^e\right)$

$=e-2\{e-(e-1)\}=\boldsymbol{e-2}$

←部分積分法。

←更に部分積分法。なお $\int \log x\,dx=x\log x-x+C$

(4) (与式) $=\int_a^b\left\{\frac{1}{3}(x-a)^3\right\}'(x-b)\,dx$

$=\frac{1}{3}\left[(x-a)^3(x-b)\right]_a^b-\frac{1}{3}\int_a^b (x-a)^3\,dx$

$=-\frac{1}{12}\left[(x-a)^4\right]_a^b=\boldsymbol{-\frac{1}{12}(b-a)^4}$

←$\left[(x-a)^3(x-b)\right]_a^b=0$

(5) $0\leqq x\leqq\frac{3}{2}\pi$ のとき，$0\leqq\frac{x}{3}\leqq\frac{\pi}{2}$ から $\left|\cos\frac{x}{3}\right|=\cos\frac{x}{3}$

←$\cos\frac{x}{3}\geqq 0$

$\frac{3}{2}\pi\leqq x\leqq 2\pi$ のとき，$\frac{\pi}{2}\leqq\frac{x}{3}\leqq\frac{2}{3}\pi$ から $\left|\cos\frac{x}{3}\right|=-\cos\frac{x}{3}$

←$\cos\frac{x}{3}\leqq 0$

よって $\int_0^{2\pi}\left|x\cos\frac{x}{3}\right|dx=\int_0^{\frac{3}{2}\pi}x\cos\frac{x}{3}\,dx-\int_{\frac{3}{2}\pi}^{2\pi}x\cos\frac{x}{3}\,dx$

ここで $\int x\cos\frac{x}{3}\,dx=x\cdot 3\sin\frac{x}{3}-\int 3\sin\frac{x}{3}\,dx$

$=3x\sin\frac{x}{3}+9\cos\frac{x}{3}+C$

←$\int x\cos\frac{x}{3}\,dx$ $=\int x\left(3\sin\frac{x}{3}\right)'dx$

ゆえに $\int_0^{2\pi}\left|x\cos\frac{x}{3}\right|dx$

$=\left[3x\sin\frac{x}{3}+9\cos\frac{x}{3}\right]_0^{\frac{3}{2}\pi}-\left[3x\sin\frac{x}{3}+9\cos\frac{x}{3}\right]_{\frac{3}{2}\pi}^{2\pi}$

$=2\cdot\frac{9}{2}\pi-9-\left(3\sqrt{3}\,\pi-\frac{9}{2}\right)=\boldsymbol{(9-3\sqrt{3})\pi-\frac{9}{2}}$

←$\left[F(x)\right]_a^b-\left[F(x)\right]_b^c$ $=2F(b)-F(a)-F(c)$

**練習 ③155** (1) $\int_0^{\pi}e^{-x}\sin x\,dx$ を求めよ。 (2) (1)の結果を用いて，$\int_0^{\pi}xe^{-x}\sin x\,dx$ を求めよ。

$I=\int e^{-x}\sin x\,dx$，$J=\int e^{-x}\cos x\,dx$ とする。

$(e^{-x}\sin x)'=-e^{-x}\sin x+e^{-x}\cos x$

$(e^{-x}\cos x)'=-e^{-x}\cos x-e^{-x}\sin x$

であるから，それぞれの両辺を積分して

$e^{-x}\sin x=-I+J$ …… ①，$e^{-x}\cos x=-J-I$ …… ②

(①+②)÷(−2) から $I=-\frac{1}{2}e^{-x}(\sin x+\cos x)+C$

(①−②)÷2 から $J=\frac{1}{2}e^{-x}(\sin x-\cos x)+C$

←(2)の定積分の計算に部分積分法を適用すると，$e^{-x}\sin x$ と $e^{-x}\cos x$ の不定積分が必要になる。そこで，これらをペアとして本冊 $p.264$ 重要例題 **155** の 別解 の方針で先に求めておく。

(1) $\int_0^{\pi}e^{-x}\sin x\,dx=\left[-\frac{1}{2}e^{-x}(\sin x+\cos x)\right]_0^{\pi}=\boldsymbol{\frac{e^{-\pi}+1}{2}}$

5章 練習 [積分法]

(2) $\int_0^{\pi} xe^{-x}\sin x\,dx=\int_0^{\pi} x\cdot\left\{-\frac{1}{2}e^{-x}(\sin x+\cos x)\right\}'dx$

$=\left[x\cdot\left\{-\frac{1}{2}e^{-x}(\sin x+\cos x)\right\}\right]_0^{\pi}$

$-\int_0^{\pi}1\cdot\left\{-\frac{1}{2}e^{-x}(\sin x+\cos x)\right\}dx$

$=\frac{\pi}{2}e^{-\pi}+\frac{1}{2}\left(\int_0^{\pi}e^{-x}\sin x\,dx+\int_0^{\pi}e^{-x}\cos x\,dx\right)$

ここで　$\int_0^{\pi}e^{-x}\cos x\,dx=\left[\frac{1}{2}e^{-x}(\sin x-\cos x)\right]_0^{\pi}=\frac{e^{-\pi}+1}{2}$

これと(1)の結果を用いると

$\int_0^{\pi}xe^{-x}\sin x\,dx=\frac{\pi}{2}e^{-\pi}+\frac{1}{2}\left(\frac{e^{-\pi}+1}{2}+\frac{e^{-\pi}+1}{2}\right)$

$=\boldsymbol{\frac{1}{2}\{(\pi+1)e^{-\pi}+1\}}$

←部分積分法。

←② より，$I+J=-e^{-x}\cos x$ であるから ( ) 内の定積分 $=\left[-e^{-x}\cos x\right]_0^{\pi}=e^{-\pi}+1$ としてもよい。

**検討**　**本冊 $p.265$ 参考事項の「$\lim_{n\to\infty}\frac{r^n}{n!}=0$ （$r$ は正の実数）」の証明**

証明　整数 $k$ を $r<k$ となるようにとると　$0<\frac{r}{k}<1$

$n$ が十分大きいとき

$\frac{r^n}{n!}=\frac{r}{1}\cdot\frac{r}{2}\cdots\cdots\frac{r}{k-1}\cdot\frac{r}{k}\cdots\cdots\frac{r}{n}$

$<\frac{r}{1}\cdot\frac{r}{2}\cdots\cdots\frac{r}{k-1}\cdot\frac{r}{k}\cdots\cdots\frac{r}{k}$

$=\frac{r}{1}\cdot\frac{r}{2}\cdots\cdots\frac{r}{k-1}\cdot\left(\frac{r}{k}\right)^{n-k+1}$

よって，$0<\frac{r^n}{n!}<\frac{r}{1}\cdot\frac{r}{2}\cdots\cdots\frac{r}{k-1}\cdot\left(\frac{r}{k}\right)^{n-k+1}$ であり

$\lim_{n\to\infty}\frac{r}{1}\cdot\frac{r}{2}\cdots\cdots\frac{r}{k-1}\cdot\left(\frac{r}{k}\right)^{n-k+1}=0$ …… (＊)

したがって　$\boldsymbol{\lim_{n\to\infty}\frac{r^n}{n!}=0}$

(＊)　$0<\frac{r}{k}<1$ から $\lim_{n\to\infty}\left(\frac{r}{k}\right)^{n-k+1}=0$

←はさみうちの原理。

参考　$r$ が負の実数のときも，絶対値をとることで同様に証明できる。

**練習 ④156**

(1) $I_n=\int_0^{\frac{\pi}{2}}\sin^n x\,dx$，$J_n=\int_0^{\frac{\pi}{2}}\cos^n x\,dx$ （$n$ は 0 以上の整数）とすると，$I_n=J_n$ （$n\geqq 0$）が成り立つことを示せ。ただし，$\sin^0 x=\cos^0 x=1$ である。〔類　日本女子大〕

(2) $I_n=\int_0^{\frac{\pi}{4}}\tan^n x\,dx$ （$n$ は自然数）とする。$n\geqq 3$ のときの $I_n$ を，$n$，$I_{n-2}$ を用いて表せ。また，$I_3$，$I_4$ を求めよ。〔類　横浜国大〕

(1) $x=\frac{\pi}{2}-t$ とおくと　$dx=-dt$

$x$ と $t$ の対応は右のようになる。

| $x$ | $0\longrightarrow\frac{\pi}{2}$ |
|---|---|
| $t$ | $\frac{\pi}{2}\longrightarrow 0$ |

よって，$n\geqq 1$ のとき

←置換積分法を利用。

$$\int_0^{\frac{\pi}{2}}\sin^n x\,dx=\int_{\frac{\pi}{2}}^0\sin^n\left(\frac{\pi}{2}-t\right)\cdot(-1)dt$$

$$=\int_0^{\frac{\pi}{2}}\cos^n t\,dt=\int_0^{\frac{\pi}{2}}\cos^n x\,dx$$

←$\sin\left(\frac{\pi}{2}-\theta\right)=\cos\theta$, $-\int_{\frac{\pi}{2}}^0=\int_0^{\frac{\pi}{2}}$

また　$I_0=J_0=\int_0^{\frac{\pi}{2}}dx$　　よって　$I_n=J_n$ $(n\geqq 0)$

←$\sin^0 x=\cos^0 x=1$

(2)　$n\geqq 3$ のとき

$$\boldsymbol{I_n}=\int_0^{\frac{\pi}{4}}\tan^{n-2}x\tan^2 x\,dx=\int_0^{\frac{\pi}{4}}\tan^{n-2}x\left(\frac{1}{\cos^2 x}-1\right)dx$$

←$1+\tan^2\theta=\frac{1}{\cos^2\theta}$

$$=\int_0^{\frac{\pi}{4}}\tan^{n-2}x(\tan x)'\,dx-\int_0^{\frac{\pi}{4}}\tan^{n-2}x\,dx$$

←$f(■)■'$ の形を作る。

$$=\left[\frac{1}{n-1}\tan^{n-1}x\right]_0^{\frac{\pi}{4}}-I_{n-2}=\boldsymbol{\frac{1}{n-1}-I_{n-2}}$$

←$\tan\frac{\pi}{4}=1$, $\tan 0=0$

また　$I_1=\int_0^{\frac{\pi}{4}}\frac{\sin x}{\cos x}dx=\Big[-\log(\cos x)\Big]_0^{\frac{\pi}{4}}$

$$=-\log\frac{1}{\sqrt{2}}=\frac{1}{2}\log 2$$

←$\frac{\sin x}{\cos x}=-\frac{(\cos x)'}{\cos x}$
$0\leqq x\leqq\frac{\pi}{4}$ において
$\cos x>0$

よって　$\boldsymbol{I_3}=\frac{1}{2}-I_1=\boldsymbol{\frac{1}{2}-\frac{1}{2}\log 2}$

←$I_n=\frac{1}{n-1}-I_{n-2}$ で
$n=3$ とおく。

更に　$I_2=\int_0^{\frac{\pi}{4}}\left(\frac{1}{\cos^2 x}-1\right)dx=\Big[\tan x-x\Big]_0^{\frac{\pi}{4}}=1-\frac{\pi}{4}$

ゆえに　$\boldsymbol{I_4}=\frac{1}{3}-I_2=\frac{1}{3}-\left(1-\frac{\pi}{4}\right)=\boldsymbol{\frac{\pi}{4}-\frac{2}{3}}$

←$I_n=\frac{1}{n-1}-I_{n-2}$ で
$n=4$ とおく。

**練習 ④157**

$m$, $n$ を 0 以上の整数として，$I_{m,n}=\int_0^{\frac{\pi}{2}}\sin^m x\cos^n x\,dx$ とする。ただし，$\sin^0 x=\cos^0 x=1$ である。

(1)　$I_{m,n}=I_{n,m}$ および $I_{m,n}=\frac{n-1}{m+n}I_{m,n-2}$ $(n\geqq 2)$ を示せ。

(2)　(1) の等式を利用して，次の定積分を求めよ。

(ア)　$\int_0^{\frac{\pi}{2}}\sin^6 x\cos^3 x\,dx$　　(イ)　$\int_0^{\frac{\pi}{2}}\sin^5 x\cos^7 x\,dx$

(1)　$x=\frac{\pi}{2}-t$ とおくと　　$dx=-dt$

$x$ と $t$ の対応は右のようになる。

| $x$ | $0\longrightarrow\frac{\pi}{2}$ |
|---|---|
| $t$ | $\frac{\pi}{2}\longrightarrow 0$ |

よって　$I_{m,n}=\int_0^{\frac{\pi}{2}}\sin^m x\cos^n x\,dx$

$$=\int_{\frac{\pi}{2}}^0\sin^m\left(\frac{\pi}{2}-t\right)\cos^n\left(\frac{\pi}{2}-t\right)\cdot(-1)dt$$

$$=\int_0^{\frac{\pi}{2}}\sin^n x\cos^m x\,dx=I_{n,m}$$

←$\sin\left(\frac{\pi}{2}-t\right)=\cos t$,
$\cos\left(\frac{\pi}{2}-t\right)=\sin t$

次に，$n\geqq 2$ のとき

$$\underline{\int\sin^m x\cos^n x\,dx}=\int(\sin^m x\cos x)\cos^{n-1}x\,dx$$

5章 練習 [積分法]

$$=\int\left(\frac{\sin^{m+1}x}{m+1}\right)'\cos^{n-1}x\,dx$$

$$=\frac{\sin^{m+1}x\cos^{n-1}x}{m+1}-\int\frac{\sin^{m+1}x}{m+1}\cdot(n-1)\cos^{n-2}x(-\sin x)dx$$

$$=\frac{\sin^{m+1}x\cos^{n-1}x}{m+1}+\frac{n-1}{m+1}\int\sin^{m+2}x\cos^{n-2}x\,dx \quad\cdots\cdots ①$$

また $\int\sin^{m+2}x\cos^{n-2}x\,dx=\int\sin^m x\cos^{n-2}x(1-\cos^2 x)dx$

$$=\int\sin^m x\cos^{n-2}x\,dx-\int\sin^m x\cos^n x\,dx \quad\cdots\cdots ②$$

←同形出現。

①，② から

$$\int\sin^m x\cos^n x\,dx=\frac{\sin^{m+1}x\cos^{n-1}x}{m+n}+\frac{n-1}{m+n}\int\sin^m x\cos^{n-2}x\,dx$$

ゆえに $\int_0^{\frac{\pi}{2}}\sin^m x\cos^n x\,dx$

$$=\left[\frac{\sin^{m+1}x\cos^{n-1}x}{m+n}\right]_0^{\frac{\pi}{2}}+\frac{n-1}{m+n}\int_0^{\frac{\pi}{2}}\sin^m x\cos^{n-2}x\,dx$$

←$\left[\frac{\sin^{m+1}x\cos^{n-1}x}{m+n}\right]_0^{\frac{\pi}{2}}=0$

したがって $I_{m,n}=\frac{n-1}{m+n}I_{m,n-2}$

(2) (ア) $\int_0^{\frac{\pi}{2}}\sin^6 x\cos^3 x\,dx=I_{6,3}=\frac{2}{9}I_{6,1}$

←$I_{6,3}=\frac{3-1}{6+3}I_{6,3-2}$

また $I_{6,1}=\int_0^{\frac{\pi}{2}}\sin^6 x\cos x\,dx=\left[\frac{1}{7}\sin^7 x\right]_0^{\frac{\pi}{2}}=\frac{1}{7}$

←$\sin^6 x\cos x$ $=\sin^6 x(\sin x)'$

よって $\int_0^{\frac{\pi}{2}}\sin^6 x\cos^3 x\,dx=\frac{2}{9}\cdot\frac{1}{7}=\boldsymbol{\frac{2}{63}}$

(イ) $\int_0^{\frac{\pi}{2}}\sin^5 x\cos^7 x\,dx=I_{5,7}=\frac{6}{12}I_{5,5}=\frac{1}{2}\cdot\frac{4}{10}I_{5,3}$

$$=\frac{1}{5}\cdot\frac{2}{8}I_{5,1}=\frac{1}{20}I_{5,1}$$

←$I_{5,7}=\frac{7-1}{5+7}I_{5,7-2}$ など。

また $I_{5,1}=\int_0^{\frac{\pi}{2}}\sin^5 x\cos x\,dx=\left[\frac{1}{6}\sin^6 x\right]_0^{\frac{\pi}{2}}=\frac{1}{6}$

←$\sin^5 x\cos x$ $=\sin^5 x(\sin x)'$

よって $\int_0^{\frac{\pi}{2}}\sin^5 x\cos^7 x\,dx=\frac{1}{20}\cdot\frac{1}{6}=\boldsymbol{\frac{1}{120}}$

**練習 ④158**

$a$ を正の定数とする。任意の実数 $x$ に対して，$x=a\tan y$ を満たす $y$ $\left(-\frac{\pi}{2}<y<\frac{\pi}{2}\right)$ を対応させる関数を $y=f(x)$ とするとき，$\int_0^a f(x)dx$ を求めよ。 〔信州大〕

$x=a\tan y$ $\left(-\frac{\pi}{2}<y<\frac{\pi}{2}\right)$，$y=f(x)$ …… ① とする。

HINT $x=a\tan y$ から $f'(x)$ を求め，部分積分法による定積分の式に代入する。

$x=a\tan y$ の両辺を $x$ で微分して $1=\frac{a}{\cos^2 y}\cdot\frac{dy}{dx}$

ゆえに $\frac{dy}{dx}=\frac{\cos^2 y}{a}=\frac{1}{a(1+\tan^2 y)}=\frac{a}{a^2+x^2}$

① で $x=a$ とおくと $a=a\tan y$，$y=f(a)$

$a=a\tan y$ から　　$\tan y=1$

$-\dfrac{\pi}{2}<y<\dfrac{\pi}{2}$ であるから　　$y=f(a)=\dfrac{\pi}{4}$

したがって

$$\int_0^a f(x)dx=\int_0^a (x)'f(x)dx=\Big[xf(x)\Big]_0^a-\int_0^a xf'(x)dx$$

$$=af(a)-\int_0^a \frac{ax}{x^2+a^2}dx$$

$$=a\cdot\frac{\pi}{4}-\frac{a}{2}\int_0^a \frac{(x^2+a^2)'}{x^2+a^2}dx$$

$$=\frac{\pi}{4}a-\frac{a}{2}\Big[\log(x^2+a^2)\Big]_0^a$$

$$=\frac{\pi}{4}a-\frac{a}{2}(\log 2a^2-\log a^2)$$

$$=\boldsymbol{\left(\frac{\pi}{4}-\frac{1}{2}\log 2\right)a}$$

検討　$y=f(x)$ のグラフは次のようになる。

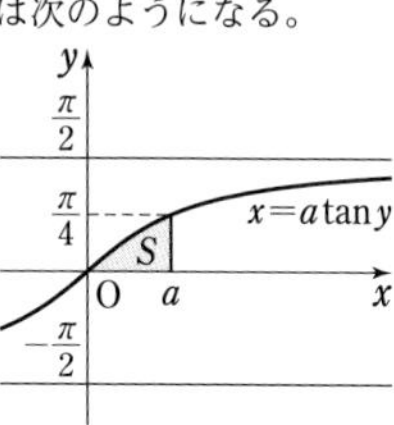


$\int_0^a f(x)dx=S$ とすると

$S=\dfrac{\pi}{4}\cdot a-a\displaystyle\int_0^{\frac{\pi}{4}}\tan y\,dy$

$=\dfrac{\pi}{4}a+a\Big[\log(\cos y)\Big]_0^{\frac{\pi}{4}}$

$=\left(\dfrac{\pi}{4}-\dfrac{1}{2}\log 2\right)a$



## 練習 ②159

次の関数を微分せよ。ただし，(3) では $x>0$ とする。

(1) $y=\displaystyle\int_0^x (x-t)^2e^t dt$　　(2) $y=\displaystyle\int_x^{x+1}\sin\pi t\,dt$　　(3) $y=\displaystyle\int_x^{x^2}\log t\,dt$

(1) $y=\displaystyle\int_0^x (x^2-2tx+t^2)e^t dt=x^2\int_0^x e^t dt-2x\int_0^x te^t dt+\int_0^x t^2e^t dt$

ゆえに　$y'=2x\displaystyle\int_0^x e^t dt+x^2e^x-\left(2\int_0^x te^t dt+2x\cdot xe^x\right)+x^2e^x$

$=2x\displaystyle\int_0^x e^t dt-2\int_0^x te^t dt$

ここで　$\displaystyle\int_0^x e^t dt=\Big[e^t\Big]_0^x=e^x-1$

$\displaystyle\int_0^x te^t dt=\Big[te^t\Big]_0^x-\int_0^x e^t dt=xe^x-\Big[e^t\Big]_0^x=xe^x-e^x+1$

よって　$y'=2x(e^x-1)-2(xe^x-e^x+1)=\boldsymbol{2e^x-2x-2}$

←$x$ は定数とみて，定積分の前に出す。

←$\boldsymbol{\dfrac{d}{dx}\displaystyle\int_a^x f(t)dt=f(x)}$ ($a$ は定数)を利用。

$x^2\displaystyle\int_0^x e^t dt$ と $2x\displaystyle\int_0^x te^t dt$ の微分には，積の導関数の公式を利用。

(2) $\sin\pi t$ の原始関数を $F(t)$ とすると

$\displaystyle\int_x^{x+1}\sin\pi t\,dt=F(x+1)-F(x)$，$F'(t)=\sin\pi t$

よって　$y'=F'(x+1)(x+1)'-F'(x)(x)'$

$=\sin\pi(x+1)-\sin\pi x=\sin(\pi x+\pi)-\sin\pi x$

$=-\sin\pi x-\sin\pi x=\boldsymbol{-2\sin\pi x}$

別解　$y'=\sin\pi(x+1)\cdot(x+1)'-\sin\pi x\cdot(x)'$

$=\sin\pi(x+1)-\sin\pi x=\boldsymbol{-2\sin\pi x}$

←合成関数の導関数。

←$\sin(\theta+\pi)=-\sin\theta$

←$\dfrac{d}{dx}\displaystyle\int_{h(x)}^{g(x)}f(t)dt$
$=f(g(x))g'(x)$
$-f(h(x))h'(x)$
を利用して，直ちに答える。

(3) $\log t$ の原始関数を $F(t)$ とすると

$\displaystyle\int_x^{x^2}\log t\,dt=F(x^2)-F(x)$，$F'(t)=\log t$

よって　$y'=F'(x^2)(x^2)'-F'(x)(x)'=\log x^2\cdot(2x)-\log x$

$=2x\cdot 2\log x-\log x=\boldsymbol{(4x-1)\log x}$

別解　$y'=\log x^2\cdot(x^2)'-\log x\cdot(x)'=2x\cdot 2\log x-\log x$

$=\boldsymbol{(4x-1)\log x}$

←合成関数の導関数。

**練習 ②160** 次の等式を満たす関数 $f(x)$ を求めよ。

(1) $f(x)=\cos x+\int_0^{\frac{\pi}{2}}f(t)dt$　　(2) $f(x)=e^x\int_0^1\frac{1}{e^t+1}dt+\int_0^1\frac{f(t)}{e^t+1}dt$

(3) $f(x)=\frac{1}{2}x+\int_0^x(t-x)\sin t\,dt$　　〔(1) 東京電機大，(2) 京都工繊大〕

(1) $\int_0^{\frac{\pi}{2}}f(t)dt=k$ とおくと　$f(x)=\cos x+k$

ゆえに　$k=\int_0^{\frac{\pi}{2}}(\cos t+k)dt=\Big[\sin t+kt\Big]_0^{\frac{\pi}{2}}=1+\frac{\pi}{2}k$

よって　$\frac{2-\pi}{2}k=1$　ゆえに　$k=-\frac{2}{\pi-2}$

したがって　$\boldsymbol{f(x)=\cos x-\frac{2}{\pi-2}}$

←$a$，$b$ が定数のとき，$\int_a^b f(t)dt$ は定数。

(2) $\int_0^1\frac{1}{e^t+1}dt=a$，$\int_0^1\frac{f(t)}{e^t+1}dt=b$ とおくと　$f(x)=ae^x+b$

ゆえに　$a=\int_0^1\frac{1}{e^t+1}dt=\int_0^1\frac{e^{-t}}{1+e^{-t}}dt=\int_0^1(-1)\cdot\frac{(1+e^{-t})'}{1+e^{-t}}dt$

$=\Big[-\log(1+e^{-t})\Big]_0^1=\log\frac{2}{1+e^{-1}}=\log\frac{2e}{e+1}$，

$b=\int_0^1\frac{ae^t+b}{e^t+1}dt=\int_0^1\left(a+\frac{b-a}{e^t+1}\right)dt$

$=\Big[at\Big]_0^1+(b-a)\int_0^1\frac{1}{e^t+1}dt=a+(b-a)a$

よって　$b-a=(b-a)a$　ゆえに　$(b-a)(1-a)=0$

$a=\log\frac{2e}{e+1}\neq 1$ であるから　$b-a=0$

よって　$b=a=\log\frac{2e}{e+1}$

したがって　$\boldsymbol{f(x)=(e^x+1)\log\frac{2e}{e+1}}$

←$\int_0^1\frac{1}{e^t+1}dt$，$\int_0^1\frac{f(t)}{e^t+1}dt$ は定数。

←$\int_0^1\frac{1}{e^t+1}dt$ の値を求めてはいるが，ここでは $a$ として計算を進める。

(3) 与えられた等式を ① とすると，① は

$f(x)=\frac{1}{2}x+\int_0^x t\sin t\,dt-x\int_0^x\sin t\,dt$

この両辺を $x$ で微分すると

$f'(x)=\frac{1}{2}+x\sin x-\int_0^x\sin t\,dt-x\sin x$

$=\frac{1}{2}-\Big[-\cos t\Big]_0^x=\cos x-\frac{1}{2}$

よって　$f(x)=\int\left(\cos x-\frac{1}{2}\right)dx=\sin x-\frac{1}{2}x+C$ …… ②

ここで，等式 ① の両辺に $x=0$ を代入して　$f(0)=0$

② から　$C=0$　したがって　$\boldsymbol{f(x)=\sin x-\frac{1}{2}x}$

←$x$ は定数とみて，定積分の前に出す。

←$\frac{d}{dx}\int_a^x F(t)dt=F(x)$

←$f(x)=\int f'(x)dx$

←② から　$f(0)=C$

**練習 ②161** $f(x)=\int_0^x e^t\cos t\,dt\ (0\leqq x\leqq 2\pi)$ の最大値とそのときの $x$ の値を求めよ。　〔北海道大〕

$f'(x)=e^x\cos x$

また，$\int_0^x e^t\cos t\,dt$ を求めると

$(e^t\sin t)'=e^t\sin t+e^t\cos t$，$(e^t\cos t)'=e^t\cos t-e^t\sin t$ の辺々を加えて

$$\{e^t(\sin t+\cos t)\}'=2e^t\cos t$$

よって $\int_0^x e^t\cos t\,dt=\frac{1}{2}\Big[e^t(\sin t+\cos t)\Big]_0^x$

$$=\frac{1}{2}\{e^x(\sin x+\cos x)-1\} \cdots\cdots ①$$

$f'(x)=0$ とすると，$0\leqq x\leqq 2\pi$ であるから $x=\frac{\pi}{2}$，$\frac{3}{2}\pi$

$0\leqq x\leqq 2\pi$ における $f(x)$ の増減表は次のようになる。

| $x$ | $0$ | $\cdots$ | $\frac{\pi}{2}$ | $\cdots$ | $\frac{3}{2}\pi$ | $\cdots$ | $2\pi$ |
|---|---|---|---|---|---|---|---|
| $f'(x)$ | | $+$ | $0$ | $-$ | $0$ | $+$ | |
| $f(x)$ | $0$ | ↗ | 極大 | ↘ | 極小 | ↗ | |

① から $f\left(\frac{\pi}{2}\right)=\frac{1}{2}\left(e^{\frac{\pi}{2}}-1\right)$，$f(2\pi)=\frac{1}{2}(e^{2\pi}-1)$

$e^{2\pi}>e^{\frac{\pi}{2}}$ であるから $f\left(\frac{\pi}{2}\right)<f(2\pi)$

したがって，$f(x)$ は $\boldsymbol{x=2\pi}$ **のとき最大値** $\boldsymbol{\frac{1}{2}(e^{2\pi}-1)}$ をとる。

←$\frac{d}{dx}\int_a^x f(t)dt=f(x)$

←極値や両端の値を調べなければならないから，定積分の計算が必要になる。なお，左のようにペアを作る方法については，本冊 $p.233$ 重要例題 **137** を参照。

←極大値 $f\left(\frac{\pi}{2}\right)$ と端の値 $f(2\pi)$ が最大値の候補。



**練習 ③162**

$I=\int_0^{\pi}(x+a\cos x)^2dx$ について，次の問いに答えよ。

(1) $I$ を $a$ の関数で表せ。

(2) $I$ の最小値とそのときの $a$ の値を求めよ。 〔岡山理科大〕

(1) $I=\int_0^{\pi}(x^2+2ax\cos x+a^2\cos^2 x)dx$

$$=\int_0^{\pi}x^2dx+2a\int_0^{\pi}x\cos x\,dx+a^2\int_0^{\pi}\cos^2 x\,dx$$

ここで $\int_0^{\pi}x^2dx=\left[\frac{x^3}{3}\right]_0^{\pi}=\frac{\pi^3}{3}$

$$\int_0^{\pi}x\cos x\,dx=\int_0^{\pi}x(\sin x)'dx=\Big[x\sin x\Big]_0^{\pi}-\int_0^{\pi}\sin x\,dx$$

$$=-\Big[-\cos x\Big]_0^{\pi}=-2$$

$$\int_0^{\pi}\cos^2 x\,dx=\int_0^{\pi}\frac{1+\cos 2x}{2}dx=\frac{1}{2}\left[x+\frac{\sin 2x}{2}\right]_0^{\pi}=\frac{\pi}{2}$$

よって $\boldsymbol{I}=\frac{\pi^3}{3}+2a(-2)+a^2\cdot\frac{\pi}{2}=\boldsymbol{\frac{\pi}{2}a^2-4a+\frac{\pi^3}{3}}$

(2) (1) から $I=\frac{\pi}{2}\left(a^2-\frac{8}{\pi}a\right)+\frac{\pi^3}{3}=\frac{\pi}{2}\left(a-\frac{4}{\pi}\right)^2+\frac{\pi^3}{3}-\frac{8}{\pi}$

したがって，$I$ は $\boldsymbol{a=\frac{4}{\pi}}$ **のとき最小値** $\boldsymbol{\frac{\pi^3}{3}-\frac{8}{\pi}}$ をとる。

←(　)$^2$ を展開。

←$a$ を定積分の前に出す。

←各定積分を計算。

←部分積分法。

←$I'=\pi a-4$ から $I'=0 \Longleftrightarrow a=\frac{4}{\pi}$ として最小値を求めてもよい。

**練習** ③**163**　$x>0$ のとき，関数 $f(x)=\int_0^1\left|\log\dfrac{t+1}{x}\right|dt$ の最小値を求めよ。〔東京学芸大〕

$f(x)=\int_0^1|\log(t+1)-\log x|dt$

$\log(t+1)-\log x=0$ とすると

$t+1=x$ 　すなわち　$t=x-1$

積分区間は $0\leqq t\leqq 1$ であるから，

$x-1\leqq 0,\quad 0<x-1<1,\quad 1\leqq x-1$

の場合に分けて考える。

[1]　$x-1\leqq 0$ すなわち $0<x\leqq 1$ のとき　$\log(t+1)-\log x\geqq 0$

よって

$$\begin{aligned}f(x)&=\int_0^1\{\log(t+1)-\log x\}dt\\&=\int_0^1\log(t+1)dt-(\log x)\int_0^1 dt\\&=\Big[(t+1)\log(t+1)-t\Big]_0^1-\log x\\&=2\log 2-1-\log x\end{aligned}$$

$f'(x)=-\dfrac{1}{x}<0$ であるから，$f(x)$ は単調に減少する。

[2]　$0<x-1<1$ すなわち $1<x<2$ のとき

$t+1\leqq x$ すなわち $t\leqq x-1$ のとき　$\log(t+1)-\log x\leqq 0$

$t+1\geqq x$ すなわち $t\geqq x-1$ のとき　$\log(t+1)-\log x\geqq 0$

であるから

$$\begin{aligned}f(x)&=-\int_0^{x-1}\{\log(t+1)-\log x\}dt+\int_{x-1}^1\{\log(t+1)-\log x\}dt\\&=-\int_0^{x-1}\log(t+1)dt+\int_{x-1}^1\log(t+1)dt+(\log x)\left(\int_0^{x-1}dt-\int_{x-1}^1 dt\right)\\&=-\Big[(t+1)\log(t+1)-t\Big]_0^{x-1}+\Big[(t+1)\log(t+1)-t\Big]_{x-1}^1+(\log x)\{(x-1)-(2-x)\}\\&=2x-3\log x+2\log 2-3\left(=2x-3+\log\frac{4}{x^3}\right)\end{aligned}$$

$f'(x)=2-\dfrac{3}{x}=\dfrac{2x-3}{x}$

$f'(x)=0$ とすると　$x=\dfrac{3}{2}$

$1<x<2$ のとき $f(x)$ の増減表は右のようになる。

| $x$ | 1 | $\cdots$ | $\frac{3}{2}$ | $\cdots$ | 2 |
|---|---|---|---|---|---|
| $f'(x)$ | | $-$ | 0 | $+$ | |
| $f(x)$ | | ↘ | $\log\frac{32}{27}$ | ↗ | |

[3]　$1\leqq x-1$ すなわち $2\leqq x$ のとき　$\log(t+1)-\log x\leqq 0$

よって

$$\begin{aligned}f(x)&=-\int_0^1\{\log(t+1)-\log x\}dt\\&=\log x+1-2\log 2\end{aligned}$$

$f'(x)=\dfrac{1}{x}>0$ であるから，$f(x)$ は単調に増加する。

[1]～[3] により，$f(x)$ は $\boldsymbol{x=\dfrac{3}{2}}$ **のとき最小値** $\boldsymbol{\log\dfrac{32}{27}}$ をとる。

HINT　｜　｜内の式＝0 となる値が積分区間 $0\leqq t\leqq 1$ に含まれるかどうかがポイント。

←$0\leqq t\leqq 1$ であるから $1\leqq t+1\leqq 2$ ゆえに　$t+1\geqq x$

←$\int_0^1 dt=\Big[t\Big]_0^1=1$

←$f(x)=(\text{定数})-\log x$ であることからも単調に減少することはわかる。

←$1\leqq t+1\leqq 2$ であるから　$t+1\leqq x$

←[1] の $f(x)\times(-1)$

**練習 ②164** 次の極限値を求めよ。

(1) $\displaystyle\lim_{n\to\infty}\sum_{k=1}^{n}\frac{\pi}{n}\sin^2\frac{k\pi}{n}$　　(2) $\displaystyle\lim_{n\to\infty}\frac{1}{n^2}\left(e^{\frac{1}{n}}+2e^{\frac{2}{n}}+3e^{\frac{3}{n}}+\cdots\cdots+ne^{\frac{n}{n}}\right)$　〔(2) 岩手大〕

HINT　$\displaystyle\lim_{n\to\infty}\frac{1}{n}\sum_{k=1}^{n}f\left(\frac{k}{n}\right)=\int_0^1 f(x)dx$ を利用して定積分にもち込む。

求める極限値を $S$ とする。

(1) $\displaystyle S=\lim_{n\to\infty}\sum_{k=1}^{n}\frac{\pi}{n}\sin^2\frac{k\pi}{n}=\pi\lim_{n\to\infty}\frac{1}{n}\sum_{k=1}^{n}\sin^2\frac{k}{n}\pi$

$\displaystyle=\pi\int_0^1\sin^2\pi x\,dx=\pi\int_0^1\frac{1-\cos 2\pi x}{2}dx$

$\displaystyle=\frac{\pi}{2}\left[x-\frac{1}{2\pi}\sin 2\pi x\right]_0^1=\boldsymbol{\frac{\pi}{2}}$

← $\dfrac{1}{n}$ をくくり出す。

← $f\left(\dfrac{k}{n}\right)$ の形となる $f(x)$ は　$f(x)=\sin^2\pi x$

(2) $\displaystyle S=\lim_{n\to\infty}\frac{1}{n^2}\sum_{k=1}^{n}ke^{\frac{k}{n}}=\lim_{n\to\infty}\frac{1}{n}\sum_{k=1}^{n}\frac{k}{n}e^{\frac{k}{n}}$

$\displaystyle=\int_0^1 xe^x dx=\int_0^1 x(e^x)'dx$

$\displaystyle=\left[xe^x\right]_0^1-\int_0^1 e^x dx=e-\left[e^x\right]_0^1$

$=e-(e-1)=\mathbf{1}$

← $\dfrac{1}{n^2}=\dfrac{1}{n}\cdot\dfrac{1}{n}$

$f\left(\dfrac{k}{n}\right)$ の形となる $f(x)$ は　$f(x)=xe^x$

5章 練習 〔積分法〕

**練習 ③165** 次の極限値を求めよ。(2) では $p>0$ とする。

(1) $\displaystyle\lim_{n\to\infty}\frac{1}{n}\left\{\left(\frac{1}{n}\right)^2+\left(\frac{2}{n}\right)^2+\left(\frac{3}{n}\right)^2+\cdots\cdots+\left(\frac{3n}{n}\right)^2\right\}$　〔摂南大〕

(2) $\displaystyle\lim_{n\to\infty}\frac{(n+1)^p+(n+2)^p+\cdots\cdots+(n+2n)^p}{1^p+2^p+\cdots\cdots+(2n)^p}$　〔日本女子大〕

求める極限値を $S$ とする。

(1) $\displaystyle S=\lim_{n\to\infty}\frac{1}{n}\sum_{k=1}^{3n}\left(\frac{k}{n}\right)^2$

$\displaystyle S_n=\frac{1}{n}\sum_{k=1}^{3n}\left(\frac{k}{n}\right)^2$ とすると，$S_n$ は図の長方形の面積の和を表すから

$\displaystyle S=\lim_{n\to\infty}S_n=\int_0^3 x^2 dx=\left[\frac{x^3}{3}\right]_0^3=\mathbf{9}$

(1) $y=x^2$　O　$\frac{1}{n}$　$\frac{2}{n}$　……　$\frac{3n}{n}=3$　$x$　$y$

HINT　$\displaystyle\frac{1}{n}\sum_{k=l}^{m}f\left(\frac{k}{n}\right)$ の形になるように $f(x)$ を決める。積分区間は図から判断するとよい。

(2) $\displaystyle\frac{(n+1)^p+(n+2)^p+\cdots\cdots+(n+2n)^p}{1^p+2^p+\cdots\cdots+(2n)^p}$

$\displaystyle=\frac{\sum_{k=1}^{2n}(n+k)^p}{\sum_{k=1}^{2n}k^p}=\frac{\sum_{k=1}^{2n}\left(1+\frac{k}{n}\right)^p\cdot\frac{1}{n}}{\sum_{k=1}^{2n}\left(\frac{k}{n}\right)^p\cdot\frac{1}{n}}$ であり

$\displaystyle\lim_{n\to\infty}\sum_{k=1}^{2n}\left(1+\frac{k}{n}\right)^p\cdot\frac{1}{n}=\lim_{n\to\infty}\frac{1}{n}\sum_{k=1}^{2n}\left(1+\frac{k}{n}\right)^p$

$\displaystyle=\int_0^2(1+x)^p dx$　　← [1] の図を参照。

$\displaystyle=\left[\frac{(1+x)^{p+1}}{p+1}\right]_0^2=\frac{3^{p+1}-1}{p+1}$

[1]

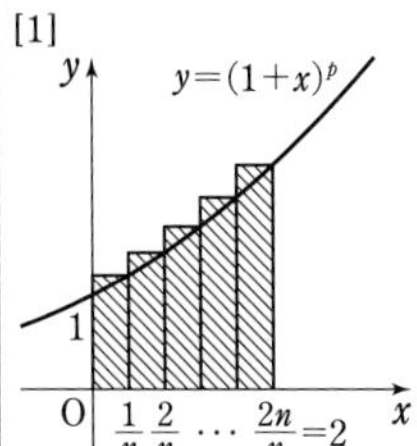

$$\lim_{n\to\infty}\sum_{k=1}^{2n}\left(\frac{k}{n}\right)^p\cdot\frac{1}{n}=\lim_{n\to\infty}\frac{1}{n}\sum_{k=1}^{2n}\left(\frac{k}{n}\right)^p$$

$$=\int_0^2 x^p\,dx$$ ←[2] の図を参照。

$$=\left[\frac{x^{p+1}}{p+1}\right]_0^2=\frac{2^{p+1}}{p+1}$$

したがって　$S=\frac{3^{p+1}-1}{p+1}\cdot\frac{p+1}{2^{p+1}}=\boldsymbol{\frac{3^{p+1}-1}{2^{p+1}}}$

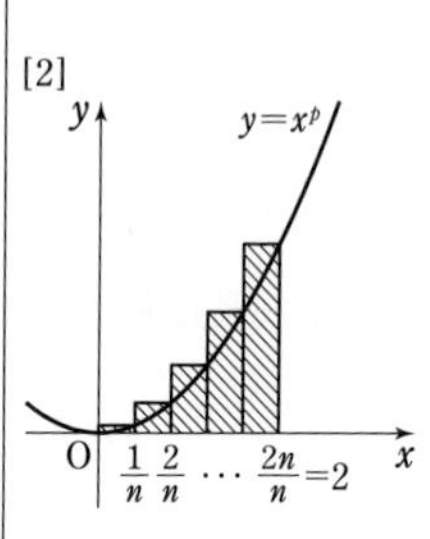


別解　$\frac{(n+1)^p+(n+2)^p+\cdots\cdots+(n+2n)^p}{1^p+2^p+\cdots\cdots+(2n)^p}$

$$=\frac{\sum_{k=n+1}^{3n}\left(\frac{k}{n}\right)^p\cdot\frac{1}{n}}{\sum_{k=1}^{2n}\left(\frac{k}{n}\right)^p\cdot\frac{1}{n}}$$ と考えると

$$\lim_{n\to\infty}\sum_{k=n+1}^{3n}\left(\frac{k}{n}\right)^p\cdot\frac{1}{n}=\lim_{n\to\infty}\frac{1}{n}\sum_{k=n+1}^{3n}\left(\frac{k}{n}\right)^p$$

$$=\int_1^3 x^p\,dx$$ ←[3] の図を参照。

$$=\left[\frac{x^{p+1}}{p+1}\right]_1^3=\frac{3^{p+1}-1}{p+1}$$

以後は，解答と同じ。

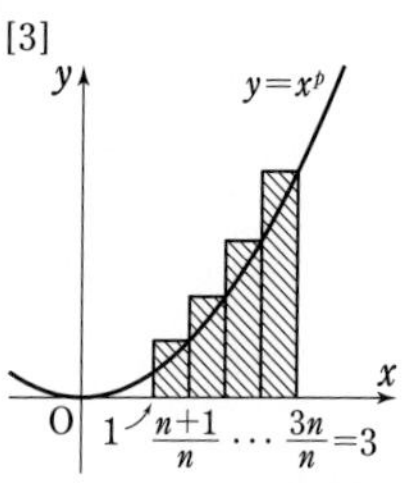


**練習 ④166**　数列 $a_n=\frac{1}{n^2}\sqrt[n]{{}_{4n}\mathrm{P}_{2n}}$ $(n=1,\ 2,\ 3,\ \cdots\cdots)$ の極限値 $\lim_{n\to\infty}a_n$ を求めよ。〔東京理科大〕

$$a_n=\frac{1}{n^2}\{(2n+1)(2n+2)\cdot\cdots\cdots\cdot(2n+2n)\}^{\frac{1}{n}}$$

←${}_{4n}\mathrm{P}_{2n}=\frac{(4n)!}{(4n-2n)!}=\underbrace{(2n+1)\cdots\cdots(2n+2n)}_{2n\text{ 個}}$

$$=\frac{1}{n^2}\left\{n^{2n}\left(2+\frac{1}{n}\right)\left(2+\frac{2}{n}\right)\cdot\cdots\cdots\cdot\left(2+\frac{2n}{n}\right)\right\}^{\frac{1}{n}}$$

$$=\left\{\left(2+\frac{1}{n}\right)\left(2+\frac{2}{n}\right)\cdot\cdots\cdots\cdot\left(2+\frac{2n}{n}\right)\right\}^{\frac{1}{n}}$$

←$(n^{2n})^{\frac{1}{n}}=n^2$

よって，両辺の自然対数をとると

$$\log a_n=\frac{1}{n}\left\{\log\left(2+\frac{1}{n}\right)+\log\left(2+\frac{2}{n}\right)+\cdots\cdots+\log\left(2+\frac{2n}{n}\right)\right\}$$

$$=\frac{1}{n}\sum_{k=1}^{2n}\log\left(2+\frac{k}{n}\right)$$

←積の形を和の形に表す。

ゆえに　$\lim_{n\to\infty}(\log a_n)=\lim_{n\to\infty}\frac{1}{n}\sum_{k=1}^{2n}\log\left(2+\frac{k}{n}\right)$

$$=\int_0^2\log(2+x)dx=\int_0^2(2+x)'\log(2+x)dx$$

$$=\Big[(2+x)\log(2+x)\Big]_0^2-\int_0^2(2+x)\cdot\frac{1}{2+x}dx$$

$$=4\log 4-2\log 2-2=\log\frac{4^4}{2^2e^2}=\log\frac{64}{e^2}$$

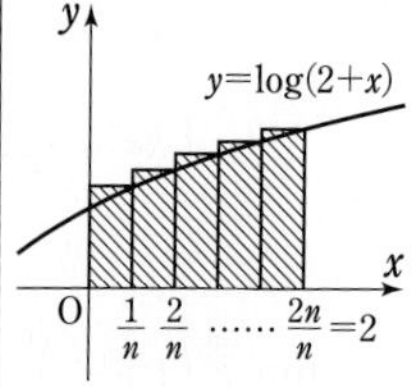


←$\log 4^4-\log 2^2-\log e^2$

関数 $\log x$ は $x>0$ で連続であるから　$\lim_{n\to\infty}a_n=\boldsymbol{\frac{64}{e^2}}$

←$\lim_{n\to\infty}(\log a_n)=\log\left(\lim_{n\to\infty}a_n\right)$

**練習 ③167** 曲線 $y=\sqrt{4-x}$ を $C$ とする。$t\ (2\leqq t\leqq 3)$ に対して，曲線 $C$ 上の点 $(t,\ \sqrt{4-t})$ と原点，点 $(t,\ 0)$ の 3 点を頂点とする三角形の面積を $S(t)$ とする。区間 $[2,\ 3]$ を $n$ 等分し，その端点と分点を小さい方から順に $t_0=2,\ t_1,\ t_2,\ \cdots\cdots,\ t_{n-1},\ t_n=3$ とするとき，極限値 $\displaystyle\lim_{n\to\infty}\frac{1}{n}\sum_{k=1}^{n}S(t_k)$ を求めよ。 〔類 茨城大〕

$$S(t)=\frac{1}{2}\cdot t\cdot\sqrt{4-t}=\frac{1}{2}t\sqrt{4-t}$$

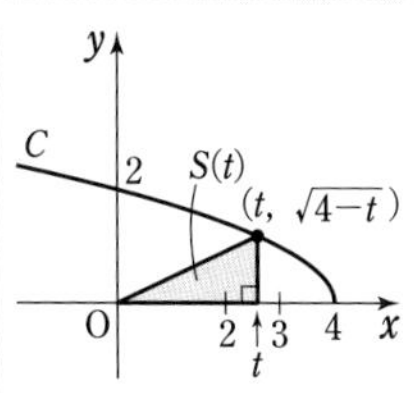


$\dfrac{t_n-t_0}{n}=\dfrac{1}{n}$ より，$t_k=2+\dfrac{k}{n}$ $(k=0,\ 1,\ 2,\ \cdots\cdots,\ n)$ と表すことができるから

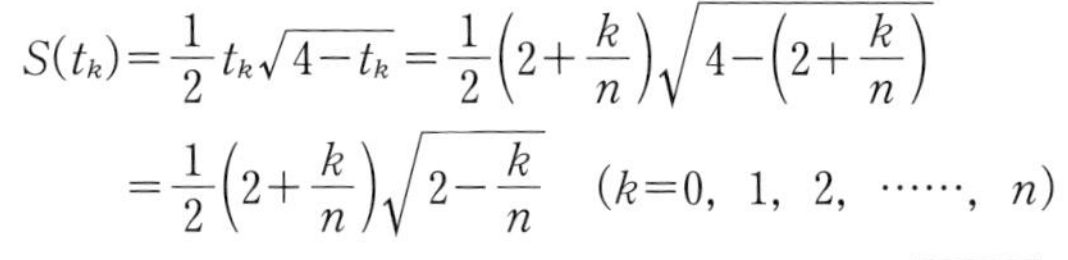

$$S(t_k)=\frac{1}{2}t_k\sqrt{4-t_k}=\frac{1}{2}\left(2+\frac{k}{n}\right)\sqrt{4-\left(2+\frac{k}{n}\right)}$$

$$=\frac{1}{2}\left(2+\frac{k}{n}\right)\sqrt{2-\frac{k}{n}}\quad (k=0,\ 1,\ 2,\ \cdots\cdots,\ n)$$

よって　$\displaystyle\lim_{n\to\infty}\frac{1}{n}\sum_{k=1}^{n}S(t_k)=\lim_{n\to\infty}\frac{1}{n}\sum_{k=1}^{n}\frac{1}{2}\left(2+\frac{k}{n}\right)\sqrt{2-\frac{k}{n}}$

$$=\frac{1}{2}\int_0^1(2+x)\sqrt{2-x}\,dx\ \cdots\cdots\ (*)$$

ここで，$\sqrt{2-x}=u$ とおくと

$x=2-u^2,\ dx=-2u\,du$

$x$ と $u$ の対応は右のようになる。

| $x$ | $0\longrightarrow 1$ |
|---|---|
| $u$ | $\sqrt{2}\longrightarrow 1$ |

ゆえに　$\displaystyle\lim_{n\to\infty}\frac{1}{n}\sum_{k=1}^{n}S(t_k)=\frac{1}{2}\int_{\sqrt{2}}^{1}(4-u^2)u\cdot(-2u)du$

$$=\int_1^{\sqrt{2}}(4u^2-u^4)du=\left[\frac{4}{3}u^3-\frac{1}{5}u^5\right]_1^{\sqrt{2}}=\mathbf{\frac{28\sqrt{2}-17}{15}}$$

(＊) $\displaystyle\lim_{n\to\infty}\frac{1}{n}\sum_{k=1}^{n}f\left(\frac{k}{n}\right)=\int_0^1 f(x)dx$ ここでは，$f(x)=(2+x)\sqrt{2-x}$ とする。

$\displaystyle=\left[u^3\left(\frac{4}{3}-\frac{1}{5}u^2\right)\right]_1^{\sqrt{2}}$

$\displaystyle=2\sqrt{2}\left(\frac{4}{3}-\frac{2}{5}\right)-1\cdot\left(\frac{4}{3}-\frac{1}{5}\right)$

**練習 ④168** $n$ を 5 以上の自然数とする。1 から $n$ までの異なる番号をつけた $n$ 個の袋があり，番号 $k$ の袋には黒玉 $k$ 個と白玉 $n-k$ 個が入っている。まず，$n$ 個の袋から無作為に 1 つ袋を選ぶ。次に，その選んだ袋から玉を 1 つ取り出してもとに戻すという試行を 5 回繰り返す。このとき，黒玉をちょうど 3 回取り出す確率を $p_n$ とする。極限値 $\displaystyle\lim_{n\to\infty}p_n$ を求めよ。

HINT $\displaystyle\lim_{n\to\infty}\frac{1}{n}\sum_{k=1}^{n}f\left(\frac{k}{n}\right)=\int_0^1 f(x)dx$ を利用。

$n\geqq 5$ のとき，$n$ 個の袋から番号 $k\ (1\leqq k\leqq n)$ の袋を選ぶ確率は $\dfrac{1}{n}$ である。また，番号 $k$ の袋から黒玉を取り出す確率は $\dfrac{k}{n}$，白玉を取り出す確率は $1-\dfrac{k}{n}$ である。

←番号 $k$ の袋には，黒玉 $k$ 個と白玉 $n-k$ 個の，合わせて $n$ 個の玉が入っている。

よって，番号 $k$ の袋を選んだとき，5 回の試行で黒玉をちょうど 3 回取り出す確率を $p_n(k)$ とすると

$$p_n(k)={}_5\mathrm{C}_3\left(\frac{k}{n}\right)^3\left(1-\frac{k}{n}\right)^2=10\left(\frac{k}{n}\right)^3\left(1-\frac{k}{n}\right)^2$$

←反復試行の確率。

ゆえに，確率 $p_n$ は

$$p_n=\frac{1}{n}p_n(1)+\frac{1}{n}p_n(2)+\frac{1}{n}p_n(3)+\cdots\cdots+\frac{1}{n}p_n(n)$$

$$=\frac{1}{n}\sum_{k=1}^{n}p_n(k)$$

←確率の加法定理。それぞれの事象は互いに排反である。

したがって，求める極限値は

$$\lim_{n\to\infty} p_n=\lim_{n\to\infty}\frac{1}{n}\sum_{k=1}^{n} p_n(k)=\lim_{n\to\infty}\frac{1}{n}\sum_{k=1}^{n}10\left(\frac{k}{n}\right)^3\left(1-\frac{k}{n}\right)^2$$

$$=\int_0^1 10x^3(1-x)^2dx=10\int_0^1(x^3-2x^4+x^5)dx$$

$$=10\left[\frac{1}{4}x^4-\frac{2}{5}x^5+\frac{1}{6}x^6\right]_0^1=\mathbf{\frac{1}{6}}$$

←$\lim_{n\to\infty}\frac{1}{n}\sum_{k=1}^{n} f\left(\frac{k}{n}\right)=\int_0^1 f(x)dx$

**検討** $\int_0^1 x^3(1-x)^2dx$ はベータ関数の形（本冊 $p.269$ 参照）。

本冊 $p.268$ 重要例題 **157** (3) の結果を用いると，

$\int_0^1 x^3(1-x)^2dx=B(4,\ 3)=\frac{(4-1)!(3-1)!}{(4+3-1)!}=\frac{1}{60}$ であるから，

$\int_0^1 10x^3(1-x)^2dx=10\cdot\frac{1}{60}=\mathbf{\frac{1}{6}}$ と求めることもできる。

←$B(m,\ n)=\int_0^1 x^{m-1}(1-x)^{n-1}dx$

**練習 ②169**

(1) 次の不等式を証明せよ。

(ア) $0<x<\frac{\pi}{4}$ のとき　$1<\frac{1}{\sqrt{1-\sin x}}<\frac{1}{\sqrt{1-x}}$　　(イ) $\frac{\pi}{4}<\int_0^{\frac{\pi}{4}}\frac{dx}{\sqrt{1-\sin x}}<2-\sqrt{4-\pi}$

(2) $x>0$ のとき，不等式 $\int_0^x e^{-t^2}dt<x-\frac{x^3}{3}+\frac{x^5}{10}$ を証明せよ。

(1) (ア) $0<x<\frac{\pi}{4}<\frac{\pi}{2}$ のとき，$0<\sin x<x<1$ であるから

$1>1-\sin x>1-x>0$

よって　$1>\sqrt{1-\sin x}>\sqrt{1-x}>0$

ゆえに　$1<\frac{1}{\sqrt{1-\sin x}}<\frac{1}{\sqrt{1-x}}$

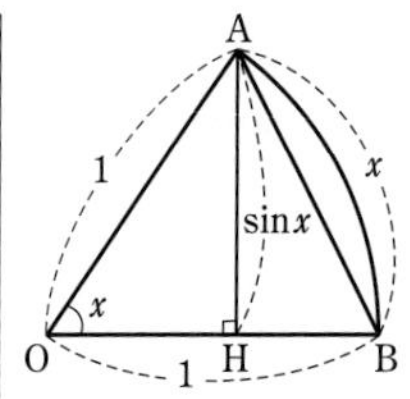


$0<x<\frac{\pi}{2}$ のとき，上の図で△OAB<(扇形OAB) から

$\frac{1}{2}\cdot1\cdot\sin x<\frac{1}{2}\cdot1^2\cdot x$

よって　$\sin x<x$

（本冊 $p.195$ の例も参照）

(イ) (ア)から　$\int_0^{\frac{\pi}{4}}dx<\int_0^{\frac{\pi}{4}}\frac{dx}{\sqrt{1-\sin x}}<\int_0^{\frac{\pi}{4}}\frac{dx}{\sqrt{1-x}}$

また　$\int_0^{\frac{\pi}{4}}dx=\Big[x\Big]_0^{\frac{\pi}{4}}=\frac{\pi}{4}$，

$$\int_0^{\frac{\pi}{4}}\frac{dx}{\sqrt{1-x}}=\int_0^{\frac{\pi}{4}}(1-x)^{-\frac{1}{2}}dx=\Big[-2\sqrt{1-x}\,\Big]_0^{\frac{\pi}{4}}$$

$$=-2\left(\sqrt{1-\frac{\pi}{4}}-1\right)=-\sqrt{4-\pi}+2$$

したがって　$\frac{\pi}{4}<\int_0^{\frac{\pi}{4}}\frac{dx}{\sqrt{1-\sin x}}<2-\sqrt{4-\pi}$

(2) $f(x)=x-\frac{x^3}{3}+\frac{x^5}{10}-\int_0^x e^{-t^2}dt$ とすると

←$f(x)=$(右辺)$-$(左辺)

$f'(x)=1-x^2+\frac{x^4}{2}-e^{-x^2}$，

←$\frac{d}{dx}\int_0^x e^{-t^2}dt=e^{-x^2}$

$f''(x)=-2x+2x^3+2xe^{-x^2}=2x(-1+x^2+e^{-x^2})$

$g(x)=-1+x^2+e^{-x^2}$ とすると　$g'(x)=2x(1-e^{-x^2})$

$x>0$ のとき $g'(x)>0$ であるから，$x\geqq0$ で $g(x)$ は単調に増加する。

←$x>0$ のときの $f''(x)$ の符号を調べるために，$g(x)$ の符号を調べる。

$g(0)=0$ であるから，$x>0$ のとき　$g(x)>0$
したがって，$x>0$ のとき　$f''(x)>0$
ゆえに，$x \geqq 0$ で $f'(x)$ は単調に増加する。
$f'(0)=0$ であるから，$x>0$ のとき　$f'(x)>0$
よって，$x \geqq 0$ で $f(x)$ は単調に増加する。
$f(0)=0$ であるから，$x>0$ のとき　$f(x)>0$

したがって　$x>0$ のとき $\displaystyle\int_0^x e^{-t^2}dt < x-\frac{x^3}{3}+\frac{x^5}{10}$

**練習 ③170**　次の不等式を証明せよ。ただし，$n$ は自然数とする。

(1) $\dfrac{1}{1^2}+\dfrac{1}{2^2}+\dfrac{1}{3^2}+\cdots\cdots+\dfrac{1}{n^2}<2-\dfrac{1}{n}$ $(n \geqq 2)$

(2) $2\sqrt{n+1}-2<1+\dfrac{1}{\sqrt{2}}+\dfrac{1}{\sqrt{3}}+\cdots\cdots+\dfrac{1}{\sqrt{n}} \leqq 2\sqrt{n}-1$　[(2) お茶の水大]

HINT　自然数 $k$ に対して，$k \leqq x \leqq k+1$ のとき　(1) $\dfrac{1}{(k+1)^2} \leqq \dfrac{1}{x^2}$　(2) $\dfrac{1}{\sqrt{k+1}} \leqq \dfrac{1}{\sqrt{x}} \leqq \dfrac{1}{\sqrt{k}}$
これらの不等式を足掛かりとして進める。

(1) 自然数 $k$ に対して，$k \leqq x \leqq k+1$ のとき　$\dfrac{1}{(k+1)^2} \leqq \dfrac{1}{x^2}$

常に $\dfrac{1}{k+1}=\dfrac{1}{x}$ ではないから　$\displaystyle\int_k^{k+1}\frac{dx}{(k+1)^2}<\int_k^{k+1}\frac{dx}{x^2}$

ゆえに　$\displaystyle\frac{1}{(k+1)^2}<\int_k^{k+1}\frac{dx}{x^2}$

よって，$n \geqq 2$ のとき　$\displaystyle\sum_{k=1}^{n-1}\frac{1}{(k+1)^2}<\sum_{k=1}^{n-1}\int_k^{k+1}\frac{dx}{x^2}$ …… ①

ここで　$\displaystyle\sum_{k=1}^{n-1}\int_k^{k+1}\frac{dx}{x^2}=\int_1^n\frac{dx}{x^2}=\left[-\frac{1}{x}\right]_1^n=1-\frac{1}{n}$

ゆえに，不等式 ① の両辺に 1 を加えて

$$\frac{1}{1^2}+\frac{1}{2^2}+\frac{1}{3^2}+\cdots\cdots+\frac{1}{n^2}<2-\frac{1}{n}$$

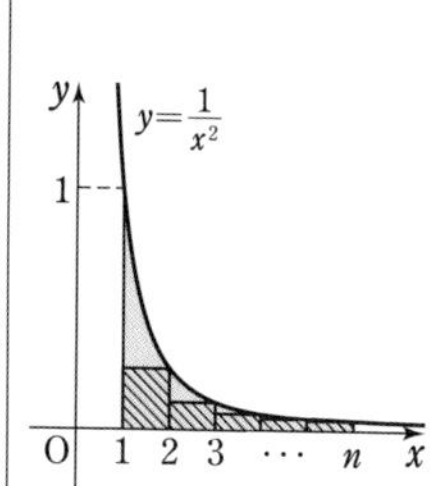


(2) 自然数 $k$ に対して，$k \leqq x \leqq k+1$ のとき

$$\frac{1}{\sqrt{k+1}} \leqq \frac{1}{\sqrt{x}} \leqq \frac{1}{\sqrt{k}}$$

常に $\dfrac{1}{\sqrt{k+1}}=\dfrac{1}{\sqrt{x}}$ または $\dfrac{1}{\sqrt{x}}=\dfrac{1}{\sqrt{k}}$ ではないから

$$\int_k^{k+1}\frac{dx}{\sqrt{k+1}}<\int_k^{k+1}\frac{dx}{\sqrt{x}}<\int_k^{k+1}\frac{dx}{\sqrt{k}}$$

ゆえに　$\displaystyle\frac{1}{\sqrt{k+1}}<\int_k^{k+1}\frac{dx}{\sqrt{x}}<\frac{1}{\sqrt{k}}$

$\displaystyle\int_k^{k+1}\frac{dx}{\sqrt{x}}<\frac{1}{\sqrt{k}}$ から　$\displaystyle\sum_{k=1}^{n}\int_k^{k+1}\frac{dx}{\sqrt{x}}<\sum_{k=1}^{n}\frac{1}{\sqrt{k}}$

$\displaystyle\sum_{k=1}^{n}\int_k^{k+1}\frac{dx}{\sqrt{x}}=\int_1^{n+1}\frac{dx}{\sqrt{x}}=\Big[2\sqrt{x}\Big]_1^{n+1}=2\sqrt{n+1}-2$ であるから

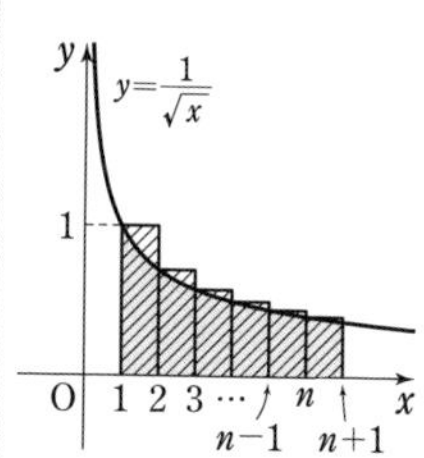

$$2\sqrt{n+1}-2<1+\frac{1}{\sqrt{2}}+\frac{1}{\sqrt{3}}+\cdots\cdots+\frac{1}{\sqrt{n}} \quad \cdots\cdots ①$$

また，$n \geqq 2$ のとき，$\dfrac{1}{\sqrt{k+1}}<\displaystyle\int_k^{k+1}\frac{dx}{\sqrt{x}}$ から

$$\sum_{k=1}^{n-1}\frac{1}{\sqrt{k+1}}<\sum_{k=1}^{n-1}\int_k^{k+1}\frac{dx}{\sqrt{x}}$$

$\displaystyle\sum_{k=1}^{n-1}\int_k^{k+1}\frac{dx}{\sqrt{x}}=\int_1^n\frac{dx}{\sqrt{x}}=\Big[2\sqrt{x}\Big]_1^n=2\sqrt{n}-2$ であるから

$$\frac{1}{\sqrt{2}}+\frac{1}{\sqrt{3}}+\cdots\cdots+\frac{1}{\sqrt{n}}<2\sqrt{n}-2$$

この不等式の両辺に1を加えて

$$1+\frac{1}{\sqrt{2}}+\frac{1}{\sqrt{3}}+\cdots\cdots+\frac{1}{\sqrt{n}}<2\sqrt{n}-1$$

ここで，$n=1$ のとき　　$\dfrac{1}{\sqrt{n}}=1$，$2\sqrt{n}-1=1$

よって，自然数 $n$ について

$$1+\frac{1}{\sqrt{2}}+\frac{1}{\sqrt{3}}+\cdots\cdots+\frac{1}{\sqrt{n}} \leqq 2\sqrt{n}-1 \quad \cdots\cdots ②$$

①，② から

$$2\sqrt{n+1}-2<1+\frac{1}{\sqrt{2}}+\frac{1}{\sqrt{3}}+\cdots\cdots+\frac{1}{\sqrt{n}} \leqq 2\sqrt{n}-1$$

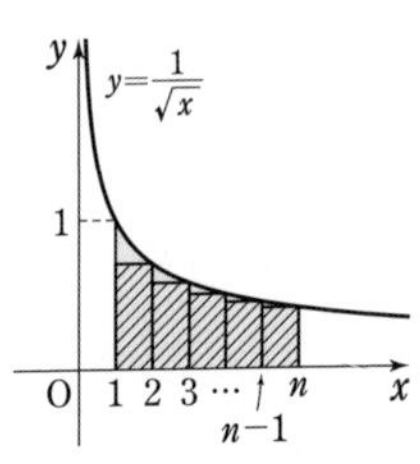


**練習 ④171**

自然数 $n$ に対して，$I_n=\displaystyle\int_0^1\frac{x^n}{1+x}dx$ とする。

(1) $I_1$ を求めよ。また，$I_n+I_{n+1}$ を $n$ で表せ。

(2) 不等式 $\dfrac{1}{2(n+1)} \leqq I_n \leqq \dfrac{1}{n+1}$ が成り立つことを示せ。

(3) $\displaystyle\lim_{n\to\infty}\sum_{k=1}^{n}\frac{(-1)^{k-1}}{k}=\log 2$ が成り立つことを示せ。　〔類 琉球大〕

HINT　(2) $0 \leqq x \leqq 1$ のとき，$\dfrac{1}{2} \leqq \dfrac{1}{1+x} \leqq 1$ から　$\dfrac{x^n}{2} \leqq \dfrac{x^n}{1+x} \leqq x^n$

(3) (1)，(2) の結果とはさみうちの原理を利用。

(1) $\boldsymbol{I_1}=\displaystyle\int_0^1\frac{x}{1+x}dx=\int_0^1\left(1-\frac{1}{1+x}\right)dx=\Big[x-\log(1+x)\Big]_0^1=\mathbf{1-\log 2}$

$\boldsymbol{I_n+I_{n+1}}=\displaystyle\int_0^1\left(\frac{x^n}{1+x}+\frac{x^{n+1}}{1+x}\right)dx=\int_0^1 x^n dx$

$=\displaystyle\left[\frac{1}{n+1}x^{n+1}\right]_0^1=\boldsymbol{\frac{1}{n+1}}$

(2) $0 \leqq x \leqq 1$ のとき　　$1 \leqq 1+x \leqq 2$

よって　　$\dfrac{1}{2} \leqq \dfrac{1}{1+x} \leqq 1$　　ゆえに　　$\dfrac{x^n}{2} \leqq \dfrac{x^n}{1+x} \leqq x^n$

よって　　$\displaystyle\int_0^1\frac{x^n}{2}dx \leqq \int_0^1\frac{x^n}{1+x}dx \leqq \int_0^1 x^n dx$

ここで　　$\displaystyle\int_0^1\frac{x^n}{2}dx=\frac{1}{2(n+1)}$，$\displaystyle\int_0^1 x^n dx=\frac{1}{n+1}$

←$\dfrac{x}{1+x}=\dfrac{(1+x)-1}{1+x}$

←$\dfrac{x^n(1+x)}{1+x}=x^n$

←$x^n \geqq 0$

←(1) の結果を利用。

したがって　$\dfrac{1}{2(n+1)} \leqq I_n \leqq \dfrac{1}{n+1}$

(3) (1) より，$1=\log 2+I_1$，$\dfrac{1}{n+1}=I_n+I_{n+1}$ であるから

$$\sum_{k=1}^{n}\frac{(-1)^{k-1}}{k}=1-\frac{1}{2}+\frac{1}{3}-\frac{1}{4}+\cdots\cdots+\frac{(-1)^{n-1}}{n}$$
$$=(\log 2+I_1)-(I_1+I_2)+(I_2+I_3)-(I_3+I_4)$$
$$+\cdots\cdots+(-1)^{n-1}(I_{n-1}+I_n)$$
$$=\log 2+(-1)^{n-1}I_n$$

←$\sum_{k=1}^{n}\dfrac{(-1)^{k-1}}{k}$ を $I_n$ で表す。

(2) において　$\lim_{n\to\infty}\dfrac{1}{2(n+1)}=\lim_{n\to\infty}\dfrac{1}{n+1}=0$

よって，$\lim_{n\to\infty}I_n=0$ であるから　$\lim_{n\to\infty}\sum_{k=1}^{n}\dfrac{(-1)^{k-1}}{k}=\log 2$

←はさみうちの原理。

**練習 ④172**

(1) (ア) $1\leqq x\leqq e$ において，不等式 $\log x\leqq\dfrac{x}{e}$ が成り立つことを示せ。

(イ) 自然数 $n$ に対し，$\lim_{n\to\infty}\int_1^e x^2(\log x)^n dx$ を求めよ。　〔類 東京電機大〕

(2) $\lim_{x\to 0}\dfrac{1}{2x}\int_0^x te^{t^2}dt$ を求めよ。

5章 練習 [積分法]

(1) (ア) $f(x)=\dfrac{x}{e}-\log x$ とおくと　$f'(x)=\dfrac{1}{e}-\dfrac{1}{x}=\dfrac{x-e}{ex}$

$1<x<e$ において　$f'(x)<0$

よって，$f(x)$ は $1\leqq x\leqq e$ において単調に減少する。

また　$f(e)=0$

ゆえに，$1\leqq x\leqq e$ において　$f(x)\geqq 0$　すなわち　$\log x\leqq\dfrac{x}{e}$

HINT (1) (イ) (ア) で示した不等式を利用して，$g(x)\leqq x^2(\log x)^n\leqq h(x)$ の形の不等式を作り，はさみうちの原理。

(イ) (ア) より，$1\leqq x\leqq e$ において　$0\leqq\log x\leqq\dfrac{x}{e}$

よって　$0\leqq(\log x)^n\leqq\left(\dfrac{x}{e}\right)^n$　　←各辺を $n$ 乗する。

ゆえに　$0\leqq x^2(\log x)^n\leqq x^2\left(\dfrac{x}{e}\right)^n$　　←各辺に $x^2$ を掛ける。

よって　$0\leqq\int_1^e x^2(\log x)^n dx\leqq\int_1^e x^2\left(\dfrac{x}{e}\right)^n dx$

ここで　$\int_1^e x^2\left(\dfrac{x}{e}\right)^n dx=\dfrac{1}{e^n}\int_1^e x^{n+2}dx=\dfrac{1}{e^n}\left[\dfrac{1}{n+3}x^{n+3}\right]_1^e$

$$=\frac{1}{e^n(n+3)}(e^{n+3}-1)=\frac{1}{n+3}\left(e^3-\frac{1}{e^n}\right)$$

←$\int x^\alpha dx=\dfrac{1}{\alpha+1}x^{\alpha+1}+C$ $(\alpha\neq -1)$

$\lim_{n\to\infty}\dfrac{1}{n+3}\left(e^3-\dfrac{1}{e^n}\right)=0$ であるから　$\lim_{n\to\infty}\int_1^e x^2(\log x)^n dx=\mathbf{0}$

←はさみうちの原理。

(2) $\int te^{t^2}dt=F(t)+C$ とすると　$F'(t)=te^{t^2}$

よって　$\lim_{x\to 0}\dfrac{1}{2x}\int_0^x te^{t^2}dt=\lim_{x\to 0}\left\{\dfrac{1}{2x}\cdot\Big[F(t)\Big]_0^x\right\}$

$$=\lim_{x\to 0}\left\{\frac{1}{2}\cdot\frac{F(x)-F(0)}{x-0}\right\}=\frac{1}{2}F'(0)=\mathbf{0}$$

←$\lim_{x\to a}\dfrac{F(x)-F(a)}{x-a}=F'(a)$
$F'(0)=0\cdot e^0=0$

**練習 ④173** 関数 $f(x)$ が区間 $[0,\ 1]$ で連続で常に正であるとき，次の不等式を証明せよ。

(1) $\left\{\int_0^1 f(x)dx\right\}\left\{\int_0^1 \frac{1}{f(x)}dx\right\} \geqq 1$　　(2) $\int_0^1 \frac{1}{1+x^2e^x}dx \geqq \frac{1}{e-1}$

(1) $f(x)>0$ であることと，シュワルツの不等式により

$$\left(\int_0^1 \{\sqrt{f(x)}\}^2 dx\right)\left(\int_0^1 \left\{\frac{1}{\sqrt{f(x)}}\right\}^2 dx\right) \geqq \left\{\int_0^1 \sqrt{f(x)}\cdot\frac{1}{\sqrt{f(x)}}dx\right\}^2$$

ゆえに　$\left\{\int_0^1 f(x)dx\right\}\left\{\int_0^1 \frac{1}{f(x)}dx\right\} \geqq \left(\int_0^1 dx\right)^2$

$\int_0^1 dx = \Big[x\Big]_0^1 = 1$ であるから　$\left\{\int_0^1 f(x)dx\right\}\left\{\int_0^1 \frac{1}{f(x)}dx\right\} \geqq 1$

等号は，$\sqrt{f(x)} = \frac{k}{\sqrt{f(x)}}$ すなわち $f(x)$ が定数のときに限り成り立つ。

(2) $f(x)=1+x^2e^x$ とすると，関数 $f(x)$ は区間 $[0,\ 1]$ で連続で常に正であるから，(1)で証明した不等式により

$$\left\{\int_0^1 (1+x^2e^x)dx\right\}\left\{\int_0^1 \frac{1}{1+x^2e^x}dx\right\} \geqq 1 \quad \cdots\cdots \text{①}$$

ここで　$\int_0^1 (1+x^2e^x)dx = \int_0^1 dx + \int_0^1 x^2e^x dx$

$$= \Big[x\Big]_0^1 + \Big[x^2e^x\Big]_0^1 - 2\int_0^1 xe^x dx$$

$$= 1+e-2\left(\Big[xe^x\Big]_0^1 - \int_0^1 e^x dx\right)$$

$$= 1+e-2\{e-(e-1)\} = e-1$$

$e-1>0$ であるから，① より　$\int_0^1 \frac{1}{1+x^2e^x}dx \geqq \frac{1}{e-1}$

HINT　**シュワルツの不等式**
$\left\{\int_a^b f(x)g(x)dx\right\}^2 \leqq \int_a^b \{f(x)\}^2 dx \times \int_a^b \{g(x)\}^2 dx$
を利用する。

←$f(x)=k$（定数）

←部分積分法。

←再度，部分積分法。

**練習 ④174** 自然数 $n$ に対して，$R_n(x)=\frac{1}{1+x}-\{1-x+x^2-\cdots\cdots+(-1)^n x^n\}$ とする。〔札幌医大〕

(1) $\lim_{n\to\infty}\int_0^1 R_n(x^2)dx$ を求めよ。　(2) 無限級数 $1-\frac{1}{3}+\frac{1}{5}-\frac{1}{7}+\cdots\cdots$ の和を求めよ。

(1) $R_n(x)$ の第 1 項の分母は 0 でないから　$x \neq -1$

$R_n(x)$ の第 2 項の｛　｝の中は，初項 1，公比 $-x$，項数 $n+1$ の等比数列の和であるから

$$R_n(x) = \frac{1}{1+x} - \frac{1-(-1)^{n+1}x^{n+1}}{1+x} = \frac{(-1)^{n+1}x^{n+1}}{1+x}$$

ゆえに　$\left|\int_0^1 R_n(x^2)dx\right| \leqq \int_0^1 |R_n(x^2)|dx = \int_0^1 \frac{x^{2n+2}}{1+x^2}dx$

$\frac{x^{2n+2}}{1+x^2} \leqq x^{2n+2}$ であり，等号は常には成り立たないから

$$\int_0^1 \frac{x^{2n+2}}{1+x^2}dx < \int_0^1 x^{2n+2}dx = \left[\frac{x^{2n+3}}{2n+3}\right]_0^1 = \frac{1}{2n+3}$$

したがって　$\left|\int_0^1 R_n(x^2)dx\right| < \frac{1}{2n+3}$

$\lim_{n\to\infty}\frac{1}{2n+3}=0$ であるから　$\lim_{n\to\infty}\int_0^1 R_n(x^2)dx = \mathbf{0}$

HINT (1) $a<b$ のとき $\left|\int_a^b \boldsymbol{f(x)dx}\right| \leqq \int_a^b |\boldsymbol{f(x)}|\boldsymbol{dx}$
(2) $R_n(x^2)$ の両辺を 0 から 1 まで積分する。(1)の極限も利用。

←$\left|\int_0^1 f(x)dx\right| \leqq \int_0^1 |f(x)|dx$

←はさみうちの原理。

(2) 無限級数の初項から第 $n+1$ 項までの部分和を $S_{n+1}$ とすると

$$S_{n+1}=1-\frac{1}{3}+\frac{1}{5}-\frac{1}{7}+\cdots\cdots+(-1)^n\frac{1}{2n+1}$$

$$\int_0^1 R_n(x^2)dx=\int_0^1\frac{dx}{1+x^2}-\int_0^1\{1-x^2+x^4-\cdots\cdots+(-1)^n x^{2n}\}dx$$

ここで，$I=\int_0^1\frac{dx}{1+x^2}$，$J=\int_0^1\{1-x^2+x^4-\cdots\cdots+(-1)^n x^{2n}\}dx$

とする。

←{ }の項数は $n+1$ であるから，それに合わせて $S_{n+1}$ とする。

$x=\tan\theta$ とおくと　　$dx=\frac{d\theta}{\cos^2\theta}$

$x$ と $\theta$ の対応は右のようになる。

| $x$ | $0\longrightarrow 1$ |
|---|---|
| $\theta$ | $0\longrightarrow \frac{\pi}{4}$ |

←$\frac{1}{a^2+x^2}$ の定積分は，$x=a\tan\theta$ とおく。

$$I=\int_0^{\frac{\pi}{4}}\frac{1}{1+\tan^2\theta}\cdot\frac{d\theta}{\cos^2\theta}=\int_0^{\frac{\pi}{4}}d\theta=\Big[\theta\Big]_0^{\frac{\pi}{4}}=\frac{\pi}{4}$$

←$\frac{1}{1+\tan^2\theta}=\cos^2\theta$

$$J=\left[x-\frac{x^3}{3}+\frac{x^5}{5}-\cdots\cdots+(-1)^n\frac{x^{2n+1}}{2n+1}\right]_0^1$$

$$=1-\frac{1}{3}+\frac{1}{5}-\cdots\cdots+(-1)^n\frac{1}{2n+1}$$

であるから

$$\int_0^1 R_n(x^2)dx=\frac{\pi}{4}-\left\{1-\frac{1}{3}+\frac{1}{5}-\cdots\cdots+(-1)^n\frac{1}{2n+1}\right\}$$

$$=\frac{\pi}{4}-S_{n+1}$$

(1) より，$\lim_{n\to\infty}\int_0^1 R_n(x^2)dx=0$ であるから　$\lim_{n\to\infty}\left(\frac{\pi}{4}-S_{n+1}\right)=0$

よって　　$\lim_{n\to\infty}S_{n+1}=\frac{\pi}{4}$

したがって，求める和は　　$\boldsymbol{\frac{\pi}{4}}$



**練習 ⑤175**

$n$ を 2 以上の自然数とする。

(1) 定積分 $\int_1^n x\log x\,dx$ を求めよ。

(2) 次の不等式を証明せよ。

$$\frac{1}{2}n^2\log n-\frac{1}{4}(n^2-1)<\sum_{k=1}^{n}k\log k<\frac{1}{2}n^2\log n-\frac{1}{4}(n^2-1)+n\log n$$

(3) $\lim_{n\to\infty}\frac{\log(1^1\cdot 2^2\cdot 3^3\cdot\cdots\cdots\cdot n^n)}{n^2\log n}$ を求めよ。　〔類 琉球大〕

(1) $\int_1^n x\log x\,dx=\left[\frac{1}{2}x^2\log x\right]_1^n-\int_1^n\frac{1}{2}x^2\cdot\frac{1}{x}dx$

$$=\frac{1}{2}n^2\log n-\left[\frac{1}{4}x^2\right]_1^n$$

$$=\boldsymbol{\frac{1}{2}n^2\log n-\frac{1}{4}n^2+\frac{1}{4}}$$

HINT
(2) 関数 $y=x\log x$ は $x\geqq 1$ で単調に増加することを示し，曲線 $y=x\log x$ の下側の面積と階段状の図形の面積を比較する方針で進める。

(2) $f(x)=x\log x$ とすると

$$f'(x)=\log x+x\cdot\frac{1}{x}=\log x+1$$

←$x\geqq 1$ のとき　$\log x\geqq 0$

よって，$x \geqq 1$ で $f'(x)>0$ となり，$x \geqq 1$ において $f(x)$ は単調に増加する。

自然数 $k$ に対して，$k \leqq x \leqq k+1$ のとき

$$k\log k \leqq x\log x \leqq (k+1)\log(k+1)$$

常に $k\log k = x\log x$ または $x\log x=(k+1)\log(k+1)$ ではないから

$$\int_k^{k+1} k\log k\,dx < \int_k^{k+1} x\log x\,dx < \int_k^{k+1}(k+1)\log(k+1)\,dx$$

ゆえに　$k\log k < \displaystyle\int_k^{k+1} x\log x\,dx < (k+1)\log(k+1)$

よって　$\displaystyle\sum_{k=1}^{n-1} k\log k < \sum_{k=1}^{n-1}\int_k^{k+1} x\log x\,dx < \sum_{k=1}^{n-1}(k+1)\log(k+1)$

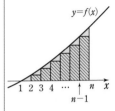

ここで，(1) の結果を利用すると

$$\sum_{k=1}^{n-1}\int_k^{k+1} x\log x\,dx = \int_1^n x\log x\,dx = \frac{1}{2}n^2\log n - \frac{1}{4}(n^2-1)$$

また　$\displaystyle\sum_{k=1}^{n-1}(k+1)\log(k+1) = \sum_{k=2}^{n} k\log k = \sum_{k=1}^{n} k\log k$

ゆえに　$\displaystyle\sum_{k=1}^{n-1} k\log k < \frac{1}{2}n^2\log n - \frac{1}{4}(n^2-1) < \sum_{k=1}^{n} k\log k$　…… ①

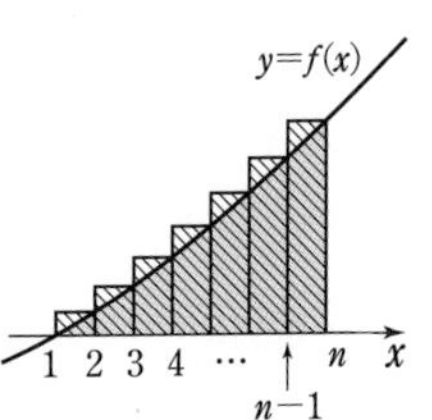


$\displaystyle\sum_{k=1}^{n-1} k\log k < \frac{1}{2}n^2\log n - \frac{1}{4}(n^2-1)$ の両辺に $n\log n$ を加えて

$$\sum_{k=1}^{n} k\log k < \frac{1}{2}n^2\log n - \frac{1}{4}(n^2-1) + n\log n \quad \cdots\cdots ②$$

①，② から，$n \geqq 2$ のとき

$$\frac{1}{2}n^2\log n - \frac{1}{4}(n^2-1) < \sum_{k=1}^{n} k\log k < \frac{1}{2}n^2\log n - \frac{1}{4}(n^2-1) + n\log n$$

(3)　$a_n = \dfrac{\log(1^1\cdot 2^2\cdot 3^3\cdot\cdots\cdots\cdot n^n)}{n^2\log n}$ とすると

$$a_n = \frac{1}{n^2\log n}(\log 1 + 2\log 2 + \cdots\cdots + n\log n)$$
$$= \frac{1}{n^2\log n}\sum_{k=1}^{n} k\log k$$

$n \geqq 2$ のとき　$n^2\log n > 0$

よって，(2) で証明した不等式の各辺を $n^2\log n$ で割ると

$$\frac{1}{2} - \frac{1}{4\log n}\left(1-\frac{1}{n^2}\right) < a_n < \frac{1}{2} - \frac{1}{4\log n}\left(1-\frac{1}{n^2}\right) + \frac{1}{n}$$

ここで　$\displaystyle\lim_{n\to\infty}\left\{\frac{1}{2} - \frac{1}{4\log n}\left(1-\frac{1}{n^2}\right)\right\} = \frac{1}{2}$,

$$\lim_{n\to\infty}\left\{\frac{1}{2} - \frac{1}{4\log n}\left(1-\frac{1}{n^2}\right) + \frac{1}{n}\right\} = \frac{1}{2}$$

したがって　$\displaystyle\lim_{n\to\infty} a_n = \mathbf{\frac{1}{2}}$

←$n \longrightarrow \infty$ のとき $\dfrac{1}{n} \longrightarrow 0$，$\dfrac{1}{n^2} \longrightarrow 0$，$\dfrac{1}{\log n} \longrightarrow 0$

←はさみうちの原理。

**EX ②111** 関数 $f(x)$ の原始関数を $F(x)$ とするとき，次の条件 [1]，[2] が成り立つ。このとき，$f'(x)$，$f(x)$ を求めよ。ただし，$x>0$ とする。

[1] $F(x)=xf(x)-\dfrac{1}{x}$　　[2] $F\left(\dfrac{1}{\sqrt{2}}\right)=\sqrt{2}$

[1] の両辺を $x$ で微分すると　$f(x)=f(x)+xf'(x)+\dfrac{1}{x^2}$

ゆえに　$xf'(x)=-\dfrac{1}{x^2}$　　よって　$\boldsymbol{f'(x)=-\dfrac{1}{x^3}}$

この両辺を $x$ で積分すると　$f(x)=\displaystyle\int\left(-\frac{1}{x^3}\right)dx$

すなわち　$f(x)=\dfrac{1}{2x^2}+C$ …… ①

[1] で $x=\dfrac{1}{\sqrt{2}}$ とおくと　$F\left(\dfrac{1}{\sqrt{2}}\right)=\dfrac{1}{\sqrt{2}}f\left(\dfrac{1}{\sqrt{2}}\right)-\sqrt{2}$

[2] から　$\sqrt{2}=\dfrac{1}{\sqrt{2}}f\left(\dfrac{1}{\sqrt{2}}\right)-\sqrt{2}$　　よって　$f\left(\dfrac{1}{\sqrt{2}}\right)=4$

① で $x=\dfrac{1}{\sqrt{2}}$ とおくと　$4=1+C$

ゆえに　$C=3$　　よって　$\boldsymbol{f(x)=\dfrac{1}{2x^2}+3}$

HINT　$F'(x)=f(x)$ であるから，[1] の両辺を $x$ で微分して $f'(x)$ を求める。

←$-\displaystyle\int x^{-3}dx=-\frac{x^{-2}}{-2}+C$

←$\dfrac{1}{\sqrt{2}}f\left(\dfrac{1}{\sqrt{2}}\right)=2\sqrt{2}$

**EX ④112** 次の条件 (A)，(B) を同時に満たす 5 次式 $f(x)$ を求めよ。　　[埼玉大]

(A) $f(x)+8$ は $(x+1)^3$ で割り切れる。　(B) $f(x)-8$ は $(x-1)^3$ で割り切れる。

$p(x)$，$q(x)$ を 2 次式とすると

条件 (A) から　$f(x)+8=(x+1)^3p(x)$ …… ①

条件 (B) から　$f(x)-8=(x-1)^3q(x)$ …… ②

と表される。

よって，それぞれの両辺を $x$ で微分して

$f'(x)=3(x+1)^2p(x)+(x+1)^3p'(x)$

$f'(x)=3(x-1)^2q(x)+(x-1)^3q'(x)$

すなわち，$f'(x)$ は $(x+1)^2$ で割り切れ，かつ，$(x-1)^2$ で割り切れる 4 次式である。

ゆえに，$a\neq0$ として

$f'(x)=a(x+1)^2(x-1)^2=a(x^2-1)^2=a(x^4-2x^2+1)$

と表される。

よって　$\dfrac{1}{a}f'(x)=x^4-2x^2+1$

この両辺を $x$ で積分すると　$\dfrac{1}{a}f(x)=\displaystyle\int(x^4-2x^2+1)dx$

すなわち　$\dfrac{f(x)}{a}=\dfrac{1}{5}x^5-\dfrac{2}{3}x^3+x+C$ …… ③

次に，①，② から　$f(-1)=-8$，$f(1)=8$ …… ④

③ の両辺に $x=-1$，$1$ をそれぞれ代入すると，④ により

$-\dfrac{8}{a}=-\dfrac{1}{5}+\dfrac{2}{3}-1+C$，$\dfrac{8}{a}=\dfrac{1}{5}-\dfrac{2}{3}+1+C$ …… ⑤

HINT　まず，条件 (A)，(B) から $f'(x)$ は $(x+1)^2$，$(x-1)^2$ で割り切れることを示す。

←$(uv)'=u'v+uv'$

←$f(x)$ は 5 次式であるから，$f'(x)$ は 4 次式である。

←$f(x)=(x+1)^3p(x)-8$
$=(x-1)^3q(x)+8$

2 式の辺々を加えて　　$C=0$

⑤ から　　$\dfrac{8}{a}=\dfrac{8}{15}$　　ゆえに　　$a=15$

したがって　　$f(x)=15\left(\dfrac{1}{5}x^5-\dfrac{2}{3}x^3+x\right)=\mathbf{3x^5-10x^3+15x}$

←$\dfrac{8}{a}=\dfrac{1}{5}-\dfrac{2}{3}+1=\dfrac{8}{15}$

**EX ②113**

次の不定積分を求めよ。　　[(1), (2) 広島市大, (3) 信州大]

(1) $\displaystyle\int\sqrt{1+\sqrt{x}}\,dx$　　(2) $\displaystyle\int\frac{\cos x}{\cos^2 x+2\sin x-2}dx$　　(3) $\displaystyle\int x^3e^{x^2}dx$

(1) $\sqrt{1+\sqrt{x}}=t$ とおくと，$1+\sqrt{x}=t^2$ から

$$x=(t^2-1)^2,\ dx=2(t^2-1)\cdot 2t\,dt$$

よって

$$\int\sqrt{1+\sqrt{x}}\,dx=\int t\cdot 2(t^2-1)\cdot 2t\,dt=4\int(t^4-t^2)dt$$

$$=4\left(\frac{t^5}{5}-\frac{t^3}{3}\right)+C=\frac{4}{15}t^3(3t^2-5)+C$$

$$=\frac{4}{15}(1+\sqrt{x})\sqrt{1+\sqrt{x}}\,\{3(1+\sqrt{x})-5\}+C$$

$$=\boldsymbol{\frac{4}{15}(3\sqrt{x}-2)(1+\sqrt{x})\sqrt{1+\sqrt{x}}+C}$$

←丸ごと置換。

←$t^2=1+\sqrt{x}$ を利用して $x$ の式に直す。$t^3=t^2t$ とみる。

(2) $$\frac{\cos x}{\cos^2 x+2\sin x-2}=\frac{\cos x}{(1-\sin^2 x)+2\sin x-2}$$

$$=\frac{\cos x}{-\sin^2 x+2\sin x-1}=-\frac{\cos x}{(\sin x-1)^2}$$

$\sin x-1=t$ とおくと　　$\cos x\,dx=dt$

よって　　$$\int\frac{\cos x}{\cos^2 x+2\sin x-2}dx=-\int\frac{dt}{t^2}=\frac{1}{t}+C$$

$$=\boldsymbol{\frac{1}{\sin x-1}+C}$$

←分母を $\sin x$ だけの式にする。

←$\sin x=t$ とおいてもよい。その場合

$$(与式)=-\int\frac{dt}{(t-1)^2}=\frac{1}{t-1}+C=\boldsymbol{\frac{1}{\sin x-1}+C}$$

別解　$(\sin x-1)'=\cos x$ であるから

$$\int\frac{\cos x}{\cos^2 x+2\sin x-2}dx=-\int\frac{\cos x}{(\sin x-1)^2}dx$$

$$=-\int\frac{(\sin x-1)'}{(\sin x-1)^2}dx$$

$$=\boldsymbol{\frac{1}{\sin x-1}+C}$$

←$(\sin x-1)'=\cos x$ に気づけば，この方が早い。

(3) $x^2=t$ とおくと，$2xdx=dt$ から　　$x\,dx=\dfrac{1}{2}dt$

よって　　$$\int x^3e^{x^2}dx=\int x^2e^{x^2}\cdot x\,dx=\int te^t\cdot\frac{1}{2}dt=\frac{1}{2}\int t(e^t)'\,dt$$

$$=\frac{1}{2}\left(te^t-\int e^t dt\right)=\frac{1}{2}(te^t-e^t)+C$$

$$=\frac{1}{2}(t-1)e^t+C=\boldsymbol{\frac{1}{2}(x^2-1)e^{x^2}+C}$$

←部分積分法を利用。

**EX ②114**

関数 $f(x)$ が $f(0)=0$，$f'(x)=x\cos x$ を満たすとき，次の問いに答えよ。
(1) $f(x)$ を求めよ。　(2) $f(x)$ の $0\leqq x\leqq\pi$ における最大値を求めよ。〔工学院大〕

(1) $f(x)=\int f'(x)dx=\int x\cos x\,dx=\int x(\sin x)'\,dx$

$=x\sin x-\int\sin x\,dx=x\sin x+\cos x+C$

←部分積分法。

このとき　$f(0)=\cos 0+C$　すなわち　$f(0)=1+C$
$f(0)=0$ から　$1+C=0$　よって　$C=-1$
ゆえに　$\boldsymbol{f(x)=x\sin x+\cos x-1}$

(2) $0\leqq x\leqq\pi$ において，$f'(x)=0$ とすると　$x=0,\ \dfrac{\pi}{2}$

←$f'(x)=0$ の解に注目して，$f(x)$ の増減表をかく。

$0\leqq x\leqq\pi$ における $f(x)$ の増減表は右のようになる。
よって，$f(x)$ は $0\leqq x\leqq\pi$ において，

| $x$ | 0 | … | $\frac{\pi}{2}$ | … | $\pi$ |
|---|---|---|---|---|---|
| $f'(x)$ | 0 | ＋ | 0 | － | |
| $f(x)$ | 0 | ↗ | 極大 | ↘ | $-2$ |

$\boldsymbol{x=\dfrac{\pi}{2}}$ で極大かつ最大となり，**最大値** は　$f\left(\dfrac{\pi}{2}\right)=\boldsymbol{\dfrac{\pi}{2}-1}$



**EX ③115**

不定積分 $\int(\sin x+x\cos x)dx$ を求めよ。また，この結果を用いて，不定積分 $\int(\sin x+x\cos x)\log x\,dx$ を求めよ。〔立教大〕

$\boldsymbol{\int(\sin x+x\cos x)dx}=\int\sin x\,dx+\int x\cos x\,dx$

$=-\cos x+x\sin x-\int\sin x\,dx$

$=-\cos x+x\sin x+\cos x+C$

$\boldsymbol{=x\sin x+C}$

←部分積分法を利用。
$\int x\cos x\,dx$
$=\int x(\sin x)'\,dx$
$=x\sin x-\int\sin x\,dx$

この結果を用いると

$\boldsymbol{\int(\sin x+x\cos x)\log x\,dx}=\int(x\sin x)'\log x\,dx$

←前半の結果を利用。

$=(x\sin x)\log x-\int(x\sin x)\cdot\dfrac{1}{x}dx$

$=(x\sin x)\log x-\int\sin x\,dx$

$\boldsymbol{=x(\sin x)\log x+\cos x+C}$

**EX ③116**

関数 $f(x)=Ae^x\cos x+Be^x\sin x$（$A$，$B$ は定数）について，次の問いに答えよ。
(1) $f'(x)$ を求めよ。　(2) $f''(x)$ を $f(x)$ および $f'(x)$ を用いて表せ。
(3) $\int f(x)dx$ を求めよ。〔東北学院大〕

(1) $f(x)=Ae^x\cos x+Be^x\sin x$ を微分すると

$f'(x)=A(e^x\cos x-e^x\sin x)+B(e^x\sin x+e^x\cos x)$

$\boldsymbol{=(A+B)e^x\cos x+(-A+B)e^x\sin x}$

←$(uv)'=u'v+uv'$

(2) $f''(x)=(A+B)(e^x\cos x-e^x\sin x)$

$+(-A+B)(e^x\sin x+e^x\cos x)$

$=2(Be^x\cos x-Ae^x\sin x)$

ここで　$f'(x)-f(x)=Be^x\cos x-Ae^x\sin x$

よって　$\boldsymbol{f''(x)}=2\{f'(x)-f(x)\}\boldsymbol{=2f'(x)-2f(x)}$

←$f(x)$，$f'(x)$，$f''(x)$ の式で，$e^x\cos x$，$e^x\sin x$ の係数に注目。

(3)　(2) の結果から　$f(x)=f'(x)-\frac{1}{2}f''(x)$

よって

$$\int f(x)dx=\int f'(x)dx-\frac{1}{2}\int f''(x)dx=f(x)-\frac{1}{2}f'(x)+C$$

$$=Ae^x\cos x+Be^x\sin x$$

$$-\frac{1}{2}\{(A+B)e^x\cos x+(-A+B)e^x\sin x\}+C$$

$$=\boldsymbol{\frac{1}{2}(A-B)e^x\cos x+\frac{1}{2}(A+B)e^x\sin x+C}$$

**EX**
④**117**

$n$ を 0 以上の整数とする。次の不定積分を求めよ。

$$\int\left\{-\frac{(\log x)^n}{x^2}\right\}dx=\sum_{k=0}^{n}\boxed{\phantom{aa}}$$

ただし，積分定数は書かなくてよい。　［横浜市大］

$I_n=\int\left\{-\frac{(\log x)^n}{x^2}\right\}dx$ とおくと　$I_0=\int\left(-\frac{1}{x^2}\right)dx=\frac{1}{x}$

←本問においては，積分定数 $C$ を省略している。

また，$n\geqq 1$ のとき

$$I_n=\int\left(\frac{1}{x}\right)'(\log x)^n dx=\frac{(\log x)^n}{x}-\int\frac{1}{x}\cdot n(\log x)^{n-1}\cdot\frac{1}{x}dx$$

←部分積分法を利用。

$$=\frac{(\log x)^n}{x}+n\int\left\{-\frac{(\log x)^{n-1}}{x^2}\right\}dx$$

よって　$I_n=\frac{(\log x)^n}{x}+nI_{n-1}$

←漸化式を作る。

両辺を $n!$ で割ると　$\frac{I_n}{n!}=\frac{I_{n-1}}{(n-1)!}+\frac{(\log x)^n}{n!x}$

←$\frac{n}{n!}=\frac{1}{(n-1)!}$

$J_n=\frac{I_n}{n!}$ とおくと　$J_n=J_{n-1}+\frac{(\log x)^n}{n!x}$

←階差数列型。

ゆえに，$n\geqq 1$ のとき

$$J_n=J_0+\sum_{k=1}^{n}\frac{(\log x)^k}{k!x}=\frac{1}{x}+\sum_{k=1}^{n}\frac{(\log x)^k}{k!x}=\sum_{k=0}^{n}\frac{(\log x)^k}{k!x}$$

←$n$ は 0 以上の整数であるから，$n\geqq 1$ として $n=0$ を特別扱い。
$J_0=\frac{I_0}{0!}=\frac{1}{x}$　$(0!=1)$

これは $n=0$ のときも成り立つ。

したがって　$I_n=n!J_n=\sum_{k=0}^{n}\boldsymbol{\frac{n!(\log x)^k}{k!x}}$

**EX**
③**118**

$f(x)=x^4-4x^3+5x^2-2x$ とする。

(1)　次の等式が $x$ についての恒等式となるような定数 $a$，$b$，$c$，$d$ の値を求めよ。

$$\frac{1}{f(x)}=\frac{a}{x}+\frac{b}{x-2}+\frac{c}{x-1}+\frac{d}{(x-1)^2}$$

(2)　不定積分 $\int\frac{1}{f(x)}dx$ を求めよ。　［類 高知大］

(1) $(右辺)=\dfrac{1}{x(x-2)(x-1)^2}\{a(x-2)(x-1)^2+bx(x-1)^2$
$+cx(x-2)(x-1)+dx(x-2)\}$
$=\dfrac{1}{x(x-2)(x-1)^2}\{(a+b+c)x^3-(4a+2b+3c-d)x^2$
$+(5a+b+2c-2d)x-2a\}$

←右辺を通分する。

$x(x-2)(x-1)^2=f(x)$ であるから，等式の分母を払うと

$$(a+b+c)x^3-(4a+2b+3c-d)x^2+(5a+b+2c-2d)x-2a=1$$

これが $x$ についての恒等式であるから，両辺の係数を比較して

$a+b+c=0$ …… ①，$4a+2b+3c-d=0$ …… ②

$5a+b+2c-2d=0$ …… ③，$-2a=1$ …… ④

④ から　$a=-\dfrac{1}{2}$

① に $a=-\dfrac{1}{2}$ を代入して　$b+c-\dfrac{1}{2}=0$ …… ⑤

②，③ から $d$ を消去し，$a=-\dfrac{1}{2}$ を代入すると

$3b+4c-\dfrac{3}{2}=0$ …… ⑥

⑤，⑥ から　$b=\dfrac{1}{2}$，$c=0$

よって，② から　$d=-1$

したがって　$\boldsymbol{a=-\dfrac{1}{2}}$，$\boldsymbol{b=\dfrac{1}{2}}$，$\boldsymbol{c=0}$，$\boldsymbol{d=-1}$

(2) $\displaystyle\int\frac{1}{f(x)}dx=\int\left\{-\frac{1}{2x}+\frac{1}{2(x-2)}-\frac{1}{(x-1)^2}\right\}dx$

$=-\dfrac{1}{2}\log|x|+\dfrac{1}{2}\log|x-2|+\dfrac{1}{x-1}+C$

$\boldsymbol{=\dfrac{1}{2}\log\left|\dfrac{x-2}{x}\right|+\dfrac{1}{x-1}+C}$

←(1) の結果を利用。

**EX ③119** $\tan\dfrac{x}{2}=t$ とおくことにより，不定積分 $\displaystyle\int\frac{5}{3\sin x+4\cos x}dx$ を求めよ。　〔類 埼玉大〕

$\tan\dfrac{x}{2}=t$ とおくと　$\sin x=\dfrac{2t}{1+t^2}$，$\cos x=\dfrac{1-t^2}{1+t^2}$

また，$\dfrac{1}{\cos^2\dfrac{x}{2}}\cdot\dfrac{1}{2}dx=dt$ から　$dx=\dfrac{2}{1+\tan^2\dfrac{x}{2}}dt$

すなわち　$dx=\dfrac{2}{1+t^2}dt$

$3\sin x+4\cos x=3\cdot\dfrac{2t}{1+t^2}+4\cdot\dfrac{1-t^2}{1+t^2}=-2\cdot\dfrac{2t^2-3t-2}{1+t^2}$

であるから

←$\sin x=2\sin\dfrac{x}{2}\cos\dfrac{x}{2}$
$=2\tan\dfrac{x}{2}\cos^2\dfrac{x}{2}$
$=2\tan\dfrac{x}{2}\cdot\dfrac{1}{1+\tan^2\dfrac{x}{2}}$
$=\dfrac{2t}{1+t^2}$，
$\cos x=2\cos^2\dfrac{x}{2}-1$
$=2\cdot\dfrac{1}{1+t^2}-1=\dfrac{1-t^2}{1+t^2}$

$$\int\frac{5}{3\sin x+4\cos x}dx=-\frac{5}{2}\int\frac{1+t^2}{2t^2-3t-2}\cdot\frac{2}{1+t^2}dt$$
$$=-5\int\frac{dt}{(t-2)(2t+1)}$$
$$=-5\cdot\frac{1}{5}\int\left(\frac{1}{t-2}-\frac{2}{2t+1}\right)dt$$
$$=-(\log|t-2|-\log|2t+1|)+C$$
$$=\log\left|\frac{2t+1}{t-2}\right|+C$$
$$=\log\left|\frac{2\tan\frac{x}{2}+1}{\tan\frac{x}{2}-2}\right|+C$$

←$\frac{1}{(t-2)(2t+1)}=\frac{a}{t-2}+\frac{b}{2t+1}$ とすると $a=\frac{1}{5}$, $b=-\frac{2}{5}$

**EX ④120** $n$ を自然数とする。

(1) $t=\tan x$ と置換することで，不定積分 $\int\frac{dx}{\sin x\cos x}$ を求めよ。

(2) 関数 $\frac{1}{\sin x\cos^{n+1}x}$ の導関数を求めよ。

(3) 部分積分法を用いて

$$\int\frac{dx}{\sin x\cos^n x}=-\frac{1}{(n+1)\cos^{n+1}x}+\int\frac{dx}{\sin x\cos^{n+2}x}$$

が成り立つことを証明せよ。〔類 横浜市大〕

(1) $t=\tan x$ とすると　$dt=\frac{dx}{\cos^2 x}$

よって　$\int\frac{dx}{\sin x\cos x}=\int\frac{1}{\tan x}\cdot\frac{dx}{\cos^2 x}=\int\frac{dt}{t}=\log|t|+C$

$$=\boldsymbol{\log|\tan x|+C}$$

(2) $\left(\frac{1}{\sin x\cos^{n+1}x}\right)'$

$$=-\frac{\cos x\cdot\cos^{n+1}x+\sin x\cdot(n+1)\cos^n x(-\sin x)}{(\sin x\cos^{n+1}x)^2}$$
$$=-\frac{\cos^{n+2}x-(n+1)\sin^2 x\cos^n x}{\sin^2 x\cos^{2n+2}x}$$
$$=\boldsymbol{-\frac{1}{\sin^2 x\cos^n x}+\frac{n+1}{\cos^{n+2}x}}$$

←$\left(\frac{1}{v}\right)'=-\frac{v'}{v^2}$

(3) (2) から

$$\left(\frac{1}{\sin x\cos^n x}\right)'=-\frac{1}{\sin^2 x\cos^{n-1}x}+\frac{n}{\cos^{n+1}x}\quad\cdots\cdots ①$$

($n=1$ のときも成り立つ。ただし，$\cos^0 x=1$ とする。)

であることを利用して

$$\int\frac{dx}{\sin x\cos^{n+2}x}=\int(\tan x)'\frac{dx}{\sin x\cos^n x}$$

←部分積分法を利用。

$$=\frac{\tan x}{\sin x\cos^n x}-\int\tan x\left(-\frac{1}{\sin^2 x\cos^{n-1}x}+\frac{n}{\cos^{n+1}x}\right)dx$$

←① を利用。

$$=\frac{1}{\cos^{n+1}x}+\int\frac{dx}{\sin x\cos^n x}-n\int\frac{\sin x}{\cos^{n+2}x}dx$$

$$=\frac{1}{\cos^{n+1}x}+\int\frac{dx}{\sin x\cos^n x}-\frac{n}{n+1}\cdot\frac{1}{\cos^{n+1}x}$$

$$=\frac{1}{(n+1)\cos^{n+1}x}+\int\frac{dx}{\sin x\cos^n x}$$

したがって

$$\int\frac{dx}{\sin x\cos^n x}=-\frac{1}{(n+1)\cos^{n+1}x}+\int\frac{dx}{\sin x\cos^{n+2}x}$$

← ＿＿ は置換積分法。$f(■)■'$ の形。

**EX ④121**

$f(x)$ は $x>0$ で定義された関数で，$x=1$ で微分可能で $f'(1)=2$ かつ任意の $x>0$, $y>0$ に対して $f(xy)=f(x)+f(y)$ を満たすものとする。

(1) $f(1)$ の値を求めよ。これを利用して，$f\left(\frac{1}{x}\right)$ を $f(x)$ で表せ。

(2) $f\left(\frac{x}{y}\right)$ を $f(x)$ と $f(y)$ で表せ。

(3) $f(1)$, $f'(1)$ の値に注意することにより，$\lim_{h\to 0}\frac{f(x+h)-f(x)}{h}$ を $x$ で表せ。

(4) $f(x)$ を求めよ。

［東京電機大］

(1) $f(xy)=f(x)+f(y)$ …… ① で $x=y=1$ とおくと

$$f(1)=f(1)+f(1)$$

よって　$\boldsymbol{f(1)=0}$

① で $y=\frac{1}{x}$ とおくと　$f(1)=f(x)+f\left(\frac{1}{x}\right)$

← $1=x\cdot\frac{1}{x}$

$f(1)=0$ であるから　$\boldsymbol{f\left(\frac{1}{x}\right)=-f(x)}$

(2) $f\left(\frac{x}{y}\right)=f\left(x\cdot\frac{1}{y}\right)=f(x)+f\left(\frac{1}{y}\right)=\boldsymbol{f(x)-f(y)}$

← 第 2 式から第 3 式への変形は ① を利用。第 3 式から第 4 式への変形は (1) の結果を利用。

(3) (2) から　$f(x+h)-f(x)=f\left(\frac{x+h}{x}\right)=f\left(1+\frac{h}{x}\right)$

また　$f(1)=0$

よって　$\lim_{h\to 0}\frac{f(x+h)-f(x)}{h}=\lim_{h\to 0}\frac{f\left(1+\frac{h}{x}\right)-f(1)}{h}$

$$=\lim_{h\to 0}\frac{1}{x}\cdot\frac{f\left(1+\frac{h}{x}\right)-f(1)}{\frac{h}{x}}=\frac{1}{x}\cdot f'(1)=\boldsymbol{\frac{2}{x}}$$

← $h\longrightarrow 0$ のとき $\frac{h}{x}\longrightarrow 0$

(4) (3) より $f'(x)=\frac{2}{x}$ であるから　$f(x)=\int\frac{2}{x}dx=2\log x+C$

← 定義域は $x>0$ である。

$f(1)=0$ から　$C=0$

したがって　$\boldsymbol{f(x)=2\log x}$

**EX ②122**

(1) 定積分 $\int_0^{\frac{\pi}{4}}(\cos x-\sin x)(\sin x+\cos x)^5 dx$ を求めよ。

(2) $n<\int_{10}^{100}\log_{10}x\,dx$ を満たす最大の自然数 $n$ の値を求めよ。ただし，$0.434<\log_{10}e<0.435$（$e$ は自然対数の底）である。

［(2) 京都大］

5章 EX ［積分法］

(1) $(\text{与式})=\int_0^{\frac{\pi}{4}}(\sin x+\cos x)^5(\sin x+\cos x)'\,dx$

$=\left[\frac{1}{6}(\sin x+\cos x)^6\right]_0^{\frac{\pi}{4}}$

$=\frac{1}{6}\left\{\left(\frac{1}{\sqrt{2}}+\frac{1}{\sqrt{2}}\right)^6-1^6\right\}=\frac{1}{6}\{(\sqrt{2})^6-1\}=\boldsymbol{\frac{7}{6}}$

←置換積分法 $\int f(g(x))g'(x)dx=\int f(u)du$ $(g(x)=u)$

(2) $\int_{10}^{100}\log_{10}x\,dx=\int_{10}^{100}\frac{\log_e x}{\log_e 10}dx=\frac{1}{\log_e 10}\Big[x\log_e x-x\Big]_{10}^{100}$

$=\left[x\log_{10}x-\frac{x}{\log_e 10}\right]_{10}^{100}$

$=\left(200-\frac{100}{\log_e 10}\right)-\left(10-\frac{10}{\log_e 10}\right)$

$=190-\frac{90}{\log_e 10}=190-90\log_{10}e$

←$\int\log_e x\,dx=x\log_e x-x+C$

←$\frac{\log_e x}{\log_e 10}=\log_{10}x$

$0.434<\log_{10}e<0.435$ であるから　　$39.06<90\log_{10}e<39.15$

よって　　$150.85<\int_{10}^{100}\log_{10}x\,dx<150.94$

したがって，求める $n$ の値は　　$\boldsymbol{n=150}$

←$190-39.15<190-90\log_{10}e<190-39.06$

**EX ④123**

$N$ を 2 以上の自然数とし，関数 $f(x)$ を $f(x)=\sum_{k=1}^{N}\cos(2k\pi x)$ と定める。

(1) $m$，$n$ を整数とするとき，$\int_0^{2\pi}\cos(mx)\cos(nx)dx$ を求めよ。

(2) $\int_0^1\cos(4\pi x)f(x)dx$ を求めよ。　〔類　滋賀大〕

(1) $I=\int_0^{2\pi}\cos(mx)\cos(nx)dx$ とすると

$I=\int_0^{2\pi}\frac{1}{2}\{\cos(m+n)x+\cos(m-n)x\}dx$

←積 ⟶ 和の公式。

$m+n=0$ のとき　$\int_0^{2\pi}\cos(m+n)x\,dx=\int_0^{2\pi}dx=2\pi$

$m+n\neq 0$ のとき　$\int_0^{2\pi}\cos(m+n)x\,dx=\left[\frac{\sin(m+n)x}{m+n}\right]_0^{2\pi}=0$

$m-n=0$ のとき　$\int_0^{2\pi}\cos(m-n)x\,dx=\int_0^{2\pi}dx=2\pi$

$m-n\neq 0$ のとき　$\int_0^{2\pi}\cos(m-n)x\,dx=\left[\frac{\sin(m-n)x}{m-n}\right]_0^{2\pi}=0$

←単純に $\int\cos(m+n)x\,dx=\frac{\sin(m+n)x}{m+n}+C$ などとしてはいけない。分母となる $m+n$，$m-n$ の値が 0 となるか，ならないかで場合分けして考える。

したがって

[1] $m+n=0$ かつ $m-n=0$ すなわち $m=n=0$ のとき

$I=\frac{1}{2}(2\pi+2\pi)=2\pi$

[2] $m+n=0$ かつ $m-n\neq 0$ すなわち $m=-n\neq 0$ のとき

$I=\frac{1}{2}(2\pi+0)=\pi$

[3] $m+n\neq 0$ かつ $m-n=0$ すなわち $m=n\neq 0$ のとき

$I=\frac{1}{2}(0+2\pi)=\pi$

[4] $m+n\neq 0$ かつ $m-n\neq 0$ すなわち $m\neq\pm n$ のとき

$$I=\frac{1}{2}(0+0)=0$$

以上から　**$m=n=0$ のとき　$I=2\pi$**

**$m=\pm n(\neq 0)$ のとき　$I=\pi$**

**$m\neq\pm n$ のとき　$I=0$**

(2) $\displaystyle\int_0^1\cos(4\pi x)f(x)dx=\int_0^1\cos(4\pi x)\sum_{k=1}^{N}\cos(2k\pi x)dx$

$2\pi x=t$ とおくと　$dx=\dfrac{1}{2\pi}dt$

$x$ と $t$ の対応は右のようになる。

| $x$ | $0\longrightarrow 1$ |
|---|---|
| $t$ | $0\longrightarrow 2\pi$ |

よって

$$\int_0^1\cos(4\pi x)\sum_{k=1}^{N}\cos(2k\pi x)dx$$

$$=\int_0^{2\pi}\cos(2t)\sum_{k=1}^{N}\cos(kt)\cdot\frac{1}{2\pi}dt$$

$$=\frac{1}{2\pi}\int_0^{2\pi}\cos(2t)\{\cos t+\cos(2t)+\cos(3t)+\cdots\cdots+\cos(Nt)\}dt$$

ここで，(1) [3] から　$\displaystyle\int_0^{2\pi}\cos(2t)\cos(2t)dt=\pi$

また，(1) [4] から，$k\neq 2$ のとき　$\displaystyle\int_0^{2\pi}\cos(2t)\cos(kt)dt=0$

したがって　$\displaystyle\int_0^1\cos(4\pi x)\sum_{k=1}^{N}\cos(2k\pi x)dx$

$$=\frac{1}{2\pi}(0+\pi+0+\cdots\cdots+0)=\mathbf{\frac{1}{2}}$$

←(1) の結果から
[3] $m=n\neq 0$ のとき
$\displaystyle\int_0^{2\pi}\cos(mx)\cos(nx)dx=\pi$
[4] $m\neq\pm n$ のとき
$\displaystyle\int_0^{2\pi}\cos(mx)\cos(nx)dx=0$

## EX ③124

関数 $f(x)=3\cos 2x+7\cos x$ について，$\displaystyle\int_0^{\pi}|f(x)|dx$ を求めよ。

$$3\cos 2x+7\cos x=3(2\cos^2 x-1)+7\cos x$$
$$=6\cos^2 x+7\cos x-3$$

$\cos x=t$ とおくと，$0\leqq x\leqq\pi$ では $-1\leqq t\leqq 1$ であり

$$f(x)=6t^2+7t-3=(2t+3)(3t-1)$$

$-1\leqq t\leqq 1$ では $2t+3>0$ であるから

$-1\leqq t\leqq\dfrac{1}{3}$ のとき　$f(x)\leqq 0$，$\dfrac{1}{3}\leqq t\leqq 1$ のとき　$f(x)\geqq 0$

$\cos\alpha=\dfrac{1}{3}$ $(0\leqq\alpha\leqq\pi)$ とおくと，$0<\alpha<\dfrac{\pi}{2}$ …… ① であり

$0\leqq x\leqq\alpha$ のとき　$f(x)\geqq 0$，$\alpha\leqq x\leqq\pi$ のとき　$f(x)\leqq 0$

したがって　$\displaystyle\int_0^{\pi}|f(x)|dx=\int_0^{\alpha}f(x)dx+\int_{\alpha}^{\pi}\{-f(x)\}dx$

ここで　$\displaystyle\int f(x)dx=\int(3\cos 2x+7\cos x)dx$

$$=\frac{3}{2}\sin 2x+7\sin x+C$$

$$=3\sin x\cos x+7\sin x+C$$

HINT
① **絶対値　場合に分ける**
$f(x)$ の符号が変わる $\cos x$ の値を求める。

←$\cos\alpha=\dfrac{1}{3}$ を満たす $\alpha$ の値は具体的に求められない。しかし，必要なのは，$\cos\alpha$ と $\sin\alpha$ の値のみなので，**$\alpha$ とおいたまま** で計算を進めていく。

また，① から　$\sin\alpha=\sqrt{1-\cos^2\alpha}=\sqrt{1-\frac{1}{9}}=\frac{2\sqrt{2}}{3}$

よって　$\int_0^{\pi}|f(x)|dx=\Big[3\sin x\cos x+7\sin x\Big]_0^{\alpha}$

$-\Big[3\sin x\cos x+7\sin x\Big]_{\alpha}^{\pi}$

$=2(3\sin\alpha\cos\alpha+7\sin\alpha)$

$=2\left(3\cdot\frac{2\sqrt{2}}{3}\cdot\frac{1}{3}+7\cdot\frac{2\sqrt{2}}{3}\right)$

$=\boldsymbol{\frac{32\sqrt{2}}{3}}$

←① から　$\sin\alpha>0$

←$\Big[F(x)\Big]_a^b-\Big[F(x)\Big]_b^c$
$=2F(b)-F(a)-F(c)$

**EX ③125**　$t=\frac{1}{1+\sin x}$ とおくことにより，定積分 $I=\int_0^{\frac{\pi}{2}}\frac{1-\sin x}{(1+\sin x)^2}dx$ を求めよ。　〔類 福岡大〕

$t=\frac{1}{1+\sin x}$ とおくと　$dt=-\frac{\cos x}{(1+\sin x)^2}dx$ ……（＊）

$x$ と $t$ の対応は右のようになる。

| $x$ | $0\longrightarrow\frac{\pi}{2}$ |
|---|---|
| $t$ | $1\longrightarrow\frac{1}{2}$ |

ここで，$t=\frac{1}{1+\sin x}$ のとき

$\sin x=\frac{1}{t}-1=\frac{1-t}{t}$

よって　$\cos^2x=1-\sin^2x=1-\left(\frac{1-t}{t}\right)^2=\frac{2t-1}{t^2}$

$0\leqq x\leqq\frac{\pi}{2}$ のとき，$\frac{1}{2}\leqq t\leqq 1$ であるから　$2t-1\geqq 0$

ゆえに　$\cos x=\frac{\sqrt{2t-1}}{t}$

よって　$I=\int_0^{\frac{\pi}{2}}\frac{1-\sin x}{(1+\sin x)^2}dx=\int_0^{\frac{\pi}{2}}\frac{(1-\sin x)(1+\sin x)}{(1+\sin x)^3}dx$

$=\int_0^{\frac{\pi}{2}}\frac{\cos^2x}{(1+\sin x)^3}dx=-\int_0^{\frac{\pi}{2}}\frac{\cos x}{1+\sin x}\cdot\frac{-\cos x}{(1+\sin x)^2}dx$

$=-\int_1^{\frac{1}{2}}\frac{\sqrt{2t-1}}{t}\cdot tdt=\int_{\frac{1}{2}}^1(2t-1)^{\frac{1}{2}}dt$

$=\left[\frac{1}{2}\cdot\frac{2}{3}(2t-1)^{\frac{3}{2}}\right]_{\frac{1}{2}}^1=\frac{1}{3}(1^{\frac{3}{2}}-0^{\frac{3}{2}})=\boldsymbol{\frac{1}{3}}$

←$\left(\frac{1}{v}\right)'=-\frac{v'}{v^2}$

←$0\leqq\sin x\leqq 1$ から
$1\leqq 1+\sin x\leqq 2$
よって
$\frac{1}{2}\leqq\frac{1}{1+\sin x}\leqq 1$

←（＊）から，
$\frac{-\cos x}{(1+\sin x)^2}dx$ を作り，
$dt$ でおき換える。

**EX ③126**　次の定積分を求めよ。

(1) $\int_0^2\frac{2x+1}{\sqrt{x^2+4}}dx$　〔京都大〕　(2) $\int_{\frac{1}{2}a}^{\frac{\sqrt{3}}{2}a}\frac{\sqrt{a^2-x^2}}{x}dx$　$(a>0)$　〔富山大〕

(1) $\int_0^2\frac{2x+1}{\sqrt{x^2+4}}dx=\int_0^2\frac{2x}{\sqrt{x^2+4}}dx+\int_0^2\frac{dx}{\sqrt{x^2+4}}$

$\int_0^2\frac{2x}{\sqrt{x^2+4}}dx=\int_0^2\frac{(x^2+4)'}{\sqrt{x^2+4}}dx=\Big[2\sqrt{x^2+4}\Big]_0^2=4\sqrt{2}-4$

←$f(■)■'$ の形。

次に，$x+\sqrt{x^2+4}=t$ とおくと　$\left(1+\dfrac{x}{\sqrt{x^2+4}}\right)dx=dt$

ゆえに　$\dfrac{\sqrt{x^2+4}+x}{\sqrt{x^2+4}}dx=dt$

よって　$\dfrac{1}{\sqrt{x^2+4}}dx=\dfrac{1}{t}dt$

| $x$ | $0 \longrightarrow 2$ |
|---|---|
| $t$ | $2 \longrightarrow 2+2\sqrt{2}$ |

$x$ と $t$ の対応は右のようになるから

$$\int_0^2 \frac{dx}{\sqrt{x^2+4}}=\int_2^{2+2\sqrt{2}}\frac{dt}{t}=\Big[\log t\Big]_2^{2+2\sqrt{2}}=\log(2+2\sqrt{2})-\log 2$$

$$=\log\frac{2+2\sqrt{2}}{2}=\log(1+\sqrt{2})$$

したがって　$\displaystyle\int_0^2 \frac{2x+1}{\sqrt{x^2+4}}dx=\mathbf{4\sqrt{2}-4+\log(1+\sqrt{2})}$

← $\sqrt{x^2+A}$ を含む積分 $\longrightarrow x+\sqrt{x^2+A}=t$ とおく。

注意　$\displaystyle\int_0^2 \frac{dx}{\sqrt{x^2+4}}$ は，次のようにして求めることもできるが，置換積分法による計算が 2 回必要になる。

$x=2\tan\theta$ とおくと　$dx=\dfrac{2}{\cos^2\theta}d\theta$

| $x$ | $0 \longrightarrow 2$ |
|---|---|
| $\theta$ | $0 \longrightarrow \dfrac{\pi}{4}$ |

$x$ と $\theta$ の対応は右のようになる。

$$\int_0^2 \frac{dx}{\sqrt{x^2+4}}=\int_0^{\frac{\pi}{4}}\frac{1}{\sqrt{4\tan^2\theta+4}}\cdot\frac{2}{\cos^2\theta}d\theta$$

$$=\int_0^{\frac{\pi}{4}}\frac{\cos\theta}{\cos^2\theta}d\theta=\int_0^{\frac{\pi}{4}}\frac{\cos\theta}{1-\sin^2\theta}d\theta \ \cdots\cdots \ ①$$

← $\sqrt{\ \ }$ 内が $x^2+4=x^2+2^2$ の形 ⟶ $x=2\tan\theta$ とおく。

← $\dfrac{1}{\tan^2\theta+1}=\cos^2\theta$

← $0\leqq\theta\leqq\dfrac{\pi}{4}$ のとき $\cos\theta>0$

ここで，$\sin\theta=u$ とおくと

$\cos\theta\,d\theta=du$

| $\theta$ | $0 \longrightarrow \dfrac{\pi}{4}$ |
|---|---|
| $u$ | $0 \longrightarrow \dfrac{1}{\sqrt{2}}$ |

$\theta$ と $u$ の対応は右のようになる。

よって，① は

$$\int_0^{\frac{1}{\sqrt{2}}}\frac{du}{1-u^2}=\int_0^{\frac{1}{\sqrt{2}}}\frac{du}{(1+u)(1-u)}=\frac{1}{2}\int_0^{\frac{1}{\sqrt{2}}}\left(\frac{1}{1-u}+\frac{1}{1+u}\right)du$$

$$=\frac{1}{2}\Big[-\log(1-u)+\log(1+u)\Big]_0^{\frac{1}{\sqrt{2}}}$$

$$=\frac{1}{2}\left[\log\frac{1+u}{1-u}\right]_0^{\frac{1}{\sqrt{2}}}=\frac{1}{2}\log\frac{\sqrt{2}+1}{\sqrt{2}-1}$$

$$=\frac{1}{2}\log(\sqrt{2}+1)^2=\log(\sqrt{2}+1)$$

← 部分分数に分解する。

$\dfrac{1}{(1+u)(1-u)}=\dfrac{1}{2}\cdot\dfrac{(1+u)+(1-u)}{(1+u)(1-u)}$

積分区間から $\log|1-u|$ などとしなくてよい。

(2)　$x=a\sin\theta$ とおくと

$dx=a\cos\theta\,d\theta$

| $x$ | $\dfrac{1}{2}a \longrightarrow \dfrac{\sqrt{3}}{2}a$ |
|---|---|
| $\theta$ | $\dfrac{\pi}{6} \longrightarrow \dfrac{\pi}{3}$ |

$x$ と $\theta$ の対応は右のようになる。

$a>0$ であり，$\dfrac{\pi}{6}\leqq\theta\leqq\dfrac{\pi}{3}$ のとき

$\cos\theta>0$

よって　$\sqrt{a^2-x^2}=\sqrt{a^2(1-\sin^2\theta)}=\sqrt{a^2\cos^2\theta}=a\cos\theta$

**❶ $\sqrt{a^2-x^2}$ の定積分 $x=a\sin\theta$ とおく**

← $a>0$，$\cos\theta>0$ から $|a\cos\theta|=a\cos\theta$

ゆえに $\displaystyle\int_{\frac{1}{2}a}^{\frac{\sqrt{3}}{2}a}\frac{\sqrt{a^2-x^2}}{x}dx=\int_{\frac{\pi}{6}}^{\frac{\pi}{3}}\frac{a\cos\theta}{a\sin\theta}\cdot a\cos\theta d\theta$

$$=a\int_{\frac{\pi}{6}}^{\frac{\pi}{3}}\frac{\cos^2\theta}{\sin\theta}d\theta$$

$$=a\int_{\frac{\pi}{6}}^{\frac{\pi}{3}}\frac{1-\sin^2\theta}{\sin\theta}d\theta$$

$$=a\int_{\frac{\pi}{6}}^{\frac{\pi}{3}}\left(\frac{1}{\sin\theta}-\sin\theta\right)d\theta$$

ここで，$\displaystyle\int_{\frac{\pi}{6}}^{\frac{\pi}{3}}\frac{1}{\sin\theta}d\theta$ について

$$\frac{1}{\sin\theta}=\frac{\sin\theta}{\sin^2\theta}=\frac{\sin\theta}{1-\cos^2\theta}$$

$\cos\theta=t$ とおくと　$-\sin\theta d\theta=dt$

$\theta$ と $t$ の対応は右のようになる。

| $\theta$ | $\frac{\pi}{6}\longrightarrow\frac{\pi}{3}$ |
|---|---|
| $t$ | $\frac{\sqrt{3}}{2}\longrightarrow\frac{1}{2}$ |

よって　$\displaystyle\int_{\frac{\pi}{6}}^{\frac{\pi}{3}}\frac{1}{\sin\theta}d\theta=-\int_{\frac{\sqrt{3}}{2}}^{\frac{1}{2}}\frac{1}{1-t^2}dt$

$$=\frac{1}{2}\int_{\frac{1}{2}}^{\frac{\sqrt{3}}{2}}\left(\frac{1}{1+t}+\frac{1}{1-t}\right)dt$$

$$=\frac{1}{2}\Big[\log(1+t)-\log(1-t)\Big]_{\frac{1}{2}}^{\frac{\sqrt{3}}{2}}$$

$$=\frac{1}{2}\left[\log\frac{1+t}{1-t}\right]_{\frac{1}{2}}^{\frac{\sqrt{3}}{2}}=\frac{1}{2}\left(\log\frac{2+\sqrt{3}}{2-\sqrt{3}}-\log 3\right)$$

$$=\frac{1}{2}\{\log(2+\sqrt{3})^2-\log 3\}=\frac{1}{2}\log\left(\frac{2+\sqrt{3}}{\sqrt{3}}\right)^2$$

$$=\log\frac{2+\sqrt{3}}{\sqrt{3}}=\log\frac{2\sqrt{3}+3}{3}\ \cdots\cdots\ ①$$

また　$\displaystyle\int_{\frac{\pi}{6}}^{\frac{\pi}{3}}\sin\theta d\theta=\Big[-\cos\theta\Big]_{\frac{\pi}{6}}^{\frac{\pi}{3}}=\frac{-1+\sqrt{3}}{2}\ \cdots\cdots\ ②$

①，② から

$$a\int_{\frac{\pi}{6}}^{\frac{\pi}{3}}\left(\frac{1}{\sin\theta}-\sin\theta\right)d\theta=\boldsymbol{a\left(\log\frac{2\sqrt{3}+3}{3}+\frac{1-\sqrt{3}}{2}\right)}$$

←基本例題 **143** (2) の別解で示した $\displaystyle\int_{\frac{\pi}{6}}^{\frac{\pi}{3}}\frac{1}{\sin\theta}d\theta=\left[\log\left|\tan\frac{\theta}{2}\right|\right]_{\frac{\pi}{6}}^{\frac{\pi}{3}}$ を用いた場合，$\tan\frac{\pi}{12}$ を求める必要がある。

←積分区間 $\frac{1}{2}\leqq t\leqq\frac{\sqrt{3}}{2}$ において $1+t>0$，$1-t>0$

**EX ③127** 定積分 $\displaystyle\int_0^1\frac{1}{x^3+1}dx$ を求めよ。

$x^3+1=(x+1)(x^2-x+1)$ であるから，

$\dfrac{1}{x^3+1}=\dfrac{a}{x+1}+\dfrac{bx+c}{x^2-x+1}$ とおいて，分母を払うと

$$1=a(x^2-x+1)+(bx+c)(x+1)$$

整理して　$(a+b)x^2+(b+c-a)x+a+c=1$

これが $x$ の恒等式であるから

$$a+b=0,\ b+c-a=0,\ a+c=1$$

HINT　まず，$\dfrac{1}{x^3+1}$ を部分分数に分解する。

←両辺の係数を比較する。

これを解いて　　$a=\dfrac{1}{3}$，$b=-\dfrac{1}{3}$，$c=\dfrac{2}{3}$

よって　　$\displaystyle\int_0^1\frac{1}{x^3+1}dx=\frac{1}{3}\int_0^1\frac{1}{x+1}dx-\frac{1}{3}\int_0^1\frac{x-2}{x^2-x+1}dx$

ここで　　$\displaystyle\int_0^1\frac{1}{x+1}dx=\Big[\log(x+1)\Big]_0^1=\log 2$

次に，$\displaystyle I=\int_0^1\frac{x-2}{x^2-x+1}dx$ とすると

$$I=\frac{1}{2}\int_0^1\frac{2x-1}{x^2-x+1}dx-\frac{3}{2}\int_0^1\frac{dx}{x^2-x+1}$$

←積分しやすい形に変形する。

$I$の第1項の積分について

$$\int_0^1\frac{2x-1}{x^2-x+1}dx=\int_0^1\frac{(x^2-x+1)'}{x^2-x+1}dx$$
$$=\Big[\log(x^2-x+1)\Big]_0^1=0$$

←$\displaystyle\int\frac{g'(x)}{g(x)}dx$ $=\log|g(x)|+C$

$I$の第2項について，$\displaystyle J=\int_0^1\frac{dx}{x^2-x+1}$ とする。

$x^2-x+1=\left(x-\dfrac{1}{2}\right)^2+\dfrac{3}{4}$ であるから，$x-\dfrac{1}{2}=\dfrac{\sqrt{3}}{2}\tan\theta$ とおくと　　$dx=\dfrac{\sqrt{3}}{2}\cdot\dfrac{1}{\cos^2\theta}d\theta$

$x$と$\theta$の対応は右のようになる。

| $x$ | $0\longrightarrow 1$ |
|---|---|
| $\theta$ | $-\dfrac{\pi}{6}\longrightarrow\dfrac{\pi}{6}$ |

←分母が$(x-p)^2+q^2$の形となるから，$x-p=q\tan\theta$ とおいて置換積分法。

ゆえに　　$\displaystyle J=\int_{-\frac{\pi}{6}}^{\frac{\pi}{6}}\frac{1}{\frac{3}{4}(\tan^2\theta+1)}\cdot\frac{\sqrt{3}}{2}\cdot\frac{1}{\cos^2\theta}d\theta$

←$\dfrac{1}{\tan^2\theta+1}=\cos^2\theta$

$$=\frac{2}{\sqrt{3}}\int_{-\frac{\pi}{6}}^{\frac{\pi}{6}}d\theta=2\cdot\frac{2\sqrt{3}}{3}\Big[\theta\Big]_0^{\frac{\pi}{6}}=\frac{2\sqrt{3}}{9}\pi$$

←$\displaystyle\int_{-\frac{\pi}{6}}^{\frac{\pi}{6}}d\theta=2\int_0^{\frac{\pi}{6}}d\theta$

よって　　$\displaystyle\int_0^1\frac{1}{x^3+1}dx=\frac{1}{3}\log 2-\frac{1}{3}\left(-\frac{3}{2}\cdot\frac{2\sqrt{3}}{9}\pi\right)$

$$=\boldsymbol{\frac{1}{3}\log 2+\frac{\sqrt{3}}{9}\pi}$$

**EX ④128**

連続な関数 $f(x)$ は常に $f(x)=f(-x)$ を満たすものとする。

(1)　等式$\displaystyle\int_{-a}^a\frac{f(x)}{1+e^{-x}}dx=\int_0^a f(x)dx$ を証明せよ。　　(2)　定積分$\displaystyle\int_{-\frac{\pi}{2}}^{\frac{\pi}{2}}\frac{x\sin x}{1+e^{-x}}dx$ を求めよ。

(1)　$x=-t$ とおくと　　$dx=-dt$

$x$と$t$の対応は右のようになる。

| $x$ | $-a\longrightarrow 0$ |
|---|---|
| $t$ | $a\longrightarrow 0$ |

←条件 $f(x)=f(-x)$ に着目して，$x=-t$ とおく。

よって　　$\displaystyle\int_{-a}^0\frac{f(x)}{1+e^{-x}}dx$

$$=\int_a^0\frac{f(-t)}{1+e^t}\cdot(-1)dt=\int_0^a\frac{f(t)}{1+e^t}dt=\int_0^a\frac{f(x)}{1+e^x}dx$$

←$\displaystyle-\int_a^0=\int_0^a$
また　$f(-t)=f(t)$

ゆえに　　$\displaystyle\int_{-a}^a\frac{f(x)}{1+e^{-x}}dx=\int_{-a}^0\frac{f(x)}{1+e^{-x}}dx+\int_0^a\frac{f(x)}{1+e^{-x}}dx$

$$=\int_0^a\frac{f(x)}{1+e^x}dx+\int_0^a\frac{f(x)}{1+e^{-x}}dx$$

$$=\int_0^a\left\{\frac{f(x)}{1+e^x}+\frac{f(x)}{1+e^{-x}}\right\}dx$$

$$=\int_0^a\frac{(1+e^x)f(x)}{1+e^x}dx=\int_0^a f(x)dx$$

←$\dfrac{1}{1+e^{-x}}=\dfrac{e^x}{e^x+1}$ であるから，$\dfrac{1}{1+e^x}$ と $\dfrac{1}{1+e^{-x}}$ をペアと考える。

(2)　$f(x)=x\sin x$ とすると，$f(x)$ は連続で，常に $f(x)=f(-x)$ が成り立つ。

よって，(1) により

$$\int_{-\frac{\pi}{2}}^{\frac{\pi}{2}}\frac{x\sin x}{1+e^{-x}}dx=\int_0^{\frac{\pi}{2}}x\sin x\,dx=\int_0^{\frac{\pi}{2}}x\cdot(-\cos x)'\,dx$$

$$=\Big[x\cdot(-\cos x)\Big]_0^{\frac{\pi}{2}}-\int_0^{\frac{\pi}{2}}(-\cos x)dx$$

$$=0+\int_0^{\frac{\pi}{2}}\cos x\,dx=\Big[\sin x\Big]_0^{\frac{\pi}{2}}=\mathbf{1}$$

←部分積分法。

**EX ③129**

(1)　$X=\cos\left(\dfrac{x}{2}-\dfrac{\pi}{4}\right)$ とおくとき，$1+\sin x$ を $X$ を用いて表せ。

(2)　不定積分 $\displaystyle\int\frac{dx}{1+\sin x}$ を求めよ。　(3)　定積分 $\displaystyle\int_0^{\frac{\pi}{2}}\frac{x}{1+\sin x}dx$ を求めよ。　〔類　横浜市大〕

(1)　$X^2=\cos^2\left(\dfrac{x}{2}-\dfrac{\pi}{4}\right)=\dfrac{1+\cos\left(x-\dfrac{\pi}{2}\right)}{2}=\dfrac{1+\sin x}{2}$

←$\cos^2●=\dfrac{1+\cos 2●}{2}$

よって　　$\mathbf{1+\sin x=2X^2}$

(2)　求める不定積分を $I$ とすると，(1) から

$$I=\int\frac{dx}{1+\sin x}=\int\frac{dx}{2\cos^2\left(\frac{x}{2}-\frac{\pi}{4}\right)}$$

$$=\frac{1}{2}\cdot 2\tan\left(\frac{x}{2}-\frac{\pi}{4}\right)+C$$

$$=\boldsymbol{\tan\left(\frac{x}{2}-\frac{\pi}{4}\right)+C}$$

←$\dfrac{1}{1+\sin x}=\dfrac{1}{2X^2}=\dfrac{1}{2\cos^2\left(\frac{x}{2}-\frac{\pi}{4}\right)}$

←$\displaystyle\int\frac{dx}{\cos^2 x}=\tan x+C$

(3)　求める定積分を $J$ とすると，(2) から

$$J=\int_0^{\frac{\pi}{2}}\frac{x}{1+\sin x}dx=\int_0^{\frac{\pi}{2}}x\left\{\tan\left(\frac{x}{2}-\frac{\pi}{4}\right)\right\}'dx$$

$$=\left[x\tan\left(\frac{x}{2}-\frac{\pi}{4}\right)\right]_0^{\frac{\pi}{2}}-\int_0^{\frac{\pi}{2}}\tan\left(\frac{x}{2}-\frac{\pi}{4}\right)dx$$

$$=-\int_0^{\frac{\pi}{2}}\tan\left(\frac{x}{2}-\frac{\pi}{4}\right)dx$$

←部分積分法。

ここで，$\displaystyle\int\tan x\,dx=\int\frac{\sin x}{\cos x}dx=\int\left\{-\frac{(\cos x)'}{\cos x}\right\}dx$

$$=-\log|\cos x|+C$$

であるから

←$\dfrac{(分母)'}{(分母)}$ の形。

$\displaystyle\int\tan x\,dx=-\log|\cos x|+C$ は公式として覚えておくとよい。

$$J=-\left[2\left\{-\log\left|\cos\left(\frac{x}{2}-\frac{\pi}{4}\right)\right|\right\}\right]_0^{\frac{\pi}{2}}=2\left(\log 1-\log\frac{1}{\sqrt{2}}\right)$$

$$=-2\log\frac{1}{\sqrt{2}}=-2\cdot\left(-\frac{1}{2}\log 2\right)=\mathbf{\log 2}$$

← $\frac{1}{\sqrt{2}}=2^{-\frac{1}{2}}$

**EX ③130**

関数 $f(x)=2\log(1+e^x)-x-\log 2$ について

(1) 等式 $\log f''(x)=-f(x)$ が成り立つことを示せ。ただし，$f''(x)$ は関数 $f(x)$ の第 2 次導関数である。

(2) 定積分 $\int_0^{\log 2}(x-\log 2)e^{-f(x)}dx$ を求めよ。 〔大阪大 改題〕

(1) $f'(x)=\dfrac{2e^x}{1+e^x}-1$，$f''(x)=2\cdot\dfrac{e^x(1+e^x)-e^x\cdot e^x}{(1+e^x)^2}=\dfrac{2e^x}{(1+e^x)^2}$

← $\left(\dfrac{u}{v}\right)'=\dfrac{u'v-uv'}{v^2}$

よって $\log f''(x)=\log\dfrac{2e^x}{(1+e^x)^2}=\log 2+\log e^x-2\log(1+e^x)$

$$=-\{2\log(1+e^x)-x-\log 2\}=-f(x)$$

したがって，$\log f''(x)=-f(x)$ が成り立つ。

(2) (1)の結果から $e^{-f(x)}=f''(x)$

← $\log a=b \Longleftrightarrow e^b=a$

よって

$$\int_0^{\log 2}(x-\log 2)e^{-f(x)}dx=\int_0^{\log 2}(x-\log 2)f''(x)dx$$

$$=\Big[(x-\log 2)f'(x)\Big]_0^{\log 2}-\int_0^{\log 2}f'(x)dx$$

← 部分積分法。

$$=(\log 2)f'(0)-\Big[f(x)\Big]_0^{\log 2}=(\log 2)f'(0)-f(\log 2)+f(0)$$

ここで $f(0)=2\log 2-\log 2=\log 2$,

$f(\log 2)=2\log(1+e^{\log 2})-\log 2-\log 2$

$=2\log 3-2\log 2$,

$f'(0)=\dfrac{2}{2}-1=0$

よって $\displaystyle\int_0^{\log 2}(x-\log 2)e^{-f(x)}dx=-(2\log 3-2\log 2)+\log 2$

$$=\mathbf{3\log 2-2\log 3}$$

**EX ④131**

$a$，$b$ は定数，$m$，$n$ は 0 以上の整数とし，$I(m,\ n)=\int_a^b(x-a)^m(x-b)^n dx$ とする。

(1) $I(m,\ 0)$，$I(1,\ 1)$ の値を求めよ。

(2) $I(m,\ n)$ を $I(m+1,\ n-1)$，$m$，$n$ で表せ。ただし，$n$ は自然数とする。

(3) $I(5,\ 5)$ の値を求めよ。 〔群馬大〕

(1) $\boldsymbol{I(m,\ 0)}=\displaystyle\int_a^b(x-a)^m dx=\left[\frac{(x-a)^{m+1}}{m+1}\right]_a^b=\boldsymbol{\frac{(b-a)^{m+1}}{m+1}}$

$\boldsymbol{I(1,\ 1)}=\displaystyle\int_a^b(x-a)(x-b)dx=\int_a^b\left\{\frac{(x-a)^2}{2}\right\}'(x-b)dx$

$$=\left[\frac{(x-a)^2}{2}\cdot(x-b)\right]_a^b-\int_a^b\frac{(x-a)^2}{2}dx$$

$$=-\left[\frac{(x-a)^3}{6}\right]_a^b=\boldsymbol{-\frac{(b-a)^3}{6}}$$

← 数学Ⅱでも
$\displaystyle\int_a^b(x-a)(x-b)dx$
$=-\dfrac{(b-a)^3}{6}$
を学んだ（この結果は公式として覚えておく）。

(2) $\boldsymbol{I(m,\ n)}=\int_a^b (x-a)^m(x-b)^n dx=\int_a^b\left\{\frac{(x-a)^{m+1}}{m+1}\right\}'(x-b)^n dx$

$=\left[\frac{(x-a)^{m+1}}{m+1}\cdot(x-b)^n\right]_a^b-\frac{n}{m+1}\int_a^b (x-a)^{m+1}(x-b)^{n-1}dx$

$=\boldsymbol{-\frac{n}{m+1}I(m+1,\ n-1)}$

(3) $I(5,\ 5)=-\frac{5}{6}I(6,\ 4)=-\frac{5}{6}\cdot\left(-\frac{4}{7}\right)I(7,\ 3)$

$=\frac{5\cdot4}{6\cdot7}\cdot\left(-\frac{3}{8}\right)I(8,\ 2)$

$=-\frac{5\cdot4\cdot3}{6\cdot7\cdot8}\cdot\left(-\frac{2}{9}\right)I(9,\ 1)$

$=\frac{5\cdot4\cdot3\cdot2}{6\cdot7\cdot8\cdot9}\cdot\left(-\frac{1}{10}\right)I(10,\ 0)$

$=-\frac{5\cdot4\cdot3\cdot2\cdot1}{6\cdot7\cdot8\cdot9\cdot10}\cdot\frac{(b-a)^{11}}{11}=\boldsymbol{-\frac{(b-a)^{11}}{2772}}$

←(2) の結果を利用して $I(●,\ 0)$ の形を作ってから，(1) の結果を利用。

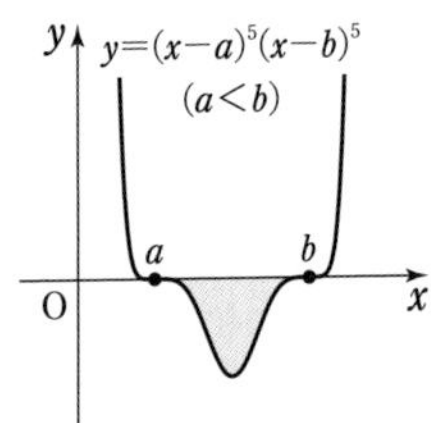


検討　$-I(5,\ 5)$ は，右の図の黒く塗った部分の面積を表している。

**EX ⑤132**

$x>0$ を定義域とする関数 $f(x)=\frac{12(e^{3x}-3e^x)}{e^{2x}-1}$ について

(1) 関数 $y=f(x)$ $(x>0)$ は，実数全体を定義域とする逆関数をもつことを示せ。すなわち，任意の実数 $a$ に対して，$f(x)=a$ となる $x>0$ がただ1つ存在することを示せ。

(2) (1) で定められた逆関数を $y=g(x)$ $(-\infty<x<\infty)$ とする。このとき，定積分 $\int_8^{27} g(x)dx$ を求めよ。〔東京大〕

HINT　(1) $f(x)$ が $x>0$ で単調増加であることを示す。
(2) $y=g(x)$ とおいて，置換積分法を利用。

(1) $f'(x)=\frac{12\{(3e^{3x}-3e^x)(e^{2x}-1)-(e^{3x}-3e^x)\cdot2e^{2x}\}}{(e^{2x}-1)^2}$

$=\frac{12(e^{5x}+3e^x)}{(e^{2x}-1)^2}=\frac{12e^x(e^{4x}+3)}{(e^{2x}-1)^2}$

ゆえに，$x>0$ のとき　$f'(x)>0$

よって，$f(x)$ は，$x>0$ で単調に増加するから，逆関数が存在する。ここで，$\lim_{x\to+0}(e^{2x}-1)=+0$，$\lim_{x\to+0}(e^{3x}-3e^x)=-2$ であるから　$\lim_{x\to+0}f(x)=-\infty$

←関数が逆関数をもつ条件は，本冊 $p.24$ で学んだ。

また　$\lim_{x\to\infty}f(x)=\lim_{x\to\infty}\frac{12(e^x-3e^{-x})}{1-e^{-2x}}=\infty$

←$x\longrightarrow\infty$ のとき $e^{-x}\longrightarrow0$，$e^{-2x}\longrightarrow0$

ゆえに，任意の実数 $a$ に対して，$f(x)=a$ となる $x>0$ がただ1つ存在する。

←実数全体を定義域とする逆関数が存在する。

(2) $y=f(x)$ の逆関数が $y=g(x)$ であるから

←$g(x)$ が直接求められないから，$f(x)$ の積分を利用することを考える。

$x=f(y)=\frac{12(e^{3y}-3e^y)}{e^{2y}-1}$

$f(y_1)=8$ を解くと，$\frac{12(e^{3y_1}-3e^{y_1})}{e^{2y_1}-1}=8$ から

$2(e^{2y_1}-1)=3(e^{3y_1}-3e^{y_1})$

整理して　$3e^{3y_1}-2e^{2y_1}-9e^{y_1}+2=0$

ゆえに　$(e^{y_1}-2)(3e^{2y_1}+4e^{y_1}-1)=0$

$y_1>0$ であるから　$e^{y_1}>1$

よって　$e^{y_1}=2$　すなわち　$y_1=\log 2$

$f(y_2)=27$ を解くと，$\dfrac{12(e^{3y_2}-3e^{y_2})}{e^{2y_2}-1}=27$ から

$$9(e^{2y_2}-1)=4(e^{3y_2}-3e^{y_2})$$

整理して　$4e^{3y_2}-9e^{2y_2}-12e^{y_2}+9=0$

ゆえに　$(e^{y_2}-3)(4e^{2y_2}+3e^{y_2}-3)=0$

$e^{y_2}>1$ であるから　$e^{y_2}=3$　　よって　$y_2=\log 3$

また，$x=f(y)$ より $dx=f'(y)dy$ であるから

$$\int_8^{27}g(x)dx=\int_{y_1}^{y_2}yf'(y)dy=\Big[yf(y)\Big]_{y_1}^{y_2}-\int_{y_1}^{y_2}f(y)dy$$

$$=y_2f(y_2)-y_1f(y_1)-\int_{y_1}^{y_2}\frac{12(e^{3y}-3e^{y})}{e^{2y}-1}dy$$

$$=27\log 3-8\log 2-12\int_{\log 2}^{\log 3}\frac{e^{3y}-3e^{y}}{e^{2y}-1}dy$$

$e^y=t$ とおくと，$e^ydy=dt$ から

$$dy=\frac{1}{t}dt$$

| $y$ | $\log 2 \longrightarrow \log 3$ |
|---|---|
| $t$ | $2 \longrightarrow 3$ |

ゆえに　$\displaystyle\int_{\log 2}^{\log 3}\frac{e^{3y}-3e^{y}}{e^{2y}-1}dy=\int_2^3\frac{t^3-3t}{t^2-1}\cdot\frac{1}{t}dt=\int_2^3\frac{t^2-3}{t^2-1}dt$

$$=\int_2^3\left(1-\frac{2}{t^2-1}\right)dt$$

$$=\int_2^3\left(1-\frac{1}{t-1}+\frac{1}{t+1}\right)dt$$

$$=\Big[t-\log(t-1)+\log(t+1)\Big]_2^3$$

$$=3-\log 2+\log 4-2-\log 3$$

$$=1+\log 2-\log 3$$

よって　$\displaystyle\int_8^{27}g(x)dx=27\log 3-8\log 2-12(1+\log 2-\log 3)$

$$=\mathbf{39\log 3-20\log 2-12}$$

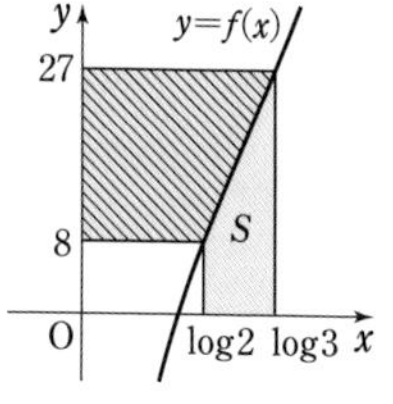


なお，求める定積分は，図の斜線部分の面積である。$S$ の部分の面積は定積分を計算することにより求められるから，斜線部分の面積は，
$27\times\log 3-8\times\log 2$
$-(S$ の部分の面積$)$
としても求められる。

←$y_2=\log 3$，$f(y_2)=27$
$y_1=\log 2$，$f(y_1)=8$

←$\dfrac{2}{t^2-1}=\dfrac{1}{t-1}-\dfrac{1}{t+1}$

←$\log 4=2\log 2$

5章 EX［積分法］

**EX ②133**

関係式 $f(x)+\displaystyle\int_0^x f(t)e^{x-t}dt=\sin x$ を満たす微分可能な関数 $f(x)$ を考える。$f(x)$ の導関数 $f'(x)$ を求めると，$f'(x)=$ ア□ である。また，$f(0)=$ イ□ であるから，$f(x)=$ ウ□ である。　〔横浜市大〕

与えられた関係式を変形すると

$$f(x)+e^x\int_0^x f(t)e^{-t}dt=\sin x \quad \cdots\cdots ①$$

この両辺を $x$ で微分すると

$$f'(x)+e^x\int_0^x f(t)e^{-t}dt+e^x\cdot f(x)e^{-x}=\cos x$$

すなわち　$\displaystyle f'(x)+f(x)+e^x\int_0^x f(t)e^{-t}dt=\cos x$

←$e^x$ を定数とみて，定積分の前に出す。

←$\dfrac{d}{dx}\displaystyle\int_a^x g(t)dt=g(x)$
公式 $(uv)'=u'v+uv'$ も利用。

①を代入すると　$f'(x)+\sin x=\cos x$

よって　$f'(x)=$ア$\boldsymbol{\cos x-\sin x}$

また，①の両辺に $x=0$ を代入すると　$f(0)=$イ$\mathbf{0}$

更に　$f(x)=\int(\cos x-\sin x)dx=\sin x+\cos x+C$

$f(0)=0$ であるから　$1+C=0$　ゆえに　$C=-1$

したがって　$f(x)=$ウ$\boldsymbol{\sin x+\cos x-1}$

←$\int_0^0 g(t)dt=0$

←$f(x)=\int f'(x)dx$

←$f(0)=1+C$

**EX ②134**　$a>0$ に対し，関数 $f(x)$ が $f(x)=\int_{-a}^{a}\left\{\frac{e^{-x}}{2a}+f(t)\sin t\right\}dt$ を満たすとする。$f(x)$ を求めよ。〔類　北海道大〕

$f(x)=\frac{e^{-x}}{2a}\int_{-a}^{a}dt+\int_{-a}^{a}f(t)\sin t\,dt$

$=\frac{e^{-x}}{2a}\Big[t\Big]_{-a}^{a}+\int_{-a}^{a}f(t)\sin t\,dt=e^{-x}+\int_{-a}^{a}f(t)\sin t\,dt$

←$\Big[t\Big]_{-a}^{a}=a-(-a)$
$=2a$

$\int_{-a}^{a}f(t)\sin t\,dt=k$ とおくと　$f(x)=e^{-x}+k$

よって　$k=\int_{-a}^{a}(e^{-t}+k)\sin t\,dt$

$=\int_{-a}^{a}e^{-t}\sin t\,dt+k\int_{-a}^{a}\sin t\,dt$

$=\int_{-a}^{a}e^{-t}\sin t\,dt$

←$y=\sin x$ は奇関数であるから
$\int_{-a}^{a}\sin t\,dt=0$

ここで　$(e^{-t}\sin t)'=-e^{-t}\sin t+e^{-t}\cos t,$

$(e^{-t}\cos t)'=-e^{-t}\cos t-e^{-t}\sin t$

辺々を加えて　$\{e^{-t}(\sin t+\cos t)\}'=-2e^{-t}\sin t$

←部分積分法を用いて $\int_{-a}^{a}e^{-t}\sin t\,dt$ を求めてもよい。

よって　$\int_{-a}^{a}e^{-t}\sin t\,dt=-\frac{1}{2}\Big[e^{-t}(\sin t+\cos t)\Big]_{-a}^{a}$

$=-\frac{1}{2}\{e^{-a}(\sin a+\cos a)-e^{a}(-\sin a+\cos a)\}$

$=-\frac{e^{a}+e^{-a}}{2}\sin a+\frac{e^{a}-e^{-a}}{2}\cos a$

←$k$ の値。

したがって　$\boldsymbol{f(x)=e^{-x}-\frac{e^{a}+e^{-a}}{2}\sin a+\frac{e^{a}-e^{-a}}{2}\cos a}$

**EX ③135**　$f(x)=\int_0^{\frac{\pi}{2}}g(t)\sin(x-t)dt$，$g(x)=x+\int_0^{\frac{\pi}{2}}f(t)dt$ を満たす関数 $f(x)$，$g(x)$ を求めよ。〔工学院大〕

$f(x)=\int_0^{\frac{\pi}{2}}g(t)(\sin x\cos t-\cos x\sin t)dt$

$=\sin x\int_0^{\frac{\pi}{2}}g(t)\cos t\,dt-\cos x\int_0^{\frac{\pi}{2}}g(t)\sin t\,dt$

$\int_0^{\frac{\pi}{2}}g(t)\cos t\,dt=a$，$\int_0^{\frac{\pi}{2}}g(t)\sin t\,dt=b$ とおくと

$f(x)=a\sin x-b\cos x$

また，$\int_0^{\frac{\pi}{2}}f(t)dt=c$ とおくと　$g(x)=x+c$

HINT
$f(x)=a\sin x-b\cos x$，
$g(x)=x+c$ とおける。

←積分変数 $t$ に無関係な $\sin x$，$\cos x$ は定数とみなす。

ゆえに　$a=\int_0^{\frac{\pi}{2}}(t+c)\cos t\,dt$

$=\left[(t+c)\sin t\right]_0^{\frac{\pi}{2}}-\int_0^{\frac{\pi}{2}}\sin t\,dt$

$=\frac{\pi}{2}+c-\left[-\cos t\right]_0^{\frac{\pi}{2}}$

$=\frac{\pi}{2}+c-1$

←$\int_0^{\frac{\pi}{2}}(t+c)(\sin t)'dt$

よって　$a=c+\frac{\pi}{2}-1$ ……①

また　$b=\int_0^{\frac{\pi}{2}}(t+c)\sin t\,dt$

$=\left[-(t+c)\cos t\right]_0^{\frac{\pi}{2}}+\int_0^{\frac{\pi}{2}}\cos t\,dt$

$=c+\left[\sin t\right]_0^{\frac{\pi}{2}}=c+1$

←$\int_0^{\frac{\pi}{2}}(t+c)(-\cos t)'dt$

よって　$b=c+1$ ……②

更に　$c=\int_0^{\frac{\pi}{2}}(a\sin t-b\cos t)dt$

$=\left[-a\cos t-b\sin t\right]_0^{\frac{\pi}{2}}$

$=-b+a$

よって　$c=a-b$ ……③

①，②，③から　$a=\pi-3$，$b=\frac{\pi}{2}-1$，$c=\frac{\pi}{2}-2$

←①，②を③に代入し，まず $c$ の値を求めるとよい。

したがって　$\boldsymbol{f(x)=(\pi-3)\sin x-\left(\frac{\pi}{2}-1\right)\cos x}$,

$\boldsymbol{g(x)=x+\frac{\pi}{2}-2}$

5章
EX
〔積分法〕

**EX ③136**

正の実数 $a$ に対して，$F(a)=\int_0^a\left(x+\frac{1-a}{2}\right)\sqrt[3]{a-x}\,dx$ とする。

(1) $F(a)$ を求めよ。

(2) $a$ が正の実数全体を動くとき，$F(a)$ の最大値と，最大値を与える $a$ の値を求めよ。

〔学習院大〕

(1) $\sqrt[3]{a-x}=t$ とおくと，$x=a-t^3$ から

$dx=-3t^2dt$

$x$ と $t$ の対応は右のようになる。

| $x$ | $0 \longrightarrow a$ |
|---|---|
| $t$ | $\sqrt[3]{a} \longrightarrow 0$ |

←置換積分法を利用。

よって　$\boldsymbol{F(a)}=\int_0^a\left(x+\frac{1-a}{2}\right)\sqrt[3]{a-x}\,dx$

$=\int_{\sqrt[3]{a}}^0\left\{(a-t^3)+\frac{1-a}{2}\right\}t\cdot(-3t^2)dt$

$=\int_{\sqrt[3]{a}}^0\left(-t^3+\frac{1+a}{2}\right)\cdot(-3t^3)dt$

←$t$ について整理。

$$=3\int_0^{\sqrt[3]{a}}\left(-t^6+\frac{1+a}{2}t^3\right)dt$$

←$-\int_{\sqrt[3]{a}}^{0}=\int_0^{\sqrt[3]{a}}$

$$=3\left[-\frac{1}{7}t^7+\frac{1+a}{8}t^4\right]_0^{\sqrt[3]{a}}$$

$$=-\frac{3}{7}a^{\frac{7}{3}}+\frac{3}{8}a^{\frac{4}{3}}+\frac{3}{8}a^{\frac{7}{3}}$$

$$=-\boldsymbol{\frac{3}{56}a^{\frac{7}{3}}+\frac{3}{8}a^{\frac{4}{3}}}$$

←$(\sqrt[3]{a})^7=a^{\frac{7}{3}}$, $(\sqrt[3]{a})^4=a^{\frac{4}{3}}$, $a(\sqrt[3]{a})^4=a^{1+\frac{4}{3}}=a^{\frac{7}{3}}$

(2) $F'(a)=-\frac{1}{8}a^{\frac{4}{3}}+\frac{1}{2}a^{\frac{1}{3}}=-\frac{1}{8}a^{\frac{1}{3}}(a-4)$

←$F(a)=-\frac{3}{56}a^{\frac{7}{3}}+\frac{3}{8}a^{\frac{4}{3}}$ を $a$ で微分。

$a>0$ のとき，$F'(a)=0$ とすると　$a=4$

$a>0$ における $F(a)$ の増減表は右のようになる。

よって，$F(a)$ は **$a=4$ のとき最大となる。**

| $a$ | 0 | $\cdots$ | 4 | $\cdots$ |
|---|---|---|---|---|
| $F'(a)$ | | + | 0 | − |
| $F(a)$ | | ↗ | 極大 | ↘ |

**最大値** は　$F(4)=-\frac{3}{56}\cdot 4^{\frac{7}{3}}+\frac{3}{8}\cdot 4^{\frac{4}{3}}=-\frac{3}{56}\cdot 4^{\frac{4}{3}}(4-7)=\boldsymbol{\frac{9\sqrt[3]{4}}{14}}$

←$4^{\frac{4}{3}}=4\sqrt[3]{4}$

**EX ③137**

$n$ を自然数とする。$x$, $y$ がすべての実数を動くとき，定積分 $\int_0^1\{\sin(2n\pi t)-xt-y\}^2dt$ の最小値を $I_n$ とおく。極限 $\lim_{n\to\infty}I_n$ を求めよ。〔九州大〕

$$\int_0^1\{\sin(2n\pi t)-xt-y\}^2dt$$

←$\{\sin(2n\pi t)-(xt+y)\}^2$ として展開する。

$$=\int_0^1\{\sin^2(2n\pi t)-2(xt+y)\sin(2n\pi t)+(xt+y)^2\}dt$$

$$=\int_0^1\sin^2(2n\pi t)dt-2\int_0^1(xt+y)\sin(2n\pi t)dt+\int_0^1(xt+y)^2dt$$

$$=\int_0^1\sin^2(2n\pi t)dt-2x\int_0^1 t\sin(2n\pi t)dt$$

$$-2y\int_0^1\sin(2n\pi t)dt+\int_0^1(xt+y)^2dt$$

←$x$, $y$ は定数とみて，定積分の前に出す。

ここで，$\sin(2n\pi)=0$，$\cos(2n\pi)=1$ から

$$\int_0^1\sin^2(2n\pi t)dt=\int_0^1\frac{1-\cos(4n\pi t)}{2}dt$$

$$=\frac{1}{2}\left[t-\frac{1}{4n\pi}\sin(4n\pi t)\right]_0^1=\frac{1}{2}\ \cdots\cdots\ ①$$

←$\sin^2●=\frac{1-\cos 2●}{2}$

$$\int_0^1 t\sin(2n\pi t)dt=\left[t\cdot\left\{-\frac{1}{2n\pi}\cos(2n\pi t)\right\}\right]_0^1$$

$$+\frac{1}{2n\pi}\int_0^1\cos(2n\pi t)dt$$

$$=-\frac{1}{2n\pi}+\frac{1}{2n\pi}\left[\frac{1}{2n\pi}\sin(2n\pi t)\right]_0^1$$

$$=-\frac{1}{2n\pi}\ \cdots\cdots\ ②$$

←部分積分法。

$$\int_0^1\sin(2n\pi t)dt=\left[-\frac{1}{2n\pi}\cos(2n\pi t)\right]_0^1=0\ \cdots\cdots\ ③$$

$$\int_0^1 (xt+y)^2 dt = \int_0^1 (x^2t^2+2xyt+y^2)dt$$
$$=\left[\frac{1}{3}x^2t^3+xyt^2+y^2t\right]_0^1$$
$$=\frac{1}{3}x^2+xy+y^2 \quad \cdots\cdots \text{④}$$

←$x$, $y$ は定数扱い。

ゆえに，①～④ から

$$\int_0^1 \{\sin(2n\pi t)-xt-y\}^2 dt$$
$$=\frac{1}{2}+\frac{x}{n\pi}+\left(\frac{1}{3}x^2+xy+y^2\right)=y^2+xy+\frac{1}{3}x^2+\frac{x}{n\pi}+\frac{1}{2}$$
$$=\left(y+\frac{1}{2}x\right)^2+\frac{1}{12}x^2+\frac{x}{n\pi}+\frac{1}{2}$$
$$=\left(y+\frac{1}{2}x\right)^2+\frac{1}{12}\left(x+\frac{6}{n\pi}\right)^2-\frac{3}{(n\pi)^2}+\frac{1}{2}$$

←$y^2$ の係数が 1 であるから，まず $y$ について平方完成。

よって，定積分 $\int_0^1 \{\sin(2n\pi t)-xt-y\}^2 dt$ は，

$y+\frac{1}{2}x=0$ かつ $x+\frac{6}{n\pi}=0$，すなわち $x=-\frac{6}{n\pi}$，$y=\frac{3}{n\pi}$

のとき最小となり　　$I_n=-\frac{3}{(n\pi)^2}+\frac{1}{2}$

したがって　　$\lim_{n\to\infty} I_n = \mathbf{\frac{1}{2}}$

←$\lim_{n\to\infty}\frac{3}{(n\pi)^2}=0$

**EX ④138**

(1) $0<x<\pi$ のとき，$\sin x - x\cos x>0$ を示せ。

(2) 定積分 $I=\int_0^\pi |\sin x-ax|dx$ $(0<a<1)$ を最小にする $a$ の値を求めよ。　〔横浜国大〕

(1) $f(x)=\sin x - x\cos x$ とおくと

$$f'(x)=\cos x-\{\cos x+x(-\sin x)\}=x\sin x$$

$0<x<\pi$ のとき，$f'(x)>0$ であるから，このとき $f(x)$ は単調に増加する。また　　$f(0)=0$

よって，$0<x<\pi$ のとき　　$f(x)>0$

←$f(x)>f(0)$

すなわち　　$\sin x - x\cos x>0$

(2) $y=\sin x$ について　　$y'=\cos x$

$x=0$ のとき　　$y'=\cos 0=1$

←曲線 $y=\sin x$ の $x=0$ における接線の傾きは 1

また　　$y''=-\sin x$

$0<x<\pi$ のとき，$y''<0$ であるから，曲線 $y=\sin x$ $(0<x<\pi)$ は上に凸である。

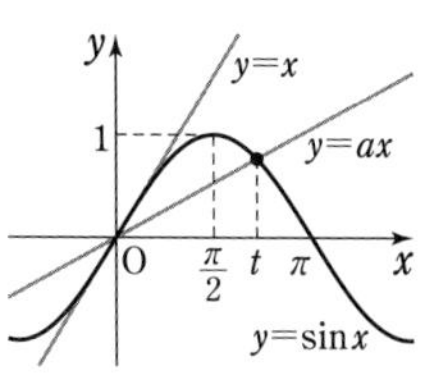


よって，$0<a<1$ のとき，曲線 $y=\sin x$ と直線 $y=ax$ は $0<x<\pi$ の範囲でただ 1 つの共有点をもつ。

←直線 $y=ax$ の傾きは $a$ $(0<a<1)$

この共有点の $x$ 座標を $t$ $(0<t<\pi)$ とすると，$\sin t=at$ から

$$a=\frac{\sin t}{t} \quad \cdots\cdots \text{①}$$

$0\leqq x\leqq t$ のとき $\sin x\geqq ax$，$t\leqq x\leqq \pi$ のとき，$\sin x\leqq ax$ である

から　$I=\int_0^t(\sin x-ax)dx-\int_t^\pi(\sin x-ax)dx$

$=\left[-\cos x-\frac{a}{2}x^2\right]_0^t-\left[-\cos x-\frac{a}{2}x^2\right]_t^\pi$

$=2\left(-\cos t-\frac{a}{2}t^2\right)-(-1)-\left(1-\frac{a}{2}\pi^2\right)$

$=-2\cos t-at^2+\frac{\pi^2}{2}a$

←$x=t$ で場合分け。

←$\left[F(x)\right]_a^b-\left[F(x)\right]_b^c=2F(b)-F(a)-F(c)$

① を代入して　$I=-2\cos t-t\sin t+\frac{\pi^2\sin t}{2t}$

よって　$\frac{dI}{dt}=\underset{\sim\sim\sim}{2\sin t-(\sin t+t\cos t)}+\frac{\pi^2}{2}\cdot\frac{t\cos t-\sin t\cdot 1}{t^2}$

$=(\sin t-t\cos t)\left(1-\frac{\pi^2}{2t^2}\right)$

←$\left(\frac{u}{v}\right)'=\frac{u'v-uv'}{v^2}$

←$\sim\sim=\sin t-t\cos t$

(1) より，$0<t<\pi$ において $\sin t-t\cos t>0$ であるから，

$\frac{dI}{dt}=0$ とすると　$1-\frac{\pi^2}{2t^2}=0$　ゆえに　$t^2=\frac{\pi^2}{2}$

$0<t<\pi$ であるから　$t=\frac{\pi}{\sqrt{2}}$

$0<t<\pi$ における $I$ の増減表は右のようになる。

よって，$I$ は $t=\frac{\pi}{\sqrt{2}}$ のとき最小となる。

このとき，$a$ の値は

$$\boldsymbol{a=\frac{\sin t}{t}=\frac{\sqrt{2}}{\pi}\sin\frac{\pi}{\sqrt{2}}}$$

| $t$ | 0 | … | $\frac{\pi}{\sqrt{2}}$ | … | $\pi$ |
|---|---|---|---|---|---|
| $\frac{dI}{dt}$ | | $-$ | 0 | $+$ | |
| $I$ | | ↘ | 極小 | ↗ | |

←$\frac{dI}{dt}=(\sin t-t\cos t)\times\frac{1}{t^2}\left(t+\frac{\pi}{\sqrt{2}}\right)\left(t-\frac{\pi}{\sqrt{2}}\right)$

**EX ②139**　次の極限値を求めよ。　〔(1) 立教大，長崎大，(2) 静岡大〕

(1) $\lim_{n\to\infty}\left(\frac{n}{n^2+1^2}+\frac{n}{n^2+2^2}+\cdots\cdots+\frac{n}{n^2+n^2}\right)$　(2) $\lim_{n\to\infty}\left\{\frac{1}{n}\sum_{k=1}^{n}\log(k+\sqrt{k^2+n^2})-\log n\right\}$

(3) $\lim_{n\to\infty}\sqrt{n}\left(\sin\frac{1}{n}\right)\sum_{k=1}^{n}\frac{1}{\sqrt{n+k}}$

求める極限値を $S$ とする。

(1)　$S=\lim_{n\to\infty}\sum_{k=1}^{n}\frac{n}{n^2+k^2}=\lim_{n\to\infty}\sum_{k=1}^{n}\frac{1}{n}\cdot\frac{n^2}{n^2+k^2}$

$=\lim_{n\to\infty}\frac{1}{n}\sum_{k=1}^{n}\frac{1}{1+\left(\frac{k}{n}\right)^2}=\int_0^1\frac{1}{1+x^2}dx$

$x=\tan\theta$ とおくと　$dx=\frac{1}{\cos^2\theta}d\theta$

| $x$ | $0\longrightarrow 1$ |
|---|---|
| $\theta$ | $0\longrightarrow\frac{\pi}{4}$ |

よって　$S=\int_0^{\frac{\pi}{4}}\frac{1}{1+\tan^2\theta}\cdot\frac{1}{\cos^2\theta}d\theta$

$=\int_0^{\frac{\pi}{4}}d\theta=\left[\theta\right]_0^{\frac{\pi}{4}}=\boldsymbol{\frac{\pi}{4}}$

HINT　$\boldsymbol{\lim_{n\to\infty}\frac{1}{n}\sum_{k=1}^{n}f\left(\frac{k}{n}\right)=\int_0^1 f(x)dx}$ を利用。

←$\frac{1}{n}$ をくくり出す。

←$\frac{1}{a^2+x^2}$ の定積分は，$x=a\tan\theta$ とおく。

←$\frac{1}{1+\tan^2\theta}=\cos^2\theta$

(2) $S=\lim_{n\to\infty}\left\{\frac{1}{n}\sum_{k=1}^{n}\log(k+\sqrt{k^2+n^2})-\frac{1}{n}\cdot n\log n\right\}$

$=\lim_{n\to\infty}\frac{1}{n}\sum_{k=1}^{n}\{\log(k+\sqrt{k^2+n^2})-\log n\}$ ←$n\log n=\sum_{k=1}^{n}\log n$

$=\lim_{n\to\infty}\frac{1}{n}\sum_{k=1}^{n}\log\frac{k+\sqrt{k^2+n^2}}{n}$

$=\lim_{n\to\infty}\frac{1}{n}\sum_{k=1}^{n}\log\left\{\frac{k}{n}+\sqrt{\left(\frac{k}{n}\right)^2+1}\right\}$

$=\int_0^1\log(x+\sqrt{x^2+1})dx$

$=\int_0^1(x)'\log(x+\sqrt{x^2+1})dx$ ←部分積分法。

$=\Big[x\log(x+\sqrt{x^2+1})\Big]_0^1-\int_0^1\frac{x}{\sqrt{x^2+1}}dx$

$=\log(1+\sqrt{2})-\Big[\sqrt{x^2+1}\Big]_0^1$

$=\boldsymbol{\log(1+\sqrt{2})-\sqrt{2}+1}$

←$\{\log(x+\sqrt{x^2+1})\}'$
$=\frac{1}{x+\sqrt{x^2+1}}\times\left(1+\frac{x}{\sqrt{x^2+1}}\right)$
$=\frac{1}{\sqrt{x^2+1}}$ (EX 55)

(3) $S=\lim_{n\to\infty}\left(\sin\frac{1}{n}\right)\sum_{k=1}^{n}\frac{\sqrt{n}}{\sqrt{n+k}}=\lim_{n\to\infty}\frac{\sin\frac{1}{n}}{\frac{1}{n}}\cdot\frac{1}{n}\sum_{k=1}^{n}\frac{1}{\sqrt{1+\frac{k}{n}}}$

$=1\cdot\int_0^1\frac{1}{\sqrt{1+x}}dx=\Big[2\sqrt{1+x}\Big]_0^1=\boldsymbol{2(\sqrt{2}-1)}$

←$\frac{1}{n}\longrightarrow 0$ であるから，$\lim_{\square\to 0}\frac{\sin\square}{\square}$ の形を作るように変形。

**EX ③140** 次の極限値を求めよ。

(1) $\lim_{n\to\infty}\frac{1}{n^2}\{\sqrt{(2n)^2-1^2}+\sqrt{(2n)^2-2^2}+\sqrt{(2n)^2-3^2}+\cdots\cdots+\sqrt{(2n)^2-(2n-1)^2}\}$ 〔山口大〕

(2) $\lim_{n\to\infty}\sum_{k=n+1}^{2n}\frac{n}{k^2+3kn+2n^2}$ 〔電通大〕

HINT $\frac{1}{n}\sum_{k=l}^{m}f\left(\frac{k}{n}\right)$ の形になるように $f(x)$ を決める。このとき，積分区間に注意。

求める極限値を $S$ とする。

(1) $S=\lim_{n\to\infty}\frac{1}{n^2}\sum_{k=1}^{2n-1}\sqrt{(2n)^2-k^2}=\lim_{n\to\infty}\frac{1}{n}\sum_{k=1}^{2n-1}\sqrt{\frac{4n^2-k^2}{n^2}}$

$=\lim_{n\to\infty}\frac{1}{n}\sum_{k=1}^{2n-1}\sqrt{4-\left(\frac{k}{n}\right)^2}=\int_0^2\sqrt{4-x^2}\,dx$

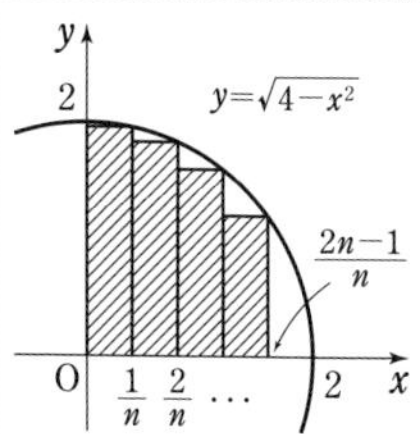


$\int_0^2\sqrt{4-x^2}\,dx$ は，半径 2 の四分円の面積を表すから

$$S=\frac{\pi\cdot 2^2}{4}=\boldsymbol{\pi}$$

別解 $S=\lim_{n\to\infty}\frac{1}{n^2}\sum_{k=1}^{2n-1}\sqrt{(2n)^2-k^2}=\lim_{n\to\infty}\frac{2}{n}\sum_{k=1}^{2n-1}\frac{\sqrt{(2n)^2-k^2}}{2n}$ ←$\frac{1}{2n}$ をくくり出し，$\frac{k}{2n}$ を $x$ とする。

$=\lim_{n\to\infty}\frac{2}{n}\sum_{k=1}^{2n-1}\sqrt{1-\left(\frac{k}{2n}\right)^2}=4\lim_{n\to\infty}\frac{1}{2n}\sum_{k=1}^{2n-1}\sqrt{1-\left(\frac{k}{2n}\right)^2}$

$=4\int_0^1\sqrt{1-x^2}\,dx=4\cdot\frac{\pi\cdot 1^2}{4}=\boldsymbol{\pi}$ ←半径 1 の四分円の面積。

5章 EX〔積分法〕

(2) $S=\lim_{n\to\infty}\frac{1}{n}\sum_{k=n+1}^{2n}\frac{n^2}{k^2+3kn+2n^2}$

$=\lim_{n\to\infty}\frac{1}{n}\sum_{k=n+1}^{2n}\frac{1}{\left(\frac{k}{n}\right)^2+3\cdot\frac{k}{n}+2}=\int_1^2\frac{1}{x^2+3x+2}dx$

$=\int_1^2\frac{1}{(x+1)(x+2)}dx=\int_1^2\left(\frac{1}{x+1}-\frac{1}{x+2}\right)dx$

$=\Big[\log(x+1)-\log(x+2)\Big]_1^2$

$=\log 3-\log 4-(\log 2-\log 3)=\mathbf{2\log 3-3\log 2}$

←$\frac{k}{n}$ を作るように，分子・分母を $n^2$ で割る。

←部分分数に分解。

←$\log 4=2\log 2$

**EX ④141** O を原点とする $xyz$ 空間に点 $P_k\left(\frac{k}{n},\ 1-\frac{k}{n},\ 0\right)$，$k=0,\ 1,\ \cdots\cdots,\ n$ をとる。また，$z$ 軸上の $z\geqq 0$ の部分に，点 $Q_k$ を線分 $P_kQ_k$ の長さが 1 になるようにとる。三角錐 $OP_kP_{k+1}Q_k$ の体積を $V_k$ とするとき，極限 $\lim_{n\to\infty}\sum_{k=0}^{n-1}V_k$ を求めよ。〔東京大〕

HINT $Q_k(0,\ 0,\ q_k)$ として $q_k$ を $\frac{k}{n}$ で表し，$V_k=\frac{1}{3}\triangle OP_kP_{k+1}\cdot q_k$ を $n$，$\frac{k}{n}$ を用いて表す。

$Q_k(0,\ 0,\ q_k)$ とする。

$P_kQ_k=1$ から　$\sqrt{\left(\frac{k}{n}\right)^2+\left(1-\frac{k}{n}\right)^2+q_k{}^2}=1$

$q_k\geqq 0$ であるから　$q_k=\sqrt{1-\left(\frac{k}{n}\right)^2-\left(1-\frac{k}{n}\right)^2}$

$=\sqrt{2\cdot\frac{k}{n}-2\left(\frac{k}{n}\right)^2}$

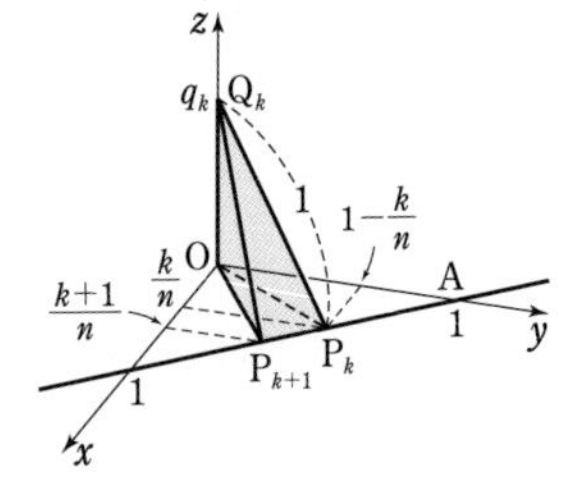


また，$P_{k+1}\left(\frac{k+1}{n},\ 1-\frac{k+1}{n},\ 0\right)$ であるから

$\triangle OP_kP_{k+1}=\frac{1}{2}\cdot 1\cdot\left(\frac{k+1}{n}-\frac{k}{n}\right)=\frac{1}{2n}$

←$xy$ 平面上で，点 $P_k$，$P_{k+1}$ は直線 $x+y=1$ 上にあるから，$A(0,\ 1,\ 0)$ とすると
$\triangle OP_kP_{k+1}$
$=\triangle OP_{k+1}A-\triangle OP_kA$

ゆえに　$V_k=\frac{1}{3}\triangle OP_kP_{k+1}\cdot q_k=\frac{1}{3}\cdot\frac{1}{2n}\sqrt{2\cdot\frac{k}{n}-2\left(\frac{k}{n}\right)^2}$

$=\frac{\sqrt{2}}{6n}\sqrt{\frac{k}{n}-\left(\frac{k}{n}\right)^2}$

よって　$\lim_{n\to\infty}\sum_{k=0}^{n-1}V_k=\lim_{n\to\infty}\frac{\sqrt{2}}{6n}\sum_{k=0}^{n-1}\sqrt{\frac{k}{n}-\left(\frac{k}{n}\right)^2}$

$=\frac{\sqrt{2}}{6}\int_0^1\sqrt{x-x^2}\,dx$

$=\frac{\sqrt{2}}{6}\int_0^1\sqrt{\left(\frac{1}{2}\right)^2-\left(x-\frac{1}{2}\right)^2}\,dx$

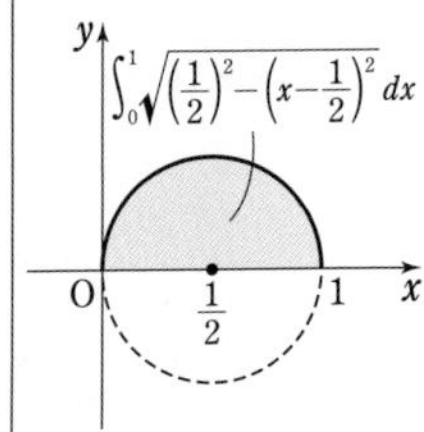


ここで，$y=\sqrt{\left(\frac{1}{2}\right)^2-\left(x-\frac{1}{2}\right)^2}$ は中心 $\left(\frac{1}{2},\ 0\right)$，半径 $\frac{1}{2}$ の半円を表すから，その面積を考えて

$\frac{\sqrt{2}}{6}\int_0^1\sqrt{\left(\frac{1}{2}\right)^2-\left(x-\frac{1}{2}\right)^2}\,dx=\frac{\sqrt{2}}{6}\cdot\frac{1}{2}\pi\left(\frac{1}{2}\right)^2=\boldsymbol{\frac{\sqrt{2}}{48}\pi}$

**EX ④142**

(1) $a>1$ とする。不等式 $(1+t)^a \leqq K(1+t^a)$ がすべての $t \geqq 0$ に対して成り立つような実数 $K$ の最小値を求めよ。

(2) $\int_0^{\pi}(1+\sqrt[5]{1+\sin x}\,)^{10}dx<6080$ を示せ。ただし，$\pi<3.15$ であることを用いてよい。

〔信州大〕

(1) $a>1$，$t \geqq 0$ のとき　　$1+t^a>0$

よって，$(1+t)^a \leqq K(1+t^a)$ から　　$\dfrac{(1+t)^a}{1+t^a} \leqq K$

ゆえに，$t$ の関数 $f(t)=\dfrac{(1+t)^a}{1+t^a}$ $(t \geqq 0)$ の最大値が $K$ の最小値である。

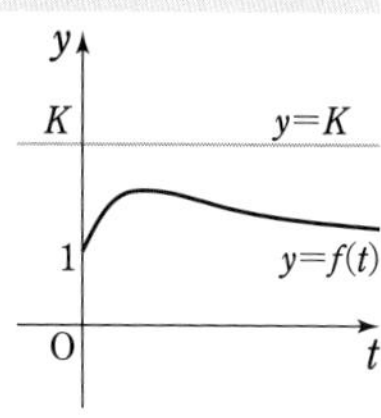


$$f'(t)=\frac{a(1+t)^{a-1}(1+t^a)-(1+t)^a \cdot at^{a-1}}{(1+t^a)^2}$$

$$=\frac{a(1+t)^{a-1}(1-t^{a-1})}{(1+t^a)^2}$$

←$\left(\dfrac{u}{v}\right)'=\dfrac{u'v-uv'}{v^2}$

$t \geqq 0$ のとき，$f'(t)=0$ とすると　　$1-t^{a-1}=0$

$t$ は実数であるから　　$t=1$

←$a>1$

$t \geqq 0$ における $f(t)$ の増減表は右のようになる。

| $t$ | 0 | … | 1 | … |
|---|---|---|---|---|
| $f'(t)$ | | + | 0 | − |
| $f(t)$ | 1 | ↗ | 極大 | ↘ |

また　　$f(1)=\dfrac{2^a}{2}=2^{a-1}$

したがって，$f(t)$ は $t=1$ で最大値 $2^{a-1}$ をとるから，$K$ の最小値は　　$\mathbf{2^{a-1}}$

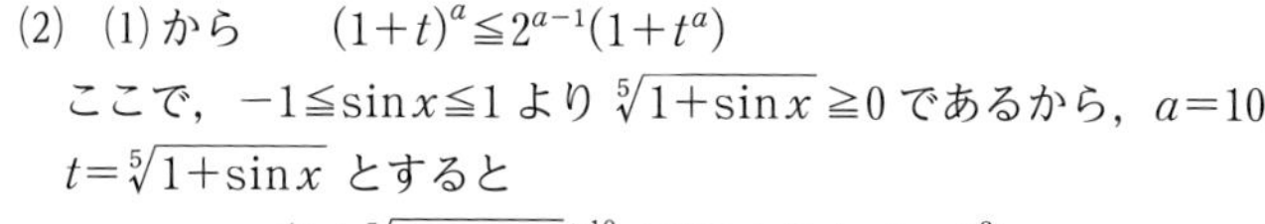

(2) (1)から　　$(1+t)^a \leqq 2^{a-1}(1+t^a)$

ここで，$-1 \leqq \sin x \leqq 1$ より $\sqrt[5]{1+\sin x} \geqq 0$ であるから，$a=10$，$t=\sqrt[5]{1+\sin x}$ とすると

**❶** (1)，(2) の問題
(1) は (2) のヒント

$$(1+\sqrt[5]{1+\sin x}\,)^{10} \leqq 2^9\{1+(1+\sin x)^2\}$$

←示すべき不等式の左辺の被積分関数に着目し，$a=10$，$t=\sqrt[5]{1+\sin x}$ を代入する。

よって　　$\int_0^{\pi}(1+\sqrt[5]{1+\sin x}\,)^{10}dx \leqq 2^9\int_0^{\pi}(\sin^2 x+2\sin x+2)dx$

ここで　　$\int_0^{\pi}(\sin^2 x+2\sin x+2)dx$

←$\sin^2 x=\dfrac{1-\cos 2x}{2}$

$$=\int_0^{\pi}\left(-\frac{1}{2}\cos 2x+2\sin x+\frac{5}{2}\right)dx$$

$$=\left[-\frac{1}{4}\sin 2x-2\cos x+\frac{5}{2}x\right]_0^{\pi}$$

$$=4+\frac{5}{2}\pi<4+\frac{5}{2}\cdot 3.15=11.875$$

←$\pi<3.15$

したがって　　$\int_0^{\pi}(1+\sqrt[5]{1+\sin x}\,)^{10}dx<2^9 \cdot 11.875=6080$

**EX ④143**

次の不等式を証明せよ。ただし，$n$ は自然数とする。　　〔東北大〕

(1) $\dfrac{1}{n+1}<\displaystyle\int_n^{n+1}\frac{1}{x}dx<\frac{1}{2}\left(\frac{1}{n}+\frac{1}{n+1}\right)$　　(2) $1+\dfrac{1}{2}+\dfrac{1}{3}+\cdots\cdots+\dfrac{1}{n}-\log n>\dfrac{1}{2}$

5章 EX ［積分法］

HINT (1) $n \leqq x \leqq n+1$ において，曲線 $y=\dfrac{1}{x}$ と $x$ 軸の間の面積と台形・長方形の面積を比較。

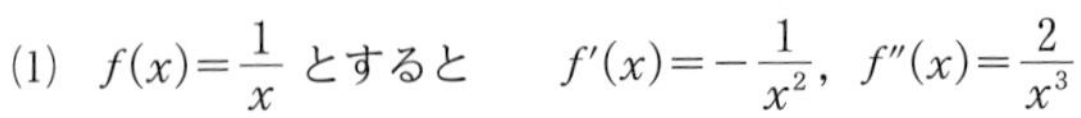

(1) $f(x)=\dfrac{1}{x}$ とすると　$f'(x)=-\dfrac{1}{x^2}$，$f''(x)=\dfrac{2}{x^3}$

$f(x)$ は $x>0$ で単調に減少し，$y=f(x)$ のグラフは下に凸であるから，A$(n,\ 0)$，B$(n+1,\ 0)$ とすると，右の図において

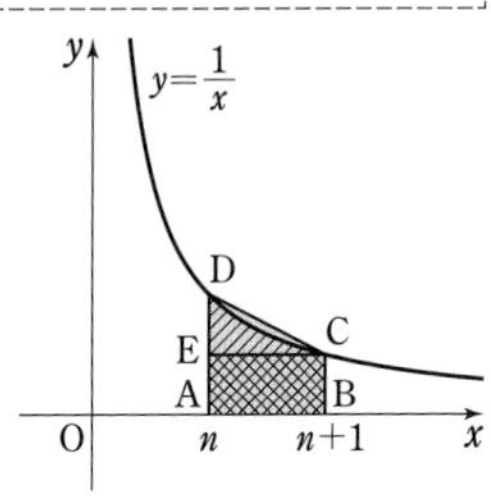


$$(\text{長方形 ABCE の面積})<\int_n^{n+1}\frac{1}{x}dx$$
$$<(\text{台形 ABCD の面積})$$

よって　$\dfrac{1}{n+1}<\displaystyle\int_n^{n+1}\frac{1}{x}dx<\frac{1}{2}\left(\frac{1}{n}+\frac{1}{n+1}\right)$

(2) (1)から，$k$ が自然数のとき　$\displaystyle\int_k^{k+1}\frac{dx}{x}<\frac{1}{2}\left(\frac{1}{k}+\frac{1}{k+1}\right)$

ゆえに，$n \geqq 2$ のとき　$\displaystyle\sum_{k=1}^{n-1}\int_k^{k+1}\frac{dx}{x}<\sum_{k=1}^{n-1}\frac{1}{2}\left(\frac{1}{k}+\frac{1}{k+1}\right)$

$\displaystyle\sum_{k=1}^{n-1}\int_k^{k+1}\frac{dx}{x}=\int_1^n\frac{dx}{x}=\Big[\log x\Big]_1^n=\log n$ であるから

$$\log n<\frac{1}{2}\left\{\left(1+\frac{1}{2}\right)+\left(\frac{1}{2}+\frac{1}{3}\right)+\cdots\cdots+\left(\frac{1}{n-1}+\frac{1}{n}\right)\right\}$$
$$=\frac{1}{2}\left\{1+2\left(\frac{1}{2}+\frac{1}{3}+\cdots\cdots+\frac{1}{n-1}\right)+\frac{1}{n}\right\}$$
$$=\frac{1}{2}+\frac{1}{2}+\frac{1}{3}+\cdots\cdots+\frac{1}{n-1}+\frac{1}{2n}$$
$$<\frac{1}{2}+\frac{1}{2}+\frac{1}{3}+\cdots\cdots+\frac{1}{n-1}+\frac{1}{n}$$

よって　$\log n+\dfrac{1}{2}<\underline{\dfrac{1}{2}+\dfrac{1}{2}}+\dfrac{1}{2}+\dfrac{1}{3}+\cdots\cdots+\dfrac{1}{n}$

ゆえに　$1+\dfrac{1}{2}+\dfrac{1}{3}+\cdots\cdots+\dfrac{1}{n}-\log n>\dfrac{1}{2}$

この不等式は，$n=1$ のときも成り立つ。

(1)，(2) の問題　(1) は (2) のヒント

←$\dfrac{1}{2n}<\dfrac{1}{n}$

←下線部分は 1

←$1-\log 1=1>\dfrac{1}{2}$

**EX ③144**　関数 $f(x)$ が区間 $a \leqq x \leqq b$ $(a<b)$ で連続であるとき

$$\int_a^b f(x)dx=(b-a)f(c),\quad a<c<b$$

となる $c$ が存在することを示せ。**(積分における平均値の定理)**

[1] $f(x)$ が区間 $a \leqq x \leqq b$ で常に定数 $k$ に等しいとき

区間 $a<x<b$ の任意の値 $c$ に対して，$f(c)=k$ であるから

$$\int_a^b f(x)dx=\int_a^b k\,dx=k\Big[x\Big]_a^b=k(b-a)$$
$$=(b-a)f(c)\quad (a<c<b)$$

[2] $f(x)$ が区間 $a \leqq x \leqq b$ で定数でないとき

区間 $a \leqq x \leqq b$ における $f(x)$ の最小値を $m=f(x_1)$，最大値を $M=f(x_2)$ とすると，区間 $a \leqq x \leqq b$ で $m \leqq f(x) \leqq M$ かつ，等号は常には成り立たないから

HINT 区間 $[a,\ b]$ で $f(x)$ が定数であるときと定数でないときで場合を分ける。後者の場合，中間値の定理を用いる。

←$f(x)$ は区間 $[a,\ b]$ で定数ではないから $m<M$

$$\int_a^b m\,dx<\int_a^b f(x)dx<\int_a^b M\,dx$$

すなわち　$m(b-a)<\int_a^b f(x)dx<M(b-a)$

よって　$m<\frac{1}{b-a}\int_a^b f(x)dx<M$

$f(x)$ は区間 $a\leqq x\leqq b$ で連続で $f(x_1)<f(x_2)$ であるから，$m$ と $M$ の間の値 $\frac{1}{b-a}\int_a^b f(x)dx$ に対して

$$f(c)=\frac{1}{b-a}\int_a^b f(x)dx,\ a<c<b$$

を満たす実数 $c$ が $x_1$ と $x_2$ の間に少なくとも 1 つある。

したがって，$\int_a^b f(x)dx=(b-a)f(c)$，$a<c<b$ となる実数 $c$ が存在する。

[1]，[2] から，題意は証明された。

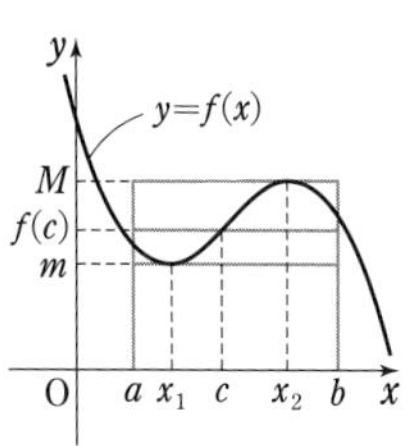


←（本冊 $p.97$ 基本事項 2 参照）**中間値の定理**
関数 $f(x)$ が $[a,\ b]$ で連続で，$f(a)\neq f(b)$ ならば，$f(a)$ と $f(b)$ の間の任意の値 $k$ に対して $f(c)=k$，$a<c<b$ を満たす実数 $c$ が少なくとも 1 つある。



**EX ④145** 数列 $\{I_n\}$ を関係式 $I_0=\int_0^1 e^{-x}dx$，$I_n=\frac{1}{n!}\int_0^1 x^n e^{-x}dx$ $(n=1,\ 2,\ 3,\ \cdots\cdots)$ で定めるとき，次の問いに答えよ。　　［類　岡山理科大］

(1) $I_0$，$I_1$ を求めよ。　　(2) $n\geqq 2$ のとき，$I_n-I_{n-1}$ を $n$ の式で表せ。

(3) $\lim_{n\to\infty} I_n$ を求めよ。　　(4) $S_n=\sum_{k=0}^{n}\frac{1}{k!}$ とするとき，$\lim_{n\to\infty} S_n$ を求めよ。

(1) $\boldsymbol{I_0}=\int_0^1 e^{-x}dx=\Big[-e^{-x}\Big]_0^1=-e^{-1}+1=\boldsymbol{1-\frac{1}{e}}$　　←$1-e^{-1}$ でもよい。

$\boldsymbol{I_1}=\frac{1}{1!}\int_0^1 xe^{-x}dx=\int_0^1 x(-e^{-x})'\,dx$

$=\Big[-xe^{-x}\Big]_0^1+\int_0^1 e^{-x}dx=-e^{-1}+I_0$

$=-\frac{1}{e}+\left(1-\frac{1}{e}\right)=\boldsymbol{1-\frac{2}{e}}$　　←既に求めた $I_0$ を利用する。

(2) $n\geqq 2$ のとき

$I_n=\frac{1}{n!}\int_0^1 x^n e^{-x}dx=\frac{1}{n!}\int_0^1 x^n(-e^{-x})'\,dx$　　←(1) で $I_1$ を求めたのと同じ要領。

$=\frac{1}{n!}\Big[-x^n e^{-x}\Big]_0^1+\frac{1}{n!}\int_0^1 nx^{n-1}e^{-x}dx$　　←$\frac{1}{n!}\cdot n=\frac{1}{(n-1)!}$

$=-\frac{e^{-1}}{n!}+\frac{1}{(n-1)!}\int_0^1 x^{n-1}e^{-x}dx$

$=-\frac{1}{n!e}+I_{n-1}$

よって　$\boldsymbol{I_n-I_{n-1}=-\frac{1}{n!e}}$ …… ①

(3) $0\leqq x\leqq 1$ のとき　$0\leqq x^n\leqq 1$

各辺に $e^{-x}$ を掛けると　$0\leqq x^n e^{-x}\leqq e^{-x}$　　←$e^{-x}>0$

よって　$0\leqq\frac{1}{n!}\int_0^1 x^n e^{-x}dx\leqq\frac{1}{n!}\int_0^1 e^{-x}dx$

すなわち　$0 \leqq I_n \leqq \dfrac{1}{n!}\displaystyle\int_0^1 e^{-x}dx$

$\displaystyle\lim_{n\to\infty}\dfrac{1}{n!}\int_0^1 e^{-x}dx=0$ であるから　$\displaystyle\lim_{n\to\infty} I_n=\mathbf{0}$

←はさみうちの原理。$\displaystyle\int_0^1 e^{-x}dx$ は定数であるから，直ちに $\displaystyle\lim_{n\to\infty}\dfrac{1}{n!}\int_0^1 e^{-x}dx=0$ がわかる。

(4)　① について，$n=1$ とすると

$$I_1-I_0=\left(1-\frac{2}{e}\right)-\left(1-\frac{1}{e}\right)=-\frac{1}{e}=-\frac{1}{1!e}$$

よって，① は $n=1$ のときにも成り立つ。

ゆえに，$n \geqq 1$ のとき

$$I_n=I_0+\sum_{k=1}^{n}\left(-\frac{1}{k!e}\right)=1-\frac{1}{e}-\frac{1}{e}\sum_{k=1}^{n}\frac{1}{k!}$$
$$=1-\frac{1}{e}-\frac{1}{e}\left(\sum_{k=0}^{n}\frac{1}{k!}-1\right)=1-\frac{1}{e}S_n$$

←① は階差数列型。初項と項数に注意。$\displaystyle\sum_{k=1}^{n}\frac{1}{k!}=\sum_{k=0}^{n}\frac{1}{k!}-\frac{1}{0!}$，$0!=1$

したがって　$S_n=e-eI_n$

(3) より，$\displaystyle\lim_{n\to\infty} I_n=0$ であるから

$$\lim_{n\to\infty} S_n=\boldsymbol{e}$$

←本冊 $p.297$ 検討 ⑤ 参照。

**EX**
④**146**

$a>0$ に対し，$f(a)=\displaystyle\lim_{t\to+0}\int_t^1|ax+x\log x|dx$ とおくとき，次の問いに答えよ。必要ならば，$\displaystyle\lim_{t\to+0} t^n\log t=0$ （$n=1$，$2$，……）を用いてよい。

(1)　$f(a)$ を求めよ。

(2)　$a$ が正の実数全体を動くとき，$f(a)$ の最小値とそのときの $a$ の値を求めよ。　〔埼玉大〕

(1)　$g(x)=ax+x\log x$ とすると　$g(x)=x(\log x+a)$

よって　$0<x\leqq e^{-a}$ のとき　$g(x)\leqq 0$

$x\geqq e^{-a}$ のとき　$g(x)\geqq 0$

←$\log x+a=0$ とすると　$\log x=-a$　よって　$x=e^{-a}$

また，$a>0$ のとき，$0<e^{-a}<1$ である。

$t\longrightarrow+0$ のときを考えるから，$t$ を十分小さくとると

$$\int_t^1|g(x)|dx=\int_t^{e^{-a}}\{-g(x)\}dx+\int_{e^{-a}}^1 g(x)dx$$

ここで　$\displaystyle\int g(x)dx=\int(ax+x\log x)dx$

$$=\frac{a}{2}x^2+\frac{x^2}{2}\log x-\int\frac{x^2}{2}\cdot\frac{1}{x}dx$$
$$=\frac{1}{2}x^2(a+\log x)-\frac{1}{4}x^2+C$$
$$=\frac{1}{4}x^2(2\log x+2a-1)+C\ （C は積分定数）$$

←部分積分法。$\displaystyle\int x\log x\,dx=\int\left(\frac{x^2}{2}\right)'\log x\,dx$

よって，$G(x)=\dfrac{1}{4}x^2(2\log x+2a-1)$ とすると

$$\int_t^1|g(x)|dx=\Big[-G(x)\Big]_t^{e^{-a}}+\Big[G(x)\Big]_{e^{-a}}^1$$
$$=G(t)+G(1)-2G(e^{-a})$$

←$=-G(e^{-a})+G(t)+G(1)-G(e^{-a})$

ここで，$\displaystyle\lim_{t\to+0} t^2\log t=0$ であるから　$\displaystyle\lim_{t\to+0} G(t)=0$

←$G(t)=\dfrac{1}{2}t^2\log t+\dfrac{1}{4}t^2(2a-1)$

したがって

$$\boldsymbol{f(a)}=\lim_{t\to+0}\{G(t)+G(1)-2G(e^{-a})\}=G(1)-2G(e^{-a})$$

$$=\frac{1}{4}(2a-1)-2\cdot\frac{1}{4}e^{-2a}\cdot(-1)=\boldsymbol{\frac{1}{2}e^{-2a}+\frac{a}{2}-\frac{1}{4}}$$

←$f(a)=\int_0^1|ax+x\log x|dx$（広義の定積分）

(2) (1) から　$f'(a)=\frac{1}{2}\cdot(-2e^{-2a})+\frac{1}{2}=-e^{-2a}+\frac{1}{2}$

$f'(a)=0$ とすると　$e^{-2a}=\frac{1}{2}$　　よって　$a=\frac{1}{2}\log 2$

←$-2a=\log\frac{1}{2}$

ゆえに，$a>0$ における $f(a)$ の増減表は右のようになる。

| $a$ | 0 | $\cdots$ | $\frac{1}{2}\log 2$ | $\cdots$ |
|---|---|---|---|---|
| $f'(a)$ | | $-$ | 0 | $+$ |
| $f(a)$ | | ↘ | 極小 | ↗ |

したがって，$f(a)$ は

$\boldsymbol{a=\frac{1}{2}\log 2}$ で **最小** となる。

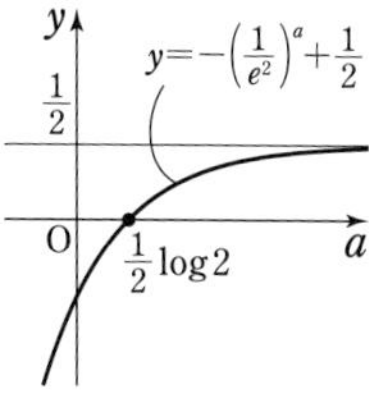


**最小値** は　$f\left(\frac{1}{2}\log 2\right)=\frac{1}{2}e^{-\log 2}+\frac{1}{4}\log 2-\frac{1}{4}$

$$=\frac{1}{2}\cdot\frac{1}{2}+\frac{1}{4}\log 2-\frac{1}{4}=\boldsymbol{\frac{1}{4}\log 2}$$

←$e^{-\log 2}=e^{\log\frac{1}{2}}=\frac{1}{2}$



## EX ④147

実数 $x$ に対して，$x$ を超えない最大の整数を $[x]$ で表す。$n$ を正の整数とし $a_n=\sum_{k=1}^{n}\frac{[\sqrt{2n^2-k^2}]}{n^2}$ とする。このとき，$\lim_{n\to\infty}a_n$ を求めよ。　〔大阪大 改題〕

[　] の定義から　$\sqrt{2n^2-k^2}-1<[\sqrt{2n^2-k^2}]\leqq\sqrt{2n^2-k^2}$

←$[x]=n$ とすると，$n\leqq x<n+1$ から $x-1<[x]\leqq x$ この不等式を利用。

よって　$\sqrt{2-\left(\frac{k}{n}\right)^2}-\frac{1}{n}<\frac{[\sqrt{2n^2-k^2}]}{n}\leqq\sqrt{2-\left(\frac{k}{n}\right)^2}$

ゆえに　$\sum_{k=1}^{n}\frac{1}{n}\sqrt{2-\left(\frac{k}{n}\right)^2}-\sum_{k=1}^{n}\frac{1}{n^2}<a_n\leqq\sum_{k=1}^{n}\frac{1}{n}\sqrt{2-\left(\frac{k}{n}\right)^2}$　…… ①

ここで　$\lim_{n\to\infty}\sum_{k=1}^{n}\frac{1}{n}\sqrt{2-\left(\frac{k}{n}\right)^2}=\int_0^1\sqrt{2-x^2}\,dx$

$\int_0^1\sqrt{2-x^2}\,dx$ は図の黒く塗ってある部分の面積に等しいから

←図を利用して，定積分を求める。

$$\int_0^1\sqrt{2-x^2}\,dx=\frac{1}{2}\cdot(\sqrt{2})^2\cdot\frac{\pi}{4}+\frac{1}{2}\cdot1\cdot1$$

$$=\frac{\pi}{4}+\frac{1}{2}$$

また　$\sum_{k=1}^{n}\frac{1}{n^2}=\frac{1}{n^2}\cdot n=\frac{1}{n}$

よって，① において

$$\lim_{n\to\infty}\sum_{k=1}^{n}\frac{1}{n}\sqrt{2-\left(\frac{k}{n}\right)^2}=\frac{\pi}{4}+\frac{1}{2},$$

$$\lim_{n\to\infty}\left\{\sum_{k=1}^{n}\frac{1}{n}\sqrt{2-\left(\frac{k}{n}\right)^2}-\sum_{k=1}^{n}\frac{1}{n^2}\right\}=\frac{\pi}{4}+\frac{1}{2}$$

したがって　$\lim_{n\to\infty}a_n=\boldsymbol{\frac{\pi}{4}+\frac{1}{2}}$

←はさみうちの原理。

**EX**
⑤**148**

$xy$ 平面において，$x$，$y$ がともに整数であるとき，点 $(x,\ y)$ を格子点という。2 以上の整数 $n$ に対し，$0<x<n$，$1<2^y<\left(1+\dfrac{x}{n}\right)^n$ を満たす格子点 $(x,\ y)$ の個数を $P(n)$ で表すとき

(1) 不等式 $\displaystyle\sum_{k=1}^{n-1}\left\{n\log_2\left(1+\frac{k}{n}\right)-1\right\}\leqq P(n)<\sum_{k=1}^{n-1}n\log_2\left(1+\frac{k}{n}\right)$ を示せ。

(2) 極限値 $\displaystyle\lim_{n\to\infty}\frac{P(n)}{n^2}$ を求めよ。

(3) (2) で求めた極限値を $L$ とするとき，不等式 $L-\dfrac{P(n)}{n^2}>\dfrac{1}{2n}$ を示せ。　〔熊本大〕

(1) $1<2^y<\left(1+\dfrac{x}{n}\right)^n$ から　　$0<y<n\log_2\left(1+\dfrac{x}{n}\right)$

←各辺は正であるから，2 を底とする対数をとる。

$y=n\log_2\left(1+\dfrac{x}{n}\right)$ $(0<x<n)$ のグラフの概形は右の図のようになる。

←$x=0$ のとき　$y=n\log_2 1=0$
$x=n$ のとき　$y=n\log_2 2=n$

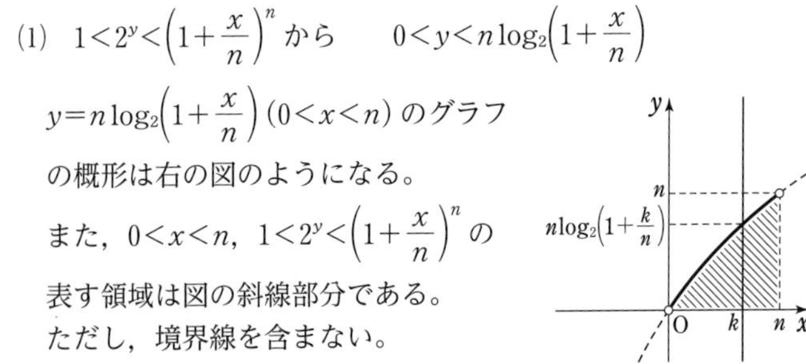


また，$0<x<n$，$1<2^y<\left(1+\dfrac{x}{n}\right)^n$ の表す領域は図の斜線部分である。
ただし，境界線を含まない。
$0<k<n$ を満たす整数 $k$ について，
$n\log_2\left(1+\dfrac{k}{n}\right)$ より小さい整数のうち，最大のものを $p(k)$ とすると，直線 $x=k$ $(0<k<n)$ 上の条件を満たす格子点の数は $p(k)$ 個であるから

$$n\log_2\left(1+\frac{k}{n}\right)-1\leqq p(k)<n\log_2\left(1+\frac{k}{n}\right)$$

よって　$\displaystyle\sum_{k=1}^{n-1}\left\{n\log_2\left(1+\frac{k}{n}\right)-1\right\}\leqq\sum_{k=1}^{n-1}p(k)<\sum_{k=1}^{n-1}n\log_2\left(1+\frac{k}{n}\right)$

すなわち　$\displaystyle\sum_{k=1}^{n-1}\left\{n\log_2\left(1+\frac{k}{n}\right)-1\right\}\leqq P(n)<\sum_{k=1}^{n-1}n\log_2\left(1+\frac{k}{n}\right)$

←$\displaystyle\sum_{k=1}^{n-1}p(k)=P(n)$

(2) (1) から

$$\frac{1}{n}\sum_{k=1}^{n-1}\left\{\log_2\left(1+\frac{k}{n}\right)-\frac{1}{n}\right\}\leqq\frac{P(n)}{n^2}<\frac{1}{n}\sum_{k=1}^{n-1}\log_2\left(1+\frac{k}{n}\right)\quad\cdots\cdots ①$$

←(1) の不等式の各辺を $n^2$ で割る。

ここで　$\displaystyle\lim_{n\to\infty}\frac{1}{n}\sum_{k=1}^{n-1}\log_2\left(1+\frac{k}{n}\right)=\lim_{n\to\infty}\frac{1}{n}\sum_{k=0}^{n-1}\log_2\left(1+\frac{k}{n}\right)$

$$=\int_0^1\log_2(1+x)dx=\int_0^1(1+x)'\log_2(1+x)dx$$

$$=\Big[(1+x)\log_2(1+x)\Big]_0^1-\int_0^1(1+x)\cdot\frac{1}{(1+x)\log 2}dx$$

$$=2-\left[\frac{1}{\log 2}x\right]_0^1=2-\frac{1}{\log 2}\quad\cdots\cdots(*)$$

←$k=0$ のとき $\log_2\left(1+\dfrac{k}{n}\right)=\log_2 1=0$ であるから　$\displaystyle\sum_{k=1}^{n-1}=\sum_{k=0}^{n-1}$

←部分積分法。
真数に合わせて
$1=(1+x)'$
とすると計算がらく。

同様にして　$\displaystyle\lim_{n\to\infty}\frac{1}{n}\sum_{k=1}^{n-1}\left\{\log_2\left(1+\frac{k}{n}\right)-\frac{1}{n}\right\}$

$$=\lim_{n\to\infty}\left\{\frac{1}{n}\sum_{k=0}^{n-1}\log_2\left(1+\frac{k}{n}\right)-\sum_{k=1}^{n-1}\frac{1}{n^2}\right\}$$

←$\displaystyle\sum_{k=1}^{n}c=nc$（$c$ は定数）

$$=\lim_{n\to\infty}\left\{\frac{1}{n}\sum_{k=0}^{n-1}\log_2\left(1+\frac{k}{n}\right)-\frac{n-1}{n^2}\right\}$$

$$=\left(2-\frac{1}{\log 2}\right)-0=2-\frac{1}{\log 2}$$

←(＊)を利用。

したがって　$\displaystyle\lim_{n\to\infty}\frac{P(n)}{n^2}=\mathbf{2-\frac{1}{\log 2}}$

←はさみうちの原理。

(3)　(2) から　$\displaystyle L=\int_0^1\log_2(1+x)dx$

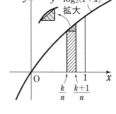

←(2) で $L=2-\dfrac{1}{\log 2}$ と求めたが，面積で値を比較するために，このように書いておく。

ここで，$y=\log_2(1+x)$ のグラフは上に凸であるから，$\dfrac{k}{n}\leqq x\leqq\dfrac{k+1}{n}$ における面積を考えると



$$\int_{\frac{k}{n}}^{\frac{k+1}{n}}\log_2(1+x)dx$$

$$>\frac{1}{n}\log_2\left(1+\frac{k}{n}\right)+\frac{1}{2}\cdot\frac{1}{n}\left\{\log_2\left(1+\frac{k+1}{n}\right)-\log_2\left(1+\frac{k}{n}\right)\right\}$$

←(長方形)+(直角三角形)



よって，$k=0,\ 1,\ 2,\ \cdots\cdots,\ n-1$ の和をとると

$$\int_0^1\log_2(1+x)dx$$

$$>\frac{1}{n}\sum_{k=0}^{n-1}\log_2\left(1+\frac{k}{n}\right)+\frac{1}{2n}\sum_{k=0}^{n-1}\left\{\log_2\left(1+\frac{k+1}{n}\right)-\log_2\left(1+\frac{k}{n}\right)\right\}$$

$$=\frac{1}{n}\sum_{k=0}^{n-1}\log_2\left(1+\frac{k}{n}\right)+\frac{1}{2n}\left[\left\{\log_2\left(1+\frac{1}{n}\right)-\log_2\left(1+\frac{0}{n}\right)\right\}\right.$$

$$+\left\{\log_2\left(1+\frac{2}{n}\right)-\log_2\left(1+\frac{1}{n}\right)\right\}$$

$$\left.+\cdots\cdots+\left\{\log_2\left(1+\frac{n}{n}\right)-\log_2\left(1+\frac{n-1}{n}\right)\right\}\right]$$

←［　］内において，------は消し合い，＿＿のみが残る。

$$=\frac{1}{n}\sum_{k=0}^{n-1}\log_2\left(1+\frac{k}{n}\right)+\frac{1}{2n}(\log_2 2-\log_2 1)$$

$$=\frac{1}{n}\sum_{k=0}^{n-1}\log_2\left(1+\frac{k}{n}\right)+\frac{1}{2n}$$

←$\log_2\left(1+\dfrac{0}{n}\right)=\log_2 1=0$，$\log_2\left(1+\dfrac{n}{n}\right)=\log_2 2=1$

よって，① から

$$L>\frac{1}{n}\sum_{k=0}^{n-1}\log_2\left(1+\frac{k}{n}\right)+\frac{1}{2n}>\frac{P(n)}{n^2}+\frac{1}{2n}$$

←$L=\displaystyle\int_0^1\log_2(1+x)dx$

したがって　$\displaystyle L-\frac{P(n)}{n^2}>\frac{1}{2n}$

**練習 ①176** 次の曲線と $x$ 軸で囲まれた部分の面積 $S$ を求めよ。

(1) $y=-x^4+2x^3$　　(2) $y=x+\dfrac{4}{x}-5$　　(3) $y=10-9e^{-x}-e^x$

(1) $y=0$ とすると　$x^4-2x^3=0$

ゆえに　$x^3(x-2)=0$　　よって　$x=0,\ 2$

$0\leqq x\leqq 2$ で $y\geqq 0$ であるから

$$S=\int_0^2(-x^4+2x^3)dx=\left[-\frac{x^5}{5}+\frac{x^4}{2}\right]_0^2=-\frac{32}{5}+8=\mathbf{\frac{8}{5}}$$

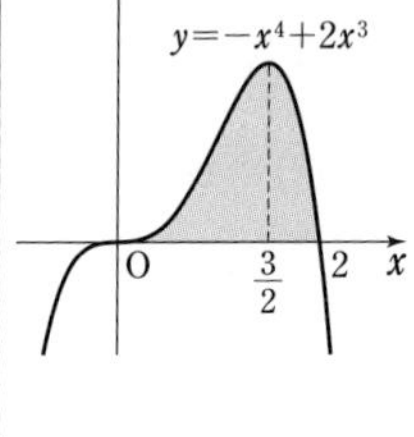


(2) $y'=1-\dfrac{4}{x^2}$　　$y'=0$ とすると　$x=\pm 2$

増減表は右のようになる。

| $x$ | $\cdots$ | $-2$ | $\cdots$ | $0$ | $\cdots$ | $2$ | $\cdots$ |
|---|---|---|---|---|---|---|---|
| $y'$ | $+$ | $0$ | $-$ | ／ | $-$ | $0$ | $+$ |
| $y$ | ↗ | 極大 | ↘ | ／ | ↘ | 極小 | ↗ |

曲線と $x$ 軸の交点の $x$ 座標は，

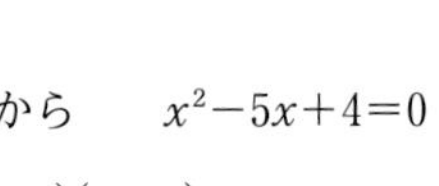

$x+\dfrac{4}{x}-5=0$ から　$x^2-5x+4=0$

ゆえに　$(x-1)(x-4)=0$　　よって　$x=1,\ 4$

$1\leqq x\leqq 4$ で $y\leqq 0$ であるから

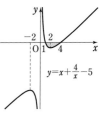

$$S=-\int_1^4\left(x+\frac{4}{x}-5\right)dx=-\left[\frac{x^2}{2}+4\log x-5x\right]_1^4$$

$$=-(8+4\log 4-20)+\left(\frac{1}{2}-5\right)=\mathbf{\frac{15}{2}-8\log 2}$$

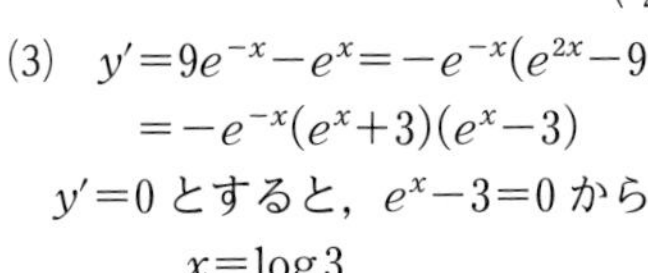

(3) $y'=9e^{-x}-e^x=-e^{-x}(e^{2x}-9)$

$=-e^{-x}(e^x+3)(e^x-3)$

$y'=0$ とすると，$e^x-3=0$ から

$x=\log 3$

←$e^{-x}>0$，$e^x+3>0$

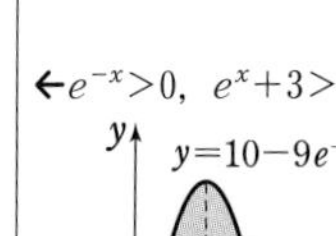

| $x$ | $\cdots$ | $\log 3$ | $\cdots$ |
|---|---|---|---|
| $y'$ | $+$ | $0$ | $-$ |
| $y$ | ↗ | 極大 | ↘ |

増減表は右のようになる。

曲線と $x$ 軸の交点の $x$ 座標は，$10-9e^{-x}-e^x=0$ の両辺に $e^x$ を掛けて整理すると　$(e^x)^2-10e^x+9=0$

ゆえに　$(e^x-1)(e^x-9)=0$　　よって　$e^x=1,\ 9$

$e^x=1$ から　$x=0$　　$e^x=9$ から　$x=\log 9=2\log 3$

$0\leqq x\leqq 2\log 3$ で $y\geqq 0$ であるから

$$S=\int_0^{2\log 3}(10-9e^{-x}-e^x)dx=\left[10x+9e^{-x}-e^x\right]_0^{2\log 3}$$

$$=20\log 3+9\cdot\frac{1}{9}-9-(9-1)=\mathbf{20\log 3-16}$$

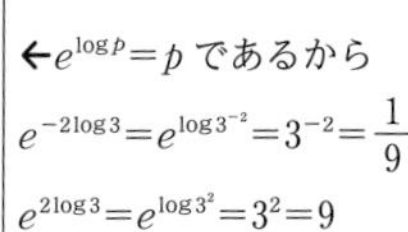

←$e^{\log p}=p$ であるから

$e^{-2\log 3}=e^{\log 3^{-2}}=3^{-2}=\dfrac{1}{9}$

$e^{2\log 3}=e^{\log 3^2}=3^2=9$

**練習 ②177** 次の曲線または直線で囲まれた部分の面積 $S$ を求めよ。

(1) $y=xe^x$，$y=e^x$ $(0\leqq x\leqq 1)$，$x=0$　　(2) $y=\log\dfrac{3}{4-x}$，$y=\log x$

(3) $y=\sqrt{3}\cos x$，$y=\sin 2x$ $(0\leqq x\leqq \pi)$　　(4) $y=(\log x)^2$，$y=\log x^2$ $(x>0)$

〔(2) 東京電機大，(3) 類 大阪産大〕

(1) $xe^x=e^x$ とすると　$(x-1)e^x=0$

$e^x>0$ であるから，$x-1=0$ より　$x=1$

HINT　グラフをかいて 2 曲線の上下関係を調べる。

2 曲線の概形は右の図のようになり，$0 \leqq x \leqq 1$ で $xe^x \leqq e^x$ であるから

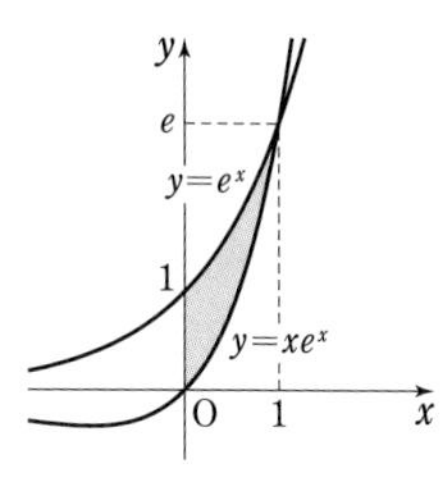


$$S=\int_0^1 (e^x - xe^x)dx = \int_0^1 (1-x)e^x dx$$
$$= \int_0^1 (1-x)(e^x)' dx = \Big[(1-x)e^x\Big]_0^1 - \int_0^1 (-e^x)dx$$
$$= -1 + \Big[e^x\Big]_0^1 = -1 + (e-1) = \boldsymbol{e-2}$$

(2)　$y=\log\dfrac{3}{4-x}=\log 3-\log(4-x)$ の定義域は　$x<4$

←真数>0 から。

$y=\log x$ の定義域は　　$x>0$

$\log\dfrac{3}{4-x}=\log x$ $(0<x<4)$ とすると　　$\dfrac{3}{4-x}=x$

よって　　$3=(4-x)x$　　　整理すると　　$x^2-4x+3=0$

これを解くと　　$x=1,\ 3$ $(0<x<4$ を満たす)

2 曲線の概形は右の図のようになる。

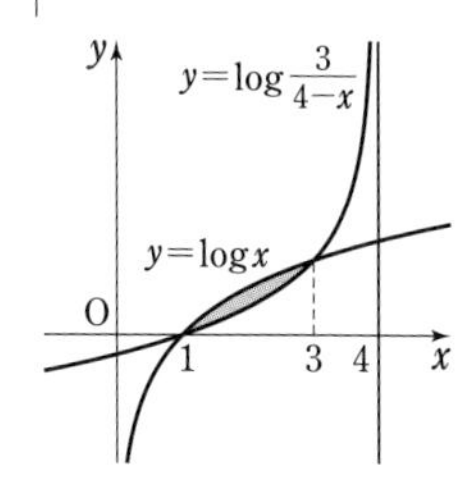


したがって

$$S=\int_1^3 [\log x - \{\log 3 - \log(4-x)\}]dx$$
$$= \int_1^3 \{\log x - \log 3 + \log(4-x)\}dx$$
$$= \Big[x\log x - x\Big]_1^3 - (\log 3)\Big[x\Big]_1^3 + \Big[(x-4)\log(4-x) - x\Big]_1^3$$
$$= (3\log 3 - 2) - 2\log 3 + (3\log 3 - 2)$$
$$= \boldsymbol{4\log 3 - 4}$$

←$4-x=t$ とおくと
　$dx=-dt$
よって　$\int \log(4-x)dx$
$=-\int \log t\,dt$
$=-(t\log t - t + C')$
$=-t\log t + t - C'$
$=(x-4)\log(4-x)-x+C$
　$(4-C'=C$ とおいた)

(3)　$\sqrt{3}\cos x=\sin 2x$ とすると　　$\sqrt{3}\cos x=2\sin x\cos x$

よって　　$\cos x(2\sin x-\sqrt{3})=0$

ゆえに　　$\cos x=0$　または　$\sin x=\dfrac{\sqrt{3}}{2}$

$0 \leqq x \leqq \pi$ であるから　　$x=\dfrac{\pi}{3},\ \dfrac{\pi}{2},\ \dfrac{2}{3}\pi$

2 曲線の概形は右の図のようになり，面積を求める図形は点 $\left(\dfrac{\pi}{2},\ 0\right)$ に関して対称。

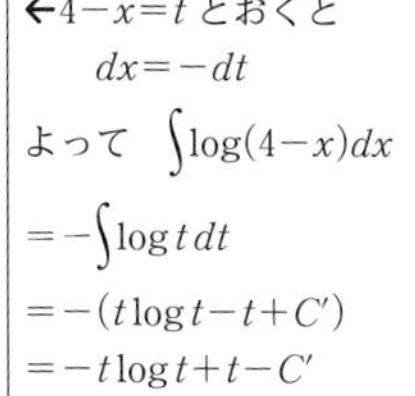


したがって

$$\frac{1}{2}S=\int_{\frac{\pi}{3}}^{\frac{\pi}{2}} (\sin 2x - \sqrt{3}\cos x)dx$$
$$= \Big[-\frac{1}{2}\cos 2x - \sqrt{3}\sin x\Big]_{\frac{\pi}{3}}^{\frac{\pi}{2}}$$
$$= -\frac{1}{2}\left\{-1-\left(-\frac{1}{2}\right)\right\} - \sqrt{3}\left(1-\frac{\sqrt{3}}{2}\right) = \frac{7-4\sqrt{3}}{4}$$

よって　　$S=\boldsymbol{\dfrac{7-4\sqrt{3}}{2}}$

(4)　$y=(\log x)^2$ …… ①，$y=\log x^2$ …… ②　とする。

① について，$y=0$ とすると　　$x=1$

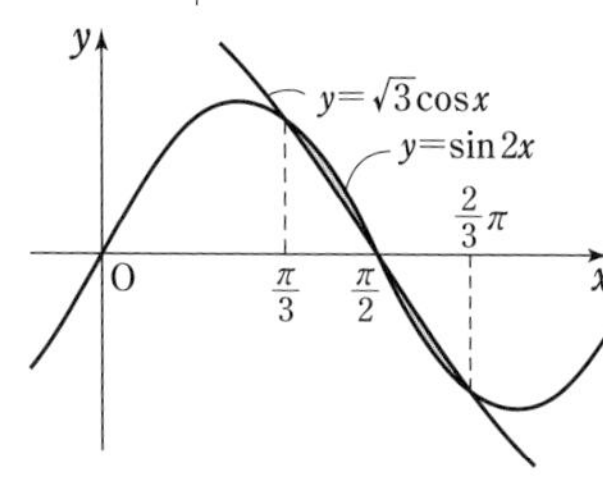

6章 練習 [積分法の応用]

$y'=2(\log x)\cdot\dfrac{1}{x}$

$y'=0$ とすると　　$x=1$

増減表は右のようになる。

| $x$ | 0 | $\cdots$ | 1 | $\cdots$ |
|---|---|---|---|---|
| $y'$ | | $-$ | 0 | $+$ |
| $y$ | | ↘ | 0 | ↗ |

$x>0$ であるから，② は　$y=2\log x$

$y=0$ とすると　　$x=1$

また，$x>0$ のとき，関数 ② は単調に増加する。

2 曲線 ①，② の交点の $x$ 座標は，$(\log x)^2=2\log x$ から

$\log x(\log x-2)=0$

ゆえに　　$\log x=0,\ 2$　　　　よって　　$x=1,\ e^2$

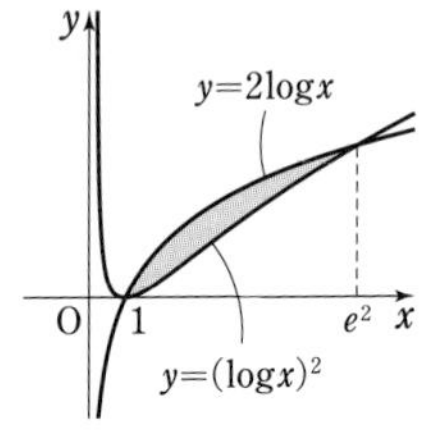


2 曲線の概形は右の図のようになり，$1\leqq x\leqq e^2$ で

$2\log x\geqq(\log x)^2$ であるから

$$S=\int_1^{e^2}\{2\log x-(\log x)^2\}dx$$

$$=\int_1^{e^2}(x)'\{2\log x-(\log x)^2\}dx$$

←部分積分法。

$$=\Big[x\{2\log x-(\log x)^2\}\Big]_1^{e^2}-\int_1^{e^2}x\left(\frac{2}{x}-\frac{2\log x}{x}\right)dx$$

$$=2\int_1^{e^2}(\log x-1)dx=2\Big[(x\log x-x)-x\Big]_1^{e^2}=\mathbf{4}$$

←$\int\log x\,dx$
$=x\log x-x+C$

**練習 ③178**　次の曲線と直線で囲まれた部分の面積 $S$ を求めよ。

(1)　$x=y^2-2y-3,\ y=-x-1$　　　　(2)　$y=\dfrac{1}{\sqrt{x}},\ y=1,\ y=\dfrac{1}{2},\ y$ 軸

(3)　$y=\tan x\ \left(0\leqq x<\dfrac{\pi}{2}\right),\ y=\sqrt{3},\ y=1,\ y$ 軸

(1)　$y=-x-1$ から　　$x=-y-1$

曲線と直線の交点の $y$ 座標は，$y^2-2y-3=-y-1$ から

$y^2-y-2=0$

←$(y+1)(y-2)=0$

よって　　$y=-1,\ 2$

図から

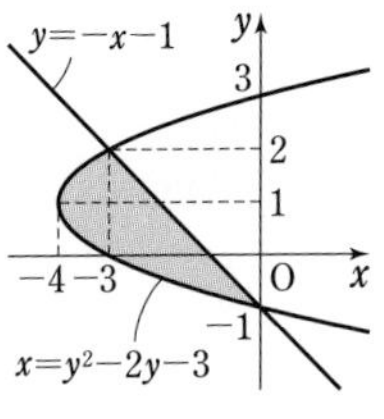


$$S=\int_{-1}^{2}\{(-y-1)-(y^2-2y-3)\}dy$$

$$=-\int_{-1}^{2}(y^2-y-2)dy$$

$$=-\int_{-1}^{2}(y+1)(y-2)dy$$

$$=-\left(-\frac{1}{6}\right)\{2-(-1)\}^3=\mathbf{\frac{9}{2}}$$

←$\displaystyle\int_\alpha^\beta(y-\alpha)(y-\beta)dy$
$=-\dfrac{(\beta-\alpha)^3}{6}$（数学Ⅱ）

(2)　$y=\dfrac{1}{\sqrt{x}}$ から　　$x=\dfrac{1}{y^2}$

$\dfrac{1}{2}\leqq y\leqq 1$ で $x>0$ であるから

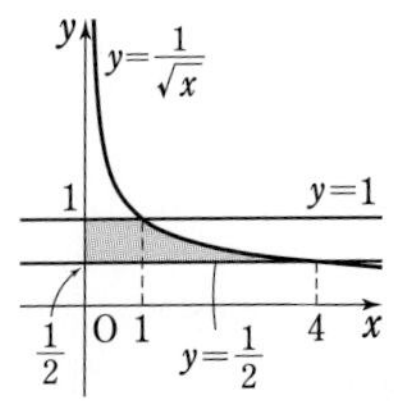


$$S=\int_{\frac{1}{2}}^{1}\frac{dy}{y^2}=\left[-\frac{1}{y}\right]_{\frac{1}{2}}^{1}$$

$$=-1+2=\mathbf{1}$$

(3)　$y=\tan x$ から　　$dy=\dfrac{1}{\cos^2 x}dx$

$y$ と $x$ の対応は右のようになる。

| $y$ | $1 \longrightarrow \sqrt{3}$ |
|---|---|
| $x$ | $\dfrac{\pi}{4} \longrightarrow \dfrac{\pi}{3}$ |

←$y=\tan x$ を $x$ について解くことはできないから，置換積分法を利用する。

したがって

$$S=\int_1^{\sqrt{3}} x\,dy=\int_{\frac{\pi}{4}}^{\frac{\pi}{3}} \frac{x}{\cos^2 x}dx$$

←$=\displaystyle\int_{\frac{\pi}{4}}^{\frac{\pi}{3}} x(\tan x)'\,dx$

$$=\Big[x\tan x\Big]_{\frac{\pi}{4}}^{\frac{\pi}{3}}-\int_{\frac{\pi}{4}}^{\frac{\pi}{3}}\tan x\,dx$$

←$\displaystyle\int\tan x\,dx=\int\frac{\sin x}{\cos x}dx=\int\left\{-\frac{(\cos x)'}{\cos x}\right\}dx=-\log|\cos x|+C$

$$=\frac{\sqrt{3}}{3}\pi-\frac{\pi}{4}+\Big[\log(\cos x)\Big]_{\frac{\pi}{4}}^{\frac{\pi}{3}}$$

$$=\boldsymbol{\left(\frac{\sqrt{3}}{3}-\frac{1}{4}\right)\pi-\frac{1}{2}\log 2}$$

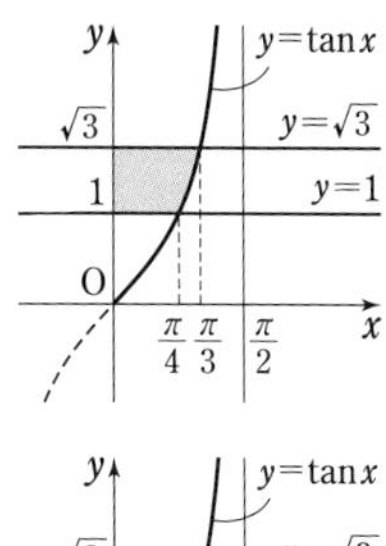


別解　$S=\dfrac{\pi}{3}(\sqrt{3}-1)-\displaystyle\int_{\frac{\pi}{4}}^{\frac{\pi}{3}}(\tan x-1)dx$

←(長方形)−(斜線部分)

$$=\boldsymbol{\left(\frac{\sqrt{3}}{3}-\frac{1}{4}\right)\pi-\frac{1}{2}\log 2}$$

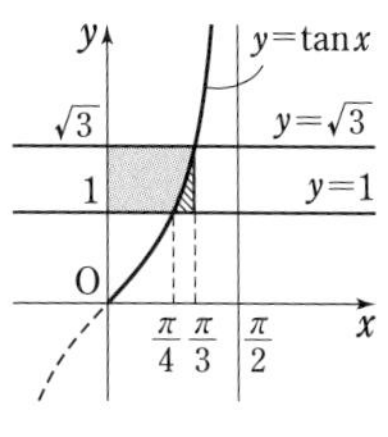


**練習 ③179**　$e$ は自然対数の底，$a$，$b$，$c$ は実数である。放物線 $y=ax^2+b$ を $C_1$ とし，曲線 $y=c\log x$ を $C_2$ とする。$C_1$ と $C_2$ が点 $\mathrm{P}(e,\ e)$ で接しているとき
(1)　$a$，$b$，$c$ の値を求めよ。
(2)　$C_1$，$C_2$ および $x$ 軸，$y$ 軸で囲まれた図形の面積を求めよ。　〔佐賀大〕

HINT　(2)　(1) の結果を利用して，2 曲線の概形をかく。

(1)　$y=ax^2+b$ から　$y'=2ax$　　$y=c\log x$ から　$y'=\dfrac{c}{x}$

2 曲線 $C_1$，$C_2$ の点 $\mathrm{P}(e,\ e)$ における接線の傾きが等しいから

$$2ae=\frac{c}{e}\quad\cdots\cdots\ ①$$

←2 曲線 $y=f(x)$，$y=g(x)$ が $x=t$ で接するための条件は
**$f(t)=g(t)$ かつ $f'(t)=g'(t)$**

2 曲線 $C_1$，$C_2$ はともに点 $\mathrm{P}(e,\ e)$ を通るから

$$e=ae^2+b\ \cdots\cdots\ ②,\quad e=c\ \cdots\cdots\ ③$$

③ を ① に代入して　　$2ae=1$　　よって　　$a=\dfrac{1}{2e}$

ゆえに，② から　　$b=e-\dfrac{1}{2e}\cdot e^2=\dfrac{e}{2}$

←$b=e-ae^2$

すなわち　　$\boldsymbol{a=\dfrac{1}{2e}}$，$\boldsymbol{b=\dfrac{e}{2}}$，$\boldsymbol{c=e}$

(2)　$C_1：y=\dfrac{1}{2e}x^2+\dfrac{e}{2}$，

$C_2：y=e\log x$　となるから，

求める面積 $S$ は

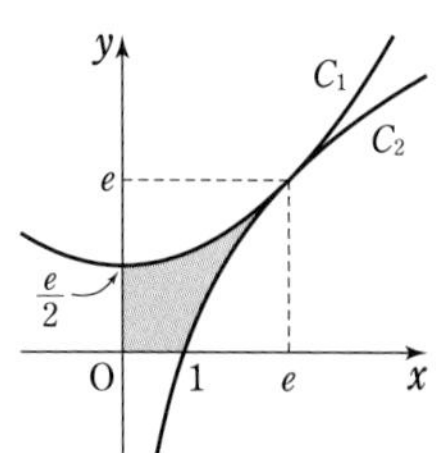


$$S=\int_0^e\left(\frac{1}{2e}x^2+\frac{e}{2}\right)dx-\int_1^e e\log x\,dx$$

$$=\left[\frac{x^3}{6e}+\frac{e}{2}x\right]_0^e-e\Big[x\log x-x\Big]_1^e$$

←$\displaystyle\int\log x\,dx=x\log x-x+C$

$$=\frac{e^2}{6}+\frac{e^2}{2}-e(e-e+1)=\boldsymbol{\frac{2}{3}e^2-e}$$

**練習 ③180** 次の面積を求めよ。
(1) 連立不等式 $x^2+y^2 \leqq 4$, $xy \geqq \sqrt{3}$, $x>0$, $y>0$ で表される領域の面積
(2) 2つの楕円 $x^2+\frac{y^2}{3}=1$, $\frac{x^2}{3}+y^2=1$ の内部の重なった部分の面積 〔(2) 新潟大〕

(1) 2曲線 $x^2+y^2=4$, $xy=\sqrt{3}$ $(x>0,\ y>0)$ の交点の $x$ 座標は，

$y$ を消去して　$x^2+\frac{3}{x^2}=4$

分母を払って整理すると

$x^4-4x^2+3=0$

$x>0$, $y>0$ を満たすものは

$x=1,\ \sqrt{3}$

連立不等式の表す領域は，右の図の赤く塗った部分であるから，求める面積を $S$ とすると



$$S=\int_1^{\sqrt{3}}\left(\sqrt{4-x^2}-\frac{\sqrt{3}}{x}\right)dx=\int_1^{\sqrt{3}}\sqrt{4-x^2}\,dx-\sqrt{3}\int_1^{\sqrt{3}}\frac{dx}{x}$$

$x=2\sin\theta$ とおくと　$dx=2\cos\theta\,d\theta$

$x$ と $\theta$ の対応は右のようになる。

| $x$ | $1 \longrightarrow \sqrt{3}$ |
|---|---|
| $\theta$ | $\frac{\pi}{6} \longrightarrow \frac{\pi}{3}$ |

よって　$S=\int_{\frac{\pi}{6}}^{\frac{\pi}{3}}4\cos^2\theta\,d\theta-\sqrt{3}\Big[\log x\Big]_1^{\sqrt{3}}$

$$=\int_{\frac{\pi}{6}}^{\frac{\pi}{3}}(2+2\cos 2\theta)\,d\theta-\sqrt{3}\log\sqrt{3}$$

$$=\Big[2\theta+\sin 2\theta\Big]_{\frac{\pi}{6}}^{\frac{\pi}{3}}-\sqrt{3}\log\sqrt{3}=\boldsymbol{\frac{\pi}{3}-\frac{\sqrt{3}}{2}\log 3}$$

←$xy \geqq \sqrt{3}$ から，$x>0$ のとき　$y \geqq \frac{\sqrt{3}}{x}$

←$(x^2-1)(x^2-3)=0$ から　$x^2=1,\ 3$

←$\sqrt{a^2-x^2}$ の定積分は，$x=a\sin\theta$ とおく。

←$\cos^2\theta=\frac{1+\cos 2\theta}{2}$

(2) 楕円の内部が重なった部分の図形を $D$ とすると，図形 $D$ は $x$ 軸，$y$ 軸，および直線 $y=x$ に関して対称である。よって，図の斜線部分の面積を $S$ とすると，求める面積は $8S$ である。



$x^2+\frac{y^2}{3}=1$ から　$y^2=3-3x^2$ …… ①

① を $\frac{x^2}{3}+y^2=1$ に代入して　$x^2=\frac{3}{4}$ …… ②

② を ① に代入すると　$y^2=\frac{3}{4}$ …… ③

②, ③ から，2つの楕円の交点のうち，第1象限にあるものの

座標は　$\left(\frac{\sqrt{3}}{2},\ \frac{\sqrt{3}}{2}\right)$

また，$\frac{x^2}{3}+y^2=1$ から　$y=\pm\sqrt{1-\frac{x^2}{3}}$

ゆえに，面積 $S$ について

$$S=\int_0^{\frac{\sqrt{3}}{2}}\sqrt{1-\frac{x^2}{3}}\,dx-\frac{1}{2}\left(\frac{\sqrt{3}}{2}\right)^2=\frac{1}{\sqrt{3}}\int_0^{\frac{\sqrt{3}}{2}}\sqrt{3-x^2}\,dx-\frac{3}{8}$$

←図をかいて，対称性を調べる。この問題における対称性は，図から直観的に認めてよい。

←$x=\pm\frac{\sqrt{3}}{2}$

←$y=\pm\frac{\sqrt{3}}{2}$

←〰〰は，直角二等辺三角形の面積を考えている。

$\int_0^{\frac{\sqrt{3}}{2}}\sqrt{3-x^2}\,dx$ は図の赤く塗った部分の面積に等しいから，これを求めて

$$\frac{1}{2}\cdot(\sqrt{3})^2\cdot\frac{\pi}{6}+\frac{1}{2}\cdot\frac{\sqrt{3}}{2}\cdot\frac{3}{2}$$

$$=\frac{\pi}{4}+\frac{3\sqrt{3}}{8}$$

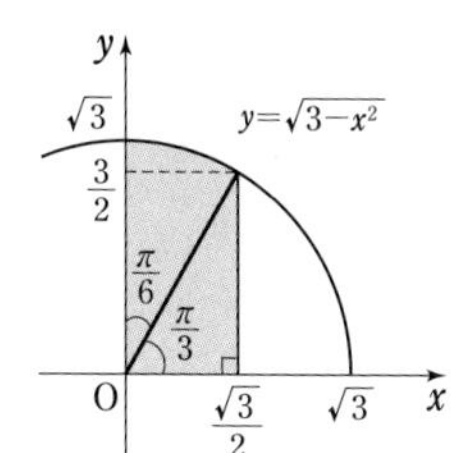


←$x=\sqrt{3}\sin\theta$ とおいて定積分を計算してもよいが，ここでは図を利用する方が早い。

ゆえに　　$S=\frac{1}{\sqrt{3}}\left(\frac{\pi}{4}+\frac{3\sqrt{3}}{8}\right)-\frac{3}{8}=\frac{\sqrt{3}}{12}\pi$

したがって，求める面積は　　$8S=8\cdot\frac{\sqrt{3}}{12}\pi=\boldsymbol{\frac{2\sqrt{3}}{3}\pi}$

**練習 ③181** 次の図形の面積 $S$ を求めよ。
(1) 曲線 $\sqrt{x}+\sqrt{y}=2$ と $x$ 軸および $y$ 軸で囲まれた図形
(2) 曲線 $y^2=(x+3)x^2$ で囲まれた図形　　(3) 曲線 $2x^2-2xy+y^2=4$ で囲まれた図形

HINT (1) $\sqrt{●}$ に対して，$\sqrt{●}\geqq0$，$●\geqq0$ であることに注意。
(3) まず，曲線の方程式を $y$ の 2 次方程式とみて，$y$ について解く。

(1) $\sqrt{x}+\sqrt{y}=2$ から
$y=(2-\sqrt{x})^2\geqq0$
また，$\sqrt{y}=2-\sqrt{x}\geqq0$ から　$0\leqq x\leqq4$
曲線の概形は，右の図のようになるから

$$S=\int_0^4(2-\sqrt{x})^2dx=\int_0^4(4-4\sqrt{x}+x)dx$$
$$=\left[4x-\frac{8}{3}x\sqrt{x}+\frac{x^2}{2}\right]_0^4=\boldsymbol{\frac{8}{3}}$$

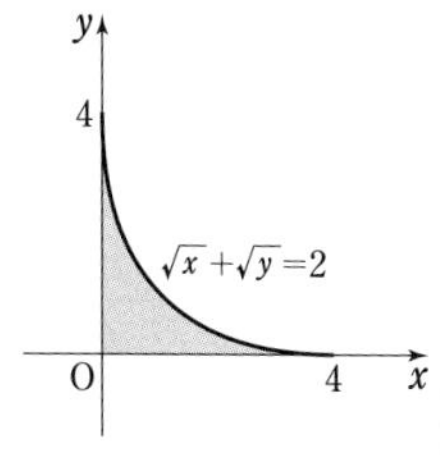


←$0<x<4$ で
$y'=-\sqrt{\frac{y}{x}}<0$
よって，$y$ は単調減少。

(2) 曲線の式で $(x,\ y)$ を $(x,\ -y)$ におき換えても $y^2=(x+3)x^2$ は成り立つから，この曲線は $x$ 軸に関して対称である。

←対称性についての確認。

$y^2=(x+3)x^2\geqq0$ から　　$x\geqq-3$
このとき　　$y=\pm x\sqrt{x+3}$
$f(x)=x\sqrt{x+3}$ とすると

$$f'(x)=\sqrt{x+3}+\frac{x}{2\sqrt{x+3}}=\frac{3(x+2)}{2\sqrt{x+3}}$$

←$f(x)=0$ とすると
$x=0,\ -3$
また　$\lim_{x\to\infty}f(x)=\infty$

$f'(x)=0$ とすると
$x=-2$
$f(x)$ の増減表は右のようになる。

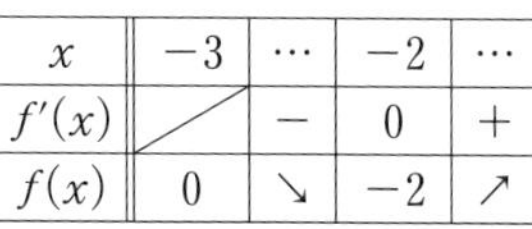

| $x$ | $-3$ | $\cdots$ | $-2$ | $\cdots$ |
|---|---|---|---|---|
| $f'(x)$ | ／ | $-$ | $0$ | $+$ |
| $f(x)$ | $0$ | ↘ | $-2$ | ↗ |

$y=f(x)$ に $y=-f(x)$ をつけ加えて，曲線 $y^2=(x+3)x^2$ の概形は右の図のようになる。

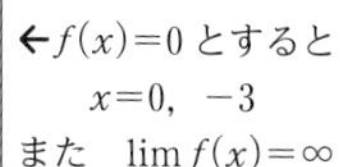
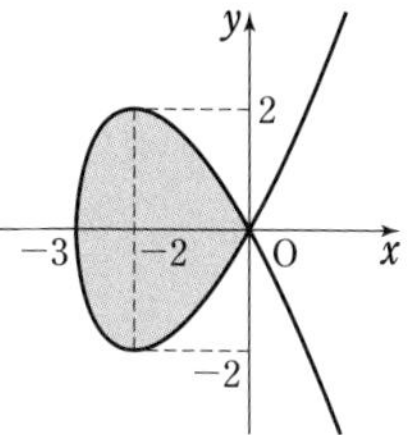


よって，求める面積 $S$ は　　$S=2\int_{-3}^0(-x\sqrt{x+3})dx$

←対称性を利用。

$\sqrt{x+3}=t$ とおくと　$x=t^2-3$，$dx=2t\,dt$
$x$ と $t$ の対応は右のようになる。

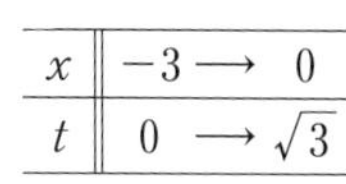

| $x$ | $-3\longrightarrow0$ |
|---|---|
| $t$ | $0\longrightarrow\sqrt{3}$ |

←置換積分法。

6章 練習 [積分法の応用]

ゆえに　$S=2\int_0^{\sqrt{3}}(3-t^2)t\cdot 2t\,dt=4\int_0^{\sqrt{3}}(3t^2-t^4)dt$

$=4\left[t^3-\frac{t^5}{5}\right]_0^{\sqrt{3}}=\mathbf{\frac{24\sqrt{3}}{5}}$

←$=4\cdot 3\sqrt{3}\left(1-\frac{3}{5}\right)$

(3)　$2x^2-2xy+y^2=4$ から

$y^2-2xy+2x^2-4=0$

ゆえに　$y=x\pm\sqrt{4-x^2}$　$(-2\leqq x\leqq 2)$

図から，面積は

$S=\int_{-2}^{2}\{x+\sqrt{4-x^2}$

$-(x-\sqrt{4-x^2})\}dx$

$=2\int_{-2}^{2}\sqrt{4-x^2}\,dx=2\cdot\frac{\pi\cdot 2^2}{2}$

$=\mathbf{4\pi}$

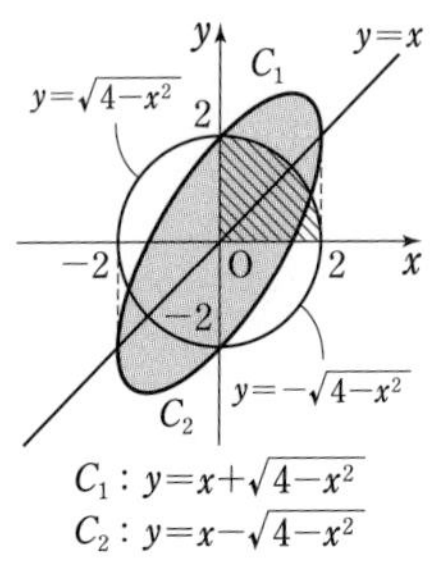


←$C_1$ は各 $x$ 座標に対して，半円 $y=\sqrt{4-x^2}$ と直線 $y=x$ の $y$ 座標の和を考えてかく。$C_2$ も同様に，面積が求められる程度の図で十分。

←$\int_{-2}^{2}\sqrt{4-x^2}\,dx$ は半径2の半円の面積。

## 練習 ②182

曲線 $\begin{cases}x=t-\sin t\\ y=1-\cos t\end{cases}$ $(0\leqq t\leqq\pi)$ と $x$ 軸および直線 $x=\pi$ で囲まれる部分の面積 $S$ を求めよ。〔筑波大〕

$0\leqq t\leqq\pi$ …… ① の範囲で　$y=0$ となる $t$ の値は　　$t=0$

←$\cos t=1$

また，① の範囲においては，常に $y\geqq 0$ である。

$x=t-\sin t$ から

$dx=(1-\cos t)dt$

$x$ と $t$ の対応は右のようになる。

| $x$ | $0\longrightarrow\pi$ |
|---|---|
| $t$ | $0\longrightarrow\pi$ |

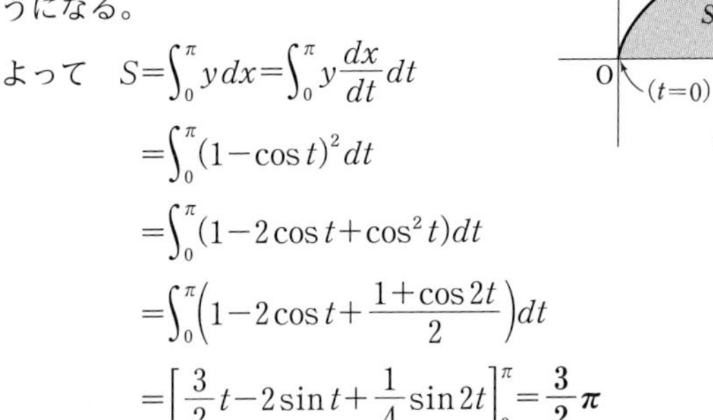


| $t$ | 0 | … | $\pi$ |
|---|---|---|---|
| $\frac{dx}{dt}$ | 0 | + | |
| $x$ | 0 | ↗ | $\pi$ |
| $\frac{dy}{dt}$ | 0 | + | |
| $y$ | 0 | ↗ | 2 |

$\frac{dx}{dt}=1-\cos t$

$\frac{dy}{dt}=\sin t$

よって　$S=\int_0^{\pi}y\,dx=\int_0^{\pi}y\frac{dx}{dt}dt$

$=\int_0^{\pi}(1-\cos t)^2dt$

$=\int_0^{\pi}(1-2\cos t+\cos^2 t)dt$

$=\int_0^{\pi}\left(1-2\cos t+\frac{1+\cos 2t}{2}\right)dt$

$=\left[\frac{3}{2}t-2\sin t+\frac{1}{4}\sin 2t\right]_0^{\pi}=\mathbf{\frac{3}{2}\pi}$

検討　この問題の曲線はサイクロイド(の一部)である(サイクロイドについては，本冊 $p.137$ 参照)。

## 練習 ④183

媒介変数 $t$ によって，$x=2t+t^2$，$y=t+2t^2$ $(-2\leqq t\leqq 0)$ と表される曲線と，$y$ 軸で囲まれた図形の面積 $S$ を求めよ。

$\frac{dx}{dt}=2+2t$，$\frac{dy}{dt}=1+4t$

$\frac{dx}{dt}=0$ とすると　$t=-1$

$\frac{dy}{dt}=0$ とすると　$t=-\frac{1}{4}$

よって，右のような表が得られる。

| $t$ | $-2$ | … | $-1$ | … | $-\frac{1}{4}$ | … | 0 |
|---|---|---|---|---|---|---|---|
| $\frac{dx}{dt}$ | − | − | 0 | + | + | + | + |
| $x$ | 0 | ↘ | $-1$ | ↗ | $-\frac{7}{16}$ | ↗ | 0 |
| $\frac{dy}{dt}$ | − | − | − | − | 0 | + | + |
| $y$ | 6 | ↘ | 1 | ↘ | $-\frac{1}{8}$ | ↗ | 0 |

←まず，$\frac{dx}{dt}=0$，$\frac{dy}{dt}=0$ となる $t$ の値を求めて，$-2\leqq t\leqq 0$ における $x$，$y$ の値の変化を調べることで，曲線の概形をつかむ。

なお，$-2\leqq t\leqq 0$ のとき

$x=t(2+t)\leqq 0$

よって，曲線は $x\leqq 0$ の部分にある。

ゆえに，$-2\leqq t\leqq -\dfrac{1}{4}$ における $x$ を $x_1$，$-\dfrac{1}{4}\leqq t\leqq 0$ における $x$ を $x_2$ とすると

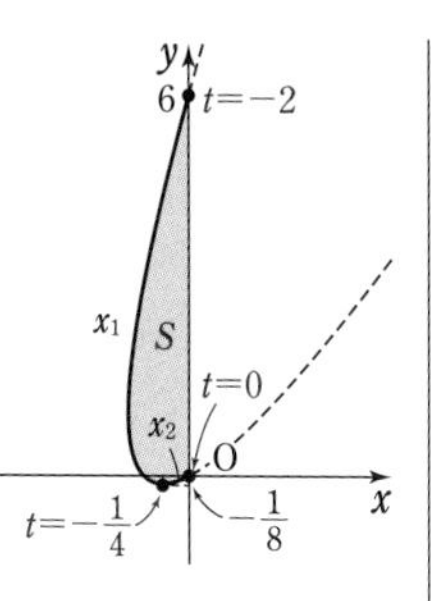


←$t=-\dfrac{1}{4}$ を境目に，$y$ の増減が変わる。

$$S=\int_{-\frac{1}{8}}^{6}(-x_1)dy-\int_{-\frac{1}{8}}^{0}(-x_2)dy$$

$$=-\int_{-\frac{1}{4}}^{-2}x\frac{dy}{dt}dt+\int_{-\frac{1}{4}}^{0}x\frac{dy}{dt}dt$$

←$-\int_{-\frac{1}{4}}^{-2}=\int_{-2}^{-\frac{1}{4}}$

$$=\int_{-2}^{0}x\frac{dy}{dt}dt=\int_{-2}^{0}(2t+t^2)(1+4t)dt=\int_{-2}^{0}(4t^3+9t^2+2t)dt$$

←$x=2t+t^2$，$\dfrac{dy}{dt}=1+4t$ を代入。

$$=\Big[t^4+3t^3+t^2\Big]_{-2}^{0}=-(16-24+4)=\mathbf{4}$$

別解　$-2\leqq t\leqq -1$ における $y$ を $y_1$，$-1\leqq t\leqq 0$ における $y$ を $y_2$ とすると

←$t=-1$ を境目に，$x$ の増減が変わる。$t=-1$ のとき　$x=-1$

$$S=\int_{-1}^{0}(y_1-1)dx+\int_{-1}^{0}(1-y_2)dx$$

$$=\int_{-1}^{-2}(y-1)\frac{dx}{dt}dt-\int_{-1}^{0}(y-1)\frac{dx}{dt}dt$$

$$=\int_{0}^{-2}(y-1)\frac{dx}{dt}dt$$

←$-\int_{-1}^{0}=\int_{0}^{-1}$　$\int_{-1}^{-2}+\int_{0}^{-1}=\int_{0}^{-2}$

$$=\int_{0}^{-2}(t+2t^2-1)(2+2t)dt$$

$$=2\int_{0}^{-2}(2t^3+3t^2-1)dt=2\left[\frac{1}{2}t^4+t^3-t\right]_{0}^{-2}=\mathbf{4}$$

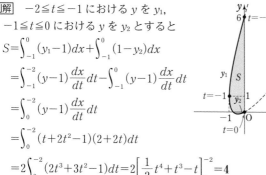

**練習 ④184**　$a$ は 1 より大きい定数とする。曲線 $x^2-y^2=2$ と直線 $x=\sqrt{2}\,a$ で囲まれた図形の面積 $S$ を，原点を中心とする $\dfrac{\pi}{4}$ の回転移動を考えることにより求めよ。　〔類　早稲田大〕

点 $(X,\ Y)$ を，原点を中心として $\dfrac{\pi}{4}$ だけ回転した点の座標を $(x,\ y)$ とすると，複素数平面上の点の回転移動を考えることにより　$X+Yi=\left\{\cos\left(-\dfrac{\pi}{4}\right)+i\sin\left(-\dfrac{\pi}{4}\right)\right\}(x+yi)$ …… ①

が成り立つ。

←$X+Yi \underset{-\frac{\pi}{4}\text{ 回転}}{\overset{\frac{\pi}{4}\text{ 回転}}{\rightleftarrows}} x+yi$

① から　　$X+Yi=\dfrac{1}{\sqrt{2}}(x+y)+\dfrac{1}{\sqrt{2}}(-x+y)i$

よって　　$X=\dfrac{1}{\sqrt{2}}(x+y)$，$Y=\dfrac{1}{\sqrt{2}}(-x+y)$ …… ②

←複素数の相等。

点 $(X,\ Y)$ が曲線 $x^2-y^2=2$ 上にあるとすると

$X^2-Y^2=2$　すなわち　$(X+Y)(X-Y)=2$

② を代入して　$\sqrt{2}\,y\cdot\sqrt{2}\,x=2$　　ゆえに　$y=\dfrac{1}{x}$ …… ③

③ は曲線 $x^2-y^2=2$ を原点を中心として $\dfrac{\pi}{4}$ だけ回転した曲線の方程式である。

←まず，曲線 $x^2-y^2=2$，直線 $x=\sqrt{2}\,a$ を，原点を中心として $\dfrac{\pi}{4}$ だけ回転した図形を求める（軌跡の考え方を利用）。

また，点 $(X,\ Y)$ が直線 $x=\sqrt{2}a$ 上にあるとすると

$$X=\sqrt{2}a$$

② を代入して　$\dfrac{1}{\sqrt{2}}(x+y)=\sqrt{2}a$

よって　$y=-x+2a$ …… ④

④ は直線 $x=\sqrt{2}a$ を原点を中心として $\dfrac{\pi}{4}$ だけ回転した直線の方程式である。

求める面積は，曲線 ③ と直線 ④ で囲まれた図形の面積 $S$ に等しい。

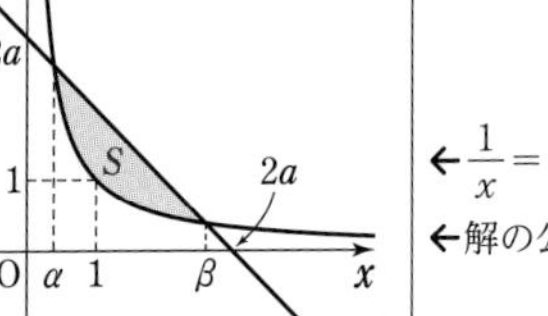


③，④ から $y$ を消去すると

$$x^2-2ax+1=0$$

←$\dfrac{1}{x}=-x+2a$

よって　$x=-(-a)\pm\sqrt{(-a)^2-1\cdot1}$

$$=a\pm\sqrt{a^2-1}$$

←解の公式を利用。

$\alpha=a-\sqrt{a^2-1}$，$\beta=a+\sqrt{a^2-1}$ とすると

←$a>1$ から $\sqrt{a^2-1}>0$ よって　$\alpha<\beta$

$$S=\int_\alpha^\beta\left(-x+2a-\frac{1}{x}\right)dx=\left[-\frac{x^2}{2}+2ax-\log x\right]_\alpha^\beta$$

$$=-\frac{1}{2}(\beta^2-\alpha^2)+2a(\beta-\alpha)-\log\frac{\beta}{\alpha}$$

←$\log\beta-\log\alpha=\log\dfrac{\beta}{\alpha}$

ここで，$\beta-\alpha=2\sqrt{a^2-1}$，$\beta+\alpha=2a$，$\dfrac{\beta}{\alpha}=(a+\sqrt{a^2-1})^2$ であるから

←$\dfrac{\beta}{\alpha}=\dfrac{a+\sqrt{a^2-1}}{a-\sqrt{a^2-1}}$ $=\dfrac{(a+\sqrt{a^2-1})^2}{a^2-(a^2-1)}$

$$S=-\frac{1}{2}\cdot2a\cdot2\sqrt{a^2-1}^{(*)}+2a\cdot2\sqrt{a^2-1}-2\log(a+\sqrt{a^2-1})$$

$$=\boldsymbol{2a\sqrt{a^2-1}-2\log(a+\sqrt{a^2-1})}$$

(＊) $\beta^2-\alpha^2$ $=(\beta+\alpha)(\beta-\alpha)$

**練習 ③185**

$0\leqq x\leqq\dfrac{\pi}{2}$ の範囲で，2 曲線 $y=\tan x$，$y=a\sin2x$ と $x$ 軸で囲まれた図形の面積が 1 となるように，正の実数 $a$ の値を定めよ。　〔群馬大〕

2 曲線の交点の $x$ 座標は，方程式 $\tan x=a\sin2x$ …… ① の解である。

HINT　2 曲線の交点の $x$ 座標を $\alpha$ として計算を進める。

$x=0$ は ① の解であり，$x=\dfrac{\pi}{2}$ は ① の解ではない。

$0<x<\dfrac{\pi}{2}$ のとき，① から　$\dfrac{\sin x}{\cos x}=2a\sin x\cos x$

ゆえに　$2a\cos^2x=1$　　よって　$\cos^2x=\dfrac{1}{2a}$

$0<x<\dfrac{\pi}{2}$ であるから　$\cos x=\dfrac{1}{\sqrt{2a}}$ …… ②

等式 ② を満たす $x$ の値を $\alpha$ $\left(0<\alpha<\dfrac{\pi}{2}\right)$ とする。

←与えられた条件から $\tan\alpha=a\sin2\alpha$ の解 $\alpha$ は必ず存在する。

このとき，2 曲線と $x$ 軸で囲まれた図形の面積 $S$ は

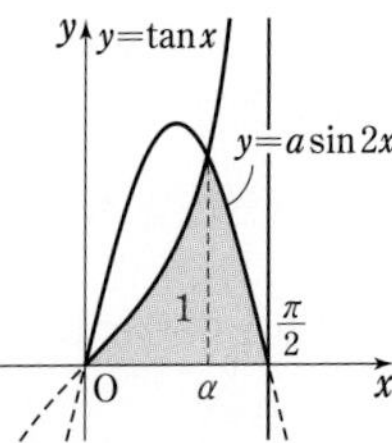


←2 曲線の性質から $x=\alpha$ で 2 曲線の上下関係が入れ替わる。

$$S=\int_0^\alpha \tan x\,dx+\int_\alpha^{\frac{\pi}{2}} a\sin 2x\,dx$$

$$=\Big[-\log(\cos x)\Big]_0^\alpha-\frac{a}{2}\Big[\cos 2x\Big]_\alpha^{\frac{\pi}{2}}$$

$$=-\log(\cos\alpha)-\frac{a}{2}\{-1-(2\cos^2\alpha-1)\}$$ ←$\cos 2\alpha=2\cos^2\alpha-1$

$$=-\log\frac{1}{\sqrt{2a}}+a\left(\frac{1}{\sqrt{2a}}\right)^2=\frac{1}{2}\log 2a+\frac{1}{2}$$ ←$\cos\alpha=\frac{1}{\sqrt{2a}}$ を代入。

$S=1$ となるための条件は　$\frac{1}{2}\log 2a+\frac{1}{2}=1$

整理して　$\log 2a=1$　ゆえに　$2a=e$

したがって　$\boldsymbol{a=\frac{e}{2}}$

←$0<\frac{1}{\sqrt{2a}}=\frac{1}{\sqrt{e}}<1$
確かに $x=\alpha$ は存在する。

**練習 ③186**　$xy$ 平面上に 2 曲線 $C_1:y=e^x-2$ と $C_2:y=3e^{-x}$ がある。
(1) $C_1$ と $C_2$ の共有点 P の座標を求めよ。
(2) 点 P を通る直線 $\ell$ が，$C_1$，$C_2$ および $y$ 軸によって囲まれた部分の面積を 2 等分するとき，$\ell$ の方程式を求めよ。〔関西学院大〕

HINT　(2) 直線 $\ell$ の傾きを $m$，点 P の $x$ 座標を $\alpha$ とおいて，条件から $m$，$\alpha$ の等式を導く。

6章　練習【積分法の応用】

(1) $e^x-2=3e^{-x}$ とすると　$(e^x)^2-2e^x-3=0$　←両辺に $e^x$ を掛けて $(e^x)^2-2e^x=3$

ゆえに　$(e^x+1)(e^x-3)=0$

$e^x>0$ であるから　$e^x=3$　よって　$x=\log 3$

このとき　$y=1$　←$y=e^x-2=3-2=1$

したがって，点 P の座標は　$\boldsymbol{(\log 3,\ 1)}$

(2) 2 曲線 $C_1$, $C_2$ および $y$ 軸によって囲まれた部分の図形を $E$ とし，直線 $\ell$ の傾きを $m$ とする。　←図形 $E$ は，図の赤く塗った部分である。



直線 $\ell$ が図形 $E$ を 2 等分するためには

$$m>0$$

また，$\log 3=\alpha$ とおくと，直線 $\ell$ の方程式は $y=m(x-\alpha)+1$ と表される。　←$\log 3$ のままで計算を進めるより，$\alpha$ とおいて後で代入する方がらくである。

ここで，図形 $E$ の面積を $S$，直線 $\ell$ が図形 $E$ を分割するときの直線 $\ell$ より上の部分の面積を $S_1$ とする。

求める条件は，$S=2S_1$ であるから

$$\int_0^\alpha(3e^{-x}-e^x+2)dx=2\int_0^\alpha\{3e^{-x}-m(x-\alpha)-1\}dx$$ ←(図形全体の面積) $=2\times$(上半分の面積)

ゆえに　$\Big[-3e^{-x}-e^x+2x\Big]_0^\alpha=2\Big[-3e^{-x}-\frac{1}{2}m(x-\alpha)^2-x\Big]_0^\alpha$

よって　$-3e^{-\alpha}-e^\alpha+2\alpha+3+1=2\left(-3e^{-\alpha}-\alpha+3+\frac{1}{2}m\alpha^2\right)$

ゆえに　$3e^{-\alpha}-e^\alpha-m\alpha^2+4\alpha-2=0$

ここで，$e^\alpha=3$ より $e^{-\alpha}=\frac{1}{3}$ であるから　←$e^{\log 3}=3$

$$m\alpha^2=4\alpha-4$$

よって　$m=\dfrac{4(\alpha-1)}{\alpha^2}=\dfrac{4(\log 3-1)}{(\log 3)^2}$

←$\log 3>\log e=1$ であるから　$m>0$

ゆえに，直線 $\ell$ の方程式は　$y=\dfrac{4(\log 3-1)}{(\log 3)^2}(x-\log 3)+1$

すなわち　$\boldsymbol{y=\dfrac{4(\log 3-1)}{(\log 3)^2}x-3+\dfrac{4}{\log 3}}$

**練習 ③187**　$g(x)=\sin^3 x$ とし，$0<\theta<\pi$ とする。$x$ の 2 次関数 $y=h(x)$ のグラフは原点を頂点とし，$h(\theta)=g(\theta)$ を満たすとする。このとき，曲線 $y=g(x)$ $(0\leqq x\leqq\theta)$ と直線 $x=\theta$ および $x$ 軸で囲まれた図形の面積を $G(\theta)$ とする。また，曲線 $y=h(x)$ と直線 $x=\theta$ および $x$ 軸で囲まれた図形の面積を $H(\theta)$ とする。

(1) $G(\theta)$，$H(\theta)$ を求めよ。　(2) $\displaystyle\lim_{\theta\to+0}\frac{G(\theta)}{H(\theta)}$ を求めよ。　〔類 大阪府大〕

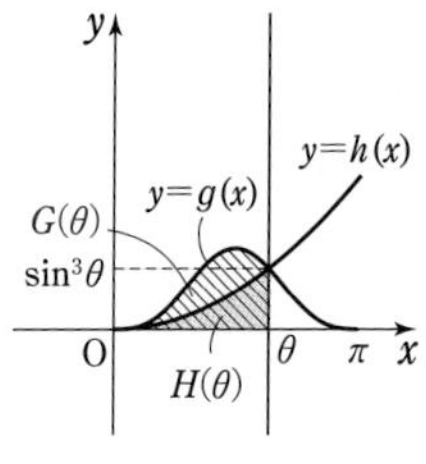


(1) $0<\theta<\pi$ から，$0\leqq x\leqq\theta$ において　$\sin x\geqq 0$

よって　$g(x)\geqq 0$

ゆえに　$\boldsymbol{G(\theta)}=\displaystyle\int_0^\theta \sin^3 x\,dx=\int_0^\theta(1-\cos^2 x)\sin x\,dx$

$=\displaystyle\int_0^\theta(\sin x-\cos^2 x\sin x)dx$

$=\left[-\cos x+\dfrac{1}{3}\cos^3 x\right]_0^\theta$

$\boldsymbol{=\dfrac{1}{3}\cos^3\theta-\cos\theta+\dfrac{2}{3}}$

また，2 次関数 $y=h(x)$ は，$h(x)=ax^2$ $(a\neq 0)$ と表される。

←原点が頂点。

$h(\theta)=g(\theta)$ から　$a\theta^2=\sin^3\theta$　$\theta\neq 0$ から　$a=\dfrac{\sin^3\theta}{\theta^2}$

←$a>0$

$0\leqq x\leqq\theta$ において，$h(x)\geqq 0$ であるから

$\boldsymbol{H(\theta)}=\displaystyle\int_0^\theta h(x)dx=\int_0^\theta ax^2\,dx=\frac{a}{3}\theta^3$

←$\left[\dfrac{a}{3}x^3\right]_0^\theta$

$=\dfrac{1}{3}\cdot\dfrac{\sin^3\theta}{\theta^2}\cdot\theta^3\boldsymbol{=\dfrac{1}{3}\theta\sin^3\theta}$

(2) $G(\theta)=\dfrac{1}{3}(\cos^3\theta-3\cos\theta+2)$

←$t^3-3t+2$
$=(t-1)(t^2+t-2)$
$=(t-1)^2(t+2)$

$=\dfrac{1}{3}(\cos\theta-1)(\cos^2\theta+\cos\theta-2)$

$=\dfrac{1}{3}(\cos\theta-1)^2(\cos\theta+2)$

よって　$\dfrac{G(\theta)}{H(\theta)}=\dfrac{(\cos\theta-1)^2(\cos\theta+2)}{\theta\sin^3\theta}$

←分母・分子に $(1+\cos\theta)^2$ を掛ける。
$(1-\cos\theta)^2(1+\cos\theta)^2$
$=\{(1-\cos\theta)(1+\cos\theta)\}^2$
$=(1-\cos^2\theta)^2$

$=\dfrac{(1-\cos\theta)^2(1+\cos\theta)^2(\cos\theta+2)}{\theta\sin^3\theta(1+\cos\theta)^2}$

$=\dfrac{(1-\cos^2\theta)^2(\cos\theta+2)}{\theta\sin^3\theta(1+\cos\theta)^2}$

$=\dfrac{\sin^4\theta(\cos\theta+2)}{\theta\sin^3\theta(1+\cos\theta)^2}=\dfrac{\sin\theta}{\theta}\cdot\dfrac{\cos\theta+2}{(1+\cos\theta)^2}$

ゆえに　$\displaystyle\lim_{\theta\to+0}\frac{G(\theta)}{H(\theta)}=\lim_{\theta\to+0}\left\{\frac{\sin\theta}{\theta}\cdot\frac{\cos\theta+2}{(1+\cos\theta)^2}\right\}=1\cdot\frac{3}{2^2}=\frac{3}{4}$

**練習 ③188**　$f(x)=e^x-x$ について，次の問いに答えよ。
(1)　$t$ は実数とする。このとき，曲線 $y=f(x)$ と 2 直線 $x=t$，$x=t-1$ および $x$ 軸で囲まれた図形の面積 $S(t)$ を求めよ。
(2)　$S(t)$ を最小にする $t$ の値とその最小値を求めよ。　〔神戸大〕

(1)　$f'(x)=e^x-1$

$f'(x)=0$ とすると　　$x=0$

$f(x)$ の増減表は右のようになる。

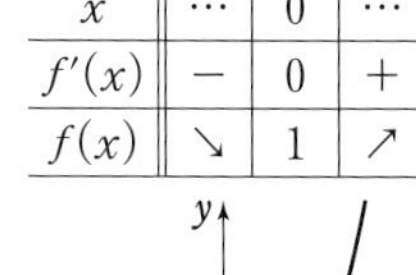

| $x$ | $\cdots$ | $0$ | $\cdots$ |
|---|---|---|---|
| $f'(x)$ | $-$ | $0$ | $+$ |
| $f(x)$ | ↘ | $1$ | ↗ |

よって，曲線 $y=f(x)$ の概形は図のようになる。

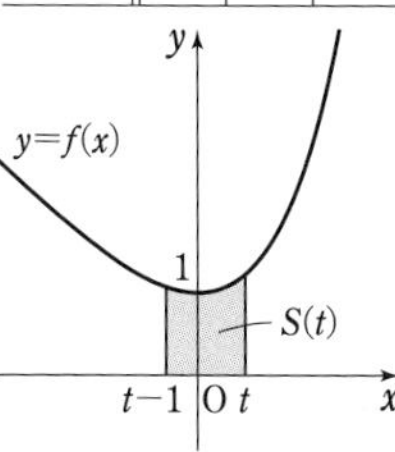


ゆえに，求める面積 $S(t)$ は

$$S(t)=\int_{t-1}^{t}(e^x-x)dx=\left[e^x-\frac{x^2}{2}\right]_{t-1}^{t}$$
$$=e^t-e^{t-1}-\frac{1}{2}\{t^2-(t-1)^2\}$$
$$=\boldsymbol{\left(1-\frac{1}{e}\right)e^t-t+\frac{1}{2}}$$

HINT　(1)　$f(x)$ の増減を調べ，曲線の概形をかく。(2)　微分法を利用。

←$f(x)$ は $x=0$ で極小かつ最小であるから，すべての実数について
$f(x)>0$
なお，グラフは必ずしも必要ではない。

(2)　$S'(t)=\left(1-\dfrac{1}{e}\right)e^t-1=\dfrac{e-1}{e}e^t-1$

$S'(t)=0$ とすると　　$e^t=\dfrac{e}{e-1}$

よって　　$t=\log\dfrac{e}{e-1}=1-\log(e-1)$

$S(t)$ の増減表は右のようになる。

| $t$ | $\cdots$ | $1-\log(e-1)$ | $\cdots$ |
|---|---|---|---|
| $S'(t)$ | $-$ | $0$ | $+$ |
| $S(t)$ | ↘ | 極小 | ↗ |

ゆえに，$S(t)$ は
**$t=1-\log(e-1)$ のとき**
最小となり，**最小値** は

$$\frac{e-1}{e}\cdot\frac{e}{e-1}-1+\log(e-1)+\frac{1}{2}=\boldsymbol{\log(e-1)+\frac{1}{2}}$$

←$S(t)=\displaystyle\int_{t-1}^{t}f(x)dx$
であるから，これより
$S'(t)=f(t)-f(t-1)$
であることを用いてもよい。

←$e^t=\dfrac{e}{e-1}$ を代入。



**練習 ⑤189**　曲線 $y=e^{-x}$ と $y=e^{-x}|\cos x|$ で囲まれた図形のうち，$(n-1)\pi\leqq x\leqq n\pi$ を満たす部分の面積を $a_n$ とする ($n=1,\ 2,\ 3,\ \cdots\cdots$)。
(1)　$a_1$，$a_n$ の値を求めよ。　(2)　$\displaystyle\lim_{n\to\infty}(a_1+a_2+\cdots\cdots+a_n)$ を求めよ。　〔類　早稲田大〕

HINT　$|\cos x|\leqq1$ であるから　$e^{-x}\geqq e^{-x}|\cos x|$　　よって，曲線 $y=e^{-x}$ は曲線 $y=e^{-x}|\cos x|$ の上側にある。

(1)　$\displaystyle\int e^{-x}\cos x\,dx=-e^{-x}\cos x-\int e^{-x}\sin x\,dx$

$$=-e^{-x}\cos x-\left(-e^{-x}\sin x+\int e^{-x}\cos x\,dx\right)$$
$$=-e^{-x}\cos x+e^{-x}\sin x-\int e^{-x}\cos x\,dx$$

←部分積分法。

←同形出現。

積分定数を考えて

$$\int e^{-x}\cos x\,dx=\frac{1}{2}e^{-x}(\sin x-\cos x)+C$$

←この不定積分は，$a_1$ を求めるときに必要になる。

$0\leqq|\cos x|\leqq1$，$e^{-x}>0$ であるから　　$e^{-x}\geqq e^{-x}|\cos x|$

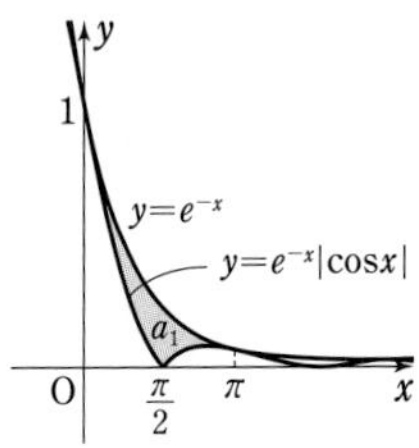


よって　　$\boldsymbol{a_1}=\int_0^{\pi}(e^{-x}-e^{-x}|\cos x|)dx$

$$=\Big[-e^{-x}\Big]_0^{\pi}-\int_0^{\frac{\pi}{2}}e^{-x}\cos x\,dx+\int_{\frac{\pi}{2}}^{\pi}e^{-x}\cos x\,dx$$

$$=1-e^{-\pi}-\frac{1}{2}\Big[e^{-x}(\sin x-\cos x)\Big]_0^{\frac{\pi}{2}}+\frac{1}{2}\Big[e^{-x}(\sin x-\cos x)\Big]_{\frac{\pi}{2}}^{\pi}$$

$$=1-e^{-\pi}-\frac{1}{2}\left(e^{-\frac{\pi}{2}}+1\right)+\frac{1}{2}\left(e^{-\pi}-e^{-\frac{\pi}{2}}\right)$$

$$=\frac{1}{2}-e^{-\frac{\pi}{2}}-\frac{1}{2}e^{-\pi}=\boldsymbol{\frac{1}{2}\left(1-2e^{-\frac{\pi}{2}}-e^{-\pi}\right)}$$

また，$a_n=\int_{(n-1)\pi}^{n\pi}(e^{-x}-e^{-x}|\cos x|)dx$ において

←$a_1$ と同じようにして求めてもよいが，置換積分法を利用すると，$a_1$ の結果が利用できる。

$x=t+(n-1)\pi$ とおくと

$dx=dt$

| $x$ | $(n-1)\pi\longrightarrow n\pi$ |
|---|---|
| $t$ | $0\quad\longrightarrow\quad\pi$ |

$x$ と $t$ の対応は右のようになる。

$e^{-t-(n-1)\pi}=e^{-(n-1)\pi}e^{-t}$，$|\cos\{t+(n-1)\pi\}|=|\cos t|$ に注意すると　　$\boldsymbol{a_n}=\int_0^{\pi}\{e^{-t-(n-1)\pi}-e^{-t-(n-1)\pi}|\cos\{t+(n-1)\pi\}|\}dt$

←$\cos\{t+(n-1)\pi\}=\pm\cos t$

$$=e^{-(n-1)\pi}\int_0^{\pi}(e^{-t}-e^{-t}|\cos t|)dt$$

$$=e^{-(n-1)\pi}a_1$$

$$=\boldsymbol{\frac{1}{2}e^{-(n-1)\pi}\left(1-2e^{-\frac{\pi}{2}}-e^{-\pi}\right)}$$

←$a_1$ の値を代入。

(2)　(1) より，数列 $\{a_n\}$ は初項 $a_1$，公比 $e^{-\pi}$ の等比数列であるから　　$\sum_{k=1}^{n}a_k=a_1\cdot\frac{1-e^{-n\pi}}{1-e^{-\pi}}$

←初項 $a$，公比 $r$ の等比数列の初項から第 $n$ 項までの和は $\frac{a(1-r^n)}{1-r}$ $(r\neq1)$

$0<e^{-\pi}<1$ であるから　　$\lim_{n\to\infty}e^{-n\pi}=0$

したがって　　$\lim_{n\to\infty}\sum_{k=1}^{n}a_k=\frac{a_1}{1-e^{-\pi}}=\boldsymbol{\frac{1-2e^{-\frac{\pi}{2}}-e^{-\pi}}{2(1-e^{-\pi})}}$

$\left(\frac{e^{\pi}-2e^{\frac{\pi}{2}}-1}{2(e^{\pi}-1)}\right.$ でもよい$\Big)$

←分母・分子に $e^{\pi}$ を掛ける。

**練習 ④190**　$f(x)=\sqrt{2+x}$ $(x\geqq-2)$ とする。また，$f(x)$ の逆関数を $f^{-1}(x)$ とする。
(1)　2 つの曲線 $y=f(x)$，$y=f^{-1}(x)$ および直線 $y=\sqrt{2}-x$ で囲まれた図形を図示せよ。
(2)　(1) で図示した図形の面積を求めよ。

(1)　$y=f(x)$ の値域は　　$y\geqq0$

←この範囲が $f^{-1}(x)$ の定義域と一致する。

$y=\sqrt{2+x}$ を $x$ について解くと　　$x=y^2-2$

よって

$$f^{-1}(x)=x^2-2\ (x\geqq 0)$$

また，$x^2-2=x$ とすると

$$(x+1)(x-2)=0$$

$x>0$ とすると　　$x=2$

これが2つの曲線 $y=f(x)$，

$y=f^{-1}(x)$ の交点の $x$ 座標である。

ゆえに，求める図形は，**右図の斜線部分。ただし，境界線を含む。**

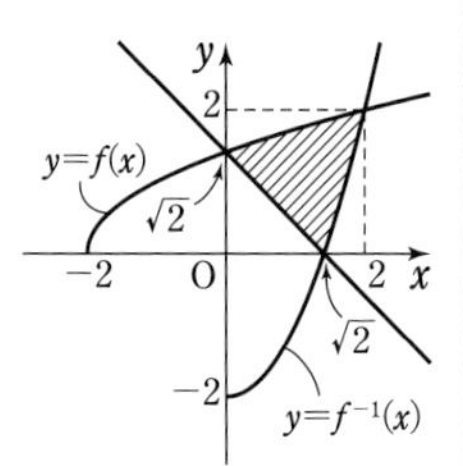


←2 曲線 $y=f(x)$，$y=f^{-1}(x)$ の交点の $x$ 座標は，$f(x)=f^{-1}(x)$ を解くのではなく，直線 $y=x$ に関する対称性を利用し，$f^{-1}(x)=x$ を解いて求める。

(2)　(1)で図示した図形は，直線 $y=x$ に関して対称であるから，求める面積を $S$ とすると

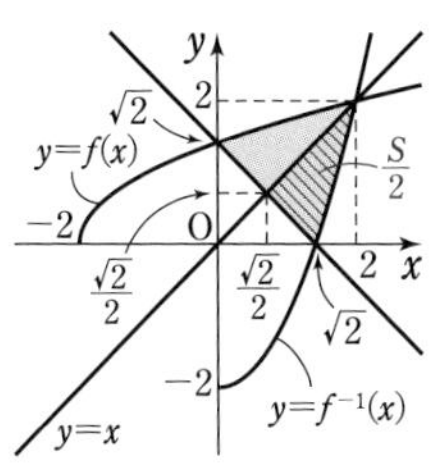


←逆関数の性質を利用。

$$\frac{S}{2}=\frac{1}{2}\cdot 2\cdot 2-\frac{1}{2}\cdot\sqrt{2}\cdot\frac{\sqrt{2}}{2}-\int_{\sqrt{2}}^{2}(x^2-2)dx$$

$$=\frac{3}{2}-\left[\frac{x^3}{3}-2x\right]_{\sqrt{2}}^{2}$$

$$=\frac{3}{2}-\frac{8-2\sqrt{2}}{3}+2(2-\sqrt{2})=\frac{17}{6}-\frac{4\sqrt{2}}{3}$$

←無理関数である $f(x)=\sqrt{2+x}$ よりも，2次関数である $f^{-1}(x)=x^2-2$ を利用する方が計算しやすい。

したがって　　$S=\boldsymbol{\dfrac{17}{3}-\dfrac{8\sqrt{2}}{3}}$

## 練習 ④191

極方程式 $r=1+2\cos\theta\left(0\leqq\theta\leqq\dfrac{\pi}{2}\right)$ で表される曲線上の点と極Oを結んだ線分が通過する領域の面積を求めよ。

曲線上の点をPとし，点Pの直交座標を $(x,\ y)$ とすると

$$x=r\cos\theta=(1+2\cos\theta)\cos\theta$$
$$y=r\sin\theta=(1+2\cos\theta)\sin\theta$$

←$x$，$y$ を $\theta$ で表す。

$\theta=0$ のとき　　$(x,\ y)=(3,\ 0)$

$\theta=\dfrac{\pi}{2}$ のとき　　$(x,\ y)=(0,\ 1)$

←曲線の概形をつかむために，$\theta=0$，$\dfrac{\pi}{2}$ における点Pの座標や，$x$ の値の変化について調べる。

$0\leqq\theta\leqq\dfrac{\pi}{2}$ において　　$y\geqq 0$

また　$\dfrac{dx}{d\theta}=-2\sin\theta\cdot\cos\theta-(1+2\cos\theta)\sin\theta$

$$=-\sin\theta(1+4\cos\theta)$$

$0<\theta<\dfrac{\pi}{2}$ のとき，$\dfrac{dx}{d\theta}<0$ であるから，$\theta$ に対して $x$ は単調に減少する。

よって，求める図形の面積は，右の図の赤く塗った部分である。

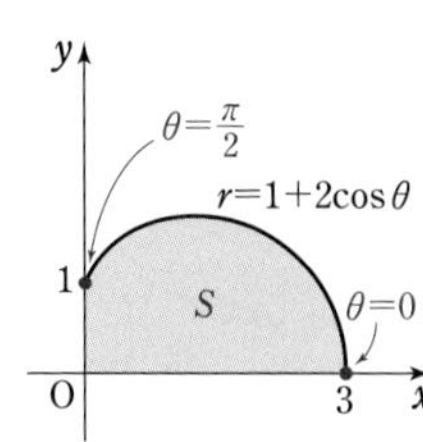

$x$ と $\theta$ の対応は右のようになるから，
求める面積を $S$ とすると

| $x$ | $0 \longrightarrow 3$ |
|---|---|
| $\theta$ | $\frac{\pi}{2} \longrightarrow 0$ |

$$S=\int_0^3 y\,dx=\int_{\frac{\pi}{2}}^0 y\frac{dx}{d\theta}d\theta$$

←置換積分法を利用する。

$$=\int_{\frac{\pi}{2}}^0 (1+2\cos\theta)\sin\theta\cdot(-\sin\theta)(1+4\cos\theta)d\theta$$

$$=\int_0^{\frac{\pi}{2}}(\sin^2\theta+6\sin^2\theta\cos\theta+8\sin^2\theta\cos^2\theta)d\theta$$

ここで　$\displaystyle\int_0^{\frac{\pi}{2}}\sin^2\theta\,d\theta=\int_0^{\frac{\pi}{2}}\frac{1-\cos 2\theta}{2}d\theta=\frac{1}{2}\left[\theta-\frac{1}{2}\sin 2\theta\right]_0^{\frac{\pi}{2}}=\frac{\pi}{4}$

$$\int_0^{\frac{\pi}{2}}6\sin^2\theta\cos\theta\,d\theta=2\left[\sin^3\theta\right]_0^{\frac{\pi}{2}}=2$$

$$\int_0^{\frac{\pi}{2}}8\sin^2\theta\cos^2\theta\,d\theta=2\int_0^{\frac{\pi}{2}}\sin^2 2\theta\,d\theta=2\int_0^{\frac{\pi}{2}}\frac{1-\cos 4\theta}{2}d\theta=\left[\theta-\frac{1}{4}\sin 4\theta\right]_0^{\frac{\pi}{2}}=\frac{\pi}{2}$$

したがって　$S=\dfrac{\pi}{4}+2+\dfrac{\pi}{2}=\boldsymbol{\dfrac{3}{4}\pi+2}$

**検討**　本冊 $p.317$ **検討** の公式 $\boldsymbol{S=\dfrac{1}{2}\displaystyle\int_\alpha^\beta\{f(\theta)\}^2d\theta}$ $(r=f(\theta))$ を利用すると，次のように求められる。

$$\frac{1}{2}\int_0^{\frac{\pi}{2}}r^2d\theta=\frac{1}{2}\int_0^{\frac{\pi}{2}}(1+2\cos\theta)^2d\theta=\frac{1}{2}\int_0^{\frac{\pi}{2}}(1+4\cos\theta+4\cos^2\theta)d\theta$$

$$=\int_0^{\frac{\pi}{2}}\left(\frac{1}{2}+2\cos\theta+2\cos^2\theta\right)d\theta$$

$$=\int_0^{\frac{\pi}{2}}\left(\frac{1}{2}+2\cos\theta+1+\cos 2\theta\right)d\theta$$

←$\cos^2\theta=\dfrac{1+\cos 2\theta}{2}$

$$=\left[\frac{3}{2}\theta+2\sin\theta+\frac{1}{2}\sin 2\theta\right]_0^{\frac{\pi}{2}}=\boldsymbol{\frac{3}{4}\pi+2}$$

**検討**　本冊 $p.320$ の公式　（＊）$\boldsymbol{V=\displaystyle\int_a^b S(x)dx}$　の区分求積法による証明。

**（証明）**　区間 $[a,\ b]$ を $n$ 等分し，その分点の座標を，$a$ に近い方から順に　$x_1,\ x_2,\ x_3,\ \cdots\cdots,\ x_{n-1}$　とする。

また，$a=x_0,\ b=x_n,\ \dfrac{b-a}{n}=\varDelta x$ とする。

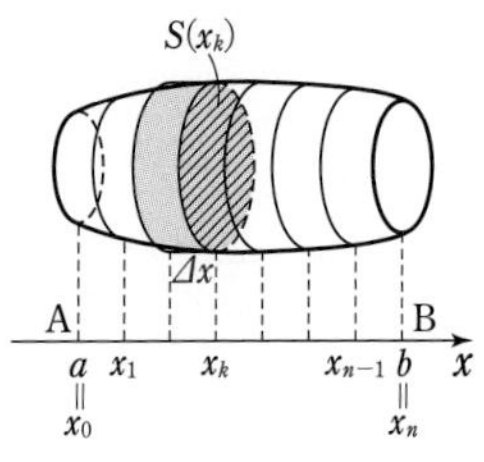


各分点を通り $x$ 軸に垂直な平面でこの立体を分割し，分割した $n$ 個の立体を，断面積が $S(x_k)$ で厚さが $\varDelta x$ の板状の立体であるとみなす。そのときの体積の和を $V_n$ とすると

$$V_n=S(x_1)\varDelta x+S(x_2)\varDelta x+S(x_3)\varDelta x+\cdots\cdots+S(x_n)\varDelta x$$

$$=\sum_{k=1}^n S(x_k)\varDelta x$$

よって　$V=\displaystyle\lim_{n\to\infty}V_n=\lim_{n\to\infty}\sum_{k=1}^n S(x_k)\varDelta x=\int_a^b S(x)dx$

←本冊 $p.280$ **1** を利用。

**練習 ②192** 半径 $a$ の半円の直径を AB，中心を O とする。半円周上の点 P から AB に垂線 PQ を下ろし，線分 PQ を底辺とし，高さが線分 OQ の長さに等しい二等辺三角形 PQR を半円と垂直な平面上に作り，P を $\overset{\frown}{AB}$ 上で動かす。この △PQR が描く立体の体積を求めよ。

半円の方程式を $y=\sqrt{a^2-x^2}$ とし，$Q(x,\ 0)$ とする。
立体の体積を $V$，△PQR の面積を $S(x)$ とすると，$-a\leqq x\leqq a$ であり

$$S(x)=\frac{1}{2}\cdot PQ\cdot OQ=\frac{1}{2}\sqrt{a^2-x^2}\,|x|$$

$S(-x)=S(x)$ であり，$0\leqq x\leqq a$ で
$$|x|=x$$

よって　$V=\int_{-a}^{a}S(x)dx=\int_0^a x\sqrt{a^2-x^2}\,dx$

ここで，$\sqrt{a^2-x^2}=t$ とおくと
$$a^2-x^2=t^2,\ x\,dx=-t\,dt$$
$x$ と $t$ の対応は右のようになる。

| $x$ | $0\longrightarrow a$ |
|---|---|
| $t$ | $a\longrightarrow 0$ |

ゆえに　$V=\int_a^0 t(-t)dt=\int_0^a t^2dt=\left[\frac{t^3}{3}\right]_0^a=\boldsymbol{\frac{a^3}{3}}$

HINT　立体の体積　断面積をつかむ
半円の方程式を $y=\sqrt{a^2-x^2}$，$Q(x,\ 0)$ として，断面 △PQR の面積 $S(x)$ を求める。

←体積は，断面積の定積分。ここで，$S(x)$ は偶関数であるから　$\int_{-a}^{a}=2\int_0^a$

**練習 ②193** $xy$ 平面上の楕円 $\frac{x^2}{a^2}+\frac{y^2}{b^2}=1$ $(a>0,\ b>0)$ を底面とし，高さが十分にある直楕円柱を，$y$ 軸を含み $xy$ 平面と 45° の角をなす平面で 2 つの立体に切り分けるとき，小さい方の立体の体積を求めよ。

$y$ 軸上の点 $(0,\ y)$ $(-b\leqq y\leqq b)$ を通り，$y$ 軸に垂直な平面で題意の立体を切ったときの切り口は，直角二等辺三角形である。

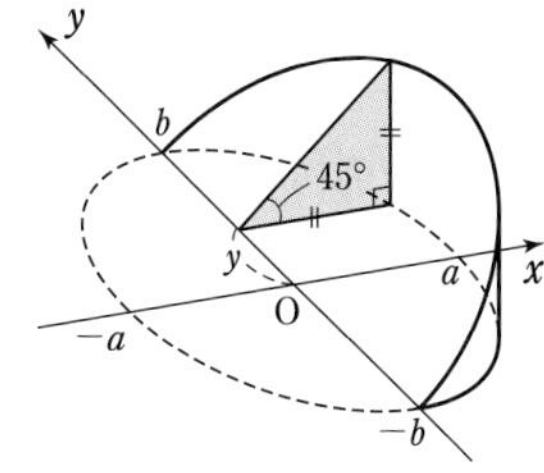


$\frac{x^2}{a^2}+\frac{y^2}{b^2}=1$ から　　$x^2=a^2\left(1-\frac{y^2}{b^2}\right)$

よって，断面積を $S(y)$ とすると
$$S(y)=\frac{1}{2}x^2=\frac{a^2}{2}\left(1-\frac{y^2}{b^2}\right)$$

ゆえに，求める体積を $V$ とすると
$$V=\int_{-b}^{b}S(y)dy=2\int_0^b S(y)dy=a^2\int_0^b\left(1-\frac{y^2}{b^2}\right)dy$$
$$=a^2\left[y-\frac{y^3}{3b^2}\right]_0^b=\boldsymbol{\frac{2}{3}a^2b}$$

←題意の立体は，$x$ 軸に関して対称。

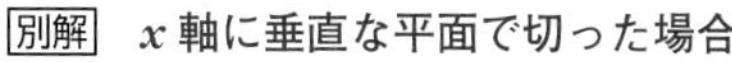
別解　**$x$ 軸に垂直な平面で切った場合**

$x$ 軸上の点 $(x,\ 0)$ $(0\leqq x\leqq a)$ を通り，$x$ 軸に垂直な平面で題意の立体を切ったときの切り口は，長方形である。

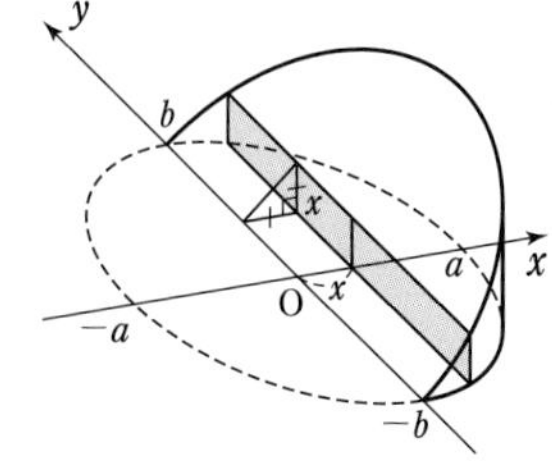


$\frac{x^2}{a^2}+\frac{y^2}{b^2}=1$ から　　$y^2=b^2\left(1-\frac{x^2}{a^2}\right)$

よって，$y\geqq 0$ のとき　　$y=b\sqrt{1-\frac{x^2}{a^2}}$

6章 練習［積分法の応用］

断面積を $S(x)$ とすると

$$S(x)=2y\cdot x=2bx\sqrt{1-\frac{x^2}{a^2}}=\frac{2b}{a}x\sqrt{a^2-x^2}$$

ゆえに，求める体積を $V$ とすると

$$V=\int_0^a S(x)dx=\frac{2b}{a}\int_0^a x\sqrt{a^2-x^2}\,dx$$

$\sqrt{a^2-x^2}=t$ とおくと　　$a^2-x^2=t^2$

$-2x\,dx=2t\,dt$ から　　$x\,dx=-t\,dt$

$x$ と $t$ の対応は右のようになるから

| $x$ | $0\longrightarrow a$ |
|---|---|
| $t$ | $a\longrightarrow 0$ |

$$V=\frac{2b}{a}\int_a^0 t(-t)dt=\frac{2b}{a}\int_0^a t^2dt$$

$$=\frac{2b}{a}\left[\frac{t^3}{3}\right]_0^a=\boldsymbol{\frac{2}{3}a^2b}$$

←$S(x)=2bx\sqrt{1-\frac{x^2}{a^2}}$ のまま進めてもよい。その場合，$\sqrt{1-\frac{x^2}{a^2}}=t$ とおく。

←$-\int_a^0=\int_0^a$

**検討**　本問では，底面に平行な平面で切った場合，切り口は楕円の一部となるため，断面積は容易には求まらない。したがって，ここでは $x$ 軸に垂直な平面，または $y$ 軸に垂直な平面による切り口を考えるのが得策である。

**練習 ②194**　次の曲線や直線で囲まれた部分を $x$ 軸の周りに1回転させてできる立体の体積 $V$ を求めよ。

(1)　$y=e^x$，$x=0$，$x=1$，$x$ 軸　　(2)　$y=\tan x$，$x=\frac{\pi}{4}$，$x$ 軸

(3)　$y=x+\frac{1}{\sqrt{x}}$，$x=1$，$x=4$，$x$ 軸

(1)　$V=\pi\int_0^1(e^x)^2dx$

$$=\pi\left[\frac{1}{2}e^{2x}\right]_0^1$$

$$=\boldsymbol{\frac{1}{2}(e^2-1)\pi}$$

(1)

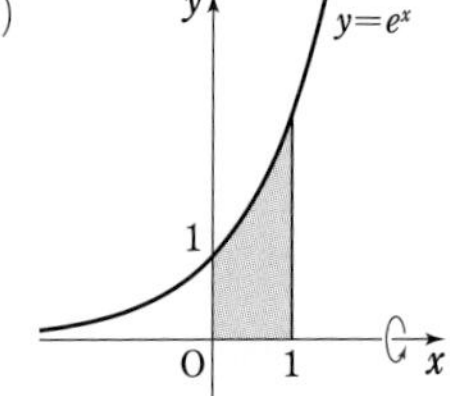


←$\boldsymbol{V=\pi\int_a^b y^2dx\ (a<b)}$
（$\pi$ を忘れないように注意！）

(2)　$V=\pi\int_0^{\frac{\pi}{4}}\tan^2x\,dx$

$$=\pi\int_0^{\frac{\pi}{4}}\left(\frac{1}{\cos^2x}-1\right)dx$$

$$=\pi\Big[\tan x-x\Big]_0^{\frac{\pi}{4}}=\boldsymbol{\pi\left(1-\frac{\pi}{4}\right)}$$

(2)

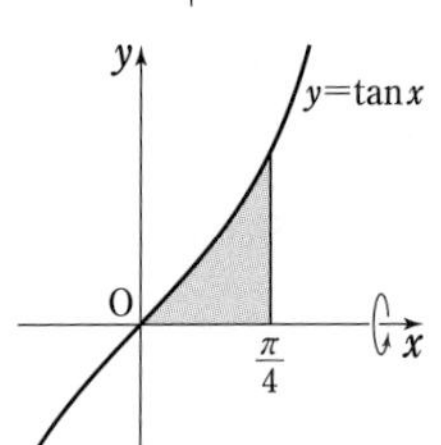


←$1+\tan^2x=\frac{1}{\cos^2x}$ から。

←$(\tan x)'=\frac{1}{\cos^2x}$ から。

(3)　$V=\pi\int_1^4\left(x+\frac{1}{\sqrt{x}}\right)^2dx$

$$=\pi\int_1^4\left(x^2+2\sqrt{x}+\frac{1}{x}\right)dx$$

$$=\pi\left[\frac{1}{3}x^3+\frac{4}{3}x^{\frac{3}{2}}+\log x\right]_1^4$$

$$=\pi\left\{\frac{64-1}{3}+\frac{4(2^3-1)}{3}+\log 4\right\}$$

$$=\boldsymbol{\left(\frac{91}{3}+2\log 2\right)\pi}$$

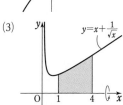

(3)

←定義域は　$x>0$
また，$x>0$ のとき　$y>0$

**練習 ②195** 次の 2 曲線で囲まれた部分を $x$ 軸の周りに 1 回転させてできる立体の体積 $V$ を求めよ。
(1) $y=x^2-2,\ y=2x^2-3$ (2) $y=\sqrt{3}x^2,\ y=\sqrt{4-x^2}$

(1) $y=x^2-2$, $y=2x^2-3$ のグラフをかくと，右図のようになり，交点の $x$ 座標は，$x^2-2=2x^2-3$ から

$x^2=1$

よって　$x=\pm1$

囲まれた部分は $y$ 軸に関して対称であるから

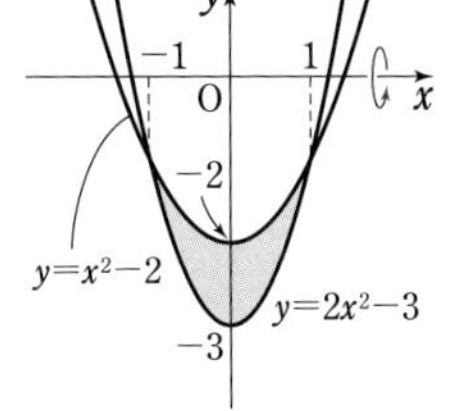


←$y=x^2-2$，$y=2x^2-3$ はともに $y$ 軸を軸とする放物線を表す。

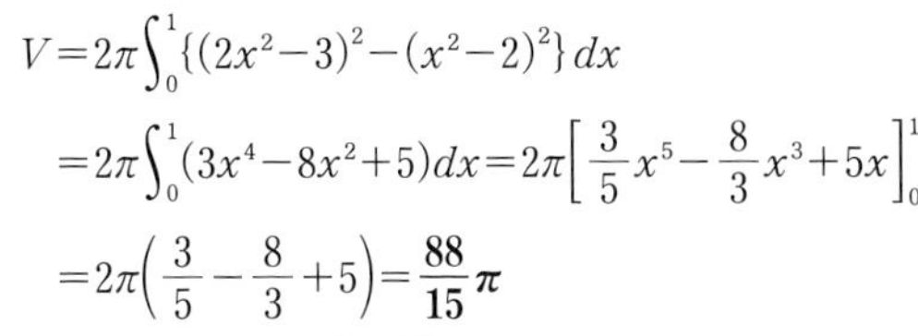

$$V=2\pi\int_0^1\{(2x^2-3)^2-(x^2-2)^2\}dx$$

$$=2\pi\int_0^1(3x^4-8x^2+5)dx=2\pi\left[\frac{3}{5}x^5-\frac{8}{3}x^3+5x\right]_0^1$$

$$=2\pi\left(\frac{3}{5}-\frac{8}{3}+5\right)=\boldsymbol{\frac{88}{15}\pi}$$

←外側の曲線の回転体の体積から，内側の曲線の回転体の体積を引く。

(2) $y=\sqrt{3}x^2$, $y=\sqrt{4-x^2}$ のグラフをかくと，右図のようになり，交点の $x$ 座標は，$\sqrt{3}x^2=\sqrt{4-x^2}$ から

$3x^4=4-x^2$

ゆえに　$(x^2-1)(3x^2+4)=0$

$3x^2+4>0$ より $x^2-1=0$ であるから

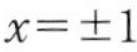

$x=\pm1$

←$y=\sqrt{4-x^2}$ は円 $x^2+y^2=4$ の，$y\geqq0$ の部分を表す。

←$3x^4+x^2-4=0$

囲まれた部分は $y$ 軸に関して対称であるから

$$V=2\pi\int_0^1\{(\sqrt{4-x^2})^2-(\sqrt{3}x^2)^2\}dx=2\pi\int_0^1(4-x^2-3x^4)dx$$

$$=2\pi\left[4x-\frac{x^3}{3}-\frac{3}{5}x^5\right]_0^1=2\pi\left(4-\frac{1}{3}-\frac{3}{5}\right)=\boldsymbol{\frac{92}{15}\pi}$$

←2 曲線とも $y$ 軸に関して対称である。

**練習 ③196** 2 曲線 $y=\cos\dfrac{x}{2}\ (0\leqq x\leqq\pi)$ と $y=\cos x\ (0\leqq x\leqq\pi)$ を考える。〔岐阜大〕
(1) 上の 2 曲線と直線 $x=\pi$ を描き，これらで囲まれる領域を斜線で図示せよ。
(2) (1) で示した斜線部分の領域を $x$ 軸の周りに 1 回転して得られる回転体の体積 $V$ を求めよ。

(1) 曲線 $y=\cos\dfrac{x}{2}\ (0\leqq x\leqq\pi)$ と曲線 $y=\cos x\ (0\leqq x\leqq\pi)$ および，直線 $x=\pi$ は右の図の実線部分のようになる。
よって，これらの曲線と直線で囲まれる領域は，**右の図** の斜線部分である。

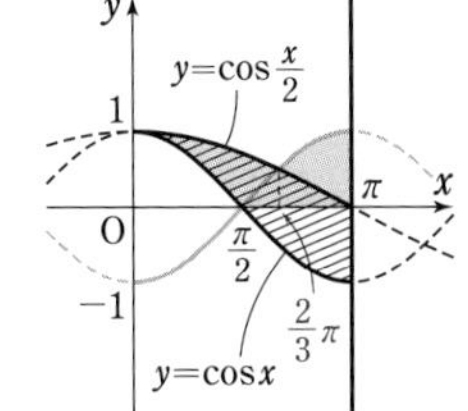


HINT (2) (1) でかいた図を参照。囲まれた部分が回転軸（$x$ 軸）の両側にあるから，**一方の側に集めて考える。**

(2) 求める体積は，(1) の図の赤く塗った部分を $x$ 軸の周りに 1 回転すると得られる。

←$\dfrac{\pi}{2}\leqq x\leqq\pi$ において，$x$ 軸の下側にある曲線 $y=\cos x$ を $x$ 軸に関して対称に折り返す。このとき，曲線の方程式は　$y=-\cos x$

$\cos\dfrac{x}{2}=-\cos x$ とすると　$\cos\dfrac{x}{2}=-2\cos^2\dfrac{x}{2}+1$

ゆえに，$\left(\cos\dfrac{x}{2}+1\right)\left(2\cos\dfrac{x}{2}-1\right)=0$ から　$\cos\dfrac{x}{2}=-1,\ \dfrac{1}{2}$

6章 練習 〔積分法の応用〕

$0 \leqq x \leqq \pi$ より $0 \leqq \dfrac{x}{2} \leqq \dfrac{\pi}{2}$ であるから　　$0 \leqq \cos\dfrac{x}{2} \leqq 1$

よって，$\cos\dfrac{x}{2}=\dfrac{1}{2}$ から　　$\dfrac{x}{2}=\dfrac{\pi}{3}$　すなわち　$x=\dfrac{2}{3}\pi$

←曲線 $y=\cos\dfrac{x}{2}$ と曲線 $y=-\cos x$ の交点の $x$ 座標である。

したがって，求める体積は

$$V=\pi\int_0^{\frac{2}{3}\pi}\cos^2\frac{x}{2}\,dx-\pi\int_0^{\frac{\pi}{2}}\cos^2 x\,dx+\pi\int_{\frac{2}{3}\pi}^{\pi}\cos^2 x\,dx$$

$$=\pi\int_0^{\frac{2}{3}\pi}\frac{\cos x+1}{2}\,dx-\pi\int_0^{\frac{\pi}{2}}\frac{\cos 2x+1}{2}\,dx+\pi\int_{\frac{2}{3}\pi}^{\pi}\frac{\cos 2x+1}{2}\,dx$$

$$=\frac{\pi}{2}\left(\Big[\sin x+x\Big]_0^{\frac{2}{3}\pi}-\left[\frac{\sin 2x}{2}+x\right]_0^{\frac{\pi}{2}}+\left[\frac{\sin 2x}{2}+x\right]_{\frac{2}{3}\pi}^{\pi}\right)$$

$$=\frac{\pi}{2}\left(\frac{\sqrt{3}}{2}+\frac{2}{3}\pi-\frac{\pi}{2}+\pi+\frac{\sqrt{3}}{4}-\frac{2}{3}\pi\right)$$

$$=\boldsymbol{\frac{\pi(2\pi+3\sqrt{3})}{8}}$$

**練習 ②197**　水を満たした半径2の半球形の容器がある。これを静かに角 $\alpha$ 傾けたとき，水面が $h$ だけ下がり，こぼれ出た水の量と容器に残った水の量の比が 11：5 になった。$h$ と $\alpha$ の値を求めよ。ただし，$\alpha$ は弧度法で答えよ。　〔類　筑波大〕

HINT　水がこぼれ出た直後の状態は

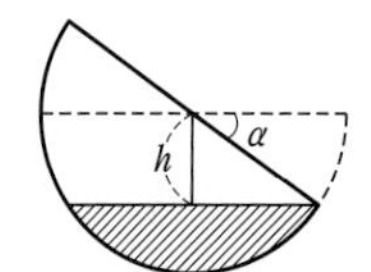


計算がしやすいように座標軸をとり，定積分によって流れ出た水の量を計算する。

図のように，座標軸をとる。

流れ出た水の量は，図の赤く塗った部分を $x$ 軸の周りに1回転させてできる回転体の体積に等しい。

その体積が全体の水の量の $\dfrac{11}{16}$ に等しいから

$$\pi\int_0^h(\sqrt{4-x^2})^2\,dx=\frac{11}{16}\cdot\frac{1}{2}\cdot\frac{4}{3}\pi\cdot 2^3$$

すなわち　　$\displaystyle\int_0^h(4-x^2)\,dx=\frac{11}{3}$

ここで　　$\displaystyle\int_0^h(4-x^2)\,dx=\left[4x-\frac{x^3}{3}\right]_0^h=4h-\frac{h^3}{3}$

したがって　　$4h-\dfrac{h^3}{3}=\dfrac{11}{3}$

整理して　　$h^3-12h+11=0$

ゆえに　　$(h-1)(h^2+h-11)=0$

← 組立除法
| 1 | 0 | −12 | 11 | 1 |
|---|---|---|---|---|
| | 1 | 1 | −11 | |
| 1 | 1 | −11 | 0 | |

よって　　$h=1,\ \dfrac{-1\pm 3\sqrt{5}}{2}$

$0<h<2$ であるから　　$\boldsymbol{h=1}$　　このとき　$\boldsymbol{\alpha=\dfrac{\pi}{6}}$

**練習 ②198** 次の曲線や直線で囲まれた部分を $y$ 軸の周りに1回転させてできる回転体の体積 $V$ を求めよ。
(1) $y=x^2$，$y=\sqrt{x}$　　(2) $y=-x^4+2x^2\ (x\geqq 0)$，$x$ 軸
(3) $y=\cos x\ (0\leqq x\leqq \pi)$，$y=-1$，$y$ 軸

(1) $y=\sqrt{x}$ から　　$x=y^2$
$y=x^2$ に代入して　　$y=y^4$
よって　　$y(y^3-1)=0$
ゆえに　　$y=0,\ 1$

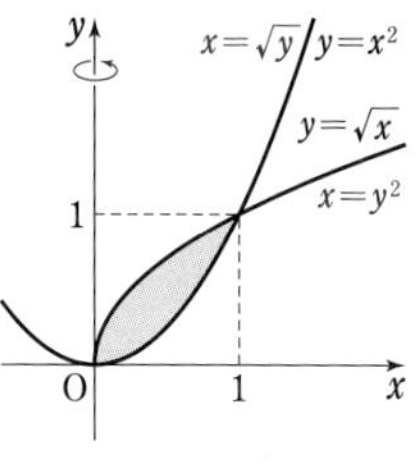


よって　　$V=\pi\int_0^1 y\,dy-\pi\int_0^1 y^4\,dy$

$=\pi\int_0^1 (y-y^4)dy$

$=\pi\left[\dfrac{y^2}{2}-\dfrac{y^5}{5}\right]_0^1=\pi\left(\dfrac{1}{2}-\dfrac{1}{5}\right)=\boldsymbol{\dfrac{3}{10}\pi}$

←交点の $y$ 座標を求める。

←$\pi\int_0^1(\sqrt{y})^2dy-\pi\int_0^1(y^2)^2dy$

(2) $y'=-4x^3+4x=-4x(x^2-1)$
$=-4x(x+1)(x-1)$
$y'=0$ とすると，$x\geqq 0$ で　$x=0,\ 1$
$x\geqq 0$ における増減表は次のようになる。

| $x$ | 0 | … | 1 | … |
|---|---|---|---|---|
| $y'$ | 0 | ＋ | 0 | － |
| $y$ | 0 | ↗ | 1 | ↘ |

$x^4-2x^2+y=0$ から　　$x^2=1\pm\sqrt{1-y}$
したがって，図から

$V=\pi\int_0^1(1+\sqrt{1-y})dy-\pi\int_0^1(1-\sqrt{1-y})dy$

$=\pi\int_0^1\{(1+\sqrt{1-y})-(1-\sqrt{1-y})\}dy$

$=2\pi\int_0^1\sqrt{1-y}\,dy=-2\pi\cdot\dfrac{2}{3}\left[(1-y)^{\frac{3}{2}}\right]_0^1=\boldsymbol{\dfrac{4}{3}\pi}$

←$-x^4+2x^2=0$ とすると
$x^2(x^2-2)=0$
$x\geqq 0$ を満たす解は
$x=0,\ \sqrt{2}$

←直線 $x=1$ の左側，右側でグラフの方程式はそれぞれ $x=\sqrt{1-\sqrt{1-y}}$，$x=\sqrt{1+\sqrt{1-y}}$

(3) 右図から，体積は

$V=\pi\int_{-1}^1 x^2\,dy$

$y=\cos x$ から　　$dy=-\sin x\,dx$
$y$ と $x$ の対応は次のようになる。

| $y$ | $-1\longrightarrow 1$ |
|---|---|
| $x$ | $\pi\ \longrightarrow 0$ |

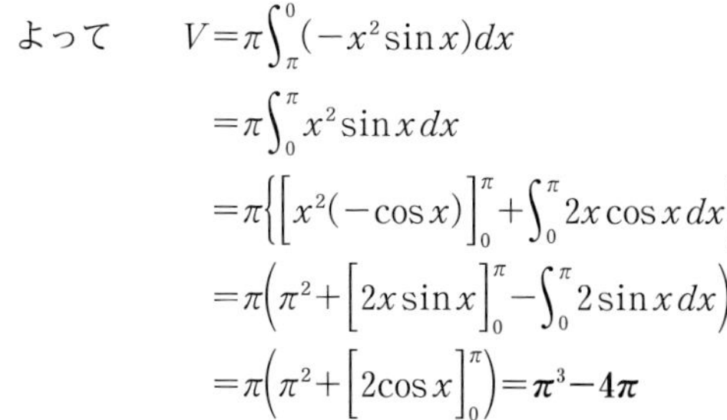

よって　　$V=\pi\int_\pi^0(-x^2\sin x)dx$

$=\pi\int_0^\pi x^2\sin x\,dx$

$=\pi\left\{\left[x^2(-\cos x)\right]_0^\pi+\int_0^\pi 2x\cos x\,dx\right\}$

$=\pi\left(\pi^2+\left[2x\sin x\right]_0^\pi-\int_0^\pi 2\sin x\,dx\right)$

$=\pi\left(\pi^2+\left[2\cos x\right]_0^\pi\right)=\boldsymbol{\pi^3-4\pi}$

←高校数学の範囲では $y=\cos x$ から $x$ を $y$ で表せないが，定積分では左のように積分変数を $x$ におき換えることにより，その値を求められる場合がある。

←部分積分法。

←更に部分積分法。

**練習 ④199** 放物線 $y=2x-x^2$ と $x$ 軸で囲まれた部分を $y$ 軸の周りに1回転させてできる立体の体積を求めよ。〔東京理科大〕

$y=2x-x^2$ のグラフは右図のようになる。
このグラフの $0\leqq x\leqq 1$ の部分の $x$ 座標を $x_1$ とし，$1\leqq x\leqq 2$ の部分の $x$ 座標を $x_2$ とすると，求める立体の体積 $V$ は

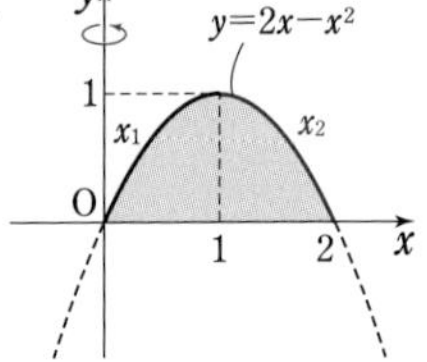


$$V=\pi\int_0^1 x_2{}^2dy-\pi\int_0^1 x_1{}^2dy$$

ここで，$y=2x-x^2$ から
$$dy=(2-2x)dx$$

積分区間の対応は
$x_1$ については [1]
$x_2$ については [2]
のようになる。

[1]

| $y$ | $0\longrightarrow 1$ |
|---|---|
| $x$ | $0\longrightarrow 1$ |

[2]

| $y$ | $0\longrightarrow 1$ |
|---|---|
| $x$ | $2\longrightarrow 1$ |

よって
$$V=\pi\int_2^1 x^2(2-2x)dx-\pi\int_0^1 x^2(2-2x)dx$$
$$=-\pi\int_0^2 x^2(2-2x)dx=2\pi\int_0^2(x^3-x^2)dx$$
$$=2\pi\left[\frac{x^4}{4}-\frac{x^3}{3}\right]_0^2=2\pi\left(4-\frac{8}{3}\right)=\boldsymbol{\frac{8}{3}\pi}$$

別解　求める立体の体積を $V$ とすると
$$V=2\pi\int_0^2 x(2x-x^2)dx=2\pi\int_0^2(-x^3+2x^2)dx$$
$$=2\pi\left[-\frac{1}{4}x^4+\frac{2}{3}x^3\right]_0^2$$
$$=2\pi\left(-4+\frac{16}{3}\right)=\boldsymbol{\frac{8}{3}\pi}$$

←$y=-(x-1)^2+1$

←$x^2-2x+y=0$ から，$x_1=1-\sqrt{1-y}$，$x_2=1+\sqrt{1-y}$ として，$y$ についての積分でも計算できる。

←$\int_2^1-\int_0^1=-\left(\int_1^2+\int_0^1\right)=-\int_0^2$

←本冊 $p.330$ で紹介した公式 $\boldsymbol{V=2\pi\int_a^b xf(x)dx}$ を，$a=0$，$b=2$，$f(x)=2x-x^2$ として利用する。

**練習 ③200** $a$ を正の定数とする。曲線 $C_1$：$y=\log x$ と曲線 $C_2$：$y=ax^2$ が共有点 T で共通の接線 $\ell$ をもつとする。また，$C_1$ と $\ell$ と $x$ 軸によって囲まれる部分を $S_1$ とし，$C_2$ と $\ell$ と $x$ 軸によって囲まれる部分を $S_2$ とする。次のものを求めよ。
(1) $a$ の値，および直線 $\ell$ の方程式
(2) $S_1$ を $x$ 軸の周りに1回転させて得られる回転体の体積
(3) $S_2$ を $y$ 軸の周りに1回転させて得られる回転体の体積　〔類　電通大〕

(1) $y=\log x$ から　$y'=\dfrac{1}{x}$

$y=ax^2$ から　$y'=2ax$

共有点 T の $x$ 座標を $t$ $(t>0)$ とすると，点 T で共通の接線をもつための条件は

$$\log t=at^2 \;\cdots\cdots\; ①\quad かつ\quad \frac{1}{t}=2at \;\cdots\cdots\; ②$$

② から　$2at^2=1$　　このとき，① は　$\log t=\dfrac{1}{2}$

よって　$t=\sqrt{e}$　　ゆえに　$\boldsymbol{a}=\dfrac{1}{2t^2}=\boldsymbol{\dfrac{1}{2e}}$

HINT (2) 外側の図形の回転体から内側の図形の回転体を除く。
(3) $\ell$ は $C_2$ の外側(右側)にある。

←① は $y$ 座標が等しい条件，② は接線の傾きが一致する条件。

点Tの座標は $\left(\sqrt{e},\ \frac{1}{2}\right)$，点Tにおける接線の傾きは $\frac{1}{\sqrt{e}}$ であるから，**接線 $\ell$ の方程式は**

$$y-\frac{1}{2}=\frac{1}{\sqrt{e}}(x-\sqrt{e}) \quad \text{すなわち} \quad \boldsymbol{y=\frac{1}{\sqrt{e}}x-\frac{1}{2}}$$

(2) $\ell$ と $x$ 軸との交点の $x$ 座標は

$\frac{1}{\sqrt{e}}x-\frac{1}{2}=0$ から　　$x=\frac{\sqrt{e}}{2}$

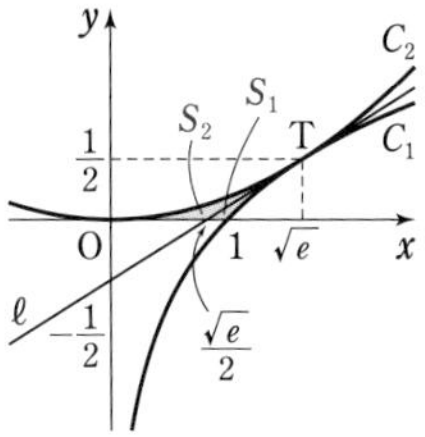

$\ell$ の $\frac{\sqrt{e}}{2}\leqq x\leqq\sqrt{e}$ の部分と $x$ 軸，直線 $x=\sqrt{e}$ で囲まれた図形を $x$ 軸の周りに1回転させてできる立体は，底面が半径 $\frac{1}{2}$ の円，高さが

←$C_1$ は上に凸であるから $\ell$ の下側にある。

$\sqrt{e}-\frac{\sqrt{e}}{2}=\frac{\sqrt{e}}{2}$ の直円錐であるから，求める体積 $V$ は

$$\begin{aligned}
V&=\frac{1}{3}\pi\left(\frac{1}{2}\right)^2\cdot\frac{\sqrt{e}}{2}-\pi\int_1^{\sqrt{e}}(\log x)^2dx\\
&=\frac{1}{24}\pi\sqrt{e}-\pi\left\{\left[x(\log x)^2\right]_1^{\sqrt{e}}-\int_1^{\sqrt{e}}x\cdot(2\log x)\cdot\frac{1}{x}dx\right\}\\
&=\frac{1}{24}\pi\sqrt{e}-\frac{1}{4}\pi\sqrt{e}+2\pi\Big[x\log x-x\Big]_1^{\sqrt{e}}\\
&=-\frac{5}{24}\pi\sqrt{e}+2\pi\left(-\frac{1}{2}\sqrt{e}+1\right)\\
&=\boldsymbol{\left(2-\frac{29}{24}\sqrt{e}\right)\pi}
\end{aligned}$$

←(第3項) $=2\pi\int_1^{\sqrt{e}}\log x\,dx$ $=2\pi\Big[x\log x-x\Big]_1^{\sqrt{e}}$

(3) $\ell: x=\sqrt{e}\left(y+\frac{1}{2}\right)$，$C_2: x=\sqrt{\frac{y}{a}}=\sqrt{2ey}$ であるから，求める体積 $V$ は

←$x$ について解く。

$$\begin{aligned}
V&=\pi\int_0^{\frac{1}{2}}\left\{\sqrt{e}\left(y+\frac{1}{2}\right)\right\}^2dy-\pi\int_0^{\frac{1}{2}}(\sqrt{2ey})^2dy\\
&=\pi e\int_0^{\frac{1}{2}}\left\{\left(y+\frac{1}{2}\right)^2-2y\right\}dy\\
&=\pi e\left[\frac{1}{3}\left(y+\frac{1}{2}\right)^3-y^2\right]_0^{\frac{1}{2}}\\
&=\pi e\left(\frac{1}{12}-\frac{1}{24}\right)=\boldsymbol{\frac{e}{24}\pi}
\end{aligned}$$

←$\pi e\int_0^{\frac{1}{2}}\left(y-\frac{1}{2}\right)^2dy$ として計算してもよい。

**練習 ②201** 曲線 $C$：$x=\cos t$，$y=2\sin^3 t$ $\left(0 \leqq t \leqq \frac{\pi}{2}\right)$ がある。
(1) 曲線 $C$ と $x$ 軸および $y$ 軸で囲まれる図形の面積を求めよ。
(2) (1)で考えた図形を $y$ 軸の周りに1回転させて得られる回転体の体積を求めよ。〔大阪工大〕

(1) $\dfrac{dx}{dt}=-\sin t$，$\dfrac{dy}{dt}=6\sin^2 t\cos t$

$y=0$ とすると　$\sin^3 t=0$

$0 \leqq t \leqq \dfrac{\pi}{2}$ であるから　$t=0$　　このとき　$x=1$

$x$，$y$ の増減は左下の表のようになり，曲線 $C$ の概形は右下の図のようになる。

| $t$ | $0$ | $\cdots$ | $\frac{\pi}{2}$ |
|---|---|---|---|
| $\frac{dx}{dt}$ | $0$ | $-$ | $-$ |
| $x$ | $1$ | ↘ | $0$ |
| $\frac{dy}{dt}$ | $0$ | $+$ | $0$ |
| $y$ | $0$ | ↗ | $2$ |

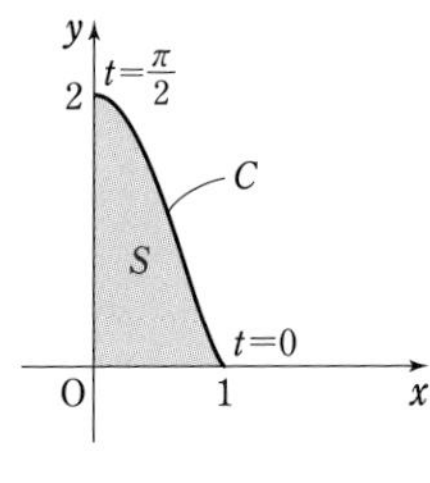


ゆえに，求める面積を $S$ とすると

$$S=\int_0^1 y\,dx=\int_{\frac{\pi}{2}}^0 2\sin^3 t(-\sin t)dt=\int_0^{\frac{\pi}{2}} 2\sin^4 t\,dt$$
$$=\int_0^{\frac{\pi}{2}} 2\left(\frac{1-\cos 2t}{2}\right)^2 dt=\int_0^{\frac{\pi}{2}}\left(\frac{1}{2}-\cos 2t+\frac{1}{2}\cos^2 2t\right)dt$$
$$=\int_0^{\frac{\pi}{2}}\left(\frac{1}{2}-\cos 2t+\frac{1}{2}\cdot\frac{1+\cos 4t}{2}\right)dt$$
$$=\int_0^{\frac{\pi}{2}}\left(\frac{3}{4}-\cos 2t+\frac{1}{4}\cos 4t\right)dt$$
$$=\left[\frac{3}{4}t-\frac{1}{2}\sin 2t+\frac{1}{16}\sin 4t\right]_0^{\frac{\pi}{2}}$$
$$=\boldsymbol{\frac{3}{8}\pi}$$

(2) 求める体積を $V$ とすると

$$V=\pi\int_0^2 x^2 dy=\pi\int_0^{\frac{\pi}{2}}\cos^2 t\cdot 6\sin^2 t\cos t\,dt$$
$$=6\pi\int_0^{\frac{\pi}{2}}(1-\sin^2 t)\cdot\sin^2 t\cos t\,dt$$
$$=6\pi\int_0^{\frac{\pi}{2}}(\sin^2 t-\sin^4 t)(\sin t)'dt$$
$$=6\pi\left[\frac{1}{3}\sin^3 t-\frac{1}{5}\sin^5 t\right]_0^{\frac{\pi}{2}}$$
$$=6\left(\frac{1}{3}-\frac{1}{5}\right)\pi=\boldsymbol{\frac{4}{5}\pi}$$

HINT (1) $S=\int_0^1 y\,dx$，(2) $V=\pi\int_0^2 x^2 dy$ を媒介変数 $t$ で表す。

←図は，面積が求められる程度の簡単なものでよい。極値や変曲点は必要ない。

←$dx=-\sin t\,dt$
増減表から

| $x$ | $0 \longrightarrow 1$ |
|---|---|
| $t$ | $\frac{\pi}{2} \longrightarrow 0$ |

参考　$I_n=\int_0^{\frac{\pi}{2}}\sin^n x\,dx$ とすると，$I_n=\dfrac{n-1}{n}I_{n-2}$ (本冊 $p.266$ 参照)から

$I_4=\dfrac{3}{4}I_2=\dfrac{3}{4}\cdot\dfrac{1}{2}I_0$
$=\dfrac{3}{4}\cdot\dfrac{1}{2}\cdot\dfrac{\pi}{2}=\dfrac{3}{16}\pi$

よって　$S=2I_4=\boldsymbol{\frac{3}{8}\pi}$

←$dy=6\sin^2 t\cos t\,dt$
増減表から

| $y$ | $0 \longrightarrow 2$ |
|---|---|
| $t$ | $0 \longrightarrow \frac{\pi}{2}$ |

**練習** ④**202** 次の図形を直線 $y=x$ の周りに1回転させてできる回転体の体積 $V$ を求めよ。
(1) 放物線 $y=x^2$ と直線 $y=x$ で囲まれた図形 〔類 名古屋市大〕
(2) 曲線 $y=\sin x$ $(0\leqq x\leqq\pi)$ と2直線 $y=x$, $x+y=\pi$ で囲まれた図形

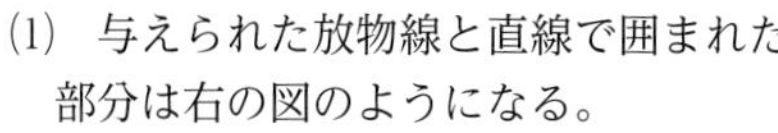

(1) 与えられた放物線と直線で囲まれた部分は右の図のようになる。
放物線上の点 $\mathrm{P}(x,\ x^2)$ $(0\leqq x\leqq 1)$ から直線 $y=x$ に垂線PQを引き，$\mathrm{PQ}=h$，$\mathrm{OQ}=t$ $(0\leqq t\leqq\sqrt{2})$ とする。このとき

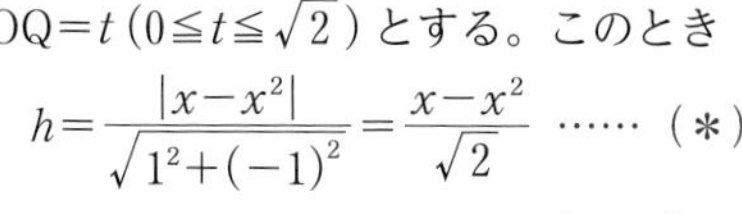

$$h=\frac{|x-x^2|}{\sqrt{1^2+(-1)^2}}=\frac{x-x^2}{\sqrt{2}}\quad\cdots\cdots\ (*)$$

$$t=\sqrt{2}\,x-h=\sqrt{2}\,x-\frac{x-x^2}{\sqrt{2}}=\frac{x^2+x}{\sqrt{2}}$$

ゆえに $\qquad dt=\dfrac{2x+1}{\sqrt{2}}dx$

$t$ と $x$ の対応は表のようになるから

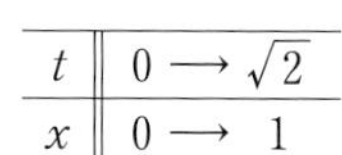
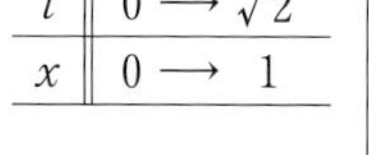
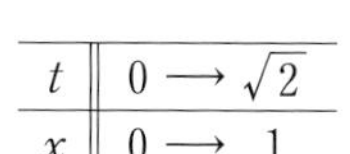

| $t$ | $0\longrightarrow\sqrt{2}$ |
|---|---|
| $x$ | $0\longrightarrow 1$ |

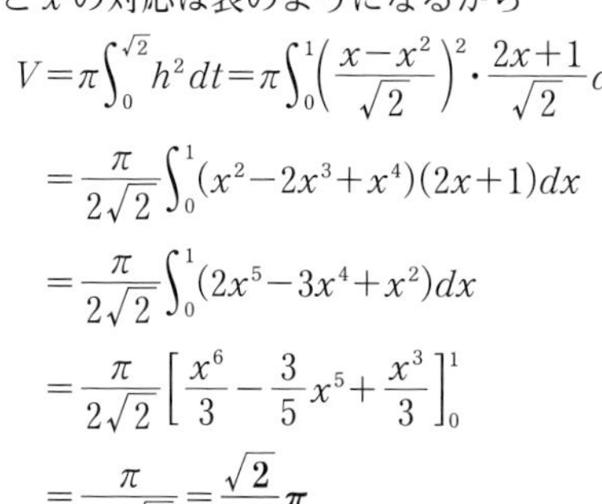

$$V=\pi\int_0^{\sqrt{2}}h^2\,dt=\pi\int_0^1\left(\frac{x-x^2}{\sqrt{2}}\right)^2\cdot\frac{2x+1}{\sqrt{2}}dx$$

$$=\frac{\pi}{2\sqrt{2}}\int_0^1(x^2-2x^3+x^4)(2x+1)dx$$

$$=\frac{\pi}{2\sqrt{2}}\int_0^1(2x^5-3x^4+x^2)dx$$

$$=\frac{\pi}{2\sqrt{2}}\left[\frac{x^6}{3}-\frac{3}{5}x^5+\frac{x^3}{3}\right]_0^1$$

$$=\frac{\pi}{30\sqrt{2}}=\boldsymbol{\frac{\sqrt{2}}{60}\pi}$$

(*) 点 $(x_0,\ y_0)$ から直線 $ax+by+c=0$ に引いた垂線の長さは
$$\frac{|ax_0+by_0+c|}{\sqrt{a^2+b^2}}$$
$0\leqq x\leqq 1$ のとき
$x-x^2=x(1-x)\geqq 0$

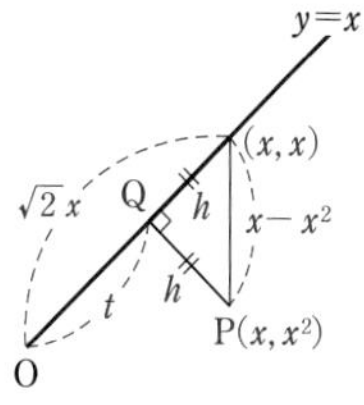


←$\dfrac{\pi}{2\sqrt{2}}\left(\dfrac{1}{3}-\dfrac{3}{5}+\dfrac{1}{3}\right)$

(2) 曲線 $y=\sin x$ $(0\leqq x\leqq\pi)$ 上の点 $\mathrm{P}(x,\ \sin x)$ から直線 $y=x$ に垂線PQを引き，$\mathrm{OQ}=X$ $\left(0\leqq X\leqq\dfrac{\pi}{\sqrt{2}}\right)$，$\mathrm{PQ}=Y$ とする。

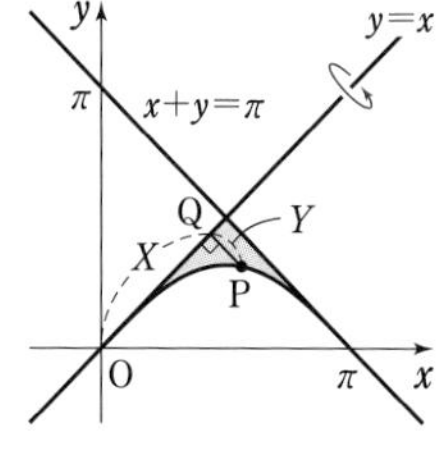


このとき，右下の図から

$$X=\frac{x}{\sqrt{2}}+\frac{\sin x}{\sqrt{2}}=\frac{x+\sin x}{\sqrt{2}}$$

また，$\mathrm{P}(x,\ \sin x)$ と直線 $x-y=0$ の距離は $Y$ であるから

$$Y=\frac{|x-\sin x|}{\sqrt{2}}$$

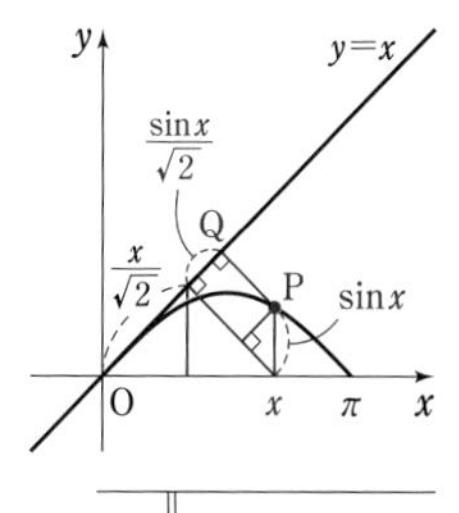


求める体積 $V$ は $\qquad V=\pi\displaystyle\int_0^{\frac{\pi}{\sqrt{2}}}Y^2\,dX$

$$dX=\frac{1}{\sqrt{2}}(1+\cos x)dx$$

$X$ と $x$ の対応は右のようになる。

| $X$ | $0\longrightarrow\dfrac{\pi}{\sqrt{2}}$ |
|---|---|
| $x$ | $0\longrightarrow\pi$ |

←$y=\sin x$ から
$y'=\cos x$
$x=0$ のとき $y'=1$
$x=\pi$ のとき $y'=-1$
よって，曲線 $y=\sin x$ は点 $(0,\ 0)$ で直線 $y=x$ に，点 $(\pi,\ 0)$ で直線 $x+y=\pi$ に接する。

←点と直線の距離の公式。

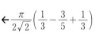

よって

$$V=\pi\int_0^\pi \frac{(\sin x-x)^2}{2}\cdot\frac{1}{\sqrt{2}}(1+\cos x)dx$$

$$=\frac{\pi}{2\sqrt{2}}\int_0^\pi(\sin^2 x-2x\sin x+x^2)(1+\cos x)dx$$

$$=\frac{\pi}{2\sqrt{2}}\int_0^\pi(\sin^2 x-2x\sin x+x^2+\sin^2 x\cos x-2x\sin x\cos x+x^2\cos x)dx \quad \cdots\cdots ①$$

ここで

$$\int_0^\pi \sin^2 x\,dx=\frac{1}{2}\int_0^\pi(1-\cos 2x)dx=\frac{1}{2}\left[x-\frac{1}{2}\sin 2x\right]_0^\pi=\frac{\pi}{2},$$

$$\int_0^\pi 2x\sin x\,dx=\left[-2x\cos x\right]_0^\pi+\int_0^\pi 2\cos x\,dx=2\pi+2\left[\sin x\right]_0^\pi=2\pi,$$

$$\int_0^\pi x^2\,dx=\left[\frac{x^3}{3}\right]_0^\pi=\frac{\pi^3}{3},$$

$$\int_0^\pi \sin^2 x\cos x\,dx=\int_0^\pi \sin^2 x(\sin x)'dx=\left[\frac{1}{3}\sin^3 x\right]_0^\pi=0,$$

$$\int_0^\pi 2x\sin x\cos x\,dx=\int_0^\pi x\sin 2x\,dx=\int_0^\pi x\left(-\frac{1}{2}\cos 2x\right)'dx$$

$$=\left[-\frac{1}{2}x\cos 2x\right]_0^\pi+\frac{1}{2}\int_0^\pi\cos 2x\,dx$$

$$=-\frac{\pi}{2}+\frac{1}{4}\left[\sin 2x\right]_0^\pi=-\frac{\pi}{2},$$

$$\int_0^\pi x^2\cos x\,dx=\left[x^2\sin x\right]_0^\pi-\int_0^\pi 2x\sin x\,dx=-\int_0^\pi 2x\sin x\,dx=-2\pi$$ ←上で計算済み。

これらを ① に代入して

$$V=\frac{\pi}{2\sqrt{2}}\left\{\frac{\pi}{2}-2\pi+\frac{\pi^3}{3}+0-\left(-\frac{\pi}{2}\right)+(-2\pi)\right\}=\frac{(\pi^2-9)\pi^2}{6\sqrt{2}}=\boldsymbol{\frac{\sqrt{2}(\pi^2-9)\pi^2}{12}}$$

**検討** $a\leqq x\leqq b$ のとき，$f(x)\geqq mx+n$，$\tan\theta=m$ $\left(0<\theta<\frac{\pi}{2}\right)$ とする。

曲線 $y=f(x)$ と直線 $y=mx+n$，$x=a$，$x=b$ で囲まれた部分を直線 $y=mx+n$ の周りに1回転させてできる立体の体積は

$$\boldsymbol{V=\pi\cos\theta\int_a^b\{f(x)-(mx+n)\}^2dx} \quad \cdots\cdots (*)$$

（つまり，曲線 $y=f(x)-(mx+n)$ と $x$ 軸，直線 $x=a$，$x=b$ で囲まれた部分を $x$ 軸の周りに1回転させてできる立体の体積の $\cos\theta$ 倍）

**（証明）** $a\leqq t\leqq b$ とする。曲線 $y=f(x)$ と直線 $y=mx+n$，$x=a$，$x=t$ で囲まれた部分を，直線 $y=mx+n$ の周りに1回転させてできる回転体の体積を $V(t)$ とし，$\Delta V=V(t+\Delta t)-V(t)$ とする。

右の図のように点 P，Q，H をとると

$\mathrm{PQ}=f(t)-(mt+n)$,

$\mathrm{PH}=\mathrm{PQ}\cos\theta=\{f(t)-(mt+n)\}\cos\theta$

$\Delta t>0$ のとき，$\Delta t$ が十分小さいとすると

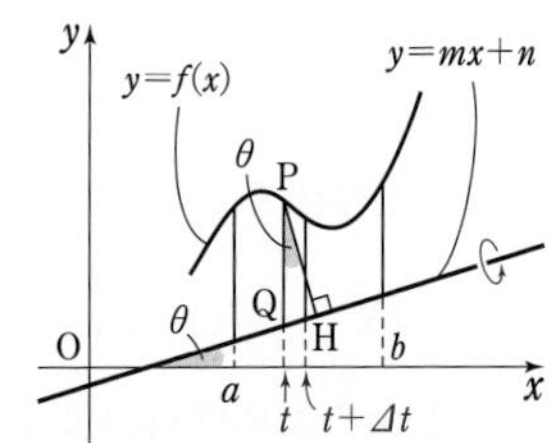

$$\varDelta V \fallingdotseq \frac{1}{2}\cdot \mathrm{PQ}\cdot 2\pi\mathrm{PH}\cdot \varDelta t$$ ←(扇形の面積)×$\varDelta t$

$$=\pi\cos\theta\{f(t)-(mt+n)\}^2\varDelta t$$

ゆえに　$\dfrac{\varDelta V}{\varDelta t}\fallingdotseq\pi\cos\theta\{f(t)-(mt+n)\}^2$ …… ①

① は $\varDelta t<0$ のときも成り立つ。

$\varDelta t\longrightarrow 0$ のとき，① の両辺の差は 0 に近づくから

$$V'(t)=\lim_{\varDelta t\to 0}\frac{\varDelta V}{\varDelta t}=\pi\cos\theta\{f(t)-(mt+n)\}^2$$

よって　$V=V(b)-0=V(b)-V(a)$

$$=\int_a^b \pi\cos\theta\{f(t)-(mt+n)\}^2 dt$$

ゆえに，(＊)が成り立つ。

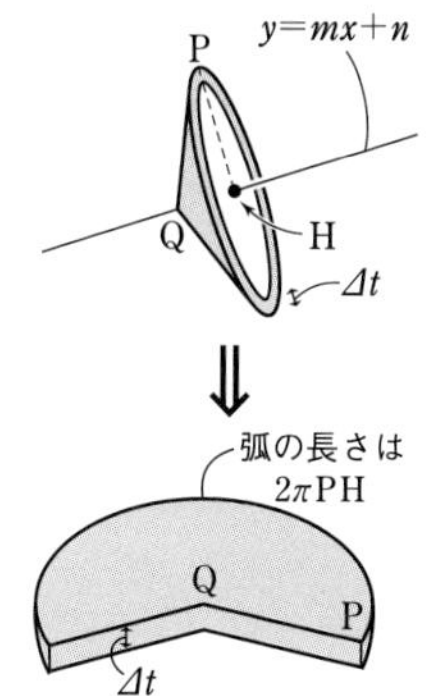


**練習 ④203**　$r$ を正の実数とする。$xyz$ 空間において，連立不等式

$$x^2+y^2\leqq r^2,\ y^2+z^2\geqq r^2,\ z^2+x^2\leqq r^2$$

を満たす点全体からなる立体の体積を，平面 $x=t$ $(0\leqq t\leqq r)$ による切り口を考えることにより求めよ。　〔類 東京大〕



HINT　立体の体積　断面積をつかむ

$x\geqq 0$，$y\geqq 0$，$z\geqq 0$ において考える。

平面 $x=t$ $(0\leqq t\leqq r)$ による切り口は $\begin{cases} y^2\leqq r^2-t^2 & \cdots\cdots ① \\ z^2\leqq r^2-t^2 & \cdots\cdots ② \\ y^2+z^2\geqq r^2 & \cdots\cdots ③ \end{cases}$

←平面 $x=t$ は $x$ 軸に垂直。

で表される。①+② と ③ から

←$r^2\leqq y^2+z^2\leqq 2r^2-2t^2$

$$2r^2-2t^2\geqq r^2 \quad すなわち \quad t^2\leqq\frac{r^2}{2}$$

よって，切り口が存在するのは，

$0\leqq t\leqq\dfrac{r}{\sqrt{2}}$ のときである。

←① と ② で正方形の周とその内部。③ は円弧の外側と考える。

そのとき，切り口は右図の赤く塗った部分になる。この面積を $S(t)$ とする。

図のように $\theta$ をとると

$$S(t)=(\sqrt{r^2-t^2})^2-2\cdot\frac{1}{2}\sqrt{r^2-t^2}\cdot t-\frac{1}{2}r^2\left(\frac{\pi}{2}-2\theta\right)$$

$$=r^2-t^2-t\sqrt{r^2-t^2}+r^2\left(\theta-\frac{\pi}{4}\right)$$

←半径 $r$，中心角 $\theta$ の扇形の面積は　$\dfrac{1}{2}r^2\theta$

また，$t=r\sin\theta$ であるから

$$dt=r\cos\theta d\theta$$

$t$ と $\theta$ の対応は右のようになる。

| $t$ | $0\longrightarrow\dfrac{r}{\sqrt{2}}$ |
|---|---|
| $\theta$ | $0\longrightarrow\dfrac{\pi}{4}$ |

よって，求める体積を $V$ とすると

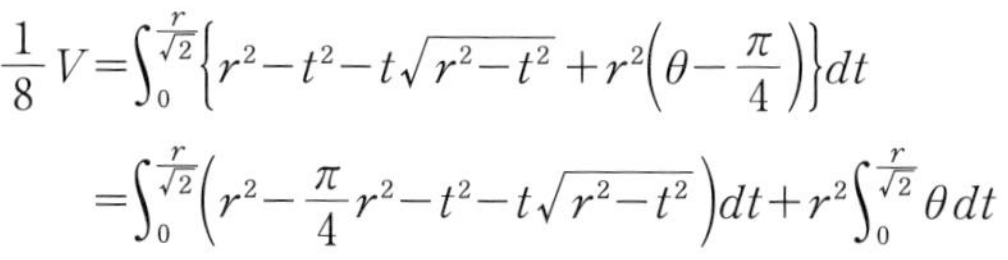

$$\frac{1}{8}V=\int_0^{\frac{r}{\sqrt{2}}}\left\{r^2-t^2-t\sqrt{r^2-t^2}+r^2\left(\theta-\frac{\pi}{4}\right)\right\}dt$$

$$=\int_0^{\frac{r}{\sqrt{2}}}\left(r^2-\frac{\pi}{4}r^2-t^2-t\sqrt{r^2-t^2}\right)dt+r^2\int_0^{\frac{r}{\sqrt{2}}}\theta dt$$

←$x\geqq 0$，$y\geqq 0$，$z\geqq 0$ の部分を考えて，最後に 8 倍する。

$$=\left[r^2\left(1-\frac{\pi}{4}\right)t-\frac{t^3}{3}+\frac{1}{3}(r^2-t^2)^{\frac{3}{2}}\right]_0^{\frac{r}{\sqrt{2}}}+r^2\int_0^{\frac{\pi}{4}}\theta r\cos\theta\, d\theta$$ ←後半は置換積分法。

$$=\frac{1}{\sqrt{2}}\left(1-\frac{\pi}{4}\right)r^3-\frac{r^3}{6\sqrt{2}}+\frac{r^3}{6\sqrt{2}}-\frac{r^3}{3}+r^3\left(\left[\theta\sin\theta\right]_0^{\frac{\pi}{4}}-\int_0^{\frac{\pi}{4}}\sin\theta\, d\theta\right)$$

$$=\frac{1}{\sqrt{2}}\left(1-\frac{\pi}{4}\right)r^3-\frac{r^3}{3}+r^3\left(\frac{\pi}{4}\cdot\frac{1}{\sqrt{2}}+\left[\cos\theta\right]_0^{\frac{\pi}{4}}\right)=r^3\left(\sqrt{2}-\frac{4}{3}\right)$$

したがって　　$V=8\cdot\frac{1}{8}V=$ $\boldsymbol{\left(8\sqrt{2}-\frac{32}{3}\right)r^3}$

**練習** ④**204**

4 点 (0, 0, 0), (1, 0, 0), (0, 1, 0), (0, 0, 1) を頂点とする三角錐を $C$, 4 点 (0, 0, 0), (−1, 0, 0), (0, 1, 0), (0, 0, 1) を頂点とする三角錐を $x$ 軸の正の方向に $a$ $(0<a<1)$ だけ平行移動したものを $D$ とする。
このとき，$C$ と $D$ の共通部分の体積 $V(a)$ を求めよ。また，$V(a)$ が最大になるときの $a$ の値を求めよ。　〔類　千葉大〕

HINT　$C$ と $D$ の共通部分は，平面 $x=\frac{a}{2}$ に関して対称であるから，平面 $x=t$ $\left(\frac{a}{2}\leqq t\leqq a\right)$ で切ったときの断面積を考える。

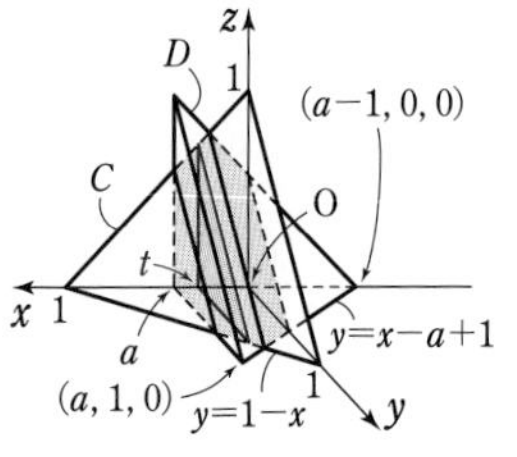


三角錐 $C$, $D$ について，$xy$ 平面上にある辺で座標軸に平行でないものは，それぞれ次の式で表される。

$C$ の辺：$y=1-x$　　$(0\leqq x\leqq 1)$
$D$ の辺：$y=x-a+1$　$(a-1\leqq x\leqq a)$

$1-x=x-a+1$ とすると　　$x=\frac{a}{2}$

$C$ と $D$ の共通部分は平面 $x=\frac{a}{2}$ に関して対称である。

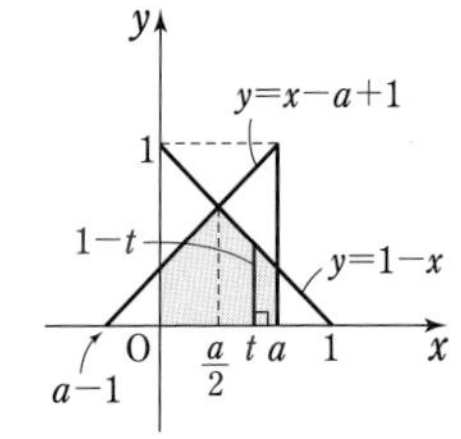


平面 $x=t$ $\left(\frac{a}{2}\leqq t\leqq a\right)$ による切り口は，直角を挟む 2 辺の長さがともに $1-t$ の直角二等辺三角形であり，その面積は　　$\frac{1}{2}(1-t)^2$

よって　　$\boldsymbol{V(a)}=2\int_{\frac{a}{2}}^{a}\frac{1}{2}(1-t)^2dt=\int_{\frac{a}{2}}^{a}(t-1)^2dt$

$$=\left[\frac{1}{3}(t-1)^3\right]_{\frac{a}{2}}^{a}=\frac{1}{3}\left\{(a-1)^3-\left(\frac{a}{2}-1\right)^3\right\}$$

$$=\boldsymbol{\frac{1}{24}(7a^3-18a^2+12a)}$$

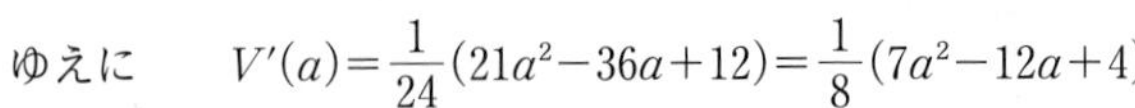

ゆえに　　$V'(a)=\frac{1}{24}(21a^2-36a+12)=\frac{1}{8}(7a^2-12a+4)$

$V'(a)=0$ とすると，$0<a<1$ から　　$a=\frac{6-2\sqrt{2}}{7}$　　←$0<\frac{\sqrt{36}-\sqrt{8}}{7}<\frac{\sqrt{36}}{7}<1$

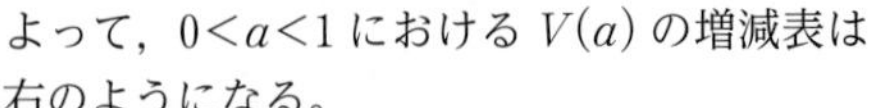

よって，$0<a<1$ における $V(a)$ の増減表は右のようになる。

| $a$ | 0 | … | $\frac{6-2\sqrt{2}}{7}$ | … | 1 |
|---|---|---|---|---|---|
| $V'(a)$ | | + | 0 | − | |
| $V(a)$ | | ↗ | 極大 | ↘ | |

したがって，$V(a)$ は $\boldsymbol{a=\frac{6-2\sqrt{2}}{7}}$ で最大となる。

**練習 ④205** $xyz$ 空間において，2点 P(1, 0, 1)，Q(−1, 1, 0) を考える。線分 PQ を $x$ 軸の周りに1回転して得られる立体を $S$ とする。立体 $S$ と，2つの平面 $x=1$ および $x=-1$ で囲まれる立体の体積を求めよ。〔類 早稲田大〕

線分 PQ 上の点 A は，O を原点，$s$ を実数として
$\overrightarrow{OA}=\overrightarrow{OP}+s\overrightarrow{PQ}$ $(0\leqq s\leqq 1)$ と表され
$\overrightarrow{OA}=(1,\ 0,\ 1)+s(-2,\ 1,\ -1)=(1-2s,\ s,\ 1-s)$

←線分 PQ 上の点であるから $0\leqq s\leqq 1$
$\overrightarrow{PQ}=(-1-1,\ 1-0,\ 0-1)$
$=(-2,\ 1,\ -1)$

$1-2s=t$ とすると $s=\dfrac{1-t}{2}$

よって，線分 PQ 上の点で $x$ 座標が $t$ $(-1\leqq t\leqq 1)$ である点 R の座標は

$$\mathrm{R}\left(t,\ \frac{1-t}{2},\ \frac{1+t}{2}\right)$$

←$1-s=\dfrac{1+t}{2}$

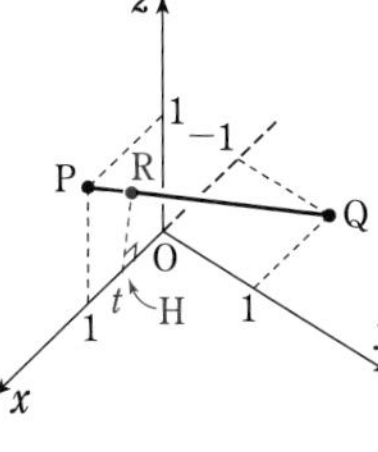

H$(t,\ 0,\ 0)$ とすると，立体 $S$ を平面 $x=t$ $(-1\leqq t\leqq 1)$ で切ったときの断面は，中心が H，半径が RH の円である。

←立体 $S$ を平面 $x=t$ で切ったときの断面

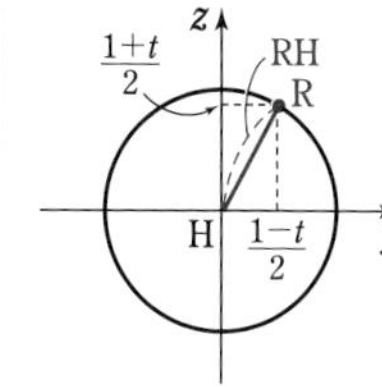

その断面積は

$$\pi\mathrm{RH}^2=\pi\left\{\left(\frac{1-t}{2}\right)^2+\left(\frac{1+t}{2}\right)^2\right\}=\frac{\pi}{2}(t^2+1)$$

よって，求める体積は

$$\int_{-1}^{1}\frac{\pi}{2}(t^2+1)dt=\pi\int_0^1(t^2+1)dt=\pi\left[\frac{t^3}{3}+t\right]_0^1=\boldsymbol{\frac{4}{3}\pi}$$

**練習 ⑤206** $xyz$ 空間において，平面 $y=z$ の中で $|x|\leqq\dfrac{e^y+e^{-y}}{2}-1$，$0\leqq y\leqq\log a$ で与えられる図形 $D$ を考える。ただし，$a$ は1より大きい定数とする。
この図形 $D$ を $y$ 軸の周りに1回転させてできる立体の体積を求めよ。〔京都大〕

HINT 図形 $D$ の $y$ 軸に垂直な平面 $y=t$ による切り口は，平面 $y=z$ 上の線分であり，この線分を $y$ 軸の周りに1回転した図形が題意の立体の断面である。

図形 $D$ の $y$ 軸に垂直な平面 $y=t$ $(0\leqq t\leqq\log a)$ による切り口を考える。
また，A$(0,\ t,\ 0)$ とする。このとき，$z=t$，
$|x|\leqq\dfrac{e^t+e^{-t}}{2}-1$ であるから，切り口は2点

$$\mathrm{P}\left(\frac{e^t+e^{-t}}{2}-1,\ t,\ t\right),\ \mathrm{Q}\left(-\left(\frac{e^t+e^{-t}}{2}-1\right),\ t,\ t\right)$$

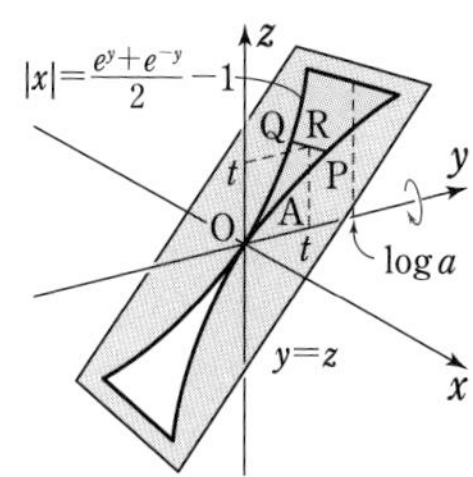

を結んだ線分 PQ になる（ただし，$t=0$ のときは点 O）。
R$(0,\ t,\ t)$ とする。 ←R は線分 PQ の中点。
この線分 PQ を $y$ 軸の周りに1回転させてできる図形は右の図のようになり，赤い部分の面積を $S(t)$ とすると

$$S(t)=\pi(\mathrm{AP}^2-\mathrm{AR}^2)=\pi\mathrm{PR}^2=\pi\left(\frac{e^t+e^{-t}}{2}-1\right)^2$$

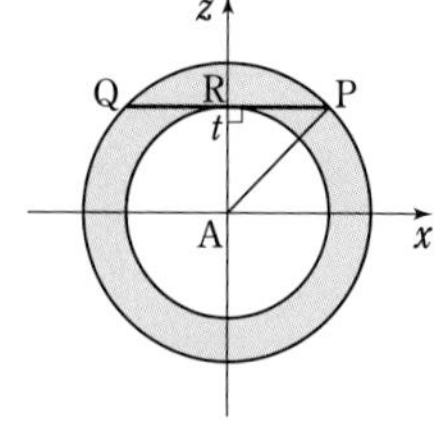

よって，求める体積を $V(a)$ とすると

$$V(a)=\int_0^{\log a}S(t)dt=\pi\int_0^{\log a}\left(\frac{e^t+e^{-t}}{2}-1\right)^2dt$$

$$=\pi\int_0^{\log a}\left\{\frac{1}{4}(e^{2t}+e^{-2t})-(e^t+e^{-t})+\frac{3}{2}\right\}dt$$

$$=\pi\left[\frac{1}{8}(e^{2t}-e^{-2t})-(e^t-e^{-t})+\frac{3}{2}t\right]_0^{\log a}$$

$$=\boldsymbol{\pi\left\{\frac{1}{8}\left(a^2-\frac{1}{a^2}\right)-\left(a-\frac{1}{a}\right)+\frac{3}{2}\log a\right\}}$$

←$e^{\log a}=a$, $e^{2\log a}=e^{\log a^2}=a^2$

**練習 ④207** $xy$ 平面上の原点を中心とする単位円を底面とし，点 $\mathrm{P}(t,\ 0,\ 1)$ を頂点とする円錐を $K$ とする。$t$ が $-1\leqq t\leqq 1$ の範囲を動くとき，円錐 $K$ の表面および内部が通過する部分の体積を求めよ。

〔早稲田大〕

HINT まず，$t$ を固定して，円錐 $K$ の平面 $z=k$ $(0\leqq k<1)$ による切り口の図形の方程式を求める。このとき，ベクトルを利用するとよい。

円錐 $K$ の底面の円周上の点を $\mathrm{Q}(x_0,\ y_0,\ 0)$ とし，$K$ の平面 $z=k$ $(0\leqq k<1)$ による切り口と線分 PQ との交点を $\mathrm{R}(x,\ y,\ k)$ とする。このとき，実数 $l$ を用いて $\overrightarrow{\mathrm{PR}}=l\overrightarrow{\mathrm{PQ}}$ が成り立つ。よって，O を原点とすると

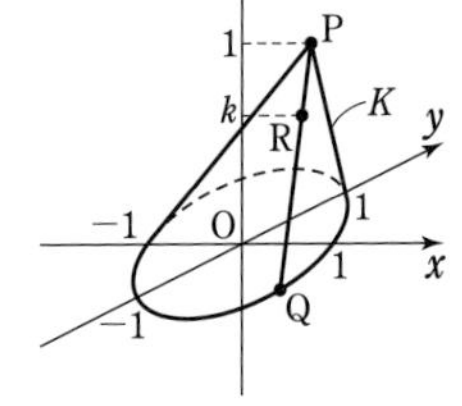


←$\mathrm{Q}(\cos\theta,\ \sin\theta,\ 0)$ として進めてもよい。

←点 P，Q，R は一直線上にある。

$$\overrightarrow{\mathrm{OR}}=\overrightarrow{\mathrm{OP}}+\overrightarrow{\mathrm{PR}}=\overrightarrow{\mathrm{OP}}+l\overrightarrow{\mathrm{PQ}}$$
$$=(t,\ 0,\ 1)+l(x_0-t,\ y_0,\ -1)$$
$$=(t+l(x_0-t),\ ly_0,\ 1-l)$$

すなわち　$x=t+l(x_0-t)$，$y=ly_0$，$k=1-l$

←$\overrightarrow{\mathrm{OR}}=(x,\ y,\ k)$

ここで，$k=1-l$ より $l=1-k$ であるから

$$x=t+(1-k)(x_0-t),\quad y=(1-k)y_0$$

ゆえに　$x_0=\dfrac{x-t}{1-k}+t$，$y_0=\dfrac{y}{1-k}$ ⋯ ①　また　${x_0}^2+{y_0}^2=1$

←Q は $xy$ 平面上で原点中心の単位円上の点。

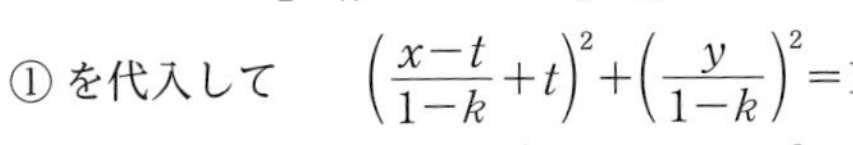

① を代入して　$\left(\dfrac{x-t}{1-k}+t\right)^2+\left(\dfrac{y}{1-k}\right)^2=1$

整理すると　$(x-kt)^2+y^2=(1-k)^2$

←両辺に $(1-k)^2$ を掛ける。

よって，円錐 $K$ の平面 $z=k$ による切り口は，中心 $(kt,\ 0,\ k)$，半径 $1-k$ の円である。

$t$ が $-1\leqq t\leqq 1$ の範囲を動くとき，円錐 $K$ の表面および内部が通過する部分を平面 $z=k$ で切った断面は，右の図のようになる。赤い部分の面積を $S(k)$ とすると

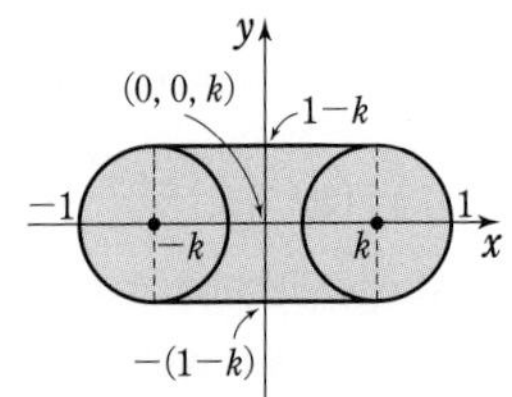


←半径 $1-k$ の円が，中心の $x$ 座標が $-k$ から $k$ まで動くときに通過する部分。

$$S(k)=\pi(1-k)^2+2(1-k)\cdot 2k$$
$$=\pi(k-1)^2+4k-4k^2$$

←(2つの半円を合わせた1つの円)+(中央の長方形)

したがって，求める体積 $V$ は

$$V=\int_0^1 S(k)dk=\int_0^1\{\pi(k-1)^2+4k-4k^2\}dk$$
$$=\left[\frac{\pi}{3}(k-1)^3+2k^2-\frac{4}{3}k^3\right]_0^1=\boldsymbol{\frac{\pi+2}{3}}$$

**練習 ②208** 次の曲線の長さを求めよ。

(1) $x=2t-1,\ y=e^t+e^{-t}\ (0\leqq t\leqq 1)$　　(2) $x=t-\sin t,\ y=1-\cos t\ (0\leqq t\leqq \pi)$

(3) $y=\dfrac{x^3}{3}+\dfrac{1}{4x}\ (1\leqq x\leqq 2)$　　(4) $y=\log(\sin x)\ \left(\dfrac{\pi}{3}\leqq x\leqq \dfrac{\pi}{2}\right)$　［(4) 類 信州大］

求める曲線の長さを $L$ とする。

(1) $\dfrac{dx}{dt}=2,\ \dfrac{dy}{dt}=e^t-e^{-t}$

よって　$L=\displaystyle\int_0^1\sqrt{2^2+(e^t-e^{-t})^2}\,dt=\int_0^1(e^t+e^{-t})dt$

$=\Big[e^t-e^{-t}\Big]_0^1=\boldsymbol{e-\dfrac{1}{e}}$

←$\sqrt{\left(\dfrac{dx}{dt}\right)^2+\left(\dfrac{dy}{dt}\right)^2}=\sqrt{(e^t+e^{-t})^2}=e^t+e^{-t}$

(2) $\dfrac{dx}{dt}=1-\cos t,\ \dfrac{dy}{dt}=\sin t$

$(1-\cos t)^2+\sin^2 t=2(1-\cos t)=4\sin^2\dfrac{t}{2}$

←$\cos t=\cos 2\cdot\dfrac{t}{2}=1-2\sin^2\dfrac{t}{2}$

また，$0\leqq t\leqq\pi$ から　$\sin\dfrac{t}{2}\geqq 0$

よって　$L=\displaystyle\int_0^\pi\sqrt{4\sin^2\frac{t}{2}}\,dt=\int_0^\pi 2\sin\frac{t}{2}\,dt$

$=4\left[-\cos\dfrac{t}{2}\right]_0^\pi=\boldsymbol{4}$

(3) $\dfrac{dy}{dx}=x^2-\dfrac{1}{4x^2}$

よって　$L=\displaystyle\int_1^2\sqrt{1+\left(x^2-\frac{1}{4x^2}\right)^2}\,dx=\int_1^2\left(x^2+\frac{1}{4x^2}\right)dx$

$=\left[\dfrac{x^3}{3}-\dfrac{1}{4x}\right]_1^2=\dfrac{7}{3}+\dfrac{1}{8}=\boldsymbol{\dfrac{59}{24}}$

←$1+\left(x^2-\dfrac{1}{4x^2}\right)^2=1+x^4-\dfrac{1}{2}+\dfrac{1}{16x^4}=\left(x^2+\dfrac{1}{4x^2}\right)^2$

(4) $\dfrac{dy}{dx}=\dfrac{\cos x}{\sin x}$

よって　$L=\displaystyle\int_{\frac{\pi}{3}}^{\frac{\pi}{2}}\sqrt{1+\left(\frac{\cos x}{\sin x}\right)^2}\,dx=\int_{\frac{\pi}{3}}^{\frac{\pi}{2}}\sqrt{\frac{1}{\sin^2 x}}\,dx$

←$\sin^2 x+\cos^2 x=1$

$=\displaystyle\int_{\frac{\pi}{3}}^{\frac{\pi}{2}}\frac{1}{\sin x}dx=\int_{\frac{\pi}{3}}^{\frac{\pi}{2}}\frac{\sin x}{\sin^2 x}dx=\int_{\frac{\pi}{3}}^{\frac{\pi}{2}}\frac{\sin x}{1-\cos^2 x}dx$

$=\dfrac{1}{2}\displaystyle\int_{\frac{\pi}{3}}^{\frac{\pi}{2}}\left(\frac{\sin x}{1-\cos x}+\frac{\sin x}{1+\cos x}\right)dx$

$=\dfrac{1}{2}\displaystyle\int_{\frac{\pi}{3}}^{\frac{\pi}{2}}\left\{\frac{(1-\cos x)'}{1-\cos x}-\frac{(1+\cos x)'}{1+\cos x}\right\}dx$

$=\dfrac{1}{2}\left[\log\dfrac{1-\cos x}{1+\cos x}\right]_{\frac{\pi}{3}}^{\frac{\pi}{2}}=\dfrac{1}{2}\left(0-\log\dfrac{1}{3}\right)=\boldsymbol{\dfrac{1}{2}\log 3}$

←$\cos x=t$ とおくと $-\sin x\,dx=dt$

| $x$ | $\dfrac{\pi}{3}\longrightarrow\dfrac{\pi}{2}$ |
|---|---|
| $t$ | $\dfrac{1}{2}\longrightarrow 0$ |

よって $L=\displaystyle\int_{\frac{1}{2}}^{0}\frac{-1}{1-t^2}dt$ として求めてもよい。



**練習 ④209** $a>0$ とする。長さ $2\pi a$ のひもが一方の端を半径 $a$ の円周上の点Aに固定して，その円に巻きつけてある。このひもを引っ張りながら円からはずしていくとき，ひもの他方の端Pが描く曲線の長さを求めよ。

円の方程式を $x^2+y^2=a^2$, A$(a,\ 0)$, P$(x,\ y)$ とし，図のように Q をとる。

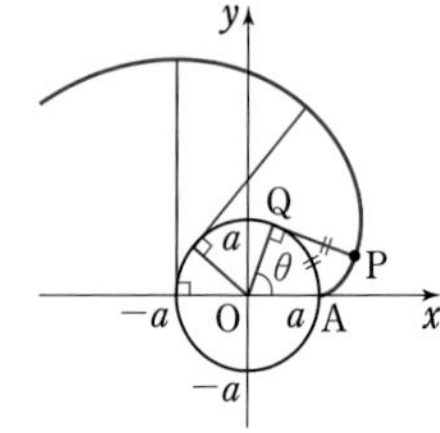


O を原点とし，$\angle$QOA$=\theta$ $(0\leqq\theta\leqq2\pi)$ とすると

$$\mathrm{Q}(a\cos\theta,\ a\sin\theta),\ \mathrm{PQ}=\overset{\frown}{\mathrm{AQ}}=a\theta,$$

$$\overrightarrow{\mathrm{QP}}=\left(a\theta\cos\left(\theta-\frac{\pi}{2}\right),\ a\theta\sin\left(\theta-\frac{\pi}{2}\right)\right)$$

$$=(a\theta\sin\theta,\ -a\theta\cos\theta)$$

よって，$\overrightarrow{\mathrm{OP}}=\overrightarrow{\mathrm{OQ}}+\overrightarrow{\mathrm{QP}}$ から

$$x=a\cos\theta+a\theta\sin\theta,\ y=a\sin\theta-a\theta\cos\theta$$

ゆえに　$\dfrac{dx}{d\theta}=a(-\sin\theta)+a\sin\theta+a\theta\cos\theta=a\theta\cos\theta,$

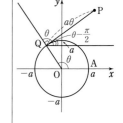

$$\frac{dy}{d\theta}=a\cos\theta-a\cos\theta+a\theta\sin\theta=a\theta\sin\theta$$

したがって，曲線の長さは

$$\int_0^{2\pi}\sqrt{(a\theta\cos\theta)^2+(a\theta\sin\theta)^2}\,d\theta=a\int_0^{2\pi}\theta\,d\theta=a\left[\frac{\theta^2}{2}\right]_0^{2\pi}$$

$$=\boldsymbol{2\pi^2a}$$

検討　この曲線を **円の伸開線(インボリュート)** という。

**練習 ②210**

(1) $x$ 軸上を動く 2 点 P，Q が同時に原点を出発して，$t$ 秒後の速度はそれぞれ $\sin\pi t$, $2\sin\pi t$ (/s) である。

(ア) $t=3$ における P の座標を求めよ。

(イ) $t=0$ から $t=3$ までに P が動いた道のりを求めよ。

(ウ) 出発後初めて 2 点 P，Q が重なるのは何秒後か。また，このときまでの Q の道のりを求めよ。

(2) $x$ 軸上を動く点の加速度が時刻 $t$ の関数 $6(2t^2-2t+1)$ であり，$t=0$ のとき点 1，速度 $-1$ である。$t=1$ のときの点の位置を求めよ。

(1) (ア) $0+\displaystyle\int_0^3\sin\pi t\,dt=\left[-\frac{1}{\pi}\cos\pi t\right]_0^3=-\frac{1}{\pi}(-1-1)=\boldsymbol{\frac{2}{\pi}}$

(イ) $0\leqq t\leqq1$, $2\leqq t\leqq3$ のとき　$\sin\pi t\geqq0$

$1\leqq t\leqq2$ のとき　$\sin\pi t\leqq0$

←P の速度の符号を調べる。

したがって，求める道のりは

$$\int_0^3|\sin\pi t|dt$$

$$=\int_0^1\sin\pi t\,dt+\int_1^2(-\sin\pi t)dt+\int_2^3\sin\pi t\,dt$$

$$=\left[-\frac{1}{\pi}\cos\pi t\right]_0^1+\left[\frac{1}{\pi}\cos\pi t\right]_1^2+\left[-\frac{1}{\pi}\cos\pi t\right]_2^3$$

$$=-\frac{1}{\pi}(-1-1)+\frac{1}{\pi}(1+1)-\frac{1}{\pi}(-1-1)=\boldsymbol{\frac{6}{\pi}}$$

←$\sin\pi t$ の周期は $\dfrac{2\pi}{\pi}=2$ であり，この周期性を考えて $\displaystyle\int_0^1\sin\pi t\,dt=\int_1^2(-\sin\pi t)dt=\int_2^3\sin\pi t\,dt$ としてもよい。

(ウ) $t$ $(>0)$ 秒後に P，Q が重なるとすると

$$\int_0^t\sin\pi t\,dt=\int_0^t2\sin\pi t\,dt\quad\text{すなわち}\quad\int_0^t\sin\pi t\,dt=0$$

←$t$ 秒後に，P，Q が重なる $\Longleftrightarrow$ P と Q の座標が一致する。

ゆえに　$\left[-\dfrac{1}{\pi}\cos\pi t\right]_0^t=0$　　よって　$\cos\pi t-1=0$

したがって　$\cos\pi t=1$　すなわち　$\pi t=2n\pi$ ($n$ は整数)

$t>0$ の範囲で $\pi t=2n\pi$ を満たす最小のものは，$n=1$ とすると $\pi t=2\pi$ から　　$t=2$　すなわち　**2 秒後**。

また，Q の **道のり** は

$$\int_0^2|2\sin\pi t|dt=2\int_0^1\sin\pi t\,dt+2\int_1^2(-\sin\pi t)dt$$
$$=2\left[-\frac{1}{\pi}\cos\pi t\right]_0^1+2\left[\frac{1}{\pi}\cos\pi t\right]_1^2$$
$$=\boldsymbol{\frac{8}{\pi}}$$

(2)　速度：$v(t)=-1+\int_0^t 6(2t^2-2t+1)dt=4t^3-6t^2+6t-1$

←$v(t)=v(0)+\int_0^t \alpha(t)dt$

位置：$x(t)=1+\int_0^t(4t^3-6t^2+6t-1)dt=t^4-2t^3+3t^2-t+1$

←$x(t)=x(0)+\int_0^t v(t)dt$

よって，$t=1$ のときの点の位置は

$$x(1)=1-2+3-1+1=\boldsymbol{2}$$

**練習 ②211**　時刻 $t$ における座標が次の式で与えられる点が動く道のりを求めよ。　〔類　山形大〕

(1)　$x=t^2$，$y=t^3$　$(0\leqq t\leqq 1)$　　(2)　$x=t^2-\sin t^2$，$y=1-\cos t^2$　$(0\leqq t\leqq\sqrt{2\pi})$

(1)　$\dfrac{dx}{dt}=2t$，$\dfrac{dy}{dt}=3t^2$

道のりは，$t\geqq 0$ であるから

$$\int_0^1\sqrt{(2t)^2+(3t^2)^2}\,dt=\int_0^1\sqrt{t^2(9t^2+4)}\,dt$$
$$=\int_0^1 t\sqrt{9t^2+4}\,dt=\int_0^1\sqrt{9t^2+4}\cdot\frac{1}{18}(9t^2+4)'dt$$
$$=\frac{1}{18}\left[\frac{2}{3}(9t^2+4)^{\frac{3}{2}}\right]_0^1=\boldsymbol{\frac{13\sqrt{13}-8}{27}}$$

←$\sqrt{t^2(9t^2+4)}$
$=|t|\sqrt{9t^2+4}$
$=t\sqrt{9t^2+4}$

(2)　$\dfrac{dx}{dt}=2t-2t\cos t^2=2t(1-\cos t^2)$，$\dfrac{dy}{dt}=2t\sin t^2$

道のりは，$t\geqq 0$ であるから

$$\int_0^{\sqrt{2\pi}}\{4t^2(1-2\cos t^2+\cos^2 t^2)+4t^2\sin^2 t^2\}^{\frac{1}{2}}dt$$
$$=\int_0^{\sqrt{2\pi}}\{8t^2(1-\cos t^2)\}^{\frac{1}{2}}dt=2\sqrt{2}\int_0^{\sqrt{2\pi}}t\sqrt{1-\cos t^2}\,dt$$
$$=2\sqrt{2}\int_0^{\sqrt{2\pi}}t\sqrt{2\sin^2\frac{t^2}{2}}\,dt=4\int_0^{\sqrt{2\pi}}t\sin\frac{t^2}{2}dt$$
$$=4\left[-\cos\frac{t^2}{2}\right]_0^{\sqrt{2\pi}}=4\cdot 2=\boldsymbol{8}$$

←$1-\cos\bullet=2\sin^2\dfrac{\bullet}{2}$

←$0\leqq\dfrac{t^2}{2}\leqq\pi$ であるから
$\sin\dfrac{t^2}{2}\geqq 0$

**練習 ③212**　曲線 $y=x(1-x)$ $\left(0\leqq x\leqq\dfrac{1}{2}\right)$ を $y$ 軸の周りに回転してできる容器に，単位時間あたり一定の割合 $V$ で水を注ぐ。

(1)　水面の高さが $h$ $\left(0\leqq h\leqq\dfrac{1}{4}\right)$ であるときの水の体積を $v(h)$ とすると，

$v(h)=\dfrac{\pi}{2}\int_0^h(\boxed{\phantom{xx}})dy$ と表される。ただし，$\boxed{\phantom{xx}}$ には $y$ の関数を入れよ。

(2)　水面の上昇する速度 $u$ を水面の高さ $h$ の関数として表せ。

(3)　空の容器に水がいっぱいになるまでの時間を求めよ。　〔類　筑波大〕

(1)　$v(h)=\pi\int_0^h x^2dy$ である。

ここで，$y=x(1-x)$ から　　$x^2-x+y=0$

よって　　$x=\dfrac{-(-1)\pm\sqrt{(-1)^2-4\cdot1\cdot y}}{2\cdot1}=\dfrac{1\pm\sqrt{1-4y}}{2}$

$0\leqq x\leqq\dfrac{1}{2}$ であるから　　$x=\dfrac{1-\sqrt{1-4y}}{2}$

ゆえに　　$x^2=\left(\dfrac{1-\sqrt{1-4y}}{2}\right)^2=\dfrac{1-2y-\sqrt{1-4y}}{2}$

よって　　$v(h)=\dfrac{\pi}{2}\int_0^h(\boldsymbol{1-2y-\sqrt{1-4y}})dy$

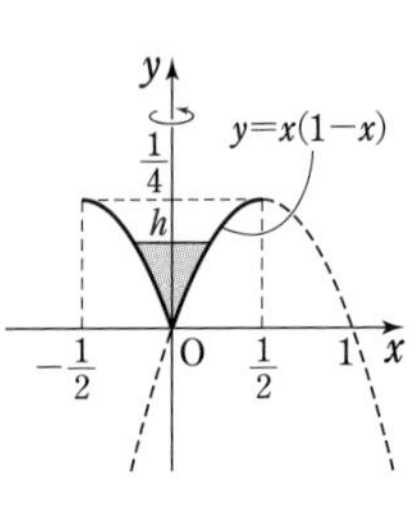


(2)　$V=\dfrac{dv}{dt}=\dfrac{dv}{dh}\cdot\dfrac{dh}{dt}=\dfrac{\pi}{2}(1-2h-\sqrt{1-4h})\cdot\dfrac{dh}{dt}$

←条件から，$v$ の変化率が $V$（一定）。

ゆえに　　$\boldsymbol{u}=\dfrac{dh}{dt}=\dfrac{2V}{\pi}\cdot\dfrac{1}{1-2h-\sqrt{1-4h}}$

$=\dfrac{2V}{\pi}\cdot\dfrac{1-2h+\sqrt{1-4h}}{(1-2h)^2-(1-4h)}$

←分母を有理化した。

$=\boldsymbol{\dfrac{V}{2\pi}\cdot\dfrac{1-2h+\sqrt{1-4h}}{h^2}}$

(3)　水がいっぱいになったときの水の体積は

$v\left(\dfrac{1}{4}\right)=\dfrac{\pi}{2}\int_0^{\frac{1}{4}}(1-2y-\sqrt{1-4y})dy$

←定積分を計算。

$=\dfrac{\pi}{2}\left[y-y^2-\dfrac{1}{-4}\cdot\dfrac{2}{3}(1-4y)^{\frac{3}{2}}\right]_0^{\frac{1}{4}}$

←$\int(ay+b)^\alpha dy=\dfrac{1}{a}\cdot\dfrac{(ay+b)^{\alpha+1}}{\alpha+1}+C$

$=\dfrac{\pi}{2}\left(\dfrac{1}{4}-\dfrac{1}{16}-\dfrac{1}{6}\right)=\dfrac{\pi}{96}$

よって，いっぱいになるまでの時間は

$v\left(\dfrac{1}{4}\right)\div V=\boldsymbol{\dfrac{\pi}{96V}}$

←求める時間を $t$ とすると　$Vt=v\left(\dfrac{1}{4}\right)$

**練習 ③213**

(1)　$A$, $B$ を任意の定数とする方程式 $y=A\sin x+B\cos x-1$ から $A$, $B$ を消去して微分方程式を作れ。

(2)　$y$ は $x$ の関数とする。次の微分方程式を解け。ただし，(イ) は［　］内の初期条件のもとで解け。

(ア)　$y'=ay^2$（$a$ は定数）　　　(イ)　$xy'+y=y'+1$　［$x=2$ のとき $y=2$］

(1)　$y=A\sin x+B\cos x-1$ ……①

$y'=A\cos x-B\sin x$ ……②

$y''=-A\sin x-B\cos x$ ……③　とする。

←③ から $A\sin x+B\cos x=-y''$
① から　$y=-y''-1$
としてもよい。

②$\times\cos x-$③$\times\sin x$ から　　$A=y'\cos x-y''\sin x$

←$\sin^2x+\cos^2x=1$

②$\times\sin x+$③$\times\cos x$ から　　$B=-(y'\sin x+y''\cos x)$

これらを ① に代入して

$y=\sin x(y'\cos x-y''\sin x)-\cos x(y'\sin x+y''\cos x)-1$

←$\sin^2x+\cos^2x=1$

$=-y''-1$

←これを答としてもよい。

したがって　　$\boldsymbol{y''=-y-1}$

(2) (ア) [1] 定数関数 $y=0$ は明らかに解である。

[2] $y\neq 0$ のとき $\dfrac{1}{y^2}\cdot\dfrac{dy}{dx}=a$

ゆえに $\displaystyle\int\frac{1}{y^2}\cdot\frac{dy}{dx}dx=a\int dx$

よって $\displaystyle\int\frac{1}{y^2}dy=a\int dx$

ゆえに $-\dfrac{1}{y}=ax+C$ ($C$ は任意定数)

よって $-1=(ax+C)y$ すなわち $(ax+C)y+1=0$

以上から，解は **$(ax+C)y+1=0$ ($C$ は任意定数)，$y=0$**

(イ) $x\dfrac{dy}{dx}+y=\dfrac{dy}{dx}+1$ から $(x-1)\dfrac{dy}{dx}=-(y-1)$ …… ①

定数関数 $y=1$ は与えられた初期条件を満たさない。

$y\neq 1$ のとき，① から $\dfrac{1}{y-1}\cdot\dfrac{dy}{dx}=-\dfrac{1}{x-1}$

ゆえに $\displaystyle\int\frac{1}{y-1}\cdot\frac{dy}{dx}dx=-\int\frac{1}{x-1}dx$

よって $\displaystyle\int\frac{dy}{y-1}=-\int\frac{dx}{x-1}$

ゆえに $\log|y-1|=-\log|x-1|+C$ ($C$ は任意定数)

よって $|y-1|=\dfrac{e^C}{|x-1|}$ すなわち $y=1\pm\dfrac{e^C}{x-1}$

$\pm e^C=A$ とおくと，$A$ は 0 以外の任意の値をとり

$$y=1+\frac{A}{x-1}$$

$x=2$ のとき $y=2$ であるから $2=1+A$

ゆえに $A=1$ したがって，解は **$y=1+\dfrac{1}{x-1}$**

←$y=0$ のとき $y'=0$

←変数分離形に変形。

←置換積分法の公式。
$\displaystyle\int f(y)\frac{dy}{dx}dx=\int f(y)dy$

←解を 1 つにまとめることはできない。

←関数 $y=1$ は，$x=2$ のとき $y=1$ である。

←置換積分法の公式。

←$-\log|x-1|=\log\dfrac{1}{|x-1|}$
$\log\dfrac{1}{|x-1|}+\log e^C$
$=\log\dfrac{e^C}{|x-1|}$

←$A\neq 0$ を満たす。



**練習 ④214** $y$ は $x$ の関数とする。( ) 内のおき換えを利用して，次の微分方程式を解け。
(1) $\dfrac{dy}{dx}=\dfrac{1-x-y}{x+y}$ $(x+y=z)$ (2) $\dfrac{dy}{dx}=(x-y)^2$ $(x-y=z)$

(1) $x+y=z$ とおくと，方程式は $\dfrac{dy}{dx}=\dfrac{1-z}{z}$ …… ①

また，$z=x+y$ の両辺を $x$ で微分して $\dfrac{dz}{dx}=1+\dfrac{dy}{dx}$

① を代入して $\dfrac{dz}{dx}=1+\dfrac{1-z}{z}$ すなわち $\dfrac{dz}{dx}=\dfrac{1}{z}$

ゆえに $z\dfrac{dz}{dx}=1$ よって $\displaystyle\int z\frac{dz}{dx}dx=\int dx$

ゆえに $\displaystyle\int zdz=\int dx$

よって $\dfrac{z^2}{2}=x+C$ ($C$ は任意定数)

←$\dfrac{dy}{dx}=f(ax+by+c)$ の形は，$ax+by+c=z$ のおき換えにより，変数分離形にもち込む。

←変数分離形。

←置換積分法の公式。

ゆえに　$(x+y)^2=2x+2C$

$2C=A$ とおくと，解は　$\boldsymbol{(x+y)^2=2x+A}$ （$A$ **は任意定数**）

(2)　$x-y=z$ とおくと，方程式は　$\dfrac{dy}{dx}=z^2$ …… ①

また，$z=x-y$ の両辺を $x$ で微分して

$$\frac{dz}{dx}=1-\frac{dy}{dx}$$

① を代入して　$\dfrac{dz}{dx}=1-z^2$

[1]　$z=\pm1$ のとき　$x-y=\pm1$

よって　$y=x\mp1$ （複号同順）

これは，与えられた方程式を満たすから，解である。

←方程式の左辺，右辺はともに 1 となる。

[2]　$z\neq\pm1$ のとき　$\dfrac{1}{1-z^2}\cdot\dfrac{dz}{dx}=1$

←変数分離形。

ゆえに　$\displaystyle\int\frac{1}{1-z^2}\cdot\frac{dz}{dx}dx=\int dx$

よって　$\displaystyle\int\frac{dz}{1-z^2}=\int dx$

←置換積分法の公式。

ここで　$\displaystyle\int\frac{dz}{1-z^2}=\frac{1}{2}\int\left(\frac{1}{1+z}+\frac{1}{1-z}\right)dz$

←部分分数に分解する。

$$=\frac{1}{2}(\log|1+z|-\log|1-z|)+C_1$$

$$=\frac{1}{2}\log\left|\frac{1+z}{1-z}\right|+C_1$$

したがって　$\dfrac{1}{2}\log\left|\dfrac{1+z}{1-z}\right|=x+C$ （$C$ は任意定数）

ゆえに　$\left|\dfrac{1+z}{1-z}\right|=e^{2(x+C)}$

すなわち　$\dfrac{1+z}{1-z}=\pm e^{2C}e^{2x}$

$\pm e^{2C}=A$ とおくと，$A$ は 0 以外の任意の値をとる。

よって，解は，$\dfrac{1+z}{1-z}=Ae^{2x}$ から

$$z=\frac{Ae^{2x}-1}{Ae^{2x}+1},\ A\neq0$$

[1] における解 $z=-1$ は，[2] で $A=0$ とおくと得られるから，

←[2] の解は，$z=1$ を表すことはできない。

$\dfrac{dz}{dx}=1-z^2$ の解は

$$z=\frac{Ae^{2x}-1}{Ae^{2x}+1},\ z=1$$

$x-y=z$ より $y=x-z$ であるから，求める解は

$$\boldsymbol{y=x-\frac{Ae^{2x}-1}{Ae^{2x}+1}}\ \text{（}A\ \textbf{は任意定数}\text{），}\ \boldsymbol{y=x-1}$$

**練習 ③215** 点 (1, 1) を通る曲線上の点Pにおける接線が $x$ 軸，$y$ 軸と交わる点をそれぞれ Q，R とし，O を原点とする。この曲線は第 1 象限にあるとして，常に △ORP=2△OPQ であるとき，曲線の方程式を求めよ。

HINT 点 $P(x, y)$ として，微分方程式を導く。

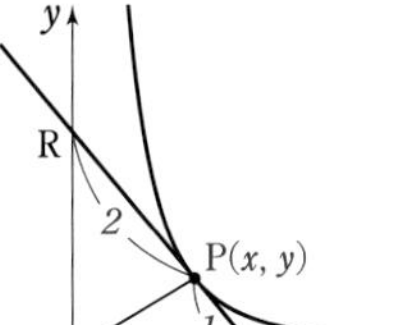


点Pの座標を $(x, y)$，接線上の任意の点を $(X, Y)$ とすると，接線の方程式は　$Y-y=y'(X-x)$

すなわち　$Y=y'X+y-xy'$ …… ①

①に $Y=0$ を代入して $X$ について解くと　$X=x-\dfrac{y}{y'}$

←条件から　$y'\neq 0$

また，①に $X=0$ を代入すると

$Y=y-xy'$

よって　$Q\left(x-\dfrac{y}{y'},\ 0\right)$，$R(0,\ y-xy')$

条件より，△ORP：△OPQ=RP：PQ=2：1 であるから

←高さが同じ 2 つの三角形の面積の比は底辺の比に等しい。

$RP=2PQ$　すなわち　$RP^2=4PQ^2$

ゆえに　$x^2+(xy')^2=4\left\{\left(\dfrac{y}{y'}\right)^2+y^2\right\}$

よって　$x^2(y')^2+x^2(y')^4=4y^2\{1+(y')^2\}$

←分母を払う。

ゆえに　$\{1+(y')^2\}x^2(y')^2=4y^2\{1+(y')^2\}$

両辺を $1+(y')^2$ で割って　$x^2(y')^2=4y^2$ …… ②

←$1+(y')^2\neq 0$

曲線は第 1 象限にあるから　$x>0$，$y>0$

よって，②から　$\dfrac{1}{y}\cdot\dfrac{dy}{dx}=\pm\dfrac{2}{x}$

←変数分離形。

ゆえに　$\displaystyle\int\frac{1}{y}\cdot\frac{dy}{dx}dx=\pm 2\int\frac{dx}{x}$

よって　$\displaystyle\int\frac{dy}{y}=\pm 2\int\frac{dx}{x}$

←置換積分法の公式。

したがって　$\log y=\pm 2\log x+C$ （$C$ は任意定数）

←$y=$($x$ の式) の形に直してもよいが，この形のまま $x=y=1$(初期条件) を代入して $C$ の値を求めた方がよい。

曲線は点 (1, 1) を通るから，$x=y=1$ を代入して　$C=0$

ゆえに　$\log y=\pm 2\log x$

$\log y=2\log x$ から　$y=x^2$

$\log y=-2\log x$ から　$y=\dfrac{1}{x^2}$

したがって，求める曲線の方程式は

$$\boldsymbol{y=x^2\ (x>0)}\quad \textbf{または}\quad \boldsymbol{y=\frac{1}{x^2}\ (x>0)}$$

**EX ②149** 次の曲線または直線で囲まれた部分の面積 $S$ を求めよ。ただし，(2) の $a$ は $0<a<1$ を満たす定数とする。

(1) $y=\sqrt[3]{x^2}$，$y=|x|$　　(2) $y=\left|\dfrac{x}{x+1}\right|$，$y=a$　　［(2) 早稲田大］

(1) $x\geqq 0$ のとき，2 曲線の共有点の $x$ 座標は，$\sqrt[3]{x^2}=|x|$ から　$\sqrt[3]{x^2}=x$

ゆえに　$x^2=x^3$

よって　$x^2(x-1)=0$

したがって　$x=0,\ 1$

$\sqrt[3]{(-x)^2}=\sqrt[3]{x^2}$，$|-x|=|x|$ より，2 つの曲線はともに $y$ 軸に関して対称であるから，右上の図のようになる。

よって　$S=2\int_0^1\left(x^{\frac{2}{3}}-x\right)dx=2\left[\dfrac{3}{5}x^{\frac{5}{3}}-\dfrac{x^2}{2}\right]_0^1$

$=2\left(\dfrac{3}{5}-\dfrac{1}{2}\right)=\boldsymbol{\dfrac{1}{5}}$

(2) $y=\begin{cases}\dfrac{x}{x+1}=1-\dfrac{1}{x+1} & (x<-1,\ x\geqq 0 \text{ のとき})\\ -\dfrac{x}{x+1}=-1+\dfrac{1}{x+1} & (-1<x<0 \text{ のとき})\end{cases}$

よって，$y=\left|\dfrac{x}{x+1}\right|$ のグラフは右の図のようになる。

$y=\dfrac{x}{x+1}$ から　$x=\dfrac{y}{1-y}=-1-\dfrac{1}{y-1}$

$y=-\dfrac{x}{x+1}$ から　$x=-\dfrac{y}{y+1}=-1+\dfrac{1}{y+1}$

したがって，求める面積は

$S=\int_0^a\left\{\left(-1-\dfrac{1}{y-1}\right)-\left(-1+\dfrac{1}{y+1}\right)\right\}dy$

$=\Big[-\log|y-1|-\log|y+1|\Big]_0^a=-\Big[\log|y^2-1|\Big]_0^a$

$=-\log|a^2-1|$

$0<a<1$ であるから　$|a^2-1|=-(a^2-1)=1-a^2$

よって　$S=\boldsymbol{-\log(1-a^2)}$

HINT　面積の問題では，まず，グラフをかいて，上下関係や積分区間をつかむ。

←$y=\sqrt[3]{x^2}$，$y=|x|$ はともに偶関数。

←対称性を利用して，面積を計算する。

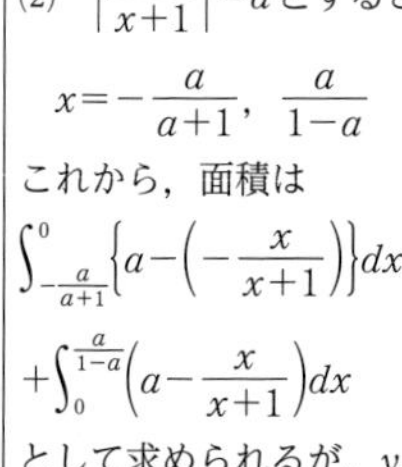

(2)　$\left|\dfrac{x}{x+1}\right|=a$ とすると

$x=-\dfrac{a}{a+1},\ \dfrac{a}{1-a}$

これから，面積は

$\int_{-\frac{a}{a+1}}^0\left\{a-\left(-\dfrac{x}{x+1}\right)\right\}dx+\int_0^{\frac{a}{1-a}}\left(a-\dfrac{x}{x+1}\right)dx$

として求められるが，$y$ 軸方向について積分した方が計算がらくである。

←$y(x+1)=x$ から　$(y-1)x=-y$

また　$\dfrac{y}{1-y}=\dfrac{1-(1-y)}{1-y}=-1-\dfrac{1}{y-1}$

←$\log(|y-1||y+1|)$

**EX ③150** (1) 関数 $f(x)=xe^{-2x}$ の極値と曲線 $y=f(x)$ の変曲点の座標を求めよ。

(2) 曲線 $y=f(x)$ 上の変曲点における接線，曲線 $y=f(x)$ および直線 $x=3$ で囲まれた部分の面積を求めよ。　［日本女子大］

(1) $f'(x)=e^{-2x}+x\cdot(-2e^{-2x})=(1-2x)e^{-2x}$

$f''(x)=-2e^{-2x}+(1-2x)\cdot(-2e^{-2x})=4(x-1)e^{-2x}$

$f'(x)=0$ とすると　$x=\dfrac{1}{2}$

$f''(x)=0$ とすると　$x=1$

$f(x)$ の増減，グラフの凹凸は右の表のようになる。

| $x$ | $\cdots$ | $\dfrac{1}{2}$ | $\cdots$ | $1$ | $\cdots$ |
|---|---|---|---|---|---|
| $f'(x)$ | $+$ | $0$ | $-$ | $-$ | $-$ |
| $f''(x)$ | $-$ | $-$ | $-$ | $0$ | $+$ |
| $f(x)$ | ↗ | $\dfrac{1}{2e}$ | ↘ | $\dfrac{1}{e^2}$ | ↘ |

よって，$f(x)$ は $\boldsymbol{x=\dfrac{1}{2}}$ **で極大値** $\boldsymbol{\dfrac{1}{2e}}$ をとり，

曲線 $y=f(x)$ の **変曲点の座標** は $\boldsymbol{\left(1,\ \dfrac{1}{e^2}\right)}$ である。

(2) (1) から　$f'(1)=-\dfrac{1}{e^2}$

よって，変曲点 $\left(1,\ \dfrac{1}{e^2}\right)$ における接線の方程式は

$$y-\frac{1}{e^2}=-\frac{1}{e^2}(x-1)$$

すなわち　$y=-\dfrac{1}{e^2}x+\dfrac{2}{e^2}$

←曲線 $y=g(x)$ 上の点 $(t,\ g(t))$ における接線の方程式は
$y-g(t)=g'(t)(x-t)$

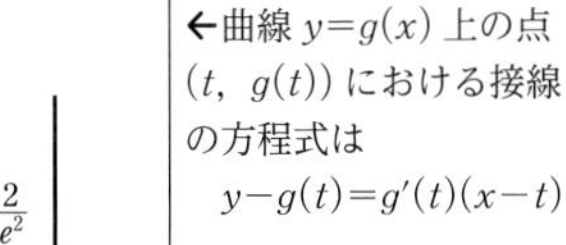

(1) から，求める面積 $S$ は右の図の赤く塗った部分の面積である。

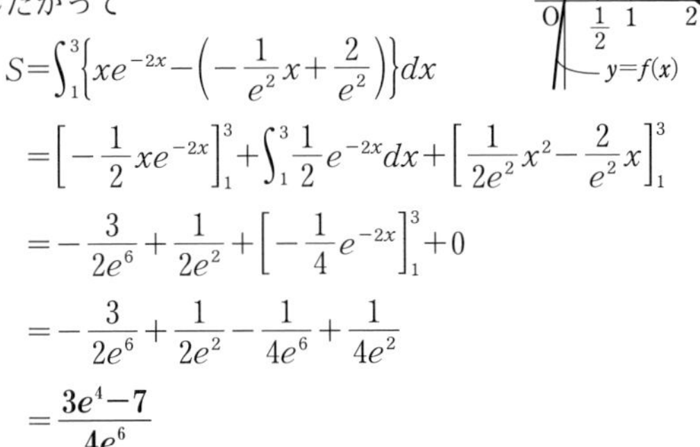


したがって

$$S=\int_1^3\left\{xe^{-2x}-\left(-\frac{1}{e^2}x+\frac{2}{e^2}\right)\right\}dx$$

$$=\left[-\frac{1}{2}xe^{-2x}\right]_1^3+\int_1^3\frac{1}{2}e^{-2x}dx+\left[\frac{1}{2e^2}x^2-\frac{2}{e^2}x\right]_1^3$$

$$=-\frac{3}{2e^6}+\frac{1}{2e^2}+\left[-\frac{1}{4}e^{-2x}\right]_1^3+0$$

$$=-\frac{3}{2e^6}+\frac{1}{2e^2}-\frac{1}{4e^6}+\frac{1}{4e^2}$$

$$=\boldsymbol{\frac{3e^4-7}{4e^6}}$$

←$1\leqq x\leqq 3$ のとき
$-\dfrac{1}{e^2}x+\dfrac{2}{e^2}\leqq xe^{-2x}$

←$\displaystyle\int xe^{-2x}dx$
$\displaystyle=\int x\left(-\frac{1}{2}e^{-2x}\right)'dx$
とみて，部分積分法。

6章 EX 【積分法の応用】

## EX ③151

方程式 $y^2=x^6(1-x^2)$ が表す図形で囲まれた部分の面積を求めよ。　〔大分大〕

方程式 $y^2=x^6(1-x^2)$ が表す図形を $C$ とする。

曲線の式で $(x,\ y)$ を $(x,\ -y)$，$(-x,\ y)$，$(-x,\ -y)$ におき換えても $y^2=x^6(1-x^2)$ は成り立つから，この曲線は $x$ 軸，$y$ 軸，原点に関して対称である。

**① 計算はらくに 対称性の利用**

$x\geqq 0$，$y\geqq 0$ のとき，$y^2=x^6(1-x^2)$ から　$y=x^3\sqrt{1-x^2}$

ここで，$1-x^2\geqq 0$ であるから，$x\geqq 0$ と合わせて　$0\leqq x\leqq 1$

←$1-x^2\geqq 0$ から
$-1\leqq x\leqq 1$
これと $x\geqq 0$ を合わせる。

$f(x)=x^3\sqrt{1-x^2}$ とすると，$0\leqq x<1$ のとき

$$f'(x)=3x^2\sqrt{1-x^2}+x^3\cdot\frac{-2x}{2\sqrt{1-x^2}}=\frac{x^2(3-4x^2)}{\sqrt{1-x^2}}$$

$f'(x)=0$ とすると，$0\leqq x<1$ のとき　$x=0,\ \dfrac{\sqrt{3}}{2}$

$0 \leqq x \leqq 1$ における $f(x)$ の増減表は左下のようになり，対称性から曲線 $C$ の概形は右下のようになる。

| $x$ | 0 | $\cdots$ | $\frac{\sqrt{3}}{2}$ | $\cdots$ | 1 |
|---|---|---|---|---|---|
| $f'(x)$ | 0 | $+$ | 0 | $-$ | |
| $f(x)$ | 0 | $\nearrow$ | $\frac{3\sqrt{3}}{16}$ | $\searrow$ | 0 |

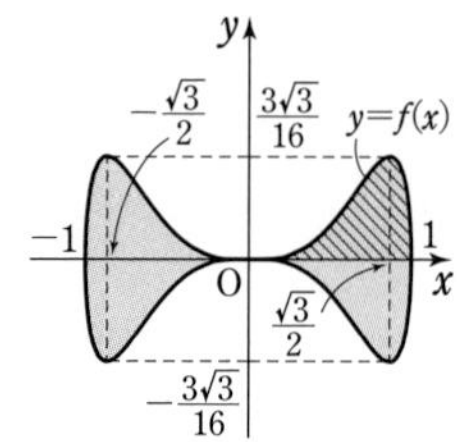


求める面積を $S$ とすると　　$S=4\int_0^1 x^3\sqrt{1-x^2}\,dx$

$\sqrt{1-x^2}=t$ とおくと　　$x^2=1-t^2$

よって，$2x\,dx=-2t\,dt$ から　　$x\,dx=-t\,dt$

$x$ と $t$ の対応は右のようになる。

| $x$ | $0 \longrightarrow 1$ |
|---|---|
| $t$ | $1 \longrightarrow 0$ |

←両辺を平方して整理。

ゆえに　　$S=4\int_0^1 x^2\sqrt{1-x^2}\cdot x\,dx=4\int_1^0 (1-t^2)t\cdot(-t)\,dt$

$$=4\int_0^1 (t^2-t^4)\,dt=4\left[\frac{t^3}{3}-\frac{t^5}{5}\right]_0^1=\mathbf{\frac{8}{15}}$$

←$-\int_1^0=\int_0^1$

別解　$\int_0^1 x^3\sqrt{1-x^2}\,dx$ の計算

$x=\sin\theta$ とおくと　　$dx=\cos\theta\,d\theta$

| $x$ | $0 \longrightarrow 1$ |
|---|---|
| $\theta$ | $0 \longrightarrow \frac{\pi}{2}$ |

← $\sqrt{a^2-x^2}$ の定積分 $x=a\sin\theta$ とおく

よって　　$S=4\int_0^{\frac{\pi}{2}} \sin^3\theta\sqrt{1-\sin^2\theta}\cdot\cos\theta\,d\theta$

$$=4\int_0^{\frac{\pi}{2}} (1-\cos^2\theta)\cos^2\theta\cdot\sin\theta\,d\theta$$

$$=-4\int_0^{\frac{\pi}{2}} (\cos^2\theta-\cos^4\theta)\cdot(\cos\theta)'\,d\theta$$

$$=-4\left[\frac{1}{3}\cos^3\theta-\frac{1}{5}\cos^5\theta\right]_0^{\frac{\pi}{2}}=\mathbf{\frac{8}{15}}$$

←$0 \leqq x \leqq \frac{\pi}{2}$ において $\sqrt{1-\sin^2\theta}=\cos\theta$

**EX ③152**

方程式 $x^2-xy+y^2=3$ の表す座標平面上の曲線で囲まれた図形を $D$ とする。

(1)　この方程式を $y$ について解くと，$y=\frac{1}{2}\{x\pm\sqrt{3(4-x^2)}\}$ となることを示せ。

(2)　$\sqrt{3} \leqq x \leqq 2$ を満たす実数 $x$ に対し，$f(x)=\frac{1}{2}\{x-\sqrt{3(4-x^2)}\}$ とする。$f(x)$ の最大値と最小値を求めよ。また，そのときの $x$ の値を求めよ。

(3)　$0 \leqq x \leqq 2$ を満たす実数 $x$ に対し，$g(x)=\frac{1}{2}\{x+\sqrt{3(4-x^2)}\}$ とする。$g(x)$ の最大値と最小値を求めよ。また，そのときの $x$ の値を求めよ。

(4)　図形 $D$ の $x \geqq 0$，$y \geqq 0$ の部分の面積を求めよ。　　［類　東京都立大］

(1)　$x^2-xy+y^2=3$ から　　$y^2-xy+(x^2-3)=0$

←$y$ について整理。

よって　　$y=\frac{1}{2}\{-(-x)\pm\sqrt{(-x)^2-4\cdot1\cdot(x^2-3)}\}$

$$=\frac{1}{2}\{x\pm\sqrt{3(4-x^2)}\}$$

←解の公式。

(2)　$f'(x)=\frac{1}{2}\left\{1-\frac{3(-2x)}{2\sqrt{3(4-x^2)}}\right\}=\frac{1}{2}\left\{1+\frac{3x}{\sqrt{3(4-x^2)}}\right\}$

←微分法を利用して，$f(x)$ の増減を調べる。

$\sqrt{3}<x<2$ において，$3x>0$，$4-x^2>0$ であるから

$$f'(x)>0$$

よって，$f(x)$ は単調に増加する。

また　$f(2)=\frac{1}{2}(2-0)=1$，$f(\sqrt{3})=\frac{1}{2}(\sqrt{3}-\sqrt{3})=0$

ゆえに，$f(x)$ は **$x=2$ で最大値 1，$x=\sqrt{3}$ で最小値 0** をとる。

$\{\sqrt{3(4-x^2)}\}'$
$=\left[\{3(4-x^2)\}^{\frac{1}{2}}\right]'$
$=\frac{1}{2}\{3(4-x^2)\}^{-\frac{1}{2}}$
$\times\{3(4-x^2)\}'$
$=\frac{3(-2x)}{2\sqrt{3(4-x^2)}}$

(3)　$g'(x)=\frac{1}{2}\left\{1+\frac{3(-2x)}{2\sqrt{3(4-x^2)}}\right\}=\frac{\sqrt{3(4-x^2)}-3x}{2\sqrt{3(4-x^2)}}$

$g'(x)=0$ とすると　$\sqrt{3(4-x^2)}=3x$

両辺を 2 乗して　$3(4-x^2)=9x^2$

よって，$x^2=1$ から　$x=\pm1$

$0\leqq x\leqq 2$ における $g(x)$ の増減表は次のようになる。

| $x$ | 0 | … | 1 | … | 2 |
|---|---|---|---|---|---|
| $g'(x)$ | | ＋ | 0 | － | ／ |
| $g(x)$ | $\sqrt{3}$ | ↗ | 極大 2 | ↘ | 1 |

ゆえに，$g(x)$ は **$x=1$ で最大値 2，$x=2$ で最小値 1** をとる。

(4)　求める面積を $S$ とすると，$S$ は右の図の赤く塗った部分の面積である。

←(2)，(3) の結果から，左の図が得られる。

よって

$$S=\int_0^2 g(x)dx-\int_{\sqrt{3}}^2 f(x)dx$$
$$=\int_0^2 \frac{1}{2}\{x+\sqrt{3(4-x^2)}\}dx$$
$$-\int_{\sqrt{3}}^2 \frac{1}{2}\{x-\sqrt{3(4-x^2)}\}dx$$
$$=\frac{1}{2}\int_0^{\sqrt{3}} x\,dx+\frac{\sqrt{3}}{2}\int_0^2\sqrt{4-x^2}\,dx+\frac{\sqrt{3}}{2}\int_{\sqrt{3}}^2\sqrt{4-x^2}\,dx$$

ここで，$\int_0^2\sqrt{4-x^2}\,dx$ は半径 2 の四分円の面積に等しいから

$$\int_0^2\sqrt{4-x^2}\,dx=\frac{1}{2}\cdot2^2\cdot\frac{\pi}{2}=\pi \quad\cdots\cdots ①$$

←$x=2\sin\theta$ として置換積分法を利用することもできるが，円や扇形の面積を利用する方が早い。

また，$\int_{\sqrt{3}}^2\sqrt{4-x^2}\,dx$ は右の図の斜線部分の面積に等しいから

$$\int_{\sqrt{3}}^2\sqrt{4-x^2}\,dx=\frac{1}{2}\cdot2^2\cdot\frac{\pi}{6}-\frac{1}{2}\cdot\sqrt{3}\cdot1$$
$$=\frac{\pi}{3}-\frac{\sqrt{3}}{2} \quad\cdots\cdots ②$$

①，② から

$$S=\frac{1}{2}\left[\frac{1}{2}x^2\right]_0^{\sqrt{3}}+\frac{\sqrt{3}}{2}\pi+\frac{\sqrt{3}}{2}\left(\frac{\pi}{3}-\frac{\sqrt{3}}{2}\right)=\boldsymbol{\frac{2\sqrt{3}}{3}\pi}$$

**EX ③153**

サイクロイド $x=\theta-\sin\theta$, $y=1-\cos\theta$ $(0\leqq\theta\leqq2\pi)$ を $C$ とするとき

(1) $C$ 上の点 $\left(\dfrac{\pi}{2}-1,\ 1\right)$ における接線 $\ell$ の方程式を求めよ。

(2) 接線 $\ell$ と $y$ 軸および $C$ で囲まれた部分の面積を求めよ。

HINT (2) (台形の面積)$-\displaystyle\int_0^{\frac{\pi}{2}-1}y\,dx$ と考えると計算がらく。

(1) $\dfrac{dx}{d\theta}=1-\cos\theta$, $\dfrac{dy}{d\theta}=\sin\theta$

よって, $\cos\theta\neq1$ のとき $\quad \dfrac{dy}{dx}=\dfrac{\sin\theta}{1-\cos\theta}$

ここで, $\theta=\dfrac{\pi}{2}$ のとき, $x=\dfrac{\pi}{2}-1$, $y=1$ となる。

このとき $\quad \dfrac{dy}{dx}=\dfrac{\sin\frac{\pi}{2}}{1-\cos\frac{\pi}{2}}=1$

よって, 接線の傾きは1であるから, 接線 $\ell$ の方程式は

$$y-1=x-\left(\frac{\pi}{2}-1\right) \quad すなわち \quad \boldsymbol{y=x+2-\frac{\pi}{2}}$$

参考 $\dfrac{d^2y}{dx^2}=\dfrac{d}{dx}\left(\dfrac{dy}{dx}\right)$
$=\dfrac{d}{d\theta}\left(\dfrac{dy}{dx}\right)\Big/\dfrac{dx}{d\theta}$
$=-\dfrac{1}{(1-\cos\theta)^2}<0$
であるから, $0<x<2\pi$ で曲線は上に凸。

(2) $C$ と $\ell$ のグラフは右図のようになる。よって, 求める面積 $S$ は



$$S=\frac{1}{2}\left(2-\frac{\pi}{2}+1\right)\left(\frac{\pi}{2}-1\right)-\int_0^{\frac{\pi}{2}-1}y\,dx$$

$$=\frac{(\pi-2)(6-\pi)}{8}-\int_0^{\frac{\pi}{2}-1}y\,dx$$

←サイクロイドについては, 本冊 $p.137$ 参照。

←$\mathrm{O}(0,\ 0)$, $\mathrm{A}\left(0,\ 2-\dfrac{\pi}{2}\right)$, $\mathrm{B}\left(\dfrac{\pi}{2}-1,\ 1\right)$, $\mathrm{C}\left(\dfrac{\pi}{2}-1,\ 0\right)$ とすると
$S=$(台形 OABC の面積)$-\displaystyle\int_0^{\frac{\pi}{2}-1}y\,dx$

$x=\theta-\sin\theta$, $\dfrac{dx}{d\theta}=1-\cos\theta$ で, $x$ と $\theta$ の対応は右のようになるから

| $x$ | $0 \longrightarrow \dfrac{\pi}{2}-1$ |
|---|---|
| $\theta$ | $0 \longrightarrow \dfrac{\pi}{2}$ |

$$\int_0^{\frac{\pi}{2}-1}y\,dx=\int_0^{\frac{\pi}{2}}y\frac{dx}{d\theta}d\theta=\int_0^{\frac{\pi}{2}}(1-\cos\theta)^2d\theta$$

ゆえに $\quad S=\dfrac{-\pi^2+8\pi-12}{8}-\displaystyle\int_0^{\frac{\pi}{2}}(\cos^2\theta-2\cos\theta+1)d\theta$

$$=\frac{-\pi^2+8\pi-12}{8}-\int_0^{\frac{\pi}{2}}\left(\frac{1}{2}\cos2\theta-2\cos\theta+\frac{3}{2}\right)d\theta$$

←$\cos^2\theta=\dfrac{1+\cos2\theta}{2}$

$$=\frac{-\pi^2+8\pi-12}{8}-\left[\frac{1}{4}\sin2\theta-2\sin\theta+\frac{3}{2}\theta\right]_0^{\frac{\pi}{2}}$$

$$=\frac{-\pi^2+8\pi-12}{8}-\left(-2+\frac{3}{4}\pi\right)$$

$$=\boldsymbol{\frac{-\pi^2+2\pi+4}{8}}$$

**EX ③154** $k$ を正の数とする。2 つの曲線 $C_1：y=k\cos x$, $C_2：y=\sin x$ を考える。$C_1$ と $C_2$ は $0\leqq x\leqq 2\pi$ の範囲に交点が 2 つあり，それらの $x$ 座標をそれぞれ $\alpha$, $\beta\,(\alpha<\beta)$ とする。
区間 $\alpha\leqq x\leqq\beta$ において，2 つの曲線 $C_1$, $C_2$ で囲まれた図形を $D$ とし，その面積を $S$ とする。更に $D$ のうち，$y\geqq 0$ の部分の面積を $S_1$, $y\leqq 0$ の部分の面積を $S_2$ とする。
(1) $\cos\alpha$, $\sin\alpha$, $\cos\beta$, $\sin\beta$ をそれぞれ $k$ を用いて表せ。
(2) $S$ を $k$ を用いて表せ。
(3) $3S_1=S_2$ となるように $k$ の値を定めよ。 ［類 茨城大］

(1) 曲線 $C_1$ と $C_2$ の交点の $x$ 座標は $k\cos x=\sin x$ の解である。
$k\cos x=\sin x$ から $\sin x-k\cos x=0$
よって $\sqrt{1+k^2}\sin(x+\gamma)=0$ すなわち $\sin(x+\gamma)=0$
ただし，$\sin\gamma=-\dfrac{k}{\sqrt{1+k^2}}$, $\cos\gamma=\dfrac{1}{\sqrt{1+k^2}}$, $-\dfrac{\pi}{2}<\gamma<0$ である。
$0\leqq x\leqq 2\pi$ のとき $\gamma\leqq x+\gamma\leqq 2\pi+\gamma$
よって $x+\gamma=0,\ \pi$ ゆえに $x=-\gamma,\ \pi-\gamma$
$\alpha<\beta$ であるから $\alpha=-\gamma$, $\beta=\pi-\gamma$
したがって $\boldsymbol{\cos\alpha}=\cos(-\gamma)=\cos\gamma=\boldsymbol{\dfrac{1}{\sqrt{1+k^2}}}$,

$\boldsymbol{\sin\alpha}=\sin(-\gamma)=-\sin\gamma=\boldsymbol{\dfrac{k}{\sqrt{1+k^2}}}$,

$\boldsymbol{\cos\beta}=\cos(\pi-\gamma)=-\cos\gamma=\boldsymbol{-\dfrac{1}{\sqrt{1+k^2}}}$,

$\boldsymbol{\sin\beta}=\sin(\pi-\gamma)=\sin\gamma=\boldsymbol{-\dfrac{k}{\sqrt{1+k^2}}}$

←三角関数の合成。
←$k>0$ から $\sin\gamma<0$, $\cos\gamma>0$
←$-\dfrac{\pi}{2}<\gamma<0$ から $\dfrac{3}{2}\pi<2\pi+\gamma<2\pi$

(2) $S$ は右の図の赤く塗った部分の面積であるから
$$S=\int_\alpha^\beta(\sin x-k\cos x)dx=\Big[-\cos x-k\sin x\Big]_\alpha^\beta$$
$$=-\cos\beta-k\sin\beta+\cos\alpha+k\sin\alpha$$
(1) から $\boldsymbol{S}=\dfrac{1}{\sqrt{1+k^2}}+\dfrac{k^2}{\sqrt{1+k^2}}+\dfrac{1}{\sqrt{1+k^2}}+\dfrac{k^2}{\sqrt{1+k^2}}$
$=\boldsymbol{2\sqrt{1+k^2}}$

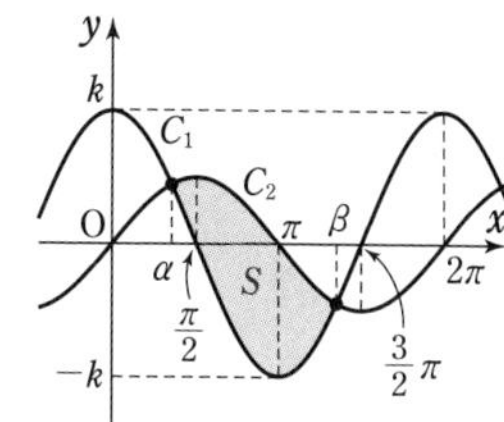


(3) $S_1+S_2=S$ であるから，$3S_1=S_2$ となるための条件は $S=4S_1$
ここで $S_1=\displaystyle\int_\alpha^\pi\sin x\,dx-\int_\alpha^{\frac{\pi}{2}}k\cos x\,dx$
$=\Big[-\cos x\Big]_\alpha^\pi-\Big[k\sin x\Big]_\alpha^{\frac{\pi}{2}}$
$=1+\cos\alpha-(k-k\sin\alpha)$
$=1+\dfrac{1}{\sqrt{1+k^2}}-k+\dfrac{k^2}{\sqrt{1+k^2}}$
$=1-k+\sqrt{1+k^2}$

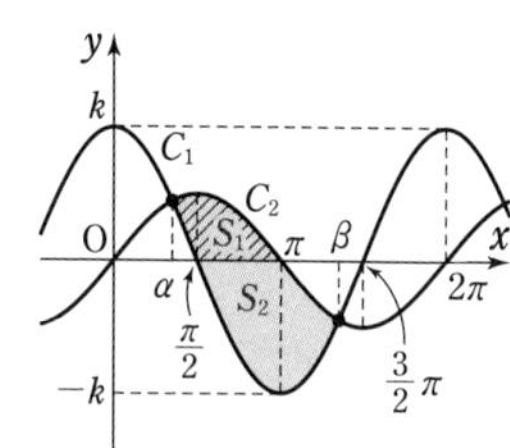


よって，$S=4S_1$ から $2\sqrt{1+k^2}=4(1-k+\sqrt{1+k^2})$
すなわち $2(k-1)=\sqrt{1+k^2}$ …… ①

←$k$ に関する方程式に帰着。

右辺は正であるから，左辺も正である。

ゆえに　$k>1$

このとき，① の両辺を 2 乗すると　$4(k-1)^2=1+k^2$

←$4k^2-8k+4=1+k^2$

よって　$3k^2-8k+3=0$　これを解いて　$k=\dfrac{4\pm\sqrt{7}}{3}$

$k>1$ であるから　$\boldsymbol{k=\dfrac{4+\sqrt{7}}{3}}$

**EX ③155**　$t$ を正の実数とする。$xy$ 平面において，連立不等式

$$x\geqq 0,\ y\geqq 0,\ xy\leqq 1,\ x+y\leqq t$$

の表す領域の面積を $S(t)$ とする。極限 $\displaystyle\lim_{t\to\infty}\{S(t)-2\log t\}$ を求めよ。〔大阪大 改題〕

$x+y=t$ …… ① と $xy=1$ …… ② から，$t$ を消去すると，

$x(t-x)=1$ より　$x^2-tx+1=0$ …… ③

←領域の境界の直線と曲線の交点の $x$ 座標について調べる。

この 2 次方程式の判別式を $D$ とすると

$$D=(-t)^2-4\cdot1\cdot1=(t+2)(t-2)$$

よって，$t>2$ のとき $D>0$ であるから，直線 ① と曲線 ② は異なる 2 点で交わる。

←$t\longrightarrow\infty$ を考えるから，$t>2$ としてよい。

このとき，直線 ① と曲線 ② の交点の $x$ 座標を $\alpha$，$\beta$ $(\alpha<\beta)$ とすると，③ から

$$\alpha=\frac{t-\sqrt{t^2-4}}{2},\quad \beta=\frac{t+\sqrt{t^2-4}}{2}$$

←③ の解。



解と係数の関係から

$$\alpha+\beta=t,\quad \alpha\beta=1$$

ゆえに，$\beta-\alpha=\sqrt{t^2-4}$ で

$$S(t)=\frac{1}{2}\cdot t\cdot t-\int_\alpha^\beta\left(-x+t-\frac{1}{x}\right)dx$$

$$=\frac{1}{2}t^2+\left[\frac{x^2}{2}-tx+\log|x|\right]_\alpha^\beta$$

$$=\frac{1}{2}t^2+\frac{1}{2}(\beta^2-\alpha^2)-t(\beta-\alpha)+\log\frac{\beta}{\alpha}$$

←$\log\beta-\log\alpha=\log\dfrac{\beta}{\alpha}$

$$=\frac{1}{2}t^2+\frac{1}{2}t\sqrt{t^2-4}-t\sqrt{t^2-4}+\log\frac{\beta^2}{\alpha\beta}$$

←$\beta^2-\alpha^2=(\beta+\alpha)(\beta-\alpha)$

$$=\frac{1}{2}t(t-\sqrt{t^2-4})+2\log\beta$$

←$\alpha\beta=1$

$$=\frac{1}{2}t\cdot\frac{t^2-(t^2-4)}{t+\sqrt{t^2-4}}+2\log\frac{t+\sqrt{t^2-4}}{2}$$

←極限を考える場合のために，有理化しておく。

$$=\frac{2t}{t+\sqrt{t^2-4}}+2\log\frac{t+\sqrt{t^2-4}}{2}$$

よって　$\displaystyle\lim_{t\to\infty}\{S(t)-2\log t\}$

$$=\lim_{t\to\infty}\left(\frac{2t}{t+\sqrt{t^2-4}}+2\log\frac{t+\sqrt{t^2-4}}{2t}\right)$$

←$-\log t=\log\dfrac{1}{t}$

$$=\lim_{t\to\infty}\left(\frac{2}{1+\sqrt{1-\frac{4}{t^2}}}+2\log\frac{1+\sqrt{1-\frac{4}{t^2}}}{2}\right)$$

$$=\frac{2}{1+1}+2\cdot 0=\mathbf{1}$$

←$\log 1=0$

## EX ③156

2 曲線 $C_1$ : $y=ae^x$, $C_2$ : $y=e^{-x}$ を考える。定数 $a$ が $1\leqq a\leqq 4$ の範囲で変化するとき, $C_1$, $C_2$ および $y$ 軸で囲まれる部分を $D_1$ とし, $C_1$, $C_2$ および直線 $x=\log\frac{1}{2}$ で囲まれる部分を $D_2$ とする。

(1) $D_1$ の面積が 1 となるとき, $a$ の値を求めよ。

(2) $D_1$ の面積と $D_2$ の面積の和の最小値とそのときの $a$ の値を求めよ。

HINT まず, $C_1$, $C_2$ の共有点の座標を求める。共有点の $x$ 座標の前後で $C_1$, $C_2$ の上下関係が入れ替わることに注意。

(1) 2 曲線の共有点の $x$ 座標は, $ae^x=e^{-x}$ とすると,

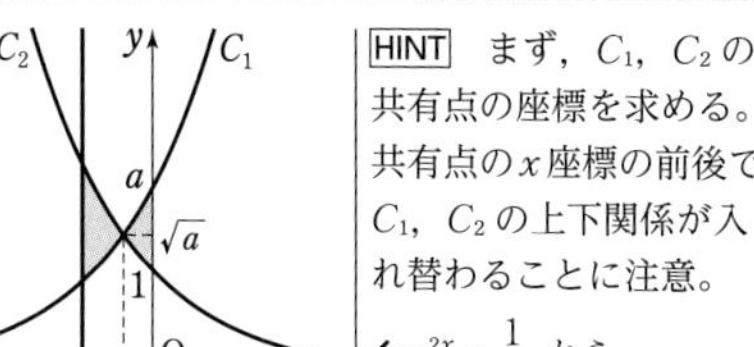


$a>0$ であるから　$e^{2x}=\frac{1}{a}$

ゆえに　$2x=-\log a$

←$e^{2x}=\frac{1}{a}$ から $2x=\log\frac{1}{a}$

よって　$x=-\frac{1}{2}\log a$

このとき　$y=\sqrt{a}$

よって, 2 曲線 $C_1$, $C_2$ の共有点の座標は $\left(-\frac{1}{2}\log a,\ \sqrt{a}\right)$

$1\leqq a\leqq 4$ であるから　$0\leqq\log a\leqq 2\log 2$

ゆえに　$-\log 2\leqq -\frac{1}{2}\log a\leqq 0$

すなわち　$\log\frac{1}{2}\leqq -\frac{1}{2}\log a\leqq 0$

←直線 $x=\log\frac{1}{2}$ と曲線 $C_2$ の交点 $\left(\log\frac{1}{2},\ 2\right)$ を曲線 $C_1$ が通るとき $a=4$,
曲線 $C_2$ と $y$ 軸の交点 $(0,\ 1)$ を曲線 $C_1$ が通るとき　$a=1$

よって, $D_1$ の面積は

$$\int_{-\frac{1}{2}\log a}^{0}(ae^x-e^{-x})dx=\Big[ae^x+e^{-x}\Big]_{-\frac{1}{2}\log a}^{0}$$

$$=a\left(1-e^{-\frac{1}{2}\log a}\right)+1-e^{\frac{1}{2}\log a}=a-a\cdot\frac{1}{\sqrt{a}}+1-\sqrt{a}$$

$$=a-2\sqrt{a}+1=(\sqrt{a}-1)^2$$

←$e^{-\frac{1}{2}\log a}=e^{\log\frac{1}{\sqrt{a}}}=\frac{1}{\sqrt{a}}$,
$e^{\frac{1}{2}\log a}=e^{\log\sqrt{a}}=\sqrt{a}$

ゆえに, $(\sqrt{a}-1)^2=1$ とすると, $\sqrt{a}\geqq 1$ より $\sqrt{a}-1\geqq 0$ であるから　$\sqrt{a}-1=1$　　よって　$\sqrt{a}=2$

したがって　$\boldsymbol{a=4}$　　これは $1\leqq a\leqq 4$ を満たす。

(2) $D_2$ の面積は

$$\int_{\log\frac{1}{2}}^{-\frac{1}{2}\log a}(e^{-x}-ae^x)dx=\Big[-e^{-x}-ae^x\Big]_{\log\frac{1}{2}}^{-\frac{1}{2}\log a}$$

$$=-\left(e^{\frac{1}{2}\log a}-e^{-\log\frac{1}{2}}\right)-a\left(e^{-\frac{1}{2}\log a}-e^{\log\frac{1}{2}}\right)$$

$$=-(\sqrt{a}-2)-a\left(\frac{1}{\sqrt{a}}-\frac{1}{2}\right)=\frac{1}{2}a-2\sqrt{a}+2$$

←$e^{-\log\frac{1}{2}}=e^{\log 2}=2$

よって, $D_1$ の面積と $D_2$ の面積の和を $S$ とすると

6章
EX
[積分法の応用]

$$S=(a-2\sqrt{a}+1)+\left(\frac{1}{2}a-2\sqrt{a}+2\right)$$
$$=\frac{3}{2}a-4\sqrt{a}+3=\frac{3}{2}\left(\sqrt{a}-\frac{4}{3}\right)^2+\frac{1}{3}$$

$1\leqq a\leqq 4$ より $1\leqq\sqrt{a}\leqq 2$ であるから，この範囲において，$S$ は $\sqrt{a}=\frac{4}{3}$ すなわち $\boldsymbol{a=\frac{16}{9}}$ **のとき最小値** $\boldsymbol{\frac{1}{3}}$ をとる。

←$\sqrt{a}$ の 2 **次式** とみて，**基本形に直す**。
←$\sqrt{a}$ の値の範囲を確認。

**EX ③157**

$t$ を正の実数とする。$f(x)$ を $x$ の 2 次関数とする。$xy$ 平面上の曲線 $C_1$：$y=e^{|x|}$ と曲線 $C_2$：$y=f(x)$ が，点 $P_1(-t,\ e^t)$ で直交し，かつ点 $P_2(t,\ e^t)$ でも直交している。ただし，2 曲線 $C_1$ と $C_2$ が点 P で直交するとは，P が $C_1$ と $C_2$ の共有点であり，$C_1$ と $C_2$ は P においてそれぞれ接線をもち，$C_1$ の P における接線と $C_2$ の P における接線が垂直であることである。
(1) $f(x)$ を求めよ。
(2) 線分 $P_1P_2$ と曲線 $C_2$ とで囲まれた図形の面積を $S$ とする。$S$ を $t$ を用いて表せ。また，$t$ が $t>0$ の範囲を動くときの $S$ の最大値を求めよ。 〔京都工繊大〕

(1) 放物線 $C_2$ は $y$ 軸に関して対称な 2 点 $P_1(-t,\ e^t)$，$P_2(t,\ e^t)$ を通るから，放物線 $C_2$ の軸は $y$ 軸である。
よって，$f(x)=ax^2+b$ ($a$，$b$ は実数，$a\neq 0$) と表される。
$C_1$ と $C_2$ はともに $y$ 軸に関して対称であるから，$x>0$ の範囲で考える。



←2 次関数のグラフは放物線。

$C_2$ は点 $P_2$ を通るから　$e^t=at^2+b$
したがって　　$b=e^t-at^2$ …… ①
また，$g(x)=e^{|x|}$ とすると，$x>0$ のとき　　$g(x)=e^x$
2 曲線 $C_1$，$C_2$ は点 $P_2$ で直交するから
$$f'(t)\cdot g'(t)=-1$$
よって　　$2at\cdot e^t=-1$
$te^t>0$ であるから　　$a=-\frac{1}{2te^t}$ …… ②
② を ① に代入すると　　$b=e^t+\frac{t}{2e^t}$
したがって　　$\boldsymbol{f(x)=-\frac{1}{2te^t}x^2+e^t+\frac{t}{2e^t}}$

←曲線 $y=f(x)$ と $y=g(x)$ が $x=t$ の点で直交 $\Longleftrightarrow f(t)=g(t)$，$f'(t)\cdot g'(t)=-1$

(2) 線分 $P_1P_2$ と曲線 $C_2$ とで囲まれた図形は，$y$ 軸に関して対称であるから
$$\boldsymbol{S}=2\int_0^t\left\{\left(-\frac{1}{2te^t}x^2+e^t+\frac{t}{2e^t}\right)-e^t\right\}dx$$
$$=\frac{1}{e^t}\int_0^t\left(-\frac{1}{t}x^2+t\right)dx=\frac{1}{e^t}\left[-\frac{1}{3t}x^3+tx\right]_0^t$$
$$=\frac{1}{e^t}\left(-\frac{t^2}{3}+t^2\right)=\boldsymbol{\frac{2t^2}{3e^t}}$$
よって　　$\frac{dS}{dt}=\frac{2}{3}\cdot\frac{2te^t-t^2e^t}{e^{2t}}=-\frac{2t(t-2)}{3e^t}$

←微分法を利用して，$S(t)$ の増減を調べる。

$\dfrac{dS}{dt}=0$ とすると　　$t=0,\ 2$

$t>0$ における $S$ の増減表は右のようになる。

ゆえに，$S$ は **$t=2$ で最大値 $\dfrac{8}{3e^2}$** をとる。

| $t$ | 0 | $\cdots$ | 2 | $\cdots$ |
|---|---|---|---|---|
| $\dfrac{dS}{dt}$ | | $+$ | 0 | $-$ |
| $S$ | | ↗ | 極大 $\dfrac{8}{3e^2}$ | ↘ |

**EX**
④**158**

半径 1 の円を底面とする高さ $\dfrac{1}{\sqrt{2}}$ の直円柱がある。底面の円の中心を O とし，直径を 1 つとり AB とおく。AB を含み底面と 45° の角度をなす平面でこの直円柱を 2 つの部分に分けるとき，体積の小さい方の部分を $V$ とする。

(1) 直径 AB と直交し，O との距離が $t\ (0\leqq t\leqq 1)$ であるような平面で $V$ を切ったときの断面積 $S(t)$ を求めよ。

(2) $V$ の体積を求めよ。　〔東北大〕

(1) [1] 断面が台形のとき

$\sqrt{1-t^2}>\dfrac{1}{\sqrt{2}}$ から　　$0\leqq t<\dfrac{1}{\sqrt{2}}$

←$1-t^2>\dfrac{1}{2}$ から $-\dfrac{1}{\sqrt{2}}<t<\dfrac{1}{\sqrt{2}}$

このとき，断面積 $S(t)$ は

$$S(t)=\left\{\left(\sqrt{1-t^2}-\frac{1}{\sqrt{2}}\right)+\sqrt{1-t^2}\right\}\cdot\frac{1}{\sqrt{2}}\cdot\frac{1}{2}$$

$$=\frac{\sqrt{2(1-t^2)}}{2}-\frac{1}{4}$$

←台形の面積として求める。

[2] 断面が直角二等辺三角形のとき

$\sqrt{1-t^2}\leqq\dfrac{1}{\sqrt{2}}$ から　　$\dfrac{1}{\sqrt{2}}\leqq t\leqq 1$

←$1-t^2\leqq\dfrac{1}{2}$ から $t\leqq-\dfrac{1}{\sqrt{2}},\ \dfrac{1}{\sqrt{2}}\leqq t$

このとき，断面積 $S(t)$ は

$$S(t)=\frac{1}{2}(\sqrt{1-t^2})^2=\frac{1}{2}(1-t^2)$$

←二等辺三角形の面積として求める。

[1]

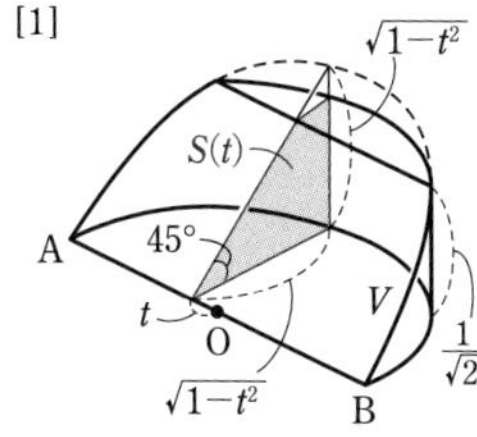


[2]

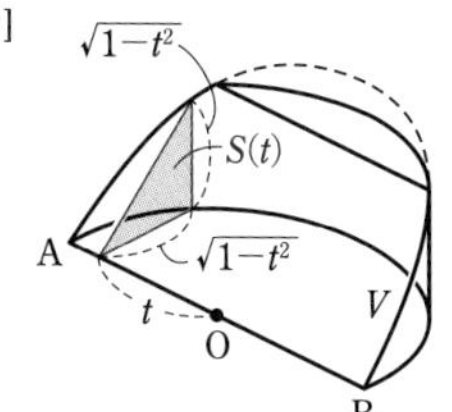


[1]，[2] から　$\boldsymbol{S(t)=\begin{cases}\dfrac{\sqrt{2(1-t^2)}}{2}-\dfrac{1}{4} & \left(0\leqq t<\dfrac{1}{\sqrt{2}}\ \text{のとき}\right)\\ \dfrac{1}{2}(1-t^2) & \left(\dfrac{1}{\sqrt{2}}\leqq t\leqq 1\ \text{のとき}\right)\end{cases}}$

(2) 対称性を考えると，求める体積は

$$2\left[\int_0^{\frac{1}{\sqrt{2}}}\left\{\frac{\sqrt{2(1-t^2)}}{2}-\frac{1}{4}\right\}dt+\int_{\frac{1}{\sqrt{2}}}^1\frac{1}{2}(1-t^2)dt\right]$$

$$=\sqrt{2}\int_0^{\frac{1}{\sqrt{2}}}\sqrt{1-t^2}\,dt-\frac{1}{2}\Big[t\Big]_0^{\frac{1}{\sqrt{2}}}+\left[t-\frac{t^3}{3}\right]_{\frac{1}{\sqrt{2}}}^1$$

$$=\sqrt{2}\left\{\frac{1}{2}\cdot1^2\cdot\frac{\pi}{4}+\frac{1}{2}\left(\frac{1}{\sqrt{2}}\right)^2\right\}-\frac{1}{2\sqrt{2}}$$

$$+\left(1-\frac{1}{3}\right)-\left(\frac{1}{\sqrt{2}}-\frac{1}{6\sqrt{2}}\right)$$

$$=\boldsymbol{\frac{\sqrt{2}}{8}\pi+\frac{2}{3}-\frac{5\sqrt{2}}{12}}$$

←積分区間を分けて $\int_{●}^{■}S(t)dt$ を計算。

参考 $\int_0^{\frac{1}{\sqrt{2}}}\sqrt{1-t^2}\,dt$ の値は，右の図の黒く塗った部分の面積と等しい。

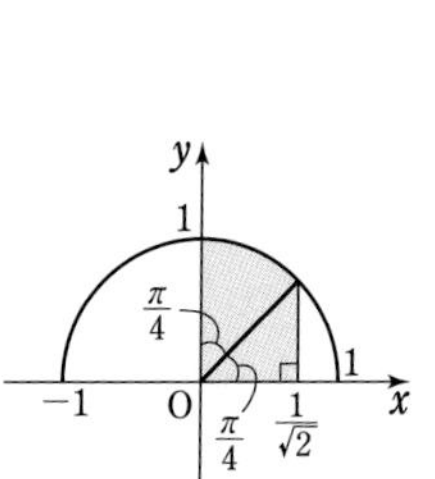


## EX ②159

$a$，$b$ を実数とする。曲線 $y=|x-a-b\sin x|$ と直線 $x=\pi$，$x=-\pi$ および $x$ 軸で囲まれる部分を $x$ 軸の周りに1回転して得られる回転体の体積を $V$ とする。

(1) $V$ を求めよ。

(2) $a$，$b$ を動かしたとき，$V$ の値が最小となるような $a$，$b$ の値を求めよ。〔東京都立大〕

HINT (1) 曲線 $y=f(x)$ と $x$ 軸の上下に関係なく $V=\pi\int_a^b\{f(x)\}^2dx$

(2) $b$ について平方完成。

(1) $$V=\pi\int_{-\pi}^{\pi}|x-a-b\sin x|^2dx$$

$$=\pi\int_{-\pi}^{\pi}(x^2+a^2+b^2\sin^2x-2ax+2ab\sin x-2bx\sin x)dx$$

$$=2\pi\int_0^{\pi}(x^2+a^2+b^2\sin^2x-2bx\sin x)dx$$

$$=2\pi\int_0^{\pi}\left\{x^2+a^2+\frac{1-\cos2x}{2}b^2-2bx(-\cos x)'\right\}dx$$

$$=2\pi\left[\frac{x^3}{3}+a^2x+\frac{1}{2}b^2x-\frac{\sin2x}{4}b^2-2b(-x\cos x+\sin x)\right]_0^{\pi}$$

$$=2\pi\left(\frac{\pi^3}{3}+a^2\pi+\frac{1}{2}b^2\pi-2b\pi\right)$$

$$=\boldsymbol{2\pi^2\left(a^2+\frac{1}{2}b^2-2b+\frac{\pi^2}{3}\right)}$$

←$|A|^2=A^2$

←$x$，$\sin x$ は奇関数 ⟶ 定積分の値は0
$x^2$，$a^2$，$\sin^2x$，$x\sin x$ は偶関数 ⟶ $\int_{-\pi}^{\pi}=2\int_0^{\pi}$

←$\int x(-\cos x)'dx$
$=-x\cos x+\int\cos x\,dx$
$=-x\cos x+\sin x+C$

(2) (1)から $V=2\pi^2\left\{a^2+\frac{1}{2}(b-2)^2+\frac{\pi^2}{3}-2\right\}$

よって $\boldsymbol{a=0,\ b=2}$ のとき最小値 $\boldsymbol{\frac{2}{3}\pi^4-4\pi^2}$

←$a^2+\frac{1}{2}(b-2)^2\geqq0$
等号は $a=0$，$b-2=0$ のとき成立。

## EX ③160

$a>0$ に対し，区間 $0\leqq x\leqq\pi$ において曲線 $y=a^2x+\frac{1}{a}\sin x$ と直線 $y=a^2x$ によって囲まれる部分を $x$ 軸の周りに回転してできる立体の体積を $V(a)$ とする。

(1) $V(a)$ を $a$ で表せ。 (2) $V(a)$ が最小になるように $a$ の値を定めよ。〔奈良県医大〕

(1)　$0 \leqq x \leqq \pi$ のとき，$a^2x+\dfrac{1}{a}\sin x \geqq a^2x \geqq 0$ であるから

$$V(a)=\pi\int_0^{\pi}\left\{\left(a^2x+\frac{1}{a}\sin x\right)^2-(a^2x)^2\right\}dx$$

$$=\pi\int_0^{\pi}\left(2ax\sin x+\frac{1}{a^2}\sin^2 x\right)dx$$

ここで

$$\int_0^{\pi}x\sin x\,dx=\Big[-x\cos x\Big]_0^{\pi}+\int_0^{\pi}\cos x\,dx=\pi+\Big[\sin x\Big]_0^{\pi}=\pi$$

$$\int_0^{\pi}\sin^2 x\,dx=\int_0^{\pi}\frac{1-\cos 2x}{2}dx=\frac{1}{2}\left[x-\frac{1}{2}\sin 2x\right]_0^{\pi}=\frac{\pi}{2}$$

←項別に分けて定積分を計算。

よって　$\boldsymbol{V(a)}=\pi\left(2a\pi+\dfrac{\pi}{2a^2}\right)=\boldsymbol{\dfrac{\pi^2}{2}\left(4a+\dfrac{1}{a^2}\right)}$

(2)　$V'(a)=\dfrac{\pi^2}{2}\left(4-\dfrac{2}{a^3}\right)=\dfrac{\pi^2(2a^3-1)}{a^3}$

←微分法を利用して，$V(a)$ の値の増減を調べる。

$V'(a)=0$ とすると　$a=\dfrac{1}{\sqrt[3]{2}}$

←$a^3=\dfrac{1}{2}$

$V(a)$ の増減表は右のようになる。

| $a$ | 0 | … | $\dfrac{1}{\sqrt[3]{2}}$ | … |
|---|---|---|---|---|
| $V'(a)$ | | − | 0 | ＋ |
| $V(a)$ | | ↘ | 極小 | ↗ |

←$V'(a)=\dfrac{2\pi^2}{a^3}\left(a-\dfrac{1}{\sqrt[3]{2}}\right)\times\left(a^2+\dfrac{a}{\sqrt[3]{2}}+\dfrac{1}{\sqrt[3]{4}}\right)$

よって，$V(a)$ が最小となる $a$ の値は　$\boldsymbol{a=\dfrac{1}{\sqrt[3]{2}}}$

6章

EX

［積分法の応用］

## EX ③161

不等式 $-\sin x \leqq y \leqq \cos 2x$，$0 \leqq x \leqq \dfrac{\pi}{2}$ で定義される領域を $K$ とする。
(1)　$K$ の面積を求めよ。
(2)　$K$ を $x$ 軸の周りに回転して得られる回転体の体積を求めよ。　〔神戸大〕

(1)　領域 $K$ を図示すると，図の斜線部分のようになる。

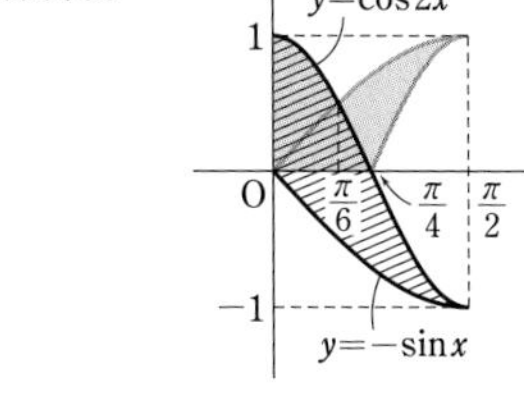


HINT　(1)　まず，領域 $K$ を図示。
(2)　(1)の図を参照。囲まれた部分が回転軸の両側にあるから，一方の側に集める。

ゆえに，$K$ の面積を $S$ とすると

$$S=\int_0^{\frac{\pi}{2}}(\cos 2x+\sin x)dx$$

$$=\left[\frac{1}{2}\sin 2x-\cos x\right]_0^{\frac{\pi}{2}}$$

$$=0-(-1)=\mathbf{1}$$

←$0 \leqq x \leqq \dfrac{\pi}{2}$ で $\cos 2x \geqq -\sin x$

(2)　求める体積は，(1)の図の赤く塗った部分を $x$ 軸の周りに1回転すると得られる。

←$x$ 軸の下側にある部分を $x$ 軸に関して対称に折り返す。このとき，曲線 $y=-\sin x$ を折り返した曲線の方程式は　$y=\sin x$

$\cos 2x=\sin x$ とすると

$$1-2\sin^2 x=\sin x$$

ゆえに　$2\sin^2 x+\sin x-1=0$

よって　$(\sin x+1)(2\sin x-1)=0$

$0 \leqq x \leqq \dfrac{\pi}{2}$ であるから，$2\sin x-1=0$ より　$x=\dfrac{\pi}{6}$

←曲線 $y=\cos 2x$ と曲線 $y=\sin x$ の交点の $x$ 座標。

したがって，求める体積を $V$ とすると

$$V=\pi\int_0^{\frac{\pi}{6}}\cos^2 2x\,dx+\pi\int_{\frac{\pi}{6}}^{\frac{\pi}{2}}\sin^2 x\,dx-\pi\int_{\frac{\pi}{4}}^{\frac{\pi}{2}}\cos^2 2x\,dx$$

$$=\frac{\pi}{2}\int_0^{\frac{\pi}{6}}(1+\cos 4x)dx+\frac{\pi}{2}\int_{\frac{\pi}{6}}^{\frac{\pi}{2}}(1-\cos 2x)dx-\frac{\pi}{2}\int_{\frac{\pi}{4}}^{\frac{\pi}{2}}(1+\cos 4x)dx$$

$$=\frac{\pi}{2}\left[x+\frac{1}{4}\sin 4x\right]_0^{\frac{\pi}{6}}+\frac{\pi}{2}\left[x-\frac{1}{2}\sin 2x\right]_{\frac{\pi}{6}}^{\frac{\pi}{2}}-\frac{\pi}{2}\left[x+\frac{1}{4}\sin 4x\right]_{\frac{\pi}{4}}^{\frac{\pi}{2}}$$

$$=\frac{\pi}{2}\left(\frac{\pi}{6}+\frac{\sqrt{3}}{8}\right)+\frac{\pi}{2}\left(\frac{\pi}{2}-\frac{\pi}{6}+\frac{\sqrt{3}}{4}\right)-\frac{\pi}{2}\left(\frac{\pi}{2}-\frac{\pi}{4}\right)$$

$$=\frac{\pi}{2}\left(\frac{\pi}{4}+\frac{3\sqrt{3}}{8}\right)=\boldsymbol{\frac{\pi(2\pi+3\sqrt{3})}{16}}$$

**EX ④162**

$xy$ 平面上において，極方程式 $r=\dfrac{4\cos\theta}{4-3\cos^2\theta}\left(-\dfrac{\pi}{2}\leqq\theta\leqq\dfrac{\pi}{2}\right)$ で表される曲線を $C$ とする。

(1) 曲線 $C$ を直交座標に関する方程式で表せ。

(2) 曲線 $C$ で囲まれた部分を $x$ 軸の周りに 1 回転してできる立体の体積を求めよ。

(3) 曲線 $C$ で囲まれた部分を $y$ 軸の周りに 1 回転してできる立体の体積を求めよ。〔鳥取大〕

(1) $r=\dfrac{4\cos\theta}{4-3\cos^2\theta}$ から　　$r(4-3\cos^2\theta)=4\cos\theta$

両辺に $r$ を掛けて　　$4r^2-3(r\cos\theta)^2=4r\cos\theta$

$r^2=x^2+y^2$，$r\cos\theta=x$ を代入すると

$4(x^2+y^2)-3x^2=4x$　すなわち　$x^2-4x+4y^2=0$ …… ①

←$(x-2)^2+4y^2=4$

したがって　　$\boldsymbol{\dfrac{(x-2)^2}{4}+y^2=1}$ …… ②

(2) ② から，曲線 $C$ の概形は右の図のようになる。

←② は楕円 $\dfrac{x^2}{4}+y^2=1$ を $x$ 軸方向に 2 だけ平行移動した楕円を表す。



(1) より，$y^2=-\dfrac{(x-2)^2}{4}+1$ であるから，求める体積は

$$\pi\int_0^4\left\{-\frac{(x-2)^2}{4}+1\right\}dx$$

←$\pi\int_0^4 y^2\,dx$

$$=\pi\left[-\frac{(x-2)^3}{12}+x\right]_0^4=\pi\left(-\frac{8}{12}+4-\frac{8}{12}\right)=\boldsymbol{\frac{8}{3}\pi}$$

(3) ① から　　$x=2\pm\sqrt{4-4y^2}=2\pm 2\sqrt{1-y^2}$

←解の公式を利用。

$x_1=2+2\sqrt{1-y^2}$，$x_2=2-2\sqrt{1-y^2}$ とすると，求める体積は

←$y=x_1$ は $C$ の $x\geqq 2$ の部分，$y=x_2$ は $C$ の $x\leqq 2$ の部分を表す。

$$\pi\int_{-1}^1 {x_1}^2\,dy-\pi\int_{-1}^1 {x_2}^2\,dy$$

$$=\pi\int_{-1}^1(8-4y^2+8\sqrt{1-y^2})dy-\pi\int_{-1}^1(8-4y^2-8\sqrt{1-y^2})dy$$

←${x_1}^2=4+4(1-y^2)+8\sqrt{1-y^2}$

$$=16\pi\int_{-1}^1\sqrt{1-y^2}\,dy$$

ここで，$\int_{-1}^1\sqrt{1-y^2}\,dy$ は半径 1 の半円の面積を表すから，求める体積は　　$16\pi\times\dfrac{1}{2}\cdot 1^2\cdot\pi=\boldsymbol{8\pi^2}$

検討 (3) パップス-ギュルダンの定理（本冊 $p.331$ 参照）と，長軸の長さが $2a$，短軸の長さが $2b$ の楕円の面積が $\pi ab$ であることを利用すると，次のようにも求められる。
曲線 $C$ は長軸の長さが 4，短軸の長さが 2 の楕円であるから，面積は　$2\pi$
また，曲線 $C$ の重心は点 $(2,\ 0)$ であるから，求める体積は

$$2\pi\cdot 2\times 2\pi=\boldsymbol{8\pi^2}$$

←楕円の中心が重心。

**EX**
③**163**

正の実数 $a$ に対し，曲線 $y=e^{ax}$ を $C$ とする。原点を通る直線 $\ell$ が曲線 $C$ に点 P で接している。$C$，$\ell$ および $y$ 軸で囲まれた図形を $D$ とする。
(1) 点 P の座標を $a$ を用いて表せ。
(2) $D$ を $y$ 軸の周りに 1 回転してできる回転体の体積が $2\pi$ のとき，$a$ の値を求めよ。
〔類 東京電機大〕

(1) $y=e^{ax}$ から　$y'=ae^{ax}$
接点 P の座標を $(t,\ e^{at})$ とすると，接線 $\ell$ の方程式は

$$y-e^{at}=ae^{at}(x-t)\quad すなわち\quad y=ae^{at}x+e^{at}(1-at)$$

←$y-f(t)=f'(t)(x-t)$

$\ell$ は原点を通るから　$0=e^{at}(1-at)$　よって　$1-at=0$

$a>0$ であるから　$t=\dfrac{1}{a}$

このとき，$e^{at}=e$ であるから，点 P の座標は　$\boldsymbol{\left(\dfrac{1}{a},\ e\right)}$

(2) $D$ を $y$ 軸の周りに 1 回転してできる立体の体積を $V$ とすると

$$V=\underline{\frac{1}{3}\pi\cdot\left(\frac{1}{a}\right)^2\cdot e}-\pi\int_1^e x^2\,dy$$
$$=\frac{e}{3a^2}\pi-\pi\int_1^e x^2dy$$

←＿＿は底面の半径が $\dfrac{1}{a}$，高さが $e$ の円錐の体積。

ここで，$y=e^{ax}$ から

$$x=\frac{1}{a}\log y$$

よって

$$\int_1^e x^2dy=\int_1^e\left(\frac{1}{a}\log y\right)^2dy=\frac{1}{a^2}\int_1^e(\log y)^2dy$$
$$=\frac{1}{a^2}\left\{\Big[y(\log y)^2\Big]_1^e-\int_1^e y\cdot 2\log y\cdot\frac{1}{y}dy\right\}$$
$$=\frac{1}{a^2}\left(e-2\int_1^e\log y\,dy\right)$$
$$=\frac{1}{a^2}\left\{e-2\left(\Big[y\log y\Big]_1^e-\int_1^e y\cdot\frac{1}{y}dy\right)\right\}$$
$$=\frac{1}{a^2}\left\{e-2\left(e-\Big[y\Big]_1^e\right)\right\}$$
$$=\frac{e-2}{a^2}$$

←$(\log y)^2=y'(\log y)^2$ とみて，部分積分法。

←再び部分積分法。
$\int\log y\,dy=y\log y-y+C$ を用いてもよい。

ゆえに

$$V=\frac{e}{3a^2}\pi-\pi\cdot\frac{e-2}{a^2}=\frac{2(3-e)}{3a^2}\pi$$

$V=2\pi$ とすると　$\frac{2(3-e)}{3a^2}\pi=2\pi$　よって　$a^2=\frac{3-e}{3}$

$a>0$ であるから　$\boldsymbol{a=\sqrt{\frac{3-e}{3}}}$

**EX ③164**

座標平面上の曲線 $C$ を，媒介変数 $0\leqq t\leqq 1$ を用いて $\begin{cases} x=1-t^2 \\ y=t-t^3 \end{cases}$ と定める。
(1) 曲線 $C$ の概形をかけ。
(2) 曲線 $C$ と $x$ 軸で囲まれた部分が，$y$ 軸の周りに 1 回転してできる回転体の体積を求めよ。
〔神戸大〕

HINT (2) $t$ の値の変化に対して，$y$ の値の変化は常に増加，または常に減少ではない。
→ $y$ の増加・減少が変わる $t$ の値（$t_0$ とする）に注目し，$0\leqq t\leqq t_0$ における $x$ を $x_1$，$t_0\leqq t\leqq 1$ における $x$ を $x_2$ として進める。

(1) $\frac{dx}{dt}=-2t$，$\frac{dy}{dt}=1-3t^2$

$0\leqq t\leqq 1$ のとき，$\frac{dx}{dt}=0$ とすると　$t=0$

$\frac{dy}{dt}=0$ とすると，$3t^2=1$ から　$t=\frac{1}{\sqrt{3}}$

$x$，$y$ の増減は左下の表のようになるから，曲線 $C$ の概形は右下の **図**(1)のようになる。

←まず，$\frac{dx}{dt}=0$，$\frac{dy}{dt}=0$ となる $t$ の値を調べて，$0\leqq t\leqq 1$ のときの $x$，$y$ の値の変化を調べる。

| $t$ | 0 | … | $\frac{1}{\sqrt{3}}$ | … | 1 |
|---|---|---|---|---|---|
| $\frac{dx}{dt}$ | | $-$ | $-$ | $-$ | |
| $x$ | 1 | ↘ | $\frac{2}{3}$ | ↘ | 0 |
| $\frac{dy}{dt}$ | | $+$ | 0 | $-$ | |
| $y$ | 0 | ↗ | $\frac{2\sqrt{3}}{9}$ | ↘ | 0 |

(1)

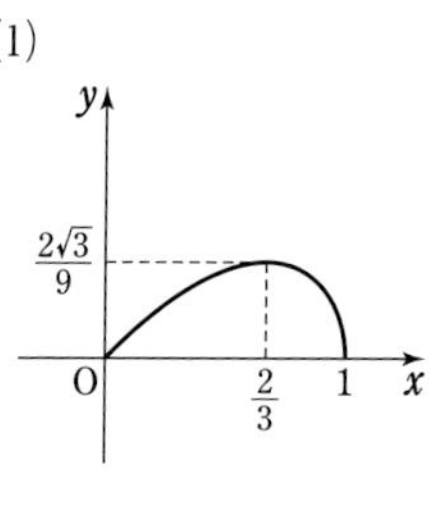


増減表は，次のように表してもよい。

| $t$ | 0 | … | $\frac{1}{\sqrt{3}}$ | … | 1 |
|---|---|---|---|---|---|
| $\frac{dx}{dt}$ | | $-$ | $-$ | $-$ | |
| $x$ | 1 | ← | $\frac{2}{3}$ | ← | 0 |
| $\frac{dy}{dt}$ | | $+$ | 0 | $-$ | |
| $y$ | 0 | ↑ | $\frac{2\sqrt{3}}{9}$ | ↓ | 0 |

別解　$x=1-t^2$，$0\leqq t\leqq 1$ から，$x$ の値の範囲は
$0\leqq x\leqq 1$

また　$t^2=1-x$

$t\geqq 0$ であるから　$t=\sqrt{1-x}$

よって　$y=\sqrt{1-x}-\sqrt{(1-x)^3}$

ゆえに　$y'=\frac{1}{2}\cdot\frac{-1}{\sqrt{1-x}}-\frac{3}{2}\sqrt{1-x}\cdot(-1)=-\frac{3x-2}{2\sqrt{1-x}}$

←$t$ を消去して，$y=$($x$ の式) の形にする方針。

←$x\neq 1$ のとき。

$y'=0$ とすると　$x=\frac{2}{3}$

よって，$y$ の増減表は右のようになる。
この増減表を利用して，曲線 $C$ の概形をかく。

| $x$ | 0 | … | $\frac{2}{3}$ | … | 1 |
|---|---|---|---|---|---|
| $y'$ | | $+$ | 0 | $-$ | |
| $y$ | 0 | ↗ | $\frac{2\sqrt{3}}{9}$ | ↘ | 0 |

(2) $0 \leqq t \leqq \frac{1}{\sqrt{3}}$ における $x$ を $x_1$, $\frac{1}{\sqrt{3}} \leqq t \leqq 1$ における $x$ を $x_2$ とすると，求める体積 $V$ は

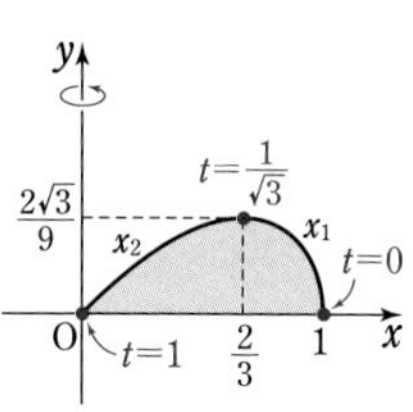


$$V=\pi\int_0^{\frac{2\sqrt{3}}{9}} {x_1}^2 dy-\pi\int_0^{\frac{2\sqrt{3}}{9}} {x_2}^2 dy$$

よって $\frac{V}{\pi}=\int_0^{\frac{1}{\sqrt{3}}} x^2\frac{dy}{dt}dt-\int_1^{\frac{1}{\sqrt{3}}} x^2\frac{dy}{dt}dt$

$$=\int_0^1 x^2\frac{dy}{dt}dt$$

$$=\int_0^1 (1-t^2)^2(1-3t^2)dt$$

$$=\int_0^1 (1-5t^2+7t^4-3t^6)dt$$

$$=\left[t-\frac{5}{3}t^3+\frac{7}{5}t^5-\frac{3}{7}t^7\right]_0^1$$

$$=\frac{32}{105}$$

したがって $V=\boldsymbol{\frac{32}{105}\pi}$

←$\int_0^{\frac{1}{\sqrt{3}}}-\int_1^{\frac{1}{\sqrt{3}}}=\int_0^{\frac{1}{\sqrt{3}}}+\int_{\frac{1}{\sqrt{3}}}^1=\int_0^1$

参考 $V=2\pi\int_0^1 xy\,dx=2\pi\int_1^0 (1-t^2)(t-t^3)(-2t)dt$

$$=4\pi\int_0^1 (t^6-2t^4+t^2)dt$$

$$=4\pi\left[\frac{t^7}{7}-\frac{2}{5}t^5+\frac{t^3}{3}\right]_0^1=\boldsymbol{\frac{32}{105}\pi}$$

| $x$ | $0 \longrightarrow 1$ |
|---|---|
| $t$ | $1 \longrightarrow 0$ |

←本冊 $p.330$ の公式 $\boldsymbol{V=2\pi\int_a^b xf(x)dx}$ を利用した解答。

**EX ④165** $xy$ 平面上の $x \geqq 0$ の範囲で，直線 $y=x$ と曲線 $y=x^n$ $(n=2, 3, 4, \cdots\cdots)$ により囲まれる部分を $D$ とする。$D$ を直線 $y=x$ の周りに回転してできる回転体の体積を $V_n$ とするとき
(1) $V_n$ を求めよ。 (2) $\lim_{n\to\infty} V_n$ を求めよ。 〔横浜国大〕

(1) 図のように，曲線 $y=x^n$ 上の点 $P(x, x^n)$ $(0 \leqq x \leqq 1)$ から直線 $y=x$ に垂線 PH を引き，

$PH=h$, $OH=t$ $(0 \leqq t \leqq \sqrt{2})$

とする。

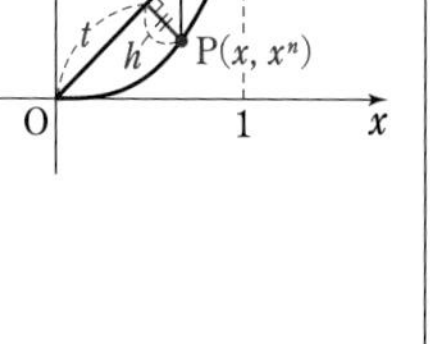


HINT 回転体の断面積や積分変数は，回転軸である直線 $y=x$ に対応させる。

このとき

$$h=\frac{|x-x^n|}{\sqrt{1^2+(-1)^2}}=\frac{x-x^n}{\sqrt{2}}$$

$$t=\sqrt{2}x-h=\sqrt{2}x-\frac{x-x^n}{\sqrt{2}}=\frac{x+x^n}{\sqrt{2}}$$

←点と直線の距離の公式。
$0 \leqq x \leqq 1$ から
$x-x^n \geqq 0$
$t$ が回転軸上の変数である。

ゆえに $dt=\frac{1+nx^{n-1}}{\sqrt{2}}dx$

$t$ と $x$ の対応は右のようになる。

| $t$ | $0 \longrightarrow \sqrt{2}$ |
|---|---|
| $x$ | $0 \longrightarrow 1$ |

よって，求める体積 $V_n$ は

6章 EX 〔積分法の応用〕

$$V_n=\pi\int_0^{\sqrt{2}}h^2dt=\pi\int_0^1\frac{(x-x^n)^2}{2}\cdot\frac{1+nx^{n-1}}{\sqrt{2}}dx$$

$$=\frac{\pi}{2\sqrt{2}}\int_0^1(x^2-2x^{n+1}+x^{2n})(1+nx^{n-1})dx$$

$$=\frac{\pi}{2\sqrt{2}}\int_0^1\{x^2+(n-2)x^{n+1}+(1-2n)x^{2n}+nx^{3n-1}\}dx$$

$$=\frac{\pi}{2\sqrt{2}}\left[\frac{x^3}{3}+\frac{n-2}{n+2}x^{n+2}+\frac{1-2n}{2n+1}x^{2n+1}+\frac{x^{3n}}{3}\right]_0^1$$

$$=\frac{\pi}{2\sqrt{2}}\left(\frac{1}{3}+\frac{n-2}{n+2}+\frac{1-2n}{2n+1}+\frac{1}{3}\right)$$

$$=\frac{\pi}{2\sqrt{2}}\left\{\frac{2}{3}-\frac{6n}{(n+2)(2n+1)}\right\}$$

$$=\frac{\pi}{2\sqrt{2}}\cdot\frac{4n^2-8n+4}{3(n+2)(2n+1)}=\boldsymbol{\frac{\sqrt{2}(n-1)^2}{3(n+2)(2n+1)}\pi}$$

←回転軸は $x$ 軸でなく，直線 $y=x$ であるから，$t$ について積分する。そして，変数のおき換えで $x$ にする。

(2) $$\lim_{n\to\infty}V_n=\frac{\sqrt{2}}{3}\pi\lim_{n\to\infty}\frac{\left(1-\frac{1}{n}\right)^2}{\left(1+\frac{2}{n}\right)\left(2+\frac{1}{n}\right)}$$

$$=\frac{\sqrt{2}}{3}\pi\cdot\frac{1}{2}=\boldsymbol{\frac{\sqrt{2}}{6}\pi}$$

←分母の最高次の項 $n^2$ で分母・分子を割る。

**EX ⑤166** 座標空間において，中心 (0, 2, 0)，半径 1 で $xy$ 平面内にある円を $D$ とする。$D$ を底面とし，$z\geqq0$ の部分にある高さ 3 の直円柱（内部を含む）を $E$ とする。点 (0, 2, 2) と $x$ 軸を含む平面で $E$ を 2 つの立体に分け，$D$ を含む方を $T$ とする。

(1) $-1\leqq t\leqq1$ とする。平面 $x=t$ で $T$ を切ったときの断面積 $S(t)$ を求めよ。また，$T$ の体積を求めよ。

(2) $T$ を $x$ 軸の周りに 1 回転させてできる立体の体積を求めよ。〔九州大〕

(1) 点 (0, 2, 2) と $x$ 軸を含む平面の方程式は $z=y$ であるから，$T$ は図 1 のようになる。

←この平面は，原点を通り，法線ベクトルが (0, −1, 1) であるから，その方程式は $0\cdot x-1\cdot y+1\cdot z=0$ より $z=y$

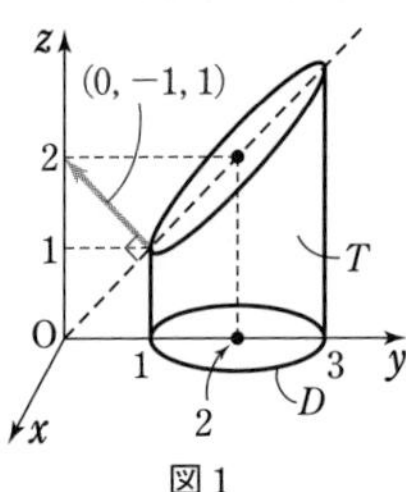

図 1

平面 $x=t$ で $T$ を切ったときの図形を考える。

直円柱 $E$ は $x^2+(y-2)^2\leqq1$, $0\leqq z\leqq3$ で表される。

$x=t$ とすると

$$t^2+(y-2)^2\leqq1$$

よって

$$2-\sqrt{1-t^2}\leqq y\leqq2+\sqrt{1-t^2} \quad \cdots\cdots ①$$

←$(y-2)^2\leqq1-t^2$ から $-\sqrt{1-t^2}\leqq y-2\leqq\sqrt{1-t^2}$

また　$z\leqq y$ … ②，$z\geqq0$ … ③

平面 $x=t$ で $T$ を切ったときの図形は，①〜③ を満たす。

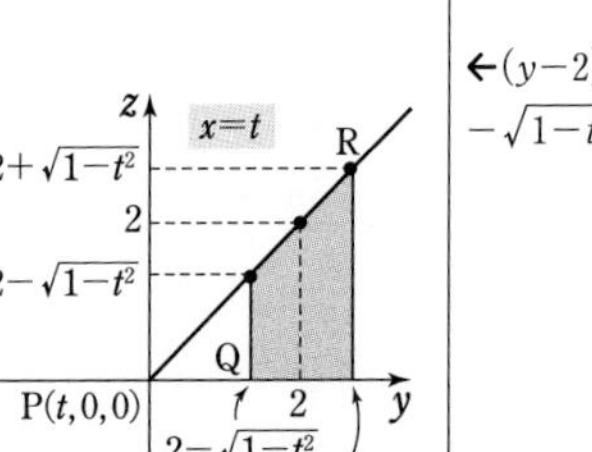

図 2

よって，図 2 から断面積 $S(t)$ は

$\boldsymbol{S(t)}$

$=\dfrac{1}{2}\{(2-\sqrt{1-t^2})+(2+\sqrt{1-t^2})\}\{(2+\sqrt{1-t^2})-(2-\sqrt{1-t^2})\}$ ←台形の面積を計算。

$\boldsymbol{=4\sqrt{1-t^2}}$

$T$ は平面 $x=0$ に関して対称であるから，$T$ の体積を $V_1$ とすると　$V_1=2\displaystyle\int_0^1 S(t)dt=8\int_0^1\sqrt{1-t^2}\,dt$

$\displaystyle\int_0^1\sqrt{1-t^2}\,dt$ は半径1の四分円の面積であるから

$$V_1=8\times\frac{1}{2}\cdot1^2\cdot\frac{\pi}{2}=\boldsymbol{2\pi}$$

(2) 図2のように，3点P，Q，Rを定める。

←Qは点Pに最も近い点，Rは点Pから最も離れた点である。

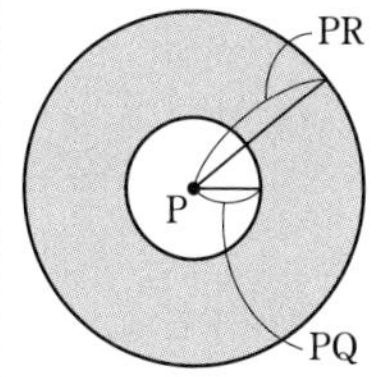


このとき，$T$ を $x$ 軸の周りに1回転させてできる立体を $U$ とし，$U$ を $x=t$ で切ったときの断面積を $f(t)$ とすると

$f(t)=\pi(\mathrm{PR}^2-\mathrm{PQ}^2)=\pi[\{\sqrt{2}(2+\sqrt{1-t^2})\}^2-(2-\sqrt{1-t^2})^2]$

$\quad=\pi\{(10-2t^2+8\sqrt{1-t^2})-(5-t^2-4\sqrt{1-t^2})\}$

$\quad=\pi(5-t^2+12\sqrt{1-t^2})$

$U$ は平面 $x=0$ に関して対称であるから，$U$ の体積を $V_2$ とすると

$$V_2=2\int_0^1 f(t)dt=2\pi\int_0^1(5-t^2)dt+24\pi\int_0^1\sqrt{1-t^2}\,dt$$

$$=2\pi\left[5t-\frac{1}{3}t^3\right]_0^1+24\pi\times\frac{1}{2}\cdot1^2\cdot\frac{\pi}{2}=\boldsymbol{6\pi^2+\frac{28}{3}\pi}$$

**EX ⑤167**

点Oを原点とする座標空間内で，1辺の長さが1の正三角形OPQを動かす。また，点A(1, 0, 0)に対して，∠AOPを $\theta$ とおく。ただし，$0\leqq\theta\leqq\pi$ とする。

(1) 点Qが(0, 0, 1)にあるとき，点Pの $x$ 座標がとりうる値の範囲と，$\theta$ がとりうる値の範囲を求めよ。

(2) 点Qが平面 $x=0$ 上を動くとき，辺OPが通過しうる範囲を $K$ とする。$K$ の体積を求めよ。

〔類 東京大〕

(1) 点Pから線分OQへ垂線を下ろし，線分OQとの交点をHとする。△OPQは1辺の長さが1の正三角形であるから

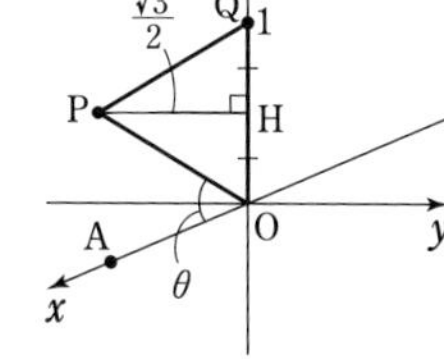


$$\mathrm{OH}=\frac{1}{2},\ \mathrm{PH}=\frac{\sqrt{3}}{2}$$

よって，点Qが(0, 0, 1)にあるとき，点Pは平面 $z=\dfrac{1}{2}$ 上の，中心 $\left(0,\ 0,\ \dfrac{1}{2}\right)$，半径 $\dfrac{\sqrt{3}}{2}$ の円周上を動く。

ゆえに，点Pの座標は $0\leqq\alpha<2\pi$ として $\left(\dfrac{\sqrt{3}}{2}\cos\alpha,\ \dfrac{\sqrt{3}}{2}\sin\alpha,\ \dfrac{1}{2}\right)$ と表される。

よって，**点Pの $x$ 座標を $p_x$ とすると**，$p_x$ のとりうる値の範囲は　$\boldsymbol{-\dfrac{\sqrt{3}}{2}\leqq p_x\leqq\dfrac{\sqrt{3}}{2}}$

←$0\leqq\alpha<2\pi$ から $-1\leqq\cos\alpha\leqq1$

また，$|\overrightarrow{\mathrm{OP}}|=|\overrightarrow{\mathrm{OA}}|=1$，$\angle\mathrm{AOP}=\theta$ であるから

$$\overrightarrow{\mathrm{OP}}\cdot\overrightarrow{\mathrm{OA}}=|\overrightarrow{\mathrm{OP}}||\overrightarrow{\mathrm{OA}}|\cos\theta=\cos\theta$$

←内積の定義。

6章 EX [積分法の応用]

一方，$\overrightarrow{\mathrm{OP}}=\left(\dfrac{\sqrt{3}}{2}\cos\alpha,\ \dfrac{\sqrt{3}}{2}\sin\alpha,\ \dfrac{1}{2}\right)$，$\overrightarrow{\mathrm{OA}}=(1,\ 0,\ 0)$ から

$$\overrightarrow{\mathrm{OP}}\cdot\overrightarrow{\mathrm{OA}}=\frac{\sqrt{3}}{2}\cos\alpha$$

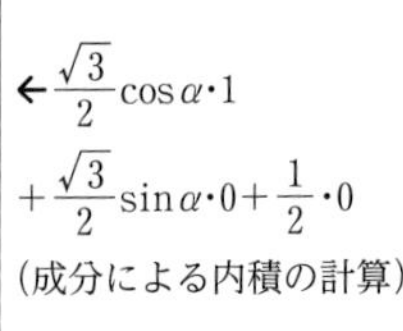

$\leftarrow \dfrac{\sqrt{3}}{2}\cos\alpha\cdot 1+\dfrac{\sqrt{3}}{2}\sin\alpha\cdot 0+\dfrac{1}{2}\cdot 0$
（成分による内積の計算）

よって　　$\cos\theta=\dfrac{\sqrt{3}}{2}\cos\alpha$

$0\leqq\alpha<2\pi$ より，$-1\leqq\cos\alpha\leqq 1$ であるから

$$-\frac{\sqrt{3}}{2}\leqq\cos\theta\leqq\frac{\sqrt{3}}{2}$$

したがって，$0\leqq\theta\leqq\pi$ から，$\theta$ のとりうる値の範囲は

$$\boldsymbol{\frac{\pi}{6}\leqq\theta\leqq\frac{5}{6}\pi}$$

(2)　点Qの座標が $(0,\ 0,\ 1)$ のとき，辺OPが通過しうるのは，右の図のような原点Oを頂点とし，底面の円の半径 $\dfrac{\sqrt{3}}{2}$，高さ $\dfrac{1}{2}$ の直円錐の側面である。この円錐を $C$ とする。

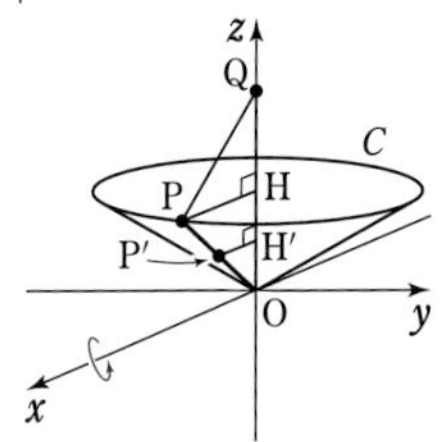


辺OP上に $z$ 座標が $t$ である点P′をとり，点P′から線分OQへ垂線を下ろし，線分OQとの交点をH′とする。

$\triangle\mathrm{P'OH'}$ は $\angle\mathrm{P'OH'}=\dfrac{\pi}{3}$，$\angle\mathrm{P'H'O}=\dfrac{\pi}{2}$ の直角三角形であるから　　$\mathrm{P'H'}=\mathrm{OH'}\tan\dfrac{\pi}{3}=\sqrt{3}\,t$

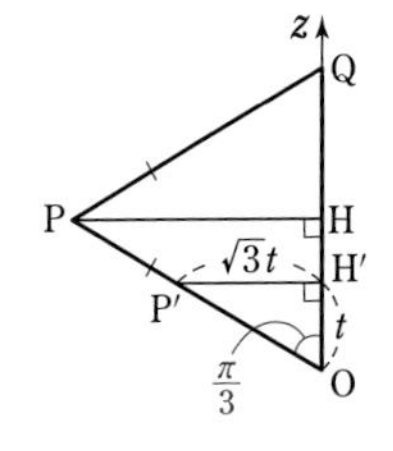


したがって，点Qの座標が $(0,\ 0,\ 1)$ のとき，点P′は平面 $z=t$ 上の中心H′，半径 $\sqrt{3}\,t$ の円周上を動く。
よって，点P′の座標を $(x,\ y,\ z)$ とすると

$$x^2+y^2=(\sqrt{3}\,z)^2\ \left(0\leqq z\leqq\frac{1}{2}\right)$$

すなわち　$x^2+y^2=3z^2\ \left(0\leqq z\leqq\dfrac{1}{2}\right)$ ……①　が成り立つ。

OQ$=1$ であるから，点Qは平面 $x=0$ 上を動くとき，この平面上の，中心O，半径1の円周上を動く。
よって，$K$ は円錐 $C$ の側面を $x$ 軸の周りに1回転させた立体である。

円錐 $C$ の平面 $x=k$ $\left(-\dfrac{\sqrt{3}}{2}\leqq k\leqq\dfrac{\sqrt{3}}{2}\right)$ による切り口は，

① に $x=k$ を代入して　　$k^2+y^2=3z^2\ \left(0\leqq z\leqq\dfrac{1}{2}\right)$

すなわち，右の図のような曲線の一部である。

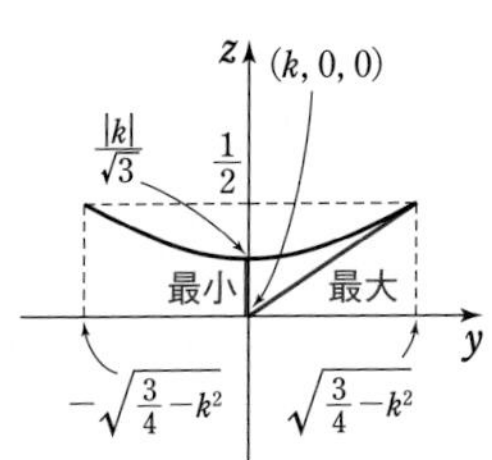


点 $(k,\ 0,\ 0)$ と，この曲線上の点との距離の最大値は

$$\sqrt{\left(\sqrt{\frac{3}{4}-k^2}\right)^2+\left(\frac{1}{2}\right)^2}=\sqrt{1-k^2}$$

最小値は　　$\dfrac{|k|}{\sqrt{3}}$

以上から，平面 $x=k$ による $K$ の断面は，右の図の赤い部分である。この面積を $S(k)$ とすると

$$S(k)=\pi(\sqrt{1-k^2})^2-\pi\left(\frac{|k|}{\sqrt{3}}\right)^2=\pi\left(1-\frac{4}{3}k^2\right)$$

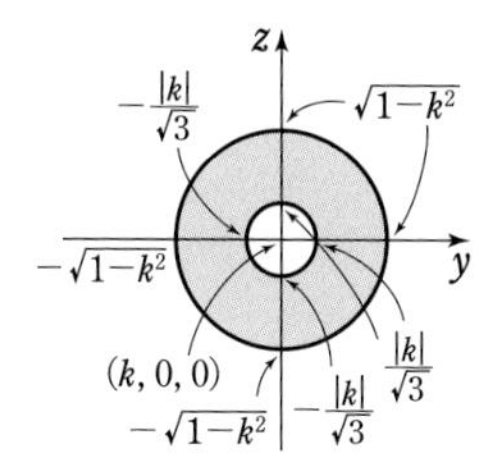


したがって，求める体積を $V$ とすると

$$V=\int_{-\frac{\sqrt{3}}{2}}^{\frac{\sqrt{3}}{2}}S(k)dk=2\pi\int_0^{\frac{\sqrt{3}}{2}}\left(1-\frac{4}{3}k^2\right)dk$$

$$=2\pi\left[k-\frac{4}{9}k^3\right]_0^{\frac{\sqrt{3}}{2}}=\boldsymbol{\frac{2\sqrt{3}}{3}\pi}$$

**EX ③168**

$a>0$ とする。カテナリー $y=\frac{a}{2}\left(e^{\frac{x}{a}}+e^{-\frac{x}{a}}\right)$ 上の定点 A$(0,\ a)$ から点 P$(p,\ q)$ までの弧の長さを $l$ とし，この曲線と $x$ 軸，$y$ 軸および直線 $x=p$ で囲まれる部分の面積を $S$ とする。このとき，$S=al$ であることを示せ。

$f(x)=\frac{a}{2}\left(e^{\frac{x}{a}}+e^{-\frac{x}{a}}\right)$ とすると，$f(-x)=f(x)$ であるから，曲線は $y$ 軸に関して対称であり，区間 $[0,\ p]$，$[-p,\ 0]$ $(p>0)$ における図形は $y$ 軸に関して対称である。

$p>0$ のとき

$$\frac{dy}{dx}=\frac{a}{2}\left(\frac{1}{a}e^{\frac{x}{a}}-\frac{1}{a}e^{-\frac{x}{a}}\right)$$

$$=\frac{1}{2}\left(e^{\frac{x}{a}}-e^{-\frac{x}{a}}\right)$$

よって　$$\sqrt{1+\left(\frac{dy}{dx}\right)^2}=\sqrt{1+\frac{1}{4}\left(e^{\frac{x}{a}}-e^{-\frac{x}{a}}\right)^2}$$

$$=\sqrt{\frac{1}{4}\left(e^{\frac{x}{a}}+e^{-\frac{x}{a}}\right)^2}$$

$$=\frac{1}{2}\left(e^{\frac{x}{a}}+e^{-\frac{x}{a}}\right)$$

ゆえに　$$al=a\int_0^p\frac{1}{2}\left(e^{\frac{x}{a}}+e^{-\frac{x}{a}}\right)dx=\int_0^p\frac{a}{2}\left(e^{\frac{x}{a}}+e^{-\frac{x}{a}}\right)dx$$

$$=S$$

曲線の対称性から，$p<0$ のときも $al=S$ は成り立つ。

検討　カテナリーは，**懸垂線**（けんすいせん）ともいう。
$x>0$ のとき
　$f'(x)>0$，$f''(x)>0$
であるから，$x\geqq0$ では右上がりで下に凸の曲線である。

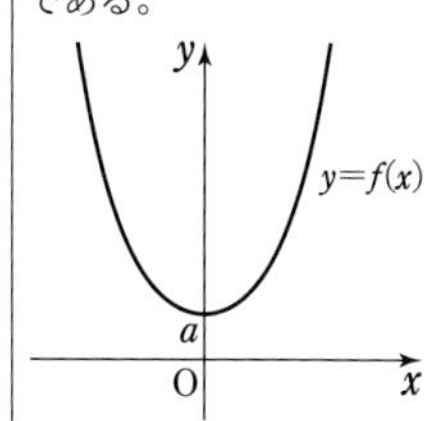


$\leftarrow\int_0^p\frac{a}{2}\left(e^{\frac{x}{a}}+e^{-\frac{x}{a}}\right)dx$
$=\int_0^p y\,dx=S$

**EX ③169**

極方程式 $r=1+\cos\theta$ $(0\leqq\theta\leqq\pi)$ で表される曲線の長さを求めよ。〔京都大〕

曲線上の点の直交座標を $(x,\ y)$ とすると

$$x=r\cos\theta=(1+\cos\theta)\cos\theta=\cos\theta+\cos^2\theta$$

$$y=r\sin\theta=(1+\cos\theta)\sin\theta=\sin\theta+\frac{1}{2}\sin2\theta$$

よって　$$\frac{dx}{d\theta}=-\sin\theta-2\cos\theta\sin\theta=-\sin\theta-\sin2\theta$$

$$\frac{dy}{d\theta}=\cos\theta+\cos2\theta$$

HINT　曲線上の点の直交座標を $(x,\ y)$ とすると
$\boldsymbol{x=r\cos\theta}$，$\boldsymbol{y=r\sin\theta}$
$\longrightarrow x,\ y$ を $\theta$ の式で表す。

ゆえに $\left(\frac{dx}{d\theta}\right)^2+\left(\frac{dy}{d\theta}\right)^2$

$=(-\sin\theta-\sin 2\theta)^2+(\cos\theta+\cos 2\theta)^2$

$=2+2\sin\theta\sin 2\theta+2\cos\theta\cos 2\theta=2+2\cos\theta$

$=2+2\left(2\cos^2\frac{\theta}{2}-1\right)=4\cos^2\frac{\theta}{2}$

←$\sin^2●+\cos^2●=1$, $\sin 2\theta\sin\theta+\cos 2\theta\cos\theta=\cos(2\theta-\theta)$

$0\leqq\theta\leqq\pi$ のとき $\cos\frac{\theta}{2}\geqq 0$ であるから，求める曲線の長さは

←$0\leqq\frac{\theta}{2}\leqq\frac{\pi}{2}$

$$\int_0^\pi\sqrt{\left(\frac{dx}{d\theta}\right)^2+\left(\frac{dy}{d\theta}\right)^2}\,d\theta=\int_0^\pi\sqrt{4\cos^2\frac{\theta}{2}}\,d\theta=2\int_0^\pi\cos\frac{\theta}{2}d\theta$$

$$=4\left[\sin\frac{\theta}{2}\right]_0^\pi=\mathbf{4}$$

←$\sqrt{4\cos^2\frac{\theta}{2}}=\left|2\cos\frac{\theta}{2}\right|$

**EX**
③**170**

次の条件 [1]，[2] を満たす曲線 $C$ の方程式 $y=f(x)$ $(x\geqq 0)$ を求めよ。

[1] 点 $(0,\ 1)$ を通る。

[2] 点 $(0,\ 1)$ から曲線 $C$ 上の任意の点 $(x,\ y)$ までの曲線の長さ $L$ が $L=e^{2x}+y-2$ で与えられる。〔北海道大〕

HINT まず，条件 [2] から $f'(x)$ を $e^{2x}$ で表し，不定積分を求める。

[2] から $\displaystyle\int_0^x\sqrt{1+\{f'(t)\}^2}\,dt=e^{2x}+f(x)-2$

両辺を $x$ で微分すると $\sqrt{1+\{f'(x)\}^2}=2e^{2x}+f'(x)$

両辺を平方すると $1+\{f'(x)\}^2=4e^{4x}+4e^{2x}f'(x)+\{f'(x)\}^2$

←$\frac{d}{dx}\int_a^x f(t)dt=f(x)$ （$a$ は定数）

よって $f'(x)=-e^{2x}+\frac{1}{4}e^{-2x}$

ゆえに $f(x)=\int\left(-e^{2x}+\frac{1}{4}e^{-2x}\right)dx=-\frac{1}{2}e^{2x}-\frac{1}{8}e^{-2x}+D$

（$D$ は積分定数）

←$f(x)=\int f'(x)dx$

また，[1] から $f(0)=1$

よって $1=-\frac{1}{2}-\frac{1}{8}+D$ ゆえに $D=\frac{13}{8}$

したがって，求める方程式 $y=f(x)$ は

$$\boldsymbol{y=-\frac{1}{2}e^{2x}-\frac{1}{8}e^{-2x}+\frac{13}{8}\ (x\geqq 0)}$$

**EX**
④**171**

$f(t)=\pi t(9-t^2)$ とするとき，次の問いに答えよ。

(1) $x=\cos f(t)$，$y=\sin f(t)$ とするとき，$\left(\frac{dx}{dt}\right)^2+\left(\frac{dy}{dt}\right)^2$ を計算せよ。

(2) 座標平面上を運動する点Pの時刻 $t$ における座標 $(x,\ y)$ が，$x=\cos f(t)$，$y=\sin f(t)$ で表されているとき，$t=0$ から $t=3$ までに点Pが点 $(-1,\ 0)$ を通過する回数 $N$ を求めよ。

(3) (2) における点Pが，$t=0$ から $t=3$ までに動く道のり $s$ を求めよ。〔類 大阪工大〕

(1) $f'(t)=\pi\{1\cdot(9-t^2)+t(-2t)\}=3\pi(3-t^2)$

また $\frac{dx}{dt}=-\sin f(t)\times f'(t)$，$\frac{dy}{dt}=\cos f(t)\times f'(t)$

←合成関数の微分法。

よって $\left(\frac{dx}{dt}\right)^2+\left(\frac{dy}{dt}\right)^2=\{\sin^2 f(t)+\cos^2 f(t)\}\{f'(t)\}^2$

$=\boldsymbol{9\pi^2(3-t^2)^2}$

←$\sin^2 f(t)+\cos^2 f(t)=1$

(2)　点Pが点$(-1,\ 0)$と一致するとき

$$\cos f(t)=-1,\ \sin f(t)=0$$

ゆえに，$n$ を整数とすると，$f(t)=(2n+1)\pi$ を満たす。

$f'(t)=0$ とすると，$3-t^2=0$ から　　$t=\pm\sqrt{3}$

←$f(t)$ の増減を調べる。

$0\leqq t\leqq 3$ における $f(t)$ の増減表は，次のようになる。

| $t$ | 0 | $\cdots$ | $\sqrt{3}$ | $\cdots$ | 3 |
|---|---|---|---|---|---|
| $f'(t)$ | | $+$ | 0 | $-$ | |
| $f(t)$ | 0 | ↗ | 極大 $6\sqrt{3}\pi$ | ↘ | 0 |

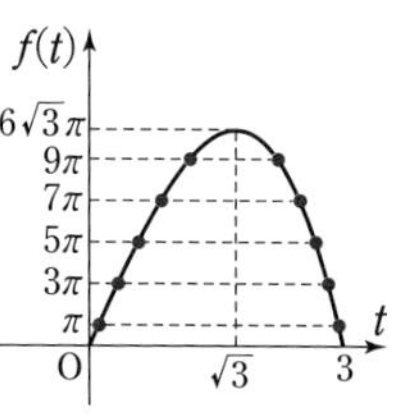


$f(t)=(2n+1)\pi$ となる回数を調べる。

$9\pi<6\sqrt{3}\pi<11\pi$ であることと，増減表より，$t=0$ から $t=\sqrt{3}$ までに点$(-1,\ 0)$を5回，$t=\sqrt{3}$ から $t=3$ までに点$(-1,\ 0)$を5回通過する。したがって　　$\boldsymbol{N=10}$

(3)　$$s=\int_0^3\sqrt{\left(\frac{dx}{dt}\right)^2+\left(\frac{dy}{dt}\right)^2}\,dt=\int_0^3 3\pi|3-t^2|\,dt$$

$$=3\pi\int_0^{\sqrt{3}}(3-t^2)dt+3\pi\int_{\sqrt{3}}^3(-3+t^2)dt$$

$$=3\pi\left[3t-\frac{t^3}{3}\right]_0^{\sqrt{3}}+3\pi\left[-3t+\frac{t^3}{3}\right]_{\sqrt{3}}^3$$

$$=3\pi(3\sqrt{3}-\sqrt{3})+3\pi\{-9+9-(-3\sqrt{3}+\sqrt{3})\}=\boldsymbol{12\sqrt{3}\pi}$$

←$0\leqq t\leqq\sqrt{3}$ のとき
$3-t^2\geqq 0$
$\sqrt{3}\leqq t\leqq 3$ のとき
$3-t^2\leqq 0$

別解　点Pは，$t=0$ から $t=\sqrt{3}$ の間に点$(1,\ 0)$から単位円上を反時計回りに $6\sqrt{3}\pi$ だけ回転し，$t=\sqrt{3}$ から $t=3$ の間に時計回りに $6\sqrt{3}\pi$ だけ回転し，点$(1,\ 0)$に戻る。
したがって，求める道のりは

$$s=6\sqrt{3}\pi+6\sqrt{3}\pi=\boldsymbol{12\sqrt{3}\pi}$$

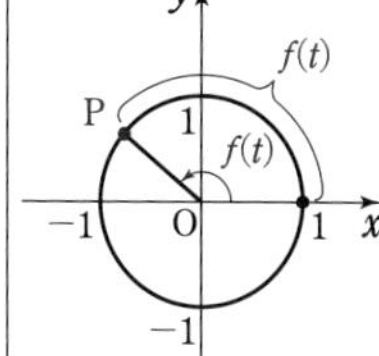


6章 EX【積分法の応用】

## EX ③172

曲線 $y=-\cos x\ (0\leqq x\leqq\pi)$ を $y$ 軸の周りに1回転させてできる形をした容器がある。ただし，単位は cm とする。この容器に毎秒 $1\text{cm}^3$ ずつ水を入れたとき，$t$ 秒後の水面の半径を $r$ cm とし，水の体積を $V\text{cm}^3$ とする。水を入れ始めてからあふれるまでの時間内で考えるとき

(1)　水の体積 $V$ を $r$ の式で表せ。

(2)　水を入れ始めて $t$ 秒後の $r$ の増加する速度 $\dfrac{dr}{dt}$ を $r$ の式で表せ。

(1)　条件から　$V=\displaystyle\int_{-1}^{-\cos r}\pi x^2dy$

←$V$ は，図の赤く塗った部分を $y$ 軸の周りに1回転してできる立体の体積である。

ここで　　$y=-\cos x$

$dy=\sin x\,dx$ であり，$y$ と $x$ の対応は次のようになる。

| $y$ | $-1\longrightarrow-\cos r$ |
|---|---|
| $x$ | $0\longrightarrow r$ |

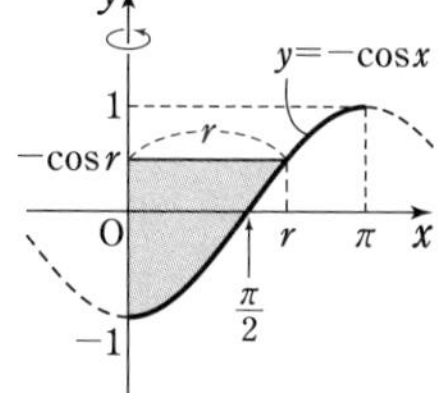


よって

$$V=\int_0^r\pi x^2\sin x\,dx$$

$$=\pi\int_0^r x^2\sin x\,dx$$

←$x^2\sin x=x^2(-\cos x)'$ とみて，部分積分法。

$$=\pi\left\{\left[x^2(-\cos x)\right]_0^r-\int_0^r 2x(-\cos x)dx\right\}$$

$$=\pi\left\{-r^2\cos r+2\left(\left[x\sin x\right]_0^r-\int_0^r \sin x\,dx\right)\right\}$$

←$x\cos x=x(\sin x)'$ とみて，2 回目の部分積分法。

$$=\pi\left(-r^2\cos r+2r\sin r+2\left[\cos x\right]_0^r\right)$$

$$\boldsymbol{=\pi(-r^2\cos r+2r\sin r+2\cos r-2)}$$

(2) (1) で導いた $V=\pi\int_0^r x^2\sin x\,dx$ の両辺を $r$ で微分すると

$$\frac{dV}{dr}=\pi r^2\sin r$$

←$\dfrac{d}{dr}\int_0^r f(x)dx=f(r)$

ここで　$\dfrac{dV}{dr}=\dfrac{dV}{dt}\cdot\dfrac{dt}{dr}$

←合成関数の微分。

$\dfrac{dV}{dt}=1$ であるから　$\dfrac{dV}{dr}=1\cdot\dfrac{dt}{dr}=\dfrac{dt}{dr}$

←〰〰は「毎秒 $1\,\text{cm}^3$ ずつ水を入れる」という条件。

よって　$\dfrac{dt}{dr}=\pi r^2\sin r$

ゆえに　$\dfrac{dr}{dt}=\dfrac{1}{\dfrac{dt}{dr}}=\boldsymbol{\dfrac{1}{\pi r^2\sin r}}$

←逆関数の微分。

**EX**
③**173**

$f(x)$ は実数全体で定義された連続関数であり，すべての実数 $x$ に対して次の関係式を満たすとする。このとき，関数 $f(x)$ を求めよ。

$$\int_0^x e^t f(x-t)dt=f(x)-e^x$$

〔奈良県医大〕

HINT　まず，$x-t=s$ とおいて，左辺を置換積分法で変形。そして，両辺を $x$ で微分して $f(x)$ の微分方程式を導く。

$x-t=s$ とおくと　　$t=x-s$，$dt=-ds$

$t$ と $s$ の対応は右のようになる。

| $t$ | $0\longrightarrow x$ |
|---|---|
| $s$ | $x\longrightarrow 0$ |

よって　$\displaystyle\int_0^x e^t f(x-t)dt$

$$=\int_x^0 e^{x-s}f(s)(-1)ds=e^x\int_0^x e^{-s}f(s)ds$$

ゆえに，関係式は

$$e^x\int_0^x e^{-s}f(s)ds=f(x)-e^x\quad\cdots\cdots\ ①$$

① の両辺を $x$ で微分すると

$$e^x\int_0^x e^{-s}f(s)ds+e^x\{e^{-x}f(x)\}=f'(x)-e^x$$

←$(uv)'=u'v+uv'$，$\dfrac{d}{dx}\int_a^x F(t)dt=F(x)$

よって　$\displaystyle e^x\int_0^x e^{-s}f(s)ds+f(x)=f'(x)-e^x$

① を代入して　　$f(x)-e^x+f(x)=f'(x)-e^x$

ゆえに　$f'(x)=2f(x)$　$\cdots\cdots$ ②

←微分方程式。

ここで，① の両辺に $x=0$ を代入すると

$$0=f(0)-1$$

←$\int_0^0$●$=0$

すなわち　$f(0)=1$

したがって，定数関数 $f(x)=0$ は ② の解ではない。

よって，② から　$\dfrac{f'(x)}{f(x)}=2$

←変数分離形。

ゆえに　$\displaystyle\int\frac{f'(x)}{f(x)}dx=\int 2dx$　←両辺を $x$ で積分。

よって　$\log|f(x)|=2x+C$（$C$ は任意定数）　←$|f(x)|=e^{2x+C}$

ゆえに　$f(x)=\pm e^{2x+C}$　すなわち　$f(x)=\pm e^{C}e^{2x}$

$\pm e^{C}=A$ とおくと　$f(x)=Ae^{2x}$（$A$ は任意定数），$A\neq 0$

$f(0)=1$ であるから　$A=1$　←$A\neq 0$ を満たす。

したがって　$\boldsymbol{f(x)=e^{2x}}$

**EX**
③**174**

実数全体で微分可能な関数 $f(x)$ が次の条件(A)，(B)をともに満たす。

(A)：すべての実数 $x$，$y$ について，$f(x+y)=f(x)f(y)$ が成り立つ。

(B)：すべての実数 $x$ について，$f(x)\neq 0$ である。

(1)　すべての実数 $x$ について $f(x)>0$ であることを，背理法によって証明せよ。

(2)　すべての実数 $x$ について，$f'(x)=f(x)f'(0)$ であることを示せ。

(3)　$f'(0)=k$ とするとき，$f(x)$ を $k$ を用いて表せ。　〔類　東京慈恵医大〕

(1)　ある実数 $a$ について $f(a)<0$ であると仮定する。

←「すべての…」の証明には背理法が有効。条件(B)から，仮定は $f(a)<0$ とした。

条件(A)から　$f(a)=f(a+0)=f(a)f(0)$

よって　$f(a)\{1-f(0)\}=0$

$f(a)\neq 0$ であるから　$f(0)=1$

$f(x)$ は微分可能な関数であるから，連続である。

また，$f(0)=1>0$，$f(a)<0$ であるから，中間値の定理により，$f(b)=0$ となる $b$ が $0<x<a$ または $a<x<0$ の範囲に存在する。これは条件(B)に矛盾する。

←$f(0)=1>0$ から，$a\neq 0$ であることがわかる。

したがって，すべての実数 $x$ について $f(x)>0$ である。　←条件(B)

(2)　$\displaystyle f'(x)=\lim_{h\to 0}\frac{f(x+h)-f(x)}{h}=\lim_{h\to 0}\frac{f(x)f(h)-f(x)}{h}$　←条件(A)

$\displaystyle =f(x)\lim_{h\to 0}\frac{f(h)-1}{h}=f(x)\lim_{h\to 0}\frac{f(0+h)-f(0)}{h}$

$=f(x)f'(0)$

←$f(x)$ は $h$ に無関係。また，(1)の過程から $f(0)=1$

(3)　(2)の結果から　$f'(x)=kf(x)$

(1)より，$f(x)>0$ であるから　$\displaystyle\frac{f'(x)}{f(x)}=k$　←変数分離形。

ゆえに　$\displaystyle\int\frac{f'(x)}{f(x)}dx=k\int dx$

よって　$\log f(x)=kx+C$（$C$ は任意定数）　←$\log|f(x)|=\log f(x)$

ゆえに　$f(x)=e^{kx+C}$　すなわち　$f(x)=e^{C}e^{kx}$

$e^{C}=A$ とおくと　$f(x)=Ae^{kx}$（$A$ は任意定数），$A>0$

(1)より，$f(0)=1$ であるから　$A=1$　←$A>0$ を満たす。

したがって　$\boldsymbol{f(x)=e^{kx}}$

**EX ④175** ラジウムなどの放射性物質は，各瞬間の質量に比例する速度で，質量が減少していく。その比例定数を $k$ $(k>0)$，最初の質量を $A$ として，質量 $x$ を時間 $t$ の関数で表せ。また，ラジウムでは，質量が半減するのに 1600 年かかるという。800 年では初めの量のおよそ何 % になるか。
小数点以下を四捨五入せよ。

時間 $t$ における質量の変化する速度は　$\dfrac{dx}{dt}$

条件から，$\dfrac{dx}{dt}=-kx$ と表される。

←$x$ は時間 $t$ の減少関数。

質量 $x$ については $x>0$ であるから　$\dfrac{1}{x}\cdot\dfrac{dx}{dt}=-k$

←変数分離形。

ゆえに　$\displaystyle\int\frac{1}{x}\cdot\frac{dx}{dt}dt=-k\int dt$

←置換積分法の公式。

よって　$\displaystyle\int\frac{dx}{x}=-k\int dt$

ゆえに　$\log x=-kt+C$（$C$ は任意定数）

←$x>0$

よって　$x=e^{-kt+C}$　すなわち　$x=e^Ce^{-kt}$

$t=0$ のとき，$x=A$ であるから　$e^C=A$

←最初の質量は $A$

したがって　$\boldsymbol{x=Ae^{-kt}}$

次に，$t=1600$（年）のとき，$x=\dfrac{A}{2}$ となるから

←この 1600 年は，半減期といわれる。

$$Ae^{-1600k}=\frac{A}{2}\quad すなわち\quad e^{-1600k}=\frac{1}{2}$$

よって，$t=800$ のとき

$$x=Ae^{-800k}=A(e^{-1600k})^{\frac{1}{2}}=A\sqrt{\frac{1}{2}}\fallingdotseq 0.707A$$

←$\sqrt{\dfrac{1}{2}}=\dfrac{\sqrt{2}}{2}\fallingdotseq\dfrac{1.414}{2}=0.707$

したがって，800 年では初めの量の **およそ 71 %** になる。

**EX ④176** 関数 $f(x)$ は，$x>-2$ で連続な第 2 次導関数 $f''(x)$ をもつ。また，$x>0$ において $f(x)>0$，$f'(x)>0$ を満たし，任意の正の数 $t$ に対して点 $(t,\ f(t))$ における曲線 $y=f(x)$ の接線と $x$ 軸との交点 P の $x$ 座標が $-\displaystyle\int_0^t f(x)dx$ に等しい。
(1) $t>0$ のとき，点 $(t,\ f(t))$ における接線の方程式を求めよ。
(2) $t>0$ のとき，$f''(t)=-\{f'(t)\}^2$ を示せ。
(3) $f'(0)=\dfrac{1}{2}$，$f(0)=0$ のとき，$f'(x)$，$f(x)$ を求めよ。　〔類 鳥取大〕

(1) 任意の $t>0$ に対して $f'(t)$ が存在するから，求める接線の方程式は　$y-f(t)=f'(t)(x-t)$
すなわち　$\boldsymbol{y=f'(t)(x-t)+f(t)}$ …… ①

(2) ① において，$y=0$ とすると　$f'(t)(x-t)=-f(t)$

←(1) の接線と $x$ 軸の交点 P の $x$ 座標を求める。

$f'(t)>0$ であるから　$x=t-\dfrac{f(t)}{f'(t)}$

これが $-\displaystyle\int_0^t f(x)dx$ に等しいから

$$t-\frac{f(t)}{f'(t)}=-\int_0^t f(x)dx$$

両辺を $t$ で微分して　$1-\dfrac{\{f'(t)\}^2-f(t)f''(t)}{\{f'(t)\}^2}=-f(t)$

すなわち　$\dfrac{f(t)f''(t)}{\{f'(t)\}^2}=-f(t)$

$t>0$ のとき，$f(t)>0$ であるから　$\dfrac{f''(t)}{\{f'(t)\}^2}=-1$

すなわち　$f''(t)=-\{f'(t)\}^2$

←$\left(\dfrac{u}{v}\right)'=\dfrac{u'v-uv'}{v^2}$，$\dfrac{d}{dt}\displaystyle\int_a^t f(x)dx=f(t)$

(3)　$f'(t)=u$ とおくと　$\dfrac{du}{dt}=f''(t)=-\{f'(t)\}^2=-u^2$

すなわち　$-\dfrac{1}{u^2}\cdot\dfrac{du}{dt}=1$

←変数分離形。

両辺を $t$ で積分すると　$\displaystyle\int\left(-\frac{1}{u^2}\right)\cdot\frac{du}{dt}dt=\int dt$

すなわち　$\displaystyle-\int\frac{du}{u^2}=\int dt$

←置換積分法の公式。

ゆえに　$\dfrac{1}{u}=t+C_1$　($C_1$ は積分定数)

$t=0$ のとき，$u=f'(0)=\dfrac{1}{2}$ であるから　$C_1=2$

←初期条件 $f'(0)=\dfrac{1}{2}$ を利用。

よって　$f'(t)=\dfrac{1}{t+2}$　　ゆえに　$\boldsymbol{f'(x)=\dfrac{1}{x+2}}$

よって　$f(x)=\displaystyle\int\frac{1}{x+2}dx=\log(x+2)+C_2$　($C_2$ は積分定数)

$f(0)=0$ であるから　$0=\log 2+C_2$

すなわち　$C_2=-\log 2$　　よって　$\boldsymbol{f(x)=\log\dfrac{x+2}{2}}$

←初期条件 $f(0)=0$ を利用。

**総合 1**

点 (2, 2) を通り，傾きが $m\ (\neq 0)$ である直線 $\ell$ と曲線 $y=\dfrac{1}{x}$ との 2 つの交点を $\mathrm{P}\left(\alpha,\ \dfrac{1}{\alpha}\right)$，$\mathrm{Q}\left(\beta,\ \dfrac{1}{\beta}\right)$ とし，線分 PQ の中点を $\mathrm{R}(u,\ v)$ とする。$m$ の値が変化するとき，点 R が動いてできる曲線を $C$ とする。 〔名城大〕

(1) 直線 $\ell$ の方程式を求めよ。　　(2) $u$ および $v$ をそれぞれ $m$ の式で表せ。

(3) 曲線 $C$ の方程式を求め，その概形をかけ。

➡ 本冊 数学Ⅲ 例題 1

(1) $y-2=m(x-2)$　すなわち　$\boldsymbol{y=mx-2m+2}$

(2) $mx-2m+2=\dfrac{1}{x}$ とすると

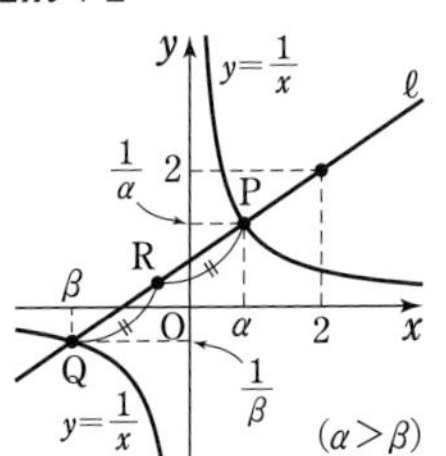


←直線 $\ell$ の方程式と $y=\dfrac{1}{x}$ から $y$ を消去してできる 2 次方程式について考察。

$mx^2-2(m-1)x-1=0$ …… ①

$m\neq 0$ であるから，① は $x$ の 2 次方程式である。① の判別式を $D$ とすると

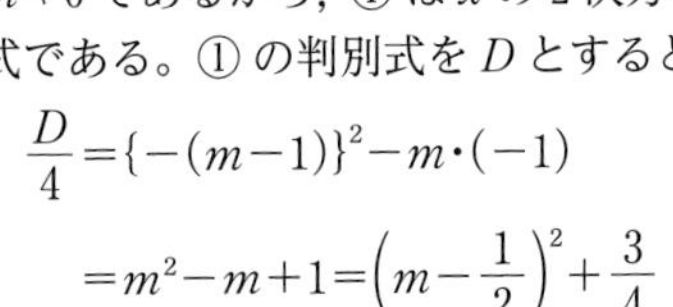

$$\frac{D}{4}=\{-(m-1)\}^2-m\cdot(-1)$$

$$=m^2-m+1=\left(m-\frac{1}{2}\right)^2+\frac{3}{4}$$

ゆえに　$D>0$

よって，① は異なる 2 つの実数解をもつから，直線 $\ell$ と曲線 $y=\dfrac{1}{x}$ は異なる 2 点 P，Q で交わる。

←2 点 P，Q の存在を確認。

$\alpha$，$\beta$ は ① の解であるから，解と係数の関係により

$$\alpha+\beta=\frac{2(m-1)}{m},\quad \alpha\beta=-\frac{1}{m}$$

←2 次方程式 $ax^2+bx+c=0$ の解を $\alpha$，$\beta$ とすると $\alpha+\beta=-\dfrac{b}{a}$，$\alpha\beta=\dfrac{c}{a}$

R は線分 PQ の中点であるから

$$\boldsymbol{u}=\frac{\alpha+\beta}{2}=\boldsymbol{\frac{m-1}{m}}\ \cdots\cdots ②,$$

$$\boldsymbol{v}=\frac{\dfrac{1}{\alpha}+\dfrac{1}{\beta}}{2}=\frac{\alpha+\beta}{2\alpha\beta}=\frac{2(m-1)}{-2}=\boldsymbol{1-m}\ \cdots\cdots ③$$

検討　$v=mu-2m+2$ $=m\cdot\dfrac{m-1}{m}-2m+2$ $=\boldsymbol{1-m}$ としてもよい。

(3) ② から　$(u-1)m=-1$ …… ④

←$mu=m-1$ から。

ここで，$u=1-\dfrac{1}{m}$ であるから　$u\neq 1$

←② の式を変形し，$u$ の変域を調べる。

よって，④ から　$m=-\dfrac{1}{u-1}$

これを ③ に代入して　$v=\dfrac{1}{u-1}+1$

←$u$，$v$ の関係式。

ゆえに，$C$ の方程式は　$\boldsymbol{y=\dfrac{1}{x-1}+1}$

←$x$，$y$ の式に直す。

また，$C$ の概形は **右図**。

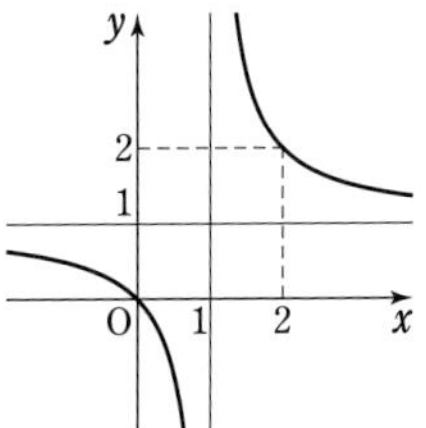

**総合 2**

座標平面上の点 $(x,\ y)$ は，次の方程式を満たす。

$$\frac{1}{2}\log_2(6-x)-\log_2\sqrt{3-y}=\frac{1}{2}\log_2(10-2x)-\log_2\sqrt{4-y}\ \cdots\cdots\ (*)$$

方程式$(*)$の表す図形上の点 $(x,\ y)$ は，関数 $y=\frac{2}{x}$ のグラフを $x$ 軸方向に $p$，$y$ 軸方向に $q$ だけ平行移動したグラフ上の点である。このとき，$p$，$q$ を求めると，$(p,\ q)=$ア□ である。点 $(x,\ y)$ が方程式$(*)$の表す図形上を動くとき，$x+2y$ の最大値は イ□ である。また，整数の組 $(x,\ y)$ が方程式$(*)$を満たすとき，$x$ の値をすべて求めると，$x=$ウ□ である。〔芝浦工大〕

➡ 本冊 数学Ⅲ 例題1，5

真数は正であるから

$$6-x>0,\ 3-y>0,\ 10-2x>0,\ 4-y>0$$

よって　$x<5,\ y<3$

このとき，$(*)$の両辺に 2 を掛けて整理すると

$$\log_2(6-x)(4-y)=\log_2(10-2x)(3-y)$$

ゆえに　$(6-x)(4-y)=(10-2x)(3-y)$

展開して整理すると　$xy-2x-4y+6=0\ \cdots\cdots$ ①

よって　$(x-4)y=2x-6$

$x=4$ とすると，$0\cdot y=2$ となり，等式は成り立たないから

$$x\neq 4$$

ゆえに　$y=\frac{2x-6}{x-4}=\frac{2}{x-4}+2\ \cdots\cdots$ ②

② のグラフは，$y=\frac{2}{x}$ のグラフを $x$ 軸方向に 4，$y$ 軸方向に 2 だけ平行移動したものであるから　$(p,\ q)=$ア$\mathbf{(4,\ 2)}$

② において，$y<3$ から　$\frac{2}{x-4}<1\ \cdots\cdots$ ③

$x>4$ とすると，③ から　$2<x-4$　すなわち　$x>6$

これは $x<5$ を満たさず，不適。

よって，$x<4$ であるから，③ より

$$2>x-4\quad すなわち\quad x<6$$

ゆえに，$x$ の値の範囲は　$x<4$

以上から，方程式$(*)$の表す図形は，② のグラフの $x<4$ の部分である。

$x+2y=k\ \cdots\cdots$ ④ とおくと，④ は傾き $-\frac{1}{2}$，$y$ 切片 $\frac{1}{2}k$ の直線を表す。

よって，直線 ④ が $x<4$ の部分で曲線 ② と接するとき，$k$ の値は最大になる。

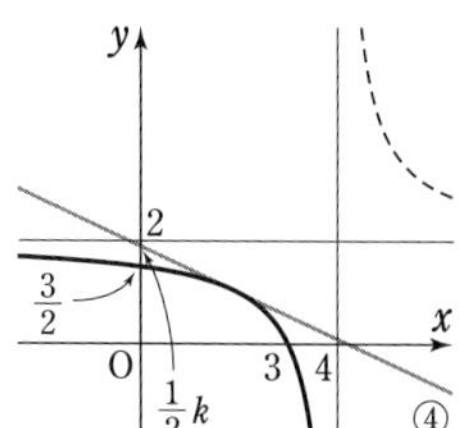


②，④ から

$$-\frac{1}{2}x+\frac{1}{2}k=2+\frac{2}{x-4}$$

両辺に $2(x-4)$ を掛けて整理すると

$$x^2-kx+4k-12=0\ \cdots\cdots\ ⑤$$

←まず，真数条件に注意。

←順に解くと　$x<6$，$y<3$，$x<5$，$y<4$

←$\log_2\sqrt{3-y}=\frac{1}{2}\log_2(3-y)$，$\log_2\sqrt{4-y}=\frac{1}{2}\log_2(4-y)$

←$y=f(x)$ の形にするために，$y$ について解く。

←$y=\frac{2(x-4)+2}{x-4}=2+\frac{2}{x-4}$

←$\frac{2}{x-4}+2<3$

←グラフから考えると，$x<4$ のときは　$y<2$

←$y=-\frac{1}{2}x+\frac{1}{2}k$

$x$ の 2 次方程式 ⑤ の判別式を $D$ とすると，直線 ④ と曲線 ② が接するのは $D=0$ のときである。

← ❶ 接する ⟺ 重解

$$D=(-k)^2-4\cdot1\cdot(4k-12)=k^2-16k+48=(k-4)(k-12)$$

$D=0$ から　$(k-4)(k-12)=0$　ゆえに　$k=4,\ 12$

$k=4$ のとき，⑤ から　$x=\dfrac{k}{2}=2$　④ から　$y=1$

←2 次方程式 $px^2+qx+r=0$ が重解をもつとき，重解は $x=-\dfrac{q}{2p}$

これは $x<4,\ y<2$ を満たす。

$k=12$ のとき，⑤ から　$x=\dfrac{k}{2}=6$

これは $x<4$ を満たさず，不適。

したがって　$k=4$　すなわち，$x+2y$ の最大値は　${}^{イ}\mathbf{4}$

また，② から　$(x-4)(y-2)=2$ …… ⑥

←$y-2=\dfrac{2}{x-4}$

$x,\ y$ が整数のとき，$x-4,\ y-2$ も整数である。

また，$x<4,\ y<2$ であるから　$x-4<0,\ y-2<0$

よって，⑥ から　$(x-4,\ y-2)=(-2,\ -1),\ (-1,\ -2)$

よって　$(x,\ y)=(2,\ 1),\ (3,\ 0)$

したがって　$x={}^{ウ}\mathbf{2,\ 3}$

**総合 3**

定数 $a$ に対して関数 $f(x)=\dfrac{1}{2}\sqrt{4x+a^2-6a-7}-\dfrac{3-a}{2}$ を考え，$y=f(x)$ の逆関数を $y=g(x)$ とする。

(1) 関数 $f(x)$ の定義域を求めよ。　(2) 関数 $g(x)$ を求めよ。

(3) $y=f(x)$ のグラフと $y=g(x)$ のグラフが接するとき，$a={}^{ア}\square,\ {}^{イ}\square$ であり，接点の座標は $a={}^{ア}\square$ のとき $({}^{ウ}\square,\ {}^{エ}\square)$，$a={}^{イ}\square$ のとき $({}^{オ}\square,\ {}^{カ}\square)$ である。ただし，$\square$ には整数値が入り，${}^{ア}\square<{}^{イ}\square$ とする。〔類 近畿大〕

➡ 本冊 数学Ⅲ 例題 13

(1) 関数 $f(x)$ の定義域は，$4x+a^2-6a-7\geqq0$ から

←($\sqrt{\ }$ 内)$\geqq0$

$$\boldsymbol{x\geqq-\frac{1}{4}a^2+\frac{3}{2}a+\frac{7}{4}}$$

(2) 関数 $f(x)$ の値域は　$y\geqq-\dfrac{3-a}{2}$

←これから，$g(x)$ の定義域は　$x\geqq-\dfrac{3-a}{2}$

また，$y=\dfrac{1}{2}\sqrt{4x+a^2-6a-7}-\dfrac{3-a}{2}$ とすると

$$2y+3-a=\sqrt{4x+a^2-6a-7}$$

両辺を平方して　$(2y+3-a)^2=4x+a^2-6a-7$

←左辺を展開して整理すると $4x=4y^2-4ay+12y+16$

$x$ について解くと　$x=y^2-(a-3)y+4$

よって　$\boldsymbol{g(x)=x^2-(a-3)x+4\ \left(x\geqq\dfrac{a-3}{2}\right)}$

(3) 接点の座標を $(x,\ y)$ とすると

$$y=f(x)\ かつ\ y=g(x)$$

$y=f(x)$ より $x=g(y)$ であるから，次の連立方程式を考える。

←$y=f(x)\Longleftrightarrow x=f^{-1}(y)$

$x=y^2-(a-3)y+4\ \left(y\geqq\dfrac{a-3}{2}\right)$ …… ①　←$x=g(y)$

$y=x^2-(a-3)x+4\ \left(x\geqq\dfrac{a-3}{2}\right)$ …… ②　←$y=g(x)$

②−① から　$(x-y)(x+y-a+4)=0$ …… ③

ここで，$x+y \geqq a-3$ であるから　$x+y-a+3 \geqq 0$

よって　$x+y-a+4>0$　ゆえに，③ から　$x=y$

したがって，$y=g(x)$ のグラフと直線 $y=x$ が接するための条件を考える。

$x=x^2-(a-3)x+4$ とすると　$x^2-(a-2)x+4=0$ …… ④

④ が重解をもつことが条件であり，④ の判別式を $D$ とすると

$$D=0$$

ここで　$D=\{-(a-2)\}^2-4\cdot1\cdot4=(a+2)(a-6)$

$D=0$ から　$(a+2)(a-6)=0$　よって　$a=$ ア $\mathbf{-2}$，イ $\mathbf{6}$

このとき，④ の重解は $x=-\dfrac{-(a-2)}{2\cdot1}=\dfrac{a-2}{2}$ で

$a=-2$ のとき　$x=-2$，　$a=6$ のとき　$x=2$

したがって，接点の座標は

$a=-2$ のとき　(ウ $\mathbf{-2}$，エ $\mathbf{-2}$)，$a=6$ のとき　(オ $\mathbf{2}$，カ $\mathbf{2}$)

←$y \geqq \dfrac{a-3}{2}$，$x \geqq \dfrac{a-3}{2}$ の辺々を加える。

←$D=\{(a-2)+4\}\times\{(a-2)-4\}$

←2 次方程式 $px^2+qx+r=0$ が重解をもつとき，重解は $x=-\dfrac{q}{2p}$

## 総合 4

関数 $f(x)=\dfrac{2x+1}{x+2}$ $(x>0)$ に対して，

$$f_1(x)=f(x),\ f_n(x)=(f\circ f_{n-1})(x)\quad(n=2,\ 3,\ \cdots\cdots)$$

とおく。

(1) $f_2(x)$，$f_3(x)$，$f_4(x)$ を求めよ。

(2) 自然数 $n$ に対して $f_n(x)$ の式を推測し，その結果を数学的帰納法を用いて証明せよ。

〔札幌医大〕

➡ 本冊 数学Ⅲ 例題 16

総合

(1) $\boldsymbol{f_2(x)}=(f\circ f_1)(x)=f(f_1(x))$

$$=\frac{2f_1(x)+1}{f_1(x)+2}=\frac{2\cdot\dfrac{2x+1}{x+2}+1}{\dfrac{2x+1}{x+2}+2}=\frac{2(2x+1)+x+2}{2x+1+2(x+2)}$$

$$=\boldsymbol{\frac{5x+4}{4x+5}}$$

同様にして　$\boldsymbol{f_3(x)}=f(f_2(x))=\dfrac{2f_2(x)+1}{f_2(x)+2}=\boldsymbol{\dfrac{14x+13}{13x+14}}$

$\boldsymbol{f_4(x)}=f(f_3(x))=\dfrac{2f_3(x)+1}{f_3(x)+2}=\boldsymbol{\dfrac{41x+40}{40x+41}}$

←〰〰 の分母・分子に $x+2$ を掛ける。

(2) 4 つの項からなる数列 $\{a_n\}$：2，5，14，41　を考える。

数列 $\{a_n\}$ の階差数列を $\{b_n\}$ とすると，$\{b_n\}$：3，9，27　であるから　$b_n=3^n$

よって，$2 \leqq n \leqq 4$ のとき

$$a_n=2+\sum_{k=1}^{n-1}3^k=2+\frac{3(3^{n-1}-1)}{3-1}=\frac{3^n+1}{2}$$

$n=1$ を代入すると $\dfrac{3^1+1}{2}=2$ となり，$n=1$ のときも成り立つ。

したがって　$a_n=\dfrac{3^n+1}{2}$

←(1) の結果から，$f_n(x)=\dfrac{a_nx+(a_n-1)}{(a_n-1)x+a_n}$ の形と推測できる。

←数列 $\{a_n\}$ の階差数列を $\{b_n\}$ とすると，$n \geqq 2$ のとき

$$a_n=a_1+\sum_{k=1}^{n-1}b_k$$

ゆえに，$f_n(x)=\dfrac{\dfrac{3^n+1}{2}x+\dfrac{3^n-1}{2}}{\dfrac{3^n-1}{2}x+\dfrac{3^n+1}{2}}$ すなわち

$\boldsymbol{f_n(x)=\dfrac{(3^n+1)x+3^n-1}{(3^n-1)x+3^n+1}}$ …… ① と推測できる。

[1]　$n=1$ のとき，① で $n=1$ とすると

$$f_1(x)=\frac{4x+2}{2x+4}=\frac{2x+1}{x+2}$$

よって，① は成り立つ。

←数学的帰納法で証明。

[2]　$n=k$ のとき，① が成り立つと仮定すると，

$f_k(x)=\dfrac{(3^k+1)x+3^k-1}{(3^k-1)x+3^k+1}$ であるから

$$f_{k+1}(x)=f(f_k(x))=\frac{2f_k(x)+1}{f_k(x)+2}=\frac{2\cdot\dfrac{(3^k+1)x+3^k-1}{(3^k-1)x+3^k+1}+1}{\dfrac{(3^k+1)x+3^k-1}{\underset{\sim\sim\sim\sim\sim\sim\sim\sim}{(3^k-1)x+3^k+1}}+2}$$

$$=\frac{(3\cdot3^k+1)x+3\cdot3^k-1}{(3\cdot3^k-1)x+3\cdot3^k+1}=\frac{(3^{k+1}+1)x+3^{k+1}-1}{(3^{k+1}-1)x+3^{k+1}+1}$$

←〰〰 の分母・分子に $(3^k-1)x+3^k+1$ を掛ける。

ゆえに，$n=k+1$ のときも，① は成り立つ。

[1]，[2] から，すべての自然数 $n$ に対して，① が成り立つ。

**総合 5**

点 (2，1) から放物線 $y=\dfrac{2}{3}x^2-1$ に引いた 2 つの接線のうち，傾きが小さい方を $\ell$ とする。

(1)　$\ell$ の方程式を求めよ。

(2)　$n$ を自然数とする。$\ell$ 上の点で，$x$ 座標と $y$ 座標がともに $n$ 以下の自然数であるものの個数を $A(n)$ とするとき，極限値 $\displaystyle\lim_{n\to\infty}\frac{A(n)}{n}$ を求めよ。　〔類　茨城大〕

➡ 本冊　数学Ⅲ　例題 23

(1)　点 (2，1) から引いた接線は，$y$ 軸に平行ではないから，その傾きを $m$ とすると，方程式は

$$y=m(x-2)+1$$

$\dfrac{2}{3}x^2-1=m(x-2)+1$ とすると

$$2x^2-3mx+6(m-1)=0 \quad \cdots\cdots ①$$

2 次方程式 ① が重解をもつから，① の判別式を $D$ とすると

$$D=0$$

ここで　$D=(-3m)^2-4\cdot2\cdot6(m-1)=3(3m^2-16m+16)$
$=3(m-4)(3m-4)$

$D=0$ から　　$m=4,\ \dfrac{4}{3}$

$\dfrac{4}{3}<4$ であるから，直線 $\ell$ の方程式は

$y=\dfrac{4}{3}(x-2)+1$　すなわち　$\boldsymbol{y=\dfrac{4}{3}x-\dfrac{5}{3}}$ …… ②

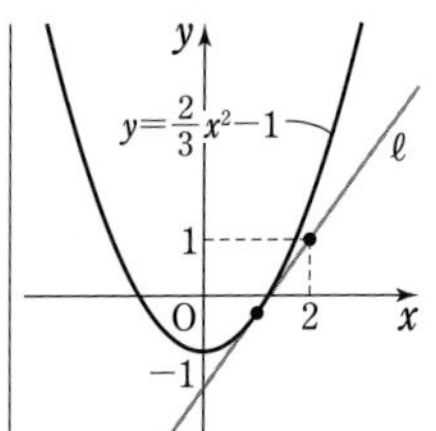


別解　(1)　$y'=\dfrac{4}{3}x$

放物線上の点 $\left(t,\ \dfrac{2}{3}t^2-1\right)$ における接線の方程式は

$y=\dfrac{4}{3}tx-\dfrac{2}{3}t^2-1$

点 (2，1) を通るとき

$t=1,\ 3$

$1<3$ から $t=1$ が適する。

(2) ② から　　$4x-3y=5$ …… ③

$x=2$, $y=1$ は ③ の整数解の 1 つである。

よって　　$4\cdot2-3\cdot1=5$ …… ④

③－④ から　　$4(x-2)-3(y-1)=0$

ゆえに　　$4(x-2)=3(y-1)$

4 と 3 は互いに素であるから，$k$ を整数として

$$x-2=3k,\ y-1=4k$$

と表される。

よって，直線 $\ell$ 上の点で，$x$ 座標と $y$ 座標がともに自然数となるものの座標は　　$(3k+2,\ 4k+1)$　$(k\geqq0)$

$k\geqq1$ のとき，$3k+2\leqq4k+1$ であるから，$n\geqq5$ において $x$ 座標と $y$ 座標がともに $n$ 以下となる条件は

$$4k+1\leqq n \quad \text{すなわち} \quad k\leqq\frac{n-1}{4}$$

ゆえに，実数 $x$ の整数部分を $[x]$ と表すとすると

$$A(n)=\left[\frac{n-1}{4}\right]+1$$

$\left[\dfrac{n-1}{4}\right]\leqq\dfrac{n-1}{4}<\left[\dfrac{n-1}{4}\right]+1$ が成り立つから

$$\frac{n-1}{4}-1<\left[\frac{n-1}{4}\right]\leqq\frac{n-1}{4}$$

各辺に 1 を加えて

$$\frac{n-1}{4}<A(n)\leqq\frac{n-1}{4}+1$$

よって　　$\dfrac{n-1}{4n}<\dfrac{A(n)}{n}\leqq\dfrac{n-1}{4n}+\dfrac{1}{n}$

$\displaystyle\lim_{n\to\infty}\frac{n-1}{4n}=\lim_{n\to\infty}\frac{1-\frac{1}{n}}{4}=\frac{1}{4}$，$\displaystyle\lim_{n\to\infty}\left(\frac{n-1}{4n}+\frac{1}{n}\right)=\frac{1}{4}$ であるから　　$\displaystyle\lim_{n\to\infty}\frac{A(n)}{n}=\mathbf{\frac{1}{4}}$

←③ を 1 次不定方程式とみて，整数解を求める。

←**$a$ と $b$ が互いに素であるとき，$ac$ が $b$ の倍数ならば，$c$ は $b$ の倍数である**（$a$, $b$, $c$ は整数）。

←$4k+1-(3k+2)=k-1\geqq0$

←$k=0$, 1, 2, ……, $\left[\dfrac{n-1}{4}\right]$ に対して条件を満たす点が 1 つずつ定まる。

←[　] はガウス記号である。ガウス記号に関しては，**$[x]\leqq x<[x]+1$** が成り立つ。これから **$x-1<[x]\leqq x$**

←**はさみうちの原理。**

総合

**総合 6**

焼きいも屋さんが京都・大阪・神戸の 3 都市を次のような確率で移動して店を出す（2 日以上続けて同じ都市で出すこともありうる）。

・京都で出した翌日に，大阪・神戸で出す確率はそれぞれ $\frac{1}{3}$, $\frac{2}{3}$ である。

・大阪で出した翌日に，京都・大阪で出す確率はそれぞれ $\frac{1}{3}$, $\frac{2}{3}$ である。

・神戸で出した翌日に，京都・神戸で出す確率はそれぞれ $\frac{2}{3}$, $\frac{1}{3}$ である。

今日を 1 日目として，$n$ 日目に京都で店を出す確率を $p_n$ とする。$p_1=1$ であるとき

(1) $p_2=$ア□，$p_3=$イ□ である。

(2) 一般項 $p_n$ は，$n$ が奇数のとき $p_n=$ウ□，$n$ が偶数のとき $p_n=$エ□ である。

(3) $\displaystyle\lim_{n\to\infty}p_n=$オ□ である。

〔類　関西学院大〕

➡ 本冊　数学Ⅲ　例題 32

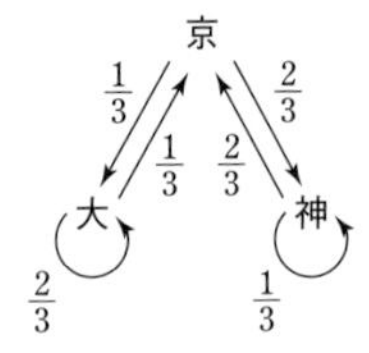


(1)　$p_1=1$ であるから，1 日目は京都で店を出す。よって，2 日目は大阪，神戸のどちらかで店を出すから　　$p_2=$ ア $\mathbf{0}$

3 日目に京都で店を出すのは，「2 日目に大阪で店を出し，3 日目に京都で店を出す」または「2 日目に神戸で店を出し，3 日目に京都で店を出す」のどちらかの場合であるから

$$p_3=\frac{1}{3}\cdot\frac{1}{3}+\frac{2}{3}\cdot\frac{2}{3}=\ ^{イ}\,\mathbf{\frac{5}{9}}$$

(2)　$n$ 日目に大阪，神戸で店を出す確率をそれぞれ $q_n$，$r_n$ とする。

このとき　　$p_n+q_n+r_n=1$　　←(確率の和)=1

$n+1$ 日目に京都で店を出すのは，「$n$ 日目に大阪で店を出し，$n+1$ 日目に京都で店を出す」または「$n$ 日目に神戸で店を出し，$n+1$ 日目に京都で店を出す」のどちらかの場合であるから

$$p_{n+1}=\frac{1}{3}q_n+\frac{2}{3}r_n$$

同様に考えて　　$q_{n+1}=\frac{1}{3}p_n+\frac{2}{3}q_n$

$$r_{n+1}=\frac{2}{3}p_n+\frac{1}{3}r_n$$

←「$n$ 日目：京都で，$n+1$ 日目：大阪」または「$n$ 日目：大阪で，$n+1$ 日目：大阪」

よって

$$\begin{aligned}p_{n+2}&=\frac{1}{3}q_{n+1}+\frac{2}{3}r_{n+1}\\&=\frac{1}{3}\left(\frac{1}{3}p_n+\frac{2}{3}q_n\right)+\frac{2}{3}\left(\frac{2}{3}p_n+\frac{1}{3}r_n\right)\\&=\frac{5}{9}p_n+\frac{2}{9}(q_n+r_n)\\&=\frac{5}{9}p_n+\frac{2}{9}(1-p_n)=\frac{1}{3}p_n+\frac{2}{9}\end{aligned}$$

←$p_{n+2}$ を考えると，$p_n+q_n+r_n=1$ すなわち $q_n+r_n=1-p_n$ を利用することで，数列 $\{p_n\}$ に関する漸化式を導くことができる。

ゆえに　　$p_{n+2}-\frac{1}{3}=\frac{1}{3}\left(p_n-\frac{1}{3}\right)$ ……（＊）

←$\alpha=\frac{1}{3}\alpha+\frac{2}{9}$ の解は　$\alpha=\frac{1}{3}$

$n$ が奇数のとき，$n=2k-1$（$k$ は自然数）と表され

$$\begin{aligned}p_{2k-1}-\frac{1}{3}&=\frac{1}{3}\left(p_{2k-3}-\frac{1}{3}\right)=\left(\frac{1}{3}\right)^2\left(p_{2k-5}-\frac{1}{3}\right)\\&=\cdots\cdots=\left(\frac{1}{3}\right)^{k-1}\left(p_1-\frac{1}{3}\right)=\frac{2}{3}\left(\frac{1}{3}\right)^{k-1}\end{aligned}$$

←（＊）は 1 項おきの関係式であるから，$n$ の偶奇に分けて考える。

$n=2k-1 \Longleftrightarrow k=\frac{n+1}{2}$

よって　　$p_n-\frac{1}{3}=\frac{2}{3}\left(\frac{1}{3}\right)^{\frac{n-1}{2}}$

ゆえに　　$p_n=\ ^{ウ}\,\mathbf{\frac{2}{3}\left(\frac{1}{3}\right)^{\frac{n-1}{2}}+\frac{1}{3}}$

$n$ が偶数のとき，$n=2k$（$k$ は自然数）と表され　　←$n=2k \Longleftrightarrow k=\frac{n}{2}$

$$\begin{aligned}p_{2k}-\frac{1}{3}&=\frac{1}{3}\left(p_{2k-2}-\frac{1}{3}\right)=\left(\frac{1}{3}\right)^2\left(p_{2k-4}-\frac{1}{3}\right)\\&=\cdots\cdots=\left(\frac{1}{3}\right)^{k-1}\left(p_2-\frac{1}{3}\right)=-\frac{1}{3}\left(\frac{1}{3}\right)^{k-1}=-\left(\frac{1}{3}\right)^k\end{aligned}$$

よって　　$p_n-\frac{1}{3}=-\left(\frac{1}{3}\right)^{\frac{n}{2}}$　　ゆえに　$p_n=\ ^{エ}\,\mathbf{-\left(\frac{1}{3}\right)^{\frac{n}{2}}+\frac{1}{3}}$

(3) $n \longrightarrow \infty$ のとき $k \longrightarrow \infty$ であり

$$\lim_{k\to\infty} p_{2k-1}=\lim_{k\to\infty}\left\{\frac{2}{3}\left(\frac{1}{3}\right)^{k-1}+\frac{1}{3}\right\}=\frac{1}{3},$$

$$\lim_{k\to\infty} p_{2k}=\lim_{k\to\infty}\left\{-\left(\frac{1}{3}\right)^{k}+\frac{1}{3}\right\}=\frac{1}{3}$$

したがって　$\lim_{n\to\infty} p_n=$ ${}^{オ}$ $\boldsymbol{\frac{1}{3}}$

←$\lim_{k\to\infty} p_{2k-1}$ と $\lim_{k\to\infty} p_{2k}$ が一致する。

## 総合 7

数列 $\{a_n\}$ を $a_1=\tan\frac{\pi}{3}$, $a_{n+1}=\frac{a_n}{\sqrt{a_n{}^2+1}+1}$ $(n=1,\ 2,\ 3,\ \cdots\cdots)$ により定める。

(1) $a_2=\tan\frac{\pi}{6}$, $a_3=\tan\frac{\pi}{12}$ であることを示せ。

(2) 一般項 $a_n$ を求めよ。　(3) $\lim_{n\to\infty} 2^n a_n$ を求めよ。　〔類 広島大〕

➡ 本冊 数学III 例題 53

(1) $0<\theta<\frac{\pi}{2}$ のとき

$$\frac{\tan\theta}{\sqrt{\tan^2\theta+1}+1}=\frac{\frac{\sin\theta}{\cos\theta}}{\frac{1}{\cos\theta}+1}=\frac{\sin\theta}{1+\cos\theta}$$

$$=\frac{2\sin\frac{\theta}{2}\cos\frac{\theta}{2}}{2\cos^2\frac{\theta}{2}}=\frac{\sin\frac{\theta}{2}}{\cos\frac{\theta}{2}}=\tan\frac{\theta}{2}$$

←$\tan^2\theta+1=\frac{1}{\cos^2\theta}$

←$\frac{1+\cos\theta}{2}=\cos^2\frac{\theta}{2}$

よって, $a_1=\tan\frac{\pi}{3}$ から

$$a_2=\tan\left(\frac{1}{2}\cdot\frac{\pi}{3}\right)=\tan\frac{\pi}{6}$$

ゆえに　$a_3=\tan\left(\frac{1}{2}\cdot\frac{\pi}{6}\right)=\tan\frac{\pi}{12}$

←$a_2=\frac{\tan\frac{\pi}{3}}{\sqrt{\tan^2\frac{\pi}{3}+1}+1}$

←$a_3=\frac{\tan\frac{\pi}{6}}{\sqrt{\tan^2\frac{\pi}{6}+1}+1}$

(2) (1) から, $a_n=\tan\frac{\pi}{3\cdot 2^{n-1}}$ ……① と推測できる。① がすべての自然数 $n$ について成り立つことを数学的帰納法で示す。

[1] $n=1$ のとき, $a_1=\tan\frac{\pi}{3}$ であるから, ① は成り立つ。

[2] $n=k$ のとき, ① が成り立つ, すなわち $a_k=\tan\frac{\pi}{3\cdot 2^{k-1}}$ と仮定すると, $0<\frac{\pi}{3\cdot 2^{k-1}}<\frac{\pi}{2}$ であるから

←$3\cdot 2^{k-1}\geqq 3\cdot 2^{1-1}=3>2$

$$a_{k+1}=\tan\left(\frac{1}{2}\cdot\frac{\pi}{3\cdot 2^{k-1}}\right)=\tan\frac{\pi}{3\cdot 2^k}$$

よって, $n=k+1$ のときも ① は成り立つ。

[1], [2] から, すべての自然数 $n$ について ① は成り立つ。

したがって　$\boldsymbol{a_n=\tan\frac{\pi}{3\cdot 2^{n-1}}}$

(3) $2^n a_n=2^n\tan\dfrac{\pi}{3\cdot2^{n-1}}=\dfrac{\sin\dfrac{\pi}{3\cdot2^{n-1}}}{\dfrac{\pi}{3\cdot2^{n-1}}}\cdot\dfrac{1}{\cos\dfrac{\pi}{3\cdot2^{n-1}}}\cdot\dfrac{2}{3}\pi$

$\displaystyle\lim_{n\to\infty}\dfrac{\pi}{3\cdot2^{n-1}}=0$ であるから　　$\displaystyle\lim_{n\to\infty}2^n a_n=1\cdot\dfrac{1}{1}\cdot\dfrac{2}{3}\pi=\boldsymbol{\dfrac{2}{3}\pi}$

←$\displaystyle\lim_{\square\to0}\dfrac{\sin\square}{\square}=1$

**総合 8**

$p$ を正の整数とする。$\alpha$, $\beta$ は $x$ に関する方程式 $x^2-2px-1=0$ の 2 つの解で，$|\alpha|>1$ であるとする。〔京都大〕

(1) すべての正の整数 $n$ に対し，$\alpha^n+\beta^n$ は整数であり，更に偶数であることを証明せよ。

(2) 極限 $\displaystyle\lim_{n\to\infty}(-\alpha)^n\sin(\alpha^n\pi)$ を求めよ。

➡ 本冊 数学Ⅲ 例題 53

(1) 解と係数の関係から　　$\alpha+\beta=2p$, $\alpha\beta=-1$ ……①

「$\alpha^n+\beta^n$ は整数であり，更に偶数である」を ② とする。

[1] $n=1$ のとき

$p$ は正の整数であるから，① より $\alpha+\beta$ は偶数である。

よって，② は成り立つ。

$n=2$ のとき

$$\alpha^2+\beta^2=(\alpha+\beta)^2-2\alpha\beta=4p^2+2=2(2p^2+1)$$

$2p^2+1$ は整数であるから，$\alpha^2+\beta^2$ は偶数である。

ゆえに，② は成り立つ。

[2] $n=k$, $k+1$ のとき，② が成り立つと仮定すると，

$\alpha^k+\beta^k=2q$（$q$ は整数），$\alpha^{k+1}+\beta^{k+1}=2r$（$r$ は整数）

と表される。

$n=k+2$ のときを考えると

$$\begin{aligned}\alpha^{k+2}+\beta^{k+2}&=(\alpha^{k+1}+\beta^{k+1})(\alpha+\beta)-\alpha^{k+1}\beta-\alpha\beta^{k+1}\\&=(\alpha^{k+1}+\beta^{k+1})(\alpha+\beta)-\alpha\beta(\alpha^k+\beta^k)\\&=2r\cdot2p-(-1)\cdot2q=2(2pr+q)\end{aligned}$$

$2pr+q$ は整数であるから，$\alpha^{k+2}+\beta^{k+2}$ は偶数である。

よって，$n=k+2$ のときも ② は成り立つ。

[1], [2] から，すべての正の整数 $n$ に対し，$\alpha^n+\beta^n$ は整数であり，更に偶数である。

←数学的帰納法
[1] $n=1$, 2 のとき成り立つ。
[2] $n=k$, $k+1$ のとき成り立つと仮定すると，$n=k+2$ のときも成り立つ。
⟹ すべての自然数 $n$ について成り立つ。

(2) 正の整数 $n$ に対し，$S_n=\alpha^n+\beta^n$ とすると，$S_n$ は偶数である。

←(1) の結果。

また，$\alpha^n\pi=\pi(S_n-\beta^n)$, $\alpha\beta=-1$ より $-\alpha=\dfrac{1}{\beta}$ であるから

$$\begin{aligned}(-\alpha)^n\sin(\alpha^n\pi)&=\frac{\sin(S_n\pi-\beta^n\pi)}{\beta^n}=\frac{\sin(-\beta^n\pi)}{\beta^n}\\&=-\frac{\sin(\beta^n\pi)}{\beta^n}\end{aligned}$$

←$\sin(2k\pi-\theta)=\sin(-\theta)=-\sin\theta$（$k$ は整数）

ここで，$|\alpha\beta|=1$ であるから　　$|\beta|=\dfrac{1}{|\alpha|}$

$|\alpha|>1$ であるから　　$0<|\beta|<1$　　よって　　$\displaystyle\lim_{n\to\infty}\beta^n=0$

←$\displaystyle\lim_{n\to\infty}|\beta|^n=0$

ゆえに　　$\displaystyle\lim_{n\to\infty}(-\alpha)^n\sin(\alpha^n\pi)=\lim_{n\to\infty}\left\{-\pi\cdot\frac{\sin(\beta^n\pi)}{\beta^n\pi}\right\}=\boldsymbol{-\pi}$

←$\displaystyle\lim_{\square\to0}\dfrac{\sin\square}{\square}=1$

**総合 9** $n$ を正の整数とする。右の連立不等式を満たす $xyz$ 空間の点 $\mathrm{P}(x,\ y,\ z)$ で，$x,\ y,\ z$ がすべて整数であるもの(格子点)の個数を $f(n)$ とする。極限 $\displaystyle\lim_{n\to\infty}\frac{f(n)}{n^3}$ を求めよ。〔東京大〕

$$\begin{cases} x+y+z\leqq n \\ -x+y-z\leqq n \\ x-y-z\leqq n \\ -x-y+z\leqq n \end{cases}$$

➡ 本冊 数学III 例題 19

HINT $z=k$ として $k$ のとりうる値の範囲を求め，平面 $z=k$ 上の格子点の数を $k,\ n$ で表すことで，格子点の総数を求める。

$z=k$ ($k$ は整数) とすると，連立不等式から

$k-n\leqq x+y\leqq n-k$ かつ

$-k-n\leqq x-y\leqq n+k$

$(x,\ y,\ z)$ が存在するためには

$k-n\leqq n-k$ かつ

$-k-n\leqq n+k$

から　　$-n\leqq k\leqq n$

←空間を平面 $z=k$ で切った切り口の図形を考える。



よって，点 $(x,\ y)$ の存在範囲は図から，4つの頂点が $(-k,\ n)$，$(-n,\ k)$，$(k,\ -n)$，$(n,\ -k)$ である長方形である。

この長方形にある格子点の個数を $N_k$ とする。

直線 $y=x$ に平行で，直線 $x+y=n-k$ 上の格子点を通る直線上には $(n-k+1)$ 個，また直線 $y=x$ に平行で，直線 $x+y=n-k$ 上の格子点を通らない直線上には $(n-k)$ 個の格子点があるから

←直線 $y=x$ に平行で $(n-k+1)$ 個の格子点をもつ直線は $(n+k+1)$ 本，$(n-k)$ 個の格子点をもつ直線は $(n+k)$ 本ある。

$$N_k=(n-k+1)(n+k+1)+(n-k)(n+k)$$
$$=-2k^2+(2n^2+2n+1)$$

よって　　$\displaystyle f(n)=\sum_{k=-n}^{n}(-2k^2+2n^2+2n+1)$

ここで　　$\displaystyle\sum_{k=-n}^{n}k^2=0+2\sum_{k=1}^{n}k^2,\quad \sum_{k=-n}^{n}1=2n+1$　であるから

$$f(n)=-4\sum_{k=1}^{n}k^2+(2n^2+2n+1)(2n+1)$$
$$=-\frac{2}{3}n(n+1)(2n+1)+(2n^2+2n+1)(2n+1)$$

←$\displaystyle\sum_{k=1}^{n}k^2=\frac{1}{6}n(n+1)(2n+1)$

ゆえに

$$\lim_{n\to\infty}\frac{f(n)}{n^3}=\lim_{n\to\infty}\left\{-\frac{2}{3}\left(1+\frac{1}{n}\right)\left(2+\frac{1}{n}\right)+\left(2+\frac{2}{n}+\frac{1}{n^2}\right)\left(2+\frac{1}{n}\right)\right\}$$
$$=-\frac{2}{3}\cdot1\cdot2+2\cdot2=\boldsymbol{\frac{8}{3}}$$

別解 $-n\leqq x\leqq -k$，$k\leqq x\leqq n$ と $-k<x<k$ に分けて，直線 $x=i$ $(-n\leqq i\leqq n)$ 上にある格子点の数を求める。

←$y$ 軸に平行な直線について格子点を数える。

$-n\leqq i\leqq -k$ のとき，格子点の数は

$$1+3+\cdots\cdots+\{2(n-k+1)-1\}=(n-k+1)^2$$

$-k<i<k$ のとき，直線 $x=i$ の本数は

←$-k+1\leqq i\leqq k-1$

$$k-1-(-k+1)+1=2k-1$$

各直線上の格子点の数は　　$2(n-k+1)-1=2n-2k+1$

よって　　$N_k=2(n-k+1)^2+(2n-2k+1)(2k-1)$

$$=-2k^2+(2n^2+2n+1)$$

**総合 10** 複素数 $z$ に対して $f(z)=\alpha z+\beta$ とする。ただし，$\alpha$，$\beta$ は複素数の定数で，$\alpha \neq 1$ とする。また，$f^1(z)=f(z)$，$f^n(z)=f(f^{n-1}(z))$ $(n=2,\ 3,\ \cdots\cdots)$ と定める。

(1) $f^n(z)$ を $\alpha$，$\beta$，$z$，$n$ を用いて表せ。

(2) $|\alpha|<1$ のとき，すべての複素数 $z$ に対して $\lim_{n\to\infty}|f^n(z)-\delta|=0$ が成り立つような複素数の定数 $\delta$ を求めよ。

(3) $|\alpha|=1$ とする。複素数の列 $\{f^n(z)\}$ に少なくとも 3 つの異なる複素数が現れるとき，これらの $f^n(z)$ $(n=1,\ 2,\ \cdots\cdots)$ は複素数平面内のある円 $C_z$ 上にある。円 $C_z$ の中心と半径を求めよ。

〔早稲田大〕

➡ 本冊 数学Ⅲ 例題 47

(1) $f^n(z)=a_n$ とおくと

$$a_{n+1}=f^{n+1}(z)=f(f^n(z))=f(a_n)=\alpha a_n+\beta$$

$\alpha \neq 1$ であるから　$a_{n+1}-\dfrac{\beta}{1-\alpha}=\alpha\left(a_n-\dfrac{\beta}{1-\alpha}\right)$

←$k=\alpha k+\beta$ の解は $k=\dfrac{\beta}{1-\alpha}$

ゆえに，数列 $\left\{a_n-\dfrac{\beta}{1-\alpha}\right\}$ は初項

$a_1-\dfrac{\beta}{1-\alpha}=f(z)-\dfrac{\beta}{1-\alpha}=\alpha z+\beta-\dfrac{\beta}{1-\alpha}$，公比 $\alpha$ の等比数列である。

よって　$a_n-\dfrac{\beta}{1-\alpha}=\left(\alpha z+\beta-\dfrac{\beta}{1-\alpha}\right)\alpha^{n-1}$

←$\beta-\dfrac{\beta}{1-\alpha}=-\dfrac{\alpha\beta}{1-\alpha}$

ゆえに　$\boldsymbol{f^n(z)=a_n=\left(z-\dfrac{\beta}{1-\alpha}\right)\alpha^n+\dfrac{\beta}{1-\alpha}}$ $\cdots\cdots$ ①

(2) $|\alpha|<1$ のとき，$\lim_{n\to\infty}|\alpha^n|=\lim_{n\to\infty}|\alpha|^n=0$ であるから

$$\lim_{n\to\infty}\alpha^n=0$$

よって，① から，すべての複素数 $z$ に対して

$$\lim_{n\to\infty}f^n(z)=\frac{\beta}{1-\alpha}$$

←$\lim_{n\to\infty}\left(z-\dfrac{\beta}{1-\alpha}\right)\alpha^n=0$

ゆえに　$\lim_{n\to\infty}\left|f^n(z)-\dfrac{\beta}{1-\alpha}\right|=0$

したがって　$\boldsymbol{\delta=\dfrac{\beta}{1-\alpha}}$

(3) $|\alpha|=1$ のとき，① から，すべての自然数 $n$ に対して

$$\left|f^n(z)-\frac{\beta}{1-\alpha}\right|=\left|z-\frac{\beta}{1-\alpha}\right||\alpha|^n=\left|z-\frac{\beta}{1-\alpha}\right|$$

←$|\alpha|=1$

$z=\dfrac{\beta}{1-\alpha}$ とすると，① から　$f^n(z)=\dfrac{\beta}{1-\alpha}$（定数）

←$f^n(z)$ は定数関数。

これは複素数の列 $\{f^n(z)\}$ に少なくとも 3 つの異なる複素数が現れるという条件に反するから　$z\neq\dfrac{\beta}{1-\alpha}$

よって　$\left|z-\dfrac{\beta}{1-\alpha}\right|>0$

ゆえに，点 $f^n(z)$ $(n=1,\ 2,\ \cdots\cdots)$ は，**点** $\boldsymbol{\dfrac{\beta}{1-\alpha}}$ **を中心**とする，**半径** $\boldsymbol{\left|z-\dfrac{\beta}{1-\alpha}\right|}$ の円 $C_z$ 上にある。

**総合 11** 半径1の円 $S_1$ に正三角形 $T_1$ が内接している。$T_1$ に内接する円を $S_2$ とし，$S_2$ に内接する正方形を $U_1$ とする。更に，$U_1$ に円 $S_3$ を，$S_3$ に正三角形 $T_2$ を，$T_2$ に円 $S_4$ を，$S_4$ に正方形 $U_2$ を順次内接させていき，以下同様にして，円の列 $S_1$，$S_2$，$S_3$，……，正三角形の列 $T_1$，$T_2$，$T_3$，……，正方形の列 $U_1$，$U_2$，$U_3$，…… を作る。〔近畿大〕

(1) 正三角形 $T_1$ の1辺の長さは ア□ であり，面積は イ□ である。

(2) 正方形 $U_1$ の1辺の長さは ウ□ であり，円 $S_2$ の面積は エ□ である。

(3) 円 $S_n$ の面積を $s_n$ とする。$s_{2n-1}$，$s_{2n}$ $(n=1,\ 2,\ \cdots\cdots)$ を $n$ で表すと，$s_{2n-1}=$ オ□，$s_{2n}=$ カ□ であるから，$\displaystyle\sum_{n=1}^{\infty}s_n=$ キ□ となる。

➡ 本冊 数学Ⅲ 例題 40，43

HINT (1)，(2) 図をかき，半径や辺の長さの関係をつかむようにする。
(3) 正三角形 $T_n$ は円 $S_{2n-1}$ に内接し，円 $S_{2n}$ に外接している。また，正方形 $U_n$ は円 $S_{2n}$ に内接し，円 $S_{2n+1}$ に外接している。

円 $S_n$ の半径を $r_n$，正三角形 $T_n$ の1辺の長さを $a_n$，正方形 $U_n$ の1辺の長さを $b_n$ とする。

(1) $r_1=1$ であるから，正三角形 $T_1$ において，正弦定理により

$$\frac{a_1}{\sin 60^\circ}=2\cdot 1$$

よって　$a_1=2\sin 60^\circ=$ ア $\boldsymbol{\sqrt{3}}$

ゆえに，正三角形 $T_1$ の面積は

$$\frac{1}{2}a_1{}^2\sin 60^\circ=\frac{1}{2}\cdot(\sqrt{3})^2\cdot\frac{\sqrt{3}}{2}=\ ^{イ}\ \boldsymbol{\frac{3\sqrt{3}}{4}}$$

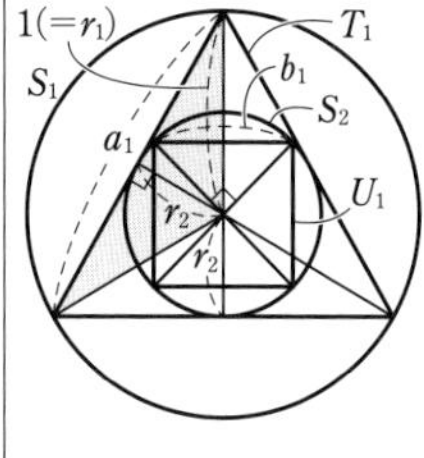


(2) 正三角形 $T_1$ の面積について　$\dfrac{3\sqrt{3}}{4}=3\cdot\dfrac{1}{2}\cdot a_1\cdot r_2$

←($T_1$ の面積)=((1) の図の黒く塗った三角形の面積の3倍)
なお，正三角形の外心と重心は一致することに注目すると，$r_1:r_2=2:1$ から　$r_2=\dfrac{1}{2}$

ゆえに　$r_2=\dfrac{\sqrt{3}}{2a_1}=\dfrac{1}{2}$

正方形 $U_1$ の1辺の長さ $b_1$ は円 $S_2$ の直径の $\dfrac{1}{\sqrt{2}}$ 倍であるから

$$b_1=\frac{1}{\sqrt{2}}\cdot 2r_2=\ ^{ウ}\ \boldsymbol{\frac{1}{\sqrt{2}}}$$

また，円 $S_2$ の面積は　$\pi r_2{}^2=$ エ $\boldsymbol{\dfrac{\pi}{4}}$

(3) 以下では $n=1,\ 2,\ \cdots\cdots$ とする。

(1)，(2) と同様に考えると

$$r_{2n}=\frac{1}{2}r_{2n-1}\ \cdots\cdots\ ①$$

←$r_1$ と $r_2$ の関係と同様。

一方，正方形 $U_n$ の1辺の長さは円 $S_{2n}$ の直径の $\dfrac{1}{\sqrt{2}}$ 倍であるから

$$b_n=\frac{1}{\sqrt{2}}\cdot 2r_{2n}=\sqrt{2}\,r_{2n}\ \cdots\cdots\ ②$$

また，円 $S_{2n+1}$ の半径は，正方形 $U_n$ の1辺の長さの $\dfrac{1}{2}$ 倍であるから　$r_{2n+1}=\dfrac{1}{2}b_n$

② を代入して　$r_{2n+1}=\dfrac{\sqrt{2}}{2}r_{2n}$

① を代入して　$r_{2n+1}=\dfrac{\sqrt{2}}{4}r_{2n-1}$

したがって　$s_{2n+1}=\left(\dfrac{\sqrt{2}}{4}\right)^2 s_{2n-1}=\dfrac{1}{8}s_{2n-1}$

←(面積比)=(相似比)$^2$

$s_1=\pi$ であるから

←$s_1=\pi\cdot 1^2$

$$s_{2n+1}=\frac{1}{8}s_{2n-1}=\left(\frac{1}{8}\right)^2 s_{2n-3}=\cdots\cdots=\left(\frac{1}{8}\right)^n s_1=\frac{\pi}{8^n}$$

この式は $n=0$ のときも成り立つ。

ゆえに　$s_{2n-1}=$ ${}^{オ}\,\boldsymbol{\dfrac{\pi}{8^{n-1}}}$

また，① より $s_{2n}=\dfrac{1}{4}s_{2n-1}$ であるから　$s_{2n}=$ ${}^{カ}\,\boldsymbol{\dfrac{\pi}{4\cdot 8^{n-1}}}$

←(面積比)=(相似比)$^2$

ここで，$N=1,\ 2,\ \cdots\cdots$ とすると

$$\sum_{n=1}^{2N} s_n=\sum_{n=1}^{N}\left(\frac{\pi}{8^{n-1}}+\frac{\pi}{4\cdot 8^{n-1}}\right)$$

←$\displaystyle\sum_{n=1}^{2N} s_n=\sum_{n=1}^{N}(s_{2n-1}+s_{2n})$

$$=\frac{5\pi}{4}\sum_{n=1}^{N}\frac{1}{8^{n-1}}=\frac{5\pi}{4}\cdot\frac{1-\left(\frac{1}{8}\right)^N}{1-\frac{1}{8}}$$

←初項 $\dfrac{5}{4}\pi$，公比 $\dfrac{1}{8}$ の等比数列の和。

よって　$\displaystyle\lim_{N\to\infty}\sum_{n=1}^{2N} s_n=\frac{5\pi}{4}\cdot\frac{8}{7}=\frac{10}{7}\pi$

また　$\displaystyle\sum_{n=1}^{2N-1} s_n=\sum_{n=1}^{2N} s_n-s_{2N}$

←$\displaystyle\lim_{N\to\infty}\sum_{n=1}^{2N-1} s_n$ が $\displaystyle\lim_{N\to\infty}\sum_{n=1}^{2N} s_n$ と一致することを確認する。

$\displaystyle\lim_{N\to\infty}\sum_{n=1}^{2N} s_n=\frac{10}{7}\pi$，$\displaystyle\lim_{N\to\infty}s_{2N}=\lim_{N\to\infty}\frac{\pi}{4\cdot 8^{N-1}}=0$ であるから

$$\lim_{N\to\infty}\sum_{n=1}^{2N-1} s_n=\frac{10}{7}\pi$$

したがって　$\displaystyle\sum_{n=1}^{\infty} s_n=$ ${}^{キ}\,\boldsymbol{\dfrac{10}{7}\pi}$

**総合 12**

実数の定数 $a$，$b$ に対して，関数 $f(x)$ を $f(x)=\dfrac{ax+b}{x^2+x+1}$ で定める。すべての実数 $x$ で不等式 $f(x)\leqq\{f(x)\}^3-2\{f(x)\}^2+2$ が成り立つような点 $(a,\ b)$ の範囲を図示せよ。〔京都大〕

➡ 本冊 数学Ⅲ 例題 57

$f(x)\leqq\{f(x)\}^3-2\{f(x)\}^2+2$ から

$$\{f(x)\}^3-2\{f(x)\}^2-f(x)+2\geqq 0$$

←$\{f(x)\}^2\{f(x)-2\}-\{f(x)-2\}\geqq 0$

ゆえに　$\{f(x)+1\}\{f(x)-1\}\{f(x)-2\}\geqq 0$

よって　$-1\leqq f(x)\leqq 1$ または $2\leqq f(x)$

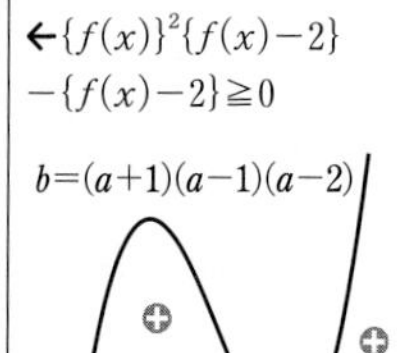


ここで，$x^2+x+1=\left(x+\dfrac{1}{2}\right)^2+\dfrac{3}{4}>0$ であるから，$f(x)$ はすべての実数 $x$ で連続な関数であり

$$\lim_{x\to\infty}f(x)=\lim_{x\to\infty}\frac{\frac{a}{x}+\frac{b}{x^2}}{1+\frac{1}{x}+\frac{1}{x^2}}=0$$

ゆえに，$f(\alpha)\geqq 2$ を満たす実数 $\alpha$ が存在すると仮定すると，

$f(\beta)=\dfrac{3}{2}$ かつ $\alpha<\beta$ を満たす実数 $\beta$ が存在することになり，

すべての実数 $x$ で「$-1\leqq f(x)\leqq 1$ または $2\leqq f(x)$」とはならない。

よって，$f(\alpha)\geqq 2$ を満たす実数 $\alpha$ は存在しないから，すべての実数 $x$ で $-1\leqq f(x)\leqq 1$ が成り立つ条件を求める。

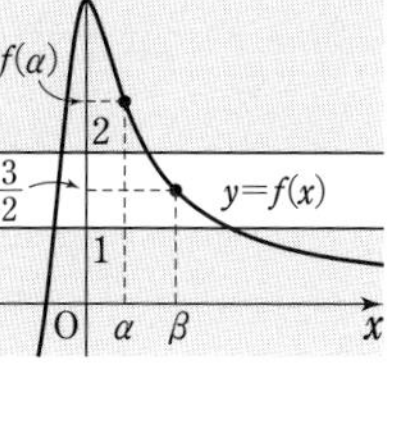


$x^2+x+1>0$ に注意すると，$-1\leqq\dfrac{ax+b}{x^2+x+1}\leqq 1$ から

$$-(x^2+x+1)\leqq ax+b\leqq x^2+x+1$$

よって　$x^2+(a+1)x+b+1\geqq 0$ …… ①

かつ　$x^2-(a-1)x-b+1\geqq 0$ …… ②

①，② がすべての実数 $x$ について成り立つから，①，② の不等号を等号におき換えて得られる 2 次方程式の判別式をそれぞれ $D_1$，$D_2$ とすると　$D_1\leqq 0$ かつ $D_2\leqq 0$

←常に $x^2+px+q\geqq 0$ $\Longleftrightarrow$ $p^2-4q\leqq 0$

よって　$(a+1)^2-4(b+1)\leqq 0$

かつ　$(a-1)^2-4(-b+1)\leqq 0$

ゆえに　$b\geqq\dfrac{1}{4}(a+1)^2-1$

かつ　$b\leqq -\dfrac{1}{4}(a-1)^2+1$

以上から，求める点 $(a,\ b)$ の範囲は，**右の図の斜線部分** のようになる。**ただし，境界線を含む。**

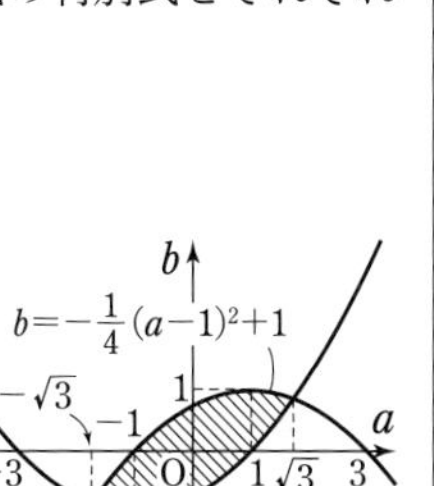

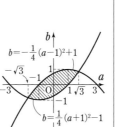

**総合 13**　$n$ を 3 以上の自然数，$\alpha$，$\beta$ を相異なる実数とするとき，次の問いに答えよ。

(1) 次を満たす実数 $A$，$B$，$C$ と整式 $Q(x)$ が存在することを示せ。

$$x^n=(x-\alpha)(x-\beta)^2Q(x)+A(x-\alpha)(x-\beta)+B(x-\alpha)+C$$

(2) (1)の $A$，$B$，$C$ を $n$，$\alpha$，$\beta$ を用いて表せ。

(3) (2)の $A$ について，$n$ と $\alpha$ を固定して，$\beta$ を $\alpha$ に近づけたときの極限 $\displaystyle\lim_{\beta\to\alpha}A$ を求めよ。

〔九州大〕

➡ 本冊 数学Ⅲ 例題 63，70

(1) $x^n$ を $x-\alpha$ で割ったときの商を $Q_1(x)$ とすると

$$x^n=(x-\alpha)Q_1(x)+\alpha^n \quad\cdots\cdots ①$$

←$P(x)=x^n$ とすると $P(\alpha)=\alpha^n$
割り算の等式 $A=BQ+R$ を利用。

と表される。$Q_1(x)$ を $x-\beta$ で割ったときの商を $Q_2(x)$，余りを $r_1$ とすると，$Q_1(x)=(x-\beta)Q_2(x)+r_1$ と表され，これを ① に代入すると

$$x^n=(x-\alpha)\{(x-\beta)Q_2(x)+r_1\}+\alpha^n$$
$$=(x-\alpha)(x-\beta)Q_2(x)+r_1(x-\alpha)+\alpha^n \quad\cdots\cdots ②$$

$Q_2(x)$ を $x-\beta$ で割ったときの商を $Q_3(x)$，余りを $r_2$ とすると，$Q_2(x)=(x-\beta)Q_3(x)+r_2$ と表され，これを ② に代入すると

$$x^n=(x-\alpha)(x-\beta)\{(x-\beta)Q_3(x)+r_2\}+r_1(x-\alpha)+\alpha^n$$
$$=(x-\alpha)(x-\beta)^2Q_3(x)+r_2(x-\alpha)(x-\beta)+r_1(x-\alpha)+\alpha^n$$

$A=r_2$，$B=r_1$，$C=\alpha^n$，$Q(x)=Q_3(x)$ とすると

$$x^n=(x-\alpha)(x-\beta)^2Q(x)+A(x-\alpha)(x-\beta)+B(x-\alpha)+C \quad \cdots\cdots ③$$

よって，題意を満たす定数 $A$，$B$，$C$ と整式 $Q(x)$ が存在する。

(2) (1) から　$\boldsymbol{C=\alpha^n}$

③ に $x=\beta$ を代入すると　$B(\beta-\alpha)+C=\beta^n$

$\beta\neq\alpha$ であるから　$\boldsymbol{B=\dfrac{\beta^n-\alpha^n}{\beta-\alpha}}$

また，③ の両辺を $x$ で微分すると

$$\begin{aligned}nx^{n-1}&=\{(x-\alpha)(x-\beta)^2\}'Q(x)+(x-\alpha)(x-\beta)^2Q'(x)\\&\quad+A(x-\alpha)+A(x-\beta)+B\\&=\{(x-\beta)^2+2(x-\alpha)(x-\beta)\}Q(x)\\&\quad+(x-\alpha)(x-\beta)^2Q'(x)+A\{(x-\alpha)+(x-\beta)\}+B\end{aligned} \quad \cdots\cdots ④$$

←$(uvw)'=(uv)'w+uvw'$

④ に $x=\beta$ を代入すると　$n\beta^{n-1}=A(\beta-\alpha)+B$

ゆえに　$A(\beta-\alpha)=n\beta^{n-1}-B$

$\beta\neq\alpha$ であるから

$$\boldsymbol{A}=\frac{n\beta^{n-1}}{\beta-\alpha}-\frac{B}{\beta-\alpha}=\boldsymbol{\frac{n\beta^{n-1}}{\beta-\alpha}-\frac{\beta^n-\alpha^n}{(\beta-\alpha)^2}}$$

(3)　$$\begin{aligned}A&=\frac{n\beta^{n-1}}{\beta-\alpha}-\frac{\beta^n-\alpha^n}{(\beta-\alpha)^2}\\&=\frac{n\beta^{n-1}-(\beta^{n-1}+\alpha\beta^{n-2}+\cdots\cdots+\alpha^{n-1})}{\beta-\alpha}\end{aligned}$$

$f(\beta)=n\beta^{n-1}-(\beta^{n-1}+\alpha\beta^{n-2}+\cdots\cdots+\alpha^{n-1})$ とすると，$f(\alpha)=0$ であるから

←$f(\alpha)=n\alpha^{n-1}-\underbrace{(\alpha^{n-1}+\alpha^{n-1}+\cdots+\alpha^{n-1})}_{n個}$

$$\lim_{\beta\to\alpha}A=\lim_{\beta\to\alpha}\frac{f(\beta)-f(\alpha)}{\beta-\alpha}=f'(\alpha)$$

←$\displaystyle\lim_{x\to\alpha}\frac{f(x)-f(\alpha)}{x-\alpha}=f'(\alpha)$

ここで　$$f'(\beta)=n(n-1)\beta^{n-2}-\{(n-1)\beta^{n-2}+(n-2)\alpha\beta^{n-3}+\cdots\cdots+\alpha^{n-2}\}$$

したがって

$$\begin{aligned}&\lim_{\beta\to\alpha}A=f'(\alpha)\\&=n(n-1)\alpha^{n-2}-\{(n-1)\alpha^{n-2}+(n-2)\alpha^{n-2}+\cdots\cdots+\alpha^{n-2}\}\\&=n(n-1)\alpha^{n-2}-\frac{1}{2}n(n-1)\alpha^{n-2}=\boldsymbol{\frac{1}{2}n(n-1)\alpha^{n-2}}\end{aligned}$$

←$(n-1)+(n-2)+\cdots\cdots+1=\dfrac{1}{2}n(n-1)$

**総合 14**　関数 $y=\log_3 x$ とその逆関数 $y=3^x$ のグラフが，直線 $y=-x+s$ と交わる点をそれぞれ $\mathrm{P}(t,\ \log_3 t)$，$\mathrm{Q}(u,\ 3^u)$ とする。

(1) 線分 PQ の中点の座標は $\left(\dfrac{s}{2},\ \dfrac{s}{2}\right)$ であることを示せ。

(2) $s$，$t$，$u$ は $s=t+u$，$u=\log_3 t$ を満たすことを示せ。

(3) $\displaystyle\lim_{t\to3}\frac{su-k}{t-3}$ が有限な値となるように，定数 $k$ の値を定め，その極限値を求めよ。〔金沢大〕

➡ 本冊 数学Ⅲ 例題 48，71

(1) $y=\log_3 x$ のグラフと $y=3^x$ のグラフは直線 $y=x$ に関して対称であり，直線 $y=-x+s$ も直線 $y=x$ に関して対称であるから，2点P，Qも直線 $y=x$ に関して対称である。

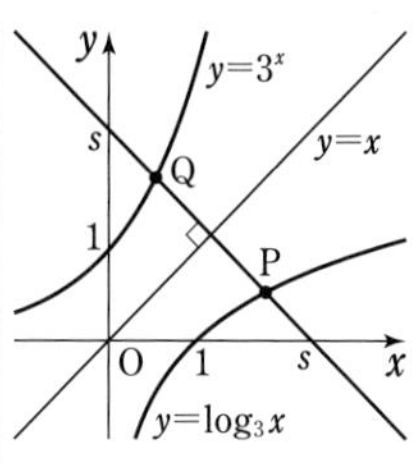


よって，線分PQの中点は，2直線 $y=x$ と $y=-x+s$ の交点である。

$x=-x+s$ とすると　$x=\frac{s}{2}$　ゆえに　$y=x=\frac{s}{2}$

したがって，線分PQの中点の座標は　$\left(\frac{s}{2},\ \frac{s}{2}\right)$

(2) $\frac{s}{2}=\frac{t+u}{2}$ が成り立つから　$s=t+u$ …… ①

←線分PQの中点の $x$ 座標は $\frac{t+u}{2}$ とも表される。(1)の結果を利用。

点Pは直線 $y=-x+s$ 上にあるから　$\log_3 t=-t+s$

これと①から　$u=\log_3 t$ …… ②

(3) $P=\lim_{t\to3}\frac{su-k}{t-3}$ とする。

$\lim_{t\to3}(t-3)=0$ であるから，$P$ が有限な値になるためには

$$\lim_{t\to3}(su-k)=0 \text{ …… ③}$$

←$\lim_{x\to a}\frac{f(x)}{g(x)}=\alpha$ かつ $\lim_{x\to a}g(x)=0$ ならば $\lim_{x\to a}f(x)=0$

ここで，①，②から　$su=(t+u)\log_3 t=(t+\log_3 t)\log_3 t$

よって，③から　$(3+1)\cdot1-k=0$　ゆえに　$k=4$

このとき，$f(t)=(t+\log_3 t)\log_3 t$ とすると，$f(3)=4$ であるから

←$f(t)=su$

$$P=\lim_{t\to3}\frac{f(t)-f(3)}{t-3}=f'(3)$$

←微分係数の定義。

$f'(t)=\left(1+\frac{1}{t\log3}\right)\log_3 t+\frac{t+\log_3 t}{t\log3}$ であるから

←$(\log_a t)'=\frac{1}{t\log a}$

$$P=\left(1+\frac{1}{3\log3}\right)\cdot1+\frac{3+1}{3\log3}=1+\frac{5}{3\log3}$$

したがって　**$k=4$，極限値 $1+\frac{5}{3\log3}$**

**総合 15**

$n$ は0以上の整数とする。関係式 $H_0(x)=1$，$H_{n+1}(x)=2xH_n(x)-H_n'(x)$ によって多項式 $H_0(x)$，$H_1(x)$，…… を定め，$f_n(x)=H_n(x)e^{-\frac{x^2}{2}}$ とおく。

(1) $-f_0''(x)+x^2f_0(x)=a_0f_0(x)$ が成り立つように定数 $a_0$ を定めよ。

(2) $f_{n+1}(x)=xf_n(x)-f_n'(x)$ を示せ。

(3) 2回微分可能な関数 $f(x)$ に対して，$g(x)=xf(x)-f'(x)$ とおく。定数 $a$ に対して $-f''(x)+x^2f(x)=af(x)$ が成り立つとき，$-g''(x)+x^2g(x)=(a+2)g(x)$ を示せ。

(4) $-f_n''(x)+x^2f_n(x)=a_nf_n(x)$ が成り立つように定数 $a_n$ を定めよ。〔お茶の水大〕

➡ 本冊 数学Ⅲ 例題 74，76，77

(1) $f_0(x)=H_0(x)e^{-\frac{x^2}{2}}=1\cdot e^{-\frac{x^2}{2}}=e^{-\frac{x^2}{2}}$

←$H_0(x)=1$

よって　$f_0'(x)=-xe^{-\frac{x^2}{2}}$，

$$f_0''(x)=-e^{-\frac{x^2}{2}}-x\cdot(-x)e^{-\frac{x^2}{2}}=x^2e^{-\frac{x^2}{2}}-e^{-\frac{x^2}{2}}$$

ゆえに　$-f_0''(x)+x^2f_0(x)=-x^2e^{-\frac{x^2}{2}}+e^{-\frac{x^2}{2}}+x^2e^{-\frac{x^2}{2}}$

$$=e^{-\frac{x^2}{2}}=f_0(x)$$

したがって　**$a_0=1$**

(2) $f_n'(x)=\{H_n(x)e^{-\frac{x^2}{2}}\}'=\underline{H_n'(x)e^{-\frac{x^2}{2}}-xH_n(x)e^{-\frac{x^2}{2}}}$

よって　$f_{n+1}(x)=H_{n+1}(x)e^{-\frac{x^2}{2}}=\{2xH_n(x)-H_n'(x)\}e^{-\frac{x^2}{2}}$

$=xH_n(x)e^{-\frac{x^2}{2}}-\{\underline{H_n'(x)e^{-\frac{x^2}{2}}-xH_n(x)e^{-\frac{x^2}{2}}}\}$

$=xf_n(x)-f_n'(x)$

(3) $g'(x)=\{xf(x)-f'(x)\}'=f(x)+xf'(x)\underline{-f''(x)}$

$-f''(x)+x^2f(x)=af(x)$ から　$\underline{-f''(x)}=af(x)-x^2f(x)$

ゆえに　$g'(x)=(a+1)f(x)-x^2f(x)+xf'(x)$

よって　$g''(x)$

$=(a+1)f'(x)-2xf(x)-x^2f'(x)+f'(x)+xf''(x)$

$=(a+2)f'(x)-2xf(x)-x^2f'(x)+xf''(x)$

$=(a+2)f'(x)-2xf(x)-x^2f'(x)+x\{x^2f(x)-af(x)\}$

$=(a+2)\{\underline{f'(x)-xf(x)}\}-x^2f'(x)+x^3f(x)$

$=-(a+2)g(x)+x^2\{\underline{xf(x)-f'(x)}\}$

$=-(a+2)g(x)+x^2g(x)$

ゆえに　$-g''(x)+x^2g(x)=(a+2)g(x)$

(4) $g_n(x)=xf_n(x)-f_n'(x)$ とすると，(2) から

$f_{n+1}(x)=g_n(x)$

また，$-f_n''(x)+x^2f_n(x)=a_nf_n(x)$ が成り立つとき，(3) から

$-g_n''(x)+x^2g_n(x)=(a_n+2)g_n(x)$

すなわち　$-f_{n+1}''(x)+x^2f_{n+1}(x)=(a_n+2)f_{n+1}(x)$

よって　$a_{n+1}f_{n+1}(x)=(a_n+2)f_{n+1}(x)$

ゆえに　$a_{n+1}=a_n+2$

数列 $\{a_n\}$ は $a_0=1$，公差 2 の等差数列であるから　$\boldsymbol{a_n=2n+1}$

←$H_{n+1}(x)=2xH_n(x)-H_n'(x)$

←$2xH_n(x)e^{-\frac{x^2}{2}}=xH_n(x)e^{-\frac{x^2}{2}}+xH_n(x)e^{-\frac{x^2}{2}}$

←$f''(x)=x^2f(x)-af(x)$

←$\underline{f'(x)-xf(x)}=-g(x)$

←(2) の結果を利用。

←(3) の結果を利用。

←$a_0=1$ は (1) の結果。

**総合 16**

$n$ を任意の正の整数とし，2 つの関数 $f(x)$，$g(x)$ はともに $n$ 回微分可能な関数とする。

(1) 積 $f(x)g(x)$ の第 4 次導関数 $\dfrac{d^4}{dx^4}\{f(x)g(x)\}$ を求めよ。

(2) 積 $f(x)g(x)$ の第 $n$ 次導関数 $\dfrac{d^n}{dx^n}\{f(x)g(x)\}$ における $f^{(n-r)}(x)g^{(r)}(x)$ の係数を類推し，その類推が正しいことを数学的帰納法を用いて証明せよ。ただし，$r$ は負でない $n$ 以下の整数とし，$f^{(0)}(x)=f(x)$，$g^{(0)}(x)=g(x)$ とする。

(3) 関数 $h(x)=x^3e^x$ の第 $n$ 次導関数 $h^{(n)}(x)$ を求めよ。ただし，$n\geqq4$ とする。　〔大分大〕

➡ 本冊 数学Ⅲ 例題 75，76，p.135 参考事項

(1) $\dfrac{d}{dx}\{f(x)g(x)\}=f^{(1)}(x)g(x)+f(x)g^{(1)}(x)$ …… ①

$\dfrac{d^2}{dx^2}\{f(x)g(x)\}=\{f^{(2)}(x)g(x)+f^{(1)}(x)g^{(1)}(x)\}+\{f^{(1)}(x)g^{(1)}(x)+f(x)g^{(2)}(x)\}$

$=f^{(2)}(x)g(x)+2f^{(1)}(x)g^{(1)}(x)+f(x)g^{(2)}(x)$

$\dfrac{d^3}{dx^3}\{f(x)g(x)\}=\{f^{(3)}(x)g(x)+f^{(2)}(x)g^{(1)}(x)\}+2\{f^{(2)}(x)g^{(1)}(x)+f^{(1)}(x)g^{(2)}(x)\}$

$+\{f^{(1)}(x)g^{(2)}(x)+f(x)g^{(3)}(x)\}$

$=f^{(3)}(x)g(x)+3f^{(2)}(x)g^{(1)}(x)+3f^{(1)}(x)g^{(2)}(x)+f(x)g^{(3)}(x)$

$$\frac{d^4}{dx^4}\{f(x)g(x)\}=\{f^{(4)}(x)g(x)+f^{(3)}(x)g^{(1)}(x)\}+3\{f^{(3)}(x)g^{(1)}(x)+f^{(2)}(x)g^{(2)}(x)\}$$
$$+3\{f^{(2)}(x)g^{(2)}(x)+f^{(1)}(x)g^{(3)}(x)\}+\{f^{(1)}(x)g^{(3)}(x)+f(x)g^{(4)}(x)\}$$
$$=\boldsymbol{f^{(4)}(x)g(x)+4f^{(3)}(x)g^{(1)}(x)+6f^{(2)}(x)g^{(2)}(x)}$$
$$\boldsymbol{+4f^{(1)}(x)g^{(3)}(x)+f(x)g^{(4)}(x)}$$

(2) (1) から，$\dfrac{d^n}{dx^n}\{f(x)g(x)\}$ における $f^{(n-r)}(x)g^{(r)}(x)$ の係数は　　${}_n\mathrm{C}_r$ …… ②　　と類推できる。

←(1) の結果について，係数を取り出すと，パスカルの三角形が得られる。

1 1
1 2 1
1 3 3 1
1 4 6 4 1

このことから，求める係数は $(a+b)^n$ の展開式の一般項の係数に等しいと類推できる。

[1]　$n=1$ のとき，${}_1\mathrm{C}_0=1$，${}_1\mathrm{C}_1=1$ であるから，① より ② は成り立つ。

[2]　$n=k$ のとき，$\dfrac{d^k}{dx^k}\{f(x)g(x)\}$ における $f^{(k-r)}(x)g^{(r)}(x)$ の係数が ${}_k\mathrm{C}_r$ であると仮定する。
このとき，$f^{(k-r+1)}(x)g^{(r-1)}(x)$ の係数は ${}_k\mathrm{C}_{r-1}$ であるから，
$\dfrac{d^{k+1}}{dx^{k+1}}\{f(x)g(x)\}$ における $f^{(k-r+1)}(x)g^{(r)}(x)$ の係数は

$$\begin{aligned}{}_k\mathrm{C}_{r-1}+{}_k\mathrm{C}_r&=\frac{k!}{(r-1)!(k-r+1)!}+\frac{k!}{r!(k-r)!}\\&=\frac{k!r}{r!(k-r+1)!}+\frac{k!(k-r+1)}{r!(k-r+1)!}\\&=\frac{k!}{r!(k-r+1)!}\{r+(k-r+1)\}\\&=\frac{(k+1)!}{r!(k-r+1)!}={}_{k+1}\mathrm{C}_r\end{aligned}$$

←$\{{}_k\mathrm{C}_{r-1}f^{(k-r+1)}(x)g^{(r-1)}(x)+{}_k\mathrm{C}_rf^{(k-r)}(x)g^{(r)}(x)\}'$
$={}_k\mathrm{C}_{r-1}\{f^{(k-r+2)}(x)g^{(r-1)}(x)+\underline{f^{(k-r+1)}(x)g^{(r)}(x)}\}$
$+{}_k\mathrm{C}_r\{\underline{f^{(k-r+1)}(x)g^{(r)}(x)}+f^{(k-r)}(x)g^{(r+1)}(x)\}$
から。

${}_m\mathrm{C}_n=\dfrac{\boldsymbol{m!}}{\boldsymbol{n!(m-n)!}}$

よって，$n=k+1$ のときも ② は成り立つ。
[1]，[2] から，すべての正の整数 $n$ について ② は成り立つ。

(3)　$f(x)=x^3$，$g(x)=e^x$ とする。
$f^{(1)}(x)=3x^2$，$f^{(2)}(x)=6x$，$f^{(3)}(x)=6$ であるから，$n\geqq4$ のとき　　$f^{(n)}(x)=0$
また，すべての $n$ について　　$g^{(n)}(x)=e^x$
よって，第 $n$ 次導関数 $h^{(n)}(x)$ における，$f^{(3)}(x)g^{(n-3)}(x)$，$f^{(2)}(x)g^{(n-2)}(x)$，$f^{(1)}(x)g^{(n-1)}(x)$，$f^{(0)}(x)g^{(n)}(x)$ 以外の係数は，すべて 0 となるから

←$\dfrac{d^n}{dx^n}\{f(x)g(x)\}=\displaystyle\sum_{r=0}^{n}{}_n\mathrm{C}_rf^{(n-r)}(x)g^{(r)}(x)$
において，
$f^{(n)}(x)$，$f^{(n-1)}(x)$，……，$f^{(5)}(x)$，$f^{(4)}(x)$ はすべて 0

$$\begin{aligned}h^{(n)}(x)&={}_n\mathrm{C}_{n-3}f^{(3)}(x)g^{(n-3)}(x)+{}_n\mathrm{C}_{n-2}f^{(2)}(x)g^{(n-2)}(x)\\&\quad+{}_n\mathrm{C}_{n-1}f^{(1)}(x)g^{(n-1)}(x)+{}_n\mathrm{C}_nf^{(0)}(x)g^{(n)}(x)\\&=\frac{n(n-1)(n-2)}{6}\cdot6\cdot e^x+\frac{n(n-1)}{2}\cdot6x\cdot e^x+n\cdot3x^2\cdot e^x\\&\quad+1\cdot x^3\cdot e^x\\&=\boldsymbol{\{x^3+3nx^2+3n(n-1)x+n(n-1)(n-2)\}e^x}\end{aligned}$$

←4 項のみが残る。

**総合 17**

$xy$ 平面における曲線 $y=\sin x$ の 2 つの接線が直交するとき，その交点の $y$ 座標の値をすべて求めよ。
〔東北大〕

➡ 本冊 数学Ⅲ 例題 86

$y=\sin x$ から　$y'=\cos x$

$y=\sin x$ 上の点 $(p,\ \sin p)$ における接線の方程式は

$$y-\sin p=\cos p(x-p)$$

すなわち　$y=x\cos p-p\cos p+\sin p$ …… ①

同様に，点 $(q,\ \sin q)$ における接線の方程式は

$$y=x\cos q-q\cos q+\sin q \text{ …… ②}$$

直線 ①，② が直交するとき　$\cos p\cdot\cos q=-1$

ここで，$-1<\cos p<1$ とすると　$|\cos q|>1$

これは $-1\leqq\cos q\leqq1$ に矛盾する。よって　$\cos p=\pm1$

[1]　$\cos p=1$ のとき　$\cos q=-1$

ゆえに　$p=2m\pi,\ q=(2n+1)\pi$ ($m,\ n$ は整数)

①，② から，2 つの接線の方程式は

$$y=x-2m\pi \text{ …… ③},\ y=-x+(2n+1)\pi \text{ …… ④}$$

(③+④)÷2 から　$y=\dfrac{2(n-m)+1}{2}\pi$

$n,\ m$ は任意の整数であるから，任意の整数 $k$ を用いて $n-m=k$ と表すことができる。

したがって，直線 ①，② の交点の $y$ 座標は　$y=\dfrac{2k+1}{2}\pi$

[2]　$\cos p=-1$ のとき

[1] と同様に，2 つの接線の交点の $y$ 座標は，任意の整数 $k$ を用いて　$y=\dfrac{2k+1}{2}\pi$

[1]，[2] から，求める交点の $y$ 座標の値は

$$\boldsymbol{y=\frac{2k+1}{2}\pi} \textbf{ (}\boldsymbol{k}\textbf{ は整数)}$$

←曲線 $y=f(x)$ 上の点 $(a,\ f(a))$ における接線の方程式は
$y-f(a)=f'(a)(x-a)$

←(傾きの積)$=-1$

←$|a|\leqq1,\ |b|\leqq1$ のとき，$ab=-1$ となるのは，$(a=1,\ b=-1)$ または $(a=-1,\ b=1)$ のときに限る。

←$\sin k\pi=0$ ($k$ は整数)

←これと $\cos q=1$ から
$p=(2m'+1)\pi,\ q=2n'\pi$
①：$y=-x+(2m'+1)\pi$,
②：$y=x-2n'\pi$
($m',\ n'$ は整数)

## 総合 18

$x>0$ とし，$f(x)=\log x^{100}$ とおく。　〔名古屋大〕

(1)　不等式 $\dfrac{100}{x+1}<f(x+1)-f(x)<\dfrac{100}{x}$ を証明せよ。

(2)　実数 $a$ の整数部分 ($k\leqq a<k+1$ となる整数 $k$) を $[a]$ で表す。整数 $[f(1)],\ [f(2)],\ [f(3)],\ \cdots\cdots,\ [f(1000)]$ のうちで異なるものの個数を求めよ。必要ならば，$\log 10=2.3026$ として計算せよ。

➡ 本冊 数学Ⅲ 例題 90

(1)　$f(x)=\log x^{100}=100\log x$ は $x>0$ で微分可能で　$f'(x)=\dfrac{100}{x}$

よって，区間 $[x,\ x+1]$ において平均値の定理を用いると

$$\frac{f(x+1)-f(x)}{(x+1)-x}=\frac{100}{c} \text{ …… ①},\ x<c<x+1$$

を満たす $c$ が存在する。

① から　$f(x+1)-f(x)=\dfrac{100}{c}$ …… ②

また，$x<c<x+1$ から　$\dfrac{100}{x+1}<\dfrac{100}{c}<\dfrac{100}{x}$

② を代入して　$\dfrac{100}{x+1}<f(x+1)-f(x)<\dfrac{100}{x}$ …… ③

HINT　(1)　平均値の定理を利用。
(2)　(1) の結果を利用。$x\leqq99$ と $x\geqq100$ で場合分けして考える。

←$0<A<B$ のとき $\dfrac{1}{B}<\dfrac{1}{A}$

(2) $x=1,\ 2,\ \cdots\cdots,\ 99$ のとき，$\dfrac{100}{x+1}\geqq 1$ であるから，③ より

$$f(x+1)-f(x)>1$$

よって，$[f(x+1)]>[f(x)]$ であるから，整数 $[f(1)]$，$[f(2)]$，……，$[f(99)]$，$[f(100)]$ はすべて異なる。

また，$x=100,\ 101,\ \cdots\cdots,\ 1000$ のとき，$\dfrac{100}{x}\leqq 1$ であるから，

③ より　$f(x+1)-f(x)<1$

ゆえに，$[f(x+1)]=[f(x)]$ または $[f(x+1)]=[f(x)]+1$ である。

よって，整数 $[f(100)]$，$[f(101)]$，……，$[f(1000)]$ は，$[f(100)]$ 以上 $[f(1000)]$ 以下のすべての整数値をとる。

ここで　$[f(100)]=[100\log 100]=[200\log 10]$
$=[200\times 2.3026]=[460.52]=460$，
$[f(1000)]=[100\log 1000]=[300\log 10]$
$=[300\times 2.3026]=[690.78]=690$

以上から，求める個数は

$$100+(690-460)=\mathbf{330}$$

←$f(x)$ は単調に増加。

←$[f(x)]=k$（$k$ は整数）とすると，$f(x)\geqq k$ から
$f(x+1)>f(x)+1\geqq k+1$
よって　$[f(x+1)]\geqq k+1$

←$[f(x)]=k$（$k$ は整数）とすると，$f(x)<k+1$ から
$f(x+1)<f(x)+1<k+2$
よって $[f(x+1)]<k+2$
また，$[f(x)]\leqq[f(x+1)]$ であるから
$k\leqq[f(x+1)]\leqq k+1$

←$[f(100)]$ を重複して数えないように注意。

## 総合 19

$n$ を正の整数とする。試行の結果に応じて $k$ 点（$k=0,\ 1,\ 2,\ \cdots\cdots,\ n$）が与えられるゲームがある。ここで，$k$ 点を獲得する確率は，ある $t>0$ によって決まっており，これを $p_k(t)$ とする。このとき，確率 $p_k(t)$ は $a\geqq 0$ に対して，次の関係式を満たす。

$$p_0(t)=t^n,\ p_k(t)=a\cdot\frac{n-k+1}{k}\cdot p_{k-1}(t)\ (k=1,\ 2,\ \cdots\cdots,\ n)$$

(1) $\displaystyle\sum_{k=0}^{n}p_k(t)$ の値を求めよ。　　(2) $a$ を $t$ を用いて表せ。

(3) 各 $k$ に対して，$0\leqq t\leqq 1$ の範囲で $p_k(t)$ を最大にするような $t$ の値 $T_k$ を求めよ。ただし，$p_k(0)=0$（$k=0,\ 1,\ \cdots\cdots,\ n-1$），$p_n(0)=1$ と定める。

(4) $0<t<1$ なる $t$ を与えたとき，(3) で求めた $T_k$ に対して，$E=\displaystyle\sum_{k=0}^{n}T_k\cdot p_k(t)$ とする。$E$ の値を求めよ。

〔早稲田大〕

➡ 本冊 数学Ⅲ 例題 98

(1) $\displaystyle\sum_{k=0}^{n}p_k(t)$ はすべての事象の確率の和であるから

$$\sum_{k=0}^{n}p_k(t)=\mathbf{1}\ \cdots\cdots\ ①$$

(2) $k\geqq 1$ のとき

$$p_k(t)=a\cdot\frac{n-k+1}{k}p_{k-1}(t)$$
$$=a\cdot\frac{n-k+1}{k}\times a\cdot\frac{n-(k-1)+1}{k-1}p_{k-2}(t)$$
$$=\cdots\cdots$$
$$=a\cdot\frac{n-k+1}{k}\times a\cdot\frac{n-(k-1)+1}{k-1}\times\cdots\cdots$$
$$\times a\cdot\frac{n-1}{2}\times a\cdot\frac{n}{1}p_0(t)$$
$$=a^k\cdot\frac{n(n-1)\cdots\cdots(n-k+1)}{k(k-1)\cdots\cdots 1}t^n={}_n\mathrm{C}_k a^k t^n$$

←獲得する得点は $0,\ 1,\ 2,\ \cdots\cdots,\ n$
**（確率の和）=1**

←$p_k(t)=a\cdot\dfrac{n-k+1}{k}p_{k-1}(t)$ を繰り返し利用。

←${}_n\mathrm{C}_k=\dfrac{n(n-1)\cdots(n-k+1)}{k(k-1)\cdots 1}$

これは $k=0$ のときも成り立つ。

よって，二項定理により

$$\sum_{k=0}^{n} p_k(t)=\sum_{k=0}^{n} {}_n\mathrm{C}_k a^k t^n=\left(\sum_{k=0}^{n} {}_n\mathrm{C}_k\cdot 1^{n-k}\cdot a^k\right)t^n$$
$$=(1+a)^n t^n=\{(1+a)t\}^n$$

① から　$\{(1+a)t\}^n=1$

$t>0$，$a\geqq 0$ より，$(1+a)t>0$ であるから　$(1+a)t=1$ …… ②

ゆえに　$1+a=\dfrac{1}{t}$　　よって　$a=\dfrac{1}{t}-1$

ここで，$1+a\geqq 1$ であるから，② より　$0<t\leqq 1$

したがって　$\boldsymbol{a=\dfrac{1}{t}-1\ (0<t\leqq 1)}$

←${}_n\mathrm{C}_0 a^0 t^n=t^n=p_0(t)$

←$\displaystyle\sum_{k=0}^{n} {}_n\mathrm{C}_k x^{n-k} y^k=(x+y)^n$

←$x>0$，$\alpha>0$ のとき $x^n=\alpha$ の解は　$x=\sqrt[n]{\alpha}$

(3)　[1]　$k=0$ のとき，$p_0(t)=t^n$ であり，これは $0\leqq t\leqq 1$ の範囲で単調に増加するから　$T_0=1$

[2]　$1\leqq k\leqq n-1$ のとき

$$p_k(t)={}_n\mathrm{C}_k a^k t^n={}_n\mathrm{C}_k\left(\frac{1}{t}-1\right)^k t^n$$
$$={}_n\mathrm{C}_k(1-t)^k t^{n-k} \quad\cdots\cdots ③$$

$1\leqq k\leqq n-1$ のとき，$p_k(0)=0$ であるから，③ は $t=0$ のときも成り立つ。

$$\frac{d}{dt}p_k(t)={}_n\mathrm{C}_k\{-k(1-t)^{k-1}t^{n-k}+(1-t)^k(n-k)t^{n-k-1}\}$$
$$={}_n\mathrm{C}_k(1-t)^{k-1}t^{n-k-1}\{-kt+(1-t)(n-k)\}$$
$$=-n\,{}_n\mathrm{C}_k(1-t)^{k-1}t^{n-k-1}\left(t-\frac{n-k}{n}\right)$$

$\dfrac{d}{dt}p_k(t)=0$ とすると　$t=0,\ \dfrac{n-k}{n},\ 1$

ゆえに，$0\leqq t\leqq 1$ の範囲における $p_k(t)$ の増減表は右のようになり，$p_k(t)$ は $t=\dfrac{n-k}{n}$ で最大となるから　$T_k=\dfrac{n-k}{n}$

| $t$ | 0 | … | $\dfrac{n-k}{n}$ | … | 1 |
|---|---|---|---|---|---|
| $\dfrac{d}{dt}p_k(t)$ | 0 | + | 0 | − | 0 |
| $p_k(t)$ | 0 | ↗ | 極大 | ↘ | 0 |

[3]　$k=n$ のとき，$0\leqq t\leqq 1$ において　$p_n(t)=(1-t)^n$

これは $0\leqq t\leqq 1$ の範囲で単調に減少するから　$T_n=0$

[1]～[3] から，$0\leqq k\leqq n$ に対して　$\boldsymbol{T_k=\dfrac{n-k}{n}}$

←(2) の考察から，$k=0$ と $k\geqq 1$ で分ける必要がある。

←(2) から　$a=\dfrac{1}{t}-1$ $(0<t\leqq 1)$

←$p_k(t)$ を $t$ で微分して，増減を調べる。

←$\dfrac{d}{dt}p_n(t)=-n(1-t)^{n-1}\leqq 0$

(4)　(3) から，$n\geqq 2$ のとき

$$T_k\cdot p_k(t)=\frac{n-k}{n}\,{}_n\mathrm{C}_k(1-t)^k t^{n-k}$$
$$=\frac{n-k}{n}\cdot\frac{n!}{k!(n-k)!}(1-t)^k t^{n-k}$$

←${}_{●}\mathrm{C}_{■}=\dfrac{●!}{■!(●-■)!}$

$$=\frac{(n-1)!}{k!\{(n-1)-k\}!}(1-t)^k t^{n-k}$$
$$={}_{n-1}\mathrm{C}_k(1-t)^k t^{n-k}$$

よって　$E=\sum_{k=0}^{n-1}{}_{n-1}\mathrm{C}_k(1-t)^k t^{n-k}=t\sum_{k=0}^{n-1}{}_{n-1}\mathrm{C}_k(1-t)^k t^{(n-1)-k}$

$=t\{(1-t)+t\}^{n-1}=t$

$n=1$ のとき　$E=T_0p_0(t)+T_1p_1(t)=1\cdot t+0\cdot p_1(t)=t$

したがって　$\boldsymbol{E=t}$

←$T_n=0$　また，二項定理 $\sum_{k=0}^{●}{}_{●}\mathrm{C}_k x^{●-k}y^k=(x+y)^{●}$ [●は自然数]

**総合 20**　$\alpha$，$\beta$ を複素数とし，複素数平面上の点 O(0)，A($\alpha$)，B($\beta$)，C($|\alpha|^2$)，D($\overline{\alpha}\beta$) を考える。3 点 O，A，B は三角形をなすとする。また，複素数 $z$ に対し，Im($z$) によって，$z$ の虚部を表すことにする。

(1)　△OAB の面積を $S_1$，△OCD の面積を $S_2$ とするとき，$\dfrac{S_2}{S_1}$ を求めよ。

(2)　△OAB の面積 $S_1$ は $\dfrac{1}{2}|\mathrm{Im}(\overline{\alpha}\beta)|$ で与えられることを示せ。

(3)　実数 $a$，$b$ に対し，複素数 $z$ を $z=a+bi$ で定める。$1\leqq a\leqq 2$，$1\leqq b\leqq 3$ のとき，3 点 O(0)，P($z$)，Q$\left(\dfrac{1}{z}\right)$ を頂点とする △OPQ の面積の最大値と最小値を求めよ。〔熊本大〕

➡ 本冊 数学Ⅲ 例題 100，103

(1)　$\arg\dfrac{\overline{\alpha}\beta-0}{|\alpha|^2-0}=\arg\dfrac{\overline{\alpha}\beta}{\alpha\overline{\alpha}}=\arg\dfrac{\beta}{\alpha}=\arg\dfrac{\beta-0}{\alpha-0}$

よって　∠COD＝∠AOB

また　OA：OC＝$|\alpha|：|\alpha|^2=1：|\alpha|$

OB：OD＝$|\beta|：|\overline{\alpha}\beta|=|\beta|：(|\overline{\alpha}||\beta|)=1：|\alpha|$

ゆえに，△OAB∽△OCD であり，相似比は $1：|\alpha|$ であるから

$$\frac{S_2}{S_1}=\frac{|\alpha|^2}{1^2}=\boldsymbol{|\alpha|^2}$$

←3 点 A($\alpha$)，B($\beta$)，C($\gamma$) に対して $\angle\beta\alpha\gamma=\dfrac{\gamma-\alpha}{\beta-\alpha}$

(2)　点 C は実軸上の点であるから　$S_2=\dfrac{1}{2}|\alpha|^2\cdot|\mathrm{Im}(\overline{\alpha}\beta)|$

よって，(1) から　$S_1=\dfrac{S_2}{|\alpha|^2}=\dfrac{1}{2}|\mathrm{Im}(\overline{\alpha}\beta)|$

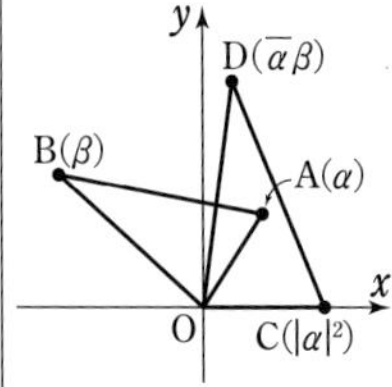


(3)　△OPQ の面積を S とすると，(2) から

$$S=\frac{1}{2}\left|\mathrm{Im}\left(\overline{z}\cdot\frac{1}{z}\right)\right|=\frac{1}{2}\left|\mathrm{Im}\left(\frac{a-bi}{a+bi}\right)\right|$$
$$=\frac{1}{2}\left|\mathrm{Im}\left(\frac{(a-bi)^2}{a^2+b^2}\right)\right|=\frac{1}{2}\left|\mathrm{Im}\left(\frac{a^2-2abi-b^2}{a^2+b^2}\right)\right|$$
$$=\frac{1}{2}\left|\mathrm{Im}\left(\frac{a^2-b^2}{a^2+b^2}-\frac{2ab}{a^2+b^2}i\right)\right|=\frac{1}{2}\left|-\frac{2ab}{a^2+b^2}\right|$$
$$=\frac{ab}{a^2+b^2}=\frac{\frac{b}{a}}{\left(\frac{b}{a}\right)^2+1}$$

←$p$，$q$ が実数のとき $\mathrm{Im}(p+qi)=q$

←$1\leqq a$，$1\leqq b$ から $ab>0$

$1\leqq a\leqq 2$，$1\leqq b\leqq 3$ であるから　$\dfrac{1}{2}\leqq\dfrac{b}{a}\leqq 3$

←$\dfrac{1}{2}\leqq\dfrac{1}{a}\leqq 1$

総合

$\dfrac{b}{a}=x$ とおくと　　$S=\dfrac{x}{x^2+1}$

$$\frac{dS}{dx}=\frac{1\cdot(x^2+1)-x\cdot 2x}{(x^2+1)^2}=-\frac{(x+1)(x-1)}{(x^2+1)^2}$$

←$\left(\dfrac{u}{v}\right)'=\dfrac{u'v-uv'}{v^2}$

$\dfrac{dS}{dx}=0$ とすると　　$x=\pm 1$

$\dfrac{1}{2}\leqq x\leqq 3$ における S の増減表は，右のようになる。

| $x$ | $\frac{1}{2}$ | $\cdots$ | $1$ | $\cdots$ | $3$ |
|---|---|---|---|---|---|
| $\frac{dS}{dx}$ | | $+$ | $0$ | $-$ | |
| $S$ | $\frac{2}{5}$ | ↗ | 極大 $\frac{1}{2}$ | ↘ | $\frac{3}{10}$ |

よって，S は $x=1$ すなわち **$a=b$ のとき最大値 $\dfrac{1}{2}$** をとり，$x=3^{(*)}$ すなわち **$a=1$，$b=3$ のとき最小値 $\dfrac{3}{10}$** をとる。

(＊) $x=3$ のとき $b=3a$
$1\leqq a\leqq 2$，$1\leqq 3a\leqq 3$ から $a=1$

←$\dfrac{3}{10}<\dfrac{2}{5}$

**総合 21**

座標平面において，原点 O を中心とする半径 3 の円を $C$，点 $(0,\ -1)$ を中心とする半径 8 の円を $C'$ とする。$C$ と $C'$ に挟まれた領域を $D$ とする。

(1) $0\leqq k\leqq 3$ とする。直線 $\ell$ と原点 O との距離が一定値 $k$ であるように $\ell$ が動くとき，$\ell$ と $D$ の共通部分の長さの最小値を求めよ。

(2) 直線 $\ell$ が $C$ と共有点をもつように動くとき，$\ell$ と $D$ の共通部分の長さの最小値を求めよ。

〔弘前大〕 ➡ 本冊 数学Ⅲ 例題 103

HINT (2) (1) で求めた最小値を $f(k)$ とし，$0\leqq k\leqq 3$ における $f(k)$ の増減を調べる。

(1) $0\leqq k\leqq 3$ であるから，2 円 $C$，$C'$ は直線 $\ell$ と共有点をもつ。

←図をかいてみると明らか。

$\ell$ が $C$，$C'$ によって切り取られる弦の長さをそれぞれ $L_1$，$L_2$ とすると，$\ell$ と $D$ の共通部分の長さは　　$L_2-L_1$

O から $\ell$ に垂線 OH を下ろし，直線 OH と $x$ 軸の正の向きとのなす角を $\theta$ $(0\leqq\theta<2\pi)$ とする。

←$L_2$ を求めるために，まず $C'$ の中心 $(0,\ -1)$ と直線 $\ell$ の距離 $d$ を求める。

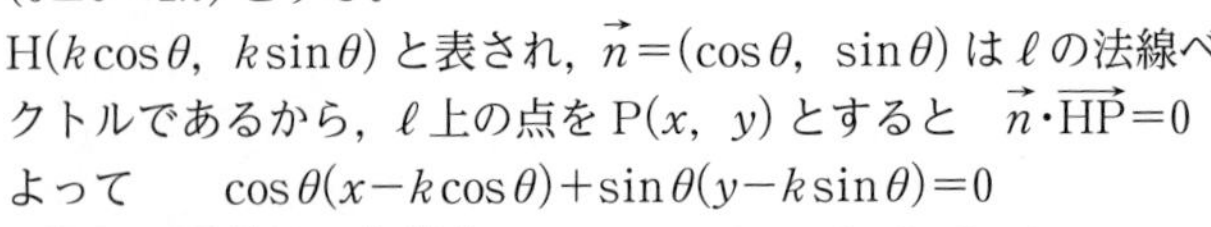

$\mathrm{H}(k\cos\theta,\ k\sin\theta)$ と表され，$\vec{n}=(\cos\theta,\ \sin\theta)$ は $\ell$ の法線ベクトルであるから，$\ell$ 上の点を $\mathrm{P}(x,\ y)$ とすると　$\vec{n}\cdot\overrightarrow{\mathrm{HP}}=0$

よって　　$\cos\theta(x-k\cos\theta)+\sin\theta(y-k\sin\theta)=0$

←$\overrightarrow{\mathrm{HP}}=(x-k\cos\theta,\ y-k\sin\theta)$

ゆえに，直線 $\ell$ の方程式は　　$x\cos\theta+y\sin\theta-k=0$

点 $(0,\ -1)$ と直線 $\ell$ の距離を $d$ とすると

$$d=\frac{|-\sin\theta-k|}{\sqrt{\cos^2\theta+\sin^2\theta}}=|k+\sin\theta|$$

←直線 $ax+by+c=0$ と点 $(p,\ q)$ の距離は $\dfrac{|ap+bq+c|}{\sqrt{a^2+b^2}}$

よって　　$L_2-L_1=2\sqrt{8^2-d^2}-2\sqrt{3^2-k^2}$

$$=2\{\sqrt{64-(k+\sin\theta)^2}-\sqrt{9-k^2}\}$$
$$\geqq 2\{\sqrt{64-(k+1)^2}-\sqrt{9-k^2}\}$$

(等号は $\sin\theta=1$ すなわち $\theta=\dfrac{\pi}{2}$ のとき成り立つ。)

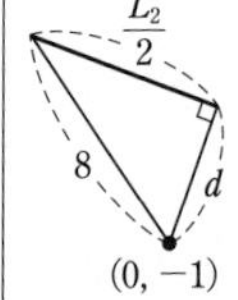


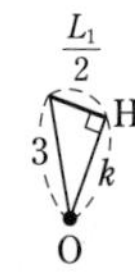

ゆえに，求める長さの最小値は

$$2\{\sqrt{64-(k+1)^2}-\sqrt{9-k^2}\}$$

(2) $\ell$ が $C$ と共有点をもつとき，$0\leqq k\leqq 3$ であるから，(1) より $0\leqq k\leqq 3$ における $2\{\sqrt{64-(k+1)^2}-\sqrt{9-k^2}\}$ の最小値を求めればよい。

$f(k)=2\{\sqrt{64-(k+1)^2}-\sqrt{9-k^2}\}$ とすると，$0<k<3$ のとき

$$f'(k)=2\left\{\frac{k}{\sqrt{9-k^2}}-\frac{k+1}{\sqrt{64-(k+1)^2}}\right\}$$

$$=2\cdot\frac{k\sqrt{64-(k+1)^2}-(k+1)\sqrt{9-k^2}}{\sqrt{9-k^2}\sqrt{64-(k+1)^2}} \quad \cdots\cdots (*)$$

←$f'(k)=2\left\{\frac{-2(k+1)}{2\sqrt{64-(k+1)^2}}-\frac{-2k}{2\sqrt{9-k^2}}\right\}$

$f'(k)=0$ とすると　$k\sqrt{64-(k+1)^2}=(k+1)\sqrt{9-k^2}$

両辺を平方して整理すると　$55k^2-18k-9=0$

←$64k^2-k^2(k+1)^2$
$=9(k+1)^2-k^2(k+1)^2$

すなわち　$(5k-3)(11k+3)=0$

$0<k<3$ の範囲で解くと

$$k=\frac{3}{5}$$

$0\leqq k\leqq 3$ における $f(k)$ の増減表は右のようになる。

| $k$ | 0 | $\cdots$ | $\frac{3}{5}$ | $\cdots$ | 3 |
|---|---|---|---|---|---|
| $f'(k)$ | | $-$ | 0 | $+$ | |
| $f(k)$ | $f(0)$ | ↘ | 極小 | ↗ | $f(3)$ |

←$(*)$の分母・分子に $k\sqrt{64-(k+1)^2}+(k+1)\sqrt{9-k^2}$ を掛けた式について
(分子)$=2(5k-3)(11k+3)$

ここで　$f\left(\frac{3}{5}\right)=2\left\{\sqrt{8^2-\left(\frac{8}{5}\right)^2}-\sqrt{3^2-\left(\frac{3}{5}\right)^2}\right\}$

$$=2\left(8\cdot\frac{2\sqrt{6}}{5}-3\cdot\frac{2\sqrt{6}}{5}\right)=4\sqrt{6}$$

←$k=\frac{3}{5}$ のとき最小。

よって，求める長さの最小値は　$4\sqrt{6}$



**総合 22**　$n$ を 2 以上の自然数とする。三角形 ABC において，辺 AB の長さを $c$，辺 CA の長さを $b$ で表す。$\angle\mathrm{ACB}=n\angle\mathrm{ABC}$ であるとき，$c<nb$ を示せ。〔大阪大〕

➡ 本冊 数学Ⅲ 例題 113

$\angle\mathrm{ABC}=\theta$ とすると　$\angle\mathrm{ACB}=n\theta$

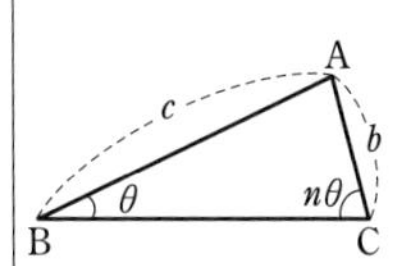


$\theta>0$ かつ $\theta+n\theta<\pi$ から　$0<\theta<\frac{1}{n+1}\pi$

正弦定理により　$\frac{b}{\sin\theta}=\frac{c}{\sin n\theta}$　すなわち　$c=\frac{\sin n\theta}{\sin\theta}b$

よって　$nb-c=nb-\frac{\sin n\theta}{\sin\theta}b=\frac{n\sin\theta-\sin n\theta}{\sin\theta}b$

$0<\theta<\frac{1}{n+1}\pi$ のとき，$\sin\theta>0$ である。また，$b>0$ であるから，$n\sin\theta-\sin n\theta>0$ となることを示す。

←$c<nb$
$\Longleftrightarrow nb-c>0$

$f(\theta)=n\sin\theta-\sin n\theta$ とすると

$$f'(\theta)=n\cos\theta-n\cos n\theta=n(\cos\theta-\cos n\theta)$$

$0<\theta<\frac{1}{n+1}\pi$ より，$0<\theta<n\theta<\frac{n}{n+1}\pi<\pi$ であるから

$$\cos\theta-\cos n\theta>0 \quad すなわち \quad f'(\theta)>0$$

←$0<\alpha<\beta<\pi$ のとき
$\cos\alpha>\cos\beta$

よって，$0<\theta<\dfrac{1}{n+1}\pi$ において $f(\theta)$ は単調に増加する。

また，$f(0)=0$ であるから，$0<\theta<\dfrac{1}{n+1}\pi$ のとき　$f(\theta)>0$

よって　$nb-c>0$　すなわち　$c<nb$

**総合 23**　$xy$ 平面において，点 $(1,\ 2)$ を通る傾き $t$ の直線を $\ell$ とする。また，$\ell$ に垂直で原点を通る直線と $\ell$ との交点をPとする。

(1)　点Pの座標を $t$ を用いて表せ。

(2)　点Pの軌跡が2次曲線 $2x^2-ay=0\ (a\neq0)$ と3点のみを共有するような $a$ の値を求めよ。また，そのとき3つの共有点の座標を求めよ。〔岡山大〕

➡ 本冊 数学Ⅲ 例題 119

HINT　(2)　(1)で求めた点Pの座標を2次曲線の式に代入。その $t$ の方程式が異なる3つの実数解をもつことが条件となる。

(1)　直線 $\ell$ の方程式は

$$y-2=t(x-1)\quad すなわち\quad tx-y-t+2=0\ \cdots\cdots\ ①$$

←$y-y_1=m(x-x_1)$

また，$\ell$ に垂直で原点を通る直線の方程式は　$x+ty=0\ \cdots\cdots\ ②$

←直線 $ax+by+c=0$ に垂直で点 $(x_1,\ y_1)$ を通る直線の方程式は
**$b(x-x_1)-a(y-y_1)=0$**

①×$t$+② から　$(t^2+1)x-t^2+2t=0$　よって　$x=\dfrac{t^2-2t}{t^2+1}$

②×$t$−① から　$(t^2+1)y+t-2=0$　ゆえに　$y=\dfrac{-t+2}{t^2+1}$

したがって，点Pの座標は　$\left(\boldsymbol{\dfrac{t^2-2t}{t^2+1},\ \dfrac{-t+2}{t^2+1}}\right)$

(2)　点Pが2次曲線 $2x^2-ay=0$ 上にあるとすると

$$2\left(\frac{t^2-2t}{t^2+1}\right)^2-a\cdot\frac{-t+2}{t^2+1}=0$$

ゆえに　$\dfrac{t-2}{t^2+1}\left\{\dfrac{2t^2(t-2)}{t^2+1}+a\right\}=0\ \cdots\cdots\ ③$

$t$が異なると点Pの座標は異なるから，$t$ の方程式③が異なる3つの実数解をもつことが条件である。

③から　$t=2,\quad a=-\dfrac{2t^2(t-2)}{t^2+1}\ \cdots\cdots\ ④$

ここで，④において $a=0$ とすると　$t=0,\ 2$

よって，④が $t\neq0$，$t\neq2$ である異なる2つの実数解をもつための条件について考える。

$f(t)=-\dfrac{2t^2(t-2)}{t^2+1}$ とすると

$$f'(t)=-2\cdot\frac{(3t^2-4t)(t^2+1)-t^2(t-2)\cdot2t}{(t^2+1)^2}$$
$$=-\frac{2t(t^3+3t-4)}{(t^2+1)^2}$$
$$=-\frac{2t(t-1)(t^2+t+4)}{(t^2+1)^2}$$

検討　〰〰 の厳密な証明。

$\dfrac{s^2-2s}{s^2+1}=\dfrac{t^2-2t}{t^2+1}\ \cdots$Ⓐ

かつ

$\dfrac{-s+2}{s^2+1}=\dfrac{-t+2}{t^2+1}\ \cdots$Ⓑ

となる実数 $s,\ t\ (s\neq t)$ があるとすると，Ⓑから

$\dfrac{s^2-2s}{s^2+1}=\dfrac{st-2s}{t^2+1}\ \cdots$Ⓒ

Ⓐ，Ⓒから

$t^2-2t=st-2s$

よって　$(t-2)(s-t)=0$

$s\neq t$ から　$t=2$

このとき，Ⓑから　$s=2$

これは $s\neq t$ に反する。

ゆえに，Ⓐ，Ⓑをともに満たす実数 $s,\ t\ (s\neq t)$ はない。

| 1 | 0 | 3 | −4 | ⌊1 |
|---|---|---|---|---|
|  | 1 | 1 | 4 |  |
| 1 | 1 | 4 | 0 |  |

ゆえに，$f(t)$ の増減表は右のようになる。

| $t$ | $\cdots$ | $0$ | $\cdots$ | $1$ | $\cdots$ |
|---|---|---|---|---|---|
| $f'(t)$ | $-$ | $0$ | $+$ | $0$ | $-$ |
| $f(t)$ | $\searrow$ | $0$ | $\nearrow$ | $1$ | $\searrow$ |

←$t^2+t+4=\left(t+\dfrac{1}{2}\right)^2+\dfrac{15}{4}$

$\displaystyle\lim_{t\to\infty}f(t)=-\infty$，$\displaystyle\lim_{t\to-\infty}f(t)=\infty$

←$f(t)=\dfrac{-2t+4}{1+\dfrac{1}{t^2}}$

であるから，$y=f(t)$ のグラフは右図のようになる。

求める $a$ の値は，$y=f(t)$ のグラフが $t\neq0$，$t\neq2$ で直線 $y=a$ と異なる2点で交わる場合を考えて　$\boldsymbol{a=1}$

このとき，④ から　$-\dfrac{2t^2(t-2)}{t^2+1}=1$

よって　　$2t^3-3t^2+1=0$

ゆえに　　$(t-1)^2(2t+1)=0$　　　よって　　$t=1,\ -\dfrac{1}{2}$

$$\begin{array}{rrrr|l} 2 & -3 & 0 & 1 & \underline{1} \\ & 2 & -1 & -1 & \\ \hline 2 & -1 & -1 & 0 & \end{array}$$

求める共有点の座標は，$t=2,\ 1,\ -\dfrac{1}{2}$ のときの点Pの座標であり　　$\boldsymbol{(0,\ 0),\ \left(-\dfrac{1}{2},\ \dfrac{1}{2}\right),\ (1,\ 2)}$

←$t$ の値を (1) の結果に代入。

別解　$x=\dfrac{t^2-2t}{t^2+1}$，$y=\dfrac{-t+2}{t^2+1}$ とすると　　$x=-ty$

←点Pの軌跡の方程式を具体的に求めて（$t$ を消去して），$x$，$y$ の式で扱っていく方針の解答。ただし，この解答は計算量がやや多くなる。

$y=0$ のとき　　$t=2$　　　このとき　　$x=0$

$y\neq0$ のとき，$t=-\dfrac{x}{y}$ を $y=\dfrac{-t+2}{t^2+1}$ に代入して整理することにより，点Pの軌跡は

円 $x^2+y^2-x-2y=0$ …… ㋐　ただし，点 $(1,\ 0)$ を除く。

$2x^2-ay=0$ から　　$y=\dfrac{2}{a}x^2$ …… ㋑

㋑ を ㋐ に代入して整理すると

$x\{4x^3+a(a-4)x-a^2\}=0$

よって　　$x=0$　または　$4x^3+a(a-4)x-a^2=0$

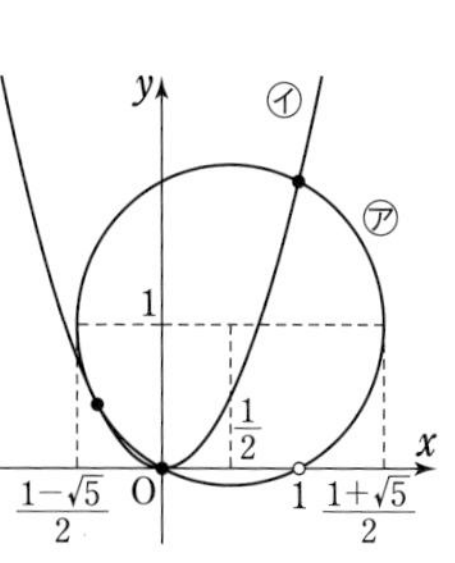


$f(x)=4x^3+a(a-4)x-a^2$ とすると，$f(0)=-a^2\neq0$ であるから，方程式 $f(x)=0$ が

$\dfrac{1-\sqrt{5}}{2}\leqq x\leqq\dfrac{1+\sqrt{5}}{2}$，$x\neq0$ …… ㋒ を満たす異なる2つの実数解をもつことが条件である。

$f'(x)=12x^2+a(a-4)$

[1]　$a<0$ または $4\leqq a$ のとき，$a(a-4)\geqq0$ であるから　　$f'(x)\geqq0$

ゆえに，この場合は不適。

[2]　$0<a<4$ のとき，$f'(x)=0$ とすると　　$x=\pm\dfrac{\sqrt{a(4-a)}}{2\sqrt{3}}$

$f(x)=0$ が異なる2つの実数解をもつための条件は

$f\left(\dfrac{\sqrt{a(4-a)}}{2\sqrt{3}}\right)=0$　または　$f\left(-\dfrac{\sqrt{a(4-a)}}{2\sqrt{3}}\right)=0$

←(極値)$=0$ が条件。

総合

$f\left(\dfrac{\sqrt{a(4-a)}}{2\sqrt{3}}\right)=0$ から　　$a(4-a)\sqrt{a(4-a)}+3\sqrt{3}\,a^2=0$ …… ㊁

$0<a<4$ のとき，㊁ の左辺は正であるから，㊁ を満たす $a$ $(0<a<4)$ はない。

$f\left(-\dfrac{\sqrt{a(4-a)}}{2\sqrt{3}}\right)=0$ から　　$a(4-a)\sqrt{a(4-a)}=3\sqrt{3}\,a^2$

$a>0$，$4-a>0$ から，両辺を平方し，$a^3$ で割ると　　$(4-a)^3=27a$

左辺を展開して整理すると　　$a^3-12a^2+75a-64=0$

よって　　$(a-1)(a^2-11a+64)=0$

したがって　　$a=1$ $(0<a<4$ を満たす$)$

[1]，[2] から，求める $a$ の値は　　$\boldsymbol{a=1}$　　←$a^2-11a+64=\left(a-\dfrac{11}{2}\right)^2+\dfrac{135}{4}>0$

$a=1$ のとき　　$f(x)=4x^3-3x-1=(x-1)(2x+1)^2$

$f(x)=0$ の解は　　$x=1,\ -\dfrac{1}{2}$　　これらは ㊀ を満たす。

$x=0,\ 1,\ -\dfrac{1}{2}$ を ㋑ に代入することにより，求める共有点の座標は

$$\boldsymbol{(0,\ 0),\ (1,\ 2),\ \left(-\frac{1}{2},\ \frac{1}{2}\right)}$$

**総合 24**

$a$ を $0<a<\dfrac{\pi}{2}$ を満たす定数とし，方程式 $x(1-\cos x)=\sin(x+a)$ を考える。

(1) $n$ を正の整数とするとき，上の方程式は $2n\pi<x<2n\pi+\dfrac{\pi}{2}$ の範囲でただ1つの解をもつことを示せ。

(2) (1)の解を $x_n$ とおく。極限 $\lim\limits_{n\to\infty}(x_n-2n\pi)$ を求めよ。

(3) 極限 $\lim\limits_{n\to\infty}\sqrt{n}\,(x_n-2n\pi)$ を求めよ。　　〔類　滋賀医大〕

➡ 本冊 数学Ⅲ 例題 113，120

HINT　(1) $f(x)=x(1-\cos x)-\sin(x+a)$ として，$f(x)$ の増減を調べる。$f'(x)$ の式からは $f'(x)$ の符号を調べにくいので，$f''(x)$ を利用する。

(2) $x_n-2n\pi=y_n$ とおき，$f(x_n)=0$ から導かれる式を利用して，$\lim\limits_{n\to\infty}(1-\cos y_n)$ を調べてみる。はさみうちの原理を利用。

(3) 求める極限は $\lim\limits_{n\to\infty}\sqrt{n}\,y_n$ である。$f(x_n)=0$ から導かれる式を $n$ について解いたものを利用し，$\lim\limits_{n\to\infty}ny_n{}^2$ を求めてみる。

(1) $f(x)=x(1-\cos x)-\sin(x+a)$ とすると

$f'(x)=1-\cos x+x\sin x-\cos(x+a)$

$f''(x)=\sin x+\sin x+x\cos x+\sin(x+a)$

$\quad=2\sin x+x\cos x+\sin(x+a)$

←方程式は ～$=a$ の形には変形できない。
⟶ $f(x)=0$ の形にして，$y=f(x)$ のグラフと $x$ 軸の交点に着目する。

$2n\pi<x<2n\pi+\dfrac{\pi}{2}$ のとき　　$\sin x>0$，$x\cos x>0$

また，$0<a<\dfrac{\pi}{2}$ より $2n\pi<x+a<(2n+1)\pi$ であるから

$\sin(x+a)>0$　　ゆえに　　$f''(x)>0$

よって，$2n\pi<x<2n\pi+\dfrac{\pi}{2}$ で $f'(x)$ は単調に増加する。

また　　$f'(2n\pi)=1-1+2n\pi\cdot0-\cos a=-\cos a<0$

$$f'\left(2n\pi+\frac{\pi}{2}\right)=1-0+\left(2n\pi+\frac{\pi}{2}\right)\cdot 1-\cos\left(\frac{\pi}{2}+a\right)$$
$$=2n\pi+\frac{\pi}{2}+1+\sin a>0$$

ゆえに，$2n\pi<x<2n\pi+\frac{\pi}{2}$ において，$f'(x)=0$ を満たす $x$ がただ1つ存在する。その値を $\alpha$ とすると，$f(x)$ の増減表は次のようになる。

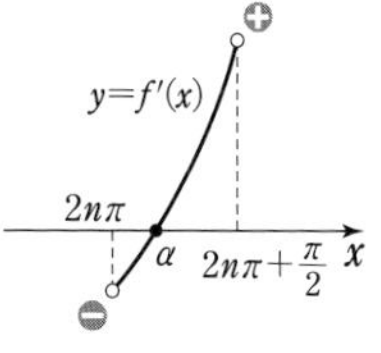


| $x$ | $2n\pi$ | $\cdots$ | $\alpha$ | $\cdots$ | $2n\pi+\frac{\pi}{2}$ |
|---|---|---|---|---|---|
| $f'(x)$ | | $-$ | $0$ | $+$ | |
| $f(x)$ | $f(2n\pi)$ | ↘ | 極小 | ↗ | $f\left(2n\pi+\frac{\pi}{2}\right)$ |

ここで　$f(2n\pi)=2n\pi(1-1)-\sin a=-\sin a<0$,

$$f\left(2n\pi+\frac{\pi}{2}\right)=\left(2n\pi+\frac{\pi}{2}\right)(1-0)-\sin\left(\frac{\pi}{2}+a\right)$$
$$=2n\pi+\frac{\pi}{2}-\cos a>0$$

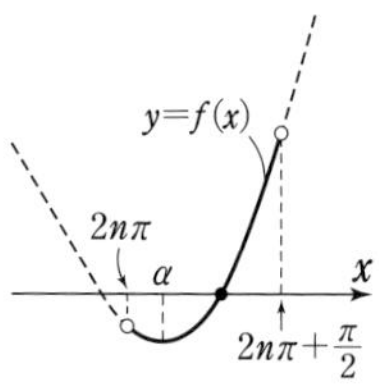


よって，$2n\pi<x<2n\pi+\frac{\pi}{2}$ において，$f(x)=0$ を満たす $x$ がただ1つ存在するから，方程式 $x(1-\cos x)=\sin(x+a)$ … ① はこの範囲にただ1つの解をもつ。

(2)　$x_n-2n\pi=y_n$ とおくと　　$x_n=y_n+2n\pi$ …… ②

$x_n$ は ① の解であるから　　$x_n(1-\cos x_n)=\sin(x_n+a)$

② を代入して　$(y_n+2n\pi)(1-\cos y_n)=\sin(y_n+a)$ …… ③

←方程式の解 ⟶ 代入すると成り立つ。

ここで，$\sin(y_n+a)\leqq 1$ から　　$(y_n+2n\pi)(1-\cos y_n)\leqq 1$

$0<y_n<\frac{\pi}{2}$ であるから　　$2n\pi<y_n+2n\pi$，$1-\cos y_n>0$

ゆえに　$2n\pi(1-\cos y_n)<1$　　よって　$0<1-\cos y_n<\frac{1}{2n\pi}$

$\lim_{n\to\infty}\frac{1}{2n\pi}=0$ であるから　　$\lim_{n\to\infty}(1-\cos y_n)=0$

すなわち　　$\lim_{n\to\infty}\cos y_n=1$

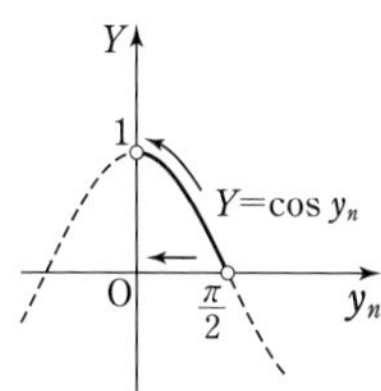


$\cos x$ は連続な関数であり，$0<y_n<\frac{\pi}{2}$ であるから　$\lim_{n\to\infty}y_n=0$

したがって　　$\lim_{n\to\infty}(x_n-2n\pi)=\mathbf{0}$

(3)　③ の両辺を $1-\cos y_n$ で割ると　　$y_n+2n\pi=\frac{\sin(y_n+a)}{1-\cos y_n}$

よって　　$n=\frac{\sin(y_n+a)}{2\pi(1-\cos y_n)}-\frac{y_n}{2\pi}$

ゆえに　　$$ny_n^2=\frac{y_n^2\sin(y_n+a)}{2\pi(1-\cos y_n)}-\frac{y_n^3}{2\pi}$$
$$=\frac{y_n^2(1+\cos y_n)\sin(y_n+a)}{2\pi\sin^2 y_n}-\frac{y_n^3}{2\pi}$$

←〰〰の分母・分子に $1+\cos y_n$ を掛ける。$1-\cos^2 y_n=\sin^2 y_n$

総合

$$=\frac{(1+\cos y_n)\sin(y_n+a)}{2\pi\left(\frac{\sin y_n}{y_n}\right)^2}-\frac{y_n{}^3}{2\pi}$$

(2) より，$\lim_{n\to\infty} y_n=0$ であるから　$\lim_{n\to\infty}\frac{\sin y_n}{y_n}=1$

← $\lim_{\square\to 0}\frac{\sin\square}{\square}=1$

よって　$\lim_{n\to\infty} ny_n{}^2=\frac{(1+1)\sin a}{2\pi\cdot 1^2}-\frac{0^3}{2\pi}=\frac{\sin a}{\pi}$

ゆえに　$\lim_{n\to\infty}\sqrt{n}(x_n-2n\pi)=\lim_{n\to\infty}\sqrt{ny_n{}^2}=\boldsymbol{\sqrt{\frac{\sin a}{\pi}}}$

**総合 25**　曲線 $y=e^x$ 上を動く点Pの時刻 $t$ における座標を $(x(t),\ y(t))$ と表し，Pの速度ベクトルと加速度ベクトルをそれぞれ $\vec{v}=\left(\frac{dx}{dt},\ \frac{dy}{dt}\right)$，$\vec{\alpha}=\left(\frac{d^2x}{dt^2},\ \frac{d^2y}{dt^2}\right)$ とする。すべての時刻 $t$ で $|\vec{v}|=1$ かつ $\frac{dx}{dt}>0$ であるとき　〔九州大〕

(1) Pが点 $(s,\ e^s)$ を通過する時刻における速度ベクトル $\vec{v}$ を $s$ を用いて表せ。

(2) Pが点 $(s,\ e^s)$ を通過する時刻における加速度ベクトル $\vec{\alpha}$ を $s$ を用いて表せ。

(3) Pが曲線全体を動くとき，$|\vec{\alpha}|$ の最大値を求めよ。

➡ 本冊 数学Ⅲ 例題 100，123

HINT　(1) まず，$y=e^x$ の両辺を $t$ で微分する。条件 $|\vec{v}|=1$，$\frac{dx}{dt}>0$ を利用して，$\frac{dx}{dt}$ を $x$ で表す。(3) $|\vec{\alpha}|^2$ を $x$ で表し，変数のおき換えを利用。

(1) $y=e^x$ の両辺を $t$ で微分すると　$\frac{dy}{dt}=e^x\frac{dx}{dt}$

← $\frac{d}{dt}e^x=\frac{d}{dx}e^x\cdot\frac{dx}{dt}$

よって　$|\vec{v}|^2=\left(\frac{dx}{dt}\right)^2+\left(\frac{dy}{dt}\right)^2=\left(\frac{dx}{dt}\right)^2+\left(e^x\frac{dx}{dt}\right)^2$

$$=(1+e^{2x})\left(\frac{dx}{dt}\right)^2$$

← $\vec{v}=\left(\frac{dx}{dt},\ \frac{dy}{dt}\right)$

$|\vec{v}|=1$ から　$(1+e^{2x})\left(\frac{dx}{dt}\right)^2=1$

← $\left(\frac{dx}{dt}\right)^2=\frac{1}{1+e^{2x}}$

$\frac{dx}{dt}>0$ から　$\frac{dx}{dt}=\frac{1}{\sqrt{1+e^{2x}}}$ ……①

ゆえに　$\frac{dy}{dt}=\frac{e^x}{\sqrt{1+e^{2x}}}$

← $\frac{dy}{dt}=e^x\frac{dx}{dt}$

したがって，Pが点 $(s,\ e^s)$ を通過する時刻における速度ベクトルは　$\boldsymbol{\vec{v}=\left(\frac{1}{\sqrt{1+e^{2s}}},\ \frac{e^s}{\sqrt{1+e^{2s}}}\right)}$

(2) ① の両辺を $t$ で微分すると

$$\frac{d^2x}{dt^2}=-\frac{1}{2}\cdot\frac{2e^{2x}}{(1+e^{2x})\sqrt{1+e^{2x}}}\cdot\frac{dx}{dt}$$

$$=-\frac{e^{2x}}{(1+e^{2x})\sqrt{1+e^{2x}}}\cdot\frac{1}{\sqrt{1+e^{2x}}}=-\frac{e^{2x}}{(1+e^{2x})^2}$$

← $\frac{dx}{dt}=\frac{1}{\sqrt{1+e^{2x}}}$

また　$\frac{d^2y}{dt^2}=\frac{d}{dt}\left(e^x\frac{dx}{dt}\right)=e^x\left(\frac{dx}{dt}\right)^2+e^x\frac{d^2x}{dt^2}$

$$=\frac{e^x}{1+e^{2x}}-\frac{e^{3x}}{(1+e^{2x})^2}=\frac{e^x}{(1+e^{2x})^2}$$

← $\frac{dy}{dt}=e^x\frac{dx}{dt}$ の両辺を $t$ で微分。

したがって，Pが点 $(s,\ e^s)$ を通過する時刻における加速度ベクトルは　$\vec{\alpha}=\left(-\dfrac{\boldsymbol{e^{2s}}}{\boldsymbol{(1+e^{2s})^2}},\ \dfrac{\boldsymbol{e^s}}{\boldsymbol{(1+e^{2s})^2}}\right)$

(3)　$|\vec{\alpha}|^2=\dfrac{e^{4x}}{(1+e^{2x})^4}+\dfrac{e^{2x}}{(1+e^{2x})^4}=\dfrac{e^{2x}(e^{2x}+1)}{(1+e^{2x})^4}=\dfrac{e^{2x}}{(1+e^{2x})^3}$

←$|\vec{\alpha}|^2=\left(\dfrac{d^2x}{dt^2}\right)^2+\left(\dfrac{d^2y}{dt^2}\right)^2$

ここで，$e^{2x}=z$ とおくと　$z>0$

**① 変数のおき換え 変域が変わることに注意**

また　$|\vec{\alpha}|^2=\dfrac{z}{(1+z)^3}$

$f(z)=\dfrac{z}{(1+z)^3}$ とすると

$f'(z)=\dfrac{(1+z)^3-z\cdot3(1+z)^2}{(1+z)^6}=\dfrac{(1+z)^2(1+z-3z)}{(1+z)^6}=\dfrac{1-2z}{(1+z)^4}$

←$\left(\dfrac{u}{v}\right)'=\dfrac{u'v-uv'}{v^2}$

$f'(z)=0$ とすると　$z=\dfrac{1}{2}$

←$1-2z=0$

$z>0$ における $f(z)$ の増減表は右のようになるから，$|\vec{\alpha}|$ の最大値は

| $z$ | 0 | … | $\frac{1}{2}$ | … |
|---|---|---|---|---|
| $f'(z)$ | | + | 0 | − |
| $f(z)$ | | ↗ | 極大 | ↘ |

←$z=\dfrac{1}{2}$ で最大。

$\sqrt{f\left(\dfrac{1}{2}\right)}=\sqrt{\dfrac{4}{27}}=\boldsymbol{\dfrac{2\sqrt{3}}{9}}$

←$f\left(\dfrac{1}{2}\right)=\dfrac{\frac{1}{2}}{\left(\frac{3}{2}\right)^3}=\dfrac{4}{27}$

**総合 26**

(1)　不定積分 $\displaystyle\int e^{2x+e^x}dx$ を求めよ。　〔広島市大〕　➡ 本冊 数学Ⅲ 例題 135

(2)　定積分 $\displaystyle\int_0^1\{x(1-x)\}^{\frac{3}{2}}dx$ を求めよ。　〔弘前大〕　➡ 本冊 数学Ⅲ 例題 149

総合

(1)　$\displaystyle\int e^{2x+e^x}dx=\int e^x\cdot(e^x\cdot e^{e^x})dx=\int e^x\cdot(e^{e^x})'dx$

$\displaystyle=e^x\cdot e^{e^x}-\int e^x\cdot e^{e^x}dx=e^x\cdot e^{e^x}-e^{e^x}+C$

$=\boldsymbol{e^{e^x}(e^x-1)+C}$　**（$C$ は積分定数）**

←$e^{2x+e^x}=e^{2x}\cdot e^{e^x}$
$=e^x(e^x\cdot e^{e^x})$

←部分積分法。

(2)　$x(1-x)=-x^2+x=\left(\dfrac{1}{2}\right)^2-\left(x-\dfrac{1}{2}\right)^2$ と変形できるから，

$x-\dfrac{1}{2}=\dfrac{1}{2}\sin\theta$ とおくと　$dx=\dfrac{1}{2}\cos\theta\,d\theta$

$x$ と $\theta$ の対応は右のようになるから，求める定積分を $I$ とすると

| $x$ | $0\longrightarrow1$ |
|---|---|
| $\theta$ | $-\frac{\pi}{2}\longrightarrow\frac{\pi}{2}$ |

**① $\sqrt{a^2-x^2}$ の定積分 $x=a\sin\theta$ とおく**

$\displaystyle I=\int_{-\frac{\pi}{2}}^{\frac{\pi}{2}}\left\{\left(\frac{1}{2}\right)^2-\left(\frac{1}{2}\sin\theta\right)^2\right\}^{\frac{3}{2}}\cdot\frac{1}{2}\cos\theta\,d\theta$

←$1-\sin^2\theta=\cos^2\theta$

$\displaystyle=\int_{-\frac{\pi}{2}}^{\frac{\pi}{2}}\left\{\left(\frac{1}{2}\cos\theta\right)^2\right\}^{\frac{3}{2}}\cdot\frac{1}{2}\cos\theta\,d\theta=\frac{1}{16}\int_{-\frac{\pi}{2}}^{\frac{\pi}{2}}\cos^4\theta\,d\theta$

←$-\dfrac{\pi}{2}\leqq\theta\leqq\dfrac{\pi}{2}$ のとき $\cos\theta\geqq0$

$y=\cos^4\theta$ は偶関数であるから　$\displaystyle I=\frac{1}{8}\int_0^{\frac{\pi}{2}}\cos^4\theta\,d\theta$

←$y=\cos\theta$ は偶関数。

$\cos^4\theta=\left(\dfrac{1+\cos2\theta}{2}\right)^2=\dfrac{1}{4}(1+2\cos2\theta+\cos^2 2\theta)$

←半角の公式を用いて1次の式に。

$$=\frac{1}{4}\left(1+2\cos 2\theta+\frac{1+\cos 4\theta}{2}\right)$$

$$=\frac{1}{8}(3+4\cos 2\theta+\cos 4\theta)$$

であるから

$$I=\frac{1}{8}\int_0^{\frac{\pi}{2}}\frac{1}{8}(3+4\cos 2\theta+\cos 4\theta)d\theta$$

$$=\frac{1}{64}\left[3\theta+2\sin 2\theta+\frac{1}{4}\sin 4\theta\right]_0^{\frac{\pi}{2}}=\frac{1}{64}\cdot\frac{3}{2}\pi=\frac{\mathbf{3}}{\mathbf{128}}\boldsymbol{\pi}$$

←$\sin k\pi=0$（$k$ は整数）

**総合 27**

実数 $x$ に対して，$3n \leqq x < 3n+3$ を満たす整数 $n$ により，

$$f(x)=\begin{cases}|3n+1-x| & (3n \leqq x < 3n+2 \text{ のとき}) \\ 1 & (3n+2 \leqq x < 3n+3 \text{ のとき})\end{cases}$$

とする。関数 $f(x)$ について，次の問いに答えよ。

(1) $0 \leqq x \leqq 7$ のとき，$y=f(x)$ のグラフをかけ。

(2) 0 以上の整数 $n$ に対して，$I_n=\int_{3n}^{3n+3} f(x)e^{-x}dx$ とする。$I_n$ を求めよ。

(3) 自然数 $n$ に対して，$J_n=\int_0^{3n} f(x)e^{-x}dx$ とする。$\lim_{n\to\infty} J_n$ を求めよ。〔山口大〕

➡ 本冊 数学Ⅲ 例題 154

(1) $n=0$ のとき　$f(x)=\begin{cases}|1-x| & (0 \leqq x < 2) \\ 1 & (2 \leqq x < 3)\end{cases}$

←$n=0,\ 1,\ 2$ としてみる。

$n=1$ のとき　$f(x)=\begin{cases}|4-x| & (3 \leqq x < 5) \\ 1 & (5 \leqq x < 6)\end{cases}$

$n=2$ のとき　$f(x)=\begin{cases}|7-x| & (6 \leqq x < 8) \\ 1 & (8 \leqq x < 9)\end{cases}$

よって，$y=f(x)$ のグラフは次の **図** のようになる。

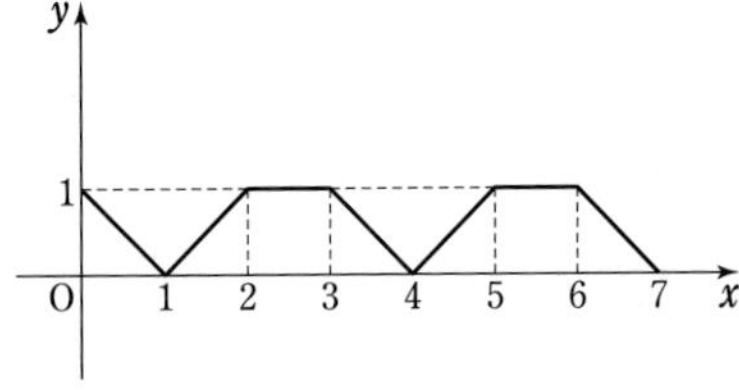


←$y=|a-x|=|x-a|$
$=\begin{cases} x-a & (x \geqq a) \\ -(x-a) & (x<a)\end{cases}$

(2) $3n \leqq x < 3n+1$ のとき　$f(x)=3n+1-x$　←$3n+1-x>0$

$3n+1 \leqq x < 3n+2$ のとき　$f(x)=-(3n+1-x)$　←$3n+1-x \leqq 0$

$3n+2 \leqq x < 3n+3$ のとき　$f(x)=1$

よって

$$I_n=-\int_{3n}^{3n+1}(x-3n-1)e^{-x}dx+\int_{3n+1}^{3n+2}(x-3n-1)e^{-x}dx+\int_{3n+2}^{3n+3}e^{-x}dx$$

ここで　$\int(x-3n-1)e^{-x}dx=-(x-3n-1)e^{-x}+\int e^{-x}dx$

$$=-(x-3n-1)e^{-x}-e^{-x}+C$$

$$=(3n-x)e^{-x}+C \quad (C \text{ は積分定数})$$

←$(x-3n-1)e^{-x}=\{-(x-3n-1)\}(e^{-x})'$ とみて部分積分法を利用。

ゆえに　$I_n=\Big[(x-3n)e^{-x}\Big]_{3n}^{3n+1}+\Big[(3n-x)e^{-x}\Big]_{3n+1}^{3n+2}$

$+\Big[-e^{-x}\Big]_{3n+2}^{3n+3}$

$=e^{-3n-1}+(-2e^{-3n-2}+e^{-3n-1})+(-e^{-3n-3}+e^{-3n-2})$

$=2e^{-3n-1}-e^{-3n-2}-e^{-3n-3}$

$=\mathbf{(2e^2-e-1)e^{-3(n+1)}}$

←$e^{-3n-1}=e^{2-3(n+1)}$, $e^{-3n-2}=e^{1-3(n+1)}$

(3)　$J_n=\sum_{k=0}^{n-1}\int_{3k}^{3(k+1)}f(x)e^{-x}dx=\sum_{k=0}^{n-1}I_k$

$=(2e^2-e-1)\sum_{k=0}^{n-1}e^{-3(k+1)}=(e-1)(2e+1)\cdot\dfrac{e^{-3}(1-e^{-3n})}{1-e^{-3}}$

←$\sum_{k=0}^{n-1}e^{-3(k+1)}$ は，初項 $e^{-3}$，公比 $e^{-3}$，項数 $n$ の等比数列の和。

$0<e^{-3}<1$ より，$\lim_{n\to\infty}e^{-3n}=0$ であるから

$\lim_{n\to\infty}J_n=\dfrac{e^{-3}(e-1)(2e+1)}{1-e^{-3}}=\dfrac{(e-1)(2e+1)}{e^3-1}=\mathbf{\dfrac{2e+1}{e^2+e+1}}$

←$e^3-1=(e-1)(e^2+e+1)$

**総合 28**

$t\geqq0$ に対して，$f(t)=2\pi\int_0^{2t}|x-t|\cos(2\pi x)dx-t\sin(4\pi t)$ と定義する。このとき，$f(t)=0$ を満たす $t$ のうち，閉区間 [0, 1] に属する相異なるものはいくつあるか。　〔早稲田大〕

➡ 本冊 数学Ⅲ 例題 154

$0\leqq x\leqq t$ のとき　$|x-t|=-(x-t)$

$t\leqq x\leqq 2t$ のとき　$|x-t|=x-t$　であるから

←$|x-t|=\begin{cases}-(x-t) & (x<t)\\ x-t & (x\geqq t)\end{cases}$

$f(t)=2\pi\int_0^t\{-(x-t)\}\cos(2\pi x)dx$

$+2\pi\int_t^{2t}(x-t)\cos(2\pi x)dx-t\sin(4\pi t)$

ここで　$2\pi\int(x-t)\cos(2\pi x)dx=\int(x-t)\{\sin(2\pi x)\}'dx$

←部分積分法

$=(x-t)\sin(2\pi x)-\int\sin(2\pi x)dx$

$=(x-t)\sin(2\pi x)+\dfrac{1}{2\pi}\cos(2\pi x)+C$ （$C$ は積分定数）

よって

$f(t)=-\Big[(x-t)\sin(2\pi x)+\dfrac{1}{2\pi}\cos(2\pi x)\Big]_0^t$

$+\Big[(x-t)\sin(2\pi x)+\dfrac{1}{2\pi}\cos(2\pi x)\Big]_t^{2t}-t\sin(4\pi t)$

$=-\dfrac{1}{2\pi}\cos(2\pi t)+\dfrac{1}{2\pi}+t\sin(4\pi t)$

$+\dfrac{1}{2\pi}\cos(4\pi t)-\dfrac{1}{2\pi}\cos(2\pi t)-t\sin(4\pi t)$

$=\dfrac{\cos(4\pi t)-2\cos(2\pi t)+1}{2\pi}$

$f(t)=0$ とすると　$\cos(4\pi t)-2\cos(2\pi t)+1=0$

ゆえに　$2\cos^2(2\pi t)-1-2\cos(2\pi t)+1=0$

←$\cos2\theta=2\cos^2\theta-1$

よって　$2\cos(2\pi t)\{\cos(2\pi t)-1\}=0$

したがって　$\cos(2\pi t)=0,\ 1$

$0 \leqq t \leqq 1$ のとき，$0 \leqq 2\pi t \leqq 2\pi$ であるから

$$2\pi t = 0,\ \frac{\pi}{2},\ \frac{3}{2}\pi,\ 2\pi \quad \text{すなわち} \quad t = 0,\ \frac{1}{4},\ \frac{3}{4},\ 1$$

したがって，$0 \leqq t \leqq 1$ において $f(t)=0$ を満たす相異なる $t$ は **4 つ** ある。

**総合 29** 関数 $f(x)$ と $g(x)$ を $0 \leqq x \leqq 1$ の範囲で定義された連続関数とする。〔北海道大〕

(1) $f(x)=\int_0^1 e^{x+t}f(t)\,dt$ を満たす $f(x)$ は定数関数 $f(x)=0$ のみであることを示せ。

(2) $g(x)=\int_0^1 e^{x+t}g(t)\,dt+x$ を満たす $g(x)$ を求めよ。

➡ 本冊 数学Ⅲ 例題 160

(1) $f(x)=e^x\int_0^1 e^t f(t)dt$

←$e^{x+t}f(t)=e^x \cdot e^t f(t)$ $e^x$ は $t$ に無関係。

$\int_0^1 e^t f(t)dt = A$ とおくと　$f(x)=Ae^x$

←$\int_0^1 e^t f(t)\,dt$ は定数。

したがって

$$A=\int_0^1 e^t(Ae^t)dt = A\int_0^1 e^{2t}dt = A\left[\frac{1}{2}e^{2t}\right]_0^1 = \frac{1}{2}A(e^2-1)$$

ゆえに　$A(3-e^2)=0$　　$3-e^2 \neq 0$ であるから　$A=0$

よって　$f(x)=0$

(2) $g(x)=e^x\int_0^1 e^t g(t)dt + x$

$\int_0^1 e^t g(t)dt = B$ とおくと　$g(x)=Be^x+x$

←(1) と同様に，$\int_0^1 e^t g(t)\,dt$ は定数である。

ゆえに　$B=\int_0^1 e^t(Be^t+t)dt$　すなわち　$B=\int_0^1 (Be^{2t}+te^t)dt$

ここで　$\int_0^1 Be^{2t}dt = B\left[\frac{1}{2}e^{2t}\right]_0^1 = \frac{1}{2}B(e^2-1)$

$\int_0^1 te^t dt = \left[te^t\right]_0^1 - \int_0^1 e^t dt = e - \left[e^t\right]_0^1 = 1$

←$\int_0^1 t(e^t)'dt$ とみて，部分積分法。

よって　$B=\frac{1}{2}B(e^2-1)+1$

$B(3-e^2)=2$ から　$B=\frac{2}{3-e^2}$

ゆえに　$\boldsymbol{g(x)=\frac{2}{3-e^2}e^x+x}$

←$g(x)=Be^x+x$

**総合 30** 連続関数 $f(x)$ が次の関係式を満たしているとする。

$$f(x)=x^2+\int_0^x f(t)dt-\int_x^1 f(t)dt$$

〔類 東京医歯大〕

(1) $f(0)+f(1)$ の値を求めよ。

(2) $g(x)=e^{-2x}f(x)$ とおくことにより，$f(x)$ を求めよ。

➡ 本冊 数学Ⅲ 例題 159

(1) $f(x)=x^2+\int_0^x f(t)dt-\int_x^1 f(t)dt$ …… ① とする。

① の両辺に $x=0,\ 1$ を代入すると

$$f(0)=-\int_0^1 f(t)dt,\quad f(1)=1+\int_0^1 f(t)dt$$

←$\int_0^0 f(t)dt=0$, $\int_1^1 f(t)dt=0$

よって　$f(0)+f(1)=\boldsymbol{1}$

(2) $g'(x)=-2e^{-2x}f(x)+e^{-2x}f'(x)$

$=e^{-2x}\{-2f(x)+f'(x)\}$ …… ②

① の両辺を $x$ で微分すると　$f'(x)=2x+f(x)-\{-f(x)\}$

ゆえに　$-2f(x)+f'(x)=2x$

したがって，② から　$g'(x)=2xe^{-2x}$

よって　$g(x)=\int g'(x)dx=\int 2xe^{-2x}dx$

$=-xe^{-2x}-\int(-1)e^{-2x}dx$

$=-\left(x+\dfrac{1}{2}\right)e^{-2x}+C$　（$C$ は積分定数）

ゆえに　$f(x)=e^{2x}g(x)=-\left(x+\dfrac{1}{2}\right)+Ce^{2x}$

ここで　$f(0)+f(1)=-\dfrac{1}{2}+C-\dfrac{3}{2}+Ce^2=(e^2+1)C-2$

よって，(1) の結果から　$(e^2+1)C-2=1$

ゆえに　$C=\dfrac{3}{e^2+1}$　よって　$\boldsymbol{f(x)=-\left(x+\dfrac{1}{2}\right)+\dfrac{3e^{2x}}{e^2+1}}$

←$(uv)'=u'v+uv'$

←$\dfrac{d}{dx}\int_x^1 f(t)dt$
$=\dfrac{d}{dx}\left\{-\int_1^x f(t)dt\right\}$
$=-f(x)$

←$2xe^{-2x}=-x(e^{-2x})'$
とみて，部分積分法。

**総合 31**

楕円 $\dfrac{x^2}{4}+\dfrac{y^2}{9}=1$ 上に点 $\mathrm{P}_k$ ($k=1,\ 2,\ \cdots\cdots,\ n$) を $\angle \mathrm{P}_k\mathrm{OA}=\dfrac{k}{n}\pi$ を満たすようにとる。ただし，$\mathrm{O}(0,\ 0)$，$\mathrm{A}(2,\ 0)$ とする。
このとき，$\displaystyle\lim_{n\to\infty}\frac{1}{n}\left(\frac{1}{\mathrm{OP}_1{}^2}+\frac{1}{\mathrm{OP}_2{}^2}+\cdots\cdots+\frac{1}{\mathrm{OP}_n{}^2}\right)$ を求めよ。〔東北大〕

➡ 本冊 数学Ⅲ 例題 167



点 $\mathrm{P}_k$ の座標は次のように表すことができる。

$$\left(\mathrm{OP}_k\cos\frac{k}{n}\pi,\ \mathrm{OP}_k\sin\frac{k}{n}\pi\right)$$

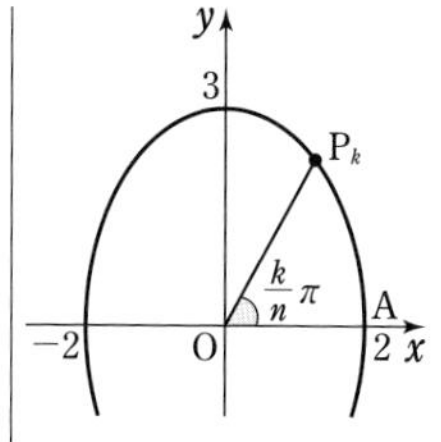


点 $\mathrm{P}_k$ は楕円 $\dfrac{x^2}{4}+\dfrac{y^2}{9}=1$ 上にあるから

$$\mathrm{OP}_k{}^2\left(\frac{1}{4}\cos^2\frac{k}{n}\pi+\frac{1}{9}\sin^2\frac{k}{n}\pi\right)=1$$

よって　$\dfrac{1}{\mathrm{OP}_k{}^2}=\dfrac{1}{4}\cos^2\dfrac{k}{n}\pi+\dfrac{1}{9}\sin^2\dfrac{k}{n}\pi$

ゆえに　$\displaystyle\lim_{n\to\infty}\frac{1}{n}\left(\frac{1}{\mathrm{OP}_1{}^2}+\frac{1}{\mathrm{OP}_2{}^2}+\cdots\cdots+\frac{1}{\mathrm{OP}_n{}^2}\right)$

$\displaystyle=\lim_{n\to\infty}\frac{1}{n}\sum_{k=1}^{n}\frac{1}{\mathrm{OP}_k{}^2}=\lim_{n\to\infty}\frac{1}{n}\sum_{k=1}^{n}\left(\frac{1}{4}\cos^2\frac{k}{n}\pi+\frac{1}{9}\sin^2\frac{k}{n}\pi\right)$

$\displaystyle=\lim_{n\to\infty}\left(\frac{1}{4}\cdot\frac{1}{n}\sum_{k=1}^{n}\cos^2\frac{k}{n}\pi+\frac{1}{9}\cdot\frac{1}{n}\sum_{k=1}^{n}\sin^2\frac{k}{n}\pi\right)$

$\displaystyle=\frac{1}{4}\int_0^1\cos^2\pi x\,dx+\frac{1}{9}\int_0^1\sin^2\pi x\,dx$

$\displaystyle=\frac{1}{8}\int_0^1(1+\cos 2\pi x)dx+\frac{1}{18}\int_0^1(1-\cos 2\pi x)dx$

$\displaystyle=\frac{1}{8}\left[x+\frac{1}{2\pi}\sin 2\pi x\right]_0^1+\frac{1}{18}\left[x-\frac{1}{2\pi}\sin 2\pi x\right]_0^1=\frac{1}{8}+\frac{1}{18}=\boldsymbol{\frac{13}{72}}$

←区分求積法
$\displaystyle\boldsymbol{\lim_{n\to\infty}\frac{1}{n}\sum_{k=1}^{n}f\left(\frac{k}{n}\right)}$
$\displaystyle\boldsymbol{=\int_0^1 f(x)dx}$

←$\sin^2\theta=\dfrac{1-\cos 2\theta}{2}$
$\cos^2\theta=\dfrac{1+\cos 2\theta}{2}$

**総合 32**

自然数 $n$ に対し，$S_n=\int_0^1\frac{1-(-x)^n}{1+x}dx$，$T_n=\sum_{k=1}^{n}\frac{(-1)^{k-1}}{k(k+1)}$ とおく。

(1) 不等式 $\left|S_n-\int_0^1\frac{1}{1+x}dx\right|\leqq\frac{1}{n+1}$ を示せ。

(2) $T_n-2S_n$ を $n$ で表せ。　(3) 極限値 $\lim_{n\to\infty}T_n$ を求めよ。　〔東京医歯大〕

➡ 本冊 数学Ⅲ 例題 174

(1) 
$$\left|S_n-\int_0^1\frac{1}{1+x}dx\right|=\left|\int_0^1\frac{1-(-x)^n}{1+x}dx-\int_0^1\frac{1}{1+x}dx\right|$$
$$=\left|\int_0^1\frac{-(-x)^n}{1+x}dx\right|=\left|(-1)^{n+1}\int_0^1\frac{x^n}{1+x}dx\right|$$
$$=\int_0^1\frac{x^n}{1+x}dx$$

$0\leqq x\leqq1$ のとき，$x^n\geqq0$，$1+x\geqq1$ であるから　$\frac{x^n}{1+x}\leqq x^n$

よって　$\int_0^1\frac{x^n}{1+x}dx\leqq\int_0^1x^n dx=\left[\frac{x^{n+1}}{n+1}\right]_0^1=\frac{1}{n+1}$

ゆえに　$\left|S_n-\int_0^1\frac{1}{1+x}dx\right|\leqq\frac{1}{n+1}$

(2) $0\leqq x\leqq1$ のとき
$$\frac{1-(-x)^n}{1+x}=\frac{1-(-x)^n}{1-(-x)}$$
$$=1+(-x)+(-x)^2+(-x)^3+\cdots\cdots+(-x)^{n-1}$$
$$=1-x+x^2-x^3+\cdots\cdots+(-1)^{n-1}x^{n-1}$$

よって　$S_n=\int_0^1\{1-x+x^2-x^3+\cdots\cdots+(-1)^{n-1}x^{n-1}\}dx$
$$=\left[x-\frac{1}{2}x^2+\frac{1}{3}x^3-\frac{1}{4}x^4+\cdots\cdots+\frac{(-1)^{n-1}}{n}x^n\right]_0^1$$
$$=1-\frac{1}{2}+\frac{1}{3}-\frac{1}{4}+\cdots\cdots+\frac{(-1)^{n-1}}{n}$$

また
$$T_n=\sum_{k=1}^{n}(-1)^{k-1}\left(\frac{1}{k}-\frac{1}{k+1}\right)$$
$$=\left(1-\frac{1}{2}\right)-\left(\frac{1}{2}-\frac{1}{3}\right)+\left(\frac{1}{3}-\frac{1}{4}\right)-\left(\frac{1}{4}-\frac{1}{5}\right)$$
$$+\cdots\cdots+(-1)^{n-2}\left(\frac{1}{n-1}-\frac{1}{n}\right)+(-1)^{n-1}\left(\frac{1}{n}-\frac{1}{n+1}\right)$$
$$=-1+2\left\{1-\frac{1}{2}+\frac{1}{3}-\frac{1}{4}+\cdots\cdots+\frac{(-1)^{n-1}}{n}\right\}$$
$$-(-1)^{n-1}\frac{1}{n+1}$$

ゆえに　$T_n=-1+2S_n+\frac{(-1)^n}{n+1}$

よって　$T_n-2S_n=\boldsymbol{-1+\frac{(-1)^n}{n+1}}$

HINT (1) 左辺を変形して，$\int_0^1f(x)\,dx$ の形にする。
(2) 等比数列の和の公式を利用して，$S_n$ を和の形で表す。
(3) (1), (2)の結果とはさみうちの原理を利用。

←$\sum_{k=1}^{n}r^{k-1}=\frac{1-r^n}{1-r}$ $(r\neq1)$

←$\frac{1}{k(k+1)}$ を部分分数に分解。

←$1=-1+2\cdot1$

(3) (1) から　$0 \leqq \left| S_n - \int_0^1 \frac{1}{1+x}dx \right| \leqq \frac{1}{n+1}$

ここで　$\int_0^1 \frac{1}{1+x}dx = \Big[\log(1+x)\Big]_0^1 = \log 2,\ \lim_{n\to\infty}\frac{1}{n+1} = 0$

よって　$\lim_{n\to\infty}|S_n - \log 2| = 0$

←はさみうちの原理。

ゆえに　$\lim_{n\to\infty} S_n = \log 2$

したがって，(2) から

$$\lim_{n\to\infty} T_n = \lim_{n\to\infty}\left\{2S_n - 1 + \frac{(-1)^n}{n+1}\right\} = \mathbf{2\log 2 - 1}$$

**総合 33**

方程式 $y=(\sqrt{x}-\sqrt{2})^2$ が定める曲線を $C$ とする。

(1) 曲線 $C$ と $x$ 軸，$y$ 軸で囲まれた図形の面積 $S$ を求めよ。

(2) 曲線 $C$ と直線 $y=2$ で囲まれた図形を，直線 $y=2$ の周りに 1 回転してできる立体の体積 $V$ を求めよ。

〔信州大〕

➡ 本冊 数学Ⅲ 例題 176，194

(1) $y=(\sqrt{x}-\sqrt{2})^2$ …… ① とする。

関数 ① の定義域は　$x \geqq 0$

値域は　$y \geqq 0$

① で $x=0$ とすると　$y=2$

$y=0$ とすると　$\sqrt{x}=\sqrt{2}$

よって　$x=2$

ゆえに，曲線 $C$ の概形は右上の図のようになるから

$$S=\int_0^2(\sqrt{x}-\sqrt{2})^2dx=\int_0^2(x-2\sqrt{2}\sqrt{x}+2)dx$$

$$=\left[\frac{x^2}{2}-2\sqrt{2}\cdot\frac{2}{3}x^{\frac{3}{2}}+2x\right]_0^2$$

$$=2-\frac{4\sqrt{2}}{3}\cdot 2\sqrt{2}+4=\mathbf{\frac{2}{3}}$$

HINT (1) $C$ の概形をつかむため，まず定義域や値域，座標軸との交点の座標を調べる。

(2) 曲線 $C$ を $y$ 軸方向に $-2$ だけ平行移動し，$x$ 軸の周りの回転体の体積として考えるとよい。

←$y$ の増減表を作らなくても，面積や体積を求めるのに必要な曲線 $C$ の概形をつかむことはできる。

(2) 曲線 $C$ と直線 $y=2$ をそれぞれ $y$ 軸方向に $-2$ だけ移動してできる図形の方程式は

$$y=x-2\sqrt{2}\sqrt{x},\ y=0\ (x\ \text{軸})$$

ここで，$x-2\sqrt{2}\sqrt{x}=0$ とすると　$\sqrt{x}=0,\ 2\sqrt{2}$

よって　$x=0,\ 8$

したがって

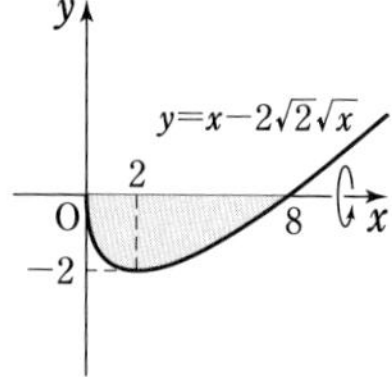


$$V=\pi\int_0^8(x-2\sqrt{2}\sqrt{x})^2dx=\pi\int_0^8(x^2-4\sqrt{2}x^{\frac{3}{2}}+8x)dx$$

$$=\pi\left[\frac{x^3}{3}-4\sqrt{2}\cdot\frac{2}{5}x^{\frac{5}{2}}+4x^2\right]_0^8$$

$$=\pi\left[x^2\left(\frac{x}{3}-\frac{8}{5}\sqrt{2}x^{\frac{1}{2}}+4\right)\right]_0^8$$

$$=\pi\cdot 64\left(\frac{8}{3}-\frac{32}{5}+4\right)=\mathbf{\frac{256}{15}\pi}$$

総合

**総合 34**

$a$ と $b$ を正の実数とする。$y=a\cos x\ \left(0\leqq x\leqq\dfrac{\pi}{2}\right)$ のグラフを $C_1$，$y=b\sin x\ \left(0\leqq x\leqq\dfrac{\pi}{2}\right)$ のグラフを $C_2$ とし，$C_1$ と $C_2$ の交点をPとする。

(1) Pの $x$ 座標を $t$ とするとき，$\sin t$ および $\cos t$ を $a$ と $b$ で表せ。

(2) $C_1$，$C_2$ と $y$ 軸で囲まれた領域の面積 $S$ を $a$ と $b$ で表せ。

(3) $C_1$，$C_2$ と直線 $x=\dfrac{\pi}{2}$ で囲まれた領域の面積を $T$ とするとき，$T=2S$ となるための条件を $a$ と $b$ で表せ。

〔北海道大〕

➡ 本冊 数学Ⅲ 例題 186

HINT (1) かくれた条件 $\sin^2 t+\cos^2 t=1$ を利用。(2), (3) (1)の結果を用いて，$S$，$T$ を $a$，$b$ の式で表す。

(1) 条件から，$t$ は $0<t<\dfrac{\pi}{2}$ で，

$a\cos t=b\sin t$ を満たす。

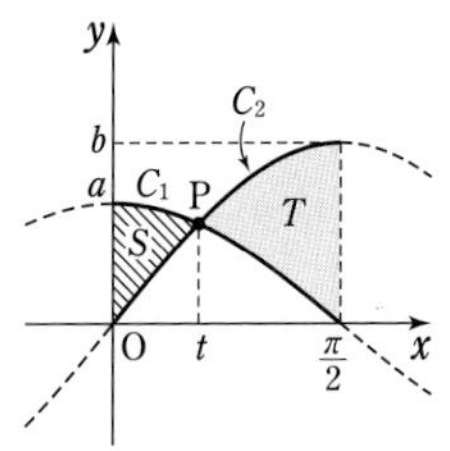


$a>0$ から　$\cos t=\dfrac{b}{a}\sin t$ …… ①

① を $\sin^2 t+\cos^2 t=1$ に代入すると

$$\sin^2 t+\frac{b^2}{a^2}\sin^2 t=1$$

よって　$\dfrac{a^2+b^2}{a^2}\sin^2 t=1$　　← $1+\dfrac{b^2}{a^2}=\dfrac{a^2+b^2}{a^2}$

$0<t<\dfrac{\pi}{2}$ より，$\sin t>0$ であるから　$\boldsymbol{\sin t=\dfrac{a}{\sqrt{a^2+b^2}}}$　　← $\sin^2 t=\dfrac{a^2}{a^2+b^2}$

ゆえに，① から　$\boldsymbol{\cos t=\dfrac{b}{\sqrt{a^2+b^2}}}$

(2) (1)の図から

$$S=\int_0^t(a\cos x-b\sin x)dx=\Big[a\sin x+b\cos x\Big]_0^t$$

← $0\leqq x\leqq t$ のとき $a\cos x\geqq b\sin x$ (1)の結果も利用。

$$=a\sin t+b\cos t-b=a\cdot\frac{a}{\sqrt{a^2+b^2}}+b\cdot\frac{b}{\sqrt{a^2+b^2}}-b$$

$$=\boldsymbol{\sqrt{a^2+b^2}-b}$$

(3) (1)の図から

$$T=\int_t^{\frac{\pi}{2}}(b\sin x-a\cos x)dx=\Big[-b\cos x-a\sin x\Big]_t^{\frac{\pi}{2}}$$

← $t\leqq x\leqq\dfrac{\pi}{2}$ のとき $b\sin x\geqq a\cos x$ (1)の結果も利用。

$$=-a+b\cos t+a\sin t=-a+b\cdot\frac{b}{\sqrt{a^2+b^2}}+a\cdot\frac{a}{\sqrt{a^2+b^2}}$$

$$=\sqrt{a^2+b^2}-a$$

$T=2S$ とすると　$\sqrt{a^2+b^2}-a=2(\sqrt{a^2+b^2}-b)$

よって　$2b-a=\sqrt{a^2+b^2}$ …… ②

$\sqrt{a^2+b^2}>0$ であるから　$2b-a>0$　ゆえに　$b>\dfrac{1}{2}a$ … ③　　← (② の右辺)$>0$

③ のとき，② の両辺を平方すると　$(2b-a)^2=a^2+b^2$

よって　$3b^2-4ab=0$　　← $b(3b-4a)=0$

$b\neq 0$ であるから　$\boldsymbol{b=\dfrac{4}{3}a}$ …… ④

$a>0$ より，④ は ③ を満たすから，④ が求める条件である。　　← $\dfrac{4}{3}a>\dfrac{1}{2}a$

**総合 35**

$n$ は 2 以上の自然数とする。関数 $y=e^x$ …… ①，$y=e^{nx}-1$ …… ② について

(1) ① と ② のグラフは第 1 象限においてただ 1 つの交点をもつことを示せ。

(2) (1) で得られた交点の座標を $(a_n,\ b_n)$ とする。$\lim\limits_{n\to\infty}a_n$ と $\lim\limits_{n\to\infty}na_n$ を求めよ。

(3) 第 1 象限内で ① と ② のグラフおよび $y$ 軸で囲まれた部分の面積を $S_n$ とする。このとき，$\lim\limits_{n\to\infty}nS_n$ を求めよ。〔東京工大〕

➡ 本冊 数学Ⅲ 例題 22，187

HINT (1) $e^x=e^{nx}-1$ とすると $(e^x)^n-e^x-1=0$ よって，$f(t)=t^n-t-1$ とし，方程式 $f(t)=0$ が $t>1$ でただ 1 つの実数解をもつことを示す。

(2) まず，$\lim\limits_{n\to\infty}b_n$ を求める。それには，二項定理を用いて $f\left(1+\dfrac{1}{n}\right)$ $(n\geqq 3)$ の符号を調べ，はさみうちの原理を利用。

(1) $x\leqq 0$ のとき　$0<e^x\leqq e^0$ すなわち $0<e^x\leqq 1$

$e^{nx}-1\leqq e^0-1$ すなわち $e^{nx}-1\leqq 0$

ゆえに，$x\leqq 0$ の範囲で ① と ② のグラフは交点をもたない。

よって，$x>0$ として考える。

このとき　$e^x>e^0=1$，$e^{nx}-1>e^0-1=0$

$e^x=e^{nx}-1$ とすると　$(e^x)^n-e^x-1=0$ …… ③

ゆえに，$f(t)=t^n-t-1$ とすると　$f'(t)=nt^{n-1}-1$

$t>1$ のとき，$n$ は 2 以上の自然数であるから

$$f'(t)>0$$

したがって，$t\geqq 1$ で $f(t)$ は単調に増加する。

また　$f(1)=-1<0$，$f(2)=2^n-3>0$

$f(t)$ は連続であるから，$1<t<2$ において $f(t)=0$ を満たす $t$ がただ 1 つ存在する。

よって，方程式 ③ は $x>0$ でただ 1 つの実数解をもつから，① と ② のグラフは第 1 象限においてただ 1 つの交点をもつ。

←まず，$x\leqq 0$ のときについて考えてみる。関数 $y=e^x$，$y=e^{nx}$ $(n\geqq 2)$ はともに単調に増加する。

←$e^x=t$ のおき換えを利用し，方程式 $f(t)=0$ が $t>1$ でただ 1 つの実数解をもつことを示す。

←$n\geqq 2$ から　$2^n-3\geqq 1$

**共有点 ⟺ 実数解**

(2)
$$f\left(1+\frac{1}{n}\right)=\left(1+\frac{1}{n}\right)^n-\left(1+\frac{1}{n}\right)-1$$
$$\geqq {}_n\mathrm{C}_0+{}_n\mathrm{C}_1\frac{1}{n}+{}_n\mathrm{C}_2\left(\frac{1}{n}\right)^2-2-\frac{1}{n}$$

ゆえに，$n\geqq 3$ のとき

$$f\left(1+\frac{1}{n}\right)\geqq 1+1+\frac{1}{2}\left(1-\frac{1}{n}\right)-2-\frac{1}{n}=\frac{1}{2}-\frac{3}{2n}=\frac{n-3}{2n}\geqq 0$$

$f(1)<0$，$f\left(1+\dfrac{1}{n}\right)\geqq 0$ であるから　$1<b_n\leqq 1+\dfrac{1}{n}$

$\lim\limits_{n\to\infty}\left(1+\dfrac{1}{n}\right)=1$ であるから　$\lim\limits_{n\to\infty}b_n=1$

また，$b_n=e^{a_n}$ であるから　$a_n=\log b_n$

ゆえに　$\boldsymbol{\lim\limits_{n\to\infty}a_n}=\lim\limits_{n\to\infty}\log b_n=\log 1=\mathbf{0}$

更に，$b_n=e^{na_n}-1$ であるから

$$na_n=\log(b_n+1)$$

よって　$\boldsymbol{\lim\limits_{n\to\infty}na_n}=\lim\limits_{n\to\infty}\log(b_n+1)=\mathbf{\log 2}$

←$1<b_n<2$ であるから，$1+\dfrac{1}{n}$ と $b_n$ を比べる。二項定理を利用。

←$n\longrightarrow\infty$ であるから $n\geqq 3$ としてよい。

←$f(y)$ は単調に増加し $f(b_n)=0$

←はさみうちの原理。

総合

(3) $S_n=\int_0^{a_n}(e^x-e^{nx}+1)dx$

$=\left[e^x-\dfrac{1}{n}e^{nx}+x\right]_0^{a_n}$

$=e^{a_n}-\dfrac{1}{n}e^{na_n}+a_n-1+\dfrac{1}{n}$

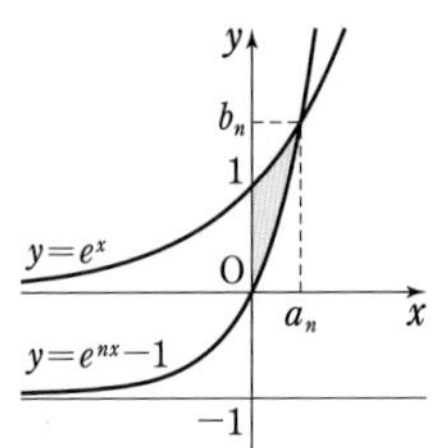


←(1)から，$f(y)$ は単調に増加し $0\leqq x\leqq a_n$ $\Longleftrightarrow 1\leqq y\leqq b_n$ かつ $f(b_n)=0$ から $1\leqq y\leqq b_n$ で $f(y)=y^n-y-1\leqq 0$ よって，$0\leqq x\leqq a_n$ で $e^x-e^{nx}+1\geqq 0$

ゆえに

$nS_n=ne^{a_n}-e^{na_n}+na_n-n+1$

$=n(e^{a_n}-1)-e^{na_n}+na_n+1=na_n\cdot\dfrac{e^{a_n}-1}{a_n}-e^{na_n}+na_n+1$

(2) から　$\lim_{n\to\infty}a_n=0$ …… ④，$\lim_{n\to\infty}na_n=\log 2$

また，④ から　$\lim_{n\to\infty}\dfrac{e^{a_n}-1}{a_n}=\lim_{a_n\to 0}\dfrac{e^{a_n}-1}{a_n}=1$

←$\lim_{t\to 0}\dfrac{e^t-1}{t}=1$

よって　$\lim_{n\to\infty}nS_n=(\log 2)\cdot 1-e^{\log 2}+\log 2+1=\mathbf{-1+2\log 2}$

←$e^{\log 2}=2$

**総合 36** 媒介変数表示 $x=\sin t$，$y=t^2$（ただし $-2\pi\leqq t\leqq 2\pi$）で表された曲線で囲まれた領域の面積を求めよ。なお，領域が複数ある場合は，その面積の総和を求めよ。〔九州大〕

➡ 本冊 数学Ⅲ 例題 183

$x=\sin t$，$y=t^2$ から　$\dfrac{dx}{dt}=\cos t$，$\dfrac{dy}{dt}=2t$

HINT まず，曲線の概形をかく。$t$ の値の変化に応じた $x$，$y$ の値の変化を調べる。対称性にも着目。

$\sin(-t)=-\sin t$，$(-t)^2=t^2$ であるから，曲線の $-2\pi\leqq t\leqq 0$ に対応する部分は，曲線の $0\leqq t\leqq 2\pi$ に対応する部分を $y$ 軸に関して対称移動したものと一致する。

$0\leqq t\leqq 2\pi$ のとき，$\dfrac{dx}{dt}=0$ とすると　$t=\dfrac{\pi}{2}$，$\dfrac{3}{2}\pi$

$0\leqq t\leqq 2\pi$ における $x$，$y$ の値の変化は次のようになる。

| $t$ | 0 | … | $\dfrac{\pi}{2}$ | … | $\dfrac{3}{2}\pi$ | … | $2\pi$ |
|---|---|---|---|---|---|---|---|
| $\dfrac{dx}{dt}$ | + | + | 0 | − | 0 | + | + |
| $x$ | 0 | ↗ | 1 | ↘ | −1 | ↗ | 0 |
| $\dfrac{dy}{dt}$ | 0 | + | + | + | + | + | + |
| $y$ | 0 | ↗ | $\dfrac{\pi^2}{4}$ | ↗ | $\dfrac{9}{4}\pi^2$ | ↗ | $4\pi^2$ |

←$0\leqq t\leqq 2\pi$ のとき $\dfrac{dy}{dt}=2t\geqq 0$

←$x$ の行では ↗ を →，↘ を ←，$y$ の行では ↗ を ↑ と書いてもよい。（本冊 $p.186$ 重要例題 110 参照。）

よって，求める面積は，右の図の斜線部分の面積の 2 倍である。

斜線部分の面積は

$$\int_0^{\pi^2}x\,dy+\int_{\pi^2}^{4\pi^2}(-x)dy=\int_0^{\pi}x\frac{dy}{dt}dt-\int_{\pi}^{2\pi}x\frac{dy}{dt}dt$$

$$=\int_0^{\pi}\sin t\cdot 2t\,dt-\int_{\pi}^{2\pi}\sin t\cdot 2t\,dt$$

$$=2\left(\int_0^{\pi}t\sin t\,dt-\int_{\pi}^{2\pi}t\sin t\,dt\right)$$

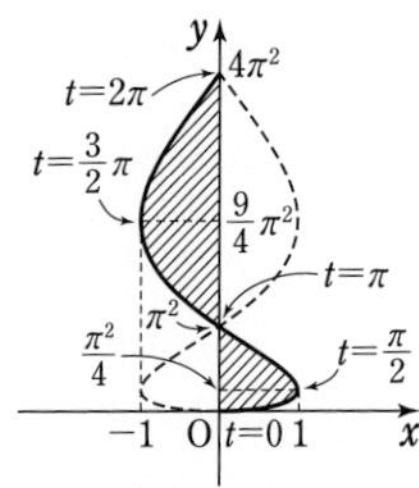


点線部分は $-2\pi\leqq t\leqq 0$ のときの曲線。

ここで　$\int t\sin t\,dt=t(-\cos t)-\int 1\cdot(-\cos t)dt$

$=-t\cos t+\sin t+C$　（$C$ は積分定数）

ゆえに　$\int_0^{\pi} t\sin t\,dt=\Big[-t\cos t+\sin t\Big]_0^{\pi}=\pi$

$\int_{\pi}^{2\pi} t\sin t\,dt=\Big[-t\cos t+\sin t\Big]_{\pi}^{2\pi}=-3\pi$

よって，斜線部分の面積は　$2\{\pi-(-3\pi)\}=8\pi$

したがって，求める面積は　$2\cdot 8\pi=\mathbf{16\pi}$

**総合 37**

曲線 $y=-\frac{1}{2}x^2-\frac{1}{2}x+1$ $(0\leqq x\leqq 1)$ を $C$ とし，直線 $y=1-x$ を $\ell$ とする。

(1)　$C$ 上の点 $(x,\ y)$ と $\ell$ の距離を $f(x)$ とするとき，$f(x)$ の最大値を求めよ。

(2)　$C$ と $\ell$ で囲まれた部分を $\ell$ の周りに 1 回転してできる立体の体積を求めよ。　〔群馬大〕

➡ 本冊 数学Ⅲ 例題 202

(1)　$f(x)=\dfrac{|x+y-1|}{\sqrt{1^2+1^2}}=\dfrac{\sqrt{2}}{2}|x+y-1|$

←$\ell$：$x+y-1=0$　また，点 $(x_1,\ y_1)$ と直線 $ax+by+c=0$ の距離は $\dfrac{|ax_1+by_1+c|}{\sqrt{a^2+b^2}}$

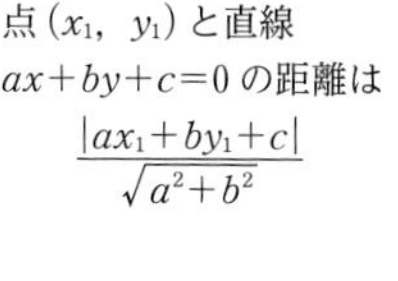

$y=-\frac{1}{2}x^2-\frac{1}{2}x+1$ を代入すると

$$f(x)=\frac{\sqrt{2}}{2}\left|-\frac{1}{2}x^2+\frac{1}{2}x\right|=\frac{\sqrt{2}}{4}|-x^2+x|$$

$0\leqq x\leqq 1$ のとき，$-x^2+x=x(1-x)\geqq 0$ であるから

$$f(x)=-\frac{\sqrt{2}}{4}(x^2-x)=-\frac{\sqrt{2}}{4}\left(x-\frac{1}{2}\right)^2+\frac{\sqrt{2}}{16}$$

←$x^2-x=\left(x-\frac{1}{2}\right)^2-\frac{1}{4}$

よって，$f(x)$ は $x=\frac{1}{2}$ のとき最大値 $\mathbf{\frac{\sqrt{2}}{16}}$ をとる。

(2)　右の図のように，曲線 $C$ 上に点 P をとり，点 P の $x$ 座標を $p$ $(0\leqq p\leqq 1)$ とする。
点 P から直線 $\ell$ に垂線 PH を下ろすと，(1) より

PH$=f(p)$

ここで，直線 $\ell$ と $x$ 軸，$y$ 軸との交点をそれぞれ A，B とし，BH$=t$ とする。
線分 PH を直線 $\ell$ の周りに 1 回転させてできる円の面積は $\pi\{f(p)\}^2$ で表される。AB$=\sqrt{2}$ であるから，求める体積を $V$ とすると　$V=\pi\int_0^{\sqrt{2}}\{f(p)\}^2dt$

←本冊 $p.334$ 重要例題 202 と方針は同じ。回転軸が直線 $y=1-x$ であるため少しややこしいが，(1) で求めた $f(x)$ を利用するとよい。なお
$y=-\frac{1}{2}x^2-\frac{1}{2}x+1$
$=-\frac{1}{2}\left(x+\frac{1}{2}\right)^2+\frac{9}{8}$

←$t$ を積分変数とした定積分で体積を求める。$t$ と $p$ についての関係式を作り，最終的には置換積分法を用いて $p$ についての定積分を計算する。

$p=\dfrac{t}{\sqrt{2}}+\dfrac{f(p)}{\sqrt{2}}$ であるから

←$p=$(点 H の $x$ 座標)$+\dfrac{\text{PH}}{\sqrt{2}}$

$$t=\sqrt{2}\,p-f(p)=\sqrt{2}\,p-\left\{-\frac{\sqrt{2}}{4}(p^2-p)\right\}=\frac{\sqrt{2}}{4}(p^2+3p)$$

よって　$dt=\dfrac{\sqrt{2}}{4}(2p+3)dp$

$t$ と $p$ の対応は右のようになるから

| $t$ | $0 \longrightarrow \sqrt{2}$ |
|---|---|
| $p$ | $0 \longrightarrow 1$ |

←$p^2+3p$ は $p \geqq 0$ で単調増加。

$$V=\pi\int_0^1\left\{-\frac{\sqrt{2}}{4}(p^2-p)\right\}^2\cdot\frac{\sqrt{2}}{4}(2p+3)dp$$

$$=\frac{\sqrt{2}}{32}\pi\int_0^1(p^2-p)^2(2p+3)dp$$

$$=\frac{\sqrt{2}}{32}\pi\int_0^1(2p^5-p^4-4p^3+3p^2)dp$$

$$=\frac{\sqrt{2}}{32}\pi\left[\frac{1}{3}p^6-\frac{1}{5}p^5-p^4+p^3\right]_0^1$$

$$=\frac{\sqrt{2}}{32}\pi\left(\frac{1}{3}-\frac{1}{5}-1+1\right)=\boldsymbol{\frac{\sqrt{2}}{240}\pi}$$

←$(p^2-p)^2(2p+3)$
$=p^2(p-1)^2(2p+3)$
$=p^2(p^2-2p+1)(2p+3)$
$=p^2(2p^3-p^2-4p+3)$
$=2p^5-p^4-4p^3+3p^2$

**総合 38**

座標空間内を，長さ 2 の線分 AB が次の 2 条件 (a)，(b) を満たしながら動く。
(a) 点 A は平面 $z=0$ 上にある。
(b) 点 C(0，0，1) が線分 AB 上にある。
このとき，線分 AB が通過することのできる範囲を $K$ とする。$K$ と不等式 $z \geqq 1$ の表す範囲との共通部分の体積を求めよ。〔東京大〕

➡ 本冊 数学Ⅲ 例題 205

$K$ は $z$ 軸を軸とする回転体である。
$K$ を平面 $z=k$ $(k \geqq 1)$ で切った切り口が空集合でないような $k$ の値の範囲は，点 A と点 O が一致するとき，点 B は点 (0，0，2) に一致することに注意すると

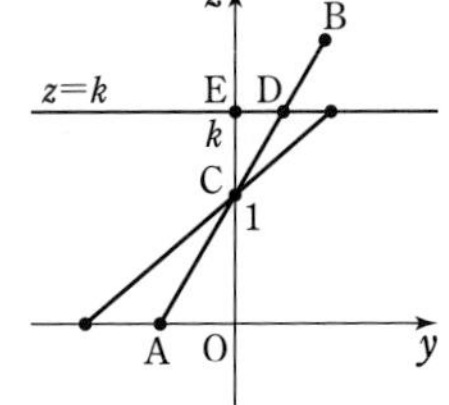


$$1 \leqq k \leqq 2$$

**立体の体積 断面積をつかむ**

特に，$k=1$，2 のとき，切り口は 1 点のみである。

←$k=1$ のとき，切り口は点 (0，0，1)，$k=2$ のとき，切り口は点 (0，0，2)

$1<k<2$ のときを考える。
線分 AB と平面 $z=k$ が共有点をもつとき，その共有点を D とし，E(0，0，$k$) とする。
長さ DE が最大となるのは，点 D が点 B と一致するときである。
このときの点 D を D′ とすると，$K$ を平面 $z=k$ で切った切り口は，点 E を中心とする半径 D′E の円である。

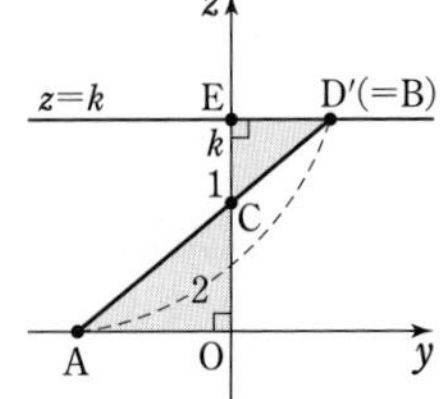


D′C：CA＝EC：CO であるから

$$D'C:(2-D'C)=(k-1):1$$

←△CD′E∽△CAO

ゆえに　$D'C=(k-1)(2-D'C)$

←$D'C=2(k-1)-(k-1)D'C$

よって　$D'C=\dfrac{2(k-1)}{k}$

ゆえに　$D'E^2=D'C^2-EC^2=\dfrac{4(k-1)^2}{k^2}-(k-1)^2$

←三平方の定理。

よって，$K$ を平面 $z=k$ で切った切り口の面積は

$$\pi \mathrm{D'E}^2=\pi\left\{\frac{4(k-1)^2}{k^2}-(k-1)^2\right\}$$

←半径 D'E の円の面積。

したがって，求める体積は

$$\int_1^2\pi\left\{\frac{4(k-1)^2}{k^2}-(k-1)^2\right\}dk$$

$$=4\pi\int_1^2\left(1-\frac{2}{k}+\frac{1}{k^2}\right)dk-\pi\left[\frac{(k-1)^3}{3}\right]_1^2$$

$$=4\pi\left[k-2\log k-\frac{1}{k}\right]_1^2-\frac{1}{3}\pi$$

←$4\pi\left(1-2\log 2+\frac{1}{2}\right)-\frac{1}{3}\pi$

$$=\boldsymbol{\left(\frac{17}{3}-8\log 2\right)\pi}$$

**総合 39** 原点をOとし，点$(0,\ 0,\ 1)$を通り $z$ 軸に垂直な平面を $\alpha$ とする。点Aは $x$ 軸上，点Bは $y$ 軸上，点Cは $z$ 軸上の $x\geqq 0$，$y\geqq 0$，$z\geqq 0$ の領域を，AC=BC=8 を満たしつつ動く。平面 $\alpha$ と AC の交点をPとする。点Pの $x$ 座標は $\angle\mathrm{OCA}=$ ア□ $\pi$ のときに最大となる。また，△ABC の辺および内部の点が動きうる領域を $V$ とする。ただし，点A，Bがともに原点Oに重なるときは，△ABC は線分 OC とみなす。このとき，平面 $\alpha$ による $V$ の断面積は イ□ であり，領域 $V$ の体積に最も近い整数は ウ□ である。 〔早稲田大〕

➡ 本冊 数学Ⅲ 例題 207

平面 $\alpha$ と AC の交点を $\mathrm{P}(p,\ 0,\ 1)$ とする。また，$\angle\mathrm{OCA}=\theta$ とすると，$0\leqq\theta<\frac{\pi}{2}$ である。

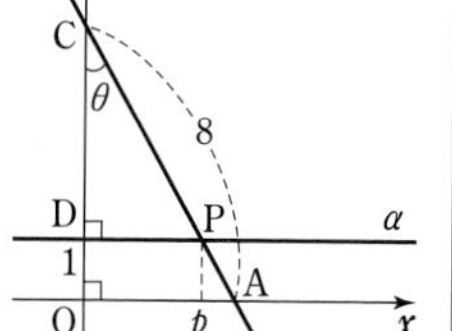


直角三角形 OCA に注目して

$$\mathrm{OC}=8\cos\theta,\ \mathrm{OA}=8\sin\theta$$

$\mathrm{D}(0,\ 0,\ 1)$ とすると，直角三角形 CDP に注目して

←DP∥OA

$$\mathrm{DP}=\mathrm{CD}\tan\theta$$

よって　$p=(8\cos\theta-1)\tan\theta=8\sin\theta-\tan\theta$

←点Cが線分 OD 上のときも，この等式は成り立つ。

ゆえに　$\dfrac{dp}{d\theta}=8\cos\theta-\dfrac{1}{\cos^2\theta}=\dfrac{8\cos^3\theta-1}{\cos^2\theta}$

$$=\frac{(2\cos\theta-1)(4\cos^2\theta+2\cos\theta+1)}{\cos^2\theta}$$

←$4\cos^2\theta+2\cos\theta+1=4\left(\cos\theta+\frac{1}{4}\right)^2+\frac{3}{4}>0$

$\dfrac{dp}{d\theta}=0$ とすると　$\cos\theta=\dfrac{1}{2}$

$0\leqq\theta<\dfrac{\pi}{2}$ であるから

$$\theta=\frac{\pi}{3}$$

よって，$p$ の増減表は右のようになる。

| $\theta$ | 0 | … | $\frac{\pi}{3}$ | … | $\frac{\pi}{2}$ |
|---|---|---|---|---|---|
| $\frac{dp}{d\theta}$ | | + | 0 | − | |
| $p$ | | ↗ | 極大 | ↘ | |

ゆえに，点Pの $x$ 座標は $\angle \mathrm{OCA}={}^{ア}\,\boldsymbol{\frac{1}{3}}\pi$ のときに最大となる。

$\theta=\dfrac{\pi}{3}$ のとき　　$p=8\cdot\dfrac{\sqrt{3}}{2}-\sqrt{3}=3\sqrt{3}$

よって，点Pの $x$ 座標が最大となる点を $\mathrm{P_0}$ とすると

$$\mathrm{P_0}(3\sqrt{3},\ 0,\ 1)$$

また，点Pの $x$ 座標が最大となるとき，平面 $\alpha$ と BC の交点を $\mathrm{Q_0}$ とすると　　$\mathrm{Q_0}(0,\ 3\sqrt{3},\ 1)$

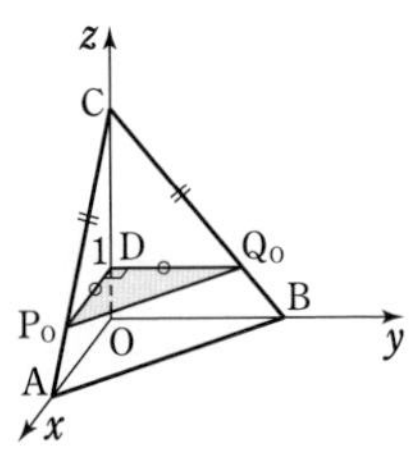


AC＝BC，CO は共通，

$\angle\mathrm{COA}=\angle\mathrm{COB}=\dfrac{\pi}{2}$

から　$\triangle\mathrm{COA}\equiv\triangle\mathrm{COB}$

これから

(点 $\mathrm{P_0}$ の $x$ 座標)

＝(点 $\mathrm{Q_0}$ の $y$ 座標)

平面 $\alpha$ による $V$ の断面は，$\angle\mathrm{P_0DQ_0}=\dfrac{\pi}{2}$ の直角三角形

$\triangle\mathrm{P_0DQ_0}$ であるから，その面積は

$$\frac{1}{2}\mathrm{P_0D}^2=\frac{1}{2}(3\sqrt{3})^2={}^{イ}\,\boldsymbol{\frac{27}{2}}$$

AC と平面 $z=k$ $(0\leqq k\leqq 8)$ との交点を $\mathrm{R}(x_k,\ 0,\ k)$ とすると，

$$x_k=(8\cos\theta-k)\tan\theta$$

←これまでの議論と同様にして，領域 $V$ の平面 $z=k$ による断面の面積を求める。

すなわち　$x_k=8\sin\theta-k\tan\theta$

ゆえに　　$\dfrac{dx_k}{d\theta}=8\cos\theta-\dfrac{k}{\cos^2\theta}=\dfrac{8\cos^3\theta-k}{\cos^2\theta}$

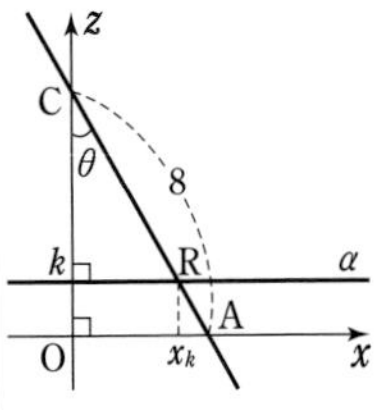


$\dfrac{dx_k}{d\theta}=0$ とすると，$\cos^3\theta=\dfrac{k}{8}$ から　　$\cos\theta=\dfrac{k^{\frac{1}{3}}}{2}$ …… ①

① のとき　　$\sin\theta=\sqrt{1-\dfrac{k^{\frac{2}{3}}}{4}}$ …… ②

①，② を満たす $\theta$ を $t\left(0\leqq t<\dfrac{\pi}{2}\right)$ とすると，$x_k$ は $\theta=t$ のとき最大となり，このとき

| $\theta$ | 0 | $\cdots$ | $t$ | $\cdots$ | $\frac{\pi}{2}$ |
|---|---|---|---|---|---|
| $\frac{dx_k}{d\theta}$ | | ＋ | 0 | − | |
| $x_k$ | | ↗ | 極大 | ↘ | |

$$x_k=\sin t\left(8-k\cdot\frac{1}{\cos t}\right)=\frac{\sqrt{4-k^{\frac{2}{3}}}}{2}\left(8-k\cdot\frac{2}{k^{\frac{1}{3}}}\right)$$

$$=\sqrt{4-k^{\frac{2}{3}}}\,(4-k^{\frac{2}{3}})=(4-k^{\frac{2}{3}})^{\frac{3}{2}}$$

平面 $z=k$ による領域 $V$ の断面積は

$$\frac{1}{2}\{(4-k^{\frac{2}{3}})^{\frac{3}{2}}\}^2=\frac{1}{2}(4-k^{\frac{2}{3}})^3$$

であるから，求める体積は

$$\int_0^8\frac{1}{2}(4-k^{\frac{2}{3}})^3dk=\frac{1}{2}\int_0^8(64-48k^{\frac{2}{3}}+12k^{\frac{4}{3}}-k^2)dk$$

←$(a-b)^3=a^3-3a^2b+3ab^2-b^3$

$$=\frac{1}{2}\left[64k-\frac{144}{5}k^{\frac{5}{3}}+\frac{36}{7}k^{\frac{7}{3}}-\frac{1}{3}k^3\right]_0^8$$

$$=\frac{1}{2}\left(2^6\cdot2^3-\frac{2^4\cdot9}{5}\cdot2^5+\frac{2^2\cdot9}{7}\cdot2^7-\frac{1}{3}\cdot2^9\right)$$

←2の累乗の形を利用して，計算を工夫する。

$$=\frac{1}{2}\cdot2^9\left(1-\frac{9}{5}+\frac{9}{7}-\frac{1}{3}\right)=2^8\cdot\frac{16}{105}=\frac{4096}{105}=39.0\cdots$$

したがって，領域 $V$ の体積に最も近い整数は　　${}^{ウ}\,\mathbf{39}$

**総合 40**

曲線 $y=\log x$ 上の点 $A(t,\ \log t)$ における法線上に，点Bを $AB=1$ となるようにとる。ただし，点Bの $x$ 座標は $t$ より大きいとする。

(1) 点Bの座標 $(u(t),\ v(t))$ を求めよ。また，$\left(\dfrac{du}{dt},\ \dfrac{dv}{dt}\right)$ を求めよ。

(2) 実数 $r$ は $0<r<1$ を満たすとし，$t$ が $r$ から1まで動くときに点Aと点Bが描く曲線の長さをそれぞれ $L_1(r)$，$L_2(r)$ とする。このとき，極限 $\displaystyle\lim_{r\to+0}\{L_1(r)-L_2(r)\}$ を求めよ。〔京都大〕

➡ 本冊 数学Ⅲ 例題 209

(1) $y'=\dfrac{1}{x}$ であるから，点Aにおける法線の傾きは　$-t$

AB=1 であるから

$$\overrightarrow{AB}=\frac{1}{\sqrt{1+t^2}}(1,\ -t)$$

Oを原点とすると，$\overrightarrow{OB}=\overrightarrow{OA}+\overrightarrow{AB}$ から

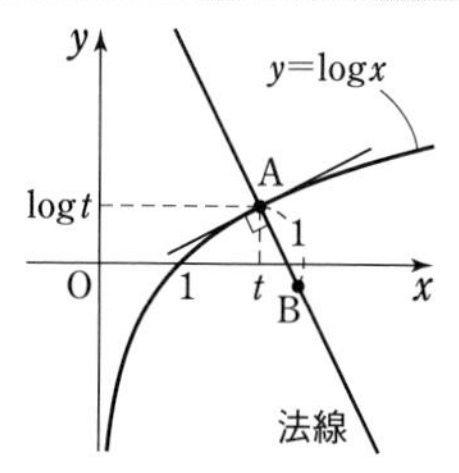


←点Aにおける接線の傾きは　$\dfrac{1}{t}$

←$(1,\ -t)$ は直線ABの方向ベクトルであり，$\overrightarrow{AB}$ は $(1,\ -t)$ と同じ向きの単位ベクトル。

$$(\boldsymbol{u(t)},\ \boldsymbol{v(t)})=(t,\ \log t)+\frac{1}{\sqrt{1+t^2}}(1,\ -t)$$

$$=\left(\boldsymbol{t+\frac{1}{\sqrt{1+t^2}},\ \log t-\frac{t}{\sqrt{1+t^2}}}\right)$$

また　$$\frac{du}{dt}=1-\frac{1}{2}(1+t^2)^{-\frac{3}{2}}\cdot 2t=1-\frac{t}{(1+t^2)^{\frac{3}{2}}}$$

←$\dfrac{1}{\sqrt{1+t^2}}=(1+t^2)^{-\frac{1}{2}}$ とみて微分。

$$\frac{dv}{dt}=\frac{1}{t}-\frac{1\cdot\sqrt{1+t^2}-t\times\dfrac{1}{2}\cdot\dfrac{2t}{\sqrt{1+t^2}}}{1+t^2}$$

$$=\frac{1}{t}-\frac{1+t^2-t^2}{(1+t^2)^{\frac{3}{2}}}=\frac{1}{t}-\frac{1}{(1+t^2)^{\frac{3}{2}}}$$

よって　$$\left(\boldsymbol{\frac{du}{dt},\ \frac{dv}{dt}}\right)=\left(\boldsymbol{1-\frac{t}{(1+t^2)^{\frac{3}{2}}},\ \frac{1}{t}-\frac{1}{(1+t^2)^{\frac{3}{2}}}}\right)$$

(2) $$L_1(r)=\int_r^1\sqrt{1+\left(\frac{dy}{dx}\right)^2}\,dx=\int_r^1\sqrt{1+\left(\frac{1}{x}\right)^2}\,dx$$

$$L_2(r)=\int_r^1\sqrt{\left(\frac{du}{dt}\right)^2+\left(\frac{dv}{dt}\right)^2}\,dt$$

(2) $L_1(r)$，$L_2(r)$ はそれぞれ単独では計算できない。$L_1(r)-L_2(r)$ を考えると計算できる。

(1)より，$\dfrac{dv}{dt}=\dfrac{1}{t}\cdot\dfrac{du}{dt}$ であるから

$$L_2(r)=\int_r^1\sqrt{\left(\frac{du}{dt}\right)^2+\frac{1}{t^2}\left(\frac{du}{dt}\right)^2}\,dt=\int_r^1\sqrt{\left(\frac{du}{dt}\right)^2\left\{1+\left(\frac{1}{t}\right)^2\right\}}\,dt$$

ここで，$r\leqq t\leqq 1$ のとき $\dfrac{du}{dt}>0$ であるから

$$L_2(r)=\int_r^1\frac{du}{dt}\sqrt{1+\left(\frac{1}{t}\right)^2}\,dt$$

←$\dfrac{t}{(1+t^2)^{\frac{3}{2}}}=\dfrac{1}{(1+t^2)\left(\dfrac{1}{t^2}+1\right)^{\frac{1}{2}}}<1$ から　$1-\dfrac{t}{(1+t^2)^{\frac{3}{2}}}>0$

よって

$$L_1(r)-L_2(r)=\int_r^1\sqrt{1+\left(\frac{1}{t}\right)^2}\,dt-\int_r^1\frac{du}{dt}\sqrt{1+\left(\frac{1}{t}\right)^2}\,dt$$

総合

$$=\int_r^1\left(1-\frac{du}{dt}\right)\sqrt{1+\left(\frac{1}{t}\right)^2}\,dt$$

$$=\int_r^1\frac{t}{(1+t^2)^{\frac{3}{2}}}\cdot\frac{1}{t}\sqrt{1+t^2}\,dt=\int_r^1\frac{1}{1+t^2}\,dt$$

$\tan\theta=t$ とおくと，$0<r<1$ から

$r=\tan\alpha$ となる $\alpha$ が $0<\alpha<\frac{\pi}{4}$ に存在し，

$t$ と $\theta$ の対応は右のようになる。

| $t$ | $r \longrightarrow 1$ |
|---|---|
| $\theta$ | $\alpha \longrightarrow \frac{\pi}{4}$ |

ゆえに　　$L_1(r)-L_2(r)=\int_\alpha^{\frac{\pi}{4}}\frac{1}{1+\tan^2\theta}\cdot\frac{1}{\cos^2\theta}\,d\theta$

$$=\int_\alpha^{\frac{\pi}{4}}d\theta=\Big[\theta\Big]_\alpha^{\frac{\pi}{4}}=\frac{\pi}{4}-\alpha$$

← $\frac{1}{\cos^2\theta}d\theta=dt$

$r\longrightarrow+0$ のとき $\alpha\longrightarrow+0$ であるから

$$\lim_{r\to+0}\{L_1(r)-L_2(r)\}=\lim_{\alpha\to+0}\left(\frac{\pi}{4}-\alpha\right)=\boldsymbol{\frac{\pi}{4}}$$

※解答・解説は数研出版株式会社が作成したものです。

発行所
数研出版株式会社

〒101-0052 東京都千代田区神田小川町2丁目3番地3
〔振替〕00140-4-118431
〒604-0861 京都市中京区烏丸通竹屋町上る
大倉町205番地
〔電話〕 代表 (075)231-0161
ホームページ　https://www.chart.co.jp
印刷　株式会社　加藤文明社
乱丁本・落丁本はお取り替えします。　230602